国家电网
STATE GRID

（2024年版）

国网西藏电力有限公司配电网工程

通用设计

架空线路分册

国网西藏电力有限公司　国网河北省电力有限公司　组编

中国电力出版社
CHINA ELECTRIC POWER PRESS

内容提要

为进一步统一西藏地区配电网建设标准、统一设备规范、统一设计标准、方便招标及维护，提高整体效率，根据国网西藏电力有限公司设备部工作安排，开展《国网西藏电力有限公司配电网工程通用设计（2024年版）》（共4个分册）修订完善工作。

本分册为《国网西藏电力有限公司配电网工程通用设计 架空线路分册（2024年版）》，分为两篇21章，第一篇总论，包括概述、通用设计工作过程、通用设计依据，第二篇10kV架空线路通用设计，包括设计技术原则、导线应力弧垂表、10kV铁质横担杆头布置、10kV复合绝缘横担杆头布置、10kV直线水泥单杆、10kV无拉线转角水泥单杆、10kV拉线转角水泥单杆、10kV拉线直线水泥双杆及拉线转角水泥双杆、10kV直线钢管杆、10kV耐张钢管杆、10kV窄基塔、10kV宽基塔、10kV金具和绝缘子选用、防雷接地设计、柱上设备、柱上配电自动化装置、10kV耐张及分支杆引线布置、10kV线路标识及警示装置。

本书可供电力系统各设计单位，以及从事电力建设工程规划、管理、施工、安装、生产运行等专业人员使用，也可供大专院校有关专业的师生参考。

图书在版编目（CIP）数据

国网西藏电力有限公司配电网工程通用设计. 架空线路分册：2024年版 / 国网西藏电力有限公司, 国网河北省电力有限公司组编. -- 北京 ：中国电力出版社, 2025. 6. -- ISBN 978-7-5198-9760-4

Ⅰ. TM727

中国国家版本馆 CIP 数据核字第 20256E3M74 号

出版发行：中国电力出版社
地　　址：北京市东城区北京站西街 19 号
邮政编码：100005
网　　址：http://www.cepp.sgcc.com.cn
责任编辑：罗　艳（010-63412315）高　芬　邓慧都
责任校对：黄　蓓　常燕昆
装帧设计：张俊霞
责任印制：石　雷

印　　刷：三河市航远印刷有限公司
版　　次：2025 年 6 月第一版
印　　次：2025 年 6 月北京第一次印刷
开　　本：880 毫米×1230 毫米　横 16 开本
印　　张：70.5
字　　数：2518 千字
印　　数：0001—1100 册
定　　价：498.00 元

《国网西藏电力有限公司配电网工程通用设计　架空线路分册（2024 年版）》
编　委　会

主　任	龚东昌											
副主任	刘文泉	陈　波	赵多青	李永斌	周爱国							
委　员	肖方勇	周文博	顾　琦	金欣明	邓春灿	赵保华	巴桑次仁	陈贵亮	张智远	高　志	覃文继	厉　瑜　华　明
	廖晓初	周勤哲	刘志宏	尹俊强	冯喜春	焦　龙	益西措姆	陈云瑶	葛朝晖	邵　华	刘　超	刘伟豪　王晓庆
	宁首先	肖　征	车小春	胡秋阳	达瓦珠久	关　巍	刑田伟	沈宏亮	董俊虎	朱　斌	吴耀华	段　昕　邱　振
	曾　凯	刘文安	杨德山	尼玛泽旺	李军阔	黄爱军	李　坚	马成斌	蔡　明	李　博	杨　超	沈玉萍　赵玉兴
	唐　洲	马　文	杜宁刚	刘长宇	许伟强	姚　亮	扎西多吉	洛桑赤列	尼玛石达	王大飞	王建中	
编写组	宁首先	肖　征	车小春	胡秋阳	达瓦珠久	关　巍	刑田伟	沈宏亮	董俊虎	朱　斌	吴耀华	段　昕　邱　振
	曾　凯	刘文安	杨德山	尼玛泽旺	赵春明	黄爱军	李　坚	马成斌	蔡　明	李　博	杨　超	沈玉萍　赵玉兴
	唐　洲	马　文	杜宁刚	刘长宇	许伟强	姚　亮	尼玛石达	王大飞	杨宏伟	刘　建	王丽欢	宫世杰　马寿龙
	尼玛普珍	姚银明	吴易宏	牛英福	孙承志	李　中	李军阔	李　渊	马　聪	郜　帆	郭计元	李　楚　任亚宁
	韩　斐	屈彦明	施　莉	高　硕	谢兴利	孙凯航	张绍光	贾振宏	周元强	朱东升	钱　康	王　旗　晏　阳
	周　冰	张　曌	戴　炜	马亚林	赵　阳	何梦雪	鹿峪宁	徐雄峰	张　钧	蔡博戎	陈　淳	贾瑞杰　徐志鸿
	王　奇	朱伟俊	周鹏程	杨斯维	杨　典	曾　植	黄兴政	石　超	黄代飞	熊珍林	蓝　建	广峻男　胥　健
	刘文安	马　良	马志学	杨德山	邓欲锋	杨强波						

校核　周鹏程　杨斯维

编写　杨　典　曾　植　黄兴政

第 19 章　柱上配电自动化装置

编制单位　中国能源建设集团江苏省电力设计院有限公司

审核　贾振宏　周元强　朱东升　钱　康

设计总工程师　王　旗

校核　晏　阳　周　冰　张　曌

编写　戴　炜　何梦雪　鹿峪宁

第 20 章　10kV 耐张及分支杆引线布置

编制单位　四川华煜电力设计咨询有限公司

审核　石　超　杨德山

设计总工程师　黄代飞

校核　熊珍林　蓝　建

编写　广峻男　胥　健

第 21 章　10kV 线路标识及警示装置

编制单位　四川华煜电力设计咨询有限公司

审核　周鹏程　杨斯维

设计总工程师　黄代飞

校核　熊珍林　蓝　建

编写　广峻男　胥　健

前　　言

　　《国网西藏电力有限公司配电网工程通用设计　架空线路分册（2024年版）》是国网西藏电力有限公司标准化建设成果体系的重要组成部分。在省公司领导的关心指导下、在公司各职能部门的大力支持下，国网西藏电力有限公司设备部牵头组织相关科研单位和设计院，在广泛调研的基础上，经专题研究和专家论证，历时一年编制完成《国网西藏电力有限公司配电网工程通用设计　架空线路分册（2024年版）》。

　　本书涵盖了国网西藏电力有限公司供电范围内架空线路、柱上设备、柱上配电自动化装置等设计内容，该研究成果具有安全可靠、技术先进、经济适用、协调统一等显著特点，是国网西藏电力有限公司标准化体系建设的又一重大研究成果，对指导西藏自治区配电网工程建设、提高电网建设的质量和效率都将发挥积极推动和技术引领作用。

　　本书在编制过程中得到了国网西藏电力有限公司相关部门的大力支持，在此谨表感谢。

　　由于编者水平有限，书中难免存在不足之处，敬请广大读者给予指正。

编　者

二〇二五年二月

目 录

前言

第一篇 总 论

第1章 概述 ………………………………………… 1

  1.1 编制内容 ………………………………… 1

  1.2 目的和意义 ……………………………… 1

  1.3 编制原则 ………………………………… 1

  1.4 工作方式 ………………………………… 2

第2章 通用设计工作过程 ……………………… 2

  2.1 需求调研 ………………………………… 2

  2.2 技术原则编制 …………………………… 2

  2.3 通用设计方案编制 ……………………… 3

第3章 通用设计依据 …………………………… 3

  3.1 设计依据性文件 ………………………… 3

  3.2 主要设计标准、规程规范 ……………… 3

第二篇 10kV架空线路通用设计

第4章 设计技术原则 …………………………… 6

  4.1 概述 ……………………………………… 6

  4.2 气象条件 ………………………………… 7

  4.3 导线选取和使用 ………………………… 7

  4.4 杆型选取和使用 ………………………… 10

  4.5 绝缘配合 ………………………………… 12

  4.6 10kV金具和绝缘子选用 ……………… 12

  4.7 防雷与接地 ……………………………… 13

  4.8 柱上设备 ………………………………… 13

  4.9 柱上配电自动化装置 …………………… 13

  4.10 铁质横担耐张及分支杆引线布置 …… 14

  4.11 复合绝缘横担线路引线布置 ………… 14

  4.12 线路标识及警示装置 ………………… 14

  4.13 图纸查用流程 ………………………… 14

第5章 导线应力弧垂表 ………………………… 15

  5.1 内容说明 ………………………………… 15

  5.2 导线架线弧垂查找方法 ………………… 15

  5.3 导线初伸长补偿的原则 ………………… 15

  5.4 弧垂表 …………………………………… 15

第6章 10kV铁质横担杆头布置 ……………… 57

总　论

第1章　概　述

为进一步深化西藏地区配电网建设标准、统一设备规范、统一设计标准、方便招标及维护，提高整体效率，2023年国网西藏电力有限公司设备部结合西藏地区配电网建设需要和规程规范调整，在现行通用设计基础上，组织编制了《国网西藏电力有限公司配电网工程通用设计（2024年版）》，提高西藏配电网工程设计建设质量、技术水平。

1.1　编制内容

《国网西藏电力有限公司配电网工程通用设计（2024年版）》（简称本通用设计）是在《国家电网公司配电网工程典型设计（2016年版）》《国家电网公司220/380V配电网工程典型设计（2018年版）》典型设计方案基础上，针对西藏地区特殊的高海拔地理环境、高寒条件下施工安全和工艺质量等特点，结合西藏地区配电网现状及城网配电自动化、简易变、用户专变模块、线路大档距等设计需求，进行精细化（深化）设计，编制完成国网西藏电力有限公司配电网工程通用设计技术导则，力求贴近西藏地区配电网建设改造实际需求，具有更强的针对性和实用性。

《国网西藏电力有限公司配电网工程通用设计（2024年版）》由《国网西藏电力有限公司配电网工程通用设计　架空线路分册（2024年版）》《国网西藏电力有限公司配电网工程通用设计　配电站房分册（2024年版）》《国网西藏电力有限公司配电网工程通用设计　电缆分册（2024年版）》和《国网西藏电力有限公司配电网工程通用设计　低压分册（2024年版）》四部分组成。

1.2　目的和意义

编制本通用设计的目的是贯彻实施国家电网有限公司品牌战略，深入贯彻集约化管理思想，一是统一建设标准，统一材料规范；二是规范设计程序，加快设计、评审、材料加工的进度，提高工作效率和工作质量；三是统一设备规范，方便物资招标，方便运行维护，控制工程造价，提高投资效益；四是降低建设和运行成本，发挥规模优势，提高整体效益。

1.3　编制原则

按照国家电网有限公司配电网标准化建设目标、顺应智能配电网建设和发展的要求，编制配电网工程通用设计应遵循安全可靠、坚固耐用、先进适用、标准统一、覆盖面广以及提高效率、注重环保、节约资源、降低造价的原则，做到统一性与适用性、可靠性、先进性、经济性和灵活性的协调统一。

（1）统一性。通用设计基本方案统一，设计原则统一，建设标准统一。

（2）适用性。通用设计应综合考虑西藏地区实际情况，具有广泛的适用性，并能在一定时间内，对不同规模、不同形式、不同外部条件均能基

GB/T 2317.4《电力金具试验方法　第 4 部分：验收规则》

GB/T 2315《电力金具标称破坏载荷系列及连接型式尺寸》

GB/T 21421.1《标称电压高于 1000V 的架空线路用复合绝缘子串元件　第 1 部分：标准强度等级和端部装配件》

GB/T 21421.2《标称电压高于 1000V 的架空线路用复合绝缘子串元件　第 2 部分：尺寸与特性》

GB/T 20142《标称电压高于 1000V 的交流架空线路用线路柱式复合绝缘子－定义、试验方法及接收准则》

GB/T 20141《型线同心绞架空导线》

GB/T 197《普通螺纹　公差》

GB/T 16927.1《高电压试验技术　第 1 部分：一般定义及试验要求》

GB/T 1591《低合金高强度结构钢》

GB/T 14315《电力电缆导体用压接型铜、铝接线端子和连接管》

GB/T 13729《远动终端设备》

GB/T 1179《圆线同心绞架空导线》

GB/T 1173《铸造铝合金》

GB/T 11352《一般工程用铸造碳钢件》

GB/T 11345《焊缝无损检测　超声检测　技术、检测等级和评定》

GB 51302《架空绝缘配电线路设计标准》

GB 50661《钢结构焊接规范》

GB 50429《铝合金结构设计规范》

GB 50205《钢结构工程施工质量验收标准》

GB 50173《电气装置安装工程 66kV 及以下架空电力线路施工及验收规范》

GB 50169《电气装置安装工程　接地装置施工及验收规范》

GB 50061《66kV 及以下架空电力线路设计规范》

GB 50017《钢结构设计标准》

GB/T 4623《环形混凝土电杆》

GB 311.1《绝缘配合　第 1 部分：定义、原则和规则》

GB/T 11032《交流无间隙金属氧化物避雷器》

GB/T 14049《额定电压 10kV 架空绝缘电缆》

GB/T 12527《额定电压 1kV 及以下架空绝缘电缆》

DL/T 646《输变电钢管结构制造技术条件》

DL/T 804《交流电力系统金属氧化物避雷器使用导则》

DL/T 768.7《电力金具制造质量　钢铁件热镀锌层》

DL/T 768.6《电力金具制造质量　第 6 部分：焊接件和热切割件》

DL/T 768.5《电力金具制造质量　第 5 部分：铝制件》

DL/T 768.4《电力金具制造质量　第 4 部分：球墨铸铁件》

DL/T 768.3《电力金具制造质量　第 3 部分：冲压件》

DL/T 768.2《电力金具制造质量　第 2 部分：黑色金属锻制件》

DL/T 768.1《电力金具制造质量　第 1 部分：可锻铸铁件》

DL/T 765.3《架空配电线路金具　第 3 部分：额定电压 35kV 及以下架空绝缘导线金具》

DL/T 765.2《架空配电线路金具　第 2 部分：额定电压 35kV 及以下架空裸导线金具》

DL/T 765.1《架空配电线路金具　第 1 部分：通用技术条件》

DL/T 764《电力金具用杆部带销孔六角头螺栓》

DL/T 763《架空线路用预绞式金具技术条件》

DL/T 759《连接金具》

DL/T 758《接续金具》

DL/T 757《耐张线夹》

DL/T 756《悬垂线夹》

DL/T 683《电力金具产品型号命名方法》

DL/T 678《电力钢结构焊接通用技术条件》

DL/T 646《输变电钢管结构制造技术条件》

DL/T 599《中低压配电网改造技术导则》

DL/T 5442《输电线路杆塔制图和构造规定》

DL/T 5285《输变电工程架空导线（800mm² 以下）及地线液压压接工艺规程》

DL/T 376《聚合物绝缘子伞裙和护套用绝缘材料通用技术条件》

DL/T 347《T 型线夹》

DL/T 346《设备线夹》

DL/T 284《输电线路杆塔及电力金具用热浸镀锌螺栓与螺母》

DL/T 1580《交、直流复合绝缘子用芯体技术条件》

DL/T 1343《电力金具用闭口销》

DL/T 1292《配电网架空绝缘线路雷击防护导则》

DL/T 1099《防振锤技术条件和试验方法》

T/CSEE 0127《架空配电线路用预绞式绑线技术条件和试验方法》

Q/GDW 10738《配电网规划设计技术导则》

Q/GDW 12069《10kV 配电线路复合绝缘横担技术规范》

Q/GDW 13001《高海拔外绝缘配置技术规范》

Q/GDW 10370《配电网技术导则》

Q/GDW 744《配电网技改大修项目交接验收技术规范》

Q/GDW 10742《配电网施工检修工艺规范》

Q/GDW 1625《配电自动化建设与改造标准化设计技术规定》

Q/GDW 10514《配电自动化终端/子站功能规范》

Q/GDW 1382《配电自动化技术导则》

第二篇

10kV 架空线路通用设计

第 4 章 设 计 技 术 原 则

4.1 概述

10kV 架空线路通用设计包括 10kV 架空线路的气象条件、10kV 及同杆（塔）架设的 220/380V 线路导线型号的选取和导线应力弧垂表、铁质横担杆头布置、绝缘横担杆头布置、直线水泥单杆的选用、无拉线转角水泥单杆及拉线转角水泥单杆的选用、拉线直线及转角水泥双杆的选用、直线及耐张钢管杆的选用、窄基塔的选用、宽基塔的选用、金具和绝缘子的选用、防雷与接地、柱上设备、柱上配电自动化终端、耐张及分支杆引线布置、线路标识及警示装置、架空线路分册应用说明等。

10kV 架空线路通用设计共列杆头模块 14 个、杆头型式 17 种，杆（塔）模块 44 个、杆（塔）型 52 种，柱上设备型式 38 种。

各章节名称及主要图纸内容见表 4-1。

表 4-1　　　　各章节名称及主要图纸内容

章号	章节名称	主要图纸内容
4	设计技术原则	
5	导线应力弧垂表	
6	10kV 铁质横担杆头布置	铁质横担杆头示意图、横担加工图、抱箍加工图、双头螺栓加工图、斜撑加工图、顶架加工图、钢管杆横担连接板及加劲板通用图
7	10kV 复合绝缘横担杆头布置	复合绝缘横担杆头示意图、绝缘横担组装示意图、绝缘横担加工图、跳线绝缘子加工图、绝缘横担抱箍加工图、绝缘横担金具加工图

续表

章号	章节名称	主要图纸内容
8	10kV 直线水泥单杆	单线图及技术参数表、爬梯组合安装图、梯铁附件制造图、基础型式示意图
9	10kV 无拉线转角水泥单杆	单线图及技术参数表、爬梯组合安装图、基础型式示意图
10	10kV 拉线转角水泥单杆	单线图及技术参数表、拉线布置示意图及配置表、拉线抱箍加工图
11	10kV 拉线直线水泥双杆及拉线转角水泥双杆	单线图及参数表、拉线布置示意图及配置表、横担加工图、斜撑加工图、抱箍加工图、横担托箍加工图
12	10kV 直线钢管杆	单线图及技术参数表、杆段结构图、爬梯结构图、加工说明、基础型式示意图
13	10kV 耐张钢管杆	单线图及技术参数表、杆段结构图、爬梯结构图、加工说明、基础型式示意图
14	10kV 窄基塔	单线图及技术参数表、总图及材料汇总表、塔头结构图、塔身结构图、塔腿结构图、加工说明、基础型式示意图
15	10kV 宽基塔	单线图及技术参数表、总图及材料汇总表、塔头结构图、塔身结构图、塔腿结构图、加工说明、基础型式示意图
16	10kV 金具和绝缘子选用	金具及绝缘子表、绝缘子选用配置表、绝缘子串组装图
17	防雷接地设计	绝缘导线防雷装置图例、横担与水泥杆接线、端子电气连接示意图、接地方式示意图
18	柱上设备	柱上开关、电缆上杆装置、柱上高压计量装置等通用安装及接线方式加工图
19	柱上配电自动化装置	开关杆配置配电自动化终端安装示意图、配置故障指示器安装示意图

章号	章节名称	主要图纸内容
20	10kV 耐张及分支杆引线布置	转角杆装置图、耐张杆跳线图、单回及多回路直线支接装置图
21	10kV 线路标识及警示装置	杆塔标志牌示意图、开关设备标志牌示意图、相序牌示意图、禁止标志牌示意图

4.2 气象条件

根据《西藏 10kV 及以下配电网工程建设改造技术原则（2020 年版）》，10kV 架空线路通用设计在广泛调研基础上选取 XZ–A、XZ–B 两种气象区（简称 A、B 气象区），气象条件见表 4–2。

表 4–2　　　　　　　　10kV 架空线路通用设计气象条件

气象区		XZ–A	XZ–B
大气温度（℃）	最高	+35	
	最低	−20	−40
	覆冰	−5	
	最大风	−5	
	安装	−10	−15
	外部过电压	+15	
	内部过电压、年平均气温	+5	−5
风速（m/s）	最大风	27	30
	覆冰	10	
	安装	10	
	外过电压	10	
	内过电压	15	
覆冰厚度（mm）		5	10
冰的密度（kg/m³）		0.9×10³	

注　1. 海拔 4000m 以下地区结合风区图选择 XZ–A、XZ–B 气象区，海拔 4000m 以上地区建议选择 XZ–B 气象区，对于局部 30m/s 以上风速，需在设计说明中明确防风加固措施。
　　2. 对于超出表中范围的局部气象情况，设计时需对特定气象条件进行相关的计算，并对通用设计各相关内容进行校核、调整后方可使用。

4.3 导线选取和使用

4.3.1 导线型号与截面选取

（1）按照《配电网规划设计技术导则》（Q/GDW 10738—2020）的要求，出线走廊拥挤、树线矛盾突出、人口密集的 A、B、C 类供电区域宜采用铝芯交联聚乙烯绝缘架空电缆（简称绝缘导线）；出线走廊宽松、安全距离充足的城郊、乡村、牧区等 D、E 类供电区域可采用裸导线。D、E 类供电区域内如有大型鸟类栖息地可采用绝缘导线，以预防鸟类撞线放电事故；其他供电区域可根据实际情况和建设需求选用铝芯交联聚乙烯绝缘导线或钢芯铝绞线。

A～E 类供电区域的划分主要依据行政级别或规划水平年的负荷密度，以行政区对应的供电分区为基础，参考经济发达程度、用户重要程度、用电水平、GDP 等因素适当调整，确定最终供电分区。

按照《西藏城市配电网规划设计技术指导手册（2023 年版）》和《西藏农牧区配电网规划设计技术指导手册（2023 年版）》的要求，国网西藏电力有限公司供电区域划分见表 4–3。

表 4–3　　　　　　国网西藏电力有限公司供电区域划分表

供电区域		划分范围（行政区域）	划分范围 [饱和负荷密度 σ（MW/km²）]
A		省会城市核心区（老城区）、国家经济开发区	σ≥15
B	B1	省会城市中心区、其他城市核心区、国家经济开发区	10≤σ<15、经济开发区 σ≥15
	B2	省会城市一般市区、其他城市市区、省级经济开发区	6≤σ<10、经济开发区 6≤σ<15
C	C1	省会城市郊区、其他城市郊区	1≤σ<6
	C2	城市中心城区以外市辖区	
	C3	一般县城	1≤σ<6
	C4	边境乡镇	
D	D1	特色乡镇	0.1≤σ<1
	D2	一般乡镇、小型县城	
E		农区、林区、牧区	σ<0.1

注　1. σ为供电区域的饱和负荷密度。
　　2. 供电区域面积一般不大于 5km²。
　　3. 计算负荷密度时，应扣除 110kV 专线负荷，以及高山、戈壁、荒漠、水域、森林等无效供电面积。

（2）10kV 架空线路根据不同的供电负荷需求，可采用 70、120、150、240mm² 截面的导线。主线建议主干线采用 120、150、240mm² 型号，分支线采用 70、120mm² 型号。

（3）同杆架设的 380/220V 架空线路根据不同的供电负荷需求，可采用 70、120、185mm² 截面的导线，且导线最小截面选用 70mm²。

（4）导线的适用档距是指导线允许使用到的最大档距（即工程中相邻杆塔的最大间距）。10kV 架空线路通用设计绝缘导线的适用档距不超过 80m，裸导线水泥单杆的适用档距不超过 120m，裸导线水泥双杆的适用档距不超过 250m，裸导线窄基塔的适用档距不超过 120m、裸导线宽基塔的适用档距不超过 500m。

（5）10kV 水泥单杆（含直线水泥单杆、无拉线转角水泥单杆及拉线转角水泥单杆）及钢管杆（含直线钢管杆及耐张钢管杆）在 XZ-A、XZ-B 气象区导线型号、适用档距、安全系数及允许最大直线转角见表 4-4，10kV 水泥双杆（含拉线直线水泥双杆、拉线转角水泥双杆）在 XZ-A、XZ-B 气象区导线型号、适用档距、安全系数及允许最大直线转角见表 4-5，10kV 窄基塔、宽基塔在 XZ-A、XZ-B 气象区导线型号、适用档距、安全系数及允许最大直线转角见表 4-6。

同杆架设的 380/220V 在 XZ-A、XZ-B 气象区导线型号、适用档距、安全系数及允许最大直线转角见表 4-7。

表 4-4　10kV 水泥单杆及钢管杆导线型号、适用档距、安全系数及允许最大直线转角

导线分类	适用档距（m）	导线型号	安全系数		导线允许最大直线转角（°）
			XZ-A	XZ-B	
10kV 绝缘导线	L≤80	JKLYJ-10/70	3.5	3.5	15
		JKLYJ-10/120	5.0	5.0	15
		JKLYJ-10/150	5.0	5.0	12
		JKLYJ-10/240	5.0	5.0	8
10kV 裸导线	L≤120	JL/G1A-70/10	7.0	7.0	15
		JL/G1A-120/20	8.5	8.5	12
		JL/G1A-150/20	8.0	8.0	10
		JL/G1A-240/30	10.0	10.0	8

表 4-5　10kV 水泥双杆导线型号、适用档距、安全系数及允许最大直线转角

导线分类	适用档距（m）	导线型号	安全系数		导线允许最大直线转角（°）
			XZ-A	XZ-B	
10kV 裸导线	L≤250	JL/G1A-70/10	3.5		0
		JL/G1A-120/20	3.5		0
		JL/G1A-150/20	3.5		0
		JL/G1A-240/30	4		0

表 4-6　10kV 窄基塔、宽基塔导线型号、适用档距、安全系数及允许最大直线转角

导线分类	适用档距（m）	导线型号	安全系数		导线允许最大直线转角（°）
			XZ-A	XZ-B	
窄基塔 10kV 绝缘导线	L≤80	JKLYJ-10/70	4.0	3.5	6（10）
		JKLYJ-10/120	5.5	5.0	3（6）
		JKLYJ-10/150	6.0	5.0	2（5）
		JKLYJ-10/240	6.5	5.0	0（3）
窄基塔 10kV 裸导线	L≤120	JL/G1A-70/10	8.5	7.0	6（10）
		JL/G1A-120/20	10.0	8.5	3（6）
		JL/G1A-150/20	10.0	8.5	2（5）
		JL/G1A-240/30	12.0	10.0	0（3）
宽基塔 10kV 裸导线	L≤500	JL/G1A-70/10	2.5	2.5	0
		JL/G1A-120/20	2.5	2.5	0
		JL/G1A-150/20	2.5	2.5	0
		JL/G1A-240/30	2.5	2.5	0

注　括号内的数值为 XZ-A 气象区导线允许最大直线转角度数，括号外的数值为 XZ-B 气象区导线允许最大直线转角度数。

表 4-7　同杆架设的 380/220V 导线型号、适用档距、安全系数及允许最大直线转角

导线分类	适用档距（m）	导线型号	安全系数		导线允许最大直线转角（°）
			XZ-A	XZ-B	
380/220V 绝缘导线	L≤80	JKLYJ-1/70	4.5	4.0	15
		JKLYJ-1/120	5.5	5.0	15
		JKLYJ-1/185	6.5	5.0	10

对于超出表 4-4～表 4-7 导线型号及适用档距限定范围的使用情况，设计时需对所选用电杆的电气和结构进行校验、调整后方可使用。

4.3.2 导线参数

（1）裸导线参数根据《圆线同心绞架空导线》（GB/T 1179—2017）附录 E 中国内常用规格的导线尺寸及导线性能表选取。

（2）10kV 绝缘导线及同杆架设的 380/220V 绝缘导线参数分别根据《额定电压 10kV 架空绝缘电缆》（GB/T 14049—2008）及《额定电压 1kV 及以下架空绝缘电缆》（GB/T 12527—2008）选取，标准中对绝缘导线的导体中最小单线根数、绝缘厚度、导线拉断力均有明确规定，10kV 架空线路通用设计在对国内多家绝缘导线厂家调研的基础上，选取绝缘导线外径、质量、计算截面较大者作为推荐的计算参数，以确保设计的安全裕度。

（3）10kV 绝缘导线的绝缘层均采用普通绝缘厚度，为 3.4mm。

（4）各种规格导线参数见表 4-8～表 4-10。

表 4-8　　　　　　　10kV 绝缘导线参数表

型号		JKLYJ－10/70	JKLYJ－10/120	JKLYJ－10/150	JKLYJ－10/240
构造（根数×直径，mm）	铝	19×2.25	19×2.90	37×2.32	37×2.90
	绝缘厚度（mm）	3.4	3.4	3.4	3.4
截面积（mm²）	铝	75.55	125.50	156.41	244.39
外径（mm）		18.4	21.4	23	26.8
单位质量（kg/km）		369	550	652	948
综合弹性系数（MPa）		56000	56000	56000	56000
线膨胀系数（1/℃）		0.000023	0.000023	0.000023	0.000023
计算拉断力（N）		10354	17339	21033	34679

表 4-9　　　　　　　380/220V 绝缘导线参数表

型号		JKLYJ－1/70	JKLYJ－1/120	JKLYJ－1/185
构造（根数×直径，mm）	铝	19×2.25	19×2.90	37×2.58
	绝缘厚度（mm）	1.4	1.6	2.0
截面积（mm²）	铝	75.55	125.50	193.43
外径（mm）		13.2	16.8	20.8

续表

单位质量（kg/km）	241	400	618
综合弹性系数（MPa）	56000	56000	56000
线膨胀系数（1/℃）	0.000023	0.000023	0.000023
计算拉断力（N）	10354	17339	26732

表 4-10　　　　　　　钢芯铝绞线参数表

型号		JL/G1A－70/10	JL/G1A－120/20	JL/G1A－150/20	JL/G1A－240/30
构造（根数×直径，mm）	铝	6×3.80	26×2.38	24×2.78	24×3.60
	钢	1×3.80	7×1.85	7×1.85	7×2.40
截面积（mm²）	铝	68.05	115.67	145.68	244.29
	钢	11.34	18.82	18.82	31.67
	总计	79.39	134.49	164.50	275.96
直径（mm）		11.4	15.1	16.7	21.60
单位质量（kg/km）		275.0	466.4	549.0	921.5
综合弹性系数（MPa）		74300	73900	70500	70500
线膨胀系数（1/℃）		0.0000188	0.0000189	0.0000194	0.0000194
计算拉断力（N）		23360	42260	46780	75190

4.3.3 其余类型导线

JKLGYJ 钢芯铝绞线芯交联聚乙烯绝缘架空电缆（非标准名称）可用于树线矛盾突出、重要交叉跨越、特殊气象条件（如大风、重覆冰）、较大使用档距需求等情况，其线条张力和架线弧垂均较大，故不作为绝缘导线的主要类型推荐使用。

上述导线类型各地如确需使用，须严格收集导线各力学参数，参考常用导线计算方法，依据规程规范进行导线应力弧垂计算、杆塔电气及结构计算，并对通用设计所列杆塔类型进行校核、调整，满足要求后方可投入使用。

4.3.4 导线应力弧垂表的使用

代表档距 120m 及以下的耐张段的导线架线弧垂根据第 5 章导线应力弧垂表（适用于 10kV 水泥单杆、钢管杆及窄基塔）进行查取，并根据导线类型及使用档距对导线的初伸长采取不同程度的补偿（见第 5 章说明）。

适用于 10kV 双杆的导线（适用档距大于 120m）的安全系数在表 4-5 中

给出一定的取值范围，各地在使用时需对导线安全系数做进一步确定，自行计算导线的架线弧垂。

适用于 10kV 宽基塔的导线（适用档距不超过 500m）的安全系数在表 4-6 中已给出，各地在使用时需自行计算导线的架线弧垂。

4.4 杆型选取和使用

4.4.1 杆塔回路数

（1）单回 10kV 线路，部分杆型可同杆架设单回 380/220V 线路。

（2）双回 10kV 线路，部分杆型可同杆架设单回 380/220V 线路。各电杆允许架设的 10kV 线路回路数以及是否能同杆架设 380/220V 线路参考杆型分类表或使用条件表。

4.4.2 杆长（塔高）选择

（1）10kV 架空线路通用设计中水泥单杆按杆长分为 12、15、18m 三种规格，钢管杆按杆长分为 10、13、16、19、22m 五种规格。

1）12、15、18m 水泥单杆可依次分别和 10、13、16m 钢管杆构成一使用系列。

2）一般情况下，12m 水泥单杆及 10m 钢管杆仅适用于单回路线路，15m 水泥单杆及 13m 钢管杆适用于单回路线路及双回路线路，18m 水泥单杆及 16m 钢管杆适用于单回路线路及双回路线路。

3）用于单回路及双回路线路直线跨越（不考虑同杆架设 380/220V 线路）的电杆可采用 18m 水泥单杆及 19、22m 直线钢管杆。

（2）窄基塔适用于单回路线路及双回路线路，部分考虑同杆架设单回路 380/220V 线路。直线窄基塔按塔高分为 13、15、18、21、24m，耐张转角窄基塔按塔高分为 13、15、18m。

（3）宽基塔适用于单回路线路及双回路线路，不考虑同杆架设 380/220V 线路。直线宽基塔按塔高分为 12、15、18、21、24、27m，耐张转角宽基塔按塔高分为 9、12、15、18m。

（4）拉线直线水泥双杆及拉线转角水泥双杆仅适用于单回路线路，不考虑同杆架设 380/220V 线路。拉线直线水泥双杆按杆长分为 12、15、18m，拉线转角水泥双杆按杆长分为 12、15m。

4.4.3 水平档距及垂直档距

（1）10kV 电杆水平档距和垂直档距见表 4-11。

表 4-11　　　　　10kV 电杆水平档距和垂直档距

电杆类型	导线类型	有无低压线同杆	水平档距 L_h，垂直档距 L_v（m）	
直线水泥单杆	绝缘导线	有	$L_h \leq 80$，$L_v \leq 100^*$	
		无		
	裸导线	有	$L_h \leq 80$，$L_v \leq 100$	
		无	单回路	$L_h \leq 120$，$L_v \leq 150$
			双回路	$L_h \leq 80$，$L_v \leq 100$
无拉线转角水泥单杆	绝缘导线	有	$L_h \leq 80$，$L_v \leq 100$	
		无		
	裸导线	有		
		无		
拉线转角水泥单杆	绝缘导线	有	$L_h \leq 80$，$L_v \leq 100$（$L_h \leq 40$，$L_v \leq 50$）	
		无		
	裸导线	有	$L_h \leq 80$，$L_v \leq 100$（$L_h \leq 40$，$L_v \leq 50$）	
		无	$L_h \leq 100$，$L_v \leq 120$（$L_h \leq 50$，$L_v \leq 60$）	
拉线直线水泥双杆	裸导线	无	$L_h \leq 250$，$L_v \leq 350$	
拉线转角水泥双杆	裸导线	无	$L_h \leq 250$，$L_v \leq 350$（$L_h \leq 125$，$L_v \leq 175$）	
直线钢管杆	绝缘导线	无	$L_h \leq 80$，$L_v \leq 120$	
	裸导线	无		
耐张钢管杆	绝缘导线	有	$L_h \leq 80$，$L_v \leq 100$（$L_h \leq 40$，$L_v \leq 50$）	
		无		
	裸导线	有		
		无		
窄基塔	绝缘导线	无	$L_h \leq 80$，$L_v \leq 120$（$L_h \leq 40$，$L_v \leq 60$）	
	裸导线	无	$L_h \leq 120$，$L_v \leq 150$（$L_h \leq 60$，$L_v \leq 75$）	
宽基塔	裸导线	无	$L_h \leq 500$，$L_v \leq 750$（$L_h \leq 175$，$L_v \leq 275$）	

注　括号中数值表示用作终端塔使用时的水平档距、垂直档距。

* XZ-B 气象区部分杆型因主杆强度限制，其水平适当缩小。

（2）在表 4-11 基础上，第 8 章～第 15 章各杆型分类表或使用条件表根据各外荷载对电杆的水平档距再做相应的限定。

4.4.4 同杆架设的 380/220V 线路

（1）与 10kV 同杆架设的 380/220V 线路（简称低压线）对电杆受力的影响非常大，对直线杆将直接影响其主杆型号的选取，对转角杆将影响其使用角度，选用电杆时要根据有无低压线的实际情况选取。

（2）现行低压线导线规格很多，为优化电杆选择，有同杆架设低压线的直线杆和转角杆均能满足 185mm² 截面绝缘导线（JKLYJ-1/185）用作低压线的要求。

4.4.5 杆头汇总

（1）10kV 架空线路通用设计给出了各种杆径和适用于各海拔的直线杆、直线转角杆、耐张转角杆的多种杆头布置型式，见表 4-12。

（2）直线水泥单杆档距处于 80～120m 时，结合导线参数、路径通道、重要交叉跨越和特殊气象条件（如大风、重覆冰）等情况，考虑使用双横担。

表 4-12　　　　　　　　10kV 杆头汇总表（铁质）

序号	适用范围	模块名称	排列方式	杆头名称
1	直线杆、直线转角杆	单回直线水泥单杆杆头	三角	Z1-1
2		单回直线钢管杆杆头	三角	Z1-2
3		双回直线水泥单杆杆头	双三角	Z2-1
4			双垂直	Z2-2
5		双回直线钢管杆杆头	双垂直	Z2-3
6	耐张转角杆	单回 0°～45°耐张转角水泥单杆杆头	三角	NJ1-1
7		单回 45°～90°耐张转角（兼终端）水泥单杆杆头	三角	NJ1-2
8		单回耐张钢管杆杆头	三角	NJ1-3
9		双回 0°～45°耐张转角水泥单杆杆头	双垂直	NJ2-1
10		双回 0°～45°耐张转角水泥单杆杆头	双垂直	NJ2-2
11		双回 45°～90°耐张转角（兼终端）水泥单杆杆头	双垂直	NJ2-3
12		双回耐张钢管杆杆头	双垂直	NJ2-4
13	高低压同杆	高低压同杆水泥单杆杆头	直线	
14			直线转角	
15			转角	

（3）各种型式复合绝缘横担杆头汇总表见表 4-13。

表 4-13　　　　　　10kV 复合绝缘横担杆头汇总表

序号	适用范围	模块编号	模块名称	排列方式	杆头名称
1	直线杆	13	单回直线水泥单杆杆头	上字型	JZ1-1
2		14	双回直线水泥单杆杆头	双垂直	JZ2-1

4.4.6 杆型汇总表

直线水泥单杆在各供电区域内均可使用，无拉线转角水泥单杆、直线钢管杆、耐张钢管杆在 A、B、C 类供电区域内推荐使用，拉线转角水泥单杆、拉线直线水泥双杆、拉线转角水泥双杆在 C、D、E 类供电区域内推荐使用，窄基塔在 B、C、D 类供电区域内推荐使用。宽基塔在大档距跨越时使用。10kV 杆型汇总表见表 4-14。

表 4-14　　　　　　　10kV 杆型汇总表

杆型编号	适用范围	模块编号	模块名称	杆塔类型	杆型名称
1	直线水泥单杆	1	单回直线水泥单杆	非预应力水泥杆	Z-M
2				非预应力水泥杆	Z-N
3		2	双回直线水泥单杆	非预应力水泥杆	2Z-M
4				非预应力水泥杆	2Z-N
5	无拉线转角水泥单杆	3	无拉线转角水泥单杆	非预应力水泥杆	J19-M
				非预应力水泥杆	J23-N
6	单回路拉线转角水泥单杆	4	拉线直线转角水泥单杆	非预应力水泥杆	ZJ-M
7				非预应力水泥杆	ZJ-M-D
8		5	单回拉线单排耐张转角水泥单杆	非预应力水泥杆	NJ1A-M
9				非预应力水泥杆	NJ1A-M-D
10		6	单回拉线双排耐张转角水泥单杆	非预应力水泥杆	NJ2A-M
11				非预应力水泥杆	NJ2A-M-D
12				非预应力水泥杆	NJ2A-N-D
13		7	拉线直线耐张水泥单杆	非预应力水泥杆	ZNA-M
14				非预应力水泥杆	ZNA-M-D
15		8	拉线终端水泥单杆	非预应力水泥杆	DA-M
16				非预应力水泥杆	DA-M-D

杆型编号	适用范围	模块编号	模块名称	杆塔类型	杆型名称
17	双回路拉线转角水泥单杆	9	双回拉线直线转角水泥单杆	非预应力水泥杆	2ZJ－M
18		10	双回 8°～45°拉线耐张转角水泥单杆	非预应力水泥杆	2NJ1－M
19		11	双回 45°～90°拉线耐张转角水泥单杆	非预应力水泥杆	2NJ2－N
20		12	双回拉线直线耐张水泥单杆	非预应力水泥杆	2ZN－M
21		13	双回拉线终端水泥单杆	非预应力水泥杆	2D－M
22	拉线直线水泥双杆及拉线转角水泥双杆	14	单回拉线直线水泥双杆	非预应力水泥杆	ZS－M
23		15	单回 0°～10°拉线耐张转角水泥双杆	非预应力水泥杆	NJS1－N
24		16	单回 10°～30°拉线耐张转角水泥双杆	非预应力水泥杆	NJS2－N
25		17	单回 30°～60°拉线耐张转角水泥双杆	非预应力水泥杆	NJS3－N
26		18	单回 60°～90°拉线耐张转角水泥双杆	非预应力水泥杆	NJS4－N
27		19	单回拉线终端水泥双杆	非预应力水泥杆	DS－N
28	直线钢管杆	20	单回直线钢管杆	钢管杆	GZ23
29		21	双回直线钢管杆	钢管杆	G2Z25
30	耐张钢管杆	22	270mm 梢径耐张钢管杆	钢管杆	GN27
31		23	310mm 梢径耐张钢管杆	钢管杆	GN31
32		24	350mm 梢径耐张钢管杆	钢管杆	GN35
33	窄基塔	25	单回直线窄基塔	角钢塔	ZJT－Z
34		26	单回 0°～30°耐张转角窄基塔	角钢塔	ZJT－J1
35		27	单回 30°～60°耐张转角窄基塔	角钢塔	ZJT－J2
36		28	单回 60°～90°耐张转角窄基塔	角钢塔	ZJT－J3
37		29	双回直线窄基塔	角钢塔	ZJT－SZ
38		30	双回 0°～30°耐张转角窄基塔	角钢塔	ZJT－SJ1
39		31	双回 30°～60°耐张转角窄基塔	角钢塔	ZJT－SJ2
40		32	双回 60°～90°耐张转角窄基塔	角钢塔	ZJT－SJ3

杆型编号	适用范围	模块编号	模块名称	杆塔类型	杆型名称
41	宽基塔	33	单回直线宽基塔	角钢塔	10D3015－ZA1
42		34	单回直线宽基塔	角钢塔	10D3015－ZA2
43		35	单回直线宽基塔	角钢塔	10D3015－ZA3
44		36	单回 0°～30°耐张转角宽基塔	角钢塔	10D3015－J1
45		37	单回 30°～60°耐张转角宽基塔	角钢塔	10D3015－J2
46		38	单回 60°～90°耐张转角宽基塔	角钢塔	10D3015－J3
47		39	双回直线宽基塔	角钢塔	10D3015－SZA1
48		40	双回直线宽基塔	角钢塔	10D3015－SZA2
49		41	双回直线宽基塔	角钢塔	10D3015－SZA3
50		42	双回 0°～30°耐张转角宽基塔	角钢塔	10D3015－SJ1
51		43	双回 30°～60°耐张转角宽基塔	角钢塔	10D3015－SJ2
52		44	双回 60°～90°耐张转角宽基塔	角钢塔	10D3015－SJ3

4.5 绝缘配合

（1）10kV 架空线路通用设计最高海拔按照 5000m 考虑。

（2）各海拔的杆头电气距离、绝缘子选用、柱上设备的外绝缘水平均应满足《国家电网公司物资采购标准高海拔外绝缘配置技术规范》（Q/GDW 13001—2014）相关内容要求。

4.6 10kV 金具和绝缘子选用

（1）10kV 线路金具、绝缘子选用规定适用于不同海拔高度及环境污秽等级的 10kV 架空配电线路的直线及耐张绝缘子型式，明确适用于各类型导线的金具型号及使用要求。

（2）10kV 金具类型包括悬垂线夹、耐张线夹、连接金具、接续金具、设备金具、防护金具、拉线金具和固定金具等。金具选用应考虑强度、耐用性、耐冲击性、紧密性和转动灵活性等要求，根据导线类型和最大使用拉力、绝缘子强度等要求选用匹配的金具。

4.7 防雷与接地

1. 线路防雷

10kV架空线路通用设计推荐采用以下三种线路防雷措施：带外串联间隙避雷器、复合绝缘横担、架空地线。

（1）应根据当地气象数据和运行经验确定易发生雷击的杆塔，将所有待保护杆塔的集合设置为保护区段。采用带外串联间隙避雷器做防雷保护措施时，宜全保护区段逐基杆塔逐相安装。带外串联间隙避雷器宜与被保护绝缘子就近并联安装，除明确要求设置人工接地装置的避雷器外，可利用杆塔自然接地。

（2）复合绝缘横担使用海拔不大于4000m，干雷电冲击耐受电压选择在300～400kV。

（3）设置架空地线时，为更好地降低感应雷的影响，水泥杆各铁质横担处应通过金属短引线与架空地线支架等电位连接，以有效降低绝缘子两端电位差，减少雷击断线概率。

2. 柱上设备防雷

柱上设备采用无间隙避雷器作为防雷措施。由于雷电冲击电流会在连接线上形成电压降，因此避雷器需就近与柱上设备并联，使避雷器高压端、接地端与柱上设备间的连接线总长度尽可能短。接地端应与柱上设备的人工接地装置相连。

3. 接地

（1）接地分两种类型，一种为自然接地；另一种为人工接地。自然接地是利用杆（塔）身接地，地面以下无需另设接地体；人工接地则通过外敷接地引下线连接至地面以下接地体，也可通过水泥杆非预应力主筋线或内嵌接地线沿杆身引下，并经接地端子（接地螺母）引出至的接地体，钢管杆、窄基塔、宽基塔可利用杆身连接至地面以下接地体，各接地体的布置形式应根据接地电阻阻值要求及各地运行经验综合确定。

（2）10kV架空线路通用设计基于中性点经消弧线圈接地系统和中性点不接地系统进行编制，对于其他中性点接地系统各地应根据规相关规程规范要求及实际情况，对通用设计相关内容开展差异化设计。

4.8 柱上设备

10kV架空线路通用设计柱上设备包括一、二次融合柱上断路器设备及电缆上杆、柱上高压计量装置的通用接线方式及安装形式。

（1）10kV配电线路较长的主干线或分支线应装设分段或分支开关；架空线路联络点应装设联络开关；10kV配电线路在产权分界点宜装设分界开关。

（2）柱上断路器、电缆终端应设防雷装置；经常开路运行的柱上断路器两侧均应设防雷装置；保护柱上断路器等柱上设备的避雷器的接地导体（线），应与设备外壳相连，接地装置的接地电阻不应大于10Ω。

（3）柱上断路器在线路有电压、有负载时切断线路及转换线路时使用。

（4）电缆上杆装置一般用于线路进线、出线、分支或用户线路搭接处。根据电缆上杆接线的不同情况，分为经柱上断路器上杆和直搭上杆两种形式。

（5）柱上高压计量装置一般用于线路联络处或分界处计量。

（6）10kV架空线路通用设计柱上设备装置考虑单回和双回架空线路。

4.9 柱上配电自动化装置

（1）智能配电网是智能电网建设中的重要环节，配电自动化是智能配电网的重要组成部分，应与配电网架同步规划、设计、建设。配电自动化集计算机技术、通信网络技术、自动化技术于一体，通过配电自动化装置对配电网一次设备进行远方实时监视和控制，是提升配电网供电可靠性管控水平的重要手段。配电自动化主要由配电自动化系统主站、配电自动化终端和通信网络等部分组成。

（2）涉及架空线路的配电终端有：馈线终端（FTU）、台区智能融合终端（SCU）、远传型故障指示器。馈线终端（FTU）安装在配电网架空线路杆塔等处具有远方监测、控制单元的设备，通过有线或无线通信与配电自动化主站进行数据传输。台区智能融合终端（SCU）安装在台区低压综合配电箱，具备信息采集、物联代理及边缘计算功能，支撑营销、配电及新兴业务的智能化融合终端设备。远传型故障指示器安装在电力线上指示故障电流的装置，能反映短路电流通过而出现故障标志牌的电磁感应设备，分外施信号型、暂态特征型、暂态录波型三种。

（3）综合考虑供电可靠性要求、网架结构、区域规划、一次设备、保护配置、通信条件，以满足未来中长期的运行维护合理需求。针对每条线路制定具体方案，综合采用配网三级保护（变电站出线＋大分支首端＋用户分界）与集中型或就地型等适用的馈线自动化方式，处理线路短路及接地故障，最大限度地减少停电时间、缩小停电范围。

4.10 铁质横担耐张及分支杆引线布置

（1）10kV 铁质横担耐张及分支杆引线方式适用于各截面导线的转角杆、分支杆的多种引线布置图。

（2）水泥单杆及采用活动横担的钢管杆线路，当线路转角 45°以下时采用单排横担布置方式，线路转角 45°及以上时采用双排横担布置方式。采用固定横担的钢管杆线路均采用单排横担布置方式。

（3）支接装置分为无熔断器、有熔断器及断路器三种方式，可向任意方向支接，10kV 架空线路通用设计中仅示出向右 90°方向的装置。

4.11 复合绝缘横担线路引线布置

（1）10kV 复合绝缘横担线路引线布置给出直线水泥单杆采用复合绝缘横担用作分支引下杆时，因部分杆头需加设跳线绝缘子固定分支引线导致分支引线对相、对地无法满足 350kV 干雷电冲击耐受电压水平要求，因此需在分支线横担或单独的固定支架上加设避雷器保护绝缘导线和绝缘子。

（2）直线水泥单杆采用复合绝缘横担加强架空绝缘线路绝缘水平后，耐张杆采用现有 10kV 线路装置，耐张杆引线布置（加避雷器）。

4.12 线路标识及警示装置

（1）按照《电气安全标志》（GB/T 29481），《电力安全设施配置技术规范第二部分：线路》（GB/T 36291.2）及《配电网施工检修工艺规范》（Q/GDW 10742）的相关要求，阐述了 10kV 架空线路的标识及警示装置的分类，规范了配电线路标识及警示装置的安装及制作要求。

（2）10kV 线路标识装置可结合带有"国网芯"的 RFID 电子标签一同固定在杆塔上，电子标签与线路、杆塔信息保持一致，"国网芯"中应包括 PMS、ERP、线路设计、采购、运维、检修、报废等各阶段管理信息。

4.13 图纸查用流程

4.13.1 10kV 水泥单杆及钢管杆

（1）选定适用的气象区。

（2）在表 4-4 中选定适用的导线型号及安全系数，并在第 5 章选定对应的导线应力弧垂表。

（3）根据选定气象区的杆型分类表选择适用的杆型（见第 8 章～第 10 章及见第 12 章～第 13 章）。

（4）根据地区特点选用第 6 章适用的杆头布置型式，并根据导线型号及档距选用相应的横担。

（5）根据通用设计第 16 章相关内容，选取各海拔、环境污秽等级适用的绝缘子。

（6）根据各地勘探的实际地质参数、各杆型单线图及技术参数表中的基础作用力，参考第 8 章～第 10 章及见第 12 章～第 13 章所列的电杆基础选用相关说明和电杆基础型式，计算电杆基础。

4.13.2 10kV 水泥双杆

（1）选定适用的气象区。

（2）在表 4-5 中给出了适用的导线型号及安全系数的取值范围，在第 5 章中给出了特定安全系数下的应力弧垂，若特定安全系数下的应力弧垂不满足实际要求，需自行选择安全系数并计算应力弧垂。

（3）根据双杆使用条件表选择适用的杆型（见第 11 章）。

（4）根据通用设计第 16 章相关内容，选取各海拔、环境污秽等级适用的绝缘子。

（5）根据各地勘探的实际地质参数、各杆型单线图及技术参数表中的基础作用力，参考第 11 章所列的电杆基础设计注意事项，计算电杆基础。

4.13.3 10kV 窄基塔

（1）选定适用的气象区。

（2）在表 4-6 中选定适用的导线型号及安全系数，并在第 5 章选定对应的导线应力弧垂表。

（3）根据窄基塔使用条件表选择适用的塔型（见第 14 章）。

（4）根据通用设计第 16 章相关内容，选取各海拔、环境污秽等级适用的绝缘子。

（5）根据各地勘探的实际地质参数、各塔型单线图及技术参数表中的基础作用力，参考第 14 章所列的窄基塔基础选用相关说明和窄基塔基础型式，计算窄基塔基础。

4.13.4 10kV 宽基塔

（1）选定适用的气象区。

（2）在表 4-6 中选定适用的导线型号及安全系数，并在第 5 章选定对应的导线应力弧垂表，在使用时需进一步确定导线的安全系数是否满足要求，不满足要求的需在检验杆塔荷载后自行计算。

（3）根据宽基塔使用条件表选择适用的塔型（见第 15 章）。

（4）根据通用设计第 16 章相关内容，选取各海拔、环境污秽等级适用的绝缘子。

（5）根据各地勘探的实际地质参数、各塔型单线图及技术参数表中的基础作用力，参考第 15 章所列的宽基塔基础选用相关说明和宽基塔基础型式，计算宽基塔基础。

第 5 章　导 线 应 力 弧 垂 表

5.1　内容说明

（1）本章给出了各种规格导线在各气象区代表档距 500m 及以下的耐张段的导线应力弧垂表，适用于 10kV 水泥单杆、钢管杆、窄基塔、水泥双杆和宽基塔。

（2）第 4 章表 4-5 给出了 10kV 水泥双杆的导线安全系数取值，表 4-6 给出了 10kV 宽基塔的导线安全系数取值，在使用时需对导线安全系数做进一步确定是否满足要求，不满足要求的需在校验杆塔荷载后自行计算导线的应力弧垂。

（3）本章导线应力弧垂表（见图 5-1～图 5-40）中右侧给出了选用导线的外径、截面、拉断力、单位重量、最大使用应力、安全系数、气象区参数及导线的计算比载等。

（4）导线应力弧垂表的左侧表格给出了选用导线在高温、低温、安装、雷电（外部过电压）、操作（内部过电压）、大风、覆冰、平均及架线气象条件等情况下的导线应力和弧垂的数值。

（5）水泥单杆、钢管杆、窄基塔导线应力弧垂表中导线年平均运行控制张力均取导线计算拉断力的 16%，依据规程要求，导线不需加装防振锤；水泥双杆导线应力弧垂表中导线年平均运行控制张力取导线计算拉断力的 18%，依据规程要求，导线不需加防振锤；宽基塔导线应力弧垂表中导线年平均运行控制张力取导线计算拉断力的 25%，依据规程要求，导线需加装防振锤。

5.2　导线架线弧垂查找方法

根据架线耐张段的代表档距 L_1 和架线时的气温在架线气象条件栏中采用插入法查取相应弧垂数值 f_1，并根据 5.3（1）及 5.3（2）要求进行导线初伸长的补偿，然后根据 $f_2 = (L_2/L_1)^2 \times f_1$ 计算出观察档施工弧垂 f_2，其中，L_2 为观察档距。

5.3　导线初伸长补偿的原则

（1）代表档距 120m 及以下的耐张段的新架导线的初伸长可采用弧垂减小的方法进行，但弧垂减小的幅值与导线的类型、使用档距、安全系数及载流量均相关。10kV 架空线路通用设计中仅提出推荐的经验数值，使用时须根据导线使用的实际情况做相应调整，使运行一段时间后的导线弧垂与弧垂表一致。

（2）考虑到 10kV 架空线路通用设计中导线均采用松弛张力架线，安全系数取值较大，导线的初伸长建议采用以下处理方式：代表档距 120m 及以下的耐张段导线的初伸长补偿为：JKLYJ 系列铝芯绝缘导线按导线应力弧垂表查取数值乘 0.9 进行架线，JL/G1A 系列钢芯铝绞线按导线应力弧垂表查取数值乘 0.92 进行架线。

（3）针对 120m 以上档距，10kV 架空线路通用设计给出了具体的安全系数取值，使用时需根据实际情况核实是否满足要求，不满足要求的需在校验杆塔荷载后自行计算导线的应力弧垂；代表档距 120～250m、250～500m 的耐张段导线的初伸长补偿为：JL/G1A-70/10 和 JL/G1A-120/20 钢芯铝绞线按导线降温 15℃架线，JL/G1A-150/20 和 JL/G1A-240/30 钢芯铝绞线按导线降温 20℃架线。

（4）代表档距 50m 及以下的耐张段也可根据现场实际使用情况不考虑导线初伸长的补偿（直接根据弧垂表查取的数值进行架线），由设计人员根据工程实际情况自行确定。

5.4　弧垂表

各种规格导线在各气象区的导线应力弧垂表清单见表 5-1。

表 5-1   **导线应力弧垂表清单** 续表

图序	图名	备注	图序	图名	备注
图 5-1	XZ-A 气象区 JKLYJ-70（k=3.5）导线应力弧垂表		图 5-21	XZ-A 气象区 JL/G1A-150/20（k=3.5）导线应力弧垂表	双杆
图 5-2	XZ-A 气象区 JKLYJ-120（k=5）导线应力弧垂表		图 5-22	XZ-A 气象区 JL/G1A-240/30（k=4）导线应力弧垂表	双杆
图 5-3	XZ-A 气象区 JKLYJ-150（k=5）导线应力弧垂表		图 5-23	XZ-B 气象区 JL/G1A-70/10（k=3.5）导线应力弧垂表	双杆
图 5-4	XZ-A 气象区 JKLYJ-240（k=5）导线应力弧垂表		图 5-24	XZ-B 气象区 JL/G1A-120/20（k=3.5）导线应力弧垂表	双杆
图 5-5	XZ-A 气象区 JL/G1A-70/10（k=7）导线应力弧垂表		图 5-25	XZ-B 气象区 JL/G1A-150/20（k=3.5）导线应力弧垂表	双杆
图 5-6	XZ-A 气象区 JL/G1A-120/20（k=8.5）导线应力弧垂表		图 5-26	XZ-B 气象区 JL/G1A-240/30（k=4.0）导线应力弧垂表	双杆
图 5-7	XZ-A 气象区 JL/G1A-150/20（k=8）导线应力弧垂表		图 5-27	XZ-A 气象区 JL/G1A-70/10（k=2.5）导线应力弧垂表	宽基塔
图 5-8	XZ-A 气象区 JL/G1A-150/20（k=8.5）导线应力弧垂表		图 5-28	XZ-A 气象区 JL/G1A-120/20（k=2.5）导线应力弧垂表	宽基塔
图 5-9	XZ-A 气象区 JL/G1A-240/30（k=10）导线应力弧垂表		图 5-29	XZ-A 气象区 JL/G1A-150/20（k=2.5）导线应力弧垂表	宽基塔
图 5-10	XZ-B 气象区 JKLYJ-70（k=3.5）导线应力弧垂表		图 5-30	XZ-A 气象区 JL/G1A-240/30（k=2.5）导线应力弧垂表	宽基塔
图 5-11	XZ-B 气象区 JKLYJ-120（k=5）导线应力弧垂表		图 5-31	XZ-B 气象区 JL/G1A-70/10（k=2.5）导线应力弧垂表	宽基塔
图 5-12	XZ-B 气象区 JKLYJ-150（k=5）导线应力弧垂表		图 5-32	XZ-B 气象区 JL/G1A-120/20（k=2.5）导线应力弧垂表	宽基塔
图 5-13	XZ-B 气象区 JKLYJ-240（k=5）导线应力弧垂表		图 5-33	XZ-B 气象区 JL/G1A-150/20（k=2.5）导线应力弧垂表	宽基塔
图 5-14	XZ-B 气象区 JL/G1A-70/10（k=7）导线应力弧垂表		图 5-34	XZ-B 气象区 JL/G1A-240/30（k=2.5）导线应力弧垂表	宽基塔
图 5-15	XZ-B 气象区 JL/G1A-120/20（k=8.5）导线应力弧垂表		图 5-35	XZ-A 气象区 JKLYJ-1kV-70（k=4.5）导线应力弧垂表	低压
图 5-16	XZ-B 气象区 JL/G1A-150/20（k=8）导线应力弧垂表		图 5-36	XZ-A 气象区 JKLYJ-1kV-120（k=5.5）导线应力弧垂表	低压
图 5-17	XZ-B 气象区 JL/G1A-150/20（k=8.5）导线应力弧垂表		图 5-37	XZ-A 气象区 JKLYJ-1kV-185（k=6.5）导线应力弧垂表	低压
图 5-18	XZ-B 气象区 J/LG1A-240/30（k=10）导线应力弧垂表		图 5-38	XZ-B 气象区 JKLYJ-1kV-70（k=4.0）导线应力弧垂表	低压
图 5-19	XZ-A 气象区 JL/G1A-70/10（k=3.5）导线应力弧垂表	双杆	图 5-39	XZ-B 气象区 JKLYJ-1kV-120（k=5.0）导线应力弧垂表	低压
图 5-20	XZ-A 气象区 JL/G1A-120/20（k=3.5）导线应力弧垂表	双杆	图 5-40	XZ-B 气象区 JKLYJ-1kV-185（k=5.0）导线应力弧垂表	低压

应力弧垂 气象条件	气象条件	气象	低温	大风	年平	覆冰	高温	雷电	操作	安装	架线气象组合						
		气温（℃）	−20	−5	5	−5	35	15	5	−10	−20 (−20)	−10 (−10)	0（0）	10 (10)	20 (20)	30 (30)	40 (40)
档距(m)		风速(m/s)	0	27	0	10	0	10	15	10	0	0	0	0	0	0	0
		覆冰(mm)	0	0	0	5	0	0	0	0	0	0	0	0	0	0	0
30		应力（MPa）	39.16	36.87	18.26	33.56	10.33	14.99	21.19	29.39	39.16	28.9	21.09	16.06	13	11.05	9.72
		弧垂（m）	0.14	0.35	0.3	0.32	0.52	0.38	0.32	0.19	0.14	0.19	0.26	0.34	0.41	0.49	0.55
35		应力（MPa）	38.55	39.16	19.38	35.42	11.65	16.4	22.64	29.63	38.55	29.03	21.96	17.33	14.37	12.4	11
		弧垂（m）	0.19	0.45	0.38	0.41	0.63	0.47	0.41	0.26	0.19	0.25	0.33	0.42	0.51	0.59	0.67
40		应力（MPa）	34.06	39.16	18.78	34.97	12.31	16.58	22.32	26.99	34.06	26.24	20.77	17.15	14.71	13	11.72
		弧垂（m）	0.28	0.58	0.51	0.54	0.78	0.61	0.55	0.38	0.28	0.37	0.46	0.56	0.65	0.74	0.82
45		应力（MPa）	30.15	39.16	18.32	34.61	12.87	16.71	22.07	24.93	30.15	24.07	19.89	17.02	14.99	13.48	12.32
		弧垂（m）	0.4	0.74	0.66	0.7	0.94	0.77	0.7	0.52	0.4	0.5	0.61	0.71	0.81	0.9	0.98
50		应力（MPa）	27.06	39.16	17.98	34.31	13.32	16.82	21.87	23.38	27.06	22.45	19.23	16.92	15.2	13.88	12.83
		弧垂（m）	0.55	0.91	0.83	0.87	1.12	0.94	0.87	0.68	0.55	0.67	0.78	0.89	0.99	1.08	1.17
55		应力（MPa）	24.76	39.16	17.72	34.06	13.71	16.9	21.72	22.24	24.76	21.27	18.73	16.84	15.37	14.21	13.25
		弧垂（m）	0.73	1.1	1.02	1.06	1.32	1.14	1.06	0.86	0.73	0.85	0.97	1.08	1.18	1.28	1.37
60		应力（MPa）	23.09	39.16	17.52	33.87	14.03	16.97	21.6	21.38	23.09	20.39	18.36	16.77	15.51	14.48	13.61
		弧垂（m）	0.93	1.31	1.23	1.26	1.54	1.35	1.27	1.07	0.93	1.06	1.17	1.29	1.39	1.49	1.58
65		应力（MPa）	21.86	39.16	17.36	33.7	14.3	17.02	21.5	20.72	21.86	19.73	18.06	16.72	15.63	14.7	13.92
		弧垂（m）	1.16	1.54	1.46	1.49	1.77	1.58	1.5	1.29	1.16	1.28	1.4	1.51	1.62	1.72	1.82
70		应力（MPa）	20.94	39.16	17.23	33.57	14.53	17.07	21.42	20.22	20.94	19.22	17.83	16.68	15.72	14.9	14.18
		弧垂（m）	1.4	1.79	1.7	1.74	2.02	1.82	1.74	1.54	1.4	1.53	1.65	1.76	1.87	1.97	2.07
75		应力（MPa）	20.23	39.16	17.13	33.45	14.72	17.1	21.36	19.82	20.23	18.82	17.64	16.65	15.8	15.06	14.41
		弧垂（m）	1.67	2.05	1.97	2	2.29	2.09	2.01	1.8	1.67	1.79	1.91	2.02	2.13	2.24	2.34
80		应力（MPa）	19.69	39.16	17.04	33.36	14.89	17.14	21.3	19.5	19.69	18.5	17.49	16.62	15.87	15.2	14.61
		弧垂（m）	1.95	2.34	2.25	2.28	2.58	2.37	2.29	2.08	1.95	2.07	2.19	2.31	2.42	2.52	2.63

临 界 档 距

30.000	低温	34.341	大风	

计 算 条 件

线规	JKLYJ-70		
截面（mm²）	75.55	外径（mm）	18.40
单位质量（kg/m）	0.37	拉断力（N）	10354.00
最大使用应力（MPa）	39.16	安全系数	3.50
平均运行应力（MPa）	21.93	取用系数	0.16

气 象 条 件

序号	气象	冰厚 （mm）	风速 （m/s）	气温 （℃）
1	低温	0	0.0	−20
2	大风	0	27.0	−5
3	年平	0	0.0	5
4	覆冰	5	10.0	−5
5	高温	0	0.0	35
6	雷电	0	10.0	15
7	操作	0	15.0	5
8	安装	0	10.0	−10

比载 $[×10^{-3}N/(m·mm^2)]$

气象	水平	垂直	综合
低温	0.000	47.897	47.897
大风	103.753	47.897	114.276
年平	0.000	47.897	47.897
覆冰	28.193	90.838	95.112
高温	0.000	47.897	47.897
雷电	16.744	47.897	50.740
操作	37.674	47.897	60.938
安装	16.744	47.897	50.740

图 5−1　XZ−A 气象区 JKLYJ−70（$k=3.5$）导线应力弧垂表

应力弧垂	气象条件	气象	低温	大风	年平	覆冰	高温	雷电	操作	安装	架线气象组合						
											−20(−20)	−10(−10)	0(0)	10(10)	20(20)	30(30)	40(40)
		气温（℃）	−20	−5	5	−5	35	15	5	−10	−20	−10	0	10	20	30	40
		风速（m/s）	0	27	0	10	0	10	15	10	0	0	0	0	0	0	0
档距（m）		覆冰（mm）	0	0	0	5	0	0	0	0	0	0	0	0	0	0	0
30		应力（MPa）	27.63	25.77	13.07	23.81	8.28	11.13	14.78	20.04	27.63	19.68	14.71	11.79	9.98	8.76	7.87
		弧垂（m）	0.17	0.37	0.37	0.35	0.58	0.45	0.38	0.25	0.17	0.25	0.33	0.41	0.48	0.55	0.61
35		应力（MPa）	27.34	27.63	14.21	25.46	9.38	12.36	16.1	20.67	27.34	20.26	15.76	12.98	11.16	9.89	8.95
		弧垂（m）	0.24	0.47	0.46	0.45	0.7	0.55	0.48	0.33	0.24	0.32	0.42	0.51	0.59	0.67	0.74
40		应力（MPa）	24.05	27.63	14.19	25.27	10.02	12.73	16.18	19.24	24.05	18.78	15.41	13.18	11.62	10.48	9.6
		弧垂（m）	0.36	0.61	0.61	0.59	0.86	0.7	0.62	0.46	0.36	0.46	0.56	0.65	0.74	0.82	0.9
45		应力（MPa）	21.59	27.63	14.16	25.13	10.54	13.03	16.24	18.22	21.59	17.73	15.15	13.33	12	10.97	10.16
		弧垂（m）	0.5	0.77	0.77	0.75	1.03	0.87	0.79	0.62	0.5	0.61	0.72	0.82	0.91	0.99	1.07
50		应力（MPa）	19.86	27.63	14.15	25.01	10.98	13.26	16.28	17.49	19.86	16.99	14.95	13.45	12.29	11.38	10.63
		弧垂（m）	0.68	0.96	0.95	0.93	1.22	1.05	0.97	0.8	0.68	0.79	0.9	1	1.09	1.18	1.26
55		应力（MPa）	18.64	27.63	14.14	24.92	11.36	13.45	16.32	16.95	18.64	16.44	14.81	13.54	12.54	11.71	11.03
		弧垂（m）	0.87	1.16	1.15	1.13	1.43	1.25	1.17	0.99	0.87	0.99	1.1	1.2	1.3	1.39	1.48
60		应力（MPa）	17.76	27.63	14.13	24.85	11.67	13.6	16.34	16.55	17.76	16.04	14.69	13.62	12.73	12	11.37
		弧垂（m）	1.09	1.38	1.37	1.35	1.66	1.48	1.39	1.21	1.09	1.21	1.32	1.42	1.52	1.61	1.7
65		应力（MPa）	17.12	27.63	14.12	24.79	11.94	13.73	16.37	16.24	17.12	15.73	14.6	13.68	12.9	12.23	11.66
		弧垂（m）	1.33	1.61	1.61	1.59	1.9	1.72	1.63	1.45	1.33	1.44	1.56	1.66	1.76	1.86	1.95
70		应力（MPa）	16.63	27.63	14.11	24.74	12.16	13.83	16.38	16	16.63	15.48	14.53	13.73	13.04	12.44	11.91
		弧垂（m）	1.58	1.87	1.87	1.85	2.17	1.98	1.89	1.71	1.58	1.7	1.81	1.92	2.02	2.12	2.21
75		应力（MPa）	16.25	27.63	14.11	24.7	12.36	13.92	16.4	15.81	16.25	15.29	14.47	13.77	13.15	12.61	12.12
		弧垂（m）	1.86	2.15	2.14	2.12	2.45	2.25	2.16	1.98	1.86	1.98	2.09	2.2	2.3	2.4	2.5
80		应力（MPa）	15.96	27.63	14.1	24.67	12.53	13.99	16.41	15.66	15.96	15.14	14.42	13.8	13.25	12.76	12.31
		弧垂（m）	2.16	2.45	2.44	2.42	2.75	2.55	2.46	2.28	2.16	2.27	2.39	2.49	2.6	2.7	2.8

临界档距

30.000	低温	34.613	大风

计算条件

线规	JKLYJ−120		
截面（mm²）	125.50	外径（mm）	21.40
单位质量（kg/m）	0.55	拉断力（N）	17339.00
最大使用应力（MPa）	27.63	安全系数	5.00
平均运行应力（MPa）	22.11	取用系数	0.16

气象条件

序号	气象	冰厚（mm）	风速（m/s）	气温（℃）
1	低温	0	0.0	−20
2	大风	0	27.0	−5
3	年平	0	0.0	5
4	覆冰	5	10.0	−5
5	高温	0	0.0	35
6	雷电	0	10.0	15
7	操作	0	15.0	5
8	安装	0	10.0	−10

比载[×10⁻³N/（m·mm²）]

气象	水平	垂直	综合
低温	0.000	42.977	42.977
大风	72.642	42.977	84.403
年平	0.000	42.977	42.977
覆冰	18.765	72.141	74.542
高温	0.000	42.977	42.977
雷电	11.723	42.977	44.548
操作	26.377	42.977	50.426
安装	11.723	42.977	44.548

图 5−2　XZ−A 气象区 JKLYJ−120（k=5）导线应力弧垂表

应力弧垂	气象条件	气象	低温	大风	年平	覆冰	高温	雷电	操作	安装	架线气象组合						
		气温（℃）	-20	-5	5	-5	35	15	5	-10	-20(-20)	-10(-10)	0(0)	10(10)	20(20)	30(30)	40(40)
		风速（m/s）	0	27	0	10	0	10	15	10	0	0	0	0	0	0	0
档距(m)		覆冰（mm）	0	0	0	5	0	0	0	0	0	0	0	0	0	0	0
30		应力（MPa）	26.89	23.68	12.46	22.19	7.87	10.53	13.84	19.23	26.89	18.94	14.05	11.23	9.49	8.32	7.48
		弧垂（m）	0.17	0.36	0.37	0.34	0.58	0.45	0.38	0.25	0.17	0.24	0.33	0.41	0.48	0.55	0.62
35		应力（MPa）	26.89	25.52	13.67	23.87	8.96	11.77	15.19	20.04	26.89	19.71	15.2	12.45	10.68	9.44	8.54
		弧垂（m）	0.23	0.45	0.46	0.43	0.7	0.55	0.47	0.32	0.23	0.32	0.41	0.5	0.59	0.66	0.73
40		应力（MPa）	26.33	26.89	14.56	25.09	9.92	12.78	16.21	20.39	26.33	20.02	15.99	13.41	11.66	10.42	9.48
		弧垂（m）	0.31	0.56	0.56	0.54	0.82	0.66	0.58	0.41	0.31	0.41	0.51	0.61	0.7	0.79	0.86
45		应力（MPa）	23.71	26.89	14.58	24.96	10.5	13.14	16.31	19.29	23.71	18.9	15.75	13.62	12.1	10.96	10.08
		弧垂（m）	0.44	0.7	0.71	0.69	0.99	0.81	0.73	0.55	0.44	0.55	0.66	0.76	0.86	0.94	1.03
50		应力（MPa）	21.73	26.89	14.6	24.86	10.99	13.42	16.39	18.48	21.73	18.07	15.57	13.78	12.45	11.42	10.6
		弧垂（m）	0.59	0.87	0.88	0.85	1.16	0.98	0.89	0.71	0.59	0.71	0.82	0.93	1.03	1.12	1.21
55		应力（MPa）	20.28	26.89	14.62	24.78	11.41	13.66	16.46	17.88	20.28	17.45	15.43	13.91	12.74	11.81	11.04
		弧垂（m）	0.76	1.05	1.06	1.03	1.36	1.17	1.08	0.89	0.76	0.89	1	1.11	1.21	1.31	1.4
60		应力（MPa）	19.22	26.89	14.63	24.71	11.77	13.85	16.51	17.42	19.22	16.99	15.32	14.02	12.98	12.14	11.43
		弧垂（m）	0.96	1.25	1.26	1.23	1.56	1.37	1.28	1.09	0.96	1.08	1.2	1.31	1.42	1.52	1.61
65		应力（MPa）	18.43	26.89	14.64	24.66	12.08	14	16.55	17.07	18.43	16.63	15.23	14.11	13.19	12.42	11.76
		弧垂（m）	1.17	1.47	1.48	1.45	1.79	1.59	1.49	1.3	1.17	1.3	1.42	1.53	1.64	1.74	1.84
70		应力（MPa）	17.84	26.89	14.65	24.62	12.34	14.14	16.58	16.79	17.84	16.35	15.16	14.18	13.36	12.66	12.05
		弧垂（m）	1.4	1.7	1.71	1.68	2.03	1.83	1.73	1.54	1.4	1.53	1.65	1.77	1.88	1.98	2.08
75		应力（MPa）	17.37	26.89	14.65	24.58	12.57	14.25	16.61	16.57	17.37	16.13	15.1	14.24	13.5	12.86	12.3
		弧垂（m）	1.66	1.96	1.96	1.93	2.29	2.08	1.98	1.79	1.66	1.78	1.9	2.02	2.13	2.24	2.34
80		应力（MPa）	17	26.89	14.66	24.55	12.77	14.34	16.63	16.39	17	15.95	15.05	14.29	13.62	13.04	12.52
		弧垂（m）	1.92	2.23	2.23	2.2	2.56	2.35	2.25	2.06	1.92	2.05	2.17	2.29	2.4	2.51	2.62

临界档距

30.000	低温	39.066	大风

计 算 条 件

线规	JKLYJ-150		
截面（mm²）	156.41	外径（mm）	23.00
单位质量（kg/m）	0.65	拉断力（N）	21033.00
最大使用应力（MPa）	26.89	安全系数	5.00
平均运行应力（MPa）	21.52	取用系数	0.16

气 象 条 件

序号	气象	冰厚（mm）	风速（m/s）	气温（℃）
1	低温	0	0.0	-20
2	大风	0	27.0	-5
3	年平	0	0.0	5
4	覆冰	5	10.0	-5
5	高温	0	0.0	35
6	雷电	0	10.0	15
7	操作	0	15.0	5
8	安装	0	10.0	-10

比载 $[\times 10^{-3} N/(m \cdot mm^2)]$

气象	水平	垂直	综合
低温	0.000	40.879	40.879
大风	62.644	40.879	74.803
年平	0.000	40.879	40.879
覆冰	15.824	65.698	67.577
高温	0.000	40.879	40.879
雷电	10.110	40.879	42.111
操作	22.747	40.879	46.782
安装	10.110	40.879	42.111

图 5-3　XZ-A 气象区 JKLYJ-150（k=5）导线应力弧垂表

应力弧垂	气象条件	气象	低温	大风	年平	覆冰	高温	雷电	操作	安装	架线气象组合						
		气温（℃）	−20	−5	5	−5	35	15	5	−10	−20 (−20)	−10 (−10)	0 (0)	10 (10)	20 (20)	30 (30)	40 (40)
		风速（m/s）	0	27	0	10	0	10	15	10	0	0	0	0	0	0	0
档距(m)		覆冰（mm）	0	0	0	5	0	0	0	0	0	0	0	0	0	0	0
30		应力（MPa）	28.38	21.61	12.35	20.95	7.52	10.15	13.23	19.79	28.38	19.62	14.11	11.01	9.18	7.98	7.13
		弧垂（m）	0.15	0.31	0.35	0.31	0.57	0.43	0.35	0.22	0.15	0.22	0.3	0.39	0.47	0.54	0.6
35		应力（MPa）	28.38	23.2	13.56	22.46	8.58	11.38	14.53	20.55	28.38	20.35	15.26	12.24	10.35	9.07	8.16
		弧垂（m）	0.21	0.4	0.43	0.39	0.68	0.52	0.44	0.29	0.21	0.29	0.38	0.48	0.56	0.64	0.71
40		应力（MPa）	28.38	24.65	14.65	23.84	9.59	12.5	15.71	21.24	28.38	21.02	16.28	13.35	11.44	10.11	9.13
		弧垂（m）	0.27	0.49	0.52	0.48	0.79	0.62	0.53	0.37	0.27	0.36	0.47	0.57	0.67	0.75	0.83
45		应力（MPa）	28.38	25.98	15.64	25.1	10.54	13.54	16.79	21.87	28.38	21.63	17.21	14.37	12.45	11.09	10.07
		弧垂（m）	0.34	0.59	0.62	0.58	0.91	0.72	0.63	0.45	0.34	0.45	0.56	0.67	0.77	0.87	0.96
50		应力（MPa）	28.38	27.2	16.54	26.26	11.45	14.51	17.77	22.44	28.38	22.18	18.05	15.3	13.4	12.01	10.96
		弧垂（m）	0.42	0.69	0.72	0.68	1.04	0.84	0.73	0.54	0.42	0.54	0.66	0.78	0.89	0.99	1.09
55		应力（MPa）	28.38	28.32	17.37	27.32	12.31	15.4	18.66	22.96	28.38	22.68	18.81	16.16	14.28	12.88	11.8
		弧垂（m）	0.51	0.8	0.83	0.79	1.17	0.95	0.84	0.64	0.51	0.63	0.76	0.89	1.01	1.12	1.22
60		应力（MPa）	26.79	28.38	17.47	27.33	12.83	15.74	18.81	22.32	26.79	22.02	18.73	16.4	14.69	13.38	12.34
		弧垂（m）	0.64	0.96	0.98	0.94	1.33	1.11	1	0.78	0.64	0.78	0.91	1.04	1.17	1.28	1.39
65		应力（MPa）	25.4	28.38	17.52	27.29	13.28	16.01	18.91	21.75	25.4	21.44	18.63	16.57	15.02	13.8	12.82
		弧垂（m）	0.79	1.12	1.15	1.11	1.51	1.28	1.16	0.94	0.79	0.94	1.08	1.21	1.34	1.46	1.57
70		应力（MPa）	24.27	28.38	17.57	27.25	13.68	16.25	18.99	21.28	24.27	20.96	18.54	16.72	15.3	14.17	13.24
		弧垂（m）	0.96	1.3	1.33	1.29	1.7	1.46	1.34	1.12	0.96	1.11	1.26	1.39	1.52	1.65	1.76
75		应力（MPa）	23.36	28.38	17.61	27.22	14.04	16.45	19.06	20.89	23.36	20.57	18.47	16.85	15.55	14.5	13.62
		弧垂（m）	1.15	1.49	1.52	1.48	1.91	1.66	1.54	1.31	1.15	1.3	1.45	1.59	1.72	1.85	1.97
80		应力（MPa）	22.62	28.38	17.64	27.19	14.36	16.62	19.11	20.58	22.62	20.25	18.41	16.95	15.77	14.79	13.96
		弧垂（m）	1.35	1.7	1.73	1.68	2.12	1.87	1.74	1.51	1.35	1.5	1.65	1.8	1.93	2.06	2.18

临 界 档 距

| 30.000 | 低温 | 55.279 | 大风 | |

计 算 条 件

线规	JKLYJ-240		
截面（mm²）	244.39	外径（mm）	26.80
单位质量（kg/m）	0.95	拉断力（N）	34679.00
最大使用应力（MPa）	28.38	安全系数	5.00
平均运行应力（MPa）	22.70	取用系数	0.16

气 象 条 件

序号	气象	冰厚（mm）	风速（m/s）	气温（℃）
1	低温	0	0.0	−20
2	大风	0	27.0	−5
3	年平	0	0.0	5
4	覆冰	5	10.0	−5
5	高温	0	0.0	35
6	雷电	0	10.0	15
7	操作	0	15.0	5
8	安装	0	10.0	−10

比载 [×10⁻³N/（m·mm²）]

气象	水平	垂直	综合
低温	0.000	38.040	38.040
大风	46.717	38.040	60.245
年平	0.000	38.040	38.040
覆冰	11.293	56.080	57.206
高温	0.000	38.040	38.040
雷电	7.539	38.040	38.780
操作	16.963	38.040	41.651
安装	7.539	38.040	38.780

图 5－4 XZ－A 气象区 JKLYJ－240（k＝5）导线应力弧垂表

应力弧垂 / 气象条件	气象	低温	大风	年平	覆冰	高温	雷电	操作	安装	架线气象组合						
	气温（℃）	-20	-5	5	-5	35	15	5	-10	-20(-20)	-10(-10)	0(0)	10(10)	20(20)	30(30)	40(40)
	风速（m/s）	0	27	0	10	0	10	15	10	0	0	0	0	0	0	0
档距（m）	覆冰（mm）	0	0	0	5	0	0	0	0	0	0	0	0	0	0	0
30	应力（MPa）	42.03	33.33	16.75	31.45	8.44	12.82	18.89	30.14	42.03	29.85	20.17	14.21	10.98	9.1	7.9
	弧垂（m）	0.09	0.25	0.23	0.24	0.45	0.31	0.25	0.13	0.09	0.13	0.19	0.27	0.35	0.42	0.48
35	应力（MPa）	42.03	35.49	18.05	33.35	9.65	14.27	20.44	30.7	42.03	30.34	21.28	15.6	12.35	10.37	9.05
	弧垂（m）	0.12	0.32	0.29	0.3	0.54	0.38	0.31	0.18	0.12	0.17	0.24	0.33	0.42	0.5	0.57
40	应力（MPa）	42.03	37.55	19.26	35.17	10.81	15.63	21.88	31.26	42.03	30.84	22.32	16.89	13.63	11.57	10.17
	弧垂（m）	0.16	0.4	0.35	0.37	0.63	0.46	0.38	0.23	0.16	0.22	0.3	0.4	0.5	0.59	0.67
45	应力（MPa）	42.03	39.51	20.39	36.9	11.92	16.9	23.23	31.83	42.03	31.33	23.31	18.1	14.85	12.72	11.25
	弧垂（m）	0.2	0.48	0.42	0.45	0.72	0.53	0.45	0.28	0.2	0.27	0.37	0.47	0.58	0.68	0.76
50	应力（MPa）	42.03	41.38	21.45	38.56	12.99	18.09	24.5	32.38	42.03	31.82	24.23	19.22	15.99	13.82	12.28
	弧垂（m）	0.25	0.57	0.49	0.53	0.82	0.62	0.53	0.34	0.25	0.33	0.44	0.55	0.66	0.77	0.86
55	应力（MPa）	40.02	42.03	21.56	38.98	13.73	18.63	24.81	31.37	40.02	30.73	24.03	19.56	16.59	14.53	13.03
	弧垂（m）	0.32	0.67	0.6	0.64	0.94	0.72	0.64	0.43	0.32	0.42	0.53	0.66	0.77	0.88	0.99
60	应力（MPa）	37.01	42.03	21.22	38.76	14.23	18.79	24.64	29.69	37.01	28.97	23.32	19.5	16.87	14.98	13.57
	弧垂（m）	0.41	0.8	0.72	0.76	1.07	0.85	0.76	0.54	0.41	0.53	0.66	0.78	0.91	1.02	1.13
65	应力（MPa）	34.3	42.03	20.94	38.57	14.67	18.92	24.49	28.27	34.3	27.48	22.73	19.45	17.11	15.38	14.05
	弧垂（m）	0.52	0.94	0.86	0.9	1.22	0.99	0.9	0.67	0.52	0.65	0.79	0.92	1.05	1.17	1.28
70	应力（MPa）	31.97	42.03	20.71	38.4	15.06	19.04	24.37	27.1	31.97	26.25	22.25	19.4	17.31	15.72	14.47
	弧垂（m）	0.65	1.09	1	1.05	1.38	1.15	1.05	0.81	0.65	0.79	0.93	1.07	1.2	1.32	1.44
75	应力（MPa）	30.01	42.03	20.51	38.26	15.41	19.14	24.26	26.13	30.01	25.25	21.85	19.36	17.49	16.03	14.86
	弧垂（m）	0.8	1.25	1.16	1.21	1.55	1.31	1.21	0.96	0.8	0.95	1.09	1.23	1.37	1.49	1.61
80	应力（MPa）	28.41	42.03	20.35	38.13	15.72	19.23	24.18	25.33	28.41	24.43	21.51	19.33	17.64	16.29	15.2
	弧垂（m）	0.96	1.43	1.34	1.38	1.73	1.48	1.38	1.13	0.96	1.11	1.26	1.41	1.54	1.67	1.79
85	应力（MPa）	27.11	42.03	20.21	38.02	15.99	19.3	24.1	24.67	27.11	23.75	21.24	19.3	17.77	16.53	15.5
	弧垂（m）	1.13	1.61	1.52	1.56	1.92	1.67	1.56	1.3	1.13	1.29	1.44	1.59	1.73	1.86	1.98
90	应力（MPa）	26.04	42.03	20.09	37.92	16.23	19.36	24.03	24.12	26.04	23.19	21	19.28	17.89	16.74	15.77
	弧垂（m）	1.32	1.8	1.71	1.76	2.12	1.86	1.76	1.5	1.32	1.48	1.64	1.78	1.92	2.05	2.18
95	应力（MPa）	25.17	42.03	19.99	37.83	16.45	19.42	23.97	23.66	25.17	22.72	20.8	19.26	17.99	16.92	16.02
	弧垂（m）	1.52	2.01	1.92	1.96	2.33	2.07	1.96	1.7	1.52	1.69	1.84	1.99	2.13	2.26	2.39
100	应力（MPa）	24.45	42.03	19.9	37.76	16.65	19.47	23.92	23.28	24.45	22.33	20.63	19.24	18.08	17.09	16.24
	弧垂（m）	1.74	2.23	2.13	2.18	2.55	2.29	2.18	1.91	1.74	1.9	2.06	2.21	2.35	2.49	2.62
105	应力（MPa）	23.85	42.03	19.83	37.69	16.82	19.51	23.88	22.95	23.85	22	20.49	19.22	18.15	17.24	16.44
	弧垂（m）	1.96	2.46	2.36	2.41	2.78	2.52	2.41	2.14	1.96	2.13	2.29	2.44	2.58	2.72	2.85
110	应力（MPa）	23.34	42.03	19.76	37.63	16.98	19.55	23.84	22.66	23.34	21.71	20.36	19.21	18.22	17.37	16.62
	弧垂（m）	2.2	2.7	2.6	2.65	3.03	2.76	2.65	2.38	2.2	2.37	2.52	2.67	2.82	2.96	3.09
115	应力（MPa）	22.92	42.03	19.7	37.57	17.13	19.58	23.81	22.42	22.92	21.47	20.25	19.2	18.29	17.49	16.78
	弧垂（m）	2.45	2.95	2.85	2.9	3.28	3.01	2.9	2.63	2.45	2.62	2.77	2.93	3.07	3.21	3.35
120	应力（MPa）	22.55	42.03	19.65	37.53	17.25	19.61	23.78	22.21	22.55	21.26	20.15	19.19	18.34	17.6	16.93
	弧垂（m）	2.71	3.21	3.11	3.16	3.55	3.27	3.16	2.89	2.71	2.88	3.04	3.19	3.33	3.48	3.61

图5-5 XZ-A气象区 JL/G1A-70/10（k=7）导线应力弧垂表

临界档距

30.000	低温	51.819	大风

计算条件

线规	JL/G1A-70/10	
截面（mm²）	79.39	外径（mm） 11.40
单位质量（kg/m）	0.27	拉断力（N） 23360.00
最大使用应力（MPa）	42.03	安全系数 7.00
平均运行应力（MPa）	47.08	取用系数 0.16

气象条件

序号	气象	冰厚（mm）	风速（m/s）	气温（℃）
1	低温	0	0.0	-20
2	大风	0	27.0	-5
3	年平	0	0.0	5
4	覆冰	5	10.0	-5
5	高温	0	0.0	35
6	雷电	0	10.0	15
7	操作	0	15.0	5
8	安装	0	10.0	-10

比载[×10⁻³N/（m·mm²）]

气象	水平	垂直	综合
低温	0.000	33.945	33.945
大风	66.734	33.945	74.871
年平	0.000	33.945	33.945
覆冰	20.217	62.584	65.768
高温	0.000	33.945	33.945
雷电	10.770	33.945	35.612
操作	24.232	33.945	41.706
安装	10.770	33.945	35.612

应力弧垂	气象条件	气象	低温	大风	年平	覆冰	高温	雷电	操作	安装	架线气象组合						
		气温（℃）	−20	−5	5	−5	35	15	5	−10	−20(−20)	−10(−10)	0(0)	10(10)	20(20)	30(30)	40(40)
		风速（m/s）	0	27	0	10	0	10	15	10	0	0	0	0	0	0	0
档距（m）		覆冰（mm）	0	0	0	5	0	0	0	0	0	0	0	0	0	0	0
30		应力（MPa）	36.97	27.69	14.64	26.38	7.99	11.49	16.03	25.77	36.97	25.56	17.34	12.67	10.11	8.55	7.51
		弧垂（m）	0.1	0.25	0.26	0.24	0.48	0.34	0.27	0.15	0.1	0.15	0.22	0.3	0.38	0.45	0.51
35		应力（MPa）	36.97	29.56	15.96	28.08	9.14	12.86	17.5	26.43	36.97	26.17	18.53	14.03	11.41	9.75	8.62
		弧垂（m）	0.14	0.32	0.33	0.31	0.57	0.42	0.34	0.2	0.14	0.2	0.28	0.37	0.46	0.53	0.6
40		应力（MPa）	36.97	31.32	17.18	29.68	10.24	14.14	18.86	27.08	36.97	26.77	19.63	15.28	12.63	10.9	9.68
		弧垂（m）	0.18	0.4	0.4	0.38	0.66	0.5	0.41	0.26	0.18	0.25	0.35	0.44	0.54	0.62	0.7
45		应力（MPa）	36.97	32.98	18.3	31.19	11.3	15.33	20.11	27.7	36.97	27.36	20.65	16.44	13.78	11.99	10.71
		弧垂（m）	0.23	0.48	0.47	0.46	0.76	0.58	0.49	0.32	0.23	0.31	0.42	0.52	0.62	0.72	0.8
50		应力（MPa）	36.97	34.54	19.33	32.6	12.31	16.45	21.28	28.29	36.97	27.91	21.59	17.52	14.86	13.03	11.69
		弧垂（m）	0.29	0.56	0.55	0.54	0.86	0.67	0.57	0.39	0.29	0.38	0.49	0.61	0.71	0.82	0.91
55		应力（MPa）	36.97	36.01	20.3	33.94	13.28	17.5	22.37	28.85	36.97	28.43	22.47	18.53	15.88	14.02	12.64
		弧垂（m）	0.35	0.65	0.63	0.63	0.97	0.76	0.66	0.46	0.35	0.45	0.57	0.69	0.81	0.92	1.02
60		应力（MPa）	36.22	36.97	20.89	34.76	14.1	18.27	23.07	28.84	36.22	28.39	22.91	19.22	16.67	14.83	13.45
		弧垂（m）	0.42	0.76	0.73	0.73	1.09	0.86	0.76	0.55	0.42	0.54	0.67	0.8	0.92	1.03	1.14
65		应力（MPa）	34	36.97	20.8	34.64	14.61	18.54	23.08	27.75	34	27.26	22.57	19.33	17.02	15.31	13.99
		弧垂（m）	0.53	0.89	0.86	0.86	1.23	1	0.89	0.67	0.53	0.66	0.8	0.93	1.06	1.17	1.28
70		应力（MPa）	32.06	36.97	20.73	34.52	15.07	18.76	23.08	26.83	32.06	26.31	22.28	19.42	17.32	15.73	14.48
		弧垂（m）	0.65	1.03	1	1	1.38	1.14	1.03	0.79	0.65	0.79	0.93	1.07	1.2	1.32	1.44
75		应力（MPa）	30.41	36.97	20.67	34.43	15.48	18.96	23.08	26.06	30.41	25.52	22.04	19.5	17.59	16.1	14.91
		弧垂（m）	0.79	1.18	1.16	1.15	1.54	1.3	1.19	0.94	0.79	0.94	1.08	1.23	1.36	1.48	1.6
80		应力（MPa）	29.02	36.97	20.62	34.34	15.85	19.13	23.08	25.42	29.02	24.86	21.83	19.57	17.82	16.44	15.31
		弧垂（m）	0.94	1.35	1.32	1.32	1.72	1.46	1.35	1.1	0.94	1.09	1.25	1.39	1.53	1.66	1.78
85		应力（MPa）	27.87	36.97	20.58	34.26	16.18	19.28	23.08	24.88	27.87	24.31	21.66	19.62	18.02	16.73	15.67
		弧垂（m）	1.1	1.52	1.49	1.49	1.9	1.64	1.52	1.27	1.1	1.26	1.42	1.56	1.7	1.84	1.96
90		应力（MPa）	26.92	36.97	20.54	34.2	16.47	19.41	23.09	24.43	26.92	23.85	21.51	19.67	18.21	17	15.99
		弧垂（m）	1.28	1.71	1.68	1.67	2.09	1.83	1.71	1.45	1.28	1.44	1.6	1.75	1.89	2.03	2.15
95		应力（MPa）	26.12	36.97	20.5	34.14	16.74	19.53	23.09	24.04	26.12	23.45	21.38	19.72	18.37	17.24	16.29
		弧垂（m）	1.47	1.9	1.87	1.87	2.29	2.02	1.9	1.64	1.47	1.64	1.79	1.95	2.09	2.23	2.36
100		应力（MPa）	25.45	36.97	20.47	34.09	16.99	19.63	23.09	23.71	25.45	23.12	21.27	19.76	18.51	17.45	16.55
		弧垂（m）	1.67	2.11	2.08	2.07	2.5	2.23	2.11	1.85	1.67	1.84	2	2.15	2.3	2.44	2.57
105		应力（MPa）	24.89	36.97	20.45	34.04	17.21	19.72	23.09	23.43	24.89	22.83	21.17	19.79	18.64	17.65	16.8
		弧垂（m）	1.88	2.32	2.29	2.29	2.72	2.45	2.32	2.06	1.88	2.05	2.21	2.37	2.52	2.66	2.79
110		应力（MPa）	24.41	36.97	20.43	34	17.41	19.8	23.09	23.19	24.41	22.59	21.08	19.82	18.75	17.82	17.02
		弧垂（m）	2.11	2.55	2.52	2.51	2.96	2.68	2.55	2.29	2.11	2.28	2.44	2.6	2.74	2.89	3.02
115		应力（MPa）	24	36.97	20.41	33.97	17.59	19.87	23.09	22.98	24	22.37	21.01	19.85	18.85	17.98	17.22
		弧垂（m）	2.34	2.79	2.76	2.75	3.2	2.91	2.79	2.52	2.34	2.51	2.68	2.83	2.98	3.13	3.27
120		应力（MPa）	23.65	36.97	20.39	33.93	17.75	19.94	23.09	22.79	23.65	22.19	20.94	19.87	18.94	18.13	17.4
		弧垂（m）	2.59	3.03	3	3	3.45	3.16	3.04	2.77	2.59	2.76	2.92	3.08	3.23	3.38	3.52

临界档距

30.000	低温	58.440	大风	

计 算 条 件

线规	JL/G1A−120/20		
截面（mm²）	134.49	外径（mm）	15.10
单位质量（kg/m）	0.47	拉断力（N）	42260.00
最大使用应力（MPa）	36.97	安全系数	8.50
平均运行应力（MPa）	50.28	取用系数	0.16

气 象 条 件

序号	气象	冰厚（mm）	风速（m/s）	气温（℃）
1	低温	0	0.0	−20
2	大风	0	27.0	−5
3	年平	0	0.0	5
4	覆冰	5	10.0	−5
5	高温	0	0.0	35
6	雷电	0	10.0	15
7	操作	0	15.0	5
8	安装	0	10.0	−10

比载 [×10⁻³N/（m·mm²）]

气象	水平	垂直	综合
低温	0.000	33.987	33.987
大风	52.179	33.987	62.271
年平	0.000	33.987	33.987
覆冰	13.997	54.707	56.469
高温	0.000	33.987	33.987
雷电	8.421	33.987	35.014
操作	18.947	33.987	38.911
安装	8.421	33.987	35.014

图 5−6　XZ−A 气象区 JL/G1A−120/20（$k=8.5$）导线应力弧垂表

应力弧垂 气象条件		气象	低温	大风	年平	覆冰	高温	雷电	操作	安装	架线气象组合						
											−20 (−20)	−10 (−10)	0 (0)	10 (10)	20 (20)	30 (30)	40 (40)
		气温(℃)	−20	−5	5	−5	35	15	5	−10	−20 (−20)	−10 (−10)	0 (0)	10 (10)	20 (20)	30 (30)	40 (40)
		风速(m/s)	0	27	0	10	0	10	15	10	0	0	0	0	0	0	0
档距(m)		覆冰(mm)	0	0	0	5	0	0	0	0	0	0	0	0	0	0	0
30	应力(MPa)		35.55	25.84	13.85	24.7	7.56	10.83	15.04	24.57	35.55	24.39	16.43	11.98	9.56	8.09	7.11
	弧垂(m)		0.1	0.25	0.27	0.24	0.49	0.35	0.28	0.15	0.1	0.15	0.22	0.31	0.39	0.45	0.52
35	应力(MPa)		35.55	27.58	15.13	26.29	8.65	12.14	16.44	25.21	35.55	24.99	17.59	13.28	10.8	9.23	8.16
	弧垂(m)		0.14	0.32	0.33	0.31	0.58	0.42	0.34	0.2	0.14	0.2	0.28	0.38	0.46	0.54	0.61
40	应力(MPa)		35.55	29.21	16.3	27.78	9.7	13.36	17.74	25.83	35.55	25.58	18.66	14.49	11.96	10.32	9.18
	弧垂(m)		0.18	0.39	0.4	0.38	0.67	0.5	0.42	0.26	0.18	0.26	0.35	0.45	0.55	0.63	0.71
45	应力(MPa)		35.55	30.74	17.38	29.19	10.71	14.51	18.93	26.43	35.55	26.14	19.64	15.6	13.07	11.37	10.15
	弧垂(m)		0.23	0.47	0.48	0.45	0.77	0.59	0.49	0.32	0.23	0.32	0.42	0.53	0.63	0.73	0.82
50	应力(MPa)		35.55	32.18	18.38	30.5	11.68	15.58	20.05	27.01	35.55	26.68	20.56	16.64	14.1	12.36	11.09
	弧垂(m)		0.29	0.56	0.56	0.54	0.88	0.67	0.58	0.39	0.29	0.38	0.5	0.61	0.72	0.83	0.92
55	应力(MPa)		35.55	33.54	19.31	31.74	12.6	16.58	21.08	27.55	35.55	27.2	21.41	17.62	15.08	13.31	12
	弧垂(m)		0.35	0.65	0.64	0.62	0.98	0.77	0.66	0.46	0.35	0.45	0.58	0.7	0.82	0.93	1.03
60	应力(MPa)		35.55	34.82	20.18	32.91	13.49	17.53	22.05	28.06	35.55	27.68	22.2	18.52	16.01	14.21	12.86
	弧垂(m)		0.41	0.74	0.73	0.72	1.09	0.86	0.75	0.54	0.41	0.53	0.66	0.79	0.92	1.04	1.14
65	应力(MPa)		34.71	35.55	20.64	33.53	14.21	18.18	22.6	27.94	34.71	27.53	22.52	19.09	16.68	14.92	13.58
	弧垂(m)		0.5	0.85	0.84	0.83	1.22	0.98	0.86	0.63	0.5	0.63	0.77	0.9	1.04	1.16	1.27
70	应力(MPa)		32.82	35.55	20.6	33.42	14.68	18.43	22.63	27.04	32.82	26.6	22.25	19.21	17.01	15.36	14.08
	弧垂(m)		0.61	0.99	0.97	0.96	1.36	1.12	1	0.76	0.61	0.75	0.9	1.04	1.18	1.3	1.42
75	应力(MPa)		31.16	35.55	20.56	33.33	15.11	18.65	22.65	26.27	31.16	25.81	22.03	19.31	17.3	15.76	14.54
	弧垂(m)		0.74	1.14	1.12	1.11	1.52	1.27	1.15	0.9	0.74	0.89	1.04	1.19	1.33	1.46	1.58
80	应力(MPa)		29.75	35.55	20.53	33.25	15.5	18.84	22.67	25.63	29.75	25.15	21.84	19.4	17.55	16.11	14.95
	弧垂(m)		0.88	1.29	1.27	1.26	1.69	1.43	1.3	1.05	0.88	1.04	1.2	1.35	1.49	1.62	1.75
85	应力(MPa)		28.55	35.55	20.5	33.18	15.85	19.01	22.69	25.08	28.55	24.58	21.67	19.48	17.78	16.43	15.32
	弧垂(m)		1.03	1.46	1.44	1.43	1.86	1.6	1.47	1.21	1.03	1.2	1.36	1.52	1.66	1.8	1.93
90	应力(MPa)		27.54	35.55	20.48	33.12	16.16	19.16	22.71	24.61	27.54	24.11	21.53	19.55	17.98	16.71	15.66
	弧垂(m)		1.2	1.64	1.62	1.6	2.05	1.77	1.65	1.38	1.2	1.37	1.54	1.69	1.84	1.98	2.12
95	应力(MPa)		26.7	35.55	20.46	33.06	16.45	19.3	22.72	24.21	26.7	23.7	21.41	19.61	18.16	16.97	15.97
	弧垂(m)		1.38	1.82	1.8	1.79	2.24	1.96	1.83	1.56	1.38	1.56	1.72	1.88	2.03	2.18	2.31
100	应力(MPa)		25.98	35.55	20.44	33.01	16.71	19.42	22.73	23.87	25.98	23.36	21.3	19.66	18.32	17.2	16.26
	弧垂(m)		1.57	2.02	2	1.99	2.45	2.16	2.03	1.76	1.57	1.75	1.92	2.08	2.23	2.38	2.52
105	应力(MPa)		25.38	35.55	20.42	32.97	16.95	19.52	22.74	23.58	25.38	23.06	21.21	19.71	18.46	17.41	16.51
	弧垂(m)		1.78	2.23	2.21	2.19	2.66	2.37	2.24	1.96	1.78	1.96	2.13	2.29	2.44	2.59	2.73
110	应力(MPa)		24.86	35.55	20.41	32.93	17.16	19.62	22.75	23.33	24.86	22.8	21.13	19.75	18.59	17.61	16.75
	弧垂(m)		1.99	2.44	2.42	2.41	2.88	2.59	2.46	2.18	1.99	2.17	2.34	2.51	2.66	2.81	2.96
115	应力(MPa)		24.42	35.55	20.4	32.89	17.36	19.7	22.76	23.1	24.42	22.58	21.06	19.79	18.71	17.78	16.97
	弧垂(m)		2.21	2.67	2.65	2.64	3.12	2.82	2.68	2.4	2.21	2.4	2.57	2.73	2.89	3.04	3.19
120	应力(MPa)		24.04	35.55	20.39	32.86	17.54	19.78	22.77	22.91	24.04	22.38	21	19.82	18.81	17.94	17.17
	弧垂(m)		2.45	2.91	2.89	2.87	3.36	3.06	2.92	2.64	2.45	2.63	2.81	2.97	3.13	3.28	3.43

临界档距

30.000	低温	62.965	大风

计算条件

线规	JL/G1A−150/20		
截面（mm²）	164.50	外径（mm）	16.70
单位质量（kg/m）	0.55	拉断力（N）	46780.00
最大使用应力（MPa）	35.55	安全系数	8.00
平均运行应力（MPa）	45.50	取用系数	0.16

气象条件

序号	气象	冰厚（mm）	风速（m/s）	气温（℃）
1	低温	0	0.0	−20
2	大风	0	27.0	−5
3	年平	0	0.0	5
4	覆冰	5	10.0	−5
5	高温	0	0.0	35
6	雷电	0	10.0	15
7	操作	0	15.0	5
8	安装	0	10.0	−10

比载 [×10⁻³N/（m·mm²）]

气象	水平	垂直	综合
低温	0.000	32.699	32.699
大风	47.180	32.699	57.404
年平	0.000	32.699	32.699
覆冰	12.173	50.987	52.420
高温	0.000	32.699	32.699
雷电	7.614	32.699	33.574
操作	17.131	32.699	36.915
安装	7.614	32.699	33.574

图 5−7　XZ−A 气象区 JL/G1A−150/20（$k=8$）导线应力弧垂表

应力弧垂 \ 气象条件		低温	大风	年平	覆冰	高温	雷电	操作	安装	架线气象组合						
	气温（℃）	−20	−5	5	−5	35	15	5	−10	−20(−20)	−10(−10)	0(0)	10(10)	20(20)	30(30)	40(40)
	风速（m/s）	0	27	0	10	0	10	15	10	0	0	0	0	0	0	0
档距（m）	覆冰（mm）	0	0	0	5	0	0	0	0	0	0	0	0	0	0	0
30	应力（MPa）	33.46	24.7	13.13	23.53	7.4	10.43	14.32	22.92	33.46	22.73	15.44	11.45	9.25	7.9	6.97
	弧垂（m）	0.11	0.26	0.28	0.25	0.5	0.36	0.29	0.16	0.11	0.16	0.24	0.32	0.4	0.47	0.53
35	应力（MPa）	33.46	26.45	14.39	25.14	8.47	11.71	15.71	23.62	33.46	23.38	16.61	12.73	10.46	9.01	8
	弧垂（m）	0.15	0.33	0.35	0.32	0.59	0.44	0.36	0.22	0.15	0.21	0.3	0.39	0.48	0.56	0.63
40	应力（MPa）	33.46	28.09	15.55	26.64	9.49	12.91	16.98	24.28	33.46	24.01	17.68	13.91	11.6	10.08	9
	弧垂（m）	0.2	0.41	0.42	0.39	0.69	0.52	0.43	0.28	0.2	0.27	0.37	0.47	0.56	0.65	0.73
45	应力（MPa）	33.46	29.61	16.62	28.04	10.48	14.02	18.16	24.91	33.46	24.6	18.67	15	12.67	11.09	9.95
	弧垂（m）	0.25	0.49	0.5	0.47	0.79	0.61	0.51	0.34	0.25	0.34	0.44	0.55	0.65	0.75	0.83
50	应力（MPa）	33.46	31.04	17.6	29.35	11.42	15.06	19.25	25.5	33.46	25.16	19.58	16.02	13.68	12.06	10.87
	弧垂（m）	0.31	0.58	0.58	0.56	0.9	0.7	0.6	0.41	0.31	0.41	0.52	0.64	0.75	0.85	0.94
55	应力（MPa）	33.46	32.38	18.51	30.57	12.32	16.04	20.26	26.05	33.46	25.69	20.41	16.96	14.63	12.98	11.75
	弧垂（m）	0.37	0.67	0.67	0.65	1	0.79	0.69	0.49	0.37	0.48	0.61	0.73	0.85	0.95	1.05
60	应力（MPa）	33.14	33.46	19.23	31.54	13.14	16.87	21.08	26.34	33.14	25.95	21.04	17.74	15.46	13.8	12.55
	弧垂（m）	0.44	0.77	0.77	0.75	1.12	0.9	0.79	0.57	0.44	0.57	0.7	0.83	0.95	1.07	1.17
65	应力（MPa）	31.13	33.46	19.21	31.43	13.63	17.15	21.13	25.42	31.13	25	20.79	17.89	15.81	14.26	13.07
	弧垂（m）	0.55	0.91	0.9	0.88	1.27	1.03	0.92	0.7	0.55	0.69	0.83	0.97	1.09	1.21	1.32
70	应力（MPa）	29.4	33.46	19.19	31.34	14.07	17.39	21.17	24.64	29.4	24.2	20.58	18.01	16.12	14.68	13.54
	弧垂（m）	0.68	1.05	1.04	1.02	1.42	1.18	1.07	0.83	0.68	0.83	0.97	1.11	1.24	1.37	1.48
75	应力（MPa）	27.95	33.46	19.18	31.26	14.47	17.6	21.21	24	27.95	23.54	20.41	18.12	16.39	15.04	13.96
	弧垂（m）	0.82	1.21	1.2	1.18	1.59	1.34	1.22	0.98	0.82	0.98	1.13	1.27	1.4	1.53	1.65
80	应力（MPa）	26.74	33.46	19.16	31.2	14.83	17.78	21.24	23.46	26.74	22.99	20.26	18.21	16.63	15.37	14.34
	弧垂（m）	0.98	1.37	1.37	1.34	1.77	1.51	1.39	1.15	0.98	1.14	1.29	1.44	1.57	1.7	1.83
85	应力（MPa）	25.74	33.46	19.15	31.14	15.15	17.94	21.26	23.01	25.74	22.53	20.13	18.29	16.84	15.66	14.68
	弧垂（m）	1.15	1.55	1.54	1.52	1.95	1.69	1.57	1.32	1.15	1.31	1.47	1.62	1.75	1.89	2.01
90	应力（MPa）	24.91	33.46	19.14	31.08	15.44	18.08	21.29	22.63	24.91	22.14	20.02	18.36	17.02	15.92	15
	弧垂（m）	1.33	1.74	1.73	1.71	2.15	1.88	1.76	1.5	1.33	1.5	1.65	1.8	1.95	2.08	2.21
95	应力（MPa）	24.23	33.46	19.14	31.04	15.7	18.21	21.31	22.31	24.23	21.81	19.93	18.42	17.19	16.15	15.28
	弧垂（m）	1.52	1.94	1.93	1.91	2.35	2.08	1.96	1.7	1.52	1.69	1.85	2	2.15	2.29	2.42
100	应力（MPa）	23.65	33.46	19.13	31	15.94	18.32	21.32	22.03	23.65	21.54	19.85	18.48	17.33	16.37	15.54
	弧垂（m）	1.73	2.15	2.14	2.12	2.57	2.29	2.17	1.91	1.73	1.9	2.06	2.21	2.36	2.5	2.63
105	应力（MPa）	23.16	33.46	19.12	30.96	16.15	18.41	21.34	21.8	23.16	21.3	19.78	18.52	17.46	16.56	15.77
	弧垂（m）	1.95	2.37	2.36	2.33	2.79	2.51	2.39	2.12	1.95	2.12	2.28	2.43	2.58	2.72	2.86
110	应力（MPa）	22.75	33.46	19.12	30.93	16.35	18.5	21.35	21.59	22.75	21.09	19.72	18.57	17.58	16.73	15.99
	弧垂（m）	2.17	2.6	2.59	2.57	3.03	2.75	2.62	2.35	2.17	2.35	2.51	2.67	2.82	2.96	3.1
115	应力（MPa）	22.4	33.46	19.11	30.9	16.52	18.58	21.37	21.41	22.4	20.91	19.66	18.6	17.69	16.89	16.18
	弧垂（m）	2.41	2.84	2.83	2.81	3.28	2.99	2.86	2.59	2.41	2.59	2.75	2.91	3.06	3.2	3.34
120	应力（MPa）	22.09	33.46	19.11	30.87	16.68	18.65	21.38	21.26	22.09	20.76	19.62	18.64	17.78	17.03	16.36
	弧垂（m）	2.67	3.09	3.08	3.06	3.53	3.24	3.11	2.84	2.67	2.84	3	3.16	3.31	3.46	3.6

临界档距

30.000	低温	59.261	大风

计算条件

线规	JL/G1A-150/20		
截面（mm²）	164.50	外径（mm）	16.70
单位质量（kg/m）	0.55	拉断力（N）	46780.00
最大使用应力（MPa）	33.46	安全系数	8.50
平均运行应力（MPa）	45.50	取用系数	0.16

气象条件

序号	气象	冰厚（mm）	风速（m/s）	气温（℃）
1	低温	0	0.0	−20
2	大风	0	27.0	−5
3	年平	0	0.0	5
4	覆冰	5	10.0	−5
5	高温	0	0.0	35
6	雷电	0	10.0	15
7	操作	0	15.0	5
8	安装	0	10.0	−10

比载 [×10⁻³N/（m·mm²）]

气象	水平	垂直	综合
低温	0.000	32.699	32.699
大风	47.180	32.699	57.404
年平	0.000	32.699	32.699
覆冰	12.173	50.987	52.420
高温	0.000	32.699	32.699
雷电	7.614	32.699	33.574
操作	17.131	32.699	36.915
安装	7.614	32.699	33.574

图 5-8　XZ-A 气象区 JL/G1A-150/20（k=8.5）导线应力弧垂表

应力弧垂 \ 气象条件	气象	低温	大风	年平	覆冰	高温	雷电	操作	安装	架线气象组合						
	气温（℃）	−20	−5	5	−5	35	15	5	−10	−20 (−20)	−10 (−10)	0（0）	10 (10)	20 (20)	30 (30)	40 (40)
	风速（m/s）	0	27	0	10	0	10	15	10	0	0	0	0	0	0	0
档距(m)	覆冰（mm）	0	0	0	5	0	0	0	0	0	0	0	0	0	0	0
30	应力（MPa）	27.25	18.96	11.32	19	6.94	9.28	11.91	18.37	27.25	18.25	12.95	10.11	8.44	7.36	6.59
	弧垂（m）	0.14	0.28	0.33	0.28	0.53	0.4	0.33	0.2	0.14	0.2	0.28	0.36	0.44	0.5	0.56
35	应力（MPa）	27.25	20.4	12.5	20.45	7.94	10.45	13.16	19.16	27.25	19.02	14.09	11.28	9.55	8.39	7.55
	弧垂（m）	0.18	0.35	0.4	0.35	0.63	0.49	0.41	0.27	0.18	0.26	0.36	0.44	0.52	0.6	0.66
40	应力（MPa）	27.25	21.71	13.58	21.76	8.89	11.52	14.29	19.87	27.25	19.72	15.12	12.36	10.59	9.37	8.47
	弧垂（m）	0.24	0.43	0.48	0.43	0.74	0.58	0.49	0.33	0.24	0.33	0.43	0.53	0.62	0.7	0.77
45	应力（MPa）	27.25	22.9	14.55	22.96	9.8	12.52	15.32	20.52	27.25	20.36	16.05	13.35	11.57	10.3	9.36
	弧垂（m）	0.3	0.52	0.57	0.52	0.85	0.67	0.58	0.41	0.3	0.41	0.52	0.62	0.72	0.8	0.89
50	应力（MPa）	27.25	23.99	15.44	24.05	10.66	13.45	16.26	21.11	27.25	20.93	16.88	14.26	12.47	11.18	10.2
	弧垂（m）	0.38	0.61	0.66	0.61	0.96	0.77	0.67	0.49	0.38	0.49	0.61	0.72	0.82	0.92	1
55	应力（MPa）	27.25	24.98	16.25	25.05	11.47	14.31	17.12	21.63	27.25	21.44	17.64	15.1	13.32	12.01	11
	弧垂（m）	0.45	0.71	0.76	0.71	1.08	0.88	0.77	0.58	0.45	0.58	0.7	0.82	0.93	1.03	1.13
60	应力（MPa）	27.25	25.9	17	25.96	12.25	15.1	17.91	22.11	27.25	21.91	18.33	15.88	14.11	12.79	11.76
	弧垂（m）	0.54	0.81	0.87	0.81	1.2	0.99	0.88	0.68	0.54	0.67	0.8	0.93	1.04	1.15	1.25
65	应力（MPa）	27.25	26.73	17.68	26.8	12.98	15.84	18.64	22.54	27.25	22.33	18.96	16.59	14.85	13.53	12.49
	弧垂（m）	0.63	0.92	0.98	0.92	1.33	1.11	0.99	0.78	0.63	0.77	0.91	1.04	1.16	1.28	1.38
70	应力（MPa）	26.73	27.18	18.08	27.25	13.57	16.37	19.08	22.56	26.73	22.34	19.28	17.06	15.4	14.11	13.09
	弧垂（m）	0.75	1.05	1.11	1.05	1.48	1.24	1.12	0.9	0.75	0.9	1.04	1.18	1.3	1.42	1.53
75	应力（MPa）	25.68	27.17	18.18	27.25	13.99	16.64	19.2	22.16	25.68	21.94	19.25	17.25	15.72	14.51	13.52
	弧垂（m）	0.9	1.21	1.27	1.21	1.65	1.4	1.28	1.05	0.9	1.05	1.2	1.33	1.46	1.59	1.7
80	应力（MPa）	24.81	27.17	18.26	27.25	14.37	16.87	19.31	21.83	24.81	21.6	19.22	17.42	16	14.86	13.92
	弧垂（m）	1.06	1.38	1.43	1.38	1.82	1.57	1.45	1.22	1.06	1.21	1.36	1.5	1.64	1.76	1.88
85	应力（MPa）	24.09	27.17	18.34	27.25	14.71	17.08	19.4	21.54	24.09	21.31	19.2	17.56	16.25	15.18	14.28
	弧垂（m）	1.23	1.55	1.61	1.55	2.01	1.75	1.63	1.39	1.23	1.39	1.54	1.68	1.82	1.95	2.07
90	应力（MPa）	23.49	27.17	18.4	27.25	15.02	17.26	19.48	21.3	23.49	21.06	19.19	17.69	16.47	15.46	14.61
	弧垂（m）	1.41	1.74	1.8	1.74	2.21	1.95	1.81	1.58	1.41	1.57	1.73	1.87	2.01	2.14	2.27
95	应力（MPa）	22.99	27.17	18.45	27.25	15.3	17.42	19.55	21.1	22.99	20.86	19.17	17.8	16.67	15.72	14.91
	弧垂（m）	1.61	1.94	2	1.94	2.41	2.15	2.01	1.77	1.61	1.77	1.93	2.07	2.22	2.35	2.48
100	应力（MPa）	22.57	27.17	18.5	27.25	15.56	17.57	19.61	20.92	22.57	20.68	19.16	17.9	16.85	15.96	15.18
	弧垂（m）	1.81	2.15	2.21	2.15	2.63	2.36	2.23	1.98	1.81	1.98	2.14	2.29	2.43	2.57	2.7
105	应力（MPa）	22.21	27.17	18.54	27.25	15.79	17.7	19.66	20.77	22.21	20.52	19.14	17.99	17.01	16.17	15.43
	弧垂（m）	2.03	2.37	2.43	2.37	2.86	2.58	2.45	2.2	2.03	2.2	2.36	2.51	2.65	2.79	2.92
110	应力（MPa）	21.9	27.16	18.58	27.25	16	17.82	19.71	20.64	21.9	20.39	19.13	18.07	17.15	16.36	15.66
	弧垂（m）	2.26	2.6	2.67	2.6	3.1	2.82	2.68	2.43	2.26	2.43	2.59	2.74	2.89	3.03	3.16
115	应力（MPa）	21.63	27.16	18.61	27.25	16.19	17.92	19.75	20.52	21.63	20.27	19.12	18.14	17.28	16.53	15.87
	弧垂（m）	2.5	2.85	2.91	2.85	3.34	3.06	2.92	2.67	2.5	2.67	2.83	2.98	3.13	3.27	3.41
120	应力（MPa）	21.4	27.16	18.64	27.25	16.37	18.01	19.79	20.42	21.4	20.17	19.12	18.2	17.4	16.69	16.06
	弧垂（m）	2.75	3.1	3.16	3.1	3.6	3.32	3.18	2.93	2.75	2.92	3.08	3.24	3.39	3.53	3.67

临界档距

30.000	低温	67.833	覆冰	

计算条件

线规	JL/G1A−240/30		
截面（mm²）	275.96	外径（mm）	21.60
单位质量（kg/m）	0.92	拉断力（N）	75190.00
最大使用应力（MPa）	27.25	安全系数	10.00
平均运行应力（MPa）	43.59	取用系数	0.16

气象条件

序号	气象	冰厚（mm）	风速（m/s）	气温（℃）
1	低温	0	0.0	−20
2	大风	0	27.0	−5
3	年平	0	0.0	5
4	覆冰	5	10.0	−5
5	高温	0	0.0	35
6	雷电	0	10.0	15
7	操作	0	15.0	5
8	安装	0	10.0	−10

比载[×10⁻³N/（m·mm²）]

气象	水平	垂直	综合
低温	0.000	32.718	32.718
大风	33.345	32.718	46.716
年平	0.000	32.718	32.718
覆冰	8.588	46.082	46.875
高温	0.000	32.718	32.718
雷电	5.381	32.718	33.158
操作	12.108	32.718	34.887
安装	5.381	32.718	33.158

图 5−9　XZ−A 气象区 JL/G1A−240/30（k=10）导线应力弧垂表

档距(m)		气象	低温	大风	年平	覆冰	高温	雷电	操作	安装	架线气象组合								
		气温(℃)	−40	−5	−5	−5	35	15	−5	−15	−40(−40)	−30(−30)	−20(−20)	−10(−10)	0(0)	10(10)	20(20)	30(30)	40(40)
		风速(m/s)	0	30	0	10	0	10	15	10	0	0	0	0	0	0	0	0	0
		覆冰(mm)	0	0	0	10	0	0	0	0	0	0	0	0	0	0	0	0	0
30	应力(MPa)		39.16	28.88	14.35	34.45	8.36	10.88	17.22	18.92	39.16	28.9	21.09	16.06	13	11.05	9.72	8.75	8.01
	弧垂(m)		0.14	0.48	0.38	0.51	0.65	0.53	0.4	0.3	0.14	0.19	0.26	0.34	0.41	0.49	0.55	0.62	0.67
35	应力(MPa)		39.16	31.96	15.86	38.14	9.59	12.34	19.05	20.39	39.16	29.52	22.3	17.54	14.51	12.49	11.07	10.02	9.21
	弧垂(m)		0.19	0.59	0.46	0.63	0.77	0.63	0.49	0.38	0.19	0.25	0.33	0.42	0.51	0.59	0.66	0.73	0.8
40	应力(MPa)		32.47	32.51	15.4	39.16	10.19	12.74	18.74	18.94	32.47	25.08	20	16.64	14.36	12.74	11.53	10.59	9.84
	弧垂(m)		0.3	0.76	0.62	0.8	0.94	0.8	0.65	0.54	0.3	0.38	0.48	0.58	0.67	0.75	0.83	0.91	0.97
45	应力(MPa)		25.33	32.17	14.55	39.16	10.48	12.72	17.93	17.23	25.33	20.75	17.61	15.42	13.8	12.58	11.61	10.82	10.17
	弧垂(m)		0.48	0.97	0.83	1.01	1.16	1.01	0.86	0.75	0.48	0.58	0.69	0.79	0.88	0.96	1.05	1.12	1.19
50	应力(MPa)		21	31.91	13.99	39.16	10.71	12.71	17.37	16.14	21	18.2	16.16	14.62	13.42	12.46	11.61	11	10.44
	弧垂(m)		0.71	1.2	1.07	1.25	1.4	1.25	1.1	0.98	0.71	0.82	0.93	1.02	1.12	1.2	1.28	1.36	1.44
55	应力(MPa)		18.47	31.71	13.59	39.16	10.89	12.71	16.97	15.4	18.47	16.64	15.21	14.08	13.15	12.37	11.72	11.15	10.65
	弧垂(m)		0.98	1.47	1.33	1.52	1.66	1.51	1.36	1.25	0.98	1.09	1.19	1.29	1.38	1.47	1.55	1.63	1.7
60	应力(MPa)		16.91	31.55	13.3	39.16	11.04	12.7	16.67	14.89	16.91	15.62	14.57	13.69	12.95	12.31	11.75	11.26	10.83
	弧垂(m)		1.28	1.75	1.62	1.8	1.96	1.8	1.65	1.54	1.28	1.38	1.48	1.58	1.67	1.75	1.84	1.92	1.99
65	应力(MPa)		15.87	31.43	13.09	39.16	11.16	12.7	16.44	14.51	15.87	14.91	14.1	13.4	12.79	12.26	11.78	11.35	10.97
	弧垂(m)		1.6	2.07	1.94	2.12	2.27	2.11	1.96	1.85	1.6	1.7	1.8	1.89	1.98	2.07	2.15	2.23	2.31
70	应力(MPa)		15.15	31.32	12.92	39.16	11.26	12.69	16.26	14.22	15.15	14.4	13.75	13.18	12.67	12.22	11.8	11.43	11.09
	弧垂(m)		1.94	2.4	2.27	2.46	2.61	2.45	2.3	2.19	1.94	2.04	2.14	2.23	2.32	2.41	2.49	2.57	2.65
75	应力(MPa)		14.62	31.24	12.79	39.16	11.34	12.69	16.12	14	14.62	14.02	13.49	13.01	12.58	12.18	11.82	11.49	11.19
	弧垂(m)		2.31	2.77	2.64	2.82	2.98	2.82	2.66	2.55	2.31	2.41	2.5	2.59	2.68	2.77	2.85	2.94	3.02
80	应力(MPa)		14.22	31.17	12.68	39.16	11.41	12.69	16.01	13.82	14.22	13.72	13.28	12.87	12.5	12.16	11.84	11.55	11.27
	弧垂(m)		2.7	3.16	3.03	3.21	3.37	3.21	3.05	2.94	2.7	2.8	2.89	2.98	3.07	3.16	3.24	3.33	3.41

临 界 档 距

30.000	低温	36.445	覆冰	

计 算 条 件

线规	JKLYJ-70	
截面(mm²)	75.55	外径(mm)	18.40
单位质量(kg/m)	0.37	拉断力(N)	10354.00
最大使用应力(MPa)	39.16	安全系数	3.50
平均运行应力(MPa)	21.93	取用系数	0.16

气 象 条 件

序号	气象	冰厚(mm)	风速(m/s)	气温(℃)
1	低温	0	0.0	−40
2	大风	0	30.0	−5
3	年平	0	0.0	−5
4	覆冰	10	10.0	−5
5	高温	0	0.0	35
6	雷电	0	10.0	15
7	操作	0	15.0	−5
8	安装	0	10.0	−15

比载[×10⁻³N/(m·mm²)]

气象	水平	垂直	综合
低温	0.000	47.897	47.897
大风	113.021	47.897	122.752
年平	0.000	47.897	47.897
覆冰	38.120	152.128	156.832
高温	0.000	47.897	47.897
雷电	16.744	47.897	50.740
操作	37.674	47.897	60.938
安装	16.744	47.897	50.740

图 5−10 XZ−B 气象区 JKLYJ−70（$k=3.5$）导线应力弧垂表

应力弧垂 气象条件 档距(m)	气象	低温	大风	年平	覆冰	高温	雷电	操作	安装	架线气象组合								
	气温(℃)	−40	−5	−5	−5	35	15	−5	−15	−40 (−40)	−30 (−30)	−20 (−20)	−10 (−10)	0 (0)	10 (10)	20 (20)	30 (30)	40 (40)
	风速(m/s)	0	30	0	10	0	10	15	10	0	0	0	0	0	0	0	0	0
	覆冰(mm)	0	0	0	10	0	0	0	0	0	0	0	0	0	0	0	0	0
30	应力(MPa)	27.63	20.01	10.79	24.35	6.92	8.56	12.37	13.44	27.63	19.68	14.71	11.79	9.98	8.76	7.87	7.2	6.67
	弧垂(m)	0.17	0.51	0.45	0.53	0.7	0.59	0.46	0.37	0.17	0.25	0.33	0.41	0.48	0.55	0.61	0.67	0.73
35	应力(MPa)	27.63	22.29	12.04	27.11	7.94	9.73	13.8	14.71	27.63	20.46	15.88	13.05	11.21	9.92	8.98	8.24	7.66
	弧垂(m)	0.24	0.62	0.55	0.65	0.83	0.7	0.56	0.46	0.24	0.32	0.41	0.5	0.59	0.66	0.73	0.8	0.86
40	应力(MPa)	22.11	22.53	11.87	27.63	8.43	10.08	13.68	13.94	22.11	17.54	14.6	12.62	11.22	10.18	9.36	8.71	8.17
	弧垂(m)	0.39	0.8	0.72	0.83	1.02	0.88	0.74	0.64	0.39	0.49	0.59	0.68	0.77	0.85	0.92	0.99	1.05
45	应力(MPa)	17.94	22.36	11.52	27.63	8.73	10.19	13.33	13.12	17.94	15.28	13.43	12.07	11.03	10.21	9.53	8.98	8.5
	弧垂(m)	0.61	1.02	0.95	1.05	1.25	1.11	0.96	0.86	0.61	0.71	0.81	0.9	0.99	1.07	1.14	1.21	1.28
50	应力(MPa)	15.64	22.23	11.27	27.63	8.97	10.28	13.09	12.58	15.64	13.96	12.69	11.7	10.89	10.23	9.66	9.18	8.77
	弧垂(m)	0.86	1.27	1.19	1.3	1.5	1.36	1.2	1.11	0.86	0.96	1.06	1.15	1.23	1.31	1.39	1.46	1.53
55	应力(MPa)	14.28	22.13	11.1	27.63	9.16	10.35	12.91	12.2	14.28	13.13	12.2	11.43	10.79	10.24	9.77	9.35	8.98
	弧垂(m)	1.14	1.54	1.47	1.58	1.78	1.63	1.48	1.38	1.14	1.24	1.33	1.42	1.51	1.59	1.67	1.74	1.81
60	应力(MPa)	13.41	22.05	10.97	27.63	9.31	10.4	12.78	11.93	13.41	12.56	11.85	11.24	10.72	10.25	9.85	9.48	9.16
	弧垂(m)	1.44	1.84	1.77	1.88	2.08	1.93	1.78	1.68	1.44	1.54	1.63	1.72	1.81	1.89	1.97	2.04	2.12
65	应力(MPa)	12.81	21.99	10.87	27.63	9.44	10.44	12.68	11.73	12.81	12.16	11.59	11.1	10.66	10.26	9.91	9.59	9.3
	弧垂(m)	1.77	2.17	2.09	2.2	2.41	2.26	2.1	2.01	1.77	1.87	1.96	2.05	2.13	2.21	2.29	2.37	2.45
70	应力(MPa)	12.38	21.95	10.79	27.63	9.55	10.47	12.6	11.58	12.38	11.86	11.4	10.98	10.61	10.27	9.96	9.68	9.42
	弧垂(m)	2.13	2.52	2.44	2.55	2.76	2.61	2.46	2.36	2.13	2.22	2.31	2.4	2.49	2.57	2.65	2.72	2.8
75	应力(MPa)	12.05	21.91	10.73	27.63	9.64	10.5	12.53	11.46	12.05	11.63	11.24	10.89	10.57	10.28	10.01	9.76	9.52
	弧垂(m)	2.51	2.9	2.82	2.93	3.14	2.99	2.83	2.74	2.51	2.6	2.69	2.78	2.86	2.95	3.03	3.1	3.18
80	应力(MPa)	11.8	21.87	10.68	27.63	9.71	10.53	12.48	11.36	11.8	11.45	11.12	10.82	10.54	10.28	10.04	9.82	9.61
	弧垂(m)	2.92	3.3	3.23	3.34	3.55	3.39	3.24	3.14	2.92	3.01	3.1	3.18	3.27	3.35	3.43	3.51	3.59

临界档距

30.000	低温	35.991	覆冰

计算条件

线规	JKLYJ−120		
截面(mm²)	125.50	外径(mm)	21.40
单位质量(kg/m)	0.55	拉断力(N)	17339.00
最大使用应力(MPa)	27.63	安全系数	5.00
平均运行应力(MPa)	22.11	取用系数	0.16

气象条件

序号	气象	冰厚(mm)	风速(m/s)	气温(℃)
1	低温	0	0.0	−40
2	大风	0	30.0	−5
3	年平	0	0.0	−5
4	覆冰	10	10.0	−5
5	高温	0	0.0	35
6	雷电	0	10.0	15
7	操作	0	15.0	−5
8	安装	0	10.0	−15

比载 [×10⁻³N/(m·mm²)]

气象	水平	垂直	综合
低温	0.000	42.977	42.977
大风	79.131	42.977	90.049
年平	0.000	42.977	42.977
覆冰	24.741	112.352	115.044
高温	0.000	42.977	42.977
雷电	11.723	42.977	44.548
操作	26.377	42.977	50.426
安装	11.723	42.977	44.548

图 5−11　XZ−B 气象区 JKLYJ−120（k=5）导线应力弧垂表

应力弧垂	气象条件	气象	低温	大风	年平	覆冰	高温	雷电	操作	安装	架线气象组合								
		气温（℃）	−40	−5	−5	−5	35	15	−5	−15	−40(−40)	−30(−30)	−20(−20)	−10(−10)	0(0)	10(10)	20(20)	30(30)	40(40)
		风速（m/s）	0	30	0	10	0	10	15	10	0	0	0	0	0	0	0	0	0
档距(m)		覆冰（mm）	0	0	0	10	0	0	0	0	0	0	0	0	0	0	0	0	0
30		应力（MPa）	26.89	18	10.27	21.93	6.58	8.09	11.53	12.75	26.89	18.94	14.05	11.23	9.49	8.32	7.48	6.84	6.34
		弧垂（m）	0.17	0.5	0.45	0.52	0.7	0.59	0.46	0.37	0.17	0.24	0.33	0.41	0.48	0.55	0.62	0.67	0.73
35		应力（MPa）	26.89	20.08	11.48	24.45	7.55	9.21	12.89	13.99	26.89	19.71	15.2	12.45	10.68	9.44	8.54	7.84	7.28
		弧垂（m）	0.23	0.61	0.55	0.64	0.83	0.7	0.56	0.46	0.23	0.32	0.41	0.5	0.59	0.66	0.73	0.8	0.86
40		应力（MPa）	26.89	22	12.58	26.79	8.48	10.26	14.13	15.1	26.89	20.39	16.22	13.56	11.77	10.5	9.54	8.79	8.19
		弧垂（m）	0.3	0.72	0.65	0.76	0.97	0.82	0.66	0.56	0.3	0.4	0.5	0.6	0.69	0.78	0.86	0.93	1
45		应力（MPa）	21.6	21.91	12.25	26.89	8.85	10.46	13.81	14.18	21.6	17.52	14.83	12.97	11.62	10.6	9.79	9.14	8.59
		弧垂（m）	0.48	0.92	0.85	0.96	1.17	1.02	0.86	0.75	0.48	0.59	0.7	0.8	0.89	0.98	1.06	1.13	1.21
50		应力（MPa）	18.23	21.76	11.96	26.89	9.13	10.57	13.53	13.5	18.23	15.68	13.86	12.51	11.47	10.64	9.96	9.39	8.9
		弧垂（m）	0.7	1.14	1.07	1.18	1.4	1.25	1.08	0.98	0.7	0.82	0.92	1.02	1.11	1.2	1.28	1.36	1.44
55		应力（MPa）	16.23	21.65	11.75	26.89	9.36	10.66	13.33	13.03	16.23	14.52	13.22	12.19	11.36	10.67	10.09	9.59	9.15
		弧垂（m）	0.95	1.39	1.32	1.43	1.65	1.49	1.33	1.22	0.95	1.07	1.17	1.27	1.36	1.45	1.53	1.61	1.69
60		应力（MPa）	14.97	21.56	11.6	26.89	9.55	10.74	13.17	12.69	14.97	13.75	12.76	11.95	11.27	10.69	10.19	9.75	9.36
		弧垂（m）	1.23	1.66	1.59	1.7	1.93	1.77	1.6	1.49	1.23	1.34	1.44	1.54	1.63	1.72	1.81	1.89	1.97
65		应力（MPa）	14.13	21.5	11.48	26.89	9.71	10.79	13.06	12.43	14.13	13.2	12.43	11.77	11.21	10.71	10.28	9.89	9.54
		弧垂（m）	1.53	1.96	1.88	2	2.23	2.06	1.89	1.79	1.53	1.64	1.74	1.84	1.93	2.02	2.1	2.19	2.27
70		应力（MPa）	13.53	21.44	11.39	26.89	9.84	10.84	12.96	12.24	13.53	12.8	12.18	11.64	11.16	10.73	10.35	10	9.69
		弧垂（m）	1.85	2.28	2.2	2.31	2.55	2.38	2.21	2.11	1.85	1.96	2.06	2.15	2.25	2.34	2.42	2.51	2.59
75		应力（MPa）	13.09	21.4	11.31	26.89	9.95	10.88	12.89	12.09	13.09	12.5	11.99	11.53	11.11	10.74	10.4	10.1	9.81
		弧垂（m）	2.2	2.62	2.54	2.66	2.89	2.73	2.56	2.45	2.2	2.3	2.4	2.5	2.59	2.68	2.77	2.85	2.94
80		应力（MPa）	12.75	21.36	11.25	26.89	10.04	10.91	12.83	11.97	12.75	12.27	11.83	11.44	11.08	10.75	10.45	10.18	9.92
		弧垂（m）	2.57	2.99	2.91	3.02	3.26	3.09	2.92	2.82	2.57	2.67	2.77	2.86	2.96	3.05	3.14	3.22	3.3

临 界 档 距

30.000	低温	40.240	覆冰

计 算 条 件

线规	JKLYJ-150	
截面（mm²）	156.41	外径（mm） 23.00
单位质量（kg/m）	0.65	拉断力（N） 21033.00
最大使用应力（MPa）	26.89	安全系数 5.00
平均运行应力（MPa）	21.52	取用系数 0.16

气 象 条 件

序号	气象	冰厚（mm）	风速（m/s）	气温（℃）
1	低温	0	0.0	−40
2	大风	0	30.0	−5
3	年平	0	0.0	−5
4	覆冰	10	10.0	−5
5	高温	0	0.0	35
6	雷电	0	10.0	15
7	操作	0	15.0	−5
8	安装	0	10.0	−15

比载 [×10⁻³N/（m·mm²）]

气象	水平	垂直	综合
低温	0.000	40.879	40.879
大风	68.240	40.879	79.548
年平	0.000	40.879	40.879
覆冰	20.619	99.380	101.497
高温	0.000	40.879	40.879
雷电	10.110	40.879	42.111
操作	22.747	40.879	46.782
安装	10.110	40.879	42.111

图 5−12　XZ−B 气象区 JKLYJ−150（$k=5$）导线应力弧垂表

应力弧垂	气象条件	气象	低温	大风	年平	覆冰	高温	雷电	操作	安装	架线气象组合								
		气温（℃）	−40	−5	−5	−5	35	15	−5	−15	−40 (−40)	−30 (−30)	−20 (−20)	−10 (−10)	0 (0)	10 (10)	20 (20)	30 (30)	40 (40)
		风速（m/s）	0	30	0	10	0	10	15	10	0	0	0	0	0	0	0	0	0
档距（m）		覆冰（mm）	0	0	0	10	0	0	0	0	0	0	0	0	0	0	0	0	0
30		应力（MPa）	28.38	15.38	9.99	18.76	6.23	7.66	10.79	12.53	28.38	19.62	14.11	11.01	9.18	7.98	7.13	6.49	6
		弧垂（m）	0.15	0.46	0.43	0.49	0.69	0.57	0.43	0.35	0.15	0.22	0.3	0.39	0.47	0.54	0.6	0.66	0.71
35		应力（MPa）	28.38	17.19	11.19	20.95	7.17	8.74	12.09	13.76	28.38	20.35	15.26	12.24	10.35	9.07	8.16	7.46	6.91
		弧垂（m）	0.21	0.57	0.52	0.59	0.81	0.68	0.53	0.43	0.21	0.29	0.38	0.48	0.56	0.64	0.71	0.78	0.84
40		应力（MPa）	28.38	18.88	12.3	23	8.07	9.76	13.29	14.87	28.38	21.02	16.28	13.35	11.44	10.11	9.13	8.38	7.78
		弧垂（m）	0.27	0.67	0.62	0.71	0.94	0.8	0.63	0.52	0.27	0.36	0.47	0.57	0.67	0.75	0.83	0.91	0.98
45		应力（MPa）	28.38	20.44	13.32	24.9	8.94	10.73	14.39	15.88	28.38	21.63	17.21	14.37	12.45	11.09	10.07	9.27	8.63
		弧垂（m）	0.34	0.79	0.72	0.82	1.08	0.92	0.73	0.62	0.34	0.45	0.56	0.67	0.77	0.87	0.96	1.04	1.12
50		应力（MPa）	28.38	21.9	14.27	26.68	9.77	11.65	15.41	16.8	28.38	22.18	18.05	15.3	13.4	12.01	10.96	10.12	9.45
		弧垂（m）	0.42	0.91	0.83	0.95	1.22	1.04	0.84	0.72	0.42	0.54	0.66	0.78	0.89	0.99	1.09	1.18	1.26
55		应力（MPa）	28.38	23.26	15.15	28.35	10.57	12.52	16.36	17.63	28.38	22.68	18.81	16.16	14.28	12.88	11.8	10.94	10.23
		弧垂（m）	0.51	1.03	0.95	1.08	1.36	1.17	0.96	0.83	0.51	0.63	0.76	0.89	1.01	1.12	1.22	1.32	1.41
60		应力（MPa）	24.75	23.14	14.86	28.38	10.89	12.68	16.09	16.91	24.75	20.62	17.75	15.68	14.14	12.95	12	11.22	10.57
		弧垂（m）	0.69	1.24	1.15	1.29	1.57	1.38	1.17	1.03	0.69	0.83	0.96	1.09	1.21	1.32	1.43	1.53	1.62
65		应力（MPa）	22.13	23.02	14.62	28.38	11.15	12.79	15.87	16.34	22.13	19.13	16.94	15.3	14.02	13	12.16	11.46	10.86
		弧垂（m）	0.91	1.46	1.37	1.51	1.8	1.6	1.39	1.25	0.91	1.05	1.19	1.31	1.43	1.55	1.65	1.75	1.85
70		应力（MPa）	20.3	22.92	14.44	28.38	11.38	12.88	15.69	15.91	20.3	18.05	16.34	15	13.93	13.04	12.3	11.66	11.11
		弧垂（m）	1.15	1.7	1.61	1.75	2.05	1.85	1.63	1.49	1.15	1.29	1.43	1.55	1.67	1.79	1.9	2	2.1
75		应力（MPa）	18.99	22.84	14.29	28.38	11.57	12.96	15.54	15.57	18.99	17.26	15.88	14.77	13.85	13.07	12.41	11.83	11.33
		弧垂（m）	1.41	1.96	1.87	2.01	2.31	2.11	1.89	1.75	1.41	1.55	1.69	1.81	1.93	2.05	2.16	2.26	2.36
80		应力（MPa）	18.03	22.77	14.17	28.38	11.74	13.03	15.42	15.3	18.03	16.65	15.52	14.58	13.79	13.1	12.5	11.98	11.52
		弧垂（m）	1.69	2.23	2.15	2.29	2.6	2.38	2.16	2.03	1.69	1.83	1.96	2.09	2.21	2.33	2.44	2.54	2.65

临界档距

30.000	低温	55.097	覆冰

计 算 条 件

线规	JKLYJ-240	
截面（mm²）	244.39	外径（mm）	26.80
单位质量（kg/m）	0.95	拉断力（N）	34679.00
最大使用应力（MPa）	28.38	安全系数	5.00
平均运行应力（MPa）	22.70	取用系数	0.16

气 象 条 件

序号	气象	冰厚（mm）	风速（m/s）	气温（℃）
1	低温	0	0.0	−40
2	大风	0	30.0	−5
3	年平	0	0.0	−5
4	覆冰	10	10.0	−5
5	高温	0	0.0	35
6	雷电	0	10.0	15
7	操作	0	15.0	−5
8	安装	0	10.0	−15

比载 [×10⁻³N/（m·mm²）]

气象	水平	垂直	综合
低温	0.000	38.040	38.040
大风	50.889	38.040	63.536
年平	0.000	38.040	38.040
覆冰	14.362	79.792	81.075
高温	0.000	38.040	38.040
雷电	7.539	38.040	38.780
操作	16.963	38.040	41.651
安装	7.539	38.040	38.780

图 5–13　XZ–B 气象区 JKLYJ–240（k=5）导线应力弧垂表

应力弧垂 气象条件	气象 气温(℃) 风速(m/s) 覆冰(mm)	低温 -40 0 0	大风 -5 30 0	年平 -5 0 0	覆冰 -5 10 10	高温 35 0 0	雷电 15 10 0	操作 -5 15 0	安装 -15 10 0	架线 -40(-40) 0 0	-30(-30) 0 0	-20(-20) 0 0	-10(-10) 0 0	0(0) 0 0	10(10) 0 0	20(20) 0 0	30(30) 0 0	40(40) 0 0
30	应力(MPa)	42.03	23.58	12.36	30.17	6.71	8.82	14.47	17.22	42.03	29.85	20.17	14.21	10.98	9.1	7.9	7.05	6.42
	弧垂(m)	0.09	0.38	0.31	0.42	0.57	0.45	0.32	0.23	0.09	0.13	0.19	0.27	0.35	0.42	0.48	0.54	0.6
35	应力(MPa)	42.03	26.21	13.76	33.52	7.74	10.08	16.11	18.58	42.03	30.34	21.28	15.6	12.35	10.37	9.05	8.12	7.41
	弧垂(m)	0.12	0.47	0.38	0.51	0.67	0.54	0.4	0.29	0.12	0.17	0.24	0.33	0.42	0.5	0.57	0.64	0.7
40	应力(MPa)	42.03	28.68	15.06	36.67	8.74	11.29	17.63	19.84	42.03	30.84	22.32	16.89	13.63	11.57	10.17	9.15	8.38
	弧垂(m)	0.16	0.56	0.45	0.61	0.78	0.63	0.47	0.36	0.16	0.22	0.3	0.4	0.5	0.59	0.67	0.74	0.81
45	应力(MPa)	42.03	31.01	16.29	39.66	9.72	12.45	19.06	21.02	42.03	31.33	23.31	18.1	14.85	12.72	11.25	10.16	9.32
	弧垂(m)	0.2	0.66	0.53	0.72	0.88	0.72	0.55	0.43	0.2	0.27	0.37	0.47	0.58	0.68	0.76	0.85	0.92
50	应力(MPa)	40.71	32.79	17.06	42.03	10.56	13.37	20.02	21.55	40.71	30.77	23.52	18.76	15.69	13.61	12.13	11.02	10.15
	弧垂(m)	0.26	0.76	0.62	0.84	1.01	0.83	0.65	0.52	0.26	0.34	0.45	0.57	0.68	0.78	0.87	0.96	1.05
55	应力(MPa)	33.35	32.35	16.15	42.03	10.83	13.36	19.16	19.61	33.35	25.84	20.76	17.4	15.1	13.45	12.21	11.24	10.46
	弧垂(m)	0.38	0.94	0.8	1.01	1.19	1.01	0.82	0.69	0.38	0.5	0.62	0.74	0.85	0.95	1.05	1.14	1.23
60	应力(MPa)	27.66	32.01	15.49	42.03	11.06	13.35	18.52	18.27	27.66	22.43	18.9	16.44	14.67	13.33	12.28	11.43	10.73
	弧垂(m)	0.55	1.13	0.99	1.21	1.38	1.2	1.01	0.88	0.55	0.68	0.81	0.93	1.04	1.15	1.25	1.34	1.43
65	应力(MPa)	23.73	31.73	15.01	42.03	11.25	13.34	18.03	17.32	23.73	20.14	17.61	15.76	14.34	13.23	12.33	11.58	10.95
	弧垂(m)	0.76	1.34	1.2	1.42	1.59	1.41	1.22	1.09	0.76	0.89	1.02	1.14	1.25	1.36	1.46	1.55	1.64
70	应力(MPa)	21.12	31.5	14.64	42.03	11.41	13.33	17.66	16.63	21.12	18.59	16.7	15.25	14.09	13.15	12.37	11.71	11.14
	弧垂(m)	0.98	1.56	1.42	1.64	1.82	1.64	1.45	1.31	0.98	1.12	1.25	1.36	1.48	1.58	1.68	1.78	1.87
75	应力(MPa)	19.36	31.31	14.35	42.03	11.55	13.33	17.37	16.1	19.36	17.49	16.03	14.85	13.89	13.09	12.41	11.81	11.3
	弧垂(m)	1.23	1.8	1.66	1.89	2.07	1.88	1.69	1.56	1.23	1.37	1.49	1.61	1.72	1.82	1.93	2.02	2.11
80	应力(MPa)	18.12	31.15	14.13	42.03	11.66	13.32	17.13	15.69	18.12	16.68	15.51	14.55	13.74	13.04	12.43	11.9	11.44
	弧垂(m)	1.5	2.06	1.92	2.15	2.33	2.14	1.95	1.82	1.5	1.63	1.75	1.87	1.98	2.08	2.19	2.28	2.38
85	应力(MPa)	17.21	31.02	13.94	42.03	11.76	13.32	16.94	15.37	17.21	16.07	15.12	14.3	13.61	13	12.46	11.98	11.55
	弧垂(m)	1.78	2.34	2.2	2.42	2.61	2.42	2.23	2.09	1.78	1.91	2.03	2.14	2.26	2.36	2.46	2.56	2.66
90	应力(MPa)	16.53	30.9	13.79	42.03	11.85	13.32	16.78	15.11	16.53	15.6	14.8	14.11	13.5	12.96	12.48	12.05	11.66
	弧垂(m)	2.08	2.63	2.49	2.72	2.9	2.71	2.52	2.39	2.08	2.21	2.32	2.44	2.55	2.65	2.76	2.86	2.95
95	应力(MPa)	16	30.81	13.67	42.03	11.92	13.31	16.65	14.9	16	15.22	14.54	13.94	13.41	12.93	12.5	12.11	11.75
	弧垂(m)	2.4	2.94	2.81	3.03	3.22	3.02	2.83	2.7	2.4	2.52	2.64	2.75	2.86	2.97	3.07	3.17	3.26
100	应力(MPa)	15.58	30.73	13.56	42.03	11.99	13.31	16.54	14.72	15.58	14.92	14.33	13.81	13.33	12.9	12.51	12.16	11.83
	弧垂(m)	2.73	3.27	3.13	3.36	3.55	3.35	3.16	3.03	2.73	2.85	2.96	3.08	3.19	3.29	3.4	3.5	3.59
105	应力(MPa)	15.23	30.65	13.47	42.03	12.05	13.31	16.44	14.58	15.23	14.66	14.15	13.69	13.27	12.88	12.53	12.2	11.9
	弧垂(m)	3.07	3.61	3.48	3.7	3.89	3.69	3.5	3.37	3.07	3.19	3.31	3.42	3.53	3.64	3.74	3.84	3.94
110	应力(MPa)	14.95	30.59	13.4	42.03	12.1	13.31	16.36	14.45	14.95	14.45	14	13.59	13.21	12.86	12.54	12.24	11.96
	弧垂(m)	3.44	3.97	3.84	4.06	4.25	4.06	3.86	3.73	3.44	3.56	3.67	3.78	3.89	4	4.1	4.2	4.3
115	应力(MPa)	14.71	30.54	13.33	42.03	12.14	13.31	16.29	14.34	14.71	14.28	13.88	13.51	13.16	12.85	12.55	12.27	12.01
	弧垂(m)	3.82	4.35	4.22	4.44	4.63	4.43	4.24	4.11	3.82	3.94	4.05	4.16	4.27	4.38	4.48	4.58	4.68
120	应力(MPa)	14.51	30.49	13.28	42.03	12.18	13.3	16.23	14.25	14.51	14.13	13.77	13.43	13.12	12.83	12.56	12.3	12.06
	弧垂(m)	4.22	4.75	4.61	4.83	5.03	4.83	4.64	4.51	4.22	4.33	4.45	4.56	4.67	4.77	4.88	4.98	5.08

临界档距

30.000	低温	49.172	覆冰

计算条件

线规	JL/G1A-70/10		
截面(mm²)	79.39	外径(mm)	11.40
单位质量(kg/m)	0.27	拉断力(N)	23360.00
最大使用应力(MPa)	42.03	安全系数	7.00
平均运行应力(MPa)	47.08	取用系数	0.16

气象条件

序号	气象	冰厚(mm)	风速(m/s)	气温(℃)
1	低温	0	0.0	-40
2	大风	0	30.0	-5
3	年平	0	0.0	-5
4	覆冰	10	10.0	-5
5	高温	0	0.0	35
6	雷电	0	10.0	15
7	操作	0	15.0	-5
8	安装	0	10.0	-15

比载[×10⁻³N/(m·mm²)]

气象	水平	垂直	综合
低温	0.000	33.945	33.945
大风	72.695	33.945	80.230
年平	0.000	33.945	33.945
覆冰	29.664	108.686	112.661
高温	0.000	33.945	33.945
雷电	10.770	33.945	35.612
操作	24.232	33.945	41.706
安装	10.770	33.945	35.612

图 5-14 XZ-B 气象区 JL/G1A-70/10（k=7）导线应力弧垂表

应力弧垂	气象条件	气象	低温	大风	年平	覆冰	高温	雷电	操作	安装	架线气象组合								
		气温(℃)	-40	-5	-5	-5	35	15	-5	-15	-40(-40)	-30(-30)	-20(-20)	-10(-10)	0(0)	10(10)	20(20)	30(30)	40(40)
		风速(m/s)	0	30	0	10	0	10	15	10	0	0	0	0	0	0	0	0	0
档距(m)		覆冰(mm)	0	0	0	10	0	0	0	0	0	0	0	0	0	0	0	0	0
30		应力(MPa)	36.97	19.09	11.21	23.75	6.46	8.21	12.52	14.94	36.97	25.56	17.34	12.67	10.11	8.55	7.51	6.77	6.2
		弧垂(m)	0.1	0.39	0.34	0.42	0.59	0.48	0.35	0.26	0.1	0.15	0.22	0.3	0.38	0.45	0.51	0.57	0.62
35		应力(MPa)	36.97	21.31	12.55	26.48	7.45	9.39	14.01	16.29	36.97	26.17	18.53	14.03	11.41	9.75	8.62	7.79	7.15
		弧垂(m)	0.14	0.48	0.41	0.51	0.7	0.57	0.43	0.33	0.14	0.2	0.28	0.37	0.46	0.53	0.6	0.67	0.73
40		应力(MPa)	36.97	23.4	13.8	29.05	8.41	10.52	15.39	17.53	36.97	26.77	19.63	15.28	12.63	10.9	9.68	8.78	8.09
		弧垂(m)	0.18	0.57	0.49	0.61	0.81	0.67	0.51	0.4	0.18	0.25	0.35	0.44	0.54	0.62	0.7	0.77	0.84
45		应力(MPa)	36.97	25.35	14.97	31.48	9.35	11.61	16.69	18.68	36.97	27.36	20.65	16.44	13.78	11.99	10.71	9.75	8.99
		弧垂(m)	0.23	0.66	0.57	0.71	0.92	0.76	0.59	0.47	0.23	0.31	0.42	0.52	0.62	0.72	0.8	0.88	0.96
50		应力(MPa)	36.97	27.2	16.06	33.77	10.26	12.65	17.91	19.75	36.97	27.91	21.59	17.52	14.86	13.03	11.69	10.68	9.88
		弧垂(m)	0.29	0.76	0.66	0.81	1.04	0.87	0.68	0.55	0.29	0.38	0.49	0.61	0.71	0.82	0.91	1	1.08
55		应力(MPa)	36.97	28.95	17.08	35.95	11.13	13.64	19.05	20.74	36.97	28.43	22.47	18.53	15.88	14.02	12.64	11.58	10.73
		弧垂(m)	0.35	0.87	0.75	0.93	1.15	0.97	0.77	0.64	0.35	0.45	0.57	0.69	0.81	0.92	1.02	1.11	1.2
60		应力(MPa)	34.12	29.63	17.25	36.97	11.71	14.15	19.3	20.51	34.12	26.88	21.9	18.53	16.18	14.47	13.17	12.15	11.32
		弧垂(m)	0.45	1.01	0.89	1.07	1.31	1.11	0.91	0.77	0.45	0.57	0.7	0.83	0.95	1.06	1.16	1.26	1.35
65		应力(MPa)	29.5	29.39	16.77	36.97	11.99	14.23	18.84	19.45	29.5	24.11	20.4	17.79	15.89	14.44	13.31	12.39	11.63
		弧垂(m)	0.61	1.19	1.07	1.26	1.5	1.3	1.09	0.95	0.61	0.74	0.88	1.01	1.13	1.24	1.35	1.45	1.54
70		应力(MPa)	26.08	29.2	16.4	36.97	12.23	14.29	18.48	18.66	26.08	22.12	19.3	17.24	15.66	14.42	13.42	12.59	11.9
		弧垂(m)	0.8	1.39	1.27	1.46	1.7	1.5	1.29	1.15	0.8	0.94	1.08	1.21	1.33	1.44	1.55	1.65	1.75
75		应力(MPa)	23.64	29.04	16.1	36.97	12.44	14.34	18.19	18.06	23.64	20.67	18.48	16.8	15.48	14.41	13.52	12.77	12.13
		弧垂(m)	1.01	1.6	1.48	1.67	1.92	1.72	1.5	1.36	1.01	1.16	1.29	1.42	1.54	1.66	1.77	1.87	1.97
80		应力(MPa)	21.88	28.9	15.87	36.97	12.62	14.38	17.96	17.58	21.88	19.6	17.85	16.46	15.33	14.39	13.6	12.92	12.33
		弧垂(m)	1.24	1.83	1.71	1.9	2.16	1.95	1.73	1.59	1.24	1.39	1.52	1.65	1.77	1.89	2	2.11	2.21
85		应力(MPa)	20.59	28.79	15.67	36.97	12.77	14.41	17.77	17.2	20.59	18.79	17.35	16.18	15.21	14.38	13.67	13.05	12.51
		弧垂(m)	1.49	2.08	1.96	2.15	2.41	2.2	1.98	1.84	1.49	1.63	1.77	1.9	2.02	2.14	2.25	2.35	2.46
90		应力(MPa)	19.61	28.69	15.51	36.97	12.91	14.44	17.61	16.9	19.61	18.15	16.96	15.96	15.11	14.37	13.73	13.16	12.66
		弧垂(m)	1.76	2.34	2.22	2.41	2.67	2.46	2.24	2.1	1.76	1.9	2.03	2.16	2.28	2.4	2.51	2.62	2.72
95		应力(MPa)	18.86	28.61	15.38	36.97	13.03	14.47	17.48	16.64	18.86	17.65	16.64	15.77	15.02	14.36	13.78	13.26	12.8
		弧垂(m)	2.03	2.61	2.49	2.69	2.95	2.73	2.51	2.38	2.03	2.17	2.31	2.43	2.56	2.67	2.79	2.89	3
100		应力(MPa)	18.26	28.54	15.27	36.97	13.13	14.49	17.36	16.44	18.26	17.24	16.37	15.61	14.95	14.36	13.83	13.35	12.92
		弧垂(m)	2.33	2.9	2.79	2.98	3.24	3.02	2.8	2.67	2.33	2.47	2.6	2.72	2.85	2.96	3.08	3.19	3.29
105		应力(MPa)	17.78	28.48	15.17	36.97	13.22	14.51	17.27	16.26	17.78	16.91	16.15	15.48	14.88	14.35	13.87	13.43	13.03
		弧垂(m)	2.64	3.21	3.09	3.28	3.55	3.33	3.11	2.97	2.64	2.77	2.9	3.03	3.15	3.27	3.38	3.49	3.6
110		应力(MPa)	17.39	28.42	15.09	36.97	13.31	14.53	17.18	16.11	17.39	16.63	15.96	15.37	14.83	14.34	13.9	13.5	13.12
		弧垂(m)	2.96	3.53	3.41	3.6	3.87	3.65	3.43	3.29	2.96	3.09	3.22	3.35	3.47	3.59	3.7	3.81	3.92
115		应力(MPa)	17.06	28.37	15.02	36.97	13.38	14.55	17.11	15.98	17.06	16.4	15.8	15.27	14.78	14.34	13.93	13.56	13.21
		弧垂(m)	3.3	3.86	3.75	3.94	4.21	3.99	3.76	3.63	3.3	3.43	3.56	3.68	3.81	3.92	4.04	4.15	4.26
120		应力(MPa)	16.78	28.33	14.96	36.97	13.45	14.56	17.05	15.87	16.78	16.2	15.67	15.18	14.74	14.34	13.96	13.61	13.29
		弧垂(m)	3.65	4.21	4.1	4.29	4.56	4.34	4.11	3.98	3.65	3.78	3.91	4.04	4.16	4.27	4.39	4.5	4.61

临界档距

30.000	低温	57.428	覆冰	

计 算 条 件

线规	JL/G1A-120/20		
截面(mm²)	134.49	外径(mm)	15.10
单位质量(kg/m)	0.47	拉断力(N)	42260.00
最大使用应力(MPa)	36.97	安全系数	8.50
平均运行应力(MPa)	50.28	取用系数	0.16

气 象 条 件

序号	气象	冰厚(mm)	风速(m/s)	气温(℃)
1	低温	0	0.0	-40
2	大风	0	30.0	-5
3	年平	0	0.0	-5
4	覆冰	10	10.0	-5
5	高温	0	0.0	35
6	雷电	0	10.0	15
7	操作	0	15.0	-5
8	安装	0	10.0	-15

比载[×10⁻³N/(m·mm²)]

气象	水平	垂直	综合
低温	0.000	33.987	33.987
大风	56.840	33.987	66.226
年平	0.000	33.987	33.987
覆冰	19.574	85.735	87.941
高温	0.000	33.987	33.987
雷电	8.421	33.987	35.014
操作	18.947	33.987	38.911
安装	8.421	33.987	35.014

图 5-15 XZ-B 气象区 JL/G1A-120/20（k=8.5）导线应力弧垂表

应力弧垂 气象条件 气象		低温	大风	年平	覆冰	高温	雷电	操作	安装	架线气象组合								
气温（℃）		−40	−5	−5	−5	35	15	−5	−15	−40 (−40)	−30 (−30)	−20 (−20)	−10 (−10)	0（0）	10 (10)	20 (20)	30 (30)	40 (40)
风速（m/s）		0	30	0	10	0	10	15	10	0	0	0	0	0	0	0	0	0
档距（m） 覆冰（mm）		0	0	0	10	0	0	0	0	0	0	0	0	0	0	0	0	0
30	应力（MPa）	35.55	17.49	10.6	21.52	6.12	7.75	11.71	14.1	35.55	24.39	16.43	11.98	9.56	8.09	7.11	6.41	5.87
	弧垂（m）	0.1	0.39	0.35	0.42	0.6	0.49	0.35	0.27	0.1	0.15	0.22	0.31	0.39	0.45	0.52	0.57	0.63
35	应力（MPa）	35.55	19.55	11.88	24.02	7.06	8.87	13.12	15.4	35.55	24.99	17.59	13.28	10.8	9.23	8.16	7.38	6.78
	弧垂（m）	0.14	0.48	0.42	0.51	0.71	0.58	0.43	0.33	0.14	0.2	0.28	0.38	0.46	0.54	0.61	0.68	0.74
40	应力（MPa）	35.55	21.48	13.08	26.38	7.98	9.94	14.44	16.6	35.55	25.58	18.66	14.49	11.96	10.32	9.18	8.33	7.67
	弧垂（m）	0.18	0.57	0.5	0.6	0.82	0.68	0.51	0.4	0.18	0.26	0.35	0.45	0.55	0.63	0.71	0.79	0.85
45	应力（MPa）	35.55	23.3	14.2	28.6	8.87	10.97	15.67	17.71	35.55	26.14	19.64	15.6	13.07	11.37	10.15	9.24	8.53
	弧垂（m）	0.23	0.66	0.58	0.7	0.93	0.77	0.6	0.48	0.23	0.32	0.42	0.53	0.63	0.73	0.82	0.9	0.97
50	应力（MPa）	35.55	25.01	15.25	30.7	9.73	11.96	16.82	18.73	35.55	26.68	20.56	16.64	14.1	12.36	11.09	10.13	9.37
	弧垂（m）	0.29	0.76	0.67	0.81	1.05	0.88	0.69	0.56	0.29	0.38	0.5	0.61	0.72	0.83	0.92	1.01	1.09
55	应力（MPa）	35.55	26.64	16.23	32.69	10.57	12.91	17.91	19.68	35.55	27.2	21.41	17.62	15.08	13.31	12	10.99	10.19
	弧垂（m）	0.35	0.87	0.76	0.92	1.17	0.98	0.78	0.65	0.35	0.45	0.58	0.7	0.82	0.93	1.03	1.13	1.21
60	应力（MPa）	35.55	28.17	17.15	34.59	11.38	13.82	18.93	20.57	35.55	27.68	22.2	18.52	16.01	14.21	12.86	11.82	10.98
	弧垂（m）	0.41	0.97	0.86	1.03	1.29	1.09	0.88	0.73	0.41	0.53	0.66	0.79	0.92	1.04	1.14	1.25	1.34
65	应力（MPa）	33.32	28.84	17.39	35.55	11.94	14.32	19.23	20.49	33.32	26.53	21.84	18.62	16.34	14.67	13.38	12.37	11.54
	弧垂（m）	0.52	1.12	0.99	1.18	1.45	1.24	1.01	0.87	0.52	0.65	0.79	0.93	1.06	1.18	1.29	1.4	1.5
70	应力（MPa）	29.33	28.65	16.98	35.55	12.2	14.41	18.84	19.58	29.33	24.15	20.55	17.99	16.1	14.66	13.52	12.6	11.84
	弧垂（m）	0.68	1.3	1.18	1.37	1.64	1.43	1.2	1.05	0.68	0.83	0.97	1.11	1.24	1.37	1.48	1.59	1.69
75	应力（MPa）	26.31	28.49	16.65	35.55	12.44	14.47	18.53	18.88	26.31	22.38	19.57	17.49	15.91	14.66	13.64	12.81	12.1
	弧垂（m）	0.87	1.5	1.38	1.57	1.85	1.63	1.4	1.25	0.87	1.03	1.18	1.31	1.45	1.57	1.69	1.8	1.9
80	应力（MPa）	24.08	28.35	16.39	35.55	12.64	14.53	18.27	18.33	24.08	21.06	18.82	17.1	15.75	14.65	13.75	12.98	12.33
	弧垂（m）	1.09	1.72	1.6	1.79	2.07	1.85	1.62	1.47	1.09	1.24	1.39	1.53	1.66	1.79	1.9	2.02	2.12
85	应力（MPa）	22.43	28.23	16.17	35.55	12.82	14.58	18.06	17.89	22.43	20.05	18.23	16.79	15.62	14.65	13.83	13.13	12.53
	弧垂（m）	1.32	1.95	1.83	2.02	2.31	2.08	1.85	1.7	1.32	1.47	1.62	1.76	1.89	2.02	2.14	2.25	2.36
90	应力（MPa）	21.18	28.13	16	35.55	12.98	14.62	17.89	17.53	21.18	19.27	17.76	16.53	15.51	14.65	13.91	13.27	12.7
	弧垂（m）	1.56	2.19	2.07	2.27	2.55	2.33	2.09	1.94	1.56	1.72	1.87	2	2.14	2.26	2.38	2.5	2.61
95	应力（MPa）	20.22	28.05	15.85	35.55	13.11	14.66	17.74	17.24	20.22	18.65	17.38	16.32	15.42	14.64	13.97	13.38	12.86
	弧垂（m）	1.83	2.45	2.33	2.52	2.82	2.59	2.35	2.2	1.83	1.98	2.12	2.26	2.39	2.52	2.64	2.76	2.87
100	应力（MPa）	19.46	27.97	15.72	35.55	13.24	14.69	17.62	16.99	19.46	18.16	17.06	16.14	15.34	14.64	14.03	13.49	13
	弧垂（m）	2.1	2.72	2.6	2.8	3.09	2.86	2.62	2.47	2.1	2.25	2.4	2.54	2.67	2.79	2.92	3.03	3.15
105	应力（MPa）	18.86	27.91	15.62	35.55	13.35	14.72	17.51	16.79	18.86	17.75	16.8	15.98	15.27	14.64	14.08	13.58	13.12
	弧垂（m）	2.39	3.01	2.89	3.09	3.38	3.15	2.91	2.76	2.39	2.54	2.68	2.82	2.95	3.08	3.2	3.32	3.44
110	应力（MPa）	18.37	27.85	15.52	35.55	13.44	14.75	17.42	16.62	18.37	17.41	16.58	15.85	15.21	14.64	14.12	13.66	13.24
	弧垂（m）	2.69	3.31	3.19	3.39	3.68	3.45	3.21	3.06	2.69	2.84	2.99	3.12	3.25	3.38	3.51	3.63	3.74
115	应力（MPa）	17.96	27.8	15.44	35.55	13.53	14.77	17.34	16.47	17.96	17.13	16.39	15.74	15.16	14.64	14.16	13.73	13.34
	弧垂（m）	3.01	3.63	3.5	3.7	4	3.76	3.52	3.37	3.01	3.16	3.3	3.44	3.57	3.7	3.82	3.94	4.06
120	应力（MPa）	17.62	27.76	15.38	35.55	13.61	14.79	17.27	16.34	17.62	16.88	16.23	15.65	15.12	14.64	14.2	13.8	13.43
	弧垂（m）	3.34	3.96	3.83	4.03	4.33	4.09	3.85	3.7	3.34	3.49	3.63	3.77	3.9	4.03	4.15	4.27	4.39

临界档距

30.000	低温	62.636	覆冰	

计算条件

线规	JL/G1A−150/20		
截面（mm²）	164.50	外径（mm）	16.70
单位质量（kg/m）	0.55	拉断力（N）	46780.00
最大使用应力（MPa）	35.55	安全系数	8.00
平均运行应力（MPa）	45.50	取用系数	0.16

气 象 条 件

序号	气象	冰厚（mm）	风速（m/s）	气温（℃）
1	低温	0	0.0	−40
2	大风	0	30.0	−5
3	年平	0	0.0	−5
4	覆冰	10	10.0	−5
5	高温	0	0.0	35
6	雷电	0	10.0	15
7	操作	0	15.0	−5
8	安装	0	10.0	−15

比载〔×10⁻³N/（m·mm²）〕

气象	水平	垂直	综合
低温	0.000	32.699	32.699
大风	51.394	32.699	60.915
年平	0.000	32.699	32.699
覆冰	16.733	77.704	79.485
高温	0.000	32.699	32.699
雷电	7.614	32.699	33.574
操作	17.131	32.699	36.915
安装	7.614	32.699	33.574

图 5−16　XZ−B 气象区 JL/G1A−150/20（k=8）导线应力弧垂表

图 5-17 XZ-B 气象区 JL/G1A-150/20（k=8.5）导线应力弧垂表

档距(m)	应力弧垂	低温	大风	年平	覆冰	高温	雷电	操作	安装	架线气象组合 −40(−40)	−30(−30)	−20(−20)	−10(−10)	0(0)	10(10)	20(20)	30(30)	40(40)
气温(℃)		−40	−5	−5	−5	35	15	−5	−15	−40	−30	−20	−10	0	10	20	30	40
风速(m/s)		0	30	0	10	0	10	15	10	0	0	0	0	0	0	0	0	0
覆冰(mm)		0	0	0	10	0	0	0	0	0	0	0	0	0	0	0	0	0
30	应力(MPa)	33.46	17	10.2	20.99	6.03	7.58	11.3	13.38	33.46	22.73	15.44	11.45	9.25	7.9	6.97	6.3	5.79
	弧垂(m)	0.11	0.4	0.36	0.43	0.61	0.5	0.37	0.28	0.11	0.16	0.24	0.32	0.4	0.47	0.53	0.58	0.64
35	应力(MPa)	33.46	19.03	11.46	23.46	6.96	8.68	12.67	14.67	33.46	23.38	16.61	12.73	10.46	9.01	8	7.26	6.69
	弧垂(m)	0.15	0.49	0.44	0.52	0.72	0.59	0.45	0.35	0.15	0.21	0.3	0.39	0.48	0.56	0.63	0.69	0.75
40	应力(MPa)	33.46	20.93	12.63	25.78	7.85	9.73	13.96	15.85	33.46	24.01	17.68	13.91	11.6	10.08	9	8.19	7.56
	弧垂(m)	0.2	0.58	0.52	0.62	0.83	0.69	0.53	0.42	0.2	0.27	0.37	0.47	0.56	0.65	0.73	0.8	0.87
45	应力(MPa)	33.46	22.71	13.72	27.96	8.73	10.73	15.16	16.94	33.46	24.6	18.67	15	12.67	11.09	9.95	9.09	8.4
	弧垂(m)	0.25	0.68	0.6	0.72	0.95	0.79	0.62	0.5	0.25	0.34	0.44	0.55	0.65	0.75	0.83	0.91	0.99
50	应力(MPa)	33.46	24.39	14.74	30.03	9.57	11.7	16.29	17.95	33.46	25.16	19.58	16.02	13.68	12.06	10.87	9.95	9.23
	弧垂(m)	0.31	0.78	0.69	0.83	1.07	0.9	0.71	0.58	0.31	0.41	0.52	0.64	0.75	0.85	0.94	1.03	1.11
55	应力(MPa)	33.46	25.97	15.69	31.98	10.39	12.62	17.35	18.88	33.46	25.69	20.41	16.96	14.63	12.98	11.75	10.79	10.03
	弧垂(m)	0.37	0.89	0.79	0.94	1.19	1.01	0.8	0.67	0.37	0.48	0.61	0.73	0.85	0.95	1.05	1.15	1.23
60	应力(MPa)	32.4	27.12	16.3	33.46	11.08	13.35	18.04	19.33	32.4	25.44	20.69	17.5	15.29	13.68	12.46	11.49	10.71
	弧垂(m)	0.45	1.01	0.9	1.07	1.33	1.13	0.92	0.78	0.45	0.58	0.71	0.84	0.96	1.08	1.18	1.28	1.37
65	应力(MPa)	28.09	26.93	15.9	33.46	11.37	13.44	17.66	18.4	28.09	22.9	19.35	16.87	15.06	13.69	12.61	11.74	11.03
	弧垂(m)	0.61	1.2	1.09	1.26	1.52	1.32	1.1	0.96	0.61	0.75	0.89	1.02	1.15	1.26	1.37	1.47	1.57
70	应力(MPa)	24.9	26.77	15.58	33.46	11.61	13.53	17.35	17.7	24.9	21.07	18.36	16.38	14.88	13.7	12.75	11.96	11.3
	弧垂(m)	0.8	1.39	1.29	1.46	1.73	1.52	1.3	1.16	0.8	0.95	1.09	1.22	1.35	1.46	1.57	1.68	1.77
75	应力(MPa)	22.61	26.63	15.33	33.46	11.83	13.6	17.11	17.16	22.61	19.74	17.62	16	14.73	13.71	12.86	12.14	11.53
	弧垂(m)	1.02	1.61	1.5	1.67	1.95	1.74	1.52	1.38	1.02	1.17	1.31	1.44	1.56	1.68	1.79	1.9	2
80	应力(MPa)	20.96	26.52	15.13	33.46	12.01	13.65	16.91	16.73	20.96	18.74	17.04	15.7	14.61	13.71	12.95	12.3	11.74
	弧垂(m)	1.25	1.84	1.73	1.9	2.18	1.97	1.75	1.61	1.25	1.4	1.54	1.67	1.79	1.91	2.02	2.13	2.23
85	应力(MPa)	19.74	26.43	14.97	33.46	12.17	13.7	16.75	16.39	19.74	17.99	16.59	15.46	14.52	13.72	13.03	12.44	11.92
	弧垂(m)	1.5	2.08	1.97	2.15	2.43	2.21	1.99	1.85	1.5	1.64	1.78	1.91	2.04	2.15	2.27	2.38	2.48
90	应力(MPa)	18.82	26.35	14.83	33.46	12.31	13.75	16.61	16.11	18.82	17.4	16.23	15.26	14.43	13.72	13.1	12.56	12.08
	弧垂(m)	1.76	2.34	2.23	2.41	2.69	2.48	2.25	2.11	1.76	1.9	2.04	2.17	2.3	2.41	2.53	2.64	2.75
95	应力(MPa)	18.11	26.28	14.72	33.46	12.43	13.78	16.5	15.89	18.11	16.93	15.94	15.09	14.36	13.73	13.17	12.67	12.22
	弧垂(m)	2.04	2.62	2.51	2.68	2.97	2.75	2.53	2.39	2.04	2.18	2.32	2.45	2.57	2.69	2.81	2.92	3.02
100	应力(MPa)	17.55	26.22	14.62	33.46	12.54	13.81	16.4	15.7	17.55	16.55	15.69	14.95	14.3	13.73	13.22	12.76	12.34
	弧垂(m)	2.33	2.91	2.8	2.97	3.26	3.04	2.82	2.68	2.33	2.47	2.61	2.74	2.86	2.98	3.1	3.21	3.32
105	应力(MPa)	17.09	26.17	14.54	33.46	12.64	13.84	16.32	15.54	17.09	16.23	15.49	14.84	14.25	13.73	13.26	12.84	12.45
	弧垂(m)	2.64	3.21	3.1	3.28	3.57	3.35	3.12	2.98	2.64	2.78	2.91	3.04	3.17	3.29	3.4	3.51	3.62
110	应力(MPa)	16.72	26.12	14.46	33.46	12.73	13.87	16.25	15.4	16.72	15.97	15.32	14.73	14.21	13.74	13.31	12.91	12.55
	弧垂(m)	2.96	3.53	3.42	3.6	3.89	3.67	3.44	3.3	2.96	3.1	3.23	3.36	3.49	3.61	3.72	3.84	3.95
115	应力(MPa)	16.4	26.08	14.4	33.46	12.8	13.89	16.19	15.29	16.4	15.75	15.17	14.65	14.17	13.74	13.34	12.98	12.64
	弧垂(m)	3.3	3.87	3.76	3.93	4.23	4	3.78	3.64	3.3	3.44	3.57	3.7	3.82	3.94	4.06	4.17	4.28
120	应力(MPa)	16.14	26.05	14.35	33.46	12.87	13.91	16.13	15.18	16.14	15.57	15.04	14.57	14.14	13.74	13.37	13.03	12.72
	弧垂(m)	3.65	4.22	4.11	4.28	4.58	4.35	4.12	3.99	3.65	3.79	3.92	4.05	4.17	4.29	4.41	4.52	4.64

临界档距

30.000	低温	58.951	覆冰

计算条件

线规	JL/G1A-150/20	
截面(mm²)	164.50	外径(mm) 16.70
单位质量(kg/m)	0.55	拉断力(N) 46780.00
最大使用应力(MPa)	33.46	安全系数 8.50
平均运行应力(MPa)	45.50	取用系数 0.16

气象条件

序号	气象	冰厚(mm)	风速(m/s)	气温(℃)
1	低温	0	0.0	−40
2	大风	0	30.0	−5
3	年平	0	0.0	−5
4	覆冰	10	10.0	−5
5	高温	0	0.0	35
6	雷电	0	10.0	15
7	操作	0	15.0	−5
8	安装	0	10.0	−15

比载 [×10⁻³N/(m·mm²)]

气象	水平	垂直	综合
低温	0.000	32.699	32.699
大风	51.394	32.699	60.915
年平	0.000	32.699	32.699
覆冰	16.733	77.704	79.485
高温	0.000	32.699	32.699
雷电	7.614	32.699	33.574
操作	17.131	32.699	36.915
安装	7.614	32.699	33.574

应力弧垂	气象条件	气象	低温	大风	年平	覆冰	高温	雷电	操作	安装	架线气象组合								
											-40 (-40)	-30 (-30)	-20 (-20)	-10 (-10)	0 (0)	10 (10)	20 (20)	30 (30)	40 (40)
		气温(℃)	-40	-5	-5	-5	35	15	-5	-15									
		风速(m/s)	0	30	0	10	0	10	15	10	0	0	0	0	0	0	0	0	0
档距(m)		覆冰(mm)	0	0	0	10	0	0	0	0	0	0	0	0	0	0	0	0	0
30		应力(MPa)	27.25	12.99	9.18	16.61	5.77	7.03	9.71	11.44	27.25	18.25	12.95	10.11	8.44	7.36	6.59	6.01	5.56
		弧垂(m)	0.14	0.42	0.4	0.44	0.64	0.53	0.4	0.33	0.14	0.2	0.28	0.36	0.44	0.5	0.56	0.61	0.66
35		应力(MPa)	27.25	14.59	10.32	18.63	6.65	8.04	10.92	12.64	27.25	19.02	14.09	11.28	9.55	8.39	7.55	6.91	6.41
		弧垂(m)	0.18	0.51	0.49	0.54	0.75	0.63	0.49	0.4	0.18	0.26	0.36	0.44	0.52	0.6	0.66	0.73	0.78
40		应力(MPa)	27.25	16.07	11.39	20.5	7.49	9	12.04	13.72	27.25	19.72	15.12	12.36	10.59	9.37	8.47	7.78	7.23
		弧垂(m)	0.24	0.61	0.57	0.64	0.87	0.74	0.58	0.48	0.24	0.33	0.43	0.53	0.62	0.7	0.77	0.84	0.91
45		应力(MPa)	27.25	17.46	12.38	22.25	8.31	9.92	13.08	14.71	27.25	20.36	16.05	13.35	11.57	10.3	9.36	8.62	8.03
		弧垂(m)	0.3	0.71	0.67	0.74	1	0.85	0.68	0.57	0.3	0.41	0.52	0.62	0.72	0.8	0.89	0.96	1.03
50		应力(MPa)	27.25	18.74	13.29	23.89	9.1	10.79	14.05	15.61	27.25	20.93	16.88	14.26	12.47	11.18	10.2	9.42	8.8
		弧垂(m)	0.38	0.82	0.77	0.86	1.12	0.96	0.78	0.66	0.38	0.49	0.61	0.72	0.82	0.92	1	1.09	1.16
55		应力(MPa)	27.25	19.95	14.14	25.43	9.85	11.62	14.95	16.43	27.25	21.44	17.64	15.1	13.32	12.01	11	10.2	9.54
		弧垂(m)	0.45	0.93	0.88	0.97	1.26	1.08	0.88	0.76	0.45	0.58	0.7	0.82	0.93	1.03	1.13	1.21	1.3
60		应力(MPa)	27.25	21.07	14.93	26.87	10.58	12.4	15.78	17.18	27.25	21.91	18.33	15.88	14.11	12.79	11.76	10.93	10.25
		弧垂(m)	0.54	1.04	0.99	1.1	1.39	1.2	0.99	0.87	0.54	0.67	0.8	0.93	1.04	1.15	1.25	1.35	1.44
65		应力(MPa)	24.91	21.26	14.96	27.25	10.99	12.71	15.84	16.93	24.91	20.73	17.85	15.79	14.25	13.06	12.1	11.33	10.67
		弧垂(m)	0.69	1.22	1.16	1.27	1.57	1.38	1.16	1.03	0.69	0.83	0.97	1.1	1.21	1.32	1.43	1.53	1.62
70		应力(MPa)	22.5	21.14	14.77	27.25	11.25	12.84	15.66	16.44	22.5	19.38	17.14	15.46	14.16	13.12	12.27	11.56	10.96
		弧垂(m)	0.89	1.42	1.36	1.47	1.78	1.58	1.37	1.24	0.89	1.03	1.17	1.3	1.42	1.53	1.63	1.73	1.83
75		应力(MPa)	20.77	21.05	14.62	27.25	11.48	12.95	15.51	16.05	20.77	18.39	16.6	15.21	14.09	13.18	12.42	11.77	11.21
		弧垂(m)	1.11	1.63	1.57	1.69	2.01	1.8	1.58	1.45	1.11	1.25	1.39	1.51	1.63	1.75	1.85	1.96	2.05
80		应力(MPa)	19.51	20.97	14.5	27.25	11.68	13.04	15.39	15.75	19.51	17.64	16.18	15	14.04	13.23	12.54	11.94	11.42
		弧垂(m)	1.34	1.87	1.81	1.92	2.24	2.04	1.81	1.69	1.34	1.48	1.62	1.75	1.87	1.98	2.09	2.19	2.29
85		应力(MPa)	18.56	20.9	14.4	27.25	11.85	13.11	15.29	15.51	18.56	17.06	15.84	14.84	13.99	13.27	12.65	12.1	11.62
		弧垂(m)	1.59	2.11	2.05	2.17	2.5	2.29	2.06	1.93	1.59	1.73	1.87	1.99	2.11	2.23	2.34	2.44	2.55
90		应力(MPa)	17.84	20.84	14.31	27.25	12	13.18	15.2	15.3	17.84	16.6	15.57	14.7	13.95	13.31	12.74	12.23	11.79
		弧垂(m)	1.86	2.38	2.32	2.43	2.76	2.55	2.33	2.2	1.86	2	2.13	2.26	2.38	2.49	2.6	2.71	2.81
95		应力(MPa)	17.27	20.79	14.24	27.25	12.14	13.24	15.13	15.14	17.27	16.23	15.34	14.58	13.92	13.34	12.82	12.35	11.94
		弧垂(m)	2.14	2.66	2.59	2.71	3.04	2.83	2.6	2.47	2.14	2.28	2.41	2.53	2.65	2.77	2.88	2.99	3.1
100		应力(MPa)	16.82	20.75	14.18	27.25	12.26	13.29	15.07	15	16.82	15.92	15.16	14.48	13.89	13.36	12.89	12.46	12.07
		弧垂(m)	2.43	2.95	2.89	3.01	3.34	3.12	2.9	2.77	2.43	2.57	2.7	2.83	2.95	3.06	3.18	3.29	3.39
105		应力(MPa)	16.44	20.72	14.12	27.25	12.37	13.33	15.02	14.88	16.44	15.67	15	14.4	13.86	13.38	12.95	12.55	12.19
		弧垂(m)	2.74	3.26	3.2	3.31	3.65	3.43	3.2	3.07	2.74	2.88	3.01	3.14	3.26	3.37	3.49	3.6	3.71
110		应力(MPa)	16.14	20.68	14.08	27.25	12.46	13.37	14.98	14.78	16.14	15.46	14.86	14.33	13.84	13.4	13	12.63	12.29
		弧垂(m)	3.07	3.58	3.52	3.64	3.98	3.76	3.53	3.4	3.07	3.2	3.33	3.46	3.58	3.7	3.81	3.92	4.03
115		应力(MPa)	15.88	20.66	14.04	27.25	12.55	13.4	14.94	14.69	15.88	15.28	14.75	14.27	13.82	13.42	13.05	12.71	12.39
		弧垂(m)	3.41	3.92	3.86	3.98	4.32	4.1	3.87	3.74	3.41	3.54	3.67	3.8	3.92	4.04	4.15	4.26	4.37
120		应力(MPa)	15.66	20.63	14.01	27.25	12.62	13.44	14.9	14.61	15.66	15.13	14.65	14.21	13.81	13.44	13.09	12.77	12.48
		弧垂(m)	3.77	4.27	4.21	4.33	4.67	4.45	4.22	4.09	3.77	3.9	4.03	4.15	4.27	4.39	4.51	4.62	4.73

临界档距

30.000	低温	61.356	覆冰

计算条件

线规	JL/G1A-240/30		
截面(mm²)	275.96	外径(mm)	21.60
单位质量(kg/m)	0.92	拉断力(N)	75190.00
最大使用应力(MPa)	27.25	安全系数	10.00
平均运行应力(MPa)	43.59	取用系数	0.16

气象条件

序号	气象	冰厚(mm)	风速(m/s)	气温(℃)
1	低温	0	0.0	-40
2	大风	0	30.0	-5
3	年平	0	0.0	-5
4	覆冰	10	10.0	-5
5	高温	0	0.0	35
6	雷电	0	10.0	15
7	操作	0	15.0	-5
8	安装	0	10.0	-15

比载[$\times 10^{-3}$N/(m·mm²)]

气象	水平	垂直	综合
低温	0.000	32.718	32.718
大风	36.323	32.718	48.886
年平	0.000	32.718	32.718
覆冰	11.306	64.469	65.453
高温	0.000	32.718	32.718
雷电	5.381	32.718	33.158
操作	12.108	32.718	34.887
安装	5.381	32.718	33.158

图 5-18 XZ-B 气象区 J/LG1A-240/30（$k=10$）导线应力弧垂表

应力弧垂	气象条件 气象	低温	大风	年平	覆冰	高温	雷电	操作	安装	架线气象组合						
	气温(℃)	−20	−5	5	−5	35	15	5	−10	−20(−35)	−10(−25)	0(−15)	10(−5)	20(5)	30(15)	40(25)
	风速(m/s)	0	27	0	10	0	10	15	10	0	0	0	0	0	0	0
档距(m)	覆冰(mm)	0	0	0	5	0	0	0	0	0	0	0	0	0	0	0
120	应力(MPa)	71.65	79.87	48.53	74.98	32.74	43.14	53.66	62.26	89.07	77.24	66.33	56.68	48.53	41.95	36.77
	弧垂(m)	0.85	1.69	1.26	1.58	1.87	1.49	1.4	1.03	0.69	0.79	0.92	1.08	1.26	1.46	1.66
130	应力(MPa)	67.91	79.87	47.1	74.58	33.09	42.57	52.69	59.57	84.28	73.1	63.03	54.32	47.1	41.3	36.71
	弧垂(m)	1.06	1.98	1.52	1.86	2.17	1.77	1.67	1.26	0.85	0.98	1.14	1.32	1.52	1.74	1.95
140	应力(MPa)	64.37	79.87	45.84	74.21	33.39	42.07	51.84	57.11	79.51	69.11	59.96	52.2	45.84	40.74	36.66
	弧垂(m)	1.29	2.3	1.81	2.17	2.49	2.07	1.97	1.53	1.05	1.2	1.39	1.59	1.81	2.04	2.27
150	应力(MPa)	61.1	79.87	44.75	73.87	33.65	41.65	51.09	54.92	74.87	65.37	57.17	50.33	44.75	40.25	36.61
	弧垂(m)	1.56	2.64	2.13	2.51	2.84	2.41	2.3	1.82	1.28	1.46	1.67	1.9	2.13	2.37	2.61
160	应力(MPa)	58.16	79.87	43.82	73.56	33.88	41.28	50.44	52.99	70.5	61.95	54.7	48.71	43.82	39.83	36.58
	弧垂(m)	1.87	3	2.48	2.86	3.21	2.76	2.65	2.15	1.54	1.75	1.99	2.23	2.48	2.73	2.97
170	应力(MPa)	55.57	79.87	43.01	73.29	34.09	40.95	49.86	51.31	66.47	58.9	52.54	47.31	43.01	39.47	36.54
	弧垂(m)	2.21	3.39	2.85	3.24	3.6	3.14	3.02	2.51	1.85	2.08	2.33	2.59	2.85	3.11	3.36
180	应力(MPa)	53.32	79.87	42.31	73.04	34.27	40.67	49.36	49.86	62.87	56.22	50.68	46.1	42.31	39.16	36.51
	弧垂(m)	2.58	3.8	3.25	3.65	4.01	3.55	3.42	2.89	2.19	2.45	2.71	2.98	3.25	3.51	3.77
190	应力(MPa)	51.38	79.87	41.71	72.82	34.43	40.43	48.92	48.61	59.69	53.9	49.08	45.06	41.71	38.88	36.48
	弧垂(m)	2.98	4.23	3.67	4.08	4.45	3.98	3.85	3.31	2.57	2.84	3.12	3.4	3.67	3.94	4.2
200	应力(MPa)	49.72	79.87	41.19	72.62	34.57	40.21	48.53	47.53	56.95	51.92	47.7	44.17	41.19	38.64	36.46
	弧垂(m)	3.42	4.69	4.12	4.53	4.91	4.43	4.3	3.75	2.98	3.27	3.56	3.84	4.12	4.39	4.66
210	应力(MPa)	48.29	79.87	40.73	72.44	34.7	40.03	48.19	46.6	54.59	50.21	46.53	43.4	40.73	38.44	36.44
	弧垂(m)	3.88	5.17	4.6	5.01	5.4	4.91	4.77	4.21	3.43	3.73	4.02	4.31	4.6	4.87	5.14
220	应力(MPa)	47.07	79.87	40.34	72.27	34.81	39.86	47.88	45.79	52.57	48.75	45.51	42.73	40.34	38.25	36.42
	弧垂(m)	4.37	5.68	5.1	5.51	5.91	5.41	5.27	4.71	3.91	4.21	4.52	4.81	5.1	5.37	5.64
230	应力(MPa)	46.01	79.87	39.99	72.12	34.91	39.71	47.62	45.09	50.84	47.5	44.63	42.15	39.99	38.09	36.41
	弧垂(m)	4.88	6.2	5.62	6.04	6.44	5.94	5.8	5.23	4.42	4.73	5.03	5.33	5.62	5.9	6.17
240	应力(MPa)	45.1	79.87	39.68	71.99	35	39.58	47.38	44.47	49.37	46.42	43.87	41.64	39.68	37.94	36.39
	弧垂(m)	5.42	6.76	6.16	6.58	6.99	6.48	6.34	5.77	4.95	5.27	5.57	5.87	6.16	6.45	6.72
250	应力(MPa)	44.31	79.87	39.41	71.87	35.08	39.46	47.16	43.93	48.1	45.49	43.21	41.2	39.41	37.81	36.38
	弧垂(m)	5.99	7.33	6.74	7.16	7.57	7.06	6.92	6.34	5.52	5.83	6.14	6.44	6.74	7.02	7.3

计算条件

线规	JL/G1A−70/10		
截面(mm²)	79.39	外径(mm)	11.40
单位质量(kg/m)	0.27	拉断力(N)	23360.00
最大使用应力(MPa)	79.87	安全系数	3.50
平均运行应力(MPa)	50.32	取用系数	0.18

气象条件

序号	气象	冰厚(mm)	风速(m/s)	气温(℃)
1	低温	0	0.0	−20
2	大风	0	27.0	−5
3	年平	0	0.0	5
4	覆冰	5	10.0	−5
5	高温	0	0.0	35
6	雷电	0	10.0	15
7	操作	0	15.0	5
8	安装	0	10.0	−10

比载 [×10⁻³N/(m·mm²)]

气象	水平	垂直	综合
低温	0.000	33.945	33.945
大风	66.734	33.945	74.871
年平	0.000	33.945	33.945
覆冰	20.217	62.584	65.768
高温	0.000	33.945	33.945
雷电	10.770	33.945	35.612
操作	24.232	33.945	41.706
安装	10.770	33.945	35.612

图 5−19 XZ−A 气象区 JL/G1A−70/10（k=3.5）导线应力弧垂表

应力弧垂	气象条件 气象	低温	大风	年平	覆冰	高温	雷电	操作	安装	架线气象组合						
	气温（℃）	−20	−5	5	−5	35	15	5	−10	−20 (−35)	−10 (−25)	0 (−15)	10 (−5)	20 (5)	30 (15)	40 (25)
	风速（m/s）	0	27	0	10	0	10	15	10	0	0	0	0	0	0	0
档距(m)	覆冰（mm）	0	0	0	5	0	0	0	0	0	0	0	0	0	0	0
120	应力（MPa）	79.1	78.13	53.73	75.06	35.27	46.82	56.8	68.52	97.27	84.99	73.43	62.9	53.73	46.11	40.03
	弧垂（m）	0.77	1.43	1.14	1.35	1.74	1.35	1.23	0.92	0.63	0.72	0.83	0.97	1.14	1.33	1.53
130	应力（MPa）	77.77	79.12	53.73	75.78	36.39	47.37	57.09	67.76	95.39	83.45	72.34	62.34	53.73	46.61	40.9
	弧垂（m）	0.92	1.66	1.34	1.57	1.97	1.56	1.44	1.09	0.75	0.86	0.99	1.15	1.34	1.54	1.76
140	应力（MPa）	76.44	80.06	53.73	76.47	37.43	47.89	57.36	67.01	93.44	81.88	71.25	61.8	53.73	47.08	41.71
	弧垂（m）	1.09	1.91	1.55	1.81	2.23	1.79	1.66	1.28	0.89	1.02	1.17	1.35	1.55	1.77	2
150	应力（MPa）	75.12	80.96	53.73	77.12	38.4	48.36	57.61	66.29	91.45	80.32	70.19	61.29	53.73	47.51	42.46
	弧垂（m）	1.27	2.16	1.78	2.06	2.49	2.04	1.9	1.49	1.05	1.19	1.36	1.56	1.78	2.01	2.25
160	应力（MPa）	73.82	81.82	53.73	77.75	39.29	48.8	57.85	65.6	89.44	78.77	69.16	60.8	53.73	47.9	43.15
	弧垂（m）	1.47	2.44	2.02	2.32	2.77	2.3	2.15	1.71	1.22	1.38	1.57	1.79	2.02	2.27	2.52
170	应力（MPa）	72.57	82.63	53.73	78.34	40.11	49.21	58.08	64.95	87.44	77.25	68.18	60.33	53.73	48.27	43.79
	弧垂（m）	1.69	2.72	2.29	2.6	3.06	2.57	2.42	1.95	1.4	1.59	1.8	2.04	2.29	2.54	2.8
180	应力（MPa）	71.36	83.4	53.73	78.89	40.88	49.59	58.28	64.33	85.46	75.78	67.24	59.9	53.73	48.61	44.38
	弧垂（m）	1.93	3.03	2.56	2.9	3.37	2.86	2.7	2.2	1.61	1.82	2.05	2.3	2.56	2.83	3.1
190	应力（MPa）	70.22	84.13	53.73	79.42	41.59	49.94	58.48	63.75	83.53	74.37	66.36	59.5	53.73	48.93	44.93
	弧垂（m）	2.18	3.34	2.86	3.21	3.69	3.17	3	2.48	1.84	2.06	2.31	2.58	2.86	3.14	3.41
200	应力（MPa）	69.14	84.82	53.73	79.92	42.25	50.26	58.66	63.21	81.66	73.03	65.53	59.12	53.73	49.22	45.44
	弧垂（m）	2.46	3.67	3.16	3.53	4.02	3.48	3.32	2.77	2.08	2.33	2.59	2.88	3.16	3.45	3.74
210	应力（MPa）	67.89	85.29	53.58	80.21	42.77	50.43	58.67	62.5	79.57	71.51	64.53	58.59	53.58	49.36	45.79
	弧垂（m）	2.76	4.03	3.5	3.88	4.38	3.83	3.66	3.09	2.35	2.62	2.9	3.2	3.5	3.8	4.09
220	应力（MPa）	66.14	85.29	53.05	80.03	43.01	50.26	58.29	61.36	76.87	69.46	63.08	57.65	53.05	49.16	45.85
	弧垂（m）	3.11	4.42	3.88	4.27	4.78	4.22	4.04	3.45	2.68	2.96	3.26	3.57	3.88	4.19	4.49
230	应力（MPa）	64.56	85.29	52.57	79.87	43.24	50.1	57.94	60.32	74.37	67.58	61.76	56.79	52.57	48.97	45.89
	弧垂（m）	3.48	4.83	4.28	4.68	5.2	4.62	4.44	3.84	3.02	3.33	3.64	3.96	4.28	4.59	4.9
240	应力（MPa）	63.12	85.29	52.14	79.72	43.44	49.95	57.63	59.39	72.08	65.88	60.56	56.02	52.14	48.81	45.93
	弧垂（m）	3.88	5.26	4.7	5.1	5.64	5.05	4.86	4.25	3.4	3.72	4.04	4.37	4.7	5.02	5.33
250	应力（MPa）	61.82	85.29	51.75	79.59	43.63	49.82	57.34	58.54	69.99	64.34	59.49	55.33	51.75	48.66	45.97
	弧垂（m）	4.3	5.71	5.13	5.55	6.09	5.49	5.3	4.68	3.8	4.13	4.47	4.8	5.13	5.46	5.78

临界档距

120.000	年平	207.253	大风

计算条件

线规	JL/G1A-120/20		
截面（mm²）	134.49	外径（mm）	15.10
单位质量（kg/m）	0.47	拉断力（N）	42260.00
最大使用应力（MPa）	85.29	安全系数	3.50
平均运行应力（MPa）	53.73	取用系数	0.18

气象条件

序号	气象	冰厚（mm）	风速（m/s）	气温（℃）
1	低温	0	0.0	−20
2	大风	0	27.0	−5
3	年平	0	0.0	5
4	覆冰	5	10.0	−5
5	高温	0	0.0	35
6	雷电	0	10.0	15
7	操作	0	15.0	5
8	安装	0	10.0	−10

比载 [×10⁻³N/(m·mm²)]

气象	水平	垂直	综合
低温	0.000	33.987	33.987
大风	52.179	33.987	62.271
年平	0.000	33.987	33.987
覆冰	13.997	54.707	56.469
高温	0.000	33.987	33.987
雷电	8.421	33.987	35.014
操作	18.947	33.987	38.911
安装	8.421	33.987	35.014

图 5-20　XZ-A 气象区 JL/G1A-120/20（k=3.5）导线应力弧垂表

应力弧垂 气象条件 档距(m)		气象 气温(℃) 风速(m/s) 覆冰(mm)	低温 -20 0 0	大风 -5 27 0	年平 5 0 0	覆冰 -5 10 5	高温 35 0 0	雷电 15 10 0	操作 5 15 0	安装 -10 10 0	架线气象组合 -20(-40) 0 0	-10(-30) 0 0	0(-20) 0 0	10(-10) 0 0	20(0) 0 0	30(10) 0 0	40(20) 0 0
120	应力(MPa)		75.96	73.44	51.19	70.8	33.41	44.42	53.82	65.54	100	87.68	75.96	65.11	55.47	47.3	40.71
	弧垂(m)		0.77	1.41	1.15	1.33	1.76	1.36	1.23	0.92	0.59	0.67	0.77	0.9	1.06	1.24	1.45
130	应力(MPa)		74.65	74.27	51.19	71.38	34.5	44.95	54.07	64.78	98	85.98	74.65	64.29	55.19	47.56	41.39
	弧垂(m)		0.93	1.63	1.35	1.55	2	1.58	1.44	1.09	0.7	0.8	0.93	1.07	1.25	1.45	1.67
140	应力(MPa)		73.33	75.05	51.19	71.94	35.5	45.44	54.3	64.04	95.93	84.24	73.33	63.48	54.93	47.8	42.03
	弧垂(m)		1.09	1.87	1.57	1.79	2.26	1.81	1.67	1.28	0.84	0.95	1.09	1.26	1.46	1.68	1.91
150	应力(MPa)		72.03	75.8	51.19	72.47	36.43	45.9	54.52	63.32	93.8	82.48	72.03	62.71	54.69	48.02	42.62
	弧垂(m)		1.28	2.13	1.8	2.03	2.53	2.06	1.9	1.49	0.98	1.12	1.28	1.47	1.68	1.92	2.16
160	应力(MPa)		70.75	76.51	51.19	72.98	37.29	46.32	54.72	62.63	91.63	80.71	70.75	61.96	54.45	48.23	43.16
	弧垂(m)		1.48	2.4	2.04	2.3	2.81	2.32	2.16	1.72	1.14	1.3	1.48	1.69	1.92	2.17	2.43
170	应力(MPa)		69.52	77.18	51.19	73.46	38.09	46.72	54.91	61.97	89.44	78.97	69.52	61.25	54.24	48.42	43.66
	弧垂(m)		1.7	2.69	2.31	2.58	3.1	2.6	2.43	1.96	1.32	1.5	1.7	1.93	2.18	2.44	2.71
180	应力(MPa)		68.33	77.82	51.19	73.91	38.83	47.08	55.09	61.36	87.26	77.27	68.33	60.59	54.04	48.6	44.12
	弧垂(m)		1.94	2.99	2.59	2.87	3.41	2.89	2.71	2.22	1.52	1.71	1.94	2.19	2.45	2.73	3
190	应力(MPa)		67.21	78.42	51.19	74.33	39.51	47.41	55.25	60.78	85.11	75.62	67.21	59.96	53.85	48.76	44.54
	弧垂(m)		2.2	3.3	2.88	3.18	3.74	3.2	3.02	2.49	1.73	1.95	2.2	2.46	2.74	3.03	3.31
200	应力(MPa)		66.15	78.98	51.19	74.73	40.15	47.72	55.4	60.25	83.02	74.03	66.15	59.38	53.68	48.91	44.94
	弧垂(m)		2.47	3.64	3.2	3.51	4.07	3.52	3.33	2.79	1.97	2.21	2.47	2.75	3.05	3.34	3.64
210	应力(MPa)		65.15	79.52	51.19	75.11	40.74	48.01	55.54	59.75	80.99	72.53	65.15	58.84	53.52	49.05	45.3
	弧垂(m)		2.77	3.98	3.52	3.85	4.43	3.86	3.67	3.1	2.23	2.49	2.77	3.06	3.37	3.68	3.98
220	应力(MPa)		64.22	80.02	51.19	75.46	41.29	48.27	55.67	59.28	79.05	71.11	64.22	58.34	53.37	49.18	45.64
	弧垂(m)		3.08	4.34	3.87	4.2	4.79	4.21	4.01	3.43	2.5	2.78	3.08	3.39	3.71	4.02	4.34
230	应力(MPa)		63.36	80.49	51.19	75.79	41.81	48.52	55.8	58.86	77.2	69.77	63.36	57.88	53.24	49.3	45.95
	弧垂(m)		3.41	4.72	4.23	4.58	5.18	4.58	4.38	3.77	2.8	3.1	3.41	3.74	4.06	4.39	4.71
240	应力(MPa)		62.56	80.94	51.19	76.1	42.29	48.74	55.91	58.46	75.46	68.53	62.56	57.46	53.11	49.41	46.24
	弧垂(m)		3.76	5.11	4.6	4.96	5.57	4.96	4.76	4.14	3.12	3.44	3.76	4.1	4.43	4.77	5.09
250	应力(MPa)		61.7	81.25	51.1	76.29	42.68	48.88	55.93	57.99	73.66	67.23	61.7	56.96	52.91	49.43	46.44
	弧垂(m)		4.14	5.52	5	5.37	5.99	5.37	5.16	4.53	3.47	3.8	4.14	4.49	4.83	5.17	5.5

临界档距

120.000	年平	247.478	大风

计算条件

线规	JL/G1A-150/20		
截面（mm²）	164.50	外径（mm）	16.70
单位质量（kg/m）	0.55	拉断力（N）	46780.00
最大使用应力（MPa）	81.25	安全系数	3.50
平均运行应力（MPa）	51.19	取用系数	0.18

气象条件

序号	气象	冰厚（mm）	风速（m/s）	气温（℃）
1	低温	0	0.0	-20
2	大风	0	27.0	-5
3	年平	0	0.0	5
4	覆冰	5	10.0	-5
5	高温	0	0.0	35
6	雷电	0	10.0	15
7	操作	0	15.0	5
8	安装	0	10.0	-10

比载 [×10⁻³N/（m·mm²）]

气象	水平	垂直	综合
低温	0.000	32.699	32.699
大风	47.180	32.699	57.404
年平	0.000	32.699	32.699
覆冰	12.173	50.987	52.420
高温	0.000	32.699	32.699
雷电	7.614	32.699	33.574
操作	17.131	32.699	36.915
安装	7.614	32.699	33.574

图 5-21 XZ-A 气象区 JL/G1A-150/20（$k=3.5$）导线应力弧垂表

应力弧垂 气象条件 档距(m)	气象 气温(℃) 风速(m/s) 覆冰(mm)	低温 -20 0 0	大风 -5 27 0	年平 5 0 0	覆冰 -5 10 5	高温 35 0 0	雷电 15 10 0	操作 5 15 0	安装 -10 10 0	架线气象组合 -20(-40) 0 0	-10(-30) 0 0	0(-20) 0 0	10(-10) 0 0	20(0) 0 0	30(10) 0 0	40(20) 0 0
120 应力(MPa)		64.71	59.48	43.56	59.57	29.77	38.09	45.06	55.38	87.21	75.52	64.71	55.12	47.02	40.49	35.37
120 弧垂(m)		0.91	1.41	1.35	1.42	1.98	1.57	1.39	1.08	0.68	0.78	0.91	1.07	1.25	1.45	1.67
130 应力(MPa)		64.71	60.81	44.57	60.91	31.24	39.37	46.17	55.84	86.48	75.12	64.71	55.56	47.86	41.64	36.72
130 弧垂(m)		1.07	1.62	1.55	1.63	2.21	1.78	1.6	1.25	0.8	0.92	1.07	1.24	1.44	1.66	1.88
140 应力(MPa)		64.71	62.08	45.53	62.19	32.64	40.57	47.22	56.29	85.73	74.71	64.71	55.98	48.66	42.73	37.99
140 弧垂(m)		1.24	1.84	1.76	1.85	2.46	2	1.81	1.44	0.94	1.07	1.24	1.43	1.65	1.88	2.11
150 应力(MPa)		64.71	63.3	46.44	63.41	33.96	41.71	48.22	56.72	84.97	74.31	64.71	56.39	49.42	43.75	39.19
150 弧垂(m)		1.42	2.08	1.98	2.08	2.71	2.24	2.04	1.64	1.08	1.24	1.42	1.63	1.86	2.1	2.35
160 应力(MPa)		63.6	63.67	46.59	63.79	34.83	42.22	48.47	56.2	82.8	72.64	63.6	55.84	49.37	44.09	39.8
160 弧垂(m)		1.65	2.35	2.25	2.35	3.01	2.51	2.3	1.89	1.26	1.44	1.65	1.88	2.12	2.38	2.63
170 应力(MPa)		62.32	63.85	46.59	63.98	35.56	42.57	48.55	55.52	80.35	70.75	62.32	55.14	49.16	44.27	40.27
170 弧垂(m)		1.9	2.64	2.54	2.65	3.33	2.82	2.6	2.16	1.47	1.67	1.9	2.14	2.4	2.67	2.94
180 应力(MPa)		61.12	64.02	46.59	64.15	36.23	42.88	48.63	54.9	77.97	68.96	61.12	54.49	48.97	44.43	40.69
180 弧垂(m)		2.17	2.96	2.84	2.96	3.66	3.13	2.91	2.45	1.7	1.92	2.17	2.43	2.71	2.98	3.26
190 应力(MPa)		60.01	64.17	46.59	64.31	36.85	43.17	48.71	54.32	75.67	67.26	60.01	53.9	48.8	44.58	41.07
190 弧垂(m)		2.46	3.29	3.17	3.29	4.01	3.47	3.23	2.76	1.95	2.2	2.46	2.74	3.03	3.31	3.6
200 应力(MPa)		58.99	64.32	46.59	64.46	37.42	43.44	48.77	53.8	73.49	65.68	58.99	53.35	48.64	44.72	41.43
200 弧垂(m)		2.77	3.63	3.51	3.64	4.37	3.82	3.58	3.08	2.23	2.49	2.77	3.07	3.36	3.66	3.95
210 应力(MPa)		58.05	64.45	46.59	64.6	37.95	43.68	48.83	53.32	71.43	64.21	58.05	52.86	48.5	44.84	41.75
210 弧垂(m)		3.11	4	3.87	4	4.76	4.19	3.94	3.43	2.53	2.81	3.11	3.41	3.72	4.02	4.32
220 应力(MPa)		57.18	64.56	46.58	64.71	38.43	43.89	48.87	52.87	69.49	62.84	57.18	52.39	48.36	44.94	42.04
220 弧垂(m)		3.46	4.38	4.25	4.38	5.15	4.57	4.32	3.8	2.85	3.15	3.46	3.78	4.1	4.41	4.71
230 应力(MPa)		56.25	64.55	46.48	64.71	38.82	44.01	48.83	52.35	67.52	61.44	56.25	51.86	48.13	44.96	42.23
230 弧垂(m)		3.85	4.79	4.66	4.79	5.58	4.98	4.73	4.19	3.2	3.52	3.85	4.17	4.5	4.82	5.13
240 应力(MPa)		55.42	64.55	46.4	64.71	39.18	44.12	48.78	51.88	65.73	60.16	55.42	51.38	47.93	44.97	42.42
240 弧垂(m)		4.25	5.21	5.08	5.22	6.02	5.41	5.15	4.6	3.59	3.92	4.25	4.59	4.92	5.24	5.56
250 应力(MPa)		54.66	64.55	46.32	64.71	39.52	44.22	48.74	51.45	64.09	59.01	54.66	50.94	47.75	44.98	42.58
250 弧垂(m)		4.68	5.66	5.52	5.66	6.47	5.86	5.6	5.04	3.99	4.33	4.68	5.02	5.36	5.69	6.01

临界档距

120.000	低温	151.789	年平	218.779
151.789	年平	218.779	覆冰	

计 算 条 件

线规	JL/G1A-240/30	
截面(mm²)	275.96	外径(mm) 21.60
单位质量(kg/m)	0.92	拉断力(N) 75190.00
最大使用应力(MPa)	64.71	安全系数 4.00
平均运行应力(MPa)	46.59	取用系数 0.18

气 象 条 件

序号	气象	冰厚(mm)	风速(m/s)	气温(℃)
1	低温	0	0.0	-20
2	大风	0	27.0	-5
3	年平	0	0.0	5
4	覆冰	5	10.0	-5
5	高温	0	0.0	35
6	雷电	0	10.0	15
7	操作	0	15.0	5
8	安装	0	10.0	-10

比载 [×10⁻³N/(m·mm²)]

气象	水平	垂直	综合
低温	0.000	32.718	32.718
大风	33.345	32.718	46.716
年平	0.000	32.718	32.718
覆冰	8.588	46.082	46.875
高温	0.000	32.718	32.718
雷电	5.381	32.718	33.158
操作	12.108	32.718	34.887
安装	5.381	32.718	33.158

图 5-22 XZ-A 气象区 JL/G1A-240/30（k=4）导线应力弧垂表

应力弧垂条件 气象条件	气象	低温	大风	年平	覆冰	高温	雷电	操作	安装	架线气象组合								
	气温（℃）	−40	−5	−5	−5	35	15	−5	−15	−40(−55)	−30(−45)	−20(−35)	−10(−25)	0(−15)	10(−5)	20(5)	30(15)	40(25)
	风速（m/s）	0	30	0	10	0	10	15	10	0	0	0	0	0	0	0	0	0
档距(m)	覆冰（mm）	0	0	0	10	0	0	0	0	0	0	0	0	0	0	0	0	0
120	应力(MPa)	56.27	63.14	34.45	79.87	24.06	29.26	39.89	40.17	71.15	60.89	52.03	44.75	38.96	34.45	30.92	28.13	25.89
	弧垂(m)	1.09	2.29	1.77	2.54	2.54	2.19	1.88	1.6	0.86	1	1.17	1.37	1.57	1.77	1.98	2.17	2.36
130	应力(MPa)	49.37	62.36	32.57	79.87	24.06	28.65	38.18	37.33	61.52	53.05	46.07	40.48	36.07	32.57	29.78	27.51	25.63
	弧垂(m)	1.45	2.72	2.2	2.98	2.98	2.63	2.31	2.02	1.17	1.35	1.56	1.77	1.99	2.2	2.41	2.61	2.8
140	应力(MPa)	44.05	61.7	31.16	79.87	24.06	28.17	36.85	35.2	53.44	46.85	41.54	37.3	33.91	31.16	28.9	27.01	25.42
	弧垂(m)	1.89	3.19	2.67	3.46	3.46	3.1	2.77	2.48	1.56	1.78	2	2.23	2.45	2.67	2.88	3.08	3.27
150	应力(MPa)	40.09	61.15	30.06	79.87	24.06	27.78	35.8	33.58	47.17	42.2	38.19	34.94	32.28	30.06	28.2	26.62	25.25
	弧垂(m)	2.38	3.69	3.18	3.97	3.97	3.61	3.28	2.98	2.02	2.26	2.5	2.73	2.96	3.18	3.39	3.59	3.78
160	应力(MPa)	37.17	60.69	29.21	79.87	24.06	27.47	34.96	32.32	42.52	38.77	35.7	33.16	31.02	29.21	27.65	26.3	25.11
	弧垂(m)	2.92	4.23	3.72	4.52	4.52	4.15	3.82	3.53	2.56	2.8	3.04	3.28	3.5	3.72	3.93	4.13	4.33
170	应力(MPa)	34.98	60.29	28.53	79.87	24.06	27.21	34.28	31.34	39.1	36.23	33.83	31.79	30.04	28.53	27.2	26.03	24.99
	弧垂(m)	3.51	4.81	4.3	5.1	5.1	4.73	4.4	4.11	3.14	3.39	3.63	3.86	4.09	4.3	4.51	4.72	4.91
180	应力(MPa)	33.31	59.95	27.97	79.87	24.06	26.99	33.72	30.55	36.56	34.31	32.38	30.72	29.26	27.97	26.83	25.81	24.89
	弧垂(m)	4.13	5.43	4.92	5.72	5.72	5.35	5.01	4.73	3.76	4.01	4.25	4.48	4.7	4.92	5.13	5.33	5.53
190	应力(MPa)	32.01	59.65	27.52	79.87	24.06	26.81	33.26	29.91	34.64	32.83	31.25	29.86	28.62	27.52	26.53	25.63	24.81
	弧垂(m)	4.79	6.08	5.57	6.37	6.38	6	5.67	5.38	4.43	4.67	4.91	5.14	5.36	5.57	5.78	5.99	6.18
200	应力(MPa)	30.98	59.4	27.14	79.87	24.06	26.65	32.87	29.38	33.15	31.66	30.34	29.16	28.1	27.14	26.27	25.47	24.74
	弧垂(m)	5.48	6.76	6.26	7.06	7.07	6.69	6.35	6.07	5.12	5.37	5.6	5.83	6.05	6.26	6.47	6.67	6.87
210	应力(MPa)	30.15	59.17	26.82	79.87	24.06	26.52	32.54	28.94	31.97	30.72	29.6	28.59	27.67	26.82	26.05	25.34	24.67
	弧垂(m)	6.21	7.49	6.99	7.79	7.79	7.42	7.08	6.79	5.86	6.1	6.33	6.55	6.77	6.99	7.19	7.4	7.6
220	应力(MPa)	29.46	58.98	26.55	79.87	24.06	26.4	32.25	28.57	31.02	29.96	28.99	28.11	27.3	26.55	25.86	25.22	24.62
	弧垂(m)	6.98	8.25	7.75	8.55	8.55	8.18	7.84	7.55	6.63	6.86	7.09	7.32	7.53	7.75	7.95	8.16	8.36
230	应力(MPa)	28.89	58.81	26.32	79.87	24.06	26.3	32.01	28.25	30.24	29.32	28.48	27.71	26.99	26.32	25.7	25.12	24.57
	弧垂(m)	7.78	9.04	8.54	9.35	9.35	8.97	8.63	8.35	7.43	7.67	7.89	8.11	8.33	8.54	8.75	8.95	9.15
240	应力(MPa)	28.41	58.66	26.12	79.87	24.06	26.21	31.8	27.97	29.59	28.79	28.05	27.36	26.72	26.12	25.56	25.03	24.53
	弧垂(m)	8.62	9.87	9.37	10.18	10.18	9.78	9.46	9.18	8.27	8.5	8.73	8.95	9.16	9.37	9.58	9.79	9.99
250	应力(MPa)	28.01	58.52	25.95	79.87	24.06	26.14	31.61	27.74	29.04	28.34	27.68	27.07	26.49	25.95	25.44	24.95	24.5
	弧垂(m)	9.49	10.74	10.24	11.05	11.05	10.67	10.33	10.05	9.15	9.38	9.6	9.82	10.03	10.24	10.45	10.65	10.85

计 算 条 件

线规	JL/G1A−70/10		
截面（mm²）	79.39	外径（mm）	11.40
单位质量（kg/m）	0.27	拉断力（N）	23360.00
最大使用应力（MPa）	79.87	安全系数	3.50
平均运行应力（MPa）	50.32	取用系数	0.18

气 象 条 件

序号	气象	冰厚（mm）	风速（m/s）	气温（℃）
1	低温	0	0.0	−40
2	大风	0	30.0	−5
3	年平	0	0.0	−5
4	覆冰	10	10.0	−5
5	高温	0	0.0	35
6	雷电	0	10.0	15
7	操作	0	15.0	−5
8	安装	0	10.0	−15

比载 $[\times 10^{-3} \text{N}/(\text{m} \cdot \text{mm}^2)]$

气象	水平	垂直	综合
低温	0.000	33.945	33.945
大风	72.695	33.945	80.230
年平	0.000	33.945	33.945
覆冰	29.664	108.686	112.661
高温	0.000	33.945	33.945
雷电	10.770	33.945	35.612
操作	24.232	33.945	41.706
安装	10.770	33.945	35.612

图 5−23　XZ−B 气象区 JL/G1A−70/10（$k=3.5$）导线应力弧垂表

应力弧垂	气象条件\气象	低温	大风	年平	覆冰	高温	雷电	操作	安装	架线气象组合								
	气温（℃）	−40	−5	−5	−5	35	15	−5	−15	−40(−55)	−30(−45)	−20(−35)	−10(−25)	0(−15)	10(−5)	20(5)	30(15)	40(25)
	风速（m/s）	0	30	0	10	0	10	15	10	0	0	0	0	0	0	0	0	0
档距(m)	覆冰（mm）	0	0	0	10	0	0	0	0	0	0	0	0	0	0	0	0	0
120	应力（MPa）	85.29	69.56	49.92	81.28	30.08	38.36	53.14	58.97	103.94	91.37	79.39	68.28	58.37	49.92	43.04	37.62	33.39
	弧垂（m）	0.72	1.71	1.23	1.95	2.03	1.64	1.32	1.07	0.59	0.67	0.77	0.9	1.05	1.23	1.42	1.63	1.83
130	应力（MPa）	85.29	72.08	51.13	84.5	31.78	40.03	54.58	59.89	103.58	91.23	79.54	68.78	59.24	51.13	44.51	39.24	35.08
	弧垂（m）	0.84	1.94	1.4	2.2	2.26	1.85	1.51	1.24	0.69	0.79	0.9	1.04	1.21	1.4	1.61	1.83	2.05
140	应力（MPa）	80.71	72.08	49.54	85.29	32.26	39.83	53.3	57.48	98.19	86.35	75.32	65.37	56.74	49.54	43.69	39.01	35.27
	弧垂（m）	1.03	2.25	1.68	2.53	2.58	2.15	1.79	1.49	0.85	0.96	1.11	1.27	1.47	1.68	1.91	2.14	2.36
150	应力（MPa）	74.82	71.34	47.34	85.29	32.33	39.14	51.38	54.35	91.11	80	69.91	61.04	53.53	47.34	42.33	38.29	35.01
	弧垂（m）	1.28	2.61	2.02	2.9	2.96	2.52	2.13	1.81	1.05	1.19	1.37	1.57	1.79	2.02	2.26	2.5	2.73
160	应力（MPa）	69.32	70.68	45.49	85.29	32.39	38.56	49.73	51.66	84.17	73.99	64.96	57.22	50.77	45.49	41.19	37.68	34.79
	弧垂（m）	1.57	3	2.39	3.3	3.36	2.91	2.5	2.17	1.29	1.47	1.67	1.9	2.14	2.39	2.64	2.89	3.13
170	应力（MPa）	64.37	70.1	43.93	85.29	32.45	38.06	48.34	49.38	77.59	68.47	60.59	53.94	48.45	43.93	40.23	37.17	34.61
	弧垂（m）	1.91	3.41	2.8	3.73	3.79	3.33	2.91	2.56	1.58	1.79	2.03	2.28	2.54	2.8	3.05	3.31	3.55
180	应力（MPa）	60.06	69.59	42.63	85.29	32.49	37.64	47.16	47.47	71.56	63.59	56.82	51.17	46.5	42.63	39.42	36.73	34.45
	弧垂（m）	2.29	3.86	3.23	4.18	4.24	3.77	3.34	2.99	1.92	2.16	2.42	2.69	2.96	3.23	3.49	3.75	4
190	应力（MPa）	56.38	69.13	41.54	85.29	32.54	37.27	46.15	45.86	66.22	59.39	53.64	48.85	44.87	41.54	38.73	36.35	34.31
	弧垂（m）	2.72	4.33	3.69	4.66	4.72	4.24	3.81	3.45	2.32	2.58	2.86	3.14	3.42	3.69	3.96	4.22	4.47
200	应力（MPa）	53.3	68.72	40.61	85.29	32.57	36.96	45.28	44.52	61.63	55.84	50.98	46.92	43.5	40.61	38.15	36.03	34.19
	弧垂（m）	3.19	4.82	4.19	5.16	5.22	4.74	4.3	3.93	2.76	3.04	3.33	3.62	3.91	4.19	4.46	4.72	4.98
210	应力（MPa）	50.74	68.36	39.82	85.29	32.6	36.69	44.54	43.38	57.77	52.88	48.77	45.3	42.35	39.82	37.64	35.75	34.08
	弧垂（m）	3.69	5.34	4.71	5.69	5.75	5.27	4.82	4.45	3.24	3.54	3.84	4.14	4.43	4.71	4.98	5.25	5.5
220	应力（MPa）	48.6	68.04	39.15	85.29	32.63	36.45	43.9	42.41	54.54	50.42	46.93	43.94	41.37	39.15	37.21	35.5	33.99
	弧垂（m）	4.23	5.89	5.26	6.24	6.31	5.82	5.37	5	3.77	4.08	4.38	4.68	4.97	5.26	5.53	5.8	6.06
230	应力（MPa）	46.82	67.75	38.57	85.29	32.66	36.24	43.35	41.58	51.87	48.38	45.38	42.79	40.54	38.57	36.83	35.29	33.9
	弧垂（m）	4.8	6.47	5.83	6.83	6.89	6.4	5.94	5.57	4.33	4.65	4.96	5.26	5.55	5.83	6.11	6.38	6.64
240	应力（MPa）	45.33	67.49	38.07	85.29	32.68	36.06	42.87	40.87	49.65	46.67	44.08	41.82	39.83	38.07	36.5	35.1	33.83
	弧垂（m）	5.4	7.07	6.43	7.43	7.5	7	6.54	6.17	4.93	5.25	5.56	5.86	6.15	6.43	6.71	6.98	7.24
250	应力（MPa）	44.06	67.26	37.63	85.29	32.7	35.89	42.44	40.26	47.8	45.23	42.97	40.98	39.21	37.63	36.22	34.93	33.77
	弧垂（m）	6.03	7.7	7.06	8.07	8.13	7.63	7.17	6.8	5.56	5.88	6.18	6.48	6.78	7.06	7.34	7.61	7.87

临界档距

120.000	低温	132.495	覆冰

计算条件

线规	JL/G1A−120/20	
截面（mm²）	134.49	外径（mm） 15.10
单位质量（kg/m）	0.47	拉断力（N） 42260.00
最大使用应力（MPa）	85.29	安全系数 3.50
平均运行应力（MPa）	53.73	取用系数 0.18

气象条件

序号	气象	冰厚（mm）	风速（m/s）	气温（℃）
1	低温	0	0.0	−40
2	大风	0	30.0	−5
3	年平	0	0.0	−5
4	覆冰	10	10.0	−5
5	高温	0	0.0	35
6	雷电	0	10.0	15
7	操作	0	15.0	−5
8	安装	0	10.0	−15

比载 [×10⁻³N/（m·mm²）]

气象	水平	垂直	综合
低温	0.000	33.987	33.987
大风	56.840	33.987	66.226
年平	0.000	33.987	33.987
覆冰	19.574	85.735	87.941
高温	0.000	33.987	33.987
雷电	8.421	33.987	35.014
操作	18.947	33.987	38.911
安装	8.421	33.987	35.014

图 5−24　XZ−B 气象区 JL/G1A−120/20（k=3.5）导线应力弧垂表

应力 弧垂 \ 气象条件 档距(m)	气象	低温	大风	年平	覆冰	高温	雷电	操作	安装	架线气象组合								
	气温(℃)	-40	-5	-5	-5	35	15	-5	-15	-40 (-60)	-30 (-50)	-20 (-40)	-10 (-30)	0 (-20)	10 (-10)	20(0)	30(10)	40(20)
	风速(m/s)	0	30	0	10	0	10	15	10	0	0	0	0	0	0	0	0	0
	覆冰(mm)	0	0	0	10	0	0	0	0	0	0	0	0	0	0	0	0	0
120	应力(MPa)	77.19	62.24	44.53	72.53	27.37	34.48	47.39	52.62	101.35	88.99	77.19	66.23	56.44	48.11	41.35	36.04	31.92
	弧垂(m)	0.76	1.76	1.32	1.97	2.15	1.75	1.4	1.15	0.58	0.66	0.76	0.89	1.04	1.22	1.42	1.63	1.84
130	应力(MPa)	77.19	64.58	45.76	75.47	28.97	36.07	48.81	53.58	100.85	88.7	77.19	66.58	57.17	49.19	42.69	37.55	33.5
	弧垂(m)	0.89	1.99	1.51	2.23	2.39	1.97	1.6	1.32	0.68	0.78	0.89	1.04	1.21	1.4	1.62	1.84	2.06
140	应力(MPa)	74.96	65.67	45.66	77.19	29.97	36.77	48.92	52.96	97.8	86	74.96	64.93	56.17	48.81	42.84	38.08	34.29
	弧垂(m)	1.07	2.27	1.75	2.52	2.67	2.24	1.85	1.55	0.82	0.93	1.07	1.23	1.43	1.64	1.87	2.1	2.34
150	应力(MPa)	69.57	65.05	43.85	77.19	30.15	36.3	47.32	50.27	90.88	79.76	69.57	60.56	52.89	46.55	41.43	37.32	34.01
	弧垂(m)	1.32	2.63	2.1	2.9	3.05	2.6	2.19	1.88	1.01	1.15	1.32	1.52	1.74	1.98	2.22	2.47	2.71
160	应力(MPa)	64.59	64.51	42.33	77.19	30.3	35.89	45.96	47.97	84.05	73.77	64.59	56.67	50.05	44.64	40.25	36.68	33.77
	弧垂(m)	1.62	3.02	2.47	3.3	3.46	2.99	2.57	2.24	1.25	1.42	1.62	1.85	2.09	2.34	2.6	2.85	3.1
170	应力(MPa)	60.14	64.02	41.05	77.19	30.44	35.55	44.8	46.02	77.5	68.22	60.14	53.3	47.65	43.03	39.25	36.14	33.56
	弧垂(m)	1.96	3.44	2.88	3.72	3.88	3.41	2.98	2.64	1.52	1.73	1.96	2.22	2.48	2.75	3.01	3.27	3.52
180	应力(MPa)	56.27	63.59	39.97	77.19	30.56	35.25	43.82	44.39	71.43	63.25	56.27	50.45	45.64	41.68	38.41	35.68	33.38
	弧垂(m)	2.35	3.88	3.31	4.17	4.34	3.86	3.41	3.06	1.85	2.09	2.35	2.63	2.9	3.18	3.45	3.71	3.97
190	应力(MPa)	52.99	63.21	39.06	77.19	30.66	34.99	42.98	43.02	66	58.93	52.99	48.05	43.95	40.55	37.7	35.29	33.23
	弧垂(m)	2.79	4.35	3.78	4.65	4.82	4.33	3.88	3.52	2.24	2.5	2.79	3.07	3.36	3.64	3.92	4.18	4.44
200	应力(MPa)	50.24	62.88	38.29	77.19	30.75	34.77	42.26	41.86	61.28	55.27	50.24	46.04	42.54	39.59	37.09	34.95	33.1
	弧垂(m)	3.26	4.85	4.27	5.15	5.32	4.83	4.37	4.01	2.67	2.96	3.26	3.55	3.85	4.13	4.41	4.68	4.94
210	应力(MPa)	47.95	62.58	37.63	77.19	30.83	34.58	41.64	40.88	57.27	52.2	47.95	44.37	41.35	38.78	36.57	34.65	32.98
	弧垂(m)	3.76	5.37	4.79	5.68	5.85	5.36	4.89	4.53	3.15	3.45	3.76	4.06	4.36	4.65	4.93	5.21	5.47
220	应力(MPa)	46.03	62.31	37.07	77.19	30.9	34.41	41.1	40.04	53.93	49.65	46.03	42.97	40.34	38.08	36.12	34.4	32.88
	弧垂(m)	4.3	5.92	5.34	6.24	6.41	5.91	5.44	5.08	3.67	3.99	4.3	4.61	4.91	5.2	5.48	5.76	6.02
230	应力(MPa)	44.43	62.07	36.58	77.19	30.97	34.26	40.64	39.33	51.15	47.52	44.43	41.78	39.49	37.49	35.73	34.17	32.79
	弧垂(m)	4.87	6.5	5.92	6.82	6.99	6.49	6.01	5.65	4.23	4.55	4.87	5.18	5.48	5.77	6.06	6.33	6.6
240	应力(MPa)	43.09	61.86	36.16	77.19	31.02	34.13	40.23	38.71	48.84	45.75	43.09	40.77	38.75	36.97	35.39	33.98	32.71
	弧垂(m)	5.47	7.1	6.52	7.42	7.6	7.09	6.61	6.25	4.82	5.15	5.47	5.78	6.08	6.37	6.66	6.94	7.21
250	应力(MPa)	41.95	61.66	35.79	77.19	31.08	34.01	39.87	38.18	46.92	44.26	41.95	39.91	38.12	36.52	35.09	33.8	32.63
	弧垂(m)	6.1	7.73	7.15	8.06	8.23	7.72	7.24	6.88	5.45	5.78	6.1	6.41	6.71	7	7.29	7.57	7.84

临界档距

120.000	低温	136.009	覆冰

计算条件

线规	JL/G1A-150/20		
截面(mm²)	164.50	外径(mm)	16.70
单位质量(kg/m)	0.55	拉断力(N)	46780.00
最大使用应力(MPa)	77.19	安全系数	3.50
平均运行应力(MPa)	48.63	取用系数	0.18

气象条件

序号	气象	冰厚(mm)	风速(m/s)	气温(℃)
1	低温	0	0.0	-40
2	大风	0	30.0	-5
3	年平	0	0.0	-5
4	覆冰	10	10.0	-5
5	高温	0	0.0	35
6	雷电	0	10.0	15
7	操作	0	15.0	-5
8	安装	0	10.0	-15

比载 [×10⁻³N/(m·mm²)]

气象	水平	垂直	综合
低温	0.000	32.699	32.699
大风	51.394	32.699	60.915
年平	0.000	32.699	32.699
覆冰	16.733	77.704	79.485
高温	0.000	32.699	32.699
雷电	7.614	32.699	33.574
操作	17.131	32.699	36.915
安装	7.614	32.699	33.574

图 5-25　XZ-B 气象区 JL/G1A-150/20（k=3.5）导线应力弧垂表

应力弧垂 气象条件	气象	低温	大风	年平	覆冰	高温	雷电	操作	安装	架线气象组合								
	气温(℃)	−40	−5	−5	−5	35	15	−5	−15	−40 (−60)	−30 (−50)	−20 (−40)	−10 (−30)	0 (−20)	10 (−10)	20（0)	30(10)	40(20)
	风速(m/s)	0	30	0	10	0	10	15	10	0	0	0	0	0	0	0	0	0
档距(m)	覆冰(mm)	0	0	0	10	0	0	0	0	0	0	0	0	0	0	0	0	0
120	应力(MPa)	64.71	48.68	37.77	58.67	24.82	30.08	39.32	43.87	87.21	75.52	64.71	55.12	47.02	40.49	35.37	31.41	28.32
	弧垂(m)	0.91	1.81	1.56	2.01	2.37	1.99	1.6	1.36	0.68	0.78	0.91	1.07	1.25	1.45	1.67	1.88	2.08
130	应力(MPa)	64.71	50.56	39.03	61.11	26.3	31.57	40.67	44.9	86.48	75.12	64.71	55.56	47.86	41.64	36.72	32.86	29.8
	弧垂(m)	1.07	2.04	1.77	2.26	2.63	2.22	1.81	1.56	0.8	0.92	1.07	1.24	1.44	1.66	1.88	2.1	2.32
140	应力(MPa)	64.71	52.34	40.22	63.43	27.71	32.98	41.95	45.88	85.73	74.71	64.71	55.98	48.66	42.73	37.99	34.23	31.21
	弧垂(m)	1.24	2.29	1.99	2.53	2.89	2.46	2.04	1.77	0.94	1.07	1.24	1.43	1.65	1.88	2.11	2.34	2.57
150	应力(MPa)	62.87	53.1	40.41	64.71	28.64	33.7	42.22	45.65	82.67	72.21	62.87	54.82	48.14	42.71	38.35	34.85	32
	弧垂(m)	1.46	2.59	2.28	2.85	3.21	2.77	2.32	2.04	1.11	1.27	1.46	1.68	1.91	2.15	2.4	2.64	2.88
160	应力(MPa)	58.87	52.64	39.46	64.71	28.97	33.61	41.34	44.05	76.69	67.17	58.87	51.88	46.13	41.46	37.67	34.58	32.03
	弧垂(m)	1.78	2.97	2.65	3.24	3.62	3.16	2.7	2.41	1.37	1.56	1.78	2.02	2.27	2.53	2.78	3.03	3.27
170	应力(MPa)	55.37	52.23	38.66	64.71	29.26	33.53	40.59	42.71	71.07	62.6	55.37	49.36	44.42	40.39	37.09	34.35	32.06
	弧垂(m)	2.14	3.38	3.06	3.66	4.04	3.57	3.11	2.81	1.66	1.89	2.14	2.4	2.66	2.93	3.19	3.44	3.69
180	应力(MPa)	52.37	51.87	37.98	64.71	29.52	33.46	39.94	41.57	65.97	58.58	52.37	47.22	42.99	39.5	36.59	34.16	32.09
	弧垂(m)	2.53	3.82	3.49	4.1	4.49	4.02	3.54	3.23	2.01	2.26	2.53	2.81	3.08	3.36	3.62	3.88	4.13
190	应力(MPa)	49.82	51.56	37.4	64.71	29.75	33.4	39.39	40.61	61.48	55.12	49.82	45.43	41.78	38.73	36.17	33.99	32.11
	弧垂(m)	2.96	4.28	3.95	4.57	4.97	4.48	4	3.69	2.4	2.68	2.96	3.25	3.54	3.81	4.08	4.35	4.6
200	应力(MPa)	47.69	51.28	36.9	64.71	29.96	33.34	38.92	39.79	57.62	52.2	47.69	43.92	40.75	38.08	35.8	33.84	32.13
	弧垂(m)	3.43	4.77	4.44	5.06	5.47	4.98	4.49	4.17	2.84	3.13	3.43	3.73	4.02	4.3	4.57	4.84	5.1
210	应力(MPa)	45.89	51.04	36.47	64.71	30.14	33.3	38.51	39.09	54.35	49.75	45.89	42.64	39.88	37.52	35.48	33.71	32.15
	弧垂(m)	3.93	5.28	4.95	5.58	5.99	5.49	5	4.68	3.32	3.63	3.93	4.23	4.53	4.81	5.09	5.36	5.62
220	应力(MPa)	44.38	50.82	36.09	64.71	30.3	33.25	38.15	38.48	51.61	47.7	44.38	41.56	39.14	37.04	35.21	33.59	32.17
	弧垂(m)	4.46	5.83	5.49	6.13	6.54	6.04	5.54	5.22	3.84	4.15	4.46	4.77	5.06	5.35	5.63	5.9	6.16
230	应力(MPa)	43.11	50.63	35.77	64.71	30.45	33.22	37.84	37.96	49.33	45.98	43.11	40.64	38.5	36.62	34.96	33.49	32.18
	弧垂(m)	5.02	6.39	6.05	6.7	7.11	6.61	6.1	5.78	4.39	4.71	5.02	5.33	5.62	5.91	6.19	6.47	6.73
240	应力(MPa)	42.03	50.45	35.48	64.71	30.58	33.18	37.56	37.51	47.41	44.52	42.03	39.85	37.94	36.25	34.75	33.41	32.19
	弧垂(m)	5.61	6.98	6.65	7.29	7.71	7.2	6.69	6.37	4.97	5.29	5.61	5.92	6.21	6.5	6.79	7.06	7.33
250	应力(MPa)	41.1	50.3	35.23	64.71	30.7	33.16	37.32	37.11	45.8	43.29	41.1	39.17	37.46	35.93	34.56	33.33	32.2
	弧垂(m)	6.22	7.6	7.26	7.91	8.34	7.82	7.31	6.99	5.58	5.91	6.22	6.53	6.83	7.12	7.4	7.68	7.95

临界档距

120.000	低温	145.721	覆冰	

计 算 条 件

线规	JL/G1A−240/30		
截面（mm²）	275.96	外径（mm）	21.60
单位质量（kg/m）	0.92	拉断力（N）	75190.00
最大使用应力（MPa）	64.71	安全系数	4.00
平均运行应力（MPa）	46.59	取用系数	0.18

气 象 条 件

序号	气象	冰厚（mm）	风速（m/s）	气温（℃）
1	低温	0	0.0	−40
2	大风	0	30.0	−5
3	年平	0	0.0	−5
4	覆冰	10	10.0	−5
5	高温	0	0.0	35
6	雷电	0	10.0	15
7	操作	0	15.0	−5
8	安装	0	10.0	−15

比载 [×10⁻³N/（m·mm²）]

气象	水平	垂直	综合
低温	0.000	32.718	32.718
大风	36.323	32.718	48.886
年平	0.000	32.718	32.718
覆冰	11.306	64.469	65.453
高温	0.000	32.718	32.718
雷电	5.381	32.718	33.158
操作	12.108	32.718	34.887
安装	5.381	32.718	33.158

图 5−26　XZ−B 气象区 JL/G1A−240/30（k=4.0）导线应力弧垂表

应力弧垂\档距(m)	气象\气象条件	低温	大风	年平	覆冰	高温	雷电	操作	安装	架线气象组合						
	气温(℃)	−20	−5	5	−5	35	15	5	−10	−20(−35)	−10(−25)	0(−15)	10(−5)	20(5)	30(15)	40(25)
	风速(m/s)	0	27	0	10	0	10	15	10	0	0	0	0	0	0	0
	覆冰(mm)	0	0	0	5	0	0	0	0	0	0	0	0	0	0	0
250	应力(MPa)	80.45	111.81	64.57	103.37	51.91	61.66	73.46	75.31	92.83	84.34	76.81	70.24	64.57	59.69	55.51
	弧垂(m)	3.3	5.23	4.11	4.97	5.11	4.51	4.44	3.7	2.86	3.15	3.45	3.78	4.11	4.44	4.78
270	应力(MPa)	76.27	111.81	62.73	102.87	51.77	60.61	72.12	72.32	86.93	79.6	73.17	67.57	62.73	58.55	54.92
	弧垂(m)	4.06	6.11	4.93	5.83	5.98	5.36	5.27	4.49	3.56	3.89	4.23	4.58	4.93	5.29	5.64
290	应力(MPa)	72.73	111.81	61.2	102.42	51.65	59.72	70.98	69.81	81.81	75.56	70.1	65.34	61.2	57.59	54.43
	弧垂(m)	4.91	7.04	5.83	6.76	6.91	6.27	6.18	5.37	4.36	4.72	5.09	5.46	5.83	6.2	6.56
310	应力(MPa)	69.78	111.81	59.92	102.03	51.55	58.97	70.01	67.71	77.46	72.17	67.54	63.48	59.92	56.79	54.01
	弧垂(m)	5.85	8.05	6.81	7.75	7.92	7.26	7.16	6.32	5.27	5.65	6.04	6.43	6.81	7.19	7.56
330	应力(MPa)	67.32	111.81	58.85	101.68	51.46	58.34	69.19	65.95	73.83	69.35	65.41	61.93	58.85	56.11	53.66
	弧垂(m)	6.87	9.12	7.86	8.81	8.99	8.32	8.21	7.36	6.26	6.67	7.07	7.47	7.86	8.24	8.62
350	应力(MPa)	65.28	111.81	57.95	101.38	51.39	57.8	68.48	64.47	70.81	67.01	63.64	60.63	57.95	55.53	53.36
	弧垂(m)	7.97	10.27	8.98	9.94	10.13	9.44	9.33	8.46	7.34	7.76	8.17	8.58	8.98	9.37	9.75
370	应力(MPa)	63.57	111.81	57.18	101.11	51.32	57.34	67.87	63.23	68.32	65.07	62.16	59.54	57.18	55.04	53.1
	弧垂(m)	9.14	11.47	10.17	11.14	11.33	10.64	10.53	9.65	8.51	8.93	9.35	9.77	10.17	10.57	10.95
390	应力(MPa)	62.14	111.81	56.53	100.87	51.26	56.94	67.34	62.17	66.24	63.44	60.91	58.61	56.53	54.62	52.87
	弧垂(m)	10.4	12.75	11.43	12.41	12.61	11.91	11.79	10.9	9.75	10.18	10.61	11.02	11.43	11.83	12.22
410	应力(MPa)	60.93	111.81	55.96	100.65	51.21	56.59	66.88	61.27	64.5	62.07	59.85	57.82	55.96	54.25	52.68
	弧垂(m)	11.72	14.09	12.76	13.75	13.95	13.24	13.12	12.23	11.07	11.5	11.93	12.35	12.76	13.16	13.56
430	应力(MPa)	59.9	111.81	55.48	100.46	51.17	56.29	66.48	60.5	63.04	60.9	58.95	57.14	55.48	53.94	52.5
	弧垂(m)	13.11	15.5	14.16	15.16	15.36	14.64	14.52	13.62	12.46	12.9	13.33	13.75	14.16	14.57	14.97
450	应力(MPa)	59.02	111.81	55.06	100.29	51.13	56.03	66.13	59.83	61.79	59.91	58.17	56.56	55.06	53.66	52.35
	弧垂(m)	14.58	16.98	15.63	16.63	16.84	16.12	15.99	15.09	13.92	14.36	14.79	15.22	15.63	16.04	16.44
470	应力(MPa)	58.26	111.81	54.69	100.14	51.1	55.8	65.82	59.25	60.73	59.06	57.5	56.05	54.69	53.42	52.22
	弧垂(m)	16.11	18.53	17.17	18.17	18.38	17.66	17.53	16.63	15.46	15.9	16.33	16.75	17.17	17.58	17.98
490	应力(MPa)	57.6	111.81	54.36	100.01	51.07	55.59	65.54	58.74	59.82	58.32	56.91	55.6	54.36	53.2	52.1
	弧垂(m)	17.72	20.14	18.78	19.78	19.99	19.26	19.14	18.23	17.06	17.5	17.93	18.36	18.78	19.19	19.59

计 算 条 件

线规	JL/G1A−70/10	
截面（mm²）	79.39	外径（mm）	11.40
单位质量（kg/m）	0.27	拉断力（N）	23360.00
最大使用应力（MPa）	111.81	安全系数	2.50
平均运行应力（MPa）	69.88	取用系数	0.25

气 象 条 件

序号	气象	冰厚（mm）	风速（m/s）	气温（℃）
1	低温	0	0.0	−20
2	大风	0	27.0	−5
3	年平	0	0.0	5
4	覆冰	5	10.0	−5
5	高温	0	0.0	35
6	雷电	0	10.0	15
7	操作	0	15.0	5
8	安装	0	10.0	−10

比载 [×10⁻³N/（m·mm²）]

气象	水平	垂直	综合
低温	0.000	33.945	33.945
大风	66.734	33.945	74.871
年平	0.000	33.945	33.945
覆冰	20.217	62.584	65.768
高温	0.000	33.945	33.945
雷电	10.770	33.945	35.612
操作	24.232	33.945	41.706
安装	10.770	33.945	35.612

图 5−27　XZ−A 气象区 JL/G1A−70/10（k=2.5）导线应力弧垂表

应力弧垂 档距(m)	气象条件	气象 气温(℃) 风速(m/s) 覆冰(mm)	低温 -20 0 0	大风 -5 27 0	年平 5 0 0	覆冰 -5 10 5	高温 35 0 0	雷电 15 10 0	操作 5 15 0	安装 -10 10 0	架线气象组合 -20(-35)	-10(-25)	0(-15)	10(-5)	20(5)	30(15)	40(25)
250		应力(MPa)	94.52	110.17	74.63	104.68	58.27	69.54	80.11	86.91	109.22	99.2	90.06	81.86	74.63	68.34	62.92
		弧垂(m)	2.81	4.42	3.56	4.22	4.56	3.94	3.8	3.15	2.43	2.68	2.95	3.24	3.56	3.89	4.22
270		应力(MPa)	92.98	111.75	74.63	105.88	59.47	70.1	80.51	86.12	106.71	97.34	88.85	81.28	74.63	68.83	63.81
		弧垂(m)	3.33	5.08	4.15	4.86	5.21	4.55	4.41	3.71	2.9	3.18	3.49	3.81	4.15	4.5	4.86
290		应力(MPa)	91.54	113.22	74.63	107	60.56	70.62	80.87	85.4	104.29	95.57	87.72	80.75	74.63	69.28	64.62
		弧垂(m)	3.9	5.78	4.79	5.55	5.9	5.21	5.06	4.31	3.43	3.74	4.07	4.43	4.79	5.16	5.53
310		应力(MPa)	90.19	114.6	74.63	108.05	61.56	71.08	81.2	84.73	101.99	93.91	86.68	80.27	74.63	69.68	65.35
		弧垂(m)	4.53	6.53	5.47	6.28	6.64	5.92	5.76	4.97	4	4.35	4.71	5.09	5.47	5.86	6.25
330		应力(MPa)	88.95	115.88	74.63	109.02	62.46	71.51	81.51	84.12	99.82	92.37	85.72	79.83	74.63	70.05	66.02
		弧垂(m)	5.2	7.32	6.2	7.06	7.41	6.67	6.5	5.67	4.64	5.01	5.4	5.8	6.2	6.61	7.01
350		应力(MPa)	87.81	117.08	74.63	109.92	63.28	71.9	81.78	83.57	97.81	90.96	84.85	79.43	74.63	70.38	66.62
		弧垂(m)	5.93	8.15	6.98	7.87	8.23	7.46	7.29	6.42	5.32	5.72	6.14	6.56	6.98	7.4	7.82
370		应力(MPa)	86.78	118.19	74.63	110.75	64.04	72.25	82.04	83.06	95.95	89.67	84.05	79.06	74.63	70.69	67.17
		弧垂(m)	6.71	9.02	7.8	8.73	9.09	8.3	8.12	7.22	6.06	6.49	6.92	7.36	7.8	8.23	8.66
390		应力(MPa)	85.84	119.22	74.63	111.53	64.73	72.57	82.27	82.6	94.26	88.49	83.33	78.73	74.63	70.96	67.68
		弧垂(m)	7.53	9.94	8.66	9.63	9.99	9.18	9	8.06	6.86	7.31	7.76	8.21	8.66	9.11	9.56
410		应力(MPa)	84.1	119.41	73.96	111.47	64.86	72.25	81.8	81.4	91.67	86.49	81.85	77.69	73.96	70.61	67.59
		弧垂(m)	8.5	10.97	9.66	10.65	11.02	10.19	10	9.04	7.79	8.26	8.73	9.2	9.66	10.12	10.57
430		应力(MPa)	82.39	119.41	73.23	111.25	64.89	71.85	81.23	80.16	89.17	84.53	80.36	76.61	73.23	70.17	67.4
		弧垂(m)	9.54	12.07	10.74	11.74	12.12	11.27	11.08	10.1	8.81	9.3	9.78	10.26	10.74	11.2	11.67
450		应力(MPa)	80.88	119.41	72.58	111.05	64.91	71.48	80.73	79.07	86.96	82.8	79.05	75.65	72.58	69.78	67.24
		弧垂(m)	10.64	13.22	11.86	12.89	13.27	12.41	12.21	11.22	9.9	10.4	10.89	11.38	11.86	12.34	12.81
470		应力(MPa)	79.54	119.41	72	110.87	64.93	71.16	80.27	78.1	85.02	81.28	77.89	74.81	72	69.44	67.09
		弧垂(m)	11.81	14.42	13.05	14.08	14.47	13.6	13.4	12.39	11.05	11.56	12.06	12.56	13.05	13.53	14.01
490		应力(MPa)	78.36	119.41	71.48	110.7	64.94	70.87	79.86	77.24	83.3	79.93	76.86	74.05	71.48	69.12	66.95
		弧垂(m)	13.03	15.67	14.29	15.33	15.73	14.85	14.64	13.62	12.26	12.77	13.28	13.79	14.29	14.77	15.26

临界档距

250.000	年平	393.638	大风	

计算条件

线规	JL/G1A-120/20		
截面(mm²)	134.49	外径(mm)	15.10
单位质量(kg/m)	0.47	拉断力(N)	42260.00
最大使用应力(MPa)	119.41	安全系数	2.50
平均运行应力(MPa)	74.63	取用系数	0.25

气象条件

序号	气象	冰厚(mm)	风速(m/s)	气温(℃)
1	低温	0	0.0	-20
2	大风	0	27.0	-5
3	年平	0	0.0	5
4	覆冰	5	10.0	-5
5	高温	0	0.0	35
6	雷电	0	10.0	15
7	操作	0	15.0	5
8	安装	0	10.0	-10

比载 [×10⁻³N/(m·mm²)]

气象	水平	垂直	综合
低温	0.000	33.987	33.987
大风	52.179	33.987	62.271
年平	0.000	33.987	33.987
覆冰	13.997	54.707	56.469
高温	0.000	33.987	33.987
雷电	8.421	33.987	35.014
操作	18.947	33.987	38.911
安装	8.421	33.987	35.014

图 5-28 XZ-A 气象区 JL/G1A-120/20（k=2.5）导线应力弧垂表

应力弧垂	气象条件	气象	低温	大风	年平	覆冰	高温	雷电	操作	安装	架线气象组合						
		气温（℃）	−20	−5	5	−5	35	15	5	−10	−20(−40)	−10(−30)	0(−20)	10(−10)	20(0)	30(10)	40(20)
		风速（m/s）	0	27	0	10	0	10	15	10	0	0	0	0	0	0	0
档距(m)		覆冰（mm）	0	0	0	5	0	0	0	0	0	0	0	0	0	0	0
250		应力(MPa)	85.53	99.41	67.54	94.58	53.1	62.99	72.33	78.56	104.15	94.4	85.53	77.61	70.66	64.64	59.48
		弧垂(m)	2.99	4.51	3.78	4.33	4.81	4.17	3.99	3.34	2.45	2.71	2.99	3.29	3.62	3.95	4.3
270		应力(MPa)	83.99	100.66	67.54	95.52	54.21	63.51	72.64	77.77	101.23	92.17	83.99	76.74	70.39	64.89	60.14
		弧垂(m)	3.55	5.2	4.41	5	5.5	4.82	4.63	3.93	2.94	3.23	3.55	3.88	4.23	4.59	4.96
290		应力(MPa)	82.57	101.82	67.54	96.38	55.22	63.98	72.93	77.05	98.44	90.07	82.57	75.95	70.15	65.11	60.73
		弧垂(m)	4.16	5.93	5.09	5.72	6.23	5.52	5.32	4.58	3.49	3.82	4.16	4.53	4.9	5.28	5.66
310		应力(MPa)	81.27	102.9	67.54	97.18	56.13	64.41	73.19	76.4	95.8	88.12	81.27	75.23	69.93	65.31	61.27
		弧垂(m)	4.83	6.71	5.82	6.48	7	6.27	6.06	5.28	4.1	4.46	4.83	5.22	5.62	6.02	6.41
330		应力(MPa)	80.08	103.89	67.54	97.92	56.96	64.79	73.42	75.81	93.35	86.33	80.08	74.57	69.73	65.48	61.75
		弧垂(m)	5.56	7.53	6.59	7.29	7.82	7.06	6.85	6.03	4.77	5.16	5.56	5.97	6.39	6.8	7.21
350		应力(MPa)	79.01	104.81	67.54	98.59	57.71	65.13	73.63	75.28	91.1	84.7	79.01	73.99	69.56	65.64	62.18
		弧垂(m)	6.34	8.39	7.42	8.15	8.68	7.9	7.68	6.83	5.5	5.91	6.34	6.77	7.2	7.63	8.06
370		应力(MPa)	78.05	105.66	67.54	99.22	58.39	65.44	73.83	74.8	89.05	83.23	78.05	73.46	69.4	65.79	62.57
		弧垂(m)	7.17	9.3	8.29	9.05	9.59	8.79	8.56	7.68	6.29	6.73	7.17	7.62	8.07	8.51	8.95
390		应力(MPa)	77.19	106.44	67.54	99.79	59	65.72	74	74.37	87.19	81.9	77.19	72.99	69.25	65.92	62.93
		弧垂(m)	8.06	10.26	9.21	10	10.55	9.72	9.49	8.59	7.13	7.59	8.06	8.52	8.98	9.44	9.89
410		应力(MPa)	76.41	107.16	67.54	100.31	59.57	65.98	74.16	73.99	85.52	80.71	76.41	72.57	69.13	66.04	63.25
		弧垂(m)	9	11.27	10.18	10.99	11.55	10.7	10.47	9.54	8.04	8.52	9	9.47	9.95	10.41	10.87
430		应力(MPa)	75.72	107.83	67.54	100.8	60.08	66.21	74.3	73.64	84.03	79.65	75.72	72.19	69.01	66.14	63.54
		弧垂(m)	9.99	12.32	11.2	12.03	12.59	11.73	11.49	10.55	9	9.49	9.99	10.48	10.96	11.44	11.91
450		应力(MPa)	74.7	108.06	67.23	100.87	60.32	66.14	74.11	72.97	82.2	78.26	74.7	71.49	68.58	65.95	63.54
		弧垂(m)	11.09	13.46	12.32	13.17	13.74	12.86	12.62	11.66	10.08	10.58	11.09	11.59	12.08	12.56	13.04
470		应力(MPa)	73.59	108.06	66.79	100.72	60.4	65.92	73.77	72.18	80.33	76.8	73.59	70.68	68.03	65.61	63.4
		弧垂(m)	12.28	14.69	13.53	14.39	14.97	14.08	13.83	12.86	11.25	11.77	12.28	12.79	13.29	13.78	14.26
490		应力(MPa)	72.61	108.06	66.4	100.59	60.48	65.73	73.46	71.48	78.69	75.51	72.61	69.96	67.54	65.31	63.26
		弧垂(m)	13.53	15.97	14.8	15.66	16.25	15.35	15.1	14.11	12.48	13.01	13.53	14.04	14.55	15.04	15.53

临 界 档 距

250.000	年平	437.342	大风

计 算 条 件

线规		JL/G1A−150/20	
截面（mm²）	164.50	外径（mm）	16.70
单位质量（kg/m）	0.55	拉断力（N）	46780.00
最大使用应力（MPa）	108.06	安全系数	2.50
平均运行应力（MPa）	67.54	取用系数	0.25

气 象 条 件

序号	气象	冰厚（mm）	风速（m/s）	气温（℃）
1	低温	0	0.0	−20
2	大风	0	27.0	−5
3	年平	0	0.0	5
4	覆冰	5	10.0	−5
5	高温	0	0.0	35
6	雷电	0	10.0	15
7	操作	0	15.0	5
8	安装	0	10.0	−10

比载 [×10⁻³N/（m·mm²）]

气象	水平	垂直	综合
低温	0.000	32.699	32.699
大风	47.180	32.699	57.404
年平	0.000	32.699	32.699
覆冰	12.173	50.987	52.420
高温	0.000	32.699	32.699
雷电	7.614	32.699	33.574
操作	17.131	32.699	36.915
安装	7.614	32.699	33.574

图 5−29 XZ−A 气象区 JL/G1A−150/20（k=2.5）导线应力弧垂表

应力弧垂 气象条件	气象	低温	大风	年平	覆冰	高温	雷电	操作	安装	架线气象组合						
	气温(℃)	−20	−5	5	−5	35	15	5	−10	−20 (−40)	−10 (−30)	0 (−20)	10 (−10)	20(0)	30(10)	40(20)
	风速(m/s)	0	27	0	10	0	10	15	10	0	0	0	0	0	0	0
档距(m)	覆冰(mm)	0	0	0	5	0	0	0	0	0	0	0	0	0	0	0
250	应力(MPa)	81.53	85.84	64.71	86	51.33	60.06	67.22	74.58	99.27	89.94	81.53	74.09	67.61	62.03	57.24
250	弧垂(m)	3.14	4.25	3.95	4.26	4.98	4.31	4.06	3.47	2.58	2.84	3.14	3.45	3.78	4.12	4.47
270	应力(MPa)	79.99	86.34	64.71	86.51	52.41	60.54	67.38	73.76	96.26	87.67	79.99	73.23	67.35	62.26	57.88
270	弧垂(m)	3.73	4.93	4.61	4.94	5.69	4.99	4.72	4.1	3.1	3.4	3.73	4.07	4.43	4.79	5.15
290	应力(MPa)	78.58	86.8	64.71	86.98	53.37	60.96	67.52	73.02	93.41	85.56	78.58	72.45	67.11	62.47	58.45
290	弧垂(m)	4.38	5.66	5.32	5.67	6.45	5.72	5.43	4.78	3.68	4.02	4.38	4.75	5.13	5.51	5.89
310	应力(MPa)	77.31	87.21	64.71	87.41	54.24	61.34	67.64	72.35	90.77	83.63	77.31	71.75	66.9	62.66	58.96
310	弧垂(m)	5.09	6.44	6.08	6.45	7.25	6.5	6.2	5.51	4.33	4.7	5.09	5.48	5.88	6.28	6.67
330	应力(MPa)	76.16	87.6	64.71	87.8	55.02	61.69	67.75	71.76	88.35	81.88	76.16	71.13	66.71	62.83	59.42
330	弧垂(m)	5.85	7.26	6.89	7.27	8.1	7.32	7.01	6.29	5.04	5.44	5.85	6.26	6.68	7.09	7.5
350	应力(MPa)	75.14	87.94	64.71	88.15	55.73	61.99	67.85	71.22	86.16	80.31	75.14	70.57	66.55	62.98	59.83
350	弧垂(m)	6.67	8.14	7.75	8.15	9	8.2	7.88	7.13	5.82	6.24	6.67	7.1	7.53	7.96	8.38
370	应力(MPa)	74.23	88.26	64.71	88.47	56.37	62.27	67.94	70.75	84.19	78.91	74.23	70.08	66.4	63.12	60.2
370	弧垂(m)	7.55	9.07	8.66	9.07	9.94	9.12	8.79	8.02	6.65	7.1	7.55	7.99	8.44	8.88	9.31
390	应力(MPa)	73.42	88.54	64.71	88.77	56.95	62.51	68.02	70.33	82.43	77.66	73.42	69.64	66.26	63.24	60.53
390	弧垂(m)	8.48	10.04	9.62	10.05	10.93	10.09	9.76	8.97	7.55	8.01	8.48	8.94	9.4	9.84	10.29
410	应力(MPa)	72.7	88.8	64.71	89.03	57.47	62.74	68.09	69.95	80.86	76.55	72.7	69.24	66.14	63.35	60.83
410	弧垂(m)	9.46	11.06	10.63	11.07	11.98	11.12	10.78	9.97	8.51	8.99	9.46	9.94	10.4	10.86	11.31
430	应力(MPa)	72.05	89.04	64.71	89.28	57.95	62.94	68.16	69.61	79.47	75.56	72.05	68.89	66.04	63.45	61.1
430	弧垂(m)	10.5	12.14	11.7	12.15	13.06	12.19	11.84	11.02	9.52	10.01	10.5	10.99	11.46	11.93	12.39
450	应力(MPa)	71.48	89.26	64.71	89.5	58.39	63.12	68.22	69.31	78.23	74.68	71.48	68.57	65.94	63.54	61.34
450	弧垂(m)	11.6	13.26	12.81	13.27	14.2	13.31	12.96	12.12	10.59	11.1	11.6	12.09	12.57	13.05	13.52
470	应力(MPa)	70.96	89.46	64.71	89.7	58.79	63.29	68.27	69.04	77.13	73.9	70.96	68.29	65.85	63.62	61.57
470	弧垂(m)	12.74	14.44	13.98	14.45	15.39	14.49	14.13	13.28	11.72	12.24	12.74	13.24	13.73	14.22	14.69
490	应力(MPa)	70.5	89.64	64.71	89.89	59.15	63.44	68.32	68.79	76.15	73.2	70.5	68.04	65.77	63.69	61.77
490	弧垂(m)	13.94	15.66	15.19	15.67	16.63	15.71	15.35	14.48	12.91	13.43	13.94	14.45	14.95	15.44	15.92

计 算 条 件

线规	JL/G1A−240/30		
截面(mm²)	275.96	外径(mm)	21.60
单位质量(kg/m)	0.92	拉断力(N)	75190.00
最大使用应力(MPa)	103.54	安全系数	2.50
平均运行应力(MPa)	64.71	取用系数	0.25

气 象 条 件

序号	气象	冰厚(mm)	风速(m/s)	气温(℃)
1	低温	0	0.0	−20
2	大风	0	27.0	−5
3	年平	0	0.0	5
4	覆冰	5	10.0	−5
5	高温	0	0.0	35
6	雷电	0	10.0	15
7	操作	0	15.0	5
8	安装	0	10.0	−10

比载[×10⁻³N/(m·mm²)]

气象	水平	垂直	综合
低温	0.000	32.718	32.718
大风	33.345	32.718	46.716
年平	0.000	32.718	32.718
覆冰	8.588	46.082	46.875
高温	0.000	32.718	32.718
雷电	5.381	32.718	33.158
操作	12.108	32.718	34.887
安装	5.381	32.718	33.158

图 5−30　XZ−A 气象区 JL/G1A−240/30（k=2.5）导线应力弧垂表

气象	低温	大风	年平	覆冰	高温	雷电	操作	安装	架线气象组合								
气温（℃）	−40	−5	−5	−5	35	15	−5	−15	−40(−55)	−30(−45)	−20(−35)	−10(−25)	0(−15)	10(−5)	20(5)	30(15)	40(25)
风速（m/s）	0	30	0	10	0	10	15	10	0	0	0	0	0	0	0	0	0
覆冰（mm）	0	0	0	10	0	0	0	0	0	0	0	0	0	0	0	0	0

档距(m) 应力弧垂／气象条件：

档距(m)		低温	大风	年平	覆冰	高温	雷电	操作	安装	−40(−55)	−30(−45)	−20(−35)	−10(−25)	0(−15)	10(−5)	20(5)	30(15)	40(25)
250	应力（MPa）	50.77	85.55	41.97	111.81	35.58	40.09	50	45.89	56.09	52.41	49.24	46.49	44.08	41.97	40.09	38.43	36.93
	弧垂（m）	5.23	7.34	6.32	7.88	7.46	6.95	6.52	6.07	4.73	5.06	5.39	5.71	6.02	6.32	6.62	6.91	7.19
270	应力（MPa）	47.39	84.78	40.58	111.81	35.32	39.37	48.64	44.06	51.31	48.61	46.24	44.13	42.26	40.58	39.07	37.7	36.46
	弧垂（m）	6.53	8.63	7.63	9.2	8.77	8.25	7.82	7.37	6.03	6.37	6.7	7.02	7.33	7.63	7.93	8.21	8.5
290	应力（MPa）	44.94	84.15	39.52	111.81	35.1	38.81	47.57	42.68	47.93	45.88	44.04	42.39	40.89	39.52	38.28	37.13	36.08
	弧垂（m）	7.95	10.04	9.04	10.61	10.18	9.66	9.23	8.78	7.45	7.79	8.11	8.43	8.74	9.04	9.34	9.62	9.91
310	应力（MPa）	43.11	83.62	38.7	111.81	34.93	38.35	46.73	41.61	45.46	43.86	42.4	41.06	39.83	38.7	37.65	36.68	35.77
	弧垂（m）	9.47	11.55	10.55	12.13	11.7	11.17	10.74	10.29	8.98	9.31	9.63	9.94	10.25	10.55	10.85	11.14	11.42
330	应力（MPa）	41.71	83.18	38.04	111.81	34.78	37.98	46.05	40.77	43.61	42.32	41.13	40.02	38.99	38.04	37.14	36.31	35.52
	弧垂（m）	11.09	13.16	12.17	13.75	13.31	12.79	12.35	11.91	10.61	10.93	11.25	11.56	11.87	12.17	12.46	12.75	13.04
350	应力（MPa）	40.61	82.81	37.5	111.81	34.66	37.68	45.5	40.09	42.19	41.12	40.12	39.19	38.32	37.5	36.73	36	35.31
	弧垂（m）	12.82	14.87	13.89	15.47	15.03	14.51	14.07	13.63	12.34	12.66	12.98	13.29	13.59	13.89	14.18	14.47	14.75
370	应力（MPa）	39.73	82.49	37.06	111.81	34.56	37.42	45.03	39.53	41.06	40.16	39.32	38.52	37.77	37.06	36.39	35.75	35.14
	弧垂（m）	14.65	16.69	15.71	17.29	16.85	16.33	15.89	15.45	14.18	14.49	14.8	15.11	15.41	15.71	16	16.29	16.58
390	应力（MPa）	39.02	82.21	36.7	111.81	34.47	37.21	44.65	39.06	40.15	39.39	38.66	37.97	37.32	36.7	36.1	35.53	34.99
	弧垂（m）	16.58	18.61	17.64	19.22	18.78	18.25	17.81	17.38	16.11	16.42	16.73	17.04	17.34	17.64	17.93	18.22	18.5
410	应力（MPa）	38.43	81.97	36.39	111.81	34.4	37.02	44.32	38.68	39.41	38.75	38.12	37.51	36.94	36.39	35.86	35.35	34.86
	弧垂（m）	18.61	20.63	19.66	21.25	20.81	20.28	19.83	19.41	18.15	18.46	18.77	19.07	19.37	19.66	19.95	20.24	20.53
430	应力（MPa）	37.93	81.77	36.12	111.81	34.33	36.87	44.04	38.35	38.79	38.21	37.66	37.13	36.61	36.12	35.65	35.2	34.76
	弧垂（m）	20.75	22.76	21.79	23.38	22.94	22.41	21.96	21.54	20.28	20.59	20.9	21.2	21.5	21.79	22.08	22.37	22.66
450	应力（MPa）	37.51	81.59	35.9	111.81	34.28	36.73	43.8	38.06	38.27	37.76	37.27	36.8	36.34	35.9	35.47	35.06	34.66
	弧垂（m）	22.98	24.99	24.03	25.61	25.17	24.64	24.2	23.77	22.52	22.83	23.13	23.43	23.73	24.03	24.32	24.6	24.89
470	应力（MPa）	37.16	81.43	35.7	111.81	34.23	36.61	43.59	37.82	37.83	37.38	36.94	36.51	36.1	35.7	35.32	34.94	34.58
	弧垂（m）	25.32	27.33	26.36	27.95	27.51	26.98	26.53	26.11	24.87	25.17	25.47	25.77	26.07	26.36	26.65	26.94	27.23
490	应力（MPa）	36.85	81.29	35.53	111.81	34.19	36.51	43.41	37.61	37.46	37.05	36.65	36.27	35.89	35.53	35.18	34.84	34.51
	弧垂（m）	27.77	29.77	28.8	30.39	29.95	29.42	28.97	28.55	27.31	27.61	27.92	28.21	28.51	28.8	29.09	29.38	29.67

计 算 条 件

线规	JL/G1A−70/10		
截面（mm²）	79.39	外径（mm）	11.40
单位质量（kg/m）	0.27	拉断力（N）	23360.00
最大使用应力（MPa）	111.81	安全系数	2.50
平均运行应力（MPa）	69.88	取用系数	0.25

气 象 条 件

序号	气象	冰厚（mm）	风速（m/s）	气温（℃）
1	低温	0	0.0	−40
2	大风	0	30.0	−5
3	年平	0	0.0	−5
4	覆冰	10	10.0	−5
5	高温	0	0.0	35
6	雷电	0	10.0	15
7	操作	0	15.0	−5
8	安装	0	10.0	−15

比载 [×10⁻³N/（m·mm²）]

气象	水平	垂直	综合
低温	0.000	33.945	33.945
大风	72.695	33.945	80.230
年平	0.000	33.945	33.945
覆冰	29.664	108.686	112.661
高温	0.000	33.945	33.945
雷电	10.770	33.945	35.612
操作	24.232	33.945	41.706
安装	10.770	33.945	35.612

图 5−31　XZ−B 气象区 JL/G1A−70/10（k=2.5）导线应力弧垂表

应力弧垂 / 气象条件 / 档距(m)		气象	低温	大风	年平	覆冰	高温	雷电	操作	安装	架线气象组合								
		气温(℃)	-40	-5	-5	-5	35	15	-5	-15	-40(-55)	-30(-45)	-20(-35)	-10(-25)	0(-15)	10(-5)	20(5)	30(15)	40(25)
		风速(m/s)	0	30	0	10	0	10	15	10	0	0	0	0	0	0	0	0	0
		覆冰(mm)	0	0	0	10	0	0	0	0	0	0	0	0	0	0	0	0	0
250	应力(MPa)		90.84	99.79	66.02	119.41	49.58	57.77	71.7	73.12	105.01	95.34	86.58	78.77	71.94	66.02	60.93	56.56	52.81
	弧垂(m)		2.92	5.19	4.02	5.76	5.36	4.74	4.24	3.74	2.53	2.79	3.07	3.37	3.69	4.02	4.36	4.7	5.03
270	应力(MPa)		83.62	98.7	62.99	119.41	49.14	56.36	69.01	69.16	95.76	87.43	80.03	73.53	67.88	62.99	58.76	55.1	51.92
	弧垂(m)		3.7	6.12	4.92	6.72	6.31	5.66	5.14	4.62	3.23	3.54	3.87	4.21	4.56	4.92	5.27	5.62	5.97
290	应力(MPa)		77.56	97.77	60.54	119.41	48.78	55.2	66.8	65.94	87.68	80.72	74.6	69.25	64.6	60.54	57.01	53.91	51.19
	弧垂(m)		4.61	7.13	5.9	7.75	7.33	6.67	6.13	5.59	4.08	4.43	4.79	5.16	5.53	5.9	6.27	6.63	6.99
310	应力(MPa)		72.61	96.96	58.56	119.41	48.48	54.25	64.99	63.33	80.93	75.2	70.19	65.79	61.94	58.56	55.58	52.94	50.58
	弧垂(m)		5.63	8.21	6.98	8.86	8.43	7.76	7.2	6.65	5.05	5.43	5.82	6.21	6.59	6.98	7.35	7.72	8.08
330	应力(MPa)		68.63	96.25	56.95	119.41	48.22	53.46	63.49	61.21	75.43	70.76	66.64	63.01	59.8	56.95	54.41	52.13	50.08
	弧垂(m)		6.74	9.38	8.13	10.04	9.6	8.93	8.35	7.79	6.14	6.54	6.95	7.35	7.74	8.13	8.51	8.88	9.25
350	应力(MPa)		65.44	95.65	55.62	119.41	48	52.79	62.24	59.48	71.02	67.19	63.79	60.76	58.05	55.62	53.43	51.45	49.65
	弧垂(m)		7.96	10.62	9.36	11.29	10.85	10.17	9.58	9.02	7.33	7.75	8.16	8.57	8.97	9.36	9.75	10.13	10.49
370	应力(MPa)		62.86	95.11	54.53	119.41	47.82	52.23	61.19	58.06	67.49	64.32	61.48	58.92	56.62	54.53	52.62	50.88	49.29
	弧垂(m)		9.26	11.93	10.68	12.62	12.18	11.49	10.89	10.33	8.62	9.05	9.47	9.88	10.28	10.68	11.07	11.44	11.82
390	应力(MPa)		60.76	94.65	53.61	119.41	47.66	51.76	60.31	56.87	64.65	61.99	59.59	57.41	55.43	53.61	51.94	50.4	48.98
	弧垂(m)		10.64	13.32	12.07	14.03	13.58	12.88	12.28	11.72	10	10.43	10.85	11.27	11.67	12.07	12.46	12.84	13.21
410	应力(MPa)		59.04	94.24	52.83	119.41	47.52	51.35	59.56	55.87	62.34	60.09	58.04	56.16	54.43	52.83	51.36	49.99	48.71
	弧垂(m)		12.11	14.79	13.54	15.51	15.05	14.35	13.75	13.19	11.47	11.9	12.32	12.73	13.14	13.54	13.93	14.31	14.69
430	应力(MPa)		57.61	93.88	52.17	119.41	47.4	51	58.92	55.03	60.44	58.52	56.74	55.1	53.59	52.17	50.86	49.63	48.48
	弧垂(m)		13.65	16.33	15.08	17.06	16.6	15.9	15.29	14.73	13.01	13.44	13.86	14.28	14.68	15.08	15.47	15.86	16.23
450	应力(MPa)		56.41	93.57	51.61	119.41	47.3	50.7	58.36	54.31	58.87	57.2	55.65	54.21	52.87	51.61	50.43	49.32	48.28
	弧垂(m)		15.27	17.95	16.7	18.69	18.23	17.52	16.91	16.35	14.63	15.06	15.48	15.9	16.3	16.7	17.09	17.48	17.86
470	应力(MPa)		55.39	93.28	51.12	119.41	47.2	50.43	57.88	53.69	57.55	56.09	54.72	53.45	52.25	51.12	50.06	49.05	48.1
	弧垂(m)		16.97	19.65	18.4	20.39	19.93	19.21	18.6	18.04	16.33	16.76	17.18	17.59	18	18.4	18.79	19.17	19.55
490	应力(MPa)		54.52	93.03	50.69	119.41	47.12	50.2	57.46	53.15	56.43	55.14	53.93	52.79	51.71	50.69	49.73	48.82	47.95
	弧垂(m)		18.74	21.42	20.17	22.16	21.7	20.99	20.37	19.81	18.11	18.53	18.95	19.36	19.77	20.17	20.56	20.95	21.33

计 算 条 件

线规	JL/G1A-120/20		
截面(mm²)	134.49	外径(mm)	15.10
单位质量(kg/m)	0.47	拉断力(N)	42260.00
最大使用应力(MPa)	119.41	安全系数	2.50
平均运行应力(MPa)	74.63	取用系数	0.25

气 象 条 件

序号	气象	冰厚(mm)	风速(m/s)	气温(℃)
1	低温	0	0.0	-40
2	大风	0	30.0	-5
3	年平	0	0.0	-5
4	覆冰	10	10.0	-5
5	高温	0	0.0	35
6	雷电	0	10.0	15
7	操作	0	15.0	-5
8	安装	0	10.0	-15

比载 [×10⁻³N/(m·mm²)]

气象	水平	垂直	综合
低温	0.000	33.987	33.987
大风	56.840	33.987	66.226
年平	0.000	33.987	33.987
覆冰	19.574	85.735	87.941
高温	0.000	33.987	33.987
雷电	8.421	33.987	35.014
操作	18.947	33.987	38.911
安装	8.421	33.987	35.014

图 5-32 XZ-B 气象区 JL/G1A-120/20（k=2.5）导线应力弧垂表

应力弧垂 / 气象条件	气象	低温	大风	年平	覆冰	高温	雷电	操作	安装	架线气象组合								
	气温（℃）	-40	-5	-5	-5	35	15	-5	-15	-40(-60)	-30(-50)	-20(-40)	-10(-30)	0(-20)	10(-10)	20(0)	30(10)	40(20)
	风速（m/s）	0	30	0	10	0	10	15	10	0	0	0	0	0	0	0	0	0
档距（m）	覆冰（mm）	0	0	0	10	0	0	0	0	0	0	0	0	0	0	0	0	0
250 应力（MPa）		84.26	91	61.18	108.06	46.16	53.55	66.06	67.64	102.61	92.99	84.26	76.48	69.68	63.8	58.76	54.44	50.75
250 弧垂（m）		3.03	5.23	4.18	5.75	5.54	4.9	4.37	3.88	2.49	2.75	3.03	3.34	3.67	4.01	4.35	4.69	5.04
270 应力（MPa）		77.85	90.1	58.69	108.06	45.95	52.48	63.83	64.29	93.58	85.26	77.85	71.36	65.73	60.86	56.67	53.05	49.91
270 弧垂（m）		3.83	6.17	5.08	6.71	6.49	5.83	5.27	4.76	3.18	3.5	3.83	4.18	4.54	4.9	5.26	5.62	5.97
290 应力（MPa）		72.51	89.32	56.67	108.06	45.77	51.61	62	61.56	85.64	78.65	72.51	67.16	62.51	58.48	54.97	51.91	49.23
290 弧垂（m）		4.74	7.18	6.07	7.74	7.52	6.84	6.26	5.74	4.01	4.37	4.74	5.12	5.5	5.88	6.26	6.63	6.99
310 应力（MPa）		68.17	88.64	55.03	108.06	45.63	50.88	60.49	59.35	78.97	73.21	68.17	63.76	59.92	56.55	53.59	50.98	48.65
310 弧垂（m）		5.77	8.26	7.14	8.85	8.62	7.93	7.34	6.8	4.98	5.37	5.77	6.16	6.56	6.95	7.33	7.71	8.08
330 应力（MPa）		64.66	88.06	53.68	108.06	45.5	50.28	59.23	57.55	73.51	68.8	64.66	61.03	57.82	54.98	52.46	50.2	48.18
330 弧垂（m）		6.89	9.43	8.3	10.02	9.79	9.1	8.49	7.95	6.06	6.47	6.89	7.3	7.7	8.1	8.49	8.88	9.25
350 应力（MPa）		61.84	87.56	52.57	108.06	45.39	49.77	58.19	56.07	69.13	65.26	61.84	58.81	56.11	53.69	51.52	49.55	47.77
350 弧垂（m）		8.1	10.67	9.53	11.28	11.04	10.34	9.72	9.18	7.25	7.68	8.1	8.52	8.93	9.33	9.73	10.12	10.49
370 应力（MPa）		59.56	87.12	51.65	108.06	45.3	49.34	57.31	54.85	65.61	62.42	59.56	57.01	54.7	52.62	50.73	49.01	47.43
370 弧垂（m）		9.4	11.98	10.85	12.61	12.37	11.66	11.03	10.49	8.53	8.97	9.4	9.83	10.24	10.65	11.04	11.43	11.81
390 应力（MPa）		57.7	86.73	50.88	108.06	45.22	48.97	56.57	53.83	62.78	60.11	57.7	55.52	53.54	51.73	50.07	48.54	47.14
390 弧垂（m）		10.79	13.37	12.23	14.01	13.77	13.05	12.42	11.87	9.91	10.35	10.79	11.21	11.63	12.03	12.43	12.83	13.21
410 应力（MPa）		56.16	86.39	50.22	108.06	45.15	48.66	55.94	52.97	60.48	58.22	56.16	54.28	52.56	50.97	49.51	48.15	46.89
410 弧垂（m）		12.25	14.84	13.7	15.48	15.24	14.52	13.89	13.34	11.37	11.81	12.25	12.67	13.09	13.5	13.9	14.29	14.68
430 应力（MPa）		54.88	86.1	49.66	108.06	45.09	48.38	55.4	52.24	58.59	56.66	54.88	53.25	51.73	50.33	49.02	47.81	46.67
430 弧垂（m）		13.79	16.38	15.24	17.04	16.79	16.07	15.43	14.88	12.91	13.36	13.79	14.21	14.63	15.04	15.44	15.84	16.22
450 应力（MPa）		53.81	85.83	49.18	108.06	45.04	48.15	54.93	51.61	57.03	55.35	53.81	52.37	51.03	49.78	48.61	47.51	46.48
450 弧垂（m）		15.41	18	16.86	18.66	18.42	17.69	17.04	16.49	14.53	14.97	15.41	15.83	16.25	16.66	17.06	17.46	17.85
470 应力（MPa）		52.89	85.6	48.76	108.06	44.99	47.94	54.52	51.07	55.72	54.25	52.89	51.62	50.42	49.3	48.24	47.25	46.31
470 弧垂（m）		17.1	19.7	18.55	20.36	20.12	19.38	18.74	18.19	16.23	16.67	17.1	17.53	17.94	18.35	18.75	19.15	19.54
490 应力（MPa）		52.11	85.39	48.4	108.06	44.95	47.75	54.16	50.6	54.61	53.32	52.11	50.97	49.9	48.89	47.93	47.02	46.16
490 弧垂（m）		18.87	21.46	20.32	22.14	21.89	21.15	20.5	19.96	18	18.44	18.87	19.29	19.71	20.12	20.52	20.92	21.31

计 算 条 件

线规	JL/G1A-150/20		
截面（mm²）	164.50	外径（mm）	16.70
单位质量（kg/m）	0.55	拉断力（N）	46780.00
最大使用应力（MPa）	108.06	安全系数	2.50
平均运行应力（MPa）	67.54	取用系数	0.25

气 象 条 件

序号	气象	冰厚（mm）	风速（m/s）	气温（℃）
1	低温	0	0.0	-40
2	大风	0	30.0	-5
3	年平	0	0.0	-5
4	覆冰	10	10.0	-5
5	高温	0	0.0	35
6	雷电	0	10.0	15
7	操作	0	15.0	-5
8	安装	0	10.0	-15

比载 $[\times 10^{-3} N/(m \cdot mm^2)]$

气象	水平	垂直	综合
低温	0.000	32.699	32.699
大风	51.394	32.699	60.915
年平	0.000	32.699	32.699
覆冰	16.733	77.704	79.485
高温	0.000	32.699	32.699
雷电	7.614	32.699	33.574
操作	17.131	32.699	36.915
安装	7.614	32.699	33.574

图 5-33　XZ-B 气象区 JL/G1A-150/20（k=2.5）导线应力弧垂表

临 界 档 距

250.000	年平	302.971	覆冰

计 算 条 件

线规	JL/G1A-240/30	
截面(mm²)	275.96	外径(mm)	21.60
单位质量(kg/m)	0.92	拉断力(N)	75190.00
最大使用应力(MPa)	103.54	安全系数	2.50
平均运行应力(MPa)	64.71	取用系数	0.25

气 象 条 件

序号	气象	冰厚(mm)	风速(m/s)	气温(℃)
1	低温	0	0.0	-40
2	大风	0	30.0	-5
3	年平	0	0.0	-5
4	覆冰	10	10.0	-5
5	高温	0	0.0	35
6	雷电	0	10.0	15
7	操作	0	15.0	-5
8	安装	0	10.0	-15

比载 [×10⁻³N/(m·mm²)]

气象	水平	垂直	综合
低温	0.000	32.718	32.718
大风	36.323	32.718	48.886
年平	0.000	32.718	32.718
覆冰	11.306	64.469	65.453
高温	0.000	32.718	32.718
雷电	5.381	32.718	33.158
操作	12.108	32.718	34.887
安装	5.381	32.718	33.158

应力弧垂 / 气象条件 / 档距(m)	气象条件	低温	大风	年平	覆冰	高温	雷电	操作	安装	架线气象组合								
	气温(℃)	-40	-5	-5	-5	35	15	-5	-15	-40(-60)	-30(-50)	-20(-40)	-10(-30)	0(-20)	10(-10)	20(0)	30(10)	40(20)
	风速(m/s)	0	30	0	10	0	10	15	10	0	0	0	0	0	0	0	0	0
	覆冰(mm)	0	0	0	10	0	0	0	0	0	0	0	0	0	0	0	0	0
250 应力(MPa)		89.94	82.4	64.71	98.63	48.08	55.64	67.22	71.23	109.42	99.27	89.94	81.53	74.09	67.61	62.03	57.24	53.15
250 弧垂(m)		2.84	4.64	3.95	5.19	5.32	4.66	4.06	3.64	2.34	2.58	2.84	3.14	3.45	3.78	4.12	4.47	4.81
270 应力(MPa)		87.67	83.45	64.71	100.61	49.36	56.46	67.38	70.72	105.71	96.26	87.67	79.99	73.23	67.35	62.26	57.88	54.1
270 弧垂(m)		3.4	5.34	4.61	5.93	6.04	5.35	4.72	4.27	2.82	3.1	3.4	3.73	4.07	4.43	4.79	5.15	5.51
290 应力(MPa)		85.56	84.41	64.71	102.43	50.51	57.2	67.52	70.26	102.13	93.41	85.56	78.58	72.45	67.11	62.47	58.45	54.95
290 弧垂(m)		4.02	6.09	5.32	6.72	6.81	6.1	5.43	4.96	3.37	3.68	4.02	4.38	4.75	5.13	5.51	5.89	6.26
310 应力(MPa)		82.74	84.72	64.15	103.54	51.22	57.44	67.08	69.2	97.64	89.77	82.74	76.52	71.07	66.3	62.14	58.5	55.31
310 弧垂(m)		4.75	6.94	6.13	7.6	7.68	6.94	6.25	5.76	4.03	4.38	4.75	5.14	5.53	5.93	6.33	6.72	7.11
330 应力(MPa)		78.76	84.01	62.73	103.54	51.27	56.92	65.75	67.22	91.67	84.83	78.76	73.42	68.72	64.6	60.97	57.77	54.94
330 弧垂(m)		5.66	7.93	7.1	8.61	8.7	7.94	7.23	6.72	4.86	5.25	5.66	6.07	6.48	6.9	7.31	7.71	8.11
350 应力(MPa)		75.38	83.39	61.52	103.54	51.31	56.47	64.62	65.53	86.47	80.59	75.38	70.79	66.74	63.15	59.98	57.15	54.63
350 弧垂(m)		6.65	8.98	8.15	9.69	9.77	9	8.27	7.75	5.8	6.22	6.65	7.08	7.51	7.94	8.36	8.77	9.18
370 应力(MPa)		72.53	82.85	60.49	103.54	51.35	56.08	63.65	64.1	82.03	76.99	72.53	68.57	65.06	61.93	59.13	56.62	54.35
370 弧垂(m)		7.72	10.11	9.26	10.83	10.92	10.13	9.39	8.86	6.83	7.28	7.72	8.17	8.61	9.05	9.48	9.9	10.31
390 应力(MPa)		70.12	82.37	59.61	103.54	51.39	55.74	62.81	62.88	78.27	73.96	70.12	66.7	63.63	60.88	58.4	56.15	54.12
390 弧垂(m)		8.88	11.3	10.45	12.03	12.12	11.32	10.57	10.03	7.95	8.42	8.88	9.33	9.78	10.23	10.66	11.09	11.51
410 应力(MPa)		68.09	81.94	58.85	103.54	51.42	55.45	62.09	61.84	75.11	71.41	68.09	65.1	62.41	59.98	57.77	55.75	53.91
410 弧垂(m)		10.11	12.55	11.7	13.3	13.39	12.58	11.82	11.28	9.16	9.63	10.11	10.57	11.03	11.47	11.91	12.35	12.77
430 应力(MPa)		66.36	81.57	58.19	103.54	51.45	55.19	61.46	60.94	72.46	69.25	66.36	63.75	61.37	59.2	57.22	55.4	53.73
430 弧垂(m)		11.41	13.87	13.01	14.63	14.72	13.91	13.14	12.59	10.45	10.93	11.41	11.87	12.34	12.79	13.23	13.67	14.1
450 应力(MPa)		64.89	81.24	57.62	103.54	51.47	54.96	60.92	60.17	70.21	67.43	64.89	62.58	60.47	58.53	56.74	55.09	53.56
450 弧垂(m)		12.78	15.26	14.39	16.03	16.12	15.29	14.52	13.97	11.81	12.29	12.78	13.25	13.71	14.17	14.62	15.05	15.49
470 应力(MPa)		63.63	80.94	57.12	103.54	51.49	54.76	60.44	59.49	68.31	65.87	63.63	61.58	59.69	57.94	56.33	54.82	53.42
470 弧垂(m)		14.21	16.71	15.84	17.49	17.58	16.75	15.96	15.41	13.24	13.73	14.21	14.69	15.16	15.61	16.06	16.51	16.94
490 应力(MPa)		62.55	80.67	56.68	103.54	51.51	54.58	60.01	58.9	66.68	64.53	62.55	60.71	59.01	57.43	55.96	54.58	53.3
490 弧垂(m)		15.72	18.22	17.35	19.01	19.1	18.27	17.48	16.92	14.74	15.24	15.72	16.2	16.67	17.13	17.58	18.02	18.46

图 5-34 XZ-B 气象区 JL/G1A-240/30(k=2.5）导线应力弧垂表

应力弧垂	气象条件 气象	低温	大风	年平	覆冰	高温	雷电	操作	安装	架线气象组合						
	气温（℃）	-20	-5	5	-5	35	15	5	-10	-20(-20)	-10(-10)	0(0)	10(10)	20(20)	30(30)	40(40)
	风速（m/s）	0	27	0	10	0	10	15	10	0	0	0	0	0	0	0
档距(m)	覆冰（mm）	0	0	0	5	0	0	0	0	0	0	0	0	0	0	0
30	应力（MPa）	30.46	28.5	11.52	24.89	6.47	9.56	14.5	20.89	30.46	20.33	13.6	10.03	8.09	6.91	6.1
	弧垂（m）	0.12	0.34	0.31	0.31	0.54	0.4	0.33	0.18	0.12	0.17	0.26	0.35	0.43	0.51	0.58
35	应力（MPa）	29.63	30.46	12.41	26.42	7.35	10.6	15.69	21.01	29.63	20.33	14.32	10.98	9.05	7.82	6.96
	弧垂（m）	0.16	0.44	0.39	0.4	0.65	0.49	0.42	0.25	0.16	0.24	0.33	0.44	0.53	0.61	0.69
40	应力（MPa）	25.1	30.46	12.09	26	7.84	10.83	15.57	18.7	25.1	17.87	13.52	10.98	9.37	8.27	7.47
	弧垂（m）	0.25	0.57	0.52	0.53	0.8	0.63	0.55	0.36	0.25	0.35	0.46	0.57	0.67	0.76	0.84
45	应力（MPa）	21.35	30.46	11.86	25.67	8.25	11	15.47	17.04	21.35	16.12	12.96	10.97	9.62	8.65	7.91
	弧垂（m）	0.37	0.72	0.67	0.68	0.96	0.78	0.7	0.5	0.37	0.49	0.61	0.72	0.82	0.92	1
50	应力（MPa）	18.62	30.46	11.69	25.41	8.59	11.14	15.4	15.88	18.62	14.92	12.56	10.97	9.82	8.95	8.27
	弧垂（m）	0.53	0.89	0.84	0.84	1.14	0.95	0.87	0.67	0.53	0.66	0.78	0.89	1	1.09	1.18
55	应力（MPa）	16.76	30.46	11.57	25.21	8.88	11.25	15.35	15.06	16.76	14.09	12.27	10.96	9.98	9.21	8.59
	弧垂（m）	0.71	1.08	1.02	1.03	1.33	1.14	1.06	0.85	0.71	0.84	0.96	1.08	1.19	1.29	1.38
60	应力（MPa）	15.48	30.46	11.47	25.04	9.12	11.33	15.3	14.47	15.48	13.49	12.05	10.96	10.11	9.42	8.85
	弧垂（m）	0.91	1.29	1.23	1.23	1.54	1.35	1.26	1.06	0.91	1.04	1.17	1.28	1.39	1.5	1.59
65	应力（MPa）	14.59	30.46	11.4	24.9	9.33	11.4	15.27	14.03	14.59	13.05	11.88	10.96	10.22	9.6	9.08
	弧垂（m）	1.13	1.51	1.45	1.46	1.77	1.57	1.49	1.28	1.13	1.27	1.39	1.51	1.62	1.72	1.82
70	应力（MPa）	13.95	30.46	11.33	24.79	9.5	11.46	15.24	13.69	13.95	12.72	11.75	10.96	10.3	9.75	9.27
	弧垂（m）	1.37	1.75	1.69	1.7	2.02	1.81	1.73	1.52	1.37	1.51	1.63	1.75	1.86	1.97	2.07
75	应力（MPa）	13.47	30.46	11.29	24.7	9.65	11.51	15.21	13.43	13.47	12.46	11.64	10.96	10.38	9.88	9.44
	弧垂（m）	1.63	2.01	1.95	1.96	2.28	2.07	1.99	1.78	1.63	1.77	1.89	2.01	2.12	2.23	2.33
80	应力（MPa）	13.09	30.46	11.24	24.63	9.78	11.55	15.19	13.22	13.09	12.26	11.56	10.96	10.44	9.99	9.59
	弧垂（m）	1.91	2.29	2.23	2.23	2.56	2.35	2.27	2.05	1.91	2.04	2.17	2.29	2.4	2.51	2.61

临界档距

30.000	低温	34.129	大风

计算条件

线规	JKLYJ-1/70		
截面（mm²）	75.55	外径（mm）	13.20
单位质量（kg/m）	0.24	拉断力（N）	10354.00
最大使用应力（MPa）	30.46	安全系数	4.50
平均运行应力（MPa）	21.93	取用系数	0.16

气象条件

序号	气象	冰厚（mm）	风速（m/s）	气温（℃）
1	低温	0	0.0	-20
2	大风	0	27.0	-5
3	年平	0	0.0	5
4	覆冰	5	10.0	-5
5	高温	0	0.0	35
6	雷电	0	10.0	15
7	操作	0	15.0	5
8	安装	0	10.0	-10

比载 [×10⁻³N/（m·mm²）]

气象	水平	垂直	综合
低温	0.000	31.283	31.283
大风	81.198	31.283	87.016
年平	0.000	31.283	31.283
覆冰	23.031	64.681	68.659
高温	0.000	31.283	31.283
雷电	13.104	31.283	33.916
操作	29.484	31.283	42.987
安装	13.104	31.283	33.916

图5-35 XZ-A气象区 JKLYJ-1kV-70（$k=4.5$）导线应力弧垂表

应力弧垂\档距(m)	气象条件	气象	低温	大风	年平	覆冰	高温	雷电	操作	安装	架线气象组合						
		气温（℃）	-20	-5	5	-5	35	15	5	-10	-20 (-20)	-10 (-10)	0（0）	10 (10)	20 (20)	30 (30)	40 (40)
		风速（m/s）	0	27	0	10	0	10	15	10	0	0	0	0	0	0	0
		覆冰（mm）	0	0	0	5	0	0	0	0	0	0	0	0	0	0	0
30	应力（MPa）		25.12	22.56	10.04	19.99	6.1	8.45	11.86	16.91	25.12	16.51	11.53	8.93	7.44	6.47	5.79
	弧垂（m）		0.14	0.35	0.35	0.32	0.58	0.44	0.37	0.22	0.14	0.21	0.3	0.39	0.47	0.54	0.61
35	应力（MPa）		25.12	24.49	11.11	21.64	6.99	9.53	13.13	17.68	25.12	17.23	12.58	10	8.43	7.39	6.65
	弧垂（m）		0.19	0.44	0.43	0.41	0.68	0.53	0.45	0.28	0.19	0.28	0.38	0.48	0.57	0.65	0.72
40	应力（MPa）		22.79	25.12	11.44	22.01	7.63	10.1	13.6	16.93	22.79	16.42	12.68	10.46	9.02	8.02	7.28
	弧垂（m）		0.27	0.55	0.55	0.52	0.82	0.65	0.57	0.39	0.27	0.38	0.49	0.6	0.69	0.78	0.86
45	应力（MPa）		19.85	25.12	11.41	21.81	8.08	10.37	13.65	15.76	19.85	15.21	12.4	10.6	9.36	8.45	7.75
	弧垂（m）		0.4	0.7	0.69	0.67	0.98	0.8	0.72	0.53	0.4	0.52	0.64	0.75	0.85	0.94	1.02
50	应力（MPa）		17.74	25.12	11.39	21.64	8.46	10.59	13.69	14.93	17.74	14.37	12.19	10.71	9.63	8.8	8.15
	弧垂（m）		0.55	0.87	0.86	0.83	1.16	0.97	0.88	0.69	0.55	0.68	0.8	0.91	1.02	1.11	1.2
55	应力（MPa）		16.27	25.12	11.37	21.51	8.78	10.77	13.73	14.34	16.27	13.76	12.04	10.79	9.84	9.1	8.49
	弧垂（m）		0.73	1.05	1.04	1.01	1.35	1.15	1.06	0.87	0.73	0.86	0.98	1.1	1.2	1.3	1.39
60	应力（MPa）		15.24	25.12	11.36	21.41	9.06	10.91	13.75	13.9	15.24	13.32	11.92	10.86	10.03	9.35	8.79
	弧垂（m）		0.92	1.25	1.24	1.21	1.55	1.36	1.26	1.06	0.92	1.06	1.18	1.3	1.4	1.51	1.6
65	应力（MPa）		14.5	25.12	11.34	21.33	9.3	11.03	13.78	13.57	14.5	12.98	11.83	10.91	10.18	9.57	9.05
	弧垂（m）		1.14	1.46	1.46	1.43	1.78	1.57	1.48	1.28	1.14	1.27	1.4	1.51	1.62	1.73	1.83
70	应力（MPa）		13.96	25.12	11.34	21.26	9.5	11.12	13.79	13.31	13.96	12.72	11.75	10.96	10.3	9.75	9.27
	弧垂（m）		1.37	1.7	1.69	1.66	2.02	1.81	1.71	1.51	1.37	1.51	1.63	1.75	1.86	1.97	2.07
75	应力（MPa）		13.54	25.12	11.33	21.2	9.68	11.2	13.81	13.1	13.54	12.52	11.69	11	10.41	9.91	9.47
	弧垂（m）		1.62	1.95	1.94	1.91	2.27	2.06	1.97	1.76	1.62	1.76	1.88	2	2.11	2.22	2.32
80	应力（MPa）		13.22	25.12	11.32	21.15	9.83	11.27	13.82	12.94	13.22	12.36	11.64	11.03	10.5	10.04	9.63
	弧垂（m）		1.89	2.22	2.21	2.18	2.55	2.33	2.23	2.03	1.89	2.02	2.15	2.27	2.38	2.49	2.6

临 界 档 距

| 30.000 | 低温 | 36.742 | 大风 | |

计 算 条 件

线规	JKLYJ-1/120		
截面（mm²）	125.50	外径（mm）	16.80
单位质量（kg/m）	0.40	拉断力（N）	17339.00
最大使用应力（MPa）	25.12	安全系数	5.50
平均运行应力（MPa）	22.11	取用系数	0.16

气 象 条 件

序号	气象	冰厚（mm）	风速（m/s）	气温（℃）
1	低温	0	0.0	-20
2	大风	0	27.0	-5
3	年平	0	0.0	5
4	覆冰	5	10.0	-5
5	高温	0	0.0	35
6	雷电	0	10.0	15
7	操作	0	15.0	5
8	安装	0	10.0	-10

比载 [×10⁻³N/（m·mm²）]

气象	水平	垂直	综合
低温	0.000	31.256	31.256
大风	62.212	31.256	69.622
年平	0.000	31.256	31.256
覆冰	16.016	55.338	57.609
高温	0.000	31.256	31.256
雷电	10.040	31.256	32.829
操作	22.590	31.256	38.565
安装	10.040	31.256	32.829

图 5-36 XZ-A 气象区 JKLYJ-1kV-120（k=5.5）导线应力弧垂表

应力弧垂 气象条件	气象	低温	大风	年平	覆冰	高温	雷电	操作	安装	架线气象组合						
	气温（℃）	−20	−5	5	−5	35	15	5	−10	−20 (−20)	−10 (−10)	0（0）	10 (10)	20 (20)	30 (30)	40 (40)
	风速（m/s）	0	27	0	10	0	10	15	10	0	0	0	0	0	0	0
档距(m)	覆冰（mm）	0	0	0	5	0	0	0	0	0	0	0	0	0	0	0
30	应力（MPa）	21.26	17.8	9.15	16.83	5.86	7.76	10.15	14.37	21.26	14.14	10.32	8.26	7.02	6.19	5.58
	弧垂（m）	0.17	0.35	0.39	0.34	0.6	0.47	0.39	0.25	0.17	0.25	0.34	0.43	0.5	0.57	0.63
35	应力（MPa）	21.26	19.32	10.14	18.25	6.7	8.74	11.25	15.12	21.26	14.87	11.29	9.24	7.95	7.05	6.39
	弧垂（m）	0.23	0.44	0.47	0.43	0.72	0.56	0.48	0.33	0.23	0.32	0.42	0.52	0.6	0.68	0.75
40	应力（MPa）	21.26	20.69	11.04	19.53	7.5	9.65	12.25	15.79	21.26	15.51	12.16	10.14	8.81	7.87	7.17
	弧垂（m）	0.29	0.54	0.57	0.52	0.84	0.67	0.58	0.41	0.29	0.4	0.52	0.62	0.71	0.8	0.87
45	应力（MPa）	19.99	21.26	11.47	20.02	8.11	10.22	12.75	15.61	19.99	15.31	12.47	10.65	9.4	8.48	7.78
	弧垂（m）	0.4	0.66	0.69	0.65	0.98	0.8	0.7	0.52	0.4	0.52	0.64	0.75	0.84	0.94	1.02
50	应力（MPa）	18.17	21.26	11.55	19.96	8.54	10.51	12.88	14.96	18.17	14.65	12.39	10.85	9.74	8.89	8.22
	弧垂（m）	0.54	0.82	0.85	0.8	1.15	0.96	0.86	0.67	0.54	0.67	0.79	0.9	1.01	1.1	1.19
55	应力（MPa）	16.86	21.26	11.62	19.91	8.91	10.75	12.98	14.48	16.86	14.16	12.33	11.01	10.02	9.24	8.61
	弧垂（m）	0.7	0.99	1.02	0.97	1.33	1.13	1.03	0.84	0.7	0.84	0.96	1.08	1.18	1.28	1.38
60	应力（MPa）	15.91	21.26	11.67	19.87	9.23	10.94	13.07	14.12	15.91	13.8	12.28	11.14	10.25	9.54	8.95
	弧垂（m）	0.89	1.18	1.21	1.16	1.53	1.32	1.22	1.03	0.89	1.02	1.15	1.27	1.38	1.48	1.58
65	应力（MPa）	15.21	21.26	11.72	19.84	9.51	11.11	13.13	13.84	15.21	13.51	12.24	11.25	10.45	9.8	9.25
	弧垂（m）	1.09	1.38	1.41	1.36	1.74	1.53	1.43	1.23	1.09	1.22	1.35	1.47	1.58	1.69	1.79
70	应力（MPa）	14.69	21.26	11.75	19.81	9.76	11.25	13.19	13.62	14.69	13.3	12.21	11.34	10.62	10.02	9.51
	弧垂（m）	1.31	1.6	1.63	1.58	1.97	1.75	1.65	1.45	1.31	1.44	1.57	1.69	1.81	1.92	2.02
75	应力（MPa）	14.29	21.26	11.78	19.79	9.97	11.37	13.24	13.45	14.29	13.12	12.18	11.41	10.77	10.22	9.74
	弧垂（m）	1.54	1.84	1.87	1.82	2.21	1.99	1.89	1.68	1.54	1.68	1.81	1.93	2.05	2.16	2.27
80	应力（MPa）	13.97	21.26	11.81	19.77	10.15	11.47	13.27	13.31	13.97	12.98	12.16	11.48	10.89	10.38	9.94
	弧垂（m）	1.8	2.09	2.13	2.07	2.47	2.25	2.14	1.94	1.8	1.93	2.06	2.19	2.3	2.42	2.53

临界档距

30.000	低温	42.233	大风

计算条件

线规	JKLYJ−1/185		
截面（mm²）	193.43	外径（mm）	20.80
单位质量（kg/m）	0.62	拉断力（N）	26732.00
最大使用应力（MPa）	21.26	安全系数	6.50
平均运行应力（MPa）	22.11	取用系数	0.16

气象条件

序号	气象	冰厚 （mm）	风速 （m/s）	气温 （℃）
1	低温	0	0.0	−20
2	大风	0	27.0	−5
3	年平	0	0.0	5
4	覆冰	5	10.0	−5
5	高温	0	0.0	35
6	雷电	0	10.0	15
7	操作	0	15.0	5
8	安装	0	10.0	−10

比载 [×10⁻³N/（m·mm²）]

气象	水平	垂直	综合
低温	0.000	31.332	31.332
大风	45.810	31.332	55.500
年平	0.000	31.332	31.332
覆冰	11.942	49.824	51.235
高温	0.000	31.332	31.332
雷电	7.393	31.332	32.192
操作	16.634	31.332	35.473
安装	7.393	31.332	32.192

图 5−37 XZ−A 气象区 JKLYJ−1kV−185（k=6.5）导线应力弧垂表

应力 弧垂 档距(m)	气象	低温	大风	年平	覆冰	高温	雷电	操作	安装	架线气象组合								
	气温(℃)	-40	-5	-5	-5	35	15	-5	-15	-40 (-40)	-30 (-30)	-20 (-20)	-10 (-10)	0(0)	10 (10)	20 (20)	30 (30)	40 (40)
	风速(m/s)	0	30	0	10	0	10	15	10	0	0	0	0	0	0	0	0	0
	覆冰(mm)	0	0	0	10	0	0	0	0	0	0	0	0	0	0	0	0	0
30	应力(MPa)	34.26	22.85	9.62	27.65	5.44	7.28	12.45	13.52	34.26	23.39	15.41	10.96	8.62	7.25	6.34	5.7	5.21
	弧垂(m)	0.1	0.46	0.37	0.49	0.65	0.52	0.39	0.28	0.1	0.15	0.23	0.32	0.41	0.49	0.56	0.62	0.68
35	应力(MPa)	34.26	25.5	10.8	30.83	6.28	8.34	13.95	14.76	34.26	23.9	16.45	12.16	9.75	8.28	7.29	6.57	6.02
	弧垂(m)	0.14	0.56	0.44	0.6	0.76	0.62	0.47	0.35	0.14	0.2	0.29	0.39	0.49	0.58	0.66	0.73	0.8
40	应力(MPa)	34.26	28	11.89	33.83	7.1	9.36	15.35	15.91	34.26	24.4	17.42	13.27	10.82	9.27	8.2	7.42	6.81
	弧垂(m)	0.18	0.67	0.53	0.72	0.88	0.73	0.56	0.43	0.18	0.26	0.36	0.47	0.58	0.68	0.76	0.84	0.92
45	应力(MPa)	26.83	28.08	11.33	34.26	7.44	9.52	14.86	14.4	26.83	19.58	15.05	12.31	10.54	9.31	8.42	7.73	7.18
	弧垂(m)	0.3	0.85	0.7	0.89	1.07	0.9	0.73	0.6	0.3	0.4	0.53	0.64	0.75	0.85	0.94	1.03	1.1
50	应力(MPa)	20.36	27.82	10.76	34.26	7.65	9.54	14.29	13.16	20.36	16	13.26	11.45	10.18	9.23	8.49	7.9	7.41
	弧垂(m)	0.48	1.05	0.91	1.1	1.28	1.11	0.94	0.81	0.48	0.61	0.74	0.85	0.96	1.06	1.15	1.24	1.32
55	应力(MPa)	16.54	27.63	10.38	34.26	7.81	9.55	13.88	12.35	16.54	13.94	12.17	10.89	9.92	9.16	8.55	8.04	7.61
	弧垂(m)	0.72	1.29	1.14	1.34	1.52	1.34	1.17	1.04	0.72	0.85	0.97	1.09	1.19	1.29	1.38	1.47	1.56
60	应力(MPa)	14.37	27.47	10.1	34.26	7.95	9.56	13.59	11.8	14.37	12.69	11.45	10.5	9.74	9.11	8.59	8.15	7.77
	弧垂(m)	0.98	1.54	1.4	1.59	1.77	1.6	1.42	1.29	0.98	1.11	1.23	1.34	1.45	1.55	1.64	1.73	1.81
65	应力(MPa)	13.05	27.35	9.89	34.26	8.07	9.56	13.36	11.4	13.05	11.88	10.96	10.21	9.6	9.08	8.63	8.24	7.9
	弧垂(m)	1.27	1.81	1.67	1.87	2.05	1.88	1.7	1.57	1.27	1.39	1.51	1.62	1.72	1.82	1.92	2.01	2.09
70	应力(MPa)	12.18	27.24	9.73	34.26	8.16	9.57	13.19	11.11	12.18	11.31	10.6	10	9.49	9.05	8.66	8.32	8.01
	弧垂(m)	1.57	2.11	1.97	2.17	2.35	2.17	2	1.87	1.57	1.7	1.81	1.92	2.02	2.12	2.22	2.31	2.4
75	应力(MPa)	11.57	27.16	9.61	34.26	8.24	9.58	13.05	10.88	11.57	10.9	10.33	9.83	9.4	9.02	8.68	8.38	8.11
	弧垂(m)	1.9	2.43	2.29	2.49	2.67	2.5	2.32	2.19	1.9	2.02	2.13	2.24	2.34	2.44	2.54	2.63	2.72
80	应力(MPa)	11.13	27.09	9.51	34.26	8.31	9.58	12.93	10.71	11.13	10.59	10.12	9.7	9.33	9	8.7	8.43	8.18
	弧垂(m)	2.25	2.77	2.63	2.83	3.02	2.84	2.66	2.54	2.25	2.37	2.48	2.58	2.69	2.78	2.88	2.97	3.06

临界档距

30.000	低温	40.742	覆冰

计 算 条 件

线规	JKLYJ-1/70	
截面(mm²)	75.55	外径(mm)	13.20
单位质量(kg/m)	0.24	拉断力(N)	10354.00
最大使用应力(MPa)	34.26	安全系数	4.00
平均运行应力(MPa)	21.93	取用系数	0.16

气 象 条 件

序号	气象	冰厚 (mm)	风速 (m/s)	气温 (℃)
1	低温	0	0.0	-40
2	大风	0	30.0	-5
3	年平	0	0.0	-5
4	覆冰	10	10.0	-5
5	高温	0	0.0	35
6	雷电	0	10.0	15
7	操作	0	15.0	-5
8	安装	0	10.0	-15

比载[×10⁻³N/(m·mm²)]

气象	水平	垂直	综合
低温	0.000	31.283	31.283
大风	88.451	31.283	93.820
年平	0.000	31.283	31.283
覆冰	32.958	116.429	121.004
高温	0.000	31.283	31.283
雷电	13.104	31.283	33.916
操作	29.484	31.283	42.987
安装	13.104	31.283	33.916

图 5-38　XZ-B 气象区 JKLYJ-1kV-70（k=4.0）导线应力弧垂表

应力弧垂 气象条件	气象	低温	大风	年平	覆冰	高温	雷电	操作	安装	架线气象组合								
	气温（℃）	−40	−5	−5	−5	35	15	−5	−15	−40 (−40)	−30 (−30)	−20 (−20)	−10 (−10)	0 (0)	10 (10)	20 (20)	30 (30)	40 (40)
档距(m)	风速（m/s）	0	30	0	10	0	10	15	10	0	0	0	0	0	0	0	0	0
	覆冰（mm）	0	0	0	10	0	0	0	0	0	0	0	0	0	0	0	0	0
30	应力（MPa）	27.63	17.6	8.47	21.03	5.17	6.57	10.15	11.1	27.63	18.23	12.44	9.42	7.73	6.67	5.93	5.39	4.97
	弧垂（m）	0.13	0.48	0.42	0.5	0.68	0.56	0.43	0.33	0.13	0.19	0.28	0.37	0.45	0.53	0.59	0.65	0.71
35	应力（MPa）	27.63	19.74	9.54	23.55	5.96	7.53	11.43	12.26	27.63	18.91	13.51	10.53	8.77	7.62	6.82	6.21	5.74
	弧垂（m）	0.17	0.58	0.5	0.61	0.8	0.67	0.52	0.41	0.17	0.25	0.35	0.45	0.55	0.63	0.7	0.77	0.83
40	应力（MPa）	27.63	21.75	10.55	25.92	6.73	8.44	12.62	13.32	27.63	19.53	14.48	11.55	9.74	8.53	7.66	7.01	6.49
	弧垂（m）	0.23	0.69	0.59	0.72	0.93	0.78	0.61	0.49	0.23	0.32	0.43	0.54	0.64	0.73	0.82	0.89	0.96
45	应力（MPa）	25.93	23.14	11.15	27.63	7.37	9.14	13.36	13.76	25.93	18.99	14.69	12.08	10.38	9.2	8.33	7.66	7.12
	弧垂（m）	0.31	0.82	0.71	0.85	1.07	0.91	0.73	0.6	0.31	0.42	0.54	0.66	0.76	0.86	0.95	1.03	1.11
50	应力（MPa）	20.31	22.97	10.75	27.63	7.64	9.24	12.97	12.78	20.31	15.97	13.24	11.43	10.16	9.21	8.48	7.89	7.4
	弧垂（m）	0.48	1.02	0.91	1.05	1.28	1.11	0.93	0.8	0.48	0.61	0.74	0.85	0.96	1.06	1.15	1.24	1.32
55	应力（MPa）	16.85	22.84	10.47	27.63	7.85	9.32	12.69	12.12	16.85	14.15	12.31	10.99	10	9.22	8.6	8.08	7.64
	弧垂（m）	0.7	1.24	1.13	1.27	1.51	1.33	1.15	1.02	0.7	0.84	0.96	1.08	1.18	1.28	1.38	1.46	1.55
60	应力（MPa）	14.8	22.74	10.26	27.63	8.03	9.38	12.48	11.67	14.8	13	11.69	10.68	9.88	9.23	8.69	8.23	7.84
	弧垂（m）	0.95	1.48	1.37	1.52	1.75	1.58	1.39	1.27	0.95	1.08	1.2	1.32	1.42	1.52	1.62	1.71	1.8
65	应力（MPa）	13.52	22.66	10.1	27.63	8.18	9.43	12.32	11.33	13.52	12.24	11.24	10.44	9.79	9.24	8.77	8.36	8.01
	弧垂（m）	1.22	1.74	1.64	1.78	2.02	1.84	1.65	1.53	1.22	1.35	1.47	1.58	1.69	1.79	1.88	1.98	2.06
70	应力（MPa）	12.66	22.59	9.98	27.63	8.3	9.47	12.19	11.08	12.66	11.7	10.91	10.27	9.72	9.24	8.83	8.47	8.15
	弧垂（m）	1.51	2.03	1.92	2.07	2.31	2.13	1.94	1.82	1.51	1.64	1.76	1.87	1.97	2.07	2.17	2.26	2.35
75	应力（MPa）	12.05	22.54	9.88	27.63	8.41	9.5	12.09	10.89	12.05	11.3	10.67	10.13	9.66	9.25	8.88	8.56	8.27
	弧垂（m）	1.83	2.33	2.23	2.37	2.62	2.43	2.24	2.12	1.83	1.95	2.06	2.17	2.28	2.38	2.48	2.57	2.66
80	应力（MPa）	11.6	22.49	9.81	27.63	8.5	9.53	12.01	10.73	11.6	10.99	10.47	10.01	9.61	9.25	8.93	8.64	8.37
	弧垂（m）	2.16	2.66	2.55	2.7	2.95	2.76	2.57	2.45	2.16	2.28	2.39	2.5	2.61	2.71	2.81	2.9	2.99

临 界 档 距

30.000	低温	43.795	覆冰

计 算 条 件

线规	JKLYJ−1/120		
截面（mm²）	125.50	外径（mm）	16.80
单位质量（kg/m）	0.40	拉断力（N）	17339.00
最大使用应力（MPa）	27.63	安全系数	5.00
平均运行应力（MPa）	22.11	取用系数	0.16

气 象 条 件

序号	气象	冰厚（mm）	风速（m/s）	气温（℃）
1	低温	0	0.0	−40
2	大风	0	30.0	−5
3	年平	0	0.0	−5
4	覆冰	10	10.0	−5
5	高温	0	0.0	35
6	雷电	0	10.0	15
7	操作	0	15.0	−5
8	安装	0	10.0	−15

比载 [×10⁻³N/（m·mm²）]

比载 [$\times 10^{-3}$N/（m·mm²）]

气象	水平	垂直	综合
低温	0.000	31.256	31.256
大风	67.769	31.256	74.630
年平	0.000	31.256	31.256
覆冰	21.992	90.467	93.102
高温	0.000	31.256	31.256
雷电	10.040	31.256	32.829
操作	22.590	31.256	38.565
安装	10.040	31.256	32.829

图 5−39 XZ−B 气象区 JKLYJ−1kV−120（k＝5.0）导线应力弧垂表

应力弧垂气象条件		气象	低温	大风	年平	覆冰	高温	雷电	操作	安装	架线气象组合								
	气象条件	气温（℃）	−40	−5	−5	−5	35	15	−5	−15	−40 (−40)	−30 (−30)	−20 (−20)	−10 (−10)	0 (0)	10 (10)	20 (20)	30 (30)	40 (40)
		风速（m/s）	0	30	0	10	0	10	15	10	0	0	0	0	0	0	0	0	0
档距（m）		覆冰（mm）	0	0	0	10	0	0	0	0	0	0	0	0	0	0	0	0	0
30		应力（MPa）	27.64	14.51	8.49	18.08	5.18	6.45	9.45	10.94	27.64	18.25	12.46	9.44	7.75	6.68	5.95	5.4	4.98
		弧垂（m）	0.13	0.46	0.42	0.48	0.68	0.56	0.42	0.33	0.13	0.19	0.28	0.37	0.45	0.53	0.59	0.65	0.71
35		应力（MPa）	27.64	16.29	9.56	20.27	5.97	7.39	10.64	12.08	27.64	18.92	13.53	10.55	8.79	7.64	6.83	6.22	5.75
		弧垂（m）	0.17	0.55	0.5	0.58	0.8	0.67	0.51	0.41	0.17	0.25	0.35	0.45	0.55	0.63	0.7	0.77	0.83
40		应力（MPa）	27.64	17.96	10.57	22.32	6.75	8.29	11.76	13.12	27.64	19.55	14.5	11.57	9.76	8.55	7.68	7.02	6.5
		弧垂（m）	0.23	0.66	0.59	0.69	0.93	0.78	0.6	0.49	0.23	0.32	0.43	0.54	0.64	0.73	0.82	0.89	0.96
45		应力（MPa）	27.64	19.52	11.51	24.26	7.5	9.15	12.8	14.08	27.64	20.13	15.39	12.52	10.68	9.42	8.5	7.79	7.23
		弧垂（m）	0.29	0.76	0.69	0.81	1.06	0.89	0.7	0.58	0.29	0.39	0.52	0.63	0.74	0.84	0.93	1.02	1.1
50		应力（MPa）	27.64	21	12.39	26.08	8.22	9.98	13.77	14.96	27.64	20.67	16.2	13.4	11.55	10.25	9.29	8.54	7.94
		弧垂（m）	0.35	0.88	0.79	0.92	1.19	1.01	0.81	0.67	0.35	0.47	0.6	0.73	0.85	0.96	1.06	1.15	1.23
55		应力（MPa）	27.16	22.24	13.09	27.64	8.89	10.71	14.56	15.61	27.16	20.84	16.74	14.08	12.27	10.97	9.99	9.21	8.59
		弧垂（m）	0.44	1	0.91	1.06	1.33	1.14	0.92	0.78	0.44	0.57	0.71	0.84	0.97	1.08	1.19	1.29	1.38
60		应力（MPa）	22.96	22.08	12.77	27.64	9.15	10.82	14.26	14.81	22.96	18.51	15.57	13.56	12.1	11.01	10.15	9.45	8.88
		弧垂（m）	0.61	1.2	1.1	1.26	1.54	1.34	1.12	0.98	0.61	0.76	0.91	1.04	1.17	1.28	1.39	1.49	1.59
65		应力（MPa）	20.05	21.95	12.53	27.64	9.38	10.91	14.02	14.23	20.05	16.91	14.74	13.17	11.97	11.04	10.28	9.65	9.13
		弧垂（m）	0.83	1.42	1.32	1.47	1.77	1.56	1.34	1.2	0.83	0.98	1.12	1.26	1.38	1.5	1.61	1.72	1.82
70		应力（MPa）	18.07	21.84	12.34	27.64	9.57	10.99	13.83	13.79	18.07	15.8	14.13	12.87	11.87	11.06	10.39	9.82	9.34
		弧垂（m）	1.06	1.65	1.56	1.71	2.01	1.8	1.57	1.43	1.06	1.22	1.36	1.49	1.62	1.74	1.85	1.96	2.06
75		应力（MPa）	16.71	21.75	12.19	27.64	9.74	11.05	13.68	13.46	16.71	14.99	13.67	12.63	11.79	11.08	10.48	9.97	9.52
		弧垂（m）	1.32	1.91	1.81	1.96	2.26	2.05	1.82	1.68	1.32	1.47	1.61	1.75	1.87	1.99	2.1	2.21	2.32
80		应力（MPa）	15.73	21.68	12.07	27.64	9.88	11.11	13.56	13.19	15.73	14.39	13.32	12.45	11.72	11.1	10.56	10.1	9.69
		弧垂（m）	1.59	2.18	2.08	2.23	2.54	2.32	2.09	1.95	1.59	1.74	1.88	2.02	2.14	2.26	2.38	2.49	2.59

临界档距

30.000	低温	54.517	覆冰	

计算条件

线规	JKLYJ-1/185	
截面（mm²）	193.43	外径（mm） 20.80
单位质量（kg/m）	0.62	拉断力（N） 26732.00
最大使用应力（MPa）	27.64	安全系数 5.00
平均运行应力（MPa）	22.11	取用系数 0.16

气象条件

序号	气象	冰厚（mm）	风速（m/s）	气温（℃）
1	低温	0	0.0	−40
2	大风	0	30.0	−5
3	年平	0	0.0	−5
4	覆冰	10	10.0	−5
5	高温	0	0.0	35
6	雷电	0	10.0	15
7	操作	0	15.0	−5
8	安装	0	10.0	−15

比载 [×10⁻³N/（m·mm²）]

气象	水平	垂直	综合
低温	0.000	31.332	31.332
大风	49.902	31.332	58.923
年平	0.000	31.332	31.332
覆冰	15.820	75.483	77.123
高温	0.000	31.332	31.332
雷电	7.393	31.332	32.192
操作	16.634	31.332	35.473
安装	7.393	31.332	32.192

图 5−40　XZ−B 气象区　JKLYJ−1kV−185（k = 5.0）导线应力弧垂表

第 6 章　10kV 铁质横担杆头布置

6.1　设计说明

6.1.1　10kV 导线排列方式

根据国网西藏电力有限公司系统各地配电线路的设计、安装和运行经验，10kV 架空线路铁质横担杆头布置的导线排列方式采用垂直、三角两种型式，并考虑了单回线、双回线同杆的杆头布置型式。

1. 单回 10kV 线路

单回 10kV 线路采用三角排列杆头布置型式。

2. 双回 10kV 线路

海拔 4000m 及以下地区同杆架设的双回 10kV 线路采用双三角、双垂直排列两种杆头布置型式。

海拔 4000m 以上地区双回 10kV 线路推荐采用垂直排列杆头布置型式。

3. 10kV 和 380/220V 线路同杆

10kV 架空线路通用设计还考虑了 10kV 和 380/220V 线路同杆架设的情况，低压横担各地应根据工程实际情况自行安装，380/220V 横担距 10kV 最下层横担 1.5～2.0m 安装，同杆架设时的杆头布置情况见示意图见图 6-16～图 6-19。

6.1.2　导线线间距离

根据《10kV 及以下架空配电线路设计规范》（DL/T 5220—2021）、《66kV 及以下架空电力线路设计规范》（GB 50061—2010）和《架空绝缘配电线路设计标准》（GB 51302—2018）的有关规定，配电线路导线的线间距离应结合地区运行经验确定。如无可靠资料，裸导线的线间距离不应小于表 6-1 的规定，绝缘导线的线间距离按表 6-2 的规定确定。

表 6-1　　　配电线路的最小线间距离（裸导线）　　　（m）

线路电压＼档距	40m 及以下	50m	60m	70m	80m	90m	100m	110m	120m
1～10kV	0.6	0.65	0.7	0.75	0.85	0.9	1.0	1.05	1.15

表 6-2　　　配电线路的最小线间距离（绝缘导线）　　　（m）

线路电压＼档距	40m 及以下	50m	60m	70m	80m	90m	100m	110m	120m
1～10kV	0.4	0.5	0.6	0.65	0.75	0.8	0.9	0.95	1.05

根据相关规程的规定和配电线路运行经验，在充分调研和比算分析的基础上，结合多次通用设计协调会的评审意见，充分考虑配电线路的特点，10kV 架空线路通用设计中配电线路的线间距离按表 6-3 和表 6-4 取值。

表 6-3　　海拔 2000～4000m 配电线路的线间距离　　（m）

线路电压＼档距	60m 及以下	80m	100m	120m
10kV	0.9（0.8）	1.1（0.8）	1.4（1.3）	1.7（1.6）

注　1. 括号内为绝缘导线数值。

　　2. 表中数值按通用设计的设计条件，经计算分析，进行了合理归并。

表 6-4　　海拔 4000～5000m 配电线路的线间距离　　（m）

线路电压＼档距	60m 及以下	80m	100m	120m
10kV	1.2（1.1）	1.4（1.3）	1.7	2.1

注　1. 括号内为绝缘导线数值。

　　2. 表中数值按本次通用设计的设计条件，经计算分析，进行了合理归并。

6.1.3　铁质横担

6.1.3.1　铁质横担型式

（1）10kV 架空线路通用设计水泥单杆的铁质横担采用 Q355 钢、L 型角钢组合结构，钢管杆的横担分为固定横担和活动横担两种，固定横担采用 Q355 钢、箱型结构，活动横担采用 Q355 钢、L 型角钢组合结构。设计选用时应根据各地区钢结构工作温度确定钢材质量等级，但不应低于 B 级（注：应特别注意高寒地区钢材的结构工作温度）。

（2）80m 及以下档距直线水泥单杆采用单角钢横担结构，80～120m 档距采用双角钢横担结构。45°及以下的耐张转角和终端水泥单杆采用单排横担结构，45°～90°的耐张转角水泥单杆采用双排横担结构。

直线转角水泥单杆采用导线双固定双角钢横担结构，杆头型式与直线水泥单杆相同。

直线水泥单杆重要交叉跨越时采用导线双固定双角钢横担结构。

（3）直线钢管杆主要用于单、双回路跨越，横担均按导线双固定方式设计。耐张钢管杆固定横担适用于单、双路耐张转角。

（4）所有的横担及铁附件均采用热浸镀锌防腐措施，镀锌层厚度不小于 70μm。

6.1.3.2 铁质横担分类

线间距离决定着横担的尺寸，配电线路因其档距较小，横担长度根据线间距离不宜分得过多，并且过多的横担尺寸将给加工和施工备料带来诸多的不便。同样，对于型钢的规格也不宜分得过多。本着安全、经济、美观及方便加工、施工和运行的原则，10kV架空线路通用设计中的横担按以下原则进行分类：

（1）使用档距和垂直档距。横担的使用档距是指使用该横担的电杆与相邻电杆的实际最大间距，横担的垂直档距是指使用该横担的电杆的垂直档距。各类型横担的使用档距、垂直档距按表6-5确定。

表6-5　　　　　横担使用档距和垂直档距　　　　　（m）

序号	导线类型	横担使用档距	横担垂直档距
1		60 及以下	80
2	绝缘导线/裸导线	60～80	100*
3		80～100	120
4		100～120	150

注　超过表6-5限定范围的使用情况，设计时应对横担的线间距离及强度进行校验、调整后方可使用。
*　用于直线钢管杆时横担垂直档距为120m。

（2）导线截面。在上述基础上，单回直线水泥单杆横担的规格再按120mm²及以下、150～240mm²两档线规进行分类，直线钢管杆、耐张转角杆、双回线及以上直线水泥单杆横担均按240mm²线规考虑。

（3）海拔。根据《高海拔外绝缘配置技术规范》（Q/GDW 13001—2014）的相关规定以及第16章中对绝缘子及绝缘子串的选型，10kV架空导线与杆塔构件、拉线之间的最小间隙均按表6-6选取。

表6-6　　10kV架空导线与杆塔构件、拉线之间的最小间隙　　　　（m）

海拔	最小间隙
2000～3000	0.256
3000～4000	0.288
4000～5000	0.327

注　本章各设计图10kV横担选型中所示的"4000～5000m海拔地区""4000m及以下海拔地区"分别表示该杆头型式所用横担适用的海拔范围。

（4）电杆梢径。本章各设计图10kV横担选型中所示的"梢径230mm电杆""梢径230mm及以下电杆"表示该杆头型式所用横担适用的水泥单杆梢径范围。钢管杆横担不再按梢径细分。

（5）铁质横担命名。铁质横担命名示意图见图6-1。

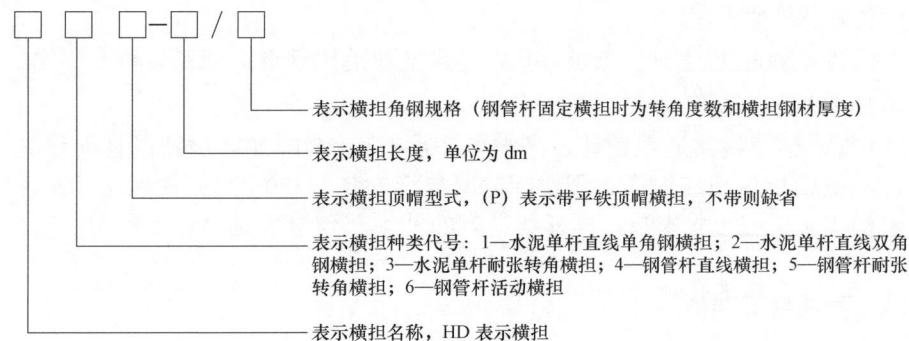

表示横担角钢规格（钢管杆固定横担时为转角度数和横担钢材厚度）

表示横担长度，单位为dm

表示横担顶帽型式，（P）表示带平铁顶帽横担，不带则缺省

表示横担种类代号：1—水泥单杆直线单角钢横担；2—水泥单杆直线双角钢横担；3—水泥单杆耐张转角横担；4—钢管杆直线横担；5—钢管杆耐张转角横担；6—钢管杆活动横担

表示横担名称，HD表示横担

图6-1　铁质横担命名示意图

例如：

HD1（P）-15/7506表示长度为1.5m，角钢规格为L75mm×6mm的直线单角钢带平铁顶帽横担。

HD5-10/9006表示长度为1m，钢材厚度为6mm，适用于240mm²及以下导线，90°转角的钢管杆耐张转角横担。

6.1.3.3 加工注意事项

（1）角钢基准线（见图6-2）。角钢基准线除图纸中特别注明外，均按表6-7取值。

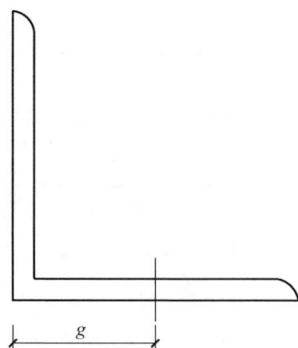

图 6-2　角钢基准线

表 6-7　　　　　　角钢基准线取值　　　　　　（mm）

肢宽	准线（g）
L45	23
L50	25
L56	28
L63	32
L75	38
L80	40
L90	45

（2）横担接地孔。对装有避雷器的杆塔，设计单位选用横担时，自行增加接地孔。

6.1.3.4　铁质横担加工图选取方法

（1）水泥单杆横担、耐张钢管杆活动横担加工图选取方法，应按以下步骤进行：

1）选定相应的杆头布置型式。

2）根据导线型号规格、杆头梢径、海拔、实际档距，查找相应的横担加工图图号。

3）在选定的横担加工图中，根据杆头梢径、杆身锥度（水泥单杆锥度为1:75、耐张钢管杆锥度见第13章图纸）、横担安装位置，计算出横担安装处的杆径，并结合导线挂点水平间距，选择适用的横担。

4）对于直线横担，还应按图示要求选配 U 型抱箍、斜撑、斜撑抱箍。

5）对于直线转角横担，应按图 6-15 所示采用直线横担和双头螺栓组装，并按直线横担要求选配斜撑、斜撑抱箍。

6）对于水泥单杆耐张横担，还应按图示要求选配斜撑、斜撑抱箍。

（2）钢管杆固定横担加工图选取方法，应按以下步骤进行：

1）选定相应的杆头布置型式。

2）根据导线型号规格、转角度数、海拔、实际档距，确定横担长度，再根据横担长度选取对应的横担加工图。

6.1.4　基于不停电作业要求的杆头排列方式选取原则

1. 杆头布置的选取

宜采用单回路与双回路杆头布置型式，尽量避免采用三回路、四回路杆头布置型式，以便于开展不停电作业。

2. 单回 10kV 线路

单回 10kV 线路三角排列杆头布置型式适应不停电作业。

3. 双回 10kV 线路

（1）优先选用双垂直排列杆头布置型式，以避免不停电作业操作时人员或设备穿越不同回路导线。

（2）对于绝缘斗臂车等不停电作业设备不能到达的地区，采用绝缘杆作业法时，应选用双三角排列杆头布置型式。

（3）走廊狭窄地区应选用双垂直排列杆头布置型式；树障等交跨矛盾突出地带在满足不停电作业安全前提下，可选择双三角排列杆头布置型式。

4. 专用对合角钢横担

（1）为适应不停电作业，水泥单杆直线耐张横担增加对合角钢横担杆头布置型式。该型式在不停电作业中能有效减少绝缘遮蔽工作量，缩短作业时间，利于防鸟害。

（2）对合角钢横担杆头布置型式主要用于 0°直线耐张杆，根据现场情况需要，可允许在 0°～30°转角范围内使用。

6.1.5　其他

（1）为方便直线杆分支引下，双垂直排列和双三角排列杆头布置的铁质横担均为引下固定预留跳线绝缘子安装孔，并按表 6-6 和表 6-8 的规定分别对跳线绝缘子安装孔与杆塔构件、拉线之间的最小距离和与邻相导线之间的最小间隙进行校验。

表 6-8　　**10kV 过引线、引下线与邻相导线之间的最小间隙**　　（m）

海拔	最小间隙
2000～3000	0.356
3000～4000	0.388
4000～5000	0.427

（2）直线水泥单杆双垂直排列为引下固定预留跳线绝缘子安装孔，有引线需求时，中下层横担安装角钢跳线支架，配合跳线绝缘子安装。2000m 海拔及以下地区，可利用预留安装孔装设瓷横担或专用跳线绝缘子引下固定，并应满足表 6-6 和表 6-8 安全距离要求。

（3）直线水泥单杆单回三角排列的引下固定，可参考双垂直排列和双三角排列引下方式自行打孔，并应满足表 6-6 和表 6-8 安全距离要求。

（4）本次通用设计考虑到耐张横担杆头布置型式的多样性，不再给出详细的引下固定安装方式，各地可参考直线横担引下方式自行打孔，并应满足表 6-6 和表 6-8 安全距离要求。

（5）可用于耐张转角水泥杆的燕翅型横担（型式与钢管杆耐张横担相近）在部分地区已有多年运行经验，结构牢固，可考虑在实际工程中进行应用。

6.2　设计图

10kV 铁质横担杆头布置设计图清单见表 6-9。

表 6-9　　**10kV 铁质横担杆头布置设计图清单**

图序	图名	备注
图 6-3	Z1-1 单回直线水泥单杆杆头示意图	
图 6-4	Z1-2 单回直线钢管杆杆头示意图	
图 6-5	Z2-1 双回直线水泥单杆杆头示意图	
图 6-6	Z2-2 双回直线水泥单杆杆头示意图	
图 6-7	Z2-3 双回直线钢管杆杆头示意图	
图 6-8	NJ1-1 单回 0°～45° 耐张转角水泥单杆杆头示意图	
图 6-9	NJ1-2 单回 45°～90° 耐张转角（兼终端）水泥单杆杆头示意图	
图 6-10	NJ1-3 单回耐张钢管杆杆头示意图	
图 6-11	NJ2-1 双回 0°～45° 耐张转角水泥单杆杆头示意图	

续表

图序	图名	备注
图 6-12	NJ2-2 双回 0°～45° 耐张转角水泥单杆杆头示意图	
图 6-13	NJ2-3 双回 45°～90° 耐张转角（兼终端）水泥单杆杆头示意图	
图 6-14	NJ2-4 双回耐张钢管杆杆头示意图	
图 6-15	直线转角杆横担组装示意图	
图 6-16	高低压同杆直线水泥单杆杆头示意图	
图 6-17	高低压同杆直线转角水泥单杆杆头示意图	
图 6-18	高低压同杆转角水泥单杆杆头示意图（1/2）	
图 6-19	高低压同杆转角水泥单杆杆头示意图（2/2）	
图 6-20	HD1-19/8008 水泥单杆直线横担加工图	
图 6-21	HD1-34/8008 水泥单杆直线横担加工图	
图 6-22	HD1-20/9008 水泥单杆直线横担加工图	
图 6-23	HD2-19/8008 水泥单杆直线横担加工图	
图 6-24	HD2-26/8008 水泥单杆直线横担加工图	
图 6-25	U 型抱箍加工图	
图 6-26	直线单顶抱箍加工图	
图 6-27	直线双顶抱箍加工图	
图 6-28	双头螺栓加工图	
图 6-29	直线横担斜撑加工图	
图 6-30	直线横担斜撑抱箍加工图	
图 6-31	HD3-25/7508 水泥单杆耐张横担加工图（1/2）	
图 6-32	HD3-25/7508 水泥单杆耐张横担加工图（2/2）	
图 6-33	HD3-19/8008 水泥单杆耐张横担加工图（1/6）	
图 6-34	HD3-19/8008 水泥单杆耐张横担加工图（2/6）	
图 6-35	HD3-19/8008 水泥单杆耐张横担加工图（3/6）	
图 6-36	HD3-19/8008 水泥单杆耐张横担加工图（4/6）	
图 6-37	HD3-19/8008 水泥单杆耐张横担加工图（5/6）	
图 6-38	HD3-19/8008 水泥单杆耐张横担加工图（6/6）	
图 6-39	HD3-38/8008 水泥单杆耐张横担加工图（1/2）	

图序	图名	备注
图 6-40	HD3-38/8008 水泥单杆耐张横担加工图（2/2）	
图 6-41	耐张顶架加工图	
图 6-42	耐张横担斜撑加工图	
图 6-43	耐张横担斜撑抱箍加工图	
图 6-44	HD4-10/0006 钢管杆直线横担加工图（1/2）	
图 6-45	HD4-10/0006 钢管杆直线横担加工图（2/2）	

续表

图序	图名	备注
图 6-46	HD4-8.5/0006 钢管杆直线横担加工图（1/2）	
图 6-47	HD4-8.5/0006 钢管杆直线横担加工图（2/2）	
图 6-48	HD5-13.5/9006 钢管杆耐张横担加工图（1/2）	
图 6-49	HD5-13.5/9006 钢管杆耐张横担加工图（2/2）	
图 6-50	HD5-14.5/9006 钢管杆耐张横担加工图（1/2）	
图 6-51	HD5-14.5/9006 钢管杆耐张横担加工图（2/2）	

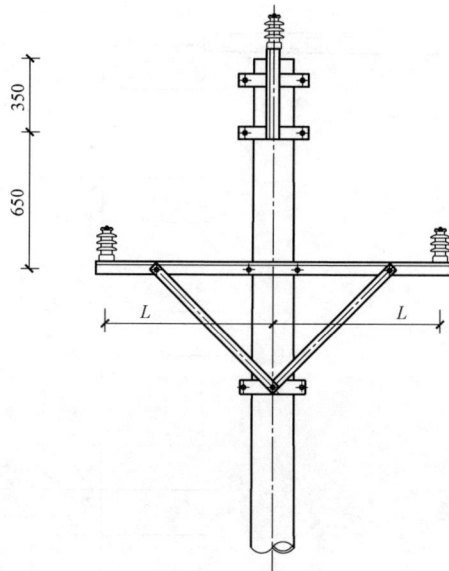

5000m 及以下海拔地区 10kV 横担选型表（梢径 230mm 及以下电杆）

线型	横担使用档距	尺寸（mm）	120mm² 及以下导线截面				150～240mm² 导线截面			
		L	横担编号	横担规格	长度（mm）	横担图号	横担编号	主材规格	长度（mm）	横担图号
绝缘线	80m 及以下	900	HD1-19/8008	L80×8	1900	图 6-20	HD1-19/8008	L80×8	1900	图 6-20
裸导线	80m 及以下	900	HD1-19/8008	L80×8	1900	图 6-20	HD1-19/8008	L80×8	1900	图 6-20
	80～100m	900	HD2-19/8008	L80×8	1900	图 6-23	HD2-19/8008	L80×8	1900	图 6-23
	100～120m	1250	HD2-26/8008	L80×8	2600	图 6-24	HD2-26/8008	L80×8	2600	图 6-24

说明：1. 100m 及 120m 档距时采用双横担（双顶支架），HD2-26/8008 横担加斜撑。

2. 横担材质为 Q355。

3. 在横担档距为 80～100m 及 100～120m 时应采用双横担（双顶支架）。

横担配套构件汇总表

序号	名称	图号	备注
1	U 型抱箍	图 6-25	
2	直线单顶抱箍	图 6-26	
3	直线双顶抱箍	图 6-27	
4	直线横担斜撑	图 6-29	
5	直线横担斜撑抱箍	图 6-30	

图 6-3　Z1-1 单回直线水泥单杆杆头示意图

5000m 及以下海拔地区 10kV 横担选型表

线型	横担使用档距	尺寸（mm）		240mm² 及以下导线截面		
		L	横担编号	主材规格（mm）/材质	横担图号
裸导线	60～80m	1000	HD4－10/0006	－6/Q355	图 6－44 和图 6－45
绝缘线					

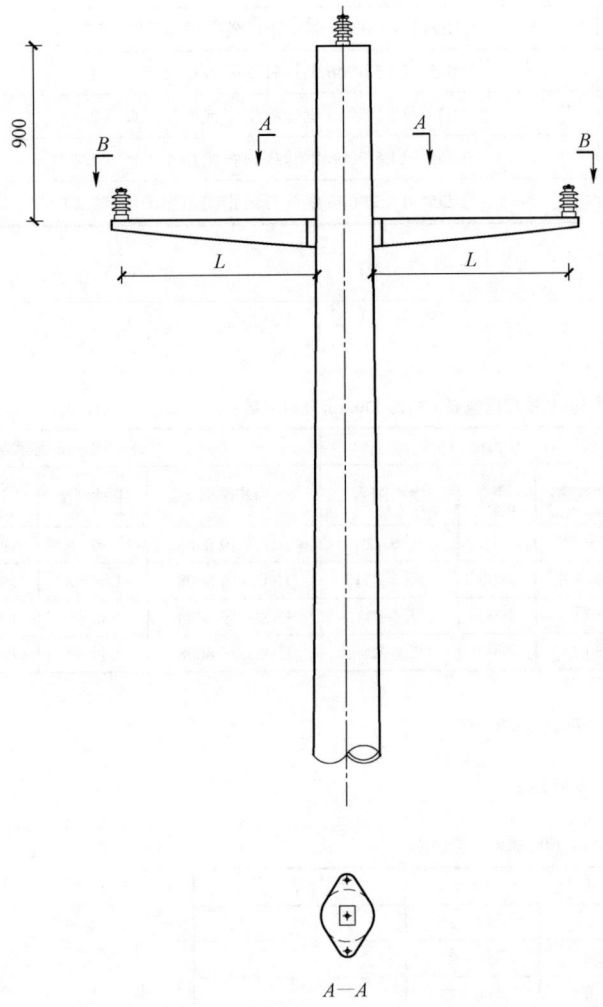

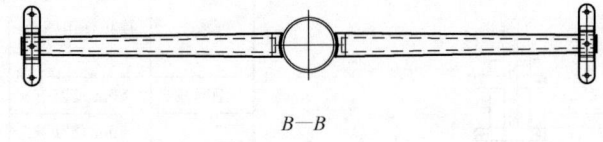

900

A A

B B

L L

B—B

A—A

图 6－4　Z1－2 单回直线钢管杆杆头示意图

5000m 及以下海拔地区 10kV 横担选型表（梢径 230mm 及以下电杆）

线型	横担使用档距	横担名称	尺寸（mm）			240mm² 及以下导线截面			
			L_1	L_2	L_3	横担编号	主材规格	长度（mm）	横担图号
绝缘线	80m 及以下（45m 及以下）	上横担	900	1100	550	HD1-19/8008	L80×8	1900	图 6-20
		下横担				HD1-34/8008	L80×8	3400	图 6-21
裸导线	80m 及以下（60m 及以下）	上横担	900	1100	550	HD1-19/8008	L80×8	1900	图 6-20
		下横担				HD1-34/8008	L80×8	3400	图 6-21

说明：1. 横担材质为 Q355。

      2. 当海拔处于 4000～5000m 时杆头使用条件距参照上表括号内数字。

横担配套构件汇总表

序号	名称	图号	备注
1	U 型抱箍	图 6-25	
2	直线横担斜撑	图 6-29	
3	直线横担斜撑抱箍	图 6-30	

图 6-5　Z2-1 双回直线水泥单杆杆头示意图

5000m 及以下海拔地区 10kV 横担选型表（梢径 230mm 及以下电杆）

线型	横担使用档距	横担名称	尺寸（mm）	240mm² 及以下导线截面			
			L	横担编号	主材规格	长度（mm）	横担图号
绝缘线	80m 及以下	上、中、下横担	950	HD1-20/9008	L90×8	2000	图 6-22
裸导线	80m 及以下	上、中、下横担	950	HD1-20/9008	L90×8	2000	图 6-22

说明：1. 横担材质为 Q355。

      2. 施工条件允许时引线跳线支架可以焊接。

      3. 当使用地区海拔为 4000～5000m 时横担层高可参照图中括号内数值，当海拔为 4000m 以下时层高可参照括号外数值。

横担配套构件汇总表

序号	名称	图号	备注
1	U 型抱箍	图 6-25	

图 6-6　Z2-2 双回直线水泥单杆杆头示意图

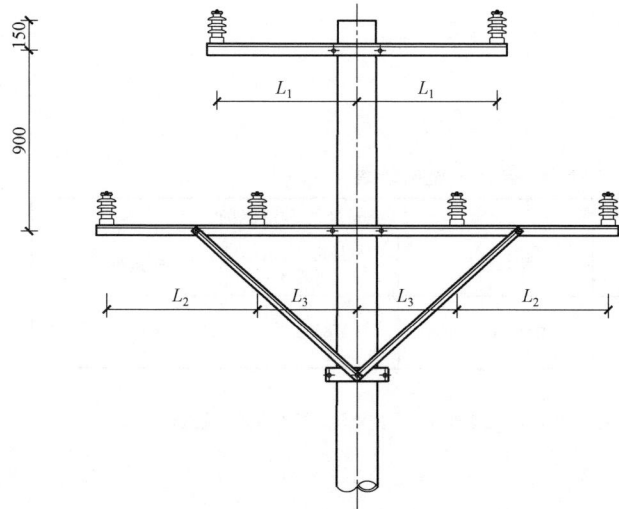

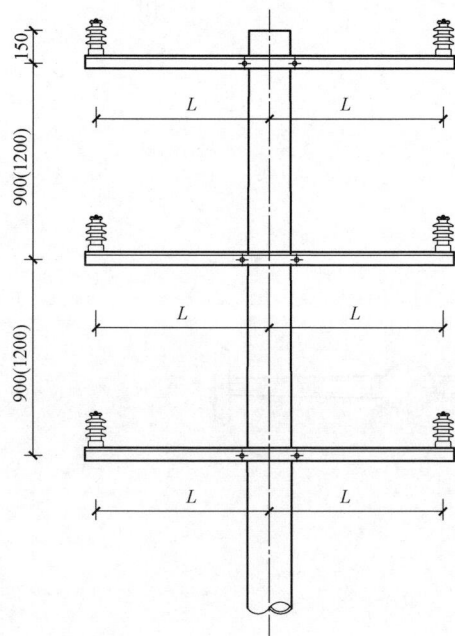

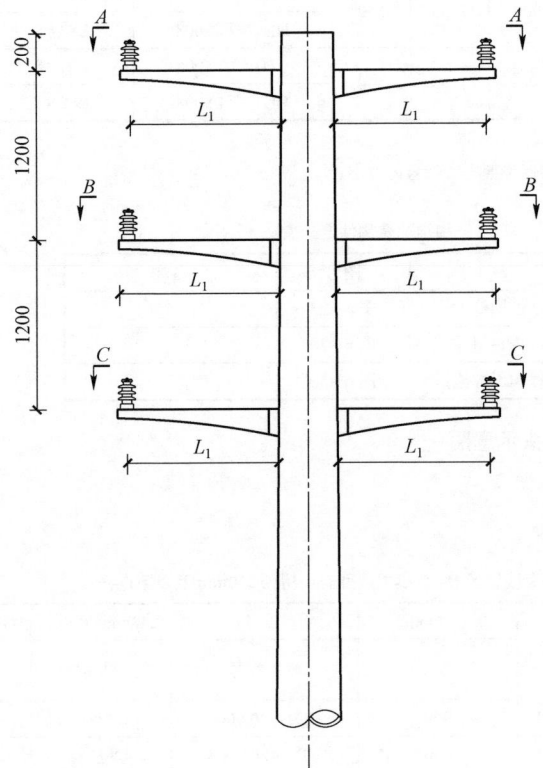

5000m 及以下海拔地区 10kV 横担选型表

线型	横担使用档距	尺寸（mm）		240mm² 及以下导线截面		
		L_1	横担编号	主材规格（mm）/材质	横担图号
裸导线	60～80m	850	HD4－8.5/0006	－6/Q355	图 6－46 和图 6－47
绝缘线					

说明：5000m 及以下海拔地区，横担层间距离取 1200mm；超过 5000m 海拔地区，横担层间距需进行校验。

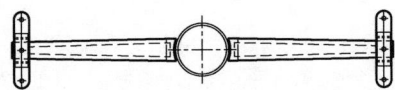

$A—A(C—C)$

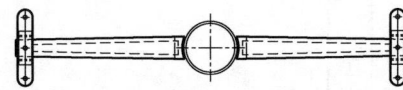

$B—B$

图 6－7　Z2－3 双回直线钢管杆杆头示意图

5000m 及以下海拔地区 10kV 横担选型表（梢径 230mm 及以下电杆）

线型	横担使用档距	尺寸（mm）	240mm² 及以下导线截面			
		L	横担编号	主材规格	长度（mm）	横担图号
绝缘线	60m 及以下	900	HD3－19/8008	L80×8	1900	图 6－33～图 6－38
裸导线	80m 及以下	900	HD3－19/8008	L80×8	1900	图 6－33～图 6－38
	80～100m	1200	HD3－25/7508	L75×8	2500	图 6－31 和图 6－32

说明：1. 用于 45°以下转角。

2. HD3－25/7508 加斜撑。

3. 0°～15°转角采用一副耐张顶架，15°～45°转角采用一副耐张顶架、一副拉线抱箍。

4. 横担材质为 Q355。

横担配套构件汇总表

序号	名称	图号	备注
1	耐张顶架	图 6－41	
2	拉线抱箍	图 10－33～图 10－35	
3	耐张横担斜撑	图 6－42	
4	耐张横担斜撑抱箍	图 6－43	

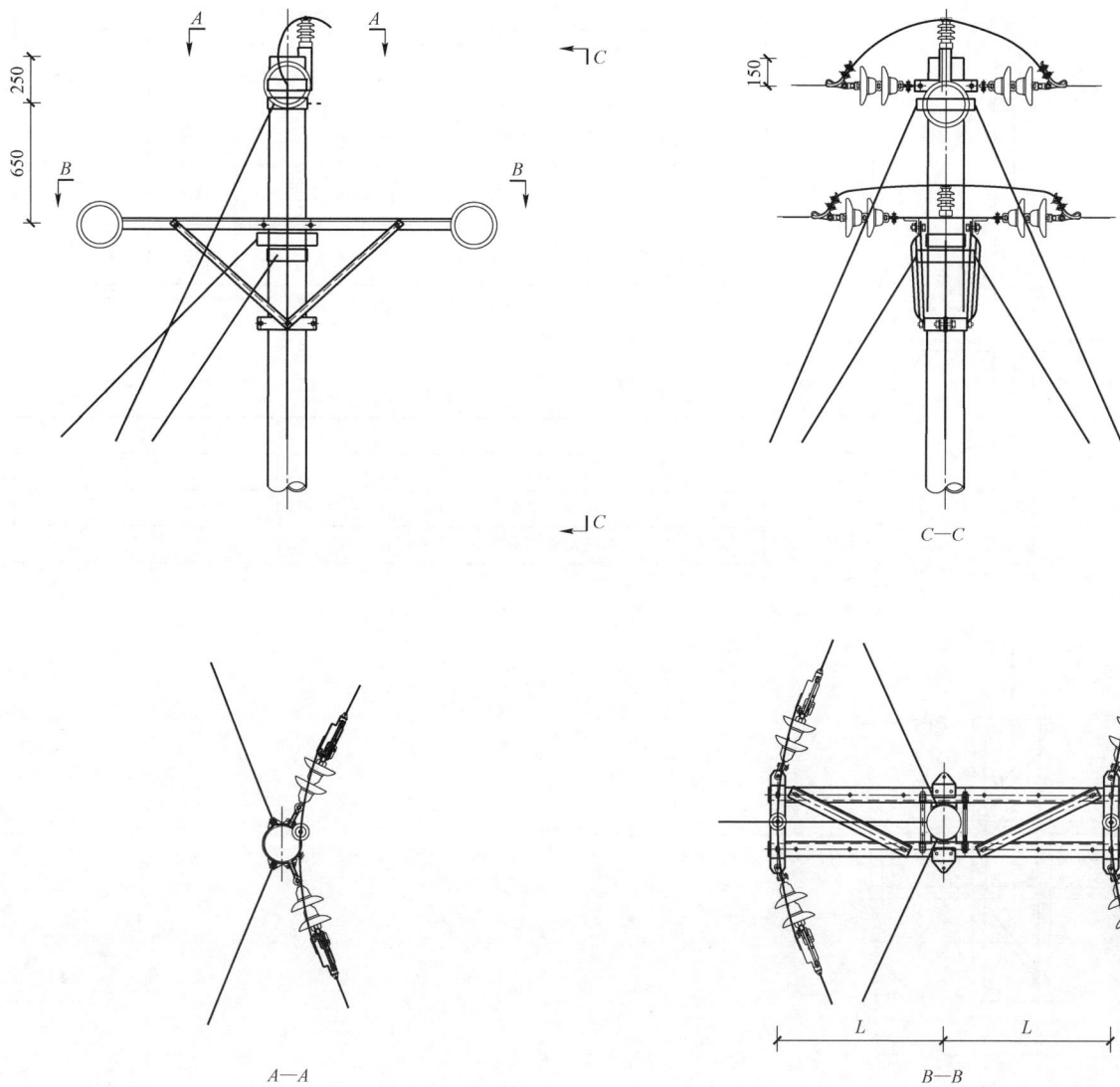

图 6－8 NJ1－1 单回 0°～45°耐张转角水泥单杆杆头示意图

5000m 及以下海拔地区 10kV 横担选型表（梢径 230mm 及以下电杆）

线型	横担使用档距	尺寸（mm）	240mm² 及以下导线截面			
		L	横担编号	主材规格	长度（mm）	横担图号
绝缘线	80m 及以下	900	HD3－19/8008	L80×8	1900	图 6－33～图 6－38
裸导线	80m 及以下	900	HD3－19/8008	L80×8	1900	图 6－33～图 6－38
	80～100m	900	HD3－19/8008	L80×8	1900	图 6－33～图 6－38

说明：1. 用于 45°～90°转角，终端时采用单排横担。

2. 横担材质为 Q355。

横担配套构件汇总表

序号	名称	图号	备注
1	耐张顶架	图 6－41	
2	耐张横担斜撑	图 6－42	
3	耐张横担斜撑抱箍	图 6－43	

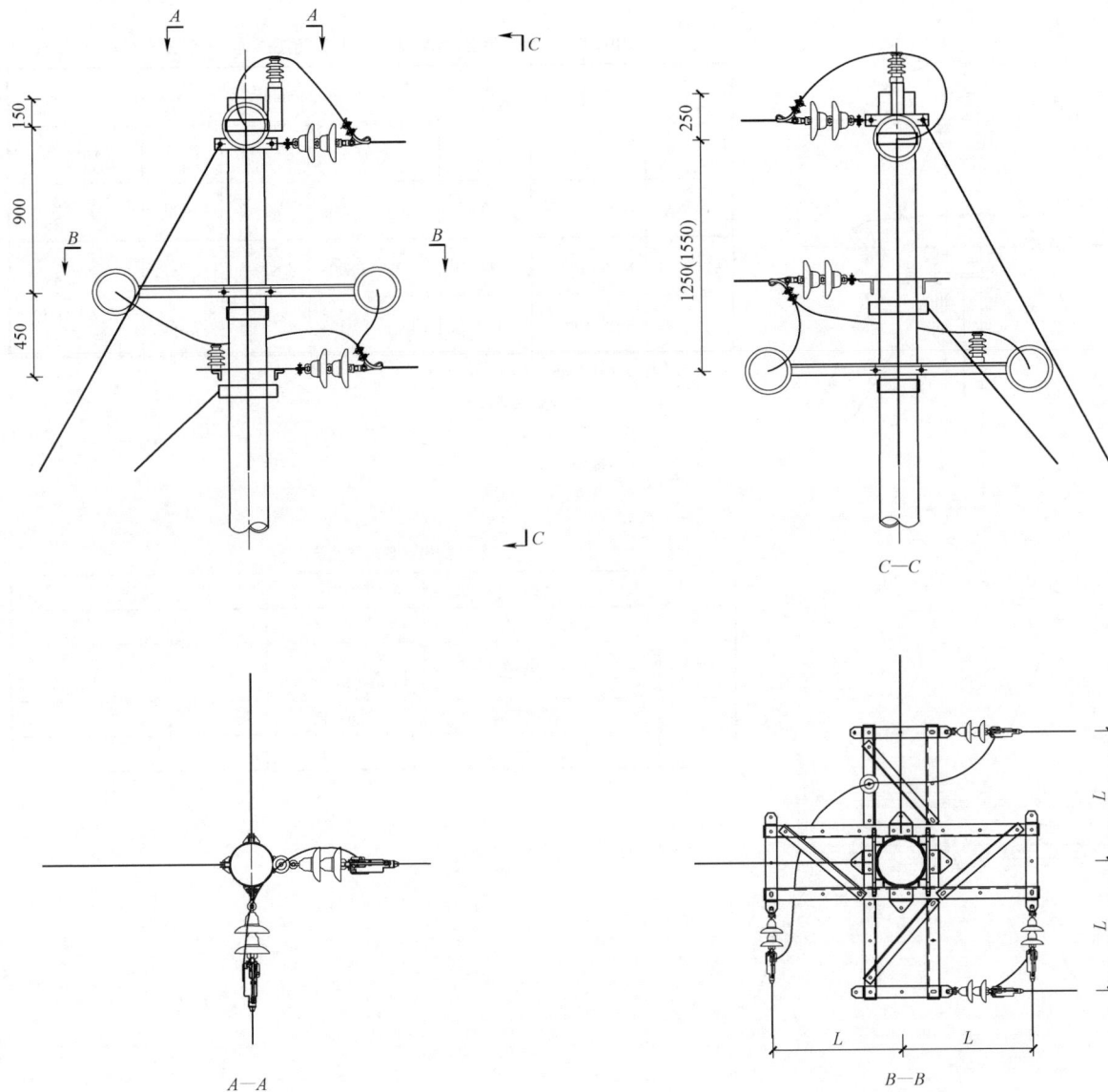

图 6－9　NJ1－2 单回 45°～90°耐张转角（兼终端）水泥单杆杆头示意图

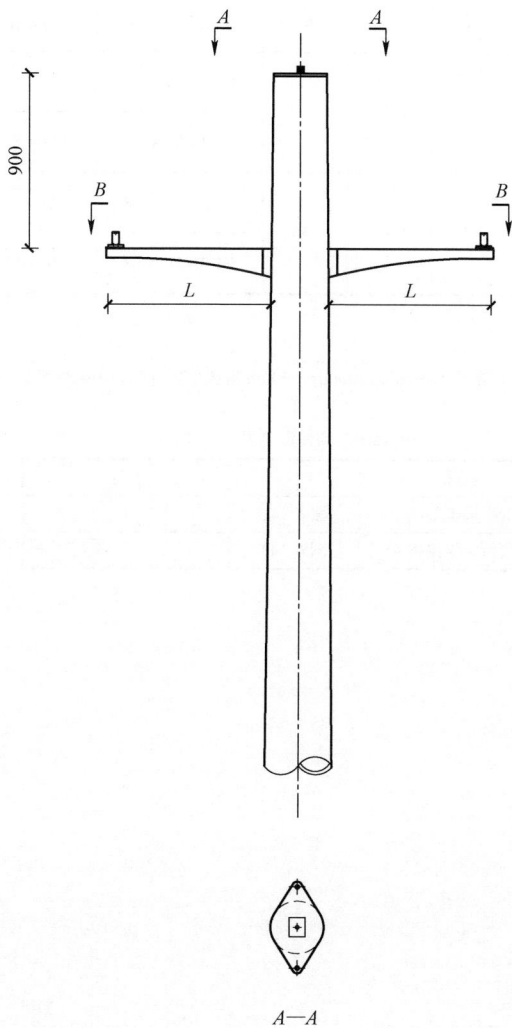

5000m 及以下海拔地区 10kV 横担选型表

线型	转角度数	横担使用档距	尺寸（mm）		240mm² 及以下导线截面		
			L	横担编号	主材规格（mm）/材质	横担图号
绝缘线	90°及以下	80m 及以下	1350	HD5-13.5/9006	-6/Q355	图 6-48 和图 6-49

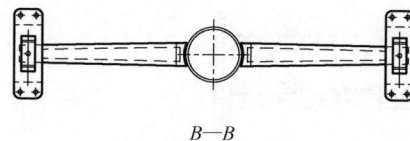

900

$A-A$

$B-B$

图 6-10　NJ1-3 单回耐张钢管杆杆头示意图

5000m 及以下海拔地区 10kV 横担选型表（梢径 430mm 及以下电杆）

线型	横担使用档距	横担名称	尺寸（mm）			240mm² 及以下导线截面			
			L_1	L_2	L_3	横担编号	主材规格	长度（mm）	横担图号
绝缘线	80m 及以下（45m 及以下）	上横担	900	1200	650	HD3－19/8008	L80×8	1900	图6－33～图6－38
		下横担				HD3－38/8008	L80×8	3800	图6－39 和图6－40
裸导线	80m 及以下（60m 及以下）	上横担	900	1200	650	HD3－19/8008	L80×8	1900	图6－33～图6－38
		下横担				HD3－38/8008	L80×8	3800	图6－39 和图6－40

说明：1. 横担材质为 Q355。

2. 4000m 及以下海拔地区杆头使用条件可参照上表选取，4000～5000m 海拔地区杆头使用条件可参照上表括号内的数值选取。

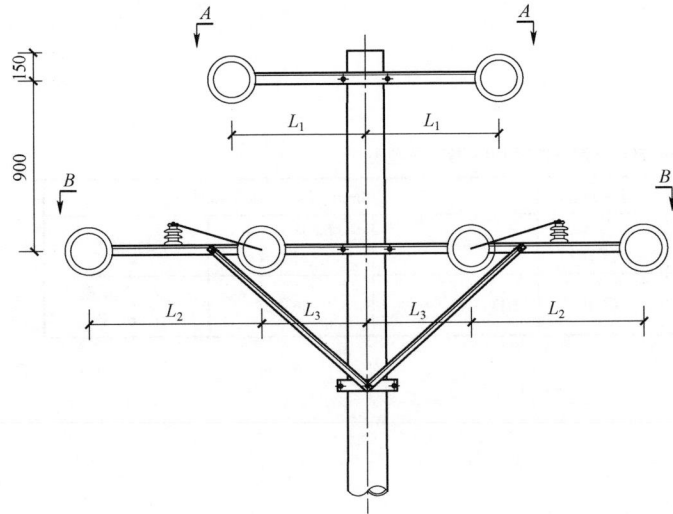

横担配套构件汇总表

序号	名称	图号	备注
1	耐张横担斜撑	图6－42	
2	耐张横担斜撑抱箍	图6－43	

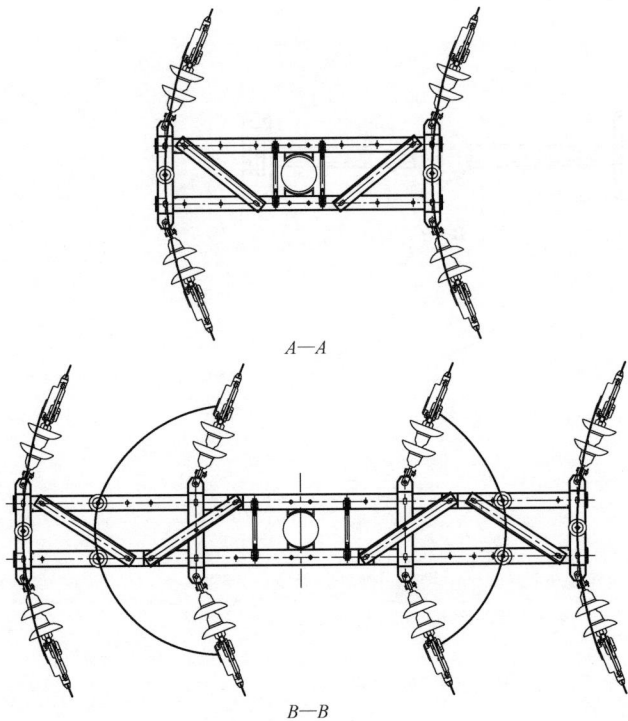

A—A

B—B

图 6－11　NJ2－1 双回 0°～45°耐张转角水泥单杆杆头示意图

5000m 及以下海拔地区 10kV 横担选型表（梢径 230mm 及以下电杆）

线型	横担使用档距	横担名称	尺寸（mm）		240mm² 及以下导线截面		
			L	横担编号	主材规格	长度（mm）	横担图号
绝缘线	60m 及以下	上、中、下横担	900	HD3−19/8008	L80×8	1900	图6−33～图6−38
裸导线	80m 及以下	上、中、下横担					

说明：1. 横担材质为 Q355。

2. 当使用地区海拔为 4000～5000m 时横担层高可参照图中括号内数值，当海拔为 4000m 以下时层高可参照括号外数值。

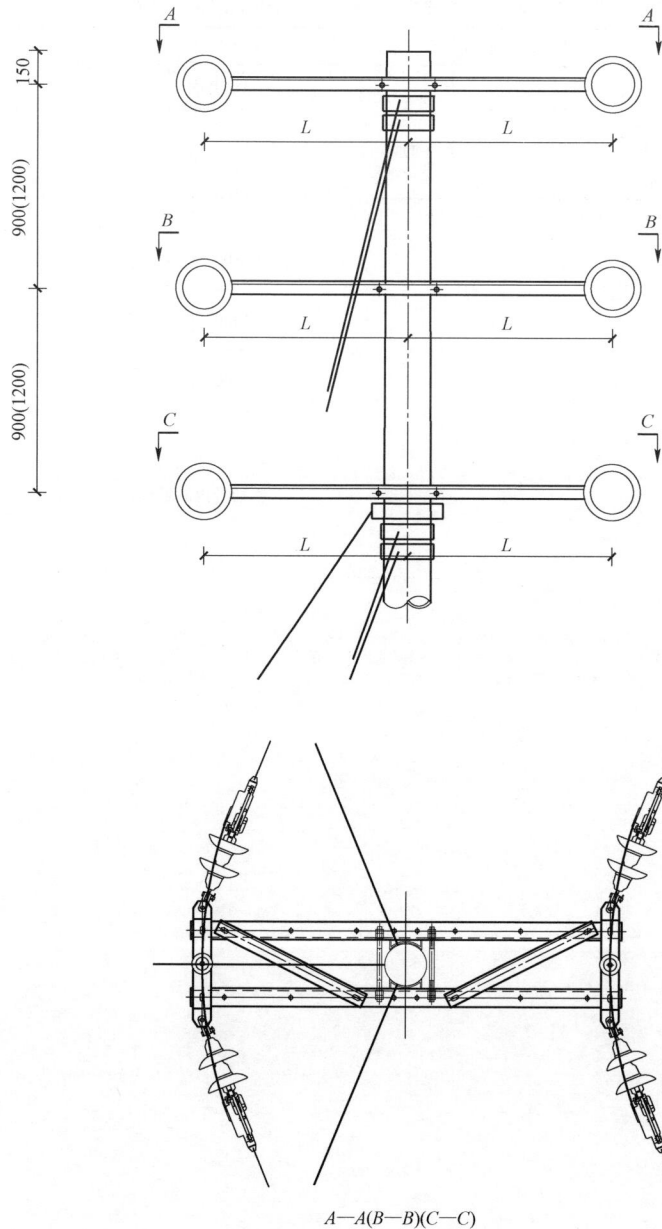

图 6−12　NJ2−2 双回 0°～45°耐张转角水泥单杆杆头示意图

5000m 及以下海拔地区 10kV 横担选型表（梢径 230mm 及以下电杆）

线型	横担使用档距	尺寸（mm）		240mm² 及以下导线截面			
		L	横担编号	主材规格	长度（mm）	横担图号	
绝缘线	80m 及以下	900	HD3－19/8008	L80×8	1900	图 6－33～图 6－38	
裸导线	80m 及以下						

说明：1. 用于 45°～90°转角，终端时采用单排横担。

2. 横担材质为 Q355。

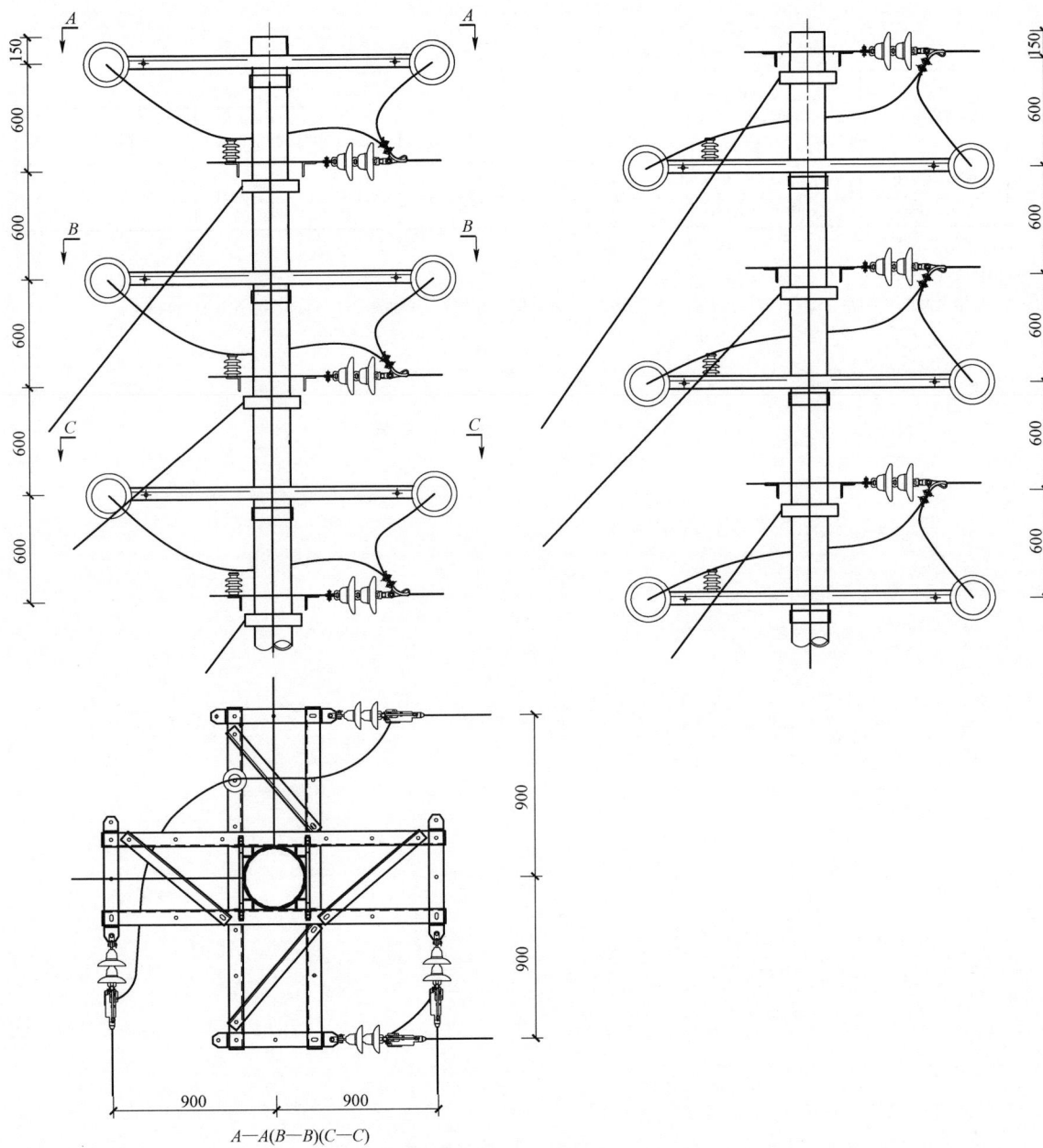

图 6－13　NJ2－3 双回 45°～90°耐张转角（兼终端）水泥单杆杆头示意图

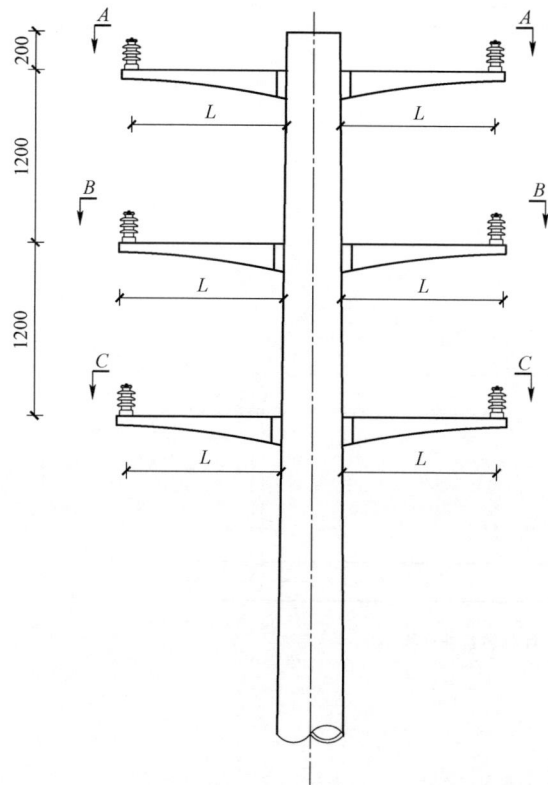

5000m 及以下海拔地区 10kV 横担选型表

线型	转角度数	横担使用档距	尺寸（mm）		240mm² 及以下导线截面	
			L	横担编号	主材规格（mm）/材质	横担图号
绝缘线	90°及以下	80m 及以下	1450	HD5－14.5/9006	－6/Q355	图 6－50 和图 6－51

说明：5000m 及以下海拔地区，横担层间距离取 1200mm；超过 5000m 海拔地区，横担层间距需进行校验。

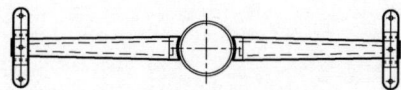

$A—A(C—C)$

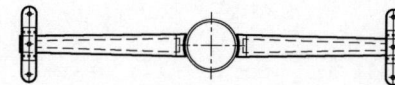

$B—B$

图 6－14　NJ2－4 双回耐张钢管杆杆头示意图

直线杆单角钢横担

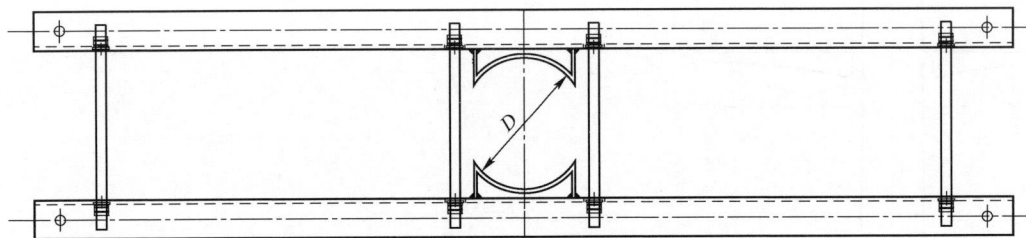

两副直线杆单角钢横担通过双头螺栓连接组合成直线转角杆横担

说明：1. 按直线水泥杆杆头示意图选定直线杆单角钢横担。
2. 将选定的两副直线杆单角钢横担通过双头螺栓（双头螺栓加工图见图6-28）按图示方式连接组合成一副直线转角杆横担。
3. 按直线杆横担要求选配斜撑、斜撑抱箍。
4. 本图也可用于重要交叉跨越的直线横担。

图 6-15 直线转角杆横担组装示意图

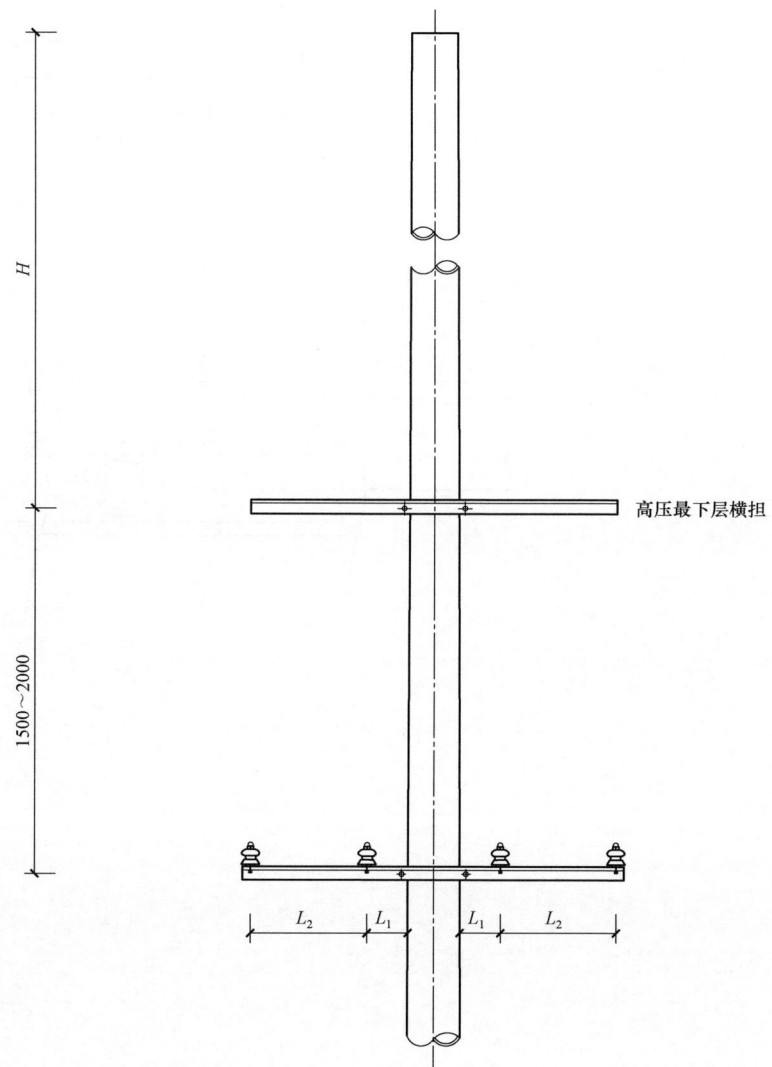

380V 横担选型表

线型	横担使用档距	尺寸（mm）	
		L_1	L_2
绝缘线	50m 及以下	≥150	400
	50～60m	≥150	450
	60～80m	≥150	550

H

$1500\sim2000$

高压最下层横担

L_2 L_1 L_1 L_2

图 6-16 高低压同杆直线水泥单杆杆头示意图

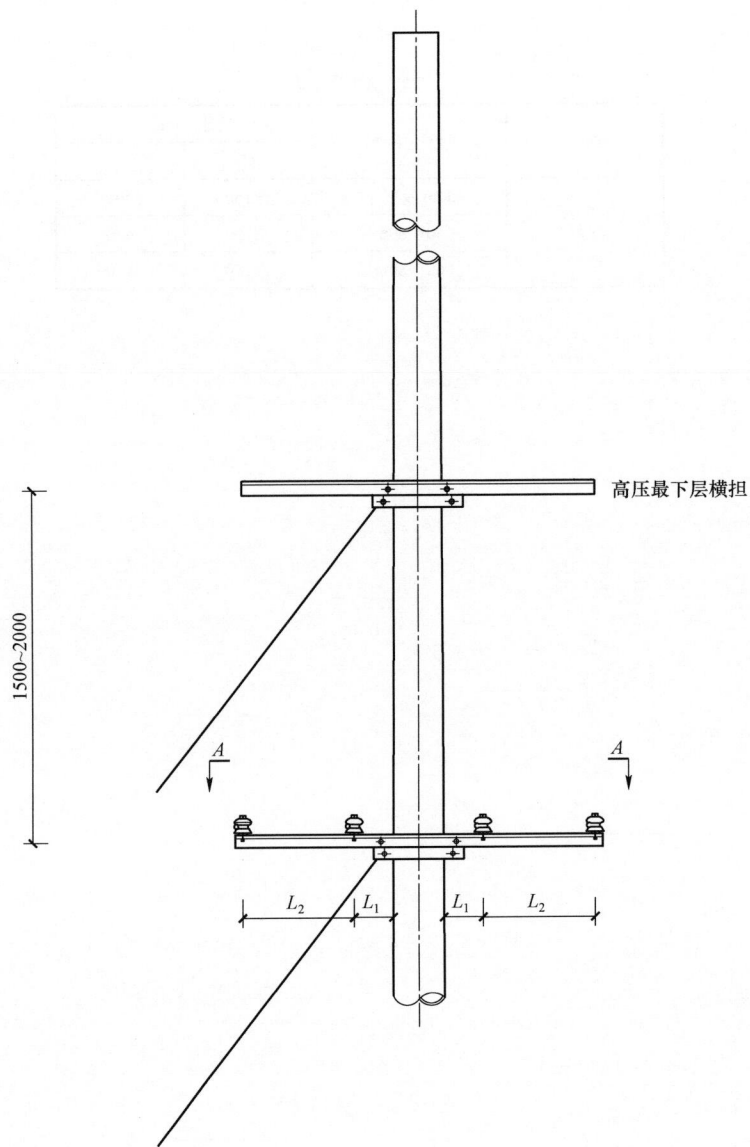

380V 横担选型表

线型	横担使用档距	尺寸（mm）	
		L_1	L_2
绝缘线	50m 及以下	≥150	450
	50～60m	≥150	500
	60～80m	≥150	600

说明：适用转角度数见表 10-5。

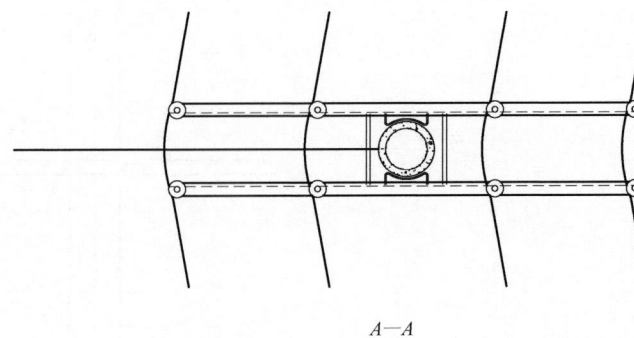

高压最下层横担

1500~2000

A

A

L_2 L_1 L_1 L_2

$A—A$

图 6-17　高低压同杆直线转角水泥单杆杆头示意图

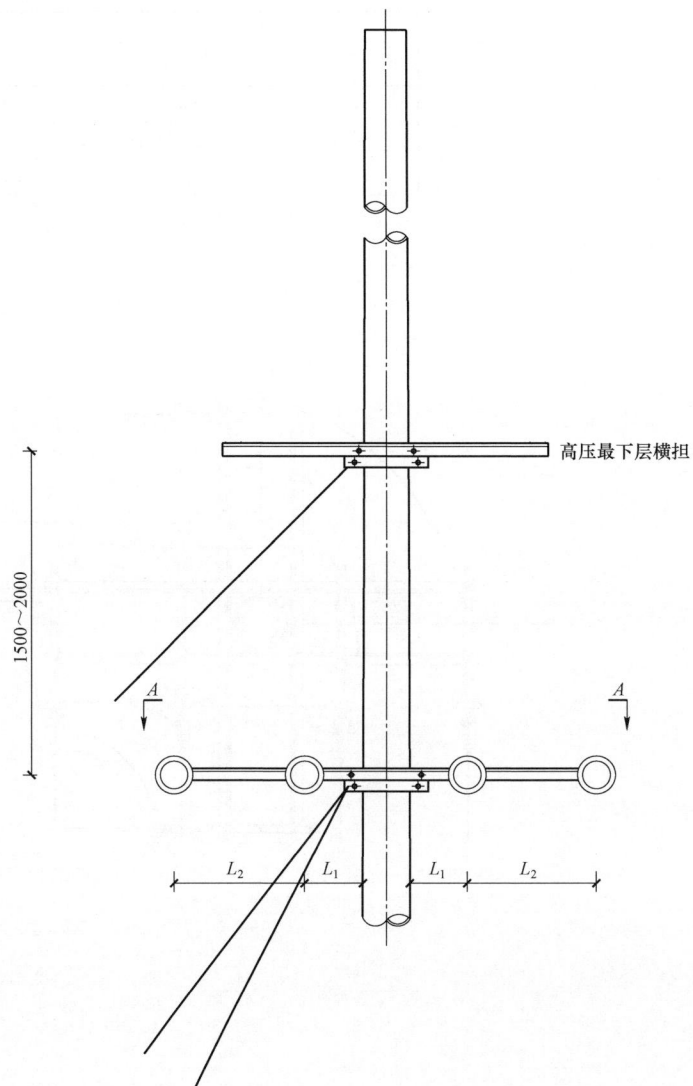

380V 横担选型表

线型	横担使用档距	尺寸（mm）	
		L_1	L_2
绝缘线	50m 及以下	≥200	450
	50～60m	≥200	500
	60～80m	≥200	600

说明：用于 45°及以下转角。

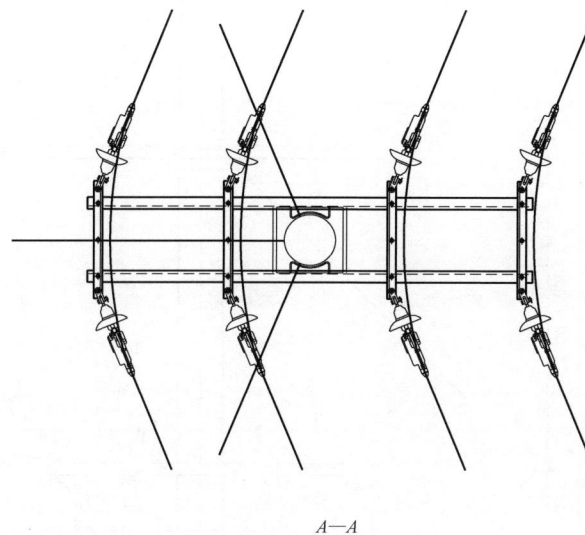

高压最下层横担

1500～2000

L_2　L_1　L_1　L_2

A　A

$A—A$

图 6−18　高低压同杆转角水泥单杆杆头示意图（1/2）

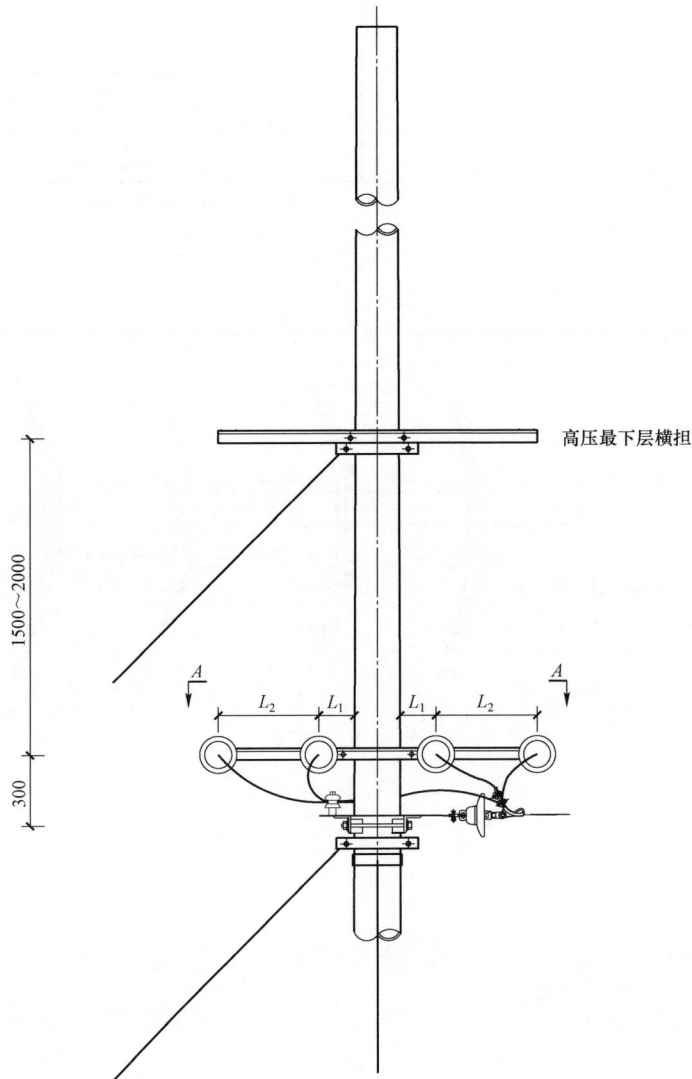

380V 横担选型表

线型	横担使用档距	尺寸（mm）	
		L_1	L_2
绝缘线	50m 及以下	≥150	400
	50～60m	≥150	450
	60～80m	≥150	550

说明：用于 45°～90°转角。

高压最下层横担

1500～2000

300

L_2 L_1 L_1 L_2

A A

$A—A$

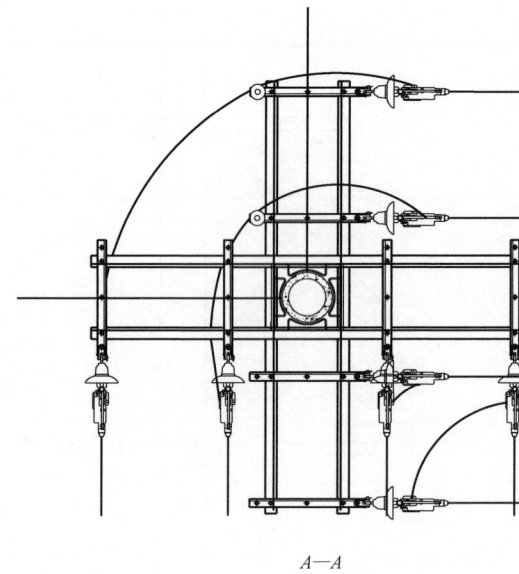

图 6—19　高低压同杆转角水泥单杆杆头示意图（2/2）

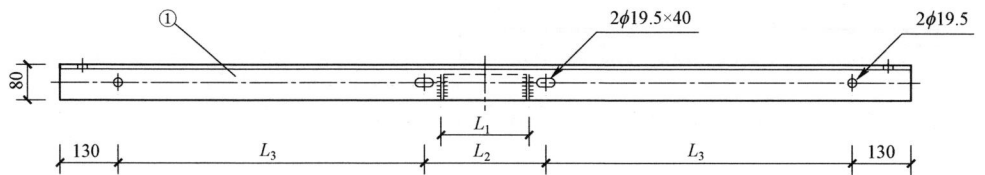

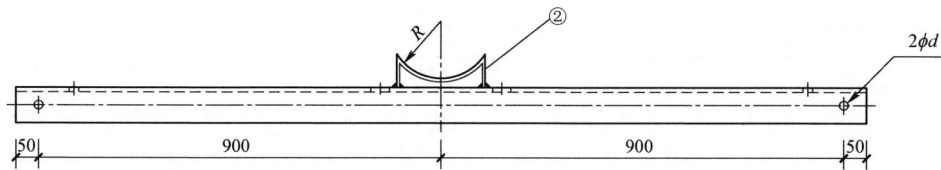

横担加工图（比例1:20）

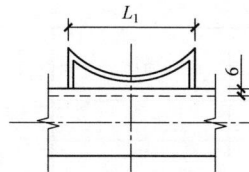

扁钢②加工图（比例1:10）

材 料 表

杆径 (mm)	编号	材料名称	规格（mm）	单位	数量	质量（kg）一件	质量（kg）小计	合计总重（kg）①＋②	备注
	①	角钢	L80×8×1900	块	1	18.35	18.4		
190	②	扁钢	−60×6×243	块	1	0.69	0.7	19.1	
205	②	扁钢	−60×6×257	块	1	0.73	0.7	19.1	
245	②	扁钢	−60×6×331	块	1	0.93	0.9	19.3	

横担加工尺寸及零件选取表

水泥杆杆径（mm）	L_1（mm）	L_2（mm）	L_3（mm）	R（mm）	杆头示意图	U 型抱箍
190	150	230	705	95	图 6−5 上横担	U18−200
205	160	240	700	103	图 6−3 横担	U18−220
245	200	280	680	123	图 6−3 横担	U18−260

说明：1. 扁钢与角钢须四面焊接，且焊缝高度为 6mm。
2. 所有材料均须热镀锌防腐。
3. 所有材料材质均为 Q355。
4. 扁钢②与角钢间隙 6mm。
5. 根据选取的绝缘子固定螺栓的规格，确定安装孔径 d（M16 螺栓取 17.5，M18 螺栓取 19.5，M20 螺栓取 21.5）。
6. 横担准线根据 DL/T 5442—2020 角钢准距表中的技术参数。
7. 本横担如用于直线转角横担，根据图 6−15 要求调整使用。

图 6−20　HD1−19/8008 水泥单杆直线横担加工图

斜撑孔2φ19.5   2φ19.5

2φ19.5×40

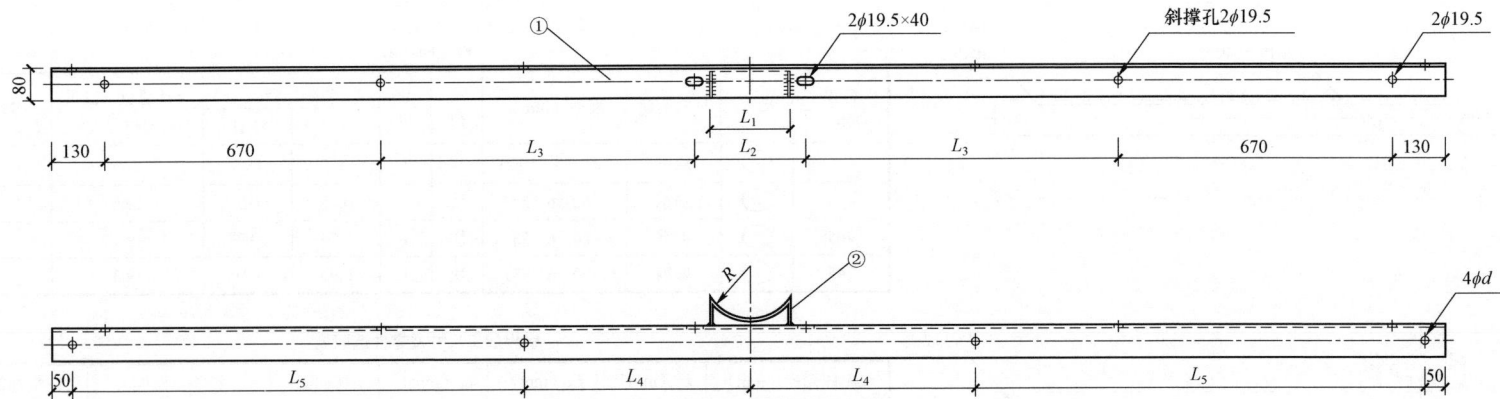

横担加工图（比例1:20）

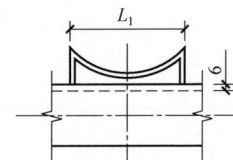

扁钢②加工图（比例1:10）

说明：1. 扁钢与角钢须四面焊接，且焊缝高度为6mm。
2. 所有材料均须热镀锌防腐。
3. 所有材料材质均为Q355。
4. 扁钢②与角钢间隙6mm。
5. 根据选取的绝缘子固定螺栓的规格，确定安装孔径 d（M16 螺栓取 17.5，M18 螺栓取 19.5，M20 螺栓取 21.5）。
6. 横担准线根据 DL/T 5442—2020 角钢准距表中的技术参数。
7. 本横担如用于直线转角横担，根据图 6-15 要求调整使用。

材 料 表

杆径（mm）	编号	材料名称	规格（mm）	单位	数量	质量（kg）		合计总重（kg）①+②	备注
						一件	小计		
	①	角钢	L80×8×3400	块	1	32.84	32.8		
205	②	扁钢	−60×6×257	块	1	0.73	0.7	33.5	
245	②	扁钢	−60×6×331	块	1	0.93	0.9	33.7	

横担加工尺寸及零件选取表

水泥杆杆径（mm）	L_1（mm）	L_2（mm）	L_3（mm）	L_4（mm）	L_5（mm）	R（mm）	杆头示意图	U 型抱箍	斜撑	斜撑抱箍
205	160	240	780	550	1100	103	图 6-5 下横担	U18-220	ZX-1250	ZB-220
245	200	280	760	550	1100	123	图 6-5 下横担	U18-260	ZX-1250	ZB-260

图 6-21　HD1-34/8008 水泥单杆直线横担加工图

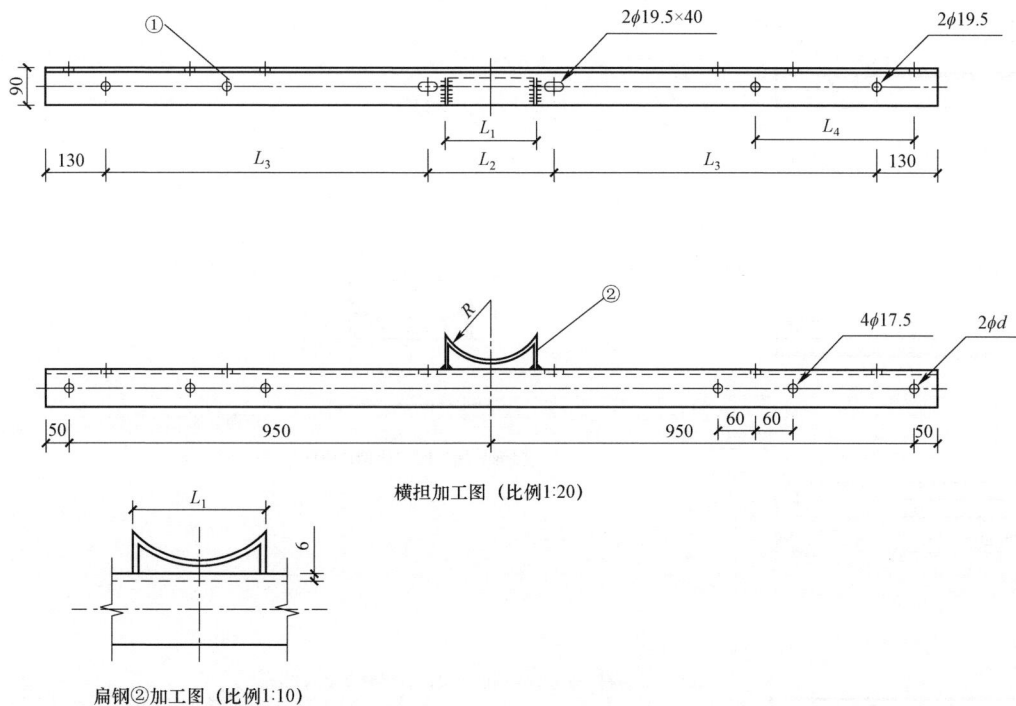

材 料 表

杆径 （mm）	编号	材料名称	规格（mm）	单位	数量	质量（kg）		合计总重（kg） ①+②	备注
						一件	小计		
	①	角钢	L90×8× 2000	块	1	21.89	21.9		
190	②	扁钢	−6×60×243	块	1	0.69	0.7	22.6	
205	②	扁钢	−6×60×257	块	1	0.73	0.7	22.6	
230	②	扁钢	−6×60×317	块	1	0.9	0.9	22.8	
250	②	扁钢	−6×60×349	块	1	0.99	1.00	22.9	
270	②	扁钢	−6×60×394	块	1	1.11	1.1	23.0	

横担加工尺寸及零件选取表

水泥杆杆径 （mm）	L_1（mm）	L_2（mm）	L_3（mm）	L_4（mm）	R（mm）	杆头示意图	U型抱箍
190	150	230	705	490	95		U18−200
205	160	240	700	490	103		U18−220
230	190	270	685	480	115	图6−6 横担	U18−240
250	210	290	675	480	128		U18−270
270	230	310	665	470	135		U18−280

横担加工图（比例1:20）

扁钢②加工图（比例1:10）

说明：1. 扁钢与角钢须四面焊接，且焊缝高度为6mm。

2. 所有材料均须热镀锌防腐。

3. 所有材料材质均为Q355。

4. 扁钢②与角钢间隙6mm。

5. 根据选取的绝缘子固定螺栓的规格，确定安装孔径 d（M16螺栓取17.5，M18螺栓取19.5，M20螺栓取21.5）。

6. 横担准线根据DL/T 5442—2020角钢准距表中的技术参数。

7. 本横担如用于直线转角横担，根据图6−15要求调整使用。

图6−22 HD1−20/9008水泥单杆直线横担加工图

2φ19.5×40   2φ19.5

2φd

扁钢②加工图（比例1:10）

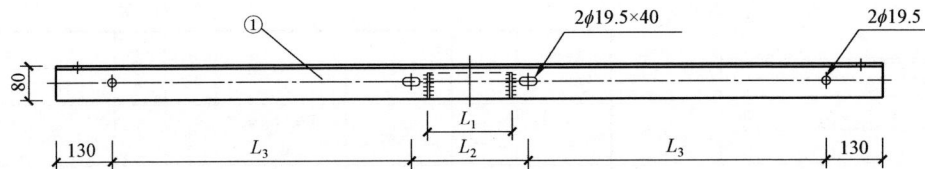

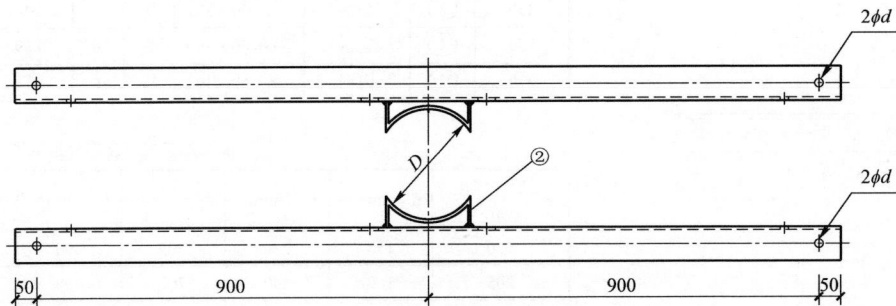

横担加工图（比例1:20）

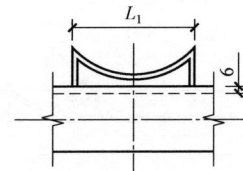

材 料 表

杆径（mm）	编号	材料名称	规格（mm）	单位	数量	质量（kg）		合计总重（kg）①+②	备注
						一件	小计		
	①	角钢	L80×8×1900	块	2	18.35	36.7		
205	②	扁钢	−60×6×257	块	2	0.73	1.5	38.2	
245	②	扁钢	−60×6×331	块	2	0.93	1.9	38.6	

说明：1. 扁钢与角钢须四面焊接，且焊缝高度为 6mm。
2. 所有材料均须热镀锌防腐。
3. 所有材料材质均为 Q355。
4. 扁钢②与角钢间隙 6mm。
5. 根据选取的绝缘子固定螺栓的规格，确定安装孔径 d（M16 螺栓取 17.5，M18 螺栓取 19.5，M20 螺栓取 21.5）。
6. 横担准线根据 DL/T 5442—2020 角钢准距表中的技术参数。

横担加工尺寸及零件选取表

水泥杆杆径（mm）	L_1（mm）	L_2（mm）	L_3（mm）	D（mm）	杆头示意图	双头螺栓
205	160	240	700	205	图 6-3 横担	ST-340
245	200	280	680	245		ST-380

图 6－23　HD2－19/8008 水泥单杆直线横担加工图

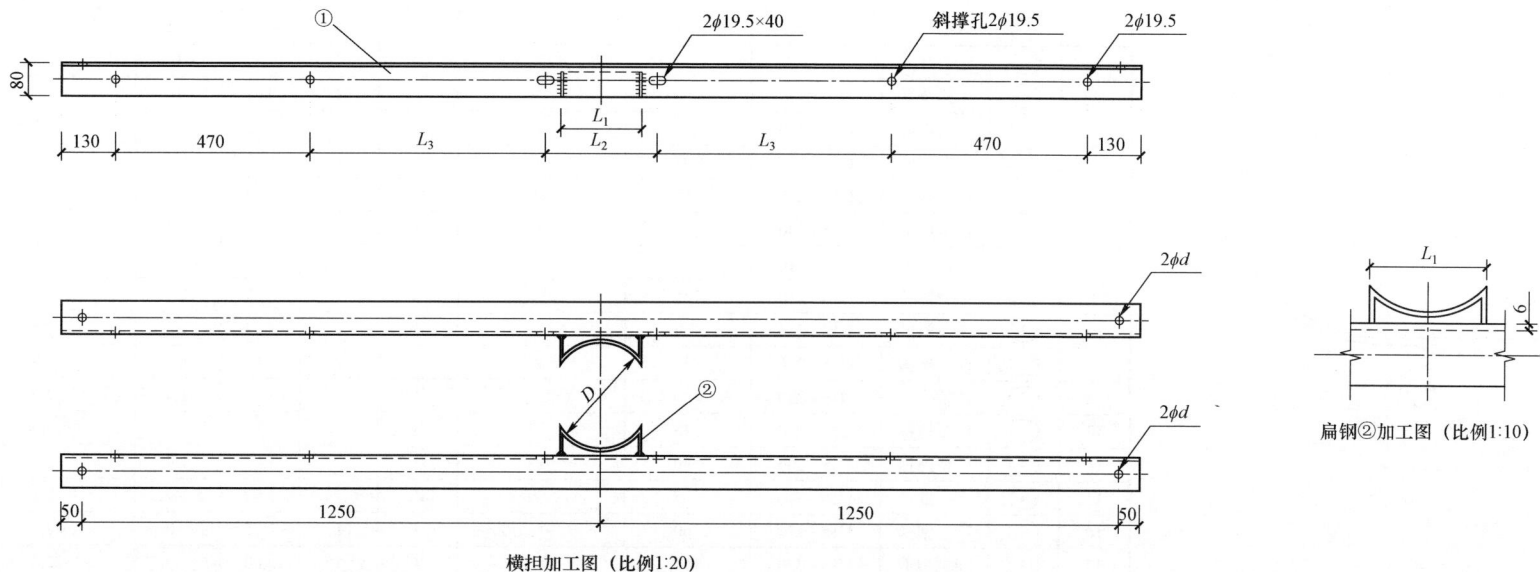

横担加工图（比例1:20）

扁钢②加工图（比例1:10）

材 料 表

杆径（mm）	编号	材料名称	规格（mm）	单位	数量	质量（kg）		合计总重（kg）①+②	备注
						一件	小计		
	①	角钢	L80×8×2600	块	2	25.11	50.2		
205	②	扁钢	−60×6×257	块	2	0.73	1.5	51.7	
245	②	扁钢	−60×6×331	块	2	0.93	1.9	52.1	

横担加工尺寸及零件选取表

水泥杆杆径（mm）	L_1（mm）	L_2（mm）	L_3（mm）	D（mm）	杆头示意图	双头螺栓	斜撑	斜撑抱箍
205	160	240	580	205	图6−3 横担	ST−340	ZX−1100	ZB−220
245	200	280	560	245		ST−380	ZX−1100	ZB−260

说明：1. 扁钢与角钢须四面焊接，且焊缝高度为6mm。
2. 所有材料均须热镀锌防腐。
3. 所有材料材质均为Q355。
4. 扁钢②与角钢间隙6mm。
5. 根据选取的绝缘子固定螺栓的规格，确定安装孔径 d（M16螺栓取17.5，M18螺栓取19.5，M20螺栓取21.5）。
6. 横担准线根据DL/T 5442—2020角钢准距表中的技术参数。

图 6−24 HD2−26/8008 水泥单杆直线横担加工图

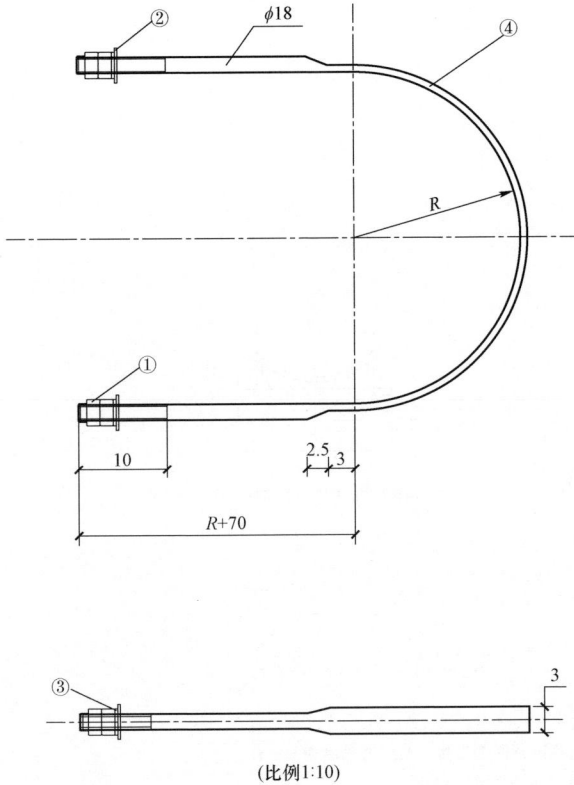

（比例1:10）

说明：1. 所有材料材质均为 Q355 型钢材并进行热镀锌防腐处理。
　　　2. 半圆部分的圆钢须打扁。

材　料　表

序号	编号	名称	规格	R（mm）	长度 L（mm）	单位	数量	质量（kg） 一件	质量（kg） 小计	合计总重（kg） ①+②+③+④	备注
1	①	螺母	AM18			个	4	0.05	0.2		
2	②	平垫	ϕ18			个	2	0.01	0.02		
3	③	弹垫	ϕ18			个	2	0.01	0.02		
4	④	U 型抱箍	U18－200	100	667	块	1	1.33	1.3	1.5	
5	④	U 型抱箍	U18－210	105	693	块	1	1.39	1.4	1.6	
6	④	U 型抱箍	U18－220	110	719	块	1	1.44	1.5	1.7	
7	④	U 型抱箍	U18－230	115	744	块	1	1.49	1.5	1.7	
8	④	U 型抱箍	U18－240	120	770	块	1	1.54	1.6	1.8	
9	④	U 型抱箍	U18－250	125	796	块	1	1.59	1.6	1.8	
10	④	U 型抱箍	U18－260	130	822	块	1	1.64	1.6	1.8	
11	④	U 型抱箍	U18－270	135	847	块	1	1.69	1.7	1.9	
12	④	U 型抱箍	U18－280	140	873	块	1	1.75	1.8	2.0	
13	④	U 型抱箍	U18－290	145	899	块	1	1.80	1.8	2.0	
14	④	U 型抱箍	U18－300	150	924	块	1	1.85	1.9	2.1	
15	④	U 型抱箍	U18－310	155	950	块	1	1.90	1.9	2.1	
16	④	U 型抱箍	U18－320	160	976	块	1	1.95	2.0	2.2	
17	④	U 型抱箍	U18－330	165	1001	块	1	2.00	2.0	2.2	
18	④	U 型抱箍	U18－340	170	1027	块	1	2.05	2.1	2.3	
19	④	U 型抱箍	U18－350	175	1053	块	1	2.11	2.1	2.3	
20	④	U 型抱箍	U18－360	180	1078	块	1	2.16	2.2	2.4	
21	④	U 型抱箍	U18－370	185	1104	块	1	2.21	2.2	2.4	
22	④	U 型抱箍	U18－380	190	1130	块	1	2.26	2.3	2.5	
23	④	U 型抱箍	U18－390	195	1155	块	1	2.31	2.3	2.5	
24	④	U 型抱箍	U18－400	200	1181	块	1	2.36	2.4	2.6	
25	④	U 型抱箍	U18－410	205	1207	块	1	2.41	2.4	2.6	
26	④	U 型抱箍	U18－420	210	1233	块	1	2.47	2.5	2.7	
27	④	U 型抱箍	U18－430	215	1258	块	1	2.52	2.5	2.7	
28	④	U 型抱箍	U18－440	220	1284	块	1	2.57	2.6	2.8	
29	④	U 型抱箍	U18－450	225	1310	块	1	2.62	2.6	2.8	
30	④	U 型抱箍	U18－460	230	1335	块	1	2.67	2.7	2.9	
31	④	U 型抱箍	U18－470	235	1361	块	1	2.72	2.7	2.9	
32	④	U 型抱箍	U18－480	240	1387	块	1	2.77	2.8	3.0	
33	④	U 型抱箍	U18－490	245	1412	块	1	2.83	2.8	3.0	
34	④	U 型抱箍	U18－500	250	1438	块	1	2.88	2.9	3.1	
35	④	U 型抱箍	U18－510	255	1464	块	1	2.93	2.9	3.1	

图 6－25　U 型抱箍加工图

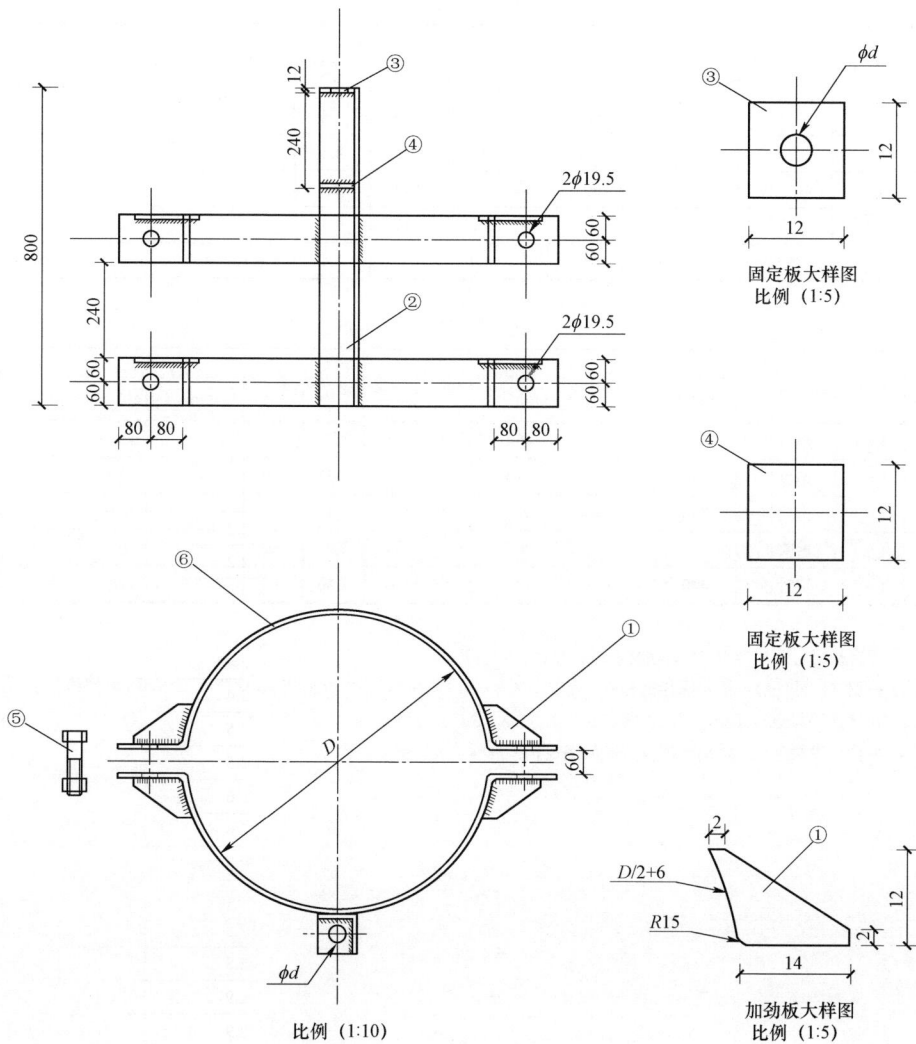

材 料 表

序号	编号	名称	规格	长度 (mm)	单位	数量	质量（kg）		备注
							一件	小计	
1	①	加劲板	−6×60	80	块	8	0.23	1.8	
2	②	支撑铁	L63×6	400	块	1	2.29	2.3	
3	③	固定板	−6×60	60	块	1	0.17	0.2	
4	④	固定板	−6×60	60	块	1	0.17	0.2	
5	⑤	螺栓	M18×80	80	个	4	0.34	1.4	6.8级，单帽单垫，无扣长42mm

选 型 表

序号	编号	名称	D（mm）	规格	长度 (mm)	单位	数量	质量（kg）		合计总重（kg） ①+②+③+④+⑤+⑥
								一件	小计	
1	⑥	抱箍板	200	−6×60	458	块	4	1.29	5.2	11.1
2	⑥	抱箍板	240	−6×60	520	块	4	1.47	5.9	11.8
3	⑥	抱箍板	280	−6×60	583	块	4	1.65	6.6	12.5
4	⑥	抱箍板	360	−6×60	708	块	4	2.00	8.0	13.9
5	⑥	抱箍板	440	−6×60	834	块	4	2.36	9.4	15.3

说明：1. 所有材料材质均为 Q355 型钢材并进行热镀锌防腐处理。

2. 根据选取的绝缘子固定螺栓的规格，确定安装孔径 d（M16 螺栓取 17.5，M18 螺栓取 19.5，M20 螺栓取 21.5）。

3. 支撑铁②与抱箍板⑥，固定板③、④与支撑铁②须焊接牢固。

4. 各构件焊接工艺、焊缝高度及长度应满足相关规程、规范要求。

图 6−26　直线单顶抱箍加工图

材 料 表

序号	编号	名称	规格	长度（mm）	单位	数量	质量（kg）		备注
							一件	小计	
1	①	加劲板	−6×60	80	块	8	0.23	1.8	
2	②	支撑铁	L63×6	400	块	2	2.29	4.6	
3	③	固定板	−6×60	60	块	2	0.17	0.3	
4	④	固定板	−6×60	60	块	2	0.17	0.3	
5	⑤	螺栓	M18×80	80	个	4	0.34	1.4	6.8级，单帽单垫，无扣长42mm

选 型 表

序号	编号	名称	D（mm）	规格	长度（mm）	单位	数量	质量（kg）		合计总重（kg）①+②+③+④+⑤+⑥
								一件	小计	
1	⑥	抱箍板	200	−6×60	458	块	4	1.29	5.2	13.6
2	⑥	抱箍板	240	−6×60	520	块	4	1.47	5.9	14.3
3	⑥	抱箍板	280	−6×60	583	块	4	1.65	6.6	15.0
4	⑥	抱箍板	360	−6×60	708	块	4	2.00	8.0	16.4
5	⑥	抱箍板	440	−6×60	834	块	4	2.36	9.4	17.8

说明： 1. 所有材料材质均为 Q355 型钢材并进行热镀锌防腐处理。

2. 根据选取的绝缘子固定螺栓的规格，确定安装孔径 d（M16 螺栓取 17.5，M18 螺栓取 19.5，M20 螺栓取 21.5）。

3. 支撑铁②与抱箍板⑥，固定板③、④与支撑铁②须焊接牢固。

4. 各构件焊接工艺、焊缝高度及长度应满足相关规程、规范要求。

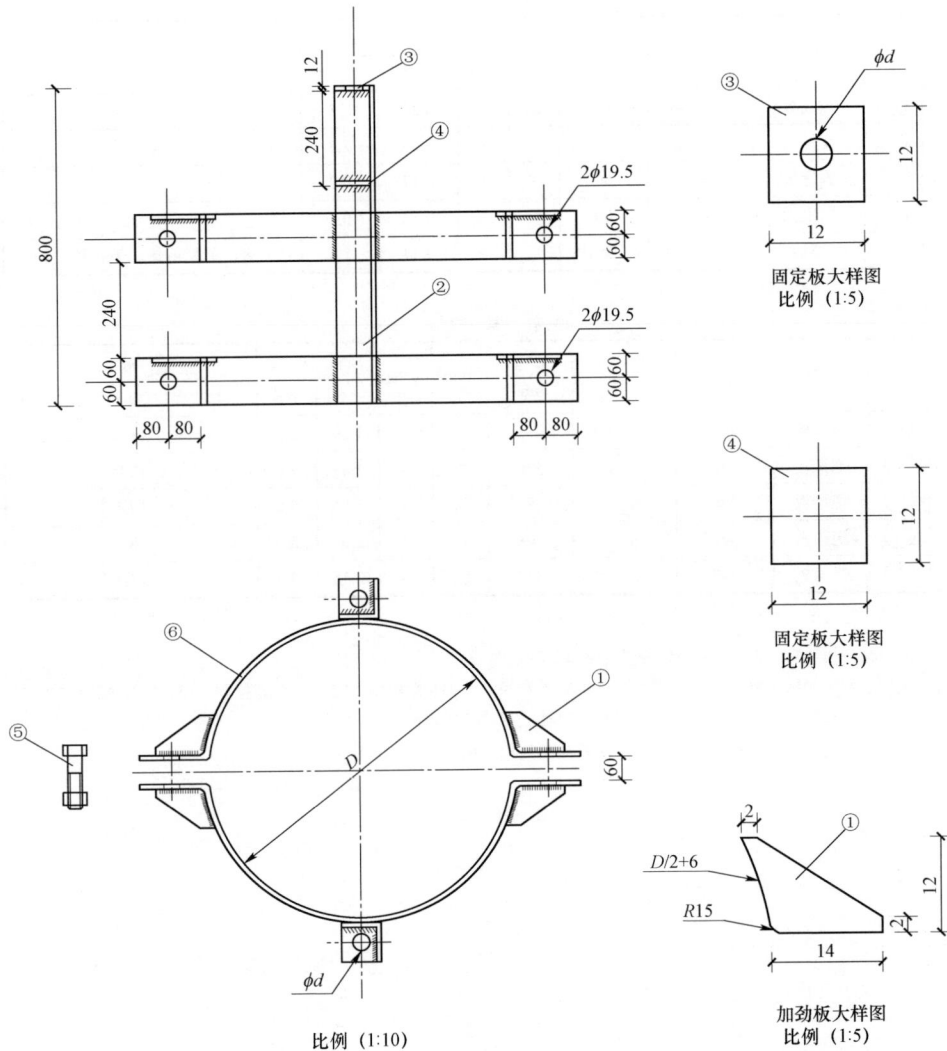

图 6−27 直线双顶抱箍加工图

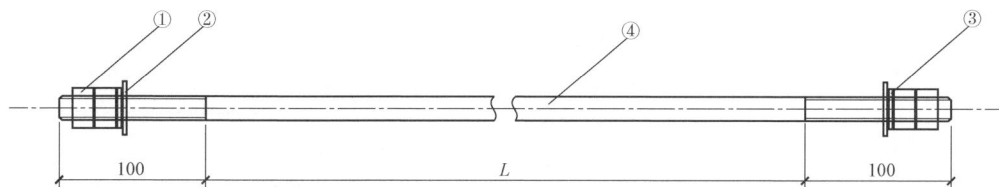

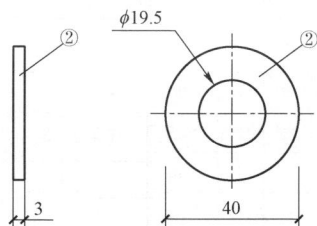

垫片大样图

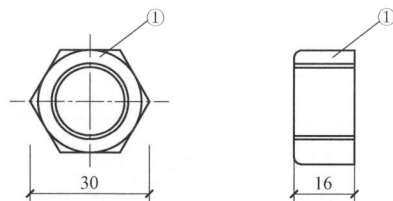

螺母大样图

说明：1. 所有材料材质均为 Q355 型钢材并进行热镀锌防腐处理。

2. 螺栓的性能等级 6.8 级。

材 料 表

序号	编号	型号	名称	规格 M18×L（mm）	单位	数量	质量（kg）		合计总重（kg）①+②+③+④
							一件	小计	
1	①		螺母	AM18	个	4	0.05	0.2	
2	②		平垫	φ18	个	2	0.01	0.02	
3	③		弹垫	φ18	个	2	0.01	0.02	
4	④	ST－300	双头螺栓	M18×100	根	1	0.60	0.6	0.8
5	④	ST－310	双头螺栓	M18×110	根	1	0.62	0.6	0.8
6	④	ST－320	双头螺栓	M18×120	根	1	0.64	0.6	0.8
7	④	ST－330	双头螺栓	M18×130	根	1	0.66	0.7	0.9
8	④	ST－340	双头螺栓	M18×140	根	1	0.68	0.7	0.9
9	④	ST－350	双头螺栓	M18×150	根	1	0.70	0.7	0.9
10	④	ST－360	双头螺栓	M18×160	根	1	0.72	0.7	0.9
11	④	ST－370	双头螺栓	M18×170	根	1	0.74	0.7	0.9
12	④	ST－380	双头螺栓	M18×180	根	1	0.76	0.8	1.0
13	④	ST－390	双头螺栓	M18×190	根	1	0.78	0.8	1.0
14	④	ST－400	双头螺栓	M18×200	根	1	0.80	0.8	1.0
15	④	ST－410	双头螺栓	M18×210	根	1	0.82	0.8	1.0
16	④	ST－420	双头螺栓	M18×220	根	1	0.84	0.8	1.0
17	④	ST－430	双头螺栓	M18×230	根	1	0.86	0.9	1.1
18	④	ST－440	双头螺栓	M18×240	根	1	0.88	0.9	1.1
19	④	ST－450	双头螺栓	M18×250	根	1	0.90	0.9	1.1
20	④	ST－460	双头螺栓	M18×260	根	1	0.92	0.9	1.1
21	④	ST－470	双头螺栓	M18×270	根	1	0.94	0.9	1.1
22	④	ST－480	双头螺栓	M18×280	根	1	0.96	1.0	1.2
23	④	ST－490	双头螺栓	M18×290	根	1	0.98	1.0	1.2
24	④	ST－500	双头螺栓	M18×300	根	1	1.00	1.0	1.2
25	④	ST－510	双头螺栓	M18×310	根	1	1.02	1.0	1.2
26	④	ST－520	双头螺栓	M18×320	根	1	1.04	1.0	1.2
27	④	ST－530	双头螺栓	M18×330	根	1	1.06	1.1	1.3
28	④	ST－540	双头螺栓	M18×340	根	1	1.08	1.1	1.3
29	④	ST－550	双头螺栓	M18×350	根	1	1.10	1.1	1.3
30	④	ST－560	双头螺栓	M18×360	根	1	1.12	1.1	1.3
31	④	ST－570	双头螺栓	M18×370	根	1	1.14	1.1	1.3
32	④	ST－580	双头螺栓	M18×380	根	1	1.16	1.2	1.4
33	④	ST－590	双头螺栓	M18×390	根	1	1.18	1.2	1.4
34	④	ST－600	双头螺栓	M18×400	根	1	1.20	1.2	1.4
35	④	ST－610	双头螺栓	M18×410	根	1	1.22	1.2	1.4
36	④	ST－620	双头螺栓	M18×420	根	1	1.24	1.2	1.4
37	④	ST－630	双头螺栓	M18×430	根	1	1.26	1.3	1.5
38	④	ST－640	双头螺栓	M18×440	根	1	1.28	1.3	1.5

图 6－28　双头螺栓加工图

材 料 表

序号	编号	名称	型号	规格	长度（mm）	L（mm）	单位	数量	质量（kg） 一件	质量（kg） 小计	合计总重（kg）①+②
1	①	螺栓		M18×50	50	50	个	1	0.27	0.3	
2	②	角钢	ZX-800	L56×5	800	600	根	1	3.40	3.4	3.7
3	②	角钢	ZX-850	L56×5	850	650	根	1	3.60	3.6	3.9
4	②	角钢	ZX-900	L56×5	900	700	根	1	3.80	3.8	4.1
5	②	角钢	ZX-950	L56×5	950	750	根	1	4.00	4.0	4.3
6	②	角钢	ZX-1000	L56×5	1000	800	根	1	4.25	4.3	4.6
7	②	角钢	ZX-1050	L56×5	1050	850	根	1	4.46	4.5	4.8
8	②	角钢	ZX-1100	L56×5	1100	900	根	1	4.68	4.7	5.0
9	②	角钢	ZX-1150	L56×5	1150	950	根	1	4.89	4.9	5.2
10	②	角钢	ZX-1200	L56×5	1200	1000	根	1	5.10	5.1	5.4
11	②	角钢	ZX-1250	L56×5	1250	1050	根	1	5.31	5.3	5.6
12	②	角钢	ZX-1300	L56×5	1300	1100	根	1	5.53	5.5	5.8
13	②	角钢	ZX-1350	L56×5	1350	1150	根	1	5.74	5.7	6.0
14	②	角钢	ZX-1400	L56×5	1400	1200	根	1	5.95	6.0	6.3
15	②	角钢	ZX-1450	L56×5	1450	1250	根	1	6.16	6.2	6.5
16	②	角钢	ZX-1500	L56×5	1500	1300	根	1	6.38	6.4	6.7
17	②	角钢	ZX-1550	L56×5	1550	1350	根	1	6.59	6.6	6.9
18	②	角钢	ZX-1600	L56×5	1600	1400	根	1	6.80	6.8	7.1

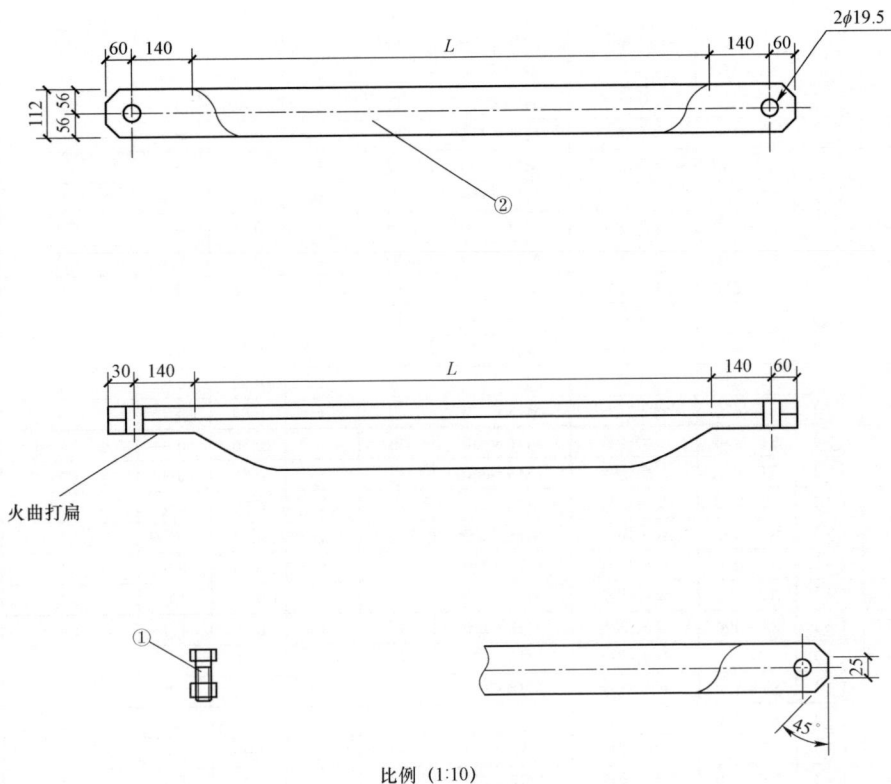

比例（1:10）

说明：1. 所有材料材质均为 Q355 型钢材并进行热镀锌防腐处理。

2. 螺栓①性能等级 6.8 级，单帽单垫，无扣长 12mm。

图 6-29 直线横担斜撑加工图

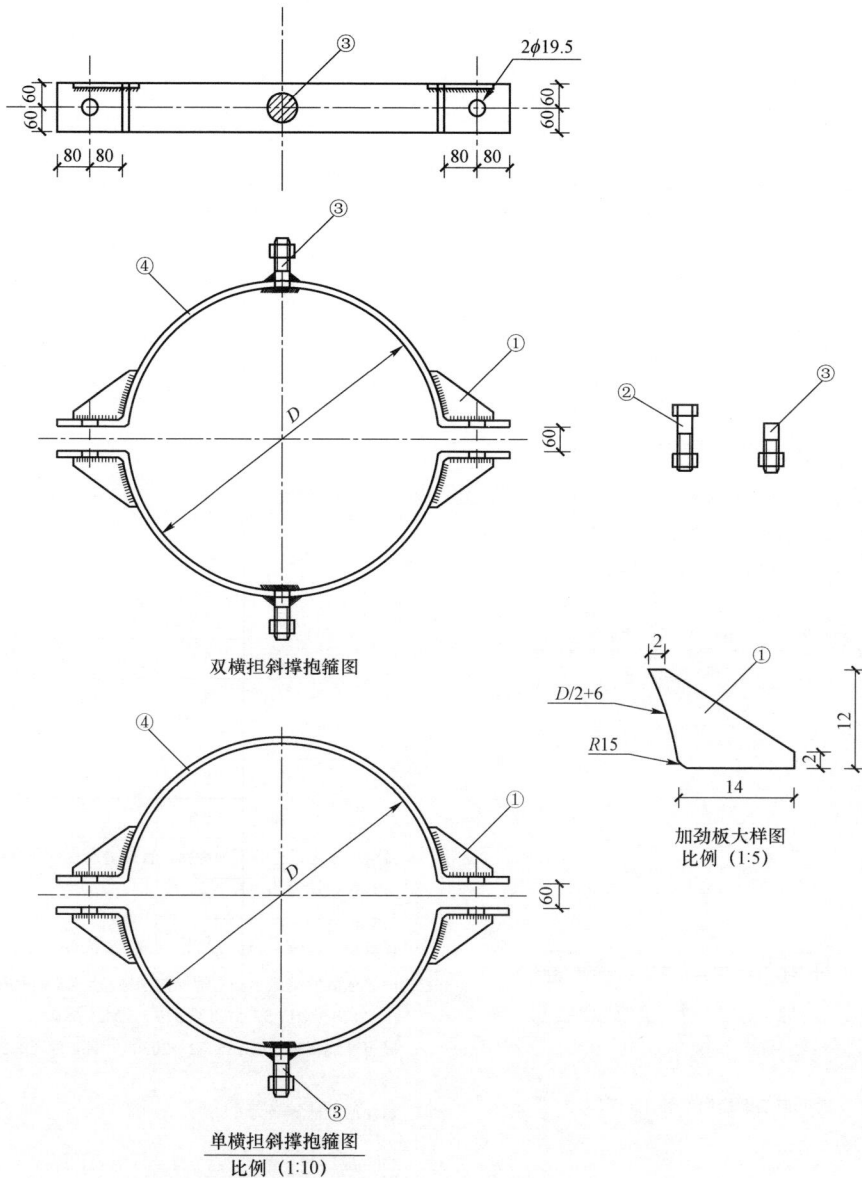

双横担斜撑抱箍图

单横担斜撑抱箍图
比例（1:10）

加劲板大样图
比例（1:5）

$D/2+6$
$R15$

说明：1. 所有材料材质均为 Q355 型钢材并进行热镀锌防腐处理。
2. 螺栓③与抱箍板④须焊接。
3. 螺栓的性能等级为 6.8 级。
4. 各构件焊接工艺、焊缝高度及长度应满足相关规程、规范要求。

材 料 表

序号	编号	名称	型号	D（mm）	规格	长度（mm）	单位	数量	质量（kg） 一件	质量（kg） 小计	合重（kg）①+②+③+④	备注
1	①	加劲板			$-6×60$	80	块	4	0.23	0.9		
2	②	螺栓			M18×80	80	个	2	0.34	0.7		单帽单垫，无扣长 42mm
3	③	螺栓			M18×70	70	个	2	0.32	0.6		单帽单垫，无扣长 30mm
4	④	斜撑抱箍	ZB－200	200	$-6×60$	457	块	2	1.29	2.6	4.8	
5	④	斜撑抱箍	ZB－210	210	$-6×60$	472	块	2	1.34	2.7	4.9	
6	④	斜撑抱箍	ZB－220	220	$-6×60$	489	块	2	1.38	2.8	5.0	
7	④	斜撑抱箍	ZB－230	230	$-6×60$	504	块	2	1.43	2.9	5.1	
8	④	斜撑抱箍	ZB－240	240	$-6×60$	520	块	2	1.47	3.0	5.2	
9	④	斜撑抱箍	ZB－250	250	$-6×60$	536	块	2	1.52	3.0	5.2	
10	④	斜撑抱箍	ZB－260	260	$-6×60$	552	块	2	1.56	3.1	5.3	
11	④	斜撑抱箍	ZB－270	270	$-6×60$	567	块	2	1.61	3.2	5.4	
12	④	斜撑抱箍	ZB－280	280	$-6×60$	583	块	2	1.65	3.3	5.5	
13	④	斜撑抱箍	ZB－290	290	$-6×60$	599	块	2	1.70	3.4	5.6	
14	④	斜撑抱箍	ZB－300	300	$-6×60$	614	块	2	1.74	3.5	5.7	
15	④	斜撑抱箍	ZB－310	310	$-6×60$	630	块	2	1.78	3.6	5.8	
16	④	斜撑抱箍	ZB－320	320	$-6×60$	646	块	2	1.83	3.7	5.9	
17	④	斜撑抱箍	ZB－330	330	$-6×60$	661	块	2	1.87	3.8	6.0	
18	④	斜撑抱箍	ZB－340	340	$-6×60$	677	块	2	1.92	3.9	6.1	
19	④	斜撑抱箍	ZB－350	350	$-6×60$	693	块	2	1.96	3.9	6.1	
20	④	斜撑抱箍	ZB－360	360	$-6×60$	708	块	2	2.00	4.0	6.2	
21	④	斜撑抱箍	ZB－370	370	$-6×60$	724	块	2	2.05	4.1	6.3	
22	④	斜撑抱箍	ZB－380	380	$-6×60$	740	块	2	2.09	4.2	6.4	
23	④	斜撑抱箍	ZB－390	390	$-6×60$	755	块	2	2.14	4.3	6.5	
24	④	斜撑抱箍	ZB－400	400	$-6×60$	771	块	2	2.18	4.4	6.6	
25	④	斜撑抱箍	ZB－410	410	$-6×60$	787	块	2	2.23	4.5	6.7	
26	④	斜撑抱箍	ZB－420	420	$-6×60$	803	块	2	2.27	4.6	6.8	
27	④	斜撑抱箍	ZB－430	430	$-6×60$	818	块	2	2.31	4.6	6.8	
28	④	斜撑抱箍	ZB－440	440	$-6×60$	834	块	2	2.36	4.7	6.9	
29	④	斜撑抱箍	ZB－450	450	$-6×60$	850	块	2	2.41	4.8	7.0	
30	④	斜撑抱箍	ZB－460	460	$-6×60$	865	块	2	2.45	4.9	7.1	
31	④	斜撑抱箍	ZB－470	470	$-6×60$	881	块	2	2.49	5.0	7.2	
32	④	斜撑抱箍	ZB－480	480	$-6×60$	897	块	2	2.54	5.1	7.3	
33	④	斜撑抱箍	ZB－490	490	$-6×60$	912	块	2	2.58	5.2	7.4	
34	④	斜撑抱箍	ZB－500	500	$-6×60$	928	块	2	2.63	5.3	7.5	

图 6－30 直线横担斜撑抱箍加工图

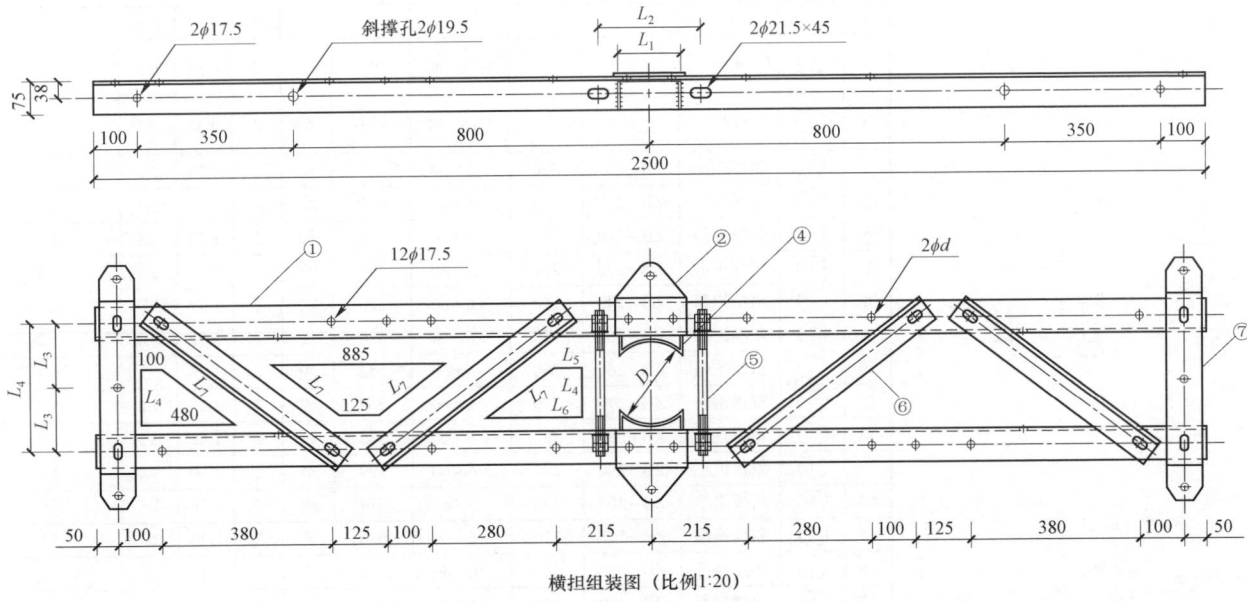

横担组装图（比例1:20）

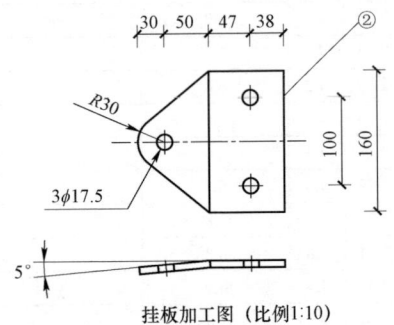

2φ17.5　斜撑孔2φ19.5　2φ21.5×45

12φ17.5　2φd

挂板加工图（比例1:10）

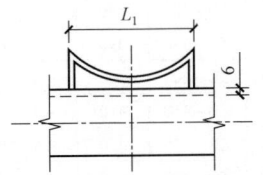

扁钢④加工图（比例1:10）

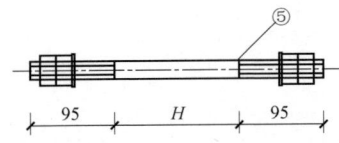

双头螺栓加工图（比例1:10）

说明：1. 扁钢④与角钢①须四面焊接，且焊缝高度为6mm。
2. 所有材料均须热镀锌防腐。
3. 所有材料材质均为Q355。
4. 扁钢④与角钢①间隙6mm。
5. 根据选取的绝缘子固定螺栓的规格，确定安装孔径 d（M16配φ17.5，M18配φ19.5，M20配φ21.5）。
6. 横担准线根据 DL/T 5442—2020 角钢准距表中的技术参数。
7. 螺栓的性能等级为6.8级。

图6-31　HD3-25/7508水泥单杆耐张横担加工图（1/2）

2φ17.5 ⑦ φd 2φ17.5×35

联板加工图（比例1:10）

2φ17.5×35 ⑥

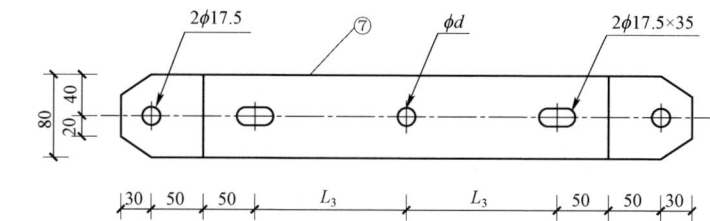

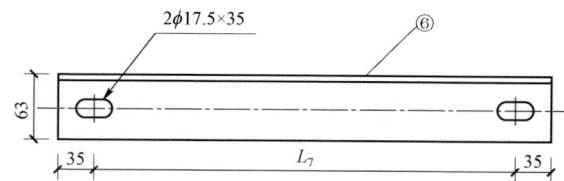

斜铁加工图（比例1:10）

材　料　表

杆径（mm）	编号	材料名称	规格（mm）	单位	数量	质量（kg）			备注
						一件	小计	总重	
190	①	角钢	L75×8×2500	块	2	22.58	45.2		
	②	挂板	−160×8×165	块	2	1.66	3.3		
	③	螺栓	M16×45	个	16	0.15	2.4		单帽单垫，无扣长12mm
	④	扁钢	−70×6×223	块	2	0.74	1.5		
	⑤	螺栓	M20×330	个	2	1.05	2.1	72.6	
	⑥	角钢	L63×6×548	块	4	3.14	12.6		
	⑦	扁钢	−80×8×550	块	2	2.76	5.5		
200	④	扁钢	−70×6×234	块	2	0.77	1.5		
	⑤	螺栓	M20×340	个	2	1.08	2.2	72.9	
	⑥	角钢	L63×6×556	块	4	3.17	12.7		
	⑦	扁钢	−80×8×560	块	2	2.81	5.6		

选　型　表

杆径（mm）	L_1（mm）	L_2（mm）	L_3（mm）	L_4（mm）	L_5（mm）	L_6（mm）	L_7（mm）	D（mm）	H（mm）	杆头示意图	斜撑	斜撑抱箍
190	142	230	145	290	100	480	478	190	140	图6−8横担	NX−1000	NB−200
200	149	240	150	300	95	478	486	200	150	图6−8横担		NB−210

图 6−32　HD3−25/7508 水泥单杆耐张横担加工图（2/2）

说明：
1. 扁钢④与角钢①须四面焊接，且焊缝高度为6mm。
2. 所有材料均须热镀锌防腐。
3. 所有材料材质均为Q355。
4. 扁钢④与角钢①间隙6mm。
5. 根据选取的绝缘子固定螺栓的规格，确定安装孔径 d（M16 配 φ17.5，M18 配 φ19.5，M20 配 φ21.5）。
6. 横担准线根据 DL/T 5442—2020 角钢准距表中的技术参数。
7. 螺栓的性能等级为6.8级。

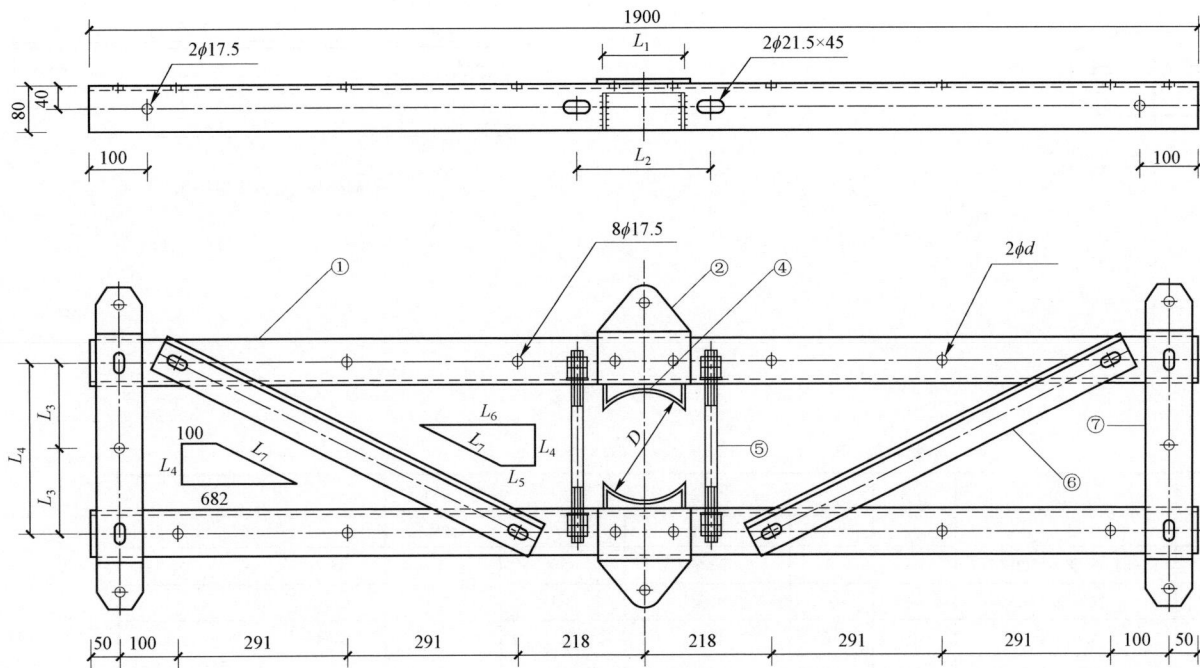

横担组装图（比例1:20）

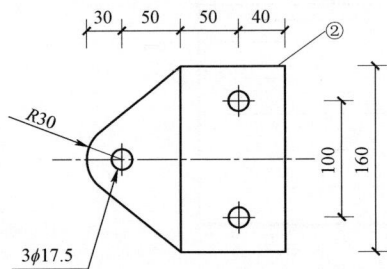

扁钢④加工图（比例1:10）

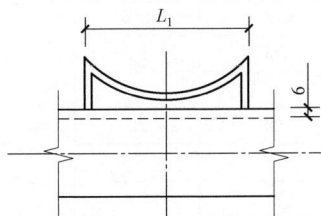

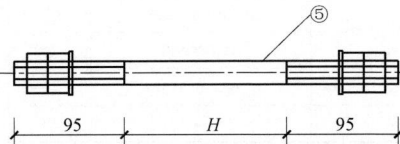

双头螺栓加工图（比例1:10）

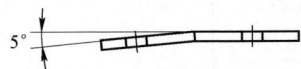

挂板加工图（比例1:10）

图 6－33　HD3－19/8008 水泥单杆耐张横担加工图（1/6）

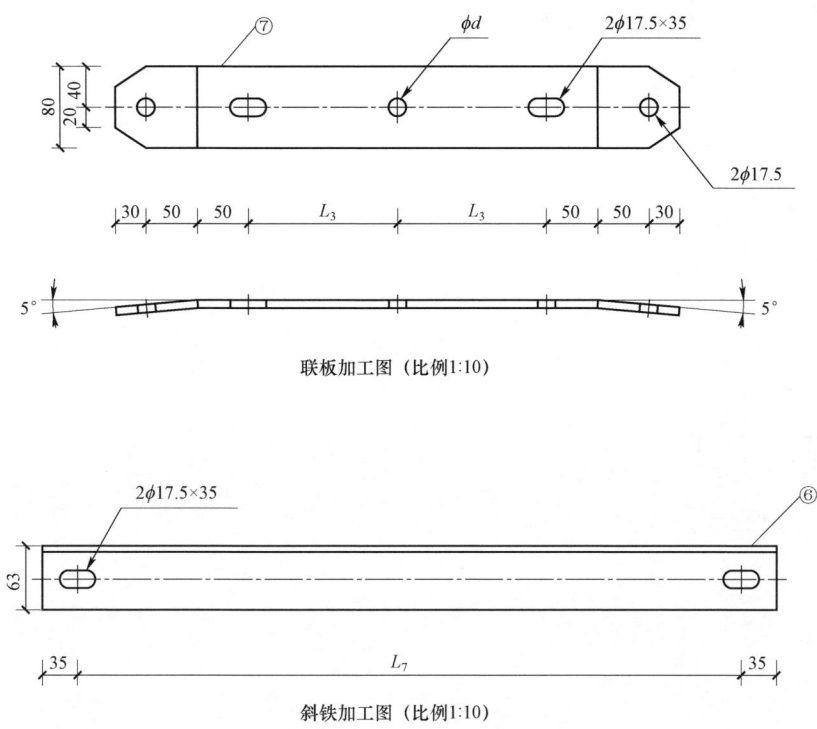

联板加工图（比例1:10）

斜铁加工图（比例1:10）

材 料 表

杆径（mm）	编号	材料名称	规格（mm）	单位	数量	质量（kg）		总重	备注
						一件	小计		
	①	角钢	L80×8×1900	块	2	18.35	36.7		
	②	挂板	−160×8×170	块	2	1.71	3.4		
	③	螺栓	M16×45	个	12	0.15	1.8		单帽单垫，无扣长12mm
190	④	扁钢	−70×6×220	块	2	0.73	1.5	59.4	
	⑤	螺栓	M20×330	个	2	1.05	2.1		
	⑥	角钢	L63×6×722	块	2	4.13	8.3		
	⑦	扁钢	−80×8×554	块	2	2.78	5.6		
205	④	扁钢	−70×6×238	块	2	0.79	1.6	59.8	
	⑤	螺栓	M20×345	个	2	1.09	2.2		
	⑥	角钢	L63×6×730	块	2	4.18	8.4		
	⑦	扁钢	−80×8×570	块	2	2.86	5.7		
220	④	扁钢	−70×6×255	块	2	0.84	1.7	60.2	
	⑤	螺栓	M20×360	个	2	1.13	2.3		
	⑥	角钢	L63×6×737	块	2	4.21	8.4		
	⑦	扁钢	−80×8×584	块	2	2.93	5.9		

选 型 表

杆径（mm）	L_1（mm）	L_2（mm）	L_3（mm）	L_4（mm）	L_5（mm）	L_6（mm）	L_7（mm）	D（mm）	H（mm）	杆头示意图
190	141	230	147	294	103	685	652	190	140	图6-11、图6-12上横担
205	152	245	155	310	95	678	660	205	155	图6-8横担、图6-9横担、图6-12中横担
220	163	260	162	324	87	670	667	220	170	图6-12下横担

图 6－34　HD3－19/8008 水泥单杆耐张横担加工图（2/6）

横担组装图（比例1:20）

挂板加工图（比例1:10）

扁钢④加工图（比例1:10）

双头螺栓加工图（比例1:10）

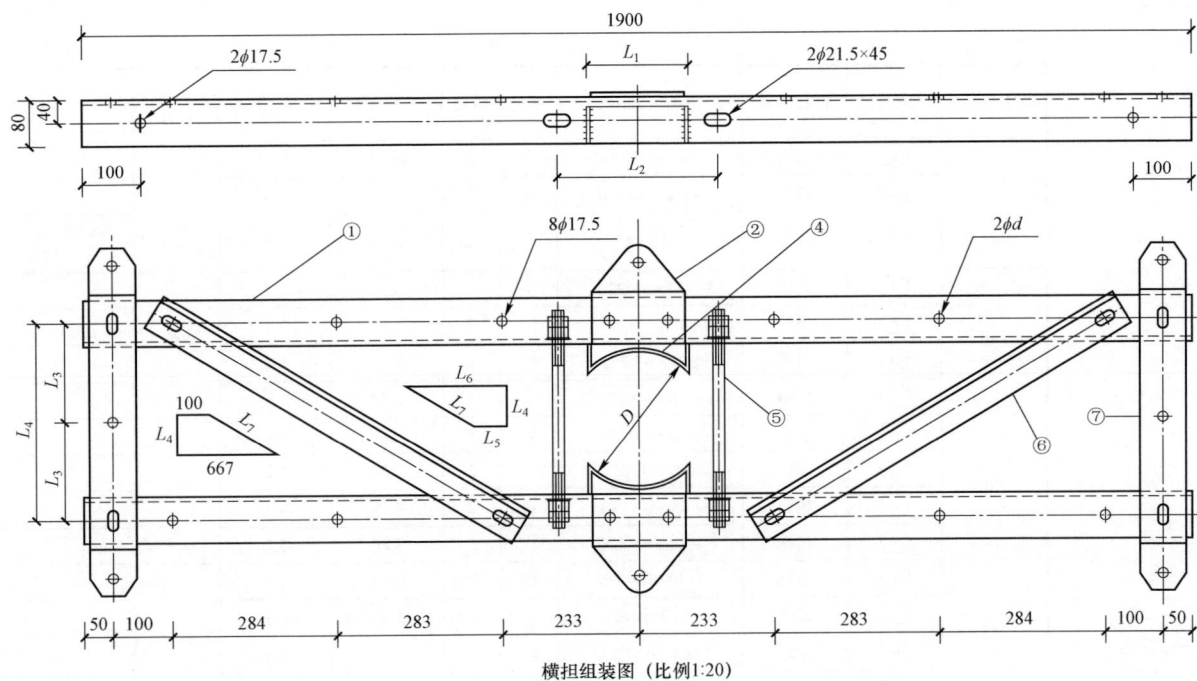

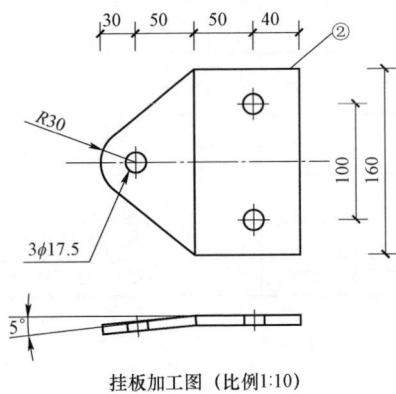

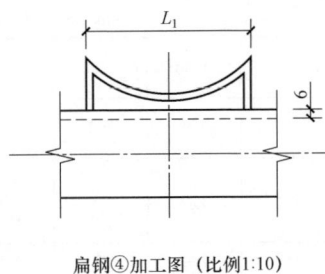

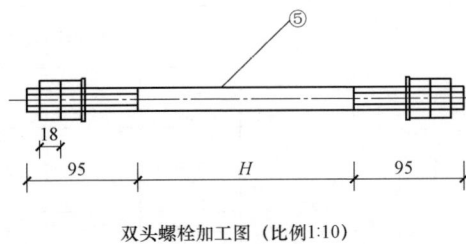

说明：1. 扁钢④与角钢①须四面焊接，且焊缝高度为6mm。
2. 所有材料均须热镀锌防腐。
3. 所有材料材质均为Q355。
4. 扁钢④与角钢①间隙6mm。
5. 根据选取的绝缘子固定螺栓的规格，确定安装孔径 d（M16 配 $\phi17.5$，M18 配 $\phi19.5$，M20 配 $\phi21.5$）。
6. 横担准线根据 DL/T 5442—2020 角钢准距表中的技术参数。
7. 螺栓的性能等级为6.8级。

图6－35　HD3－19/8008 水泥单杆耐张横担加工图（3/6）

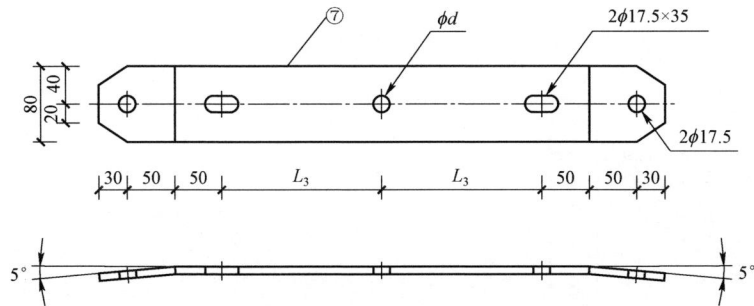

联板加工图（比例1:10）

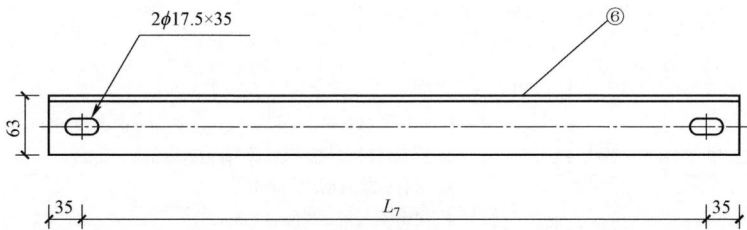

斜铁加工图（比例1:10）

材 料 表

杆径（mm）	编号	材料名称	规格（mm）	单位	数量	质量（kg）		总重	备注
						一件	小计		
	①	角钢	L80×8×1900	块	2	18.35	36.7		
	②	挂板	−160×8×170	块	2	1.71	3.4		
	③	螺栓	M16×45	个	12	0.15	1.8		单帽单垫，无扣长12mm
235	④	扁钢	−70×6×272	块	2	0.90	1.8	60.4	
	⑤	螺栓	M20×375	个	2	1.16	2.3		
	⑥	角钢	L63×6×731	块	2	4.18	8.4		
	⑦	扁钢	−80×8×600	块	2	3.01	6.0		
250	④	扁钢	−70×6×292	块	2	0.96	1.9	60.8	
	⑤	螺栓	M20×390	个	2	1.20	2.4		
	⑥	角钢	L63×6×738	块	2	4.22	8.4		
	⑦	扁钢	−80×8×614	块	2	3.09	6.2		
265	④	扁钢	−70×6×309	块	2	1.02	2.0	61.3	
	⑤	螺栓	M20×405	个	2	1.24	2.5		
	⑥	角钢	L63×6×748	块	2	4.28	8.6		
	⑦	扁钢	−80×8×630	块	2	3.17	6.3		

选 型 表

杆径（mm）	L_1（mm）	L_2（mm）	L_3（mm）	L_4（mm）	L_5（mm）	L_6（mm）	L_7（mm）	D（mm）	H（mm）	杆头示意图
235	174	275	170	340	96	663	661	235	185	图6−13 上横担
250	186	290	177	354	88	655	668	250	200	图6−13 中横担
265	197	305	185	370	80	648	678	265	215	图6−13 下横担

图 6−36　HD3−19/8008 水泥单杆耐张横担加工图（4/6）

1900

80
40

L_1

L_2

100

2φ17.5

2φ21.5×45

100

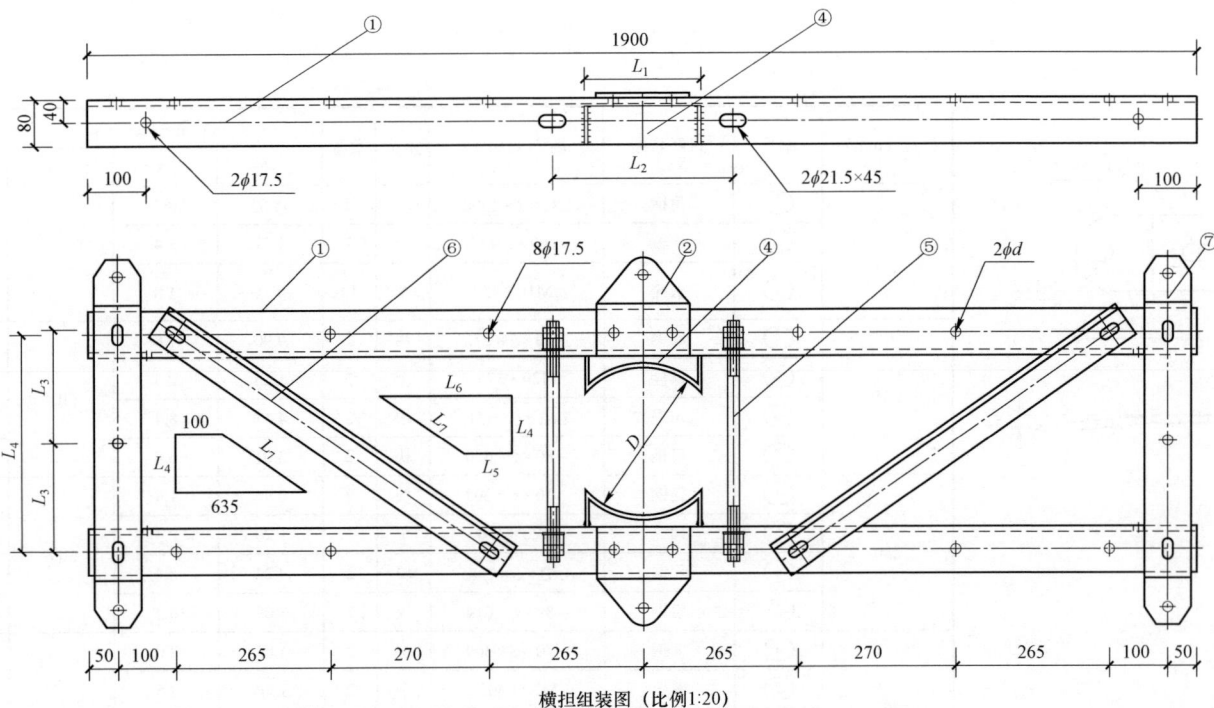

横担组装图（比例1:20）

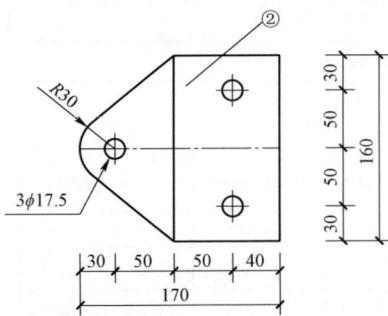

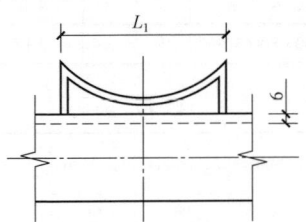

① ⑥ 8φ17.5 ② ④ ⑤ 2φd ⑦

L_3
L_4
L_3
L_4

L_6
L_7
L_5

100
635
L_7
L_4

D

50 100 265 270 265 265 270 265 100 50

② R30 3φ17.5

30
50
50
30
160

30 50 50 40
170

挂板加工图（比例1:10）
5°

L_1
6
扁钢④加工图（比例1:10）

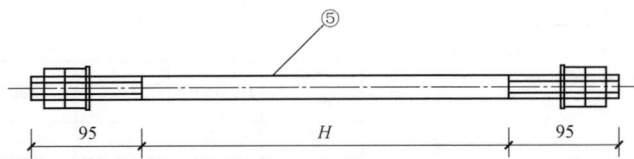

⑤
95 H 95
双头螺栓加工图比例（1:10）

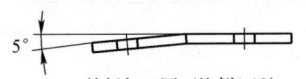

说明：1. 扁钢④与角钢①须四面焊接，且焊缝高度为6mm。
2. 所有材料均须热镀锌防腐。
3. 所有材料材质均为Q355。
4. 扁钢④与角钢①间隙6mm。
5. 根据选取的绝缘子固定螺栓的规格，确定安装孔径 d（M16配φ17.5，M18配φ19.5，M20配φ21.5）。
6. 横担准线根据 DL/T 5442—2020 角钢准距表中的技术参数。
7. 螺栓的性能等级为6.8级。

图6－37　HD3－19/8008 水泥单杆耐张横担加工图（5/6）

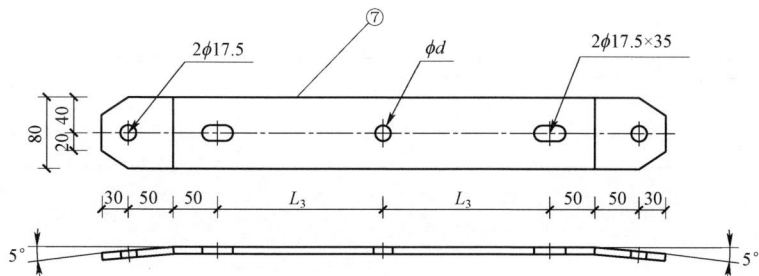

联板加工图（比例1:10）

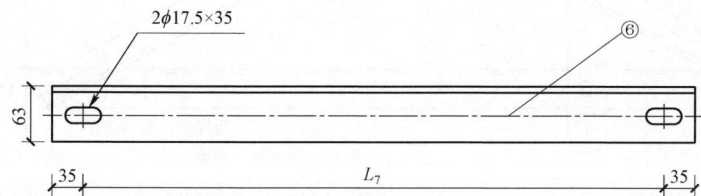

斜铁加工图（比例1:10）

材 料 表

杆径（mm）	编号	材料名称	规格（mm）	单位	数量	质量（kg）			备注
						一件	小计	总重	
270	①	角钢	L80×8×1900	块	2	18.35	36.7		
	②	挂板	−160×8×170	块	2	1.71	3.4		
	③	螺栓	M16×45	个	12	0.15	1.8		单帽单垫，无扣长12mm
	④	扁钢	−70×6×312	块	2	1.03	2.1		
	⑤	螺栓	M20×410	个	2	1.25	2.5	61.2	
	⑥	角钢	L63×6×723	块	2	4.14	8.3		
	⑦	扁钢	−80×8×634	块	2	3.19	6.4		

选 型 表

杆径（mm）	L_1（mm）	L_2（mm）	L_3（mm）	L_4（mm）	L_5（mm）	L_6（mm）	L_7（mm）	D（mm）	H（mm）	杆头示意图
270	200	310	187	374	110	645	653	270	220	图6−13 下横担

图 6−38　HD3−19/8008 水泥单杆耐张横担加工图（6/6）

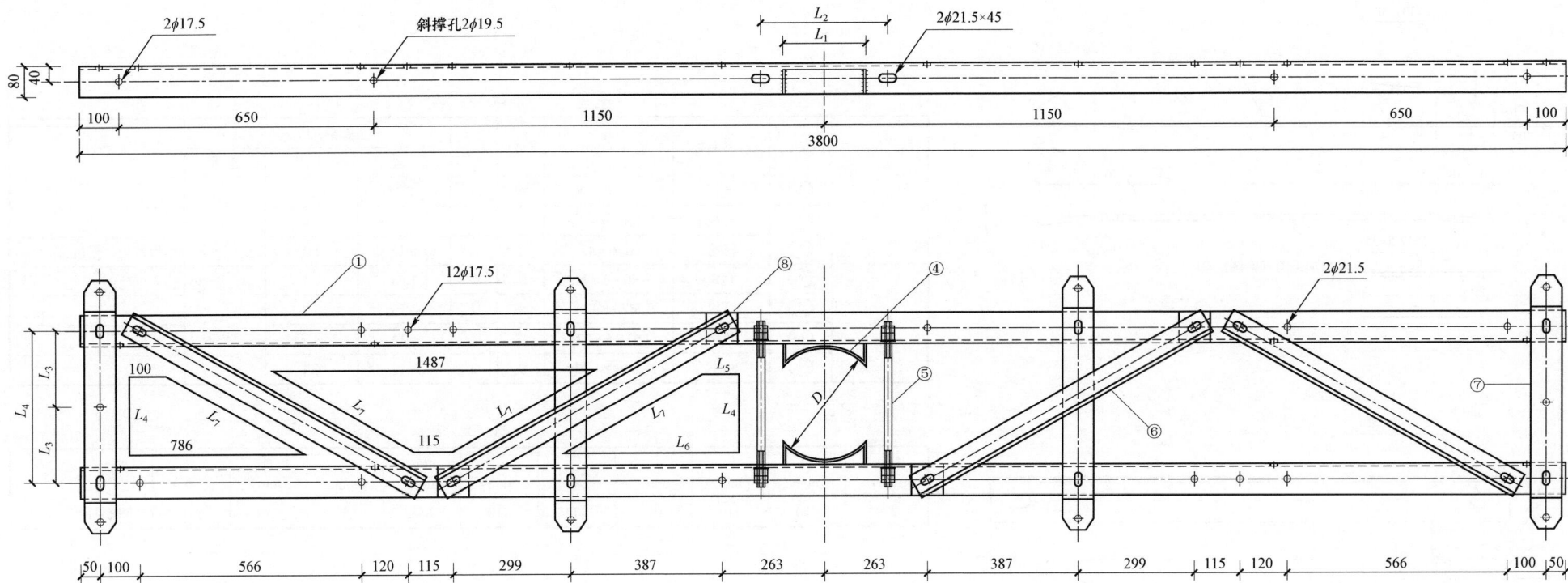

2φ17.5 斜撑孔2φ19.5 L₂ L₁ 2φ21.5×45

80 40

100 650 1150 1150 650 100

3800

① 12φ17.5 ⑧ ④ 2φ21.5

1487 L₅

L₄ L₃ 100 L₇ L₇ L₇ D ⑤ ⑦

L₄ L₄ L₇ L₆

L₃ 786 115 ⑥

50 100 566 120 115 299 387 263 263 387 299 115 120 566 100 50

横担组装图（比例1:20）

图 6－39　HD3－38/8008 水泥单杆耐张横担加工图（1/2）

联板加工图（比例1:10）

斜铁加工图（比例1:10）

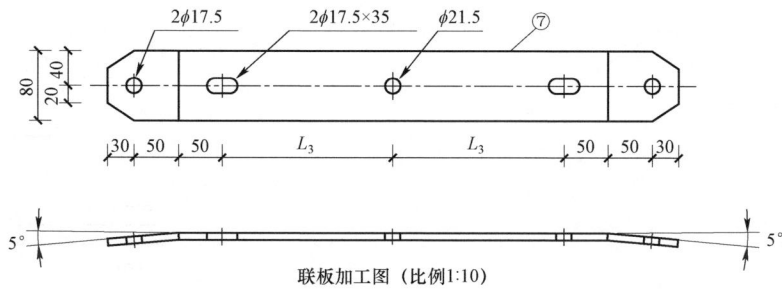

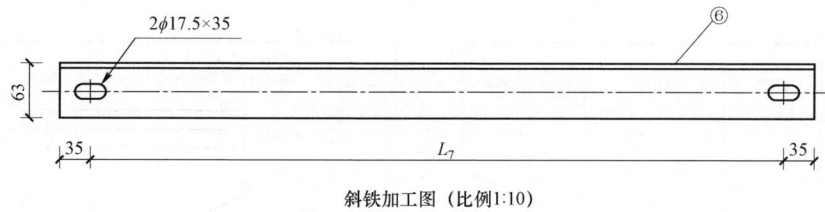

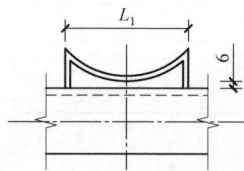

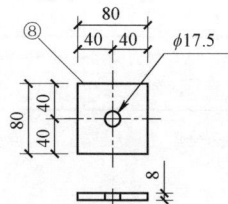

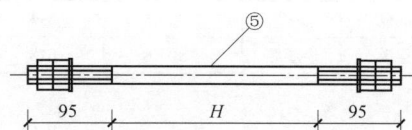

扁钢④加工图（比例1:10）　　垫块（比例1:10）　　双头螺栓加工图（比例1:10）

材 料 表

杆径（mm）	编号	材料名称	规格（mm）	单位	数量	质量（kg）一件	质量（kg）小计	总重	备注
205	①	角钢	L80×8×3800	块	2	36.7	73.4	112.2	
	②	螺栓	M16×55	个	4	0.16	0.7		单帽单垫，无扣长18mm
	③	螺栓	M16×45	个	12	0.15	1.8		单帽单垫，无扣长12mm
	④	扁钢	−6×70×250	块	2	0.83	1.8		
	⑤	螺栓	M20×345	个	2	1.29	2.6		四帽双平垫双弹垫
	⑥	角钢	L63×6×823	块	4	4.7	18.8		
	⑦	扁钢	−8×80×650	块	4	2.86	11.44		
	⑧	扁钢	−8×80×80	块	4	0.40	1.6		

选 型 表

杆径（mm）	L_1（mm）	L_2（mm）	L_3（mm）	L_4（mm）	L_5（mm）	L_6（mm）	L_7（mm）	D（mm）	H（mm）	杆头示意图	斜撑	斜撑抱箍
205	152	245	155	309	141	827	752	205	155	图6−11下横担	NX−1450	NB−300

说明：1. 扁钢④与角钢①须四面焊接，且焊缝高度为6mm。

2. 所有材料均须热镀锌防腐。

3. 所有材料材质均为Q355。

4. 扁钢④与角钢①间隙6mm。

5. 根据选取的绝缘子固定螺栓的规格，确定安装孔径 d（M16 配 φ17.5，M18 配 φ19.5，M20 配 φ21.5）。

6. 横担准线根据 DL/T 5442—2020 角钢准距表中的技术参数。

7. 螺栓的性能等级为 6.8 级。

图6−40　HD3−38/8008水泥单杆耐张横担加工图（2/2）

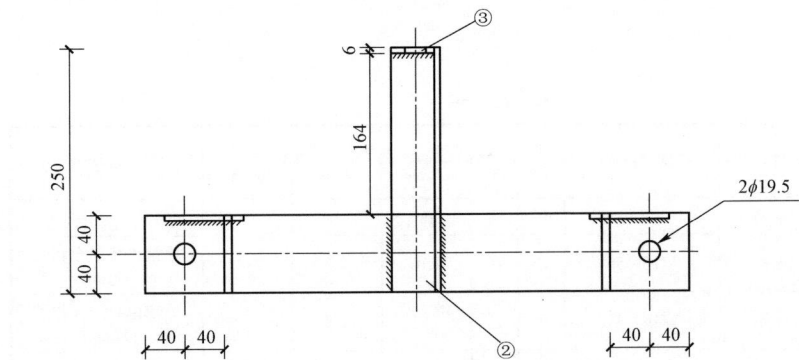

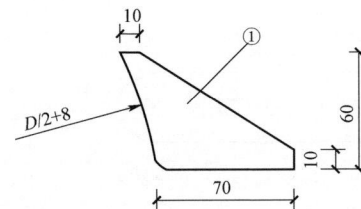

加劲板大样图
比例（1:5）

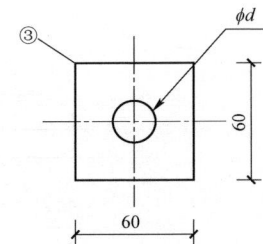

固定板大样图
比例（1:5）

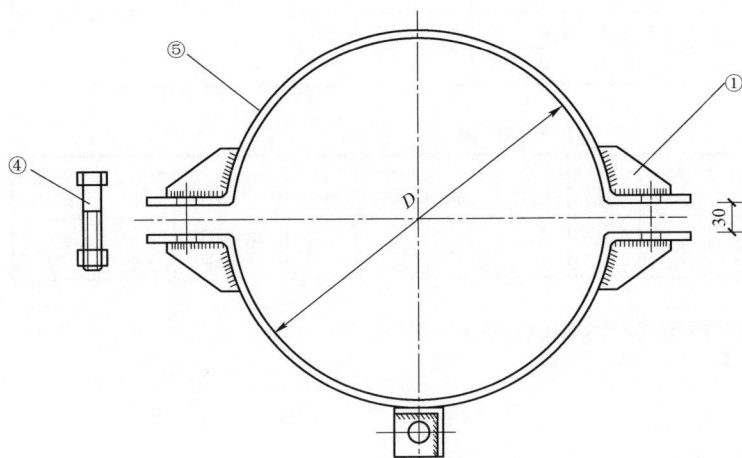

比例（1:10）

材　料　表

序号	编号	名称	D（mm）	规格	长度（mm）	单位	数量	质量（kg）		总重（kg）
								一件	小计	
1	①	加劲板		−60×6	80	块	4	0.23	0.9	
2	②	支撑铁		L63×6	250	块	1	1.43	1.4	
3	③	固定板		−60×6	60	块	1	0.17	0.2	
4	④	螺栓		M18×100	100	个	2	0.39	0.8	单帽单垫，无扣长46mm
5	⑤	抱箍板	190	−80×8	441	块	2	2.22	4.4	7.7
6	⑤	抱箍板	230	−80×8	504	块	2	2.53	5.1	8.4
7	⑤	抱箍板	270	−80×8	567	块	2	2.85	5.7	9.0
8	⑤	抱箍板	350	−80×8	693	块	2	3.48	7.0	10.3
9	⑤	抱箍板	430	−80×8	818	块	2	4.11	8.2	11.5

说明：1. 所有材料材质均为 Q355 并进行热镀锌防腐。

2. 根据选取的绝缘子固定螺栓的规格，确定安装孔径 d（M16 配 ϕ17.5，M18 配 ϕ19.5，M20 配 ϕ21.5）。

3. 横担准线根据 DL/T 5442—2020 角钢准距表中的技术参数。

4. 螺栓的性能等级为 6.8 级。

5. 支撑铁②与抱箍板⑤，固定板③与支撑铁②须焊接牢固。

6. 各构件焊接工艺、焊缝高度及长度应满足相关规程、规范要求。

图 6−41　耐张顶架加工图

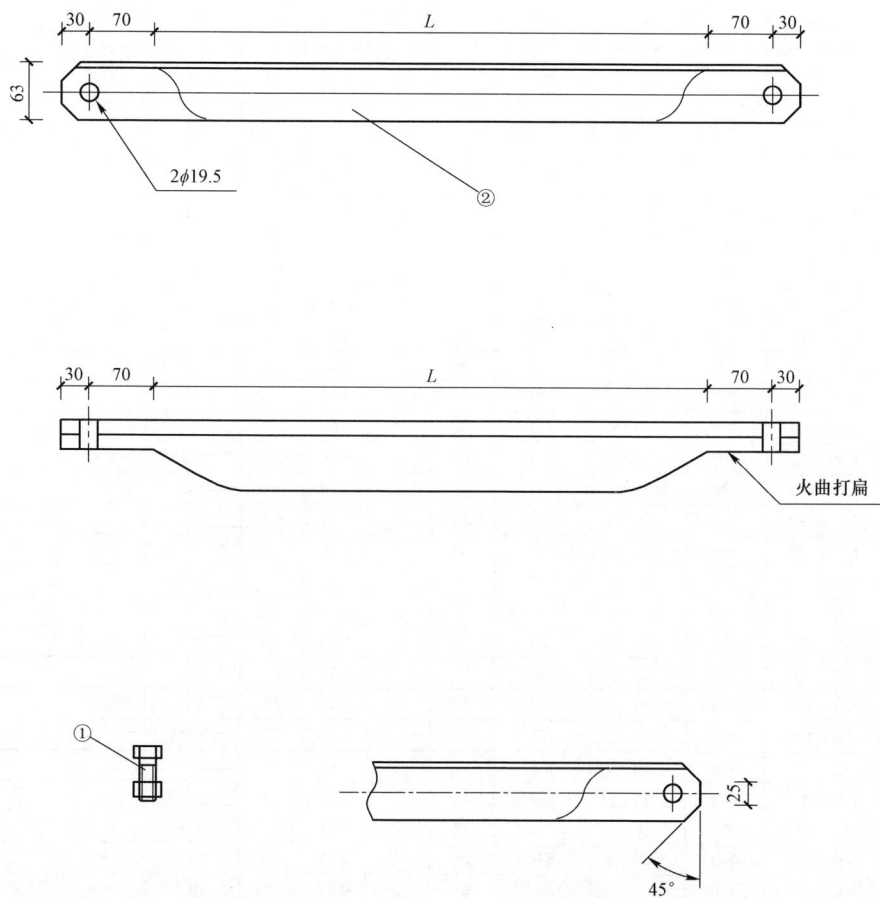

材 料 表

序号	编号	名称	型号	长度（mm）	规格	L（mm）	单位	数量	质量（kg）一件	质量（kg）小计	总重	备注
1	①	螺栓		50	M18×50		个	1	0.27	0.3		单帽单垫，无扣长 18mm
2	②	角钢	NX－700	700	L63×6	500	块	1	4.00	4.0	4.3	
3	②	角钢	NX－750	750	L63×6	550	块	1	4.29	4.3	4.6	
4	②	角钢	NX－800	800	L63×6	600	块	1	4.58	4.6	4.9	
5	②	角钢	NX－850	850	L63×6	650	块	1	4.86	4.9	5.2	
6	②	角钢	NX－900	900	L63×6	700	块	1	5.15	5.2	5.5	
7	②	角钢	NX－950	950	L63×6	750	块	1	5.43	5.4	5.7	
8	②	角钢	NX－1000	1000	L63×6	800	块	1	5.72	5.7	6.0	
9	②	角钢	NX－1050	1050	L63×6	850	块	1	6.01	6.0	6.3	
10	②	角钢	NX－1100	1100	L63×6	900	块	1	6.29	6.3	6.6	
11	②	角钢	NX－1150	1150	L63×6	950	块	1	6.58	6.6	6.9	
12	②	角钢	NX－1200	1200	L63×6	1000	块	1	6.87	6.9	7.2	
13	②	角钢	NX－1250	1250	L63×6	1050	块	1	7.15	7.2	7.5	
14	②	角钢	NX－1300	1300	L63×6	1100	块	1	7.44	7.4	7.7	
15	②	角钢	NX－1350	1350	L63×6	1150	块	1	7.72	7.7	8.0	
16	②	角钢	NX－1400	1400	L63×6	1200	块	1	8.01	8.0	8.3	
17	②	角钢	NX－1450	1450	L63×6	1250	块	1	8.30	8.3	8.6	
18	②	角钢	NX－1500	1500	L63×6	1300	块	1	8.58	8.6	8.9	

说明：1. 所有材料材质均为 Q355 并进行热镀锌防腐。

2. 斜撑准线根据 DL/T 5442—2020 角钢准距表中的技术参数。

3. 螺栓的性能等级为 6.8 级。

比例（1:10）

图 6－42　耐张横担斜撑加工图

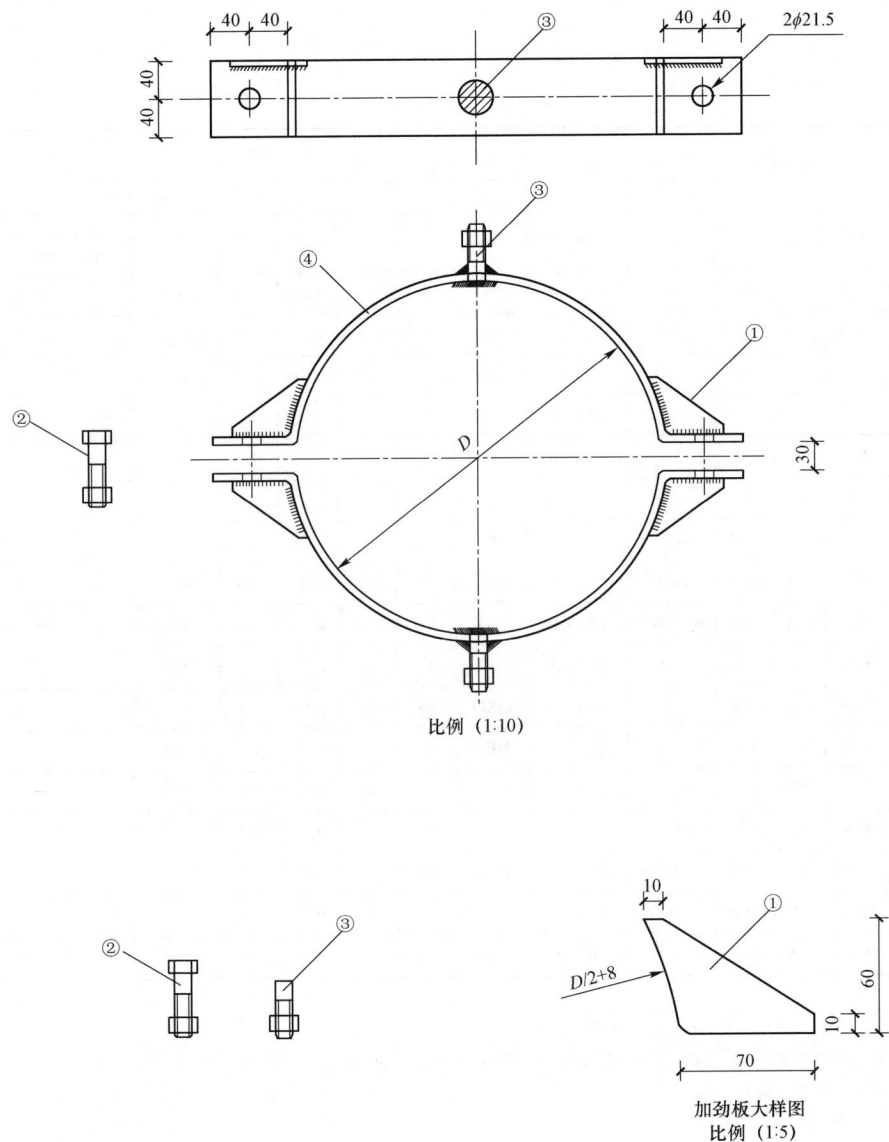

材料表

序号	编号	型号	D（mm）	规格	长度（mm）	单位	数量	质量（kg）一件	质量（kg）小计	总重	备注
1	①	加劲板		−80×8	457	块	4	0.23	0.9		
2	②	螺栓		M18×80	472	个	2	0.34	0.7		单帽单垫，无扣长46mm
3	③	螺栓		M18×70	489	个	2	0.32	0.6		单帽单垫，无扣长30mm
4	④	NB−200	200	−80×8	457	块	2	2.29	4.6	6.3	
5	④	NB−210	210	−80×8	472	块	2	2.37	4.7	6.4	
6	④	NB−220	220	−80×8	489	块	2	2.45	4.9	6.6	
7	④	NB−230	230	−80×8	504	块	2	2.53	5.1	6.8	
8	④	NB−240	240	−80×8	520	块	2	2.61	5.2	6.9	
9	④	NB−250	250	−80×8	536	块	2	2.69	5.4	7.1	
10	④	NB−260	260	−80×8	552	块	2	2.77	5.5	7.2	
11	④	NB−270	270	−80×8	567	块	2	2.85	5.7	7.4	
12	④	NB−280	280	−80×8	583	块	2	2.93	5.9	7.6	
13	④	NB−290	290	−80×8	599	块	2	3.01	6.0	7.7	
14	④	NB−300	300	−80×8	614	块	2	3.08	6.2	7.9	
15	④	NB−310	310	−80×8	630	块	2	3.16	6.3	8.0	
16	④	NB−320	320	−80×8	646	块	2	3.24	6.5	8.2	
17	④	NB−330	330	−80×8	661	块	2	3.32	6.6	8.3	
18	④	NB−340	340	−80×8	677	块	2	3.40	6.8	8.5	
19	④	NB−350	350	−80×8	693	块	2	3.48	7.0	8.7	
20	④	NB−360	360	−80×8	708	块	2	3.55	7.1	8.8	
21	④	NB−370	370	−80×8	724	块	2	3.63	7.3	9.0	
22	④	NB−380	380	−80×8	740	块	2	3.71	7.4	9.1	
23	④	NB−390	390	−80×8	755	块	2	3.79	7.6	9.3	
24	④	NB−400	400	−80×8	771	块	2	3.78	7.7	9.4	
25	④	NB−410	410	−80×8	787	块	2	3.95	7.9	9.6	
26	④	NB−420	420	−80×8	803	块	2	4.03	8.1	9.8	
27	④	NB−430	430	−80×8	818	块	2	4.11	8.2	9.9	
28	④	NB−440	440	−80×8	834	块	2	4.19	8.4	10.1	
29	④	NB−450	450	−80×8	850	块	2	4.27	8.5	10.2	
30	④	NB−460	460	−80×8	865	块	2	4.34	8.7	10.4	
31	④	NB−470	470	−80×8	881	块	2	4.42	8.8	10.5	
32	④	NB−480	480	−80×8	897	块	2	4.50	9.0	10.7	
33	④	NB−490	490	−80×8	912	块	2	4.58	9.2	10.9	
34	④	NB−500	500	−80×8	928	块	2	4.66	9.3	11.0	

比例（1:10）

加劲板大样图
比例（1:5）

说明：1. 所有材料材质均为 Q355 型钢材并进行热镀锌防腐处理。

2. 螺栓③与抱箍板④须焊接。

3. 各构件焊接工艺、焊缝高度及长度应满足相关规程、规范要求。

图 6−43　耐张横担斜撑抱箍加工图

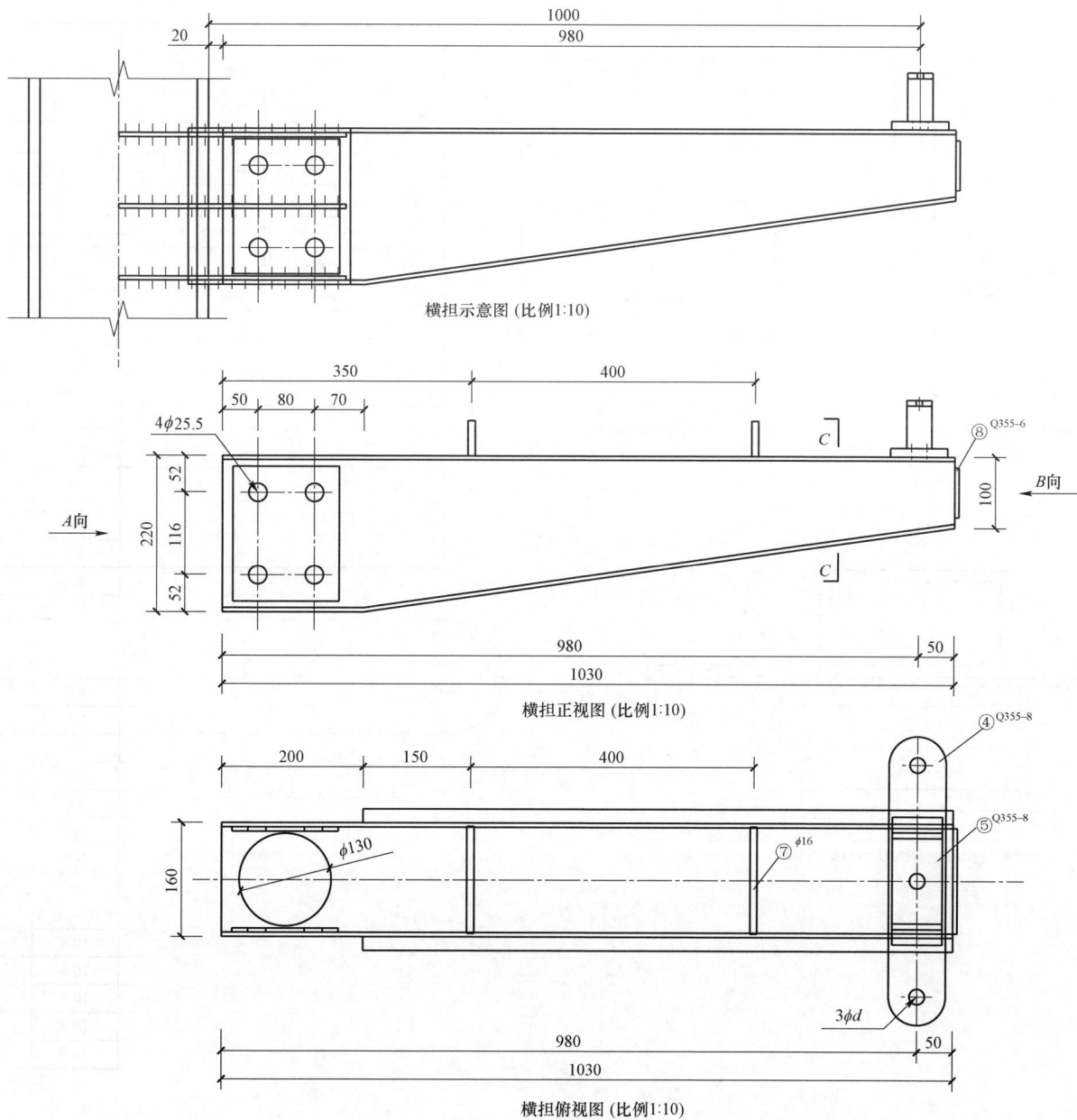

横担示意图 (比例1:10)

横担正视图 (比例1:10)

横担俯视图 (比例1:10)

说明：1. 侧板和顶板可以用与侧板同规格的一块整板折弯成形。

2. 当横担对称加工时，横担座加劲板可以下料成一块板，不是一块板时可焊接在一起，如果遇到铁件妨碍可调短 20mm。

3. 横担根部加强板⑥与横担侧板③需焊接后制孔。

4. 导线挂点双固定时，不加工⑤构件。

5. 根据选取的绝缘子固定螺栓的规格，确定安装孔径 d（M16 螺栓取 17.5，M18 螺栓取 19.5，M20 螺栓取 21.5）。

6. 各构件焊接工艺、焊缝高度及长度应满足相关规程、规范要求。

7. 横担重量均为设计重量，未含损耗。

图 6－44　HD4－10/0006 钢管杆直线横担加工图（1/2）

构 件 明 细 表

编号	规格	长度 (mm)	数量	质量（kg）		备注
				一件	小计	
①	Q355−6×200	1030	1	9.71	9.7	
②	Q355−6×200	1039	1	9.79	9.8	
③	Q355−6×208	1030	2	10.10	20.2	
④	Q355−8×80	380	1	1.91	1.9	
⑤	Q355−8×70	300	1	1.32	1.3	
⑥	Q355−6×150	190	2	1.34	2.7	
⑦	φ16	310	2	0.49	1.0	
⑧	Q355−6×58	148	1	0.40	0.4	
合计					47.0kg	

螺 栓 明 细 表

级别	规格	数量	质量（kg）	备注
8.8 级	M24×80	8	5.9	双帽一垫，无扣长 15mm
合计			5.9kg	

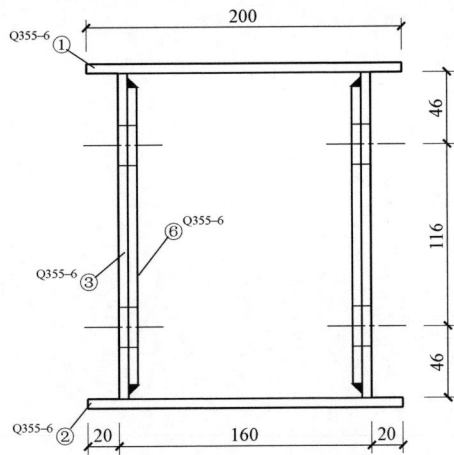

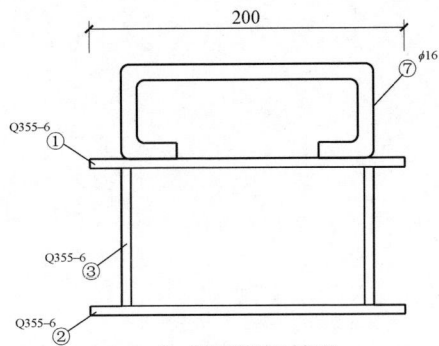

横担根部正视图 (A向)(比例1:5)

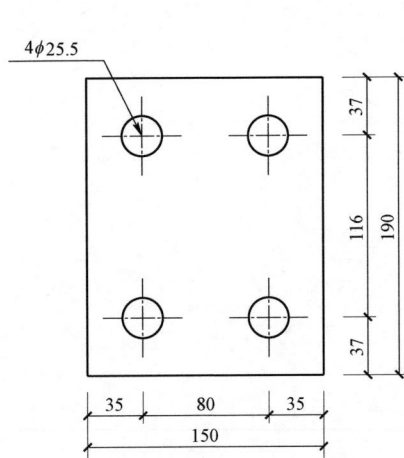

⑥ 大样图（比例1:5）

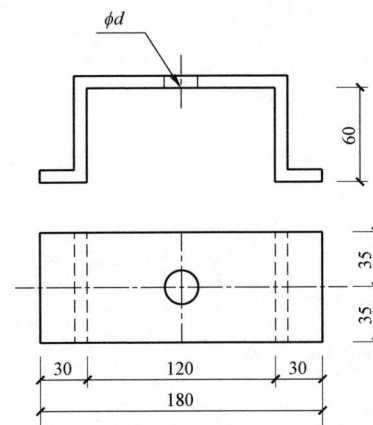

⑤ 大样图（比例1:5）

C—C 剖面图（比例1:5）

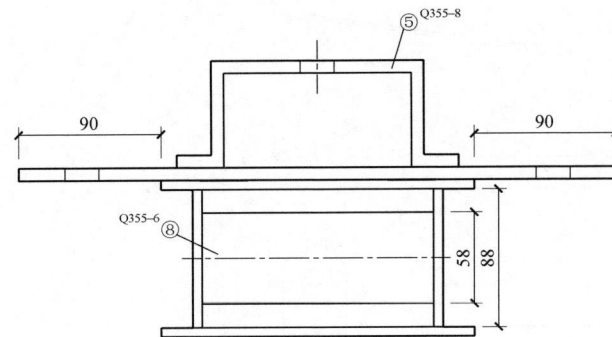

横担梢部挂线板示意图 (B向)(比例1:5)

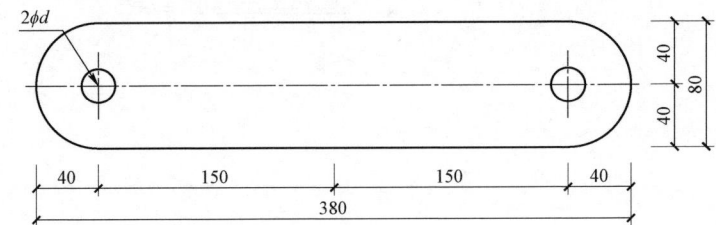

④ 正视图（比例1:5）

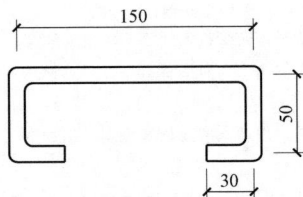

⑦ 正视图（比例1:5）

图 6−45 HD4−10/0006 钢管杆直线横担加工图（2/2）

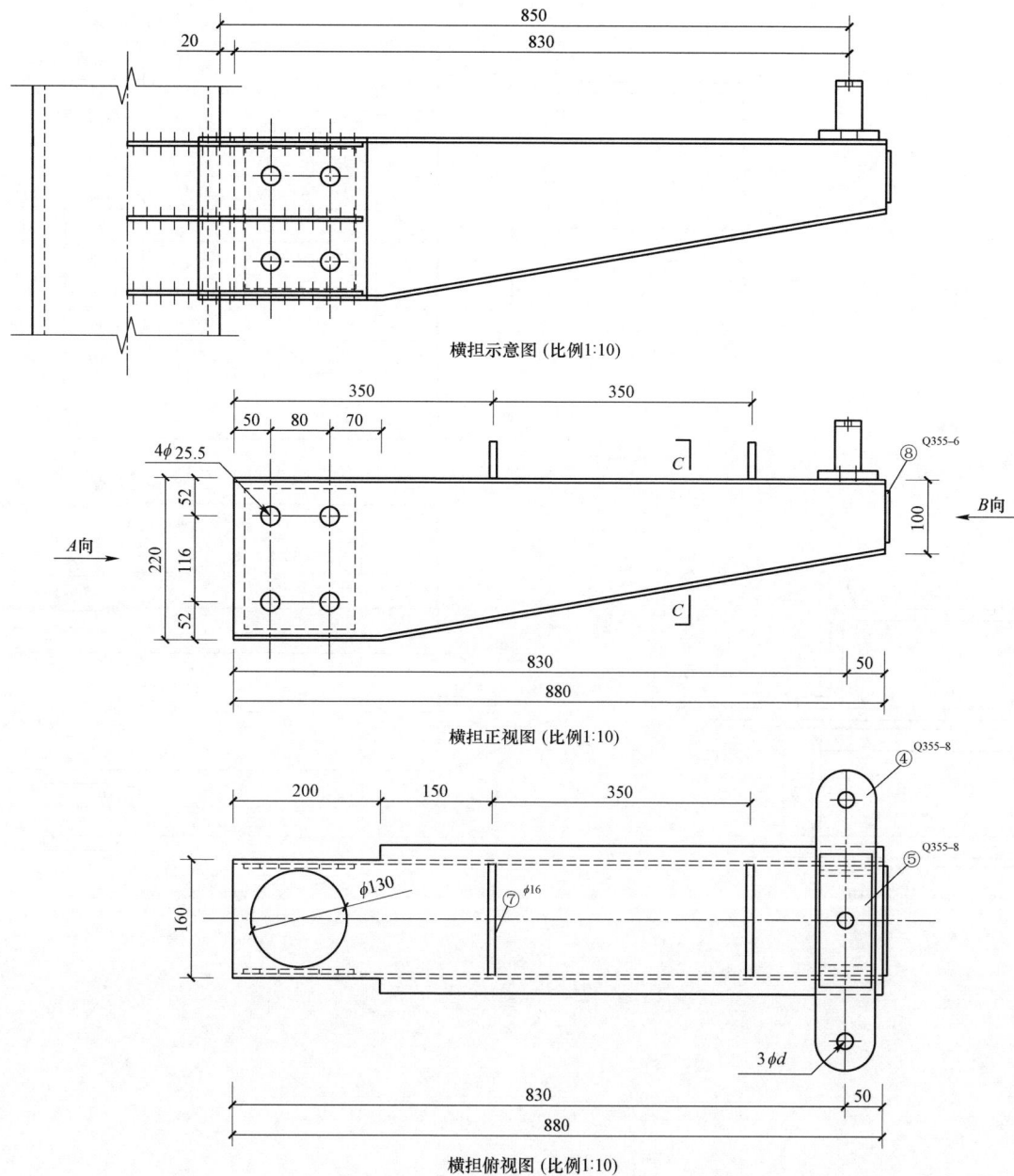

横担示意图 (比例1:10)

横担正视图 (比例1:10)

横担俯视图 (比例1:10)

说明：1. 侧板和顶板可以用与侧板同规格的一块整板折弯成形。

2. 当横担对称加工时，横担座加劲板可以下料成一块板，不是一块板时可焊接在一起，如果遇到铁件妨碍可调短20mm。

3. 横担根部加强板⑥与横担侧板③需焊接后制孔。

4. 导线挂点双固定时，不加工⑤构件。

5. 根据选取的绝缘子固定螺栓的规格，确定安装孔径 d（M16 螺栓取 17.5，M18 螺栓取 19.5，M20 螺栓取 21.5）。

6. 各构件焊接工艺、焊缝高度及长度应满足相关规程、规范要求。

7. 横担质量均为设计质量，未含损耗。

图 6-46　HD4-8.5/0006 钢管杆直线横担加工图（1/2）

构件明细表

编号	规格	长度 (mm)	数量	质量（kg） 一件	质量（kg） 小计	备注
①	Q355−6×200	880	1	8.29	8.3	
②	Q355−6×200	891	1	8.40	8.4	
③	Q355−6×208	880	2	8.63	17.3	
④	Q355−8×80	380	1	1.91	1.9	
⑤	Q355−8×70	300	1	1.32	1.3	
⑥	Q355−6×150	190	2	1.34	2.7	
⑦	$\phi16$	310	2	0.49	1.0	
⑧	Q355−6×58	148	1	0.40	0.4	
合计				41.3kg		

螺栓明细表

级别	规格	数量	质量（kg）	备注
8.8 级	M24×80	8	5.9	双帽一垫，无扣长 15mm
合计			5.9kg	

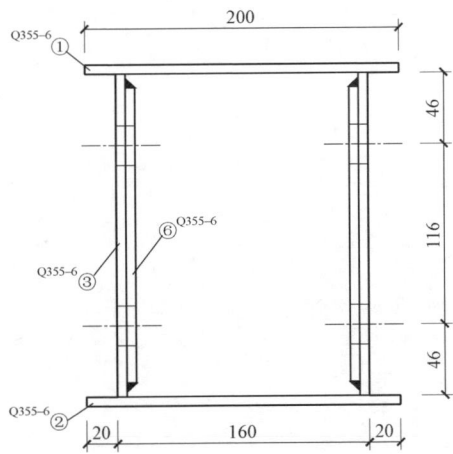

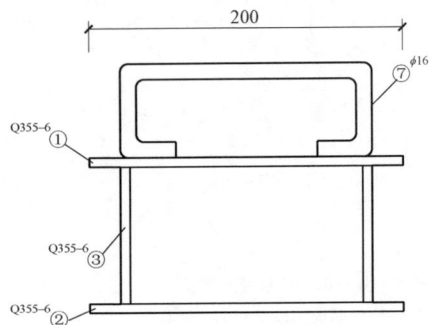

横担根部正视图 (A向)（比例1:5)

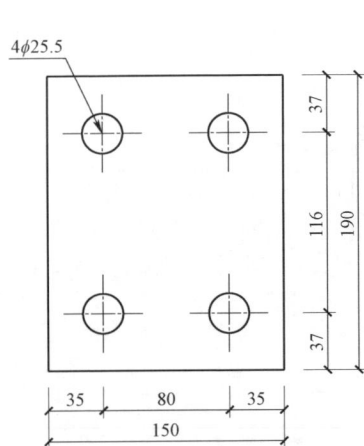

⑥ 大样图（比例1:5)

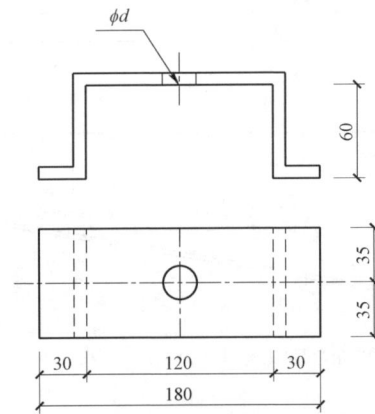

⑤ 大样图（比例1:5)

C—C 剖面图（比例1:5)

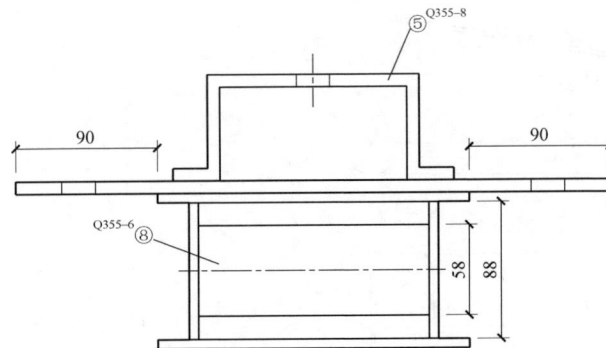

横担梢部挂线板示意图 (B向)（比例1:5)

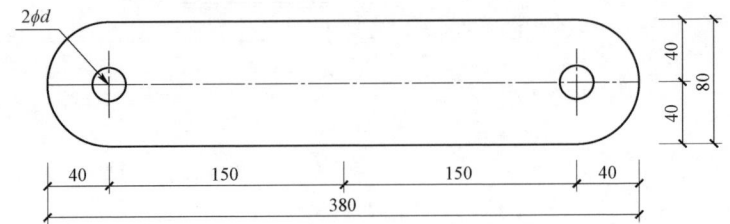

④ 正视图（比例1:5)

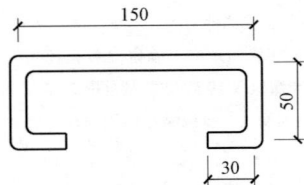

⑦ 正视图（比例1:5)

图 6−47　HD4−8.5/0006 钢管杆直线横担加工图（2/2）

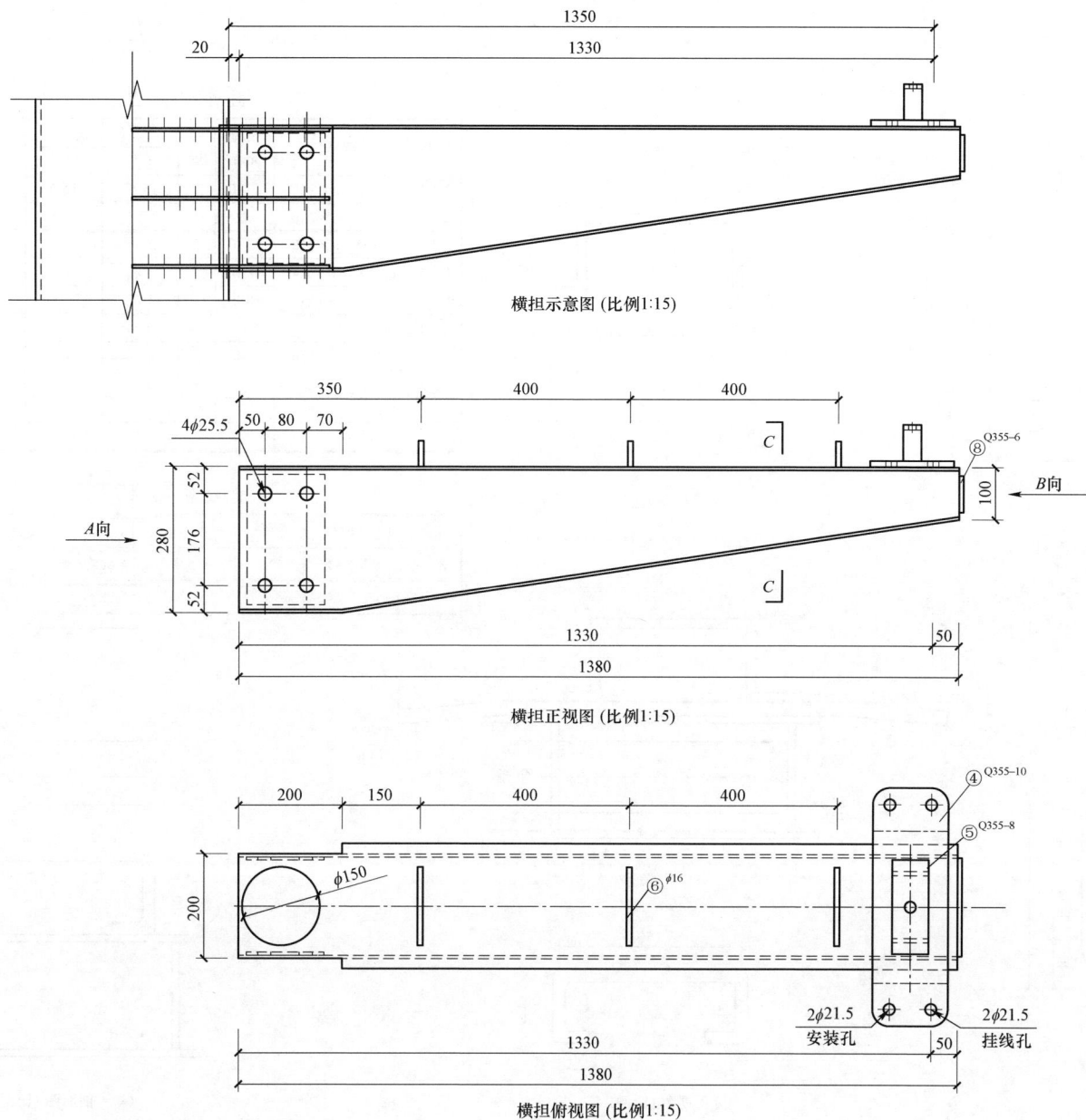

横担示意图 (比例1:15)

横担正视图 (比例1:15)

横担俯视图 (比例1:15)

说明：1. 侧板和顶板可以用与侧板同规格的一块整板折弯成形。

2. 当横担对称加工时，横担座加劲板可以下料成一块板，不是一块板时可焊接在一起，如果遇到铁件妨碍可调短 20mm。

3. 横担根部加强板⑦与横担侧板③需焊接后制孔。

4. 根据选取的绝缘子固定螺栓的规格，确定安装孔径 d（M16 螺栓取 17.5，M18 螺栓取 19.5，M20 螺栓取 21.5）。

5. 各构件焊接工艺、焊缝高度及长度应满足相关规程、规范要求。

6. 横担质量均为设计质量，未含损耗。

图 6－48　HD5－13.5/9006 钢管杆耐张横担加工图（1/2）

构件明细表

编号	规格	长度 (mm)	数量	质量（kg） 一件	质量（kg） 小计	备注
①	Q355-6×240	1380	1	15.61	15.6	
②	Q355-6×240	1394	1	15.77	15.8	
③	Q355-6×268	1380	2	17.43	34.9	
④	Q355-10×160	450	1	5.65	5.7	火曲5°
⑤	Q355-8×70	300	1	1.32	1.3	
⑥	φ16	310	3	0.49	1.5	
⑦	Q355-6×150	250	2	1.77	3.5	
⑧	Q355-6×58	188	1	0.51	0.5	
合计					78.8kg	

螺栓明细表

级别	规格	数量	质量（kg）	备注
8.8级	M24×80	8	5.9	双帽一垫，无扣长15mm
合计			5.9kg	

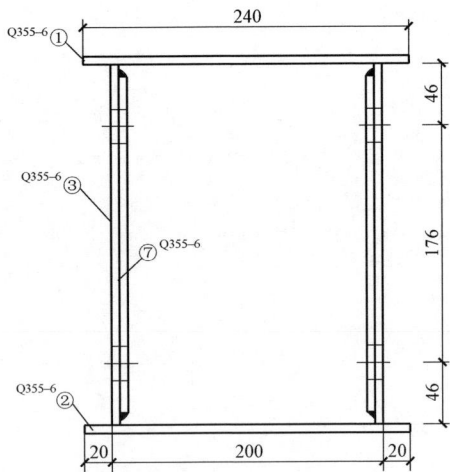

横担根部正视图(A向)(比例1:5)

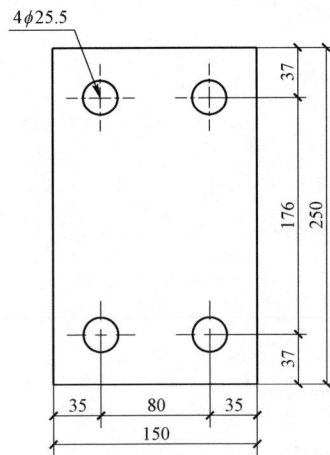

⑦ 大样图(比例1:5)

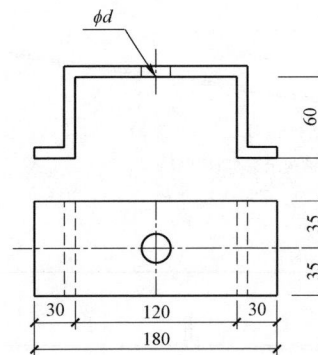

⑤ 大样图(比例1:5)

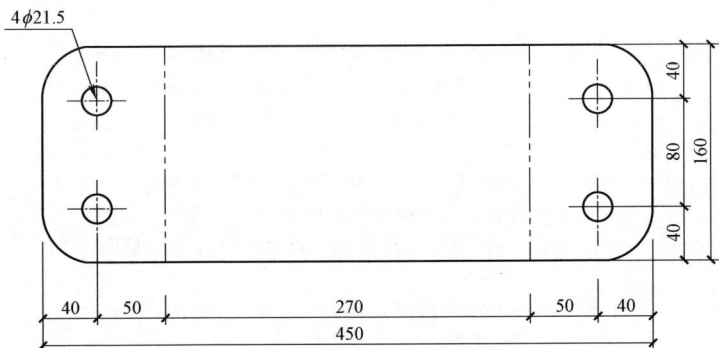

横担梢部挂线板示意图(B向)(比例1:5)

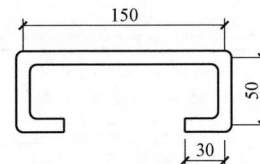

④ 正视图(比例1:5)

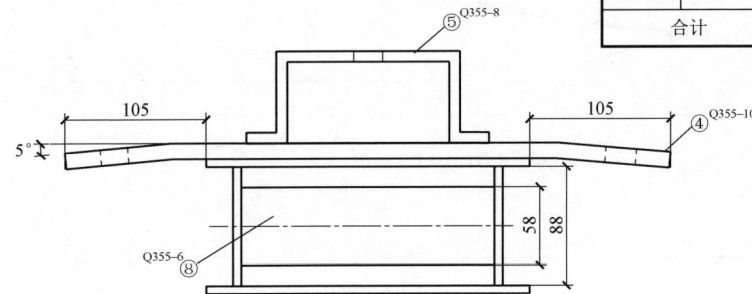

⑥ 正视图(比例1:5)

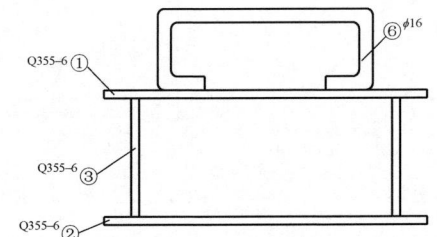

C—C剖面图(比例1:5)

图6-49 HD5-13.5/9006钢管杆耐张横担加工图（2/2）

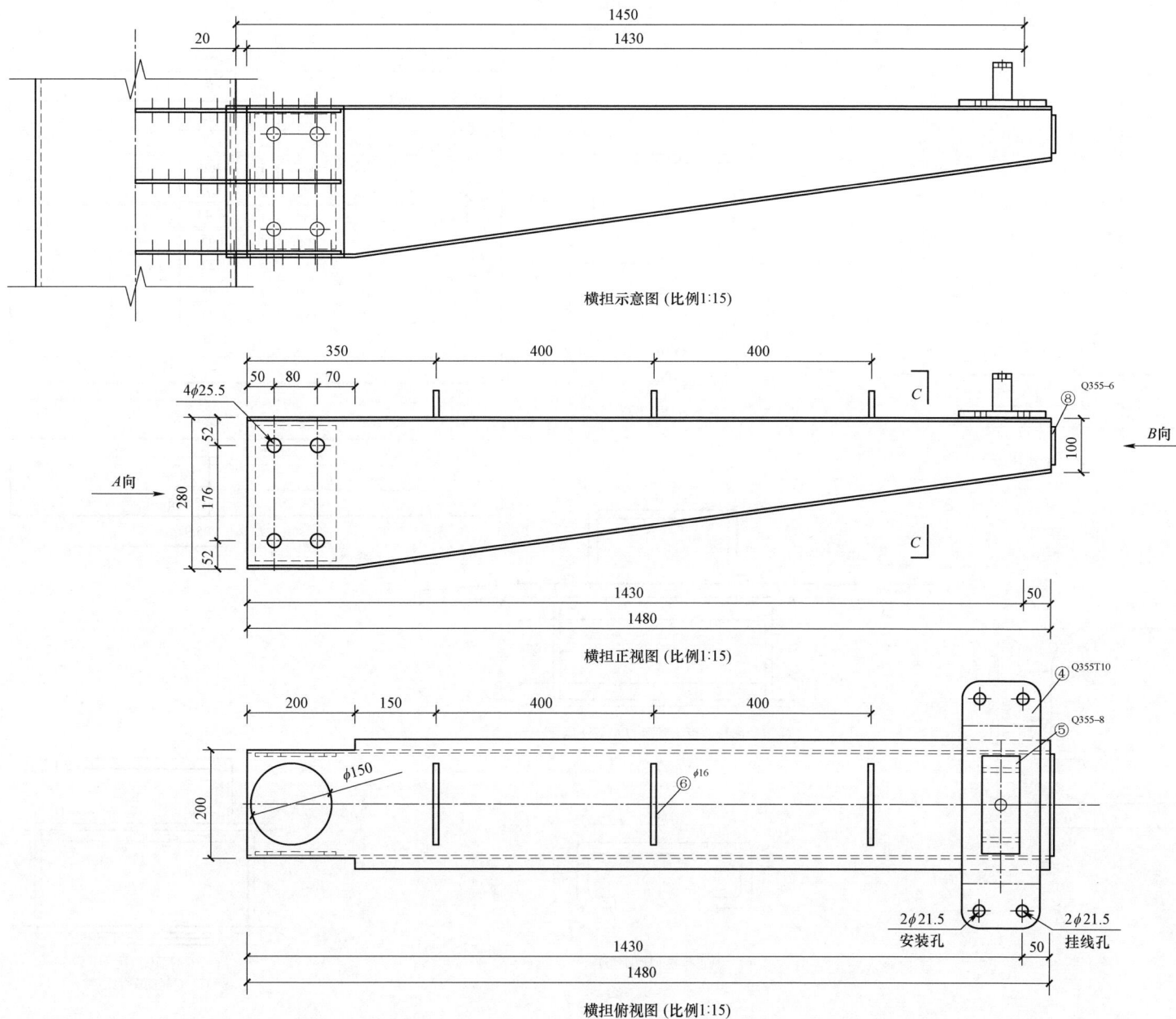

横担示意图 (比例1:15)

横担正视图 (比例1:15)

横担俯视图 (比例1:15)

说明：1. 侧板和顶板可以用与侧板同规格的一块整板折弯成形。

2. 当横担对称加工时，横担座加劲板可以下料成一块板，不是一块板时可焊接在一起，如果遇到铁件妨碍可调短20mm。

3. 横担根部加强板⑦与横担侧板③需焊接后制孔。

4. 根据选取的绝缘子固定螺栓的规格，确定安装孔径 d（M16 螺栓取 17.5，M18 螺栓取 19.5，M20 螺栓取 21.5）。

5. 各构件焊接工艺、焊缝高度及长度应满足相关规程、规范要求。

6. 横担质量均为设计质量，未含损耗。

图 6—50 HD5—14.5/9006 钢管杆耐张横担加工图（1/2）

构件明细表

编号	规格	长度 (mm)	数量	质量（kg）一件	质量（kg）小计	备注
①	Q355−6×240	1480	1	16.74	16.7	
②	Q355−6×240	1493	1	16.89	16.9	
③	Q355−6×268	1480	2	18.69	37.4	
④	Q355−10×160	450	1	5.65	5.7	火曲 5°
⑤	Q355−8×70	300	1	1.32	1.3	
⑥	φ16	310	3	0.49	1.5	
⑦	Q355−6×150	250	2	1.77	3.5	
⑧	Q355−6×58	188	1	0.51	0.5	
合计					83.5kg	

螺栓明细表

级别	规格	数量	质量（kg）	备注
8.8 级	M24×80	8	5.9	双帽一垫，无扣长 15mm
合计			5.9kg	

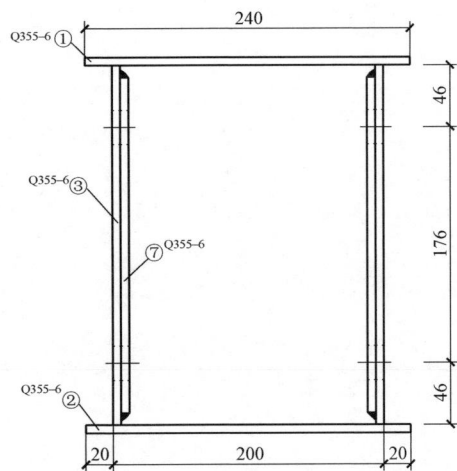

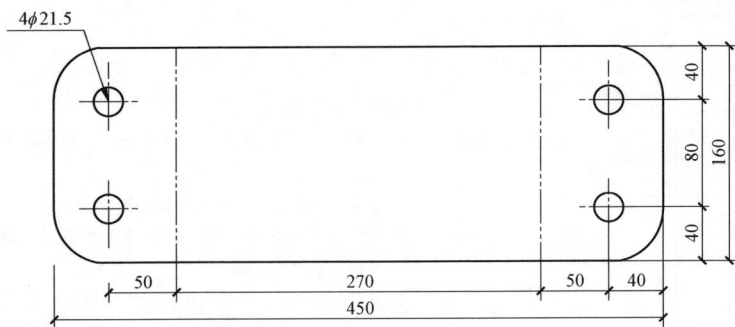

横担根部正视图 (A向)(比例1:5)

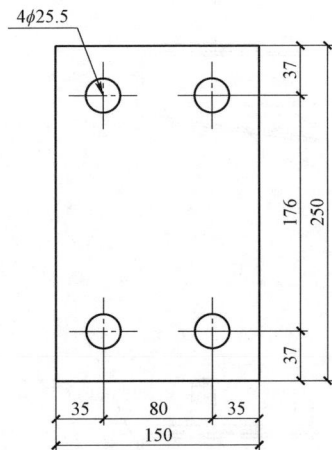

⑦ 大样图 (比例1:5)

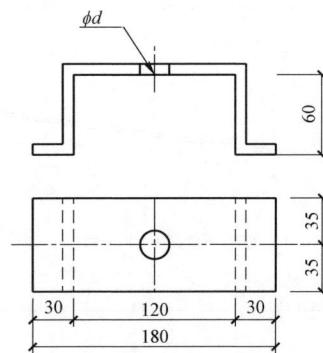

⑤ 大样图 (比例1:5)

④ 正视图 (比例1:5)

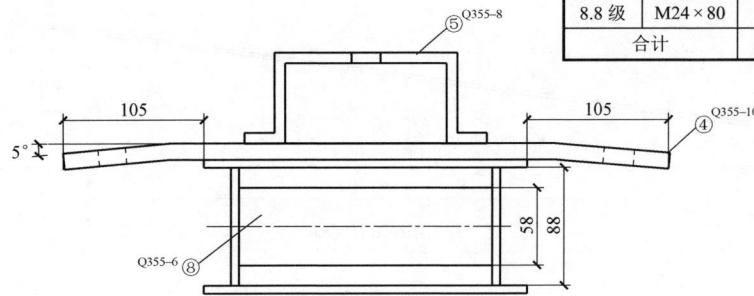

横担梢部挂线板示意图 (B向)(比例1:5)

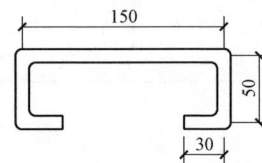

⑥ 正视图 (比例1:5)

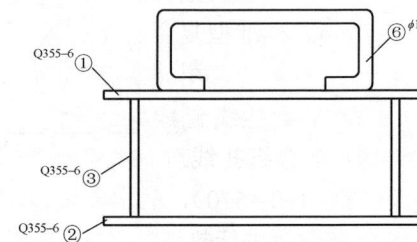

C—C剖面图 (比例1:5)

图 6−51　HD5−14.5/9006 钢管杆耐张横担加工图（2/2）

第 7 章 10kV 复合绝缘横担杆头布置

7.1 设计说明

7.1.1 概述

10kV 架空线路采用复合绝缘横担可提高线路绝缘水平，能有效解决配电网雷击跳闸及绝缘导线雷击断线的问题。结合绝缘横担试点运行经验，同时考虑施工安装便利度及不停电作业要求，本章给出了雷电冲击耐受电压为 350kV 的标准型复合绝缘横担通用设计，未配置复合绝缘横担的杆头防雷措施参考第 17 章。10kV 架空线路通用设计复合绝缘横担应用范围仅限于直线水泥单杆及直线转角水泥单杆，10kV 架空线路复合绝缘横担配置方案见表 7-1。

表 7-1　　　　10kV 架空线路复合绝缘横担配置方案

序号	方案	适用杆型	海拔（m）	污秽等级	应用场景
1	标准型复合绝缘横担	直线水泥单杆及直线转角水泥单杆	$H \leqslant 4000$	a 级、b 级、c 级、d 级、e 级	适用于多雷区、强雷区的郊区和农村线路

7.1.2 复合绝缘横担

（1）结构型式。复合绝缘横担采用矩形截面实心芯体，表面有硅橡胶护套及伞裙，两端固定有端部金具。芯体采用耐酸芯体，拉挤工艺成型。

（2）护套和伞裙。硅橡胶护套及伞裙采用模压或注射工艺成型。采用气相法白炭黑生产硅橡胶，禁止使用沉淀法白炭黑生产硅橡胶。硅橡胶护套厚度不小于 5mm。标准型复合绝缘横担建议设计 5 个伞裙，伞裙间距不小于 70mm，不大于 120mm，伞裙伸出高度不小于 15mm。护套应与芯体黏接牢靠。

（3）端部挂线金具及横担固定金具。端部挂线金具导线固定位置采用深槽结构，配合绑扎线对导线进行固定。挂线金具采用铸造工艺成型，材料选用铸钢（ZG 310-570），横担固定金具采用型钢焊接制成，端部挂线金具和横担固定金具表面进行热镀锌防腐处理，通过压接工艺固定在芯体上。

1）标准型复合绝缘横担端部挂线金具深槽内边缘采用圆弧设计，下方设有吊装滑轮安装孔。标准型复合绝缘横担固定金具根据排列方式分为上横担固定金具及水平横担固定金具。

2）紧凑型复合绝缘横担的顶相横担端部挂线金具在四周设有凹槽，可在四周侧槽进行绑扎线固定。紧凑型复合绝缘横担固定金具分为单回路固定金具及双回路固定金具，单回路固定金具配置有滑轮安装板。水平横担端部挂线金具与标准型复合绝缘横担端部挂线金具结构形式相同。

（4）技术要求。根据《10kV 配电线路复合绝缘横担技术规范》（Q/GDW 12069—2020）、《交、直流复合绝缘子用芯体技术条件》（DL/T 1580—2021）、《高海拔外绝缘配置技术规范》（Q/GDW 13001—2014）、《66kV 及以下架空电力线路设计规范》（GB 50061—2010）、《10kV 及以下架空配电线路设计规范》（DL/T 5220—2021）中的相关规定，确定复合绝缘横担整体性能及技术参数，见表 7-2。

表 7-2　　　　复合绝缘横担整体性能及技术参数

技术参数	标准型
额定弯曲负荷	≥6.5kN
额定拉伸负荷	≥10kN
额定扭转力矩	≥1.0kN·m
正常弯曲负荷下横担端部挠度与横担长度比值	≤1%
横担芯体抗弯强度	≥700MPa
干雷电冲击耐受电压	≥350kV
干弧距离	≥600mm
使用年限	≥30 年

注　1. 复合绝缘横担的额定弯曲负荷应不小于正常运行和安装工况下导线最大垂直荷载标准值的 3 倍，此荷载是按照 240mm² 截面的绝缘导线、使用档距 80m、垂直档距 100m 的条件下进行统计。
　　2. 正常弯曲负荷是指在年平均气温条件下横担端部导线的垂直荷载。
　　3. 依据《交、直流复合绝缘子用芯体技术条件》（DL/T 1580—2021），芯体弯曲强度不小于 900MPa，但考虑到此数值是芯体单一受力下材料的弯曲强度，而横担作为一个结构体，运行中同时受到拉伸、弯曲、剪切等作用，且端部金具会引起应力集中，故结合横担弯曲实测值，横担设计时芯体抗弯强度按不小于 700MPa 进行。
　　4. 干弧距离数值根据海拔 1000m 及以下干雷电冲击耐受电压制定，高海拔需进行修正，详见表 7-4。复合绝缘横担除本体需满足干弧距离要求外，组装后最小间隙距离（带电部分与地电位的最小间隙）也须满足要求，以保证标准型复合绝缘横担干雷电冲击耐受电压不小于 200kV 的要求。

7.1.3 杆头布置

结合复合绝缘横担试点运行经验，同时考虑施工安装便利度及不停电作业要求，标准型复合绝缘横担单回路排列方式采用上字型排列，双回路排列方式均采用双垂直排列。

对于 10kV 和 380V 线路同杆架设的情况，低压横担各地应根据工程实际情况自行安装，380V 横担距 10kV 最下层横担 1.5～2.0m 安装，同杆架设时的杆头布置参考第 6 章。

7.1.4 导线线间距离

导线的线间距离需满足第 6 章绝缘导线最小线间距离要求。

复合绝缘横担线间距离由干弧距离和最小间隙距离同时控制，导线实际线间距离参见杆头布置图 7-2～图 7-5 中相应数值。

7.1.5 复合绝缘横担应用分类

（1）导线型号。10kV 架空线路通用设计中复合绝缘横担的应用考虑铝芯交联聚乙烯绝缘架空电缆（JKLYJ 系列），其他导线类型各地如确需使用，须依据规程规范进行校核、调整，满足要求后方可投入使用。

（2）档距。横担使用档距是指使用该横担的电杆与相邻电杆的实际最大间距，用 L_{sy} 表示；横担垂直档距是指使用该横担的电杆的垂直档距，用 L_v 表示。复合绝缘横担使用档距和垂直档距见表 7-3。

表 7-3　　　　　复合绝缘横担使用档距和垂直档距

横担形式	绝缘导线类型	横担使用档距 L_{sy}（m）	横担垂直档距 L_v（m）
标准型	JKLYJ	80 及以下	100 及以下

注　超过表 7-3 限定范围的使用情况，设计时应对横担的线间距离及强度进行校验，调整后方可使用。

（3）海拔。根据《绝缘配合　第 1 部分：定义、原则和规则》（GB 311.1—2012）及《高海拔外绝缘配置技术规范》（Q/GDW 13001—2014）相关规定，对复合绝缘横担最小干弧距离进行海拔修正，以满足标准型复合绝缘横担在各海拔下干雷电冲击耐受电压不小于 350kV 技术要求，海拔修正系数及各海拔下干弧距离见表 7-4。

在充分考虑复合绝缘横担的制造成本、选用及维护便利性等因素的前提下，为精简横担规格，标准型复合绝缘横担按海拔最高至 4000m 考虑，共分为 1000m 及以下、1000～2000m、2000～4000m 三种情况。

表 7-4　　　　　海拔修正系数及各海拔下干弧距离

海拔 H（m）	海拔修正系数 k	干弧距离（mm） 标准型
$H \le 1000$	1	≥600
$1000 < H \le 2000$	1.131	≥680
$2000 < H \le 4000$	1.445	≥870

（4）杆型选取和使用。10kV 架空线路通用设计中标准型复合绝缘横担应用范围仅限于直线水泥单杆及直线转角水泥单杆。本章设计图复合绝缘横担选型中所示的"梢径 230mm 及以下电杆"表示该杆头型式所用的复合横担适用电杆的梢径范围。

（5）复合绝缘横担规格及命名。标准型复合绝缘横担截面规格描述方法为 $b \times h$，其中 b 为芯体截面宽度，h 为芯体截面高度，规格单位为 mm。10kV 架空线路通用设计中标准型复合绝缘横担有如下 3 种截面规格：34×54、38×58、42×62。

标准型复合绝缘横担命名示意图见图 7-1。

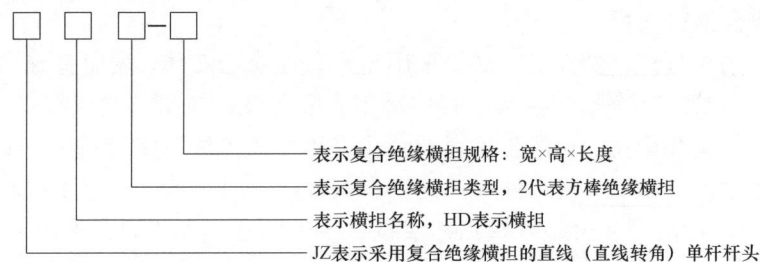

图 7-1　标准型复合绝缘横担命名示意图

例如：

JZHD2-34×54×1030 表示直线（直线转角）单杆用方棒绝缘横担，矩形截面宽度 34mm、高度 54mm，整根长度为 1030mm。

JZHD2-34×54×1850 表示直线（直线转角）单杆用方棒绝缘横担，矩形截面宽度 34mm、高度 54mm，整根长度为 1850mm。

标准型复合绝缘横担截面规格适用情况见表 7-5。

表 7-5

表 7-5   **标准型复合绝缘横担截面规格适用情况**

序号	横担类型	型号	适用电杆梢径（mm）	适用海拔 H（m）	适用导线截面（mm²）	使用档距 L_{sy}（m）	垂直档距 L_v（m）
1	上横担	JZHD2-42×62×1330	230 及以下	2000<H≤4000	≤240	L_{sy}≤80	L_v≤100
2		JZHD2-42×62×1420	270～350				
3	水平横担	JZHD2-42×62×2450	230 及以下				
4		JZHD2-42×62×2550	270～350				

（6）架空绝缘配电线路遇到重要交叉跨越时，标准型复合绝缘横担采用双横担结构。实际工程使用双横担结构时，可由使用单位和制造单位进一步明确双横担组装所需的构件，以满足图示相关要求。

7.1.6 复合绝缘横担引线布置

（1）当直线水泥单杆用作分支引下杆时，因部分杆头需加设跳线绝缘子固定分支引线，导致分支引线对相、对地无法满足 350kV 干雷电冲击耐受电压水平要求，因此需在分支线横担或单独的固定支架上加设避雷器保护绝缘导线和绝缘子。复合绝缘横担分支引线固定方案见表 7-6 及图 7-21～图 7-24。

表 7-6   **复合绝缘横担引线布置方案**

序号	类别	杆头排列方式	跳线固定方式
1	标准型复合绝缘横担	单回上字型	预留安装位置＋方形抱箍式跳线绝缘子
2		双回双垂直	

（2）复合绝缘横担加设跳线绝缘子后，导线与杆塔构件、拉线之间的最小间隙见表 6-6，过引线、引下线与邻相导线之间的最小间隙见表 6-8。

（3）直线水泥单杆采用复合绝缘横担加强架空绝缘线路绝缘水平后，耐张杆保留现有 10kV 线路铁质耐张横担装置。

7.1.7 安装注意事项

（1）轻拿轻放，不应投掷，并避免与尖硬物碰撞、摩擦。

（2）安装及运维时，操作人员不应在护套表面攀爬、踩踏。

（3）导线放线和紧线时，放线工具不应损伤绝缘横担护套，必要时应采用防护垫等保护措施。

（4）端部挂线金具预留安装挂孔，以便施工及运维人员操作，严禁在护套上绑扎绳结起吊。

7.1.8 复合绝缘横担导线垂直荷载表

10kV 架空线路通用设计复合绝缘横担导线垂直荷载见表 7-7。

表 7-7   **复合绝缘横担导线垂直荷载**

导线类型及截面规格	横担使用档距 L_{sy}（m）/横担垂直档距 L_v（m）	控制工况导线垂直荷载标准值（N）	控制工况导线垂直荷载设计值（N）	年平工况导线垂直荷载标准值（N）
JKLYJ-120mm²	60/80	1128	1579	431
JKLYJ-120mm²	80/100	1410	1974	539
JKLYJ-240mm²	60/80	1636	2290	744
JKLYJ-240mm²	80/100	2045	2863	930

注 1. 控制工况是指正常运行或安装工况下使导线垂直方向受力最大的工况，该工况下导线垂直荷载标准值的 3 倍值用于横担强度计算。

    2. 年平工况是指年平均气温条件下的工况，该工况下导线垂直荷载的标准值用于横担挠度计算。

复合绝缘横担导线垂直荷载表用于复合绝缘横担强度和挠度计算，同时可作为复合绝缘横担制造厂商自检及专业检验机构的检测依据。

7.1.9 复合绝缘横担组装示意图及加工图选取方法

复合绝缘横担组装示意图及复合绝缘横担加工图选取方法，应按以下步骤进行：

（1）选定相应的杆头布置型式。

（2）根据所选杆头布置型式，可直接查找出相应的复合绝缘横担组装示意图。

（3）根据海拔、电杆梢径、复合绝缘横担使用档距及垂直档距、导线截面查找到相应的复合绝缘横担图号（即横担加工图）。

（4）在选定的复合绝缘横担加工图基础上，结合已选出的复合绝缘横担组装示意图，选取相应的复合绝缘横担及安装组件。

7.2 应用说明

（1）本通用设计仅保留《10kV 配电线路直线系列复合绝缘横担标准化设计方案》中的标准型复合绝缘横担。

（2）当相邻两侧均采用铁横担耐张杆，直线单杆采用上字型复合绝缘横担杆头布置方式时，会使电杆产生一定的附加弯矩，此时应对电杆强度进行校验，同时为减小端部金具横向受力，上字型杆头布置时可采用双横担结构，并校验端部金具受力。为消除附加弯矩，特殊情况下也可自行设计杆头布置方式，但应确保其强度，满足施工安装的安全要求。

（3）当采用标准型复合绝缘横担的电杆分支引下时，需加设跳线绝缘子固定分支引线，跳线绝缘子及附件均采用复合绝缘材料，复合绝缘横担上应有明确的标识，安装时应保证跳线绝缘子与复合绝缘横担紧密贴合。

（4）避雷器是配合绝缘横担使用的重要防雷设备，其选型及使用要求详见第17章。

（5）标准型复合绝缘横担本体通过横担抱箍板及U型抱箍固定在电杆上，且单回上字型排列时上横担需预设上倾角。

（6）铝合金材质为了满足腐蚀严重区域延长绝缘横担使用寿命的需求，且充分发挥复合绝缘横担轻质高强、耐腐蚀等特点，横担端部金具及配套抱箍可采用铝合金材质，其结构设计按照《铝合金结构设计规范》（GB 50429—2007）执行。用于承重结构的铝合金应采用轧制板、冷轧带、拉制管、挤压管、挤压型材、棒材等变形铝合金。铝合金应根据结构的重要性、荷载特征、结构形式、应力状态、连接方式、材料厚度等因素，选用合适的铝合金牌号、规格及其相应状态，并应符合现行国家标准的规定和要求。

（7）跌落式熔断器安装横担。部分地区采用复合绝缘横担安装跌落式熔断器，运行效果良好，杜绝了跌落保险事故，方便带电作业。但因安装场景复杂多样，10kV架空线路通用设计不便给出统一方案，由各单位和供货厂家自行解决。

（8）对于耐张转角复合绝缘横担，国网设备部已发布《10kV配电线路耐张转角复合绝缘横担标准化设计方案（试行版）》，正在组织开展试点工作。该方案给出了适用于国家电网有限公司10kV配电线路的耐张转角复合绝缘横担设计图纸，明确了耐张转角复合绝缘横担整体结构设计、电气参数、机械参数及相关工艺要求等。通用设计将根据试点运行经验进一步补充完善。

7.3 设计图

复合绝缘横担设计图清单见表7-8。

表7-8 复合绝缘横担设计图清单

图序	图名	备注
图7-2	JZ1-1 单回直线（直线转角）单杆杆头示意图（标准型）	
图7-3	JZ2-1 双回直线（直线转角）单杆杆头示意图（标准型）	
图7-4	JZHD2-1 上字型上横担组装示意图（标准型）	
图7-5	JZHD2-2 上字型水平横担组装示意图（标准型）	
图7-6	双横担组装示意图（标准型）	
图7-7	JZHD2-42×62×1330 上字型上横担加工图（标准型）	
图7-8	JZHD2-42×62×1420 上字型上横担加工图（标准型）	
图7-9	JZHD2-42×62×2450 水平横担加工图（标准型）	
图7-10	JZHD2-42×62×2550 水平横担加工图（标准型）	
图7-11	上字型上横担固定金具加工图（标准型）	
图7-12	上字型水平横担固定金具加工图（标准型）	
图7-13	横担端部挂线金具加工图（标准型）	
图7-14	BG1-SZD 上字型上横担抱箍板加工图（标准型）（1/2）	
图7-15	BG1-SZD 上字型上横担抱箍板加工图（标准型）（2/2）	
图7-16	BG1-SPD 水平横担抱箍板加工图（标准型）（1/2）	
图7-17	BG1-SPD 水平横担抱箍板加工图（标准型）（2/2）	
图7-18	U型抱箍加工图	
图7-19	YT1 单侧引下线跳线绝缘子加工图（标准型）	
图7-20	YT2 双侧引下线跳线绝缘子加工图（标准型）	
图7-21	单回复合横担分支杆无熔断器支接装置	
图7-22	单回复合横担分支杆有熔断器支接装置	
图7-23	双回复合横担双垂直排列分支杆无熔断器支接装置	
图7-24	双回复合横担双垂直排列分支杆有熔断器支接装置	

2000～4000m 海拔地区 10kV 横担选型表（梢径 350mm 及以下电杆）

线型	横担使用档距 L_{sy}（m）	横担垂直档距 L_v（m）	导线截面	梢径（mm）	尺寸 L_1（mm）	横担名称	横担编号	主材规格（mm） 宽×高	长度（mm）	横担图号	组装图号
JKLYJ 绝缘导线	$L_{sy} \leqslant 80$	$L_v \leqslant 100$	240mm² 及以下	230 及以下	1200	上横担	JZHD2－42×62×1330	42×62	1330	图 7-7	图 7-4
						下横担	JZHD2－42×62×2450	42×62	2450	图 7-9	图 7-5
				270～350	1250	上横担	JZHD2－42×62×1420	42×62	1420	图 7-8	图 7-4
						下横担	JZHD2－42×62×2550	42×62	2550	图 7-10	图 7-5

说明：1. 以上选型适用于 XZ-A、XZ-B 气象区。

2. 横担使用档距 L_{sy} 及横担垂直档距 L_v 的定义详见第 1 章，各横担应用时应同时满足 L_{sy} 及 L_v 的限定要求。

3. 引下线时需按横担加工图所示位置安装跳线绝缘子，本图所示位置仅为示意。

4. 本形式用于直线转角杆时，图中所示角度 α 依据第 9 章杆型分类表同时应满足第 4 章最大直线转角度数限定要求。

横担配套构件汇总表

序号	名称	单位	数量	图号	组装图号	备注
1	上字型上横担抱箍板	副	1	图 7-14 和 图 7-15	图 7-4 和 图 7-5	
2	水平横担抱箍板	副	1	图 7-16 和 图 7-17		
3	U 型抱箍	个	4	图 7-18		
4	单侧引下线跳线绝缘子	套	选用	图 7-19		

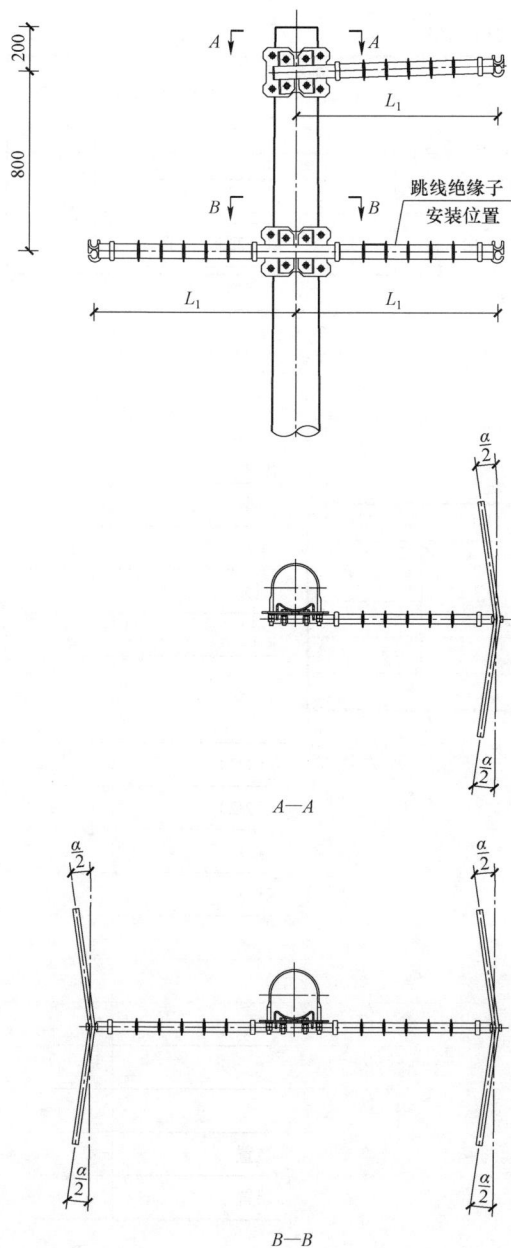

图 7-2　JZ1-1 单回直线（直线转角）单杆杆头示意图（标准型）

线型	横担使用档距 L_{sy}（m）	横担垂直档距 L_v（m）	导线截面	梢径（mm）	尺寸 L_1（mm）	横担名称	横担编号	主材规格（mm）宽×高	长度（mm）	横担图号	组装图号
JKLYJ 绝缘导线	$L_{sy}\leq80$	$L_v\leq100$	240mm² 及以下	230 及以下	1200	上、中、下横担	JZHD2－42×62×2450	42×62	2450	图 7－9	图 7－6
				270～350	1250	上、中、下横担	JZHD2－42×62×2550	42×62	2550	图 7－10	

说明：1. 以上选型适用于 XZ－A、XZ－B 气象区。

2. 横担使用档距 L_{sy} 及横担垂直档距 L_v 的定义详见第 7 章表 7－3，表中各横担应用时应同时满足 L_{sy} 及 L_v 的限定要求。

3. 引下线时需按横担加工图所示位置安装跳线绝缘子，本图所示位置仅为示意。

4. 本形式用于直线转角杆时，图中所示角度 α 依据第 9 章杆型分类表同时应满足第 4 章最大直线转角度数限定要求。

横担配套构件汇总表

序号	名称	单位	数量	图号	组装图号	备注
1	水平横担抱箍板	副	3	图 7－16 和 图 7－17	图 7－7	
2	U 型抱箍	个	6	图 7－18		
3	单侧引下线跳线绝缘子	套	选用	图 7－19		
4	双侧引下线跳线绝缘子	套	选用	图 7－20		

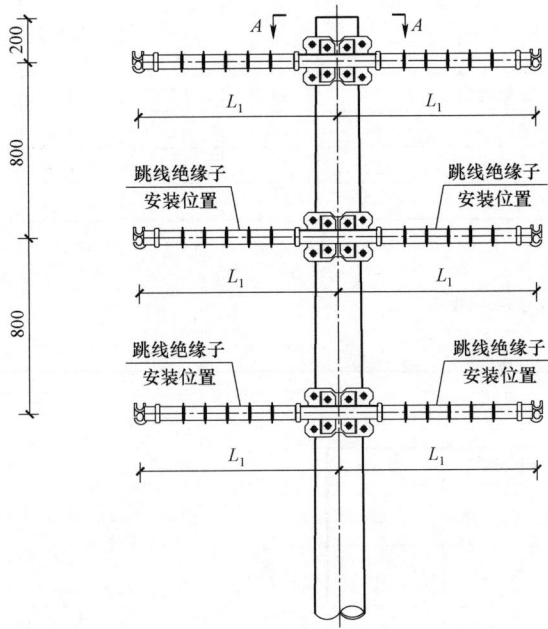

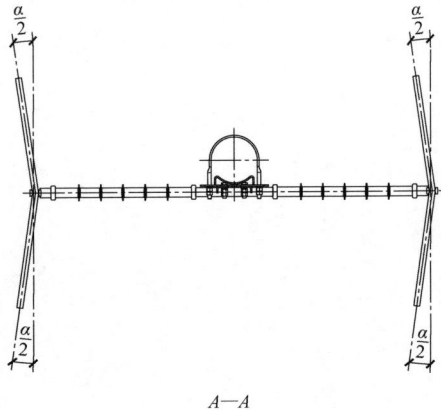

跳线绝缘子安装位置
跳线绝缘子安装位置
跳线绝缘子安装位置
跳线绝缘子安装位置

A—A

图 7－3　JZ2－1 双回直线（直线转角）单杆杆头示意图（标准型）

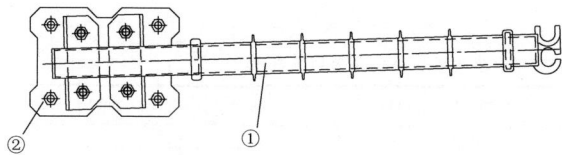

干弧距离统计表（梢径 350mm 及以下电杆）

海拔	干弧距离 L_1（mm）	最小间隙距离 L_2（mm）
2000～4000m	925	982

构 件 汇 总 表

编号	材料名称	单位	数量	图号	杆头示意图
①	上字型上横担	根	1	图 7-7 和图 7-8	
②	上字型上横担抱箍板	副	1	图 7-14 和图 7-15	图 7-2
③	U 型抱箍	个	2	图 7-18	

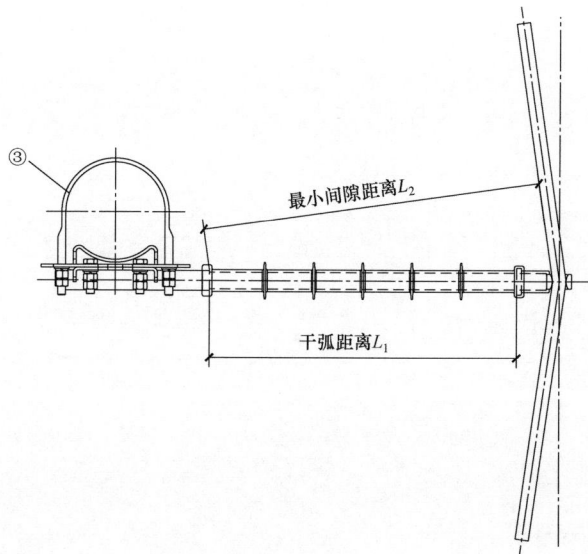

上横担组装图（比例1:20）

图 7-4　JZHD2-1 上字型上横担组装示意图（标准型）

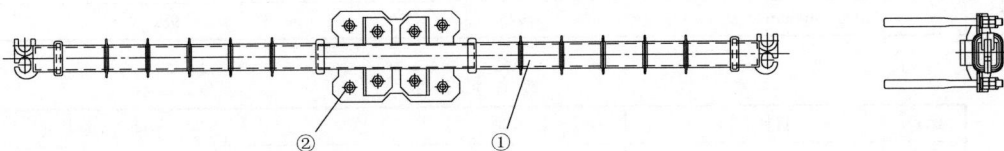

干弧距离统计表（梢径 350mm 及以下电杆）

海拔	干弧距离 L_1（mm）	最小间隙距离 L_2（mm）
2000～4000m	925	982

构 件 汇 总 表

编号	材料名称	单位	数量	图号	杆头示意图
①	水平横担	根	1	图 7−9 和图 7−10	图 7−2 图 7−3
②	水平横担抱箍板	副	1	图 7−16 和图 7−17	
③	U 型抱箍	个	2	图 7−18	

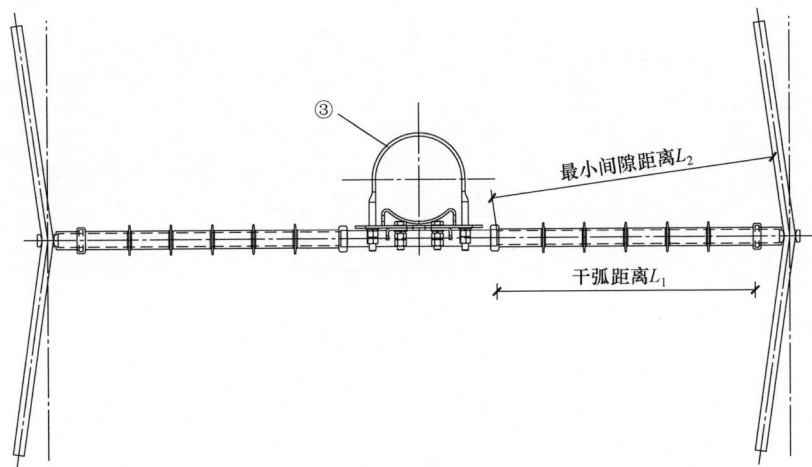

水平横担组装图 (比例1:20)

图 7−5　JZHD2−2 上字型水平横担组装示意图（标准型）

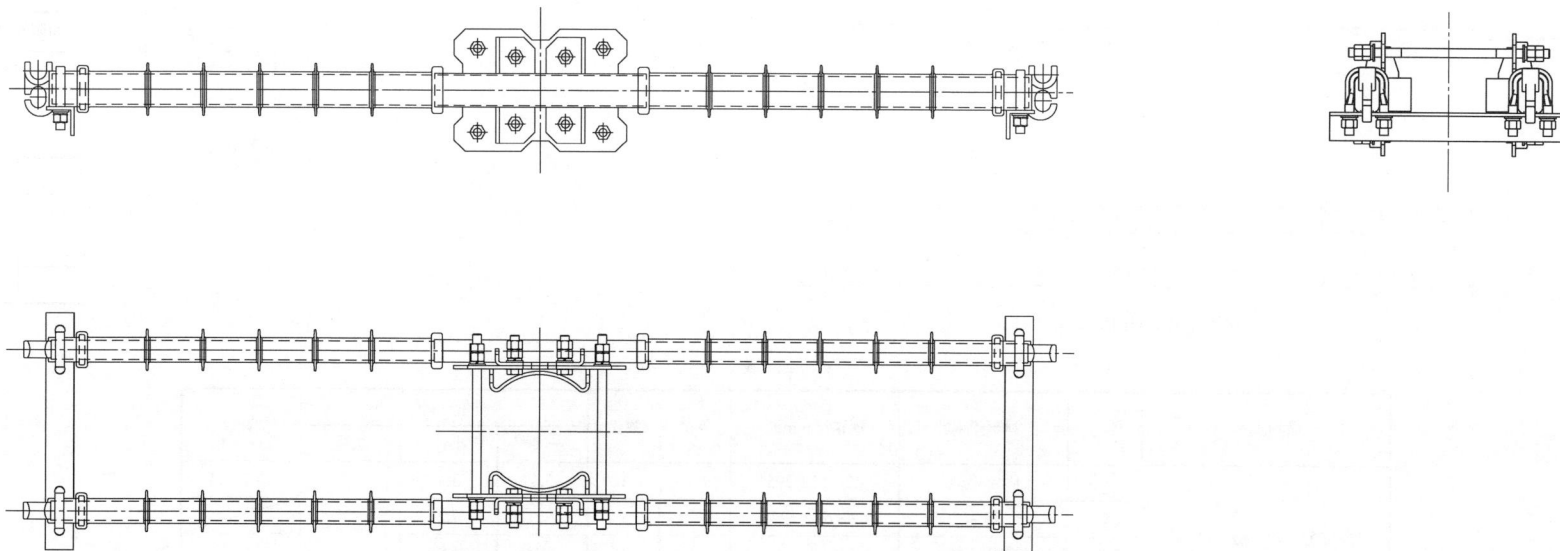

横担组装图 (比例1:20)

说明：1. 遇重要交叉跨越时采用本图的双横担型式。

2. 根据直线水泥单杆杆头示意图选定方棒绝缘横担，按照图示方式连接组合成双横担。

3. 本示意图为水平横担组装型式，上字型上横担组装型式可参照本图方式自行组合设计。

4. 按本典设方案选配直线绝缘横担所需的构件，其他组合连接件通过计算自行设计选取。

5. 绝缘双横担组装完成后，所有构件应满足各海拔下对应的最小间隙距离，应满足第 7 章表 7-4 干弧距离要求。

图 7-6　双横担组装示意图（标准型）

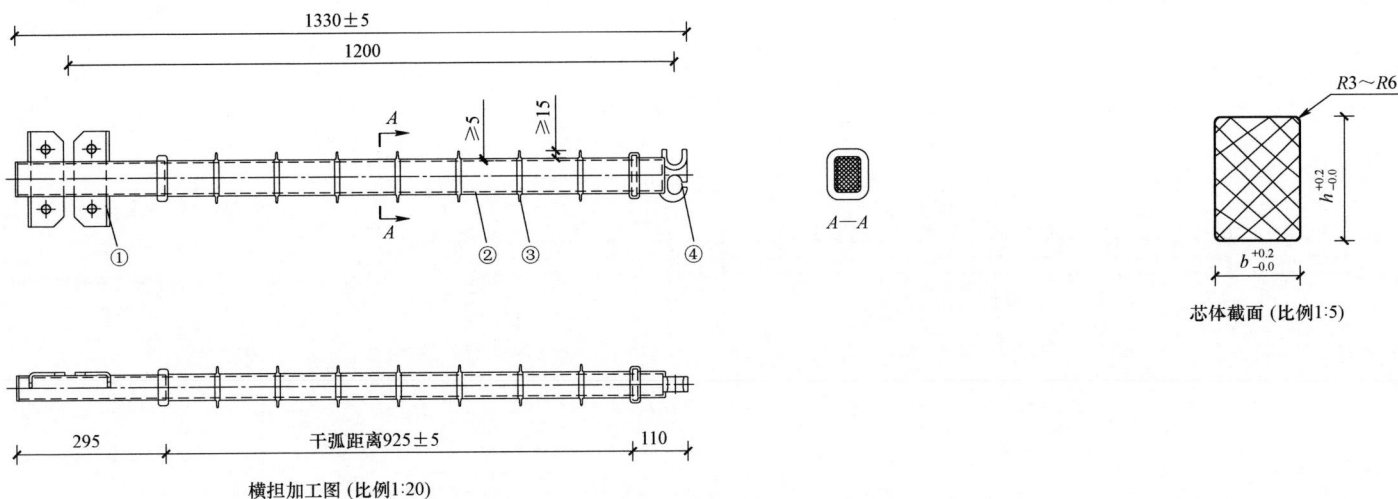

横担加工图（比例1:20）

芯体截面（比例1:5）

材 料 表

横担编号	编号	材料名称	规格（mm）	单位	数量	质量（kg）			图号
						一件	小计	总重	
JZHD2－42×62×1330	①	固定金具	42×62×295	个	1	3.4	3.4	13.7	图7－11
	②	芯体	42×62×1275	根	1	7.21	7.2		
	③	硅橡胶伞套		个	1	1.88	1.9		
	④	端部挂线金具	42×62×110	个	1	1.15	1.2		图7－13

横担加工尺寸及配套构件选取表

横担编号	宽度 b（mm）	高度 h（mm）	杆径（mm）	上字型上横担抱箍板	U型抱箍	组装图号	杆头示意图
JZHD2－42×62×1330	42	62	195	BG1－SZD－195	U16－200	图7－4	图7－2
			235	BG1－SZD－235	U16－240		

说明：1. 伞裙数量不小于5个，伞裙间距不小于70mm并且不大于120mm。

2. 硅橡胶护套厚度不小于5mm，伞裙伸出高度不小于15mm。

3. 所有部件技术参数应按以下标准执行：

（1）《标称电压高于1000V的交流架空线路用线路柱式复合绝缘子－定义、试验方法及接收准则》（GB/T 20142－2006）。

（2）《10kV配电线路复合绝缘横担技术规范》（Q/GDW 12069－2020）。

（3）《绝缘子金属附件热镀锌层通用技术条件》（JB/T 8177－1999）。

图7－7　JZHD2－42×62×1330上字型上横担加工图（标准型）

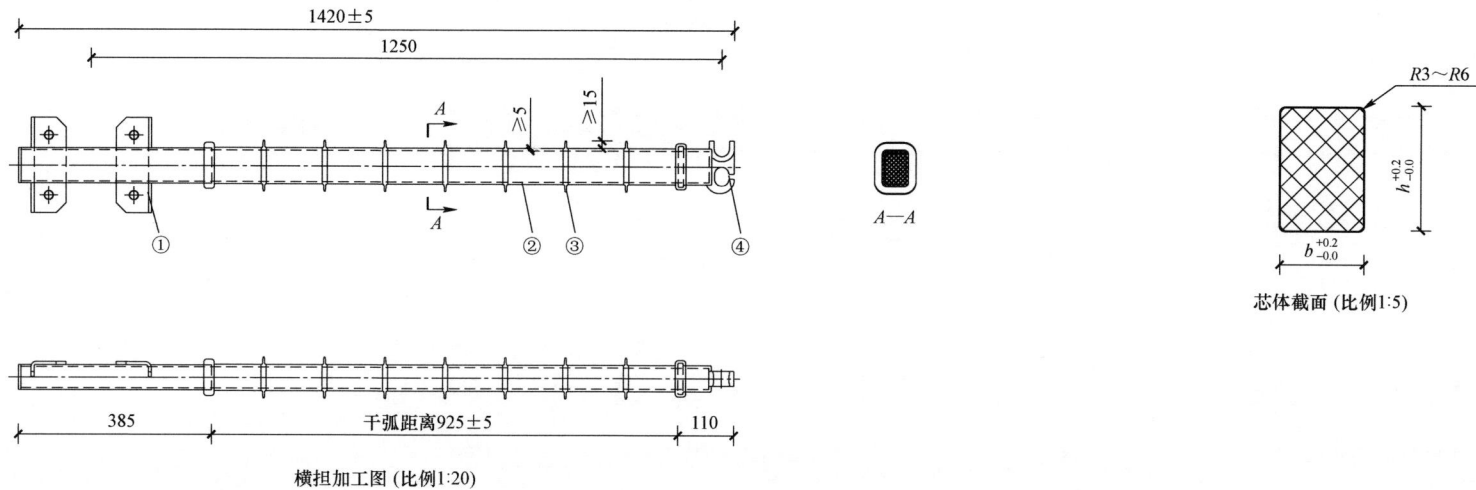

横担加工图 (比例1:20)

芯体截面 (比例1:5)

材 料 表

横担编号	编号	材料名称	规格（mm）	单位	数量	质量（kg）		总重	图号
						一件	小计		
JZHD2－42×62×1420	①	固定金具	42×62×385	个	1	4.0	4.0		图7－11
	②	芯体	42×62×1365	根	1	7.71	7.7	14.8	
	③	硅橡胶伞套		个	1	1.88	1.9		
	④	端部挂线金具	42×62×110	个	1	1.15	1.2		图7－13

横担加工尺寸及配套构件选取表

横担编号	宽度 b (mm)	高度 h (mm)	杆径 (mm)	上字型上横担抱箍板	U型抱箍	组装图号	杆头示意图
JZHD2－42×62×1420	42	62	275	BG1－SZD－275	U16－280	图7－4	图7－2
			355	BG1－SZD－355	U16－360		

说明：1. 伞裙数量不小于5个，伞裙间距不小于70mm并且不大于120mm。

2. 硅橡胶护套厚度不小于5mm，伞裙伸出高度不小于15mm。

3. 所有部件技术参数应按以下标准执行：

（1）《标称电压高于1000V的交流架空线路用线路柱式复合绝缘子－定义、试验方法及接收准则》（GB/T 20142—2006）。

（2）《10kV配电线路复合绝缘横担技术规范》（Q/GDW 12069—2020）。

（3）《绝缘子金属附件热镀锌层通用技术条件》（JB/T 8177—1999）。

图 7－8　JZHD2－42×62×1420上字型上横担加工图（标准型）

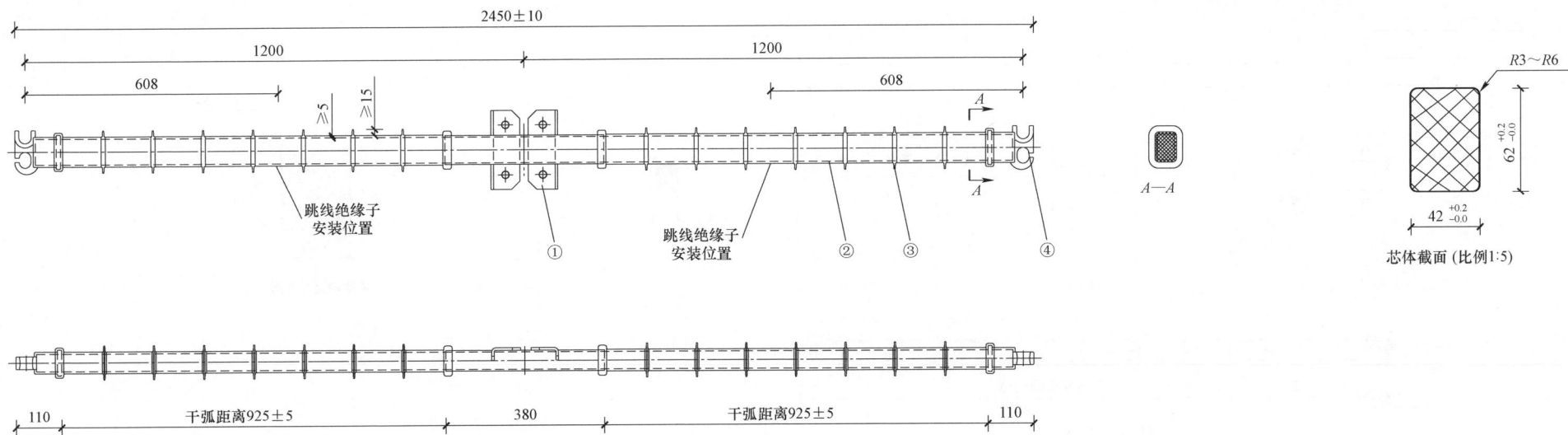

横担加工图（比例1:20）

芯体截面（比例1:5）

材 料 表

横担编号	编号	材料名称	规格（mm）	单位	数量	质量（kg）			图号
						一件	小计	总重	
JZHD2－42×62×2450	①	固定金具	42×62×380	个	1	3.9	3.9	23.3	图7－12
	②	芯体	42×62×2350	根	1	13.28	13.3		
	③	硅橡胶伞套		个	2	1.88	3.8		
	④	端部挂线金具	42×62×110	个	2	1.15	2.3		图7－13

横担加工尺寸及配套构件选取表

横担编号	杆径（mm）	水平横担抱箍板	U型抱箍	组装图号	杆头示意图
JZHD2－42×62×2450	195	BG1－SPD－195	U16－200	图7－5	图7－3
	205	BG1－SPD－205	U16－210		
	215	BG1－SPD－215	U16－220		
	235	BG1－SPD－235	U16－240		
	245	BG1－SPD－245	U16－250		
	255	BG1－SPD－255	U16－260		

说明：1. 伞裙数量不小于5个，伞裙间距不小于70mm并且不大于120mm。

2. 硅橡胶护套厚度不小于5mm，伞裙伸出高度不小于15mm。

3. 所有部件技术参数应按以下标准执行：

（1）《标称电压高于1000V的交流架空线路用线路柱式复合绝缘子－定义、试验方法及接收准则》（GB/T 20142—2006）。

（2）《10kV配电线路复合绝缘横担技术规范》（Q/GDW 12069—2020）。

（3）《绝缘子金属附件热镀锌层通用技术条件》（JB/T 8177—1999）。

图7－9　JZHD2－42×62×2450水平横担加工图（标准型）

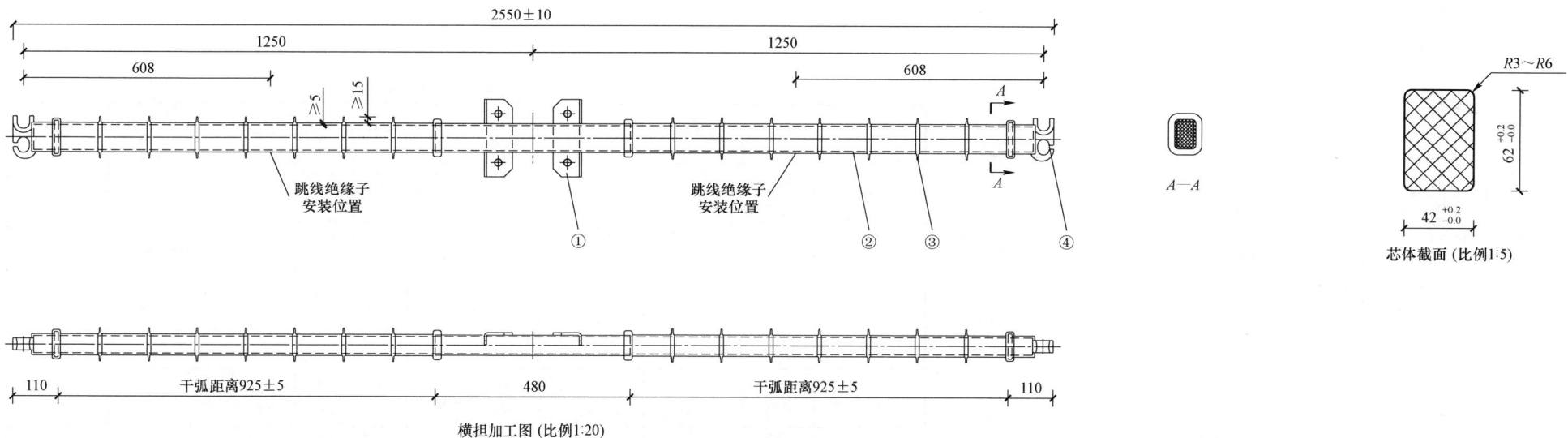

横担加工图 (比例1:20)

芯体截面 (比例1:5)

材料表

横担编号	编号	材料名称	规格（mm）	单位	数量	质量（kg）			图号
						一件	小计	总重	
JZHD2-42×62×2550	①	固定金具	42×62×480	个	1	4.5	4.5	24.5	图7-12
	②	芯体	42×62×2450	根	1	13.85	13.9		
	③	硅橡胶伞套		个	2	1.88	3.8		
	④	端部挂线金具	42×62×110	个	2	1.15	2.3		图7-13

横担加工尺寸及配套构件选取表

横担编号	杆径（mm）	水平横担	U型抱箍	组装图号	杆头示意图
JZHD2-42×62×2550	275	BG1-SPD-275	U16-280	图7-5	图7-3
	285	BG1-SPD-285	U16-290		
	295	BG1-SPD-295	U16-300		
	355	BG1-SPD-355	U16-360		
	365	BG1-SPD-365	U16-370		
	375	BG1-SPD-375	U16-380		

说明：1. 伞裙数量不小于5个，伞裙间距不小于70mm并且不大于120mm。

2. 硅橡胶护套厚度不小于5mm，伞裙伸出高度不小于15mm。

3. 所有部件技术参数应按以下标准执行：

（1）《标称电压高于1000V的交流架空线路用线路柱式复合绝缘子-定义、试验方法及接收准则》（GB/T 20142—2006）。

（2）《10kV配电线路复合绝缘横担技术规范》（Q/GDW 12069—2020）。

（3）《绝缘子金属附件热镀锌层通用技术条件》（JB/T 8177—1999）。

图7-10　JZHD2-42×62×2550水平横担加工图（标准型）

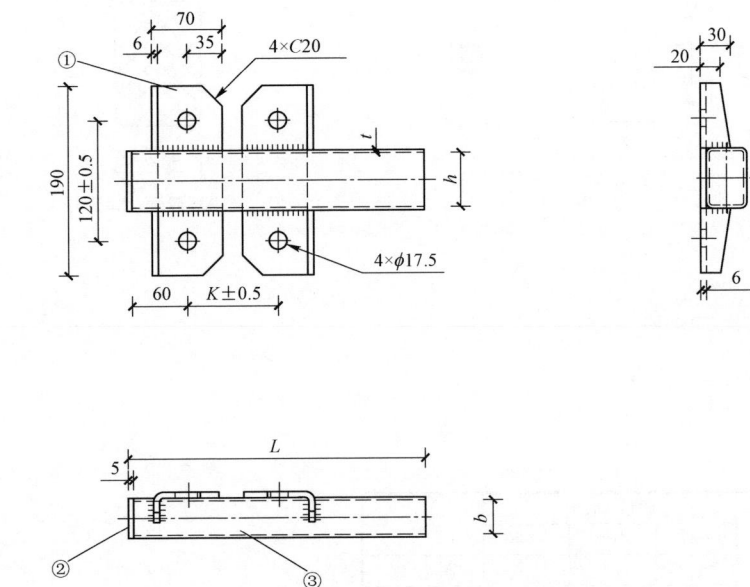

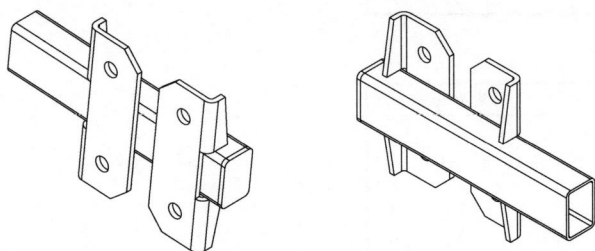

上横担固定金具图（比例1:10）

固 定 金 具 材 料 表

型号	编号	名称	规格（mm）	长度（mm）	单位	数量	质量（kg） 一件	质量（kg） 小计	合计总重（kg）①+②+③	备注
	①	固定板	−6×91	190	块	2	0.65	1.3		
34×54×295	②	封板	−5×40	60	块	1	0.09	0.1	2.6	
	③	矩形钢管	40×60×3	290	根	1	1.23	1.2		
38×58×295	②	封板	−5×46	66	块	1	0.12	0.1	3.2	
	③	矩形钢管	46×66×4	290	根	1	1.80	1.8		
42×62×295	②	封板	−5×50	70	块	1	0.14	0.1	3.4	Q355
	③	矩形钢管	50×70×4	290	根	1	1.95	2.0		
34×54×385	②	封板	−5×40	60	块	1	0.09	0.1	3.0	
	③	矩形钢管	40×60×3	380	根	1	1.61	1.6		
38×58×385	②	封板	−5×46	66	块	1	0.12	0.1	3.8	
	③	矩形钢管	46×66×4	380	根	1	2.36	2.4		
42×62×385	②	封板	−5×50	70	块	1	0.14	0.1	4.0	
	③	矩形钢管	50×70×4	380	根	1	2.55	2.6		

固 定 金 具 选 型 表

序号	型号	尺寸（mm） b	尺寸（mm） h	尺寸（mm） t	尺寸（mm） K	尺寸（mm） L
1	34×54×295	34	54	3		295
2	38×58×295	38	58	4	90	295
3	42×62×295	42	62	4		295
4	34×54×385	34	54	3		385
5	38×58×385	38	58	4	170	385
6	42×62×385	42	62	4		385

说明：1. 所有材质均为 Q355，应满足《低合金高强度结构钢》（GB/T 1591—2018）要求。

2. 所有构件热镀锌防腐处理，应满足《电力金具通用技术条件》（GB/T 2314—2008）要求。

3. 焊接应满足《钢结构焊接规范》（GB 50661—2011）要求，所有焊缝（焊脚）高度不得小于连接构件中较薄构件厚度，焊缝长度为满焊。

4. 金具加工时注意与芯棒的配合公差。

图 7−11　上字型上横担固定金具加工图（标准型）

固 定 金 具 材 料 表

型号	编号	名称	规格（mm）	长度（mm）	单位	数量	质量（kg）		合计总重（kg）①+②	备注
							一件	小计		
	①	固定板	−6×91	190	块	2	0.65	1.3		
34×54×380	②	矩形钢管	40×60×3	380	根	1	1.61	1.6	2.9	
38×58×380	②	矩形钢管	46×66×4	380	根	1	2.36	2.4	3.7	
42×62×380	②	矩形钢管	50×70×4	380	根	1	2.55	2.6	3.9	Q355
34×54×480	②	矩形钢管	40×60×3	480	根	1	2.04	2.0	3.3	
38×58×480	②	矩形钢管	46×66×4	480	根	1	2.97	3.0	4.3	
42×62×480	②	矩形钢管	50×70×4	480	根	1	3.22	3.2	4.5	

固 定 金 具 选 型 表

序号	型号	尺寸（mm）				
		b	h	t	K	L
1	34×54×380	34	54	3		
2	38×58×380	38	58	4	90	380
3	42×62×380	42	62	4		
4	34×54×480	34	54	3		
5	38×58×480	38	58	4	170	480
6	42×62×480	42	62	4		

说明：1. 所有材质均为 Q355，应满足《低合金高强度结构钢》（GB/T 1591—2018）要求。

2. 所有构件热镀锌防腐处理，应满足《电力金具通用技术条件》（GB/T 2314—2008）要求。

3. 焊接应满足《钢结构焊接规范》（GB 50661—2011）要求，所有焊缝（焊脚）高度不得小于连接构件中较薄构件厚度，焊缝长度为满焊。

4. 金具加工时注意与芯棒的配合公差。

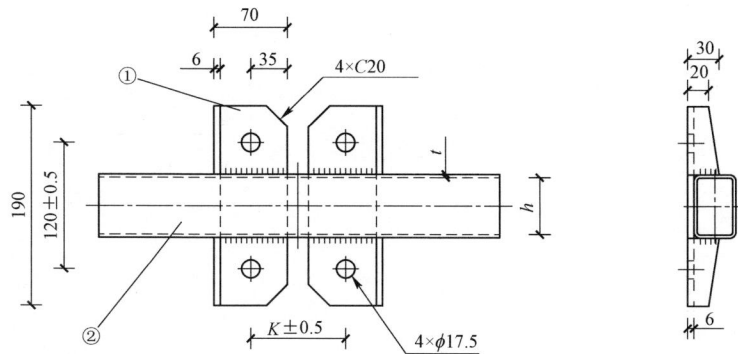

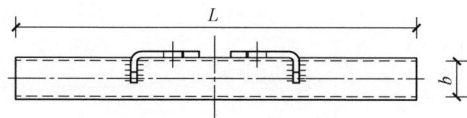

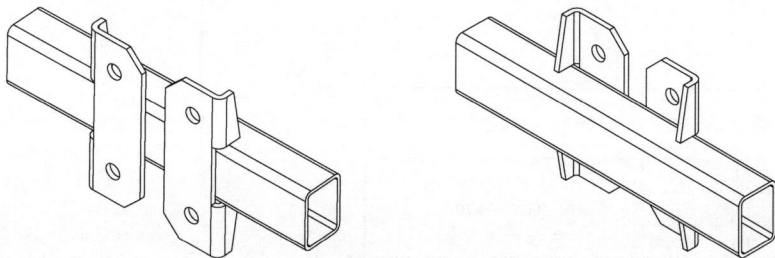

上字型水平横担固定金具图（比例1:10）

图 7-12 上字型水平横担固定金具加工图（标准型）

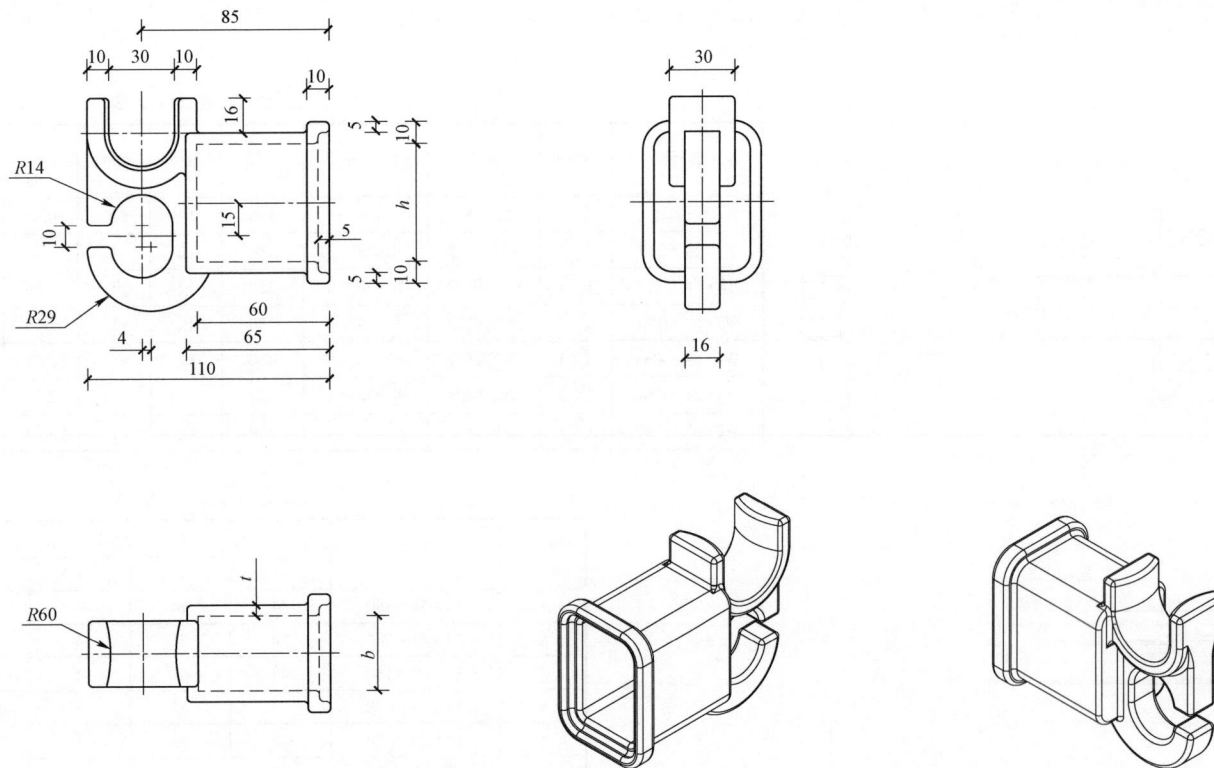

端部挂线金具图（比例1:5）

端部挂线金具选型表

序号	规格（mm）	尺寸（mm）			质量（kg）	备注
		b	h	t		
1	34×54×110	34	54	5	1.02	
2	38×58×110	38	58	5	1.08	ZG310−570
3	42×62×110	42	62	5	1.15	

说明：1. 所有材质均为 ZG310−570，热镀锌防腐处理，应满足《电力金具通用技术条件》（GB/T 2314—2008）要求。

2. 铸件性能应满足《一般工程铸造碳钢件》（GB/T 11352—2009）要求。

3. 金具加工时注意与芯棒的配合公差。

4. 导线槽内边缘采用圆弧设计，可兼顾直线转角使用。

图 7−13　横担端部挂线金具加工图（标准型）

材　料　表

杆径 D （mm）	型号	编号	名称	规格 （mm）	长度 （mm）	单位	数量	质量（kg） 一件	质量（kg） 小计	合计总重(kg) ①+②+ ③+④	备注
		①	加劲板	−6×25	55	块	4	0.05	0.2		
		②	螺栓	M16×60		个	4	0.21	0.8		6.8 级，热镀锌，双帽 单平单弹，无扣长 12mm
195	BG1− SZD−195	③	横担固定板	−6×220	300	块	1	2.69	2.7	4.4	
		④	M 垫铁	−6×60	240	块	1	0.68	0.7		
235	BG1− SZD−235	③	横担固定板	−6×220	340	块	1	3.1	3.1	5.0	
		④	M 垫铁	−6×60	311	块	1	0.88	0.9		

说明：1. 所有材质均为 Q235，热镀锌防腐处理，应满足《电力金具通用技术条件》（GB/T 2314—2008）要求。

2. 焊接应满足《钢结构焊接规范》（GB 50661—2011）要求，所有焊缝（焊脚）高度不得小于连接构件中较薄构件厚度，焊缝长度为满焊。

3. 本加工图默认上横担安装于图示抱箍板右侧，安装时应严格执行，保证横担端部上翘。

4. 横担固定板③须保证平整。

5. 表中 M 垫铁④的长度尺寸为参考尺寸，具体长度根据加工进行放样。

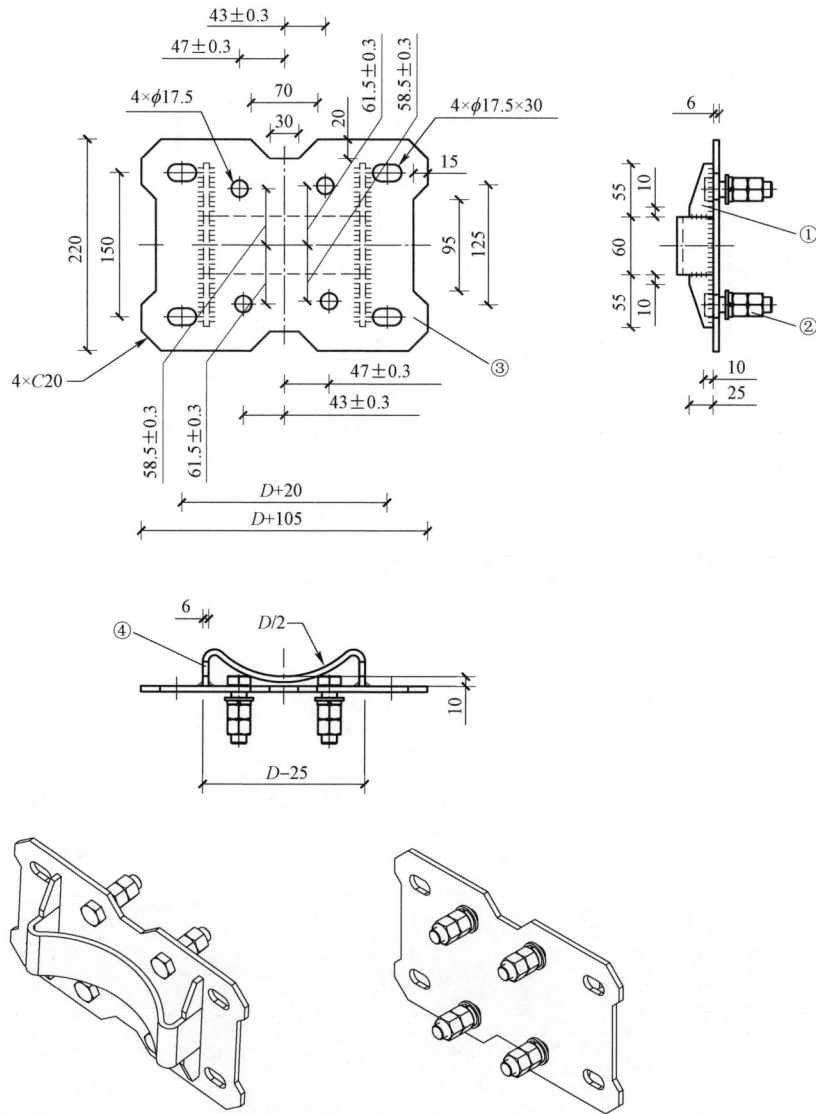

上横担抱箍板加工图（比例1:10）

图 7−14　BG1−SZD 上字型上横担抱箍板加工图（标准型）（1/2）

材 料 表

杆径 D（mm）	型号	编号	名称	规格（mm）	长度（mm）	单位	数量	质量（kg）一件	质量（kg）小计	合计总重（kg）①+②+③+④	备注
		①	加劲板	−6×25	55	块	4	0.05	0.2		
		②	螺栓	M16×60		个	4	0.21	0.8		6.8级，热镀锌，双帽单平单弹，无扣长12mm
275	BG1−SZD−275	③	横担固定板	−6×220	380	块	1	3.37	3.4	5.5	
		④	M垫铁	−6×60	384	块	1	1.09	1.1		
355	BG1−SZD−355	③	横担固定板	−6×220	460	块	1	4.20	4.2	6.7	
		④	M垫铁	−6×60	536	块	1	1.52	1.5		

说明：1. 所有材质均为Q235，热镀锌防腐处理，应满足《电力金具通用技术条件》（GB/T 2314—2008）要求。

2. 焊接应满足《钢结构焊接规范》（GB 50661—2011）要求，所有焊缝（焊脚）高度不得小于连接构件中较薄构件厚度，焊缝长度为满焊。

3. 本加工图默认上横担安装于图示抱箍板右侧，安装时应严格执行，保证横担端部上翘。

4. 主板③须保证平整。

5. 表中M垫铁④的长度尺寸为参考尺寸，具体长度根据加工进行放样。

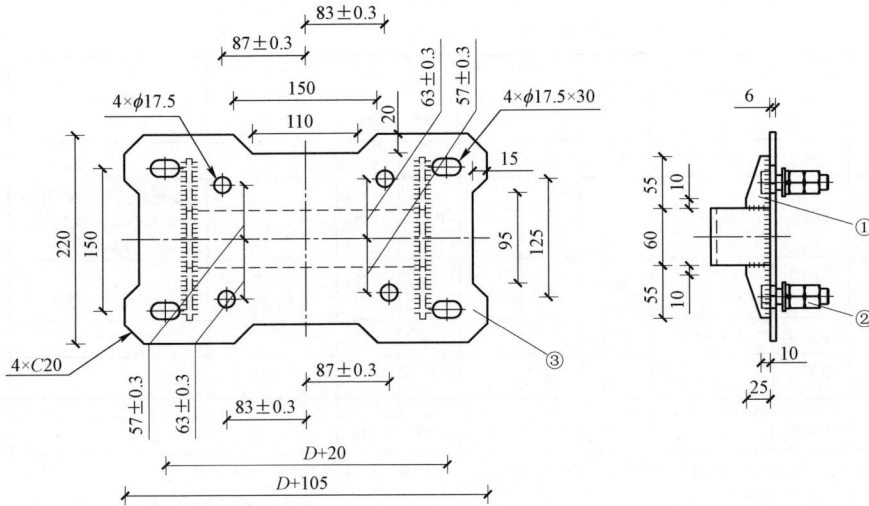

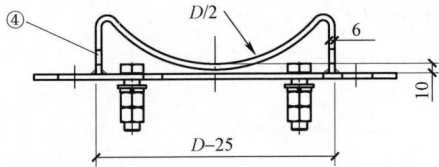

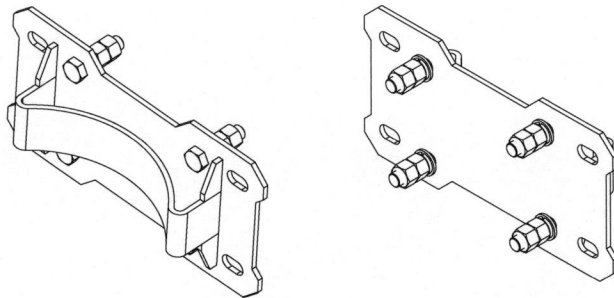

上横担抱箍板加工图（比例1:10）

图 7−15 BG1−SZD 上字型上横担抱箍板加工图（标准型）（2/2）

材 料 表

杆径D (mm)	型号	编号	名称	规格(mm)	长度 (mm)	单位	数量	质量(kg) 一件	质量(kg) 小计	合计总重(kg) ①+②+③+④	备注
		①	加劲板	−6×25	55	块	4	0.05	0.2		
		②	螺栓	M16×60		个	4	0.21	0.8		6.8级，热镀锌，双帽单平单弹，无扣长12mm
195	BG1−SPD−195	③	横担固定板	−6×220	300	块	1	2.69	2.7	4.4	
		④	M垫铁	−6×60	240	块	1	0.68	0.7		
205	BG1−SPD−205	③	横担固定板	−6×220	310	块	1	2.79	2.8	4.5	
		④	M垫铁	−6×60	257	块	1	0.73	0.7		
215	BG1−SPD−215	③	横担固定板	−6×220	320	块	1	2.90	2.9	4.7	
		④	M垫铁	−6×60	275	块	1	0.78	0.8		
235	BG1−SPD−235	③	横担固定板	−6×220	340	块	1	3.11	3.1	5.0	
		④	M垫铁	−6×60	311	块	1	0.88	0.9		
245	BG1−SPD−245	③	横担固定板	−6×220	350	块	1	3.21	3.2	5.1	
		④	M垫铁	−6×60	329	块	1	0.93	0.9		
255	BG1−SPD−255	③	横担固定板	−6×220	360	块	1	3.31	3.3	5.3	
		④	M垫铁	−6×60	347	块	1	0.98	1.0		

说明：1. 所有材质均为Q235，热镀锌防腐处理，应满足《电力金具通用技术条件》（GB/T 2314—2008）要求。

2. 焊接应满足《钢结构焊接规范》（GB 50661—2011）要求，所有焊缝（焊脚）高度不得小于连接构件中较薄构件厚度，焊缝长度为满焊。

3. 主板③须保证平整。

4. 表中M垫铁④的长度尺寸为参考尺寸，具体长度根据加工进行放样。

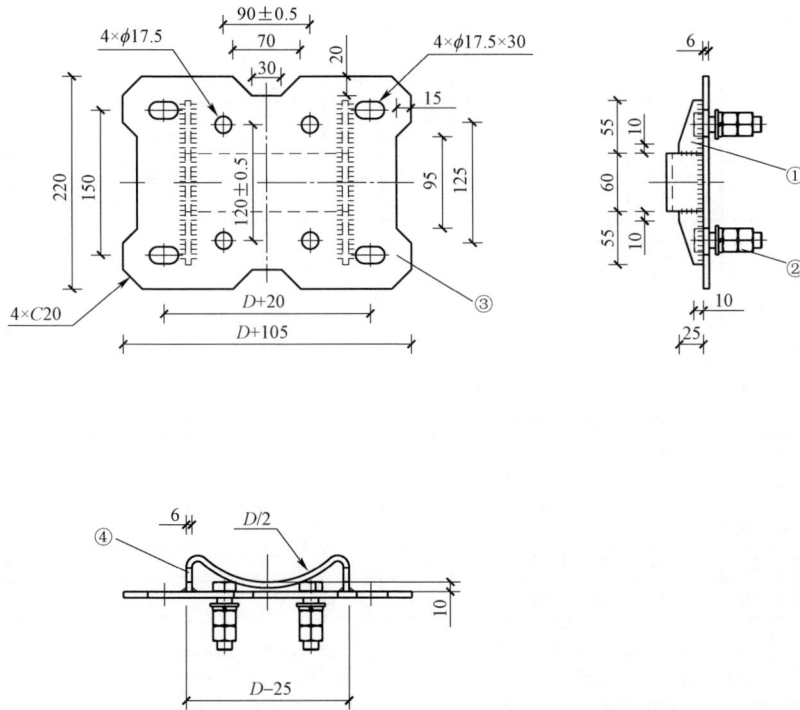

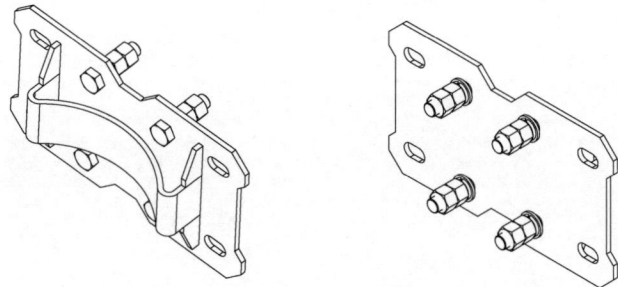

水平横担抱箍板加工图（比例1:10）

图7−16 BG1−SPD水平横担抱箍板加工图（标准型）（1/2）

材 料 表

杆径 D (mm)	型号	编号	名称	规格 (mm)	长度 (mm)	单位	数量	质量（kg） 一件	质量（kg） 小计	合计总重（kg）①+②+③+④	备注
		①	加劲板	−6×25	55	块	4	0.05	0.2		
		②	螺栓	M16×60		个	4	0.21	0.8		6.8级，热镀锌，双帽单平单弹，无扣长12mm
275	BG1−SPD−275	③	横担固定板	−6×220	380	块	1	3.37	3.4	5.5	
		④	M垫铁	−6×60	384	块	1	1.09	1.1		
285	BG1−SPD−285	③	横担固定板	−6×220	390	块	1	3.47	3.5	5.6	
		④	M垫铁	−6×60	403	块	1	1.14	1.1		
295	BG1−SPD−295	③	横担固定板	−6×220	400	块	1	3.58	3.6	5.8	
		④	M垫铁	−6×60	423	块	1	1.19	1.2		
355	BG1−SPD−355	③	横担固定板	−6×220	460	块	1	4.20	4.2	6.7	
		④	M垫铁	−6×60	536	块	1	1.52	1.5		
365	BG1−SPD−365	③	横担固定板	−6×220	470	块	1	4.30	4.3	6.9	
		④	M垫铁	−6×60	556	块	1	1.57	1.6		
375	BG1−SPD−375	③	横担固定板	−6×220	480	块	1	4.41	4.4	7.0	
		④	M垫铁	−6×60	575	块	1	1.63	1.6		

说明：1. 所有材质均为 Q235，热镀锌防腐处理，应满足《电力金具通用技术条件》（GB/T 2314—2008）要求。

2. 焊接应满足《钢结构焊接规范》（GB 50661—2011）要求，所有焊缝（焊脚）高度不得小于连接构件中较薄构件厚度，焊缝长度为满焊。

3. 横担固定板③须保证平整。

4. 表中 M 垫铁④的长度尺寸为参考尺寸，具体长度根据加工进行放样。

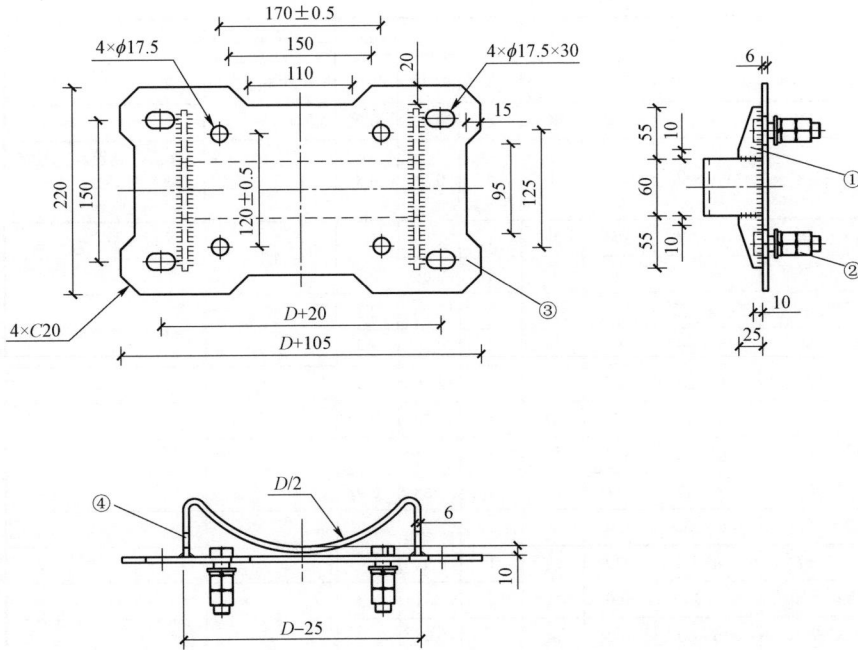

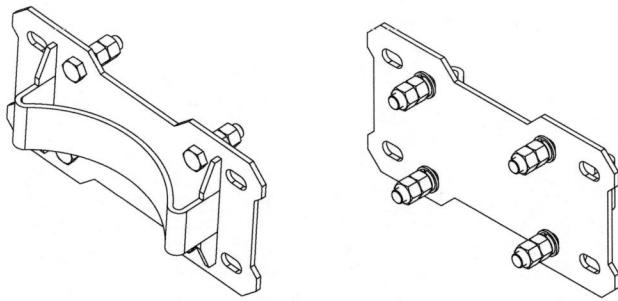

水平横担抱箍板加工图（比例1:10）

图 7−17　BG1−SPD 水平横担抱箍板加工图（标准型）（2/2）

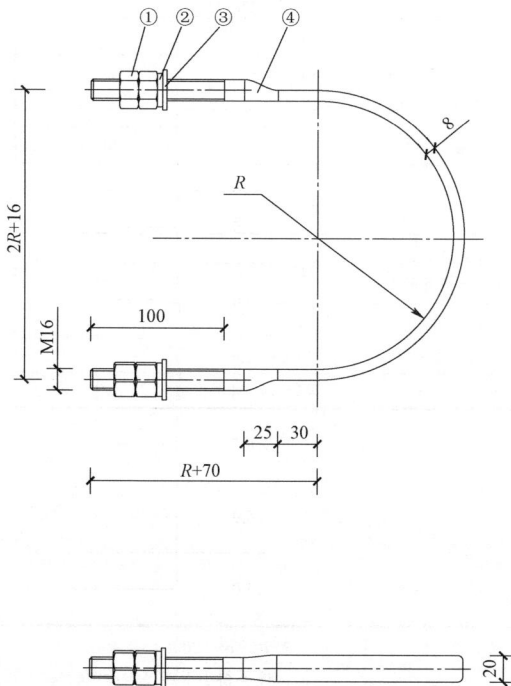

材 料 表

型号	R（mm）	编号	名称	规格(mm)	长度(mm)	单位	数量	质量（kg）		合计总重（kg）①+②+③+④	备注
								一件	小计		
		①	螺母	M16		个	4	0.05	0.2		
		②	弹垫	ϕ16		个	2	0.005	0.01		
		③	平垫	ϕ16		个	2	0.01	0.02		
U16-200	100	④	U型抱箍	M16	667	块	1	0.87	0.9	1.1	
U16-210	105	④	U型抱箍	M16	692	块	1	0.91	0.9	1.1	
U16-220	110	④	U型抱箍	M16	718	块	1	0.94	0.9	1.1	
U16-240	120	④	U型抱箍	M16	769	块	1	1.01	1.0	1.2	
U16-250	125	④	U型抱箍	M16	795	块	1	1.04	1.0	1.2	
U16-260	130	④	U型抱箍	M16	821	块	1	1.08	1.1	1.3	
U16-280	140	④	U型抱箍	M16	872	块	1	1.15	1.2	1.4	
U16-290	145	④	U型抱箍	M16	898	块	1	1.18	1.2	1.4	
U16-300	150	④	U型抱箍	M16	924	块	1	1.21	1.2	1.4	
U16-360	180	④	U型抱箍	M16	1078	块	1	1.42	1.4	1.6	
U16-370	185	④	U型抱箍	M16	1103	块	1	1.45	1.5	1.7	
U16-380	190	④	U型抱箍	M16	1129	块	1	1.08	1.5	1.7	

说明：1. 所有材质均为Q235，热镀锌防腐处理，应满足《电力金具通用技术条件》（GB/T 2314—2008）要求。

2. 表中的长度尺寸为参考尺寸，具体长度根据加工进行放样。

3. 半圆部分的圆钢须打扁。

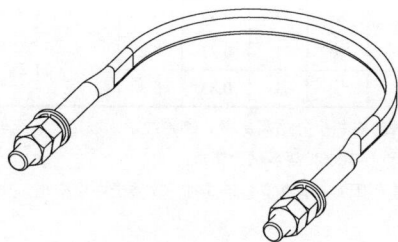

U型抱箍图 (比例1:10)

图 7-18 U型抱箍加工图

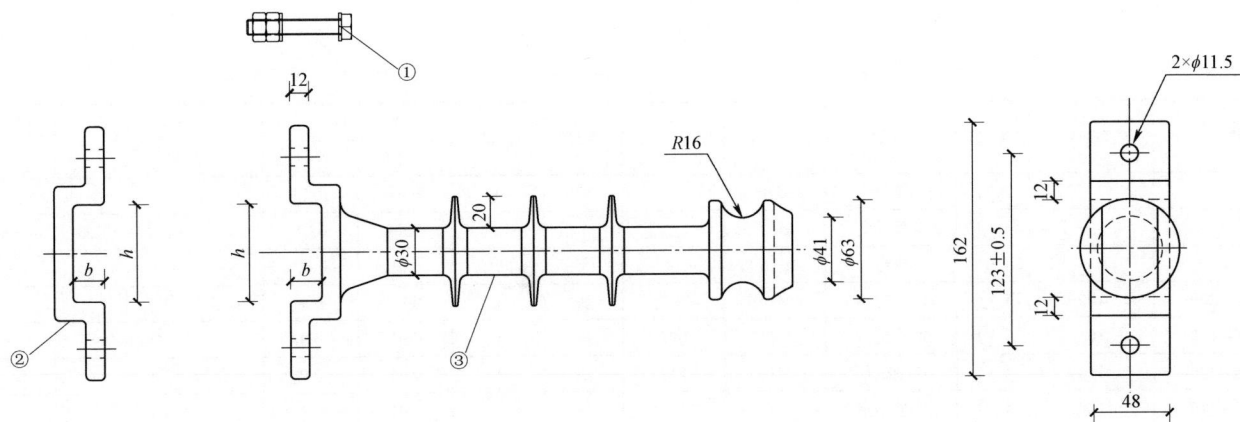

技 术 参 数 表

最小公称爬电距离（mm）	360
额定弯曲负荷（kN）	1
额定拉伸负荷（kN）	5
湿工频耐受电压（kV）	40

选 型 表

跳线绝缘子编号（YT1-宽×高）	规格（mm）	尺寸（mm）	
		b	h
YT1-34×54	34×54×300	17	66
YT1-38×58	38×58×300	19	70
YT1-42×62	42×62×300	21	74

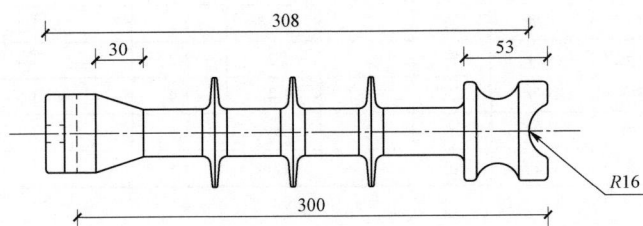

跳线绝缘子（比例1:5）

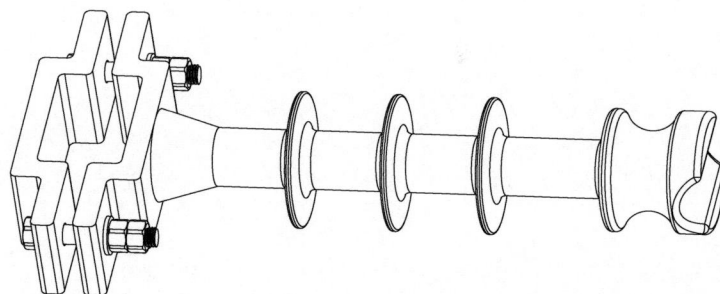

材 料 表

跳线绝缘子编号（YT1-宽×高）	编号	名称	规格（mm）	单位	数量	质量（kg）		合计总重（kg）①+②+③
						一件	小计	
	①	尼龙螺栓	M10×60	个	2	0.12	0.2	双帽双平
YT1-34×54	②	复合卡箍	34×54	块	1	0.20	0.2	1.2
	③	复合绝缘子	34×54×300	块	1	0.82	0.8	
YT1-38×58	②	复合卡箍	38×58	块	1	0.21	0.2	1.2
	③	复合绝缘子	38×58×300	块	1	0.82	0.8	
YT1-42×62	②	复合卡箍	42×62	块	1	0.21	0.2	1.2
	③	复合绝缘子	42×62×300	块	1	0.83	0.8	

说明： 1. 所有构件和紧固件均应为耐候复合绝缘材料，满足《户内和户外用高压聚合物绝缘子一般定义、试验方法和接收准则》（GB/T 22079—2019）中1000h紫外光试验与1000h盐雾试验要求。

2. 本图用于单回（上字型）布置时，安装于下横担；用于双回（垂直型）布置时，安装于中层横担。

图7-19 YT1单侧引下线跳线绝缘子加工图（标准型）

图中标注：2×φ11.5，R16，φ30，φ41，φ63，162，123±0.5，12，48，20，308，30，53，300，①，②

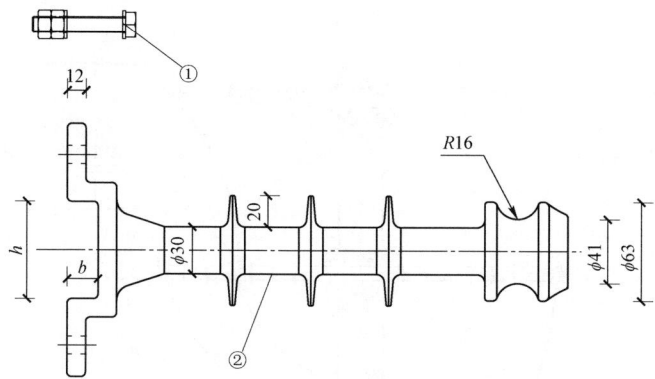

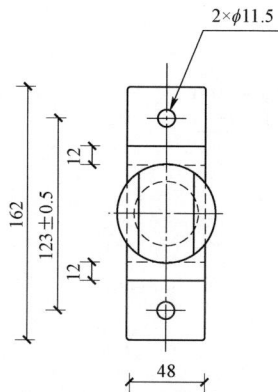

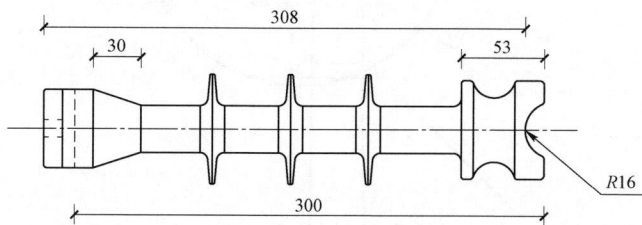

跳线绝缘子（比例1:5）

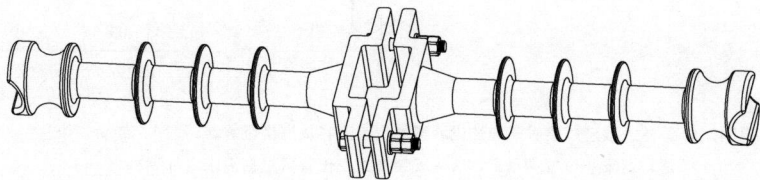

技 术 参 数 表

最小公称爬电距离（mm）	360
额定弯曲负荷（kN）	1
额定拉伸负荷（kN）	5
湿工频耐受电压（kV）	40

选 型 表

跳线绝缘子编号（YT2-宽×高）	规格（mm）	尺寸（mm）	
		b	h
YT2-34×54	34×54×300	17	66
YT2-38×58	38×58×300	19	70
YT2-42×62	42×62×300	21	74

材 料 表

跳线绝缘子编号（YT2-宽×高）	编号	名称	规格（mm）	单位	数量	质量（kg）		合计总重（kg）①+②
						一件	小计	
	①	尼龙螺栓	M10×60	个	2	0.12	0.2	双帽双平
YT2-34×54	②	复合绝缘子	34×54×300	块	2	0.82	1.6	1.8
YT2-38×58	②	复合绝缘子	38×58×300	块	2	0.82	1.6	1.8
YT2-42×62	②	复合绝缘子	42×62×300	块	2	0.83	1.7	1.9

说明：1. 所有构件和紧固件均应为耐候复合绝缘材料，满足《户内和户外用高压聚合物绝缘子一般定义、试验方法和接收准则》（GB/T 22079—2019）中1000h紫外光试验与1000h盐雾试验要求。

2. 本图用于单回（上字型）布置时，安装于下横担；用于双回（垂直型）布置时，安装于中层横担。

图 7-20　YT2 双侧引下线跳线绝缘子加工图（标准型）

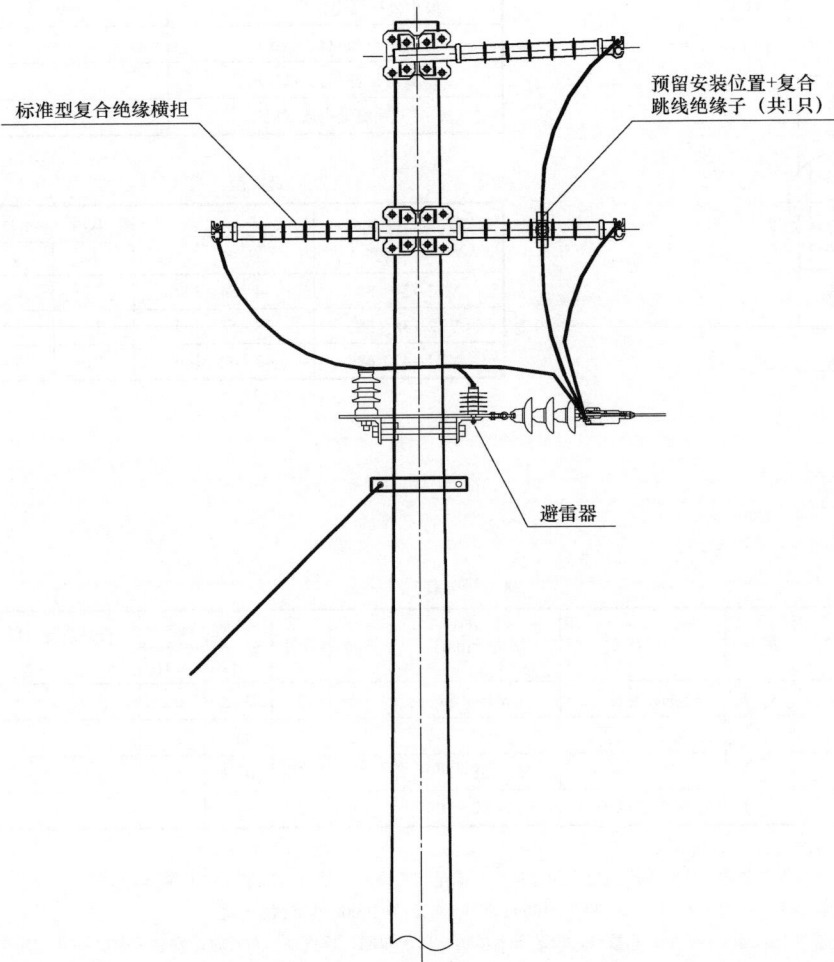

标准型复合绝缘横担

预留安装位置+复合
跳线绝缘子（共1只）

避雷器

说明：1. 新建或改造线路时，应加设或调换大通流容量规格避雷器。

2. 避雷器安装位置为示意，实际安装形式及位置可根据需求自行调整。

图 7-21 单回复合横担分支杆无熔断器支接装置

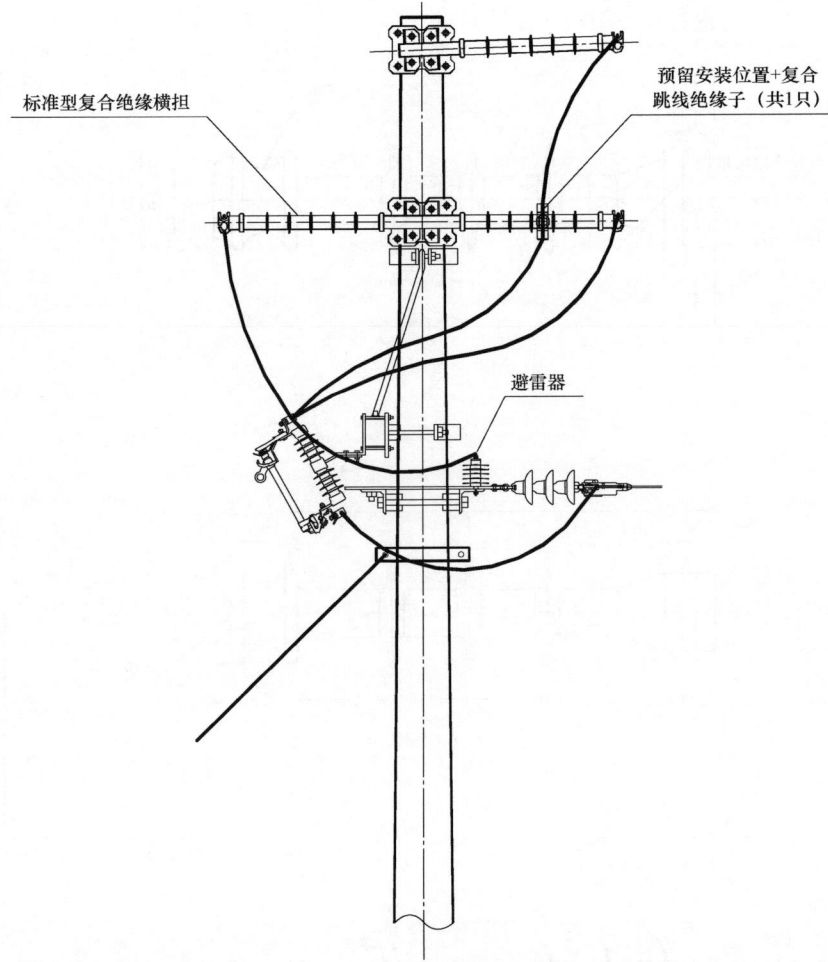

标准型复合绝缘横担

预留安装位置+复合
跳线绝缘子（共1只）

避雷器

说明：1. 新建或改造线路时，应加设或调换大通流容量规格避雷器。

2. 避雷器安装位置为示意，实际安装形式及位置可根据需求自行调整。

图 7-22 单回复合横担分支杆有熔断器支接装置

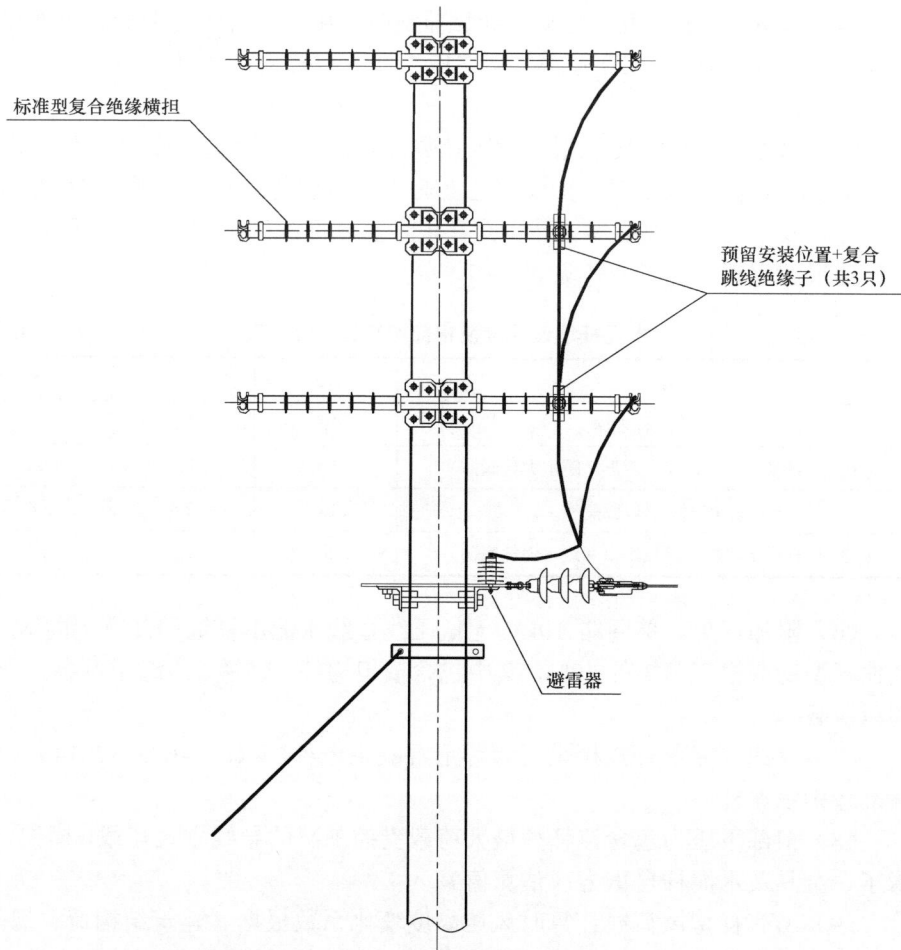

标准型复合绝缘横担

预留安装位置+复合
跳线绝缘子（共3只）

避雷器

说明：1. 新建或改造线路时，应加设或调换大通流容量规格避雷器。
　　　2. 避雷器安装位置为示意，实际安装形式及位置可根据需求自行调整。

图7-23　双回复合横担双垂直排列分支杆无熔断器支接装置

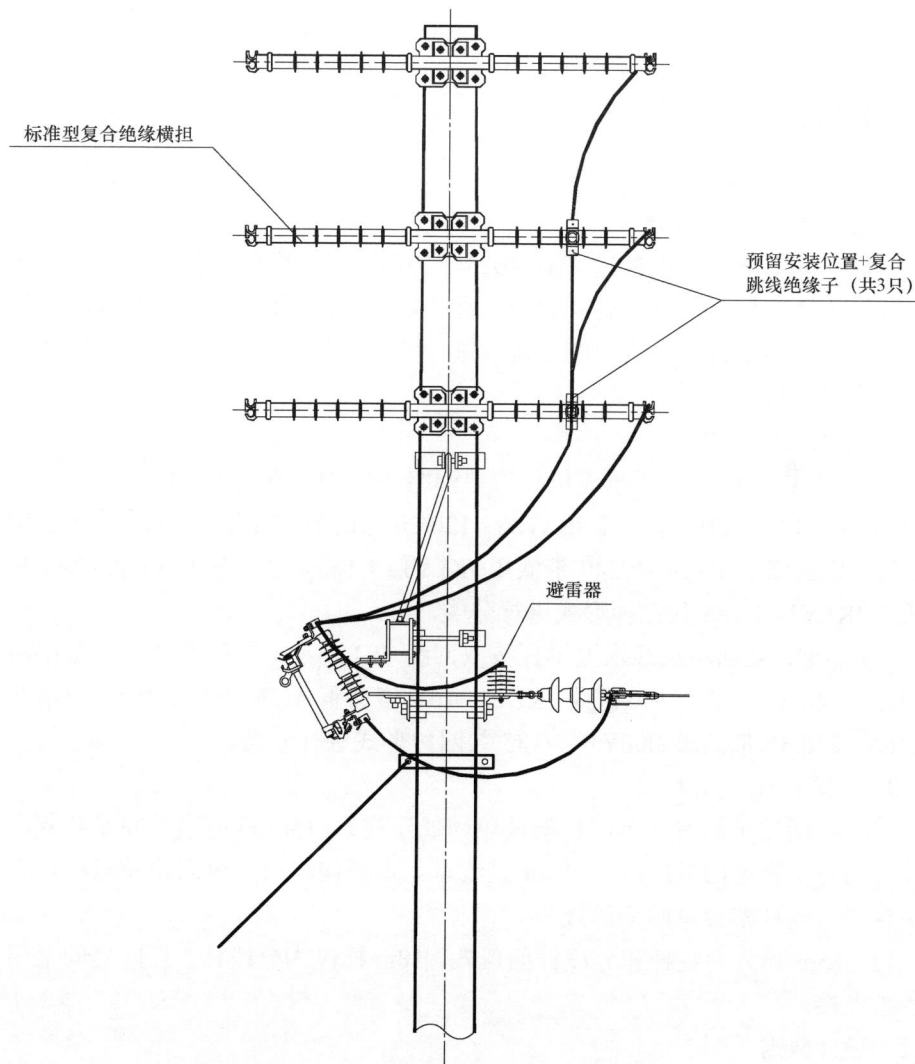

标准型复合绝缘横担

预留安装位置+复合
跳线绝缘子（共3只）

避雷器

说明：1. 新建或改造线路时，应加设或调换大通流容量规格避雷器。
　　　2. 避雷器安装位置为示意，实际安装形式及位置可根据需求自行调整。

图7-24　双回复合横担双垂直排列分支杆有熔断器支接装置

第8章 10kV 直线水泥单杆

8.1 设计说明

8.1.1 杆型分类依据

1. 水泥杆强度等级分类

根据《环形混凝土电杆》（GB 4623—2014）对整根锥形杆、组装锥形杆强度等级的序列划分，按水泥杆的开裂检验弯矩（标准检验弯矩）对 10kV 架空线路导线不同配置产生的相应外荷载进行归类计算，筛选出最具代表性的水泥杆规格进行分类。

2. 导线配置分类

（1）10kV 单回路直线水泥单杆按单回路 JKLYJ−10/120 无低压、单回路 JKLYJ−10/240 无低压、单回路 JL/G1A−120/20 无低压、单回路 JL/G1A−240/30 无低压、单回路 JKLYJ−10/240 带低压 JKLYJ−1/185、单回路 JL/G1A−240/30 带低压 JKLYJ−1/185 共六种形式进行分类。

（2）10kV 双回路直线水泥单杆按双回路 JKLYJ−10/240 无低压、双回路 JL/G1A−240/30 无低压、双回路 JKLYJ−10/240 带低压 JKLYJ−1/185、双回路 JL/G1A−240/30 带低压 JKLYJ−1/185 共四种形式进行分类。

3. 水泥杆杆长分类

12m 杆适用单回路（可同杆架设单回低压线），15m 杆适用单回路和双回路（可同杆架设单回低压线），18m 直线水泥单杆同时用于单回路及双回路直线跨越（可同杆架设单回低压线）。

12、15m 杆分为整杆和分段杆的形式，18m 杆仅为分段杆，杆段之间采用法兰盘连接。

8.1.2 设计原则

（1）气象条件、导线安全系数见表 4−2、表 4−5、表 4−9。

（2）直线水泥单杆水平档距和垂直档距依据表 4−11 选择。

（3）单回路直线水泥单杆可采用第 6 章 Z1−1，同时 190mm 及 230mm 梢径单回路直线水泥单杆可采用第 7 章 JZ1−2 的杆头布置型式；双回路可采用第 6 章 Z2−1~Z2−2，同时 190mm 及 230mm 梢径双回路直线水泥单杆可采

用第 7 章 JZ2−2 的杆头型式。

（4）根据"一杆多用"原则，计算荷载时采用水泥杆承受荷载最大的排列方式进行计算。其中单回路按第 6 章 Z1−1 杆头布置型式计算，双回路按 Z2−1 杆头型式计算。

（5）水泥杆埋设深度及根部弯矩计算点距离。梢径为 $\phi190$ 的直线水泥单杆的根部弯矩计算点在水泥杆底部之上的 2/3 水泥杆埋深处，梢径为 $\phi230$ 的大弯矩直线水泥单杆，根部弯矩计算点在电杆基础埋深的顶部，开裂检验弯矩均折算至根部弯矩计算点处，见表 8−1。

表 8−1　　　　水泥杆埋设深度及根部弯矩计算点距离　　　　（m）

杆长	12	15	18
$\phi190$ 电杆埋深	1.9	2.3	2.8
$\phi190$ 电杆根部弯矩计算点距离（距水泥杆底部）	1.9	2.3	2.8
$\phi230$ 电杆埋深	2.0	2.5	2.8
$\phi230$ 电杆根部弯矩计算点距离（距水泥杆底部）	2.0	2.5	2.8

（6）附加弯矩。单回路 10kV 无低压线直线水泥单杆取根部弯矩的 8%，其他杆型均取根部弯矩的 10%，其中包含横担构件、爬梯、绝缘子及金具产生的风荷载。

（7）直线水泥单杆规格采用《环形混凝土电杆》（GB 4623—2014）中的标准级别水泥杆。

（8）根部下压力包含该杆型最大荷载受控工况的导线垂直荷载，横担、绝缘子、金具及水泥杆自重力（估算值）。

（9）所有杆型风荷载计算时风压高度变化系数根据《建筑结构荷载规范》（GB 50009）规定均按 B 类地面粗糙度计算，最大风速按导线平均高度离地 10m 高统一取值。

8.1.3 杆型设置

（1）杆型种类。本章直线水泥单杆杆型共 4 种，杆型及参数见表 8−2。

（2）杆型代号示意图见图 8−1。

表8-2　　10kV直线水泥单杆杆型及参数表

序号	杆塔名称	杆型代号	主杆型号	开裂检验弯矩（kN·m）	图号
1	Z-M	Z-M-12	φ190×12×M×G	62.50	图8-3
		Z-M-15	φ190×15×M×G	79.30	图8-4
		Z-M-18	φ190×18×M×G	95.30	图8-5
2	Z-N	Z-N-12	φ230×12×N×G	68.25	图8-6
		Z-N-15	φ230×15×N×G	85.75	图8-7
		Z-N-18	φ230×18×N×G	106.75	图8-8
3	2Z-M	2Z-M-15	φ190×15×M×G	79.30	图8-9
		2Z-M-18	φ190×18×M×G	95.30	图8-10
4	2Z-N	2Z-N-15	φ230×15×N×G	85.75	图8-11
		2Z-N-18	φ230×18×N×G	104.65	图8-12

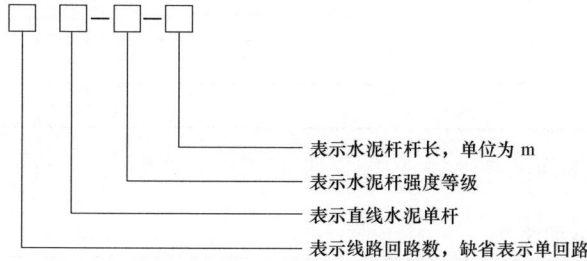

图8-1　杆型代号示意图

（说明项：表示水泥杆杆长，单位为m；表示水泥杆强度等级；表示直线水泥单杆；表示线路回路数，缺省表示单回路）

例如：2Z-N-15：2表示回路（此项缺省表示单回路），Z表示直线水泥单杆，N表示水泥杆强度等级，15表示水泥杆杆长为15m。

（3）主杆型号命名示意图见图8-2。

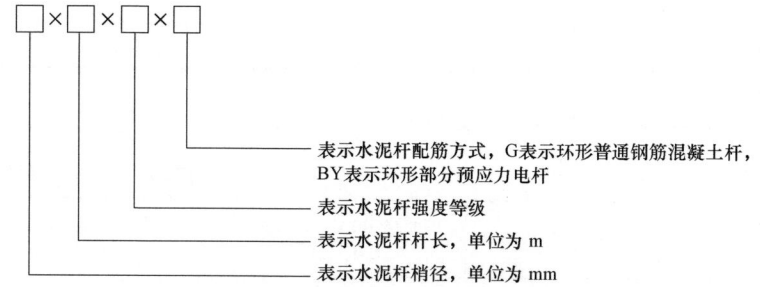

（说明项：表示水泥杆配筋方式，G表示环形普通钢筋混凝土杆，BY表示环形部分预应力电杆；表示水泥杆强度等级；表示水泥杆杆长，单位为m；表示水泥杆梢径，单位为mm）

图8-2　主杆型号命名示意图

例如：φ190×15×M×G：φ190表示水泥杆梢径，15表示水泥杆杆长为15m，M表示水泥杆强度等级，G表示钢筋混凝土电杆。

8.1.4　杆型分类表

（1）10kV直线水泥单杆杆型分类表一（XZ-A气象区单回路）见表8-3。
（2）10kV直线水泥单杆杆型分类表二（XZ-A气象区双回路）见表8-4。
（3）10kV直线水泥单杆杆型分类表一（XZ-B气象区单回路）见表8-5。
（4）10kV直线水泥单杆杆型分类表二（XZ-B气象区双回路）见表8-6。

表8-3　　10kV直线水泥单杆杆型分类表一（XZ-A气象区单回路）

杆型＼使用情况	水泥杆杆长（m）	单回路10kV JKLYJ-10/120 无低压	单回路10kV JKLYJ-10/240 无低压	单回路10kV JL/G1A-120/20 无低压	单回路10kV JL/G1A-240/30 无低压	单回路10kV JKLYJ-10/240 带低压 JKLYJ-1/185	单回路10kV JL/G1A-240/30 带低压 JKLYJ-1/185
Z-M-12	12	L≤80	L≤80	L≤120	L≤120	L≤80	L≤80
Z-M-15	15	L≤80	L≤80	L≤120	L≤120	L≤80	L≤80
Z-M-18	18	L≤80	L≤80	L≤120	L≤120	×	×

注　1. L为水平档距，单位为m。
　　2. 表中打"×"处表明此水泥杆不适用于该条件下外荷载。

表8-4　　10kV直线水泥单杆杆型分类表二（XZ-A气象区双回路）

杆型＼使用情况	水泥杆杆长（m）	双回路10kV JKLYJ-10/240 无低压	双回路10kV JL/G1A-240/30 无低压	双回路10kV JKLYJ-10/240 带低压 JKLYJ-1/185	双回路10kV JL/G1A-240/30 带低压 JKLYJ-1/185
2Z-M-15	15	L≤80	L≤80	L≤55	L≤65

杆型 \ 使用情况	水泥杆杆长（m）	双回路 10kV JKLYJ-10/240 无低压	双回路 10kV JL/G1A-240/30 无低压	双回路 10kV JKLYJ-10/240 带低压 JKLYJ-1/185	双回路 10kV JL/G1A-240/30 带低压 JKLYJ-1/185
2Z-N-15	15	×	×	55<L≤70	65<L≤80
2Z-M-18	18	L≤80	L≤80	×	×

注　1. L 为水平档距，单位为 m。

　　2. 表中打 "×" 处表明此水泥杆不适用于该条件下外荷载。

表 8-5　　　　10kV 直线水泥单杆杆型分类表一（XZ-B 气象区单回路）

杆型 \ 使用情况	水泥杆杆长（m）	单回路 10kV JKLYJ-10/120 无低压	单回路 10kV JKLYJ-10/240 无低压	单回路 10kV JL/G1A-120/20 无低压	单回路 10kV JL/G1A-240/30 无低压	单回路 10kV JKLYJ-10/240 带低压 JKLYJ-1/185	单回路 10kV JL/G1A-240/30 带低压 JKLYJ-1/185
Z-M-12	12	L≤80	L≤80	L≤120	L≤120	L≤65	L≤75
Z-N-12	12	×	×	×	×	65<L≤80	L≤80
Z-M-15	15	L≤80	L≤80	L≤120	L≤120	L≤65	L≤70
Z-N-15	15	×	×	×	×	65<L≤75	70<L≤80
Z-M-18	18	L≤80	L≤80	L≤120	L≤120	×	×

注　1. L 为水平档距，单位为 m。

　　2. 表中打 "×" 处表明此水泥杆不适用于该条件下外荷载。

表 8-6　　　　10kV 直线水泥单杆杆型分类表二（XZ-B 气象区双回路）

杆型 \ 使用情况	水泥杆杆长（m）	双回路 10kV JKLYJ-10/240 无低压	双回路 10kV JL/G1A-240/30 无低压	双回路 10kV JKLYJ-10/240 带低压 JKLYJ-1/185	双回路 10kV JL/G1A-240/30 带低压 JKLYJ-1/185
2Z-M-15	15	L≤60	L≤80	L≤45	L≤50
2Z-N-15	15	60<L≤75	×	45<L≤50	50<L≤60
2Z-M-18	15	L≤60	L≤75	×	×
2Z-N-18	18	60<L≤70	75<L≤80	×	×

注　1. L 为水平档距，单位为 m。

　　2. 表中打 "×" 处表明此水泥杆不适用于该条件下外荷载。

8.1.5　使用说明

（1）选取适用于本地区的气象区。

（2）根据选定的气象区、导线型号、导线回路数、有无低压线、水平档距、垂直档距及杆长等选取杆型。

（3）横担布置型式可根据第 6 章中的铁质横担杆头布置型式及第 7 章中的复合绝缘横担杆头布置型式进行选取。

（4）杆型选用原则。

1）对于选用 120mm² 及以下截面的 10kV 导线，应按下列原则选取杆型：选用 JKLYJ-10/120 型及以下的绝缘导线，应按照 JKLYJ-10/120 无低压选取杆型；选用 JL/G1A-120/20 型及以下的钢芯铝绞线，应按照 JL/G1A-120/20

无低压型导线选取杆型。

2）对于选用 150～240mm² 截面的 10kV 导线，应按下列原则选取杆型：选用 JKLYJ-10/240 型及以下的绝缘导线，应按照 JKLYJ-10/240 无低压型导线选取杆型；选用 JL/G1A-240/30 型及以下的钢芯铝绞线，应按照 JL/G1A-240/30 无低压型导线选取杆型；双回路架设钢芯铝绞线参照同截面绝缘导线选取杆型。

3）对于选用不大于 185mm² 截面的同杆架设的 380/220V 导线，应按以下原则选取杆型：选用 JKLYJ-1/185 型及以下的绝缘导线，应按照 JKLYJ-1/185 型导线来选取杆型。

4）工程设计时，若使用情况超出各杆型分类表中的限定范围，须根据相关资料对水泥杆的电气及结构进行严格的校验、调整后方可使用。

5）为了方便操作维护人员上杆作业，设计选取主杆型号为 ϕ230mm×18m 的杆型时需在电杆上配套安装爬梯，爬梯组合及安装图详见图 8-13。爬梯铁附件制造图及材料表详见图 8-14～图 8-16。各地根据运行部门要求，可对爬梯底端至地面距离在 2.0～2.5m 之间做适当调整。

6）所有杆型设计时风压高度变化系数均根据 B 类地面粗糙度计算，如地面粗糙度达到 A 类，需要对电杆强度进行核算。

7）主杆型号有对应不同物料时可根据现场情况选用。

（5）杆型分段原则。

1）10kV 直线水泥单杆中 12m 杆分为整根杆和法兰盘组装杆，应根据施工条件选择使用；15m 杆分为整根杆、法兰盘组装杆，宜优先选用整根杆或法兰盘组装杆；18m 杆均为法兰盘组装杆。组装杆分段长度应根据标准制造长度按需选择。

2）本次 10kV 直线水泥单杆通用设计中的法兰组装杆均为中间法兰杆（杆段之间采用法兰连接方式），电杆埋设方式采用插入式，并以此进行相关计算。

（6）各种杆型及技术参数详见图 8-3～图 8-12 直线水泥单杆单线图及技术参数表。

8.2 基础选用

配电线路常用基础型式详见图 8-17 和图 8-18。

（1）梢径为 190mm 的水泥杆基础一般采用原状土掏挖直埋式的基础型式，即按水泥杆相应的埋深（见表 8-1），在杆位处将原状土掏挖成型后直接埋设的施工方式 [见图 8-17（a）]，埋深可按水泥杆倾覆力矩大小及原状土的土壤性质条件参照表 8-1 适当加减。

底盘与卡盘应结合地质情况及电杆作用力选择，当水泥杆的倾覆力矩大于基础原状土抗倾覆力矩时应加装卡盘基础 [见图 8-17（b）]，若装卡盘还不能满足要求，可适当加大埋深或按大弯矩水泥杆（梢径 230mm 及以上）基础型式处理。根部下压力大于地基允许承载力时应加装底盘基础 [见图 8-17（c）]。

（2）大弯矩水泥杆基础，通用设计仅列出图 8-18 中套筒无筋式、套筒式和台阶式三种常用基础型式，供设计参考。

1）套筒无筋式基础 [见图 8-18（a）] 采用人工开挖方式，基础开挖后先用混凝土浇制套筒基础，待基础养护达到混凝土强度的 70% 后，将水泥杆插入后进行第二次混凝土浇注，使水泥杆和基础连接牢固。

2）套筒式基础 [见图 8-18（b）] 类似于灌注桩基础，施工方式采用人工开挖或机械钻孔，成孔后在孔内放置钢筋笼，并按水泥杆埋深预留好水泥杆埋设孔，将水泥杆插入后浇注混凝土使水泥杆和基础连接牢固。

3）台阶式基础 [见图 8-18（c）] 主柱配置钢筋，台阶宽高比在满足刚性角要求的基础上，一般底板不配筋，必要时采用基础垫层。基础施工时混凝土必须一次浇注完成，回填土应分层夯实。

（3）直线水泥单杆单线图中未画出基础形式，设计时应根据直线水泥单杆单线图及技术参数表中的基础作用力，结合当地地形条件、施工条件及实际地质参数，综合考虑基础型式进行计算，选用合理的基础型式，使基础设计达到安全、经济合理的目的。

8.3 其他类型电杆应用

8.3.1 其他类型电杆

除了环形钢筋混凝土电杆及部分预应力混凝土电杆，还有采用其他材料及工艺制造的电杆，其中复合材料电杆是以纤维为增强体，以聚合物为基体制备的一种用来支撑架空配电线的杆形结构件，一般采用缠绕工艺成型，具有重量轻、强度高、绝缘和耐腐蚀等技术特点。

8.3.2 复合材料电杆应用场景

复合材料电杆适宜应用于沿海抗台风、山地交通不便、重腐蚀等疑难地域以及应急抢险、抢修等特殊场景，因其杆顶挠度较大，只限应用于直线杆。

8.3.3　复合材料电杆类型

复合材料电杆规格参数见表8-7。

表8-7　　　　　　　　复合材料电杆规格参数

序号	电杆梢径（mm）	标准检验荷载等级	杆高（m）	电杆组装方式	电杆挠度等级	标准检验弯矩（kN·m）
1	190	M	12	整根	ND4	58.5
2				插接组装		
3			15	整根		73.5
4				插接组装		
5		O	12	整根	ND5	78
6			15			98

8.3.4　复合材料电杆应用

（1）根据复合材料电杆标准检验荷载等级及标准检验弯矩，对应查找相同强度等级（开裂检验荷载等级）及开裂检验弯矩的钢筋混凝土电杆及部分预应力混凝土电杆，查找其在10kV直线水泥单杆杆型分类表（见表8-3～表8-6）中的使用条件，并严格按此使用条件进行复合材料电杆的设计应用。

（2）复合材料电杆杆顶挠度较大，在风荷载作用下易引起与周边建筑物、构筑物、树木等最小净空距离不满足安全要求的情况，因此严禁在架空线路出线走廊拥挤、树线矛盾突出、沿街、人口密集的城区、县城、乡镇等区域使用。当使用复合材料电杆时，设计人员须严格计算校验杆顶偏移数值，保证导线在最大计算风偏情况下与建筑物、构筑物、树木等最小净空距离满足相关规程、规范要求下，方可使用。

（3）复合材料电杆其他技术要求、检验要求、检验方法及制造图纸等内容详见国家电网有限公司10kV配电复合材料电杆相关的标准化设计方案。

（4）各地在复合材料电杆应用过程中，应选用合适的应用场景开展试点应用，并逐渐积累相关工程实践及运行维护经验，待应用成果成熟后再做推广使用。

8.4　设计图

10kV直线水泥单杆设计图清单见表8-8。

表8-8　　　　　　　10kV直线水泥单杆设计图清单

图序	图名	备注
图8-3	Z-M-12单回直线水泥单杆单线图及技术参数表	
图8-4	Z-M-15单回直线水泥单杆单线图及技术参数表	
图8-5	Z-M-18单回直线水泥单杆单线图及技术参数表	
图8-6	Z-N-12单回直线水泥单杆单线图及技术参数表	
图8-7	Z-N-15单回直线水泥单杆单线图及技术参数表	
图8-8	Z-N-18单回直线水泥单杆单线图及技术参数表	
图8-9	2Z-M-15双回直线水泥单杆单线图及技术参数表	
图8-10	2Z-M-18双回直线水泥单杆单线图及技术参数表	
图8-11	2Z-N-15双回直线水泥单杆单线图及技术参数表	
图8-12	2Z-N-18双回直线水泥单杆单线图及技术参数表	
图8-13	直线水泥杆爬梯组合安装图	
图8-14	水泥杆爬梯铁附件制造图（1/3）	
图8-15	水泥杆爬梯铁附件制造图（2/3）	
图8-16	水泥杆爬梯铁附件制造图（3/3）	
图8-17	直线水泥单杆基础型式示意图（1/2）	
图8-18	直线水泥单杆基础型式示意图（2/2）	

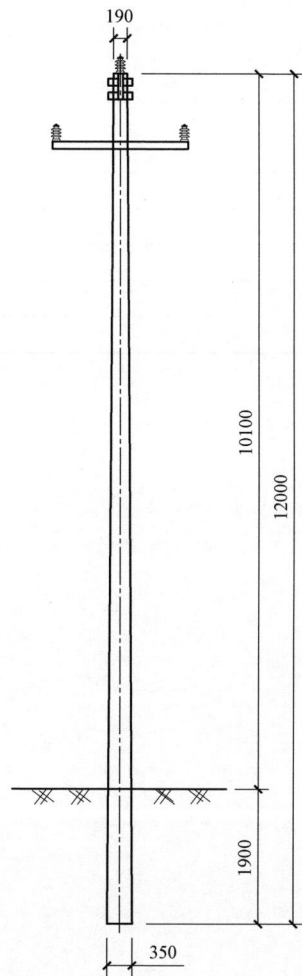

Z–M–12 杆技术参数表

名称	规格及参数值	物料描述
主杆型号	$\phi 190 \times 12 \times M \times G$	锥形水泥杆，非预应力，整根杆，12m，190mm，M
		锥形水泥杆，非预应力，法兰组装杆，12m，190mm，M
根部水平力标准值（kN）	6.55	
根部下压力标准值（kN）	27.91	
根部弯矩标准值（kN·m）	57.69	
根部水平力设计值（kN）	9.18	
根部下压力设计值（kN）	34.88	
根部弯矩设计值（kN·m）	80.77	

图 8–3　Z–M–12 单回直线水泥单杆单线图及技术参数表

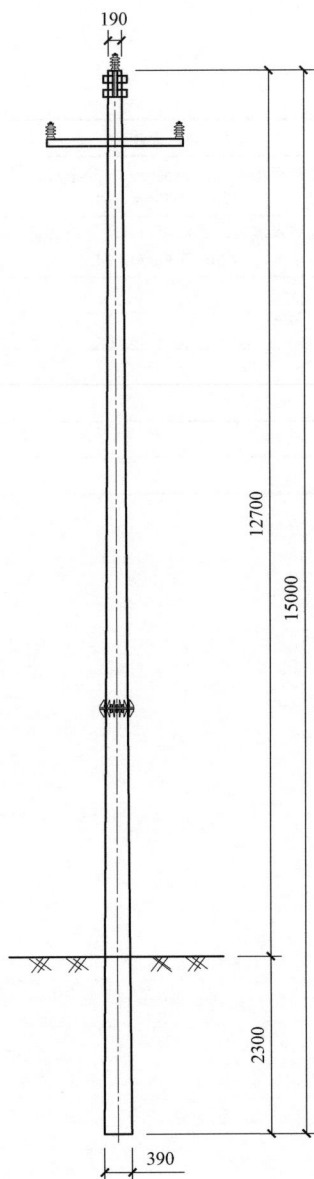

Z－M－15 杆技术参数表

名称	规格及参数值	物料描述
主杆型号	$\phi190\times15\times M\times G$	锥形水泥杆，非预应力，整根杆，15m，190mm，M
		锥形水泥杆，非预应力，法兰组装杆，15m，190mm，M
根部水平力标准值（kN）	6.61	
根部下压力标准值（kN）	32.33	
根部弯矩标准值（kN·m）	72.76	
根部水平力设计值（kN）	9.26	
根部下压力设计值（kN）	40.41	
根部弯矩设计值（kN·m）	101.86	

图 8－4　Z－M－15 单回直线水泥单杆单线图及技术参数表

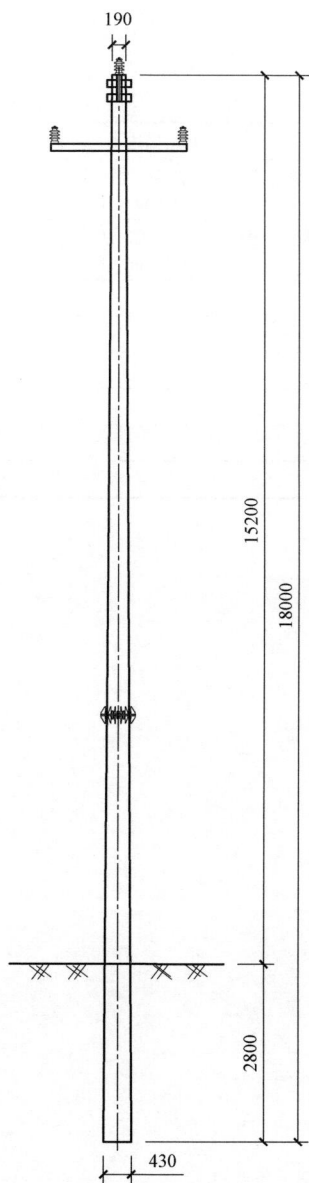

Z-M-18杆技术参数表

名称	规格及参数值	物料描述
主杆型号	$\phi190\times18\times M\times G$	锥形水泥杆，非预应力，法兰组装杆，18m，190mm，M
根部水平力标准值（kN）	7.07	
根部下压力标准值（kN）	40.17	
根部弯矩标准值（kN·m）	89.25	
根部水平力设计值（kN）	9.89	
根部下压力设计值（kN）	50.21	
根部弯矩设计值（kN·m）	124.96	

图8-5 Z-M-18单回直线水泥单杆单线图及技术参数表

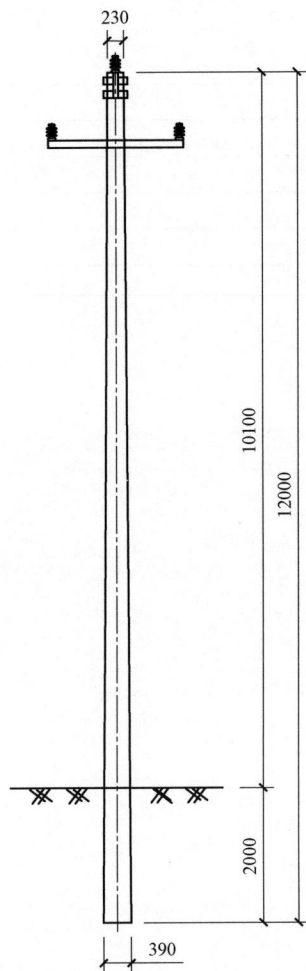

Z-N-12 杆技术参数表

名称	规格及参数值	物料描述
主杆型号	$\phi230 \times 12 \times N \times G$	锥形水泥杆，非预应力，整根杆，12m，230mm，N
		锥形水泥杆，非预应力，法兰组装杆，12m，230mm，N
根部水平力标准值（kN）	7.61	
根部下压力标准值（kN）	31.83	
根部弯矩标准值（kN·m）	66.51	
根部水平力设计值（kN）	10.66	
根部下压力设计值（kN）	39.79	
根部弯矩设计值（kN·m）	93.12	

230

10100

12000

2000

390

图 8-6 Z-N-12 单回直线水泥单杆单线图及技术参数表

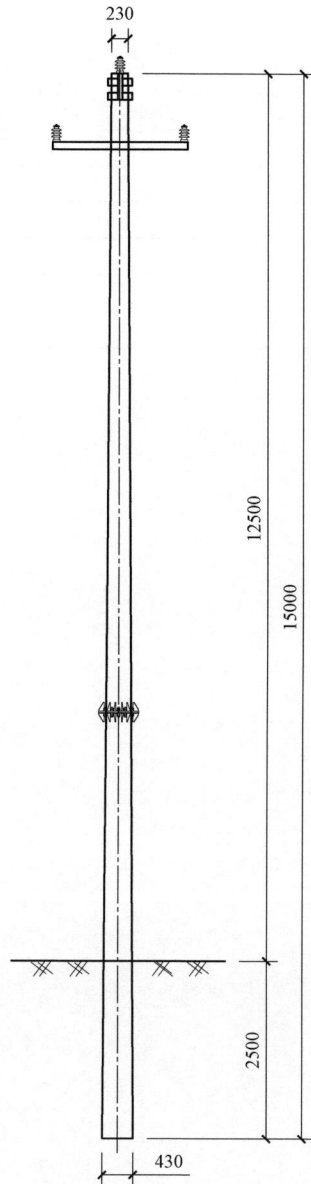

Z-N-15杆技术参数表

名称	规格及参数值	物料描述
主杆型号	$\phi 230 \times 15 \times N \times G$	锥形水泥杆，非预应力，法兰组装杆，15m，230mm，N
		锥形水泥杆，非预应力，整根杆，15m，230mm，N
根部水平力标准值（kN）	7.92	
根部下压力标准值（kN）	37.90	
根部弯矩标准值（kN·m）	84.68	
根部水平力设计值（kN）	11.09	
根部下压力设计值（kN）	47.37	
根部弯矩设计值（kN·m）	118.56	

图 8-7　Z-N-15 单回直线水泥单杆单线图及技术参数表

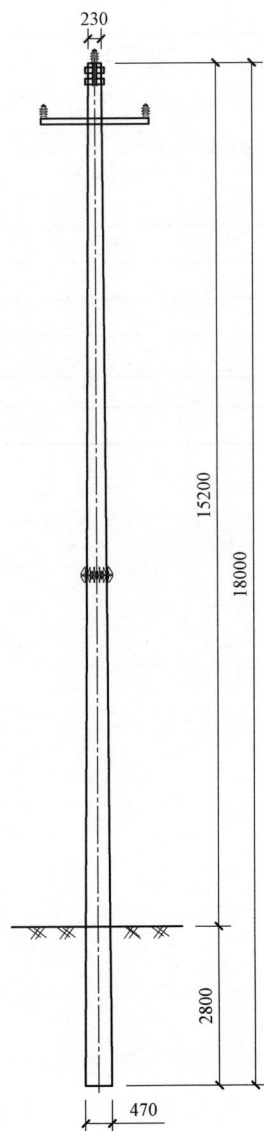

Z-N-18 杆技术参数表

名称	规格及参数值	物料描述
主杆型号	φ230×18×N×G	锥形水泥杆，非预应力，法兰组装杆，18m，230mm，N
根部水平力标准值（kN）	8.17	
根部下压力标准值（kN）	48.59	
根部弯矩标准值（kN·m）	104.14	
根部水平力设计值（kN）	11.44	
根部下压力设计值（kN）	60.74	
根部弯矩设计值（kN·m）	145.79	

图 8-8　Z-N-18 单回直线水泥单杆单线图及技术参数表

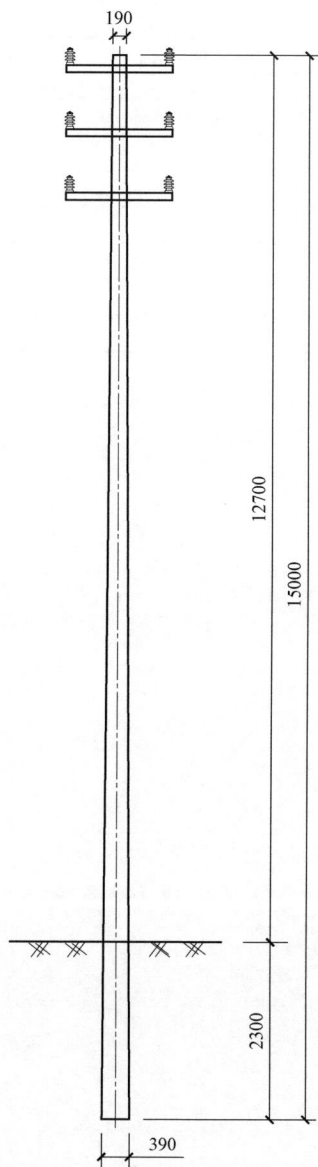

2Z–M–15 杆技术参数表

名称	规格及参数值	物料描述
主杆型号	$\phi 190 \times 15 \times M \times G$	锥形水泥杆，非预应力，整根杆，15m，190mm，M
		锥形水泥杆，非预应力，法兰组装杆，15m，190mm，M
根部水平力标准值（kN）	6.44	
根部下压力标准值（kN）	38.53	
根部弯矩标准值（kN·m）	72.75	
根部水平力设计值（kN）	9.02	
根部下压力设计值（kN）	48.16	
根部弯矩设计值（kN·m）	101.85	

图 8-9　2Z–M–15 双回直线水泥单杆单线图及技术参数表

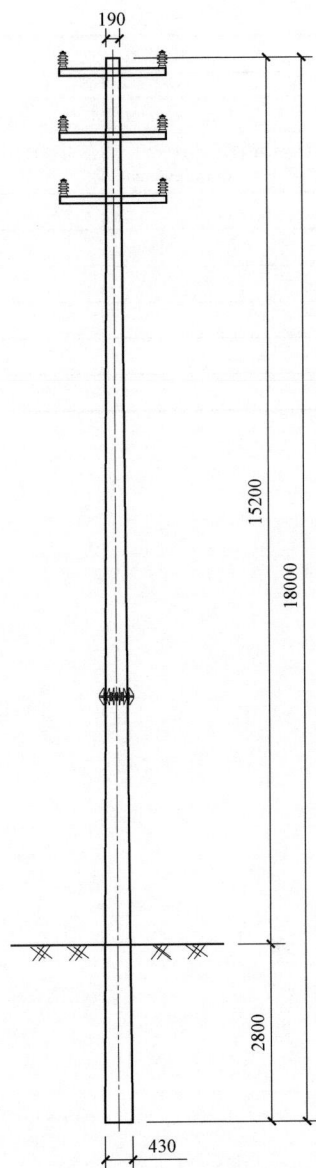

2Z－M－18 杆技术参数表

名称	规格及参数值	物料描述
主杆型号	$\phi 190 \times 18 \times M \times G$	锥形水泥杆，非预应力，法兰组装杆，18m，190mm，M
根部水平力标准值（kN）	6.69	
根部下压力标准值（kN）	47.06	
根部弯矩标准值（kN·m）	88.13	
根部水平力设计值（kN）	9.36	
根部下压力设计值（kN）	58.83	
根部弯矩设计值（kN·m）	123.38	

图 8－10　2Z－M－18 双回直线水泥单杆单线图及技术参数表

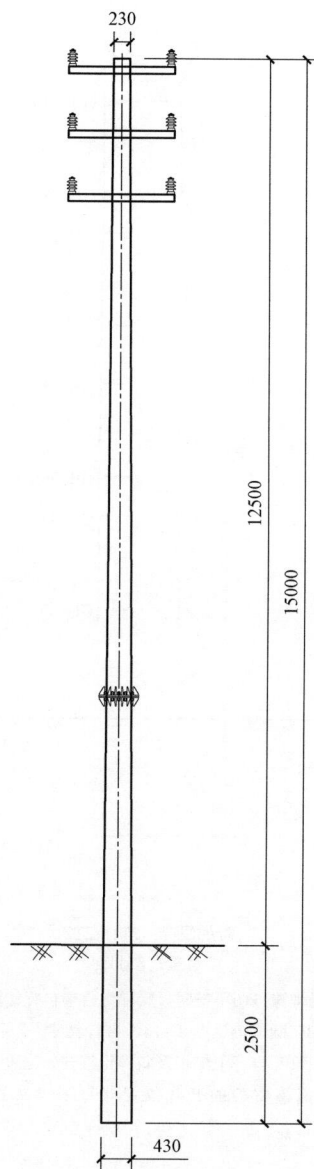

2Z-N-15 杆技术参数表

名称	规格及参数值	物料描述
主杆型号	$\phi 230 \times 15 \times N \times G$	锥形水泥杆，非预应力，法兰组装杆，15m，230mm，N
		锥形水泥杆，非预应力，整根杆，15m，230mm，N
根部水平力标准值（kN）	7.82	
根部下压力标准值（kN）	45.20	
根部弯矩标准值（kN·m）	83.91	
根部水平力设计值（kN）	10.95	
根部下压力设计值（kN）	56.50	
根部弯矩设计值（kN·m）	117.48	

图 8-11 2Z-N-15 双回直线水泥单杆单线图及技术参数表

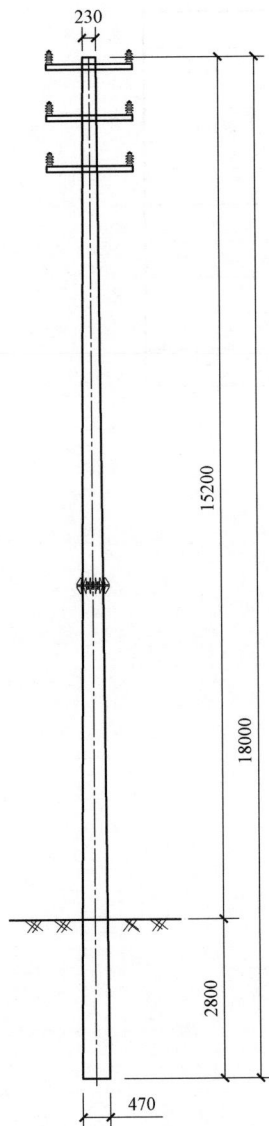

2Z-N-18杆技术参数表

名称	规格及参数值	物料描述
主杆型号	$\phi230\times18\times$ $N\times G$	锥形水泥杆，非预应力，法兰组装杆，18m，230mm，N
根部水平力标准值（kN）	7.93	
根部下压力标准值（kN）	55.89	
根部弯矩标准值（kN·m）	104.13	
根部水平力设计值（kN）	11.10	
根部下压力设计值（kN）	69.87	
根部弯矩设计值（kN·m）	145.78	

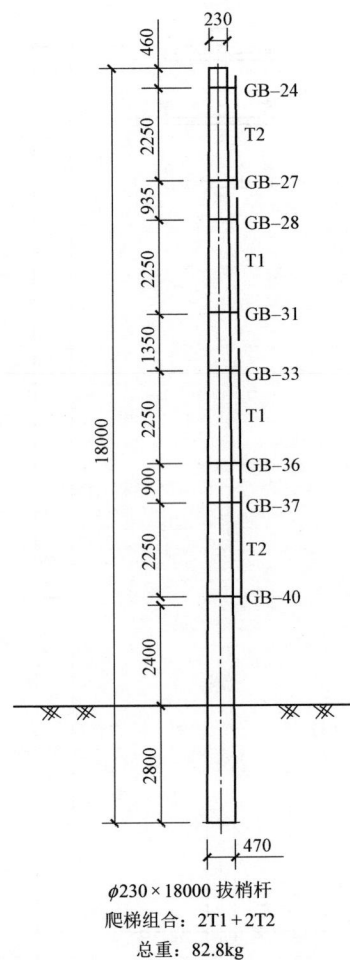

$\phi230\times18000$ 拔梢杆

爬梯组合：2T1+2T2

总重：82.8kg

说明：1. 电杆现场埋深与图不符时，爬梯组合请自行计算处理。爬梯 T1、T2 及抱箍 BG 制造图见图 8-14，材料表见图 8-15 和图 8-16。

2. 当爬梯抱箍与电杆上横担及斜撑抱箍安装位置有冲突时，应重新调整爬梯与抱箍安装的开孔位置（每副爬梯的抱箍间距不得大于 2250mm）。

图 8-12　2Z-N-18 双回直线水泥单杆单线图及技术参数表

图 8-13　直线水泥杆爬梯组合安装图

爬梯抱箍加工图（比例1:10）

⑥⑦加劲板加工图（比例1:5）

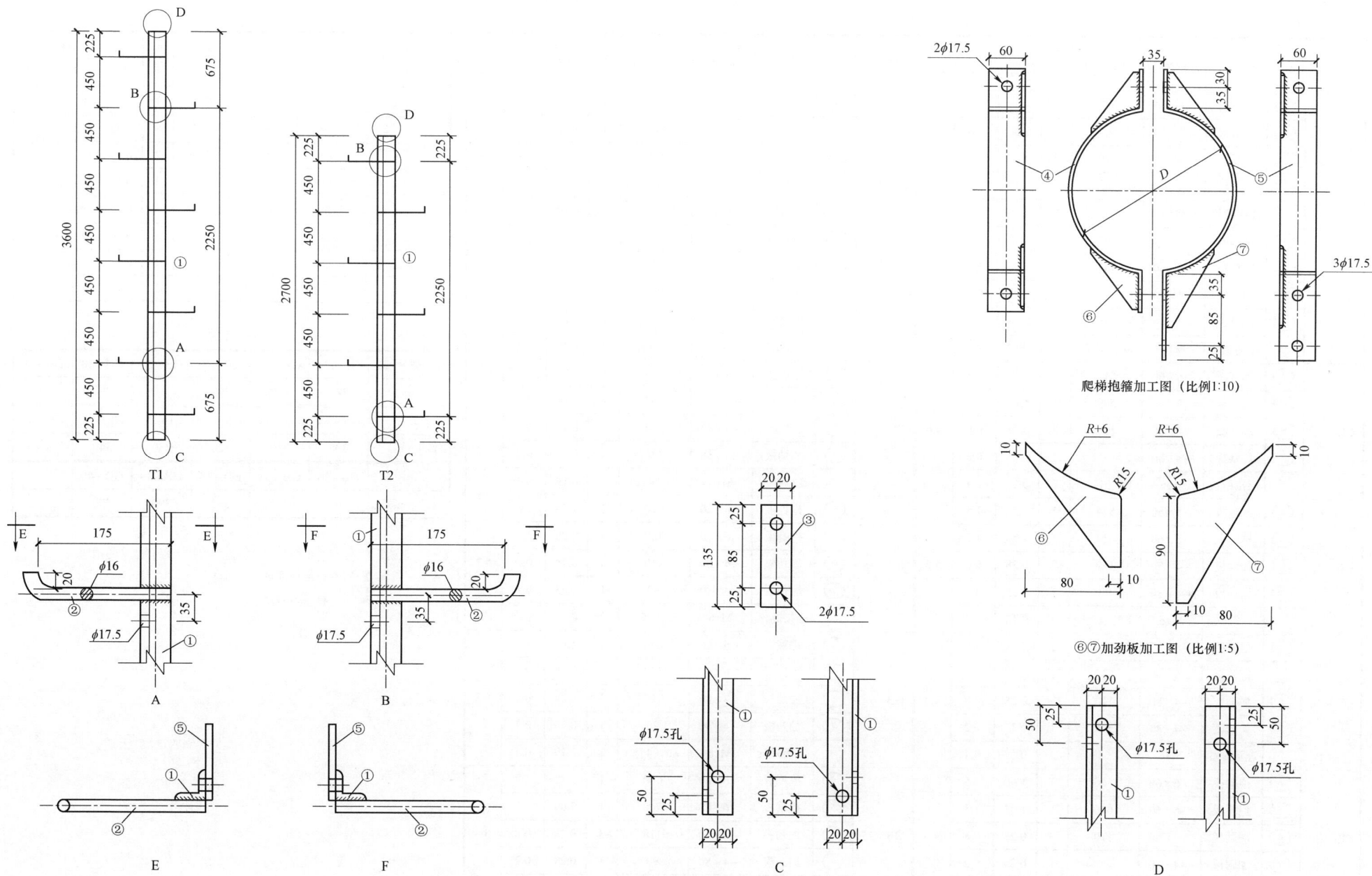

图 8-14　水泥杆爬梯铁附件制造图（1/3）

材料表

型号	编号	名称	规格	长度(mm)	数量	质量(kg) 单计	小计	合计
GB-24	④	抱箍板	-6×60	487	1	1.38	1.4	
	⑤	抱箍板	-6×60	567	1	1.60	1.6	
	⑥	加劲板	-4×80	110	3	0.28	0.8	4.4
	⑦	加劲板	-4×80	90	1	0.23	0.2	
		连接螺栓	M16	80(45)	2	0.19	0.4	
GB-25	④	抱箍板	-6×60	503	1	1.42	1.4	
	⑤	抱箍板	-6×60	583	1	1.65	1.7	
	⑥	加劲板	-4×80	110	3	0.28	0.8	4.5
	⑦	加劲板	-4×80	90	1	0.23	0.2	
		连接螺栓	M16	80(45)	2	0.19	0.4	
GB-26	④	抱箍板	-6×60	519	1	1.47	1.5	
	⑤	抱箍板	-6×60	599	1	1.69	1.7	
	⑥	加劲板	-4×80	110	3	0.28	0.8	4.6
	⑦	加劲板	-4×80	90	1	0.23	0.2	
		连接螺栓	M16	80(45)	2	0.19	0.4	
GB-27	④	抱箍板	-6×60	534	1	1.51	1.5	
	⑤	抱箍板	-6×60	614	1	1.74	1.7	
	⑥	加劲板	-4×80	110	3	0.28	0.8	4.6
	⑦	加劲板	-4×80	90	1	0.23	0.2	
		连接螺栓	M16	80(45)	2	0.19	0.4	
GB-28	④	抱箍板	-6×60	550	1	1.55	1.6	
	⑤	抱箍板	-6×60	630	1	1.78	1.8	
	⑥	加劲板	-4×80	110	3	0.28	0.8	4.8
	⑦	加劲板	-4×80	90	1	0.23	0.2	
		连接螺栓	M16	80(45)	2	0.19	0.4	
GB-29	④	抱箍板	-6×60	566	1	1.60	1.6	
	⑤	抱箍板	-6×60	646	1	1.83	1.8	
	⑥	加劲板	-4×80	110	3	0.28	0.8	4.8
	⑦	加劲板	-4×80	90	1	0.23	0.2	
		连接螺栓	M16	80(45)	2	0.19	0.4	

型号	编号	名称	规格	长度(mm)	数量	质量(kg) 单计	小计	合计
GB-30	④	抱箍板	-6×60	582	1	1.64	1.6	
	⑤	抱箍板	-6×60	662	1	1.87	1.9	
	⑥	加劲板	-4×80	110	3	0.28	0.8	4.9
	⑦	加劲板	-4×80	90	1	0.23	0.2	
		连接螺栓	M16	80(45)	2	0.19	0.4	
GB-31	④	抱箍板	-6×60	597	1	1.69	1.7	
	⑤	抱箍板	-6×60	677	1	1.91	1.9	
	⑥	加劲板	-4×80	110	3	0.28	0.8	5.0
	⑦	加劲板	-4×80	90	1	0.23	0.2	
		连接螺栓	M16	80(45)	2	0.19	0.4	
GB-32	④	抱箍板	-6×60	613	1	1.73	1.7	
	⑤	抱箍板	-6×60	693	1	1.96	2.0	
	⑥	加劲板	-4×80	110	3	0.28	0.8	5.1
	⑦	加劲板	-4×80	90	1	0.23	0.2	
		连接螺栓	M16	80(45)	2	0.19	0.4	
GB-33	④	抱箍板	-6×60	629	1	1.78	1.8	
	⑤	抱箍板	-6×60	709	1	2.00	2.0	
	⑥	加劲板	-4×80	110	3	0.28	0.8	5.2
	⑦	加劲板	-4×80	90	1	0.23	0.2	
		连接螺栓	M16	80(45)	2	0.19	0.4	
GB-34	④	抱箍板	-6×60	644	1	1.82	1.8	
	⑤	抱箍板	-6×60	724	1	2.05	2.1	
	⑥	加劲板	-4×80	110	3	0.28	0.8	5.3
	⑦	加劲板	-4×80	90	1	0.23	0.2	
		连接螺栓	M16	80(45)	2	0.19	0.4	
GB-35	④	抱箍板	-6×60	660	1	1.87	1.9	
	⑤	抱箍板	-6×60	740	1	2.09	2.1	
	⑥	加劲板	-4×80	110	3	0.28	0.8	5.4
	⑦	加劲板	-4×80	90	1	0.23	0.2	
		连接螺栓	M16	80(45)	2	0.19	0.4	

型号	编号	名称	规格	长度(mm)	数量	质量(kg) 单计	小计	合计
T1	①	角钢	L40×4	3600	1	8.73	8.7	
	②	圆钢	φ16	203	8	0.32	2.6	11.9
	③	连接板	-4×40	135	2	0.17	0.3	
		连接螺栓	M16×40		2	0.13	0.3	
T2	①	角钢	L40×4	2700	1	6.55	6.6	
	②	圆钢	φ16	203	6	0.32	1.9	9.1
	③	连接板	-4×40	135	2	0.17	0.3	
		连接螺栓	M16×40		2	0.13	0.3	

抱 箍 尺 寸 表

型号	GB-24	GB-25	GB-26	GB-27	GB-28	GB-29
D（mm）	240	250	260	270	280	290
型号	GB-30	GB-31	GB-32	GB-33	GB-34	GB-35
D（mm）	300	310	320	330	340	350
型号	GB-36	GB-37	GB-38	GB-39	GB-40	
D（mm）	360	370	380	390	400	

说明：1. 所有的爬梯及爬梯抱箍均须打上标有型号的钢印。

2. 所有材料均须热镀锌防腐。

3. 所有材料为 Q355。

图 8-15 水泥杆爬梯铁附件制造图（2/3）

材 料 表

型号	编号	名称	规格	长度（mm）	数量	质量（kg）		合计
						单计	小计	
GB-36	④	抱箍板	−6×60	676	1	1.91	1.9	5.4
	⑤	抱箍板	−6×60	756	1	2.14	2.1	
	⑥	加劲板	−4×80	110	3	0.28	0.8	
	⑦	加劲板	−4×80	90	1	0.23	0.2	
		连接螺栓	M16	80（45）	2	0.19	0.4	
GB-37	④	抱箍板	−6×60	692	1	1.95	2.0	5.6
	⑤	抱箍板	−6×60	772	1	2.18	2.2	
	⑥	加劲板	−4×80	110	3	0.28	0.8	
	⑦	加劲板	−4×80	90	1	0.23	0.2	
		连接螺栓	M16	80（45）	2	0.19	0.4	
GB-38	④	抱箍板	−6×60	707	1	2.00	2.0	5.6
	⑤	抱箍板	−6×60	787	1	2.23	2.2	
	⑥	加劲板	−4×80	110	3	0.28	0.8	
	⑦	加劲板	−4×80	90	1	0.23	0.2	
		连接螺栓	M16	80（45）	2	0.19	0.4	
GB-39	④	抱箍板	−6×60	723	1	2.04	2.0	5.7
	⑤	抱箍板	−6×60	803	1	2.27	2.3	
	⑥	加劲板	−4×80	110	3	0.28	0.8	
	⑦	加劲板	−4×80	90	1	0.23	0.2	
		连接螺栓	M16	80（45）	2	0.19	0.4	
GB-40	④	抱箍板	−6×60	739	1	2.09	2.1	5.8
	⑤	抱箍板	−6×60	819	1	2.31	2.3	
	⑥	加劲板	−4×80	110	3	0.28	0.8	
	⑦	加劲板	−4×80	90	1	0.23	0.2	
		连接螺栓	M16	80（45）	2	0.19	0.4	

说明：1. 所有的爬梯及爬梯抱箍均须打上标有型号的钢印。

2. 所有材料均须热镀锌防腐。

3. 所有材料为 Q355。

图 8-16　水泥杆爬梯铁附件制造图（3/3）

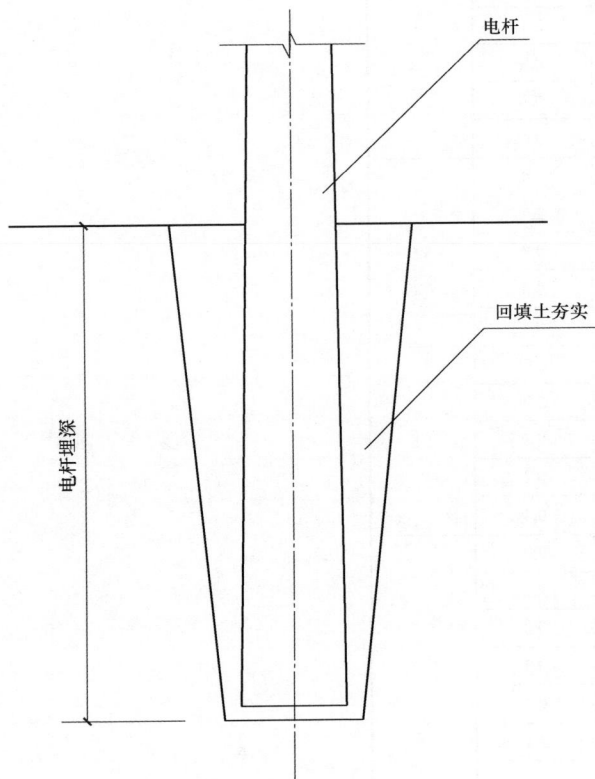

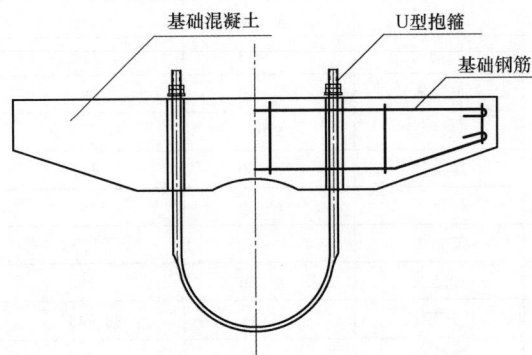

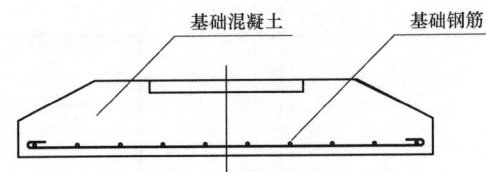

(a) 直埋式基础

(b) 卡盘基础

(c) 底盘基础

图 8-17　直线水泥单杆基础型式示意图（1/2）

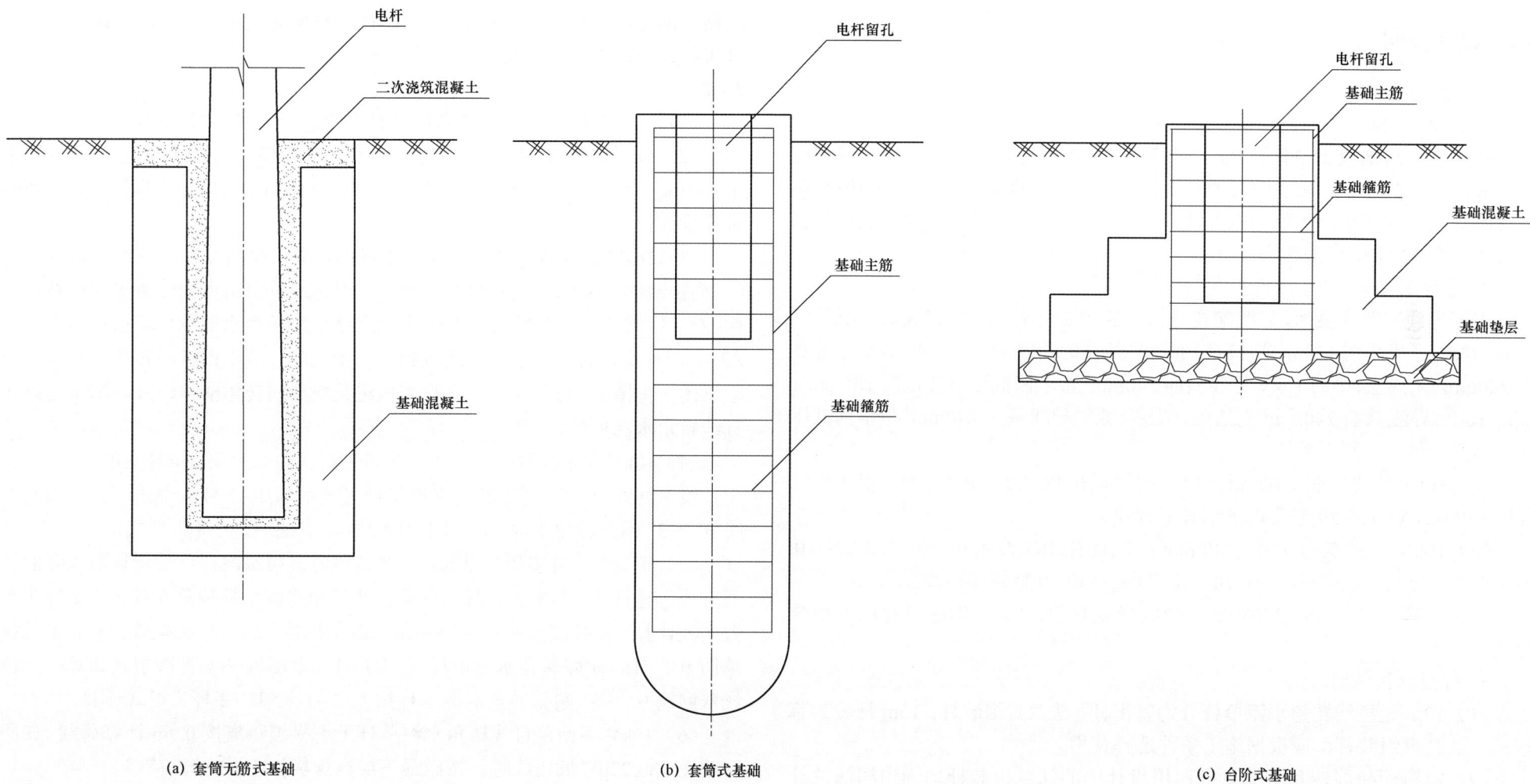

图 8-18 直线水泥单杆基础型式示意图（2/2）

（a）套筒无筋式基础 （b）套筒式基础 （c）台阶式基础

第9章 10kV无拉线转角水泥单杆

9.1 设计说明

9.1.1 杆型分类依据

1. 水泥杆强度等级分类

根据《环形混凝土电杆》(GB 4623—2014)对整根锥形杆、组装锥形杆强度等级的序列划分,按水泥杆的开裂检验弯矩(标准检验弯矩)对 10kV 架空线路导线不同配置产生的相应外荷载进行归类计算,无拉线转角水泥单杆强度等级选用 M 级和 N 级两类。

2. 导线配置分类

根据导线回路及截面,导线配置分为单回 10kV 导线截面 120mm² 无低压、单回 10kV 导线截面 120mm² 带单回低压导线截面 185mm²、单回 10kV 导线截面 240mm² 无低压、单回 10kV 导线截面 240mm² 带单回低压导线截面 185mm²、双回 10kV 导线截面 240mm² 无低压、双回 10kV 导线截面 240mm² 带单回低压导线截面 185mm² 共六类。

(1) 10kV 导线截面 120mm² 及以下的线规有 JKLYJ-10/120 型及以下绝缘导线、JL/G1A-120/20 型及以下钢芯铝绞线。

(2) 10kV 导线截面 150~240mm² 的线规有 JKLYJ-10/150~JKLYJ-10/240 型绝缘导线、JL/G1A-150/20~JL/G1A-240/30 型钢芯铝绞线。

(3) 同杆架设的 380/220V 低压导线线规有 JKLYJ-1/185 型及以下绝缘导线。

3. 杆型分段原则

(1) 12m 无拉线转角水泥单杆分为整根杆、法兰盘组装杆;15m 杆分为整根杆、法兰盘组装杆,应根据施工条件选择使用。

(2) 本章无拉线转角水泥单杆通用设计中的法兰组装杆均为中间法兰杆(杆段之间采用法兰连接方式),电杆埋设方式采用插入式,并以此进行相关计算。

(3) 各种杆型及技术参数详见无拉线水泥单杆单线图及技术参数表。

4. 水泥杆杆长分类

无拉线转角水泥单杆按杆长分为 12、15m 两种。12m 杆仅适用于单回路线路(部分可同杆架设单回低压线),15m 杆同时适用于单、双回路线路(部分可同杆架设单回低压线)。

9.1.2 设计原则

(1) 气象条件、导线安全系数见表 4-2、表 4-4、表 4-7。

(2) 按照表 4-11 要求,并根据实际使用情况,无拉线转角水泥单杆按水平档距 $L_h \leq 80$m、垂直档距 $L_v \leq 100$m 及水平档距 $L_h \leq 60$m、垂直档距 $L_v \leq 80$m 进行设计。

(3) 10kV 无拉线直线转角水泥单杆的杆头可采用第 6 章直线水泥杆杆头(将横担改为双横担型式)的以下型式:无拉线单回路直线转角水泥单杆可采用 Z1-1 的杆头布置型式,无拉线双回路直线转角水泥单杆可采用 Z2-1~Z2-2 的杆头型式。当选用上述直线杆头型式时,应根据直线转角杆横担组装示意图(见图 6-15)要求将直线横担组装成直线转角横担,方可用于无拉线直线转角水泥单杆。

(4) 10kV 无拉线耐张转角水泥单杆的杆头可采用第 6 章杆头的以下型式:无拉线单回 0°~18° 耐张转角水泥单杆可采用 NJ1-1 杆头型式,无拉线双回路 0°~3° 耐张转角水泥单杆可采用 NJ2-1、NJ2-2 的杆头型式。

(5) 根据"一杆多用"原则,计算荷载时采用水泥杆承受荷载最大时的排列方式进行计算。其中无拉线单回路直线转角水泥单杆按第 6 章 Z1-1 杆头布置型式计算;无拉线双回路直线转角水泥单杆按 Z2-2 杆头型式计算;无拉线单回 0°~18° 耐张转角水泥单杆按 NJ1-1(见图 6-8)杆头型式计算;无拉线双回路 0°~3° 耐张转角水泥单杆按 NJ2-1、NJ2-2 杆头型式计算。

(6) 10kV 多回路直线转角水泥单杆上下横担距离按 0.9m 计算荷载;在同杆架设 380/220V 低压线时,按距最下层高压横担 1.5m 计算荷载。

(7) 根据《10kV 及以下架空配电线路设计规范》(DL/T 5220—2021)规定,并综合考虑单、双回导线的转角需求,无拉线转角水泥单杆埋深采用表 9-1 中所列数值。

(8) 根部弯矩设计值、标准值及水平力设计值、标准值计算点均取自表 9-1 中不同杆长水泥杆对应的埋深处。

表 9-1　　无拉线转角水泥单杆埋深及根部弯矩计算点距离　　　（m）

杆长	12	15
埋深	2.0	2.5
根部弯矩计算点距离（距水泥杆底部）	1.9	2.5

（9）附加弯矩。无拉线转角水泥单杆均取根部弯矩的 15%，其中包含横担构件、爬梯、绝缘子及金具产生的风荷载。

（10）根部下压力包含该杆型最大荷载受控工况的导线垂直荷载，横担、绝缘子、金具及水泥杆自重力（估算值）。

9.1.3　杆型设置

（1）杆型种类。本章无拉线转角水泥单杆杆型共 2 种，杆型及参数见表 9-2。

表 9-2　　10kV 无拉线转角水泥单杆杆型及参数表

序号	杆型名称	杆型代号	主杆型号	开裂检验弯矩（kN·m）	图号
1	J19-M	J19-M-12	$\phi190\times12\times M\times G$	58.50	图 9-3
		J19-M-15	$\phi190\times15\times M\times G$	73.50	图 9-4
2	J23-N	J23-N-12	$\phi230\times12\times N\times G$	68.25	图 9-5
		J23-N-15	$\phi230\times15\times N\times G$	85.75	图 9-6

（2）杆型代号示意图见图 9-1。

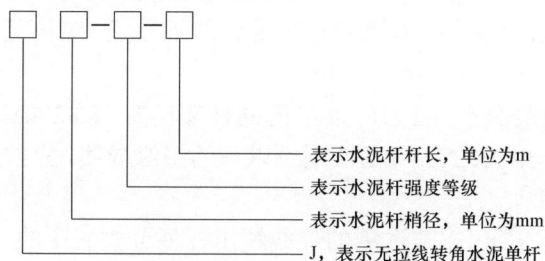

图 9-1　杆型代号示意图

例如：J35-M-12 表示梢径为 190mm，强度等级为 M 级，杆长为 12m 的无拉线转角水泥单杆。

（3）主杆型号命名示意图见图 9-2。

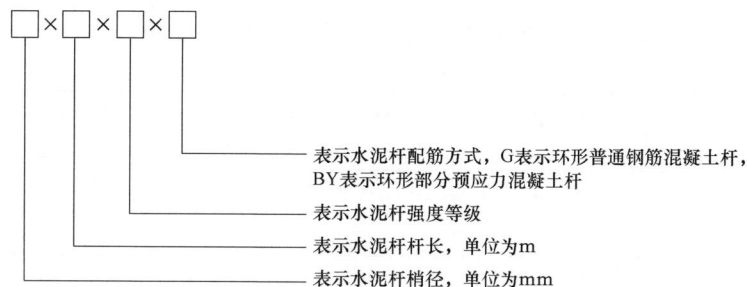

图 9-2　主杆型号命名示意图

例如：$\phi190\times12\times M\times G$ 表示梢径为 190mm，杆长为 12m，强度等级为 M 级的普通钢筋混凝土杆。

9.1.4　杆型分类表

10kV 无拉线转角水泥单杆杆型分别根据 XZ-A、XZ-B 两个气象区中水平档距（L_h）为 80m 和 60m 两种情况进行分类，并给出了不同杆型在不同外荷载情况下可适用的角度范围。

（1）10kV 无拉线转角水泥单杆杆型分类表一（$L_h=80m$）（XZ-A 气象区）见表 9-3。

表 9-3　　10kV 无拉线转角水泥单杆杆型分类表一（$L_h=80m$）（XZ-A 气象区）

使用情况\\杆型	水泥杆杆长（m）	单回 120mm² 10kV 无低压	单回 120mm² 10kV 单回 185mm² 低压	单回 240mm² 10kV 无低压
J19-M-12	12	$0°<\alpha\leqslant15°$	×	$0°<\alpha\leqslant8°$
J23-N-12	12	$15°<\alpha\leqslant18°$	$0°<\alpha\leqslant3°$	$8°<\alpha\leqslant10°$
J19-M-15	15	$0°<\alpha\leqslant15°$	×	$0°<\alpha\leqslant8°$
J23-N-15	15	$15°<\alpha\leqslant18°$	$0°<\alpha\leqslant3°$	$8°<\alpha\leqslant10°$

注　1. α 为线路转角。

　　2. L_h 为水平档距。

　　3. 表中打"×"处表明此水泥杆不适用于该条件下外荷载。

（2）10kV 无拉线转角水泥单杆杆型分类表二（$L_h=80m$）（XZ-B 气象区）见表 9-4。

（3）10kV 无拉线转角水泥单杆杆型分类表一（$L_h=60m$）（XZ-A 气象区）见表 9-5。

表 9-4　　**10kV 无拉线转角水泥单杆杆型分类表二（$L_h=80m$）**
（XZ-B 气象区）

杆型＼使用情况	水泥杆杆长（m）	单回 120 mm² 10kV 无低压	单回 240 mm² 10kV 无低压
J19-M-12	12	0°<α≤12°	0°<α≤5°
J23-N-12	12	12°<α≤15°	5°<α≤8°
J19-M-15	15	0°<α≤12°	0°<α≤3°
J23-N-15	15	12°<α≤15°	3°<α≤5°

注　1. α 为线路转角。
　　2. L_h 为水平档距。
　　3. 表中打"×"处表明此水泥杆不适用于该条件下外荷载。

续表

杆型＼使用情况	水泥杆杆长（m）	单回 120 mm² 10kV 无低压	单回 120 mm² 10kV 单回 185 mm² 低压	单回 240 mm² 10kV 无低压
J23-N-15	15	15°<α≤18°	0°<α≤3°	5°<α≤10°

注　1. α 为线路转角。
　　2. L_h 为水平档距。
　　3. 表中打"×"处表明此水泥杆不适用于该条件下外荷载。

表 9-5　　**10kV 无拉线转角水泥单杆杆型分类表一（$L_h=60m$）**
（XZ-A 气象区）

杆型＼使用情况	水泥杆杆长（m）	单回 120 mm² 10kV 无低压	单回 120 mm² 10kV 单回 185mm² 低压	单回 240 mm² 10kV 无低压	单回 240 mm² 10kV 单回 185mm² 低压	双回 240 mm² 10kV 无低压
J19-M-12	12	0°<α≤15°	0°<α≤3°	0°<α≤10°	×	×
J23-N-12	12	15°<α≤18°	3°<α≤5°	10°<α≤12°	0°<α≤3°	×
J19-M-15	15	0°<α≤15°	×	0°<α≤10°	×	×
J23-N-15	15	15°<α≤18°	0°<α≤3°	10°<α≤12°	0°<α≤3°	0°<α≤3°

注　1. α 为线路转角。
　　2. L_h 为水平档距。
　　3. 表中打"×"处表明此水泥杆不适用于该条件下外荷载。

（4）10kV 无拉线转角水泥单杆杆型分类表二（$L_h=60m$）（XZ-B 气象区）见表 9-6。

表 9-6　　**10kV 无拉线转角水泥单杆杆型分类表二（$L_h=60m$）**
（XZ-B 气象区）

杆型＼使用情况	水泥杆杆长（m）	单回 120 mm² 10kV 无低压	单回 120 mm² 10kV 单回 185mm² 低压	单回 240 mm² 10kV 无低压
J19-M-12	12	0°<α≤15°	×	0°<α≤8°
J23-N-12	12	15°<α≤18°	0°<α≤3°	8°<α≤10°
J19-M-15	15	0°<α≤15°	×	0°<α≤5°

9.1.5　使用说明

（1）在城镇地区受地形条件限制的杆位，可设置无拉线转角水泥单杆。

（2）选取适用于本地区的气象区。

（3）根据选定的气象区、导线型号、导线回路数、有无低压线、水平档距及杆长等参数选取杆型。

（4）横担布置型式根据第 6 章中铁质横担杆头布置型式进行选取，选择与杆型适用的横担。

（5）杆型选取原则。

1）对于选用 120mm² 及以下截面的 10kV 导线，应按下列原则选取杆型：选用 JKLYJ-10/120 型及以下的绝缘导线，应按照 JKLYJ-10/120 型导线进行选取；选用 JL/G1A-120/20 型及以下的钢芯铝绞线，应按照 JL/G1A-120/20 型导线进行选取。

2）对于选用 150～240mm² 截面的 10kV 导线，应按下列原则选取杆型：选用 JKLYJ-10/240 型及以下的绝缘导线，应按照 JKLYJ-10/240 型导线来选取杆型；选用 JL/G1A-240/30 型及以下的钢芯铝绞线，应按照 JL/G1A-240/30 型导线选取杆型。

3）对于选用截面不大于 185mm² 的同杆架设的 380/220V 导线，应按以下原则选取杆型：选用 JKLYJ-1/185 型及以下的绝缘导线，应按照 JKLYJ-1/185 型导线来选取杆型。

4）实际工程设计中，若选用的导线超出杆型分类表中的导线使用范围时，须根据相关资料对水泥杆的电气及结构进行严格的验算，以确定最终的使用条件。

5）无拉线转角水泥单杆用作终端杆时，按照线路转角为 60°在各杆型分类表中进行选用；杆头选用 45°～90°耐张转角（兼终端）水泥单杆杆头，横担采用单排横担。此次终端杆只作为 0°终端考虑。

6）无拉线转角水泥单杆如用于分支时，需根据主线及分支线导线规格、主线转角、分支线与主线的转角等情况重新进行校验，再选用适用强度的无拉线转角水泥单杆，强度不够时应选用更高强度的钢管杆。

7）所有直线转角都采用双横担结构型式，双横担采用 2 副直线横担组装，横担之间采用双头螺栓连接。详见直线转角杆横担组装示意图（见图 6-15）。

8）所有杆型设计时风压高度变化系数均根据 B 类地面粗糙度计算，如地面粗糙度达到 A 类，需要对电杆强度进行核算。

9）主杆型号有对应的不同物料时可根据现场情况选用。

9.2 基础选用

（1）无拉线转角水泥单杆基础：10kV 架空线路通用设计仅列出套筒无筋式、套筒式和台阶式三种常用基础型式，供设计参考。

1）套筒无筋式基础［见图 9-7（a）］采用人工开挖方式，基础开挖后先用混凝土浇制套筒基础，待基础养护达到混凝土强度的 70%后，将水泥杆插入后进行第二次混凝土浇注，使水泥杆和基础连接牢固。

2）套筒式基础［见图 9-7（b）］类似于灌注桩基础，施工方式采用人工开挖或机械钻孔，成孔后在孔内放置钢筋笼，并按水泥杆埋深预留好水泥杆埋设孔，将水泥杆插入后浇注混凝土使水泥杆和基础连接牢固。

3）台阶式基础［见图 9-7（c）］主柱配置钢筋，台阶宽高比在满足刚性角要求的基础上，一般底板不配筋，必要时采用基础垫层。基础施工时混凝土必须一次浇筑完成，回填土应分层夯实。

（2）无拉线转角水泥单杆单线图中未画出基础型式，设计时应根据本章无拉线转角水泥单杆单线图及技术参数表中的基础作用力，结合当地地形条件、施工条件及实际地质参数，综合考虑基础型式进行计算，选用合理的基础型式，使基础设计达到安全、经济合理的目的。

9.3 设计图

10kV 无拉线转角水泥单杆设计图清单见表 9-7。

表 9-7　　10kV 无拉线转角水泥单杆设计图清单

图序	图名	备注
图 9-3	J19-M-12 无拉线转角水泥单杆单线图及技术参数表	
图 9-4	J19-M-15 无拉线转角水泥单杆单线图及技术参数表	
图 9-5	J23-N-12 无拉线转角水泥单杆单线图及技术参数表	
图 9-6	J23-N-15 无拉线转角水泥单杆单线图及技术参数表	
图 9-7	无拉线转角水泥单杆基础型式示意图	

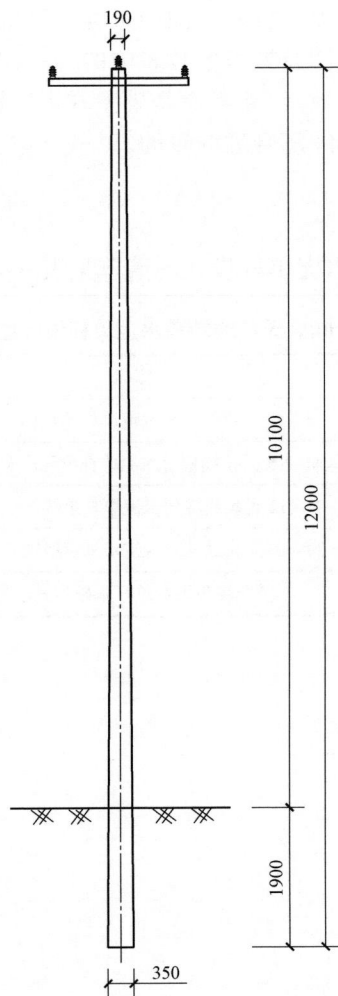

J19－M－12 杆技术参数表

名称	规格及参数值	物料描述
主杆型号	$\phi 190 \times 12 \times M \times G$	锥形水泥杆，非预应力，整根杆，12m，190mm，M
		锥形水泥杆，非预应力，法兰组装杆，12m，190mm，M
根部水平力标准值（kN）	5.80	
根部下压力标准值（kN）	24.32	
根部弯矩标准值（kN·m）	57.90	
根部水平力设计值（kN）	8.11	
根部下压力设计值（kN）	30.41	
根部弯矩设计值（kN·m）	81.06	

图 9－3　J19－M－12 无拉线转角水泥单杆单线图及技术参数表

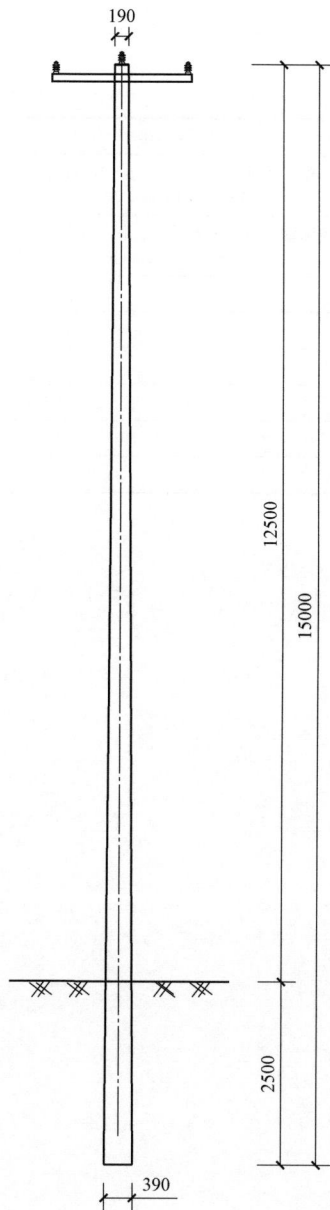

J19－M－15 杆技术参数表

名称	规格及参数值	物料描述
主杆型号	$\phi 190 \times 15 \times M \times G$	锥形水泥杆，非预应力，整根杆，15m，190mm，M
		锥形水泥杆，非预应力，法兰组装杆，15m，190mm，M
根部水平力标准值（kN）	5.85	
根部下压力标准值（kN）	26.50	
根部弯矩标准值（kN·m）	72.30	
根部水平力设计值（kN）	8.19	
根部下压力设计值（kN）	33.13	
根部弯矩设计值（kN·m）	101.22	

图9－4　J19－M－15无拉线转角水泥单杆单线图及技术参数表

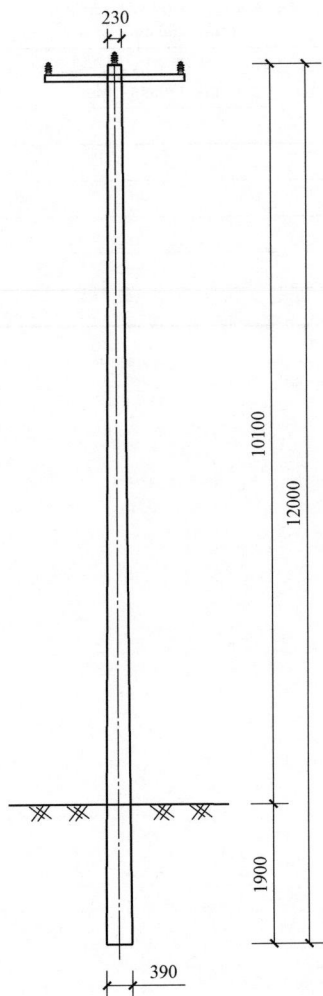

J23-N-12杆技术参数表

名称	规格及参数值	物料描述
主杆型号	$\phi230\times12\times N\times G$	锥形水泥杆，非预应力，整根杆，12m，230mm，N
		锥形水泥杆，非预应力，法兰组装杆，12m，230mm，N
根部水平力标准值（kN）	6.71	
根部下压力标准值（kN）	30.28	
根部弯矩标准值（kN·m）	66.97	
根部水平力设计值（kN）	9.39	
根部下压力设计值（kN）	37.85	
根部弯矩设计值（kN·m）	93.76	

图 9-5 J23-N-12无拉线转角水泥单杆单线图及技术参数表

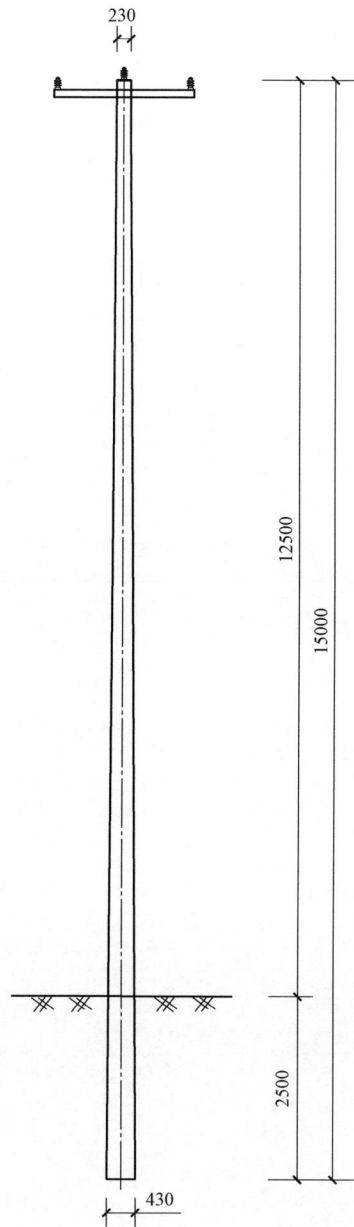

J23-N-15 杆技术参数表

名称	规格及参数值	物料描述
主杆型号	$\phi230\times15\times N\times G$	锥形水泥杆，非预应力，整根杆，15m，230mm，N
		锥形水泥杆，非预应力，法兰组装杆，15m，230mm，N
根部水平力标准值（kN）	6.95	
根部下压力标准值（kN）	37.00	
根部弯矩标准值（kN·m）	83.65	
根部水平力设计值（kN）	9.73	
根部下压力设计值（kN）	46.26	
根部弯矩设计值（kN·m）	117.10	

230

12500

15000

2500

430

图 9-6 J23-N-15 无拉线转角水泥单杆单线图及技术参数表

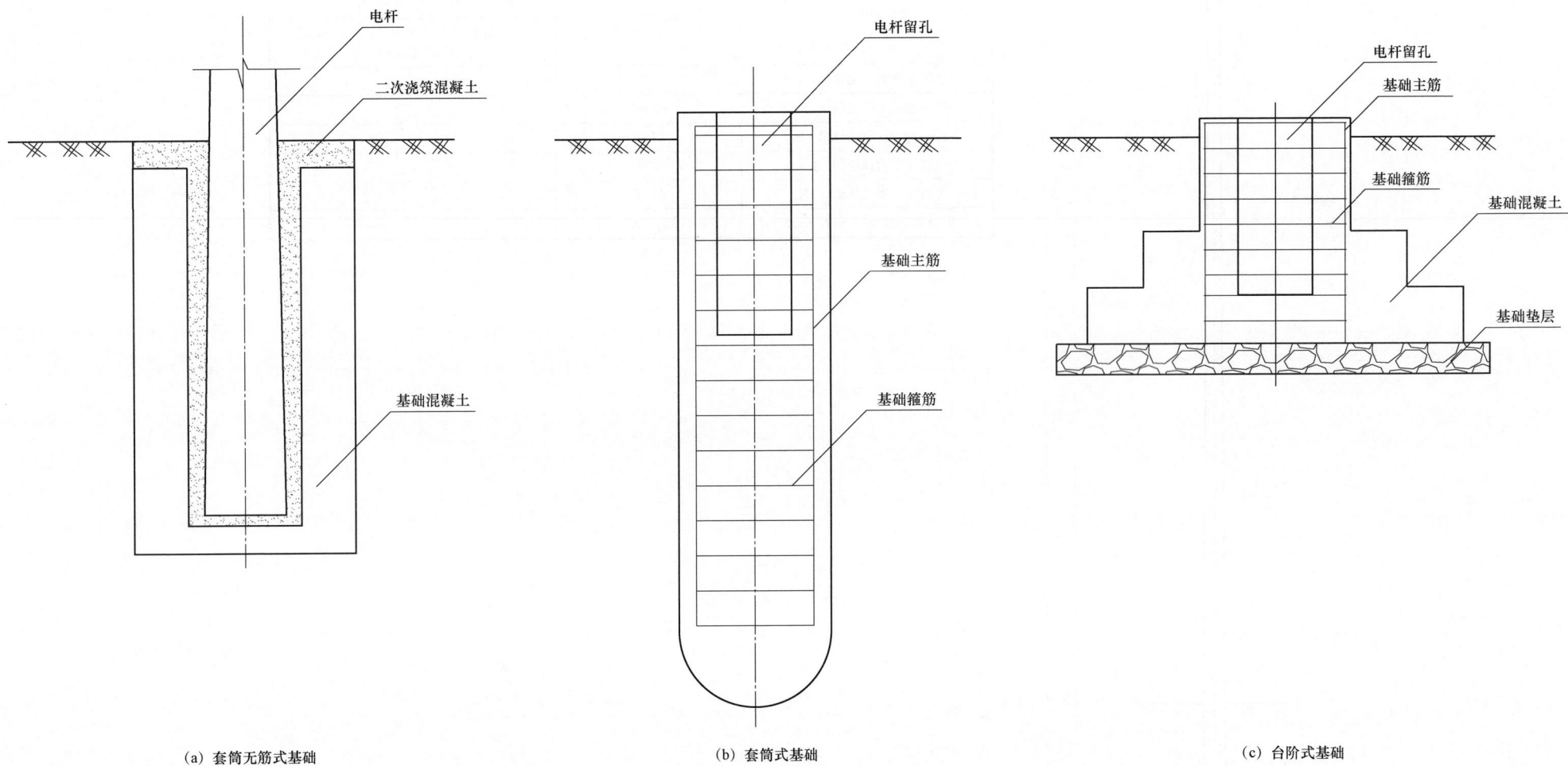

图 9-7　无拉线转角水泥单杆基础型式示意图

(a) 套筒无筋式基础　　　　(b) 套筒式基础　　　　(c) 台阶式基础

电杆

二次浇筑混凝土

基础混凝土

电杆留孔

基础主筋

基础箍筋

电杆留孔

基础主筋

基础箍筋

基础混凝土

基础垫层

第10章 10kV 拉线转角水泥单杆

10.1 设计说明

10.1.1 杆型分类依据

1. 水泥杆强度等级分类

根据《环形混凝土电杆》（GB 4623—2014）对整根锥形杆、组装锥形杆强度等级的序列划分，按水泥杆的开裂检验弯矩对架空线路导线不同配置产生的相应外荷载进行归类计算，拉线转角水泥单杆强度等级分别选用 M 级、N 级两类。

2. 导线配置分类

根据导线回路及截面，导线配置分为单回 10kV 导线截面 120mm² 及以下无低压、单回 10kV 导线截面 150～240mm² 无低压、单回 10kV 导线截面 120mm² 及以下加低压导线截面 185mm² 及以下、单回 10kV 导线截面 150～240mm² 加低压导线截面 185mm² 及以下、双回 10kV 导线截面 240mm² 及以下无低压共五类。

（1）单回 10kV 导线截面 120mm² 及以下的线规有 JKLYJ–10/120 型及以下的铝芯绝缘导线、JL/G1A–120/20 型及以下的钢芯铝绞线。

（2）单回 10kV 导线截面 150～240mm² 的线规有 JKLYJ–10/150～JKLYJ–10/240 型铝芯绝缘导线、JL/G1A–150/20～JL/G1A–240/30 型钢芯铝绞线。

（3）双回 10kV 导线截面 240mm² 及以下的线规有 JKLYJ–10/240 型及以下的铝芯绝缘导线、JL/G1A–240/30 型及以下钢芯铝绞线。

（4）同杆架设的 380/220V 低压导线线规有 JKLYJ–1/185 型及以下绝缘导线。

3. 水泥杆配置分类

单回 10kV 拉线转角水泥单杆按杆长及线路转角度数进行分类，按杆长分为 12、15m 两种，12m 杆和 15m 杆适用于 10kV 单回路线路（可同杆架设低压线）；按转角度数分为单回 0°～8°（15°）拉线直线转角水泥单杆、单回 8°（15°）～45°拉线单排耐张转角水泥单杆、单回 45°～90°拉线双排耐张转角水泥单杆、单回拉线直线耐张水泥单杆、单回拉线终端水泥单杆。

双回 10kV 拉线转角水泥单杆按杆长及线路转角进行分类，双回线路不考虑同杆架设低压线情况，杆长只考虑 15m 水泥杆一种；按角度分为双回 0°～8°拉线直线转角水泥单杆、双回 8°～45°拉线单排耐张转角水泥单杆、双回 45°～90°拉线双排耐张转角水泥单杆、双回拉线直线耐张水泥单杆、双回拉线终端水泥单杆。

同时，本章单回拉线转角水泥单杆按导线的排列方式为三角排列方式，双回拉线转角水泥单杆导线排列只考虑双垂直的排列方式。

10.1.2 计算依据及方法

（1）气象条件、导线安全系数详见表 4–4。

（2）10kV 拉线转角水泥单杆水平档距和垂直档距依据表 4–11 选择。双回路拉线转角水泥单杆及采用水平排列的单回拉线转角水泥单杆的水平档距均进行适当限制，详见各杆型分类表。

（3）单回拉线直线转角水泥单杆杆头可采用第 6 章 Z1 的杆头布置型式，单回拉线直线耐张水泥单杆、单回拉线单排耐张转角水泥单杆可采用 NJ1–1、NJ1–2 的杆头型式，单回拉线双排耐张转角水泥单杆、单回拉线终端水泥单杆可采用 NJ1–2 的杆头型式，双回拉线直线转角水泥单杆杆头可采用第 6 章 Z2–2 的杆头型式，双回拉线直线耐张水泥单杆、双回 8°～45°拉线耐张转角水泥单杆杆头可采用第 6 章 NJ2–2 的杆头型式，双回 45°～90°拉线耐张水泥单杆、双回拉线终端水泥单杆杆头可采用第 6 章 NJ2–3 的杆头型式。所有直线转角都采用双横担结构型式，双横担采用 2 副直线横担组装，横担之间采用双头螺栓连接。详见直线转角杆横担组装示意图（见图 6–15）。

（4）根据"一杆多用"原则，计算荷载时采用水泥杆承受荷载最大时的排列方式进行计算。其中，单回拉线直线转角水泥单杆按照第 6 章 Z1–1 杆头布置型式计算，单回拉线直线耐张水泥单杆、单回拉线单排耐张转角水泥单杆按照 NJ1–1 杆头型式计算，单回拉线双排耐张转角水泥单杆、单回拉线终端水泥单杆按照 NJ1–2 杆头型式计算。双回拉线直线转角水泥单杆按照第 6 章 Z2–2 的杆头布置型式计算，双回拉线直线耐张水泥单杆、双回 8°～45°拉线耐张转角水泥单杆按照第 6 章 NJ2–2 的杆头布置型式计算，双回 45°～90°拉线耐张水泥单杆、双回拉线直线终端水泥单杆按照第 6 章 NJ2–3 的杆头布置型式计算。

（5）单回 10kV 拉线转角水泥单杆在同杆架设 380/220V 低压线时按距离最下层高压横担 1.5m 计算荷载。

（6）根据《10kV 及以下架空配电线路设计规范》（DL/T 5220—2021）规定，水泥单杆埋深宜采用表 10-1 中所列数值。

表 10-1　　　　　　　水泥单杆埋深　　　　　　　（m）

杆长	12.0	15.0
埋深	2.0	2.5

注　通用设计根据上述埋深要求进行计算，设计时应根据对应杆位的地质条件进行计算以确定水泥杆终埋深及基础型式。

（7）拉线转角水泥单杆采用《环形混凝土电杆》（GB 4623—2014）中的标准级别水泥杆，12m 杆强度采用 M 级和 N 级，15m 杆强度采用 M 级和 N 级。

（8）根部下压力包含该杆型最大荷载受控工况的导线垂直荷载，横担、绝缘子、金具及水泥杆自重力（估算值）。

（9）依据《镀锌钢绞线》（YB/T 5004—2012）选取 1270MPa 与 1370MPa 公称抗拉强度值，其中 1×19-13.0 钢绞线采用 1370MPa 公称抗拉强度值，其余钢绞线均为 1270MPa 公称抗拉强度值。

（10）拉线组合型式及布置示意图。

1）10kV 拉线转角水泥单杆的拉线组合型式及参数表见表 10-2。

表 10-2　　　　　　　　拉线组合型式及参数表

拉线型式	钢绞线规格	钢绞线公称横截面（mm²）	钢绞线最小破断拉力（kN）
LX-3	1×7-7.8-1270-B-YB/T 5004-2012	37.17	43.43
LX-5	1×7-9.0-1270-B-YB/T 5004-2012	49.50	57.86
LX-8	1×19-11.5-1270-B-YB/T 5004-2012	78.94	90.23
LX-10	1×19-13.0-1370-B-YB/T 5004-2012	100.90	124.40
VLX-3+3	1×7-7.8-1270-B-YB/T 5004-2012（上层）	37.17	43.43
	1×7-7.8-1270-B-YB/T 5004-2012（下层）	37.17	43.43
VLX-3+5	1×7-7.8-1270-B-YB/T 5004-2012（上层）	37.17	43.43
	1×7-9.0-1270-B-YB/T 5004-2012（下层）	49.50	57.86

续表

拉线型式	钢绞线规格	钢绞线公称横截面（mm²）	钢绞线最小破断拉力（kN）
VLX-5+5	1×7-9.0-1270-B-YB/T 5004-2012（上层）	49.50	57.86
	1×7-9.0-1270-B-YB/T 5004-2012（下层）	49.50	57.86

2）镀锌钢绞线选用表见表 10-3。

表 10-3　　　　　　镀锌钢绞线选用表

序号	国标标记	物料描述	标称
1	1×7-7.8-1270-B-YB/T 5004-2012	钢绞线，1×7-7.8-1270-B，35，镀锌	GJ-35
2	1×7-9.0-1270-B-YB/T 5004-2012	钢绞线，1×7-9.0-1270-B，50，镀锌	GJ-50
3	1×19-11.5-1270-B-YB/T 5004-2012	钢绞线，1×19-11.5-1270-B，80，镀锌	GJ-80
4	1×19-13.0-1370-B-YB/T 5004-2012	钢绞线，1×19-13.0-1370-B，100，镀锌	GJ-100

3）LX 型单拉线布置示意图见图 10-29，VLX 型 V 型拉线布置示意图见图 10-30。

10.1.3　杆型设置

（1）杆型种类。本章拉线转角水泥单杆杆型共 19 种，参数见表 10-4。

表 10-4　　　　　　拉线转角水泥单杆杆型一览表

序号	杆型种类	杆型名称	杆型代号	拉线（根/组）	是否带低压
1	单回拉线直线转角水泥单杆	ZJ-M	ZJ-M-12	2/0	否
			ZJ-M-15	2/0	否
2		ZJ-M-D	ZJ-M-D-12	1/1	是
			ZJ-M-D-15	1/1	是
3	单回拉线单排耐张转角水泥单杆	NJ1A-M	NJ1A-M-12	3/2	否
4			NJ1A-M-15	3/2	否
5		NJ1A-M-D	NJ1A-M-D-12	3/2	是
			NJ1A-M-D-15	3/2	是

续表

序号	杆型种类	杆型名称	杆型代号	拉线（根/组）	是否带低压
6	单回拉线双排耐张转角水泥单杆	NJ2A-M	NJ2A-M-12	0/2	否
			NJ2A-M-15	0/2	否
7		NJ2A-M-D	NJ2A-M-D-12	2/2	是
			NJ2A-M-D-15	2/2	是
8		NJ2A-N-D	NJ2A-N-D-12	2/2	是
			NJ2A-N-D-15	2/2	是
9	单回拉线直线耐张水泥单杆	ZNA-M	ZNA-M-12	2/2	否
10			ZNA-M-15	2/2	否
11		ZNA-M-D	ZNA-M-D-12	4/2	是
			ZNA-M-D-15	4/2	是
12	单回拉线终端水泥单杆	DA-M	DA-M-12	/1	否
13			DA-M-15	/1	否
14		DA-M-D	DA-M-D-12	1/1	是
			DA-M-D-15	1/1	是
15	双回拉线直线转角水泥单杆	2ZJ-M	2ZJ-M-15	1/1	否
16	双回拉线单排耐张转角水泥单杆	2NJ1-M	2NJ1-M-15	5/0	否
17	双回拉线双排耐张转角水泥单杆	2NJ2-N	2NJ2-N-15	2/2	否
18	双回拉线直线耐张水泥单杆	2ZN-M	2ZN-M-15	4/2	否
19	双回拉线终端水泥单杆	2D-M	2D-M-15	1/1	否

注 表格拉线（根/组）一列中，"/"前表示单拉线的数量，"/"后表示V型拉线的组数。如："4/2"表示4根单拉线、2组V型拉线；"0/2"表示无单拉线、2组V型拉线。

（2）杆型代号示意图见图10-1。

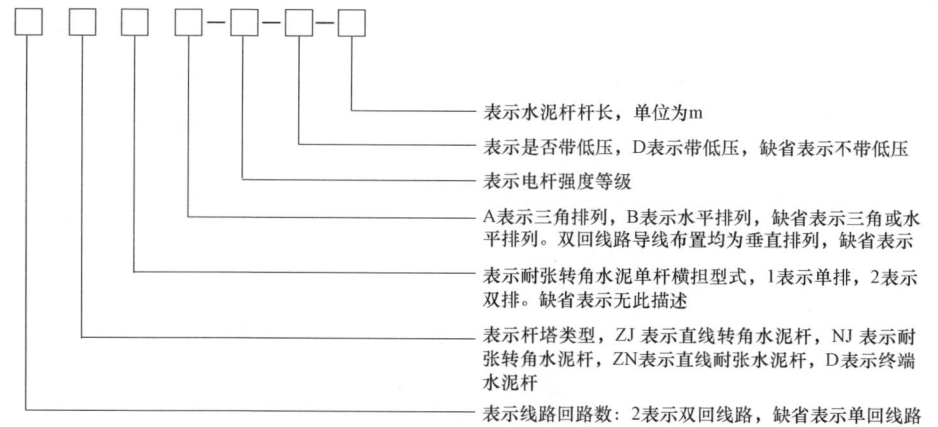

图中各引线说明（自上而下）：
- 表示水泥杆杆长，单位为m
- 表示是否带低压，D表示带低压，缺省表示不带低压
- 表示电杆强度等级
- A表示三角排列，B表示水平排列，缺省表示三角或水平排列。双回线路导线布置均为垂直排列，缺省表示
- 表示耐张转角水泥单杆横担型式，1表示单排，2表示双排。缺省表示无此描述
- 表示杆塔类型，ZJ表示直线转角水泥杆，NJ表示耐张转角水泥杆，ZN表示直线耐张水泥杆，D表示终端水泥杆
- 表示线路回路数：2表示双回线路，缺省表示单回线路

图10-1 杆型代号示意图

（3）杆型代号说明。

例如：

ZJ-M-12 表示导线三角排列或水平排列，强度等级为M级，杆长12m，不带低压线的拉线直线转角水泥单杆。

NJ2A-N-D-12 表示导线三角排列，强度等级为N级，带低压线，杆长12m的拉线双排耐张转角水泥单杆。

ZNB-M-D-12 表示导线水平排列，强度等级为M级，带低压线，杆长12m的拉线直线耐张水泥单杆。

2NJ2-N-15 表示双回线路，导线布置垂直排列，强度等级为N级，杆长15m的拉线双排耐张转角水泥单杆。

（4）主杆型号命名示意图见图10-2。

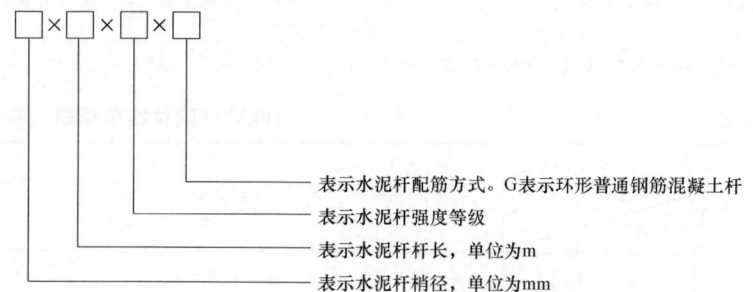

图中各引线说明：
- 表示水泥杆配筋方式。G表示环形普通钢筋混凝杆
- 表示水泥杆强度等级
- 表示水泥杆杆长，单位为m
- 表示水泥杆梢径，单位为mm

图10-2 主杆型号命名示意图

例如：$\phi190\times12\times M\times G$ 表示梢径为 190mm，杆长为 12m，强度等级为 M 级的环形普通钢筋混凝土杆。

（5）拉线型式命名方式见图 10-3。

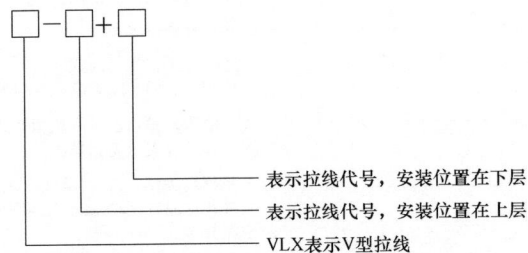

图 10-3　拉线型式命名方式示意图

其中，拉线型式中数字 3、5、8、10 分别表示拉线代号，3 表示 GJ-35 钢绞线，5 表示 GJ-50 钢绞线，8 表示 GJ-80 钢绞线，10 表示 GJ-100 钢绞线。

例如：

LX-8 表示单拉线，拉线选用 GJ-80 钢绞线。

VLX-3+5 表示 V 型拉线，GJ-35 钢绞线安装位置在上层，GJ-50 钢绞线安装位置在下层。

10.1.4　杆型分类表

（1）10kV 单回拉线直线转角水泥单杆杆型分类表（XZ-A、XZ-B 气象区）见表 10-5。

（2）10kV 单回拉线单排耐张转角水泥单杆杆型分类表（XZ-A、XZ-B 气象区）见表 10-6。

（3）10kV 单回拉线双排耐张转角水泥单杆杆型分类表（XZ-A、XZ-B 气象区）见表 10-7。

（4）10kV 单回拉线直线耐张水泥单杆杆型分类表（XZ-A、XZ-B 气象区）见表 10-8。

表 10-5　　　　　　　　　　　10kV 单回拉线直线转角水泥单杆杆型分类表（XZ-A、XZ-B 气象区）

杆型名称	杆型代号（使用情况）	水泥杆杆长（m）	水平档距（m）	单回 120mm² 及以下 10kV 无低压	单回 150～240mm² 10kV 无低压	单回 120mm² 及以下 10kV 单回 185mm² 及以下低压	单回 150～240mm² 10kV 单回 185mm² 及以下低压
ZJ-M	ZJ-M-12	12	$0<L_h\leq100$	$0°<\alpha\leq15°$	$0°<\alpha\leq8°$	×	×
	ZJ-M-15	15	$0<L_h\leq100$	$0°<\alpha\leq15°$	$0°<\alpha\leq8°$	×	×
ZJ-M-D	ZJ-M-D-12	12	$0<L_h\leq80$	×	×	$0°<\alpha\leq15°$	$0°<\alpha\leq8°$
	ZJ-M-D-15	15	$0<L_h\leq80$	×	×	$0°<\alpha\leq15°$	$0°<\alpha\leq8°$

注　1. L_h 为水平档距。当采用水平排列的横担时，因横担使用档距的限制，L_h 最大值为 80m。
　　2. α 为线路转角，其上限值最终根据表 4-4、表 4-7 导线允许最大直线转角角度的要求确定。10kV 带低压时需同时满足 10kV 线路和低压线路最大直线转角角度要求。
　　3. 表中打"×"处表明此水泥杆不适用于该条件下外荷载。
　　4. 以上杆型在 XZ-B 气象区使用时加防风拉线。

表 10-6　　　　　　　　　　　10kV 单回拉线单排耐张转角水泥单杆杆型分类表（XZ-A、XZ-B 气象区）

杆型名称	杆型代号（使用情况）	水泥单杆杆长（m）	水平档距（m）	单回 120mm² 及以下 10kV 无低压	单回 150～240mm² 10kV 无低压	单回 120mm² 及以下 10kV 单回 185mm² 及以下低压	单回 150～240mm² 10kV 单回 185mm² 及以下低压
NJ1A-M	NJ1A-M-12	12	$0<L_h\leq100$	$15°<\alpha\leq45°$	$8°<\alpha\leq45°$	×	×
	NJ1A-M-15	15	$0<L_h\leq100$	$15°<\alpha\leq45°$	$8°<\alpha\leq45°$	×	×

杆型名称 使用情况 杆型代号	水泥单杆杆长（m）	水平档距（m）	单回 120mm² 及以下 10kV 无低压	单回 150～240mm² 10kV 无低压	单回 120mm² 及以下 10kV 单回 185mm² 及以下低压	单回 150～240mm² 10kV 单回 185mm² 及以下低压
NJ1A-M-D	NJ1A-M-D-12	12	$0<L_h\leqslant80$	×	×	$15°<\alpha\leqslant45°$	$8°<\alpha\leqslant45°$
	NJ1A-M-D-15	15	$0<L_h\leqslant80$	×	×	$15°<\alpha\leqslant45°$	$8°<\alpha\leqslant45°$

注 1. L_h 为水平档距。

2. α 为线路转角，其下限值最终根据表 4-4、表 4-7 导线允许最大直线转角角度的要求确定。

3. 表中打"×"处表明此水泥杆不适用于该条件下外荷载。

表 10-7   **10kV 单回拉线双排耐张转角水泥单杆杆型分类表（XZ-A、XZ-B 气象区）**

杆型名称 使用情况 杆型代号	水泥单杆杆长（m）	水平档距（m）	单回 120mm² 及以下 10kV 无低压	单回 150～240mm² 10kV 无低压	单回 120mm² 及以下 10kV 单回 185mm² 及以下低压	单回 150～240mm² 10kV 单回 185mm² 及以下低压
NJ2A-M	NJ2A-M-12	12	$0<L_h\leqslant100$	$45°<\alpha\leqslant90°$	$45°<\alpha\leqslant90°$	×	×
	NJ2A-M-15	15	$0<L_h\leqslant100$	$45°<\alpha\leqslant90°$	$45°<\alpha\leqslant90°$	×	×
NJ2A-M-D	NJ2A-M-D-12	12	$0<L_h\leqslant80$	×	×	$45°<\alpha\leqslant90°$	×
	NJ2A-M-D-15	15	$0<L_h\leqslant80$	×	×	$45°<\alpha\leqslant90°$	×
NJ2A-N-D	NJ2A-N-D-12	12	$0<L_h\leqslant80$	×	×	×	$45°<\alpha\leqslant90°$
	NJ2A-N-D-15	15	$0<L_h\leqslant80$	×	×	×	$45°<\alpha\leqslant90°$

注 1. L_h 为水平档距。

2. α 为线路转角。

3. 表中打"×"处表明此水泥杆不适用于该条件下外荷载。

表 10-8   **10kV 单回拉线直线耐张水泥单杆杆型分类表（XZ-A、XZ-B 气象区）**

杆型名称 使用情况 杆型代号	水泥杆杆长（m）	水平档距（m）	单回 120mm² 及以下 10kV 无低压	单回 150～240mm² 10kV 无低压	单回 120mm² 及以下 10kV 单回 185mm² 及以下低压	单回 150～240mm² 10kV 单回 185mm² 及以下低压
ZNA-M	ZNA-M-12	12	$0<L_h\leqslant100$	$\alpha=0°$	$\alpha=0°$	×	×
	ZNA-M-15	15	$0<L_h\leqslant100$	$\alpha=0°$	$\alpha=0°$	×	×
ZNA-M-D	ZNA-M-D-12	12	$0<L_h\leqslant80$	×	×	$\alpha=0°$	$\alpha=0°$
	ZNA-M-D-15	15	$0<L_h\leqslant80$	×	×	$\alpha=0°$	$\alpha=0°$

注 1. L_h 为水平档距。

2. α 为线路转角。

3. 表中打"×"处表明此水泥杆不适用于该条件下外荷载。

4. 以上杆型在 XZ-A 气象区使用时需根据地质条件验算杆身侧向稳定，在 XZ-B 气象区使用时加防风拉线。

（5）10kV 单回拉线终端水泥单杆杆型分类表（XZ-A、XZ-B 气象区）见表 10-9。

（6）10kV 双回拉线水泥单杆杆型分类表（XZ-A、XZ-B 气象区）见表 10-10。

表 10-9

10kV 单回拉线终端水泥单杆杆型分类表（XZ-A、XZ-B 气象区）

杆型名称	杆型代号	水泥杆杆长（m）	水平档距（m）	单回 120mm² 及以下 10kV 无低压	单回 150~240mm² 10kV 无低压	单回 120mm² 及以下 10kV 单回 185mm² 及以下低压	单回 150~240mm² 10kV 单回 185mm² 及以下低压
DA-M	DA-M-12	12	$0<L_h\leq50$	$\alpha=0°$	$\alpha=0°$	×	×
	DA-M-15	15	$0<L_h\leq50$	$\alpha=0°$	$\alpha=0°$	×	×
DA-M-D	DA-M-D-12	12	$0<L_h\leq40$	×	×	$\alpha=0°$	$\alpha=0°$
	DA-M-D-15	15	$0<L_h\leq40$	×	×	$\alpha=0°$	$\alpha=0°$

注　1. L_h 为水平档距。

　　2. α 为线路转角。

　　3. 表中打"×"处表明此水泥杆不适用于该条件下外荷载。

　　4. 以上杆型在 XZ-A、XZ-B 气象区使用时需根据地质条件验算杆身侧向稳定。

表 10-10　**10kV 双回拉线水泥单杆杆型分类表（XZ-A、XZ-B 气象区）**

杆型名称	杆型代号	水泥杆杆长（m）	水平档距（m）	双回 240mm² 及以下 10kV 无低压
2ZJ-M	2ZJ-M-15	15	$0<L_h\leq80$	$0°<\alpha\leq8°$
2NJ1-M	2NJ1-M-15	15	$0<L_h\leq80$	$8°<\alpha\leq45°$
2NJ2-N	2NJ2-N-15	15	$0<L_h\leq80$	$45°<\alpha\leq90°$
2ZN-M	2ZN-M-15	15	$0<L_h\leq80$	$\alpha=0°$
2D-M	2D-M-15	15	$0<L_h\leq40$	$\alpha=0°$

注　1. L_h 为水平档距。

　　2. α 为线路转角，其中 2ZJ-M-15 杆型上限值、2NJ1-M-15 杆型下限值最终根据表 4-4、表 4-7 导线允许最大直线转角角度的要求确定。

　　3. 以上 2ZJ-M-15、2ZN-M-15 杆型在 XZ-B 气象区使用时加防风拉线，XZ-A 气象区使用时需根据地质条件验算杆身侧向稳定。

　　4. 以上 2D-M-15 杆型在 XZ-A、XZ-B 气象区使用时需根据地质条件验算杆身侧向稳定。

10.1.5　使用说明

（1）选取适用于本地区的气象区。

（2）根据选定的气象区、导线型号、导线回路数、有无低压线、水平档距、垂直档距及杆长等参数选取杆型。

（3）横担布置型式根据第 6 章 10kV 铁质横担杆头布置型式进行选取。

（4）杆段结构设计时，根据表 4-11 中使用档距选取相应的杆型。

1）单回路 150~240mm² 导线（带 185mm² 及以下低压线）45°~90°的拉线转角水泥单杆选用非预应力、ϕ230 梢径 N 级强度水泥杆。

2）双回路 240mm² 导线 45°~90°的拉线转角水泥单杆选用非预应力、ϕ230 梢径 N 级强度水泥杆。

（5）杆型选用原则。

1）对于 120mm² 及以下截面的 10kV 导线，设计选用时可按照同类型 120mm² 截面导线选取杆型；对于 150~240mm² 截面的 10kV 导线，设计选用时可按照同类型 240mm² 截面导线选取杆型。高低压同杆架设时，仅考虑带单回 380/220V 截面为 185mm² 导线的组合，因此设计选用导线截面应小于通用设计组合的导线截面。

2）实际工程设计中，若选用的导线超出各杆型分类表中的导线使用范围时，必须根据相关资料对水泥杆的电气及结构进行严格的验算，以确定最终的使用条件。

（6）杆型分段原则。

1）12m 杆分整根杆和法兰组装杆，应根据施工条件选择使用；15m 杆分为整根杆、法兰盘组装杆，宜优先选用整根杆或法兰盘组装杆。

2）本次拉线转角水泥单杆通用设计中的法兰组装杆均为中间法兰杆（杆段之间采用法兰连接方式），电杆埋设方式采用插入式，并以此进行相关计算。

3）各种杆型及技术参数详见拉线转角水泥单杆单线图及技术参数表。

（7）各杆型单线图中均给出了拉线对地夹角，施工时应严格遵照执行。遇地形受限需要对拉线对地夹角进行调整时，拉线对地夹角原则上不大于 60°，此时应重新校验拉线受力和电杆的下压力，对拉线的选用和电杆基础做相应调整以满足计算要求。

（8）拉线抱箍选用图 10-33～图 10-35。

（9）当拉线装设绝缘子时，断拉线情况下绝缘子距地面不应小于 2.5m。

（10）根据《10kV 及以下架空配电线路设计规范》（DL/T 5220—2021）、《高海拔外绝缘配置技术规范》（Q/GDW 13001—2014）的相关规定，配电线路的导线与拉线、电杆或构架间的净空距离不应小于表 10-11 中的规定。

表 10-11   配电线路的导线与拉线、电杆或构架间的最小净空距离   （m）

电压等级 \ 海拔	1000 及以下	1000～2000	2000～3000	3000～4000	4000～5000
1kV 以下	0.100	0.113	0.128	0.144	0.163
1～10kV	0.200	0.226	0.256	0.288	0.327

如拉线与导线之间的距离小于表 10-11 中所列数值，应采取适当调整拉线抱箍位置、横担的安装位置、拉线方向或拉线对地夹角（原则上不应超过 60°）等措施以满足表 10-11 的安全距离要求。拉线设置调整后，应重新核算拉线受力和电杆的下压力，对拉线的选用和电杆基础做相应调整、修正，以满足构件安全要求。

（11）各杆型分项说明。

1）拉线直线转角水泥单杆：拉线严格按对地角度要求施工，拉线抱箍设置参照各杆型图。拉线直线转角水泥单杆适用转角下限为 0°，上限见表 4-5、表 4-8 导线允许最大直线转角角度的要求。拉线直线转角水泥单杆在 B 气象区使用时须加装防风拉线。

2）拉线单排耐张转角水泥单杆：拉线方向分三个方向，其中两个方向均为顺线路方向拉线，另一方向为转角外侧方向；拉线抱箍设置参照各杆型图。拉线单排耐张转角水泥单杆适用转角下限见表 4-4、表 4-7 导线允许最大直线转角角度的要求，上限为 45°。

3）拉线双排耐张转角水泥单杆：拉线方向分两个方向，拉线方向均为顺线路方向拉线，拉线抱箍设置参照各杆型图，拉线双排耐张转角水泥单杆适用转角下限为 45°，上限为 90°。

4）拉线直线耐张水泥单杆：拉线方向分两个方向，均为顺线路方向；拉线抱箍设置于中相瓷瓶串下方及横担下方（参照各杆型图）。拉线直线耐张水泥单杆仅适用转角 0°，在 XZ-B 气象区使用时须加装防风拉线。

5）拉线终端水泥单杆：拉线抱箍设置参照各杆型图。

（12）其余拉线型式。

1）水平拉线。在不便做普通拉线情况下，用于跨越道路、障碍物等。拉线型式示意图详见图 10-28。

2）弓形拉线。在受地形或周围环境的限制不能安装普通拉线，且导线截面较小、受力较小情况下可安装弓形拉线防止电杆倾覆。

10.2　基础选用

（1）本章拉线杆基础仅考虑底盘和拉线盘的基础。设计时应根据水泥杆各杆型单线图及技术参数表中的基础作用力，结合当地地质条件、地形条件及各地区使用习惯选用合理的底盘、拉线盘，并确定拉线盘的埋深及拉线棒的长度，对于特殊地质条件要采用特别加固措施。

（2）根据不同地质，选择原土或混凝土进行基础回填，回填土每 300mm 夯实一次，地面上应留有高 300mm 的防沉土台。水泥杆及拉线盘埋深不应小于设计值。

（3）拉线杆拉线盘装设，应注意拉线棒埋设 45° 槽道的正确方向，拉线棒受力后不应弯曲。

（4）基础坑开挖时注意保持坑壁边坡，坑内渗水、积水应及时排除，并采取措施，防止基坑塌陷。

10.3　设计图

10kV 拉线转角水泥单杆设计图清单见表 10-12。

表 10-12　　　　　　　　10kV 拉线转角水泥单杆设计图清单　　　　　　　　　　　　　　　　　　　　续表

图序	图名	备注	图序	图名	备注
图 10-4	ZJ-M-12 单回拉线直线转角水泥单杆单线图及技术参数表		图 10-19	ZNA-M-D-15 单回拉线直线耐张水泥单杆（带低压）单线图及技术参数表	
图 10-5	ZJ-M-15 单回拉线直线转角水泥单杆单线图及技术参数表		图 10-20	DA-M-12 单回拉线终端水泥单杆单线图及技术参数表	
图 10-6	ZJ-M-D-12 单回拉线直线转角水泥单杆（带低压）单线图及技术参数表		图 10-21	DA-M-15 单回拉线终端水泥单杆单线图及技术参数表	
图 10-7	ZJ-M-D-15 单回拉线直线转角水泥单杆（带低压）单线图及技术参数表		图 10-22	DA-M-D-12 单回拉线终端水泥单杆（带低压）单线图及技术参数表	
图 10-8	NJ1A-M-12 单回拉线单排耐张转角水泥单杆单线图及技术参数表		图 10-23	DA-M-D-15 单回拉线终端水泥单杆（带低压）单线图及技术参数表	
图 10-9	NJ1A-M-15 单回拉线单排耐张转角水泥单杆单线图及技术参数表		图 10-24	2ZJ-M-15 双回拉线直线转角水泥单杆单线图及技术参数表	
图 10-10	NJ1A-M-D-12 单回拉线单排耐张转角水泥单杆（带低压）单线图及技术参数表		图 10-25	2NJ1-M-15 双回拉线单排耐张转角水泥单杆单线图及技术参数表	
图 10-11	NJ1A-M-D-15 单回拉线单排耐张转角水泥单杆（带低压）单线图及技术参数表		图 10-26	2NJ2-N-15 双回拉线双排耐张转角水泥单杆单线图及技术参数表	
图 10-12	NJ2A-M-12 单回拉线双排耐张转角水泥单杆单线图及技术参数表		图 10-27	2ZN-M-15 双回拉线直线耐张水泥单杆单线图及技术参数表	
图 10-13	NJ2A-M-15 单回拉线双排耐张转角水泥单杆单线图及技术参数表		图 10-28	2D-M-15 双回拉线终端水泥单杆单线图及技术参数表	
图 10-14	NJ2A-M-D-12、NJ2A-N-D-12 单回拉线双排耐张转角水泥单杆（带低压）单线图及技术参数表		图 10-29	LX 型单拉线布置示意图及配置表	
图 10-15	NJ2A-M-D-15、NJ2A-N-D-15 单回拉线双排耐张转角水泥单杆（带低压）单线图及技术参数表		图 10-30	VLX 型 V 型拉线布置示意图及配置表	
图 10-16	ZNA-M-12 单回拉线直线耐张水泥单杆单线图及技术参数表		图 10-31	水平拉线布置示意图	
图 10-17	ZNA-M-15 单回拉线直线耐张水泥单杆单线图及技术参数表		图 10-32	弓形拉线布置示意图	
图 10-18	ZNA-M-D-12 单回拉线直线耐张水泥单杆（带低压）单线图及技术参数表		图 10-33	拉线抱箍加工图（1/3）	
			图 10-34	拉线抱箍加工图（2/3）	
			图 10-35	拉线抱箍加工图（3/3）	

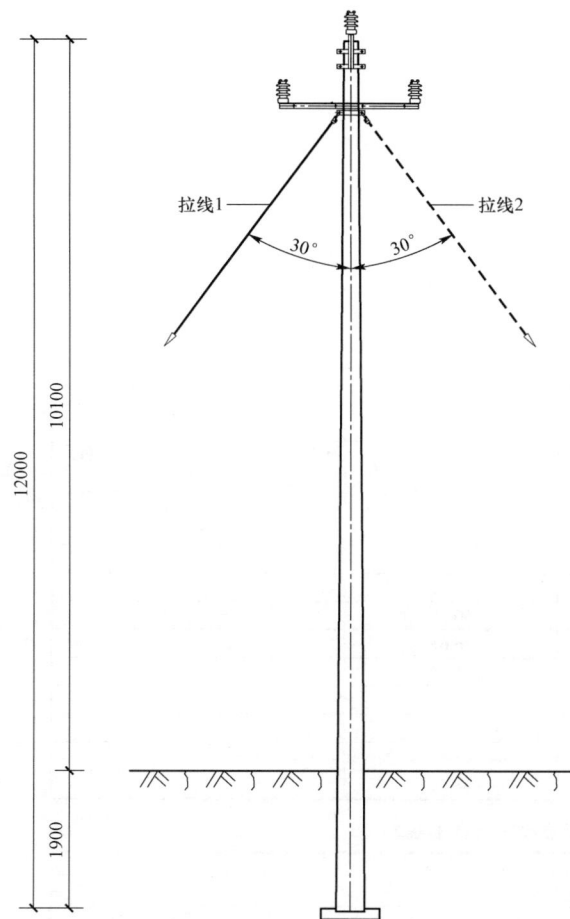

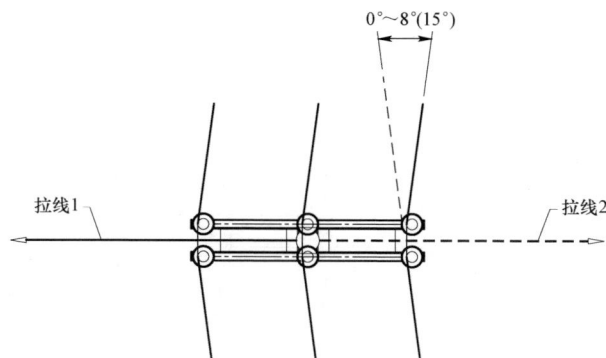

ZJ-M-12 杆技术参数表

使用条件 规格及参数值	单回10kV 导线截面 120mm² 及以下无低压	单回10kV 导线截面 150~240mm² 无低压	物料描述
主杆型号	$\phi190\times12\times M\times G$	$\phi190\times12\times M\times G$	锥形水泥杆，非预应力，整根杆，12m，190mm，M
			锥形水泥杆，非预应力，法兰组装杆，12m，190mm，M
拉线 1	LX-3（1 根）	LX-3（1 根）	
主杆下压力标准值（kN）	27.98	30.52	
主杆下压力设计值（kN）	39.17	42.73	
拉线 1 受力标准值（kN）	13.85	15.63	
拉线 1 受力设计值（kN）	19.39	21.89	
侧向水平力标准值（kN）	4.31	5.21	
侧向水平力设计值（kN）	6.03	7.30	
侧向弯矩标准值（kN·m）	38.24	47.99	
侧向弯矩设计值（kN·m）	53.54	67.19	

ZJ-M-12 杆技术参数表（包含拉线 2）

使用条件 规格及参数值	单回10kV 导线截面 240mm² 及以下无低压	物料描述
主杆型号	$\phi190\times12\times M\times G$	锥形水泥杆，非预应力，整根杆，12m，190mm，M
		锥形水泥杆，非预应力，法兰组装杆，12m，190mm，M
拉线 1	LX-5（1 根）	
拉线 2	LX-3（1 根）	
主杆下压力标准值（kN）	34.00	
主杆下压力设计值（kN）	47.60	
拉线 1 受力标准值（kN）	20.38	
拉线 1 受力设计值（kN）	28.53	
拉线 2 受力标准值（kN）	13.97	
拉线 2 受力设计值（kN）	19.56	

说明：1. 在 XZ-B 气象区使用时应加防风拉线 2。
    2. 导线排列布置采用三角型式。
    3. 拉线对地夹角 60°。

图 10-4　ZJ-M-12 单回拉线直线转角水泥单杆单线图及技术参数表

ZJ-M-15 杆技术参数表

使用条件 规格及参数值	单回 10kV 导线截面 120mm² 及以下无低压	单回10kV 导线截面 150~240mm² 无低压	物料描述
主杆型号	$\phi190\times15\times M\times G$	$\phi190\times15\times M\times G$	锥形水泥杆，非预应力，整根杆，15m，190mm，M
			锥形水泥杆，非预应力，法兰组装杆，15m，190mm，M
拉线 1	LX-3（1根）	LX-3（1根）	
主杆下压力标准值（kN）	33.30	35.85	
主杆下压力设计值（kN）	46.63	50.18	
拉线 1 受力标准值（kN）	14.82	16.61	
拉线 1 受力设计值（kN）	20.75	23.25	
侧向水平力标准值（kN）	4.79	5.70	
侧向水平力设计值（kN）	6.71	7.98	
侧向弯矩标准值（kN·m）	51.13	63.43	
侧向弯矩设计值（kN·m）	71.58	88.60	

ZJ-M-15 杆技术参数表（包含拉线 2）

使用条件 规格及参数值	单回10kV 导线截面 240mm² 及以下无低压	物料描述
主杆型号	$\phi190\times15\times M\times G$	锥形水泥杆，非预应力，整根杆，15m，190mm，M
		锥形水泥杆，非预应力，法兰组装杆，15m，190mm，M
拉线 1	LX-5（1根）	
拉线 2	LX-3（1根）	
主杆下压力标准值（kN）	39.88	
主杆下压力设计值（kN）	55.83	
拉线 1 受力标准值（kN）	21.99	
拉线 1 受力设计值（kN）	30.79	
拉线 2 受力标准值（kN）	15.58	
拉线 2 受力设计值（kN）	21.82	

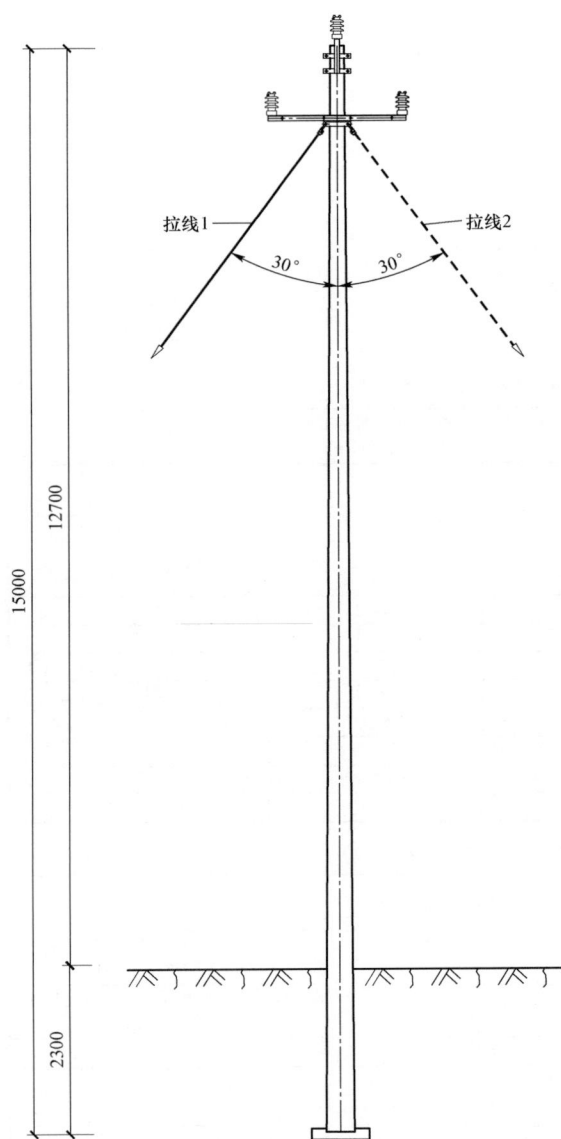

说明：1. 在 XZ-B 气象区使用时应加防风拉线 2。
　　　2. 导线排列布置采用三角型式。
　　　3. 拉线对地夹角 60°。

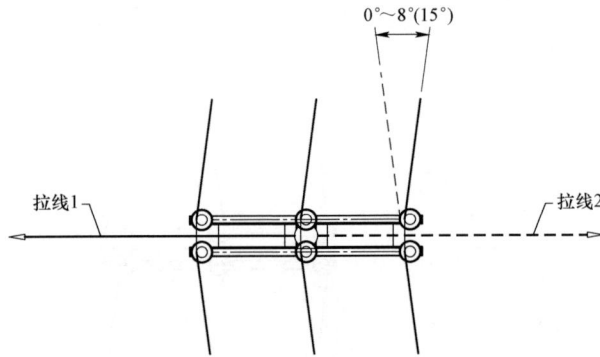

图 10-5　ZJ-M-15 单回拉线直线转角水泥单杆单线图及技术参数表

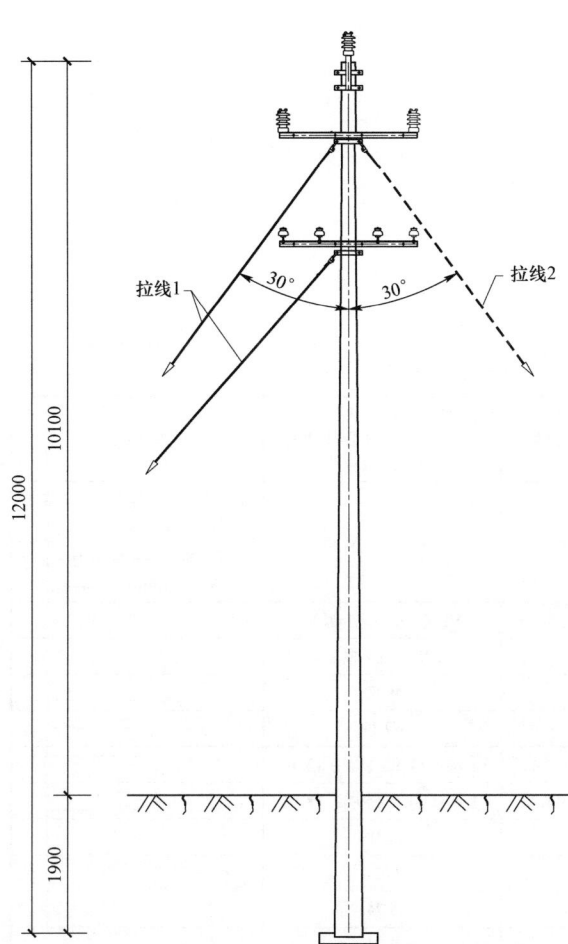

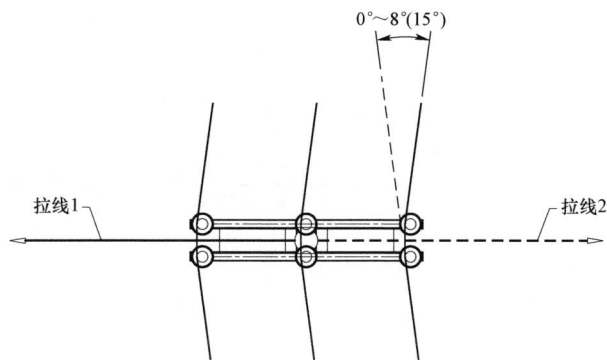

ZJ－M－D－12 杆技术参数表

使用条件 规格及参数值	单回10kV 导线截面120mm² 及以下加低压导线截面 185mm² 及以下	单回10kV 导线截面150～ 240mm² 加低压导线截面 185mm² 及以下	物料描述
主杆型号	$\phi190×12×M×G$	$\phi190×12×M×G$	锥形水泥杆，非预应力，整根杆，12m，190mm，M
			锥形水泥杆，非预应力，法兰组装杆，12m，190mm，M
拉线 1	VLX－3＋3（1 组）	VLX－3＋3（1 组）	
拉线 2	LX－3（1 根）	LX－5（1 根）	
主杆下压力标准值（kN）	42.34	44.30	
主杆下压力设计值（kN）	59.27	62.03	
拉线 1 受力标准值（kN）	上层：15.01/下层：13.41	上层：16.25/下层：13.41	
拉线 1 受力设计值（kN）	上层：21.02/下层：18.78	上层：22.75/下层：18.78	
拉线 2 受力标准值（kN）	18.20	19.88	
拉线 2 受力设计值（kN）	25.48	27.84	
侧向水平力标准值（kN）	5.02	5.49	
侧向水平力设计值（kN）	6.71	7.69	
侧向弯矩标准值（kN·m）	50.74	55.93	
侧向弯矩设计值（kN·m）	71.04	78.30	

说明：1. 在 XZ－B 气象区使用时应加防风拉线 2。

2. 导线排列布置采用三角型式。

3. 拉线对地夹角 60°。

4. 拉线与导线距离不足时，应根据 10.1.5（10）采取相应措施以满足电气安全距离要求。

图 10－6　ZJ－M－D－12 单回拉线直线转角水泥单杆（带低压）单线图及技术参数表

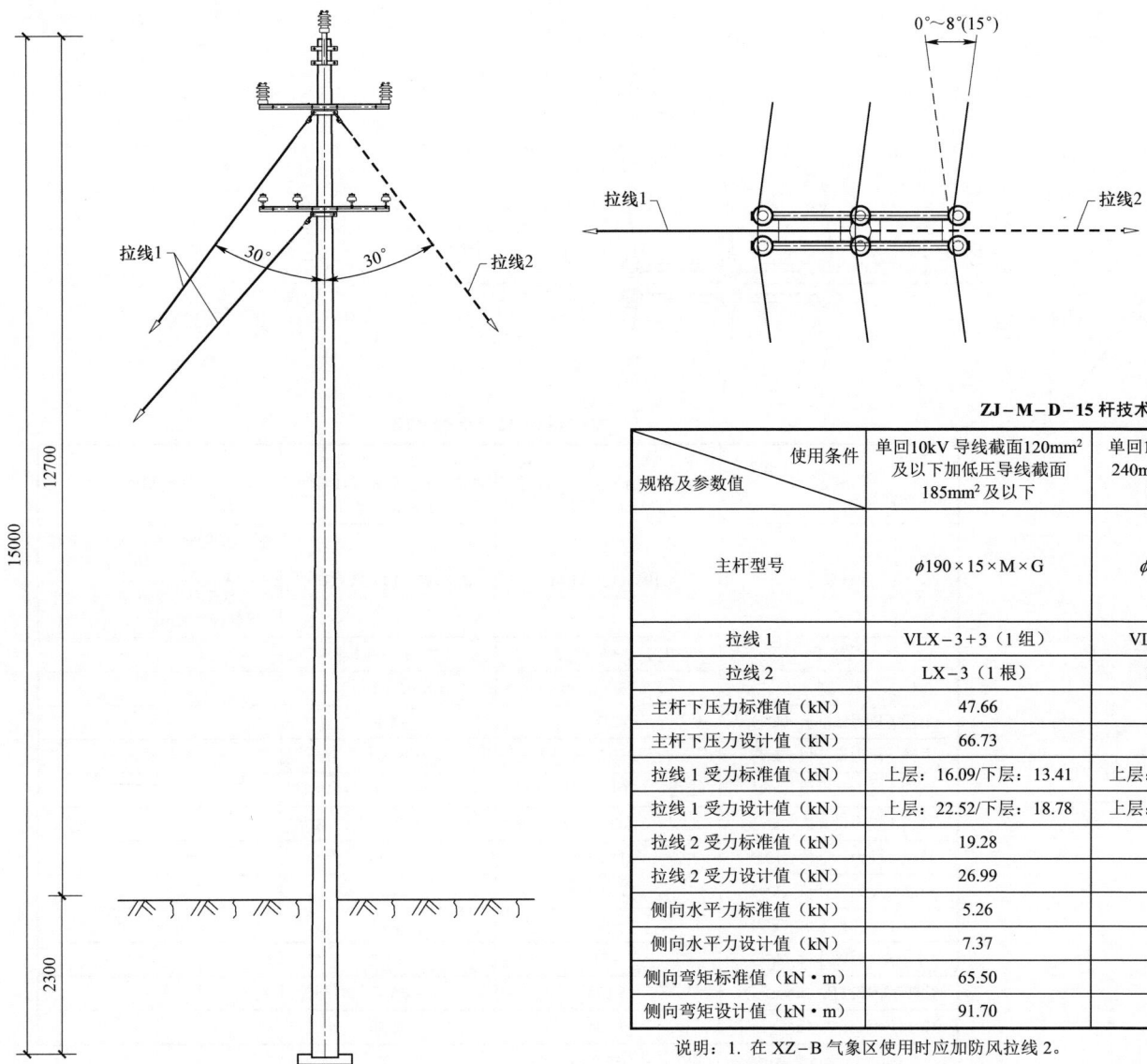

ZJ-M-D-15 杆技术参数表

使用条件 规格及参数值	单回10kV 导线截面120mm² 及以下加低压导线截面 185mm² 及以下	单回10kV 导线截面150～ 240mm² 加低压导线截面 185mm² 及以下	物料描述
主杆型号	$\phi190\times15\times M\times G$	$\phi190\times15\times M\times G$	锥形水泥杆，非预应力，整根 杆，15m，190mm，M 锥形水泥杆，非预应力，法兰 组装杆，15m，190mm，M
拉线 1	VLX-3+3（1组）	VLX-3+3（1组）	
拉线 2	LX-3（1根）	LX-5（1根）	
主杆下压力标准值（kN）	47.66	49.63	
主杆下压力设计值（kN）	66.73	69.49	
拉线 1 受力标准值（kN）	上层：16.09/下层：13.41	上层：17.32/下层：13.41	
拉线 1 受力设计值（kN）	上层：22.52/下层：18.78	上层：24.25/下层：18.78	
拉线 2 受力标准值（kN）	19.28	20.96	
拉线 2 受力设计值（kN）	26.99	29.34	
侧向水平力标准值（kN）	5.26	5.74	
侧向水平力设计值（kN）	7.37	8.04	
侧向弯矩标准值（kN·m）	65.50	72.04	
侧向弯矩设计值（kN·m）	91.70	100.85	

说明：1. 在 XZ-B 气象区使用时应加防风拉线 2。

2. 导线排列布置采用三角型式。

3. 拉线对地夹角 60°。

4. 拉线与导线距离不足时，应根据 10.1.5（10）采取相应措施以满足电气安全距离要求。

图 10-7　ZJ-M-D-15 单回拉线直线转角水泥单杆（带低压）单线图及技术参数表

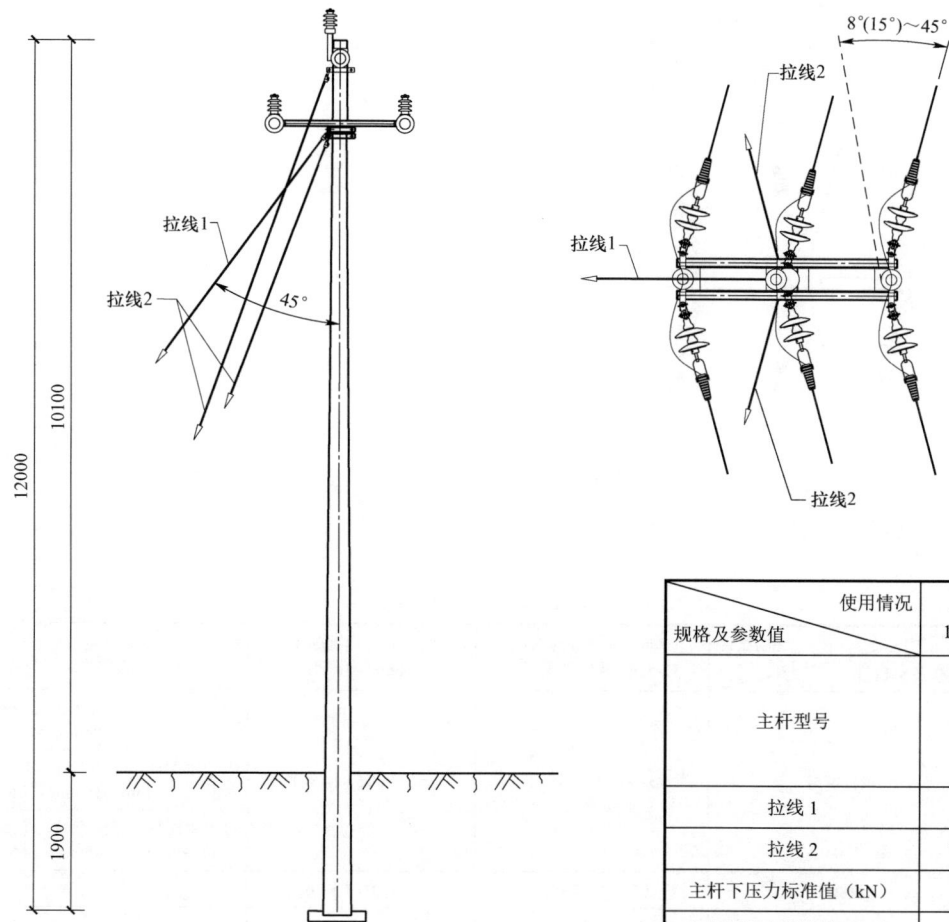

NJ1A－M－12 杆技术参数表

规格及参数值	使用情况 单回 10kV 导线截面 120mm² 及以下无低压	单回 10kV 导线截面 150～240mm² 无低压	备注
主杆型号	$\phi190 \times 12 \times M \times G$	$\phi190 \times 12 \times M \times G$	锥形水泥杆，非预应力，整根杆，12m，190mm，M
			锥形水泥杆，非预应力，法兰组装杆，12m，190mm，M
拉线 1	LX－3（1 根）	LX－3（1 根）	
拉线 2	VLX－3＋3（2 组）	VLX－3＋5（2 组）	
主杆下压力标准值（kN）	51.28	68.44	
主杆下压力设计值（kN）	71.79	95.81	
拉线 1 拉力标准值（kN）	19.74	19.87	
拉线 1 拉力设计值（kN）	27.64	27.64	
拉线 2 拉力标准值（kN）	上层：7.73/下层：14.06	上层：11.70/下层：21.27	
拉线 2 拉力设计值（kN）	上层：10.83/下层：19.69	上层：16.38/下层：29.77	

说明：1. 拉线对地夹角45°。

2. 拉线与导线距离不足时，应根据 10.1.5（10）采取相应措施以满足电气安全距离要求。

图 10－8　NJ1A－M－12 单回拉线单排耐张转角水泥单杆单线图及技术参数表

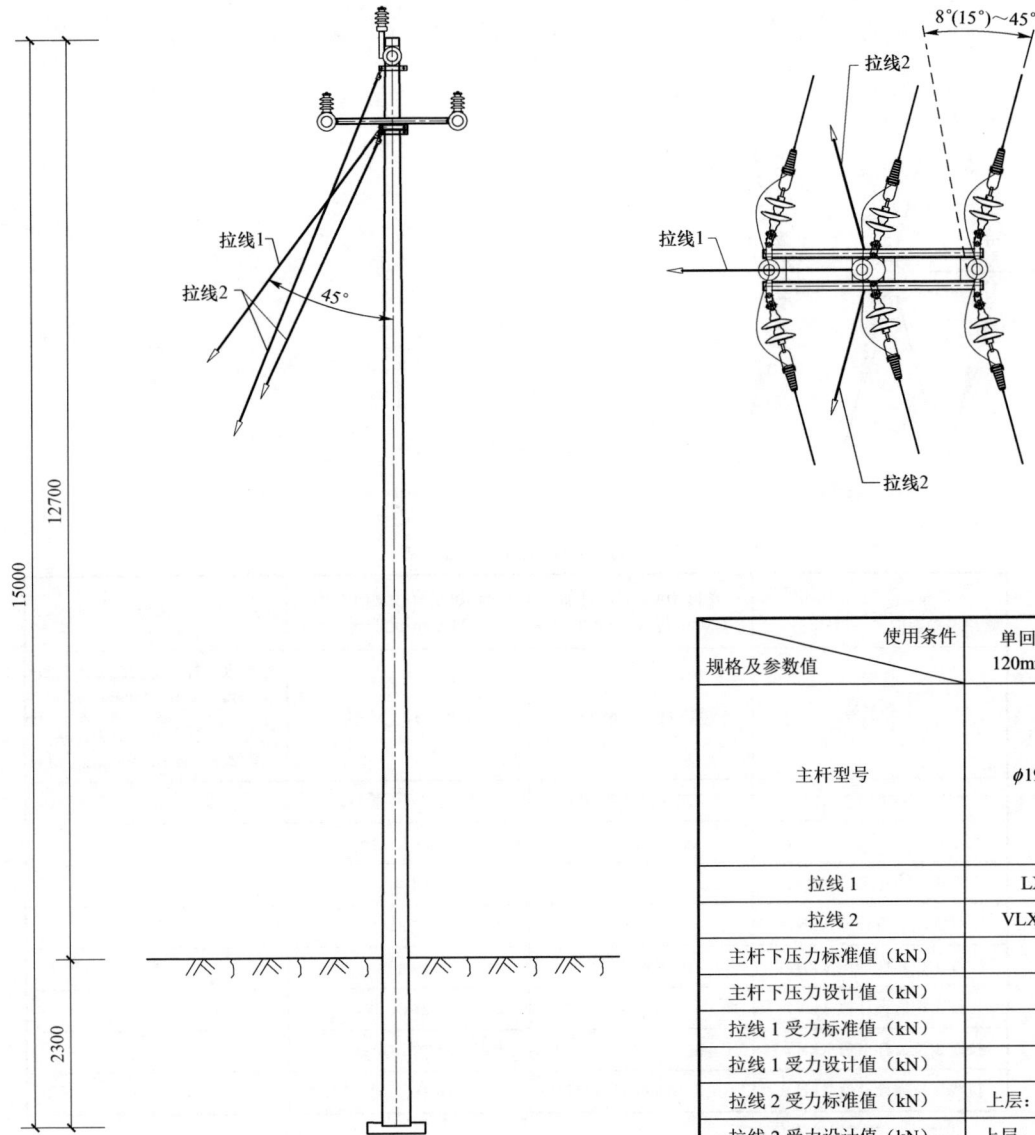

NJ1A−M−15 杆技术参数表

使用条件 规格及参数值	单回 10kV 导线截面 120mm² 及以下无低压	单回 10kV 导线截面 150～ 240mm² 无低压	物料描述
主杆型号	$\phi190 \times 15 \times M \times G$	$\phi190 \times 15 \times M \times G$	锥形水泥杆，非预应力，整根 杆，15m，190mm，M
			锥形水泥杆，非预应力，法兰 组装杆，15m，190mm，M
			锥形水泥杆，非预应力，焊接 组装杆，15m，190mm，M
拉线 1	LX−3（1 根）	LX−3（1 根）	
拉线 2	VLX−3＋3（2 组）	VLX−3＋5（2 组）	
主杆下压力标准值（kN）	55.81	72.97	
主杆下压力设计值（kN）	78.13	102.16	
拉线 1 受力标准值（kN）	19.74	19.74	
拉线 1 受力设计值（kN）	27.64	27.64	
拉线 2 受力标准值（kN）	上层：7.73/下层：14.06	上层：11.70/下层：21.27	
拉线 2 受力设计值（kN）	上层：10.83/下层：19.69	上层：16.38/下层：29.77	

说明：1. 拉线对地夹角 45°。

2. 拉线与导线距离不足时，应根据 10.1.5（10）采取相应措施以满足电气安全距离要求。

图 10−9　NJ1A−M−15 单回拉线单排耐张转角水泥单杆单线图及技术参数表

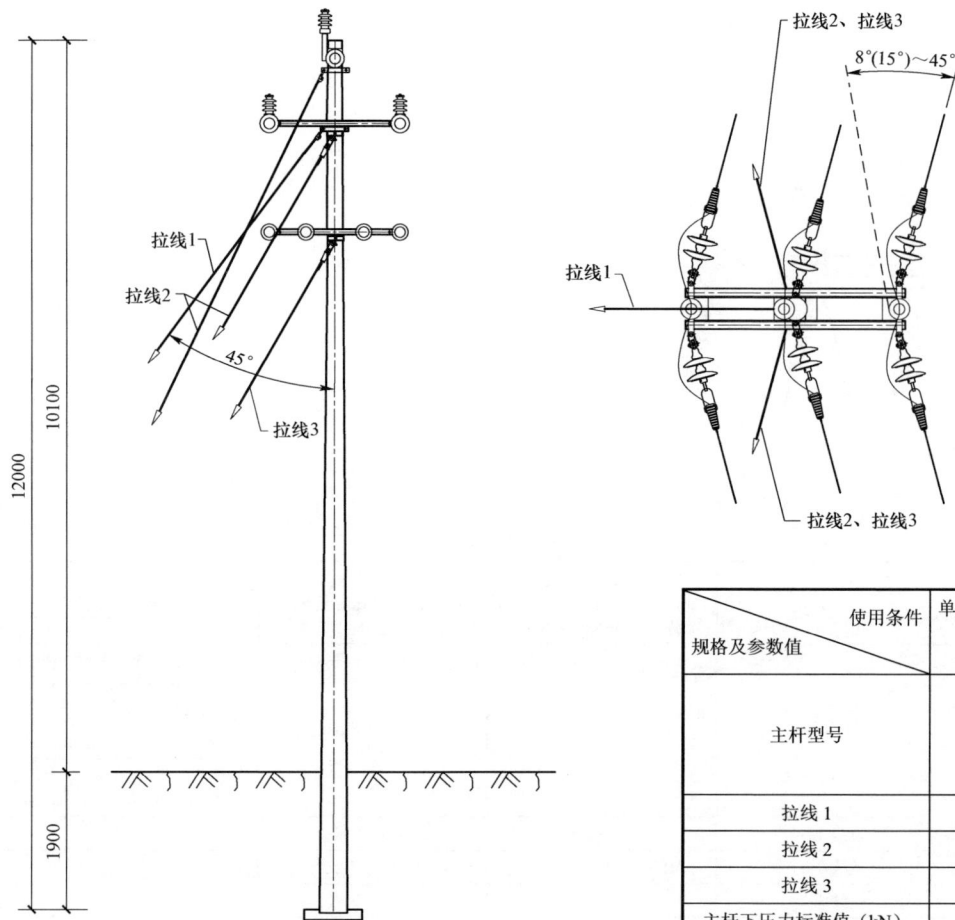

NJ1A−M−D−12 杆技术参数表

使用条件 规格及参数值	单回 10kV 导线截面 120mm² 及以下加低压导线截面 185mm² 及以下	单回 10kV 导线截面 150～ 240mm² 加低压导线截面 185mm² 及以下	物料描述
主杆型号	$\phi190\times12\times M\times G$	$\phi190\times12\times M\times G$	锥形水泥杆，非预应力，整根 杆，12m，190mm，M 锥形水泥杆，非预应力，法兰 组装杆，12m，190mm，M
拉线 1	LX−5（1 根）	LX−5（1 根）	
拉线 2	VLX−3＋3（2 组）	VLX−3＋5（2 组）	
拉线 3	LX−10（2 根）	LX−10（2 根）	
主杆下压力标准值（kN）	114.03	130.79	
主杆下压力设计值（kN）	159.64	183.11	
拉线 1 受力标准值（kN）	26.30	26.30	
拉线 1 受力设计值（kN）	36.82	36.82	
拉线 2 受力标准值（kN）	上层：7.73/下层：15.47	上层：11.69/下层：23.39	
拉线 2 受力设计值（kN）	上层：10.83/下层：21.66	上层：16.38/下层：32.75	
拉线 3 受力标准值（kN）	39.42	39.42	
拉线 3 受力设计值（kN）	55.19	55.19	

说明：1. 拉线对地夹角 45°。

2. 拉线与导线距离不足时，应根据 10.1.5（10）采取相应措施以满足电气安全距离要求。

图 10−10　NJ1A−M−D−12 单回拉线单排耐张转角水泥单杆（带低压）单线图及技术参数表

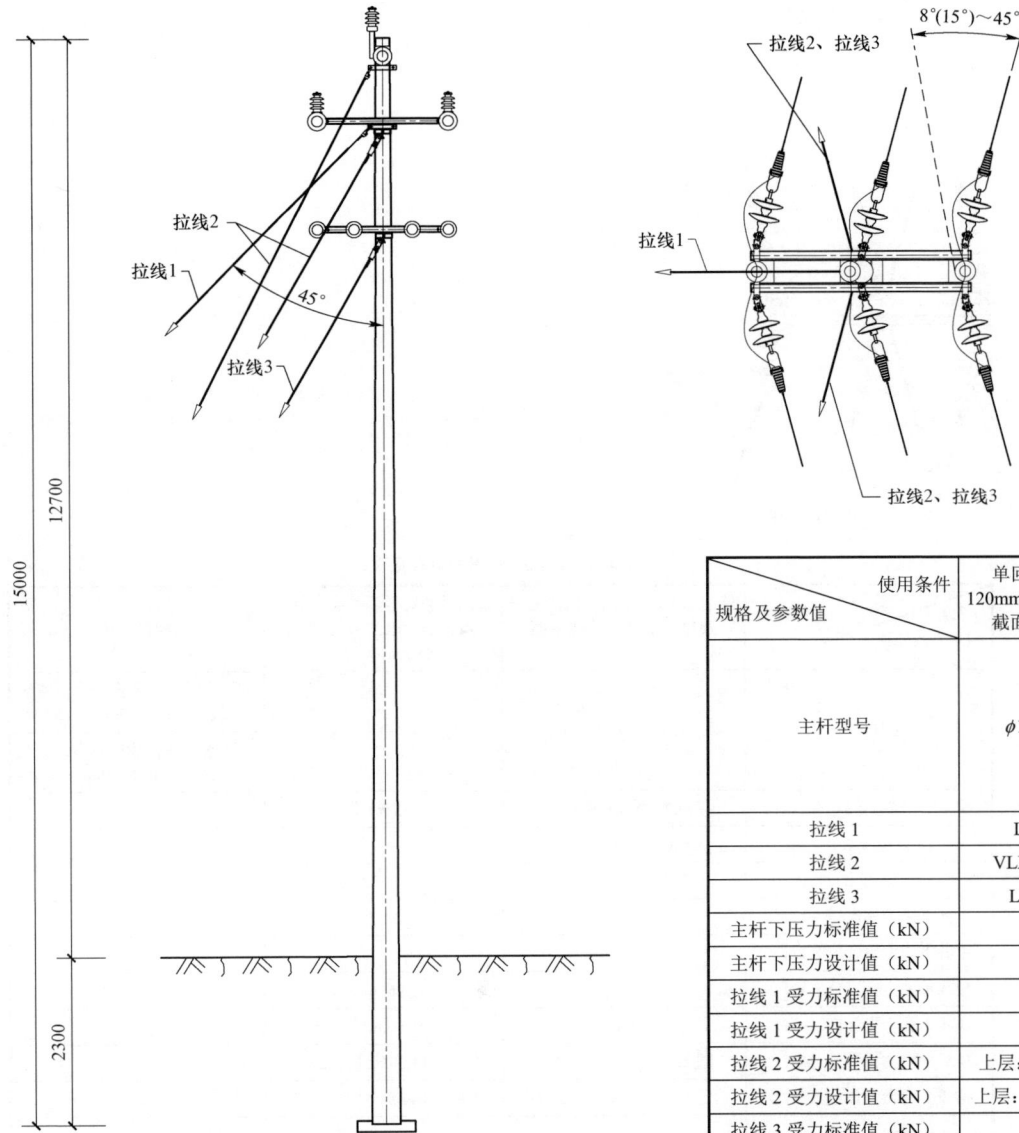

NJ1A－M－D－15 杆技术参数表

使用条件 规格及参数值	单回 10kV 导线截面 120mm² 及以下加低压导线 截面 185mm² 及以下	单回 10kV 导线截面 150～ 240mm² 加低压导线截面 185mm² 及以下	物料描述
主杆型号	φ190×15×M×G	φ190×15×M×G	锥形水泥杆，非预应力，整根杆，15m，190mm，M
			锥形水泥杆，非预应力，法兰组装杆，15m，190mm，M
			锥形水泥杆，非预应力，焊接组装杆，15m，190mm，M
拉线 1	LX－5（1 根）	LX－5（1 根）	
拉线 2	VLX－3＋3（2 组）	VLX－3＋5（2 组）	
拉线 3	LX－10（2 根）	LX－10（2 根）	
主杆下压力标准值（kN）	118.56	135.32	
主杆下压力设计值（kN）	165.99	189.45	
拉线 1 受力标准值（kN）	26.30	26.30	
拉线 1 受力设计值（kN）	36.82	36.82	
拉线 2 受力标准值（kN）	上层：7.73/下层：15.47	上层：11.70/下层：23.39	
拉线 2 受力设计值（kN）	上层：10.83/下层：21.66	上层：16.38/下层：32.75	
拉线 3 受力标准值（kN）	39.42	39.42	
拉线 3 受力设计值（kN）	55.19	55.19	

说明：1. 拉线对地夹角 45°。

2. 拉线与导线距离不足时，应根据 10.1.5（10）采取相应措施以满足电气安全距离要求。

图 10－11　NJ1A－M－D－15 单回拉线单排耐张转角水泥单杆（带低压）单线图及技术参数表

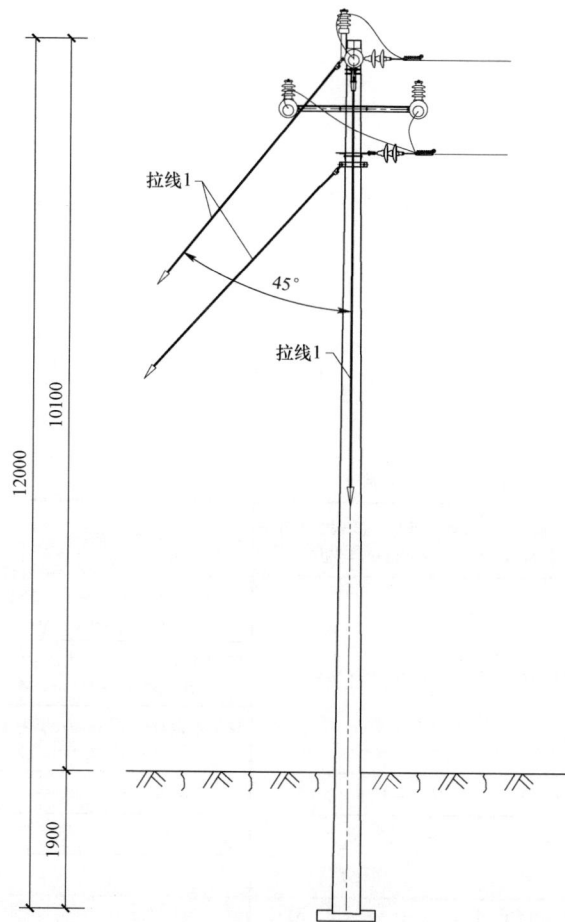

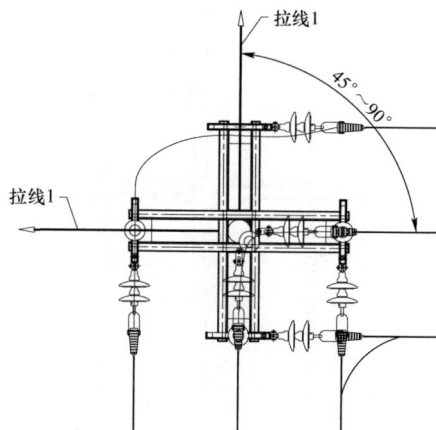

NJ2A－M－12 杆技术参数表

使用条件 规格及参数值	单回 10kV 导线截面 120mm² 及以下无低压	单回 10kV 导线截面 150～ 240mm² 无低压	物料描述
主杆型号	$\phi190 \times 12 \times M \times G$	$\phi190 \times 12 \times M \times G$	锥形水泥杆，非预应力，整根杆， 12m，190mm，M
			锥形水泥杆，非预应力，法兰组装 杆，12m，190mm，M
拉线 1	VLX－3＋3（2 组）	VLX－3＋5（2 组）	
主杆下压力标准值（kN）	53.27	70.04	
主杆下压力设计值（kN）	74.58	98.06	
拉线 1 受力标准值（kN）	上层：9.20/下层：16.73	上层：12.90/下层：23.46	
拉线 1 受力设计值（kN）	上层：12.88/下层：23.42	上层：18.06/下层：32.84	

说明：1. 拉线对地夹角 45°。

2. 拉线与导线距离不足时，应根据 10.1.5（10）采取相应措施以满足电气安全距离要求。

图 10－12　NJ2A－M－12 单回拉线双排耐张转角水泥单杆单线图及技术参数表

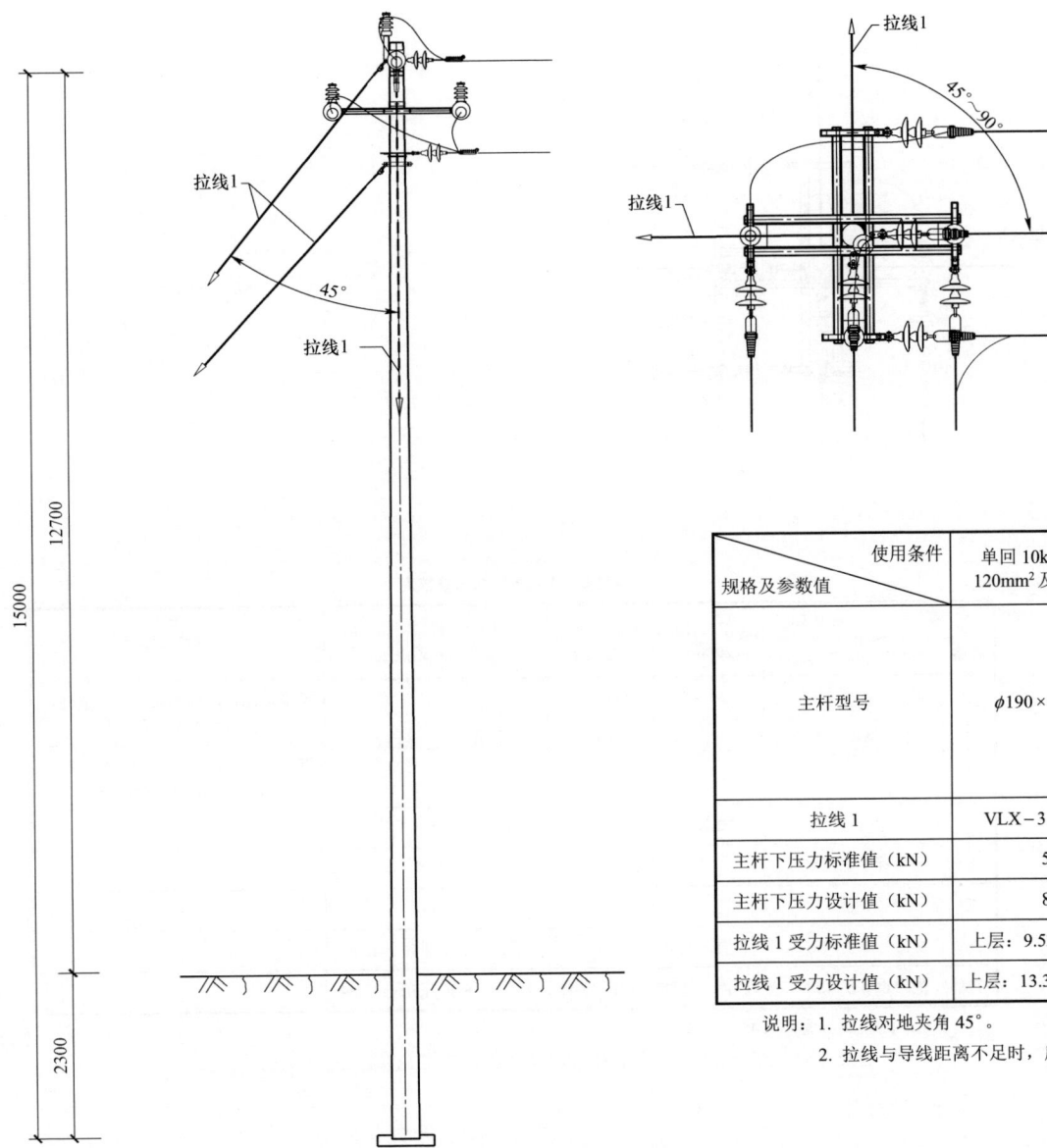

NJ2A-M-15 杆技术参数表

使用条件 规格及参数值	单回 10kV 导线截面 120mm² 及以下无低压	单回 10kV 导线截面 150～ 240mm² 无低压	物料描述
主杆型号	φ190×15×M×G	φ190×15×M×G	锥形水泥杆，非预应力，整根杆， 15m，190mm，M
			锥形水泥杆，非预应力，法兰组装 杆，15m，190mm，M
			锥形水泥杆，非预应力，焊接组装 杆，15m，190mm，M
拉线 1	VLX-3+3（2 组）	VLX-3+5（2 组）	
主杆下压力标准值（kN）	59.03	74.65	
主杆下压力设计值（kN）	82.64	104.51	
拉线 1 受力标准值（kN）	上层：9.53/下层：17.33	上层：13.23/下层：24.06	
拉线 1 受力设计值（kN）	上层：13.35/下层：24.27	上层：18.52/下层：33.68	

说明：1. 拉线对地夹角 45°。

2. 拉线与导线距离不足时，应根据 10.1.5（10）采取相应措施以满足电气安全距离要求。

图 10-13 NJ2A-M-15 单回拉线双排耐张转角水泥单杆单线图及技术参数表

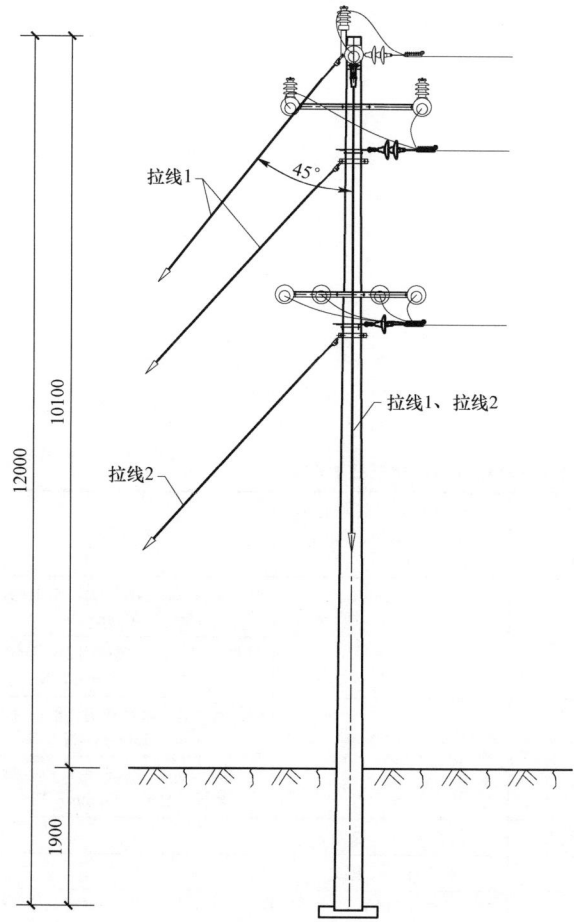

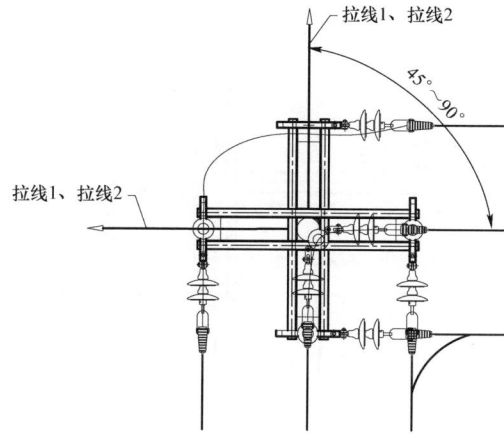

NJ2A－M－D－12、NJ2A－N－D－12 杆技术参数表

使用条件 规格及参数值	单回 10kV 导线截面 120mm² 及以下加低压导线截面 185mm² 及以下	单回 10kV 导线截面 150～240mm² 加低压导线截面 185mm² 及以下	物料描述
NJ2A－12D－M 主杆型号	$\phi190\times12\times M\times G$		锥形水泥杆，非预应力，整根杆，12m，190mm，M
			锥形水泥杆，非预应力，法兰组装杆，12m，190mm，M
NJ2A－12D－N 主杆型号		$\phi230\times12\times N\times G$	锥形水泥杆，非预应力，整根杆，12m，230mm，N
拉线 1	VLX－3＋3（2 组）	VLX－3＋5（2 组）	
拉线 2	LX－10（2 根）	LX－10（2 根）	
主杆下压力标准值（kN）	116.63	137.88	
主杆下压力设计值（kN）	163.28	193.03	
拉线 1 受力标准值（kN）	上层：8.87/下层：17.73	上层：12.61/下层：25.21	
拉线 1 受力设计值（kN）	上层：12.41/下层：24.82	上层：17.65/下层：35.29	
拉线 2 受力标准值（kN）	41.19	41.19	
拉线 2 受力设计值（kN）	57.66	57.66	

说明：1. 拉线对地夹角 45°。

2. 拉线与导线距离不足时，应根据 10.1.5（10）采取相应措施以满足电气安全距离要求。

图 10－14　NJ2A－M－D－12、NJ2A－N－D－12 单回拉线双排耐张转角水泥单杆（带低压）单线图及技术参数表

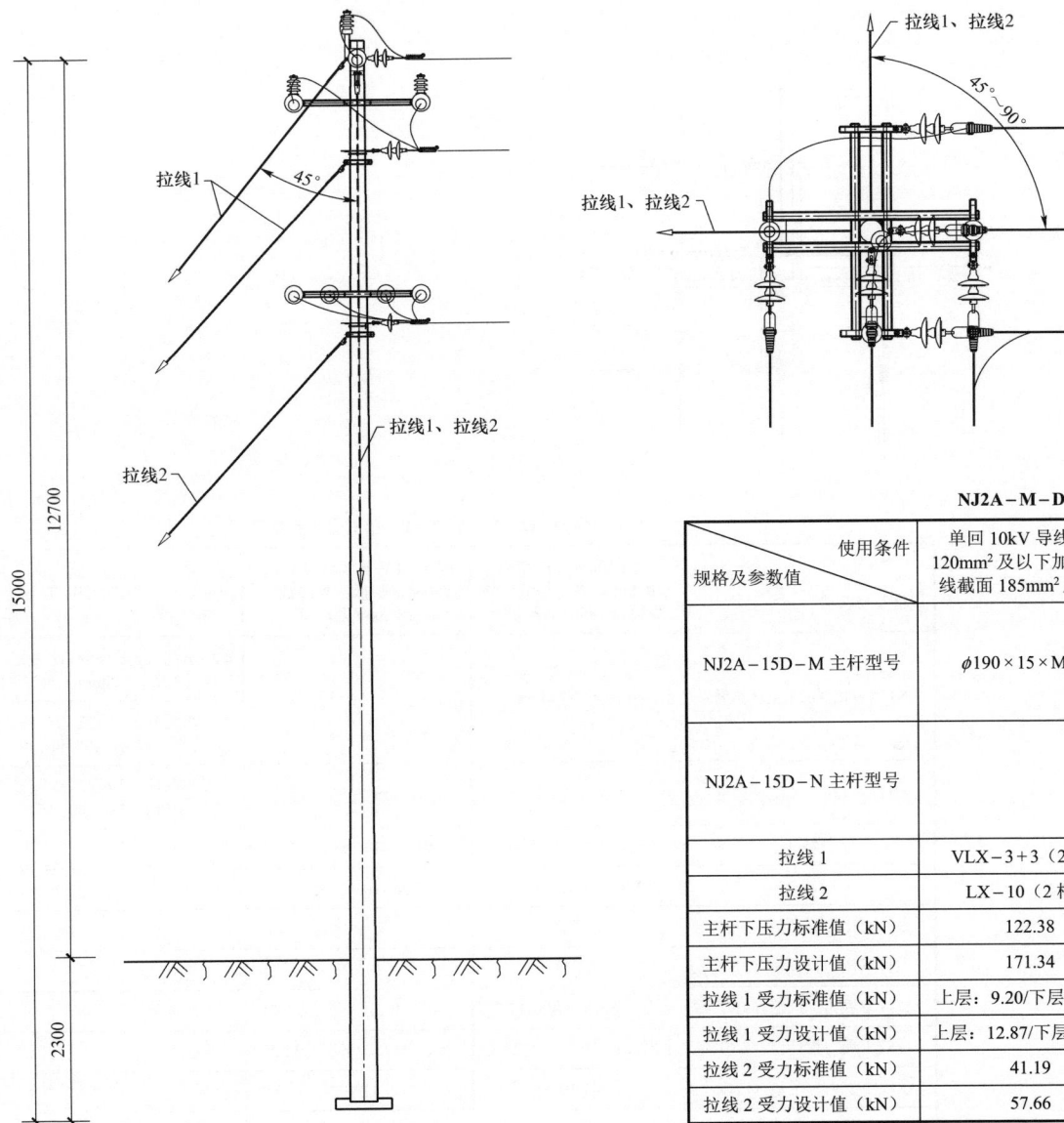

NJ2A－M－D－15、NJ2A－N－D－15杆技术参数表

使用条件 规格及参数值	单回 10kV 导线截面 120mm² 及以下加低压导线截面 185mm² 及以下	单回 10kV 导线截面 150～240mm² 加低压导线截面 185mm² 及以下	物料描述
NJ2A－15D－M 主杆型号	$\phi190\times15\times M\times G$		锥形水泥杆，非预应力，整根杆，15m，190mm，M
			锥形水泥杆，非预应力，法兰组装杆，15m，190mm，M
NJ2A－15D－N 主杆型号		$\phi230\times15\times N\times G$	锥形水泥杆，非预应力，整根杆，15m，230mm，N
			锥形水泥杆，非预应力，法兰组装杆，15m，230mm，N
拉线 1	VLX－3＋3（2 组）	VLX－3＋5（2 组）	
拉线 2	LX－10（2 根）	LX－10（2 根）	
主杆下压力标准值（kN）	122.38	140.86	
主杆下压力设计值（kN）	171.34	197.21	
拉线 1 受力标准值（kN）	上层：9.20/下层：18.39	上层：12.97/下层：25.95	
拉线 1 受力设计值（kN）	上层：12.87/下层：25.75	上层：18.16/下层：36.33	
拉线 2 受力标准值（kN）	41.19	41.19	
拉线 2 受力设计值（kN）	57.66	57.66	

说明：1. 拉线对地夹角 45°。

2. 拉线与导线距离不足时，应根据 10.1.5（10）采取相应措施以满足电气安全距离要求。

图 10－15　NJ2A－M－D－15、NJ2A－N－D－15 单回拉线双排耐张转角水泥单杆（带低压）单线图及技术参数表

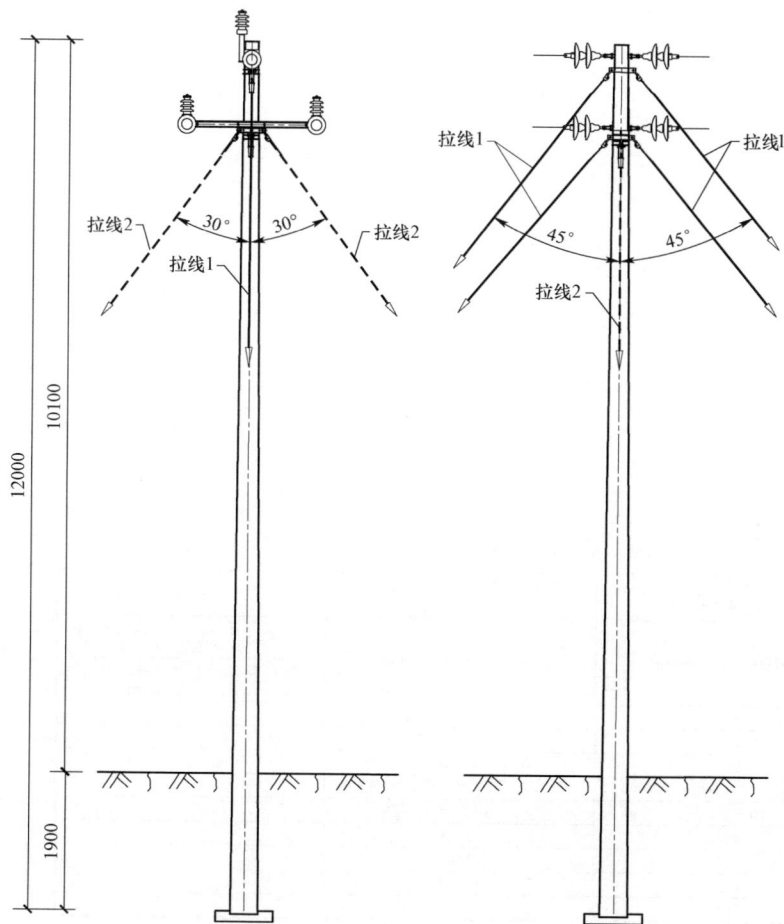

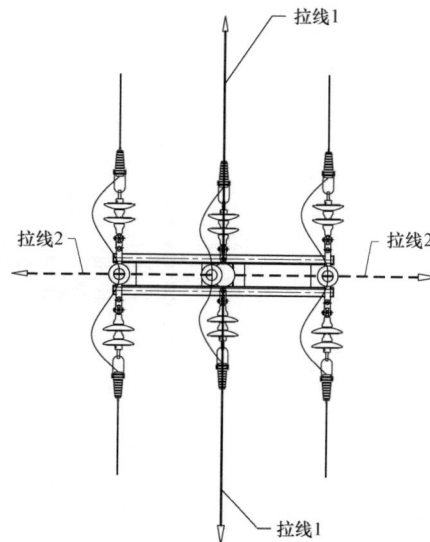

ZNA-M-12 杆技术参数表

使用条件 规格及参数值	单回 10kV 导线截面 120mm² 及以下无低压	单回 10kV 导线截面 150～ 240mm² 无低压	物料描述
主杆型号	$\phi 190 \times 12 \times M \times G$	$\phi 190 \times 12 \times M \times G$	锥形水泥杆,非预应力,整根杆, 12m,190mm,M
			锥形水泥杆,非预应力,法兰组 装杆,12m,190mm,M
拉线 1	VLX-3+3（2 组）	VLX-3+5（2 组）	
主杆下压力标准值（kN）	39.20	48.54	
主杆下压力设计值（kN）	54.88	53.02	
拉线 1 受力标准值（kN）	上层：7.73/下层：14.06	上层：11.70/下层：21.27	
拉线 1 受力设计值（kN）	上层：10.83/下层：19.69	上层：16.38/下层：29.77	
侧向水平力标准值（kN）	4.31	5.21	
侧向水平力设计值（kN）	6.03	7.30	
侧向弯矩标准值（kN·m）	38.24	47.99	
侧向弯矩设计值（kN·m）	53.54	67.19	

ZNA-M-12 杆技术参数表（包含拉线 2）

使用条件 规格及参数值	单回 10kV 导线截面 120mm² 及以下无低压	单回 10kV 导线截面 150～ 240mm² 无低压	物料描述
主杆型号	$\phi 190 \times 12 \times M \times G$	$\phi 190 \times 12 \times M \times G$	锥形水泥杆,非预应力,整根杆, 12m,190mm,M
			锥形水泥杆,非预应力,法兰组 装杆,12m,190mm,M
拉线 1	VLX-3+3（2 组）	VLX-3+5（2 组）	
拉线 2	LX-3（2 根）	LX-3（2 根）	
主杆下压力标准值（kN）	39.88	50.20	
主杆下压力设计值（kN）	55.83	70.27	
拉线 1 受力标准值（kN）	上层：8.65/下层：15.73	上层：13.00/下层：23.63	
拉线 1 受力设计值（kN）	上层：12.11/下层：22.02	上层：18.19/下层：33.08	
拉线 2 受力标准值（kN）	13.29	15.37	
拉线 2 受力设计值（kN）	18.60	21.52	

说明：1. 拉线 1 对地夹角 45°，拉线 2 对地夹角 60°。

2. 本杆在 XZ-B 气象区使用时应加装防风拉 2 根。

图 10-16 ZNA-M-12 单回拉线直线耐张水泥单杆单线图及技术参数表

ZNA-M-15 杆技术参数表

使用条件 规格及参数值	单回 10kV 导线截面 120mm² 及以下无低压	单回 10kV 导线截面 150～ 240mm² 无低压	物料描述
主杆型号	φ190×15×M×G	φ190×15×M×G	锥形水泥杆,非预应力,整根杆, 15m, 190mm, M
			锥形水泥杆,非预应力,法兰组 装杆, 15m, 190mm, M
拉线 1	VLX-3+3（2 组）	VLX-3+5（2 组）	
主杆下压力标准值（kN）	43.68	53.02	
主杆下压力设计值（kN）	61.15	74.23	
拉线 1 受力标准值（kN）	上层: 7.73/下层: 14.06	上层: 11.70/下层: 21.27	
拉线 1 受力设计值（kN）	上层: 10.83/下层: 19.69	上层: 16.38/下层: 29.77	
侧向水平力标准值（kN）	4.79	5.70	
侧向水平力设计值（kN）	6.71	7.98	
侧向弯矩标准值（kN·m）	51.13	63.43	
侧向弯矩设计值（kN·m）	71.58	88.80	

ZNA-M-15 杆技术参数表（包含拉线 2）

使用条件 规格及参数值	单回 10kV 导线截面 120mm² 及以下无低压	单回 10kV 导线截面 150～ 240mm² 无低压	物料描述
主杆型号	φ190×15×M×G	φ190×15×M×G	锥形水泥杆,非预应力,整根杆, 15m, 190mm, M
			锥形水泥杆,非预应力,法兰组 装杆, 15m, 190mm, M
拉线 1	VLX-3+3（2 组）	VLX-3+5（2 组）	
拉线 2	LX-3（2 根）	LX-3（2 根）	
主杆下压力标准值（kN）	45.13	55.31	
主杆下压力设计值（kN）	63.18	77.44	
拉线 1 受力标准值（kN）	上层: 8.65/下层: 15.73	上层: 13.00/下层: 23.63	
拉线 1 受力设计值（kN）	上层: 12.11/下层: 22.02	上层: 18.19/下层: 33.08	
拉线 2 受力标准值（kN）	15.06	17.14	
拉线 2 受力设计值（kN）	21.08	24.00	

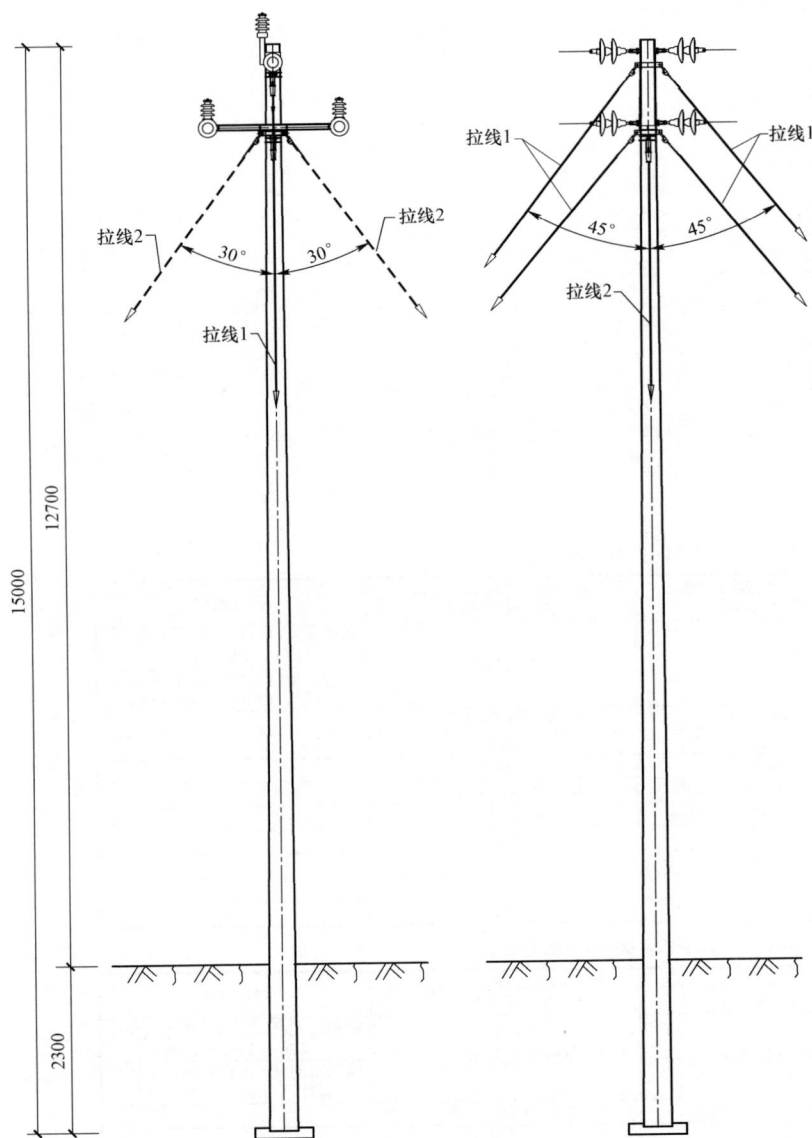

说明：1. 拉线 1 对地夹角 45°，拉线 2 对地夹角 60°。

2. 本杆在 XZ-B 气象区使用时应加装防风拉线 2 根。

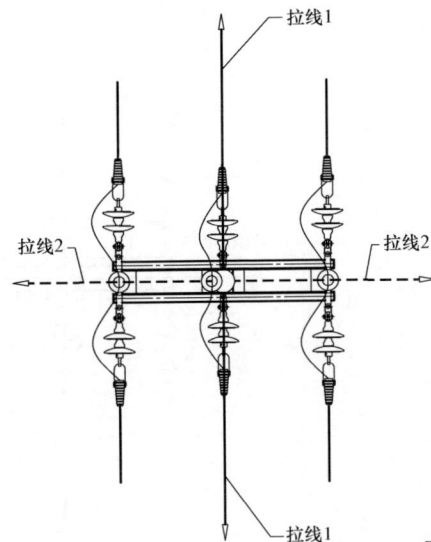

图 10-17 ZNA-M-15 单回拉线直线耐张水泥单杆单线图及技术参数表

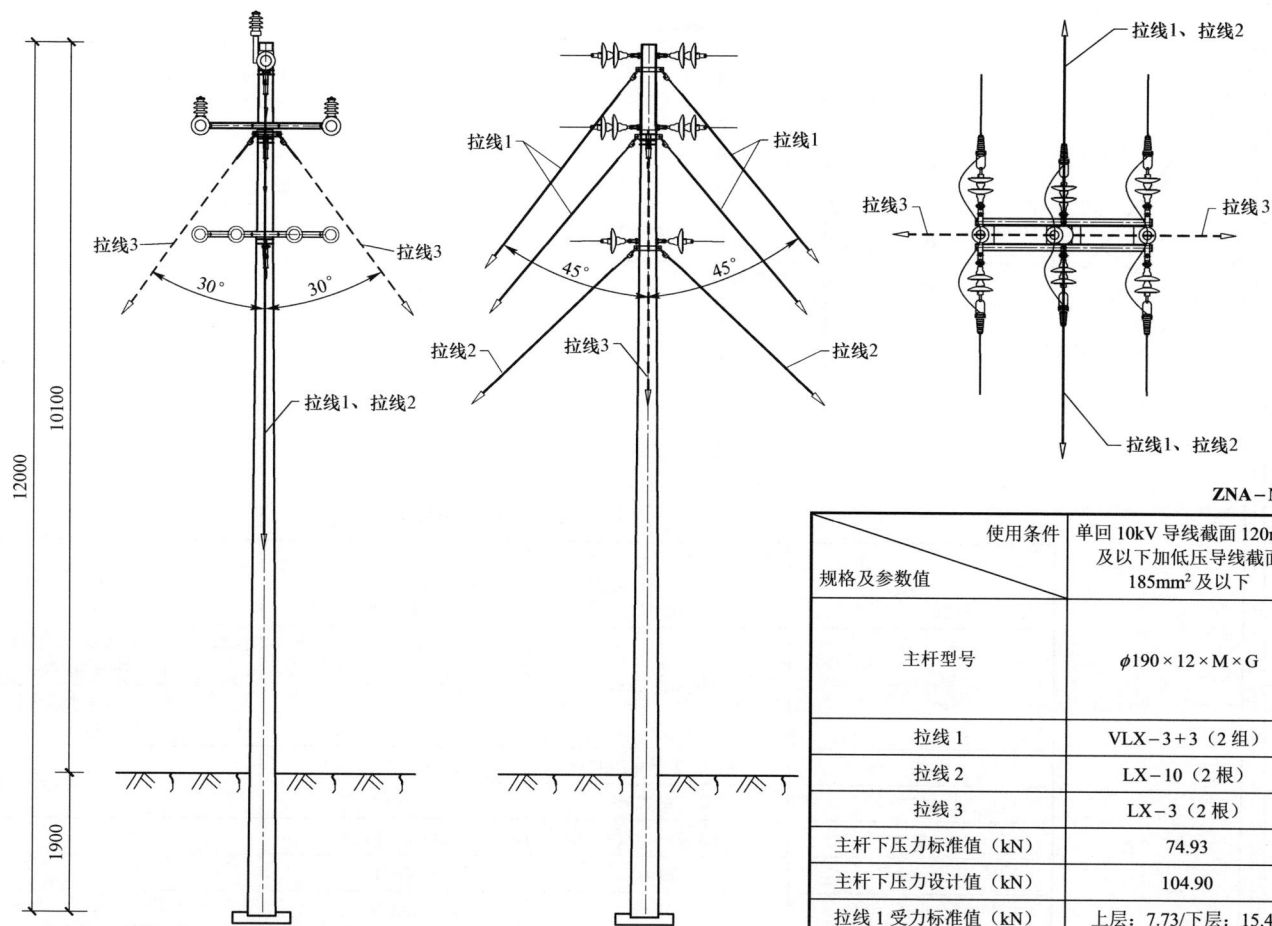

	使用条件	单回 10kV 导线截面 120mm² 及以下加低压导线截面 185mm² 及以下	单回 10kV 导线截面 150～240mm² 加低压导线截面 185mm² 及以下	物料描述
规格及参数值				
主杆型号		$\phi190\times12\times M\times G$	$\phi190\times12\times M\times G$	锥形水泥杆，非预应力，整根杆，12m，190mm，M
				锥形水泥杆，非预应力，法兰组装杆，12m，190mm，M
拉线 1		VLX－3＋3（2 组）	VLX－3＋5（2 组）	
拉线 2		LX－10（2 根）	LX－10（2 根）	
拉线 3		LX－3（2 根）	LX－5（2 根）	
主杆下压力标准值（kN）		74.93	83.93	
主杆下压力设计值（kN）		104.90	117.50	
拉线 1 受力标准值（kN）		上层：7.73/下层：15.47	上层：11.70/下层：23.39	
拉线 1 受力设计值（kN）		上层：10.83/下层：21.66	上层：16.38/下层：32.75	
拉线 2 受力标准值（kN）		39.42	39.42	
拉线 2 受力设计值（kN）		55.19	55.19	
拉线 3 受力标准值（kN）		18.20	19.88	
拉线 3 受力设计值（kN）		25.48	27.84	
侧向水平力标准值（kN）		5.02	5.49	
侧向水平力设计值（kN）		6.71	7.69	
侧向弯矩标准值（kN·m）		50.74	55.93	
侧向弯矩设计值（kN·m）		71.04	78.30	

ZNA－M－D－12 杆技术参数表

说明：1. 拉线 1、拉线 2 对地夹角 45°，拉线 3 对地夹角 60°。

　　　2. 本杆在 XZ－B 气象区使用时应加装防风拉线 2 根。

　　　3. 拉线与导线距离不足时，应根据 10.1.5（10）采取相应措施以满足电气安全距离要求。

图 10－18　ZNA－M－D－12 单回拉线直线耐张水泥单杆（带低压）单线图及技术参数表

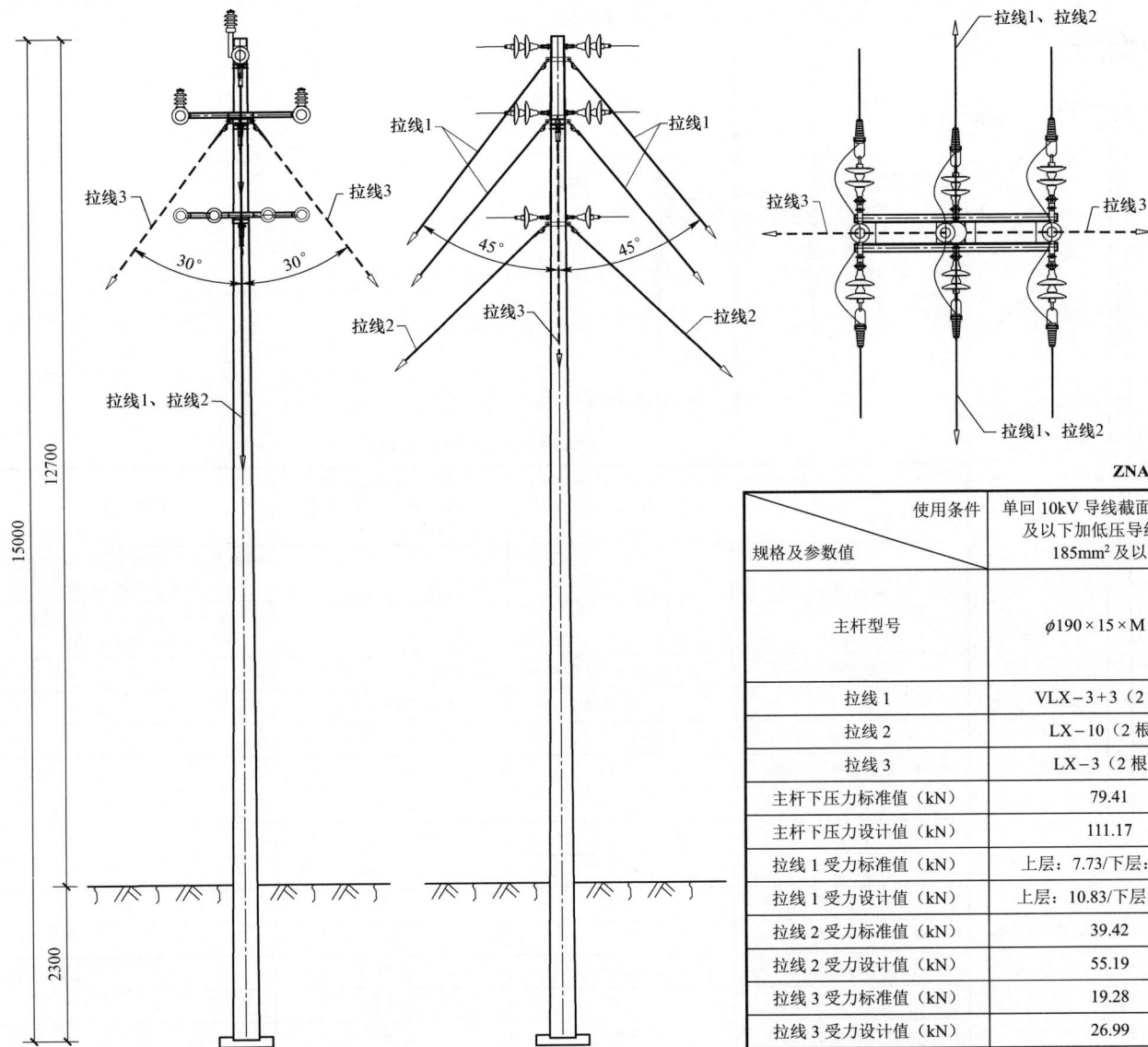

ZNA－M－D－15 杆技术参数表

使用条件 规格及参数值	单回 10kV 导线截面 120mm² 及以下加低压导线截面 185mm² 及以下	单回 10kV 导线截面 150～ 240mm² 加低压导线截面 185mm² 及以下	物料描述
主杆型号	$\phi190\times15\times M\times G$	$\phi190\times15\times M\times G$	锥形水泥杆，非预应力，整根 杆，15m，190mm，M 锥形水泥杆，非预应力，法兰 组装杆，15m，190mm，M
拉线 1	VLX－3＋3（2 组）	VLX－3＋5（2 组）	
拉线 2	LX－10（2 根）	LX－10（2 根）	
拉线 3	LX－3（2 根）	LX－3（2 根）	
主杆下压力标准值（kN）	79.41	88.41	
主杆下压力设计值（kN）	111.17	123.78	
拉线 1 受力标准值（kN）	上层：7.73/下层：15.47	上层：11.70/下层：23.39	
拉线 1 受力设计值（kN）	上层：10.83/下层：21.65	上层：16.38/下层：32.75	
拉线 2 受力标准值（kN）	39.42	39.42	
拉线 2 受力设计值（kN）	55.19	55.19	
拉线 3 受力标准值（kN）	19.28	20.96	
拉线 3 受力设计值（kN）	26.99	29.34	
侧向水平力标准值（kN）	5.26	5.74	
侧向水平力设计值（kN）	7.37	8.04	
侧向弯矩标准值（kN·m）	65.50	72.04	
侧向弯矩设计值（kN·m）	91.70	100.85	

说明：1. 拉线 1、拉线 2 对地夹角 45°，拉线 3 对地夹角 60°。

2. 本杆在 XZ－B 气象区使用时应加装防风拉线 2 根。

3. 拉线与导线距离不足时，应根据 10.1.5（10）采取相应措施以满足电气安全距离要求。

图 10－19　ZNA－M－D－15 单回拉线直线耐张水泥单杆（带低压）单线图及技术参数表

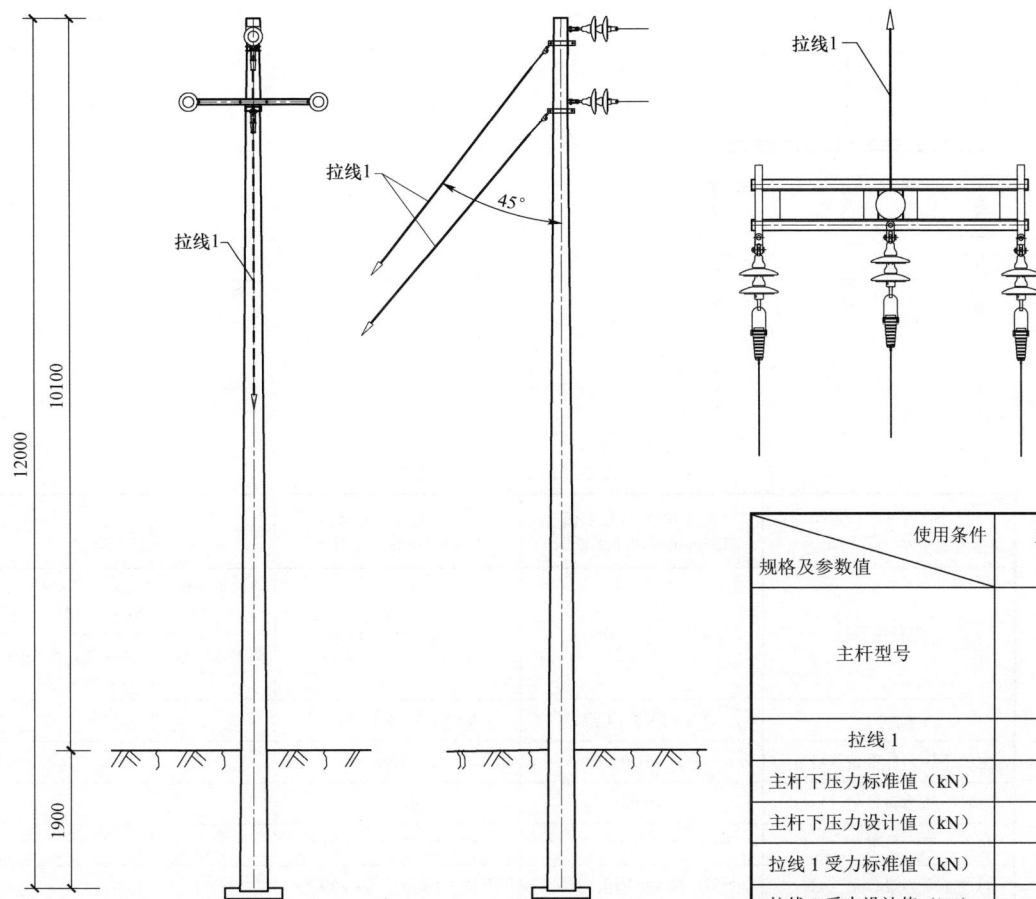

DA－M－12 杆技术参数表

使用条件 规格及参数值	单回 10kV 导线截面 120mm² 及以下无低压	单回 10kV 导线截面 150～240mm² 无低压	物料描述
主杆型号	$\phi190 \times 12 \times M \times G$	$\phi190 \times 12 \times M \times G$	锥形水泥杆，非预应力，整根杆， 12m，190mm，M
			锥形水泥杆，非预应力，法兰组 装杆，12m，190mm，M
拉线 1	VLX－3＋3（1 组）	VLX－3＋5（1 组）	
主杆下压力标准值（kN）	31.22	39.71	
主杆下压力设计值（kN）	43.71	55.60	
拉线 1 受力标准值（kN）	上层：7.73/下层：14.06	上层：11.70/下层：21.27	
拉线 1 受力设计值（kN）	上层：10.83/下层：19.69	上层：16.38/下层：29.77	
侧向水平力标准值（kN）	2.85	3.30	
侧向水平力设计值（kN）	3.99	4.62	
侧向弯矩标准值（kN·m）	22.59	27.46	
侧向弯矩设计值（kN·m）	31.62	38.45	

说明：拉线 1 对地夹角 45°。

图 10-20　DA－M－12 单回拉线终端水泥单杆单线图及技术参数表

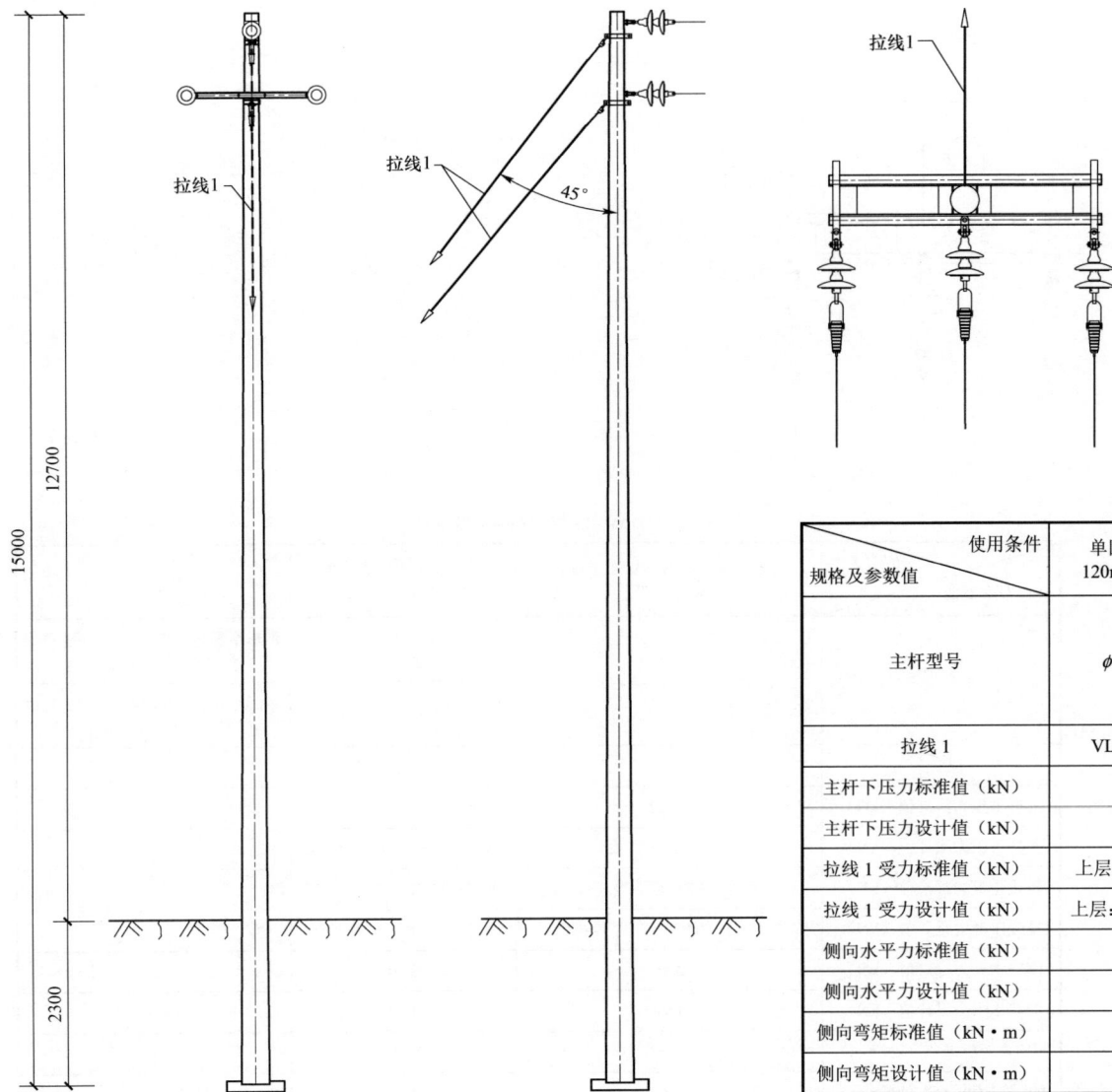

DA－M－15杆技术参数表

使用条件 规格及参数值	单回 10kV 导线截面 120mm² 及以下无低压	单回 10kV 导线截面 150～240mm² 无低压	物料描述
主杆型号	$\phi190 \times 15 \times M \times G$	$\phi190 \times 15 \times M \times G$	锥形水泥杆，非预应力，整根杆， 15m，190mm，M
			锥形水泥杆，非预应力，法兰组 装杆，15m，190mm，M
拉线 1	VLX－3＋3（1 组）	VLX－3＋5（1 组）	
主杆下压力标准值（kN）	35.70	44.19	
主杆下压力设计值（kN）	49.98	61.87	
拉线 1 受力标准值（kN）	上层：7.73/下层：14.06	上层：11.70/下层：21.27	
拉线 1 受力设计值（kN）	上层：10.83/下层：19.69	上层：16.38/下层：29.77	
侧向水平力标准值（kN）	3.34	3.79	
侧向水平力设计值（kN）	4.67	5.31	
侧向弯矩标准值（kN·m）	31.39	37.54	
侧向弯矩设计值（kN·m）	43.94	52.55	

说明：拉线对地夹角 45°。

图 10－21　DA－M－15 单回拉线终端水泥单杆单线图及技术参数表

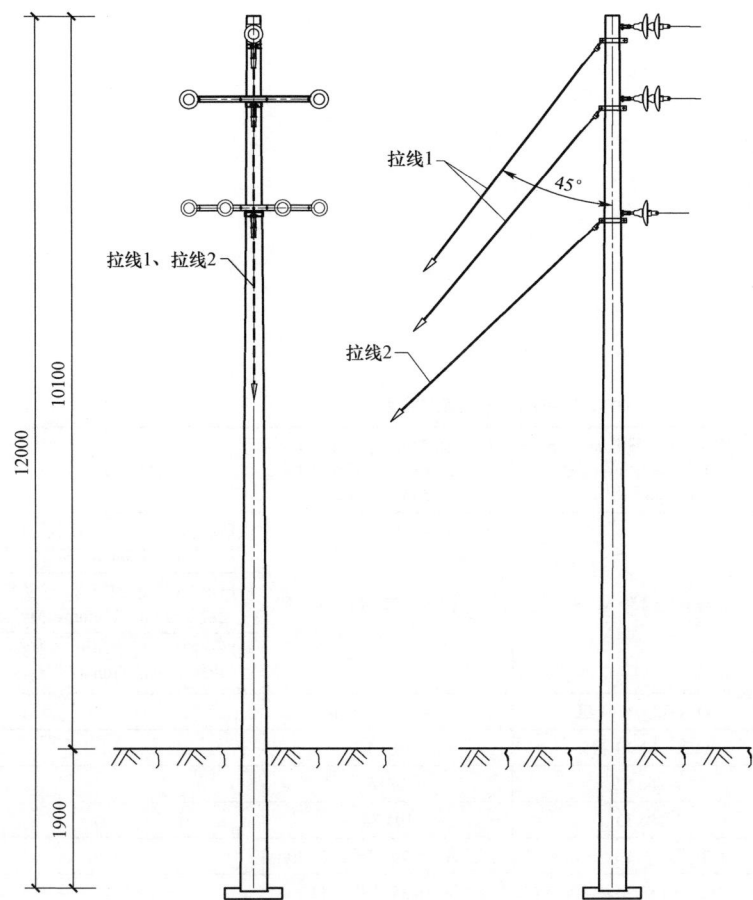

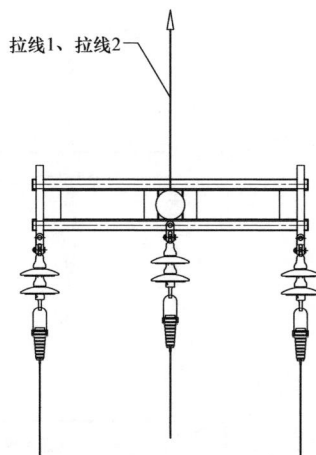

DA-M-D-12 杆技术参数表

使用条件 规格及参数值	单回 10kV 导线截面 120mm² 及以下加低压导线截面 185mm² 及以下	单回 10kV 导线截面 150～ 240mm² 加低压导线截面 185mm² 及以下	物料描述
主杆型号	$\phi190\times12\times M\times G$	$\phi190\times12\times M\times G$	锥形水泥杆，非预应力，整根 杆，12m，190mm，M 锥形水泥杆，非预应力，法兰 组装杆，12m，190mm，M
拉线 1	VLX-3+3（1 组）	VLX-3+5（1 组）	
拉线 2	LX-10（1 根）	LX-10（1 根）	
主杆下压力标准值（kN）	62.04	70.36	
主杆下压力设计值（kN）	86.86	98.51	
拉线 1 受力标准值（kN）	上层：7.73/下层：15.47	上层：11.70/下层：23.39	
拉线 1 受力设计值（kN）	上层：10.83/下层：21.66	上层：16.38/下层：32.75	
拉线 2 受力标准值（kN）	39.42	39.42	
拉线 2 受力设计值（kN）	55.19	55.19	
侧向水平力标准值（kN）	4.83	5.21	
侧向水平力设计值（kN）	6.76	7.30	
侧向弯矩标准值（kN·m）	41.53	45.71	
侧向弯矩设计值（kN·m）	58.14	63.99	

说明：拉线对地夹角 45°。

图 10-22 DA-M-D-12 单回拉线终端水泥单杆（带低压）单线图及技术参数表

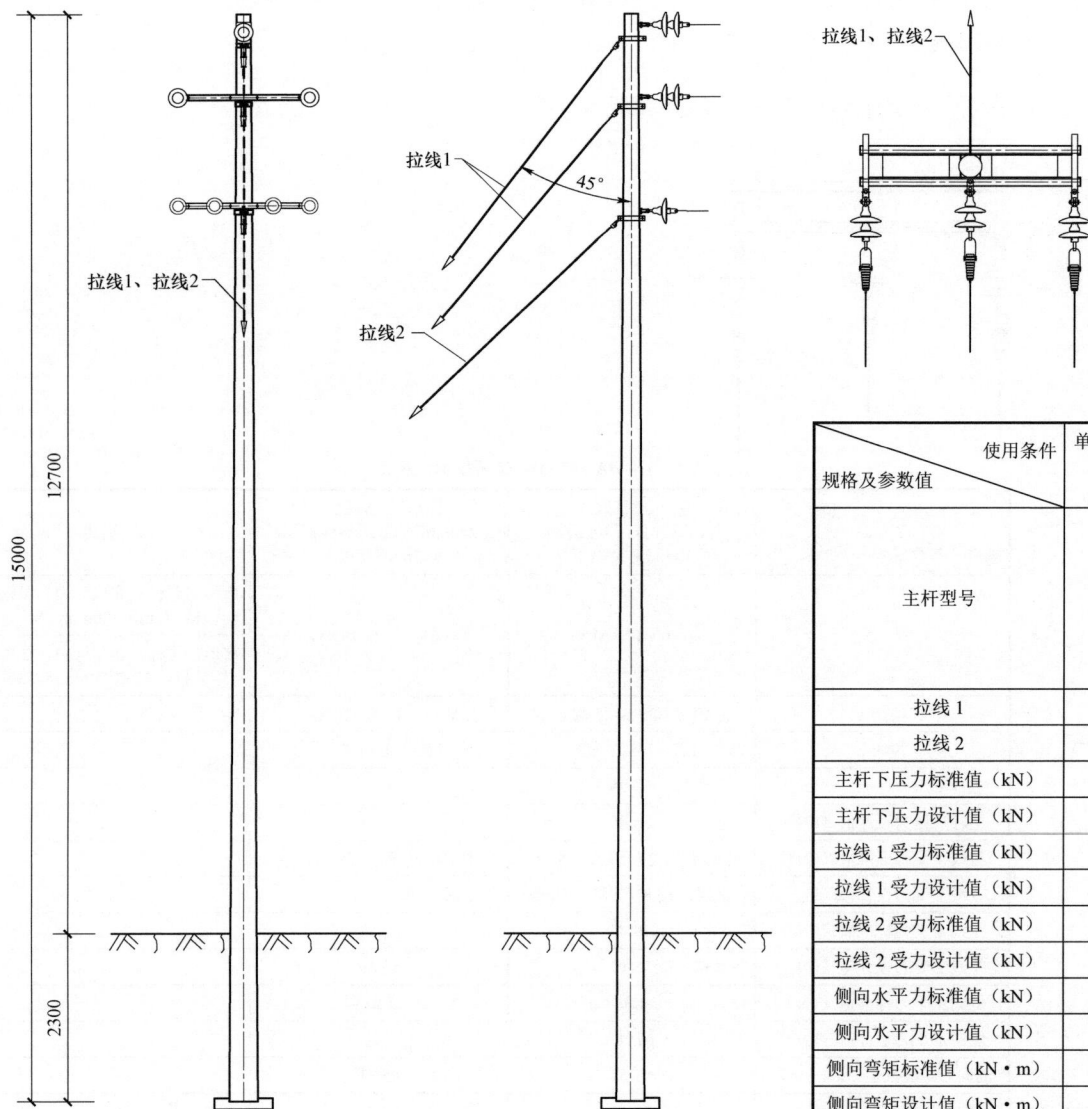

DA－M－D－15 杆技术参数表

使用条件 规格及参数值	单回 10kV 导线截面 120mm² 及以下加低压导线截面 185mm² 及以下	单回 10kV 导线截面 150～ 240mm² 加低压导线截面 185mm² 及以下	物料描述
主杆型号	$\phi190\times15\times M\times G$	$\phi190\times15\times M\times G$	锥形水泥杆，非预应力，整根杆， 15m，190mm，M
			锥形水泥杆，非预应力，法兰组 装杆，15m，190mm，M
			锥形水泥杆，非预应力，焊接组 装杆，15m，190mm，M
拉线 1	VLX－3＋3（1 组）	VLX－3＋5（1 组）	
拉线 2	LX－10（1 根）	LX－10（1 根）	
主杆下压力标准值（kN）	66.52	74.85	
主杆下压力设计值（kN）	93.13	104.78	
拉线 1 受力标准值（kN）	上层：7.73/下层：15.47	上层：11.70/下层：23.39	
拉线 1 受力设计值（kN）	上层：10.83/下层：21.66	上层：16.38/下层：32.75	
拉线 2 受力标准值（kN）	39.42	39.42	
拉线 2 受力设计值（kN）	55.19	55.19	
侧向水平力标准值（kN）	5.32	5.70	
侧向水平力设计值（kN）	7.45	7.98	
侧向弯矩标准值（kN·m）	56.17	61.44	
侧向弯矩设计值（kN·m）	78.63	86.02	

说明：拉线对地夹角 45°。

图 10－23 DA－M－D－15 单回拉线终端水泥单杆（带低压）单线图及技术参数表

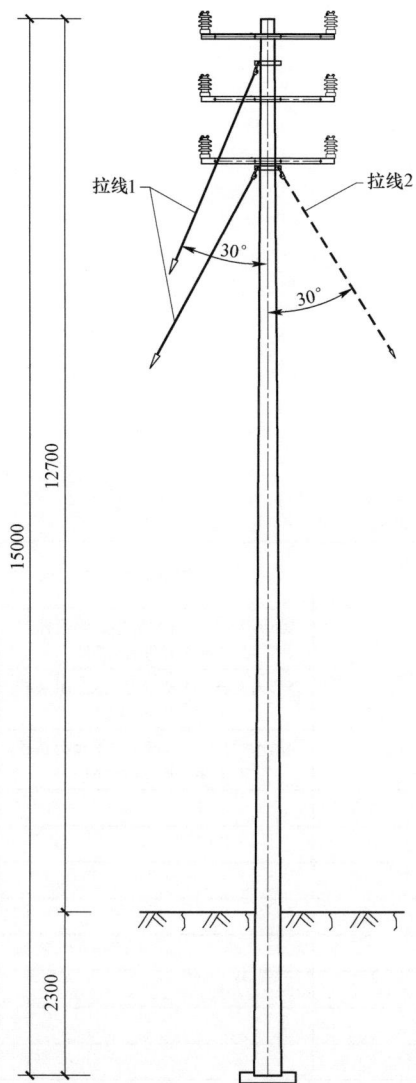

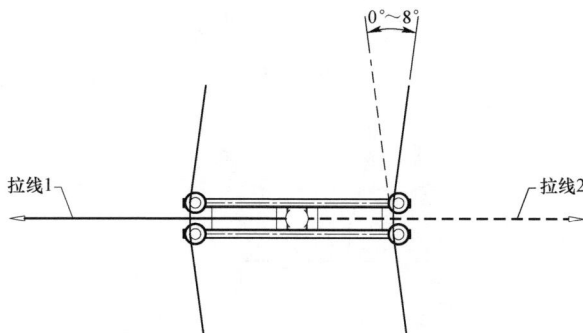

2ZJ-M-15 杆技术参数表

规格及参数值	使用条件	双回 10kV 导线截面 240mm² 及以下无低压	物料描述
主杆型号		$\phi190\times15\times M$	锥形水泥杆，非预应力，整根杆，15m，190mm，M
			锥形水泥杆，非预应力，法兰组装杆，15m，190mm，M
			锥形水泥杆，非预应力，焊接组装杆，15m，190mm，M
拉线 1		VLX-3+3（1 组）	
拉线 2		LX-3（1 根）	
主杆下压力标准值（kN）		46.95	
主杆下压力设计值（kN）		65.72	
拉线 1 受力标准值（kN）		上层：15.25/下层：13.87	
拉线 1 受力设计值（kN）		上层：21.35/下层：19.41	
拉线 2 受力标准值（kN）		18.87	
拉线 2 受力设计值（kN）		26.42	
侧向水平力标准值（kN）		5.66	
侧向水平力设计值（kN）		7.92	
侧向弯矩标准值（kN·m）		64.46	
侧向弯矩设计值（kN·m）		90.25	

说明：1. 在 XZ-B 气象区使用时应加装防风拉线 2。在 XZ-A 气象区使用时可不加装防风拉线 2，应根据地质条件验算杆身侧向稳定。表中侧向水平力和侧向弯矩值为杆身地面处垂直线路方向的水平力和弯矩。

2. 拉线对地夹角结合电气间隙调整。

3. 拉线与导线距离不足时，应根据 10.1.5（10）采取相应措施以满足电气安全距离要求。

图 10-24 2ZJ-M-15 双回拉线直线转角水泥单杆单线图及技术参数表

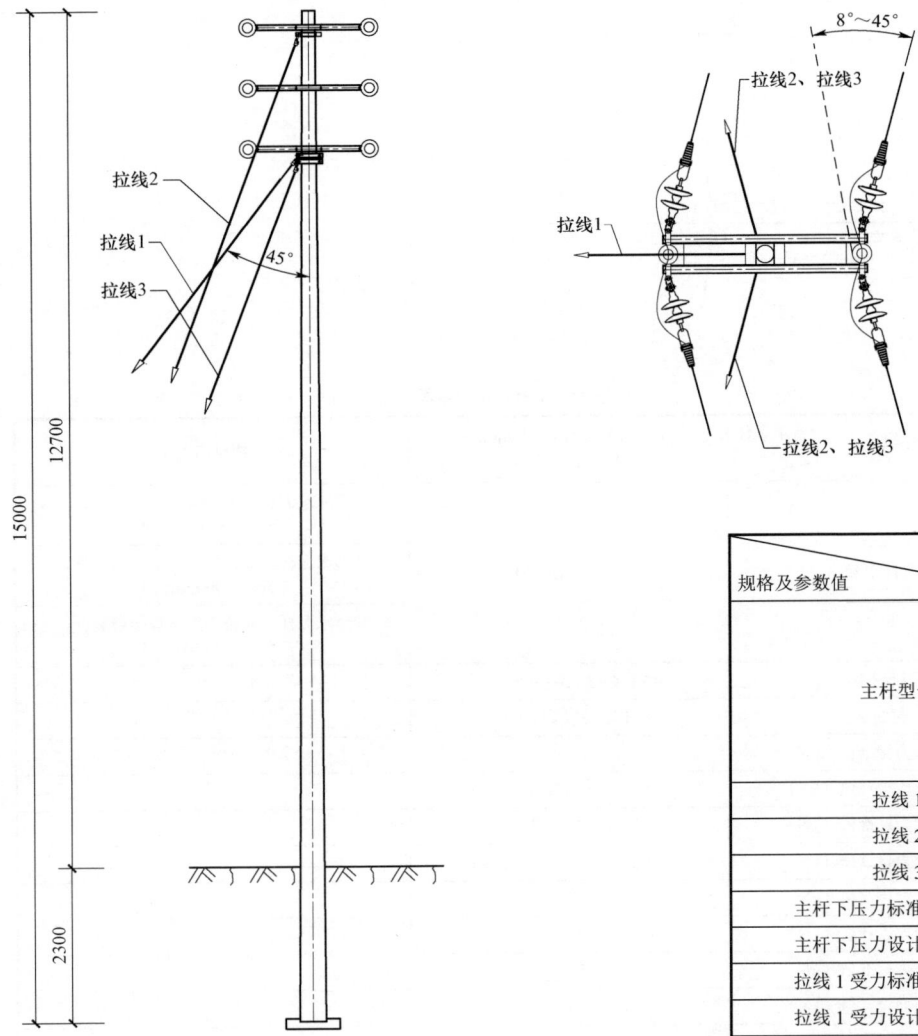

2NJ1-M-15杆技术参数表

规格及参数值 \ 使用条件	双回 10kV 导线截面 240mm² 及以下无低压	物料描述
主杆型号	$\phi190\times15\times M$	锥形水泥杆，非预应力，整根杆，15m，190mm，M
		锥形水泥杆，非预应力，法兰组装杆，15m，190mm，M
		锥形水泥杆，非预应力，焊接组装杆，15m，190mm，M
拉线 1	LX-5（1 根）	
拉线 2	LX-8（2 根）	
拉线 3	LX-8（2 根）	
主杆下压力标准值（kN）	152.36	
主杆下压力设计值（kN）	213.31	
拉线 1 受力标准值（kN）	26.30	
拉线 1 受力设计值（kN）	36.82	
拉线 2 受力标准值（kN）	35.09	
拉线 2 受力设计值（kN）	49.13	
拉线 3 受力标准值（kN）	31.90	
拉线 3 受力设计值（kN）	44.66	

说明：1. 拉线对地夹角 45°。

2. 拉线与导线距离不足时，应根据 10.1.5（10）采取相应措施以满足电气安全距离要求。

图 10-25　2NJ1-M-15 双回拉线单排耐张转角水泥单杆单线图及技术参数表

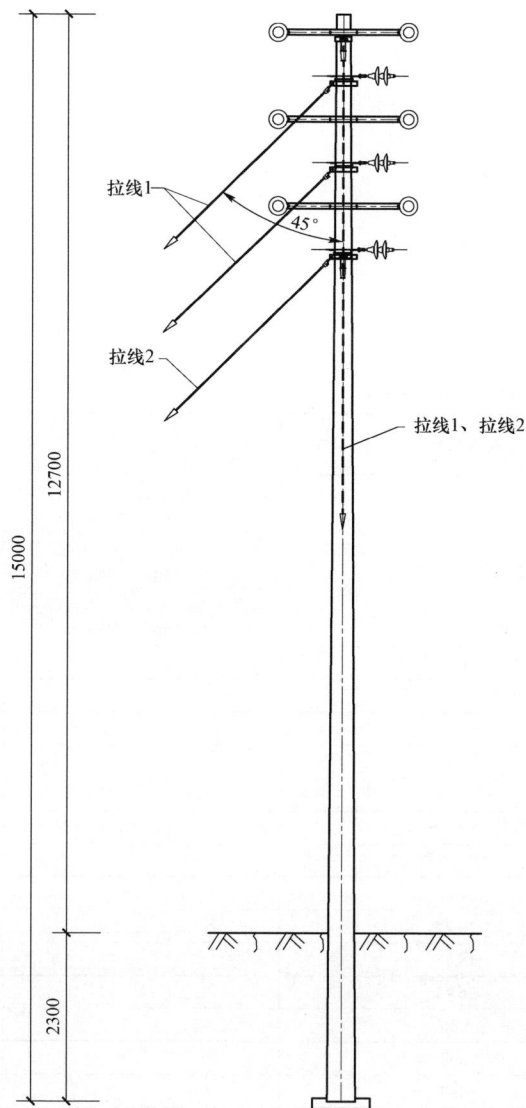

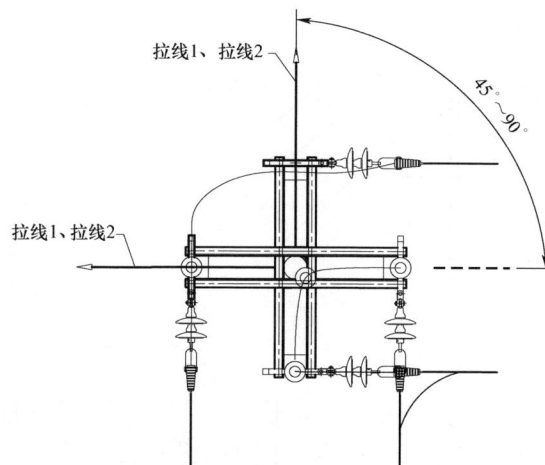

2NJ2−N−15 杆技术参数表

使用条件 规格及参数值	双回 10kV 导线截面 240mm² 及以下无低压	物料描述
主杆型号	$\phi230 \times 15 \times N$	锥形水泥杆，非预应力，整根杆，15m，230mm，N
		锥形水泥杆，非预应力，法兰组装杆，15m，230mm，N
		锥形水泥杆，非预应力，焊接组装杆，15m，230mm，N
拉线 1	VLX−5+5（2 组）	
拉线 2	LX−5（2 根）	
主杆下压力标准值（kN）	131.65	
主杆下压力设计值（kN）	184.31	
拉线 1 受力标准值（kN）	上层：24.58/下层：22.34	
拉线 1 受力设计值（kN）	上层：34.41/下层：31.28	
拉线 2 受力标准值（kN）	22.34	
拉线 2 受力设计值（kN）	31.28	

说明：1. 拉线对地夹角 45°。

2. 拉线与导线距离不足时，应根据 10.1.5（10）采取相应措施以满足电气安全距离要求。

图 10−26　2NJ2−N−15 双回拉线双排耐张转角水泥单杆单线图及技术参数表

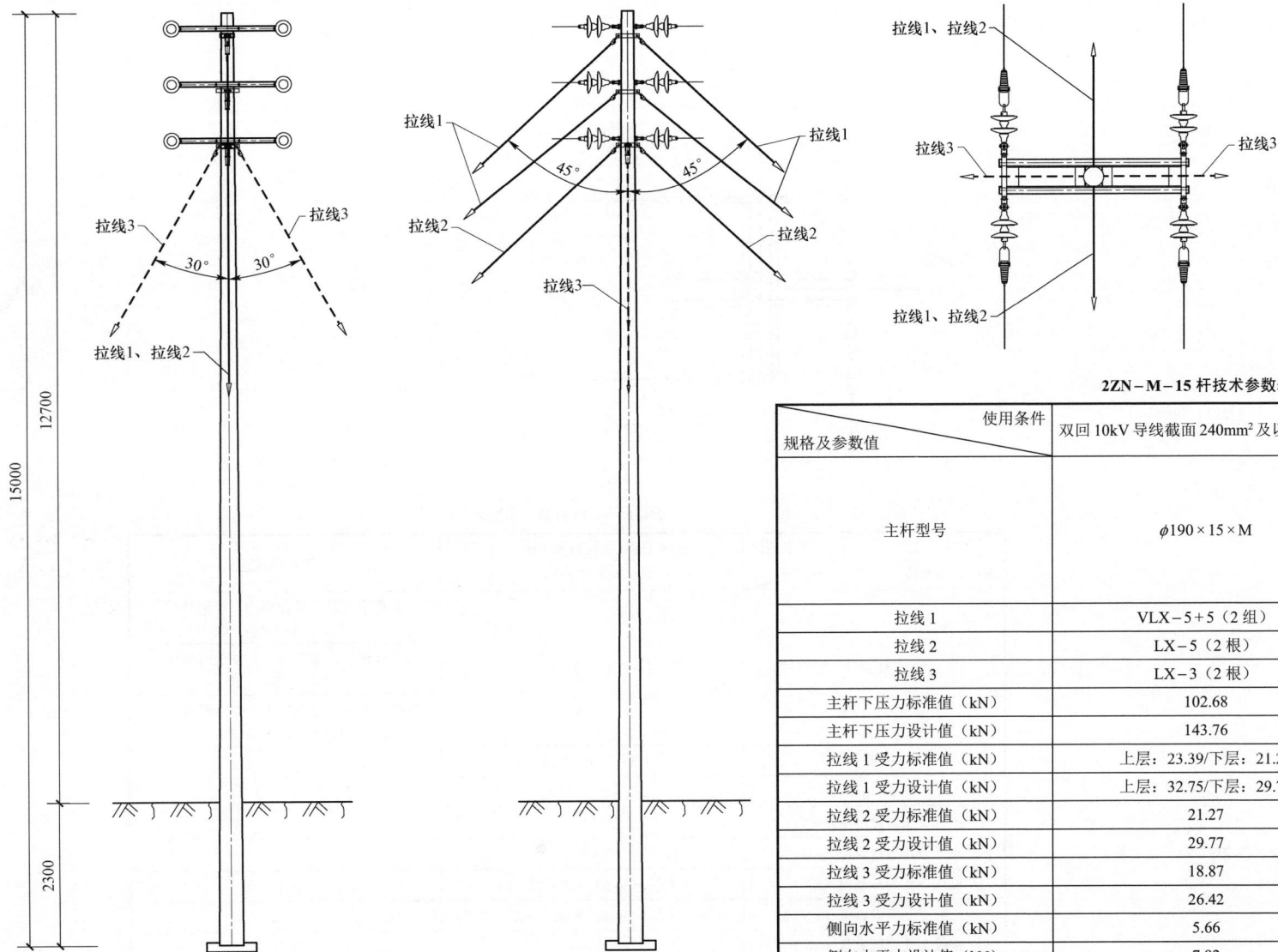

2ZN-M-15杆技术参数表

使用条件 规格及参数值	双回10kV导线截面240mm²及以下无低压	物料描述
主杆型号	φ190×15×M	锥形水泥杆，非预应力，整根杆，15m，190mm，M
		锥形水泥杆，非预应力，法兰组装杆，15m，190mm，M
		锥形水泥杆，非预应力，焊接组装杆，15m，190mm，M
拉线1	VLX-5+5（2组）	
拉线2	LX-5（2根）	
拉线3	LX-3（2根）	
主杆下压力标准值（kN）	102.68	
主杆下压力设计值（kN）	143.76	
拉线1受力标准值（kN）	上层：23.39/下层：21.27	
拉线1受力设计值（kN）	上层：32.75/下层：29.77	
拉线2受力标准值（kN）	21.27	
拉线2受力设计值（kN）	29.77	
拉线3受力标准值（kN）	18.87	
拉线3受力设计值（kN）	26.42	
侧向水平力标准值（kN）	5.66	
侧向水平力设计值（kN）	7.92	
侧向弯矩标准值（kN·m）	64.46	
侧向弯矩设计值（kN·m）	90.25	

说明：1. 拉线3对地夹角60°。

2. 在XZB气象区使用时应加装防风拉线。

图10-27 2ZN-M-15双回拉线直线耐张水泥单杆单线图及技术参数表

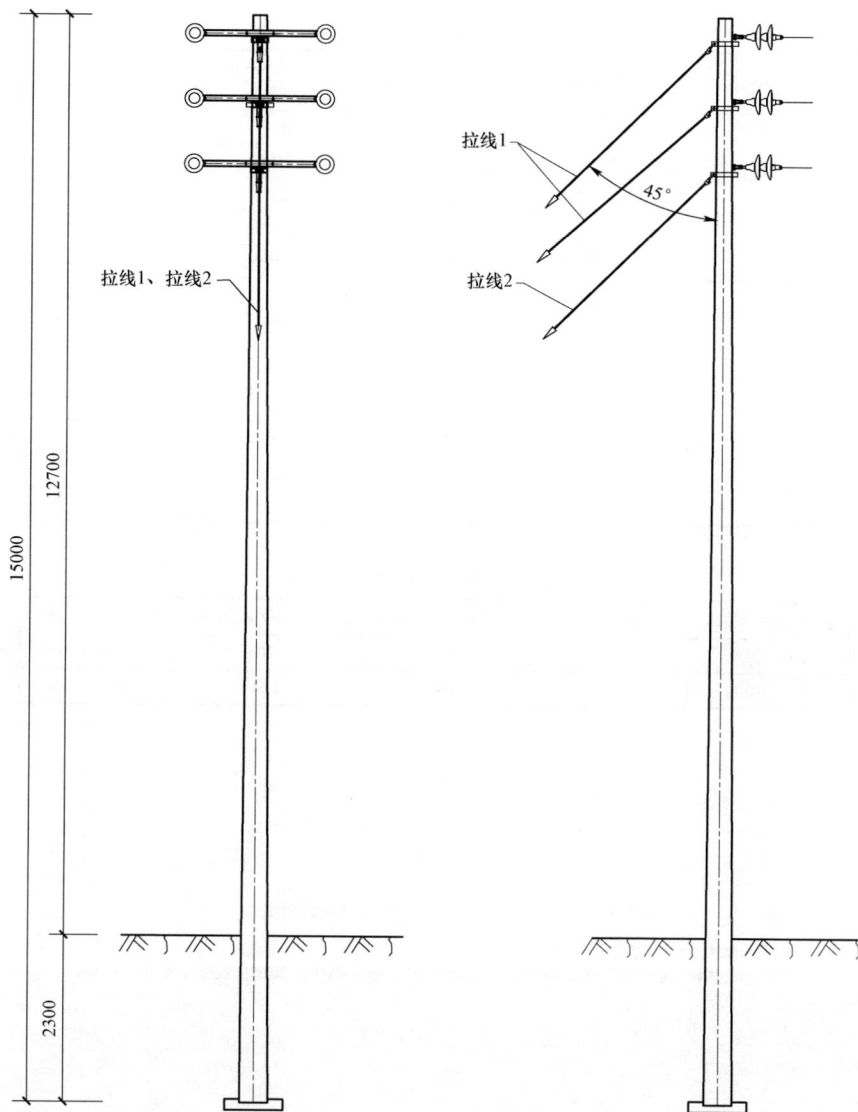

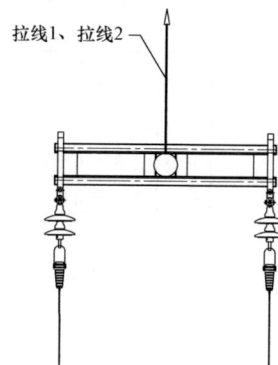

2D-M-15 杆技术参数表

规格及参数值	使用条件	双回 10kV 导线截面 240mm² 及以下无低压	物料描述
主杆型号		$\phi 190 \times 15 \times M$	锥形水泥杆，非预应力，整根杆，15m，190mm，M
			锥形水泥杆，非预应力，法兰组装杆，15m，190mm，M
			锥形水泥杆，非预应力，焊接组装杆，15m，190mm，M
拉线 1		VLX-5+5（1 组）	
拉线 2		LX-5（1 根）	
主杆下压力标准值（kN）		82.26	
主杆下压力设计值（kN）		115.17	
拉线 1 受力标准值（kN）		上层：23.39/下层：21.27	
拉线 1 受力设计值（kN）		上层：32.75/下层：29.77	
拉线 2 受力标准值（kN）		21.27	
拉线 2 受力设计值（kN）		29.77	
侧向水平力标准值（kN）		5.66	
侧向水平力设计值（kN）		7.92	
侧向弯矩标准值（kN·m）		64.01	
侧向弯矩设计值（kN·m）		89.61	

说明：拉线对地夹角 45°。

图 10-28　2D-M-15 双回拉线终端水泥单杆单线图及技术参数表

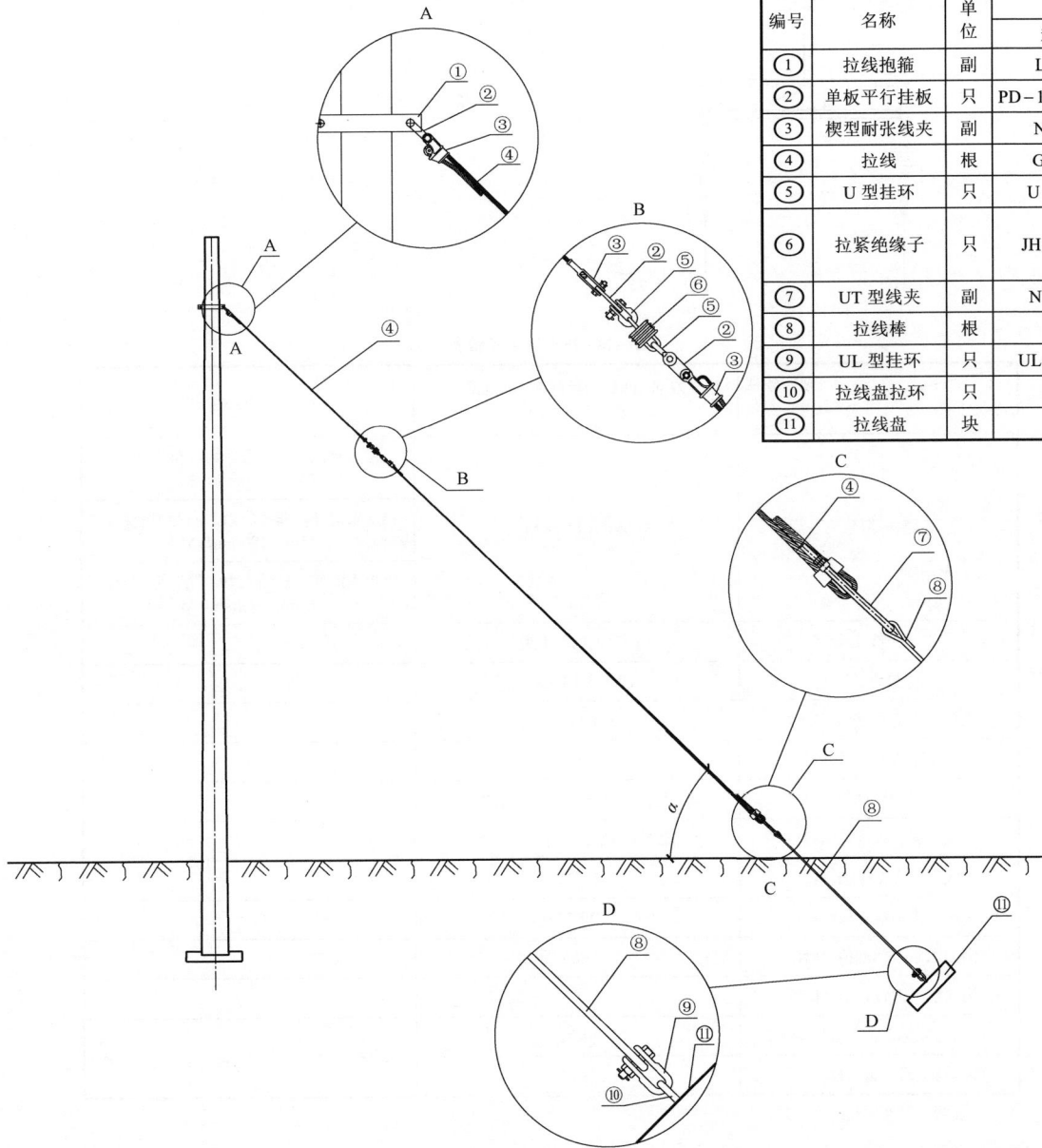

LX 型单拉线（带绝缘子）配置表

编号	名称	单位	LX-3 规格	LX-3 数量	LX-5 规格	LX-5 数量	LX-8 规格	LX-8 数量	LX-10 规格	LX-10 数量	备注
①	拉线抱箍	副	LB-1	1	LB-1	1	LB-2	1	LB-3	1	
②	单板平行挂板	只	PD-12/16-100	3	PD-12/16-100	3	PD-12/16-100	3	PD-12/16-100	3	
③	楔型耐张线夹	副	NX-1	3	NX-2	3	NX-2	3	NX-3	3	
④	拉线	根	GJ-35	2	GJ-50	2	GJ-80	2	GJ-100	2	
⑤	U 型挂环	只	U-1290	2	U-1290	2	U-1290	2	U-1290	2	
⑥	拉紧绝缘子	只	JH-10/90	1	JH-10/90	1	JH-10/90	1	JH-10/120	1	穿越或临近10kV、0.4kV导线用
⑦	UT 型线夹	副	NUT-1	1	NUT-2	1	NUT-2	1	NUT-3	1	
⑧	拉线棒	根	$\phi16$	1	$\phi20$	1	$\phi22$	1	$\phi24$	1	
⑨	UL 型挂环	只	UL-21160	1	UL-21160	1	UL-25160	1	UL-25160	1	
⑩	拉线盘拉环	只	$\phi24$	1	$\phi24$	1	$\phi28$	1	$\phi28$	1	
⑪	拉线盘	块				1		1		1	

拉紧绝缘子技术参数及型号对照表

拉紧绝缘子型号	结构高度（mm）	爬电距离（mm）	额定拉伸负荷（kN）	2016 版典设型号
JH-10/90	370	440	90	JH10-90
JH-10/120	370	440	120	JH10-120

说明：1. 拉线装设绝缘子，各地视各种情况并结合运行经验确定。

2. α 根据使用情况确定。

3. 钢绞线与线夹绕接回弯处，用 14 号镀锌铁线绑扎，其绑扎长度不小于 100mm。

图 10-29 LX 型单拉线布置示意图及配置表

VLX 型 V 型拉线（带绝缘子）配置表

编号	名称	单位	VLX－3＋3 规格	VLX－3＋3 数量	VLX－3＋5 规格	VLX－3＋5 数量	VLX－5＋5 规格	VLX－5＋5 数量	备注
①	拉线抱箍	副	LB－1	2	LB－1	2	LB－1	2	
②	单板平行挂板	只	PD－12/16－100	6	PD－12/16－100	6	PD－12/16－100	6	
③	楔型耐张线夹	副	NX－1（上层）	3	NX－1（上层）	3	NX－2（上层）	3	
			NX－1（下层）	3	NX－2（下层）	3	NX－2（下层）	3	
④	拉线	根	GJ－35（上层）	1	GJ－35（上层）	1	GJ－50（上层）	1	
			GJ－35（下层）	1	GJ－50（下层）	1	GJ－50（下层）	1	
⑤	U 型挂环	只	U－1290	4	U－1290	4	U－1290	4	
⑥	拉紧绝缘子	只	JH－10/90	2	JH－10/90	2	JH－10/90	2	穿越或临近 10kV、0.4kV 导线用
⑦	UT 型线夹	副	NUT－1	1	NUT－1（上层）	1	NUT－2（上层）	1	
			NUT－1	1	NUT－2（下层）	1	NUT－2（下层）	1	
⑧	拉线棒	根	φ16	1	φ16（上层）	1	φ20（上层）	1	
			φ16	1	φ20（下层）	1	φ20（下层）	1	
⑨	UL 型挂环	只	UL－21160	2	UL－21160	2	UL－21160	2	
⑩	拉线盘拉环	只	φ28	1	φ28	1	φ28	1	
⑪	拉线盘	块		1		1		1	

拉紧绝缘子技术参数及型号对照表

拉紧绝缘子型号	结构高度（mm）	爬电距离（mm）	额定拉伸负荷（kN）	2016 版典设型号
JH－10/90	370	440	90	JH10－90

说明：1. 拉线装设绝缘子，各地视各种情况并结合运行经验确定。

2. α 根据使用情况确定。

3. 钢绞线与线夹绕接回弯处，用 14 号镀锌铁线绑扎，其绑扎长度不小于 100mm。

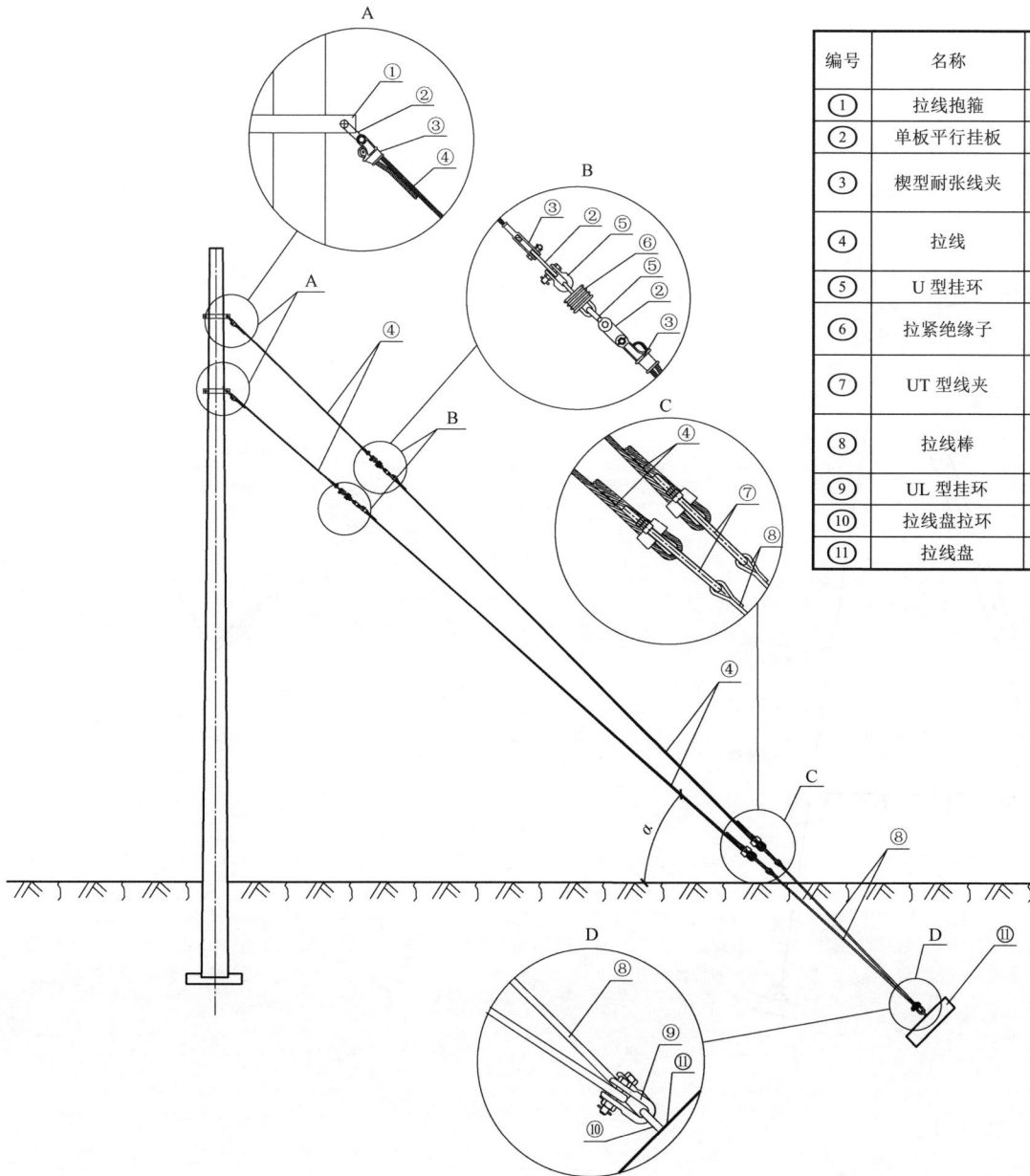

图 10－30　VLX 型 V 型拉线布置示意图及配置表

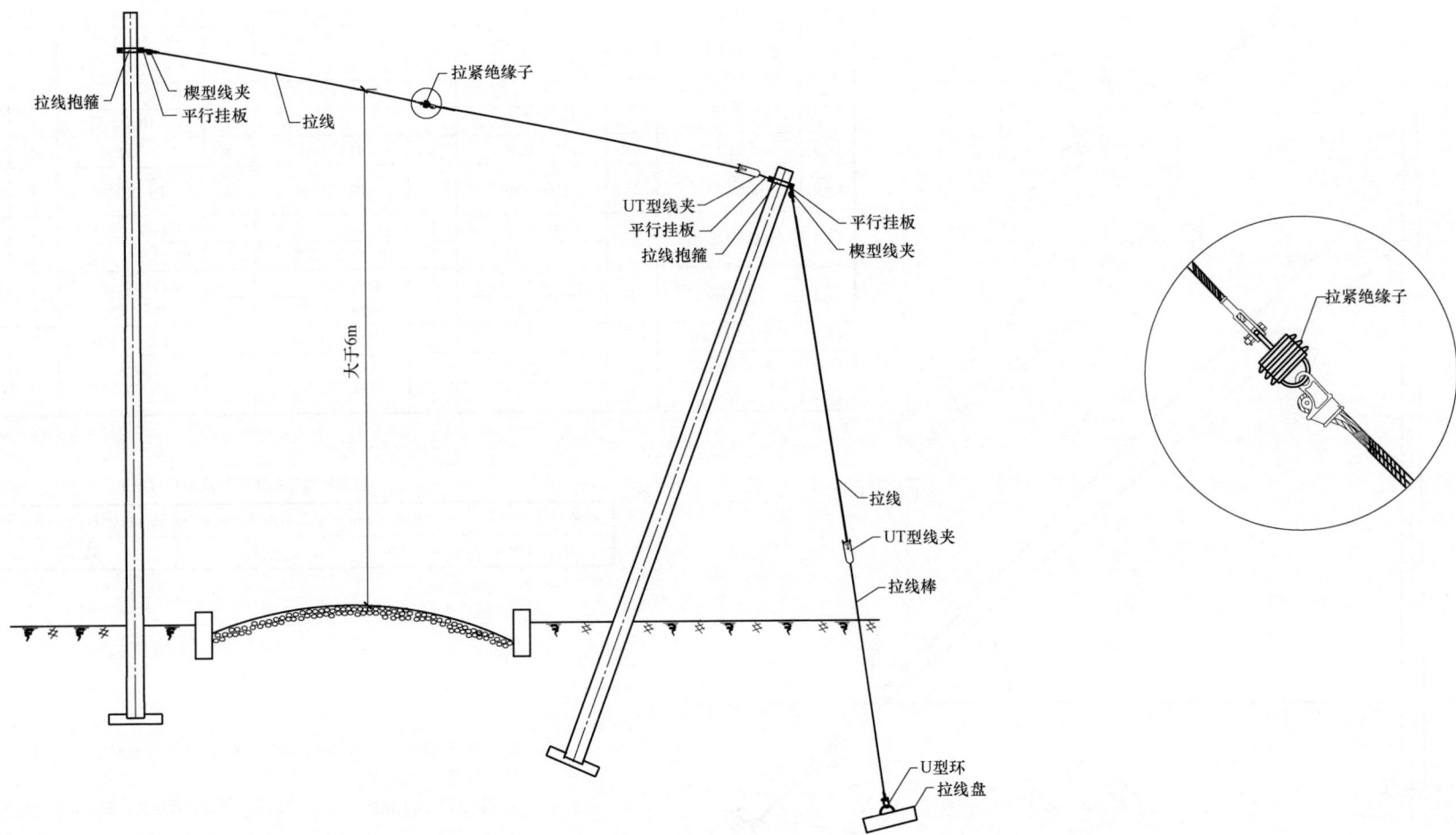

拉线抱箍
楔型线夹
平行挂板
拉线
拉紧绝缘子
UT型线夹
平行挂板
拉线抱箍
平行挂板
楔型线夹
大于6m
拉线
UT型线夹
拉线棒
U型环
拉线盘
拉紧绝缘子

图 10-31　水平拉线布置示意图

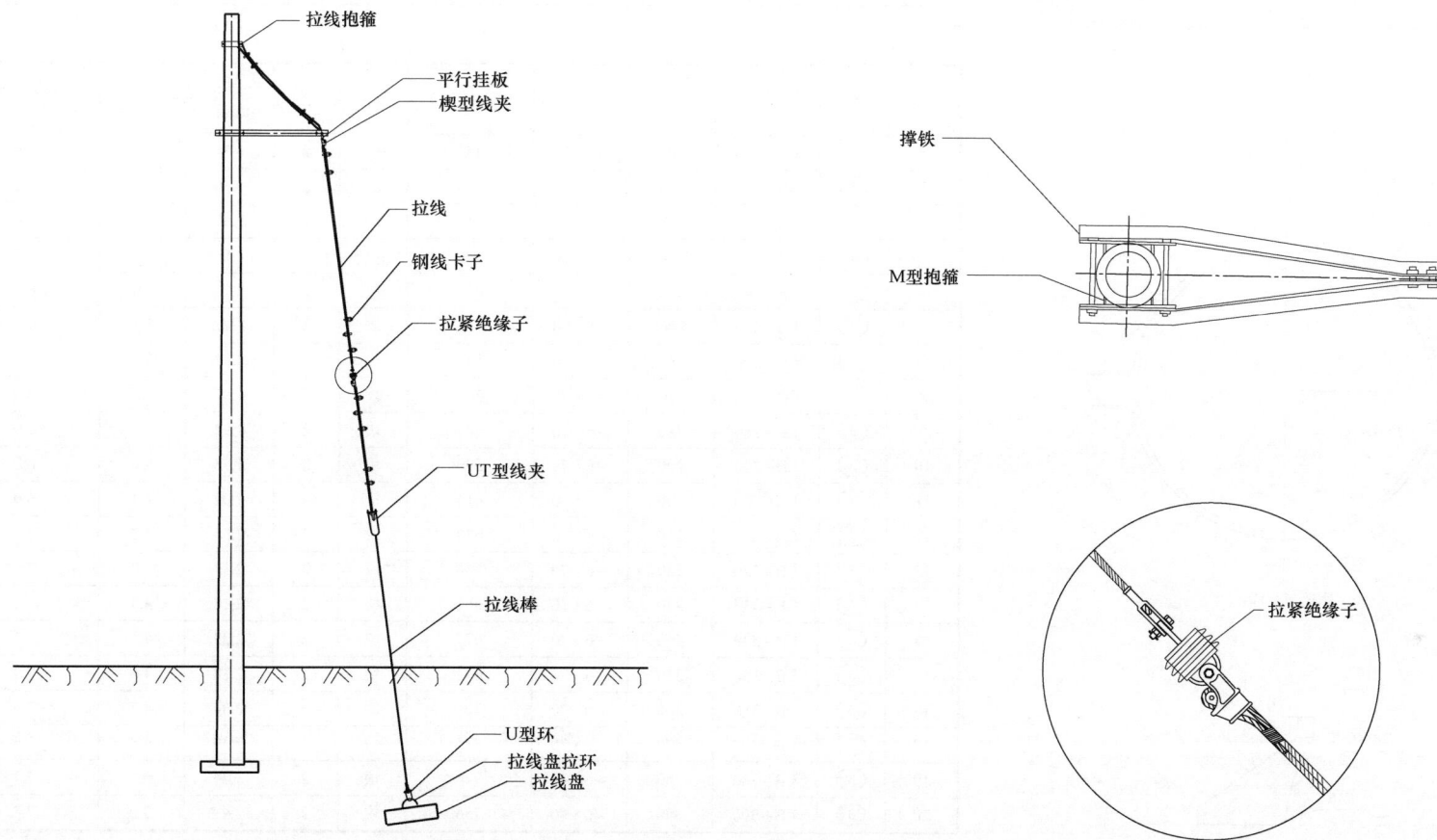

拉线抱箍

平行挂板
楔型线夹

拉线

钢线卡子

拉紧绝缘子

UT型线夹

拉线棒

U型环
拉线盘拉环
拉线盘

撑铁

M型抱箍

拉紧绝缘子

图 10 – 32　弓形拉线布置示意图

材 料 表

序号	编号	名称	规格	长度（mm）	单位	数量	质量（kg）		备注
							一件	小计	
1	①	加劲板	−6×60	80	块	8	0.23	1.8	
2	②	螺栓	M20×100	100	个	2	0.48	1.0	双帽—平垫—弹垫，无扣长度为42mm

选 型 表

序号	编号	型号	D（mm）	规格	长度（mm）	单位	数量	质量（kg）		总重（kg）①+②+③	备注
								一件	小计		
1	③	LB−200	200	−6×70	457	块	2	1.51	3.0	5.8	
2	③	LB−210	210	−6×70	473	块	2	1.56	3.1	5.9	
3	③	LB−220	220	−6×70	489	块	2	1.61	3.2	6.0	
4	③	LB−230	230	−6×70	504	块	2	1.66	3.3	6.1	
5	③	LB−240	240	−6×70	520	块	2	1.71	3.4	6.2	
6	③	LB−250	250	−6×70	536	块	2	1.77	3.5	6.3	
7	③	LB−260	260	−6×70	552	块	2	1.82	3.6	6.4	
8	③	LB−270	270	−6×70	567	块	2	1.87	3.7	6.5	
9	③	LB−280	280	−6×70	583	块	2	1.92	3.8	6.6	
10	③	LB−290	290	−6×70	599	块	2	1.98	4.0	6.8	适用 GJ−35、GJ−50 拉线
11	③	LB−300	300	−6×70	614	块	2	2.02	4.1	6.9	
12	③	LB−310	310	−6×70	630	块	2	2.08	4.2	7.0	
13	③	LB−320	320	−6×70	646	块	2	2.13	4.3	7.1	
14	③	LB−330	330	−6×70	661	块	2	2.18	4.4	7.2	
15	③	LB−340	340	−6×70	677	块	2	2.23	4.5	7.3	
16	③	LB−350	350	−6×70	693	块	2	2.28	4.6	7.4	
17	③	LB−360	360	−6×70	709	块	2	2.34	4.7	7.5	
18	③	LB−370	370	−6×70	724	块	2	2.39	4.8	7.6	
19	③	LB−380	380	−6×70	740	块	2	2.44	4.9	7.7	
20	③	LB−390	390	−6×70	756	块	2	2.49	5.0	7.8	

说明：1. 螺栓螺母垫圈参阅国家标准。

2. 钢材为 Q355。

3. 全部铁件必须热镀锌防腐处理。

4. 各构件焊接工艺、焊缝高度及长度应满足相关规程、规范要求。

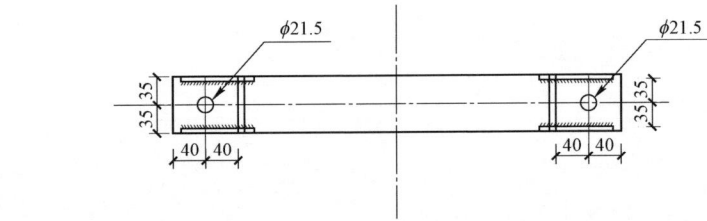

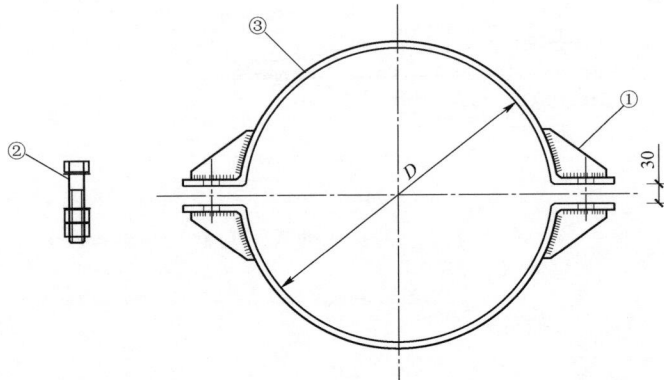

比例（1:10）

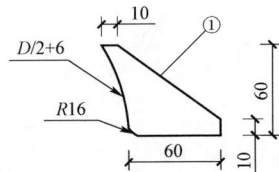

加劲板大样图
比例（1:5）

图 10−33　拉线抱箍加工图（1/3）

比例 (1:10)

加劲板大样图
比例 (1:5)

材 料 表

序号	编号	名称	规格	长度（mm）	单位	数量	质量（kg）一件	质量（kg）小计	备注
1	①	加劲板	−8×60	80	块	8	0.31	2.5	
2	②	螺栓	M20×100	100	个	2	0.48	1.0	6.8级，双帽—平垫—弹垫，无扣长度为42mm

选 型 表

序号	编号	型号	D（mm）	规格	长度（mm）	单位	数量	质量（kg）一件	质量（kg）小计	总重（kg）①+②+③	备注
1	③	LB−200	200	−8×80	457	块	2	2.30	4.6	8.1	
2	③	LB−210	210	−8×80	473	块	2	2.37	4.8	8.2	
3	③	LB−220	220	−8×80	489	块	2	2.45	4.9	8.4	
4	③	LB−230	230	−8×80	504	块	2	2.53	5.1	8.6	
5	③	LB−240	240	−8×80	520	块	2	2.61	5.2	8.8	
6	③	LB−250	250	−8×80	536	块	2	2.69	5.4	8.9	
7	③	LB−260	260	−8×80	552	块	2	2.77	5.5	9.0	
8	③	LB−270	270	−8×80	567	块	2	2.85	5.7	9.2	
9	③	LB−280	280	−8×80	583	块	2	2.93	5.9	9.4	
10	③	LB−290	290	−8×80	599	块	2	3.01	6.0	9.5	适用 GJ−80 拉线
11	③	LB−300	300	−8×80	614	块	2	3.08	6.2	9.7	
12	③	LB−310	310	−8×80	630	块	2	3.16	6.3	9.8	
13	③	LB−320	320	−8×80	646	块	2	3.24	6.5	10.0	
14	③	LB−330	330	−8×80	661	块	2	3.32	6.6	10.1	
15	③	LB−340	340	−8×80	677	块	2	3.40	6.8	10.3	
16	③	LB−350	350	−8×80	693	块	2	3.48	7.0	10.5	
17	③	LB−360	360	−8×80	709	块	2	3.56	7.1	10.6	
18	③	LB−370	370	−8×80	724	块	2	3.64	7.3	10.8	
19	③	LB−380	380	−8×80	740	块	2	3.71	7.4	10.9	
20	③	LB−390	390	−8×80	756	块	2	3.79	7.6	11.1	

说明：1. 螺栓螺母垫圈参阅国家标准。

2. 钢材为 Q355。

3. 全部铁件必须热镀锌防腐处理。

4. 各构件焊接工艺、焊缝高度及长度应满足相关规程、规范要求。

图 10−34　拉线抱箍加工图（2/3）

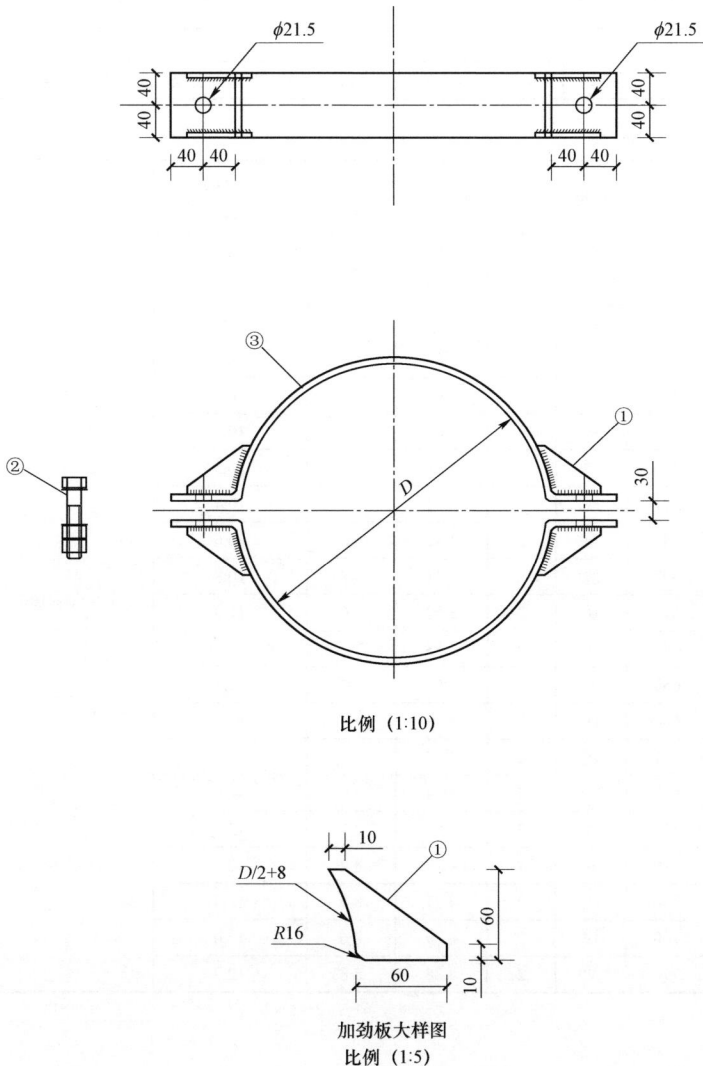

材 料 表

序号	编号	名称	规格	长度（mm）	单位	数量	质量（kg）		备注
							一件	小计	
1	①	加劲板	−8×65	85	块	8	0.39	3.1	
2	②	螺栓	M22×110	110	个	2	0.62	1.2	6.8级，双帽—平垫—弹垫，无扣长度为42mm

选 型 表

序号	编号	型号	D (mm)	材质	规格	长度 (mm)	单位	数量	质量（kg）		总重（kg） ①+②+③	备注
									一件	小计		
1	③	LB−3−190	190	Q355	−8×90	461	块	2	2.60	5.2	9.2	
2	③	LB−3−200	200	Q355	−8×90	477	块	2	2.70	5.4	9.4	
3	③	LB−3−210	210	Q355	−8×90	493	块	2	2.79	5.6	9.5	
4	③	LB−3−220	220	Q355	−8×90	509	块	2	2.87	5.8	9.7	
5	③	LB−3−230	230	Q355	−8×90	524	块	2	2.96	5.9	9.9	
6	③	LB−3−240	240	Q355	−8×90	540	块	2	3.05	6.1	10.1	
7	③	LB−3−250	250	Q355	−8×90	556	块	2	3.14	6.3	10.3	
8	③	LB−3−260	260	Q355	−8×90	572	块	2	3.23	6.5	10.4	
9	③	LB−3−270	270	Q355	−8×90	587	块	2	3.32	6.6	10.6	
10	③	LB−3−280	280	Q355	−8×90	603	块	2	3.41	6.8	10.8	
11	③	LB−3−290	290	Q355	−8×90	619	块	2	3.50	7.0	11.0	适用 GJ−100 拉线
12	③	LB−3−300	300	Q355	−8×90	634	块	2	3.58	7.2	11.1	
13	③	LB−3−310	310	Q355	−8×90	650	块	2	3.67	7.4	11.3	
14	③	LB−3−320	320	Q355	−8×90	666	块	2	3.76	7.5	11.5	
15	③	LB−3−330	330	Q355	−8×90	681	块	2	3.85	7.7	11.7	
16	③	LB−3−340	340	Q355	−8×90	697	块	2	3.94	7.9	11.9	
17	③	LB−3−350	350	Q355	−8×90	713	块	2	4.03	8.1	12.0	
18	③	LB−3−360	360	Q355	−8×90	729	块	2	4.12	8.2	12.2	
19	③	LB−3−370	370	Q355	−8×90	744	块	2	4.21	8.4	12.4	
20	③	LB−3−380	380	Q355	−8×90	760	块	2	4.29	8.6	12.6	
21	③	LB−3−390	390	Q355	−8×90	776	块	2	4.38	8.8	12.7	

说明：1. 螺栓螺母垫圈参阅国家标准。

2. 钢材为 Q355。

3. 全部铁件必须热镀锌防腐处理。

4. 各构件焊接工艺、焊缝高度及长度应满足相关规程、规范要求。

比例（1:10）

加劲板大样图
比例（1:5）

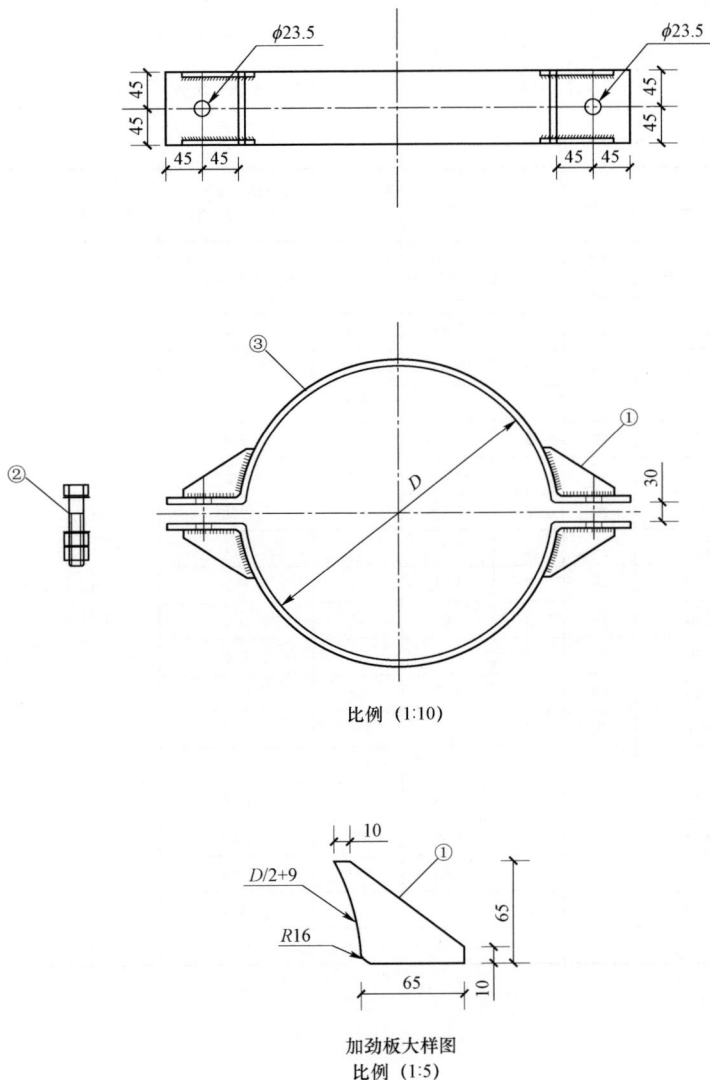

图 10−35 拉线抱箍加工图（3/3）

11.1　设计说明

10kV 拉线水泥双杆适用于 XZ-A、XZ-B 两个气象区内丘陵、山区等要求较大档距的单回线路。导线采用 JL/G1A-240/30 及以下钢芯铝绞线。

10kV 拉线直线水泥双杆及拉线转角水泥双杆均不考虑同杆架设低压线路。

10kV 双杆均采用非预应力锥形水泥杆，直线双杆及耐张双杆均需配置拉线装置，双杆间距为 3m。直线双杆按杆长分为 12、15、18m 三种；耐张和终端双杆按杆长分为 12、15m 两种；耐张双杆按转角分为 0°～10°耐张转角双杆、10°～30°耐张转角双杆、30°～60°耐张转角双杆、60°～90°耐张转角双杆、0°终端双杆，杆型一览表见表 11-1。

表 11-1　　　　杆 型 一 览 表

序号	杆型种类	杆型名称	杆型代号	是否带低压
1	单回拉线直线水泥双杆	ZS-M	ZS-M-12	否
2			ZS-M-15	否
3			ZS-M-18	否
4	单回 0°～10°拉线耐张转角水泥双杆	NJS1-N	NJS1-N-12	否
5			NJS1-N-15	否
6	单回 10°～30°拉线耐张转角水泥双杆	NJS2-N	NJS2-N-12	否
7			NJS2-N-15	否
8	单回 30°～60°拉线耐张转角水泥双杆	NJS3-N	NJS3-N-12	否
9			NJS3-N-15	否
10	单回 60°～90°拉线耐张转角水泥双杆	NJS4-N	NJS4-N-12	否
11			NJS4-N-15	否
12	单回拉线终端水泥双杆	DS-N	DS-N-12	否
13			DS-N-15	否

11.2　杆塔设计条件

11.2.1　气象条件

适用于 10kV 水泥双杆的气象区为 XZ-A、XZ-B 两个气象区，各气象区的参数详见表 4-2。

11.2.2　导线型号与截面选取、导线使用档距及安全系数

适用于 10kV 双杆的导线为 JL/G1A 钢芯铝绞线，导线截面有 70、120、150、240mm² 。

适用于 10kV 双杆的钢芯铝绞线使用水平档距不超过 250m。

XZ-A、XZ-B 两个气象区内适用于 10kV 水泥双杆导线安全系数允许取值范围见表 11-2。

表 11-2　　10kV 水泥双杆导线安全系数允许取值表
（XZ-A、XZ-B 气象区）

导线型号	安全系数允许取值
JL/G1A-70/10*	3.5
JL/G1A-120/20*	3.5
JL/G1A-150/20*	3.5
JL/G1A-240/30	4

* 使用限制条件见 11.2.7。

对于超出表 11-2 导线型号或安全系数限定范围的使用情况，各地应对电杆的适用档距进行核算，并对 10kV 水泥双杆的电气间隙和结构强度及稳定性进行校验并调整，满足要求后方可使用。

11.2.3　导线应力弧垂计算

10kV 水泥双杆导线应力弧垂计算时，导线年平均运行张力上限不应超过导线瞬时破坏张力的 18%。各地按此要求自行计算 XZ-A、XZ-B 两个气象区内导线应力弧垂表。

导线的初伸长推荐采用降温法进行补偿，降温数值各地依据规程要求及实际工程经验综合确定，使得运行一段时间后的导线弧垂与导线应力弧垂表一致。

11.2.4　水泥杆强度等级分类及相关技术规定

10kV 水泥双杆均采用非预应力锥形水泥杆。根据《环形混凝土电杆》（GB/T 4623—2014）对整根锥形杆、组装锥形杆强度等级的序列划分，按水泥杆的开裂检验弯矩对架空线路不同导线配置产生的相应外荷载进行归类计算，单回路直线水泥双杆强度等级均选用 M 级，单回路耐张、终端水泥双杆强度等级均选用 N 级。

所有 10kV 水泥双杆所用电杆均按锥形水泥杆纵向受力钢筋强度等级不低于 HRB400、混凝土强度等级不低于 C40、壁厚不小于 50mm 等条件进行强度及稳定性计算，各地在电杆招标采购时应在相关技术文件中明确上述要求。

由于 10kV 水泥双杆杆头部分受力较大，要求在满足电杆强度等级的同时，电杆杆头部分应有足够的配筋量以满足杆头抗压及抗剪等要求，电杆制造时还应严格控制电杆钢筋笼距电杆顶部的距离不大于 2cm，各地应在电杆招标采购时在相关技术文件中作上述要求。

11.2.5　拉线

钢绞线选取依据《镀锌钢绞线》（YB/T 5004—2012）选取公称抗拉强度值为 1270、1370MPa 的镀锌钢绞线。

（1）10kV 水泥双杆拉线组合型式及参数表见表 11−3。

表 11−3　　　　　　10kV 水泥双杆拉线组合型式及参数表

拉线型式	钢绞线规格	钢绞线公称横截面（mm²）	钢绞线最小破断拉力（kN）
LX−5	1×7−9.0−1270−B−YB/T 5004−2012	49.50	57.86
LX−8	1×19−11.5−1270−B−YB/T 5004−2012	78.94	90.23
LX−10	1×19−13.0−1370−B−YB/T 5004−2012	100.90	124.40
2LX−8	2×（1×19−11.5−1270−B−YB/T 5004−2012）	2×78.94	2×90.23

（2）镀锌钢绞线选用表见表 11−4。

表 11−4　　　　　　镀　锌　钢　绞　线　选　用　表

序号	标准标记	物料描述	标称
1	1×7−9.0−1270−B−YB/T 5004−2012	钢绞线，1×7−9.0−1270−B，50，镀锌	GJ−50
2	1×19−11.5−1270−B−YB/T 5004−2012	钢绞线，1×19−11.5−1270−B，80，镀锌	GJ−80
3	1×19−13.0−1370−B−YB/T 5004−2012	钢绞线，1×19−13.0−1370−B，100，镀锌	GJ−100

（3）LX−5、LX−8、LX−10 型单拉线布置示意图及配置表详见图 11−17，其中拉线对地夹角度数以图 11−4～图 11−16 中的说明为准。2LX−8 型双拼拉线布置示意图及配置表详见图 11−18。

11.2.6　使用条件

（1）10kV 水泥双杆仅适用于 50～240mm² 的钢芯铝绞线，其使用条件见表 11−5。

表 11−5　　　10kV 水泥双杆使用条件表（XZ−A、XZ−B 气象区）

导线型号	回路	双杆间距（m）	水平档距（m）	垂直档距（m）	转角度数	是否同杆架设低压线	杆型代号
JL/G1A−240/30 及以下钢芯铝绞线	单回路	3	250	300	0°	否	ZS−M−12
		3	250	300	0°	否	ZS−M−15
		3	250	300	0°	否	ZS−M−18
		3	250	300	0°～10°	否	NJS1−N−12
		3	250	300	0°～10°	否	NJS1−N−15
		3	250	300	10°～30°	否	NJS2−N−12
		3	250	300	10°～30°	否	NJS2−N−15
		3	250	300	30°～60°	否	NJS3−N−12
		3	250	300	30°～60°	否	NJS3−N−15
		3	250	300	60°～90°	否	NJS4−N−12
		3	250	300	60°～90°	否	NJS4−N−15
		3	125	150	0°终端	否	DS−N−12
		3	125	150	0°终端	否	DS−N−15

（2）10kV 直线。水泥双杆仅用于线路直线通过，不允许用作直线转角杆。

（3）各地在使用 10kV 直线水泥双杆过程中需严格控制 K_v 值取值（垂直档距与水平档距比值），各气象区、各种规格导线最小 K_v 值取值表见表 11−6、表 11−7（表中 K_v 值计算参照的 10kV 悬垂绝缘子串选型及尺寸见第 16 章）。

表 11-6　　钢芯铝绞线最小 K_v 值取值表（XZ-A 气象区）

导线型号　　絶缘子型号及数量　　海拔	2500～4000m	4000～5000m
	盘形悬式瓷绝缘子（3 片）	盘形悬式瓷绝缘子（3 片）
JL/G1A-70/10	0.75	0.75
JL/G1A-120/20	0.60	0.60
JL/G1A-150/20	0.60	0.60
JL/G1A-240/30	0.60	0.60

表 11-7　　钢芯铝绞线最小 K_v 值取值表（XZ-B 气象区）

导线型号　　絶缘子型号及数量　　海拔	2500～4000m	4000～5000m
	盘形悬式瓷绝缘子（3 片）	盘形悬式瓷绝缘子（3 片）
JL/G1A-70/10	0.90	0.90
JL/G1A-120/20	0.65	0.65
JL/G1A-150/20	0.60	0.60
JL/G1A-240/30	0.60	0.60

（4）杆型分段原则。10kV 水泥双杆均采用环形非预应力锥形杆，其分段原则为：M 级 12m 杆分为整根杆和法兰组装杆，应根据施工条件选择使用；N 级 12m 杆为整根杆；M 级与 N 级 15m 杆分为整根杆、法兰组装杆，宜优先选用整根杆或法兰组装杆；M 级 18m 杆分为法兰组装杆。

（5）杆型代号示意图见图 11-1。

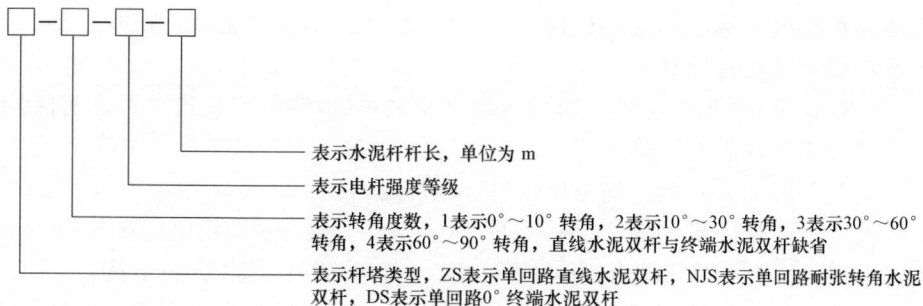

图 11-1　杆型代号示意图

例如：

ZS-M-12 表示水泥双杆间距 3m、杆长 12m、强度等级为 M 级的单回路直线水泥双杆。

NJS1-N-15 表示水泥双杆间距 3m、杆长 15m、强度等级为 N 级，转角度数为 0°～10° 的单回路耐张转角水泥双杆。

DS-N-15 表示水泥双杆间距 3m、杆长 15m、强度等级为 N 级的单回路 0° 终端水泥双杆。

（6）主杆型号命名示意图见图 11-2。

图 11-2　主杆型号命名示意图

例如：$\phi190×12×M×G$ 表示梢径为 190mm，杆长为 12m，强度等级为 M 级的环形普通钢筋混凝土杆。

（7）拉线型式命名示意图见图 11-3。

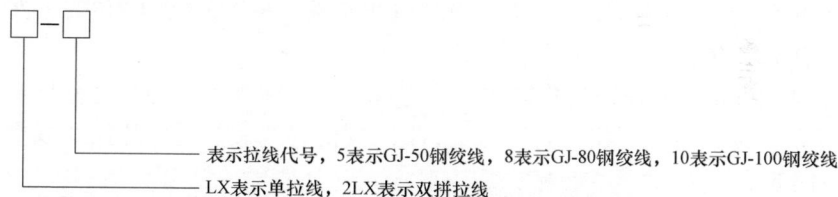

图 11-3　拉线型式命名示意图

例如：

LX-5 表示单拉线，拉线规格为 GJ-50 钢绞线。

2LX-8 表示双拼拉线，每根拉线规格为 GJ-80 钢绞线。

11.3　电气校验

根据《66kV 及以下架空电力线路设计规范》（GB 50061—2010）及《高海

拔外绝缘配置技术规范》（Q/DGW 13001）的相关规定，10kV 架空电力线路导线与杆塔构件、拉线之间的最小间隙应符合表 11–18 的规定。

表 11–8　10kV 架空电力线路导线与杆塔构件、拉线之间的最小间隙　（m）

海拔	2000～2500	2500～4000	4000～5000
最小间隙	0.256	0.288	0.327

10kV 水泥双杆设计满足杆身带电作业，未考虑横担上方进行带电作业。

10kV 水泥双杆间距为 3m。

耐张水泥双杆采用跳线绝缘子作为跳线支持方式，图 11–7～图 11–14 列出跳线绝缘子的安装方式示意图。

11.4　金具及绝缘子选用

10kV 金具及绝缘子选用要求见第 16 章。

10kV 直线水泥双杆选用的单串悬垂绝缘子串型，不能用在高差较大的重要跨越。高差较小的重要跨越使用 10kV 直线水泥双杆时要选用双串悬垂绝缘子串型，并经校核满足要求方可使用。10kV 直线水泥双杆选用的悬垂绝缘子串型根据第 16 章确定。

10kV 耐张水泥双杆选用的耐张绝缘子串型根据第 16 章确定。

双杆按导线年平均运行张力上限不超过 18% 设计，根据《66kV 及以下架空电力线路设计规范》及《架空绝缘配电线路设计标准》（GB 51302—2018），不需安装防振锤。

超过 120m 的裸导线若确需安装防振锤，防振锤类型分为非对称型音叉式防振锤和预绞式对称型扭转式防振锤，不同规格导线截面适用防振锤规格型号见表 11–9。

表 11–9　不同规格导线适用防振锤型号　（mm²）

型号		适用导线截面
非对称型音叉式防振锤规格型号	FRY–1	50～70
	FRY–2	95～120
	FRY–3	150
	FRY–4	185～240
预绞式对称型扭转式防振锤	FDNJ–3	150
	FDNJ–4	185～240

11.5　结构设计原则

11.5.1　规划原则

单回 10kV 水泥双杆按 0° 直线水泥双杆，0°～10° 耐张水泥杆、10°～30° 耐张水泥杆、30°～60° 耐张水泥杆、60°～90° 耐张水泥双杆、0° 终端水泥双杆共六种杆型规划考虑。

不考虑同杆架设低压线，不考虑设置避雷线。

安装工况：考虑导线的初伸长、过牵引和冲击系数；考虑附加荷载；紧线牵引绳对地夹角按 40° 考虑。临时拉线对地夹角不大于 45°，其方向与导线方向一致，临时拉线按平衡导线张力的 30% 考虑。

在荷载的长期效应组合作用下，杆的计算挠曲度均应满足：拉线杆顶点的挠度不应大于杆全高的 4‰，拉线杆拉线点以下杆身挠度不应大于拉线点高的 2‰。

10kV 水泥双杆埋深宜采用表 11–10 中所列数值。

表 11–10　10kV 水泥双杆埋深　（m）

环形非预应力锥形杆杆长	12.0	15.0	18.0
埋深	2.0	2.5	3.0

注　本次根据上述埋深要求进行计算，各地应根据对应杆位的地质条件进行计算以确定水泥杆最终埋深及基础形式。

11.5.2　荷载计算

10kV 架空线路通用设计所有水泥杆重要性系数均按 1.0 取值。

设计风速离地高度取 10m，所有杆型设计时风压高度变化系数均根据 B 类地面粗糙度计算，如地面粗糙类型达到 A 类，需要对电杆、拉线、横担等强度及稳定性进行核算。

荷载计算时，水平荷载考虑风压高度变化系数，线条安装张力考虑初伸长、过牵引及施工误差的影响。

安装工况动力系数：均考虑 1.1 动力系数。

前后点荷载分配系数：直线双杆水平荷载、垂直荷载前后侧均按 5:5 分配；耐张水泥双杆水平荷载前后侧按 4:6 分配，垂直荷载前后侧按 4:6 分配。

直线水泥双杆的断线张力取最大使用张力的 40%，耐张水泥双杆的断线张力取最大使用张力的 70%。

（1）直线水泥双杆工况组合。

正常运行情况：最大风速、无冰、未断线（最大垂直荷载、最小垂直荷载分别与最大水平荷载组合），包括0°、45°、60°、90°风。

覆冰情况：相应风速及气温、未断线。

断线情况：无冰、无风（断任意一相导线）。

安装情况：双倍起吊任何一相导线，相应风速，无冰。

（2）耐张水泥双杆工况组合。

正常运行情况：最大风速、无冰、未断线，包括45°、90°风（终端杆包括0°风）。

覆冰情况：相应风速及气温、未断线。

最低气温：无冰、无风、未断线。

断线情况：无冰，无风，在同一档内断任意两相导线；终端双杆考虑在同一档内剩两相导线。

安装情况：导线考虑锚线及紧线条件。

11.5.3　杆塔构件设计

主杆规格、拉线规格及其安装方向均已在图11-4～图11-16中明确。

杆型图中给出了各横担、横担托箍、斜撑、斜撑抱箍、拉线抱箍等的安装方式。

10kV耐张水泥双杆计算时，原则上不考虑各种工况下耐张绝缘子上扬的情况。实际工程中如出现耐张绝缘子上扬的情况，须对横担强度、横担与电杆连接部件、拉线配置等进行校验，满足要求后使用。

11.6　基础设计注意事项

杆身下压力的计算参考了电杆质量：直线杆分别为1100、1700、2200kg；耐张（终端）杆分别为1600、2000kg。

10kV水泥双杆基础仅考虑底盘及拉线盘两种形式。各地应根据图11-4～图11-17各杆型单线图及参数表中拉线作用力、杆身下压力，并结合当地地质条件、地形条件及各地区使用习惯选用合理的底盘、拉线盘，并确定拉线盘的埋深及拉线棒的长度，对于特殊地质条件要采用特别加固措施。

根据不同地质，选择原土或混凝土进行基础回填。水泥杆及拉线盘埋深不应小于设计值，回填土每300mm夯实一次，地面上应留有高350mm的防沉土台。

拉线杆拉线盘装设，应注意拉线棒埋设45°槽道的正确方向，拉线棒受力后不应弯曲。

基础坑开挖时注意保持坑壁边坡，坑内渗水、积水应及时排除，并采取措施，防止基坑塌陷。

11.7　设计图

10kV水泥双杆设计图清单见表11-11。

表11-11　　　　10kV水泥双杆设计图清单

图序	图名	备注
图11-4	ZS-M-12 单回拉线直线水泥双杆单线图及参数表	
图11-5	ZS-M-15 单回拉线直线水泥双杆单线图及参数表	
图11-6	ZS-M-18 单回拉线直线水泥双杆单线图及参数表	
图11-7	NJS1-N-12 单回0°～10°拉线耐张转角水泥双杆单线图及参数表	
图11-8	NJS1-N-15 单回0°～10°拉线耐张转角水泥双杆单线图及参数表	
图11-9	NJS2-N-12 单回10°～30°拉线耐张转角水泥双杆单线图及参数表	
图11-10	NJS2-N-15 单回10°～30°拉线耐张转角水泥双杆单线图及参数表	
图11-11	NJS3-N-12 单回30°～60°拉线耐张转角水泥双杆单线图及参数表	
图11-12	NJS3-N-15 单回30°～60°拉线耐张转角水泥双杆单线图及参数表	
图11-13	NJS4-N-12 单回60°～90°拉线耐张转角水泥双杆单线图及参数表	
图11-14	NJS4-N-15 单回60°～90°拉线耐张转角水泥双杆单线图及参数表	
图11-15	DS-N-12 单回拉线终端水泥双杆单线图及参数表	
图11-16	DS-N-15 单回拉线终端水泥双杆单线图及参数表	
图11-17	单拉线布置示意图及配置表	
图11-18	双拼拉线布置示意图及配置表	
图11-19	直线双杆横担加工图	
图11-20	耐张双杆横担加工图	
图11-21	终端双杆横担加工图	
图11-22	斜撑加工图	
图11-23	LBG型拉线抱箍加工图	
图11-24	XBG型斜撑抱箍加工图	
图11-25	ZBG型直线杆横担托箍加工图	
图11-26	JBG型耐张杆横担托箍加工图	
图11-27	DBG型终端杆横担托箍加工图	

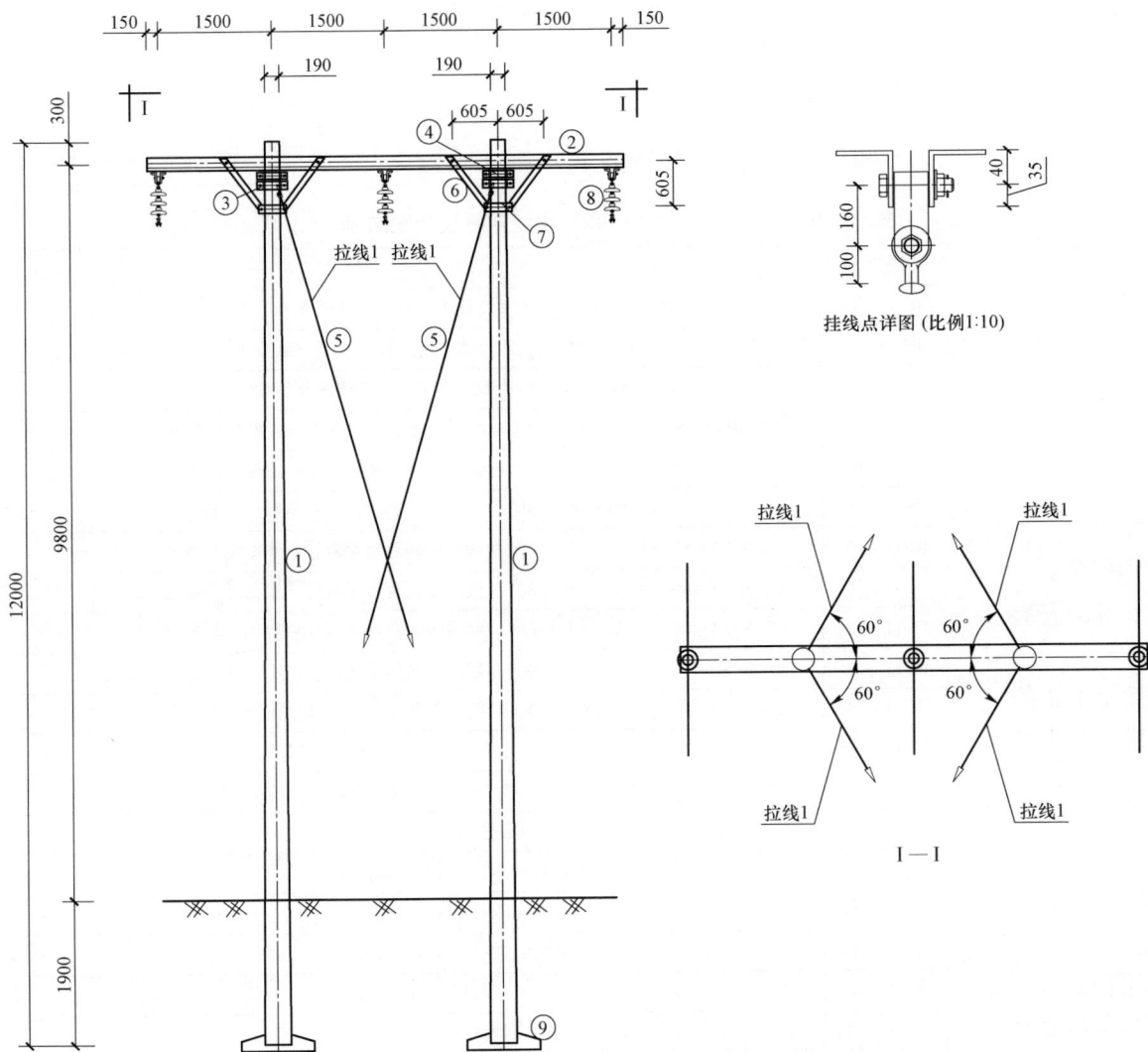

ZS-M-12 杆材料表

编号	名称	规格	数量	单位	备注
①	主杆	$\phi190 \times 12 \times M \times G$	2	根	锥形水泥杆，非预应力，整根杆，12m，190mm，M
					锥形水泥杆，非预应力，法兰组装杆，12m，190mm，M
②	双杆横担		1	副	见图 11-19
③	拉线抱箍		2	副	见图 11-23
④	横担托箍		2	副	见图 11-25
⑤	拉线 1	详见下表	4	根	见图 11-17
⑥	斜撑		8	根	见图 11-22
⑦	斜撑抱箍		2	副	见图 11-24
⑧	悬垂绝缘子串		3	串	见图 16-23～图 16-26
⑨	底盘		2	块	

导线安全系数 k 取值与拉线 1 规格对照表（XZ-A、XZ-B 气象区）

拉线 1 规格 / 导线型号	LX-5	LX-10
JL/G1A-70/10 *	3≤k≤4.5	—
JL/G1A-120/20 *	4≤k≤4.5	3≤k<4
JL/G1A-150/20 *	4≤k≤4.5	3≤k<4
JL/G1A-240/30	—	4≤k≤4.5

* 使用限制条件见 11.2.7。

ZS-M-12 杆技术参数表

拉线规格 / 名称	拉线 1	
	LX-5	LX-10
受力标准值（kN）	22.77	29.81
受力设计值（kN）	31.88	41.73
主杆下压力标准值（kN）	70.98	85.20
主杆下压力设计值（kN）	95.92	115.82

挂线点详图（比例1:10）

I—I

说明：拉线 1 对地夹角均为 60°。

图 11-4 ZS-M-12 单回拉线直线水泥双杆单线图及参数表

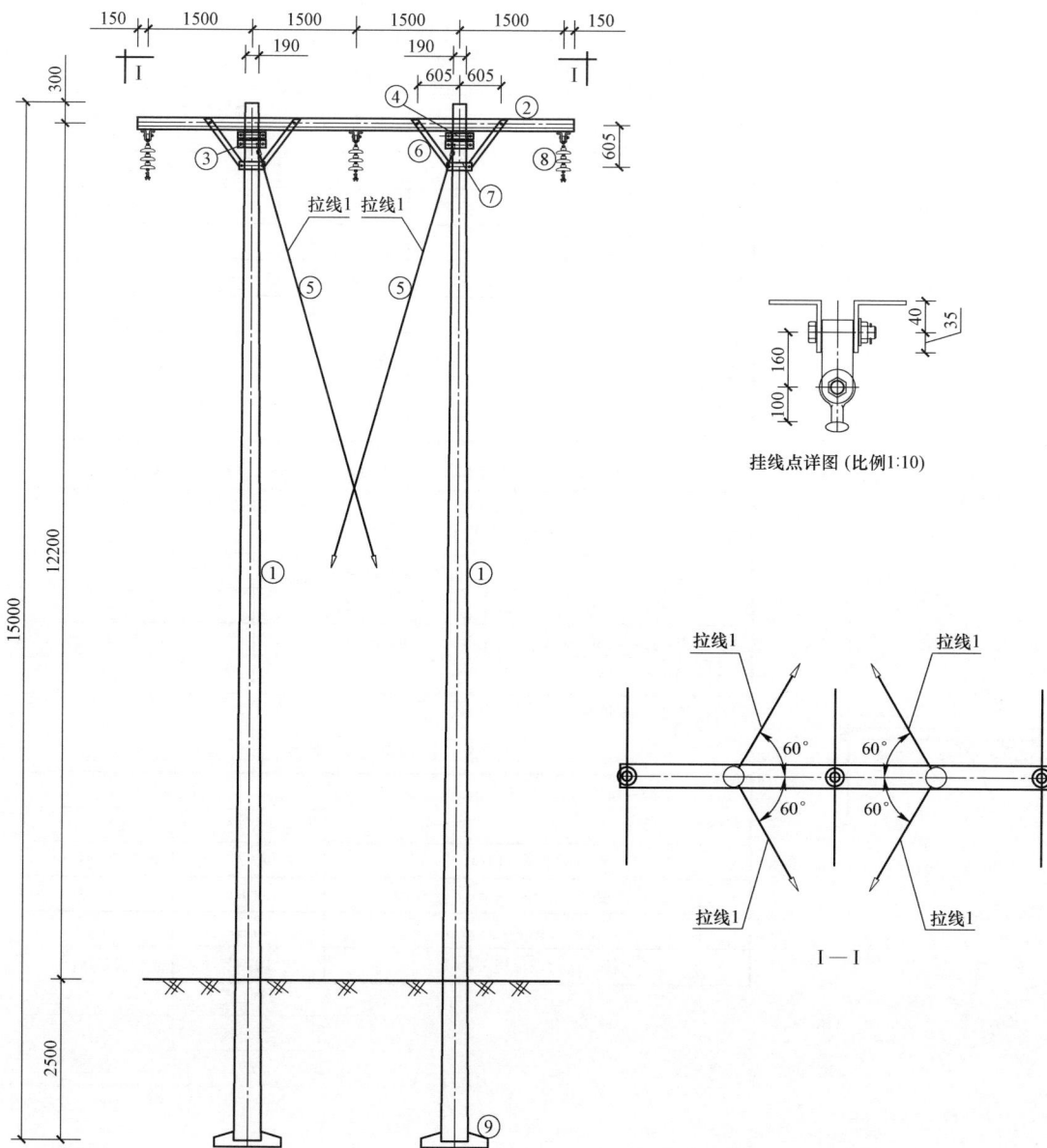

ZS-M-15 杆材料表

编号	名称	规格	数量	单位	备注
①	主杆	$\phi190\times15\times M\times G$	2	根	锥形水泥杆, 非预应力, 整根杆, 15m, 190mm, M / 锥形水泥杆, 非预应力, 法兰组装杆, 15m, 190mm, M
②	双杆横担		1	副	见图11-19
③	拉线抱箍		2	副	见图11-23
④	横担托箍		2	副	见图11-25
⑤	拉线1	详见下表	4	根	见图11-17
⑥	斜撑		8	根	见图11-22
⑦	斜撑抱箍		2	副	见图11-24
⑧	悬垂绝缘子串		3	串	见图16-20~图16-23
⑨	底盘		2	块	

导线安全系数 k 取值与拉线 1 规格对照表（XZ-A、XZ-B 气象区）

导线型号 \ 拉线1规格	LX-5	LX-10
JL/G1A-70/10 *	$3\leqslant k\leqslant4.5$	—
JL/G1A-120/20 *	$4\leqslant k\leqslant4.5$	$3\leqslant k<4$
JL/G1A-150/20 *	$4\leqslant k\leqslant4.5$	$3\leqslant k<4$
JL/G1A-240/30	—	$4\leqslant k\leqslant4.5$

* 使用限制条件见 11.2.7。

ZS-M-15 杆技术参数表

名称 \ 拉线规格	拉线1	
	LX-5	LX-10
受力标准值（kN）	22.77	29.81
受力设计值（kN）	31.88	41.73
主杆下压力标准值（kN）	75.29	89.57
主杆下压力设计值（kN）	101.09	121.00

挂线点详图 (比例1:10)

I—I

说明：拉线 1 对地夹角均为 60°。

图 11-5 ZS-M-15 单回拉线直线水泥双杆单线图及参数表

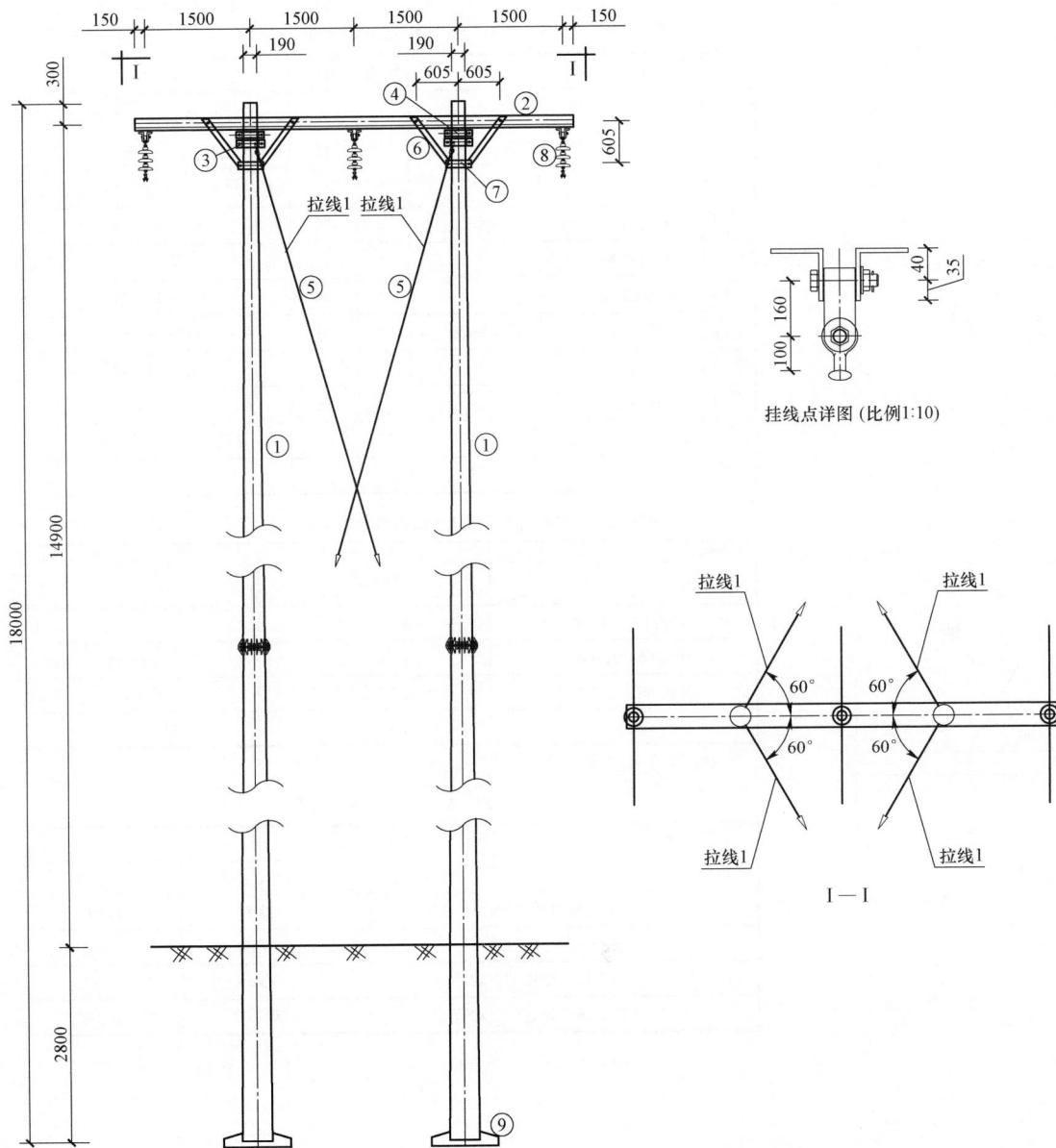

ZS−M−18 杆材料表

编号	名称	规格	数量	单位	备注
①	主杆	φ190×18×M×G	2	根	锥形水泥杆，非预应力，法兰组装杆，18m，190mm，M
②	双杆横担		1	副	见图 11−19
③	拉线抱箍		2	副	见图 11−23
④	横担托箍		2	副	见图 11−25
⑤	拉线 1	详见下表	4	根	见图 11−17
⑥	斜撑		8	根	见图 11−22
⑦	斜撑抱箍		2	副	见图 11−24
⑧	悬垂绝缘子串		3	串	见图 16−20～图 16−23
⑨	底盘		2	块	

导线安全系数 k 取值与拉线 1 规格对照表（XZ−A、XZ−B 气象区）

拉线 1 规格 \ 导线型号	LX−5	LX−10
JL/G1A−70/10 *	3≤k≤4.5	—
JL/G1A−120/20 *	4≤k≤4.5	3≤k<4
JL/G1A−150/20 *	4≤k≤4.5	3≤k<4
JL/G1A−240/30	—	4≤k≤4.5

* 使用限制条件见 11.2.7。

ZS−M−18 杆技术参数表

拉线规格 \ 名称	拉线 1	
	LX−5	LX−10
受力标准值（kN）	22.77	29.81
受力设计值（kN）	31.88	41.73
主杆下压力标准值（kN）	77.45	91.67
主杆下压力设计值（kN）	103.68	123.59

挂线点详图（比例1:10）

I—I

说明：拉线 1 对地夹角均为 60°。

图 11−6　ZS−M−18 单回拉线直线水泥双杆单线图及参数表

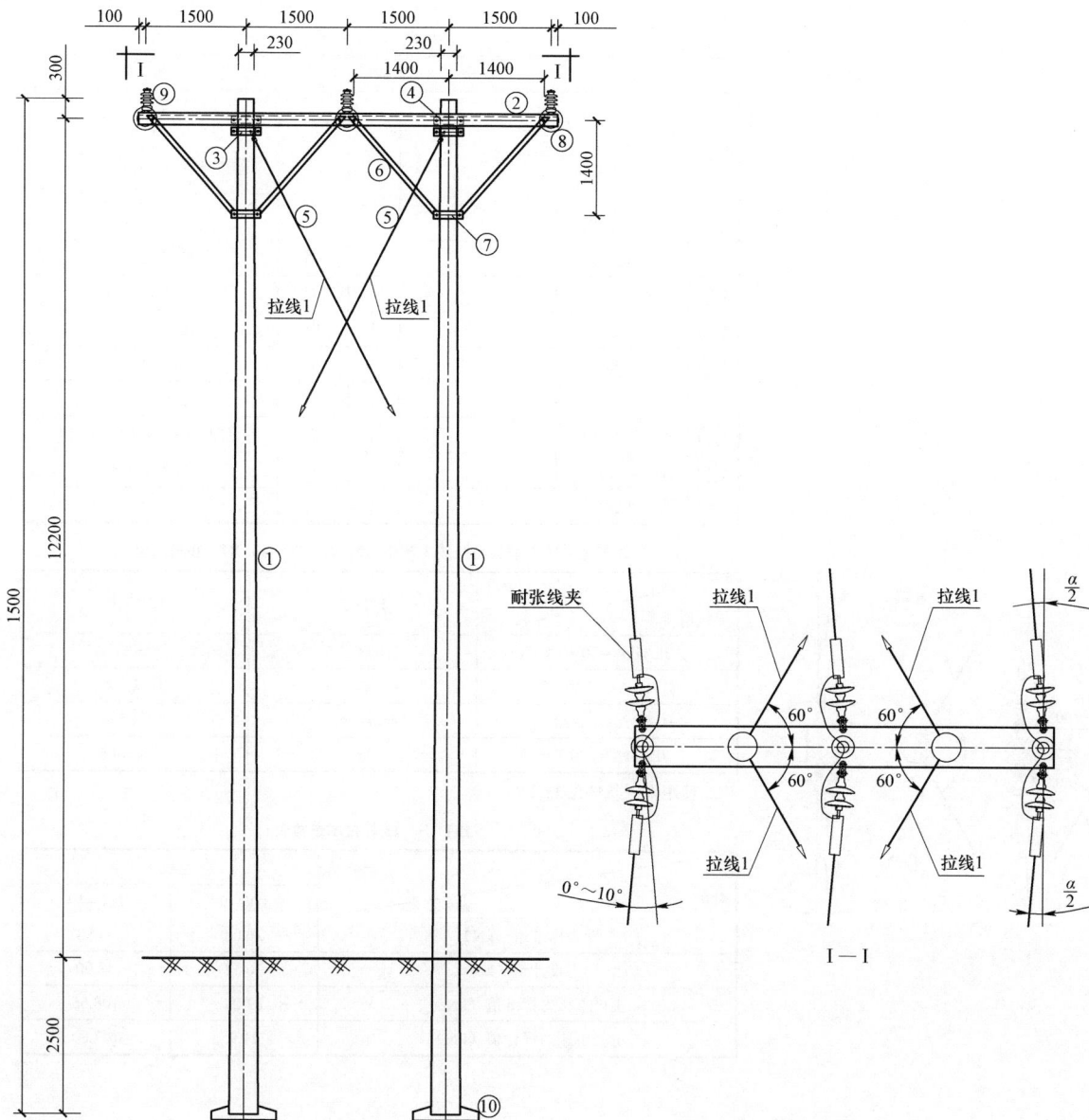

NJS1-N-12 杆材料表

编号	名称	规格	数量	单位	备注
①	主杆	$\phi 230 \times 12 \times N \times G$	2	根	锥形水泥杆，非预应力，整根杆，12m，230mm，N
②	双杆横担		1	副	见图 11-20
③	拉线抱箍		2	副	见图 11-23
④	横担托箍		2	副	见图 11-26
⑤	拉线 1	详见下表	4	根	见图 11-17
⑥	斜撑		8	根	见图 11-22
⑦	斜撑抱箍		2	副	见图 11-24
⑧	耐张绝缘子串		6	串	见图 16-13 和图 16-14
⑨	跳线绝缘子		3	只	见图 16-4
⑩	底盘		2	块	

导线安全系数 k 取值与拉线 1 规格对照表（XZ-A、XZ-B 气象区）

导线型号 \ 拉线 1 规格	LX-5	LX-10
JL/G1A-70/10 *	$3 \leqslant k \leqslant 4.5$	—
JL/G1A-120/20 *	$4 \leqslant k \leqslant 4.5$	$3 \leqslant k < 4$
JL/G1A-150/20 *	$4 \leqslant k \leqslant 4.5$	$3 \leqslant k < 4$
JL/G1A-240/30	—	$4 \leqslant k \leqslant 4.5$

* 使用限制条件见 11.2.7。

NJS1-N-12 杆技术参数表

名称 \ 拉线规格	拉线 1	
	LX-5	LX-10
受力标准值（kN）	26.08	34.93
受力设计值（kN）	36.52	48.90
主杆下压力标准值（kN）	78.73	104.34
主杆下压力设计值（kN）	106.77	142.62

说明：1. α 为线路转角度数。

2. 拉线 1 对地夹角均为 45°。

图 11-7　NJS1-N-12 单回 0°～10° 拉线耐张转角水泥双杆单线图及参数表

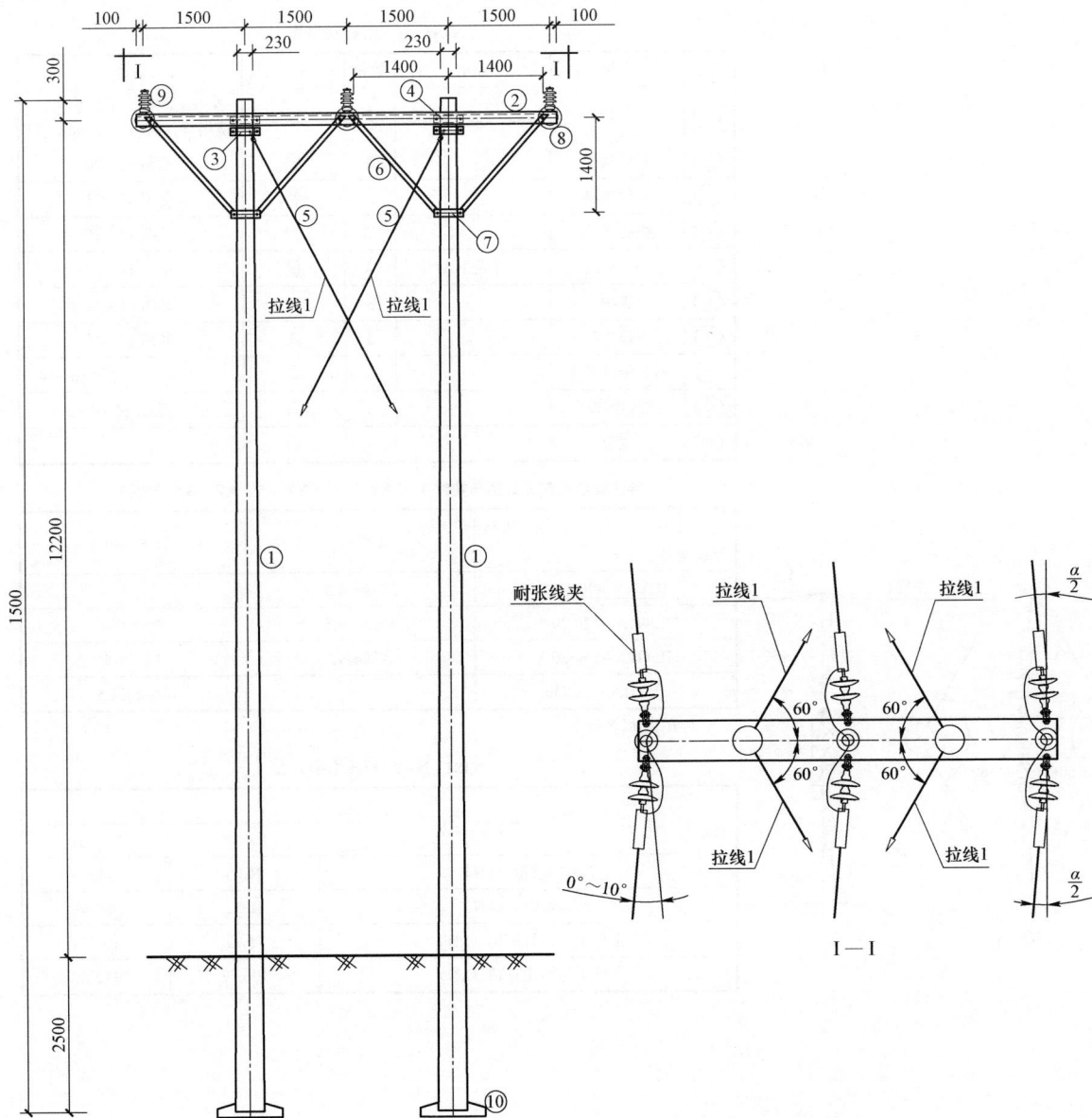

NJS1－N－15 杆材料表

编号	名称	规格	数量	单位	备注
①	主杆	$\phi 230 \times 15 \times N \times G$	2	根	锥形水泥杆，非预应力，整根杆，15m，230mm，N
					锥形水泥杆，非预应力，法兰组装杆，15m，230mm，N
②	双杆横担		1	副	见图 11－20
③	拉线抱箍		2	副	见图 11－23
④	横担托箍		2	副	见图 11－26
⑤	拉线 1	详见下表	4	根	见图 11－17
⑥	斜撑		8	根	见图 11－22
⑦	斜撑抱箍		2	副	见图 11－24
⑧	耐张绝缘子串		6	串	见图 16－13 和图 16－14
⑨	跳线绝缘子		3	只	见图 16－4
⑩	底盘		2	块	

导线安全系数 k 取值与拉线 1 规格对照表（XZ－A、XZ－B 气象区）

导线型号 \ 拉线 1 规格	LX－5	LX－10
JL/G1A－70/10 *	3≤k≤4.5	—
JL/G1A－120/20 *	4≤k≤4.5	3≤k<4
JL/G1A－150/20 *	4≤k≤4.5	3≤k<4
JL/G1A－240/30	—	4≤k≤4.5

* 使用限制条件见 11.2.7。

NJS1－N－15 杆技术参数表

名称 \ 拉线规格	拉线 1	
	LX－5	LX－10
受力标准值（kN）	26.08	34.93
受力设计值（kN）	36.52	48.90
主杆下压力标准值（kN）	83.05	108.65
主杆下压力设计值（kN）	111.95	147.80

说明：1. α 为线路转角度数。

2. 拉线 1 对地夹角均为 45°。

图 11－8　NJS1－N－15 单回 0°～10° 拉线耐张转角水泥双杆单线图及参数表

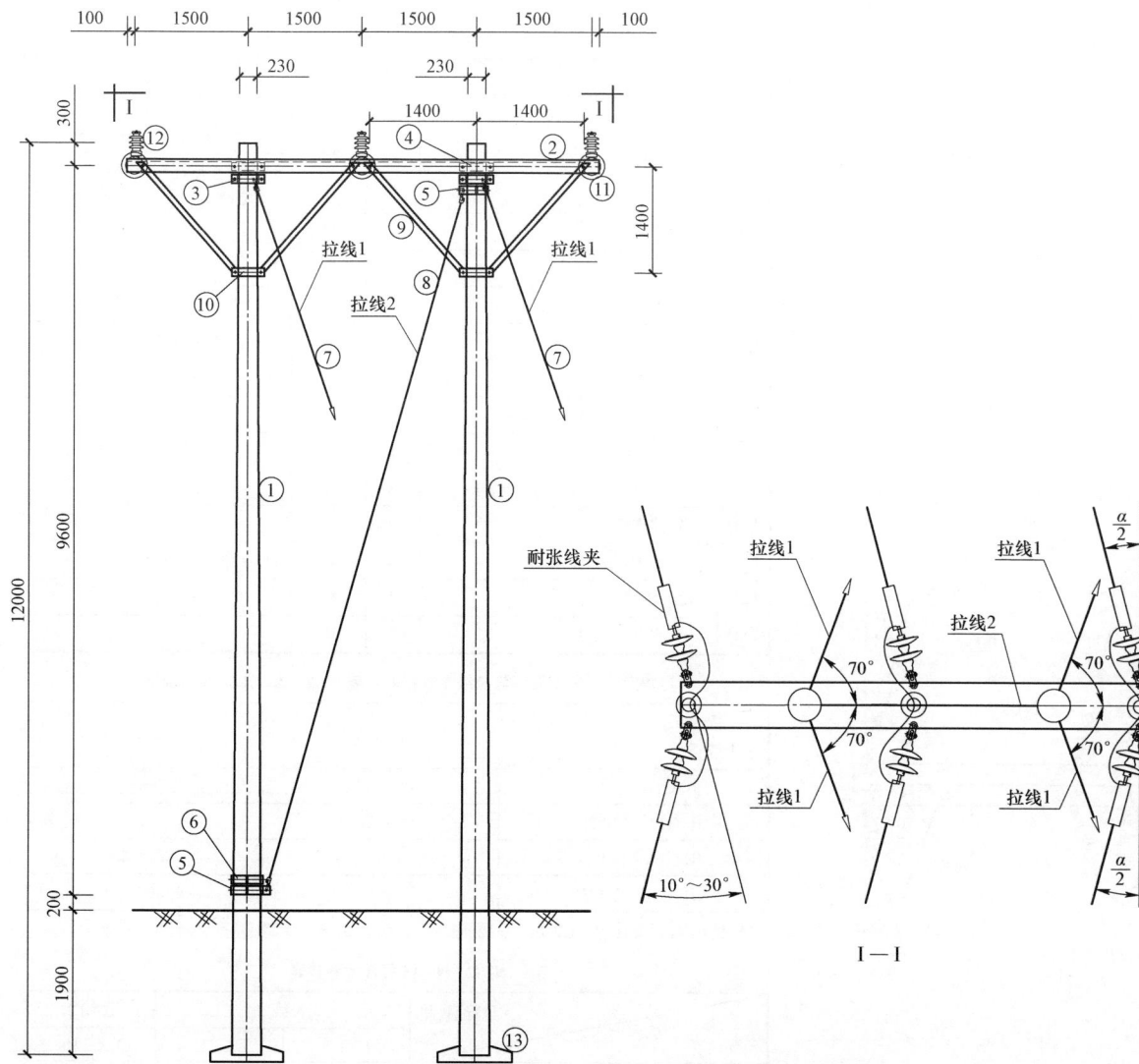

NJS2-N-12 杆材料表

编号	名称	规格	数量	单位	备注
①	主杆	$\phi230\times12\times N\times G$	2	根	锥形水泥杆，非预应力，整根杆，12m，230mm，N
②	双杆横担		1	副	见图11-20
③	拉线1抱箍		2	副	见图11-23
④	横担托箍		2	副	见图11-26
⑤	拉线2抱箍		2	副	见图11-23
⑥	防滑抱箍		1	副	见图11-23
⑦	拉线1	详见下表	4	根	见图11-17
⑧	拉线2	LX-10	1	根	见图11-17
⑨	斜撑		8	根	见图11-22
⑩	斜撑抱箍		2	副	见图11-24
⑪	耐张绝缘子串		6	串	见图16-13和图16-14
⑫	跳线绝缘子		3	只	见图16-4
⑬	底盘		2	块	

导线安全系数 k 取值与拉线 1 规格对照表（XZ-A、XZ-B 气象区）

导线型号 \ 拉线1规格	LX-8	LX-10
JL/G1A-70/10 *	$3\leqslant k\leqslant4.5$	—
JL/G1A-120/20 *	$3\leqslant k\leqslant4.5$	—
JL/G1A-150/20 *	—	$3\leqslant k\leqslant4.5$
JL/G1A-240/30	—	$4\leqslant k\leqslant4.5$

* 使用限制条件见 11.2.7。

NJS2-N-12 杆技术参数表

名称 \ 拉线规格	拉线1		拉线2
	LX-8	LX-10	LX-10
受力标准值（kN）	32.68	46.12	24.40
受力设计值（kN）	44.36	64.56	34.16
主杆下压力标准值（kN）	91.57	135.94	—
主杆下压力设计值（kN）	124.74	186.86	—

说明：1. α 为线路转角度数。

2. 拉线 1 对地夹角均为 45°。

3. 拉线 1、拉线 2 杆顶处抱箍应分别装设。

图 11-9　NJS2-N-12 单回 10°～30° 拉线耐张转角水泥双杆单线图及参数表

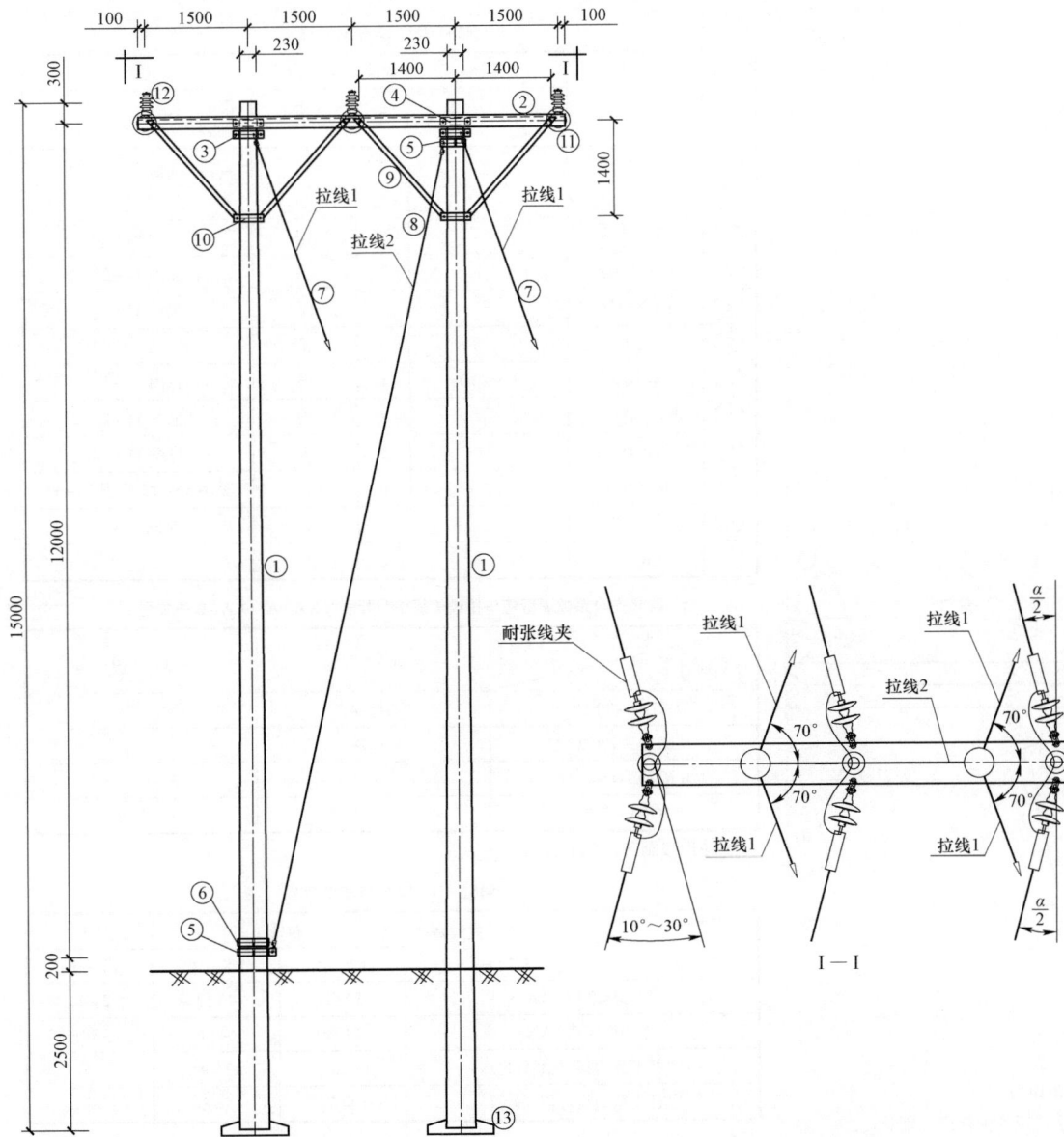

NJS2-N-15 杆材料表

编号	名称	规格	数量	单位	备注
①	主杆	φ230×15×N×G	2	根	锥形水泥杆，非预应力，整根杆，15m，230mm，N
					锥形水泥杆，非预应力，法兰组装杆，15m，230mm，N
②	双杆横担		1	副	见图 11-20
③	拉线抱箍1		2	副	见图 11-23
④	横担托箍		2	副	见图 11-26
⑤	拉线抱箍2		2	副	见图 11-23
⑥	防滑抱箍		1	副	见图 11-23
⑦	拉线1	详见下表	4	根	见图 11-17
⑧	拉线2	LX-10	1	根	见图 11-17
⑨	斜撑		8	根	见图 11-22
⑩	斜撑抱箍		2	副	见图 11-24
⑪	耐张绝缘子串		6	串	见图 16-13 和图 16-14
⑫	跳线绝缘子		3	只	见图 16-4
⑬	底盘		2	块	

导线安全系数 k 取值与拉线1规格对照表（XZ-A、XZ-B 气象区）

拉线1规格 导线型号	LX-8	LX-10
JL/G1A-70/10 *	3≤k≤4.5	—
JL/G1A-120/20 *	3≤k≤4.5	—
JL/G1A-150/20 *	—	3≤k≤4.5
JL/G1A-240/30	—	4≤k≤4.5

* 使用限制条件见 11.2.7。

NJS2-N-15 杆技术参数表

拉线规格 名称	拉线1		拉线2
	LX-8	LX-10	LX-10
受力标准值（kN）	32.68	46.12	24.40
受力设计值（kN）	44.36	64.56	34.16
主杆下压力标准值（kN）	95.88	140.26	—
主杆下压力设计值（kN）	129.92	192.04	—

说明：1. α 为线路转角度数。

2. 拉线1对地夹角均为45°。

3. 拉线1、拉线2杆顶处抱箍应分别装设。

图 11-10　NJS2-N-15 单回 10°～30° 拉线耐张转角水泥双杆单线图及参数表

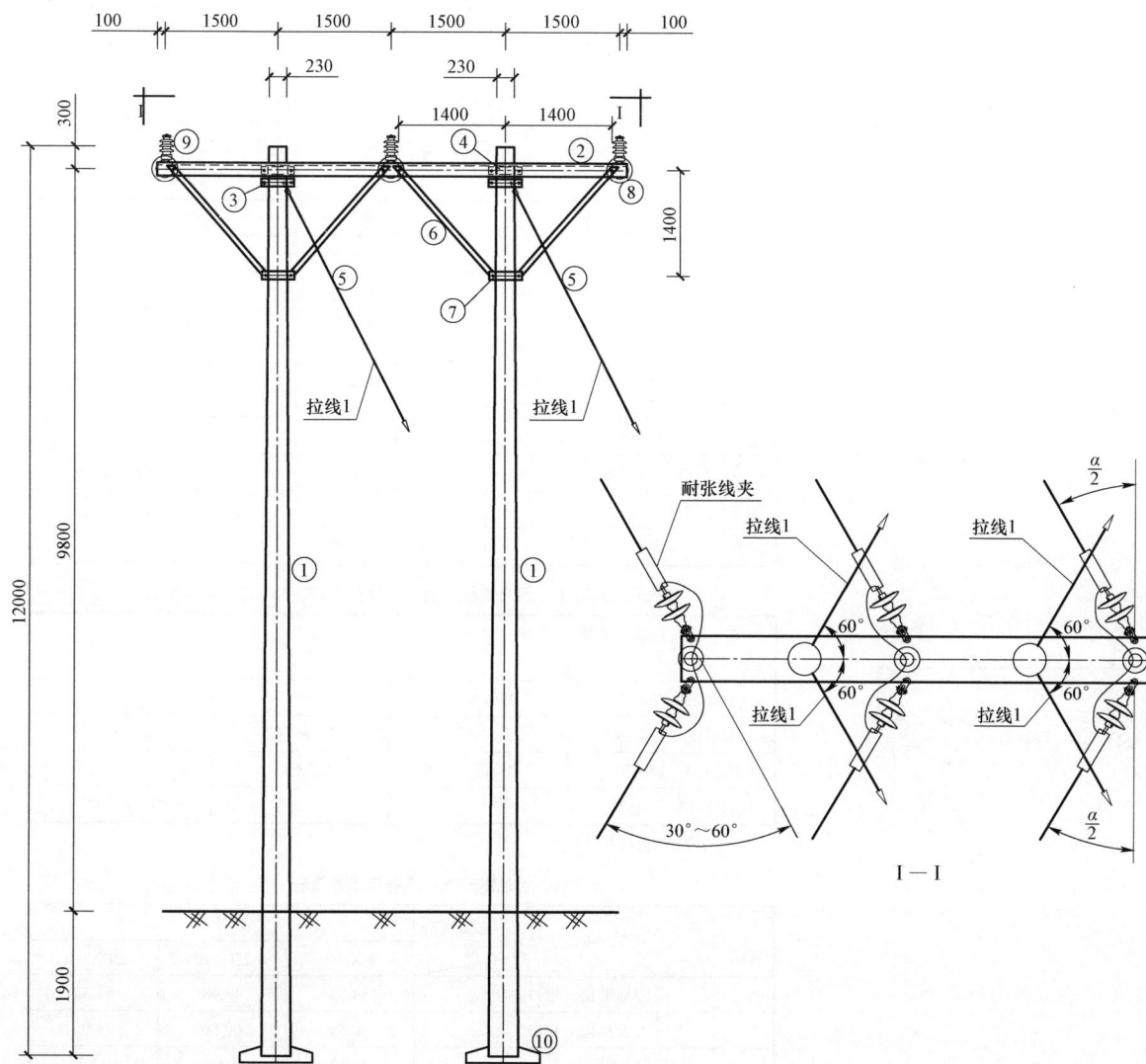

NJS3-N-12 杆材料表

编号	名称	规格	数量	单位	备注
①	主杆	$\phi 230 \times 12 \times N \times G$	2	根	锥形水泥杆，非预应力，整根杆，12m，230mm，N
②	双杆横担		1	副	见图 11-20
③	拉线抱箍		2	副	单拉线用，见图 11-23
			4	副	双拼拉线用，见图 11-23
④	横担托箍		2	副	见图 11-26
⑤	拉线 1	详见下表	4	根	单拉线用，见图 11-17
			4	组	双拼拉线用，见图 11-18
⑥	斜撑		8	根	见图 11-22
⑦	斜撑抱箍		2	副	见图 11-24
⑧	耐张绝缘子串		6	串	见图 16-13 和图 16-14
⑨	跳线绝缘子		3	只	见图 16-4
⑩	底盘		2	块	

导线安全系数 k 取值与拉线 1 规格对照表（XZ-A、XZ-B 气象区）

导线型号 \ 拉线 1 规格	LX-8	LX-10	2LX-8
JL/G1A-70/10 *	$3 \leqslant k \leqslant 4.5$	—	—
JL/G1A-120/20 *	$3.5 \leqslant k \leqslant 4.5$	$3 \leqslant k < 3.5$	—
JL/G1A-150/20 *	$4 \leqslant k \leqslant 4.5$	$3 \leqslant k < 4$	—
JL/G1A-240/30	—	—	$4 \leqslant k \leqslant 4.5$

* 使用限制条件见 11.2.7。

NJS3-N-12 杆技术参数表

名称 \ 拉线规格	拉线 1		
	LX-8	LX-10	2LX-8
受力标准值（kN）	34.53	43.48	51.37
受力设计值（kN）	48.35	60.86	71.92
主杆下压力标准值（kN）	89.86	106.10	129.92
主杆下压力设计值（kN）	122.35	145.09	178.43

说明：1. α 为线路转角度数。

2. 拉线 1 对地夹角均为 45°。

3. 当拉线 1 规格为 LX-8 或 LX-10 时，单位为根；当拉线 1 规格为 2LX-8 时，单位为组，每组采用 2 根 GJ-80 钢绞线。

图 11-11 NJS3-N-12 单回 30°～60° 拉线耐张转角水泥双杆单线图及参数表

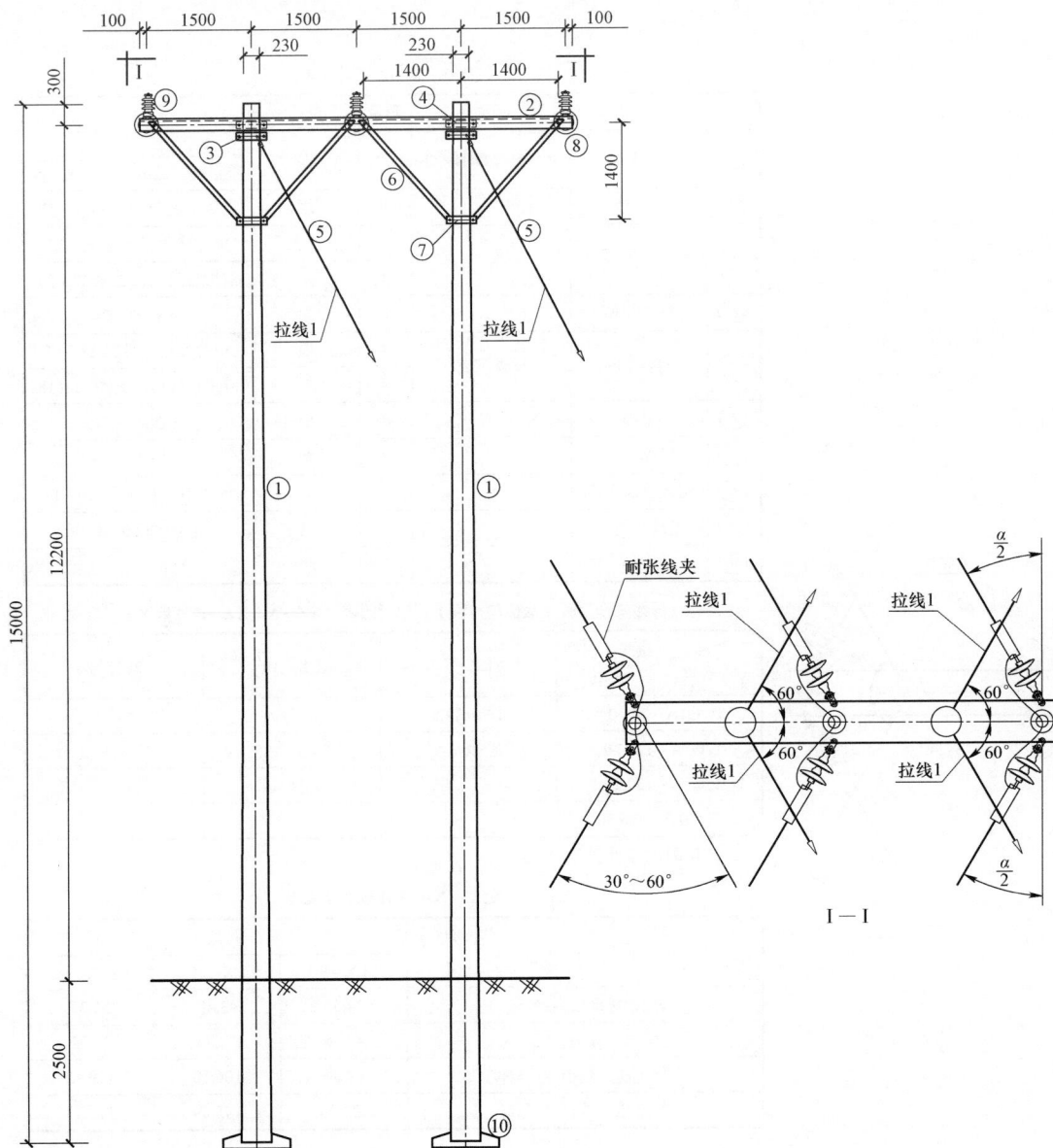

NJS3-N-15 杆材料表

编号	名称	规格	数量	单位	备注
①	主杆	φ230×15×N×G	2	根	锥形水泥杆，非预应力，整根杆，15m，230mm，N
					锥形水泥杆，非预应力，法兰组装杆，15m，230mm，N
②	双杆横担		1	副	见图 11-20
③	拉线抱箍		2	副	单拉线用，见图 11-23
			4	副	双拼拉线用，见图 11-23
④	横担托箍		2	副	见图 11-26
⑤	拉线 1	详见下表	4	根	单拉线用，见图 11-17
			4	组	双拼拉线用，见图 11-18
⑥	斜撑		8	根	见图 11-22
⑦	斜撑抱箍		2	副	见图 11-24
⑧	耐张绝缘子串		6	串	见图 16-13 和图 16-14
⑨	跳线绝缘子		3	只	见图 16-4
⑩	底盘		2	块	

导线安全系数 k 取值与拉线 1 规格对照表（XZ-A、XZ-B 气象区）

拉线 1 规格 导线型号	LX-8	LX-10	2LX-8
JL/G1A-70/10 *	3≤k≤4.5	—	—
JL/G1A-120/20 *	3.5≤k≤4.5	3≤k<3.5	—
JL/G1A-150/20 *	4≤k≤4.5	3≤k<4	—
JL/G1A-240/30	—	—	4≤k≤4.5

* 使用限制条件见 11.2.7。

NJS3-N-15 杆技术参数表

拉线规格 名称	拉线 1		
	LX-8	LX-10	2LX-8
受力标准值（kN）	34.53	43.48	51.37
受力设计值（kN）	48.35	60.86	71.92
主杆下压力标准值（kN）	94.17	110.42	134.23
主杆下压力设计值（kN）	127.52	150.27	183.61

说明：1. α为线路转角度数。

2. 拉线 1 对地夹角均为 45°。

3. 当拉线 1 规格为 LX-8 或 LX-10 时，单位为根；当拉线 1 规格为 2LX-8 时，单位为组，每组采用 2 根 GJ-80 钢绞线。

图 11-12　NJS3-N-15 单回 30°～60° 拉线耐张转角水泥双杆单线图及参数表

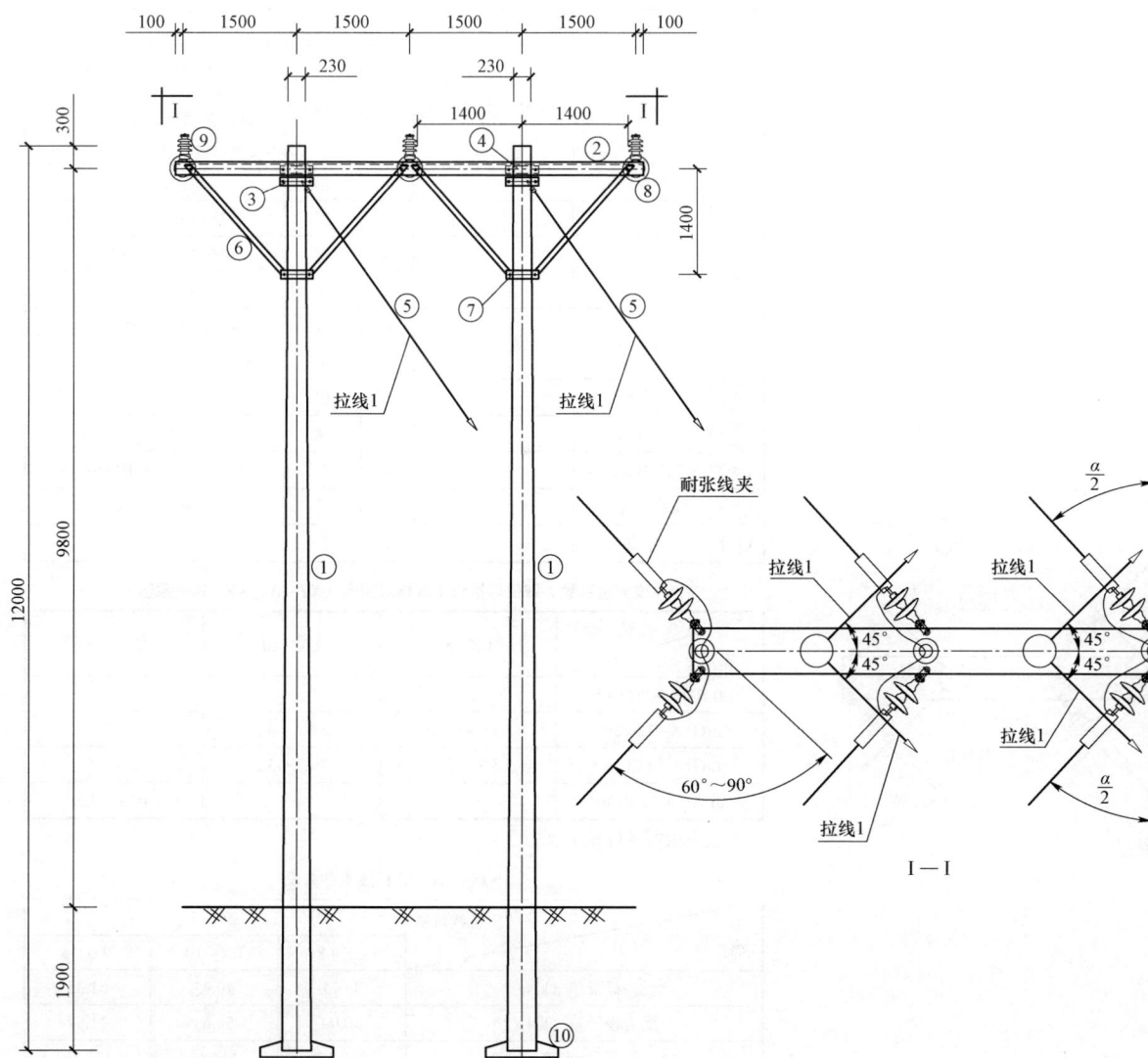

NJS4-N-12 杆材料表

编号	名称	规格	数量	单位	备注
①	主杆	$\phi230\times12\times N\times G$	2	根	锥形水泥杆，非预应力，整根杆，12m，230mm，N
②	双杆横担		1	副	见图11-20
③	拉线抱箍		2	副	单拉线用，见图11-23
			4	副	双拼拉线用，见图11-23
④	横担托箍		2	副	见图11-26
⑤	拉线1	详见下表	4	根	单拉线用，见图11-17
			4	组	双拼拉线用，见图11-18
⑥	斜撑		8	根	见图11-22
⑦	斜撑抱箍		2	副	见图11-24
⑧	耐张绝缘子串		6	串	见图16-13和图16-14
⑨	跳线绝缘子		3	只	见图16-4
⑩	底盘		2	块	

导线安全系数 k 取值与拉线 1 规格对照表（XZ-A、XZ-B 气象区）

导线型号 \ 拉线1规格	LX-8	LX-10	2LX-8
JL/G1A-70/10 *	$3\leqslant k\leqslant4.5$	—	—
JL/G1A-120/20 *	$3.5\leqslant k\leqslant4.5$	$3\leqslant k<3.5$	—
JL/G1A-150/20 *	$3.5\leqslant k\leqslant4.5$	$3\leqslant k<3.5$	—
JL/G1A-240/30 *	—	—	$4\leqslant k\leqslant4.5$

* 使用限制条件见 11.2.7。

NJS4-N-12 杆技术参数表

名称 \ 拉线规格	拉线1		
	LX-8	LX-10	2LX-8
受力标准值（kN）	35.71	40.45	51.35
受力设计值（kN）	50.00	56.63	71.89
主杆下压力标准值（kN）	95.81	107.15	130.86
主杆下压力设计值（kN）	130.67	146.56	179.75

说明：1. α 为线路转角度数。

2. 拉线 1 对地夹角均为 45°。

3. 当拉线 1 规格为 LX-8 或 LX-10 时，单位为根；当拉线 1 规格为 2LX-8 时，单位为组，每组采用 2 根 GJ-80 钢绞线。

图 11-13　NJS4-N-12 单回 60°～90° 拉线耐张转角水泥双杆单线图及参数表

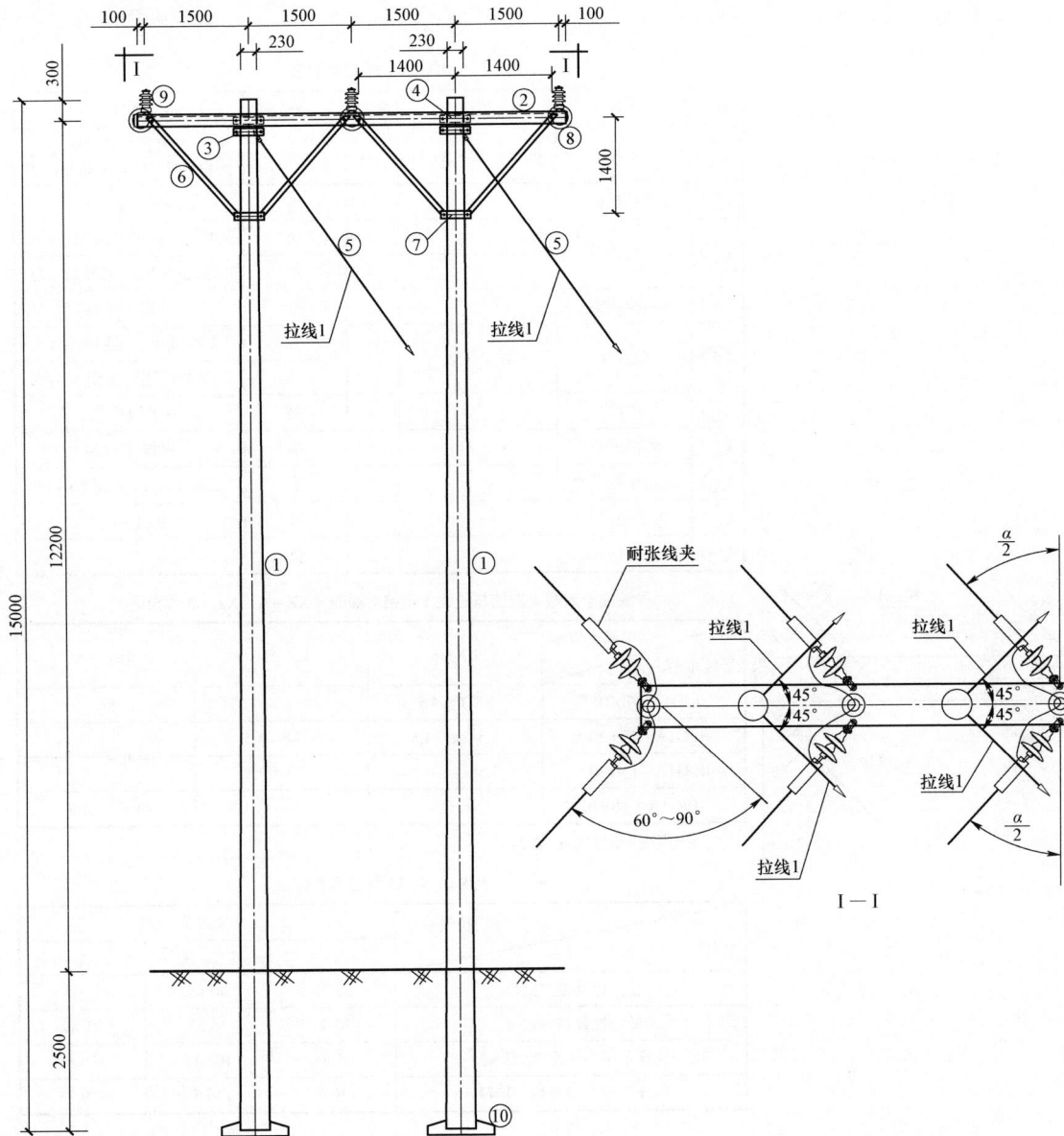

NJS4-N-15 杆材料表

编号	名称	规格	数量	单位	备注
①	主杆	φ230×15×N×G	2	根	锥形水泥杆，非预应力，整根杆，15m，230mm，N
					锥形水泥杆，非预应力，法兰组装杆，15m，230mm，N
②	双杆横担		1	副	见图11-20
③	拉线抱箍		2	副	单拉线用，见图11-23
			4	副	双拼拉线用，见图11-23
④	横担托箍		2	副	见图11-26
⑤	拉线1	详见下表	4	根	单拉线用，见图11-17
			4	组	双拼拉线用，见图11-18
⑥	斜撑		8	根	见图11-22
⑦	斜撑抱箍		2	副	见图11-24
⑧	耐张绝缘子串		6	串	见图16-13和图16-14
⑨	跳线绝缘子		3	只	见图16-4
⑩	底盘		2	块	

导线安全系数 k 取值与拉线1规格对照表（XZ-A、XZ-B 气象区）

拉线1规格 / 导线型号	LX-8	LX-10	2LX-8
JL/G1A-70/10 *	3≤k≤4.5	—	—
JL/G1A-120/20 *	3.5≤k≤4.5	3≤k<3.5	—
JL/G1A-150/20 *	3.5≤k≤4.5	3≤k<3.5	—
JL/G1A-240/30	—	—	4≤k≤4.5

* 使用限制条件见11.2.7。

NJS4-N-15 杆技术参数表

名称	拉线1		
拉线规格	LX-8	LX-10	2LX-8
受力标准值（kN）	35.71	40.45	51.35
受力设计值（kN）	50.00	56.63	71.89
主杆下压力标准值（kN）	100.12	114.46	135.18
主杆下压力设计值（kN）	135.85	151.73	184.93

说明：1. α为线路转角度数。

2. 拉线1对地夹角均为45°。

3. 当拉线1规格为LX-8或LX-10时，单位为根；当拉线1规格为2LX-8时，单位为组，每组采用2根GJ-80钢绞线。

图 11-14　NJS4-N-15 单回 60°～90° 拉线耐张转角水泥双杆单线图及参数表

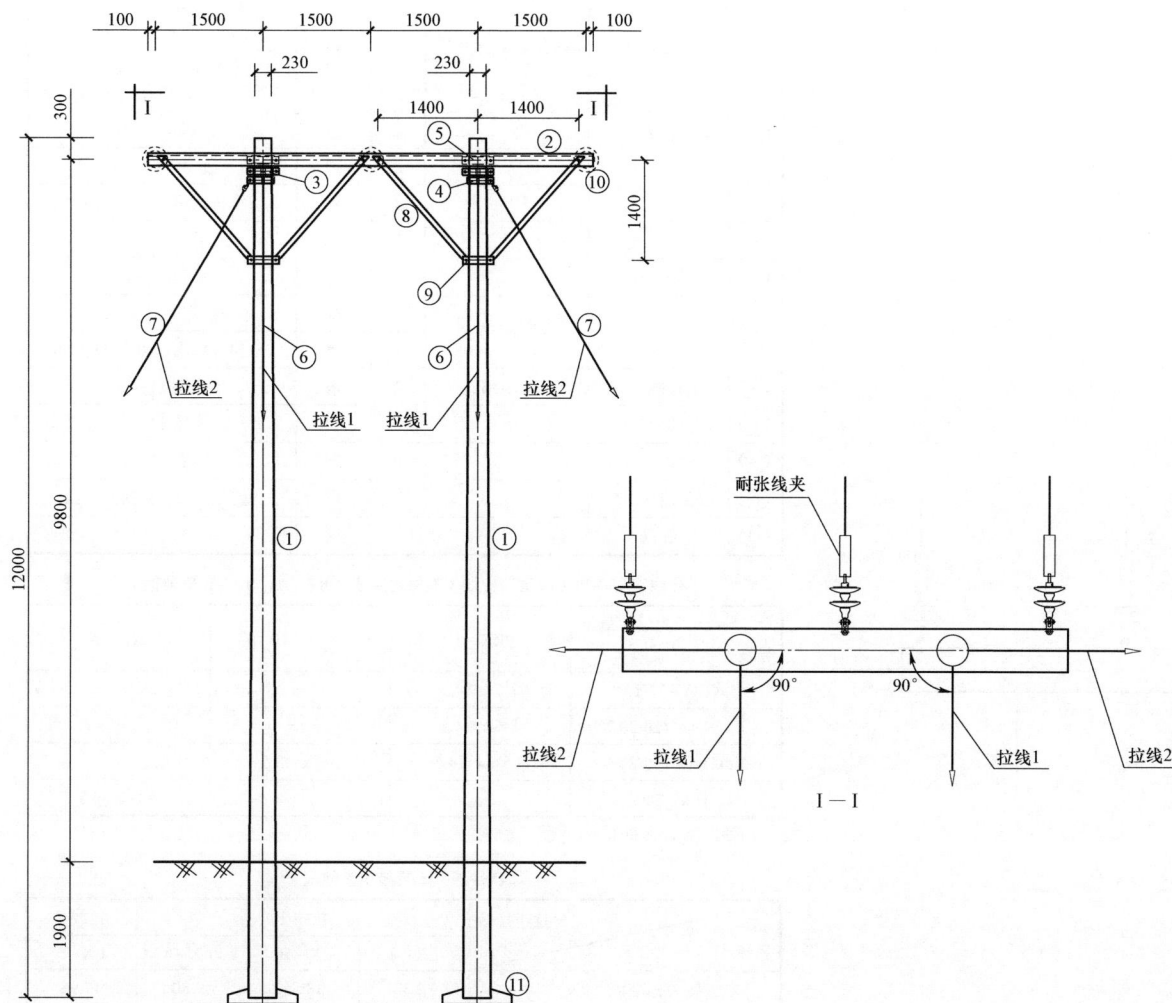

DS－N－12杆材料表

编号	名称	规格	数量	单位	备注
①	主杆	$\phi 230 \times 12 \times N \times G$	2	根	锥形水泥杆，非预应力，整根杆，12m，230mm，N
②	双杆横担		1	副	见图11－21
③	拉线1抱箍		2	副	单拉线用，见图11－23
			4	副	双拼拉线用，见图11－23
④	拉线2抱箍		2	副	见图11－23
⑤	横担托箍		2	副	见图11－27
⑥	拉线1	详见下表	2	根	单拉线用，见图11－17
			2	组	双拼拉线用，见图11－18
⑦	拉线2	LX－5	2	根	见图11－17
⑧	斜撑		8	根	见图11－22
⑨	斜撑抱箍		2	副	见图11－24
⑩	耐张绝缘子串		3	串	见图16－13和图16－14
⑪	底盘		2	块	

导线安全系数 k 取值与拉线1规格对照表（XZ－A、XZ－B气象区）

导线型号 \ 拉线1规格	LX－8	LX－10	2LX－8
JL/G1A－70/10 *	3≤k≤4.5	—	—
JL/G1A－120/20 *	3≤k≤4.5	—	—
JL/G1A－150/20 *	3.5≤k≤4.5	3≤k<3.5	—
JL/G1A－240/30	—	—	4≤k≤4.5

* 使用限制条件见11.2.7。

DS－N－12杆技术参数表

名称 \ 拉线规格	拉线1			拉线2
	LX－8	LX－10	2LX－8	LX－5
受力标准值（kN）	32.43	38.56	49.80	17.95
受力设计值（kN）	45.40	53.19	69.72	25.13
主杆下压力标准值（kN）	103.85	114.64	135.84	—
主杆下压力设计值（kN）	141.93	157.04	186.72	—

说明：1. 拉线1对地夹角均为45°，拉线2对地夹角均为60°。

2. 当拉线1规格为LX－8或LX－10时，单位为根；当拉线1规格为2LX－8时，单位为组，每组采用2根GJ－80钢绞线。

图11－15　DS－N－12单回拉线终端水泥双杆单线图及参数表

DS－N－15 杆材料表

编号	名称	规格	数量	单位	备注
①	主杆	$\phi230\times15\times N\times G$	2	根	锥形水泥杆，非预应力，整根杆，15m，230mm，N
					锥形水泥杆，非预应力，法兰组装杆，15m，230mm，N
②	双杆横担		1	副	见图 11－21
③	拉线1抱箍		2	副	单拉线用，见图 11－23
			4	副	双拼拉线用，见图 11－23
④	拉线2抱箍		2	副	见图 11－23
⑤	横担托箍		2	副	见图 11－27
⑥	拉线1	详见下表	2	根	单拉线用，见图 11－17
			2	组	双拼拉线用，见图 11－18
⑦	拉线2	LX－5	2	根	见图 11－17
⑧	斜撑		8	根	见图 11－22
⑨	斜撑抱箍		2	副	见图 11－24
⑩	耐张绝缘子串		3	串	见图 16－13 和图 16－14
⑪	底盘		2	块	

导线安全系数 k 取值与拉线1规格对照表（XZ－A、XZ－B 气象区）

拉线1规格 / 导线型号	LX－8	LX－10	2LX－8
JL/G1A－70/10 *	$3\leqslant k\leqslant4.5$	—	—
JL/G1A－120/20 *	$3\leqslant k\leqslant4.5$	—	—
JL/G1A－150/20 *	$3.5\leqslant k\leqslant4.5$	$3\leqslant k<3.5$	—
JL/G1A－240/30	—	—	$4\leqslant k\leqslant4.5$

* 使用限制条件见 11.2.7。

DS－N－15 杆技术参数表

拉线规格 / 名称	拉线1			拉线2
	LX－8	LX－10	2LX－8	LX－5
受力标准值（kN）	32.43	38.56	49.80	17.95
受力设计值（kN）	45.40	53.19	69.72	25.13
主杆下压力标准值（kN）	108.16	118.95	140.15	—
主杆下压力设计值（kN）	147.11	162.22	191.10	—

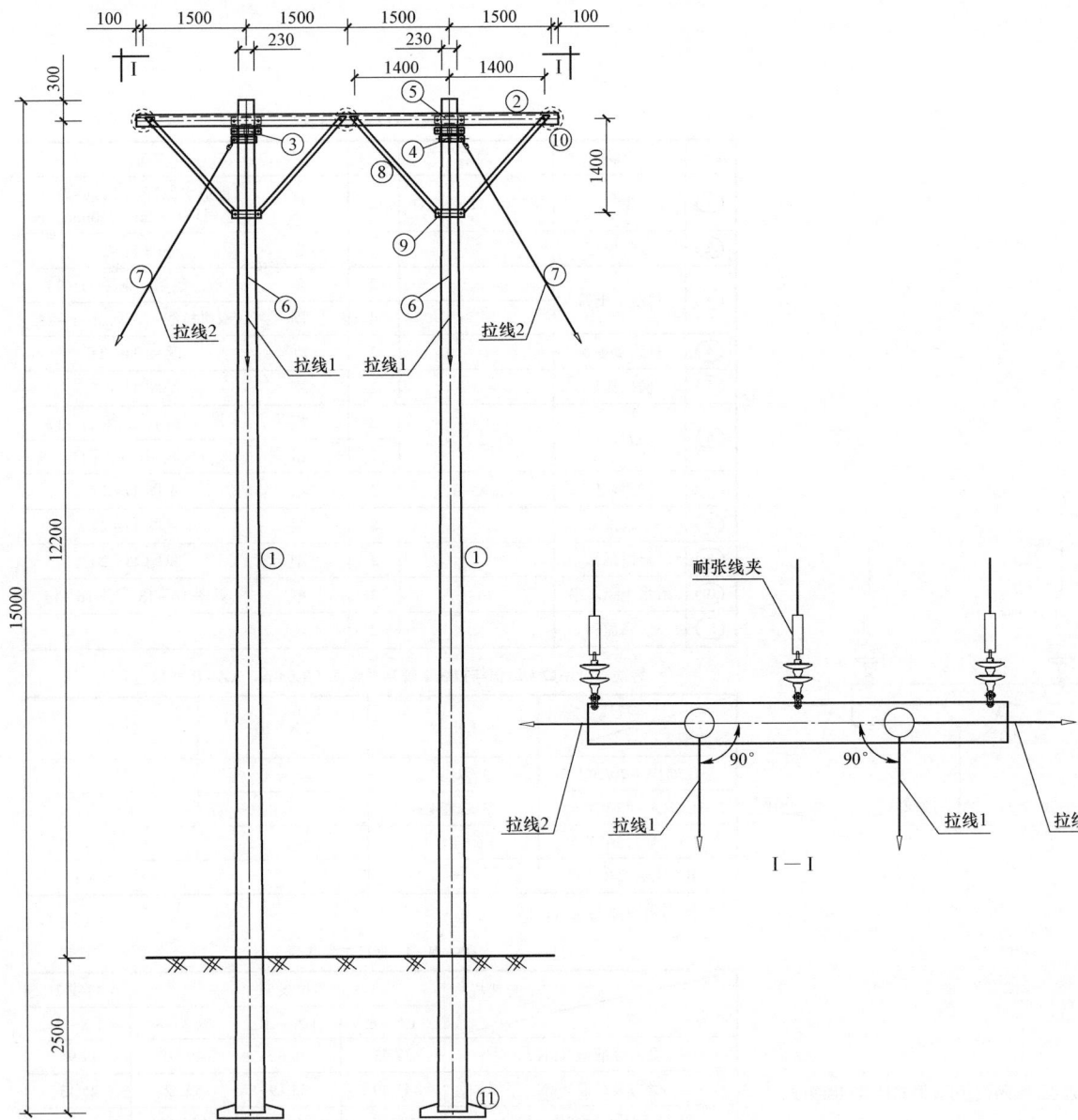

说明：1. 拉线1对地夹角均为45°，拉线2对地夹角均为60°。

2. 当拉线1规格为 LX－8 或 LX－10 时，单位为根；当拉线1规格为 2LX－8 时，单位为组，每组采用 2 根 GJ－80 钢绞线。

图 11－16　DS－N－15 单回拉线终端水泥双杆单线图及参数表

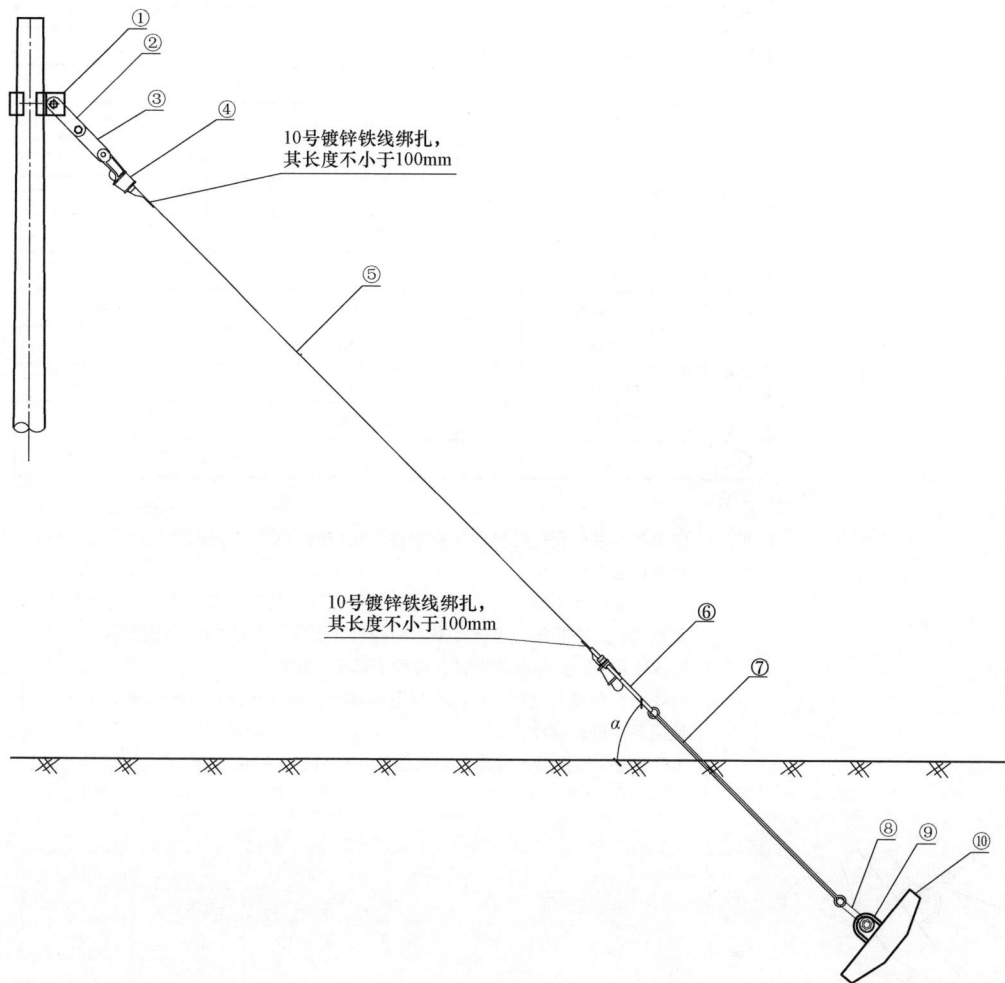

10号镀锌铁线绑扎，
其长度不小于100mm

10号镀锌铁线绑扎，
其长度不小于100mm

单根拉线配置表

编号	名称	单位	LX-5		LX-8		LX-10	
			规格	数量	规格	数量	规格	数量
①	拉线抱箍	副	LBG	1	LBG	1	LBG	1
②	双板平行挂板	只	P-12	1	P-12	1	P-12	1
③	单板平行挂板	只	PD-12	1	PD-12	1	PD-12	1
④	楔形线夹	只	NX-2	1	NX-2	1	NX-3	1
⑤	镀锌钢绞线	根	GJ-50	1	GJ-80	1	GJ-100	1
⑥	UT型线夹	副	NUT-2	1	NUT-2	1	NUT-3	1
⑦	拉线棒	副	$\phi20$	1	$\phi22$	1	$\phi24$	1
⑧	U型环	只	U-21	1	U-25	1	U-25	1
⑨	拉线盘拉环	只	$\phi24$	1	$\phi28$	1	$\phi28$	1
⑩	拉线盘	块		1		1		1

说明：1. 使用条件发生变化时拉线抱箍需进行相应的校验以及采取相应的补强措施，验证
通过后方可采用。

2. 由于金具厂家不同，其产品强度亦有所差别，故使用前需核实金具强度是否满足
要求，并在相应技术规范书中明确设计要求厂家达到的最低强度。

3. 拉线棒及拉线盘拉环的钢材材质均不低于Q355。

4. 拉线棒、拉线盘拉环、拉线盘属基础部分，各地应根据实际地质条件以及拉线使
用条件进行设计。

5. α角度根据使用情况确定，详见图11-4～图11-16。

图 11-17 单拉线布置示意图及配置表

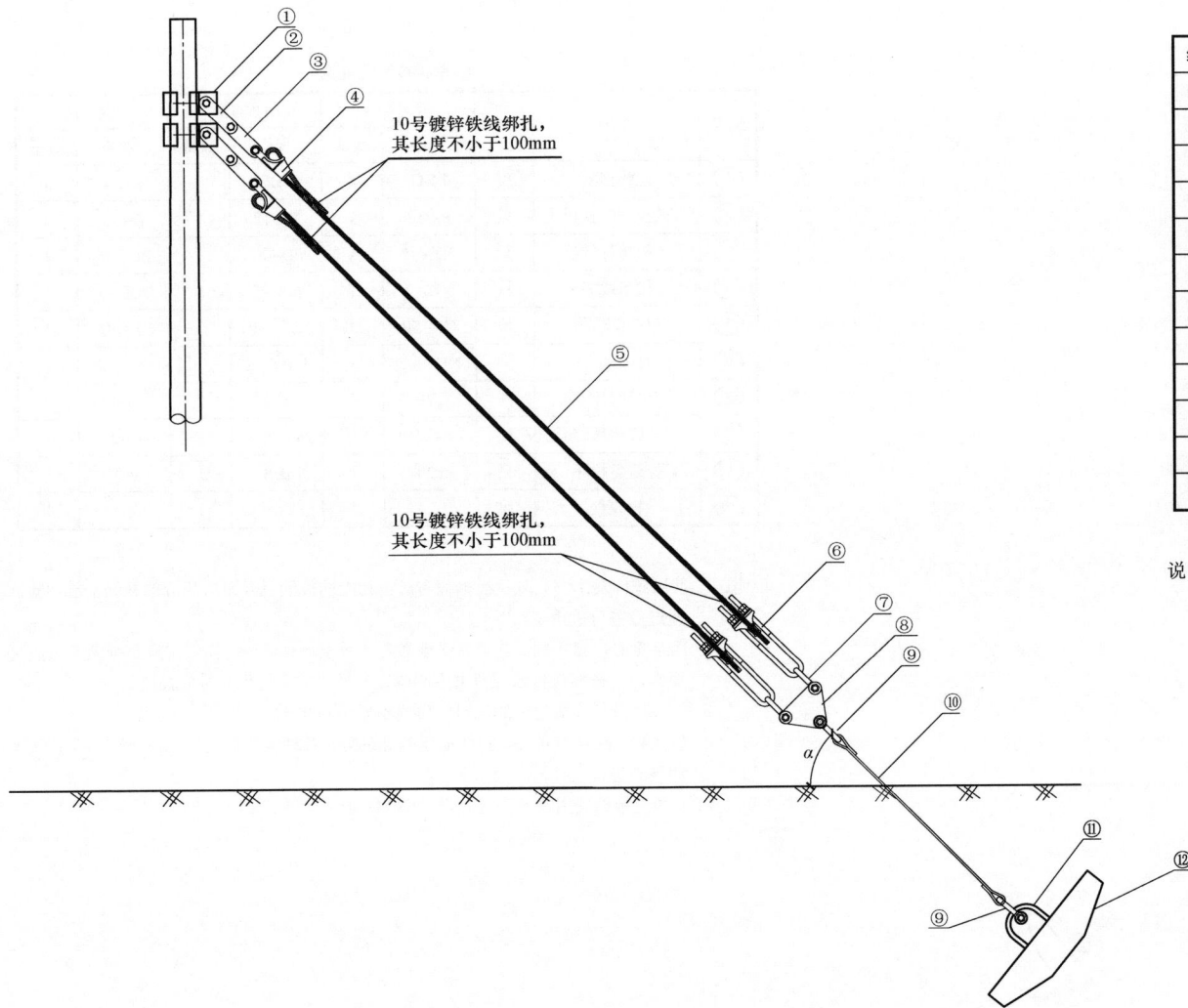

10号镀锌铁线绑扎，
其长度不小于100mm

10号镀锌铁线绑扎，
其长度不小于100mm

双拼拉线配置表

编号	名称	单位	规格	数量	破坏荷重（kN）
①	拉线抱箍	副		2	
②	双板平行挂板	只	P−12	2	120
③	单板平行挂板	只	PD−12	2	120
④	楔形线夹	副	NX−2	2	88
⑤	镀锌钢绞线	根	GJ−80	2	
⑥	UT 型线夹	副	NUT−2	2	
⑦	U 型环	只	U−16	2	160
⑧	LV 型联板	只	LV−3018	1	300
⑨	U 型环	只	U−30	2	300
⑩	拉线棒	根	φ−34	1	
⑪	拉线盘拉环	只	φ−34	1	
⑫	拉线盘	块		1	

说明：1. 使用条件发生变化时拉线抱箍需进行相应的校验以及采取相应的补强措施，验
证通过后方可采用。

2. 由于金具厂家不同，其产品强度亦有所差别，故使用前需核实金具强度是否满
足要求，并在相应技术规范书中明确设计要求厂家达到的最低强度。

3. 拉线棒及拉线盘拉环的钢材材质均不低于 Q355。

4. 拉线棒、拉线盘拉环、拉线盘属基础部分，各地应根据实际地质条件以及拉线
使用条件进行设计。

5. α角度根据使用情况确定，详见图 11−4～图 11−16。

图 11−18 双拼拉线布置示意图及配置表

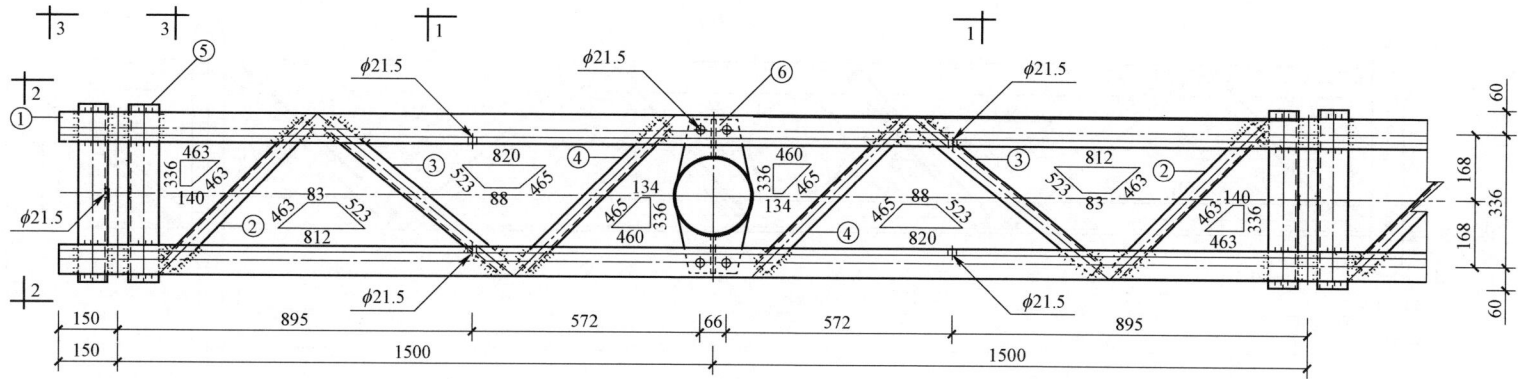

直线横担 (比例1:20)

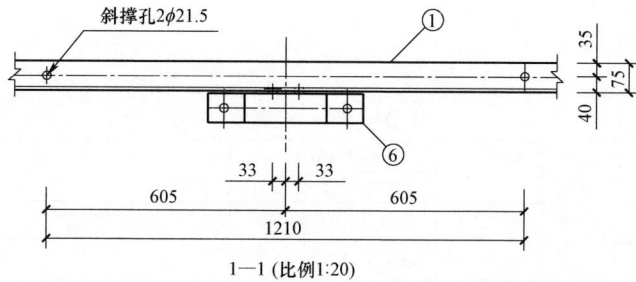

1—1 (比例1:20)

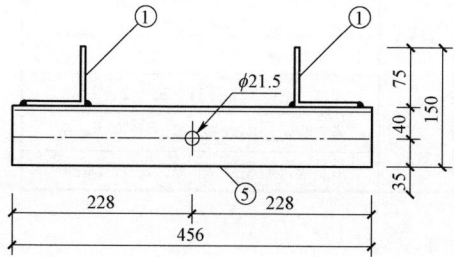

2—2 (比例1:10)

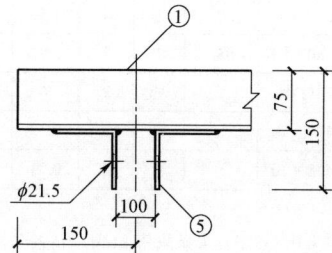

3—3 (比例1:10)

材 料 表

编号	名称	规格	长度(mm)	单位	数量	质量（kg）			备注
						单件	小计	合计	
①	角钢	L75×6	6300	根	2	43.51	87.1		
②	角钢	L40×5	500	根	4	1.49	6.0		
③	角钢	L40×5	565	根	4	1.69	6.8		
④	角钢	L40×5	502	根	4	1.50	6.0	128.0	
⑤	角钢	L75×6	456	根	6	3.15	18.9		
⑥	横担托箍	ZBG 型	/	套	2	/	/		见图 11－25
⑦	螺栓	M20×70		套	8	0.39	3.2		6.8 级，双帽双垫，无扣长度18mm

说明：1. 各种零件材质均采用 Q355，焊条采用 E50；各种零件均需热弯、热镀锌。
　　　2. 焊接时焊脚高度应满足构造要求。
　　　3. 焊缝施焊时应采用引弧板施焊。
　　　4. 加工完毕后需试组装。

图 11－19　直线双杆横担加工图

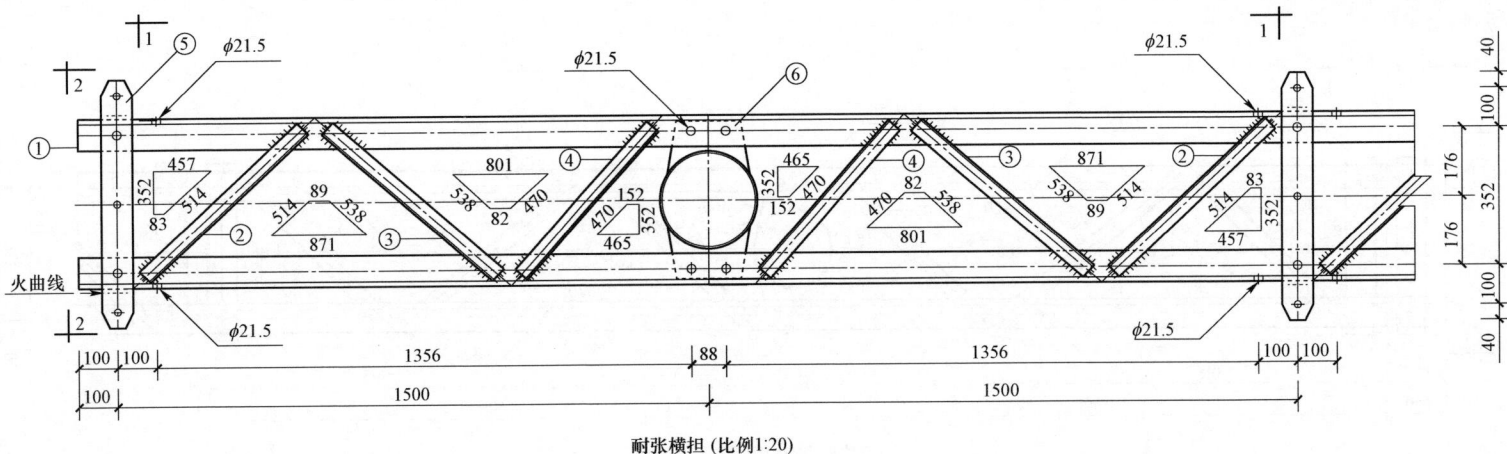

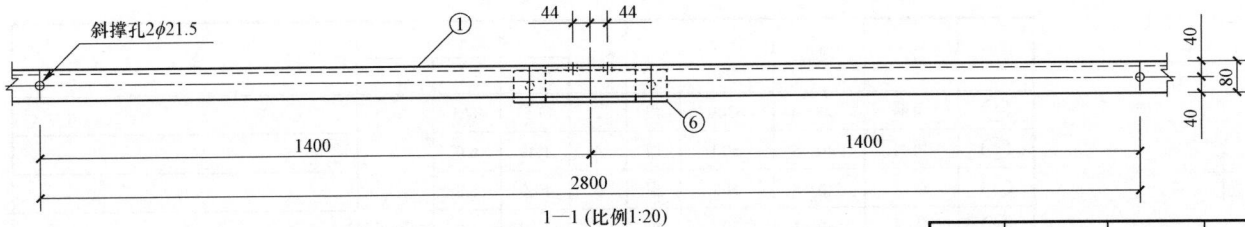

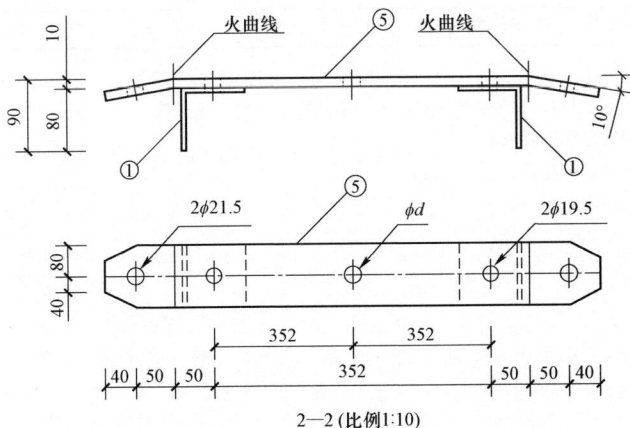

耐张横担 (比例1:20)

1—1 (比例1:20)

2—2 (比例1:10)

材 料 表

编号	名称	规格	长度(mm)	单位	数量	质量（kg）			备注
						单件	小计	合计	
①	角钢	L80×8	6200	根	2	59.88	119.8		
②	角钢	L40×5	549	根	4	1.64	6.6		
③	角钢	L40×5	574	根	4	1.71	6.9		
④	角钢	L40×5	502	根	4	1.50	6.0		
⑤	扁钢	−80×10	632	块	3	3.97	12.0	156.4	
⑥	横担托箍	JBG 型	/	套	2	/	/		见图 11-26
⑦	螺栓	M20×70		套	8	0.39	3.2		6.8 级，双帽双垫，无扣长度 20mm
⑧	螺栓	M18×70		套	6	0.31	1.9		6.8 级，双帽双垫，无扣长度 18mm

说明：1. 各种零件材质均采用 Q355，焊条采用 E50；各种零件均需热弯、热镀锌。

2. 焊接时焊脚高度应满足构造要求。

3. 焊缝施焊时应采用引弧板施焊。

4. 根据选取的绝缘子固定螺栓的规格，确定安装孔径 d（M16 螺栓取 17.5mm，M18 螺栓取 19.5mm，M20 螺栓取 21.5mm）。

5. 加工完毕后需试组装。

图 11-20 耐张双杆横担加工图

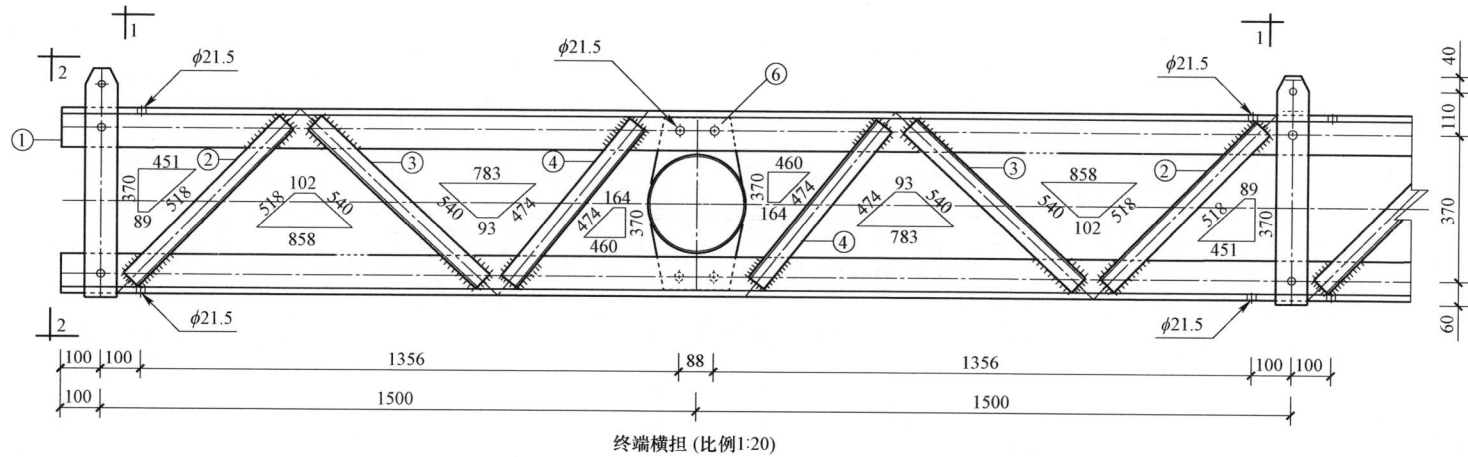

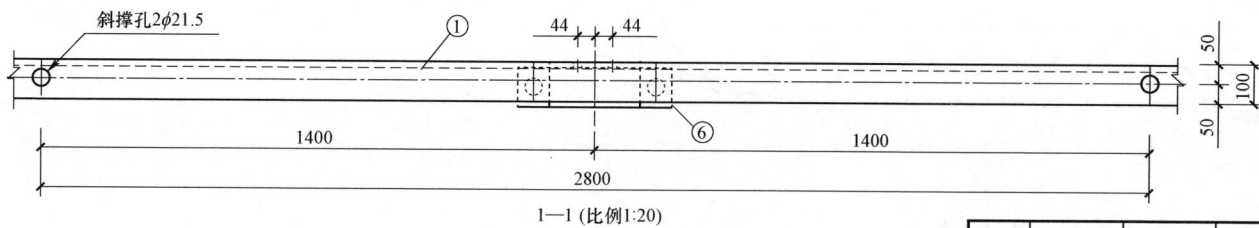

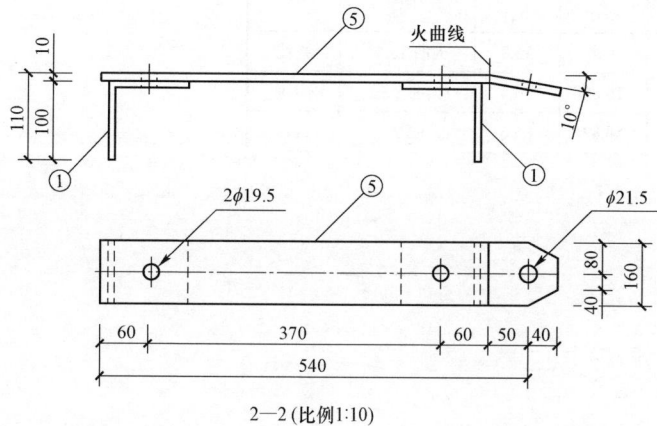

终端横担 (比例1:20)

1—1 (比例1:20)

斜撑孔2φ21.5

火曲线

2—2 (比例1:10)

材 料 表

编号	名称	规格	长度 (mm)	单位	数量	质量（kg） 单件	质量（kg） 小计	质量（kg） 合计	备注
①	角钢	L100×8	6200	根	2	76.12	152.3		
②	角钢	L50×6	560	根	4	2.51	10.1		
③	角钢	L50×6	584	根	4	2.61	10.5		
④	角钢	L50×6	512	根	4	2.29	9.2	198.2	
⑤	扁钢	−80×10	580	块	3	3.65	11.0		
⑥	横担托箍	DBG 型	/	套	2	/	/		图 11−27
⑦	螺栓	M20×70		套	8	0.39	3.2		6.8 级，双帽双垫，无扣长度 20mm
⑧	螺栓	M18×70		套	6	0.31	1.9		6.8 级，双帽双垫，无扣长度 18mm

说明：1. 各种零件材质均采用 Q355，焊条采用 E50；各种零件均需热弯、热镀锌。
2. 焊接时焊脚高度应满足构造要求。
3. 焊缝施焊时应采用引弧板施焊。
4. 加工完毕后需试组装。

图 11-21 终端双杆横担加工图

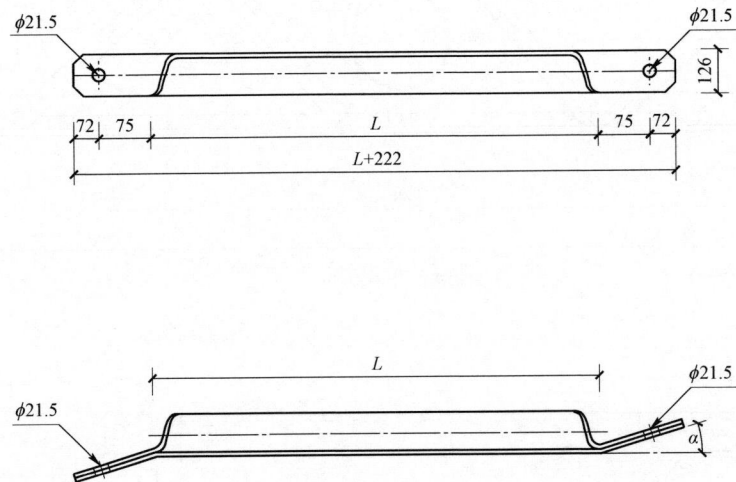

材 料 表

编号	名称	规格	L（mm）	长度（mm）	单位	数量	质量（kg）		α值	备注
							一件	小计		
①	角钢	L63×6	582	804	根	8	4.60	36.8	火曲 18.5°	直线
②	角钢	L63×6	1665	1887	根	8	10.80	86.4	火曲 8.5°	耐张
③	角钢	L63×6	1669	1891	根	8	10.82	86.6	火曲 9.5°	终端

说明：1. 钢材材料采用 Q355。

　　　2. 各部件均需热镀锌。

图 11－22　斜撑加工图

抱箍正视图 (比例1:10)

抱箍俯视图 (比例1:10)

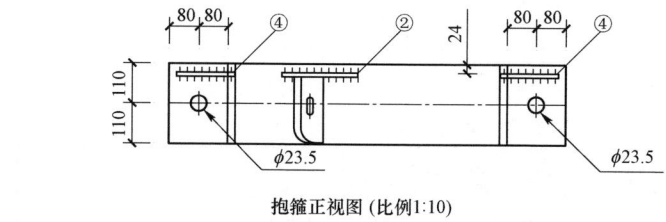

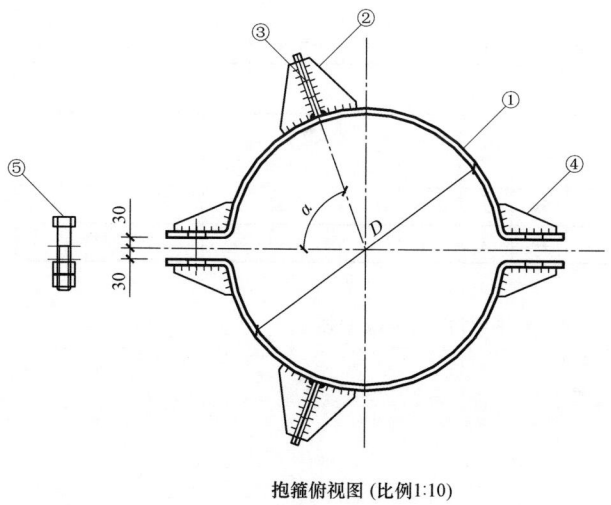

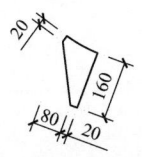

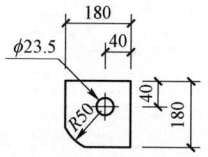

② 大样图 (比例1:10)　③ 大样图 (比例1:10)　④ 大样图 (比例1:10)

材 料 表

编号	名称	规格	长度（mm）	单位	数量	质量（kg） 一件	小计	备注
①	抱箍板	−8×110	见选型表	块	2	/	/	钢板
②	扁钢	−50×6	85	块	4	0.20	0.8	
③	扁钢	−90×12	90	块	2	0.77	1.6	
④	钢板	−6×40	90	块	4	0.17	0.7	
⑤	合口螺栓	M22×100		套	2	0.59	1.2	6.8级，双帽双垫，无扣长度46mm

选 型 表

编号	名称	D(mm)	规格	长度(mm)	单位	数量	质量(kg) 一件	小计	总重(kg) ①+②+③+④+⑤	⑤备注
①	抱箍板	195	−8×110	467	块	2	3.23	6.5	10.8	
②	抱箍板	200	−8×110	475	块	2	3.29	6.6	10.9	
③	抱箍板	205	−8×110	483	块	2	3.34	6.7	11.0	
④	抱箍板	235	−8×110	530	块	2	3.67	7.4	11.7	
⑤	抱箍板	240	−8×110	537	块	2	3.71	7.5	11.8	
⑥	抱箍板	245	−8×110	545	块	2	3.77	7.6	11.9	
⑦	抱箍板	250	−8×110	553	块	2	3.83	7.7	12.0	
⑧	抱箍板	355	−8×110	718	块	2	4.96	10.0	14.3	
⑨	抱箍板	360	−8×110	726	块	2	5.02	10.1	14.4	
⑩	抱箍板	365	−8×110	734	块	2	5.08	10.2	14.5	
⑪	抱箍板	370	−8×110	742	块	2	5.13	10.3	14.6	
⑫	抱箍板	375	−8×110	750	块	2	5.19	10.4	14.7	
⑬	抱箍板	380	−8×110	757	块	2	5.23	10.5	14.8	
⑭	抱箍板	385	−8×110	765	块	2	5.29	10.6	14.9	
⑮	抱箍板	390	−8×110	773	块	2	5.34	10.7	15.0	
⑯	抱箍板	395	−8×110	781	块	2	5.40	10.8	15.1	
⑰	抱箍板	400	−8×110	789	块	2	5.46	11.0	15.3	

说明：1. 各种零件材质均采用 Q355，焊条采用 E50；各种零件均需热弯、热镀锌。

2. 编号①、②、③焊接时焊脚高度不应小于 8mm，其余部件焊脚高度不应小于 6mm。

3. 焊缝施焊时应采用引弧板施焊。

4. 图中 α 表示拉线对横担角度，取 45°、60°、70° 和 90°；使用过程中应予以明确。

5. 当用做防滑抱箍时，可不对编号②、③件进行加工；使用过程中根据实际情况添加橡胶垫进行防滑。

图 11-23　LBG 型拉线抱箍加工图

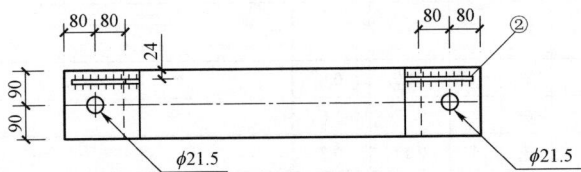

抱箍正视图 (比例1:10)

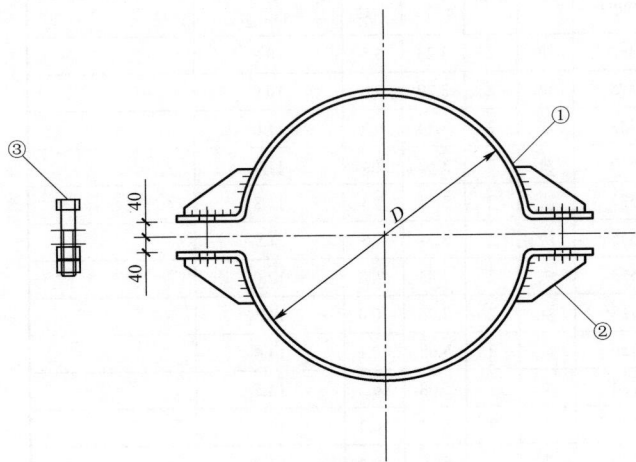

③

抱箍俯视图 (比例1:10)

④ 大样图 (比例1:10)

材 料 表

编号	名称	规格	长度（mm）	单位	数量	质量（kg）		备注
						一件	小计	
①	抱箍板	-8×90	见选型表	块	2	/	/	钢板
②	钢板	-8×60	85	块	4	0.33	1.4	
③	合口螺栓	M20×100		套	2	0.47	1.0	6.8级，双帽双垫，无扣长度56mm

选 型 表

编号	名称	D（mm）	规格	长度（mm）	单位	数量	质量（kg）		总重（kg）①＋②＋③	备注
							一件	小计		
①	抱箍板	202	-8×110	478	块	2	3.31	6.7	9.1	直线杆
②	抱箍板	252	-8×110	556	块	2	3.85	7.7	10.1	耐张、终端杆

说明：1. 各种零件材质均采用 Q355，焊条采用 E50；各种零件均需热弯、热镀锌。

2. 编号①、②焊接时焊脚高度不应小于 8mm。

3. 焊缝施焊时应采用引弧板施焊。

图 11-24 XBG 型斜撑抱箍加工图

材 料 表

编号	名称	规格	长度（mm）	单位	数量	质量（kg）一件	质量（kg）小计	备注
①	抱箍板	−8×90	465	块	2	2.63	5.3	钢板
②	钢板	−6×127	140	块	2	0.84	1.68	
③	扁钢	−12×60	100	块	2	0.57	1.14	
④	钢板	−6×50	97	块	4	0.23	0.92	
⑤	合口螺栓	M20×85		套	2	0.37	0.8	6.8 级，双帽双垫，无扣长度 46mm
⑥	螺栓	M20×70		套	4	0.39	1.6	6.8 级，双帽双垫，无扣长度 14mm
	合计						11.44	

说明：1. 各种零件材质均采用 Q355，焊条采用 E50；各种零件均需热弯、热镀锌。

2. 编号①、②、③焊接时焊脚高度不应小于 7mm，其余部件焊脚高度不应小于 6mm。

3. 焊缝施焊时应采用引弧板施焊。

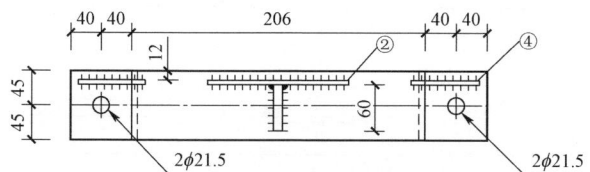

抱箍正视图 (比例1:10)

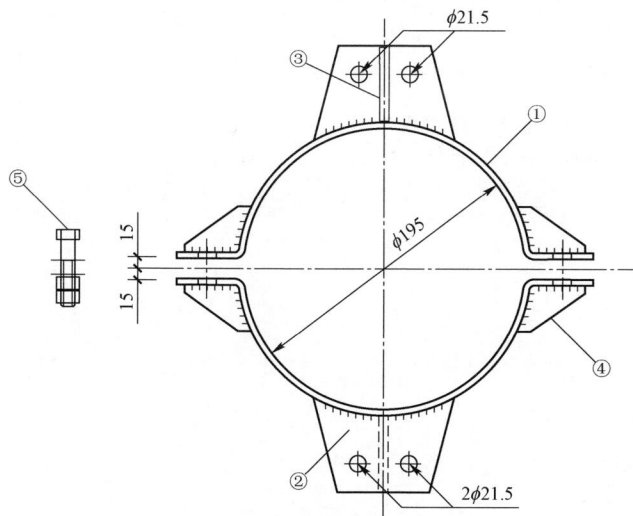

抱箍俯视图 (比例1:10)

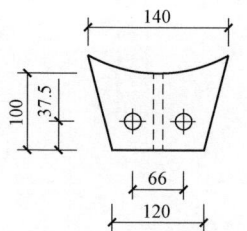

② 大样图 (比例1:5)

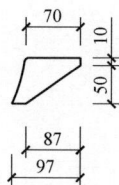

④ 大样图 (比例1:5)

图 11−25 ZBG 型直线杆横担托箍加工图

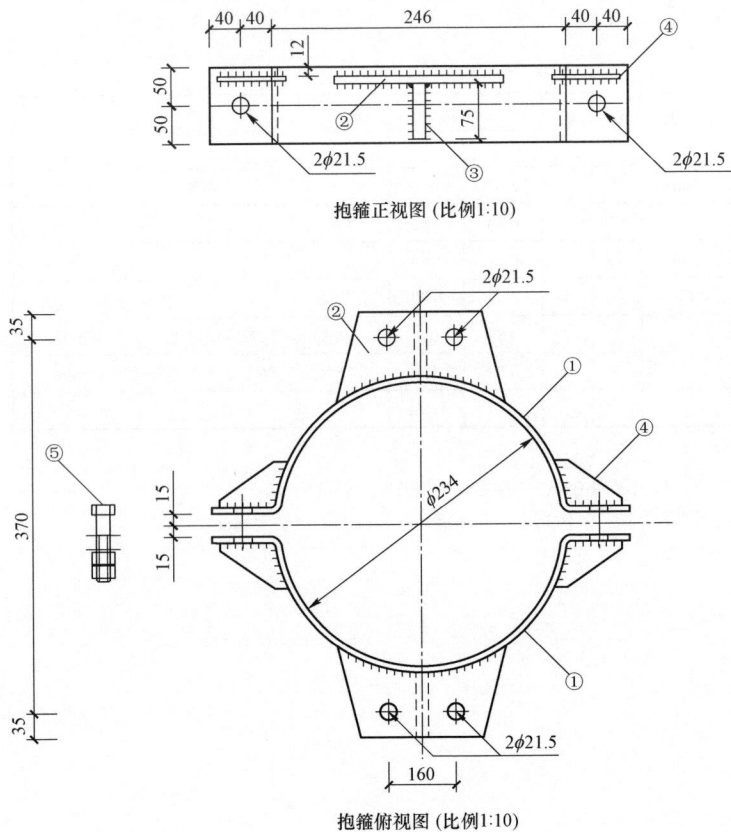

材 料 表

编号	名称	规格	长度（mm）	单位	数量	质量（kg）		备注
						一件	小计	
①	抱箍板	−8×100	528	块	2	3.32	6.64	钢板
②	钢板	−10×140	160	块	2	1.41	2.82	
③	扁钢	−16×75	102	块	2	0.96	1.92	
④	钢板	−6×50	97	块	4	0.23	0.92	
⑤	合口螺栓	M20×100		套	2	0.47	1.0	6.8 级，双帽双垫，无扣长度 46mm
⑥	螺栓	M20×70		套	4	0.39	1.6	6.8 级，双帽双垫，无扣长度 16mm
	合计						14.9	

说明： 1. 各种零件材质均采用 Q355，焊条采用 E50；各种零件均需热弯、热镀锌。

2. 编号①、②、③焊接时焊脚高度不应小于 8mm，其余部件焊脚高度不应小于 6mm。

3. 焊缝施焊时应采用引弧板施焊。

抱箍正视图 (比例1:10)

抱箍俯视图 (比例1:10)

② 大样图 (比例1:5)

④ 大样图 (比例1:5)

图 11−26　JBG 型耐张杆横担托箍加工图

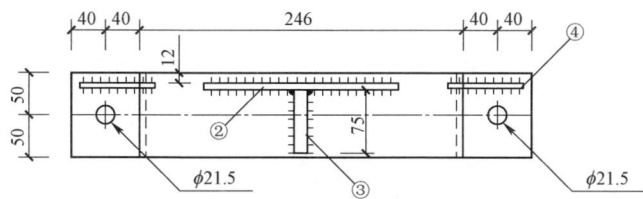

抱箍正视图 (比例1:10)

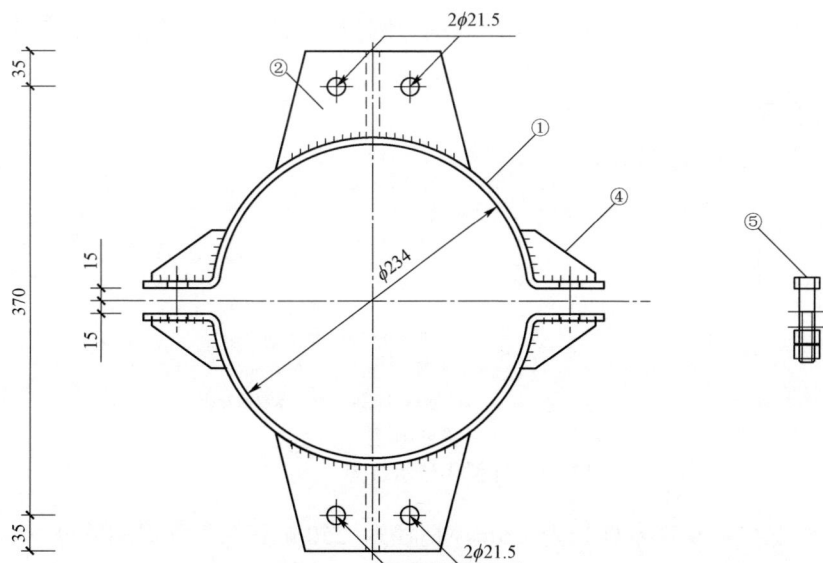

抱箍俯视图 (比例1:10)

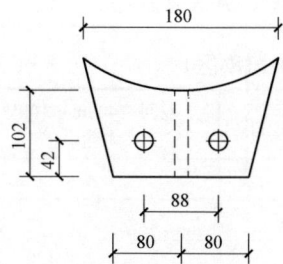

② 大样图 (比例1:5)　　④ 大样图 (比例1:5)

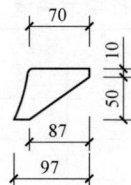

材　料　表

编号	名称	规格	长度（mm）	单位	数量	质量（kg）		备注
						一件	小计	
①	抱箍板	−8×100	528	块	2	3.32	6.64	钢板
②	钢板	−8×140	160	块	2	1.41	2.82	
③	扁钢	−16×75	102	块	2	0.96	1.92	
④	钢板	−6×50	97	块	4	0.23	0.92	
⑤	合口螺栓	M20×100		套	2	0.47	1.0	6.8 级，双帽双垫，无扣长度 46mm
⑥	螺栓	M20×70		套	4	0.39	1.6	6.8 级，双帽双垫，无扣长度 16mm
合计							14.9	

说明：1. 各种零件材质均采用 Q355，焊条采用 E50；各种零件均需热弯、热镀锌。

2. 编号①、②、③焊接时焊脚高度不应小于 8mm，其余部件焊脚高度不应小于 6mm。

3. 焊缝施焊时应采用引弧板施焊。

图 11−27　DBG 型终端杆横担托箍加工图

第 12 章 10kV 直线钢管杆

12.1 设计说明

12.1.1 杆型说明

本章直线钢管杆仅适用于单、双回路跨越，不考虑同杆架设 380/220V 低压线的情况，直线钢管杆杆型分类见表 12-1。

表 12-1　　　　　　　　直线钢管杆杆型分类

序号	直线钢管杆名称	杆型名称	杆型代号	锥度
1	单回直线钢管杆	GZ23	GZ23-19	1:65
			GZ23-22	1:65
2	双回直线钢管杆	G2Z25	G2Z25-19	1:65
			G2Z25-22	1:65

12.1.2 设计原则

（1）气象条件、导线安全系数详见第 4 章设计技术原则。

（2）依据第 4 章设计技术原则的要求，直线钢管杆按水平档距 $L_h \leqslant 80m$、垂直档距 $L_v \leqslant 120m$ 进行设计。

（3）直线钢管杆适用 JKLYJ-10/240 型及以下绝缘导线、JL/G1A-240/30 型及以下钢芯铝绞线。

（4）直线钢管杆可采用第 6 章 Z1-2（见图 6-4）、Z2-3（见图 6-7）杆头布置型式。计算荷载时杆头采用单回路按第 6 章 Z1-2（见图 6-4）杆头布置型式计算，双回路按 Z2-3（见图 6-7）杆头布置型式计算。

（5）根据《架空输电线路杆塔结构设计技术规程》（DL/T 5486—2020），在荷载的长期效应组合（无冰、风速 5m/s 及年平均气温）作用下，钢管杆杆顶的最大挠度不超过杆身高度的 5‰。

（6）根部弯矩、水平力、下压力的设计值及标准值计算点取自钢管杆底部法兰连接处。

12.1.3 钢管杆材质及连接方式

（1）钢管杆采用 16 边正多边形截面、Q355 钢材。19m 钢管杆分为两节，22m 钢管杆分为三节，节间均采用法兰方式连接。

（2）地脚螺栓采用 35 号优质碳素钢。

（3）钢管杆采用地脚螺栓与基础进行连接。

（4）法兰采用整体钢板制作，严禁拼接。

（5）钢管杆主杆及横担应采用连续的钢板制作，除杆身法兰外不允许采用环向焊接连接。

12.1.4 杆型分类表

（1）杆型代号示意图见图 12-1。

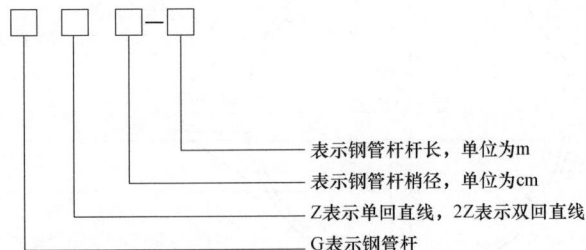

图 12-1　杆型代号示意图

例如：G2Z25-19 表示杆长为 19m，梢径为 250mm 双回直线钢管杆。

（2）直线钢管杆杆型按 XZ-A、XZ-B 两个气象区进行分类，并列出各杆型在不同外荷载情况下可适用的角度范围。

直线钢管杆杆型分类表（XZ-A、XZ-B 气象区）见表 12-2。

表 12-2　　直线钢管杆杆型分类表（XZ-A、XZ-B 气象区）

杆型　使用情况	钢管杆杆长（m）	单回 240 mm² 10kV 无低压	双回 240 mm² 10kV 无低压
GZ23-19	19	$L_h \leqslant 80 \ L_v \leqslant 120$	×
GZ23-22	22	$L_h \leqslant 80 \ L_v \leqslant 120$	×
G2Z25-19	19	×	$L_h \leqslant 80 \ L_v \leqslant 120$
G2Z25-22	22	×	$L_h \leqslant 80 \ L_v \leqslant 120$

注　1. L_h 为水平档距，L_v 为垂直档距，单位均为 m。
　　2. 表中打"×"处表示此钢管杆不适用于该条件下外荷载情况。

12.1.5　使用说明

（1）选取适用于本地区的气象区。

（2）根据选定的气象区、导线型号、导线回路数、水平档距、垂直档距及杆长等选取杆型。

（3）横担布置型式根据第 6 章 10kV 多样化杆头布置型式要求进行选取。

（4）钢管杆固定横担可根据第 6 章进行选用。

（5）杆型选用原则。

1）当导线挂点采用双固定方式时，不加工跳线架。

2）直线钢管杆按外荷载分为单回 240mm²10kV 无低压、双回 240mm²10kV 无低压共两种形式，设计时应根据实际使用情况进行选用。

3）在实际工程设计中，若使用情况超出杆型分类表的限定范围时，必须根据相关资料对直线钢管杆的电气及结构进行严格的校验、调整后方可使用。

4）直线钢管杆采用 Q355 钢，设计时应根据各地区钢管杆结构工作温度确定钢材质量等级，但不应低于 B 级（注：应特别注意高寒地区钢管杆的结构工作温度），加工时应严格遵照执行。

5）直线钢管杆（包括主杆及附件）均采用热浸镀锌防腐措施，镀锌层厚度不小于 70μm。

6）直线钢管杆设计时风压高度变化系数均按 B 类地面粗糙度进行设计计算，实际工程设计使用时，如超出限定范围，必须根据相关资料对直线钢管杆的电气及结构进行严格的校验、调整后方可使用。

12.2　基础选用

（1）本章直线钢管杆基础仅列出台阶式、灌注桩、钢管桩三种常用基础型式，供设计参考。

台阶式基础由主柱和多层台阶组成，基础主柱配置钢筋，台阶宽高比在满足刚性角要求的基础上，底板一般不配筋。基础施工时混凝土必须一次浇筑完成，回填土应分层夯实。

灌注桩基础是一种深基础型式，主要依靠地脚螺栓与钢管杆进行连接，灌注桩多采用机械钻孔方式，利用钻机钻出桩孔，成孔后在孔内放置钢筋笼，固定好地脚螺栓后浇注混凝土。

钢管桩基础主要由顶部法兰和钢管桩组成，与钢管杆采用法兰方式连接。钢管桩由钢型材料制作而成的桩管，并经过防腐处理，采用机械将钢管桩夯入地层中，施工完成后即可直接立杆，无需养护。

（2）设计时应根据各钢管杆单线图及技术参数表中的基础作用力结合当地地质条件、地形条件及各地区使用情况选用合理的基础型式，基础型式详见图 12-33，对于特殊地质条件须进行相应的加固措施。

（3）注意西藏地区有永久性、季节性冻土，各地区冻土深度可能有差异，应当以实际所在地数据为准。应根据冻土情况计算冻胀力，折算基础深度，进行基础加深。灌注桩、台阶式基础建议增加埋深。钢管桩基础建议增加长度，其中台阶式基础可考虑换填土。

12.3　设计图

10kV 直线钢管杆设计图清单见表 12-3。

表 12-3　　　　　　　　10kV 直线钢管杆设计图清单

图序	图名	备注
图 12-2	GZ23-19 直线钢管杆单线图及技术参数表	
图 12-3	GZ23-19 杆段 1 结构图（1/2）	
图 12-4	GZ23-19 杆段 1 结构图（2/2）	
图 12-5	GZ23-19 杆段 2 结构图（1/2）	
图 12-6	GZ23-19 杆段 2 结构图（2/2）	
图 12-7	GZ23-22 直线钢管杆单线图及技术参数表	
图 12-8	GZ23-22 杆段 1 结构图（1/2）	
图 12-9	GZ23-22 杆段 1 结构图（2/2）	
图 12-10	GZ23-22 杆段 2 结构图（1/2）	
图 12-11	GZ23-22 杆段 2 结构图（2/2）	
图 12-12	GZ23-22 杆段 3 结构图（1/2）	
图 12-13	GZ23-22 杆段 3 结构图（2/2）	
图 12-14	G2Z25-19 直线钢管杆单线图及技术参数表	

图序	图名	备注
图 12－15	G2Z25－19 杆段 1 结构图（1/4）	
图 12－16	G2Z25－19 杆段 1 结构图（2/4）	
图 12－17	G2Z25－19 杆段 1 结构图（3/4）	
图 12－18	G2Z25－19 杆段 1 结构图（4/4）	
图 12－19	G2Z25－19 杆段 2 结构图（1/2）	
图 12－20	G2Z25－19 杆段 2 结构图（2/2）	
图 12－21	G2Z25－22 直线钢管杆单线图及技术参数表	
图 12－22	G2Z25－22 杆段 1 结构图（1/4）	
图 12－23	G2Z25－22 杆段 1 结构图（2/4）	
图 12－24	G2Z25－22 杆段 1 结构图（3/4）	

图序	图名	备注
图 12－25	G2Z25－22 杆段 1 结构图（4/4）	
图 12－26	G2Z25－22 杆段 2 结构图（1/2）	
图 12－27	G2Z25－22 杆段 2 结构图（2/2）	
图 12－28	G2Z25－22 杆段 3 结构图（1/2）	
图 12－29	G2Z25－22 杆段 3 结构图（2/2）	
图 12－30	直线钢管杆爬梯结构图（1/2）	
图 12－31	直线钢管杆爬梯结构图（2/2）	
图 12－32	直线钢管杆加工说明	
图 12－33	直线钢管杆基础型式示意图	

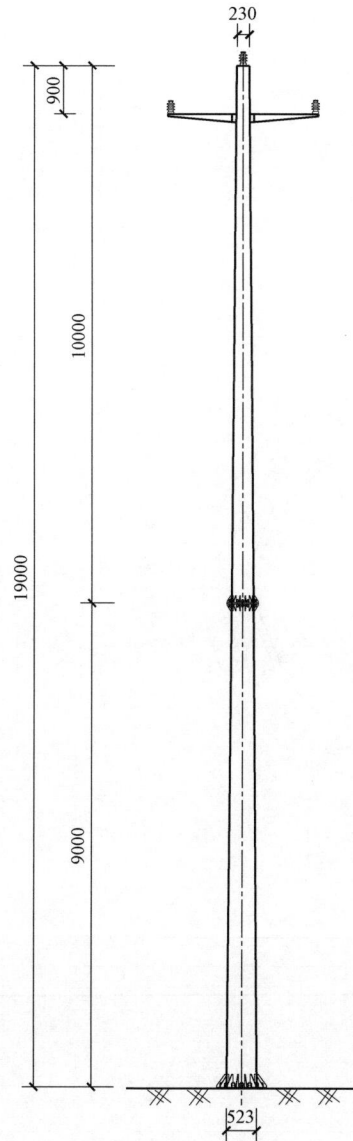

钢管杆技术参数表

杆型	GZ23-19
钢管杆质量（kg）	1572.8
钢管杆材质	Q355
根部水平力标准值（kN）	10.76
根部下压力标准值（kN）	17.26
根部弯矩标准值（kN·m）	130.45
根部水平力设计值（kN）	12.91
根部下压力设计值（kN）	24.16
根部弯矩设计值（kN·m）	182.63
地脚螺栓材质	35号钢
地脚螺栓规格（数量×规格）	16×M42

说明：1. 钢管杆质量均为设计质量（不含横担质量），未含损耗。
2. 钢管杆杆身横担连接板按单线图中横担布置方式设计，如选用
其他布置方式，杆身横担连接板应重新进行核算。

图12-2 GZ23-19 直线钢管杆单线图及技术参数表

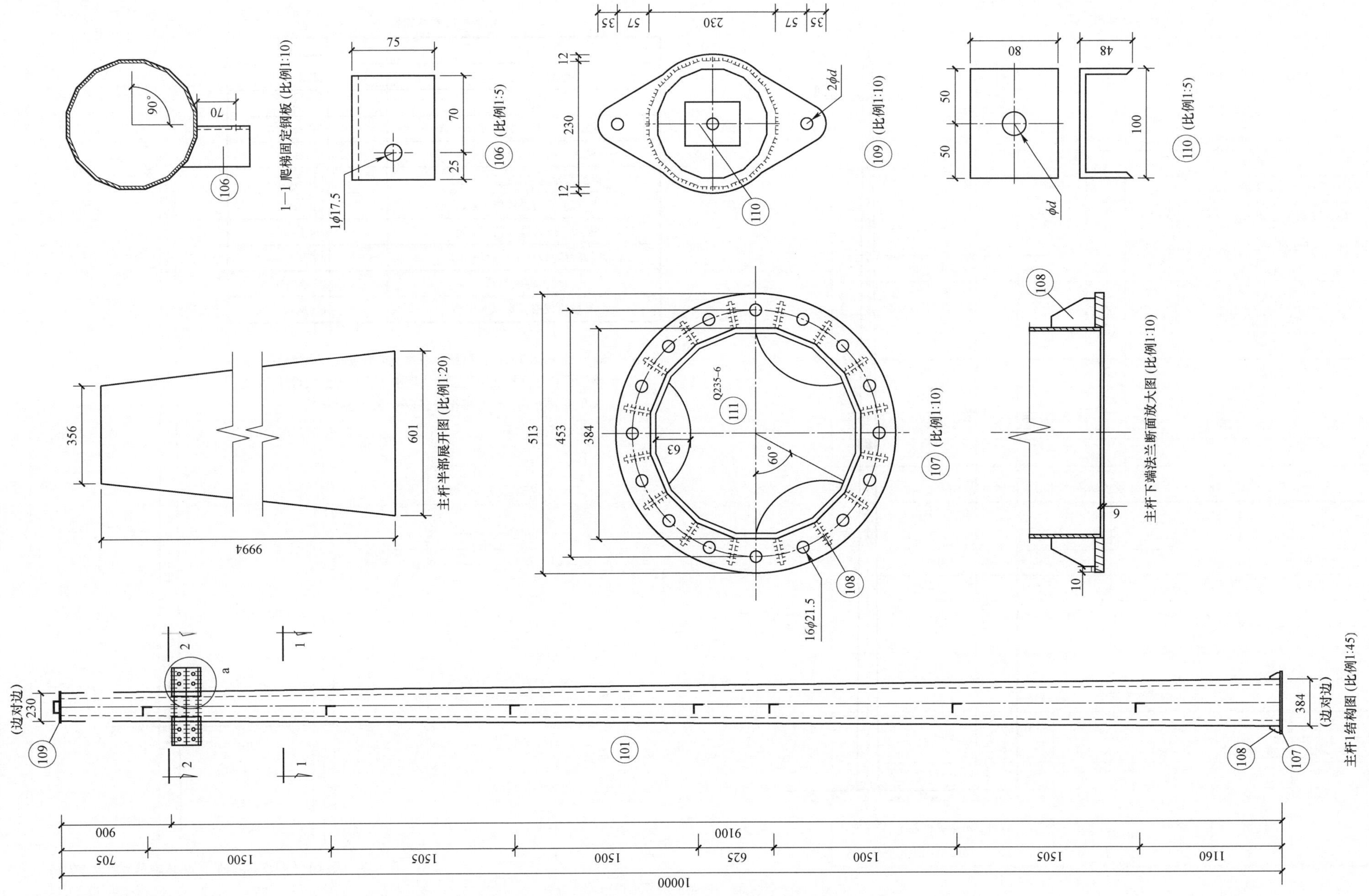

1—1 爬梯固定钢板（比例1:10）

106（比例1:5）

109（比例1:10）

110（比例1:5）

主杆半部展开图（比例1:20）

Q235-6

107（比例1:10）

主杆下端法兰断面放大图（比例1:10）

16φ21.5

主杆1结构图（比例1:45）

图 12－3　GZ23－19 杆段 1 结构图（1/2）

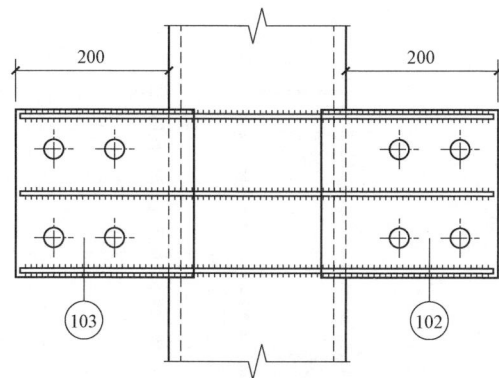

a 放大图 (比例1:10)

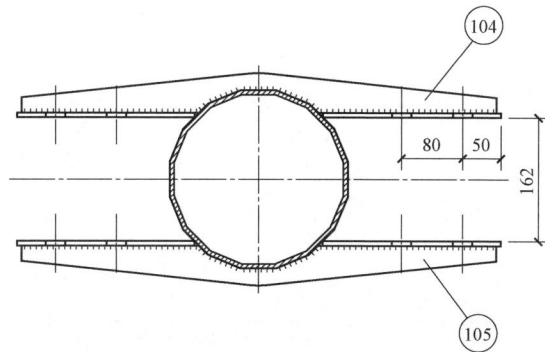

2—2向剖面图 (比例1:10)

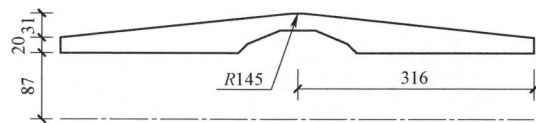

④ (比例1:10)

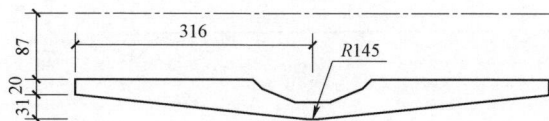

⑤ (比例1:10)

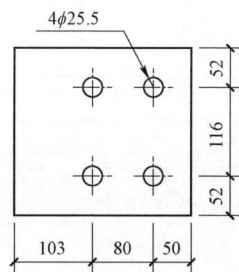

⑩ (比例1:10)

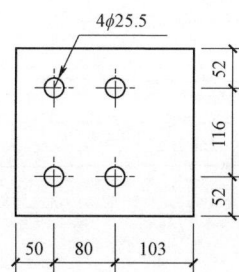

⑪ (比例1:10)

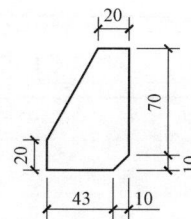

⑧ (比例1:5)

构件明细表

编号	规格	长度（mm）	数量	质量（kg）单件	质量（kg）小计	备注
⑩	Q355−6×976	9994	1	459.73	459.7	
⑩	Q355−6×220	233	2	2.41	4.8	
⑩	Q355−6×220	233	2	2.41	4.8	
⑩	Q355−6×51	632	3	0.93	2.8	
⑩	Q355−6×51	632	3	0.93	2.8	
⑩	L75×6	95	7	0.74	5.2	
⑩	Q355−16×513	513	1	11.22	11.2	
⑩	Q355−8×53	80	16	0.2	3.2	切角10
⑩	Q355−12×254	414	1	9.94	9.9	
⑩	［100×48×5.3	80	1	0.88	0.9	
⑪	Q355−6×372	372	1	5.12	5.1	
合计					510.4kg	

螺栓、脚钉、垫圈明细表

编号	级别	规格	数量	质量（kg）	备注
①	6.8	M20×85	16	6.7	双帽带一垫
合计				6.7kg	

说明：1. 根据选取的绝缘子固定螺栓的规格，确定安装孔径 d（M16 螺栓取 17.5，M18 螺栓取 19.5，M20 螺栓取 21.5）。

2. 导线挂点双固定时，不加工⑩构件。

图 12−4 GZ23−19 杆段 1 结构图（2/2）

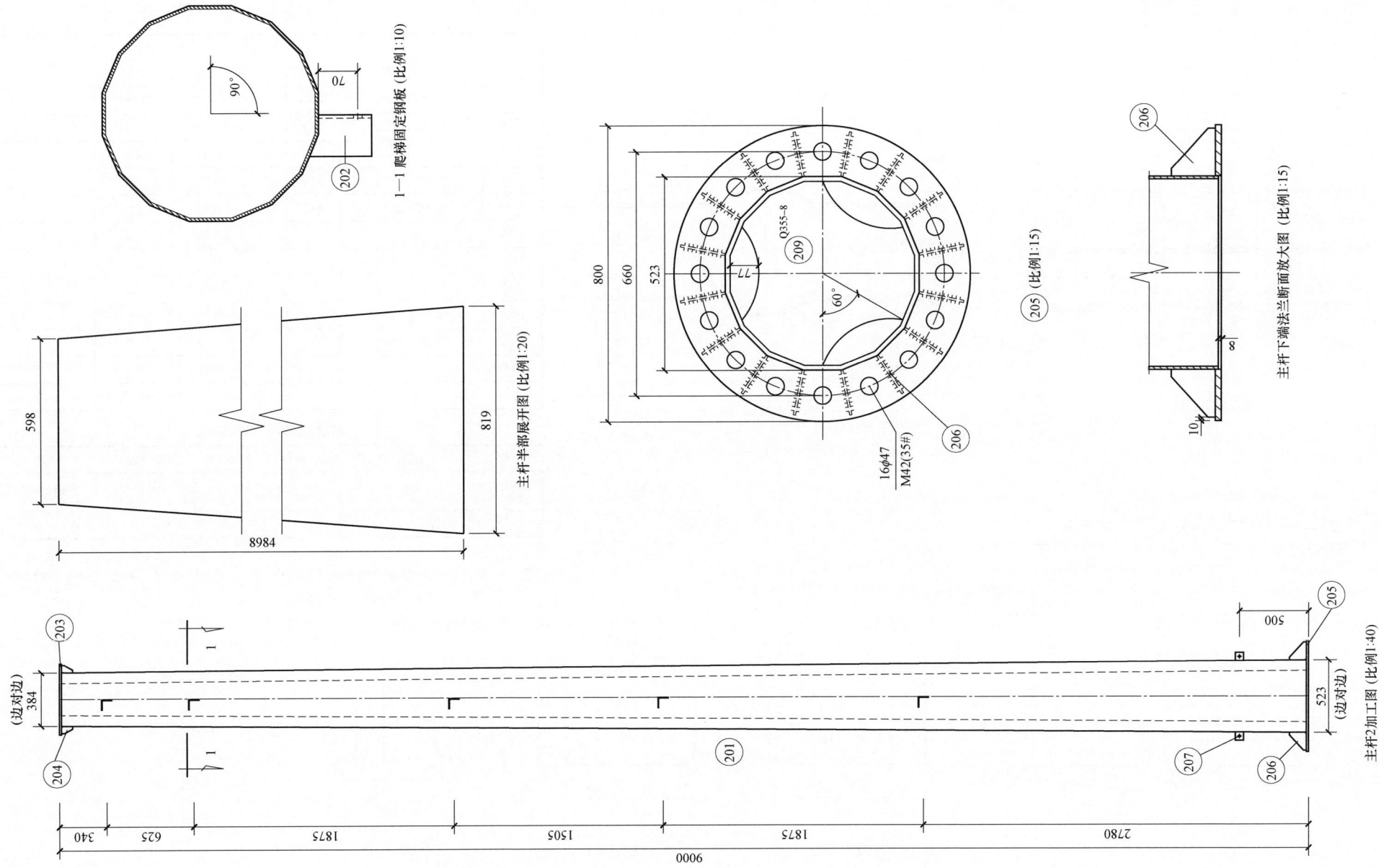

图 12-5　GZ23-19 杆段 2 结构图（1/2）

1-1 爬梯固定钢板（比例1:10）

主杆半部展开图（比例1:20）

（205）（比例1:15）

Q355-8

16φ47
M42(35#)

主杆下端法兰断面放大图（比例1:15）

主杆2加工图（比例1:40）

（边对边）

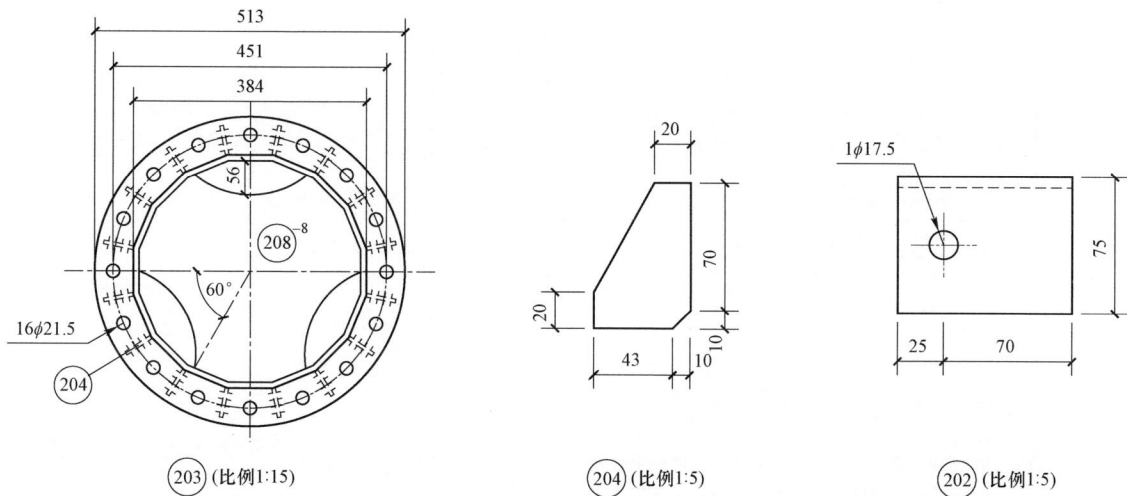

构 件 明 细 表

编号	规格	长度 (mm)	数量	质量（kg）单件	质量（kg）小计	备注
201	Q355−8×1443	8984	1	814.31	814.3	
202	L75×6	95	5	0.74	3.7	
203	Q355−16×513	513	1	11.22	11.2	
204	Q355−8×53	80	16	0.2	3.2	切角 10
205	Q355−16×800	800	1	35.80	35.8	
206A	Q355−12×128	130	5	1.02	5.1	切角 20
206B	Q355−12×129	130	11	1.02	11.2	切角 20
207	Q355−8×60	60	2	0.25	0.5	
208	Q355−8×368	368	1	6.68	6.7	
209	Q355−8×507	507	1	12.67	12.7	
合计					904.4kg	

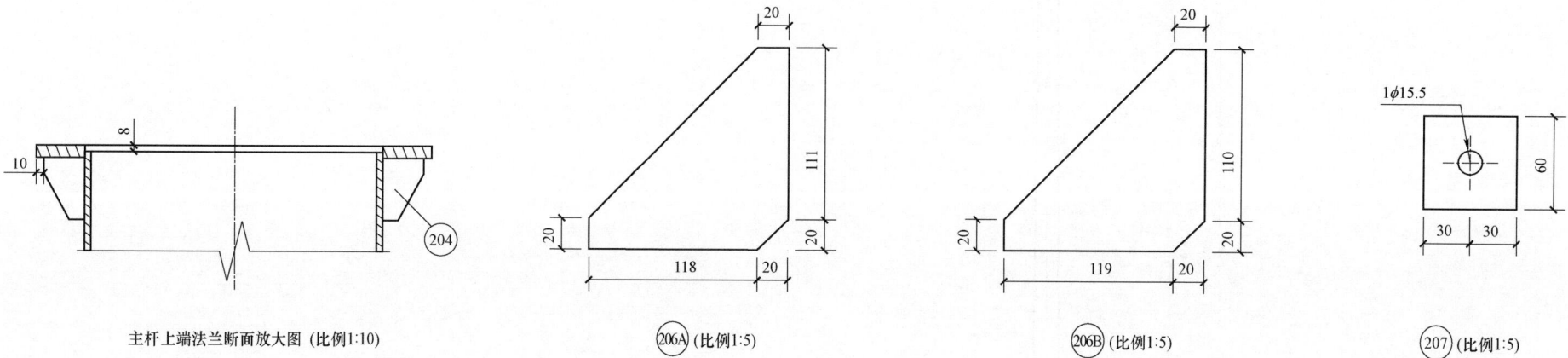

203（比例1:15）

204（比例1:5）

202（比例1:5）

主杆上端法兰断面放大图（比例1:10）

206A（比例1:5）

206B（比例1:5）

207（比例1:5）

图 12−6　GZ23−19 杆段 2 结构图（2/2）

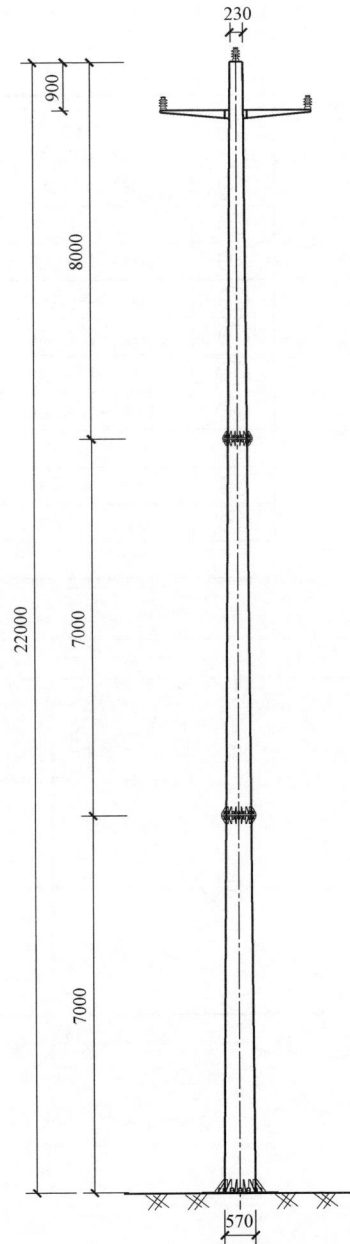

钢管杆技术参数表

杆型	GZ23–22
钢管杆质量（kg）	2028.0
钢管杆材质	Q355
根部水平力标准值（kN）	12.61
根部下压力标准值（kN）	21.02
根部弯矩标准值（kN·m）	170.58
根部水平力设计值（kN）	15.13
根部下压力设计值（kN）	29.43
根部弯矩设计值（kN·m）	238.81
地脚螺栓材质	35 号钢
地脚螺栓规格（数量×规格）	16×M42

说明：1. 钢管杆质量均为设计质量（不含横担质量），未含损耗。

2. 钢管杆杆身横担连接板按单线图中横担布置方式设计，如选用其他布置方式，杆身横担连接板应重新进行核算。

图 12－7　GZ23－22 直线钢管杆单线图及技术参数表

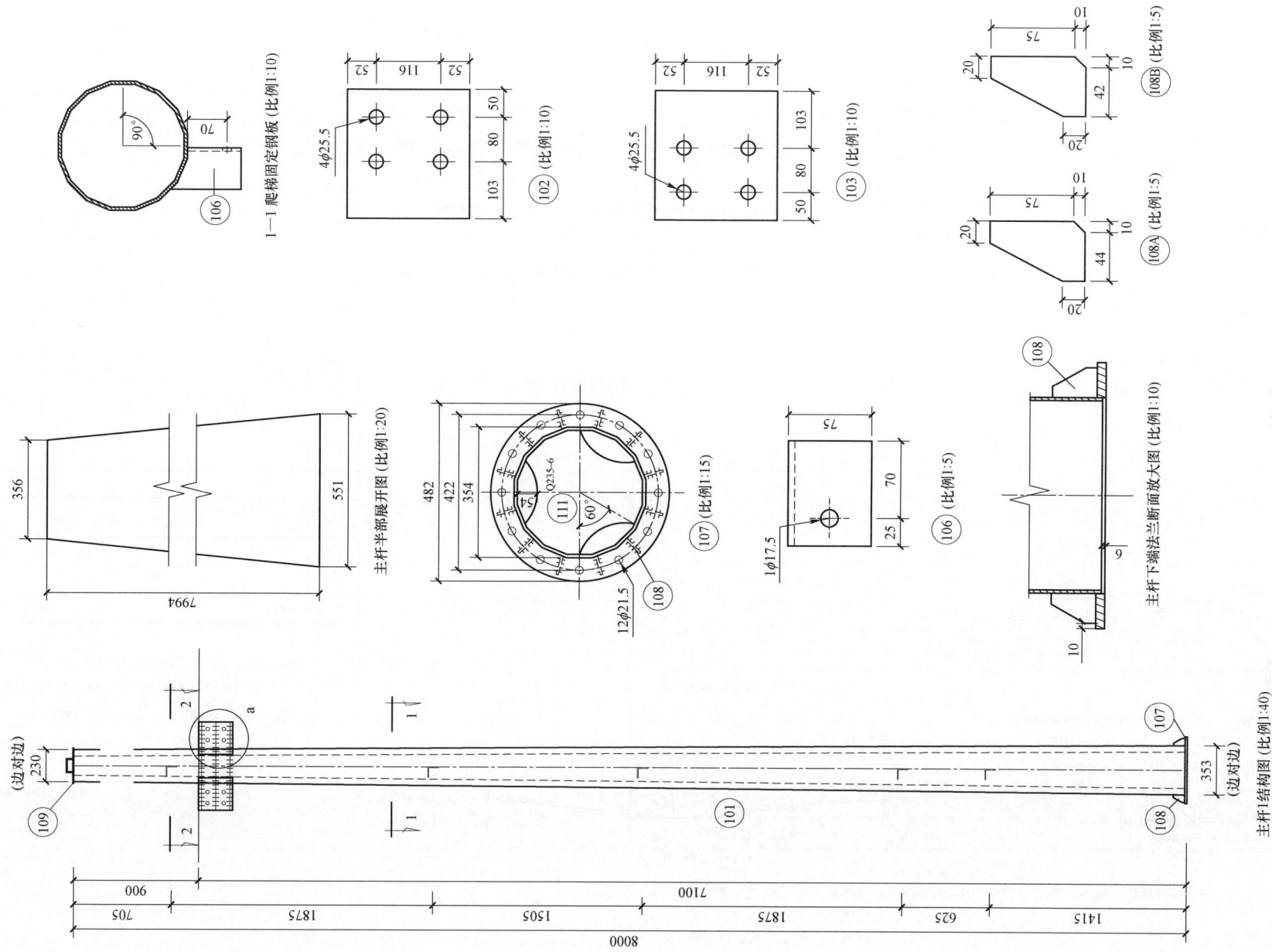

图 12-8　GZ23-22 杆段 1 结构图（1/2）

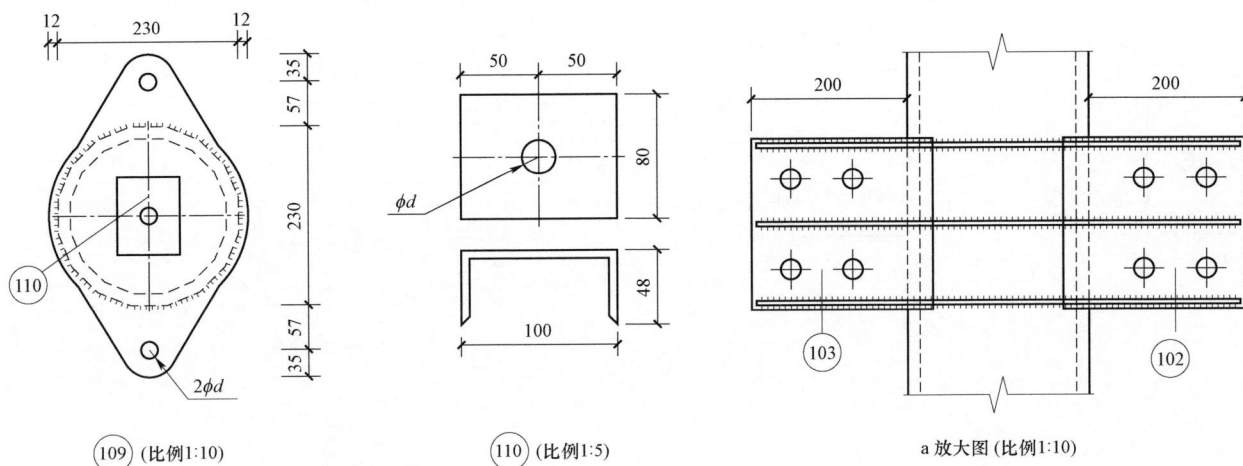

构件明细表

编号	规格	长度 (mm)	数量	质量（kg）单件	质量（kg）小计	备注
101	Q355-6×927	7994	1	349.16	349.2	
102	Q355-6×220	233	2	2.41	4.8	
103	Q355-6×220	233	2	2.41	4.8	
104	Q355-6×51	632	3	0.93	2.8	
105	Q355-6×51	632	3	0.93	2.8	
106	L75×6	95	5	0.74	3.7	
107	Q355-16×480	480	1	10.28	10.3	
108A	Q355-6×54	85	4	0.16	0.6	切角 10
108B	Q355-6×52	85	8	0.16	1.3	切角 10
109	Q355-12×254	414	1	9.94	9.9	
110	[100×48×5.3	80	1	0.88	0.9	
111	Q355-6×341	341	1	4.30	4.3	
合计					395.4kg	

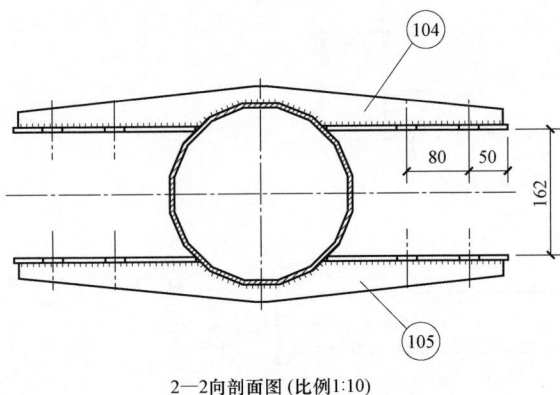

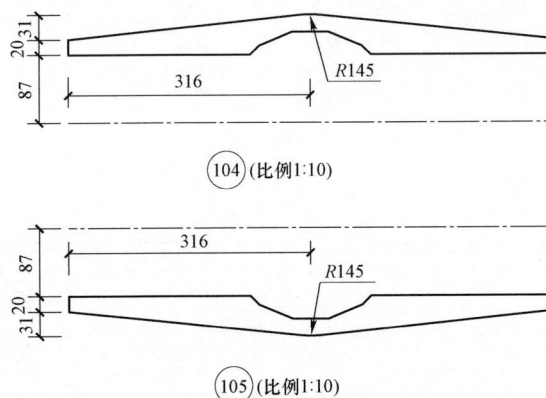

螺栓、脚钉、垫圈明细表

编号	级别	规格	数量	质量（kg）	备注
1	6.8	M20×85	12	5.0	双帽带一垫
合计				5.0kg	

说明：1. 根据选取的绝缘子固定螺栓的规格，确定安装孔径 *d*（M16 螺栓取 17.5，M18 螺栓取 19.5，M20 螺栓取 21.5）。

2. 导线挂点双固定时，不加工 110 构件。

109 (比例1:10)

110 (比例1:5)

a 放大图 (比例1:10)

2—2向剖面图 (比例1:10)

104 (比例1:10)

105 (比例1:10)

图 12-9 GZ23-22 杆段 1 结构图（2/2）

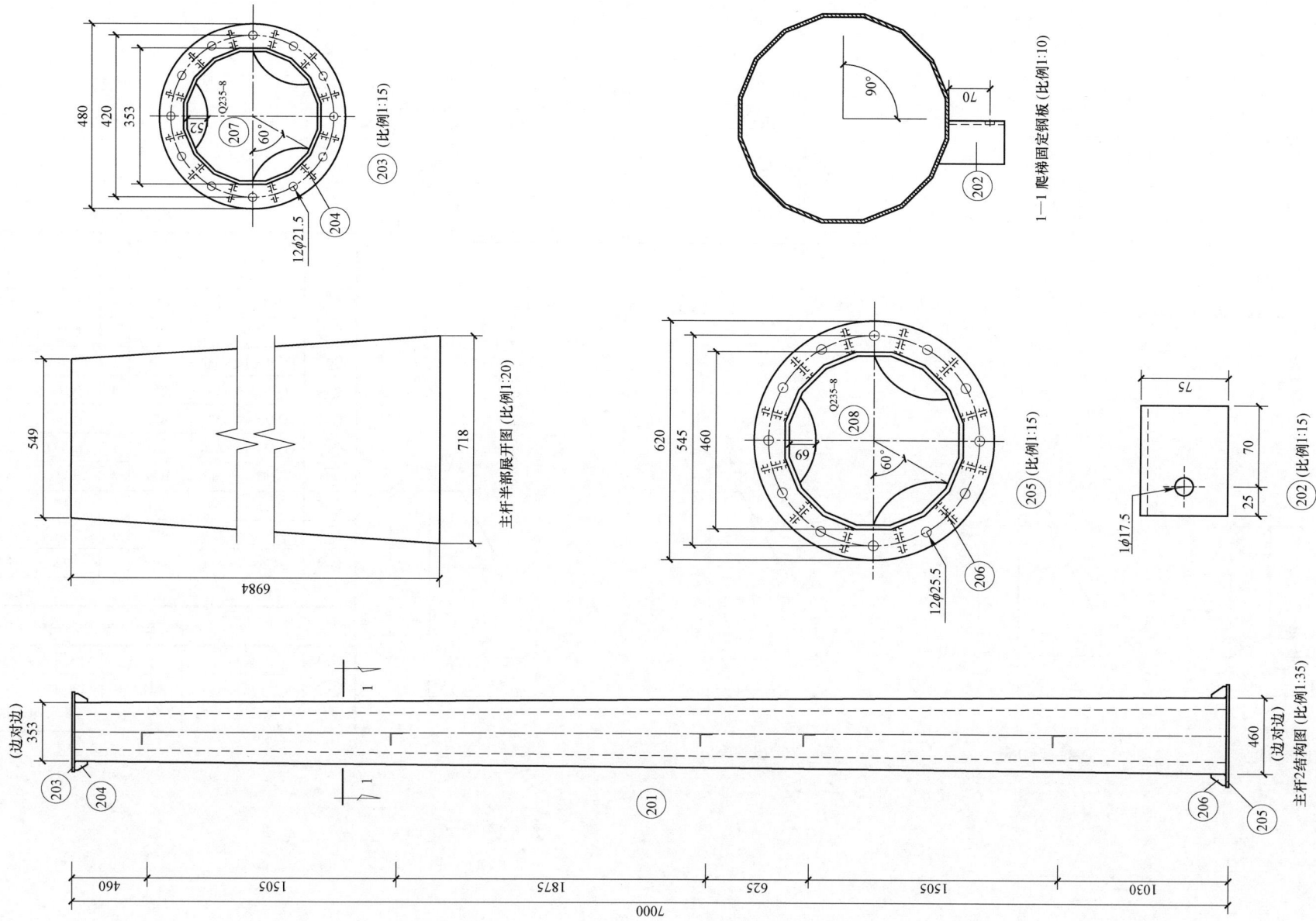

图 12-10　GZ23-22 杆段 2 结构图（1/2）

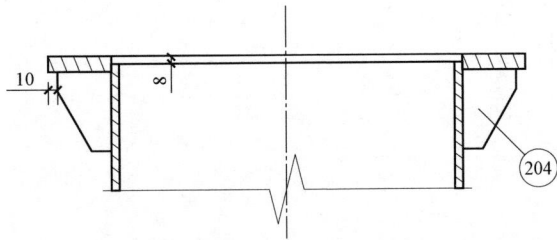

主杆上端法兰断面放大图 (比例1:10)

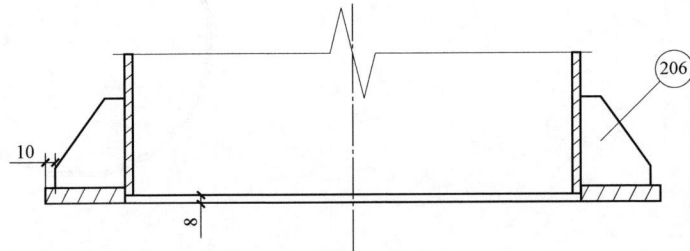

主杆下端法兰断面放大图 (比例1:10)

构 件 明 细 表

编号	规格	长度(mm)	数量	质量（kg）单件	质量（kg）小计	备注
⑳①	Q355−8×1293	6984	1	567.42	567.4	
⑳②	L75×6	95	5	0.74	3.7	
⑳③	Q355−16×480	480	1	10.28	10.3	
⑳④A	Q355−6×54	85	4	0.16	0.6	切角 10
⑳④B	Q355−6×52	85	8	0.16	1.3	切角 10
⑳⑤	Q355−16×620	620	1	16.77	16.8	
⑳⑥A	Q355−8×70	110	4	0.34	1.4	切角 15
⑳⑥B	Q355−8×68	110	8	0.34	2.7	切角 15
⑳⑦	Q355−8×337	337	1	5.60	5.6	
⑳⑧	Q355−8×444	444	1	9.72	9.7	
合计					619.5kg	

螺栓、脚钉、垫圈明细表

编号	级别	规格	数量	质量（kg）	备注
①	6.8	M24×90	12	8.3	双帽带一垫
合计				8.3kg	

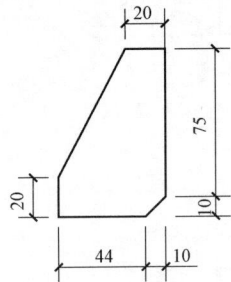

204A (比例1:5)

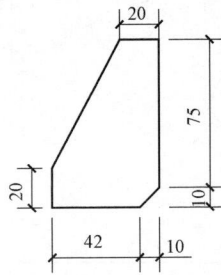

204B (比例1:5)

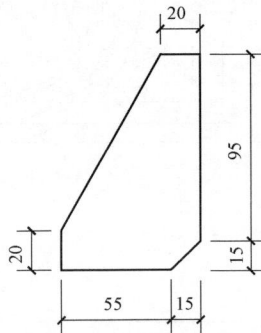

206A (比例1:5)

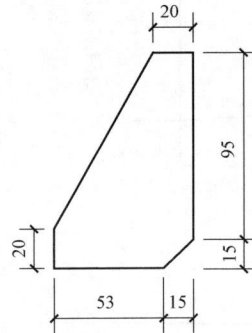

206B (比例1:5)

图 12−11　GZ23−22 杆段 2 结构图（2/2）

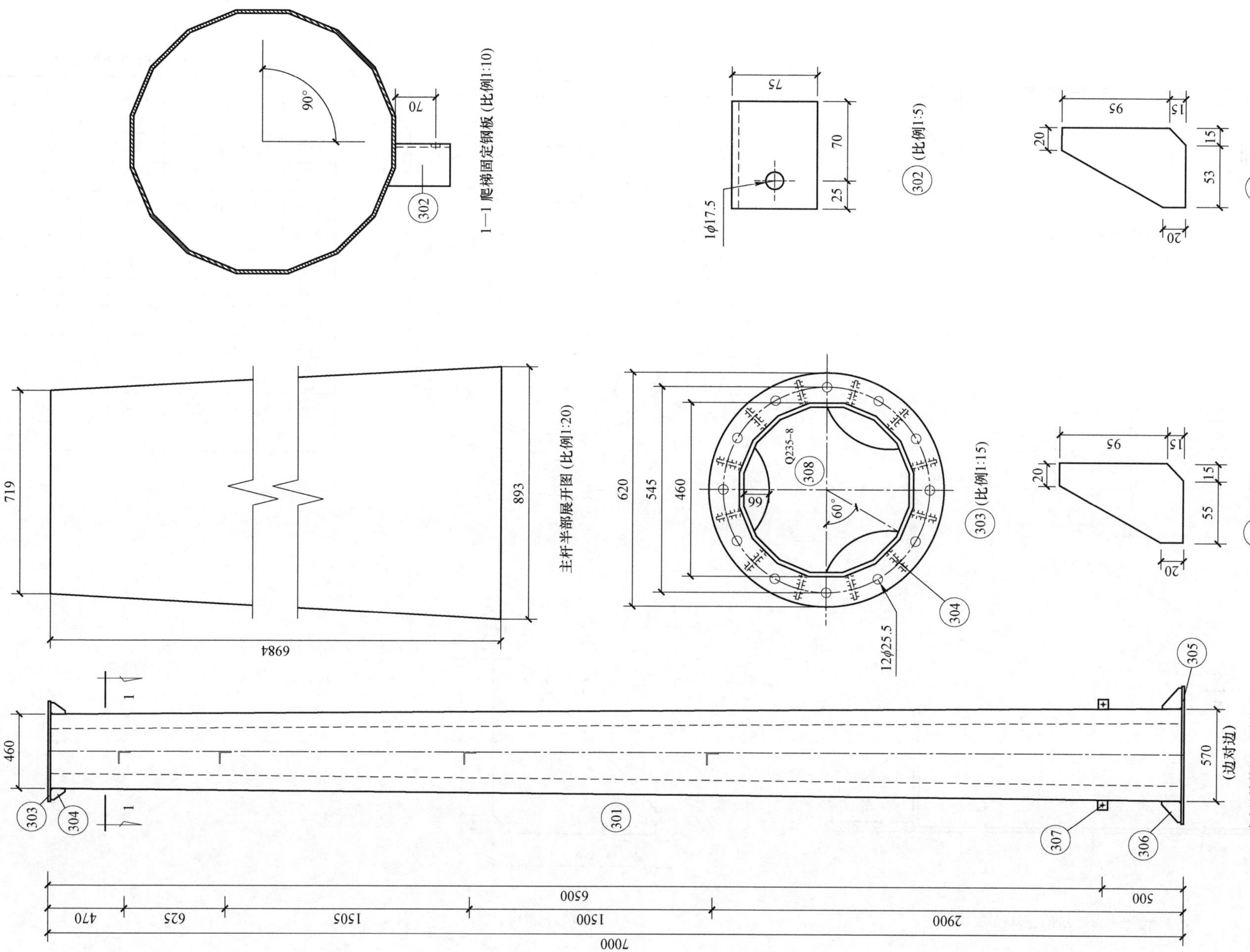

1—1 爬梯固定钢板 (比例1:10)

302 (比例1:5)

304B (比例1:5)

主杆羊部展开图 (比例1:20)

303 (比例1:15)

304A (比例1:5)

主杆3结构图 (比例1:35)

图 12-12 GZ23-22 杆段 3 结构图（1/2）

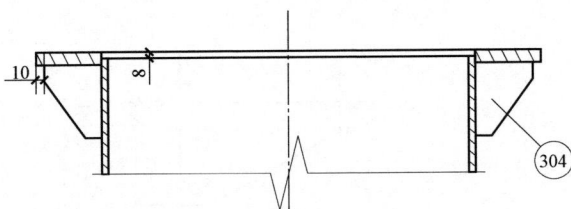

主杆上端法兰断面放大图（比例1:10）

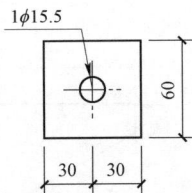

1φ15.5

307 （比例1:5）

850
710
570

84

Q235-8

309

60°

16φ47
M42(35号)

306

305 （比例1:15）

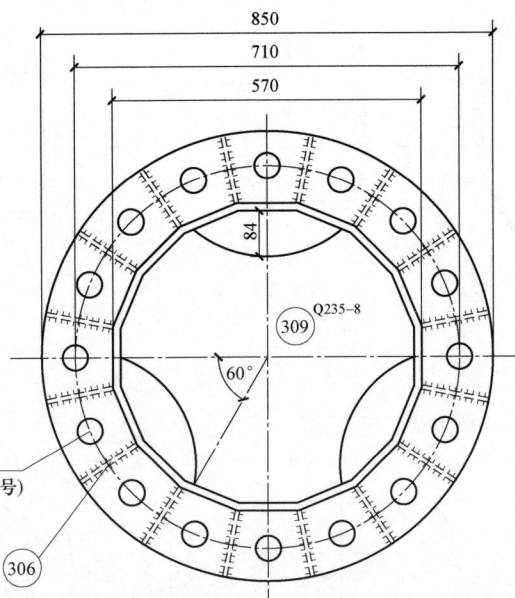

构件明细表						
编号	规格	长度 （mm）	数量	质量（kg）		备注
				单件	小计	
301	Q355-8×1639	6984	1	718.87	718.9	
302	L75×6	95	4	0.74	3.0	
303	Q355-18×620	620	1	18.87	18.9	
304A	Q355-8×70	110	4	0.34	1.4	切角15
304B	Q355-8×68	110	8	0.34	2.7	切角15
305	Q355-18×850	850	1	43.64	43.7	
306	Q355-8×130	140	16	0.73	11.7	切角15
307	Q355-8×60	60	2	0.25	0.5	
308	Q355-8×444	444	1	9.72	9.7	
309	Q355-8×554	554	1	15.13	15.1	
合计				825.6kg		

306

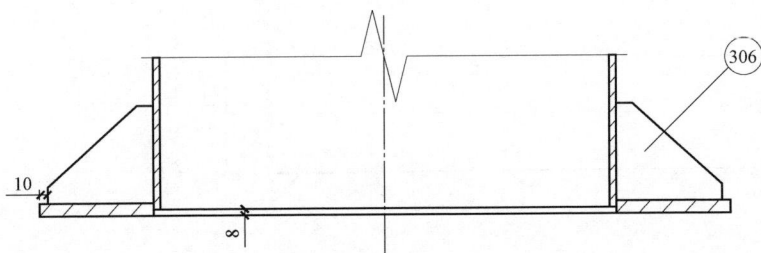

主杆下端法兰断面放大图（比例1:10）

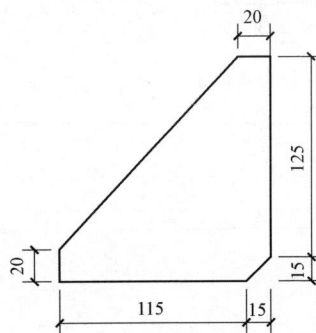

20
125
15
20
115
15

306 （比例1:5）

图 12-13 GZ23-22 杆段 3 结构图（2/2）

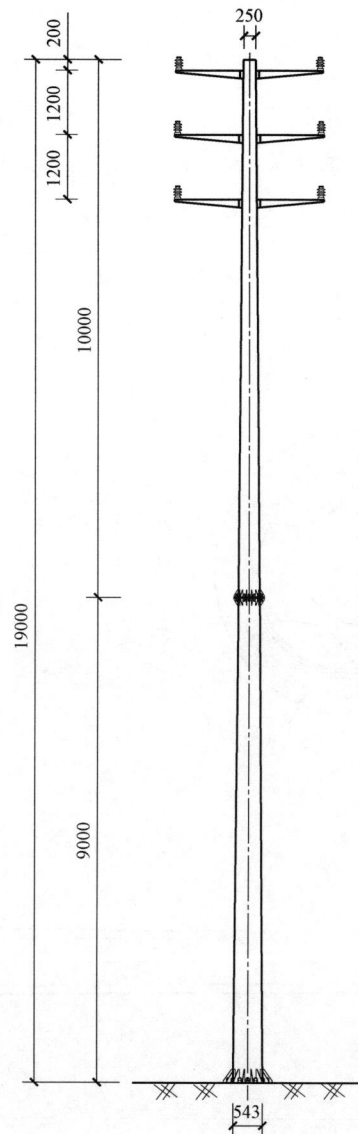

钢管杆技术参数表

杆型	G2Z25-19
钢管杆质量（kg）	1678
钢管杆材质	Q355
根部水平力标准值（kN）	16.43
根部下压力标准值（kN）	21.81
根部弯矩标准值（kN·m）	219.92
根部水平力设计值（kN）	19.72
根部下压力设计值（kN）	30.54
根部弯矩设计值（kN·m）	307.89
地脚螺栓材质	35 号钢
地脚螺栓规格（数量×规格）	16×M42

说明：1. 钢管杆质量均为设计质量（不含横担质量），未含损耗。

      2. 钢管杆杆身横担连接板按单线图中横担布置方式设计，如选用其他布置方式，杆身横担连接板应重新进行核算。

图 12-14　G2Z25-19 直线钢管杆单线图及技术参数表

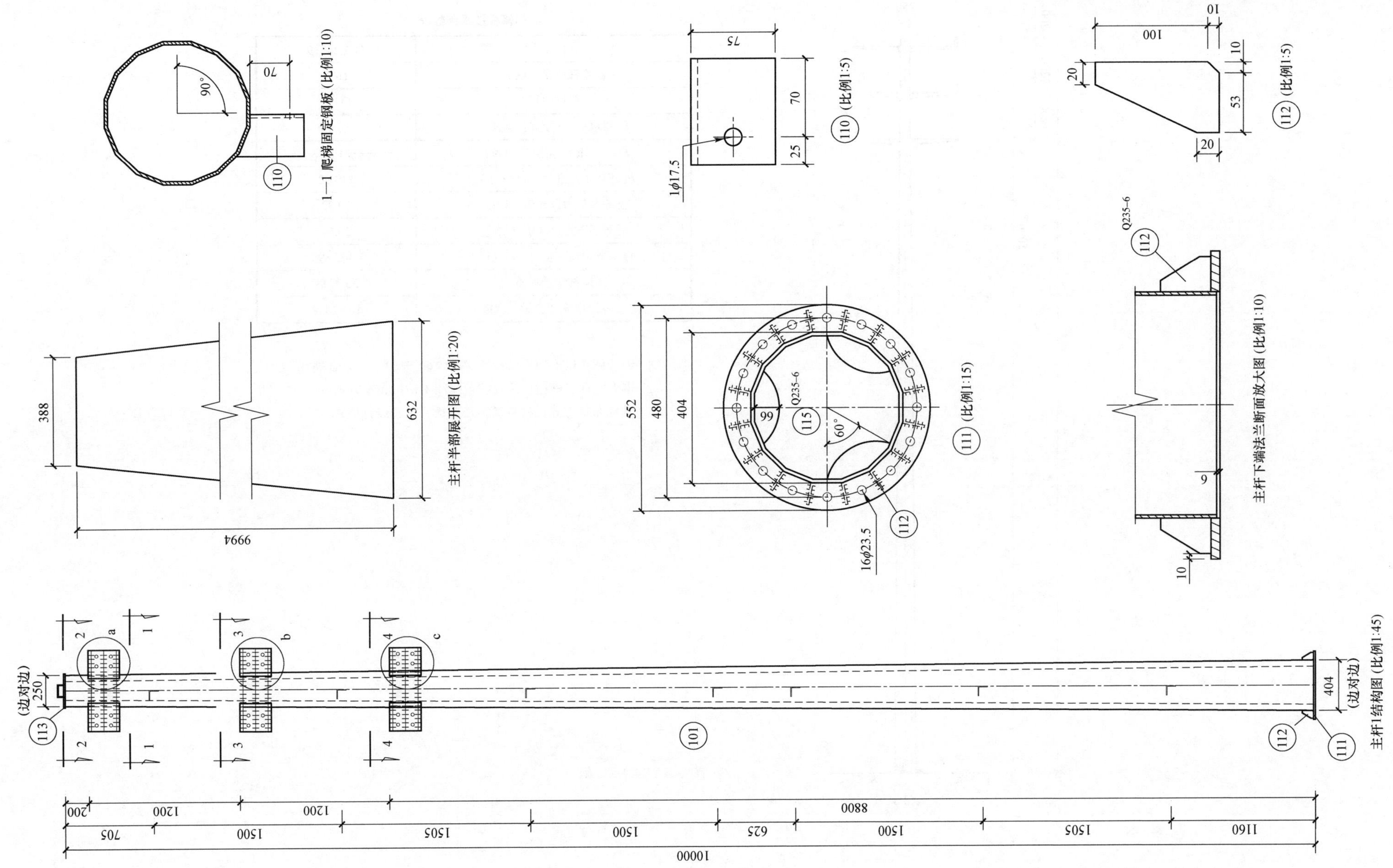

图 12-15　G2Z25-19 杆段 1 结构图（1/4）

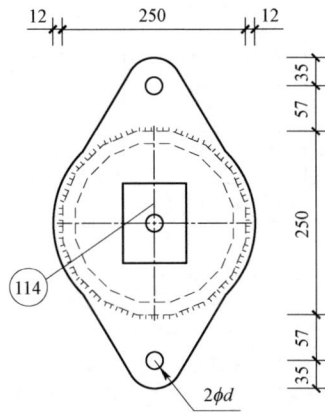

⑪⑬ (比例1:10)

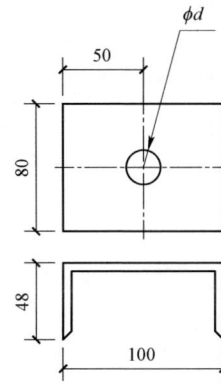

⑪⑭ (比例1:5)

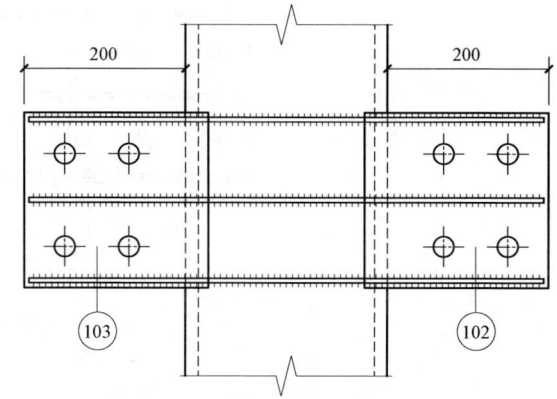

a 放大图 (比例1:10)

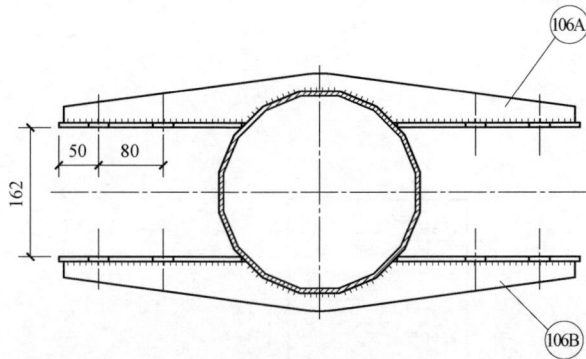

2—2向剖面图 (比例1:10)

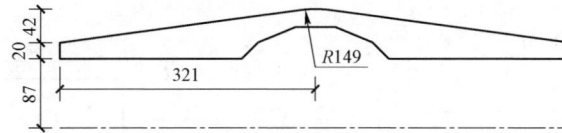

⑩⑥A (比例1:10)

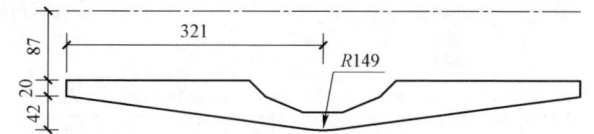

⑩⑥B (比例1:10)

图 12-16 G2Z25-19 杆段 1 结构图（2/4）

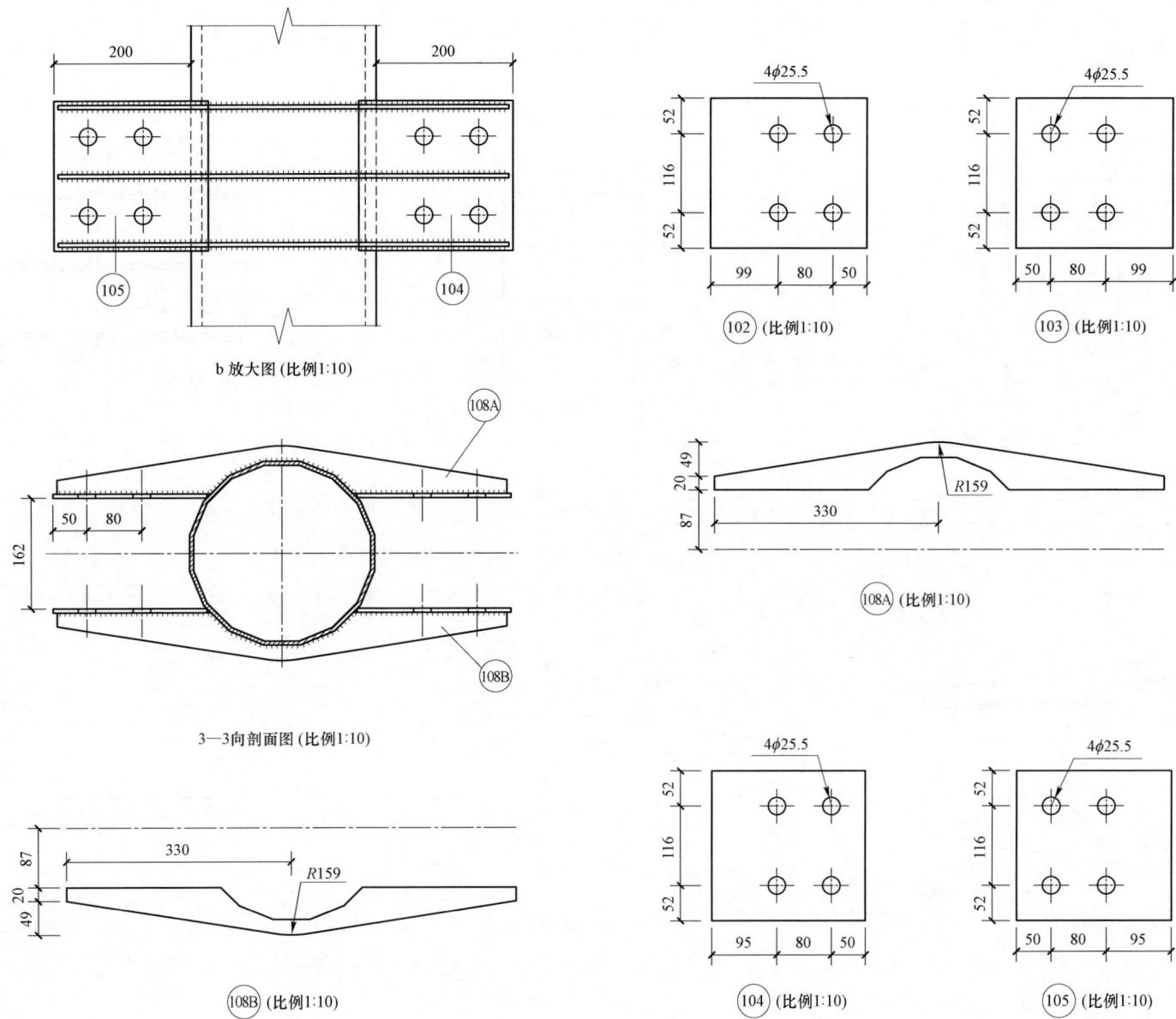

b 放大图 (比例1:10)

102 (比例1:10)   103 (比例1:10)

3—3向剖面图 (比例1:10)

108A (比例1:10)

108B (比例1:10)

104 (比例1:10)   105 (比例1:10)

图 12-17　G2Z25-19 杆段 1 结构图（3/4）

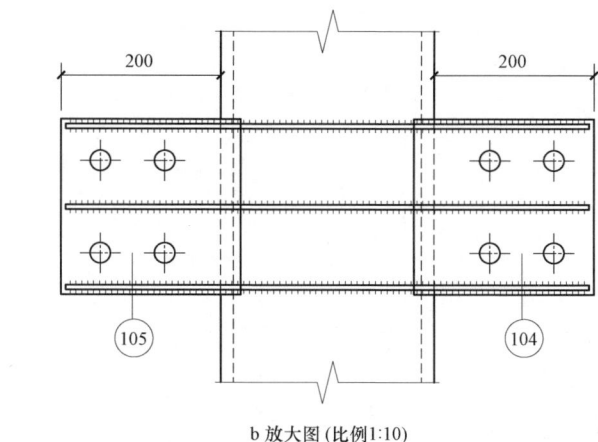

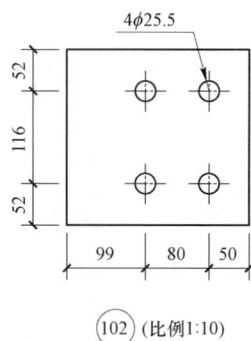

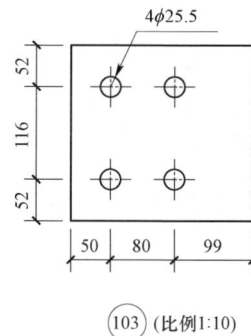

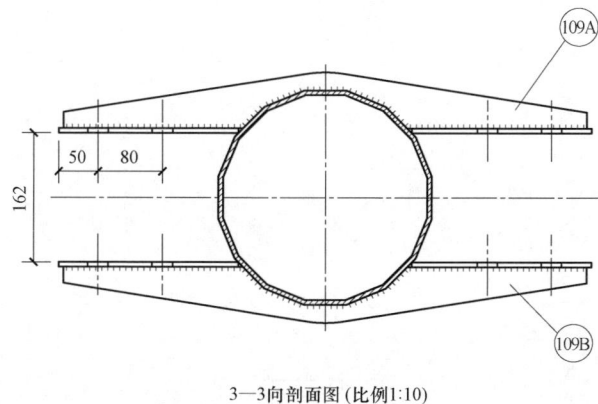

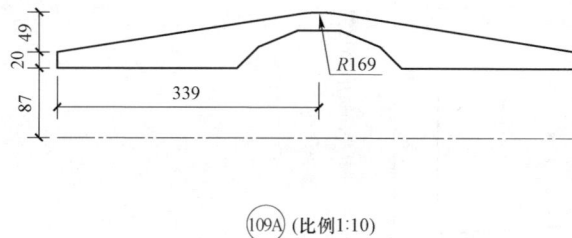

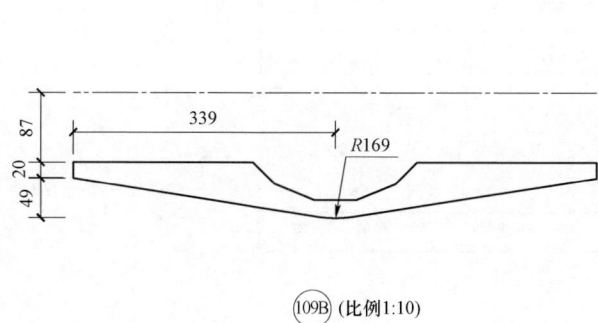

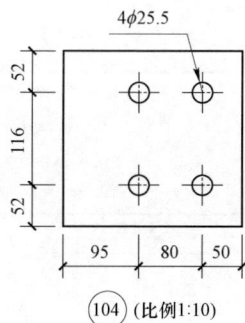

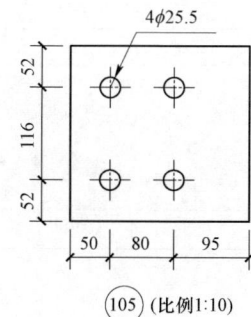

构 件 明 细 表

编号	规格	长度(mm)	数量	质量（kg）单件	质量（kg）小计	备注
101	Q355−6×1040	9994	1	489.70	489.7	
102	Q355−6×220	229	3	2.37	7.11	
103	Q355−6×220	229	3	2.37	7.11	
104	Q355−6×220	225	3	2.34	7.02	
105	Q355−6×220	225	3	2.34	7.02	
106	Q355−6×62	648	3	1.01	3.03	
108	Q355−6×69	658	3	1.09	3.27	
109	Q355−6×69	668	3	1.17	3.51	
110	L75×6	95	7	0.74	5.2	
111	Q355−16×550	550	1	13.53	13.5	
112	Q355−8×63	110	16	0.31	5	切角10
113	Q355−12×274	434	1	11.26	11.3	
114	［100×48×5.3	80	1	0.88	0.9	
115	Q355−6×392	392	1	5.68	5.7	
合计					569.37kg	

螺栓、脚钉、垫圈明细表

编号	级别	规格	数量	质量（kg）	备注
1	6.8	M22×85	16	8.4	双帽带一垫
合计				8.4kg	

说明：1. 根据选取的绝缘子固定螺栓的规格，确定安装孔径 d（M16 螺栓取 17.5，M18 螺栓取 19.5，M20 螺栓取 21.5）。

2. 导线挂点双固定时，不加工 114 构件。

b 放大图 (比例1:10)

3—3向剖面图 (比例1:10)

109B (比例1:10)

102 (比例1:10)

103 (比例1:10)

109A (比例1:10)

104 (比例1:10)

105 (比例1:10)

图 12−18 G2Z25−19 杆段 1 结构图（4/4）

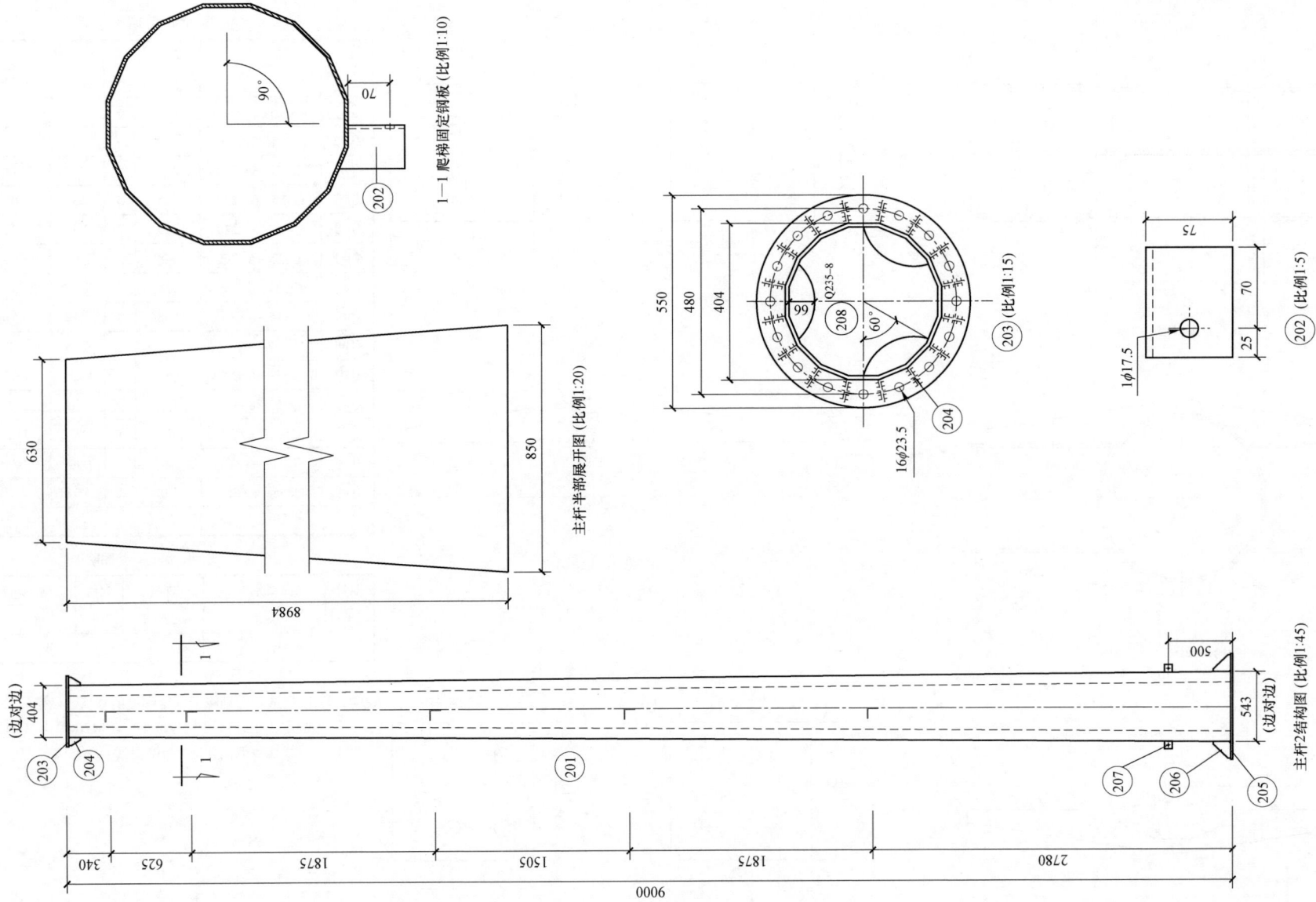

1—1 爬梯固定钢板（比例1:10）

202

70

90°

主杆半部展开图（比例1:20）

630

850

8984

203（比例1:15）

550

480

404

99

Q235-8

208

60°

16φ23.5

204

202（比例1:5）

75

70

25

1φ17.5

主杆结构图（比例1:45）

（边对边）404

203

204

1

1

201

1505

1875

1505

1875

2780

9000

340

625

主杆2结构图（比例1:45）

500

543（边对边）

207

206

205

图 12-19　G2Z25-19 杆段 2 结构图（1/2）

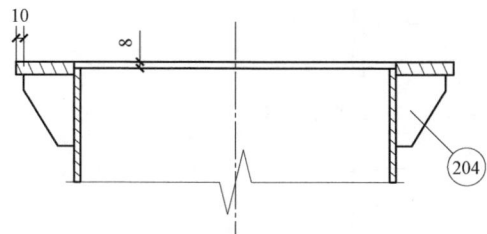

主杆上端法兰断面放大图（比例1:10）

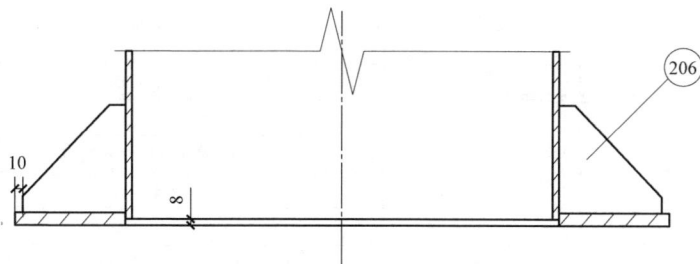

主杆下端法兰断面放大图（比例1:10）

构件明细表

编号	规格	长度（mm）	数量	质量（kg）		备注
				一件	小计	
201	Q355－8×1506	8984	1	850.22	850.2	
202	L75×6	95	5	0.74	3.7	
201	Q355－16×552	552	1	13.75	13.8	
204	Q355－8×64	110	16	0.31	5.0	切角10
205	Q355－16×820	820	1	36.86	36.9	
206A	Q355－8×129	160	12	0.82	9.8	切角15
206B	Q355－8×128	160	4	0.82	3.3	切角15
207	Q355－8×60	60	2	0.25	0.5	
208	Q355－8×388	388	1	7.42	7.4	
209	Q355－8×527	527	1	13.69	13.7	
合计				944.3kg		

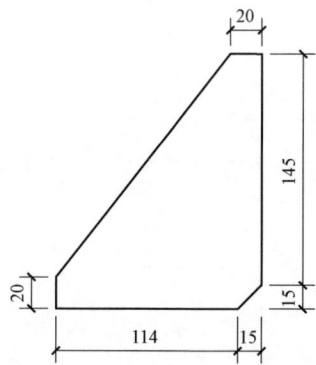

206A（比例1:5）

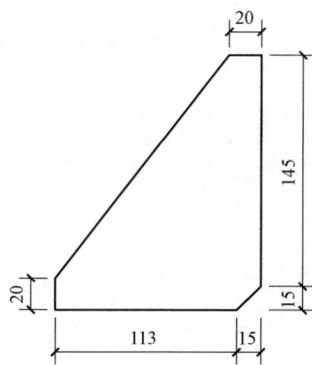

206B（比例1:5）

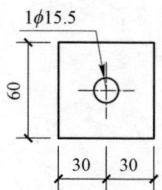

207（比例1:5）

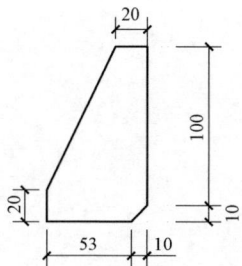

204（比例1:5）

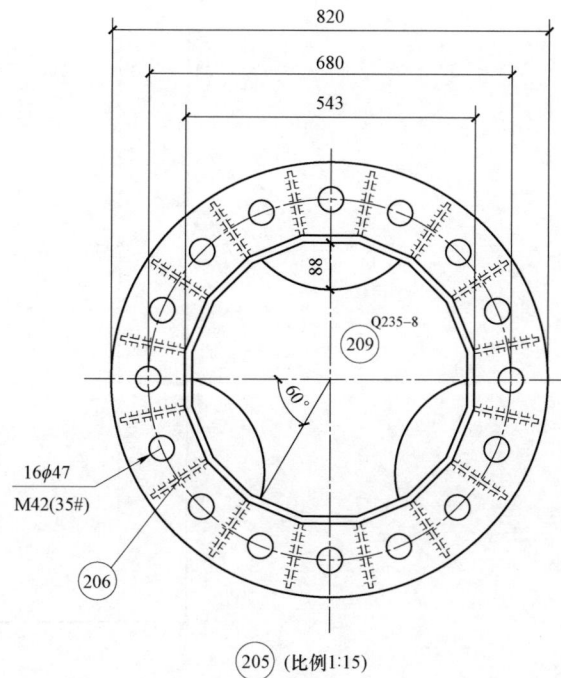

205（比例1:15）

图 12－20　G2Z25－19 杆段 2 结构图（2/2）

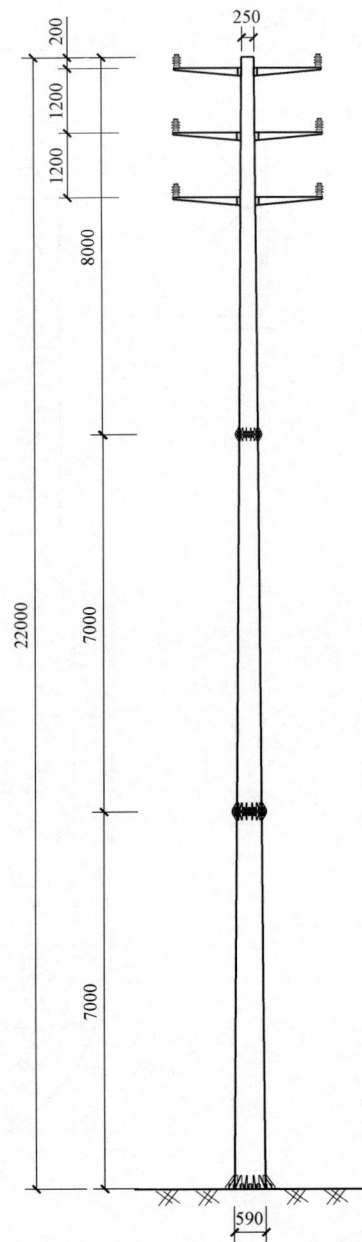

钢管杆技术参数表

杆型	G2Z25-22
钢管杆质量（kg）	2172.1
钢管杆材质	Q355
根部水平力标准值（kN）	18.60
根部下压力标准值（kN）	25.63
根部弯矩标准值（kN·m）	278.01
根部水平力设计值（kN）	22.32
根部下压力设计值（kN）	35.88
根部弯矩设计值（kN·m）	389.22
地脚螺栓材质	35 号钢
地脚螺栓规格（数量×规格）	16×M42

说明：1. 钢管杆质量均为设计质量（不含横担质量），未含损耗。
　　　2. 钢管杆杆身横担连接板按单线图中横担布置方式设计，如选用
　　　　 其他布置方式，杆身横担连接板应重新进行核算。

图 12-21　G2Z25-22 直线钢管杆单线图及技术参数表

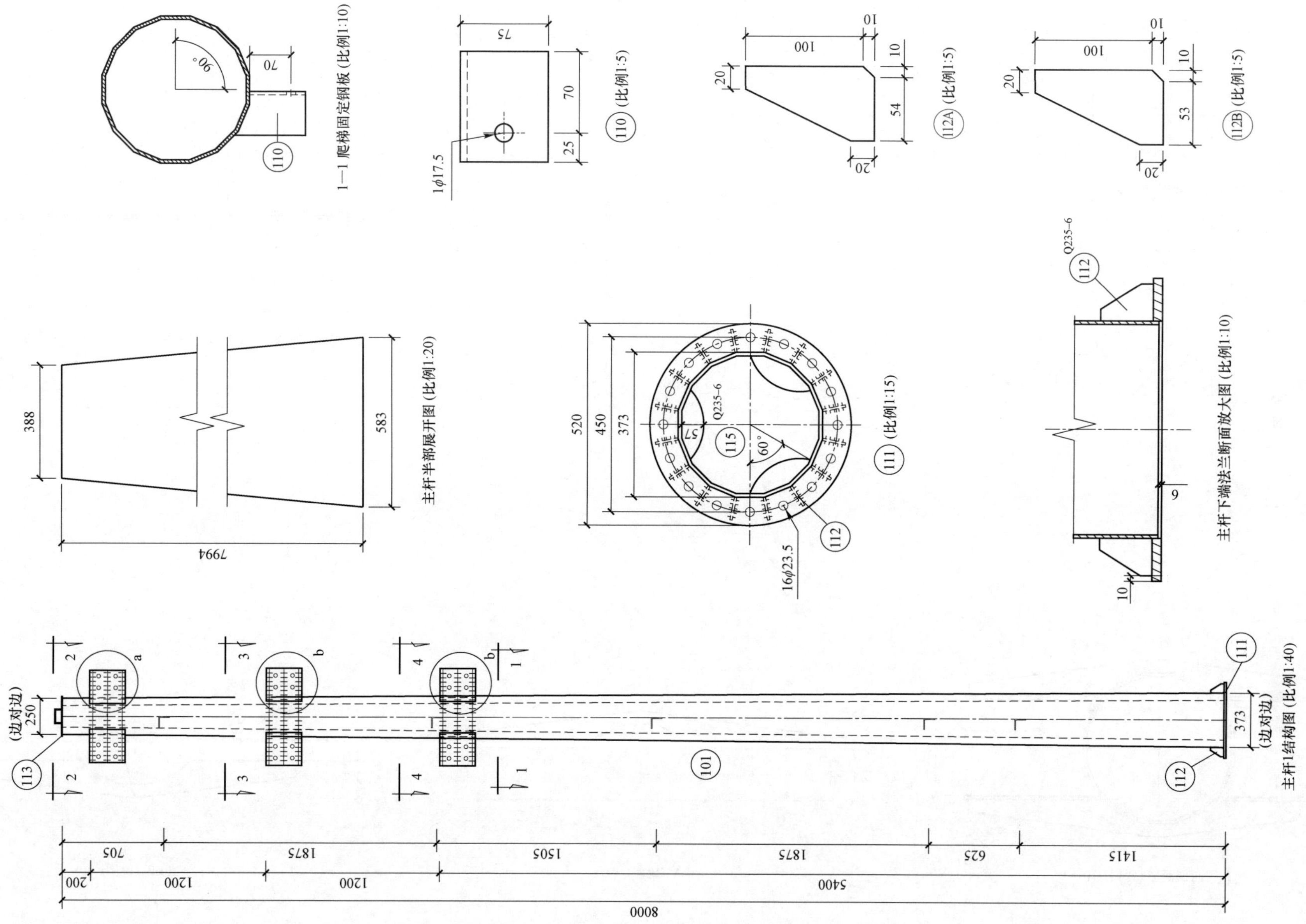

图 12-22　G2Z25-22 杆段 1 结构图（1/4）

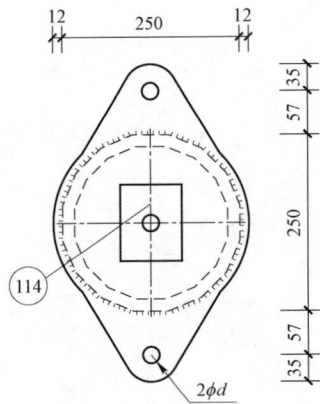

⑪③ (比例1:10)

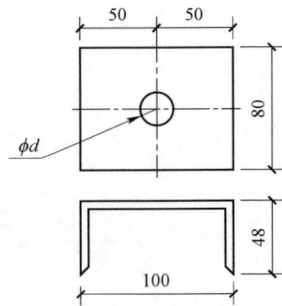

⑪④ (比例1:5)

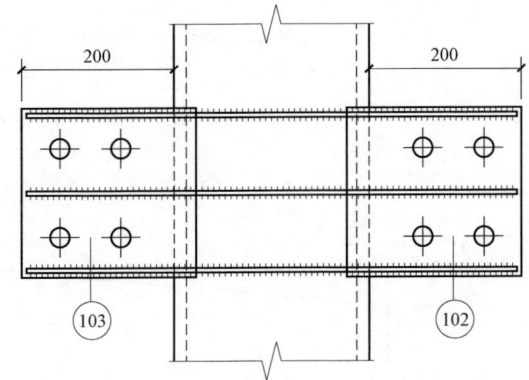

a 放大图 (比例1:10)

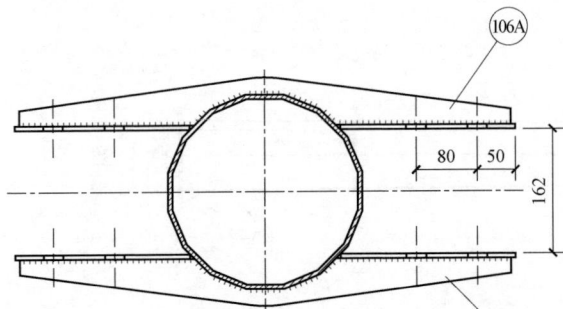

2—2向剖面图 (比例1:10)

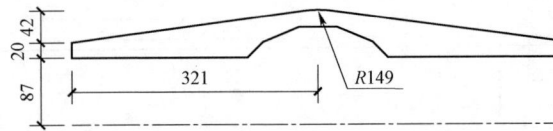

⑩⑥A (比例1:10)

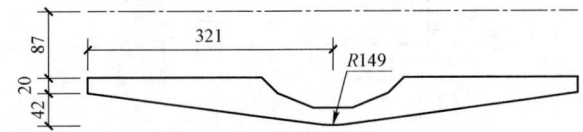

⑩⑥B (比例1:10)

图 12－23　G2Z25－22　杆段 1 结构图（2/4）

200   200

4φ25.5   4φ25.5

52   116   52

99   80   50

50   80   99

105   104

⑩2 (比例1:10)   ⑩3 (比例1:10)

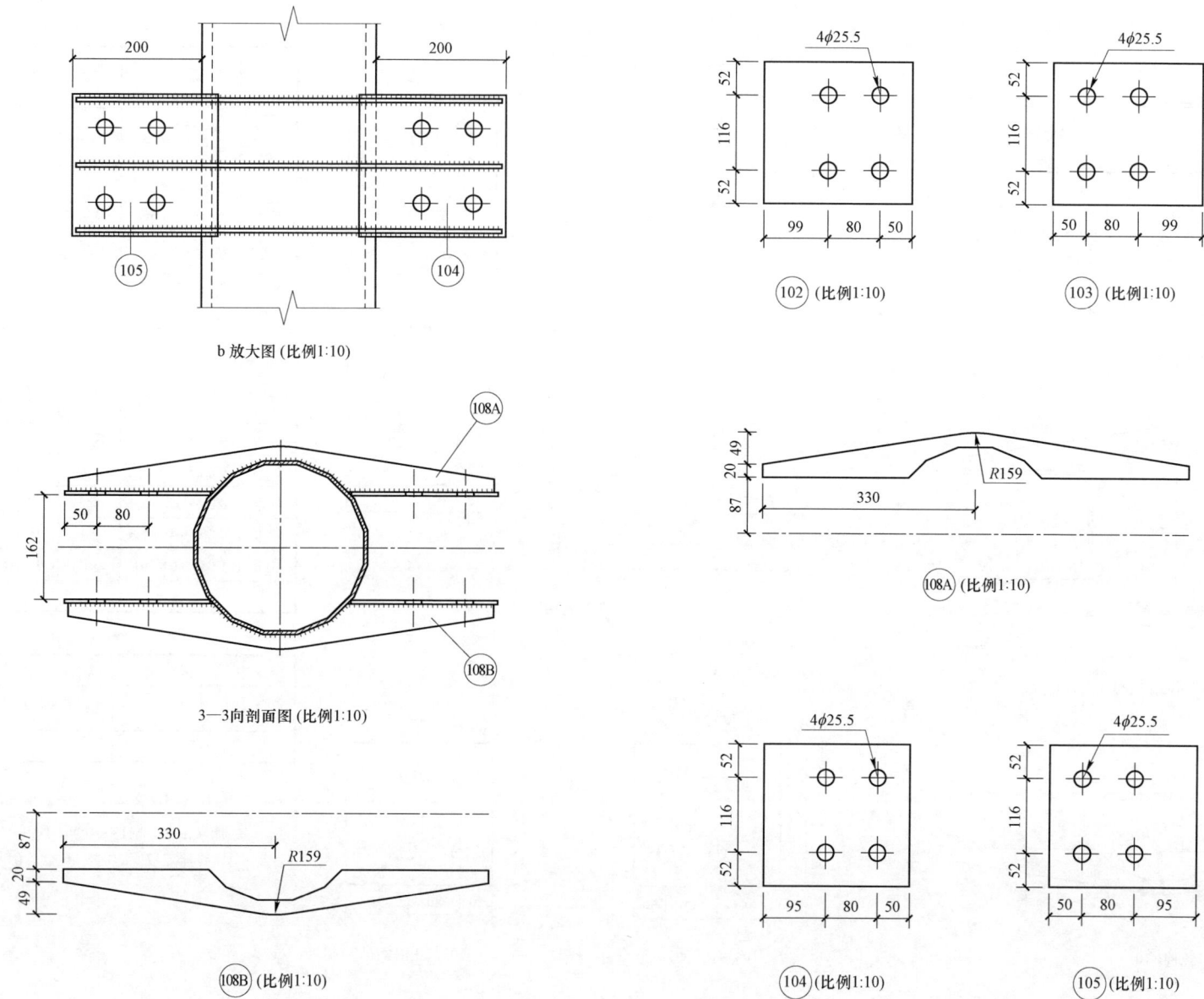

b 放大图 (比例1:10)

108A

49 20 87

330   R159

50 80

162

108A (比例1:10)

108B

3—3向剖面图 (比例1:10)

87 20 49

330   R159

108B (比例1:10)

4φ25.5   4φ25.5

52   116   52

95   80   50

50   80   95

104 (比例1:10)   105 (比例1:10)

图 12－24　G2Z25－22 杆段 1 结构图（3/4）

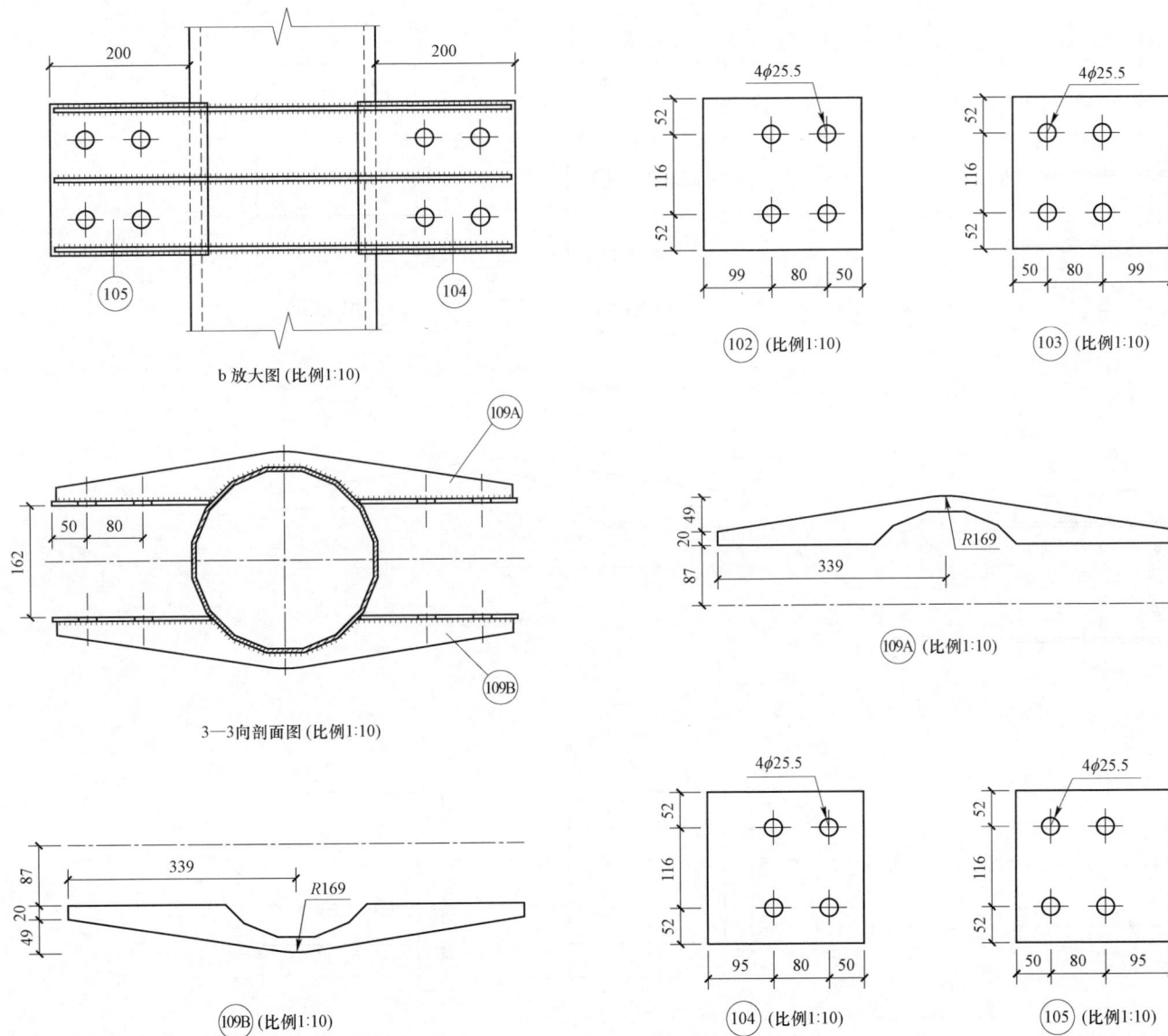

b 放大图 (比例1:10)

102 (比例1:10)

103 (比例1:10)

109A (比例1:10)

3—3 向剖面图 (比例1:10)

109B (比例1:10)

104 (比例1:10)

105 (比例1:10)

构 件 明 细 表

编号	规格	长度 (mm)	数量	质量（kg）		备注
				一件	小计	
101	Q355−6×990	7994	1	373.12	373.1	
102	Q355−6×220	229	3	2.37	7.11	
103	Q355−6×220	229	3	2.37	7.11	
104	Q355−6×220	225	3	2.34	7.02	
105	Q355−6×220	225	3	2.34	7.02	
106	Q355−6×62	648	3	1.01	3.03	
108	Q355−6×69	658	3	1.09	3.27	
109	Q355−6×69	668	3	1.17	3.51	
110	L75×6	95	5	0.74	3.7	
111	Q355−16×520	520	1	12.77	12.8	
112A	Q355−8×64	110	12	0.31	3.72	切角 10
112B	Q355−8×63	110	4	0.31	1.24	切角 10
113	Q355−12×274	434	1	11.26	11.3	
114	[100×48×5.3	80	1	0.88	0.9	
115	Q355−6×361	361	1	4.82	4.8	
合计					449.63kg	

螺栓、脚钉、垫圈明细表

编号	级别	规格	数量	质量（kg）	备注
1	6.8	M22×85	16	8.4	双帽带一垫
合计				8.4kg	

说明：1. 根据选取的绝缘子固定螺栓的规格，确定安装孔径 d（M16 螺栓取 17.5，M18 螺栓取 19.5，M20 螺栓取 21.5）。

2. 导线挂点双固定时，不加工 114 构件。

图 12−25 G2Z25−22 杆段 1 结构图（4/4）

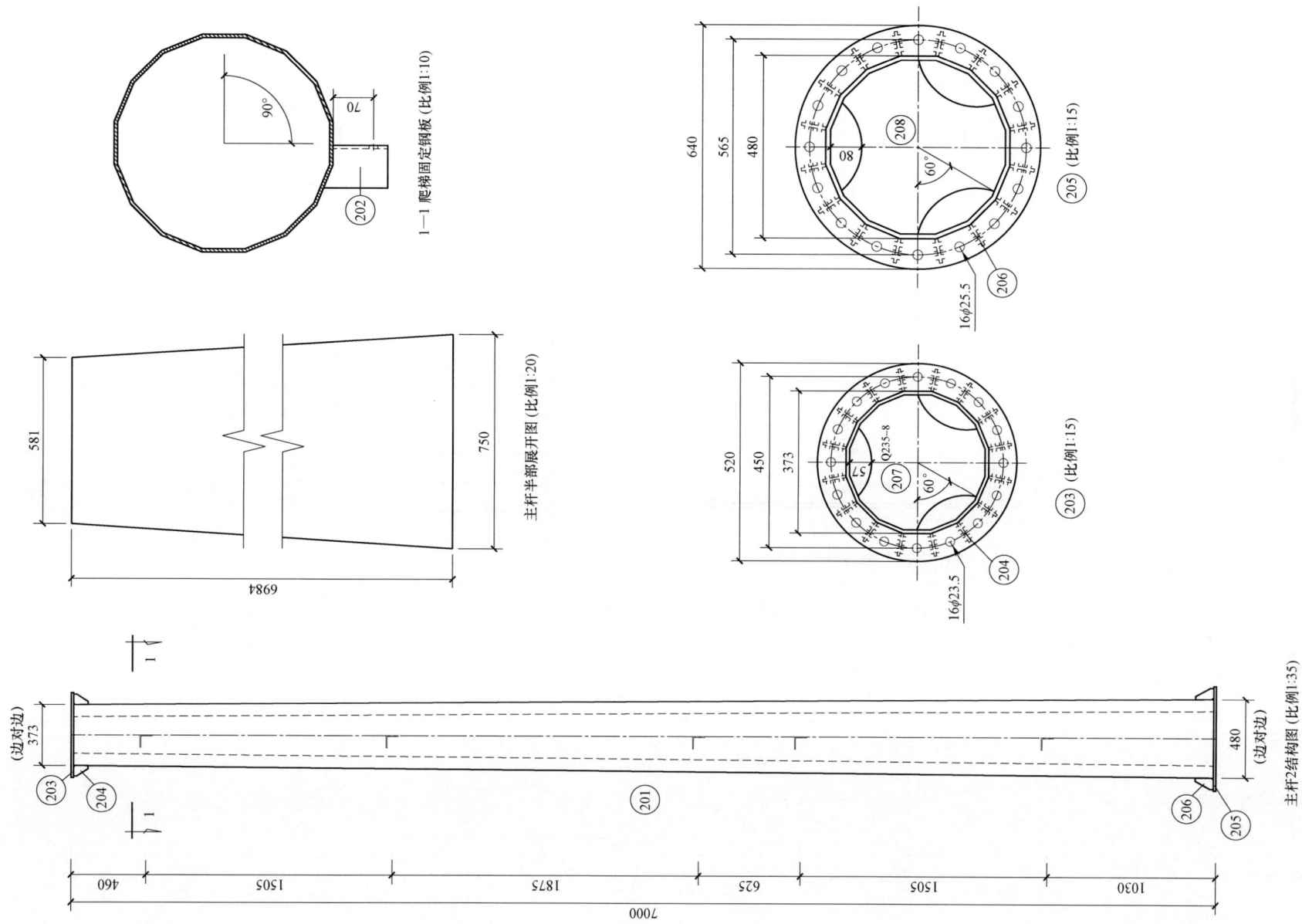

图 12-26 G2Z25-22 杆段 2 结构图 (1/2)

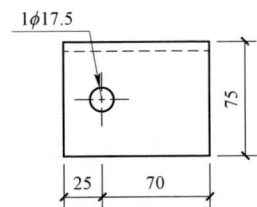

②⑫ (比例1:5)

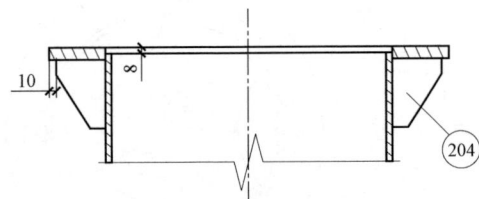

主杆上端法兰断面放大图 (比例1:10)

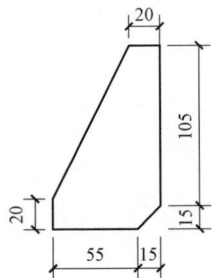

②⑥ (比例1:5)

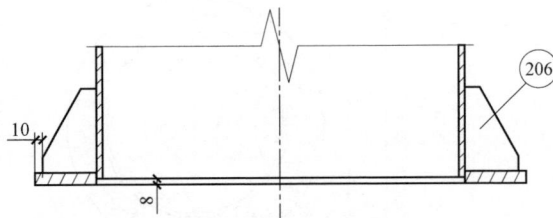

主杆下端法兰断面放大图 (比例1:10)

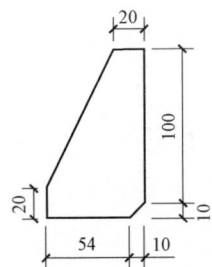

②④Ⓐ (比例1:5)

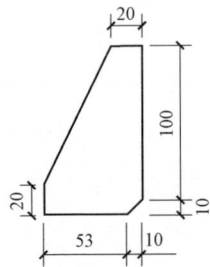

②④Ⓑ (比例1:5)

构 件 明 细 表

编号	规格	长度（mm）	数量	质量（kg）一件	质量（kg）小计	备注
⑳①	Q355−8×1357	6984	1	595.34	595.3	
⑳②	L75×6	95	5	0.74	3.7	
⑳③	Q355−16×520	520	1	12.77	12.8	
⑳④Ⓐ	Q355−6×64	110	12	0.24	2.9	切角10
⑳④Ⓑ	Q355−6×63	110	4	0.24	1.0	切角10
⑳⑤	Q355−16×640	640	1	17.38	17.4	
⑳⑥	Q355−8×70	120	16	0.37	5.9	切角15
⑳⑦	Q355−8×357	357	1	6.28	6.3	
⑳⑧	Q355−8×464	464	1	10.61	10.6	
合计				655.9kg		

螺栓、脚钉、垫圈明细表

编号	级别	规格	数量	质量（kg）	备注
①	6.8	M24×90	16	11.1	双帽带一垫
合计				11.1kg	

图 12−27　G2Z25−22 杆段 2 结构图（2/2）

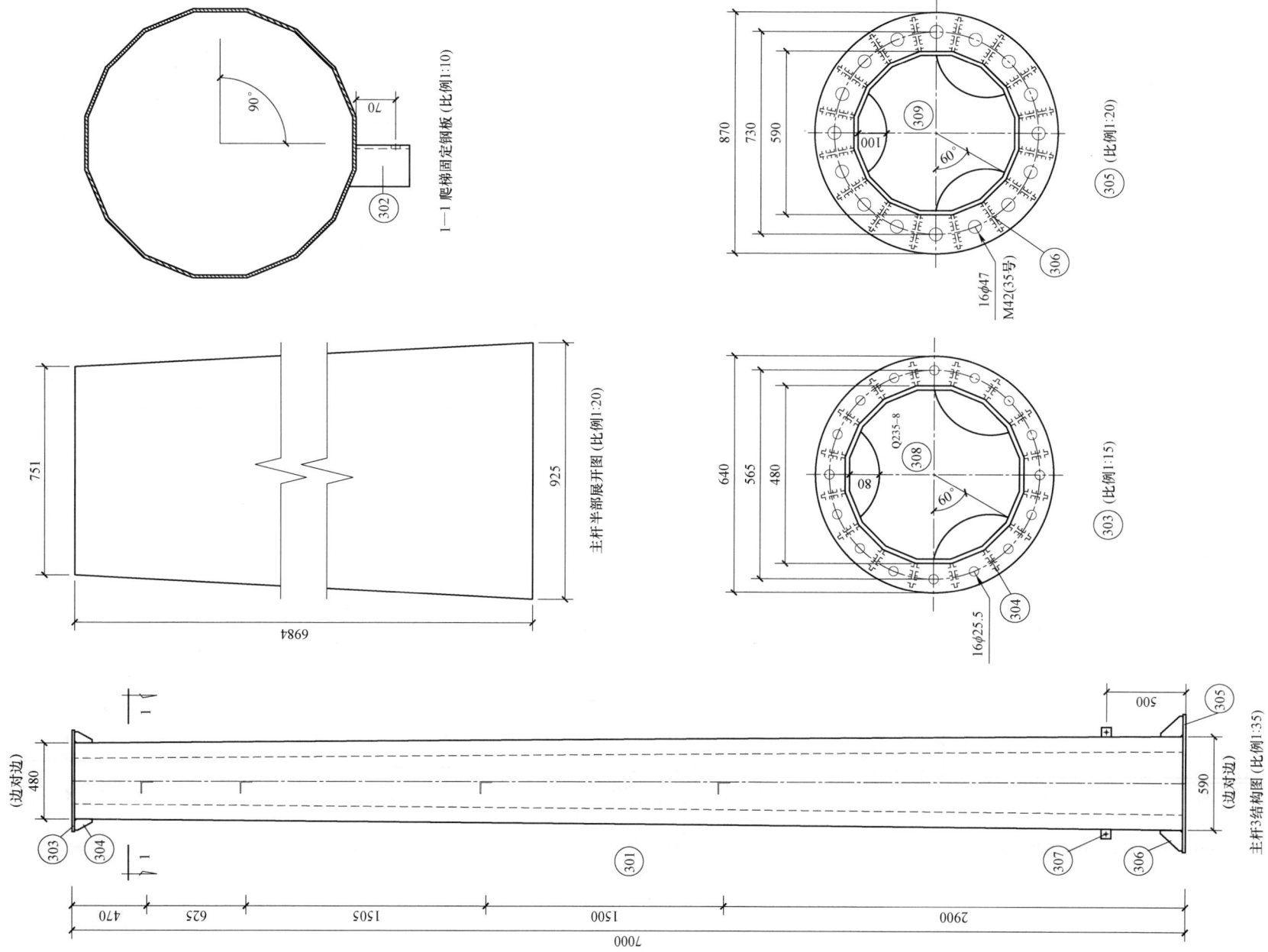

图 12-28　G2Z25-22 杆段 3 结构图（1/2）

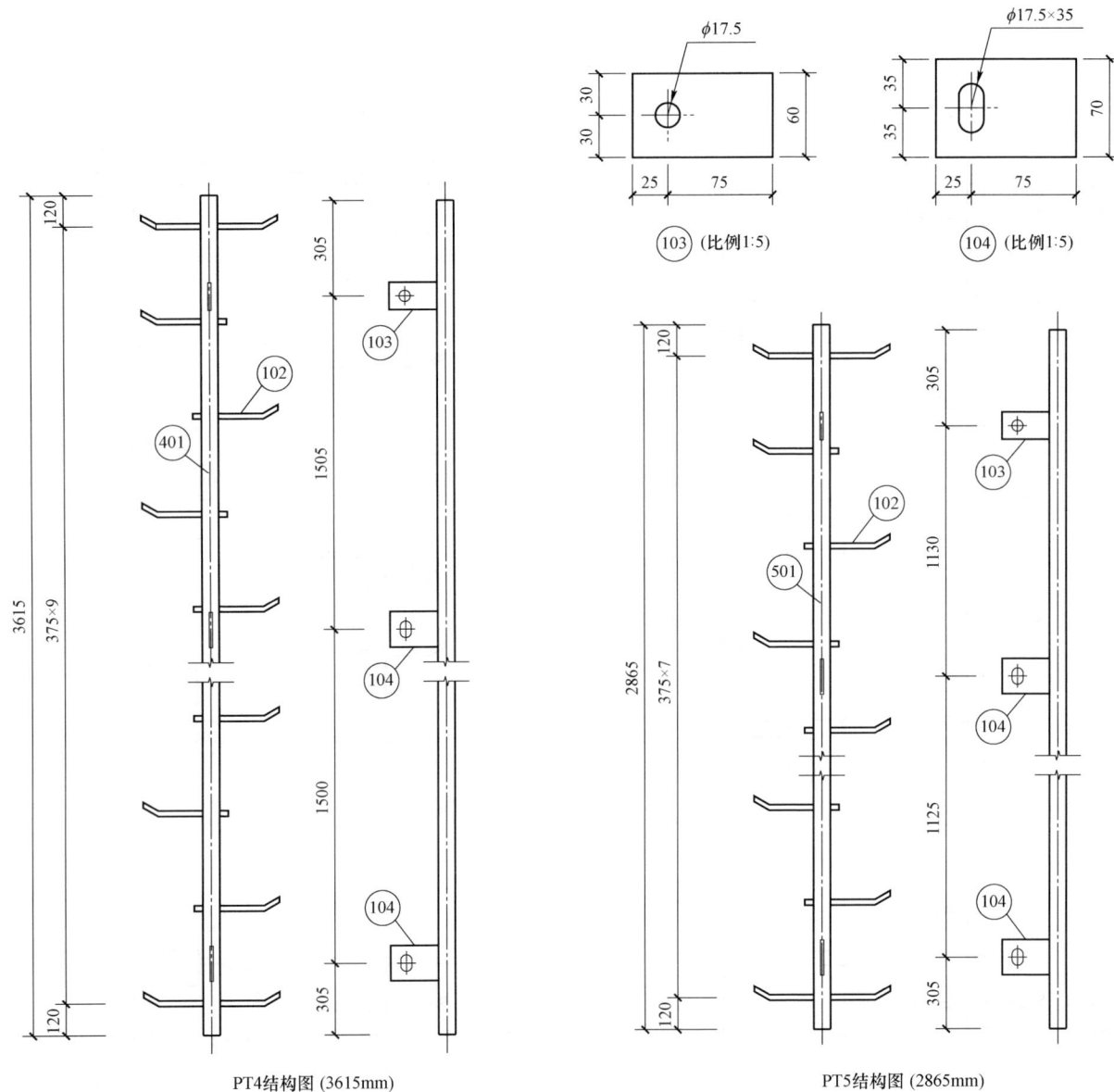

构件明细表

爬梯型式	编号	规格	长度(mm)	数量	质量（kg）一件	质量（kg）小计	备注
PT1	⑩⑴	$\phi48\times8$	5865	1	46.28	46.3	
	⑩⑵	$\phi16$	250	18	0.39	7.0	火曲5°
	⑩⑶	Q235−8×60	100	1	0.38	0.4	
	⑩⑷	Q235−8×70	100	3	0.44	1.3	
	⑩⑸	M16×45	45	4	0.18	0.7	6.8级
	合计					55.7kg	
PT2	⑳⑴	$\phi48\times8$	5115	1	40.36	40.4	
	⑩⑵	$\phi16$	250	16	0.39	6.2	火曲5°
	⑩⑶	Q235−8×60	100	1	0.38	0.4	
	⑩⑷	Q235−8×70	100	3	0.44	1.3	
	⑩⑸	M16×45	45	4	0.18	0.7	6.8级
	合计					49.0kg	
PT3	㉛⑴	$\phi48\times8$	4365	1	34.44	34.4	
	⑩⑵	$\phi16$	250	14	0.39	5.5	火曲5°
	⑩⑶	Q235−8×60	100	1	0.38	0.4	
	⑩⑷	Q235−8×70	100	2	0.44	0.9	
	⑩⑸	M16×45	45	3	0.18	0.5	6.8级
	合计					41.7kg	
PT4	④⑴	$\phi48\times8$	3615	1	28.52	28.5	
	⑩⑵	$\phi16$	250	12	0.39	4.7	火曲5°
	⑩⑶	Q235−8×60	100	1	0.38	0.4	
	⑩⑷	Q235−8×70	100	2	0.44	0.9	
	⑩⑸	M16×45	45	3	0.18	0.5	6.8级
	合计					35.0kg	
PT5	⑤⑴	$\phi48\times8$	2865	1	22.61	22.6	
	⑩⑵	$\phi16$	250	10	0.39	3.9	火曲5°
	⑩⑶	Q235−8×60	100	1	0.38	0.4	
	⑩⑷	Q235−8×70	100	2	0.44	0.9	
	⑩⑸	M16×45	45	3	0.18	0.5	6.8级
	合计					28.3kg	

PT4结构图 (3615mm)

PT5结构图 (2865mm)

⑩⑶ (比例1:5)

⑩⑷ (比例1:5)

爬梯配置表

杆高（m）	爬梯型式	质量（kg）	备注
19	PT2×2+PT1	153.7	
22	PT1×2+PT4×2	181.4	

图 12−31　直线钢管杆爬梯结构图（2/2）

钢管杆加工时，除必须遵照现行《钢结构工程施工质量验收标准》(GB 50205—2020)、《输变电钢管结构制造技术条件》(DL/T 646—2012)、《钢结构焊接规范》(GB 50661—2011)、《架空输电线路杆塔结构设计技术规程》(DL/T 5486—2020)规范规定外，另作以下补充说明和要求。

1. 材料

（1）钢管杆所有零部件均为 Q355 钢，钢材质量等级均不低于 B 级。

（2）各部件连接所采用螺栓强度等级（均为镀锌后强度等级），M16、M20 一般为 6.8 级，M24 一般为 8.8 级，法兰连接处大直径螺栓为 6.8 级。螺栓采用双帽时需出扣。

（3）采用的焊条为：采用强度与低等级钢材相适应的焊接材料。严禁使用药皮脱落或焊芯生锈的焊条。

（4）所有螺栓、焊板、焊条等材质均应符合相关技术规定，并有出厂合格证书。

（5）对于大直径的钢管，由钢管生产厂家用卷板机自行加工，且采用自动埋弧焊。加工钢管不得在其焊缝上再施加新焊缝。钢板制弯后其边缘应圆滑过渡，表面不得有损伤、褶皱和凹面，划痕深度不应大于 0.5mm。除图中注明外，必须遵照下列统一要求进行加工和安装。

（6）加工时如需材料代用及改变节点形式等，需与设计单位联系解决，杆塔材料代用时，需注意相关影响，并由加工厂书面通知施工单位，以方便施工安装。

（7）钢管杆全部构件的防腐处理应采用热浸镀锌。当构件较大，采用热浸镀锌有困难时，可采用热喷涂进行防腐处理，但需满足《输变电钢管结构制造技术条件》(DL/T 646—2021)相关技术要求。根据不同防腐方式采用相应的工艺设计，保证防腐处理符合相关规定。

2. 管段的制作

管段的制作允许偏差 (mm)

序号	项目名称	允许偏差
①	法兰各孔眼中心的圆周直径	±0.5
②	发运管段弯曲矢高	≤L/1500
③	发运管段长度偏差	±2.0
④	法兰盘端面倾斜	≤1
⑤	椭圆度 f/D	≤3/100

3. 制孔

（1）制孔一般采用冲孔工艺，当 Q355 材质厚度不小于 14mm 构件制孔时，采取先冲孔至小于规定孔径 3mm 的孔，然后再钻孔扩至设计孔径。

（2）法兰盘上螺栓孔全部采用钻孔工艺。

4. 法兰盘制作

（1）法兰盘与钢管的焊接采用胎膜套焊或类似能防止变形的措施。法兰盘与钢管间的焊接预留间隙取 1mm。为减少变形，法兰盘与钢管、加劲板在焊接过程中应采取预加热及反变形措施。

（2）保证法兰盘在精加工后满足设计厚度。

（3）需保证两法兰连接角度的精确，使两端连接后保证平直，两法兰盘之间接触紧密。

（4）加工时必须保证法兰的精确度并对法兰连接件进行编号识别，防止互换。平板焊接时严禁上翘，以防止节点积水。

5. 焊接质量分级

（1）一级焊缝：插接杆外套管插接部位纵向焊缝设计长度加 200mm。

（2）二级焊缝：钢管杆钢板的拼接焊缝不低于二级焊缝要求，并对焊缝内部质量施行 100%无损探伤；无劲肋板连接杆体与法兰盘的角焊缝；有劲肋板连接杆体与法兰盘角焊缝外观和杆体与横担连接处的焊缝外观应符合二级质量标准。

（3）三级焊缝：管的纵向对接焊缝及设计图纸无特殊要求的其他焊缝。

6. 焊接要求

（1）构件焊接应执行有关焊接规程、规范的相关规定。未注明者，焊缝（焊脚）高度不得小于连接构件中较薄构件厚度，当被焊接构件厚度不小于 8mm 时，须进行剖口后焊，以确保连接强度。主管上的加劲板一律采用双面坡口焊，两边各一道角焊缝焊透，焊脚高度不小于加劲板厚。

（2）钢管杆横担连接处焊缝，焊脚高度不小于较薄构件厚度的 1.2 倍，且必须 100%焊透，并施行 100%超声波检查或 100%磁粉探伤；杆身或横担的纵向拼接焊缝应尽量布置在钢管的中和轴附近。

（3）各焊接件在焊接过程中必须同时采用预加热措施，在焊接时，必须先清除所焊接部分铁锈或切割毛刺等污物，焊接后要求外观光滑，不得有裂纹，砂眼，不渗透现象。不得在焊接部位起弧和灭弧，所有过程均应参照相关焊接规程要求进行。

（4）钢管与法兰盘焊接的焊缝高度：

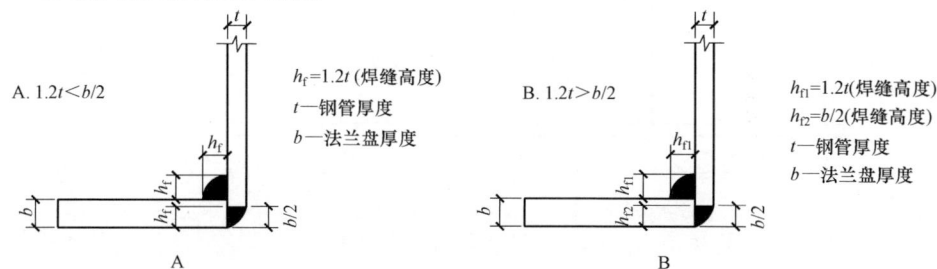

A. 1.2t<b/2
h_f=1.2t（焊缝高度）
t—钢管厚度
b—法兰盘厚度
A

B. 1.2t>b/2
h_{f1}=1.2t（焊缝高度）
h_{f2}=b/2（焊缝高度）
t—钢管厚度
b—法兰盘厚度
B

（5）未尽焊接说明按相关焊接规范有关要求执行。

7. 其他

（1）钢管杆主杆及横担应采用连续的钢板制作，除杆身法兰外不允许采用环向焊接连接。

（2）本系列钢管杆，杆径尺寸均为外边对外边尺寸，加工时均要按 1:1 放大样核对尺寸，核对相互是否碰撞；各种塔型要求先加工一基，经试验组装验收合格后，方能成批生产。

（3）钢管杆整体开始组装前，必须先核对现场基础预埋地脚螺栓个数及地脚螺栓分布直径与基础配置表中相应参数是否一致，同时应核实杆塔横担方向，核对无误后方可组塔施工。

（4）杆身法兰连接处，加劲肋与法兰板及钢管交汇处切除直角边 10～30mm，横担连接 U 形板火曲时应采取有效的预热措施，避免出现裂纹。

钢管杆法兰连接螺栓均按双帽加一垫进行设计，螺栓垫片厚度不应小于下表所列尺寸。

螺栓规格	M30	M36	M42	M48	M52	M56	M60	M64
垫片厚度（mm）	4	5	8	8	8	10	10	10

（5）本套加工图杆身横担连接板间距均按 5000m 及以下海拔地区使用要求进行布置，并仅给出最大荷载杆头布置方式的杆身横担连接板加工图，如用于其他布置方式及 5000m 海拔时，应根据要求做相应调整。

图 12－32　直线钢管杆加工说明

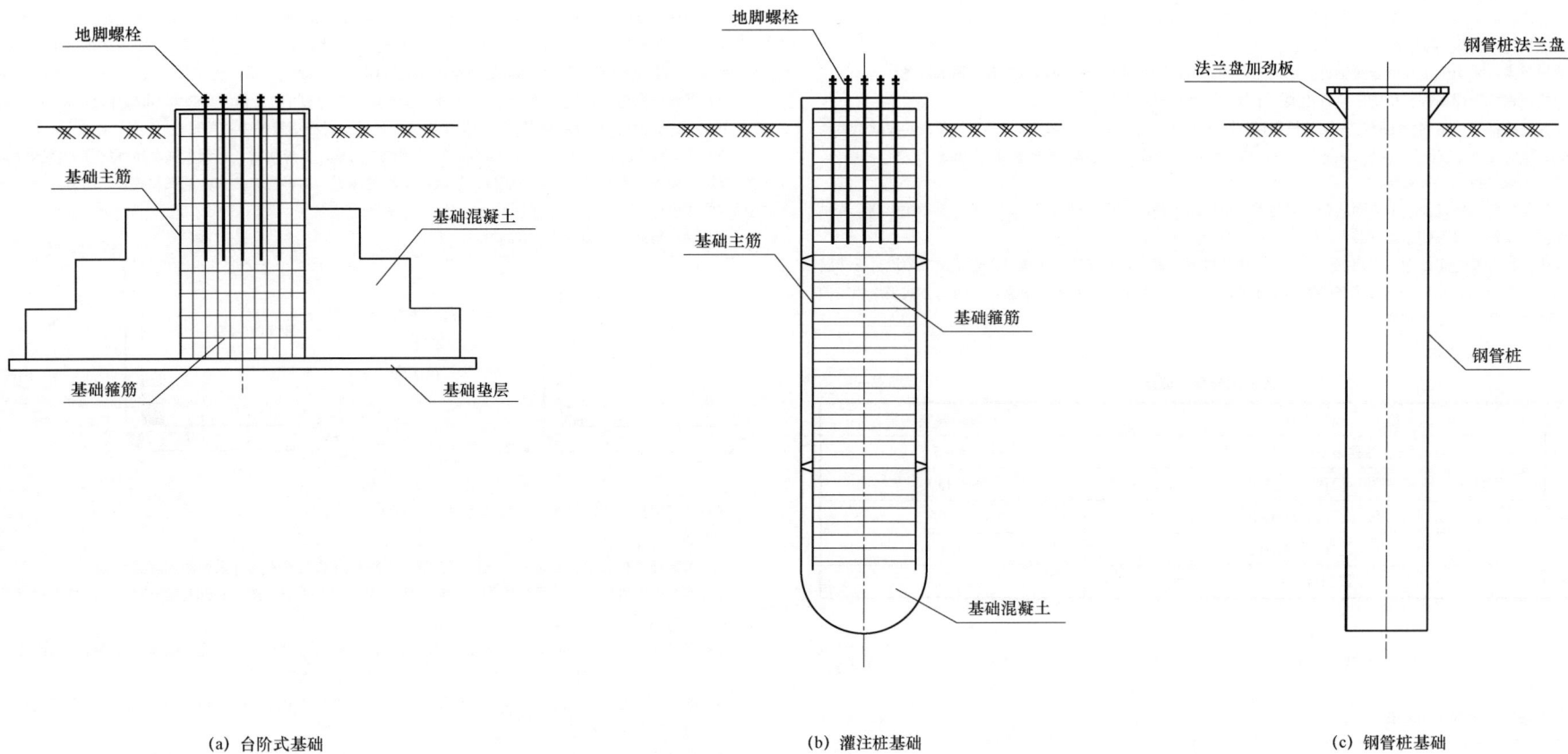

地脚螺栓

基础主筋

基础混凝土

基础箍筋

基础垫层

(a) 台阶式基础

地脚螺栓

基础主筋

基础箍筋

基础混凝土

(b) 灌注桩基础

法兰盘加劲板

钢管桩法兰盘

钢管桩

(c) 钢管桩基础

图 12-33　直线钢管杆基础型式示意图

第13章 10kV 耐张钢管杆

13.1 设计说明

13.1.1 杆型说明

耐张钢管杆按杆长分为 10、13、16m 三种。10m 钢管杆仅适用于单回线路，13m 钢管杆同时适用于单回及双回路线路，16m 钢管杆同时适用于单回及双回路线路。杆型分类见表 13-1。

表 13-1　　　　　　　　耐张钢管杆杆型分类表

序号	耐张钢管杆名称	杆型名称	杆型代号	锥度
1	270mm 梢径耐张钢管杆	GN27	GN27-10	1:45
			GN27-13	1:45
2	310mm 梢径耐张钢管杆	GN31	GN31-10	1:45
			GN31-13	1:45
			GN31-16	1:40
3	350mm 梢径耐张钢管杆	GN35	GN35-13	1:35
			GN35-16	1:40

13.1.2 设计原则

（1）气象条件、导线安全系数详见第 4 章。

（2）依据第 4 章设计技术原则的要求，耐张钢管杆均按水平档距 $L_h \leqslant 80m$、垂直档距 $L_v \leqslant 100m$ 进行设计。

（3）耐张钢管杆适用的 10kV 导线包括 JKLYJ-10/240 型及以下绝缘导线、JL/G1A-240/30 型及以下钢芯铝绞线。

（4）单回路钢管杆杆头可采用第 6 章 NJ1-3（见图 6-10）杆头布置型式；双回路钢管杆杆头可采用 NJ2-4（见图 6-14）杆头布置型式。计算荷载时杆头采用单回路按第 6 章 NJ1-3（见图 6-10）杆头布置型式计算，双回路按 NJ2-4（见图 6-14）杆头布置型式计算。

（5）根部弯矩、水平力、下压力的设计值及标准值计算点取自钢管杆底部法兰连接处。

（6）根据《架空输电线路杆塔结构设计技术规程》（DL/T 5486—2020），在荷载的长期效应组合（无冰、风速 5m/s 及年平均气温）作用下，钢管杆杆顶的最大挠度不超过杆身高度的 25‰。

13.1.3 钢管杆材质及连接方式

（1）耐张钢管杆采用 16 边正多边形截面、Q355 钢材。10m 钢管杆为整杆制作，13m 及 16m 钢管杆均分为两节，节间均采用法兰方式连接。

（2）地脚螺栓采用 35 号优质碳素钢。

（3）钢管杆采用地脚螺栓与基础进行连接。

（4）法兰采用整体钢板制作，严禁拼接。

（5）钢管杆主杆及横担应采用连续的钢板制作，除杆身法兰外不允许采用环向焊接连接。

13.1.4 杆型分类表

（1）杆型代号示意图见图 13-1。

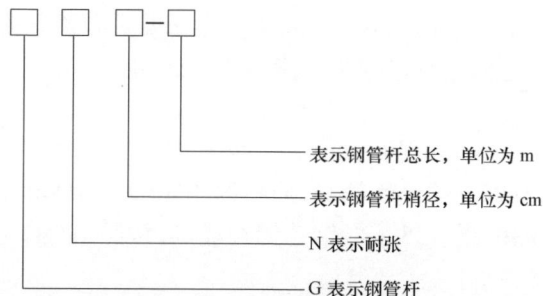

图 13-1　杆型代号示意图

例如：GN27-10 表示杆长为 10m，梢径为 270mm 耐张钢管杆。

（2）耐张钢管杆杆型按 XZ-A、XZ-B 两个气象区进行分类，并列出各杆型在不同外荷载情况下可适用的角度范围。耐张钢管杆杆型分类表（XZ-A、XZ-B 气象区）见表 13-2。

表 13-2　耐张钢管杆杆型分类表（XZ-A、XZ-B 气象区）

杆型 \ 使用情况	钢管杆杆长（m）	单回 240 mm² 10kV 无低压	双回 240 mm² 10kV 无低压	双回 240 mm² 10kV + 单回 240mm² 低压
GN27-10	10	$\alpha \leq 45°$	×	×
GN31-10	10	$45° < \alpha \leq 90°$	×	×
GN27-13	13	$\alpha \leq 45°$	×	×
GN31-13	13	$45° < \alpha \leq 90°$	$\alpha \leq 45°$	×
GN35-13	13	×	$45° < \alpha \leq 90°$	×
GN31-16	16	×	$\alpha \leq 45°$	×
GN35-16	16	×	$45° < \alpha \leq 90°$	$45° < \alpha \leq 90°$

　注　1. α 为线路转角。
　　　2. 表中打"×"处表示此钢管杆不适用于该条件下外荷载情况。

13.1.5　使用说明

（1）受地形条件限制的杆位，可设置耐张钢管杆。

（2）选取适用于本地区的气象区。

（3）根据选定的气象区、导线型号、导线回路数、水平档距、垂直档距及杆长等选取杆型。

（4）横担布置型式根据第 6 章 10kV 多样化杆头布置型式要求进行选取。

（5）钢管杆固定横担可根据第 6 章图进行选用。

（6）杆型选用原则。

1）对于选用 240mm² 的 10kV 导线，应按下列原则选取杆型：选用 JKLYJ-10/240 型及以下的绝缘导线，应按照 JKLYJ-10/240 型导线选取杆型；选用 JL/G1A-240/30 型及以下的钢芯铝绞线，应按照 JL/G1A-240/30 型导线选取杆型。

2）耐张钢管杆按外荷载分为单回 240mm² 10kV 无低压、双回 240mm² 10kV 无低压两种形式，设计时应根据实际使用情况进行选用。

3）在实际工程设计中，若使用情况超出各杆型分类表的限定范围时，须根据相关资料对耐张钢管杆的电气及结构进行严格的校验、调整后方可使用。

4）耐张钢管杆如用于分支时，需根据主线及分支线导线规格、主线转角、分支线与主线的夹角等情况重新进行校验，再选用相应强度的钢管杆。

5）终端钢管杆可按线路转角 90°情况在杆型分类表中进行选用。

6）本章耐张钢管杆杆重不含横担重量，但已含单线图中横担连接板重量，如选用其他型式横担需对杆重重新核算。

7）耐张钢管杆采用 Q355 钢，设计时应根据各地区钢管杆结构工作温度确定钢材质量等级，但不应低于 B 级（注：应特别注意高寒地区钢管杆的结构工作温度），加工时应严格遵照执行。

8）耐张钢管杆横担可根据使用情况设置独立连板用于安装跳线绝缘子。

9）耐张钢管杆（包括主杆及附件）均采用热浸镀锌防腐措施，镀锌层厚度不小于 70μm。

10）耐张钢管杆设计时风压高度变化系数均按 B 类地面粗糙度进行设计计算，实际工程设计使用时，如超出限定范围，必须根据相关资料对耐张钢管杆的电气及结构进行严格的校验、调整后方可使用。

13.2　基础选用

（1）本章耐张钢管杆基础仅列出台阶式、灌注桩、钢管桩三种常用基础型式，供设计参考。

台阶式基础由主柱和多层台阶组成，基础主柱配置钢筋，台阶宽高比在满足刚性角要求的基础上，底板一般不配筋。基础施工时混凝土必须一次浇注完成，回填土应分层夯实。

灌注桩基础是一种深基础型式，主要依靠地脚螺栓与钢管杆进行连接，灌注桩多采用机械钻孔方式，利用钻机钻出桩孔，成孔后在孔内放置钢筋笼，固定好地脚螺栓后浇注混凝土。

钢管桩基础主要由顶部法兰和钢管桩组成，与钢管杆采用法兰方式连接。该基础桩由钢型材料制作而成的桩管，并经过防腐处理，采用机械将钢管桩夯入地层中，施工完成后即可直接立杆，无需养护。

（2）设计时应根据各钢管杆单线图及技术参数表中的基础作用力，结合当地地质条件、地形条件及各地区使用情况选用合理的基础型式，基础型式详见图 13-49，对于特殊地质条件须进行相应的加固措施。

（3）注意西藏地区有永久性、季节性冻土，各地区冻土深度可能有差异，应当以实际所在地数据为准。应根据冻土情况计算冻胀力，折算基础深度，进行基础加深。灌注桩、台阶式基础建议增加埋深。钢管桩基础建议增加长度，其中台阶式基础可考虑换填土。

13.3 设计图

10kV 耐张钢管杆设计图清单见表 13-3。

表 13-3   **10kV 耐张钢管杆设计图清单**

图序	图名	备注
图 13-2	GN27-10 耐张钢管杆单线图及技术参数表	
图 13-3	GN27-10 杆段结构图（1/2）	
图 13-4	GN27-10 杆段结构图（2/2）	
图 13-5	GN27-13 耐张钢管杆单线图及技术参数表	
图 13-6	GN27-13 杆段 1 结构图（1/2）	
图 13-7	GN27-13 杆段 1 结构图（2/2）	
图 13-8	GN27-13 杆段 2 结构图（1/2）	
图 13-9	GN27-13 杆段 2 结构图（2/2）	
图 13-10	GN31-10 耐张钢管杆单线图及技术参数表	
图 13-11	GN31-10 杆段结构图（1/2）	
图 13-12	GN31-10 杆段结构图（2/2）	
图 13-13	GN31-13 耐张钢管杆单线图及技术参数表	
图 13-14	GN31-13 杆段 1 结构图（1/3）	
图 13-15	GN31-13 杆段 1 结构图（2/3）	
图 13-16	GN31-13 杆段 1 结构图（3/3）	
图 13-17	GN31-13 杆段 2 结构图（1/2）	
图 13-18	GN31-13 杆段 2 结构图（2/2）	
图 13-19	GN31-13 耐张钢管杆（双回路）单线图及技术参数表	
图 13-20	GN31-13（双回路）杆段 1 结构图（1/4）	
图 13-21	GN31-13（双回路）杆段 1 结构图（2/4）	
图 13-22	GN31-16（双回路）杆段 1 结构图（3/4）	
图 13-23	GN31-13（双回路）杆段 1 结构图（4/4）	
图 13-24	GN31-13（双回路）杆段 2 结构图（1/2）	

续表

图序	图名	备注
图 13-25	GN31-13（双回路）杆段 2 结构图（2/2）	
图 13-26	GN31-16 耐张钢管杆单线图及技术参数表	
图 13-27	GN31-16 杆段 1 结构图（1/4）	
图 13-28	GN31-16 杆段 1 结构图（2/4）	
图 13-29	GN31-16 杆段 1 结构图（3/4）	
图 13-30	GN31-16 杆段 1 结构图（4/4）	
图 13-31	GN31-16 杆段 2 结构图（1/2）	
图 13-32	GN31-16 杆段 2 结构图（2/2）	
图 13-33	GN35-13 耐张钢管杆单线图及技术参数表	
图 13-34	GN35-13 杆段 1 结构图（1/3）	
图 13-35	GN35-13 杆段 1 结构图（2/3）	
图 13-36	GN35-13 杆段 1 结构图（3/3）	
图 13-37	GN35-13 杆段 2 结构图（1/2）	
图 13-38	GN35-13 杆段 2 结构图（2/2）	
图 13-39	GN35-16 耐张钢管杆单线图及技术参数表	
图 13-40	GN35-16 杆段 1 结构图（1/4）	
图 13-41	GN35-16 杆段 1 结构图（2/4）	
图 13-42	GN35-16 杆段 1 结构图（3/4）	
图 13-43	GN35-16 杆段 1 结构图（4/4）	
图 13-44	GN35-16 杆段 2 结构图（1/2）	
图 13-45	GN35-16 杆段 2 结构图（2/2）	
图 13-46	耐张钢管杆爬梯结构图（1/2）	
图 13-47	耐张钢管杆爬梯结构图（2/2）	
图 13-48	耐张钢管杆加工说明	
图 13-49	耐张钢管杆基础型式示意图	

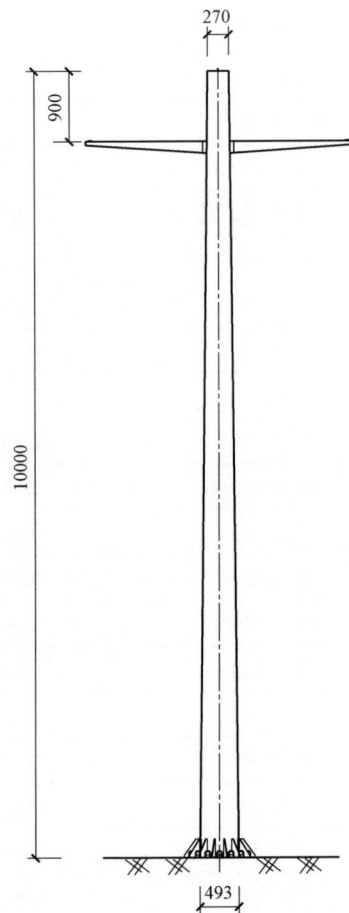

钢管杆技术参数表

杆型	GN27－10
钢管杆质量（kg）	925.0
钢管杆材质	Q355
根部水平力标准值（kN）	33.25
根部下压力标准值（kN）	21.31
根部弯矩标准值（kN·m）	258.54
根部水平力设计值（kN）	39.90
根部下压力设计值（kN）	29.83
根部弯矩设计值（kN·m）	361.95
地脚螺栓材质	35 号钢
地脚螺栓规格（数量×规格）	16×M36

说明：1. 钢管杆质量均为设计质量（不含横担质量），未含损耗。
2. 钢管杆杆身横担连接板按单线图中横担布置方式设计，如选用其他布置方式，杆身横担连接板应重新进行核算。

图 13－2　GN27－10 耐张钢管杆单线图及技术参数表

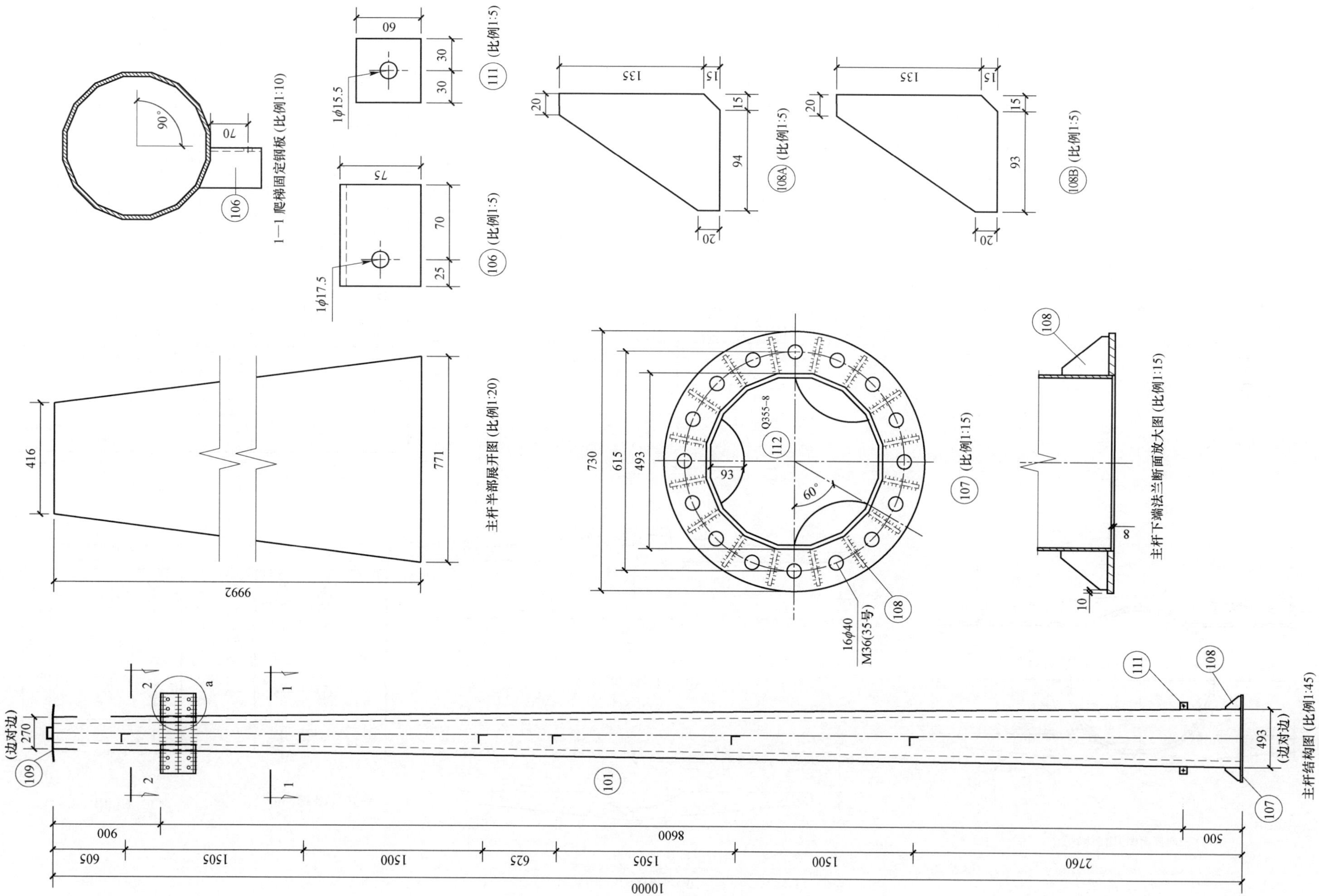

图 13-3　GN27-10　杆段结构图（1/2）

构 件 明 细 表

编号	规格	长度(mm)	数量	质量（kg）		备注
				一件	小计	
101	Q355−8×1213	9992	1	761.56	761.6	
102	Q355−6×244	280	2	3.22	6.4	
103	Q355−6×244	280	2	3.22	6.4	
104	Q355−6×52	662	3	0.97	2.9	
105	Q355−6×52	662	3	0.97	2.9	
106	L75×6	95	6	0.74	4.4	
107	Q355−18×730	730	1	31.81	31.8	
108A	Q355−10×109	150	12	0.83	10.0	切角15
108B	Q355−10×108	150	4	0.83	3.3	切角15
109	Q355−12×296	456	1	12.66	12.7	
110	[100×48×5.3	80	1	0.88	0.9	
111	Q355−8×60	60	2	0.25	0.5	
112	Q355−8×477	477	1	11.22	11.2	
合计				855.0kg		

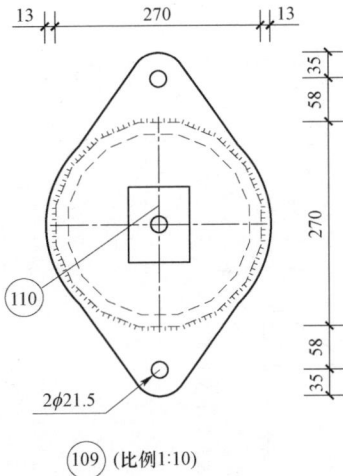

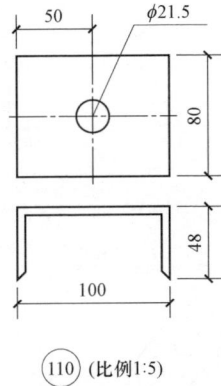

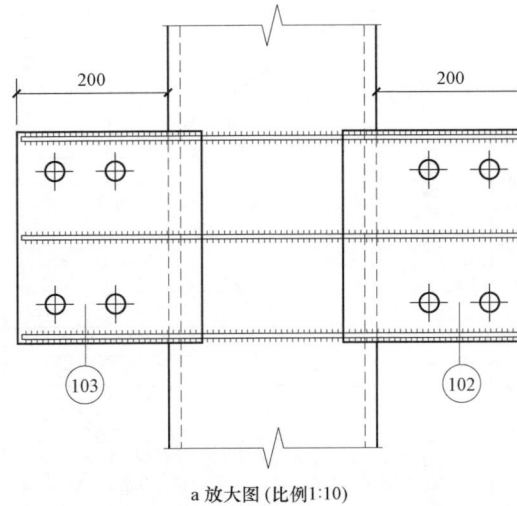

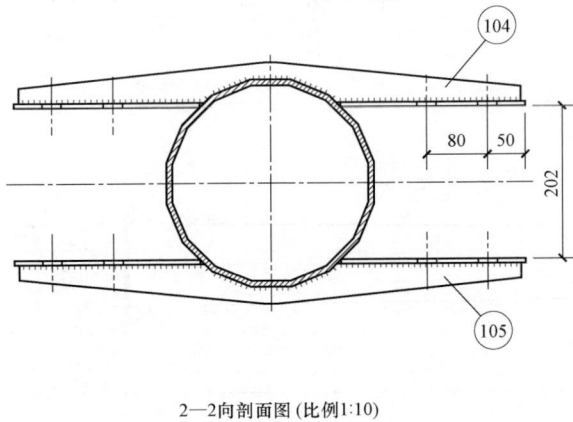

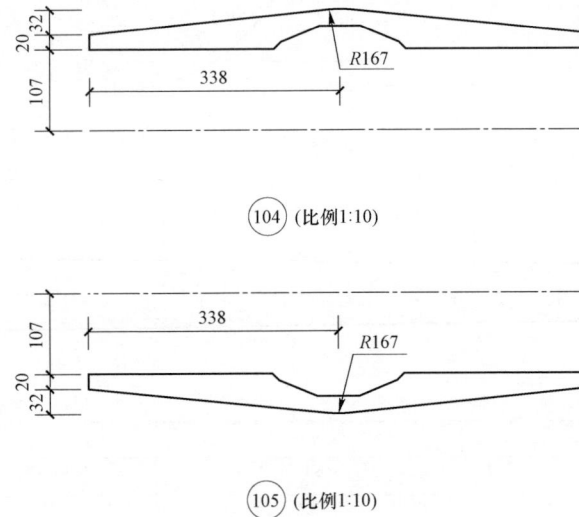

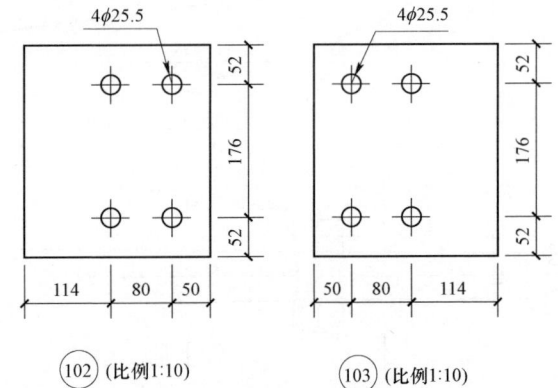

109 (比例1:10)

110 (比例1:5)

a 放大图 (比例1:10)

104 (比例1:10)

105 (比例1:10)

2—2向剖面图 (比例1:10)

102 (比例1:10)

103 (比例1:10)

图 13−4　GN27−10　杆段结构图（2/2）

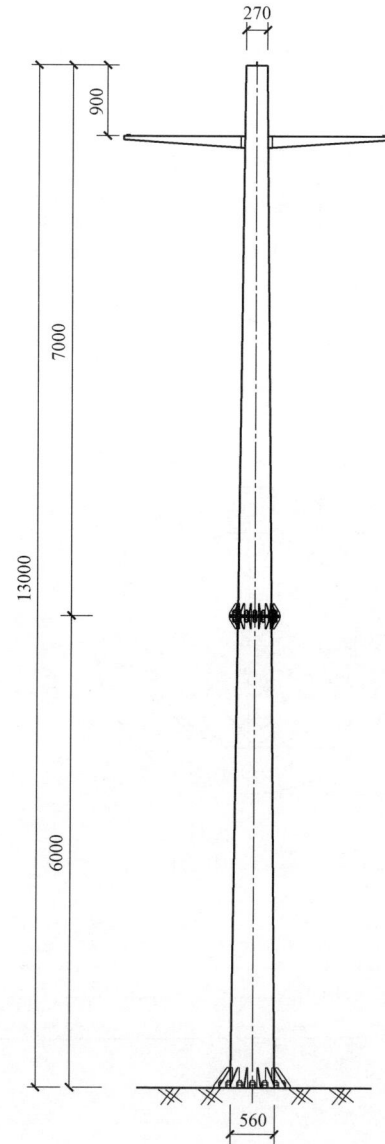

钢管杆技术参数表	
杆型	GN27－13
钢管杆质量（kg）	1380.8
钢管杆材质	Q355
根部水平力标准值（kN）	29.98
根部下压力标准值（kN）	17.55
根部弯矩标准值（kN·m）	331.76
根部水平力设计值（kN）	35.97
根部下压力设计值（kN）	24.57
根部弯矩设计值（kN·m）	464.47
地脚螺栓材质	35 号钢
地脚螺栓规格（数量×规格）	16×M42

说明：1. 钢管杆质量均为设计质量（不含横担质量），未含损耗。
2. 钢管杆杆身横担连接板按单线图中横担布置方式设计，如选用其他布置方式，杆身横担连接板应重新进行核算。

图 13－5　GN27－13 耐张钢管杆单线图及技术参数表

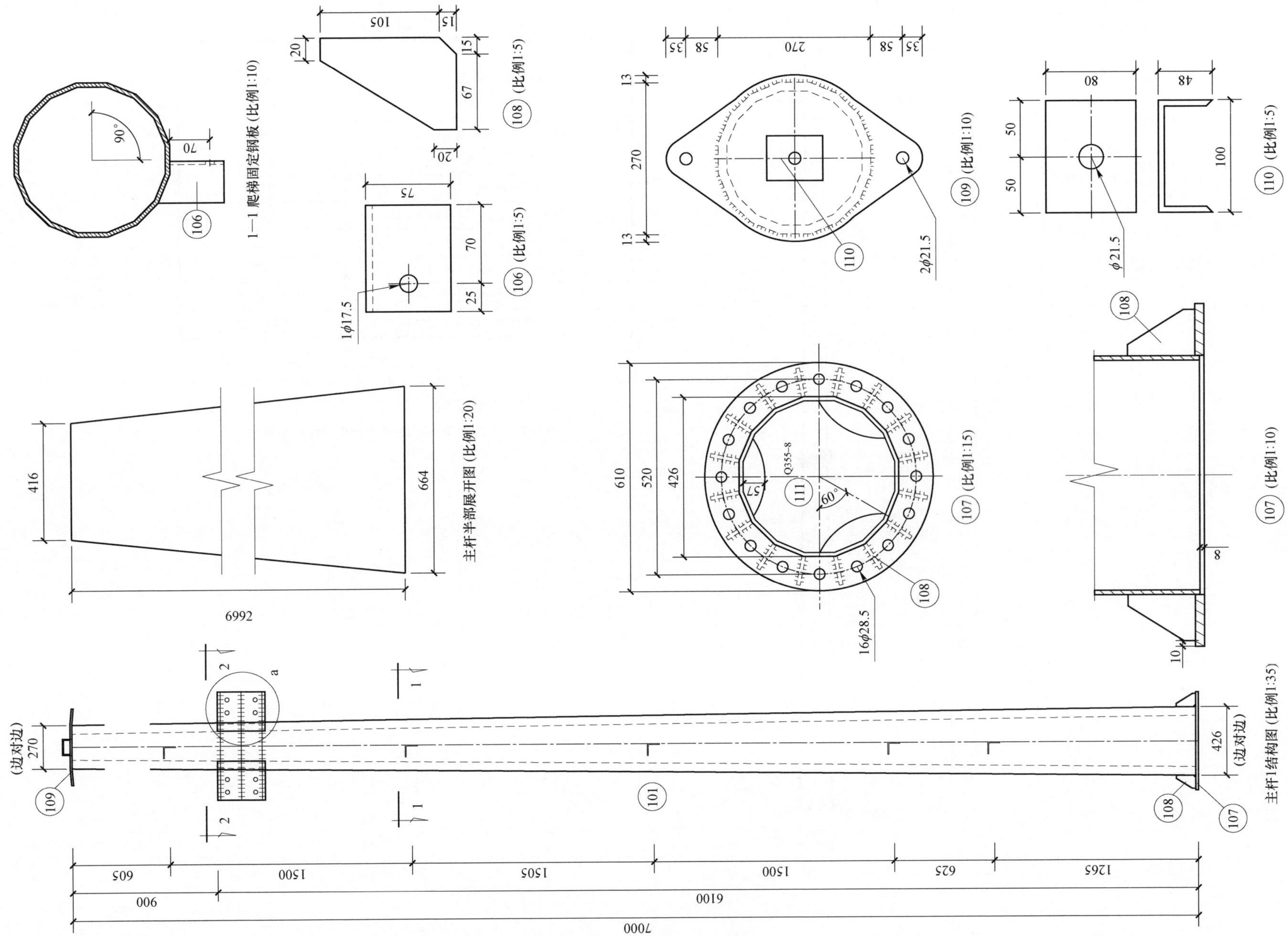

1—1 爬梯固定钢板（比例1:10）

106（比例1:5）

108（比例1:5）

106（比例1:5）

109（比例1:10）

110（比例1:5）

主杆半部展开图（比例1:20）

107（比例1:15）

107（比例1:10）

主杆结构图（比例1:35）

图13-6　GN27-13　杆段1结构图（1/2）

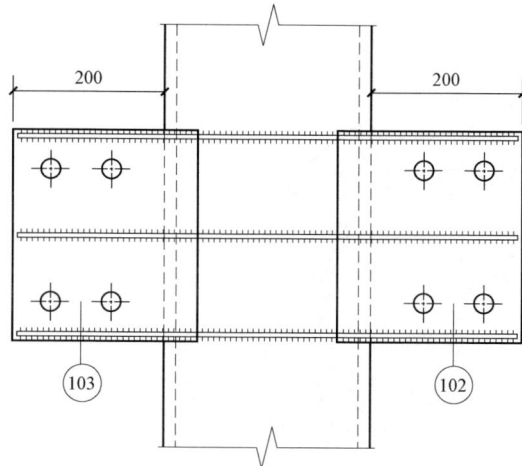

a 放大图 (比例1:10)

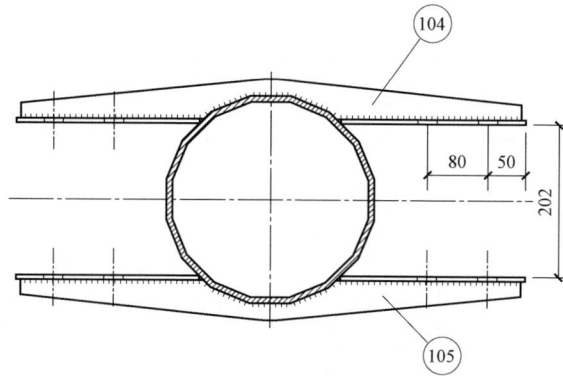

2—2向剖面图 (比例1:10)

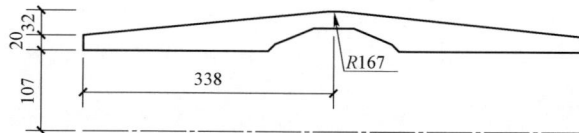

⑩⑭ (比例1:10)

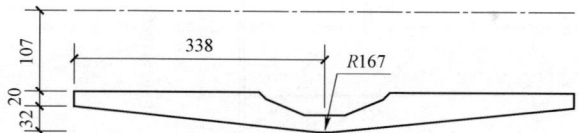

⑩⑮ (比例1:10)

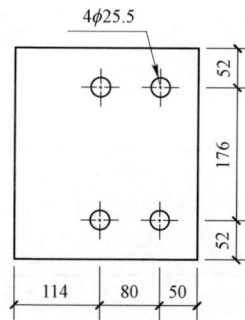

⑩② (比例1:10)

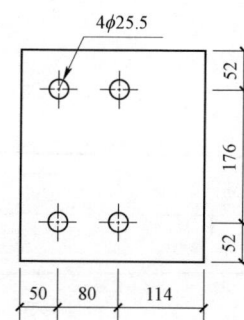

⑩③ (比例1:10)

构 件 明 细 表

编号	规格	长度 (mm)	数量	质量（kg）		备注
				一件	小计	
⑩①	Q355－8×1106	6992	1	486.07	486.1	
⑩②	Q355－6×244	280	2	3.22	6.4	
⑩③	Q355－6×244	280	2	3.22	6.4	
⑩④	Q355－6×52	662	3	0.97	2.9	
⑩⑤	Q355－6×52	662	3	0.97	2.9	
⑩⑥	L75×6	95	5	0.74	3.7	
⑩⑦	Q355－16×610	610	1	18.57	18.6	
⑩⑧	Q355－10×82	120	16	0.53	8.5	切角15
⑩⑨	Q355－12×296	456	1	12.66	12.7	
⑪⓪	[100×48×5.3	80	1	0.88	0.9	
⑪①	Q355－8×410	410	1	8.29	8.3	
合 计					557.4kg	

螺栓、脚钉、垫圈明细表

编号	级别	规格	数量	质量（kg）	备注
①	6.8	M27×95	16	15.6	双帽带一垫
合 计				15.6kg	

图 13－7　GN27－13 杆段 1 结构图（2/2）

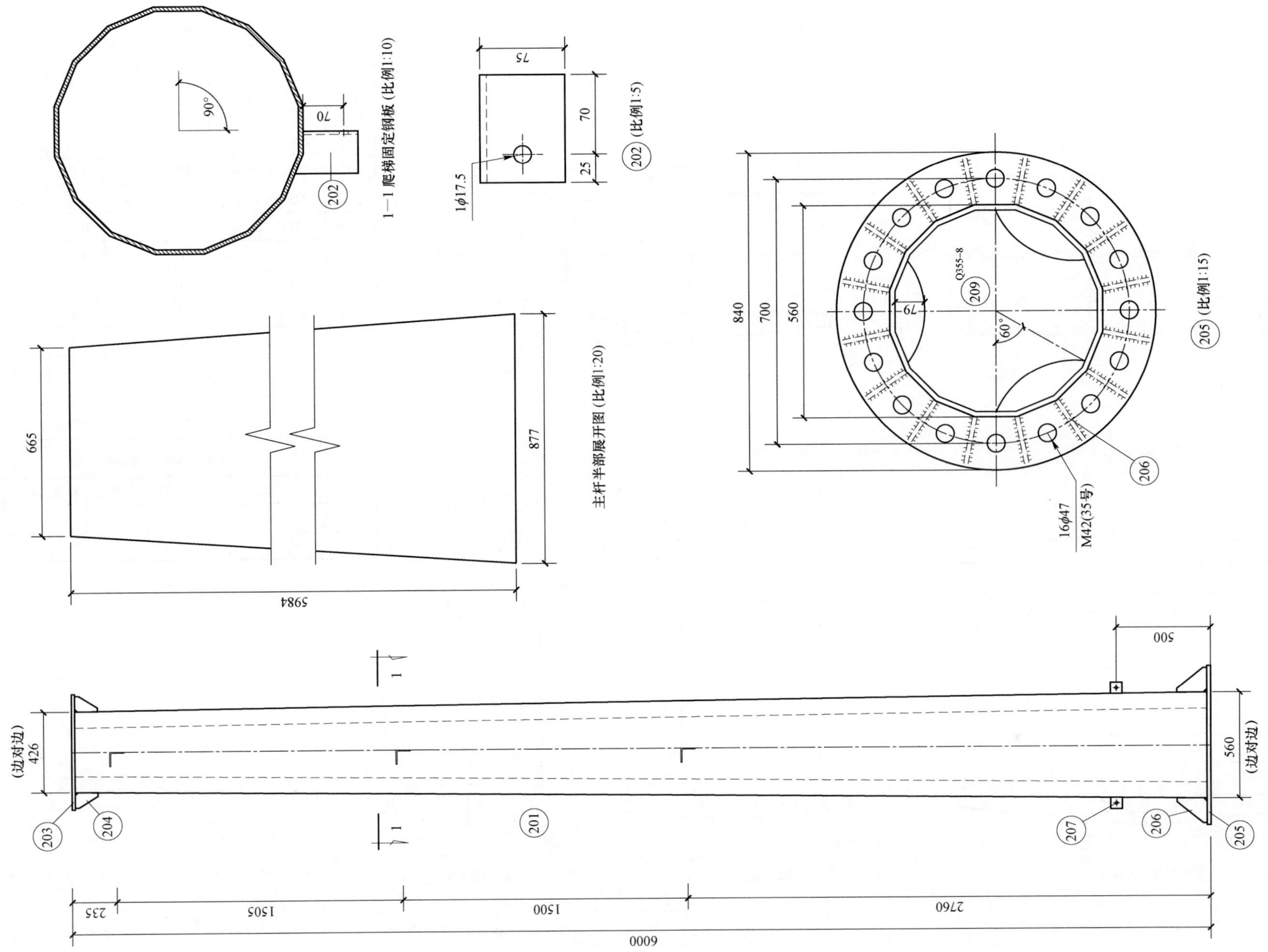

1—1 爬梯固定钢板（比例1:10）

⑳ (比例1:5)

主杆半部展开图（比例1:20）

Q355-8

⑳ (比例1:15)

16φ47
M42(35号)

主杆2结构图（比例1:30）

（边对边）

图 13-8　GN27-13 杆段 2 结构图（1/2）

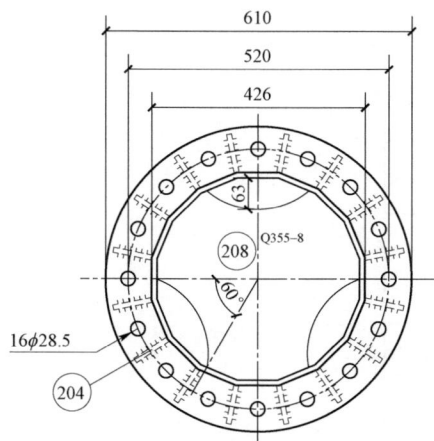

⌀(比例1:15)

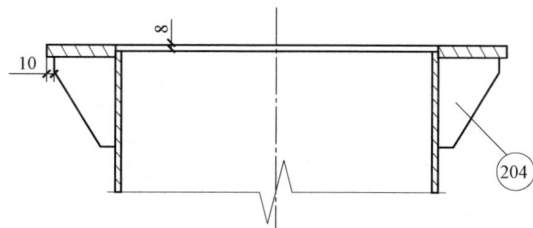

主杆上端法兰断面放大图(比例1:10)

编号	规格	长度 (mm)	数量	质量（kg）		备注
				一件	小计	
201	Q355－8×1568	5984	1	589.58	589.6	
202	L75×6	95	3	0.74	2.2	
203	Q355－16×610	610	1	18.57	18.6	
204	Q355－10×82	120	16	0.53	8.5	切角15
205	Q355－20×840	840	1	47.83	47.8	
206	Q355－12×130	160	16	1.23	19.7	切角20
207	Q355－8×60	60	2	0.25	0.5	
208	Q355－8×410	410	1	8.29	8.3	
209	Q355－8×544	544	1	14.59	14.6	
合计					709.8kg	

构 件 明 细 表

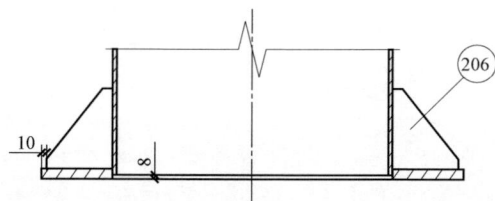

主杆下端法兰断面放大图(比例1:15)

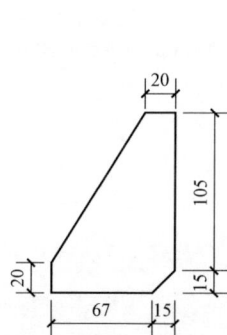

⌀(比例1:5)

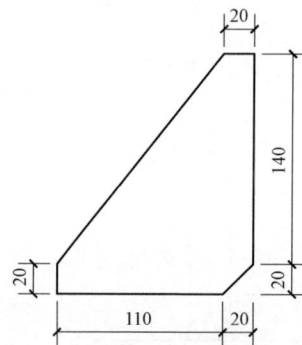

⌀(比例1:5)

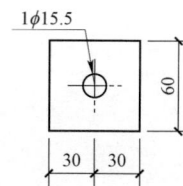

⌀(比例1:5)

图 13－9　GN27－13 杆段 2 结构图（2/2）

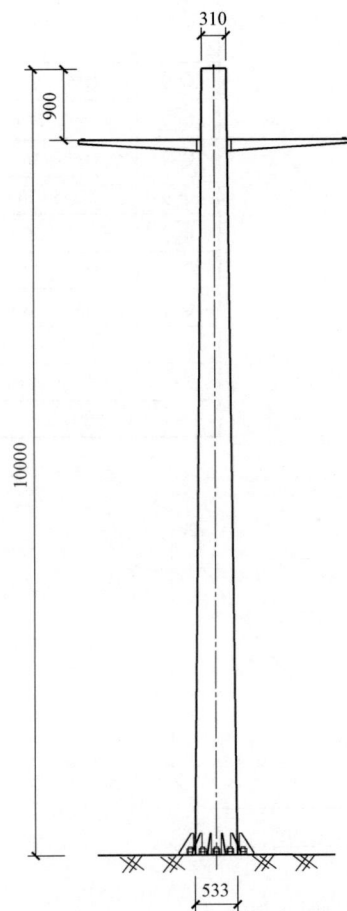

钢管杆技术参数表

杆型	GN31-10
钢管杆质量（kg）	1246.2
钢管杆材质	Q355
根部水平力标准值（kN）	49.00
根部下压力标准值（kN）	22.24
根部弯矩标准值（kN·m）	372.61
根部水平力设计值（kN）	58.80
根部下压力设计值（kN）	31.14
根部弯矩设计值（kN·m）	521.66
地脚螺栓材质	35 号钢
地脚螺栓规格（数量×规格）	16×M42

说明：1. 钢管杆质量均为设计质量（不含横担质量），未含损耗。

2. 钢管杆杆身横担连接板按单线图中横担布置方式设计，如选用其他布置方式，杆身横担连接板应重新进行核算。

图 13-10　GN31-10 耐张钢管杆单线图及技术参数表

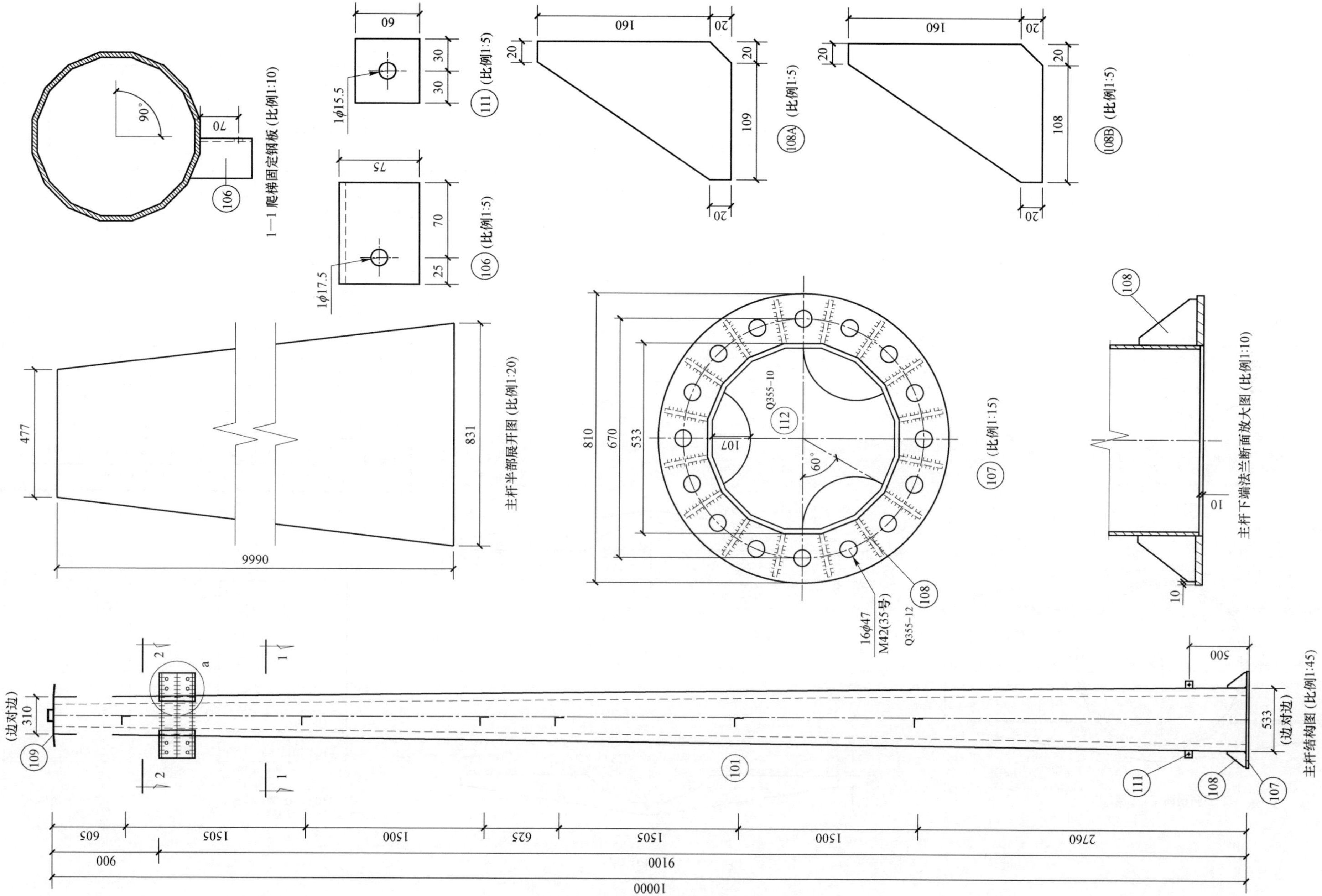

图 13-11 GN31-10 杆段结构图（1/2）

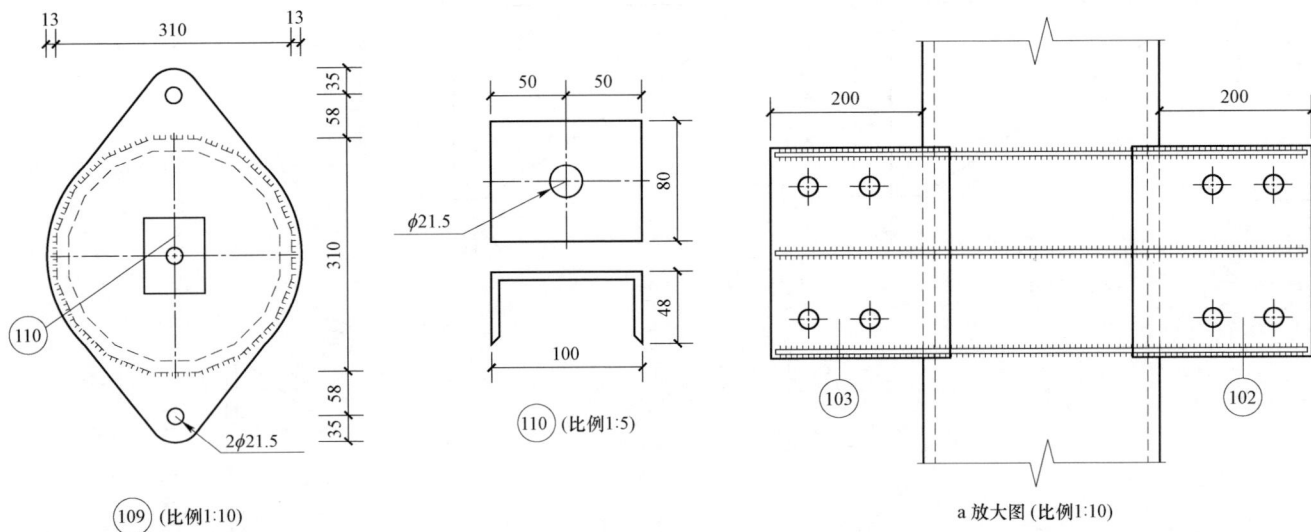

构 件 明 细 表

编号	规格	长度 (mm)	数量	质量（kg）		备注
				一件	小计	
⑩	Q355-10×1340	9990	1	1051.55	1051.6	
⑩	Q355-6×236	280	2	3.11	6.2	
⑩	Q355-6×236	280	2	3.11	6.2	
⑩	Q355-6×73	702	3	1.19	3.6	
⑩	Q355-6×73	702	3	1.19	3.6	
⑩	L75×6	95	6	0.74	4.4	
⑩	Q355-20×810	810	1	45.41	45.4	
⑩A	Q355-12×129	180	13	1.37	17.8	切角20
⑩B	Q355-12×128	180	3	1.37	4.1	切角20
⑩	Q355-12×336	496	1	15.70	15.7	
⑩	⌷100×48×5.3	80	1	0.88	0.9	
⑪	Q355-8×60	60	2	0.25	0.5	
⑫	Q355-10×513	513	1	16.22	16.2	
合计				1176.2kg		

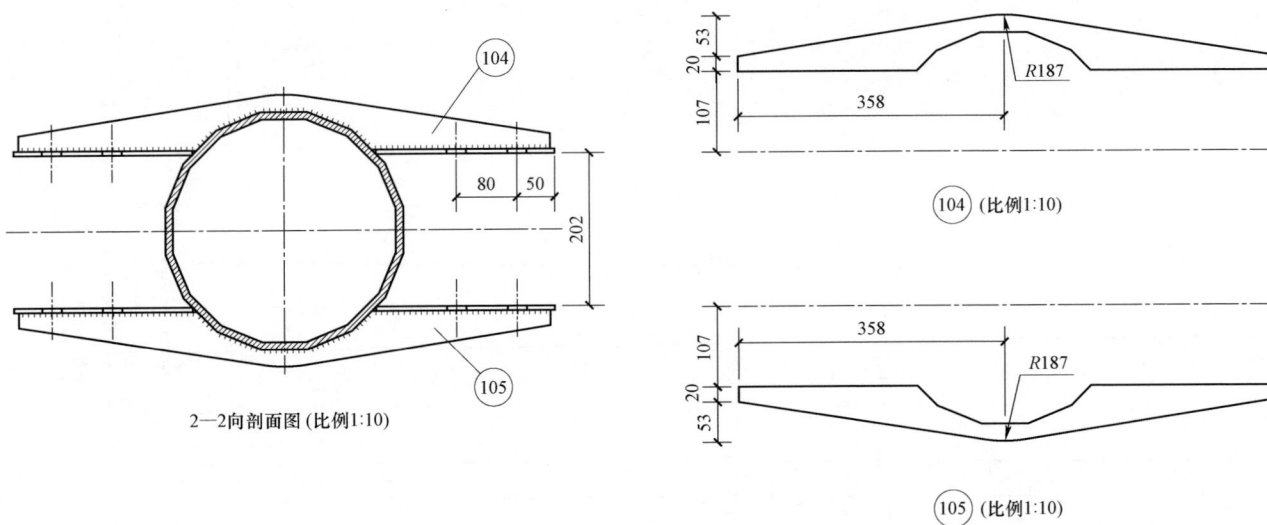

⑩⑨ (比例1:10)

$\phi21.5$

⑩ (比例1:5)

a 放大图 (比例1:10)

2—2向剖面图 (比例1:10)

⑩④ (比例1:10)

$R187$

⑩⑤ (比例1:10)

$R187$

$4\phi25.5$

⑩② (比例1:10)

$4\phi25.5$

⑩③ (比例1:10)

图 13－12 GN31－10 杆段结构图（2/2）

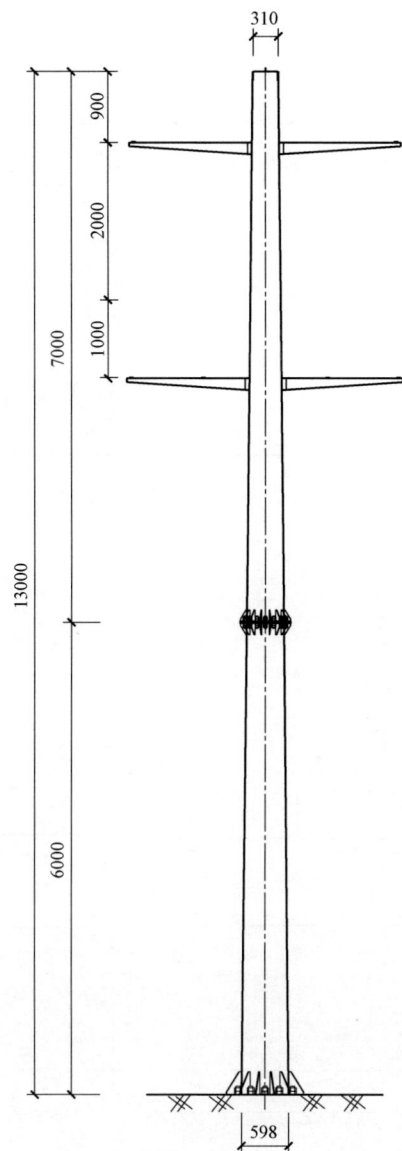

钢管杆技术参数表

杆型	GN31－13
钢管杆质量（kg）	1997.3
钢管杆材质	Q355
根部水平力标准值（kN）	39.38
根部下压力标准值（kN）	26.98
根部弯矩标准值（kN·m）	467.47
根部水平力设计值（kN）	55.13
根部下压力设计值（kN）	32.38
根部弯矩设计值（kN·m）	654.46
地脚螺栓材质	35号钢
地脚螺栓规格（数量×规格）	16×M48

说明：1. 钢管杆质量均为设计质量（不含横担质量），未含损耗。

2. 钢管杆杆身横担连接板按单线图中横担布置方式设计，如选用其他布置方式，杆身横担连接板应重新进行核算。

图 13－13　GN31－13 耐张钢管杆单线图及技术参数表

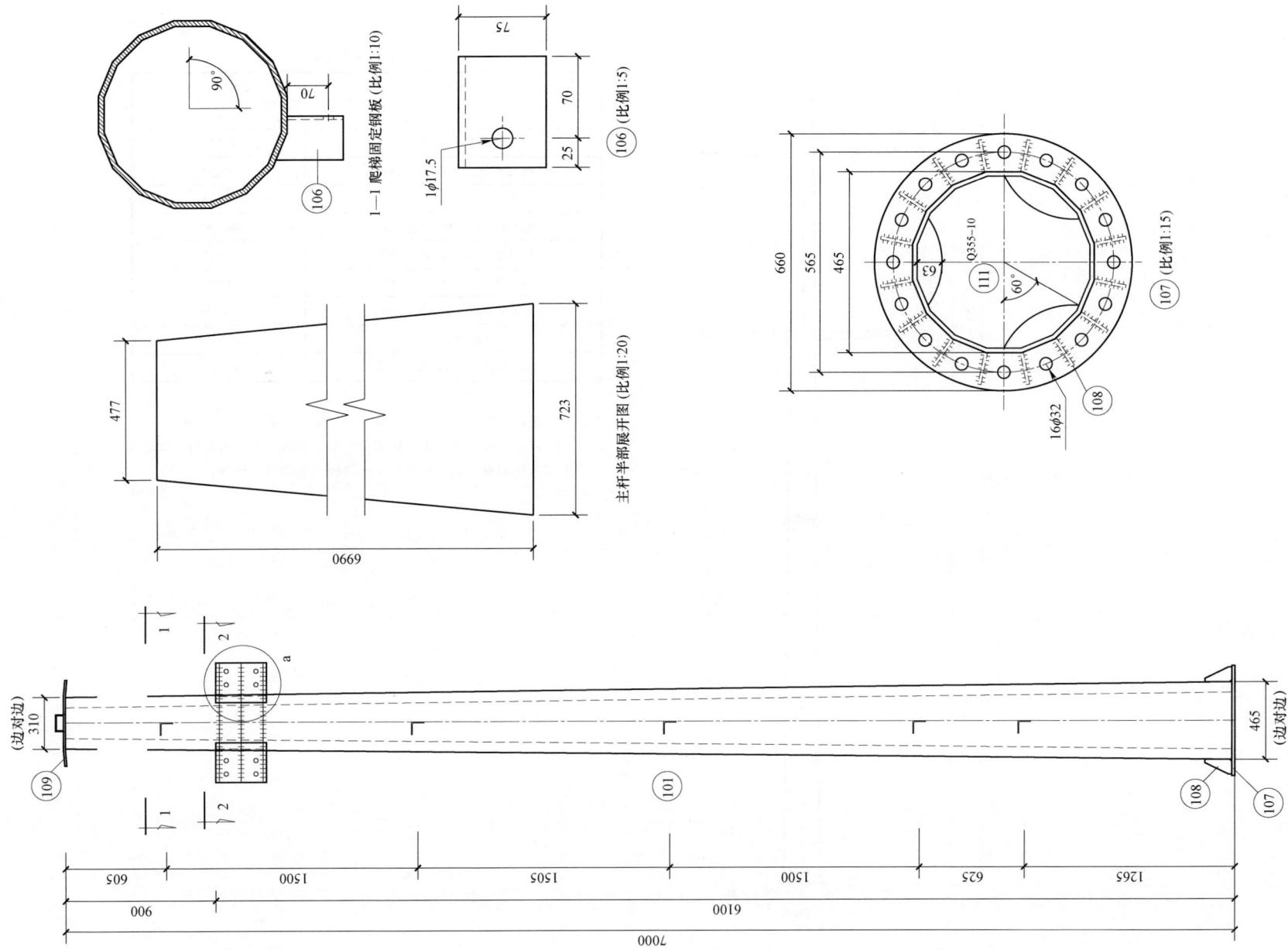

1—1 爬梯固定钢板（比例1:10）

106（比例1:5）

主杆半部展开图（比例1:20）

107（比例1:15）

Q355-10

主杆1结构图（比例1:35）

图 13-14 GN31-13 杆段 1 结构图（1/3）

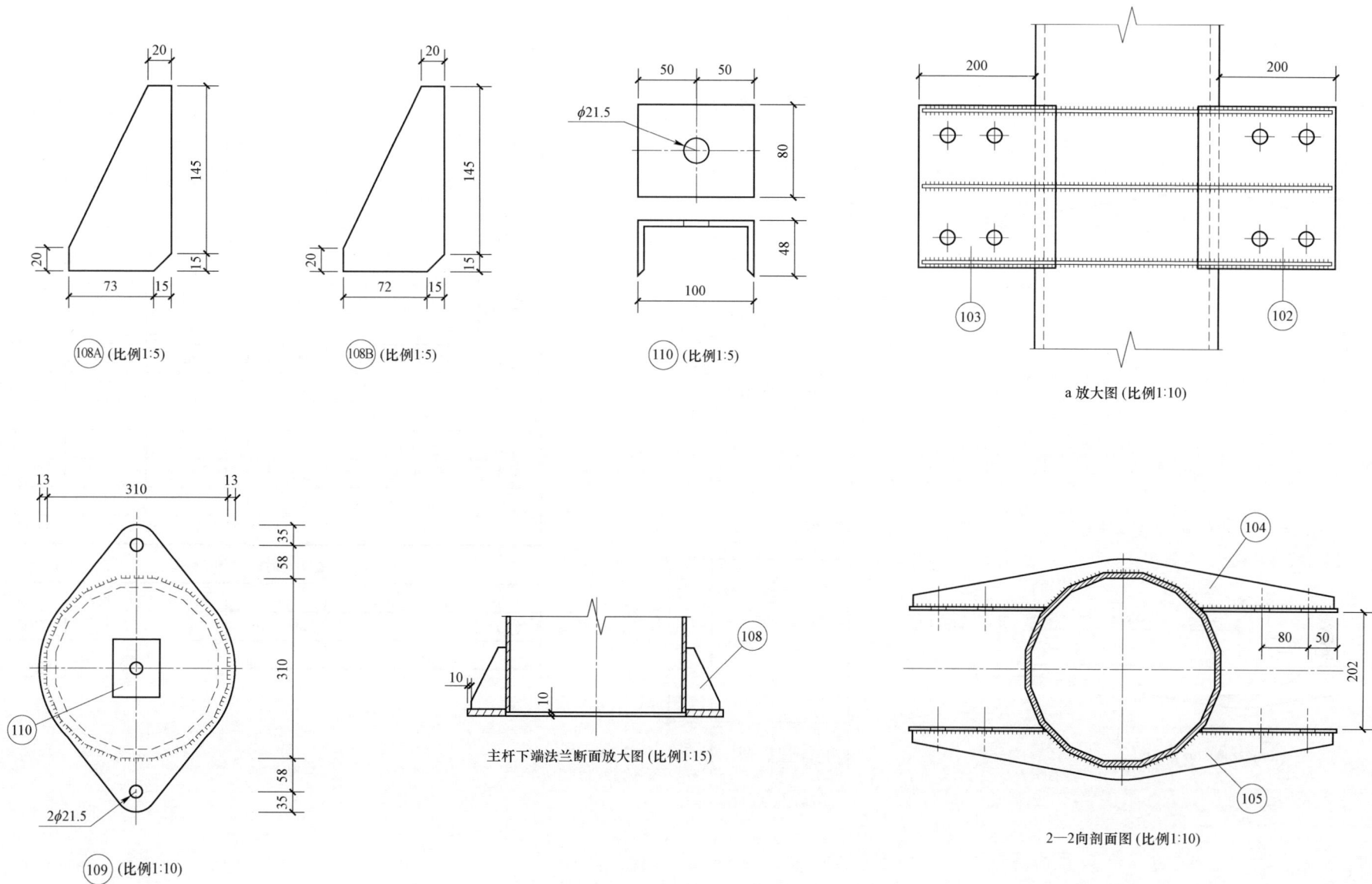

108A (比例1:5) 108B (比例1:5) 110 (比例1:5)

a 放大图 (比例1:10)

109 (比例1:5)

主杆下端法兰断面放大图 (比例1:15)

2—2向剖面图 (比例1:10)

图 13-15 GN31-13 杆段 1 结构图（2/3）

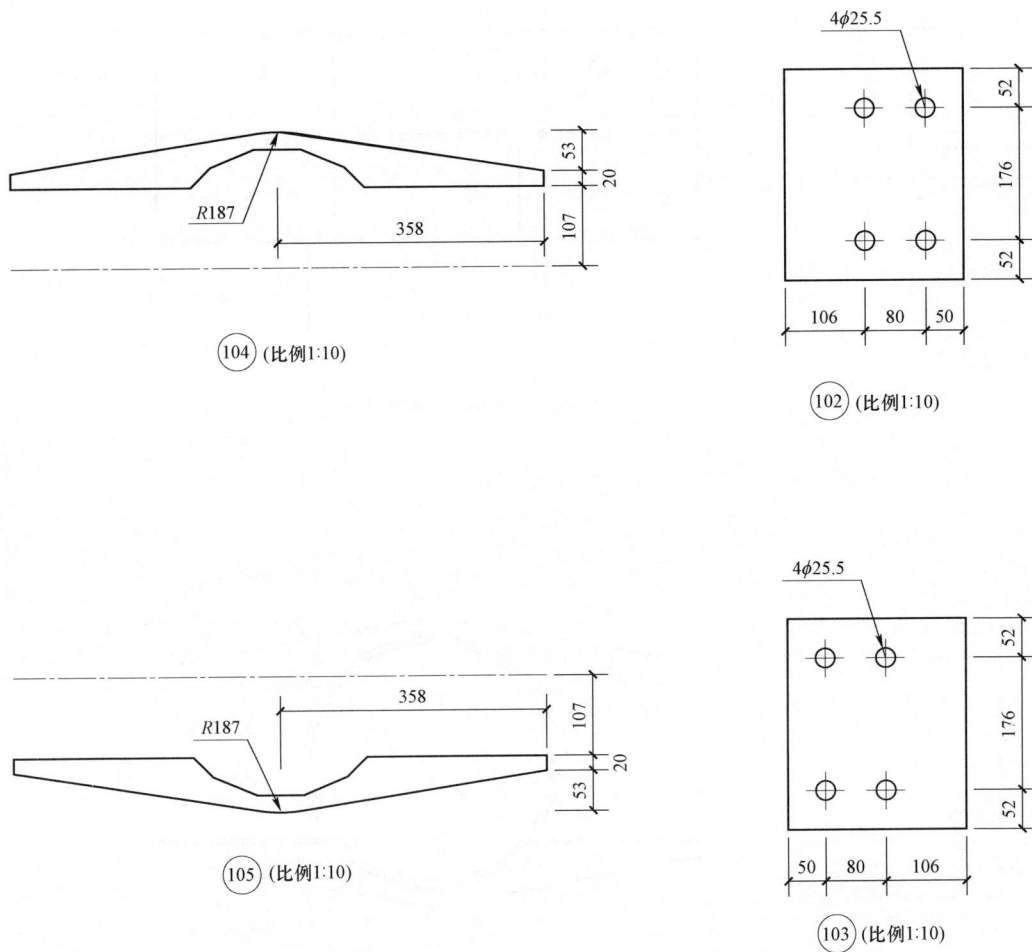

④ (比例1:10)

$R187$

358

53 20 107

④ (比例1:10)

$R187$

358

107 53 20

⑤ (比例1:10)

$4\phi25.5$

52 176 52

106 80 50

⑩ (比例1:10)

$4\phi25.5$

52 176 52

50 80 106

⑩ (比例1:10)

构 件 明 细 表

编号	规格	长度 (mm)	数量	质量（kg） 一件	质量（kg） 小计	备注
⑩	Q355－10×1232	6990	1	743.99	744.0	
⑩	Q355－6×236	280	2	3.42	6.8	
⑩	Q355－6×236	280	2	3.42	6.8	
⑩	Q355－6×73	702	3	1.31	3.9	
⑩	Q355－6×73	702	3	1.31	3.9	
⑩	L75×6	95	5	0.74	3.7	
⑩	Q355－18×660	660	1	26.44	26.4	
108A	Q355－8×88	160	9	0.64	5.8	切角15
108B	Q355－8×87	160	7	0.64	4.5	切角15
⑩	Q355－12×336	496	1	15.70	15.7	
⑩	［100×48×5.3	80	1	0.88	0.9	
⑩	Q355－10×445	445	1	12.21	12.2	
合计					834.6kg	

螺栓、脚钉、垫圈明细表

编号	级别	规格	数量	质量（kg）	备注
①	6.8	M30×105	16	23.8	双帽带一垫
合计				23.8kg	

图 13－16 GN31－13 杆段 1 结构图（3/3）

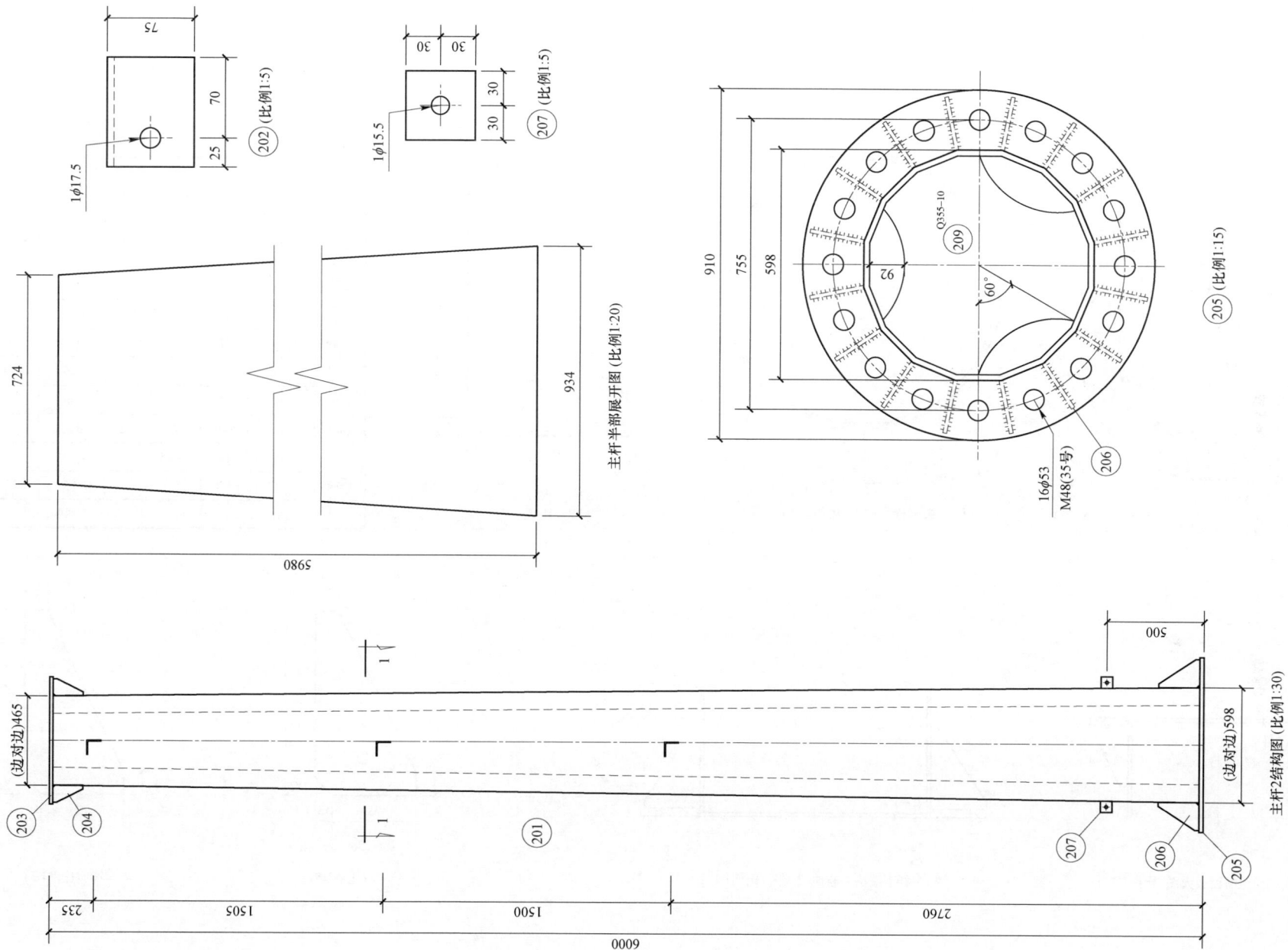

图 13-17　GN31-13 杆段 2 结构图（1/2）

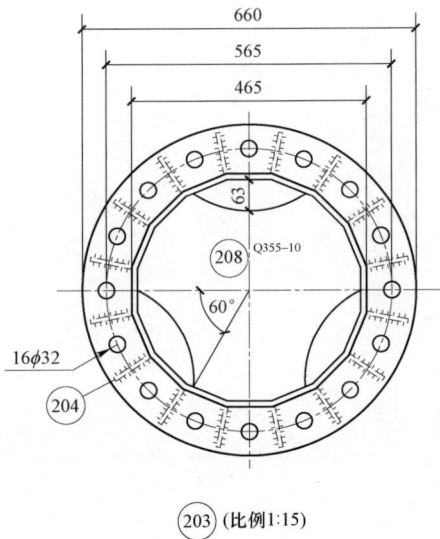

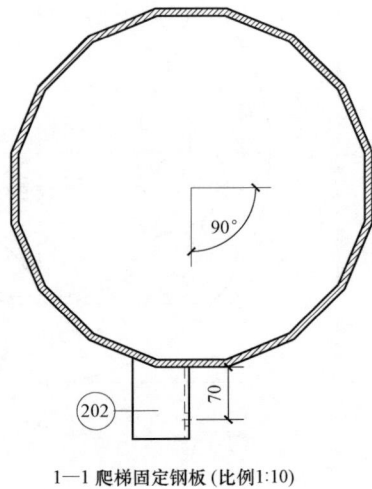

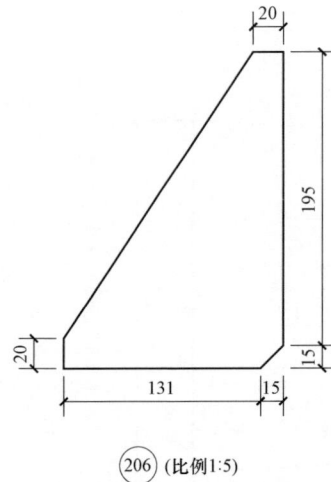

构件明细表

编号	规格	长度 （mm）	数量	质量（kg）		备注
				一件	小计	
201	Q355−10×1691	5980	1	873.40	873.4	
202	L75×6	95	3	0.74	2.2	
203	Q355−18×660	660	1	26.44	26.4	
204A	Q355−8×88	160	9	0.64	5.8	切角15
204B	Q355−8×87	160	7	0.64	4.5	切角15
205	Q355−22×910	910	1	69.50	69.5	
206	Q355−10×146	210	16	1.61	25.8	切角15
207	Q355−8×60	60	2	0.25	0.5	
208	Q355−10×445	445	1	12.21	12.2	
209	Q355−10×578	578	1	20.59	20.6	
合计					1040.9kg	

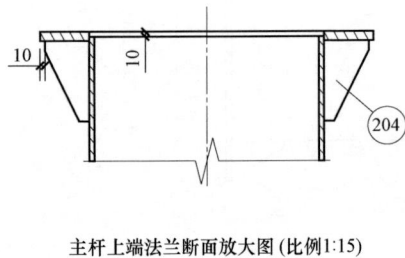

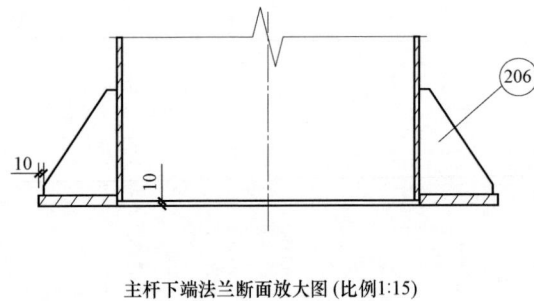

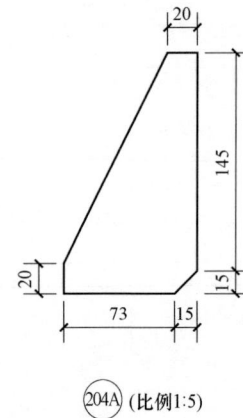

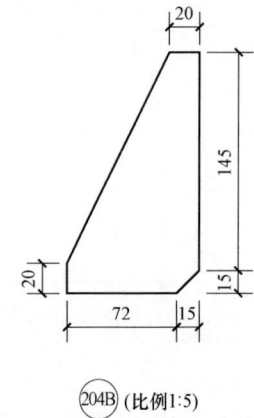

203 (比例1:15)

1—1 爬梯固定钢板 (比例1:10)

206 (比例1:5)

主杆上端法兰断面放大图 (比例1:15)

主杆下端法兰断面放大图 (比例1:15)

204A (比例1:5)

204B (比例1:5)

图 13−18　GN31−13 杆段 2 结构图（2/2）

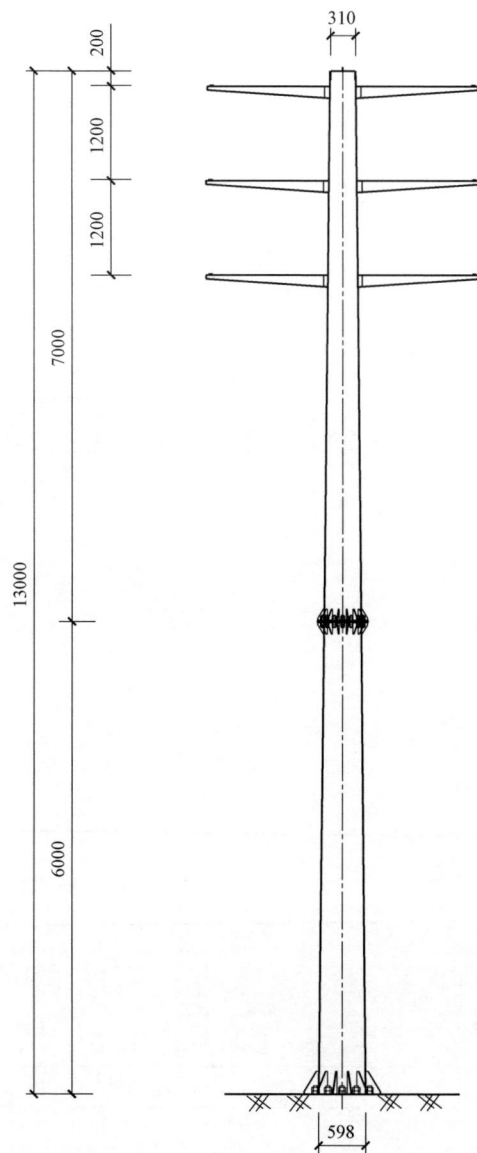

钢管杆技术参数表	
杆型	GN31－13
钢管杆质量（kg）	1997.3
钢管杆材质	Q355
根部水平力标准值（kN）	39.38
根部下压力标准值（kN）	26.98
根部弯矩标准值（kN·m）	467.47
根部水平力设计值（kN）	55.13
根部下压力设计值（kN）	32.38
根部弯矩设计值（kN·m）	654.46
地脚螺栓材质	35 号钢
地脚螺栓规格（数量×规格）	16×M48

说明：1. 钢管杆质量均为设计质量（不含横担质量），未含损耗。

2. 钢管杆杆身横担连接板按单线图中横担布置方式设计，如选用其他布置方式，杆身横担连接板应重新进行核算。

图 13－19　GN31－13 耐张钢管杆（双回路）单线图及技术参数表

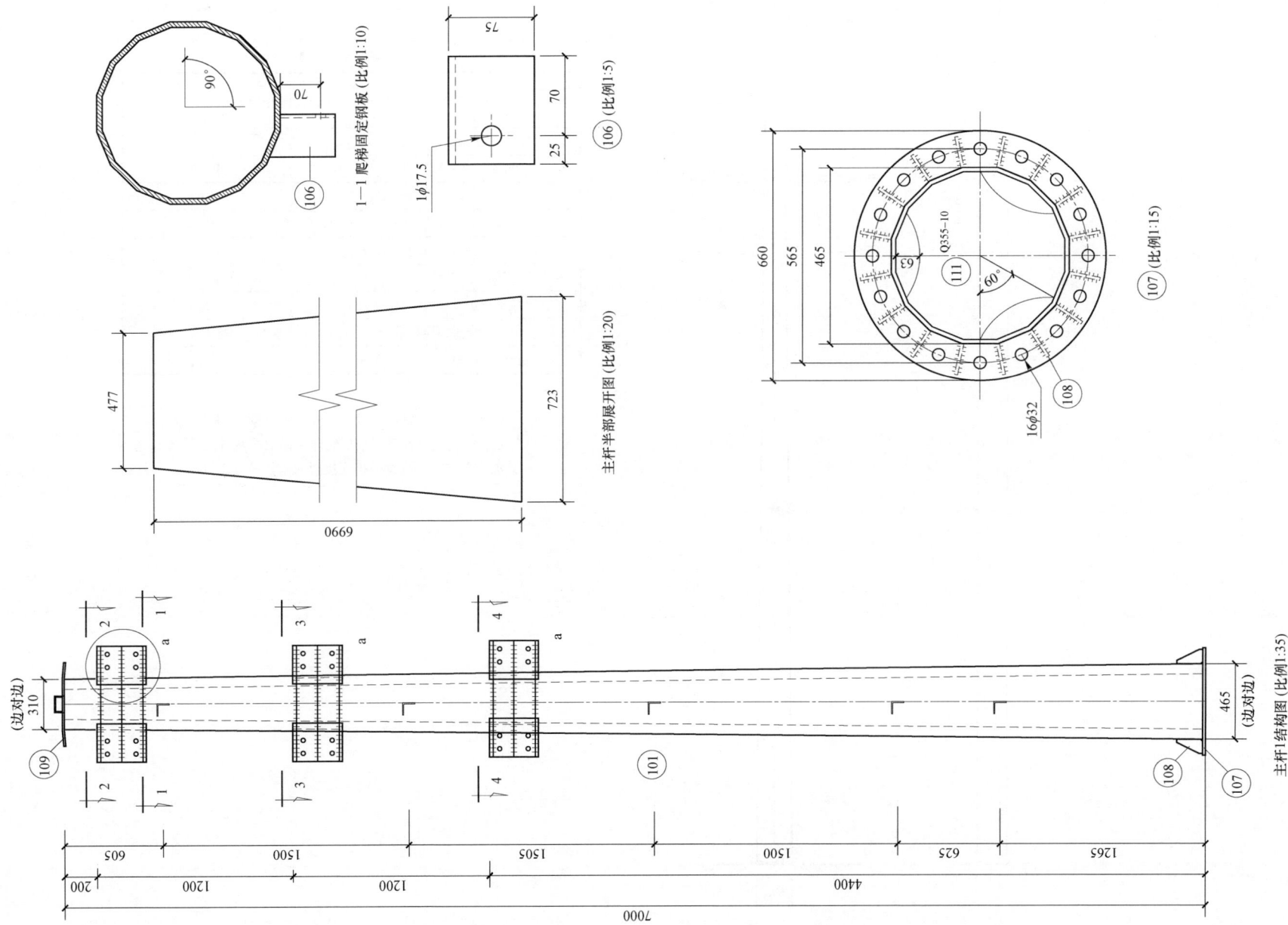

1—1 爬梯固定钢板（比例1:10）

106（比例1:5）

主杆半部展开图（比例1:20）

107（比例1:15）

Q355-10

主杆1结构图（比例1:35）

（边对边）

图 13-20　GN31-13（双回路）杆段 1 结构图（1/4）

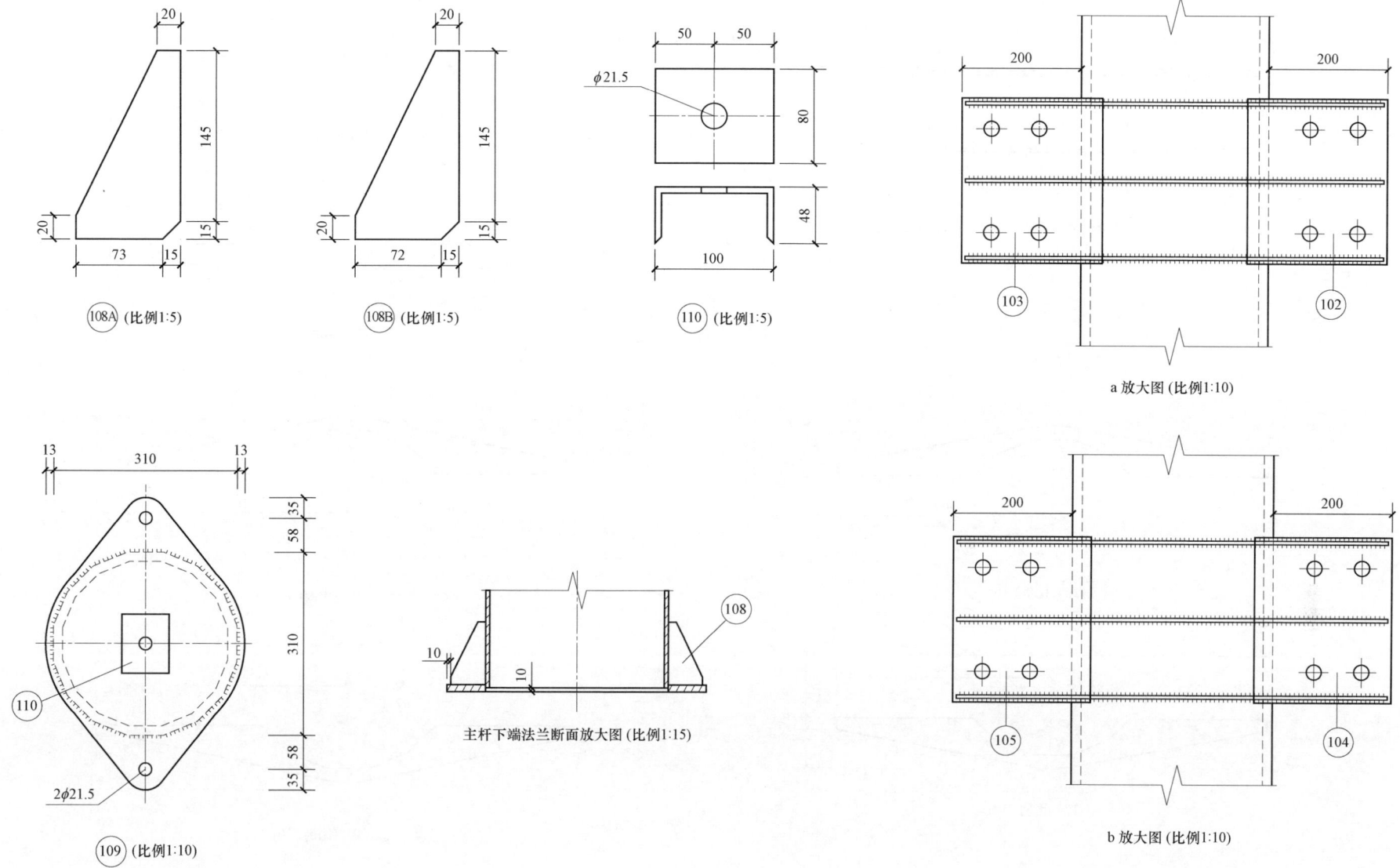

108A (比例1:5)

108B (比例1:5)

110 (比例1:5)

a 放大图 (比例1:10)

109 (比例1:10)

主杆下端法兰断面放大图 (比例1:15)

b 放大图 (比例1:10)

图 13-21　GN31-13（双回路）杆段 1 结构图（2/4）

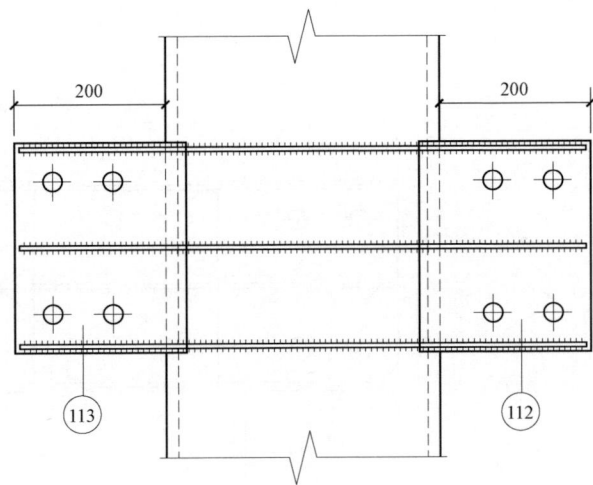

c 放大图 (比例1:10)

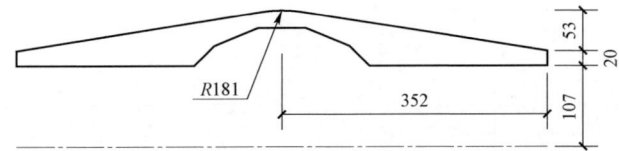

⑭ (比例1:10)

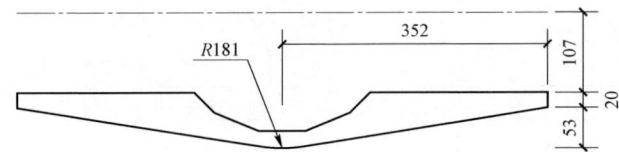

⑮ (比例1:10)

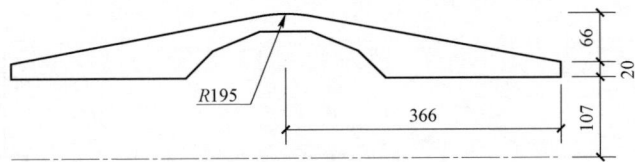

⑯ (比例1:10)

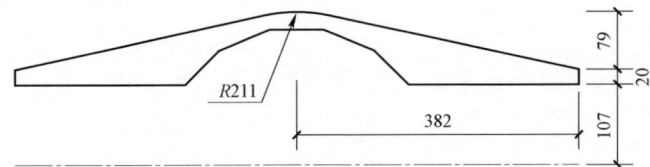

⑰ (比例1:10)

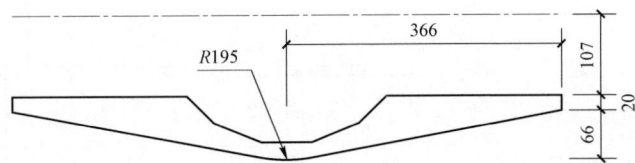

⑱ (比例1:10)

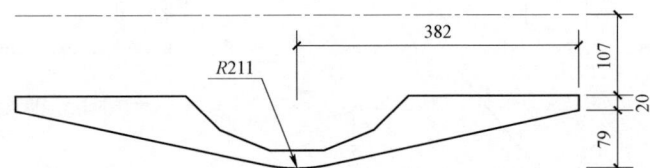

⑲ (比例1:10)

图 13-22　GN31-16（双回路）杆段 1 结构图（3/4）

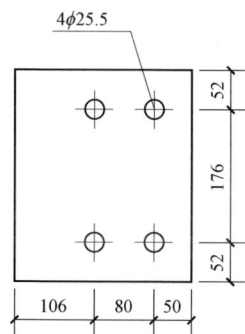

(102)（比例1:10）

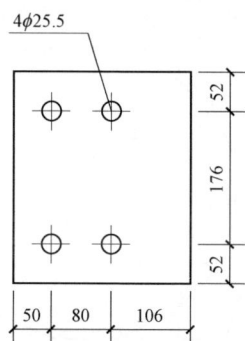

(103)（比例1:10）

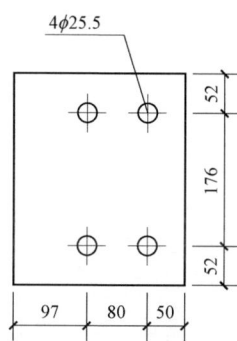

(112)（比例1:10）

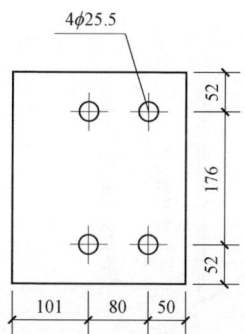

(104)（比例1:10）

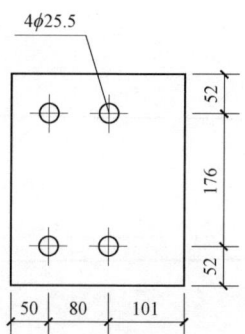

(105)（比例1:10）

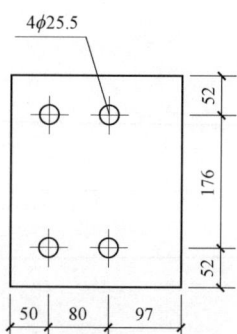

(113)（比例1:10）

构 件 明 细 表

编号	规格	长度（mm）	数量	质量（kg）一件	质量（kg）小计	备注
101	Q355－10×1232	6990	1	743.99	744.0	
102	Q355－6×236	280	2	3.11	6.2	
103	Q355－6×236	280	2	3.11	6.2	
104	Q355－6×231	280	2	3.05	6.1	
105	Q355－6×231	280	2	3.05	6.1	
106	L75×6	95	5	0.74	3.7	
107	Q355－18×660	660	1	26.44	26.4	
108A	Q355－8×88	160	9	0.64	5.8	切角15
108B	Q355－8×87	160	7	0.64	4.5	切角15
109	Q355－12×336	496	1	15.70	15.7	
110	[100×48×5.3	80	1	0.88	0.88	
111	Q355－10×445	445	1	12.21	12.2	
112	Q355－6×227	280	2	2.99	5.98	
113	Q355－6×227	280	2	2.99	5.98	
114	Q355－6×73	704	2	1.19	2.38	
115	Q355－6×73	704	2	1.19	2.38	
116	Q355－6×86	728	2	1.32	2.64	
117	Q355－6×86	728	2	1.32	2.64	
118	Q355－6×99	754	2	1.44	2.88	
119	Q355－6×99	754	2	1.44	2.88	
合计					865.54kg	

螺栓、脚钉、垫圈明细表

编号	级别	规格	数量	质量（kg）	备注
1	6.8	M30×105	16	23.8	双帽带一垫
合计				23.8kg	

图 13－23　GN31－13（双回路）杆段1结构图（4/4）

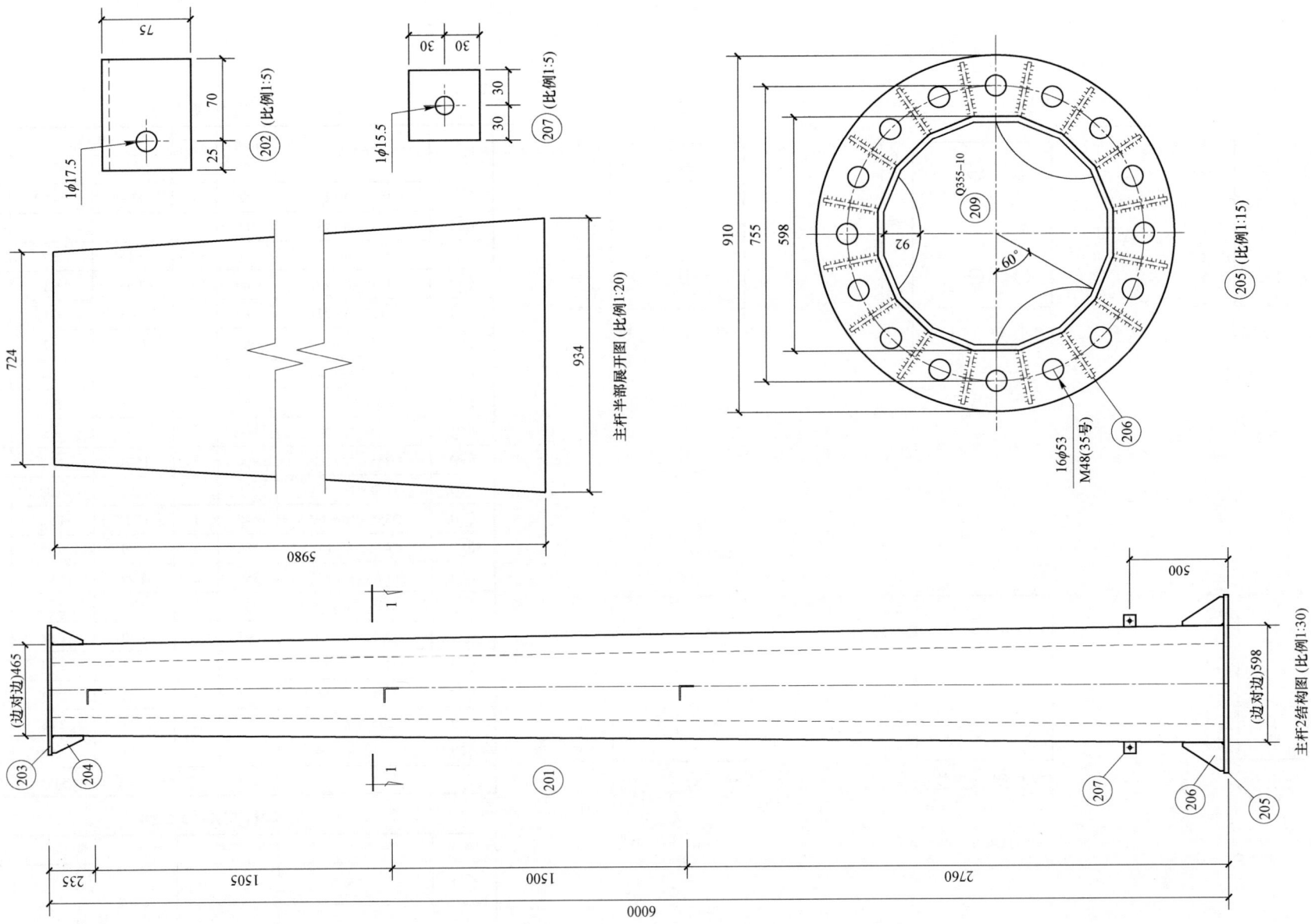

图 13-24　GN31-13（双回路）杆段 2 结构图（1/2）

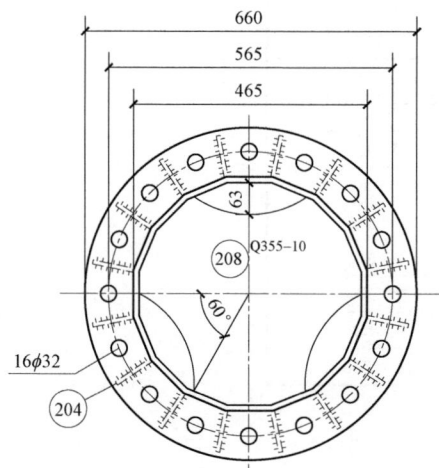

③ (比例1:15)

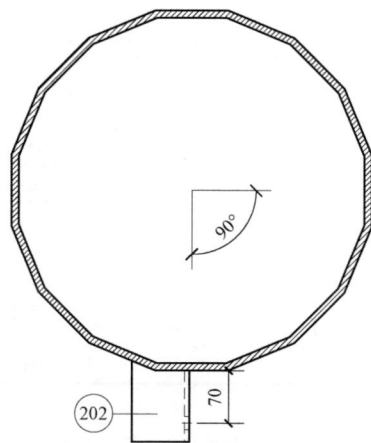

1—1 爬梯固定钢板 (比例1:10)

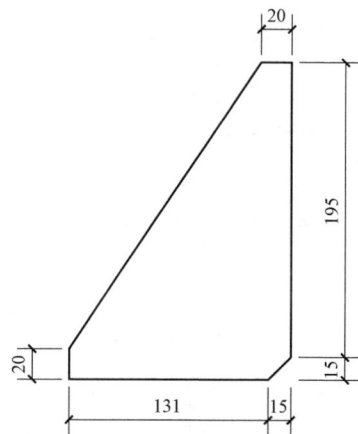

⑳ (比例1:5)

构 件 明 细 表

编号	规格	长度(mm)	数量	质量（kg）		备注
				一件	小计	
⑳①	Q355－10×1691	5980	1	873.40	873.4	
⑳②	L75×6	95	3	0.74	2.2	
⑳③	Q355－18×660	660	1	26.44	26.4	
⑳④A	Q355－8×88	160	9	0.64	5.8	切角15
⑳④B	Q355－8×87	160	7	0.64	4.5	切角15
⑳⑤	Q355－22×910	910	1	69.50	69.5	
⑳⑥	Q355－10×146	210	16	1.61	25.8	切角15
⑳⑦	Q355－8×60	60	2	0.25	0.5	
⑳⑧	Q355－10×445	445	1	12.21	12.2	
⑳⑨	Q355－10×578	578	1	20.59	20.6	
合计					1040.9kg	

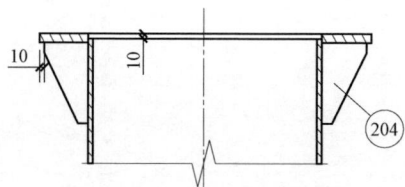

主杆上端法兰断面放大图 (比例1:15)

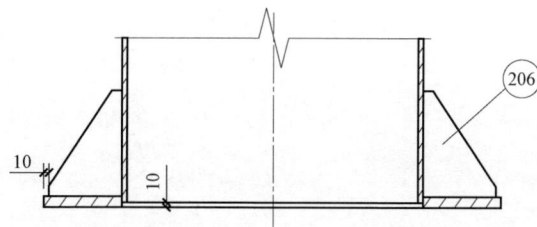

主杆下端法兰断面放大图 (比例1:15)

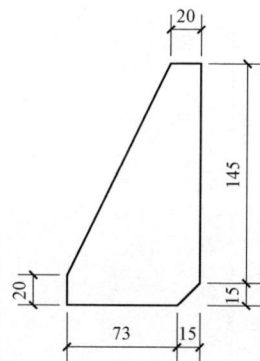

⑳④A (比例1:5)

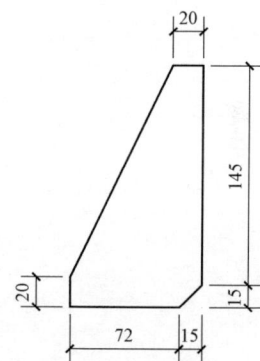

⑳④B (比例1:5)

图 13－25　GN31－13（双回路）杆段 2 结构图（2/2）

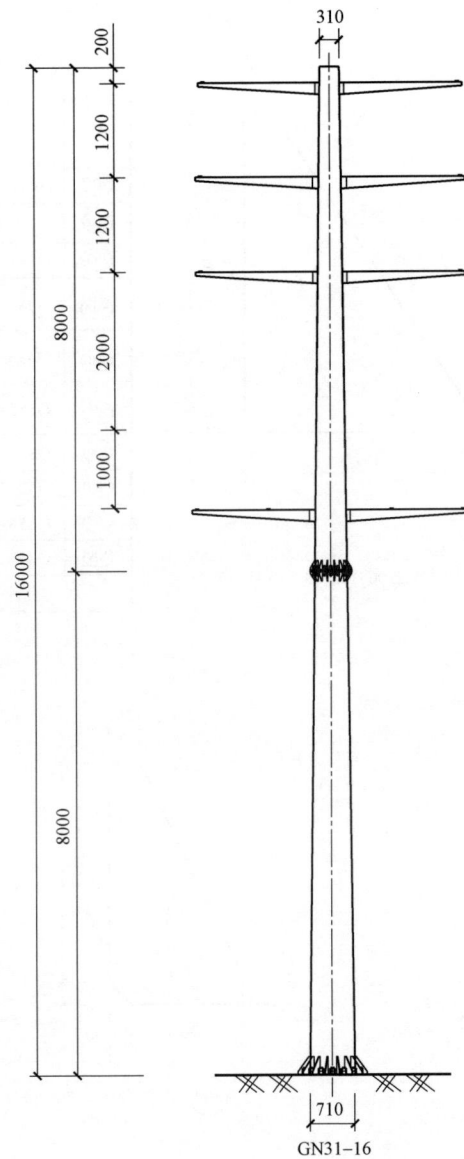

钢管杆技术参数表

杆型	GN31－16
钢管杆质量（kg）	2799.5
钢管杆材质	Q355
根部水平力标准值（kN）	49.72
根部下压力标准值（kN）	58.01
根部弯矩标准值（kN·m）	711.89
根部水平力设计值（kN）	69.61
根部下压力设计值（kN）	69.61
根部弯矩设计值（kN·m）	996.65
地脚螺栓材质	35 号钢
地脚螺栓规格（数量×规格）	16×M56

说明：1. 钢管杆质量均为设计质量（不含横担质量），未含损耗。

2. 钢管杆杆身横担连接板按单线图中横担布置方式设计，如选用其他布置方式，杆身横担连接板应重新进行核算。

图 13－26　GN31－16 耐张钢管杆单线图及技术参数表

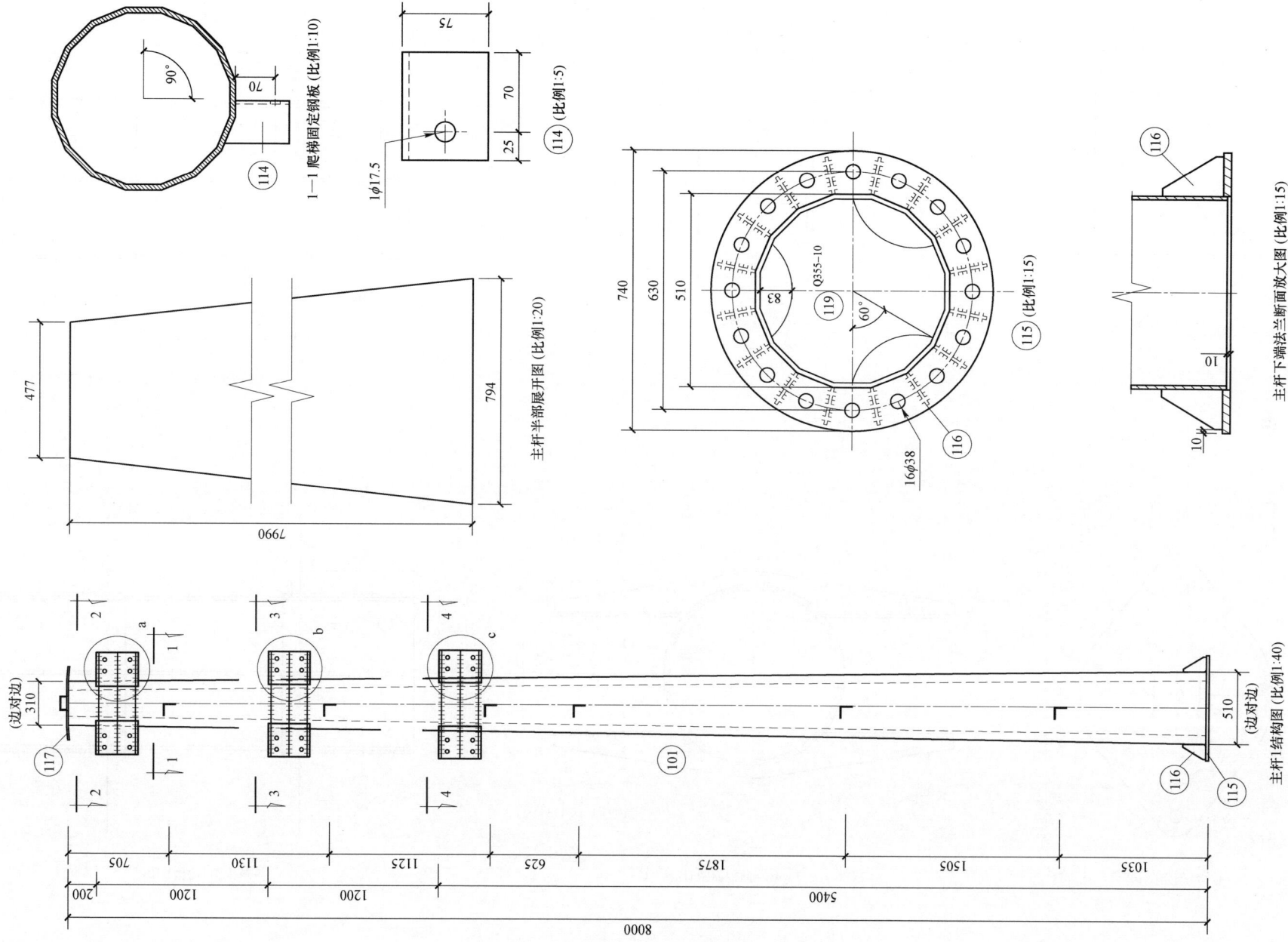

1—1 爬梯固定钢板 (比例1:10)

114 (比例1:5)

主杆半部展开图 (比例1:20)

115 (比例1:15)

主杆下端法兰断面放大图 (比例1:15)

主杆 1 结构图 (比例1:40)

图 13-27　GN31-16 杆段 1 结构图（1/4）

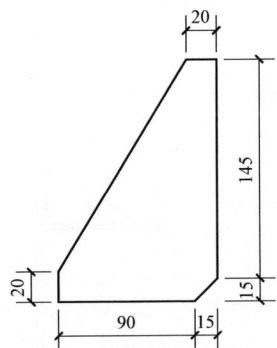

116 (比例1:5)

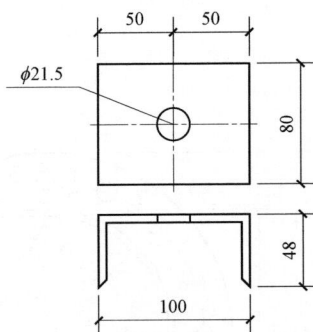

118 (比例1:5)

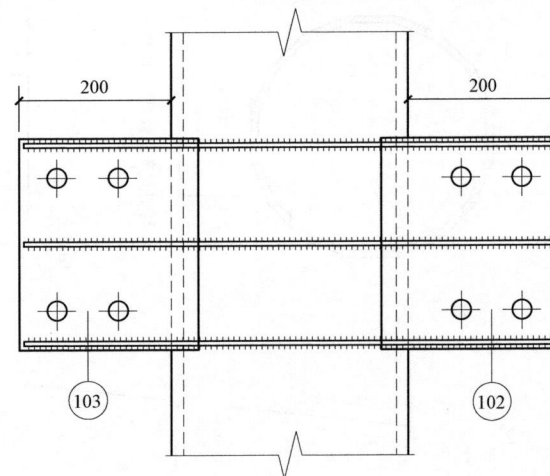

a 放大图（比例1:10）

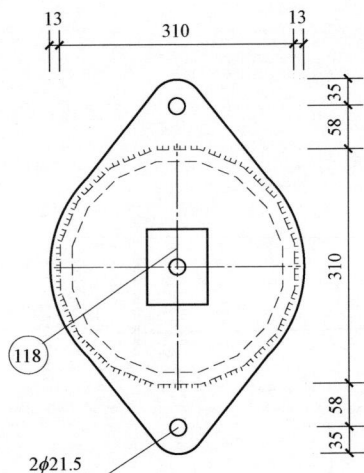

117 (比例1:10)

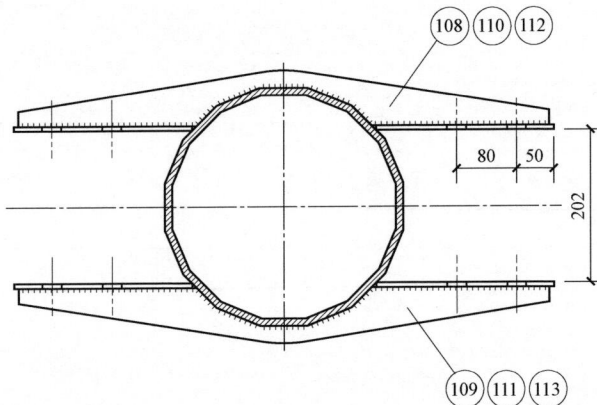

2—2、3—3、4—4向剖面图（比例1:10）

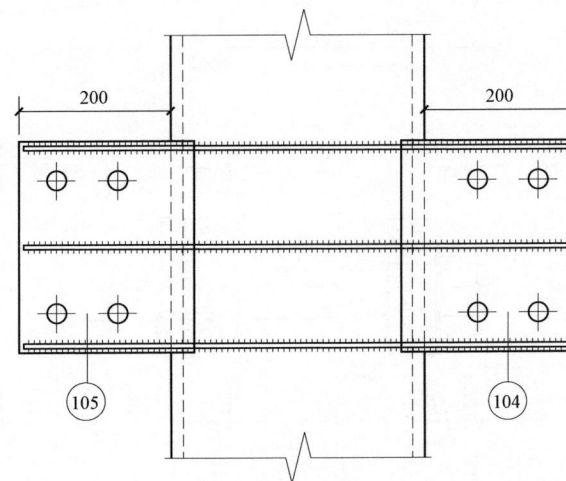

b 放大图（比例1:10）

图 13-28　GN31-16　杆段 1 结构图（2/4）

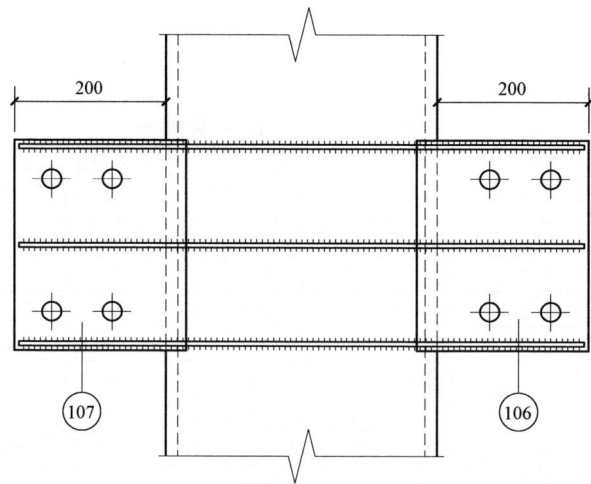

c 放大图 (比例1:10)

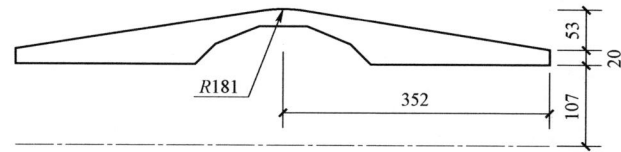

108 (比例1:10)

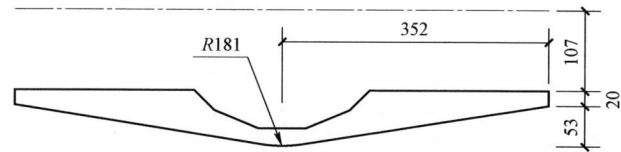

109 (比例1:10)

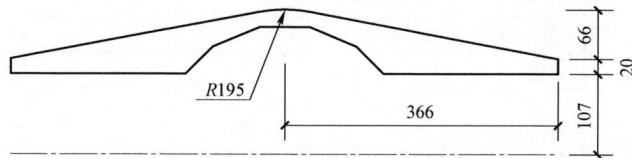

110 (比例1:10)

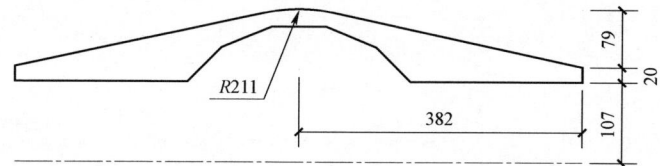

112 (比例1:10)

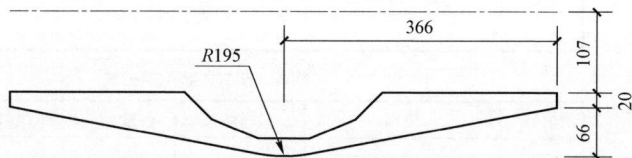

111 (比例1:10)

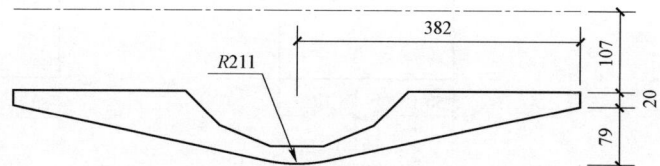

113 (比例1:10)

图 13-29 GN31-16 杆段 1 结构图（3/4）

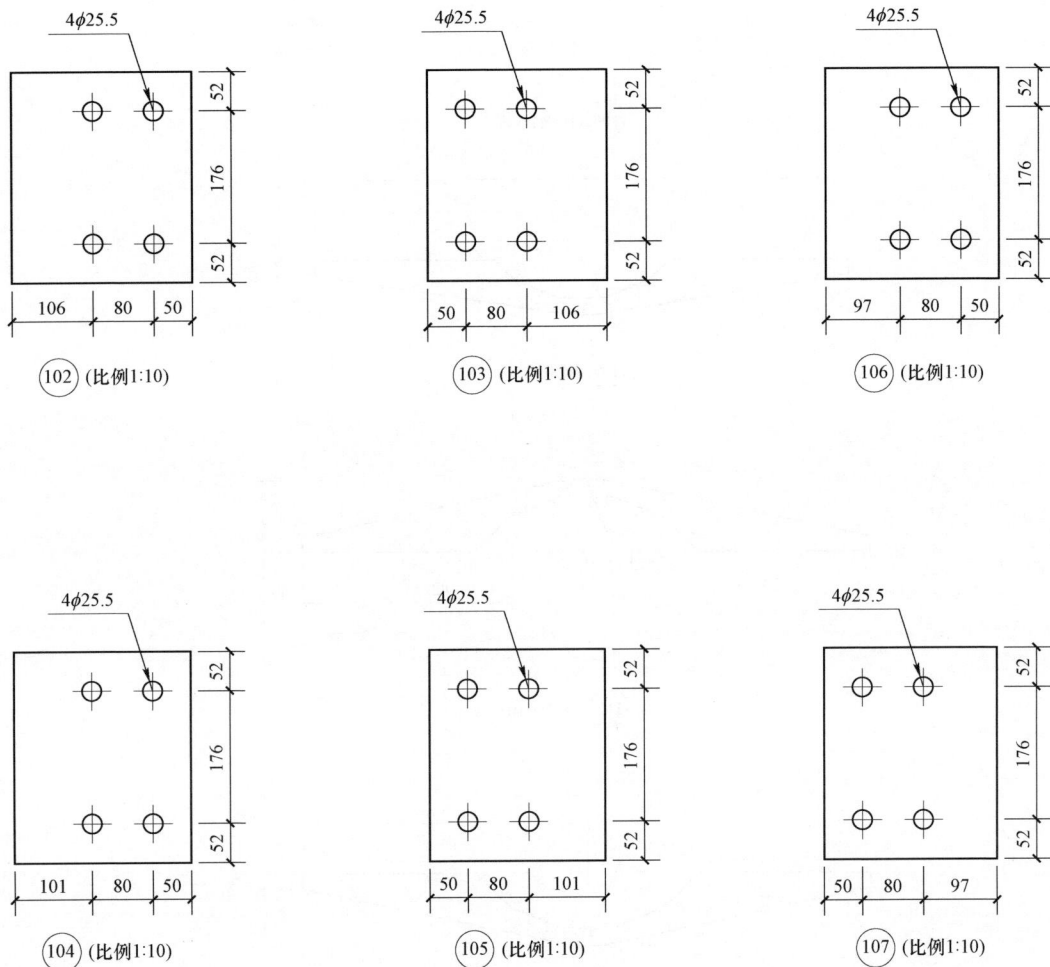

构件明细表

编号	规格	长度 (mm)	数量	质量 (kg) 一件	质量 (kg) 小计	备注
101	Q355−10×1304	7990	1	818.03	818.0	
102	Q355−6×236	280	2	3.11	6.2	
103	Q355−6×236	280	2	3.11	6.2	
104	Q355−6×231	280	2	3.05	6.1	
105	Q355−6×231	280	2	3.05	6.1	
106	Q355−6×227	280	2	2.99	6.0	
107	Q355−6×227	280	2	2.99	6.0	
108	Q355−6×73	704	3	1.19	3.6	
109	Q355−6×73	704	3	1.19	3.6	
110	Q355−6×86	728	3	1.32	4.0	
111	Q355−6×86	728	3	1.32	4.0	
112	Q355−6×99	754	3	1.44	4.3	
113	Q355−6×99	754	3	1.44	4.3	
114	L75×6	95	6	0.74	4.4	
115	Q355−20×740	740	1	35.03	35.0	
116	Q355−8×105	160	16	0.68	10.9	切角 15
117	Q355−12×336	496	1	15.70	15.7	
118	[100×48×5.3	80	1	0.88	0.9	
119	Q355−10×490	490	1	14.80	14.8	
合计					960.1kg	

螺栓、脚钉、垫圈明细表

编号	级别	规格	数量	质量 (kg)	备注
1	6.8	M36×130	16	36.1	双帽带一垫
合计				36.1kg	

图 13−30　GN31−16 杆段 1 结构图（4/4）

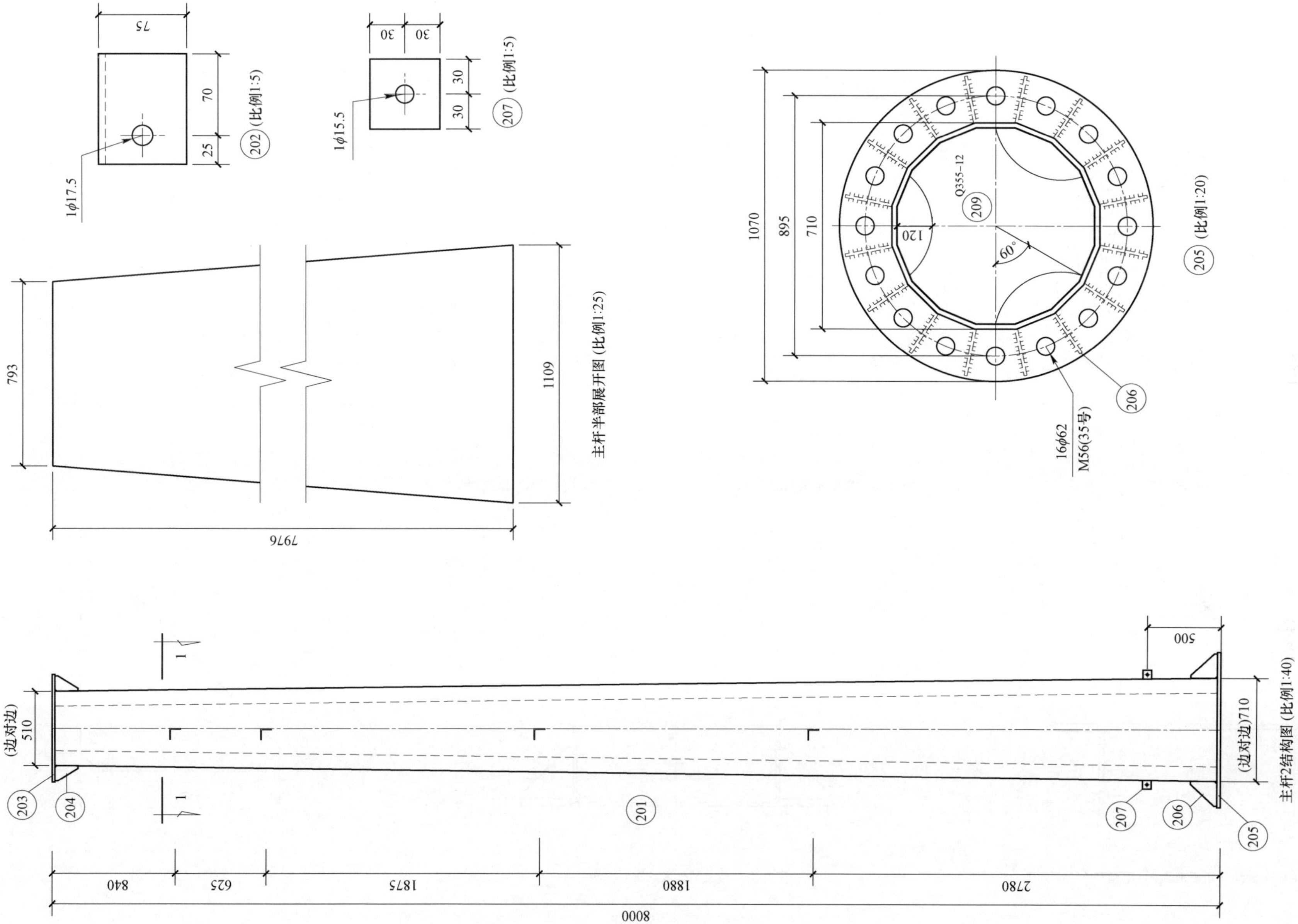

图 13-31 GN31-16 杆段 2 结构图 (1/2)

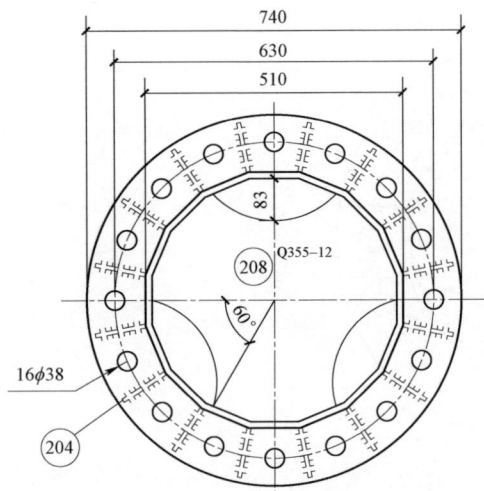

构件明细表

编号	规格	长度(mm)	数量	质量（kg）一件	质量（kg）小计	备注
201	Q355-12×1941	7976	1	1458.70	1458.7	
202	L75×6	95	4	0.74	3.0	
203	Q355-20×740	740	1	35.03	35.0	
204	Q355-8×105	160	16	0.68	10.9	切角15
205	Q355-24×1070	1070	1	93.84	93.8	
206	Q355-10×170	180	16	1.46	23.4	切角15
207	Q355-8×60	60	2	0.25	0.5	
208	Q355-12×486	486	1	17.47	17.5	
209	Q355-12×686	686	1	34.80	34.8	
合计					1677.6kg	

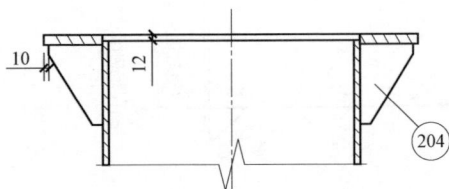

203 (比例1:15)

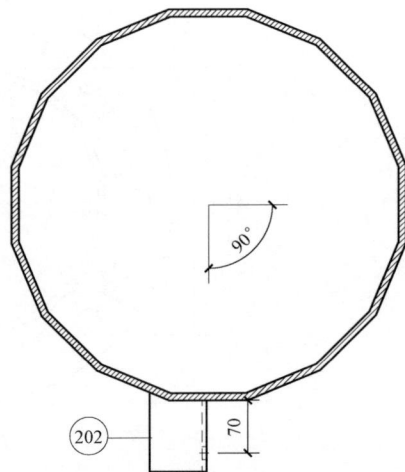

1—1 爬梯固定钢板 (比例1:10)

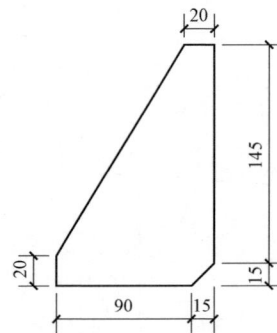

204 (比例1:5)

主杆上端法兰断面放大图 (比例1:15)

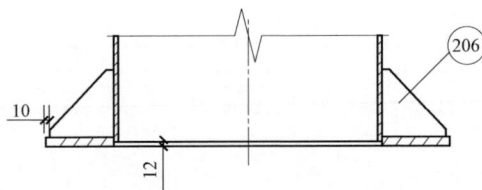

主杆下端法兰断面放大图 (比例1:20)

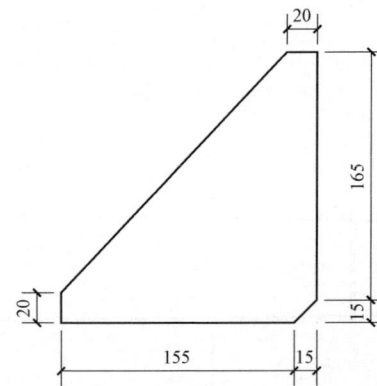

206 (比例1:5)

图13-32　GN31-16 杆段2结构图（2/2）

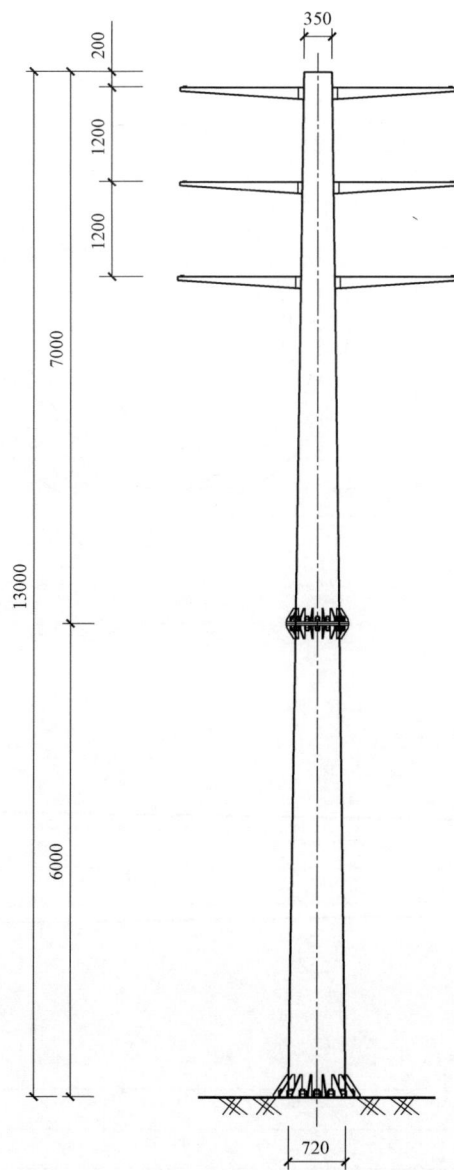

钢管杆技术参数表	
杆型	GN35-13
钢管杆质量（kg）	2837.1
钢管杆材质	Q355
根部水平力标准值（kN）	86.30
根部下压力标准值（kN）	40.94
根部弯矩标准值（kN·m）	947.70
根部水平力设计值（kN）	116.26
根部下压力设计值（kN）	49.13
根部弯矩设计值（kN·m）	1326.78
地脚螺栓材质	35 号钢
地脚螺栓规格（数量×规格）	16×M60

说明：1. 钢管杆质量均为设计质量（不含横担质量），未含损耗。
      2. 钢管杆杆身横担连接板按单线图中横担布置方式设计，如选用其他布置方式，杆身横担连接板应重新进行核算。

图 13-33　GN35-13 耐张钢管杆单线图及技术参数表

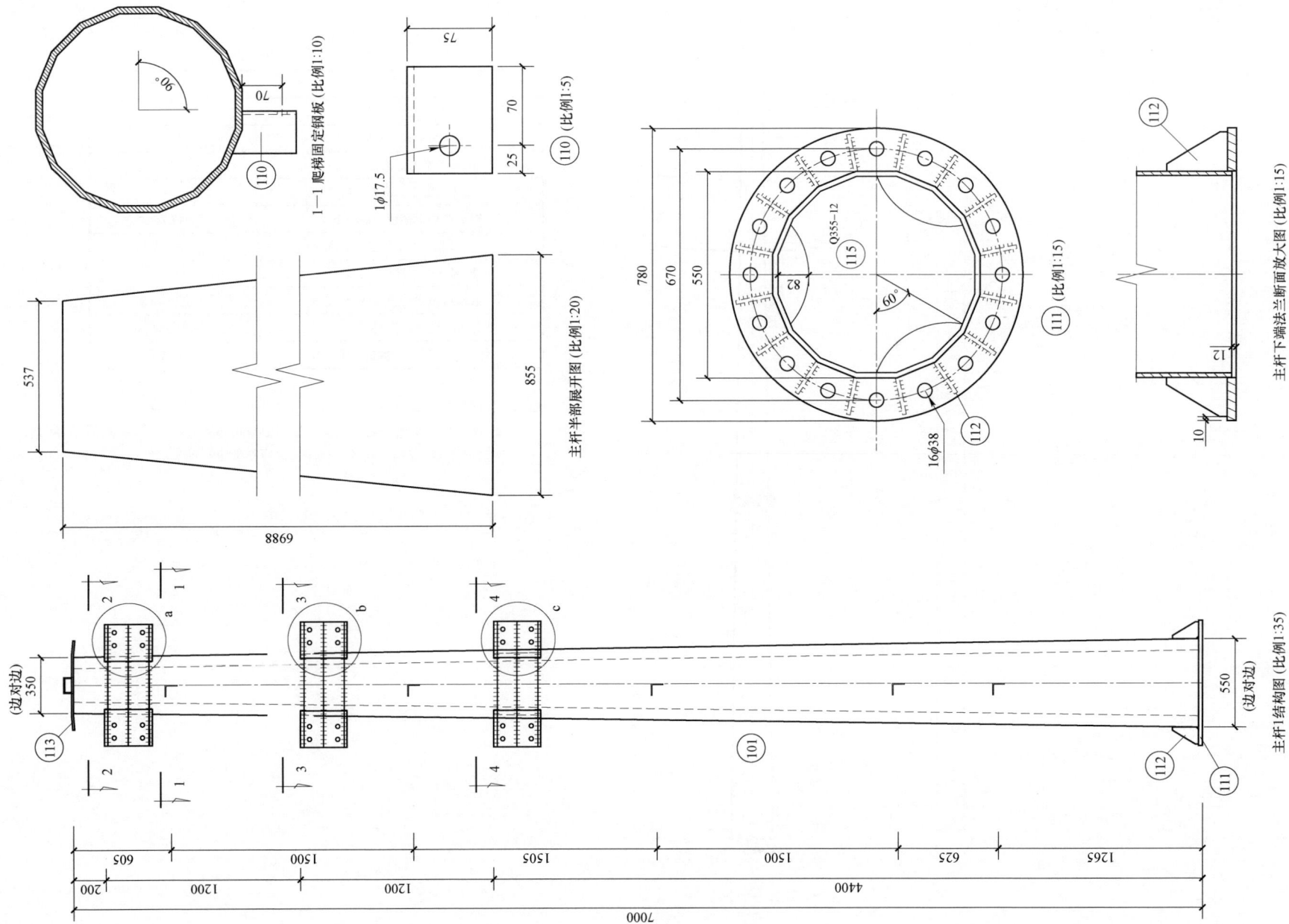

图 13-34　GN35-13 杆段 1 结构图（1/3）

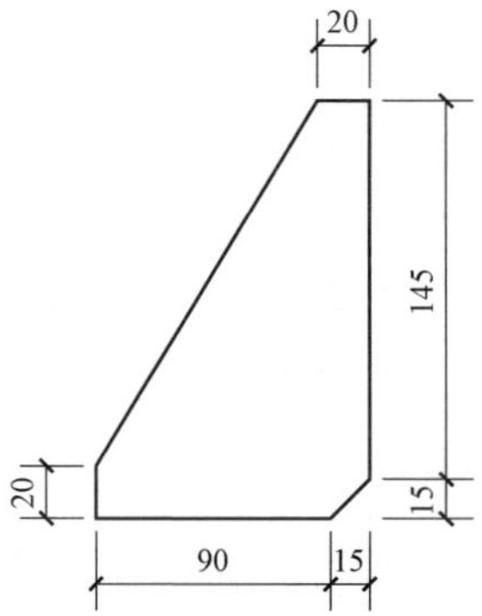

(112) (比例1:5)

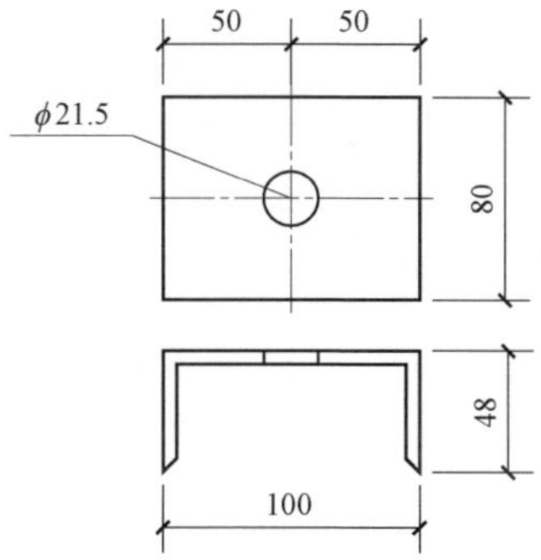

(114) (比例1:5)

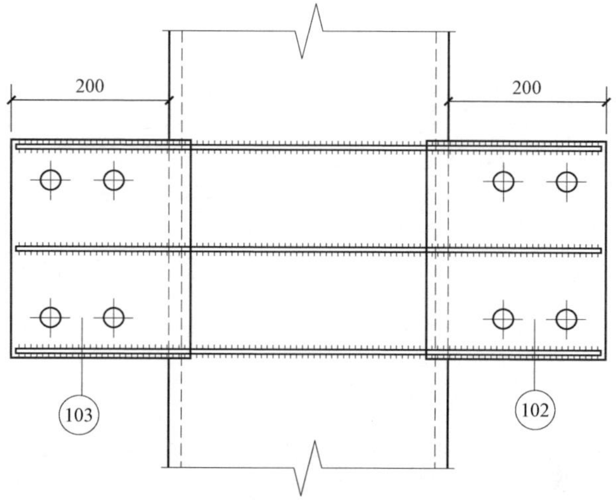

a 放大图 (比例1:10)

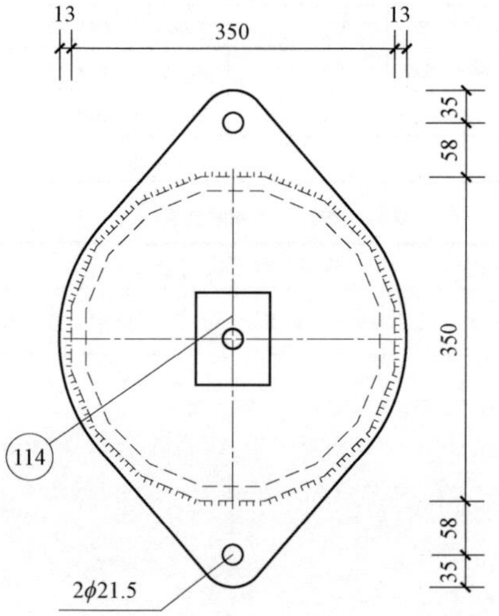

(113) (比例1:10)

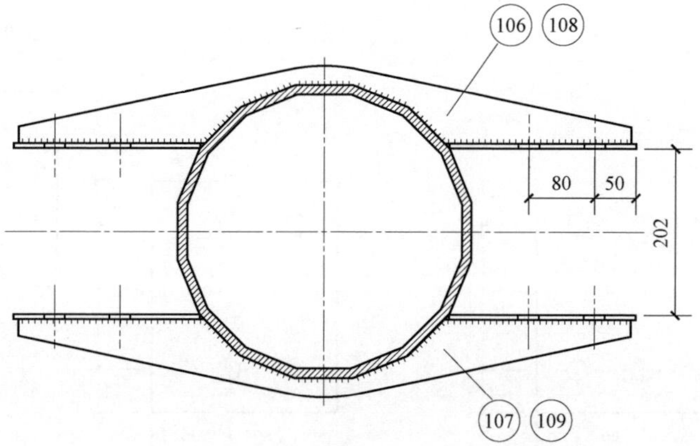

2—2、3—3向剖面图 (比例1:10)

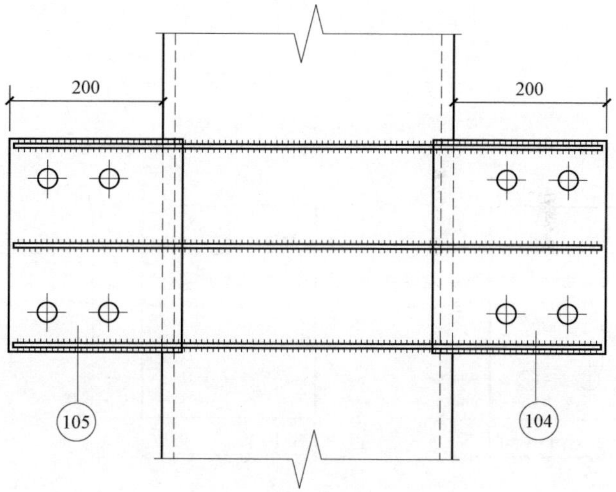

b 放大图 (比例1:10)

图 13－35　GN35－13 杆段 1 结构图（2/3）

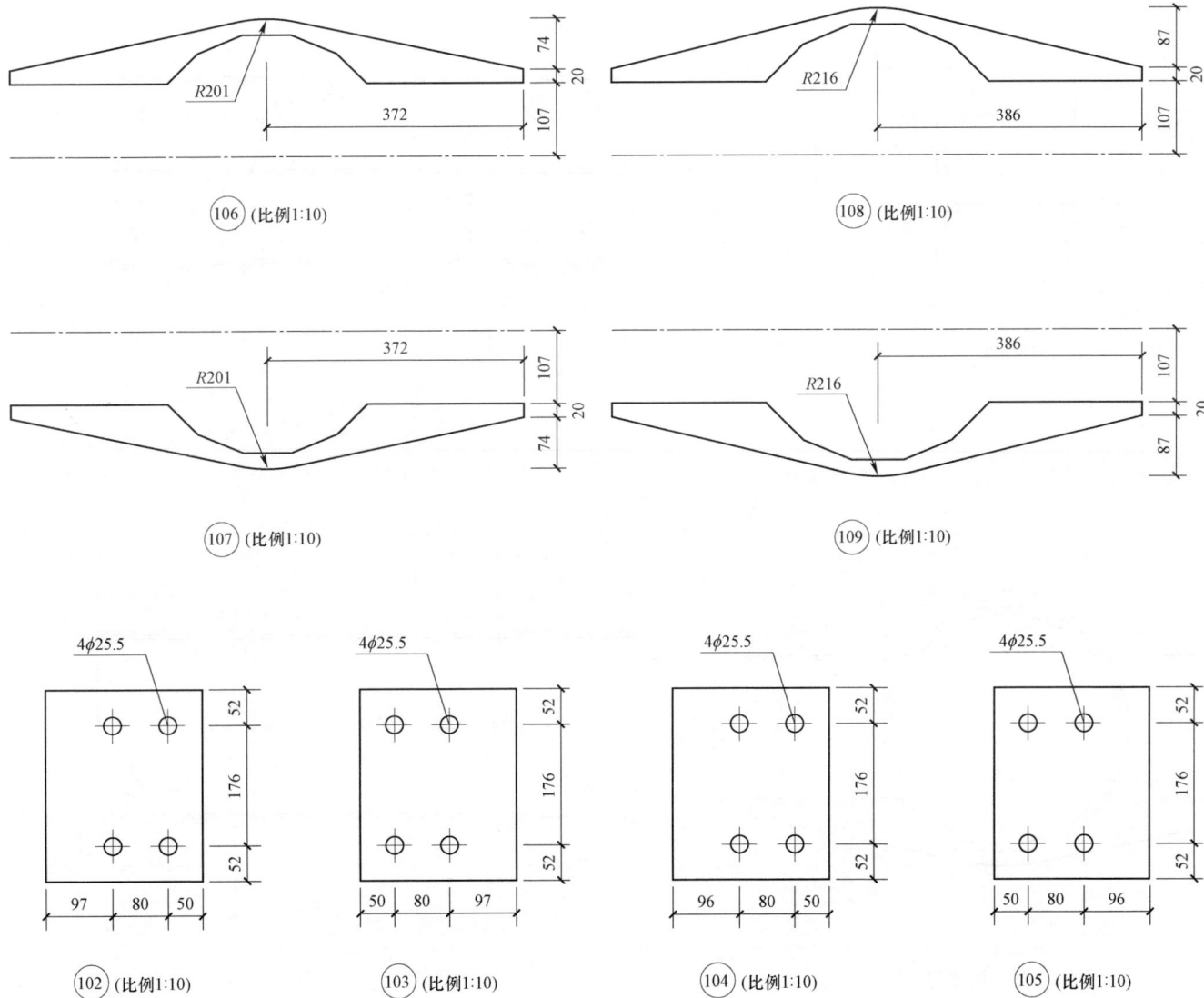

⑯ (比例1:10)　⑱ (比例1:10)

⑰ (比例1:10)　⑲ (比例1:10)

⑩ (比例1:10)　⑩ (比例1:10)　⑩ (比例1:10)　⑩ (比例1:10)

构 件 明 细 表

编号	规格	长度（mm）	数量	质量（kg）一件	质量（kg）小计	备注
⑩	Q355−12×1431	6988	1	942.17	942.2	
⑩	Q355−6×227	280	2	3.00	6.0	
⑩	Q355−6×227	280	2	3.00	6.0	
⑩	Q355−6×226	280	2	2.98	6.0	
⑩	Q355−6×226	280	2	2.98	6.0	
⑩	Q355−6×94	744	3	1.40	4.2	
⑩	Q355−6×94	744	3	1.40	4.2	
⑩	Q355−6×107	772	3	1.53	4.6	
⑩	Q355−6×107	772	3	1.53	4.6	
⑩	L75×6	95	5	0.74	3.7	
⑪	Q355−24×780	780	1	44.68	44.7	
⑫	Q355−10×105	160	16	0.85	13.6	切角 15
⑬	Q355−12×376	536	1	19.06	19.1	
⑭	[100×48×5.3	80	1	0.88	0.9	
⑮	Q355−12×526	526	1	20.46	20.5	
合计					1086.3kg	

螺栓、脚钉、垫圈明细表

编号	级别	规格	数量	质量（kg）	备注
①	6.8	M30×120	16	37.4	双帽带一垫
合计			37.4kg		

图 13−36　GN35−13 杆段 1 结构图（3/3）

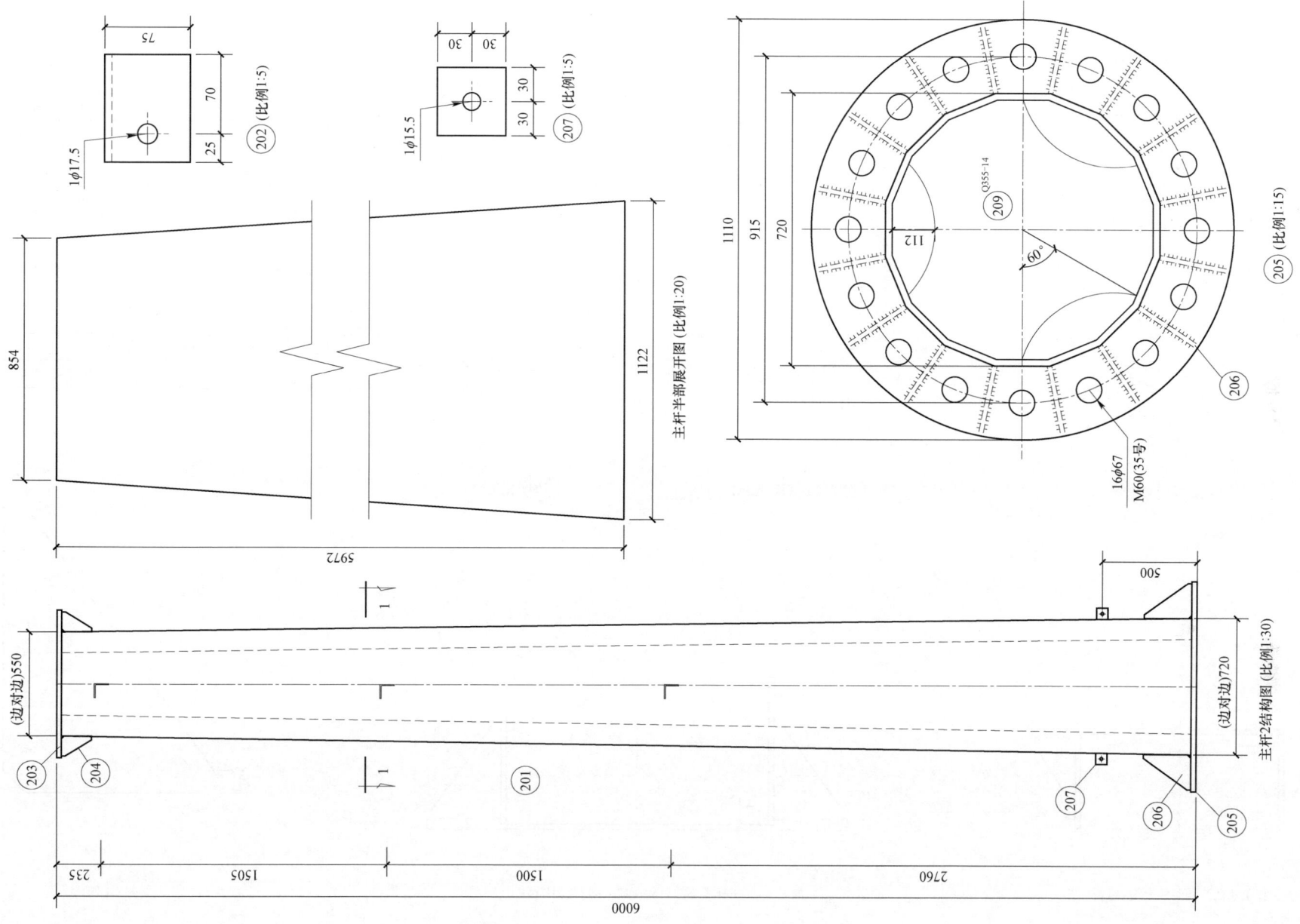

图 13-37 GN35-13 杆段 2 结构图（1/2）

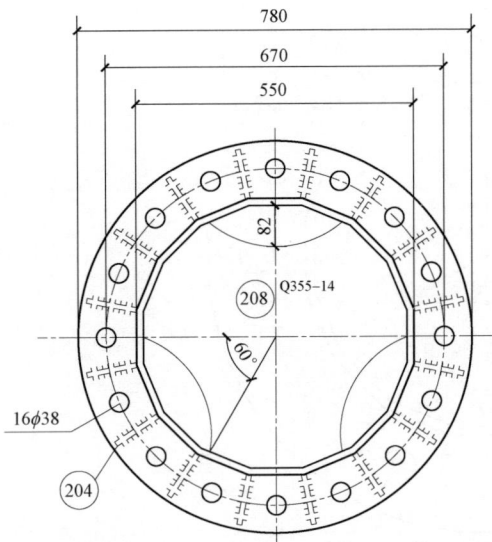

构件明细表

编号	规格	长度 (mm)	数量	质量 (kg) 一件	质量 (kg) 小计	备注
201	Q355-14×2020	5972	1	1326.50	1326.5	
202	L75×6	95	3	0.74	2.2	
203	Q355-24×780	780	1	44.68	44.7	
204	Q355-10×105	160	16	0.85	13.6	切角15
205	Q355-28×1110	1110	1	122.04	122.0	
206	Q355-12×185	250	16	2.57	41.1	切角20
207	Q355-8×60	60	2	0.25	0.5	
208	Q355-14×522	522	1	12.51	23.5	
209	Q355-14×692	692	1	41.31	41.3	
合计					1615.4kg	

203 (比例1:15)

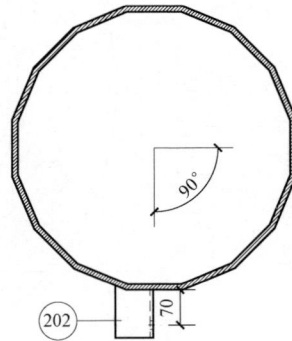

1—1 爬梯固定钢板 (比例1:15)

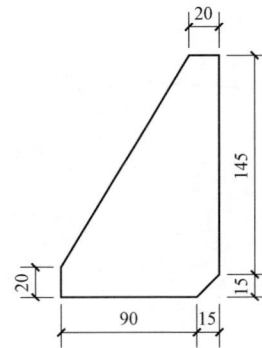

204 (比例1:5)

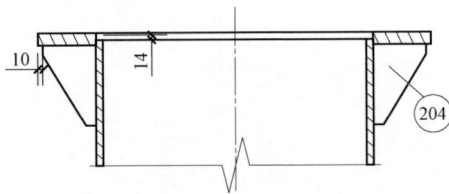

主杆上端法兰断面放大图 (比例1:15)

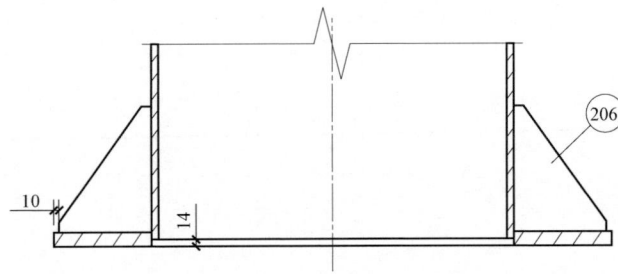

主杆下端法兰断面放大图 (比例1:15)

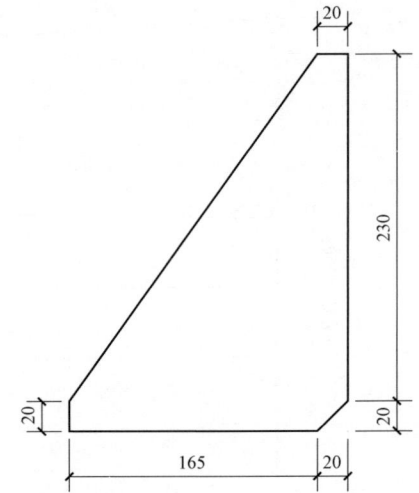

206 (比例1:5)

图 13-38 GN35-13 杆段 2 结构图（2/2）

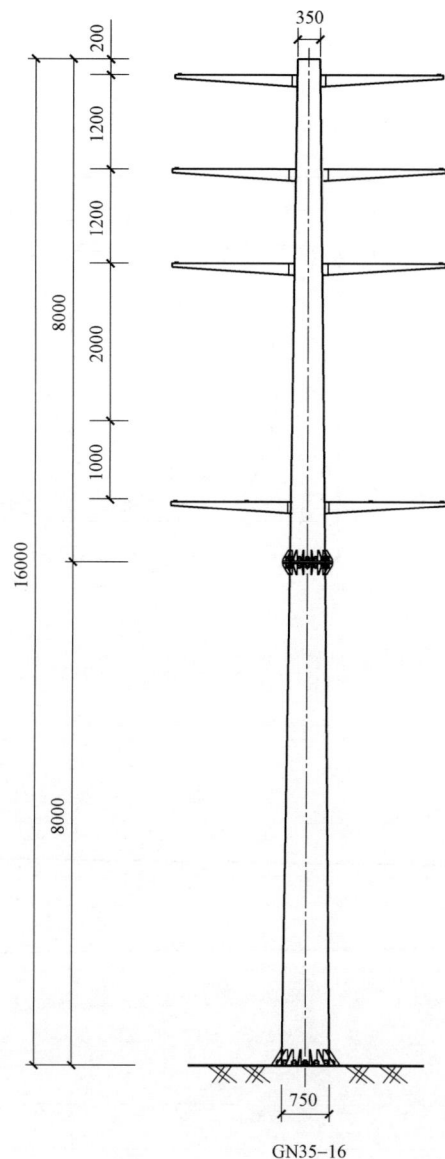

钢管杆技术参数表

杆型	GN35-16
钢管杆质量（kg）	4051.9
钢管杆材质	Q355
根部水平力标准值（kN）	81.34
根部下压力标准值（kN）	70.88
根部弯矩标准值（kN·m）	1171.94
根部水平力设计值（kN）	113.87
根部下压力设计值（kN）	85.06
根部弯矩设计值（kN·m）	1640.72
地脚螺栓材质	35 号钢
地脚螺栓规格（数量×规格）	16×M64

说明：1. 钢管杆质量均为设计质量（不含横担质量），未含损耗。
2. 钢管杆杆身横担连接板按单线图中横担布置方式设计，如选用其他布置方式，杆身横担连接板应重新进行核算。

图 13-39　GN35-16 耐张钢管杆单线图及技术参数表

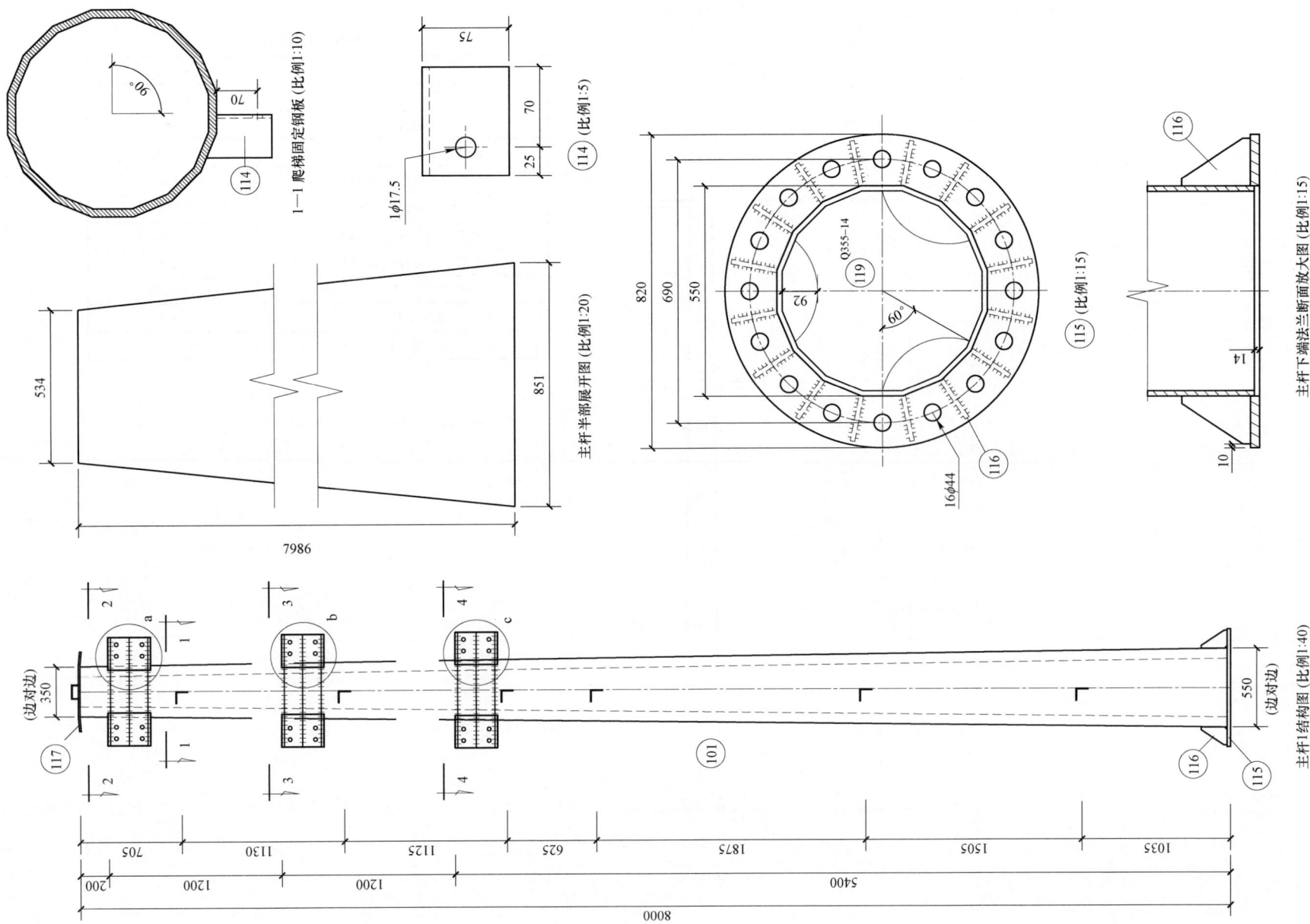

1—1 爬梯固定钢板 (比例1:10)

(114) (比例1:5)

主杆半部展开图 (比例1:20)

(115) (比例1:15)

主杆下端法兰断面放大图 (比例1:15)

Q355-14
(119)

16φ44
(116)

主杆1结构图 (比例1:40)

图 13—40 GN35—16 杆段 1 结构图 (1/4)

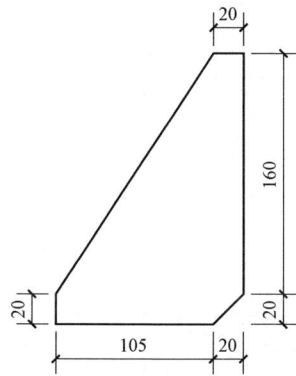

116 (比例1:5)

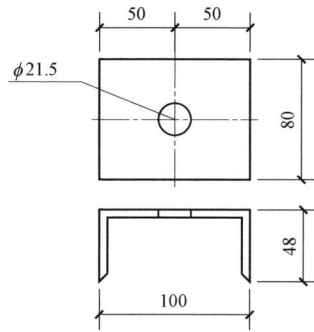

$\phi21.5$

118 (比例1:5)

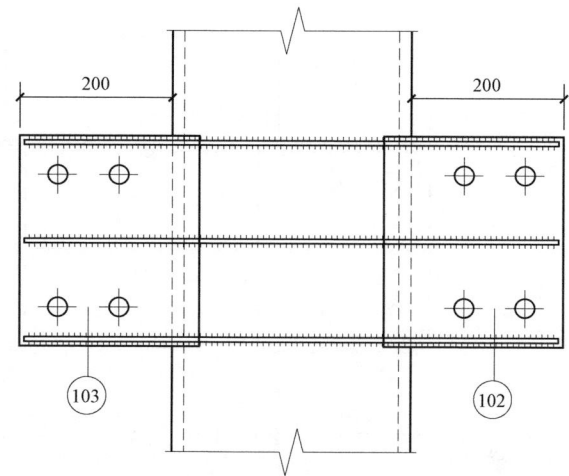

a 放大图 (比例1:10)

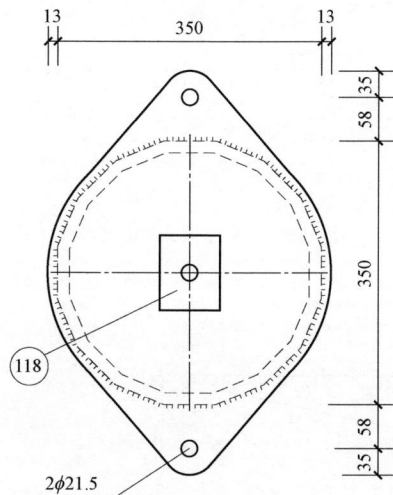

$2\phi21.5$

117 (比例1:10)

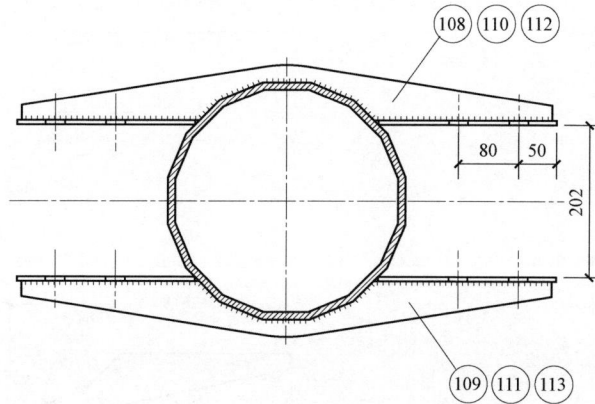

2—2、3—3、4—4向剖面图 (比例1:10)

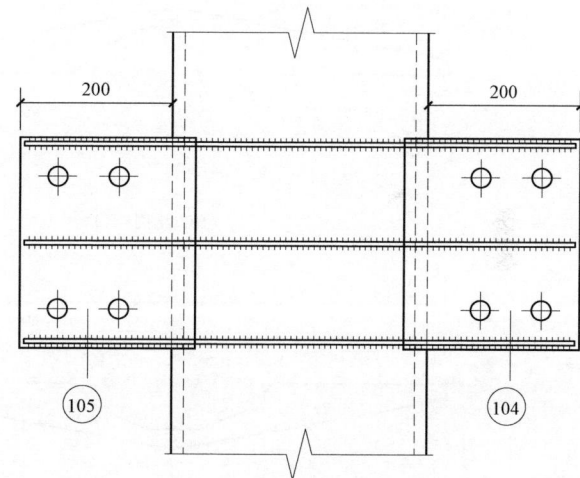

b 放大图 (比例1:10)

图 13—41　GN35—16 杆段 1 结构图（2/4）

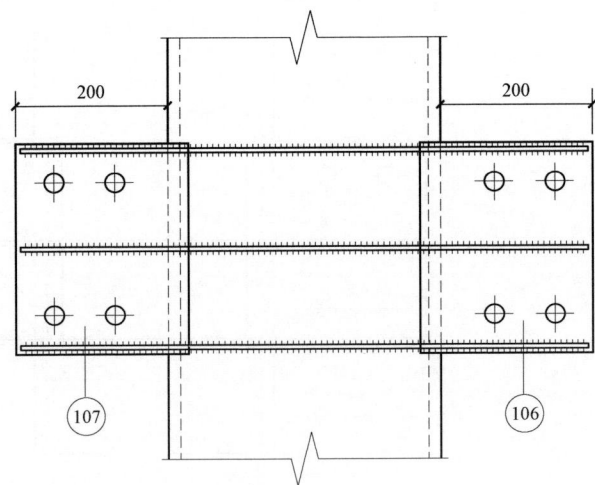

c 放大图（比例1:10）

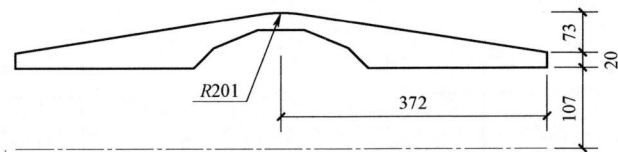

⑩⑧（比例1:10）

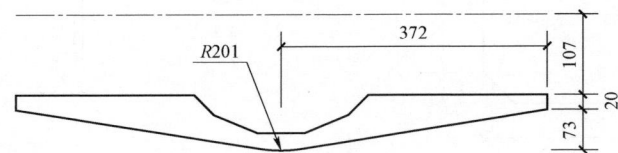

⑩⑨（比例1:10）

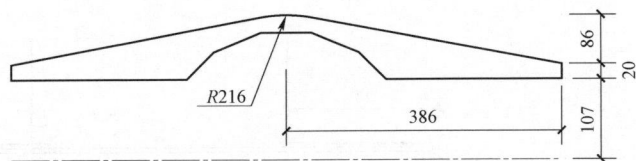

⑩⑩（比例1:10）

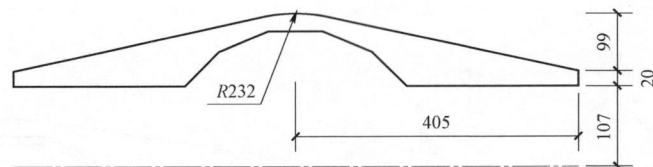

⑪⑫（比例1:10）

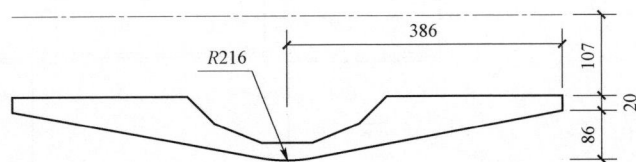

⑪⑪（比例1:10）

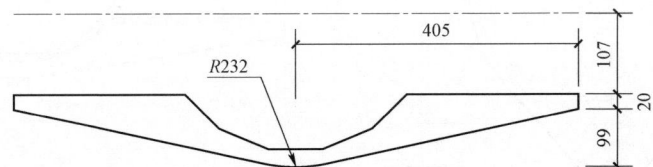

⑪⑬（比例1:10）

图 13−42　GN35−16 杆段 1 结构图（3/4）

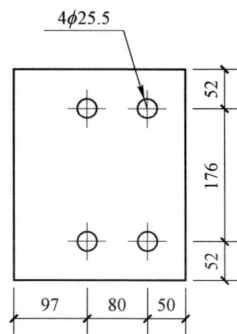

102（比例1:10）

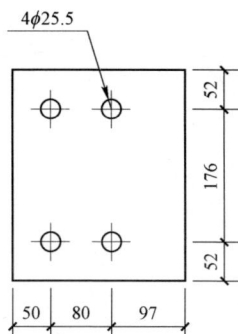

103（比例1:10）

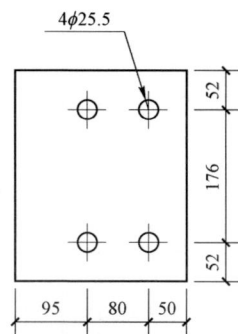

106（比例1:10）

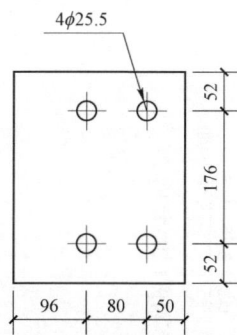

104（比例1:10）

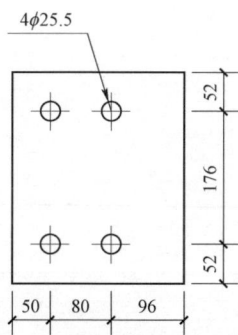

105（比例1:10）

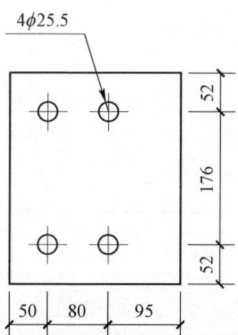

107（比例1:10）

构 件 明 细 表

编号	规格	长度（mm）	数量	质量（kg） 一件	质量（kg） 小计	备注
101	Q355-14×1431	7986	1	1256.28	1256.3	
102	Q355-6×227	280	2	3.00	6.0	
103	Q355-6×227	280	2	3.00	6.0	
104	Q355-6×226	280	2	2.98	6.0	
105	Q355-6×226	280	2	2.98	6.0	
106	Q355-6×225	280	2	2.97	5.9	
107	Q355-6×225	280	2	2.97	5.9	
108	Q355-6×93	744	3	1.39	4.2	
109	Q355-6×93	744	3	1.39	4.2	
110	Q355-6×106	768	3	1.51	4.5	
111	Q355-6×106	768	3	1.51	4.5	
112	Q355-6×119	794	3	1.62	4.9	
113	Q355-6×119	794	3	1.62	4.9	
114	L75×6	95	6	0.74	4.4	
115	Q355-24×820	820	1	54.15	54.2	
116	Q355-12×125	160	16	1.33	21.3	切角 20
117	Q355-12×376	536	1	19.06	19.1	
118	[100×48×5.3	80	1	0.88	0.9	
119	Q355-14×522	522	1	23.51	23.5	
合计					1442.7kg	

螺栓、脚钉、垫圈明细表

编号	级别	规格	数量	质量（kg）	备注
1	6.8	M42×140	16	57.4	双帽带一垫
合计				57.4kg	

图 13-43　GN35-16 杆段 1 结构图（4/4）

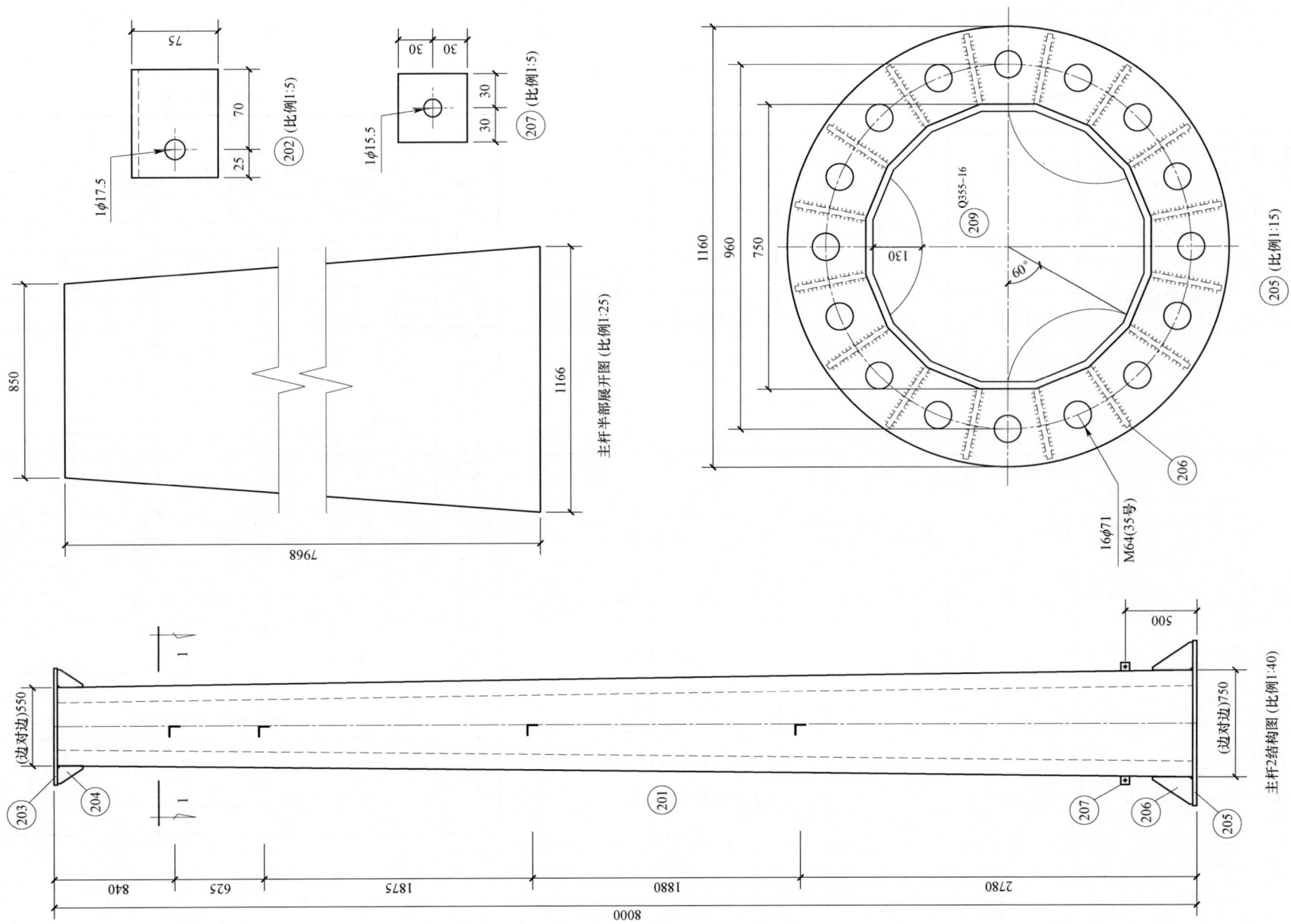

图 13-44 GN35-16 杆段 2 结构图（1/2）

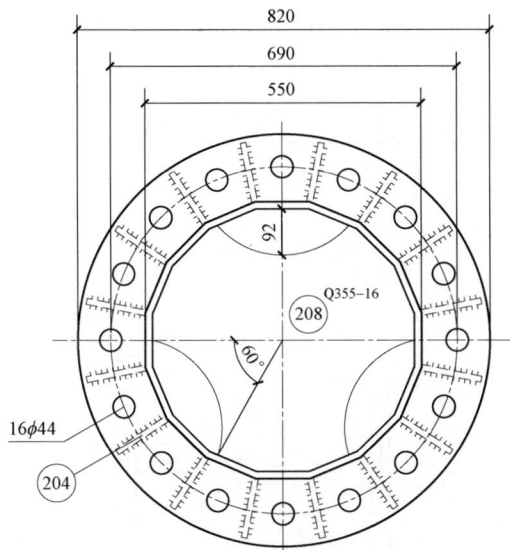

构 件 明 细 表

编号	规格	长度（mm）	数量	质量（kg）		备注
				一件	小计	
201	Q355−16×2068	7968	1	2070.32	2070.3	
202	L75×6	95	4	0.74	3.0	
203	Q355−24×820	820	1	54.15	54.2	
204	Q355−12×125	180	16	1.33	21.3	切角20
205	Q355−30×1160	1160	1	143.49	143.5	
206	Q355−14×195	280	16	3.50	56.0	切角20
207	Q355−8×60	60	2	0.25	0.5	
208	Q355−16×518	518	1	26.46	26.5	
209	Q355−16×718	718	1	50.83	50.8	
合计					2426.1kg	

203 (比例1:15)

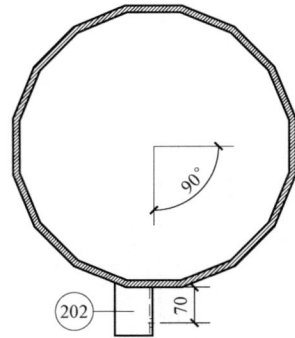

1—1 爬梯固定钢板 (比例1:15)

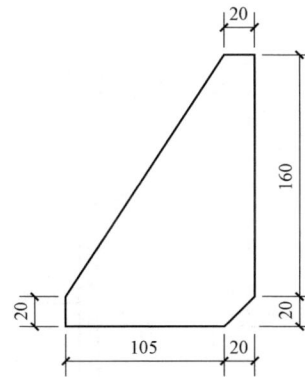

204 (比例1:5)

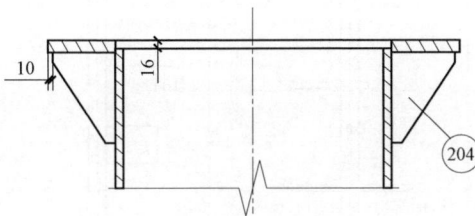

主杆上端法兰断面放大图 (比例1:15)

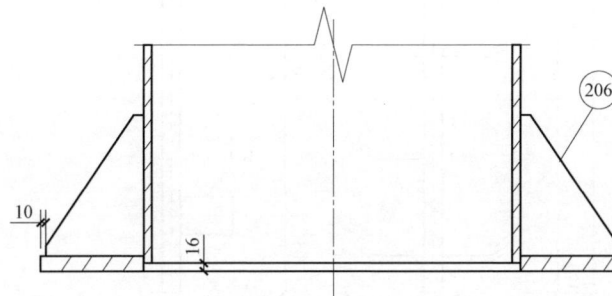

主杆下端法兰断面放大图 (比例1:15)

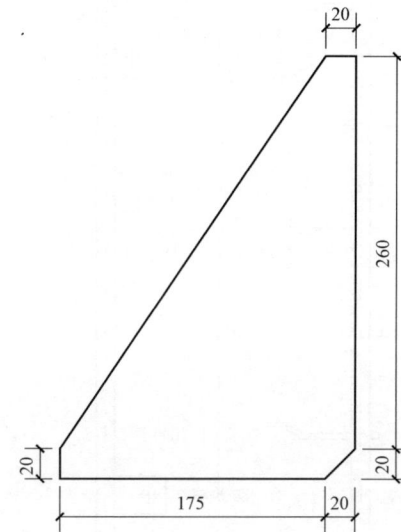

206 (比例1:5)

图 13−45　GN35−16 杆段 2 结构图（2/2）

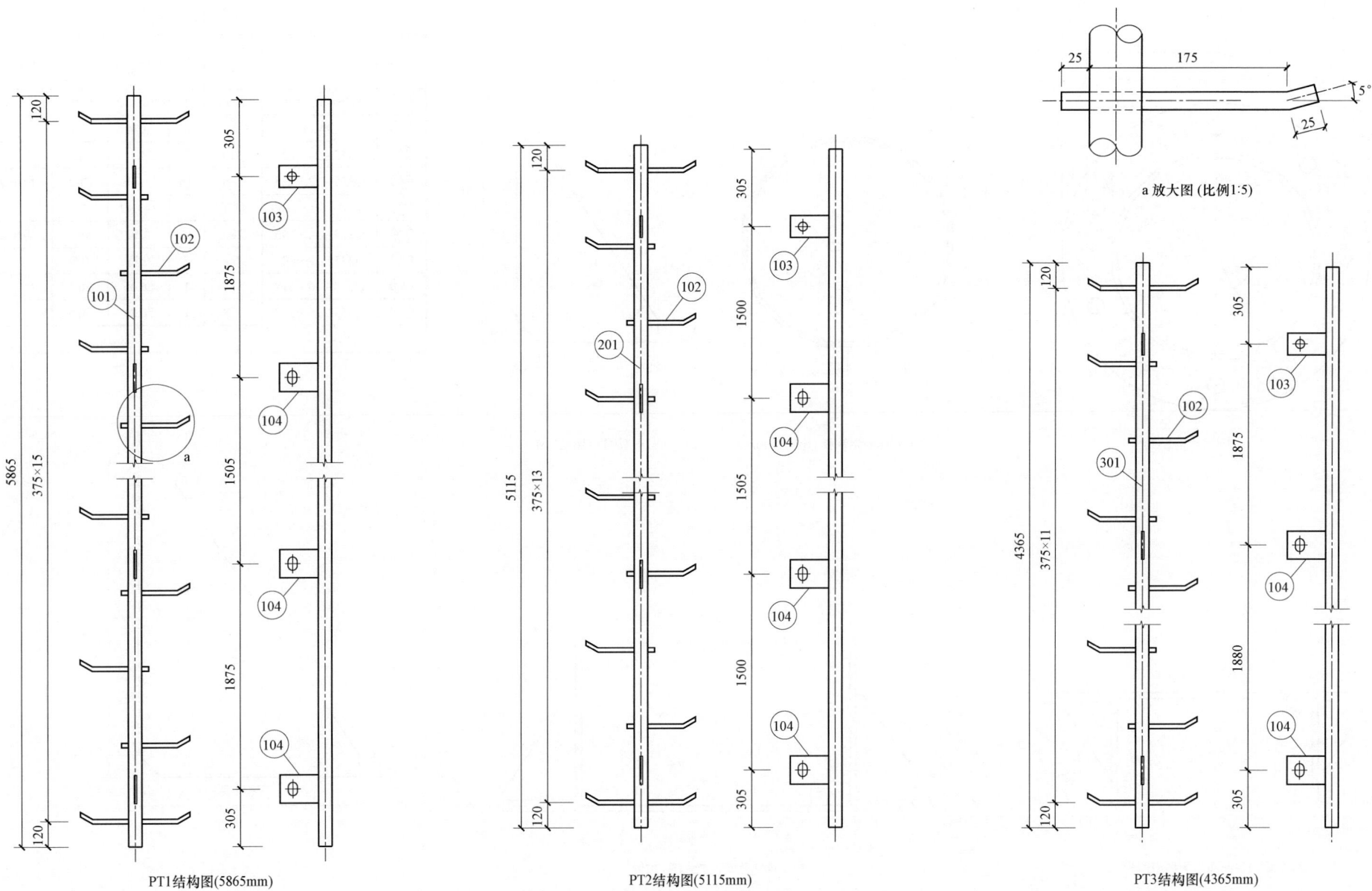

25 175 25 5°

a 放大图 (比例1:5)

PT1结构图(5865mm)

PT2结构图(5115mm)

PT3结构图(4365mm)

图 13－46　耐张钢管杆爬梯结构图（1/2）

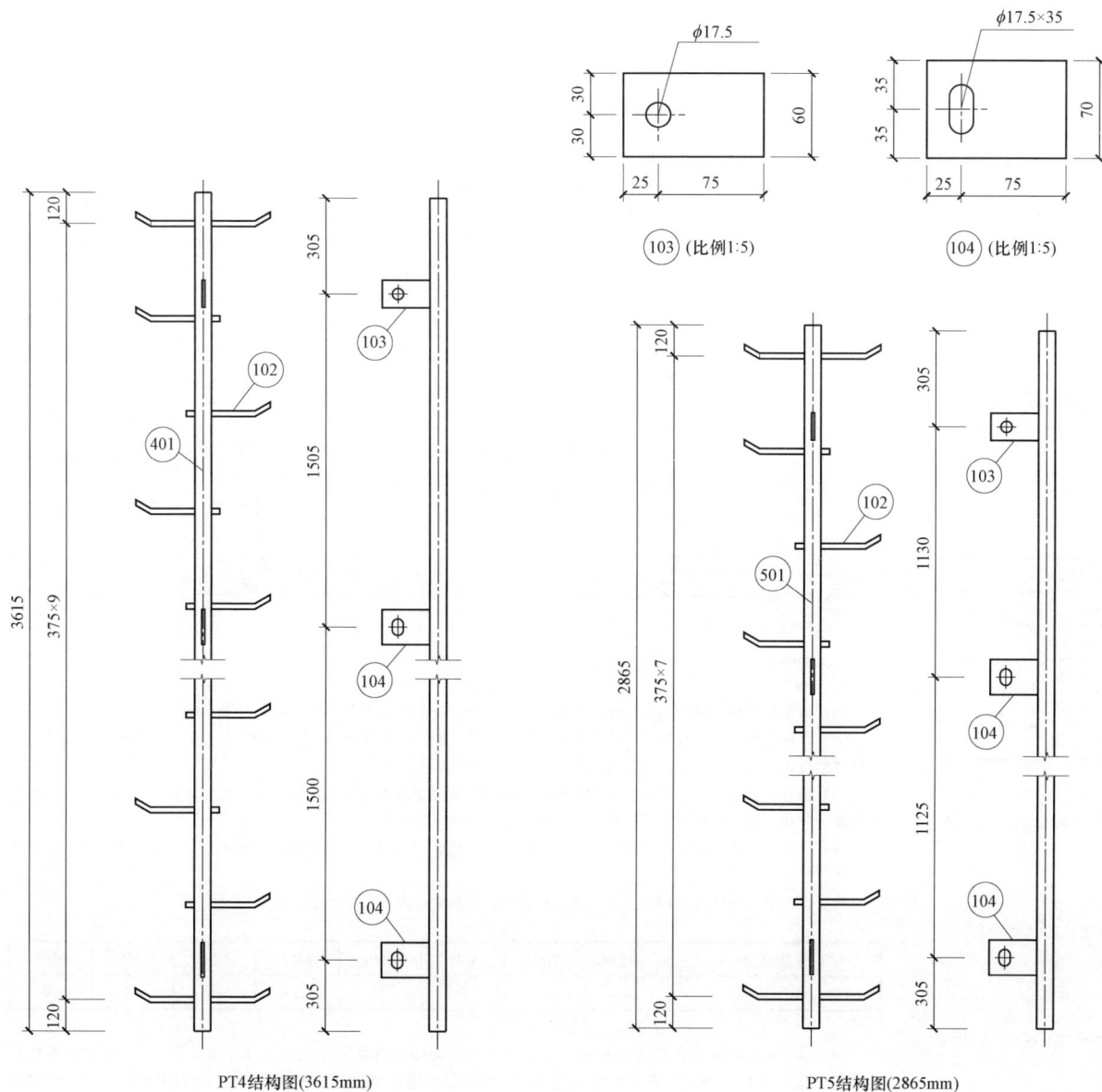

构件明细表

爬梯型式	编号	规格	长度(mm)	数量	质量(kg) 一件	质量(kg) 小计	备注
PT1	⑩1	φ48×8	5865	1	46.28	46.3	
	⑩2	φ16	250	18	0.39	7.0	火曲5°
	⑩3	Q235−8×60	100	1	0.38	0.4	
	⑩4	Q235−8×70	100	3	0.44	1.3	
	⑩5	M16×45	45	4	0.18	0.7	6.8级
	合计					55.7kg	
PT2	②01	φ48×8	5115	1	40.36	40.4	
	⑩2	φ16	250	16	0.39	6.2	火曲5°
	⑩3	Q235−8×60	100	1	0.38	0.4	
	⑩4	Q235−8×70	100	3	0.44	1.3	
	⑩5	M16×45	45	4	0.18	0.7	6.8级
	合计					49.0kg	
PT3	③01	φ48×8	4365	1	34.44	34.4	
	⑩2	φ16	250	14	0.39	5.5	火曲5°
	⑩3	Q235−8×60	100	1	0.38	0.4	
	⑩4	Q235−8×70	100	2	0.44	0.9	
	⑩5	M16×45	45	3	0.18	0.5	6.8级
	合计					41.7kg	
PT4	④01	φ48×8	3615	1	28.52	28.5	
	⑩2	φ16	250	12	0.39	4.7	火曲5°
	⑩3	Q235−8×60	100	1	0.38	0.4	
	⑩4	Q235−8×70	100	2	0.44	0.9	
	⑩5	M16×45	45	3	0.18	0.5	6.8级
	合计					35.0kg	
PT5	⑤01	φ48×8	2865	1	22.61	22.6	
	⑩2	φ16	250	10	0.39	3.9	火曲5°
	⑩3	Q235−8×60	100	1	0.38	0.4	
	⑩4	Q235−8×70	100	2	0.44	0.9	
	⑩5	M16×45	45	3	0.18	0.5	6.8级
	合计					28.3kg	

爬梯配置表

杆高(m)	爬梯型式	质量(kg)	备注
10	PT4×2	70.0	
13	PT2×2	98.0	
16	PT5+PT1+PT3	125.7	

PT4结构图(3615mm)

PT5结构图(2865mm)

图 13−47 耐张钢管杆爬梯结构图（2/2）

钢管杆加工时，除必须遵照现行《钢结构工程施工质量验收标准》（GB 50205—2020）、《输变电钢管结构制造技术条件》（DL/T 646—2012）、《钢结构焊接规范》（GB 50661—2011）、《架空输电线路杆塔结构设计技术规程》（DL/T 5486—2020）规范规定外，另作以下补充说明和要求。

1. 材料

（1）钢管杆所有零部件均为 Q355 钢，钢材质量等级均不低于 B 级。

（2）各部件连接所采用螺栓强度等级（均为镀锌后强度等级），M16、M20 一般为 6.8 级，M24 一般为 8.8 级，法兰连接处大直径螺栓为 6.8 级。螺栓采用双帽时需出扣。

（3）采用的焊条为：采用强度与低等级钢材相适配的焊接材料。严禁使用药皮脱落或焊芯生锈的焊条。

（4）所有螺栓、钢板、焊条等材质均应符合相关技术规定，并有出厂合格证书。

（5）对于大直径的钢管，由钢管生产厂家用卷板机自行加工，且采用自动埋弧焊。加工钢管不得在其焊缝上再施加新焊缝。钢板制弯后其边缘应圆滑过渡，表面不得有损伤、褶皱和凹面，划痕深度不应大于 0.5mm。除图中注明外，必须遵照下列统一要求进行加工和安装。

（6）加工时如需材料代用及改变节点形式等，需与设计单位联系解决，杆塔材料代用时，需注意相关影响，并由加工厂书面通知施工单位，以方便施工安装。

（7）钢管杆全部构件的防腐处理应采用热浸镀锌。当构件较大，采用热浸镀锌有困难时，可采用热喷涂进行防腐处理，但需满足《输变电钢管结构制造技术条件》（DL/T 646—2021）相关技术要求。 根据不同防腐方式采用相应的工艺设计，保证防腐处理符合相关规定。

2. 管段的制作

管段的制作允许偏差 （mm）

序号	项目名称	允许偏差
1	法兰各孔眼中心的圆周直径	±0.5
2	发运管段弯曲矢高	≤L/1500
3	发运管段长度偏差	±2.0
4	法兰盘端面倾斜	≤1
5	椭圆度 f/D	≤3/100

3. 制孔

（1）制孔一般采用冲孔工艺，当 Q355 材质厚度不小于 14mm 构件制孔时，采取先冲孔至小于规定孔径 3mm 的孔，然后再钻孔扩至设计孔径。

（2）法兰盘上螺栓孔全部采用钻孔工艺。

4. 法兰盘制作

（1）法兰盘与钢管的焊接采用胎膜套接焊或类似能防止变形的措施。法兰盘与钢管间的焊接预留间隙取 1mm。为减少变形，法兰盘与钢管、加劲板在焊接过程中应采用预加热及反变形措施。

（2）保证法兰盘在精加工后满足设计厚度。

（3）需保证两法兰盘连接角度的精确，使两端连接后保证平直，两法兰盘之间接触紧密。

（4）加工时必须保证法兰的精度并对法兰连接件进行编号识别，防止互换。平板焊接时严禁上翘，以防止节点积水。

5. 焊接质量分级

（1）一级焊缝：插接杆外套管插接部位纵向焊缝设计长度加 200mm。

（2）二级焊缝：钢管杆钢板的拼接焊缝不低于二级焊缝要求，并对焊缝内部质量施行 100%无损探伤；无劲肋板连接杆体与法兰盘的角焊缝；有劲肋板连接杆体与法兰盘角焊缝外观和杆体与横担连接处的焊缝外观应符合二级质量标准。

（3）三级焊缝：管的纵向对接焊缝及设计图纸无特殊要求的其他焊缝。

6. 焊接要求

（1）构件焊接应执行有关焊接规程、规范的相关规定。未注明者，焊缝（焊脚）高度不得小于连接构件中较薄构件厚度，当被焊接构件厚度不小于 8mm 时，须进行剖口后焊，以确保连接强度。主管上的加劲板一律采用双面坡口焊，两边各一道角焊缝焊透，焊脚高度不小于加劲板厚。

（2）钢管杆横担连接处焊缝，焊脚高度不小于较薄构件厚度的 1.2 倍，且必须 100%焊透，并施行 100%超声波检查或 100%磁粉探伤；杆身或横担的纵向拼接焊缝尽量布置在钢管的中和轴附近。

（3）各焊接构件在焊接过程中必须同时采用预加热措施，在焊接时，必须先清除所焊接部分铁锈或切割毛刺等污物，焊接后要求外观光滑，不得有裂纹，砂眼，不渗透现象。不得在焊接部位起弧和灭弧，所有过程均应参照相关焊接规程要求进行。

（4）钢管与法兰盘焊接的焊缝高度：

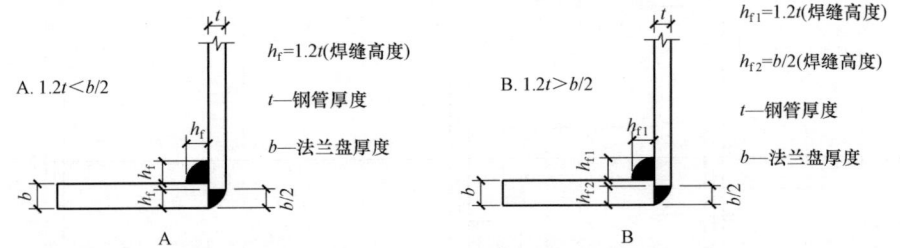

$$A.\ 1.2t < b/2$$

$h_f = 1.2t$（焊缝高度）

t—钢管厚度
b—法兰盘厚度

A

$$B.\ 1.2t > b/2$$

$h_{f1} = 1.2t$（焊缝高度）
$h_{f2} = b/2$（焊缝高度）

t—钢管厚度
b—法兰盘厚度

B

（5）未尽焊接说明按相关焊接规范有关要求执行。

7. 其他

（1）钢管杆主杆及横担采用连续的钢板制作，除杆身法兰外不允许采用环向焊接连接。

（2）本系列钢管杆，杆径尺寸均为外边对外边尺寸，加工时均要按 1:1 放大样核对尺寸， 核对相互是否碰撞；各种塔型要求先加工一基，经试验组装验收合格后，方能成批生产。

（3）钢管杆整体开始组装前，必须先核对现场基础预埋地脚螺栓个数及地脚螺栓分布直径与基础配置表中相应参数是否一致，同时核实杆体横担方向，核对无误后方可组塔施工。

（4）杆身法兰连接处，加劲肋与法兰板及钢管交汇处切除直角边 10～30mm，横担连接 U 形板火曲时应采取有效的预热措施，避免出现裂纹。

钢管杆法兰连接螺栓均按双帽加一垫进行设计，螺栓垫片厚度不应小于下表所列尺寸。

螺栓规格	M30	M36	M42	M48	M52	M56	M60	M64
垫片厚度（mm）	4	5	8	8	8	10	10	10

（5）本套加工图杆身横担连接板间距均按 2000m 及以下海拔地区使用要求进行布置，并仅给出最大荷载杆头布置方式的杆身横担连接板加工图，如用于其他布置方式及 2000～4000m 海拔时，应根据 12.1.5（5）要求做相应调整。

图 13-48 耐张钢管杆加工说明

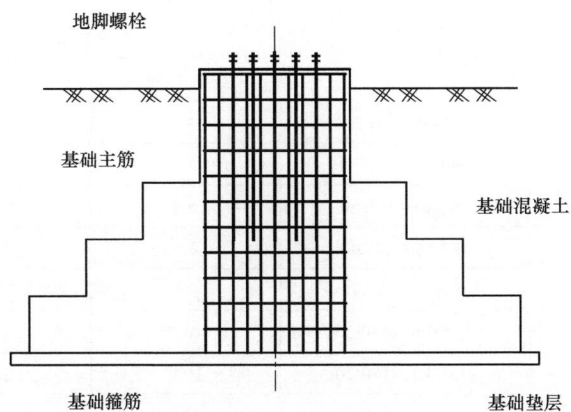

（a）台阶式基础

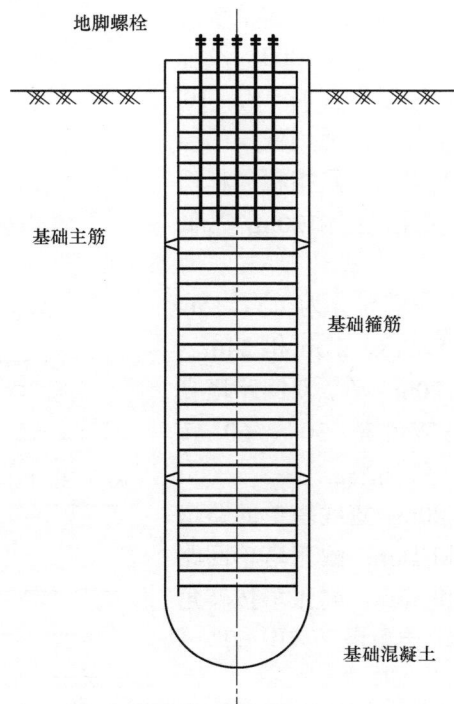

（b）灌注桩基础

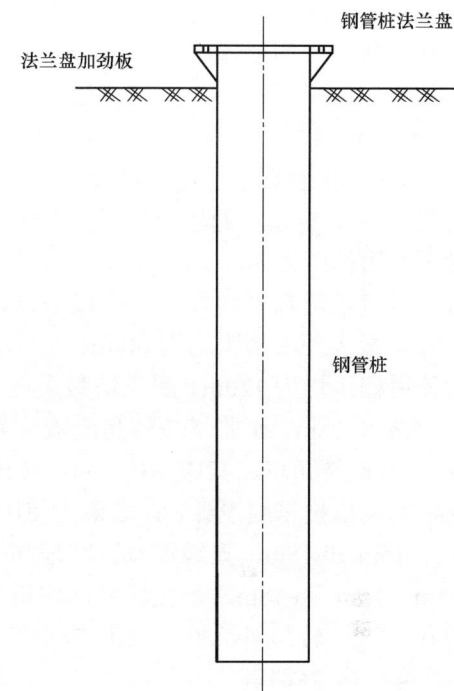

（c）钢管桩基础

图 13-49　耐张钢管杆基础型式示意图

第 14 章　10kV　窄　基　塔

14.1　设计说明

14.1.1　概述

窄基塔主要适用的范围为城市绿化带、丘陵及运输不便等地区。本章按照是否考虑同塔架设一回低压线设计了两个系列的窄基塔用于海拔 5000m 及以下，每个系列窄基塔均按单回、双回路设计。适用 10kV 导线型号有 JKLYJ-10/240 及以下铝芯绝缘导线、JL/G1A-240/30 及以下钢芯铝绞线。适用低压的导线有 JKLYJ-1/240 及以下铝芯绝缘导线。杆塔的最大使用档距是指相邻杆塔的最大间距，10kV 窄基塔通用设计不带低压时的最大使用档距为 120m，带低压时的最大使用档距为 80m。

不带低压窄基塔按平腿设计。直线塔单、双回路Ⅰ型塔高分为 13、15m 和 18m，杆塔最大使用档距均为 80m；Ⅱ型塔高分为 15、18、21m 和 24m，杆塔最大使用档距均为 120m。耐张塔最大使用档距为 120m，单、双回路塔高分为 13、15m 和 18m。耐张塔按转角度数分为 0°～30°转角塔、30°～60°转角塔、60°～90°转角塔，其中 60°～90°转角塔兼做 0°终端塔。

带低压窄基塔按平腿设计，杆塔最大使用档距均为 80m。直线塔单回路塔高分为 13、15m 和 18m，直线塔双回路塔高分为 15m 和 18m；耐张塔单回路塔高为 13m、15m 和 18m，耐张塔双回路塔高为 15m 和 18m。耐张塔按转角度数分为 0°～30°转角塔、30°～60°转角塔、60°～90°转角塔，其中 60°～90°转角塔兼做 0°终端塔。

14.1.2　杆塔设计条件

1. 气象条件

适用于 10kV 窄基塔的气象区为 XZ-A、XZ-B 两个气象区，气象条件见表 4-2；对于超出表 4-2 范围的气象情况，设计时需对特定气象条件进行相关的计算，并对 10kV 窄基塔各相关内容进行校核，调整后方可使用。

2. 导线截面选取、适用档距及安全系数

（1）适用于窄基塔的 10kV 导线截面有 70、120、150mm² 及 240mm²，适用于窄基塔的低压导线截面有 70、120、150mm² 及 240mm²。

（2）10kV 窄基塔导线型号、适用档距及安全系数见表 14-1。

（3）直线塔导线允许最大直线转角见表 14-2。

（4）同塔架设的 220/380V 导线型号、适用档距及安全系数见表 14-3。

表 14-1　　10kV 窄基塔导线型号、适用档距及安全系数

导线分类	适用档距（m）	导线型号	安全系数	
			XZ-A 气象区	XZ-B 气象区
10kV 铝芯绝缘导线	L≤80	JKLYJ-10/70	4.0	3.5
		JKLYJ-10/120	5.5	5.0
		JKLYJ-10/150	6.0	5.0
		JKLYJ-10/240	6.5	5.0
		JL/G1A-70/10	8.5	7.0
10kV 钢芯铝绞线	L≤120	JL/G1A-120/20	10.0	8.5
		JL/G1A-150/20	10.0	8.0
		JL/G1A-240/30	12.0	10.0

表 14-2　　直线塔导线允许最大直线转角

导线截面（mm²）	气象区	
	XZ-A	XZ-B
70	10°	6°
120	6°	3°
150	5°	2°
240	3°	0°

表 14-3　　同塔架设的 220/380V 导线型号、适用档距及安全系数

导线分类	适用档距（m）	导线型号	安全系数	
			XZ-A 气象区	XZ-B 气象区
220/380V 铝芯绝缘导线	L≤80	JKLYJ-1/70	4.0	4.0
		JKLYJ-1/120	5.0	5.0
		JKLYJ-1/150	5.0	5.0
		JKLYJ-1/240	5.0	5.0

续表

导线分类	适用档距（m）	导线型号	安全系数	
			XZ-A 气象区	XZ-B 气象区
220/380V 钢芯铝绞线	L≤80	JL/G1A-70/10	7.0	7.0
		JL/G1A-120/20	8.5	8.5
		JL/G1A-150/20	8.0	8.0
		JL/G1A-240/30	8.5	8.5

3. 导线参数

适用于窄基塔的 10kV 导线参数详见第 4 章。

4. 导线应力弧垂表

（1）适用于窄基塔的导线应力弧垂表在第 5 章中查取。

（2）导线架线弧垂查找方法及导线初伸长补偿的原则详见第 5 章。

5. 窄基塔使用条件

（1）当海拔在 4000m 及以下时，窄基塔最大使用档距不超过 100m；当海拔在 4000～5000m 时，窄基塔最大使用档距不超过 80m。

（2）10kV 铝芯绝缘导线不带低压窄基塔使用条件见表 14-4。

表 14-4　　　　10kV 铝芯绝缘导线不带低压窄基塔使用条件

导线型号	回路	窄基塔代号	气象区	水平档距（m）	垂直档距（m）	转角度数	是否同塔架设低压线
JKLYJ-10/240 及以下铝芯绝缘导线	单回	ZJT-Z1	XZ-A、XZ-B	≤80	≤100	0°*	否
		ZJT-J1	XZ-A、XZ-B	≤80	≤100	0°～30°	否
		ZJT-J2	XZ-A、XZ-B	≤80	≤100	30°～60°	否
		ZJT-J3	XZ-A、XZ-B	≤80	≤100	60°～90°兼 0°终端	否
	双回	ZJT-SZ1	XZ-A、XZ-B	≤80	≤100	0°*	否
		ZJT-SJ1	XZ-A、XZ-B	≤80	≤100	0°～30°	否
		ZJT-SJ2	XZ-A、XZ-B	≤80	≤100	30°～60°	否
		ZJT-SJ3	XZ-A、XZ-B	≤80	≤100	60°～90°兼 0°终端	否

* 如直线塔需要考虑直线转角的使用情况，其直线转角根据表 14-2 要求确定。

（3）10kV 钢芯铝绞线和铝包钢芯铝绞线不带低压窄基塔使用条件见表 14-5。

表 14-5　　　　10kV 钢芯铝绞线和铝包钢芯铝绞线不带低压窄基塔使用条件

导线型号	回路	窄基塔代号	气象区	水平档距（m）	垂直档距（m）	转角度数	是否同塔架设低压线
JL/G1A-240/30 及以下钢芯铝绞线	单回	ZJT-Z1	XZ-A、XZ-B	≤80	≤100	0°*	否
		ZJT-Z2	XZ-A、XZ-B	≤120	≤150	0°*	否
		ZJT-J1	XZ-A、XZ-B	≤120	≤150	0°～30°	否
		ZJT-J2	XZ-A、XZ-B	≤120	≤150	30°～60°	否
		ZJT-J3	XZ-A、XZ-B	≤120	≤150	60°～90°兼 0°终端	否
	双回	ZJT-SZ1	XZ-A、XZ-B	≤80	≤100	0°*	否
		ZJT-SZ2	XZ-A、XZ-B	≤120	≤150	0°*	否
		ZJT-SJ1	XZ-A、XZ-B	≤120	≤150	0°～30°	否
		ZJT-SJ2	XZ-A、XZ-B	≤120	≤150	30°～60°	否
		ZJT-SJ3	XZ-A、XZ-B	≤120	≤150	60°～90°兼 0°终端	否

* 如直线塔需要考虑直线转角的使用情况，其直线转角根据表 14-2 要求确定。

（4）带低压窄基塔使用条件见表 14-6。

表 14-6　　　　带低压窄基塔使用条件

回路	窄基塔代号	气象区	水平档距（m）	垂直档距（m）	转角度数	是否同塔架设低压线
单回	ZJT-Z-D	XZ-A、XZ-B	≤80	≤100	0°*	是
	ZJT-J1-D	XZ-A、XZ-B	≤80	≤100	0°～30°	是
	ZJT-J2-D	XZ-A、XZ-B	≤80	≤100	30°～60°	是
	ZJT-J3-D	XZ-A、XZ-B	≤80	≤100	60°～90°兼 0°终端	是
双回	ZJT-SZ-D	XZ-A、XZ-B	≤80	≤100	0°*	是
	ZJT-SJ1-D	XZ-A、XZ-B	≤80	≤100	0°～30°	是
	ZJT-SJ2-D	XZ-A、XZ-B	≤80	≤100	30°～60°	是
	ZJT-SJ3-D	XZ-A、XZ-B	≤80	≤100	60°～90°兼 0°终端	是

* 如直线塔需要考虑直线转角的使用情况，其 10kV 直线转角根据表 14-2 要求确定。

6. 窄基塔代号

窄基塔代号示意图见图 14-1。

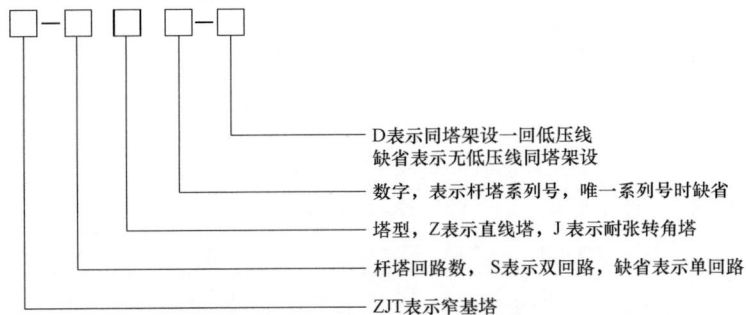

图 14-1　窄基塔代号示意图

例如：ZJT-SJ3-D 表示 10kV 双回耐张转角 III 型窄基塔，同塔架设低压线。

14.1.3　金具及绝缘子选用

（1）10kV 金具选用要求见第 16 章。

（2）10kV 绝缘子选用要求见第 16 章。

（3）直线塔宜采用线路柱式瓷绝缘子，柱式复合绝缘子可根据地区运行经验选用，不考虑采用悬垂绝缘子串。

（4）10kV 耐张窄基塔导线应选用单联耐张绝缘子串。

（5）10kV 耐张窄基塔导线选用的跳线绝缘子型号见第 16 章。

（6）窄基塔所在海拔和环境污秽等级对绝缘子选型影响较大，应严格根据第 16 章的相关内容进行绝缘子选型。

（7）用于窄基塔的铝芯绝缘导线防雷措施见第 17 章。

（8）本次塔头电气间隙参考杆头的布置，并对相间距离、带电部分对杆塔等接地部分的安全距离进行了计算，10kV 导线线间距离计算主要依据 GB 50061—2010《66kV 及以下架空电力线路设计规范》中的规定。

（9）根据《66kV 及以下架空电力线路设计规范》（GB 50061—2010）的要求，当架空电力线路发生重要交叉跨越时，直线塔应按导线双固定方式。当直线塔带有转角度数时，直线塔也应按导线双固定方式。

14.1.4　设计原则

1. 规划原则

（1）窄基塔用于海拔 5000m 及以下，按直线塔、耐张塔 0°～30°、耐张塔 30°～60°、耐张塔 60°～90°（兼 0° 终端）四种塔型规划考虑。

（2）窄基塔设计时塔头尺寸同时满足 3 个气象条件的要求，单回路杆塔按

三角形排列布置，双回路按垂直排列布置，同塔架设 220/380V 采用水平排列布置。

（3）直线塔采用的 10kV 绝缘子型式有柱式瓷绝缘子、柱式复合绝缘子，不考虑采用悬垂绝缘子串。

（4）不考虑设置架空地线。

（5）所有双回路塔均考虑分期架设工况。

（6）安装工况：考虑导线的初伸长、过牵引和冲击系数；考虑附加荷重；紧线牵引绳对地夹角按 20° 考虑；临时拉线对地夹角不大于 45°，其方向与导线方向一致，临时拉线按平衡导线张力的 30% 考虑。

（7）在荷载的长期效应组合作用下，塔的计算挠曲度均不超过下列数值：直线型自立式杆塔为 $3h/1000$，转角及终端型自立式杆塔为 $7h/1000$。h 为自地面起至计算点处的高度，计算时，还考虑了由塔顶挠度引起的荷载二次效应。

（8）塔身与基础连接处采用地脚螺栓塔脚板式，地脚螺栓匹配的性能等级为 5.6 级。

（9）螺栓防盗与防松：全塔 10m 以下所有螺栓与所有脚钉均采取防盗措施；全塔所有螺栓防松（若防盗螺栓具有防松功能，则防盗螺栓不再另外进行防松措施），脚钉从离地面 1.5m 高起设置。

（10）接地孔：高度距塔脚板高度为 500～1000mm，四腿同时设置位置以 D 腿右侧面为基准，旋转布置。

2. 荷载计算

（1）10kV 窄基塔设计所有杆塔重要性系数均按 1.0 取值。

（2）设计风速离地高度取 10m，设计时均按 B 类地面粗糙度选取，实际工程使用时，如超出限定范围，必须根据相关资料对窄基塔的电气及结构进行严格的校验，调整后方可使用。

（3）荷载计算时，水平荷载考虑风压高度变化系数，线条安装张力考虑初伸长、过牵引及施工误差的影响。

（4）杆塔构件覆冰后，风荷载增大系数按规范要求取值，5mm 冰取 1.1，10mm 冰取 1.2。

（5）安装工况动力系数：直线塔取 1.1，转角塔取 1.2，过牵引系数 1.15。

（6）前后点荷载分配系数：直线塔、耐张塔水平荷载前后侧按 3:7 分配；垂直荷载前后侧按 3:7 分配；终端塔前后侧按 1:9 分配。

（7）统一按挂点实际高度计算导线风压高度系数；按照窄基塔的不同部位分别推荐塔头（变坡以上）和塔身（变坡以下）的风振系数取值，见表 14-7。

表 14-7　窄基塔塔头风振系数 β_z

上横担及以上塔身	2.50
中横担及以上塔身	2.30
下横担及以上塔身	2.00
下横担以下	2.00

（8）对基础，常规杆塔当全高不超过 50m 时，风荷载调整系数 β_z 取 1.0。

（9）对于 240mm^2 截面导线，直线塔的断线张力取最大使用张力的 50%，耐张塔的断线张力取最大使用张力的 70%。

（10）直线塔工况组合。

1）大风情况：最大风速、无冰、未断线（最大垂直荷载、最小垂直荷载分别与最大水平荷载组合），包括 0°风、45°风、60°风、90°风。

2）覆冰情况：相应风速及气温、未断线。

3）最低气温：无冰、无风、未断线。

4）断线情况：无冰，无风，直线杆塔不带低压断任意一相导线，直线杆塔带低压断任意两相导线。

5）安装情况：双倍起吊任何一相导线，相应风速，无冰（安装工况考虑分层安装、单侧先全部高压后低压、单侧高压和低压组合三种情况）。

6）不均匀覆冰情况：所有直线杆塔均考虑不均匀覆冰工况，使杆塔承受最大弯矩和最大扭矩。

7）分期架设情况：所有双回直线杆塔均需考虑分期架设工况。

（11）耐张塔工况组合。

1）大风情况：最大风速、无冰、未断线，包括 45°、60°、90°风（终端塔包括 0°风）。

2）覆冰情况：相应风速及气温、未断线。

3）最低气温：无冰、无风、未断线。

4）断线情况：无冰，无风，耐张塔不带低压断任意两相导线，耐张塔单

回路带低压断任意两相导线，耐张塔双回路带低压断任意三相导线；终端塔考虑在同一档内剩两根导线。

5）不均匀覆冰情况：所有耐张塔均考虑不均匀覆冰工况，使杆塔承受最大弯矩和最大扭矩。

6）安装情况：导线考虑锚线及紧线条件（安装工况考虑分层安装、单侧先全部高压后低压、单侧高压和低压组合三种情况）。

7）终端塔同时考虑一侧导线已架与未架两种情况。

分期架设情况：所有双回路耐张塔考虑分期架设工况。

3. 结构设计优化

塔身的坡度和布材对杆塔质量的影响至关重要，它直接影响主材、斜材的规格以及基础的经济指标。合理的塔身坡度应使塔材应力分布的变化与材料规格的变化相协调，使塔材受力均匀。

在保证杆塔有足够的强度和刚度的条件下，10kV 窄基塔通用设计遵循以下两个原则：① 根开尽量小；② 杆塔结构杆件布置及构造尽量简单。由于 10kV 杆塔受力较小，且考虑结构处理的简便性，直线塔主要采用单斜材、主材平行轴的布置形式，转角塔斜材采用交叉布置，主材采用最小轴布置，力求做到构造简单、受力合理、指标优化。

14.1.5　基础选用

（1）本章杆塔基础仅列出台阶式、灌注桩两种常用基础型式，供设计参考。

台阶式基础由主柱和多层台阶组成，基础主柱配置钢筋，台阶宽高比在满足刚性角要求的基础上，底板一般不配筋，必要时可采用基础垫层。

基础施工时混凝土必须一次浇筑完成，回填土应分层夯实。

灌注桩基础是一种深基础型式，灌注桩多采用机械钻孔方式，利用钻机钻出桩孔，成孔后在孔内放置钢筋笼，固定好地脚螺栓后浇注混凝土。

（2）设计时应根据各杆塔单线图及技术参数表中的基础作用力，结合当地地质条件、地形条件及各地区使用情况选用合理的基础型式，基础型式详见图 14-20，对于特殊地质条件须进行相应的加固措施。

14.1.6　单线图及技术参数表

窄基塔单线图、基础型式及技术参数表清单见表 14-8。

表 14−8　　**窄基塔单线图、基础型式及技术参数表清单**　　　　　　　　　　续表

图序	图名	备注	图序	图名	备注
图 14−2	ZJT−Z1 单线图及技术参数表		图 14−12	ZJT−Z−D 单线图及技术参数表	
图 14−3	ZJT−Z2 单线图及技术参数表		图 14−13	ZJT−J1−D 单线图及技术参数表	
图 14−4	ZJT−J1 单线图及技术参数表		图 14−14	ZJT−J2−D 单线图及技术参数表	
图 14−5	ZJT−J2 单线图及技术参数表		图 14−15	ZJT−J3−D 单线图及技术参数表	
图 14−6	ZJT−J3 单线图及技术参数表		图 14−16	ZJT−SZ−D 单线图及技术参数表	
图 14−7	ZJT−SZ1 单线图及技术参数表		图 14−17	ZJT−SJ1−D 单线图及技术参数表	
图 14−8	ZJT−SZ2 单线图及技术参数表		图 14−18	ZJT−SJ2−D 单线图及技术参数表	
图 14−9	ZJT−SJ1 单线图及技术参数表		图 14−19	ZJT−SJ3−D 单线图及技术参数表	
图 14−10	ZJT−SJ2 单线图及技术参数表		图 14−20	窄基塔基础型式示意图	
图 14−11	ZJT−SJ3 单线图及技术参数表				

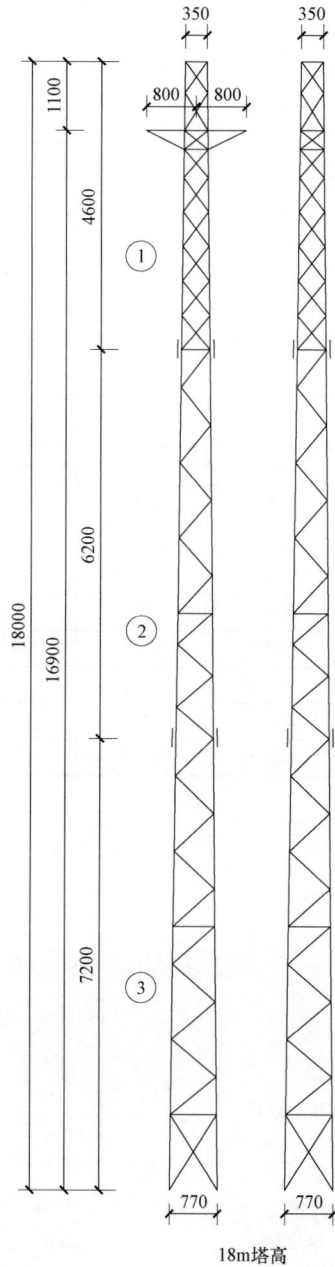

窄基塔 ZJT-Z1 技术参数表

塔高		下压			上拔			地脚螺栓（5.6 级）	质量（kg）
		N（kN）	F_x（kN）	F_y（kN）	T（kN）	F_x（kN）	F_y（kN）		
13m	标准值	−94.35	5.83	10.67	89.66	5.11	10.24	4M24	898.9
	设计值	−127.37	7.87	14.4	121.04	6.90	13.82		
15m	标准值	−107.49	7.41	12.70	102.23	6.57	12.16	4M24	988.7
	设计值	−145.11	10.00	17.14	138.01	8.87	16.42		
18m	标准值	−129.61	8.65	16.07	123.36	7.78	15.35	4M24	1251.5
	设计值	−174.97	11.68	21.7	166.53	10.5	20.72		

整体基础弯矩表

塔高		M_x（kN·m）	M_y（kN·m）	N（kN）	F_x（kN）	F_y（kN）
13m	标准值	121.45	24.14	11.25	17.50	20.90
	设计值	162.96	32.59	15.19	23.63	28.22
15m	标准值	148.06	29.61	12.62	22.36	24.86
	设计值	199.88	39.98	17.04	30.19	33.56
18m	标准值	194.78	38.96	15.01	26.29	31.42
	设计值	262.96	52.59	20.26	35.49	42.42

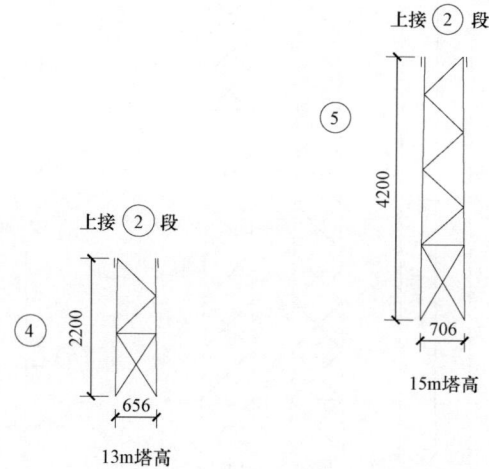

图 14-2 ZJT-Z1 单线图及技术参数表

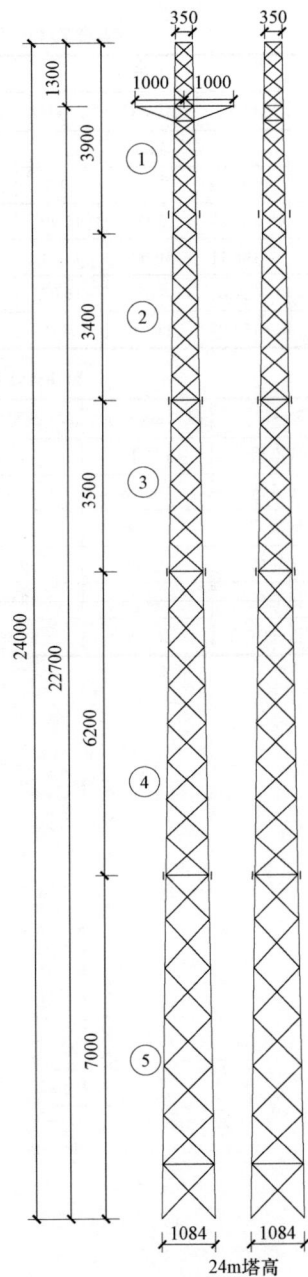

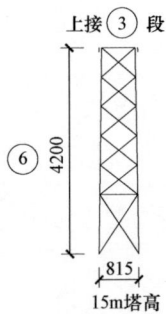

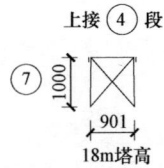

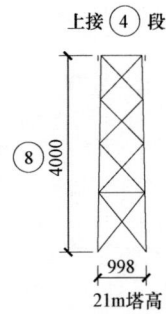

窄基塔 ZJT-Z2 技术参数表

塔高		下压			上拔			地脚螺栓 （5.6级）	质量 （kg）
		N（kN）	F_x（kN）	F_y（kN）	T（kN）	F_x（kN）	F_y（kN）		
15m	标准值	-93.91	6.36	12.47	88.14	5.66	11.73	4M30	1359.6
	设计值	-126.78	8.58	16.83	118.99	7.64	15.83		
18m	标准值	-113.64	6.59	11.20	106.79	5.91	10.49	4M30	1686.0
	设计值	-153.42	8.89	15.12	144.17	7.98	14.16		
21m	标准值	-134.55	7.48	10.62	126.44	6.76	9.98	4M30	1981.0
	设计值	-181.64	10.10	14.34	170.69	9.12	13.47		
24m	标准值	-156.56	9.13	12.03	147.30	8.27	11.41	4M30	2297.8
	设计值	-211.36	12.33	16.24	198.85	11.17	15.41		

整体基础弯矩表

塔高		M_x（kN·m）	M_y（kN·m）	N（kN）	F_x（kN）	F_y（kN）
15m	标准值	147.3	29.5	13.8	19.2	24.2
	设计值	198.8	39.8	18.7	26.0	32.7
18m	标准值	198.6	39.7	16.4	20.0	21.7
	设计值	268.1	53.6	22.2	27.0	29.3
21m	标准值	258.9	51.8	19.5	22.8	20.6
	设计值	349.5	69.9	26.3	30.8	27.8
24m	标准值	329.4	65.9	22.2	27.8	23.4
	设计值	444.7	88.9	30.0	37.6	31.6

图 14-3 ZJT-Z2 单线图及技术参数表

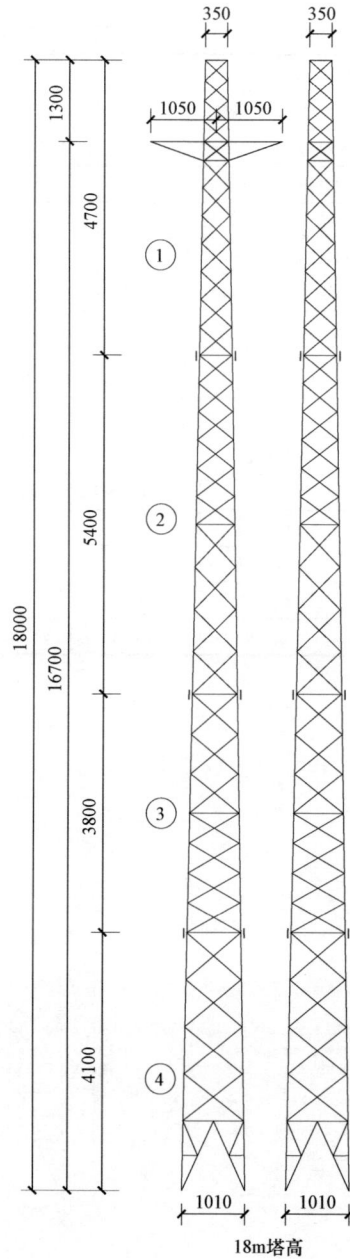

窄基塔 ZJT-J1 技术参数表

塔高		下压			上拔			地脚螺栓 (5.6 级)	质量 (kg)
		N (kN)	F_x (kN)	F_y (kN)	T (kN)	F_x (kN)	F_y (kN)		
13m	标准值	−108.02	4.08	2.95	101.46	3.79	2.82	4M30	1383.2
	设计值	−145.82	5.51	3.97	136.96	5.11	3.80		
15m	标准值	−121.60	4.35	3.26	114.00	4.09	3.18	4M30	1581.6
	设计值	−164.16	5.87	4.39	153.89	5.52	4.28		
18m	标准值	−141.26	4.78	3.77	132.05	4.50	2.40	4M30	1955.6
	设计值	−190.70	6.44	5.08	178.26	6.07	3.23		

整体基础弯矩表

塔高		M_x (kN·m)	M_y (kN·m)	N (kN)	F_x (kN)	F_y (kN)
13m	标准值	173.23	34.64	15.75	12.56	5.76
	设计值	233.86	46.77	21.26	16.99	7.77
15m	标准值	212.04	42.41	18.26	13.50	6.43
	设计值	286.25	57.25	24.65	18.22	8.67
18m	标准值	276.04	55.21	22.12	14.83	6.16
	设计值	372.65	74.53	29.86	20.02	8.31

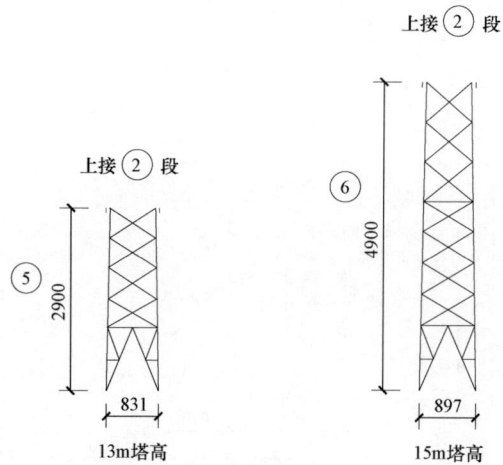

图 14-4　ZJT-J1 单线图及技术参数表

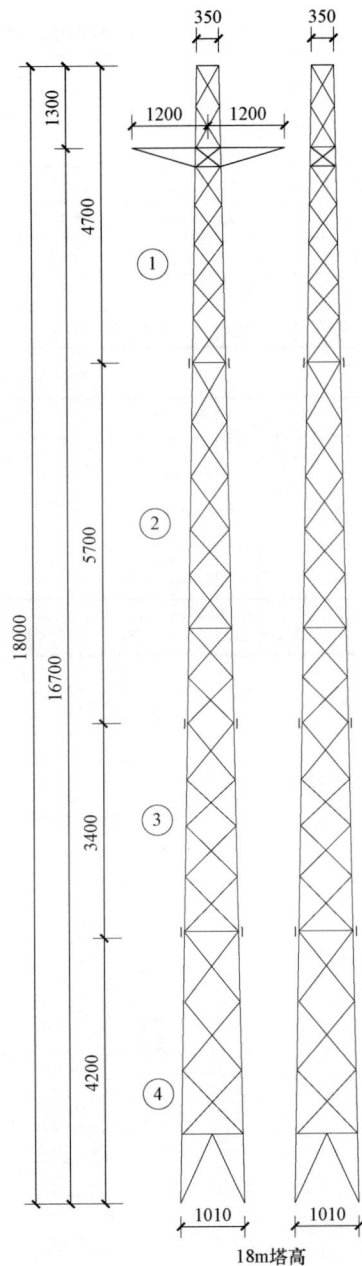

窄基塔 ZJT-J2 技术参数表

塔高		下压			上拔			地脚螺栓 （5.6 级）	质量 （kg）
		N（kN）	F_x（kN）	F_y（kN）	T（kN）	F_x（kN）	F_y（kN）		
13m	标准值	−239.62	9.27	4.22	233.06	8.85	4.41	4M36	1462.7
	设计值	−323.48	12.52	5.70	314.63	11.94	5.95		
15m	标准值	−262.53	9.71	4.65	254.85	9.28	4.79	4M36	1631.8
	设计值	−354.41	13.10	6.28	344.05	12.53	6.47		
18m	标准值	−294.53	10.42	5.25	285.12	9.99	5.33	4M36	2097.3
	设计值	−397.62	14.07	7.09	384.91	13.49	7.20		

整体基础弯矩表

塔高		M_x（kN·m）	M_y（kN·m）	N（kN）	F_x（kN）	F_y（kN）
13m	标准值	418.79	83.76	15.72	28.98	8.63
	设计值	565.37	113.07	21.24	39.14	11.65
15m	标准值	495.13	99.03	18.43	30.37	9.44
	设计值	668.43	133.69	24.86	41.01	12.75
18m	标准值	620.23	124.05	22.58	32.66	10.58
	设计值	837.31	17.46	30.50	44.10	14.29

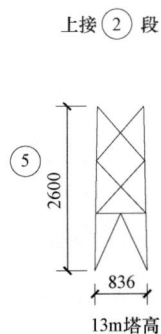

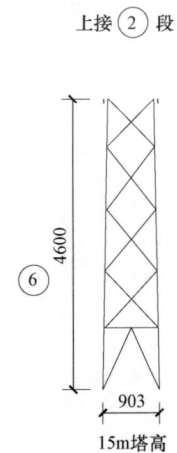

图 14-5　ZJT-J2 单线图及技术参数表

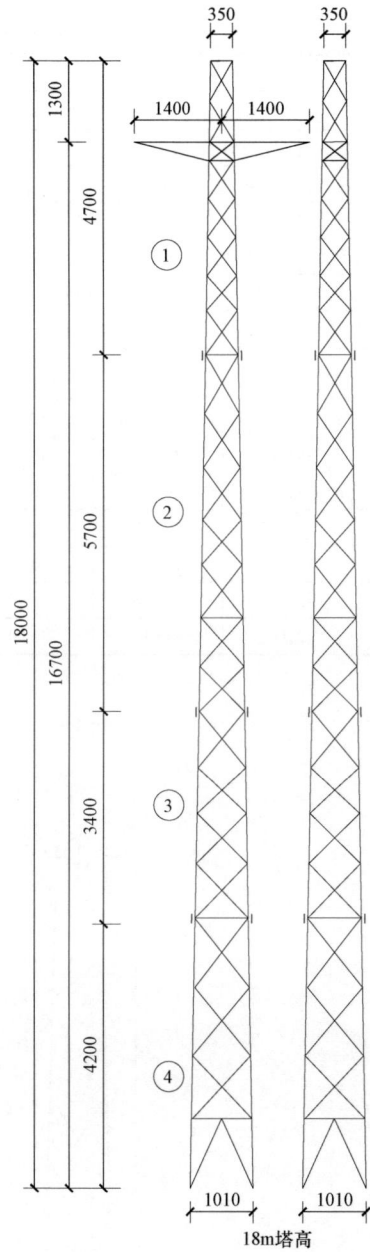

窄基塔 ZJT−J3 技术参数表

塔高		下压			上拔			地脚螺栓 (5.6级)	质量 (kg)
		N (kN)	F_x (kN)	F_y (kN)	T (kN)	F_x (kN)	F_y (kN)		
13m	标准值	−316.19	13.06	4.87	308.44	12.92	4.73	4M42	1828.0
	设计值	−426.86	17.63	6.57	416.39	17.44	6.38		
15m	标准值	−346.54	13.57	5.50	337.59	13.41	5.33	4M42	2042.6
	设计值	−467.83	18.32	7.42	455.74	18.10	7.20		
18m	标准值	−388.62	14.42	6.36	377.91	14.22	6.16	4M42	2469.2
	设计值	−524.64	19.46	8.59	510.18	19.20	8.32		

整体基础弯矩表

塔高		M_x (kN·m)	M_y (kN·m)	N (kN)	F_x (kN)	F_y (kN)
13m	标准值	547.2	109.4	18.6	41.6	9.6
	设计值	738.7	147.7	25.1	56.1	13.0
15m	标准值	652.0	130.4	21.5	43.2	10.8
	设计值	880.2	176.0	29.0	58.3	14.6
18m	标准值	820.2	164.1	25.7	45.9	12.5
	设计值	1107.3	221.5	34.7	61.9	16.9

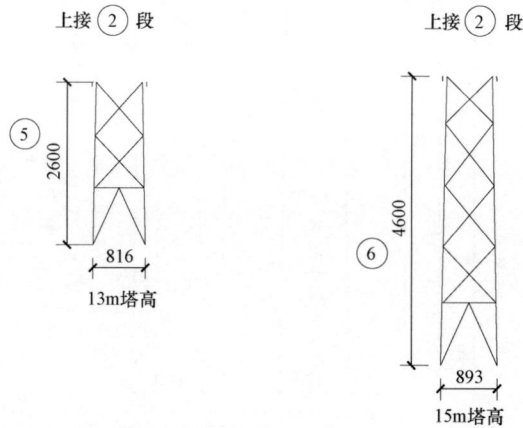

图 14−6　ZJT−J3 单线图及技术参数表

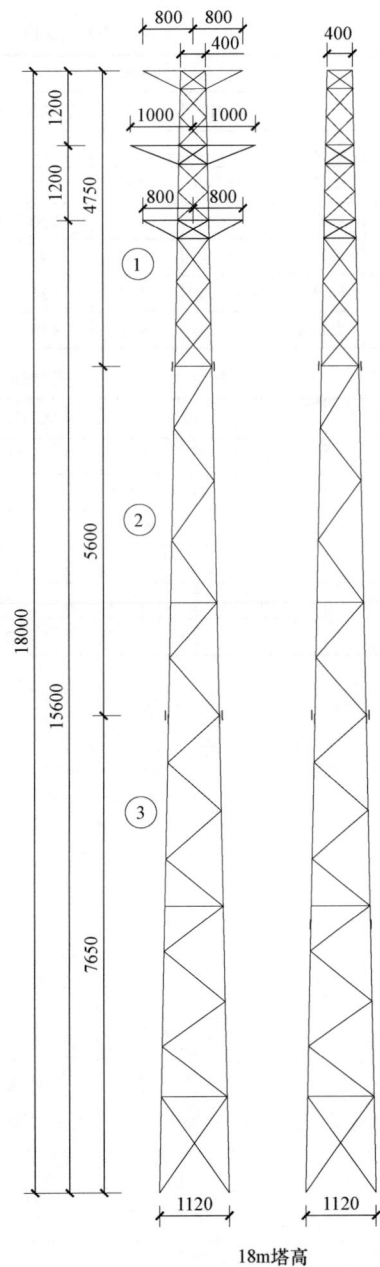

窄基塔 ZJT-SZ1 技术参数表

塔高		下压			上拔			地脚螺栓 （5.6级）	质量 （kg）
		N（kN）	F_x（kN）	F_y（kN）	T（kN）	F_x（kN）	F_y（kN）		
13m	标准值	-121.94	6.53	11.96	113.81	5.76	11.31	4M30	1284.4
	设计值	-164.62	8.80	16.14	153.64	7.78	15.27		
15m	标准值	-133.91	8.07	18.01	125.58	7.10	17.03	4M30	1467.1
	设计值	-180.78	10.89	24.32	169.53	9.58	22.99		
18m	标准值	-152.20	10.37	18.13	142.23	9.07	17.14	4M30	1752.3
	设计值	-205.47	14.00	24.47	192.01	12.24	23.14		

整体基础弯矩表

塔高		M_x（kN·m）	M_y（kN·m）	N（kN）	F_x（kN）	F_y（kN）
13m	标准值	217.36	43.47	19.52	16.65	23.27
	设计值	293.44	58.69	26.35	26.53	31.41
15m	标准值	260.79	52.16	20.00	35.04	24.26
	设计值	352.06	70.41	27.00	47.31	32.75
18m	标准值	329.76	65.96	23.93	31.10	35.27
	设计值	445.18	89.04	32.30	41.98	47.61

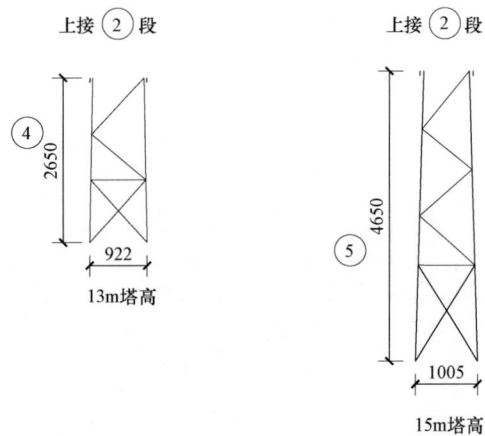

图 14-7　ZJT-SZ1 单线图及技术参数表

窄基塔 ZJT-SZ2 技术参数表

塔高		下压			上拔			地脚螺栓 （5.6级）	质量 （kg）
		N（kN）	F_x（kN）	F_y（kN）	T（kN）	F_x（kN）	F_y（kN）		
15m	标准值	−161.87	6.49	4.27	153.03	6.33	4.12	4M36	1658.9
	设计值	−218.53	8.76	5.76	206.59	8.55	5.56		
18m	标准值	−185.35	6.93	4.91	174.70	6.75	4.73	4M36	2073.1
	设计值	−250.22	9.36	6.63	235.85	9.11	6.39		
21m	标准值	−210.73	7.40	5.56	198.46	7.19	5.36	4M36	2380.7
	设计值	−284.49	9.99	7.51	267.92	9.71	7.24		
24m	标准值	−237.45	7.96	6.29	223.16	7.71	6.05	4M36	2761.4
	设计值	−320.56	10.74	8.49	301.26	10.41	8.17		

整体基础弯矩表

塔高		M_x（kN·m）	M_y（kN·m）	N（kN）	F_x（kN）	F_y（kN）
15m	标准值	285.0	57.0	21.3	20.6	8.4
	设计值	384.8	77.0	28.7	27.7	11.4
18m	标准值	363.7	72.8	25.6	21.9	9.7
	设计值	491.0	98.2	34.5	29.6	13.1
21m	标准值	452.2	90.5	29.5	23.4	11.0
	设计值	610.5	122.1	39.8	31.6	14.8
24m	标准值	552.8	110.6	34.3	25.1	12.4
	设计值	746.2	149.3	46.4	33.9	16.7

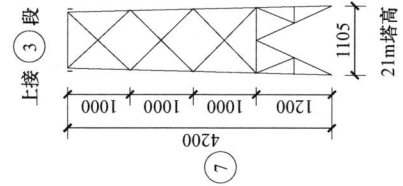

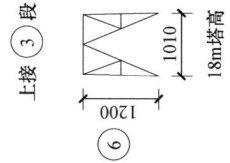

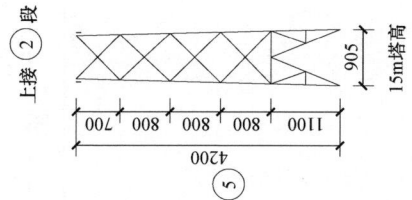

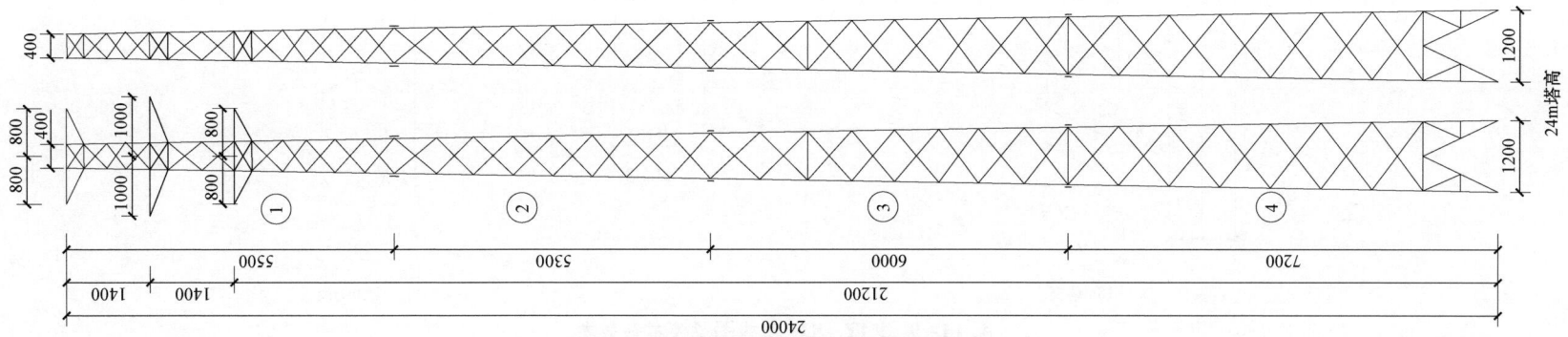

图 14-8　ZJT-SZ2 单线图及技术参数表

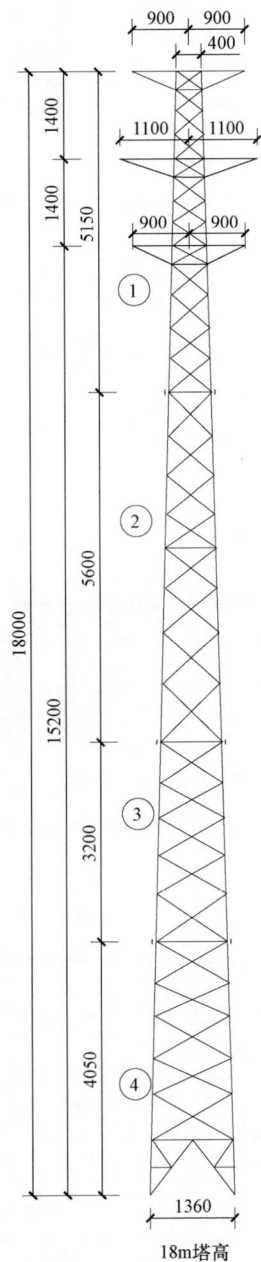

窄基塔 ZJT-SJ1 技术参数表

塔高		下压			上拔			地脚螺栓 (5.6级)	质量 (kg)
		N (kN)	F_x (kN)	F_y (kN)	T (kN)	F_x (kN)	F_y (kN)		
13m	标准值	−238.87	13.49	5.47	230.16	13.27	5.23	4M36	1813.5
	设计值	−322.47	18.21	7.38	310.72	17.91	7.06		
15m	标准值	−261.59	14.11	6.23	252.06	13.86	5.97	4M36	2010.3
	设计值	−353.15	19.05	8.41	340.28	18.71	8.06		
18m	标准值	−294.35	15.25	7.13	282.50	14.94	6.81	4M36	2481.1
	设计值	−397.37	20.59	9.63	381.38	20.17	9.20		

整体基础弯矩表

塔高		M_x (kN·m)	M_y (kN·m)	N (kN)	F_x (kN)	F_y (kN)
13m	标准值	540.3	108.1	20.9	42.8	10.7
	设计值	729.4	145.9	28.2	57.8	14.4
15m	标准值	648.7	129.8	22.9	44.7	12.2
	设计值	875.8	175.2	30.9	60.4	16.5
18m	标准值	819.1	163.9	28.4	48.3	13.9
	设计值	1105.8	221.2	38.4	65.2	18.8

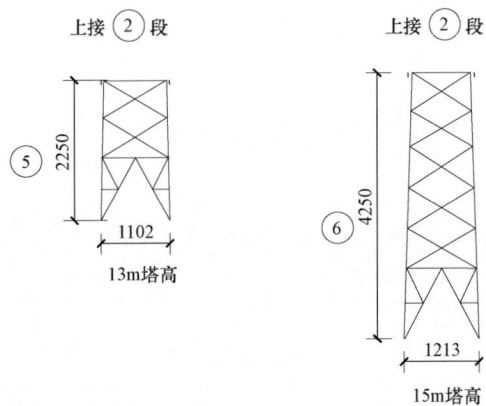

图 14-9　ZJT-SJ1 单线图及技术参数表

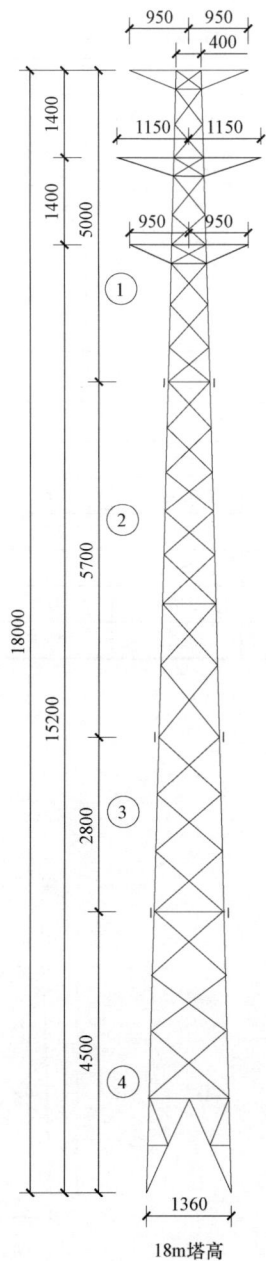

窄基塔 ZJT-SJ2 技术参数表

塔高		下压			上拔			地脚螺栓（5.6级）	质量（kg）
		N（kN）	F_x（kN）	F_y（kN）	T（kN）	F_x（kN）	F_y（kN）		
13m	标准值	−314.91	15.79	9.76	303.95	15.44	9.16	4M42	2189.3
	设计值	−425.13	21.31	13.17	410.33	20.85	12.36		
15m	标准值	−339.93	16.11	10.61	327.77	15.75	10.01	4M42	2409.2
	设计值	−458.91	21.75	14.33	442.49	21.26	13.51		
18m	标准值	−374.50	16.67	11.83	359.27	16.26	11.20	4M42	2933.9
	设计值	−505.57	22.51	15.97	485.01	21.94	15.12		

整体基础弯矩表

塔高		M_x（kN·m）	M_y（kN·m）	N（kN）	F_x（kN）	F_y（kN）
13m	标准值	671.7	134.3	26.3	50.0	18.9
	设计值	906.5	181.3	35.5	67.5	25.5
15m	标准值	797.9	159.6	29.2	51.0	20.6
	设计值	1077.2	215.4	39.4	68.8	27.8
18m	标准值	997.9	199.6	36.6	52.7	23.0
	设计值	1347.2	269.4	49.3	71.1	31.1

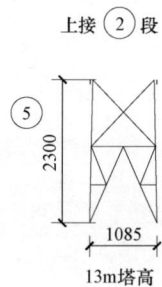

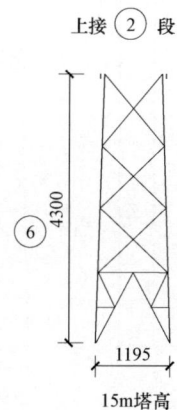

图 14-10 ZJT-SJ2 单线图及技术参数表

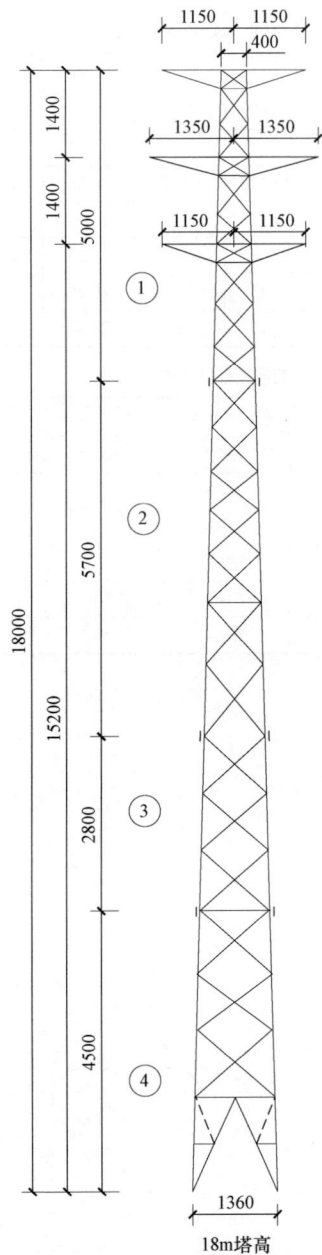

窄基塔 ZJT-SJ3 技术参数表

塔高		下压			上拔			地脚螺栓 （5.6级）	质量 （kg）
		N（kN）	F_x（kN）	F_y（kN）	T（kN）	F_x（kN）	F_y（kN）		
13m	标准值	-384.07	18.96	11.74	371.36	18.59	11.70	4M42	2691.9
	设计值	-518.50	25.60	15.85	501.33	25.09	15.80		
15m	标准值	-416.10	19.26	12.70	401.47	18.84	12.59	4M42	3011.7
	设计值	-561.74	26.00	17.15	541.99	25.44	16.90		
18m	标准值	-461.35	20.10	14.39	444.28	19.63	14.17	4M42	3560.5
	设计值	-622.82	27.14	19.42	599.78	26.50	19.13		

整体基础弯矩表

塔高		M_x（kN·m）	M_y（kN·m）	N（kN）	F_x（kN）	F_y（kN）
13m	标准值	825.7	165.1	30.5	60.1	23.4
	设计值	1114.7	222.9	41.2	81.1	31.7
15m	标准值	981.1	196.2	35.1	61.0	25.3
	设计值	1324.5	264.9	47.4	82.3	34.1
18m	标准值	1231.7	246.3	41.0	63.6	28.6
	设计值	1662.7	332.5	55.3	85.8	38.6

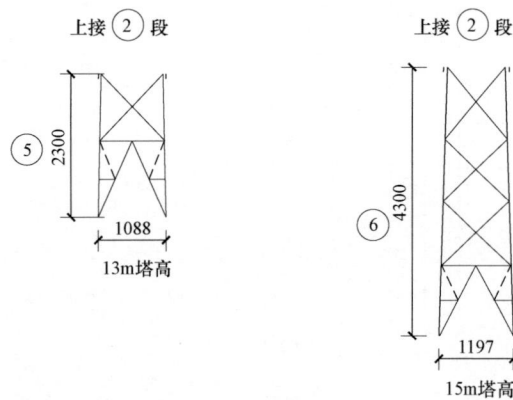

图 14-11　ZJT-SJ3 单线图及技术参数表

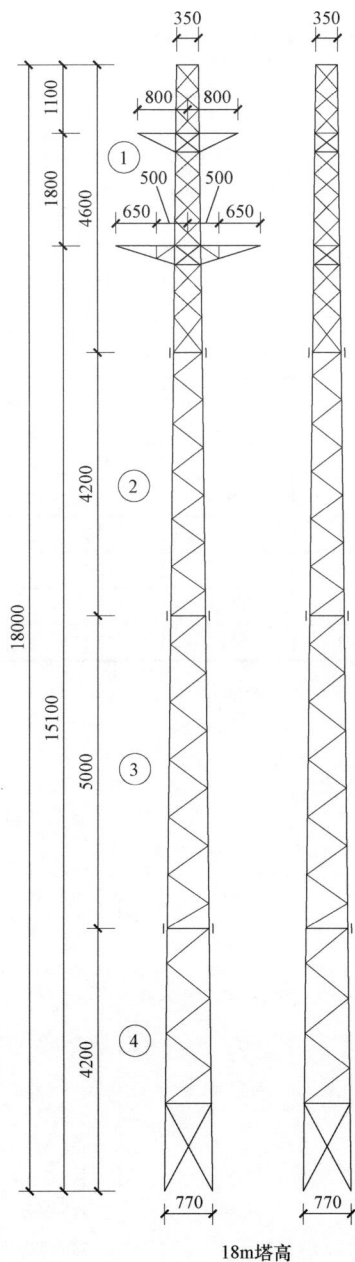

窄基塔 ZJT−Z−D 技术参数表

塔高		下压			上拔			地脚螺栓 （5.6级）	质量 （kg）
		N（kN）	F_x（kN）	F_y（kN）	T（kN）	F_x（kN）	F_y（kN）		
13m	标准值	−112.69	9.27	13.19	106.38	7.96	12.57	4M30	1213.9
	设计值	−152.13	12.51	17.81	143.61	10.74	16.97		
15m	标准值	−130.16	10.38	16.19	123.05	8.97	15.42	4M30	1423.4
	设计值	−175.72	14.01	21.85	166.12	12.11	20.82		
18m	标准值	−155.96	10.38	17.29	147.73	9.48	16.47	4M30	1678.2
	设计值	−210.54	14.01	23.34	199.43	12.8	22.24		

整体基础弯矩表

塔高		M_x（kN·m）	M_y（kN·m）	N（kN）	F_x（kN）	F_y（kN）
13m	标准值	144.2	28.9	15.2	27.6	25.8
	设计值	194.6	39.0	20.5	37.2	34.8
15m	标准值	179.1	35.9	17.1	31.0	31.7
	设计值	241.7	48.4	23.1	41.8	42.7
18m	标准值	233.9	46.8	19.8	31.8	33.8
	设计值	315.7	63.2	26.7	42.9	45.6

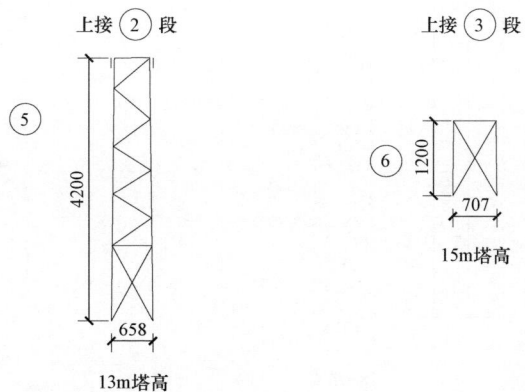

图 14−12　ZJT−Z−D 单线图及技术参数表

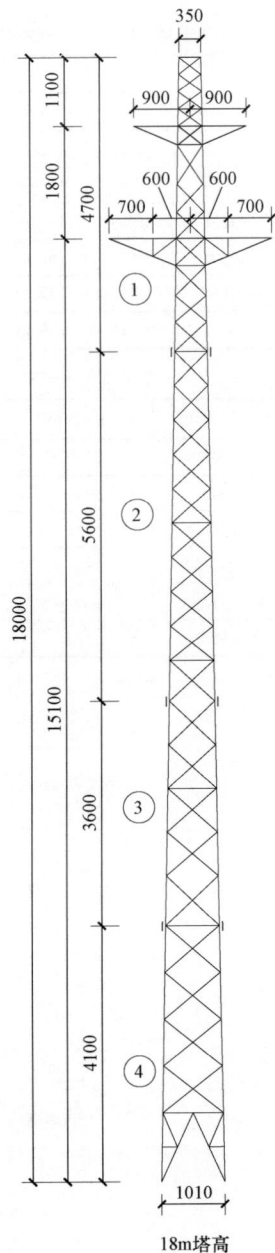

窄基塔 ZJT-J1-D 技术参数表

塔高		下压			上拔			地脚螺栓(5.6级)	质量(kg)
		N (kN)	F_x (kN)	F_y (kN)	T (kN)	F_x (kN)	F_y (kN)		
13m	标准值	−265.25	10.74	7.11	256.50	10.56	7.25	4M42	2111.5
	设计值	−358.09	14.50	9.60	346.27	14.25	9.79		
15m	标准值	−294.72	11.03	7.32	284.76	10.82	7.41	4M42	2333.5
	设计值	−397.87	14.89	9.88	384.43	14.61	10.01		
18m	标准值	−335.44	11.56	7.87	323.39	11.31	7.87	4M42	2814.1
	设计值	−452.85	15.60	10.63	436.58	15.27	10.62		

整体基础弯矩表

塔高		M_x (kN·m)	M_y (kN·m)	N (kN)	F_x (kN)	F_y (kN)
13m	标准值	432.1	86.4	21.1	34.1	14.4
	设计值	583.2	116.6	28.4	46.0	19.4
15m	标准值	524.4	104.9	23.9	35.0	14.7
	设计值	708.0	141.6	32.3	47.2	19.9
18m	标准值	665.4	133.1	28.9	36.6	15.8
	设计值	898.3	179.7	39.1	49.4	21.3

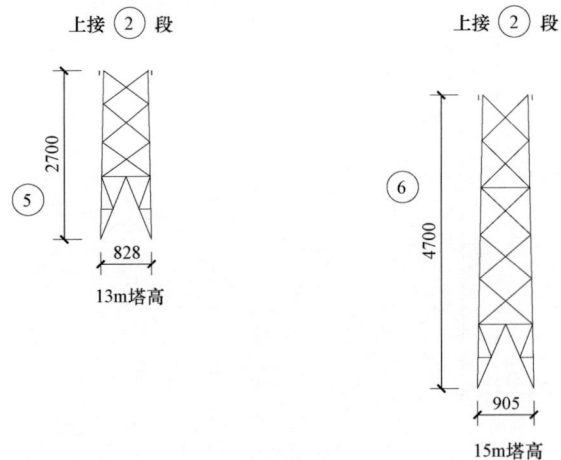

图 14-13　ZJT-J1-D 单线图及技术参数表

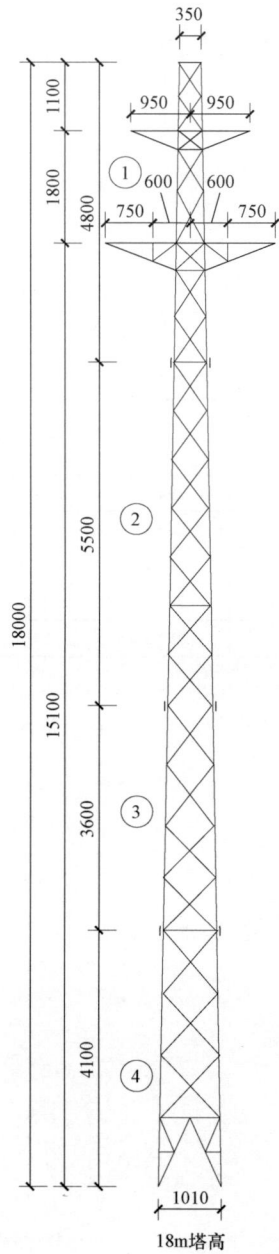

窄基塔 ZJT－J2－D 技术参数表

塔高		下压			上拔			地脚螺栓 （5.6级）	质量 （kg）
		N（kN）	F_x（kN）	F_y（kN）	T（kN）	F_x（kN）	F_y（kN）		
13m	标准值	−344.47	13.45	7.53	334.92	13.25	7.53	4M48	2518.1
	设计值	−465.04	18.16	10.17	452.14	17.89	10.16		
15m	标准值	−380.43	13.72	8.21	369.66	13.50	8.17	4M48	2917.1
	设计值	−513.58	18.52	11.09	499.04	18.22	11.03		
18m	标准值	−428.33	14.21	9.39	415.20	13.95	9.28	4M48	3458.3
	设计值	−578.25	19.18	12.67	560.52	18.83	12.53		

整体基础弯矩表

塔高		M_x（kN·m）	M_y（kN·m）	N（kN）	F_x（kN）	F_y（kN）
13m	标准值	562.5	112.5	22.9	42.7	15.1
	设计值	759.4	151.9	31.0	57.7	20.3
15m	标准值	678.8	135.8	25.8	43.5	16.4
	设计值	916.4	183.3	34.9	58.8	22.1
18m	标准值	852.0	170.4	31.5	45.0	18.7
	设计值	1150.2	230.0	42.6	60.8	25.2

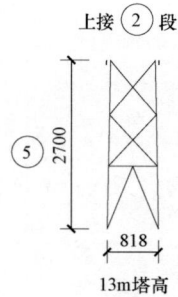

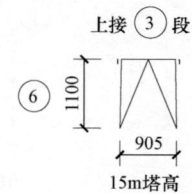

图 14－14　ZJT－J2－D 单线图及技术参数表

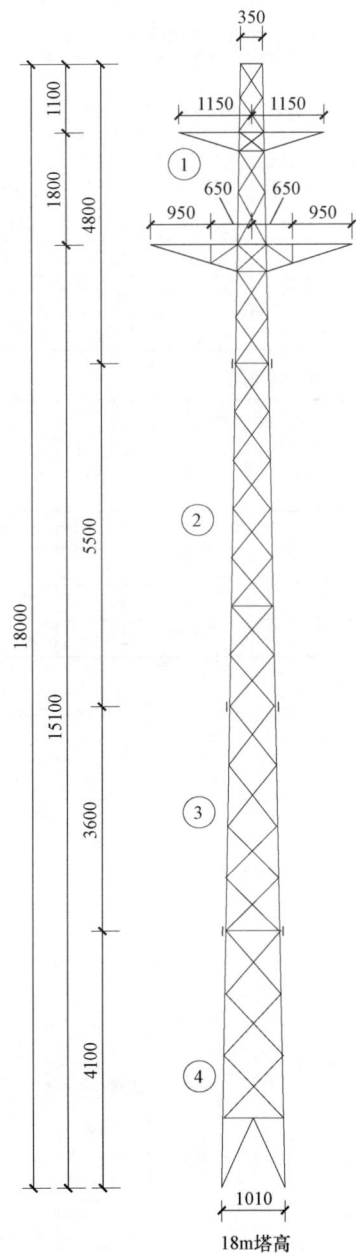

窄基塔 ZJT-J3-D 技术参数表

塔高		下压			上拔			地脚螺栓 （5.6级）	质量 （kg）
		N（kN）	F_x（kN）	F_y（kN）	T（kN）	F_x（kN）	F_y（kN）		
13m	标准值	-536.55	21.47	9.63	525.99	20.87	9.83	4M48	2791.9
	设计值	-724.34	28.98	13.00	710.08	28.17	13.27		
15m	标准值	-589.74	21.95	10.62	577.30	21.35	10.76	4M48	3343.3
	设计值	-796.15	29.63	14.34	779.35	28.82	14.52		
18m	标准值	-667.47	22.99	12.19	650.59	22.68	11.90	4M48	3926.1
	设计值	-901.08	31.03	16.46	878.29	30.62	16.07		

整体基础弯矩表

塔高		M_x（kN·m）	M_y（kN·m）	N（kN）	F_x（kN）	F_y（kN）
13m	标准值	869.2	173.9	25.4	67.8	19.5
	设计值	1173.4	234.7	34.3	91.5	26.3
15m	标准值	1044.6	209.0	29.9	69.3	21.4
	设计值	1410.1	282.1	40.4	93.6	28.9
18m	标准值	1331.3	266.3	40.6	73.1	24.1
	设计值	1797.2	359.5	54.7	98.7	32.6

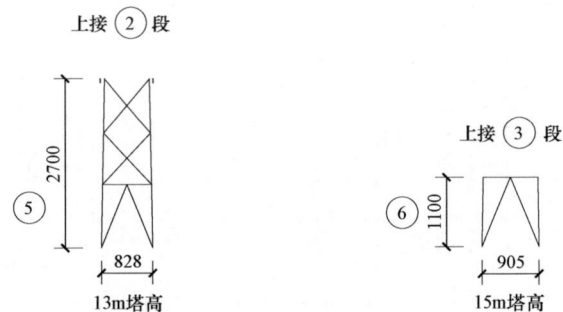

图 14-15　ZJT-J3-D 单线图及技术参数表

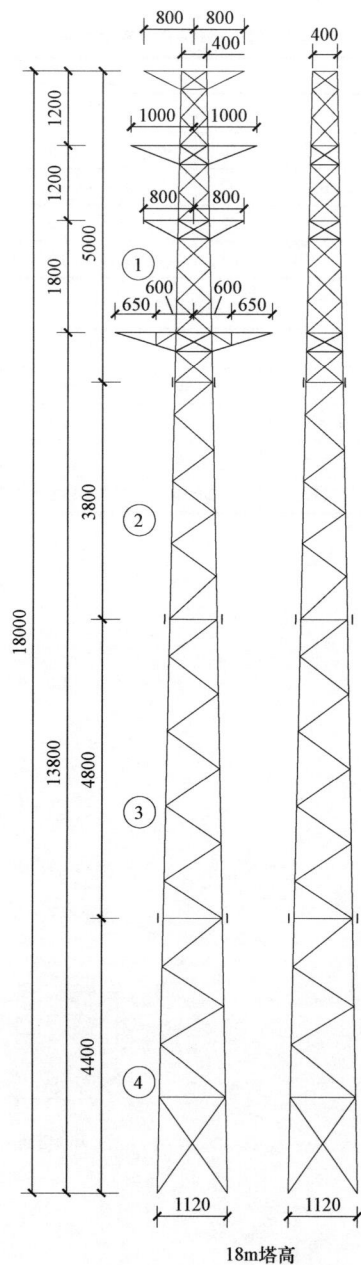

窄基塔 ZJT－SZ－D 技术参数表

塔高		下压			上拔			地脚螺栓（5.6级）	质量（kg）
		N（kN）	F_x（kN）	F_y（kN）	T（kN）	F_x（kN）	F_y（kN）		
15m	标准值	−124.85	10.32	16.23	115.07	9.01	15.03	4M30	1834.6
	设计值	−168.55	13.93	21.91	155.35	12.17	20.29		
18m	标准值	−146.56	11.31	16.76	135.49	9.99	15.52	4M30	2123.5
	设计值	−197.85	15.27	22.62	182.91	13.49	20.95		

整体基础弯矩表

塔高		M_x（kN·m）	M_y（kN·m）	N（kN）	F_x（kN）	F_y（kN）
15m	标准值	184.8	37.0	23.5	31.0	31.3
	设计值	323.3	64.7	31.7	41.8	42.2
18m	标准值	315.9	63.2	26.6	34.1	32.3
	设计值	426.5	85.3	35.9	46.1	43.6

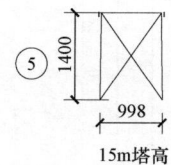

图 14－16 ZJT－SZ－D 单线图及技术参数表

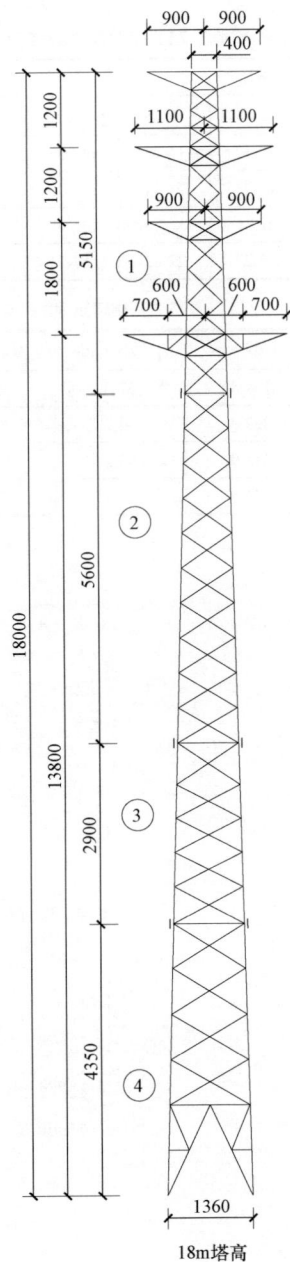

窄基塔 ZJT-SJ1-D 技术参数表

塔高		下压			上拔			地脚螺栓 (5.6级)	质量 (kg)
		N (kN)	F_x (kN)	F_y (kN)	T (kN)	F_x (kN)	F_y (kN)		
15m	标准值	−312.89	15.31	11.10	300.80	14.94	11.61	4M42	2720.8
	设计值	−422.40	20.67	14.98	406.08	20.17	15.67		
18m	标准值	−340.85	15.94	11.52	326.62	15.52	11.87	4M42	3172.2
	设计值	−460.15	21.52	15.55	440.94	20.95	16.03		

整体基础弯矩表

塔高		M_x (kN·m)	M_y (kN·m)	N (kN)	F_x (kN)	F_y (kN)
15m	标准值	739.5	147.9	29.0	48.4	22.7
	设计值	998.3	199.7	39.2	65.3	30.7
18m	标准值	907.8	181.6	34.2	50.3	23.4
	设计值	1225.5	245.1	46.1	68.0	31.6

上接 ③ 段

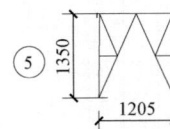

15m塔高

图 14-17 ZJT-SJ1-D 单线图及技术参数表

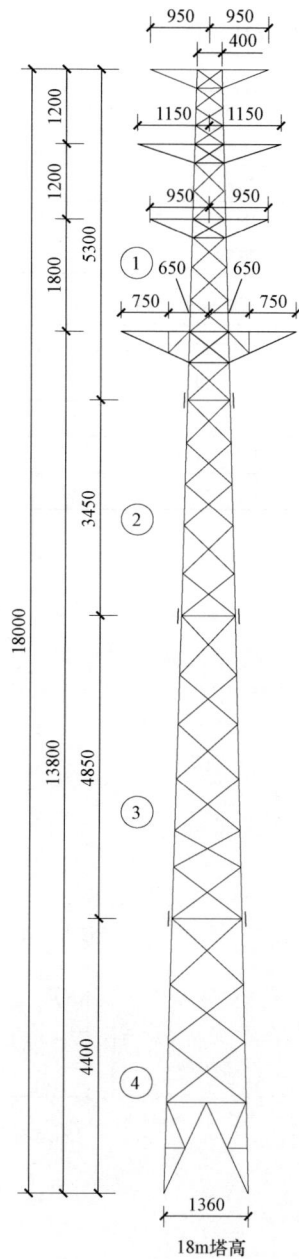

窄基塔 ZJT-SJ2-D 技术参数表

塔高		下压			上拔			地脚螺栓 （5.6级）	质量 （kg）
		N（kN）	F_x（kN）	F_y（kN）	T（kN）	F_x（kN）	F_y（kN）		
15m	标准值	−433.84	19.04	13.62	419.58	18.56	14.87	4M48	3170.8
	设计值	−585.68	25.70	18.39	566.43	25.06	20.08		
18m	标准值	−472.75	19.53	14.42	455.66	18.98	15.41	4M48	3723.2
	设计值	−638.21	26.37	19.47	615.14	25.62	20.80		

整体基础弯矩表

塔高		M_x（kN·m）	M_y（kN·m）	N（kN）	F_x（kN）	F_y（kN）
15m	标准值	1028.4	205.7	34.2	60.1	28.5
	设计值	1388.3	277.7	46.2	81.2	38.5
18m	标准值	1262.7	252.5	41.0	61.6	29.9
	设计值	1704.6	340.9	55.4	83.2	40.3

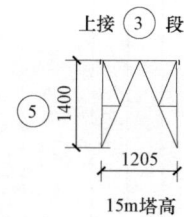

图 14-18　ZJT-SJ2-D 单线图及技术参数表

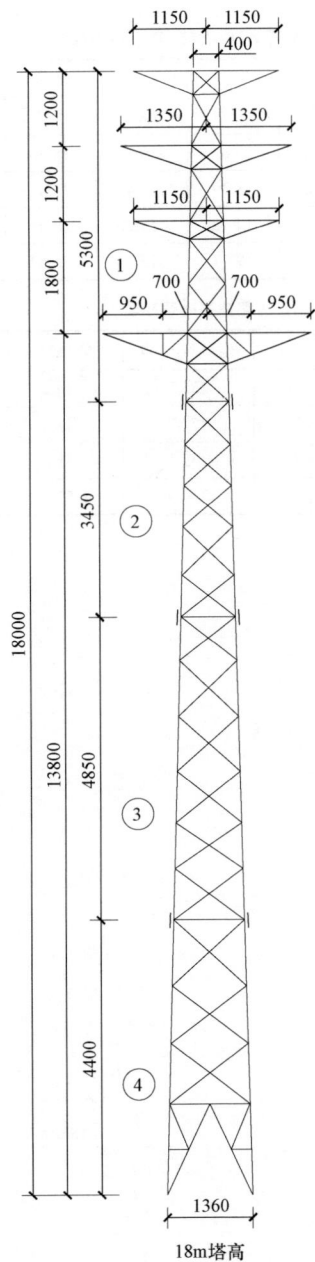

窄基塔 ZJT－SJ3－D 技术参数表

塔高		下压			上拔			地脚螺栓（5.6级）	质量（kg）
		N（kN）	F_x（kN）	F_y（kN）	T（kN）	F_x（kN）	F_y（kN）		
15m	标准值	−629.87	31.29	16.54	614.19	30.38	16.60	4M48	4018.3
	设计值	−850.33	42.24	22.33	829.16	41.01	22.41		
18m	标准值	−696.93	32.24	18.36	677.99	31.30	18.27	4M48	4560.2
	设计值	−940.86	43.52	24.79	915.29	42.25	24.67		

整体基础弯矩表

塔高		M_x（kN·m）	M_y（kN·m）	N（kN）	F_x（kN）	F_y（kN）
15m	标准值	1489.2	297.9	37.7	98.7	33.2
	设计值	2010.4	402.1	50.9	133.2	44.8
18m	标准值	1869.9	374.0	45.5	101.7	36.7
	设计值	2524.5	504.9	61.5	137.3	49.5

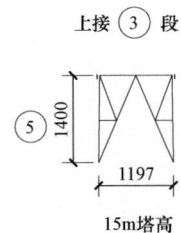

图 14－19 ZJT－SJ3－D 单线图及技术参数表

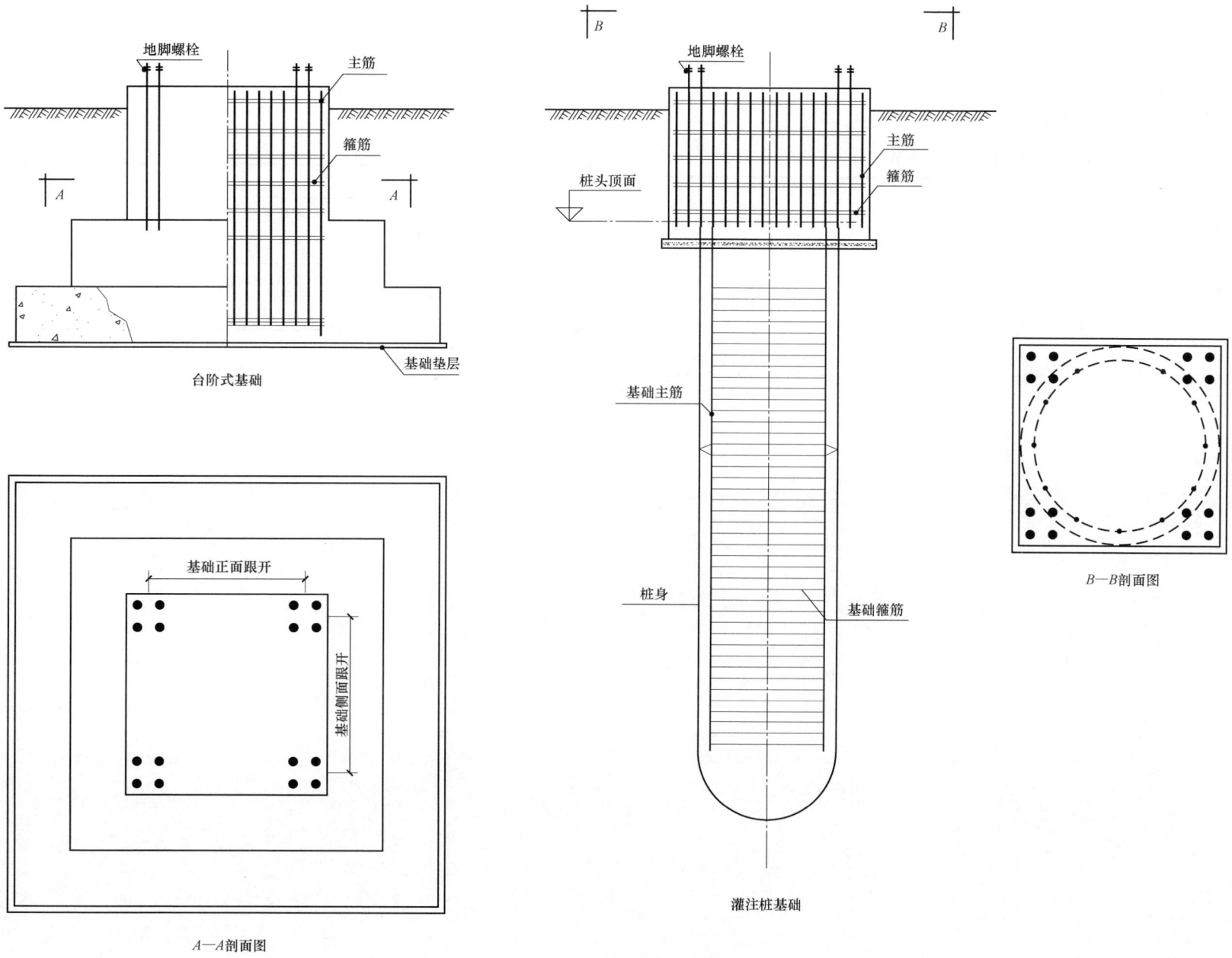

台阶式基础

A—A剖面图

灌注桩基础

B—B剖面图

图 14-20 窄基塔基础型式示意图

14.2 结构图

14.2.1 ZJT－Z1 直线塔

ZJT－Z1 直线塔结构图清单见表 14－9。

表 14－9 ZJT－Z1 直线塔结构图清单

图序	图名	备注
图 14－21	ZJT－Z1 直线塔总图	
图 14－22	ZJT－Z1 直线塔材料汇总表	
图 14－23	ZJT－Z1 直线塔塔头①结构图（1/2）	
图 14－24	ZJT－Z1 直线塔塔头①结构图（2/2）	
图 14－25	ZJT－Z1 直线塔塔身②结构图	

续表

图序	图名	备注
图 14－26	ZJT－Z1 直线塔塔腿③结构图	
图 14－27	ZJT－Z1 直线塔塔腿④结构图	
图 14－28	ZJT－Z1 直线塔塔腿⑤结构图	
图 14－29	ZJT－Z1 直线塔加工说明	

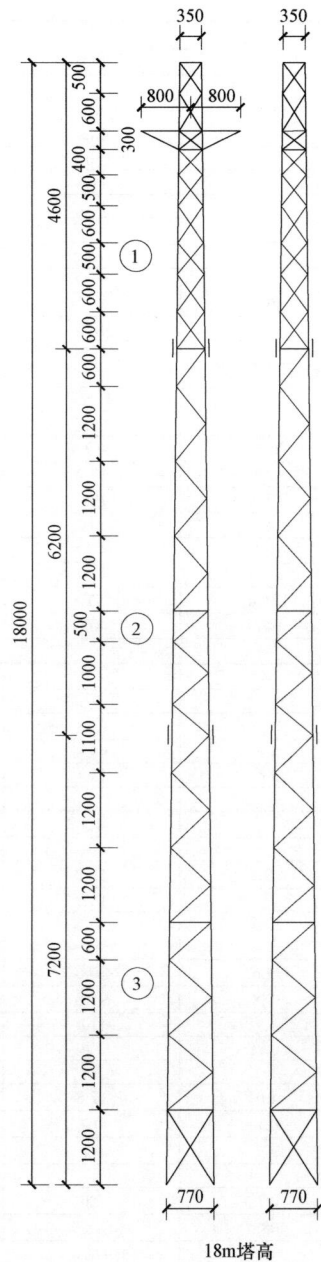

杆塔根开、基础根开、地脚螺栓规格及间距表

杆塔名称（型号）	ZJT-Z1		
塔高（m）	13	15	18
接腿	④	⑤	③
杆塔根开（mm）	656	706	770
基础根开（mm）	696	746	814
基础地脚螺栓间距（mm）	160	160	160
每腿基础地脚螺栓配置（5.6级）	4M24	4M24	4M24

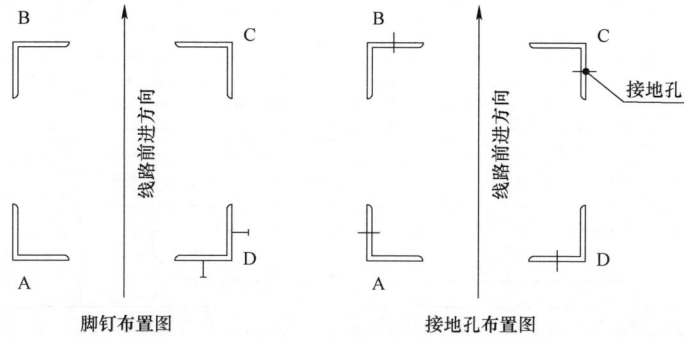

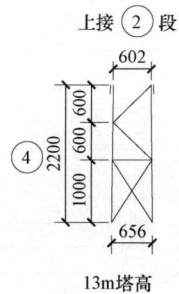

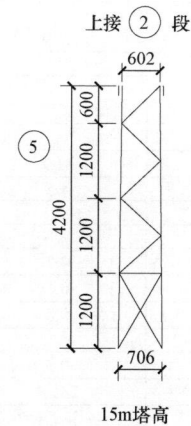

脚钉布置图

接地孔布置图

上接②段

13m塔高

上接②段

15m塔高

18m塔高

图 14-21 ZJT-Z1 直线塔总图

材料	材质	规格	段号 ①	②	③	④	⑤	全塔高（m） 13.0	15.0	18.0
角钢	Q355	L90×7			277.2					277.2
		L80×7				74.1	135.6	74.1	135.6	
		L80×6		13.9				13.9	13.9	13.9
		L76×6		180.3	13.5			180.3	180.3	193.8
		L70×6				11.0	11.0	11.0	11.0	
		L63×5	10.2					10.2	10.2	10.2
		小计	10.2	194.2	290.7	85.1	146.6	289.5	351.0	495.1
	Q235	L56×5	72.9		44.2			72.9	72.9	117.1
		L56×4					30.4		30.4	
		L50×4	13.4		7.7	32.6	7.1	46.0	20.5	21.1
		L45×4	7.8	12.0	7.8			19.8	19.8	27.6
		L40×4	3.4					3.4	3.4	3.4
		L40×3	98.6	71.4	82.1			188.5	209.8	252.1
		小计	196.1	83.4	141.8	51.1	77.3	330.6	356.8	421.3
钢板	Q355	−6		20.5	17.2	17.2		17.2	17.2	20.5
		−8		10.0	10.0	10.0		10.0	10.0	10.0
		−10		65.3	59.0	57.4		59.0	57.4	65.3
		−18		65.3	41.2	41.2		41.2	41.2	65.3
		小计		161.1	127.4	125.8		127.4	125.8	161.1
	Q235	−6	25.8		15.0	14.2		40.8	40.0	25.8
		−8		22.1						22.1
		−12		1.0	1.0	1.0		1.0	1.0	1.0
		小计	25.8	23.1	16.0	15.2		41.8	41.0	48.9
螺栓	6.8级	M16×40	27.1	11.2	7.2	6.5	5.9	44.8	44.2	45.5
		M16×50	3.5	1.9	14.1	7.7	9.6	13.1	15.0	19.5
		M16×60			0.7		0.7		0.7	0.7
		M16×50 双帽	1.3					1.3	1.3	1.3
		小计	31.9	13.1	22.0	14.2	16.2	59.2	61.2	67.0
	6.8级	M20×45		13.0				13.0	13.0	13.0
		M20×55			26.0	23.6	23.6	23.6	23.6	26.0
		小计		13.0	26.0	23.6	23.6	36.6	36.6	39.0
		螺栓合计	31.9	26.1	48.0	37.8	39.8	95.8	97.8	106.0
脚钉	6.8级	M16×180	4.5	6.1	6.1	0.8	3.3	11.4	13.9	16.7
		M20×200		0.7	0.7	0.7	0.7	1.4	1.4	1.4
		小计	4.5	6.8	6.8	1.5	4.0	12.8	15.3	18.1
垫圈	Q235	−3A（ϕ17.5）	0.1		0.1	0.1	0.1	0.2	0.2	0.2
		−4A（ϕ17.5）	0.8					0.8	0.8	0.8
		小计	0.9		0.1	0.1	0.1	1.0	1.0	1.0
合计（kg）			269.4	310.5	671.6	319.0	408.8	898.9	988.7	1251.5
各塔高含防盗螺栓总质量（kg）								916.8	1008.4	1275.8

图 14−22　ZJT−Z1 直线塔材料汇总表

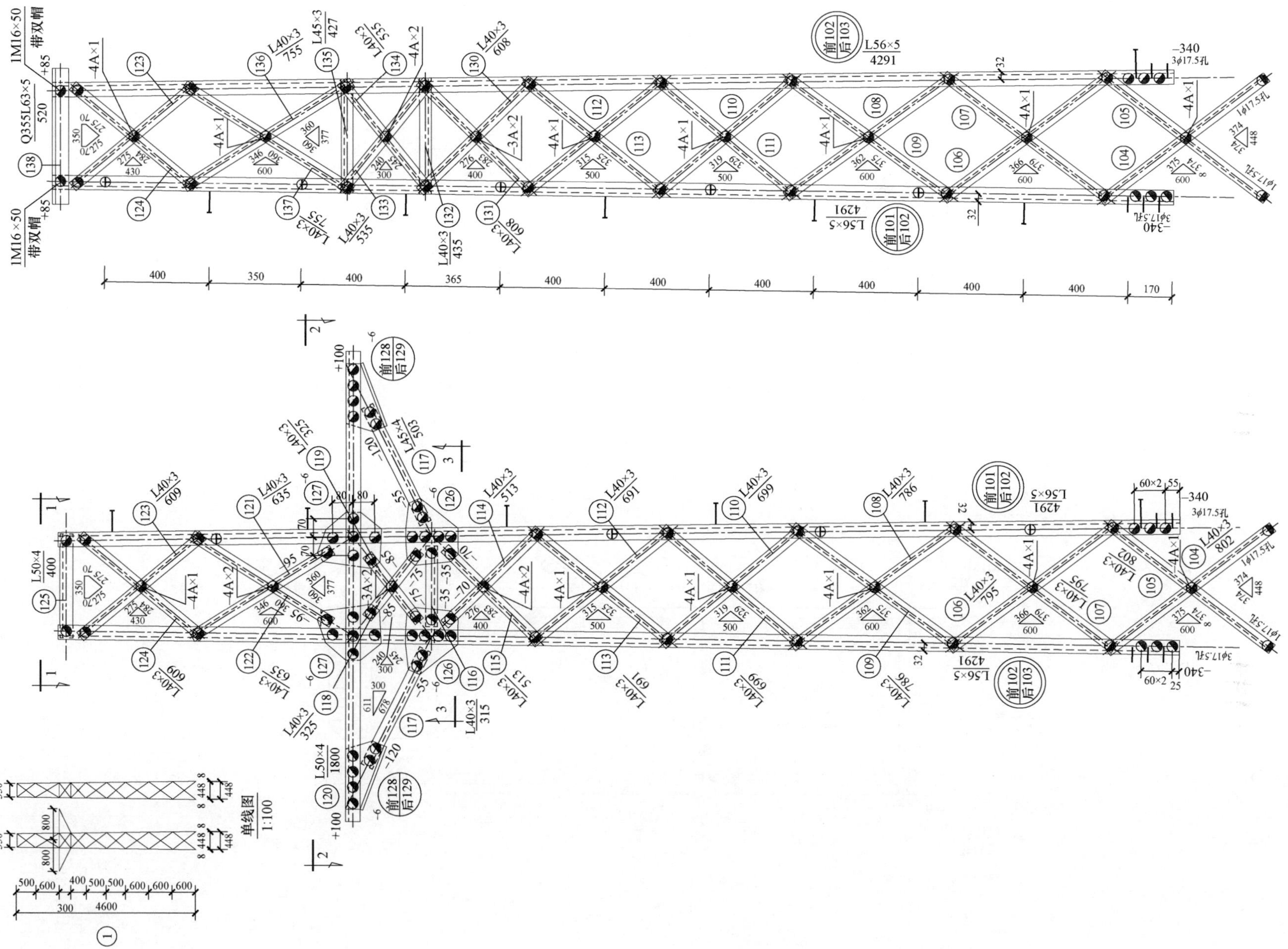

图14-23　ZJT-Z1 直线塔塔头①结构图（1/2）

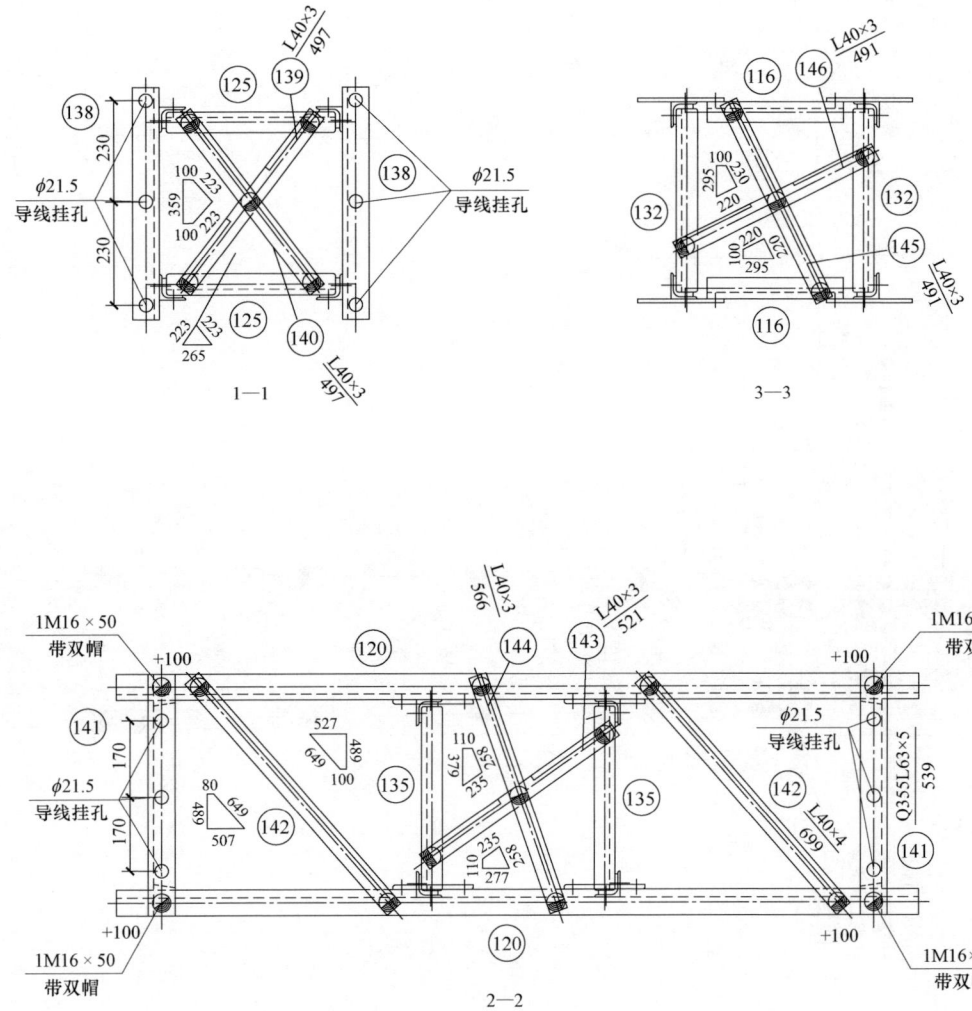

图 14-24　ZJT-Z1 直线塔塔头①结构图（2/2）（一）

构 件 明 细 表

编号	规格	长度(mm)	数量	单件	小计	备注
⑩⑴	L56×5	4291	1	18.24	18.2	带脚钉
⑩⑵	L56×5	4291	2	18.24	36.5	
⑩⑶	L56×5	4291	1	18.24	18.2	
⑩⑷	L40×3	802	4	1.49	6.0	切角
⑩⑸	L40×3	802	4	1.49	6.0	
⑩⑹	L40×3	795	4	1.47	5.9	切角
⑩⑺	L40×3	795	4	1.47	5.9	
⑩⑻	L40×3	786	4	1.46	5.8	切角
⑩⑼	L40×3	786	4	1.46	5.8	
⑪⓪	L40×3	699	4	1.29	5.2	切角
⑪⑴	L40×3	699	4	1.29	5.2	
⑪⑵	L45×3	691	4	1.28	5.1	切角
⑪⑶	L40×3	691	4	1.28	5.1	
⑪⑷	L40×3	531	2	0.95	1.9	切角
⑪⑸	L40×3	531	2	0.95	1.9	
⑪⑹	L40×3	315	2	0.58	1.2	
⑪⑺	L45×4	503	4	1.38	5.5	
⑪⑻	L40×3	325	2	0.60	1.2	
⑪⑼	L40×3	325	2	0.60	1.2	
⑫⓪	L50×4	1800	2	5.51	11.0	
⑫⑴	L40×3	635	2	1.18	2.4	切角
⑫⑵	L40×3	635	2	1.18	2.4	
⑫⑶	L40×3	609	4	1.13	4.5	切角
⑫⑷	L40×3	609	4	1.13	4.5	

编号	规格	长度(mm)	数量	单件	小计	备注
⑫⑸	L50×4	400	2	1.22	2.4	
⑫⑹	−6×200	260	4	2.45	9.8	
⑫⑺	−6×206	236	4	2.29	9.2	
⑫⑻	−6×130	281	2	1.72	3.4	卷边50mm
⑫⑼	−6×130	281	2	1.72	3.4	卷边50mm
⑬⓪	L40×3	608	2	1.13	2.3	切角
⑬⑴	L40×3	608	2	1.13	2.3	
⑬⑵	L40×3	435	2	0.81	1.6	两端切肢
⑬⑶	L40×3	535	2	0.99	2.0	切角
⑬⑷	L40×3	535	2	0.99	2.0	
⑬⑸	L45×4	427	2	1.17	2.3	两端切肢
⑬⑹	L40×3	755	2	1.40	2.8	切角
⑬⑺	L40×3	755	2	1.40	2.8	
⑬⑻	Q355L63×5	520	2	2.51	5.0	
⑬⑼	L40×3	497	1	0.92	0.9	中间切肢
⑭⓪	L40×3	497	1	0.92	0.9	
⑭⑴	Q355L63×5	539	2	2.60	5.2	两端切肢
⑭⑵	L40×4	699	2	1.69	3.4	
⑭⑶	L40×3	521	1	0.96	1.0	中间切肢
⑭⑷	L40×3	566	1	1.05	1.0	
⑭⑸	L40×3	491	1	0.91	0.9	
⑭⑹	L40×3	491	1	0.91	0.9	中间切肢
总质量					232.1kg	

螺栓、脚钉、垫圈明细表

名称	级别	规格	符号	数量	质量(kg)	备注
螺栓	6.8级	M16×40	◑	188	27.1	
		M16×50	◑	22	3.5	
		M16×50	◑	8	1.3	带双帽
脚钉	6.8级	M16×180	⊕T	11	4.5	
垫圈	Q235	−3A（φ17.5）		8	0.1	规格×个数
		−4A（φ17.5）		38	0.8	
总质量					37.3kg	

图 14−24 ZJT−Z1 直线塔塔头①结构图（2/2）（二）

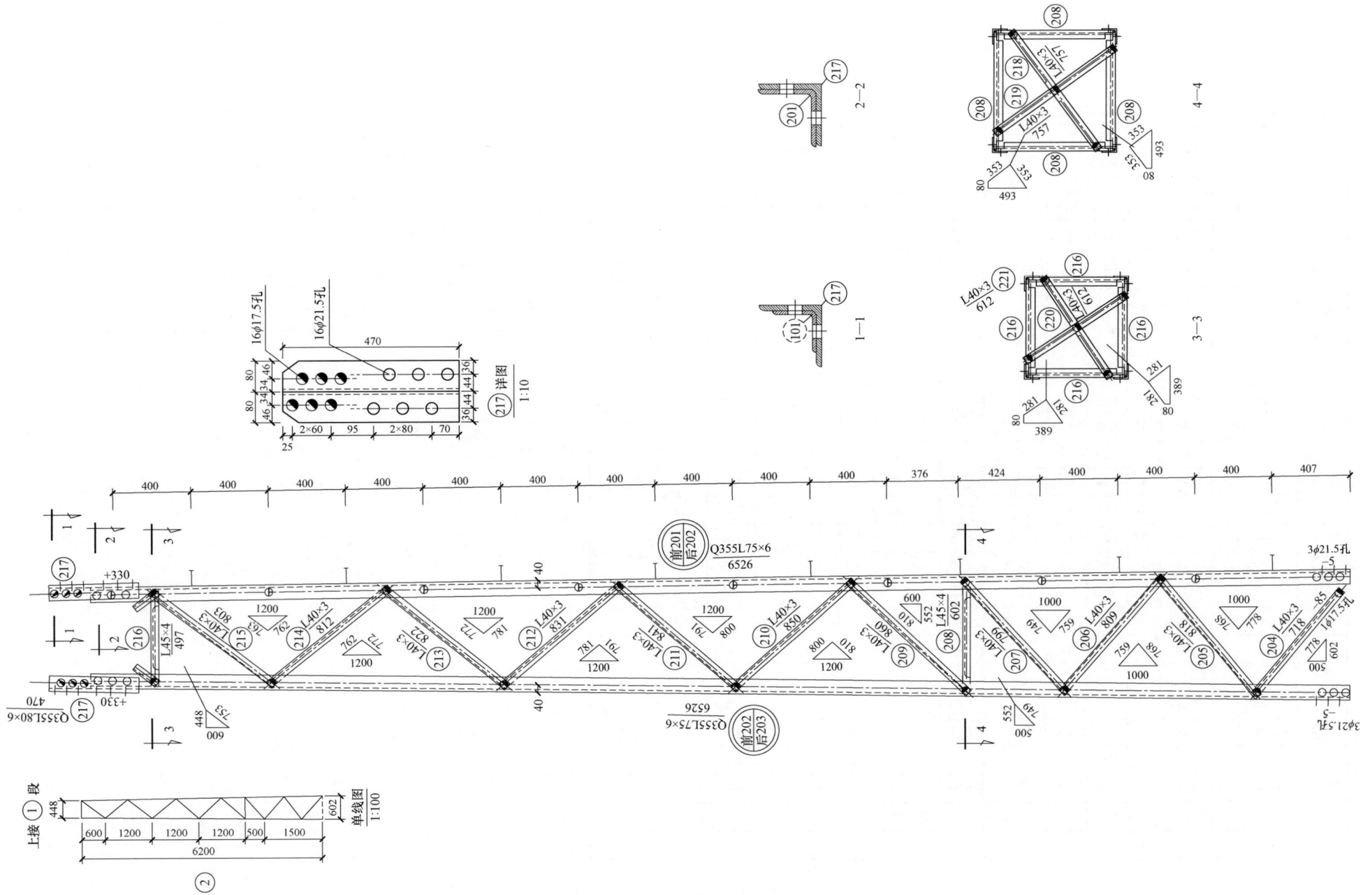

图 14-25 ZJT-Z1 直线塔塔身②结构图（一）

构件明细表

编号	规格	长度（mm）	数量	质量（kg） 单件	质量（kg） 小计	备注
201	Q355L75×6	6526	1	45.06	45.1	带脚钉
202	Q355L75×6	6526	2	45.06	90.1	
203	Q355L75×6	6526	1	45.06	45.1	
204	L40×3	718	4	1.33	5.3	切角
205	L40×3	818	4	1.51	6.0	
206	L40×3	809	4	1.50	6.0	切角
207	L40×3	799	4	1.48	5.9	
208	L45×3	602	4	1.65	6.6	两端切肢
209	L40×3	860	4	1.59	6.4	
210	L40×3	850	4	1.57	6.3	切角
211	L40×3	841	4	1.56	6.2	
212	L45×4	831	4	1.54	6.2	切角
213	L40×3	822	4	1.52	6.1	
214	L40×3	812	4	1.50	6.0	切角
215	L40×3	803	4	1.49	6.0	
216	L45×3	497	4	1.36	5.4	两端切肢
217	Q355L80×6	470	4	3.47	13.9	铲弧
218	L40×3	757	1	1.40	1.4	中间切肢
219	L40×3	757	1	1.40	1.4	
220	L40×3	612	1	1.13	1.1	中间切肢
221	L40×3	612	1	1.13	1.1	
总质量		277.6kg				

螺栓、脚钉、垫圈明细表

名称	级别	规格	符号	数量	质量（kg）	备注
螺栓	6.8级	M16×40	◕	78	11.2	
		M16×50	◕	12	1.9	
		M20×45	○	48	13.0	
脚钉	6.8级	M16×180	⊕T	15	6.1	
		M20×200		1	0.7	
垫圈	Q235					规格×个数
总质量			32.9kg			

图 14-25　ZJT-Z1 直线塔塔身②结构图（二）

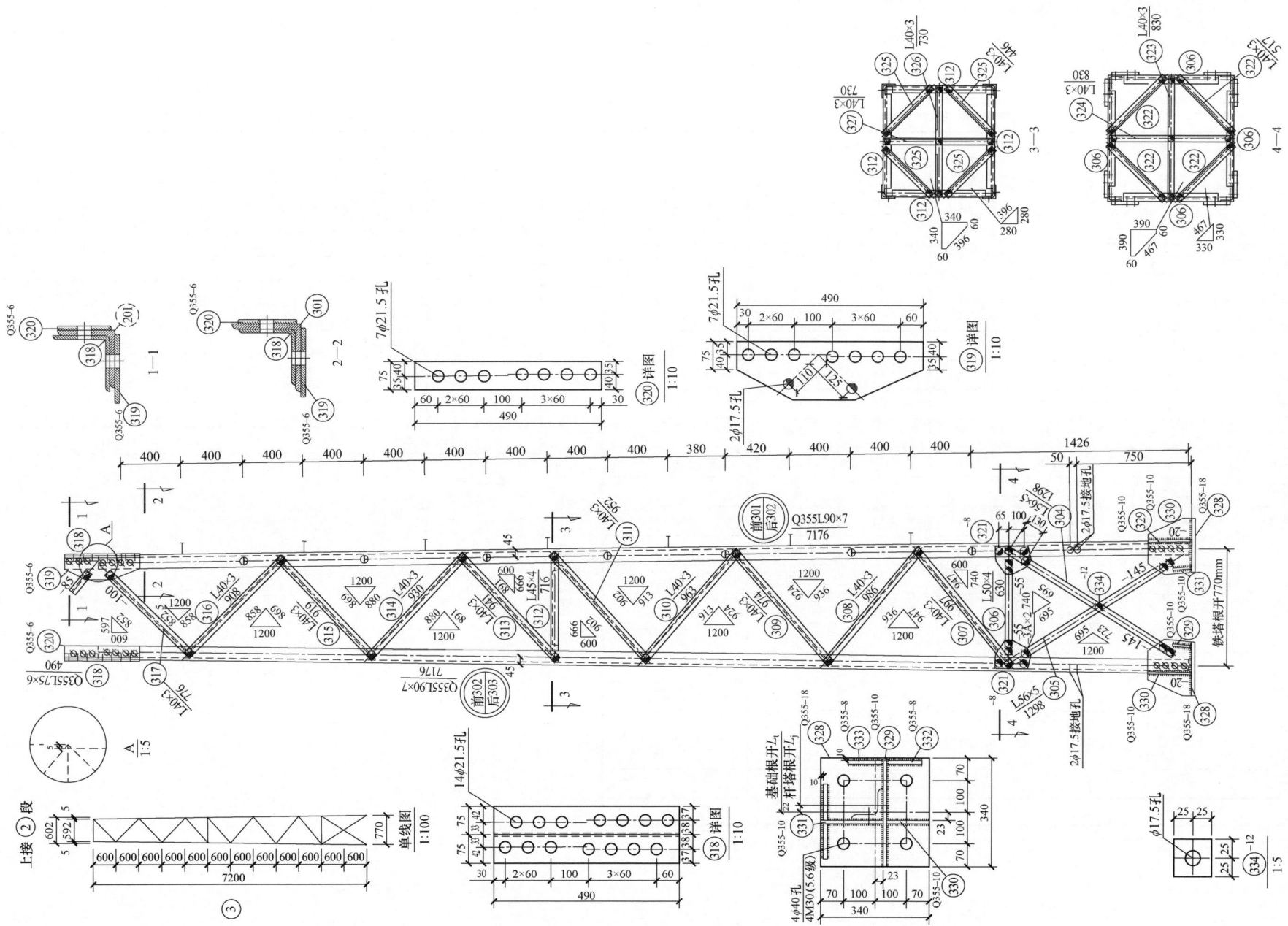

图 14-26　ZJT-Z1 直线塔塔腿③结构图（一）

构 件 明 细 表

编号	规格	长度 (mm)	数量	单件	小计	备注
③01	Q355L90×7	7176	1	69.29	69.3	带脚钉
③02	Q355L90×7	7176	2	69.29	138.6	
③03	Q355L90×7	7176	1	69.29	69.3	
③04	L56×5	1298	4	5.52	22.1	
③05	L56×5	1298	4	5.52	22.1	切角
③06	L50×4	630	4	1.93	7.7	
③07	L40×3	997	4	1.85	7.4	
③08	L40×3	986	4	1.83	7.3	切角
③09	L40×3	974	4	1.80	7.2	
③10	L40×3	963	4	1.78	7.1	切角
③11	L40×3	952	4	1.76	7.0	
③12	L45×4	716	4	1.96	7.8	两端切肢
③13	L40×3	941	4	1.74	7.0	
③14	L40×3	930	4	1.72	6.9	切角
③15	L40×3	919	4	1.70	6.9	
③16	L40×3	908	4	1.68	6.7	切角
③17	L40×3	776	4	1.44	5.8	
③18	Q355L75×6	490	4	3.38	13.5	铲背
③19	Q355−6×147	490	4	3.89	13.6	
③20	Q355−6×75	490	4	1.73	6.9	
③21	−8×186	236	8	2.76	22.1	
③22	L40×3	517	4	0.96	3.8	
③23	L40×3	830	1	1.54	1.5	中间切肢
③24	L40×3	830	1	1.54	1.5	
③25	L40×3	446	4	0.83	3.3	
③26	L40×3	730	1	1.35	1.4	中间切肢
③27	L40×3	730	1	1.35	1.4	
③28	Q355−18×340	340	4	16.33	65.3	电焊
③29	Q355−10×363	291	4	8.29	33.2	打坡口焊
③30	Q355−10×136	291	4	3.11	12.4	打坡口焊
③31	Q355−10×216	291	4	4.93	19.7	打坡口焊
③32	Q355−8×100	100	8	0.63	5.0	打坡口焊
③33	Q355−8×100	100	8	0.63	5.0	打坡口焊
③34	−12×50	50	4	0.24	1.0	垫板
总质量					616.7kg	

螺栓、脚钉、垫圈明细表

名称	级别	规格	符号	数量	质量 (kg)	备注
螺栓	6.8级	M16×40	⊘	50	7.2	
		M16×50	⊘	88	14.1	
		M16×60	⊠	4	0.7	
		M20×55	∅	88	26.0	
脚钉	6.8级	M16×180	⊕T	15	6.1	
		M20×200		1	0.7	
垫圈	Q235	−3A（φ17.5）		8	0.1	规格×个数
总质量					54.9kg	

图 14−26 ZJT−Z1 直线塔塔腿③结构图（二）

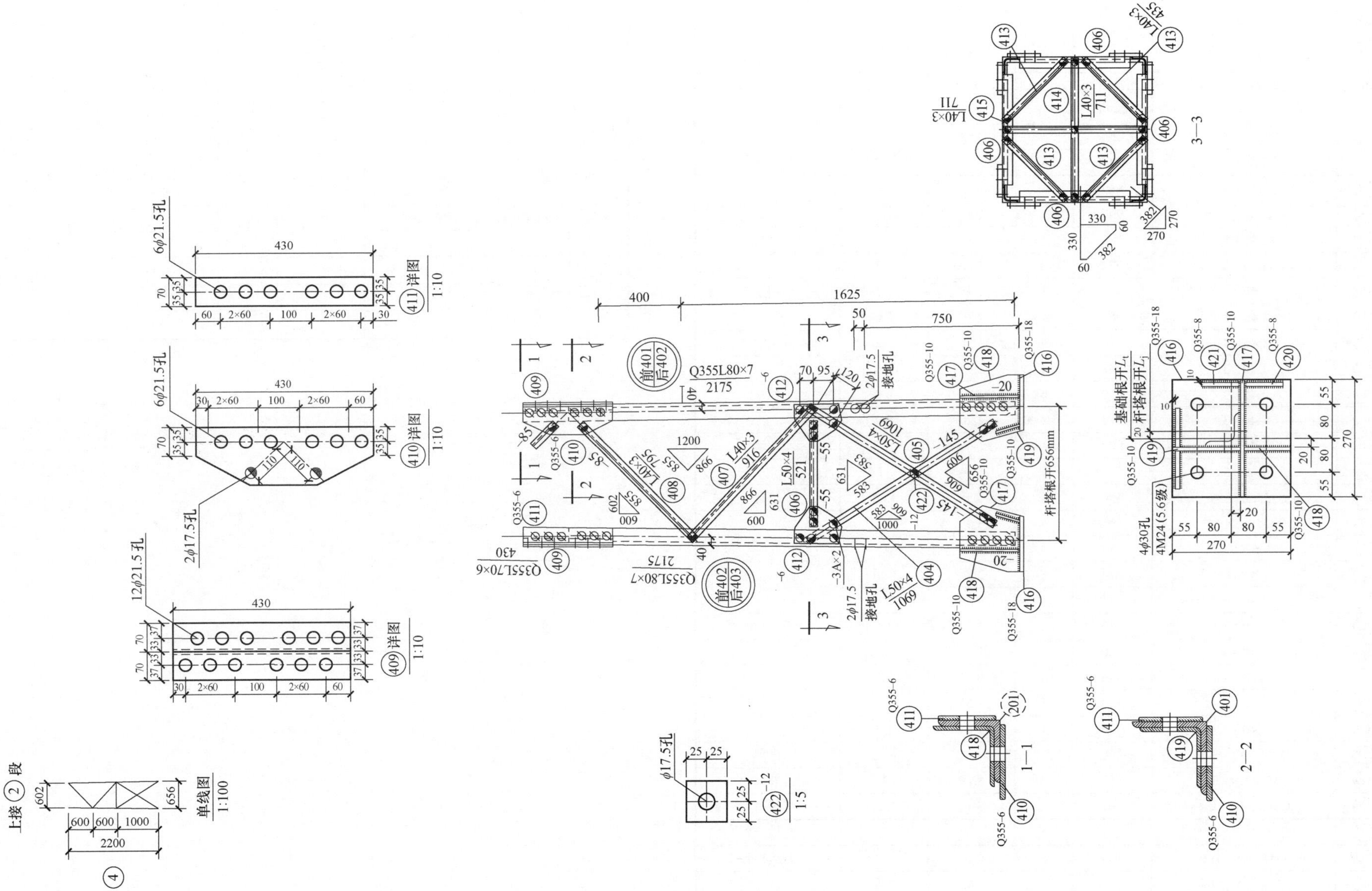

图 14-27 ZJT-Z1 直线塔塔腿④结构图（一）

构 件 明 细 表

编号	规格	长度（mm）	数量	质量（kg）单件	质量（kg）小计	备注
④01	Q355L80×7	2175	1	18.54	18.5	带脚钉
④02	Q355L80×7	2175	2	18.54	37.1	
④03	Q355L80×7	2175	1	18.54	18.5	
④04	L50×4	1069	4	3.27	13.1	切角
④05	L50×4	1069	4	3.27	13.1	
④06	L50×4	521	4	1.59	6.4	
④07	L40×3	916	4	1.70	6.8	
④08	L40×3	795	4	1.47	5.9	
④09	Q355L70×6	430	4	2.75	11.0	铲背
④10	Q355−6×142	430	4	2.88	11.5	
④11	Q355−6×70	430	4	1.42	5.7	
④12	−6×180	222	8	1.88	15.0	
④13	L40×3	435	4	0.81	3.2	
④14	L40×3	711	1	1.32	1.3	中间切肢
④15	L40×3	711	1	1.32	1.3	
④16	Q355−18×270	270	4	10.30	41.2	电焊
④17	Q355−10×326	291	4	7.45	29.8	打坡口焊
④18	Q355−10×109	291	4	2.49	10.0	打坡口焊
④19	Q355−10×211	290	4	4.80	19.2	打坡口焊
④20	Q355−6×100	100	8	0.63	5.0	打坡口焊
④21	Q355−8×100	100	8	0.63	5.0	打坡口焊
④22	−12×50	50	4	0.24	1.0	垫板
总质量				279.6kg		

螺栓、脚钉、垫圈明细表

名称	级别	规格	符号	数量	质量（kg）	备注
螺栓	6.8级	M16×40	◑	45	6.5	
		M16×50	◑	48	7.7	
		M20×55	⊘	80	23.6	
脚钉	6.8级	M16×180	⊕T	2	0.8	
		M20×200		1	0.7	
垫圈	Q235	−3A（φ17.5）		8	0.1	规格×个数
总质量				39.4kg		

图 14−27　ZJT−Z1 直线塔塔腿④结构图（二）

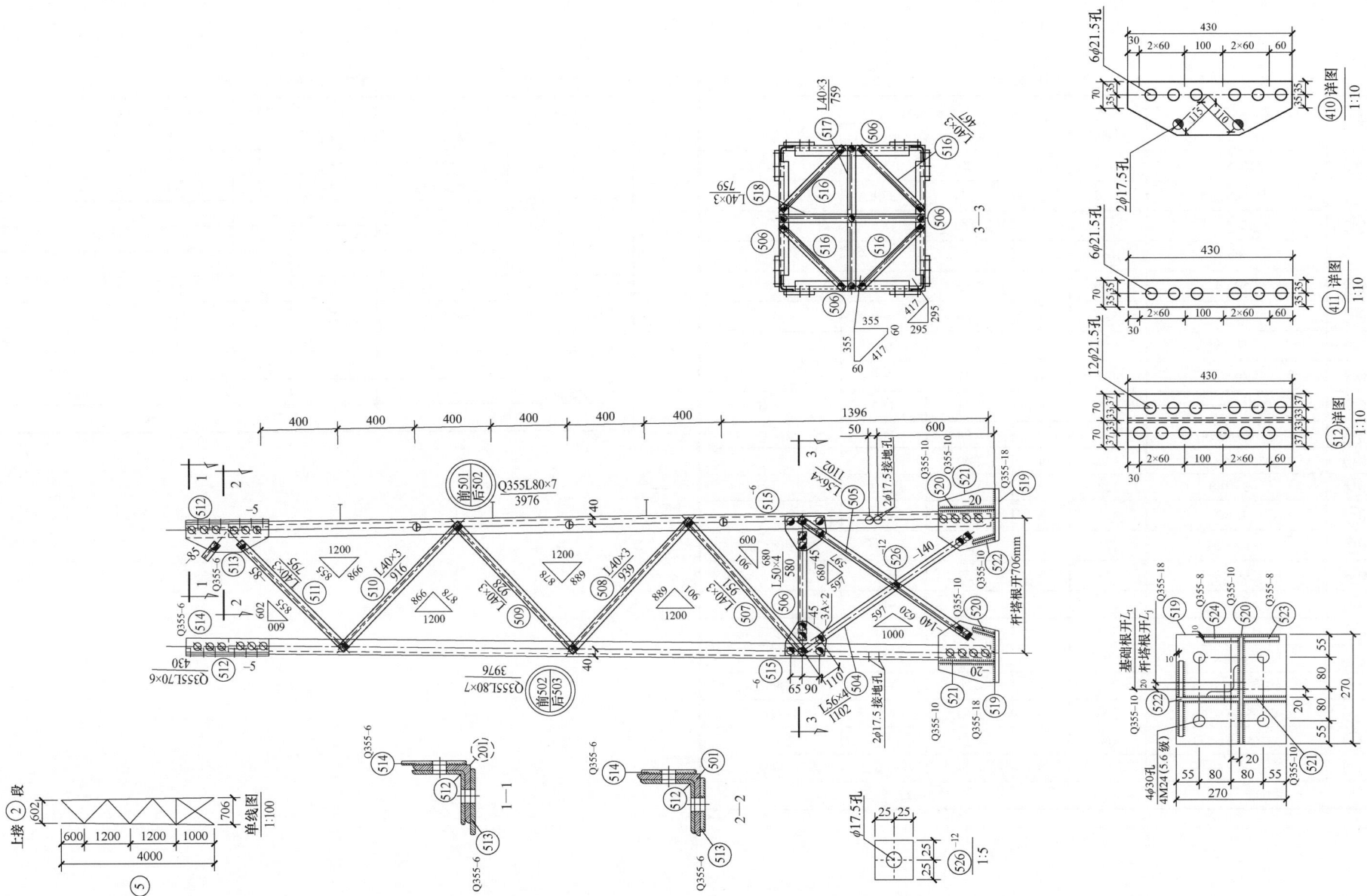

图 14-28　ZJT-Z1 直线塔塔腿⑤结构图（一）

构 件 明 细 表

编号	规格	长度（mm）	数量	质量（kg）单件	质量（kg）小计	备注
⑤01	Q355L80×7	3976	1	33.90	33.9	带脚钉
⑤02	Q355L80×7	3976	2	33.90	67.8	
⑤03	Q355L80×7	3976	1	33.90	33.9	
⑤04	L56×4	1102	4	3.80	15.2	切角
⑤05	L56×4	1102	4	3.80	15.2	
⑤06	L50×4	580	4	1.77	7.1	
⑤07	L40×3	951	4	1.76	7.0	
⑤08	L40×3	939	4	1.74	7.0	切角
⑤09	L40×3	928	4	1.72	6.9	
⑤10	L40×3	916	4	1.70	6.8	切角
⑤11	L40×3	795	4	1.47	5.9	
⑤12	Q355L70×6	430	4	2.75	11.0	铲背
⑤13	Q355−6×142	430	4	2.68	11.5	
⑤14	Q355−6×70	430	4	1.42	5.7	
⑤15	−6×176	215	8	1.78	14.2	
⑤16	L40×3	467	4	0.88	3.4	
⑤17	L40×3	759	1	1.41	1.4	中间切肢
⑤18	L40×3	759	1	1.41	1.4	
⑤19	Q355−18×270	270	4	10.30	41.2	电焊
⑤20	Q355−10×318	291	4	7.26	29.0	开坡口焊
⑤21	Q355−10×109	291	4	2.49	10.0	开坡口焊
⑤22	Q355−10×202	290	4	4.60	18.4	开坡口焊
⑤23	Q355−8×100	100	8	0.63	5.0	开坡口焊
⑤24	Q355−8×100	100	8	0.63	5.0	开坡口焊
⑤25	−12×50	50	4	0.24	1.0	垫板
合计					364.9kg	

螺栓、脚钉、垫圈明细表

名称	级别	规格	符号	数量	质量（kg）	备注
螺栓	6.8级	M16×40	◗	41	5.9	
		M16×50	◖	60	9.6	
		M16×60	▣	4	0.7	
		M20×55	∅	80	23.6	
脚钉	6.8级	M16×180	⊕T	8	3.3	
		M20×200		1	0.7	
垫圈	Q235	−3A（φ17.5）		8	0.1	规格×个数
总质量					43.9kg	

图 14−28 ZJT−Z1 直线塔塔腿⑤结构图（二）

除图中注明外，必须遵照下列统一要求进行加工和组装：

（1）杆塔的设计执行《输电线路杆塔制图和构造规定》（DL/T 5442—2020）的有关规定。

（2）结构图中图面内的图例、代号等在说明中未提及之处，均按《输电线路杆塔制图和构造规定》（DL/T 5442—2020）中的要求执行。

（3）杆塔加工时应严格执行《输电线路铁塔制造技术条件》（GB/T 2694—2018）。本塔构件的尺寸以放样为准，构件加工后必须试组装，验收合格后方可批量加工。

（4）钢材质量标准应符合《碳素结构钢》（GB/T 700—2006）及《低合金高强度结构钢》（GB/T 1591—2018）的有关要求；螺栓、螺母、扣紧螺母应符合的标准分别为《六角头螺栓 C 级》（GB/T 5780—2016）、《I 型六角螺母》（GB/T 6170—2015）、《扣紧螺母》（GB 805—1988）。所有材料，包括角钢、螺栓、防盗螺栓、扣紧螺母、焊条等均应有出厂合格证书。

（5）杆塔构件所用钢种为 Q235B、Q355B，图中注明 Q355 材料为 Q355B 钢材，未注明均为 Q235B 钢材（角钢用"L"、钢板用"－"表示）。所有构件均须热镀锌。

（6）所有螺栓（包括防盗螺栓）的强度等级为热镀锌后的强度值。

（7）杆塔构件连接主要以螺栓连接为主，少数采用焊接（如塔脚板连接等）。构件焊接应按照焊接规程、规范和有关规定进行，焊缝高度不得小于连接构件的最小厚度，当被焊接构件厚 8mm 及以上时，要按规定剖口焊，以便焊透。对 Q355 构件焊接时选用 E50 系列焊条，对 Q235 构件焊接时选用 E43 系列焊条。

（8）加工时如发生材料代用或改变节点形式等情况，须与设计单位联系解决。材料代用时，需注意相关影响，应与图纸对应列表统计，并由加工厂书面通知施工单位，以方便施工安装。

（9）角钢与钢板的螺栓间距、边距除图中特殊注明外均按表 1 采用。

（10）角钢准距除图中特殊注明外，一般按表 2 采用。

（11）螺栓、脚钉、垫圈规格按表 3、表 4 采用。

（12）脚钉一般从离地面 1.5m 处开始向上装设，间距 400mm 左右，加工放样时可适当调整脚钉的位置，脚钉除运行单位有特殊要求外，一般采用防滑带直钩形式。

（13）其他事项：

1）节点板考虑到刚度要求，形状不宜狭长，节点板边缘与构件轴线夹角 α 不小于 15°，如右图所示。

α 角示意图

2）构件厚度大于 14mm 时须采用钻孔方法加工，构件接头中外包角钢清根，内包角钢铲背。

3）凡图中所要求的火曲、开合角、切肢、压扁、切角等的尺寸均由加工放样决定。

4）两构件连接面间的间隙大于 3mm 时，构件应局部开、合角或制弯。

5）当构件需采用切肢或压扁时，应优先采用切肢。

（14）铁塔加工时应根据实际工程要求的高度设置防盗螺栓（无特殊说明的 10m 高以下防盗）。

表 1 螺栓间距、边距表

螺栓规格	孔径（mm）	螺栓间距（mm）		边距（mm）		
2.	2.	单排	双排	端距	扎制边距	切角边距
M16	φ17.5	50	80	25	≥21 或 20（L40 角钢时）	≥23
M20	φ21.5	60	100	30	≥26	≥28

注　螺孔顺力方向重心最大间距为 12d 或 18t（取二者较小者），其中 d 为螺栓直径，t 为较薄板的厚度。

表 2 角 钢 准 距 表

肢宽（mm）	准距（mm）	第一排准距（mm）	第二排准距（mm）	最大使用孔径（mm）
L40	20			17.5
L45	23			
L50	25（28）			
L56	28（32）			
L63	30（36）			
L70	35（40）			
L75	38（40）			
L80	40			21.5
L90	45			
L100	50			
L110	55	45	75	
L125	60	50	85	
L140	70	55	90	
L160	80	60	105	

注　括号内数字用于螺栓边距不足时，在搭接位置上的螺栓孔可使用的准距。

表 3 螺 栓 规 格 表

级别	单帽螺栓（带一垫、一扣紧螺母）					防盗螺栓	双帽螺栓（带一垫）				
	规格	符号	通过厚度（mm）	无扣长（mm）	质量（kg）	质量（kg）（带一垫）	规格	符号	通过厚度（mm）	无扣长（mm）	质量（kg）
6.8	M16×40	◖	7～12	6	0.1442	0.1997	M16×50	◖	7～12	6	0.1875
	M16×50	◗	13～22	12	0.1602	0.2127	M16×60	◗	13～22	12	0.2039
	M16×60	◼	23～32	22	0.1762	0.2277	M16×70	◼	23～32	22	0.2203
	M16×70	◈	33～42	32	0.1922	0.2477	M16×80	◈	33～42	32	0.2369
6.8	M20×45	○	9～15	8	0.2701	0.3517	M20×60	○	9～15	8	0.3605
	M20×55	⊘	16～25	15	0.2953	0.3737	M20×70	⊘	16～25	15	0.3864
	M20×65	⊠	26～35	25	0.3205	0.3967	M20×80	⊠	26～35	25	0.4123
	M20×75	⊘	36～45	35	0.3457	0.4207	M20×90	⊘	36～45	35	0.4381
	M20×85	⊠	46～55	45	0.3709	0.4407	M20×100	⊠	46～55	45	0.4640
	M20×95	⊠	56～65	55	0.3961	0.4607	M20×110	⊠	56～65	55	0.4899
	M20×105	⊠	66～75	65	0.4213	0.4807	M20×120	⊠	66～75	65	0.5158

表 4 脚钉、垫圈规格表

脚钉（带两帽）				垫圈				
规格	符号	无扣长（mm）	质量（kg）	规格	符号	质量（kg）	内径（mm）	外径（mm）
M16×180	⊕ ——	120	0.3799	−2（φ13.5）	规格×个数	0.00186	13.5	24
				−3（φ17.5）		0.01065	17.5	30
M20×200		120	0.6749	−3（φ22）	规格×个数	0.01637	22	37
				−4（φ22）		0.02183	22	37
M24×240		120	1.1803	−3（φ26）	规格×个数	0.02331	26	44
				−4（φ26）		0.03108	26	44

图 14-29 ZJT-Z1 直线塔加工说明

14.2.2 ZJT-Z2 直线塔

ZJT-Z2 直线塔结构图清单见表 14-10。

表 14-10   **ZJT-Z2 直线塔结构图清单**

图序	图名	备注
图 14-30	ZJT-Z2 直线塔总图	
图 14-31	ZJT-Z2 直线塔材料汇总表	
图 14-32	ZJT-Z2 直线塔塔头①结构图（1/2）	
图 14-33	ZJT-Z2 直线塔塔头①结构图（2/2）	
图 14-34	ZJT-Z2 直线塔塔身②结构图	
图 14-35	ZJT-Z2 直线塔塔身③结构图	
图 14-36	ZJT-Z2 直线塔塔身④结构图	

续表

图序	图名	备注
图 14-37	ZJT-Z2 直线塔塔腿⑤结构图（1/2）	
图 14-38	ZJT-Z2 直线塔塔腿⑤结构图（2/2）	
图 14-39	ZJT-Z2 直线塔塔腿⑥结构图（1/2）	
图 14-40	ZJT-Z2 直线塔塔腿⑥结构图（2/2）	
图 14-41	ZJT-Z2 直线塔塔腿⑦结构图	
图 14-42	ZJT-Z2 直线塔塔腿⑧结构图（1/2）	
图 14-43	ZJT-Z2 直线塔塔腿⑧结构图（2/2）	
图 14-44	ZJT-Z2 直线塔加工说明	

接地孔布置图

脚钉布置图

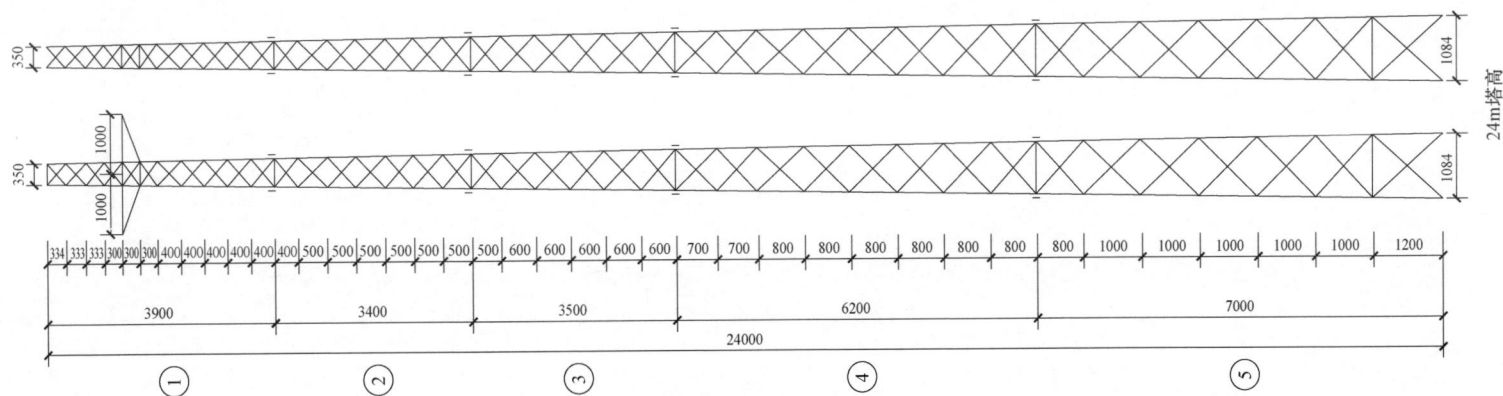

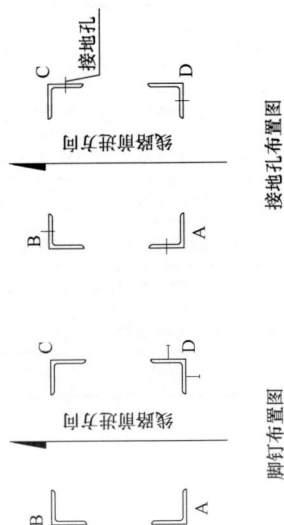

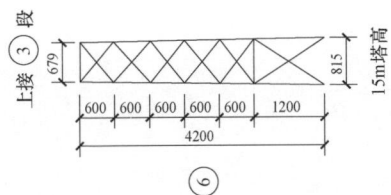

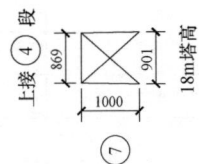

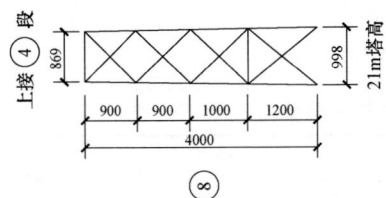

杆塔根开、基础根开、地脚螺栓规格及间距表				
杆塔名称（型号）	ZJT-Z2			
塔高（m）	15	18	21	24
接腿	⑥	⑦	⑧	⑤
杆塔根开（mm）	815	901	998	1084
基础根开（mm）	859	951	1048	1138
基础地脚螺栓间距（mm）	200	200	200	200
每腿基础地脚螺栓配置（5.6 级）	4M30	4M30	4M30	4M30

图 14-30　ZJT-Z2 直线塔总图

材料汇总表

材料	材质	规格	段号								全塔高（m）			
			1	2	3	4	5	6	7	8	15.0	18.0	21.0	24.0
角钢	Q355	L110×10					492.8							492.8
		L100×10								264.9			264.9	
		L100×8				284.1			67.7			351.8	284.1	284.1
		L90×7						161.2			161.2			
		L90×6				16.4	18.4		18.4	18.4		34.8	34.8	34.8
		L80×6			103.1			14.4			117.5	103.1	103.1	103.1
		L70×5		82.5	9.3						91.8	91.8	91.8	91.8
		L63×5	86.2								86.2	86.2	86.2	86.2
		小计	86.2	82.5	112.4	300.5	511.2	175.6	86.1	283.3	456.7	667.7	864.9	1092.8
	Q235	L56×5						45.0			45.0			
		L56×4	2.8								2.8	2.8	2.8	2.8
		L50×5					45.4							45.4
		L50×4	24.1				11.2	8.2	39.4	45.7	32.3	63.5	69.8	35.3
		L45×4	4.3	4.1	5.2	6.0	10.0	6.2		10.0	19.8	19.6	29.6	29.6
		L40×3	100.3	78.2	80.2	136.2	137.3	80.8	8.2	72.0	339.5	403.1	466.9	532.2
		小计	131.5	82.3	85.4	142.2	203.9	140.2	47.6	127.7	439.4	489.0	569.1	645.3
钢板	Q355	−6		22.8	24.6	32.4	18.6	32.0	18.6	18.6	79.4	98.4	98.4	98.4
		−8					10.8	13.2	12.0	12.0	13.2	12.0	12.0	10.8
		−12					99.5	79.6	97.1	97.3	79.6	97.1	97.3	99.5
		−22					79.8	79.8	79.8	79.8	79.8	79.8	79.8	79.8
		小计		22.8	24.6	32.4	208.7	204.6	207.5	207.7	252.0	287.3	287.5	288.5
	Q235	−2				1.4	1.8			1.8		1.4	3.2	3.2
		−6	25.7								25.7	25.7	25.7	25.7
		−8					24.6	23.3	21.6	24.2	23.3	21.6	24.2	24.6
		−10					4.8			2.4			2.4	4.8
		−14					1.1	1.1	1.1	1.1	1.1	1.1	1.1	1.1
		小计	25.7			1.4	32.3	24.4	22.7	29.5	50.1	49.8	56.6	59.4
螺栓	6.8级	M16×40	30.0	15.1	13.4	4.8	6.6	10.1	7.1	6.6	68.6	70.4	69.9	69.9
		M16×50	3.5			13.5	16.7	15.4	5.1	12.8	18.9	22.1	29.8	33.7
		M16×60					2.8	0.7		0.7	0.7		0.7	2.8
		M16×50 双帽	1.3								1.3	1.3	1.3	1.3
		小计	34.8	15.1	13.4	18.3	26.1	26.2	12.2	20.1	89.5	93.8	101.7	107.7
	6.8级	M20×55		14.2	14.2	16.5	30.7	26.0	30.7	30.7	54.4	75.6	75.6	75.6
		小计		14.2	14.2	16.5	30.7	26.0	30.7	30.7	54.4	75.6	75.6	75.6
		螺栓合计	34.8	29.3	27.6	34.8	56.8	52.2	42.9	50.8	143.9	189.4	177.3	183.3
脚钉	6.8级	M16×180	4.1	2.8	3.3	5.3	5.7	2.4		2.8	12.6	15.5	18.3	21.2
		M20×200		1.5		1.5	0.7	0.7	0.7	0.7	2.2	3.7	3.7	3.7
		小计	4.1	4.3	3.3	6.8	6.4	3.1	0.7	3.5	14.8	19.2	22.0	24.9
垫圈	Q235	−3A（φ17.5）	0.1	0.2	0.5	0.1		0.4			1.2	0.9	0.9	0.9
		−4A（φ17.5）	0.9	0.4		1.2	0.2	0.2	0.2	0.2	1.5	2.7	2.7	2.7
		小计	1.0	0.6	0.5	1.3	0.2	0.6	0.2	0.2	2.7	3.6	3.6	3.6
合计（kg）			283.3	221.8	253.8	519.4	1019.5	600.7	407.7	702.7	1359.6	1686.0	1981.0	2297.8
各塔高含防盗螺栓总质量（kg）											1387.4	1720.3	2021.2	2344.4

图 14−31　ZJT−Z2 直线塔材料汇总表

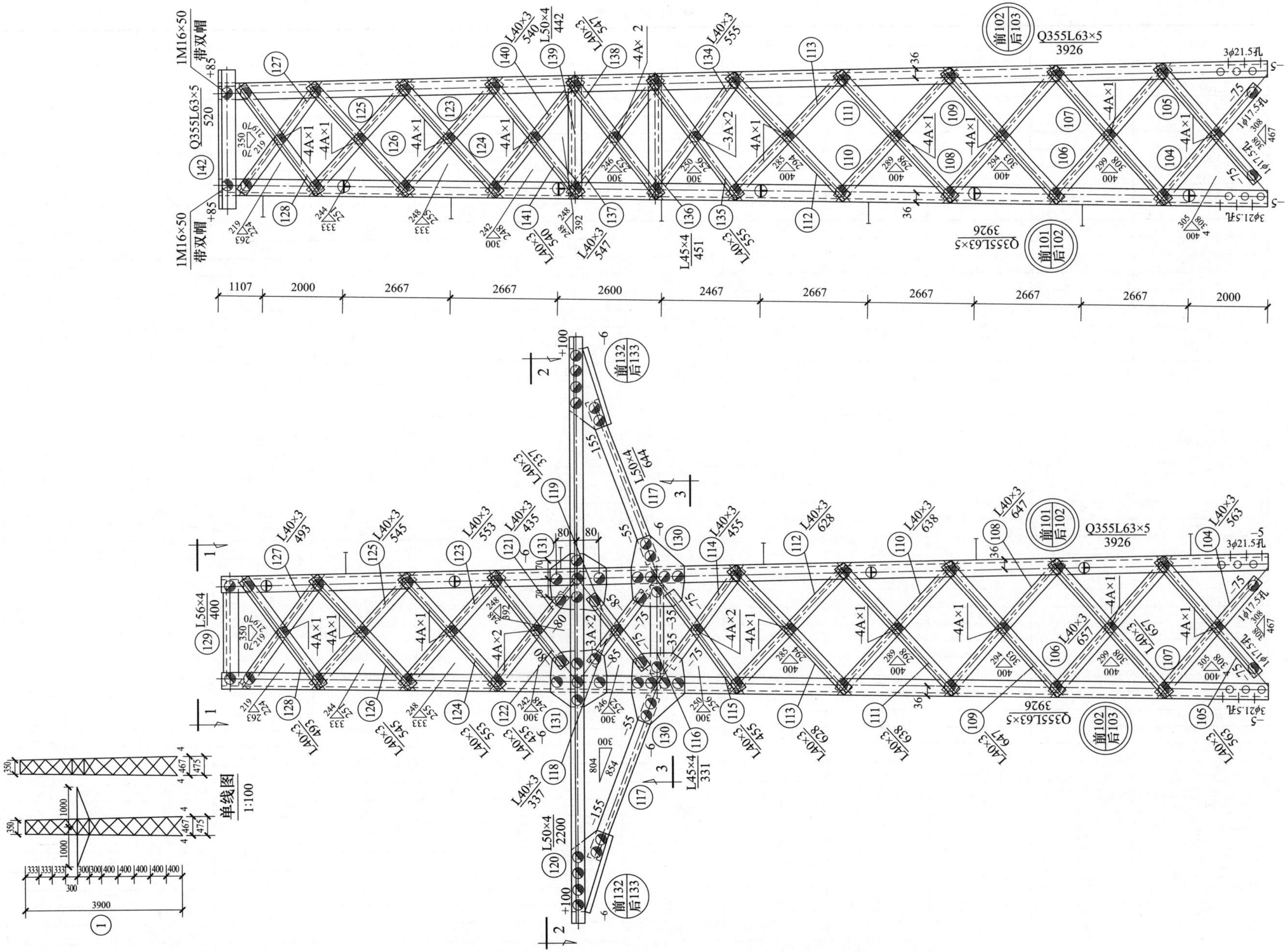

图14-32 ZJT-Z2直线塔塔头①结构图（1/2）

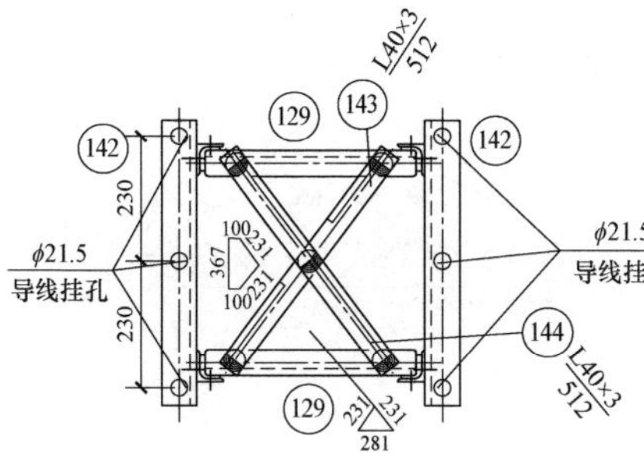

图 14-33　ZJT-Z2 直线塔塔头①结构图（2/2）

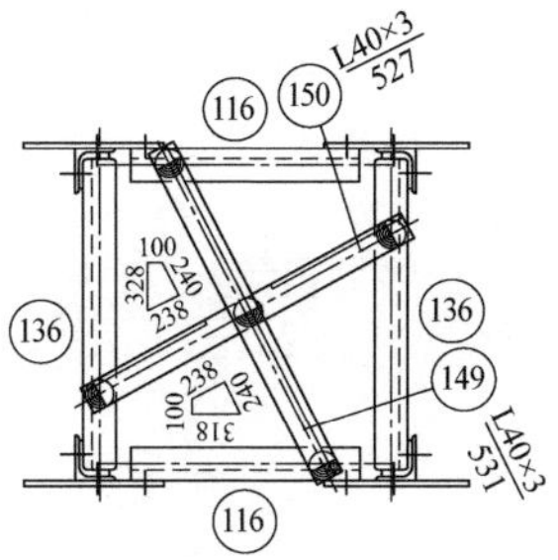

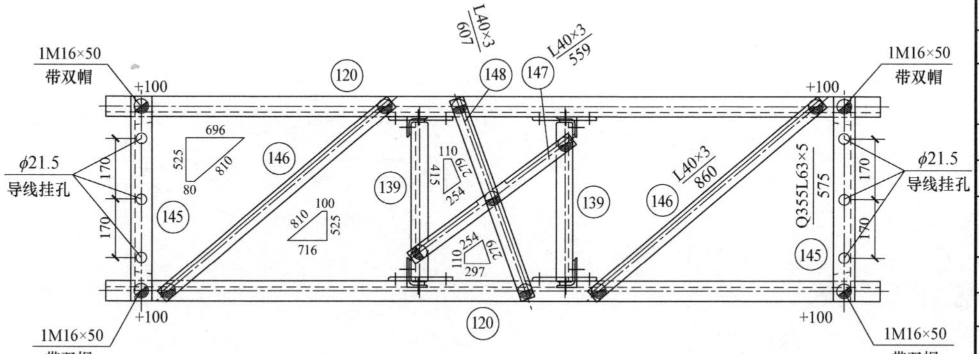

构 件 明 细 表

编号	规格	长度 (mm)	数量	质量(kg) 单件	质量(kg) 小计	备注	编号	规格	长度 (mm)	数量	质量(kg) 单件	质量(kg) 小计	备注
101	Q355L63×5	3926	1	18.93	18.9	带脚钉	127	L40×3	493	4	0.91	3.6	切角
102	Q355L63×5	3926	2	18.93	37.9		128	L40×3	493	4	0.91	3.6	
103	Q355L63×5	3926	1	18.93	18.9		129	L56×4	400	2	1.38	2.8	
104	L40×3	563	4	1.04	4.2	切角	130	−6×201	266	4	2.52	10.1	
105	L40×3	563	4	1.04	4.2		131	−6×210	216	4	2.14	8.6	
106	L40×3	657	4	1.22	4.9	切角	132	−6×116	316	2	1.73	3.5	卷边50mm
107	L40×3	657	4	1.22	4.9		133	−6×116	316	2	1.73	3.5	卷边50mm
108	L40×3	647	4	1.20	4.8	切角	134	L40×3	555	2	1.03	2.1	切角
109	L40×3	647	4	1.20	4.8		135	L40×3	555	2	1.03	2.1	
110	L40×3	638	4	1.18	4.7	切角	136	L45×4	451	2	1.23	2.5	两端切肢
111	L40×3	638	4	1.18	4.7		137	L40×3	547	2	1.01	2.0	切角
112	L40×3	628	4	1.16	4.6	切角	138	L40×3	547	2	1.01	2.0	
113	L40×3	628	4	1.16	4.6		139	L50×4	442	2	1.35	2.7	两端切肢
114	L40×3	455	2	0.84	1.7	切角	140	L40×3	540	2	1.00	2.0	切角
115	L40×3	455	2	0.84	1.7		141	L40×3	540	2	1.00	2.0	
116	L45×4	331	2	0.91	1.8		142	Q355L63×5	520	2	2.51	5.0	
117	L50×4	644	4	1.97	7.9		143	L40×3	512	1	0.95	1.0	中间切肢
118	L40×3	337	2	0.62	1.2		144	L40×3	512	1	0.95	1.0	
119	L40×3	337	2	0.62	1.2		145	Q355L63×5	575	2	2.77	5.5	两端切肢
120	L50×4	2200	2	6.73	13.5		146	L40×3	860	2	1.59	3.2	
121	L40×3	435	2	0.81	1.6	切角	147	L40×3	559	1	1.04	1.0	中间切肢
122	L40×3	435	2	0.81	1.6		148	L40×3	607	1	1.12	1.1	
123	L40×3	553	4	1.02	4.1	切角	149	L40×3	531	1	0.98	1.0	
124	L40×3	553	4	1.02	4.1		150	L40×3	527	1	0.98	1.0	中间切肢
125	L40×3	545	4	1.01	4.0	切角	总质量					243.4kg	
126	L40×3	545	4	1.01	4.0								

螺栓、脚钉、垫圈明细表

名称	级别	规格	符号	数量	质量（kg）	备注
螺栓	6.8级	M16×40	⬤	208	30.0	
		M16×50	◖	22	3.5	
		M16×55	◖	8	1.3	带双帽
脚钉	6.8级	M16×180	⊕T	10	4.1	
垫圈	Q235	−3A（φ17.5）		8	0.1	规格×个数
		−4A（φ17.5）		42	0.9	
总质量					39.9kg	

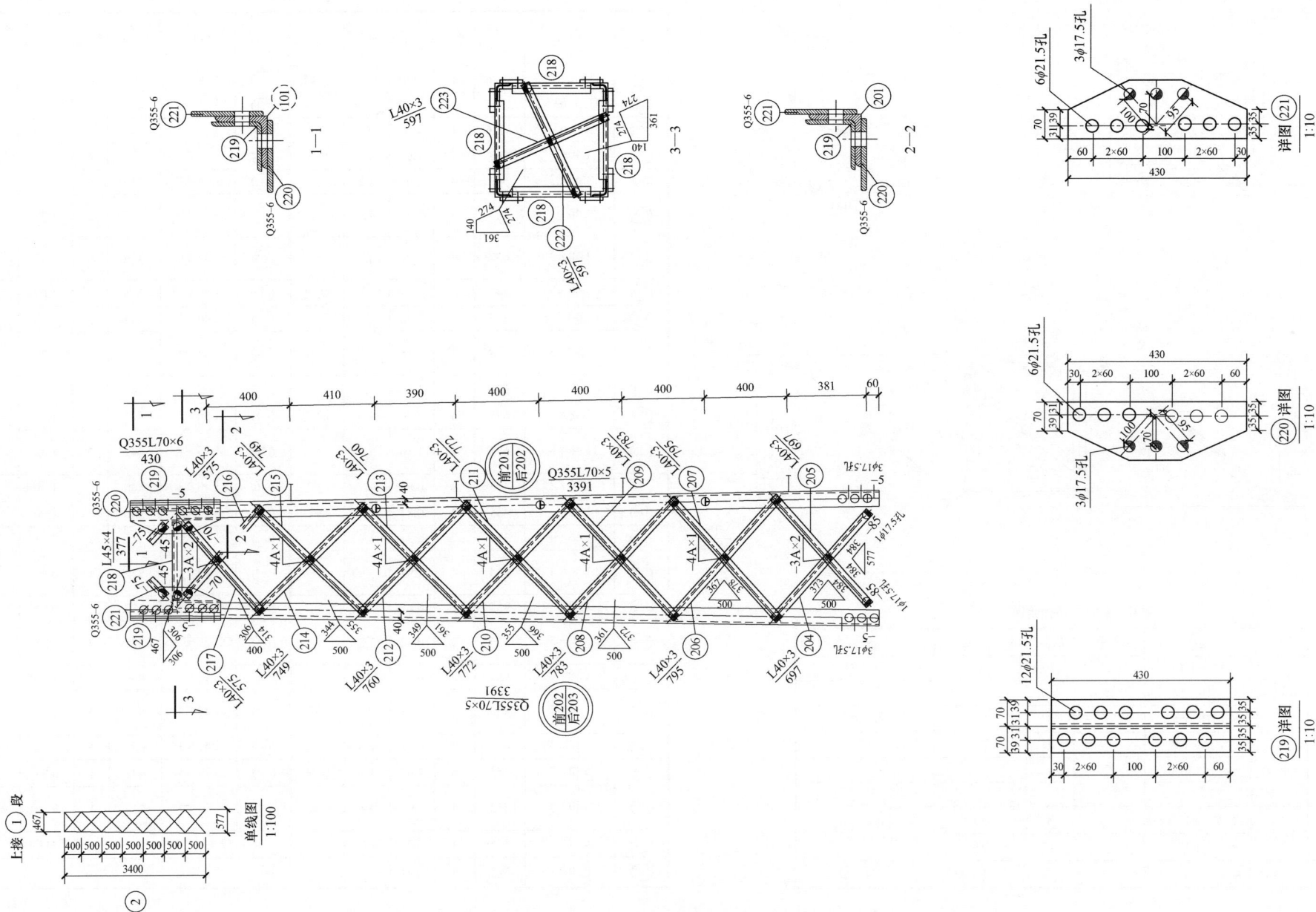

图 14-34　ZJT-Z2 直线塔塔身②结构图（一）

构件明细表

编号	规格	长度（mm）	数量	质量（kg）		备注
				单件	小计	
201	Q355L70×5	3391	1	18.30	18.3	带脚钉
202	Q355L70×5	3391	2	18.30	36.6	
203	Q355L70×5	3391	1	18.30	18.3	
204	L40×3	697	4	1.29	5.2	切角
205	L40×3	697	4	1.29	5.2	
206	L40×3	795	4	1.47	5.9	切角
207	L40×3	795	4	1.47	5.9	
208	L40×3	783	4	1.45	5.8	切角
209	L40×3	783	4	1.45	5.8	
210	L40×3	772	4	1.43	5.7	切角
211	L40×3	772	4	1.43	5.7	
212	L40×3	760	4	1.41	5.6	切角
213	L40×3	760	4	1.41	5.6	
214	L40×3	749	4	1.39	5.6	切角
215	L40×3	749	4	1.39	5.6	
216	L40×3	575	4	1.06	4.2	切角
217	L40×3	575	4	1.06	4.2	
218	L45×4	377	4	1.03	4.1	
219	Q355L70×5	430	4	2.82	9.3	铲背
220	Q355−6×141	430	4	2.86	11.4	
221	Q355−6×141	430	4	2.86	11.4	
222	L40×3	597	1	1.11	1.1	中间切肢
223	L40×3	597	1	1.11	1.1	
总质量		187.6kg				

螺栓、脚钉、垫圈明细表

名称	级别	规格	符号	数量	质量（kg）	备注
螺栓	6.8 级	M16×40	◕	105	15.1	
		M16×50	⌀	48	14.2	
脚钉	6.8 级	M16×180	⊕T	7	2.8	
		M20×200		2	1.5	
垫圈	Q235	−3A（ϕ17.5）		16	0.2	规格×个数
		−4A（ϕ17.5）		20	0.4	
总质量			34.2kg			

图 14−34　ZJT−Z2 直线塔塔身②结构图（二）

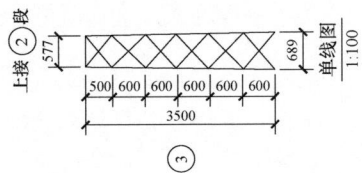

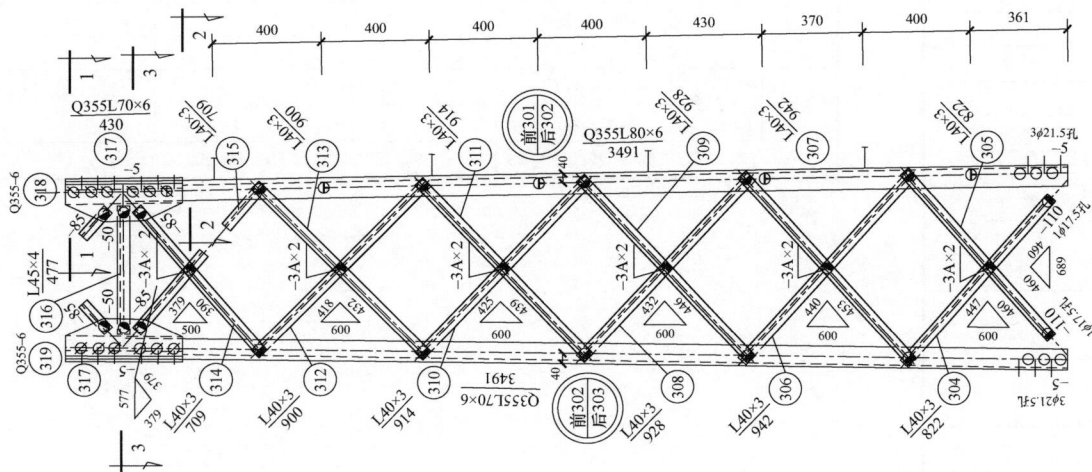

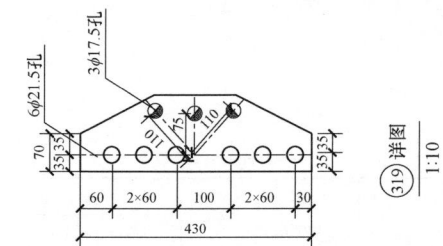

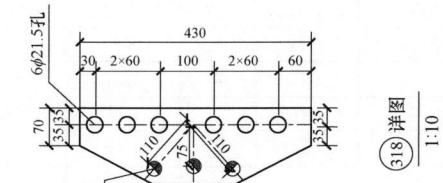

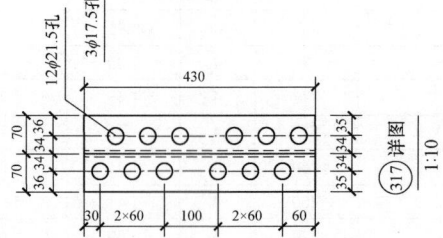

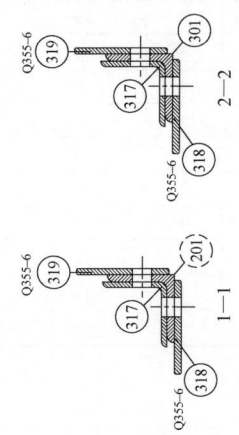

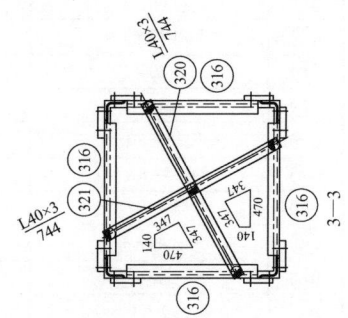

图 14-35　ZJT-Z2 直线塔塔身③结构图（一）

构 件 明 细 表

编号	规格	长度（mm）	数量	质量（kg） 单件	质量（kg） 小计	备注
③01	Q355L80×6	3491	1	25.75	25.8	带脚钉
③02	Q355L80×6	3491	2	25.75	51.5	
③03	Q355L80×6	3491	1	25.75	25.8	
③04	L40×3	822	4	1.52	6.1	切角
③05	L40×3	822	4	1.52	6.1	
③06	L40×3	942	4	1.74	7.0	切角
③07	L40×3	942	4	1.74	7.0	
③08	L40×3	928	4	1.72	6.9	切角
③09	L40×3	928	4	1.72	6.9	
③10	L40×3	914	4	1.69	6.8	切角
③11	L40×3	914	4	1.69	6.8	
③12	L40×3	900	4	1.67	6.7	切角
③13	L40×3	900	4	1.67	6.7	
③14	L40×3	709	4	1.31	5.2	切角
③15	L40×3	709	4	1.31	5.2	
③16	L45×4	477	4	1.31	5.2	
③17	Q355L70×5	430	4	2.32	9.3	铲背
③18	Q355−6×152	430	4	3.08	12.3	
③19	Q355−6×152	430	4	3.08	12.3	
③20	L40×3	744	1	1.36	1.4	中间切肢
③21	L40×3	744	1	1.36	1.4	
总质量				222.4kg		

螺栓、脚钉、垫圈明细表

名称	级别	规格	符号	数量	质量（kg）	备注
螺栓	6.8 级	M16×40	●	93	13.4	
		M20×55	∅	48	14.2	
脚钉	6.8 级	M16×180	⊕T	8	3.3	
垫圈	Q235	−3A（φ17.5）		48	0.5	规格×个数
总质量				31.4kg		

图 14−35　ZJT−Z2 直线塔塔身③结构图（二）

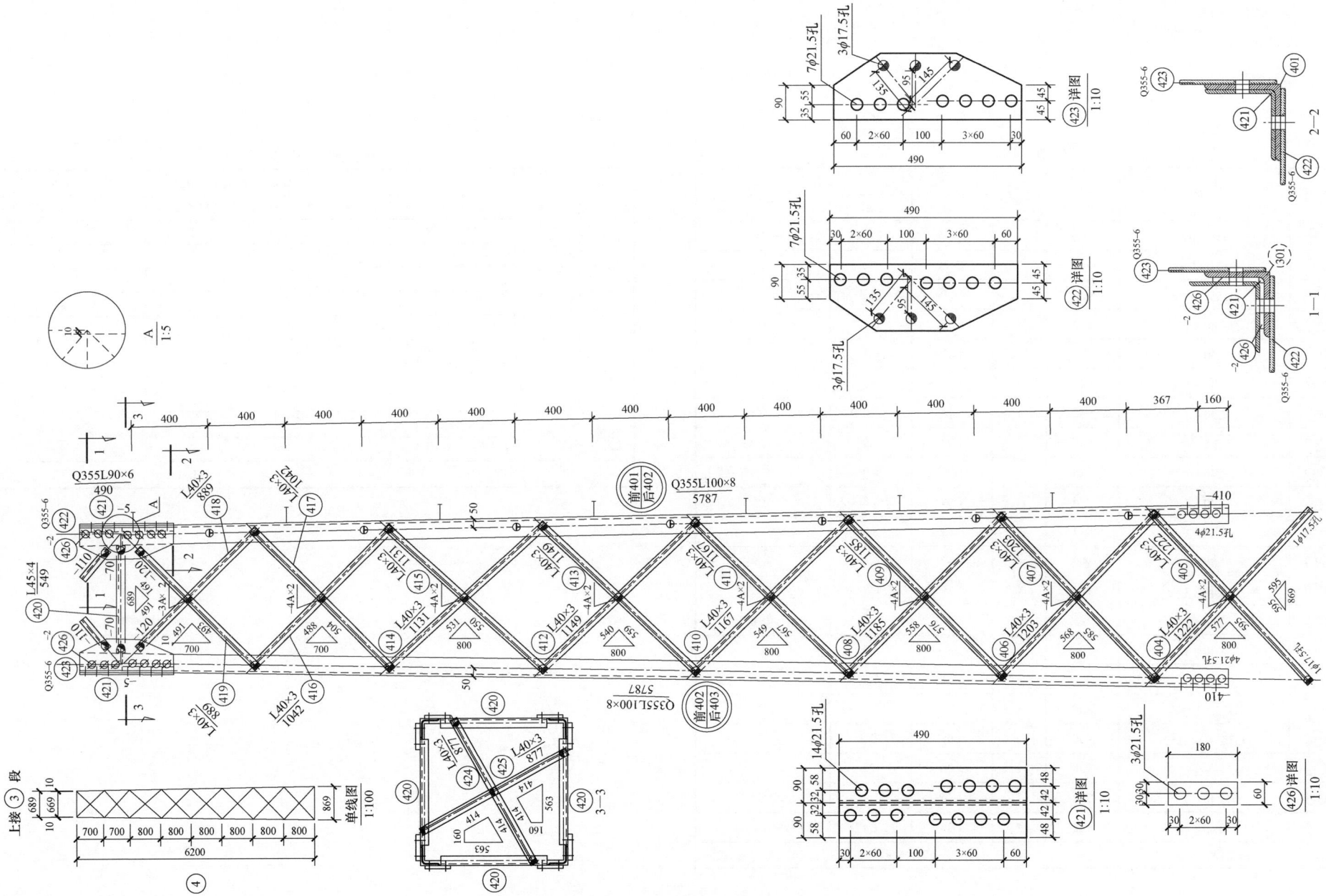

图 14-36 ZJT-Z2 直线塔塔身④结构图（一）

构 件 明 细 表

编号	规格	长度（mm）	数量	质量（kg）		备注
				单件	小计	
(401)	Q355L100×8	5787	1	71.04	71.0	带脚钉
(402)	Q355L100×8	5787	2	71.04	142.1	
(403)	Q355L100×8	5787	1	71.04	71.0	
(404)	L40×3	1222	4	2.26	9.0	切角
(405)	L40×3	1222	4	2.26	9.0	
(406)	L40×3	1203	4	2.23	8.9	切角
(407)	L40×3	1203	4	2.23	8.9	
(408)	L40×3	1185	4	2.19	8.8	切角
(409)	L40×3	1185	4	2.19	8.8	
(410)	L40×3	1167	4	2.16	8.6	切角
(411)	L40×3	1167	4	2.16	8.6	
(412)	L40×3	1149	4	2.13	8.5	切角
(413)	L40×3	1149	4	2.13	8.5	
(414)	L40×3	1131	4	2.09	8.4	切角
(415)	L40×3	1131	4	2.09	8.4	
(416)	L40×3	1042	4	1.93	7.7	切角
(417)	L40×3	1042	4	1.93	7.7	
(418)	L40×3	889	4	1.65	6.6	切角
(419)	L40×3	889	4	1.65	6.6	
(420)	L45×4	549	4	1.50	6.0	
(421)	Q355L90×6	490	4	4.09	16.4	铲背
(422)	Q355−6×175	490	4	4.04	16.2	
(423)	Q355−6×175	490	4	4.04	16.2	
(424)	L40×3	877	1	1.62	1.6	中间切肢
(425)	L40×3	877	1	1.62	1.6	
(426)	−2×60	180	8	0.17	1.4	垫板
总质量		476.5kg				

螺栓、脚钉、垫圈明细表

名称	级别	规格	符号	数量	质量（kg）	备注
螺栓	6.8 级	M16×40	◕	33	4.8	
		M16×50	◕	84	13.5	
		M20×55	⌀	56	16.5	
脚钉	6.8 级	M16×180	⊖T	13	5.3	
		M20×200		2	1.5	
垫圈	Q235	−3A（ϕ17.5）		8	0.1	规格×个数
		−4A（ϕ17.5）		56	1.2	
总质量			42.9kg			

图 14－36　ZJT－Z2 直线塔塔身④结构图（二）

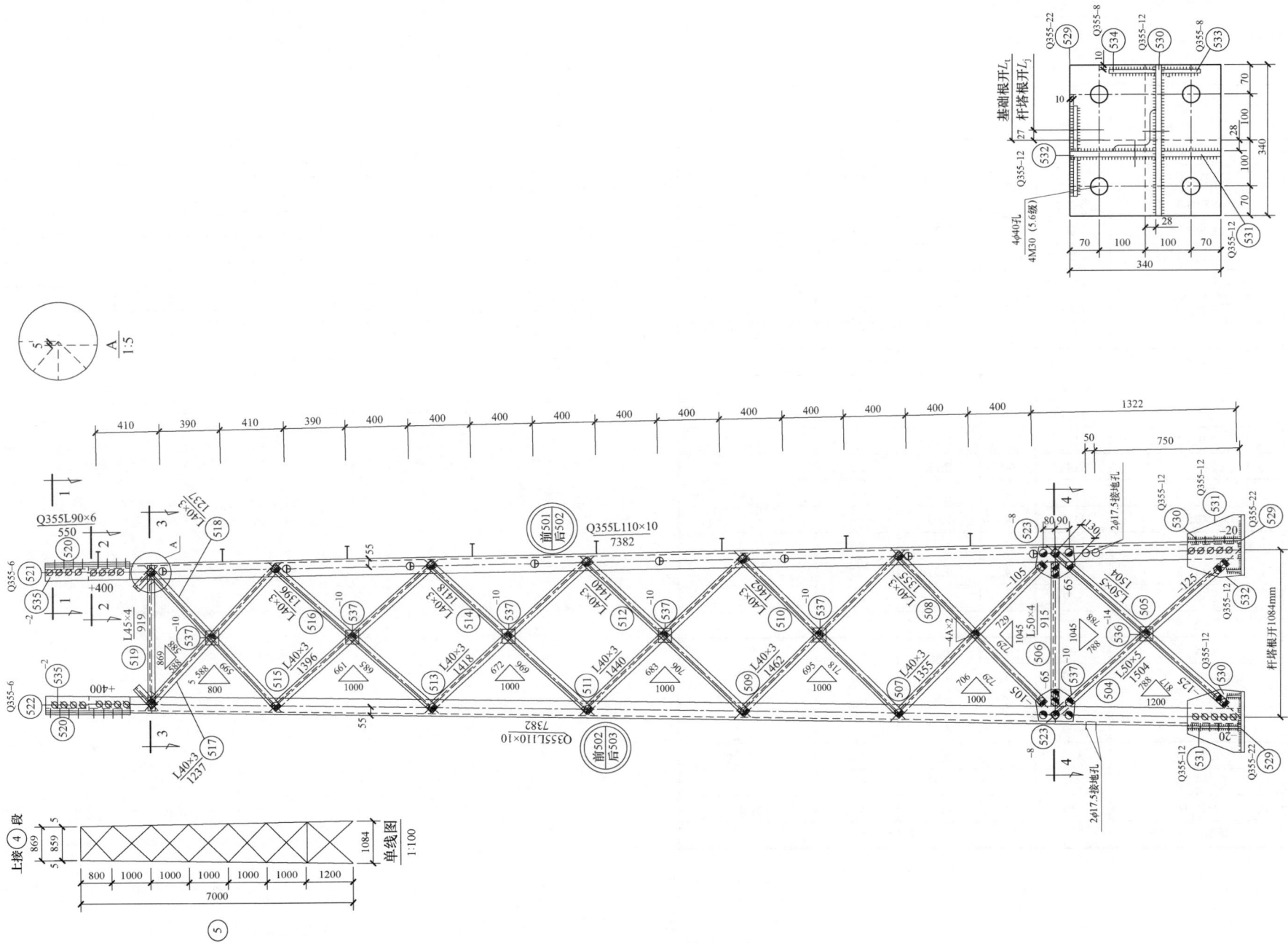

图 14-37 ZJT-Z2 直线塔塔腿⑤结构图（1/2）（一）

构 件 明 细 表

编号	规格	长度（mm）	数量	质量（kg）单件	质量（kg）小计	备注
⑤⓪①	Q355L110×10	7382	1	123.21	123.2	带脚钉
⑤⓪②	Q355L110×10	7382	2	123.21	246.4	
⑤⓪③	Q355L110×10	7382	1	123.21	123.2	
⑤⓪④	L50×5	1504	4	5.67	22.7	切角
⑤⓪⑤	L50×5	1504	4	5.67	22.7	
⑤⓪⑥	L50×4	915	4	2.80	11.2	
⑤⓪⑦	L40×3	1355	4	2.51	10.0	切角
⑤⓪⑧	L40×3	1355	4	2.51	10.0	
⑤⓪⑨	L40×3	1462	4	2.71	10.8	切角
⑤①⓪	L40×3	1462	4	2.71	10.8	
⑤①①	L40×3	1440	4	2.67	10.7	切角
⑤①②	L40×3	1440	4	2.67	10.7	
⑤①③	L40×3	1418	4	2.63	10.5	切角
⑤①④	L40×3	1418	4	2.63	10.5	
⑤①⑤	L40×3	1396	4	2.59	10.4	切角
⑤①⑥	L40×3	1396	4	2.59	10.4	
⑤①⑦	L40×3	1237	4	2.29	9.2	切角
⑤①⑧	L40×3	1237	4	2.29	9.2	
⑤①⑨	L45×4	919	4	2.51	10.0	两端切肢
⑤②⓪	Q355L90×6	550	4	4.59	18.4	铲背
⑤②①	Q355−6×90	550	4	2.33	9.3	
⑤②②	Q355−6×90	550	4	2.33	9.3	
⑤②③	−8×206	237	8	3.07	24.6	
⑤②④	L40×3	1206	1	2.23	2.2	中间切肢
⑤②⑤	L40×3	1206	1	2.23	2.2	
⑤②⑥	L40×3	1155	1	2.14	2.1	
⑤②⑦	L40×3	1155	1	2.14	2.1	中间切肢
⑤②⑧	L40×3	746	4	1.38	5.5	
⑤②⑨	Q355−22×840	340	4	19.96	79.8	电焊
⑤③⓪	Q355−12×380	352	4	12.60	50.4	开坡口焊接
⑤③①	Q355−12×133	352	4	4.41	17.6	开坡口焊接
⑤③②	Q355−12×238	351	4	7.87	31.5	开坡口焊接
⑤③③	Q355−8×90	120	8	0.68	5.4	开坡口焊接
⑤③④	Q355−8×90	120	8	0.68	5.4	开坡口焊接
⑤③⑤	−2×60	240	8	0.23	1.8	垫板
⑤③⑥	−14×50	50	4	0.27	1.1	垫板
⑤③⑦	−10×50	50	24	0.20	4.8	垫板
总质量		956.1kg				

螺栓、脚钉、垫圈明细表

名称	级别	规格	符号	数量	质量（kg）	备注
螺栓	6.8级	M16×40	⊘	46	6.6	
		M16×50	⊘	104	16.7	
		M16×60	⊠	16	2.8	
		M20×55	∅	104	30.7	
脚钉	6.8级	M16×180	⊕T	14	5.7	
		M20×200		1	0.7	
垫圈	Q235	−4A（φ17.5）		8	0.2	规格×个数
					0.3	
总质量					63.4kg	

图 14−37 ZJT−Z2 直线塔塔腿⑤结构图（1/2）（二）

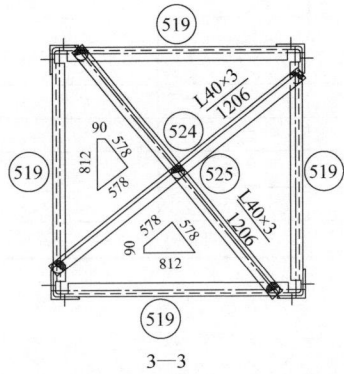

3—3

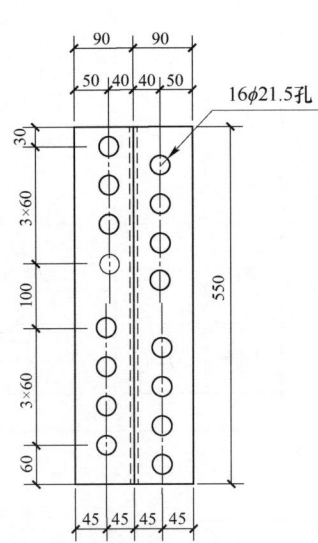

520 详图
1:10

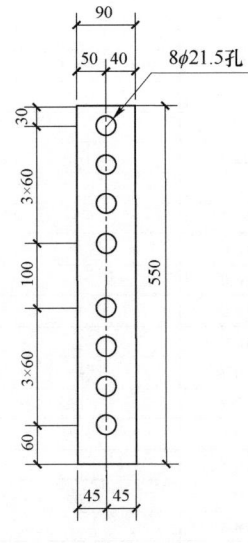

521 详图
1:10

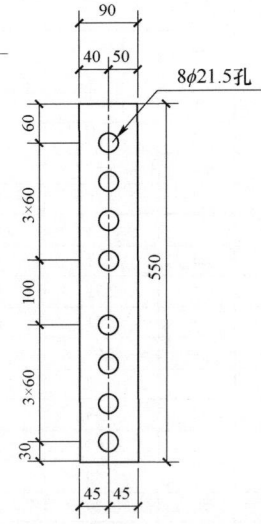

522 详图
1:10

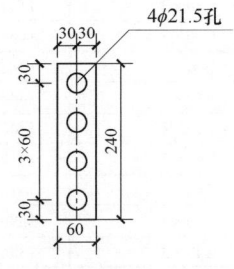

535 详图
1:10

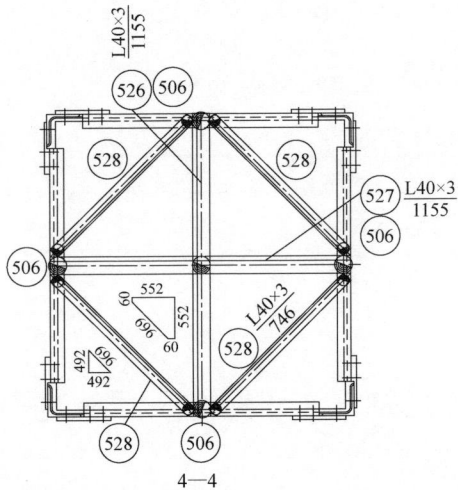

4—4

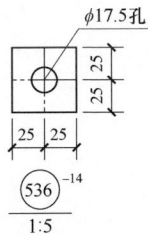

536 −14
1:5

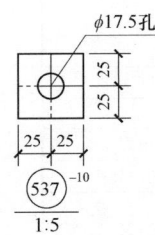

537 −10
1:5

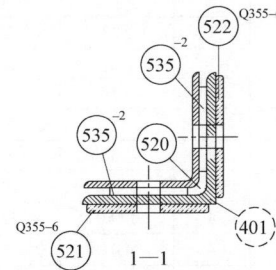

1—1

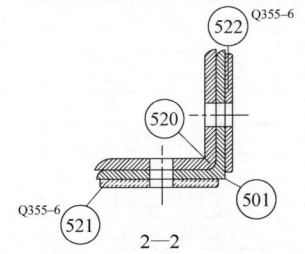

2—2

图 14−38 ZJT−Z2 直线塔塔腿⑤结构图（2/2）

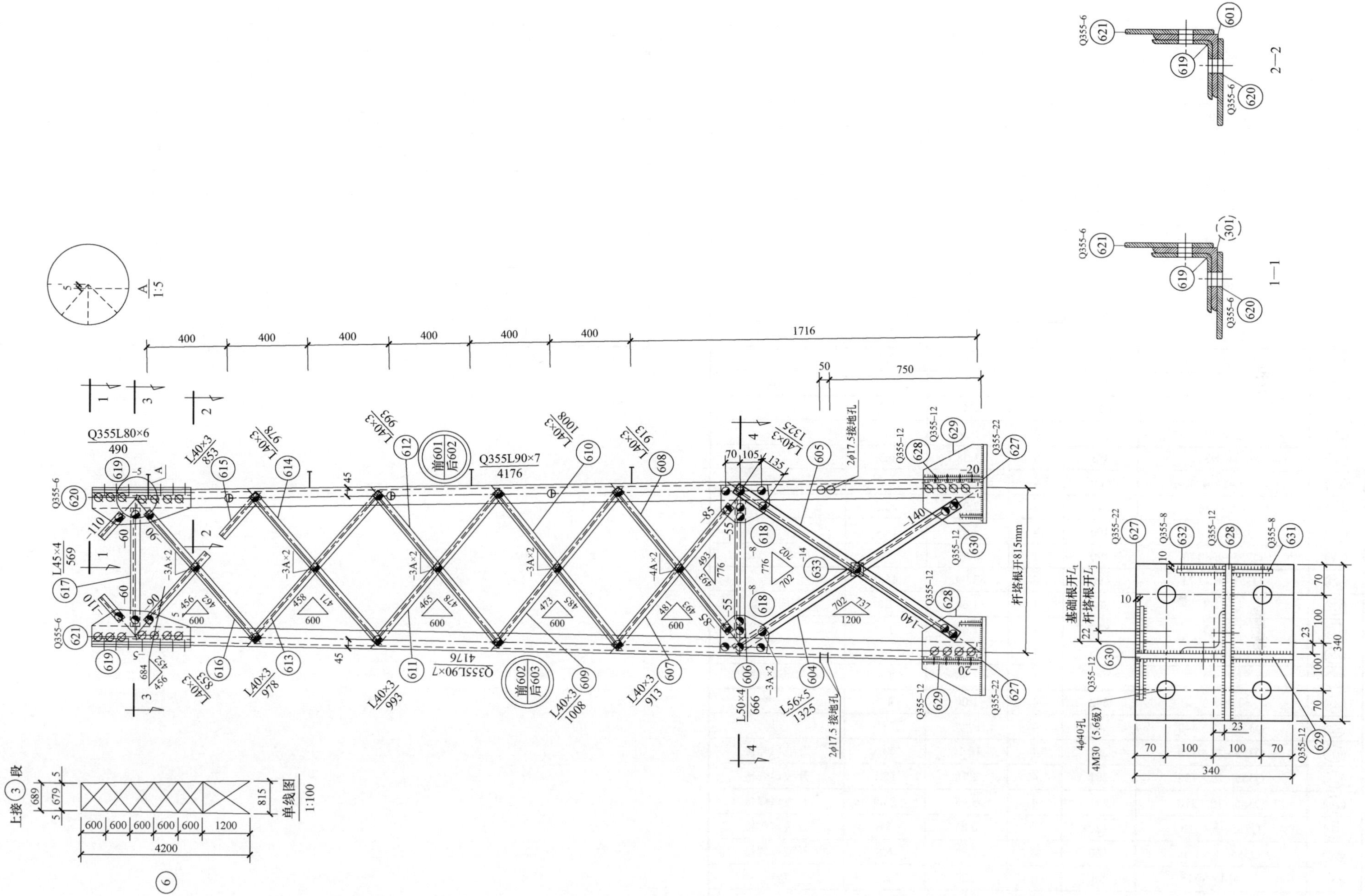

图 14-39 ZJT-Z2 直线塔塔腿⑥结构图（1/2）（一）

<table>
<tr><td colspan="7" align="center">构 件 明 细 表</td></tr>
</table>

编号	规格	长度 (mm)	数量	质量（kg） 单件	质量（kg） 小计	备注
⑥01	Q355L90×7	4176	1	40.32	40.3	带脚钉
⑥02	Q355L90×7	4176	2	40.32	60.6	
⑥03	Q355L90×7	4176	1	40.32	40.3	
⑥04	L56×5	1325	4	5.63	22.5	切角
⑥05	L56×5	1325	4	5.63	22.5	
⑥06	L50×4	666	4	2.04	8.2	
⑥07	L40×3	913	4	1.69	6.8	切角
⑥08	L40×3	913	4	1.69	6.8	
⑥09	L40×3	1008	4	1.87	7.5	切角
⑥10	L40×3	1008	4	1.87	7.5	
⑥11	L40×3	993	4	1.84	7.4	切角
⑥12	L40×3	993	4	1.84	7.4	
⑥13	L40×3	978	4	1.81	7.2	切角
⑥14	L40×3	978	4	1.81	7.2	
⑥15	L40×3	853	4	1.58	6.3	切角
⑥16	L40×3	853	4	1.58	6.3	
⑥17	L45×4	569	4	1.56	6.2	切角
⑥18	−8×186	249	8	2.91	23.3	
⑥19	Q355L80×6	490	4	3.61	14.4	铲背
⑥20	Q355−6×173	490	4	3.99	16.0	
⑥21	Q355−6×173	490	4	3.99	16.0	
⑥22	L40×3	887	1	1.64	1.6	中间切肢
⑥23	L40×3	887	1	1.64	1.6	
⑥24	L40×3	865	1	1.60	1.6	
⑥25	L40×3	865	1	1.60	1.6	中间切肢
⑥26	L40×3	542	4	1.00	4.0	
⑥27	Q355−22×340	340	4	19.96	79.8	电焊
⑥28	Q355−12×370	291	4	10.14	40.6	开坡口焊接
⑥29	Q355−22×138	291	4	3.78	15.1	开坡口焊接
⑥30	Q355−12×218	291	4	5.98	23.9	开坡口焊接
⑥31	Q355−8×110	120	8	0.83	6.6	开坡口焊接
⑥32	Q355−8×110	120	4	0.83	6.6	开坡口焊接
⑥33	−14×50	50	4	0.27	1.1	垫板
总质量					544.8kg	

<table>
<tr><td colspan="7" align="center">螺栓、脚钉、垫圈明细表</td></tr>
</table>

名称	级别	规格	符号	数量	质量（kg）	备注
螺栓	6.8级	M16×40	◑	70	10.1	
		M16×50	◩	96	15.4	
		M16×60	▣	4	0.7	
		M20×55	∅	88	26.0	
脚钉	6.8级	M16×180	⊕T	6	2.4	
		M20×200		1	0.7	
垫圈	Q235	−3A（φ17.5）		40	0.4	规格×个数
		−4A（φ17.5）		8	0.2	
总质量					55.9kg	

图 14−39　ZJT−Z2 直线塔塔腿⑥结构图（1/2）（二）

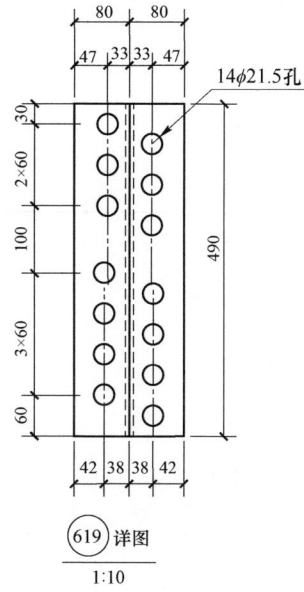

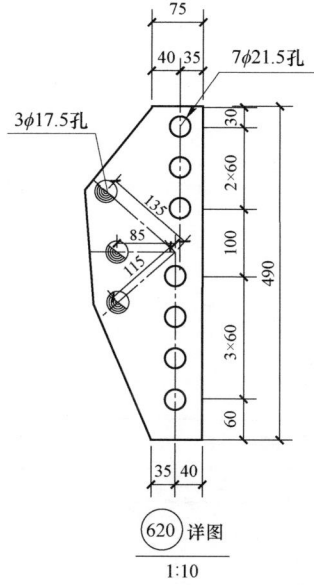

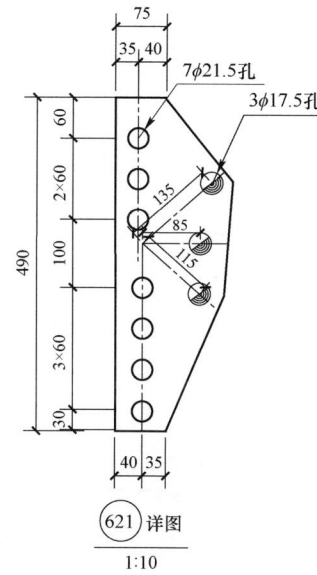

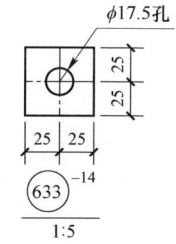

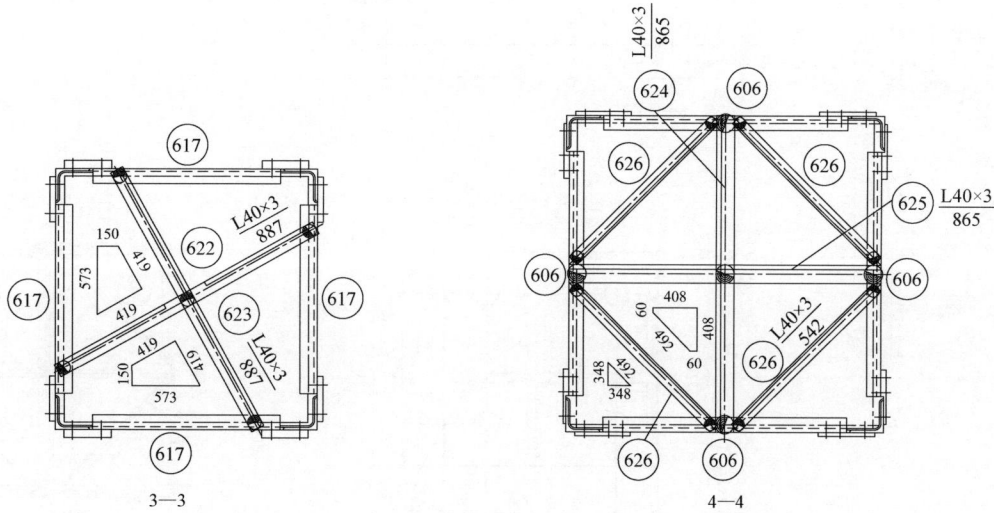

图 14-40 ZJT-Z2 直线塔塔腿⑥结构图（2/2）

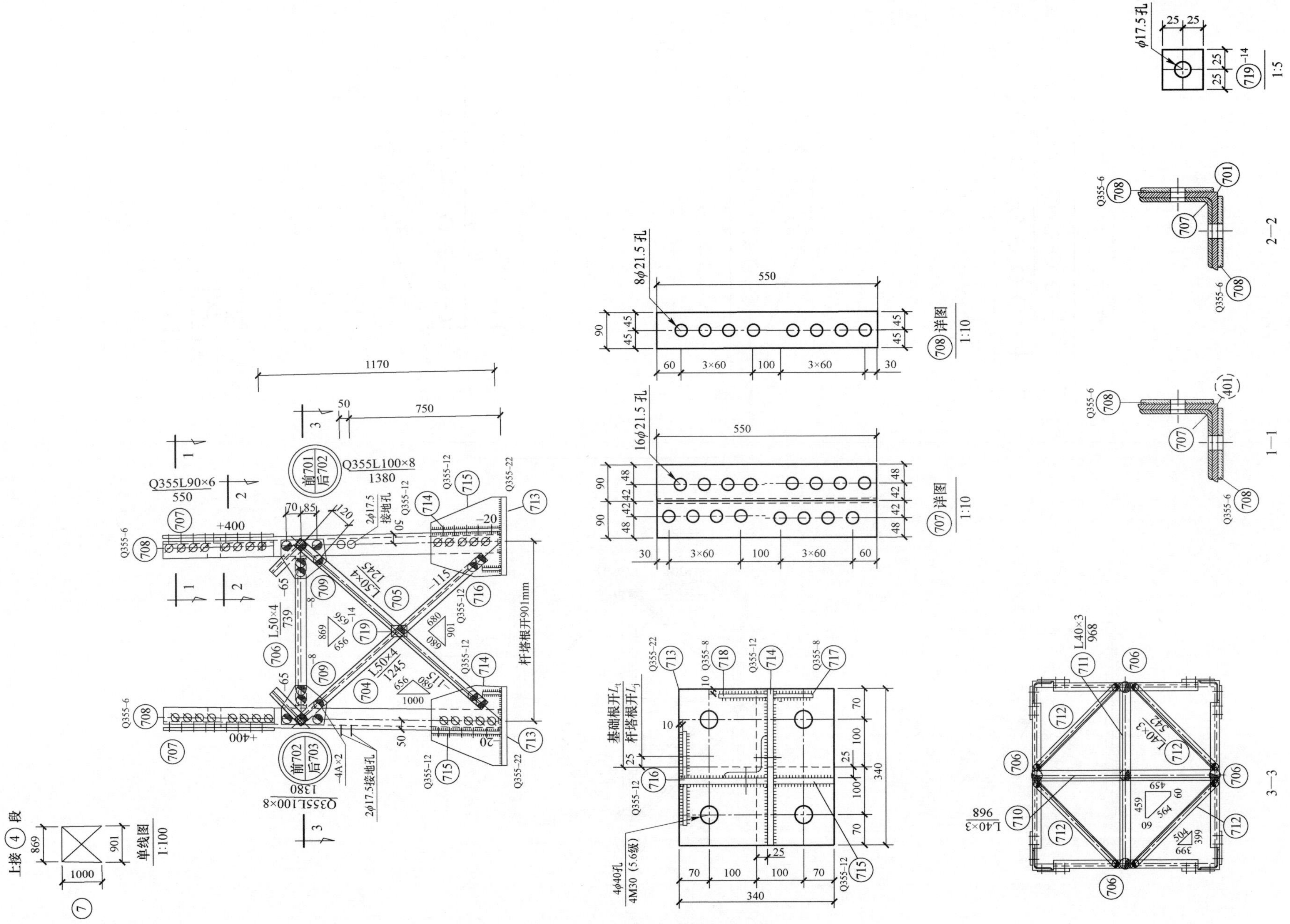

图 14-41 ZJT-Z2 直线塔塔腿⑦结构图（一）

构 件 明 细 表

编号	规格	长度（mm）	数量	质量（kg）单件	质量（kg）小计	备注
⑦01	Q355L100×8	1380	1	16.94	16.9	带脚钉
⑦02	Q355L100×8	1380	2	16.94	33.9	
⑦03	Q355L100×8	1380	1	16.94	16.9	
⑦04	L50×4	1245	4	3.81	15.2	切角
⑦05	L50×4	1245	4	3.81	15.2	
⑦06	L50×4	739	4	2.26	9.0	
⑦07	Q355L90×6	550	4	4.59	18.4	铲背
⑦08	Q355−6×90	550	8	2.33	18.6	
⑦09	−8×196	210	8	2.70	21.6	
⑦10	L40×3	968	1	1.79	1.8	
⑦11	L40×3	968	1	1.79	1.8	
⑦12	L40×3	614	4	1.14	4.6	
⑦13	Q355−22×340	340	4	19.96	79.8	电焊
⑦14	Q355−12×371	352	4	12.30	49.2	开坡口焊接
⑦15	Q355−12×136	352	4	4.51	18.0	开坡口焊接
⑦16	Q355−12×226	351	4	7.47	29.9	开坡口焊接
⑦17	Q355−8×100	120	8	0.75	6.0	开坡口焊接
⑦18	Q355−8×100	120	8	0.75	6.0	开坡口焊接
⑦19	−14×50	50	4	0.27	1.1	垫背
总质量				363.9kg		

螺栓、脚钉、垫圈明细表

名称	级别	规格	符号	数量	质量（kg）	备注
螺栓	6.8级	M16×40	◑	49	7.1	
		M16×50	◐	32	5.1	
		M20×55	⊘	104	30.7	
脚钉	6.8级	M20×200	⊕T	1	0.7	
垫圈	Q235	−4A（φ17.5）		8	0.2	规格×个数
总质量				43.8kg		

图 14−41　ZJT−Z2 直线塔塔腿⑦结构图（二）

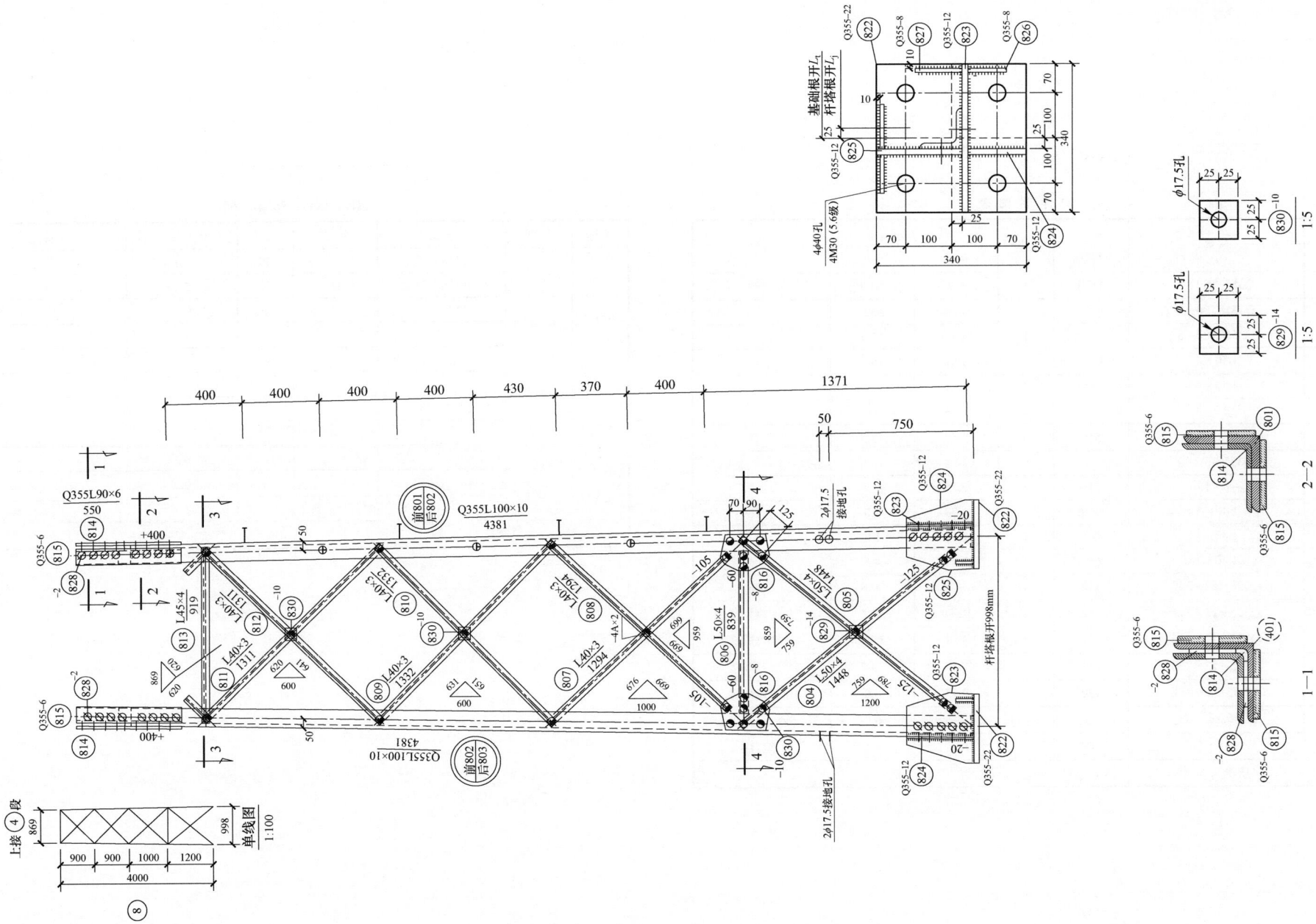

图 14-42　ZJT-Z2 直线塔塔腿⑧结构图（1/2）（一）

构 件 明 细 表

编号	规格	长度（mm）	数量	质量（kg）单件	质量（kg）小计	备注
801	Q355L100×10	4381	1	66.24	66.2	带脚钉
802	Q355L100×10	4381	2	66.24	132.5	
803	Q355L100×10	4381	1	66.24	66.2	
804	L50×4	1448	4	4.43	17.7	切角
805	L50×4	1448	4	4.43	17.7	
806	L50×4	839	4	2.57	10.3	
807	L40×3	1294	4	2.40	9.6	切角
808	L40×3	1294	4	2.40	9.6	
809	L40×3	1332	4	2.47	9.9	切角
810	L40×3	1332	4	2.47	9.9	
811	L40×3	1311	4	2.43	9.7	切角
812	L40×3	1311	4	2.43	9.7	
813	L45×4	910	4	2.51	10.0	两端切肢
814	Q355L90×6	550	4	4.59	18.4	铲背
815	Q355-6×90	550	8	2.33	18.6	
816	-8×186	259	8	3.03	24.2	
817	L40×3	1218	1	2.26	2.3	中间切肢
818	L40×3	1218	1	2.26	2.3	
819	L40×3	1058	1	1.96	2.0	
820	L40×3	1058	1	1.96	2.0	中间切肢
821	L40×3	678	4	1.26	5.0	
822	Q355-22×340	340	4	19.96	79.8	电焊
823	Q355-12×372	352	4	12.33	49.3	开坡口焊接
824	Q355-12×136	352	4	4.51	18.0	开坡口焊接
825	Q355-12×227	351	4	7.51	30.0	开坡口焊接
826	Q355-8×100	120	8	0.75	6.0	开坡口焊接
827	Q355-8×100	120	8	0.75	6.0	开坡口焊接
828	-2×60	240	8	0.23	1.8	垫板
829	-14×50	50	4	0.27	1.1	垫板
830	-10×50	50	12	0.20	2.4	垫板
总质量					648.2kg	

螺栓、脚钉、垫圈明细表

名称	级别	规格	符号	数量	质量（kg）	备注
螺栓	6.8级	M16×40	◑	46	6.6	
		M16×50	◑	80	12.8	
		M16×60	◪	4	0.7	
		M20×55	⌀	104	30.7	
脚钉	6.8级	M16×180	⊕T	7	2.8	
		M20×200		1	0.7	
垫圈	Q235	-4A（φ17.5）		8	0.2	规格×个数
总质量			54.5kg			

图 14-42　ZJT-Z2 直线塔塔腿⑧结构图（1/2）（二）

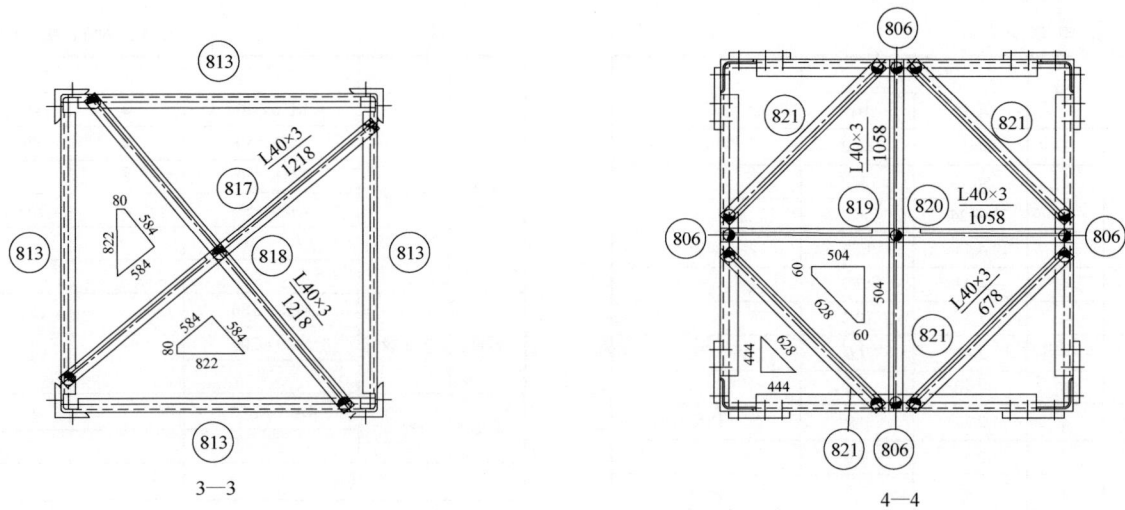

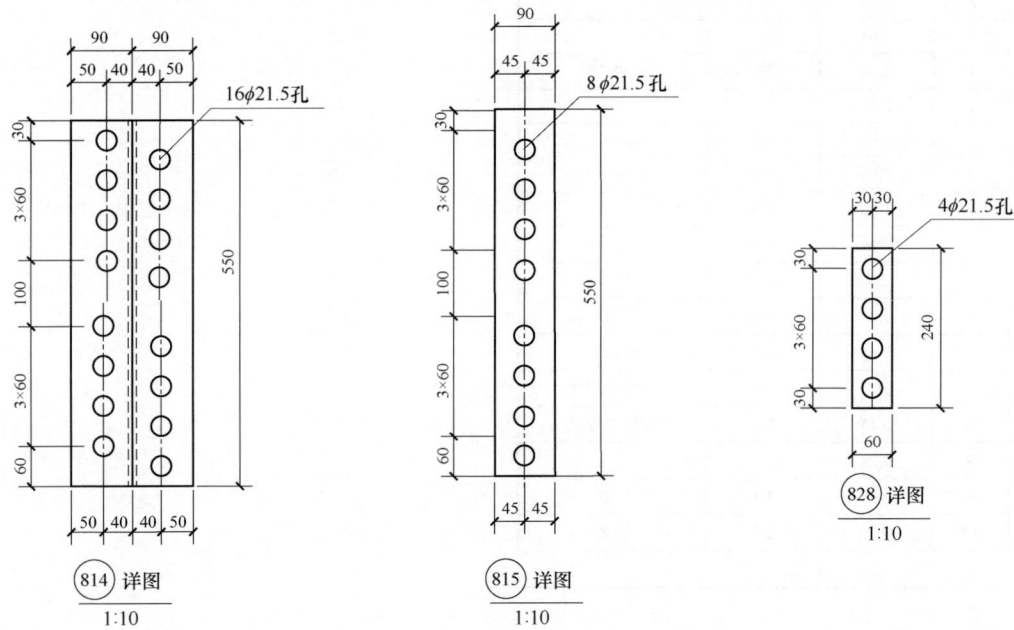

图14-43 ZJT-Z2 直线塔塔腿⑧结构图（2/2）

除图中注明外，必须遵照下列统一要求进行加工和组装：

（1）杆塔的设计执行《输电线路杆塔制图和构造规定》（DL/T 5442—2020）的有关规定。

（2）结构图中图面内的图例、代号等在说明中未提及之处，均按《输电线路杆塔制图和构造规定》（DL/T 5442—2020）中的要求执行。

（3）杆塔加工时应严格执行《输电线路铁塔制造技术条件》（GB/T 2694—2018）。本塔构件的尺寸以放样为准，构件加工后必须试组装，验收合格后方可批量加工。

（4）钢材质量标准应符合《碳素结构钢》（GB/T 700—2006）及《低合金高强度结构钢》（GB/T 1591—2018）的有关要求；螺栓、螺母、扣紧螺母应符合的标准分别为《六角头螺栓 C 级》（GB/T 5780—2016）、《Ⅰ型六角螺母》（GB/T 6170—2015）、《扣紧螺母》（GB 805—1988）。所有材料，包括角钢、螺栓、防盗螺栓、扣紧螺母、焊条等均应有出厂合格证书。

（5）杆塔构件所用钢种为 Q235B、Q355B，图中注明 Q355 材料为 Q355B 钢材，未注明均为 Q235B 钢材（角钢用"L"、钢板用"－"表示）。所有构件均须热镀锌。

（6）所有螺栓（包括防盗螺栓）的强度等级为热镀锌后的强度值。

（7）杆塔构件连接主要以螺栓连接为主，少数采用焊接（如塔脚板连接等）。构件焊接应按照焊接规程、规范和有关规定进行，焊缝高度不得小于连接构件的最小厚度，当被焊接构件厚 8mm 及以上时，要按规定剖口焊，以便焊透。对 Q355 构件焊接时选用 E50 系列焊条，对 Q235 构件焊接时选用 E43 系列焊条。

（8）加工时如发生材料代用或改变节点形式等情况，须与设计单位联系解决。材料代用时，需注意相关影响，应与图纸对应列表统计，并由加工厂书面通知施工单位，以方便施工安装。

（9）角钢与钢板的螺栓间距、边距除图中特殊注明外应按表 1 采用。

（10）角钢准距除图中特殊注明外，一般按表 2 采用。

（11）螺栓、脚钉、垫圈规格按表 3、表 4 采用。

（12）脚钉一般从离地面 1.5m 处开始向上装设，间距 400mm 左右，加工放样时可适当调整脚钉的位置，脚钉除运行单位有特殊要求外，一般采用防滑带直钩形式。

（13）其他事项：

1）节点板考虑到刚度要求，形状不宜狭长，节点板边缘与构件轴线夹角 α 不小于 15°，如右图所示。

α角示意图

2）构件厚度大于 14mm 时须采用钻孔方法加工，构件接头中外包角钢清根，内包角钢铲背。

3）凡图中所要求的火曲、开合角、切肢、压扁、切角等的尺寸均由加工放样决定。

4）两构件连接面间的间隙大于 3mm 时，构件应局部开、合角或制弯。

5）当构件需采用切肢或压扁时，应优先采用切肢。

（14）杆塔加工时应根据实际工程要求的高度设置防盗螺栓（无特殊说明的 10m 高以下防盗）。

表1　　　　　　　　螺栓间距、边距表

螺栓规格	孔径（mm）	螺栓间距（mm）		边距（mm）		
		单排	双排	端距	扎制边距	切角边距
4.	4.	50	80	25	≥21 或 20（L40 角钢时）	≥23
M16	ϕ17.5	50	80	25	≥21 或 20（L40 角钢时）	≥23
M20	ϕ21.5	60	100	30	≥26	≥28

注　螺孔顺力线方向重心最大间距为 12d 或 18t（取二者较小者），其中 d 为螺栓直径，t 为较薄板的厚度。

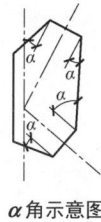

表2　　　　　　　　　　角 钢 准 距 表

肢宽（mm）	准距（mm）	第一排准距（mm）	第二排准距（mm）	最大使用孔径（mm）
L40	20			17.5
L45	23			
L50	25（28）			
L56	28（32）			
L63	30（36）			
L70	35（40）			
L75	38（40）			
L80	40			21.5
L90	45			
L100	50			
L110	55	45	75	
L125	60	50	85	
L140	70	55	90	
L160	80	60	105	

注　括号内数字用于螺栓边距不足时，在搭接位置上的螺栓孔可使用的准距。

表3　　　　　　　　　　螺 栓 规 格 表

级别	单帽螺栓（带一垫、一扣紧螺母）				防盗螺栓	双帽螺栓（带一垫）			
	规格	符号	通过厚度（mm）	无扣长（mm）	质量（kg）	质量（kg）（带一垫）	规格	符号	通过厚度（mm）	无扣长（mm）	质量（kg）
6.8	M16×40	◑	7～12	6	0.1442	0.1997	M16×50	◑	7～12	6	0.1875
	M16×50	◐	13～22	12	0.1602	0.2127	M16×60	◐	13～22	12	0.2039
	M16×60	◓	23～32	22	0.1762	0.2277	M16×70		23～32	22	0.2203
	M16×70		33～42	32	0.1922	0.2477	M16×80		33～42	32	0.2369
6.8	M20×45	○	9～15	8	0.2701	0.3517	M20×60	○	9～15	8	0.3605
	M20×55	⊘	16～25	15	0.2953	0.3737	M20×70		16～25	15	0.3864
	M20×65	⊗	26～35	25	0.3205	0.3967	M20×80		26～35	25	0.4123
	M20×75	⊘	36～45	35	0.3457	0.4207	M20×90		36～45	35	0.4381
	M20×85	⊠	46～55	45	0.3709	0.4407	M20×100		46～55	45	0.4640
	M20×95	⊠	56～65	55	0.3961	0.4607	M20×110		56～65	55	0.4899
	M20×105	⊠	66～75	65	0.4213	0.4807	M20×120		66～75	65	0.5158

表4　　　　　　　　　　脚钉、垫圈规格表

脚钉（带两帽）				垫 圈				
规格	符号	无扣长（mm）	质量（kg）	规格	符号	质量（kg）	内径（mm）	外径（mm）
M16×180	⊖——	120	0.3799	－2（ϕ13.5）	规格×个数	0.00186	13.5	24
				－3（ϕ17.5）		0.01065	17.5	30
M20×200	⊖——	120	0.6749	－3（ϕ22）	规格×个数	0.01637	22	37
				－4（ϕ22）		0.02183	22	37
M24×240	⊖——	120	1.1803	－3（ϕ26）	规格×个数	0.02331	26	44
				－4（ϕ26）		0.03108	26	44

图 14-44　ZJT-Z2 直线塔加工说明

14.2.3 ZJT-J1 转角塔

ZJT-J1 转角塔结构图清单见表 14-11。

表 14-11   **ZJT-J1 转角塔结构图清单**

图序	图名	备注
图 14-45	ZJT-J1 转角塔总图	
图 14-46	ZJT-J1 转角塔材料汇总表	
图 14-47	ZJT-J1 转角塔塔头①结构图（1/2）	
图 14-48	ZJT-J1 转角塔塔头①结构图（2/2）	
图 14-49	ZJT-J1 转角塔塔身②结构图	

续表

图序	图名	备注
图 14-50	ZJT-J1 转角塔塔身③结构图	
图 14-51	ZJT-J1 转角塔塔腿④结构图	
图 14-52	ZJT-J1 转角塔塔腿⑤结构图	
图 14-53	ZJT-J1 转角塔塔腿⑥结构图（1/2）	
图 14-54	ZJT-J1 转角塔塔腿⑥结构图（2/2）	
图 14-55	ZJT-J1 转角塔加工说明	

接地孔

C接地孔

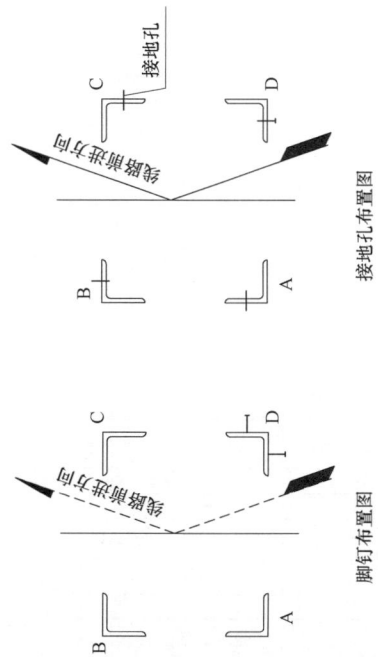

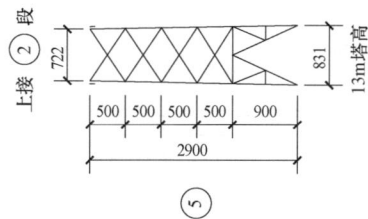

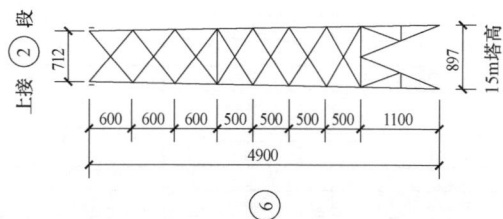

杆塔根开、基础根开、地脚螺栓规格及间距表

杆塔名称（型号）	ZJT-J1		
塔高（m）	13	15	18
接腿	⑤	⑥	④
杆塔根开（mm）	831	897	1010
基础根开（mm）	875	947	1060
基础地脚螺栓间距（mm）	200	200	200
每腿基础地脚螺栓配置（5.6 级）	4M30	4M30	4M30

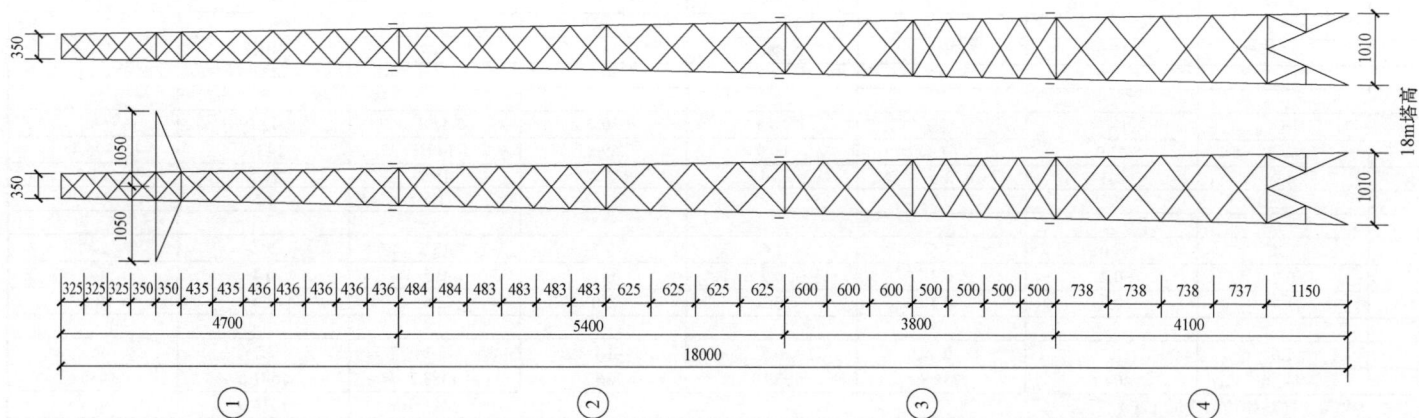

接地孔布置图

脚钉布置图

上接 ② 段

13m塔高

722   831

500 500 500 500 900

2900

⑤

上接 ② 段

15m塔高

712   897

600 600 600 500 500 500 500 1100

4900

⑥

350

1010

18m塔高

350

1050

1050

1010

325 325 325 350 350 435 435 436 436 436 436 436 484 484 483 483 483 483 625 625 625 625 600 600 600 500 500 500 500 738 738 738 737 1150

4700   5400   3800   4100

18000

① ② ③ ④

图 14-45 ZJT-J1 转角塔总图

材 料 汇 总 表

材料	材质	规格	段号						全塔高（m）		
			①	②	③	④	⑤	⑥	13.0	15.0	18.0
角钢	Q355	L100×10				246.5					246.5
		L100×8		186.1				239.5		239.5	186.1
		L90×8					126.0		126.0		
		L90×7		208.3		21.2			208.3	208.3	229.5
		L90×6			18.4			18.4		18.4	18.4
		L80×6					16.2		16.2		
		L75×6		13.5					13.5	13.5	13.5
		L70×5	102.0						102.0	102.0	102.0
		L63×5	8.4						8.4	8.4	8.4
		小计	110.4	221.8	204.5	267.7	142.2	257.9	474.4	590.1	804.4
	Q235	L50×4	33.4			34.7	26.6	31.1	60.0	64.5	68.1
		L45×4	2.2	11.9	15.6		6.7	15.6	20.8	29.7	29.7
		L40×3	119.1	130.6	108.6	94.0	77.4	131.2	327.1	380.9	452.3
		小计	154.7	142.5	124.2	128.7	110.7	117.9	407.9	475.1	550.1
钢板	Q355	−3	1.0						1.0	1.0	1.0
		−6		27.6	34.8		34.8	34.8	62.4	62.4	62.4
		−8	13.0			63.8	11.0	14.4	24.0	27.4	76.8
		−12				96.4	96.1	96.4	96.1	96.4	96.4
		−28				101.6	101.6	101.6	101.6	101.6	101.6
		小计	14.0	27.6	34.8	261.8	243.5	247.2	285.1	288.8	338.2
	Q235	−2		1.4		1.8			1.4	1.4	3.2
		−6	24.6			28.8	28.5	28.7	53.1	53.3	53.4
		−10				1.6					1.6
		小计	24.6	1.4		32.2	28.5	28.7	54.5	54.7	58.2
螺栓	6.8级	M16×40	31.3	5.5	6.1	19.2	21.1	21.8	57.9	58.6	62.1
		M16×50	4.2	17.3	10.9	11.5	11.5	17.3	33.0	38.8	43.9
		M16×50 双帽	3.2						3.2	3.2	3.2
		M16×60 双帽	1.1						1.1	1.1	1.1
		小计	39.8	22.8	17.0	30.7	32.6	39.1	95.2	101.7	110.3
	6.8级	M20×55		16.5	18.9	30.7	28.3	30.7	44.8	47.2	66.1
		小计		16.5	18.9	30.7	28.3	30.7	44.8	47.2	66.1
		螺栓合计	39.8	39.3	35.9	61.4	60.9	69.8	140.0	148.9	176.4
脚钉	6.8级	M16×180	10.2	4.9	3.3	2.8	1.6	3.7	16.7	18.8	21.2
		M20×200		1.5	0.7	0.7			1.5	1.5	2.9
		小计	10.2	6.4	4.0	3.5	1.6	3.7	18.2	20.3	24.1
垫圈	Q235	−3A（φ17.5）	0.1	0.2	0.2	0.2	0.2	0.1	0.5	0.4	0.7
		−4A（φ17.5）	0.9	1.4	0.9	0.3	0.3	1.0	2.6	3.3	3.5
		小计	1.0	1.6	1.1	0.5	0.5	1.1	3.1	3.7	4.2
合计（kg）			354.7	440.6	404.5	755.8	587.9	786.3	1383.2	1581.6	1955.6
各塔高含防盗螺栓总质量（kg）									1411.6	1614.0	1995.5

图 14−46 ZJT−J1 转角塔材料汇总表

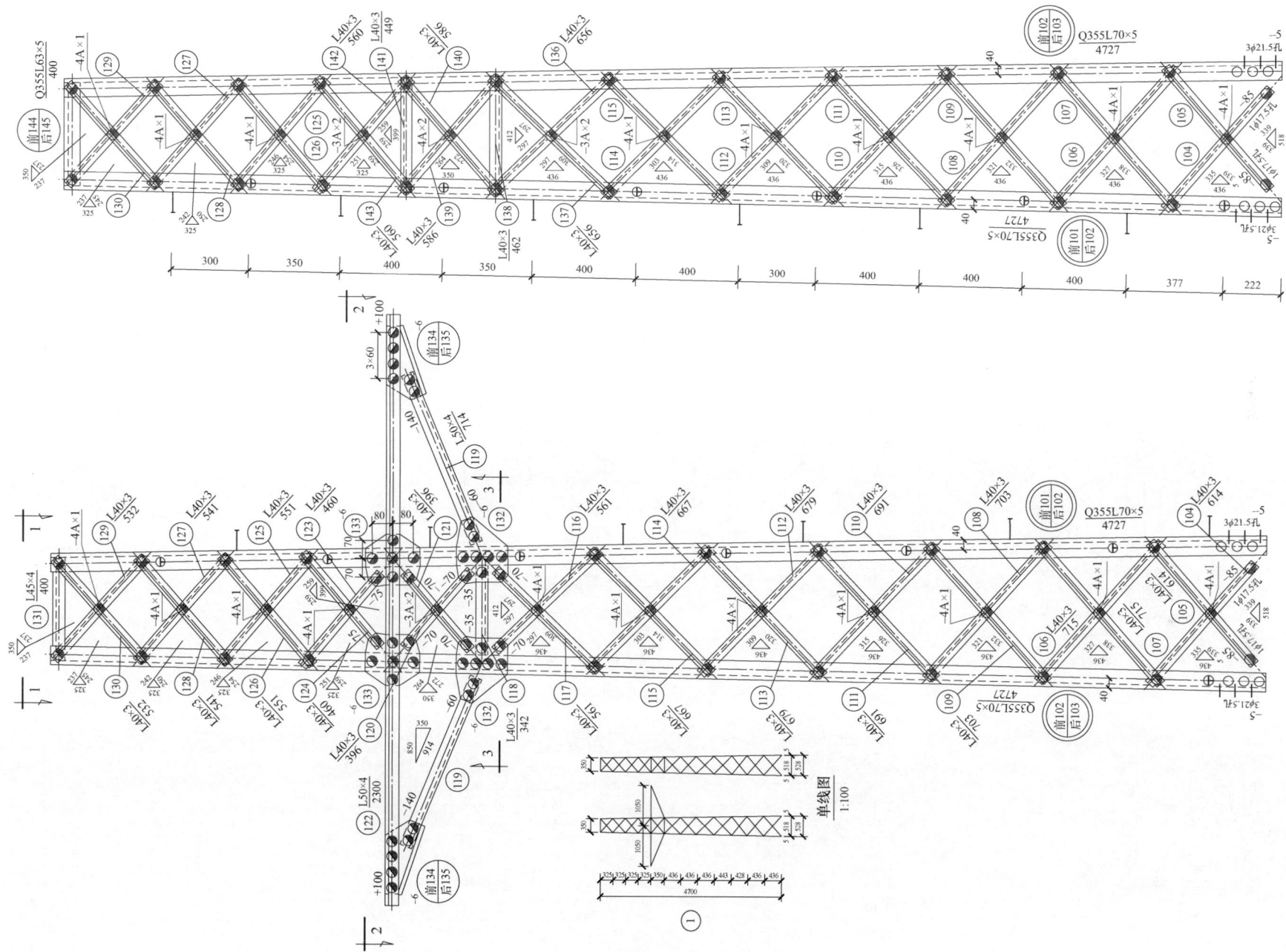

图 14-47　ZJT-J1 转角塔塔头①结构图（1/2）

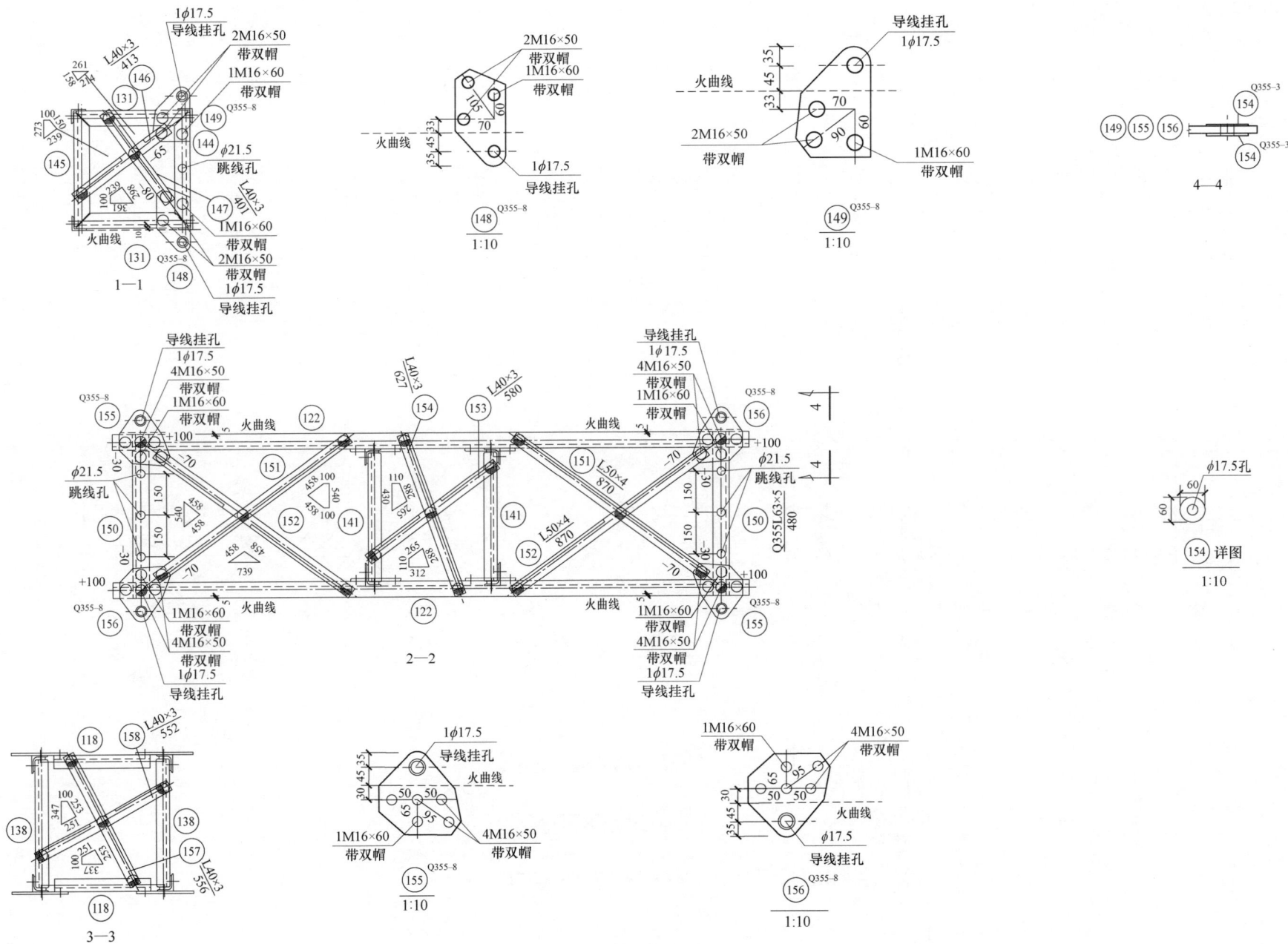

图 14-48 ZJT-J1 转角塔塔头①结构图（2/2）（一）

构件明细表

编号	规格	长度(mm)	数量	单件	小计	备注	编号	规格	长度(mm)	数量	单件	小计	备注
⑩⑪ 101	Q355L70×5	4727	1	25.51	25.5	带脚钉	131	L45×4	400	2	1.09	2.2	切角
102	Q355L70×5	4727	2	25.51	51.0		132	−6×200	261	4	2.46	9.8	
103	Q355L70×5	4727	1	25.51	25.5		133	−6×202	211	4	2.01	8.0	
104	L40×3	614	4	1.14	4.6	切角 卷边50mm	134	−6×121	301	2	1.72	3.4	
105	L40×3	614	4	1.14	4.6	卷边50mm	135	−6×121	301	2	1.72	3.4	
106	L40×3	715	4	1.32	5.3	切角	136	L40×3	656	2	1.21	2.4	
107	L40×3	715	4	1.32	5.3	切角	137	L40×3	656	2	1.21	2.4	切角
108	L40×3	703	4	1.30	5.2	切角 两端切肢	138	L40×3	462	2	0.86	1.7	
109	L40×3	703	4	1.30	5.2		139	L40×3	586	2	1.09	2.2	
110	L40×3	691	4	1.28	5.1	切角	140	L40×3	586	2	1.09	2.2	切角
111	L40×3	691	4	1.28	5.1	两端切肢	141	L40×3	449	2	0.83	1.7	
112	L40×3	679	4	1.26	5.0	切角	142	L40×3	560	2	1.04	2.1	
113	L40×3	679	4	1.26	5.0	切角	143	L40×3	560	2	1.04	2.1	切角
114	L40×3	667	4	1.24	5.0	切角	144	Q355L63×5	400	1	1.93	1.9	切角
115	L40×3	667	4	1.24	5.0	切角	145	Q355L63×5	400	1	1.93	1.9	切角
116	L40×3	561	2	1.04	2.1	切角	146	L40×3	413	1	0.76	0.8	中间切肢
117	L40×3	561	2	1.04	2.1		147	L40×3	401	1	0.74	0.7	
118	L40×3	342	2	0.63	1.3		148	Q355−8×130	231	1	1.89	1.9	
119	L50×4	714	4	2.18	8.7		149	Q355−8×130	231	1	1.89	1.9	火曲
120	L40×3	396	2	0.73	1.5	切角	150	Q355L63×5	480	2	2.31	4.6	火曲
121	L40×3	396	2	0.73	1.5		151	L50×4	870	2	2.66	5.3	
122	L50×4	2300	2	7.04	14.1		152	L50×4	870	2	2.66	5.3	中间切肢
123	L40×3	460	2	0.85	1.7	切角	153	L40×3	580	1	1.07	1.1	中间切肢
124	L40×3	460	2	0.85	1.7		154	L40×3	627	1	1.16	1.2	
125	L40×3	551	4	1.02	4.1	切角	155	Q355−8×184	197	2	2.28	4.6	火曲
126	L40×3	551	4	1.02	4.1		156	Q355−8×184	197	2	2.28	4.6	火曲
127	L40×3	541	4	1.00	4.0	切角	157	L40×3	556	1	1.03	1.0	
128	L40×3	541	4	1.00	4.0	中间切肢	158	L40×3	552	1	1.02	1.0	中间切肢
129	L40×3	532	4	0.99	4.0	切角	159	Q355−3×60	60	12	0.08	1.0	焊接
130	L40×3	532	4	0.99	4.0		总质量					303.7kg	

螺栓、脚钉、垫圈明细表

名称	级别	规格	符号	数量	质量(kg)	备注
螺栓	6.8级	M16×40	◐	217	31.3	
		M16×50	◑	26	4.2	
		M16×50	◑	20	3.2	带双帽
		M16×60	◐	6	1.1	带双帽
脚钉	6.8级	M16×180	⊕T	25	10.2	
垫圈	Q235	−3A（φ17.5）		12	0.1	规格×个数
		−4A（φ17.5）		42	0.9	
总质量					51.0kg	

图 14-48　ZJT-J1 转角塔塔头①结构图（2/2）（二）

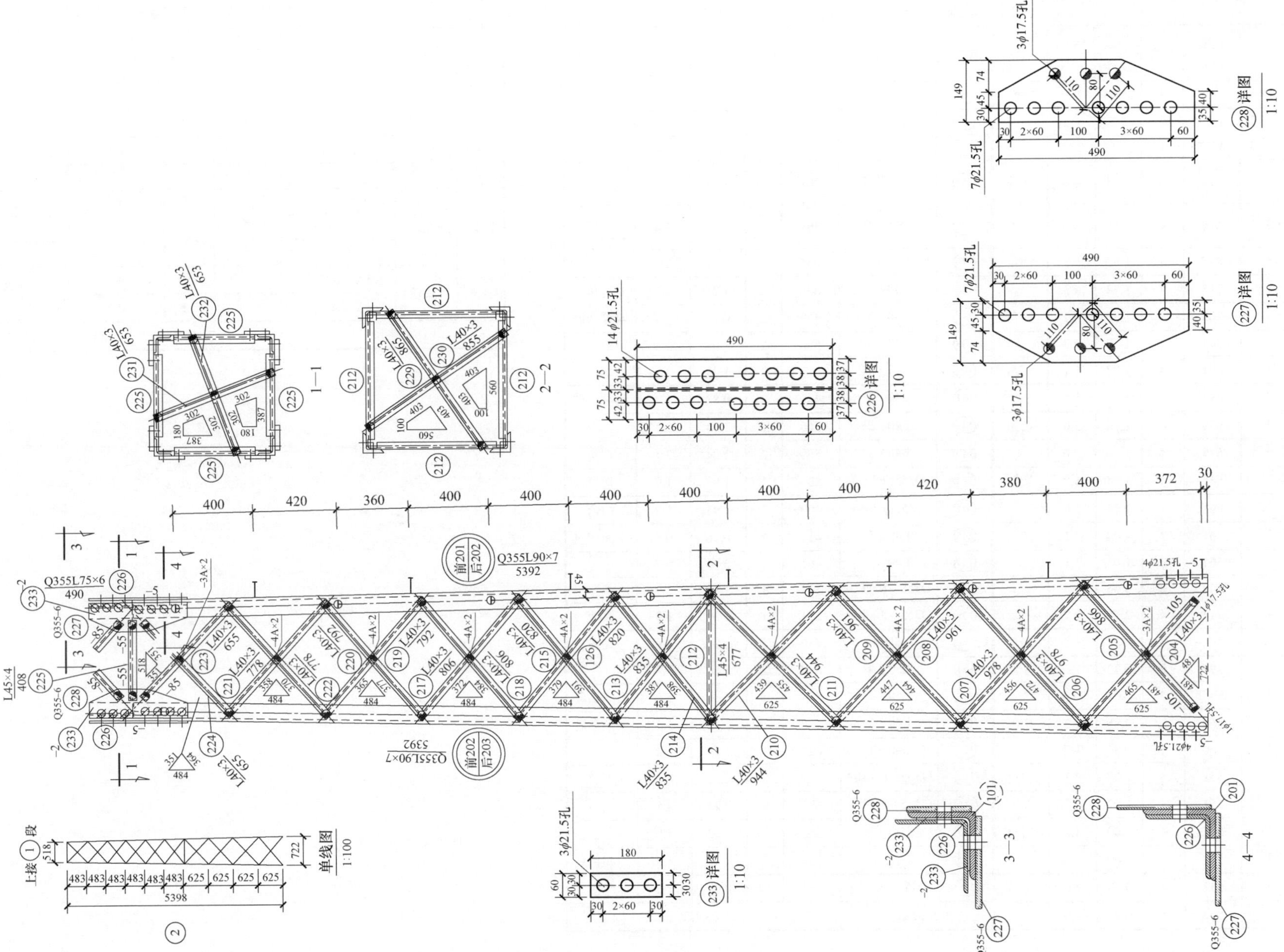

图 14−49　ZJT−J1 转角塔塔身②结构图（一）

编号	规格	长度（mm）	数量	质量（kg） 单件	质量（kg） 小计	备注
⑳①	Q355L90×7	5392	1	52.07	52.1	带脚钉
⑳②	Q355L90×7	5392	2	52.07	104.1	
⑳③	Q355L90×7	5392	1	52.07	52.1	
⑳④	L40×3	866	4	1.60	6.4	切角
⑳⑤	L40×3	866	4	1.60	6.4	
⑳⑥	L40×3	978	4	1.81	7.2	
⑳⑦	L40×3	978	4	1.81	7.2	切角
⑳⑧	L40×3	961	4	1.78	7.1	切角
⑳⑨	L40×3	961	4	1.78	7.1	
㉑⓪	L40×3	944	4	1.75	7.0	切角
㉑①	L40×3	944	4	1.75	7.0	
㉑②	L45×4	677	4	1.85	7.4	两端切肢
㉑③	L40×3	835	4	1.55	6.2	切角
㉑④	L40×3	835	4	1.55	6.2	
㉑⑤	L40×3	820	4	1.52	6.1	
㉑⑥	L40×3	820	4	1.52	6.1	切角
㉑⑦	L40×3	806	4	1.49	6.0	切角
㉑⑧	L40×3	806	4	1.49	6.0	
㉑⑨	L40×3	792	4	1.47	5.9	切角
㉒⓪	L40×3	792	4	1.47	5.9	
㉒①	L40×3	778	4	1.44	5.8	切角
㉒②	L40×3	778	4	1.44	5.8	
㉒③	L40×3	655	4	1.21	4.8	切角
㉒④	L40×3	655	4	1.21	4.8	
㉒⑤	L45×4	408	4	1.12	4.5	
㉒⑥	Q355L75×6	490	4	3.38	13.5	铲背
㉒⑦	Q355-6×149	490	4	3.44	13.8	
㉒⑧	Q355-6×149	490	4	3.44	13.8	
㉒⑨	L40×3	855	1	1.58	1.6	中间切肢
㉓⓪	L40×3	855	1	1.58	1.6	
㉓①	L40×3	653	1	1.21	1.2	
㉓②	L40×3	653	1	1.21	1.2	中间切肢
㉓③	-2×60	180	8	0.17	1.4	垫板
总质量					393.3kg	

名称	级别	规格	符号	数量	质量（kg）	备注
螺栓	6.8级	M16×40	●	38	5.5	
		M16×50	●	108	17.3	
		M20×55	∅	56	16.5	
脚钉	6.8级	M16×180	⊕T	12	4.9	
		M20×200		2	1.5	
垫圈	Q235	-3A（φ17.5）		16	0.2	规格×个数
		-4A（φ17.5）		64	1.4	
总质量					47.3kg	

图 14-49　ZJT-J1 转角塔塔身②结构图（二）

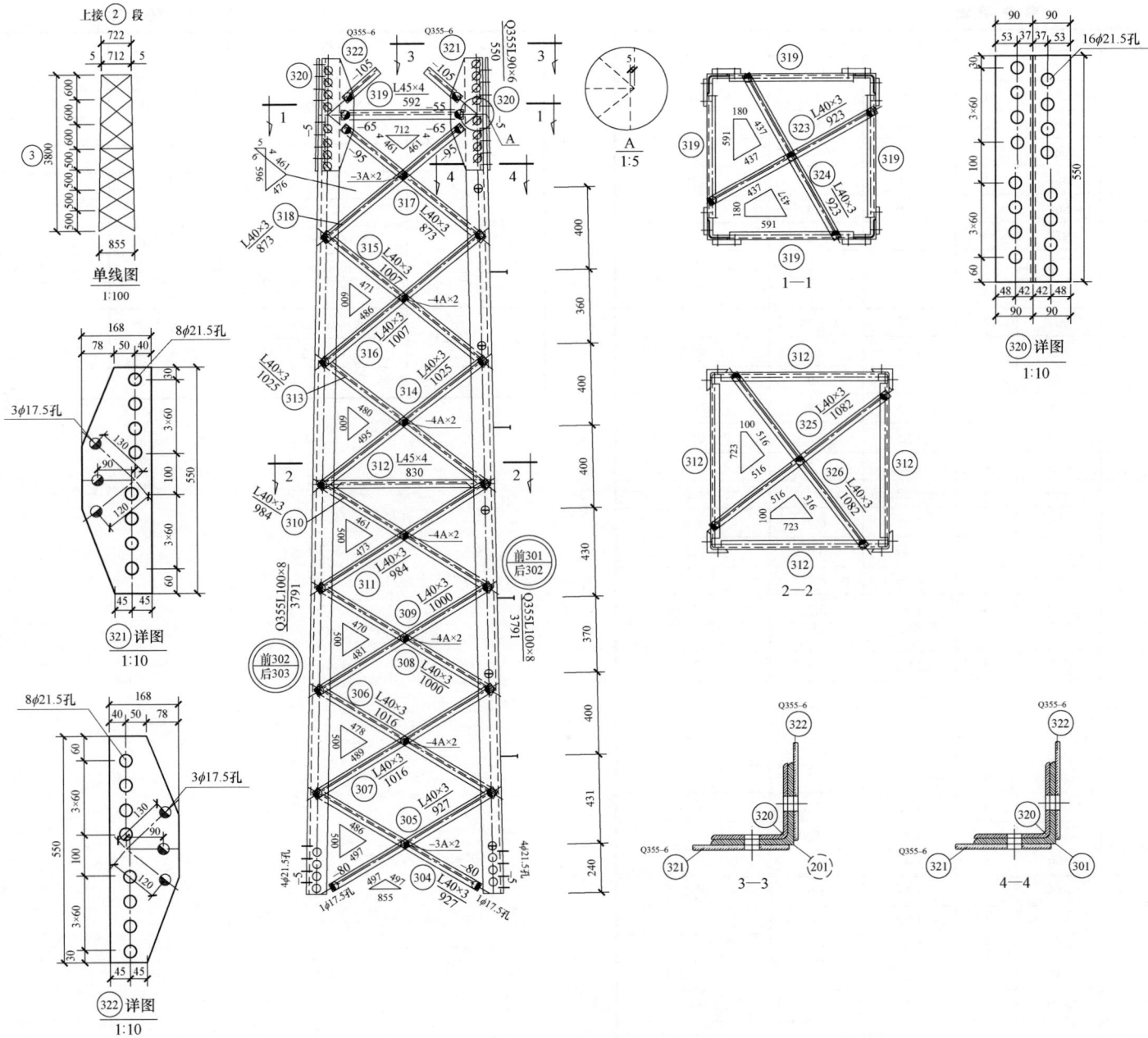

图 14-50 ZJT-J1 转角塔塔身③结构图（一）

构 件 明 细 表

编号	规格	长度（mm）	数量	质量（kg）		备注
				单件	小计	
(301)	Q355L100×8	3791	1	46.54	46.5	带脚钉
(302)	Q355L100×8	3791	2	46.54	93.1	
(303)	Q355L100×8	3791	1	46.54	46.5	
(304)	L40×3	927	4	1.72	6.9	切角
(305)	L40×3	927	4	1.72	6.9	
(306)	L40×3	1016	4	1.88	7.5	切角
(307)	L40×3	1016	4	1.88	7.5	
(308)	L40×3	1000	4	1.85	7.4	切角
(309)	L40×3	1000	4	1.85	7.4	
(310)	L40×3	984	4	1.82	7.3	切角
(311)	L40×3	984	4	1.82	7.3	
(312)	L45×4	830	4	2.27	9.0	两端切肢
(313)	L40×3	1025	4	1.90	7.6	切角
(314)	L40×3	1025	4	1.90	7.6	
(315)	L40×3	1007	4	1.86	7.4	切角
(316)	L40×3	1007	4	1.86	7.4	
(317)	L40×3	873	4	1.62	6.5	切角
(318)	L40×3	873	4	1.62	6.5	
(319)	L45×4	592	4	1.62	6.5	两端切肢
(320)	Q355L90×6	550	4	4.59	18.4	铲背
(321)	Q355−6×168	550	4	4.35	17.4	
(322)	Q355−6×168	550	4	4.35	17.4	
(323)	L40×3	923	1	1.71	1.7	中间切肢
(324)	L40×3	923	1	1.71	1.7	
(325)	L40×3	1082	1	2.00	2.0	中间切肢
(326)	L40×3	1082	1	2.00	2.0	
总质量		363.5kg				

螺栓、脚钉、垫圈明细表

名称	级别	规格	符号	数量	质量（kg）	备注
螺栓	6.8 级	M16×40	◕	42	6.1	
		M16×50	◕	68	10.9	
		M20×55	∅	64	18.0	
脚钉	6.8 级	M16×180	⊖T	8	3.3	
		M20×200		1	0.7	
垫圈	Q235	−3A（ϕ17.5）		16	0.2	规格×个数
		−4A（ϕ17.5）		40	0.9	
总质量			41.0kg			

图 14－50 ZJT－J1 转角塔塔身③结构图（二）

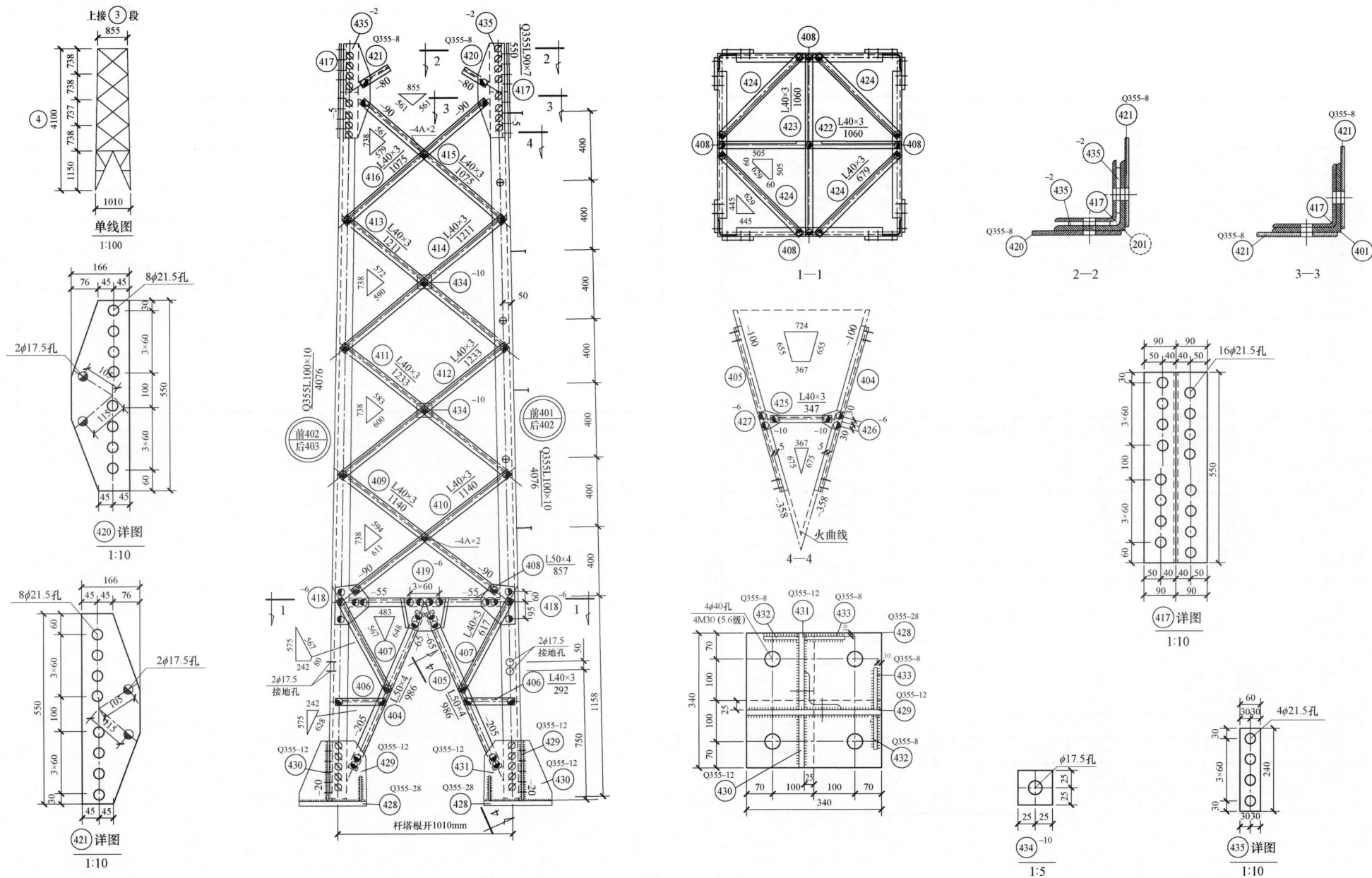

图 14-51 ZJT-J1 转角塔塔腿④结构图（一）

构 件 明 细 表

编号	规格	长度(mm)	数量	质量（kg）单件	质量（kg）小计	备注
401	Q355L100×10	4076	1	61.63	61.6	带脚钉
402	Q355L100×10	4076	2	61.63	123.3	
403	Q355L100×10	4076	1	61.63	61.6	
404	L50×4	986	4	3.02	12.1	
405	L50×4	986	4	3.02	12.1	
406	L40×3	292	8	0.54	4.3	
407	L40×3	617	8	1.14	9.1	
408	L50×4	857	4	2.62	10.5	
409	L40×3	1140	4	2.11	8.4	切角
410	L40×3	1140	4	2.11	8.4	
411	L40×3	1233	4	2.28	9.1	切角
412	L40×3	1233	4	2.28	9.1	
413	L40×3	1211	4	2.24	9.0	切角
414	L40×3	1211	4	2.24	9.0	
415	L40×3	1075	4	1.99	8.0	切角
416	L40×3	1075	4	1.99	8.0	
417	Q355L90×7	550	4	5.31	21.2	铲背
418	−6×186	224	8	1.96	15.7	
419	−6×187	230	4	2.03	8.1	卷边50mm
420	Q355−8×166	550	4	5.73	22.9	
421	Q355−8×166	550	4	5.73	22.9	
422	L40×3	1060	1	1.96	2.0	中间切肢
423	L40×3	1060	1	1.96	2.0	中间切肢
424	L40×3	679	4	1.26	5.0	
425	L40×3	347	4	0.64	2.5	
426	−6×119	110	4	0.62	2.5	火曲
427	−6×119	110	4	0.62	2.5	火曲
428	Q355−28×340	340	4	25.41	101.6	电焊
429	Q355−12×370	352	4	12.27	49.1	打坡口焊
430	Q355−12×137	352	4	4.54	18.2	打坡口焊
431	Q355−12×220	351	4	7.27	29.1	打坡口焊
432	Q355−8×150	120	8	1.13	9.0	打坡口焊
433	Q355−8×150	120	8	1.13	9.0	打坡口焊
434	−10×50	50	8	0.20	1.6	垫板
435	−2×60	240	8	0.23	1.8	垫板
总质量					690.4kg	

螺栓、脚钉、垫圈明细表

名称	级别	规格	符号	数量	质量（kg）	备注
螺栓	6.8级	M16×40	◐	133	19.2	
		M16×50	◑	72	11.5	
		M20×55	∅	104	30.7	
脚钉	6.8级	M16×180	◉T	7	2.8	
		M20×200		1	0.7	
垫圈	Q235	−3A（φ17.5）		16	0.2	规格×个数
		−4A（φ17.5）		16	0.3	
总质量		65.4kg				

图 14−51　ZJT−J1 转角塔塔腿④结构图（二）

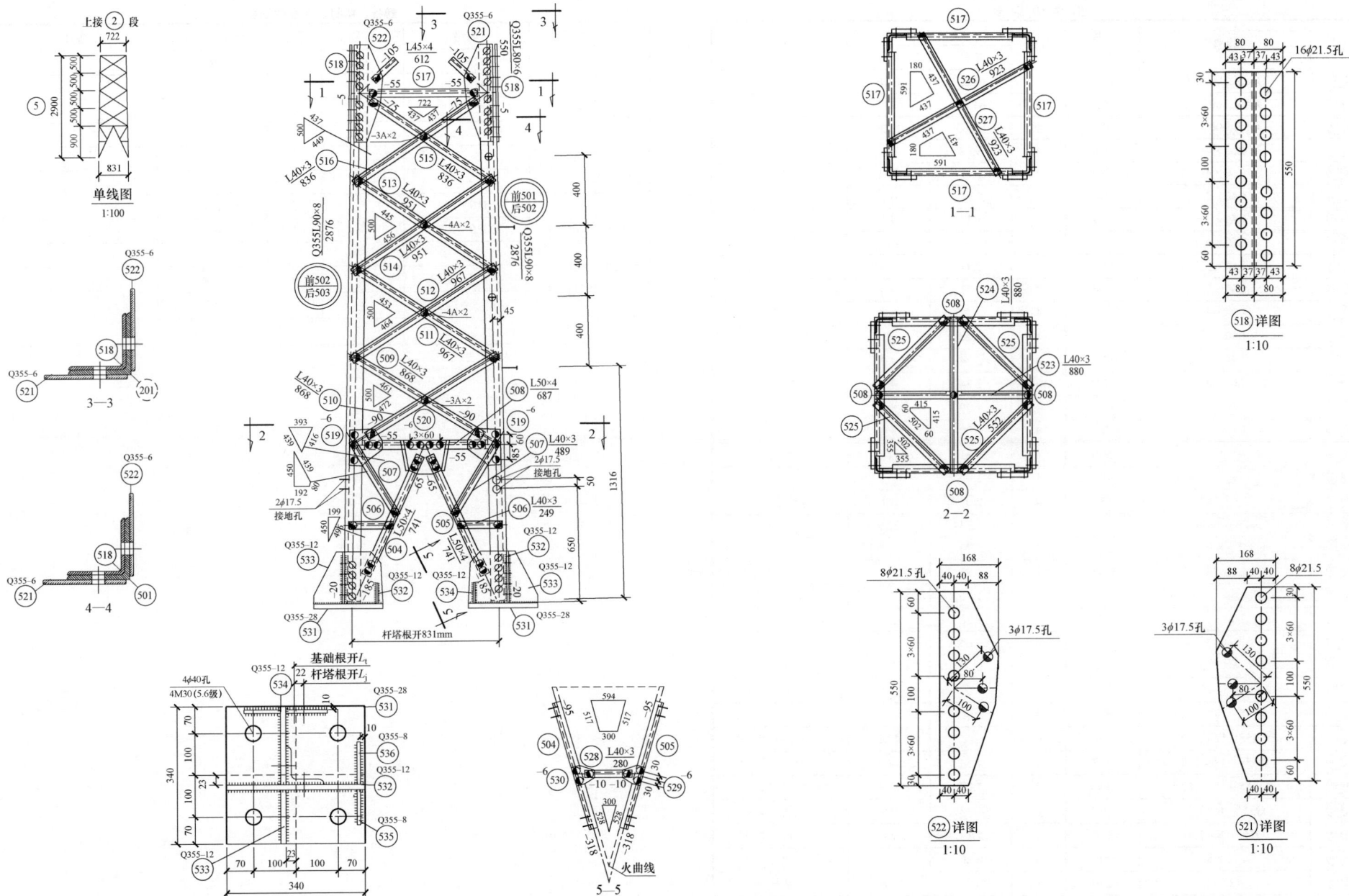

图 14−52　ZJT−J1 转角塔塔腿⑤结构图（一）

构件明细表

编号	规格	长度（mm）	数量	质量（kg）		备注
				单件	小计	
501	Q355L90×8	2876	1	31.48	31.5	带脚钉
502	Q355L90×8	2876	2	31.48	63.0	
503	Q355L90×8	2876	1	31.48	31.5	
504	L50×4	741	4	2.27	9.1	
505	L50×4	741	4	2.27	9.1	
506	L40×3	249	8	0.46	3.7	
507	L40×3	489	8	0.91	7.3	
508	L50×4	687	4	2.10	8.4	
509	L40×3	868	4	1.61	6.4	切角
510	L40×3	868	4	1.61	6.4	
511	L40×3	967	4	1.79	7.2	切角
512	L40×3	967	4	1.79	7.2	
513	L40×3	951	4	1.76	7.0	切角
514	L40×3	951	4	1.76	7.0	
515	L40×3	836	4	1.55	6.2	切角
516	L40×3	836	4	1.55	6.2	
517	L45×4	612	4	1.67	6.7	
518	Q355L80×6	550	4	4.06	16.2	铲背
519	−6×186	214	8	1.87	15.0	
520	−6×196	230	4	2.12	8.5	卷边 50mm
521	Q355−6×168	550	4	4.35	17.4	
522	Q355−6×168	550	4	4.35	17.4	
523	L40×3	880	1	1.63	1.6	中间切肢
524	L40×3	880	1	1.63	1.6	
525	L40×3	552	4	1.02	4.1	
526	L40×3	923	1	1.71	1.7	中间切肢
527	L40×3	923	1	1.71	1.7	
528	L40×3	280	4	0.52	2.1	
529	−6×119	110	4	0.62	2.5	火曲
530	−6×119	110	4	0.62	2.5	火曲
531	Q355−28×340	340	4	25.41	101.6	电焊
532	Q355−12×370	352	4	12.27	49.1	打坡口焊
533	Q355−12×137	352	4	4.54	18.2	打坡口焊
534	Q355−12×218	351	4	7.21	28.8	打坡口焊
535	Q355−8×100	100	8	0.63	5.0	打坡口焊
536	Q355−8×100	120	8	0.75	6.0	打坡口焊
总质量		524.9kg				

螺栓、脚钉、垫圈明细表

名称	级别	规格	符号	数量	质量（kg）	备注
螺栓	6.8 级	M16×40	◕	146	21.1	
		M16×50	◕	72	11.5	
		M20×55	⌀	96	28.3	
脚钉	6.8 级	M16×180	⊕T	4	1.6	
垫圈	Q235	−3A（ϕ17.5）		16	0.2	规格×个数
		−4A（ϕ17.5）		16	0.3	
总质量			63.0kg			

图 14－52　ZJT－J1 转角塔塔腿⑤结构图（二）

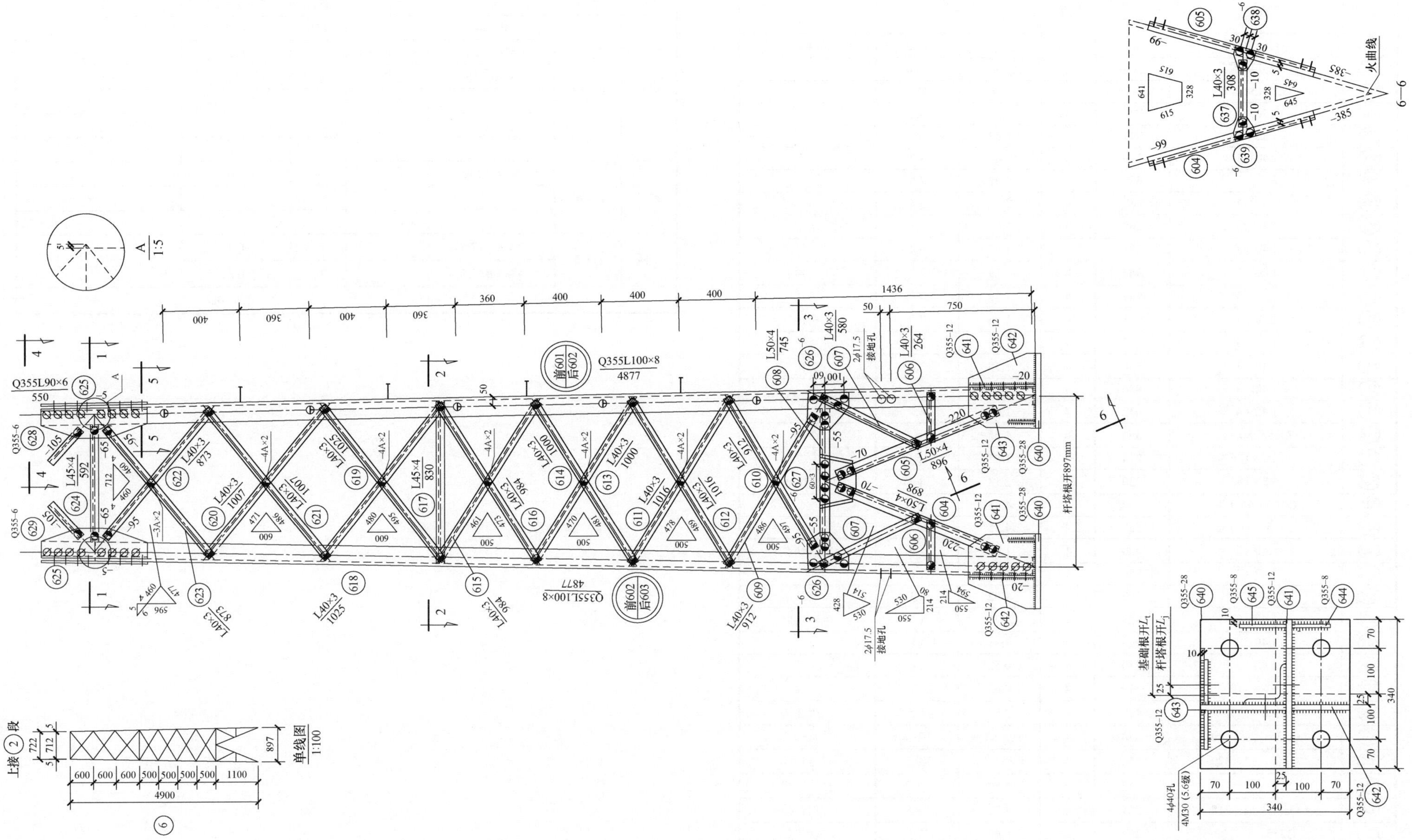

图 14-53 ZJT-J1 转角塔塔腿⑥结构图（1/2）（一）

构 件 明 细 表

编号	规格	长度(mm)	数量	质量(kg) 单件	质量(kg) 小计	备注	编号	规格	长度(mm)	数量	质量(kg) 单件	质量(kg) 小计	备注
601	Q355L100×8	4877	1	59.87	59.9	带脚钉	624	L45×4	592	4	1.62	6.5	两端切肢
602	Q355L100×8	4877	2	59.87	119.7	铲背	625	Q355L90×6	550	4	4.59	18.4	
603	Q355L100×8	4877	1	59.87	59.9		626	−6×186	219	8	1.92	15.4	
604	L50×4	898	4	2.75	11.0		627	−6×192	230	4	2.08	8.3	卷边50mm
605	L50×4	898	4	2.75	11.0		628	Q355−6×168	550	4	4.35	17.4	
606	L40×3	264	8	0.49	3.9		629	Q355−6×168	550	4	4.35	17.4	
607	L40×3	580	8	1.07	8.6	中间切肢	630	L40×3	948	1	1.76	1.8	
608	L50×4	745	4	2.28	9.1		631	L40×3	948	1	1.76	1.8	
609	L40×3	912	4	1.69	6.8	切角	632	L40×3	600	1	1.11	4.4	
610	L40×3	912	4	1.69	6.8	中间切肢	633	L40×3	1082	1	2.00	2.0	
611	L40×3	1016	4	1.88	7.5	切角	634	L40×3	1082	1	2.00	2.0	
612	L40×3	1016	4	1.88	7.5	中间切肢	635	L40×3	923	1	1.71	1.7	中间切肢
613	L40×3	1000	4	1.85	7.4	切角	636	L40×3	923	1	1.71	1.7	
614	L40×3	1000	4	1.85	7.4		637	L40×3	308	4	0.57	2.3	
615	L40×3	984	4	1.82	7.3	切角	638	−6×119	110	4	0.62	2.5	火曲
616	L40×3	984	4	1.82	7.3		639	−6×119	110	4	0.62	2.5	火曲
617	L45×4	830	4	2.27	9.1	两端切肢	640	Q355−28×340	340	4	25.41	101.6	电焊
618	L40×3	1025	4	1.90	7.6	切角	641	Q355−12×370	352	4	12.27	49.1	打坡口焊
619	L40×3	1025	4	1.90	7.6		642	Q355−12×137	352	4	4.54	18.2	打坡口焊
620	L40×3	1007	4	1.86	7.4	切角	643	Q355−12×220	351	4	7.27	29.1	打坡口焊
621	L40×3	1007	4	1.86	7.4		644	Q355−8×120	120	8	0.90	7.2	打坡口焊
622	L40×3	873	4	1.62	6.5	切角	645	Q355−8×120	120	8	0.90	7.2	打坡口焊
623	L40×3	873	4	1.62	6.5		总质量					711.7kg	

螺栓、脚钉、垫圈明细表

名称	级别	规格	符号	数量	质量（kg）	备注
螺栓	6.8级	M16×40	⊘	151	21.8	
		M16×50	⊘	108	17.3	
		M20×55	⊘	104	30.7	
脚钉	6.8级	M16×180	⊕T	9	3.7	
垫圈	Q235	−3A（φ17.5）		8	0.1	规格×个数
		−4A（φ17.5）		48	1.0	
总质量					74.6kg	

图 14−53　ZJT−J1 转角塔塔腿⑥结构图（1/2）（二）

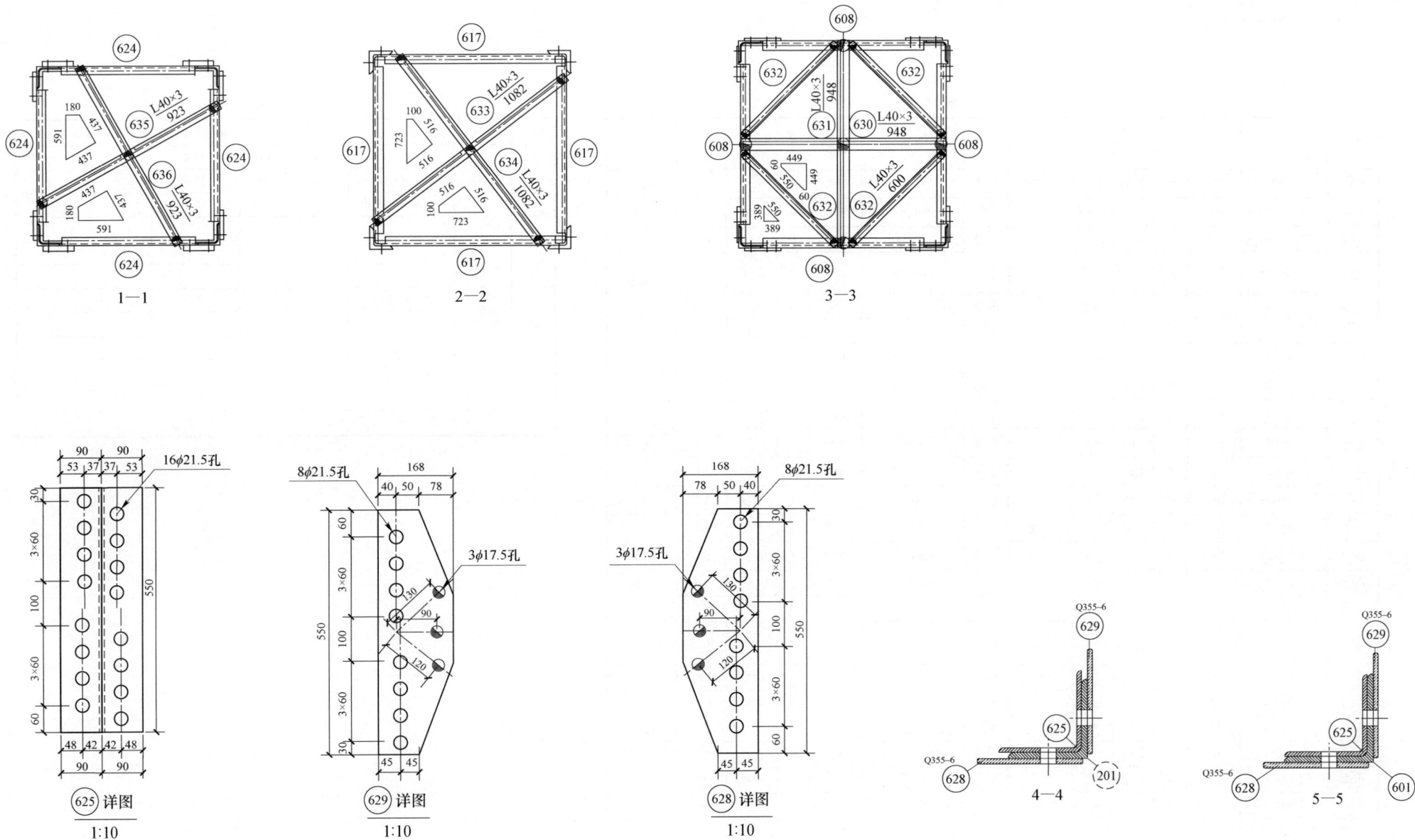

1—1

2—2

3—3

625 详图
1:10

629 详图
1:10

628 详图
1:10

4—4

5—5

图 14-54　ZJT-J1 转角塔塔腿⑥结构图（2/2）

除图中注明外，必须遵照下列统一要求进行加工和组装：

（1）杆塔的设计执行《输电线路杆塔制图和构造规定》（DL/T 5442—2020）的有关规定。

（2）结构图中图面内的图例、代号等在说明中未提及之处，均按《输电线路杆塔制图和构造规定》（DL/T 5442—2020）中的要求执行。

（3）杆塔加工时应严格执行《输电线路铁塔制造技术条件》（GB/T 2694—2018）。本塔构件的尺寸以放样为准，构件加工后必须试组装，验收合格后方可批量加工。

（4）钢材质量标准应符合《碳素结构钢》（GB/T 700—2006）及《低合金高强度结构钢》（GB/T 1591—2018）的有关要求；螺栓、螺母、扣紧螺母应符合的标准分别为《六角头螺栓 C 级》（GB/T 5780—2016）、《Ⅰ型六角螺母》（GB/T 6170—2015）、《扣紧螺母》（GB 805—1988），所有材料，包括角钢、螺栓、防盗螺栓、扣紧螺母、焊条等均应有出厂合格证书。

（5）杆塔构件所用钢种为 Q235B、Q355B，图中注明 Q355 材料为 Q355B 钢材，未注明均为 Q235B 钢材（角钢用"L"、钢板用"－"表示）。所有构件均须热镀锌。

（6）所有螺栓（包括防盗螺栓）的强度等级为热镀锌后的强度值。

（7）杆塔构件连接主要以螺栓连接为主，少数采用焊接（如塔脚板连接等）。构件焊接应按照焊接规程、规范和有关规定进行，焊缝高度不得小于连接构件的最小厚度，当被焊接构件厚8mm 及以上时，要按规定剖口焊，以便焊透。对 Q355 构件焊接时选用 E50 系列焊条，对 Q235 构件焊接时选用 E43 系列焊条。

（8）加工时如发生材料代用或改变节点形式等情况，须与设计单位联系解决。材料代用时，需注意相关影响，应与图纸对应列表统计，并由加工厂书面通知施工单位，以方便施工安装。

（9）角钢与钢板的螺栓间距、边距除图中特殊注明外应按表1采用。

（10）角钢准距除图中特殊注明外，一般按表2采用。

（11）螺栓、脚钉、垫圈规格按表3、表4采用。

（12）脚钉一般从离地面1.5m 处开始向上装设，间距400mm 左右，加工放样时可适当调整脚钉的位置，脚钉除运行单位有特殊要求外，一般采用防滑带直钩形式。

（13）其他事项：

1）节点板考虑到刚度要求，形状不宜狭长，节点板边缘与构件轴线夹角α不小于 15°，如右图所示。

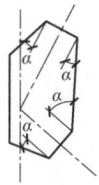

2）构件厚度大于14mm 时须采用钻孔方法加工，构件接头中外包角钢清根，内包角钢铲背。

3）凡图中所要求的火曲、开合角、切肢、压扁、切角等的尺寸均由加工放样决定。

4）两构件连接面间的间隙大于3mm 时，构件应局部开、合角或制弯。

5）当构件需采用切肢或压扁时，应优先采用切肢。

（14）杆塔加工时应根据实际工程要求的高度设置防盗螺栓（无特殊说明的10m 高以下防盗）。

α角示意图

表1 螺栓间距、边距表

螺栓规格	孔径（mm）	螺栓间距（mm）		边距（mm）		
		单排	双排	端距	扎制边距	切角边距
M16	φ17.5	50	80	25	≥21 或 20（L40 角钢时）	≥23
M20	φ21.5	60	100	30	≥26	≥28

注　螺孔顺力线方向重心最大间距为12d 或18t（取二者较小者），其中d 为螺栓直径，t 为较薄板的厚度。

表2 角钢准距表

肢宽（mm）	准距（mm）	第一排准距（mm）	第二排准距（mm）	最大使用孔径（mm）
L40	20			
L45	23			
L50	25（28）			17.5
L56	28（32）			
L63	30（36）			
L70	35（40）			
L75	38（40）			
L80	40			
L90	45			
L100	50			
L110	55	45	75	21.5
L125	60	50	85	
L140	70	55	90	
L160	80	60	105	

注　括号内数字用于螺栓边距不足时，在搭接位置上的螺栓孔可使用的准距。

表3 螺栓规格表

级别	单帽螺栓（带一垫、一扣紧螺母）				防盗螺栓	双帽螺栓（带一垫）			
	规格	符号	通过厚度（mm）	无扣长（mm）	质量（kg）	质量（kg）（带一垫）	规格	符号	通过厚度（mm）	无扣长（mm）	质量（kg）
6.8	M16×40	⬤	7～12	6	0.1442	0.1997	M16×50	⬤	7～12	6	0.1875
	M16×50	⬤	13～22	12	0.1602	0.2127	M16×60	⬤	13～22	12	0.2039
	M16×60	⬛	23～32	22	0.1762	0.2277	M16×70	⬤	23～32	22	0.2203
	M16×70	⬤	33～42	32	0.1922	0.2477	M16×80	⬤	33～42	32	0.2369
6.8	M20×45	○	9～15	8	0.2701	0.3517	M20×60	○	9～15	8	0.3605
	M20×55	∅	16～25	15	0.2953	0.3737	M20×70	○	16～25	15	0.3864
	M20×65	⊠	26～35	25	0.3205	0.3967	M20×80	○	26～35	25	0.4123
	M20×75	∅	36～45	35	0.3457	0.4207	M20×90	○	36～45	35	0.4381
	M20×85	⊠	46～55	45	0.3709	0.4407	M20×100	○	46～55	45	0.4640
	M20×95	⊠	56～65	55	0.3961	0.4607	M20×110	○	56～65	55	0.4899
	M20×105	⊞	66～75	65	0.4213	0.4807	M20×120	○	66～75	65	0.5158

表4 脚钉、垫圈规格表

脚钉（带两帽）				垫圈				
规格	符号	无扣长（mm）	质量（kg）	规格	符号	质量（kg）	内径（mm）	外径（mm）
M16×180	⊕	120	0.3799	−2（φ13.5）	规格×个数	0.00186	13.5	24
				−3（φ17.5）		0.01065	17.5	30
M20×200	⊕	120	0.6749	−3（φ22）	规格×个数	0.01637	22	37
				−4（φ22）		0.02183	22	37
M24×240	⊕	120	1.1803	−3（φ26）	规格×个数	0.02331	26	44
				−4（φ26）		0.03108	26	44

图 14-55 ZJT-J1 转角塔加工说明

14.2.4 ZJT-J2 转角塔

ZJT-J2 转角塔结构图清单见表 14-12。

表 14-12　　　　ZJT-J2 转角塔结构图清单

图序	图名	备注
图 14-56	ZJT-J2 转角塔总图	
图 14-57	ZJT-J2 转角塔材料汇总表	
图 14-58	ZJT-J2 转角塔塔头①结构图（1/2）	
图 14-59	ZJT-J2 转角塔塔头①结构图（2/2）	

图序	图名	备注
图 14-60	ZJT-J2 转角塔塔身②结构图	
图 14-61	ZJT-J2 转角塔塔身③结构图	
图 14-62	ZJT-J2 转角塔塔腿④结构图	
图 14-63	ZJT-J2 转角塔塔腿⑤结构图	
图 14-64	ZJT-J2 转角塔塔腿⑥结构图	
图 14-65	ZJT-J2 转角塔加工说明	

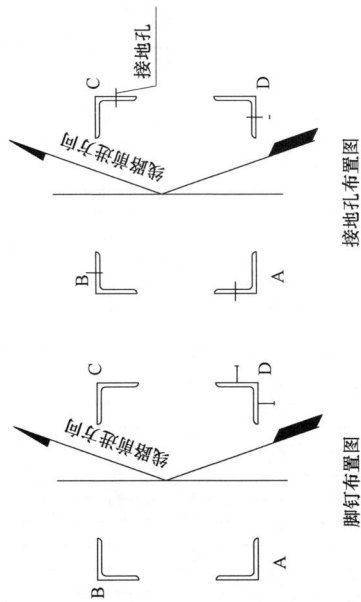

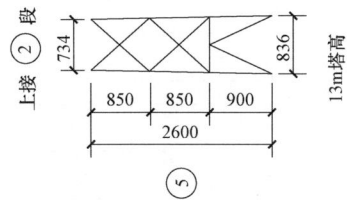

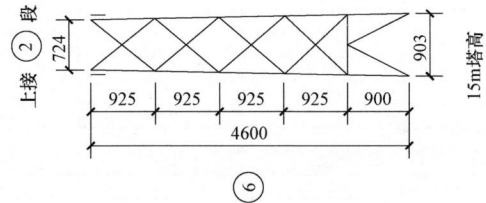

杆塔根开、基础根开、地脚螺栓规格及间距表

杆塔名称（型号）	ZJT－J2		
塔高（m）	13	15	18
接腿	⑤	⑥	④
杆塔根开（mm）	836	903	1010
基础根开（mm）	886	957	1070
基础地脚螺栓间距（mm）	240	240	240
每腿基础地脚螺栓配置（5.6 级）	4M36	4M36	4M36

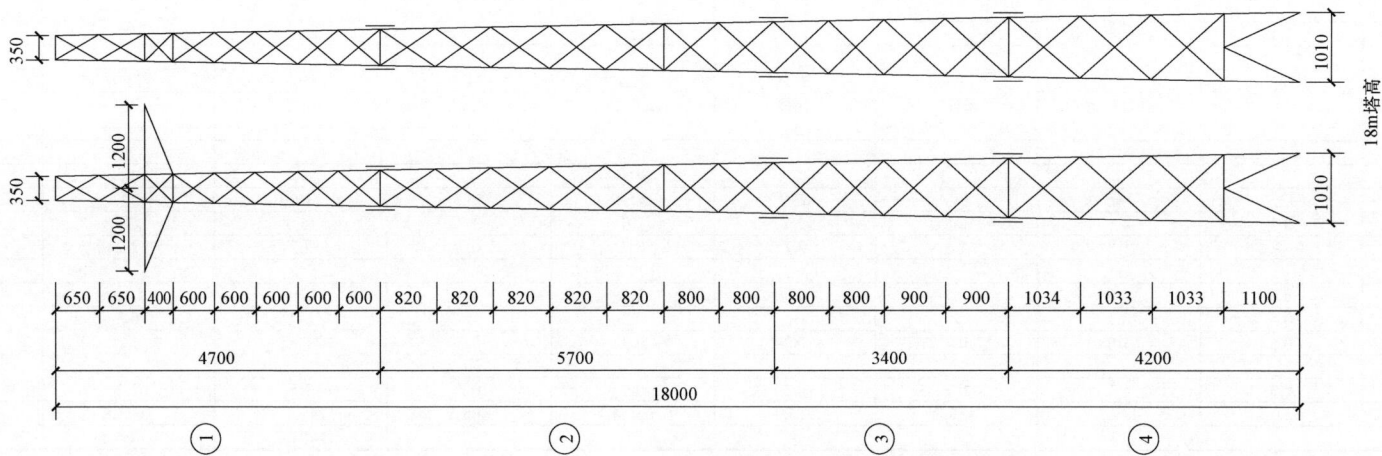

图 14-56　ZJT－J2 转角塔总图

材 料 汇 总 表

材料	材质	规格	段号 ①	②	③	④	⑤	⑥	全塔高（m）13.0	15.0	18.0
角钢	Q355	L125×10				354.1					354.1
		L125×8			209.1						209.1
		L110×10						334.3		334.3	
		L110×8				36.3					36.3
		L100×10					181.7		181.7		
		L100×8		258.1					258.1	258.1	258.1
		L90×6		16.4	20.4		18.4	18.4	34.8	34.8	36.8
		L75×6	130.5						130.5	130.5	130.5
		L63×5	8.4						8.4	8.4	8.4
		小计	138.9	274.5	229.5	390.4	200.1	352.7	613.5	766.1	1033.3
	Q235	L50×4	15.9			32.6	26.6	27.4	42.5	43.3	48.5
		L45×4	11.8	12.3		9.8			24.1	24.1	33.9
		L40×4	23.2						23.2	23.2	23.2
		L40×3	84.6	115.4	71.4	78.4	41.2	81.4	241.2	281.4	349.8
		小计	135.5	127.7	71.4	120.8	67.8	108.8	331.0	372.0	455.4
钢板	Q355	−3	1.0						1.0	1.0	1.0
		−6		30.2	20.8		18.6	18.6	48.8	48.8	51.0
		−8	11.5			51.9	13.2	84.2	24.7	95.7	63.4
		−12				102.1	105.8		105.8		102.1
		−30				150.7	150.7	150.7	150.7	150.7	150.7
		小计	12.5	30.2	20.8	304.7	288.3	253.5	331.0	296.2	368.2
	Q235	−2		1.8		2.2	1.8	1.8	3.6	3.6	4.0
		−6	22.1			27.6	23.6	25.8	45.7	47.9	49.7
		−10				1.6	0.8	2.4	0.8	2.4	1.6
		小计	22.1	1.8		31.4	26.2	30.0	50.1	53.9	55.3
螺栓	6.8级	M16×40	22.6	5.5		11.8	10.5	9.9	38.6	38.0	39.9
		M16×50	6.1	11.5	7.7	12.2	9.6	14.1	27.2	31.7	37.5
		M16×50 双帽	2.9						2.9	2.9	2.9
		M16×60 双帽	1.1						1.1	1.1	1.1
		小计	32.7	17.0	7.7	24.0	20.1	24.0	69.8	73.7	81.4
	6.8级	M20×55		16.5	21.3	14.2	30.7	31.9	47.2	48.4	52.0
		M20×65				25.6					25.6
		小计		16.5	21.3	39.8	30.7	31.9	47.2	48.4	77.6
		螺栓合计	32.7	33.5	29.0	63.8	50.8	55.9	117.0	122.1	159.0
脚钉	6.8级	M16×180	8.9	4.5	2.8	3.3	2.0	3.7	15.4	17.1	19.5
		M20×200		1.5	1.5	0.7	0.7	0.7	2.2	2.2	3.7
		小计	8.9	6.0	4.3	4.0	2.7	4.4	17.6	19.3	23.2
垫圈	Q235	−3A（φ17.5）	0.4	0.1			0.2		0.7	0.5	0.5
		−4A（φ17.5）	0.5	1.0	0.7	0.2	0.3	0.2	1.8	1.7	2.4
		小计	0.9	1.1	0.7	0.2	0.5	0.2	2.5	2.2	2.9
合计（kg）			351.5	474.8	355.7	915.3	636.4	805.5	1462.7	1631.8	2097.3
各塔高含防盗螺栓总质量（kg）									1491.7	1664.2	2139.0

图 14-57 ZJT-J2 转角塔材料汇总表

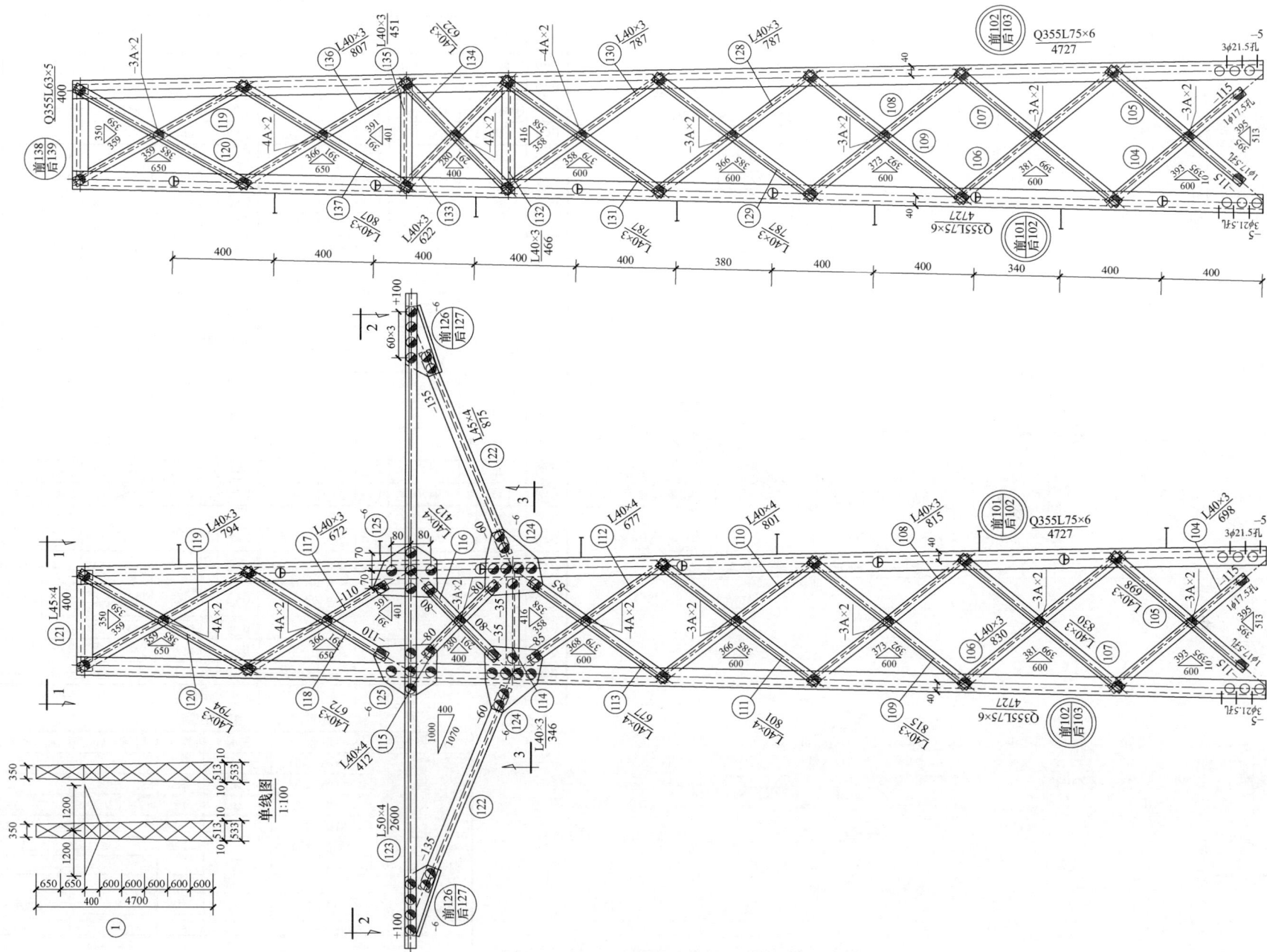

图 14-58 ZJT-J2 转角塔塔头①结构图（1/2）

构件明细表

编号	规格	长度(mm)	数量	单件	小计	备注	编号	规格	长度(mm)	数量	单件	小计	备注
101	Q355L75×6	4727	1	32.64	32.6	带脚钉	127	-6×117	296	2	1.63	3.3	卷边50mm
102	Q355L75×6	4727	2	32.64	65.3		128	L40×3	801	2	1.48	3.0	切角
103	Q355L75×6	4727	1	32.64	32.6		129	L40×3	801	2	1.48	3.0	
104	L40×3	698	4	1.29	5.2	切角	130	L40×3	787	2	1.46	2.9	切角
105	L40×3	698	4	1.29	5.2		131	L40×3	787	2	1.46	2.9	
106	L40×3	830	4	1.54	6.2	切角	132	L40×3	466	2	0.86	1.7	两端切肢
107	L40×3	830	4	1.54	6.2		133	L40×3	622	2	1.15	2.3	切角
108	L40×3	815	4	1.51	6.0	切角	134	L40×3	622	2	1.15	2.3	
109	L40×3	815	4	1.51	6.0		135	L40×3	451	2	0.84	1.7	两端切肢
110	L40×4	801	2	1.94	3.9	切角	136	L40×3	807	2	1.49	3.0	
111	L40×4	801	2	1.94	3.9		137	L40×3	807	2	1.49	3.0	
112	L40×4	677	2	1.64	3.3	切角	138	Q355L63×5	400	1	1.93	1.9	切角
113	L40×4	677	2	1.64	3.3		139	Q355L63×5	400	1	1.93	1.9	
114	L40×3	346	2	0.64	1.3		140	L40×3	416	2	0.77	0.8	两端切肢
115	L40×4	412	2	1.00	2.0		141	L40×3	407	2	0.75	0.8	
116	L40×4	412	2	1.00	2.0		142	Q355-8×138	200	1	1.73	1.7	火曲
117	L40×3	672	2	1.24	2.5	切角	143	Q355-8×138	200	1	1.73	1.7	火曲
118	L40×3	672	2	1.24	2.5		144	Q355L63×5	482	2	2.32	4.6	
119	L40×3	794	4	1.47	5.9	切角	145	L40×4	995	2	2.41	4.8	
120	L40×3	794	4	1.47	5.9		146	L40×3	582	1	1.08	1.1	中间切肢
121	L45×4	400	2	1.09	2.2	切角	147	L40×3	628	1	1.16	1.2	
122	L45×4	875	4	2.39	9.6		148	Q355-8×150	190	2	1.79	3.6	火曲
123	L50×4	2600	2	7.95	15.9		149	Q355-8×188	190	2	2.24	4.5	火曲
124	-6×127	264	2	1.58	6.3		150	L40×3	559	1	1.04	1.0	中间切肢
125	-6×194	253	4	2.31	9.2		151	L40×3	562	1	1.04	1.0	
126	-6×117	296	2	1.63	3.3	卷边50mm	152	Q355-3×60	60	12	0.08	1.0	焊接
							总质量					309.0kg	

螺栓、脚钉、垫圈明细表

名称	级别	规格	符号	数量	质量(kg)	备注
螺栓	6.8级	M16×40		157	22.6	
		M16×50		38	6.1	
		M16×50		18	2.9	带双帽
		M16×60		6	1.1	带双帽
脚钉	6.8级	M16×180		22	8.9	
垫圈	Q235	-3A（φ17.5）		40	0.4	规格×个数
		-4A（φ17.5）		24	0.5	
总质量					42.5kg	

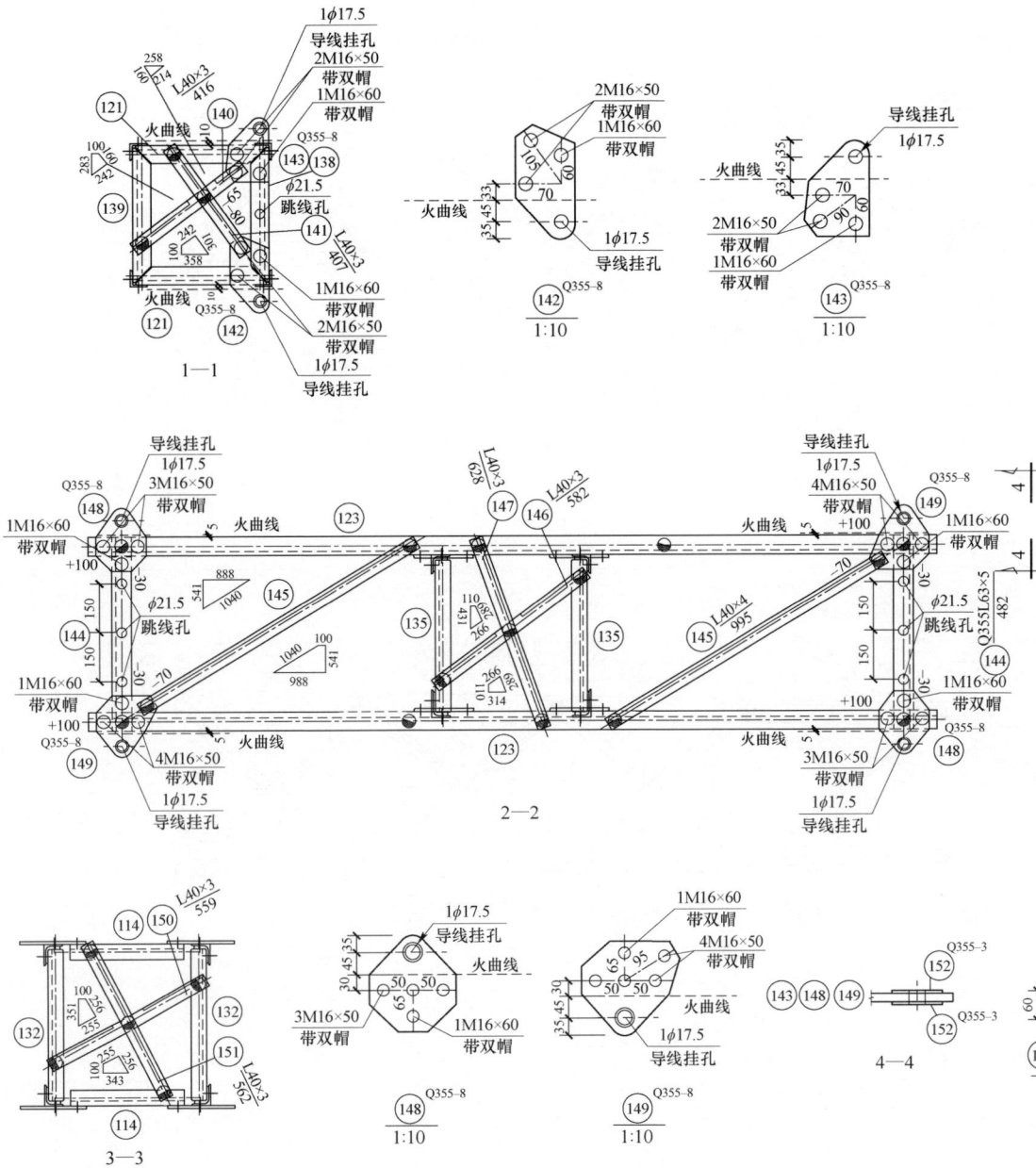

1—1

2—2

3—3

142 Q355-8 1:10

143 Q355-8 1:10

148 Q355-8 1:10

149 Q355-8 1:10

4—4

152 详图 1:10

图 14-59　ZJT-J2 转角塔塔头①结构图（2/2）

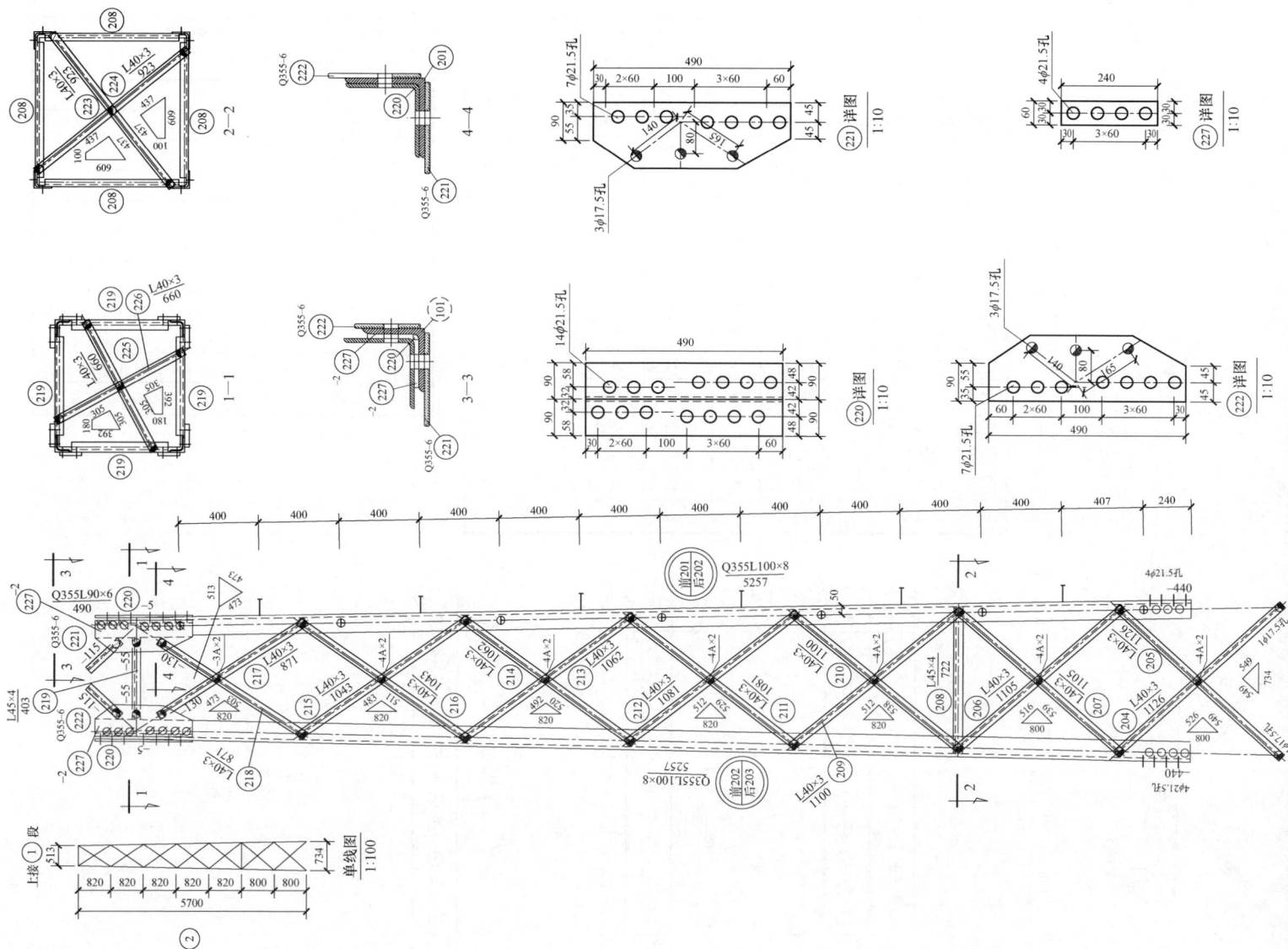

构件明细表

编号	规格	长度 (mm)	数量	质量（kg） 单件	质量（kg） 小计	备注
201	Q355L100×8	5257	1	64.53	64.5	带脚钉
202	Q355L100×8	5257	2	64.53	129.1	
203	Q355L100×8	5257	1	64.53	64.5	
204	L40×3	1126	4	2.09	8.4	切角
205	L40×3	1126	4	2.09	8.4	
206	L40×3	1105	4	2.05	8.2	切角
207	L40×3	1105	4	2.05	8.2	
208	L45×4	722	4	1.98	7.9	两端切肢
209	L40×3	1100	4	2.04	8.2	切角
210	L40×3	1100	4	2.04	8.2	
211	L40×3	1081	4	2.00	8.0	
212	L40×3	1081	4	2.00	8.0	切角
213	L40×3	1062	4	1.97	7.9	切角
214	L40×3	1062	4	1.97	7.9	
215	L40×3	1043	4	1.93	7.7	切角
216	L40×3	1043	4	1.93	7.7	
217	L40×3	871	4	1.61	6.4	切角
218	L40×3	871	4	1.61	6.4	
219	L45×4	403	4	1.10	4.4	
220	Q355L90×6	490	4	4.09	16.4	铲背
221	Q355-6×164	490	4	3.78	15.1	
222	Q355-6×164	490	4	3.78	15.1	
223	L40×3	923	1	1.71	1.7	中间切肢
224	L40×3	923	1	1.71	1.7	
225	L40×3	660	1	1.22	1.2	中间切肢
226	L40×3	660	1	1.22	1.2	
227	-2×69	240	8	0.23	1.8	垫板
总质量					434.2kg	

螺栓、脚钉、垫圈明细表

名称	级别	规格	符号	数量	质量（kg）	备注
螺栓	6.8 级	M16×40	●	38	5.8	
		M16×50	●	72	11.5	
		M20×55	●	58	16.5	
脚钉	6.8 级	M16×180	⊕T	11	4.5	
		M20×200	⊕T	2	1.5	
垫圈	Q235	-3A（φ17.5）		8	0.1	规格×个数
		-4A（φ17.5）		48	1.0	
总质量					40.6kg	

图 14−60　**ZJT−J2 转角塔塔身②结构图**

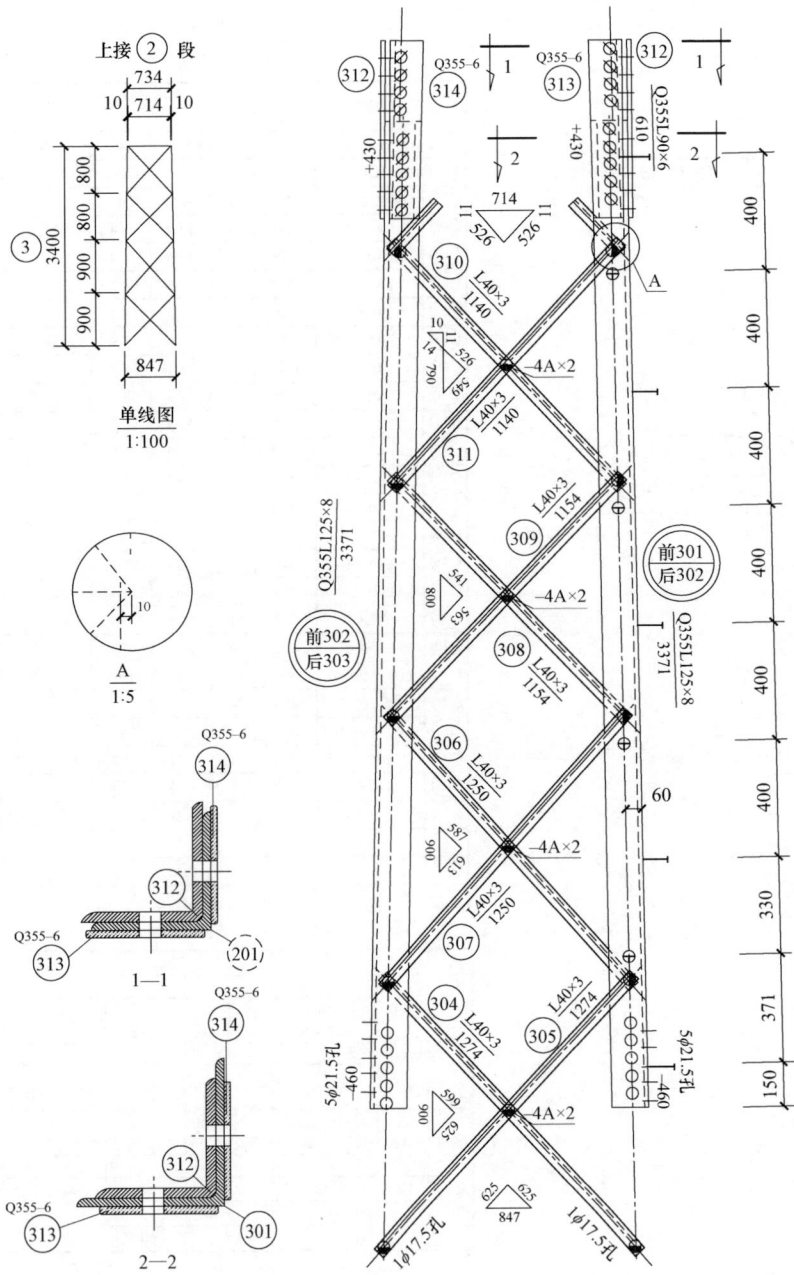

构 件 明 细 表

编号	规格	长度(mm)	数量	质量（kg）单件	小计	备注
301	Q355L125×8	3371	1	52.26	52.3	带脚钉
302	Q355L125×8	3371	2	52.26	104.5	
303	Q355L125×8	3371	1	52.26	52.3	
304	L40×3	1274	4	2.36	9.4	切角
305	L40×3	1274	4	2.36	9.4	
306	L40×3	1250	4	2.32	9.3	切角
307	L40×3	1250	4	2.32	9.3	切角
308	L40×3	1154	4	2.14	8.6	切角
309	L40×3	1154	4	2.14	8.6	
310	L40×3	1140	4	2.11	8.4	切角
311	L40×3	1140	4	2.11	8.4	
312	Q355L90×6	610	4	5.09	20.4	铲背
313	Q355-6×90	610	4	2.59	10.4	
314	Q355-6×90	610	4	2.59	10.4	
总质量					321.7kg	

螺栓、脚钉、垫圈明细表

名称	级别	规格	符号	数量	质量（kg）	备注
螺栓	6.8级	M16×50	●	48	7.7	
		M20×55	∅	72	21.3	
脚钉	6.8级	M16×180	⊕T	7	2.8	
		M20×200	⊕T	2	1.5	
垫圈	Q235	-4A（φ17.5）		32	0.7	规格×个数
总质量					34.0kg	

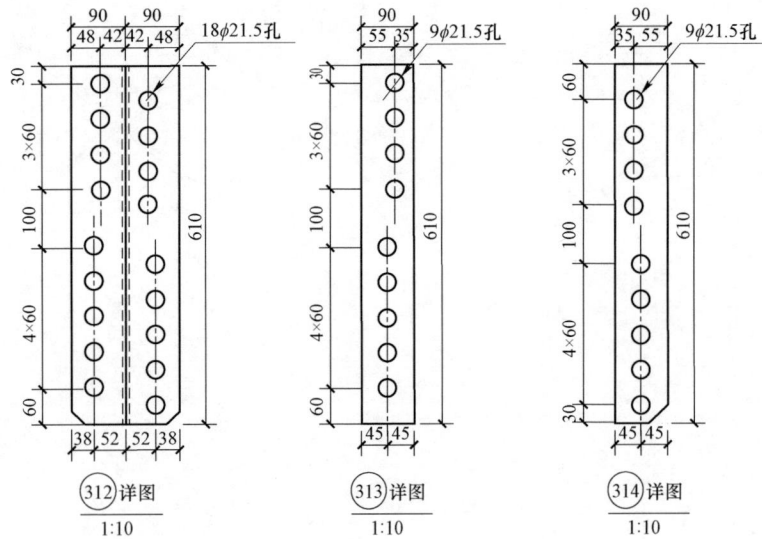

图 14-61 ZJT-J2 转角塔塔身③结构图

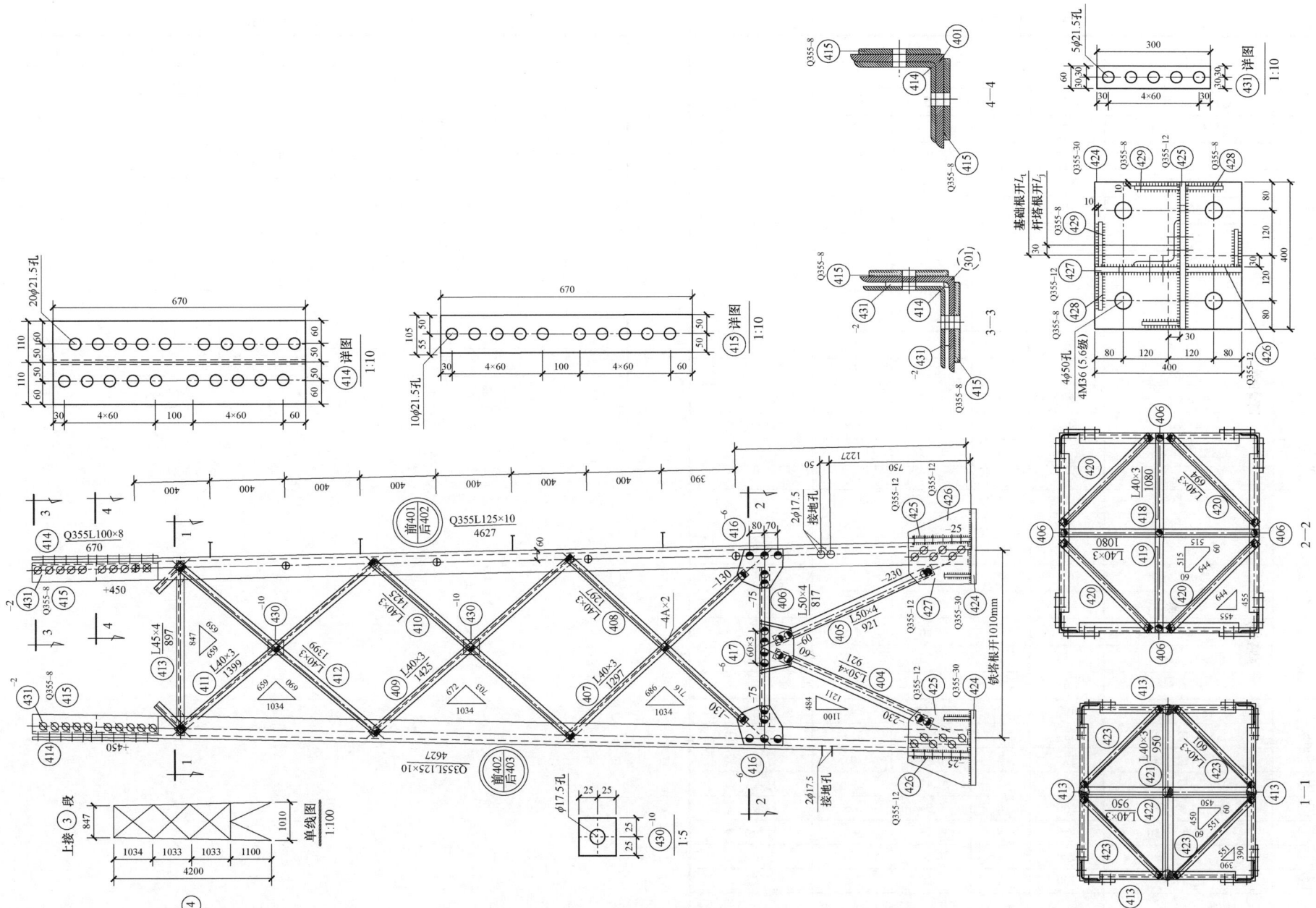

图 14-62 ZJT-J2 转角塔塔腿④结构图（一）

构 件 明 细 表

编号	规格	长度（mm）	数量	质量（kg）		备注
				单件	小计	
401	Q355L125×10	4527	1	88.53	88.5	带脚钉
402	Q355L125×10	4527	2	88.53	177.1	
403	Q355L125×10	4527	1	88.53	88.5	
404	L50×4	921	4	2.82	11.3	
405	L50×4	921	4	2.82	11.3	
406	L50×4	817	4	2.50	10.0	
407	L40×3	1297	4	2.40	9.6	切角
408	L40×3	1297	4	2.40	9.6	
409	L40×3	1425	4	2.64	10.6	切角
410	L40×3	1425	4	2.64	10.6	
411	L40×3	1399	4	2.59	10.4	切角
412	L40×3	1399	4	2.59	10.4	
413	L45×4	897	4	2.45	9.8	两端切肢
414	Q355L110×8	670	4	9.07	36.3	铲背
415	Q355－8×105	670	8	4.42	35.4	
416	－6×216	244	8	2.48	19.8	
417	－6×180	230	4	1.95	7.8	卷边 50mm
418	L40×3	1080	1	2.00	2.0	中间切肢
419	L40×3	1080	1	2.00	2.0	
420	L40×3	694	4	1.29	5.2	
421	L40×3	950	1	1.76	1.8	中间切肢
422	L40×3	950	1	1.76	1.8	
423	L40×3	601	4	1.11	4.4	
424	Q355－30×400	400	4	37.68	150.7	电焊
425	Q355－12×406	337	4	12.89	51.6	打坡口焊
426	Q355－12×162	337	4	5.14	20.6	打坡口焊
427	Q355－12×236	336	4	7.47	29.9	打坡口焊
428	Q355－8×150	100	8	0.94	7.5	打坡口焊
429	Q355－8×150	120	8	1.13	9.0	打坡口焊
430	－10×50	50	8	0.26	1.6	垫板
431	－2×60	300	8	0.28	2.2	垫板
总质量		847.3kg				

螺栓、脚钉、垫圈明细表

名称	级别	规格	符号	数量	质量（kg）	备注
螺栓	6.8 级	M16×40	◕	82	11.8	
		M16×50	◕	76	12.2	
		M20×55	⌀	48	14.2	
		M20×65	⊗	80	25.6	
脚钉	6.8 级	M16×180	⊖T	8	3.3	
		M20×200		1	0.7	
垫圈	Q235	－4A（ϕ17.5）		8	0.2	规格×个数
总质量			68.0kg			

图 14－62　ZJT－J2 转角塔塔腿④结构图（二）

构 件 明 细 表

编号	规格	长度 (mm)	数量	质量（kg） 单件	质量（kg） 小计	备注
501	Q355L100×10	3006	1	45.45	45.4	带脚钉
502	Q355L100×10	3006	2	45.45	90.9	
503	Q355L100×10	3006	1	45.45	45.4	
504	L50×4	742	4	2.27	9.1	
505	L50×4	742	4	2.27	9.1	
506	L50×4	691	4	2.11	8.4	
507	L40×3	1076	4	1.99	8.0	切角
508	L40×3	1076	4	1.99	8.0	
509	L40×3	1184	4	2.19	8.8	切角
510	L40×3	1184	4	2.19	8.8	
511	Q355L90×6	550	4	4.59	18.4	切角
512	Q355−6×90	550	8	2.33	18.6	
513	−6×186	225	8	1.97	15.8	
514	−6×180	230	4	1.95	7.8	卷边 50mm
515	L40×3	894	1	1.66	1.7	中间切肢
516	L40×3	894	1	1.66	1.7	
517	L40×3	562	4	1.04	4.2	
518	Q355−30×400	400	4	37.68	150.7	电焊
519	Q355−12×400	357	4	13.45	53.8	打坡口焊
520	Q355−12×167	357	4	5.62	22.5	打坡口焊
521	Q355−12×220	356	4	7.38	29.5	打坡口焊
522	Q355−8×120	100	4	0.75	6.0	打坡口焊
523	Q355−8×120	120	4	0.90	7.2	打坡口焊
524	−10×50	50	4	0.20	0.8	垫板
525	−2×60	240	8	0.23	1.8	垫板
总质量					582.4kg	

螺栓、脚钉、垫圈明细表

名称	级别	规格	符号	数量	质量（kg）	备注
螺栓	6.8 级	M16×40		73	10.5	
		M16×50		60	9.6	
		M20×55		104	30.7	
脚钉	6.8 级	M16×180		5	2.0	
		M20×200		1	0.7	
垫圈	Q235	−3A (φ17.5)		16	0.2	规格×个数
		−4A (φ17.5)		16	0.3	
总质量					54.0kg	

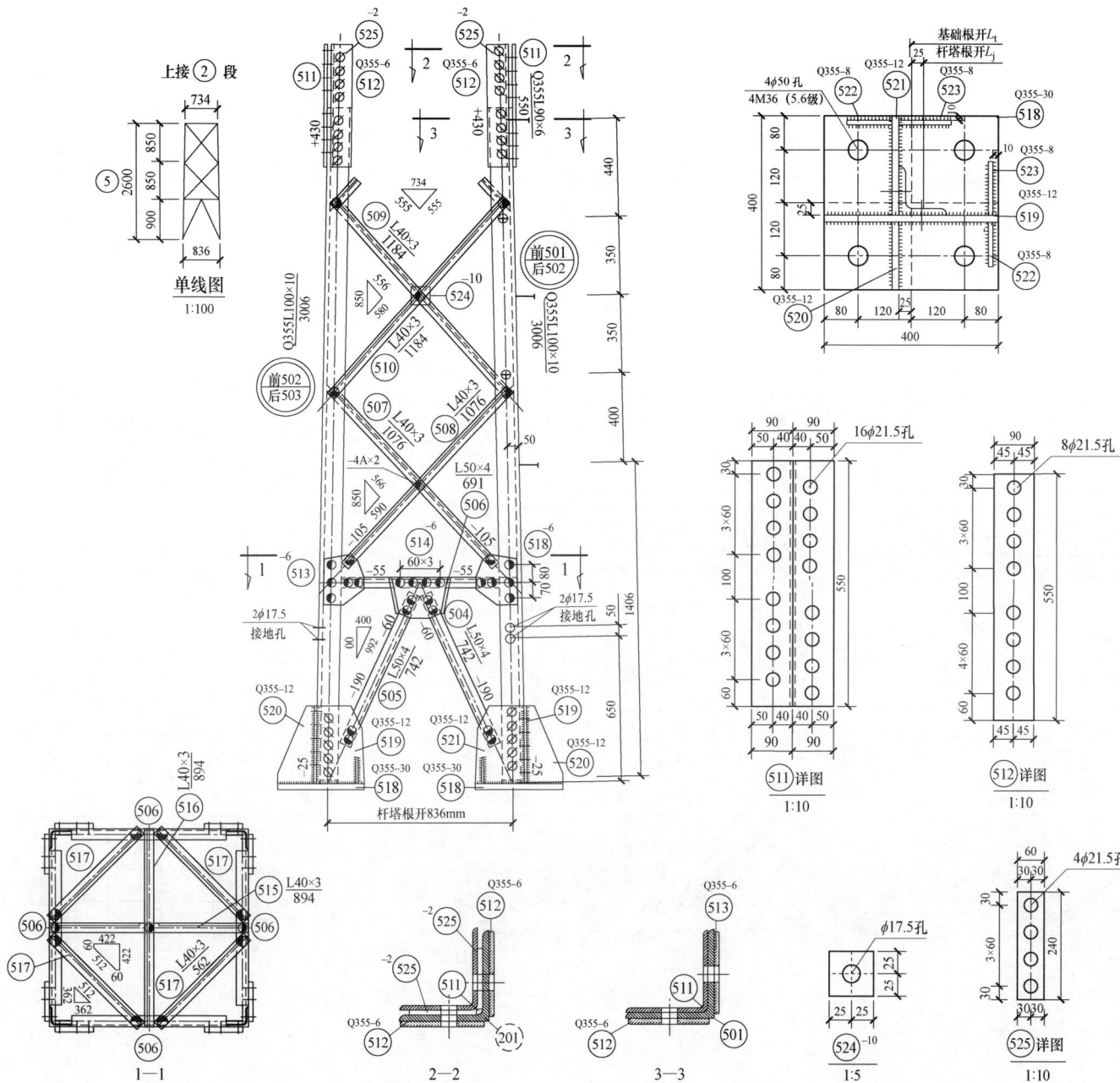

图 14−63 ZJT−J2 转角塔塔腿⑤结构图

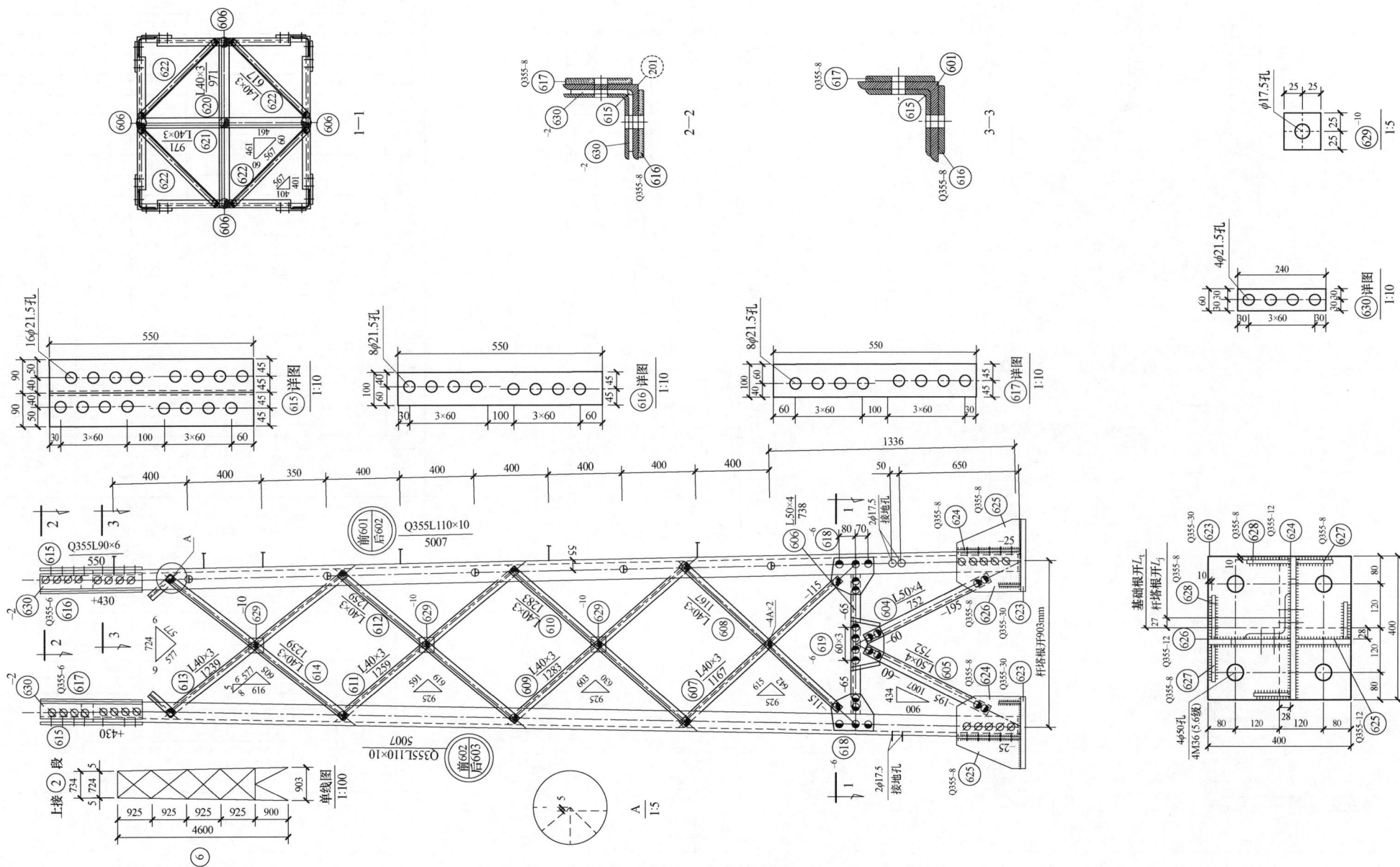

图 14-64 ZJT-J2 转角塔塔腿⑥结构图（一）

构 件 明 细 表

编号	规格	长度（mm）	数量	质量（kg）单件	质量（kg）小计	备注
⑥01	Q355L110×10	5007	1	83.57	83.6	带脚钉
⑥02	Q355L110×10	5007	2	83.57	167.1	
⑥03	Q355L110×10	5007	1	83.57	83.6	
⑥04	L50×4	752	4	2.30	9.2	
⑥05	L50×4	752	4	2.30	9.2	
⑥06	L50×4	738	4	2.26	9.0	
⑥07	L40×3	1167	4	2.16	8.6	切角
⑥08	L40×3	1167	4	2.16	8.6	
⑥09	L40×3	1283	4	2.38	9.5	切角
⑥10	L40×3	1283	4	2.38	9.5	
⑥11	L40×3	1259	4	2.33	9.3	切角
⑥12	L40×3	1259	4	2.33	9.3	
⑥13	L40×3	1239	4	2.29	9.2	切角
⑥14	L40×3	1239	4	2.29	9.2	
⑥15	Q355L90×6	550	4	4.59	18.4	铲背
⑥16	Q355−6×90	550	4	2.33	9.3	
⑥17	Q355−6×90	550	4	2.33	9.3	
⑥18	−6×206	232	8	2.25	18.0	
⑥19	−6×180	230	4	1.95	7.8	卷边 50mm
⑥20	L40×3	971	1	1.80	1.8	中间切肢
⑥21	L40×3	971	1	1.80	1.8	
⑥22	L40×3	617	4	1.14	4.6	
⑥23	Q355−30×400	400	4	37.68	150.7	电焊
⑥24	Q355−8×400	357	4	8.97	35.9	打坡口焊
⑥25	Q355−8×164	357	4	3.68	14.7	打坡口焊
⑥26	Q355−8×228	356	4	5.10	20.4	打坡口焊
⑥27	Q355−8×120	100	8	0.75	6.0	打坡口焊
⑥28	Q355−8×120	120	8	0.90	7.2	打坡口焊
⑥29	−10×50	50	12	0.20	2.4	垫板
⑥30	−2×60	240	8	0.23	1.8	垫板
总质量					745.0kg	

螺栓、脚钉、垫圈明细表

名称	级别	规格	符号	数量	质量（kg）	备注
螺栓	6.8级	M16×40	●	69	9.9	
		M16×50	●	88	14.1	
		M20×55	∅	108	31.9	
脚钉	6.8级	M16×180	⊕T	9	3.7	
		M20×200		1	0.7	
垫圈	Q235	−4A（φ17.5）		8	0.2	规格×个数
总质量					60.5kg	

图 14-64 ZJT-J2 转角塔塔腿⑥结构图（二）

除图中注明外，必须遵照下列统一要求进行加工和组装：

（1）杆塔的设计执行《输电线路杆塔制图和构造规定》（DL/T 5442—2020）的有关规定。

（2）结构图中图面内的图例、代号等在说明中未提及之处，均按《输电线路杆塔制图和构造规定》（DL/T 5442—2020）中的要求执行。

（3）杆塔加工时应严格执行《输电线路铁塔制造技术条件》（GB/T 2694—2018）。本塔构件的尺寸以放样为准，构件加工后必须试组装，验收合格后方可批量加工。

（4）钢材质量标准应符合《碳素结构钢》（GB/T 700—2006）及《低合金高强度结构钢》（GB/T 1591—2018）的有关要求；螺栓、螺母、扣紧螺母应符合的标准分别为《六角头螺栓 C级》（GB/T 5780—2016）、《I型六角螺母》（GB/T 6170—2015）、《扣紧螺母》（GB 805—1988）。所有材料，包括角钢、螺栓、防盗螺母、扣紧螺母、焊条等均应有出厂合格证书。

（5）杆塔构件所用钢种为 Q235B、Q355B，图中注明 Q355 材料为 Q355B 钢材，未注明均为 Q235B 钢材（角钢用"L"、钢板用"−"表示）。所有构件均须热镀锌。

（6）所有螺栓（包括防盗螺栓）的强度等级为热镀锌后的强度值。

（7）杆塔构件连接主要以螺栓连接为主，少数采用焊接（如塔脚板连接等）。构件焊接应按照焊接规程、规范和有关规定进行，焊缝高度不得小于连接构件的最小厚度，当被焊接构件厚 8mm 及以上时，要按规定剖口焊，以便焊透。对 Q355 构件焊接时选用 E50 系列焊条，对 Q235 构件焊接时选用 E43 系列焊条。

（8）加工时如发生材料代用或改变节点形式等情况，须与设计单位联系解决。材料代用时，需注意相关影响，应与图纸对应列表统计，并由加工厂书面通知施工单位，以方便施工安装。

（9）角钢与钢板的螺栓间距、边距除图中特殊注明外应按表1采用。

（10）角钢准距除图中特殊注明外，一般按表2采用。

（11）螺栓、脚钉、垫圈规格按表3、表4采用。

（12）脚钉一般从离地面 1.5m 处开始向上装设，间距 400mm 左右，加工放样时可适当调整脚钉的位置，脚钉除运行单位有特殊要求外，一般采用防滑带直钩形式。

（13）其他事项：

1）节点板考虑到刚度要求，形状不宜狭长，节点板边缘与构件轴线夹角 α 不小于 15°，如右图所示。

α角示意图

2）构件厚度大于 14mm 时须采用钻孔方法加工，构件接头中外包角钢清根，内包角钢铲背。

3）凡图中所要求的火曲、开合角、切肢、压扁、切角等的尺寸均由加工放样决定。

4）两构件连接面间的间隙大于 3mm 时，构件应局部开、合角或制弯。

5）当构件需采用切肢或压扁时，应优先采用切肢。

（14）杆塔加工时应根据实际工程要求的高度设置防盗螺栓（无特殊说明的 10m 高以下防盗）。

表1　　　　螺栓间距、边距表

螺栓规格	孔径（mm）	螺栓间距（mm）		边距（mm）		
		单排	双排	端距	扎制边距	切角边距
M16	φ17.5	50	80	25	≥21 或 20（L40 角钢时）	≥23
M20	φ21.5	60	100	30	≥26	≥28

注　螺孔顺力线方向重心最大间距为 12d 或 18t（取二者较小者），其中 d 为螺栓直径，t 为较薄板的厚度。

表2　　　　角钢准距表

肢宽（mm）	准距（mm）	第一排准距（mm）	第二排准距（mm）	最大使用孔径（mm）
L40	20			17.5
L45	23			
L50	25（28）			
L56	28（32）			
L63	30（36）			
L70	35（40）			
L75	38（40）			
L80	40			21.5
L90	45			
L100	50			
L110	55	45	75	
L125	60	50	85	
L140	70	55	90	
L160	80	60	105	

注　括号内数字用于螺栓边距不足时，在搭接位置上的螺栓孔可使用的准距。

表3　　　　螺栓规格表

级别	单帽螺栓（带一垫、一扣紧螺母）				防盗螺栓	双帽螺栓（带一垫）			
	规格	符号	通过厚度（mm）	无扣长（mm）	质量（kg）	质量（kg）（带一垫）	规格	符号	通过厚度（mm）	无扣长（mm）	质量（kg）
6.8	M16×40	⊘	7～12	6	0.1442	0.1997	M16×50	⊘	7～12	6	0.1875
	M16×50	⊘	13～22	12	0.1602	0.2127	M16×60	⊘	13～22	12	0.2039
	M16×60	⊘	23～32	22	0.1762	0.2277	M16×70	⊘	23～32	22	0.2203
	M16×70	⊘	33～42	32	0.1922	0.2477	M16×80	⊘	33～42	32	0.2369
6.8	M20×45	○	9～15	8	0.2701	0.3517	M20×60	○	9～15	8	0.3605
	M20×55	⊘	16～25	15	0.2953	0.3737	M20×70	⊘	16～25	15	0.3864
	M20×65	⊠	26～35	25	0.3205	0.3967	M20×80	⊠	26～35	25	0.4123
	M20×75	⊘	36～45	35	0.3457	0.4207	M20×90	⊘	36～45	35	0.4381
	M20×85	⊠	46～55	45	0.3709	0.4407	M20×100	⊠	46～55	45	0.4640
	M20×95	⊠	56～65	55	0.3961	0.4607	M20×110	⊠	56～65	55	0.4899
	M20×105	⊠	66～75	65	0.4213	0.4807	M20×120	⊠	66～75	65	0.5158

表4　　　　脚钉、垫圈规格表

脚钉（带两帽）				垫圈				
规格	符号	无扣长（mm）	质量（kg）	规格	符号	质量（kg）	内径（mm）	外径（mm）
M16×180	⊕──	120	0.3799	−2（φ13.5）	规格×个数	0.00186	13.5	24
				−3（φ17.5）		0.01065	17.5	30
M20×200	⊕──	120	0.6749	−3（φ22）	规格×个数	0.01637	22	37
				−4（φ22）		0.02183	22	37
M24×240	⊕──	120	1.1803	−3（φ26）	规格×个数	0.02331	26	44
				−4（φ26）		0.03108	26	44

图 14−65　ZJT−J2 转角塔加工说明

14.2.5 ZJT-J3 转角塔

ZJT-J3 转角塔结构图清单见表 14-13。

表 14-13　　　　　　　**ZJT-J3 转角塔结构图清单**

图序	图名	备注
图 14-66	ZJT-J3 转角塔总图	
图 14-67	ZJT-J3 转角塔材料汇总表	
图 14-68	ZJT-J3 转角塔塔头①结构图（1/2）	
图 14-69	ZJT-J3 转角塔塔头①结构图（2/2）	

续表

图序	图名	备注
图 14-70	ZJT-J3 转角塔塔身②结构图	
图 14-71	ZJT-J3 转角塔塔身③结构图	
图 14-72	ZJT-J3 转角塔塔腿④结构图	
图 14-73	ZJT-J3 转角塔塔腿⑤结构图	
图 14-74	ZJT-J3 转角塔塔腿⑥结构图	
图 14-75	ZJT-J3 转角塔加工说明	

杆塔根开、基础根开、地脚螺栓规格及间距表

杆塔名称（型号）	ZJT-J3		
塔高（m）	13	15	18
接腿	⑤	⑥	④
杆塔根开（mm）	816	893	1010
基础根开（mm）	876	953	1070
基础地脚螺栓间距（mm）	270	270	270
每腿基础地脚螺栓配置（5.6级）	4M42	4M42	4M42

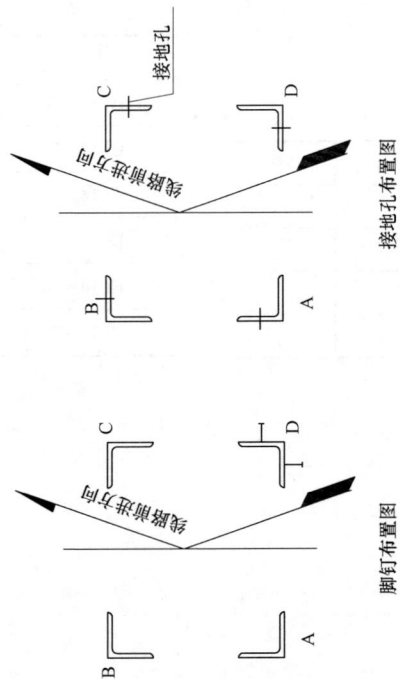

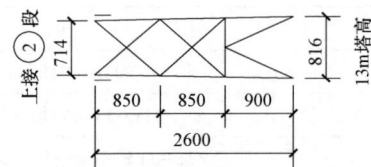

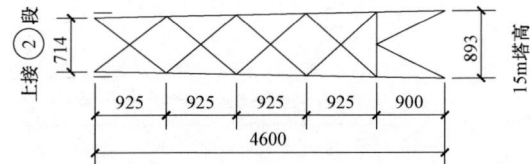

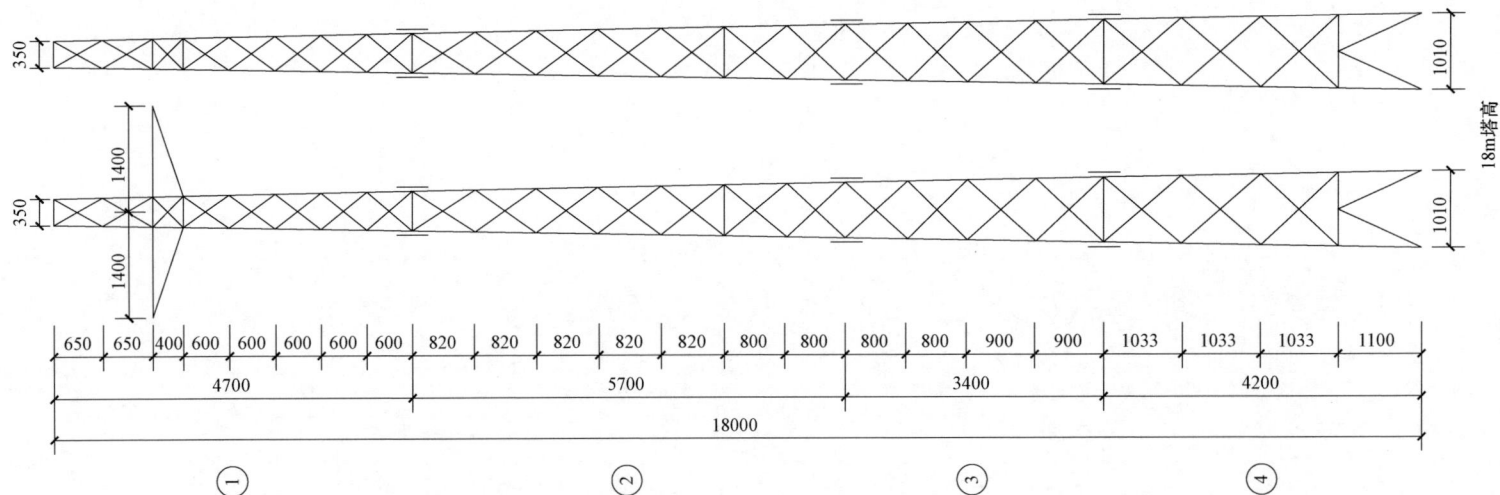

接地孔布置图

脚钉布置图

图14-66 ZJT-J3转角塔总图

材 料 汇 总 表

材料	材质	规格	段号						全塔高（m）		
			①	②	③	④	⑤	⑥	13.0	15.0	18.0
角钢	Q355	L125×10			258.0	354.1	230.0	383.2	230.0	383.2	612.1
		L10×8				36.3					36.3
		L100×10		318.0					318.0	318.0	318.0
		L90×7		18.9	23.6		23.6	23.6	42.5	42.5	42.5
		L80×7	161.2						161.2	161.2	161.2
		L63×5	56.1						56.1	56.1	56.1
		小计	217.3	336.9	281.6	390.4	253.6	406.8	807.8	961.0	1226.2
	Q235	L50×5	30.4			27.8	20.8	21.8	51.2	52.2	58.2
		L50×4				10.0	7.7	8.7	7.7	8.7	10.0
		L45×4	46.5	54.1		9.8			100.6	100.6	110.4
		L40×4	37.4	105.8		54.8	22.8	72.3	166.0	216.0	198.0
		L40×3	28.6	5.8	71.4	36.4	22.8	25.2	57.2	59.6	142.2
		小计	142.9	165.7	71.4	138.8	74.1	128.5	382.7	437.1	518.8
钢板	Q355	−3	1.0						1.0	1.0	1.0
		−6	39.4						39.4	39.4	39.4
		−8	14.4	40.4	27.6	55.0	43.2	43.2	98.0	98.0	137.4
		−12				111.9	111.9	111.9	111.9	111.9	111.9
		−32				203.5	203.5	203.5	203.5	203.5	203.5
		小计	54.8	40.4	27.6	370.4	358.6	358.6	453.8	453.8	493.2
	Q235	−2		1.8					1.8	1.8	1.8
		−6	1.7			27.6	28.2	27.6	29.9	29.3	29.3
		−10	0.4	4.8	3.2	1.6	0.8	2.4	6.0	7.6	10.0
		小计	2.1	6.6	3.2	29.2	29.0	30.0	37.7	38.7	41.1
螺栓	6.8级	M16×40	13.4	5.5		11.8	9.9	9.9	28.8	28.8	30.7
		M16×50	18.9	11.5	7.7	12.2	10.3	13.5	40.7	43.9	50.3
		M16×60						0.7		0.7	
		M16×50 双帽	0.6						0.6	0.6	0.6
		M16×60 双帽	4.2						4.2	4.2	4.2
		小计	37.1	17.0	7.7	24.0	20.2	24.1	74.3	78.2	85.8
	6.8级	M20×45	0.5						0.5	0.5	0.5
		M20×55		16.5	21.3	14.2	35.4	35.4	51.9	51.9	52.0
		M20×65				25.6					25.6
		小计	0.5	16.5	21.3	39.8	35.4	35.4	52.4	52.4	78.1
		螺栓合计	37.6	33.5	29.0	63.8	55.6	59.5	126.7	130.6	163.9
脚钉	6.8级	M16×180	8.9	4.5	2.8	3.3	1.6	3.7	15.0	17.1	19.5
		M20×200		1.5	1.5	0.7	0.7	0.7	2.2	2.2	3.7
		小计	8.9	6.0	4.3	4.0	2.3	4.4	17.2	19.3	23.2
垫圈	Q235	−3A（φ17.5）	0.5	0.1					0.6	0.6	0.6
		−4A（φ17.5）	0.3	1.0	0.7	0.2	0.2	0.2	1.5	1.5	2.2
		小计	0.8	1.1	0.7	0.2	0.2	0.2	2.1	2.1	2.8
		合计（kg）	464.4	590.2	417.8	996.8	773.4	988.0	1828.0	2042.6	2469.2
		各塔高含防盗螺栓总质量（kg）							1862.6	2081.2	2516.4

图 14−67　ZJT−J3 转角塔材料汇总表

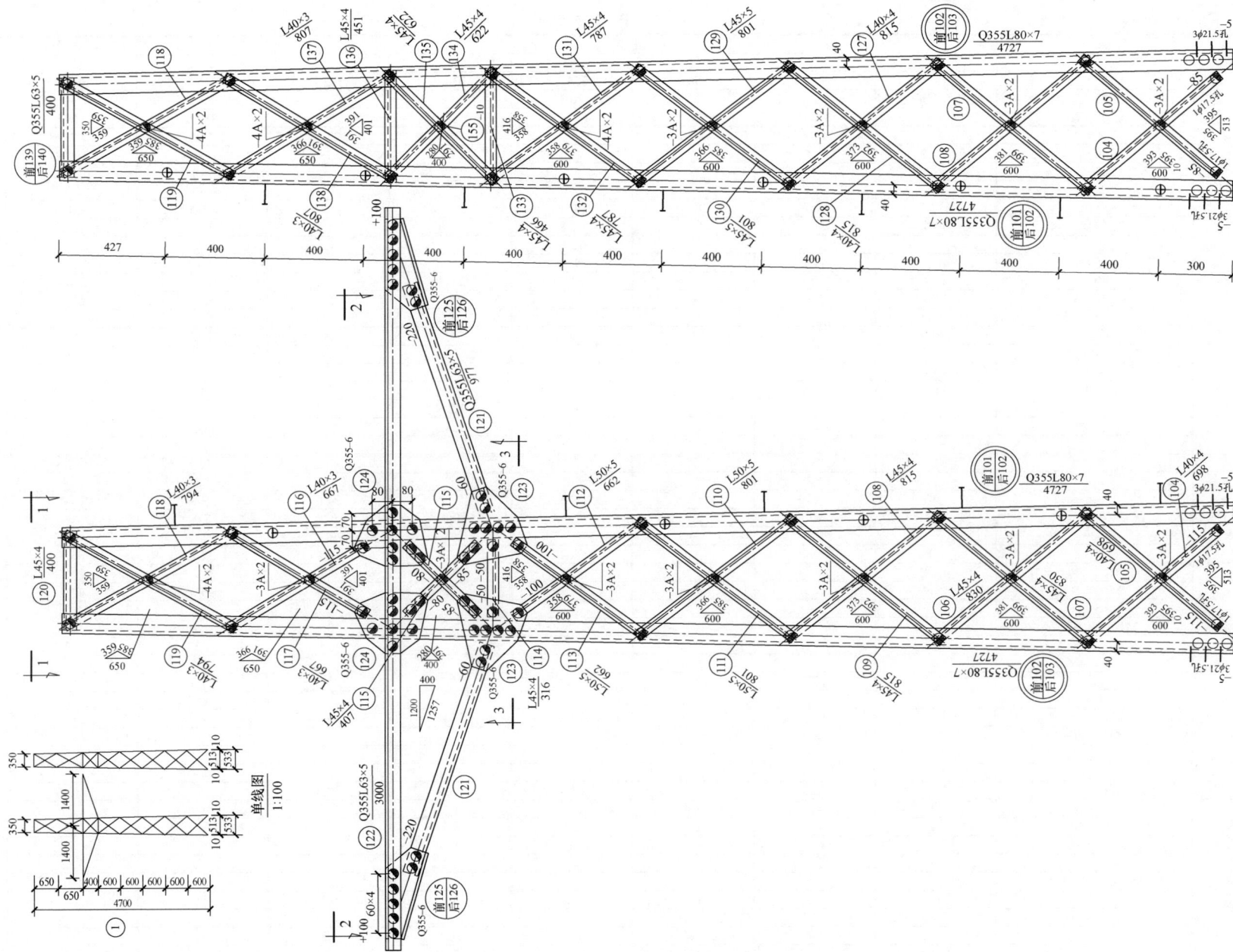

图 14-68　ZJT-J3 转角塔塔头①结构图（1/2）

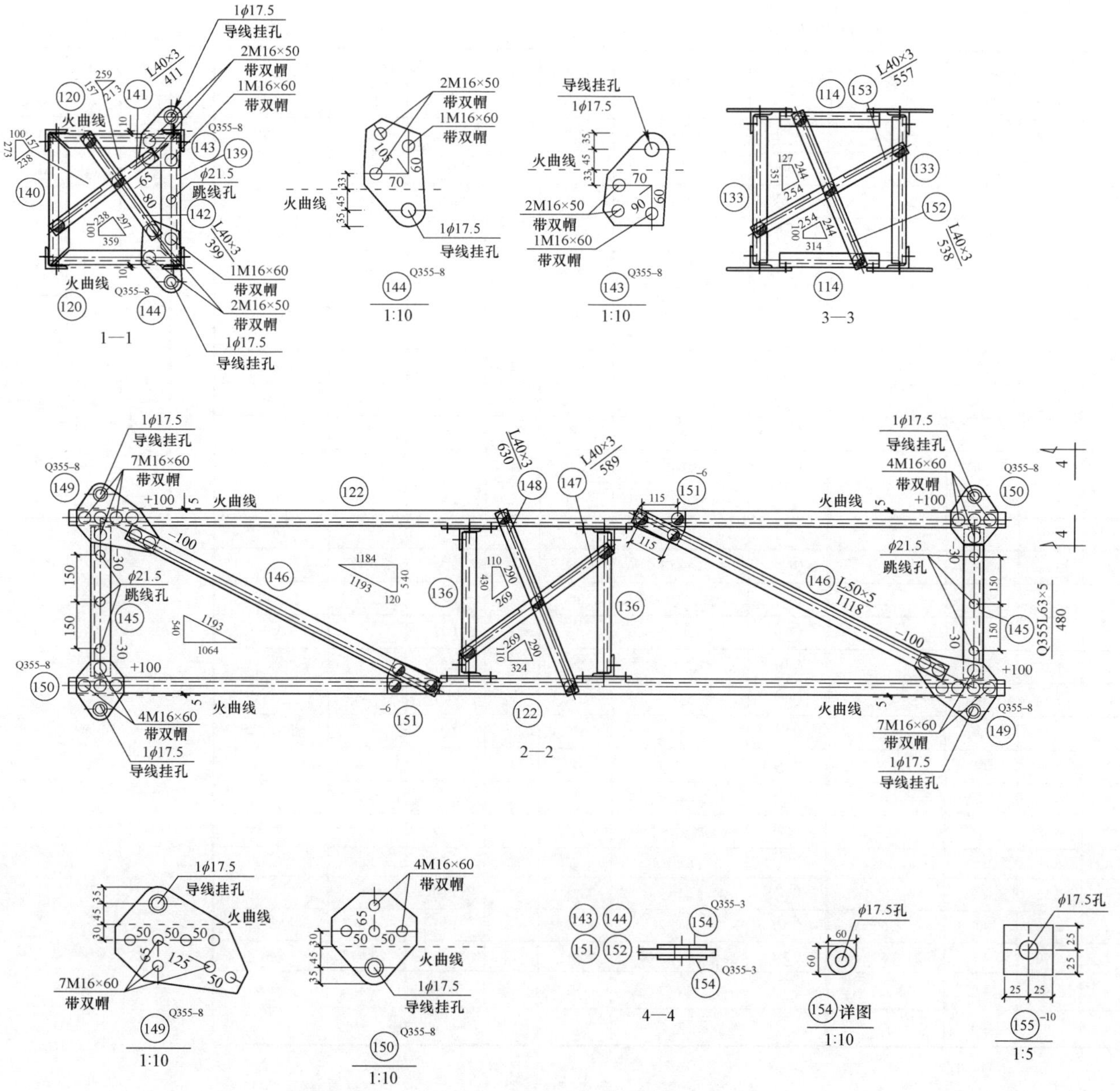

图 14-69　ZJT-J3 转角塔塔头①结构图（2/2）（一）

构 件 明 细 表

编号	规格	长度(mm)	数量	质量(kg)单件	质量(kg)小计	备注	编号	规格	长度(mm)	数量	质量(kg)单件	质量(kg)小计	备注
⑩1	Q355L80×7	4727	1	40.30	40.3	带脚钉	⑫9	L45×4	801	2	2.19	4.4	
⑩2	Q355L80×7	4727	2	40.30	80.6		⑬0	L45×4	801	2	2.19	4.4	
⑩3	Q355L80×7	4727	1	40.30	40.3	切角	⑬1	L45×4	787	2	2.15	4.3	
⑩4	L40×4	698	4	1.69	6.8	切角	⑬2	L45×4	787	2	2.15	4.3	
⑩5	L40×4	698	4	1.69	6.8	两端切肢	⑬3	L45×4	466	2	1.27	2.5	
⑩6	L40×4	830	4	2.01	8.0	切角	⑬4	L45×4	622	2	1.70	3.4	
⑩7	L40×4	830	4	2.01	8.0		⑬5	L45×4	622	2	1.70	3.4	
⑩8	L45×4	815	2	2.23	4.5	切角	⑬6	L45×4	451	2	1.23	2.5	两端切肢
⑩9	L45×4	815	2	2.23	4.5		⑬7	L40×3	807	2	1.49	3.0	切角
⑪0	L50×5	801	2	3.02	6.0	切角	⑬8	L40×3	807	2	1.49	3.0	
⑪1	L50×5	801	2	3.02	6.0		⑬9	Q355L63×5	400	1	1.93	1.9	切角
⑪2	L50×5	662	2	2.50	5.0	切角	⑭0	Q355L63×5	400	1	1.93	1.9	切角
⑪3	L50×5	662	2	2.50	5.0	中间切肢	⑭1	L40×3	411	1	0.76	0.8	
⑪4	L45×4	316	2	0.86	1.7		⑭2	L40×3	399	1	0.74	0.7	
⑪5	L45×4	407	4	1.11	4.4		⑭3	Q355−8×138	198	1	1.72	1.7	火曲
⑪6	L40×3	667	2	1.24	2.5		⑭4	Q355−8×138	198	1	1.72	1.7	火曲
⑪7	L40×3	667	2	1.24	2.5		⑭5	Q355L63×5	480	2	2.31	4.6	
⑪8	L40×3	794	4	1.47	5.9	切角	⑭6	L50×5	1118	2	4.21	8.4	
⑪9	L40×3	794	4	1.47	5.9		⑭7	L40×3	589	1	1.09	1.1	中间切肢
⑫0	L45×4	400	2	1.09	2.2	切角	⑭8	L40×3	630	1	1.17	1.2	
⑫1	Q355L63×5	977	4	4.71	18.8		⑭9	Q355−8×223	265	2	3.71	7.4	火曲
⑫2	Q355L63×5	3000	2	14.47	28.9		⑮0	Q355−8×150	190	2	1.79	3.6	火曲
⑫3	Q355−6×309	283	4	4.12	16.5		⑮1	−6×110	165	2	0.85	1.7	
⑫4	Q355−6×240	294	4	3.32	13.3		⑮2	L40×3	538	1	1.00	1.0	
⑫5	Q355−6×134	381	2	2.40	4.8	卷边 50mm	⑮3	L40×3	557	1	1.03	1.0	中间切肢
⑫6	Q355−6×134	381	2	2.40	4.8	卷边 50mm	⑮4	Q355−3×60	60	12	0.08	1.0	焊接
⑫7	L40×4	815	2	1.97	3.9	切角	⑮5	−10×50	50	2	0.20	0.4	垫板
⑫8	L40×4	815	2	1.97	3.9		总质量					417.1kg	

螺栓、脚钉、垫圈明细表

名称	级别	规格	符号	数量	质量(kg)	备注
螺栓	6.8级	M16×40	◐	93	13.4	
		M16×50	◑	118	18.9	
		M20×45	○	2	0.5	
		M16×50	◑	4	0.6	带双帽
		M16×60	◑	24	4.2	带双帽
脚钉	6.8级	M16×180	◑T	22	8.9	
垫圈	Q235	−3A (φ17.5)		44	0.5	规格×个数
		−4A (φ17.5)		16	0.3	
总质量					47.3kg	

图 14−69　ZJT−J3 转角塔塔头①结构图（2/2）（二）

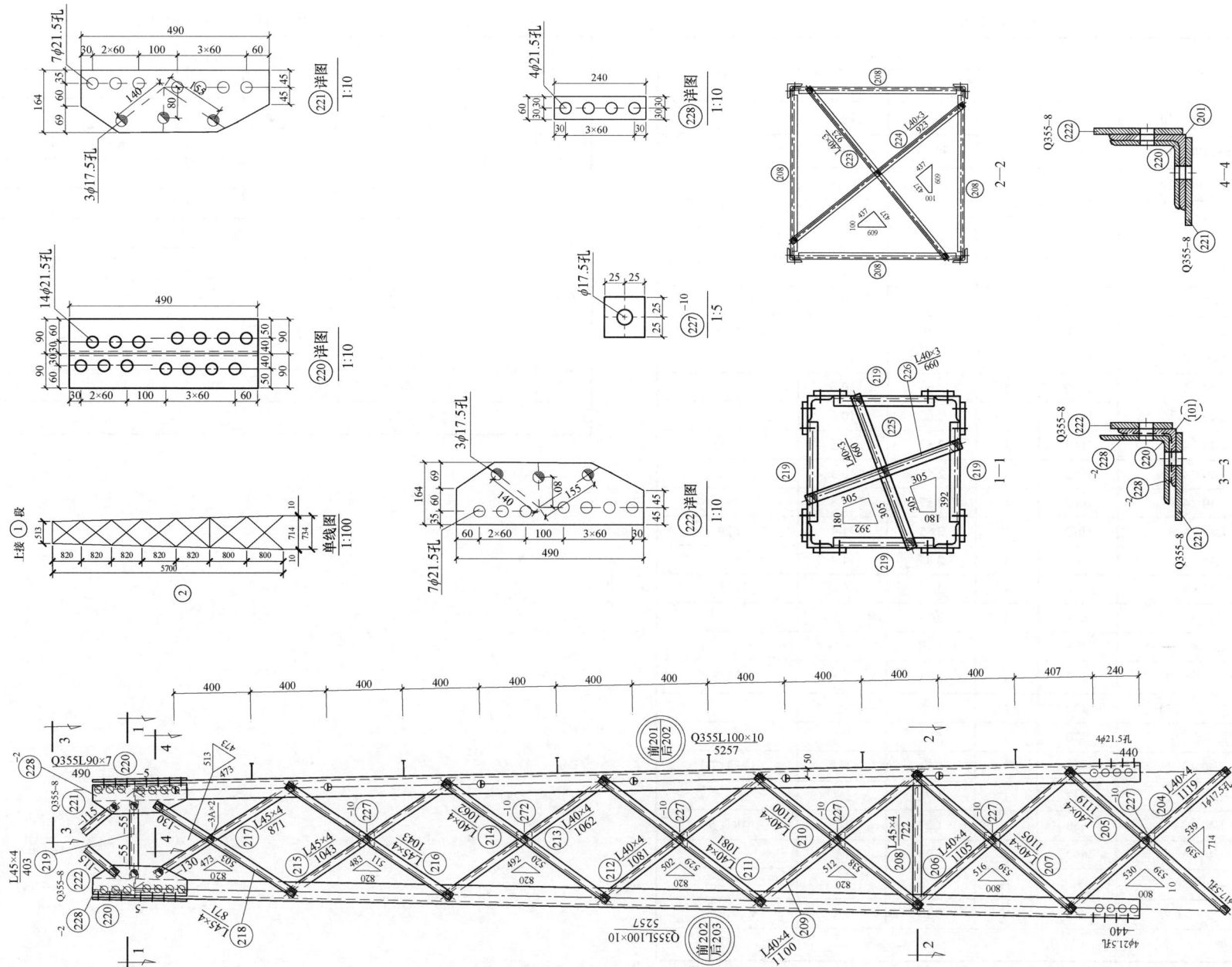

图 14-70 ZJT-J3 转角塔塔身②结构图（一）

构 件 明 细 表

编号	规格	长度 (mm)	数量	质量 (kg) 单件	质量 (kg) 小计	备注
㉑ 201	Q355L100×10	5257	1	79.49	79.5	带脚钉
202	Q355L100×10	5257	2	79.49	159.0	
203	Q355L100×10	5257	1	79.49	79.5	
204	L40×4	1119	4	2.71	10.8	切角
205	L40×4	1119	4	2.71	10.8	
206	L40×4	1105	4	2.68	10.7	切角
207	L40×4	1105	4	2.68	10.7	
208	L45×4	722	4	1.98	7.9	两端切肢
209	L40×4	1100	4	2.66	10.6	切角
210	L40×4	1100	4	2.66	10.6	
211	L40×4	1081	4	2.62	10.5	
212	L40×4	1081	4	2.62	10.5	切角
213	L40×4	1062	4	2.57	10.3	切角
214	L40×4	1062	4	2.57	10.3	
215	L45×4	1043	4	2.85	11.4	切角
216	L45×4	1043	4	2.85	11.4	
217	L45×4	871	4	2.38	9.5	切角
218	L45×4	871	4	2.38	9.5	
219	L45×4	403	4	1.10	4.4	
220	Q355L90×7	490	4	4.73	18.9	铲背
221	Q355−8×164	490	4	5.05	20.2	
222	Q355−8×164	490	4	5.05	20.2	
223	L40×3	923	1	1.71	1.7	中间切肢
224	L40×3	923	1	1.71	1.7	
225	L40×3	660	1	1.22	1.2	中间切肢
226	L40×3	660	1	1.22	1.2	
227	−10×50	50	24	0.20	4.8	垫板
228	−2×60	240	8	0.23	1.8	垫板
总质量				549.6kg		

螺栓、脚钉、垫圈明细表

名称	级别	规格	符号	数量	质量 (kg)	备注
螺栓	6.8 级	M16×40	⊙	38	5.5	
		M16×50	⊘	72	11.5	
		M20×55	⊘	56	16.5	
脚钉	6.8 级	M16×180	◑T	11	4.5	
		M20×200		2	1.5	
垫圈	Q235	−3A (φ17.5)		8	0.1	规格×个数
		−4A (φ17.5)		48	1.0	
总质量					40.6kg	

图 14−70 ZJT−J3 转角塔塔身②结构图（二）

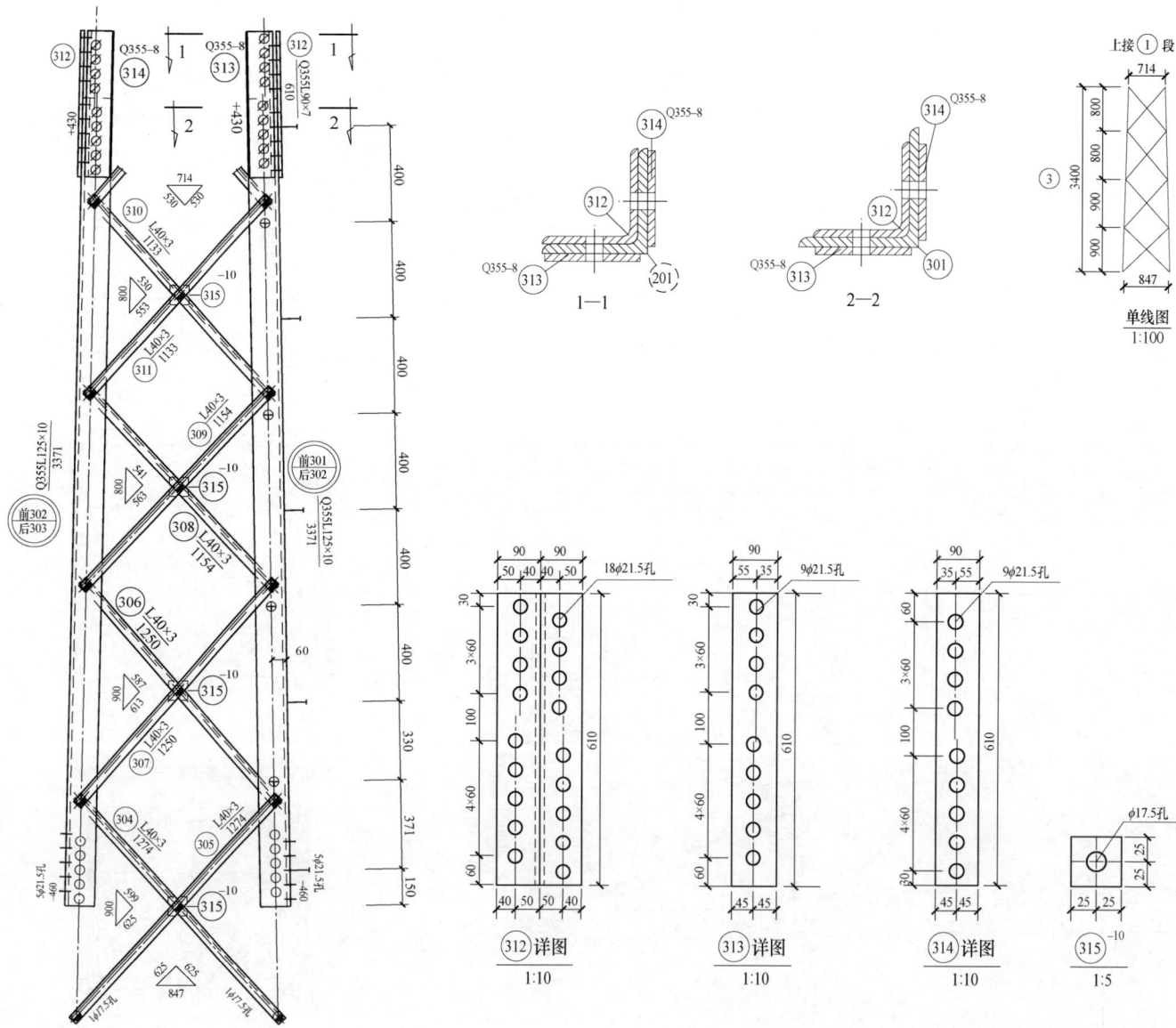

构 件 明 细 表

编号	规格	长度 （mm）	数量	质量（kg） 单件	质量（kg） 小计	备注
301	Q355L125×10	3371	1	64.50	64.5	带脚钉
302	Q355L125×10	3371	2	64.50	129.0	
303	Q355L125×10	3371	1	64.50	64.5	
304	L40×3	1274	4	2.36	9.4	切角
305	L40×3	1274	4	2.36	9.4	
306	L40×3	1250	4	2.32	9.3	切角
307	L40×3	1250	4	2.32	9.3	
308	L40×3	1154	4	2.14	8.6	切角
309	L40×3	1154	4	2.14	8.6	
310	L40×3	1133	4	2.10	8.4	切角
311	L40×3	1133	4	2.10	8.4	
312	Q355L90×7	610	4	5.89	23.6	铲背
313	Q355-8×90	610	4	3.45	13.8	
314	Q355-8×90	610	4	3.45	13.8	
315	-10×50	50	16	0.20	3.2	垫板
总质量					383.8kg	

螺栓、脚钉、垫圈明细表

名称	级别	规格	符号	数量	质量（kg）	备注
螺栓	6.8级	M16×50	◑	48	7.7	
		M20×55	∅	72	21.3	
脚钉	6.8级	M16×180	⊕T	7	2.8	
		M20×200		2	1.5	
垫圈	Q235	-4A （φ17.5）		32	0.7	规格×个数
总质量					34.0kg	

图 14-71 ZJT-J3 转角塔塔身③结构图

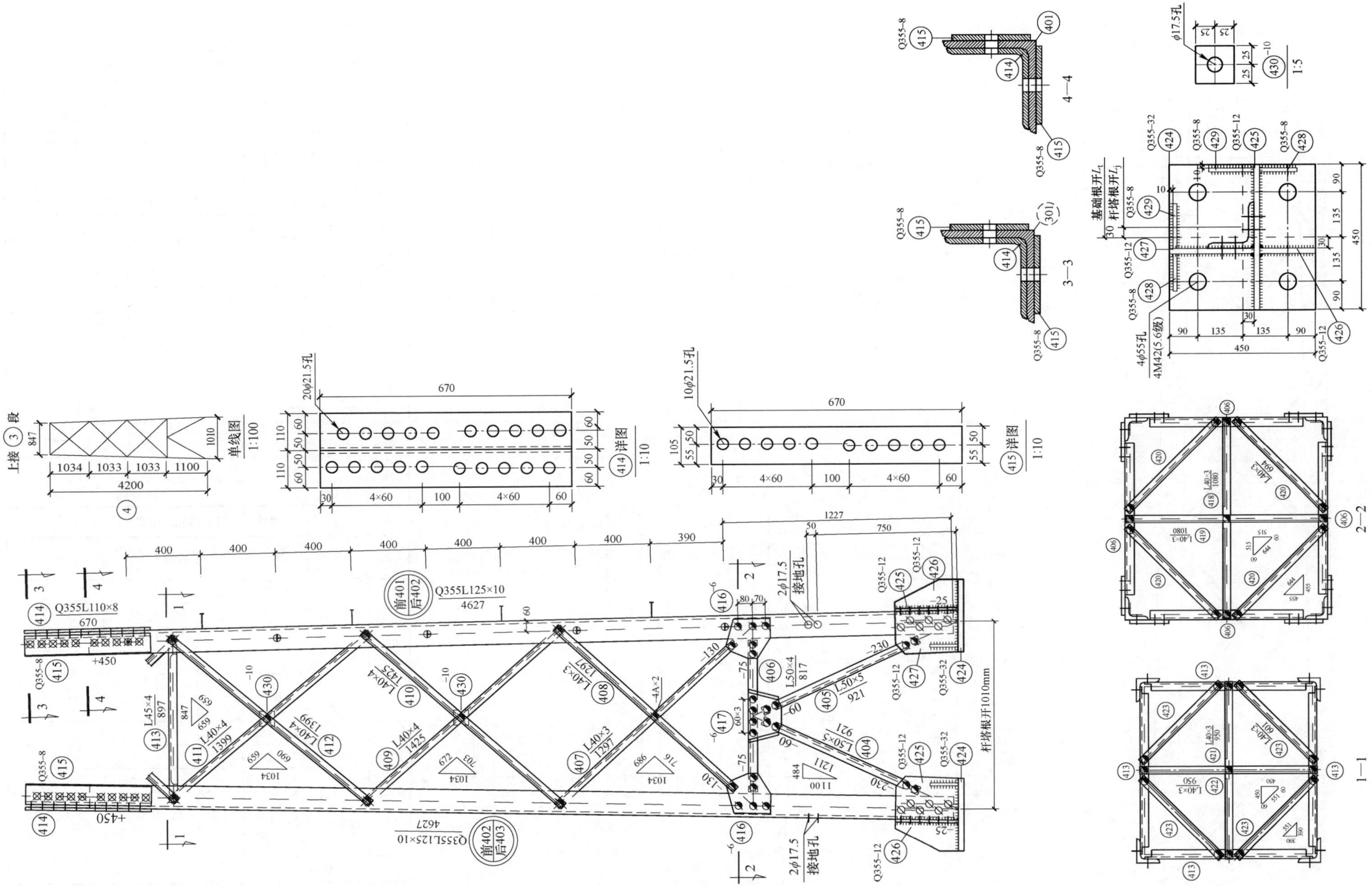

图 14-72 ZJT-J3 转角塔塔腿④结构图（一）

构 件 明 细 表

编号	规格	长度 （mm）	数量	质量（kg）单件	质量（kg）小计	备注
④⑩①	Q355L125×10	4627	1	88.53	88.5	带脚钉
④⑩②	Q355L125×10	4627	2	88.53	177.1	
④⑩③	Q355L125×10	4627	1	88.53	88.5	
④⑩④	L50×5	921	4	3.47	13.9	
④⑩⑤	L50×5	921	4	3.47	13.9	
④⑩⑥	L50×4	817	4	2.50	10.0	
④⑩⑦	L40×3	1297	4	2.40	9.6	切角
④⑩⑧	L40×3	1297	4	2.40	9.6	切角
④⑩⑨	L40×4	1425	4	3.45	13.8	切角
④①⓪	L40×4	1425	4	3.45	13.8	
④①①	L40×4	1399	4	3.39	13.6	切角
④①②	L40×4	1399	4	3.39	13.6	
④①③	L45×4	897	4	2.45	9.8	两端切肢
④①④	Q355L110×8	670	4	9.07	36.3	铲背
④①⑤	Q355-8×105	670	8	4.42	35.4	
④①⑥	-6×216	244	8	2.48	19.8	
④①⑦	-6×180	230	4	1.95	7.8	卷边50mm
④①⑧	L40×3	1080	1	2.00	2.0	中间切肢
④①⑨	L40×3	1080	1	2.00	2.0	
④②⓪	L40×3	694	4	1.29	5.2	
④②①	L40×3	950	1	1.76	1.8	中间切肢
④②②	L40×3	950	1	1.76	1.8	
④②③	L40×3	601	4	1.11	4.4	
④②④	Q355-32×450	450	4	50.87	203.5	电焊
④②⑤	Q355-12×450	337	4	14.29	57.2	打坡口焊
④②⑥	Q355-12×182	337	4	5.78	23.1	打坡口焊
④②⑦	Q355-12×250	336	4	7.91	31.6	打坡口焊
④②⑧	Q355-8×150	130	8	1.22	9.8	打坡口焊
④②⑨	Q355-8×150	130	8	1.22	9.8	打坡口焊
④③⓪	-10×50	50	8	0.20	1.6	垫板
总质量					928.8kg	

螺栓、脚钉、垫圈明细表

名称	级别	规格	符号	数量	质量（kg）	备注
螺栓	6.8级	M16×40	◉	82	11.8	
		M16×50	◓	76	12.2	
		M20×55	⊘	48	14.2	
		M20×65	⊗	80	25.6	
脚钉	6.8级	M16×180	⌀T	8	3.3	
		M20×200		1	0.7	
垫圈	Q235	-4A（φ17.5）		8	0.2	规格×个数
总质量					68.0kg	

图 14-72 ZJT-J3 转角塔塔身②结构图（二）

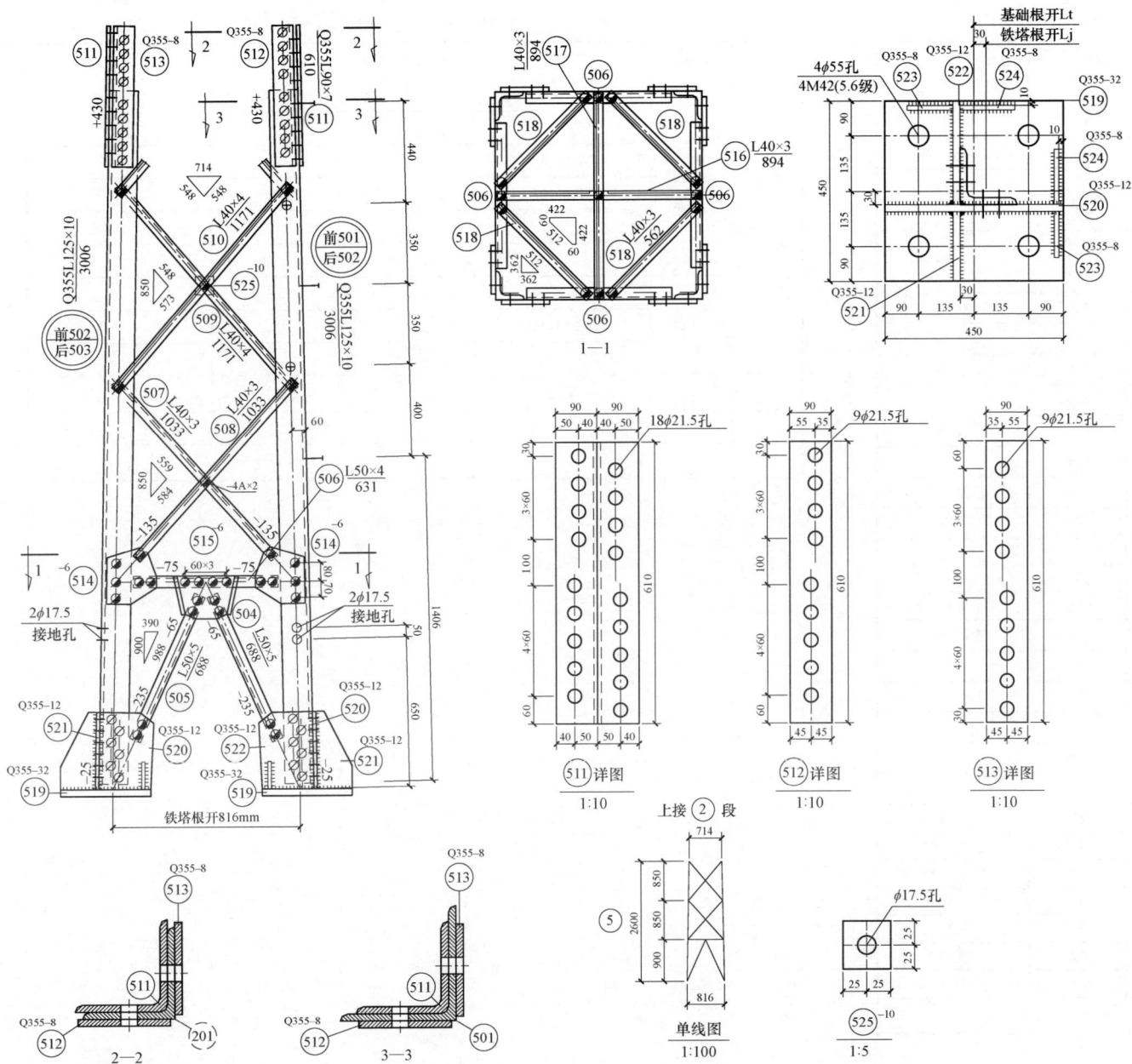

构 件 明 细 表

编号	规格	长度(mm)	数量	质量(kg) 单件	质量(kg) 小计	备注
501	Q355L125×10	3006	1	57.51	57.5	带脚钉
502	Q355L125×10	3006	2	57.51	115.0	
503	Q355L125×10	3006	1	57.51	57.5	
504	L50×5	688	4	2.59	10.4	
505	L50×5	688	4	2.59	10.4	
506	L50×4	631	4	1.93	7.7	
507	L40×3	1033	4	1.91	7.6	切角
508	L40×3	1033	4	1.91	7.6	
509	L40×4	1171	4	2.84	11.4	切角
510	L40×4	1171	4	2.84	11.4	
511	Q355L90×7	610	4	5.89	23.6	铲背
512	Q355-8×90	610	4	3.45	13.8	
513	Q355-8×90	610	4	3.45	13.8	
514	-6×216	248	8	2.52	20.2	
515	-6×186	230	4	2.01	8.0	卷边50mm
516	L40×3	894	1	1.66	1.7	中间切肢
517	L40×3	894	1	1.66	1.7	
518	L40×3	562	4	1.04	4.2	
519	Q355-32×450	450	4	50.87	203.5	电焊
520	Q355-12×450	337	4	14.29	57.2	打坡口焊
521	Q355-12×182	337	4	5.78	23.1	打坡口焊
522	Q355-12×250	336	4	7.91	31.6	打坡口焊
523	Q355-8×120	130	8	0.98	7.8	打坡口焊
524	Q355-8×120	130	8	0.98	7.8	打坡口焊
525	-10×50	50	4	0.20	0.8	垫板
总质量					715.3kg	

螺栓、脚钉、垫圈明细表

名称	级别	规格	符号	数量	质量(kg)	备注
螺栓	6.8级	M16×40	◐	69	9.9	
		M16×50	◑	64	10.3	
		M20×55	∅	120	35.4	
脚钉	6.8级	M16×180	⊕T	4	1.6	
		M20×200		1	0.7	
垫圈	Q235	-4A(φ17.5)		8	0.2	规格×个数
总质量					58.1kg	

图 14-73 ZJT-J3 转角塔塔腿⑤结构图

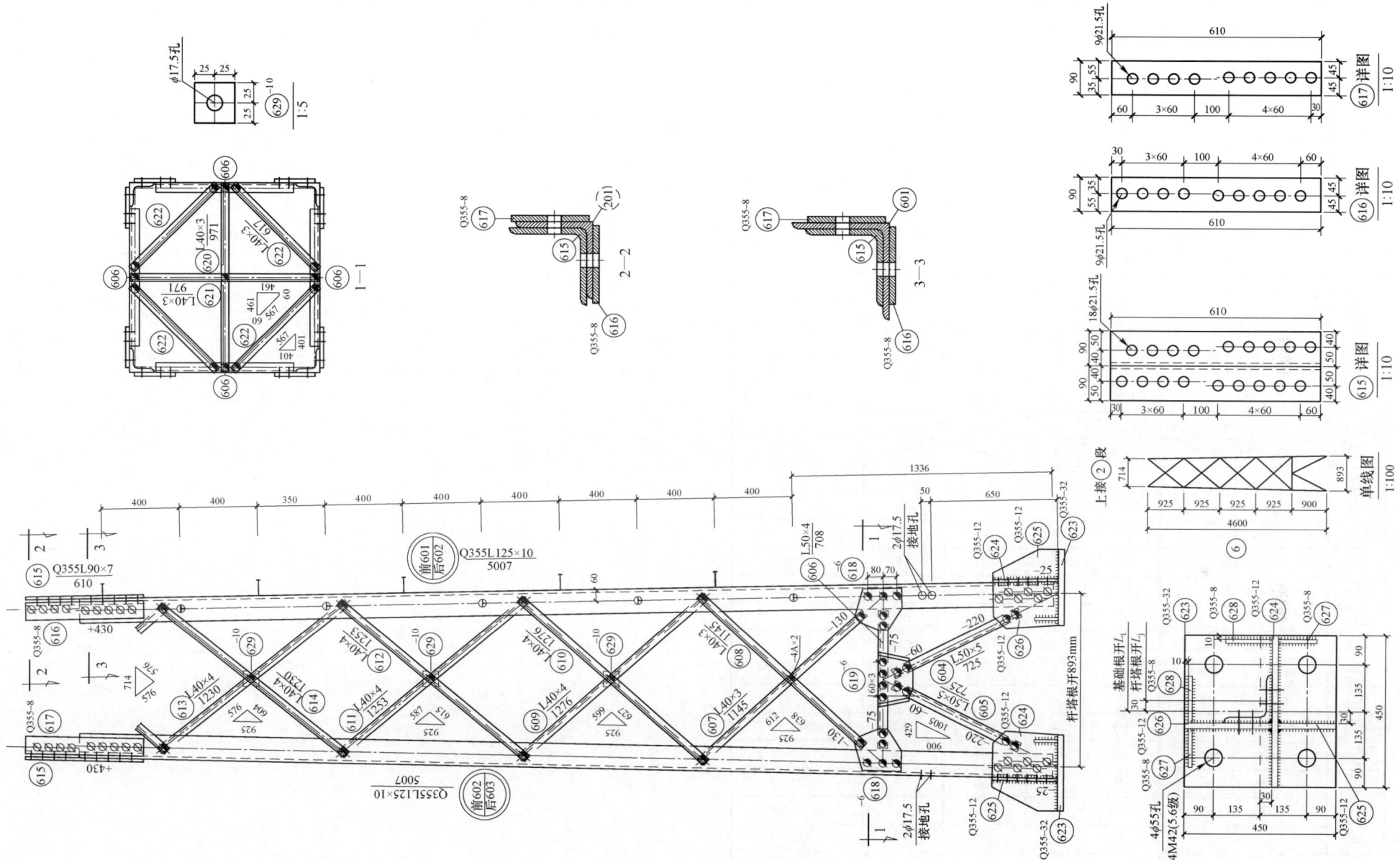

图 14-74 ZJT-J3 转角塔塔腿⑥结构图（一）

编号	规格	长度（mm）	数量	质量（kg）		备注
				单件	小计	
⑥01	Q355L125×10	5007	1	95.80	95.8	带脚钉
⑥02	Q355L125×10	5007	2	95.80	191.6	
⑥03	Q355L125×10	5007	1	95.80	95.8	
⑥04	L50×5	725	4	2.73	10.9	
⑥05	L50×5	725	4	2.73	10.9	
⑥06	L50×4	708	4	2.17	8.7	
⑥07	L40×3	1145	4	2.12	8.5	切角
⑥08	L40×3	1145	4	2.12	8.5	
⑥09	L40×4	1276	4	3.09	12.4	切角
⑥10	L40×4	1276	4	3.09	12.4	
⑥11	L40×4	1253	4	3.03	12.1	切角
⑥12	L40×4	1253	4	3.03	12.1	
⑥13	L40×4	1230	4	2.98	11.9	切角
⑥14	L40×4	1230	4	2.98	11.9	
⑥15	Q355L90×7	610	4	5.89	23.6	铲背
⑥16	Q355−8×90	610	4	3.45	13.8	
⑥17	Q355−8×90	610	4	3.45	13.8	
⑥18	−6×216	244	8	2.48	19.8	
⑥19	−6×180	230	4	1.95	7.8	卷边 50mm
⑥20	L40×3	971	1	1.80	1.8	中间切肢
⑥21	L40×3	971	1	1.80	1.8	
⑥22	L40×3	617	4	1.14	4.6	
⑥23	Q355−32×450	450	4	50.87	203.5	电焊
⑥24	Q355−12×450	337	4	14.29	57.2	打坡口焊
⑥25	Q355−12×182	337	4	5.78	23.1	打坡口焊
⑥26	Q355−12×250	336	4	7.91	31.6	打坡口焊
⑥27	Q355−8×120	130	8	0.98	7.8	打坡口焊
⑥28	Q355−8×120	130	8	0.98	7.8	打坡口焊
⑥29	−10×50	50	12	0.20	2.4	垫板
总质量					923.9kg	

名称	级别	规格	符号	数量	质量（kg）	备注
螺栓	6.8级	M16×40	⊘	69	9.9	
		M16×50	⊘	84	13.5	
		M16×60	⊠	4	0.7	
		M20×55	⊘	120	35.4	
脚钉	6.8级	M16×180	⊕T	9	3.7	
		M20×200		1	0.7	
垫圈	Q235	−4A（φ17.5）		8	0.2	规格×个数
总质量					64.1kg	

图 14−74　ZJT−J3 转角塔塔腿⑥结构图（二）

除图中注明外，必须遵照下列统一要求进行加工和组装：

（1）杆塔的设计执行《输电线路杆塔制图和构造规定》（DL/T 5442—2020）的有关规定。

（2）结构图中图面内的图例、代号等在说明中未提及之处，均按《输电线路杆塔制图和构造规定》（DL/T 5442—2020）中的要求执行。

（3）杆塔加工时应严格执行《输电线路铁塔制造技术条件》（GB/T 2694—2018）。本塔构件的尺寸以放样为准，构件加工后必须试组装，验收合格后方可批量加工。

（4）钢材质量标准应符合《碳素结构钢》（GB/T 700—2006）及《低合金高强度结构钢》（GB/T 1591—2018）的有关要求；螺栓、螺母、扣紧螺母应符合的标准分别为《六角头螺栓 C级》（GB/T 5780—2016）、《Ⅰ型六角螺母》（GB/T 6170—2015）、《扣紧螺母》（GB 805—1988）。所有材料，包括角钢、螺栓、防盗螺栓、扣紧螺母、焊条等均应有出厂合格证书。

（5）杆塔构件所用钢种为 Q235B、Q355B，图中注明 Q355 材料为 Q355B 钢材，未注明均为 Q235B 钢材（角钢用"L"、钢板用"－"表示）。所有构件均须热镀锌。

（6）所有螺栓（包括防盗螺栓）的强度等级为热镀锌后的强度值。

（7）杆塔构件连接主要以螺栓连接为主，少数采用焊接（如塔脚板连接等）。构件焊接应按照焊接规程、规范和有关规定进行，焊缝高度不得小于连接构件的最小厚度，当被焊接构件厚 8mm 及以上时，要按规定剖口焊，以便焊透。对 Q355 构件焊接时选用 E50 系列焊条，对 Q235 构件焊接时选用 E43 系列焊条。

（8）加工时如发生材料代用或改变节点形式等情况，须与设计单位联系解决。材料代用时，需注意相关影响，应与图纸对应列表统计，并由加工厂书面通知施工单位，以方便施工安装。

（9）角钢与钢板的螺栓间距、边距除图中特殊注明外应按表1采用。

（10）角钢准距除图中特殊注明外，一般按表2采用。

（11）螺栓、脚钉、垫圈规格按表3、表4采用。

（12）脚钉一般从离地面 1.5m 处开始向上装设，间距 400mm 左右，加工放样时可适当调整脚钉的位置，脚钉除运行单位有特殊要求外，一般采用防滑带直钩形式。

（13）其他事项：

1）节点板考虑到刚度要求，形状不宜狭长，节点板边缘与构件轴线夹角 α 不小于 15°，如右图所示。

2）构件厚度大于 14mm 时须采用钻孔方法加工，构件接头中外包角钢清根，内包角钢铲背。

3）凡图中所要求的火曲、开合角、切肢、压扁、切角等的尺寸均由加工放样决定。

4）两构件连接面间的间隙大于 3mm 时，构件应局部开、合角或制弯。

5）当构件需采用切肢或压扁时，应优先采用切肢。

α 角示意图

（14）杆塔加工时应根据实际工程要求的高度设置防盗螺栓（无特殊说明的 10m 高以下防盗）。

表1 　　　　　　　　　　　螺栓间距、边距表

螺栓规格	孔径（mm）	螺栓间距（mm）		边距（mm）		
		单排	双排	端距	扎制边距	切角边距
M16	φ17.5	50	80	25	≥21 或 20（L40 角钢时）	≥23
M20	φ21.5	60	100	30	≥26	≥28

注　螺孔顺力线方向重心最大间距为 12d 或 18t（取二者较小者），其中 d 为螺栓直径，t 为较薄板的厚度。

表2 　　　　　　　　　　　角 钢 准 距 表

肢宽（mm）	准距（mm）	第一排准距（mm）	第二排准距（mm）	最大使用孔径（mm）
L40	20			
L45	23			
L50	25（28）			17.5
L56	28（32）			
L63	30（36）			
L70	35（40）			
L75	38（40）			
L80	40			
L90	45			
L100	50			21.5
L110	55	45	75	
L125	60	50	85	
L140	70	55	90	
L160	80	60	105	

注　括号内数字用于螺栓边距不足时，在搭接位置上的螺栓孔可使用的准距。

表3 　　　　　　　　　　　螺 栓 规 格 表

级别	单帽螺栓（带一垫、一扣紧螺母）					防盗螺栓	双帽螺栓（带一垫）				
	规格	符号	通过厚度（mm）	无扣长（mm）	质量（kg）	质量（kg）（带一垫）	规格	符号	通过厚度（mm）	无扣长（mm）	质量（kg）
6.8	M16×40	◕	7～12	6	0.1442	0.1997	M16×50	◑	7～12	6	0.1875
	M16×50	◔	13～22	12	0.1602	0.2127	M16×60	◒	13～22	12	0.2039
	M16×60	◼	23～32	22	0.1762	0.2277	M16×70		23～32	22	0.2203
	M16×70		33～42	32	0.1922	0.2477	M16×80		33～42	32	0.2369
6.8	M20×45	○	9～15	8	0.2701	0.3517	M20×60	○	9～15	8	0.3605
	M20×55	∅	16～25	15	0.2953	0.3737	M20×70		16～25	15	0.3864
	M20×65	⊠	26～35	25	0.3205	0.3967	M20×80		26～35	25	0.4123
	M20×75	⊗	36～45	35	0.3457	0.4207	M20×90		36～45	35	0.4381
	M20×85		46～55	45	0.3709	0.4407	M20×100		46～55	45	0.4640
	M20×95	⊛	56～65	55	0.3961	0.4607	M20×110		56～65	55	0.4899
	M20×105	⊞	66～75	65	0.4213	0.4807	M20×120		66～75	65	0.5158

表4 　　　　　　　　　　　脚钉、垫圈规格表

脚钉（带两帽）				垫圈				
规格	符号	无扣长（mm）	质量（kg）	规格	符号	质量（kg）	内径（mm）	外径（mm）
M16×180	⊕—	120	0.3799	−2（φ13.5）	规格×个数	0.00186	13.5	24
				−3（φ17.5）		0.01065	17.5	30
M20×200	⊖—	120	0.6749	−3（φ22）	规格×个数	0.01637	22	37
				−4（φ22）		0.02183	22	37
M24×240	⊖—	120	1.1803	−3（φ26）	规格×个数	0.02331	26	44
				−4（φ26）		0.03108	26	44

图 14-75　ZJT-J3 转角塔加工说明

14.2.6 ZJT－SZ1 直线塔

ZJT－SZ1 直线塔结构图清单见表 14－14。

表 14－14　　　　　ZJT－SZ1 直线塔结构图清单

图序	图名	备注
图 14－76	ZJT－SZ1 直线塔总图	
图 14－77	ZJT－SZ1 直线塔材料汇总表	
图 14－78	ZJT－SZ1 直线塔塔头①结构图（1/2）	

图序	图名	备注
图 14－79	ZJT－SZ1 直线塔塔头①结构图（2/2）	
图 14－80	ZJT－SZ1 直线塔塔身②结构图	
图 14－81	ZJT－SZ1 直线塔塔腿③结构图	
图 14－82	ZJT－SZ1 直线塔塔腿④结构图	
图 14－83	ZJT－SZ1 直线塔塔腿⑤结构图	
图 14－84	ZJT－SZ1 直线塔加工说明	

杆塔根开、基础根开、地脚螺栓规格及间距表

杆塔名称（型号）	ZJT－SZ1		
塔高（m）	13	15	18
接腿	④	⑤	③
杆塔根开（mm）	922	1005	1120
基础根开（mm）	966	1049	1170
基础地脚螺栓间距（mm）	200	200	200
每腿基础地脚螺栓配置（5.6级）	4M30	4M30	4M30

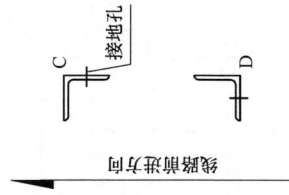

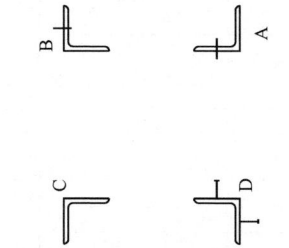

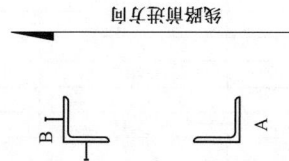

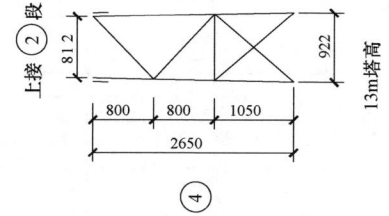

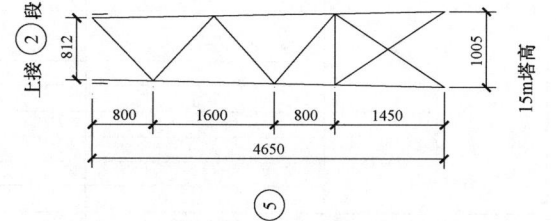

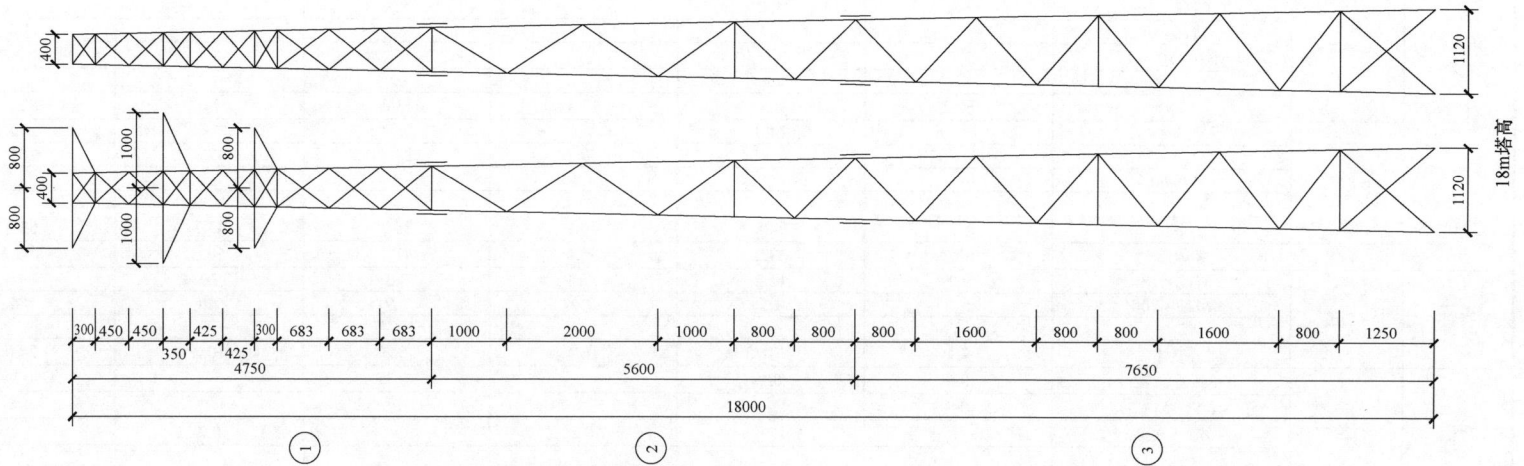

图 14－76　ZJT－SZ1 直线塔总图

材 料 汇 总 表

材料	材质	规格	段号					全塔高（m）		
			①	②	③	④	⑤	13.0	15.0	18.0
角钢	Q355	L100×8			395.4					395.4
		L90×8					221.2		221.2	
		L90×7		213.6		117.8		331.4	213.6	213.6
		L90×6		17.2				17.2	17.2	17.2
		L80×6			16.2					16.2
		L75×6				15.2	15.2	15.2	15.2	
		L63×5	103.6		59.6		62.8	103.6	166.4	163.2
		小计	103.6	230.8	471.2	133.0	299.2	467.4	633.6	805.6
	Q235	L50×4	38.3		11.5	40.1	10.1	78.4	48.4	49.8
		L45×4	17.3	69.2	81.0	13.2	13.2	99.7	99.7	167.5
		L40×4	11.7	23.6	36.1	11.9	35.3	47.2	70.6	71.4
		L40×3	128.6	6.8	18.6	8.2	8.7	143.6	144.1	154.0
		小计	195.9	99.6	147.2	73.4	67.3	368.9	362.8	442.7
钢板	Q355	−6			33.8	15.5	15.5	15.5	15.5	33.8
		−8			10.0	10.0	34.4	10.0	34.4	10.0
		−12			107.1	84.1	83.7	84.1	83.7	107.1
		−22			79.8	79.8	79.8	79.8	79.8	79.8
		小计			230.7	189.4	213.4	189.4	213.4	230.7
	Q235	−6	74.8	7.8		14.6		97.2	82.6	82.6
		−12			1.4	1.0	1.4	1.0	1.4	1.4
		小计	74.8	7.8	1.4	15.6	1.4	98.2	84.0	84.0
螺栓	6.8 级	M16×40	48.7	2.6	7.2	5.3	4.8	56.6	56.1	58.5
		M16×50	9.6	5.1	5.1	8.3	2.6	23.0	17.3	19.8
		M16×60		0.7				0.7	0.7	0.7
		M16×50 双帽	1.9					1.9	1.9	1.9
		小计	60.2	8.4	12.3	13.6	7.4	82.2	76.0	80.9
	6.8 级	M20×45		24.8	1.1		5.4	24.8	30.2	25.9
		M20×55			43.7	28.3	37.8	28.3	37.8	43.7
		M20×65			1.3					1.3
		小计		24.8	46.1	28.3	43.2	53.1	68.0	70.9
		螺栓合计	60.2	33.2	58.4	41.9	50.6	135.3	144.0	151.8
脚钉	6.8 级	M16×180	4.1	12.2	15.5	3.3	7.3	19.6	23.6	31.8
		M20×200		1.5	2.9	2.9	2.9	4.4	4.4	4.4
		小计	4.1	13.7	18.4	6.2	10.2	24.0	28.0	36.2
垫圈	Q235	−3A（φ17.5）	0.6	0.1		0.1		0.8	0.7	0.7
		−4A（φ17.5）	0.4					0.4	0.4	0.4
		−4B（φ22）			0.2		0.2		0.2	0.2
		小计	1.0	0.1	0.2	0.1	0.2	1.2	1.3	1.3
合计（kg）			439.6	385.2	927.5	459.6	642.3	1284.4	1467.1	1752.3
各塔高含防盗螺栓总质量（kg）								1308.8	1495.1	1785.8

图 14−77　ZJT−SZ1 直线塔材料汇总表

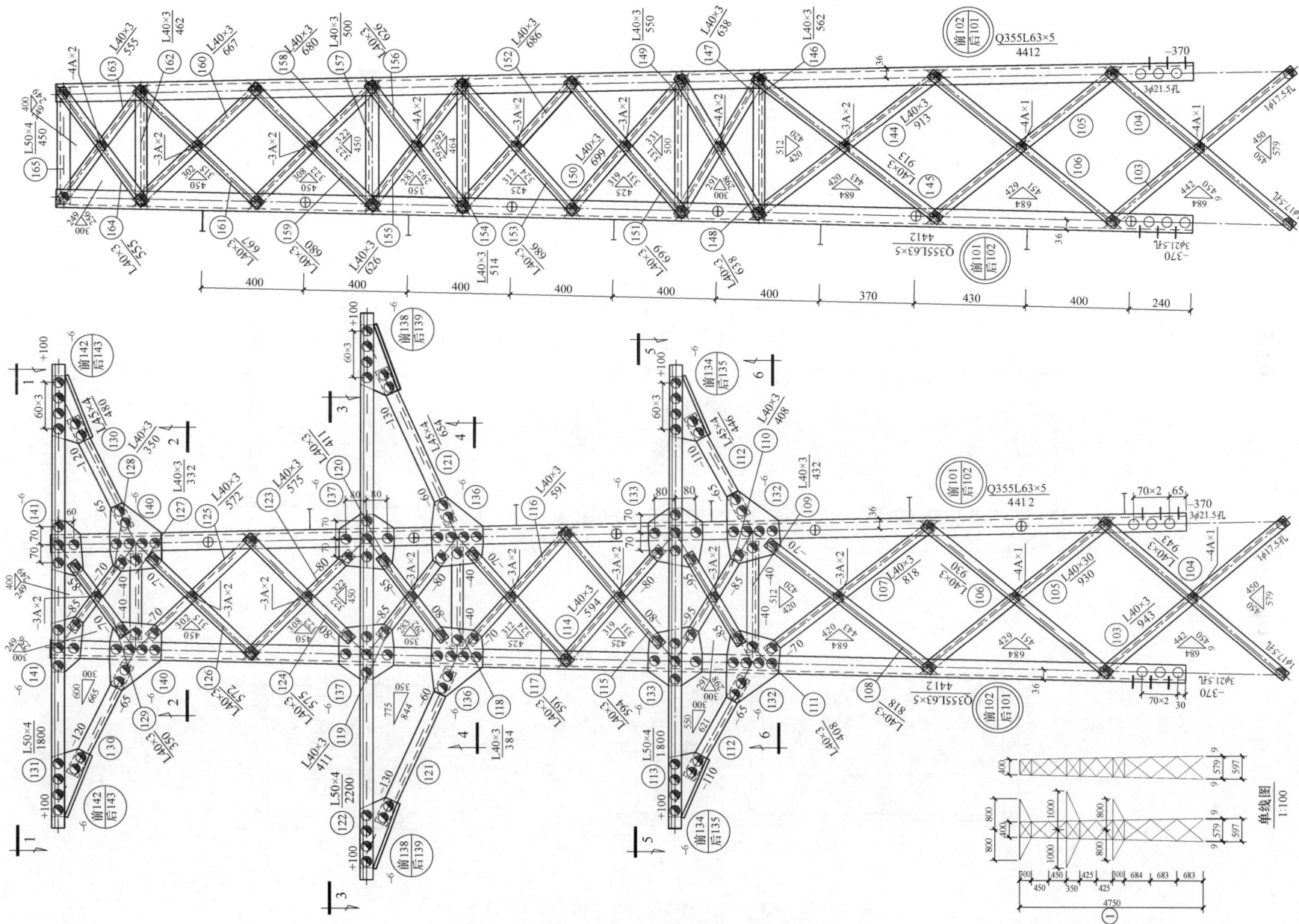

图 14-78 ZJT-SZ1 直线塔塔头①结构图（1/2）

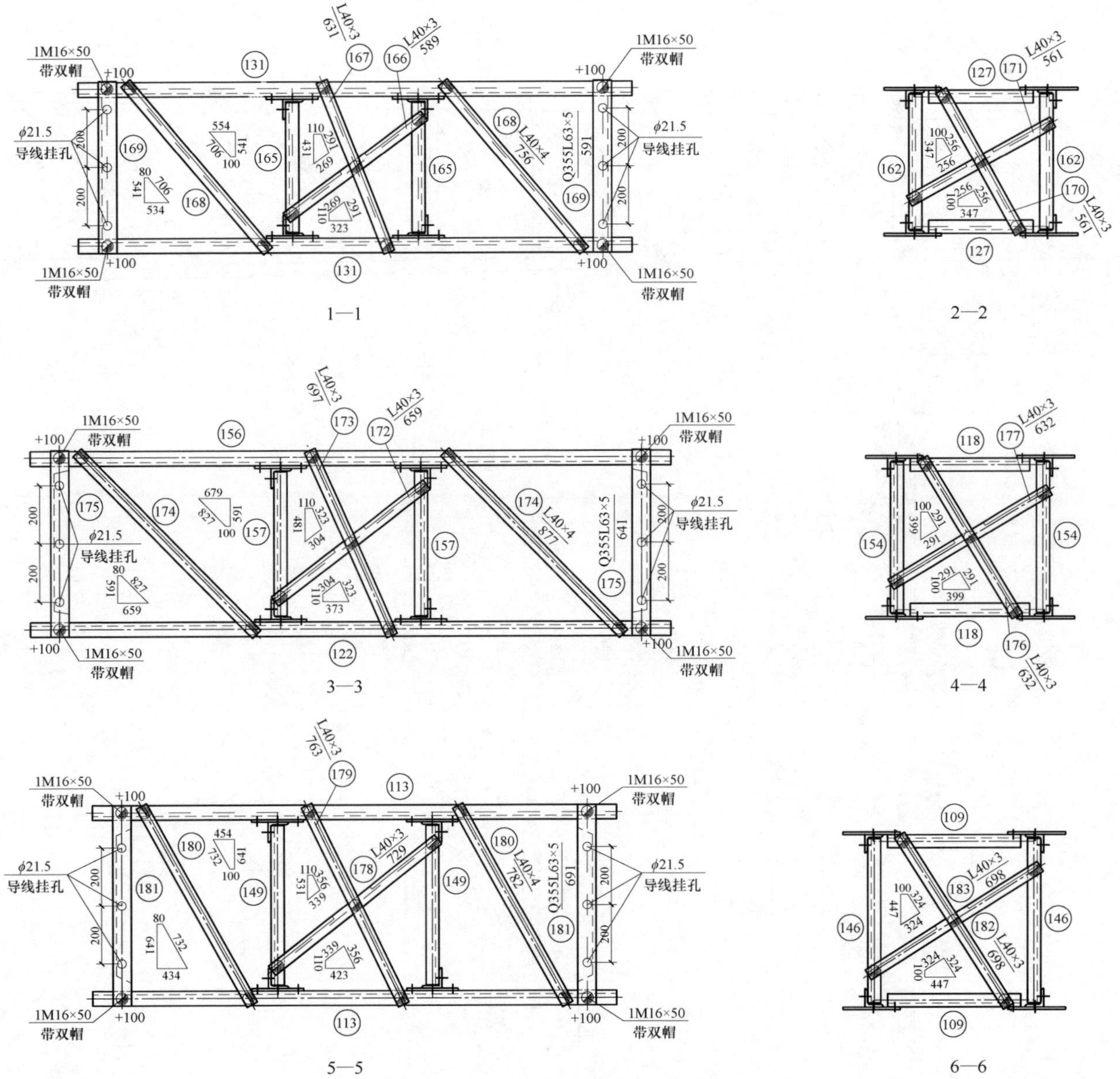

图 14-79 ZJT-SZ1 直线塔塔头①结构图（2/2）（一）

构 件 明 细 表

编号	规格	长度（mm）	数量	质量（kg）单件	质量（kg）小计	备注
⑩⑪ 101	Q355L63×5	4412	2	21.27	42.5	带脚钉
102	Q355L63×5	4412	2	21.27	42.5	切角
103	L40×3	943	4	1.75	7.0	切角
104	L40×3	943	4	1.75	7.0	
105	L40×3	930	4	1.72	6.9	切角
106	L40×3	930	4	1.72	6.9	
107	L40×3	818	2	1.51	3.0	切角
108	L40×3	818	2	1.51	3.0	
109	L40×3	432	2	0.80	1.6	
110	L40×3	408	2	0.76	1.5	
111	L40×3	408	2	0.76	1.5	
112	L45×4	446	4	1.22	4.9	
113	L50×4	1800	2	5.51	11.0	
114	L40×3	594	2	1.10	2.2	切角
115	L40×3	594	2	1.10	2.2	
116	L40×3	591	2	1.09	2.2	切角
117	L40×3	591	2	1.09	2.2	
118	L40×3	384	2	0.71	1.4	
119	L40×3	411	2	0.76	1.5	
120	L40×3	411	2	0.76	1.5	
121	L45×4	654	4	1.79	7.2	切角
122	L50×4	2200	2	6.73	13.5	
123	L40×3	575	2	1.06	2.1	切角
124	L40×3	575	2	1.06	2.1	
125	L40×3	572	2	1.06	2.1	切角
126	L40×3	572	2	1.06	2.1	
127	L40×3	332	2	0.61	1.2	
128	L40×3	350	2	0.65	1.3	
129	L40×3	350	2	0.65	1.3	
130	L45×4	480	4	1.31	5.2	
131	L50×4	1800	2	5.51	11.0	
132	−6×204	282	4	2.71	10.8	
133	−6×211	230	4	2.29	9.2	
134	−6×148	251	2	1.75	3.5	卷边50mm
135	−6×148	251	2	1.75	3.5	卷边50mm
136	−6×200	271	4	2.55	10.2	
137	−6×209	217	4	2.14	8.6	
138	−6×126	291	2	1.73	3.5	卷边50mm
139	−6×126	291	2	1.73	3.5	卷边50mm
140	−6×200	267	4	2.52	10.1	
141	−6×121	216	4	1.23	4.9	
142	−6×132	282	2	1.75	3.5	卷边50mm
143	−6×132	282	2	1.75	3.5	卷边50mm
144	L40×3	913	2	1.69	3.4	切角
145	L40×3	913	2	1.69	3.4	
146	L40×3	562	2	1.04	2.1	两端切肢
147	L40×3	638	2	1.18	2.4	切角
148	L40×3	638	2	1.18	2.4	
149	L40×3	550	2	1.02	2.0	两端切肢
150	L40×3	699	2	1.29	2.6	切角
151	L40×3	699	2	1.29	2.6	
152	L40×3	686	2	1.27	2.5	切角
153	L40×3	686	2	1.27	2.5	
154	L40×3	514	2	0.95	1.9	两端切肢
155	L40×3	626	2	1.16	2.3	切角
156	L40×3	626	2	1.16	2.3	
157	L40×3	500	2	0.93	1.9	两端切肢
158	L40×3	680	2	1.26	2.5	切角
159	L40×3	680	2	1.26	2.5	
160	L40×3	667	2	1.24	2.5	切角
161	L40×3	667	2	1.24	2.5	
162	L40×3	462	2	0.86	1.7	两端切肢
163	L40×3	555	2	1.03	2.1	切角
164	L40×3	555	2	1.03	2.1	
165	L50×4	450	2	1.38	2.8	
166	L40×3	589	1	1.09	1.1	中间切肢
167	L40×3	631	1	1.17	1.2	
168	L40×4	756	2	1.83	3.7	
169	Q355L63×5	591	2	2.85	5.7	两端切肢
170	L40×3	561	1	1.04	1.0	
171	L40×3	561	1	1.04	1.0	中间切肢
172	L40×3	659	1	1.22	1.2	中间切肢
173	L40×3	697	1	1.29	1.3	
174	L40×4	877	2	2.12	4.2	
175	Q355L63×5	641	2	3.09	6.2	两端切肢
176	L40×3	632	1	1.17	1.2	
177	L40×3	632	1	1.17	1.2	中间切肢
178	L40×3	729	1	1.35	1.4	中间切肢
179	L40×3	763	1	1.41	1.4	
180	L40×4	782	2	1.89	3.8	
181	Q355L63×5	691	2	3.33	6.7	两端切肢
182	L40×3	698	1	1.29	1.3	
183	L40×3	698	1	1.29	1.3	中间切肢
总质量					374.3kg	

螺栓、脚钉、垫圈明细表

名称	级别	规格	符号	数量	质量（kg）	备注
螺栓	6.8级	M16×40	●	338	48.7	
		M16×50	●	60	9.6	
		M16×50	●	12	1.9	带双帽
脚钉	6.8级	M16×180	ΦT	10	4.1	
垫圈	Q235	−3A（φ17.5）		56	0.6	规格×个数
		−4A（φ17.5）		20	0.4	
总质量					65.3kg	

图 14−79 ZJT−SZ1 直线塔塔头①结构图（2/2）（二）

构 件 明 细 表

编号	规格	长度（mm）	数量	质量（kg）单件	质量（kg）小计	备注
⑳①	Q355L90×7	5532	2	53.42	106.8	带脚钉
⑳②	Q355L90×7	5532	2	53.42	106.8	
⑳③	L40×4	1178	4	2.85	11.4	切角
⑳④	L45×4	1155	4	3.16	12.6	
⑳⑤	L45×4	796	4	2.18	8.7	两端切肢
⑳⑥	L45×4	1285	4	3.52	14.1	切角
⑳⑦	L40×4	1261	4	3.05	12.2	
⑳⑧	L45×4	1238	4	3.39	13.6	切角
⑳⑨	L45×4	1216	4	3.33	13.3	
②⑩	L45×4	629	4	1.72	6.9	两端切肢
②⑪	Q355L90×6	515	4	4.30	17.2	铲背
②⑫	L40×3	1040	1	1.93	1.9	中间切肢
②⑬	L40×3	1040	1	1.93	1.9	
②⑭	L40×3	808	1	1.50	1.5	中间切肢
②⑮	L40×3	808	1	1.50	1.5	
②⑯	−6×122	174	4	1.00	4.0	
②⑰	−6×122	163	4	0.94	3.8	
合计					338.2kg	

螺栓、脚钉、垫圈明细表

名称	级别	规格	符号	数量	质量（kg）	备注
螺栓	6.8 级	M16×40		18	2.6	
		M16×50		32	5.1	
		M16×60		4	0.7	
		M20×45	○	92	24.8	
脚钉	6.8 级	M16×180		30	12.2	
		M20×200		2	1.5	
垫圈	Q235	−3A（φ17.5）		8	0.1	规格×个数
总质量					47.0kg	

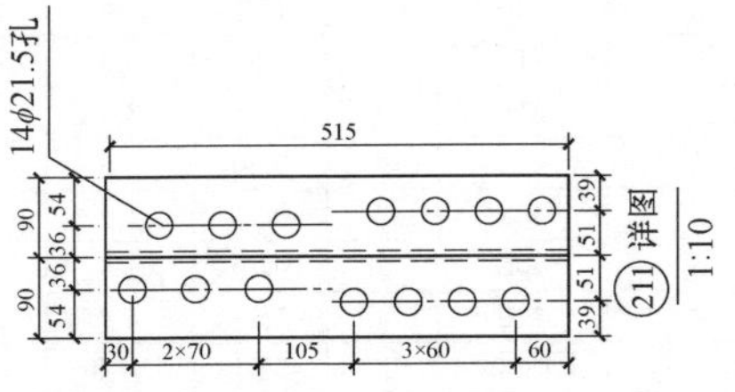

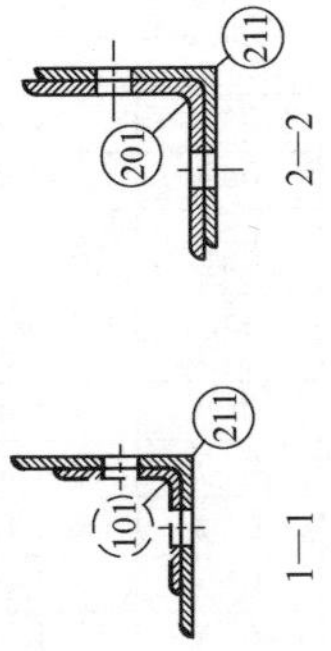

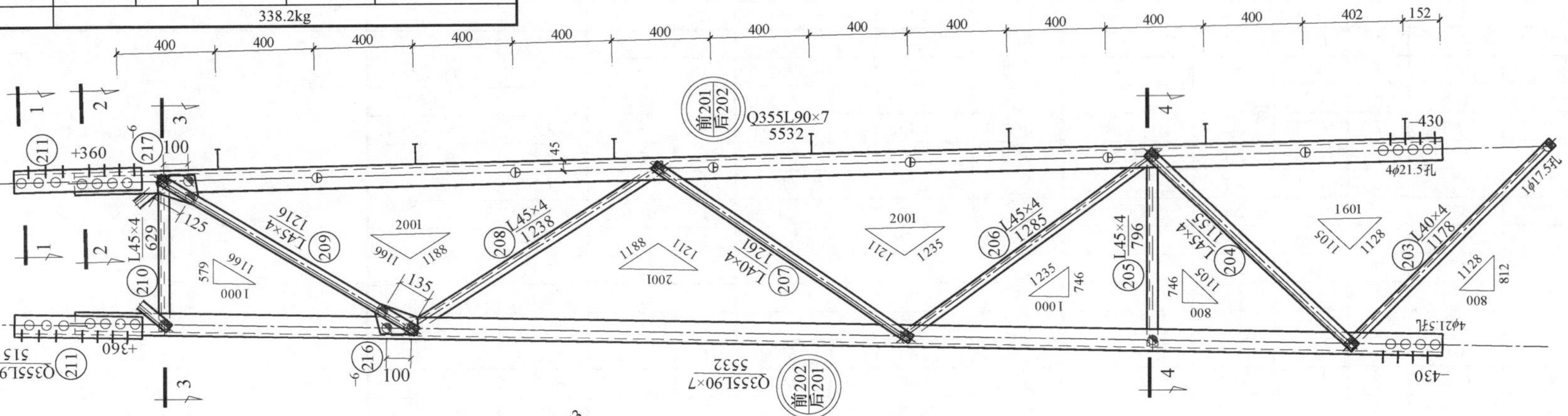

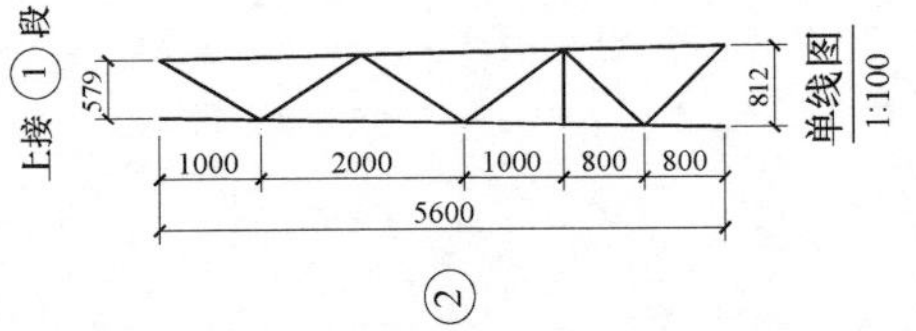

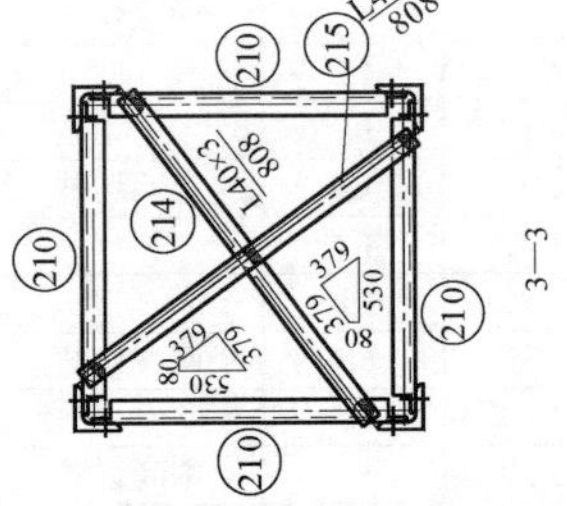

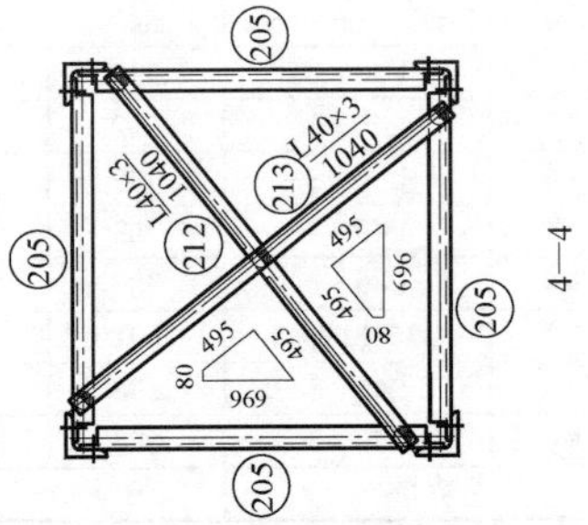

图 14−80 ZJT−SZ1 直线塔塔身②结构图

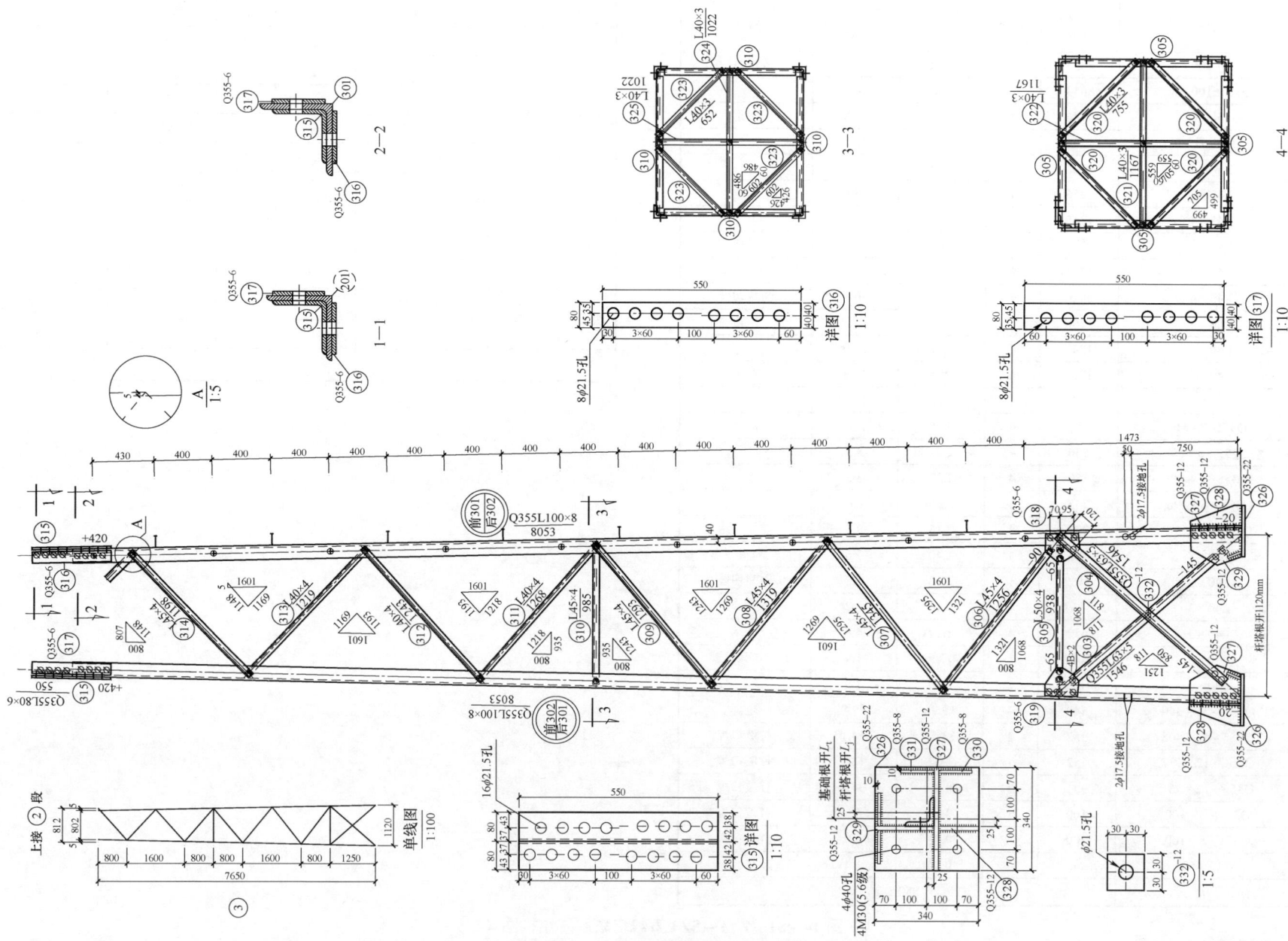

图 14-81　ZJT-SZ1 直线塔塔腿③结构图（一）

<table>
<tr><td colspan="6" align="center">构 件 明 细 表</td></tr>
<tr>
<td rowspan="2">编号</td>
<td rowspan="2">规格</td>
<td rowspan="2">长度
（mm）</td>
<td rowspan="2">数量</td>
<td colspan="2" align="center">质量（kg）</td>
<td rowspan="2">备注</td>
</tr>
</table>

编号	规格	长度（mm）	数量	质量（kg）单件	质量（kg）小计	备注
㉛①	Q355L100×8	8053	2	98.86	197.7	带脚钉
㉛②	Q355L100×8	8053	2	98.86	197.7	
㉛③	Q355L63×5	1546	4	7.45	29.8	切角
㉛④	Q355L63×5	1546	4	7.45	29.8	切角
㉛⑤	L50×4	938	4	2.87	11.5	
㉛⑥	L45×4	1256	4	3.44	13.8	切角
㉛⑦	L45×4	1345	4	3.68	14.7	
㉛⑧	L45×4	1319	4	3.61	14.4	切角
㉛⑨	L45×4	1293	4	3.54	14.2	
㉛⑩	L45×4	985	4	2.69	10.8	两端切肢
㉛⑪	L40×4	1268	4	3.07	12.3	切角
㉛⑫	L40×4	1243	4	3.01	12.0	
㉛⑬	L40×4	1219	4	2.95	11.8	切角
㉛⑭	L45×4	1198	4	3.28	13.1	
㉛⑮	Q355L80×6	550	4	4.06	16.2	铲背
㉛⑯	Q355-6×80	550	4	2.07	8.3	
㉛⑰	Q355-6×80	550	4	2.07	8.3	
㉛⑱	Q355-6×196	233	4	2.15	8.6	
㉛⑲	Q355-6×196	233	4	2.15	8.6	
㉛⑳	L40×3	755	4	1.40	5.6	
㉛㉑	L40×3	1167	1	2.16	2.2	中间切肢
㉛㉒	L40×3	1167	1	2.16	2.2	
㉛㉓	L40×3	652	4	1.21	4.8	
㉛㉔	L40×3	1022	1	1.89	1.9	中间切肢
㉛㉕	L40×3	1022	1	1.89	1.9	
㉛㉖	Q355-22×340	340	4	19.96	79.8	电焊
㉛㉗	Q355-12×408	352	4	13.53	54.1	打坡口焊
㉛㉘	Q355-12×137	352	4	4.54	18.2	打坡口焊
㉛㉙	Q355-12×263	351	4	8.70	34.8	打坡口焊
㉛㉚	Q355-8×100	100	8	0.63	5.0	打坡口焊
㉛㉛	Q355-8×100	100	8	0.63	5.0	打坡口焊
㉛㉜	-12×60	60	4	0.34	1.4	垫板
合计				850.5kg		

螺栓、脚钉、垫圈明细表

名称	级别	规格	符号	数量	质量（kg）	备注
螺栓	6.8级	M16×40	◖	50	7.2	
		M16×50	◕	32	5.1	
		M20×45	○	4	1.1	
		M20×55	⊘	148	43.7	
		M20×65	⊠	4	1.3	
脚钉	6.8级	M16×180	⊕T	38	15.5	
		M20×200		4	2.9	
垫圈	Q235	-4B（φ22）		8	0.2	规格×个数
总质量				77.0kg		

图 14-81　ZJT-SZ1 直线塔塔腿③结构图（二）

构 件 明 细 表

编号	规格	长度(mm)	数量	质量(kg) 单件	质量(kg) 小计	备注
401	Q355L90×7	3051	2	29.46	58.9	带脚钉
402	Q355L90×7	3051	2	29.46	58.9	带脚钉
403	L50×4	1258	4	3.85	15.4	切角
404	L50×4	1258	4	3.85	15.4	切角
405	L50×4	759	4	2.32	9.3	
406	L40×4	1226	4	2.97	11.9	切角
407	L45×4	1202	4	3.29	13.2	
408	Q355L75×6	550	4	3.80	15.2	铲背
409	Q355−6×75	550	8	1.94	15.5	
410	−6×191	203	8	1.83	14.6	
411	L40×3	614	4	1.14	4.6	
412	L40×3	968	1	1.79	1.8	中间切肢
413	L40×3	968	1	1.79	1.8	
414	Q355−22×340	340	4	19.96	79.8	电焊
415	Q355−12×387	292	4	10.64	42.6	开坡口焊
416	Q355−12×138	292	4	3.80	15.2	开坡口焊
417	Q355−12×240	291	4	6.58	26.3	开坡口焊
418	Q355−8×100	100	8	0.63	5.0	开坡口焊
419	Q355−8×100	100	8	0.63	5.0	开坡口焊
420	−12×50	50	4	0.24	1.0	垫板
合计					411.4kg	

螺栓、脚钉、垫圈明细表

名称	级别	规格	符号	数量	质量(kg)	备注
螺栓	6.8级	M16×40	◑	37	5.3	
		M16×50	◐	52	8.3	
		M20×55	∅	96	28.3	
脚钉	6.8级	M16×180	⊕	8	3.3	
		M20×200		4	2.9	
垫圈	Q235	−3A（φ17.5）		8	0.1	规格×个数
总质量					48.2kg	

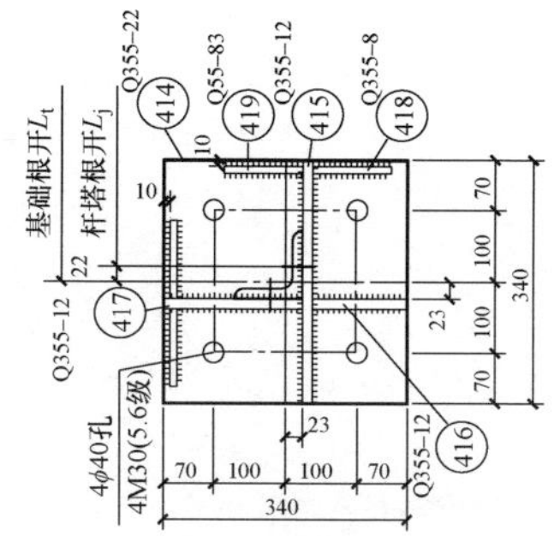

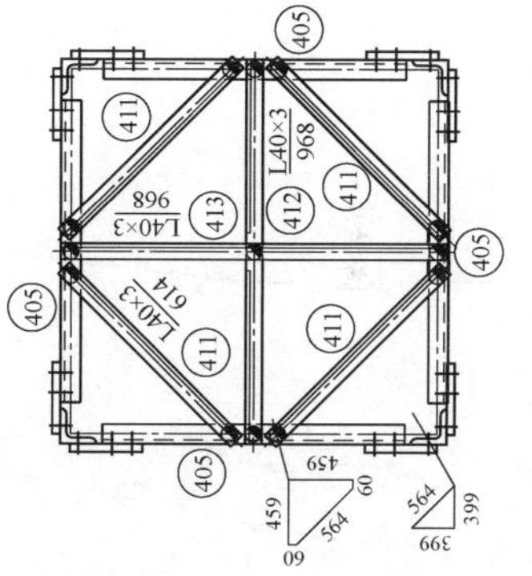

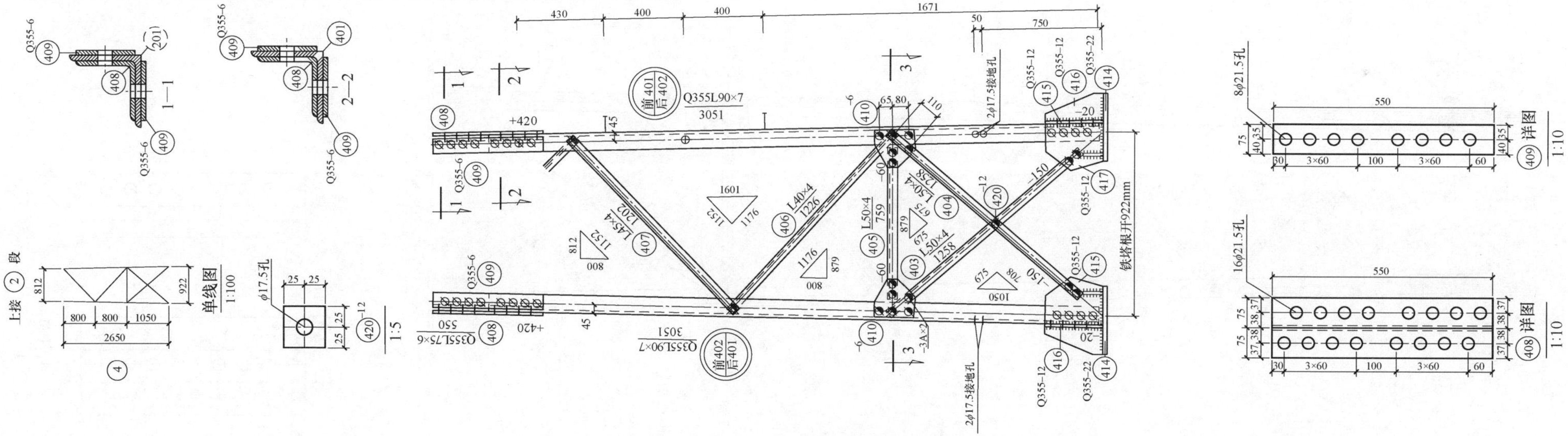

图 14−82 ZJT−SZ1 直线塔塔腿④结构图

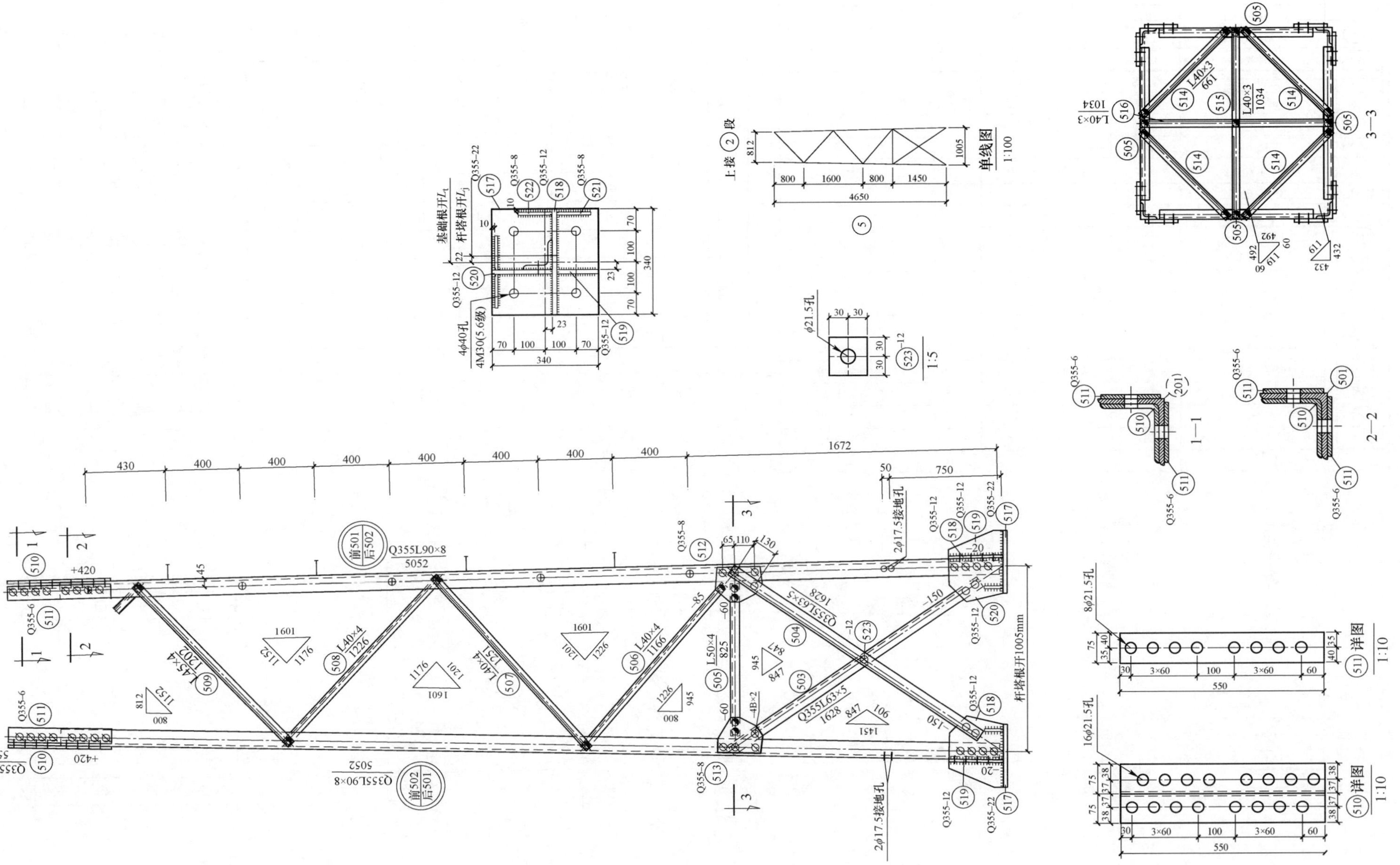

图 14-83　ZJT-SZ1 直线塔塔腿⑤结构图（一）

构件明细表

编号	规格	长度（mm）	数量	质量（kg） 单件	质量（kg） 小计	备注
⑤①	Q355L90×8	5052	2	55.30	110.6	带脚钉
⑤②	Q355L90×8	5052	2	55.30	110.6	
⑤③	Q355L63×5	1628	4	7.85	31.4	切角
⑤④	Q355L63×5	1628	4	7.85	31.4	
⑤⑤	L50×4	825	4	2.52	10.1	两端切角
⑤⑥	L40×4	1166	4	2.82	11.3	切角
⑤⑦	L40×4	1251	4	3.03	12.1	
⑤⑧	L40×4	1226	4	2.97	11.9	切角
⑤⑨	L45×4	1202	4	3.29	13.2	
⑤⑩	Q355L75×6	550	4	3.80	15.2	铲背
⑤⑪	Q355-6×75	550	8	1.94	15.5	
⑤⑫	Q355-8×193	259	4	3.14	12.6	
⑤⑬	Q355-8×191	245	4	2.94	11.8	
⑤⑭	L40×3	661	4	1.22	4.9	
⑤⑮	L40×3	1034	1	1.91	1.9	中间切肢
⑤⑯	L40×3	1034	1	1.91	1.9	
⑤⑰	Q355-22×340	340	4	19.96	79.8	电焊
⑤⑱	Q355-12×385	292	4	10.59	42.4	开坡口焊
⑤⑲	Q355-12×138	292	4	3.80	15.2	开坡口焊
⑤⑳	Q355-12×238	291	4	6.52	26.1	开坡口焊
⑤㉑	Q355-8×100	100	8	0.63	5.0	开坡口焊
⑤㉒	Q355-8×100	100	8	0.63	5.0	开坡口焊
⑤㉓	-12×60	60	4	0.34	1.4	垫板
合计				581.3kg		

螺栓、脚钉、垫圈明细表

名称	级别	规格	符号	数量	质量（kg）	备注
螺栓	6.8级	M16×40	◑	33	4.8	
		M16×50	◐	16	2.6	
		M20×45	○	20	5.4	
		M20×55	⊘	128	37.8	
脚钉	6.8级	M16×180	⊕T	18	7.3	
		M20×200		4	2.9	
垫圈	Q235	-4B（φ22）		8	0.2	规格×个数
总质量					61.0kg	

图 14-83 ZJT-SZ1 直线塔塔腿⑤结构图（二）

除图中注明外，必须遵照下列统一要求进行加工和组装：

（1）杆塔的设计执行《输电线路杆塔制图和构造规定》（DL/T 5442—2020）的有关规定。

（2）结构图中图面内的图例、代号等在说明中未提及之处，均按《输电线路杆塔制图和构造规定》（DL/T 5442—2020）中的要求执行。

（3）杆塔加工时应严格执行《输电线路铁塔制造技术条件》（GB/T 2694—2018）。本塔构件的尺寸以放样为准，构件加工后必须试组装，验收合格后方可批量加工。

（4）钢材质量标准应符合《碳素结构钢》（GB/T 700—2006）及《低合金高强度结构钢》（GB/T 1591—2018）的有关要求；螺栓、螺母、扣紧螺母应符合的标准分别为《六角头螺栓　C级》（GB/T 5780—2016）、《Ⅰ型六角螺母》（GB/T 6170—2015）、《扣紧螺母》（GB 805—1988）。所有材料，包括角钢、螺栓、防盗螺栓、扣紧螺母、焊条等均应有出厂合格证书。

（5）杆塔构件所用钢种为Q235B、Q355B，图中注明Q355材料为Q355B钢材，未注明均为Q235B钢材（角钢用"L"、钢板用"－"表示）。所有构件均须热镀锌。

（6）所有螺栓（包括防盗螺栓）的强度等级为热镀锌后的强度值。

（7）杆塔构件连接主要以螺栓连接为主，少数采用焊接（如塔脚板连接等）。构件焊接应按照焊接规程、规范和有关规定进行，焊缝高度不得小于连接构件的最小厚度，当被焊接构件厚8mm及以上时，要按规定剖口焊，以便焊透。对Q355构件焊接时选用E50系列焊条，对Q235构件焊接时选用E43系列焊条。

（8）加工时如发生材料代用或改变节点形式等情况，须与设计单位联系解决。材料代用时，需注意相关影响，应与图纸对应列表统计，并由加工厂书面通知施工单位，以方便施工安装。

（9）角钢与钢板的螺栓间距、边距除图中特殊注明外应按表1采用。

（10）角钢准距除图中特殊注明外，一般按表2采用。

（11）螺栓、脚钉、垫圈规格按表3、表4采用。

（12）脚钉一般从离地面1.5m处开始向上装设，间距400mm左右，加工放样时可适当调整脚钉的位置，脚钉除运行单位有特殊要求外，一般采用防滑带弯钩形式。

（13）其他事项：

1）节点板考虑到刚度要求，形状不宜狭长，节点板边缘与构件轴线夹角α不小于15°，如右图所示。

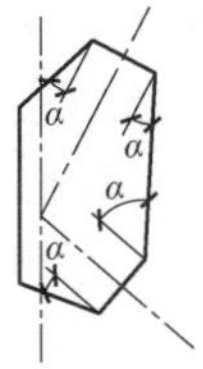

2）构件厚度大于14mm时须采用钻孔方法加工，构件接头中外包角钢清根，内包角钢铲背。

3）凡图中所要求的火曲、合开角、切肢、压扁、切角等的尺寸均由加工放样决定。

4）两构件连接面间的间隙大于3mm时，构件应局部开、合角或制弯。

5）当构件需采用切肢或压扁时，应优先采用切肢。

（14）杆塔加工时应根据实际工程要求的高度设置防盗螺栓（无特殊说明的10m高以下防盗）。

α角示意图

表2　　　　　　　　　　角 钢 准 距 表

肢宽（mm）	准距（mm）	第一排准距（mm）	第二排准距（mm）	最大使用孔径（mm）
L40	20			17.5
L45	23			
L50	25（28）			
L56	28（32）			
L63	30（36）			
L70	35（40）			
L75	38（40）			
L80	40			21.5
L90	45			
L100	50			
L110	55	45	75	
L125	60	50	85	
L140	70	55	90	
L160	80	60	105	

注　括号内数字用于螺栓边距不足时，在搭接位置上的螺栓孔可使用的准距。

表3　　　　　　　　　　螺 栓 规 格 表

级别	单帽螺栓（带一垫、一扣紧螺母）					防盗螺栓	双帽螺栓（带一垫）				
	规格	符号	通过厚度（mm）	无扣长（mm）	质量（kg）	质量（kg）（带一垫）	规格	符号	通过厚度（mm）	无扣长（mm）	质量（kg）
6.8	M16×40	⊘	7～12	6	0.1442	0.1997	M16×50	⊘	7～12	6	0.1875
	M16×50	⊘	13～22	12	0.1602	0.2127	M16×60		13～22	12	0.2039
	M16×60	⊘	23～32	22	0.1762	0.2277	M16×70		23～32	22	0.2203
	M16×70	⊘	33～42	32	0.1922	0.2477	M16×80		33～42	32	0.2369
6.8	M20×45	○	9～15	8	0.2701	0.3517	M20×60	○	9～15	8	0.3605
	M20×55	∅	16～25	15	0.2953	0.3737	M20×70		16～25	15	0.3864
	M20×65	⊗	26～35	25	0.3205	0.3967	M20×80		26～35	25	0.4123
	M20×75	∅	36～45	35	0.3457	0.4207	M20×90		36～45	35	0.4381
	M20×85	⊠	46～55	45	0.3709	0.4407	M20×100		46～55	45	0.4640
	M20×95	⊞	56～65	55	0.3961	0.4607	M20×110		56～65	55	0.4899
	M20×105	⊞	66～75	65	0.4213	0.4807	M20×120		66～75	65	0.5158

表4　　　　　　　　　　脚钉、垫圈规格表

脚钉（带两帽）				垫圈				
规格	符号	无扣长（mm）	质量（kg）	规格	符号	质量（kg）	内径（mm）	外径（mm）
M16×180	⊕—	120	0.3799	－2（φ13.5）	规格×个数	0.00186	13.5	24
				－3（φ17.5）		0.01065	17.5	30
M20×200	⊕—	120	0.6749	－3（φ22）	规格×个数	0.01637	22	37
				－4（φ22）		0.02183	22	37
M24×240	⊕—	120	1.1803	－3（φ26）	规格×个数	0.02331	26	44
				－4（φ26）		0.03108	26	44

表1　　　　　　　　　　螺栓间距、边距表

螺栓规格	孔径（mm）	螺栓间距（mm）		边距（mm）		
		单排	双排	端距	扎制边距	切角边距
M16	φ17.5	50	80	25	≥21 或 20（L40角钢时）	≥23
M20	φ21.5	60	100	30	≥26	≥28

注　螺孔顺力线方向重心最大间距为12d或18t（取二者较小者），其中d为螺栓直径，t为较薄板的厚度。

图 14－84　ZJT－SZ1 直线塔加工说明

14.2.7 ZJT-SZ2 直线塔

ZJT-SZ2 直线塔结构图清单见表 14-15。

表 14-15   **ZJT-SZ2 直线塔结构图清单**

图序	图名	备注
图 14-85	ZJT-SZ2 直线塔总图	
图 14-86	ZJT-SZ2 直线塔材料汇总表	
图 14-87	ZJT-SZ2 直线塔塔头①结构图（1/2）	
图 14-88	ZJT-SZ2 直线塔塔头①结构图（2/2）	
图 14-89	ZJT-SZ2 直线塔塔身②结构图	
图 14-90	ZJT-SZ2 直线塔塔身③结构图	

图序	图名	备注
图 14-91	ZJT-SZ2 直线塔塔腿④结构图（1/2）	
图 14-92	ZJT-SZ2 直线塔塔腿④结构图（2/2）	
图 14-93	ZJT-SZ2 直线塔塔腿⑤结构图	
图 14-94	ZJT-SZ2 直线塔塔腿⑥结构图	
图 14-95	ZJT-SZ2 直线塔塔腿⑦结构图（1/2）	
图 14-96	ZJT-SZ2 直线塔塔腿⑦结构图（2/2）	
图 14-97	ZJT-SZ2 直线塔加工说明	

杆塔根开、基础根开、地脚螺栓规格及间距表

杆塔名称（型号）	ZJT－SZ2			
塔高（m）	15	18	21	24
接腿	⑤	⑥	⑦	④
杆塔根开（mm）	905	1010	1105	1200
基础根开（mm）	955	1060	1159	1260
基础地脚螺栓间距（mm）	240	240	240	240
每腿基础地脚螺栓配置（5.6 级）	4M36	4M36	4M36	4M36

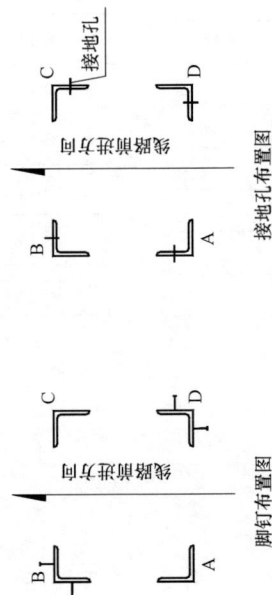

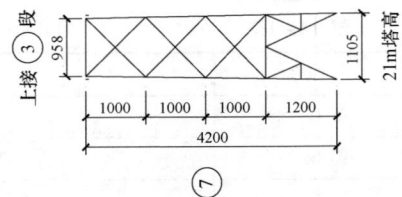

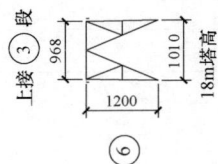

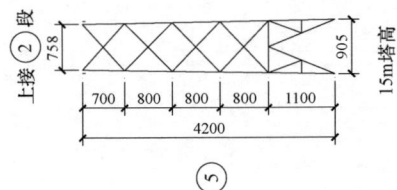

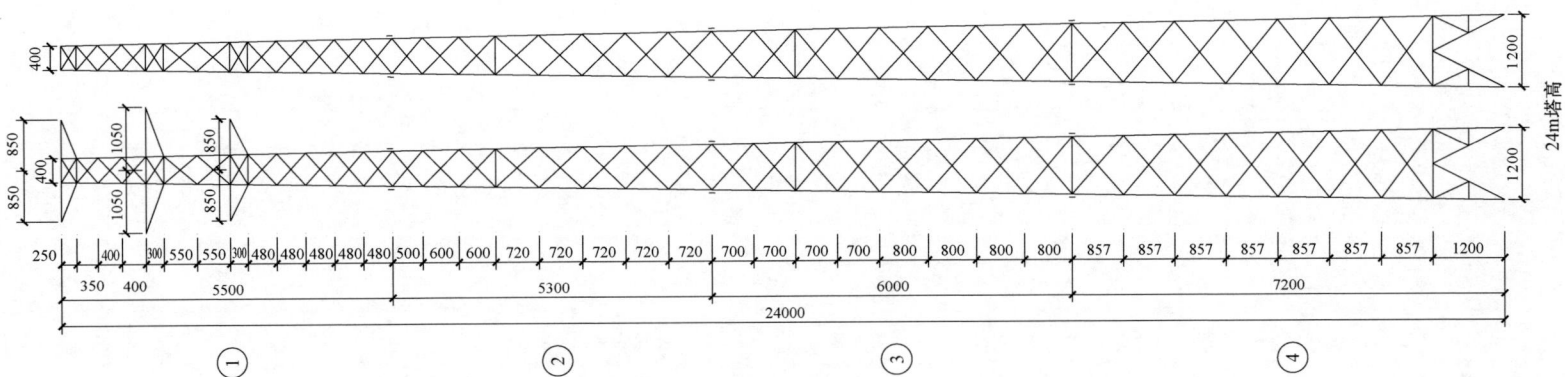

接地孔布置图

脚钉布置图

图 14－85　ZJT－SZ2 直线塔总图

材 料 汇 总 表

材料	材质	规格	段号							全塔高（m）			
			①	②	③	④	⑤	⑥	⑦	15.0	18.0	21.0	24.0
角钢	Q355	L125×10				580.2							580.2
		L110×10							305.8			305.8	
		L100×10			359.4			95.6			455.0	359.4	359.4
		L100×8					222.4			222.4			
		L90×7		190.6		23.6		21.2	21.2	190.6	211.8	211.8	214.2
		L80×6		14.4	16.2					14.4	30.6	30.6	30.6
		L75×6					15.2			15.2			
		L70×5	119.4							119.4	119.4	119.4	119.4
		L63×5	18.5							18.5	18.5	18.5	18.5
		小计	137.9	205.0	375.6	603.8	237.6	116.8	327.0	580.5	835.3	1045.5	1322.3
	Q235	L50×4	66.4			38.3	31.5	35.3	37.0	97.9	101.7	103.4	104.7
		L45×4	14.6	7.6	9.4	11.2			11.2	22.2	31.6	42.8	42.8
		L40×3	147.9	119.4	145.4	178.3	90.5	25.3	95.8	357.6	438.0	508.3	591.8
		小计	228.9	127.0	154.8	227.8	122.0	60.6	144.0	477.9	571.3	654.7	738.5
钢板	Q355	−6		39.6	15.6		15.6			55.2	55.2	55.2	55.2
		−8				45.6	18.0	42.9	42.8	18.0	42.9	42.8	45.6
		−12				100.3	104.7	104.8	104.5	104.7	104.8	104.5	100.3
		−24				120.6	120.6	120.6	120.6	120.6	120.6	120.6	120.6
		小计		39.6	15.6	266.5	258.9	268.3	267.9	298.5	323.5	323.1	321.7
	Q235	−2		1.4						1.4	1.4	1.4	1.4
		−3			2.7						2.7	2.7	2.7
		−6	75.4			31.8	32.1	31.7	33.3	107.5	107.1	108.7	107.2
		−10			6.4	4.8			0.4		6.4	6.8	11.2
		小计	75.4	1.4	9.1	36.6	32.1	31.7	33.7	108.9	117.6	119.6	122.5
螺栓	6.8 级	M16×40	53.9	2.9	0.7	17.0	19.2	15.7	16.4	76.0	73.2	73.9	74.5
		M16×50	9.6	13.5	15.4	20.5	13.5	7.7	13.5	36.6	46.2	52.0	59.0
		M16×50 双帽	1.9							1.9	1.9	1.9	1.9
		小计	65.4	16.4	16.1	37.5	32.7	23.4	29.9	114.5	121.3	127.8	135.4
	6.8 级	M20×55		16.5	18.9	35.4	30.7	30.7	30.7	47.2	66.1	66.1	70.8
		小计		16.5	18.9	35.4	30.7	30.7	30.7	47.2	66.1	66.1	70.8
		螺栓合计	65.4	32.9	35.0	72.9	63.4	54.1	60.6	161.7	187.4	193.9	206.2
脚钉	6.8 级	M16×180	10.6	8.9	11.4	11.4	6.5	0.8	6.5	26.0	31.7	37.4	42.3
		M20×200		2.9	1.5	1.5				2.9	4.4	4.4	5.9
		小计	10.6	11.8	12.9	12.9	6.5	0.8	6.5	28.9	36.1	41.8	48.2
垫圈	Q235	−3A（φ17.5）	0.6	0.6		0.1	0.1			1.3	1.2	1.2	1.3
		−4A（φ17.5）	0.7				0.5		0.2	1.2	0.7	0.9	0.7
		小计	1.3	0.6		0.1	0.6		0.2	2.5	1.9	2.1	2.0
合计（kg）			519.5	418.3	603.0	1220.6	721.1	532.3	839.9	1658.9	2073.1	2380.7	2761.4
各塔高含防盗螺栓总质量（kg）										1691.8	2114.2	2428.0	2816.4

图 14−86 ZJT−SZ2 直线塔材料汇总表

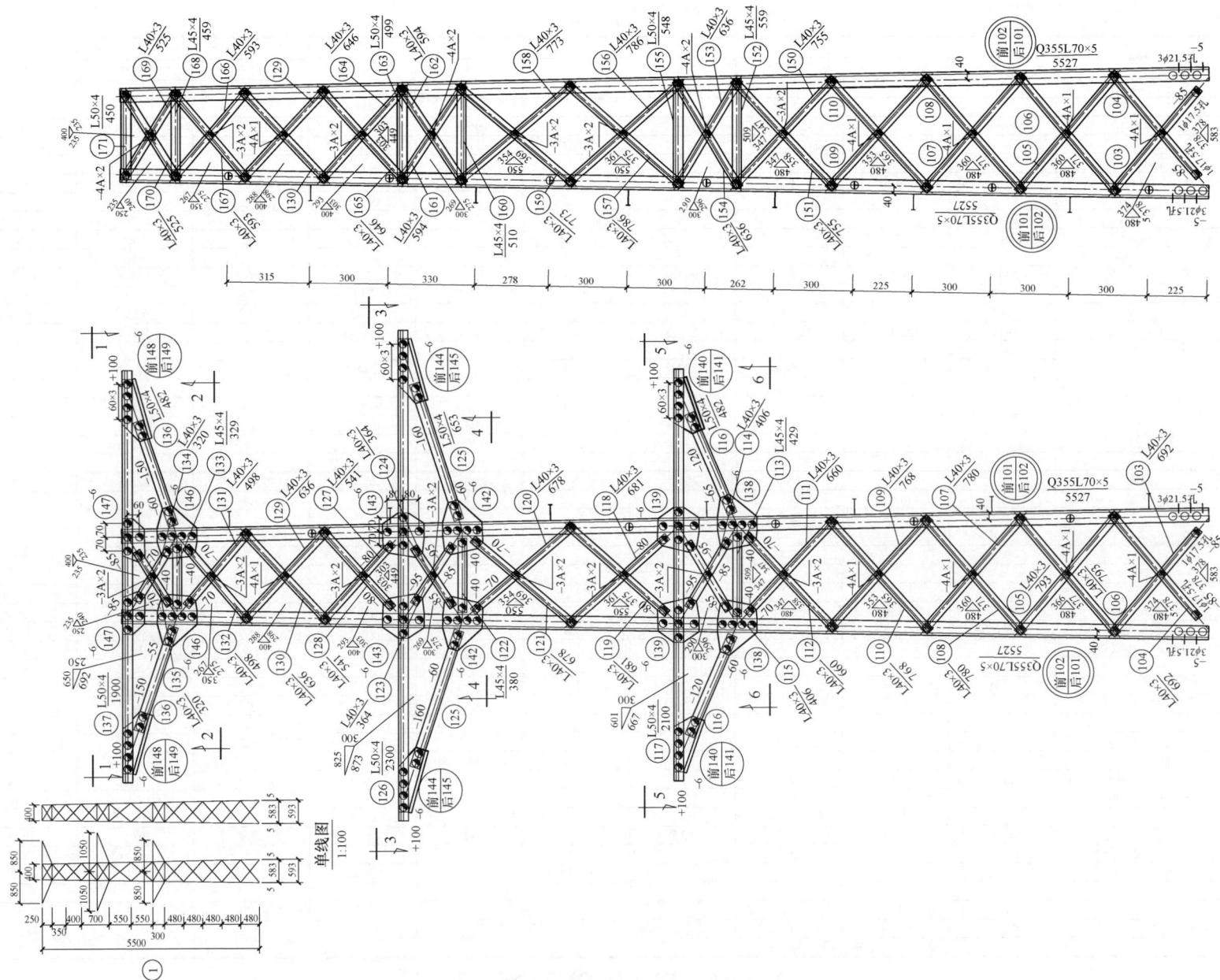

图 14-87 ZJT-SZ2 直线塔塔头①结构图（1/2）

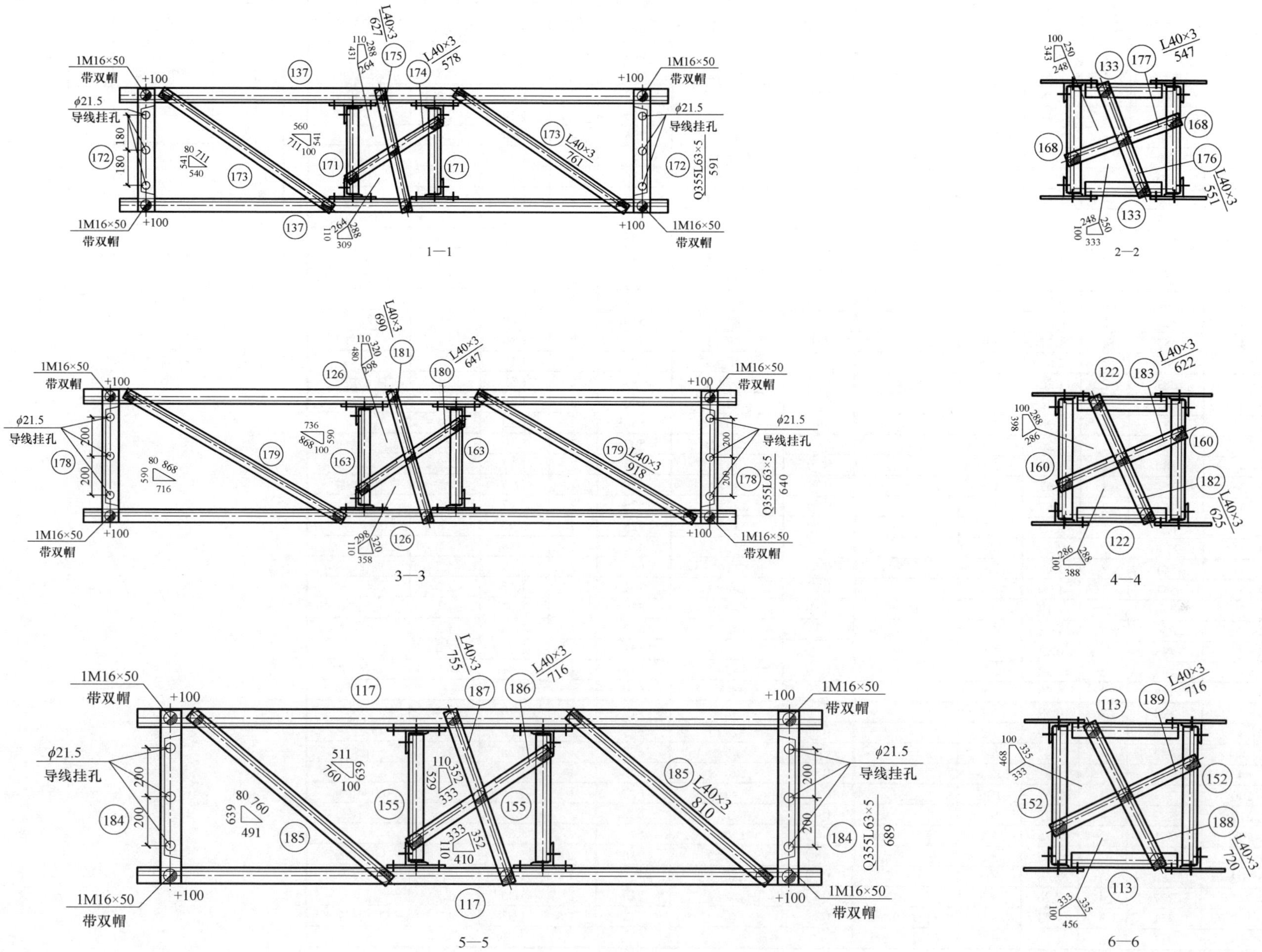

图 14-88 ZJT-SZ2 直线塔塔头①结构图（2/2）（一）

构件明细表

编号	规格	长度（mm）	数量	质量（kg）		备注	编号	规格	长度（mm）	数量	质量（kg）		备注
				单件	小计						单件	小计	
101	Q355L75×5	5527	1	29.83	59.7	带脚钉	146	−6×200	270	4	2.54	10.2	
102	Q355L75×5	5527	1	29.83	59.7		147	−6×113	221	4	2.54	4.7	
103	L40×3	692	4	1.28	5.1	切角	148	−6×122	301	2	1.73	3.5	卷边 50mm
104	L40×3	692	4	1.28	5.1		149	−6×122	301	2	1.73	3.5	卷边 50mm
105	L40×3	793	4	1.47	5.9	切角	150	L40×3	755	2	1.40	2.8	切角
106	L40×3	793	4	1.47	5.9		151	L40×3	755	2	1.40	2.8	
107	L40×3	780	4	1.44	5.8	切角	152	L45×4	559	2	1.53	3.1	两端切肢
108	L40×3	780	4	1.44	5.8		153	L40×3	636	2	1.18	2.4	切角
109	L40×3	768	4	1.42	5.7	切角	154	L40×3	636	2	1.18	2.4	
110	L40×3	768	4	1.42	5.7		155	L50×4	548	2	1.68	3.4	两端切肢
111	L40×3	660	2	1.22	2.4	切角	156	L40×3	786	2	1.46	2.9	切角
112	L40×3	660	2	1.22	2.4		157	L40×3	786	2	1.46	2.9	
113	L45×4	429	2	1.17	2.3		158	L40×3	773	2	1.43	2.9	切角
114	L40×3	406	2	0.75	1.5		159	L40×3	773	2	1.43	2.9	
115	L40×3	406	2	0.75	1.5		160	L45×4	510	2	1.40	2.8	两端切肢
116	L50×4	482	4	1.47	5.9		161	L40×3	594	2	1.10	2.2	切角
117	L50×4	1900	2	5.81	11.6		162	L40×3	594	2	1.10	2.2	
118	L40×3	681	2	1.26	2.5	切角	163	L50×4	499	2	1.53	3.1	两端切肢
119	L40×3	681	2	1.26	2.5		164	L40×3	646	2	1.20	2.4	切角
120	L40×3	678	2	1.26	2.5	切角	165	L40×3	646	2	1.20	2.4	
121	L40×3	678	2	1.26	2.5		166	L40×3	593	2	1.10	2.2	切角
122	L45×4	380	2	1.04	2.1		167	L40×3	593	2	1.10	2.2	
123	L40×3	364	2	0.67	1.3		168	L45×4	459	2	1.26	2.5	两端切肢
124	L40×3	364	2	0.67	1.3		169	L40×3	525	2	0.97	1.9	切角
125	L50×4	653	4	2.00	8.0		170	L40×3	525	2	0.97	1.9	
126	L50×4	2300	2	7.64	14.1		171	L50×4	450	2	1.38	2.8	
127	L40×3	541	2	1.00	2.0	切角	172	Q355L63×5	591	2	2.85	5.7	两端切肢
128	L40×3	541	2	1.00	2.0		173	L40×3	761	2	1.41	2.8	
129	L40×3	636	4	1.18	4.7	切角	174	L40×3	578	1	1.07	1.1	中间切肢
130	L40×3	636	4	1.18	4.7		175	L40×3	627	1	1.16	1.2	
131	L40×3	498	2	0.92	1.8	切角	176	L40×3	551	1	1.02	1.0	
132	L40×3	498	2	0.92	1.8		177	L40×3	547	1	1.01	1.0	中间切肢
133	L45×4	329	2	0.90	1.8		178	Q355L63×5	640	2	3.09	6.2	两端切肢
134	L40×3	320	2	0.59	1.2		179	L40×3	918	2	1.70	3.4	
135	L40×3	320	2	0.59	1.2		180	L40×3	647	1	1.20	1.2	中间切肢
136	L50×4	482	4	1.47	5.9		181	L40×3	690	1	1.28	1.3	
137	L50×4	1900	2	5.81	11.6		182	L40×3	625	1	1.16	1.2	
138	−6×200	283	4	2.67	10.7		183	L40×3	622	1	1.15	1.2	中间切肢
139	−6×219	222	4	2.29	9.2		184	Q355L63×5	689	2	3.32	6.6	两端切肢
140	−6×148	251	2	1.75	3.5	卷边 50mm	185	L40×3	810	2	1.50	3.0	
141	−6×148	251	2	1.75	3.5	卷边 50mm	186	L40×3	716	1	1.33	1.3	中间切肢
142	−6×202	280	4	2.66	10.6		187	L40×3	755	1	1.40	1.4	
143	−6×211	227	4	2.26	9.0		188	L40×3	720	1	1.33	1.3	
144	−6×118	311	2	1.73	3.5	卷边 50mm	189	L40×3	716	1	1.33	1.3	中间切肢
145	−6×118	311	2	1.73	3.5	卷边 50mm	总质量		442.2kg				

螺栓、脚钉、垫圈明细表

名称	级别	规格	符号	数量	质量（kg）	备注
螺栓	6.8 级	M16×40	●	374	53.9	
		M16×50	●	60	9.6	
		M16×50	●	12	1.9	带双帽
脚钉	6.8 级	M16×180	⊕T	26	10.6	
垫圈	Q235	−3A（ϕ17.5）		52	0.6	规格×个数
		−4A（ϕ17.5）		32	0.7	
总质量			77.3kg			

图 14－88　ZJT－SZ2 直线塔塔头①结构图（2/2）（二）

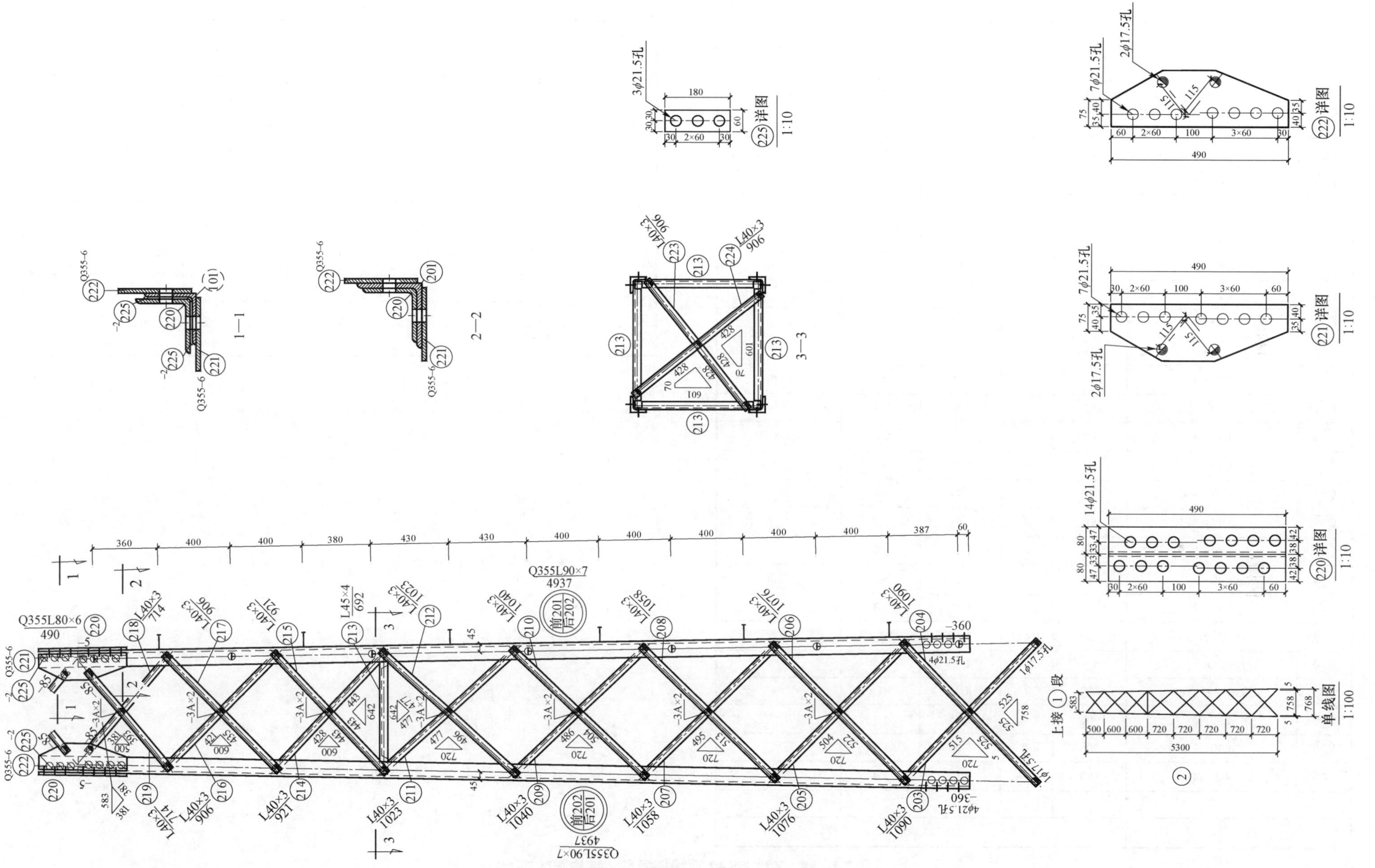

图 14-89　ZJT-SZ2 直线塔塔身②结构图（一）

构件明细表

编号	规格	长度(mm)	数量	单件	小计	备注
⑳①	Q355L90×7	4937	2	47.67	95.3	带脚钉
⑳②	Q355L90×7	4937	2	47.67	95.3	
⑳③	L40×3	1090	4	2.02	8.1	切角
⑳④	L40×3	1090	4	2.02	8.1	
⑳⑤	L40×3	1076	4	1.99	8.0	切角
⑳⑥	L40×3	1076	4	1.99	8.0	
⑳⑦	L40×3	1058	4	1.96	7.8	切角
⑳⑧	L40×3	1058	4	1.96	7.8	
⑳⑨	L40×3	1040	4	1.93	7.7	切角
②⑩	L40×3	1040	4	1.93	7.7	
②⑪	L40×3	1023	4	1.89	7.6	切角
②⑫	L40×3	1023	4	1.89	7.6	
②⑬	L45×4	692	4	1.89	7.6	两端切肢
②⑭	L40×3	921	4	1.71	6.8	切角
②⑮	L40×3	921	4	1.71	6.8	
②⑯	L40×3	906	4	1.68	6.7	切角
②⑰	L40×3	906	4	1.68	6.7	
②⑱	L40×3	714	4	1.32	5.3	切角
②⑲	L40×3	714	4	1.32	5.3	
②⑳	Q355L80×6	490	4	3.61	14.4	铲背
㉑	Q355-6×167	629	4	4.95	19.8	
㉒	Q355-6×167	629	4	4.95	19.8	
㉓	L40×3	906	1	1.68	1.7	中间切肢
㉔	L40×3	906	1	1.68	1.7	
㉕	-2×60	180	8	0.17	1.4	垫板
总质量				373.0kg		

螺栓、脚钉、垫圈明细表

名称	级别	规格	符号	数量	质量(kg)	备注
螺栓	6.8级	M16×40	◖	20	2.9	
		M16×50	◗	84	13.5	
		M20×55	⌀	56	16.5	
脚钉	6.8级	M16×180	⊕T	22	8.9	
		M20×200		4	2.9	
垫圈	Q235	-3A(φ17.5)		56	0.6	规格×个数
总质量				45.3kg		

图 14-89　ZJT-SZ2 直线塔塔身②结构图（二）

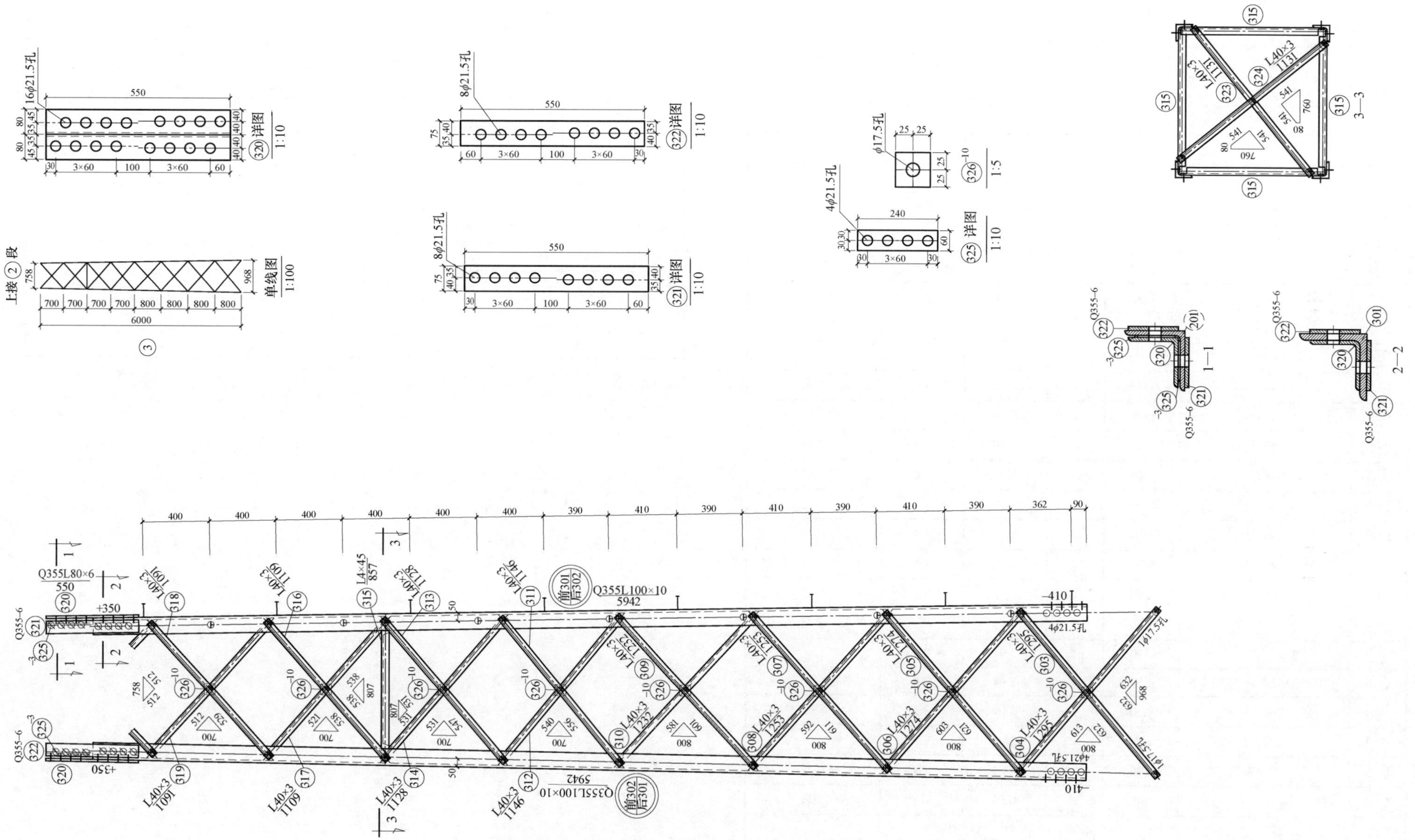

图 14-90　ZJT-SZ2 直线塔塔身③结构图（一）

构 件 明 细 表

编号	规格	长度 (mm)	数量	质量（kg） 单件	质量（kg） 小计	备注
③01	Q355L100×10	5942	2	89.84	179.7	带脚钉
③02	Q355L100×10	5942	2	89.84	179.7	
③03	L40×3	1295	4	2.40	9.6	
③04	L40×3	1295	4	2.40	9.6	切角
③05	L40×3	1274	4	2.36	9.4	
③06	L40×3	1274	4	2.36	9.4	切角
③07	L40×3	1253	4	2.32	9.3	
③08	L40×3	1253	4	2.32	9.3	切角
③09	L40×3	1232	4	2.28	9.1	
③10	L40×3	1232	4	2.28	9.1	切角
③11	L40×3	1146	4	2.12	8.5	
③12	L40×3	1146	4	2.12	8.5	切角
③13	L40×3	1128	4	2.09	8.4	
③14	L40×3	1128	4	2.09	8.4	切角
③15	L45×4	857	4	2.34	9.4	两端切肢
③16	L40×3	1109	4	2.05	8.2	
③17	L40×3	1109	4	2.05	8.2	切角
③18	L40×3	1091	4	2.02	8.1	
③19	L40×3	1091	4	2.02	8.1	切角
③20	Q355L80×6	550	4	4.06	16.2	铲背
③21	Q355-6×75	550	4	1.94	7.8	
③22	Q355-6×75	550	4	1.94	7.8	
③23	L40×3	1131	1	2.09	2.1	中间切肢
③24	L40×3	1131	1	2.09	2.1	
③25	−3×60	240	8	0.34	2.7	垫板
③26	−10×50	50	32	0.20	6.4	垫板
总质量				555.1kg		

螺栓、脚钉、垫圈明细表

名称	级别	规格	符号	数量	质量（kg）	备注
螺栓	6.8 级	M16×40	⬤	5	0.7	
		M16×50	⬤	96	15.4	
		级 M20×55	∅	64	18.9	
脚钉	6.8 级	M16×180	⊕T	28	11.4	
		级 M20×200		2	1.5	
垫圈	Q235					规格×个数
总质量			47.9kg			

图 14-90　ZJT-SZ2 直线塔塔身③结构图（二）

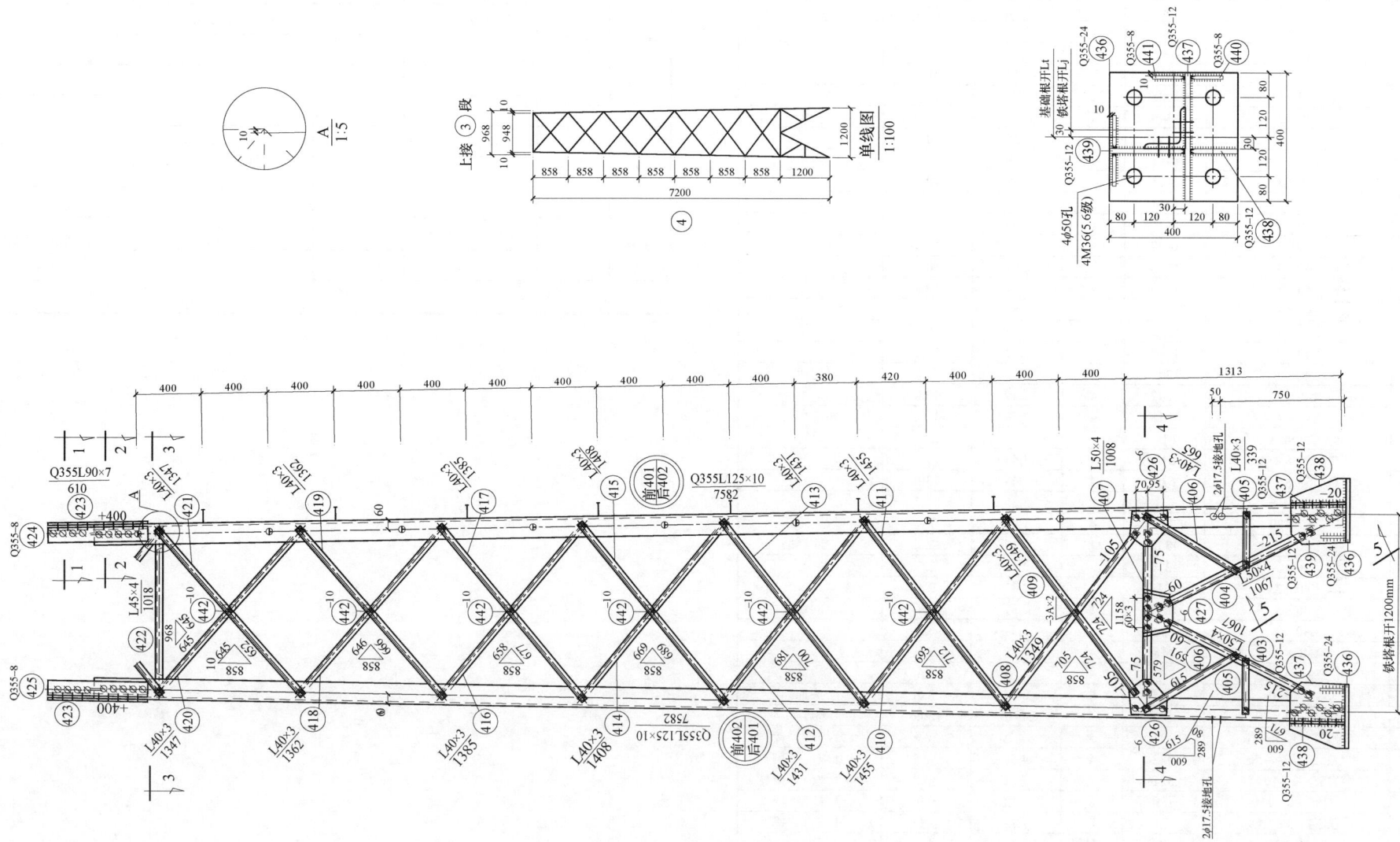

图 14-91 ZJT-SZ2 直线塔塔腿④结构图（1/2）（一）

<table>
<tr><td colspan="7" align="center">构 件 明 细 表</td></tr>
</table>

编号	规格	长度（mm）	数量	单件	小计	备注
④01	Q355L125×10	7582	2	145.07	290.1	带脚钉
④02	Q355L125×10	7582	2	145.07	290.1	
④03	L50×4	1067	4	3.26	13.0	
④04	L50×4	1067	4	3.26	13.0	
④05	L40×3	339	8	0.63	5.0	
④06	L40×3	665	8	1.23	9.8	
④07	L50×4	1008	4	3.08	12.3	
④08	L40×3	1349	4	2.50	10.0	切角
④09	L40×3	1349	4	2.50	10.0	
④10	L40×3	1455	4	2.69	10.8	切角
④11	L40×3	1455	4	2.69	10.8	
④12	L40×3	1431	4	2.65	10.6	切角
④13	L40×3	1431	4	2.65	10.6	
④14	L40×3	1408	4	2.61	10.4	切角
④15	L40×3	1408	4	2.61	10.4	
④16	L40×3	1385	4	2.57	10.3	切角
④17	L40×3	1385	4	2.57	10.3	
④18	L40×3	1362	4	2.52	10.1	切角
④19	L40×3	1362	4	2.52	10.1	
④20	L40×3	1347	4	2.49	10.0	切角
④21	L40×3	1347	4	2.49	10.0	
④22	L45×4	1018	4	2.79	11.2	两端切肢
④23	Q355L90×7	610	4	5.89	23.6	铲背
④24	Q355−8×90	610	4	3.45	13.8	
④25	Q355−8×90	610	4	3.45	13.8	
④26	−6×216	231	8	2.35	18.8	
④27	−6×180	230	4	1.95	7.8	卷边 50mm
④28	L40×3	1332	1	2.47	2.5	中间切肢
④29	L40×3	1332	1	2.47	2.5	
④30	L40×3	1277	1	2.37	2.4	
④31	L40×3	1277	1	2.37	2.4	中间切肢
④32	L40×3	833	4	1.54	6.2	
④33	L40×3	418	4	0.77	3.1	
④34	−6×110	123	4	0.64	2.6	火曲
④35	−6×110	123	4	0.64	2.6	火曲
④36	Q355−24×400	400	4	30.14	120.6	电焊
④37	Q355−12×406	332	4	12.70	50.8	开坡口焊接
④38	Q355−12×156	332	4	4.88	19.5	开坡口焊接
④39	Q355−12×241	331	4	7.51	30.0	开坡口焊接
④40	Q355−8×150	120	8	1.13	9.0	开坡口焊接
④41	Q355−8×150	120	8	1.13	9.0	开坡口焊接
④42	−10×50	50	24	0.20	4.8	垫板
总质量					1134.7kg	

<table>
<tr><td colspan="7" align="center">螺栓、脚钉、垫圈明细表</td></tr>
</table>

名称	级别	规格	符号	数量	质量（kg）	备注
螺栓	6.8 级	M16×40	●	118	17.0	
		M16×50	◖	128	20.5	
		M20×55	∅	120	35.4	
脚钉	6.8 级	M16×180	⊕T	28	11.4	
		M20×200		2	1.5	
垫圈	Q235	−3A（φ17.5）		8	0.1	规格×个数
总质量					85.9kg	

图 14−91 ZJT−SZ2 直线塔塔腿④结构图（1/2）（二）

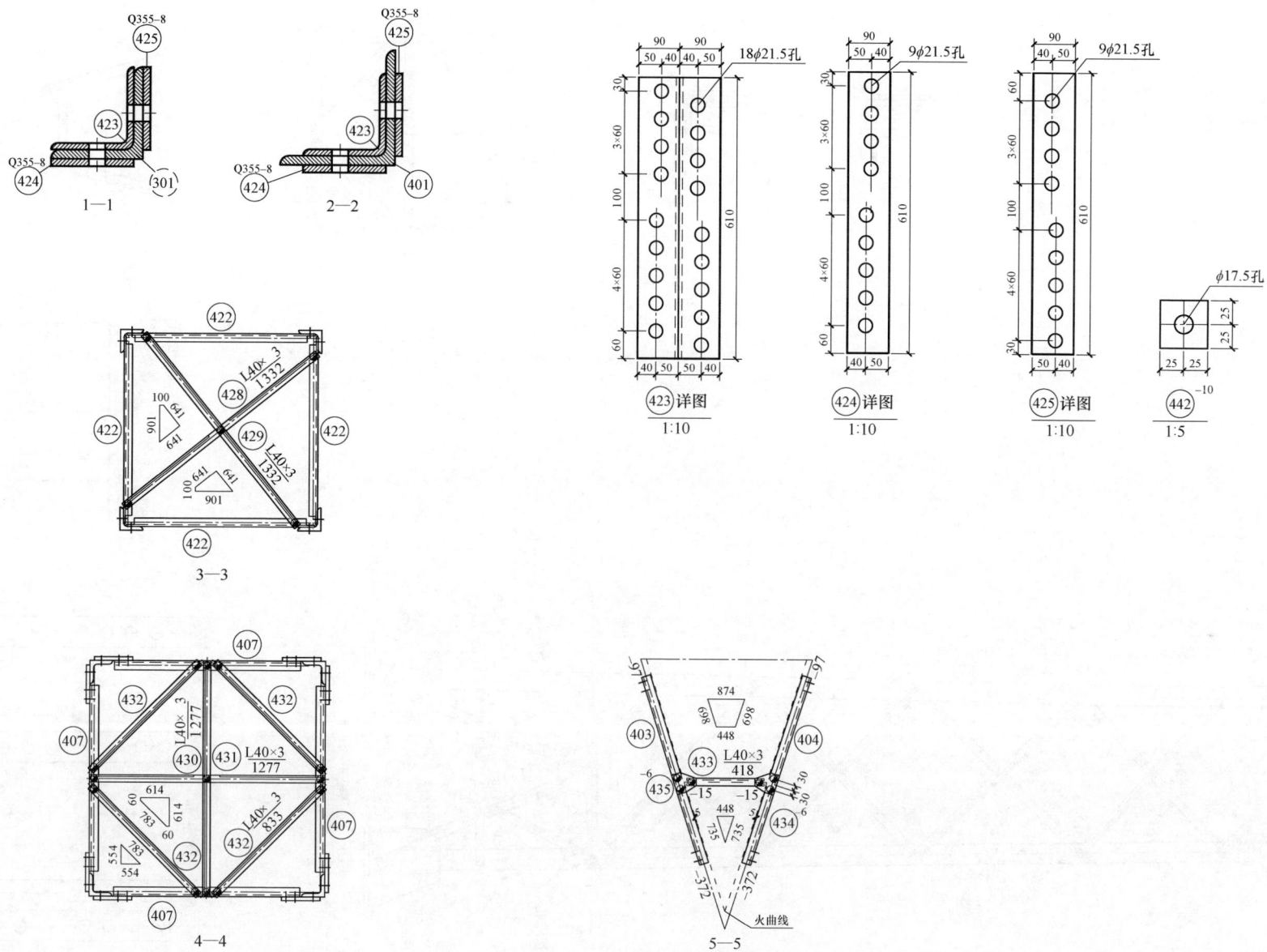

1—1

2—2

3—3

4—4

5—5

⁴²³详图 1:10

⁴²⁴详图 1:10

⁴²⁵详图 1:10

⁴⁴²⁻¹⁰ 1:5

图 14-92　ZJT-SZ2 直线塔塔腿④结构图（2/2）

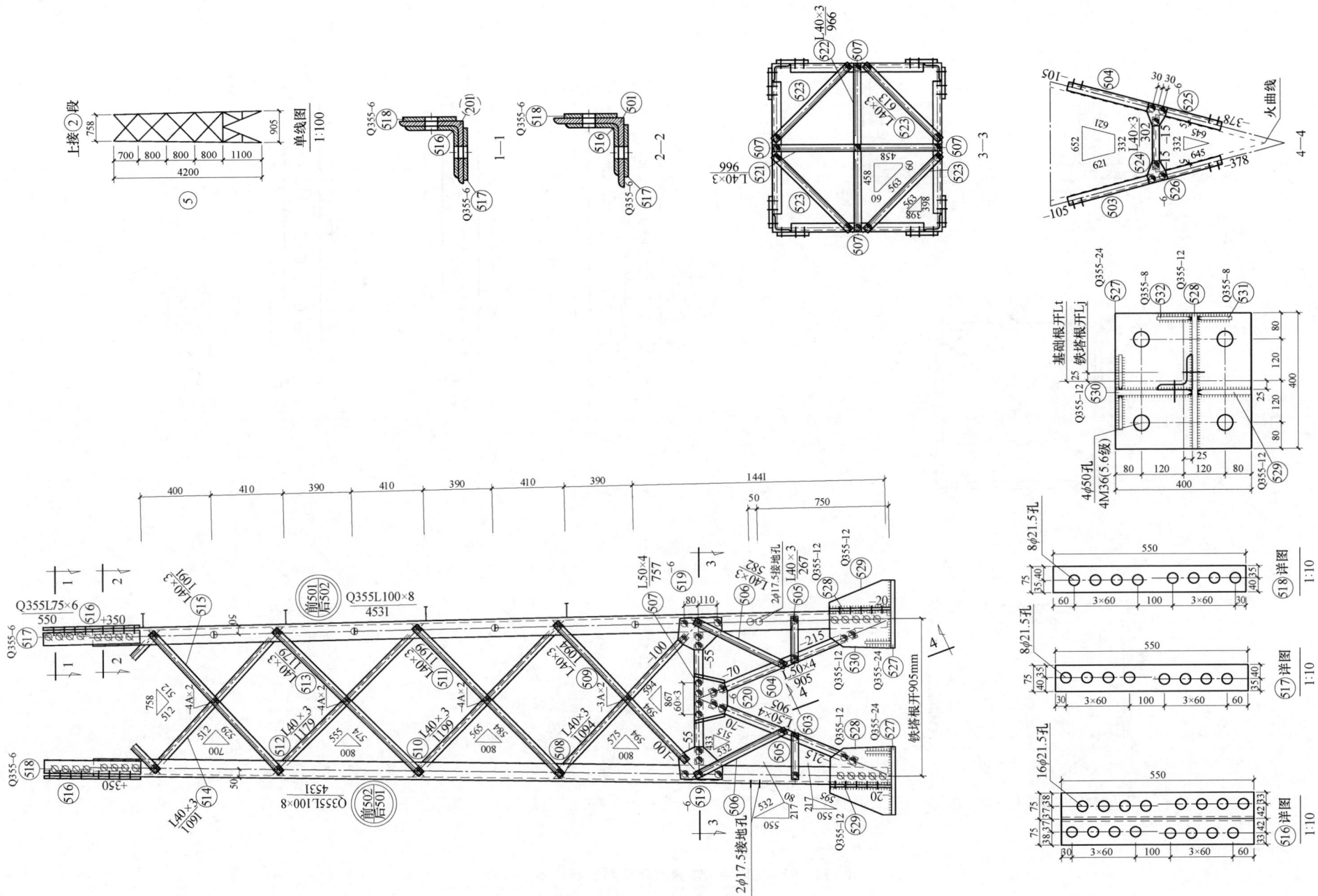

图 14-93 ZJT-SZ2 直线塔塔腿⑤结构图（一）

构 件 明 细 表

编号	规格	长度（mm）	数量	质量（kg）单件	质量（kg）小计	备注
⑤⑩①	Q355L100×8	4531	2	55.62	111.2	带脚钉
⑤⑩②	Q355L100×8	4531	2	55.62	111.2	
⑤⑩③	L50×4	905	4	2.77	11.1	
⑤⑩④	L50×4	905	4	2.77	11.1	
⑤⑩⑤	L40×3	267	8	0.49	3.9	
⑤⑩⑥	L40×3	582	8	1.08	8.6	
⑤⑩⑦	L50×4	757	4	2.32	9.3	
⑤⑩⑧	L40×3	1094	4	2.03	8.1	切角
⑤⑩⑨	L40×3	1094	4	2.03	8.1	
⑤①⓪	L40×3	1199	4	2.22	8.9	切角
⑤①①	L40×3	1199	4	2.22	8.9	
⑤①②	L40×3	1179	4	2.18	8.7	切角
⑤①③	L40×3	1179	4	2.18	8.7	
⑤①④	L40×3	1091	4	2.02	8.1	切角
⑤①⑤	L40×3	1091	4	2.02	8.1	
⑤①⑥	Q355L75×6	550	4	3.80	15.2	铲背
⑤①⑦	Q355−6×75	550	4	1.94	7.8	
⑤①⑧	Q355−6×75	550	4	1.94	7.8	
⑤①⑨	−6×186	254	8	2.23	17.8	
⑤②⓪	−6×192	252	4	2.28	9.1	卷边 50mm
⑤②①	L40×3	966	1	1.79	1.8	
⑤②②	L40×3	966	1	1.79	1.8	两端切肢
⑤②③	L40×3	613	4	1.14	4.6	
⑤②④	L40×3	302	4	0.56	2.2	
⑤②⑤	−6×110	123	4	0.64	2.6	火曲
⑤②⑥	−6×110	123	4	0.64	2.6	火曲
⑤②⑦	Q355−24×400	400	4	30.14	120.6	电焊
⑤②⑧	Q355−12×400	352	4	13.26	53.0	开坡口焊接
⑤②⑨	Q355−12×165	352	4	5.47	21.9	开坡口焊接
⑤③⓪	Q355−12×225	351	4	7.44	29.8	开坡口焊接
⑤③①	Q355−8×150	120	8	1.13	9.0	开坡口焊接
⑤③②	Q355−8×150	120	8	1.13	9.0	开坡口焊接
总质量					650.6kg	

螺栓、脚钉、垫圈明细表

名称	级别	规格	符号	数量	质量（kg）	备注
螺栓	6.8 级	M16×40	◑	133	19.2	
		M16×50	◑	84	13.5	
		M20×55	⌀	104	30.7	
脚钉	6.8 级	M16×180	◔T	16	6.5	
垫圈	Q235	−3A（φ17.5）		8	0.1	规格×个数
		−4A（φ17.5）		24	0.5	
总质量			70.5kg			

图 14−93 ZJT−SZ2 直线塔塔腿⑤结构图（二）

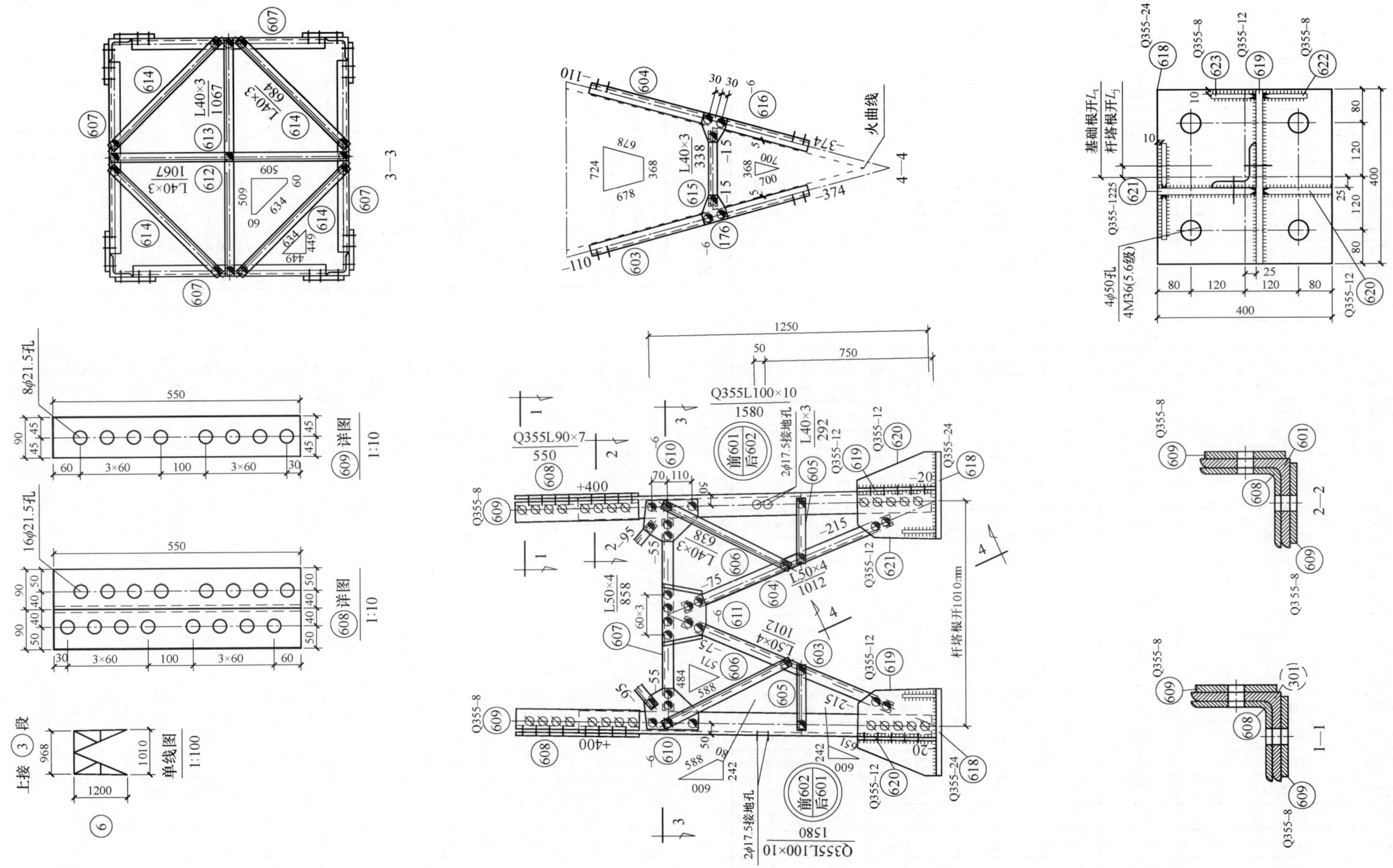

图 14-94　ZJT-SZ2 直线塔塔腿⑥结构图（一）

编号	规格	长度（mm）	数量	质量（kg） 单件	质量（kg） 小计	备注
601	Q355L100×10	1580	2	23.89	47.8	带脚钉
602	Q355L100×10	1580	2	23.89	47.8	
603	L50×4	1012	4	3.10	12.4	
604	L50×4	1012	4	3.10	12.4	
605	L40×3	292	8	0.54	4.3	
606	L40×3	638	8	1.18	9.4	
607	L50×4	858	4	2.62	10.5	
608	Q355L90×7	550	4	5.31	21.2	铲背
609	Q355−8×90	550	8	3.11	24.9	
610	−6×186	246	8	2.16	17.3	
611	−6×196	249	4	2.30	9.2	卷边50mm
612	L40×3	1067	1	1.98	2.0	
613	L40×3	1067	1	1.98	2.0	中间切肢
614	L40×3	684	4	1.27	5.1	
615	L40×3	338	4	0.63	2.5	
616	−6×110	123	4	0.64	2.6	火曲
617	−6×110	123	4	0.64	2.6	火曲
618	Q355−24×400	400	4	30.14	120.6	电焊
619	Q355−12×400	352	4	13.26	53.0	开坡口焊接
620	Q355−12×166	352	4	5.50	22.0	开坡口焊接
621	Q355−12×225	351	4	7.44	29.8	开坡口焊接
622	Q355−8×150	120	8	1.13	9.0	开坡口焊接
623	Q355−8×150	120	8	1.13	9.0	开坡口焊接
总质量				477.4kg		

名称	级别	规格	符号	数量	质量（kg）	备注
螺栓	6.8级	M16×40	◐	109	15.7	
		M16×50	◑	48	7.7	
		M20×55	∅	104	30.7	
脚钉	6.8级	M16×180	◍T	2	0.8	
垫圈	Q235					规格×个数
总质量					54.9kg	

图 14−94　ZJT−SZ2 直线塔塔腿⑥结构图（二）

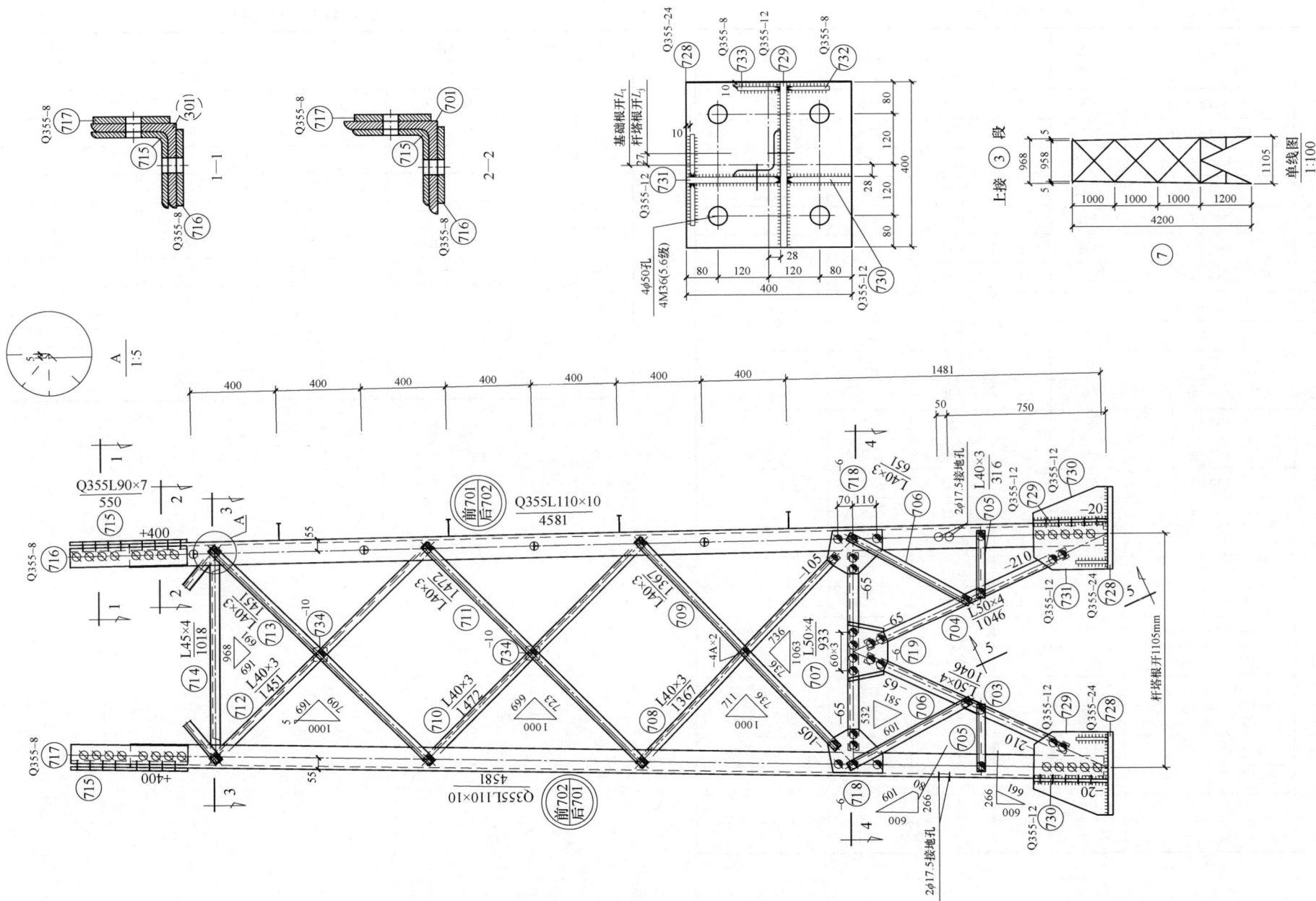

图 14-95　ZJT-SZ2 直线塔塔腿⑦结构图（1/2）（一）

构 件 明 细 表

编号	规格	长度（mm）	数量	质量（kg）单件	质量（kg）小计	备注
⑦⓪①	Q355L110×10	4581	2	76.46	152.9	带脚钉
⑦⓪②	Q355L110×10	4581	2	76.46	152.9	
⑦⓪③	L50×4	1046	4	3.20	12.8	
⑦⓪④	L50×4	1046	4	3.20	12.8	
⑦⓪⑤	L40×3	316	8	0.59	4.7	
⑦⓪⑥	L40×3	651	8	1.21	9.7	
⑦⓪⑦	L50×4	933	4	2.85	11.4	
⑦⓪⑧	L40×3	1367	4	2.53	10.1	切角
⑦⓪⑨	L40×3	1367	4	2.53	10.1	
⑦①⓪	L40×3	1472	4	2.73	10.9	切角
⑦①①	L40×3	1472	4	2.73	10.9	
⑦①②	L40×3	1451	4	2.69	10.8	切角
⑦①③	L40×3	1451	4	2.69	10.8	
⑦①④	L45×4	1018	4	2.79	11.2	两端切肢
⑦①⑤	Q355L90×7	550	4	5.31	21.2	铲背
⑦①⑥	Q355-8×90	550	4	3.11	12.4	
⑦①⑦	Q355-8×90	550	4	3.11	12.4	
⑦①⑧	-6×206	259	8	2.51	20.1	
⑦①⑨	-6×186	230	4	2.01	8.0	卷边 50mm
⑦②⓪	L40×3	1345	1	2.49	2.5	中间切肢
⑦②①	L40×3	1345	1	2.49	2.5	
⑦②②	L40×3	1172	1	2.17	2.2	
⑦②③	L40×3	1172	1	2.17	2.2	中间切肢
⑦②④	L40×3	759	4	1.41	5.6	
⑦②⑤	L40×3	378	4	0.70	2.8	
⑦②⑥	-6×110	123	4	0.64	2.6	火曲
⑦②⑦	-6×110	123	4	0.64	2.6	火曲
⑦②⑧	Q355-24×400	400	4	30.14	120.6	电焊
⑦②⑨	Q355-12×400	352	4	13.26	53.0	开坡口焊接
⑦③⓪	Q355-12×163	352	4	5.40	21.6	开坡口焊接
⑦③①	Q355-12×226	351	4	7.47	29.9	开坡口焊接
⑦③②	Q355-8×150	120	8	1.13	9.0	开坡口焊接
⑦③③	Q355-8×150	120	8	1.13	9.0	开坡口焊接
⑦③④	-10×50	12	8	0.05	0.4	垫板
总质量				772.6kg		

螺栓、脚钉、垫圈明细表

名称	级别	规格	符号	数量	质量（kg）	备注
螺栓	6.8 级	M16×40	◐	114	16.4	
		M16×50	◑	84	13.5	
		M20×55	⊘	104	30.7	
脚钉	6.8 级	M16×180	⊕T	16	6.5	
垫圈	Q235	-4A（φ17.5）		8	0.2	规格×个数
总质量					67.3kg	

图 14-95 ZJT-SZ2 直线塔塔腿⑦结构图（1/2）（二）

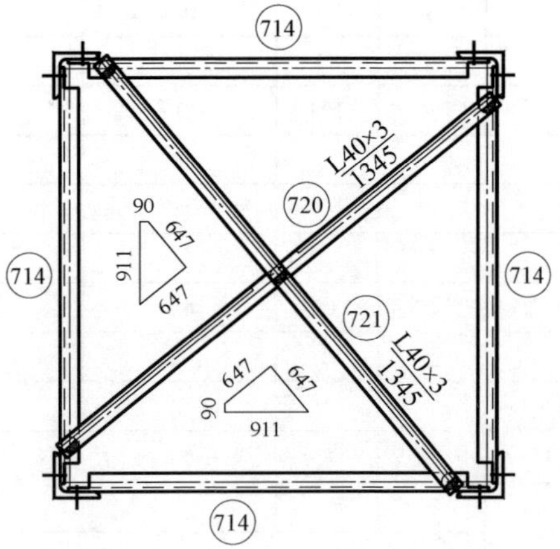

3—3

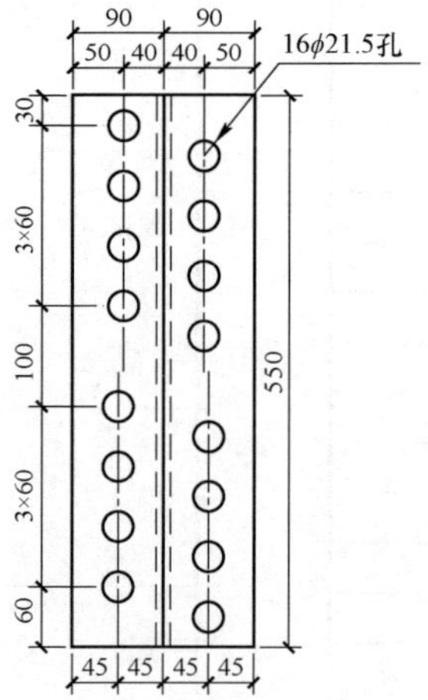

⑦⑮ 详图 1:10

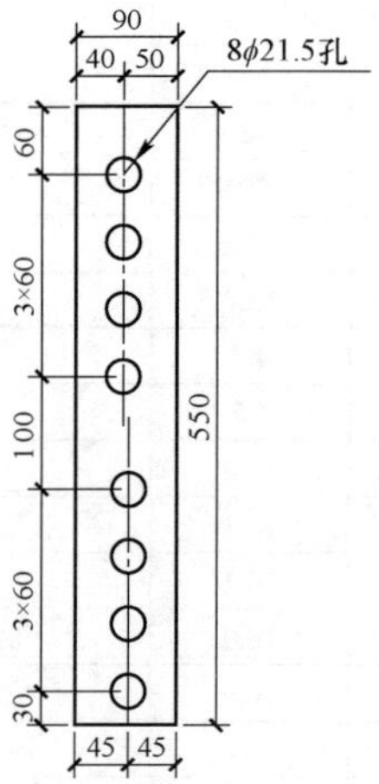

⑦⑯ 详图 1:10

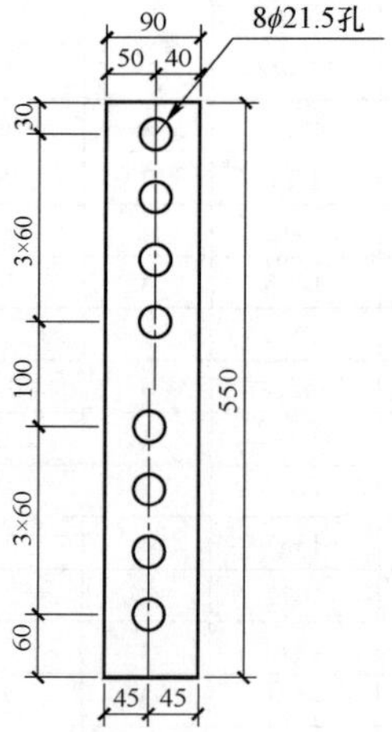

⑦㉘ 详图 1:10

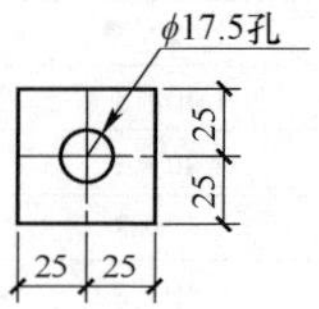

⑦㉞⁻¹⁰ 1:5

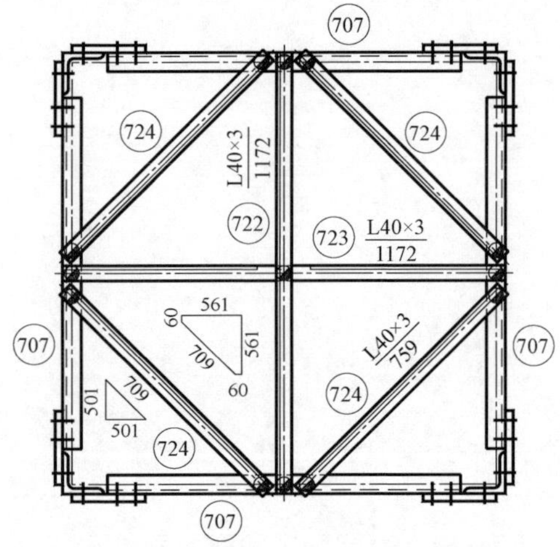

4—4

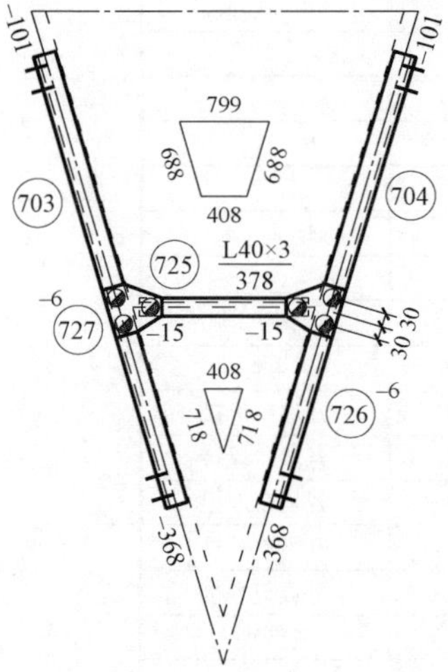

5—5

图 14-96　ZJT-SZ2 直线塔塔腿⑦结构图（2/2）

除图中注明外，必须遵照下列统一要求进行加工和组装：

（1）杆塔的设计执行《输电线路杆塔制图和构造规定》（DL/T 5442—2020）的有关规定。

（2）结构图中图面内的图例、代号等在说明中未提及之处，均按《输电线路杆塔制图和构造规定》（DL/T 5442—2020）中的要求执行。

（3）杆塔加工时应严格执行《输电线路铁塔制造技术条件》（GB/T 2694—2018）。本塔构件的尺寸以放样为准，构件加工后必须试组装，验收合格后方可批量加工。

（4）钢材质量标准应符合《碳素结构钢》（GB/T 700—2006）及《低合金高强度结构钢》（GB/T 1591—2018）的有关要求；螺栓、螺母、扣紧螺母应符合的标准分别为《六角头螺栓 C级》（GB/T 5780—2016）、《I型六角螺母》（GB/T 6170—2015）、《扣紧螺母》（GB 805—1988）。所有材料，包括角钢、螺栓、防盗螺栓、扣紧螺母、焊条等均应有出厂合格证书。

（5）杆塔构件所用钢种为Q235B、Q355B，图中注明Q355材料为Q355B钢材，未注明均为Q235B钢材（角钢用"L"、钢板用"－"表示）。所有构件均须热镀锌。

（6）所有螺栓（包括防盗螺栓）的强度等级为热镀锌后的强度值。

（7）杆塔构件连接主要以螺栓连接为主，少数采用焊接（如塔脚板连接等）。构件焊接应按照焊接规程、规范和有关规定进行，焊缝高度不得小于连接构件的最小厚度，当被焊接构件厚8mm及以上时，要按规定剖口焊，以便焊透。对Q355构件焊接时选用E50系列焊条，对Q235构件焊接时选用E43系列焊条。

（8）加工时如发生材料代用或改变节点形式等情况，须与设计单位联系解决。材料代用时，需注意相关影响，应与图纸对应列表统计，并由加工厂书面通知施工单位，以方便施工安装。

（9）角钢与钢板的螺栓间距、边距除图中特殊注明外均按表1采用。

（10）角钢准距除图中特殊注明外，一般按表2采用。

（11）螺栓、脚钉、垫圈规格按表3、表4采用。

（12）脚钉一般从离地面1.5m处开始向上装设，间距400mm左右，加工放样时可适当调整脚钉的位置，脚钉除运行单位有特殊要求外，一般采用防滑带直钩形式。

（13）其他事项：

1）节点板考虑到刚度要求，形状不宜狭长，节点板边缘与构件轴线夹角 α 不小于15°，如右图所示。

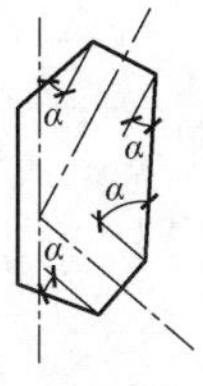

2）构件厚度大于14mm时须采用钻孔方法加工，构件接头中外包角钢清根，内包角钢铲背。

3）凡图中所要求的火曲、开合角、切肢、压扁、切角等的尺寸均由加工放样决定。

4）两构件连接面间的间隙大于3mm时，构件应局部开、合角或制弯。

5）当构件需采用切肢或压扁时，应优先采用切肢。

（14）杆塔加工时应根据实际工程要求的高度设置防盗螺栓（无特殊说明的10m高以下防盗）。

α 角示意图

表2 角 钢 准 距 表

肢宽（mm）	准距（mm）	第一排准距（mm）	第二排准距（mm）	最大使用孔径（mm）
L40	20			
L45	23			17.5
L50	25（28）			
L56	28（32）			
L63	30（36）			
L70	35（40）			
L75	38（40）			
L80	40			
L90	45			
L100	50			21.5
L110	55	45	75	
L125	60	50	85	
L140	70	55	90	
L160	80	60	105	

注 括号内数字用于螺栓边距不足时，在搭接位置上的螺栓孔可使用的准距。

表3 螺 栓 规 格 表

级别	单帽螺栓（带一垫、一扣紧螺母）					防盗螺栓	双帽螺栓（带一垫）				
	规格	符号	通过厚度（mm）	无扣长（mm）	质量（kg）	质量（kg）（带一垫）	规格	符号	通过厚度（mm）	无扣长（mm）	质量（kg）
6.8	M16×40	⊕	7～12	6	0.1442	0.1997	M16×50	⊕	7～12	6	0.1875
	M16×50	⊘	13～22	12	0.1602	0.2127	M16×60	⊘	13～22	12	0.2039
	M16×60	⊠	23～32	22	0.1762	0.2277	M16×70	⊠	23～32	22	0.2203
	M16×70	⊗	33～42	32	0.1922	0.2477	M16×80	⊗	33～42	32	0.2369
6.8	M20×45	○	9～15	8	0.2701	0.3517	M20×60	○	9～15	8	0.3605
	M20×55	⊘	16～25	15	0.2953	0.3737	M20×70	⊘	16～25	15	0.3864
	M20×65	⊗	26～35	25	0.3205	0.3967	M20×80	⊗	26～35	25	0.4123
	M20×75	⊘	36～45	35	0.3457	0.4207	M20×90	⊘	36～45	35	0.4381
	M20×85	⊗	46～55	45	0.3709	0.4407	M20×100	⊗	46～55	45	0.4640
	M20×95	⊗	56～65	55	0.3961	0.4607	M20×110	⊗	56～65	55	0.4899
	M20×105	⊗	66～75	65	0.4213	0.4807	M20×120	⊗	66～75	65	0.5158

表4 脚钉、垫圈规格表

脚钉（带两帽）				垫圈				
规格	符号	无扣长（mm）	质量（kg）	规格	符号	质量（kg）	内径（mm）	外径（mm）
M16×180	⊕—	120	0.3799	−2（ϕ13.5）	规格×个数	0.00186	13.5	24
				−3（ϕ17.5）		0.01065	17.5	30
M20×200	⊕—	120	0.6749	−3（ϕ22）	规格×个数	0.01637	22	37
				−4（ϕ22）		0.02183	22	37
M24×240	⊕—	120	1.1803	−3（ϕ26）	规格×个数	0.02331	26	44
				−4（ϕ26）		0.03108	26	44

表1 螺栓间距、边距表

螺栓规格	孔径（mm）	螺栓间距（mm）		边距（mm）		
		单排	双排	端距	扎制边距	切角边距
M16	ϕ17.5	50	80	25	≥21 或 20（L40 角钢时）	≥23
M20	ϕ21.5	60	100	30	≥26	≥28

注 螺孔顺力方向重心最大间距为12d或18t（取二者较小者），其中d为螺栓直径，t为较薄板的厚度。

图 14－97 ZJT－SZ2 直线塔加工说明

14.2.8 ZJT-SJ1 转角塔

ZJT-SJ1 转角塔结构图清单见表 14-16。

表 14-16　　　**ZJT-SJ1 转角塔结构图清单**

图序	图名	备注
图 14-98	ZJT-SJ1 转角塔总图	
图 14-99	ZJT-SJ1 转角塔材料汇总表	
图 14-100	ZJT-SJ1 转角塔塔头① 结构图（1/3）	
图 14-101	ZJT-SJ1 转角塔塔头① 结构图（2/3）	
图 14-102	ZJT-SJ1 转角塔塔头① 结构图（3/3）	

续表

图序	图名	备注
图 14-103	ZJT-SJ1 转角塔塔身② 结构图	
图 14-104	ZJT-SJ1 转角塔塔身③ 结构图	
图 14-105	ZJT-SJ1 转角塔塔腿④ 结构图（1/2）	
图 14-106	ZJT-SJ1 转角塔塔腿④ 结构图（2/2）	
图 14-107	ZJT-SJ1 转角塔塔腿⑤结构图	
图 14-108	ZJT-SJ1 转角塔塔腿⑥结构图	
图 14-109	ZJT-SJ1 转角塔加工说明	

杆塔根开、基础根开、地脚螺栓规格及间距表

杆塔名称（型号）	ZJT－SJ1		
塔高（m）	13	15	18
接腿	⑤	⑥	④
杆塔根开（mm）	1102	1213	1360
基础根开（mm）	1152	1263	1420
基础地脚螺栓间距（mm）	240	240	240
每腿基础地脚螺栓配置（5.6 级）	4M36	4M36	4M36

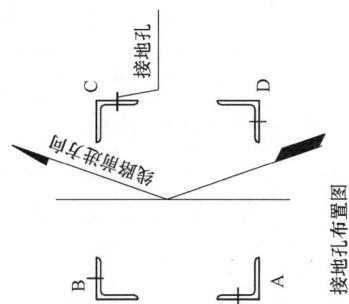

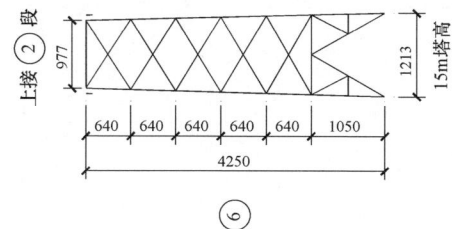

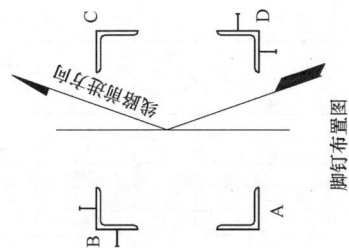

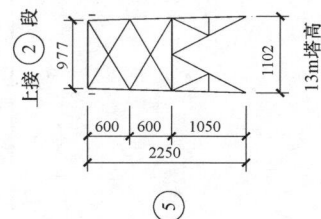

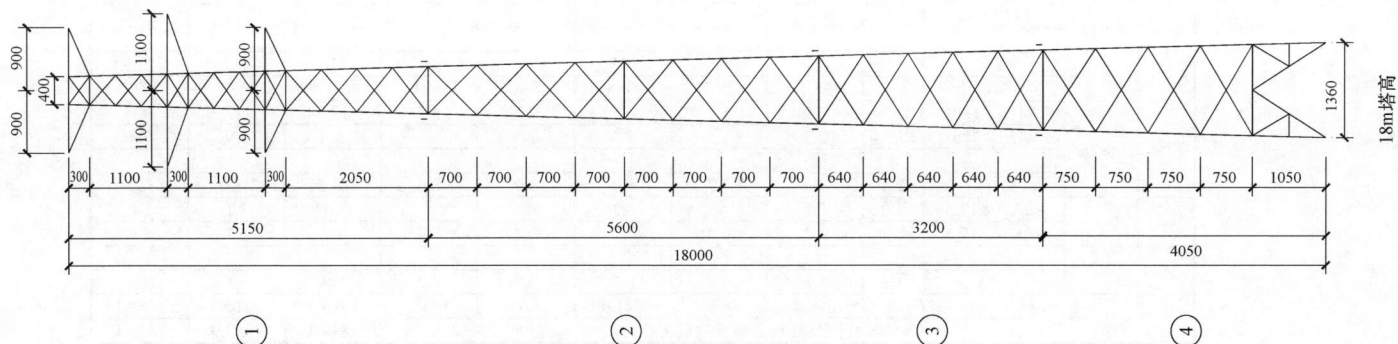

图 14－98　ZJT－SJ1 转角塔总图

材 料 汇 总 表

材料	材质	规格	段号						全塔高（m）		
			①	②	③	④	⑤	⑥	13.0	15.0	18.0
角钢	Q355	L125×10				332.0					332.0
		L110×8				29.2					29.2
		L100×10			195.4		155.8	276.8	155.8	276.8	195.4
		L100×8		257.2					257.2	257.2	257.2
		L90×6		16.4	18.4		18.4	18.4	34.8	34.8	34.8
		L80×6	152.6						152.6	152.6	152.6
		L63×5	15.8						15.8	15.8	15.8
		小计	168.4	273.6	213.8	361.2	174.2	295.2	616.2	737.2	1017.0
	Q235	L50×4	90.4			39.3	34.5	37.1	124.9	127.5	129.2
		L45×4		15.6	11.2	13.0	11.2	11.2	26.8	26.8	39.8
		L40×4	63.2	38.0					101.2	101.2	101.2
		L40×3	109.5	110.4	100.8	122.1	65.3	126.6	285.2	346.5	442.8
		小计	263.1	164.0	112.0	174.4	111.0	174.9	538.1	602.0	713.5
钢板	Q355	−3	1.9						1.9	1.9	1.9
		−6		30.8	18.6		18.6	18.6	49.4	49.4	49.4
		−8	32.0			46.4	12.0	13.2	44.0	45.2	78.4
		−12				106.2	107.1	107.1	107.1	107.1	106.2
		−30				150.7	150.7	150.7	150.7	150.7	150.7
		小计	33.9	30.8	18.6	303.3	288.4	289.6	353.1	354.3	386.6
	Q235	−2		1.4	1.8		1.8	1.8	3.2	3.2	3.2
		−6	79.0			28.8	28.0	26.7	107.0	105.9	107.0
		−10			4.0	2.4	0.8	3.2	0.8	3.2	6.4
		小计	79.0	1.4	5.8	31.2	30.6	31.7	111.0	112.3	117.6
螺栓	6.8 级	M16×40	53.6	4.9	0.7	19.3	16.4	19.3	74.9	77.8	78.5
		M16×50	10.3	14.1	9.6	12.2	11.5	14.1	35.9	38.5	46.2
		M16×50 双帽	7.7						7.7	7.7	7.7
		M16×60 双帽	2.1						2.1	2.1	2.1
		小计	73.7	19.0	10.3	31.5	27.9	33.4	120.6	126.1	134.5
	6.8 级	M20×55		16.5	18.9	14.2	30.7	30.7	47.2	47.2	49.6
		M20×65				23.1					23.1
		小计		16.5	18.9	37.3	30.7	30.7	47.2	47.2	72.7
		螺栓合计	73.7	35.5	29.2	68.8	58.6	64.1	167.8	173.3	207.2
脚钉	6.8 级	M16×180	7.3	8.9	5.7	6.5	2.4	6.5	18.6	22.7	28.4
		M20×200	1.5	2.9	1.5	1.5	1.5	1.5	5.9	5.9	7.4
		小计	8.8	11.8	7.2	8.0	3.9	8.0	24.5	28.6	35.8
垫圈	Q235	−3A（φ17.5）	1.0	0.1		0.1			1.1	1.1	1.2
		−4A（φ17.5）	0.3	1.2	0.9		0.2	0.2	1.7	1.7	2.4
		小计	1.3	1.3	0.9	0.1	0.2	0.2	2.8	2.8	3.6
合计（kg）			628.2	518.4	387.5	947.0	666.9	863.7	1813.5	2010.3	2481.1
各塔高含防盗螺栓总质量（kg）									1849.2	2049.9	2530.1

图 14−99 ZJT−SJ1 转角塔材料汇总表

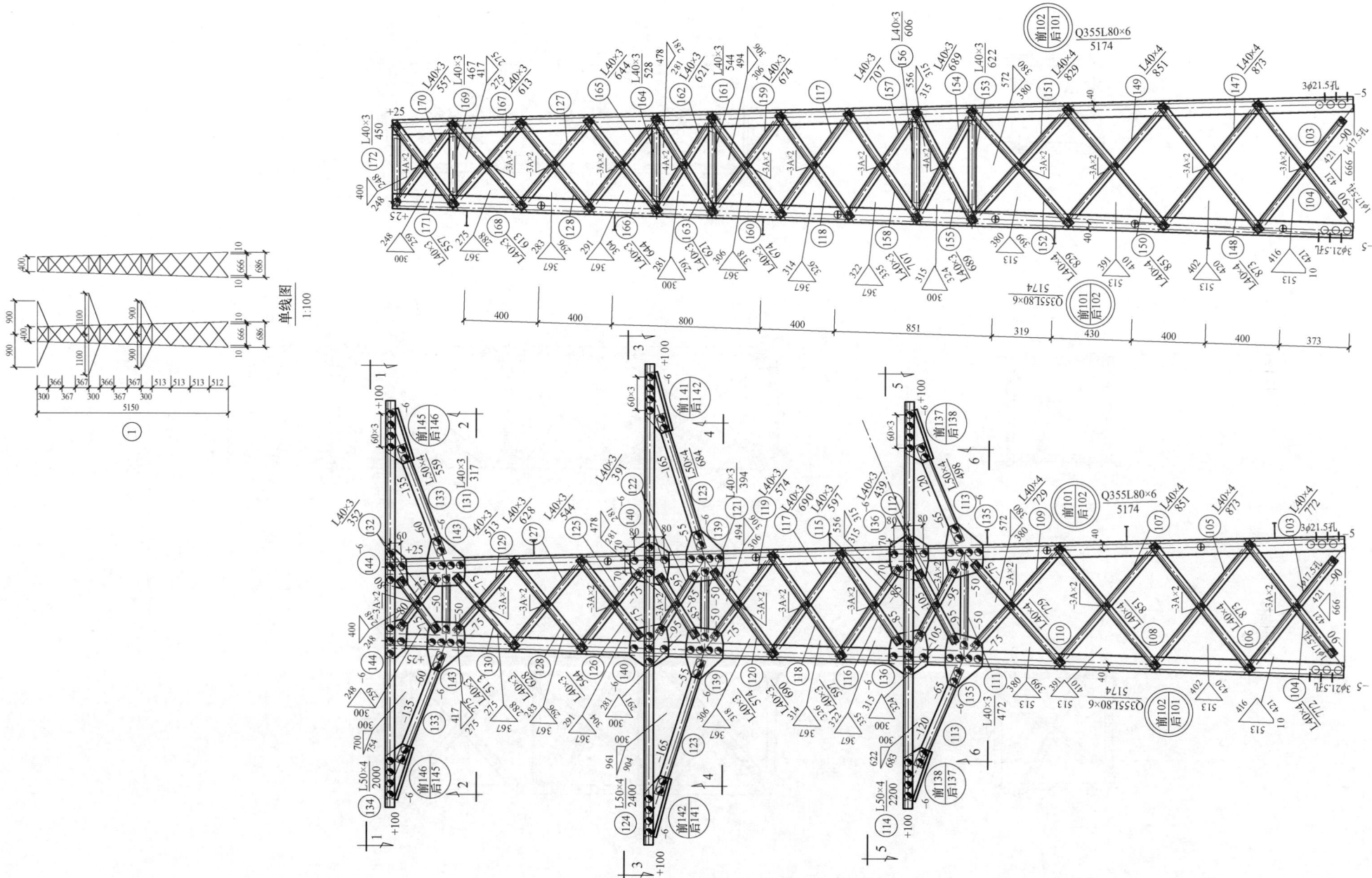

图 14-100　ZJT-SJ1 转角塔塔头①结构图（1/3）

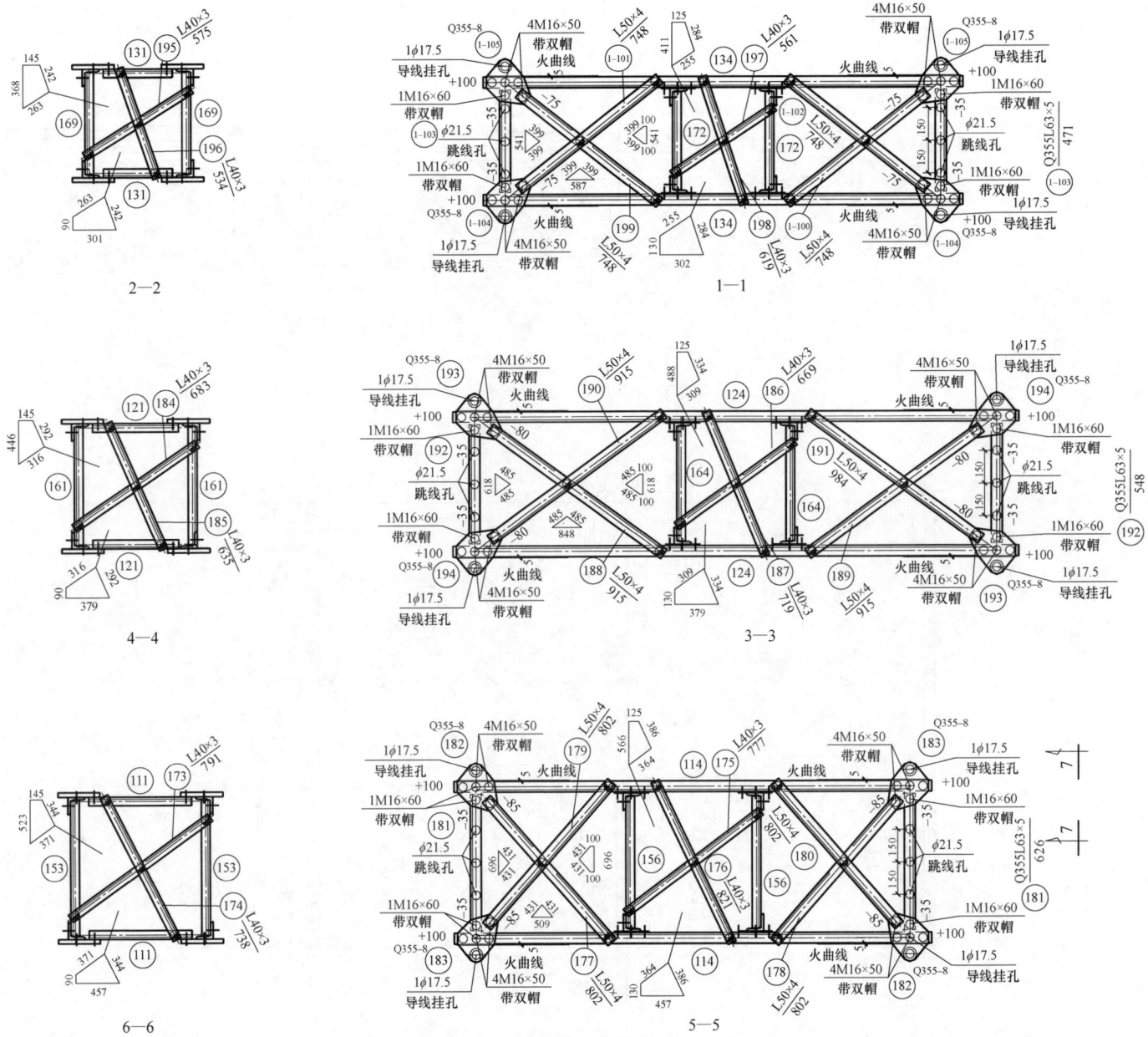

图 14-101 ZJT-SJ1 转角塔塔头①结构图（2/3）

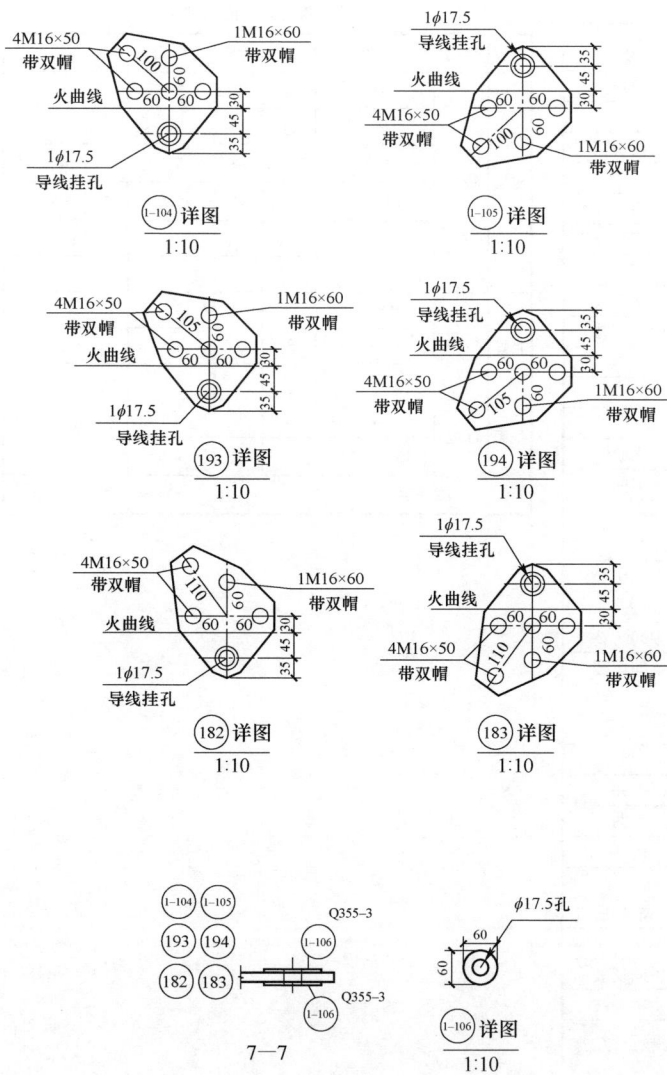

构 件 明 细 表

编号	规格	长度（mm）	数量	质量（kg）		备注
				单件	小计	
⑩	Q355L80×6	5174	2	38.16	76.3	带脚钉
⑩	Q355L80×6	5174	2	38.16	76.3	
⑩	L40×4	772	4	1.87	7.5	切角
⑩	L40×4	772	4	1.87	7.5	
⑩	L40×4	873	2	2.11	4.2	切角
⑩	L40×4	873	2	2.11	4.2	
⑩	L40×4	851	2	2.06	4.1	切角
⑩	L40×4	851	2	2.06	4.1	
⑩	L40×4	729	2	1.77	3.5	切角
⑩	L40×4	729	2	1.77	3.5	
⑪	L40×3	472	2	0.87	1.7	
⑫	L40×3	439	4	0.81	3.2	
⑬	L50×4	498	4	1.52	6.1	
⑭	L50×4	2000	2	6.12	12.2	
⑮	L40×3	597	2	1.11	2.2	切角
⑯	L40×3	597	2	1.11	2.2	
⑰	L40×3	690	4	1.28	5.1	切角
⑱	L40×3	690	4	1.28	5.1	
⑲	L40×3	574	2	1.06	2.1	切角
⑳	L40×3	574	2	1.06	2.1	
㉑	L40×3	394	2	0.73	1.5	
㉒	L40×3	391	4	0.72	2.9	
㉓	L50×4	684	4	2.09	8.4	
㉔	L50×4	2400	2	7.34	14.7	
㉕	L40×3	544	2	1.01	2.0	切角
㉖	L40×3	544	2	1.01	2.0	
㉗	L40×3	628	4	1.16	4.6	切角
㉘	L40×3	628	4	1.16	4.6	
㉙	L40×3	513	2	0.95	1.9	切角
㉚	L40×3	513	2	0.95	1.9	
㉛	L40×3	317	2	0.59	1.2	
㉜	L40×3	352	4	0.65	2.6	

图 14-102　ZJT-SJ1 转角塔塔头①结构图（3/3）（一）

构 件 明 细 表

编号	规格	长度（mm）	数量	质量（kg）单件	质量（kg）小计	备注
⑬㉝	L50×4	559	4	1.71	6.8	切角
⑭	L50×4	2000	2	6.12	12.2	
⑮	−6×203	297	4	2.84	11.4	
⑯	−6×212	241	4	2.41	9.6	
⑰	−6×144	264	2	1.79	3.6	
⑱	−6×144	264	2	1.79	3.6	卷边50mm
⑲	−6×203	280	4	2.68	10.7	卷边50mm
⑳	−6×212	229	4	2.29	9.2	中间切肢
㉑	−6×137	314	2	2.03	4.1	
㉒	−6×137	314	2	2.03	4.1	卷边50mm
㉓	−6×203	270	4	2.58	10.3	卷边50mm
㉔	−6×121	212	4	1.21	4.8	
㉕	−6×142	281	2	1.88	3.8	火曲
㉖	−6×142	281	2	1.88	3.8	卷边50mm
㉗	L40×4	873	2	2.11	4.2	切角
㉘	L40×4	873	2	2.11	4.2	
㉙	L40×4	851	2	2.06	4.1	切角
㉚	L40×4	851	2	2.06	4.1	
㉛	L40×4	829	2	2.01	4.0	切角
㉜	L40×4	829	2	2.01	4.0	
㉝	L40×3	622	2	1.15	2.3	两端切肢
㉞	L40×3	689	2	1.28	2.6	切角
㉟	L40×3	689	2	1.28	2.6	
㊱	L40×3	606	2	1.12	2.2	两端切肢
㊲	L40×3	707	2	1.31	2.6	切角
㊳	L40×3	707	2	1.31	2.6	
㊴	L40×3	674	2	1.25	2.5	切角
㊵	L40×3	674	2	1.25	2.5	
㊶	L40×3	544	2	1.01	2.0	两端切肢
㊷	L40×3	621	2	1.15	2.3	切角
㊸	L40×3	621	2	1.15	2.3	
㊹	L40×3	528	2	0.98	2.0	两端切肢
㊺	L40×3	644	2	1.19	2.4	切角
㊻	L40×3	644	2	1.19	2.4	
㊼	L40×3	613	2	1.14	2.3	切角
㊽	L40×3	613	2	1.14	2.3	
㊾	L40×3	467	2	0.86	1.7	两端切肢

编号	规格	长度（mm）	数量	质量（kg）单件	质量（kg）小计	备注
⑰⓪	L40×3	557	2	1.03	2.1	
⑰①	L40×3	557	2	1.03	2.1	
⑰②	L40×3	450	2	0.83	1.7	
⑰③	L40×3	791	1	1.46	1.5	
⑰④	L40×3	738	1	1.37	1.4	
⑰⑤	L40×3	777	1	1.44	1.4	
⑰⑥	L40×3	821	1	1.52	1.5	
⑰⑦	L50×4	802	1	2.45	2.4	
⑰⑧	L50×4	802	1	2.45	2.4	
⑰⑨	L50×4	802	1	2.45	2.4	
⑱⓪	L50×4	802	1	2.45	2.4	
⑱①	Q355L63×5	626	2	3.02	6.0	
⑱②	Q355−8×185	234	2	2.72	5.4	火曲
⑱③	Q355−8×185	234	2	2.72	5.4	火曲
⑱④	L40×3	683	1	1.26	1.3	中间切肢
⑱⑤	L40×3	635	1	1.18	1.2	
⑱⑥	L40×3	669	1	1.24	1.2	中间切肢
⑱⑦	L40×3	719	1	1.33	1.3	
⑱⑧	L50×4	915	1	2.80	2.8	中间切肢
⑱⑨	L50×4	915	1	2.80	2.8	中间切肢
⑲⓪	L50×4	915	1	2.80	2.8	
⑲①	L50×4	915	1	2.80	2.8	
⑲②	Q355L63×5	548	2	2.64	5.3	
⑲③	Q355−8×202	212	2	2.69	5.4	火曲
⑲④	Q355−8×202	212	2	2.69	5.4	火曲
⑲⑤	L40×3	575	1	1.06	1.1	中间切肢
⑲⑥	L40×3	534	1	0.99	1.0	
⑲⑦	L40×3	561	1	1.04	1.0	中间切肢
⑲⑧	L40×3	619	1	1.15	1.2	
⑲⑨	L50×4	748	1	2.29	2.3	中间切肢
1-100	L50×4	748	1	2.29	2.3	中间切肢
1-101	L50×4	748	1	2.29	2.3	
1-102	L50×4	748	1	2.29	2.3	
1-103	Q355L63×5	471	2	2.27	4.5	
1-104	Q355−8×194	213	2	2.60	5.2	火曲
1-105	Q355−8×194	213	2	2.60	5.2	火曲
1-106	Q355−3×60	60	24	0.08	1.9	焊接
总质量					544.4kg	

螺栓、脚钉、垫圈明细表

名称	级别	规格	符号	数量	质量（kg）	备注
螺栓	6.8级	M16×40	⊕	372	53.6	
		M16×50	⊕	64	10.3	
		M16×50	⊕	48	7.7	带双帽
		M16×60	⊕	12	2.1	带双帽
脚钉	6.8级	M16×180	⊕T	18	7.3	
		M20×200		2	1.5	
垫圈	Q235	−3A（φ17.5）		92	1.0	规格×个数
		−4A（φ17.5）		12	0.3	
总质量					83.8kg	

图 14−102 ZJT−SJ1 转角塔塔头①结构图（3/3）（二）

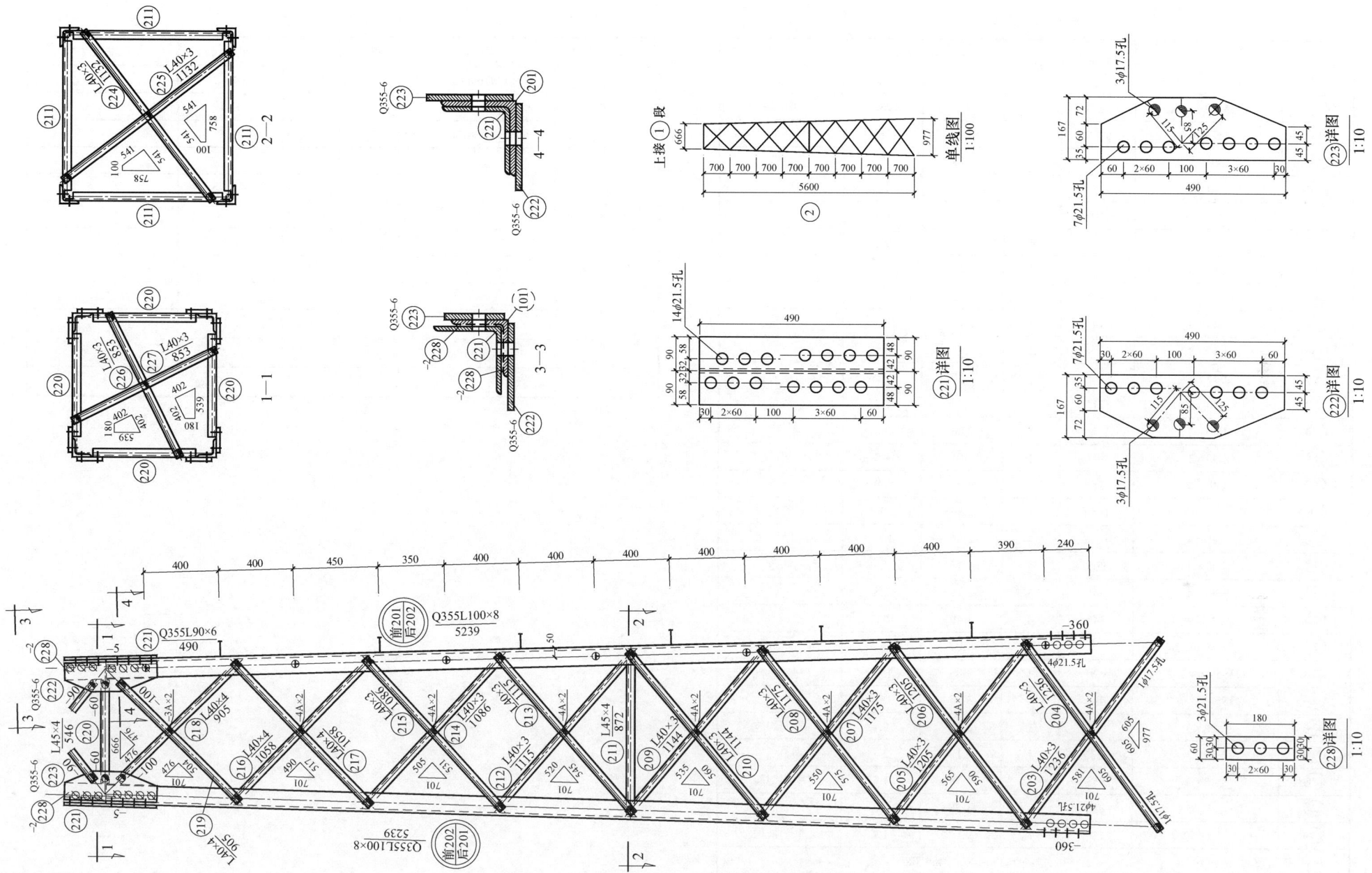

图 14-103　ZJT-SJ1 转角塔塔身②结构图（一）

构 件 明 细 表

编号	规格	长度(mm)	数量	质量(kg) 单件	质量(kg) 小计	备注
⑳①	Q355L100×8	5239	2	64.31	128.6	带脚钉
⑳②	Q355L100×8	5239	2	64.31	128.6	
⑳③	L40×3	1236	4	2.29	9.2	切角
⑳④	L40×3	1236	4	2.29	9.2	
⑳⑤	L40×3	1205	4	2.23	8.9	切角
⑳⑥	L40×3	1205	4	2.23	8.9	
⑳⑦	L40×3	1175	4	2.18	8.7	切角
⑳⑧	L40×3	1175	4	2.18	8.7	
⑳⑨	L40×3	1144	4	2.12	8.5	切角
⑳⑩	L40×3	1144	4	2.12	8.5	
⑳⑪	L45×4	872	4	2.39	9.6	两端切肢
⑳⑫	L40×3	1115	4	2.06	8.2	切角
⑳⑬	L40×3	1115	4	2.06	8.2	
⑳⑭	L40×3	1086	4	2.01	8.0	切角
⑳⑮	L40×3	1086	4	2.01	8.0	
⑳⑯	L40×4	1058	4	2.56	10.2	切角
⑳⑰	L40×4	1058	4	2.56	10.2	
⑳⑱	L40×4	905	4	2.19	8.8	切角
⑳⑲	L40×4	905	4	2.19	8.8	
⑳⑳	L45×4	546	4	1.49	6.0	
㉑	Q355L90×6	490	4	4.09	16.4	铲背、铲弧
㉒	Q355－6×167	490	4	3.85	15.4	
㉓	Q355－6×167	490	4	3.85	15.4	
㉔	L40×3	1132	1	2.10	2.1	中间切肢
㉕	L40×3	1132	1	2.10	2.1	
㉖	L40×3	853	1	1.58	1.6	中间切肢
㉗	L40×3	853	1	1.58	1.6	
㉘	－2×60	180	8	0.17	1.4	垫板
总质量				469.8kg		

螺栓、脚钉、垫圈明细表

名称	级别	规格	符号	数量	质量(kg)	备注
螺栓	6.8级	M16×40	◐	34	4.9	
		M16×50	◑	88	14.1	
		M20×55	⊘	56	16.5	
脚钉	6.8级	M16×180	⊕丁	22	8.9	
		M20×200		4	2.9	
垫圈	Q235	－3A（φ17.5）		8	0.1	规格×个数
		－4A（φ17.5）		56	1.2	
总质量					48.6kg	

图 14－103　ZJT－SJ1 转角塔塔身②结构图（二）

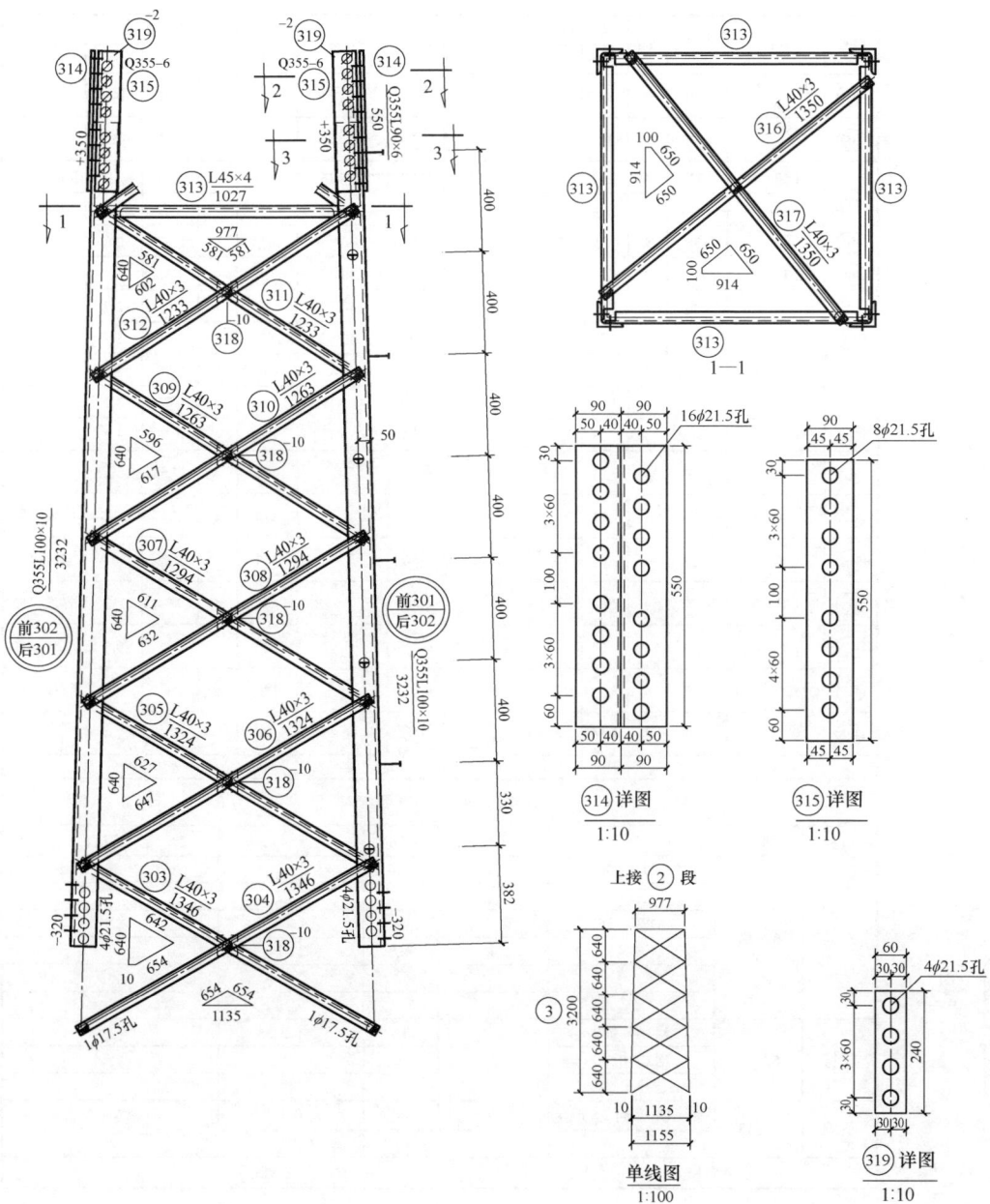

构件明细表

编号	规格	长度(mm)	数量	质量（kg）一件	质量（kg）小计	备注
301	Q355L100×10	3232	2	48.87	97.7	带脚钉
302	Q355L100×10	3232	2	48.87	97.7	
303	L40×3	1346	4	2.49	10.0	切角
304	L40×3	1346	4	2.49	10.0	
305	L40×3	1324	4	2.45	9.8	切角
306	L40×3	1324	4	2.45	9.8	
307	L40×3	1294	4	2.40	9.6	切角
308	L40×3	1294	4	2.40	9.6	
309	L40×3	1263	4	2.34	9.4	切角
310	L40×3	1263	4	2.34	9.4	
311	L40×3	1233	4	2.28	9.1	切角
312	L40×3	1233	4	2.28	9.1	
313	L45×4	1027	4	2.81	11.2	
314	Q355L90×6	550	4	4.59	18.4	铲背
315	Q355-6×90	550	8	2.33	18.6	
316	L40×3	1350	1	2.50	2.5	中间切肢
317	L40×3	1350	1	2.50	2.5	
318	-10×50	50	20	0.20	4.0	垫板
319	-2×60	240	8	0.23	1.8	垫板
总质量					350.2kg	

螺栓、脚钉、垫圈明细表

名称	级别	规格	符号	数量	质量（kg）	备注
螺栓	6.8级	M16×40	◑	5	0.7	
		M16×50	◐	60	9.6	
		M20×55	∅	64	18.9	
脚钉	6.8级	M16×180	⊕T	14	5.7	
		M20×200		2	1.5	
垫圈	Q235	-4A（φ17.5）		40	0.9	规格×个数
总质量					37.3kg	

图 14－104　ZJT－SJ1 转角塔塔身③结构图

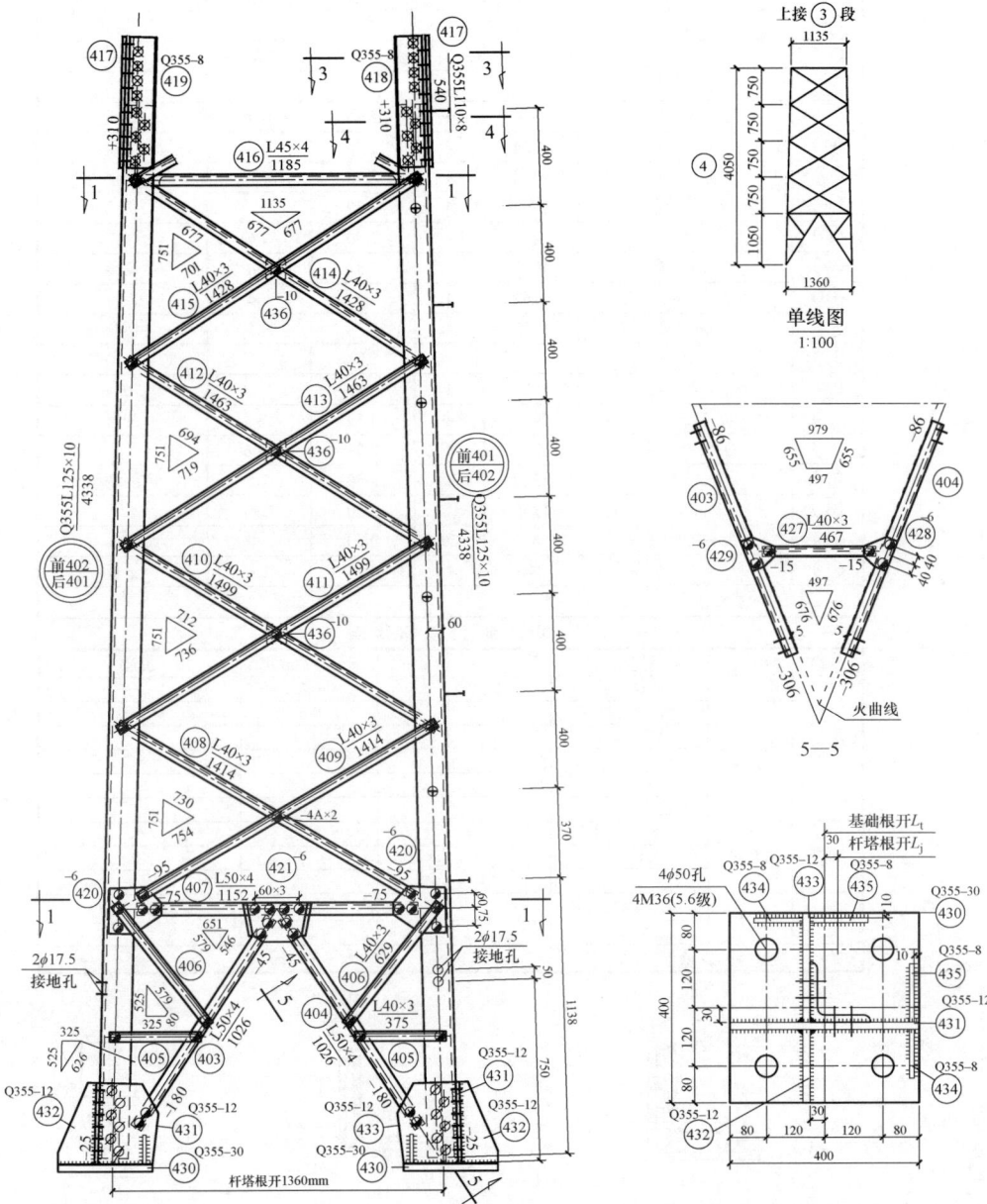

图 14-105 ZJT-SJ1 转角塔塔腿④结构图（1/2）

构件明细表

编号	规格	长度(mm)	数量	质量(kg)一件	质量(kg)小计	备注	编号	规格	长度(mm)	数量	质量(kg)一件	质量(kg)小计	备注
㊶401	Q355L125×10	4338	2	83.00	166.0	带脚钉	㊵419	Q355-8×105	540	4	3.56	14.2	
402	Q355L125×10	4338	2	83.00	166.0		420	-6×194	216	8	1.97	15.8	
403	L50×4	1026	4	3.14	12.6		421	-6×161	230	4	1.74	7.0	卷边50mm
404	L50×4	1026	4	3.14	12.6		422	L40×3	1414	1	2.62	2.6	中间切肢
405	L40×3	375	8	0.69	5.5		423	L40×3	1414	1	2.62	2.6	
406	L40×3	629	8	1.16	9.3		424	L40×3	930	4	1.72	6.9	
407	L50×4	1152	4	3.52	14.1		425	L40×3	1570	1	2.91	2.9	中间切肢
408	L40×3	1414	4	2.62	10.5	切角	426	L40×3	1570	1	2.91	2.9	
409	L40×3	1414	4	2.62	10.5		427	L40×3	467	4	0.86	3.4	
410	L40×3	1499	4	2.78	11.1	切角	428	-6×123	130	4	0.75	3.0	火曲
411	L40×3	1499	4	2.78	11.1		429	-6×123	130	4	0.75	3.0	火曲
412	L40×3	1463	4	2.71	10.8	切角	430	Q355-30×400	400	4	37.68	150.7	电焊
413	L40×3	1463	4	2.71	10.8		431	Q355-12×420	338	4	13.37	53.5	打坡口焊
414	L40×3	1428	4	2.64	10.6	切角	432	Q355-12×164	338	4	5.22	20.9	打坡口焊
415	L40×3	1428	4	2.64	10.6		433	Q355-12×250	337	4	7.94	31.8	打坡口焊
416	L45×4	1185	4	3.24	13.0	两端切肢	434	Q355-8×150	120	8	1.13	9.0	打坡口焊
417	Q355L110×8	540	4	7.31	29.2	铲背	435	Q355-8×150	120	8	1.13	9.0	打坡口焊
418	Q355-8×105	540	4	3.56	14.2		436	-10×50	50	12	0.20	2.4	垫板
								总质量				870.1kg	

螺栓、脚钉、垫圈明细表

名称	级别	规格	符号	数量	质量（kg）	备注
螺栓	6.8级	M16×40	⬤	134	19.3	
		M16×50	◗	76	12.2	
		M20×55	⊘	48	14.2	
		M20×65	⊠	72	23.1	
脚钉	6.8级	M16×180	⊕T	16	6.5	
		M20×200		2	1.5	
垫圈	Q235	-3A（φ17.5）		8	0.1	规格×个数
总质量					76.9kg	

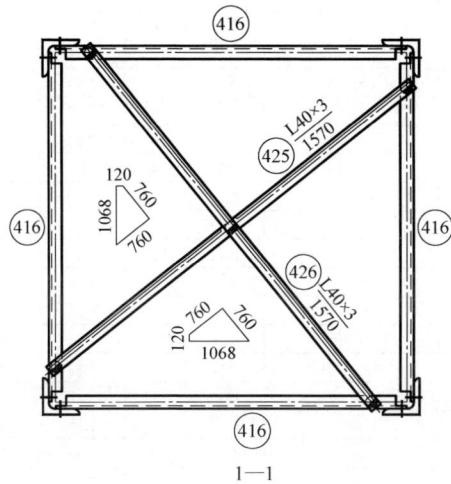

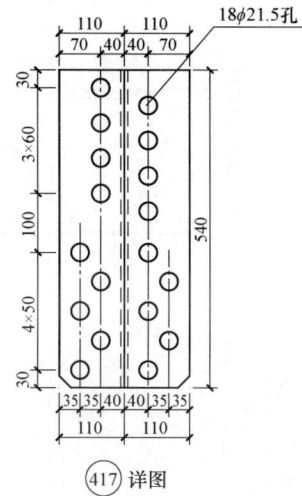

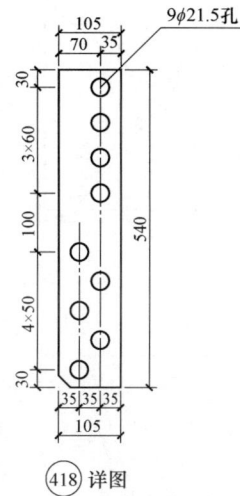

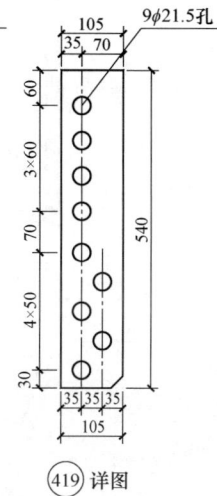

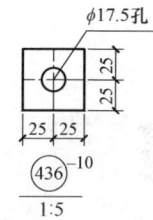

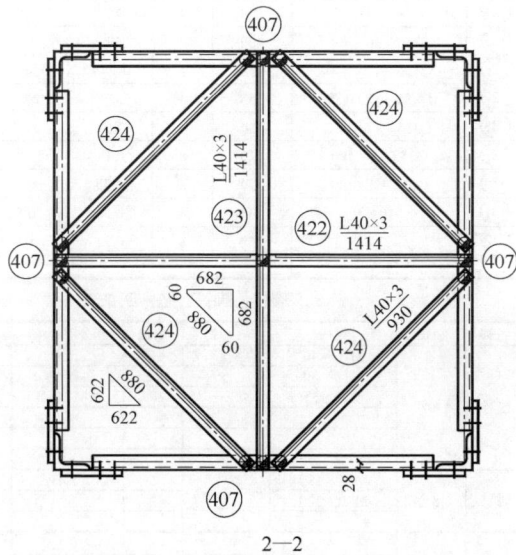

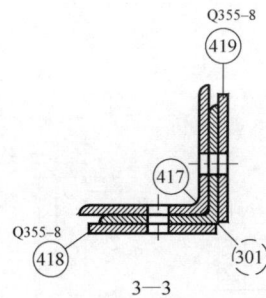

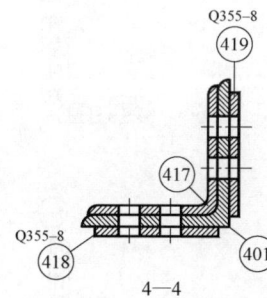

图 14-106　ZJT-SJ1 转角塔塔腿④结构图（2/2）

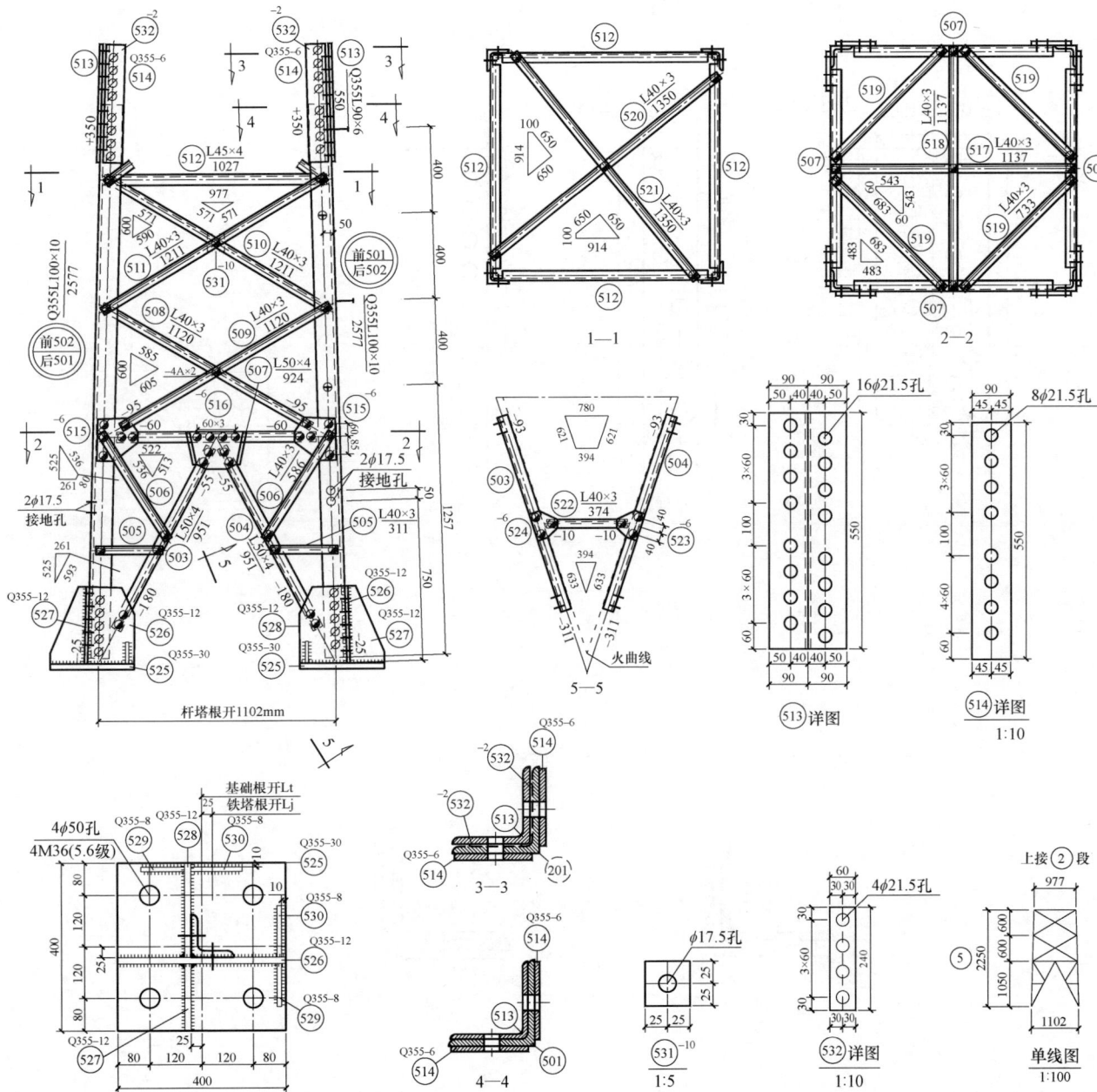

构 件 明 细 表

编号	规格	长度(mm)	数量	质量(kg)一件	质量(kg)小计	备注
501	Q355L100×10	2577	2	38.96	77.9	带脚钉
502	Q355L100×10	2577	2	38.96	77.9	
503	L50×4	951	4	2.91	11.6	
504	L50×4	951	4	2.91	11.6	
505	L40×3	311	8	0.58	4.6	
506	L40×3	586	8	1.09	8.7	
507	L50×4	924	4	2.83	11.3	
508	L40×3	1120	4	2.07	8.3	切角
509	L40×3	1120	4	2.07	8.3	
510	L40×3	1211	4	2.24	9.0	切角
511	L40×3	1211	4	2.24	9.0	
512	L45×4	1027	4	2.81	11.2	中间切肢
513	Q355L90×6	550	4	4.59	18.4	铲背
514	Q355-6×90	550	8	2.33	18.6	
515	-6×191	204	8	1.84	14.7	
516	-6×174	230	4	1.88	7.5	卷边50mm
517	L40×3	1137	1	2.11	2.1	中间切肢
518	L40×3	1137	1	2.11	2.1	
519	L40×3	733	4	1.36	5.4	
520	L40×3	1350	1	2.50	2.5	中间切肢
521	L40×3	1350	1	2.50	2.5	
522	L40×3	374	4	0.69	2.8	
523	-6×119	130	4	0.73	2.9	火曲
524	-6×119	130	4	0.73	2.9	火曲
525	Q355-30×400	400	4	37.68	150.7	电焊
526	Q355-12×400	358	4	13.49	54.0	打坡口焊接
527	Q355-12×170	358	4	5.73	22.9	打坡口焊接
528	Q355-12×225	356	4	7.55	30.2	打坡口焊接
529	Q355-8×100	120	8	0.75	6.0	打坡口焊接
530	Q355-8×100	120	8	0.75	6.0	打坡口焊接
531	-10×50	50	4	0.20	0.8	垫板
532	-2×60	240	8	0.23	1.8	垫板
总质量					604.2kg	

螺栓、脚钉、垫圈明细表

名称	级别	规格	符号	数量	质量(kg)	备注
螺栓	6.8级	M16×40		114	16.4	
		M16×50		72	11.5	
		M20×55		104	30.7	
脚钉	6.8级	M16×180		6	2.4	
		M20×200		2	1.5	
垫圈	Q235	-4A(φ17.5)		8	0.2	规格×个数
总质量					62.7kg	

图 14-107 ZJT-SJ1 转角塔塔腿⑤结构图

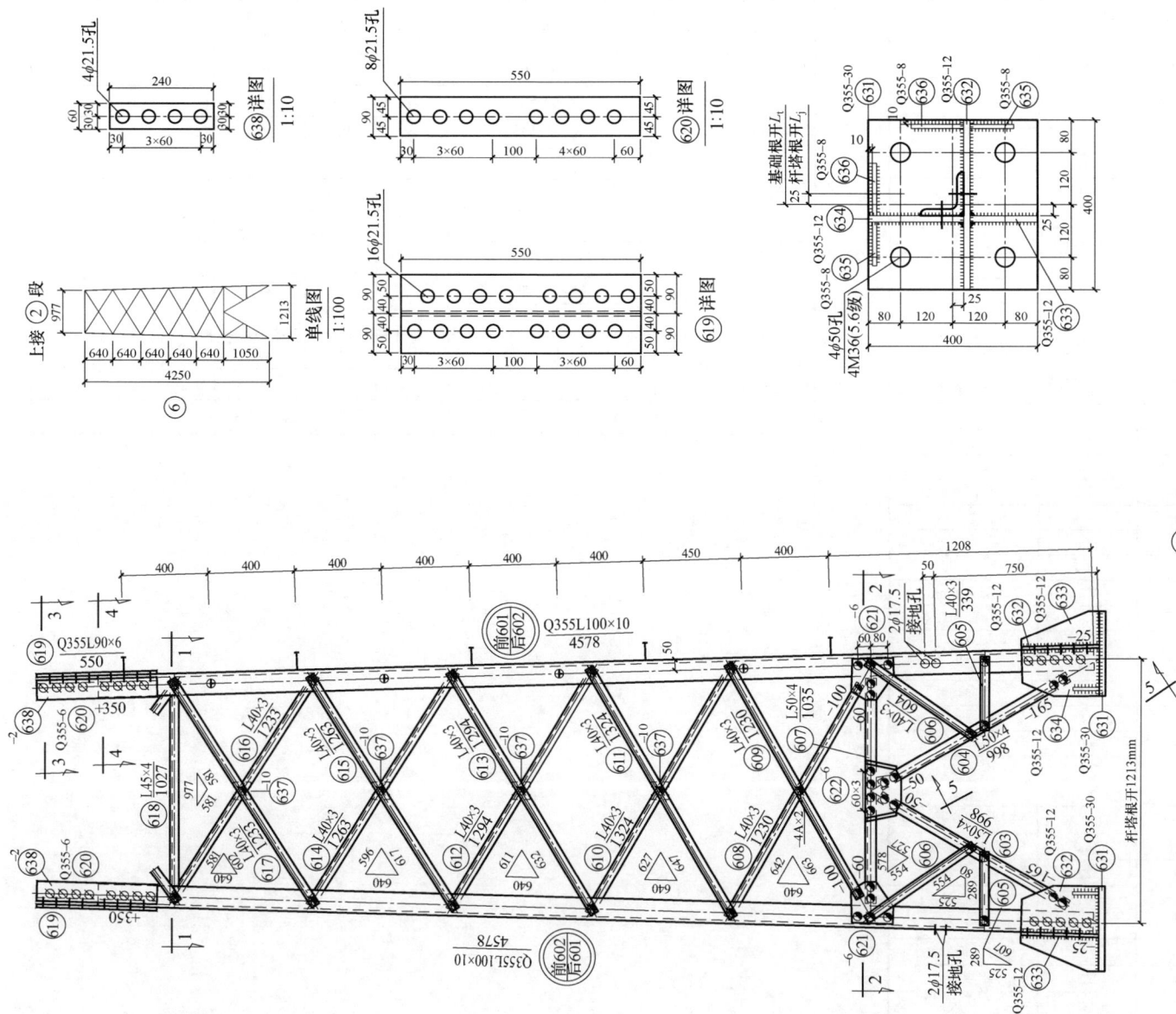

图 14-108 ZJT-SJ1 转角塔塔腿⑥结构图（一）

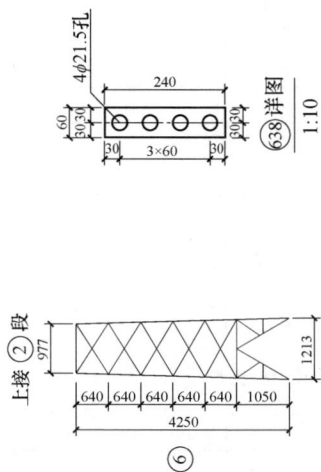

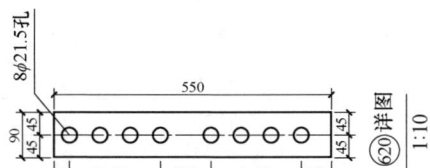

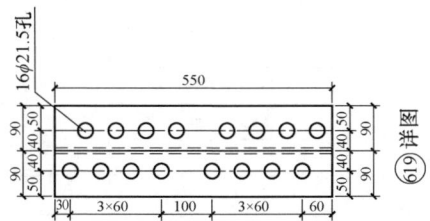

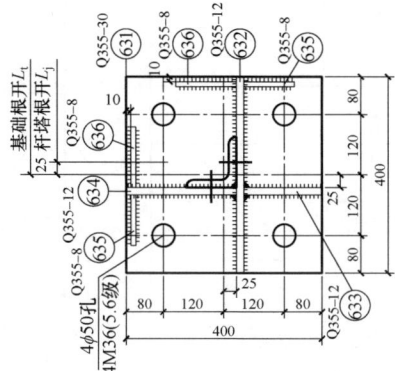

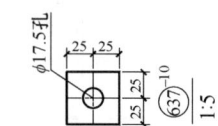

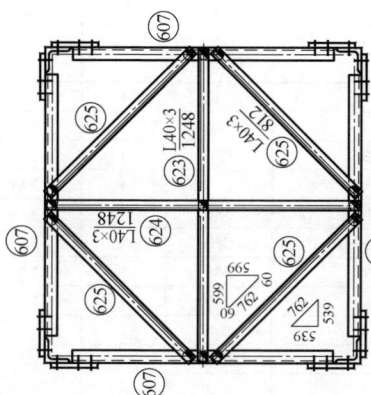

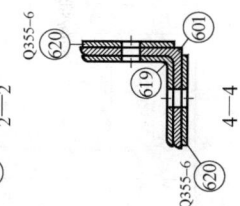

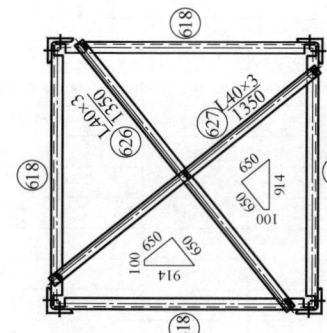

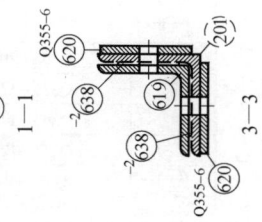

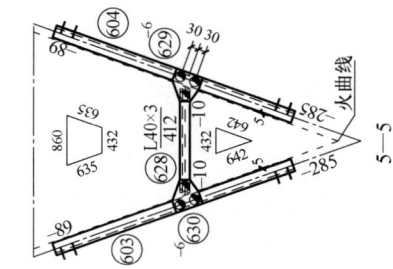

构件明细表

编号	规格	长度（mm）	数量	单件	小计	备注
601	Q355L100×10	4578	2	69.22	138.4	带脚钉
602	Q355L100×10	4578	2	69.22	138.4	
603	L50×4	998	4	3.05	12.2	
604	L50×4	998	4	3.05	12.2	
605	L40×3	339	8	0.63	5.0	
606	L40×3	604	8	1.12	9.0	
607	L50×4	1035	4	3.17	12.7	
608	L40×3	1230	4	2.28	9.1	切角
609	L40×3	1230	4	2.28	9.1	
610	L40×3	1324	4	2.45	9.8	切角
611	L40×3	1324	4	2.45	9.8	
612	L40×3	1294	4	2.40	9.6	切角
613	L40×3	1294	4	2.40	9.6	
614	L40×3	1263	4	2.34	9.4	切角
615	L40×3	1263	4	2.34	9.4	
616	L40×3	1233	4	2.28	9.1	切角
617	L40×3	1233	4	2.28	9.1	
618	L45×4	1027	4	2.81	11.2	中间切肢
619	Q355L90×6	550	4	4.59	18.4	铲背
620	Q355−6×90	550	8	2.33	18.6	
621	−6×191	200	8	1.80	14.4	
622	−6×168	230	4	1.82	7.3	卷边50mm
623	L40×3	1248	1	2.31	2.3	中间切肢
624	L40×3	1248	1	2.31	2.3	
625	L40×3	812	4	1.50	6.0	
626	L40×3	1350	1	2.50	2.5	中间切肢
627	L40×3	1350	1	2.50	2.5	
628	L40×3	412	4	0.76	3.0	
629	−6×119	110	4	0.62	2.5	火曲
630	−6×119	110	4	0.62	2.5	火曲
631	Q355−30×400	400	4	37.68	150.7	电焊
632	Q355−12×400	358	4	13.49	54.0	打坡口焊接
633	Q355−12×170	358	4	5.73	22.9	打坡口焊接
634	Q355−12×225	356	4	7.55	30.2	打坡口焊接
635	Q355−8×120	100	8	0.75	6.0	打坡口焊接
636	Q355−8×120	120	8	0.90	7.2	打坡口焊接
637	−10×50	50	16	0.20	3.2	垫板
638	−2×60	240	8	0.23	1.8	垫板
总质量					791.4kg	

螺栓、脚钉、垫圈明细表

名称	级别	规格	符号	数量	质量（kg）	备注
螺栓	6.8级	M16×40	◑	134	19.3	
		M16×50	◑	88	14.1	
		M20×55	∅	104	30.7	
脚钉	6.8级	M16×180	⊕T	16	6.5	
		M20×200		2	1.5	
垫圈	Q235	−4A（ϕ17.5）		8	0.2	规格×个数
总质量					72.3kg	

图 14−108　ZJT−SJ1 转角塔塔腿⑥结构图（二）

除图中注明外，必须遵照下列统一要求进行加工和组装：

（1）杆塔的设计执行《输电线路杆塔制图和构造规定》（DL/T 5442—2020）的有关规定。

（2）结构图中图面内的图例、代号等在说明中未提及之处，均按《输电线路杆塔制图和构造规定》（DL/T 5442—2020）中的要求执行。

（3）杆塔加工时应严格执行《输电线路铁塔制造技术条件》（GB/T 2694—2018）。本塔构件的尺寸以放样为准，构件加工后必须试组装，验收合格后方可批量加工。

（4）钢材质量标准应符合《碳素结构钢》（GB/T 700—2006）及《低合金高强度结构钢》（GB/T 1591—2018）的有关要求；螺栓、螺母、扣紧螺母应符合的标准分别为《六角头螺栓　C级》（GB/T 5780—2016）、《Ⅰ型六角螺母》（GB/T 6170—2015）、《扣紧螺母》（GB 805—1988）。所有材料，包括角钢、螺栓、防盗螺栓、扣紧螺母、焊条等均应有出厂合格证书。

（5）杆塔构件所用钢种为 Q235B、Q355B，图中注明 Q355 材料为 Q355B 钢材，未注明均为 Q235B 钢材（角钢用"L"、钢板用"－"表示）。所有构件均须热镀锌。

（6）所有螺栓（包括防盗螺栓）的强度等级为热镀锌后的强度值。

（7）杆塔构件连接主要以螺栓连接为主，少数采用焊接（如塔脚板连接等）。构件焊接应按照焊接规程、规范和有关规定进行，焊缝高度不得小于连接构件的最小厚度，当被焊接构件厚 8mm 及以上时，要按规定剖口焊，以便焊透。对 Q355 构件焊接时选用 E50 系列焊条，对 Q235 构件焊接时选用 E43 系列焊条。

（8）加工时如发生材料代用或改变节点形式等情况，须与设计单位联系解决。材料代用时，需注意相关影响，应与图纸对应列表统计，并由加工厂书面通知施工单位，以方便施工安装。

（9）角钢与钢板的螺栓间距、边距除图中特殊注明外按表 1 采用。

（10）角钢准距除图中特殊注明外，一般按表 2 采用。

（11）螺栓、脚钉、垫圈规格按表 3、表 4 采用。

（12）脚钉一般从离地面 1.5m 处开始向上装设，间距 400mm 左右，加工放样时可适当调整脚钉的位置，脚钉除运行单位有特殊要求外，一般采用防滑带直钩形式。

（13）其他事项：

1）节点板考虑到刚度要求，形状不宜狭长，节点板边缘与构件轴线夹角 α 不小于 15°，如右图所示。

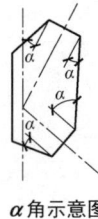

α角示意图

2）构件厚度大于 14mm 时须采用钻孔方法加工，构件接头中外包角钢清根，内包角钢铲背。

3）凡图中所要求的火曲、开合角、切肢、压扁、切角等的尺寸均由加工放样决定。

4）两构件连接面间的间隙大于 3mm 时，构件应局部开、合角或制弯。

5）当构件需采用切肢或压扁时，应优先采用切肢。

（14）杆塔加工时应根据实际工程要求的高度设置防盗螺栓（无特殊说明的 10m 高以下防盗）。

表 1　　　　　　螺栓间距、边距表

螺栓规格	孔径（mm）	螺栓间距（mm）		边距（mm）		
		单排	双排	端距	扎制边距	切角边距
M16	ϕ17.5	50	80	25	≥21 或 20（L40 角钢时）	≥23
M20	ϕ21.5	60	100	30	≥26	≥28

注　螺孔顺力线方向重心最大间距为 12d 或 18t（取二者较小者），其中 d 为螺栓直径，t 为较薄板的厚度。

表 2　　　　　　　　　　角 钢 准 距 表

肢宽（mm）	准距（mm）	第一排准距（mm）	第二排准距（mm）	最大使用孔径（mm）
L40	20			17.5
L45	23			
L50	25（28）			
L56	28（32）			
L63	30（36）			
L70	35（40）			
L75	38（40）			
L80	40			21.5
L90	45			
L100	50			
L110	55	45	75	
L125	60	50	85	
L140	70	55	90	
L160	80	60	105	

注　括号内数字用于螺栓边距不足时，在搭接位置上的螺栓孔可使用的准距。

表 3　　　　　　　　　　螺 栓 规 格 表

级别	单帽螺栓（带一垫、一扣紧螺母）					防盗螺栓	双帽螺栓（带一垫）				
	规格	符号	通过厚度（mm）	无扣长（mm）	质量（kg）	质量（kg）（带一垫）	规格	符号	通过厚度（mm）	无扣长（mm）	质量（kg）
6.8	M16×40	⦶	7～12	6	0.1442	0.1997	M16×50	⦶	7～12	6	0.1875
	M16×50	⦸	13～22	12	0.1602	0.2127	M16×60		13～22	12	0.2039
	M16×60	⧄	23～32	22	0.1762	0.2277	M16×70		23～32	22	0.2203
	M16×70	⦼	33～42	32	0.1922	0.2477	M16×80	⦼	33～42	32	0.2369
6.8	M20×45	○	9～15	8	0.2701	0.3517	M20×60	○	9～15	8	0.3605
	M20×55	⦰	16～25	15	0.2953	0.3737	M20×70		16～25	15	0.3864
	M20×65	⊠	26～35	25	0.3205	0.3967	M20×80		26～35	25	0.4123
6.8	M20×75	⦰	36～45	35	0.3457	0.4207	M20×90		36～45	35	0.4381
	M20×85	⊗	46～55	45	0.3709	0.4407	M20×100		46～55	45	0.4640
	M20×95	⊗	56～65	55	0.3961	0.4607	M20×110		56～65	55	0.4899
	M20×105	⊗	66～75	65	0.4213	0.4807	M20×120	○	66～75	65	0.5158

表 4　　　　　　　　　　脚钉、垫圈规格表

脚钉（带两帽）				垫圈				
规格	符号	无扣长（mm）	质量（kg）	规格	符号	质量（kg）	内径（mm）	外径（mm）
M16×180	⊕—	120	0.3799	−2（ϕ13.5）	规格×个数	0.00186	13.5	24
				−3（ϕ17.5）		0.01065	17.5	30
M20×200	⊕—	120	0.6749	−3（ϕ22）	规格×个数	0.01637	22	37
				−4（ϕ22）		0.02183	22	37
M24×240	⊕—	120	1.1803	−3（ϕ26）	规格×个数	0.02331	26	44
				−4（ϕ26）		0.03108	26	44

图 14—109　ZJT—SJ1 转角塔加工说明

14.2.9 ZJT-SJ2 转角塔

ZJT-SJ2 转角塔结构图清单见表 14-17。

表 14-17　　　　ZJT-SJ2 转角塔结构图清单

图序	图名	备注
图 14-110	ZJT-SJ2 转角塔总图	
图 14-111	ZJT-SJ2 转角塔材料汇总表	
图 14-112	ZJT-SJ2 转角塔塔头①结构图（1/3）	
图 14-113	ZJT-SJ2 转角塔塔头①结构图（2/3）	
图 14-114	ZJT-SJ2 转角塔塔头①结构图（3/3）	

图序	图名	备注
图 14-115	ZJT-SJ2 转角塔塔身②结构图	
图 14-116	ZJT-SJ2 转角塔塔身③结构图	
图 14-117	ZJT-SJ2 转角塔塔腿④结构图（1/2）	
图 14-118	ZJT-SJ2 转角塔塔腿④结构图（2/2）	
图 14-119	ZJT-SJ2 转角塔塔腿⑤结构图	
图 14-120	ZJT-SJ2 转角塔塔腿⑥结构图	
图 14-121	ZJT-SJ2 转角塔加工说明	

杆塔根开、基础根开、地脚螺栓规格及间距表

杆塔名称（型号）	ZJT－SJ2		
塔高（m）	13	15	18
接腿	⑤	⑥	④
杆塔根开（mm）	1085	1195	1360
基础根开（mm）	1145	1255	1410
基础地脚螺栓间距（mm）	270	270	270
每腿基础地脚螺栓配置（5.6级）	4M42	4M42	4M42

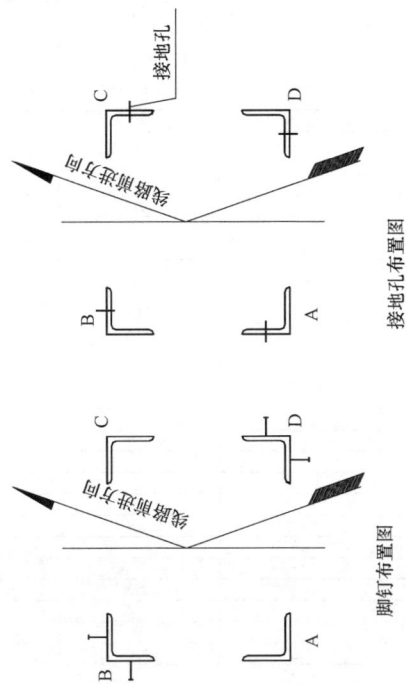

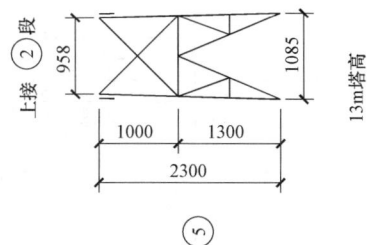

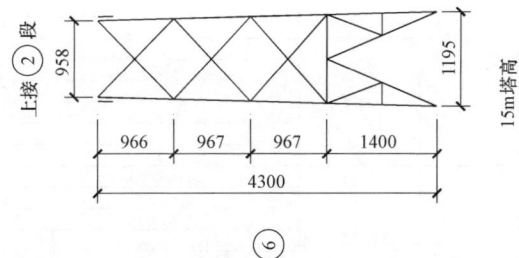

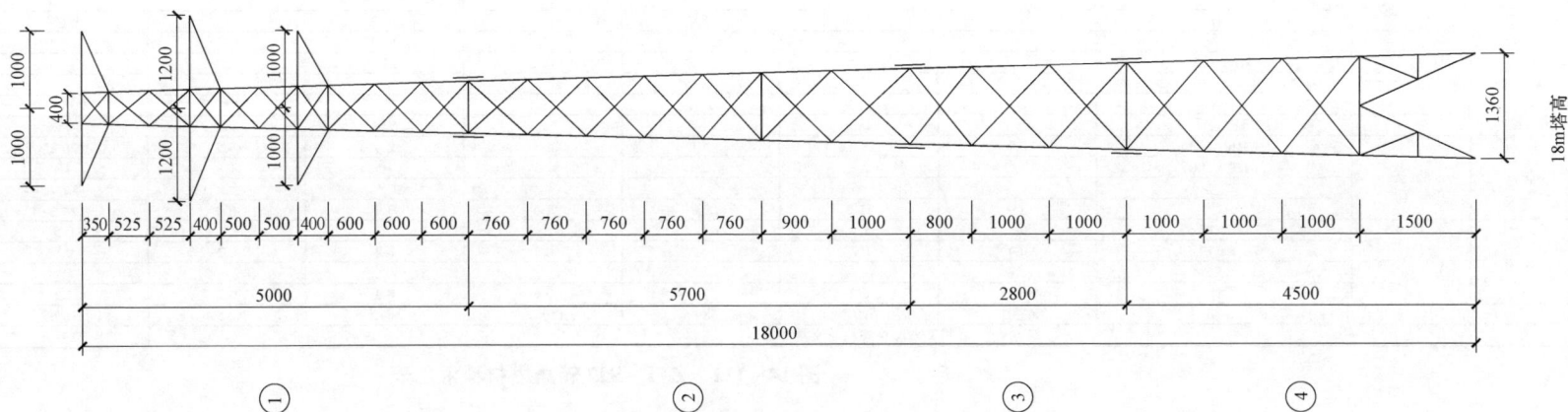

图 14－110　ZJT－SJ2 转角塔总图

材 料 汇 总 表

材料	材质	规格	段号						全塔高（m）		
			①	②	③	④	⑤	⑥	13.0	15.0	18.0
角钢	Q355	L140×10				423.6					423.6
		L125×10			213.6		208.8	361.8	208.8	361.8	213.6
		L110×10		349.8					349.8	349.8	349.8
		L110×8				31.4					31.4
		L100×8		27.0	30.0		30.0	30.0	57.0	57.0	57.0
		L90×7	194.0						194.0	194.0	194.0
		L63×5	16.3						16.3	16.3	16.3
		小计	210.3	376.8	243.6	455.0	238.8	391.8	825.9	978.9	1285.7
	Q235	L56×5	59.5						59.5	59.5	59.5
		L50×5	71.1	28.0		40.4	32.4	36.2	131.5	135.3	139.5
		L50×4			13.8		10.6	11.8	10.6	11.8	13.8
		L45×4		15.8		12.7			15.8	15.8	28.5
		L40×4	61.2	141.4	54.4	46.0	25.2	70.3	227.8	272.9	303.0
		L40×3	79.5	7.6	22.6	77.2	27.1	38.7	114.2	125.8	186.9
		小计	271.3	192.8	77.0	190.1	95.3	157.0	559.4	621.1	731.2
钢板	Q355	−3	1.9						1.9	1.9	1.9
		−8	28.4	48.0	30.6		30.6	30.6	107.0	107.0	107.0
		−10				66.4	24.4	24.4	24.4	24.4	66.4
		−14				152.4	138.0	134.8	138.0	134.8	152.4
		−34				216.2	216.2	216.2	216.2	216.2	216.2
		小计	30.3	48.0	30.6	435.0	409.2	406.0	487.5	484.3	543.9
	Q235	−2		1.4					1.4	1.4	1.4
		−6	82.1			33.0	35.5	34.3	117.6	116.4	115.1
		−10	1.2	4.8	2.4			1.6	6.0	7.6	8.4
		−12				1.9					1.9
		小计	83.3	6.2	2.4	34.9	35.5	35.9	125.0	125.4	126.8
螺栓	6.8级	M16×40	31.7	4.8		17.6	15.7	15.7	52.2	52.2	54.1
		M16×50	26.9	12.2	5.8	12.2	9.6	13.5	48.7	52.6	57.1
		M16×60				1.4					1.4
		M16×50 双帽	1.0						1.0	1.0	1.0
		M16×60 双帽	8.5						8.5	8.5	8.5
		小计	68.1	17.0	5.8	31.2	25.3	29.2	110.4	114.3	122.1
	6.8级	M20×55					14.2	14.2	14.2	14.2	
		M20×65		17.9	23.1	46.2	23.1	23.1	41.0	41.0	87.2
		小计		17.9	23.1	46.2	37.3	37.3	55.2	55.2	87.2
		螺栓合计	68.1	34.9	28.9	77.4	62.6	66.5	165.6	169.5	209.3
脚钉	6.8级	M16×180	8.9	8.9	4.1	6.5	2.4	6.5	20.2	24.3	28.4
		M20×200		2.9	2.9	1.5	1.5	1.5	4.4	4.4	7.3
		小计	8.9	11.8	7.0	8.0	3.9	8.0	24.6	28.7	35.7
垫圈	Q235	−3A（φ17.5）	0.5						0.5	0.5	0.5
		−4A（φ17.5）	0.4	0.2		0.2	0.2	0.2	0.8	0.8	0.8
		小计	0.9	0.2		0.2	0.2	0.2	1.3	1.3	1.3
合计（kg）			673.1	670.7	389.5	1200.6	845.5	1065.4	2189.3	2409.2	2933.9
各塔高含防盗螺栓总质量（kg）									2231.6	2455.9	2990.8

图 14−111 ZJT−SJ2 转角塔材料汇总表

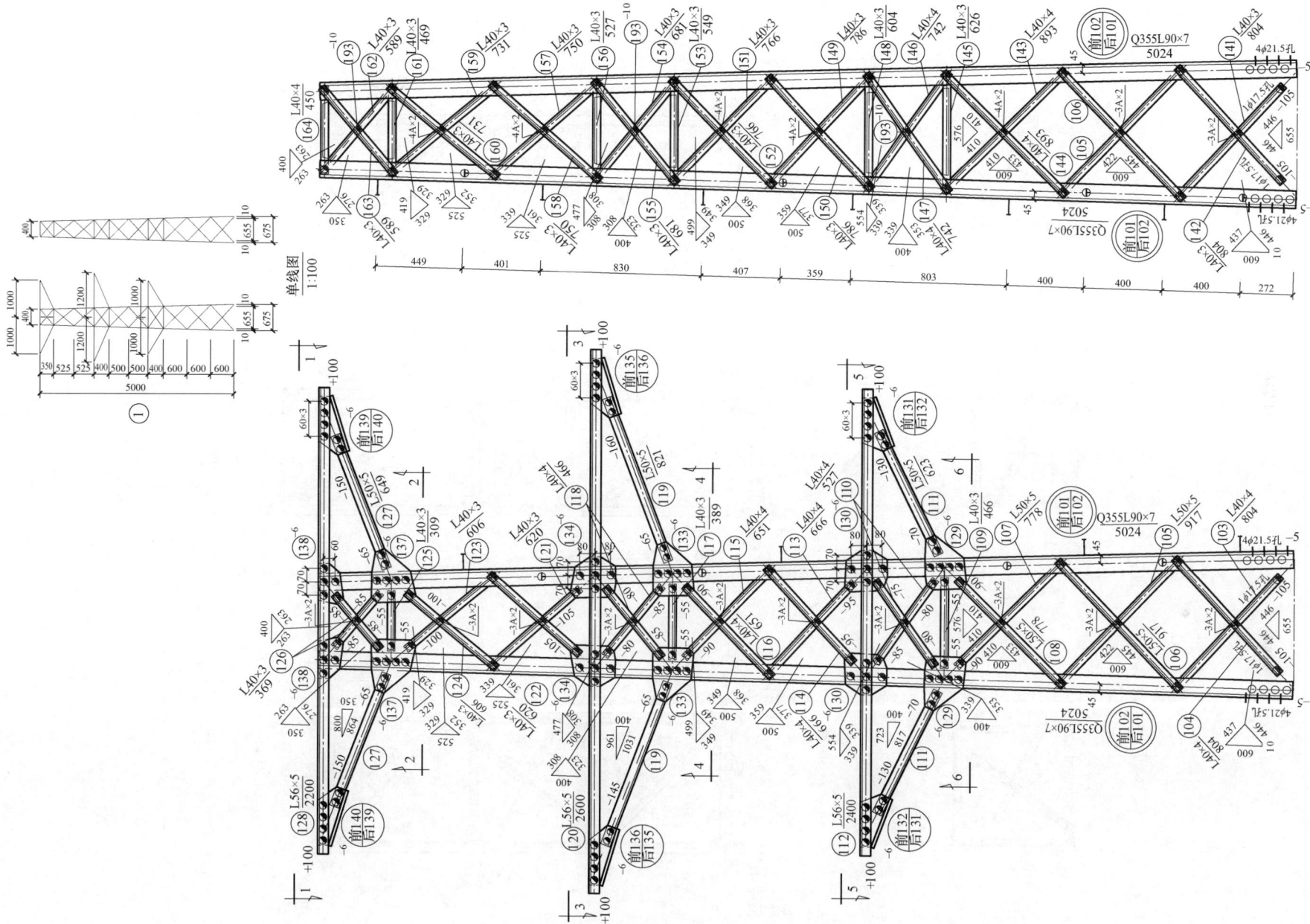

图 14-112　ZJT-SJ2 转角塔塔头①结构图（1/3）

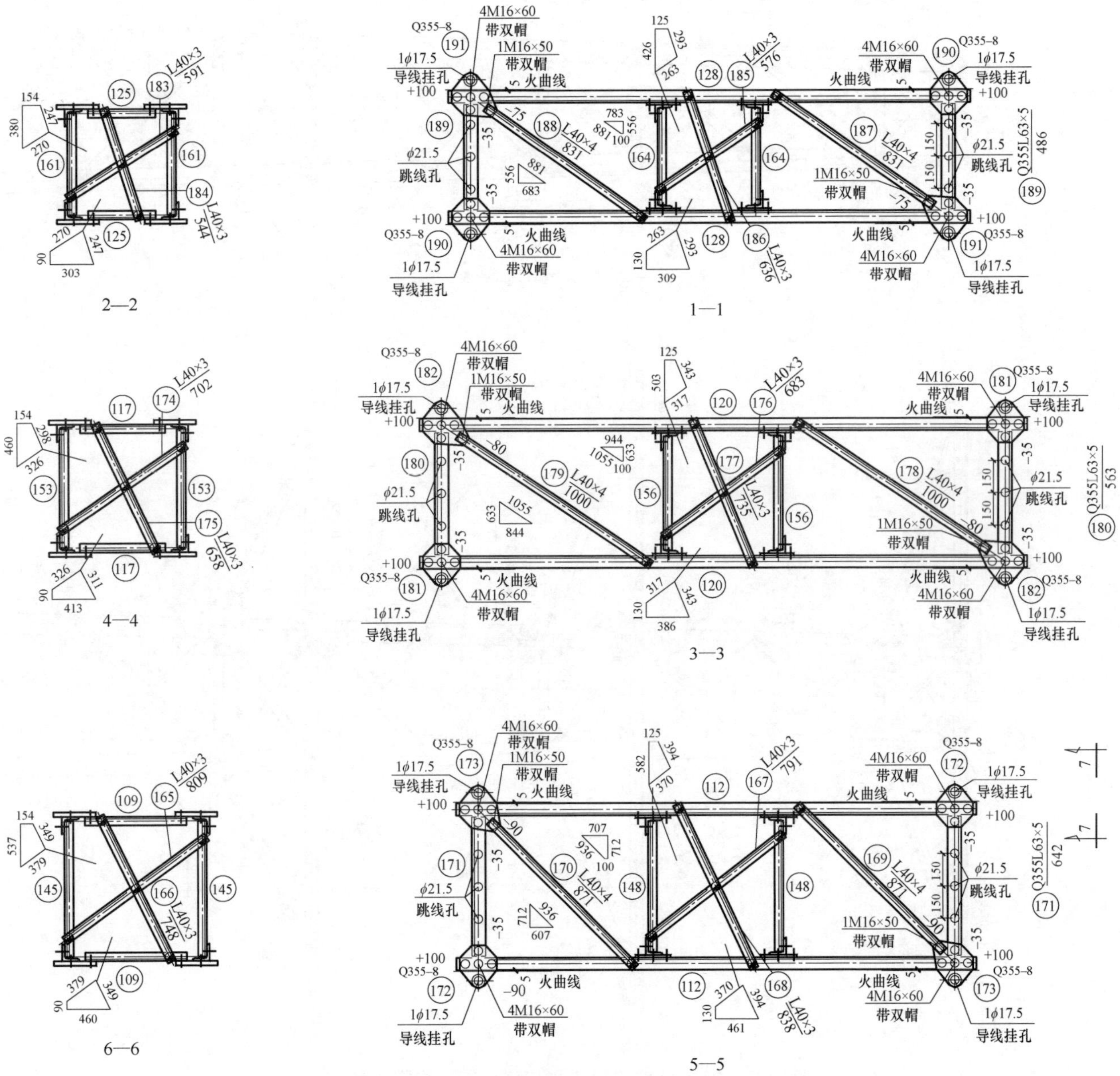

图 14-113 ZJT-SJ2 转角塔塔头①结构图（2/3）

构 件 明 细 表

编号	规格	长度（mm）	数量	质量（kg）		备注
				单件	小计	
⑩⑪	Q355L90×7	5024	2	48.51	97.0	带脚钉
⑩②	Q355L90×7	5024	2	48.51	97.0	
⑩③	L40×4	804	2	1.95	3.9	切角
⑩④	L40×4	804	2	1.95	3.9	
⑩⑤	L50×5	917	4	3.46	13.8	切角
⑩⑥	L50×5	917	4	3.46	13.8	
⑩⑦	L50×5	778	2	2.93	5.9	切角
⑩⑧	L50×5	778	2	2.93	5.9	
⑩⑨	L40×3	466	2	0.86	1.7	
⑪⑩	L40×4	527	4	1.28	5.1	
⑪⑪	L50×5	705	4	2.66	10.6	
⑪②	L56×5	2400	2	10.20	20.4	
⑪③	L40×4	666	2	1.61	3.2	切角
⑪④	L40×4	666	2	1.61	3.2	
⑪⑤	L40×4	651	2	1.58	3.2	切角
⑪⑥	L40×4	651	2	1.58	3.2	
⑪⑦	L40×3	389	2	0.72	1.4	
⑪⑧	L40×4	466	4	1.13	4.5	
⑪⑨	L50×5	899	4	3.39	13.6	
⑫⑩	L56×5	2800	2	11.90	23.8	
⑫⑪	L40×3	620	2	1.15	2.3	切角
⑫②	L40×3	620	2	1.15	2.3	
⑫③	L40×3	606	2	1.12	2.2	
⑫④	L40×3	606	2	1.12	2.2	切角
⑫⑤	L40×3	309	2	0.57	1.1	
⑫⑥	L40×4	369	4	0.89	3.6	
⑫⑦	L50×5	737	4	2.78	11.1	
⑫⑧	L56×5	2400	2	10.20	20.4	
⑫⑨	−6×215	281	2	2.85	11.4	
⑬⑩	−6×215	219	4	2.22	8.9	
⑬⑪	−6×152	272	2	1.95	3.9	卷边50mm
⑬②	−6×152	272	2	1.95	3.9	卷边50mm

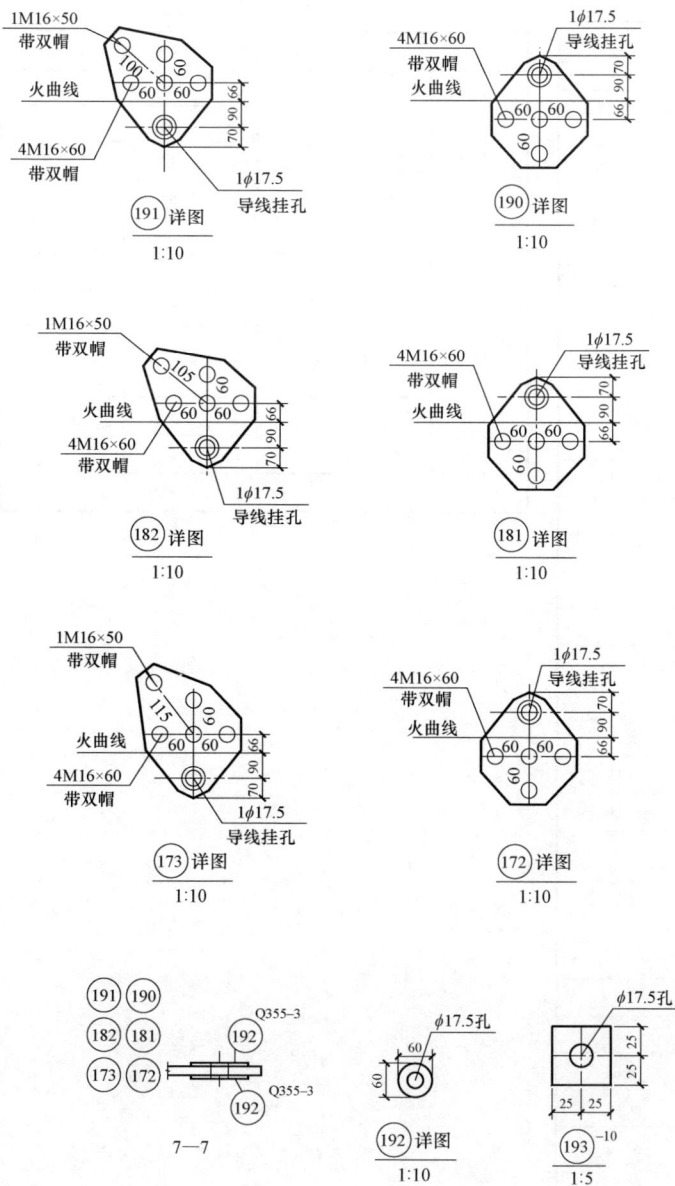

图 14－114　ZJT－SJ2 转角塔塔头①结构图（3/3）（一）

构 件 明 细 表

编号	规格	长度（mm）	数量	质量（kg）单件	质量（kg）小计	备注	编号	规格	长度（mm）	数量	质量（kg）单件	质量（kg）小计	备注
⑬⑬ 133	−6×214	278	4	2.80	11.2		164	L40×4	450	2	1.09	2.2	两端切肢
134	−6×212	236	4	2.36	9.4		165	L40×3	809	1	1.50	1.5	
135	−6×144	307	2	2.08	4.2	卷边50mm	166	L40×3	748	1	1.39	1.4	
136	−6×144	307	2	2.08	4.2	卷边50mm	167	L40×3	791	1	1.46	1.5	中间切肢
137	−6×231	278	4	3.02	12.1		168	L40×3	838	1	1.55	1.6	
138	−6×131	211	4	1.30	5.2		169	L40×4	954	1	2.11	2.1	
139	−6×145	301	2	2.06	4.1	卷边50mm	170	L40×4	954	1	2.11	2.1	
140	−6×145	301	2	2.06	4.1	卷边50mm	171	Q355L63×5	642	2	3.10	6.2	
141	L40×3	804	2	1.49	3.0	切角	172	Q355−8×170	198	2	2.11	4.2	火曲
142	L40×3	804	2	1.49	3.0		173	Q355−8×187	236	2	2.77	5.5	火曲
143	L40×4	893	2	2.16	4.3	切角	174	L40×3	702	1	1.30	1.3	中间切肢
144	L40×4	893	2	2.16	4.3		175	L40×3	658	1	1.22	1.2	
145	L40×3	626	2	1.16	2.3	两端切肢	176	L40×3	683	1	1.26	1.3	中间切肢
146	L40×4	742	2	1.80	3.6	切角	177	L40×3	735	1	1.36	1.4	
147	L40×4	742	2	1.80	3.6		178	L40×4	1000	1	2.42	2.4	
148	L40×3	604	2	1.12	2.2	两端切肢	179	L40×4	1000	1	2.42	2.4	
149	L40×3	786	2	1.46	2.9	切角	180	Q355L63×5	563	2	2.71	5.4	
150	L40×3	786	2	1.46	2.9		181	Q355−8×170	198	2	2.11	4.2	火曲
151	L40×3	766	2	1.42	2.8	切角	182	Q355−8×199	210	2	2.62	5.2	火曲
152	L40×3	766	2	1.42	2.8		183	L40×3	591	1	1.09	1.1	中间切肢
153	L40×3	549	2	1.02	2.0	两端切肢	184	L40×3	544	1	1.01	1.0	
154	L40×3	681	2	1.26	2.5	切角	185	L40×3	576	1	1.07	1.1	中间切肢
155	L40×3	681	2	1.26	2.5		186	L40×3	636	1	1.18	1.2	
156	L40×3	527	2	0.98	2.0	两端切肢	187	L40×4	831	1	2.01	2.0	
157	L40×3	750	2	1.39	2.8	切角	188	L40×4	831	1	2.01	2.0	
158	L40×3	750	2	1.39	2.8		189	Q355L63×5	486	2	2.34	4.7	
159	L40×3	731	2	1.35	2.7	切角	190	Q355−8×170	198	2	2.11	4.2	火曲
160	L40×3	731	2	1.35	2.7		191	Q355−8×192	211	2	2.54	5.1	火曲
161	L40×3	469	2	0.87	1.7	两端切肢	192	Q355−3×60	60	24	0.08	1.9	焊接
162	L40×3	589	2	1.09	2.2	切角	193	−10×50	50	6	0.20	1.2	垫板
163	L40×3	589	2	1.09	2.2		总质量					595.2kg	

螺栓、脚钉、垫圈明细表

名称	级别	规格	符号	数量	质量（kg）	备注
螺栓	6.8级	M16×40		220	31.7	
		M16×50		168	26.9	
		M16×50		6	1.0	带双帽
		M16×60		48	8.5	带双帽
脚钉	6.8级	M16×180		22	8.9	
垫圈	Q235	−3A（φ17.5）		48	0.5	规格×个数
		−4A（φ17.5）		20	0.4	
总质量					77.9kg	

图 14−114 ZJT−SJ2 转角塔塔头①结构图（3/3）（二）

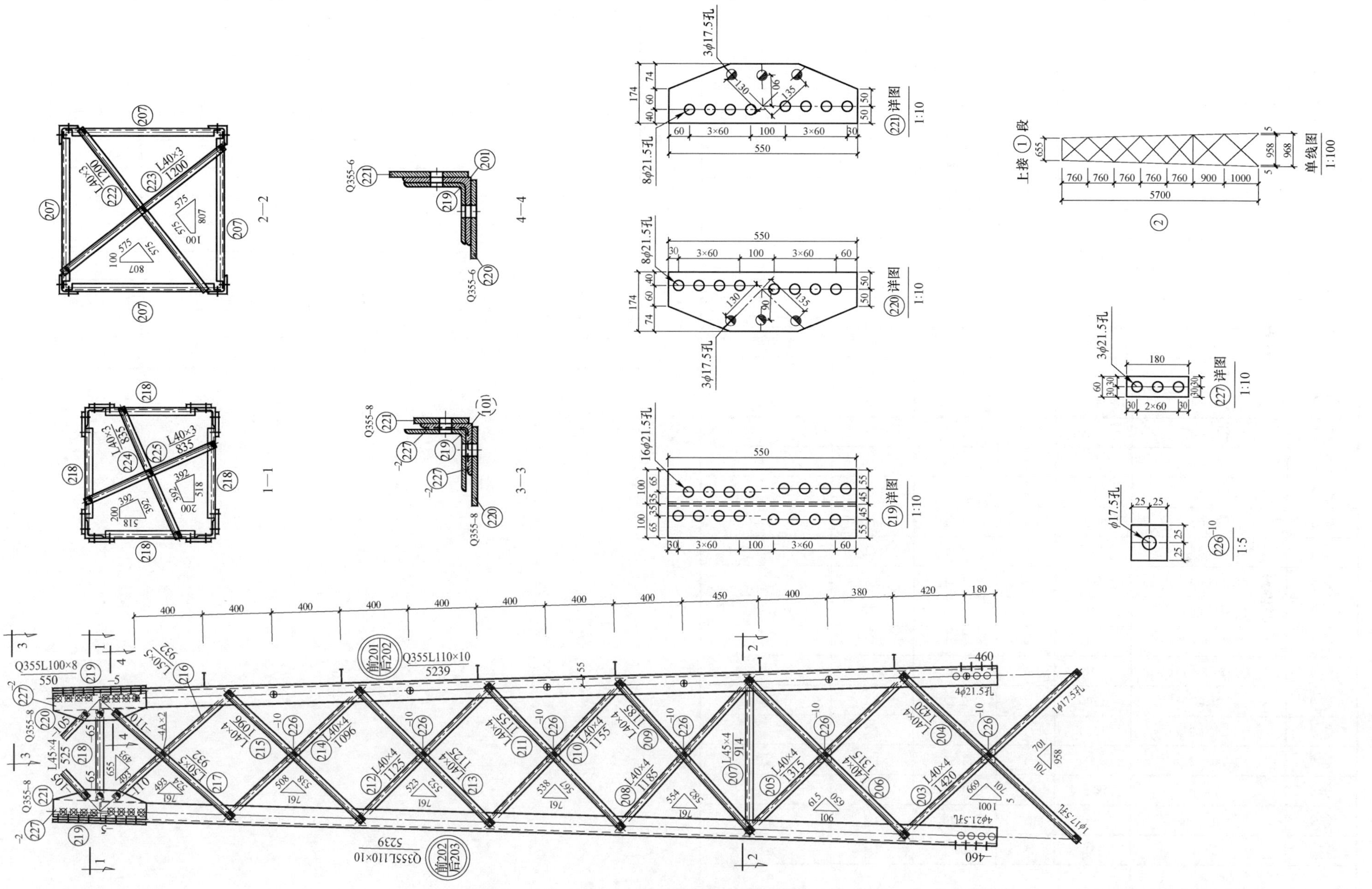

图 14-115　ZJT-SJ2 转角塔塔身②结构图（一）

构 件 明 细 表

编号	规格	长度 (mm)	数量	质量 (kg) 单件	质量 (kg) 小计	备注
⑳①	Q355L110×10	5239	2	87.44	174.9	带脚钉
⑳②	Q355L110×10	5239	2	87.44	174.9	
⑳③	L40×4	1420	4	3.44	13.8	切角
⑳④	L40×4	1420	4	3.44	13.8	
⑳⑤	L40×4	1315	4	3.18	12.7	切角
⑳⑥	L40×4	1315	4	3.18	12.7	
⑳⑦	L45×4	914	4	2.50	10.0	
⑳⑧	L40×4	1185	4	2.87	11.5	切角
⑳⑨	L40×4	1185	4	2.87	11.5	
②⑩	L40×4	1155	4	2.80	11.2	切角
②⑪	L40×4	1155	4	2.80	11.2	
②⑫	L40×4	1125	4	2.72	10.9	切角
②⑬	L40×4	1125	4	2.72	10.9	
②⑭	L40×4	1096	4	2.65	10.6	切角
②⑮	L40×4	1096	4	2.65	10.6	
②⑯	L50×5	932	4	3.51	14.0	切角
②⑰	L50×5	932	4	3.51	14.0	
②⑱	L45×4	525	4	1.44	5.8	
②⑲	Q355L100×8	550	4	6.75	27.0	铲背铲弧
②⑳	Q355−8×174	550	4	6.01	24.0	
②㉑	Q355−8×174	550	4	6.01	24.0	
②㉒	L40×3	1200	1	2.22	2.2	中间切肢
②㉓	L40×3	1200	1	2.22	2.2	
②㉔	L40×3	835	1	1.55	1.6	中间切肢
②㉕	L40×3	835	1	1.55	1.6	
②㉖	−10×50	50	24	0.20	4.8	垫板
②㉗	−2×60	180	8	0.17	1.4	垫板
总质量				623.8kg		

螺栓、脚钉、垫圈明细表

名称	级别	规格	符号	数量	质量 (kg)	备注
螺栓	6.8 级	M16×40	◐	33	4.8	
		M16×50	◑	76	12.2	
		M20×65	∅	56	17.9	
脚钉	6.8 级	M16×180	⊕T	22	8.9	
		M20×200		4	2.9	
垫圈	Q235	−4A（φ17.5）		8	0.2	规格×个数
总质量				46.9kg		

图 14−115 ZJT−SJ2 转角塔塔身②结构图（二）

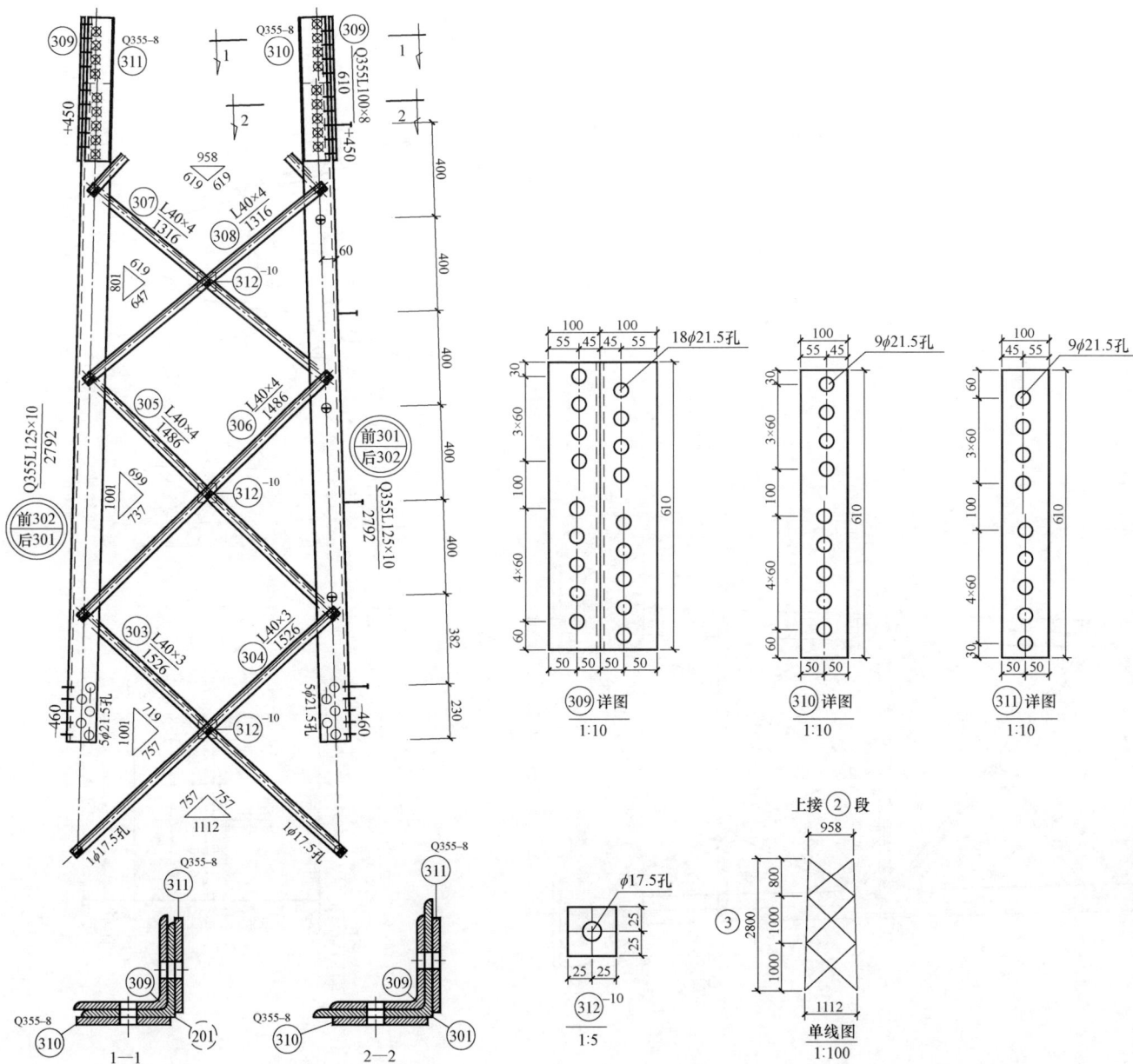

构件明细表

编号	规格	长度(mm)	数量	质量(kg)		备注
				一件	小计	
301	Q355L125×10	2792	2	53.42	106.8	带脚钉
302	Q355L125×10	2792	2	53.42	106.8	
303	L40×3	1526	4	2.83	11.3	切角
304	L40×3	1526	4	2.83	11.3	
305	L40×4	1486	4	3.60	14.4	切角
306	L40×4	1486	4	3.60	14.4	
307	L40×4	1316	4	3.19	12.8	切角
308	L40×4	1316	4	3.19	12.8	
309	Q355L100×8	610	4	7.49	30.0	铲背
310	Q355-8×100	610	4	3.83	15.3	
311	Q355-8×100	610	4	3.83	15.3	
312	-10×50	50	12	0.20	2.4	垫板
总质量				353.6kg		

螺栓、脚钉、垫圈明细表

名称	级别	规格	符号	数量	质量(kg)	备注
螺栓	6.8级	M16×50	●	36	5.8	
		M20×65	⊗	72	23.1	
脚钉	6.8级	M16×180		10	4.1	
		M20×200	⊕T	4	2.9	
垫圈	Q235					规格×个数
总质量					35.9kg	

图 14-116 ZJT-SJ2 转角塔塔身③结构图

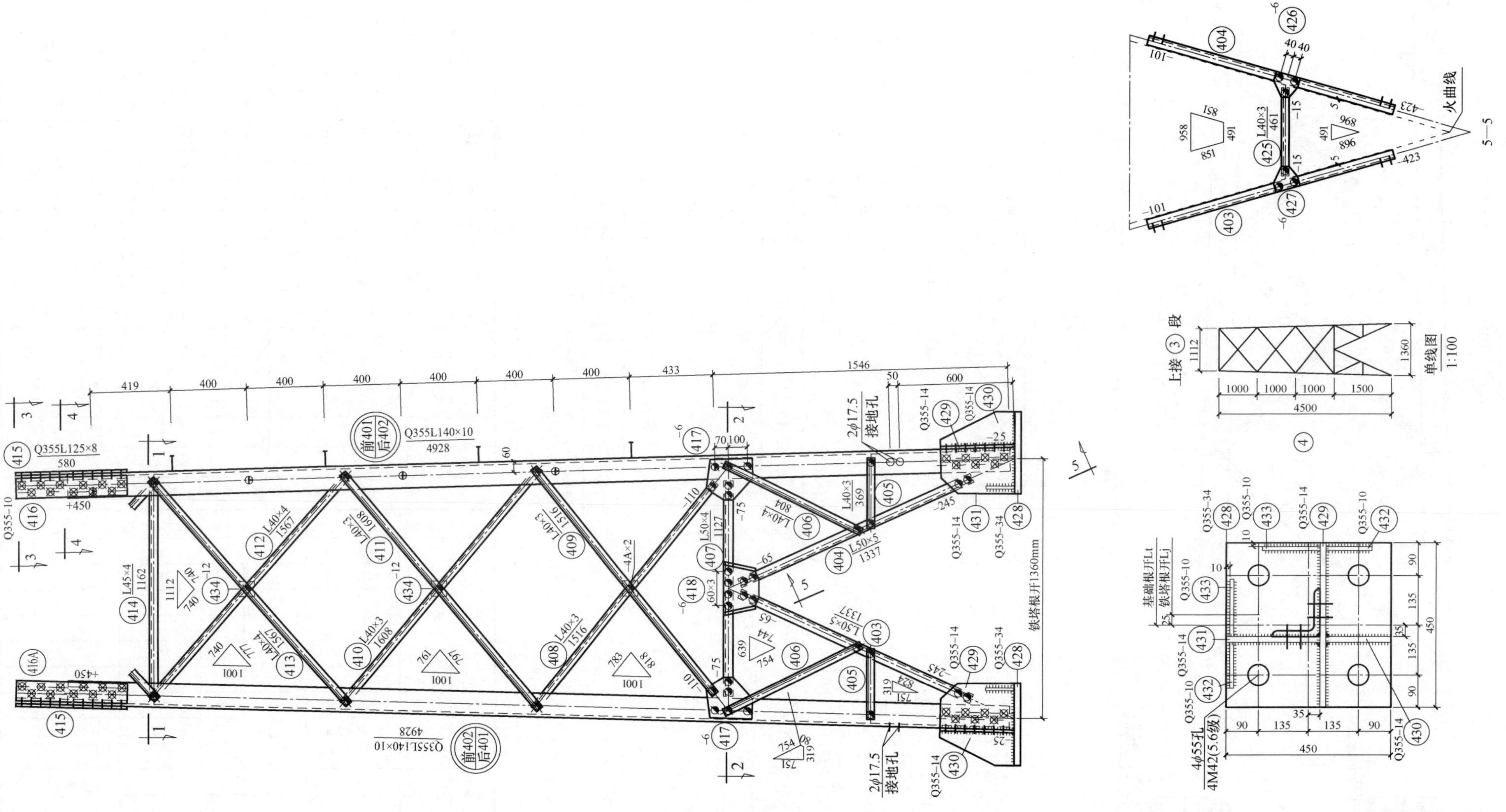

图 14-117　ZJT-SJ2 转角塔塔腿④结构图（1/2）（一）

构 件 明 细 表

编号	规格	长度 (mm)	数量	质量（kg） 单件	质量（kg） 小计	备注
④01	Q355L140×10	4928	2	105.89	211.8	带脚钉
④02	Q355L140×10	4928	2	105.89	211.8	
④03	L50×5	1337	4	5.04	20.2	
④04	L50×5	1337	4	5.04	20.2	
④05	L40×3	369	8	0.68	5.4	
④06	L40×4	804	8	1.95	15.6	
④07	L50×4	1127	4	3.45	13.8	
④08	L40×3	1516	4	2.81	11.2	切角
④09	L40×3	1516	4	2.81	11.2	
④10	L40×3	1608	4	2.98	11.9	切角
④11	L40×3	1608	4	2.98	11.9	
④12	L40×4	1567	4	3.80	15.2	切角
④13	L40×4	1567	4	3.80	15.2	
④14	L45×4	1162	4	3.18	12.7	
④15	Q355L125×8	580	4	8.99	35.96	铲背
④16	Q355-10×115	580	4	5.24	21.0	
④16A	Q355-10×115	580	4	5.24	21.0	
④17	-6×216	244	8	2.48	19.8	
④18	-6×186	230	4	2.01	8.0	卷边 50mm
④19	L40×3	1390	1	2.57	2.6	中间切肢
④20	L40×3	1390	1	2.57	2.6	
④21	L40×3	913	4	1.69	6.8	
④22	L40×3	1211	1	2.24	2.2	中间切肢
④23	L40×3	1211	1	2.24	2.2	
④24	L40×3	786	4	1.46	5.8	
④25	L40×3	461	4	0.85	3.4	
④26	-6×123	110	4	0.64	2.6	火曲
④27	-6×123	110	4	0.64	2.6	火曲
④28	Q355-34×450	450	4	54.05	216.2	电焊
④29	Q355-14×450	388	4	19.19	76.8	打坡口焊接
④30	Q355-14×189	388	4	8.06	32.2	打坡口焊接
④31	Q355-14×255	387	4	10.85	43.4	打坡口焊接
④32	Q355-10×150	130	8	1.53	12.2	打坡口焊接
④33	Q355-10×150	130	8	1.53	12.2	打坡口焊接
④34	-12×50	50	8	0.24	1.9	垫板
总质量					1115.0kg	

螺栓、脚钉、垫圈明细表

名称	级别	规格	符号	数量	质量（kg）	备注
螺栓	6.8 级	M16×40	●	122	17.6	
		M16×50	◐	76	12.2	
		M16×60	▣	8	1.4	
		M20×65	⊗	144	46.2	
脚钉	6.8 级	M16×180	⊕T	16	6.5	
		M20×200		2	1.5	
垫圈	Q235	-4A（φ17.5）		8	0.2	规格×个数
总质量				85.6kg		

图 14-117　ZJT-SJ2 转角塔塔腿④结构图（1/2）（二）

1—1

2—2

3—3

4—4

$\textcircled{415}$ 详图
1:10

$\textcircled{416}$ 详图
1:10

$\textcircled{416A}$ 详图
1:10

$\textcircled{434}$
1:5

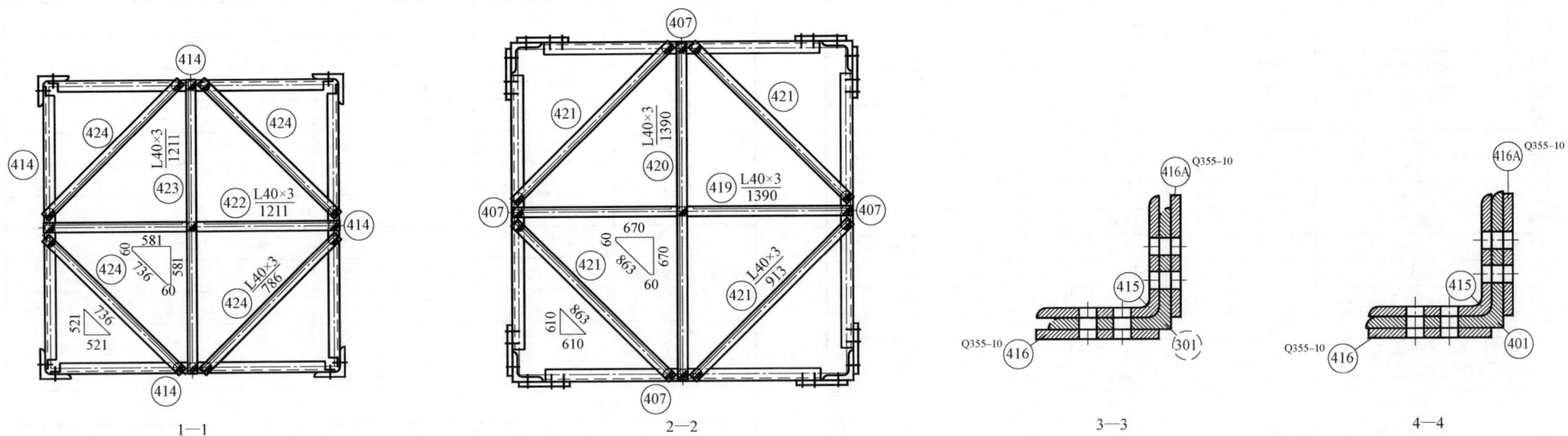

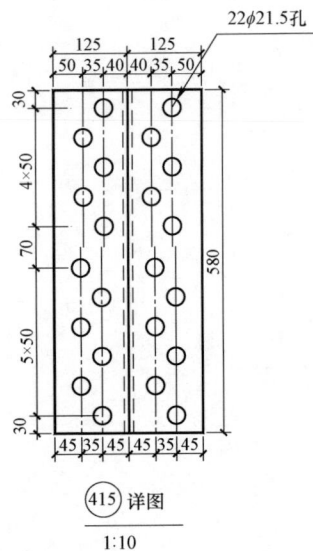

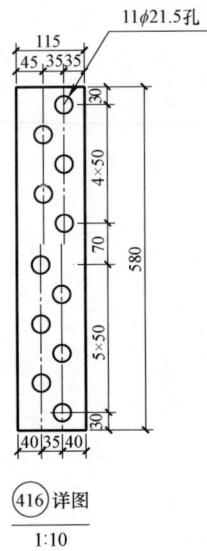

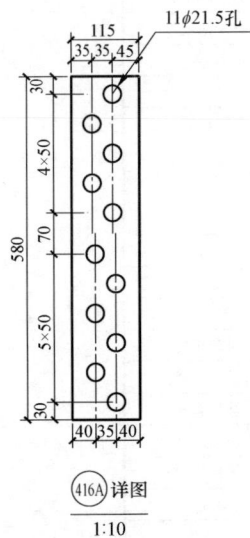

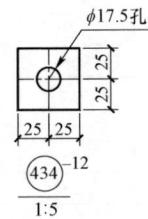

图 14-118 ZJT-SJ2 转角塔塔腿④结构图（2/2）

构 件 明 细 表

编号	规格	长度（mm）	数量	质量（kg） 单件	质量（kg） 小计	备注
501	Q355L125×10	2727	2	52.18	104.4	带脚钉
502	Q355L125×10	2727	2	52.18	104.4	
503	L50×5	1074	4	4.05	16.2	
504	L50×5	1074	4	4.05	16.2	
505	L40×3	303	8	0.56	4.5	
506	L40×3	685	8	1.27	10.2	
507	L50×4	863	4	2.64	10.6	
508	L40×4	1305	4	3.16	12.6	
509	L40×4	1305	4	3.16	12.6	
510	Q355L100×8	610	4	7.49	30.0	铲背
511	Q355−8×100	610	4	3.83	15.3	
512	Q355−8×100	610	4	3.83	15.3	
513	−6×216	272	8	2.77	22.2	
514	−6×192	230	4	2.08	8.3	卷边 50mm
515	L40×3	1126	1	2.09	2.1	中间切肢
516	L40×3	1126	1	2.09	2.1	
517	L40×3	726	4	1.34	5.4	
518	L40×3	378	4	0.70	2.8	
519	−6×119	110	4	0.62	2.5	火曲
520	−6×119	110	4	0.62	2.5	火曲
521	Q355−34×450	450	4	54.05	216.2	电焊
522	Q355−14×450	354	4	17.51	70.0	打坡口焊接
523	Q355−14×189	341	4	7.08	28.3	打坡口焊接
524	Q355−14×255	354	4	9.92	39.7	打坡口焊接
525	Q355−10×150	130	8	1.53	12.2	打坡口焊接
526	Q355−10×150	130	8	1.53	12.2	打坡口焊接
总质量					778.8kg	

螺栓、脚钉、垫圈明细表

名称	级别	规格	符号	数量	质量（kg）	备注
螺栓	6.8 级	M16×40	◖	109	15.7	
		M16×50	◗	60	9.6	
		M20×55	▨	48	14.2	
		M20×65	⊠	72	23.1	
脚钉	6.8 级	M16×180	⊕T	6	2.4	
		M20×200		2	1.5	
垫圈	Q235	−4A(φ17.5)		8	0.2	规格×个数
总质量					66.7kg	

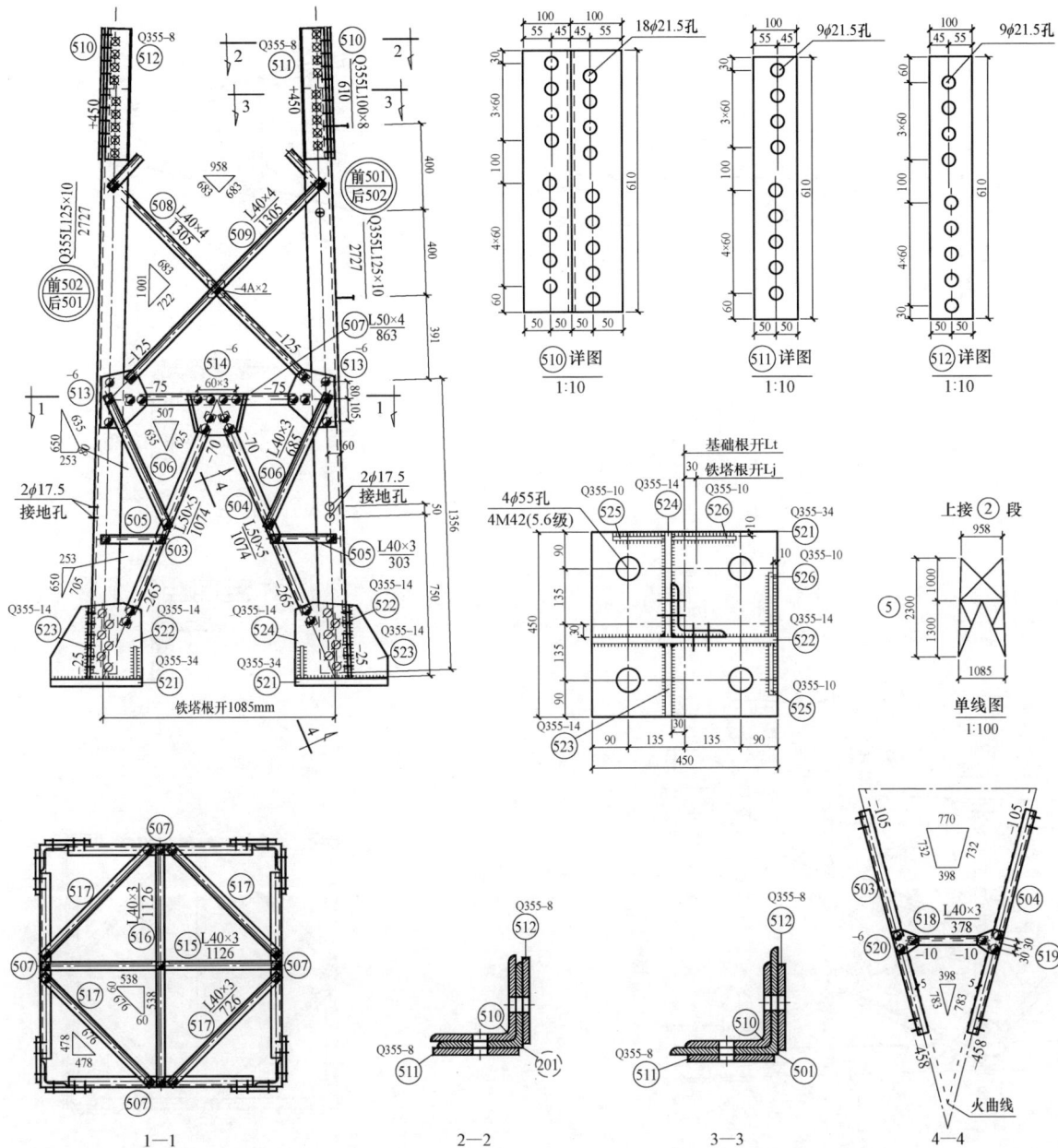

图 14−119   ZJT−SJ2 转角塔塔腿⑤结构图

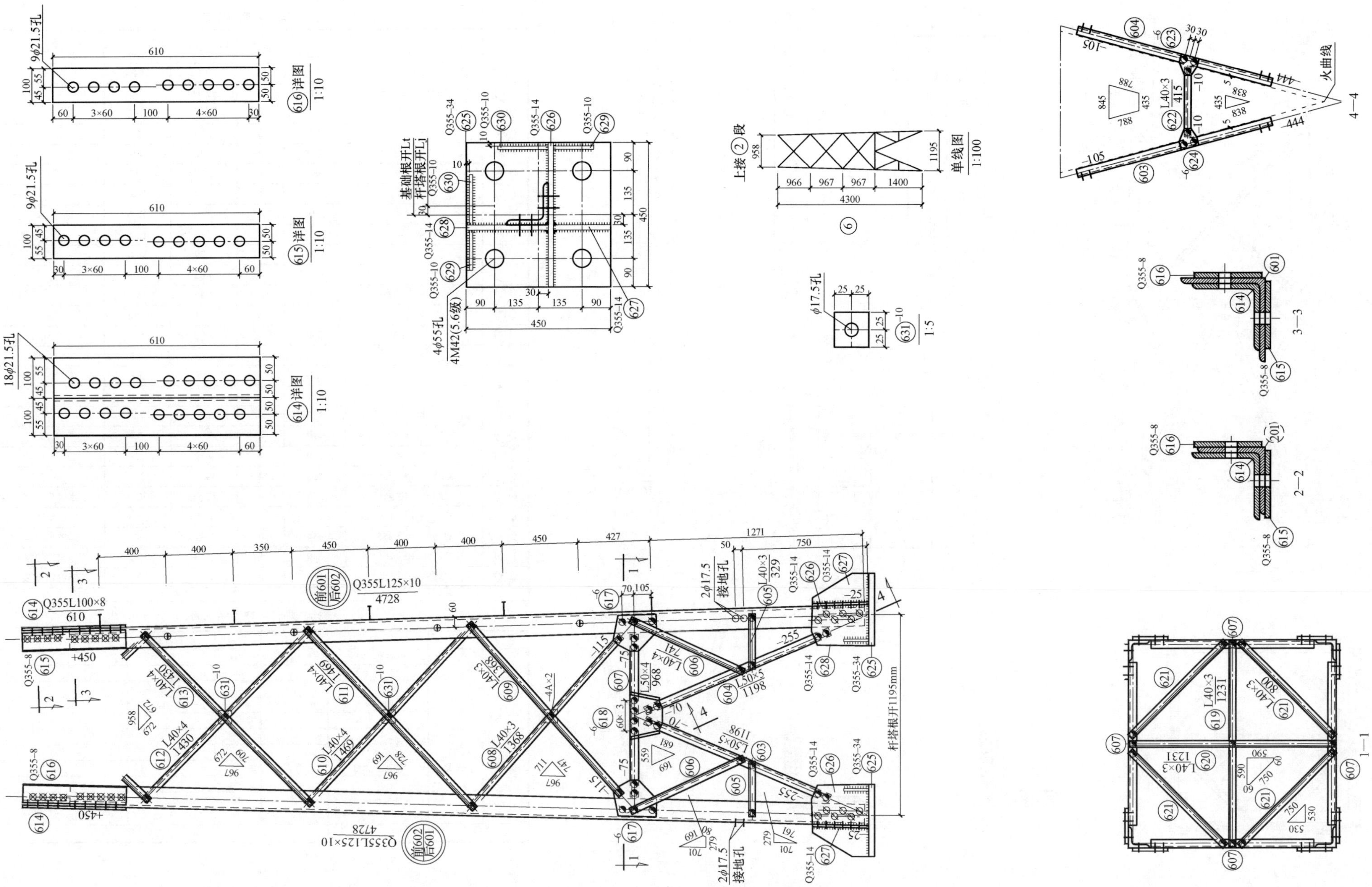

图 14-120　ZJT-SJ2 转角塔塔腿⑥结构图（一）

构 件 明 细 表

编号	规格	长度(mm)	数量	质量(kg) 单件	质量(kg) 小计	备注
⑥01	Q355L125×10	4728	2	90.46	180.9	带脚钉
⑥02	Q355L125×10	4728	2	90.46	180.9	
⑥03	L50×5	1198	4	4.52	18.1	
⑥04	L50×5	1198	4	4.52	18.1	
⑥05	L40×3	329	8	0.61	4.9	
⑥06	L40×4	741	8	1.79	14.3	
⑥07	L50×4	968	4	2.96	11.8	
⑥08	L40×3	1368	4	2.53	10.1	切角
⑥09	L40×3	1368	4	2.53	10.1	
⑥10	L40×4	1469	4	3.56	14.2	切角
⑥11	L40×4	1469	4	3.56	14.2	
⑥12	L40×4	1430	4	3.46	13.8	切角
⑥13	L40×4	1430	4	3.46	13.8	
⑥14	Q355L100×8	610	4	7.49	30.0	铲背
⑥15	Q355-8×100	610	4	3.83	15.3	
⑥16	Q355-8×100	610	4	3.83	15.3	
⑥17	-6×216	258	8	2.62	21.0	
⑥18	-6×192	230	4	2.08	8.3	卷边50mm
⑥19	L40×3	1231	1	2.28	2.3	中间切肢
⑥20	L40×3	1231	1	2.28	2.3	
⑥21	L40×3	800	4	1.48	5.9	
⑥22	L40×3	415	4	0.77	3.1	
⑥23	-6×119	110	4	0.62	2.5	火曲
⑥24	-6×119	110	4	0.62	2.5	火曲
⑥25	Q355-34×450	450	4	54.05	216.2	电焊
⑥26	Q355-14×450	344	4	17.01	68.0	打坡口焊接
⑥27	Q355-14×189	339	4	7.04	28.2	打坡口焊接
⑥28	Q355-14×255	344	4	9.64	38.6	打坡口焊接
⑥29	Q355-10×150	130	8	1.53	12.2	打坡口焊接
⑥30	Q355-10×150	130	8	1.53	12.2	打坡口焊接
⑥31	-10×50	50	8	0.20	1.6	垫板
总质量					990.7kg	

螺栓、脚钉、垫圈明细表

名称	级别	规格	符号	数量	质量(kg)	备注
螺栓	6.8级	M16×40	◑	109	15.7	
		M16×50	◓	84	13.5	
		M20×55	⌀	48	14.2	
		M20×65	⊗	72	23.1	
脚钉	6.8级	M16×180	⊕T	16	6.5	
		M20×200		2	1.5	
垫圈	Q235	-4A(φ17.5)		8	0.2	规格×个数
总质量					74.7kg	

图 14-120 ZJT-SJ2转角塔塔腿⑥结构图（二）

除图中注明外，必须遵照下列统一要求进行加工和组装：

（1）杆塔的设计执行《输电线路杆塔制图和构造规定》（DL/T 5442—2020）的有关规定。

（2）结构图中图面内的图例、代号等在说明中未提及之处，均按《输电线路杆塔制图和构造规定》（DL/T 5442—2020）中的要求执行。

（3）杆塔加工时应严格执行《输电线路铁塔制造技术条件》（GB/T 2694—2018）。本塔构件的尺寸以放样为准，构件加工后必须试组装，验收合格后方可批量加工。

（4）钢材质量标准应符合《碳素结构钢》（GB/T 700—2006）及《低合金高强度结构钢》（GB/T 1591—2018）的有关要求；螺栓、螺母、扣紧螺母应符合的标准分别为《六角头螺栓 C级》（GB/T 5780—2016）、《I型六角螺母》（GB/T 6170—2015）、《扣紧螺母》（GB 805—1988）。所有材料，包括角钢、螺栓、防盗螺栓、扣紧螺母、焊条等均应有出厂合格证书。

（5）杆塔构件所用钢种为Q235B、Q355B，图中注明Q355材料为Q355B钢材，未注明均为Q235B钢材（角钢用"L"、钢板用"－"表示）。所有构件均须热镀锌。

（6）所有螺栓（包括防盗螺栓）的强度等级为热镀锌后的强度值。

（7）杆塔构件连接主要以螺栓连接为主，少数采用焊接（如塔脚板连接等）。构件焊接应按照焊接规程、规范和有关规定进行，焊缝高度不得小于连接构件的最小厚度，当被焊接构件厚8mm及以上时，要按规定剖口焊，以便焊透。对Q355构件焊接时选用E50系列焊条，对Q235构件焊接时选用E43系列焊条。

（8）加工时如发生材料代用或改变节点形式等情况，须与设计单位联系解决。材料代用时，需注意相关影响，应与图纸对应列表统计，并由加工厂书面通知施工单位，以方便施工安装。

（9）角钢与钢板的螺栓间距、边距除图中特殊注明外应按表1采用。

（10）角钢准距除图中特殊注明外，一般按表2采用。

（11）螺栓、脚钉、垫圈规格按表3、表4采用。

（12）脚钉一般从离地面1.5m处开始向上装设，间距400mm左右，加工放样时可适当调整脚钉的位置，脚钉除运行单位有特殊要求外，一般采用防滑带直钩形式。

（13）其他事项：

1）节点板考虑到刚度要求，形状不宜狭长，节点板边缘与构件轴线夹角α不小于15°，如右图所示。

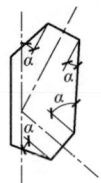

2）构件厚度大于14mm时须采用钻孔方法加工，构件接头中外包角钢清根，内包角钢铲背。

3）凡图中所要求的火曲、开合角、切肢、压扁、切角等的尺寸均由加工放样决定。

4）两构件连接面间的间隙大于3mm时，构件应局部开、合角或制弯。

α角示意图

5）当构件需采用切肢或压扁时，应优先采用切肢。

（14）杆塔加工时应根据实际工程要求的高度设置防盗螺栓（无特殊说明的10m高以下防盗）。

表1 螺栓间距、边距表

螺栓规格	孔径（mm）	螺栓间距（mm）		边距（mm）		
		单排	双排	端距	扎制边距	切角边距
M16	φ17.5	50	80	25	≥21 或 20（L40角钢时）	≥23
M20	φ21.5	60	100	30	≥26	≥28

注 螺孔顺力线方向重心最大间距为12d或18t（取二者较小者），其中d为螺栓直径，t为较薄板的厚度。

表2 角钢准距表

肢宽（mm）	准距（mm）	第一排准距（mm）	第二排准距（mm）	最大使用孔径（mm）
L40	20			17.5
L45	23			
L50	25（28）			
L56	28（32）			
L63	30（36）			
L70	35（40）			
L75	38（40）			
L80	40			21.5
L90	45			
L100	50			
L110	55	45	75	
L125	60	50	85	
L140	70	55	90	
L160	80	60	105	

注 括号内数字用于螺栓边距不足时，在搭接位置上的螺栓孔可使用的准距。

表3 螺栓规格表

级别	单帽螺栓（带一垫、一扣紧螺母）				防盗螺栓	双帽螺栓（带一垫）			
	规格	符号	通过厚度（mm）	无扣长（mm）	质量（kg）	质量（kg）（带一垫）	规格	符号	通过厚度（mm）	无扣长（mm）	质量（kg）
6.8	M16×40	●	7～12	6	0.1442	0.1997	M16×50	●	7～12	6	0.1875
	M16×50	●	13～22	12	0.1602	0.2127	M16×60	●	13～22	12	0.2039
	M16×60	●	23～32	22	0.1762	0.2277	M16×70	●	23～32	22	0.2203
	M16×70	●	33～42	32	0.1922	0.2477	M16×80	●	33～42	32	0.2369
6.8	M20×45	○	9～15	8	0.2701	0.3517	M20×60	○	9～15	8	0.3605
	M20×55	⊘	16～25	15	0.2953	0.3737	M20×70	○	16～25	15	0.3864
	M20×65	⊗	26～35	25	0.3205	0.3967	M20×80	⊗	26～35	25	0.4123
	M20×75	⊘	36～45	35	0.3457	0.4207	M20×90	⊘	36～45	35	0.4381
	M20×85	⊗	46～55	45	0.3709	0.4407	M20×100	⊗	46～55	45	0.4640
	M20×95	⊗	56～65	55	0.3961	0.4607	M20×110	⊗	56～65	55	0.4899
	M20×105	⊗	66～75	65	0.4213	0.4807	M20×120	⊗	66～75	65	0.5158

表4 脚钉、垫圈规格表

脚钉（带两帽）				垫圈				
规格	符号	无扣长（mm）	质量（kg）	规格	符号	质量（kg）	内径（mm）	外径（mm）
M16×180	⊕—	120	0.3799	－2（φ13.5）	规格×个数	0.00186	13.5	24
				－3（φ17.5）		0.01065	17.5	30
M20×200	⊕—	120	0.6749	－3（φ22）	规格×个数	0.01637	22	37
				－4（φ22）		0.02183	22	37
M24×240	⊕—	120	1.1803	－3（φ26）	规格×个数	0.02331	26	44
				－4（φ26）		0.03108	26	44

图 14－121 ZJT－SJ2 转角塔加工说明

14.2.10 ZJT−SJ3 转角塔

ZJT−SJ3 转角塔结构图清单见表 14−18。

表 14−18   **ZJT−SJ3 转角塔结构图清单**

图序	图名	备注
图 14−122	ZJT−SJ3 转角塔总图	
图 14−123	ZJT−SJ3 转角塔材料汇总表	
图 14−124	ZJT−SJ3 转角塔塔头①结构图（1/3）	
图 14−125	ZJT−SJ3 转角塔塔头①结构图（2/3）	
图 14−126	ZJT−SJ3 转角塔塔头①结构图（3/3）	

图序	图名	备注
图 14−127	ZJT−SJ3 转角塔塔身②结构图	
图 14−128	ZJT−SJ3 转角塔塔身③结构图	
图 14−129	ZJT−SJ3 转角塔塔腿④结构图（1/2）	
图 14−130	ZJT−SJ3 转角塔塔腿④结构图（2/2）	
图 14−131	ZJT−SJ3 转角塔塔腿⑤结构图	
图 14−132	ZJT−SJ3 转角塔塔腿⑥结构图	
图 14−133	ZJT−SJ3 转角塔加工说明	

杆塔根开、基础根开、地脚螺栓规格及间距表

杆塔名称（型号）	ZJT－SJ3		
塔高（m）	13	15	18
接腿	⑤	⑥	④
杆塔根开（mm）	1088	1197	1360
基础根开（mm）	1128	1237	1400
基础地脚螺栓间距（mm）	270	270	270
每腿基础地脚螺栓配置（5.6级）	4M42	4M42	4M42

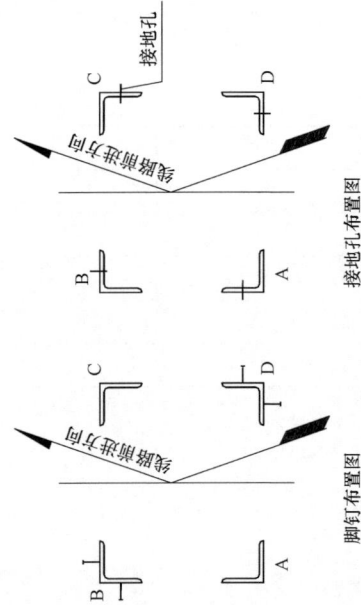

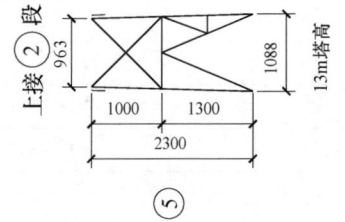

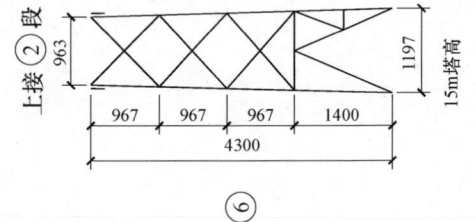

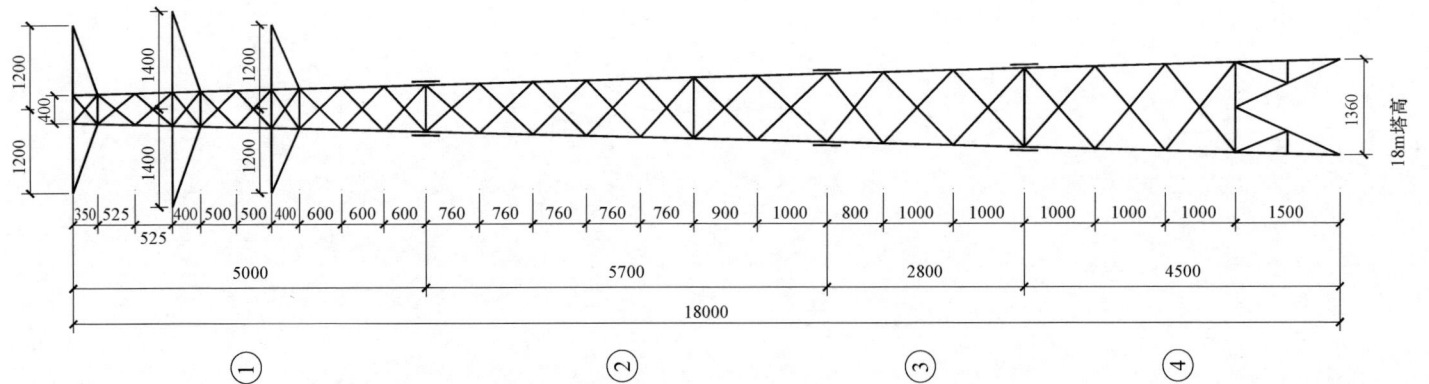

接地孔布置图

脚钉布置图

⑤

⑥

图 14－122　ZJT－SJ3 转角塔总图

材 料 汇 总 表

材料	材质	规格	段号 ①	②	③	④	⑤	⑥	全塔高（m） 13.0	15.0	18.0
角钢	Q355	L140×12			285.0	507.6		487.2		487.2	792.6
		L140×10		446.0			238.2		684.2	446.0	446.0
		L125×10				48.2					48.2
		L125×8		36.6	39.1		39.1	39.1	75.7	75.7	75.7
		L90×8	220.0						220.0	220.0	220.0
		L63×5	138.0						138.0	138.0	138.0
		小计	358.0	482.6	324.1	555.8	277.3	526.3	1117.9	1366.9	1720.5
	Q235	L50×5	19.8	186.6			38.4	43.2	244.8	249.6	206.6
		L50×4	6.6			44.9	35.3	39.4	41.9	46.0	51.5
		L45×4	86.4	58.4		12.8			144.8	144.8	157.6
		L40×4	20.0		84.0	106.0	13.3	68.8	33.3	88.8	210.0
		L40×3	58.2	7.2		26.4	16.9	18.4	82.3	83.8	91.8
		小计	191.0	252.2	84.0	190.1	103.9	169.8	547.1	613.0	717.3
钢板	Q355	−3	1.9						1.9	1.9	1.9
		−6	106.9						106.9	106.9	106.9
		−8	34.7						34.7	34.7	34.7
		−10		85.6	45.5	78.1	83.1	78.1	168.7	163.7	209.2
		−14				156.1	158.0	156.5	158.0	156.5	156.1
		−34				216.2	216.2	216.2	216.2	216.2	216.2
		小计	143.5	85.6	45.5	450.4	457.3	450.8	686.4	679.9	725.0
	Q235	−2		1.8	3.7			3.7	1.8	5.5	5.5
		−6	43.0			36.3	40.1	37.8	83.1	80.8	79.3
		−10	3.6	4.8					8.4	8.4	8.4
		−12	1.9		2.9	1.9		1.9	1.9	3.8	6.7
		−14	1.1						1.1	1.1	1.1
		−16	0.6						0.6	0.6	0.6
		−18	1.4						1.4	1.4	1.4
		小计	51.6	6.6	6.6	38.2	40.1	43.4	98.3	101.6	103.0
螺栓	6.8级	M16×40	38.5	8.4		16.4	15.7	15.7	62.6	62.6	63.3
		M16×50	39.6	14.7	5.8	12.2	10.9	13.5	65.2	67.8	72.3
		M16×60	3.9	1.4		1.4			5.3	5.3	6.7
		M16×50 双帽	1.6						1.6	1.6	1.6
		M16×60 双帽	9.2						9.2	9.2	9.2
		小计	92.8	24.5	5.8	30.0	26.6	29.2	143.9	146.5	153.1
	6.8级	M20×55					16.5		16.5		
		M20×65		25.6	30.8	48.7	30.8	48.7	56.4	74.3	105.1
		小计		25.6	30.8	48.7	47.3	48.7	72.9	74.3	105.1
		螺栓合计	92.8	50.1	36.6	78.7	73.9	77.9	216.8	220.8	258.2
脚钉	6.8级	M16×180	8.1	8.9	4.1	6.5	2.4	6.5	19.4	23.5	27.6
		M20×200		2.9	2.9	1.5	1.5	1.5	4.4	4.4	7.3
		小计	8.1	11.8	7.0	8.0	3.9	8.0	23.8	27.9	34.9
垫圈	Q235	−3A（φ17.5）	0.2						0.2	0.2	0.2
		−4A（φ17.5）	1.0	0.2		0.2	0.2	0.2	1.4	1.4	1.4
		小计	1.2	0.2		0.2	0.2	0.2	1.6	1.6	1.6
		合计（kg）	846.2	889.1	503.8	1321.4	956.6	1276.4	2691.9	3011.7	3560.5
		各塔高含防盗螺栓总质量（kg）							2745.2	3071.4	3631.2

图 14-123　ZJT-SJ3 转角塔材料汇总表

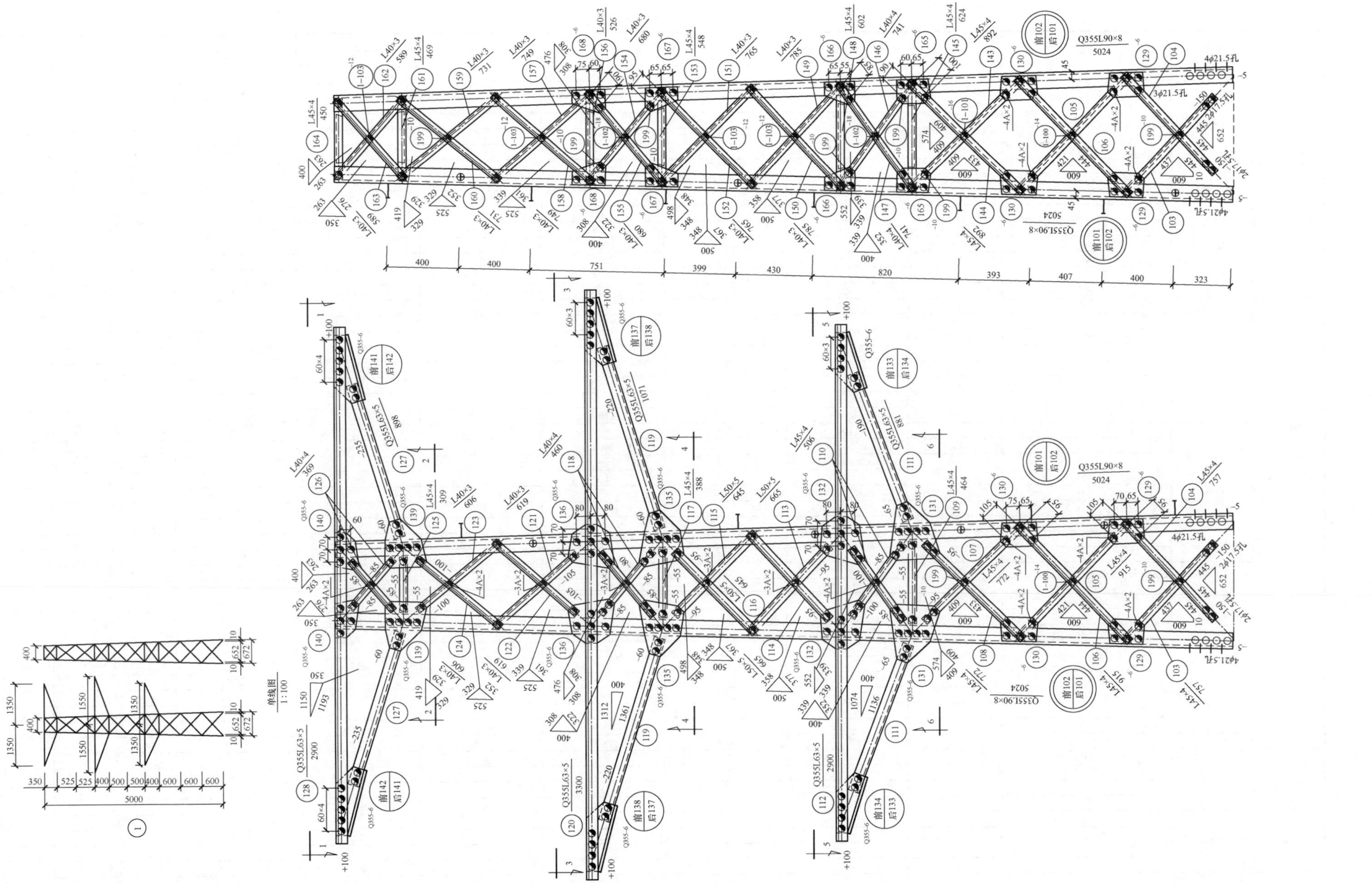

图 14-124　ZJT-SJ3 转角塔塔头①结构图（1/3）

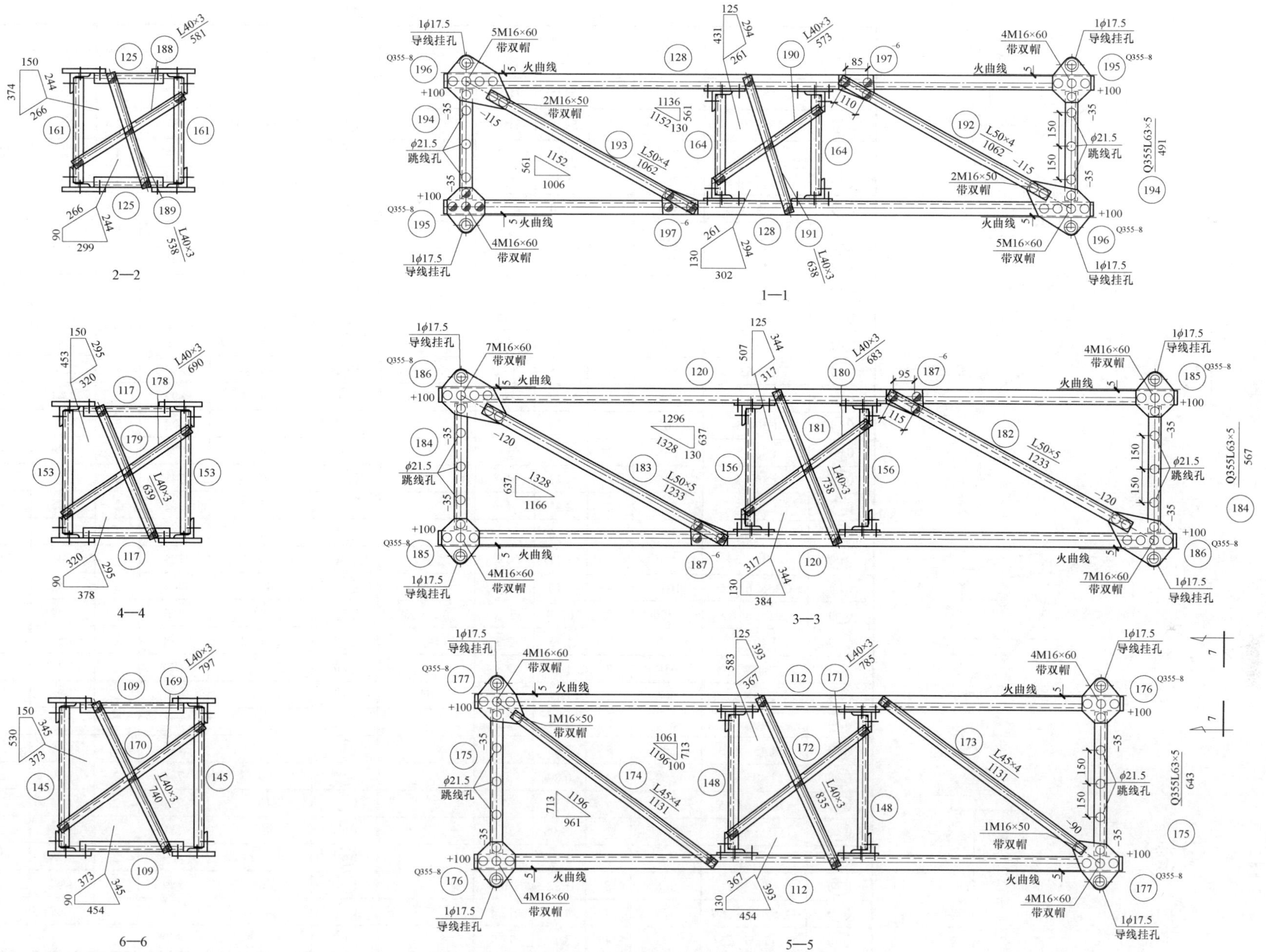

图 14-125 ZJT-SJ3 转角塔塔头①结构图（2/3）

構 件 明 細 表

编号	规格	长度(mm)	数量	单件	小计	备注	编号	规格	长度(mm)	数量	单件	小计	备注
⑩1	Q355L90×8	5024	2	54.99	110.0	带脚钉	⑬3	Q355-6×162	337	2	2.57	5.1	卷边50mm
⑩2	Q355L90×8	5024	2	54.99	110.0		⑬4	Q355-6×162	337	2	2.57	5.1	卷边50mm
⑩3	L45×4	757	4	2.07	8.3	切角	⑬5	Q355-6×252	318	4	3.77	15.1	
⑩4	L45×4	757	4	2.07	8.3	切角	⑬6	Q355-6×251	263	4	3.11	12.4	
⑩5	L45×4	915	4	2.50	10.0	切角	⑬7	Q355-6×158	380	2	2.83	5.7	卷边50mm
⑩6	L45×4	915	4	2.50	10.0	切角	⑬8	Q355-6×158	380	2	2.83	5.7	卷边50mm
⑩7	L45×4	772	2	2.11	4.2	切角	⑬9	Q355-6×232	281	4	3.07	12.3	
⑩8	L45×4	772	2	2.11	4.2		⑭0	Q355-6×133	211	4	1.32	5.3	
⑩9	L45×4	464	2	1.27	2.5		⑭1	Q355-6×157	385	2	2.85	5.7	卷边50mm
⑪0	L45×4	506	4	1.38	5.5		⑭2	Q355-6×157	385	2	2.85	5.7	卷边50mm
⑪1	Q355L63×5	881	4	4.25	17.0		⑭3	L45×4	892	2	2.44	4.9	切角
⑪2	Q355L63×5	2900	2	13.98	28.0		⑭4	L45×4	892	2	2.44	4.9	
⑪3	L50×5	665	2	2.51	5.0	切角	⑭5	L45×4	624	2	1.71	3.4	两端切肢
⑪4	L50×5	665	2	2.51	5.0		⑭6	L40×4	741	2	1.79	3.6	切角
⑪5	L50×5	645	2	2.43	4.9	切角	⑭7	L40×4	741	2	1.79	3.6	
⑪6	L50×5	645	2	2.43	4.9		⑭8	L45×4	602	2	1.65	3.3	两端切肢
⑪7	L45×4	388	2	1.06	2.1		⑭9	L40×3	785	2	1.45	2.9	切角
⑪8	L40×4	460	4	1.11	4.4		⑮0	L40×3	785	2	1.45	2.9	
⑪9	Q355L63×5	1071	4	5.16	20.6		⑮1	L40×3	765	2	1.42	2.8	切角
⑫0	Q355L63×5	3300	2	15.91	31.8		⑮2	L40×3	765	2	1.42	2.8	
⑫1	L40×3	619	2	1.15	2.3	切角	⑮3	L45×4	548	2	1.50	3.0	两端切肢
⑫2	L40×3	619	2	1.15	2.3		⑮4	L40×3	680	2	1.26	2.5	切角
⑫3	L40×3	606	2	1.12	2.2	切角	⑮5	L40×3	680	2	1.26	2.5	
⑫4	L40×3	606	2	1.12	2.2		⑮6	L40×3	526	2	0.97	1.9	两端切肢
⑫5	L45×4	309	2	0.85	1.7		⑮7	L40×3	749	2	1.39	2.8	切角
⑫6	L40×4	369	4	0.89	3.6		⑮8	L40×3	749	2	1.39	2.8	
⑫7	Q355L63×5	898	4	4.33	17.3		⑮9	L40×3	731	2	1.35	2.7	切角
⑫8	Q355L63×5	2900	2	13.98	28.0		⑯0	L40×3	731	2	1.35	2.7	
⑫9	-6×137	205	8	1.32	10.6		⑯1	L45×4	469	2	1.28	2.6	两端切肢
⑬0	-6×135	208	8	1.32	10.6		⑯2	L40×3	589	2	1.09	2.2	切角
⑬1	Q355-6×280	329	4	4.34	17.4		⑯3	L40×3	589	2	1.09	2.2	
⑬2	Q355-6×251	272	4	3.22	12.9		⑯4	L45×4	450	2	1.23	2.5	两端切肢

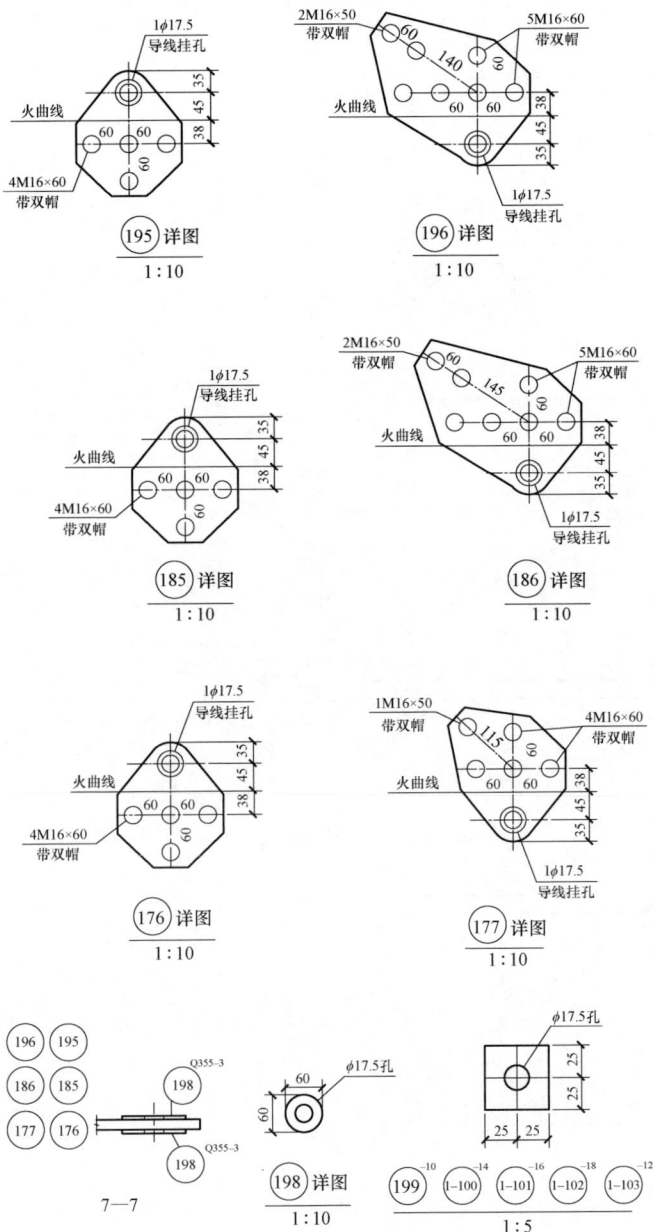

图 14-126　ZJT-SJ3 转角塔塔头①结构图（3/3）（一）

构 件 明 细 表

编号	规格	长度（mm）	数量	单件	小计	备注	编号	规格	长度（mm）	数量	单件	小计	备注
⑯⑤	−6×136	188	4	1.20	4.8		⑱⑤	Q355−8×170	203	2	2.17	4.3	火曲
⑯⑥	−6×133	170	4	1.06	4.2	火曲	⑱⑥	Q355−8×245	290	2	4.46	8.9	火曲
⑯⑦	−6×134	184	4	1.16	4.6		⑱⑦	−6×122	165	2	0.95	1.9	
⑯⑧	−6×133	187	4	1.17	4.7		⑱⑧	L40×3	581	1	1.08	1.1	中间切肢
⑯⑨	L40×3	797	1	1.48	1.5	中间切肢	⑱⑨	L40×3	538	1	1.00	1.0	
⑰⓪	L40×3	740	1	1.37	1.4	中间切肢	⑨⓪	L40×3	573	1	1.06	1.1	
⑰①	L40×3	785	1	1.45	1.4	中间切肢	⑨①	L40×3	638	1	1.18	1.2	
⑰②	L40×3	835	1	1.55	1.6		⑨②	L50×4	1062	1	3.25	3.2	
⑰③	L45×4	1131	1	3.09	3.1		⑨③	L50×4	1062	1	3.25	3.2	
⑰④	L45×4	1131	1	3.09	3.1		⑨④	Q355L63×5	491	2	2.37	4.7	
⑰⑤	Q355L63×5	643	2	3.10	6.2		⑨⑤	Q355−8×170	203	2	2.17	4.3	火曲
⑰⑥	Q355−8×170	203	2	2.17	4.3	火曲	⑨⑥	Q355−8×243	284	2	4.33	8.7	火曲
⑰⑦	Q355−8×209	218	2	2.86	5.7	火曲	⑨⑦	−6×118	159	2	0.88	1.8	
⑰⑧	L40×3	690	1	1.28	1.3	中间切肢	⑨⑧	Q355−3×60	60	24	0.08	1.9	焊接
⑰⑨	L40×3	639	1	1.18	1.2		⑨⑨	−10×50	50	18	0.20	3.6	垫板
⑱⓪	L40×3	683	1	1.26	1.3	中间切肢	1-100	−14×50	50	4	0.27	1.1	垫板
⑱①	L40×3	738	1	1.37	1.4		1-101	−16×50	50	2	0.31	0.6	垫板
⑱②	L50×5	1233	1	4.65	4.6		1-102	−18×50	50	4	0.35	1.4	垫板
⑱③	L50×5	1233	1	4.65	4.6		1-103	−12×50	50	8	0.24	1.9	垫板
⑱④	Q355L63×5	567	2	2.73	5.5		总质量					773.8kg	

螺栓、脚钉、垫圈明细表

名称	级别	规格	符号	数量	质量（kg）	备注
螺栓	6.8级	M16×40	◑	270	38.9	
		M16×50	◑	246	39.4	
		M16×60	◪	22	3.9	
		M16×50	◑	6	1.0	带双帽
		M16×60	◑	56	9.9	带双帽
脚钉	6.8级	M16×180	⊕T	20	8.1	
垫圈	Q235	−3A（φ17.5）		16	0.2	规格×个数
		−4A（φ17.5）		44	1.0	
总质量					102.4kg	

图 14−126　ZJT−SJ3 转角塔塔头①结构图（3/3）（二）

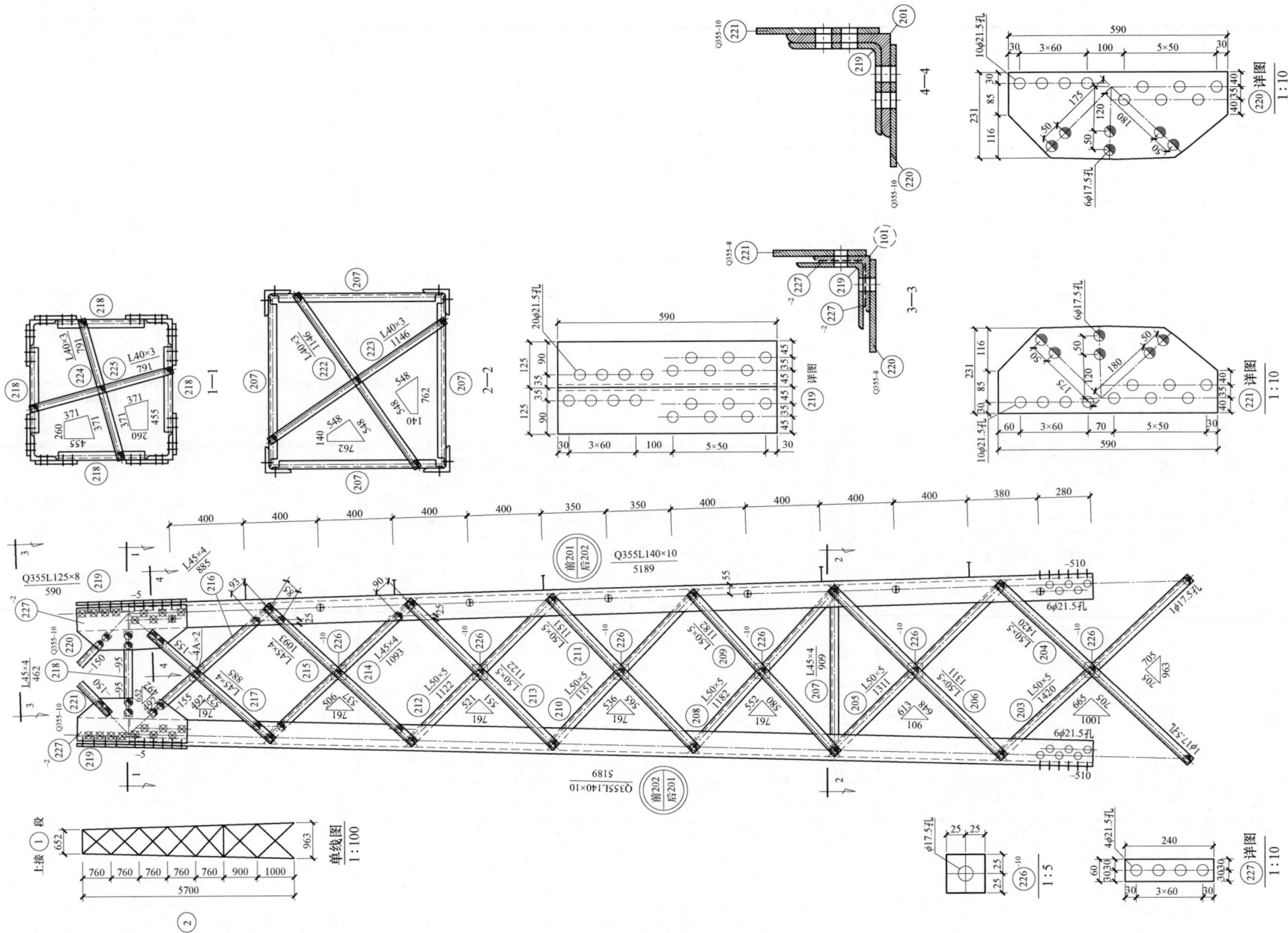

图 14-127 ZJT-SJ3 转角塔塔身②结构图（一）

构 件 明 细 表

编号	规格	长度（mm）	数量	质量（kg）		备注
				单件	小计	
201	Q355L140×10	5189	2	111.50	223.0	带脚钉
202	Q355L140×10	5189	2	111.50	223.0	
203	L50×5	1420	4	5.35	21.4	切角
204	L50×5	1420	4	5.35	21.4	
205	L50×5	1311	4	4.94	19.8	切角
206	L50×5	1311	4	4.94	19.8	
207	L45×4	909	4	2.49	10.0	两端切肢
208	L50×5	1182	4	4.46	17.8	切角
209	L50×5	1182	4	4.46	17.8	
210	L50×5	1151	4	4.34	17.4	切角
211	L50×5	1151	4	4.34	17.4	
212	L50×5	1122	4	4.23	16.9	切角
213	L50×5	1122	4	4.23	16.9	
214	L45×4	1093	4	2.99	12.0	切角
215	L45×4	1093	4	2.99	12.0	
216	L45×4	885	4	2.42	9.7	切角
217	L45×4	885	4	2.42	9.7	
218	L45×4	462	4	1.26	5.0	
219	Q355L125×8	590	4	9.15	36.6	铲背、铲弧
220	Q355－10×231	590	4	10.70	42.8	
221	Q355－10×231	590	4	10.70	42.8	
222	L40×3	1146	1	2.12	2.1	中间切肢
223	L40×3	1146	1	2.12	2.1	
224	L40×3	791	1	1.46	1.5	
225	L40×3	791	1	1.46	1.5	中间切肢
226	－10×50	50	24	0.20	4.8	垫板
227	－2×60	240	8	0.23	1.8	垫板
总质量		827.0kg				

螺栓、脚钉、垫圈明细表

名称	级别	规格	符号	数量	质量（kg）	备注
螺栓	6.8 级	M16×40	◕	58	8.4	
		M16×50	◑	92	14.7	
		M16×60	◙	8	1.4	
		M20×65	⊠	80	25.6	
脚钉	6.8 级	M16×180	⊕T	22	8.9	
		M20×200		4	2.9	
垫圈	Q235	－4A（ϕ17.5）		8	0.2	规格×个数
总质量			62.1kg			

图 14－127　ZJT－SJ3 转角塔塔身②结构图（二）

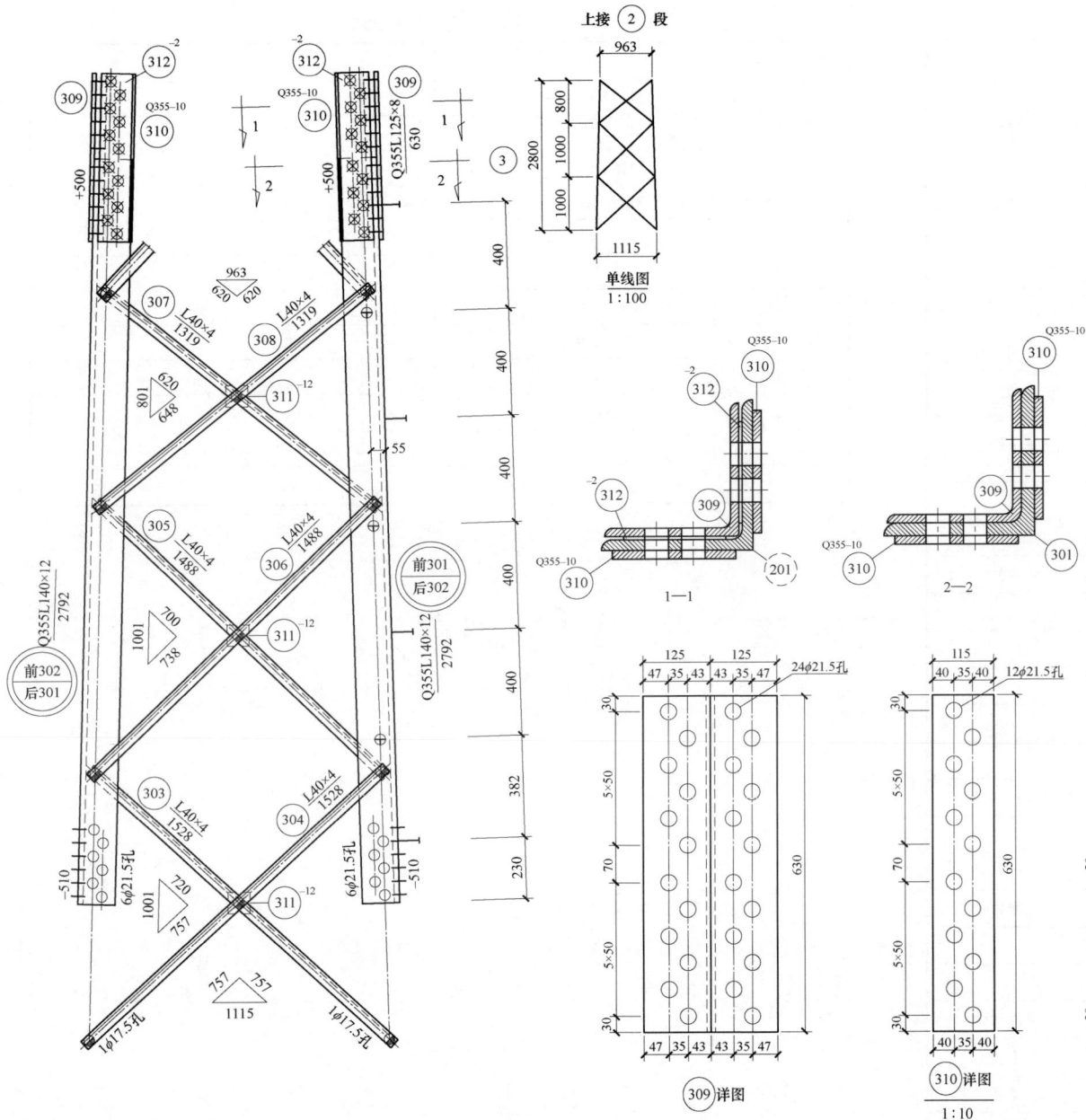

构件明细表

编号	规格	长度 (mm)	数量	质量(kg) 一件	质量(kg) 小计	备注
301	Q355L140×12	2792	2	71.26	142.5	带脚钉
302	Q355L140×12	2792	2	71.26	142.5	
303	L40×4	1528	4	3.70	14.8	切角
304	L40×4	1528	4	3.70	14.8	
305	L40×4	1488	4	3.60	14.4	切角
306	L40×4	1488	4	3.60	14.4	
307	L40×4	1319	4	3.19	12.8	切角
308	L40×4	1319	4	3.19	12.8	
309	Q355L125×8	630	4	9.77	39.1	铲背
310	Q355-10×115	630	8	5.69	45.5	
311	-12×50	50	12	0.24	2.9	垫板
312	-2×95	310	8	0.46	3.7	垫板
总质量					460.2kg	

螺栓、脚钉、垫圈明细表

名称	级别	规格	符号	数量	质量（kg)	备注
螺栓	6.8级	M16×50		36	5.8	
		M20×65	⊗	96	30.8	
脚钉	6.8级	M16×180	⊕T	10	4.1	
		M20×200		4	2.9	
垫圈	Q235					规格×个数
总质量					43.6kg	

图 14-128 **ZJT-SJ3 转角塔塔身③结构图**

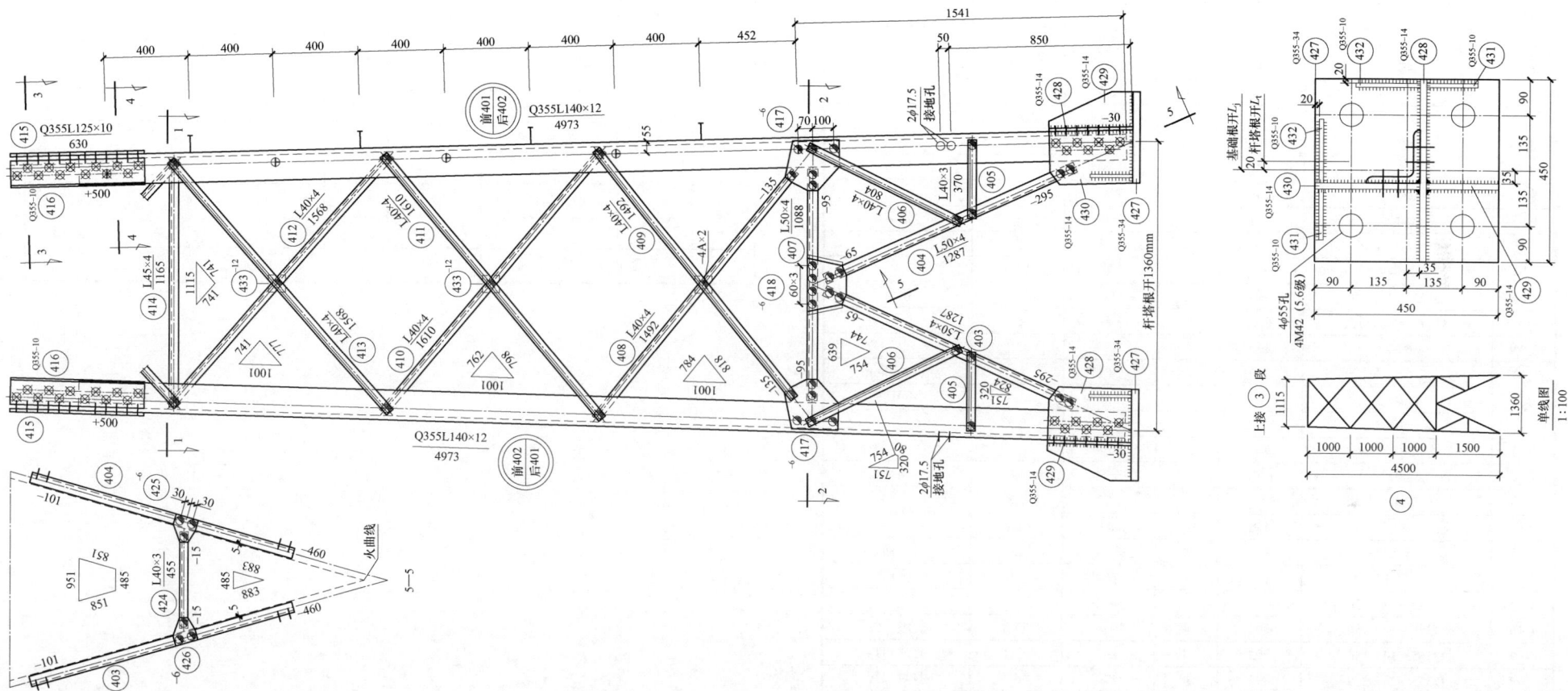

图 14-129 ZJT-SJ3 转角塔塔腿④结构图（1/2）（一）

构 件 明 细 表

编号	规格	长度(mm)	数量	质量（kg）单件	质量（kg）小计	备注
④01	Q355L140×12	4973	2	126.92	253.8	带脚钉
④02	Q355L140×12	4973	2	126.92	253.8	
④03	L50×4	1287	4	3.94	15.8	
④04	L50×4	1287	4	3.94	15.8	
④05	L40×3	370	8	0.69	5.5	
④06	L40×4	804	8	1.95	15.6	
④07	L50×4	1088	4	3.33	13.3	
④08	L40×4	1492	4	3.61	14.4	切角
④09	L40×4	1492	4	3.61	14.4	
④10	L40×4	1610	4	3.90	15.6	切角
④11	L40×4	1610	4	3.90	15.6	
④12	L40×4	1568	4	3.80	15.2	切角
④13	L40×4	1568	4	3.80	15.2	
④14	L45×4	1165	4	3.19	12.8	
④15	Q355L125×10	630	4	12.05	48.2	铲背
④16	Q355−10×115	630	8	5.69	45.5	
④16A	−6×236	260	8	2.89	23.1	
④17	−6×186	230	4	2.01	8.0	卷边 50mm
④18	L40×3	1381	1	2.56	2.6	中间切肢
④19	L40×3	1381	1	2.56	2.6	
④20	L40×3	906	4	1.68	6.7	
④21	L40×3	1497	1	2.77	2.8	中间切肢
④22	L40×3	1497	1	2.77	2.8	
④23	L40×3	455	4	0.84	3.4	
④24	−6×123	110	4	0.64	2.6	火曲
④25	−6×123	110	4	0.64	2.6	火曲
④26	Q355−34×450	450	4	54.05	216.2	电焊
④27	Q355−14×450	393	4	19.44	77.8	打坡口焊
④28	Q355−14×186	393	4	8.03	32.1	打坡口焊
④29	Q355−14×269	391	4	11.56	46.2	打坡口焊
④30	Q355−10×200	130	8	2.04	16.3	打坡口焊
④31	Q355−10×200	130	8	2.04	16.3	打坡口焊
④32	−12×50	50	8	0.24	1.9	垫板
④33						
总质量				1234.5kg		

螺栓、脚钉、垫圈明细表

名称	级别	规格	符号	数量	质量（kg）	备注
螺栓	6.8 级	M16×40	⊙	114	16.4	
		M16×50	⊙	76	12.2	
		M16×60	⊠	8	1.4	
		M20×65	⊠	152	48.7	
脚钉	6.8 级	M16×180	⊕T	16	6.5	
		M20×200		2	1.5	
垫圈	Q235	−4A（φ17.5）		8	0.2	规格×个数
总质量				86.9kg		

图 14−129 ZJT−SJ3 转角塔塔腿④结构图（1/2）（二）

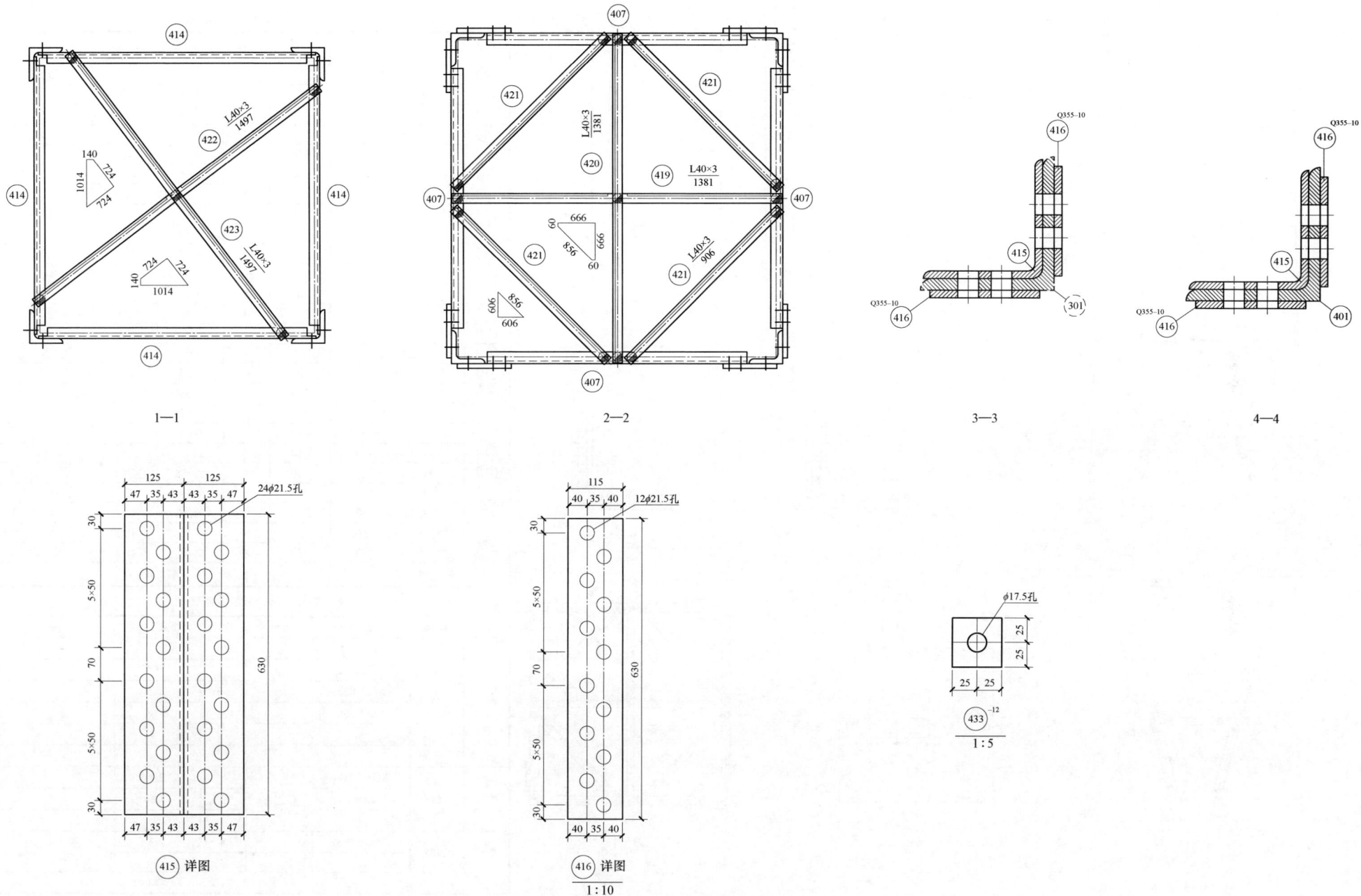

1—1

2—2

3—3

4—4

415 详图

416 详图
1:10

$\frac{433}{1:5}^{-12}$

图 14-130　ZJT-SJ3 转角塔塔腿④结构图（2/2）

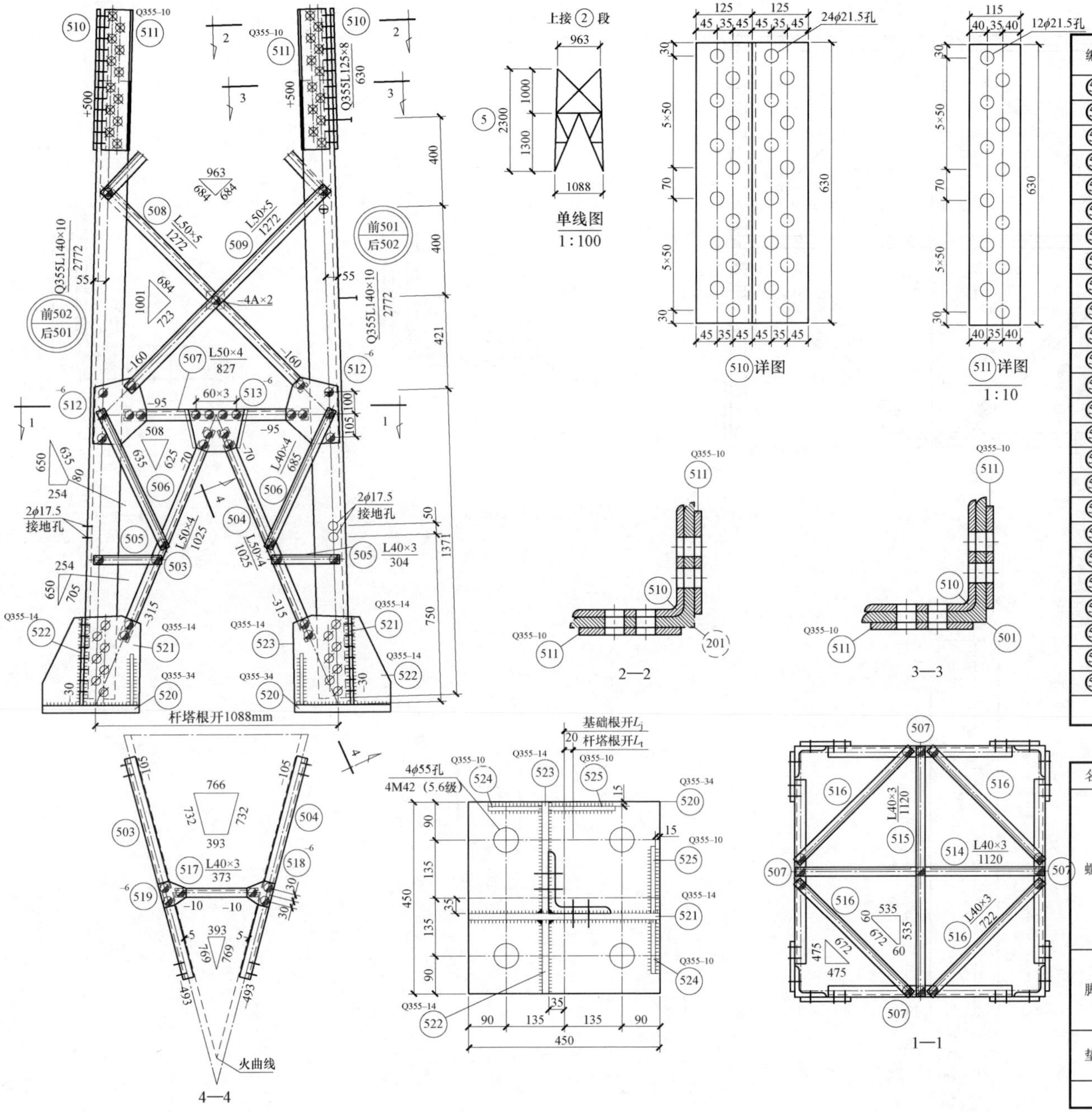

构件明细表

编号	规格	长度(mm)	数量	单件	小计	备注
501	Q355L140×10	2772	2	59.56	119.1	带脚钉
502	Q355L140×10	2772	2	59.56	119.1	
503	L50×4	1025	4	3.14	12.6	
504	L50×4	1025	4	3.14	12.6	
505	L40×3	304	8	0.56	4.5	
506	L40×4	685	8	1.66	13.3	
507	L50×4	827	4	2.53	10.1	
508	L50×5	1272	4	4.80	19.2	切角
509	L50×5	1272	4	4.80	19.2	
510	Q355L125×8	630	4	9.77	39.1	铲背
511	Q355−10×115	630	8	5.69	45.5	
512	−6×236	301	8	3.35	26.8	
513	−6×192	230	4	2.08	8.3	卷边50mm
514	L40×3	1120	1	2.07	2.1	中间切肢
515	L40×3	1120	1	2.07	2.1	
516	L40×3	722	4	1.34	5.4	
517	L40×3	373	4	0.69	2.8	
518	−6×119	110	4	0.62	2.5	火曲
519	−6×119	110	4	0.62	2.5	火曲
520	Q355−34×450	450	4	54.05	216.2	电焊
521	Q355−14×450	400	4	19.78	79.1	打坡口焊接
522	Q355−14×186	400	4	8.18	32.7	打坡口焊接
523	Q355−14×267	394	4	11.56	46.2	打坡口焊接
524	Q355−10×230	130	8	2.35	18.8	打坡口焊接
525	Q355−10×230	130	8	2.35	18.8	打坡口焊接
总质量					878.6kg	

螺栓、脚钉、垫圈明细表

名称	级别	规格	符号	数量	质量（kg）	备注
螺栓	6.8级	M16×40	●	109	15.7	
		M16×50	●	68	10.9	
		M20×55	⊠	56	16.5	
		M20×65	⊠	96	30.8	
脚钉	6.8级	M16×180	⊕T	6	2.4	
		M20×200	⊕T	2	1.5	
垫圈	Q235	−4A(φ17.5)		8	0.2	规格×个数
总质量					78.0kg	

图 14−131 ZJT−SJ3 转角塔塔腿⑤结构图

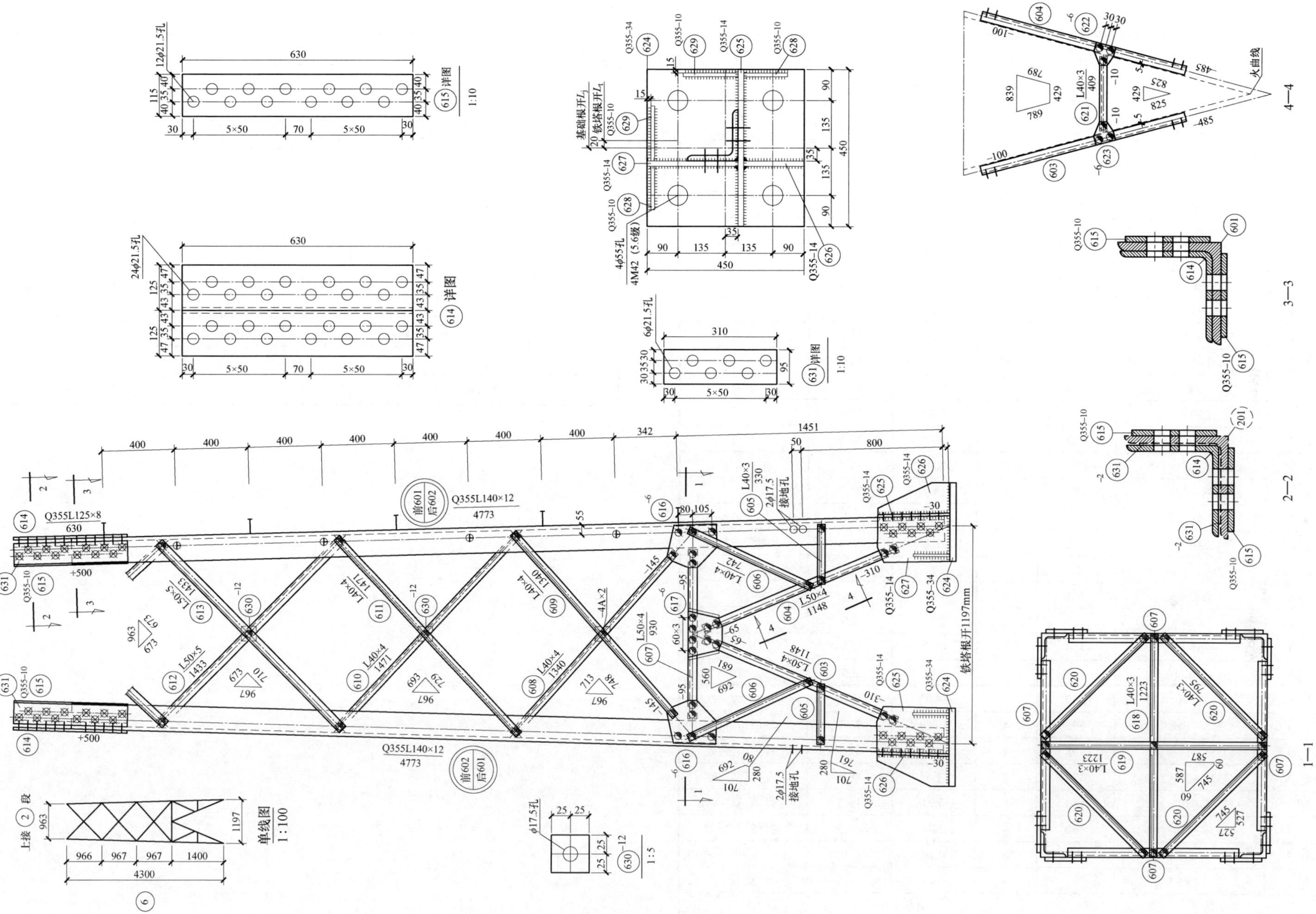

图 14-132 ZJT-SJ3 转角塔塔腿⑥结构图（一）

构件明细表

编号	规格	长度（mm）	数量	质量（kg）单件	质量（kg）小计	备注
⑥⑥①	Q355L140×12	4773	2	121.82	243.6	带脚钉
⑥⑥②	Q355L140×12	4773	2	121.82	243.6	
⑥⑥③	L50×4	1148	4	3.51	14.0	
⑥⑥④	L50×4	1148	4	3.51	14.0	
⑥⑥⑤	L40×3	330	8	0.61	4.9	
⑥⑥⑥	L40×4	742	8	1.80	14.4	
⑥⑥⑦	L50×4	930	4	2.84	11.4	
⑥⑥⑧	L40×4	1340	4	3.25	13.0	切角
⑥⑥⑨	L40×4	1340	4	3.25	13.0	
⑥①⓪	L40×4	1471	4	3.56	14.2	切角
⑥①①	L40×4	1471	4	3.56	14.2	
⑥①②	L50×5	1433	4	5.40	21.6	切角
⑥①③	L50×5	1433	4	5.40	21.6	
⑥①④	Q355L125×8	630	4	9.77	39.1	铲背
⑥①⑤	Q355−10×115	630	8	5.69	45.5	
⑥①⑥	−6×236	278	8	3.09	24.7	
⑥①⑦	−6×187	230	4	2.03	8.1	卷边50mm
⑥①⑧	L40×3	1223	1	2.26	2.3	中间切肢
⑥①⑨	L40×3	1223	1	2.26	2.3	
⑥②⓪	L40×3	795	4	1.47	5.9	
⑥②①	L40×3	409	4	0.76	3.0	
⑥②②	−6×119	110	4	0.62	2.5	火曲
⑥②③	−6×119	110	4	0.62	2.5	火曲
⑥②④	Q355−34×450	450	4	54.05	216.2	电焊
⑥②⑤	Q355−14×450	395	4	19.53	78.1	打坡口焊接
⑥②⑥	Q355−14×186	395	4	8.07	32.3	打坡口焊接
⑥②⑦	Q355−14×267	393	4	11.53	46.1	打坡口焊接
⑥②⑧	Q355−10×200	130	8	2.04	16.3	打坡口焊接
⑥②⑨	Q355−10×200	130	8	2.04	16.3	打坡口焊接
⑥③⓪	−12×50	50	8	0.24	1.9	垫板
⑥③①	−2×95	310	8	0.46	3.7	垫板
总质量				1190.3kg		

螺栓、脚钉、垫圈明细表

名称	级别	规格	符号	数量	质量（kg）	备注
螺栓	6.8级	M16×40	◑	109	15.7	
		M16×50	◗	84	13.5	
		M20×65	⊠	152	48.7	
脚钉	6.8级	M16×180	⊕T	16	6.5	
		M20×200		2	1.5	
垫圈	Q235	−4A（φ17.5）		8	0.2	规格×个数
总质量					86.1kg	

图 14−132　ZJT−SJ3 转角塔塔腿⑥结构图（二）

除图中注明外，必须遵照下列统一要求进行加工和组装：

（1）杆塔的设计执行《输电线路杆塔制图和构造规定》（DL/T 5442—2020）的有关规定。

（2）结构图中图面内的图例、代号等在说明中未提及之处，均按《输电线路杆塔制图和构造规定》（DL/T 5442—2020）中的要求执行。

（3）杆塔加工时应严格执行《输电线路铁塔制造技术条件》（GB/T 2694—2018）。本塔构件的尺寸以放样为准，构件加工后必须试组装，验收合格后方可批量加工。

（4）钢材质量标准应符合《碳素结构钢》（GB/T 700—2006）及《低合金高强度结构钢》（GB/T 1591—2018）的有关要求；螺栓、螺母、扣紧螺母应符合的标准分别为《六角头螺栓　C级》（GB/T 5780—2016）、《I型六角螺母》（GB/T 6170—2015）、《扣紧螺母》（GB 805—1988）。所有材料，包括角钢、螺栓、防盗螺栓、扣紧螺母、焊条等均应有出厂合格证书。

（5）杆塔构件所用钢种为Q235B、Q355B，图中注明Q355材料为Q355B钢材，未注明均为Q235B钢材（角钢用"L"、钢板用"－"表示）。所有构件均须热镀锌。

（6）所有螺栓（包括防盗螺栓）的强度等级为热镀锌后的强度值。

（7）杆塔构件连接主要以螺栓连接为主，少数采用焊接（如塔脚板连接等）。构件焊接应按照焊接规程、规范和有关规定进行，焊缝高度不得小于连接构件的最小厚度，当被焊接构件厚8mm及以上时，要按规定剖口焊，以便焊透。对Q355构件焊接时选用E50系列焊条，对Q235构件焊接时选用E43系列焊条。

（8）加工时如发生材料代用或改变节点形式等情况，须与设计单位联系解决。材料代用时，需注意相关影响，应与图纸对应列表统计，并加工厂书面通知施工单位，以方便施工安装。

（9）角钢与钢板的螺栓间距、边距除图中特殊注明外应按表1采用。

（10）角钢准距除图中特殊注明外，一般按表2采用。

（11）螺栓、脚钉、垫圈规格按表3、表4采用。

（12）脚钉一般从离地面1.5m处开始向上装设，间距400mm左右，加工放样时可适当调整脚钉的位置，脚钉除运行单位有特殊要求外，一般采用防滑带直钩形式。

（13）其他事项：

1）节点板考虑到刚度要求，形状不宜狭长，节点板边缘与构件轴线夹角α不小于15°，如右图所示。

2）构件厚度大于14mm时须采用钻孔方法加工，构件接头中外包角钢清根，内包角钢铲背。

3）凡图中所要求的火曲、开合角、切肢、压扁、切角等的尺寸均由加工放样决定。

4）两构件连接面间的间隙大于3mm时，构件应局部开、合角或制弯。

5）当构件需采用切肢或压扁时，应优先采用切肢。

α角示意图

（14）杆塔加工时应根据实际工程要求的高度设置防盗螺栓（无特殊说明的10m高以下防盗）。

表1　　螺栓间距、边距表

螺栓规格	孔径（mm）	螺栓间距（mm）		边距（mm）		
		单排	双排	端距	扎制边距	切角边距
M16	φ17.5	50	80	25	≥21或20（L40角钢时）	≥23
M20	φ21.5	60	100	30	≥26	≥28

注　螺孔顺力方向重心最大间距为12d或18t（取二者较小者），其中d为螺栓直径，t为较薄板的厚度。

表2　　角钢准距表

肢宽（mm）	准距（mm）	第一排准距（mm）	第二排准距（mm）	最大使用孔径（mm）
L40	20			17.5
L45	23			
L50	25（28）			
L56	28（32）			
L63	30（36）			
L70	35（40）			21.5
L75	38（40）			
L80	40			
L90	45			
L100	50			
L110	55	45	75	
L125	60	50	85	
L140	70	55	90	
L160	80	60	105	

注　括号内数字用于螺栓边距不足时，在搭接位置上的螺栓孔可使用的准距。

表3　　螺栓规格表

级别	单帽螺栓（带一垫、一扣紧螺母）				防盗螺栓	双帽螺栓（带一垫）				
	规格	符号	通过厚度（mm）	无扣长（mm）	质量（kg）	质量（kg）（带一垫）	规格	符号	通过厚度（mm）	无扣长（mm）	质量（kg）
6.8	M16×40	◑	7～12	6	0.1442	0.1997	M16×50	◑	7～12	6	0.1875
	M16×50	◪	13～22	12	0.1602	0.2127	M16×60		13～22	12	0.2039
	M16×60	▦	23～32	22	0.1762	0.2277	M16×70		23～32	22	0.2203
	M16×70	◨	33～42	32	0.1922	0.2477	M16×80		33～42	32	0.2369
6.8	M20×45	○	9～15	8	0.2701	0.3517	M20×60	○	9～15	8	0.3605
	M20×55	∅	16～25	15	0.2953	0.3737	M20×70		16～25	15	0.3864
	M20×65	⊠	26～35	25	0.3205	0.3967	M20×80		26～35	25	0.4123
	M20×75	∅	36～45	35	0.3457	0.4207	M20×90		36～45	35	0.4381
	M20×85	⊠	46～55	45	0.3709	0.4407	M20×100		46～55	45	0.4640
	M20×95	⊠	56～65	55	0.3961	0.4607	M20×110		56～65	55	0.4899
	M20×105	▨	66～75	65	0.4213	0.4807	M20×120	○	66～75	65	0.5158

表4　　脚钉、垫圈规格表

脚钉（带两帽）				垫圈				
规格	符号	无扣长（mm）	质量（kg）	规格	符号	质量（kg）	内径（mm）	外径（mm）
M16×180	⊕——	120	0.3799	−2（φ13.5）	规格×个数	0.00186	13.5	24
				−3（φ17.5）		0.01065	17.5	30
M20×200	⊕——	120	0.6749	−3（φ22）	规格×个数	0.01637	22	37
				−4（φ22）		0.02183	22	37
M24×240	⊕——	120	1.1803	−3（φ26）	规格×个数	0.02331	26	44
				−4（φ26）		0.03108	26	44

图 14−133　ZJT−SJ3 转角塔加工说明

14.2.11 ZJT-Z-D 直线塔

ZJT-Z-D 直线塔结构图清单见表 14-19。

表 14-19　　　　　　ZJT-Z-D 直线塔结构图清单

图序	图名	备注
图 14-134	ZJT-Z-D 直线塔总图	
图 14-135	ZJT-Z-D 直线塔材料汇总表	
图 14-136	ZJT-Z-D 直线塔塔头①结构图（1/2）	
图 14-137	ZJT-Z-D 直线塔塔头①结构图（2/2）	

图序	图名	备注
图 14-138	ZJT-Z-D 直线塔塔身②结构图	
图 14-139	ZJT-Z-D 直线塔塔身③结构图	
图 14-140	ZJT-Z-D 直线塔塔腿④结构图	
图 14-141	ZJT-Z-D 直线塔塔腿⑤结构图	
图 14-142	ZJT-Z-D 直线塔塔腿⑥结构图	
图 14-143	ZJT-Z-D 直线塔加工说明	

杆塔根开、基础根开、地脚螺栓规格及间距表

杆塔名称（型号）	ZJT－Z－D		
塔高（m）	13	15	18
接腿	⑤	⑥	④
杆塔根开（mm）	658	707	770
基础根开（mm）	702	751	820
基础地脚螺栓间距（mm）	200	200	200
每腿基础地脚螺栓配置（5.6级）	4M30	4M30	4M30

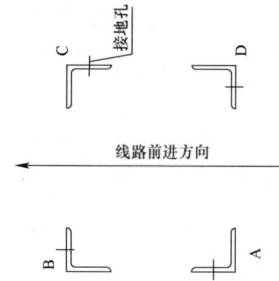

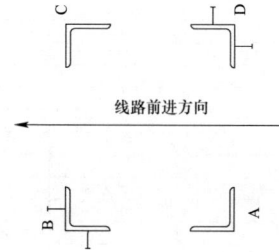

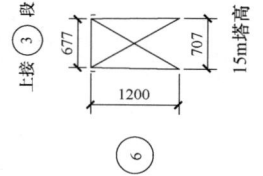

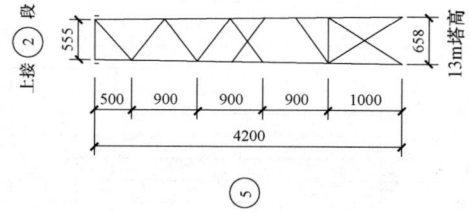

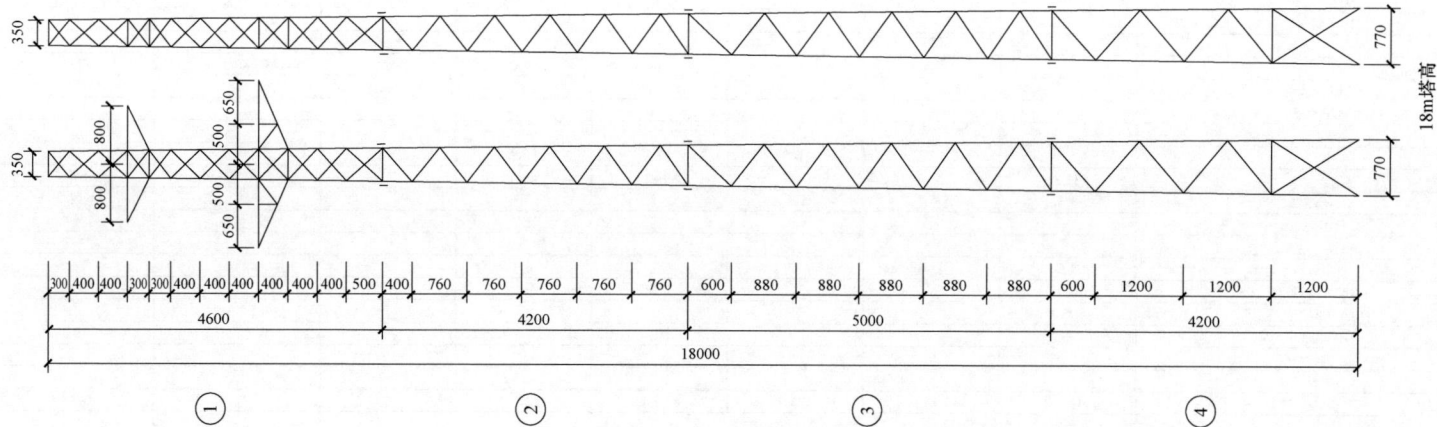

图14-134　ZJT－Z－D直线塔总图

材 料 汇 总 表

材料	材质	规格	段号 ①	②	③	④	⑤	⑥	全塔高（m） 13.0	15.0	18.0
角钢	Q355	L100×8				205.0					205.0
		L90×8		218.6				51.4		270.0	218.6
		L90×7					161.2		161.2		
		L90×6				18.4					18.4
		L80×6		123.6	14.4		14.4	16.2	138.0	154.2	138.0
		L70×6	118.6						118.6	118.6	118.6
		L70×5		9.3					9.3	9.3	9.3
		L63×5	22.3						22.3	22.3	22.3
		小计	140.9	132.9	233.0	223.4	175.6	67.6	449.4	574.4	730.2
	Q235	L63×5				49.8		41.2		41.2	49.8
		L56×5	3.4						3.4	3.4	3.4
		L50×5					32.6		32.6		
		L50×4	42.3			7.7	6.4	6.9	48.7	49.2	50.0
		L45×4	13.6	4.1	4.9	6.1	4.9		22.6	22.6	28.7
		L40×4			16.1					16.1	16.1
		L40×3	123.1	57.1	55.1	44.7	49.1	6.2	229.3	241.5	280.0
		小计	182.4	61.2	76.1	108.3	93.0	54.3	336.6	374.0	428.0
钢板	Q355	-6		24.4	28.9	35.4	28.2	42.8	52.6	96.1	88.7
		-8				10.0	10.0	10.0	10.0	10.0	10.0
		-10				68.8	63.8	67.2	63.8	67.2	68.8
		-20				72.6	72.6	72.6	72.6	72.6	72.6
		小计		24.4	28.9	186.8	174.6	192.6	199.0	245.9	240.1
	Q235	-2			0.7					0.7	0.7
		-6	51.2						51.2	51.2	51.2
		-8				25.1	22.3		22.3		25.1
		-10	0.8						0.8	0.8	0.8
		-12				1.4	1.0		1.0		1.4
		小计	52.0		0.7	26.5	23.3		75.3	52.7	79.2
螺栓	6.8级	M16×40	46.9	9.4	3.0	7.8	8.4	4.8	64.7	64.1	67.1
		M16×50	7.0		6.4	2.6	12.8		19.8	13.4	16.0
		M16×50 双帽	1.9						1.9	1.9	1.9
		小计	55.8	9.4	9.4	10.4	21.2	4.8	86.4	79.4	85.0
	6.8级	M20×45				13.0	2.2	8.6	2.2	8.6	13.0
		M20×55		14.2	16.5	36.6	26.0	29.5	40.2	60.2	67.3
		小计		14.2	16.5	49.6	28.2	38.1	42.4	68.8	80.3
		螺栓合计	55.8	23.6	25.9	60.0	49.4	42.9	128.8	148.2	165.3
脚钉	6.8级	M16×180	4.5	8.1	9.8	5.7	6.5		19.1	22.4	28.1
		M20×200		2.9	1.5	1.5	1.5		4.4	4.4	5.9
		小计	4.5	11.0	11.3	7.2	8.0		23.5	26.8	34.0
垫圈	Q235	-3A（φ17.5）	0.9			0.1			1.0	0.9	0.9
		-4A（φ17.5）	0.3						0.3	0.3	0.3
		-4B（φ22）				0.2		0.2	0.2	0.2	0.2
		小计	1.2			0.2	0.1	0.2	1.3	1.4	1.4
		合计（kg）	436.8	253.1	375.9	612.4	524.0	357.6	1213.9	1423.4	1678.2
		各塔高含防盗螺栓总质量（kg）							1238.1	1451.5	1711.6

图 14-135　ZJT-Z-D 直线塔材料汇总表

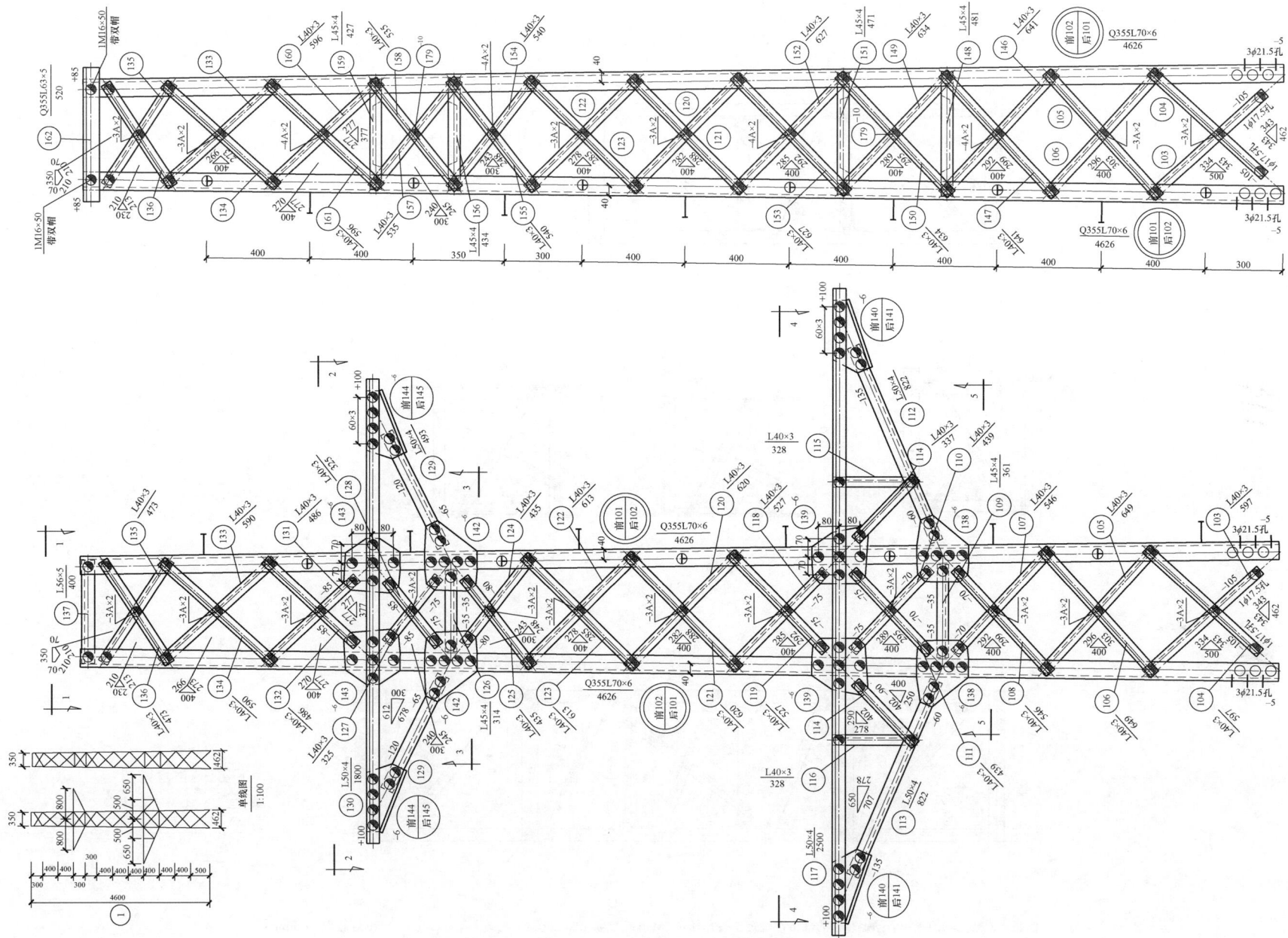

图 14-136　ZJT-Z-D 直线塔塔头①结构图（1/2）

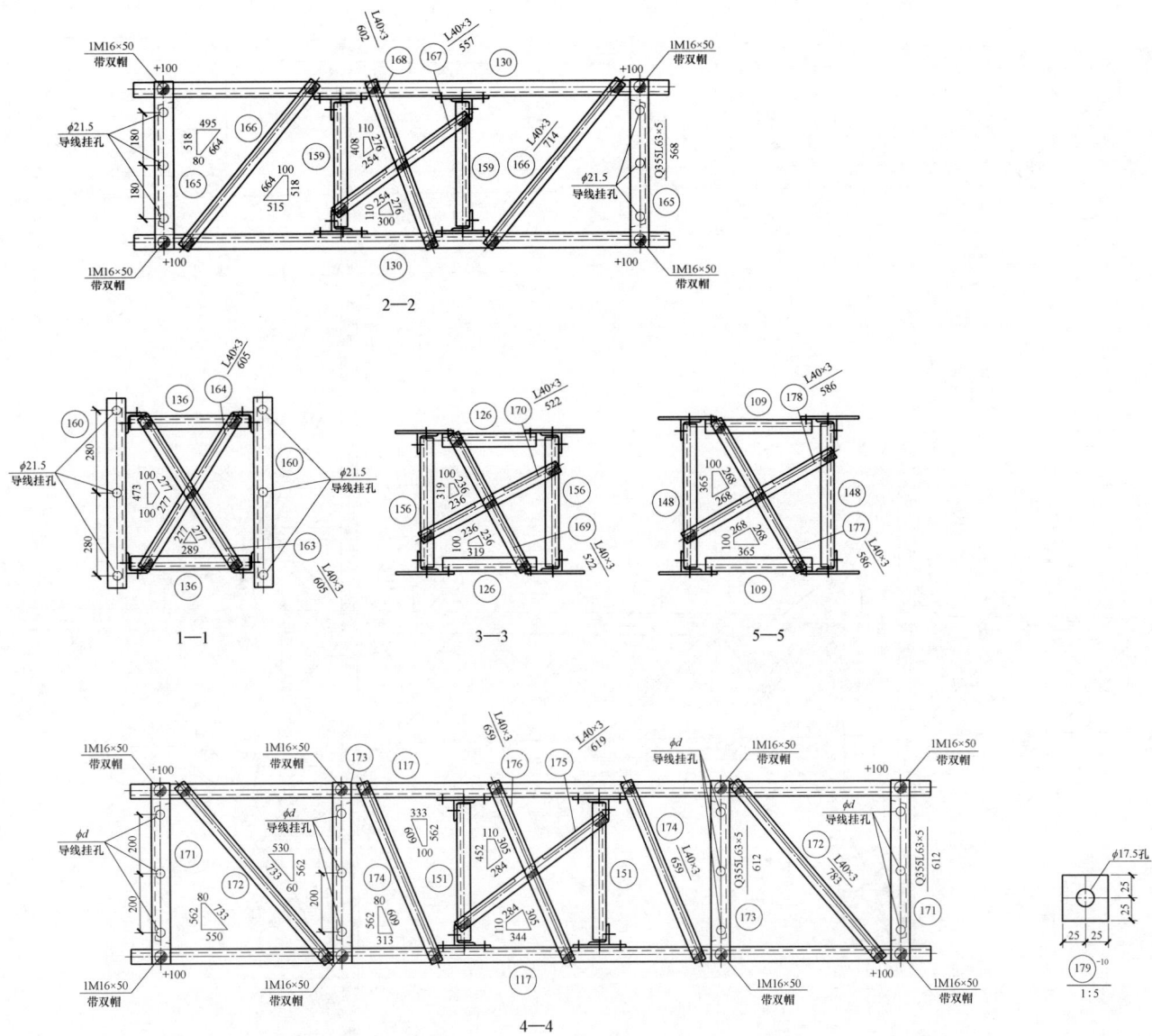

图 14-137　ZJT-Z-D 直线塔塔头①结构图（2/2）（一）

说明：根据选取的绝缘子固定螺栓的规格，确定安装孔径 d（M16 螺栓取 17.5mm，M18 螺栓取 19.5mm，M20 螺栓取 21.5mm）。

构件明细表

编号	规格	长度（mm）	数量	单件	小计	备注	编号	规格	长度（mm）	数量	单件	小计	备注
⑩1	Q355L70×6	4626	2	29.63	59.3	带脚钉	⑭1	−6×123	296	2	1.71	3.4	卷边50mm
⑩2	Q355L70×6	4626	2	29.63	59.3	带脚钉	⑭2	−6×203	270	4	2.58	10.3	
⑩3	L40×3	597	4	1.11	4.4	切角	⑭3	−6×209	215	4	2.12	8.5	
⑩4	L40×3	597	4	1.11	4.4		⑭4	−6×131	282	2	1.74	3.5	卷边50mm
⑩5	L40×3	649	4	1.20	4.8	切角	⑭5	−6×131	282	2	1.74	3.5	卷边50mm
⑩6	L40×3	649	4	1.20	4.8	切角	⑭6	L40×3	641	2	1.19	2.4	
⑩7	L40×3	546	2	1.01	2.0	切角	⑭7	L40×3	641	2	1.19	2.4	
⑩8	L40×3	546	2	1.01	2.0		⑭8	L45×4	481	2	1.32	2.6	两端切肢
⑩9	L45×4	361	2	0.99	2.0		⑭9	L40×3	634	2	1.17	2.3	切角
⑪0	L40×3	439	2	0.81	1.6		⑮0	L40×3	634	2	1.17	2.3	
⑪1	L40×3	439	2	0.81	1.6	两端切肢	⑮1	L45×4	471	2	1.29	2.6	
⑪2	L50×4	822	2	2.51	5.0	切角	⑮2	L40×3	627	2	1.16	2.3	切角
⑪3	L50×4	822	2	2.51	5.0		⑮3	L40×3	627	2	1.16	2.3	
⑪4	L40×3	337	4	0.62	2.5		⑮4	L40×3	540	2	1.00	2.0	切角
⑪5	L40×3	328	2	0.61	1.2	切角	⑮5	L40×3	540	2	1.00	2.0	
⑪6	L40×3	328	2	0.61	1.2	切角	⑮6	L45×4	434	2	1.19	2.4	两端切肢
⑪7	L50×4	2500	2	7.65	15.3		⑮7	L40×3	535	2	0.99	2.0	切角
⑪8	L40×3	527	2	0.98	2.0	切角	⑮8	L40×3	535	2	0.99	2.0	
⑪9	L40×3	527	2	0.98	2.0		⑮9	L45×4	427	2	1.17	2.3	两端切肢
⑫0	L40×3	620	4	1.15	4.6	切角	⑯0	L40×3	596	2	1.10	2.2	切角
⑫1	L40×3	620	4	1.15	4.6		⑯1	L40×3	596	2	1.10	2.2	
⑫2	L40×3	613	4	1.14	4.6	切角	⑯2	Q355L63×5	520	2	2.51	5.0	两端切肢
⑫3	L40×3	613	4	1.14	4.6		⑯3	L40×3	605	1	1.12	1.1	
⑫4	L40×3	435	2	0.81	1.6	切角	⑯4	L40×3	605	1	1.12	1.1	
⑫5	L40×3	435	2	0.81	1.6	中间切肢	⑯5	Q355L63×5	568	2	2.74	5.5	两端切肢
⑫6	L45×4	314	2	0.86	1.7		⑯6	L40×3	714	2	1.32	2.6	
⑫7	L40×3	325	2	0.60	1.2		⑯7	L40×3	557	1	1.03	1.0	中间切肢
⑫8	L40×3	325	2	0.60	1.2		⑯8	L40×3	602	1	1.11	1.1	
⑫9	L50×4	493	4	1.51	6.0		⑯9	L40×3	522	1	0.97	1.0	
⑬0	L50×4	1800	2	5.51	11.0		⑰0	L40×3	522	1	0.97	1.0	中间切肢
⑬1	L40×3	486	2	0.90	1.8	切角	⑰1	Q355L63×5	612	2	2.95	5.9	两端切肢
⑬2	L40×3	486	2	0.90	1.8		⑰2	L40×3	783	2	1.45	2.9	
⑬3	L40×3	590	4	1.09	4.4	切角	⑰3	Q355L63×5	612	2	2.95	5.9	两端切肢
⑬4	L40×3	590	4	1.09	4.4		⑰4	L40×3	659	2	1.22	2.4	
⑬5	L40×3	473	4	0.88	3.5	切角	⑰5	L40×3	619	1	1.15	1.2	中间切肢
⑬6	L40×3	473	4	0.88	3.5		⑰6	L40×3	659	1	1.22	1.2	
⑬7	L56×5	400	2	1.70	3.4		⑰7	L40×3	586	1	1.09	1.1	
⑬8	−6×201	258	4	2.44	9.8		⑰8	L40×3	586	1	1.09	1.1	中间切肢
⑬9	−6×206	228	4	2.21	8.8		⑰9	−10×50	50	4	0.20	0.8	垫板
⑭0	−6×123	296	2	1.71	3.4	卷边50mm	总质量					375.3kg	

螺栓、脚钉、垫圈明细表

名称	级别	规格	符号	数量	质量（kg）	备注
螺栓	6.8级	M16×40	●	325	46.9	
		M16×50	●	44	7.0	
		M16×50	●	12	1.9	带双帽
脚钉	6.8级	M16×180	⊕T	11	4.5	
垫圈	Q235	−3A（φ17.5）		80	0.9	规格×个数
		−4A（φ17.5）		16	0.3	
总质量					61.5kg	

图 14−137 ZJT−Z−D 直线塔塔头①结构图（2/2）（二）

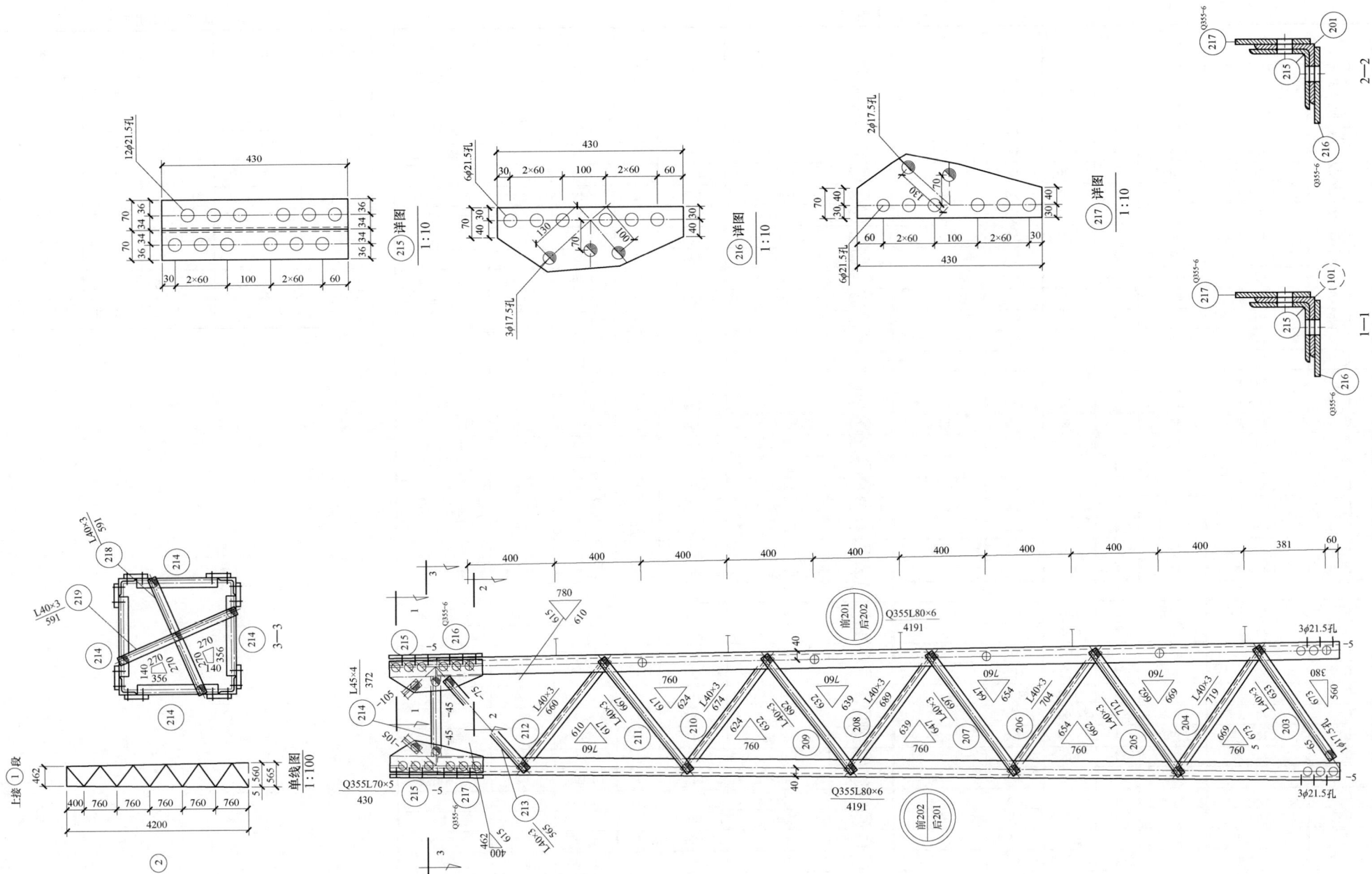

图 14-138　ZJT-Z-D 直线塔塔身②结构图（一）

构件明细表

编号	规格	长度（mm）	数量	质量（kg）		备注
				单件	小计	
201	Q355L80×6	4191	2	30.91	61.8	带脚钉
202	Q355L80×6	4191	2	30.91	61.8	
203	L40×3	633	4	1.17	4.7	
204	L40×3	719	4	1.33	5.3	切角
205	L40×3	712	4	1.32	5.3	
206	L40×3	704	4	1.30	5.2	切角
207	L40×3	697	4	1.29	5.2	
208	L40×3	689	4	1.28	5.1	切角
209	L40×3	682	4	1.26	5.0	
210	L40×3	674	4	1.25	5.0	切角
211	L40×3	667	4	1.24	5.0	
212	L40×3	660	4	1.22	4.9	切角
213	L40×3	565	4	1.05	4.2	
214	L45×4	372	4	1.02	4.1	
215	Q355L70×5	430	4	2.32	9.3	铲背
216	Q355－6×150	430	4	3.04	12.2	
217	Q355－6×150	430	4	3.04	12.2	
218	L40×3	591	1	1.09	1.1	中间切肢
219	L40×3	591	1	1.09	1.1	
总质量		218.5kg				

螺栓、脚钉、垫圈明细表

名称	级别	规格	符号	数量	质量（kg）	备注
螺栓	6.8 级	M16×40	◕	65	9.4	
		M20×55	○	48	14.2	
脚钉	6.8 级	M16×180	⊖T	20	8.1	
		M20×200		4	2.9	
垫圈	Q235					规格×个数
总质量			34.6kg			

图 14－138　ZJT－Z－D 直线塔塔身②结构图（二）

杆塔根开、基础根开、地脚螺栓规格及间距表

杆塔名称（型号）	ZJT－J1－D		
塔高（m）	13	15	18
接腿	⑤	⑥	④
杆塔根开（mm）	828	905	1010
基础根开（mm）	868	945	1050
基础地脚螺栓间距（mm）	270	270	270
每腿基础地脚螺栓配置（5.6级）	4M42	4M42	4M42

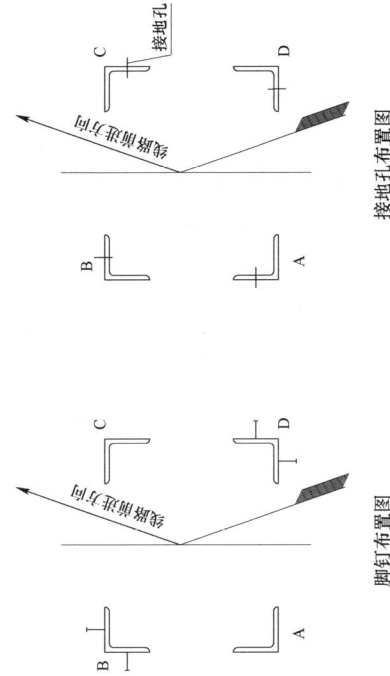

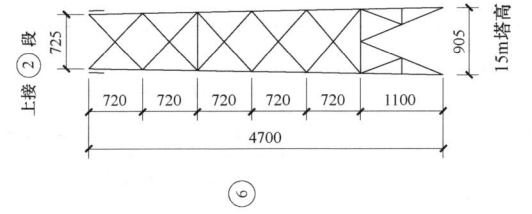

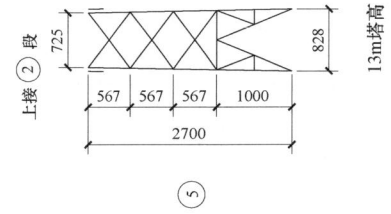

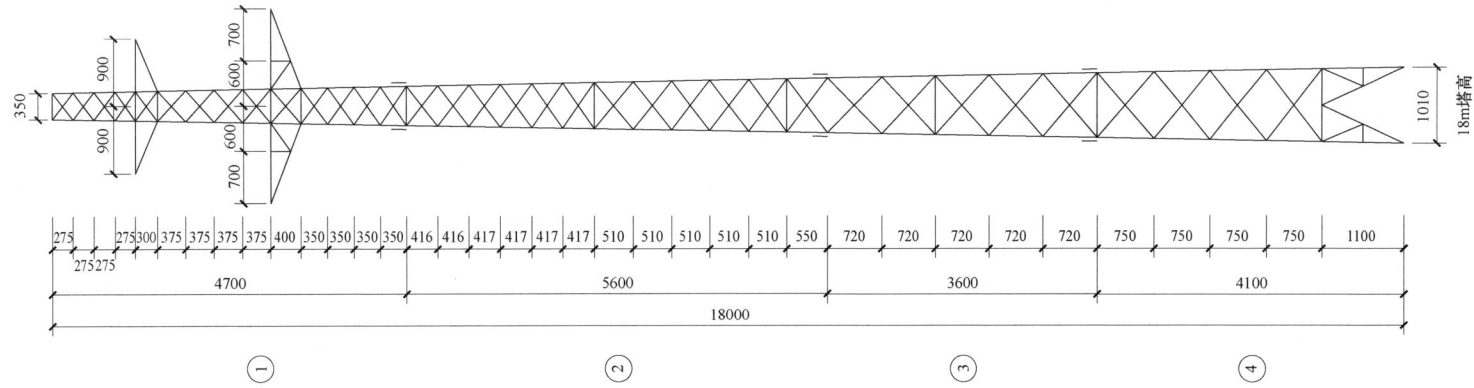

图 14－144 ZJT－J1－D 转角塔总图

材 料 汇 总 表

材料	材质	规格	段号 ①	②	③	④	⑤	⑥	全塔高（m） 13.0	15.0	18.0
角钢	Q355	L140×10				382.2					382.2
		L125×10			246.2		204.4	357.6	204.4	357.6	246.2
		L125×8				34.1					34.1
		L110×10		373.4					373.4	373.4	373.4
		L110×8				29.2	29.2	29.2	29.2	29.2	29.2
		L100×8		24.1					24.1	24.1	24.1
		L80×6	139.4						139.4	139.4	139.4
		L63×5	18.6						18.6	18.6	18.6
		小计	158.0	397.5	275.4	416.3	233.6	386.8	789.1	942.3	1247.2
	Q235	L50×4	75.8			30.5	25.4	28.9	101.2	104.7	106.3
		L45×4		19.6	9.1	9.9		9.1	19.6	28.7	38.6
		L40×4	48.0	25.4					73.4	73.4	73.4
		L40×3	99.3	131.4	84.8	99.6	61.1	105.4	291.8	336.1	415.1
		小计	223.1	176.4	93.9	140.0	86.5	143.4	486.0	542.9	633.4
钢板	Q355	−3	2.6						2.6	2.6	2.6
		−8	41.7	47.0	48.8	57.8	74.8	74.8	163.5	163.5	195.3
		−12				129.5	123.2	123.2	123.2	123.2	129.5
		−38				241.6	241.6	241.6	241.6	241.6	241.6
		小计	44.3	47.0	48.8	428.9	439.6	439.6	530.9	530.9	569.0
	Q235	−4		2.7					2.7	2.7	2.7
		−6	54.0			35.7	33.4	35.1	87.4	89.1	89.7
		−10		8.0	3.2	2.4	0.8	2.4	8.8	10.4	13.6
		小计	54.0	10.7	3.2	38.1	34.2	37.5	98.9	102.2	106.0
螺栓	6.8级	M16×40	43.8	5.6	3.0	15.9	16.9	17.6	66.3	67.0	68.3
		M16×50	12.0	21.8	8.3	14.7	12.2	16.0	46.0	49.8	56.8
		M16×50 双帽	10.3						10.3	10.3	10.3
		M16×60 双帽	2.1						2.1	2.1	2.1
		小计	68.2	27.4	11.3	30.6	29.1	33.6	124.7	129.2	137.5
	6.8级	M20×55		16.5		16.5	14.2	14.2	30.7	30.7	33.0
		M20×65			23.1	25.6	23.1	23.1	23.1	23.1	48.7
		小计		16.5	23.1	42.1	37.3	37.3	53.8	53.8	81.7
		螺栓合计	68.2	43.9	34.4	72.7	66.4	70.9	178.5	183.0	219.2
脚钉	6.8级	M16×180	8.1	9.8	4.9	5.7	2.4	6.5	20.3	24.4	28.5
		M20×200	1.5	2.9	2.9	1.5	1.5	1.5	5.9	5.9	8.8
		小计	9.6	12.7	7.8	7.2	3.9	8.0	26.2	30.3	37.3
垫圈	Q235	−3A(φ17.5)	0.9						0.9	0.9	0.9
		−4A(φ17.5)	0.5	0.2	0.2	0.2	0.3	0.3	1.0	1.0	1.1
		小计	1.4	0.2	0.2	0.2	0.3	0.3	1.9	1.9	2.0
合计（kg）			558.6	688.4	463.7	1103.4	864.5	1086.5	2111.5	2333.5	2814.1
各塔高含防盗螺栓总质量（kg）									2153.2	2379.6	2869.9

图 14−145 ZJT−J1−D 转角塔材料汇总表

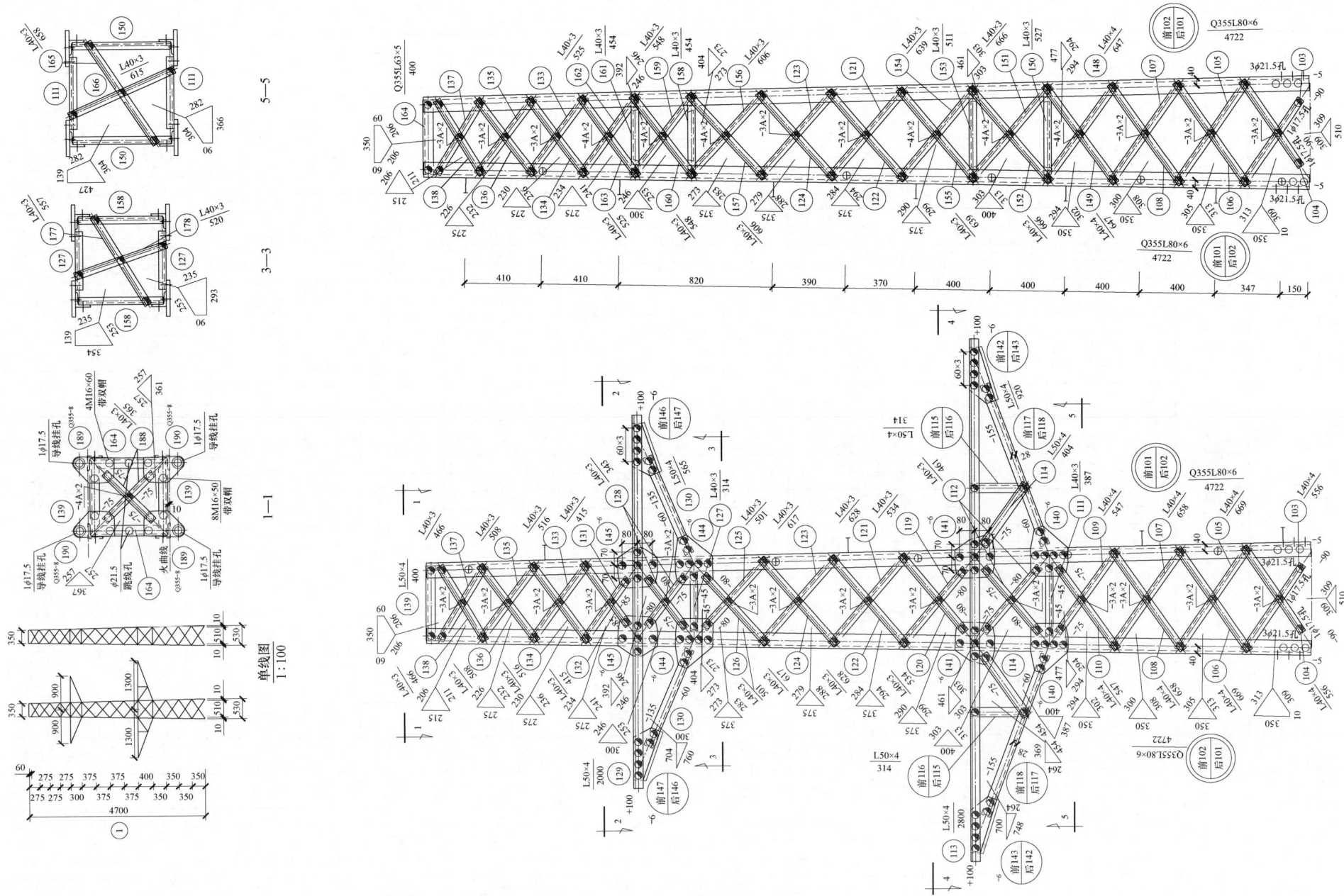

图 14−146 ZJT−J1−D 转角塔塔头①结构图（1/2）

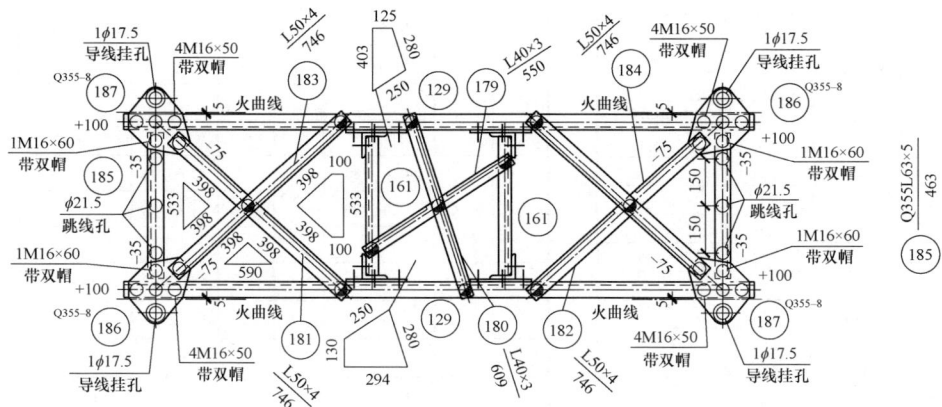

2—2

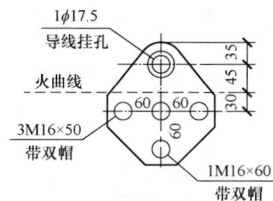

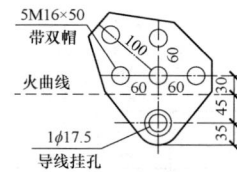

173 详图
1:10

174 详图
1:10

175 详图
1:10

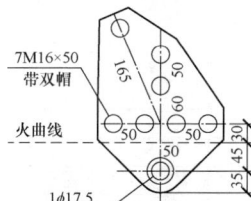

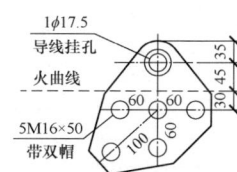

176 详图
1:10

186 详图
1:10

187 详图
1:10

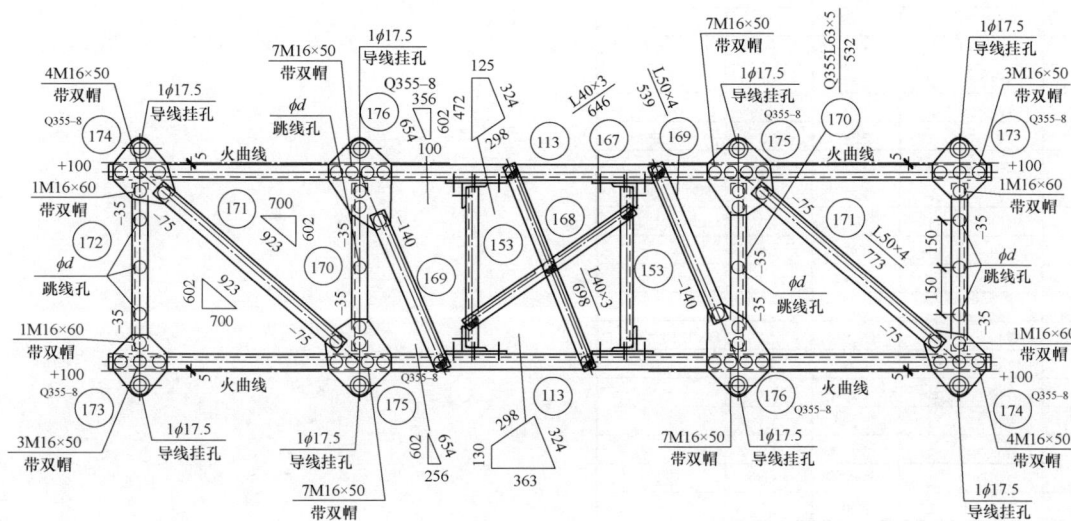

4—4

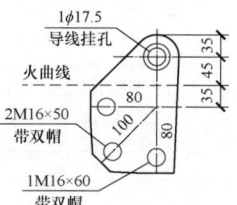

189 详图
1:10

190 详图
1:10

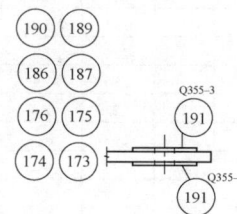

6—6

191 详图
1:10

说明：根据选取的绝缘子固定螺栓的规格，确定安装孔径 d（M16 螺栓取 17.5mm，M18 螺栓取 19.5mm，M20 螺栓取 21.5mm）。

图 14-147 ZJT-J1-D 转角塔塔头①结构图（2/2）（一）

构 件 明 细 表

编号	规格	长度(mm)	数量	质量(kg) 单件	质量(kg) 小计	备注	编号	规格	长度(mm)	数量	质量(kg) 单件	质量(kg) 小计	备注
101	Q355L80×6	4722	2	34.83	69.7	带脚钉	147	−6×141	281	2	1.87	3.7	卷边50mm
102	Q355L80×6	4722	2	34.83	69.7		148	L40×4	647	2	1.57	3.1	切角
103	L40×4	556	4	1.35	5.4	切角	149	L40×4	647	2	1.57	3.1	
104	L40×4	556	4	1.35	5.4	两端切肢	150	L40×3	527	2	0.98	2.0	
105	L40×4	669	4	1.62	6.5	切角	151	L40×3	666	2	1.23	2.5	
106	L40×4	669	4	1.62	6.5		152	L40×3	666	2	1.23	2.5	
107	L40×4	658	4	1.59	6.4	切角	153	L40×3	511	2	0.95	1.9	两端切肢
108	L40×4	658	4	1.59	6.4	切角	154	L40×3	639	2	1.18	2.4	
109	L40×4	547	2	1.32	2.6	切角	155	L40×3	639	2	1.18	2.4	
110	L40×4	547	2	1.32	2.6	切角	156	L40×3	606	2	1.12	2.2	
111	L40×3	387	2	0.72	1.4		157	L40×3	606	2	1.12	2.2	
112	L40×3	461	4	0.85	3.4	两端切肢	158	L40×3	454	2	0.84	1.7	两端切肢
113	L50×4	2800	2	8.57	17.1	切角	159	L40×3	548	2	1.01	2.0	
114	L50×4	404	4	1.24	5.0		160	L40×3	548	2	1.01	2.0	
115	L50×4	314	2	0.96	1.9	切角	161	L40×3	442	2	0.82	1.6	两端切肢
116	L50×4	314	2	0.96	1.9	切角	162	L40×3	525	2	0.97	1.9	
117	L50×4	920	2	2.81	5.6		163	L40×3	525	2	0.97	1.9	
118	L50×4	920	2	2.81	5.6	两端切肢	164	Q355L63×5	400	2	1.93	3.9	两端切肢
119	L40×3	534	2	0.99	2.0	切角	165	L40×3	658	1	1.22	1.2	
120	L40×3	534	2	0.99	2.0		166	L40×3	615	1	1.14	1.1	
121	L40×3	628	4	1.16	4.6	切角	167	L40×3	646	1	1.20	1.2	中间切肢
122	L40×3	628	4	1.16	4.6		168	L40×3	698	1	1.29	1.3	
123	L40×3	617	4	1.14	4.6	切角	169	L50×4	539	2	1.65	3.3	
124	L40×3	617	4	1.14	4.6		170	Q355L63×5	532	2	2.57	5.1	
125	L40×3	501	2	0.93	1.9	切角	171	L50×4	773	2	2.36	4.7	
126	L40×3	501	2	0.93	1.9		172	Q355L63×5	532	2	2.57	5.1	
127	L40×3	314	2	0.58	1.2		173	Q355−8×170	195	2	2.08	4.2	火曲
128	L40×3	343	4	0.64	2.6		174	Q355−8×196	210	2	2.58	5.2	火曲
129	L50×4	2000	2	6.12	12.2		175	Q355−8×211	245	2	3.25	6.5	火曲
130	L50×4	565	4	1.73	6.9		176	Q355−8×200	295	2	3.71	7.4	火曲
131	L40×3	415	2	0.77	1.5	中间切肢	177	L40×3	557	1	1.03	1.0	中间切肢
132	L40×3	415	2	0.77	1.5		178	L40×3	520	1	0.96	1.0	
133	L40×3	516	4	0.96	3.8	切角	179	L40×3	550	1	1.02	1.0	中间切肢
134	L40×3	516	4	0.96	3.8		180	L40×3	609	1	1.13	1.1	
135	L40×3	508	4	0.94	3.8	切角	181	L50×4	746	1	2.28	2.3	中间切肢
136	L40×3	508	4	0.94	3.8		182	L50×4	746	1	2.28	2.3	中间切肢
137	L40×3	466	4	0.86	3.4	切角	183	L50×4	749	1	2.29	2.3	
138	L40×3	466	4	0.86	3.4		184	L50×4	746	1	2.28	2.3	
139	L50×4	400	2	1.22	2.4	两端切肢	185	Q355L63×5	463	2	2.23	4.5	
140	−6×202	272	4	2.59	10.4		186	Q355−8×195	212	2	2.60	5.2	火曲
141	−6×212	230	4	2.30	9.2		187	Q355−8×195	212	2	2.60	5.2	火曲
142	−6×139	303	2	1.98	4.0	卷边50mm	188	L40×3	365	2	0.68	1.4	
143	−6×139	303	2	1.98	4.0	卷边50mm	189	Q355−8×140	225	2	1.98	4.0	火曲
144	−6×204	269	4	2.58	10.3		190	Q355−8×140	225	2	1.98	4.0	火曲
145	−6×212	217	4	2.17	8.7		191	Q355−3×60	60	32	0.08	2.6	焊接
146	−6×141	281	2	1.87	3.7	卷边50mm	总质量					479.4kg	

螺栓、脚钉、垫圈明细表

名称	级别	规格	符号	数量	质量(kg)	备注
螺栓	6.8级	M16×40		304	43.8	
		M16×50		75	12.0	
		M16×50		64	10.3	带双帽
		M16×60		12	2.1	带双帽
脚钉	6.8级	M16×180		20	8.1	
		M20×200		2	1.5	
垫圈	Q235	−3A(φ17.5)		88	0.9	规格×个数
		−4A(φ17.5)		22	0.5	
总质量					79.2kg	

图 14−147　ZJT−J1−D 转角塔塔头①结构图（2/2）（二）

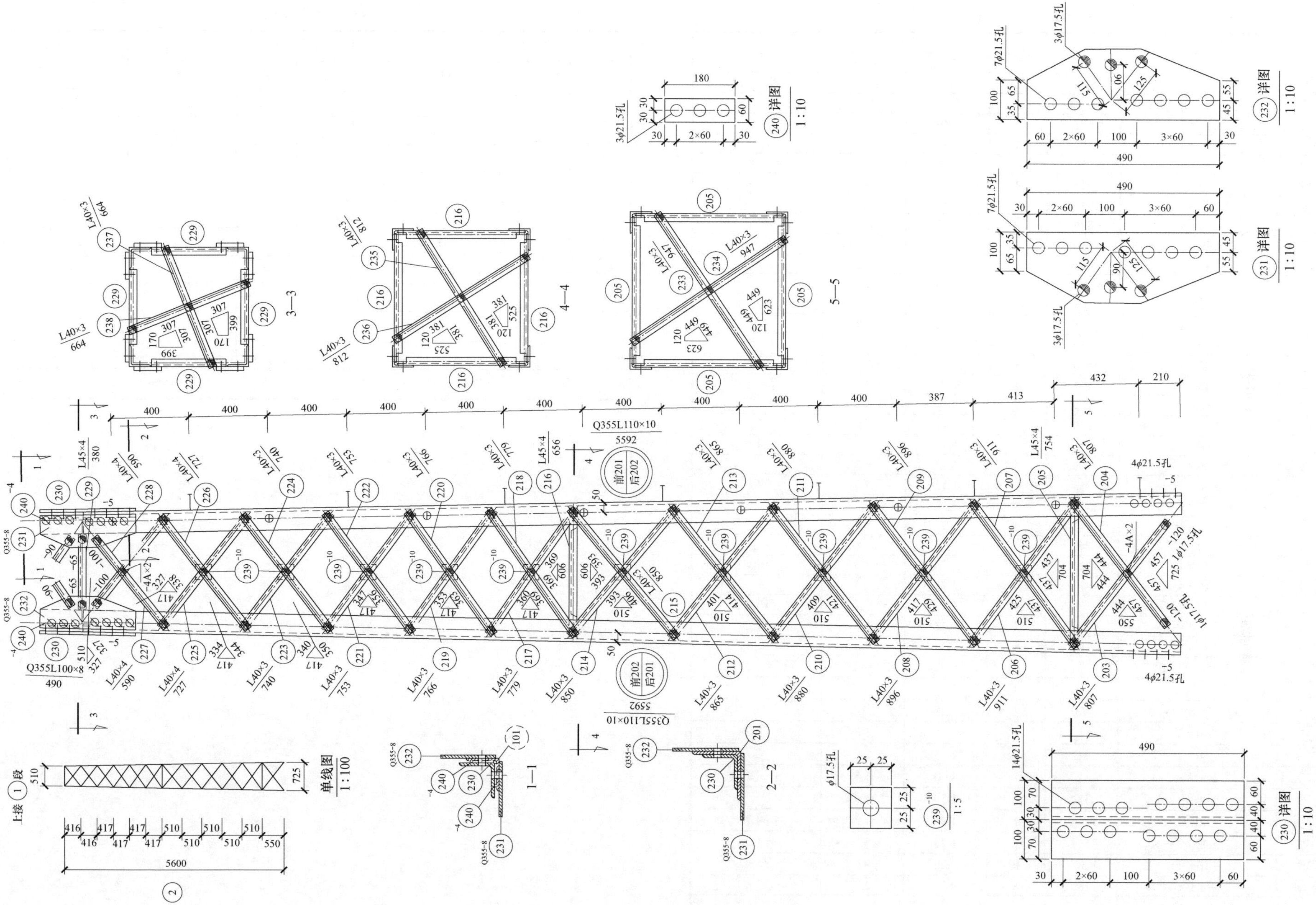

图 14-148　ZJT-J1-D 转角塔塔身②结构图（一）

编号	规格	长度（mm）	数量	质量（kg） 单件	质量（kg） 小计	备注
201	Q355L110×10	5592	2	93.33	186.7	带脚钉
202	Q355L110×10	5592	2	93.33	186.7	
203	L40×3	807	4	1.49	6.0	切角
204	L40×3	807	4	1.49	6.0	
205	L45×4	754	4	2.06	8.2	两端切肢
206	L40×3	911	4	1.69	6.8	切角
207	L40×3	911	4	1.69	6.8	
208	L40×3	896	4	1.66	6.6	切角
209	L40×3	896	4	1.66	6.6	
210	L40×3	880	4	1.63	6.5	切角
211	L40×3	880	4	1.63	6.5	
212	L40×3	865	4	1.60	6.4	切角
213	L40×3	865	4	1.60	6.4	
214	L40×3	850	4	1.57	6.3	切角
215	L40×3	850	4	1.57	6.3	
216	L45×4	656	4	1.79	7.2	两端切肢
217	L40×3	779	4	1.44	5.8	
218	L40×3	779	4	1.44	5.8	
219	L40×3	766	4	1.42	5.7	切角
220	L40×3	766	4	1.42	5.7	
221	L40×3	753	4	1.39	5.6	切角
222	L40×3	753	4	1.39	5.6	
223	L40×3	740	4	1.37	5.5	切角
224	L40×3	740	4	1.37	5.5	
225	L40×4	727	4	1.76	7.0	切角
226	L40×4	727	4	1.76	7.0	
227	L40×4	590	4	1.43	5.7	切角
228	L40×4	590	4	1.43	5.7	
229	L45×4	380	4	1.04	4.2	
230	Q355L100×8	490	4	6.02	24.1	铲背、铲弧
231	Q355-8×191	490	4	5.88	23.5	
232	Q355-8×191	490	4	5.88	23.5	
233	L40×3	947	1	1.75	1.8	中间切肢
234	L40×3	947	1	1.75	1.8	
235	L40×3	812	1	1.50	1.5	中间切肢
236	L40×3	812	1	1.50	1.5	
237	L40×3	664	1	1.23	1.2	中间切肢
238	L40×3	664	1	1.23	1.2	
239	-10×50	50	40	0.20	8.0	垫板
240	-4×60	180	8	0.34	2.7	垫板
总质量					631.6kg	

名称	级别	规格	符号	数量	质量（kg）	备注
螺栓	6.8级	M16×40	⊙	39	5.6	
		M16×50	⊚	136	21.8	
		M20×55	∅	56	16.5	
脚钉	6.8级	M16×180	⊕T	24	9.8	
		M20×200		4	2.9	
垫圈	Q235	-4A（φ17.5）		8	0.2	规格×个数
总质量					56.8kg	

图 14-148 ZJT-J1-D 转角塔塔身②结构图（二）

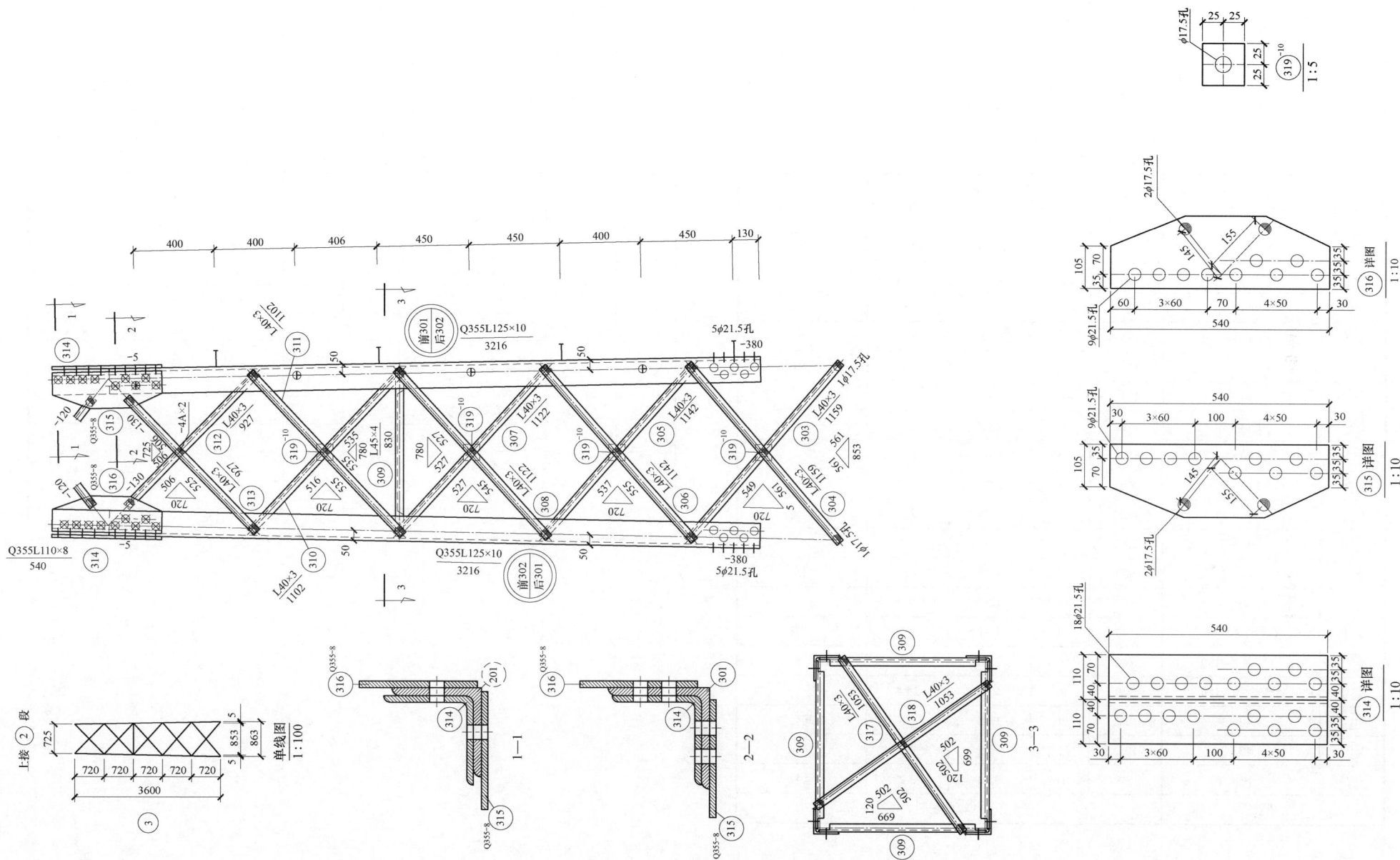

图 14-149 ZJT-J1-D 转角塔塔身③结构图（一）

编号	规格	长度 （mm）	数量	质量（kg） 单件	质量（kg） 小计	备注
㉛①	Q355L125×10	3216	2	61.53	123.1	带脚钉
㉚②	Q355L125×10	3216	2	61.53	123.1	
㉚③	L40×3	1159	4	2.15	8.6	切角
㉚④	L40×3	1159	4	2.15	8.6	
㉚⑤	L40×3	1142	4	2.11	8.4	切角
㉚⑥	L40×3	1142	4	2.11	8.4	
㉚⑦	L40×3	1122	4	2.08	8.3	切角
㉚⑧	L40×3	1122	4	2.08	8.3	
㉚⑨	L45×4	830	4	2.27	9.1	两端切肢
㉛⓪	L40×3	1102	4	2.04	8.2	切角
㉛①	L40×3	1102	4	2.04	8.2	
㉛②	L40×3	927	4	1.72	6.9	切角
㉛③	L40×3	927	4	1.72	6.9	
㉛④	Q355L110×8	540	4	7.31	29.2	铲背
㉛⑤	Q355−8×180	540	4	6.10	24.4	
㉛⑥	Q355−8×180	540	4	6.10	24.4	
㉛⑦	L40×3	1053	1	1.95	2.0	中间切肢
㉛⑧	L40×3	1053	1	1.95	2.0	
㉛⑨	−10×50	50	16	0.20	3.2	垫板
总质量				421.3kg		

名称	级别	规格	符号	数量	质量（kg）	备注
螺栓	6.8级	M16×40	●	21	3.0	
		M16×50	●	52	8.3	
		M20×65	⊠	72	23.1	
脚钉	6.8级	M16×180	⊕T	12	4.9	
		M20×200		4	2.9	
垫圈	Q235	−4A(φ17.5)		8	0.2	规格×个数
总质量					42.4kg	

图 14−149　ZJT−J1−D 转角塔塔身③结构图（二）

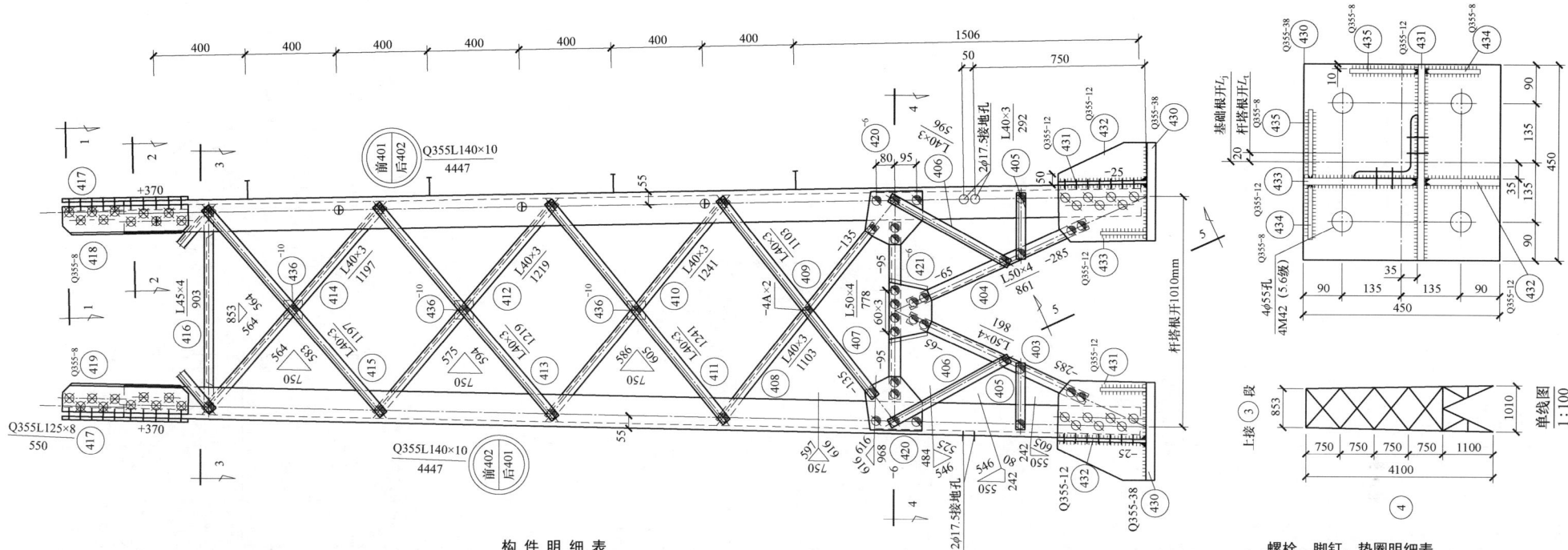

构件明细表

编号	规格	长度(mm)	数量	质量(kg) 单件	质量(kg) 小计	备注	编号	规格	长度(mm)	数量	质量(kg) 单件	质量(kg) 小计	备注
401	Q355L140×10	4447	2	95.56	191.1	带脚钉	420	−6×236	253	8	2.81	22.5	
402	Q355L140×10	4447	2	95.56	191.1		421	−6×186	230	4	2.01	8.0	卷边50mm
403	L50×4	861	4	2.63	10.5		422	L40×3	691	4	1.28	5.1	
404	L50×4	861	4	2.63	10.5		423	L40×3	1077	1	1.99	2.0	中间切肢
405	L40×3	292	8	0.54	4.3		424	L40×3	1077	1	1.99	2.0	
406	L40×3	596	8	1.10	8.8		425	L40×3	1157	1	2.14	2.1	中间切肢
407	L50×4	778	4	2.38	9.5		426	L40×3	1157	1	2.14	2.1	
408	L40×3	1103	4	2.04	8.2	切角	427	L40×3	345	4	0.64	2.6	
409	L40×3	1103	4	2.04	8.2	火曲	428	−6×110	123	4	0.64	2.6	火曲
410	L40×3	1241	4	2.30	9.2	切角	429	−6×110	123	4	0.64	2.6	火曲
411	L40×3	1241	4	2.30	9.2	火曲	430	Q355−38×450	450	4	60.41	241.6	电焊
412	L40×3	1219	4	2.26	9.0	切角	431	Q355−12×450	387	4	16.40	65.6	打坡口焊
413	L40×3	1219	4	2.26	9.0		432	Q355−12×182	387	4	6.63	26.5	打坡口焊
414	L40×3	1197	4	2.22	8.9	切角	433	Q355−12×257	386	4	9.34	37.4	打坡口焊
415	L40×3	1197	4	2.22	8.9		434	Q355−8×130	200	8	1.63	13.0	打坡口焊
416	L45×4	903	4	2.47	9.9	两端切肢	435	Q355−8×130	200	8	1.63	13.0	打坡口焊
417	Q355L125×8	550	4	8.53	34.1	铲背	436	−10×50	50	12	0.20	2.4	垫板
418	Q355−8×115	550	4	3.97	15.9								
419	Q355−8×115	550	4	3.97	15.9		总质量					1023.3kg	

螺栓、脚钉、垫圈明细表

名称	级别	规格	符号	数量	质量(kg)	备注
螺栓	6.8级	M16×40	●	110	15.9	
		M16×50	◗	92	14.7	
		M20×55	⊘	56	16.5	
		M20×65	⊠	80	25.6	
脚钉	6.8级	M16×180	ФT	14	5.7	
		M20×200		2	1.5	
垫圈	Q235	−4A(φ17.5)		8	0.2	规格×个数
总质量					80.1kg	

图 14-150　ZJT-J1-D 转角塔塔腿④结构图（1/2）

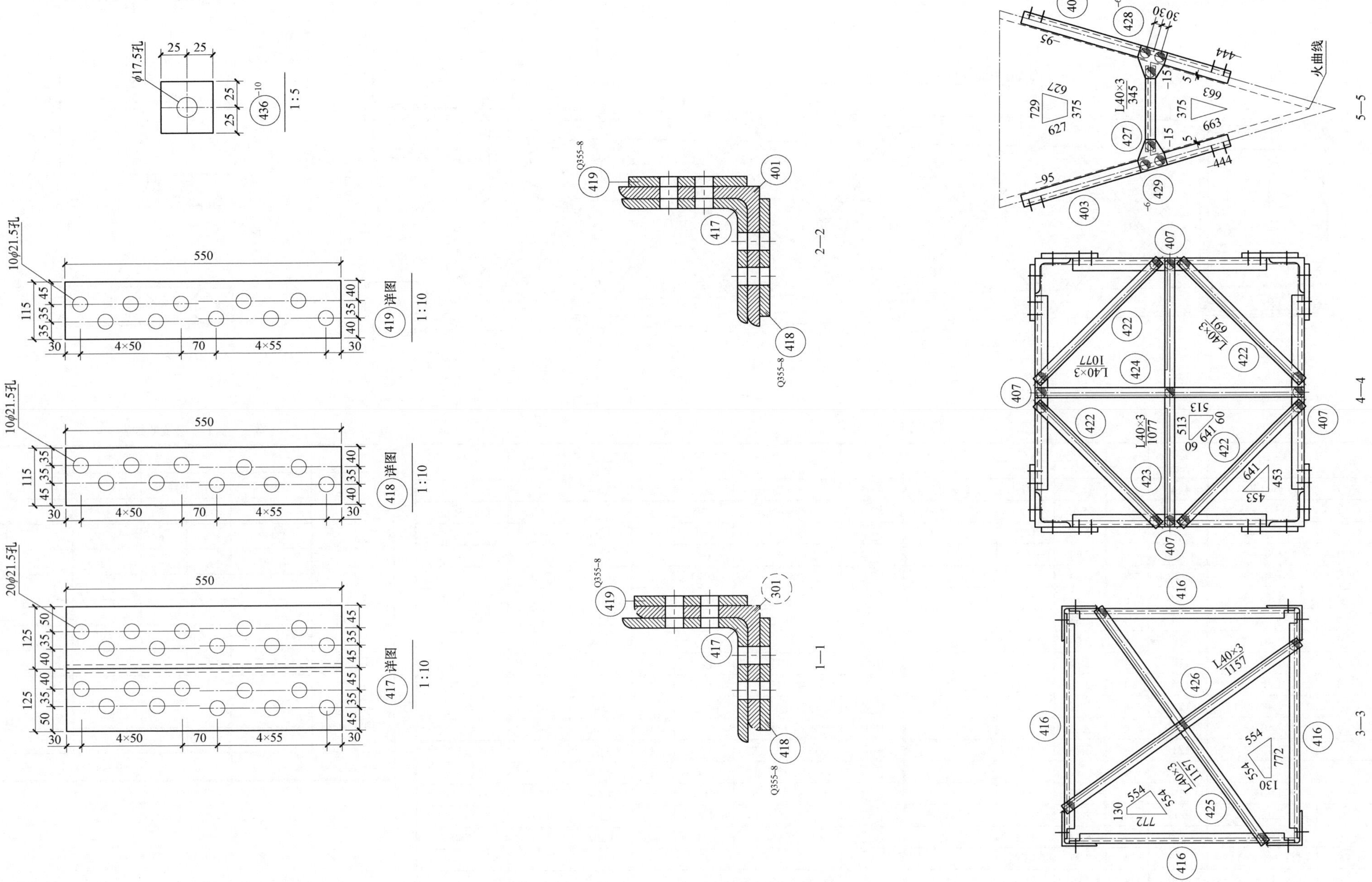

图 14-151 ZJT-J1-D 转角塔塔腿④结构图（2/2）

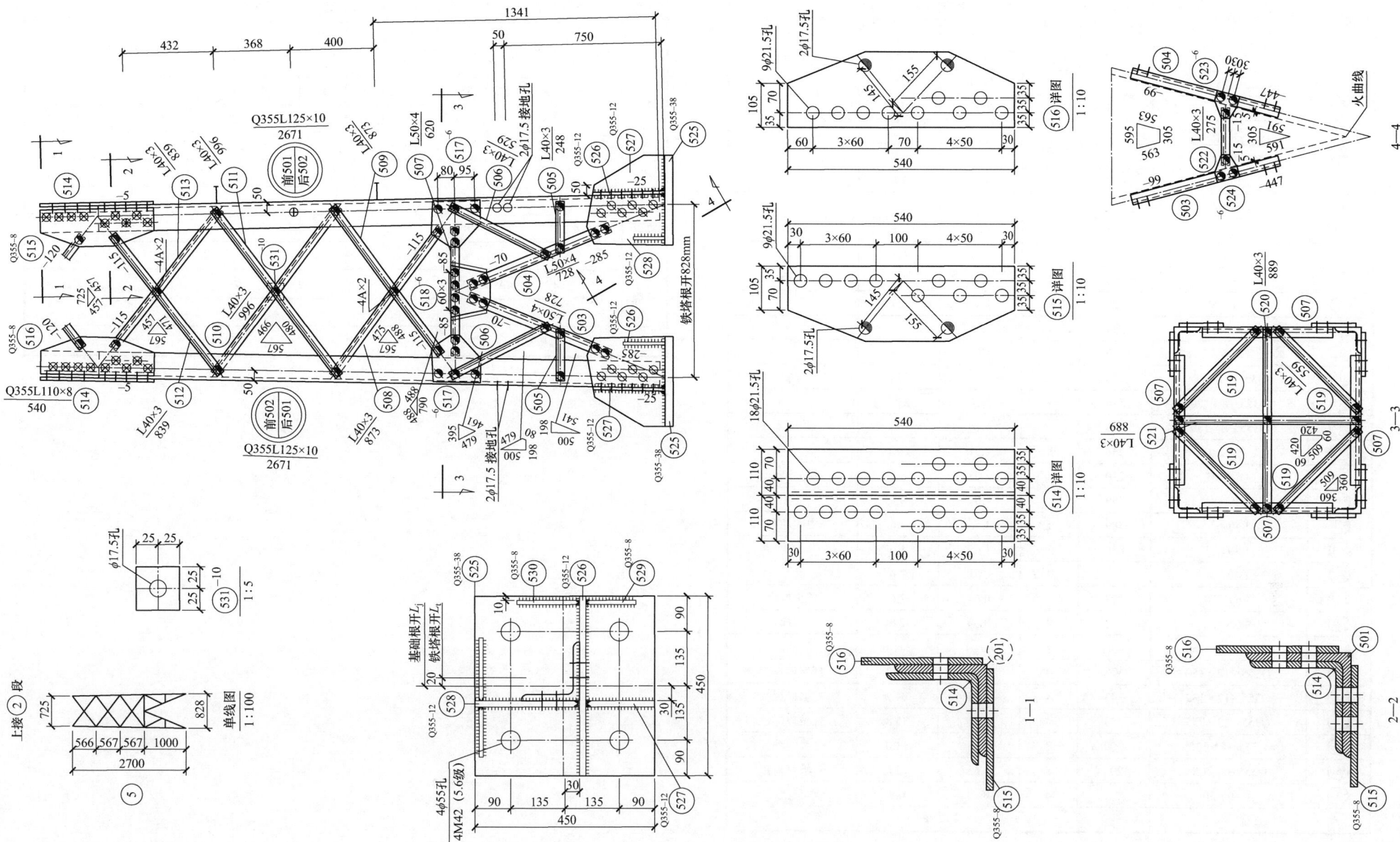

图 14-152　ZJT-J1-D 转角塔塔腿⑤结构图（一）

构 件 明 细 表

编号	规格	长度 (mm)	数量	质量（kg） 单件	质量（kg） 小计	备注
⑤01	Q355L125×10	2671	2	51.10	102.2	带脚钉
⑤02	Q355L125×10	2671	2	51.10	102.2	
⑤03	L50×4	728	4	2.23	8.9	
⑤04	L50×4	728	4	2.23	8.9	
⑤05	L40×3	248	8	0.46	3.7	
⑤06	L40×3	529	8	0.98	7.8	
⑤07	L50×4	620	4	1.90	7.6	
⑤08	L40×3	873	4	1.62	6.5	切角
⑤09	L40×3	873	4	1.62	6.5	
⑤10	L40×3	996	4	1.84	7.4	切角
⑤11	L40×3	996	4	1.84	7.4	
⑤12	L40×3	839	4	1.55	6.2	切角
⑤13	L40×3	839	4	1.55	6.2	
⑤14	Q355L110×8	540	4	7.31	29.2	铲背
⑤15	Q355-8×180	540	4	6.10	24.4	
⑤16	Q355-8×180	540	4	6.10	24.4	
⑤17	-6×226	236	8	2.51	20.1	
⑤18	-6×187	230	4	2.03	8.1	卷边50mm
⑤19	L40×3	559	4	1.04	4.2	
⑤20	L40×3	889	1	1.65	1.6	中间切肢
⑤21	L40×3	889	1	1.65	1.6	
⑤22	L40×3	275	4	0.51	2.0	
⑤23	-6×110	123	4	0.64	2.6	火曲
⑤24	-6×110	123	4	0.64	2.6	火曲
⑤25	Q355-38×450	450	4	60.41	241.6	电焊
⑤26	Q355-12×450	373	4	15.81	63.2	打坡口焊接
⑤27	Q355-12×187	343	4	6.04	24.2	打坡口焊接
⑤28	Q355-12×255	373	4	8.96	35.8	打坡口焊接
⑤29	Q355-8×130	200	8	1.63	13.0	打坡口焊接
⑤30	Q355-8×130	200	8	1.63	13.0	打坡口焊接
⑤31	-10×50	50	4	0.20	0.8	垫板
总质量				793.9kg		

螺栓、脚钉、垫圈明细表

名称	级别	规格	符号	数量	质量（kg）	备注
螺栓	6.8级	M16×40	◉	117	16.9	
		M16×50	◉	76	12.2	
		M20×55	⊘	48	14.2	
		M20×65	⊠	72	23.1	
脚钉	6.8级	M16×180	⊕T	6	2.4	
		M20×200		2	1.5	
垫圈	Q235	-4A(φ17.5)		16	0.3	规格×个数
总质量				70.6kg		

图 14-152 ZJT-J1-D 转角塔塔腿⑤结构图（二）

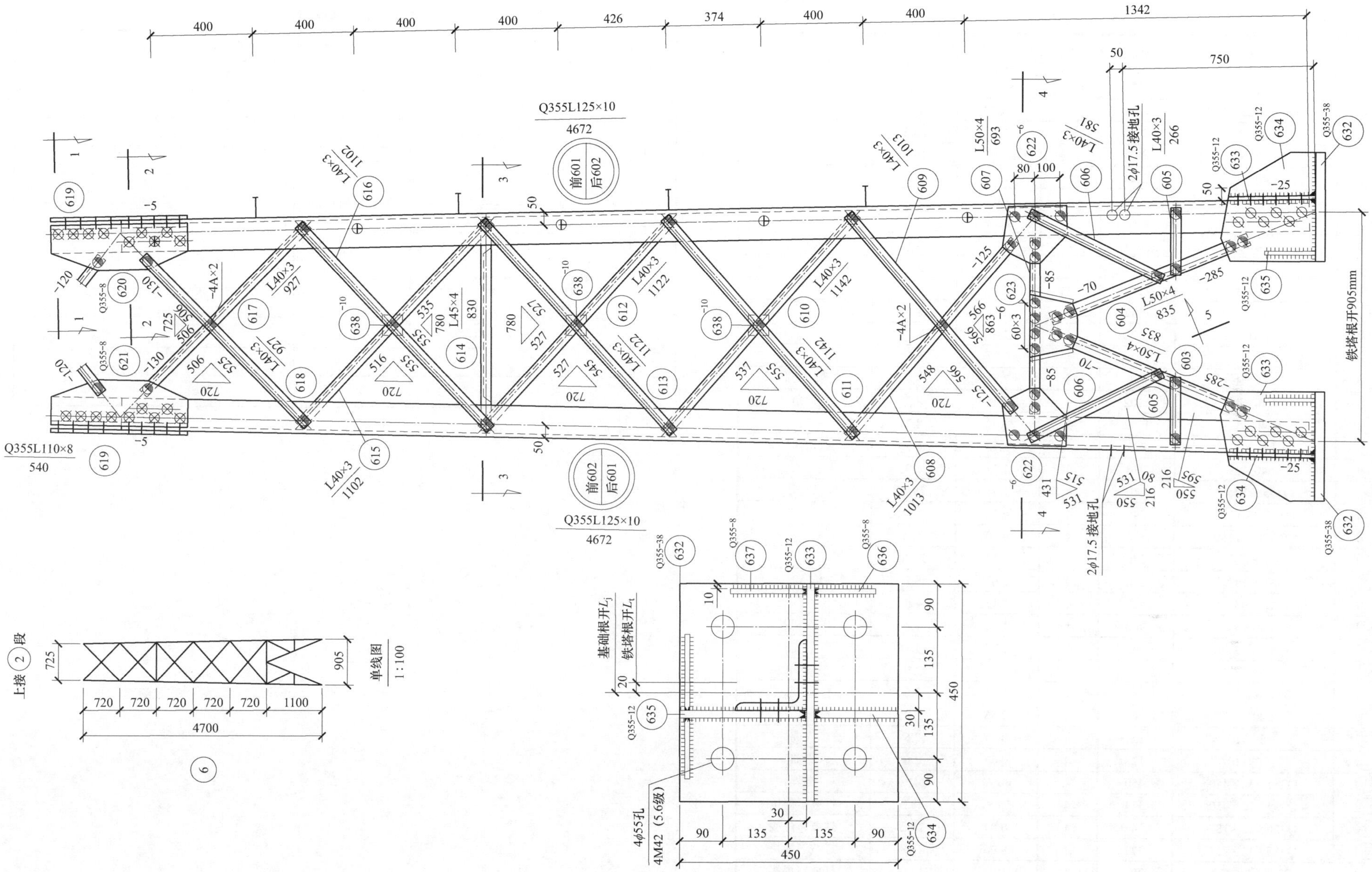

图 14-153　ZJT-J1-D 转角塔塔腿⑥结构图（1/2）（一）

构 件 明 细 表

编号	规格	长度 (mm)	数量	质量（kg）单件	质量（kg）小计	备注
⑥01	Q355L125×10	4672	2	89.39	178.8	带脚钉
⑥02	Q355L125×10	4672	2	89.39	178.8	
⑥03	L50×4	835	4	2.55	10.2	
⑥04	L50×4	835	4	2.55	10.2	
⑥05	L40×3	266	8	0.49	3.9	
⑥06	L40×3	581	8	1.08	8.6	
⑥07	L50×4	693	4	2.12	8.5	
⑥08	L40×3	1013	4	1.88	7.5	切角
⑥09	L40×3	1013	4	1.88	7.5	
⑥10	L40×3	1142	4	2.11	8.4	切角
⑥11	L40×3	1142	4	2.11	8.4	
⑥12	L40×3	1122	4	2.08	8.3	切角
⑥13	L40×3	1122	4	2.08	8.3	
⑥14	L45×4	830	4	2.27	9.1	两端切肢
⑥15	L40×3	1102	4	2.04	8.2	切角
⑥16	L40×3	1102	4	2.04	8.2	
⑥17	L40×3	927	4	1.72	6.9	切角
⑥18	L40×3	927	4	1.72	6.9	
⑥19	Q355L110×8	540	4	7.31	29.2	铲背
⑥20	Q355−8×180	540	4	6.10	24.4	
⑥21	Q355−8×180	540	4	6.10	24.4	
⑥22	−6×226	256	8	2.73	21.8	
⑥23	−6×187	230	4	2.03	8.1	卷边50mm
⑥24	L40×3	610	4	1.13	4.5	
⑥25	L40×3	962	1	1.78	1.8	中间切肢
⑥26	L40×3	962	1	1.78	1.8	
⑥27	L40×3	1053	1	1.95	2.0	中间切肢
⑥28	L40×3	1053	1	1.95	2.0	
⑥29	L40×3	301	4	0.56	2.2	
⑥30	−6×110	123	4	0.64	2.6	火曲
⑥31	−6×110	123	4	0.64	2.6	火曲
⑥32	Q355−38×450	450	4	60.41	241.6	电焊
⑥33	Q355−12×450	373	4	15.81	63.2	打坡口焊接
⑥34	Q355−12×187	343	4	6.04	24.2	打坡口焊接
⑥35	Q355−12×255	373	4	8.96	35.8	打坡口焊接
⑥36	Q355−8×130	200	8	1.63	13.0	打坡口焊接
⑥37	Q355−8×130	200	8	1.63	13.0	打坡口焊接
⑥38	−10×50	50	12	0.20	2.4	垫板
总质量					1007.3kg	

螺栓、脚钉、垫圈明细表

名称	级别	规格	符号	数量	质量（kg）	备注
螺栓	6.8级	M16×40	◐	122	17.6	
		M16×50	◑	100	16.0	
		M20×55	∅	48	14.2	
		M20×65	⊗	72	23.1	
脚钉	6.8级	M16×180	⊕T	16	6.5	
		M20×200		2	1.5	
垫圈	Q235	−4A（φ17.5）		16	0.3	规格×个数
总质量					79.2kg	

图 14−153 ZJT−J1−D 转角塔塔腿⑥结构图（1/2）（二）

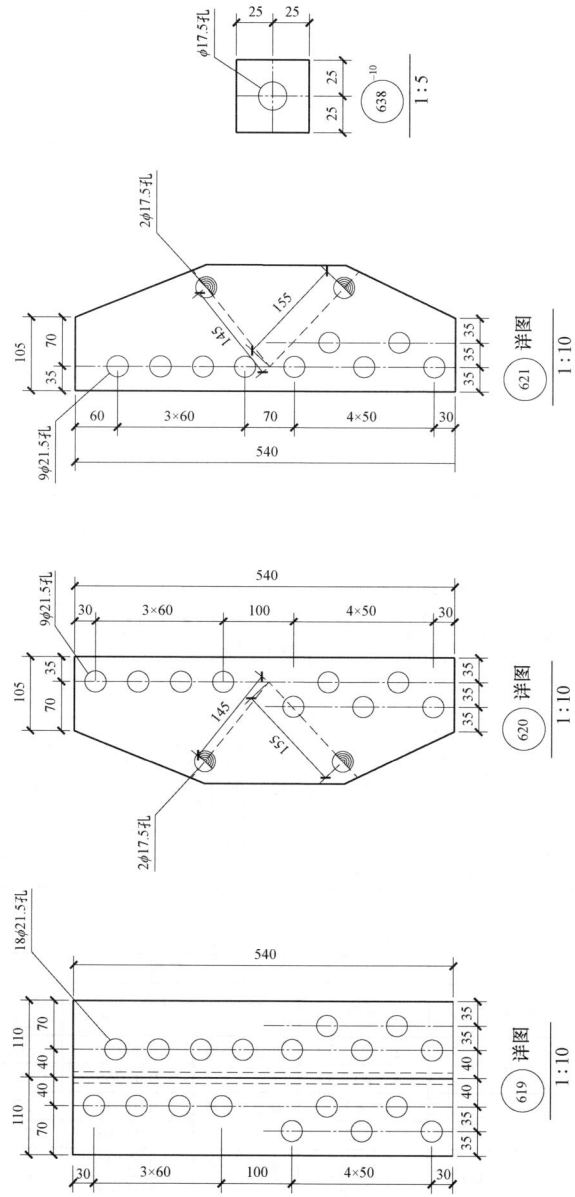

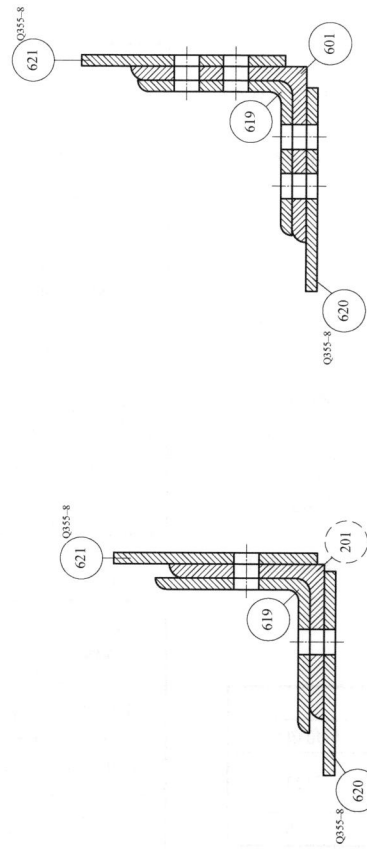

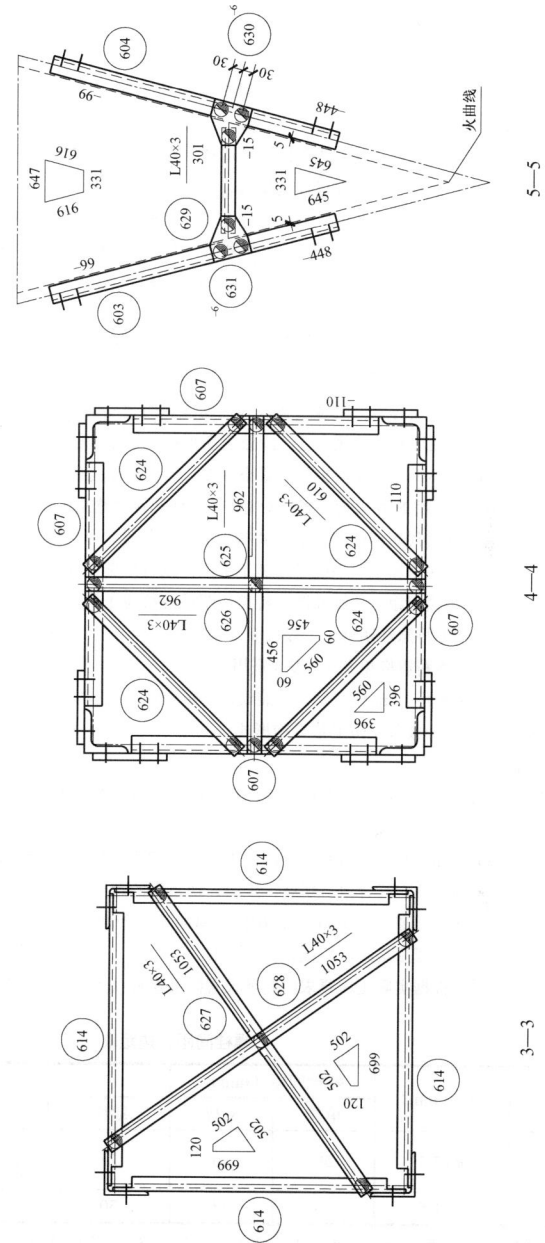

图 14−154 ZJT−J1−D 转角塔塔腿⑥结构图（2/2）

杆塔根开、基础根开、地脚螺栓规格及间距表

杆塔名称（型号）	ZJT－J2－D		
塔高（m）	13	15	18
接腿	⑤	⑥	④
杆塔根开（mm）	828	905	1010
基础根开（mm）	868	945	1050
基础地脚螺栓间距（mm）	290	290	290
每腿基础地脚螺栓配置（5.6级）	4M48	4M48	4M48

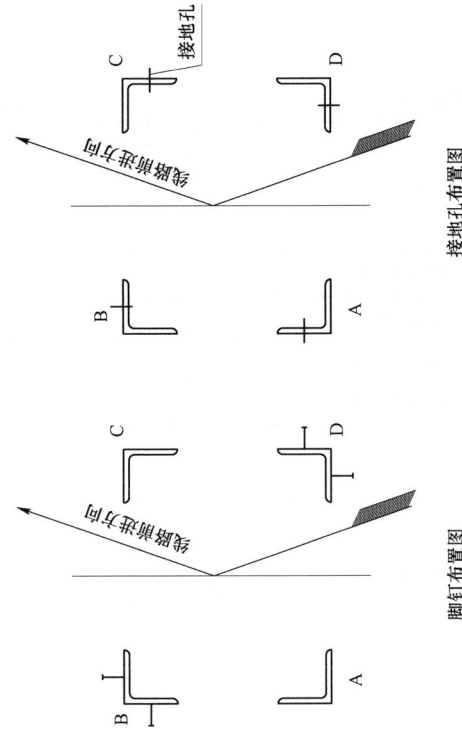

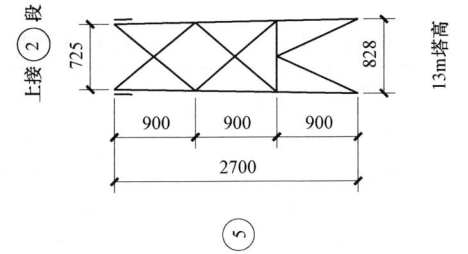

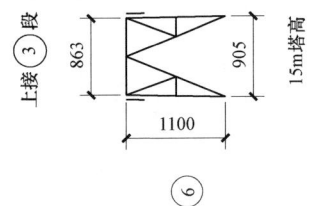

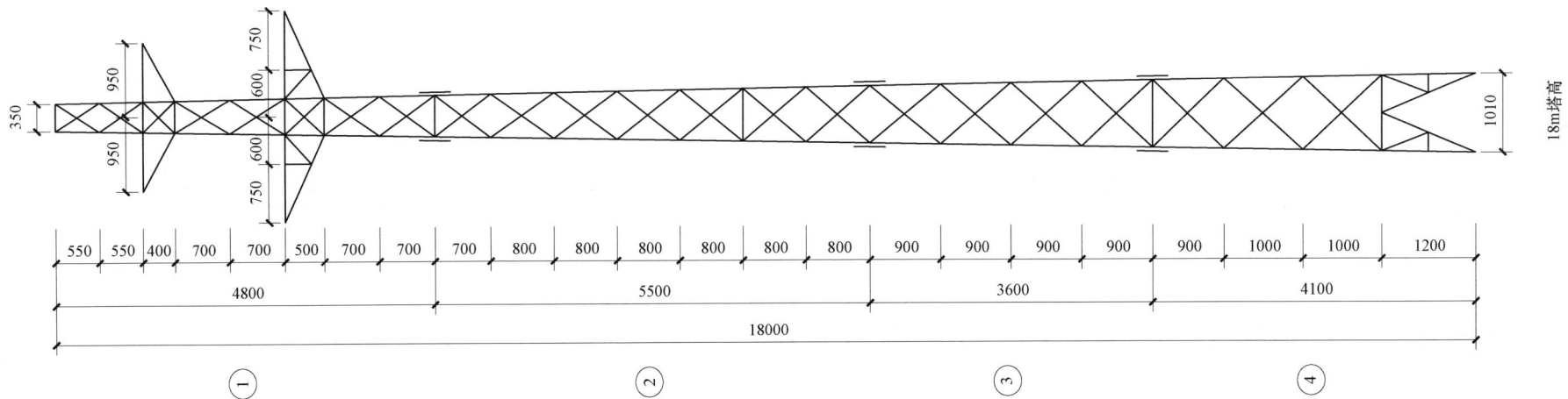

接地孔布置图

脚钉布置图

上接②段

⑤

上接③段

⑥

图 14－156 ZJT－J2－D 转角塔总图

材料汇总表

材料	材质	规格	①	②	③	④	⑤	⑥	13.0	15.0	18.0
			段号						全塔高（m）		
角钢	Q355	L160×12				532.2					532.2
		L140×12		320.2		272.6	155.6		272.6	475.8	320.2
		L140×10		472.0					472.0	472.0	472.0
		L125×10				48.2	48.2			48.2	48.2
		L125×8		36.6	39.1		39.1		75.7	75.7	75.7
		L90×7	186.2						186.2	186.2	186.2
		L63×5	18.9						18.9	18.9	18.9
		小计	205.1	508.6	359.3	580.4	311.7	203.8	1025.4	1276.8	1653.4
	Q235	L50×5					19.6		19.6		
		L50×4	64.8			31.0	7.4	28.0	72.2	92.8	95.8
		L45×4	15.3	73.8		10.0			89.1	89.1	99.1
		L40×4	48.5	81.0	93.2	76.0	40.4	9.8	169.9	232.5	298.7
		L40×3	62.4	5.6		33.6	7.6	14.4	75.6	82.4	101.6
		小计	191.0	160.4	93.2	150.6	75.0	52.2	426.4	496.8	595.2
钢板	Q355	−3	2.6						2.6	2.6	2.6
		−8	37.0						37.0	37.0	37.0
		−10		80.0	77.6	89.6	121.6	89.5	201.6	247.1	247.2
		−14				186.7	166.2	155.4	166.2	155.4	186.7
		−40				301.6	301.6	301.6	301.6	301.6	301.6
		小计	39.6	80.0	77.6	577.9	589.4	546.5	709.0	743.7	775.1
	Q235	−2		3.7			3.7		3.7	3.7	3.7
		−3		2.7					2.7	2.7	2.7
		−6	78.0			42.1	35.0	34.0	113.0	112.0	120.1
		−8	8.9						8.9	8.9	8.9
		−10	1.6	1.6	0.8		0.8		4.0	4.0	4.0
		−12		4.8	2.9	1.9			4.8	7.7	9.6
		小计	88.5	9.1	7.4	44.0	39.5	34.0	137.1	139.0	149.0
螺栓	6.8级	M16×40	28.3	1.4		17.6	9.9	14.6	39.6	44.3	47.3
		M16×50	21.9	27.6	9.0	18.6	14.1	9.0	63.6	67.5	77.1
		M16×60	0.7	1.4		1.4			2.1	2.1	3.5
		M16×50 双帽	9.6						9.6	9.6	9.6
		M16×60 双帽	2.1						2.1	2.1	2.1
		小计	62.6	30.4	9.0	37.6	24.0	23.6	117.0	125.6	139.6
	6.8级	M20×65		25.6	30.8	51.3	48.7	48.7	74.3	105.1	107.7
		小计		25.6	30.8	51.3	48.7	48.7	74.3	105.1	107.7
		螺栓合计	62.6	56.0	39.8	88.9	72.7	72.3	191.3	230.7	247.3
脚钉	6.8级	M16×180	7.3	9.8	4.9	6.5	4.9		22.0	22.0	28.5
		M20×200	1.5	2.9	2.9	1.5	1.5		5.9	7.3	8.8
		小计	8.8	12.7	7.8	8.0	6.4		27.9	29.3	37.3
垫圈	Q235	−3A(φ17.5)	0.4						0.4	0.4	0.4
		−4A(φ17.5)	0.4			0.2	0.2		0.6	0.4	0.6
		小计	0.8			0.2	0.2		1.0	0.8	1.0
合计（kg）			596.4	826.8	585.1	1450.0	1094.9	908.8	2518.1	2917.1	3458.3
各塔高含防盗螺栓总质量（kg）									2567.9	2975.1	3526.9

图 14−157　ZJT−J2−D 转角塔材料汇总表

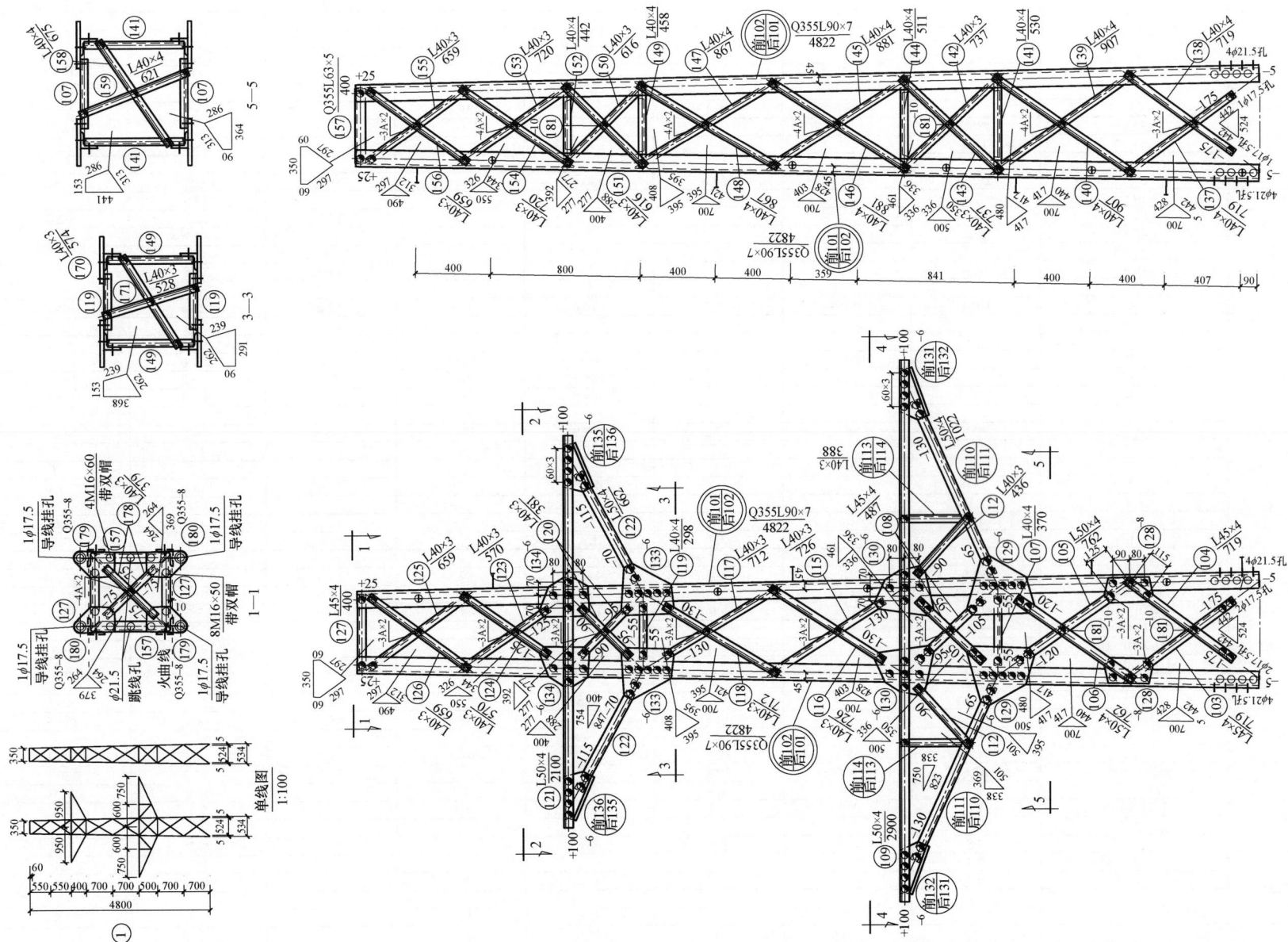

图 14-158 ZJT-J2-D 转角塔塔头①结构图（1/2）

说明：根据选取的绝缘子固定螺栓的规格，确定安装孔径 d（M16 螺栓取 17.5，M18 螺栓取 19.5，M20 螺栓取 21.5）。

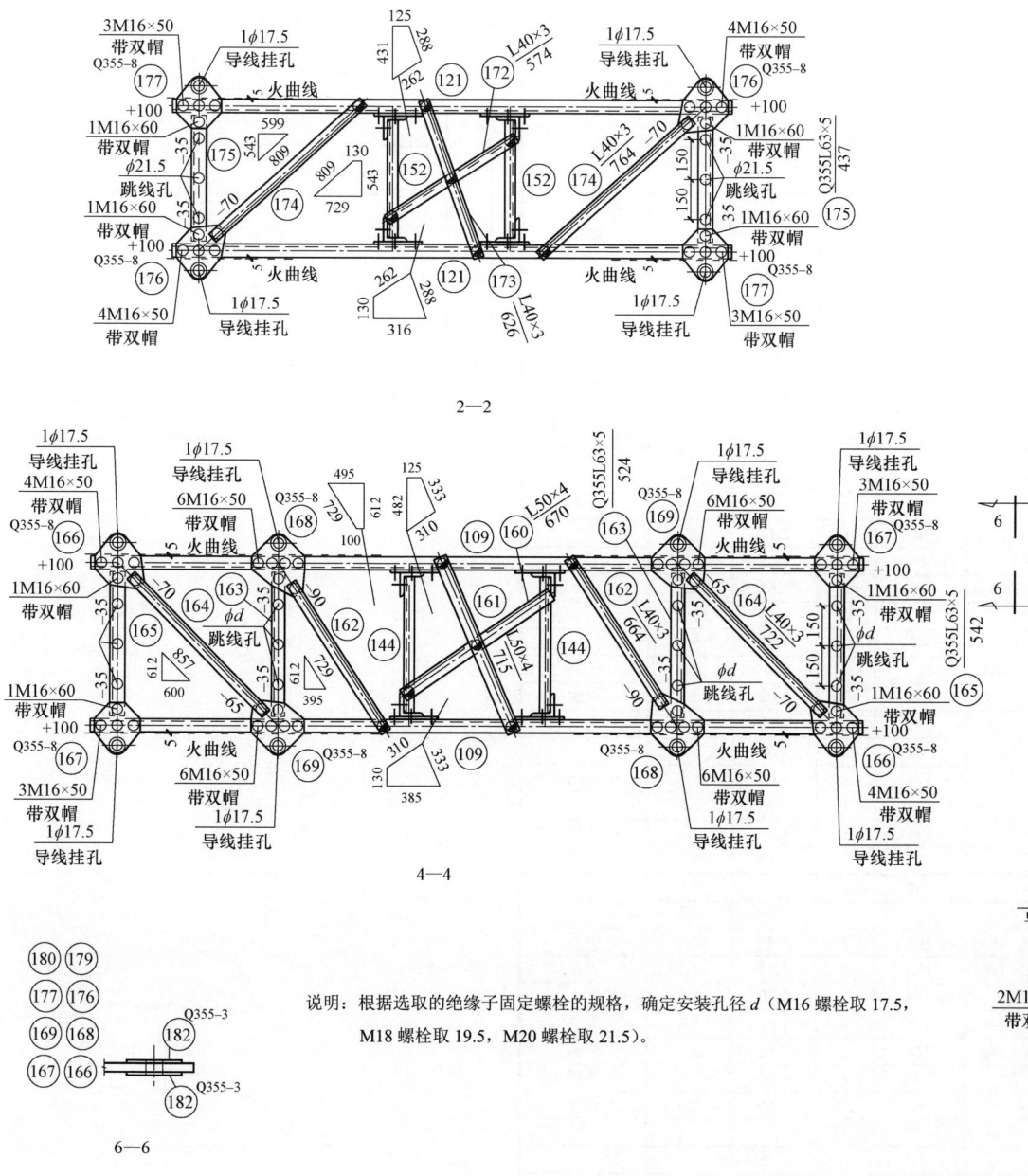

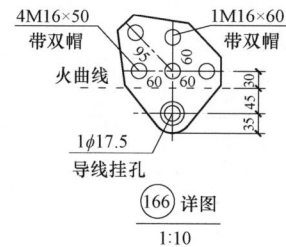

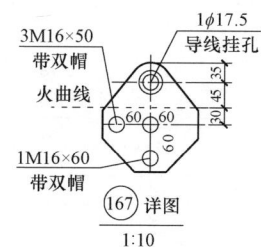

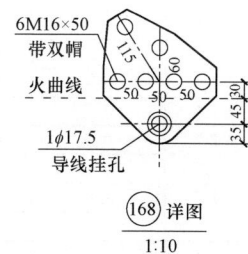

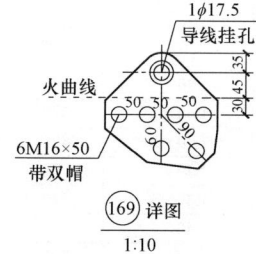

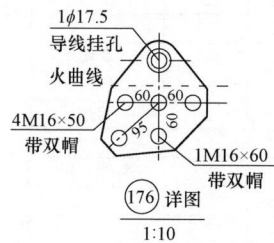

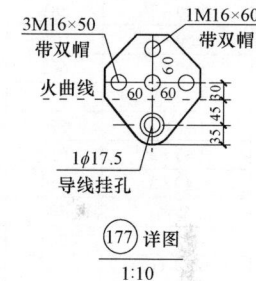

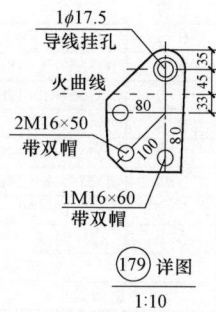

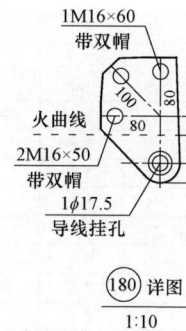

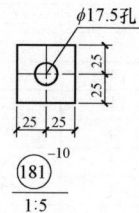

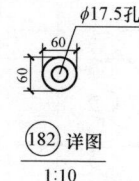

图 14-159 ZJT-J2-D 转角塔塔头①结构图（2/2）（一）

构 件 明 细 表

编号	规格	长度（mm）	数量	单件	小计	备注	编号	规格	长度（mm）	数量	单件	小计	备注
⑩⑴	Q355L90×7	4822	2	46.56	93.1	带脚钉	⑭⑶	L40×3	737	2	1.36	2.7	
⑩⑵	Q355L90×7	4822	2	46.56	93.1	两端切肢	⑭⑷	L40×4	511	2	1.24	2.5	
⑩⑶	L45×4	719	2	1.97	3.9	切角	⑭⑸	L40×4	881	2	2.13	4.3	切角
⑩⑷	L45×4	719	2	1.97	3.9		⑭⑹	L40×4	881	2	2.13	4.3	
⑩⑸	L50×4	762	2	2.33	4.7	切角	⑭⑺	L40×4	867	2	2.10	4.2	切角
⑩⑹	L50×4	762	2	2.33	4.7		⑭⑻	L40×4	867	2	2.10	4.2	
⑩⑺	L40×4	370	2	0.90	1.8		⑭⑼	L40×4	458	2	1.11	2.2	两端切肢
⑩⑻	L45×4	487	4	1.33	5.3	切角	⑮⑩	L40×3	616	2	1.14	2.3	切角
⑩⑼	L50×4	2900	2	8.87	17.7		⑮⑴	L40×3	616	2	1.14	2.3	
⑴⑩	L50×4	1022	2	3.13	6.3	两端切肢	⑮⑵	L40×4	442	2	1.07	2.1	两端切肢
⑴⑴	L50×4	1022	2	3.13	6.3	切角	⑮⑶	L40×3	720	2	1.33	2.7	切角
⑴⑵	L40×3	436	4	0.81	3.2		⑮⑷	L40×3	720	2	1.33	2.7	
⑴⑶	L40×3	388	2	0.72	1.4	切角	⑮⑸	L40×3	659	2	1.22	2.4	切角
⑴⑷	L40×3	388	2	0.72	1.4	切角	⑮⑹	L40×3	659	2	1.22	2.4	
⑴⑸	L40×3	726	2	1.34	2.7	切角	⑮⑺	Q355L63×5	400	2	1.93	3.9	两端切肢
⑴⑹	L40×3	726	2	1.34	2.7		⑮⑻	L40×4	675	1	1.63	1.6	
⑴⑺	L40×3	712	2	1.32	2.6	切角	⑮⑼	L40×4	621	1	1.50	1.5	
⑴⑻	L40×3	712	2	1.32	2.6		⑯⑩	L50×4	670	1	2.05	2.0	中间切肢
⑴⑼	L40×4	298	2	0.72	1.4		⑯⑴	L50×4	715	1	2.19	2.2	
⑵⑩	L40×3	381	4	0.71	2.8		⑯⑵	L40×3	664	1	1.23	2.5	
⑵⑴	L50×4	2100	2	6.42	12.8		⑯⑶	Q355L63×5	542	2	2.61	5.2	
⑵⑵	L50×4	662	4	2.03	8.1		⑯⑷	L40×3	722	2	1.34	2.7	
⑵⑶	L40×3	570	2	1.06	2.1	切角	⑯⑸	Q355L63×5	542	2	2.61	5.2	
⑵⑷	L40×3	570	2	1.06	2.1		⑯⑹	Q355-8×184	210	2	2.43	4.9	火曲
⑵⑸	L40×3	659	2	1.22	2.4	切角	⑯⑺	Q355-8×170	195	2	2.08	4.2	火曲
⑵⑹	L40×3	659	2	1.22	2.4		⑯⑻	Q355-8×200	239	2	3.00	6.0	火曲
⑵⑺	L45×4	400	2	1.09	2.2	两端切肢	⑯⑼	Q355-8×200	207	2	2.60	5.2	火曲
⑵⑻	−8×135	263	4	2.23	8.9		⑺⑩	L40×3	574	1	1.06	1.1	中间切肢
⑵⑼	−6×318	360	4	5.39	21.6		⑺⑴	L40×3	528	1	0.98	1.0	
⑶⑩	−6×268	320	4	4.04	16.2		⑺⑵	L40×3	574	1	1.06	1.1	中间切肢
⑶⑴	−6×143	275	2	1.85	3.7	卷边50mm	⑺⑶	L40×3	626	1	1.16	1.2	
⑶⑵	−6×143	275	2	1.85	3.7	卷边50mm	⑺⑷	L40×3	764	2	1.41	2.8	
⑶⑶	−6×279	282	4	3.71	14.8		⑺⑸	Q355L63×5	473	2	2.28	4.6	
⑶⑷	−6×212	269	4	2.69	10.8		⑺⑹	Q355-8×188	206	2	2.43	4.9	火曲
⑶⑸	−6×149	257	2	1.80	3.6	卷边50mm	⑺⑺	Q355-8×170	195	2	2.08	4.2	火曲
⑶⑹	−6×149	257	2	1.80	3.6	卷边50mm	⑺⑻	L40×3	379	2	0.70	1.4	
⑶⑺	L40×4	719	2	1.74	3.5	切角	⑺⑼	Q355-8×140	218	2	1.92	3.8	火曲
⑶⑻	L40×4	719	2	1.74	3.5		⑻⑩	Q355-8×140	218	2	1.92	3.8	火曲
⑶⑼	L40×4	907	2	2.20	4.4	切角	⑻⑴	−10×50	50	8	0.20	1.6	垫板
⑷⑩	L40×4	907	2	2.20	4.4	两端切肢	⑻⑵	Q355-3×60	60	32	0.08	2.6	焊接
⑷⑴	L40×4	530	2	1.28	2.6								
⑷⑵	L40×3	737	2	1.36	2.7	切角		总质量				524.2kg	

螺栓、脚钉、垫圈明细表

名称	级别	规格	符号	数量	质量（kg）	备注
螺栓	6.8级	M16×40	⊘	196	28.3	
		M16×50	⊘	137	21.9	
		M16×60	⊠	4	0.7	
		M16×50	⊘	60	9.6	带双帽
		M16×60	⊘	12	2.1	带双帽
脚钉	6.8级	M16×180	⊕ T	18	7.3	
		M20×200		2	1.5	
垫圈	Q235	−3A（φ17.5）		40	0.4	规格×个数
		−4A（φ17.5）		18	0.4	
总质量					72.2kg	

图 14−159 **ZJT−J2−D 转角塔塔头①结构图（2/2）（二）**

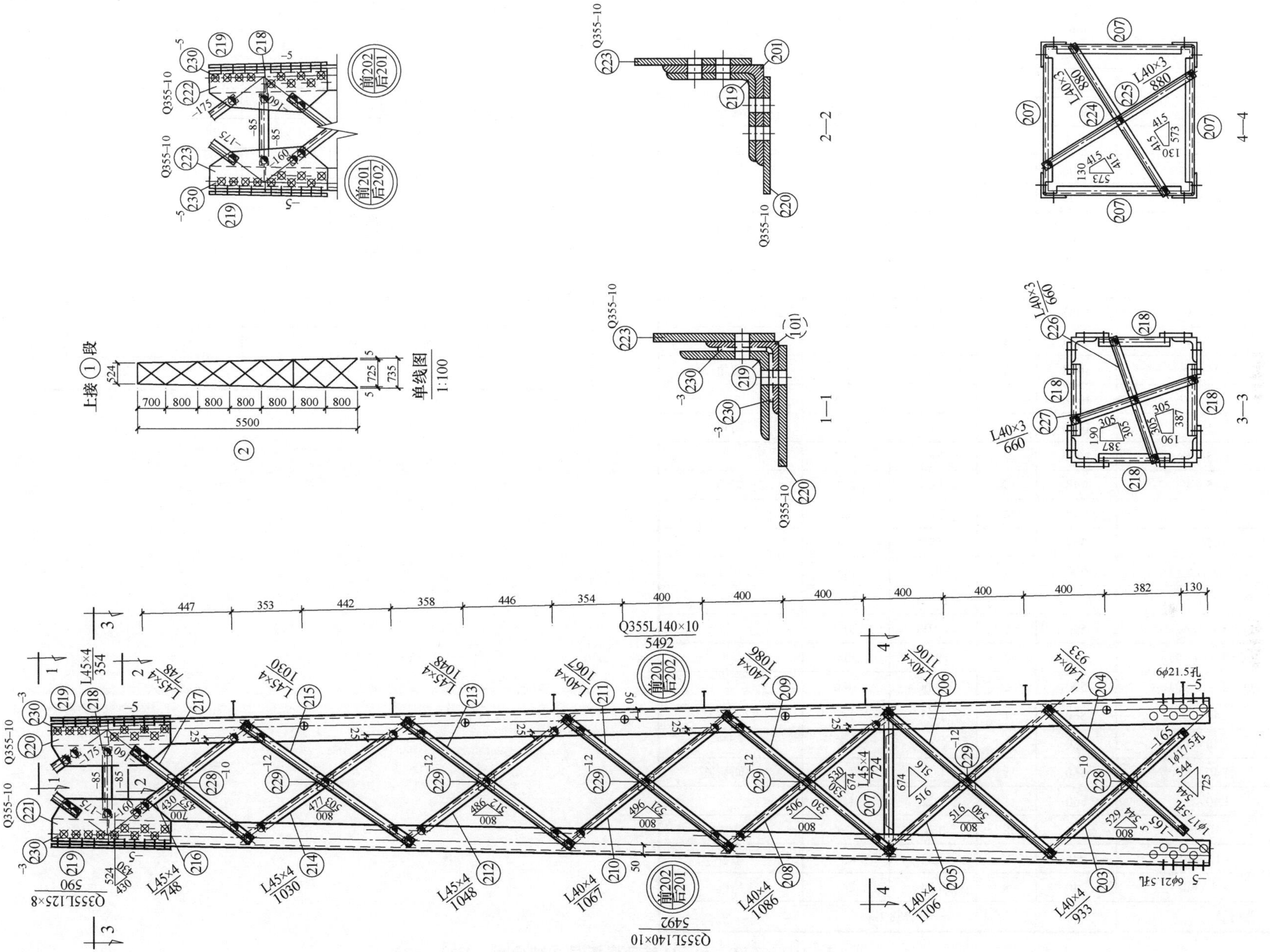

图 14-160 ZJT-J2-D 转角塔塔身②结构图(1/2)(一)

编号	规格	长度（mm）	数量	质量（kg）单件	质量（kg）小计	备注
201	Q355L140×10	5492	2	118.01	236.0	带脚钉
202	Q355L140×10	5492	2	118.01	236.0	
203	L40×4	933	4	2.26	9.0	切角
204	L40×4	933	4	2.26	9.0	
205	L40×4	1106	4	2.68	10.7	切角
206	L40×4	1106	4	2.68	10.7	
207	L45×4	724	4	1.98	7.9	两端切肢
208	L40×4	1086	4	2.63	10.5	切角
209	L40×4	1086	4	2.63	10.5	
210	L40×4	1067	4	2.58	10.3	切角
211	L40×4	1067	4	2.58	10.3	
212	L45×4	1048	4	2.87	11.5	切角
213	L45×4	1048	4	2.87	11.5	
214	L45×4	1030	4	2.82	11.3	切角
215	L45×4	1030	4	2.82	11.3	
216	L45×4	748	4	2.05	8.2	切角
217	L45×4	748	4	2.05	8.2	
218	L45×4	354	4	0.97	3.9	
219	Q355L125×8	590	4	9.15	36.6	铲背、铲弧
220	Q355−10×216	590	2	10.00	20.0	
221	Q355−10×216	590	2	10.00	20.0	
222	Q355−10×216	590	2	10.00	20.0	
223	Q355−10×216	590	2	10.00	20.0	
224	L40×3	880	1	1.63	1.6	中间切肢
225	L40×3	880	1	1.63	1.6	
226	L40×3	660	1	1.22	1.2	中间切肢
227	L40×3	660	1	1.22	1.2	
228	−10×50	50	8	0.20	1.6	垫板
229	−12×50	50	20	0.24	4.8	垫板
230	−3×60	240	8	0.34	2.7	垫板
总质量				758.1kg		

名称	级别	规格	符号	数量	质量（kg）	备注
螺栓	6.8级	M16×40	◐	10	1.4	
		M16×50	◓	172	27.6	
		M16×60	▣	8	1.4	
		M20×65	⊠	80	25.6	
脚钉	6.8级	M16×180	⊕T	24	9.8	
		M20×200		4	2.9	
垫圈	Q235					规格×个数
总质量				68.7kg		

图 14-160　ZJT-J2-D 转角塔塔身②结构图（1/2）（二）

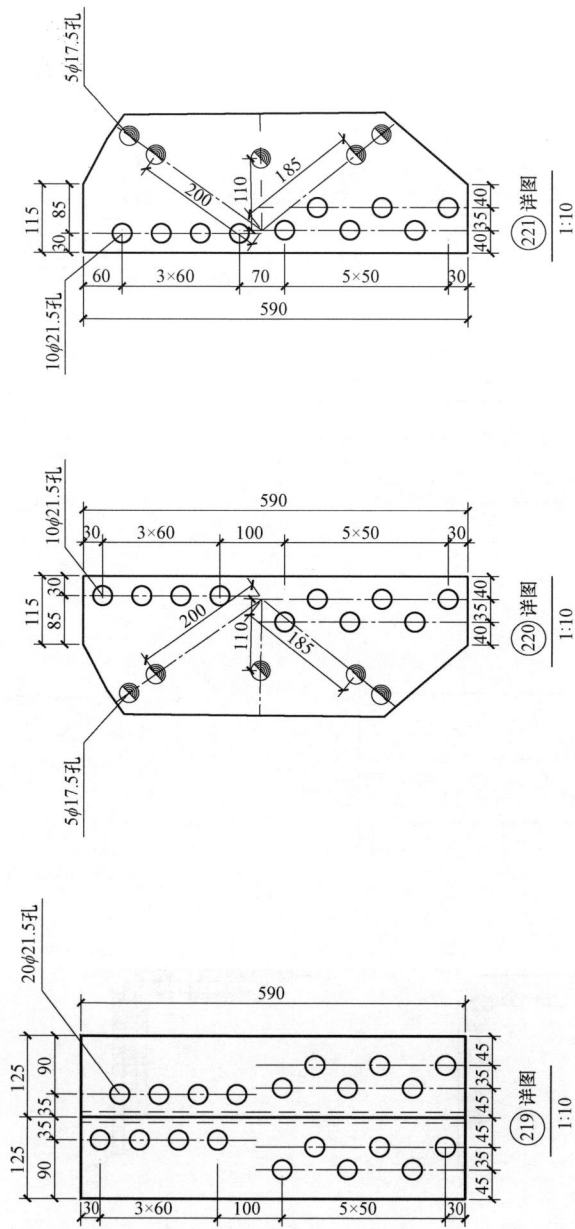

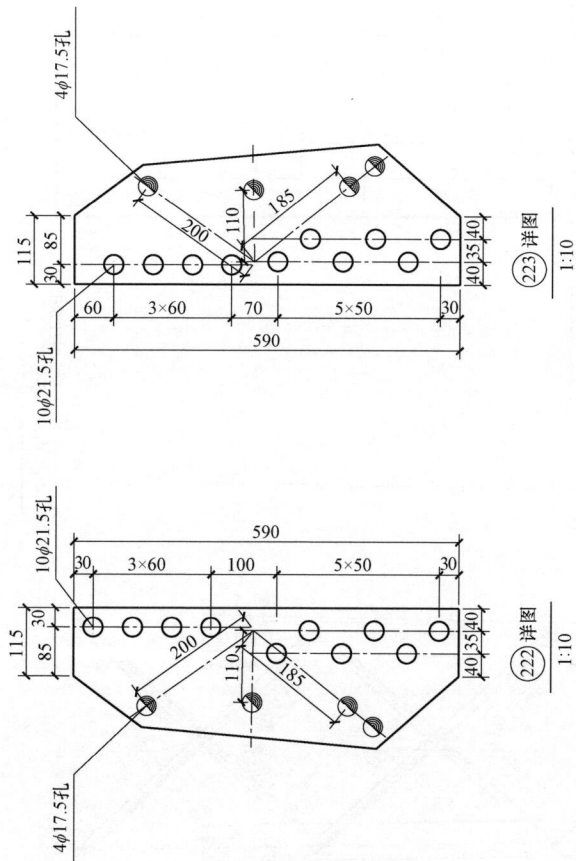

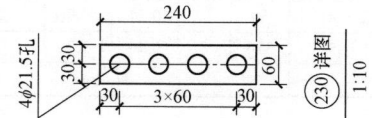

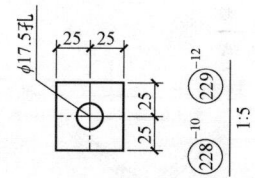

图 14-161　ZJT-J2-D 转角塔塔身②结构图（2/2）

构件明细表

编号	规格	长度(mm)	数量	质量(kg) 一件	质量(kg) 小计	备注
301	Q355L140×12	3136	2	80.04	160.1	带脚钉
302	Q355L140×12	3136	2	80.04	160.1	
303	L40×4	1285	4	3.11	12.4	切角
304	L40×4	1285	4	3.11	12.4	
305	L40×4	1262	4	3.06	12.2	切角
306	L40×4	1262	4	3.06	12.2	
307	L40×4	1239	4	3.00	12.0	切角
308	L40×4	1239	4	3.00	12.0	
309	L40×4	1027	4	2.49	10.0	切角
310	L40×4	1027	4	2.49	10.0	
311	Q355L125×8	630	4	9.77	39.1	铲背
312	Q355−10×196	630	4	9.69	38.8	
313	Q355−10×196	630	4	9.69	38.8	
314	−10×50	50	4	0.20	0.8	垫板
315	−12×50	50	12	0.24	2.9	垫板
316	−2×95	310	8	0.46	3.7	垫板
总质量					537.5kg	

螺栓、脚钉、垫圈明细表

名称	级别	规格	符号	数量	质量(kg)	备注
螺栓	6.8级	M16×50		56	9.0	
		M20×65	⊠	96	30.8	
脚钉	6.8级	M16×180		12	4.9	
		M20×200		4	2.9	
垫圈	Q235					规格×个数
总质量					47.6kg	

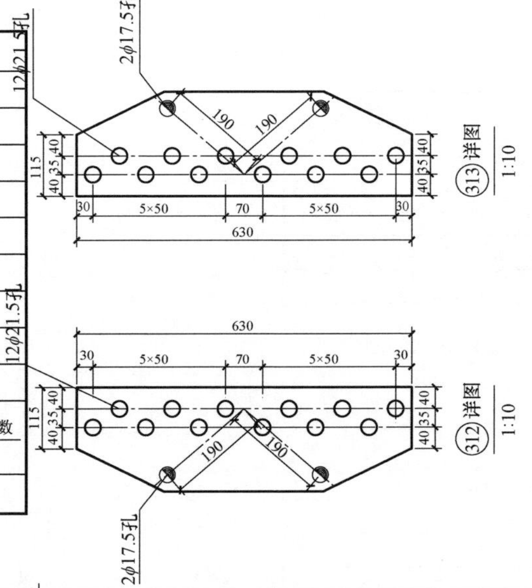

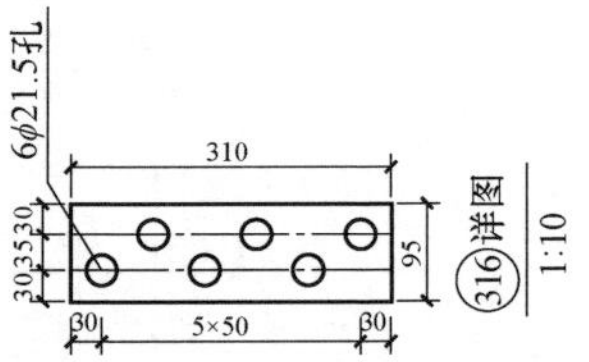

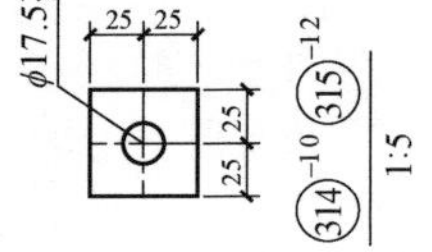

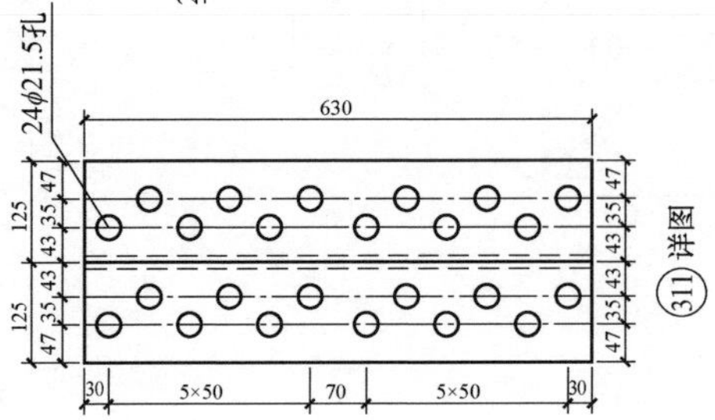

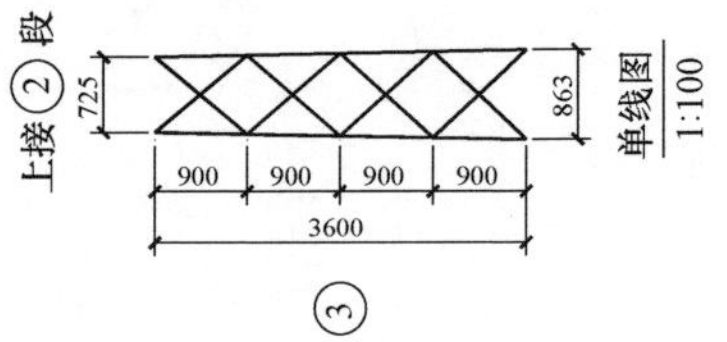

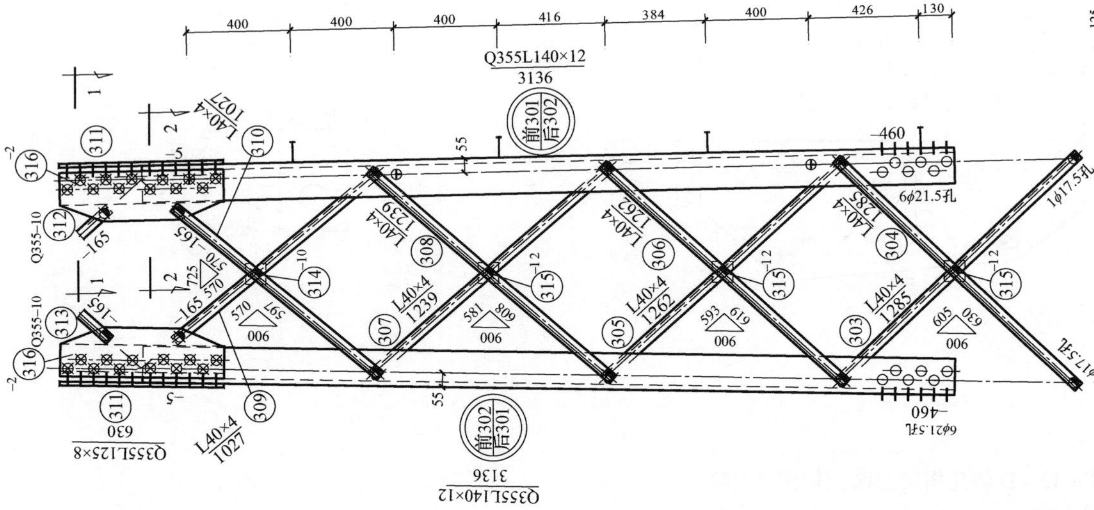

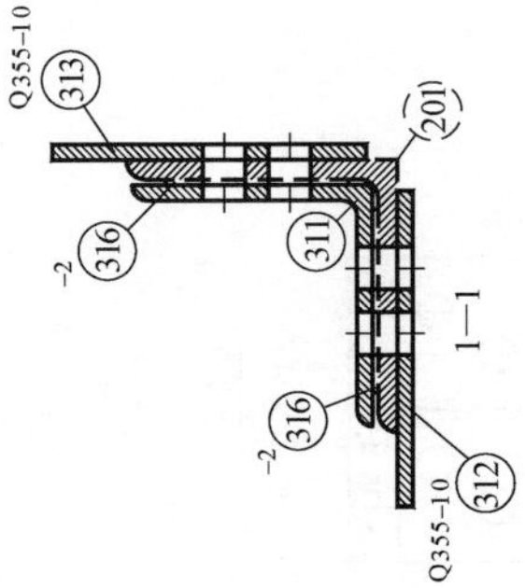

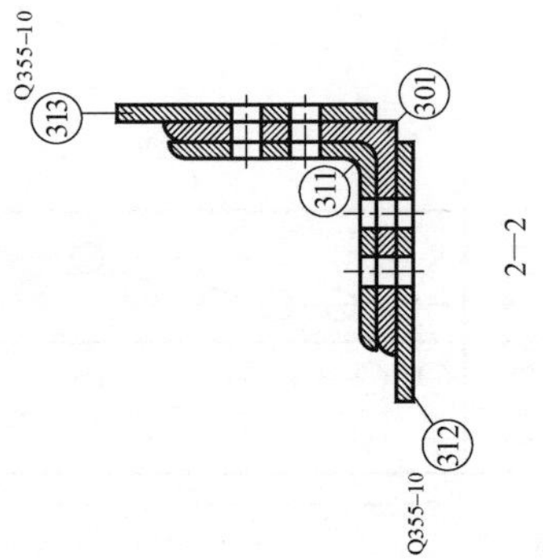

图 14−162 ZJT−J2−D 转角塔塔身③结构图

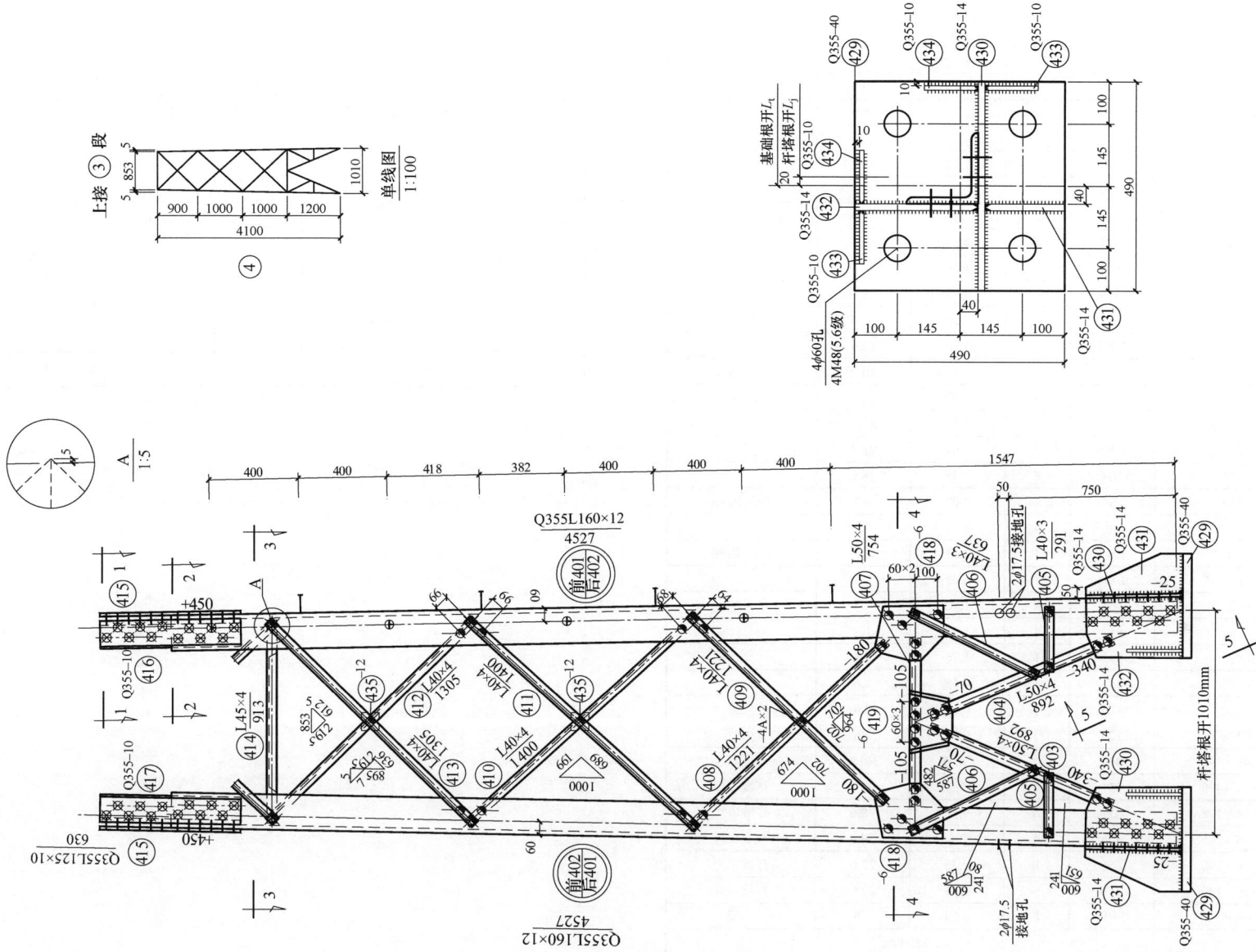

图 14-163 ZJT-J2-D 转角塔塔腿④结构图（1/2）（一）

构件明细表

编号	规格	长度（mm）	数量	质量（kg）		备注
				单件	小计	
401	Q355L160×12	4527	2	133.05	266.1	带脚钉
402	Q355L160×12	4527	2	133.05	266.1	
403	L50×4	892	4	2.73	10.9	
404	L50×4	892	4	2.73	10.9	
405	L40×3	291	8	0.54	4.3	
406	L40×3	637	8	1.18	9.4	
407	L50×4	754	4	2.31	9.2	
408	L40×4	1221	4	2.96	11.8	
409	L40×4	1221	4	2.96	11.8	
410	L40×4	1400	4	3.39	13.6	切角
411	L40×4	1400	4	3.39	13.6	
412	L40×4	1305	4	3.16	12.6	切角
413	L40×4	1305	4	3.16	12.6	
414	L45×4	913	4	2.50	10.0	中间切肢
415	Q355L125×10	630	4	12.05	48.2	铲背
416	Q355－10×115	630	4	5.69	22.8	
417	Q355－10×115	630	4	5.69	22.8	
418	－6×246	309	8	3.58	28.6	
419	－6×192	230	4	2.08	8.3	卷边 50mm
420	L40×3	696	4	1.29	5.2	
421	L40×3	1083	1	2.01	2.0	中间切肢
422	L40×3	1083	1	2.01	2.0	
423	L40×3	603	4	1.12	4.5	
424	L40×3	952	1	1.76	1.8	
425	L40×3	952	1	1.76	1.8	
426	L40×3	351	4	0.65	2.6	
427	－6×110	123	4	0.64	2.6	火曲
428	－6×110	123	4	0.64	2.6	火曲
429	Q355－40×490	490	4	75.39	301.6	电焊
430	Q355－14×490	437	4	23.53	94.1	打坡口焊
431	Q355－14×198	437	4	9.51	38.0	打坡口焊
432	Q355－14×285	436	4	13.66	54.6	打坡口焊
433	Q355－10×140	250	8	2.75	22.0	打坡口焊
434	Q355－10×140	250	8	2.75	22.0	打坡口焊
435	－12×50	50	8	0.24	1.9	垫板
总质量		1352.9kg				

螺栓、脚钉、垫圈明细表

名称	级别	规格	符号	数量	质量（kg）	备注
螺栓	6.8 级	M16×40	●	122	17.6	
		M16×50	◕	116	18.6	
		M16×60	⌀	8	1.4	
		M20×65	⊠	160	51.3	
脚钉	6.8 级	M16×180	⊕T	16	6.5	
		M20×200		2	1.5	
垫圈	Q235	－4A（ϕ17.5）		8	0.2	规格×个数
总质量			97.1kg			

图 14－163　ZJT－J2－D 转角塔塔腿④结构图（1/2）（二）

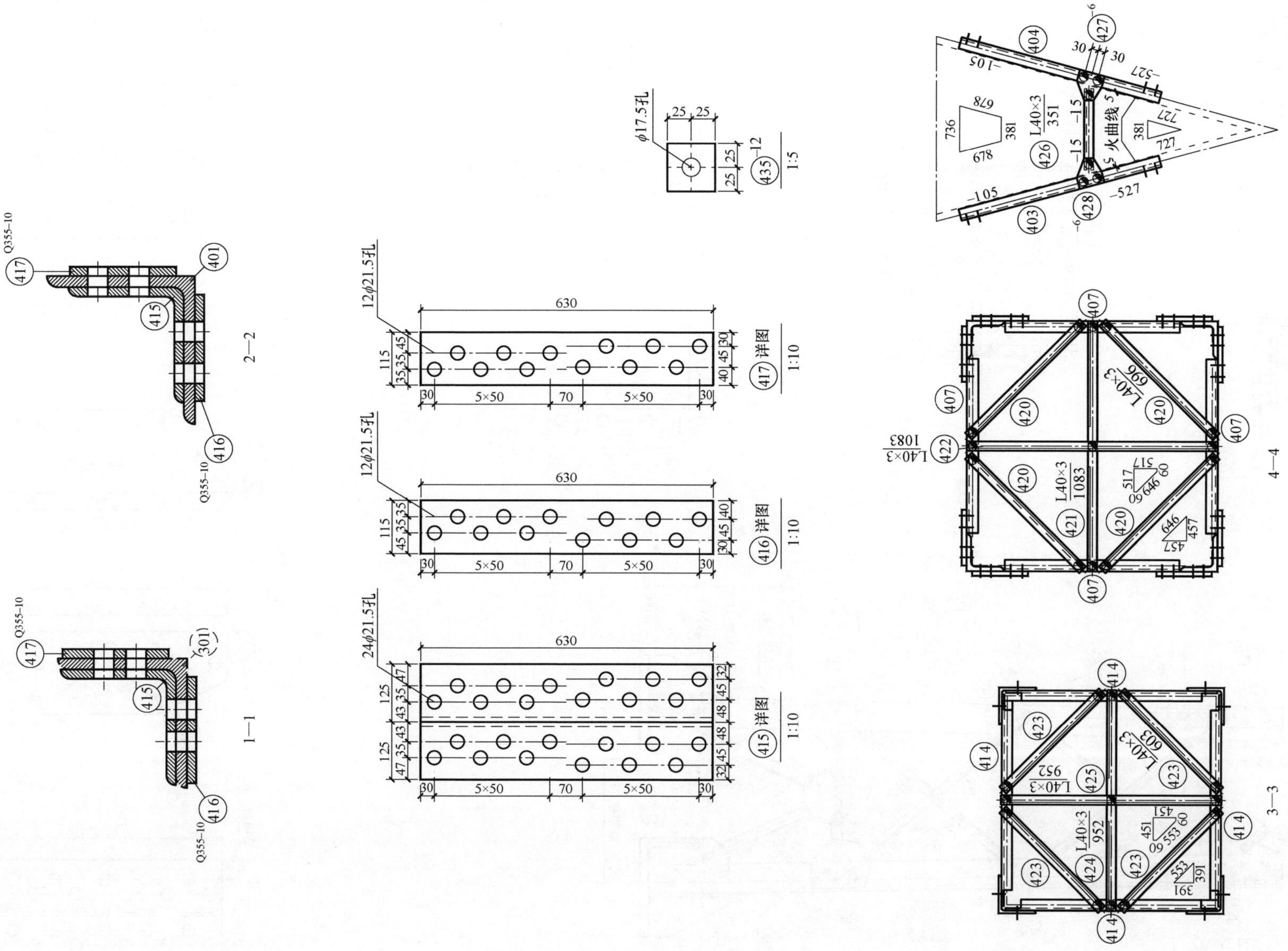

图 14−164　ZJT−J2−D 转角塔塔腿④结构图（2/2）

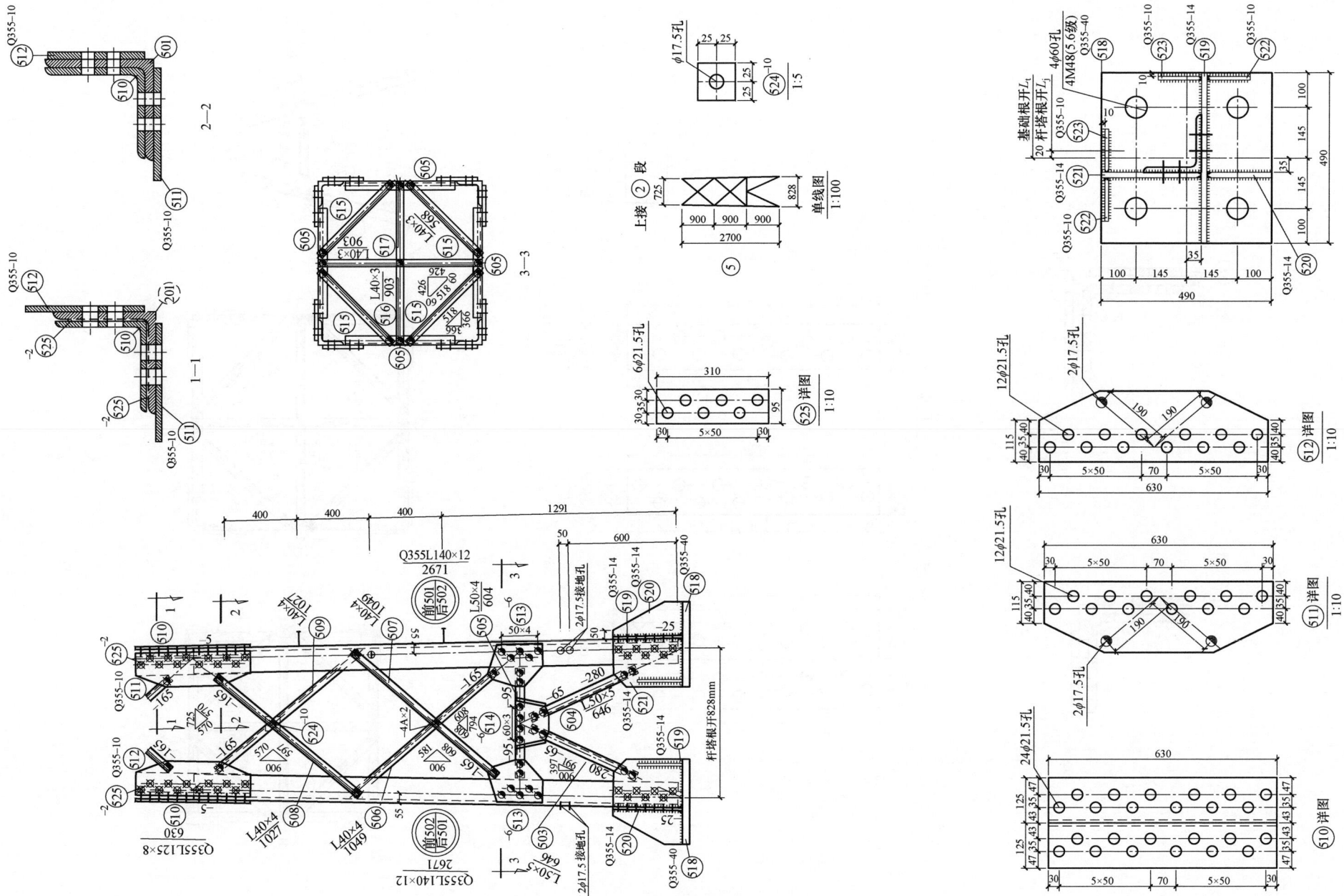

图 14-165　ZJT-J2-D 转角塔塔腿⑤结构图（一）

构件明细表

编号	规格	长度（mm）	数量	质量（kg）单件	质量（kg）小计	备注
⑤⓪①	Q355L140×12	2671	2	68.17	136.3	带脚钉
⑤⓪②	Q355L140×12	2671	2	68.17	136.3	
⑤⓪③	L50×5	646	4	2.44	9.8	
⑤⓪④	L50×5	646	4	2.44	9.8	
⑤⓪⑤	L50×4	604	4	1.85	7.4	
⑤⓪⑥	L40×4	1049	4	2.54	10.2	切角
⑤⓪⑦	L40×4	1049	4	2.54	10.2	切角
⑤⓪⑧	L40×4	1027	4	2.49	10.0	切角
⑤⓪⑨	L40×4	1027	4	2.49	10.0	
⑤①⓪	Q355L125×8	630	4	9.77	39.1	铲背
⑤①①	Q355−10×196	630	4	9.69	38.8	
⑤①②	Q355−10×196	630	4	9.69	38.8	
⑤①③	−6×236	304	8	3.38	27.0	
⑤①④	−6×186	230	4	2.01	8.0	卷边50mm
⑤①⑤	L40×3	568	4	1.05	4.2	
⑤①⑥	L40×3	903	1	1.67	1.7	中间切肢
⑤①⑦	L40×3	903	1	1.67	1.7	
⑤①⑧	Q355−40×490	490	4	75.39	301.6	电焊
⑤①⑨	Q355−14×490	387	4	20.84	83.4	打坡口焊
⑤②⓪	Q355−14×202	387	4	8.59	34.4	打坡口焊
⑤②①	Q355−14×285	386	4	12.09	48.4	打坡口焊
⑤②②	Q355−10×140	250	8	2.75	22.0	打坡口焊
⑤②③	Q355−10×140	250	8	2.75	22.0	打坡口焊
⑤②④	−10×50	50	4	0.20	0.8	垫板
⑤②⑤	−2×95	310	8	0.46	3.7	垫板
总质量					1015.6kg	

螺栓、脚钉、垫圈明细表

名称	级别	规格	符号	数量	质量（kg）	备注
螺栓	6.8级	M16×40	◖	69	9.9	
		M16×50	◗	88	14.1	
		M20×65	⊠	152	48.7	
脚钉	6.8级	M16×180	⊕T	12	4.9	
		M20×200		2	1.5	
垫圈	Q235	−4A（φ17.5）		8	0.2	规格×个数
总质量					79.3kg	

图 14−165　ZJT−J2−D 转角塔塔腿⑤结构图（二）

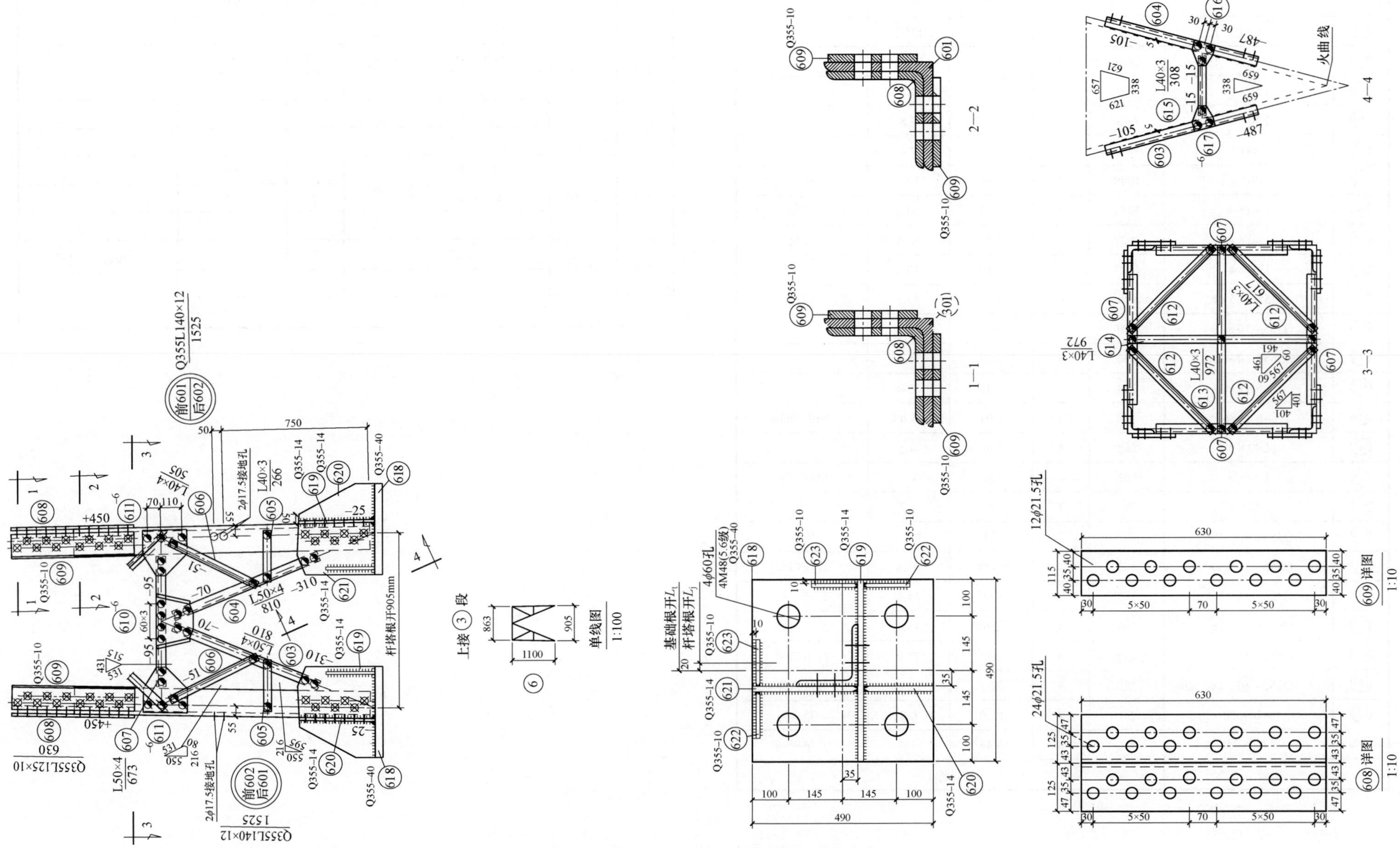

图 14-166 ZJT-J2-D 转角塔塔腿⑥结构图（一）

构件明细表

编号	规格	长度 (mm)	数量	质量（kg）单件	质量（kg）小计	备注
⑥01	Q355L140×12	1525	2	38.92	77.8	带脚钉
⑥02	Q355L140×12	1525	2	38.92	77.8	
⑥03	L50×4	810	4	2.48	9.9	
⑥04	L50×4	810	4	2.48	9.9	
⑥05	L40×3	266	8	0.49	3.9	
⑥06	L40×4	505	8	1.22	9.8	
⑥07	L50×4	673	4	2.06	8.2	
⑥08	Q355L125×10	630	4	12.05	48.2	铲背
⑥09	Q355-10×115	630	8	5.69	45.5	
⑥10	-6×192	230	4	2.08	8.3	卷边50mm
⑥11	-6×230	236	8	2.56	20.5	
⑥12	L40×3	617	4	1.14	4.6	
⑥13	L40×3	972	1	1.80	1.8	中间切肢
⑥14	L40×3	972	1	1.80	1.8	
⑥15	L40×3	308	4	0.57	2.3	
⑥16	-6×110	123	4	0.64	2.6	火曲
⑥17	-6×110	123	4	0.64	2.6	火曲
⑥18	Q355-40×490	490	4	75.39	301.6	电焊
⑥19	Q355-14×490	396	4	21.32	85.3	打坡口焊
⑥20	Q355-14×120	388	4	5.12	20.5	打坡口焊
⑥21	Q355-14×285	396	4	12.40	49.6	打坡口焊
⑥22	Q355-10×140	250	8	2.75	22.0	打坡口焊
⑥23	Q355-10×140	250	8	2.75	22.0	打坡口焊
总质量				836.5kg		

螺栓、脚钉、垫圈明细表

名称	级别	规格	符号	数量	质量（kg）	备注
螺栓	6.8级	M16×40	◔	101	14.6	
		M16×50	◔	56	9.0	
		M20×65	⊠	152	48.7	
脚钉	6.8级		⊕T			
垫圈	Q235					规格×个数
总质量				72.3kg		

图 14-166 ZJT-J2-D 转角塔塔腿⑥结构图（二）

除图中注明外，必须遵照下列统一要求进行加工和组装：

（1）杆塔的设计执行《输电线路杆塔制图和构造规定》（DL/T 5442—2020）的有关规定。

（2）结构图中图面内的图例、代号等在说明中未提及之处，均按《输电线路杆塔制图和构造规定》（DL/T 5442—2020）中的要求执行。

（3）杆塔加工时应严格执行《输电线路铁塔制造技术条件》（GB/T 2694—2018）。本塔构件的尺寸以放样为准，构件加工后必须试组装，验收合格后方可批量加工。

（4）钢材质量标准应符合《碳素结构钢》（GB/T 700—2006）及《低合金高强度结构钢》（GB/T 1591—2018）的有关要求；螺栓、螺母、扣紧螺母应符合的标准分别为《六角头螺栓 C级》（GB/T 5780—2016）、《Ⅰ型六角螺母》（GB/T 6170—2015）、《扣紧螺母》（GB 805—1988）。所有材料，包括角钢、螺栓、防盗螺栓、扣紧螺母、焊条等均应有出厂合格证书。

（5）杆塔构件所用钢种为Q235B、Q355B，图中注明Q355材料为Q355B钢材，未注明均为Q235B钢材（角钢用"L"、钢板用"－"表示）。所有构件均须热镀锌。

（6）所有螺栓（包括防盗螺栓）的强度等级为热镀锌后的强度值。

（7）杆塔构件连接主要以螺栓连接为主，少数采用焊接（如塔脚板连接等）。构件焊接应按照焊接规程、规范和有关规定进行，焊缝高度不得小于连接构件的最小厚度，当被焊接构件厚8mm及以上时，要按规定剖口焊，以便焊透。对Q355构件焊接时选用E50系列焊条，对Q235构件焊接时选用E43系列焊条。

（8）加工时如发生材料代用或改变节点形式等情况，须与设计单位联系解决。材料代用时，需注意相关影响，应与图纸对应列表统计，并由加工厂书面通知施工单位，以方便施工安装。

（9）角钢与钢板的螺栓间距、边距除图中特殊注明外按表1采用。

（10）角钢准距除图中特殊注明外，一般按表2采用。

（11）螺栓、脚钉、垫圈规格按表3、表4采用。

（12）脚钉一般从离地面1.5m处开始向上装设，间距400mm左右，加工放样时可适当调整脚钉的位置，脚钉除运行单位有特殊要求外，一般采用防滑带直钩形式。

（13）其他事项：

1）节点板考虑到刚度要求，形状不宜狭长，节点板边缘与构件轴线夹角α不小于15°，如右图所示。

2）构件厚度大于14mm时须采用钻孔方法加工，构件接头中外包角钢清根，内包角钢铲背。

3）凡图中所要求的火曲、开合角、切肢、压扁、切角等的尺寸均由加工放样决定。

4）两构件连接面间的间隙大于3mm时，构件应局部开、合角或制弯。

5）当构件需采用切肢或压扁时，应优先采用切肢。

α角示意图

（14）杆塔加工时应根据实际工程要求的高度设置防盗螺栓（无特殊说明的10m高以下防盗）。

表1 　　　　　　**螺栓间距、边距表**

螺栓规格	孔径（mm）	螺栓间距（mm）		边距（mm）		
		单排	双排	端距	扎制边距	切角边距
M16	φ17.5	50	80	25	≥21 或 20（L40角钢时）	≥23
M20	φ21.5	60	100	30	≥26	≥28

注　螺孔顺力线方向重心最大间距为12d或18t（取二者较小者），其中d为螺栓直径，t为较薄板的厚度。

表2 　　　　　　**角钢准距表**

肢宽（mm）	准距（mm）	第一排准距（mm）	第二排准距（mm）	最大使用孔径（mm）
L40	20			
L45	23			
L50	25（28）			17.5
L56	28（32）			
L63	30（36）			
L70	35（40）			
L75	38（40）			
L80	40			
L90	45			
L100	50			
L110	55	45	75	21.5
L125	60	50	85	
L140	70	55	90	
L160	80	60	105	

注　括号内数字用于螺栓边距不足时，在搭接位置上的螺栓孔可使用的准距。

表3 　　　　　　**螺栓规格表**

级别	单帽螺栓（带一垫、一扣紧螺母）				防盗螺栓	双帽螺栓（带一垫）				
	规格	符号	通过厚度（mm）	无扣长（mm）	质量（kg）	质量（kg）（带一垫）	规格	符号	通过厚度（mm）	无扣长（mm）	质量（kg）
6.8	M16×40	◐	7～12	6	0.1442	0.1997	M16×50	◐	7～12	6	0.1875
	M16×50	◑	13～22	12	0.1602	0.2127	M16×60		13～22	12	0.2039
	M16×60	▣	23～32	22	0.1762	0.2277	M16×70		23～32	22	0.2203
	M16×70	◒	33～42	32	0.1922	0.2477	M16×80		33～42	32	0.2369
6.8	M20×45	○	9～15	8	0.2701	0.3517	M20×60	○	9～15	8	0.3605
	M20×55	⦸	16～25	15	0.2953	0.3737	M20×70		16～25	15	0.3864
	M20×65	⊠	26～35	25	0.3205	0.3967	M20×80		26～35	25	0.4123
	M20×75	⦸	36～45	35	0.3457	0.4207	M20×90		36～45	35	0.4381
	M20×85	⊠	46～55	45	0.3709	0.4407	M20×100		46～55	45	0.4640
	M20×95	⊠	56～65	55	0.3961	0.4607	M20×110		56～65	55	0.4899
	M20×105	⊞	66～75	65	0.4213	0.4807	M20×120		66～75	65	0.5158

表4 　　　　　　**脚钉、垫圈规格表**

脚钉（带两帽）				垫圈				
规格	符号	无扣长（mm）	质量（kg）	规格	符号	质量（kg）	内径（mm）	外径（mm）
M16×180	⊕—|	120	0.3799	－2（φ13.5）	规格×个数	0.00186	13.5	24
				－3（φ17.5）		0.01065	17.5	30
M20×200	⊕—|	120	0.6749	－3（φ22）	规格×个数	0.01637	22	37
				－4（φ22）		0.02183	22	37
M24×240	⊕—|	120	1.1803	－3（φ26）	规格×个数	0.02331	26	44
				－4（φ26）		0.03108	26	44

图 14-167　ZJT-J2-D 转角塔加工说明

14.2.14　ZJT-J3-D 转角塔

ZJT-J3-D 转角塔结构图清单见表 14-22。

表 14-22　　　　　　　ZJT-J3-D 转角塔结构图清单

图序	图名	备注
图 14-168	ZJT-J3-D 转角塔总图	
图 14-169	ZJT-J3-D 转角塔材料汇总表	
图 14-170	ZJT-J3-D 转角塔塔头①结构图（1/3）	
图 14-171	ZJT-J3-D 转角塔塔头①结构图（2/3）	
图 14-172	ZJT-J3-D 转角塔塔头①结构图（3/3）	

图序	图名	备注
图 14-173	ZJT-J3-D 转角塔塔身②结构图	
图 14-174	ZJT-J3-D 转角塔塔身③结构图	
图 14-175	ZJT-J3-D 转角塔塔腿④结构图（1/2）	
图 14-176	ZJT-J3-D 转角塔塔腿④结构图（2/2）	
图 14-177	ZJT-J3-D 转角塔塔腿⑤结构图	
图 14-178	ZJT-J3-D 转角塔塔腿⑥结构图	
图 14-179	ZJT-J3-D 转角塔加工说明	

杆塔根开、基础根开、地脚螺栓规格及间距表

杆塔名称（型号）	ZJT－J3－D		
塔高（m）	13	15	18
接腿	⑤	⑥	④
杆塔根开（mm）	818	895	1010
基础根开（mm）	858	935	1050
基础地脚螺栓间距（mm）	290	290	290
每腿基础地脚螺栓配置（5.6 级）	4M48	4M48	4M48

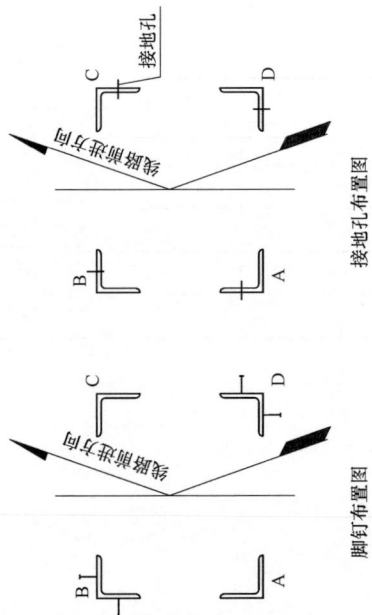

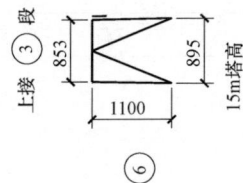

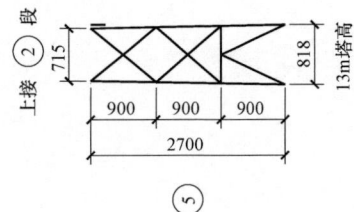

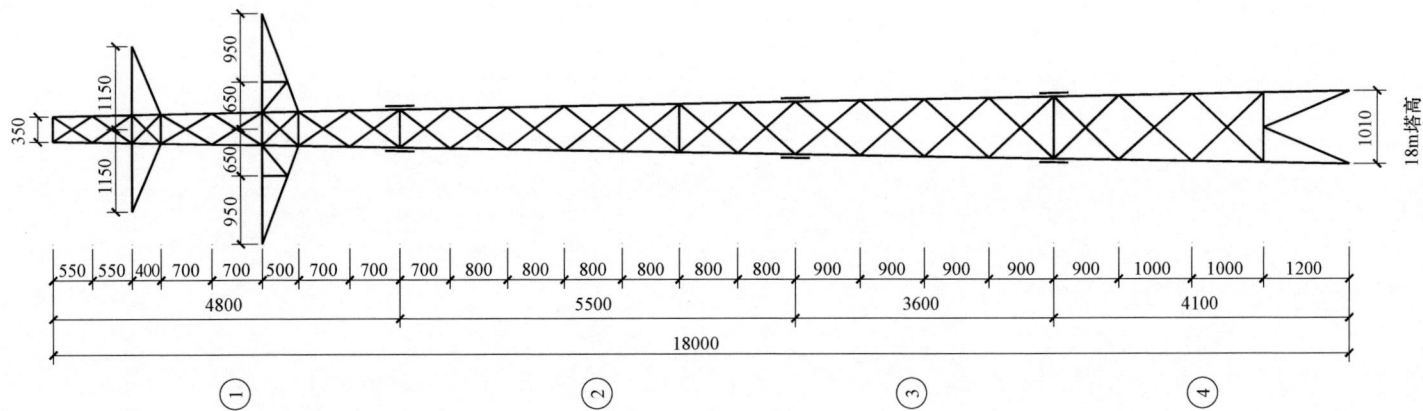

图 14－168　ZJT－J3－D 转角塔总图

材 料 汇 总 表

材料	材质	规格	段号						全塔高（m）		
			①	②	③	④	⑤	⑥	13.0	15.0	18.0
角钢	Q355	L160×14				615.4					615.4
		L160×12		368.6				179.2		547.8	368.6
		L140×12				272.6			272.6		
		L140×10		472.0	54.2	54.2		54.2	472.0	580.4	580.4
		L125×10					48.2		48.2		
		L125×8		36.6					36.6	36.6	36.6
		L90×8	211.2						211.2	211.2	211.2
		L63×5	113.9						113.9	113.9	113.9
		小计	325.1	508.6	422.8	669.6	320.8	233.4	1154.5	1489.9	1926.1
	Q235	L56×5					21.8		21.8		
		L50×5				46.0		37.5	17.1	54.6	63.1
		L50×4	17.2			9.2	7.3	7.9	24.5	25.1	26.4
		L45×4	83.8	163.0	104.2	99.3	45.0		291.8	351.0	450.3
		L40×4				5.6		5.1		5.1	5.6
		L40×3	45.6	5.6		17.2	7.4	10.5	58.6	61.7	68.4
		小计	163.7	168.6	104.2	177.3	81.5	61.0	413.8	497.5	613.8
钢板	Q355	−3	2.6						2.6	2.6	2.6
		−6	102.5						102.5	102.5	102.5
		−8	42.7						42.7	42.7	42.7
		−10		84.4	99.6	53.4	98.0	53.4	182.4	237.4	237.4
		−12				52.8	52.8	52.8	52.8	52.8	52.8
		−16				211.3	189.9	216.3	189.9	216.3	211.3
		−40				301.6	301.6	301.6	301.6	301.6	301.6
		小计	147.8	84.4	99.6	619.1	642.3	624.1	874.5	955.9	950.9
	Q235	−2		1.8	3.7	4.1	3.7		5.5	5.5	9.6
		−6	16.4			43.7	39.7	37.1	56.1	53.5	60.1
		−8	30.5						30.5	30.5	30.5
		−10	2.0	5.6	0.8	0.8	0.8		8.4	8.4	9.2
		−12	2.9		2.9				2.9	5.8	5.8
		−14				2.2					2.2
		−16	0.6						0.6	0.6	0.6
		小计	52.4	7.4	7.4	50.8	44.2	37.1	104.0	104.3	118.0
螺栓	6.8级	M16×40	32.9	2.0		17.6	11.1	14.6	46.0	49.5	52.5
		M16×50	29.6	33.3	19.2	21.1	20.5	10.3	83.4	92.4	103.2
		M16×60	2.8			1.4			2.8	2.8	4.2
		M16×50 双帽	10.3						10.3	10.3	10.3
		M16×60 双帽	2.1						2.1	2.1	2.1
		小计	77.7	35.3	19.2	40.1	31.6	24.9	144.6	157.1	172.3
	6.8级	M20×65		25.6	30.8	51.3	48.7	51.3	74.3	107.7	107.7
		小计		25.6	30.8	51.3	48.7	51.3	74.3	107.7	107.7
		螺栓合计	77.7	60.9	50.0	91.4	80.3	76.2	218.9	264.8	280.0
脚钉	6.8级	M16×180	7.3	9.8	5.7	4.9	2.4		19.5	22.8	27.7
		M20×200	1.5	2.9	2.9	1.5	1.5		5.9	7.3	8.8
		小计	8.8	12.7	8.6	6.4	3.9		25.4	30.1	36.5
垫圈	Q235	−3A（φ17.5）	0.1						0.1	0.1	0.1
		−4A（φ17.5）	0.7						0.7	0.7	0.7
		小计	0.8						0.8	0.8	0.8
合计（kg）			776.3	842.6	692.6	1614.6	1173.0	1031.8	2791.9	3343.3	3926.1
各塔高含防盗螺栓总质量（kg）									2847.0	3409.3	4004.0

图 14−169　ZJT−J3−D 转角塔材料汇总表

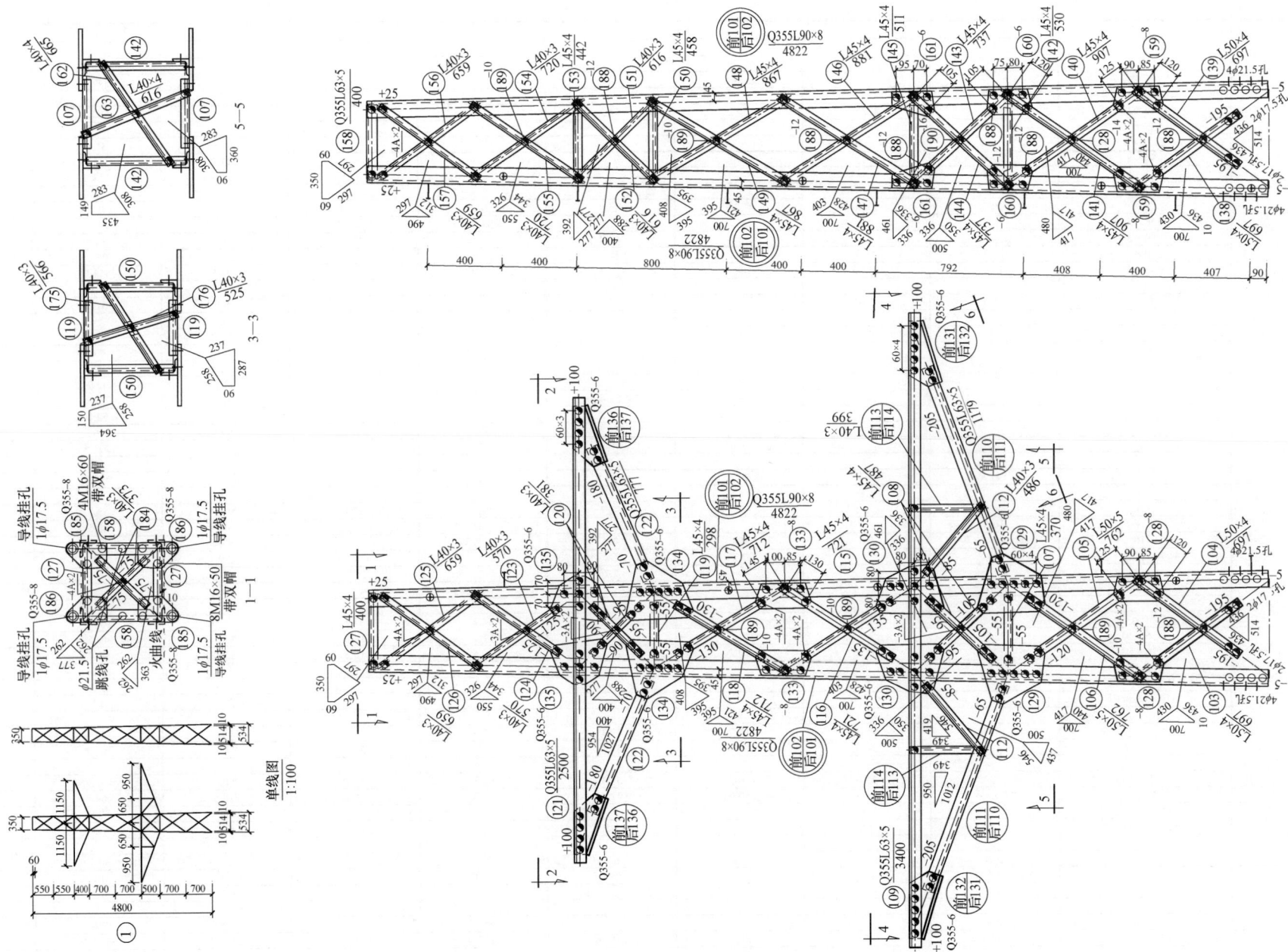

图 14-170　ZJT-J3-D 转角塔塔头①结构图（1/3）

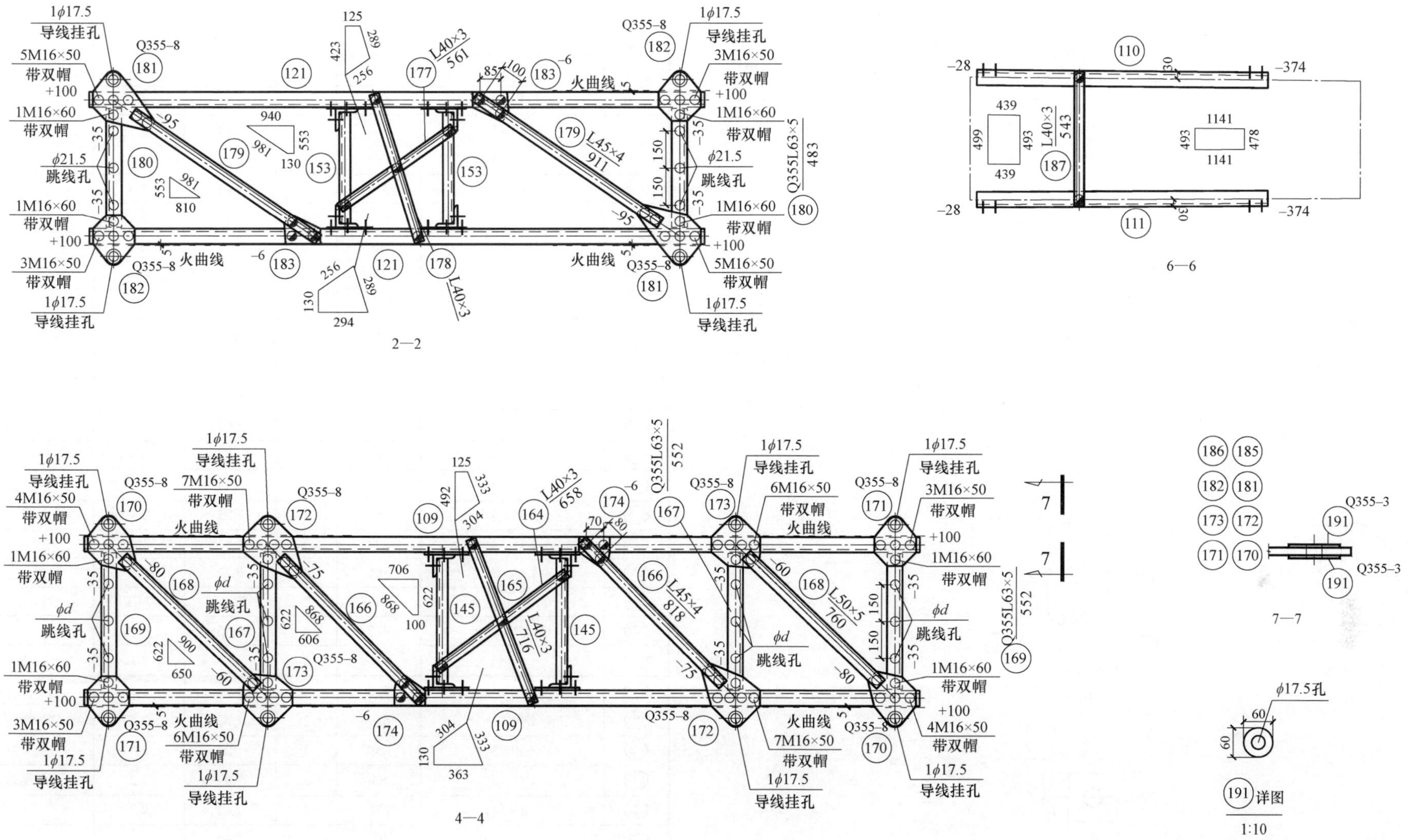

说明：根据选取的绝缘子固定螺栓的规格，确定安装孔径 d（M16 螺栓取 17.5mm，M18 螺栓取 19.5mm，M20 螺栓取 21.5mm）。

图 14-171　ZJT-J3-D 转角塔塔头①结构图（2/3）

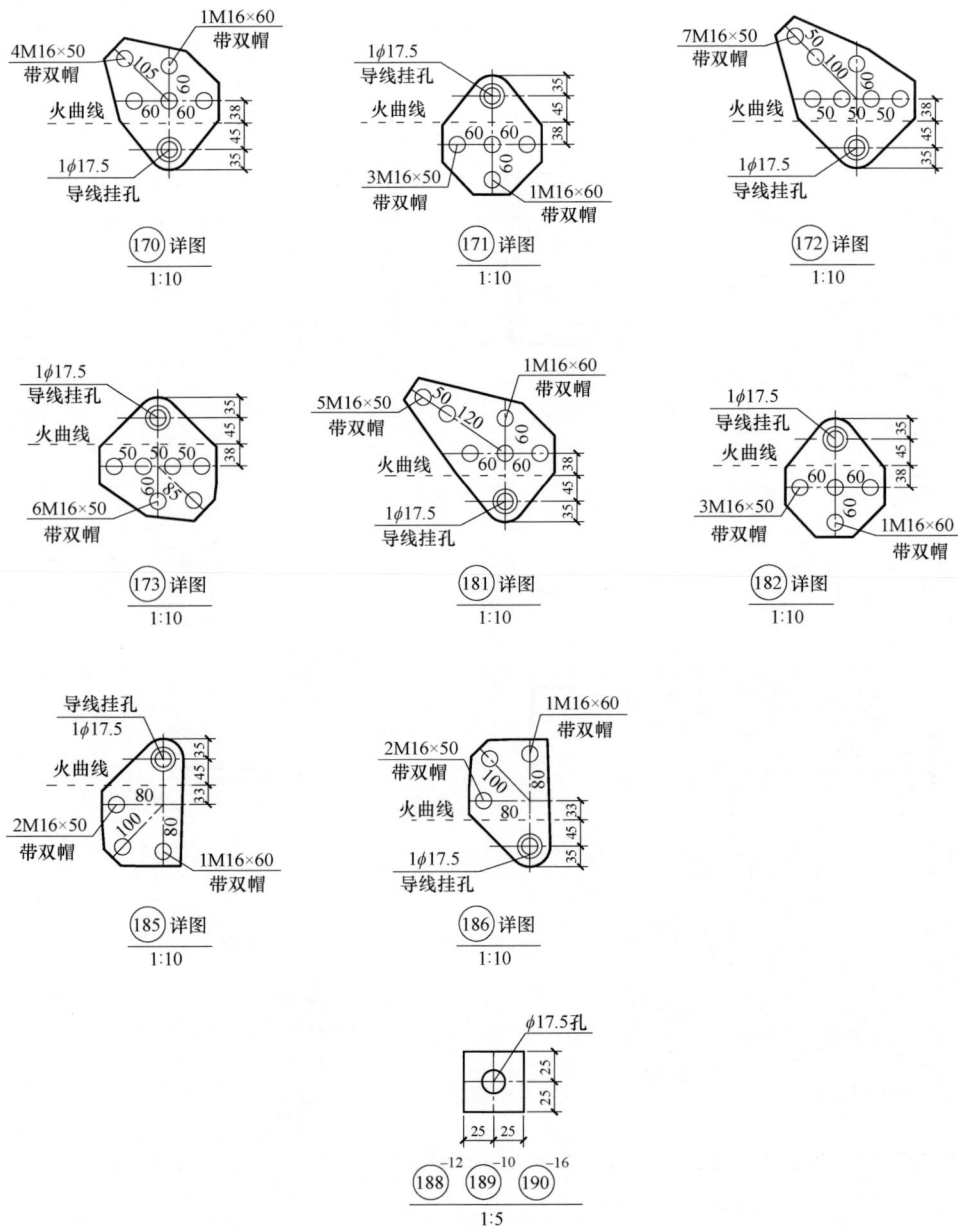

㉑⑰⓪ 详图 1:10 ⑰① 详图 1:10 ⑰② 详图 1:10
⑰③ 详图 1:10 ⑱① 详图 1:10 ⑱② 详图 1:10
⑱⑤ 详图 1:10 ⑱⑥ 详图 1:10
⑱⑧ ⑱⑨ ⑲⓪ 1:5

构 件 明 细 表

编号	规格	长度（mm）	数量	质量（kg） 单件	质量（kg） 小计	备注
⑩①	Q355L90×8	4822	2	52.78	105.6	带脚钉
⑩②	Q355L90×8	4822	2	52.78	105.6	
⑩③	L50×4	697	2	2.13	4.3	切角
⑩④	L50×4	697	2	2.13	4.3	
⑩⑤	L50×5	762	2	2.87	5.7	切角
⑩⑥	L50×5	762	2	2.87	5.7	
⑩⑦	L45×4	370	2	1.01	2.0	
⑩⑧	L45×4	487	4	1.33	5.3	
⑩⑨	Q355L63×5	3400	2	16.39	32.8	
⑪⓪	Q355L63×5	1179	2	5.69	11.4	
⑪①	Q355L63×5	1179	2	5.69	11.4	
⑪②	L40×3	486	4	0.90	3.6	
⑪③	L40×3	399	2	0.74	1.5	切角
⑪④	L40×3	399	2	0.74	1.5	切角
⑪⑤	L45×4	721	2	1.97	3.9	切角
⑪⑥	L45×4	721	2	1.97	3.9	
⑪⑦	L45×4	712	2	1.95	3.9	切角
⑪⑧	L45×4	712	2	1.95	3.9	
⑪⑨	L45×4	298	2	0.82	1.6	
⑫⓪	L40×3	381	4	0.71	2.8	
⑫①	Q355L63×5	2500	2	12.06	24.1	
⑫②	Q355L63×5	777	4	3.75	15.0	
⑫③	L40×3	570	2	1.06	2.1	切角
⑫④	L40×3	570	2	1.06	2.1	
⑫⑤	L40×3	659	2	1.22	2.4	切角
⑫⑥	L40×3	659	2	1.22	2.4	
⑫⑦	L45×4	400	2	1.09	2.2	两端切肢
⑫⑧	−8×141	273	4	2.42	9.7	
⑫⑨	Q355−6×329	369	4	5.72	22.9	
⑬⓪	Q355−6×282	379	4	5.03	20.1	
⑬①	Q355−6×164	353	2	2.73	5.5	卷边 50mm
⑬②	Q355−6×164	353	2	2.73	5.5	卷边 50mm

图 14−172　ZJT−J3−D 转角塔塔头①结构图（3/3）（一）

构 件 明 细 表

编号	规格	长度（mm）	数量	质量（kg）单件	质量（kg）小计	备注	编号	规格	长度（mm）	数量	质量（kg）单件	质量（kg）小计	备注
⑬⑬	−8×143	310	4	2.78	11.1	切角	⑯⑬	L40×3	616	1	1.14	1.1	
⑬④	Q355−6×328	374	4	5.78	23.1		⑯④	L40×3	658	1	1.22	1.2	
⑬⑤	Q355−6×252	319	4	3.79	15.2		⑯⑤	L40×3	716	1	1.33	1.3	
⑬⑥	Q355−6×167	326	2	2.56	5.1	卷边50mm	⑯⑥	L45×4	818	2	2.24	4.5	
⑬⑦	Q355−6×167	326	2	2.56	5.1	卷边50mm	⑯⑦	Q355L63×5	552	2	2.66	5.3	
⑬⑧	L50×4	697	2	2.13	4.3	切角	⑯⑧	L50×5	760	2	2.87	5.7	
⑬⑨	L50×4	697	2	2.13	4.3		⑯⑨	Q355L63×5	552	2	2.66	5.3	
⑭⓪	L45×4	907	2	2.48	5.0	切角	⑰⓪	Q355−8×197	226	2	2.80	5.6	火曲
⑭①	L45×4	907	2	2.48	5.0		⑰①	Q355−8×170	203	2	2.17	4.3	火曲
⑭②	L45×4	530	2	1.45	2.9	两端切肢	⑰②	Q355−8×239	259	2	3.89	7.8	火曲
⑭③	L45×4	737	2	2.02	4.0	切角	⑰③	Q355−8×200	213	2	2.68	5.4	火曲
⑭④	L45×4	737	2	2.02	4.0		⑰④	−6×125	125	2	0.74	1.5	
⑭⑤	L45×4	511	2	1.40	2.8	两端切肢	⑰⑤	L40×3	566	1	1.05	1.0	中间切肢
⑭⑥	L45×4	881	2	2.41	4.8	切角	⑰⑥	L40×3	525	1	0.97	1.0	
⑭⑦	L45×4	881	2	2.41	4.8	中间切肢	⑰⑦	L40×3	561	1	1.04	1.0	中间切肢
⑭⑧	L45×4	867	2	2.37	4.7	切角	⑰⑧	L40×3	628	1	1.16	1.2	
⑭⑨	L45×4	867	2	2.37	4.7		⑰⑨	L45×4	911	2	2.49	5.0	
⑮⓪	L45×4	458	2	1.25	2.5	两端切肢	⑱⓪	Q355L63×5	483	2	2.33	4.7	
⑮①	L40×3	616	2	1.14	2.3	切角	⑱①	Q355−8×243	259	2	3.95	7.9	火曲
⑮②	L40×3	616	2	1.14	2.3		⑱②	Q355−8×170	203	2	2.17	4.3	火曲
⑮③	L45×4	442	2	1.21	2.4	两端切肢	⑱③	−6×122	147	2	0.84	1.7	
⑮④	L40×3	720	2	1.33	2.7	切角	⑱④	L40×3	373	2	0.69	1.4	
⑮⑤	L40×3	720	2	1.33	2.7		⑱⑤	Q355−8×135	218	2	1.85	3.7	火曲
⑮⑥	L40×3	659	2	1.22	2.4	切角	⑱⑥	Q355−8×135	218	2	1.85	3.7	火曲
⑮⑦	L40×3	659	2	1.22	2.4		⑱⑦	L40×3	543	2	1.01	2.0	
⑮⑧	Q355L63×5	400	2	1.93	3.9	两端切肢	⑱⑧	−12×50	50	12	0.24	2.9	垫板
⑮⑨	−8×141	273	4	2.42	9.7		⑱⑨	−10×50	50	10	0.20	2.0	垫板
⑯⓪	−6×142	253	4	1.69	6.8		⑲⓪	−16×50	50	2	0.31	0.6	垫板
⑯①	−6×144	235	4	1.59	6.4	焊接	⑲①	Q355−3×60	60	32	0.08	2.6	焊接
⑯②	L40×3	665	1	1.23	1.2	中间切肢	总质量					689.0kg	

螺栓、脚钉、垫圈明细表

名称	级别	规格	符号	数量	质量（kg）	备注
螺栓	6.8级	M16×40	◉	228	32.9	
		M16×50	◉	185	29.6	
		M16×60	⊠	16	2.8	
		M16×50	◉	64	10.3	带双帽
		M16×60	◉	12	2.1	带双帽
脚钉	6.8级	M16×180	⊕T	18	7.3	
		M20×200		2	1.5	
垫圈	Q235	−3A（φ17.5）		12	0.1	规格×个数
		−4A（φ17.5）		34	0.7	
总质量					87.3kg	

图 14−172　ZJT−J3−D 转角塔塔头①结构图（3/3）（二）

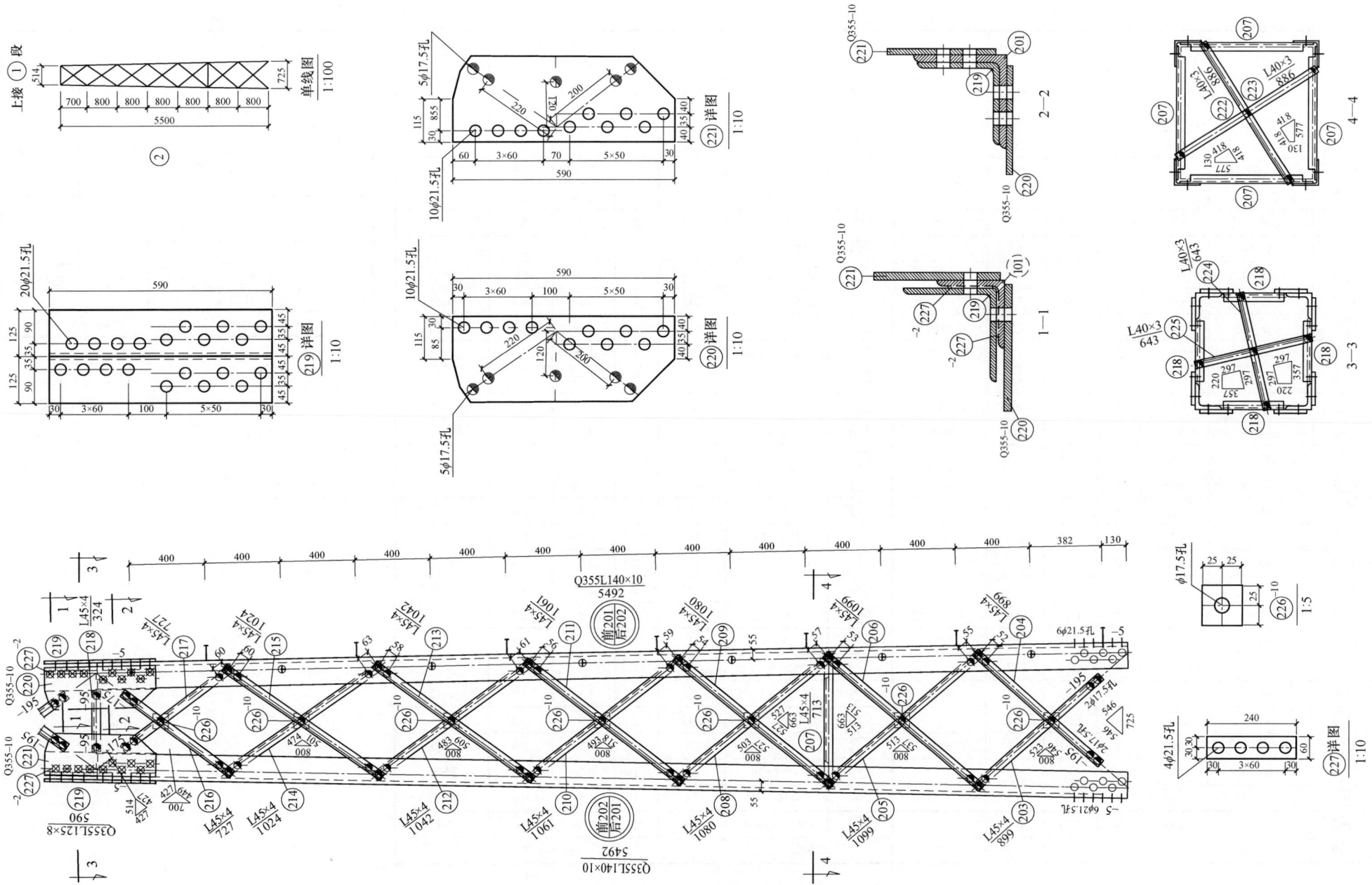

图 14-173　ZJT-J3-D 转角塔塔身②结构图（一）

构件明细表

编号	规格	长度 (mm)	数量	质量（kg） 单件	质量（kg） 小计	备注
⑳①	Q355L140×10	5492	2	118.01	236.0	带脚钉
⑳②	Q355L140×10	5492	2	118.01	236.0	
⑳③	L45×4	899	4	2.46	9.8	切角
⑳④	L45×4	899	4	2.46	9.8	
⑳⑤	L45×4	1099	4	3.01	12.0	切角
⑳⑥	L45×4	1099	4	3.01	12.0	
⑳⑦	L45×4	713	4	1.95	7.8	
⑳⑧	L45×4	1080	4	2.95	11.8	切角
⑳⑨	L45×4	1080	4	2.95	11.8	
②⑩	L45×4	1061	4	2.90	11.6	切角
②⑪	L45×4	1061	4	2.90	11.6	
②⑫	L45×4	1042	4	2.85	11.4	切角
②⑬	L45×4	1042	4	2.85	11.4	
②⑭	L45×4	1024	4	2.80	11.2	切角
②⑮	L45×4	1024	4	2.80	11.2	
②⑯	L45×4	727	4	1.99	8.0	切角
②⑰	L45×4	727	4	1.99	8.0	
②⑱	L45×4	324	4	0.89	3.6	
②⑲	Q355L125×8	590	4	9.15	36.6	铲背、铲弧
②⑳	Q355−10×228	590	4	10.56	42.2	
②㉑	Q355−10×228	590	4	10.56	42.2	
②㉒	L40×3	886	1	1.64	1.6	中间切肢
②㉓	L40×3	886	1	1.64	1.6	
②㉔	L40×3	643	1	1.19	1.2	中间切肢
②㉕	L40×3	643	1	1.19	1.2	
②㉖	−10×50	50	28	0.20	5.6	垫板
②㉗	−2×60	240	8	0.23	1.8	垫板
总质量				769.0kg		

螺栓、脚钉、垫圈明细表

名称	级别	规格	符号	数量	质量（kg）	备注
螺栓	6.8级	M16×40	◑	14	2.0	
		M16×50	◐	208	33.3	
		M20×65	⊠	80	25.6	
脚钉	6.8级	M16×180	Φ丁	24	9.8	
		M20×200		4	2.9	
垫圈	Q235					规格×个数
总质量				73.6kg		

图 14-173 ZJT-J3-D 转角塔塔身②结构图（二）

构件明细表

编号	规格	长度（mm）	数量	质量（kg）一件	质量（kg）小计	备注
301	Q355L160×12	3136	2	92.17	184.3	带脚钉
302	Q355L160×12	3136	2	92.17	184.3	
303	L45×4	1278	4	3.50	14.0	切角
304	L45×4	1278	4	3.50	14.0	
305	L45×4	1255	4	3.43	13.7	切角
306	L45×4	1255	4	3.43	13.7	
307	L45×4	1232	4	3.37	13.5	切角
308	L45×4	1232	4	3.37	13.5	
309	L45×4	993	4	2.72	10.9	切角
310	L45×4	993	4	2.72	10.9	
311	Q355L140×10	630	4	13.54	54.2	铲背
312	Q355−10×252	630	4	12.46	49.8	
313	Q355−10×252	630	4	12.46	49.8	
314	−10×50	50	4	0.20	0.8	垫板
315	−12×50	50	12	0.24	2.9	垫板
316	−2×95	310	8	0.46	3.7	垫板
总质量					634.0kg	

螺栓、脚钉、垫圈明细表

名称	级别	规格	符号	数量	质量（kg）	备注
螺栓	6.8级	M16×50		120	19.2	
		M20×65		96	30.8	
脚钉	6.8级	M16×180		14	5.7	
		M20×200		4	2.9	
垫圈	Q235					规格×个数
总质量					58.6kg	

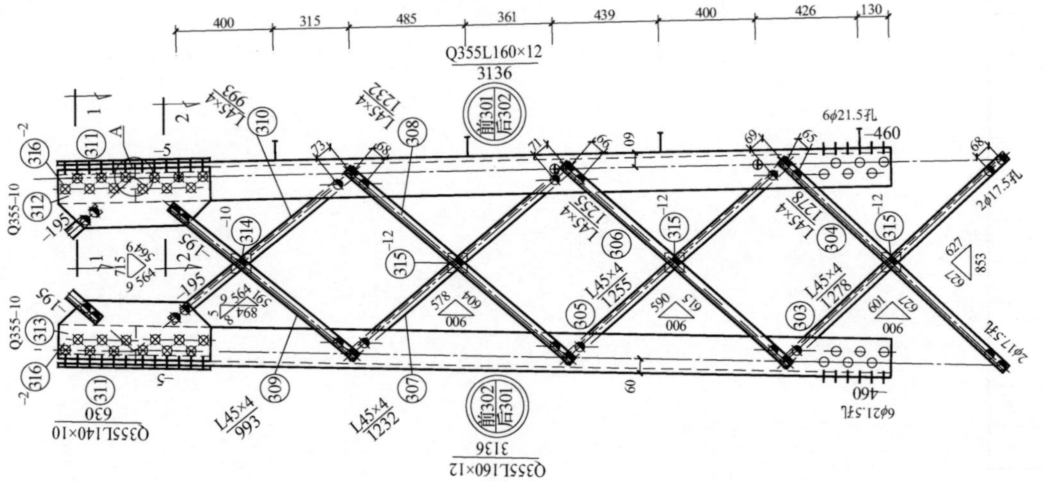

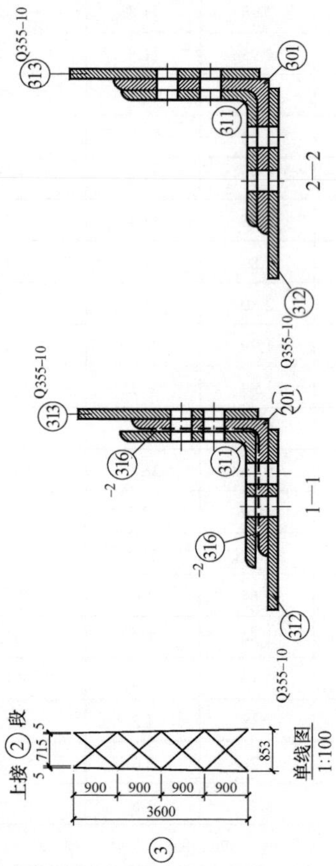

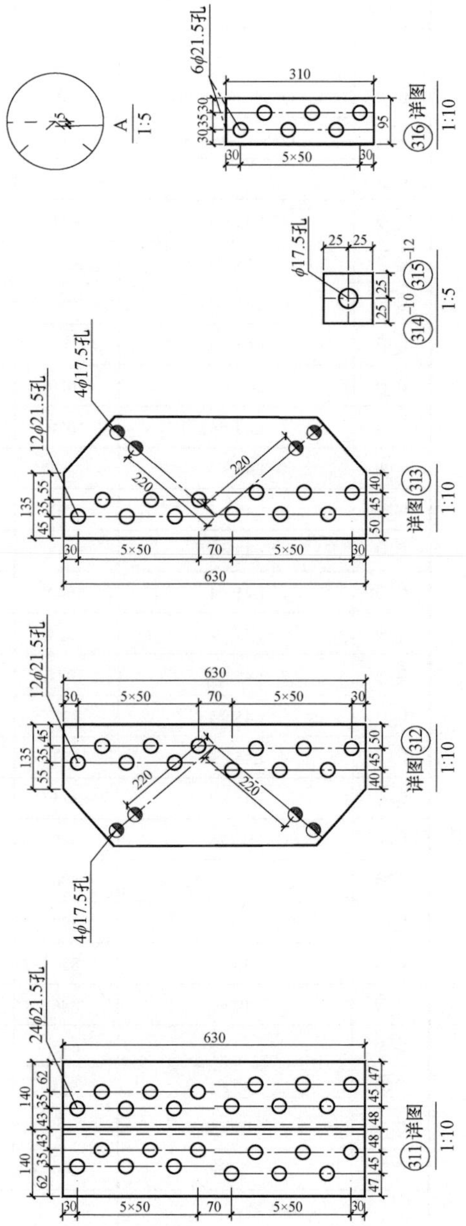

图 14−174　ZJT−J3−D 转角塔塔身③结构图

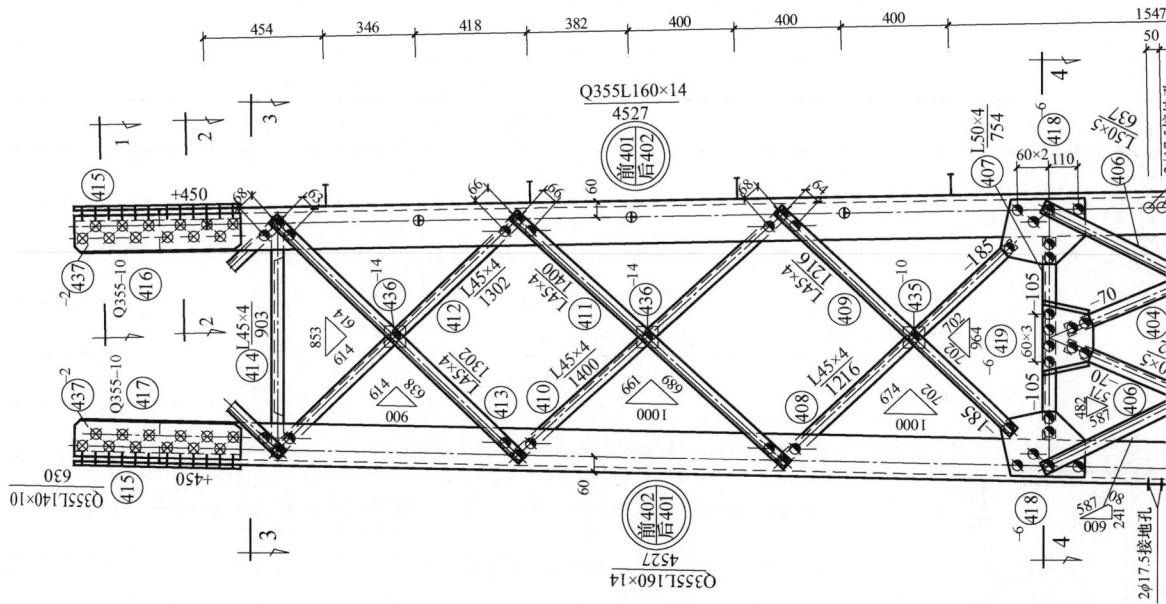

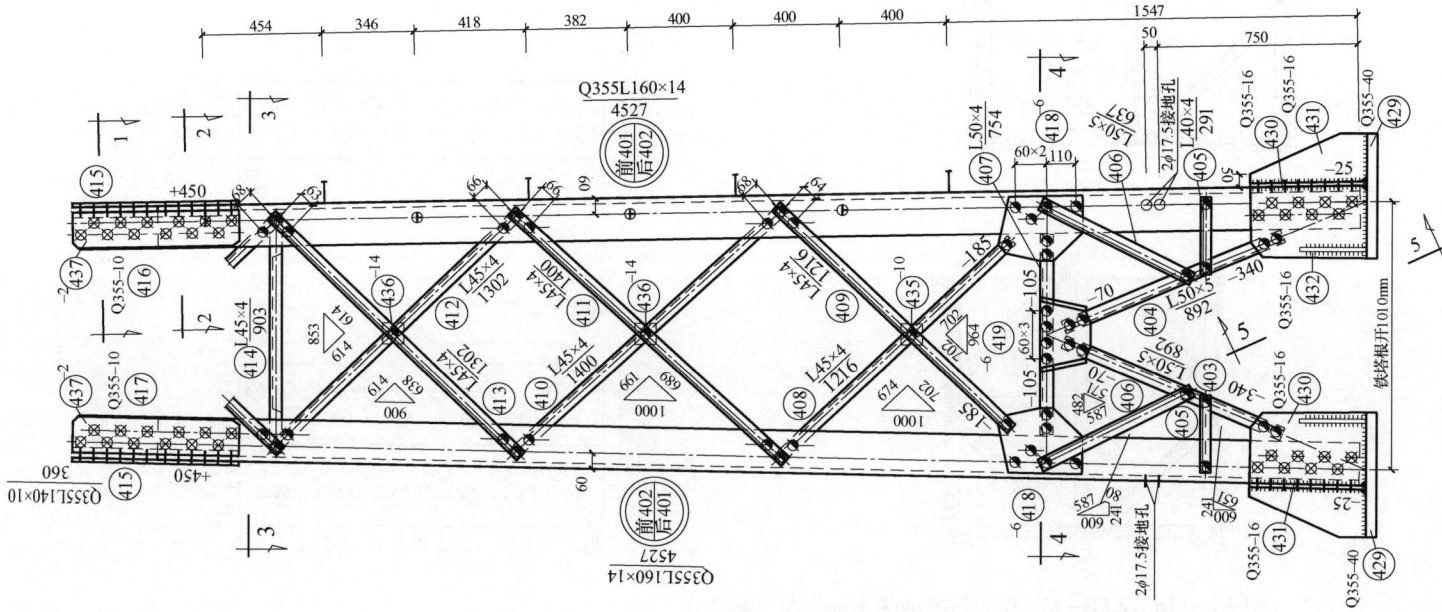

螺栓、脚钉、垫圈明细表

名称	级别	规格	符号	数量	质量（kg）	备注
螺栓	6.8级	M16×40	◓	122	17.6	
		M16×50	◓	132	21.1	
		M16×60	⊘	8	1.4	
		M20×65	⊠	160	51.3	
脚钉	6.8级	M16×180	⊕	12	4.9	
		M20×200	⊕	2	1.5	
垫圈	Q235					规格×个数
总质量					97.8kg	

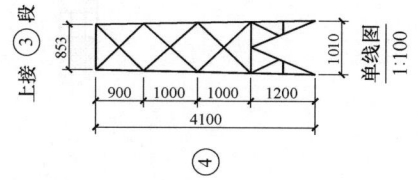

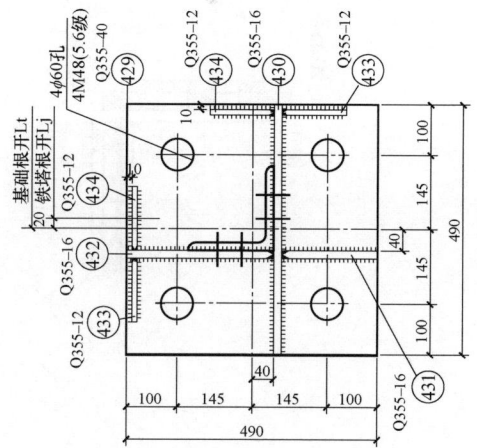

图 14-175　ZJT-J3-D 转角塔塔腿④结构图（1/2）

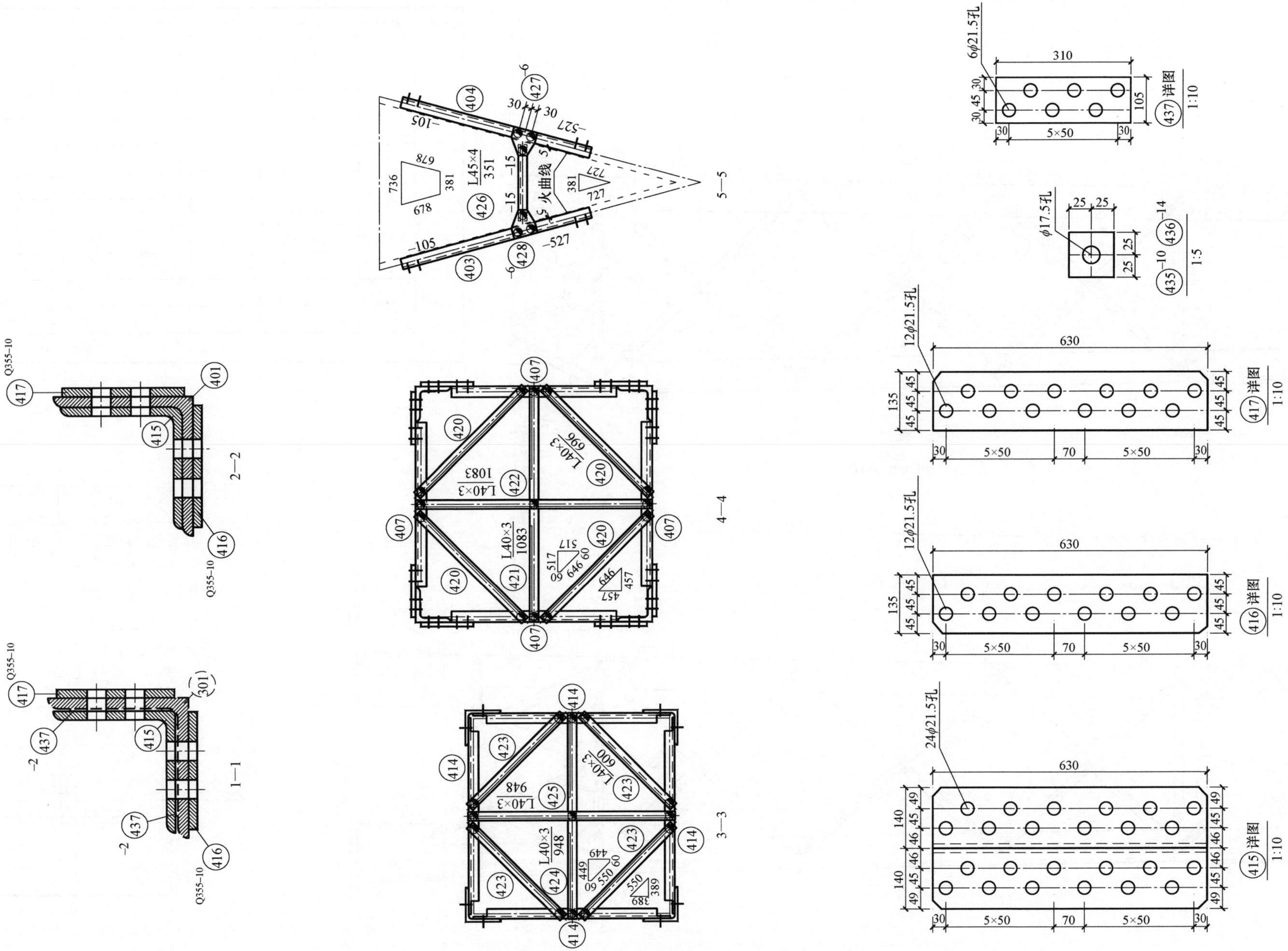

图 14-176 ZJT-J3-D 转角塔塔腿④结构图（2/2）

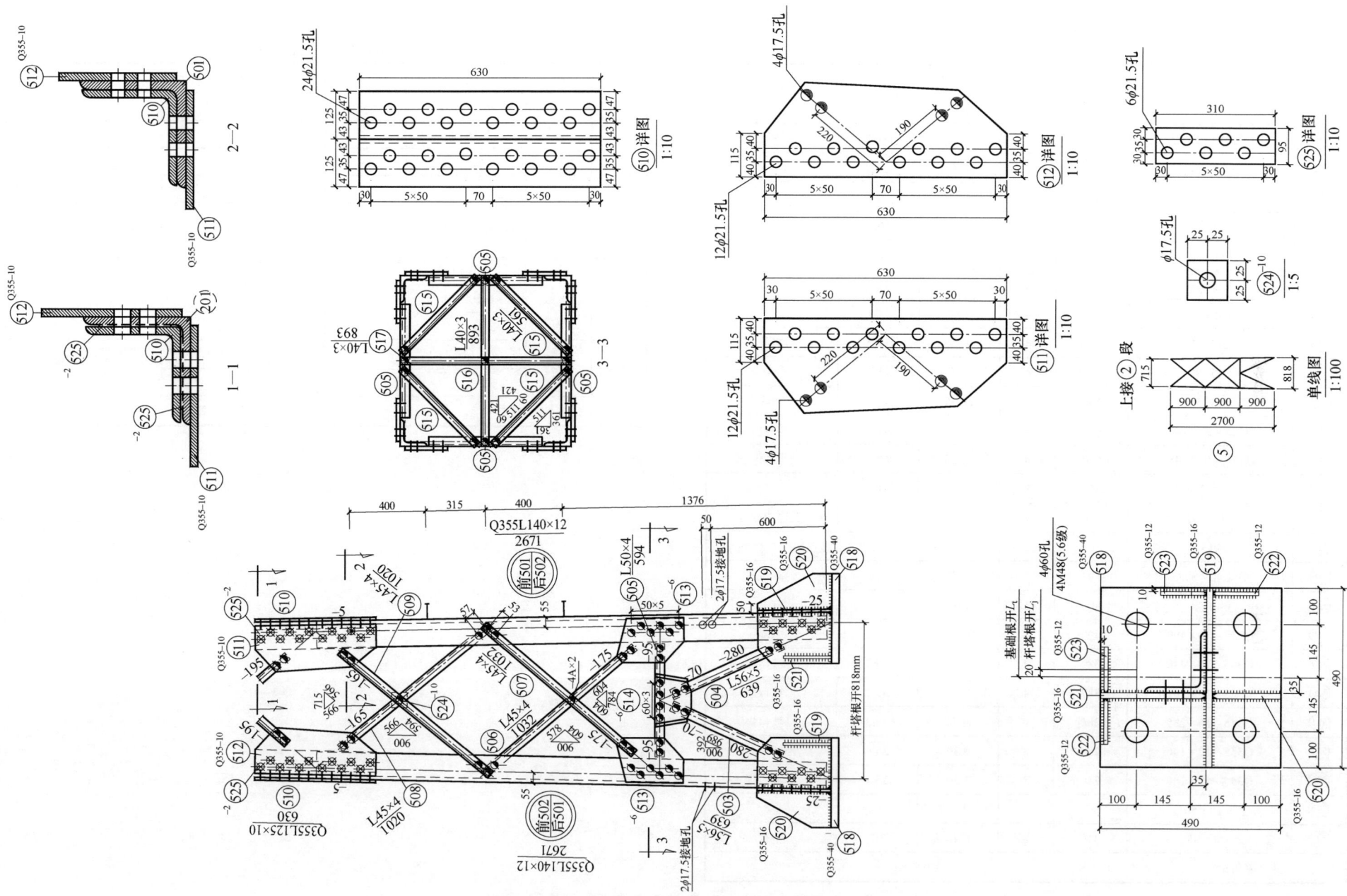

图 14-177 ZJT-J3-D 转角塔塔腿⑤结构图（一）

構 件 明 細 表

编号	规格	长度 (mm)	数量	质量（kg） 单件	质量（kg） 小计	备注
⑤⑪	Q355L140×12	2671	2	68.17	136.3	带脚钉
⑤⑫	Q355L140×12	2671	2	68.17	136.3	
⑤⑬	L56×5	639	4	2.72	10.9	
⑤⑭	L56×5	639	4	2.72	10.9	
⑤⑮	L50×4	594	4	1.82	7.3	
⑤⑯	L45×4	1032	4	2.82	11.3	
⑤⑰	L45×4	1032	4	2.82	11.3	
⑤⑱	L45×4	1020	4	2.79	11.2	切角
⑤⑲	L45×4	1020	4	2.79	11.2	
⑤⑳	Q355L125×10	630	4	12.05	48.2	铲背
⑤⑪	Q355−10×248	630	4	12.26	49.0	切角
⑤⑫	Q355−10×248	630	4	12.26	49.0	切角
⑤⑬	−6×236	353	8	3.92	31.4	
⑤⑭	−6×192	230	4	2.08	8.3	卷边 50mm
⑤⑮	L40×3	561	4	1.04	4.2	
⑤⑯	L40×3	893	1	1.65	1.6	中间切肢
⑤⑰	L40×3	893	1	1.65	1.6	
⑤⑱	Q355−40×490	490	4	75.39	301.6	电焊
⑤⑲	Q355−16×490	387	4	23.82	95.3	打坡口焊
⑤⑳	Q355−16×202	387	4	9.82	39.3	打坡口焊
⑤㉑	Q355−16×285	386	4	13.82	55.3	打坡口焊
⑤㉒	Q355−12×140	250	8	3.30	26.4	打坡口焊
⑤㉓	Q355−12×140	250	8	3.30	26.4	打坡口焊
⑤㉔	−10×50	50	4	0.20	0.8	垫板
⑤㉕	−2×95	310	8	0.46	3.7	垫板
总质量					1088.8kg	

螺 栓 、 脚 钉 、 垫 圈 明 细 表

名称	级别	规格	符号	数量	质量（kg）	备注
螺栓	6.8 级	M16×40	◖	77	11.1	
		M16×50	◖	128	20.5	
		M20×65	⊠	152	48.7	
脚钉	6.8 级	M16×180	⊕T	6	2.4	
		M20×200		2	1.5	
垫圈	Q235	−4A（φ17.5）			0.2	规格×个数
总质量					84.2kg	

图 14−177 ZJT−J3−D 转角塔塔腿⑤结构图（二）

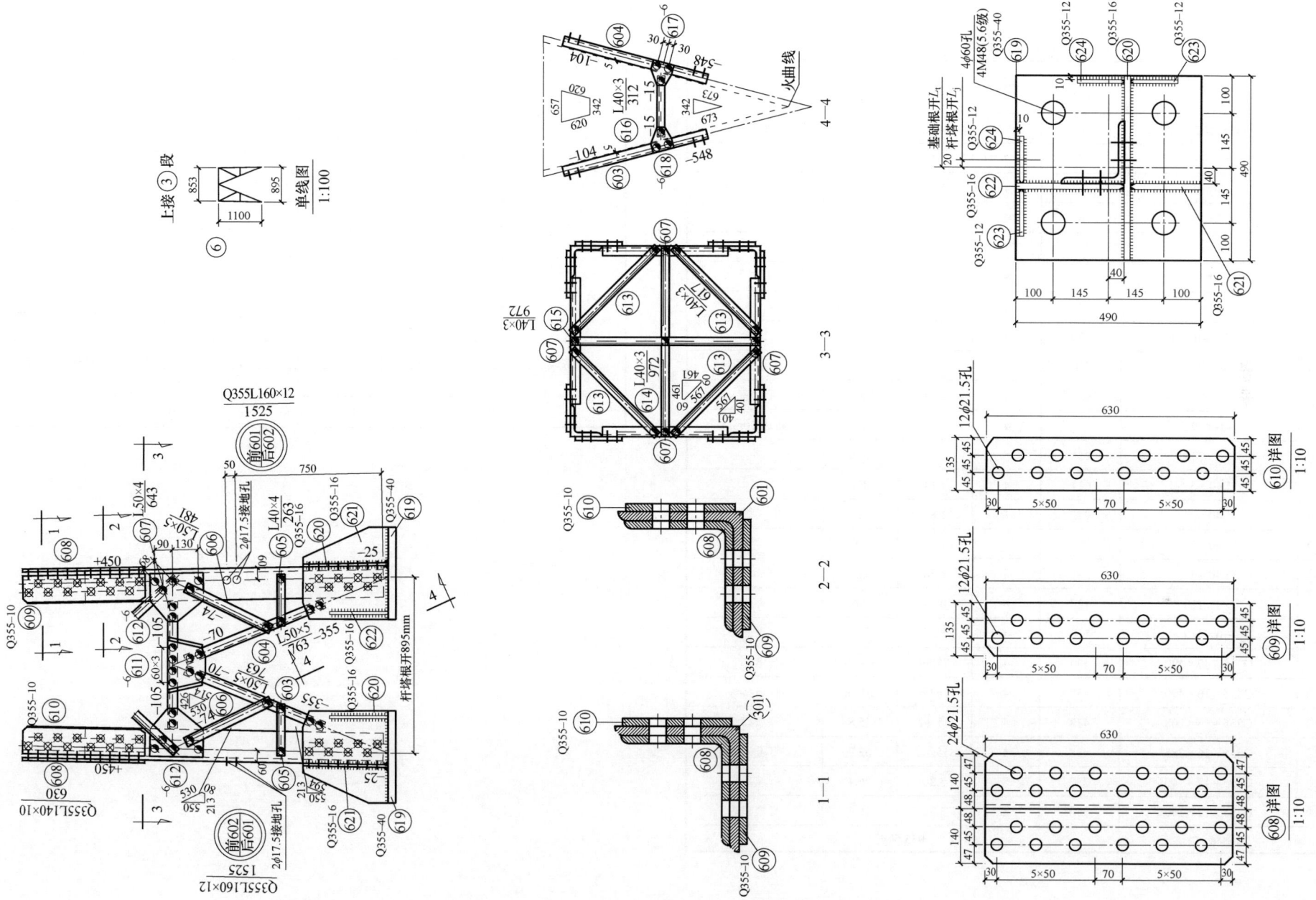

图 14-178　ZJT-J3-D 转角塔塔腿⑥结构图（一）

<table>
<tr><th colspan="7">构 件 明 细 表</th></tr>
<tr><th rowspan="2">编号</th><th rowspan="2">规格</th><th rowspan="2">长度
（mm）</th><th rowspan="2">数量</th><th colspan="2">质量（kg）</th><th rowspan="2">备注</th></tr>
<tr><th>单件</th><th>小计</th></tr>
<tr><td>601</td><td>Q355L160×12</td><td>1525</td><td>2</td><td>44.82</td><td>89.6</td><td>带脚钉</td></tr>
<tr><td>602</td><td>Q355L160×12</td><td>1525</td><td>2</td><td>44.82</td><td>89.6</td><td></td></tr>
<tr><td>603</td><td>L50×5</td><td>763</td><td>4</td><td>2.88</td><td>11.5</td><td></td></tr>
<tr><td>604</td><td>L50×5</td><td>763</td><td>4</td><td>2.88</td><td>11.5</td><td></td></tr>
<tr><td>605</td><td>L40×4</td><td>263</td><td>8</td><td>0.64</td><td>5.1</td><td></td></tr>
<tr><td>606</td><td>L50×5</td><td>481</td><td>8</td><td>1.81</td><td>14.5</td><td></td></tr>
<tr><td>607</td><td>L50×4</td><td>643</td><td>4</td><td>1.97</td><td>7.9</td><td></td></tr>
<tr><td>608</td><td>Q355L140×10</td><td>630</td><td>4</td><td>13.54</td><td>54.2</td><td>铲背</td></tr>
<tr><td>609</td><td>Q355−10×135</td><td>630</td><td>4</td><td>6.68</td><td>26.7</td><td>切角</td></tr>
<tr><td>610</td><td>Q355−10×135</td><td>630</td><td>4</td><td>6.68</td><td>26.7</td><td>切角</td></tr>
<tr><td>611</td><td>−6×192</td><td>230</td><td>4</td><td>2.08</td><td>8.3</td><td>卷边50mm</td></tr>
<tr><td>612</td><td>−6×246</td><td>255</td><td>8</td><td>2.95</td><td>23.6</td><td></td></tr>
<tr><td>613</td><td>L40×3</td><td>617</td><td>4</td><td>1.14</td><td>4.6</td><td></td></tr>
<tr><td>614</td><td>L40×3</td><td>972</td><td>1</td><td>1.80</td><td>1.8</td><td>中间切肢</td></tr>
<tr><td>615</td><td>L40×3</td><td>972</td><td>1</td><td>1.80</td><td>1.8</td><td></td></tr>
<tr><td>616</td><td>L40×3</td><td>312</td><td>4</td><td>0.58</td><td>2.3</td><td></td></tr>
<tr><td>617</td><td>−6×110</td><td>123</td><td>4</td><td>0.64</td><td>2.6</td><td>火曲</td></tr>
<tr><td>618</td><td>−6×110</td><td>123</td><td>4</td><td>0.64</td><td>2.6</td><td>火曲</td></tr>
<tr><td>619</td><td>Q355−40×490</td><td>490</td><td>4</td><td>75.39</td><td>301.6</td><td>电焊</td></tr>
<tr><td>620</td><td>Q355−16×490</td><td>438</td><td>4</td><td>26.96</td><td>107.8</td><td>打坡口焊</td></tr>
<tr><td>621</td><td>Q355−16×208</td><td>438</td><td>4</td><td>11.44</td><td>45.8</td><td>打坡口焊</td></tr>
<tr><td>622</td><td>Q355−16×285</td><td>438</td><td>4</td><td>15.68</td><td>62.7</td><td>打坡口焊</td></tr>
<tr><td>623</td><td>Q355−12×140</td><td>250</td><td>8</td><td>3.30</td><td>26.4</td><td>打坡口焊</td></tr>
<tr><td>624</td><td>Q355−12×140</td><td>250</td><td>8</td><td>3.30</td><td>26.4</td><td>打坡口焊</td></tr>
<tr><td>总质量</td><td colspan="6">955.6kg</td></tr>
</table>

<table>
<tr><th colspan="7">螺栓、脚钉、垫圈明细表</th></tr>
<tr><th>名称</th><th>级别</th><th>规格</th><th>符号</th><th>数量</th><th>质量（kg）</th><th>备注</th></tr>
<tr><td rowspan="4">螺栓</td><td rowspan="4">6.8级</td><td>M16×40</td><td>●</td><td>101</td><td>14.6</td><td></td></tr>
<tr><td>M16×50</td><td>●</td><td>64</td><td>10.3</td><td></td></tr>
<tr><td>M20×65</td><td>⊠</td><td>160</td><td>51.3</td><td></td></tr>
<tr><td></td><td></td><td></td><td></td><td></td></tr>
<tr><td>脚钉</td><td>6.8级</td><td></td><td>⊕T</td><td></td><td></td><td></td></tr>
<tr><td>垫圈</td><td>Q235</td><td></td><td></td><td></td><td colspan="2">规格×个数</td></tr>
<tr><td colspan="2">总质量</td><td colspan="5">76.2kg</td></tr>
</table>

图 14−178　ZJT−J3−D 转角塔塔腿⑥结构图（二）

除图中注明外，必须遵照下列统一要求进行加工和组装：

（1）杆塔的设计执行《输电线路杆塔制图和构造规定》（DL/T 5442—2020）的有关规定。

（2）结构图中图面内的图例、代号等在说明中未提及之处，均按《输电线路杆塔制图和构造规定》（DL/T 5442—2020）中的要求执行。

（3）杆塔加工时应严格执行《输电线路铁塔制造技术条件》（GB/T 2694—2018）。本塔构件的尺寸以放样为准，构件加工后必须试组装，验收合格后方可批量加工。

（4）钢材质量标准应符合《碳素结构钢》（GB/T 700—2006）及《低合金高强度结构钢》（GB/T 1591—2018）的有关要求；螺栓、螺母、扣紧螺母应符合的标准分别为《六角头螺栓 C 级》（GB/T 5780—2016）、《Ⅰ型六角螺母》（GB/T 6170—2015）、《扣紧螺母》（GB 805—1988）。所有材料，包括角钢、螺栓、防盗螺栓、扣紧螺母、焊条等均应有出厂合格证书。

（5）杆塔构件所有钢种为 Q235B、Q355B，图中注明 Q355 材料为 Q355B 钢材，未注明均为 Q235B 钢材（角钢用"L"、钢板用"－"表示）。所有构件均须热镀锌。

（6）所有螺栓（包括防盗螺栓）的强度等级为热镀锌后的强度值。

（7）杆塔构件连接主要以螺栓连接为主，少数采用焊接（如塔脚板连接等）。构件焊接应按照焊接规程、规范和有关规定进行，焊缝高度不得小于连接构件的最小厚度，当被焊接构件厚 8mm 及以上时，要按规定剖口焊，以便焊透。对 Q355 构件焊接时选用 E50 系列焊条，对 Q235 构件焊接时选用 E43 系列焊条。

（8）加工时如发生材料代用或改变节点形式等情况，须与设计单位联系解决。材料代用时，需注意相关影响，应与图纸对应列表统计，并由加工厂书面通知施工单位，以方便施工安装。

（9）角钢与钢板的螺栓间距、边距除图中特殊注明外应按表 1 采用。

（10）角钢准距除图中特殊注明外，一般按表 2 采用。

（11）螺栓、脚钉、垫圈规格按表 3、表 4 采用。

（12）脚钉一般从离地面 1.5m 处开始向上装设，间距 400mm 左右，加工放样时可适当调整脚钉的位置，脚钉除运行单位有特殊要求外，一般采用防滑带直钩形式。

（13）其他事项：

1）节点板考虑到刚度要求，形状不宜狭长，节点板边缘与构件轴线夹角 α 不小于 15°，如右图所示。

2）构件厚度大于 14mm 时须采用钻孔方法加工，构件接头中外包角钢清根，内包角钢铲背。

3）凡图中所要求的火曲、开合角、切肢、压扁、切角等的尺寸均由加工放样决定。

4）两构件连接面间的间隙大于 3mm 时，构件应局部开、合角或制弯。

5）当构件需采用切肢或压扁时，应优先采用切肢。

（14）杆塔加工时应根据实际工程要求的高度设置防盗螺栓（无特殊说明的 10m 高以下防盗）。

α 角示意图

表 1　　　　螺栓间距、边距表

螺栓规格	孔径（mm）	螺栓间距（mm）		边距（mm）		
		单排	双排	端距	扎制边距	切角边距
M16	ϕ17.5	50	80	25	≥21 或 20（L40 角钢时）	≥23
M20	ϕ21.5	60	100	30	≥26	≥28

注　螺孔顺力线方向重心最大间距为 12d 或 18t（取二者较小者），其中 d 为螺栓直径，t 为较薄板的厚度。

表 2　　　　　　　角钢准距表

肢宽（mm）	准距（mm）	第一排准距（mm）	第二排准距（mm）	最大使用孔径（mm）
L40	20			
L45	23			17.5
L50	25（28）			
L56	28（32）			
L63	30（36）			
L70	35（40）			
L75	38（40）			
L80	40			
L90	45			21.5
L100	50			
L110	55	45	75	
L125	60	50	85	
L140	70	55	90	
L160	80	60	105	

注　括号内数字用于螺栓边距不足时，在搭接位置上的螺栓孔可使用的准距。

表 3　　　　　　　螺栓规格表

级别	单帽螺栓（带一垫、一扣紧螺母）				防盗螺栓	双帽螺栓（带一垫）				
	规格	符号	通过厚度（mm）	无扣长（mm）	质量（kg）	质量（kg）（带一垫）	规格	符号	通过厚度（mm）	无扣长（mm）	质量（kg）
6.8	M16×40	⊘	7～12	6	0.1442	0.1997	M16×50	⊘	7～12	6	0.1875
	M16×50	⊘	13～22	12	0.1602	0.2127	M16×60	⊘	13～22	12	0.2039
	M16×60	⊗	23～32	22	0.1762	0.2277	M16×70	⊗	23～32	22	0.2203
	M16×70	⊘	33～42	32	0.1922	0.2477	M16×80	⊘	33～42	32	0.2369
6.8	M20×45	○	9～15	8	0.2701	0.3517	M20×60	○	9～15	8	0.3605
	M20×55	⊘	16～25	15	0.2953	0.3737	M20×70	⊘	16～25	15	0.3864
	M20×65	⊗	26～35	25	0.3205	0.3967	M20×80	⊗	26～35	25	0.4123
	M20×75	⊘	36～45	35	0.3457	0.4207	M20×90	⊘	36～45	35	0.4381
	M20×85	⊗	46～55	45	0.3709	0.4407	M20×100	⊗	46～55	45	0.4640
	M20×95	⊗	56～65	55	0.3961	0.4607	M20×110	⊗	56～65	55	0.4899
	M20×105	⊗	66～75	65	0.4213	0.4807	M20×120	⊗	66～75	65	0.5158

表 4　　　　　　　脚钉、垫圈规格表

脚钉（带两帽）				垫圈				
规格	符号	无扣长（mm）	质量（kg）	规格	符号	质量（kg）	内径（mm）	外径（mm）
M16×180	⊕——	120	0.3799	－2（ϕ13.5）	规格×个数	0.00186	13.5	24
				－3（ϕ17.5）		0.01065	17.5	30
M20×200	⊕——	120	0.6749	－3（ϕ22）	规格×个数	0.01637	22	37
				－4（ϕ22）		0.02183	22	37
M24×240	⊕——	120	1.1803	－3（ϕ26）	规格×个数	0.02331	26	44
				－4（ϕ26）		0.03108	26	44

图 14－179　ZJT－J3－D 转角塔加工说明

14.2.15 ZJT-SZ-D 直线塔

ZJT-SZ-D 直线塔结构图清单见表 14-23。

表 14-23   **ZJT-SZ-D 直线塔结构图清单**

图序	图名	备注
图 14-180	ZJT-SZ-D 直线塔总图	
图 14-181	ZJT-SZ-D 直线塔材料汇总表	
图 14-182	ZJT-SZ-D 直线塔塔头①结构图（1/3）	
图 14-183	ZJT-SZ-D 直线塔塔头①结构图（2/3）	

图序	图名	备注
图 14-184	ZJT-SZ-D 直线塔塔头①结构图（3/3）	
图 14-185	ZJT-SZ-D 直线塔塔身②结构图	
图 14-186	ZJT-SZ-D 直线塔塔身③结构图	
图 14-187	ZJT-SZ-D 直线塔塔腿④结构图	
图 14-188	ZJT-SZ-D 直线塔塔腿⑤结构图	
图 14-189	ZJT-SZ-D 直线塔加工说明	

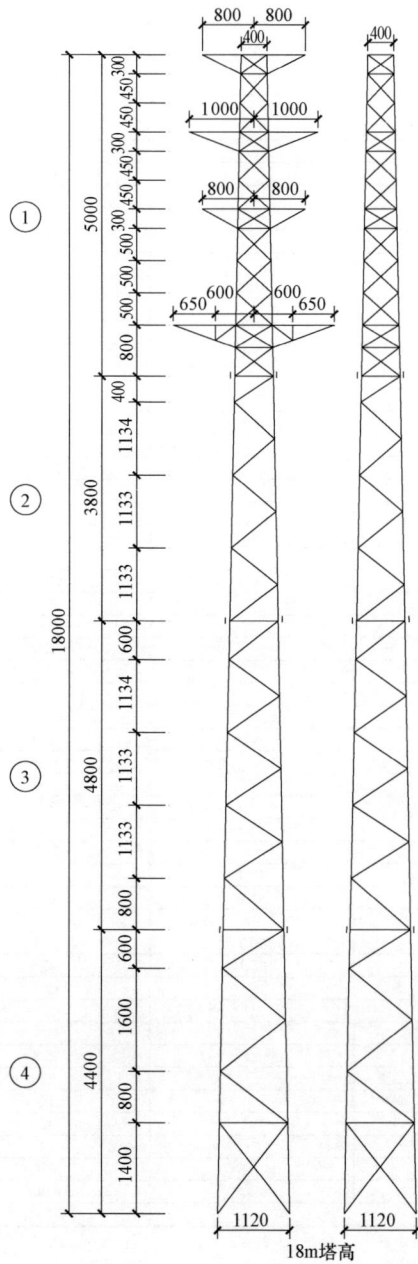

杆塔根开、基础根开、地脚螺栓规格及间距表

杆塔名称（型号）	ZJT－SZ－D	
塔高（m）	15	18
接腿	⑤	④
杆塔根开（mm）	998	1120
基础根开（mm）	1048	1170
基础地脚螺栓间距（mm）	200	200
每腿基础地脚螺栓配置（5.6级）	4M30	4M30

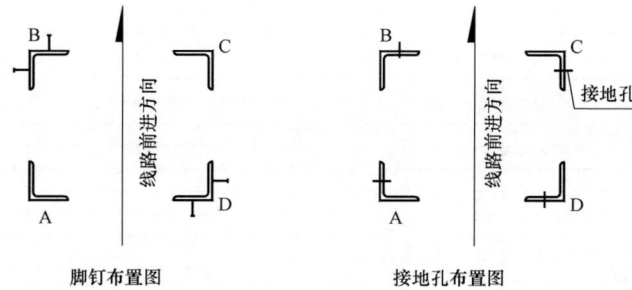

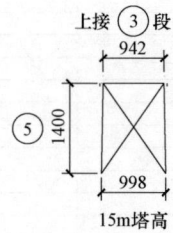

脚钉布置图

接地孔布置图

图 14－180　ZJT－SZ－D 直线塔总图

材料	材质	规格	段号 ①	②	③	④	⑤	全塔高（m）15.0	18.0
角钢	Q355	L100×10				288.6			288.6
		L100×8					87.0	87.0	
		L90×8	220.2	166.0	192.6			578.8	578.8
		L80×6		16.2	16.2	16.2	16.2	48.6	48.6
		L63×5	33.3					33.3	33.3
		小计	253.5	182.2	208.8	304.8	103.2	747.7	949.3
	Q235	L63×5					54.8	54.8	
		L56×5				56.8			56.8
		L50×4	80.5			11.5	10.0	90.5	92.0
		L45×4	32.1	5.4	7.1	53.6		44.6	98.2
		L40×4		26.4	42.2	11.4		68.6	80.0
		L40×3	151.7	28.9	35.5	14.6	8.6	224.7	230.7
		小计	264.3	60.7	84.8	147.9	73.4	483.2	557.7
钢板	Q355	−6		33.5	32.6	16.6	16.6	82.7	82.7
		−8				10.0	10.0	10.0	10.0
		−12				97.5	83.7	83.7	97.5
		−22				79.8	79.8	79.8	79.8
		小计		33.5	32.6	203.9	190.1	256.2	270.0
	Q235	−2				1.8			1.8
		−6	102.8				26.3	129.1	102.8
		−8				22.4			22.4
		−10	2.4			0.8		2.4	3.2
		−12	1.4					1.4	1.4
		−14				1.1			1.1
		小计	106.6			26.1	26.3	132.9	132.7
螺栓	6.8级	M16×40	43.5	3.6	3.0	5.5	4.8	54.9	55.6
		M16×50	34.0	3.8	4.5	9.0		42.3	51.3
		M16×60				2.8			2.8
		M16×50 双帽	2.6					2.6	2.6
		小计	80.1	7.4	7.5	17.3	4.8	99.8	112.3
	6.8级	M20×45					18.4	18.4	
		M20×55		18.9	18.9	30.7	31.9	69.7	68.5
		小计		18.9	18.9	30.7	50.3	88.1	68.5
		螺栓合计	80.1	26.3	26.4	48.0	55.1	187.9	180.8
脚钉	6.8级	M16×180	4.5	8.1	7.3	6.5		19.9	26.4
		M20×200		1.5	2.9	1.5	1.5	5.9	5.9
		小计	4.5	9.6	10.2	8.0	1.5	25.8	32.3
垫圈	Q235	−3A（φ17.5）	0.5					0.5	0.5
		−4A（φ17.5）	0.2					0.2	0.2
		−4B（φ22）					0.2	0.2	
		小计	0.7				0.2	0.9	0.7
		合计（kg）	709.7	312.3	362.8	738.7	449.8	1834.6	2123.5
		各塔高含防盗螺栓总质量（kg）						1871.0	2165.6

图 14−181 ZJT−SZ−D 直线塔材料汇总表

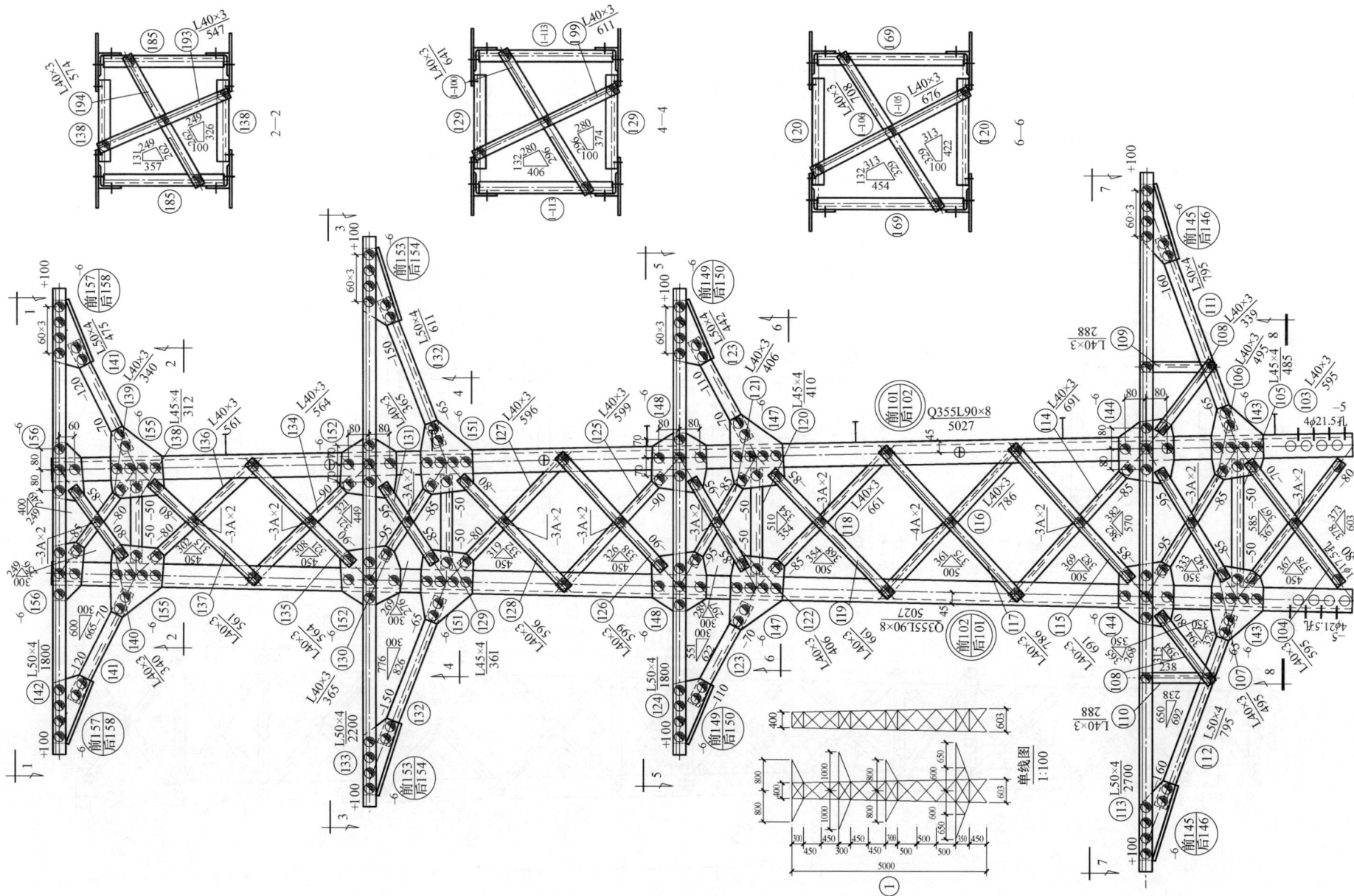

图 14-182　ZJT-SZ-D 直线塔塔头①结构图（1/3）

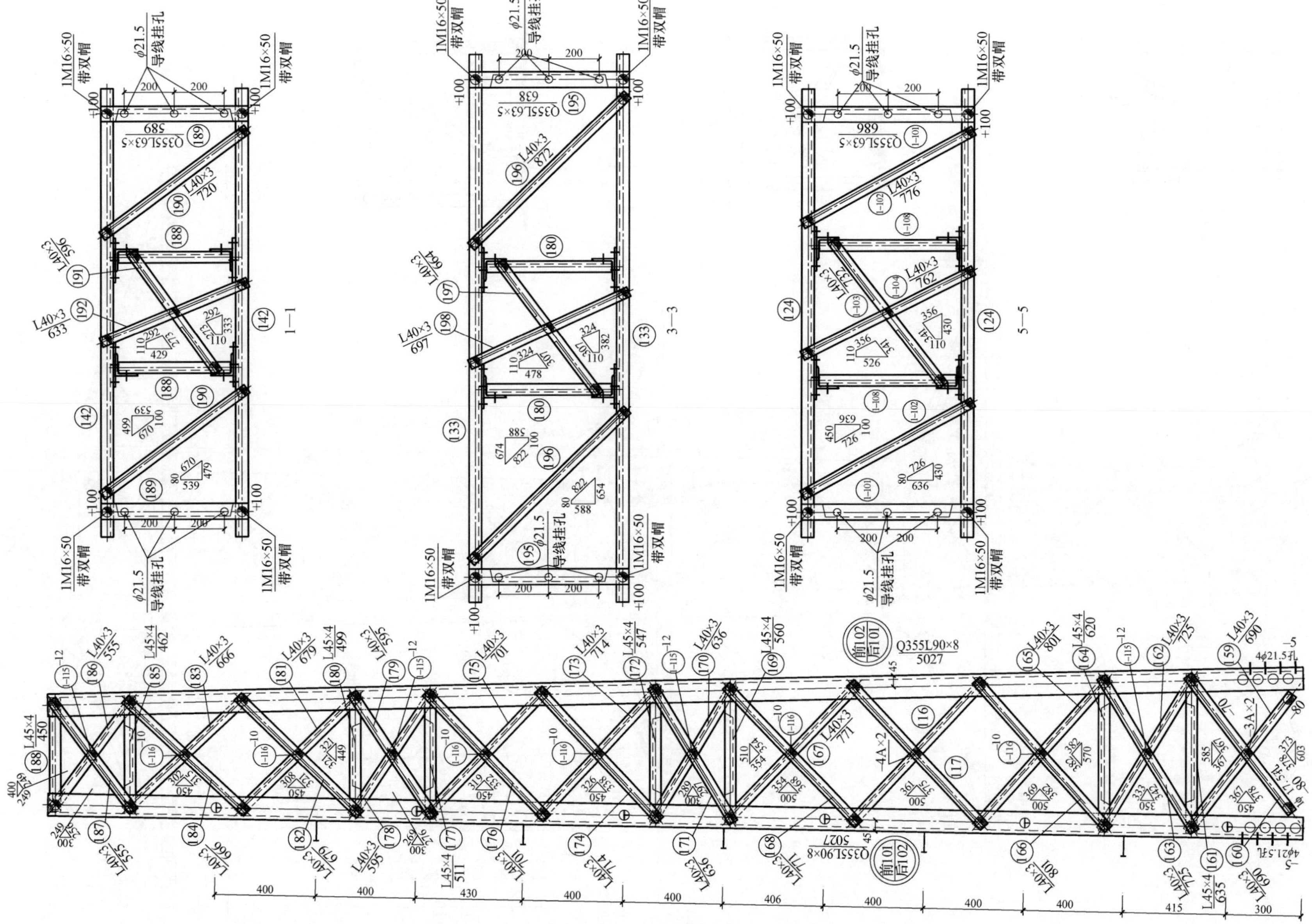

图 14-183 ZJT-SZ-D 直线塔塔头①结构图（2/3）

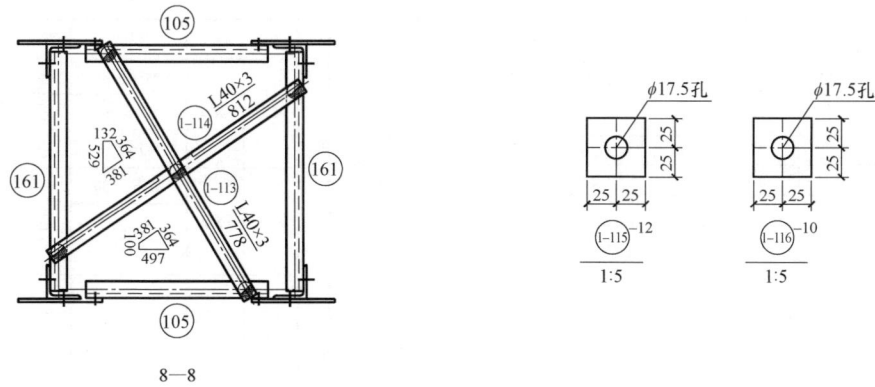

8—8

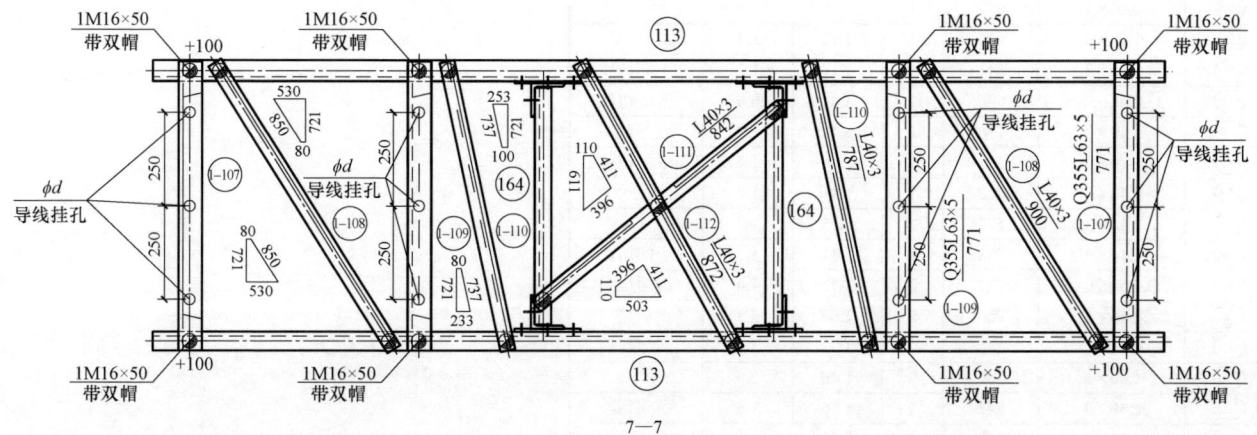

1:5 1:5

说明：根据选取的绝缘子固定螺栓的规格，确定安装孔径 d（M16 螺栓取 17.5mm，M18 螺栓取 19.5mm，M20 螺栓取 21.5mm）。

7—7

图 14−184 ZJT−SZ−D 直线塔塔头①结构图（3/3）（一）

构 件 明 细 表

编号	规格	长度（mm）	数量	质量（kg） 单件	质量（kg） 小计	备注
⑩①	Q355L90×8	5027	2	55.03	110.1	带脚钉
⑩②	Q355L90×8	5027	2	55.03	110.1	
⑩③	L40×3	595	2	1.10	2.2	
⑩④	L40×3	595	2	1.10	2.2	
⑩⑤	L45×4	485	2	1.33	2.7	
⑩⑥	L40×3	495	2	0.92	1.8	
⑩⑦	L40×3	495	2	0.92	1.8	
⑩⑧	L40×3	339	4	0.63	2.5	
⑩⑨	L40×3	288	2	0.53	1.1	切角
⑪⓪	L40×3	288	2	0.53	1.1	切角
⑪①	L50×4	795	2	2.43	4.9	
⑪②	L50×4	795	2	2.43	4.9	
⑪③	L50×4	2700	2	8.26	16.5	
⑪④	L40×3	691	2	1.28	2.6	切角
⑪⑤	L40×3	691	2	1.28	2.6	
⑪⑥	L40×3	786	4	1.46	5.8	切角
⑪⑦	L40×3	786	4	1.46	5.8	
⑪⑧	L40×3	661	2	1.22	2.4	切角
⑪⑨	L40×3	661	2	1.22	2.4	
⑫⓪	L45×4	410	2	1.12	2.2	
⑫①	L40×3	406	2	0.75	1.5	
⑫②	L40×3	406	2	0.75	1.5	
⑫③	L50×4	442	4	1.35	5.4	
⑫④	L50×4	1800	2	5.51	11.0	
⑫⑤	L40×3	599	2	1.11	2.2	切角
⑫⑥	L40×3	599	2	1.11	2.2	
⑫⑦	L40×3	596	2	1.10	2.2	切角
⑫⑧	L40×3	596	2	1.10	2.2	
⑫⑨	L45×4	361	2	0.99	2.0	
⑬⓪	L40×3	365	2	0.68	1.4	
⑬①	L40×3	365	2	0.68	1.4	
⑬②	L50×4	611	4	1.87	7.5	
⑬③	L50×4	2200	2	6.73	13.5	
⑬④	L40×3	564	2	1.04	2.1	切角
⑬⑤	L40×3	564	2	1.04	2.1	
⑬⑥	L40×3	561	2	1.04	2.1	切角
⑬⑦	L40×3	561	2	1.04	2.1	
⑬⑧	L45×4	312	2	0.85	1.7	
⑬⑨	L40×3	340	2	0.63	1.3	
⑭⓪	L40×3	340	2	0.63	1.3	

构 件 明 细 表

编号	规格	长度（mm）	数量	单件	小计	备注	编号	规格	长度（mm）	数量	单件	小计	备注
⑭1	L50×4	475	4	1.45	5.8		⑱0	L45×4	499	2	1.37	2.7	
⑭2	L50×4	1800	2	5.51	11.0	切角	⑱1	L40×3	679	2	1.26	2.5	
⑭3	−6×200	289	4	2.72	10.9		⑱2	L40×3	679	2	1.26	2.5	
⑭4	−6×212	240	4	2.40	9.6	切角	⑱3	L40×3	666	2	1.23	2.5	
⑭5	−6×109	321	2	1.65	3.3	卷边50mm	⑱4	L40×3	666	2	1.23	2.5	
⑭6	−6×109	321	2	1.65	3.3	卷边50mm	⑱5	L45×4	462	2	1.26	2.5	两端切肢
⑭7	−6×204	287	4	2.76	11.0	切角	⑱6	L40×3	555	2	1.03	2.1	
⑭8	−6×214	229	4	2.31	9.2		⑱7	L40×3	555	2	1.03	2.1	
⑭9	−6×129	272	2	1.65	3.3	卷边50mm	⑱8	L45×4	450	2	1.23	2.5	
⑮0	−6×129	272	2	1.65	3.3	卷边50mm	⑱9	Q355L63×5	589	2	2.84	5.7	两端切肢
⑮1	−6×202	285	4	2.71	10.8		⑲0	L40×3	720	2	1.33	2.7	
⑮2	−6×212	224	4	2.24	9.0		⑲1	L40×3	596	1	1.10	1.1	中间切肢
⑮3	−6×112	311	2	1.64	3.3	卷边50mm	⑲2	L40×3	633	1	1.17	1.2	
⑮4	−6×112	311	2	1.64	3.3	卷边50mm	⑲3	L40×3	547	1	1.01	1.0	
⑮5	−6×205	278	4	2.68	10.7		⑲4	L40×3	574	1	1.06	1.1	中间切肢
⑮6	−6×121	226	4	1.29	5.2		⑲5	Q355L63×5	638	2	3.08	6.2	两端切肢
⑮7	−6×125	282	2	1.66	3.3	卷边50mm	⑲6	L40×3	872	2	1.61	3.2	
⑮8	−6×125	282	2	1.66	3.3	卷边50mm	⑲7	L40×3	664	1	1.23	1.2	中间切肢
⑮9	L40×3	690	2	1.28	2.6	切角	⑲8	L40×3	697	1	1.29	1.3	
⑯0	L40×3	690	2	1.28	2.6		⑲9	L40×3	611	1	1.13	1.1	
⑯1	L45×4	635	2	1.74	3.5	两端切肢	⑴-100	L40×3	641	1	1.19	1.2	中间切肢
⑯2	L40×3	725	2	1.34	2.7	切角	⑴-101	Q355L63×5	686	2	3.31	6.6	两端切肢
⑯3	L40×3	725	2	1.34	2.7		⑴-102	L40×3	776	1	1.44	2.9	
⑯4	L45×4	620	2	1.70	3.4	两端切肢	⑴-103	L40×3	732	1	1.36	1.4	中间切肢
⑯5	L40×3	801	2	1.48	3.0	切角	⑴-104	L40×3	762	1	1.41	1.4	
⑯6	L40×3	801	2	1.48	3.0		⑴-105	L40×3	676	1	1.25	1.2	
⑯7	L40×3	771	2	1.43	2.9	切角	⑴-106	L40×3	708	1	1.31	1.3	中间切肢
⑯8	L40×3	771	2	1.43	2.9		⑴-107	Q355L63×5	771	2	3.72	7.4	两端切肢
⑯9	L45×4	560	2	1.53	3.1	两端切肢	⑴-108	L40×3	900	2	1.67	3.3	
⑰0	L40×3	636	2	1.18	2.4	切角	⑴-109	Q355L63×5	771	2	3.72	7.4	两端切肢
⑰1	L40×3	636	2	1.18	2.4		⑴-110	L40×3	787	2	1.46	2.9	
⑰2	L45×4	547	2	1.50	3.0	两端切肢	⑴-111	L40×3	842	1	1.56	1.6	中间切肢
⑰3	L40×3	714	2	1.32	2.6	切角	⑴-112	L40×3	872	1	1.61	1.6	
⑰4	L40×3	714	2	1.32	2.6		⑴-113	L40×3	778	1	1.44	1.4	
⑰5	L40×3	701	2	1.30	2.6	切角	⑴-114	L40×3	812	1	1.50	1.5	中间切肢
⑰6	L40×3	701	2	1.30	2.6		⑴-115	−12×50	50	6	0.24	1.4	垫板
⑰7	L45×4	511	2	1.40	2.8	两端切肢	⑴-116	−10×50	50	12	0.20	2.4	垫板
⑰8	L40×3	595	2	1.10	2.2	切角							
⑰9	L40×3	595	2	1.10	2.2		总质量			624.4kg			

螺栓、脚钉、垫圈明细表

名称	级别	规格	符号	数量	质量（kg）	备注
螺栓	6.8级	M16×40	⊙	302	43.5	
		M16×50	⊙	212	34.0	
		M16×50	⊙	16	2.6	带双帽
脚钉	6.8级	M16×180	⊕⊤	11	4.5	
垫圈	Q235	−3A（φ17.5）		44	0.5	规格×个数
		−4A（φ17.5）		8	0.2	
总质量					85.3kg	

图 14−184　ZJT−SZ−D 直线塔塔头①结构图（3/3）（二）

构件明细表

编号	规格	长度(mm)	数量	质量(kg) 单件	质量(kg) 小计	备注
201	Q355L90×8	3792	2	41.51	83.0	带脚钉
202	Q355L90×8	3792	2	41.51	83.0	
203	L40×4	876	4	2.12	8.5	
204	L40×3	968	4	1.79	7.2	切角
205	L40×4	950	4	2.30	9.2	
206	L40×3	933	4	1.73	6.9	切角
207	L40×3	915	4	1.69	6.8	
208	L40×4	898	4	2.17	8.7	切角
209	L40×3	670	4	1.24	5.0	
210	L45×4	493	4	1.35	5.4	
211	Q355L80×6	550	4	4.06	16.2	铲背
212	Q355−6×165	550	4	4.27	17.1	
213	Q355−6×158	550	4	4.09	16.4	
214	L40×3	794	1	1.47	1.5	中间切肢
215	L40×3	794	1	1.47	1.5	
总质量				276.4kg		

螺栓、脚钉、垫圈明细表

名称	级别	规格	符号	数量	质量(kg)	备注
螺栓	6.8级	M16×40		25	3.6	
		M16×50		24	3.8	
		M20×55		64	18.9	
脚钉	6.8级	M16×180		20	8.1	
		M20×200		2	1.5	
垫圈	Q235					规格×个数
总质量			35.9kg			

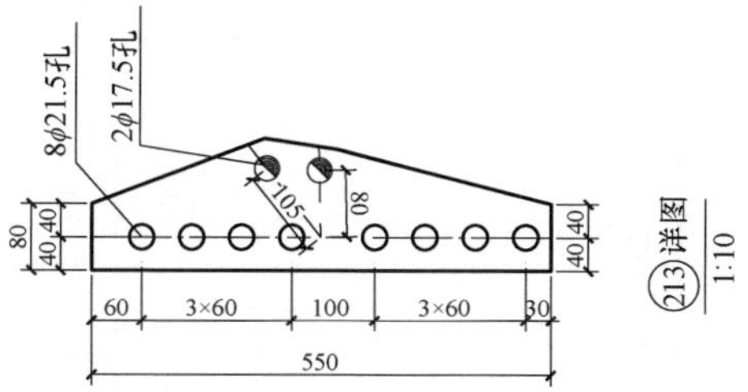

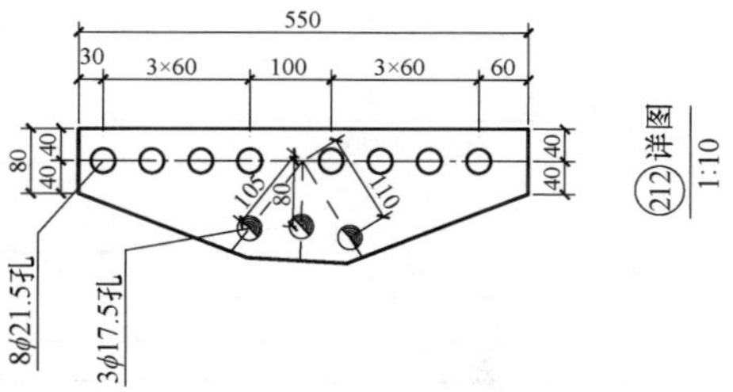

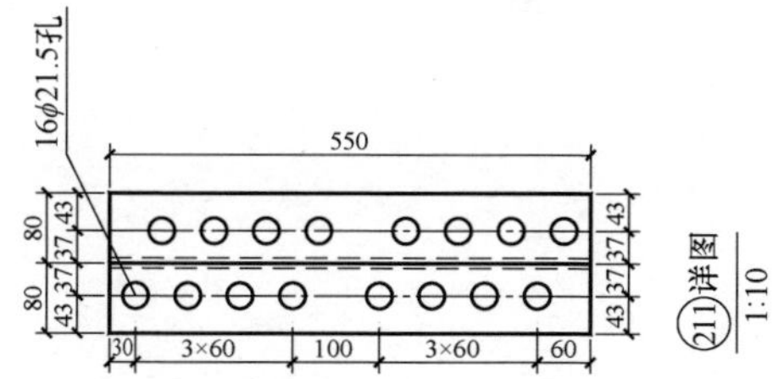

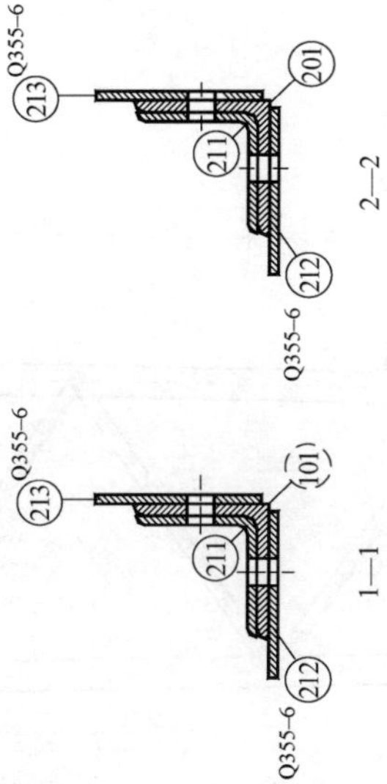

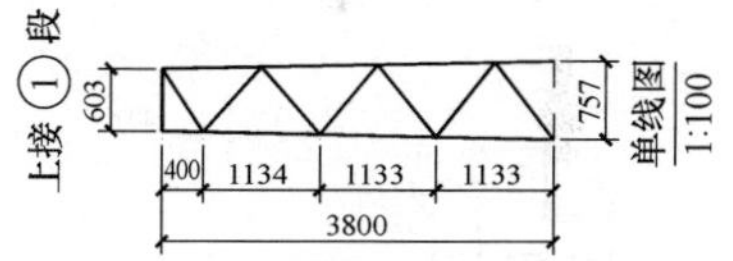

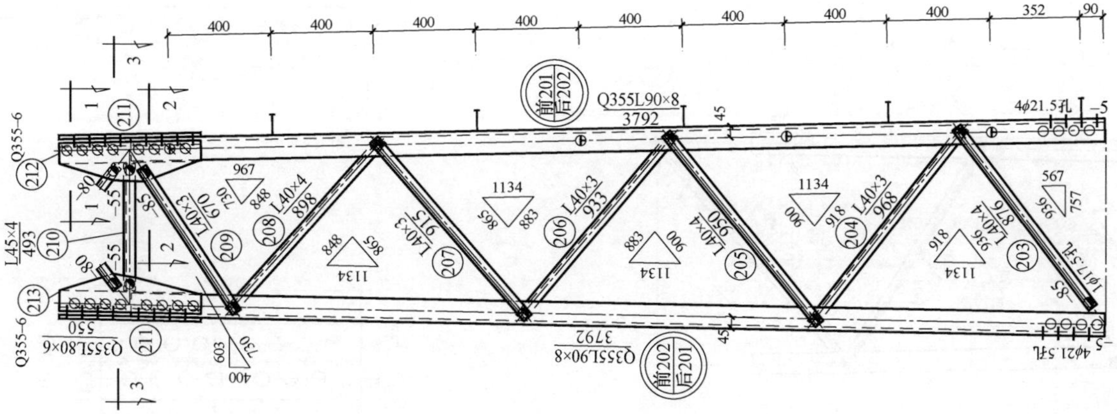

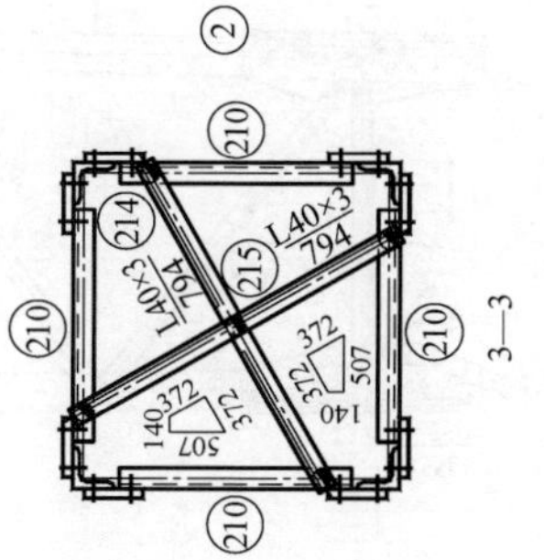

图 14−185　ZJT−SZ−D 直线塔塔身②结构图

构件明细表

编号	规格	长度(mm)	数量	质量（kg）单件	质量（kg）小计	备注
③①①	Q355L90×8	4397	2	48.13	96.3	带脚钉
③①②	Q355L90×8	4397	2	48.13	96.3	
③①③	L40×4	1277	4	3.09	12.4	切角
③①④	L40×4	1120	4	2.71	10.8	
③①⑤	L40×3	1101	4	2.04	8.2	切角
③①⑥	L40×3	1081	4	2.00	8.0	
③①⑦	L40×3	1062	4	1.97	7.9	切角
③①⑧	L40×4	1043	4	2.53	10.1	
③①⑨	L40×3	1024	4	1.90	7.6	切角
③①⑩	L40×4	920	4	2.23	8.9	
③①⑪	L45×4	647	4	1.77	7.1	
③①⑫	Q355L80×6	550	4	4.06	16.2	铲背
③①③	Q355-6×156	550	4	4.04	16.2	
③①④	Q355-6×158	550	4	4.09	16.4	
③①⑤	L40×3	1015	1	1.88	1.9	中间切肢
③①⑥	L40×3	1015	1	1.88	1.9	
总质量				326.2kg		

螺栓、脚钉、垫圈明细表

名称	级别	规格	符号	数量	质量（kg）	备注
螺栓	6.8级	M16×40	⊙	21	3.0	
		M16×50	⊙	28	4.5	
		M20×55	⊘	64	18.9	
脚钉	6.8级	M16×180	⊕	18	7.3	
		M20×200	⊕	4	2.9	
垫圈	Q235					规格×个数
总质量				36.6kg		

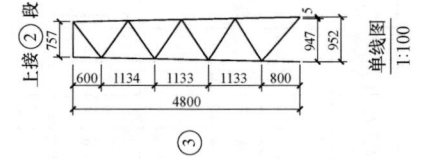

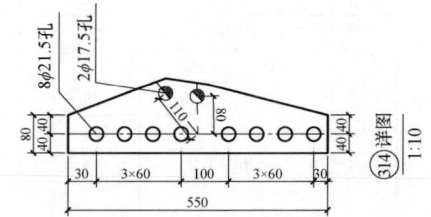

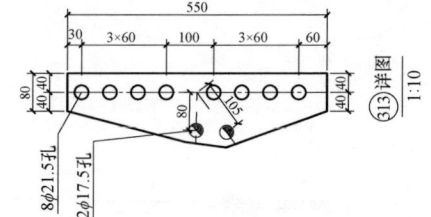

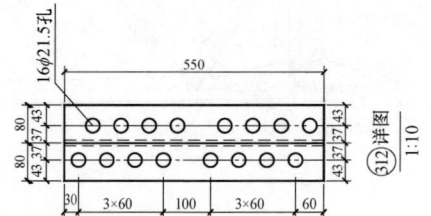

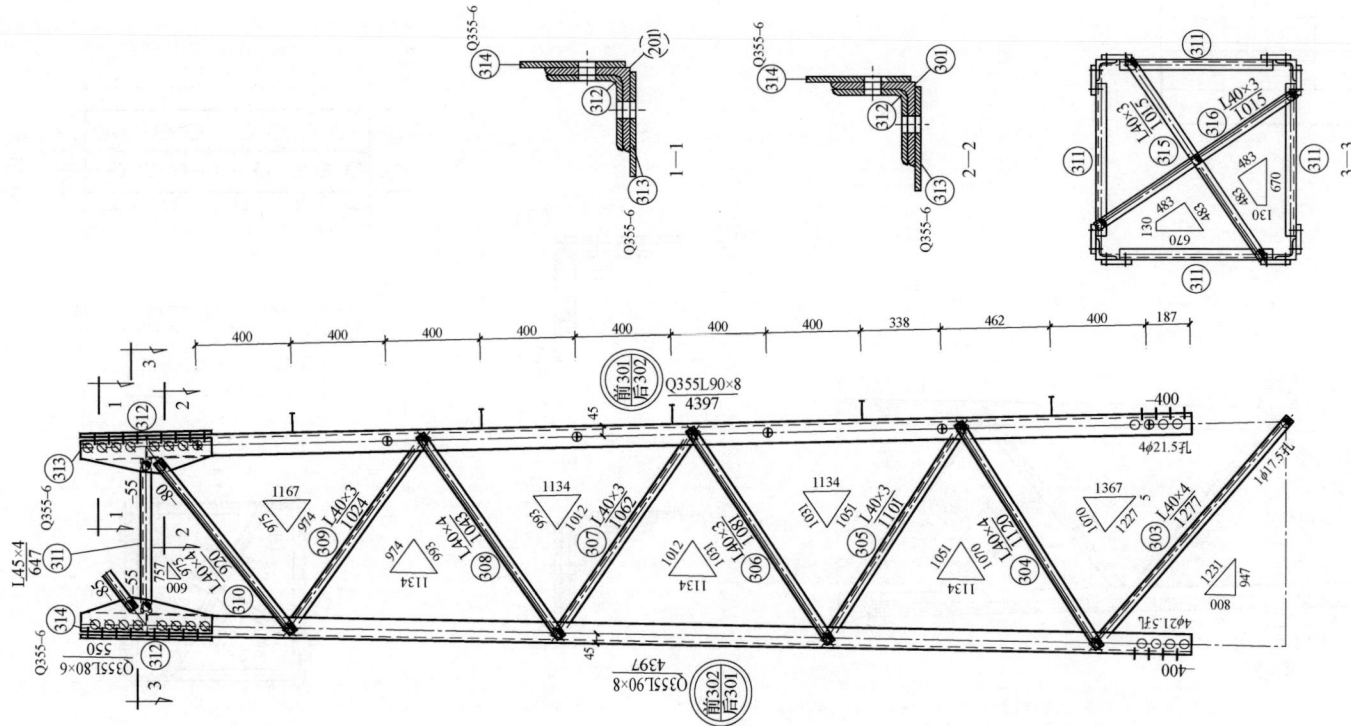

图14-186　ZJT-SZ-D 直线塔塔身③结构图

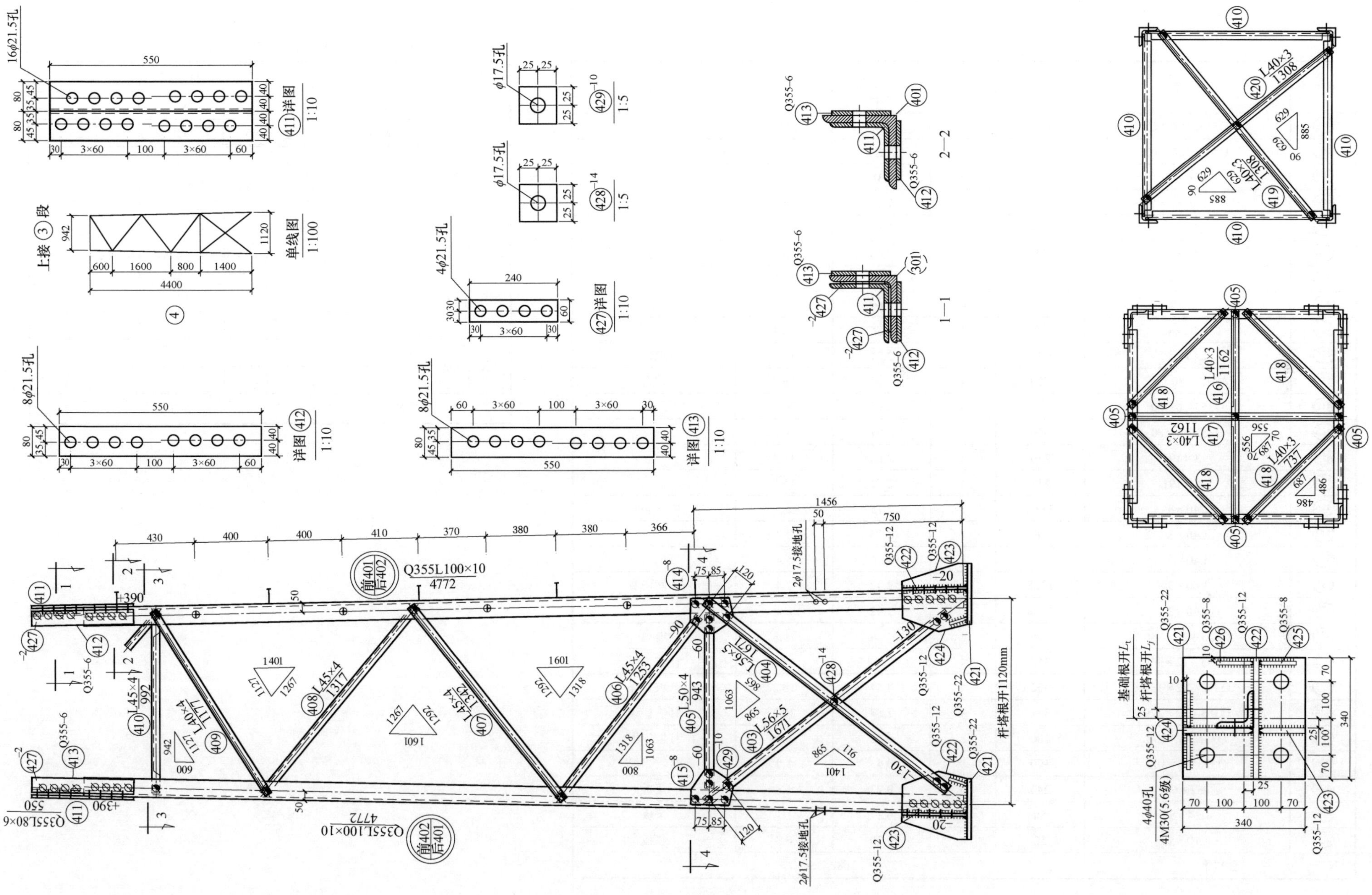

图 14-187 ZJT-SZ-D 直线塔塔腿④结构图（一）

构件明细表

编号	规格	长度（mm）	数量	质量（kg）		备注
				单件	小计	
401	Q355L100×10	4772	2	72.15	144.3	带脚钉
402	Q355L100×10	4772	2	72.15	144.3	
403	L56×5	1671	4	7.10	28.4	切角
404	L56×5	1671	4	7.10	28.4	
405	L50×4	943	4	2.88	11.5	
406	L45×4	1253	4	3.43	13.7	切角
407	L45×4	1342	4	3.67	14.7	
408	L45×4	1317	4	3.60	14.4	切角
409	L40×4	1177	4	2.85	11.4	
410	L45×4	992	4	2.71	10.8	两端切肢
411	Q355L80×6	550	4	4.06	16.2	铲背
412	Q355－6×80	550	4	2.07	8.3	
413	Q355－6×80	550	4	2.07	8.3	
414	－8×191	236	4	2.83	11.3	
415	－8×191	231	4	2.77	11.1	
416	L40×3	1162	1	2.15	2.2	中间切肢
417	L40×3	1162	1	2.15	2.2	
418	L40×3	737	4	1.36	5.4	
419	L40×3	1308	1	2.42	2.4	中间切肢
420	L40×3	1308	1	2.42	2.4	
421	Q355－22×340	340	4	19.96	79.8	电焊
422	Q355－12×369	352	4	12.24	49.0	打坡口焊
423	Q355－12×137	352	4	4.54	18.2	打坡口焊
424	Q355－12×229	351	4	7.57	30.3	打坡口焊
425	Q355－8×100	100	8	0.63	5.0	打坡口焊
426	Q355－8×100	100	8	0.63	5.0	打坡口焊
427	－2×60	240	8	0.23	1.8	垫板
428	－14×50	50	4	0.27	1.1	垫板
429	－10×50	50	4	0.20	0.8	垫板
总质量		682.7kg				

螺栓、脚钉、垫圈明细表

名称	级别	规格	符号	数量	质量（kg）	备注
螺栓	6.8 级	M16×40	◕	38	5.5	
		M16×50	◒	56	9.0	
		M16×60	◙	16	2.8	
		M20×55	⌀	104	30.7	
脚钉	6.8 级	M16×180	⊕T	16	6.5	
		M20×200		2	1.5	
垫圈	Q235					规格×个数
总质量			56.0kg			

图 14－187　ZJT－SZ－D 直线塔塔腿④结构图（二）

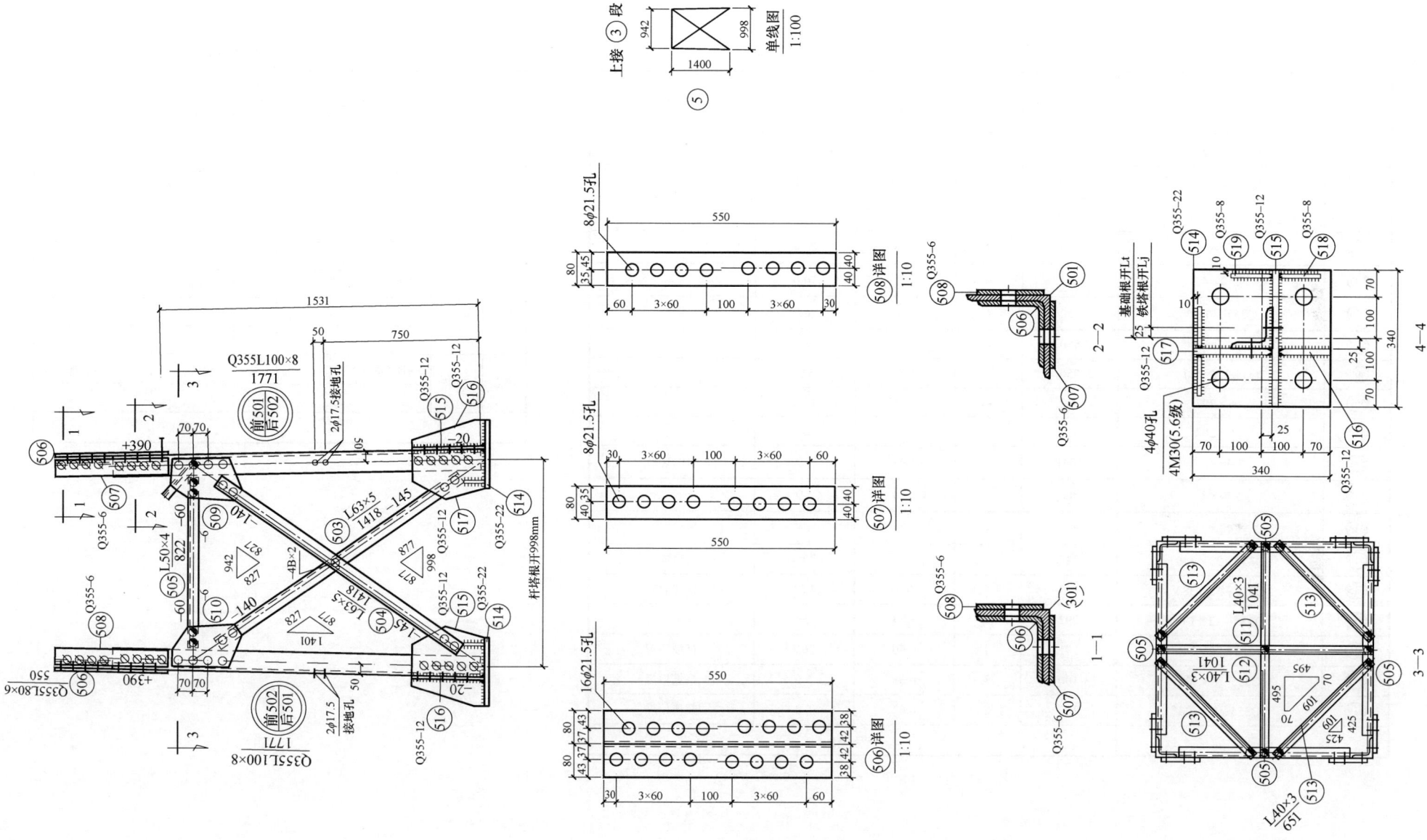

图14-188 ZJT-SZ-D直线塔塔腿⑤结构图（一）

构 件 明 细 表

编号	规格	长度（mm）	数量	质量（kg）		备注
				单件	小计	
⑤01	Q355L100×8	1771	2	21.74	43.5	带脚钉
⑤02	Q355L100×8	1771	2	21.74	43.5	
⑤03	L63×5	1418	4	6.84	27.4	
⑤04	L63×5	1418	4	6.84	27.4	
⑤05	L50×4	822	4	2.51	10.0	
⑤06	Q355L80×6	550	4	4.06	16.2	铲背
⑤07	Q355−6×80	550	4	2.07	8.3	
⑤08	Q355−6×80	550	4	2.07	8.3	
⑤09	−6×207	342	4	3.33	13.3	
⑤10	−6×207	333	4	3.25	13.0	
⑤11	L40×3	1041	1	1.93	1.9	中间切肢
⑤12	L40×3	1041	1	1.93	1.9	
⑤13	L40×3	651	4	1.21	4.8	
⑤14	Q355−22×340	340	4	19.96	79.8	电焊
⑤15	Q355−12×383	292	4	10.53	42.1	打坡口焊
⑤16	Q355−12×136	292	4	3.74	15.0	打坡口焊
⑤17	Q355−12×243	291	4	6.66	26.6	打坡口焊
⑤18	Q355−8×100	100	8	0.63	5.0	打坡口焊
⑤19	Q355−8×100	100	8	0.63	5.0	打坡口焊
总质量				393.0kg		

螺栓、脚钉、垫圈明细表

名称	级别	规格	符号	数量	质量（kg）	备注
螺栓	6.8级	M16×40	◑	33	4.8	
		M20×45	○	68	18.4	
		M20×55	⊘	108	31.9	
脚钉	6.8级	M20×200	⊕T	2	1.5	
垫圈	Q235	−4B（φ21.5）		8	0.2	规格×个数
总质量				56.8kg		

图 14−188 ZJT−SZ−D 直线塔塔腿⑤结构图（二）

除图中注明外，必须遵照下列统一要求进行加工和组装：

（1）杆塔的设计执行《输电线路杆塔制图和构造规定》（DL/T 5442—2020）的有关规定。

（2）结构图中图面内的图例、代号等在说明中未提及之处，均按《输电线路杆塔制图和构造规定》（DL/T 5442—2020）中的要求执行。

（3）杆塔加工时应严格执行《输电线路铁塔制造技术条件》（GB/T 2694—2018）。本塔构件的尺寸以放样为准，构件加工后必须试组装，验收合格后方可批量加工。

（4）钢材质量标准应符合《碳素结构钢》（GB/T 700—2006）及《低合金高强度结构钢》（GB/T 1591—2018）的有关要求；螺栓、螺母、扣紧螺母应符合的标准分别为《六角头螺栓 C级》（GB/T 5780—2016）、《I型六角螺母》（GB/T 6170—2015）、《扣紧螺母》（GB 805—1988）。所有材料，包括角钢、螺栓、防盗螺栓、扣紧螺母、焊条等均应有出厂合格证书。

（5）杆塔构件所用钢种为Q235B、Q355B，图中注明Q355材料为Q355B钢材，未注明均为Q235B钢材（角钢用"L"、钢板用"－"表示）。所有构件均须热镀锌。

（6）所有螺栓（包括防盗螺栓）的强度等级为热镀锌后的强度值。

（7）杆塔构件连接主要以螺栓连接为主，少数采用焊接（如塔脚板连接等）。构件焊接应按照焊接规程、规范和有关规定进行，焊缝高度不得小于连接构件的最小厚度，当被焊接构件厚8mm及以上时，要按规定剖口焊，以便焊透。对Q355构件焊接时选用E50系列焊条，对Q235构件焊接时选用E43系列焊条。

（8）加工时如发生材料代用或改变节点形式等情况，须与设计单位联系解决。材料代用时，需注意相关影响，应与图纸对应列表统计，并由加工厂书面通知施工单位，以方便施工安装。

（9）角钢与钢板的螺栓间距、边距除图中特殊注明外应按表1采用。

（10）角钢准距除图中特殊注明外，一般按表2采用。

（11）螺栓、脚钉、垫圈规格按表3、表4采用。

（12）脚钉一般从离地面1.5m处开始向上装设，间距400mm左右，加工放样时可适当调整脚钉的位置，脚钉除运行单位有特殊要求外，一般采用防滑带直钩形式。

（13）其他事项：

1）节点板考虑到刚度要求，形状不宜狭长，节点板边缘与构件轴线夹角 α 不小于15°，如右图所示。

α角示意图

2）构件厚度大于14mm时须采用钻孔方法加工，构件接头中外包角钢清根，内包角钢铲背。

3）凡图中所要求的火曲、开合角、切肢、压扁、切角等的尺寸均由加工放样决定。

4）两构件连接面间的间隙大于3mm时，构件应局部开、合角或制弯。

5）当构件需采用切肢或压扁时，应优先采用切肢。

（14）杆塔加工时应根据实际工程要求的高度设置防盗螺栓（无特殊说明的10m高以下防盗）。

表1　　螺栓间距、边距表

螺栓规格	孔径（mm）	螺栓间距（mm）		边距（mm）		
		单排	双排	端距	扎制边距	切角边距
M16	φ17.5	50	80	25	≥21或20（L40角钢时）	≥23
M20	φ21.5	60	100	30	≥26	≥28

注　螺孔顺力线方向重心最大间距为12d或18t（取二者较小者），其中d为螺栓直径，t为较薄板的厚度。

表2　　角钢准距表

肢宽（mm）	准距（mm）	第一排准距（mm）	第二排准距（mm）	最大使用孔径（mm）
L40	20			
L45	23			
L50	25（28）			17.5
L56	28（32）			
L63	30（36）			
L70	35（40）			
L75	38（40）			
L80	40			
L90	45			
L100	50			21.5
L110	55	45	75	
L125	60	50	85	
L140	70	55	90	
L160	80	60	105	

注　括号内数字用于螺栓边距不足时，在搭接位置上的螺栓孔可使用的准距。

表3　　螺栓规格表

级别	单帽螺栓（带一垫、一扣紧螺母）					防盗螺栓	双帽螺栓（带一垫）				
	规格	符号	通过厚度（mm）	无扣长（mm）	质量（kg）	质量（kg）（带一垫）	规格	符号	通过厚度（mm）	无扣长（mm）	质量（kg）
6.8	M16×40		7～12	6	0.1442	0.1997	M16×50		7～12	6	0.1875
	M16×50		13～22	12	0.1602	0.2127	M16×60		13～22	12	0.2039
	M16×60		23～32	22	0.1762	0.2277	M16×70		23～32	22	0.2203
	M16×70		33～42	32	0.1922	0.2477	M16×80		33～42	32	0.2369
6.8	M20×45	○	9～15	8	0.2701	0.3517	M20×60	○	9～15	8	0.3605
	M20×55	∅	16～25	15	0.2953	0.3737	M20×70	○	16～25	15	0.3864
	M20×65	⊗	26～35	25	0.3205	0.3967	M20×80	○	26～35	25	0.4123
	M20×75	∅	36～45	35	0.3457	0.4207	M20×90	○	36～45	35	0.4381
	M20×85	⊗	46～55	45	0.3709	0.4407	M20×100	○	46～55	45	0.4640
	M20×95	⊗	56～65	55	0.3961	0.4607	M20×110	○	56～65	55	0.4899
	M20×105	⊗	66～75	65	0.4213	0.4807	M20×120	○	66～75	65	0.5158

表4　　脚钉、垫圈规格表

脚钉（带两帽）				垫圈				
规格	符号	无扣长（mm）	质量（kg）	规格	符号	质量（kg）	内径（mm）	外径（mm）
M16×180	⊕——⊣	120	0.3799	−2（φ13.5）	规格×个数	0.00186	13.5	24
				−3（φ17.5）		0.01065	17.5	30
M20×200	⊕——⊣	120	0.6749	−3（φ22）	规格×个数	0.01637	22	37
				−4（φ22）		0.02183	22	37
M24×240	⊕——⊣	120	1.1803	−3（φ26）	规格×个数	0.02331	26	44
				−4（φ26）		0.03108	26	44

图 14-189　ZJT-SZ-D 直线塔加工说明

14.2.16 ZJT-SJ1-D 转角塔

ZJT-SJ1-D 转角塔结构图清单见表 14-24。

表 14-24　　　　　　　　　　**ZJT-SJ1-D 转角塔结构图清单**

图序	图名	备注
图 14-190	ZJT-SJ1-D 转角塔总图	
图 14-191	ZJT-SJ1-D 转角塔材料汇总表	
图 14-192	ZJT-SJ1-D 转角塔塔头①结构图（1/3）	
图 14-193	ZJT-SJ1-D 转角塔塔头①结构图（2/3）	

图序	图名	备注
图 14-194	ZJT-SJ1-D 转角塔塔头①结构图（3/3）	
图 14-195	ZJT-SJ1-D 转角塔塔身②结构图	
图 14-196	ZJT-SJ1-D 转角塔塔身③结构图	
图 14-197	ZJT-SJ1-D 转角塔塔腿④结构图（1/2）	
图 14-198	ZJT-SJ1-D 转角塔塔腿④结构图（2/2）	
图 14-199	ZJT-SJ1-D 转角塔塔腿⑤结构图	
图 14-200	ZJT-SJ1-D 转角塔加工说明	

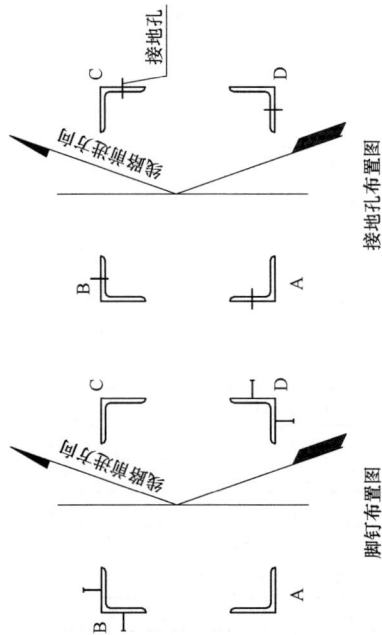

杆塔根开、基础根开、地脚螺栓规格及间距表

杆塔名称（型号）	ZJT－SJ1－D	
塔高（m）	15	18
接腿	⑤	④
杆塔根开（mm）	1205	1360
基础根开（mm）	1245	1400
基础地脚螺栓间距（mm）	270	270
每腿基础地脚螺栓配置（5.6级）	4M42	4M42

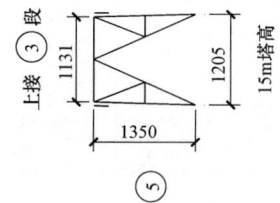

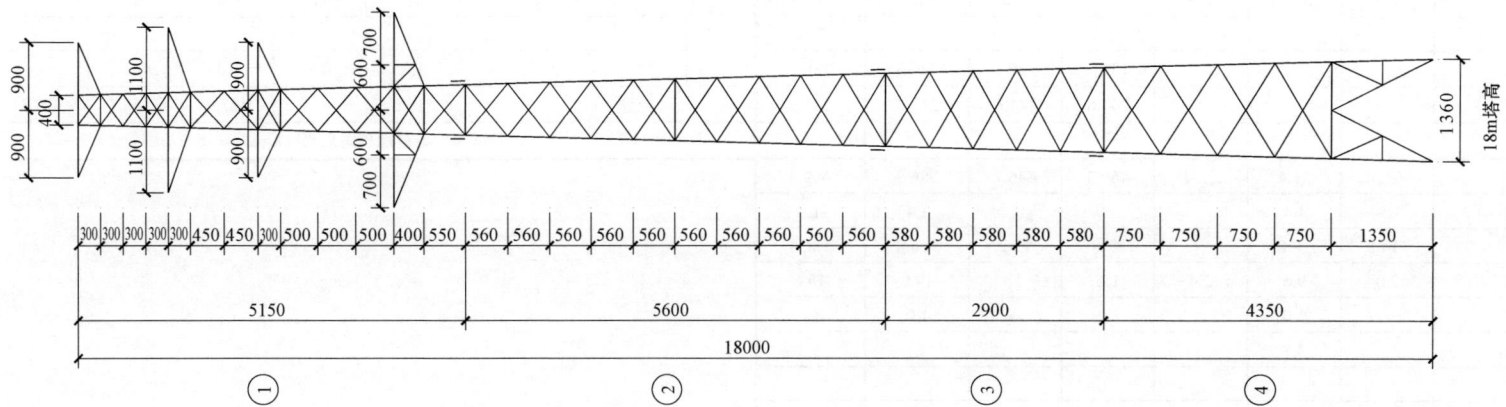

图 14－190　ZJT－SJ1－D 转角塔总图

材 料 汇 总 表

材料	材质	规格	段号 ①	②	③	④	⑤	全塔高(m) 15.0	18.0
角钢	Q355	L140×10				371.6			371.6
		L125×10			221.4		101.0	322.4	221.4
		L125×8				36.0			36.0
		L110×8		29.2			28.7	57.9	29.2
		L100×10		338.4				338.4	338.4
		L90×7		18.9				18.9	18.9
		L80×7	176.4					176.4	176.4
		L63×5	24.6					24.6	24.6
		小计	201.0	357.3	250.6	407.6	129.7	938.6	1216.5
	Q235	L50×4	135.4			42.4	39.6	175.0	177.8
		L45×4	16.2	75.5	8.8	10.2		100.5	110.7
		L40×4	79.9	133.6				213.5	213.5
		L40×3	95.4	15.0	93.2	120.1	25.6	229.2	323.7
		小计	326.9	224.1	102.0	172.7	65.2	718.2	825.7
钢板	Q355	−3	3.2					3.2	3.2
		−8	57.1	51.4	28.4	26.0	84.8	221.7	162.9
		−10				71.0		71.0	
		−12				130.7	120.3	120.3	130.7
		−38				241.6		241.6	241.6
		小计	60.3	51.4	28.4	469.3	446.7	586.8	609.4
	Q235	−2		1.4				1.4	1.4
		−6	114.8	38.8		32.8	13.2	166.8	186.4
		−10	2.0	9.6	2.4	1.6		14.0	15.6
		−12		1.0				1.0	1.0
		−16		3.7				3.7	3.7
		小计	116.8	54.5	2.4	34.4	13.2	186.9	208.1

材料	材质	规格	段号 ①	②	③	④	⑤	全塔高(m) 15.0	18.0
螺栓	6.8级	M16×40	47.6	11.8	4.2	16.4	16.9	80.5	80.0
		M16×50	35.6	26.9	8.3	14.1	3.8	74.6	84.9
		M16×60	0.7	5.6				6.3	6.3
		M16×50 双帽	14.1					14.1	14.1
		M16×60 双帽	2.8					2.8	2.8
		小计	100.8	44.3	12.5	30.5	20.7	178.3	188.1
	6.8级	M20×55		16.5		16.5	14.2	30.7	33.0
		M20×65			23.1	28.2	25.6	48.7	51.3
		小计		16.5	23.1	44.7	39.8	79.4	84.3
		螺栓合计	100.8	60.8	35.6	75.2	60.5	257.7	272.4
脚钉	6.8级	M16×180	8.1	9.8	5.7	5.7		23.6	29.3
		M20×200	1.5	2.9	2.9	1.5		7.3	8.8
		小计	9.6	12.7	8.6	7.2		30.9	38.1
垫圈	Q235	−3A(φ17.5)	0.6					0.6	0.6
		−4A(φ17.5)	0.6	0.2	0.3	0.3		1.1	1.4
		小计	1.2	0.2	0.3	0.3		1.7	2.0
合计(kg)			816.6	761.0	427.9	1166.7	715.3	2720.8	3172.2
各塔高含防盗螺栓总质量(kg)								2774.6	3235.0

图 14−191 ZJT−SJ1−D 转角塔材料汇总表

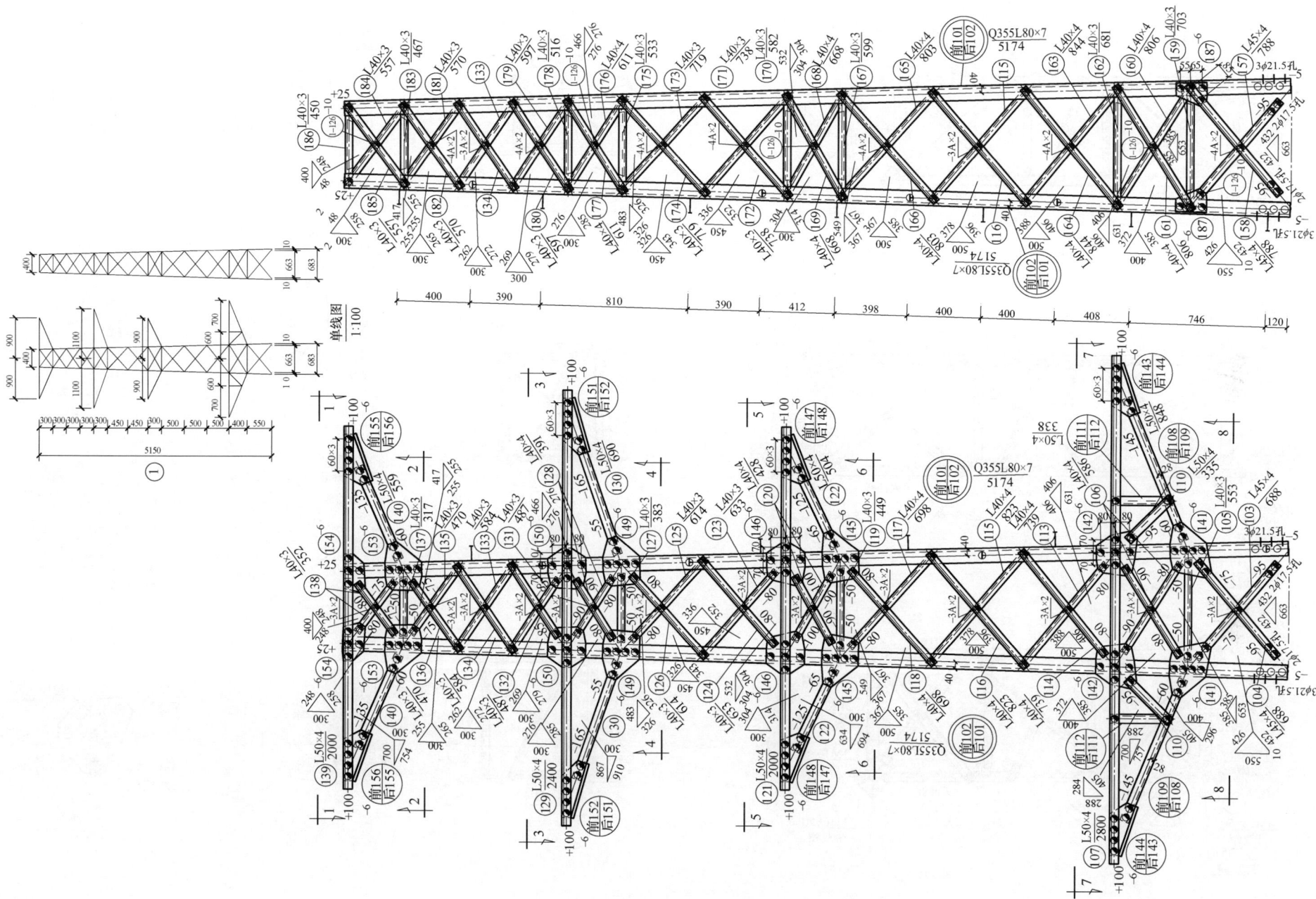

图 14-192 ZJT-SJ1-D 转角塔塔头①结构图（1/3）

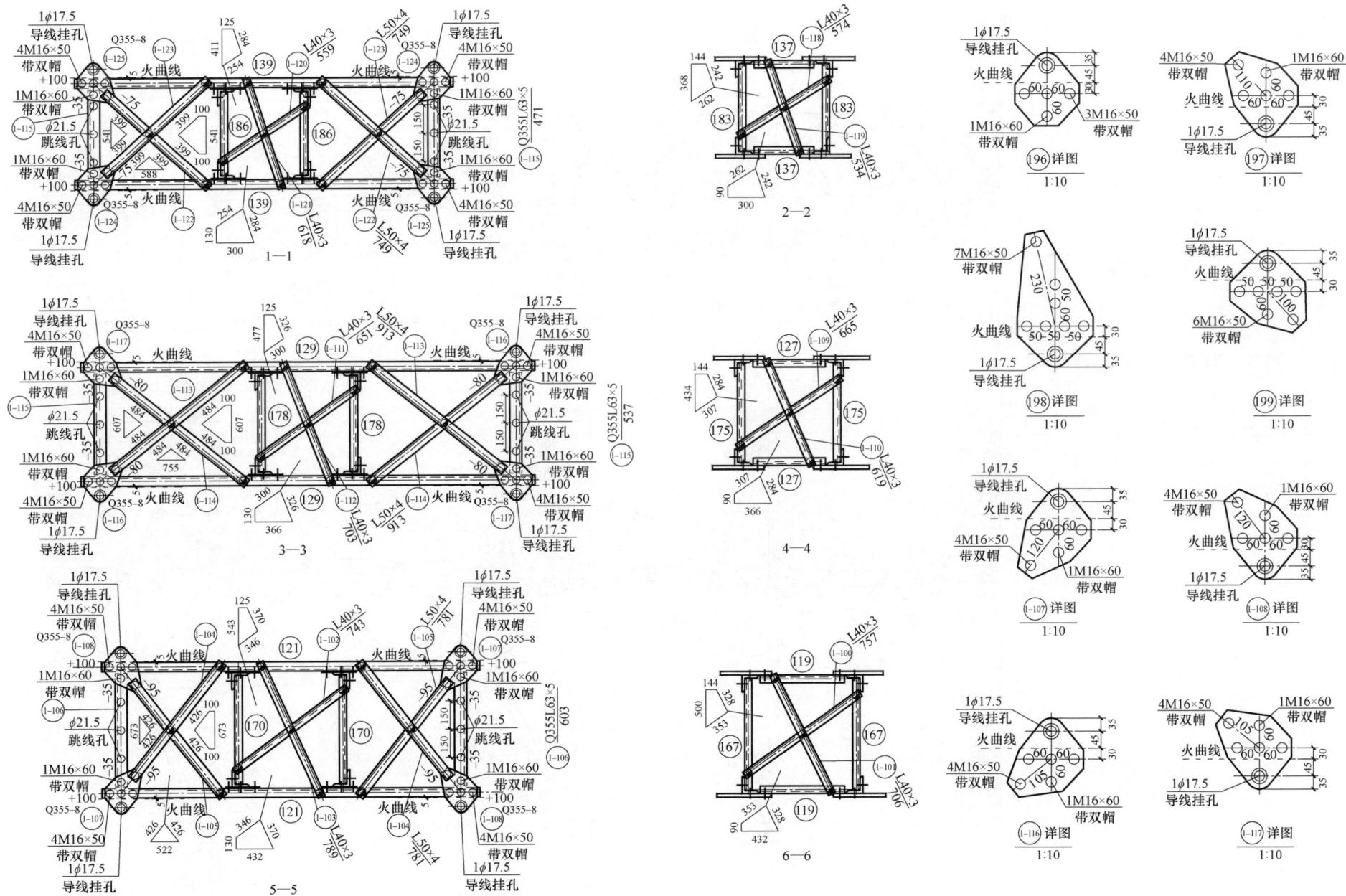

图 14-193　ZJT-SJ1-D 转角塔塔头①结构图（2/3）

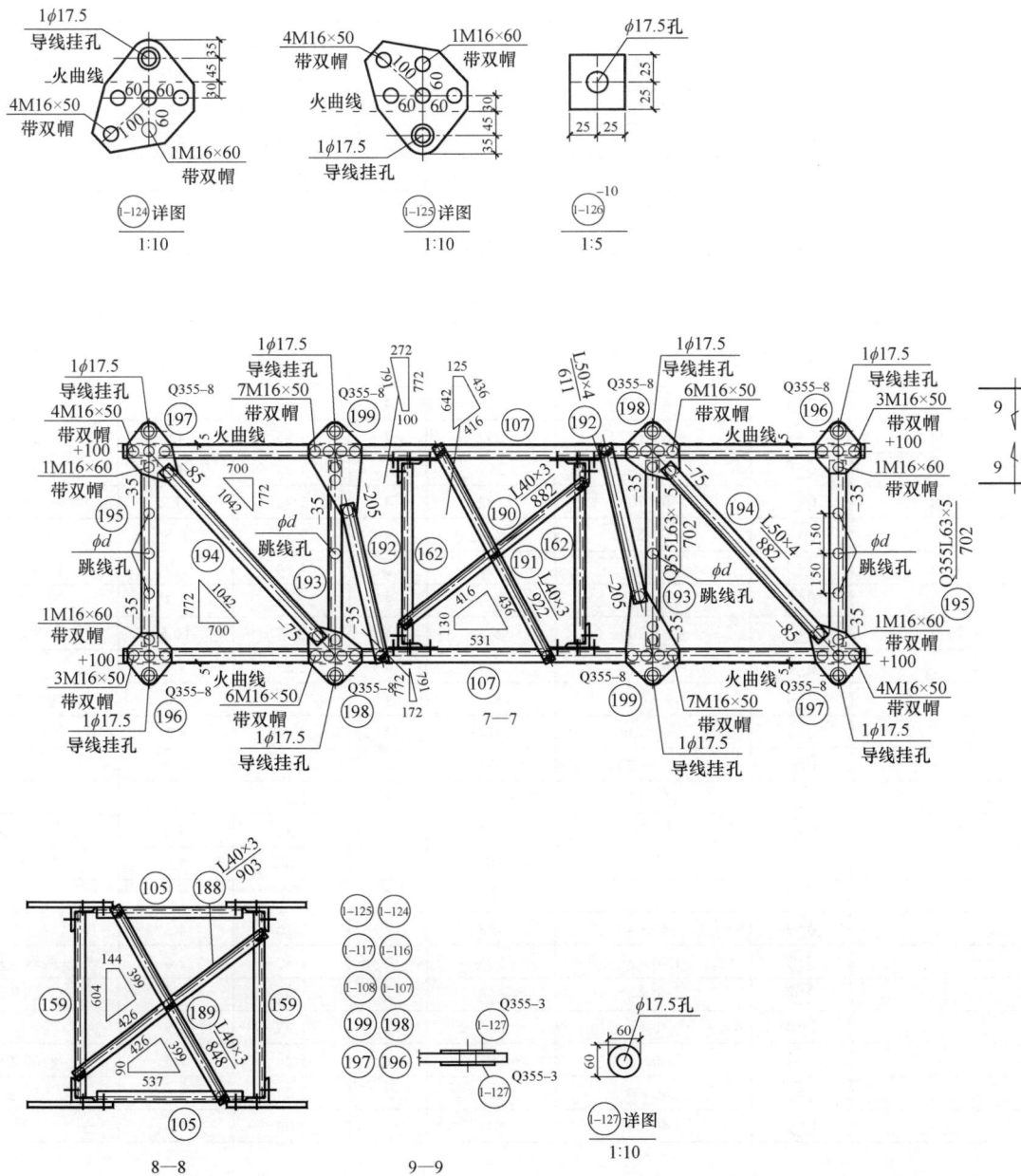

螺栓、脚钉、垫圈明细表

名称	级别	规格	符号	数量	质量（kg）	备注
螺栓	6.8级	M16×40		330	47.6	
		M16×50		222	35.6	
		M16×60		4	0.7	
		M16×50		88	14.1	带双帽
		M16×60		16	2.8	带双帽
脚钉	6.8级	M16×180		20	8.1	
		M20×200		2	1.5	
垫圈	Q235	−3A（φ17.5）		60	0.6	规格×个数
		−4A（φ17.5）		28	0.6	
总质量					111.6kg	

说明：根据选取的绝缘子固定螺栓的规格，确定安装孔径 d（M16 螺栓取 17.5，M18 螺栓取 19.5，M20 螺栓取 21.5）。

图 14−194　ZJT−SJ1−D 转角塔塔头①结构图（3/3）（一）

构件明细表

编号	规格	长度（mm）	数量	质量（kg）		备注	编号	规格	长度（mm）	数量	质量（kg）		备注
				单件	小计						单件	小计	
101	Q355L80×7	5174	2	44.11	88.2	带脚钉	133	L40×3	584	4	1.08	4.3	切角
102	Q355L80×7	5174	2	44.11	88.2		134	L40×3	584	4	1.08	4.3	
103	L45×4	688	2	1.88	3.8		135	L40×3	470	2	0.87	1.7	切角
104	L45×4	688	2	1.88	3.8		136	L40×3	470	2	0.87	1.7	
105	L40×3	553	2	1.02	2.0		137	L40×3	317	2	0.59	1.2	
106	L40×4	586	4	1.42	5.7		138	L40×3	352	4	0.65	2.6	
107	L50×4	2800	2	8.57	17.1		139	L50×4	2000	2	6.12	12.2	
108	L50×4	848	2	2.59	5.2		140	L50×4	559	4	1.71	6.8	
109	L50×4	848	2	2.59	5.2		141	−6×231	307	4	3.34	13.4	
110	L50×4	335	4	1.02	4.1		142	−6×227	250	4	2.67	10.7	
111	L50×4	338	2	1.03	2.1	切角	143	−6×142	292	2	1.95	3.9	卷边50mm
112	L50×4	338	2	1.03	2.1	切角	144	−6×142	292	2	1.95	3.9	卷边50mm
113	L40×4	739	2	1.79	3.6	切角	145	−6×203	292	4	2.79	11.2	
114	L40×4	739	2	1.79	3.6		146	−6×213	236	4	2.37	9.5	
115	L40×4	823	4	1.99	8.0	切角	147	−6×145	269	2	1.84	3.7	卷边50mm
116	L40×4	823	4	1.99	8.0		148	−6×145	269	2	1.84	3.7	卷边50mm
117	L40×4	698	2	1.69	3.4	切角	149	−6×204	276	4	2.65	10.6	
118	L40×4	698	2	1.69	3.4		150	−6×213	224	4	2.25	9.0	
119	L40×3	449	2	0.83	1.7		151	−6×136	314	2	2.01	4.0	卷边50mm
120	L40×4	428	4	1.04	4.2		152	−6×136	314	2	2.01	4.0	卷边50mm
121	L50×4	2000	2	6.12	12.2		153	−6×203	271	4	2.59	10.4	
122	L50×4	504	4	1.54	6.2		154	−6×125	212	4	1.25	5.0	
123	L40×3	633	2	1.17	2.3	切角	155	−6×142	281	2	1.88	3.8	卷边50mm
124	L40×3	633	2	1.17	2.3		156	−6×142	281	2	1.88	3.8	卷边50mm
125	L40×3	614	2	1.14	2.3	切角	157	L45×4	788	2	2.16	4.3	切角
126	L40×3	614	2	1.14	2.3		158	L45×4	788	2	2.16	4.3	
127	L40×3	383	2	0.71	1.4		159	L40×3	703	2	1.30	2.6	两端切肢
128	L40×4	391	4	0.95	3.8		160	L40×4	806	2	1.95	3.9	切角
129	L50×4	2400	2	7.34	14.7		161	L40×4	806	2	1.95	3.9	
130	L50×4	690	4	2.11	8.4		162	L40×3	681	2	1.26	2.5	两端切肢
131	L40×3	487	2	0.90	1.8	切角	163	L40×4	844	2	2.04	4.1	切角
132	L40×3	487	2	0.90	1.8		164	L40×4	844	2	2.04	4.1	

图14-194　ZJT-SJ1-D转角塔塔头①结构图（3/3）（二）

编号	规格	长度（mm）	数量	单件	小计	备注	编号	规格	长度（mm）	数量	单件	小计	备注
⑯⑤	L40×4	803	2	1.94	3.9	切角	⑲⑦	Q355-8×195	227	2	2.78	5.6	火曲
⑯⑥	L40×4	803	2	1.94	3.9		⑲⑧	Q355-8×203	220	2	2.80	5.6	火曲
⑯⑦	L40×3	599	2	1.11	2.2	两端切肢	⑲⑨	Q355-8×200	354	2	4.45	8.9	火曲
⑯⑧	L40×4	668	2	1.62	3.2	切角	1-100	L40×3	757	1	1.40	1.4	中间切肢
⑯⑨	L40×4	668	2	1.62	3.2		1-101	L40×3	706	1	1.31	1.3	
⑰⓪	L40×3	582	2	1.08	2.2	两端切肢	1-102	L40×3	743	1	1.38	1.4	中间切肢
⑰①	L40×3	738	2	1.37	2.7	切角	1-103	L40×3	789	1	1.46	1.5	
⑰②	L40×3	738	2	1.37	2.7		1-104	L50×4	781	2	2.39	4.8	
⑰③	L40×3	719	2	1.33	2.7	切角	1-105	L50×4	781	2	2.39	4.8	中间切肢
⑰④	L40×3	719	2	1.33	2.7		1-106	Q355L63×5	603	2	2.91	5.8	
⑰⑤	L40×3	533	2	0.99	2.0	两端切肢	1-107	Q355-8×194	240	2	2.92	5.8	火曲
⑰⑥	L40×4	611	2	1.48	3.0	切角	1-108	Q355-8×194	240	2	2.92	5.8	火曲
⑰⑦	L40×4	611	2	1.48	3.0		1-109	L40×3	665	1	1.23	1.2	中间切肢
⑰⑧	L40×3	516	2	0.96	1.9	两端切肢	1-110	L40×3	619	1	1.15	1.2	
⑰⑨	L40×3	597	2	1.11	2.2	切角	1-111	L40×3	651	1	1.21	1.2	中间切肢
⑱⓪	L40×3	597	2	1.11	2.2		1-112	L40×3	703	1	1.30	1.3	
⑱①	L40×3	570	2	1.06	2.1	切角	1-113	L50×4	913	2	2.79	5.6	
⑱②	L40×3	570	2	1.06	2.1		1-114	L50×4	913	2	2.79	5.6	中间切肢
⑱③	L40×3	467	2	0.86	1.7	两端切肢	1-115	Q355L63×5	537	2	2.59	5.2	
⑱④	L40×3	557	2	1.03	2.1	切角	1-116	Q355-8×202	211	2	2.68	5.4	火曲
⑱⑤	L40×3	557	2	1.03	2.1		1-117	Q355-8×202	211	2	2.68	5.4	火曲
⑱⑥	L40×3	450	2	0.83	1.7	两端切肢	1-118	L40×3	574	1	1.06	1.1	中间切肢
⑱⑦	-6×131	170	4	1.05	4.2		1-119	L40×3	534	1	0.99	1.0	
⑱⑧	L40×3	903	1	1.67	1.7	中间切肢	1-120	L40×3	559	1	1.04	1.0	中间切肢
⑱⑨	L40×3	848	1	1.57	1.6		1-121	L40×3	618	1	1.14	1.1	
⑲⓪	L40×3	882	1	1.63	1.6	中间切肢	1-122	L50×4	749	2	2.29	4.6	
⑲①	L40×3	922	1	1.71	1.7		1-123	L50×4	749	2	2.29	4.6	中间切肢
⑲②	L50×4	611	2	1.87	3.7		1-124	Q355-8×194	213	2	2.60	5.2	火曲
⑲③	Q355L63×5	702	2	3.39	6.8		1-125	Q355-8×194	213	2	2.60	5.2	火曲
⑲④	L50×4	882	2	2.70	5.4		1-126	-10×50	50	10	0.20	2.0	垫板
⑲⑤	Q355L63×5	702	2	3.39	6.8		1-127	Q355-3×60	60	40	0.08	3.2	焊接
⑲⑥	Q355-8×170	195	2	2.08	4.2	火曲		总质量				705.0kg	

图 14－194　ZJT－SJ1－D 转角塔塔头①结构图（3/3）（三）

螺栓、脚钉、垫圈明细表

名称	级别	规格	符号	数量	质量（kg）	备注
螺栓	6.8级	M16×40	◓	82	11.8	
		M16×50	◓	168	26.9	
		M16×60	◪	32	5.6	
		M20×55	⊘	56	16.5	
脚钉	6.8级	M16×180	⊕ᵀ	24	9.8	
		M20×200		4	2.9	
垫圈	Q235	−4A（φ17.5）		8	0.2	规格×个数
总质量					73.7kg	

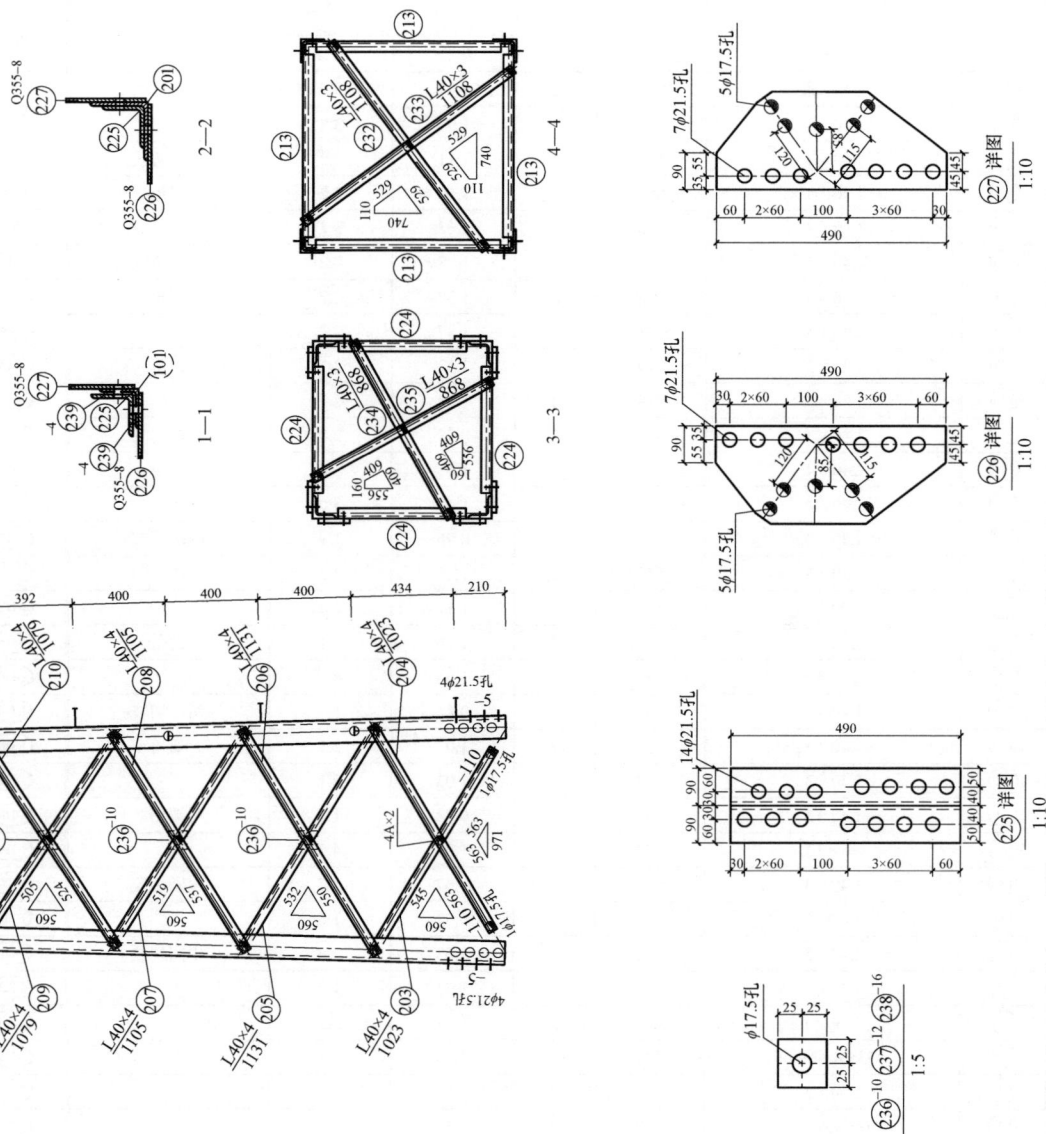

图 14−195　ZJT−SJ1−D 转角塔塔身②结构图（一）

构 件 明 细 表

编号	规格	长度（mm）	数量	质量（kg）		备注
				单件	小计	
⑳①	Q355L100×10	5594	2	84.58	169.2	带脚钉
⑳②	Q355L100×10	5594	2	84.58	169.2	
⑳③	L40×4	1023	4	2.48	9.9	
⑳④	L40×4	1023	4	2.48	9.9	
⑳⑤	L40×4	1131	4	2.74	11.0	切角
⑳⑥	L40×4	1131	4	2.74	11.0	
⑳⑦	L40×4	1105	4	2.68	10.7	切角
⑳⑧	L40×4	1105	4	2.68	10.7	
⑳⑨	L40×4	1079	4	2.61	10.4	切角
②⑩	L40×4	1079	4	2.61	10.4	
②⑪	L40×4	1054	4	2.55	10.2	切角
②⑫	L40×3	1054	4	1.95	7.8	
②⑬	L45×4	867	4	2.37	9.5	
②⑭	L40×4	1028	4	2.49	10.0	切角
②⑮	L40×4	1028	4	2.49	10.0	
②⑯	L40×4	1003	4	2.43	9.7	切角
②⑰	L40×4	1003	4	2.43	9.7	
②⑱	L45×4	978	4	2.68	10.7	切角
②⑲	L45×4	978	4	2.68	10.7	
②⑳	L45×4	954	4	2.61	10.4	切角
②㉑	L45×4	954	4	2.61	10.4	
②㉒	L45×4	815	4	2.23	8.9	切角
②㉓	L45×4	815	4	2.23	8.9	
②㉔	L45×4	543	4	1.49	6.0	
②㉕	Q355L90×7	490	4	4.73	18.9	铲背、铲弧
②㉖	Q355-8×209	490	4	6.43	25.7	
②㉗	Q355-8×209	490	4	6.43	25.7	
②㉘	-6×138	169	8	1.10	8.8	
②㉙	-6×142	181	8	1.21	9.7	
②㉚	-6×141	186	8	1.24	9.9	
②㉛	-6×143	193	8	1.30	10.4	
②㉜	L40×3	1108	1	2.05	2.0	中间切肢
②㉝	L40×3	1108	1	2.05	2.0	
②㉞	L40×3	868	1	1.61	1.6	中间切肢
②㉟	L40×3	868	1	1.61	1.6	
②㊱	-10×50	50	48	0.20	9.6	垫板
②㊲	-12×50	50	4	0.24	1.0	垫板
②㊳	-16×50	50	12	0.31	3.7	垫板
②㊴	-2×60	180	8	0.17	1.4	垫板
	总质量				687.3kg	

图 14-195　ZJT-SJ1-D 转角塔塔身②结构图（二）

螺栓、脚钉、垫圈明细表

名称	级别	规格	符号	数量	质量（kg）	备注
螺栓	6.8级	M16×40	◗	29	4.2	
		M16×50	◖	52	8.3	
		M20×65	⊠	72	23.1	
脚钉	6.8级	M16×180	⊕T	14	5.7	
		M20×200		4	2.9	
垫圈	Q235	−4A（φ17.5)		16	0.3	规格×个数
总质量					44.5kg	

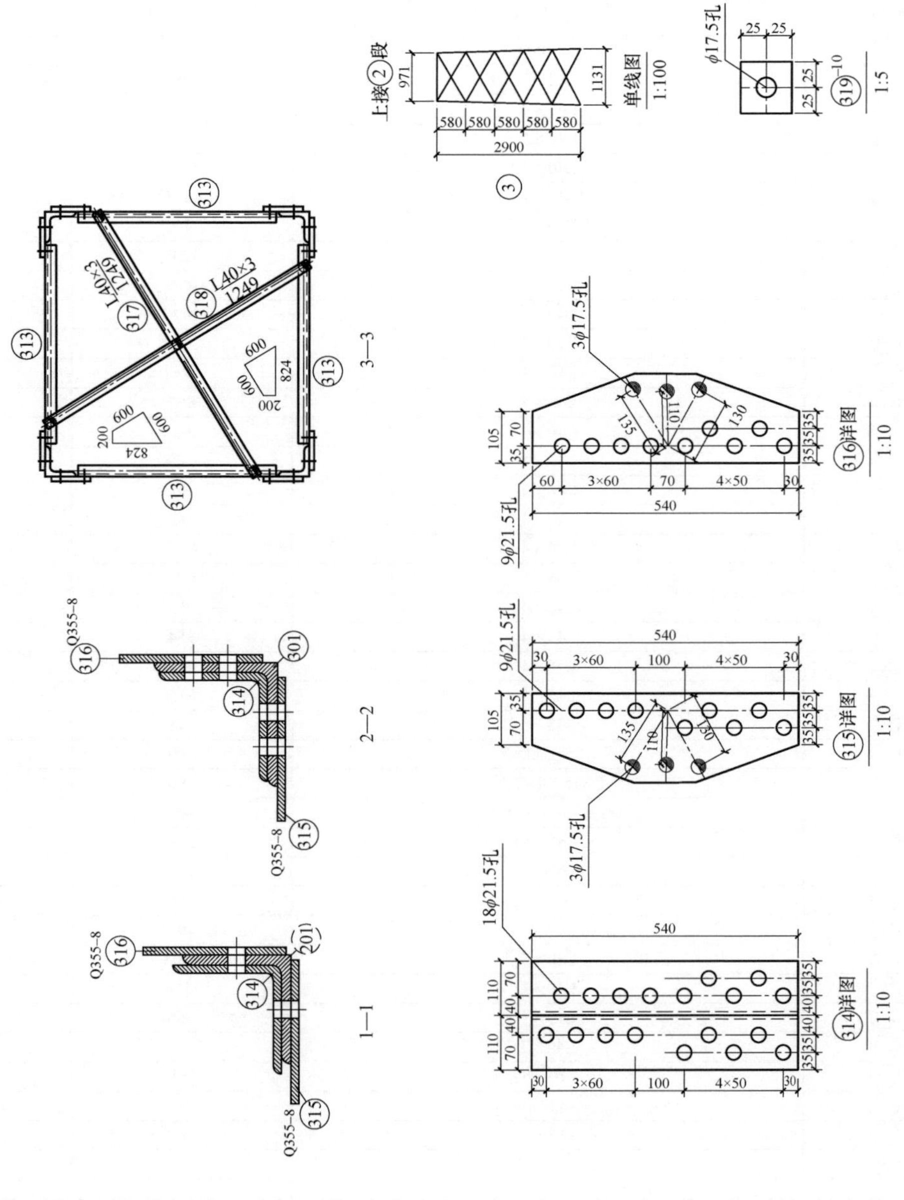

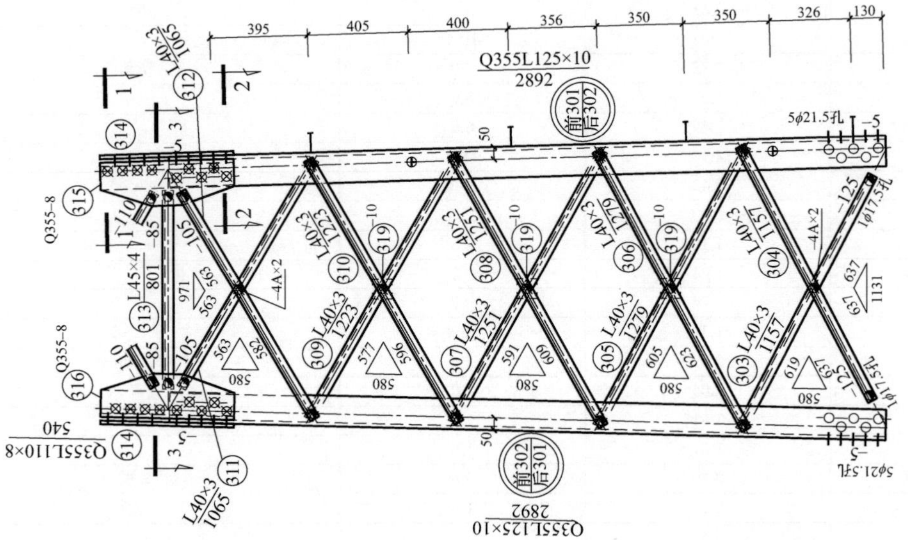

图 14−196　ZJT−SJ1−D 转角塔塔身③结构图（一）

构 件 明 细 表

编号	规格	长度（mm）	数量	质量（kg）		备注
				单件	小计	
③⑴	Q355L125×10	2892	2	55.33	110.7	带脚钉
③⑵	Q355L125×10	2892	2	55.33	110.7	
③⑶	L40×3	1157	4	2.14	8.6	切角
③⑷	L40×3	1157	4	2.14	8.6	
③⑸	L40×3	1279	4	2.37	9.5	切角
③⑹	L40×3	1279	4	2.37	9.5	
③⑺	L40×3	1251	4	2.32	9.3	切角
③⑻	L40×3	1251	4	2.32	9.3	
③⑼	L40×3	1223	4	2.26	9.0	切角
③⑽	L40×3	1223	4	2.26	9.0	
③⑾	L40×3	1065	4	1.97	7.9	切角
③⑿	L40×3	1065	4	1.97	7.9	
③⒀	L45×4	801	4	2.19	8.8	
③⒁	Q355L110×8	540	4	7.31	29.2	铲背
③⒂	Q355−8×105	540	4	3.56	14.2	
③⒃	Q355−8×105	540	4	3.56	14.2	
③⒄	L40×3	1249	1	2.31	2.3	中间切肢
③⒅	L40×3	1249	1	2.31	2.3	
③⒆	−10×50	50	12	0.20	2.4	垫板
总质量				383.4kg		

图 14-196　ZJT-SJ1-D 转角塔塔身③结构图（二）

螺栓、脚钉、垫圈明细表

名称	级别	规格	符号	数量	质量（kg）	备注
螺栓	6.8级	M16×40	◑	114	16.4	
		M16×50	◖	88	14.1	
		M20×55	∅	56	16.5	
		M20×65	⊠	88	28.2	
脚钉	6.8级	M16×180	⊕T	14	5.7	
		M20×200		2	1.5	
垫圈	Q235	−4A（ϕ17.5）		16	0.3	规格×个数
总质量					82.7kg	

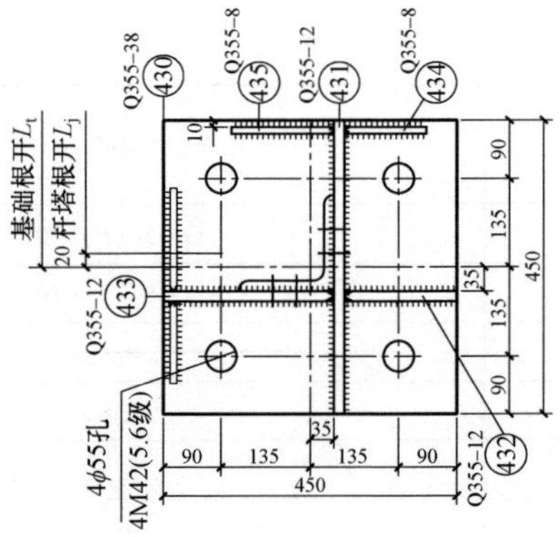

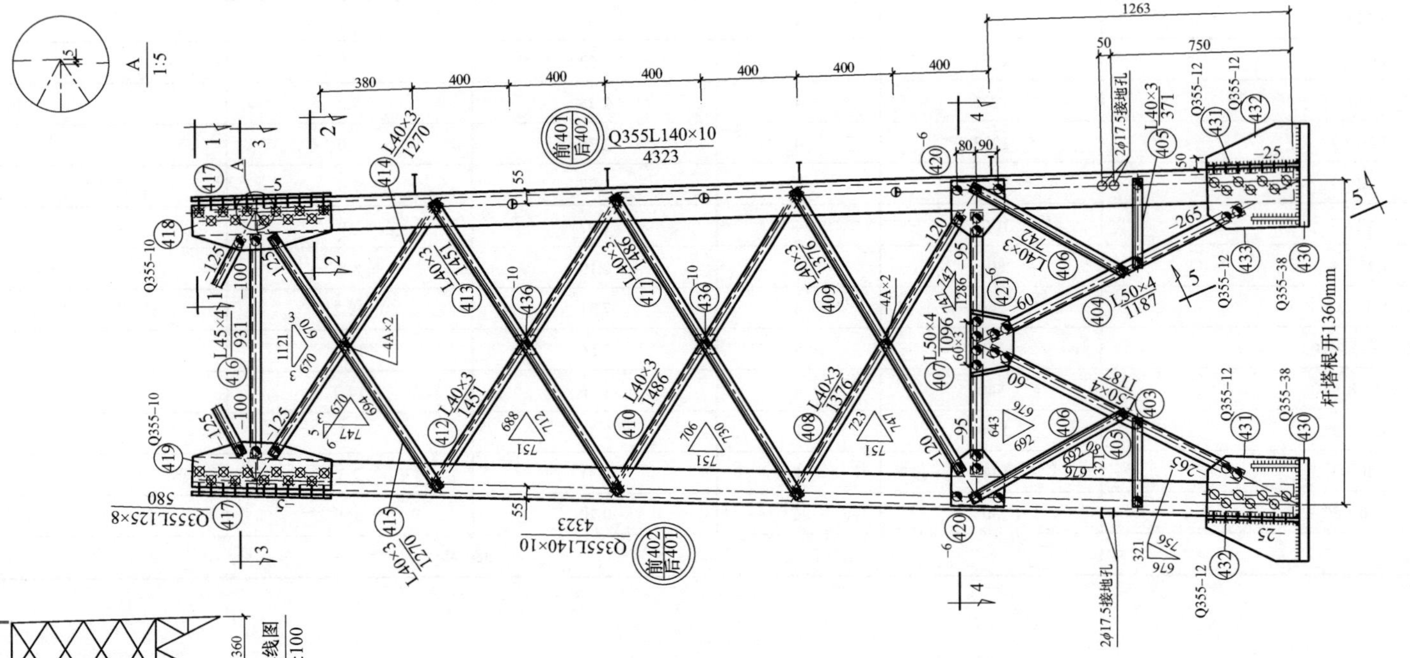

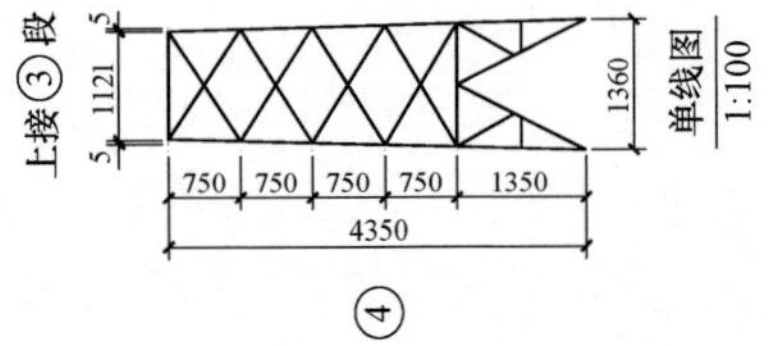

图 14-197 ZJT-SJ1-D 转角塔塔腿④结构图（1/2）（一）

编号	规格	长度（mm）	数量	质量（kg）		备注
				单件	小计	
④01	Q355L140×10	4323	2	92.89	185.8	带脚钉
④02	Q355L140×10	4323	2	92.89	185.8	
④03	L50×4	1187	4	3.63	14.5	
④04	L50×4	1187	4	3.63	14.5	
④05	L40×3	371	8	0.69	5.5	
④06	L40×3	742	8	1.37	11.0	
④07	L50×4	1096	4	3.35	13.4	
④08	L40×3	1376	4	2.55	10.2	
④09	L40×3	1376	4	2.55	10.2	
④10	L40×3	1486	4	2.75	11.0	切角
④11	L40×3	1486	4	2.75	11.0	
④12	L40×3	1451	4	2.69	10.8	切角
④13	L40×3	1451	4	2.69	10.8	
④14	L40×3	1270	4	2.35	9.4	切角
④15	L40×3	1270	4	2.35	9.4	
④16	L45×4	931	4	2.55	10.2	
④17	Q355L125×8	580	4	8.99	36.0	铲背
④18	Q355−10×195	580	4	8.88	35.5	
④19	Q355−10×195	580	4	8.88	35.5	
④20	−6×223	236	8	2.48	19.8	
④21	−6×180	230	4	1.95	7.8	卷边 50mm
④22	L40×3	916	4	1.70	6.8	
④23	L40×3	1394	1	2.58	2.6	中间切肢
④24	L40×3	1394	1	2.58	2.6	
④25	L40×3	1448	1	2.68	2.7	中间切肢
④26	L40×3	1448	1	2.68	2.7	
④27	L40×3	457	4	0.85	3.4	
④28	−6×110	123	4	0.64	2.6	火曲
④29	−6×110	123	4	0.64	2.6	火曲
④30	Q355−38×450	450	4	60.41	241.6	电焊
④31	Q355−12×450	388	4	16.45	65.8	打坡口焊接
④32	Q355−12×186	388	4	6.80	27.2	打坡口焊接
④33	Q355−12×259	386	4	9.42	37.7	打坡口焊接
④34	Q355−8×130	200	8	1.63	13.0	打坡口焊接
④35	Q355−8×130	200	8	1.63	13.0	打坡口焊接
④36	−10×50	50	8	0.20	1.6	垫板
总质量				1084.0kg		

图 14−197 ZJT−SJ1−D 转角塔塔腿④结构图（1/2）（二）

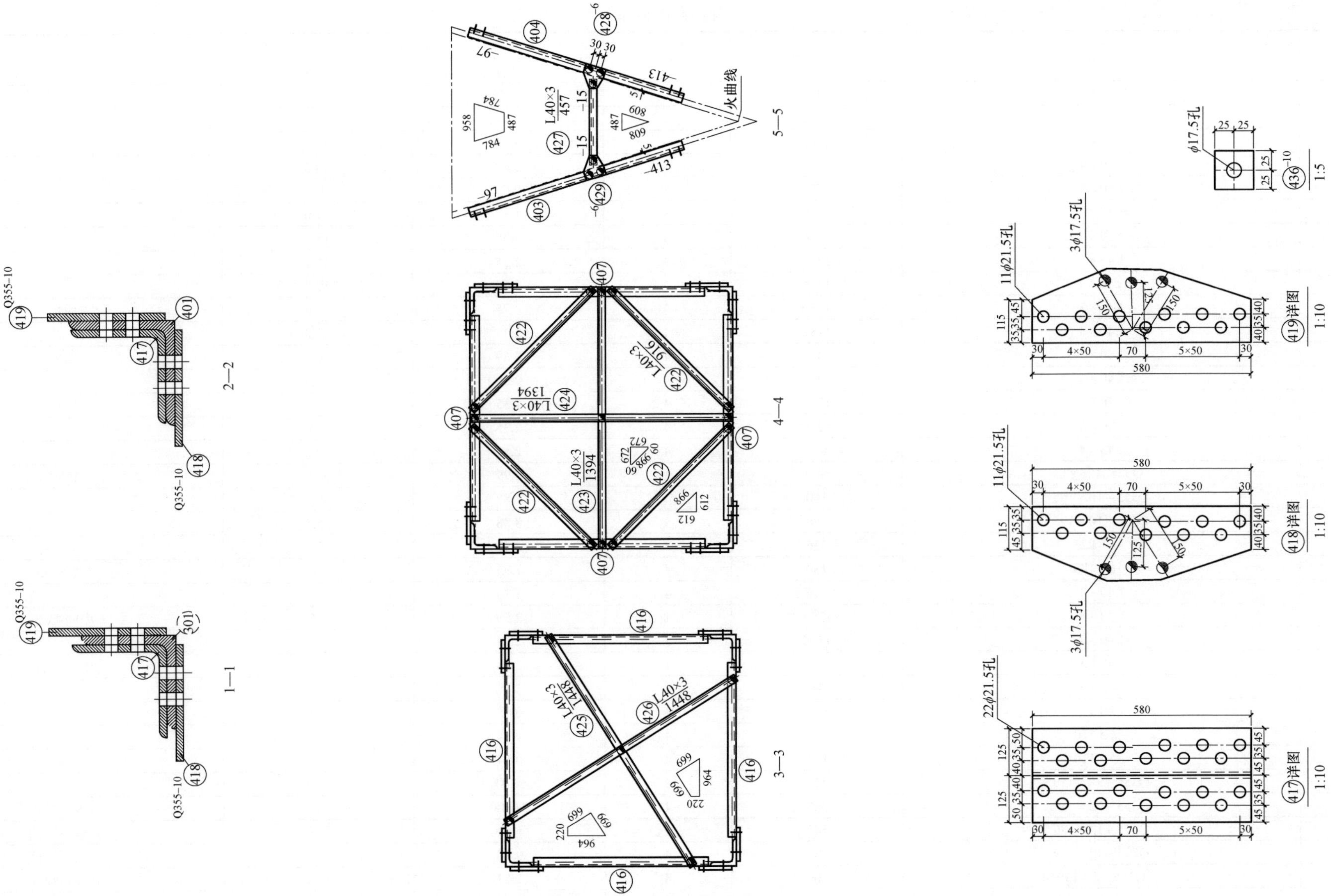

图 14-198　ZJT-SJ1-D 转角塔塔腿④结构图（2/2）

构件明细表

编号	规格	长度 (mm)	数量	质量 (kg) 一件	质量 (kg) 小计	备注
501	Q355L125×10	1321	2	25.27	50.5	带脚钉
502	Q355L125×10	1321	2	25.27	50.5	带脚钉
503	L50×4	1139	4	3.48	13.9	
504	L50×4	1139	4	3.48	13.9	
505	L40×3	333	8	0.62	5.0	
506	L40×3	486	8	0.90	7.2	
507	L50×4	961	4	2.94	11.8	
508	Q355L110×8	530	4	7.17	28.7	铲背
509	Q355-8×221	530	4	7.36	29.4	
510	Q355-8×221	530	4	7.36	29.4	
511	-6×186	230	4	2.01	8.0	卷边50mm
512	L40×3	799	4	1.48	5.9	
513	L40×3	1229	1	2.28	2.3	中间切肢
514	L40×3	1229	1	2.28	2.3	
515	L40×3	395	4	0.73	2.9	
516	-6×110	123	4	0.64	2.6	火曲
517	-6×110	123	4	0.64	2.6	火曲
518	Q355-38×450	450	4	60.41	241.6	电焊
519	Q355-12×450	361	4	15.30	61.2	打坡口焊
520	Q355-12×189	342	4	6.09	24.4	打坡口焊
521	Q355-12×255	361	4	8.67	34.7	打坡口焊
522	Q355-8×130	200	8	1.63	13.0	打坡口焊
523	Q355-8×130	200	8	1.63	13.0	打坡口焊
总质量					654.8kg	

螺栓、脚钉、垫圈明细表

名称	级别	规格	符号	数量	质量（kg）	备注
螺栓	6.8级	M16×40	◐	117	16.9	
		M16×50	◑	24	3.8	
		M20×55	∅	48	14.2	
		M20×65	⊗	80	25.6	
脚钉	6.8级		⊕			
垫圈	Q235					规格×个数
总质量					60.5kg	

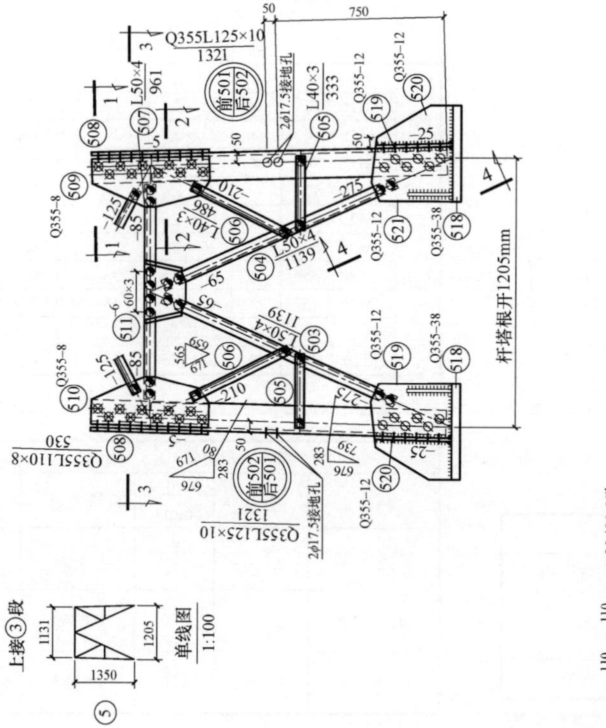

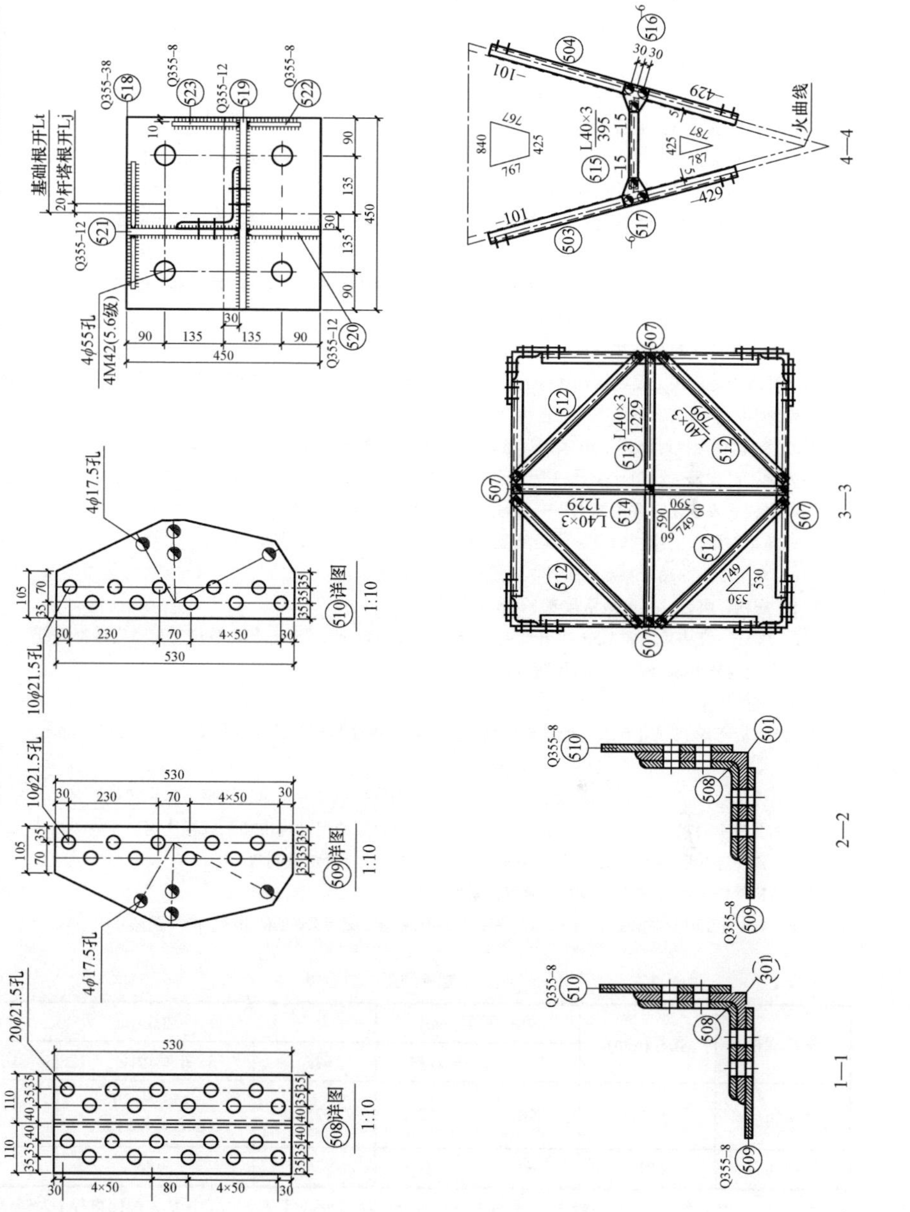

图 14-199　ZJT-SJ1-D 转角塔塔腿⑤结构图

除图中注明外，必须遵照下列统一要求进行加工和组装：

（1）杆塔的设计执行《输电线路杆塔制图和构造规定》（DL/T 5442—2020）的有关规定。

（2）结构图中图面内的图例、代号等在说明中未提及之处，均按《输电线路杆塔制图和构造规定》（DL/T 5442—2020）中的要求执行。

（3）杆塔加工时应严格执行《输电线路铁塔制造技术条件》（GB/T 2694—2018）。本塔构件的尺寸以放样为准，构件加工后必须试组装，验收合格后方可批量加工。

（4）钢材质量标准应符合《碳素结构钢》（GB/T 700—2006）及《低合金高强度结构钢》（GB/T 1591—2018）的有关要求；螺栓、螺母、扣紧螺母应符合的标准分别为《六角头螺栓 C级》（GB/T 5780—2016）、《Ⅰ型六角螺母》（GB/T 6170—2015）、《扣紧螺母》（GB 805—1988）。所有材料，包括角钢、螺栓、防盗螺栓、扣紧螺母、焊条等均应有出厂合格证书。

（5）杆塔构件所用钢种为Q235B、Q355B，图中注明Q355材料为Q355B钢材，未注明均为Q235B钢材（角钢用"L"、钢板用"－"表示）。所有构件均须热镀锌。

（6）所有螺栓（包括防盗螺栓）的强度等级为热镀锌后的强度值。

（7）杆塔构件连接主要以螺栓连接为主，少数采用焊接（如塔脚板连接等）。构件焊接应按照焊接规程、规范和有关规定进行，焊缝高度不得小于连接构件的最小厚度，当被焊接构件厚8mm及以上时，要按规定剖口焊，以便焊透。对Q355构件焊接时选用E50系列焊条，对Q235构件焊接时选用E43系列焊条。

（8）加工时如发生材料代用或改变节点形式等情况，须与设计单位联系解决。材料代用时，需注意相关影响，应与图纸对应列表统计，并由加工厂书面通知施工单位，以方便施工安装。

（9）角钢与钢板的螺栓间距、边距除图中特殊注明外应按表1采用。

（10）角钢准距除图中特殊注明外，一般按表2采用。

（11）螺栓、脚钉、垫圈规格按表3、表4采用。

（12）脚钉一般从离地面1.5m处开始向上装设，间距400mm左右，加工放样时可适当调整脚钉的位置，脚钉除运行单位有特殊要求外，一般采用防滑带直钩形式。

（13）其他事项：

1）节点板考虑到刚度要求，形状不宜狭长，节点板边缘与构件轴线夹角α不小于15°，如右图所示。

2）构件厚度大于14mm时须采用钻孔方法加工，构件接头中外包角钢清根，内包角钢铲背。

3）凡图中所要求的火曲、开合角、切肢、压扁、切角等的尺寸均由加工放样决定。

4）两构件连接面间的间隙大于3mm时，构件应局部开、合角或制弯。

5）当构件需采用切肢或压扁时，应优先采用切肢。

α角示意图

（14）杆塔加工时应根据实际工程要求的高度设置防盗螺栓（无特殊说明的10m高以下防盗）。

表1　　螺栓间距、边距表

螺栓规格	孔径(mm)	螺栓间距(mm)		边距(mm)		
		单排	双排	端距	扎制边距	切角边距
M16	φ17.5	50	80	25	≥21或20（L40角钢时）	≥23
M20	φ21.5	60	100	30	≥26	≥28

注　螺孔顺力线方向重心最大间距为12d或18t（取二者较小者），其中d为螺栓直径t为较薄板的厚度。

表2　　角钢准距表

肢宽（mm）	准距（mm）	第一排准距（mm）	第二排准距（mm）	最大使用孔径（mm）
L40	20			
L45	23			
L50	25（28）			17.5
L56	28（32）			
L63	30（36）			
L70	35（40）			
L75	38（40）			
L80	40			
L90	45			
L100	50			21.5
L110	55	45	75	
L125	60	50	85	
L140	70	55	90	
L160	80	60	105	

注　括号内数字用于螺栓边距不足时，在搭接位置上的螺栓孔可使用的准距。

表3　　螺栓规格表

级别	规格	单帽螺栓（带一垫、一扣紧螺母）				防盗螺栓	双帽螺栓（带一垫）			
		符号	通过厚度(mm)	无扣长(mm)	质量（kg）	质量（kg）（带一垫）	规格	符号	通过厚度(mm)	无扣长(mm)	质量（kg）
6.8	M16×40	⦶	7～12	6	0.1442	0.1997	M16×50	⦶	7～12	6	0.1875
	M16×50	⦸	13～22	12	0.1602	0.2127	M16×60	⦶	13～22	12	0.2039
	M16×60	▣	23～32	22	0.1762	0.2277	M16×70	⦶	23～32	22	0.2203
	M16×70	⦸	33～42	32	0.1922	0.2477	M16×80	⦶	33～42	32	0.2369
	M20×45	○	9～15	8	0.2701	0.3517	M20×60	○	9～15	8	0.3605
	M20×55	⦰	16～25	15	0.2953	0.3737	M20×70	○	16～25	15	0.3864
6.8	M20×65	⊠	26～35	25	0.3205	0.3967	M20×80	○	26～35	25	0.4123
	M20×75	⦰	36～45	35	0.3457	0.4207	M20×90	○	36～45	35	0.4381
	M20×85	⊠	46～55	45	0.3709	0.4407	M20×100	○	46～55	45	0.4640
	M20×95	⊠	56～65	55	0.3961	0.4607	M20×110	○	56～65	55	0.4899
	M20×105	⊠	66～75	65	0.4213	0.4807	M20×120	○	66～75	65	0.5158

表4　　脚钉、垫圈规格表

脚钉（带两帽）				垫圈				
规格	符号	无扣长(mm)	质量（kg）	规格	符号	质量（kg）	内径(mm)	外径(mm)
M16×180	⊕—┤	120	0.3799	−2（φ13.5）	规格×个数	0.00186	13.5	24
				−3（φ17.5）		0.01065	17.5	30
M20×200	⊖—┤	120	0.6749	−3（φ22）	规格×个数	0.01637	22	37
				−4（φ22）		0.02183	22	37
M24×240	⊖—┤	120	1.1803	−3（φ26）	规格×个数	0.02331	26	44
				−4（φ26）		0.03108	26	44

图 14－200　ZJT－SJ1－D 转角塔加工说明

14.2.17 ZJT-SJ2-D 转角塔

ZJT-SJ2-D 转角塔结构图清单见表 14-25。

表 14-25   **ZJT-SJ2-D 转角塔结构图清单**

图序	图名	备注
图 14-201	ZJT-SJ2-D 转角塔总图	
图 14-202	ZJT-SJ2-D 转角塔材料汇总表	
图 14-203	ZJT-SJ2-D 转角塔塔头①结构图（1/3）	
图 14-204	ZJT-SJ2-D 转角塔塔头①结构图（2/3）	

续表

图序	图名	备注
图 14-205	ZJT-SJ2-D 转角塔塔头①结构图（3/3）	
图 14-206	ZJT-SJ2-D 转角塔塔身②结构图	
图 14-207	ZJT-SJ2-D 转角塔塔身③结构图	
图 14-208	ZJT-SJ2-D 转角塔塔腿④结构图（1/2）	
图 14-209	ZJT-SJ2-D 转角塔塔腿④结构图（2/2）	
图 14-210	ZJT-SJ2-D 转角塔塔腿⑤结构图	
图 14-211	ZJT-SJ2-D 转角塔加工说明	

杆塔根开、基础根开、地脚螺栓规格及间距表

杆塔名称（型号）	ZJT－SJ2－D	
塔高（m）	15	18
接腿	⑤	④
杆塔根开（mm）	1205	1360
基础根开（mm）	1245	1400
基础地脚螺栓间距（mm）	290	290
每腿基础地脚螺栓配置(5.6级)	4M48	4M48

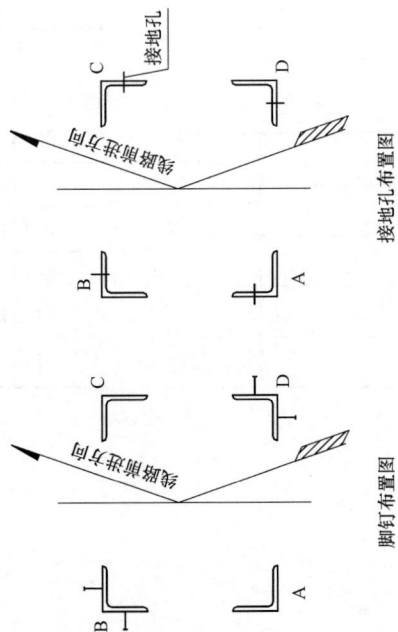

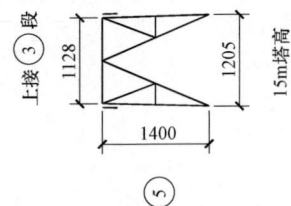

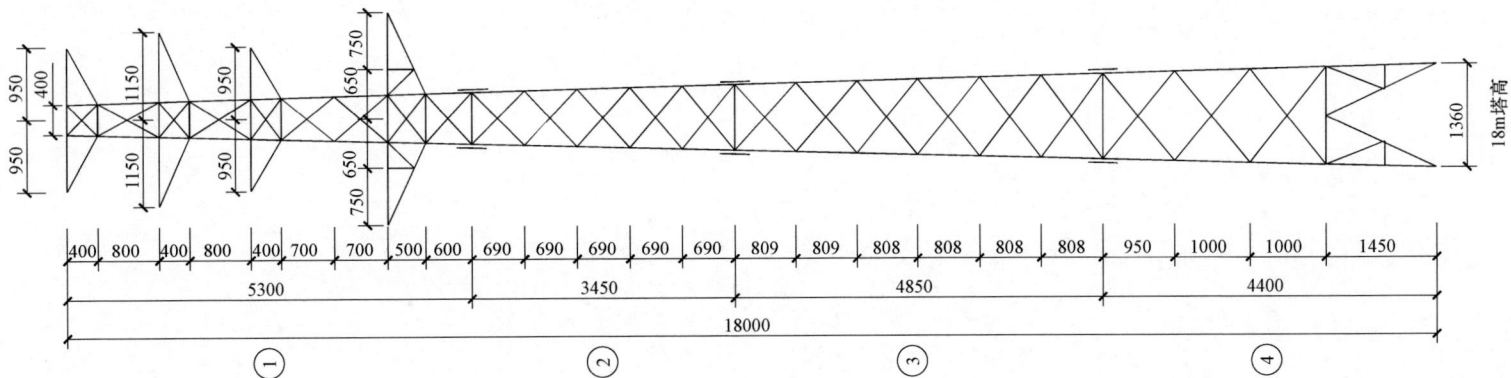

图 14－201　ZJT－SJ2－D 转角塔总图

材 料 汇 总 表

材料	材质	规格	段号 ①	②	③	④	⑤	全塔高（m）15.0	18.0
角钢	Q355	L160×12				562.8			562.8
		L140×12		452.2		182.4		634.6	452.2
		L125×10		263.4	44.4	48.2	48.2	356.0	356.0
		L110×8		29.2				29.2	29.2
		L90×7	205.8					205.8	205.8
		L63×5	29.6					29.6	29.6
		小计	235.4	292.6	496.6	611.0	230.6	1255.2	1635.6
	Q235	L56×5				41.4	39.2	39.2	41.4
		L50×5					14.2	14.2	
		L50×4	126.9			13.0		126.9	139.9
		L45×4	56.7	96.2	59.0	12.9		211.9	224.8
		L40×4	80.6	23.2	106.0	89.6		209.8	299.4
		L40×3	46.3		4.0	42.7	28.3	78.6	93.0
		小计	310.5	119.4	169.0	199.6	81.7	680.6	798.5
钢板	Q355	−3	3.2					3.2	3.2
		−8	48.7	60.4				109.1	109.1
		−10			86.4	89.6	89.5	175.9	176.0
		−14				189.3	167.2	167.2	189.3
		−42				316.6	316.6	316.6	316.6
		小计	51.9	60.4	86.4	595.5	573.3	772.0	794.2
	Q235	−2		1.8	3.1			4.9	4.9
		−6	140.9			39.1	33.5	174.4	180.0
		−10	2.4	3.2	0.8			6.4	6.4
		−12			4.8	1.9		4.8	6.7
		小计	143.3	5.0	8.7	41.0	33.5	190.5	198.0
螺栓	6.8级	M16×40	48.7	7.1	1.3	17.6	14.4	71.5	74.7
		M16×50	3.2	17.9	28.8	16.0	7.0	56.9	65.9
		M16×60				1.4			1.4
		M16×50 双帽	12.2					12.2	12.2
		M16×60 双帽	2.8					2.8	2.8
		小计	66.9	25.0	30.1	35.0	21.4	143.4	157.0
	6.8级	M20×65		23.1	28.2	51.3	48.7	100.0	102.6
		小计		23.1	28.2	51.3	48.7	100.0	102.6
		螺栓合计	66.9	48.1	58.3	86.3	70.1	243.4	259.6
脚钉	6.8级	M16×180	9.8	5.7	7.3	6.5		22.8	29.3
		M20×200		2.9	2.9	1.5		5.8	7.3
		小计	9.8	8.6	10.2	8.0		28.6	36.6
垫圈	Q235	−3A (φ17.5)	0.1					0.1	0.1
		−4A (φ17.5)	0.2	0.2		0.2		0.4	0.6
		小计	0.3	0.2		0.2		0.5	0.7
合计			818.1	534.3	829.2	1541.6	989.2	3170.8	3723.2
各塔高含防盗螺栓总质量（kg）								3233.3	3796.7

图 14−202　ZJT−SJ2−D 转角塔材料汇总表

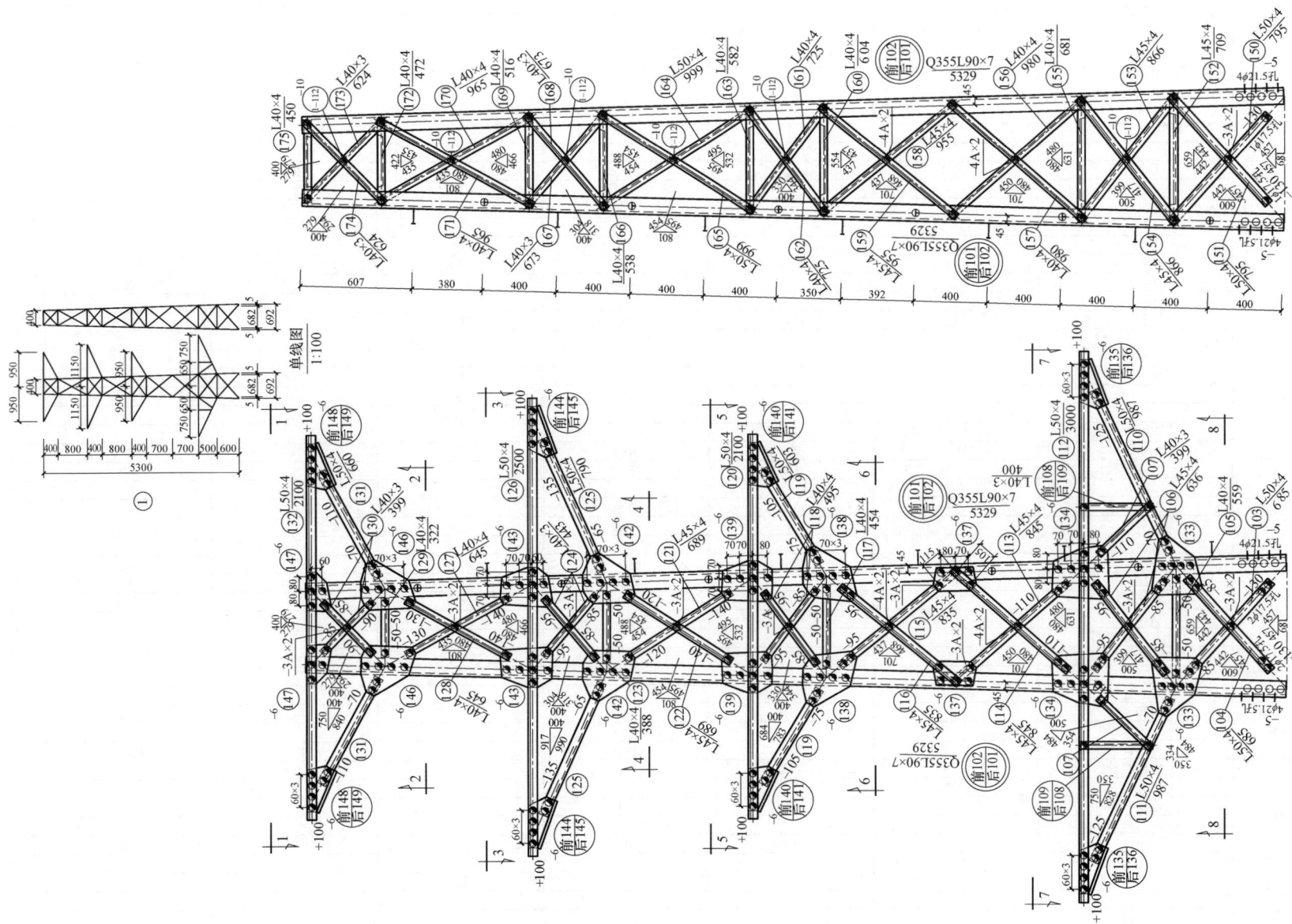

图 14-203 ZJT-SJ2-D 转角塔塔头①结构图（1/3）

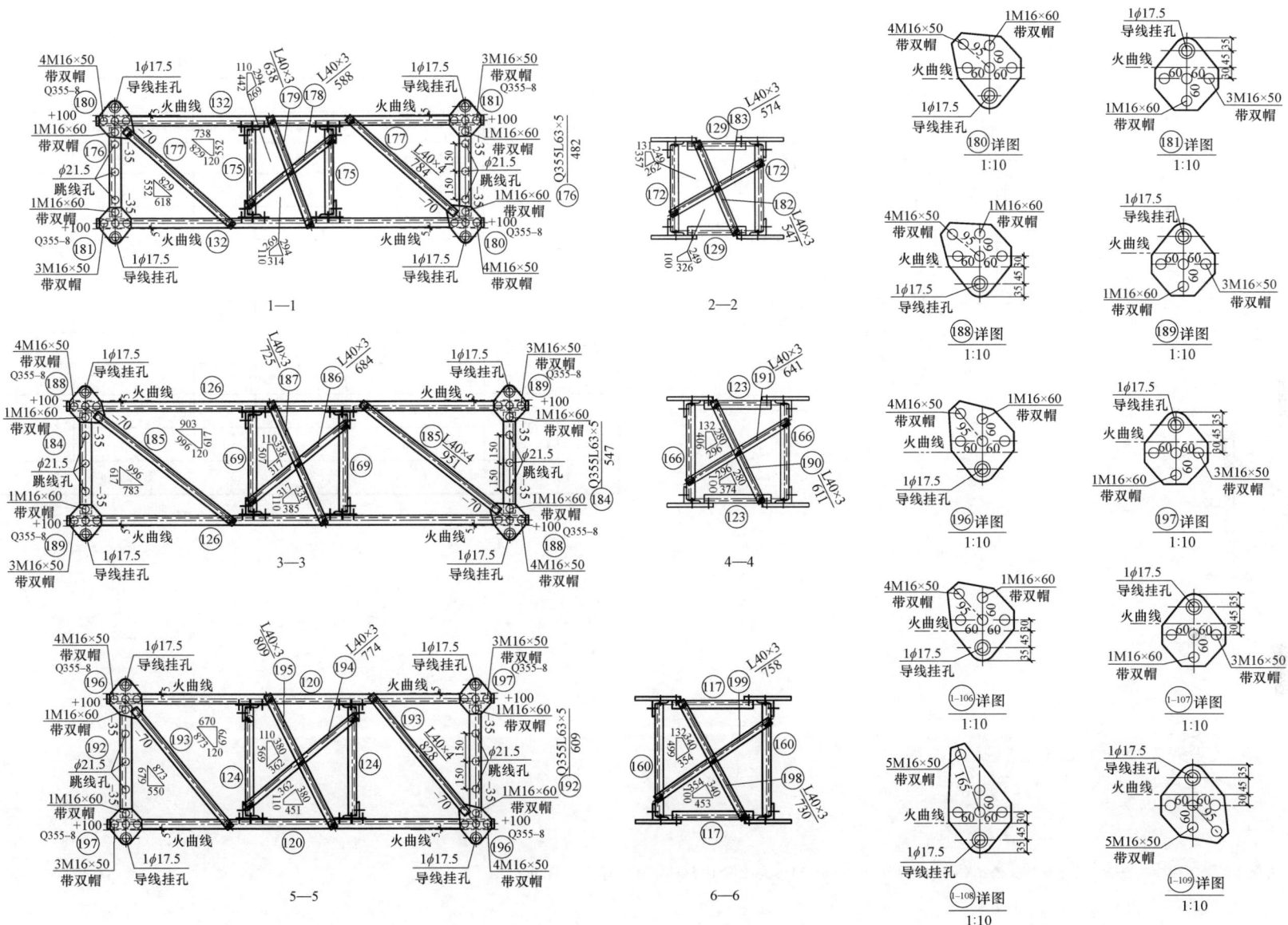

图 14-204 ZJT-SJ2-D 转角塔塔头①结构图（2/3）

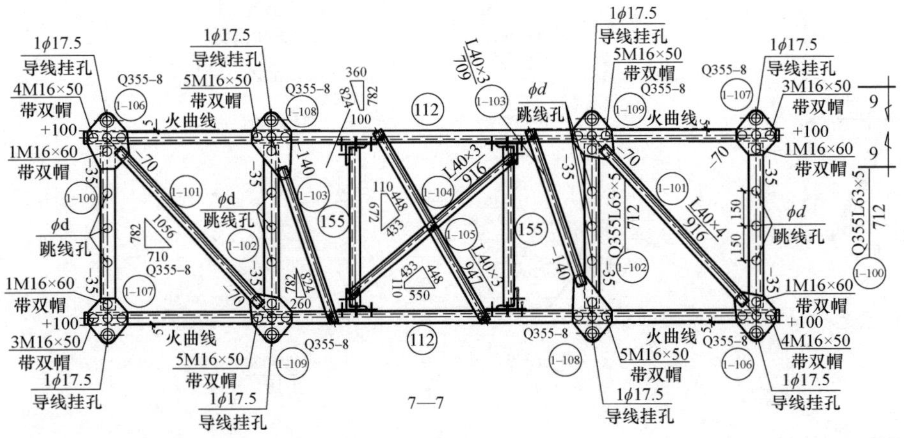

7—7

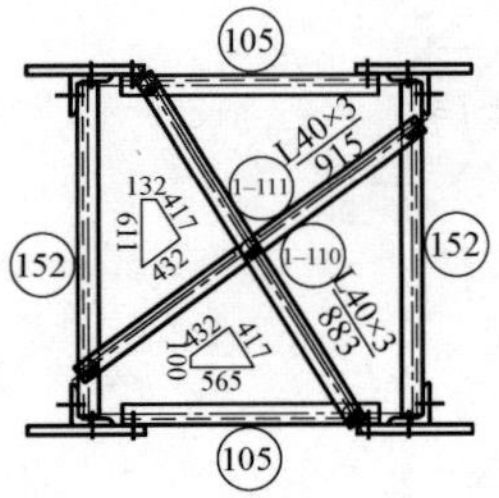

8—8

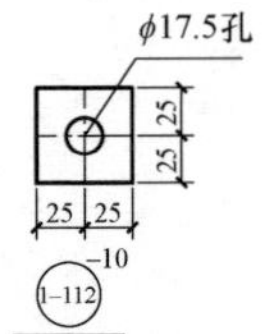

1:5

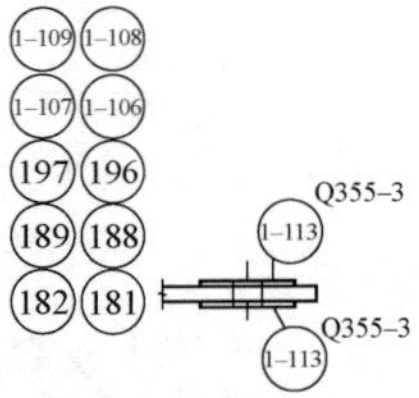

9—9

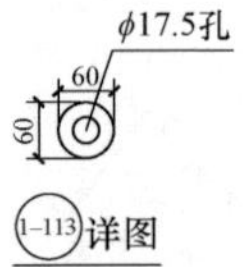

1–113 详图

1:10

螺栓、脚钉、垫圈明细表

名称	级别	规格	符号	数量	质量（kg）	备注
螺栓	6.8 级	M16 × 40	◕	338	48.7	
		M16 × 50	◕	20	3.2	
		M16 × 50	◕	76	12.2	带双帽
		M16 × 60	◕	16	2.8	带双帽
脚钉	6.8 级	M16 × 180	⊖T	24	9.8	
					1.3	
垫圈	Q235	−3A（ϕ17.5）		40	0.1	规格 × 个数
		−4A（ϕ17.5）		16	0.2	
总质量			77.0kg			

说明：根据选取的绝缘子固定螺栓的规格，确定安装孔径 d（M16 螺栓取 17.5mm，M18 螺栓取 19.5mm，M20 螺栓取 21.5mm）。

图 14－205　ZJT－SJ2－D 转角塔塔头①结构图（3/3）（一）

构 件 明 细 表

编号	规格	长度（mm）	数量	质量（kg） 单件	质量（kg） 小计	备注	编号	规格	长度（mm）	数量	质量（kg） 单件	质量（kg） 小计	备注
⑯⓶	L40×4	725	2	1.76	3.5	带脚钉	⑩⓵	Q355L90×7	5329	2	51.46	102.9	
⑯⓷	L40×4	582	2	1.41	2.8	两端切肢	⑩⓶	Q355L90×7	5329	2	51.46	102.9	
⑯⓸	L50×4	999	2	3.06	6.1	切角	⑩⓷	L50×4	685	2	2.10	4.2	
⑯⓹	L50×4	999	2	3.06	6.1		⑩⓸	L50×4	685	2	2.10	4.2	
⑯⓺	L40×4	538	2	1.30	2.6	两端切肢	⑩⓹	L40×4	559	2	1.35	2.7	
⑯⓻	L40×3	673	2	1.25	2.5	切角	⑩⓺	L45×4	636	4	1.74	7.0	
⑯⓼	L40×3	673	2	1.25	2.5		⑩⓻	L40×3	399	4	0.74	3.0	
⑯⓽	L40×4	516	2	1.25	2.5	两端切肢	⑩⓼	L40×3	400	2	0.74	1.5	切角
⑰⓪	L40×4	965	2	2.34	4.7	切角	⑩⓽	L40×3	400	2	0.74	1.5	切角
⑰⓵	L40×4	965	2	2.34	4.7		⑪⓪	L50×4	987	2	3.02	6.0	
⑰⓶	L40×4	472	2	1.14	2.3	两端切肢	⑪⓵	L50×4	987	2	3.02	6.0	
⑰⓷	L40×3	624	2	1.16	2.3	切角	⑪⓶	L50×4	3000	2	9.18	18.4	
⑰⓸	L40×3	624	2	1.16	2.3		⑪⓷	L45×4	845	2	2.31	4.6	切角
⑰⓹	L40×4	450	2	1.09	2.2		⑪⓸	L45×4	845	2	2.31	4.6	
⑰⓺	Q355L63×5	482	2	2.32	4.6		⑪⓹	L45×4	835	2	2.28	4.6	切角
⑰⓻	L40×4	784	2	1.90	3.8		⑪⓺	L45×4	835	2	2.28	4.6	
⑰⓼	L40×3	588	1	1.09	1.1	中间切肢	⑪⓻	L40×4	454	2	1.10	2.2	
⑰⓽	L40×3	638	1	1.18	1.2		⑪⓼	L40×4	495	4	1.20	4.8	
⑱⓪	Q355-8×188	205	2	2.42	4.8	火曲	⑪⓽	L50×4	603	4	1.84	7.4	
⑱⓵	Q355-8×170	195	2	2.08	4.2	火曲	⑫⓪	L50×4	2100	2	6.42	12.8	
⑱⓶	L40×3	547	1	1.01	1.0		⑫⓵	L45×4	689	2	1.89	3.8	切角
⑱⓷	L40×3	574	1	1.06	1.1	中间切肢	⑫⓶	L45×4	689	2	1.89	3.8	
⑱⓸	Q355L63×5	547	2	2.64	5.3		⑫⓷	L40×4	388	2	0.94	1.9	
⑱⓹	L40×4	951	2	2.30	4.6		⑫⓸	L40×3	443	4	0.82	3.3	
⑱⓺	L40×3	684	1	1.27	1.3	中间切肢	⑫⓹	L50×4	790	4	2.42	9.7	
⑱⓻	L40×3	725	1	1.34	1.3		⑫⓺	L50×4	2500	2	7.65	15.3	
⑱⓼	Q355-8×192	200	2	2.41	4.8	火曲	⑫⓻	L40×4	645	2	1.56	3.1	切角
⑱⓽	Q355-8×170	195	2	2.08	4.2	火曲	⑫⓼	L40×4	645	2	1.56	3.1	
⑲⓪	L40×3	611	1	1.13	1.1		⑫⓽	L40×4	322	2	0.78	1.6	
⑲⓵	L40×3	641	1	1.19	1.2	中间切肢	⑬⓪	L40×3	399	4	0.74	3.0	
⑲⓶	Q355L63×5	609	2	2.94	5.9		⑬⓵	L50×4	660	4	2.02	8.1	
⑲⓷	L40×4	828	2	2.01	4.0		⑬⓶	L50×4	2100	2	6.42	12.8	
⑲⓸	L40×3	774	1	1.43	1.4	中间切肢	⑬⓷	-6×274	323	4	4.17	16.7	

图 14-205 ZJT-SJ2-D 转角塔塔头①结构图（3/3）（二）

编号	规格	长度（mm）	数量	单件	小计	备注
⑨⑤	L40×3	809	1	1.50	1.5	
⑨⑥	Q355−8×176	218	2	2.41	4.8	火曲
⑨⑦	Q355−8×170	195	2	2.08	4.2	火曲
⑨⑧	L40×3	730	1	1.35	1.4	
⑨⑨	L40×3	758	1	1.40	1.4	中间切肢
⑴-100	Q355L63×5	712	2	3.43	6.9	
⑴-101	L40×4	916	2	2.22	4.4	
⑴-102	Q355L63×5	712	2	3.43	6.9	
⑴-103	L40×3	709	2	1.31	2.6	
⑴-104	L40×3	916	1	1.70	1.7	
⑴-105	L40×3	947	1	1.75	1.8	
⑴-106	Q355−8×180	245	2	2.77	5.5	火曲
⑴-107	Q355−8×170	195	2	2.08	4.2	火曲
⑴-108	Q355−8×173	297	2	3.23	6.5	火曲
⑴-109	Q355−8×180	245	2	2.77	5.5	火曲
⑴-110	L40×3	883	1	1.64	1.6	
⑴-111	L40×3	915	1	1.69	1.7	
⑴-112	−10×50	50	12	0.20	2.4	垫板
⑴-113	Q355−3×60	60	40	0.08	3.2	焊接
总质量				741.1kg		

编号	规格	长度（mm）	数量	单件	小计	备注
⑬④	−6×287	312	4	4.22	16.9	
⑬⑤	−6×120	287	2	1.62	3.2	卷边 50mm
⑬⑥	−6×120	287	2	1.62	3.2	卷边 50mm
⑬⑦	−6×130	235	4	1.44	5.8	
⑬⑧	−6×282	310	4	4.12	16.5	
⑬⑨	−6×222	277	4	2.90	11.6	
⑭⓪	−6×134	267	2	1.69	3.4	卷边 50mm
⑭①	−6×134	267	2	1.69	3.4	卷边 50mm
⑭②	−6×276	283	4	3.68	14.7	
⑭③	−6×215	285	4	2.89	11.6	
⑭④	−6×118	296	2	1.65	3.3	卷边 50mm
⑭⑤	−6×118	296	2	1.65	3.3	卷边 50mm
⑭⑥	−6×274	295	4	3.81	15.2	
⑭⑦	−6×134	217	4	1.37	5.5	
⑭⑧	−6×128	272	2	1.64	3.3	卷边 50mm
⑭⑨	−6×128	272	2	1.64	3.3	卷边 50mm
⑮⓪	L50×4	795	2	2.43	4.9	切角
⑮①	L50×4	795	2	2.43	4.9	
⑮②	L45×4	709	2	1.94	3.9	两端切肢
⑮③	L45×4	866	2	2.37	4.7	切角
⑮④	L45×4	866	2	2.37	4.7	
⑮⑤	L40×4	681	2	1.65	3.3	两端切肢
⑮⑥	L40×4	980	2	2.37	4.7	切角
⑮⑦	L40×4	980	2	2.37	4.7	
⑮⑧	L45×4	955	2	2.61	5.2	切角
⑮⑨	L45×4	955	2	2.61	5.2	
⑯⓪	L40×4	604	2	1.46	2.9	两端切肢
⑯①	L40×4	725	2	1.76	3.5	切角

图 14−205　ZJT−SJ2−D 转角塔塔头①结构图（3/3）（三）

构件明细表

编号	规格	长度(mm)	数量	质量(kg) 一件	质量(kg) 小计	备注
201	Q355L125×10	3443	2	65.87	131.7	带脚钉
202	Q355L125×10	3443	2	65.87	131.7	
203	L40×4	978	4	2.37	9.5	切角
204	L40×4	978	4	2.37	9.5	
205	L45×4	1118	4	3.06	12.2	切角
206	L45×4	1118	4	3.06	12.2	
207	L45×4	1089	4	2.98	11.9	切角
208	L45×4	1089	4	2.98	11.9	
209	L45×4	1061	4	2.90	11.6	切角
210	L45×4	1061	4	2.90	11.6	
211	L45×4	873	4	2.39	9.6	切角
212	L45×4	873	4	2.39	9.6	
213	L45×4	511	4	1.40	5.6	
214	Q355L110×8	540	4	7.31	29.2	铲背、铲弧
215	Q355−8×223	540	2	7.56	15.1	
216	Q355−8×223	540	2	7.56	15.1	
217	Q355−8×223	540	2	7.56	15.1	
218	Q355−8×223	540	2	7.56	15.1	
219	L40×4	865	1	2.10	2.1	中间切肢
220	L40×4	865	1	2.10	2.1	
221	−10×50	50	16	0.20	3.2	垫板
222	−2×60	240	8	0.23	1.8	垫板
总质量					477.4kg	

螺栓、脚钉、垫圈明细表

名称	级别	规格	符号	数量	质量(kg)	备注
螺栓	6.8级	M16×40		49	7.1	
		M16×50		112	17.9	
		M20×65		72	23.1	
脚钉	6.8级	M16×180		14	5.7	
		M20×200		4	2.9	
垫圈	Q235	−4A (φ17.5)		8	0.2	规格×个数
总质量					56.9kg	

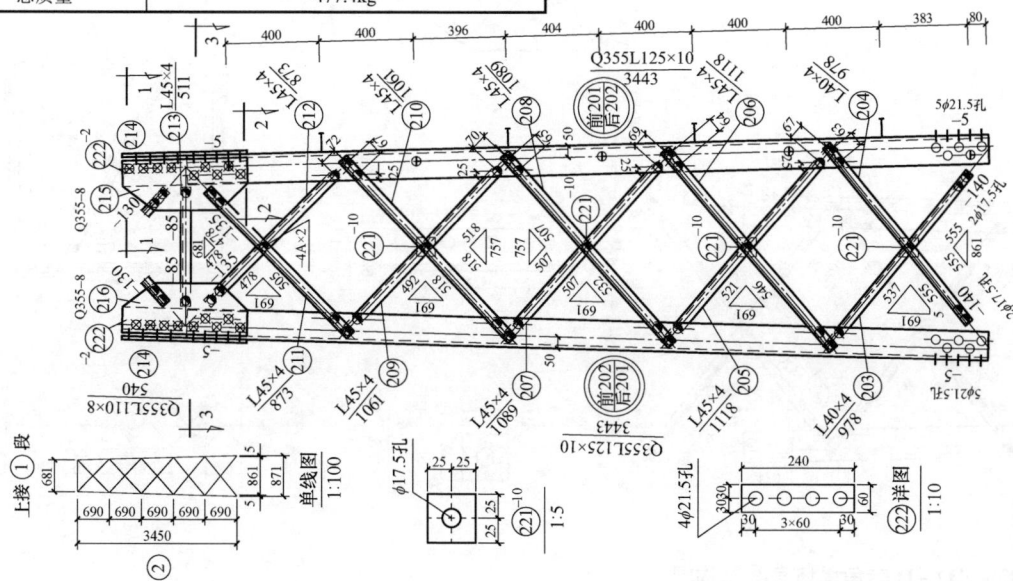

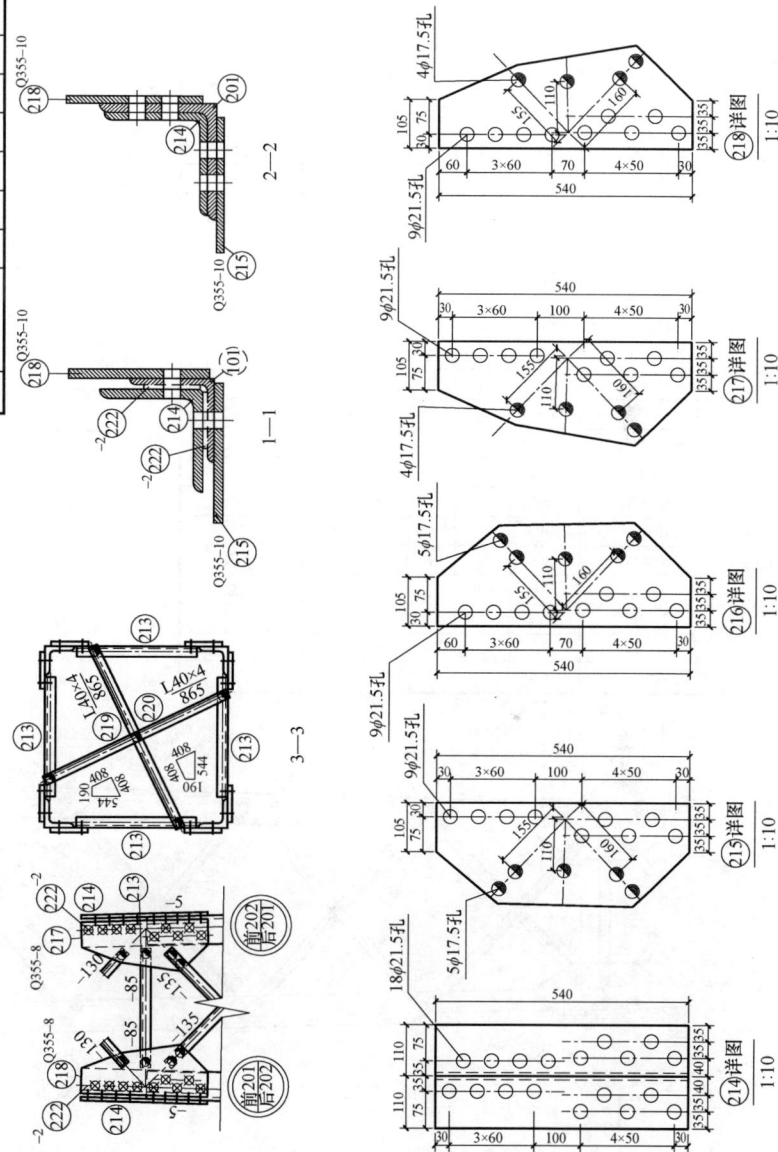

图 14-206 ZJT-SJ2-D 转角塔塔身②结构图

构件明细表

编号	规格	长度(mm)	数量	质量(kg) 单件	质量(kg) 小计	备注
301	Q355L140×12	4429	2	113.04	226.1	带脚钉
302	Q355L140×12	4429	2	113.04	226.1	
303	L40×4	1420	4	3.44	13.8	切角
304	L40×4	1420	4	3.44	13.8	
305	L40×4	1384	4	3.35	13.4	切角
306	L40×4	1384	4	3.35	13.4	
307	L40×4	1349	4	3.27	13.1	切角
308	L40×4	1349	4	3.27	13.1	
309	L40×4	1315	4	3.18	12.7	切角
310	L40×4	1315	4	3.18	12.7	
311	L45×4	1281	4	3.50	14.0	切角
312	L45×4	1281	4	3.50	14.0	
313	L45×4	1083	4	2.96	11.8	切角
314	L45×4	1083	4	2.96	11.8	
315	L45×4	671	4	1.84	7.4	
316	Q355L125×10	580	4	11.10	44.4	铲背
317	Q355-10×237	580	4	10.79	43.2	
318	Q355-10×237	580	4	10.79	43.2	
319	L40×3	1093	1	2.02	2.0	中间切肢
320	L40×3	1093	1	2.02	2.0	
321	-10×50	50	4	0.20	0.8	垫板
322	-12×50	50	20	0.24	4.8	垫板
323	-2×95	260	8	0.39	3.1	垫板
总质量				760.7kg		

螺栓、脚钉、垫圈明细表

名称	级别	规格	符号	数量	质量(kg)	备注
螺栓	6.8级	M16×40	●	9	1.3	
		M16×50	◕	180	28.8	
		M20×65	⊠	88	28.2	
脚钉	6.8级	M16×180	⊕	18	7.3	
		M20×200	⊕	4	2.9	
垫圈	Q235					规格×个数
总质量					68.5kg	

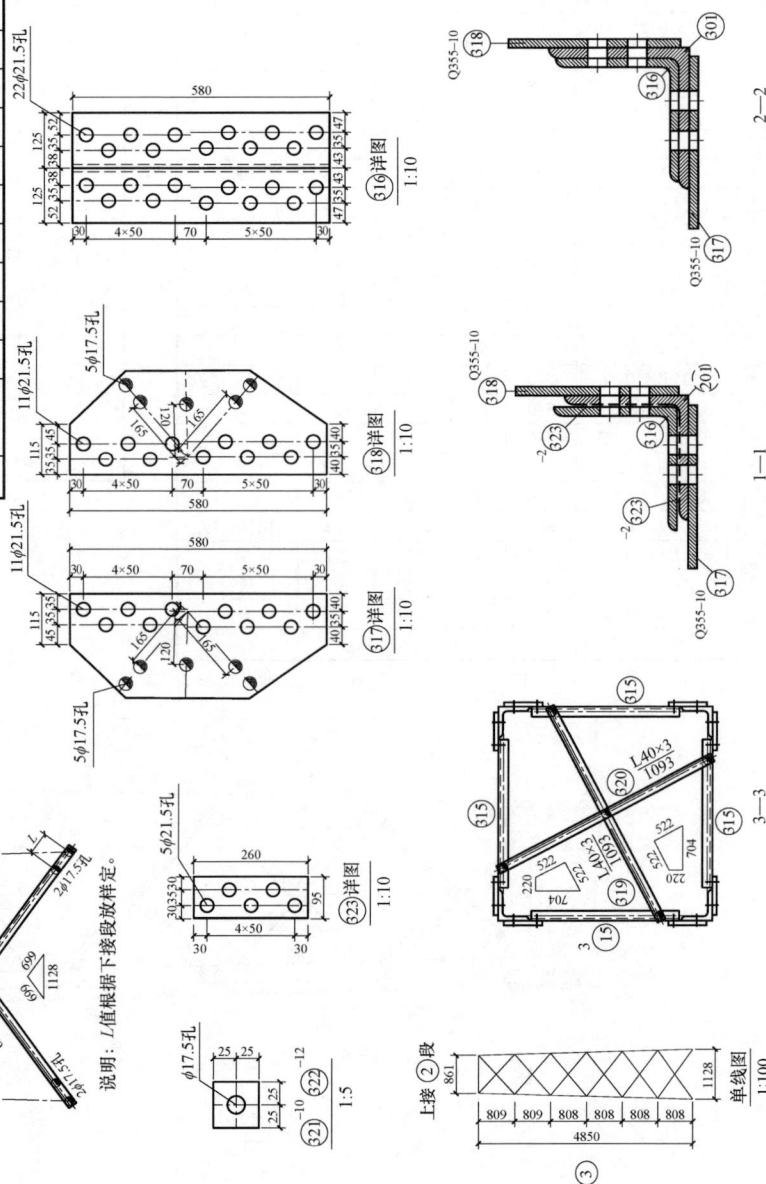

图 14-207　ZJT-SJ2-D 转角塔塔身③结构图

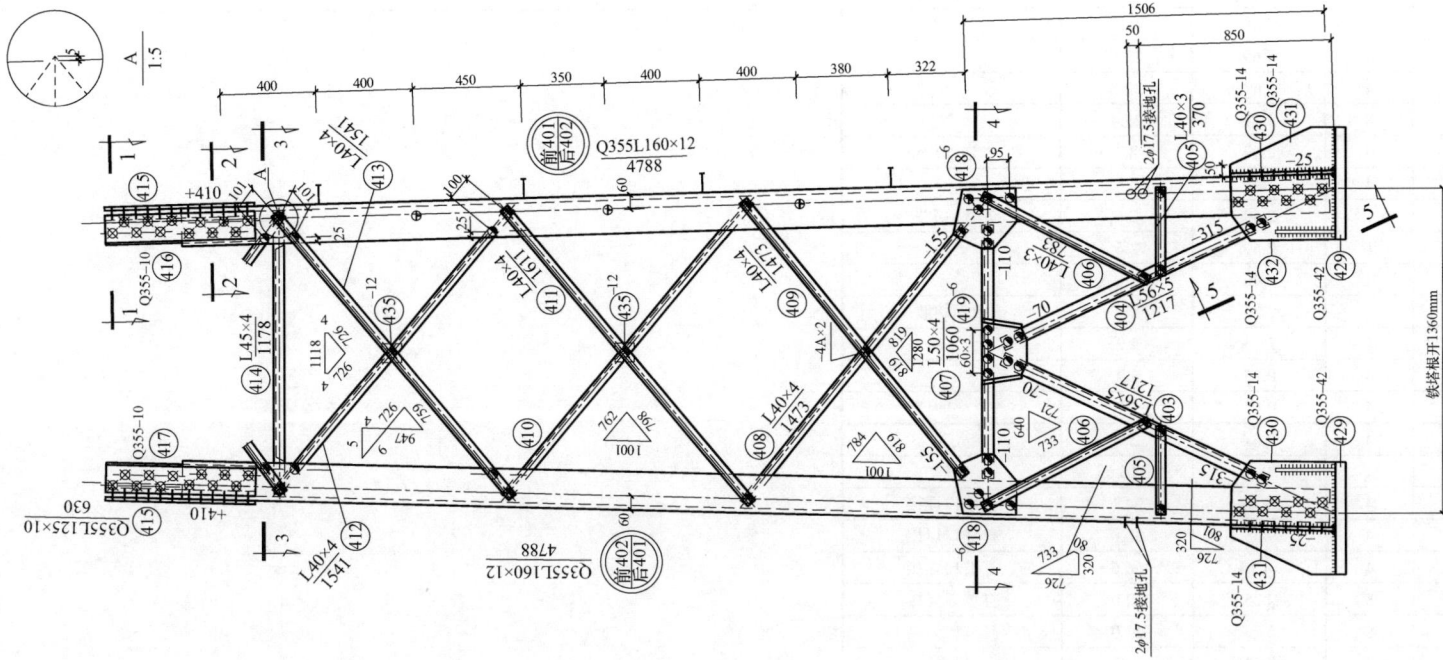

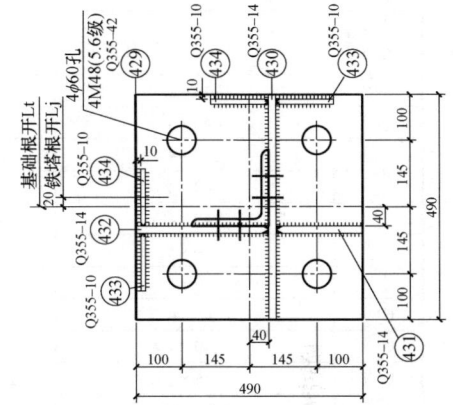

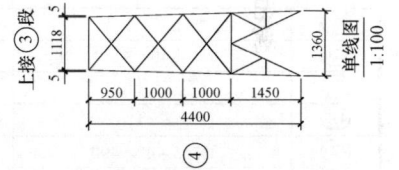

图 14-208　ZJT-SJ2-D 转角塔塔腿④结构图（1/2）（一）

编号	规格	长度（mm）	数量	质量（kg）单件	质量（kg）小计	备注
④401	Q355L160×12	4788	2	140.72	281.4	带脚钉
④402	Q355L160×12	4788	2	140.72	281.4	
④403	L56×5	1217	4	5.17	20.7	
④404	L56×5	1217	4	5.17	20.7	
④405	L40×3	370	8	0.69	5.5	
④406	L40×3	783	8	1.45	11.6	
④407	L50×4	1060	4	3.24	13.0	
④408	L40×4	1473	4	3.57	14.3	
④409	L40×4	1473	4	3.57	14.3	
④410	L40×4	1611	4	3.90	15.6	切角
④411	L40×4	1611	4	3.90	15.6	切角
④412	L40×4	1541	4	3.73	14.9	切角
④413	L40×4	1541	4	3.73	14.9	
④414	L45×4	1178	4	3.22	12.9	两端切肢
④415	Q355L125×10	630	4	12.05	48.2	铲背
④416	Q355−10×115	630	4	5.69	22.8	
④417	Q355−10×115	630	4	5.69	22.8	
④418	−6×251	268	8	3.17	25.4	
④419	−6×191	230	4	2.07	8.3	卷边 50mm
④420	L40×3	919	4	1.70	6.8	
④421	L40×3	1399	1	2.59	2.6	中间切肢
④422	L40×3	1399	1	2.59	2.6	
④423	L40×3	790	4	1.46	5.8	
④424	L40×3	1217	1	2.25	2.2	中间切肢
④425	L40×3	1217	1	2.25	2.2	
④426	L40×3	458	4	0.85	3.4	
④427	−6×110	129	4	0.67	2.7	火曲
④428	−6×110	129	4	0.67	2.7	火曲
④429	Q355−42×490	490	4	79.16	316.6	电焊
④430	Q355−14×490	437	4	23.53	94.1	打坡口焊接
④431	Q355−14×201	437	4	9.65	38.6	打坡口焊接
④432	Q355−14×295	436	4	14.14	56.6	打坡口焊接
④433	Q355−10×140	250	8	2.75	22.0	打坡口焊接
④434	Q355−10×140	250	8	2.75	22.0	打坡口焊接
④435	−12×50	50	8	0.24	1.9	垫板
总质量				1447.1kg		

名称	级别	规格	符号	数量	质量（kg）	备注
螺栓	6.8 级	M16×40	❶	122	17.6	
		M16×50	❷	100	16.0	
		M16×60	❸	8	1.4	
		M20×65	⊗	160	51.3	
脚钉	6.8 级	M16×180	⊕T	16	6.5	
		M20×200		2	1.5	
垫圈	Q235	−4A（φ17.5）		8	0.2	规格×个数
		−4A（φ17.5）				
总质量				94.5kg		

图 14−208 ZJT−SJ2−D 转角塔塔腿④结构图（1/2）（二）

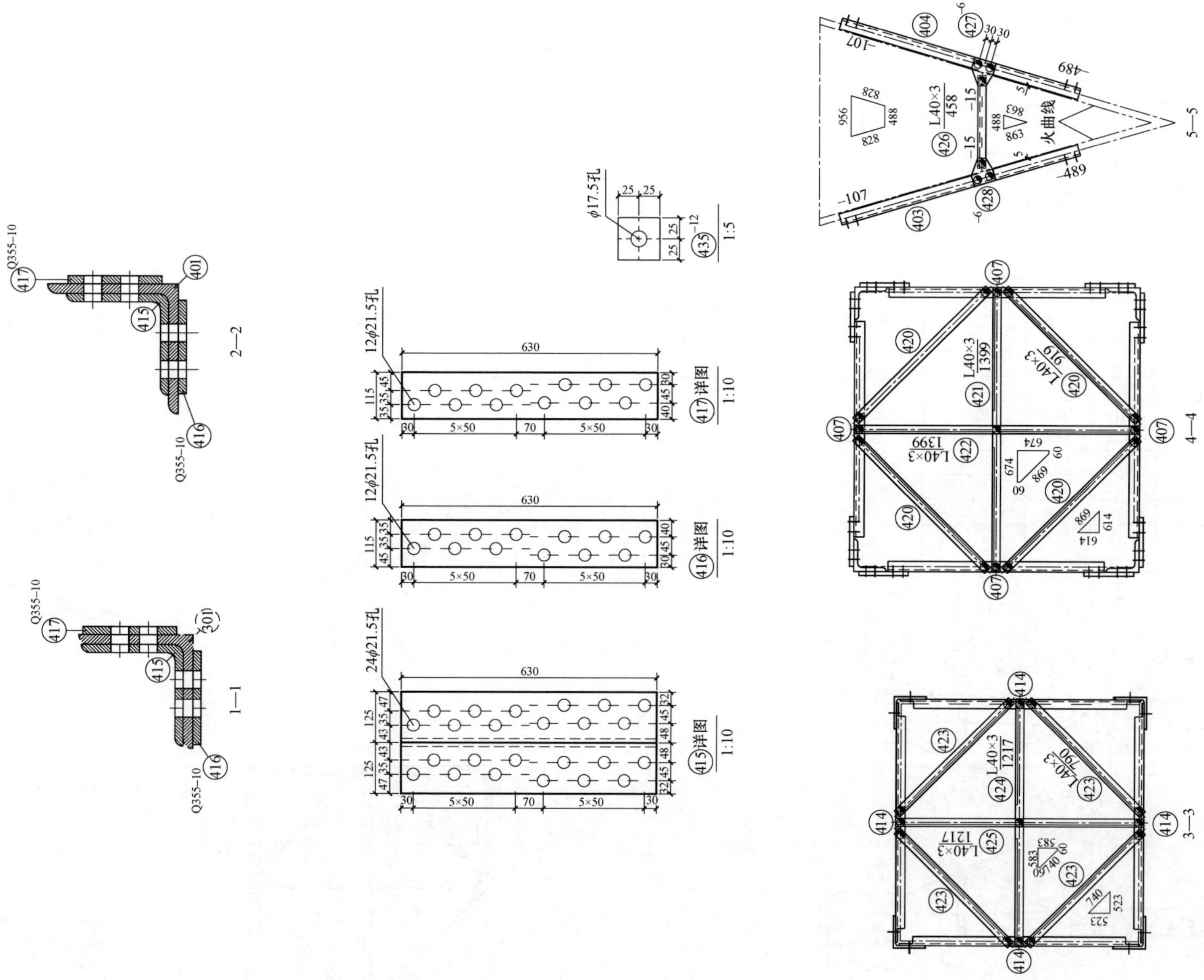

图 14-209　ZJT-SJ2-D 转角塔塔腿④结构图（2/2）

构件明细表

编号	规格	长度(mm)	数量	质量(kg) 单件	质量(kg) 小计	备注
501	Q355L140×12	1786	2	45.58	91.2	带脚钉
502	Q355L140×12	1786	2	45.58	91.2	
503	L56×5	1150	4	4.89	19.6	
504	L56×5	1150	4	4.89	19.6	
505	L40×3	332	8	0.61	4.9	
506	L40×3	665	8	1.23	9.8	
507	L50×5	938	4	3.54	14.2	
508	Q355L125×10	630	4	12.05	48.2	铲弧
509	Q355−10×115	630	8	5.69	45.5	
510	−6×197	230	4	2.13	8.5	卷边50mm
511	−6×220	236	8	2.45	19.6	
512	L40×3	804	4	1.49	6.0	
513	L40×3	1237	1	2.29	2.3	中间切肢
514	L40×3	1237	1	2.29	2.3	
515	L40×3	397	4	0.74	3.0	
516	−6×110	129	4	0.67	2.7	火曲
517	−6×110	129	4	0.67	2.7	火曲
518	Q355−42×490	490	4	79.16	316.6	电焊
519	Q355−14×490	388	4	20.89	83.6	打坡口焊
520	Q355−14×206	388	4	8.78	35.1	打坡口焊
521	Q355−14×285	387	4	12.12	48.5	打坡口焊
522	Q355−10×140	250	8	2.75	22.0	打坡口焊
523	Q355−10×140	250	8	2.75	22.0	打坡口焊
总质量					919.1kg	

螺栓、脚钉、垫圈明细表

名称	级别	规格	符号	数量	质量(kg)	备注
螺栓	6.8级	M16×40	●	100	14.4	
		M16×50	◐	44	7.0	
		M20×65	▨	152	48.7	
脚钉	6.8级		⏀			
垫圈	Q235				规格×个数	
总质量					70.1kg	

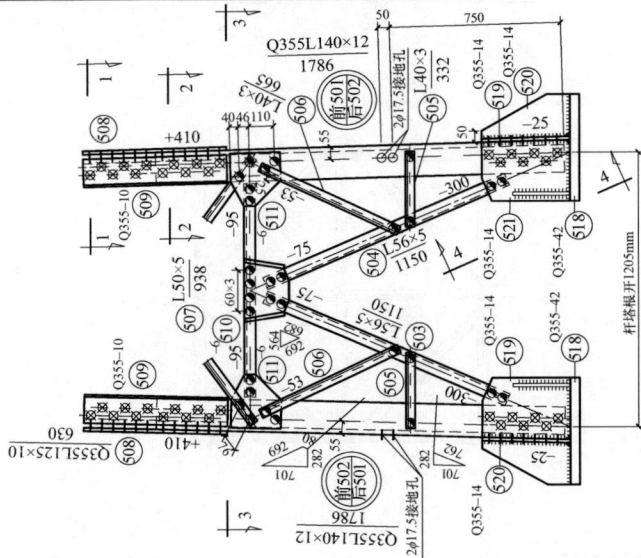

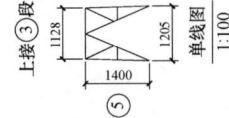

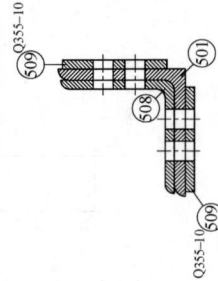

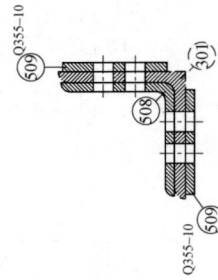

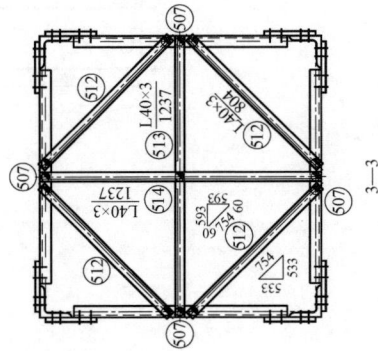

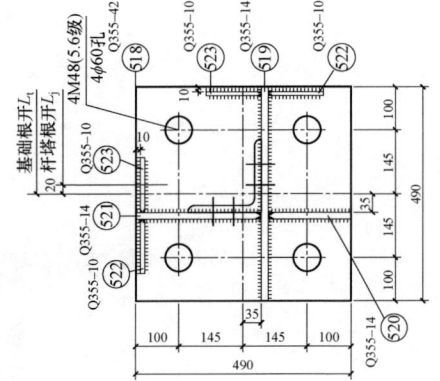

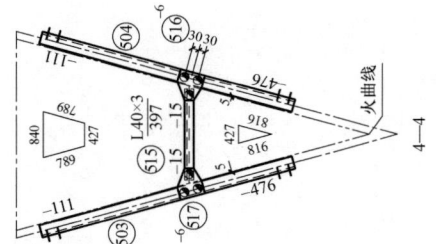

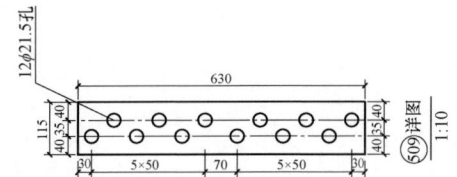

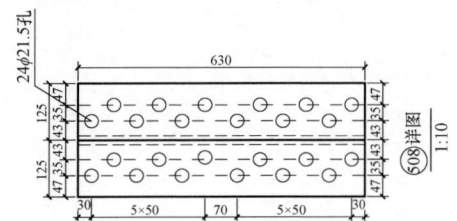

图 14−210　ZJT−SJ2−D 转角塔塔腿⑤结构图

除图中注明外，必须遵照下列统一要求进行加工和组装：

（1）杆塔的设计执行《输电线路杆塔制图和构造规定》（DL/T 5442—2020）的有关规定。

（2）结构图中图面内的图例、代号等在说明中未提及之处，均按《输电线路杆塔制图和构造规定》（DL/T 5442—2020）中的要求执行。

（3）杆塔加工时应严格执行《输电线路铁塔制造技术条件》（GB/T 2694—2018）。本塔构件的尺寸以放样为准，构件加工后必须试组装，验收合格后方可批量加工。

（4）钢材质量标准应符合《碳素结构钢》（GB/T 700—2006）及《低合金高强度结构钢》（GB/T 1591—2018）的有关要求；螺栓、螺母、扣紧螺母应符合的标准分别为《六角头螺栓 C级》（GB/T 5780—2016）、《I型六角螺母》（GB/T 6170—2015）、《扣紧螺母》（GB 805—1988）。所有材料，包括角钢、螺栓、防盗螺栓、扣紧螺母、焊条等均应有出厂合格证书。

（5）杆塔构件所用钢种为 Q235B、Q355B，图中注明 Q355 材料为 Q355B 钢材，未注明均为 Q235B 钢材（角钢用"L"、钢板用"－"表示）。所有构件均须热镀锌。

（6）所有螺栓（包括防盗螺栓）的强度等级为热镀锌后的强度值。

（7）杆塔构件连接主要以螺栓连接为主，少数采用焊接（如塔脚板连接等）。构件焊接应按照焊接规程、规范和有关规定进行，焊缝高度不得小于连接构件的最小厚度，当被焊接构件厚 8mm 及以上时，要按规定剖口焊，以便焊透。对 Q355 构件焊接时选用 E50 系列焊条，对 Q235 构件焊接时选用 E43 系列焊条。

（8）加工时如发生材料代用或改变节点形式等情况，须与设计单位联系解决。材料代用时，需注意相关影响，应与图纸对应列表统计，并由加工厂书面通知施工单位，以方便施工安装。

（9）角钢与钢板的螺栓间距、边距除图中特殊注明外应按表 1 采用。

（10）角钢准距除图中特殊注明外，一般按表 2 采用。

（11）螺栓、脚钉、垫圈规格按表 3、表 4 采用。

（12）脚钉一般从离开地面 1.5m 处开始向上装设，间距 400mm 左右，加工放样时可适当调整脚钉的位置，脚钉除运行单位有特殊要求外，一般采用防滑带直钩形式。

（13）其他事项：

1）节点板考虑到刚度要求，形状不宜狭长，节点板边缘与构件轴线夹角 α 不小于 15°，如右图所示。

2）构件厚度大于 14mm 时须采用钻孔方法加工，构件接头中外包角钢清根，内包角钢铲背。

3）凡图中所要求的火曲、开合角、切肢、压扁、切角等的尺寸均由加工放样决定。

α角示意图

4）两构件连接面间的间隙大于 3mm 时，构件应局部开、合角或制弯。

5）当构件需采用切肢或压扁时，应优先采用切肢。

（14）杆塔加工时应根据实际工程要求的高度设置防盗螺栓（无特殊说明的 10m 高以下防盗）。

表 1 螺栓间距、边距表

螺栓规格	孔径(mm)	螺栓间距(mm)		边距(mm)		
		单排	双排	端距	扎制边距	切角边距
M16	φ17.5	50	80	25	≥21 或 20（L40 角钢时）	≥23
M20	φ21.5	60	100	30	≥26	≥28

注 螺孔顺力线方向重心最大间距为 12d 或 18t（取二者较小者），其中 d 为螺栓直径 t 为较薄板的厚度。

表 2 角钢准距表

肢宽（mm）	准距（mm）	第一排准距（mm）	第二排准距（mm）	最大使用孔径（mm）
L40	20			
L45	23			17.5
L50	25（28）			
L56	28（32）			
L63	30（36）			
L70	35（40）			
L75	38（40）			
L80	40			
L90	45			
L100	50			
L110	55	45	75	21.5
L125	60	50	85	
L140	70	55	90	
L160	80	60	105	

注 括号内数字用于螺栓边距不足时，在搭接位置上的螺栓孔可使用的准距。

表 3 螺栓规格表

级别	单帽螺栓（带一垫、一扣紧螺母）				防盗螺栓	双帽螺栓（带一垫）			
	规格	符号	通过厚度（mm）	无扣长（mm）	质量（kg）	质量（kg）（带一垫）	规格	符号	通过厚度（mm）	无扣长（mm）	质量（kg）
6.8	M16×40	◑	7～12	6	0.1442	0.1997	M16×50	◑	7～12	6	0.1875
	M16×50	◒	13～22	12	0.1602	0.2127	M16×60	◒	13～22	12	0.2039
	M16×60	◖	23～32	22	0.1762	0.2277	M16×70		23～32	22	0.2203
	M16×70	◧	33～42	32	0.1922	0.2477	M16×80		33～42	32	0.2369
6.8	M20×45	○	9～15	8	0.2701	0.3517	M20×60	○	9～15	8	0.3605
	M20×55	∅	16～25	15	0.2953	0.3737	M20×70		16～25	15	0.3864
	M20×65	⊗	26～35	25	0.3205	0.3967	M20×80		26～35	25	0.4123
	M20×75	∅	36～45	35	0.3457	0.4207	M20×90		36～45	35	0.4381
	M20×85	⊠	46～55	45	0.3709	0.4407	M20×100		46～55	45	0.4640
	M20×95	▨	56～65	55	0.3961	0.4607	M20×110		56～65	55	0.4899
	M20×105	▩	66～75	65	0.4213	0.4807	M20×120		66～75	65	0.5158

表 4 脚钉、垫圈规格表

脚钉（带两帽）				垫圈				
规格	符号	无扣长（mm）	质量（kg）	规格	符号	质量（kg）	内径（mm）	外径（mm）
M16×180	⊕—	120	0.3799	−2（φ13.5）	规格×个数	0.00186	13.5	24
				−3（φ17.5）		0.01065	17.5	30
M20×200	⊕—	120	0.6749	−3（φ22）	规格×个数	0.01637	22	37
				−4（φ22）		0.02183	22	37
M24×240	⊕—	120	1.1803	−3（φ26）	规格×个数	0.02331	26	44
				−4（φ26）		0.03108	26	44

图 14−211 ZJT−SJ2−D 转角塔加工说明

14.2.18 ZJT-SJ3-D 转角塔

ZJT-SJ3-D 转角塔结构图清单见表 14-26。

表 14-26 **ZJT-SJ3-D 转角塔结构图清单**

图序	图名	备注
图 14-212	ZJT-SJ3-D 转角塔总图	
图 14-213	ZJT-SJ3-D 转角塔材料汇总表	
图 14-214	ZJT-SJ3-D 转角塔塔头①结构图（1/3）	
图 14-215	ZJT-SJ3-D 转角塔塔头①结构图（2/3）	

图序	图名	备注
图 14-216	ZJT-SJ3-D 转角塔塔头①结构图（3/3）	
图 14-217	ZJT-SJ3-D 转角塔塔身②结构图	
图 14-218	ZJT-SJ3-D 转角塔塔身③结构图	
图 14-219	ZJT-SJ3-D 转角塔塔腿④结构图（1/2）	
图 14-220	ZJT-SJ3-D 转角塔塔腿④结构图（2/2）	
图 14-221	ZJT-SJ3-D 转角塔塔腿⑤结构图	
图 14-222	ZJT-SJ3-D 转角塔加工说明	

杆塔根开、基础根开、地脚螺栓规格及间距表

杆塔名称（型号）	ZJT－SJ3－D	
塔高（m）	15	18
接腿	⑤	④
杆塔根开（mm）	1197	1360
基础根开（mm）	1237	1400
基础地脚螺栓间距（mm）	290	290
每腿基础地脚螺栓配置(5.6级)	4M48	4M48

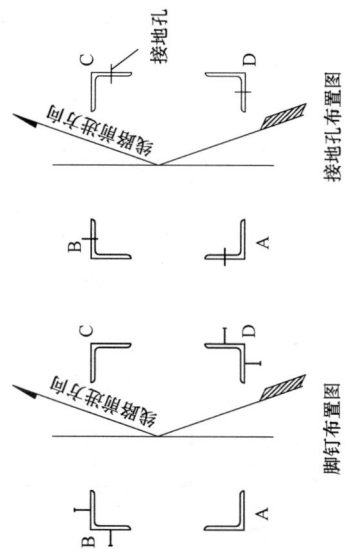

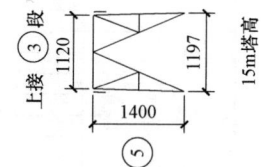

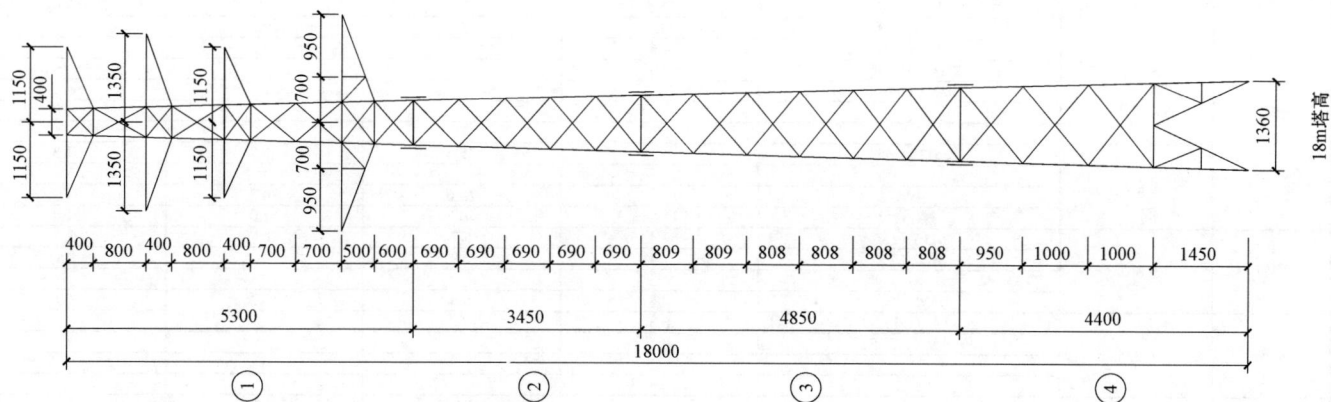

图 14－212　ZJT－SJ3－D 转角塔总图

材料	材质	规格	段号					全塔高（m）	
			①	②	③	④	⑤	15.0	18.0
角钢	Q355	L160×14			602.2	651.0	242.8	845.0	1253.2
		L140×12		351.4	64.3	64.3	64.3	480.0	480.0
		L125×10		45.2				45.2	45.2
		L100×8	261.6					261.6	261.6
		L63×5	208.7					208.7	208.7
		小计	470.3	396.6	666.5	715.3	307.1	1840.5	2248.7
	Q235	L56×5				41.4	37.6	37.6	41.4
		L50×5	36.7	25.8			19.4	81.9	62.5
		L50×4	28.2	52.6	13.0		11.0	91.8	93.8
		L45×4	60.8	50.6	177.4	113.8		288.8	402.6
		L40×4	55.6			17.0	12.4	68.0	72.6
		L40×3	45.0	3.2	4.0	29.7	9.0	61.2	81.9
		小计	226.3	132.2	181.4	214.9	89.4	629.3	754.8
钢板	Q355	−3	3.2					3.2	3.2
		−6	164.7					164.7	164.7
		−8	55.6					55.6	55.6
		−10		89.0				89.0	89.0
		−12			124.0	116.8	116.8	240.8	240.8
		−16				214.6	231.9	231.9	214.6
		−42				316.6	316.6	316.6	316.6
		小计			136.0	138.6	138.2	138.6	1084.5
	Q235	−2						3.7	3.7
		−4		32.2				3.6	3.6
		−6	32.1			39.5	39.1	71.2	71.6
		−8	16.2					16.2	16.2
		−10	3.2	0.8		0.8		4.0	4.8
		−12	1.9	3.8	1.0			6.7	6.7
		−14	1.1		5.4	2.2		6.5	8.7
		−16	1.9					1.9	1.9
		小计	56.4	8.2	10.1	42.5	39.1	113.8	117.2
螺栓	6.8级	M16×40	55.9	7.6	0.7	17.6	15.7	79.9	81.8
		M16×50	41.2	13.5	29.5	21.1	10.3	94.5	105.3
		M16×60	4.6					4.6	6.0
		M16×50 双帽	2.6					2.6	2.6
		M16×60 双帽	15.2					15.2	15.2
		小计	119.5	21.1	30.2	40.1	26.0	196.8	210.9
	6.8级	M20×65		25.6	30.8	51.3	51.3	107.7	107.7
		小计		25.6	30.8	51.3	51.3	107.7	107.7
		螺栓合计	119.5	46.7	61.0	91.4	77.3	304.5	318.6
脚钉	6.8级	M16×180	7.3	5.7	7.3	6.5		20.3	26.8
		M20×200	1.5	2.9	2.9	1.5		7.3	8.8
		小计	8.8	8.6	10.2	8.0		27.6	35.6
垫圈	Q235	−3A（φ17.5）	0.3					0.3	0.3
		−4A（φ17.5）	0.5					0.5	0.5
		小计	0.8					0.8	0.8
合计（kg）			1105.6	681.3	1053.2	1720.1	1178.2	4018.3	4560.2
各塔高含防盗螺栓总质量（kg）								4098.0	4650.6

图 14−213 ZJT−SJ3−D 转角塔材料汇总表

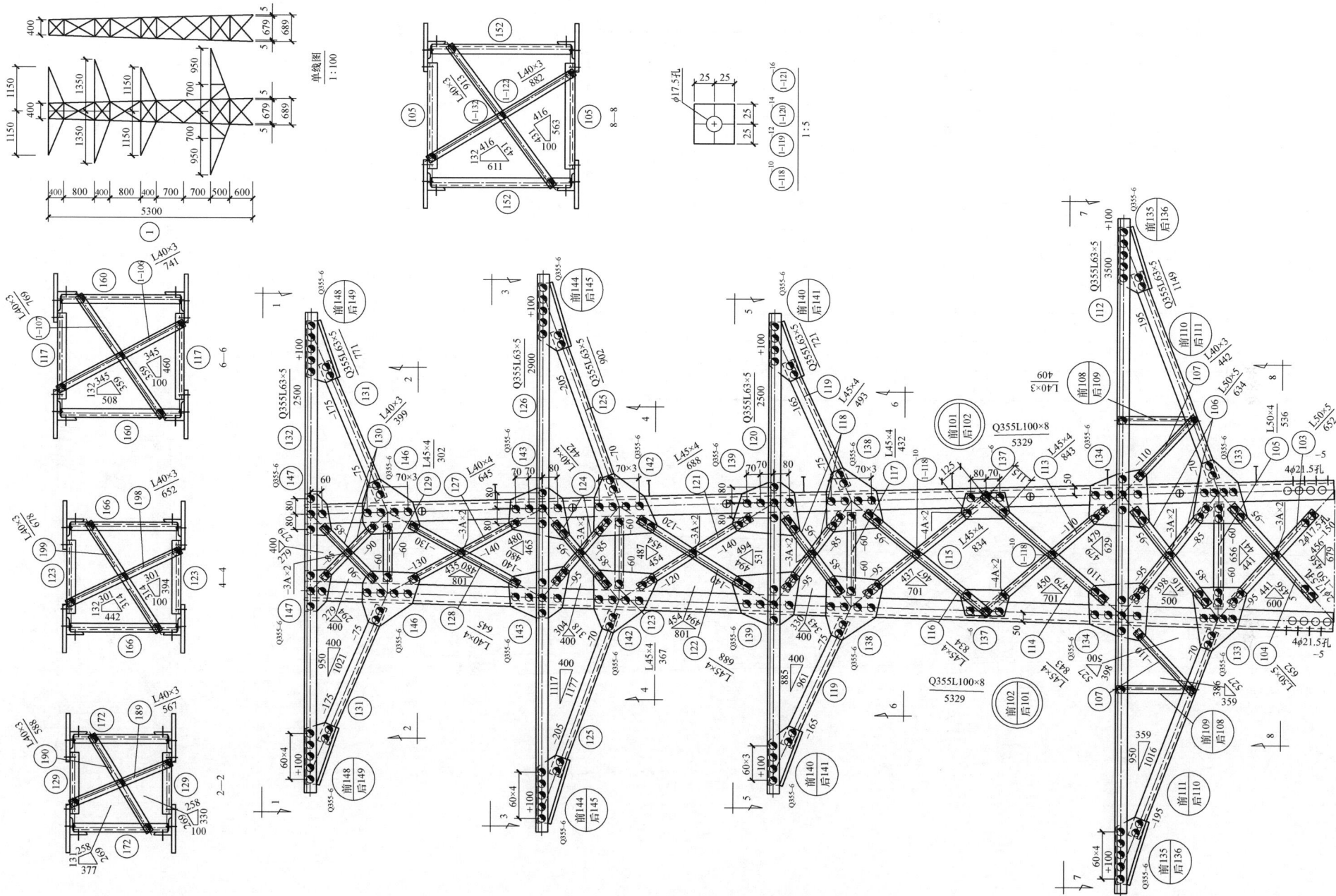

图 14-214　ZJT-SJ3-D 转角塔塔头①结构图（1/3）

螺栓、脚钉、垫圈明细表

名称	级别	规格	符号	数量	质量（kg）	备注
螺栓	6.8级	M16×40		388	55.9	
		M16×50		257	41.2	
		M20×60		26	4.6	
		M20×50		16	2.6	带双帽
		M20×60		86	15.2	带双帽
脚钉	6.8级	M16×180		18	7.3	
		M20×200		2	1.5	
垫圈	Q235	−3A（φ17.5）		28	0.3	规格×个数
		−4A（φ17.5）		24	0.5	
总质量					129.1kg	

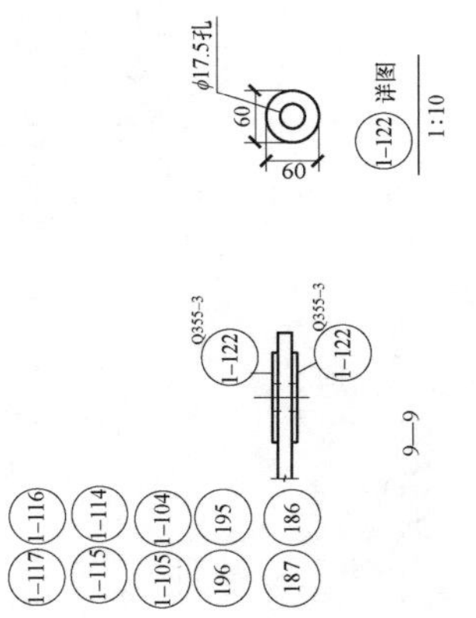

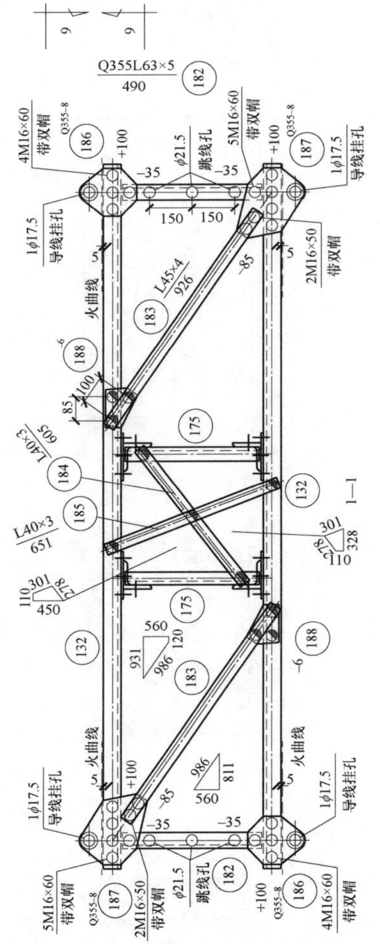

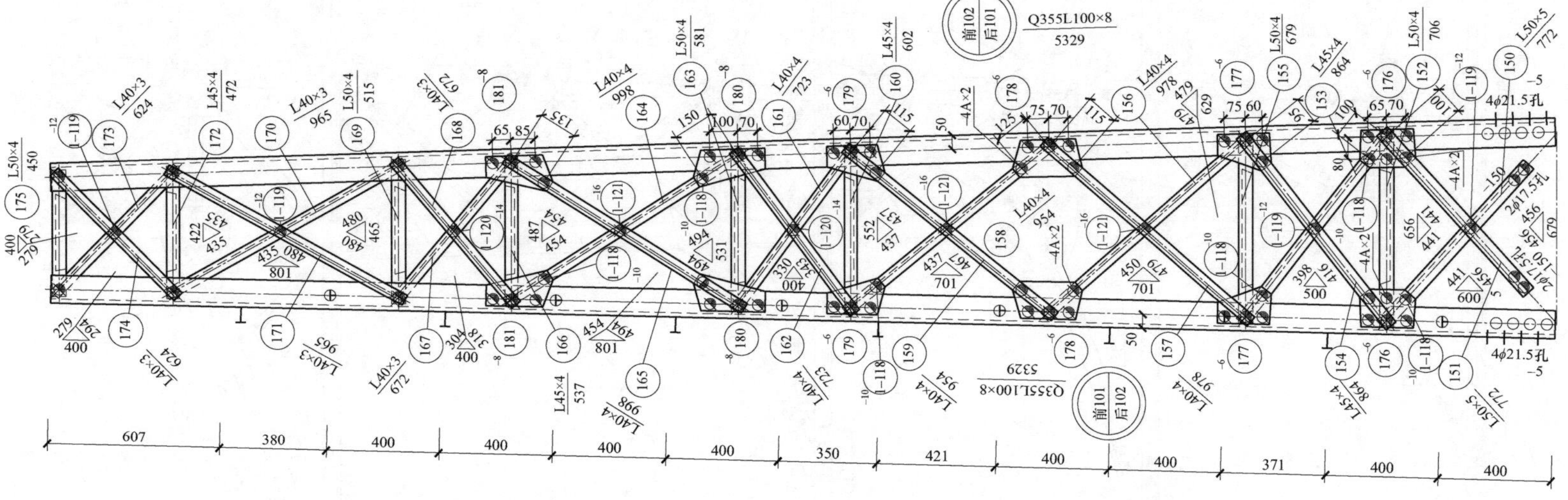

图 14-215　ZJT-SJ3-D 转角塔塔头①结构图（2/3）（一）

构 件 明 细 表

编号	规格	长度（mm）	数量	质量（kg）单件	质量（kg）小计	备注	编号	规格	长度（mm）	数量	质量（kg）单件	质量（kg）小计	备注
⑩1	Q355L100×8	5329	2	65.42	130.8	带脚钉	⑬3	Q355-6×282	331	4	4.40	17.6	
⑩2	Q355L100×8	5329	2	65.42	130.8		⑬4	Q355-6×296	313	4	4.36	17.4	
⑩3	L50×5	652	2	2.46	4.9		⑬5	Q355-6×141	356	2	2.36	4.7	卷边50mm
⑩4	L50×5	652	2	2.46	4.9		⑬6	Q355-6×141	356	2	2.36	4.7	卷边50mm
⑩5	L50×4	536	2	1.64	3.3		⑬7	-6×137	251	4	1.62	6.5	
⑩6	L50×5	634	4	2.39	9.6		⑬8	Q355-6×295	328	4	4.56	18.2	
⑩7	L40×3	442	4	0.82	3.3		⑬9	Q355-6×269	350	4	4.43	17.7	
⑩8	L40×3	409	2	0.76	1.5	切角	⑭0	Q355-6×134	327	2	2.06	4.1	卷边50mm
⑩9	L40×3	409	2	0.76	1.5	切角	⑭1	Q355-6×134	327	2	2.06	4.1	卷边50mm
⑪0	Q355L63×5	1149	2	5.54	11.1		⑭2	Q355-6×319	333	4	5.00	20.0	
⑪1	Q355L63×5	1149	2	5.54	11.1		⑭3	Q355-6×247	336	4	3.91	15.6	
⑪2	Q355L63×5	3500	2	16.88	33.8		⑭4	Q355-6×138	366	2	2.38	4.8	卷边50mm
⑪3	L45×4	843	2	2.31	4.6	切角	⑭5	Q355-6×138	366	2	2.38	4.8	卷边50mm
⑪4	L45×4	843	2	2.31	4.6		⑭6	Q355-6×285	295	4	3.96	15.8	
⑪5	L45×4	834	2	2.28	4.6	切角	⑭7	Q355-6×139	216	4	1.41	5.6	
⑪6	L45×4	834	2	2.28	4.6		⑭8	Q355-6×150	337	2	2.38	4.8	卷边50mm
⑪7	L45×4	432	2	1.18	2.4		⑭9	Q355-6×150	337	2	2.38	4.8	卷边50mm
⑪8	L45×4	493	4	1.35	5.4		⑮0	L50×5	772	2	2.91	5.8	切角
⑪9	Q355L63×5	721	4	3.48	13.9		⑮1	L50×5	772	2	2.91	5.8	
⑫0	Q355L63×5	2500	2	12.06	24.1		⑮2	L50×4	706	2	2.16	4.3	两端切肢
⑫1	L45×4	688	2	1.88	3.8	切角	⑮3	L45×4	864	2	2.36	4.7	切角
⑫2	L45×4	688	2	1.88	3.8		⑮4	L45×4	864	2	2.36	4.7	
⑫3	L45×4	367	2	1.00	2.0		⑮5	L50×4	679	2	2.08	4.2	两端切肢
⑫4	L40×4	442	4	1.07	4.3		⑮6	L40×4	978	2	2.37	4.7	切角
⑫5	Q355L63×5	902	4	4.35	17.4		⑮7	L40×4	978	2	2.37	4.7	
⑫6	Q355L63×5	2900	2	13.98	28.0		⑮8	L40×4	954	2	2.31	4.6	切角
⑫7	L40×4	645	2	1.56	3.1	切角	⑮9	L40×4	954	2	2.31	4.6	
⑫8	L40×4	645	2	1.56	3.1		⑯0	L45×4	602	2	1.65	3.3	两端切肢
⑫9	L45×4	302	2	0.83	1.7		⑯1	L40×4	723	2	1.75	3.5	切角
⑬0	L40×3	399	4	0.74	3.0		⑯2	L40×4	723	2	1.75	3.5	
⑬1	Q355L63×5	771	4	3.72	14.9		⑯3	L50×4	581	2	1.78	3.6	两端切肢
⑬2	Q355L63×5	2500	2	12.06	24.1		⑯4	L40×4	998	2	2.42	4.8	切角

图 14-215　ZJT-SJ3-D 转角塔塔头①结构图（2/3）（二）

编号	规格	长度（mm）	数量	单件	小计	备注	编号	规格	长度（mm）	数量	单件	小计	备注
⑯⑤	L40×4	998	2	2.42	4.8		⑲⑤	Q355-8×170	203	2	2.17	4.3	火曲
⑯⑥	L45×4	537	2	1.47	2.9	两端切肢	⑲⑥	Q355-8×240	254	2	3.83	7.7	火曲
⑯⑦	L40×3	672	2	1.24	2.5	切角	⑲⑦	-6×117	148	2	0.82	1.6	
⑯⑧	L40×3	672	2	1.24	2.5		⑲⑧	L40×3	652	1	1.21	1.2	
⑯⑨	L50×4	515	2	1.58	3.2	两端切肢	⑲⑨	L40×3	678	1	1.26	1.3	中间切肢
⑰⓪	L40×3	965	2	1.79	3.6	切角	1-100	Q355L63×5	631	2	3.04	6.1	
⑰①	L40×3	965	2	1.79	3.6		1-101	L40×4	979	2	2.37	4.7	
⑰②	L45×4	472	2	1.29	2.6	两端切肢	1-102	L40×3	793	1	1.47	1.5	中间切肢
⑰③	L40×3	624	2	1.16	2.3	切角	1-103	L40×3	832	1	1.54	1.5	
⑰④	L40×3	624	2	1.16	2.3		1-104	Q355-8×170	203	2	2.17	4.3	火曲
⑰⑤	L50×4	450	2	1.38	2.8		1-105	Q355-8×223	249	2	3.49	7.0	火曲
⑰⑥	-6×136	197	4	1.26	5.0		1-106	L40×3	741	1	1.37	1.4	
⑰⑦	-6×135	189	4	1.20	4.8		1-107	L40×3	769	1	1.42	1.4	中间切肢
⑰⑧	-6×134	248	4	1.57	6.3		1-108	Q355L63×5	729	2	3.52	7.0	
⑰⑨	-6×132	204	4	1.27	5.1		1-109	L40×4	1071	2	2.59	5.2	
⑱⓪	-8×132	256	4	2.12	8.5		1-110	Q355L63×5	729	2	3.52	7.0	
⑱①	-8×131	234	4	1.93	7.7		1-111	L50×5	761	2	2.87	5.7	
⑱②	Q355L63×5	490	2	2.36	4.7		1-112	L40×3	932	1	1.73	1.7	切角
⑱③	L45×4	926	2	2.53	5.1		1-113	L40×3	965	1	1.79	1.8	
⑱④	L40×3	605	1	1.12	1.1		1-114	Q355-8×170	203	2	2.17	4.3	火曲
⑱⑤	L40×3	651	1	1.21	1.2		1-115	Q355-8×188	212	2	2.50	5.0	火曲
⑱⑥	Q355-8×170	203	2	2.17	4.3	火曲	1-116	Q355-8×188	212	2	2.50	5.0	火曲
⑱⑦	Q355-8×241	250	2	3.78	7.6	火曲	1-117	Q355-8×170	286	2	3.05	6.1	火曲
⑱⑧	-6×114	141	2	0.76	1.5		1-118	-10×50	50	16	0.20	3.2	垫板
⑱⑨	L40×3	567	1	1.05	1.0		1-119	-12×50	50	8	0.24	1.9	垫板
⑲⓪	L40×3	588	1	1.09	1.1	中间切肢	1-120	-14×50	50	4	0.27	1.1	垫板
⑲①	Q355L63×5	566	2	2.73	5.5		1-121	-16×50	50	6	0.31	1.9	垫板
⑲②	L50×4	1107	2	3.39	6.8		1-122	Q355-3×60	60	40	0.08	3.2	焊接
⑲③	L40×3	702	1	1.30	1.3		1-123	-6×125	111	2	0.65	1.3	
⑲④	L40×3	745	1	1.38	1.4			总质量				976.5kg	

图 14－215　ZJT－SJ3－D 转角塔塔头①结构图（2/3）（三）

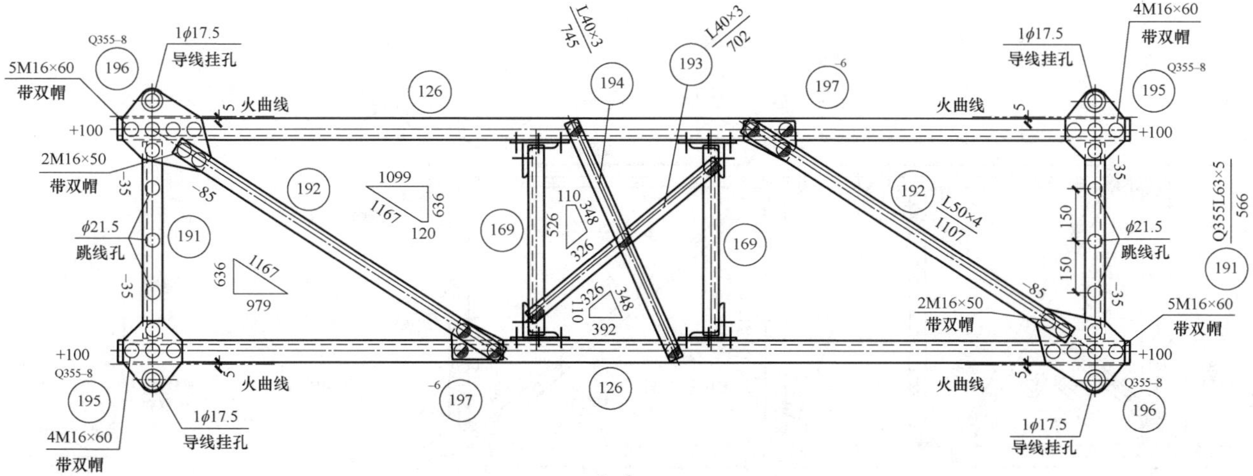

3—3

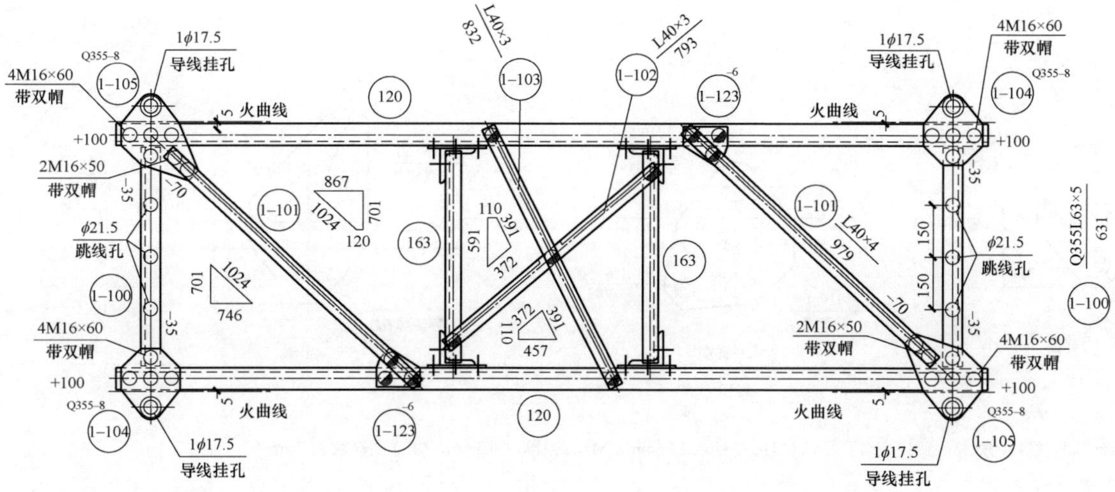

5—5

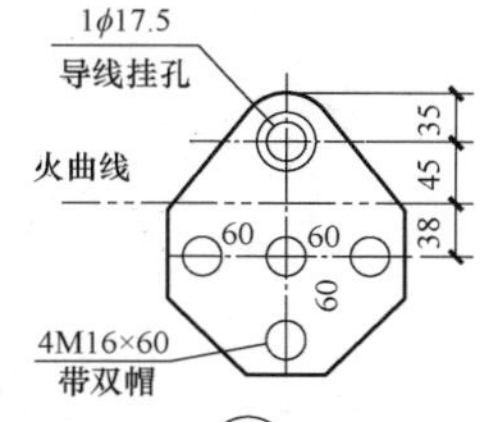

186 详图

1:10

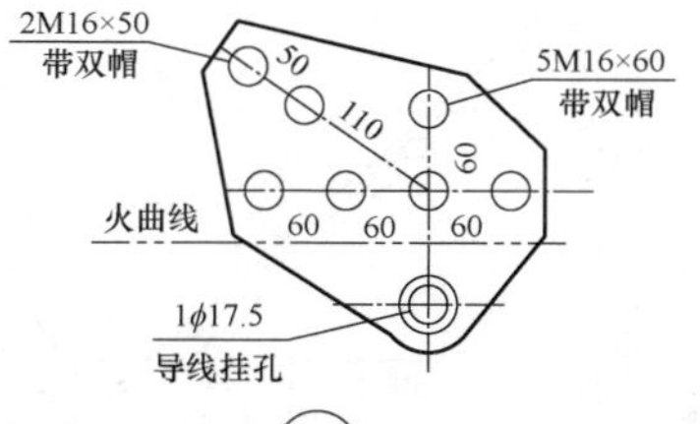

187 详图

1:10

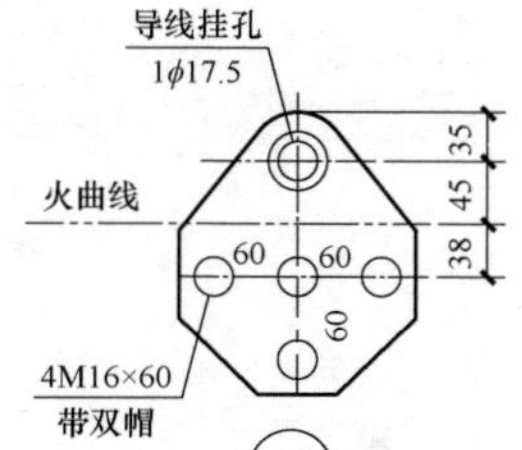

195 详图

1:10

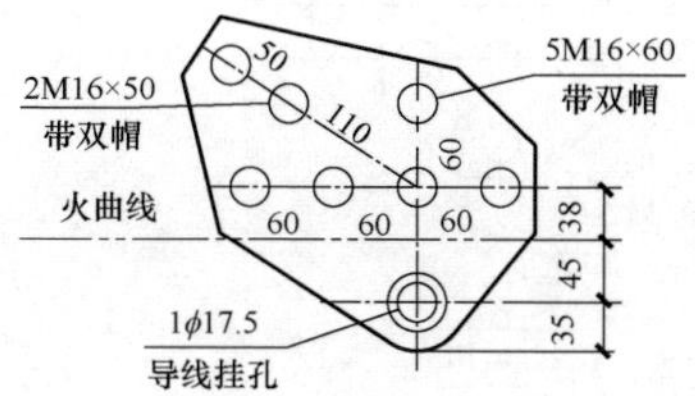

196 详图

1:10

图 14－216　ZJT－SJ3－D 转角塔塔头①结构图（3/3）（一）

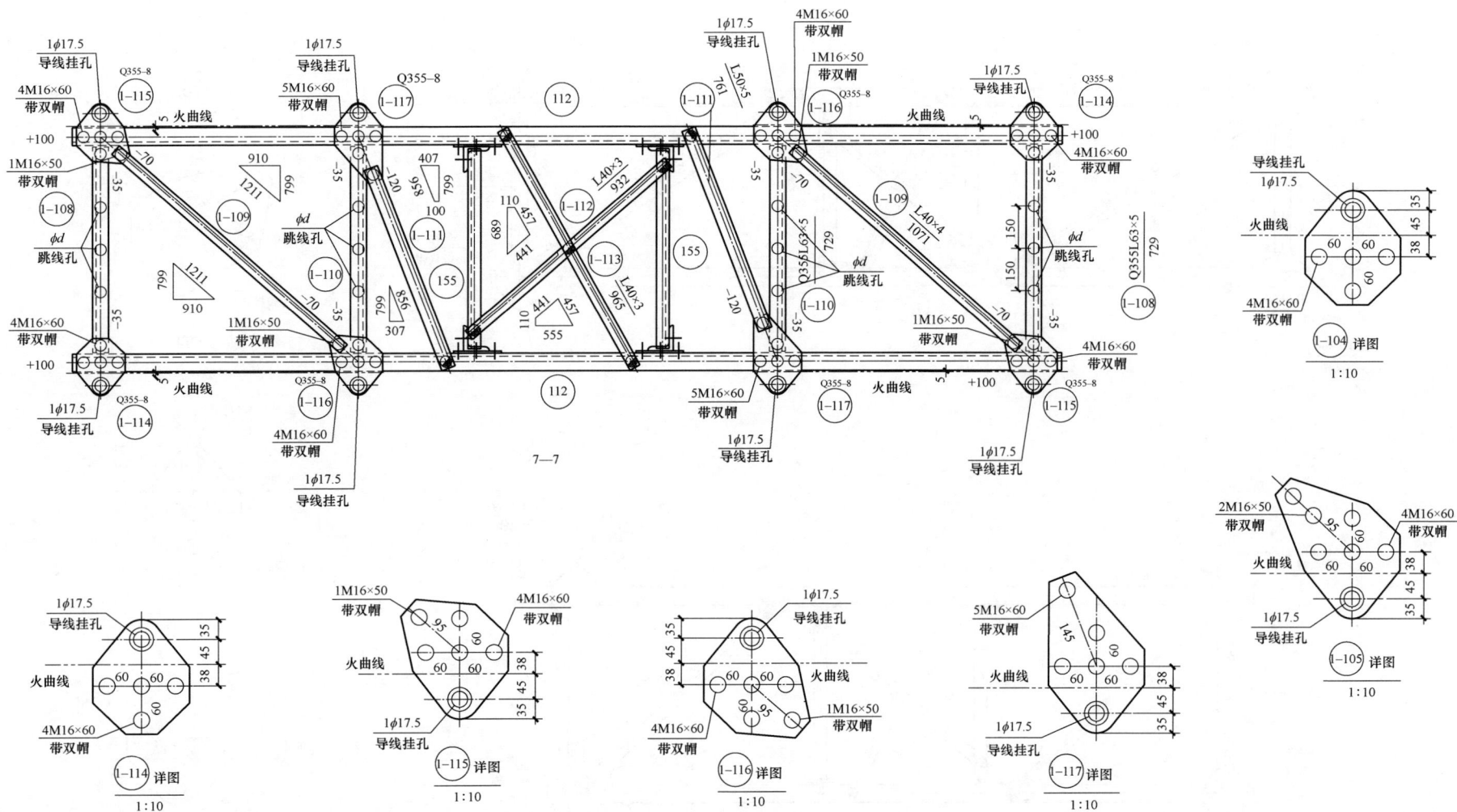

说明：根据选取的绝缘子固定螺栓的规格，确定安装孔径 d（M16 螺栓取 17.5mm，M18 螺栓取 19.5mm，M20 螺栓取 21.5mm）。

图 14-216　ZJT-SJ3-D 转角塔塔头①结构图（3/3）（二）

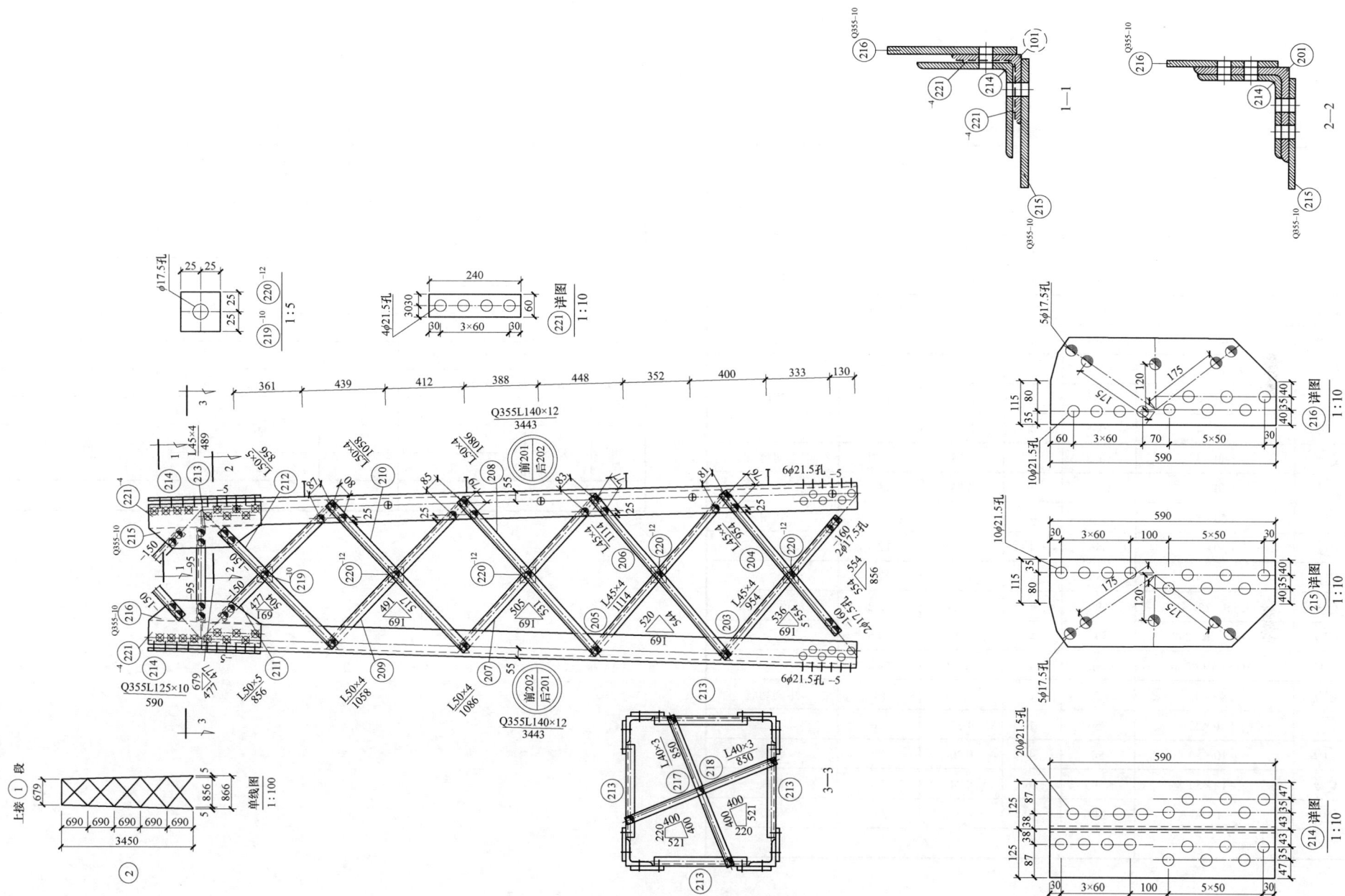

图 14-217　ZJT-SJ3-D 转角塔塔身②结构图（一）

构 件 明 细 表

编号	规格	长度 (mm)	数量	质量（kg）单件	质量（kg）小计	备注
⑳⑴	Q355L140×12	3443	2	87.87	175.7	带脚钉
⑳⑵	Q355L140×12	3443	2	87.87	175.7	
⑳⑶	L45×4	954	4	2.61	10.4	切角
⑳⑷	L45×4	954	4	2.61	10.4	
⑳⑸	L45×4	1114	4	3.05	12.2	切角
⑳⑹	L45×4	1114	4	3.05	12.2	
⑳⑺	L50×4	1086	4	3.32	13.3	切角
⑳⑻	L50×4	1086	4	3.32	13.3	
⑳⑼	L50×4	1058	4	3.24	13.0	切角
⑵⑽	L50×4	1058	4	3.24	13.0	
⑵⑾	L50×5	856	4	3.23	12.9	切角
⑵⑿	L50×5	856	4	3.23	12.9	
⑵⒀	L45×4	489	4	1.34	5.4	
⑵⒁	Q355L125×10	590	4	11.29	45.2	铲背、铲弧
⑵⒂	Q355−10×240	590	4	11.12	44.5	
⑵⒃	Q355−10×240	590	4	11.12	44.5	
⑵⒄	L40×3	850	1	1.57	1.6	中间切肢
⑵⒅	L40×3	850	1	1.57	1.6	
⑵⒆	−10×50	50	4	0.20	0.8	垫板
⑵⒇	−12×50	50	16	0.24	3.8	垫板
⑵㉑	−4×60	240	8	0.45	3.6	垫板
总质量				626.0kg		

螺栓、脚钉、垫圈明细表

名称	级别	规格	符号	数量	质量（kg）	备注
螺栓	6.8 级	M16×40	●	53	7.6	
		M16×50	●	84	13.5	
		M20×65	⊗	80	25.6	
脚钉	6.8 级	M16×180	ΦT	14	5.7	
		M20×200		4	2.9	
垫圈	Q235					规格×个数
总质量				55.3kg		

图 14−217 **ZJT−SJ3−D 转角塔塔身②结构图（二）**

构件明细表

编号	规格	长度 (mm)	数量	质量（kg）单件	质量（kg）小计	备注
301	Q355L160×14	4429	2	50.53	301.1	带脚钉
302	Q355L160×14	4429	2	50.53	301.1	
303	L45×4	1414	4	3.87	15.5	
304	L45×4	1414	4	3.87	15.5	
305	L45×4	1379	4	3.77	15.1	切角
306	L45×4	1379	4	3.77	15.1	
307	L45×4	1344	4	3.68	14.7	切角
308	L45×4	1344	4	3.68	14.7	切角
309	L45×4	1310	4	3.58	14.3	切角
310	L45×4	1310	4	3.58	14.3	
311	L45×4	1277	4	3.49	14.0	切角
312	L45×4	1277	4	3.49	14.0	
313	L45×4	1059	4	2.90	11.6	切角
314	L45×4	1059	4	2.90	11.6	
315	L45×4	636	4	1.74	7.0	
316	Q355L140×12	630	4	16.08	64.3	铲背
317	Q355-12×261	630	4	15.49	62.0	
318	Q355-12×261	630	4	15.49	62.0	
319	L40×3	1082	1	2.00	2.0	中间切肢
320	L40×3	1082	1	2.00	2.0	
321	-12×50	50	4	0.24	1.0	垫板
322	-14×50	50	20	0.27	5.4	垫板
323	-2×95	310	8	0.46	3.7	垫板
总质量					982.0kg	

螺栓、脚钉、垫圈明细表

名称	级别	规格	符号	数量	质量 (kg)	备注
螺栓	6.8级	M16×40	⬤	5	0.7	
		M16×50	⬤	184	29.5	
		M20×65	⊠	96	30.8	
脚钉	6.8级	M16×180	⊕T	18	7.3	
		M20×200		4	2.9	
垫圈	Q235					规格×个数
总质量					71.2kg	

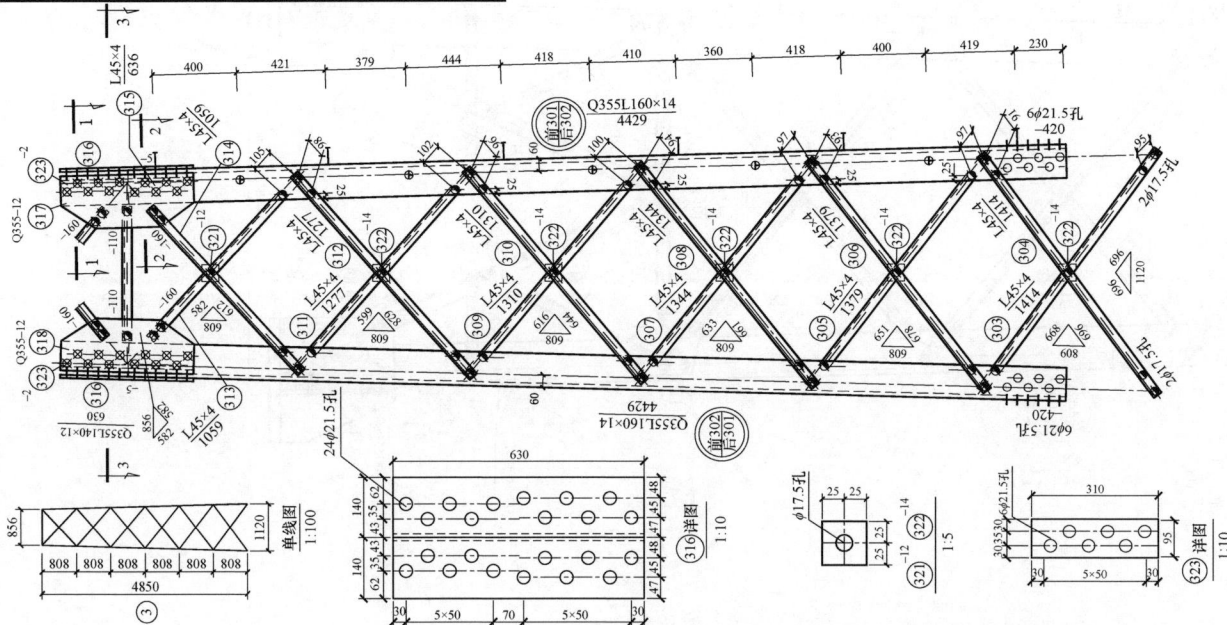

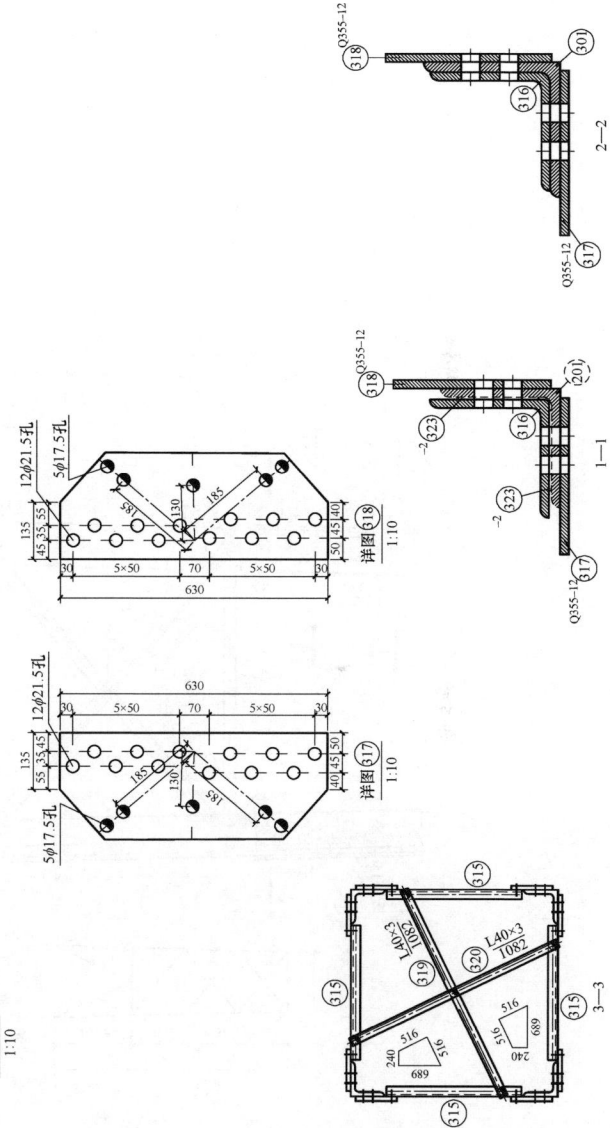

图14-218　ZJT-SJ3-D 转角塔塔身③结构图

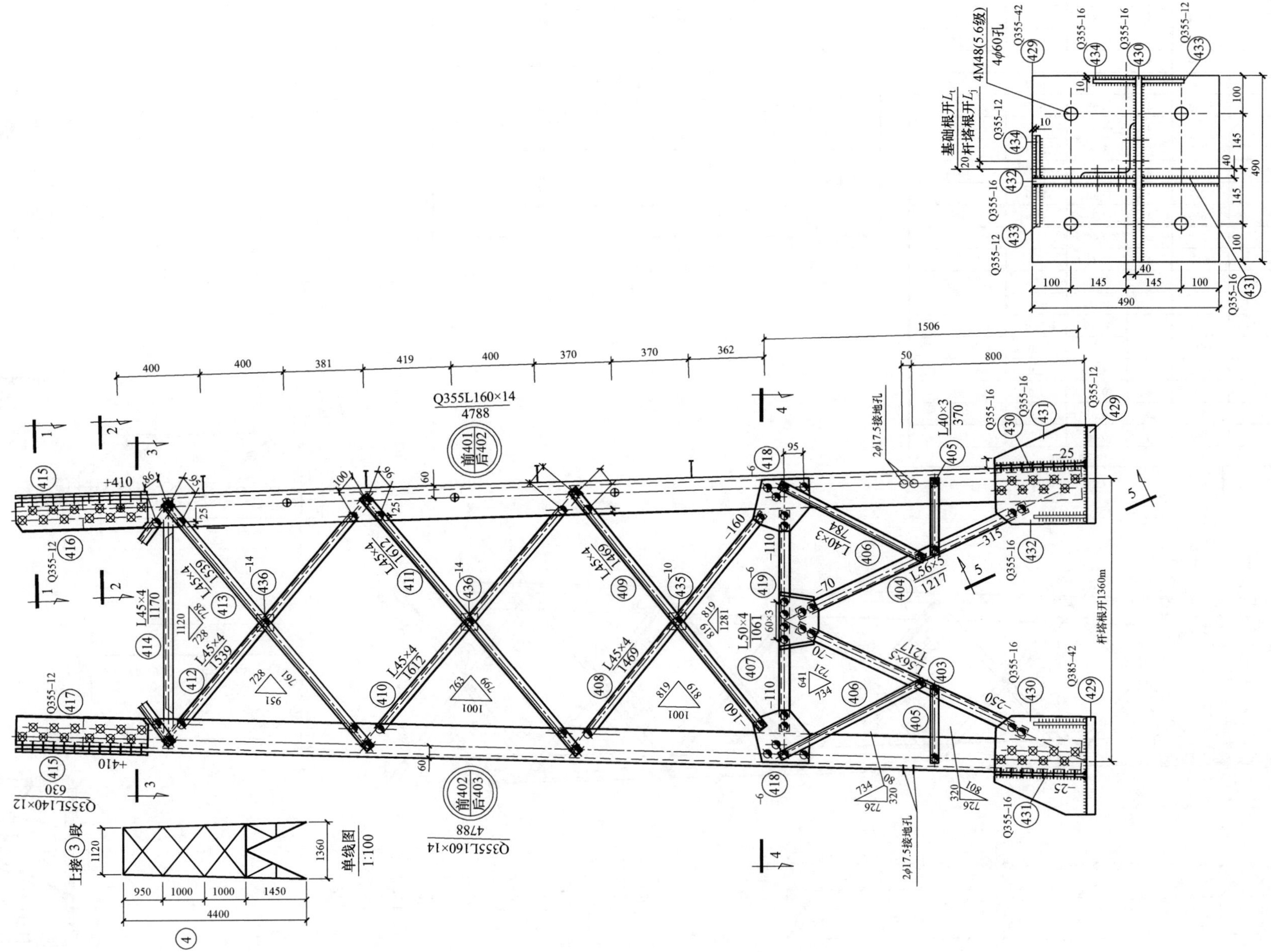

图 14-219 ZJT-SJ3-D 转角塔塔腿④结构图（1/2）（一）

构 件 明 细 表

编号	规格	长度（mm）	数量	质量（kg）		备注
				单件	小计	
401	Q355L160×14	4778	2	162.73	325.5	带脚钉
402	Q355L160×14	4778	2	162.73	325.5	
403	L56×5	1217	4	5.17	20.7	
404	L56×5	1217	4	5.17	20.7	
405	L40×3	370	8	0.69	5.5	
406	L40×3	784	8	1.45	11.6	
407	L50×4	1061	4	3.25	13.0	
408	L45×4	1469	4	4.02	16.1	切角
409	L45×4	1469	4	4.02	16.1	
410	L45×4	1612	4	4.41	17.6	切角
411	L45×4	1612	4	4.41	17.6	
412	L45×4	1539	4	4.21	16.8	切角
413	L45×4	1539	4	4.21	16.8	
414	L45×4	1170	4	3.20	12.8	两端切肢
415	Q355L140×12	630	4	16.08	64.3	铲背
416	Q355–12×135	630	4	8.01	32.0	切角
417	Q355–12×135	630	4	8.01	32.0	切角
418	–6×251	273	8	3.23	25.8	
419	–6×191	230	4	2.07	8.3	卷边 50mm
420	L40×3	920	4	1.70	6.8	
421	L40×4	1400	1	3.39	3.4	中间切肢
422	L40×4	1400	1	3.39	3.4	
423	L40×3	789	4	1.46	5.8	
424	L40×4	1215	1	2.94	2.9	中间切肢
425	L40×4	1215	1	2.94	2.9	
426	L40×4	458	4	1.11	4.4	
427	–6×110	129	4	0.67	2.7	火曲
428	–6×110	129	4	0.67	2.7	火曲
429	Q355–42×490	490	4	79.16	316.6	电焊
430	Q355–16×490	438	4	26.96	107.8	打坡口焊接
431	Q355–16×202	438	4	11.11	44.4	打坡口焊接
432	Q355–16×285	436	4	15.61	62.4	打坡口焊接
433	Q355–12×140	250	8	3.30	26.4	打坡口焊接
434	Q355–12×140	250	8	3.30	26.4	打坡口焊接
435	–10×50	50	4	0.20	0.8	垫板
436	–14×50	50	8	0.27	2.2	垫板
总质量		1620.7kg				

螺栓、脚钉、垫圈明细表

名称	级别	规格	符号	数量	质量（kg）	备注
螺栓	6.8 级	M16×40	◕	122	17.6	
		M16×50	⌀	132	21.1	
		M16×60	⊠	8	1.4	
		M20×65	⊗	160	51.3	
脚钉	6.8 级	M16×180	⊖T	16	6.5	
		M20×200		2	1.5	
垫圈	Q235					规格×个数
总质量			99.4kg			

图 14–219 ZJT–SJ3–D 转角塔塔腿④结构图（1/2）（二）

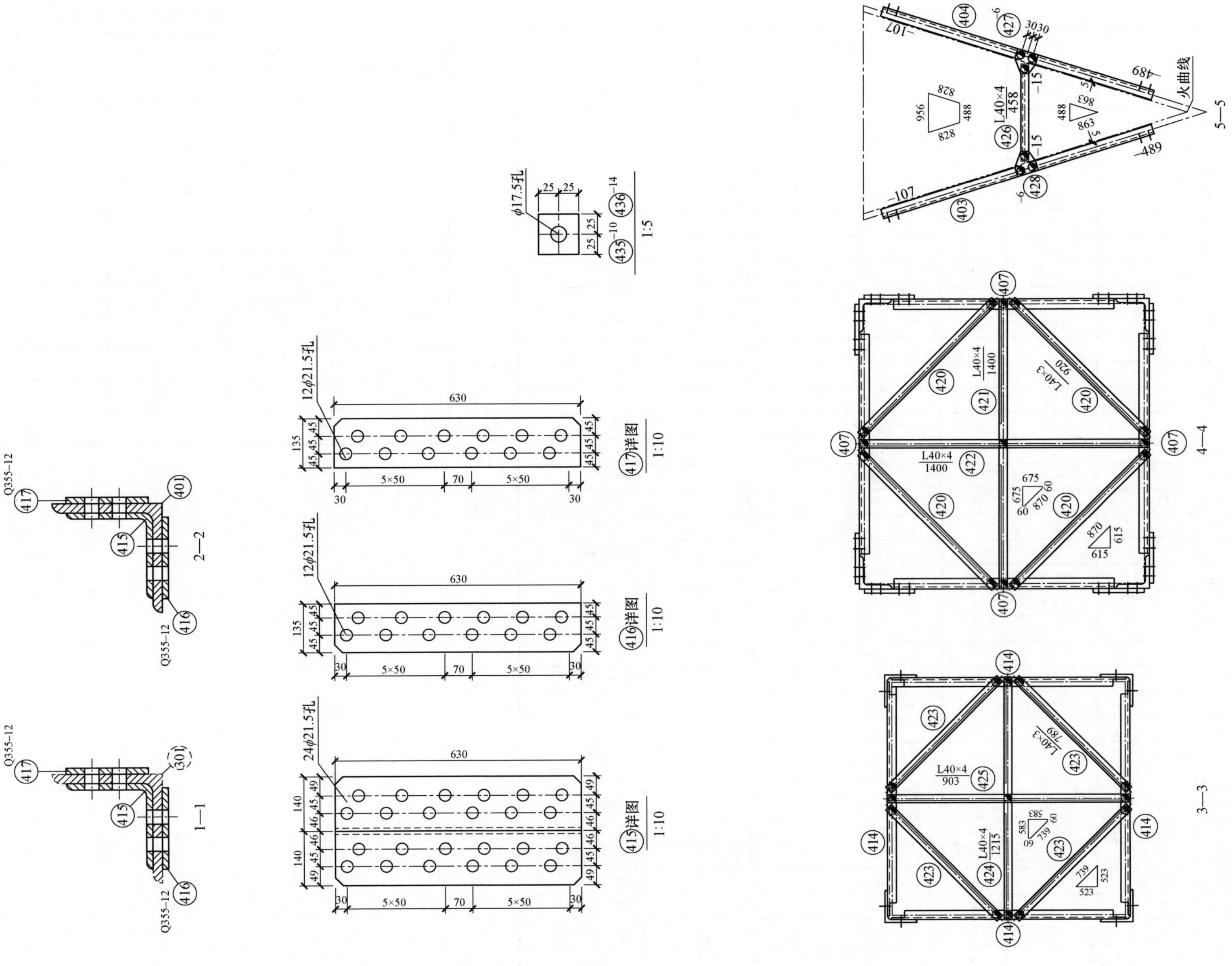

图 14-220　ZJT-SJ3-D 转角塔塔腿④结构图（2/2）

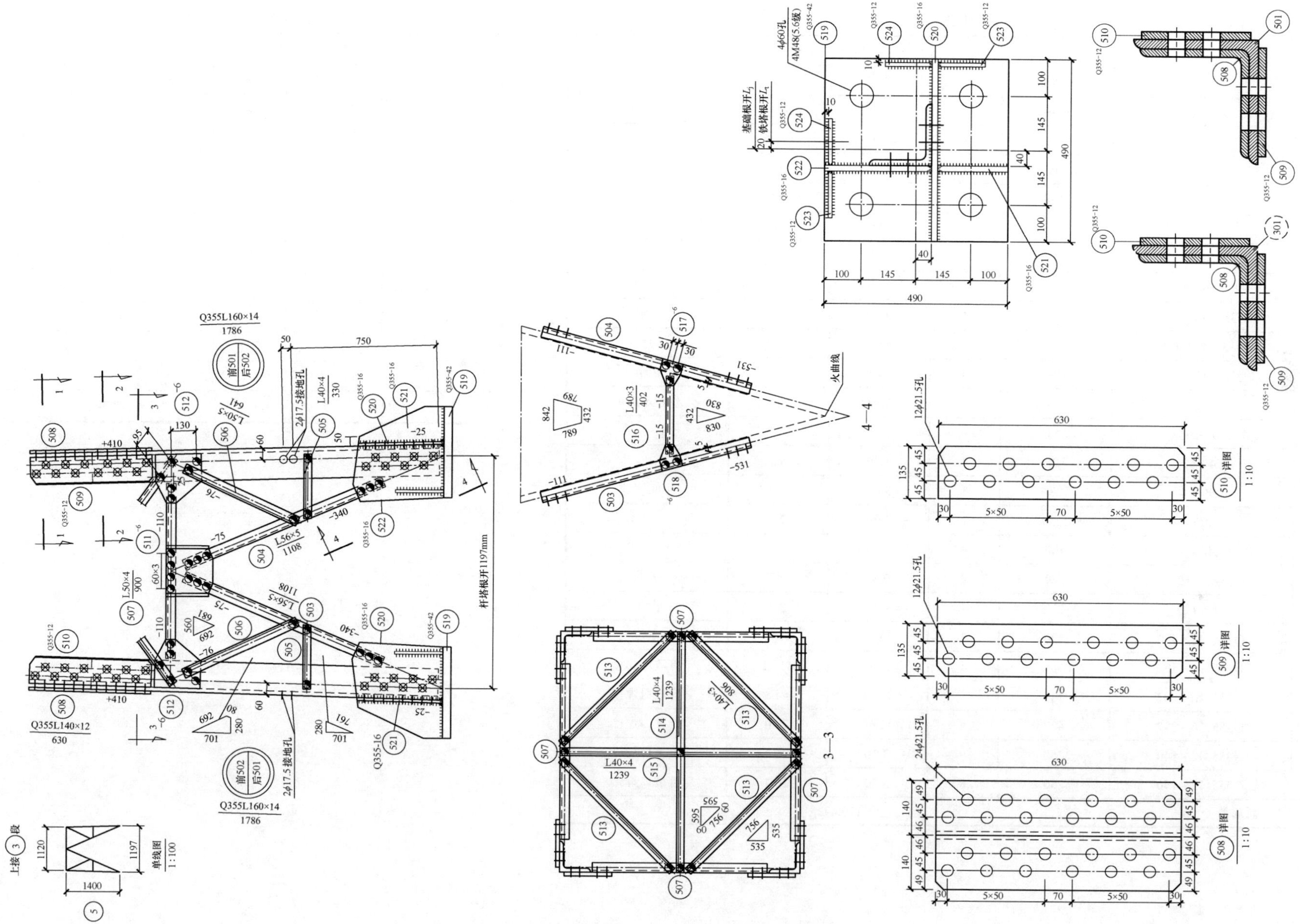

图 14-221 ZJT-SJ3-D 转角塔塔腿⑤结构图（一）

构 件 明 细 表

编号	规格	长度（mm）	数量	质量（kg）单件	质量（kg）小计	备注
⑤⁰¹	Q355L160×14	1786	2	60.70	121.4	带脚钉
⑤⁰²	Q355L160×14	1786	2	60.70	121.4	
⑤⁰³	L56×5	1108	4	4.71	18.8	
⑤⁰⁴	L56×5	1108	4	4.71	18.8	
⑤⁰⁵	L40×4	330	4	0.80	6.4	
⑤⁰⁶	L50×5	641	8	2.42	19.4	
⑤⁰⁷	L50×4	900	4	2.75	11.0	
⑤⁰⁸	Q355L140×12	630	4	16.08	64.3	铲背
⑤⁰⁹	Q355−12×135	630	4	8.01	32.0	切角
⑤¹⁰	Q355−12×135	630	4	8.01	32.0	切角
⑤¹¹	−6×230	243	4	2.63	10.5	卷边50mm
⑤¹²	−6×245	251	8	2.90	23.2	
⑤¹³	L40×3	806	4	1.49	6.0	
⑤¹⁴	L40×4	1239	1	3.00	3.0	中间切肢
⑤¹⁵	L40×4	1239	1	3.00	3.0	
⑤¹⁶	L40×3	402	4	0.74	3.0	
⑤¹⁷	−6×110	129	4	0.67	2.7	火曲
⑤¹⁸	−6×110	129	4	0.67	2.7	火曲
⑤¹⁹	Q355−42×490	490	4	79.16	316.6	电焊
⑤²⁰	Q355−16×497	469	4	29.28	117.1	打坡口焊接
⑤²¹	Q355−16×202	442	4	11.21	44.8	打坡口焊接
⑤²²	Q355−16×297	469	4	17.50	70.0	打坡口焊接
⑤²³	Q355−12×140	250	8	3.30	26.4	打坡口焊接
⑤²⁴	Q355−12×140	250	8	3.30	26.4	打坡口焊接
总质量				1100.9kg		

螺栓、脚钉、垫圈明细表

名称	级别	规格	符号	数量	质量（kg）	备注
螺栓	6.8级	M16×40	●	109	15.7	
		M16×50	◕	64	10.3	
		M20×65	⊗	160	51.3	
脚钉	6.8级		⊕T			
垫圈	Q235					规格×个数
总质量			77.3kg			

图 14−221　ZJT−SJ3−D 转角塔塔腿⑤结构图（二）

除图中注明外，必须遵照下列统一要求进行加工和组装：

（1）杆塔的设计执行《输电线路杆塔制图和构造规定》（DL/T 5442—2020）的有关规定。

（2）结构图中图面内的图例、代号等在说明中未提及之处，均按《输电线路杆塔制图和构造规定》（DL/T 5442—2020）中的要求执行。

（3）杆塔加工时应严格执行《输电线路铁塔制造技术条件》（GB/T 2694—2018）。本塔构件的尺寸以放样为准，构件加工后必须试组装，验收合格后方可批量加工。

（4）钢材质量标准应符合《碳素结构钢》（GB/T 700—2006）及《低合金高强度结构钢》（GB/T 1591—2018）的有关要求；螺栓、螺母、扣紧螺母应符合的标准分别为《六角头螺栓 C 级》（GB/T 5780—2016）、《I 型六角螺母》（GB/T 6170—2015）、《打紧螺母》（GB 805—1988）。所有材料，包括角钢、螺栓、防盗螺栓、扣紧螺母、焊条等均应有出厂合格证书。

（5）杆塔构件所用钢种为 Q235B、Q355B，图中注明 Q355 材料为 Q355B 钢材，未注明均为 9235B 钢材（角钢用 "L"、钢板用 "—" 表示）。所有构件均须热镀锌。

（6）所有螺栓（包括防盗螺栓）的强度等级为热镀锌后的强度值。

（7）杆塔构件连接主要以螺栓连接为主，少数采用焊接（如塔脚板连接等）。构件焊接应按照焊接规程、规范和有关规定进行，焊缝高度不得小于连接构件的最小厚度，当被焊接构件厚 8mm 及以上时，要按规定剖口焊，以便焊透。对 Q355 构件焊接时选用 E50 系列焊条，对 Q235 构件焊接时选用 E43 系列焊条。

（8）加工时如发生材料代用或改变节点形式等情况，须与设计单位联系解决。材料代用时，需注意相关影响，应与图纸对应列表统计，并由加工厂书面通知施工单位，以方便施工安装。

（9）角钢与钢板的螺栓间距、边距除图中特殊注明外应按表 1 采用。

（10）角钢准距除图中特殊注明外，一般按表 2 采用。

（11）螺栓、脚钉、垫圈规格按表 3、表 4 采用。

（12）脚钉一般从离地面 1.5m 处开始向上装设，间距 400mm 左右，加工放样时可适当调整脚钉的位置，脚钉除运行单位有特殊要求外，一般采用防滑带直钩形式。

（13）其他事项：

1）节点板考虑到刚度要求，形状不宜狭长，节点板边缘与构件轴线夹角 α 不小于 15°，如右图所示。

2）构件厚度大于 14mm 时须采用钻孔方法加工，构件接头中外包角钢清根，内包角钢铲背。

3）凡图中所要求的火曲、开合角、切肢、压扁、切角等的尺寸均由加工放样决定。

4）两构件连接面间的间隙大于 3m 时，构件应局部开、合角或制弯。

5）当构件需采用切肢或压扁时，应优先采用切肢。

α 角示意图

（14）杆塔加工时应根据实际工程要求的高度设置防盗螺栓（无特殊说明的 10m 高以下防盗）。

表1 螺栓间距、边距表

螺栓规格	孔径（mm）	螺栓间距（mm）		边距（mm）		
		单排	双排	端距	扎制边距	切角边距
M16	φ17.5	50	80	25	≥21 或 20（L40 角钢时）	≥23
M20	φ21.5	60	100	30	≥26	≥28

注 螺孔顺力线方向重心最大间距为 12d 或 18t（取二者较小者），其中 d 为螺栓直径，t 为较薄板的厚度。

表2 角钢准距表

肢宽（mm）	准距（mm）	第一排准距（mm）	第二排准距（mm）	最大使用孔径（mm）
L40	20			17.5
L45	23			
L50	25（28）			
L56	28（32）			
L63	30（36）			
L70	35（40）			21.5
L75	38（40）			
L80	40			
L90	45			
L100	50			
L110	55	45	75	
L125	60	50	85	
L140	70	55	90	
L160	80	60	105	

注 括号内数字用于螺栓边距不足时，在搭接位置上的螺栓孔可使用的准距。

表3 螺栓规格表

级别	单帽螺栓（带一垫、一扣紧螺母）					防盗螺栓	双帽螺栓（带一垫）				
	规格	符号	通过厚度（mm）	无扣长（mm）	质量（kg）	质量（kg）（带一垫）	规格	符号	通过厚度（mm）	无扣长（mm）	质量（kg）
6.8	M16×40	⌀	7～12	6	0.1442	0.1997	M16×50	⌀	7～12	6	0.1875
	M16×50	⌀	13～22	12	0.1602	0.2127	M16×60	⌀	13～22	12	0.2039
	M16×60	⊠	23～32	22	0.1762	0.2277	M16×70	⌀	23～32	22	0.2203
	M16×70	⌀	33～42	32	0.1922	0.2477	M16×80	⌀	33～42	32	0.2369
6.8	M20×45	○	9～15	8	0.2701	0.3517	M20×60	○	9～15	8	0.3605
	M20×55	⌀	16～25	15	0.2953	0.3737	M20×70	○	16～25	15	0.3864
	M20×65	⊠	26～35	25	0.3205	0.3967	M20×80	○	26～35	25	0.4123
	M20×75	⌀	36～45	35	0.3457	0.4207	M20×90	○	36～45	35	0.4381
	M20×85	⊠	46～55	45	0.3709	0.4407	M20×100	○	46～55	45	0.4640
	M20×95	⊠	56～65	55	0.3961	0.4607	M20×110	○	56～65	55	0.4899
	M20×105	⊠	66～75	65	0.4213	0.4807	M20×120	○	66～75	65	0.5158

表4 脚钉、垫圈规格表

脚钉（带两帽）				垫圈				
规格	符号	无扣长（mm）	质量（kg）	规格	符号	质量（kg）	内径（mm）	外径（mm）
M16×180	⊕ ⊢	120	0.3799	−2（φ13.5）	规格×个数	0.00186	13.5	24
				−3（φ17.5）		0.01065	17.5	30
M20×200	⊕ ⊢	120	0.6749	−3（φ22）	规格×个数	0.01637	22	37
				−4（φ22）		0.02183	22	37
M24×240	⊕ ⊢	120	1.1803	−3（φ26）	规格×个数	0.02331	26	44
				−4（φ26）		0.03108	26	44

图 14−222 ZJT−SJ3−D 转角塔加工说明

第 15 章　10kV 宽 基 塔

15.1　设计说明

15.1.1　概述

宽基塔主要适用的范围为杆塔运输不便的山区、丘陵等地区。本章单回、双回路宽基塔用于海拔 5000m 及以下,适用的 10kV 导线型号为 JL/G1A–240/30 及以下钢芯铝绞线,不考虑同塔架设低压线。

宽基塔按平腿设计,直线塔按 I 型悬垂串布置。直线塔单双回路 I 型塔呼高分为 12、15、18m 和 21m；II 型塔呼高分为 15、18、21m 和 24m,III 型塔呼高分为 18、21、24m 和 27m。耐张塔按转角度数分为 0°～30° 转角塔、30°～60° 转角塔、60°～90° 转角塔,其中 60°～90° 转角塔兼做 0° 终端塔。

15.1.2　杆塔设计条件

1. 气象条件

适用于 10kV 宽基塔的气象区为 XZ–A、XZ–B 两个气象区,气象条件见表 4–2；对于超出表 4–2 范围的气象情况,设计时需对特定气象条件进行相关的计算,并对 10kV 宽基塔各相关内容进行校核,调整后方可使用。

2. 导线截面选取、适用档距及安全系数

(1) 适用于宽基塔的 10kV 钢芯铝绞线截面有 70、120、150mm² 及 240mm²。

(2) 10kV 宽基塔导线型号及安全系数见表 15–1。

表 15–1　　10kV 宽基塔导线型号及安全系数

导线分类	导线型号	安全系数	
		XZ–A 气象区	XZ–B 气象区
钢芯铝绞线	JL/G1A–70/10	2.5	2.5
	JL/G1A–120/20	2.5	2.5
	JL/G1A–150/20	2.5	2.5
	JL/G1A–240/30	2.5	2.5

(3) 宽基塔导线荷载计算时,导线最大拉断力按导线标准中额定拉断力的 95% 折减,以保证导线的实际最大拉断力；杆塔规划时,其中钢芯铝绞线年平均运行张力取最大拉断力的 25%,导线安全系数按导线最大拉断力除最大使用张力计算。

3. 导线参数

适用于宽基塔的 10kV 导线参数见第 4 章。

4. 导线应力弧垂表(曲线)及初伸长补偿

(1) 各气象区宽基塔的 10kV 导线应力弧垂表(曲线)在使用时根据气象条件及安全系数自行计算。

(2) 新架导线施工时,初伸长采用降温法进行补偿。

5. 宽基塔杆塔规划

XZ–A、XZ–B 气象区宽基塔使用条件及 K_v 值见表 15–2 和表 15–3。

表 15–2　　　XZ–A、XZ–B 气象区宽基塔使用条件

回路	宽基塔代号	气象区	导线类型	水平档距(m)	垂直档距(m)	K_v	转角度数	呼高(m)
单回	10D3015–ZA1	XZ–A、XZ–B	钢芯铝绞线	300	450	见表 15–3	0°	12～21
	10D3015–ZA2			400	600		0°	15～24
	10D3015–ZA3			500	750		0°	18～27
	10D3015–J1			350	550	—	0°～30°	9～18
	10D3015–J2			350	550	—	30°～60°	9～18
	10D3015–J3			350*	550*	—	60°～90° 兼 0°～90° 终端	9～18
双回	10D3015–SZA1			300	450	见表 15–3	0°	12～21
	10D3015–SZA2			400	600		0°	15～24
	10D3015–SZA3			500	750		0°	18～27
	10D3015–SJ1			350	550	—	0°～30°	9～18
	10D3015–SJ2			350	550	—	30°～60°	9～18
	10D3015–SJ3			350*	550*	—	60°～90° 兼 0°～90° 终端	9～18

注　*用作终端塔适用时,水平档距为 175m,垂直档距为 275m。

表 15-3

XZ-A、XZ-B 气象区宽基塔 K_v 值

导线型号	10D3015-ZA1 10D3015-SZA1	10D3015-ZA2 10D3015-SZA2	10D3015-ZA3 10D3015-SZA3
JL/G1A-70/10	0.95	0.9	0.9
JL/G1A-120/20	0.8	0.8	0.8
JL/G1A-150/20	0.8	0.8	0.8
JL/G1A-240/30	0.65	0.65	0.65

6. 宽基塔代号

宽基塔代号示意图见图 15-1。

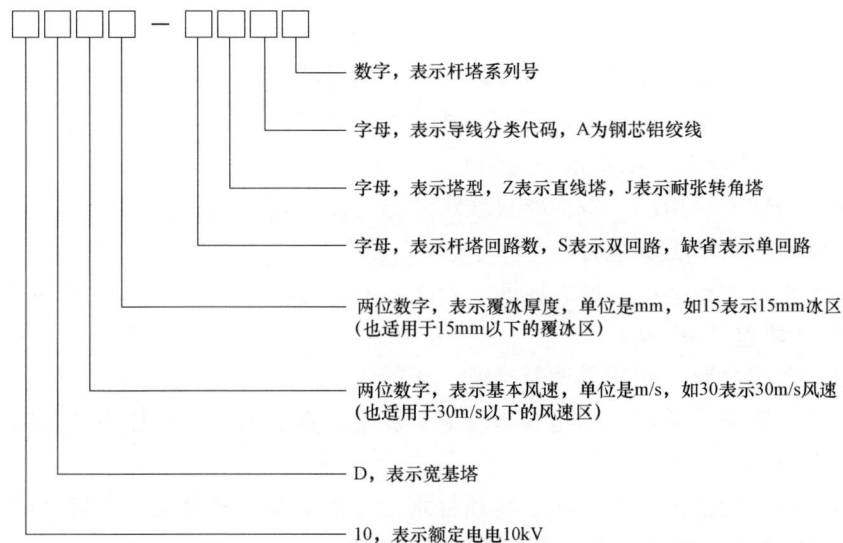

图 15-1 宽基塔代号示意图

例如：10 D3015-SZA2 表示基本风速为 30m/s，覆冰厚度为 15mm，导线采用钢芯铝绞线的 10kV 双回Ⅱ型直线宽基塔。

15.1.3 金具及绝缘子选用

（1）10kV 金具选用要求见第 16 章。

（2）10kV 绝缘子选用要求见第 16 章。

（3）10kV 直线宽基塔钢芯铝绞线导线选用的悬垂绝缘子串型，用于满足垂直档距大（荷载大）且高差角大情况需求的双联悬垂绝缘子串仅用于 ZA2、

ZA3、SZA2、SZA3 型宽基塔，严禁用于 ZA1、SZA1 型宽基塔。

（4）10kV 耐张宽基塔可选用单联或双联耐张绝缘子串，钢芯铝绞线导线串型见第 16 章。

（5）10kV 耐张宽基塔导线选用的跳线绝缘子型号见第 16 章。

（6）防振金具选用。根据《66kV 及以下架空电力线路设计规范》（GB 50061—2010）相关规定，钢芯铝绞线平均运行张力上限取瞬时破坏张力的 25%，各型号钢芯铝绞线架设中需安装防振锤。钢芯铝绞线防振锤安装距离推荐采用《电力工程高压送电线路设计手册（第二版）》电线力学计算中公式计算。按标准物料，不同规格钢芯铝绞线适用防振锤规格型号及安装个数见表 15-4。

表 15-4 **不同规格钢芯铝绞线适用防振锤型号及安装个数**

防振锤规格型号	适用导线截面 （mm²）	档距及安装个数	
		1	2
FDNJ-3/4、FRY-3/4	185~240	$L \leq 350m$	$350m < L < 700m$
FDNJ-3、FRY-2	150	$L \leq 350m$	$350m < L < 700m$
FRY-2	95~120	$L \leq 350m$	$350m < L < 700m$
FRY-1	70	$L \leq 300m$	$300m < L < 600m$

（7）本次塔头电气间隙对相间距离、带电部分对杆塔等接地部分的安全距离进行了计算，10kV 导线线间距离计算主要依据《66kV 及以下架空电力线路设计规范》（GB 50061—2010）中的规定。

（8）按照最大风速、外过电压、带电作业工况进行摇摆角的计算，在各直线塔单线图及技术参数表中绘制了间隙圆放大图，标示了各工况下绝缘子串摇摆角角度。带电作业工况最小间隙参照《配电线路带电作业技术导则》（GB/T 18857—2019）中的规定，在海拔 5000m 时，最小安全距离为 0.66m，并考虑人体活动范围 0.55m。

（9）当架空电力线路发生重要交叉跨越时，直线塔悬垂串应选用双联金具串。

15.1.4 设计原则

1. 规划原则

（1）宽基塔用于海拔 5000m 及以下，直线塔按Ⅰ型、Ⅱ型、Ⅲ型塔型系

列规划、转角塔按 0°～30°、30°～60°、60°～90°（兼 0°～90° 终端）塔型规划考虑。

（2）单回路铁塔按三角排列布置，双回路铁塔按垂直排列布置。

（3）铁塔设计分别按单、双回路设计。

（4）不考虑设置架空地线，考虑上塔带电检修。

（5）所有双回路塔均考虑分期架设工况。

（6）安装工况：考虑导线的初伸长、过牵引和冲击系数；考虑附加荷重；紧线牵引绳对地夹角按 20° 考虑；临时拉线对地夹角不大于 45°，其方向与导线方向一致，临时拉线按平衡导线张力的 30% 考虑。

（7）在荷载的长期效应组合作用下，塔的计算挠曲度均不超过下列数值：直线型自立式铁塔为 3h/1000，转角及终端型自立式铁塔为 7h/1000。h 为自地面起至计算点处高度。

（8）塔身与基础连接处采用地脚螺栓塔脚板式，地脚螺栓匹配的性能等级为 5.6 级。

（9）螺栓防盗与防松：全塔 10m 以下所有螺栓与所有脚钉均采取防盗措施；全塔所有螺栓防松（若防盗螺栓具有防松功能，则防盗螺栓不再另外进行防松措施）。

（10）脚钉应安装在从离地面 1.5m 高起设置。

（11）接地孔：高度距塔脚板高度 500～1000mm，四腿同时设置，设置位置以 D 腿右侧面为基准，旋转布置。

2. 荷载计算

（1）10kV 宽基塔通用设计所有杆塔重要性系数均按 1.0 取值。

（2）设计风速离地高度取 10m，设计时均按 B 类地面粗糙度选取，实际工程使用时，如超出限定范围，必须根据相关资料对宽基塔的电气及结构进行严格的校验，调整后方可使用。

（3）荷载计算时，水平荷载考虑风压高度变化系数，线条安装张力考虑初伸长、过牵引及施工误差的影响。

（4）杆塔构件覆冰后，覆冰风荷载增大系数，10mm 取 1.2，15mm 取 1.6，自重荷载增大系数，15mm 取 1.1。

（5）安装工况动力系数：直线塔取 1.1，转角塔取 1.2，过牵引系数取 1.15。

（6）前后点荷载分配系数：直线塔、转角塔水平荷载前后侧按 3:7 分配，垂直荷载前后侧按 3:7 分配，终端塔按 1:9 分配。

（7）杆塔根开小于塔总高的 1/7 时，按建筑荷载规范计算风荷载；塔身风荷载调整系数按建筑荷载规范计算。

（8）对基础，常规杆塔当塔全高小于 60m 时，风荷载调整系数 β_2 取 1.0。

（9）直线塔的断线张力取最大使用张力的 50%，转角塔的断线张力取最大使用张力的 100%。

（10）直线塔工况组合。

1）正常运行情况：最大风速、无冰、未断线（最大垂直荷载、最小垂直荷载分别与最大水平荷载组合），包括 0° 风、45° 风、60° 风、90° 风。

2）覆冰情况：相应风速及气温、未断线。

3）不均匀覆冰情况：所有直线杆塔均考虑不均匀覆冰工况，使铁塔承受最大弯矩和最大扭矩（高风速区铁塔不考虑）。

4）断线情况：无冰、无风（断任意一相导线）。

5）安装情况：双倍起吊任何一相导线，相应风速，无冰（安装次序为从上而下逐相依次架设以及水平安装）。

6）分期架设情况：双回路直线塔考虑分期架设工况。

（11）转角塔工况组合。

1）正常运行情况：最大风速、无冰、未断线，包括 45° 风、60° 风、90° 风（终端塔包括 0° 风）。

2）覆冰情况：相应风速及气温、未断线。

3）验算覆冰情况：冰区铁塔考虑验算覆冰荷载情况（按比设计覆冰厚度增加 10mm 进行荷载验算）。

4）不均匀覆冰情况：所有转角杆塔均考虑不均匀覆冰工况，使杆塔承受最大弯矩和最大扭矩（高风速区铁塔不考虑）。

5）最低气温：无冰、无风、未断线。

6）断线情况：无冰，无风，在同一档内断任意两相导线；终端塔考虑在同一档内剩两相导线。

7）安装情况：导线考虑锚线及紧线条件（安装次序为从上而下逐相依次架设以及水平安装）；终端塔同时考虑一侧导线已架与未架设两种情况。

8）分期架设情况：所有双回路转角塔考虑分期架设工况。

3. 结构设计优化

塔身的坡度和布材对杆塔质量的影响至关重要，它直接影响主材、斜材的规格以及基础的经济指标。合理的塔身坡度应使塔材应力分布的变化与材料规格的变化相协调，使塔材受力均匀。

在保证杆塔有足够的强度和刚度的条件下，10kV 宽基塔通用设计遵循以下两个原则：① 优化坡度以寻求指标最优；② 杆塔结构杆件布置及构造尽量简单。力求做到构造简单、受力合理、指标优化。

15.1.5 施工注意事项

（1）杆塔组立及架线施工必须严格按照《电气装置安装工程 66kV 及以下架空电力线路施工及验收规范》（GB 50173—2014）以及本通用设计图中的说明执行。

（2）施工过程中严禁野蛮施工。杆塔组装过程中，如遇到组装困难情况，应按设计图纸核对部件尺寸，查明原因，不得强行组装或任意扩孔。

（3）耐张塔可做操作塔和锚塔使用，但必须在线条的反方向设置临时拉线，临时拉线应与所需平衡的电线张力方向一致。临时拉线上端应挂在支架及横担挂线的节点上，对地夹角不得大于 45°。临时拉线至少应能平衡导线安装水平张力的 30%。

15.1.6 单线图及技术参数表

宽基塔单线图及技术参数表见表 15-5。

表 15-5　　　　　　宽基塔单线图及技术参数表清单

图序	图名	备注
图 15-2	10D3015-ZA1 单线图及技术参数表	
图 15-3	10D3015-ZA2 单线图及技术参数表	
图 15-4	10D3015-ZA3 单线图及技术参数表	
图 15-5	10D3015-J1 单线图及技术参数表	
图 15-6	10D3015-J2 单线图及技术参数表	
图 15-7	10D3015-J3 单线图及技术参数表	
图 15-8	10D3015-SZA1 单线图及技术参数表	
图 15-9	10D3015-SZA2 单线图及技术参数表	
图 15-10	10D3015-SZA3 单线图及技术参数表	
图 15-11	10D3015-SJ1 单线图及技术参数表	
图 15-12	10D3015-SJ2 单线图及技术参数表	
图 15-13	10D3015-SJ3 单线图及技术参数表	
图 15-14	宽基塔基础型式示意图	

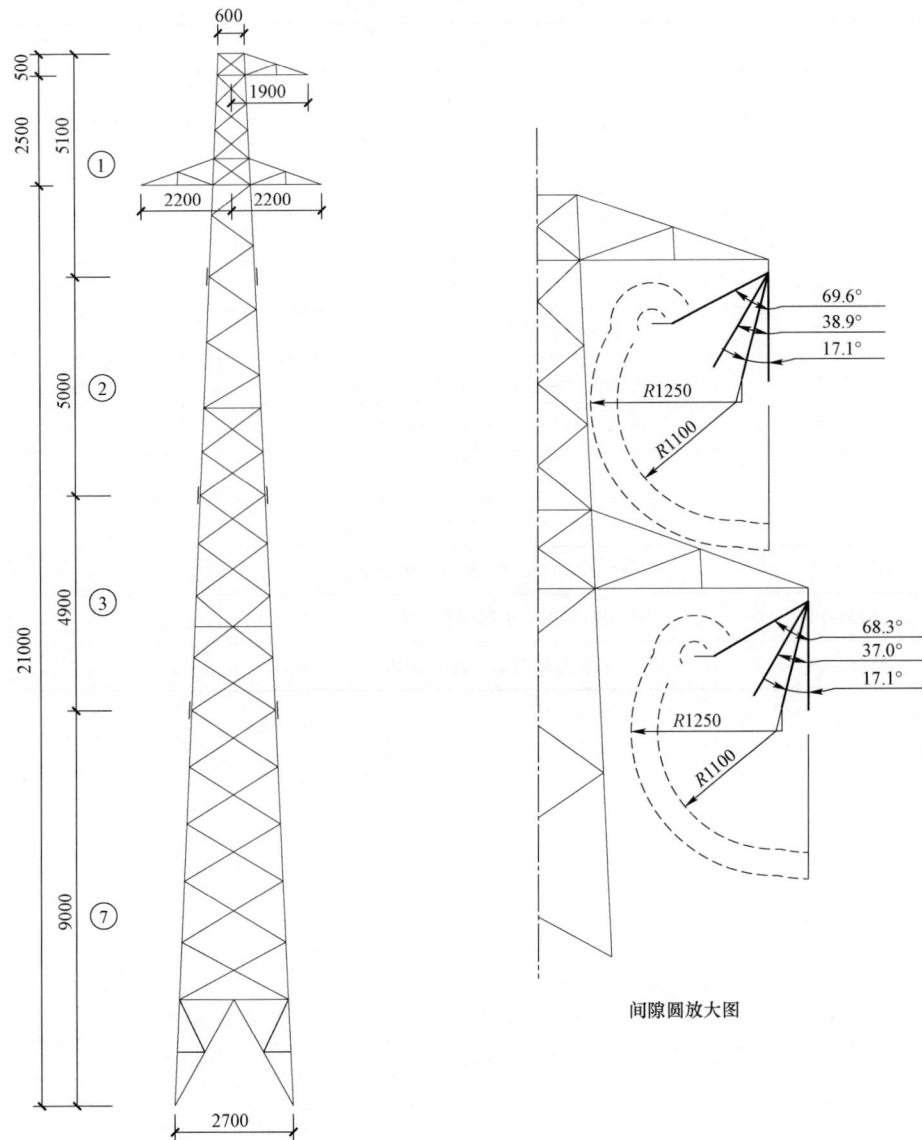

宽基塔 10D3015-ZA1 使用条件表

| 塔型
(角钢塔) | 呼高
(m) | 基础根开
(mm) | XZ-A、XZ-B 气象区
(30m/s, 10cm) | | 转角度数
(°) | 设计档距
(m) | |
			地脚螺栓 (5.6 级)	塔重 (kg)		水平	垂直
10D3015-ZA1	12.0	1959	4M24	1572.4	0	300	450
	15.0	2223	4M24	1862.5			
	18.0	2486	4M24	2105.5			
	21.0	2744	4M24	2309.2			
导线类型		JL/G1A-240/30		安全系数		2.8	

宽基塔 10D3015-ZA1 基础作用力

| 呼高 | | 下压 | | | 上拔 | | |
		N (kN)	F_x (kN)	F_y (kN)	T (kN)	F_x (kN)	F_y (kN)
12m	标准值	-67.57	5.70	6.32	55.60	5.00	5.37
	设计值	-91.22	7.69	8.53	75.06	6.74	7.24
15m	标准值	-77.77	6.07	5.82	64.63	5.53	5.06
	设计值	-104.98	8.20	7.85	87.25	7.46	6.82
18m	标准值	-87.35	6.49	5.55	73.06	5.93	4.77
	设计值	-117.92	8.76	7.49	98.62	8.00	6.43
21m	标准值	-96.80	6.94	6.05	81.60	6.29	5.30
	设计值	-130.68	9.36	8.16	110. 16	8.49	7.15

间隙圆放大图

图 15-2 10D3015-ZA1 单线图及技术参数表

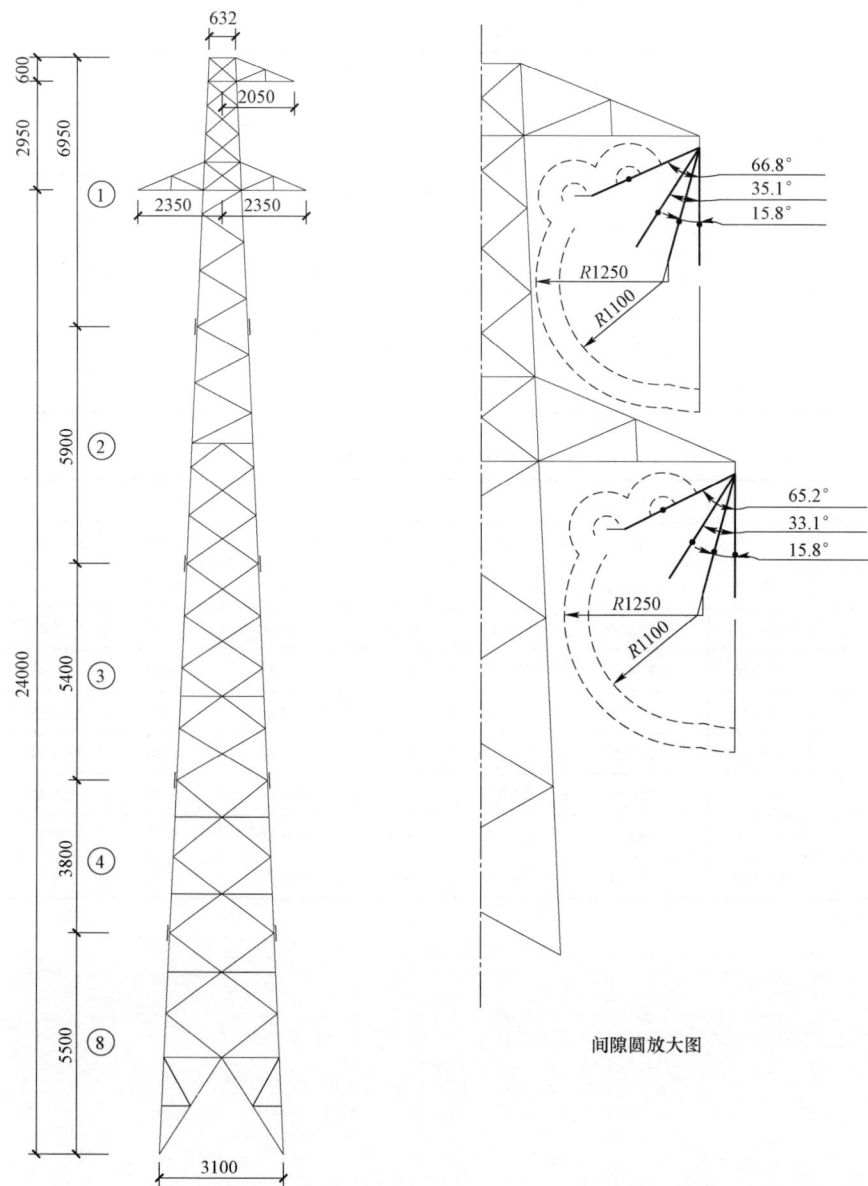

图 15－3　10D3015－ZA2 单线图及技术参数表

宽基塔 10D3015－ZA2 使用条件表

塔型（角钢塔）	呼高（m）	基础根开（mm）	XZ－A、XZ－B 气象区 (30m/s，10cm) 地脚螺栓（5.6级）	塔重（kg）	转角度数（°）	设计档距（m） 水平	垂直
10D3015－ZA1	15.0	2333	4M24	1952.9	0	400	600
	18.0	2603	4M24	2269.7			
	21.0	2874	4M24	2600.7			
	24.0	3144	4M24	2871.1			
导线类型	JL/G1A－240/30		安全系数	2.8			

宽基塔 10D3015－ZA2 基础作用力

呼高		下压 N（kN）	下压 F_x（kN）	下压 F_y（kN）	上拔 T（kN）	上拔 F_x（kN）	上拔 F_y（kN）
15m	标准值	−92.81	7.56	5.99	77.97	6.91	5.05
	设计值	−125.29	10.21	8.08	105.26	9.33	6.82
18m	标准值	−103.52	8.10	6.47	87.41	7.38	5.59
	设计值	−139.75	10.94	8.73	118.01	9.96	7.55
21m	标准值	−113.28	8.43	7.00	96.34	7.70	6.13
	设计值	−152.93	11.38	9.45	130.06	10.4	8.28
24m	标准值	−123.55	8.93	7.67	105.03	8.19	6.81
	设计值	−166.79	12.06	10.36	141.79	11.06	9.19

间隙圆放大图

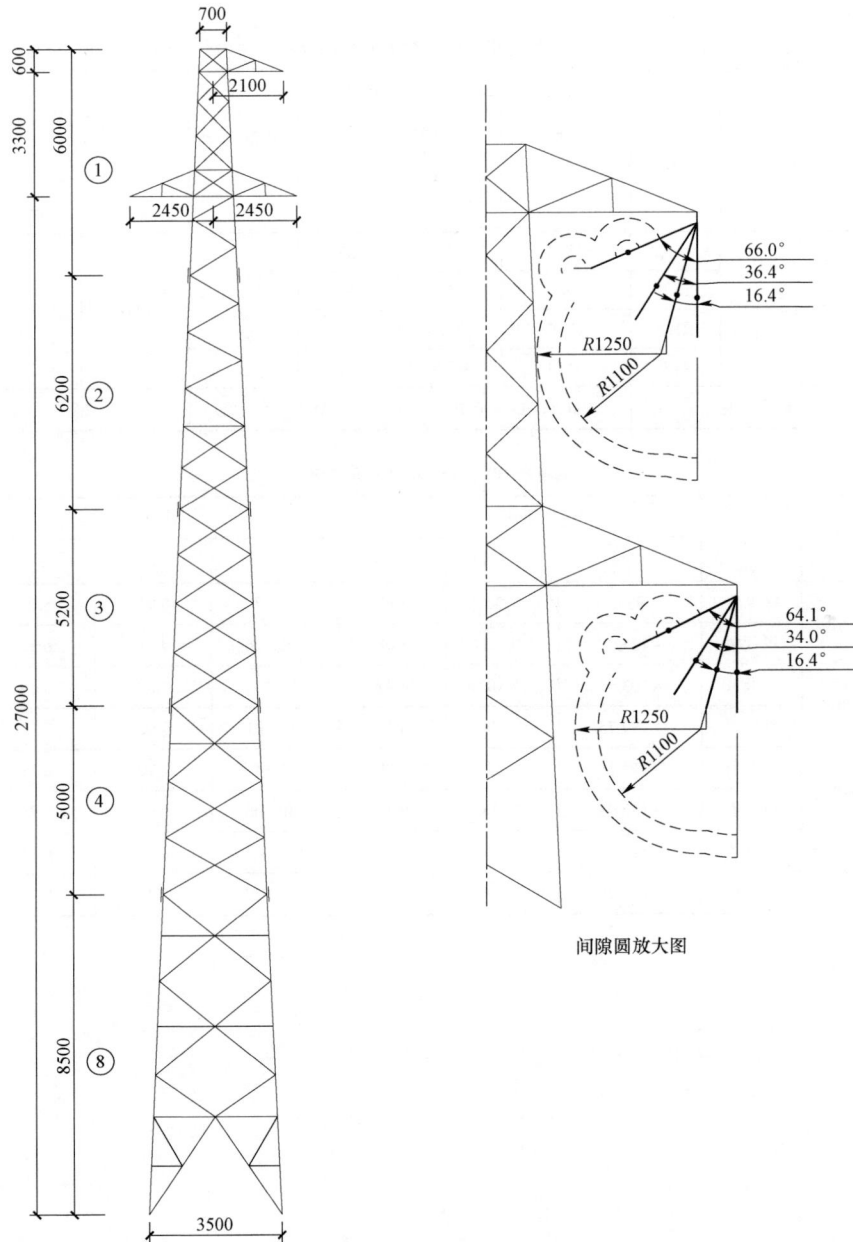

间隙圆放大图

宽基塔 10D3015−ZA3 使用条件表

塔型（角钢塔）	呼高（m）	基础根开（mm）	XZ−A、XZ−B 气象区（30m/s, 10cm）		转角度数（°）	设计档距（m）	
			地脚螺栓（5.6 级）	塔重（kg）		水平	垂直
10D3015−ZA1	18.0	2733	4M24	2026.8	0	500	750
	21.0	3002	4M24	2504.9			
	24.0	3276	4M24	2836.4			
	27.0	3550	4M24	3604.5			
导线类型	JL/G1A−240/30		安全系数		2.8		

宽基塔 10D3015−ZA3 基础作用力

呼高		下压			上拔		
		N（kN）	F_x（kN）	F_y（kN）	T（kN）	F_x（kN）	F_y（kN）
18m	标准值	−167.41	10.21	8.57	122.22	8.39	6.42
	设计值	−226.00	13.78	11.57	165.00	11.32	8.67
21m	标准值	−174.81	10.30	8.53	128.89	8.49	6.44
	设计值	−236.00	13.91	11.51	174.00	11.46	8.69
24m	标准值	−182.22	10.76	9.24	134.07	8.70	6.91
	设计值	−246.00	14.52	12.47	181.00	11.75	9.33
27m	标准值	−188.15	10.87	9.10	139.26	8.87	6.85
	设计值	−254.00	14.68	12.28	188.00	11.97	9.25

图 15−4 10D3015−ZA3 单线图及技术参数表

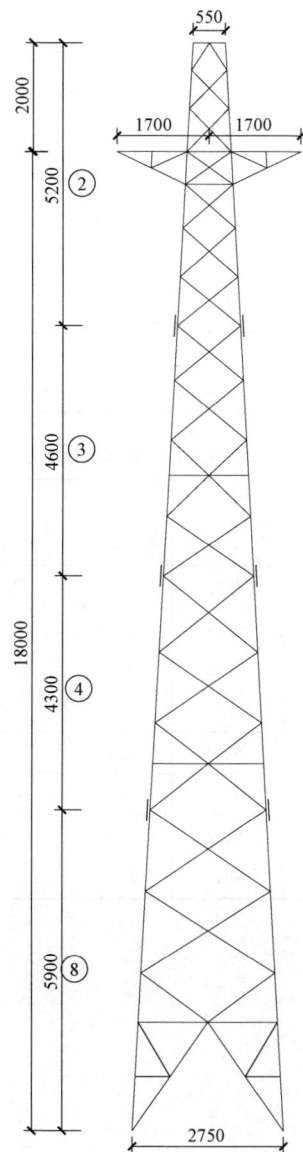

图 15－5　10D3015－J1 单线图及技术参数表

宽基塔 10D3015－J1 使用条件表

塔型 （角钢塔）	呼高 （m）	基础根开 （mm）	XZ－A、XZ－B 气象区 （30m/s，10cm）		转角度数 （°）	设计档距 （m）	
			地脚螺栓 （5.6 级）	塔重 （kg）		水平	垂直
10D3015－J1	9.0	1811	4M30	1496.7	0～30	350	550
	12.0	2141	4M30	1853.0			
	15.0	2476	4M30	2179.9			
	18.0	2800	4M30	2642.9			
导线类型		JL/G1A－240/30		安全系数		2.8	

宽基塔 10D3015－J1 基础作用力

呼高		下压			上拔		
		N（kN）	F_x（kN）	F_y（kN）	T（kN）	F_x（kN）	F_y（kN）
9m	标准值	−175.67	16.27	16.12	166.15	14.52	16.05
	设计值	−237.16	21.96	21.67	224.30	19.60	21.67
12m	标准值	−193.92	15.70	15.87	182.62	14.12	15.70
	设计值	−261.79	21.20	21.43	246.54	19.06	21.20
15m	标准值	−207.43	15.59	15.68	194.36	14.59	15.40
	设计值	−280.03	21.04	21.17	262.39	19.69	20.97
18m	标准值	−218.14	16.22	15.69	202.84	15.11	15.18
	设计值	−294.79	21.90	−21.18	273.84	20.40	20.49

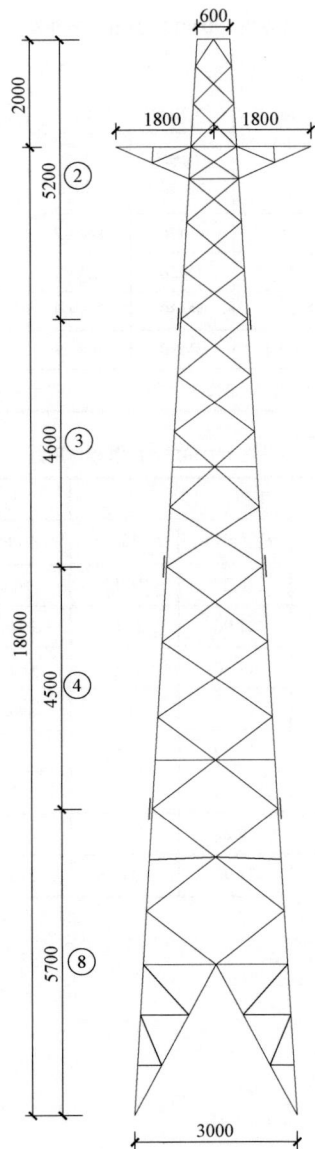

宽基塔 10D3015－J2 使用条件表

塔型 （角钢塔）	呼高 （m）	基础根开 （mm）	XZ－A、XZ－B 气象区 （30m/s，10cm）		转角度数 （°）	设计档距 （m）	
			地脚螺栓 （5.6 级）	塔重 （kg）		水平	垂直
10D3015－J2	9.0	1971	4M36	1931.7	30～60	350	550
	12.0	2324	4M36	2462.0			
	15.0	2687	4M36	2878.5			
	18.0	3050	4M36	3356.0			
导线类型		JL/G1A－240/30		安全系数		2.8	

宽基塔 10D3015－J2 基础作用力

呼高		下压			上拔		
		N（kN）	F_x（kN）	F_y（kN）	T（kN）	F_x（kN）	F_y（kN）
9m	标准值	－301.41	29.29	19.41	281.79	27.17	18.79
	设计值	－406.90	39.54	26.20	380.42	36.68	25.37
12m	标准值	－332.86	29.53	20.81	310.59	27.42	19.96
	设计值	－449.36	39.85	28.09	419.29	37.01	26.95
15m	标准值	－356.74	29.83	21.89	331.71	27.68	20.82
	设计值	－481.59	40.27	29.55	447.81	37.37	28.11
18m	标准值	－375.19	29.94	23.24	348.21	27.79	21.94
	设计值	－506.51	40.42	31.37	470.09	37.51	29.61

图 15－6　10D3015－J2 单线图及技术参数表

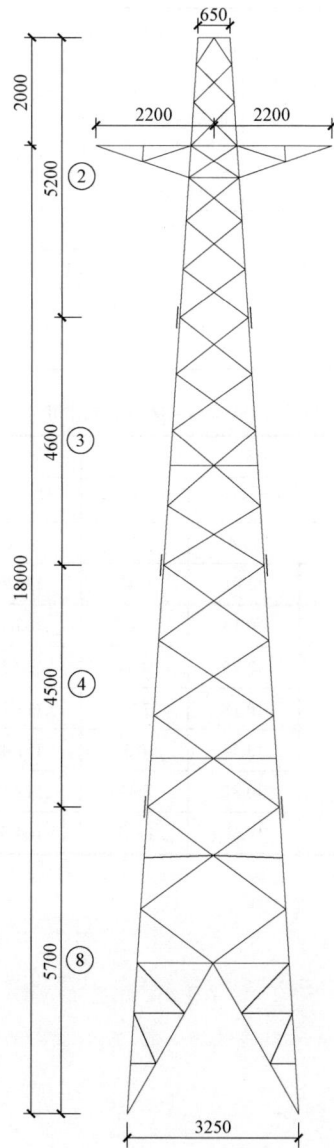

宽基塔 10D3015-J3 使用条件表

塔型 (角钢塔)	呼高 (m)	基础根开 (mm)	XZ-A、XZ-B 气象区 (30m/s，10cm)		转角度数 (°)	设计档距 (m)	
			地脚螺栓 (5.6级)	塔重 (kg)		水平	垂直
10D3015-J3	9.0	2126	4M36	2183.2	60~90 兼 0~90 终端	350	650
	12.0	2521	4M36	2663.8			
	15.0	2915	4M36	3091.1			
	18.0	3310	4M36	3699.3			
导线类型		JL/G1A-240/30		安全系数		2.8	

宽基塔 10D3015-J3 基础作用力

呼高		下压			上拔		
		N (kN)	F_x (kN)	F_y (kN)	T (kN)	F_x (kN)	F_y (kN)
9m	标准值	-337.95	36.15	23.76	304.40	33.05	22.62
	设计值	-456.23	48.80	32.07	410.94	44.62	30.54
12m	标准值	-371.95	36.08	25.34	336.86	33.21	24.07
	设计值	-502.13	48.71	34.21	454.76	44.83	32.49
15m	标准值	-397.04	36.10	26.50	360.68	33.30	25.06
	设计值	-536.00	48.74	35.77	486.92	44.95	33.83
18m	标准值	-417.16	36.08	28.00	377.81	33.51	26.14
	设计值	-563.16	48.71	37.80	510.05	45.24	35.29

图 15-7　10D3015-J3 单线图及技术参数表

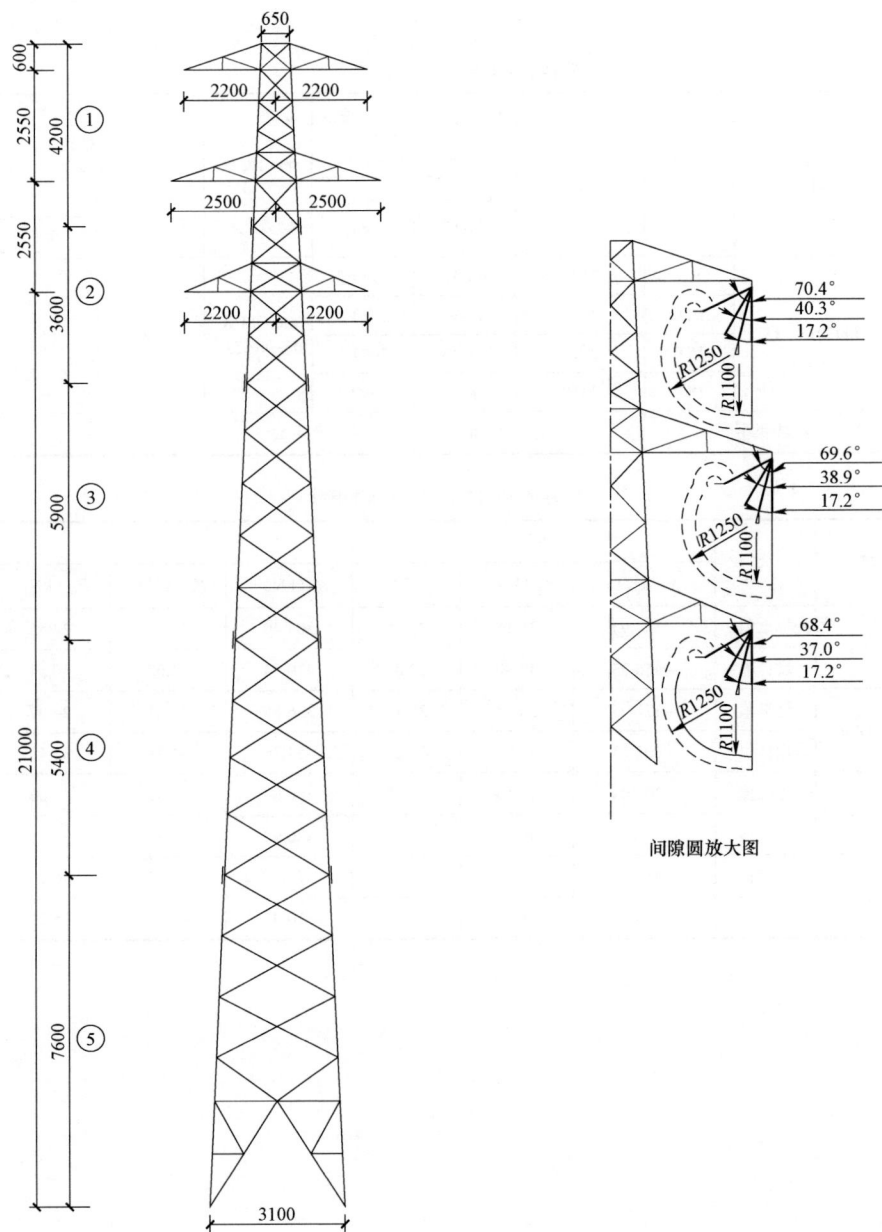

宽基塔 10D3015－SZA1 使用条件表

塔型 （角钢塔）	呼高 （m）	基础根开 （mm）	XZ－A、XZ－B 气象区 （30m/s，10cm）		转角度数 （°）	设计档距 （m）	
			地脚螺栓 （5.6级）	塔重 （kg）		水平	垂直
10D3015－SZA1	12.0	2321	4M27	2731.7	0	300	450
	15.0	2595	4M27	3002.1			
	18.0	2872	4M27	3406.5			
	21.0	3150	4M27	3717.3			
导线类型		JL/G1A－240/30		安全系数		2.8	

宽基塔 10D3015－SZA1 基础作用力

呼高		下压			上拔		
		N（kN）	F_x（kN）	F_y（kN）	T（kN）	F_x（kN）	F_y（kN）
12m	标准值	－111.84	9.64	4.74	92.81	8.06	4.59
	设计值	－150.99	13.01	6.40	125.30	10.88	6.20
15m	标准值	－122.97	10.19	6.43	102.47	8.41	5.93
	设计值	－166.01	13.75	8.68	138.33	11.35	8.01
18m	标准值	－134.44	10.18	7.79	112.19	8.61	7.10
	设计值	－181.49	13.74	10.51	151.45	11.63	9.58
21m	标准值	－146.06	10.81	8.43	122.14	9.22	7.63
	设计值	－197.18	14.60	11.38	164.89	12.45	10.30

间隙圆放大图

图 15－8　10D3015－SZA1 单线图及技术参数表

间隙圆放大图

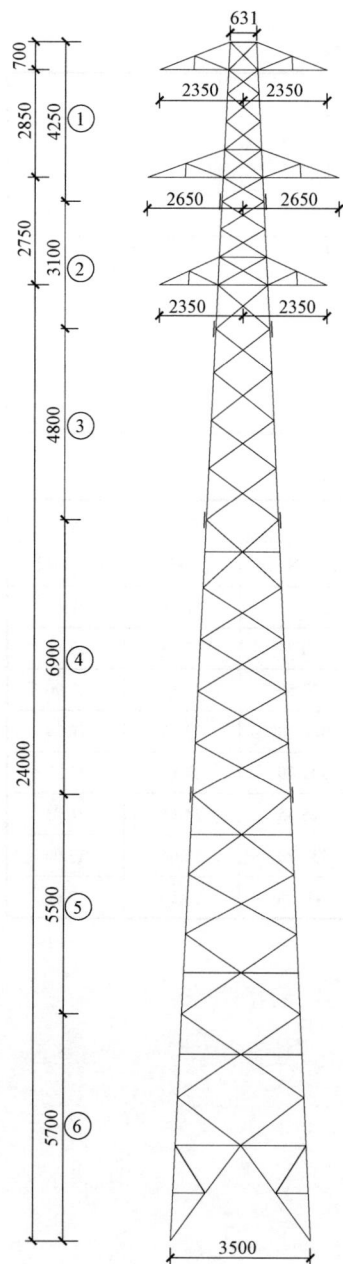

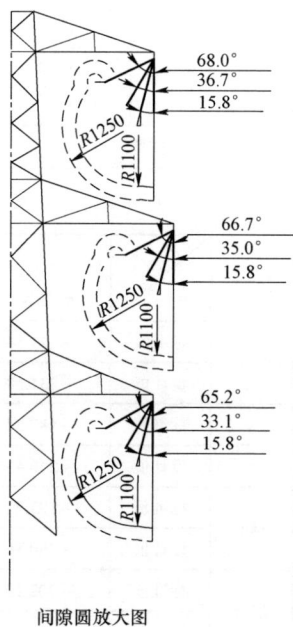

宽基塔10D3015-SZA2 使用条件表

塔型（角钢塔）	呼高（m）	基础根开（mm）	XZ-A、XZ-B气象区 (30m/s, 10cm)		转角度数（°）	设计档距（m）	
			地脚螺栓（5.6级）	塔重（kg）		水平	垂直
10D3015-SZA2	15.0	2699	4M30	3671.6	0	400	600
	18.0	2986	4M30	4008.4			
	21.0	3273	4M30	4405.5			
	24.0	3550	4M30	5037.2			
导线类型	JL/G1A-240/30			安全系数		2.8	

宽基塔10D3015-SZA2 基础作用力

呼高		下压			上拔		
		N（kN）	F_x（kN）	F_y（kN）	T（kN）	F_x（kN）	F_y（kN）
15m	标准值	-203.94	15.21	11.85	160.02	13.12	9.92
	设计值	-275.18	20.54	16.00	216.03	17.71	13.39
18m	标准值	-215.18	14.66	12.22	169.60	13.59	10.22
	设计值	-290.49	19.79	16.50	228.96	18.35	13.80
21m	标准值	-224.93	15.47	12.49	177.48	14.08	10.99
	设计值	-303.65	20.89	16.86	239.60	19.01	14.83
24m	标准值	-233.98	16.39	13.33	183.78	14.76	12.19
	设计值	-315.87	22.12	17.99	248.10	19.93	16.46

图 15-9　10D3015-SZA2 单线图及技术参数表

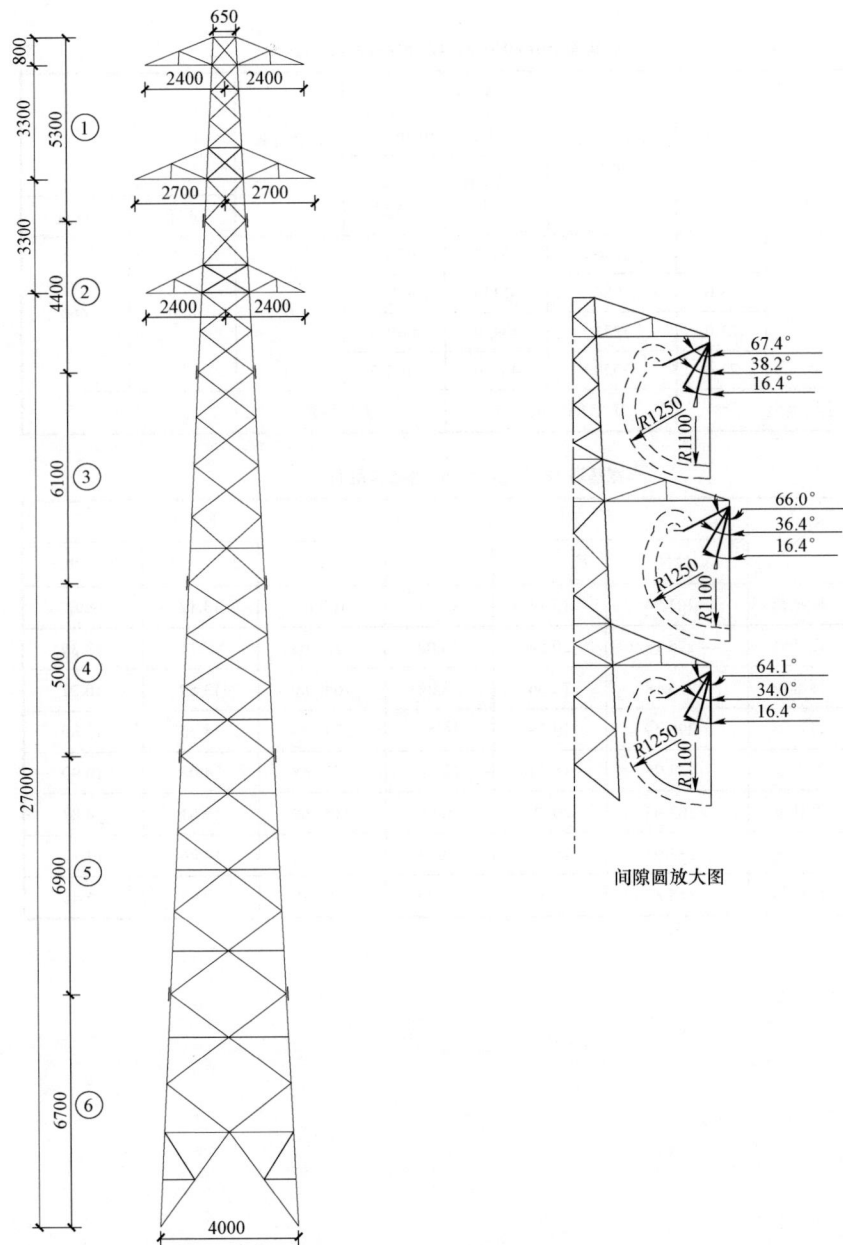

间隙圆放大图

宽基塔 10D3015-SZA3 使用条件表

塔型 （角钢塔）	呼高 （m）	基础根开 （mm）	XZ-A、XZ-B 气象区 （30m/s，10cm）		转角度数 （°）	设计档距 （m）	
			地脚螺栓 （5.6级）	塔重 （kg）		水平	垂直
10D3015-SZA3	18.0	3176	4M36	4550.1	0	500	750
	21.0	3470	4M36	5016.8			
	24.0	3765	4M36	5520.0			
	27.0	4060	4M36	6121.5			
导线类型			JL/G1A-240/30		安全系数		2.5

宽基塔 10D3015-SZA3 基础作用力

呼高		下压			上拔		
		N（kN）	F_x（kN）	F_y（kN）	T（kN）	F_x（kN）	F_y（kN）
18m	标准值	-171.54	14.31	8.83	215.21	17.51	9.94
	设计值	-231.58	19.32	11.92	290.54	23.64	13.42
21m	标准值	-182.54	14.87	9.54	228.50	17.11	11.90
	设计值	-246.43	20.07	12.88	308.48	23.10	16.10
24m	标准值	-192.71	15.42	9.95	241.00	17.89	12.39
	设计值	-260.16	20.82	13.43	325.35	24.15	16.73
27m	标准值	-202.10	16.11	10.43	253.23	18.64	13.07
	设计值	-272.84	21.75	14.08	341.86	25.16	17.64

图 15-10　10D3015-SZA3 单线图及技术参数表

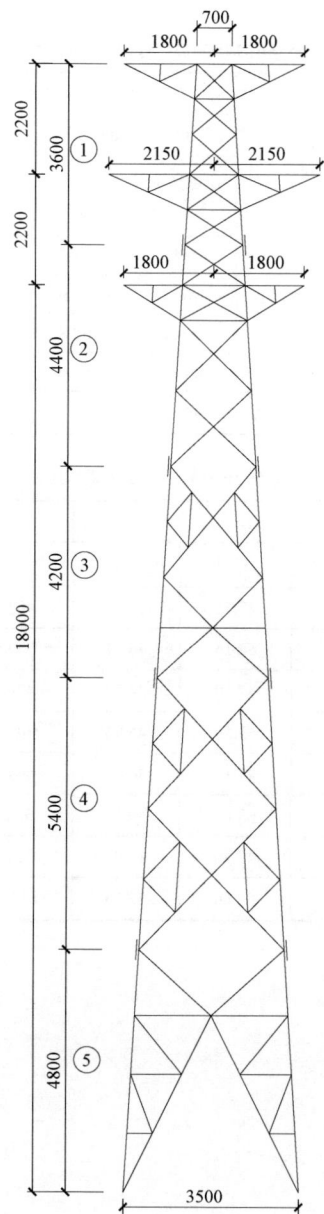

宽基塔 10D3015－SJ1 使用条件表

塔型 （角钢塔）	呼高 （m）	基础根开 （mm）	XZ－A、XZ－B 气象区 （30m/s，10cm）		转角度数 （°）	设计档距 （m）	
			地脚螺栓 （5.6级）	塔重 （kg）		水平	垂直
10D3015－SJ1	9.0	2413	4M42	2952.0	0～30	350	550
	12.0	2792	4M42	3571.5			
	15.0	3171	4M42	4012.2			
	18.0	3540	4M42	4728.7			
导线类型	JL/G1A－240/30			安全系数		2.8	

宽基塔 10D3015－SJ1 基础作用力

呼高		下压			上拔		
		N（kN）	F_x（kN）	F_y（kN）	T（kN）	F_x（kN）	F_y（kN）
9m	标准值	－370.37	36.70	27.56	354.81	33.63	28.30
	设计值	－500.00	49.54	37.21	479.00	45.40	38.21
12m	标准值	－406.66	36.84	27.97	388.15	34.93	27.50
	设计值	－549.00	49.73	37.76	524.00	47.16	37.12
15m	标准值	－434.81	37.44	29.77	414.07	35.50	29.04
	设计值	－587.00	50.55	40.19	559.00	47.92	39.21
18m	标准值	－457.78	38.28	31.76	434.81	36.13	30.77
	设计值	－618.00	51.68	42.88	587.00	48.77	41.54

图 15－11　10D3015－SJ1 单线图及技术参数表

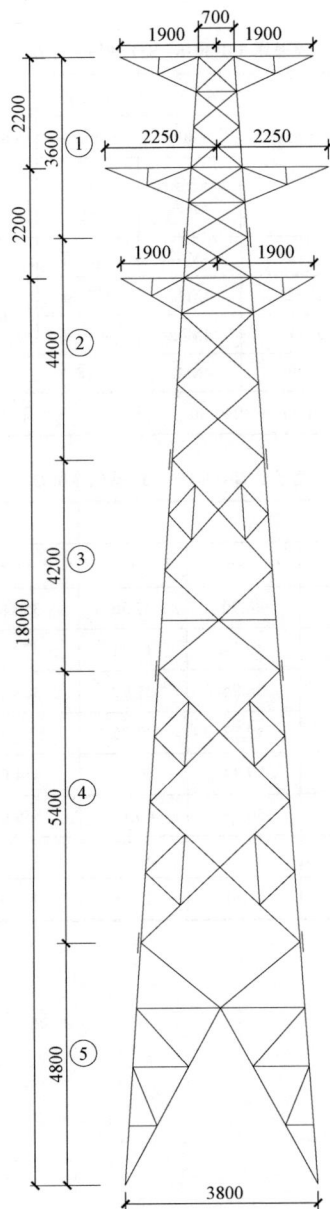

宽基塔 10D3015-SJ2 使用条件表

塔型 （角钢塔）	呼高 （m）	基础根开 （mm）	XZ-A、XZ-B 气象区 （30m/s，10cm）		转角度数 （°）	设计档距 （m）	
			地脚螺栓 （5.6级）	塔重 （kg）		水平	垂直
10D3015-SJ2	9.0	2592	4M42	3463.3	30～60	350	550
	12.0	3002	4M42	4193.9			
	15.0	3421	4M42	4760.8			
	18.0	3840	4M42	5569.0			
导线类型		JL/G1A-240/30		安全系数		2.8	

宽基塔 10D3015-SJ2 基础作用力

呼高		下压			上拔		
		N（kN）	F_x（kN）	F_y（kN）	T（kN）	F_x（kN）	F_y（kN）
9m	标准值	-430.21	47.51	34.75	402.16	44.36	34.79
	设计值	-580.78	64.14	46.91	542.91	59.88	46.97
12m	标准值	-468.43	47.10	34.77	437.45	44.04	34.83
	设计值	-632.38	63.59	46.94	590.56	59.46	47.02
15m	标准值	-497.41	47.13	36.83	464.10	44.00	36.47
	设计值	-671.51	63.63	49.72	626.53	59.40	49.23
18m	标准值	-520.97	47.90	39.06	484.25	44.34	38.30
	设计值	-703.31	64.66	52.73	653.74	59.86	51.70

图 15-12　10D3015-SJ2 单线图及技术参数表

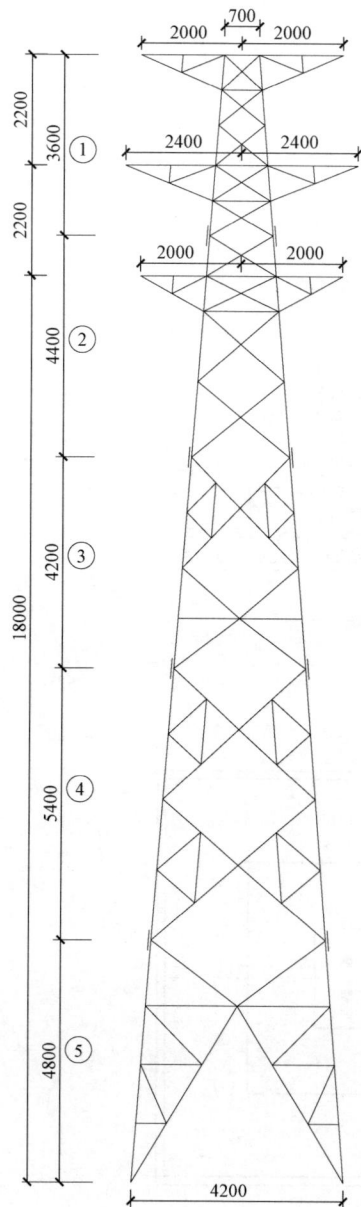

宽基塔10D3015-SJ3使用条件表

塔型 (角钢塔)	呼高 (m)	基础根开 (mm)	XZ-A、XZ-B 气象区 (30m/s, 10cm)		转角度数 (°)	设计档距 (m)	
			地脚螺栓 (5.6级)	塔重 (kg)		水平	垂直
10D3015-SJ3	9.0	2832	4M48	4200.5	60~90 兼 0~90 终端	350	550
	12.0	3294	4M48	4977.9			
	15.0	3767	4M48	5666.5			
	18.0	4240	4M48	6478.7			
导线类型	JL/G1A-240/30			安全系数		2.8	

宽基塔10D3015-SJ3基础作用力

呼高		下压			上拔		
		N (kN)	F_x (kN)	F_y (kN)	T (kN)	F_x (kN)	F_y (kN)
9m	标准值	-561.06	69.59	47.85	517.85	65.07	55.81
	设计值	-757.43	93.95	64.60	699.10	87.84	75.35
12m	标准值	-608.55	69.24	49.43	560.40	64.83	55.67
	设计值	-821.54	93.47	66.73	756.54	87.52	75.15
15m	标准值	-644.39	69.20	51.82	592.49	64.65	56.64
	设计值	-869.93	93.42	69.96	799.86	87.28	76.47
18m	标准值	-673.24	70.10	54.90	617.01	64.92	58.05
	设计值	-908.87	94.64	74.12	832.97	87.64	78.37

图 15-13　10D3015-SJ3单线图及技术参数表

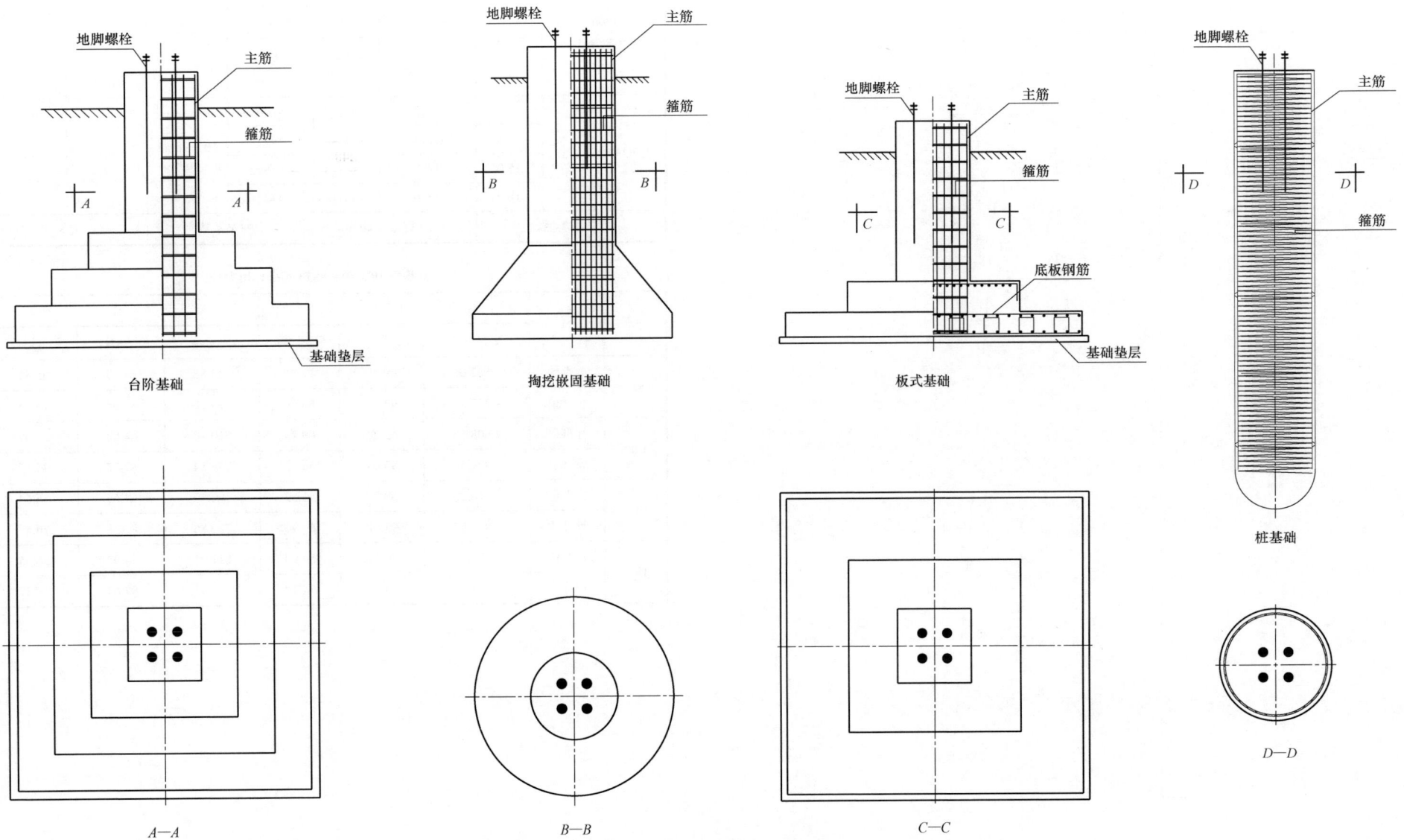

地脚螺栓　主筋　箍筋　基础垫层

台阶基础

A—A

地脚螺栓　主筋　箍筋

掏挖嵌固基础

B—B

地脚螺栓　主筋　箍筋　底板钢筋　基础垫层

板式基础

C—C

地脚螺栓　主筋　箍筋

桩基础

D—D

图 15-14　宽基塔基础型式示意图

15.2 结构图

15.2.1 10D3015-ZA1 直线塔

10D3015-ZA1 直线塔结构图清单见表 15-6。

表 15-6   **10D3015-ZA1 直线塔结构图清单**

图序	图名	备注
图 15-15	10D3015-ZA1 直线塔总图	
图 15-16	10D3015-ZA1 直线塔材料汇总表	
图 15-17	10D3015-ZA1 直线塔塔头①结构图（1/2）	
图 15-18	10D3015-ZA1 直线塔塔头①结构图（2/2）	
图 15-19	10D3015-ZA1 直线塔塔身②结构图（1/2）	
图 15-20	10D3015-ZA1 直线塔塔身②结构图（2/2）	

续表

图序	图名	备注
图 15-21	10D3015-ZA1 直线塔塔身③结构图	
图 15-22	10D3015-ZA1 直线塔塔腿④结构图（1/2）	
图 15-23	10D3015-ZA1 直线塔塔腿④结构图（2/2）	
图 15-24	10D3015-ZA1 直线塔塔腿⑤结构图（1/2）	
图 15-25	10D3015-ZA1 直线塔塔腿⑤结构图（2/2）	
图 15-26	10D3015-ZA1 直线塔塔腿⑥结构图（1/2）	
图 15-27	10D315-ZA1 直线塔塔腿⑥结构图（2/2）	
图 15-28	10D3015-ZA1 直线塔塔腿⑦结构图（1/2）	
图 15-29	10D3015-ZA1 直线塔塔腿⑦结构图（2/2）	
图 15-30	10D3015-ZA1 直线塔加工说明	

杆塔根开、基础根开、地脚螺栓规格及间距表

杆塔名称（型号）	10D3015－ZA1			
呼高（m）	12	15	18	21
接腿	④	⑤	⑥	⑦
杆塔根开（mm）	1919	2183	2446	2700
基础根开（mm）	1959	2223	2486	2744
基础地脚螺栓间距（mm）	160	160	160	160
每腿基础地脚螺栓配置（5.6级）	4M24	4M24	4M24	4M24

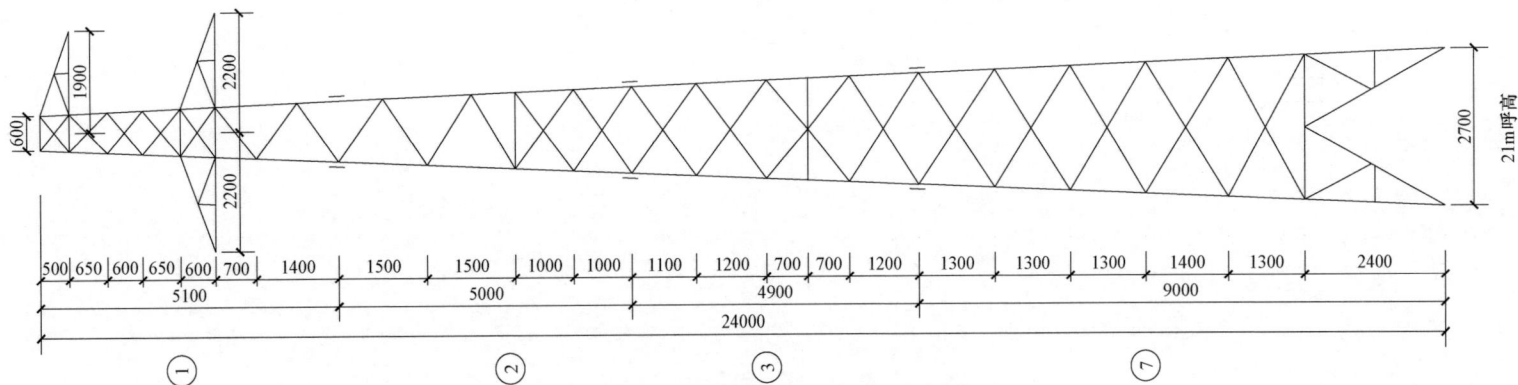

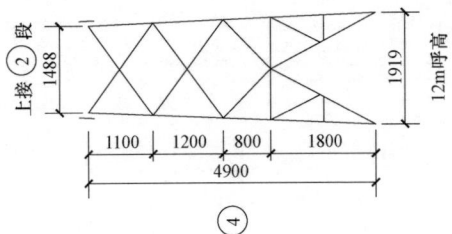

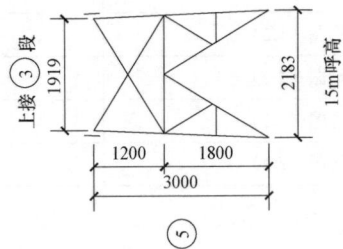

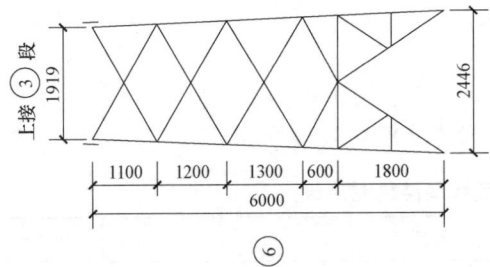

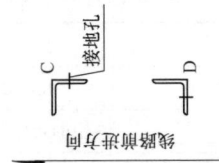

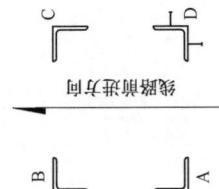

图 15－15　10D3015－ZA1 直线塔总图

材 料 汇 总 表

材料	材质	规格	段号 ①	②	③	④	⑤	⑥	⑦	呼高(m) 12.0	15.0	18.0	21.0
角钢	Q355	L90×7					21.2	21.2	21.2		21.2	21.2	21.2
		L90×6							312.0				312.0
		L80×7					216.3					216.3	
		L80×6	38.2	14.2	159.7	15.2	98.4			67.6	310.5	212.1	212.1
		L75×6				144.8				144.8			
		L70×5	104.4	106.8						211.2	211.2	211.2	211.2
		L63×5	98.6			32.3	37.1	42.2	45.9	130.9	135.7	140.8	144.5
		小计	241.2	121.0	159.7	192.3	156.7	279.7	379.1	554.5	678.6	801.6	901.0
	Q235	L56×5	6.7							6.7	6.7	6.7	6.7
		L56×4	15.0							15.0	15.0	15.0	15.0
		L50×5	19.0	10.3						58.6	58.6	58.6	58.6
		L50×4	30.7	70.9	22.0	45.0	46.6	48.6	62.0	146.6	170.2	172.2	185.6
		L45×4	7.1				15.3	17.4	19.0	7.1	22.4	24.5	26.1
		L40×4	9.6		11.8	11.8		34.4	64.8	21.4	21.4	55.8	86.2
		L40×3	125.6	59.2	131.8	126.2	87.7	159.9	213.0	311.0	404.3	476.5	529.6
		小计	232.7	150.7	165.6	183.0	149.6	260.3	358.8	566.4	698.6	809.3	907.8
钢板	Q355	−6	77.8			15.8	15.6	14.8	17.7	93.6	93.4	92.6	95.5
		−8	14.9			10.1	10.1	10.1	10.1	25.0	25.0	25.0	25.0
		−10				58.3	60.8	58.3	58.3	58.3	60.8	58.3	58.3
		−18				41.2	41.2	41.2	41.2	41.2	41.2	41.2	41.2
		小计	92.7			125.4	127.7	124.4	127.3	218.1	220.4	217.1	220.0
	Q235	−6	29.8		7.7	26.4	22.8	27.0	23.1	56.2	60.3	64.5	60.6
		−12	1.0							1.0	1.0	1.0	1.0
		小计	30.8		7.7	26.4	22.8	27.0	23.1	57.2	61.3	65.5	61.6
螺栓	6.8级	M16×40	33.5	3.6	12.8	29.0	24.9	24.9	30.7	66.1	74.8	74.8	80.6
		M16×50	7.2	3.2	1.3	1.3	2.6	7.7	3.8	11.7	14.3	19.4	15.5
		M16×60 双帽	1.2							1.2	1.2	1.2	1.2
		小计	41.9	6.8	14.1	30.3	27.5	32.6	34.5	79.0	90.3	95.4	97.3
	6.8级	M20×45	30.3	13.0	13.0	17.3	17.3	17.3	19.4	60.6	73.6	73.6	75.7
		M20×55				9.4	9.4	9.4	9.4	9.4	9.4	9.4	9.4
		M20×50	5.5							5.5	5.5	5.5	5.5
		M20×70	4.5							4.5	4.5	4.5	4.5
		小计	41.4	13.0	13.0	26.7	26.7	26.7	28.8	81.1	94.1	94.1	96.2
		螺栓合计	83.3	19.8	27.1	57.0	54.2	59.3	63.3	160.1	184.4	189.5	193.5
脚钉	6.8级	M16×180	4.2	4.2	4.2	3.4	1.5	4.6	7.2	11.8	14.1	17.2	19.8
		M20×200	0.7	1.3	0.7	0.7	0.7	0.7	0.7	2.7	3.4	3.4	3.4
		小计	4.9	5.5	4.9	4.1	2.2	5.3	7.9	14.5	17.5	20.6	23.2
垫圈	Q235	−3A（φ17.5）	0.3		0.3	0.3	0.1	0.3	0.5	0.6	0.7	0.9	1.1
		−4A（φ17.5）	0.9	0.1						1.0	1.0	1.0	1.0
		小计	1.2	0.1	0.3	0.3	0.1	0.3	0.5	1.6	1.7	1.9	2.1
不含防盗螺栓总质量（kg）			686.8	297.1	365.3	588.5	513.3	756.3	960.0	1572.4	1862.5	2105.5	2309.2
各呼高含防盗螺栓总质量（kg）										1588.1	1881.1	2126.6	2332.3

图 15-16　10D3015-ZA1 直线塔材料汇总表

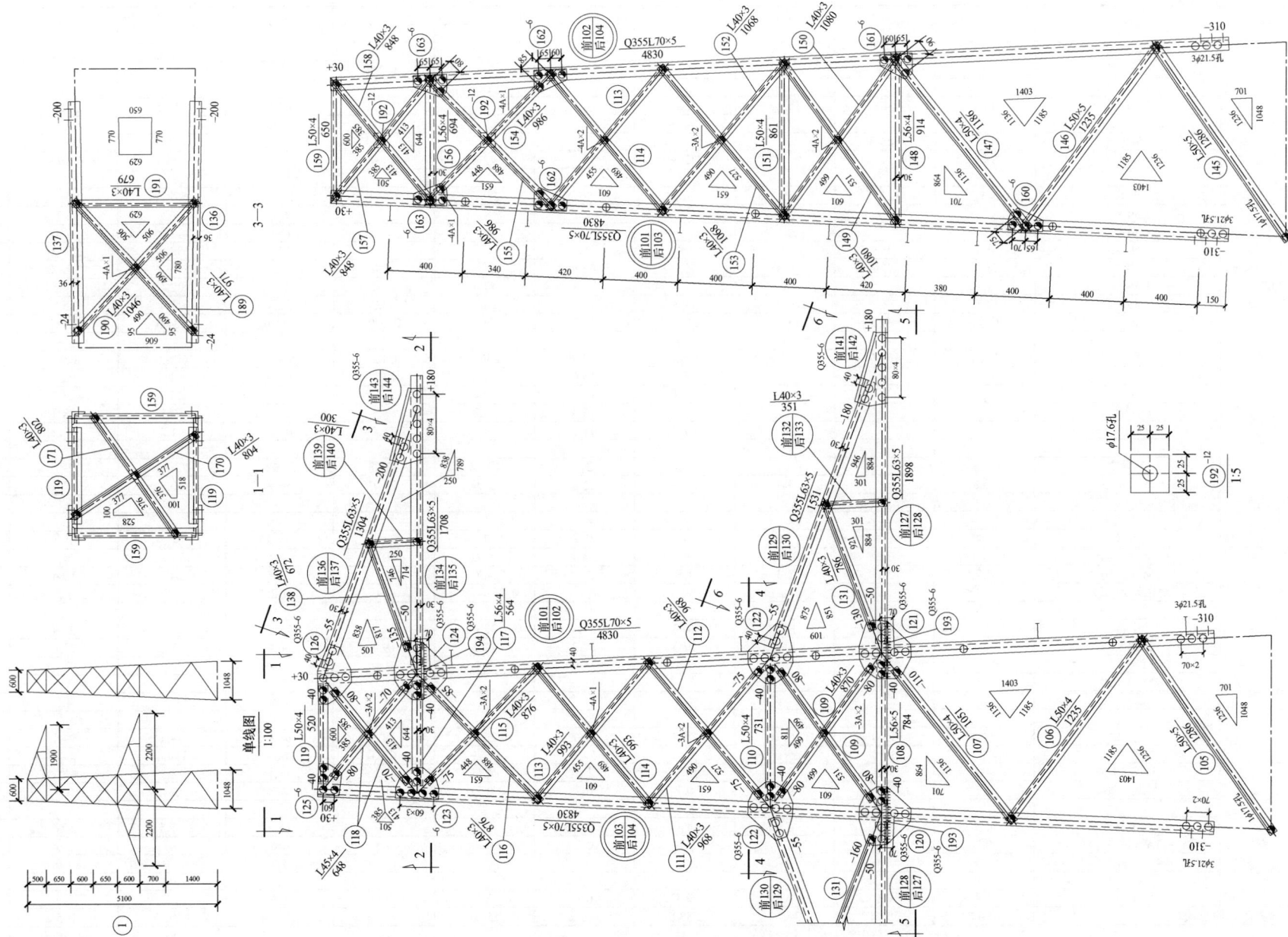

图 15-17　10D3015-ZA1 直线塔塔头①结构图（1/2）

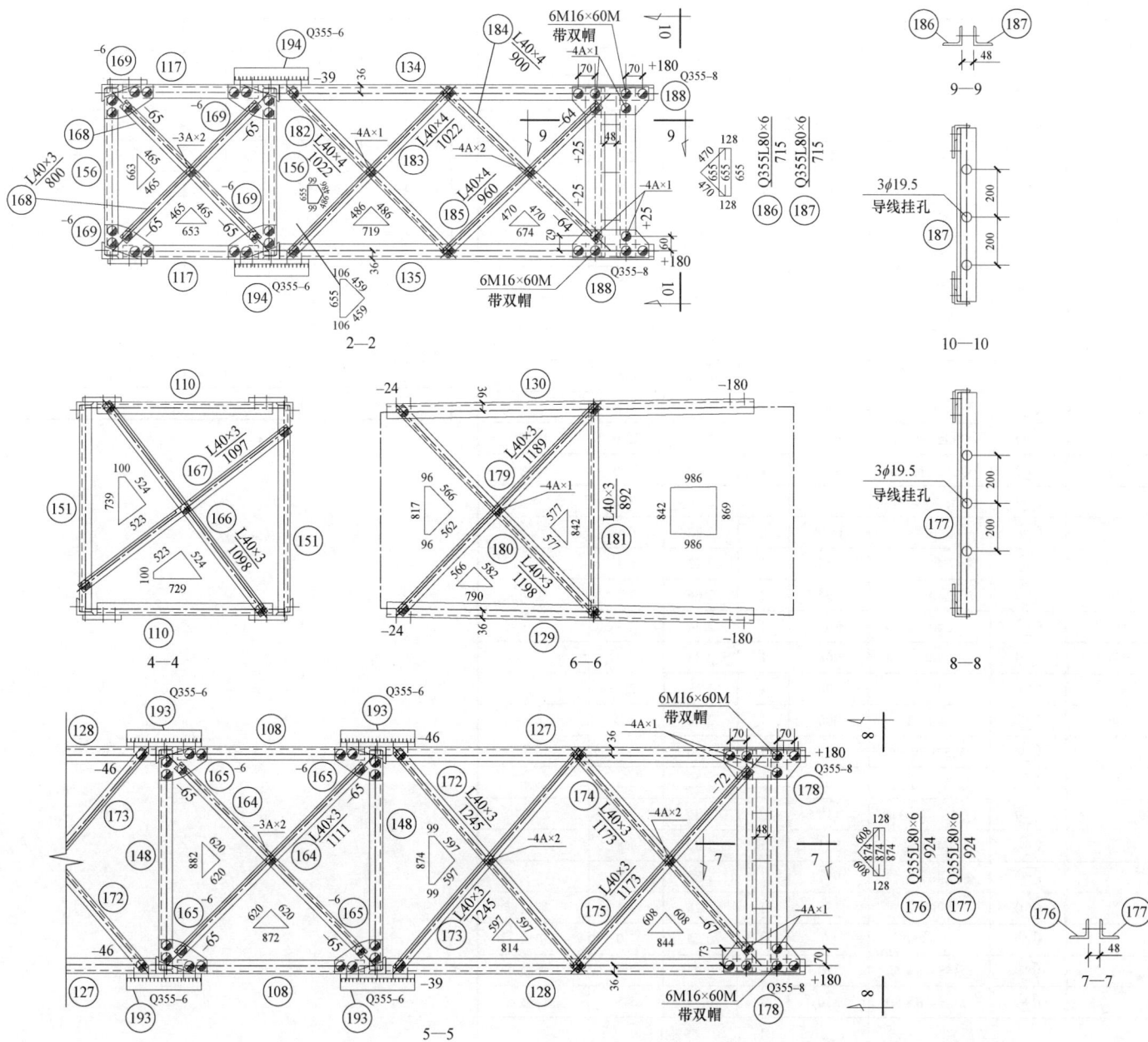

图 15–18 10D3015–ZA1 直线塔塔头①结构图（2/2）（一）

构 件 明 细 表

编号	规格	长度(mm)	数量	质量（kg）单件	质量（kg）小计	备注
101	Q345L70×5	4830	1	26.07	26.1	带脚钉
102	Q345L70×5	4830	1	26.07	26.1	
103	Q345L70×5	4830	1	26.07	26.1	
104	Q345L70×5	4830	1	26.07	26.1	
105	L45×4	1286	2	3.52	7.0	
106	L45×4	1235	2	3.38	6.8	切角
107	L45×4	1051	2	2.88	5.8	
108	L56×5	784	2	3.33	6.7	
109	L40×3	870	4	1.61	6.4	
110	L50×4	731	2	2.24	4.5	
111	L40×3	968	2	1.79	3.6	切角
112	L40×3	968	2	1.79	3.6	
113	L40×3	993	2	1.84	7.4	切角
114	L40×3	993	4	1.84	7.4	
115	L40×3	876	2	1.62	3.2	切角
116	L40×3	876	2	1.62	3.2	
117	L56×4	564	2	1.94	3.9	
118	L45×4	648	4	1.77	7.1	
119	L50×4	520	2	1.59	3.2	
120	Q345–6×316	283	2	4.21	8.4	
121	Q345–6×316	283	2	4.21	8.4	
122	Q345–6×325	243	4	3.72	14.9	
123	–6×172	230	2	1.86	3.7	
124	Q345–6×320	283	2	4.27	8.5	
125	–6×167	171	2	1.35	2.7	
126	Q345–6×183	326	2	2.81	5.6	
127	Q345L63×5	1748	2	8.43	16.9	
128	Q345L63×5	1748	2	8.43	16.9	
129	Q345L63×5	1531	2	7.38	14.8	切角
130	Q345L63×5	1531	2	7.38	14.8	切角
131	L40×3	746	4	1.38	5.5	
132	L40×3	351	2	0.65	1.3	切角
133	L40×3	351	2	0.65	1.3	切角

构 件 明 细 表

编号	规格	长度（mm）	数量	单件	小计	备注	编号	规格	长度（mm）	数量	单件	小计	备注
⑬④	Q355L63×5	1558	1	7.51	7.5		⑯⑤	−6×142	202	4	1.35	5.4	
⑬⑤	Q355L63×5	1558	1	7.51	7.5		⑯⑥	L40×3	1098	1	2.03	2.0	
⑬⑥	Q355L63×5	1304	1	6.29	6.3	切角	⑯⑦	L40×3	1097	1	2.03	2.0	
⑬⑦	Q355L63×5	1304	1	6.29	6.3	切角	⑯⑧	L40×3	800	2	1.48	3.0	
⑬⑧	L40×3	636	2	1.18	2.4		⑯⑨	−6×142	202	4	1.35	5.4	
⑬⑨	L40×3	300	1	0.56	0.6	切角	⑰⓪	L40×3	804	1	1.49	1.5	
⑭⓪	L40×3	300	1	0.56	0.6	中间切肢	⑰①	L40×3	802	1	1.49	1.5	中间切肢
⑭①	Q355−6×398	243	2	4.56	9.1	卷边50mm	⑰②	L40×3	1195	2	2.21	4.4	
⑭②	Q355−6×398	243	2	4.56	9.1	卷边50mm	⑰③	L40×3	1195	2	2.21	4.4	
⑭③	Q355−6×409	243	1	4.68	4.7	卷边50mm	⑰④	L40×3	1118	2	2.07	4.1	
⑭④	Q355−6×409	243	1	4.68	4.7	卷边50mm	⑰⑤	L40×3	1118	2	2.07	4.1	
⑭⑤	L50×5	1286	2	4.85	9.7		⑰⑥	Q355L80×6	924	2	6.82	13.6	切角
⑭⑥	L50×5	1235	2	4.66	9.3	切角	⑰⑦	Q355L80×6	924	2	6.82	13.6	切角
⑭⑦	L50×4	1186	2	3.63	7.3		⑰⑧	Q355−8×318	128	4	2.56	10.2	
⑭⑧	L56×4	914	2	3.15	6.3		⑰⑨	L40×3	1198	2	2.22	4.4	
⑭⑨	L40×3	1080	2	2.00	4.0		⑱⓪	L40×3	1198	2	2.22	4.4	
⑮⓪	L40×3	1080	2	2.00	4.0	切角	⑱①	L40×3	894	2	1.66	3.3	一端切肢
⑮①	L50×4	861	2	2.63	5.3	两端切肢	⑱②	L40×4	968	1	2.34	2.3	
⑮②	L40×3	1068	2	1.98	4.0	切角	⑱③	L40×4	968	1	2.34	2.3	
⑮③	L40×3	1068	2	1.98	4.0		⑱④	L40×4	900	1	2.18	2.2	
⑮④	L40×3	986	2	1.83	3.7	切角	⑱⑤	L40×4	900	1	2.18	2.2	
⑮⑤	L40×3	986	2	1.83	3.7		⑱⑥	Q355L80×6	705	1	5.20	5.2	切角
⑮⑥	L56×4	694	2	2.39	4.8	两端切肢	⑱⑦	Q355L80×6	705	1	5.20	5.2	切角
⑮⑦	L40×3	848	2	1.57	3.1		⑱⑧	Q355−8×318	118	2	2.36	4.7	
⑮⑧	L40×3	848	2	1.57	3.1	切角	⑱⑨	L40×3	971	1	1.80	1.8	
⑮⑨	L50×4	650	2	1.99	4.0		⑲⓪	L40×3	971	1	1.80	1.8	
⑯⓪	−6×123	185	2	1.07	2.1		⑲①	L40×3	678	1	1.26	1.3	一端切肢
⑯①	−6×138	175	2	1.14	2.3		⑲②	−12×50	50	4	0.24	1.0	垫板
⑯②	−6×121	179	4	1.02	4.1		⑲③	Q355−6×50	310	4	0.73	2.9	焊接
⑯③	−6×122	180	4	1.03	4.1		⑲④	Q355−6×50	310	2	0.73	1.5	焊接
⑯④	L40×3	1111	2	2.06	4.1		总质量					597.4kg	

螺栓、脚钉、垫圈明细表

名称	级别	规格	符号	数量	质量（kg）	备注
螺栓	6.8级	M16×40	◑	232	33.5	
		M16×50	◑	45	7.2	
		M20×45	○	112	30.3	
		M16×60	◑	6	1.2	带双帽
		M20×60	○	18	6.5	带双帽
		M20×45	○	12	4.6	带双帽
脚钉	6.8级	M16×180	⊕T	11	4.2	
		M20×200	⊕T	1	0.7	
垫圈	Q235	−3A（φ17.5）		24	0.3	规格×个数
		−4A（φ17.5）		40	0.9	
总质量					89.4kg	

图 15−18　10D3015−ZA1 直线塔塔头①结构图（2/2）（二）

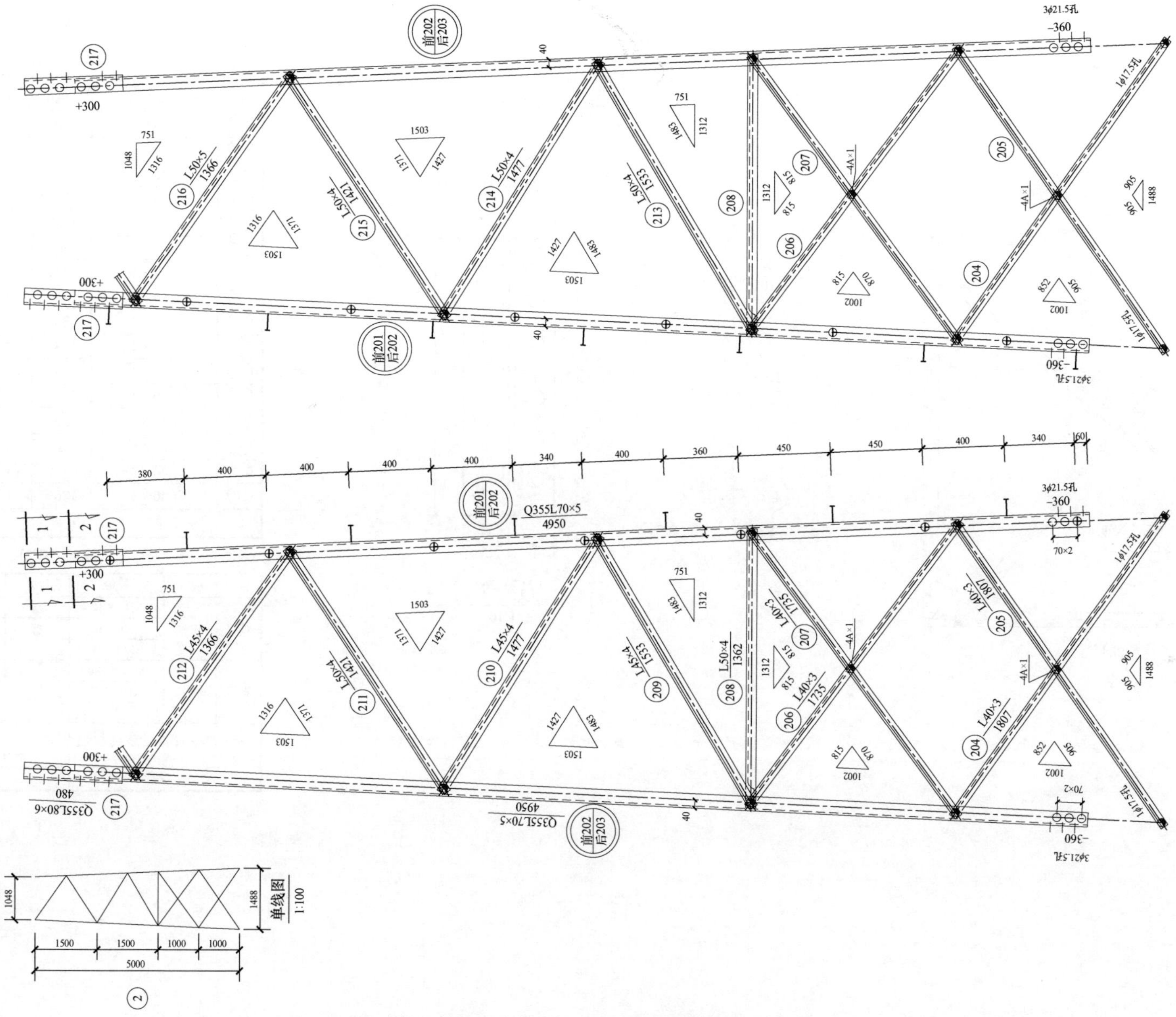

图 15-19　10D3015-ZA1 直线塔塔身②结构图（1/2）

构件明细表

编号	规格	长度(mm)	数量	质量（kg）一件	质量（kg）小计	备注
201	Q355L70×5	4950	1	26.72	26.7	带脚钉
202	Q355L70×5	4950	2	26.72	53.4	
203	Q355L70×5	4950	1	26.72	26.7	
204	L40×3	1807	4	3.35	13.4	切角
205	L40×3	1807	4	3.35	13.4	
206	L40×3	1735	4	3.21	12.8	切角
207	L40×3	1735	4	3.21	12.8	
208	L50×4	1362	4	4.17	16.7	一端切肢
209	L50×4	1533	2	4.69	9.4	
210	L50×4	1477	2	4.52	9.0	切角
211	L50×4	1421	2	4.35	8.7	
212	L50×4	1366	2	5.15	10.3	切角
213	L50×4	1533	2	4.69	9.4	
214	L50×4	1477	2	4.52	9.0	切角
215	L50×4	1421	2	4.35	8.7	
216	L50×5	1366	2	5.15	10.3	切角
217	Q355L80×6	480	4	3.54	14.2	铲弧
218	L40×3	1809	1	3.35	3.4	
219	L40×3	1809	1	3.35	3.4	中间切肢
总质量				271.7kg		

螺栓、脚钉、垫圈明细表

名称	级别	规格	符号	数量	质量（kg）	备注
螺栓	6.8级	M16×40	◐	25	3.6	
		M16×50	◑	20	3.2	
		M20×45	○	48	13.0	
脚钉	6.8级	M16×180	⊕丅	11	4.2	
		M20×200		2	1.3	
垫圈	Q235	−4A（φ17.5）		8	0.1	规格×个数
总质量				25.4kg		

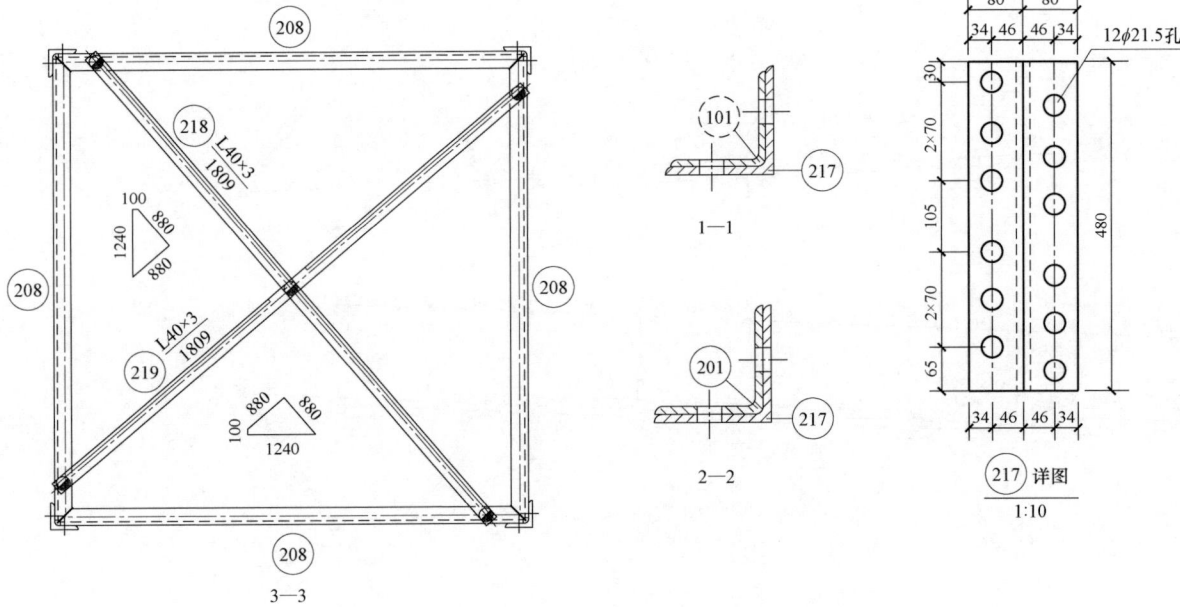

图 15−20 10D3015−ZA1 直线塔塔身②结构图（2/2）

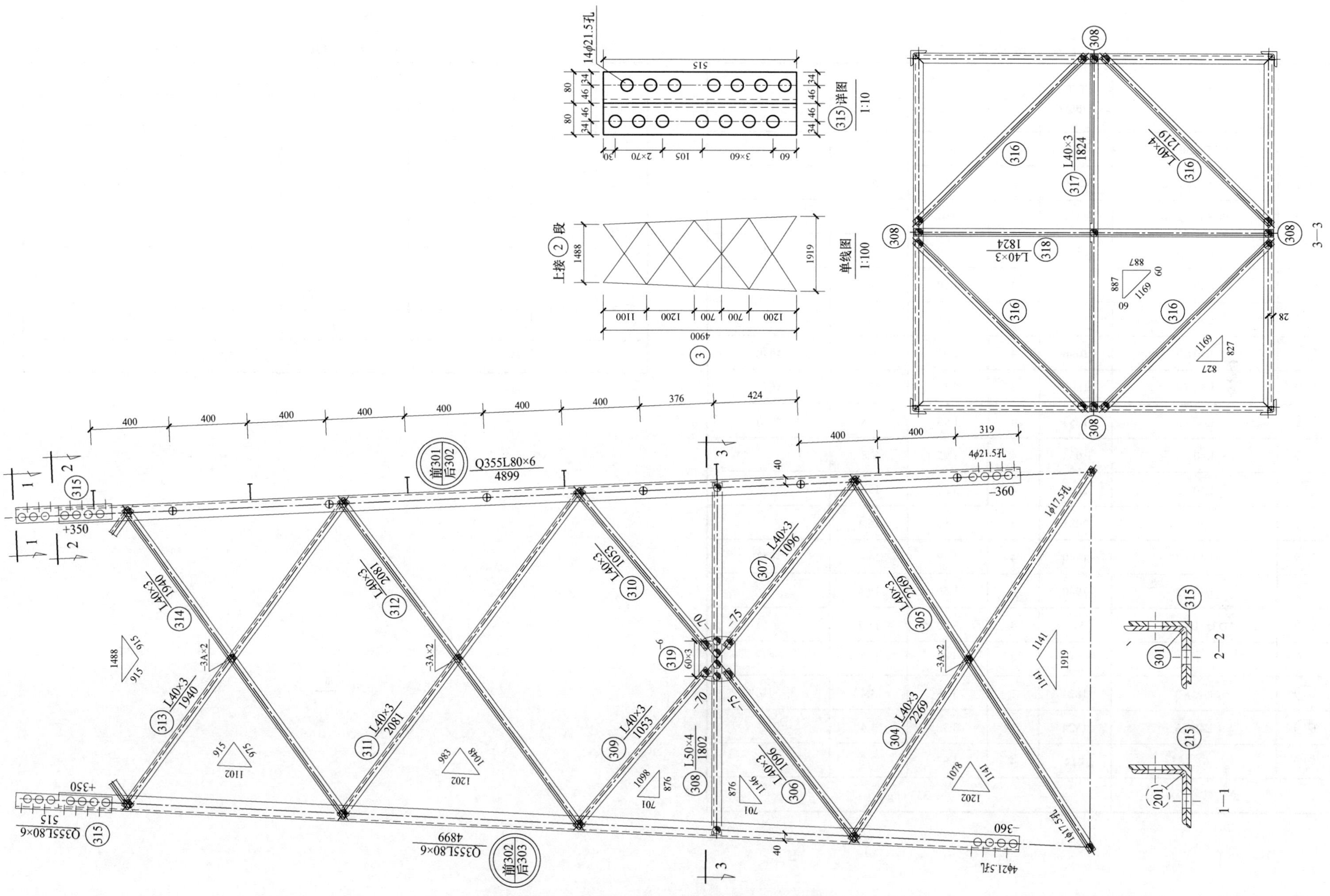

图 15-21　10D3015-ZA1 直线塔塔身③结构图（一）

构件明细表

编号	规格	长度（mm）	数量	单件	小计	备注
③⓪①	Q355L80×6	4899	1	36.14	36.1	带脚钉
③⓪②	Q355L80×6	4899	2	36.14	72.3	
③⓪③	Q355L80×6	4899	1	36.14	36.1	
③⓪④	L40×3	2269	4	4.20	16.8	切角
③⓪⑤	L40×3	2269	4	4.20	16.8	
③⓪⑥	L40×3	1096	4	2.03	8.1	
③⓪⑦	L40×3	1096	4	2.03	8.1	切角
③⓪⑧	L50×4	1802	4	5.51	22.0	切角
③⓪⑨	L40×3	1053	4	1.95	7.8	切角
③①⓪	L40×3	1053	4	1.95	7.8	
③①①	L40×3	2081	4	3.85	15.4	切角
③①②	L40×3	2081	4	3.85	15.4	
③①③	L40×3	1940	4	3.59	14.4	切角
③①④	L40×3	1940	4	3.59	14.4	
③①⑤	Q355L80×6	515	4	3.80	15.2	铲弧
③①⑥	L40×4	1219	4	2.95	11.8	切角
③①⑦	L40×3	1824	1	3.38	3.4	中间切肢
③①⑧	L40×3	1824	1	3.38	3.4	
③①⑨	−6×185	222	4	1.93	7.7	
总质量		333.0kg				

螺栓、脚钉、垫圈明细表

名称	级别	规格	符号	数量	质量（kg）	备注
螺栓	6.8级	M16×40	◑	89	12.8	
		M16×50	◒	8	1.3	
		M20×45	○	48	13.0	
脚钉	6.8级	M16×180	⊕T	11	4.2	
		M20×200		1	0.7	
垫圈	Q235	−3A（φ17.5）		24	0.3	规格×个数
总质量				32.3kg		

图 15−21 10D3015−ZA1 直线塔塔身③结构图（二）

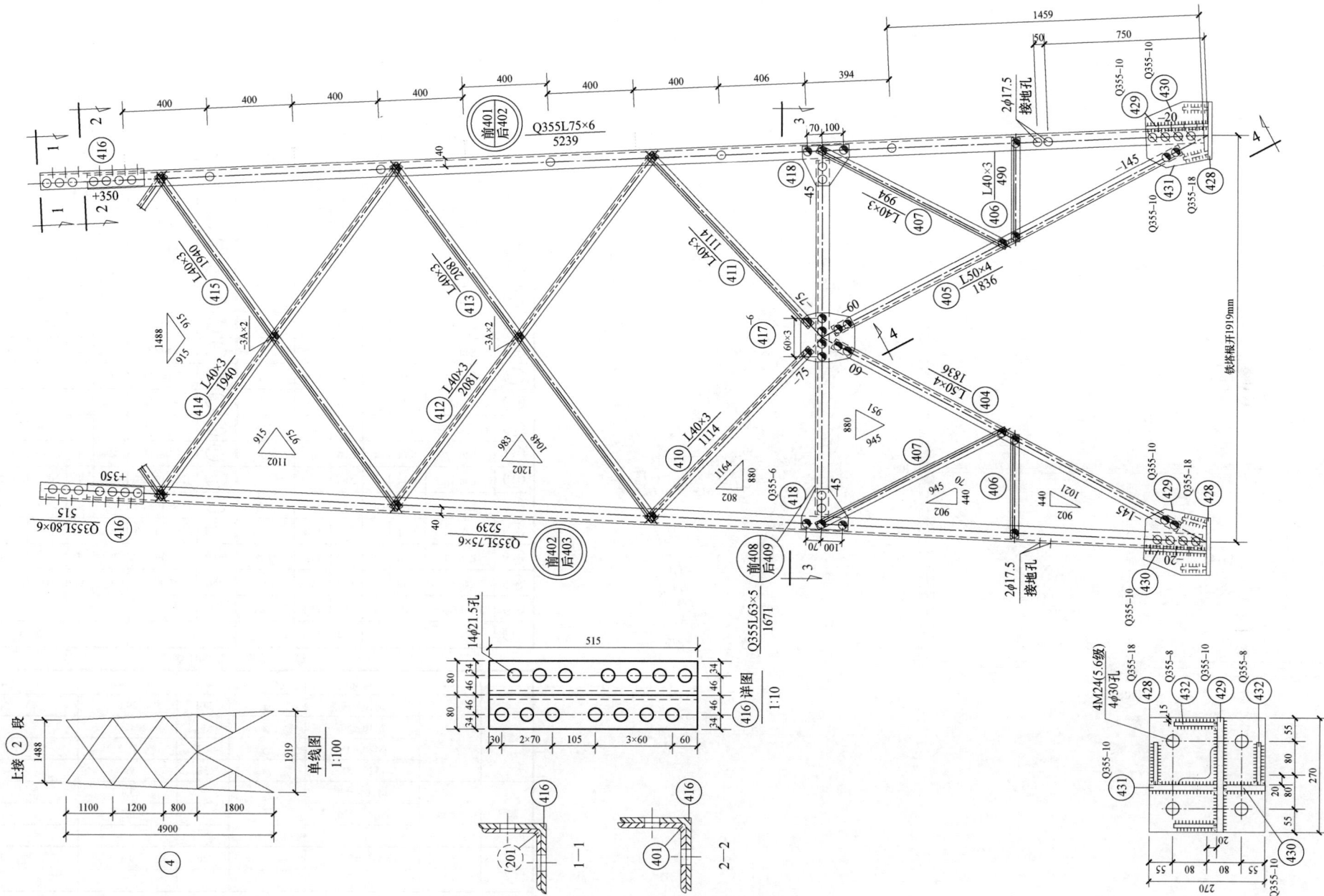

图 15-22　10D3015-ZA1 直线塔塔腿④结构图（1/2）

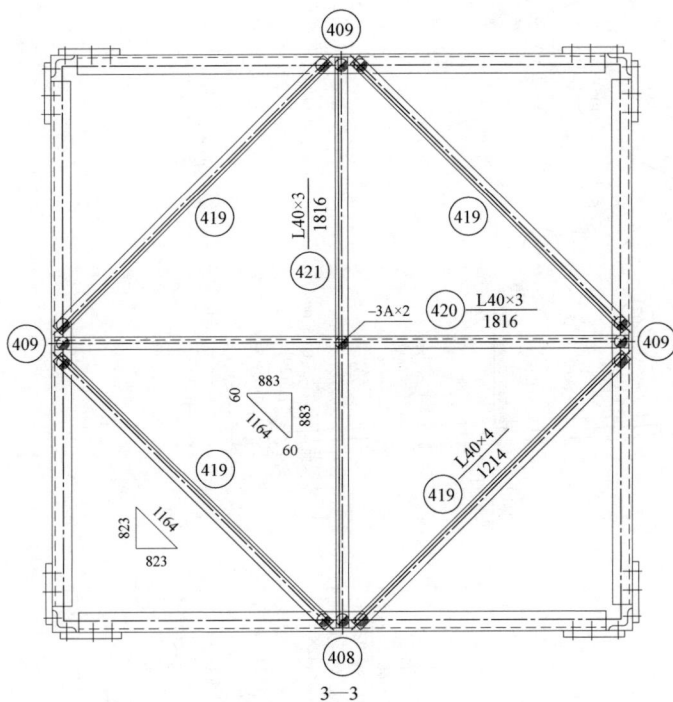

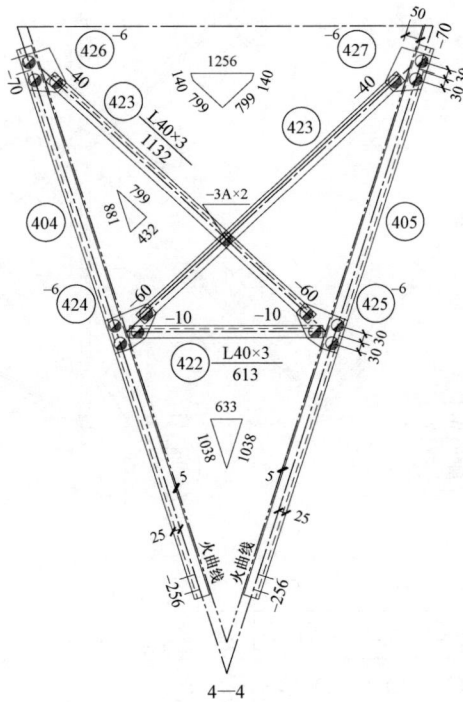

构 件 明 细 表

编号	规格	长度(mm)	数量	质量(kg) 一件	质量(kg) 小计	备注	编号	规格	长度(mm)	数量	质量(kg) 一件	质量(kg) 小计	备注
401	Q355L75×6	5239	1	36.18	36.2	带脚钉	418	Q355-6×191	220	8	1.98	15.8	
402	Q355L75×6	5239	2	36.18	72.4		419	L40×4	1214	4	2.94	11.8	
403	Q355L75×6	5239	1	36.18	36.2		420	L40×3	1816	1	3.36	3.4	
404	L50×4	1836	4	5.62	22.5		421	L40×3	1816	1	3.36	3.4	
405	L50×4	1836	4	5.62	22.5		422	L40×3	613	4	1.14	4.6	
406	L40×3	490	8	0.91	7.3		423	L40×3	1132	8	2.10	16.8	
407	L40×3	994	8	1.84	14.7		424	-6×120	163	4	0.92	3.7	火曲
408	Q355L63×5	1671	1	8.06	8.1		425	-6×120	163	4	0.92	3.7	火曲
409	Q355L63×5	1671	3	8.06	24.2		426	-6×142	150	4	1.00	4.0	火曲
410	L40×3	1114	4	2.06	8.2	切角	427	-6×142	150	4	1.00	4.0	火曲
411	L40×3	1114	4	2.06	8.2		428	Q355-18×270	270	4	10.30	41.2	焊接
412	L40×3	2081	4	3.85	15.4	切角	429	Q355-10×320	294	4	7.39	29.6	打坡口焊接
413	L40×3	2081	4	3.85	15.4		430	Q355-10×104	294	4	2.40	9.6	打坡口焊接
414	L40×3	1940	4	3.59	14.4	切角	431	Q355-10×208	292	4	4.77	19.1	打坡口焊接
415	L40×3	1940	4	3.59	14.4		432	Q355-8×100	100	16	0.63	10.1	打坡口焊接
416	Q355L80×6	515	4	3.80	15.2	铲弧							
417	-6×230	253	4	2.74	11.0			总质量				527.1kg	

螺栓、脚钉、垫圈明细表

名称	级别	规格	符号	数量	质量(kg)	备注
螺栓	6.8级	M16×40	◑	201	29.0	
		M16×50	◕	8	1.3	
		M20×45	○	64	17.3	
		M20×55	∅	32	9.4	
脚钉	6.8级	M16×180	⊕T	9	3.4	
		M20×200		1	0.7	
垫圈	Q235	-3A(φ17.5)		26	0.3	规格×个数
总质量					61.4kg	

图 15-23   10D3015-ZA1 直线塔塔腿④结构图（2/2）

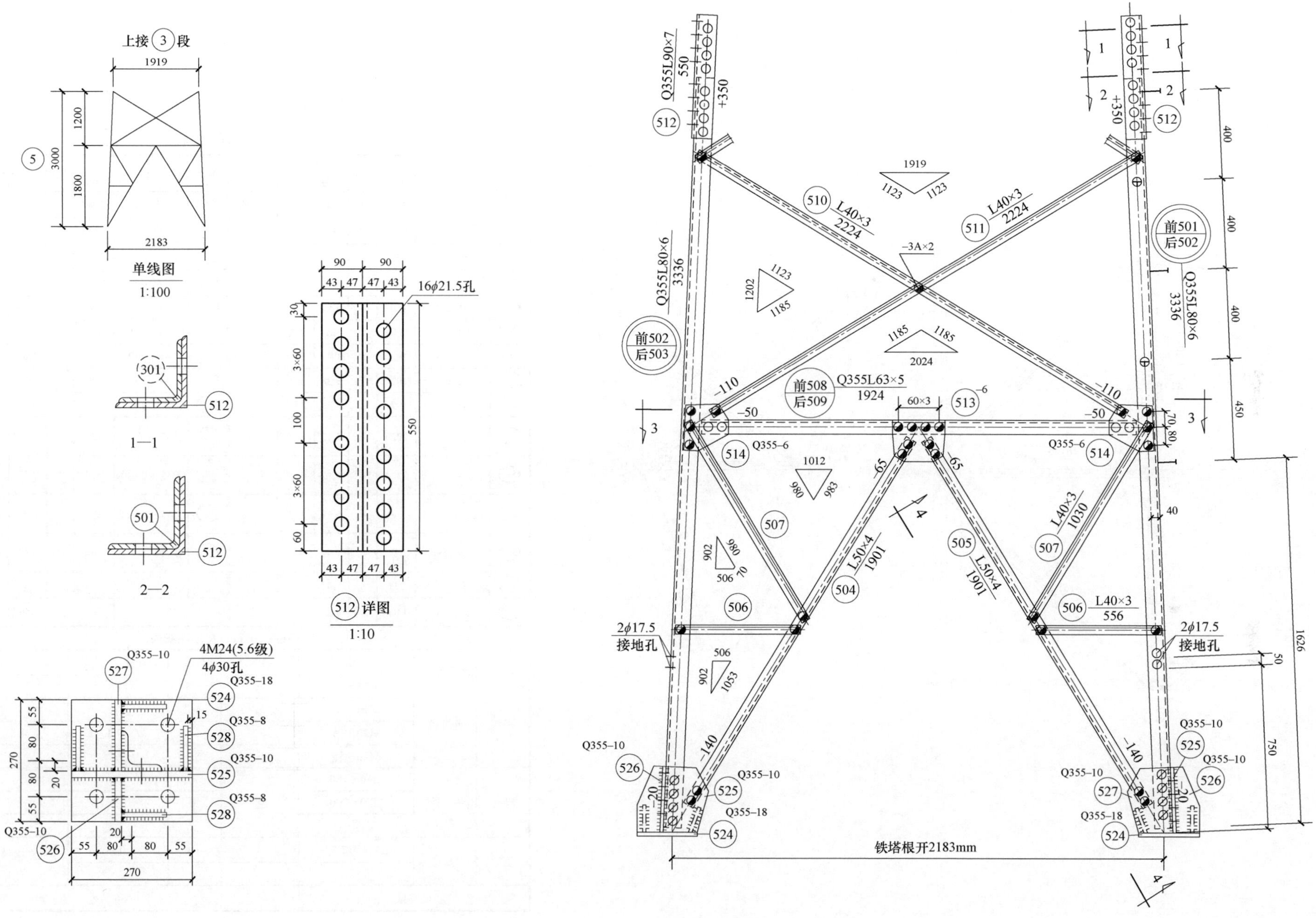

图 15-24　10D3015-ZA1 直线塔塔腿⑤结构图（1/2）

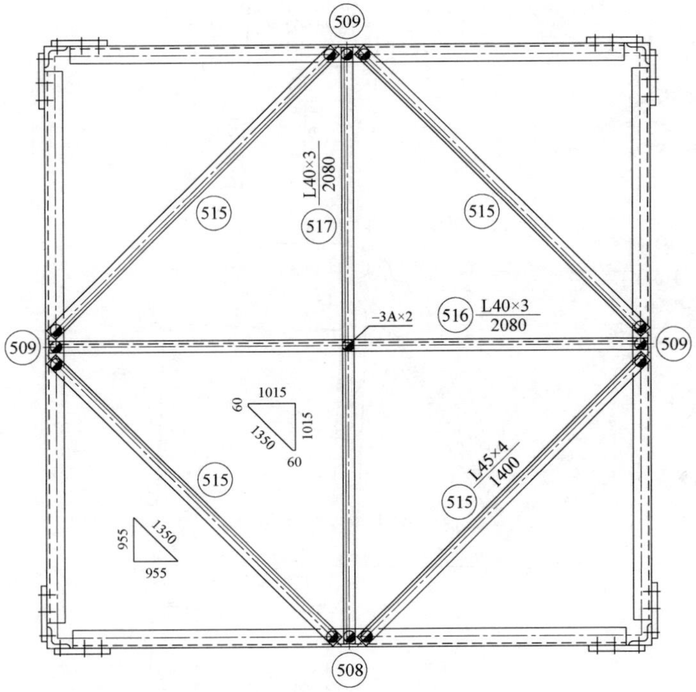

3—3

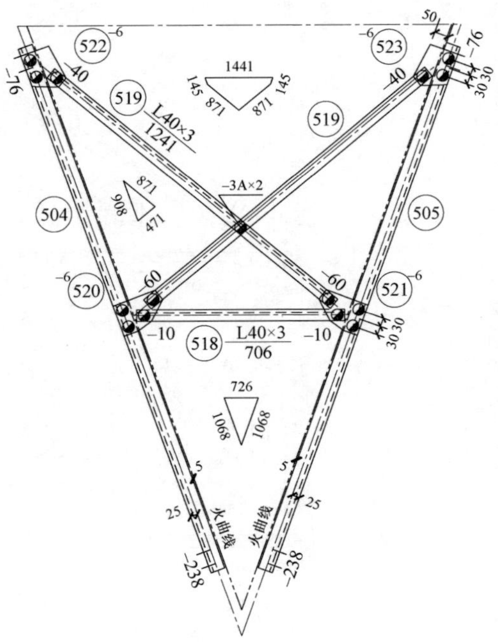

4—4

构 件 明 细 表

编号	规格	长度(mm)	数量	质量(kg) 一件	小计	备注	编号	规格	长度(mm)	数量	质量(kg) 一件	小计	备注
501	Q355L80×6	3336	1	24.61	24.6	带脚钉	516	L40×3	2080	1	3.85	3.8	
502	Q355L80×6	3336	2	24.61	49.2		517	L40×3	2080	1	3.85	3.8	
503	Q355L80×6	3336	1	24.61	24.6		518	L40×3	706	4	1.31	5.2	
504	L50×4	1901	4	5.82	23.3		519	L40×3	1241	8	2.30	18.4	
505	L50×4	1901	4	5.82	23.3		520	−6×111	165	4	0.86	3.4	火曲
506	L40×3	556	8	1.03	8.2		521	−6×111	165	4	0.86	3.4	火曲
507	L40×3	1030	8	1.91	15.3		522	−6×139	154	4	1.01	4.0	火曲
508	Q355L63×5	1924	1	9.28	9.3		523	−6×139	154	4	1.01	4.0	火曲
509	Q355L63×5	1924	3	9.28	27.8		524	Q355−18×270	270	4	10.30	41.2	焊接
510	L40×3	2224	4	4.12	16.5	切角	525	Q355−10×320	320	4	8.04	32.2	打坡口焊接
511	L40×3	2224	4	4.12	16.5		526	Q355−10×104	290	4	2.37	9.5	打坡口焊接
512	Q355L90×7	550	4	5.31	21.2	铲弧	527	Q355−10×208	292	4	4.77	19.1	打坡口焊接
513	−6×184	230	4	1.99	8.0		528	Q355−8×100	100	16	0.63	10.1	打坡口焊接
514	Q355−6×196	211	8	1.95	15.6								
515	L45×4	1400	4	3.83	15.3			总质量				456.8kg	

螺栓、脚钉、垫圈明细表

名称	级别	规格	符号	数量	质量（kg）	备注
螺栓	6.8级	M16×40	◐	173	24.9	
		M16×50	◑	16	2.6	
		M20×45	○	64	17.3	
		M20×55	∅	32	9.4	
脚钉	6.8级	M16×180	⊕T	4	1.5	
		M20×200		1	0.7	
垫圈	Q235	−3A（φ17.5）		10	0.1	规格×个数
总质量					56.5kg	

图 15−25 10D3015−ZA1 直线塔塔腿⑤结构图（2/2）

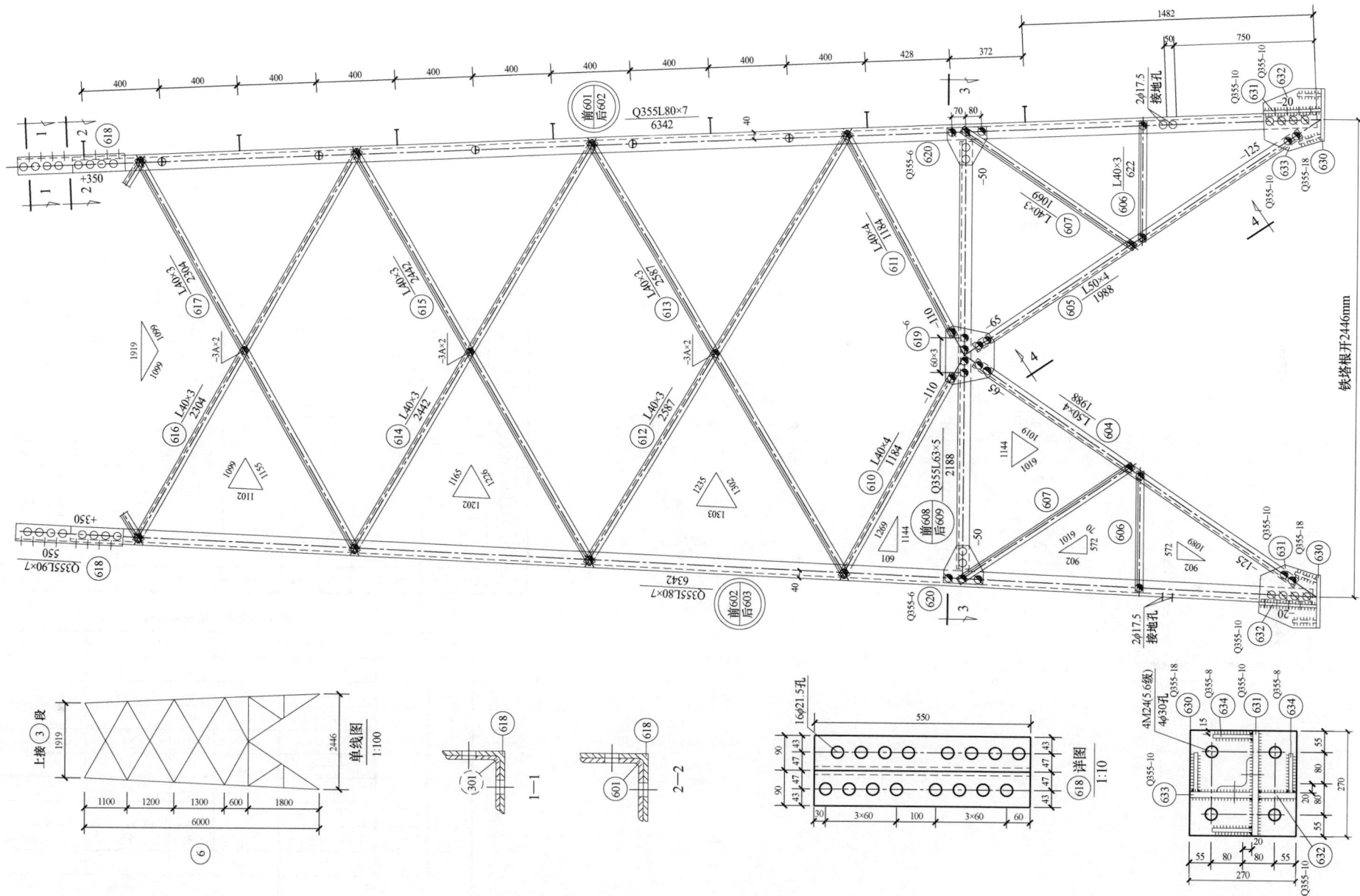

图 15-26　10D3015-ZA1 直线塔塔腿⑥结构图（1/2）

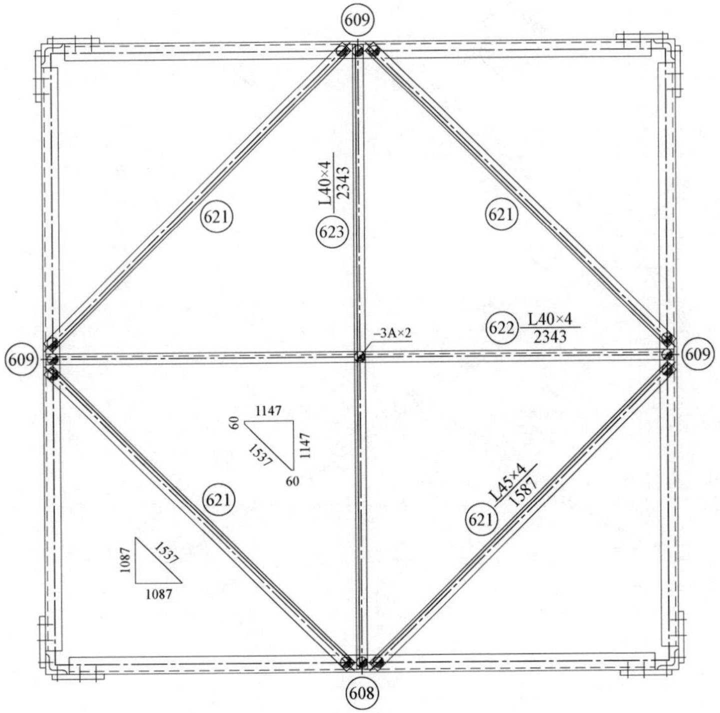

构 件 明 细 表

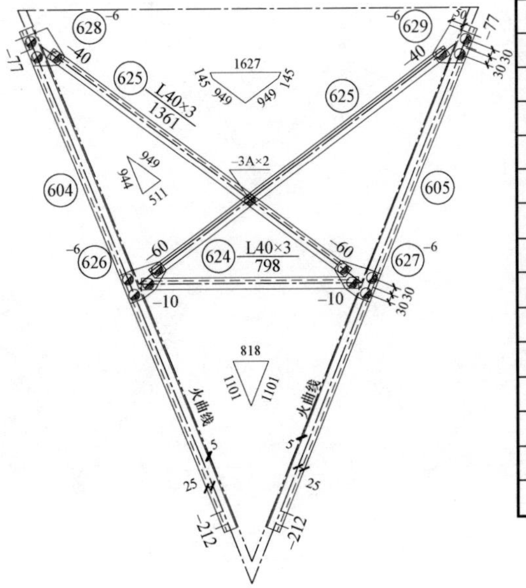

编号	规格	长度(mm)	数量	质量(kg) 一件	质量(kg) 小计	备注	编号	规格	长度(mm)	数量	质量(kg) 一件	质量(kg) 小计	备注
601	Q355L80×7	6342	1	54.07	54.1	带脚钉	619	−6×244	301	4	3.46	13.8	
602	Q355L80×7	6342	2	54.07	108.1		620	Q355−6×196	200	8	1.85	14.8	
603	Q355L80×7	6342	1	54.07	54.1		621	L45×4	1587	4	4.34	17.4	
604	L50×4	1988	4	6.08	24.3		622	L40×4	2343	1	5.67	5.7	
605	L50×4	1988	4	6.08	24.3		623	L40×4	2343	1	5.67	5.7	
606	L40×3	622	8	1.15	9.2		624	L40×3	798	4	1.48	5.9	
607	L40×3	1069	8	1.98	15.8		625	L40×3	1361	8	2.52	20.2	
608	Q355L63×5	2188	1	10.55	10.6		626	−6×110	166	4	0.86	3.4	火曲
609	Q355L63×5	2188	3	10.55	31.6		627	−6×110	166	4	0.86	3.4	火曲
610	L40×4	1184	4	2.87	11.5	切角	628	−6×119	142	4	0.80	3.2	火曲
611	L40×4	1184	4	2.87	11.5		629	−6×119	142	4	0.80	3.2	火曲
612	L40×3	2587	4	4.79	19.2	切角	630	Q355−18×270	270	4	10.30	41.2	焊接
613	L40×3	2587	4	4.79	19.2	打坡口焊接	631	Q355−10×320	294	4	7.39	29.6	打坡口焊接
614	L40×3	2442	4	4.52	18.1	切角	632	Q355−10×104	294	4	2.40	9.6	打坡口焊接
615	L40×3	2442	4	4.52	18.1	打坡口焊接	633	Q355−10×208	292	4	4.77	19.1	打坡口焊接
616	L40×3	2304	4	4.27	17.1	切角	634	Q355−8×100	100	16	0.63	10.1	打坡口焊接
617	L40×3	2304	4	4.27	17.1								
618	Q355L90×7	550	4	5.31	21.2	铲弧		总质量				691.4kg	

螺栓、脚钉、垫圈明细表

名称	级别	规格	符号	数量	质量(kg)	备注
螺栓	6.8级	M16×40	⊘	173	24.9	
		M16×50	⊘	48	7.7	
		M20×45	○	64	17.3	
		M20×55	∅	32	9.4	
脚钉	6.8级	M16×180	⊕T	12	4.6	
		M20×200		1	0.7	
垫圈	Q235	−3A(φ17.5)		34	0.3	规格×个数
总质量					64.9kg	

图 15−27   10D315−ZA1 直线塔塔腿⑥结构图（2/2）

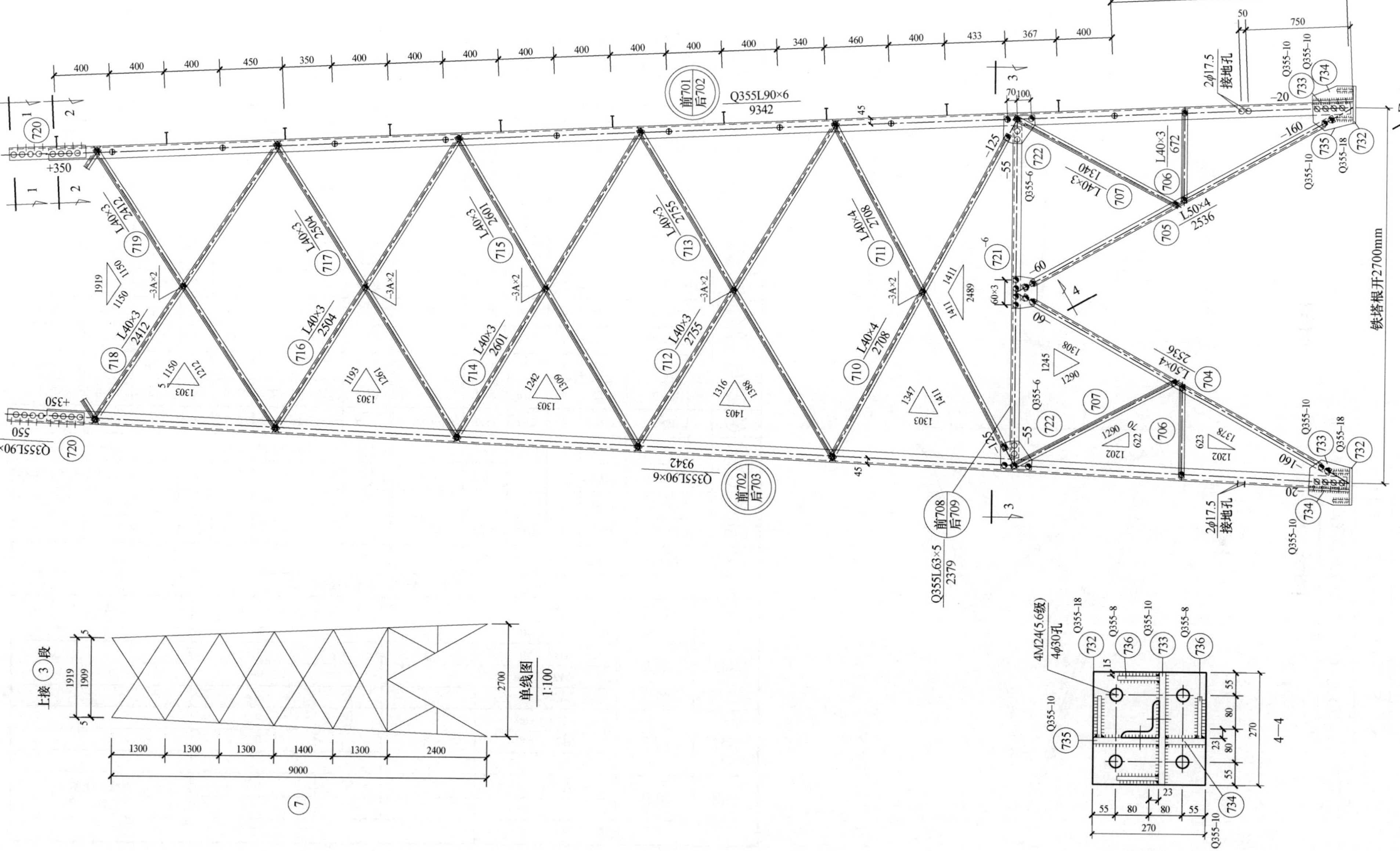

图 15-28 10D3015-ZA1 直线塔塔腿⑦结构图（1/2）

构 件 明 细 表

编号	规格	长度(mm)	数量	质量(kg) 一件	质量(kg) 小计	备注	编号	规格	长度(mm)	数量	质量(kg) 一件	质量(kg) 小计	备注
701	Q355L90×6	9342	1	78.02	78.0	带脚钉	720	Q355L90×7	550	4	5.31	21.2	铲弧
702	Q355L90×6	9342	2	78.02	156.0		721	−6×182	230	4	1.97	7.9	
703	Q355L90×6	9342	1	78.02	78.0		722	Q355−6×202	232	8	2.21	17.7	
704	L50×4	2536	4	7.76	31.0		723	L45×4	1736	4	4.75	19.0	
705	L50×4	2536	4	7.76	31.0		724	L40×4	2554	1	6.19	6.2	
706	L40×3	672	8	1.24	9.9		725	L40×4	2554	1	6.19	6.2	
707	L40×3	1340	8	2.48	19.8		726	L40×3	877	4	1.62	6.5	
708	Q355L63×5	2379	1	11.47	11.5		727	L40×3	1646	8	3.05	24.4	
709	Q355L63×5	2379	3	11.47	34.4		728	−6×118	164	4	0.91	3.6	火曲
710	L40×4	2708	4	6.56	26.2	切角	729	−6×118	164	4	0.91	3.6	火曲
711	L40×4	2708	4	6.56	26.2		730	−6×142	150	4	1.00	4.0	火曲
712	L40×3	2755	4	5.10	20.4	切角	731	−6×142	150	4	1.00	4.0	火曲
713	L40×3	2755	4	5.10	20.4		732	Q355−18×270	270	4	10.30	41.2	焊接
714	L40×3	2601	4	4.82	19.3	切角	733	Q355−10×320	294	4	7.39	29.6	打坡口焊接
715	L40×3	2601	4	4.82	19.3		734	Q355−10×104	294	4	2.40	9.6	打坡口焊接
716	L40×3	2504	4	4.64	18.6	切角	735	Q355−10×208	292	4	4.77	19.1	打坡口焊接
717	L40×3	2504	4	4.64	18.6		736	Q355−8×100	100	16	0.63	10.1	打坡口焊接
718	L40×3	2412	4	4.47	17.9	切角							
719	L40×3	2412	4	4.47	17.9			总质量				888.3kg	

螺栓、脚钉、垫圈明细表

名称	级别	规格	符号	数量	质量(kg)	备注
螺栓	6.8级	M16×40	◑	213	30.7	
		M16×50	◕	24	3.8	
		M20×45	○	72	19.4	
		M20×55	∅	32	9.4	
脚钉	6.8级	M16×180	⊕T	19	7.2	
		M20×200		1	0.7	
垫圈	Q235	−3A(φ17.5)		50	0.5	规格×个数
总质量					71.7kg	

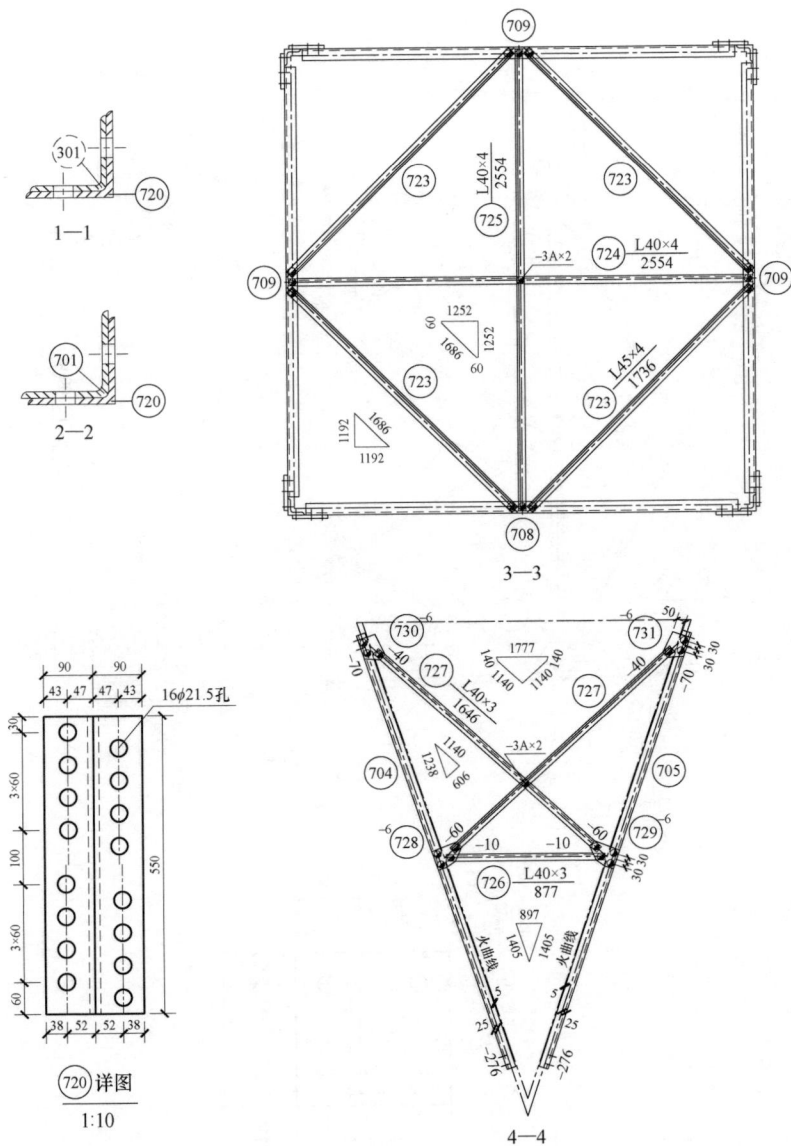

图 15−29　10D3015−ZA1 直线塔塔腿⑦结构图（2/2）

除图中注明外，必须遵照下列统一要求进行加工和组装：

（1）杆塔的设计执行《输电线路杆塔制图和构造规定》（DL/T 5442—2020）的有关规定。

（2）结构图中图面内的图例、代号等在说明中未提及之处，均按《输电线路杆塔制图和构造规定》（DL/T 5442—2020）中的要求执行。

（3）杆塔加工时应严格执行《输电线路铁塔制造技术条件》（GB/T 2694—2018）。

本塔构件的尺寸以放样为准，构件加工后必须试组装，验收合格后方可批量加工。

（4）钢材质量标准应符合《碳素结构钢》（GB/T 700—2006）及《低合金高强度结构钢》（GB/T 1591—2018）的有关要求；螺栓、螺母、扣紧螺母应符合的标准分别为《六角头螺栓　C 级》（GB/T 5780—2016）、《Ⅰ型六角螺母》（GB/T 6170—2015）、《扣紧螺母》（GB/T 805—1988）。所有材料，包括角钢、螺栓、防盗螺栓、扣紧螺母、焊条等均应有出厂合格证书。

（5）杆塔构件所用钢种为 Q235B、Q355B，图中注明 Q355 材料为 Q355B 钢材，未注明均为 Q235B 钢材（角钢用“L”、钢板用“－”表示）。所有构件均须热镀锌。

（6）所有螺栓（包括防盗螺栓）的强度等级为热镀锌后的强度值。

（7）杆塔构件连接主要以螺栓连接为主，少数采用焊接（如塔脚板连接等）。构件焊接应按照焊接规程、规范和有关规定进行，焊缝高度不得小于连接构件的最小厚度，当被焊接构件厚 8mm 及以上时，要按规定剖口焊，以便焊透。对 Q355 构件焊接时选用 E50 系列焊条，对 Q235 构件焊接时选用 E43 系列焊条。

（8）加工时如发生材料代用或改变节点形式等情况，须与设计单位联系解决。材料代用时，需注意相关影响，应与图纸对应列表统计，并由加工厂书面通知施工单位，以方便施工安装。

（9）角钢与钢板的螺栓间距、边距除图中特殊注明外应按表 1 采用。

（10）角钢准距除图中特殊注明外，一般按表 2 采用。

（11）螺栓、脚钉、垫圈规格按表 3、表 4 采用。

（12）脚钉一般从离地面 1.5m 处开始向上装设，间距 400mm 左右，加工放样时可适当调整脚钉的位置，脚钉除运行单位有特殊要求外，一般采用防滑带直钩形式。

（13）其他事项：

1）节点板考虑到刚度要求，形状不宜狭长，节点板边缘与构件轴线夹角 α 不小于 15°，如右图所示。

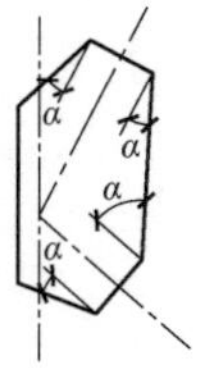

α 角示意图

2）构件厚度大于 14mm 时须采用钻孔方法加工，构件接头中外包角钢清根，内包角钢铲背。

3）凡图中所要求的火曲、开合角、切肢、压扁、切角等的尺寸均由加工放样决定。

4）两构件连接面间的间隙大于 3mm 时，构件应局部开、合角或制弯。

5）当构件需采用切肢或压扁时，应优先采用切肢。

（14）杆塔加工时应根据实际工程要求的高度设置防盗螺栓（无特殊说明的 10m 高以下防盗）。

表 1　　螺栓间距、边距表

螺栓规格	孔径（mm）	螺栓间距（mm）		边距（mm）		
		单排	双排	端距	扎制边距	切角边距
M16	ϕ17.5	50	80	25	≥21 或 20（L40 角钢时）	≥23
M20	ϕ21.5	60	100	30	≥26	≥28

注　螺孔顺力线方向重心最大间距为 $12d$ 或 $18t$（取二者较小者），其中 d 为螺栓直径，t 为较薄板的厚度。

表 2　　角 钢 准 距 表

肢宽（mm）	准距（mm）	第一排准距（mm）	第二排准距（mm）	最大使用孔径（mm）
L40	20			17.5
L45	23			
L50	25（28）			
L56	28（32）			
L63	30（36）			21.5
L70	35（40）			
L75	38（40）			
L80	40			
L90	45			
L100	50			
L110	55	45	75	
L125	60	50	85	
L140	70	55	90	
L160	80	60	105	

注　括号内数字用于螺栓边距不足时，在搭接位置上的螺栓孔可使用的准距。

表 3　　螺 栓 规 格 表

级别	单帽螺栓（带一垫、一扣紧螺母）					防盗螺栓	双帽螺栓（带一垫）				
	规格	符号	通过厚度（mm）	无扣长（mm）	质量（kg）	质量（kg）（带一垫）	规格	符号	通过厚度（mm）	无扣长（mm）	质量（kg）
6.8	M16×40	◕	7～12	6	0.1442	0.1997	M16×50	◕	7～12	6	0.1875
	M16×50	◕	13～22	12	0.1602	0.2127	M16×60	◕	13～22	12	0.2039
	M16×60	◕	23～32	22	0.1762	0.2277	M16×70	◕	23～32	22	0.2203
	M16×70	◕	33～42	32	0.1922	0.2477	M16×80	◕	33～42	32	0.2369
6.8	M20×45	○	9～15	8	0.2701	0.3517	M20×60	○	9～15	8	0.3605
	M20×55	∅	16～25	15	0.2953	0.3737	M20×70	○	16～25	15	0.3864
	M20×65	⊠	26～35	25	0.3205	0.3967	M20×80	○	26～35	25	0.4123
	M20×75	∅	36～45	35	0.3457	0.4207	M20×90	○	36～45	35	0.4381
	M20×85	⊗	46～55	45	0.3709	0.4407	M20×100	○	46～55	45	0.4640
	M20×95	⊗	56～65	55	0.3961	0.4607	M20×110	○	56～65	55	0.4899
	M20×105	⊛	66～75	65	0.4213	0.4807	M20×120	○	66～75	65	0.5158

表 4　　脚钉、垫圈规格表

脚钉（带两帽）				垫圈				
规格	符号	无扣长（mm）	质量（kg）	规格	符号	质量（kg）	内径（mm）	外径（mm）
M16×180	⊕ ——	120	0.3799	－2（ϕ13.5）	规格×个数	0.00186	13.5	24
				－3（ϕ17.5）		0.01065	17.5	30
M20×200	⊕ ——	120	0.6749	－3（ϕ22）	规格×个数	0.01637	22	37
				－4（ϕ22）		0.02183	22	37
M24×240	⊕ ——	120	1.1803	－3（ϕ26）	规格×个数	0.02331	26	44
				－4（ϕ26）		0.03108	26	44

图 15－30　10D3015－ZA1 直线塔加工说明

15.2.2 10D3015−ZA2 直线塔

10D3015−ZA2 直线塔结构图清单见表 15−7。

表 15−7　　　　　　　　**10D3015−ZA2 直线塔结构图清单**

图序	图名	备注
图 15−31	10D3015−ZA2 直线塔总图	
图 15−32	10D3015−ZA2 直线塔材料汇总表	
图 15−33	10D3015−ZA2 直线塔塔头①结构图（1/3）	
图 15−34	10D3015−ZA2 直线塔塔头①结构图（2/3）	
图 15−35	10D3015−ZA2 直线塔塔头①结构图（3/3）	
图 15−36	10D3015−ZA2 直线塔塔身②结构图	
图 15−37	10D3015−ZA2 直线塔塔身③结构图（1/2）	
图 15−38	10D3015−ZA2 直线塔塔身③结构图（2/2）	

图序	图名	备注
图 15−39	10D3015−ZA2 直线塔塔身④结构图	
图 15−40	10D3015−ZA2 直线塔塔腿⑤结构图（1/2）	
图 15−41	10D3015−ZA2 直线塔塔腿⑤结构图（2/2）	
图 15−42	10D3015−ZA2 直线塔塔腿⑥结构图（1/2）	
图 15−43	10D3015−ZA2 直线塔塔腿⑥结构图（2/2）	
图 15−44	10D3015−ZA2 直线塔塔腿⑦结构图（1/2）	
图 15−45	10D3015−ZA2 直线塔塔腿⑦结构图（2/2）	
图 15−46	10D3015−ZA2 直线塔塔腿⑧结构图（1/2）	
图 15−47	10D315−ZA2 直线塔塔腿⑧结构图（2/2）	
图 15−48	10D3015−ZA2 直线塔加工说明	

杆塔根开、基础根开、地脚螺栓规格及间距表

杆塔名称（型号）	10D3015－ZA2			
呼高（m）	15	18	21	24
接腿	⑤	⑥	⑦	⑧
杆塔根开（mm）	2289	2559	2830	3100
基础根开（mm）	2333	2603	2874	3144
基础地脚螺栓间距（mm）	160	160	160	160
每腿基础地脚螺栓配置（5.6 级）	4M24	4M24	4M24	4M24

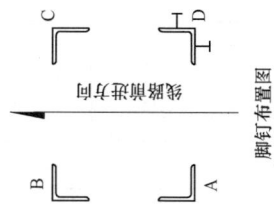

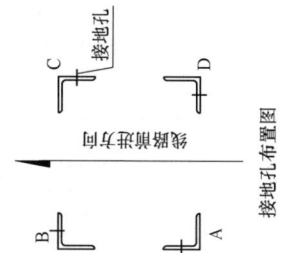

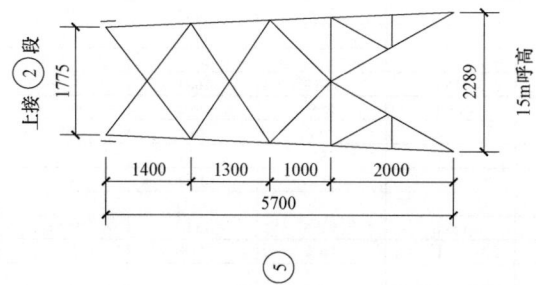

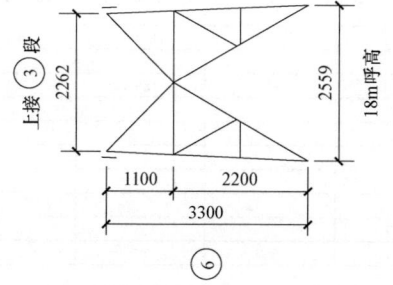

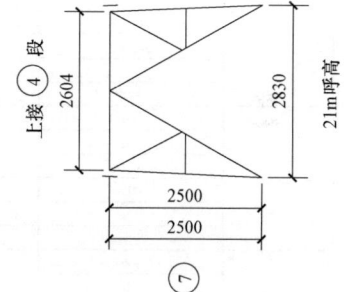

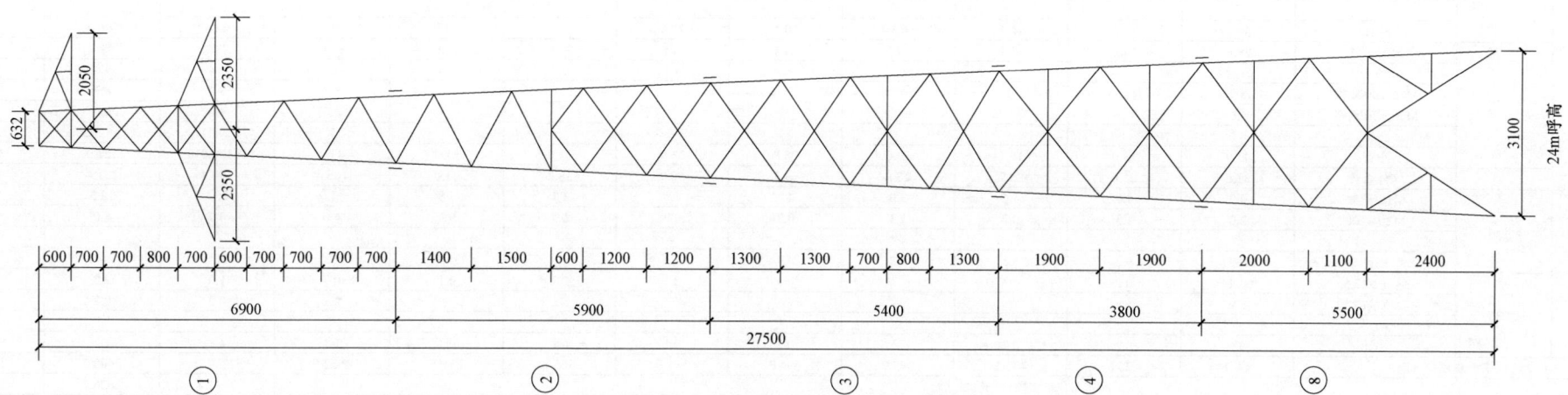

图 15－31　10D3015－ZA2 直线塔总图

材 料 汇 总 表

材料	材质	规格	①	②	③	④	⑤	⑥	⑦	⑧	15.0	18.0	21.0	24.0
角钢	Q355	L100×7				23.8		23.8	23.8	23.8		23.8	47.6	47.6
		L90×7	54.0		21.2		21.2		111.5	227.6	75.2	75.2	186.7	302.8
		L90×6			180.4	125.2	201.9	121.5			201.9	301.9	305.6	305.6
		L80×7		17.6							17.6	17.6	17.6	17.6
		L80×6		174.1							174.1	174.1	174.1	174.1
		L70×6	168.8								168.8	168.8	168.8	168.8
		L63×5	106.6				38.5	43.4	49.9	53.5	145.1	150.0	156.5	160.1
		小计	329.4	191.7	201.6	149.0	261.6	188.7	185.2	304.9	782.7	911.4	1056.9	1176.6
	Q235	L56×5	7.4								7.4	7.4	7.4	7.4
		L56×4	16.2							27.8	16.2	16.2	16.2	44.0
		L50×5	97.3	46.4							143.7	143.7	143.7	143.7
		L50×4	20.6	60.3	26.0		51.0	57.0	87.0	64.8	191.9	163.9	143.7	171.7
		L45×4	19.7			70.2	16.0	51.4		128.4	35.7	71.1	89.9	218.3
		L40×4	10.4			48.0		11.8	13.0	26.6	10.4	22.2	71.4	85.0
		L40×3	132.8	90.0	169.4	45.6	149.7	56.6	60.9	66.4	372.5	442.8	492.7	498.2
		小计	304.4	196.7	189.4	163.8	216.7	176.8	160.9	314.0	717.8	867.3	1015.2	1168.3
钢板	Q355	−6	68.6				16.0	15.9	26.1	15.2	84.6	84.5	94.7	83.8
		−8	17.3				10.1	10.1	10.1	10.1	27.4	27.4	27.4	27.4
		−10					58.3	58.3	58.3	58.3	58.3	58.3	58.3	58.3
		−18					41.2	41.2	41.2	41.2	41.2	41.2	41.2	41.2
		小计	85.9				125.6	125.5	135.7	124.8	211.5	211.4	221.6	210.7
	Q235	−6	22.4	5.2	7.7		26.4	26.3	23.2	26.2	54.0	61.6	58.5	61.5
		−10	1.4								1.4	1.4	1.4	1.4
		小计	23.8	5.2	7.7		26.4	26.3	23.2	26.2	55.4	63.0	59.9	62.9
螺栓	6.8 级	M16×40	29.7	9.4	12.8	3.3	27.8	24.4	22.1	24.9	66.9	76.3	77.3	80.1
		M16×50	8.8	3.2	1.3	3.5	2.6	2.6	5.1	5.1	14.6	15.9	21.9	21.9
		M16×60 双帽	1.2								1.2	1.2	1.2	1.2
		小计	39.7	12.6	14.1	6.8	30.4	27.0	27.2	30.0	82.7	93.4	100.4	103.2
	6.8 级	M20×45	28.6	13.0	15.1	20.0	19.4	21.6	21.6	21.6	61.0	78.3	98.3	98.3
		M20×55					9.4	9.4	9.4	9.4	9.4	9.4	9.4	9.4
		M20×60 双帽	8.7								8.7	8.7	8.7	8.7
		M20×70 双帽	4.6								4.6	4.6	4.6	4.6
		小计	41.9	13.0	15.1	20.0	28.8	31.0	31.0	31.0	83.2	101.0	121.0	121.0
		螺栓合计	81.6	25.6	29.2	26.8	59.2	58.0	58.2	61.0	166.4	194.4	221.4	224.2
脚钉	6.8 级	M16×180	4.9	4.9	4.6	3.0	4.2	1.9	1.1	3.8	14.0	16.3	18.5	21.2
		M20×200	2.0	1.3	0.7	1.3	0.7	0.7	0.7	0.7	4.0	4.7	6.0	6.0
		小计	6.9	6.2	5.3	4.3	4.9	2.6	1.8	4.5	18.0	21.0	24.4	27.2
垫圈	Q235	−3A（φ17.5）	0.4	0.2	0.3		0.3	0.1	0.1	0.1	0.9	1.0	1.0	1.0
		−4A（φ17.5）	0.2								0.2	0.2	0.2	0.2
		小计	0.6	0.2	0.3		0.3	0.1	0.1	0.1	1.1	1.2	1.2	1.2
不含防盗螺栓总质量（kg）			832.6	425.6	433.5	343.9	694.7	578.0	565.1	835.5	1952.9	2269.7	2600.7	2871.1
各呼高含防盗螺栓总质量（kg）											1972.4	2292.4	2626.7	2899.8

图 15−32　10D3015−ZA2 直线塔材料汇总表

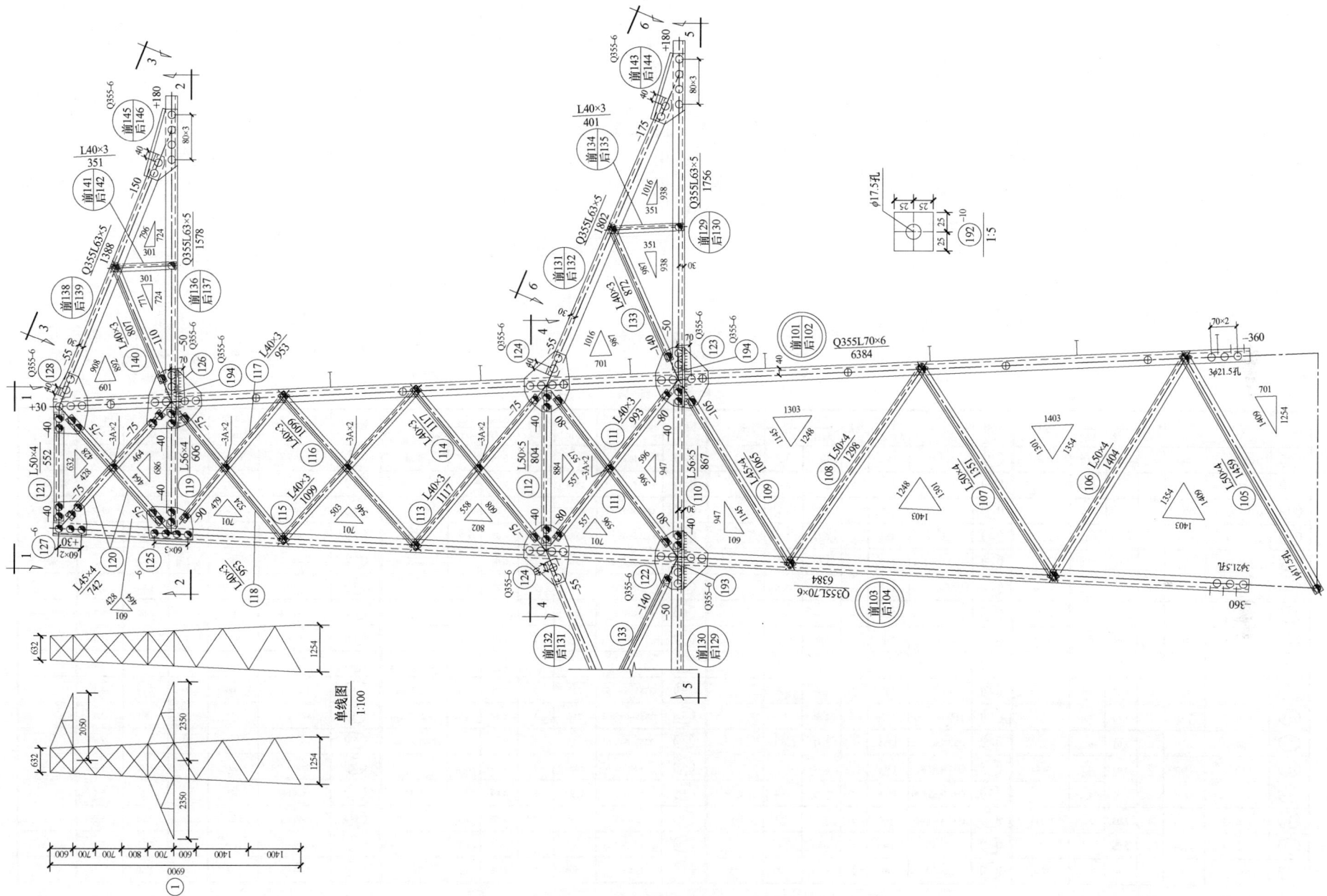

图15-33 10D3015-ZA2直线塔塔头①结构图（1/3）

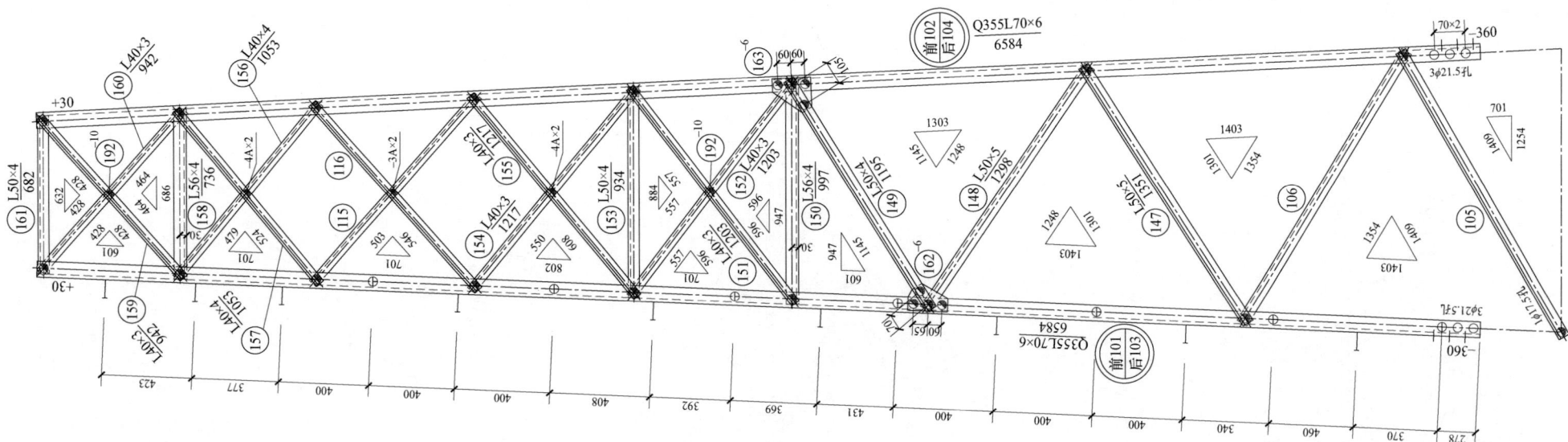

构件明细表

编号	规格	长度(mm)	数量	单件	小计	备注	编号	规格	长度(mm)	数量	单件	小计	备注	编号	规格	长度(mm)	数量	单件	小计	备注	编号	规格	长度(mm)	数量	单件	小计	备注
101	Q355L70×6	6584	1	42.18	42.2	带脚钉	118	L40×3	881	2	1.63	3.3		135	L40×3	401	2	0.74	1.5	切角	152	L40×3	1203	2	2.23	4.5	切角
102	Q355L70×6	6584	1	42.18	42.2		119	L56×4	624	2	2.15	4.3		136	Q355L63×5	1578	1	7.61	7.6		153	L50×4	934	2	2.86	5.7	两端切肢
103	Q355L70×6	6584	1	42.18	42.2		120	L45×4	755	4	2.07	8.3		137	Q355L63×5	1578	1	7.61	7.6		154	L40×3	1154	2	2.14	4.3	切角
104	Q355L70×6	6584	1	42.18	42.2		121	L50×4	570	2	1.74	3.5		138	Q355L63×5	1388	1	6.69	6.7	切角	155	L40×3	1154	2	2.14	4.3	
105	L50×5	1459	4	5.50	22.0		122	Q355-6×314	243	2	3.59	7.2		139	Q355L63×5	1388	1	6.69	6.7	切角	156	L40×3	996	2	1.84	3.7	切角
106	L50×5	1404	4	5.29	21.2	切角	123	Q355-6×314	243	2	3.59	7.2		140	L40×3	686	2	1.27	2.5		157	L40×3	996	2	1.84	3.7	
107	L50×5	1351	2	5.09	10.2		124	Q355-6×243	322	4	3.69	14.8		141	L40×3	351	1	0.65	0.6		158	L56×4	754	2	2.60	5.2	一端切肢
108	L50×5	1298	2	4.89	9.8	切角	125	-6×172	254	2	2.06	4.1		142	L40×3	351	1	0.65	0.6		159	L40×3	955	2	1.77	3.5	切角
109	L50×4	1065	2	4.02	8.0		126	Q345-6×255	316	2	3.80	7.6		143	Q355-6×167	213	2	3.78	7.6	卷边 50mm	160	L40×3	955	2	1.77	3.5	
110	L56×5	867	2	3.69	7.4		127	-6×175	181	2	1.49	3.0		144	Q355-6×167	213	2	3.78	7.6	卷边 50mm	161	L50×4	700	2	2.14	4.3	
111	L40×3	993	4	1.84	7.4		128	Q355-6×183	329	2	2.84	5.7		145	Q355-6×165	212	2	3.81	3.8	卷边 50mm	162	-6×123	175	2	1.01	2.0	
112	L50×5	804	2	3.03	6.1		129	Q355L63×5	1756	2	8.47	16.9		146	Q355-6×165	212	1	3.81	3.8	卷边 50mm	163	-6×147	170	2	1.18	2.4	
113	L40×3	1117	2	2.07	4.1	切角	130	Q355L63×5	1756	2	8.47	16.9		147	L50×5	1351	2	5.09	10.2		164	L40×3	1228	2	2.27	4.5	
114	L40×3	1117	2	2.07	4.1		131	Q355L63×5	1600	2	7.72	15.4	切角	148	L50×5	1298	2	4.89	9.8	切角	165	-6×142	201	4	1.34	5.4	
115	L40×3	1106	4	2.05	8.2	切角	132	Q355L63×5	1600	2	7.72	15.4	切角	149	L50×4	1195	2	3.66	7.3		166	L40×3	1200	1	2.22	2.2	
116	L40×3	1106	4	2.05	8.2	切角	133	L40×3	786	4	1.46	5.8		150	L56×4	997	2	3.44	6.9		167	L40×3	1198	1	2.22	2.2	中间切肢
117	L40×3	881	2	1.63	3.3	切角	134	L40×3	401	2	0.74	1.5		151	L40×3	1203	2	2.23	4.5	切角	168	L40×3	858	2	1.59	3.2	

图 15-34 10D3015-ZA2 直线塔塔头①结构图（2/3）（一）

编号	规格	长度(mm)	数量	质量(kg) 单件	质量(kg) 小计	备注	编号	规格	长度(mm)	数量	质量(kg) 单件	质量(kg) 小计	备注	编号	规格	长度(mm)	数量	质量(kg) 单件	质量(kg) 小计	备注
⑯⑨	−6×141	200	4	1.33	5.3		⑰⑨	L40×3	1315	2	2.44	4.9		⑱⑨	L40×3	1088	1	2.01	2.0	切角
⑰⓪	L40×3	846	1	1.57	1.6		⑱⓪	L40×3	1315	2	2.44	4.9	切角	⑲⓪	L40×3	1088	1	2.01	2.0	
⑰①	L40×3	844	1	1.56	1.6	中间切肢	⑱①	L40×3	971	2	1.80	3.6	一端切肢	⑲①	L40×3	715	1	1.32	1.3	一端切肢
⑰②	L40×3	1343	2	2.49	5.0		⑱②	L40×4	1099	1	2.66	2.7	切角	⑲②	−10×50	50	7	0.20	1.4	垫板
⑰③	L40×3	1343	2	2.49	5.0	切角	⑱③	L40×4	1099	1	2.66	2.7		⑲③	Q355−6×50	300	4	0.71	2.8	焊接
⑰④	L40×3	1263	2	2.34	4.7		⑱④	L40×4	1030	1	2.49	2.5	切角	⑲④	Q355−6×50	290	2	0.68	1.4	焊接
⑰⑤	L40×3	1263	2	2.34	4.7	切角	⑱⑤	L40×4	1030	1	2.49	2.5								
⑰⑥	Q355L90×7	1018	2	9.83	19.7		⑱⑥	Q355L90×7	757	1	7.31	7.3								
⑰⑦	Q355L90×7	1018	2	9.83	19.7		⑱⑦	Q355L90×7	757	1	7.31	7.3								
⑰⑧	Q355−8×141	338	4	2.99	12.0		⑱⑧	Q355−8×126	338	2	2.67	5.3		总质量					743.5kg	

螺栓、脚钉、垫圈明细表

名称	级别	规格	符号	数量	质量(kg)	备注
螺栓	6.8级	M16×40	●	209	29.7	
		M16×50	◑	54	8.8	
		M20×45	○	106	28.6	
		M16×70	●	6	1.2	带双帽
		M20×60	○	24	8.7	带双帽
		M20×70	○	12	4.6	带双帽
脚钉	6.8级	M16×180	⊕T	13	4.9	
		M20×200		3	2.0	
垫圈	Q235	−3A（φ17.5）		38	0.4	规格×个数
		−4A（φ17.5）		11	0.2	
总质量					89.1kg	

图 15−34　10D3015−ZA2 直线塔塔头①结构图（2/3）（二）

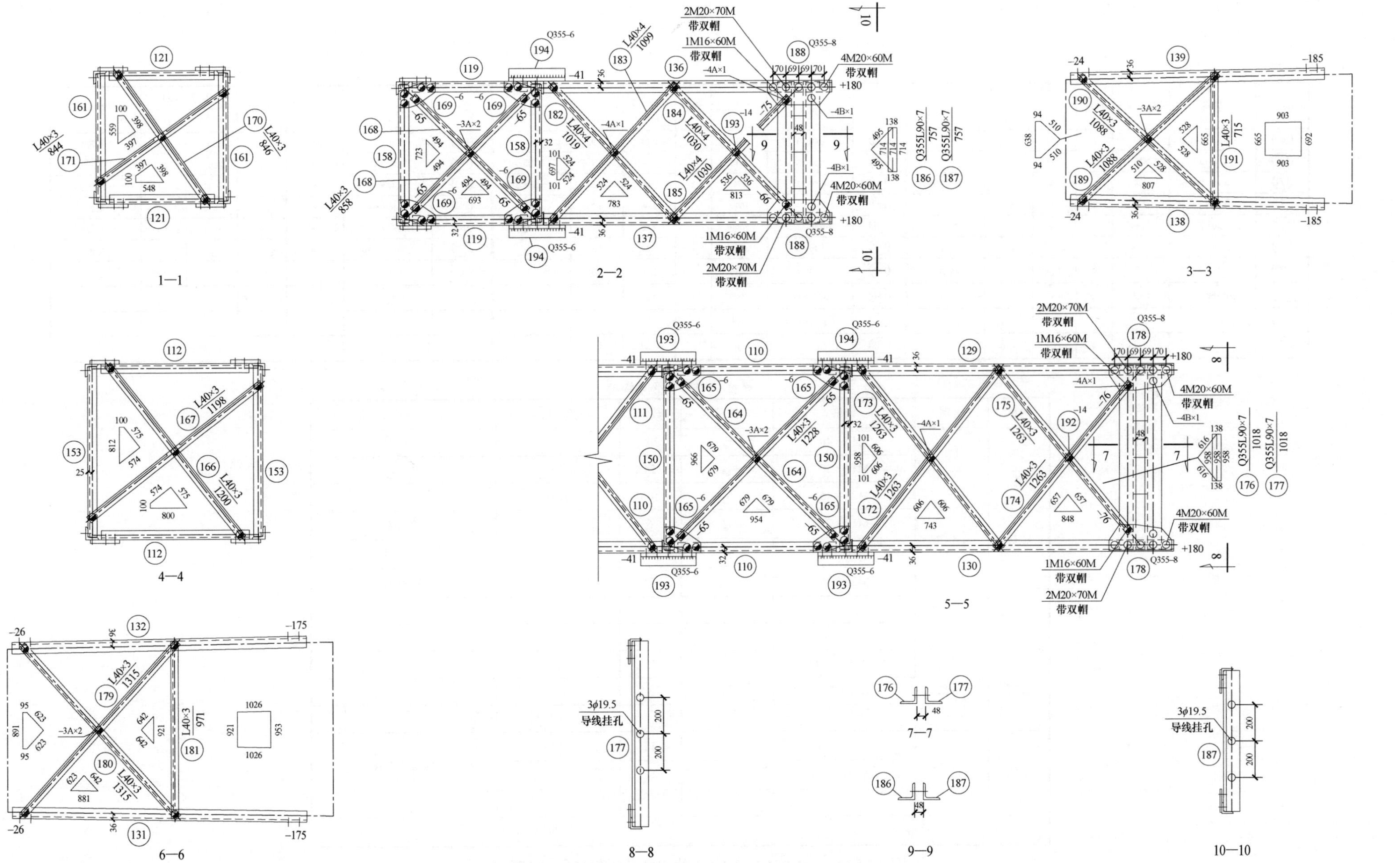

图 15-35　10D3015-ZA2 直线塔塔头①结构图（3/3）

构件明细表

编号	规格	长度(mm)	数量	质量(kg) 一件	小计	备注
201	Q355L80×6	5902	1	43.53	43.5	带脚钉
202	Q355L80×6	5902	2	43.53	87.1	
203	Q355L80×6	5902	1	43.53	43.5	
204	L40×3	2153	4	3.99	16.0	切角
205	L40×3	2153	4	3.99	16.0	
206	L40×3	2069	4	3.83	15.3	切角
207	L40×3	2069	4	3.83	15.3	
208	L40×3	933	4	1.73	6.9	
209	L40×3	933	4	1.73	6.9	切角
210	L50×5	1565	4	5.90	23.6	
211	L50×4	1711	4	5.23	20.9	
212	L50×4	1651	4	5.05	20.2	切角
213	L50×4	1570	4	4.80	19.2	
214	L50×4	1514	4	4.63	18.5	切角
215	Q355L80×7	515	4	4.39	17.6	铲弧
216	−6×120	231	4	1.31	5.2	
217	L40×3	1052	4	1.95	7.8	
218	L40×3	1587	1	2.94	2.9	中间切肢
219	L40×3	1587	1	2.94	2.9	
总质量					393.6kg	

螺栓、脚钉、垫圈明细表

名称	级别	规格	符号	数量	质量(kg)	备注
螺栓	6.8级	M16×40	●	65	9.4	
		M16×50	●	20	3.2	
		M20×45	○	48	13.0	
脚钉	6.8级	M16×180	⊕	13	4.9	
		M20×200	⊕	2	1.3	
垫圈	Q235	−3A (φ17.5)		16	0.2	规格×个数
总质量					32.0kg	

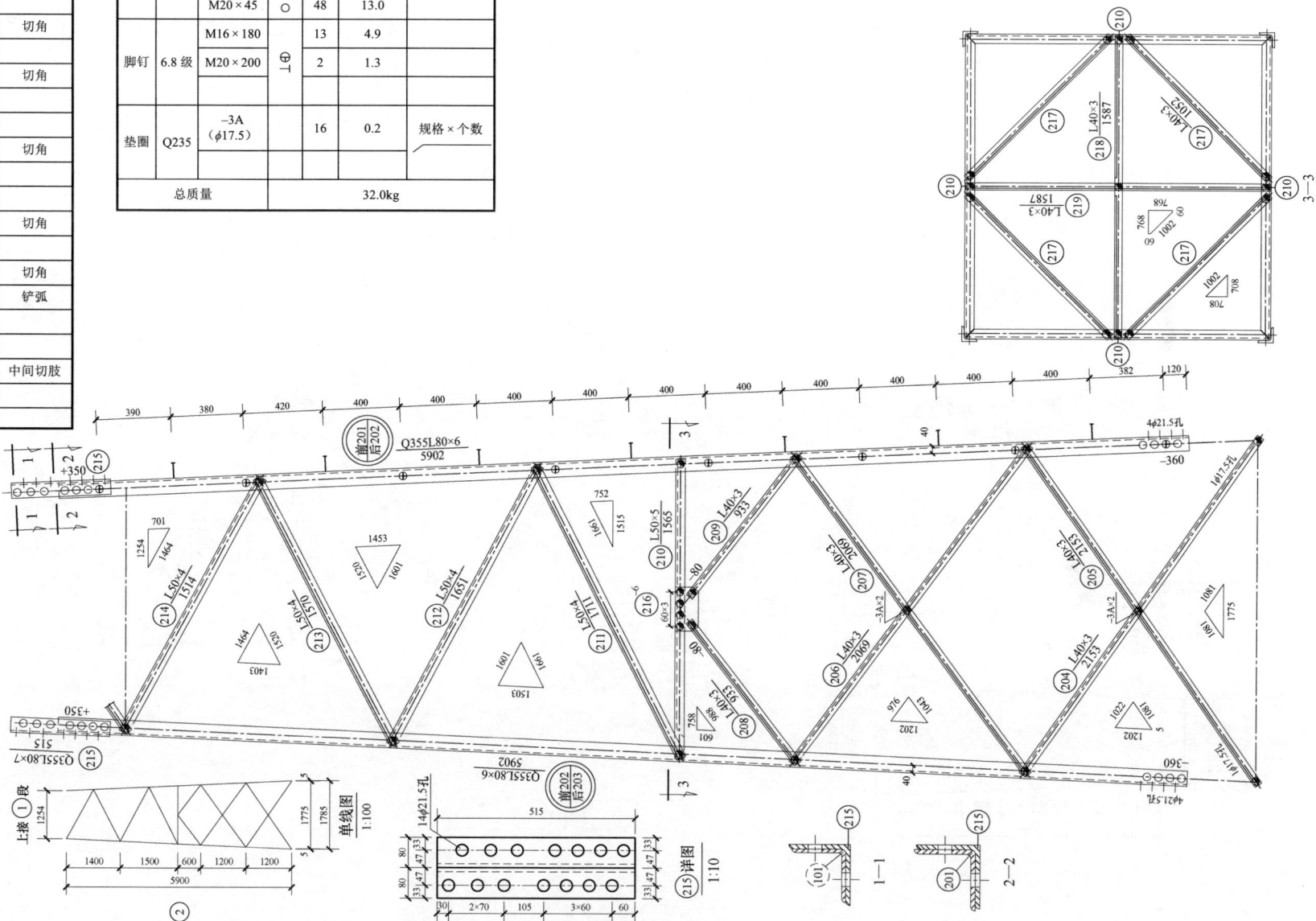

图 15−36 10D3015−ZA2 直线塔塔身②结构图

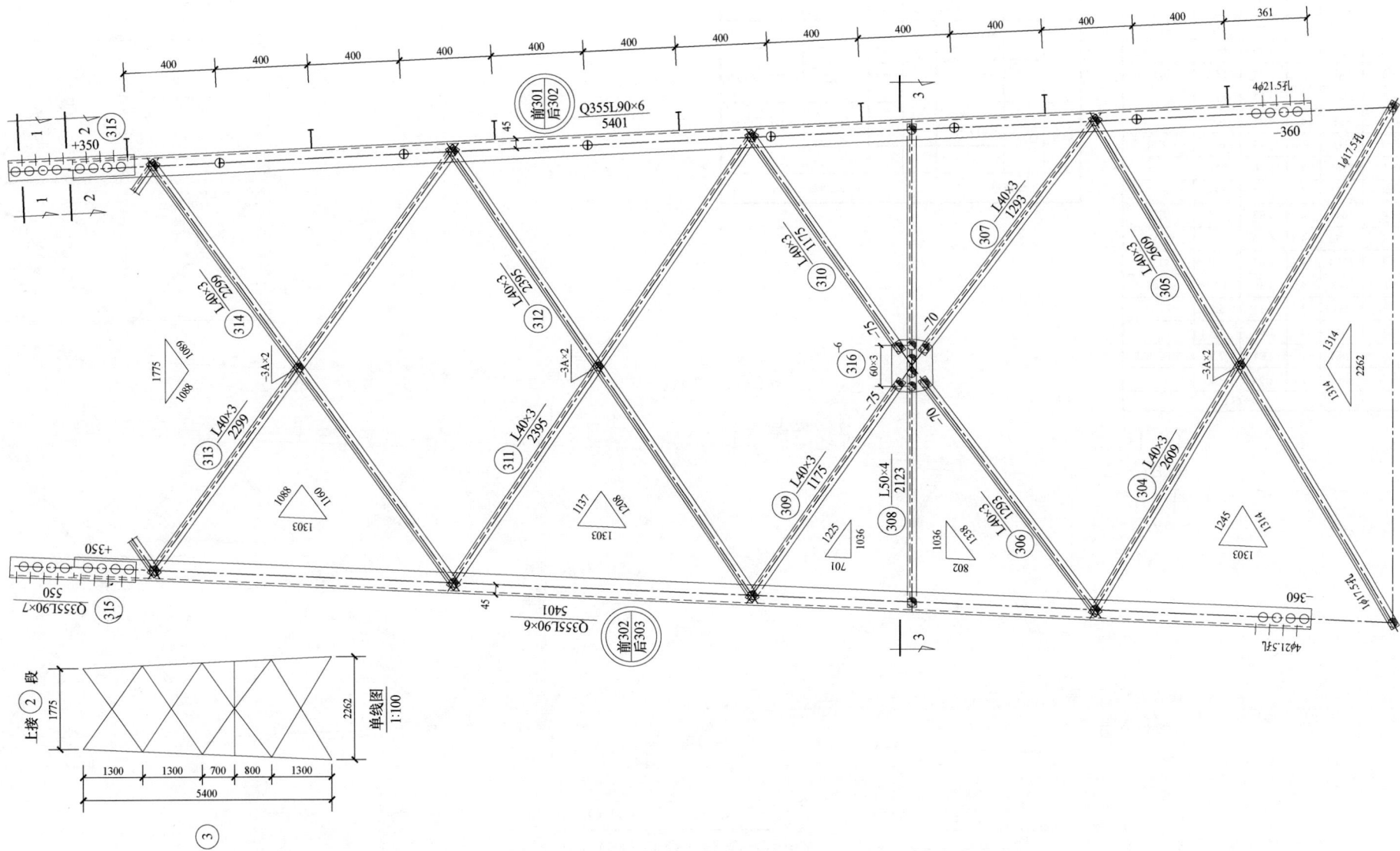

图 15-37　10D3015-ZA2 直线塔塔身③结构图（1/2）

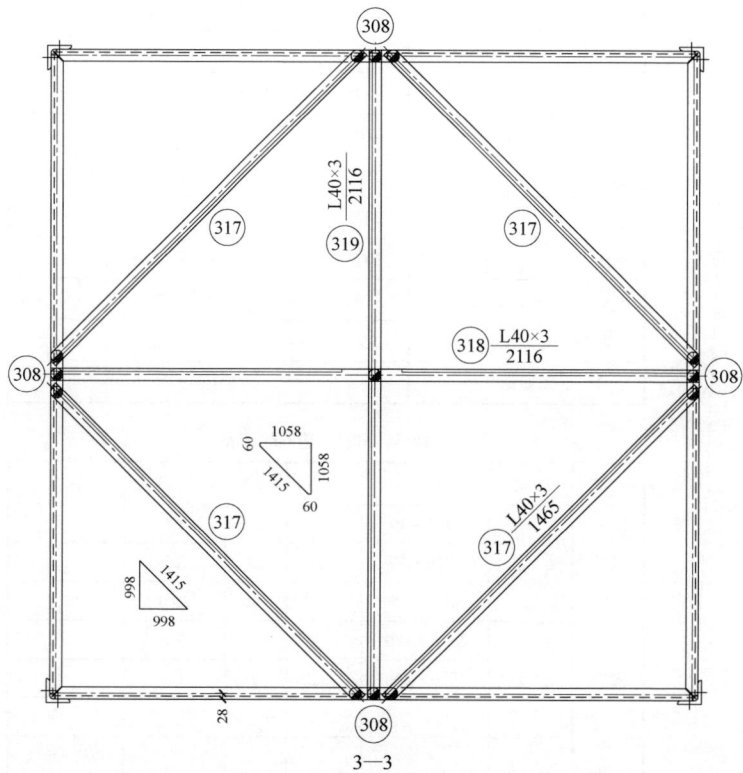

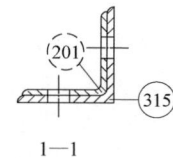

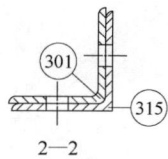

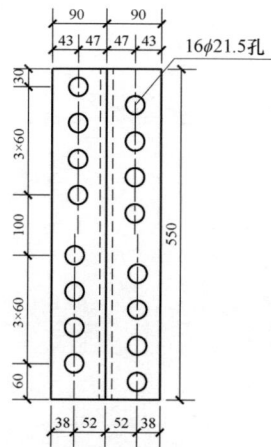

构件明细表

编号	规格	长度（mm）	数量	单件	小计	备注
301	Q355L90×6	5401	1	45.11	45.1	带脚钉
302	Q355L90×6	5401	2	45.11	90.2	
303	Q355L90×6	5401	1	45.11	45.1	
304	L40×3	2609	4	4.83	19.3	切角
305	L40×3	2609	4	4.83	19.3	
306	L40×3	1293	4	2.39	9.6	
307	L40×3	1293	4	2.39	9.6	切角
308	L50×4	2123	4	6.49	26.0	切角
309	L40×3	1175	4	2.18	8.7	切角
310	L40×3	1175	4	2.18	8.7	
311	L40×3	2395	4	4.44	17.8	切角
312	L40×3	2395	4	4.44	17.8	
313	L40×3	2299	4	4.26	17.0	切角
314	L40×3	2299	4	4.26	17.0	
315	Q355L90×7	550	4	5.31	21.2	铲弧
316	−6×178	230	4	1.93	7.7	
317	L40×3	1465	4	2.71	10.8	切角
318	L40×3	2116	1	3.92	3.9	中间切肢
319	L40×3	2116	1	3.92	3.9	
总质量					398.7kg	

螺栓、脚钉、垫圈明细表

名称	级别	规格	符号	数量	质量（kg）	备注
螺栓	6.8级	M16×40	◐	89	12.8	
		M16×50	◐	8	1.3	
		M20×45	○	56	15.1	
脚钉	6.8级	M16×180		12	4.6	
		M20×200	⊕━	1	0.7	
垫圈	Q235	−3A(φ17.5)		24	0.3	规格×个数
总质量					34.8kg	

图 15−38 10D3015−ZA2 直线塔塔身③结构图（2/2）

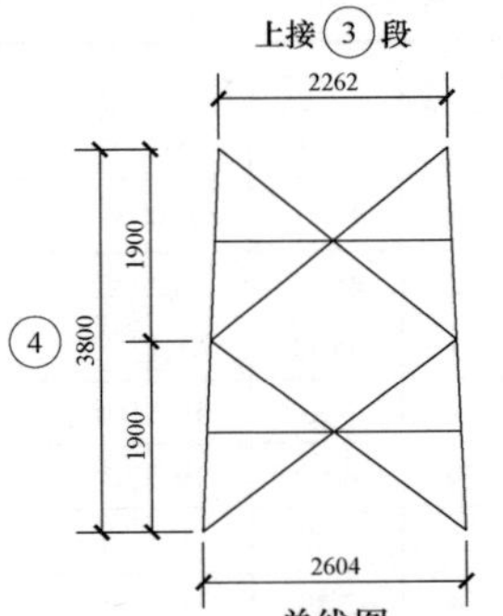

单线图
1:100

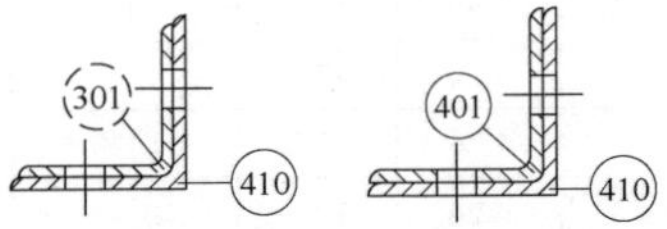

1—1　　2—2

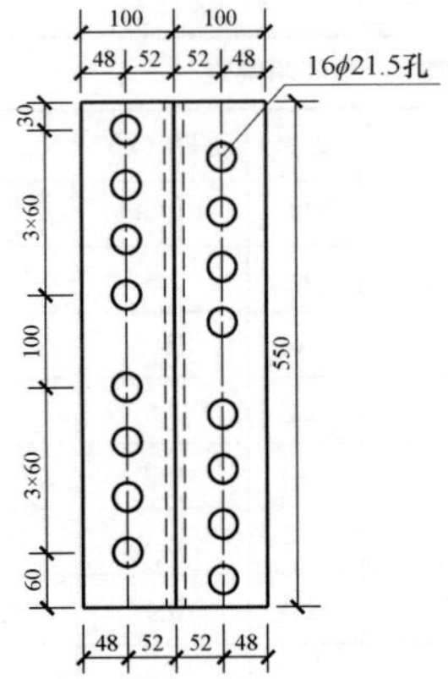

410 详图
1:10

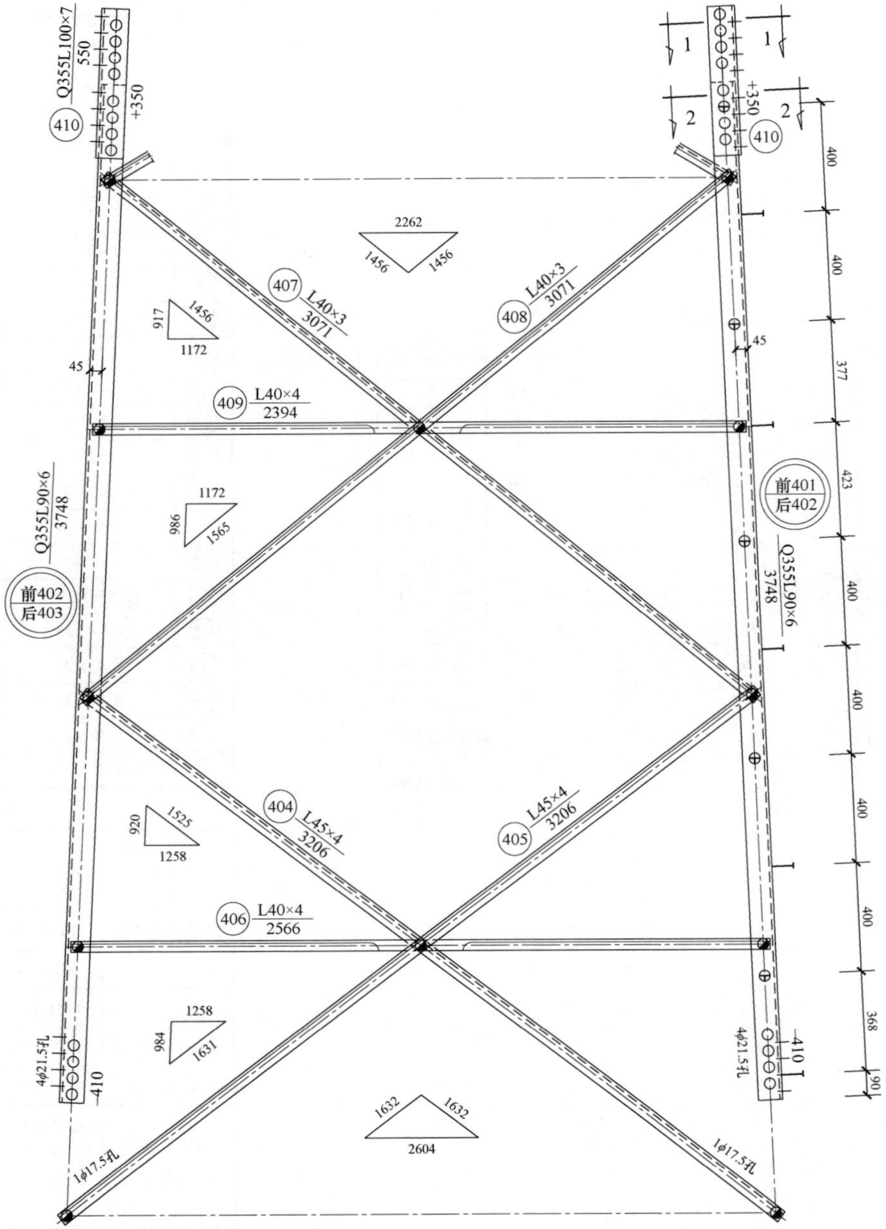

图 15－39　10D3015－ZA2 直线塔塔身④结构图

构件明细表

编号	规格	长度（mm）	数量	质量（kg） 单件	质量（kg） 小计	备注
401	Q355L90×6	3748	1	31.30	31.3	带脚钉
402	Q355L90×6	3748	2	31.30	62.6	
403	Q355L90×6	3748	1	31.30	31.3	
404	L45×4	3206	4	8.77	35.1	切角
405	L45×4	3206	4	8.77	35.1	
406	L40×4	2566	4	6.21	24.8	中间压扁
407	L40×3	3071	4	5.69	22.8	切角
408	L40×3	3071	4	5.69	22.8	
409	L40×4	2394	4	5.80	23.2	中间压扁
410	Q355L100×7	550	4	5.96	23.8	铲弧
总质量		312.8kg				

螺栓、脚钉、垫圈明细表

名称	级别	规格	符号	数量	质量（kg）	备注
螺栓	6.8 级	M16×40	◕	23	3.3	
		M16×50	◕	22	3.5	
		M20×45	○	74	20.0	
脚钉	6.8 级	M16×180	⊕ —┤	8	3.0	
		M20×200		2	1.3	
垫圈	Q235					规格×个数
总质量			31.1kg			

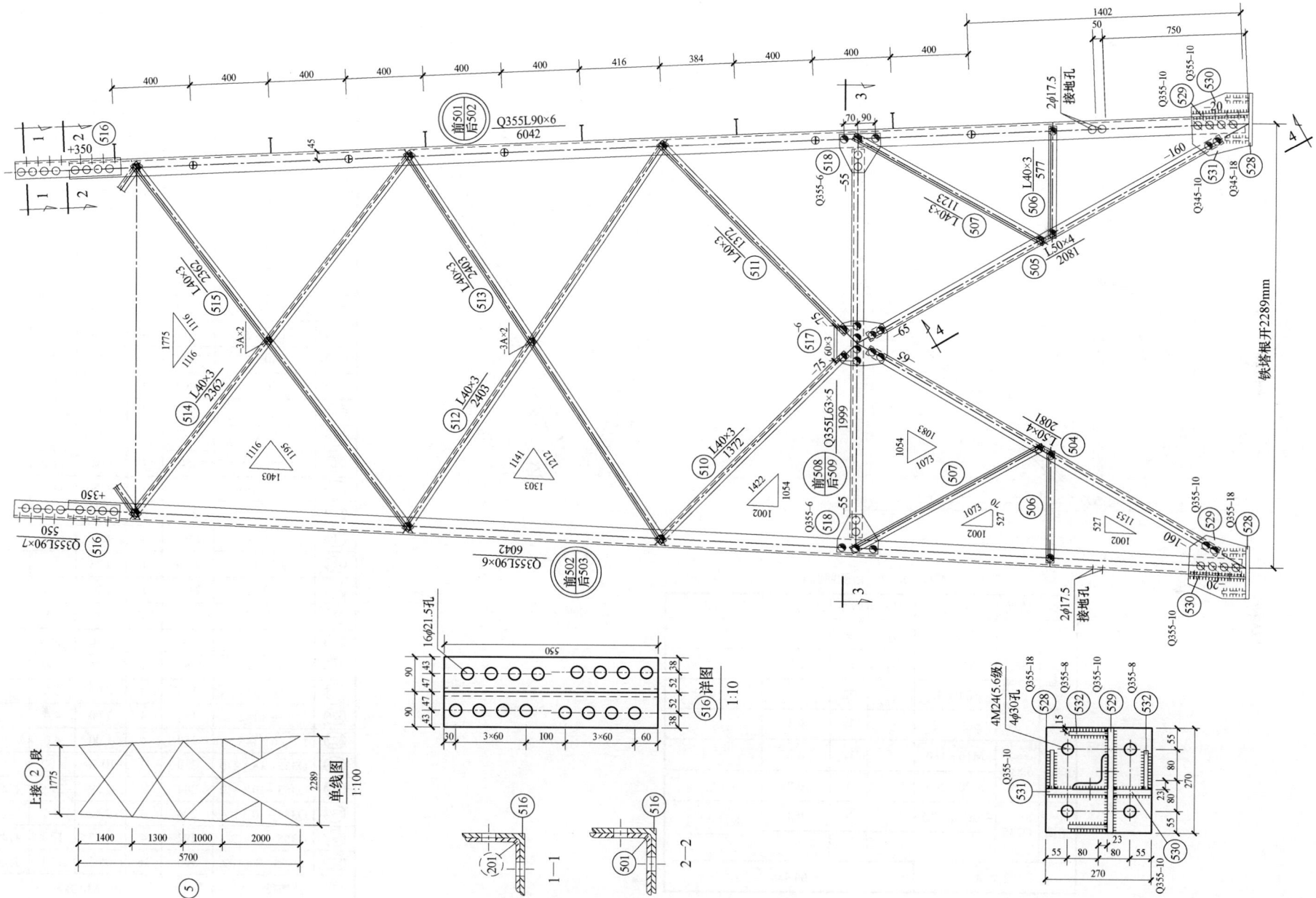

图 15-40 10D3015-ZA2 直线塔塔腿⑤结构图（1/2）

	L40×3		
	2174		

3—3

4—4

构件明细表

编号	规格	长度(mm)	数量	质量(kg) 一件	质量(kg) 小计	备注
501	Q355L90×6	6042	1	50.46	50.5	带脚钉
502	Q355L90×6	6042	2	50.46	100.9	
503	Q355L90×6	6042	1	50.46	50.5	
504	L50×4	2081	4	6.37	25.5	
505	L50×4	2081	4	6.37	25.5	
506	L40×3	577	8	1.07	8.6	
507	L40×3	1123	8	2.08	16.6	
508	Q355L63×5	1999	1	9.64	9.6	
509	Q355L63×5	1999	3	9.64	28.9	
510	L40×3	1372	4	2.54	10.2	切角
511	L40×3	1372	4	2.54	10.2	
512	L40×3	2403	4	4.45	17.8	切角
513	L40×3	2403	4	4.45	17.8	
514	L40×3	2362	4	4.37	17.5	切角
515	L40×3	2362	4	4.37	17.5	
516	Q355L90×7	550	4	5.31	21.2	铲弧
517	−6×230	258	4	2.79	11.2	
518	Q355−6×202	210	8	2.00	16.0	
519	L45×4	1467	4	4.01	16.0	
520	L40×3	2174	1	4.03	4.0	
521	L40×3	2174	1	4.03	4.0	
522	L40×3	743	4	1.38	5.5	
523	L40×3	1348	8	2.50	20.0	
524	−6×118	164	4	0.91	3.6	火曲
525	−6×118	164	4	0.91	3.6	火曲
526	−6×142	150	4	1.00	4.0	火曲
527	−6×142	150	4	1.00	4.0	火曲
528	Q355−18×270	270	4	10.30	41.2	焊接
529	Q355−10×320	294	4	7.39	29.6	打坡口焊接
530	Q355−10×104	294	4	2.40	9.6	打坡口焊接
531	Q355−10×208	292	4	4.77	19.1	打坡口焊接
532	Q355−8×100	100	16	0.63	10.1	打坡口焊接
总质量					630.3kg	

螺栓、脚钉、垫圈明细表

名称	级别	规格	符号	数量	质量(kg)	备注
螺栓	6.8级	M16×40	◔	193	27.8	
		M16×50	◑	16	2.6	
		M20×45	○	72	19.4	
		M20×55	⊘	32	9.4	
脚钉	6.8级	M16×180	⊕T	11	4.2	
		M20×200		1	0.7	
垫圈	Q235	−3A(φ17.5)		26	0.3	规格×个数
总质量					64.4kg	

图 15−41 10D3015−ZA2 直线塔塔腿⑤结构图(2/2)

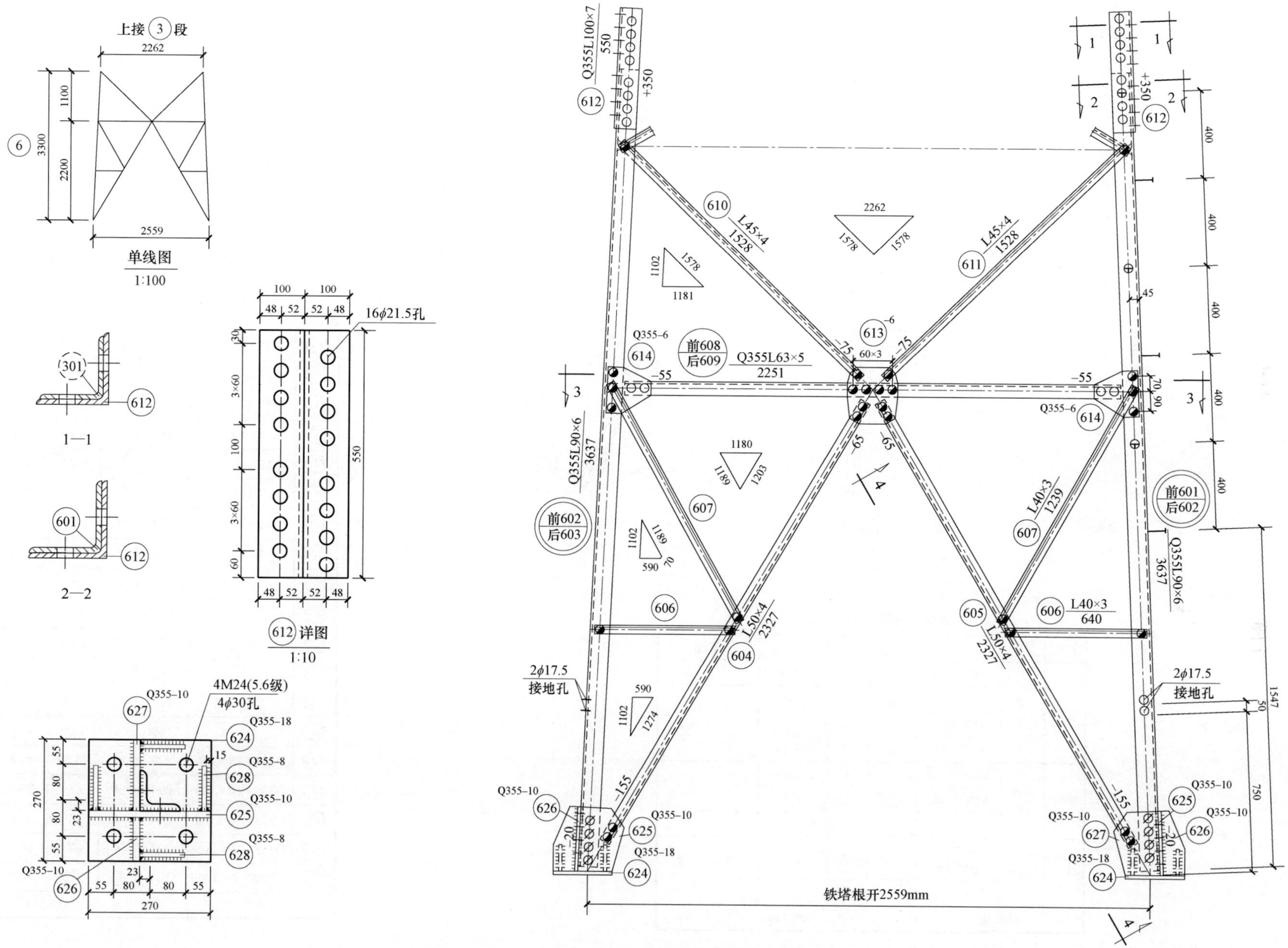

图 15-42 10D3015-ZA2 直线塔塔腿⑥结构图（1/2）

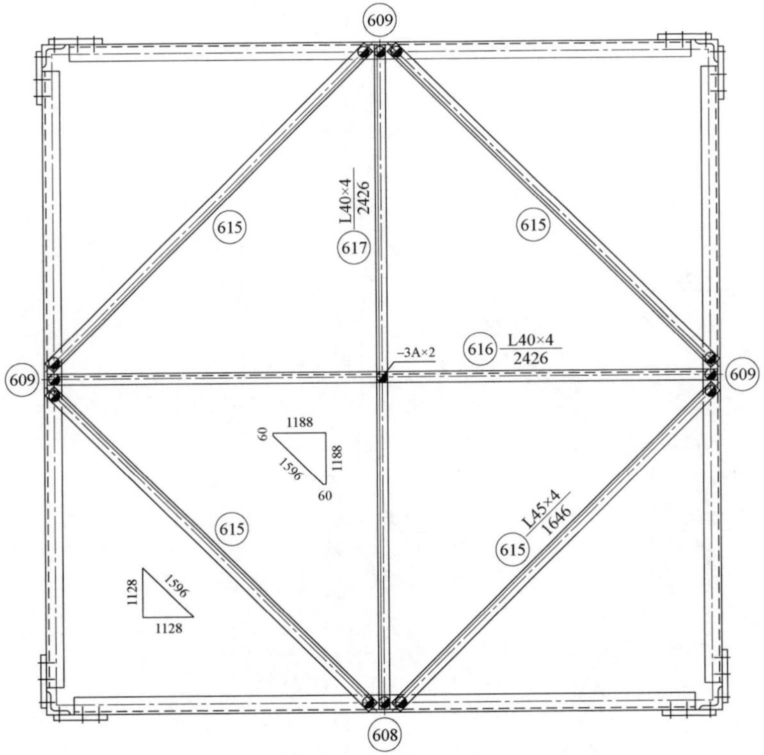

构 件 明 细 表

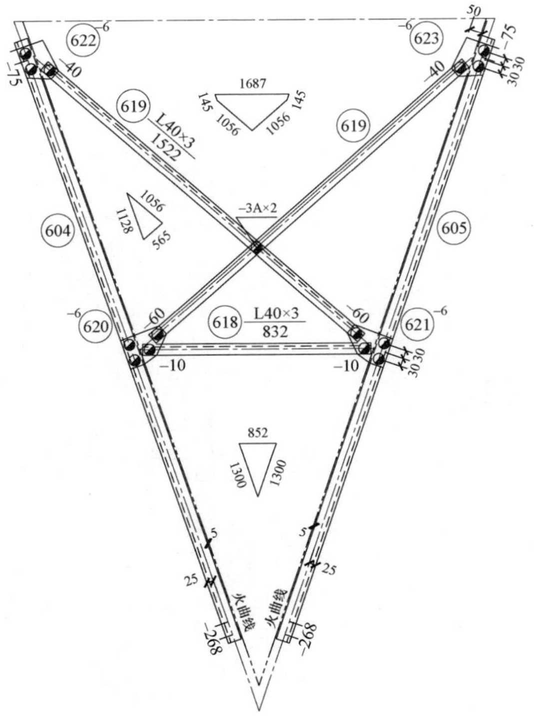

编号	规格	长度(mm)	数量	质量(kg) 一件	质量(kg) 小计	备注
601	Q355L90×6	3637	1	30.37	30.4	带脚钉
602	Q355L90×6	3637	2	30.37	60.7	
603	Q355L90×6	3637	1	30.37	30.4	
604	L50×4	2327	4	7.12	28.5	
605	L50×4	2327	4	7.12	28.5	
606	L40×3	640	8	1.19	9.5	
607	L40×3	1239	8	2.29	18.3	
608	Q355L63×5	2251	1	10.85	10.8	
609	Q355L63×5	2251	3	10.85	32.6	
610	L45×4	1528	4	4.118	16.7	切角
611	L45×4	1528	4	4.18	16.7	
612	Q355L100×7	550	4	5.96	23.8	铲弧
613	−6×230	257	4	2.78	11.1	
614	Q355−6×201	210	8	1.99	15.9	
615	L45×4	1646	4	4.50	18.0	
616	L40×4	2426	1	5.88	5.9	
617	L40×4	2426	1	5.88	5.9	
618	L40×3	832	4	1.54	6.2	
619	L40×3	1522	8	2.82	22.6	
620	−6×115	164	4	0.89	3.6	火曲
621	−6×115	164	4	0.89	3.6	火曲
622	−6×142	150	4	1.00	4.0	火曲
623	−6×142	150	4	1.00	4.0	火曲
624	Q355−18×270	270	4	10.30	41.2	焊接
625	Q355−10×320	294	4	7.39	29.6	打坡口焊接
626	Q355−10×104	294	4	2.40	9.6	打坡口焊接
627	Q355−10×208	292	4	4.77	19.1	打坡口焊接
628	Q355−8×100	100	16	0.63	10.1	打坡口焊接
总质量					517.3kg	

螺栓、脚钉、垫圈明细表

名称	级别	规格	符号	数量	质量(kg)	备注
螺栓	6.8级	M16×40	●	169	24.4	
		M16×50	◐	16	2.6	
		M20×45	○	80	21.6	
		M20×55	∅	32	9.4	
脚钉	6.8级	M16×180	⊕T	5	1.9	
		M20×200		1	0.7	
垫圈	Q235	−3A (φ17.5)		10	0.1	规格×个数
总质量					60.7kg	

图 15−43 10D3015−ZA2 直线塔塔腿⑥结构图（2/2）

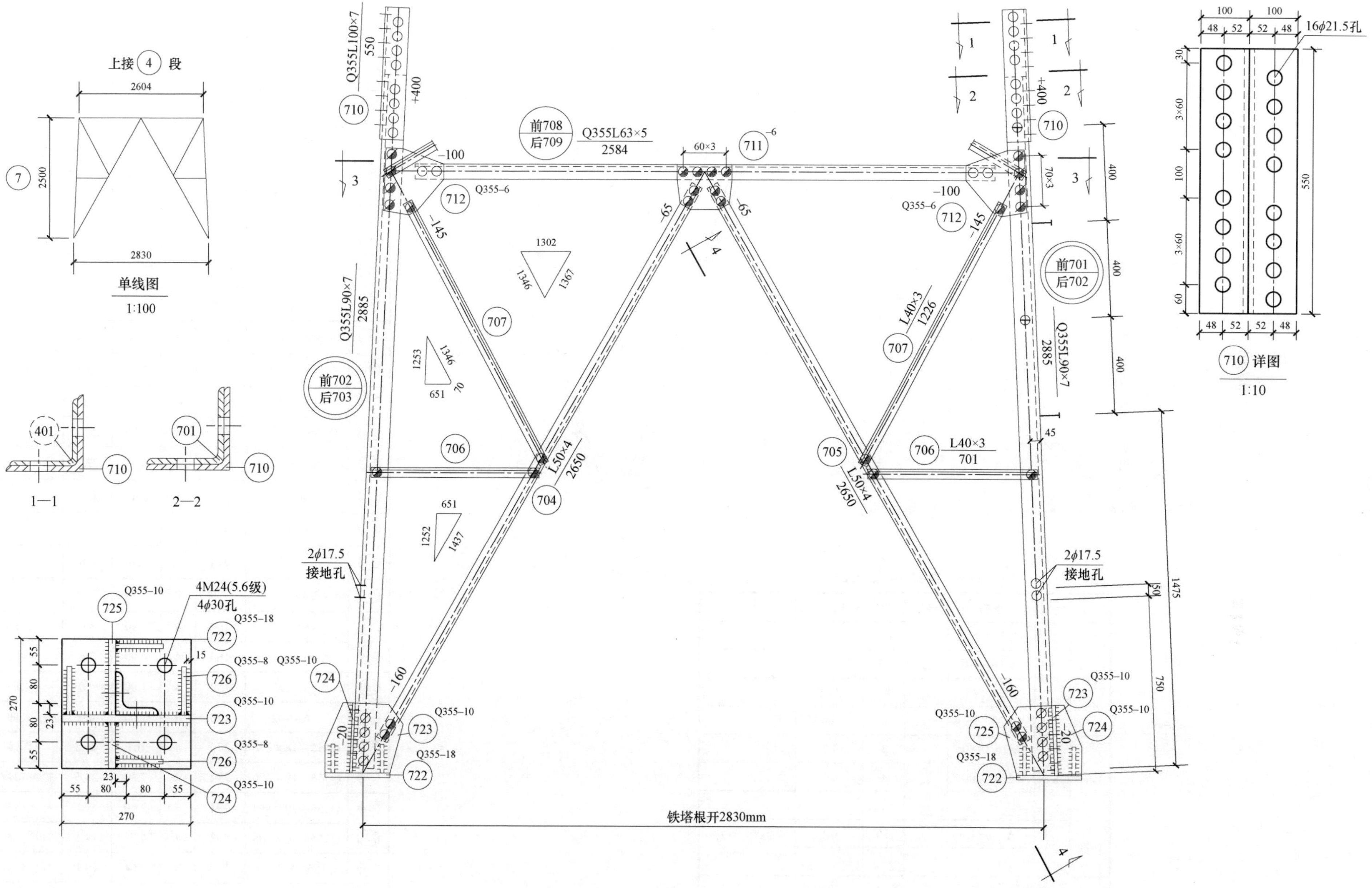

图 15-44 10D3015-ZA2 直线塔塔腿⑦结构图（1/2）

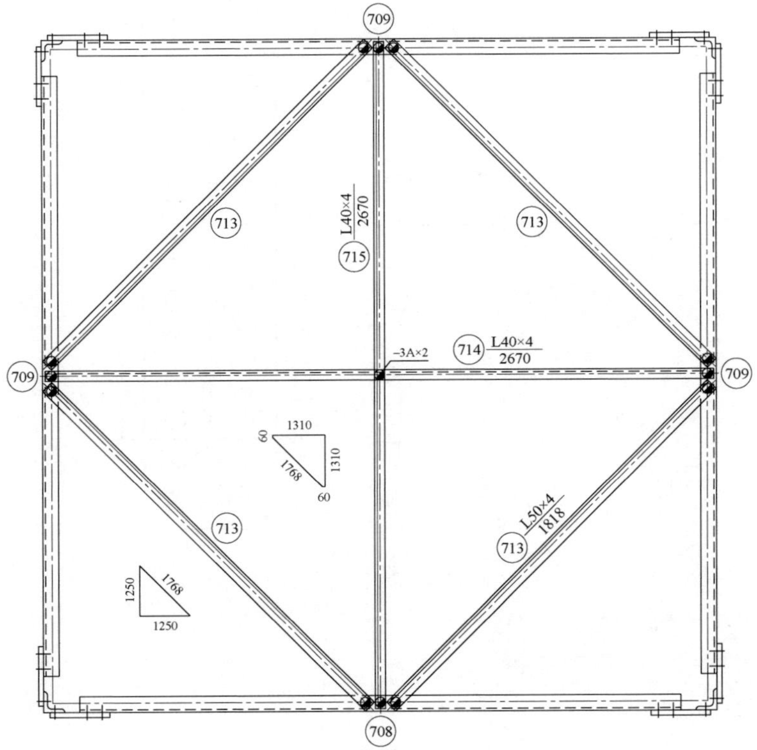

构件明细表

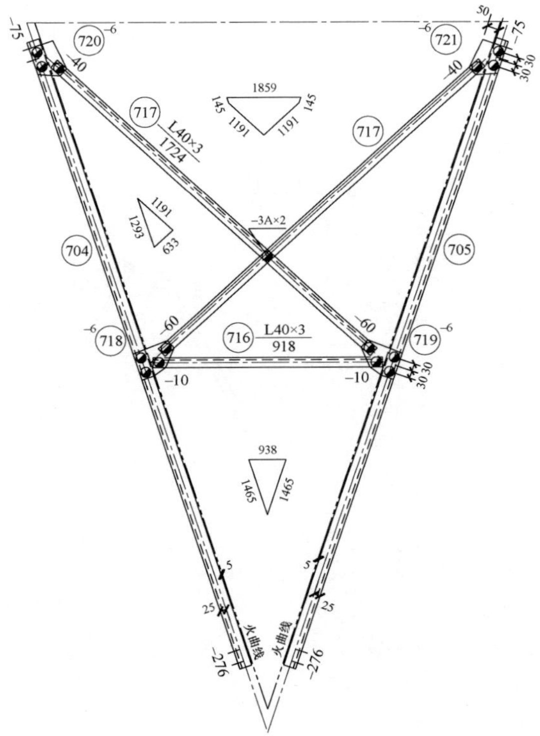

编号	规格	长度 (mm)	数量	质量（kg）一件	质量（kg）小计	备注
701	Q355L90×7	2885	1	27.86	27.9	带脚钉
702	Q355L90×7	2885	2	27.86	55.7	
703	Q355L90×7	2885	1	27.86	27.9	
704	L50×4	2650	4	8.11	32.4	
705	L50×4	2650	4	8.11	32.4	
706	L40×3	701	8	1.30	10.4	
707	L40×3	1226	8	2.27	18.2	
708	Q355L63×5	2584	1	12.46	12.5	
709	Q355L63×5	2584	3	12.46	37.4	
710	Q355L100×7	550	4	5.96	23.8	铲弧
711	−6×186	230	4	2.01	8.0	
712	Q355−6×259	267	8	3.26	26.1	
713	L50×4	1818	4	5.56	22.2	
714	L40×4	2670	1	6.47	6.5	
715	L40×4	2670	1	6.47	6.5	
716	L40×3	918	4	1.70	6.8	
717	L40×3	1724	8	3.19	25.5	
718	−6×117	164	4	0.90	3.6	火曲
719	−6×117	164	4	0.90	3.6	火曲
720	−6×142	150	4	1.00	4.0	火曲
721	−6×142	150	4	1.00	4.0	火曲
722	Q355−18×270	270	4	10.30	41.2	焊接
723	Q355−10×320	294	4	7.39	29.6	打坡口焊接
724	Q355−10×104	294	4	2.40	9.6	打坡口焊接
725	Q355−10×208	292	4	4.77	19.1	打坡口焊接
726	Q355−8×100	100	16	0.63	10.1	打坡口焊接
总质量					505.0kg	

螺栓、脚钉、垫圈明细表

名称	级别	规格	符号	数量	质量（kg）	备注
螺栓	6.8级	M16×40	◐	153	22.1	
		M16×50	◑	32	5.1	
		M20×45	○	80	21.6	
		M20×55	⦰	32	9.4	
脚钉	6.8级	M16×180	⦶T	3	1.1	
		M20×200		1	0.7	
垫圈	Q235	−3A（φ17.5）		10	0.1	规格×个数
总质量					60.1kg	

图 15−45 10D3015−ZA2 直线塔塔腿⑦结构图（2/2）

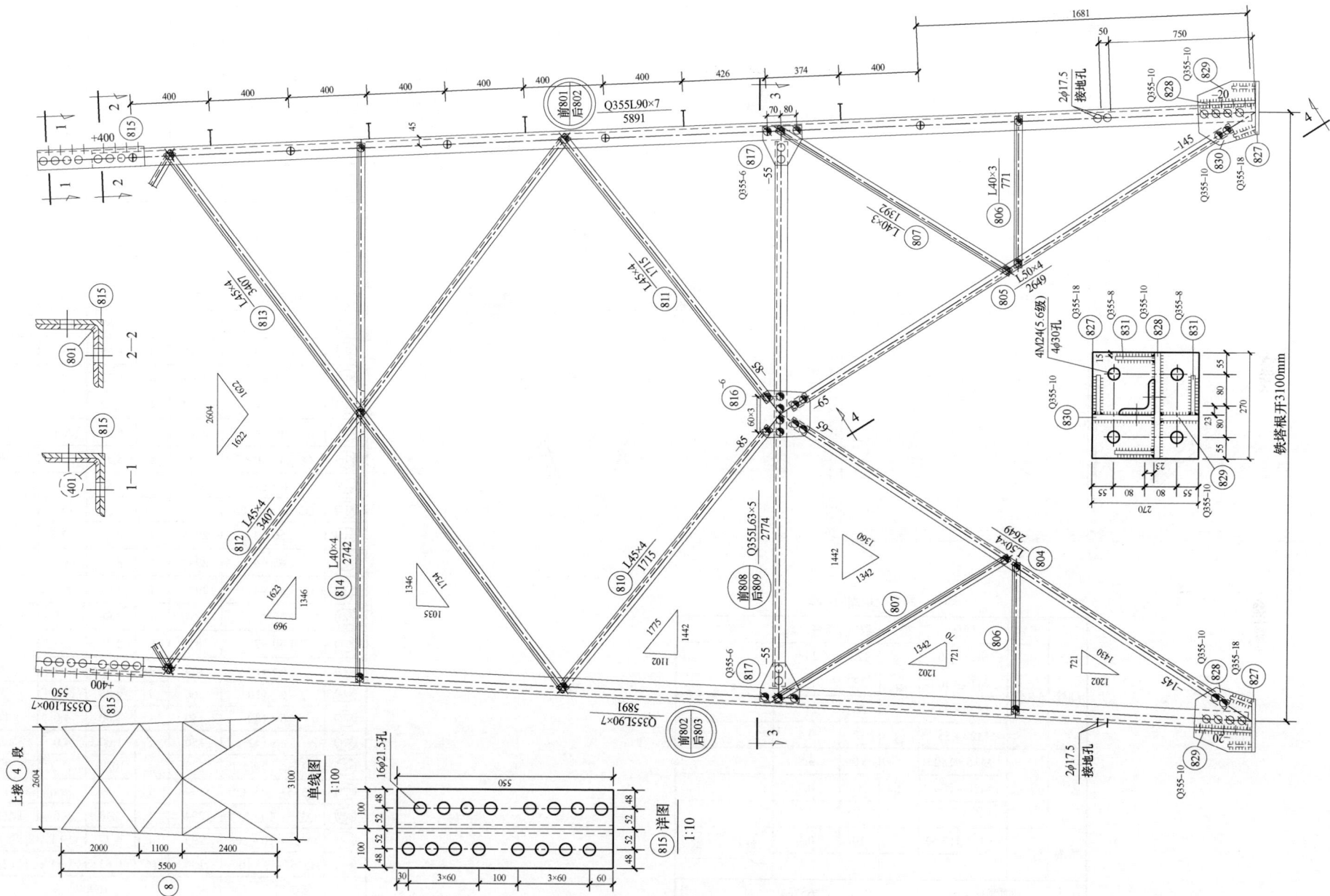

图 15-46　10D3015-ZA2 直线塔塔腿⑧结构图（1/2）

构件明细表

编号	规格	长度 (mm)	数量	质量（kg） 一件	质量（kg） 小计	备注
801	Q355L90×7	5891	1	56.88	56.9	带脚钉
802	Q355L90×7	5891	2	56.88	113.8	
803	Q355L90×7	5891	1	56.88	56.9	
804	L50×4	2649	4	8.10	32.4	
805	L50×4	2649	4	8.10	32.4	
806	L40×3	771	8	1.43	11.4	
807	L40×3	1392	8	2.58	20.6	
808	Q355L63×5	2774	1	13.38	13.4	
809	Q355L63×5	2774	3	13.38	40.1	
810	L45×4	1715	4	4.69	18.8	切角
811	L45×4	1715	4	4.69	18.8	
812	L45×4	3407	4	9.32	37.3	切角
813	L45×4	3407	4	9.32	37.3	
814	L40×4	2742	4	6.64	26.6	中间压扁
815	Q355L100×7	550	4	5.96	23.8	铲弧
816	−6×239	254	4	2.86	11.4	
817	Q355−6×200	202	8	1.90	15.2	
818	L56×4	2015	4	6.94	27.8	
819	L45×4	2949	1	8.07	8.1	
820	L45×4	2949	1	8.07	8.1	
821	L40×3	1016	4	1.88	7.5	
822	L40×3	1816	8	3.36	26.9	
823	−6×110	166	4	0.86	3.4	火曲
824	−6×110	166	4	0.86	3.4	火曲
825	−6×142	150	4	1.00	4.0	火曲
826	−6×142	150	4	1.00	4.0	火曲
827	Q355−18×270	270	4	10.30	41.2	焊接
828	Q355−10×320	294	4	7.39	29.6	打坡口焊接
829	Q355−10×104	294	4	2.40	9.6	打坡口焊接
830	Q355−10×208	292	4	4.77	19.1	打坡口焊接
831	Q355−8×100	100	16	0.63	10.1	打坡口焊接
总质量					769.9kg	

3—3

4—4

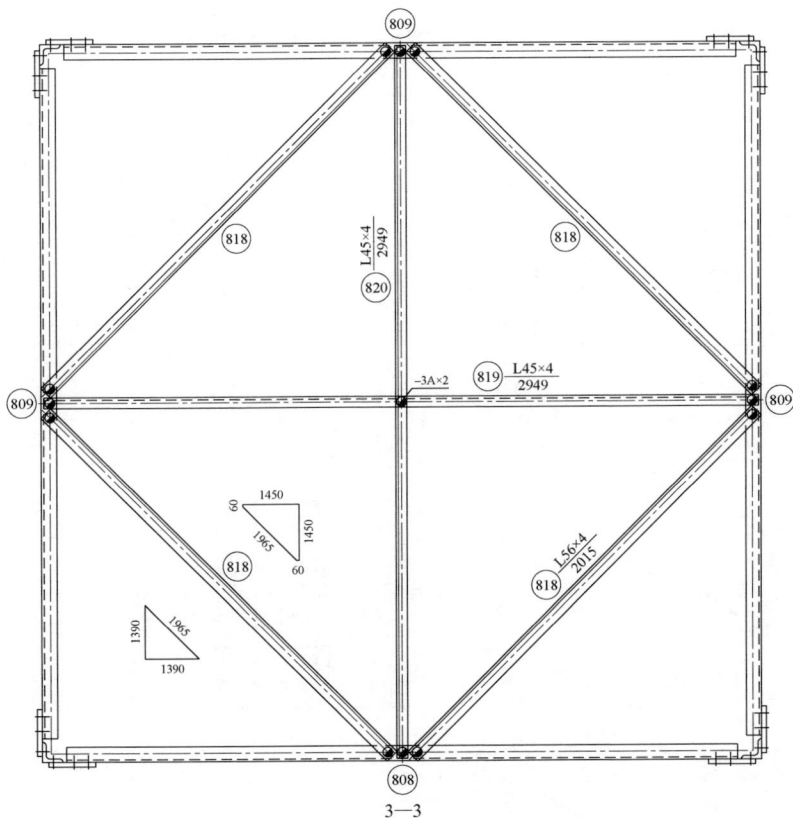

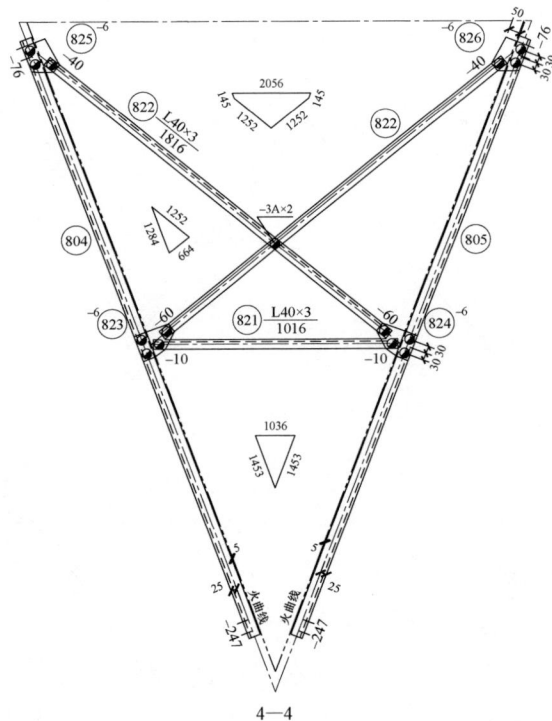

螺栓、脚钉、垫圈明细表

名称	级别	规格	符号	数量	质量（kg）	备注
螺栓	6.8级	M16×40	●	173	24.9	
		M16×50	◐	32	5.1	
		M20×45	○	80	21.6	
		M20×55	⊘	32	9.4	
脚钉	6.8级	M16×180	⊕T	10	3.8	
		M20×200		1	0.7	
垫圈	Q235	−3A（ϕ17.5）		10	0.1	规格×个数
总质量					65.6kg	

图 15-47 10D315-ZA2 直线塔塔腿⑧结构图（2/2）

除图中注明外，必须遵照下列一统一要求进行加工和组装：

（1）杆塔的设计执行《输电线路杆塔制图和构造规定》（DL/T 5442—2020）的有关规定。

（2）结构图中图面内的图例、代号等在说明中未提及之处，均按《输电线路杆塔制图和构造规定》（DL/T 5442—2020）中的要求执行。

（3）杆塔加工时应严格执行《输电线路杆塔制造技术条件》（GB/T 2694—2018）。本塔构件的尺寸以放样为准，构件加工后必须试组装，验收合格后方可批量加工。

（4）钢材质量标准应符合《碳素结构钢》（GB/T 700—2006）及《低合金高强度结构钢》（GB/T 1591—2018）的有关要求；螺栓、螺母、扣紧螺母应符合的标准分别为《六角头螺栓 C 级》（GB/T 5780—2016）、《Ⅰ型六角螺母》（GB/T 6170—2015）、《扣紧螺母》（GB/T 805—1988）。所有材料，包括角钢、螺栓、防盗螺栓、扣紧螺母、焊条等均应有出厂合格证书。

（5）杆塔构件所用钢种为 Q235B、Q355B，图中注明 Q355 材料为 Q355B 钢材，未注明均为 Q235B 钢材（角钢用"L"、钢板用"—"表示）。所有构件均须热镀锌。

（6）所有螺栓（包括防盗螺栓）的强度等级为热镀锌后的强度值。

（7）杆塔构件连接主要以螺栓连接为主，少数采用焊接（如塔脚板连接等）。构件焊接应按照焊接规程、规范和有关规定进行，焊缝高度不得小于连接构件的最小厚度，当被焊接构件厚 8mm 及以上时，要按规定剖口焊，以便焊透。对 Q355 构件焊接时选用 E50 系列焊条，对 Q235 构件焊接时选用 E43 系列焊条。

（8）加工时如发生材料代用或改变节点形式等情况，须与设计单位联系解决。材料代用时，需注意相关影响，应与图纸对应列表统计，并由加工厂书面通知施工单位，以方便施工安装。

（9）角钢与钢板的螺栓间距、边距除图中特殊注明外应按表 1 采用。

（10）角钢准距除图中特殊注明外，一般按表 2 采用。

（11）螺栓、脚钉、垫圈规格按表 3、表 4 采用。

（12）脚钉一般从离地面 1.5m 处开始向上装设，间距 400mm 左右，加工放样时可适当调整脚钉的位置，脚钉除运行单位有特殊要求外，一般采用防滑带直钩形式。

（13）其他事项：

1）节点板考虑到刚度要求，形状不宜狭长，节点板边缘与构件轴线夹角 α 不小于 15°，如右图所示。

2）构件厚度大于 14mm 时须采用钻孔方法加工，构件接头中外包角钢清根，内包角钢铲背。

3）凡图中所要求的火曲、开合角、切肢、压扁、切角等的尺寸均由加工放样决定。

4）两构件连接面间的间隙大于 3mm 时，构件应局部开、合角或制弯。

5）当构件需采用切肢或压扁时，应优先采用切肢。

（14）杆塔加工时应根据实际工程要求的高度设置防盗螺栓（无特殊说明的 10m 高以下防盗）。

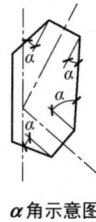

α 角示意图

表 1 螺栓间距、边距表

螺栓规格	孔径（mm）	螺栓间距（mm）		边距（mm）		
		单排	双排	端距	扎制边距	切角边距
M16	$\phi17.5$	50	80	25	≥21 或 20（L40 角钢时）	≥23
M20	$\phi21.5$	60	100	30	≥26	≥28

注 螺孔顺力方向重心最大间距为 12d 或 18t（取二者较小者），其中 d 为螺栓直径，t 为较薄板的厚度。

表 2 角钢准距表

肢宽（mm）	准距（mm）	第一排准距（mm）	第二排准距（mm）	最大使用孔径（mm）
L40	20			
L45	23			17.5
L50	25（28）			
L56	28（32）			

续表

肢宽（mm）	准距（mm）	第一排准距（mm）	第二排准距（mm）	最大使用孔径（mm）
L63	30（36）			
L70	35（40）			
L75	38（40）			
L80	40			
L90	45			
L100	50			21.5
L110	55	45	75	
L125	60	50	85	
L140	70	55	90	
L160	80	60	105	

注 括号内数字用于螺栓边距不足时，在搭接位置上的螺栓孔可使用的准距。

表 3 螺栓规格表

级别	单帽螺栓（带一垫、一扣紧螺母）				防盗螺栓	双帽螺栓（带一垫）				
	规格	符号	通过厚度（mm）	无扣长（mm）	质量（kg）	质量（kg）（带一垫）	规格	符号	通过厚度（mm）	无扣长（mm）	质量（kg）
6.8	M16×40	●	7～12	6	0.1442	0.1997	M16×50	●	7～12	6	0.1875
	M16×50	●	13～22	12	0.1602	0.2127	M16×60	●	13～22	12	0.2039
	M16×60	●	23～32	22	0.1762	0.2277	M16×70	●	23～32	22	0.2203
	M16×70	●	33～42	32	0.1922	0.2447	M16×80	●	33～42	32	0.2369
6.8	M20×45	○	9～15	8	0.2701	0.3517	M20×60	○	9～15	8	0.3605
	M20×55	⊘	16～25	15	0.2953	0.3737	M20×70	○	16～25	15	0.3864
	M20×65	⊗	26～35	25	0.3205	0.3967	M20×80	○	26～35	25	0.4123
	M20×75	⊘	36～45	35	0.3457	0.4207	M20×90	○	36～45	35	0.4381
	M20×85	⊗	46～55	45	0.3709	0.4407	M20×100	○	46～55	45	0.4640
	M20×95	⊗	56～65	55	0.3961	0.4607	M20×110	○	56～65	55	0.4899
	M20×105	▩	66～75	65	0.4213	0.4807	M20×120	○	66～75	65	0.5158

表 4 脚钉、垫圈规格表

脚钉（带两帽）				垫圈				
规格	符号	无扣长（mm）	质量（kg）	规格	符号	质量（kg）	内径（mm）	外径（mm）
M16×180	⊕	120	0.3799	−2（$\phi13.5$）	规格×个数	0.00186	13.5	24
				−3（$\phi17.5$）		0.01065	17.5	30
M20×200	⊕	120	0.6749	−3（$\phi22$）	规格×个数	0.01637	22	37
				−4（$\phi22$）		0.02183	22	37
M24×240	⊕	120	1.1803	−3（$\phi26$）	规格×个数	0.02331	26	44
				−4（$\phi26$）		0.03108	26	44

图 15－48 10D3015－ZA2 直线塔加工说明

15.2.3　10D3015−ZA3 直线塔

10D3015−ZA3 直线塔结构图清单见表 15−8。

表 15−8　　　　　　**10D3015−ZA3 直线塔结构图清单**

图序	图名	备注
图 15−49	10D3015−ZA3 直线塔总图	
图 15−50	10D3015−ZA3 直线塔材料汇总表	
图 15−51	10D305−ZA3 直线塔塔头①结构图（1/3）	
图 15−52	10D3015−ZA3 直线塔塔头①结构图（2/3）	
图 15−53	10D3015−ZA3 直线塔塔头①结构图（3/3）	
图 15−54	10D3015−ZA3 直线塔塔身②结构图（1/2）	
图 15−55	10D3015−ZA3 直线塔塔身②结构图（2/2）	
图 15−56	10D3015−ZA3 直线塔塔身③结构图	

续表

图序	图名	备注
图 15−57	10D3015−ZA3 直线塔塔身④结构图（1/2）	
图 15−58	10D305−ZA3 直线塔塔身④结构图（2/2）	
图 15−59	10D3015−ZA3 直线塔塔腿⑤结构图（1/2）	
图 15−60	10D3015−ZA3 直线塔塔腿⑤结构图（2/2）	
图 15−61	10D3015−ZA3 直线塔塔腿⑥结构图（1/2）	
图 15−62	10D3015−ZA3 直线塔塔腿⑥结构图（2/2）	
图 15−63	10D3015−ZA3 直线塔塔腿⑦结构图（1/2）	
图 15−64	10D3015−ZA3 直线塔塔腿⑦结构图（2/2）	
图 15−65	10D35−ZA3 直线塔塔腿⑧结构图（1/2）	
图 15−66	10D3015−ZA3 直线塔塔腿⑧结构图（2/2）	
图 15−67	10D3015−ZA3 直线塔加工说明	

杆塔根开、基础根开、地脚螺栓规格及间距表

杆塔名称（型号）	10D3015-ZA3			
呼高（m）	18	21	24	27
接腿	⑤	⑥	⑦	⑧
杆塔根开（mm）	2689	2952	3226	3500
基础根开（mm）	2733	3002	3276	3550
基础地脚螺栓间距（mm）	160	160	160	160
每腿基础地脚螺栓配置（5.6级）	4M24	4M24	4M24	4M24

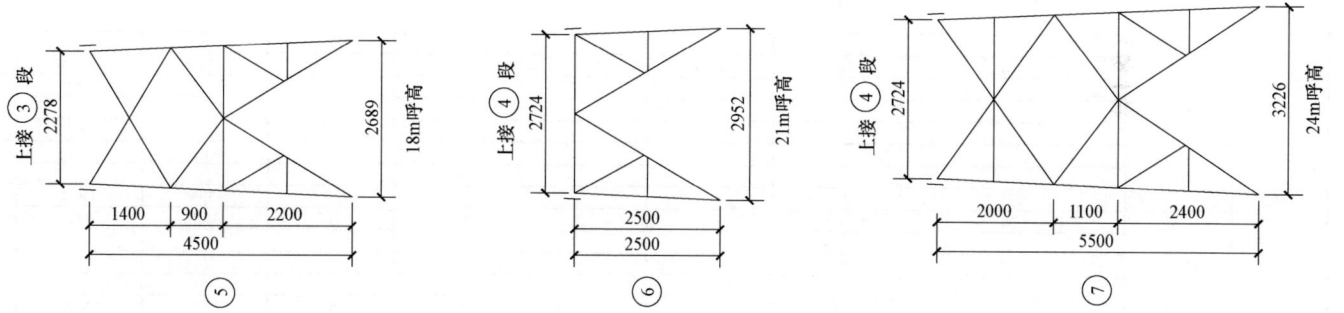

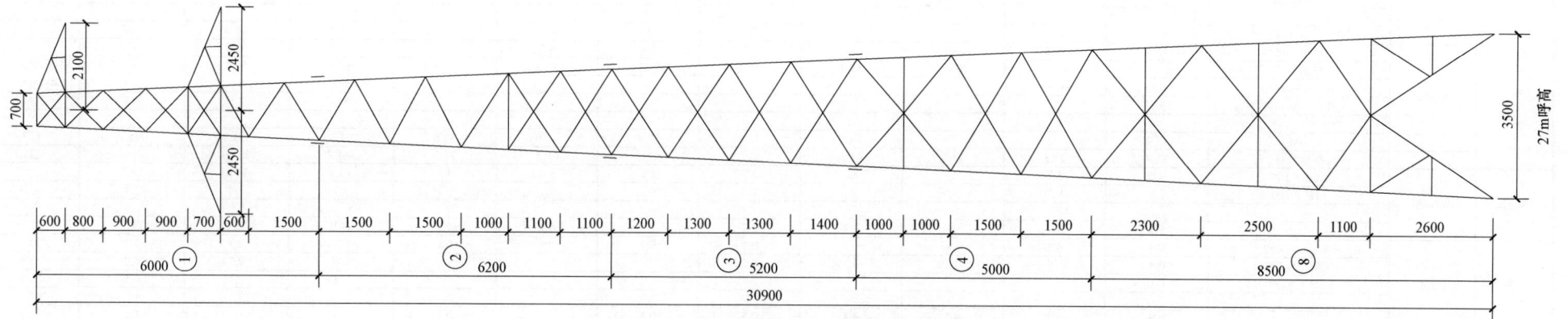

图 15-49 10D3015-ZA3 直线塔总图

材 料 汇 总 表

材料	材质	规格	①	②	③	④	⑤	⑥	⑦	⑧	18.0	21.0	24.0	27.0
					段号						呼高（m）			
角钢	Q355	L110×10						41.4	41.4	41.4		41.4	41.4	41.4
		L100×10			35.4	33.3					33.3	35.4	35.4	35.4
		L100×8	75.6			245.6		141.6	289.2	436.7	75.6	462.8	610.4	757.9
		L90×8			249.7		214.0				214.0			249.7
		L80×7		229.2							229.2	229.2	229.2	229.2
		L70×6	145.6								145.6	145.6	145.6	145.6
		L63×5	108.2				45.9	48.7	55.7	60.7	154.1	156.9	163.9	168.9
		小计	329.4	229.2	249.7	281.0	293.2	231.7	386.3	538.8	851.8	1071.3	1225.9	1628.1
	Q235	L70×5	10.5								10.5	10.5	10.5	10.5
		L63×5	8.6								10.7	10.7	10.7	10.7
		L56×5	7.8								7.8	7.8	7.8	7.8
		L56×4	10.2							110.0	10.2	10.2	10.2	120.2
		L50×5	39.7	28.8						121.0	68.5	68.5	68.5	189.5
		L50×4	32.8	99.9		29.5	57.8	87.7	218.7	135.8	190.5	249.9	380.9	298.0
		L45×4	39.3			51.6	19.0		47.3	82.8	58.3	90.9	138.2	173.7
		L40×4	10.8	10.9		158.0	39.4	12.8	19.9	21.7	61.1	192.5	199.6	201.4
		L40×3	130.3	68.2	146.2		100.4	69.5	60.6	65.9	298.9	268.0	259.1	410.6
		小计	292.1	207.8	146.2	239.1	216.6	170.0	346.5	537.2	716.5	909.0	1085.5	1422.4
钢板	Q355	−6	76.5				15.9	25.4	16.4	16.3	92.4	101.9	92.9	92.8
		−8					10.1	10.1	10.1	10.1	10.1	10.1	10.1	10.1
		−10	24.2				58.7	59.2	58.3	59.5	82.9	83.4	82.5	83.7
		−18					41.2	41.2	41.2	41.2	41.2	41.2	41.2	41.2
		小计	100.7				125.9	135.9	126.0	127.1	226.6	236.6	226.7	227.8
	Q235	−6	18.5			8.4	26.2	35.5	40.2	40.8	44.7	62.4	67.1	67.7
		−10	0.8								0.8	0.8	0.8	0.8
		−12	0.7								0.7	0.7	0.7	0.7
		小计	20.0			8.4	26.2	35.5	40.2	40.8	46.2	63.9	68.6	69.2
螺栓	6.8级	M16×40	30.3	3.0		9.4	22.6	27.7	30.6	32.3	55.9	70.4	73.3	75.0
		M16×50	5.4	5.8	7.7	3.2	6.4	5.1	5.1	6.4	17.6	19.5	19.5	28.5
		M16×60	0.5								0.5	0.5	0.5	0.5
		M16×70 双帽	1.3								1.3	1.3	1.3	1.3
		小计	37.5	8.8	7.7	12.6	29.0	32.8	35.7	38.7	75.3	91.7	94.6	105.3
	6.8级	M20×45	32.4	13.0	6.5		4.3	5.4	4.3	4.3	49.7	50.8	49.7	56.2
		M20×55			9.4	18.9	28.3	27.2	28.3	28.3	37.7	55.5	56.6	56.6
		M20×60 双帽	6.5								6.5	6.5	6.5	6.5
		M20×70 双帽	8.5								8.5	8.5	8.5	8.5
		小计	47.4	13.0	15.9	18.9	32.6	32.6	32.6	32.6	93.0	111.9	111.9	127.8
		螺栓合计	84.9	21.8	23.6	31.5	61.6	65.4	68.3	71.3	168.3	203.6	206.5	233.1
脚钉	6.8级	M16×180	4.6	5.7		4.2	3.0	1.1	3.8	3.8	13.3	15.6	18.3	18.3
		M20×200	1.3	0.7		0.7	0.7	0.7	0.7	0.7	2.7	3.4	3.4	3.4
		小计	5.9	6.4		4.9	3.7	1.8	4.5	4.5	16.0	19.0	21.7	21.7
垫圈	Q235	−3A（φ17.5）	0.4	0.2		0.1	0.1	0.1	0.1	0.1	0.7	0.7	0.7	0.7
		−4A（φ17.5）	0.4		0.7	0.3	0.2				0.6	0.7	0.7	1.4
		−4B（φ22）	0.1								0.1	0.1	0.1	0.1
		小计	0.9	0.2	0.7	0.3	0.3	0.1	0.1	0.1	1.4	1.5	1.5	2.2
不含防盗螺栓总质量（kg）			833.9	465.4	420.2	565.2	727.5	640.4	971.9	1319.8	2026.8	2504.9	2836.4	3604.5
各呼高含防盗螺栓总质量（kg）											2051.2	2534.1	2868.9	3640.5

图 15−50　10D3015−ZA3 直线塔材料汇总表

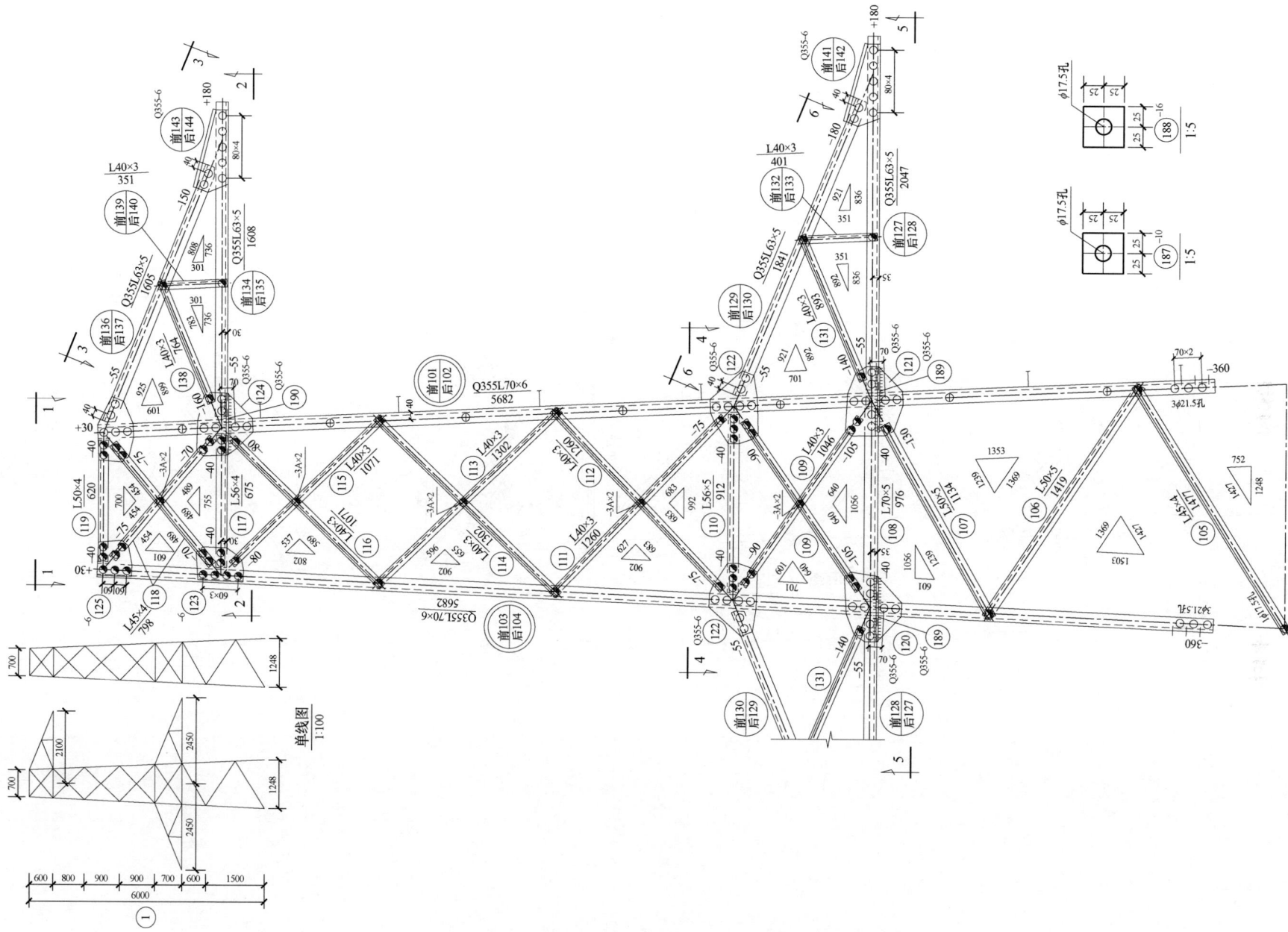

图 15-51 10D305-ZA3 直线塔塔头①结构图（1/3）

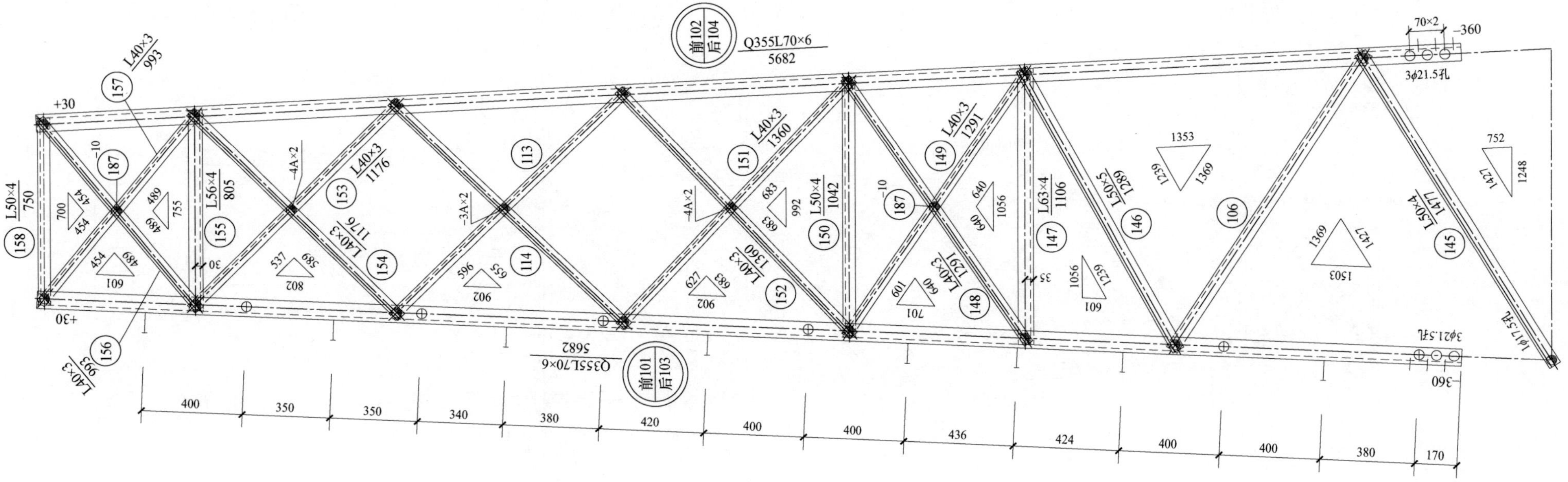

图 15-52　10D3015-ZA3 直线塔塔头①结构图（2/3）（一）

构件明细表

编号	规格	长度（mm）	数量	一件	小计	备注	编号	规格	长度（mm）	数量	一件	小计	备注
⑩	Q355L70×6	5682	1	36.40	36.4	带脚钉	⑭⑦	L63×4	1106	2	4.32	8.6	
⑩②	Q355L70×6	5682	1	36.40	36.4		⑭⑧	L40×3	1291	2	2.39	4.8	切角
⑩③	Q355L70×6	5682	1	36.40	36.4		⑭⑨	L40×3	1291	2	2.39	4.8	
⑩④	Q355L70×6	5682	1	36.40	36.4	两端切肢	⑮⓪	L50×4	1042	2	3.19	6.4	
⑩⑤	L45×4	1477	2	4.52	8.1		⑮①	L40×3	1360	2	2.52	5.0	切角
⑩⑥	L50×5	1419	4	5.35	21.4	切角	⑮②	L40×3	1360	2	2.52	5.0	
⑩⑦	L50×5	1134	2	4.28	8.6		⑮③	L40×3	1176	2	2.18	4.4	切角
⑩⑧	L70×5	976	2	5.27	10.5		⑮④	L40×3	1176	2	2.18	4.4	
⑩⑨	L40×3	1046	4	1.94	7.8	两端切肢	⑮⑤	L56×4	805	2	2.77	5.5	
⑪⓪	L56×5	912	2	3.88	7.8		⑮⑥	L40×3	993	2	1.84	3.7	
⑪①	L40×3	1260	2	2.33	4.7	切角	⑮⑦	L40×3	993	2	1.84	3.7	
⑪②	L40×3	1260	2	2.33	4.7		⑮⑧	L50×4	750	2	2.29	4.6	
⑪③	L40×3	1302	4	2.41	9.6	切角	⑮⑨	L40×3	1351	2	2.50	5.0	
⑪④	L40×3	1302	4	2.41	9.6		⑯⓪	−6×152	211	4	1.51	6.0	
⑪⑤	L40×3	1071	2	1.98	4.0	切角	⑯①	L40×3	1346	1	2.49	2.5	
⑪⑥	L40×3	1071	2	1.98	4.0	中间切肢	⑯②	L40×3	1345	1	2.49	2.5	
⑪⑦	L56×4	675	2	2.33	4.7		⑯③	L40×3	956	2	1.77	3.5	
⑪⑧	L45×4	798	4	2.18	8.7		⑯④	−6×142	201	4	1.34	5.4	
⑪⑨	L50×4	620	2	1.90	3.8		⑯⑤	L40×3	942	1	1.74	1.7	
⑫⓪	Q355−6×356	294	2	4.93	9.9		⑯⑥	L40×3	939	1	1.74	1.7	
⑫①	Q355−6×356	294	2	4.93	9.9	中间切肢	⑯⑦	L45×4	1361	2	3.72	7.4	
⑫②	Q355−6×246	373	4	4.32	17.3		⑯⑧	L45×4	1361	2	3.72	7.4	
⑫③	−6×172	247	2	2.00	4.0		⑯⑨	L45×4	1258	2	3.44	6.9	
⑫④	Q355−6×248	324	2	3.78	7.6		⑰⓪	L45×4	1258	2	3.44	6.9	
⑫⑤	−6×177	184	2	1.53	3.1	切角	⑰①	Q355L100×8	1127	2	13.84	27.7	切角
⑫⑥	Q355−6×183	333	2	2.87	5.7		⑰②	Q355L100×8	1127	2	13.84	27.7	切角
⑫⑦	Q355L63×5	1807	2	8.71	17.4		⑰③	Q355−10×368	155	4	4.48	17.9	
⑫⑧	Q355L63×5	1807	2	8.71	17.4		⑰④	L40×3	1366	2	2.53	5.1	
⑫⑨	Q355L63×5	1637	2	7.89	15.8	切角	⑰⑤	L40×3	1366	2	2.53	5.1	
⑬⓪	Q355L63×5	1637	2	7.89	15.8	一端切肢	⑰⑥	L40×3	1081	2	2.00	4.0	
⑬①	L40×3	807	4	1.49	6.0		⑰⑦	L40×4	1062	1	2.57	2.6	
⑬②	L40×3	401	2	0.74	1.5	切角	⑰⑧	L40×4	1062	1	2.57	2.6	
⑬③	L40×3	401	2	0.74	1.5	切角	⑰⑨	L40×4	975	1	2.36	2.4	
⑬④	Q355L63×5	1608	1	7.75	7.8		⑱⓪	L40×4	975	1	2.36	2.4	
⑬⑤	Q355L63×5	1608	1	7.75	7.8		⑱①	Q355L100×8	826	1	10.14	10.1	切角
⑬⑥	Q355L63×5	1411	1	6.80	6.8	切角	⑱②	Q355L100×8	826	1	10.14	10.1	切角
⑬⑦	Q355L63×5	1411	1	6.80	6.8	切角	⑱③	Q355−10×368	137	2	3.96	7.9	
⑬⑧	L40×3	673	2	1.25	2.5		⑱④	L40×3	1072	1	1.99	2.0	
⑬⑨	L40×3	351	1	0.65	0.6		⑱⑤	L40×3	1072	1	1.99	2.0	
⑭⓪	L40×3	351	1	0.65	0.6	切角	⑱⑥	L40×3	784	1	1.45	1.4	一端切肢
⑭①	Q355−6×170	382	2	3.06	6.1	卷边 50mm	⑱⑦	−10×50	50	4	0.20	0.8	垫板
⑭②	Q355−6×170	382	2	3.06	6.1	卷边 50mm	⑱⑧	−16×50	50	3	0.31	0.9	垫板
⑭③	Q355−6×162	383	1	2.92	2.9	卷边 50mm	⑱⑨	Q355−6×50	335	4	0.79	3.2	焊接
⑭④	Q355−6×162	383	1	2.92	2.9	卷边 50mm	⑲⓪	Q355−6×50	315	2	0.74	1.5	焊接
⑭⑤	L50×4	1477	2	4.52	9.0			总质量			742.2kg		
⑭⑥	L50×5	1289	2	4.86	9.7								

螺栓、脚钉、垫圈明细表

名称	级别	规格	符号	数量	质量（kg）	备注
螺栓6.8级		M16×40	◕	210	30.3	
		M16×50	◑	34	5.4	
		M16×60	◙	3	0.5	
		M20×45	○	120	32.4	
		M16×70	◑	6	1.3	带双帽
		M20×60	○	18	6.5	带双帽
		M20×70	○	22	8.5	带双帽
脚钉6.8级		M16×180	⊕	12	4.6	
		M20×200	⊕	2	1.3	
垫圈Q235		−3A（φ17.5）		34	0.4	规格×个数
		−4A（φ17.5）		17	0.4	
		−4B（φ22）		6	0.1	
总质量					91.7kg	

图 15−52 10D3015−ZA3 直线塔塔头①结构图（2/3）（二）

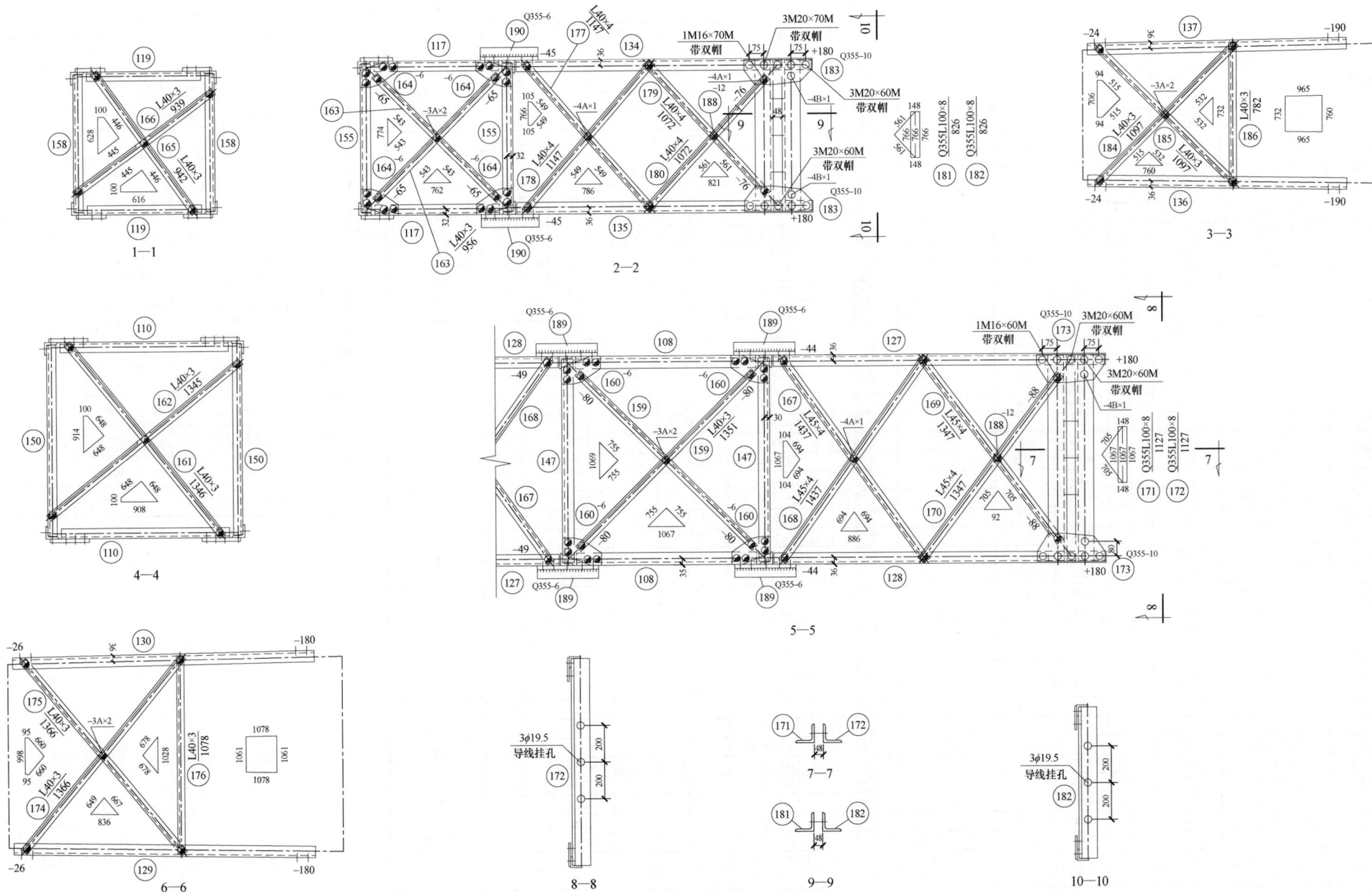

图 15-53　10D3015-ZA3 直线塔塔头①结构图（3/3）

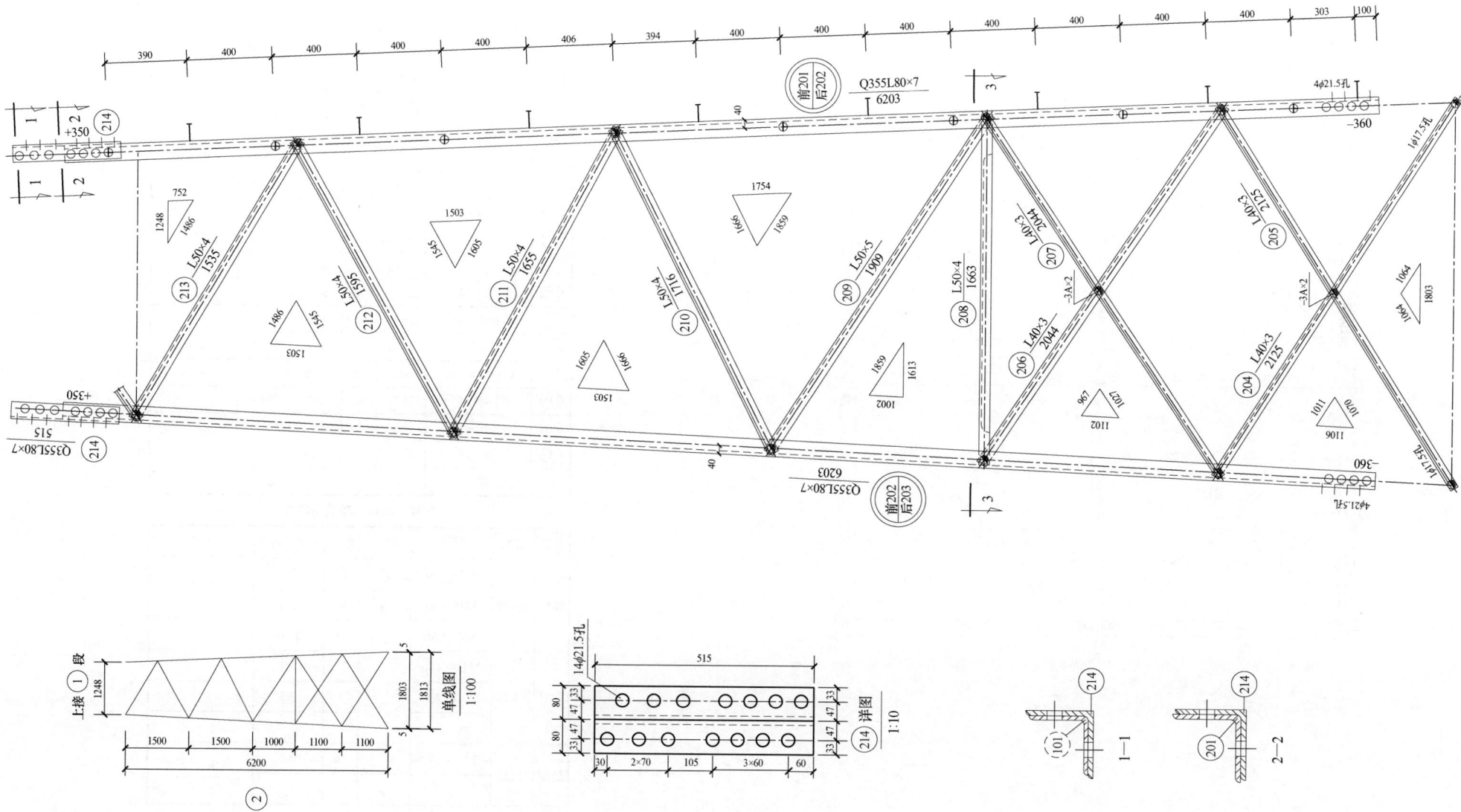

图 15-54　10D3015-ZA3 直线塔塔身②结构图（1/2）

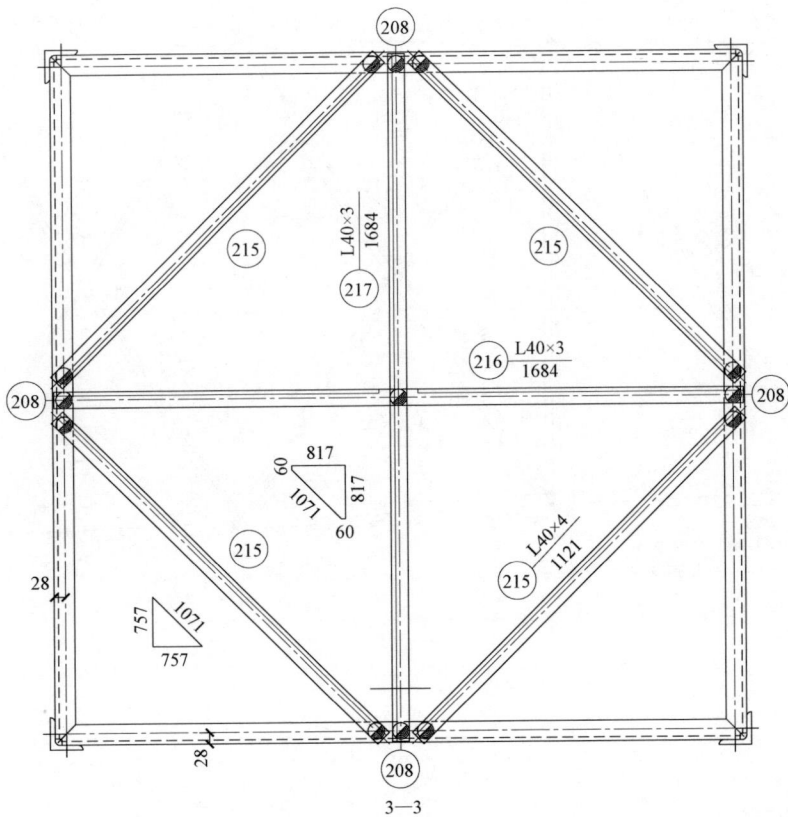

构 件 明 细 表

编号	规格	长度(mm)	数量	质量（kg）一件	质量（kg）小计	备注
⑳⓵	Q355L80×7	6203	1	52.88	52.9	带脚钉
⑳⓶	Q355L80×7	6203	2	52.88	105.8	
⑳⓷	Q355L80×7	6203	1	52.88	52.9	
⑳⓸	L40×3	2125	4	3.94	15.8	切角
⑳⓹	L40×3	2125	4	3.94	15.8	
⑳⓺	L40×3	2044	4	3.79	15.2	切角
⑳⓻	L40×3	2044	4	3.79	15.2	
⑳⓼	L50×4	1663	4	5.09	20.4	两端切肢
⑳⓽	L50×5	1909	4	7.20	28.8	切角
⓶⓵⓪	L50×4	1716	4	5.25	21.0	
⓶⓵⓵	L50×4	1655	4	5.06	20.2	切角
⓶⓵⓶	L50×4	1595	4	4.88	19.5	
⓶⓵⓷	L50×4	1535	4	4.70	18.8	切角
⓶⓵⓸	Q355L80×7	515	4	4.39	17.6	铲弧
⓶⓵⓹	L40×4	1121	4	2.72	10.9	
⓶⓵⓺	L40×3	1684	1	3.12	3.1	中间切肢
⓶⓵⓻	L40×3	1684	1	3.12	3.1	
总质量					437.0kg	

螺栓、脚钉、垫圈明细表

名称	级别	规格	符号	数量	质量（kg）	备注
螺栓	6.8级	M16×40	●	21	3.0	
		M16×50	◑	36	5.8	
		M20×45	○	48	13.0	
脚钉	6.8级	M16×180		15	5.7	
		M20×200	⊕T	1	0.7	
垫圈	Q235	−3A（φ17.5）		16	0.2	规格×个数
总质量					28.4kg	

图 15−55　10D3015−ZA3 直线塔塔身②结构图（2/2）

构件明细表

编号	规格	长度(mm)	数量	质量(kg) 一件	质量(kg) 小计	备注
301	Q355L90×8	5151	1	56.38	56.4	带脚钉
302	Q355L90×8	5151	2	56.38	112.8	
303	Q355L90×8	5151	1	56.38	56.4	
304	L40×3	2670	4	4.94	19.8	切角
305	L40×3	2670	4	4.94	19.8	
306	L40×3	2513	4	4.65	18.6	切角
307	L40×3	2513	4	4.65	18.6	
308	L40×3	2413	4	4.47	17.9	切角
309	L40×3	2413	4	4.47	17.9	
310	L40×3	2263	4	4.19	16.8	切角
311	L40×3	2263	4	4.19	16.8	
312	Q355L90×8	550	4	6.02	24.1	铲弧
总质量				395.9kg		

螺栓、脚钉、垫圈明细表

名称	级别	规格	符号	数量	质量(kg)	备注
螺栓	6.8级	M16×50	◐	48	7.7	
		M20×45	○	24	6.5	
		M20×55	⊘	32	9.4	
脚钉	6.8级		⊕⊤			
垫圈	Q235	-4A (φ17.5)		32	0.7	规格×个数
总质量				24.3kg		

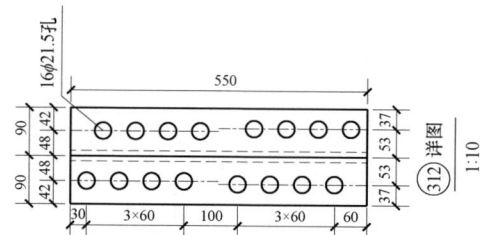

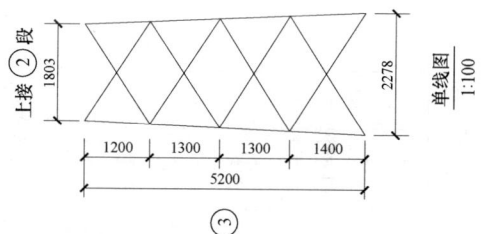

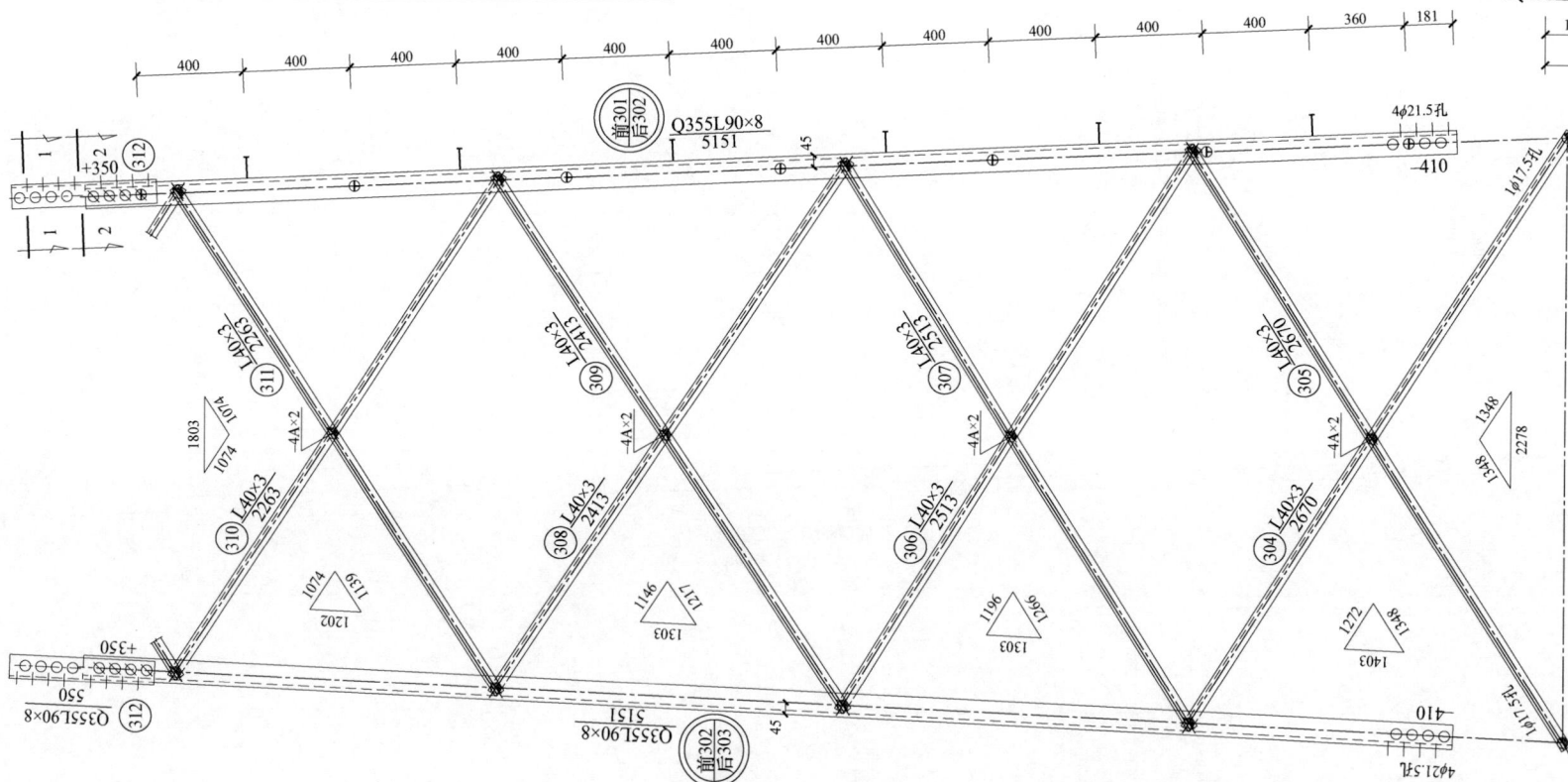

图 15-56　10D3015-ZA3 直线塔塔身③结构图

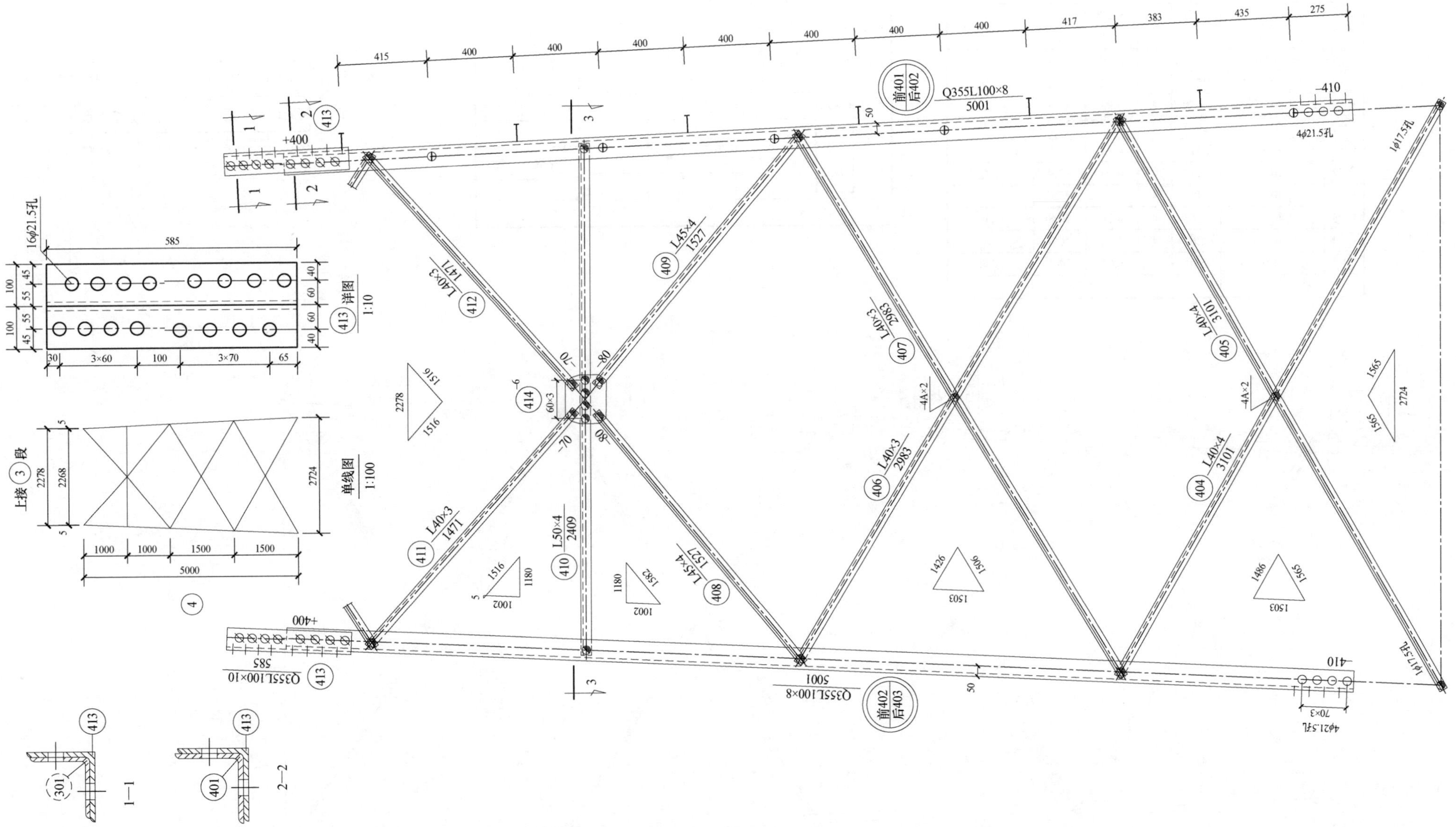

图 15－57　10D3015－ZA3　直线塔塔身④结构图（1/2）

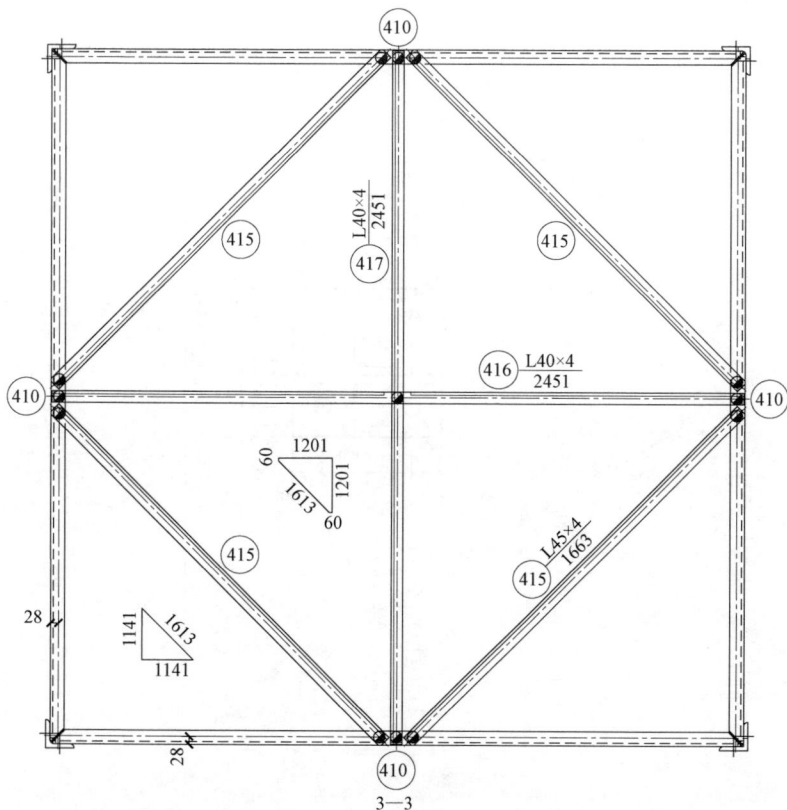

构件明细表

编号	规格	长度(mm)	数量	质量（kg）一件	质量（kg）小计	备注
401	Q355L100×8	5001	1	61.39	61.4	带脚钉
402	Q355L100×8	5001	2	61.39	122.8	
403	Q355L100×8	5001	1	61.39	61.4	
404	L40×4	3101	4	7.51	30.0	切角
405	L40×4	3101	4	7.51	30.0	
406	L40×4	2983	4	7.22	28.9	切角
407	L40×4	2983	4	7.22	28.9	
408	L45×4	1527	4	4.18	16.7	
409	L45×4	1527	4	4.18	16.7	切角
410	L50×4	2409	4	7.37	29.5	两端切角
411	L40×4	1471	4	3.56	14.2	切角
412	L40×4	1471	4	3.56	14.2	
413	Q355L100×10	585	4	8.85	35.4	铲弧
414	−6×194	230	4	2.10	8.4	
415	L45×4	1663	4	4.55	18.2	切角
416	L40×4	2451	1	5.94	5.9	中间切肢
417	L40×4	2451	1	5.94	5.9	
总质量					528.5kg	

螺栓、脚钉、垫圈明细表

名称	级别	规格	符号	数量	质量（kg）	备注
螺栓	6.8级	M16×40	◑	65	9.4	
		M16×50	◑	20	3.2	
		M20×55	∅	64	18.9	
脚钉	6.8级	M16×180	⊕T	11	4.2	
		M20×200		1	0.7	
垫圈	Q235	−4A（φ17.5）		16	0.3	规格×个数
总质量					36.7kg	

图 15−58 10D305−ZA3 直线塔塔身④结构图（2/2）

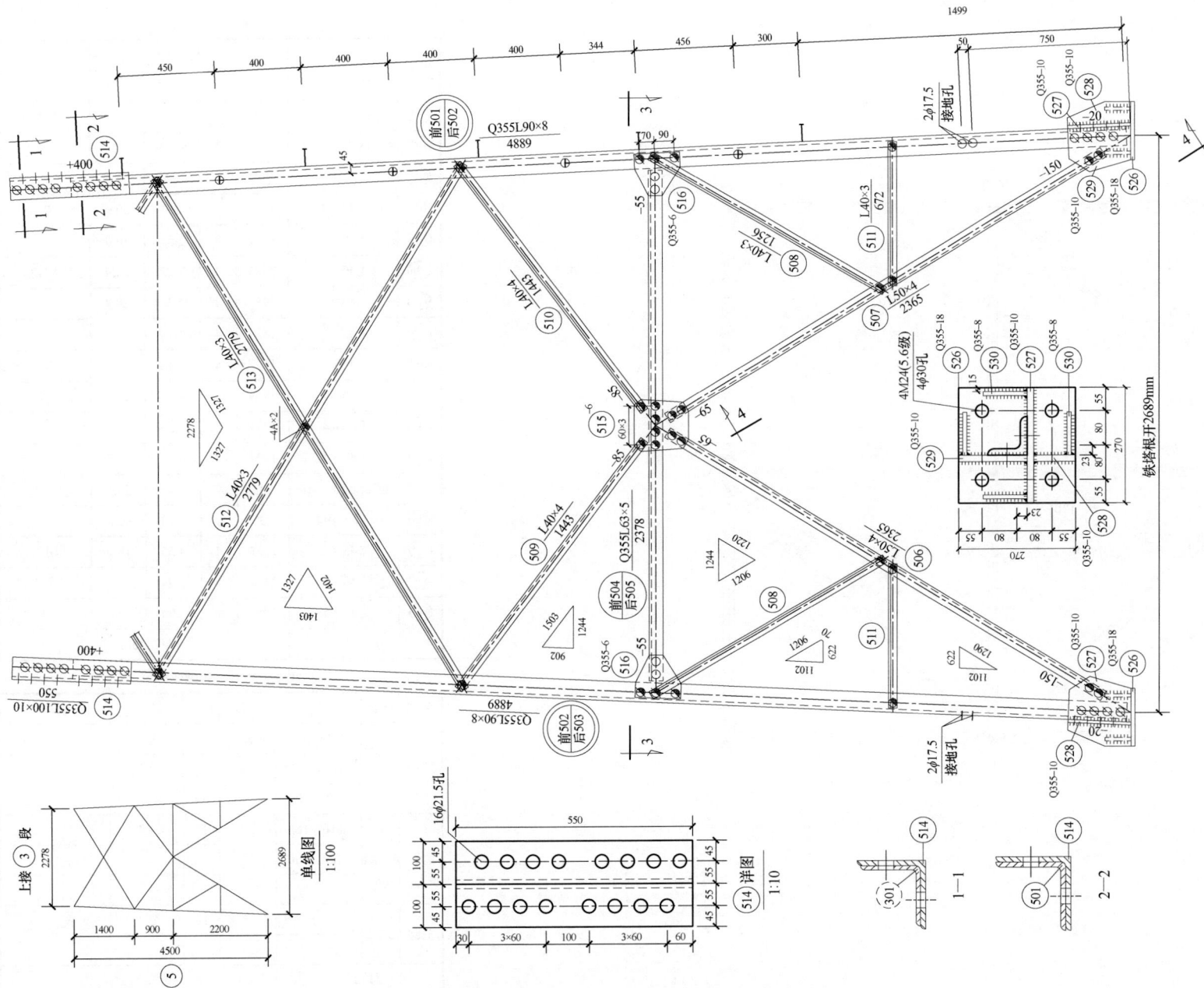

图 15-59　10D3015-ZA3 直线塔塔腿⑤结构图（1/2）

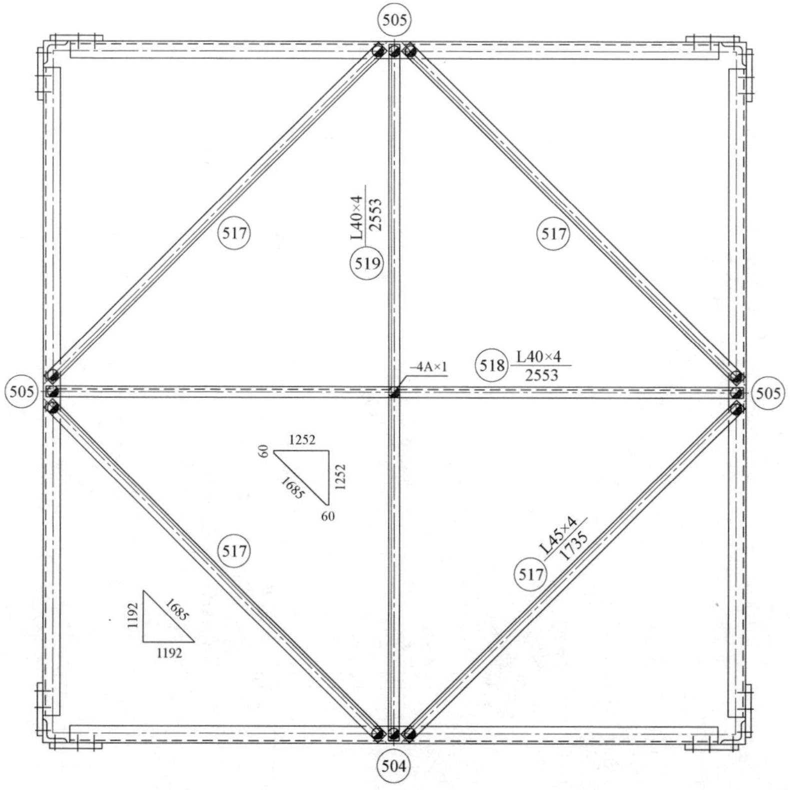

構件明細表

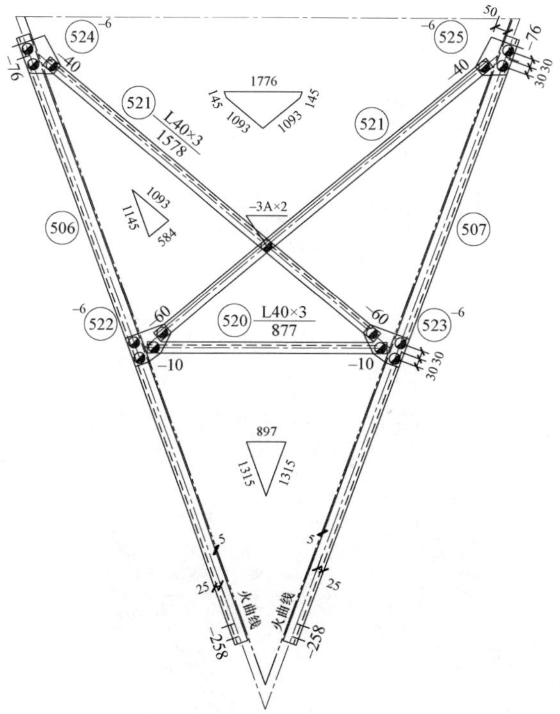

编号	规格	长度(mm)	数量	质量（kg）一件	质量（kg）小计	备注
501	Q355L90×8	4889	1	53.51	53.5	带脚钉
502	Q355L90×8	4889	2	53.51	107.0	
503	Q355L90×8	4889	1	53.51	53.5	
504	Q355L63×5	2378	1	11.47	11.5	
505	Q355L63×5	2378	3	11.47	34.4	
506	L50×4	2365	4	7.23	28.9	
507	L50×4	2365	4	7.23	28.9	
508	L40×3	1256	8	2.33	18.6	
509	L40×3	1443	4	2.67	10.7	切角
510	L40×4	1443	4	2.67	10.7	
511	L40×4	672	8	1.63	13.0	
512	L40×3	2779	4	5.15	20.6	切角
513	L40×3	2779	4	5.15	20.6	
514	Q355L100×10	550	4	8.32	33.3	铲弧
515	−6×240	251	4	2.84	11.4	
516	Q355−6×201	210	8	1.99	15.9	
517	L45×4	1735	4	4.75	19.0	
518	L40×4	2553	1	6.18	6.2	
519	L40×4	2553	1	6.18	6.2	
520	L40×3	877	4	1.62	6.5	
521	L40×3	1578	8	2.92	23.4	
522	−6×111	165	4	0.86	3.4	火曲
523	−6×111	165	4	0.86	3.4	火曲
524	−6×140	152	4	1.00	4.0	火曲
525	−6×140	152	4	1.00	4.0	火曲
526	Q355−18×270	270	4	10.30	41.2	焊接
527	Q355−10×325	294	4	7.50	30.0	打坡口焊接
528	Q355−10×104	294	4	2.40	9.6	打坡口焊接
529	Q355−10×208	292	4	4.77	19.1	打坡口焊接
530	Q355−8×100	100	16	0.63	10.1	打坡口焊接
总质量					661.9kg	

螺栓、脚钉、垫圈明细表

名称	级别	规格	符号	数量	质量（kg）	备注
螺栓	6.8级	M16×40	◒	157	22.6	
		M16×50	◓	40	6.4	
		M20×45	○	16	4.3	
		M20×55	⊘	96	28.3	
脚钉	6.8级	M16×180	⊕T	8	3.0	
		M20×200		1	0.7	
垫圈	Q235	−3A（φ17.5）		8	0.1	规格×个数
		−4A（φ17.5）		9	0.2	
总质量					65.6kg	

图 15－60　10D3015－ZA3 直线塔塔腿⑤结构图（2/2）

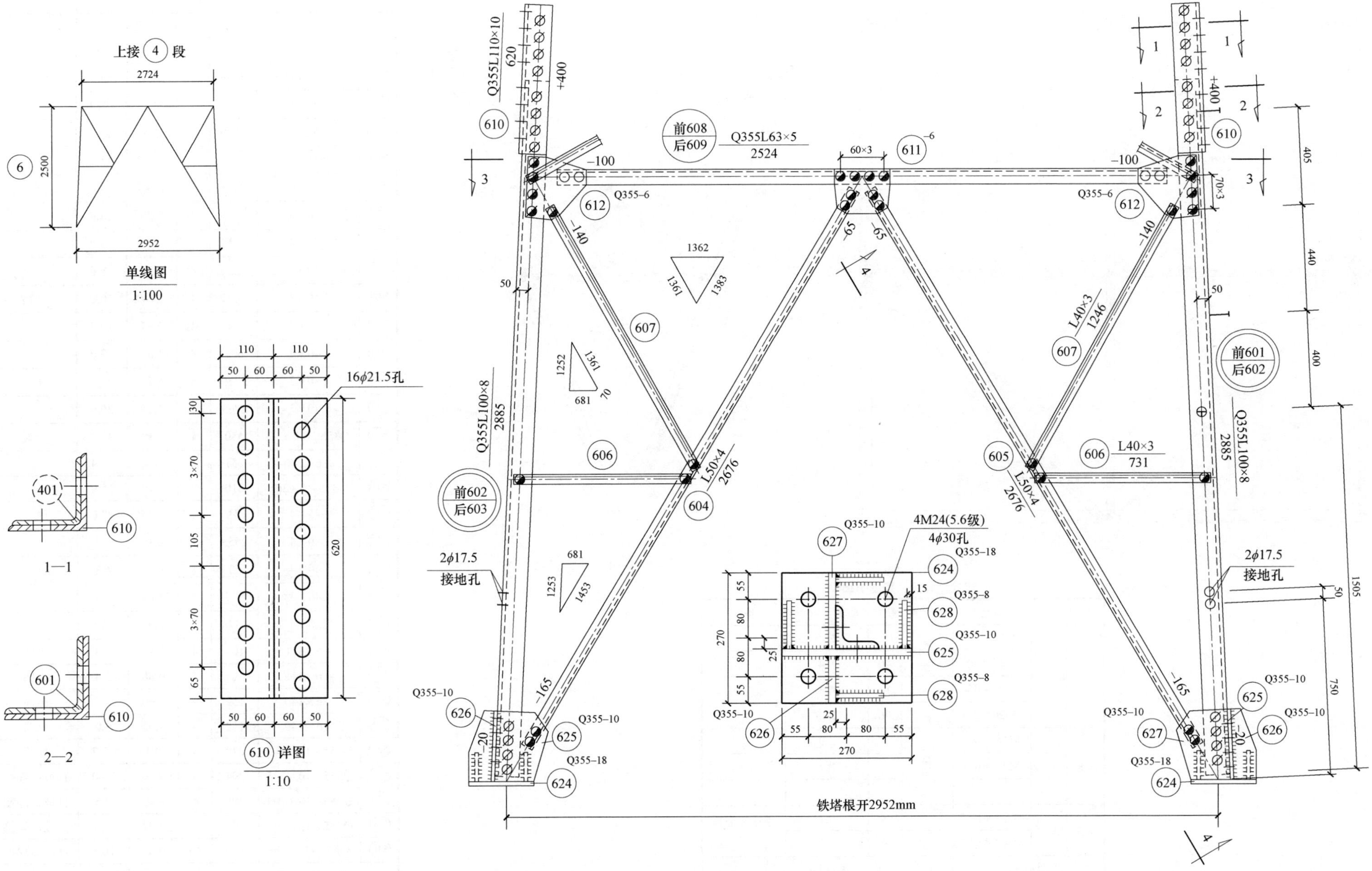

图 15-61　10D3015-ZA3　直线塔塔腿⑥结构图（1/2）

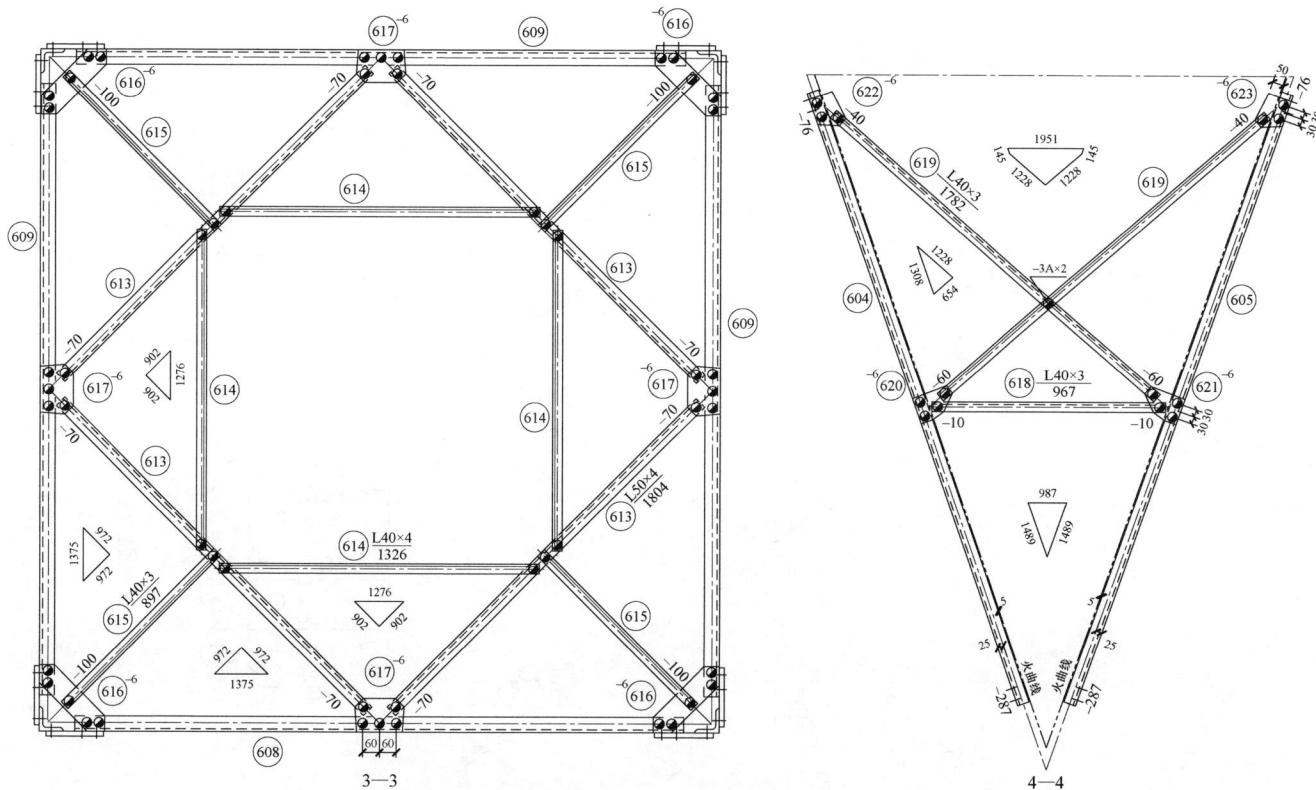

构 件 明 细 表

编号	规格	长度(mm)	数量	质量(kg) 一件	质量(kg) 小计	备注
601	Q355L100×8	2885	1	35.42	35.4	带脚钉
602	Q355L100×8	2885	2	35.42	70.8	
603	Q355L100×8	2885	1	35.42	35.4	
604	L50×4	2676	4	8.19	32.8	
605	L50×4	2676	4	8.19	32.8	
606	L40×3	731	8	1.35	10.8	
607	L40×3	1246	8	2.31	18.5	
608	Q355L63×5	2524	1	12.17	12.2	
609	Q355L63×5	2524	3	12.17	36.5	
610	Q355L110×10	620	4	10.35	41.4	铲弧
611	−6×185	230	4	2.00	8.0	
612	Q355−6×254	265	8	3.17	25.4	
613	L50×4	1804	4	5.52	22.1	
614	L40×4	1326	4	3.21	12.8	
615	L40×3	897	4	1.66	6.6	
616	−6×112	328	4	1.73	6.9	
617	−6×139	205	4	1.34	5.4	
618	L40×3	967	4	1.79	7.2	
619	L40×3	1782	8	3.30	26.4	
620	−6×118	164	4	0.91	3.6	火曲
621	−6×118	164	4	0.91	3.6	火曲
622	−6×142	150	4	1.00	4.0	火曲
623	−6×142	150	4	1.00	4.0	火曲
624	Q355−18×270	270	4	10.30	41.2	焊接
625	Q355−10×330	294	4	7.62	30.5	打坡口焊接
626	Q355−10×104	294	4	2.40	9.6	打坡口焊接
627	Q355−10×208	292	4	4.77	19.1	打坡口焊接
628	Q355−8×100	100	16	0.63	10.1	打坡口焊接
总质量					573.1kg	

螺栓、脚钉、垫圈明细表

名称	级别	规格	符号	数量	质量(kg)	备注
螺栓	6.8级	M16×40	●	192	27.7	
		M16×50	◐	32	5.1	
		M20×45	○	20	5.4	
		M20×55	∅	92	27.2	
脚钉	6.8级	M16×180	⊕T	3	1.1	
		M20×200		1	0.7	
垫圈	Q235	−3A(φ17.5)		8	0.1	规格×个数
总质量					67.3kg	

图 15−62 10D3015−ZA3 直线塔塔腿⑥结构图（2/2）

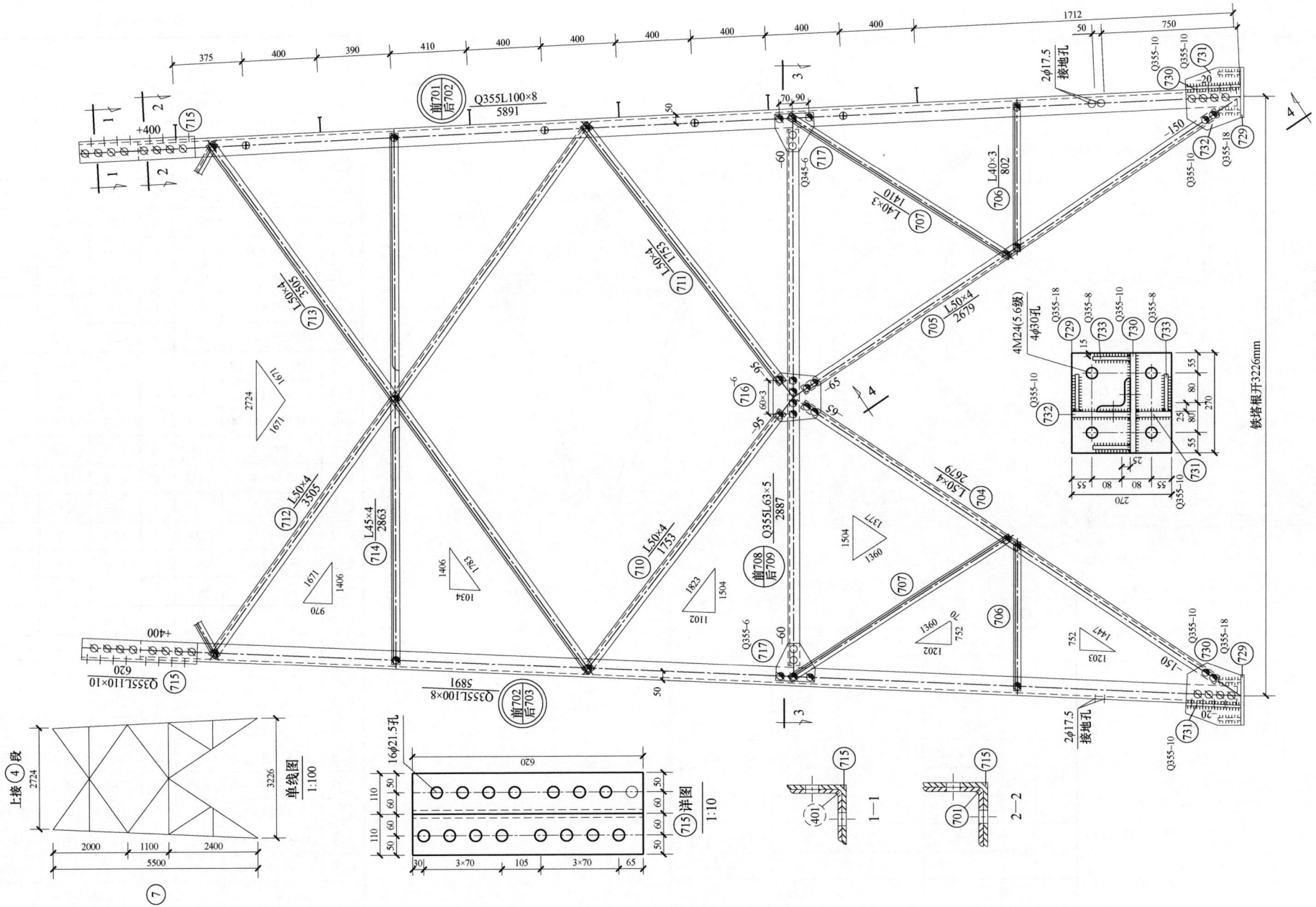

图 15-63　10D3015-ZA3 直线塔塔腿⑦结构图（1/2）

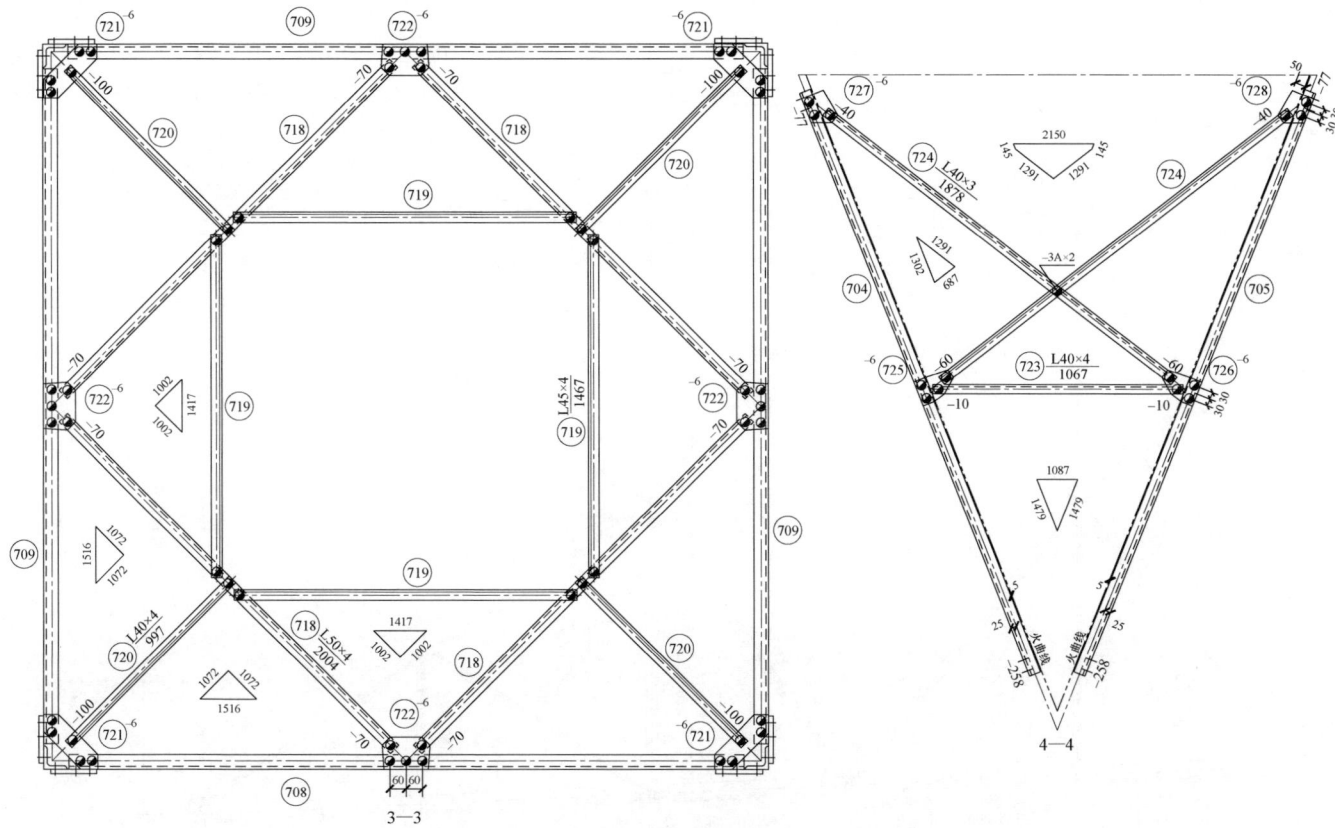

图 15-64 10D3015-ZA3 直线塔塔腿⑦结构图（2/2）

构件明细表

编号	规格	长度(mm)	数量	质量（kg）一件	质量（kg）小计	备注
701	Q355L100×8	5891	1	72.32	72.3	带脚钉
702	Q355L100×8	5891	2	72.32	144.6	
703	Q355L100×8	5891	1	72.32	72.3	
704	L50×4	2679	4	8.20	32.8	
705	L50×4	2679	4	8.20	32.8	
706	L40×3	802	8	1.49	11.9	
707	L40×3	1410	8	2.61	20.9	
708	Q355L63×5	2887	1	13.92	13.9	
709	Q355L63×5	2887	3	13.92	41.8	
710	L50×4	1753	4	5.36	21.4	切角
711	L50×4	1753	4	5.36	21.4	
712	L50×4	3505	4	10.72	42.9	切角
713	L50×4	3505	4	10.72	42.9	
714	L45×4	2863	4	7.83	31.3	中间压扁
715	Q355L110×10	620	4	10.35	41.4	铲弧
716	-6×258	262	4	3.18	12.7	
717	Q355-6×207	210	8	2.05	16.4	
718	L50×4	2004	4	6.13	24.5	
719	L45×4	1467	4	4.01	16.0	
720	L40×4	997	4	2.41	9.6	
721	-6×112	328	4	1.73	6.9	
722	-6×139	205	4	1.34	5.4	
723	L40×4	1067	4	2.58	10.3	
724	L40×3	1878	8	3.48	27.8	
725	-6×118	164	4	0.91	3.6	火曲
726	-6×118	164	4	0.91	3.6	火曲
727	-6×142	150	4	1.00	4.0	火曲
728	-6×142	150	4	1.00	4.0	火曲
729	Q355-18×270	270	4	10.30	41.2	焊接
730	Q355-10×320	294	4	7.39	29.6	打坡口焊接
731	Q355-10×104	294	4	2.40	9.6	打坡口焊接
732	Q355-10×208	292	4	4.77	19.1	打坡口焊接
733	Q355-8×100	100	16	0.63	10.1	打坡口焊接
总质量					899.0kg	

螺栓、脚钉、垫圈明细表

名称	级别	规格	符号	数量	质量（kg）	备注
螺栓	6.8级	M16×40	◒	212	30.6	
		M16×50	◓	32	5.1	
		M20×45	○	16	4.3	
		M20×55	⊘	96	28.3	
脚钉	6.8级	M16×180		10	3.8	
		M20×200	⊕T	1	0.7	
垫圈	Q235	-3A（φ17.5）		8	0.1	规格×个数
总质量					72.9kg	

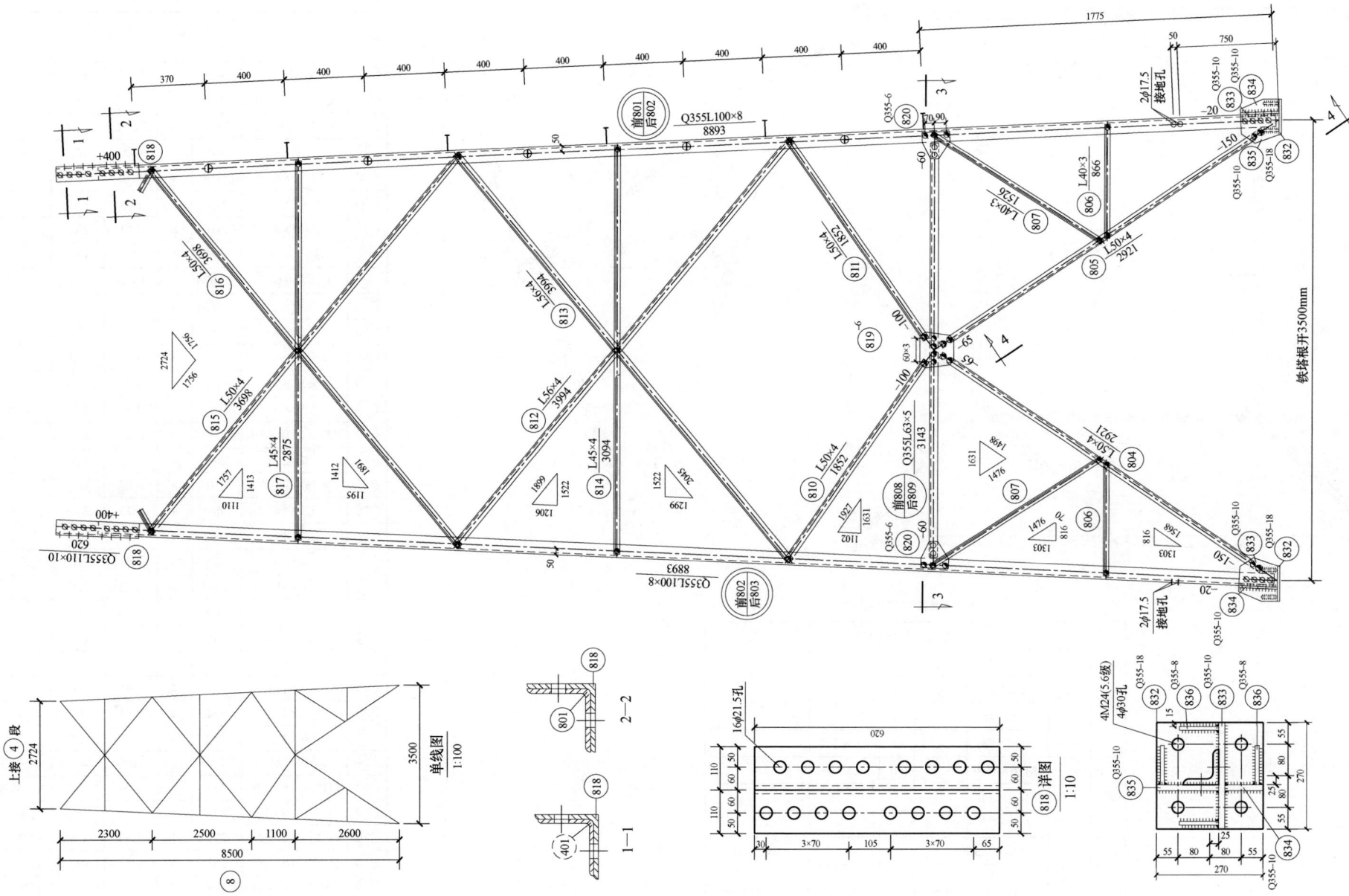

图 15-65 10D35-ZA3 直线塔塔腿⑧结构图（1/2）

构件明细表

编号	规格	长度 (mm)	数量	质量（kg）一件	质量（kg）小计	备注
801	Q355L100×8	8893	1	109.17	109.2	带脚钉
802	Q355L100×8	8893	2	109.17	218.3	
803	Q355L100×8	8893	1	109.17	109.2	
804	L50×4	2921	4	8.94	35.8	
805	L50×4	2921	4	8.94	35.8	
806	L40×3	866	8	1.60	12.8	
807	L40×3	1526	8	2.83	22.6	
808	Q355L63×5	3143	1	15.16	15.2	
809	Q355L63×5	3143	3	15.16	45.5	
810	L50×4	1852	4	5.67	22.7	切角
811	L50×4	1852	4	5.67	22.7	
812	L56×4	3994	4	13.76	55.0	切角
813	L56×4	3994	4	13.76	55.0	
814	L45×4	3094	4	8.47	33.9	中间压扁
815	L50×4	3698	4	11.31	45.2	切角
816	L50×4	3698	4	11.31	45.2	
817	L45×4	2875	4	7.87	31.5	中间压扁
818	Q355L110×10	620	4	10.35	41.4	铲弧
819	−6×257	275	4	3.33	13.3	
820	Q355−6×206	210	8	2.04	16.3	
821	L50×5	2185	4	8.24	33.0	
822	L45×4	1595	4	4.36	17.4	
823	L40×4	1087	4	2.63	10.5	
824	−6×112	328	4	1.73	6.9	
825	−6×139	205	4	1.34	5.4	
826	L40×4	1156	4	2.80	11.2	
827	L40×3	2055	8	3.81	30.5	
828	−6×118	164	4	0.91	3.6	火曲
829	−6×118	164	4	0.91	3.6	火曲
830	−6×142	150	4	1.00	4.0	火曲
831	−6×142	150	4	1.00	4.0	火曲
832	Q355−18×270	270	4	10.30	41.2	焊接
833	Q355−10×334	294	4	7.71	30.8	打坡口焊接
834	Q355−10×104	294	4	2.40	9.6	打坡口焊接
835	Q355−10×208	292	4	4.77	19.1	打坡口焊接
836	Q355−8×100	100	16	0.63	10.1	打坡口焊接
总质量					1243.9kg	

螺栓、脚钉、垫圈明细表

名称	级别	规格	符号	数量	质量（kg）	备注
螺栓	6.8级	M16×40		224	32.3	
		M16×50		40	6.4	
		M20×45	○	16	4.3	
		M20×55	∅	96	28.3	
脚钉	6.8级	M16×180		10	3.8	
		M20×200		1	0.7	
垫圈	Q235	−3A（φ17.5）		8	0.1	规格×个数
总质量					75.9kg	

图 15−66 10D3015−ZA3 直线塔塔腿⑧结构图（2/2）

除图中注明外，必须遵照下列统一要求进行加工和组装：

（1）杆塔的设计执行《输电线路杆塔制图和构造规定》（DL/T 5442—2020）的有关规定。

（2）结构图中图面内的图例、代号等在说明中未提及之处，均按《输电线路杆塔制图和构造规定》（DL/T 5442—2020）中的要求执行。

（3）杆塔加工时应严格执行《输电线路铁塔制造技术条件》（GB/T 2694—2018）。本塔构件的尺寸以放样为准，构件加工后必须试组装，验收合格后方可批量加工。

（4）钢材质量标准应符合《碳素结构钢》（GB/T 700—2006）及《低合金高强度结构钢》（GB/T 1591—2018）的有关要求；螺栓、螺母、扣紧螺母应符合的标准分别为《六角头螺栓 C级》（GB/T 5780—2016）、《I型六角螺母》（GB/T 6170—2015）、《扣紧螺母》（GB/T 805—1988）。所有材料，包括角钢、螺栓、防盗螺栓、扣紧螺母、焊条等均应有出厂合格证书。

（5）杆塔构件所用钢种为 Q235B、Q355B，图中注明 Q355 材料为 Q355B 钢材，未注明均为 Q235B 钢材（角钢用"L"、钢板用"－"表示）。所有构件均须热镀锌。

（6）所有螺栓（包括防盗螺栓）的强度等级为热镀锌后的强度值。

（7）杆塔构件连接主要以螺栓连接为主，少数采用焊接（如塔脚板连接等）。构件焊接应按照焊接规程、规范和有关规定进行，焊缝高度不得小于连接构件的最小厚度，当被焊接构件厚 8mm 及以上时，要按规定剖口焊，以便焊透。对 Q355 构件焊接时选用 E50 系列焊条，对 Q235 构件焊接时选用 E43 系列焊条。

（8）加工时如发生材料代用或改变节点形式等情况，须与设计单位联系解决。材料代用时，需注意相关影响，应与图纸对应列表统计，并由加工厂书面通知施工单位，以方便施工安装。

（9）角钢与钢板的螺栓间距、边距除图中特殊注明外应按表1采用。

（10）角钢准距除图中特殊注明外，一般按表2采用。

（11）螺栓、脚钉、垫圈规格按表3、表4采用。

（12）脚钉一般从离地面 1.5m 处开始向上装设，间距 400mm 左右，加工放样时可适当调整脚钉的位置，脚钉除运行单位有特殊要求外，一般采用防滑带直钩形式。

（13）其他事项：

1）节点板考虑到刚度要求，形状不宜狭长，节点板边缘与构件轴线夹角 α 不小于 15°，如右图所示。

2）构件厚度大于 14mm 时须采用钻孔方法加工，构件接头中外包角钢清根，内包角钢铲背。

3）凡图中所要求的火曲、开合角、切肢、压扁、切角等的尺寸均由加工放样决定。

4）两构件连接面间的间隙大于 3mm 时，构件应局部开、合角或制弯。

5）当构件需采用切肢或压扁时，应优先采用切肢。

（14）杆塔加工时应根据实际工程要求的高度设置防盗螺栓（无特殊说明的 10m 高以下防盗）。

α角示意图

表1 螺栓间距、边距表

螺栓规格	孔径（mm）	螺栓间距（mm）		边距（mm）		
		单排	双排	端距	扎制边距	切角边距
M16	φ17.5	50	80	25	≥21 或 20（L40 角钢时）	≥23
M20	φ21.5	60	100	30	≥26	≥28

注　螺孔顺力线方向重心最大间距为 12d 或 18t（取二者较小者），其中 d 为螺栓直径，t 为较薄板的厚度。

表2 角钢准距表

肢宽（mm）	准距（mm）	第一排准距（mm）	第二排准距（mm）	最大使用孔径（mm）
L40	20			
L45	23			
L50	25（28）			17.5
L56	28（32）			

续表

肢宽（mm）	准距（mm）	第一排准距（mm）	第二排准距（mm）	最大使用孔径（mm）
L63	30（36）			
L70	35（40）			
L75	38（40）			
L80	40			
L90	45			21.5
L100	50			
L110	55	45	75	
L125	60	50	85	
L140	70	55	90	
L160	80	60	105	

注　括号内数字用于螺栓边距不足时，在搭接位置上的螺栓孔可使用的准距。

表3 螺栓规格表

级别	单帽螺栓（带一垫、一扣紧螺母）					防盗螺栓 质量（kg）（带一垫）	双帽螺栓（带一垫）				
	规格	符号	通过厚度（mm）	无扣长（mm）	质量（kg）		规格	符号	通过厚度（mm）	无扣长（mm）	质量（kg）
6.8级	M16×40	◐	7～12	6	0.1442	0.1997	M16×50	◑	7～12	6	0.1875
	M16×50	◒	13～22	12	0.1602	0.2127	M16×60	◓	13～22	12	0.2039
	M16×60	◖	23～32	22	0.1762	0.2277	M16×70		23～32	22	0.2203
	M16×70	◗	33～42	32	0.1922	0.2477	M16×80		33～42	32	0.2369
6.8级	M20×45	○	9～15	8	0.2701	0.3517	M20×60	○	9～15	8	0.3605
	M20×55	⊘	16～25	15	0.2953	0.3737	M20×70		16～25	15	0.3864
	M20×65	⊠	26～35	25	0.3205	0.3967	M20×80		26～35	25	0.4123
	M20×75	⊘	36～45	35	0.3457	0.4207	M20×90		36～45	35	0.4381
	M20×85	⊠	46～55	45	0.3709	0.4407	M20×100	○	46～55	45	0.4640
	M20×95	⊠	56～65	55	0.3961	0.4607	M20×110		56～65	55	0.4899
	M20×105	⊠	66～75	65	0.4213	0.4807	M20×120		66～75	65	0.5158

表4 脚钉、垫圈规格表

脚钉（带两帽）				垫圈				
规格	符号	无扣长（mm）	质量（kg）	规格	符号	质量（kg）	内径（mm）	外径（mm）
M16×180	⊕——	120	0.3799	−2（φ13.5）	规格×个数	0.00186	13.5	24
				−3（φ17.5）		0.01065	17.5	30
M20×200	⊕——	120	0.6749	−3（φ22）	规格×个数	0.01637	22	37
				−4（φ22）		0.02183	22	37
M24×240	⊕——	120	1.1803	−3（φ26）	规格×个数	0.02331	26	44
				−4（φ26）		0.03108	26	44

图 15-67　10D3015-ZA3 直线塔加工说明

15.2.4 10D3015-J1 转角塔

10D3015-J1 转角塔结构图清单见表 15-9。

表 15-9   **10D3015-J1 转角塔结构图清单**

图序	图名	备注
图 15-68	10D3015-J1 转角塔总图	
图 15-69	10D3015-J1 转角塔材料汇总表	
图 15-70	10D3015-J1 转角塔横担①结构图	
图 15-71	10D3015-J1 转角塔塔身②结构图（1/2）	
图 15-72	10D3015-J1 转角塔塔身②结构图（2/2）	
图 15-73	10D3015-J1 转角塔塔身③结构图	

续表

图序	图名	备注
图 15-74	10D3015-J1 转角塔塔身④结构图	
图 15-75	10D3015-J1 转角塔塔腿⑤结构图（1/2）	
图 15-76	10D3015-J1 转角塔塔腿⑤结构图（2/2）	
图 15-77	10D3015-J1 转角塔塔腿⑥结构图（1/2）	
图 15-78	10D3015-J1 转角塔塔腿⑥结构图（2/2）	
图 15-79	10D3015-J1 转角塔塔腿⑦结构图（1/2）	
图 15-80	10D3015-J1 转角塔塔腿⑦结构图（2/2）	
图 15-81	10D3015-J1 转角塔塔腿⑧结构图（1/2）	
图 15-82	10D3015-J1 转角塔塔腿⑧结构图（2/2）	
图 15-83	10D3015-J1 转角塔加工说明	

杆塔根开、基础根开、地脚螺栓规格及间距表

杆塔名称（型号）	10D3015-J1			
呼高（m）	9	12	15	18
接腿	⑤	⑥	⑦	⑧
杆塔根开（mm）	1767	2091	2426	2750
基础根开（mm）	1811	2141	2476	2800
基础地脚螺栓间距（mm）	200	200	200	200
每腿基础地脚螺栓配置（5.6级）	4M30	4M30	4M30	4M30

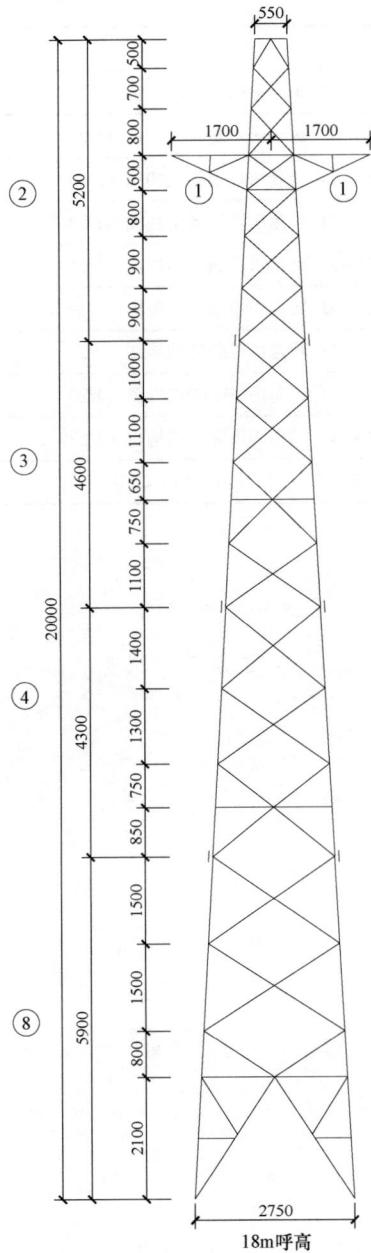

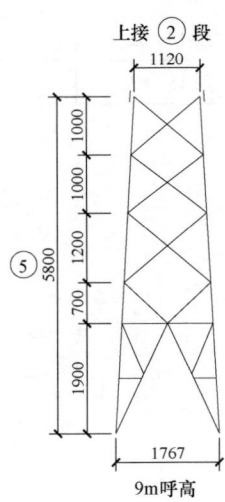

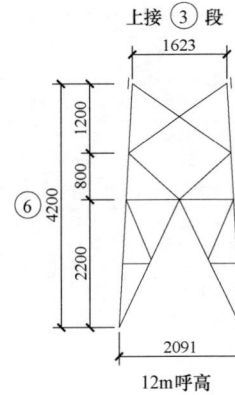

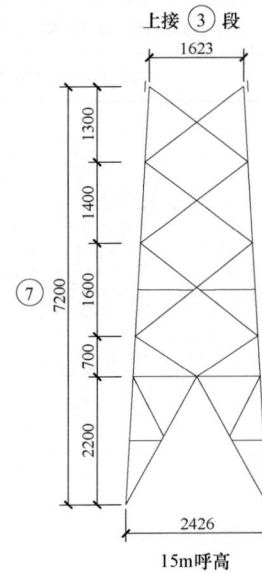

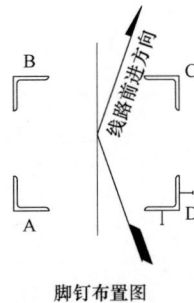

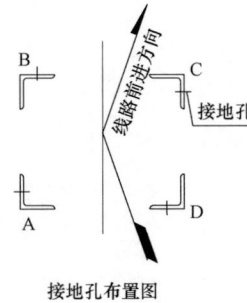

18m呼高

上接②段
9m呼高

上接③段
12m呼高

上接③段
15m呼高

脚钉布置图

接地孔布置图

图 15-68 10D3015-J1 转角塔总图

材 料 汇 总 表

材料	材质	规格	段号 ①	②	③	④	⑤	⑥	⑦	⑧	呼高（m）9.0	12.0	15.0	18.0
角钢	Q355	L110×10								43.1				43.1
		L110×8								343.3				343.3
		L100×8				239.9		28.7	404.2			28.7	404.2	239.9
		L100×7					200.9					200.9		
		L90×7			199.1		262.4				262.4	199.1	199.1	199.1
		L75×6		132.1							132.1	132.1	132.1	132.1
		L63×5	55.2	15.7			27.9	33.3	39.7	46.0	98.8	104.2	110.6	116.9
		小计	55.2	147.8	199.1	239.9	290.3	262.9	443.9	432.4	493.3	665.0	846.0	1074.4
	Q235	L56×5								77.4				77.4
		L56×4					59.6					59.6		
		L50×5		5.7	48.0						5.7	53.7	53.7	53.7
		L50×4		10.2	18.1	25.2	44.8		55.8	21.6	55.0	28.3	84.1	75.1
		L45×4		73.6	22.4	43.8		14.2	16.8		73.6	110.2	112.8	139.8
		L40×4	17.8	42.4	91.6	121.2	60.1	22.0	192.6	146.4	120.3	143.0	313.6	388.6
		L40×3	17.9	37.5	34.8		100.3	87.6	53.8	57.6	155.7	177.8	144.0	147.8
		小计	35.7	169.4	184.1	190.2	205.2	183.4	319.0	303.0	410.3	572.6	708.2	882.4
钢板	Q355	−6	18.8	33.8			16.8	17.2	18.0		69.4	69.8	70.6	52.6
		−8					14.4	14.4	14.4	14.4	14.4	14.4	14.4	14.4
		−12	20.4	8.2			81.0	85.8	83.4	104.5	109.6	114.4	112.0	133.1
		−28					101.6	101.6	101.6	101.6	101.6	101.6	101.6	101.6
		小计	39.2	42.0			213.8	219.0	217.4	220.5	295.0	300.2	298.6	301.7
	Q235	−6		53.0	30.2	8.4	61.1	25.7	27.1	43.2	114.1	108.9	110.3	134.8
		−10			1.6							1.6	1.6	1.6
		−12		1.9			2.9				4.8	1.9	1.9	1.9
		小计		54.9	31.8	8.4	64.0	25.7	27.1	43.2	118.9	112.4	113.8	138.3
螺栓	6.8级	M16×40	4.0	36.0	10.5	7.6	21.5	19.8	22.1	19.8	61.5	70.3	72.6	77.9
		M16×50	0.3	12.8	12.8	5.1	25.6	7.0	10.9	9.0	38.7	32.9	36.8	40.0
		M16×50 双帽		0.8							0.8	0.8	0.8	0.8
		M16×60 双帽	0.8	1.6							2.4	2.4	2.4	2.4
		小计	5.1	51.2	23.3	12.7	47.1	26.8	33.0	28.8	103.4	106.4	112.6	121.1
	6.8级	M20×45	6.5	13.0	15.1	8.6	19.4	21.6	13.0	4.3	38.9	56.2	47.6	47.5
		M20×55			9.4		9.4	16.5	26.0	37.8	9.4	16.5	26.0	47.2
		M20×70 双帽	7.7	0.8						8.5	8.5	8.5	8.5	8.5
		小计	14.2	13.8	15.1	18.0	31.0	38.1	39.0	42.1	59.0	81.2	82.1	103.2
		螺栓合计	19.3	65.0	38.4	30.7	83.1	64.9	72.0	70.9	167.4	187.6	194.7	224.3
脚钉	6.8级	M16×180		3.8	3.8	3.4	4.2	2.7	5.3	4.2	8.0	10.3	12.9	15.2
		M20×200		1.3	1.3	1.3	0.7	0.7	1.3	0.7	2.0	3.3	3.9	4.6
		小计		5.1	5.1	4.7	4.9	3.4	6.6	4.9	10.0	13.6	16.8	19.8
垫圈	Q235	−3A（φ17.5）		0.6	0.3		0.5	0.2			1.1	1.1	0.9	0.9
		−4A（φ17.5）	0.2	0.2		0.3	0.1	0.1	0.5	0.4	0.5	0.5	0.9	1.1
		小计	0.2	0.8	0.3	0.3	0.8	0.3	0.5	0.4	1.8	1.6	1.8	2.0
不含防盗螺栓总质量（kg）			149.6	485.0	458.8	474.2	862.1	759.6	1086.5	1075.3	1496.7	1853.0	2179.9	2642.9
各呼高含防盗螺栓总质量（kg）											1519.0	1880.4	2212.2	2682.1

图 15−69 10D3015−J1 转角塔材料汇总表

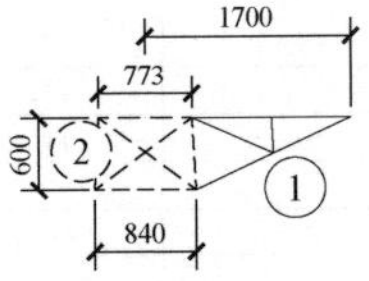

构件明细表

编号	规格	长度(mm)	数量	质量(kg) 一件	质量(kg) 小计	备注
101	Q355L63×5	1379	2	6.65	13.3	
102	Q355L63×5	1379	2	6.65	13.3	
103	Q355L63×5	1219	2	5.88	11.8	
104	Q355L63×5	1219	2	5.88	11.8	
105	L40×3	620	4	1.15	4.6	
106	L40×3	351	2	0.65	1.3	切角
107	L40×3	351	2	0.65	1.3	切角
108	Q355−6×244	407	2	4.68	9.4	卷边50mm
109	Q355−6×244	407	2	4.68	9.4	卷边50mm
110	L40×4	933	2	2.26	4.5	切角
111	L40×4	933	2	2.26	4.5	
112	L40×4	908	2	2.20	4.4	切角
113	L40×4	908	2	2.20	4.4	
114	Q355L63×5	520	2	2.51	5.0	
115	Q355−12×194	280	2	5.12	10.2	火曲
116	Q355−12×194	280	2	5.12	10.2	火曲
117	L40×3	1053	2	1.95	3.9	
118	L40×3	1053	2	1.95	3.9	切角
119	L40×3	775	2	1.44	2.9	一端切肢
总质量					130.1kg	

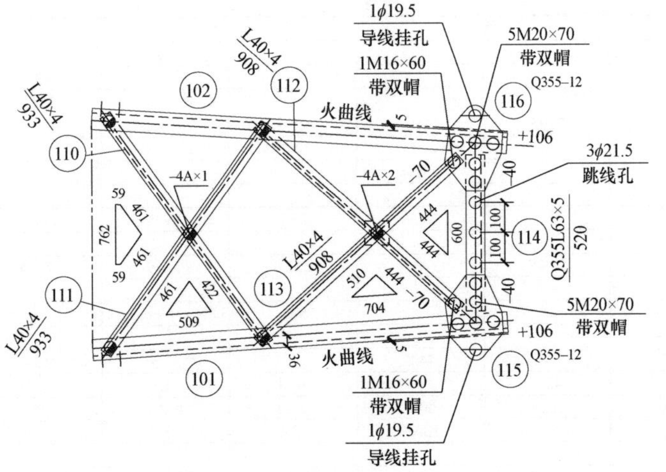

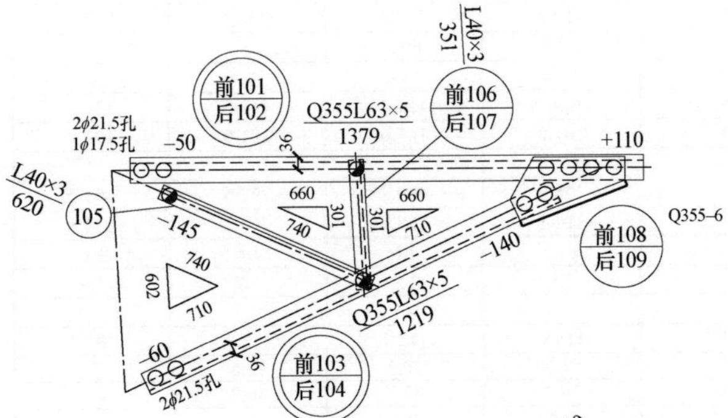

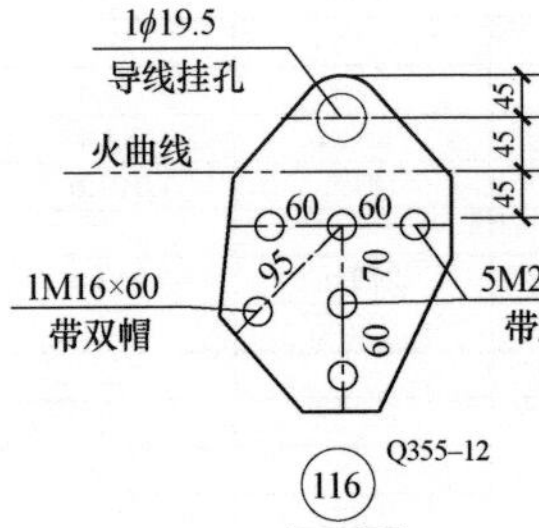

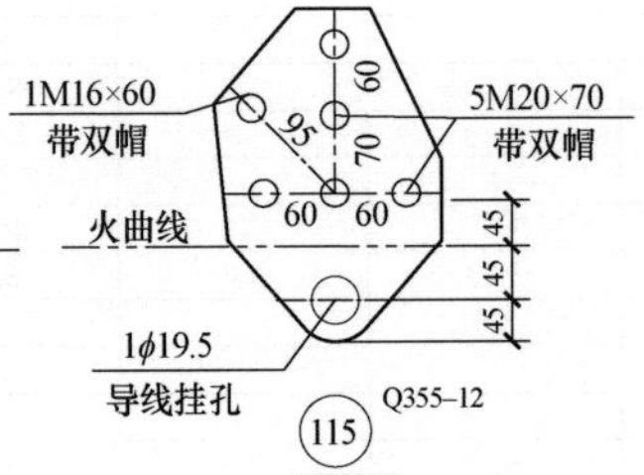

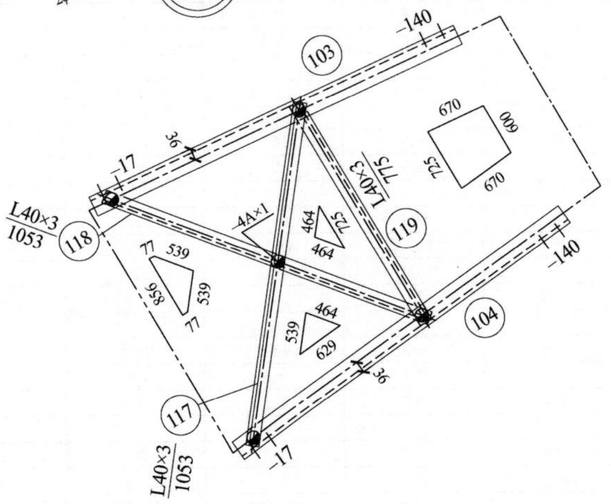

螺栓、脚钉、垫圈明细表

名称	级别	规格	符号	数量	质量(kg)	备注
螺栓	6.8级	M16×40	◑	28	4.0	
		M16×50	◓	2	0.3	
		M20×45	○	24	6.5	
		M16×60	⊘	4	0.8	带双帽
		M20×70		20	7.7	带双帽
脚钉	6.8级		⊕T			
垫圈	Q235	−4A（φ17.5)		8	0.2	规格×个数
总质量					19.5kg	

图 15−70　10D3015−J1 转角塔横担①结构图

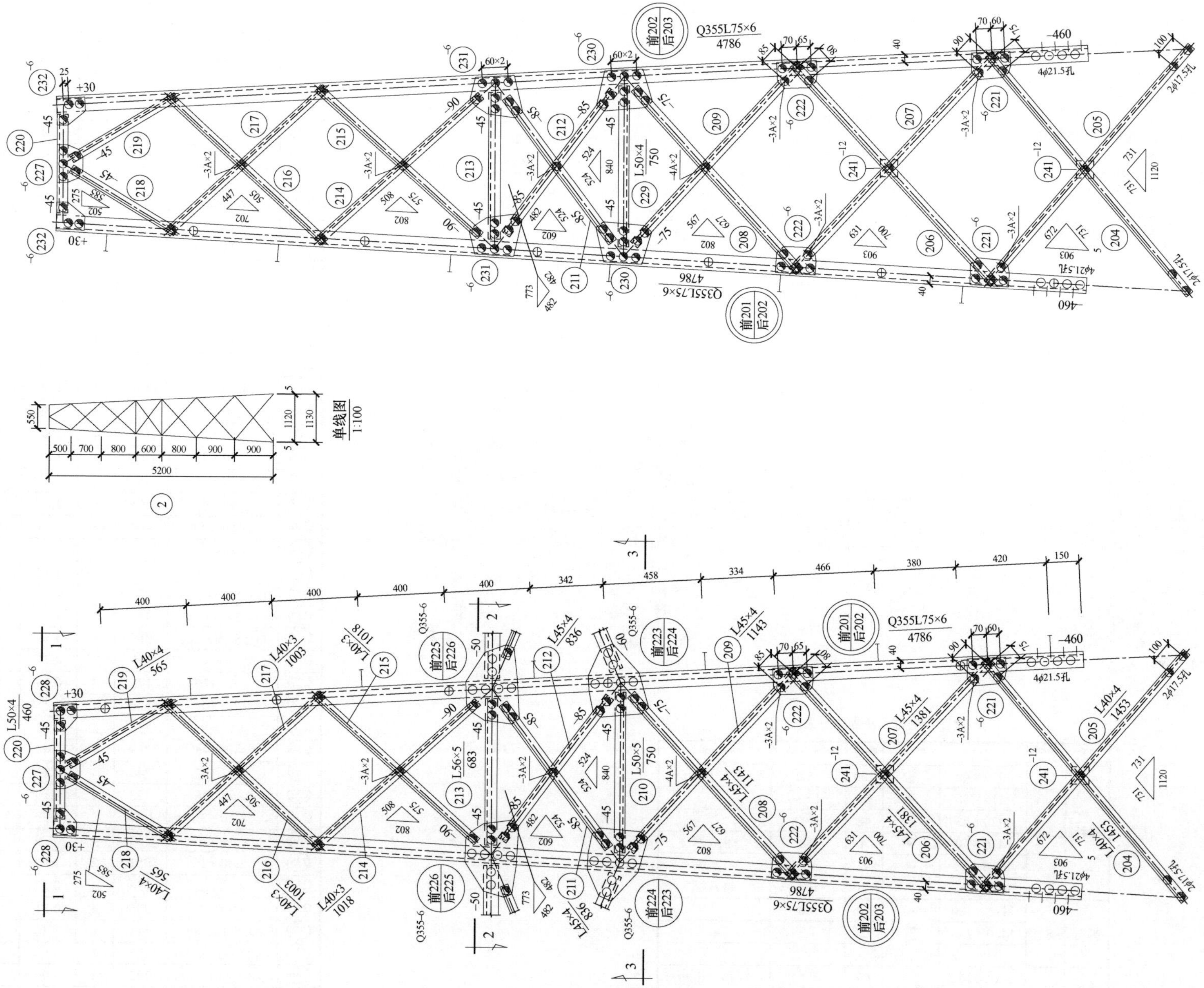

图 15-71 10D3015-J1 转角塔塔身②结构图（1/2）

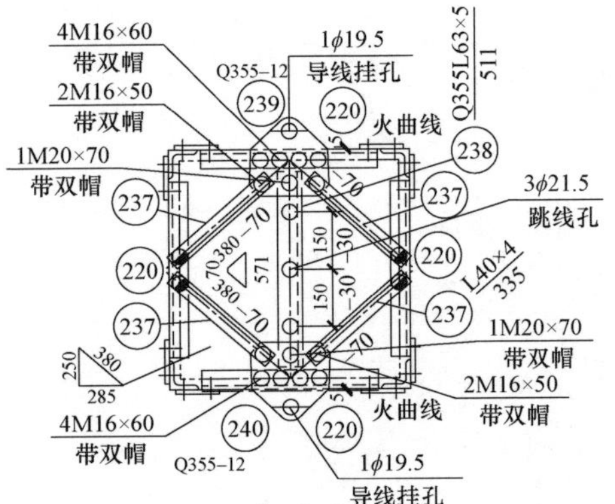

1—1

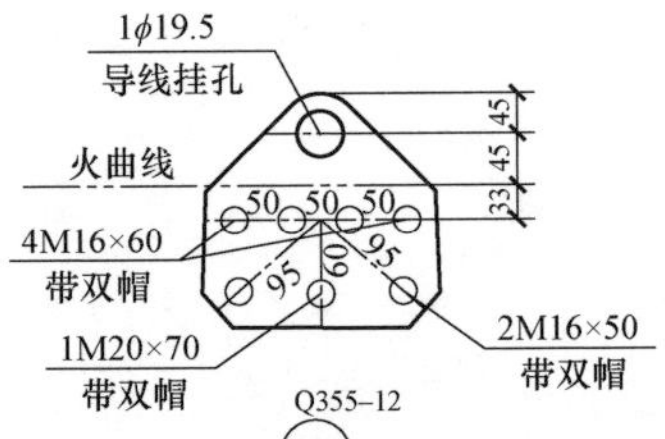

239
1:10

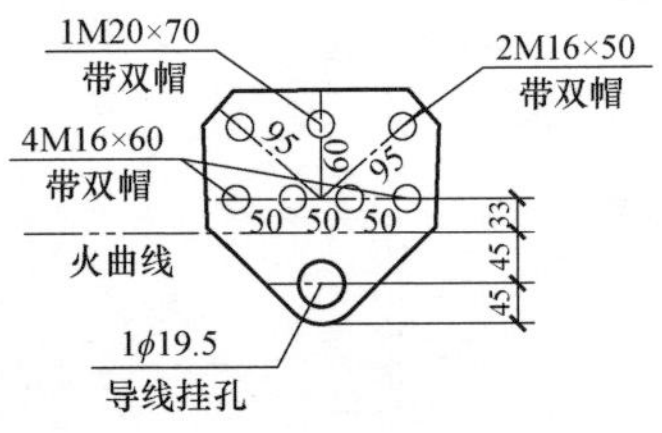

240
1:10

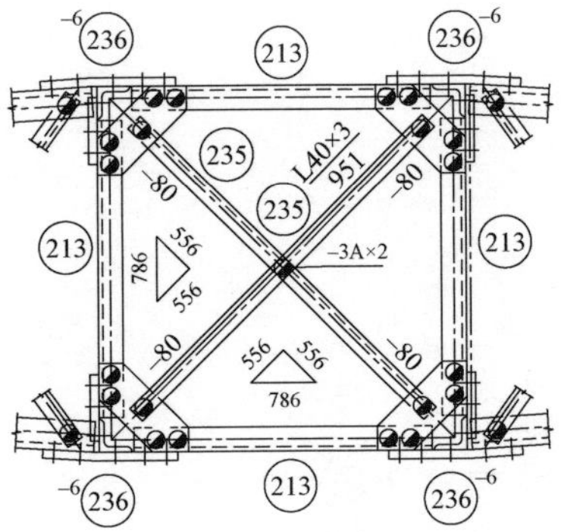

2—2

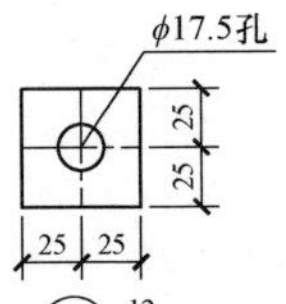

241 –12
1:5

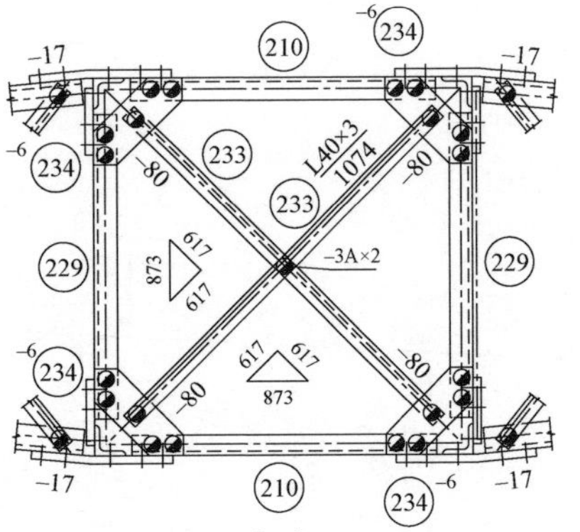

3—3

螺栓、脚钉、垫圈明细表

名称	级别	规格	符号	数量	质量（kg）	备注
螺栓	6.8 级	M16×40	●	250	36.0	
		M16×50	◐	80	12.8	
		M20×45	○	48	13.0	
		M16×50	◐	4	0.8	带双帽
		M16×60	◙	8	1.6	带双帽
		M20×70	○	2	0.8	带双帽
脚钉	6.8 级	M16×180	⊖T	10	3.8	
		M20×200		2	1.3	
垫圈	Q235	–3A（ϕ17.5）		60	0.6	规格×个数
		–4A（ϕ17.5）		8	0.2	
总质量			70.9kg			

构件明细表

编号	规格	长度（mm）	数量	质量（kg）一件	质量（kg）小计	备注
201	Q355L75×6	4786	1	33.05	33.0	带脚钉
202	Q355L75×6	4786	2	33.05	66.1	
203	Q355L75×6	4786	1	33.05	33.0	
204	L40×4	1453	4	3.52	14.1	
205	L40×4	1453	4	3.52	14.1	切角
206	L45×4	1381	4	3.78	15.1	
207	L45×4	1381	4	3.78	15.1	切角
208	L45×4	1143	4	3.13	12.5	
209	L45×4	1143	4	3.13	12.5	切角
210	L50×5	750	2	2.83	5.7	
211	L45×4	836	4	2.29	9.2	
212	L45×4	836	4	2.29	9.2	
213	L56×5	683	4	2.90	11.6	
214	L40×3	1018	4	1.89	7.6	切角
215	L40×3	1018	4	1.89	7.6	
216	L40×3	1003	4	1.86	7.4	
217	L40×3	1003	4	1.86	7.4	切角
218	L40×4	565	4	1.37	5.5	
219	L40×4	565	4	1.37	5.5	切角
220	L50×4	460	4	1.41	5.6	
221	–6×130	183	8	1.12	9.0	
222	–6×129	185	8	1.12	9.0	
223	Q355–6×258	350	2	4.25	8.5	火曲
224	Q355–6×258	350	2	4.25	8.5	火曲
225	Q355–6×242	369	2	4.21	8.4	火曲
226	Q355–6×242	369	2	4.21	8.4	火曲
227	–6×120	175	4	0.99	4.0	
228	–6×109	126	4	0.65	2.6	
229	L50×4	750	2	2.83	5.7	
230	–6×196	263	4	2.43	9.7	
231	–6×197	245	4	2.27	9.1	
232	–6×126	133	4	0.79	3.2	
233	L40×3	1074	2	1.99	4.0	
234	–6×126	133	4	0.79	3.2	
235	L40×3	951	2	1.99	4.0	
236	–6×126	133	4	0.79	3.2	
237	L40×4	335	4	0.81	3.2	
238	Q355L63×5	511	1	2.46	2.5	
239	Q355–12×194	222	1	4.06	4.1	火曲
240	Q355–12×194	222	1	4.06	4.1	火曲
241	–12×50	50	8	0.24	1.9	垫板
总质量		414.1kg				

图 15–72　10D3015–J1 转角塔塔身②结构图（2/2）

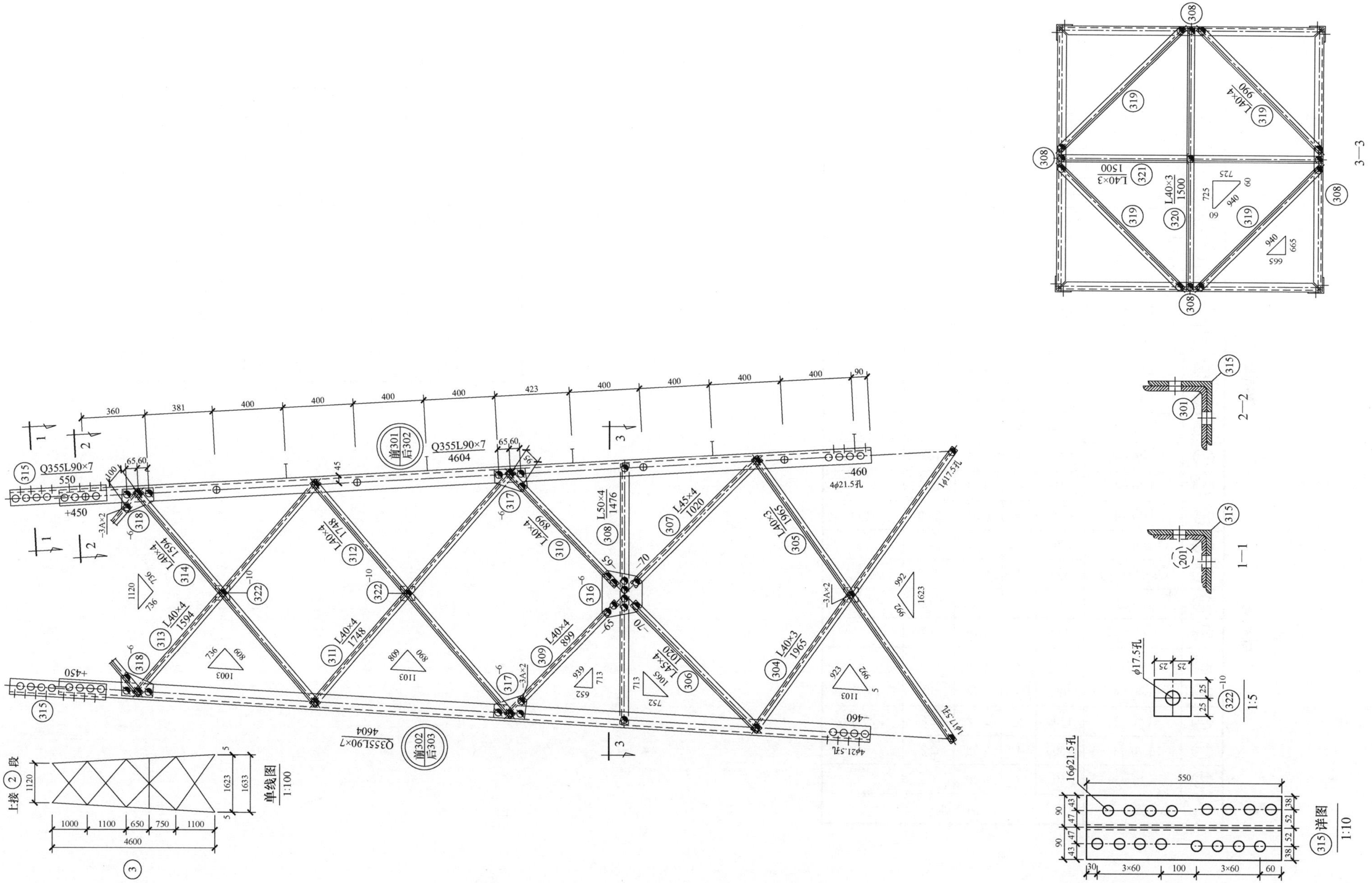

图 15-73　10D3015-J1 转角塔塔身③结构图（一）

构 件 明 细 表

编号	规格	长度(mm)	数量	质量（kg）一件	质量（kg）小计	备注
③⑩①	Q355L90×7	4604	1	44.46	44.5	带脚钉
③⑩②	Q355L90×7	4604	2	44.46	88.9	
③⑩③	Q355L90×7	4604	1	44.46	44.5	
③⓪④	L40×3	1965	4	3.64	14.6	切角
③⓪⑤	L40×3	1965	4	3.64	14.6	
③⓪⑥	L45×4	1020	4	2.79	11.2	
③⓪⑦	L45×4	1020	4	2.79	11.2	切角
③⓪⑧	L50×4	1476	4	4.52	18.1	
③⓪⑨	L40×4	899	4	2.18	8.7	切角
③①⓪	L40×4	899	4	2.18	8.7	
③①①	L40×4	1748	4	4.23	16.9	切角
③①②	L40×4	1748	4	4.23	16.9	
③①③	L40×4	1594	4	6.01	24.0	切角
③①④	L40×4	1594	4	6.01	24.0	
③①⑤	Q355L90×7	550	4	5.31	21.2	铲弧
③①⑥	−6×229	266	4	2.87	11.5	
③①⑦	−6×134	184	8	1.16	9.3	
③①⑧	−6×135	186	8	1.18	9.4	
③①⑨	L40×4	990	4	2.40	9.6	切角
③②⓪	L40×3	1500	1	2.78	2.8	中间切肢
③②①	L40×3	1500	1	2.78	2.8	
③②②	−10×50	50	8	0.20	1.6	
总质量					415.0kg	

螺栓、脚钉、垫圈明细表

名称	级别	规格	符号	数量	质量（kg）	备注
螺栓	6.8级	M16×40	◉	73	10.5	
		M16×50	◉	80	12.8	
		M20×45	○	56	15.1	
脚钉	6.8级	M16×180	⊕T	10	3.8	
		M20×200		2	1.3	
垫圈	Q235	−3A（φ17.5）		24	0.3	规格×个数
总质量					43.8kg	

图 15−73　10D3015−J1 转角塔塔身③结构图（二）

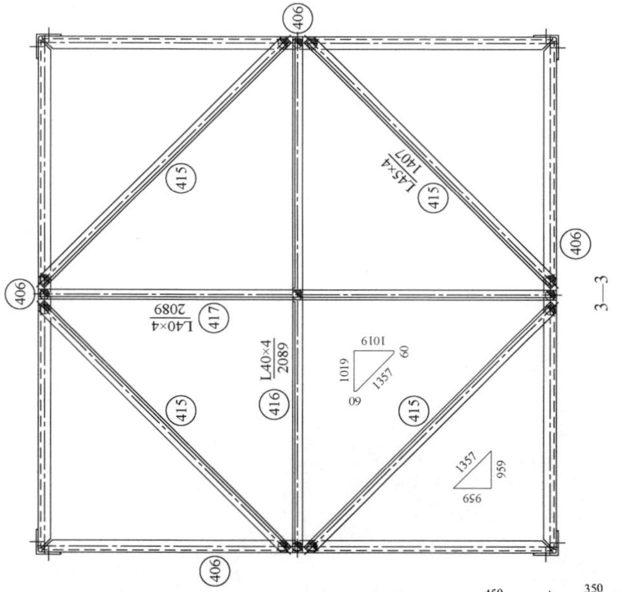

螺栓、脚钉、垫圈明细表

名称	级别	规格	符号	数量	质量(kg)	备注
螺栓	6.8级	M16×40	⊘	53	7.6	
		M16×50	⊘	32	5.1	
		M20×45	○	32	8.6	
		M20×55	⊘	32	9.4	
脚钉	6.8级	M16×180	⊕	9	3.4	
		M20×200	⊕	2	1.3	
垫圈	Q235	−4A (φ17.5)		16	0.3	规格×个数
总质量					35.7kg	

构 件 明 细 表

编号	规格	长度(mm)	数量	质量(kg) 一件	小计	备注
401	Q355L100×8	4303	1	52.82	52.8	带脚钉
402	Q355L100×8	4303	2	52.82	105.6	
403	Q355L100×8	4303	1	52.82	52.8	
404	L45×4	1294	4	3.54	14.2	
405	L45×4	1294	4	3.54	14.2	
406	L50×4	2057	4	6.29	25.2	
407	L40×4	1170	4	2.83	11.3	
408	L40×4	1170	4	2.83	11.3	
409	L40×4	2313	4	5.60	22.4	切角
410	L40×4	2313	4	5.60	22.4	
411	L40×4	2254	4	5.46	21.8	切角
412	L40×4	2254	4	5.46	21.8	
413	Q355L100×8	585	4	7.18	28.7	铲弧
414	−6×192	231	4	2.09	8.4	
415	L45×4	1407	4	3.85	15.4	切角
416	L40×4	2089	1	5.06	5.1	中间切肢
417	L40×4	2089	1	5.06	5.1	
总质量					438.5kg	

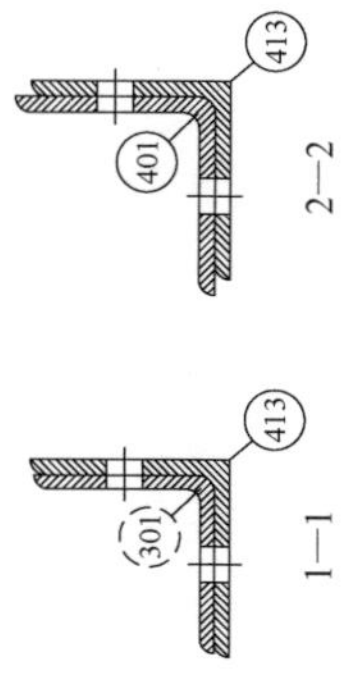

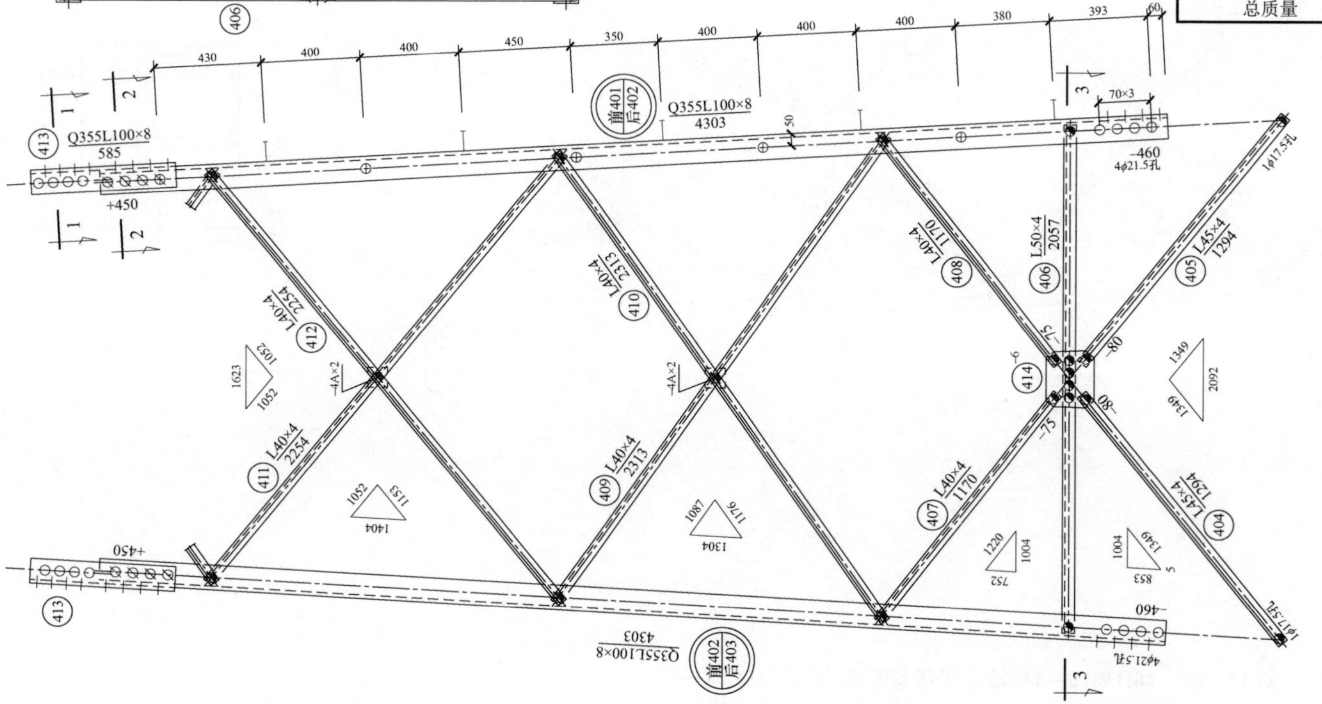

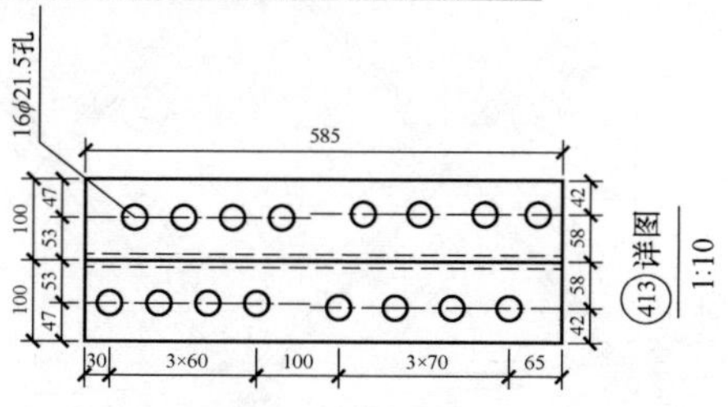

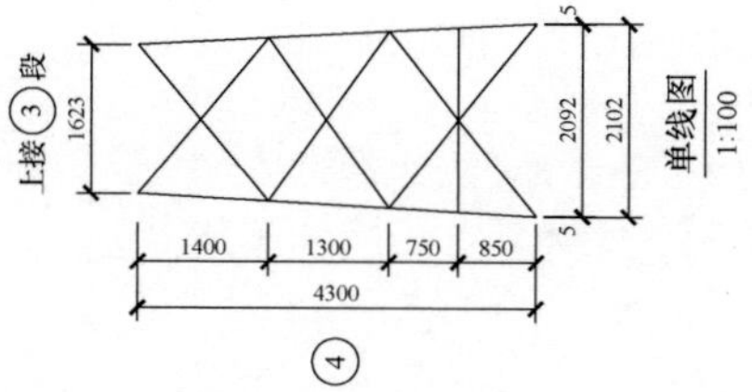

图 15−74 10D3015−J1 转角塔塔身④结构图

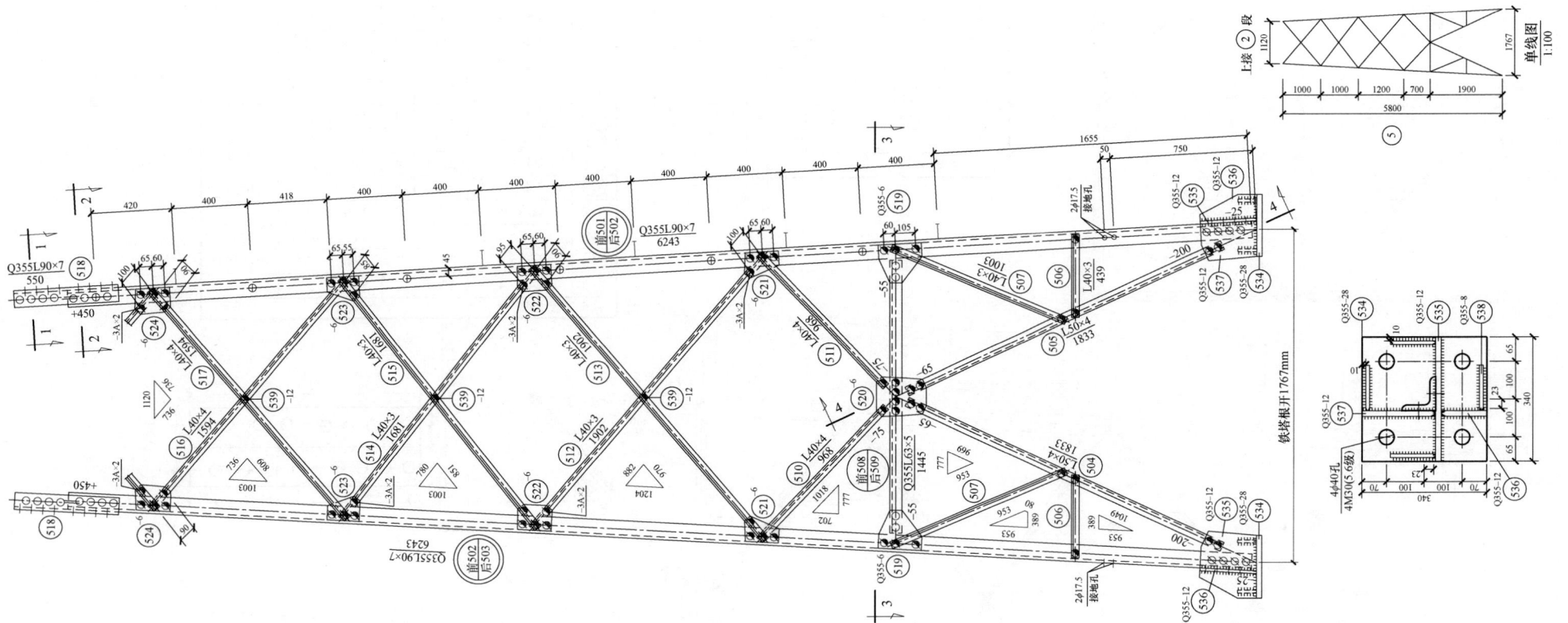

图 15-75　10D3015-J1 转角塔塔腿⑤结构图（1/2）（一）

构 件 明 细 表

编号	规格	长度（mm）	数量	质量（kg）一件	质量（kg）小计	备注
501	Q355L90×7	6243	1	60.28	60.3	带脚钉
502	Q355L90×7	6243	2	60.28	120.6	
503	Q355L90×7	6243	1	60.28	60.3	
504	L50×4	1833	4	5.61	22.4	
505	L50×4	1833	4	5.61	22.4	
506	L40×3	439	8	0.81	6.5	
507	L40×3	1003	8	1.86	14.9	
508	Q355L63×5	1445	1	6.97	7.0	
509	Q355L63×5	1445	3	6.97	20.9	
510	L40×4	968	4	2.34	9.4	切角
511	L40×4	968	4	2.34	9.4	
512	L40×3	1902	4	3.52	14.1	切角
513	L40×3	1902	4	3.52	14.1	
514	L40×3	1681	4	3.11	12.4	切角
515	L40×3	1681	4	3.11	12.4	
516	L40×4	1594	4	3.86	15.4	切角
517	L40×4	1594	4	3.86	15.4	
518	Q355L90×7	550	4	5.31	21.2	铲弧
519	Q355−6×207	215	8	2.10	16.8	
520	−6×209	261	4	2.57	10.3	

编号	规格	长度（mm）	数量	质量（kg）一件	质量（kg）小计	备注
521	−6×135	186	8	1.18	9.4	
522	−6×134	180	8	1.14	9.1	
523	−6×132	170	8	1.06	8.5	
524	−6×135	186	8	1.18	9.4	
525	L40×4	1083	4	2.62	10.5	切角
526	L40×3	1631	1	3.02	3.0	
527	L40×3	1631	1	3.02	3.0	
528	L40×3	548	4	1.01	4.0	
529	L40×3	1073	8	1.99	15.9	
530	−6×128	155	4	0.93	3.7	火曲
531	−6×128	155	4	0.93	3.7	火曲
532	−6×121	153	4	0.87	3.5	火曲
533	−6×121	153	4	0.87	3.5	火曲
534	Q355−28×330	330	4	23.94	95.8	电焊
535	Q355−12×354	300	4	10.00	40.0	打坡口焊
536	Q355−12×143	300	4	4.04	16.2	打坡口焊
537	Q355−12×212	297	4	5.93	23.7	打坡口焊
538	Q355−8×120	120	16	0.90	14.4	打坡口焊
539	−12×50	50	12	0.24	2.9	打坡口焊
总质量					773.3kg	

螺栓、脚钉、垫圈明细表

名称	级别	规格	符号	数量	质量（kg）	备注
螺栓	6.8级	M16×40	◕	157	22.6	
		M16×50	◓	184	29.5	
		M20×45	○	80	21.6	
		M20×55	∅	32	9.4	
脚钉	6.8级	M16×180	⊕⊤	11	4.2	
		M20×200		1	0.7	
垫圈	Q235	−3A（∅17.5）		64	0.7	规格×个数
		−4A（∅17.5）		1	0.1	
总质量			88.8kg			

图 15−75　10D3015−J1 转角塔塔腿⑤结构图（1/2）（二）

3—3

4—4

16φ21.5孔

⑤518 详图
1:10

φ17.5孔

⑤539 -12
1:5

1—1

2—2

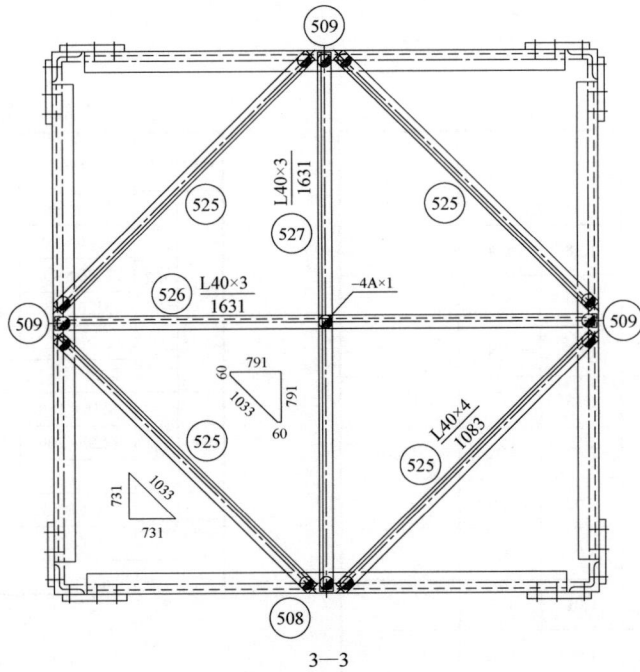

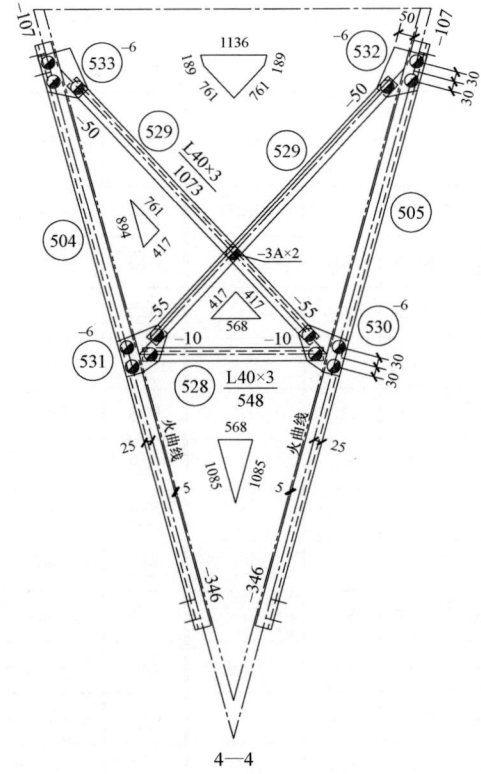

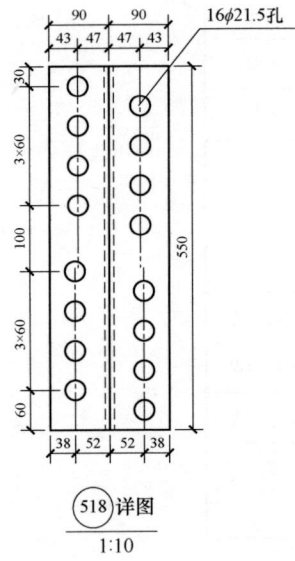

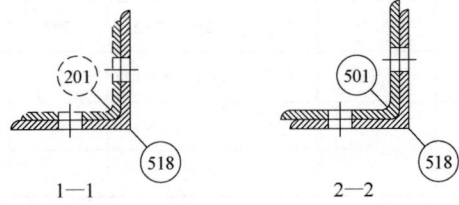

图 15−76　10D3015−J1 转角塔塔腿⑤结构图（2/2）

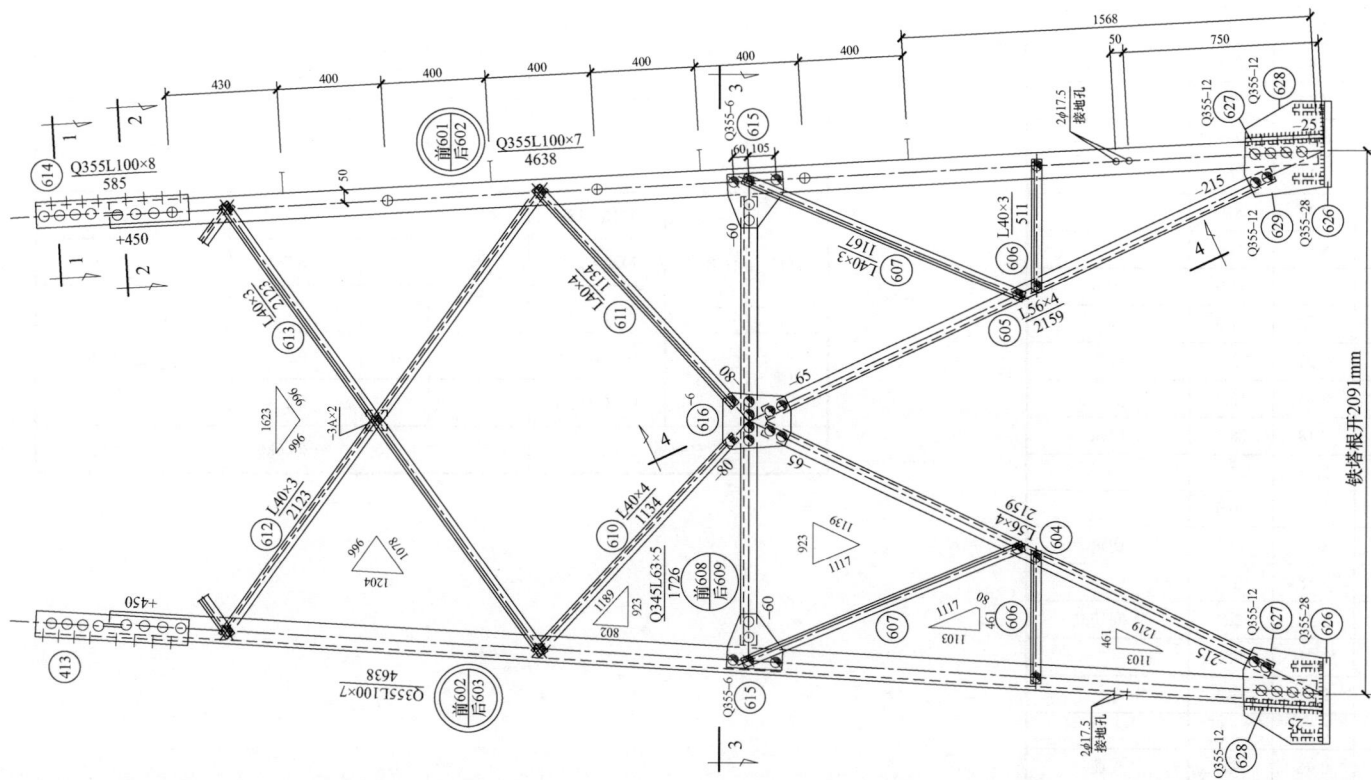

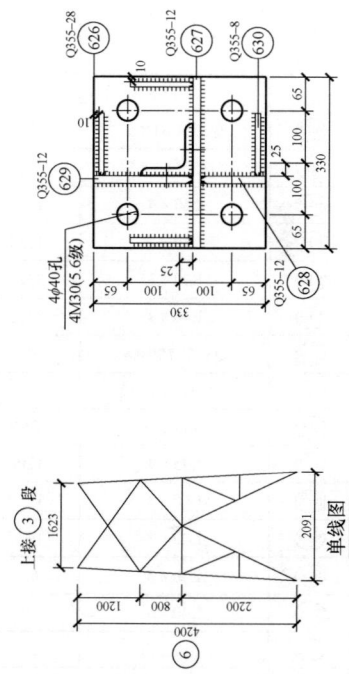

图 15-77　10D3015-J1 转角塔塔腿⑥结构图（1/2）（一）

编号	规格	长度（mm）	数量	质量（kg）		备注
				一件	小计	
⑥01	Q355L100×7	4638	1	50.23	50.2	带脚钉
⑥02	Q355L100×7	4638	2	50.23	100.5	
⑥03	Q355L100×7	4638	1	50.23	50.2	
⑥04	L56×4	2159	4	7.44	29.8	
⑥05	L56×4	2159	4	7.44	29.8	
⑥06	L40×3	511	8	0.95	7.6	
⑥07	L40×3	1167	8	2.16	17.3	
⑥08	Q355L63×5	1726	1	8.32	8.3	
⑥09	Q355L63×5	1726	3	8.32	25.0	
⑥10	L40×4	1134	4	2.75	11.0	切角
⑥11	L40×4	1134	4	2.75	11.0	
⑥12	L40×3	2123	4	3.93	15.7	切角
⑥13	L40×3	2123	4	3.93	15.7	
⑥14	Q355L100×8	585	4	7.18	28.7	铲弧
⑥15	Q355−6×212	215	8	2.15	17.2	
⑥16	−6×219	264	4	2.72	10.9	
⑥17	L45×4	1296	4	3.55	14.2	切角
⑥18	L40×3	1932	1	3.58	3.6	
⑥19	L40×3	1932	1	3.58	3.6	中间切肢
⑥20	L40×3	654	4	1.21	4.8	
⑥21	L40×3	1299	8	2.41	19.3	
⑥22	−6×127	161	4	0.96	3.8	火曲
⑥23	−6×127	161	4	0.96	3.8	火曲
⑥24	−6×125	153	4	0.90	3.6	火曲
⑥25	−6×125	153	4	0.90	3.6	火曲
⑥26	Q355−28×330	330	4	23.94	95.8	电焊
⑥27	Q355−12×368	305	4	10.57	42.3	打坡口焊
⑥28	Q355−12×142	301	4	4.03	16.1	打坡口焊
⑥29	Q355−12×228	305	4	6.55	26.2	打坡口焊
⑥30	Q355−8×120	120	16	0.90	14.4	打坡口焊
总质量				691.0kg		

名称	级别	规格	符号	数量	质量（kg）	备注
螺栓	6.8级	M16×40	◐	137	19.8	
		M16×50	◑	44	7.0	
		M20×45	○	80	21.6	
		M20×55	⊘	56	16.5	
脚钉	6.8级	M16×180	⊕T	7	2.7	
		M20×200		1	0.7	
垫圈	Q235	−3A（φ17.5）		16	0.2	规格×个数
		−4A（φ17.5）		1	0.1	
总质量			68.6kg			

图 15−77　10D3015−J1 转角塔塔腿⑥结构图（1/2）（二）

3—3

4—4

⑥614 详图
1:10

1—1

2—2

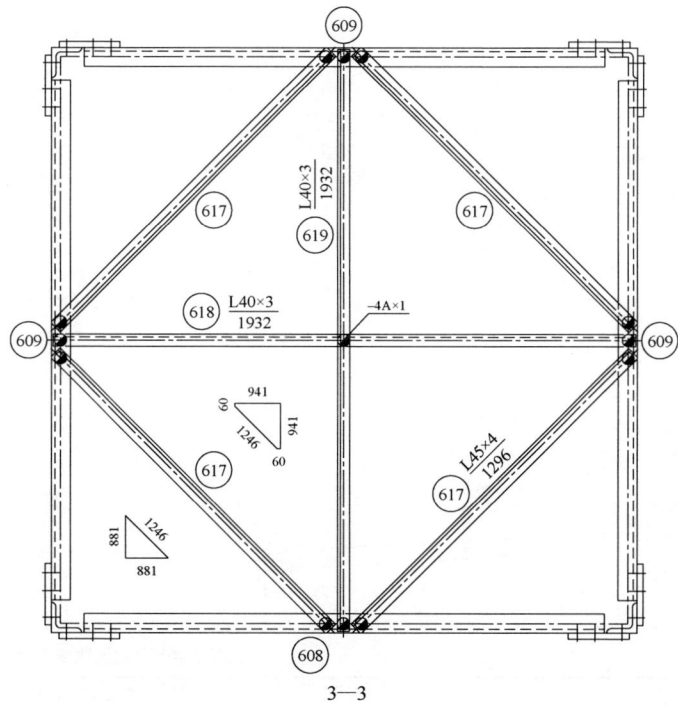

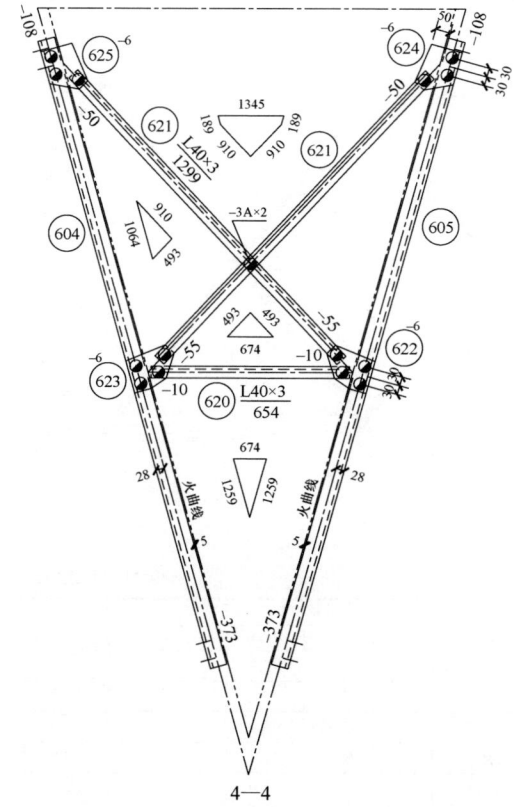

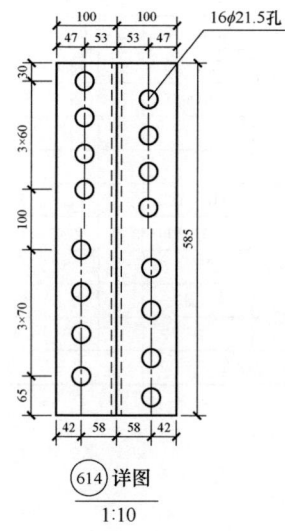

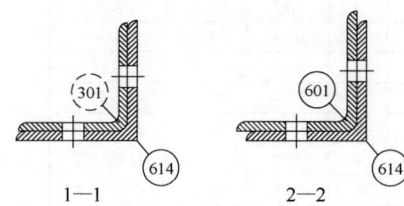

图 15-78 10D3015-J1 转角塔塔腿⑥结构图（2/2）

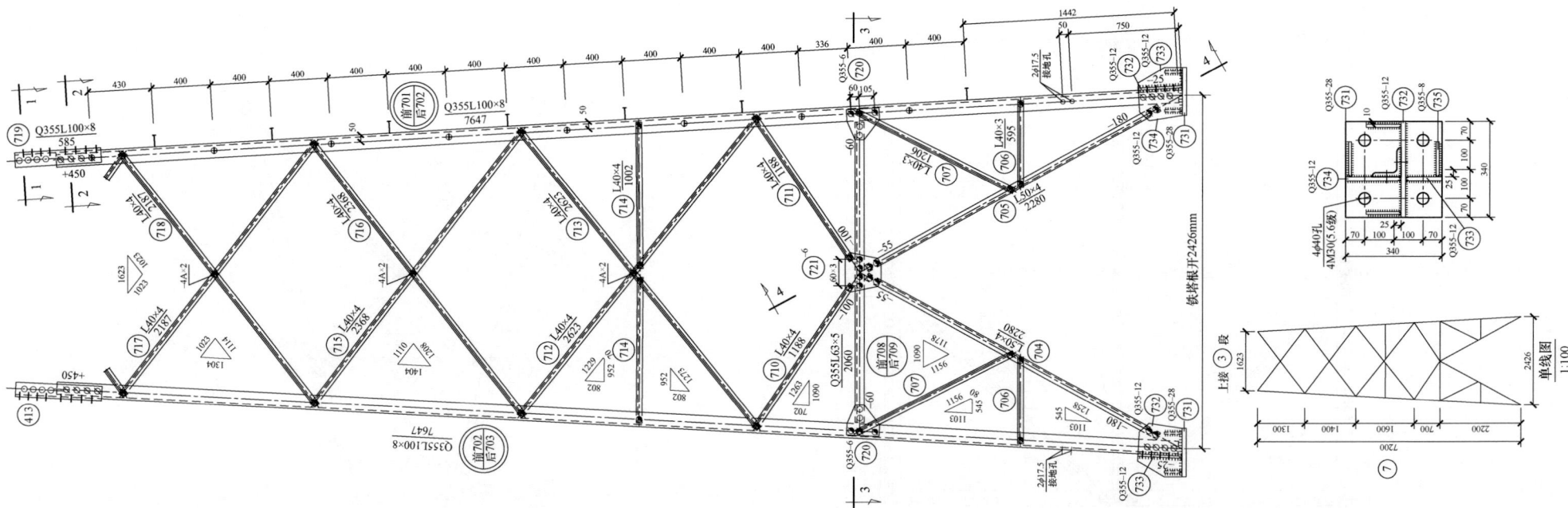

构件明细表

编号	规格	长度（mm）	数量	质量（kg）一件	质量（kg）小计	备注	编号	规格	长度（mm）	数量	质量（kg）一件	质量（kg）小计	备注
701	Q355L100×8	7647	1	93.87	93.9	带脚钉	719	Q355L100×8	585	4	7.18	28.7	
702	Q355L100×8	7647	2	93.87	187.7		720	Q355-6×212	225	8	2.25	18.0	
703	Q355L100×8	7647	1	93.87	93.9		721	-6×248	272	4	3.18	12.7	
704	L50×4	2280	4	6.97	27.9		722	L45×4	1533	4	4.19	16.8	切角
705	L50×4	2280	4	6.97	27.9		723	L40×4	2267	1	5.49	5.5	
706	L40×3	595	8	1.10	8.8		724	L40×4	2267	1	5.49	5.5	
707	L40×3	1206	8	2.23	17.8		725	L40×3	776	4	1.44	5.8	
708	Q355L63×5	2060	1	9.93	9.9		726	L40×3	1444	8	2.67	21.4	
709	Q355L63×5	2060	3	9.93	29.8		727	-6×120	163	4	0.92	3.7	火曲
710	L40×4	1188	4	2.88	11.5	切角	728	-6×120	163	4	0.92	3.7	火曲
711	L40×4	1188	4	2.88	11.5		729	-6×122	152	4	0.87	3.5	火曲
712	L40×4	2623	4	6.35	25.4	切角	730	-6×122	152	4	0.87	3.5	火曲
713	L40×4	2623	4	6.35	25.4		731	Q355-28×330	330	4	23.94	95.8	电焊
714	L40×4	1002	8	2.43	19.4		732	Q355-12×364	300	4	10.29	41.2	打坡口焊
715	L40×4	2368	4	5.74	23.0	切角	733	Q355-12×141	300	4	3.98	15.9	打坡口焊
716	L40×4	2368	4	5.74	23.0		734	Q355-12×225	297	4	6.29	25.2	打坡口焊
717	L40×4	2187	4	5.30	21.2	切角	735	Q355-8×120	120	16	0.90	14.4	打坡口焊
718	L40×4	2187	4	5.30	21.2			总质量				1007.4kg	

螺栓、脚钉、垫圈明细表

名称	级别	规格	符号	数量	质量（kg）	备注
螺栓	6.8级	M16×40	◐	153	22.1	
		M16×50	◐	68	10.9	
		M20×45	○	48	13.0	
		M20×55	∅	88	26.0	
脚钉	6.8级	M16×180	⊕T	14	5.3	
		M20×200		2	1.3	
垫圈	Q235	-4A（∅17.5）		25	0.5	规格×个数
总质量					79.1kg	

图 15-79　10D3015-J1 转角塔塔腿⑦结构图（1/2）

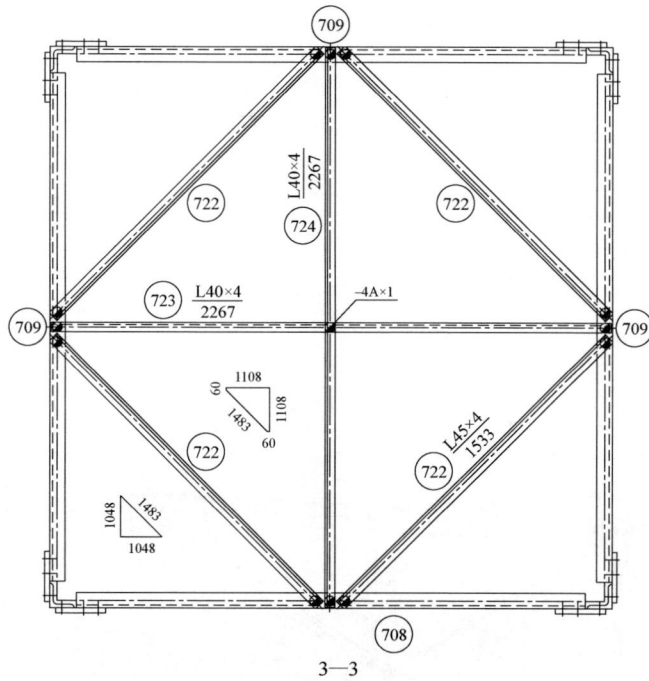

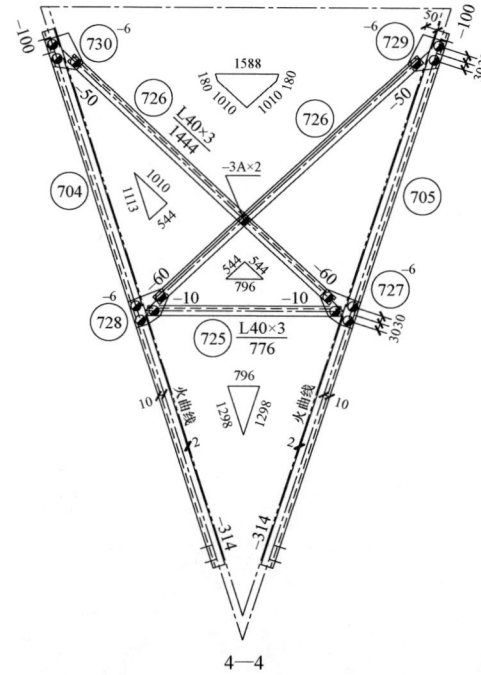

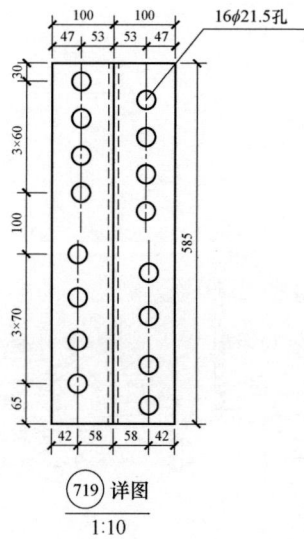

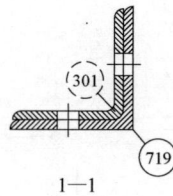

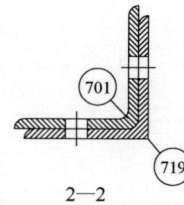

图 15-80 10D3015-J1 转角塔塔腿⑦结构图(2/2)

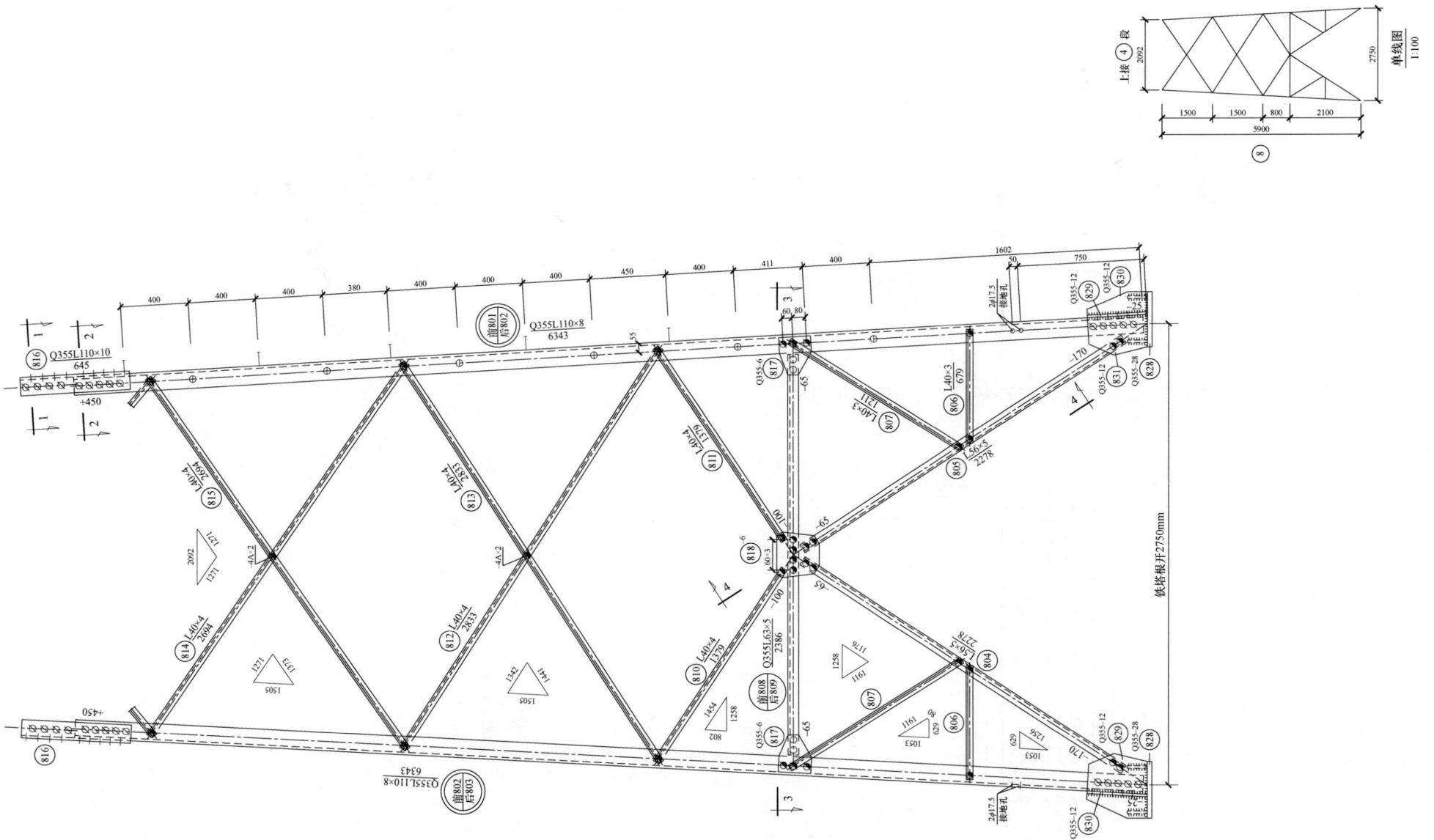

图 15-81　10D3015-J1 转角塔塔腿⑧结构图（1/2）（一）

构 件 明 细 表

编号	规格	长度（mm）	数量	一件	小计	备注
⑧01	Q355L110×8	6343	1	85.83	85.8	带脚钉
⑧02	Q355L110×8	6343	2	85.83	171.7	
⑧03	Q355L110×8	6343	1	85.83	85.8	
⑧04	L56×5	2278	4	9.68	38.7	
⑧05	L56×5	2278	4	9.68	38.7	
⑧06	L40×3	679	8	1.26	10.1	
⑧07	L40×3	1211	8	2.24	17.9	
⑧08	Q355L63×5	2386	1	11.51	11.5	局部开角
⑧09	Q355L63×5	2386	3	11.51	34.5	
⑧10	L40×4	1379	4	3.34	13.4	
⑧11	L40×4	1379	4	3.34	13.4	
⑧12	L40×4	2833	4	6.86	27.4	
⑧13	L40×4	2833	4	6.86	27.4	
⑧14	L40×4	2694	4	6.52	26.1	
⑧15	L40×4	2694	4	6.52	26.1	
⑧16	Q355L110×10	645	4	10.77	43.1	铲弧
⑧17	−6×190	227	8	2.03	16.2	
⑧18	−6×250	264	4	3.11	12.4	
⑧19	L50×4	1763	4	5.39	21.6	切角
⑧20	L40×4	2612	1	6.33	6.3	
⑧21	L40×4	2612	1	6.33	6.3	
⑧22	L40×3	886	4	1.64	6.6	
⑧23	L40×3	1550	8	2.87	23.0	
⑧24	−6×110	182	4	0.94	3.8	火曲
⑧25	−6×110	182	4	0.94	3.8	火曲
⑧26	−6×130	143	4	0.88	3.5	火曲
⑧27	−6×130	143	4	0.88	3.5	火曲
⑧28	Q355−28×340	330	4	23.94	95.8	电焊
⑧29	Q355−12×383	360	4	12.82	51.3	打坡口焊
⑧30	Q355−12×145	360	4	4.75	19.0	打坡口焊
⑧31	Q355−12×243	358	4	8.19	32.8	打坡口焊
⑧32	Q355−8×120	120	16	0.90	14.4	打坡口焊
总质量					999.1kg	

螺栓、脚钉、垫圈明细表

名称	级别	规格	符号	数量	质量（kg）	备注
螺栓	6.8级	M16×40	◒	137	19.8	
		M16×50	◓	56	9.0	
		M20×45	○	16	4.3	
		M20×55	⊘	128	37.8	
脚钉	6.8级	M16×180	⊕Ｔ	11	4.2	
		M20×200		1	0.7	
垫圈	Q235	−4A（φ17.5）		17	0.4	规格×个数
总质量					76.2kg	

图 15－81　10D3015－J1 转角塔塔腿⑧结构图（1/2）（二）

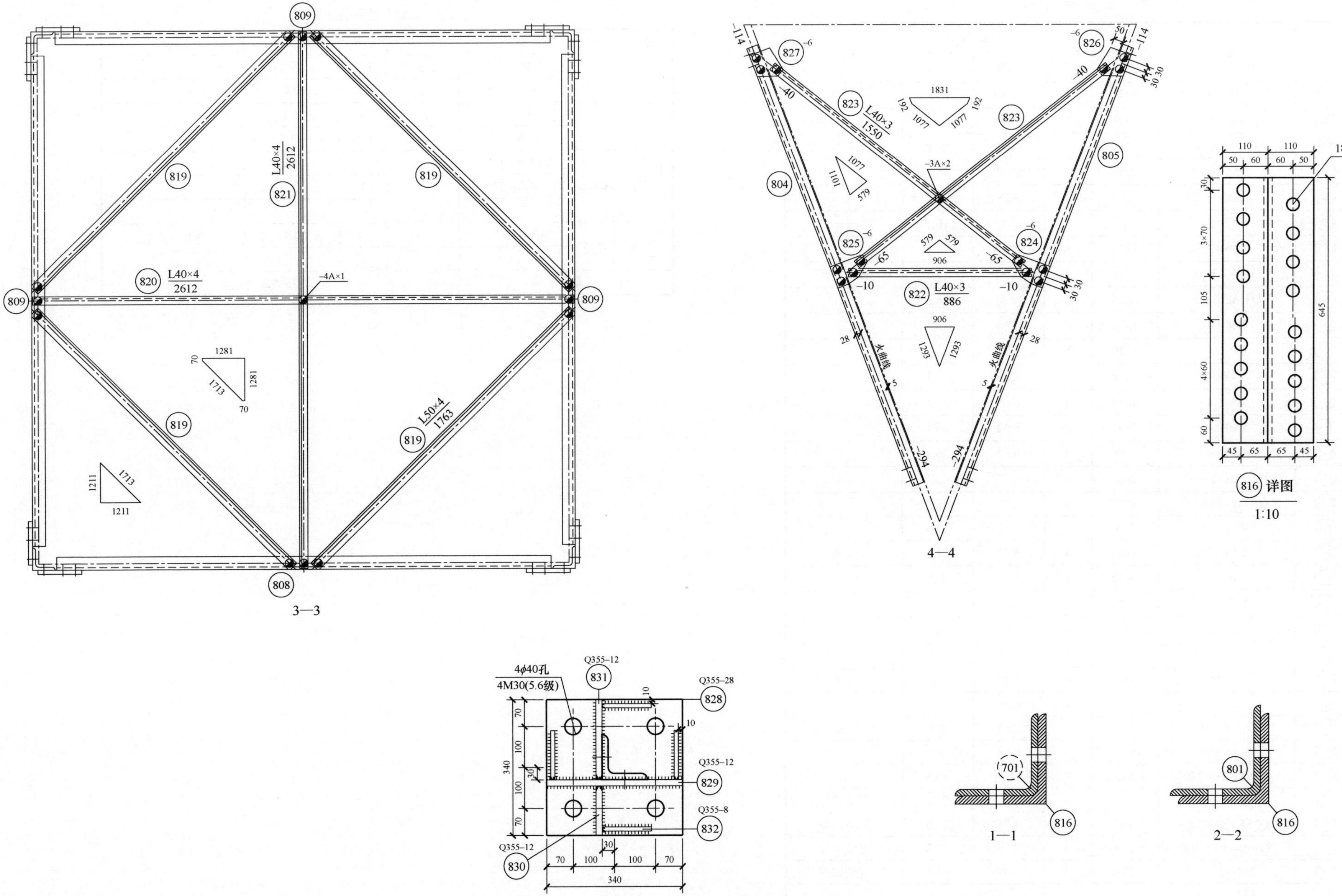

3—3

4—4

816 详图
1:10

图 15-82　10D3015-J1 转角塔塔腿⑧结构图（2/2）

除图中注明外，必须遵照下列统一要求进行加工和组装：

（1）杆塔的设计执行《输电线路杆塔制图和构造规定》（DL/T 5442—2020）的有关规定。

（2）结构图中图面内的图例、代号等在说明中未提及之处，均按《输电线路杆塔制图和构造规定》（DL/T 5442—2020）中的要求执行。

（3）杆塔加工时应严格执行《输电线路杆塔制造技术条件》（GB/T 2694—2018）。

本塔构件的尺寸以放样为准，构件加工后必须组装，验收合格后方可批量加工。

（4）钢材质量标准应符合《碳素结构钢》（GB/T 700—2006）及《低合金高强度结构钢》（GB/T 1591—2018）的有关要求；螺栓、螺母、扣紧螺母应符合的标准分别为《六角头螺栓 C 级》（GB/T 5780—2016）、《Ⅰ型六角螺母》（GB/T 6170—2015）、《扣紧螺母》（GB/T 805—1988）。所有材料，包括角钢、螺栓、防盗螺栓、扣紧螺母、焊条等均应有出厂合格证书。

（5）杆塔构件所用钢种为Q235B、Q355B，图中注明Q355材料为Q355B钢材，

未注明均为Q235B钢材（角钢用"L"、钢板用"－"表示）。所有构件均须热镀锌。

（6）所有螺栓（包括防盗螺栓）的强度等级为热镀锌后的强度值。

（7）杆塔构件连接主要以螺栓连接为主，少数采用焊接（如塔脚板连接等）。构件焊接应按照焊接规程、规范和有关规定进行，焊缝高度不得小于连接构件的最小厚度，当被焊接构件厚8mm及以上时，要按规定剖口焊，以便焊透。对Q355构件焊接时选用E50系列焊条，对Q235构件焊接时选用E43系列焊条。

（8）加工时如发生材料代用或改变节点形式等情况，须与设计单位联系解决。材料代用时，需注意相关影响，应与图纸对应列表统计，并由加工厂书面通知施工单位，以方便施工安装。

（9）角钢与钢板的螺栓间距、边距除图中特殊注明外按表1采用。

（10）角钢准距除图中特殊注明外，一般按表2采用。

（11）螺栓、脚钉、垫圈规格按表3、表4采用。

（12）脚钉一般从离地面1.5m处开始向上装设，间距400mm左右，加工放样时可适当调整脚钉的位置，脚钉除运行单位有特殊要求外，一般采用防滑带直钩形式。

（13）其他事项：

1）节点板考虑到刚度要求，形状不宜狭长，节点板边缘与构件轴线夹角 α 不小于15°，如右图所示。

2）构件厚度大于14mm时须采用钻孔方法加工，构件接头中外包角钢清根，内包角钢铲背。

3）凡图中所要求的火曲、开合角、切肢、压扁、切角等的尺寸均由加工放样决定。

4）两构件连接面间的间隙大于3mm时，构件应局部开、合角或制弯。

5）当构件需采用切肢或压扁时，应优先采用切肢。

（14）杆塔加工时应根据实际工程要求的高度设置防盗螺栓（无特殊说明的10m以下防盗）。

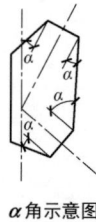

α角示意图

表1　　螺栓间距、边距表

螺栓规格	孔径（mm）	螺栓间距（mm）		边距（mm）		
		单排	双排	端距	轧制边距	切角边距
M16	φ17.5	50	80	25	≥21 或 20（L40 角钢时）	≥23
M20	φ21.5	60	100	30	≥26	≥28

注　螺孔顺力线方向重心最大间距为12d或18t（取二者较小者），其中d为螺栓直径，t为较薄板的厚度。

表2　　角钢准距表

肢宽（mm）	准距（mm）	第一排准距（mm）	第二排准距（mm）	最大使用孔径（mm）
L40	20			17.5
L45	23			

续表

肢宽（mm）	准距（mm）	第一排准距（mm）	第二排准距（mm）	最大使用孔径（mm）
L50	25（28）			
L56	28（32）			17.5
L63	30（36）			
L70	35（40）			
L75	38（40）			
L80	40			
L90	45			
L100	50			21.5
L110	55	45	75	
L125	60	50	85	
L140	70	55	90	
L160	80	60	105	

注　括号内数字用于螺栓边距不足时，在搭接位置上的螺栓孔可使用的准距。

表3　　螺栓规格表

级别	单帽螺栓（带一垫、一扣紧螺母）					防盗螺栓 质量（kg）（带一垫）	双帽螺栓（带一垫）				
	规格	符号	通过厚度（mm）	无扣长（mm）	质量（kg）		规格	符号	通过厚度（mm）	无扣长（mm）	质量（kg）
6.8 级	M16×40	⌀	7～12	6	0.1442	0.1997	M16×50	⌀	7～12	6	0.1875
	M16×50	⌀	13～22	12	0.1602	0.2127	M16×60	⌀	13～22	12	0.2039
	M16×60	⌀	23～32	22	0.1762	0.2277	M16×70	⌀	23～32	22	0.2203
	M16×70	⌀	33～42	32	0.1922	0.2477	M16×80	⌀	33～42	32	0.2369
6.8 级	M20×45	○	9～15	8	0.2701	0.3517	M20×60	○	9～15	8	0.3605
	M20×55	⌀	16～25	15	0.2953	0.3737	M20×70	○	16～25	15	0.3864
	M20×65	⊗	26～35	25	0.3205	0.3967	M20×80	○	26～35	25	0.4123
	M20×75	⌀	36～45	35	0.3457	0.4207	M20×90	○	36～45	35	0.4381
	M20×85	⊠	46～55	45	0.3709	0.4407	M20×100	○	46～55	45	0.4640
	M20×95	⊞	56～65	55	0.3961	0.4607	M20×110	○	56～65	55	0.4899
	M20×105	⊞	66～75	65	0.4213	0.4807	M20×120	○	66～75	65	0.5158

表4　　脚钉、垫圈规格表

脚钉（带两帽）				垫圈				
规格	符号	无扣长（mm）	质量（kg）	规格	符号	质量（kg）	内径（mm）	外径（mm）
M16×180	⊕—	120	0.3799	-2（φ13.5）	规格×个数	0.00186	13.5	24
				-3（φ17.5）		0.01065	17.5	30
M20×200	⊕—	120	0.6749	-3（φ22）	规格×个数	0.01637	22	37
				-4（φ22）		0.02183	22	37
M24×240	⊕—	120	1.1803	-3（φ26）	规格×个数	0.02331	26	44
				-4（φ26）		0.03108	26	44

图 15-83　10D3015-J1 转角塔加工说明

15.2.5　10D3015−J2 转角塔

10D3015−J2 转角塔结构图清单见表 15−10。

表 15−10　　　　　　　　　　10D3015−J2 转角塔结构图清单

图序	图名	备注
图 15−84	10D3015−J2 转角塔总图	
图 15−85	10D3015−J2 转角塔材料汇总表	
图 15−86	10D3015−J2 转角塔横担①结构图	
图 15−87	10D3015−J2 转角塔塔身②结构图（1/2）	
图 15−88	10D3015−J2 转角塔塔身②结构图（2/2）	
图 15−89	10D3015−J2 转角塔塔身③结构图	

图序	图名	备注
图 15−90	10D3015−J2 转角塔塔身④结构图	
图 15−91	10D3015−J2 转角塔塔腿⑤结构图（1/2）	
图 15−92	10D3015−J2 转角塔塔腿⑤结构图（2/2）	
图 15−93	10D3015−J2 转角塔塔腿⑥结构图（1/2）	
图 15−94	10D3015−J2 转角塔塔腿⑥结构图（2/2）	
图 15−95	10D3015−J2 转角塔塔腿⑦结构图（1/2）	
图 15−96	10D3015−J2 转角塔塔腿⑦结构图（2/2）	
图 15−97	10D3015−J2 转角塔塔腿⑧结构图（1/2）	
图 15−98	10D3015−J2 转角塔塔腿⑧结构图（2/2）	
图 15−99	10D3015−J2 转角塔加工说明	

杆塔根开、基础根开、地脚螺栓规格及间距表

杆塔名称（型号）	10D3015-J2			
呼高（m）	9	12	15	18
接腿	⑤	⑥	⑦	⑧
杆塔根开（mm）	1921	2274	2637	3000
基础根开（mm）	1971	2324	2687	3050
基础地脚螺栓间距（mm）	240	240	240	240
每腿基础地脚螺栓配置（5.6级）	4M36	4M36	4M36	4M36

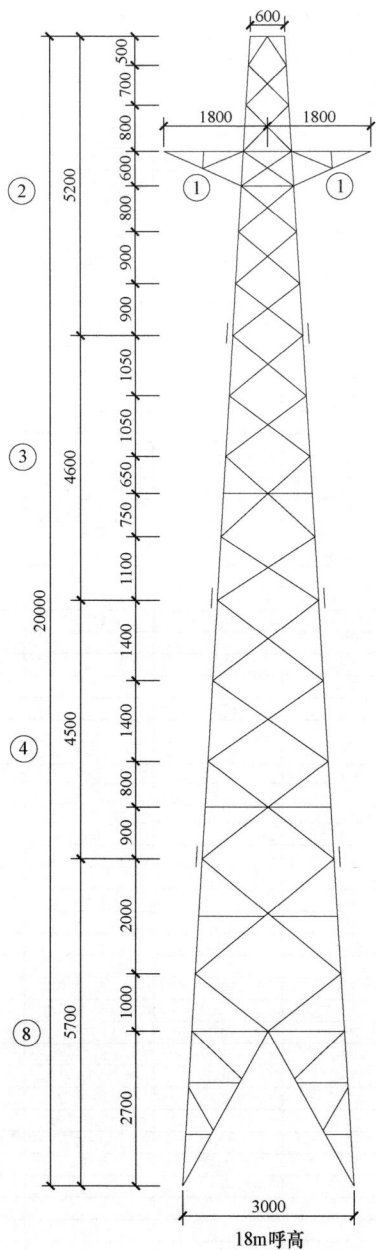

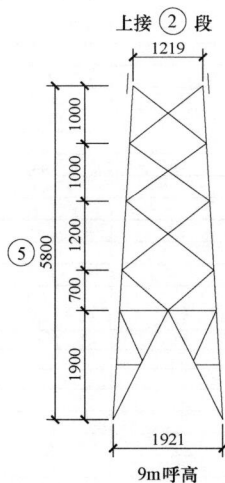

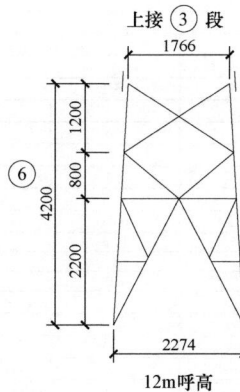

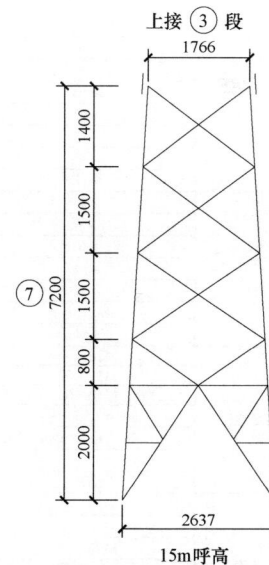

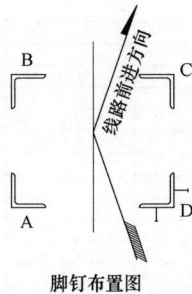

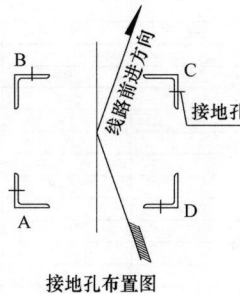

18m呼高

上接②段 9m呼高

上接③段 12m呼高

上接③段 15m呼高

脚钉布置图

接地孔布置图

图 15-84　10D3015-J2 转角塔总图

材料汇总表

材料	材质	规格	段号 ①	②	③	④	⑤	⑥	⑦	⑧	呼高(m) 9.0	12.0	15.0	18.0
角钢	Q355	L140×10				55.4		55.4	55.4			55.4	55.4	55.4
		L125×10							585.6				585.6	
		L110×10			300.8		309.7		410.4			309.7		711.2
		L100×10		278.7			377.7				377.7	278.7	278.7	278.7
		L100×8		28.7			28.7			27.0	28.7	28.7	28.7	55.7
		L90×7		184.9							184.9	184.9	184.9	184.9
		L70×5	31.0								31.0	31.0	31.0	31.0
		L63×5	29.6	16.9			30.3	36.3	43.7	49.1	76.8	82.8	90.2	95.6
		小计	60.6	201.8	307.4	356.2	436.7	401.4	684.7	486.5	699.1	971.2	1254.5	1412.5
	Q235	L63×5		34.4							34.4	34.4	34.4	34.4
		L56×5						74.8				74.8		
		L56×4					51.4				51.4			
		L50×5		17.4					65.4		17.4	17.4	82.8	17.4
		L50×4		15.8	45.6	62.0				208.7	15.8	61.4	61.4	332.1
		L45×4	10.4	91.2	103.6	151.6	58.8	90.7	215.7	15.2	160.4	295.9	420.9	372.0
		L40×4		44.2	45.5	11.2	84.7		12.0	23.4	128.9	89.7	101.7	124.3
		L40×3	26.0	8.3	6.0		49.8	59.0	54.6	102.8	84.1	99.3	94.9	143.1
		小计	36.4	211.3	200.7	224.8	244.7	224.5	347.7	350.1	492.4	672.9	796.1	1023.3
钢板	Q355	−6	11.0	34.4			17.6	18.8	18.0	15.8	63.0	64.2	63.4	61.2
		−8						14.4		27.6		14.4		27.6
		−10					18.1		18.1	18.1	18.1		18.1	18.1
		−12	20.4	8.2			91.8	112.7	111.7	111.6	120.4	141.3	140.3	140.2
		−32					160.8	160.8	160.8	160.8	160.8	160.8	160.8	160.8
		小计	31.4	42.6			288.3	306.7	308.6	333.9	362.3	380.7	382.6	407.9
	Q235	−6		80.4	55.2	9.2	65.4	27.1	26.6	33.9	145.8	162.7	162.2	178.7
		−8		17.9							17.9	17.9	17.9	17.9
		−10			5.6	1.6	5.6	0.8	2.4	0.8	5.6	6.4	8.0	8.0
		−12		2.9	1.0						2.9	3.9	3.9	3.9
		−14			2.5		3.7				3.7	2.5	2.5	2.5
		小计		101.2	64.3	10.8	74.7	27.9	29.0	34.7	175.9	193.4	194.5	211.0
螺栓	6.8级	M16×40	4.0	20.5	12.8	8.5	23.2	19.8	18.6	27.3	47.7	57.1	55.9	71.1
		M16×50	0.3	30.1	16.7	9.0	21.8	7.0	12.2	14.7	52.2	54.1	59.3	70.8
		M16×60			7.0		7.8				7.8	7.0	7.0	7.0
		M16×50 双帽		0.8							0.8	0.8	0.8	0.8
		M16×60 双帽	0.8	1.6							2.4	2.4	2.4	2.4
		小计	5.1	53.0	36.5	15.5	52.8	26.8	30.8	42.0	110.9	121.4	125.4	152.1
	6.8级	M20×45	6.5	32.4	8.6		13.0	4.3	4.3	4.3	51.9	51.8	51.8	51.8
		M20×55			9.4	21.3	18.9	37.8	37.8	16.5	18.9	47.2	47.2	47.2
		M20×65							20.5					20.5
		M20×70 双帽	7.7	0.8							8.5	8.5	8.5	8.5
		小计	14.2	33.2	18.0	21.3	31.9	42.1	42.1	41.3	79.3	107.5	107.5	128.0
		螺栓合计	19.3	86.2	54.5	36.8	84.7	68.9	72.9	83.3	190.2	228.9	232.9	280.1
脚钉	6.8级	M16×180		3.8	3.8	3.4	4.6	2.7	5.7	4.2	8.4	10.3	13.3	15.2
		M20×200		1.3	1.3	1.3	0.7	0.7	0.7	0.7	2.0	3.3	3.3	4.6
		小计		5.1	5.1	4.7	5.3	3.4	6.4	4.9	10.4	13.6	16.6	19.8
垫圈	Q235	−3A（φ17.5）		0.8			0.1	0.1	0.1	0.2	0.9	0.9	0.9	1.0
		−4A（φ17.5）	0.2	0.2			0.1				0.5	0.4	0.4	0.4
		小计	0.2	1.0			0.2	0.1	0.1	0.2	1.4	1.3	1.3	1.4
不含防盗螺栓总质量（kg）			147.9	649.2	632.0	633.3	1134.6	1032.9	1449.4	1293.6	1931.7	2462.0	2878.5	3356.0
各呼高含防盗螺栓总质量（kg）											1950.9	2486.6	2907.2	3389.5

图15−85 10D3015−J2 转角塔材料汇总表

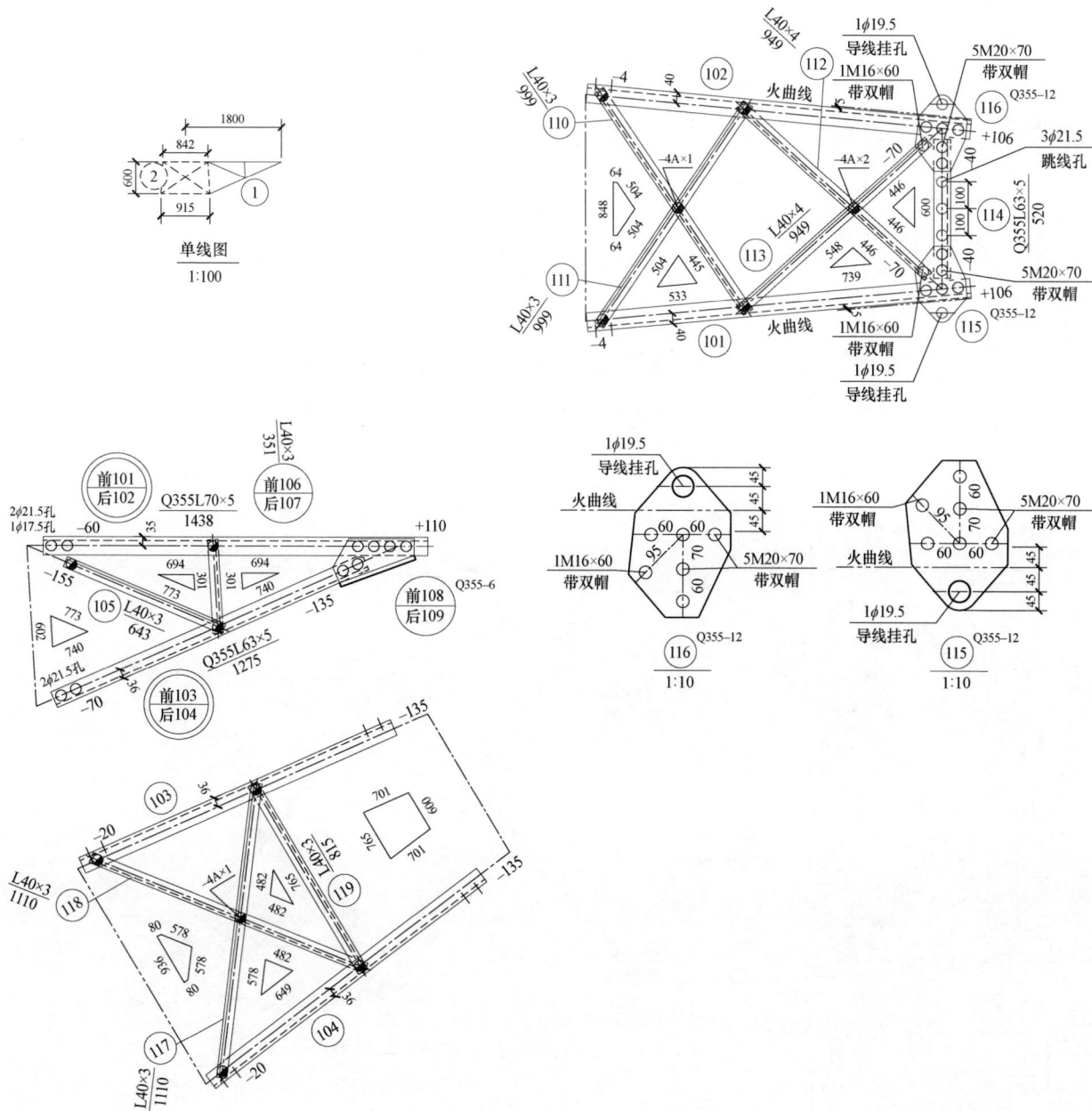

构件明细表

编号	规格	长度(mm)	数量	一件	小计	备注
⑩⑴	Q355L70×5	1438	2	7.76	15.5	
⑩⒉	Q355L70×5	1438	2	7.76	15.5	
⑩⒊	Q355L63×5	1275	2	6.15	12.3	
⑩⒋	Q355L63×5	1275	2	6.15	12.3	
⑩⒌	L40×3	643	4	1.19	4.8	
⑩⒍	L40×3	351	2	0.65	1.3	切角
⑩⒎	L40×3	351	2	0.65	1.3	切角
⑩⒏	Q355-6×182	319	2	2.73	5.5	卷边 50mm
⑩⒐	Q355-6×182	319	2	2.73	5.5	卷边 50mm
⑪⓪	L40×3	999	2	1.85	3.7	切角
⑪⑴	L40×3	999	2	1.85	3.7	
⑪⒉	L40×4	949	2	2.30	4.6	切角
⑪⒊	L40×4	949	2	2.30	4.6	
⑪⒋	Q355L63×5	520	2	2.51	5.0	
⑪⒌	Q355-12×194	280	2	5.12	10.2	火曲
⑪⒍	Q355-12×194	280	2	5.12	10.2	火曲
⑪⒎	L40×3	1110	2	2.06	4.1	
⑪⒏	L40×3	1110	2	2.06	4.1	切角
⑪⒐	L40×3	815	2	1.51	3.0	一端切肢
总质量					128.4kg	

螺栓、脚钉、垫圈明细表

名称	级别	规格	符号	数量	质量（kg）	备注
螺栓	6.8级	M16×40	◕	28	4.0	
		M16×50	◐	2	0.3	
		M20×45	○	24	6.5	
		M16×60	◙	4	0.8	带双帽
		M20×70		20	7.7	带双帽
脚钉	6.8级		⊕T			
垫圈	Q235	-4A（φ17.5）		8	0.2	规格×个数
总质量					19.5kg	

图 15-86　10D3015-J2 转角塔横担①结构图

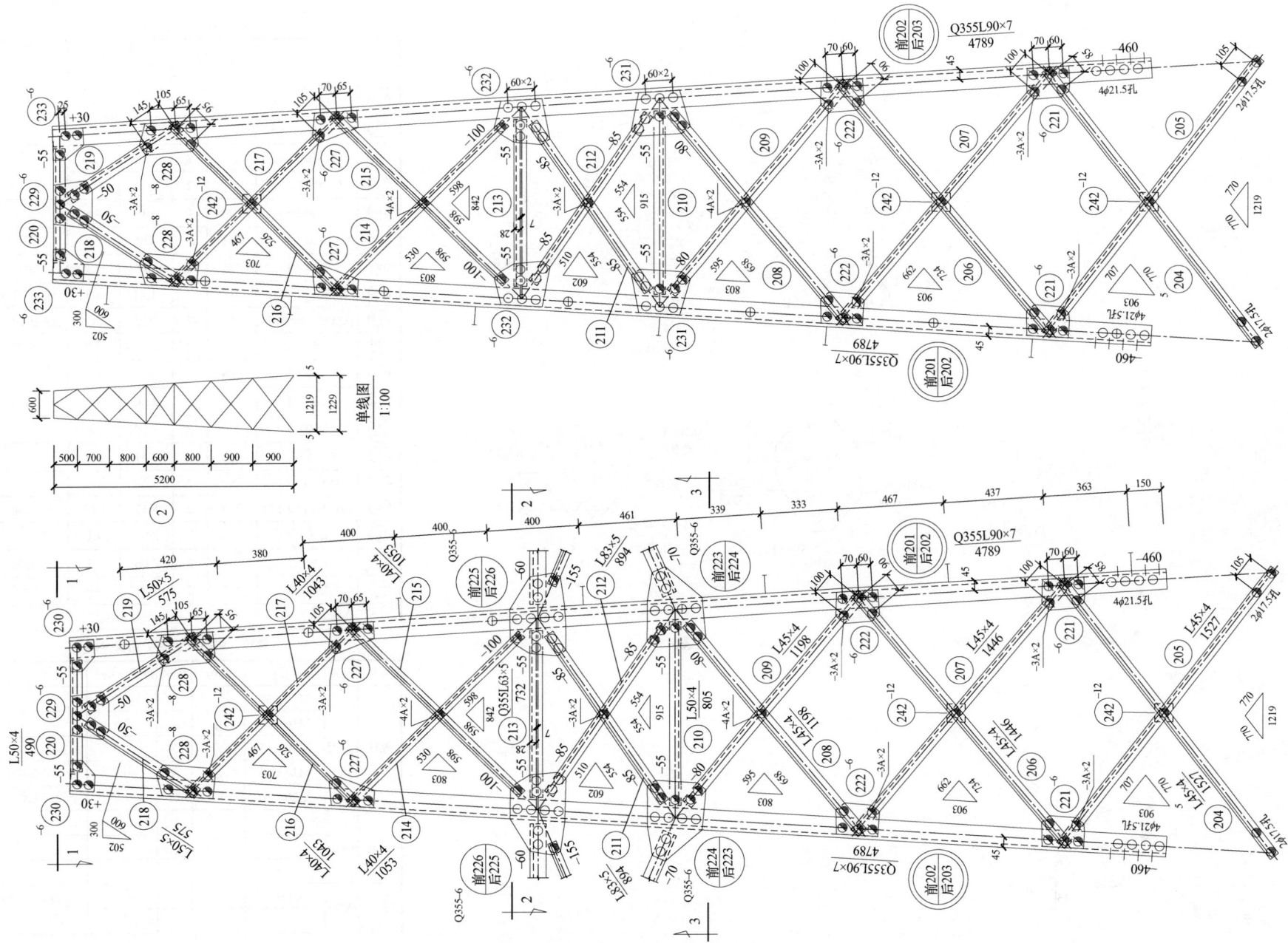

图 15-87　10D3015-J2 转角塔塔身②结构图（1/2）

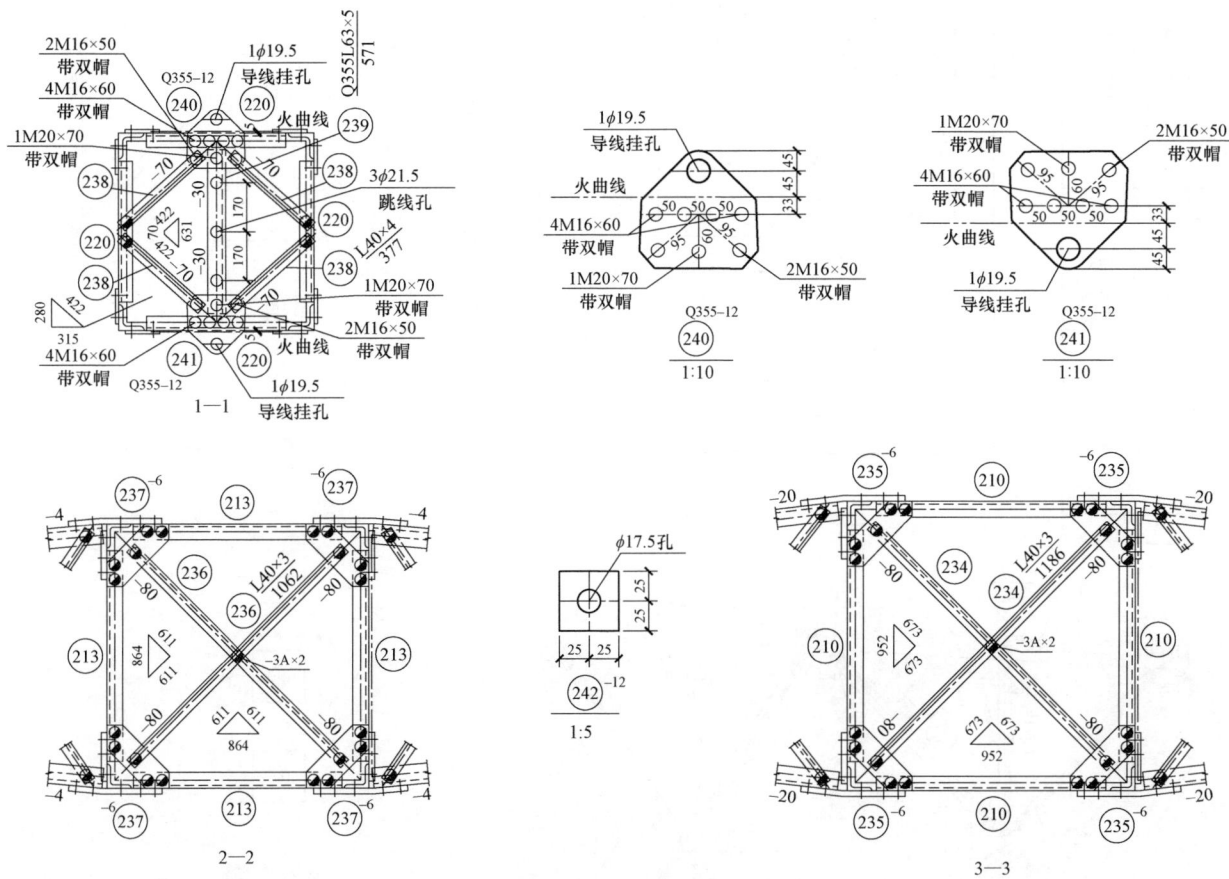

图 15-88 10D3015-J2 转角塔塔身②结构图（2/2）

构 件 明 细 表

编号	规格	长度(mm)	数量	质量(kg) 一件	小计	备注
201	Q355L90×6	4789	1	46.24	46.2	带脚钉
202	Q355L90×6	4789	2	46.24	92.5	
203	Q355L90×6	4789	1	46.24	46.2	
204	L45×4	1527	4	4.18	16.7	
205	L45×4	1527	4	4.18	16.7	切角
206	L45×4	1446	4	3.96	15.8	
207	L45×4	1446	4	3.96	15.8	切角
208	L45×4	1198	4	3.28	13.1	
209	L45×4	1198	4	3.28	13.1	切角
210	L50×4	805	4	2.46	9.8	
211	L63×5	894	4	2.45	9.8	
212	L63×5	894	4	2.45	9.8	
213	Q355L63×5	732	4	3.11	12.4	
214	L40×4	1053	4	2.55	10.2	切角
215	L40×4	1053	4	2.55	10.2	
216	L40×4	1043	4	2.53	10.1	
217	L40×4	1043	4	2.53	10.1	切角
218	L50×5	575	4	2.17	8.7	
219	L50×5	575	4	2.17	8.7	切角
220	L50×4	490	4	1.50	6.0	
221	-6×136	188	4	1.20	9.6	
222	-6×139	190	4	1.24	9.9	
223	Q355-6×258	353	2	4.29	8.6	火曲
224	Q355-6×258	353	2	4.29	8.6	火曲
225	Q355-6×245	362	2	4.18	8.4	火曲
226	Q355-6×245	362	2	4.18	8.4	火曲
227	-6×131	201	8	1.24	9.9	
228	-8×141	253	8	2.24	17.9	
229	-6×167	207	4	1.63	6.5	
230	-6×109	136	4	0.70	2.8	
231	-6×200	258	4	2.43	9.7	
232	-6×201	243	4	2.30	9.2	
233	-6×135	148	4	0.94	3.8	
234	L40×3	1186	2	2.20	4.4	
235	-6×227	227	4	2.43	9.7	
236	L40×3	1062	2	1.97	3.9	
237	-6×219	219	4	2.26	9.0	
238	L40×4	377	4	0.91	3.6	
239	Q355L63×5	571	1	2.75	2.8	
240	Q355-12×194	222	1	4.06	4.1	火曲
241	Q355-12×194	222	1	4.06	4.1	火曲
242	-12×50	50	12	0.24	2.9	垫板
总质量					556.9kg	

螺栓、脚钉、垫圈明细表

名称	级别	规格	符号	数量	质量(kg)	备注
螺栓	6.8级	M16×40	●	142	20.5	
		M16×50	●	188	30.1	
		M20×45	○	120	32.4	
		M16×50	●	4	0.8	带双帽
		M16×60	●	8	1.6	带双帽
		M20×70	○	2	0.8	带双帽
脚钉	6.8级	M16×180	⊕T	10	3.8	
		M20×200	⊕T	2	1.3	
垫圈	Q235	-3A(φ17.5)		68	0.8	规格×个数
		-4A(φ17.5)		16	0.2	
总质量					92.3kg	

构件明细表

编号	规格	长度(mm)	数量	质量(kg)一件	质量(kg)小计	备注	编号	规格	长度(mm)	数量	质量(kg)一件	质量(kg)小计	备注
③01	Q355L100×8	4607	1	69.66	69.7	带脚钉	③15	Q355L100×8	585	4	7.18	28.7	铲弧
③02	Q355L100×8	4607	2	69.66	139.3		③16	−6×142	195	8	1.30	10.4	
③03	Q355L100×8	4607	1	69.66	69.7		③17	−6×265	292	4	3.64	14.6	
③04	L45×4	2080	4	5.69	22.8	切角	③18	−6×139	186	8	1.22	9.8	
③05	L45×4	2080	4	5.69	22.8		③19	−6×142	188	8	1.26	10.1	
③06	L50×4	1063	4	3.25	13.0		③20	−6×143	192	8	1.29	10.3	
③07	L50×4	1063	4	3.25	13.0	切角	③21	L40×4	1085	4	2.63	10.5	
③08	L50×4	1602	4	4.90	19.6	中间切肢	③22	L40×3	1633	1	3.02	3.0	
③09	L45×4	938	4	2.57	10.3	切角	③23	L40×3	1633	1	3.02	3.0	
③10	L45×4	938	4	2.57	10.3		③24	−12×50	50	4	0.24	1.0	
③11	L40×4	1809	4	4.38	17.5	切角	③25	−14×50	50	8	0.31	2.5	
③12	L40×4	1809	4	4.38	17.5		③26	−10×50	50	28	0.20	5.6	
③13	L45×4	1709	4	4.68	18.7	切角		总质量				572.4kg	
③14	L45×4	1709	4	4.68	18.7								

螺栓、脚钉、垫圈明细表

名称	级别	规格	符号	数量	质量(kg)	备注
螺栓	6.8级	M16×40	●	59	12.8	
		M16×50	◗	104	16.7	
		M16×60	◼	40	7.0	
		M20×45	○	32	8.6	
		M20×45	⊘	32	9.4	
脚钉	6.8级	M16×180	⊕↑	10	3.8	
		M20×200		2	1.3	
垫圈	Q235					规格×个数
总质量					59.6kg	

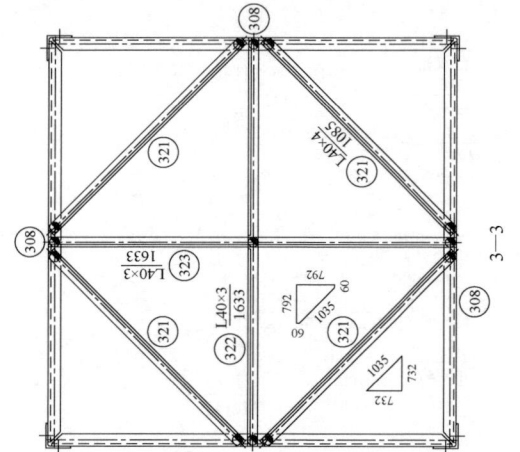

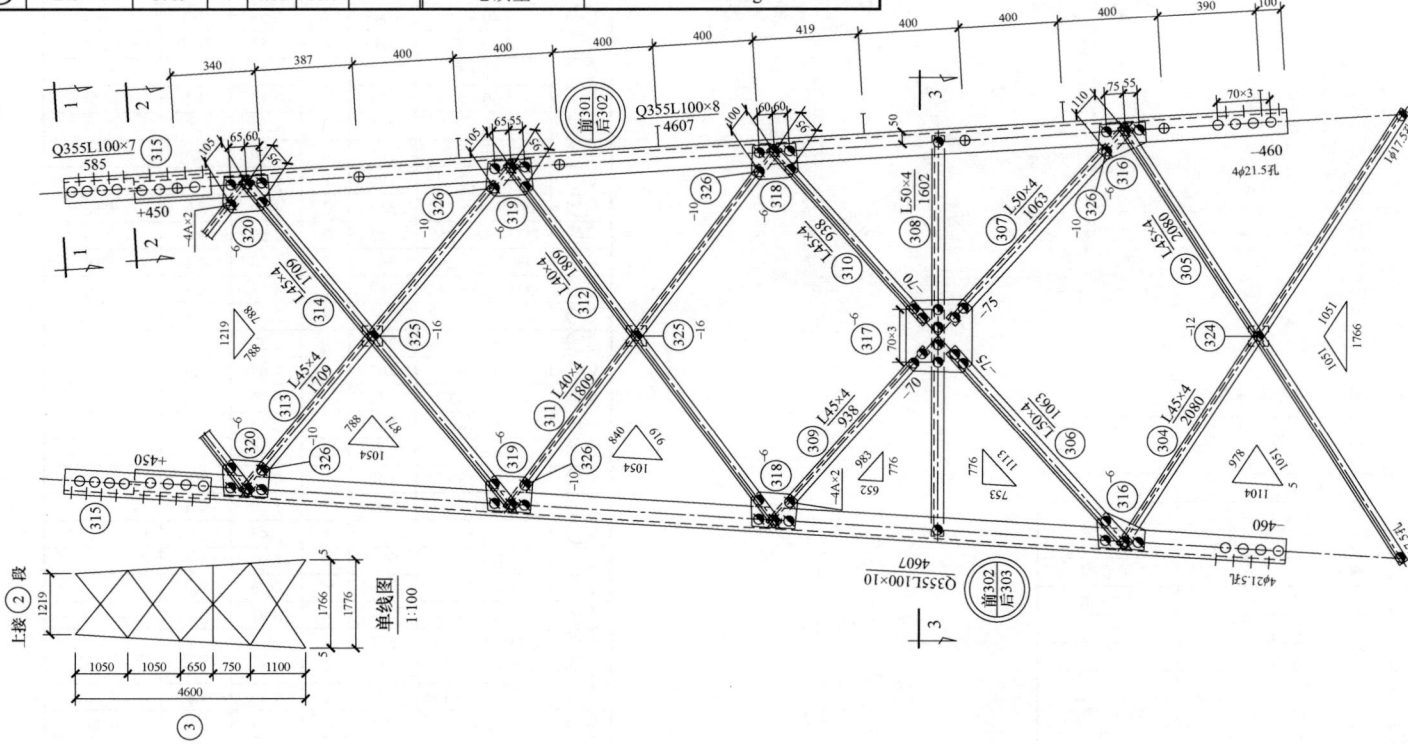

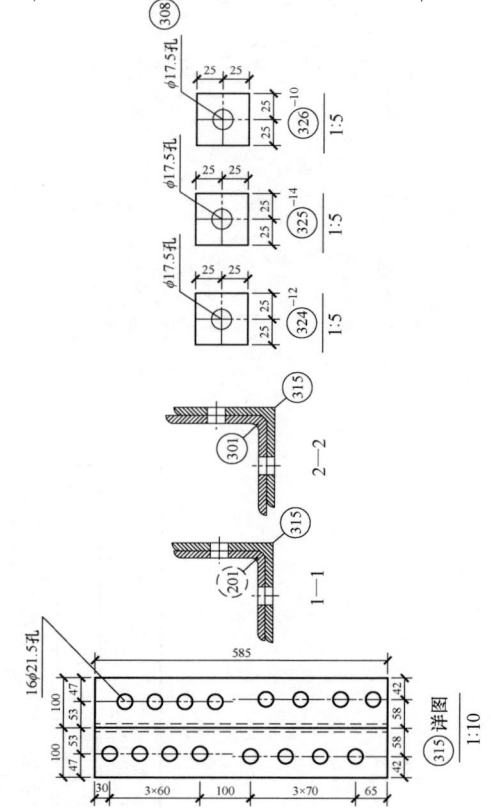

图 15−89 10D3015−J2 转角塔塔身③结构图

3—3

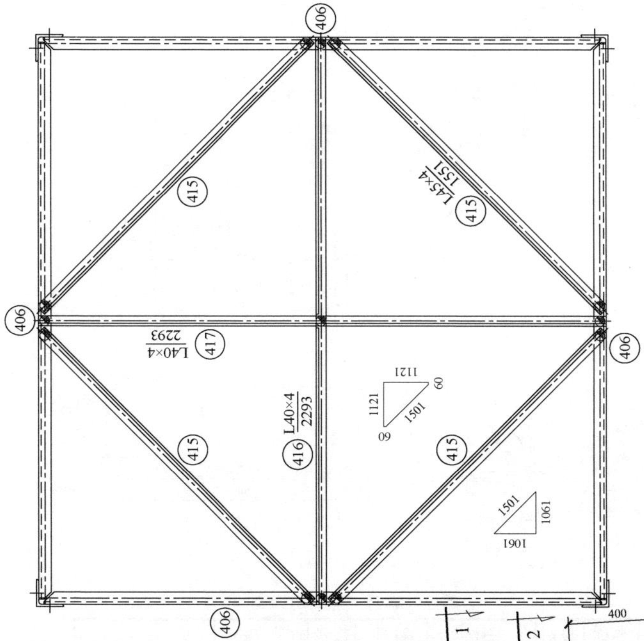

构件明细表

编号	规格	长度（mm）	数量	质量（kg）一件	质量（kg）小计	备注	编号	规格	长度（mm）	数量	质量（kg）一件	质量（kg）小计	备注
401	Q355L110×10	4506	1	75.21	75.2	带脚钉	411	L40×4	2372	4	5.74	23.0	切角
402	Q355L110×10	4506	2	75.21	150.4		412	L40×4	2372	4	5.74	23.0	
403	Q355L110×10	4506	1	75.21	75.2		413	Q355L110×10	645	4	10.77	43.1	铲弧
404	L50×4	1405	4	4.30	17.2		414	−6×200	244	4	2.30	9.2	
405	L50×4	1405	4	4.30	17.2	切角	415	L45×4	1551	4	4.24	17.0	切角
406	L50×4	2251	4	6.89	27.6		416	L40×4	2293	1	5.55	5.6	中间切肢
407	L45×4	1268	4	3.47	13.9	切角	417	L40×4	2293	1	5.55	5.6	
408	L45×4	1268	4	3.47	13.9		418	−10×50	50	8	0.20	1.6	
409	L45×4	2509	4	6.86	27.4	切角							
410	L45×4	2509	4	6.86	27.4		总质量		591.8kg				

螺栓、脚钉、垫圈明细表

名称	级别	规格	符号	数量	质量（kg）	备注
螺栓	6.8级	M16×40	◒	45	6.5	
		M16×50	◓	56	9.0	
		M20×55	⌀	72	21.3	
脚钉	6.8级	M16×180	⊖T	9	3.4	
		M20×200		2	1.3	
垫圈	Q235					规格×个数
总质量			41.5kg			

413 详图 1:10

单线图 1:100

418 1:5

2—2

1—1

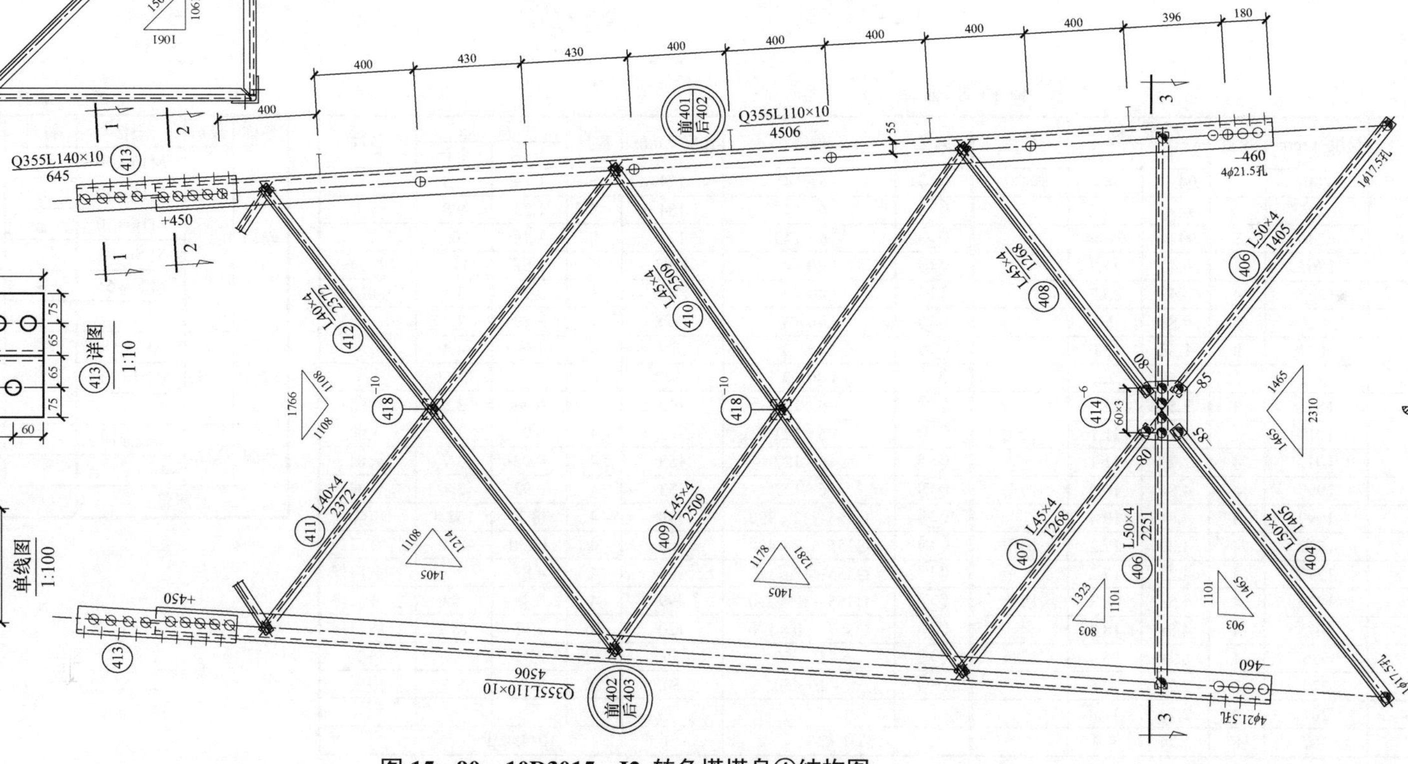

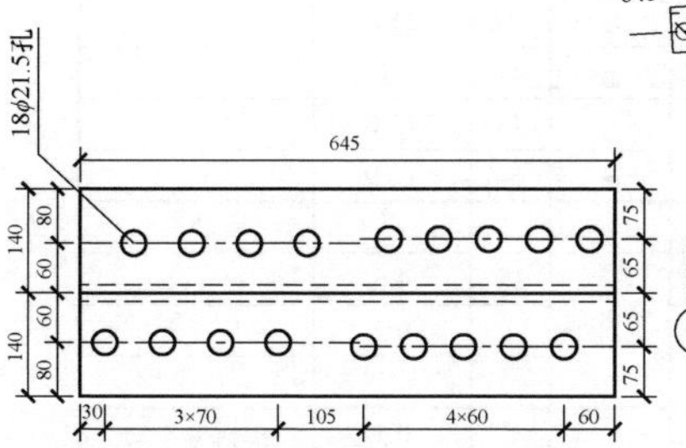

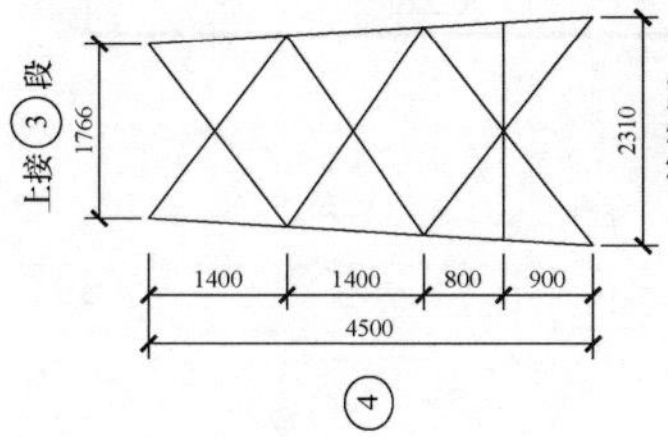

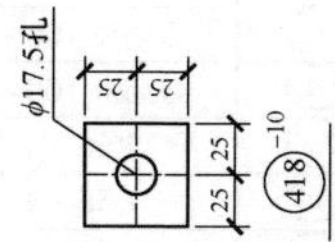

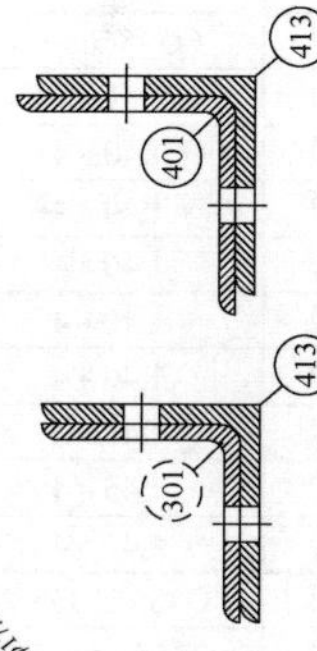

图 15－90 10D3015－J2 转角塔塔身④结构图

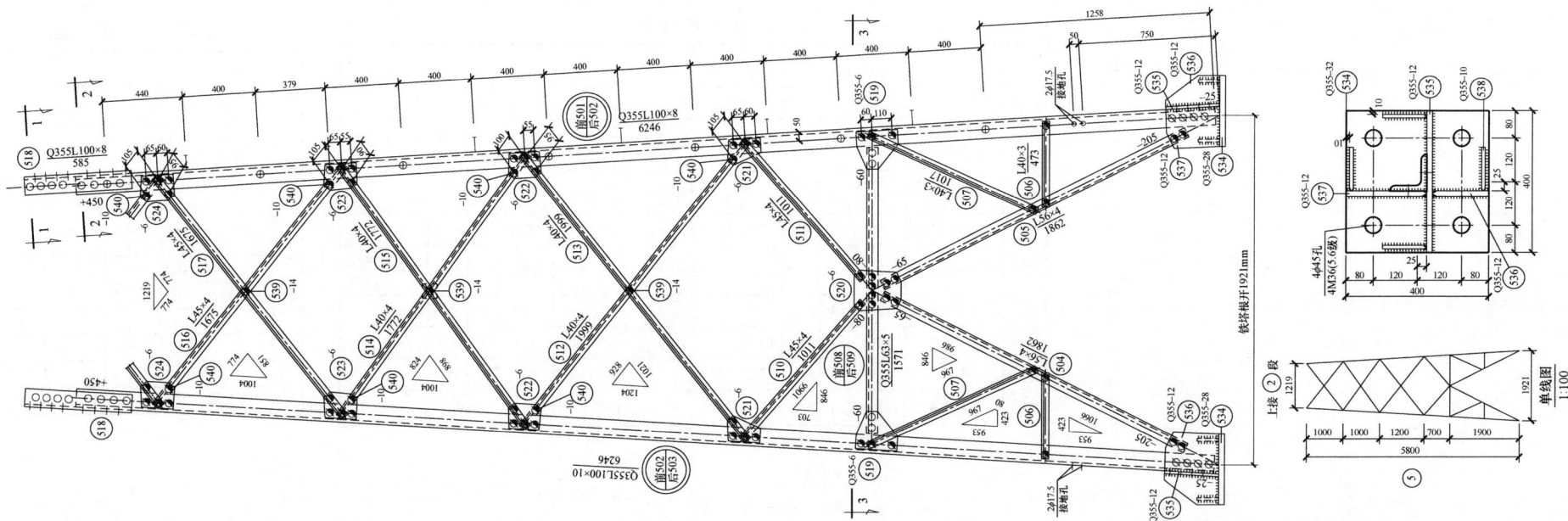

构 件 明 细 表

编号	规格	长度（mm）	数量	质量（kg）一件	质量（kg）小计	备注	编号	规格	长度（mm）	数量	质量（kg）一件	质量（kg）小计	备注
501	Q355L100×8	6246	1	94.44	94.4	带脚钉	522	−6×141	179	8	1.19	9.5	
502	Q355L100×8	6246	2	94.44	188.9		523	−6×142	184	8	1.23	9.8	
503	Q355L100×8	6246	1	94.44	94.44		524	−6×143	190	8	1.28	10.2	
504	L56×4	1862	4	6.42	25.7		525	L40×4	1187	4	2.87	11.5	切角
505	L56×4	1862	4	6.42	25.7		526	L40×3	1778	1	3.29	3.3	中间切肢
506	L40×3	473	8	0.88	7.0		527	L40×3	1778	1	3.29	3.3	
507	L40×3	1017	8	1.88	15.0		528	L40×3	589	4	1.09	4.4	
508	Q355L63×5	1571	1	7.58	7.6		529	L40×3	1132	8	2.10	16.8	
509	Q355L63×5	1571	3	7.58	22.7		530	−6×123	163	4	0.94	3.8	火曲
510	L40×4	1011	4	2.77	11.1	切角	531	−6×123	163	4	0.94	3.8	火曲
511	L40×4	1011	4	2.77	11.1		532	−6×127	153	4	0.92	3.7	火曲
512	L40×4	1999	4	4.84	19.4	切角	533	−6×127	153	4	0.92	3.7	火曲
513	L40×4	1999	4	4.84	19.4		534	Q355−32×390	390	4	38.21	152.8	电焊
514	L40×4	1772	4	4.29	17.2	切角	535	Q355−12×400	300	4	11.30	45.2	打坡口焊
515	L40×4	1772	4	4.29	17.2		536	Q355−12×173	300	4	4.89	19.6	打坡口焊
516	L45×4	1675	4	4.58	18.3	切角	537	Q355−12×230	299	4	6.48	25.9	打坡口焊
517	L45×4	1675	4	4.58	18.3		538	Q355−10×120	120	16	1.13	18.1	打坡口焊
518	Q355L100×7	585	4	6.34	25.4	铲弧	539	−16×50	50	12	0.31	3.7	垫板
519	Q355−6×212	220	8	2.20	17.6		540	−10×50	50	28	0.20	5.6	垫板
520	−6×223	261	4	2.74	11.0								
521	−6×141	187	8	1.24	9.9			总质量				1044.4kg	

螺栓、脚钉、垫圈明细表

名称	级别	规格	符号	数量	质量（kg）	备注
螺栓	6.8级	M16×40	◑	161	23.2	
		M16×50	◐	136	21.8	
		M16×50	▨	44	7.8	
		M20×45	○	48	13.0	
		M20×55	∅	64	18.9	
脚钉	6.8级	M16×180	⊕T	12	4.6	
		M20×200		1	0.7	
垫圈	Q235	−3A（φ17.5）		8	0.1	规格×个数
		−4A（φ17.5）		1	1.1	
总质量					90.2kg	

图 15−91　10D3015−J2 转角塔塔腿⑤结构图（1/2）

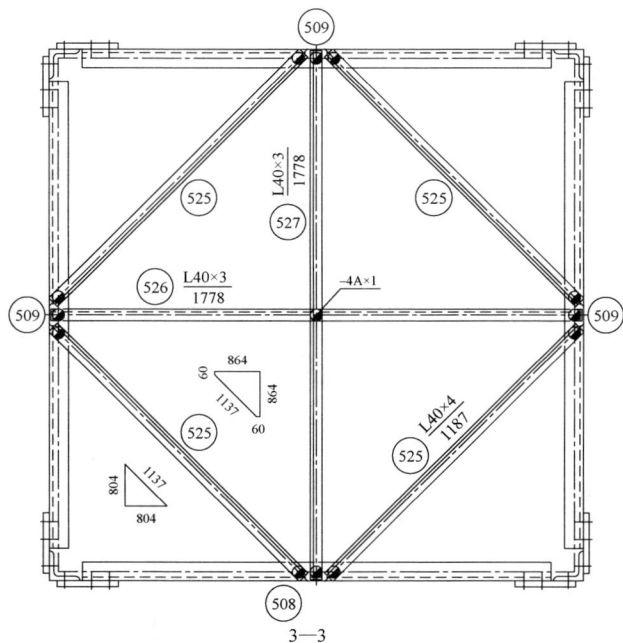

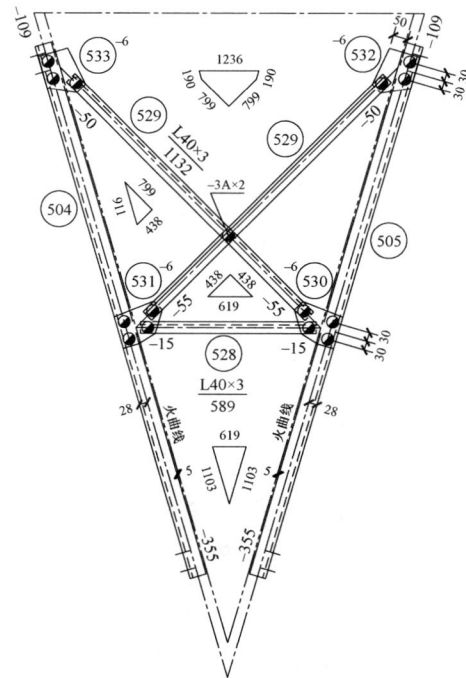

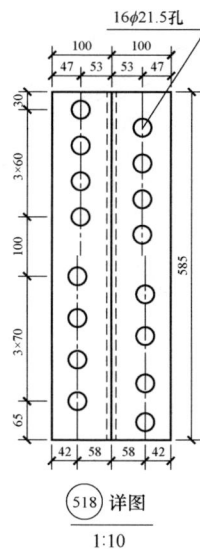

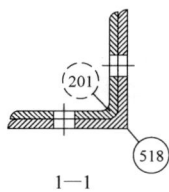

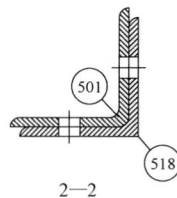

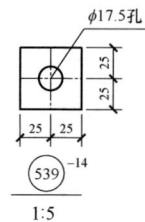

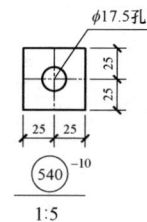

图 15-92　10D3015-J2 转角塔塔腿⑤结构图（2/2）

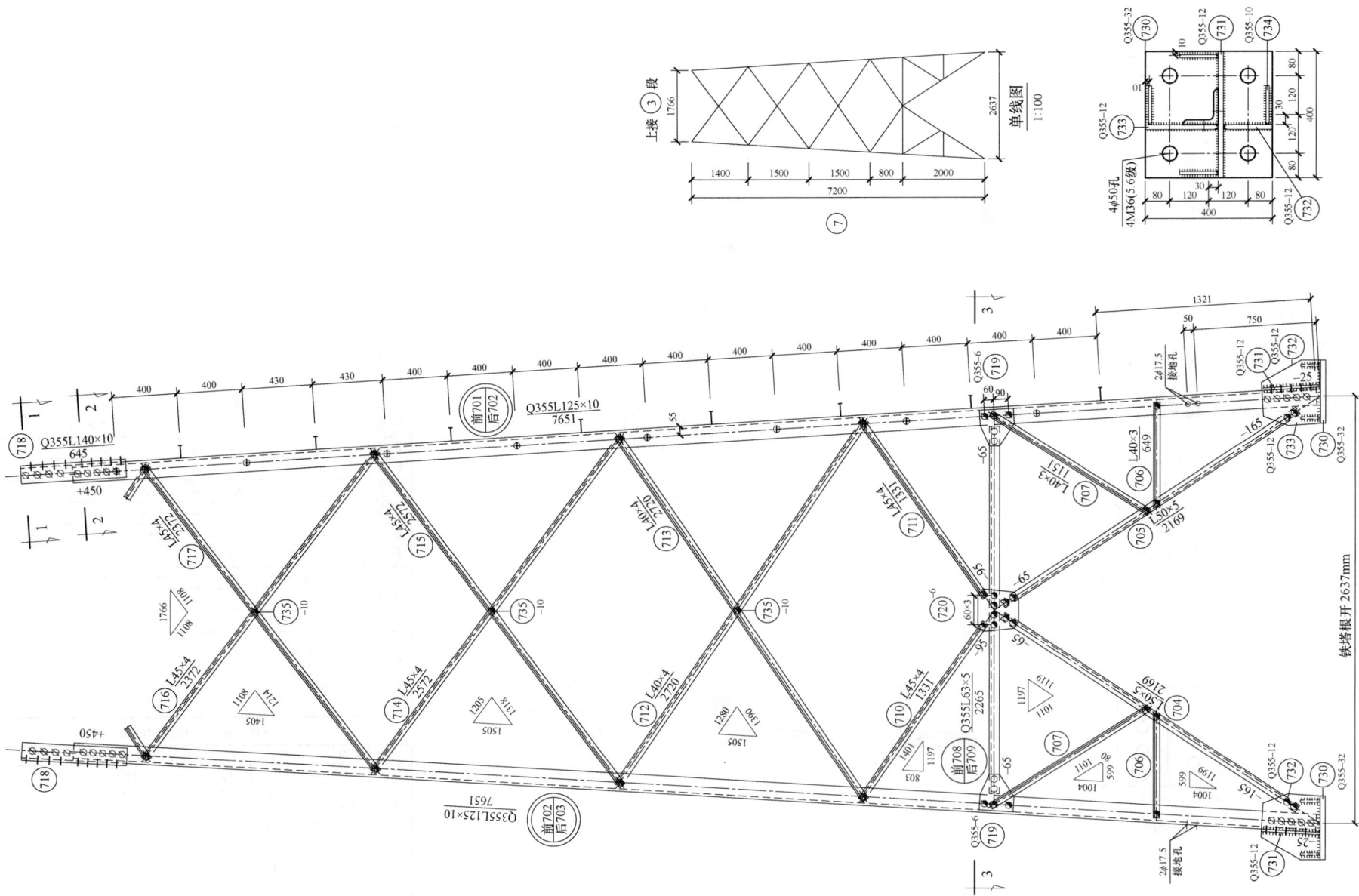

图 15-95　10D3015-J2 转角塔塔腿⑦结构图（1/2）（一）

构 件 明 细 表

编号	规格	长度（mm）	数量	质量（kg） 一件	质量（kg） 小计	备注
701	Q355L125×10	7651	114	6.39	146.4	带脚钉
702	Q355L125×10	7651	214	6.39	292.8	
703	Q355L125×10	7651	114	6.39	146.4	
704	L50×4	2169	4	8.18	32.7	
705	L50×4	2169	4	8.18	32.7	
706	L40×3	649	8	1.20	9.6	
707	L40×3	1151	8	2.13	17.0	
708	Q355L63×5	2265	1	10.92	10.9	
709	Q355L63×5	2265	3	10.92	32.8	
710	L45×4	1331	4	3.64	14.6	切角
711	L45×4	1331	4	3.64	14.6	
712	L45×4	2720	4	7.44	29.8	切角
713	L45×4	2720	4	7.44	29.8	
714	L45×4	2572	4	7.04	28.2	
715	L45×4	2572	4	7.04	28.2	
716	L45×4	2372	4	6.49	26.0	切角
717	L45×4	2372	4	6.49	26.0	
718	Q355L140×10	645	4	13.86	55.4	铲弧
719	Q355-6×210	227	8	2.25	18.0	
720	-6×251	261	4	3.09	12.4	
721	L45×4	1692	4	4.63	18.5	切角
722	L40×4	2492	1	6.04	6.0	中间切肢
723	L40×4	2492	1	6.04	6.0	
724	L40×3	847	4	1.57	6.3	
725	L40×3	1464	8	2.71	21.7	
726	-6×110	176	4	0.91	3.6	火曲
727	-6×110	176	4	0.91	3.6	火曲
728	-6×124	151	4	0.88	3.5	火曲
729	-6×124	151	4	0.88	3.5	火曲
730	Q355-32×400	390	4	40.19	160.8	电焊
731	Q355-12×403	361	4	13.84	55.5	打坡口焊
732	Q355-12×177	361	4	6.02	24.1	打坡口焊
733	Q355-12×238	358	4	8.03	32.1	打坡口焊
734	Q355-10×120	120	16	1.13	18.1	打坡口焊
735	-10×50	50	12	0.20	2.4	
总质量					1370.0kg	

螺栓、脚钉、垫圈明细表

名称	级别	规格	符号	数量	质量（kg）	备注
螺栓	6.8级	M16×40	◑	129	18.6	
		M16×50	◕	76	12.2	
		M20×45	○	16	4.3	
		M20×55	⊘	128	37.8	
脚钉	6.8级	M16×180	⊕T	15	5.7	
		M20×200		1	0.7	
垫圈	Q235	-3A（φ17.5）		8	0.1	规格×个数
总质量					79.4kg	

图 15-95　10D3015-J2 转角塔塔腿⑦结构图（1/2）（二）

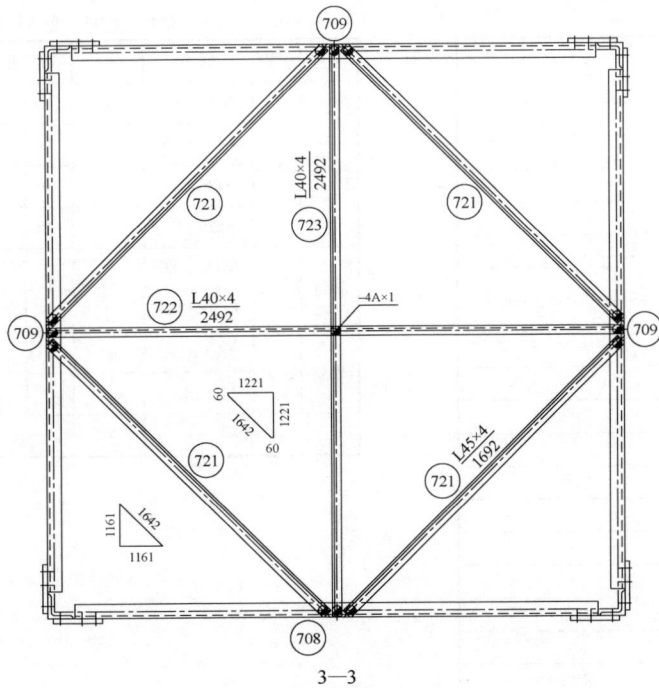

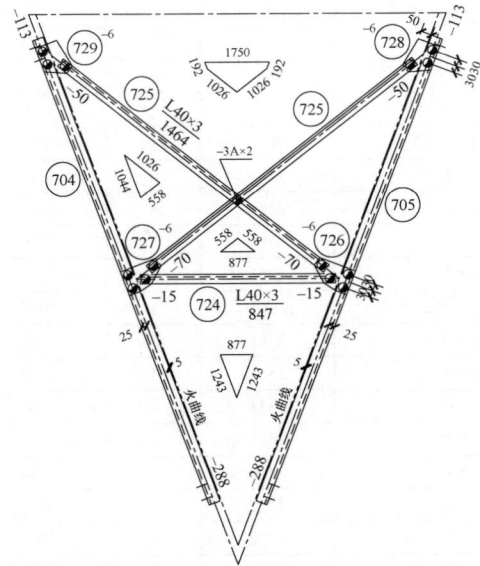

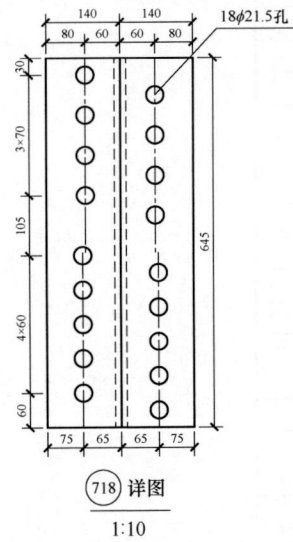

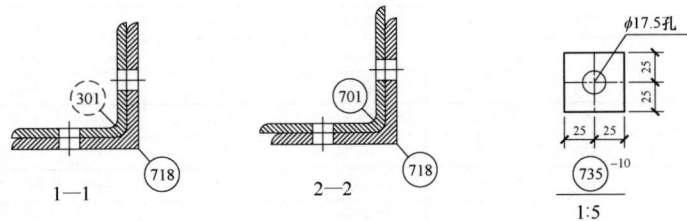

图 15-96　10D3015-J2 转角塔塔腿⑦结构图（2/2）

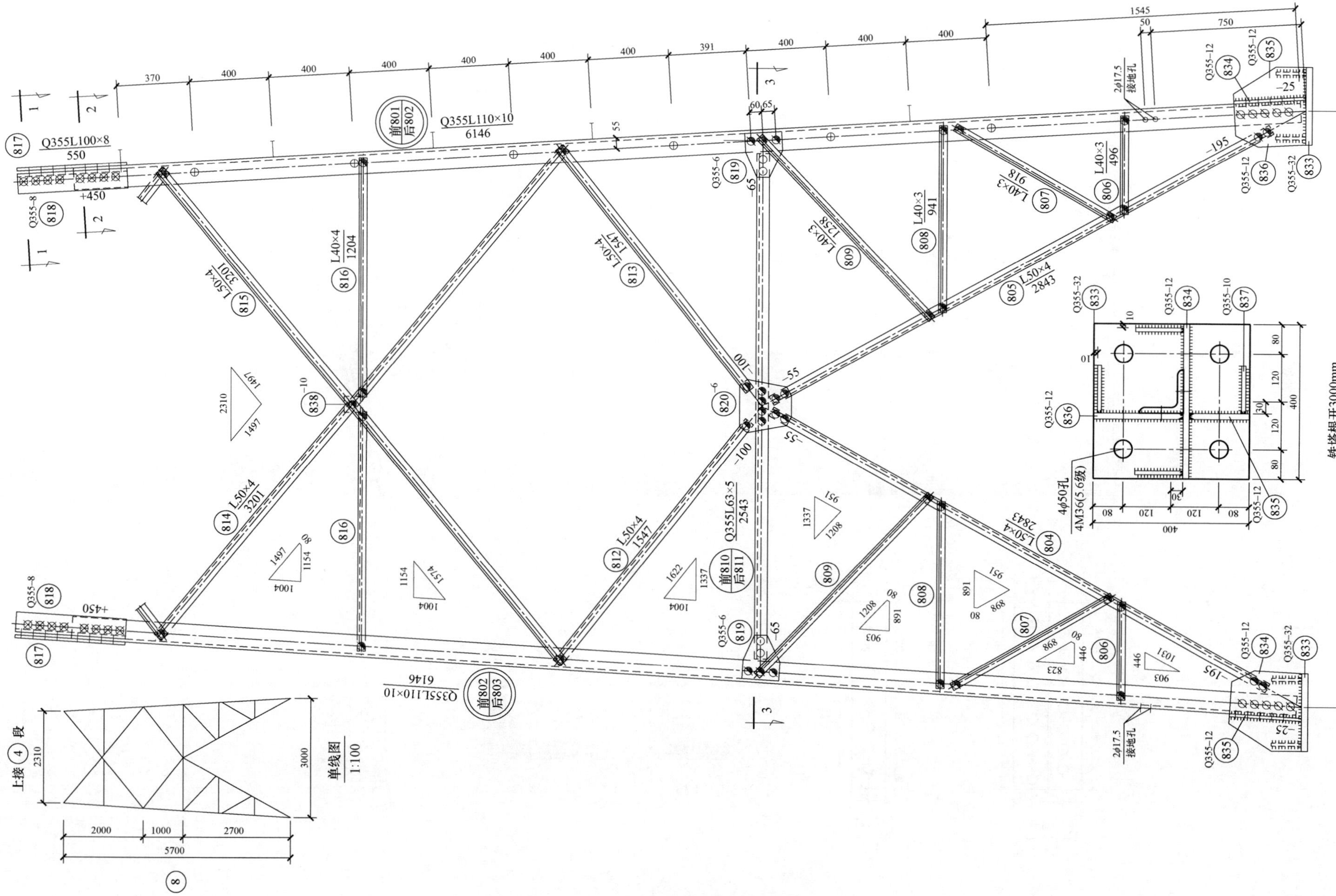

图 15-97　10D3015-J2 转角塔塔腿⑧结构图（1/2）

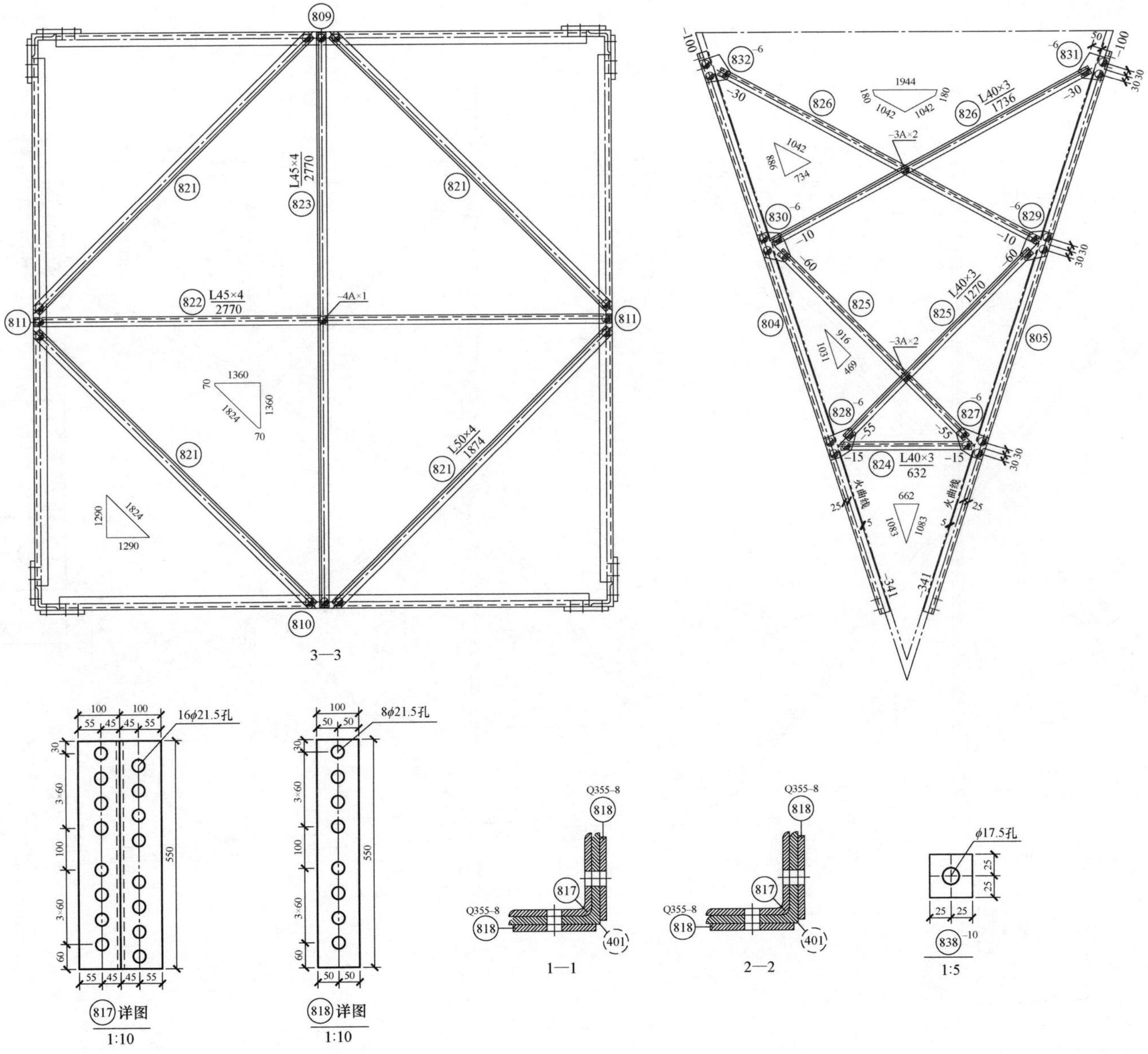

图 15-98 10D3015-J2 转角塔塔腿⑧结构图（2/2）（一）

构 件 明 细 表

编号	规格	长度（mm）	数量	一件	小计	备注	编号	规格	长度（mm）	数量	一件	小计	备注
⑧01	Q355L110×10	6146	1	102.58	102.6	带脚钉	⑧21	L50×4	1874	4	5.73	22.9	切角
⑧02	Q355L110×10	6146	2	102.58	205.2		⑧22	L45×4	2770	1	7.58	7.6	
⑧03	Q355L110×10	6146	1	102.58	102.6		⑧23	L45×4	2770	1	7.58	7.6	
⑧04	L50×4	2843	4	8.70	34.8		⑧24	L40×3	632	4	1.17	4.7	
⑧05	L50×4	2843	4	8.70	34.8		⑧25	L40×3	1270	8	2.35	18.8	火曲
⑧06	L40×3	496	8	0.92	7.4		⑧26	L40×3	1736	8	3.22	25.8	火曲
⑧07	L40×3	918	8	1.70	13.6		⑧27	−6×121	158	4	0.90	3.6	火曲
⑧08	L40×3	941	8	1.74	13.9		⑧28	−6×121	158	4	0.90	3.6	火曲
⑧09	L40×3	1258	8	2.33	18.6		⑧29	−6×123	162	4	0.94	3.8	火曲
⑧10	Q355L63×5	2543	1	12.26	12.3		⑧30	−6×123	162	4	0.94	3.8	火曲
⑧11	Q355L63×5	2543	3	12.26	36.8		⑧31	−6×125	127	4	0.75	3.0	火曲
⑧12	L50×4	1547	4	4.73	18.9	切角	⑧32	−6×125	127	4	0.75	3.0	火曲
⑧13	L50×4	1547	4	4.73	18.9		⑧33	Q355−32×390	390	4	40.19	160.8	电焊
⑧14	L50×4	3201	4	9.79	39.2	切角	⑧34	Q355−12×402	361	4	13.84	55.4	打坡口焊
⑧15	L50×4	3201	4	9.79	39.2		⑧35	Q355−12×172	361	4	5.85	23.4	打坡口焊
⑧16	L40×4	1204	8	2.92	23.4		⑧36	Q355−12×238	358	4	8.03	32.1	打坡口焊
⑧17	Q355L100×8	550	4	6.75	27.0	铲背	⑧37	Q355−10×120	120	16	1.13	18.1	打坡口焊
⑧18	Q355−8×100	550	8	3.45	27.6		⑧38	−10×50	50	4	0.20	0.8	
⑧19	Q355−6×185	227	8	1.98	15.8		总质量					1205.2kg	
⑧20	−6×260	267	4	3.27	13.1								

螺栓、脚钉、垫圈明细表

名称	级别	规格	符号	数量	质量（kg）	备注
螺栓	6.8级	M16×40	◐	189	27.3	
		M16×50	◑	92	14.7	
		M20×45	○	16	4.3	
		M20×55	∅	56	16.5	
		M20×65	⊠	64	20.5	
脚钉	6.8级	M16×180	⊕T	11	4.2	
		M20×200		1	0.7	
垫圈	Q235	−3A（冈17.5）		16	0.2	规格×个数
总质量					88.4kg	

图 15−98 10D3015−J2 转角塔塔腿⑧结构图（2/2）（二）

除图中注明外，必须遵照下列统一要求进行加工和组装：

（1）杆塔的设计执行《输电线路杆塔制图和构造规定》（DL/T 5442—2020）的有关规定。

（2）结构图中图面内的图例、代号等在说明中未提及之处，均按《输电线路杆塔制图和构造规定》（DL/T 5442—2020）中的要求执行。

（3）杆塔加工时应严格执行《输电线路铁塔制造技术条件》（GB/T 2694—2018）。本塔构件的尺寸以放样为准，构件加工后必须试组装，验收合格后方可批量加工。

（4）钢材质量标准应符合《碳素结构钢》（GB/T 700—2006）及《低合金高强度结构钢》（GB/T 1591—2018）的有关要求；螺栓、螺母、扣紧螺母应符合的标准分别为《六角头螺栓 C 级》（GB/T 5780—2016）、《I 型六角螺母》（GB/T 6170—2015）、《扣紧螺母》（GB/T 805—1988）。所有材料，包括角钢、螺栓、防盗螺栓、扣紧螺母、焊条等均应有出厂合格证书。

（5）杆塔构件所用钢种为 Q235B、Q355B，图中注明 Q355 材料为 Q355B 钢材，未注明均为 Q235B 钢材（角钢用"L"、钢板用"－"表示）。所有构件均须热镀锌。

（6）所有螺栓（包括防盗螺栓）的强度等级为热镀锌后的强度值。

（7）杆塔构件连接主要以螺栓连接为主，少数采用焊接（如塔脚板连接等）。构件焊接应按照焊接规程、规范和有关规定进行，焊缝高度不得小于连接构件的最小厚度，当被焊接构件厚 8mm 及以上时，要按规定剖口焊，以便焊透。对 Q355 构件焊接时选用 E50 系列焊条，对 Q235 构件焊接时选用 E43 系列焊条。

（8）加工时如发生材料代用或改变节点形式等情况，须与设计单位联系解决。材料代用时，需注意相关影响，应与图纸对应列表统计，并加工厂书面通知施工单位，以方便施工安装。

（9）角钢与钢板的螺栓间距、边距除图中特殊注明外应按表 1 采用。

（10）角钢准距除图中特殊注明外，一般按表 2 采用。

（11）螺栓、脚钉、垫圈规格按表 3、表 4 采用。

（12）脚钉一般从离地面 1.5m 处开始向上装设，间距 400mm 左右，加工放样时可适当调整脚钉的位置，脚钉除运行单位有特殊要求外，一般采用防滑带直钩形式。

（13）其他事项：

1）节点板考虑到刚度要求，形状不宜狭长，节点板边缘与构件轴线夹角 α 不小于 15°，如右图所示。

2）构件厚度大于 14mm 时须采用钻孔方法加工，构件接头中外包角钢清根，内包角钢铲背。

3）凡图中所要求的火曲、开合角、切肢、压扁、切角等的尺寸均由加工放样决定。

4）两构件连接面间的间隙大于 3mm 时，构件应局部开、合角或制弯。

5）当构件需采用切扁或压扁时，应优先采用切肢。

（14）杆塔加工时应根据实际工程要求的高度设置防盗螺栓（无特殊说明的 10m 高以下防盗）。

α 角示意图

表 1　　　　　　　　　　　　　　　　　　　　螺栓间距、边距表

螺栓规格	孔径（mm）	螺栓间距（mm）		边距（mm）		
		单排	双排	端距	扎制边距	切角边距
M16	ϕ17.5	50	80	25	≥21 或 20（L40 角钢时）	≥23
M20	ϕ21.5	60	100	30	≥26	≥28

注　螺孔顺力线方向重心最大间距为 12d 或 18t（取二者较小者），其中 d 为螺栓直径，t 为较薄板的厚度。

表 2　　　　　　　　　　　　　　　　　　　　角钢准距表

肢宽（mm）	准距（mm）	第一排准距（mm）	第二排准距（mm）	最大使用孔径（mm）
L40	20			
L45	23			17.5
L50	25（28）			
L56	28（32）			

续表

肢宽（mm）	准距（mm）	第一排准距（mm）	第二排准距（mm）	最大使用孔径（mm）
L63	30（36）			
L70	35（40）			
L75	38（40）			
L80	40			
L90	45			21.5
L100	50			
L110	55	45	75	
L125	60	50	85	
L140	70	55	90	
L160	80	60	105	

注　括号内数字用于螺栓边距不足时，在搭接位置上的螺栓孔可使用的准距。

表 3　　　　　　　　　　　　　　　　　　　　螺栓规格表

级别	单帽螺栓（带一垫、一扣紧螺母）				防盗螺栓	双帽螺栓（带一垫）				
	规格	符号	通过厚度（mm）	无扣长（mm）	质量（kg）	质量（kg）（带一垫）	规格	符号	通过厚度（mm）	无扣长（mm）	质量（kg）
6.8	M16×40	◐	7～12	6	0.1442	0.1997	M16×50	◑	7～12	6	0.1875
	M16×50	◒	13～22	12	0.1602	0.2127	M16×60	◓	13～22	12	0.2039
	M16×60	◧	23～32	22	0.1762	0.2277	M16×70	◨	23～32	22	0.2203
	M16×70	◩	33～42	32	0.1922	0.2477	M16×80	◪	33～42	32	0.2369
6.8	M20×45	○	9～15	8	0.2701	0.3517	M20×60	○	9～15	8	0.3605
	M20×55	⊘	16～25	15	0.2953	0.3737	M20×70	⊘	16～25	15	0.3864
	M20×65	⊗	26～35	25	0.3205	0.3967	M20×80	⊗	26～35	25	0.4123
	M20×75	⊘	36～45	35	0.3457	0.4207	M20×90	⊘	36～45	35	0.4381
	M20×85	⊗	46～55	45	0.3709	0.4407	M20×100	⊗	46～55	45	0.4640
	M20×95	⊗	56～65	55	0.3961	0.4607	M20×110	⊗	56～65	55	0.4899
	M20×105	⊗	66～75	65	0.4213	0.4807	M20×120	○	66～75	65	0.5158

表 4　　　　　　　　　　　　　　　　　　　　脚钉、垫圈规格表

脚钉（带两帽）				垫圈				
规格	符号	无扣长（mm）	质量（kg）	规格	符号	质量（kg）	内径（mm）	外径（mm）
M16×180	⊕ ⊢	120	0.3799	−2（ϕ13.5）	规格×个数	0.00186	13.5	24
				−3（ϕ17.5）		0.01065	17.5	30
M20×200	⊕ ⊢	120	0.6749	−3（ϕ22）	规格×个数	0.01637	22	37
				−4（ϕ22）		0.02183	22	37
M24×240	⊕ ⊢	120	1.1803	−3（ϕ26）	规格×个数	0.02331	26	44
				−4（ϕ26）		0.03108	26	44

图 15-99　10D3015-J2　转角塔加工说明

15.2.6　10D3015-J3 转角塔

10D3015-J3 转角塔结构图清单见表 15-11。

表 15-11　　　　　**10D3015-J3 转角塔结构图清单**

图序	图名	备注
图 15-100	10D3015-J3 转角塔总图	
图 15-101	10D3015-J3 转角塔材料汇总表	
图 15-102	10D3015-J3 转角塔横担①结构图	
图 15-103	10D3015-J3 转角塔塔身②结构图（1/2）	
图 15-104	10D3015-J3 转角塔塔身②结构图（2/2）	
图 15-105	10D3015-J3 转角塔塔身③结构图	
图 15-106	10D3015-J3 转角塔塔身④结构图（1/2）	

续表

图序	图名	备注
图 15-107	10D3015-J3 转角塔塔身④结构图（2/2）	
图 15-108	10D3015-J3 转角塔塔腿⑤结构图（1/2）	
图 15-109	10D3015-J3 转角塔塔腿⑤结构图（2/2）	
图 15-110	10D3015-J3 转角塔塔腿⑥结构图（1/2）	
图 15-111	10D3015-J3 转角塔塔腿⑥结构图（2/2）	
图 15-112	10D3015-J3 转角塔塔腿⑦结构图（1/2）	
图 15-113	10D3015-J3 转角塔塔腿⑦结构图（2/2）	
图 15-114	10D3015-J3 转角塔塔腿⑧结构图（1/2）	
图 15-115	10D3015-J3 转角塔塔腿⑧结构图（2/2）	
图 15-116	10D3015-J3 转角塔加工说明	

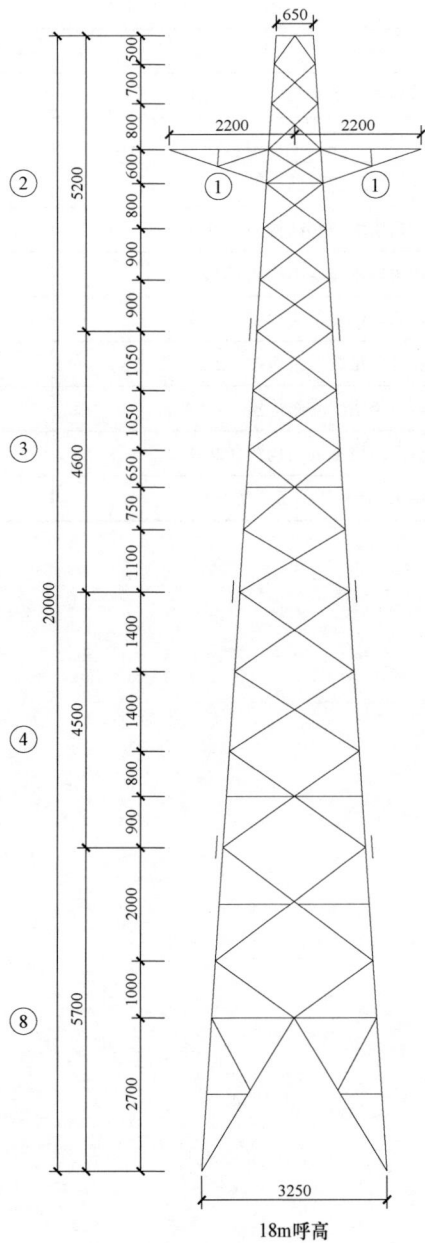

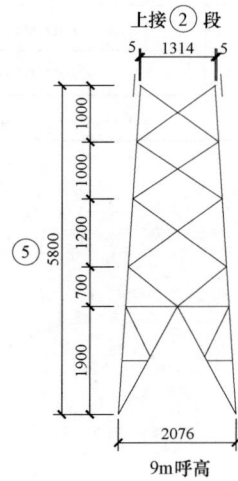

杆塔根开、基础根开、地脚螺栓规格及间距表

杆塔名称（型号）	10D15-J3			
呼高（m）	9	12	15	18
接腿	⑤	⑥	⑦	⑧
杆塔根开（mm）	2076	2471	2855	3250
基础根开（mm）	2126	2521	2915	3310
基础地脚螺栓间距（mm）	240	240	240	240
每腿基础地脚螺栓配置（5.6级）	4M36	4M36	4M36	4M36

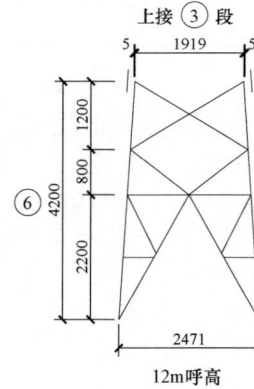

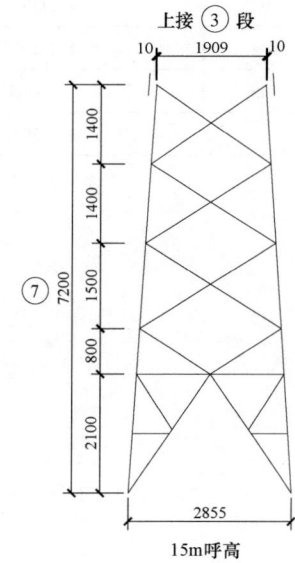

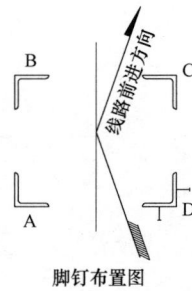

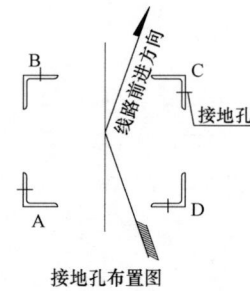

上接②段

9m呼高

12m呼高

15m呼高

18m呼高

脚钉布置图

接地孔布置图

图 15-100　10D3015-J3 转角塔总图

材料	材质	规格	段号								呼高（m）			
			①	②	③	④	⑤	⑥	⑦	⑧	9.0	12.0	15.0	18.0
角钢	Q355	L125×10				345.1			586.0	470.7			586.0	815.8
		L110×10					417.2	310.0			417.2	310.0		
		L110×8								36.3				36.3
		L100×10			278.8							278.8	278.8	278.8
		L100×8			28.7		30.0				30.0	28.7	28.7	28.7
		L90×7		185.1		23.6		21.2	23.6		185.1	206.3	208.7	208.7
		L80×6	55.2									55.2	55.2	55.2
		L63×5	35.2	35.5			32.7	39.6	46.8	52.9	103.4	110.3	117.5	123.6
		小计	90.4	220.6	307.5	368.7	479.9	370.8	656.4	559.9	790.9	989.3	1274.9	1547.1
	Q235	L63×5					73.4		111.6		73.4			111.6
		L56×5						77.2				77.2		
		L56×4			30.4	40.6			63.6	120.7		30.4	94.0	191.7
		L50×5		64.6							64.6	64.6	64.6	64.6
		L50×4		43.8	21.2	29.8	26.0	30.6	157.0	40.0	69.8	95.6	222.0	134.8
		L45×4	12.0	72.0	151.0	160.4	125.0	68.9	85.4	16.4	209.0	303.9	320.4	411.8
		L40×4	12.2	4.0	11.4	12.0	12.4	11.0	13.0	25.2	28.6	38.6	40.6	64.8
		L40×3	20.0	25.4	6.6		52.7	53.9	58.9	69.9	98.1	105.9	110.9	121.9
		小计	44.0	209.8	220.6	242.8	289.5	241.6	377.9	383.8	543.5	716.2	852.5	1101.2
钢板	Q355	−6	11.4	58.1			17.5	17.5	17.0	17.8	87.0	87.0	86.5	87.3
		−8		37.0		27.6	17.0	41.8	44.6	52.4	54.0	78.8	81.6	117.0
		−12	20.4	8.2			113.2	113.4	111.9	111.4	141.8	142.0	140.5	140.0
		−34					170.8	170.8	170.8	170.8	170.8	170.8	170.8	170.8
		小计	31.8	103.3		27.6	318.5	343.5	344.3	352.4	453.6	478.6	479.4	545.1
	Q235	−6		70.1	56.0	36.3	78.4	56.4	53.7	27.6	148.5	182.5	179.8	190.0
		−8		17.1							17.1	17.1	17.1	17.1
		−10		1.6	6.4	2.4	6.4	3.2	2.4	0.8	8.0	11.2	10.4	11.2
		−12		2.9		1.0			1.0		2.9	2.9	3.9	3.9
		−16			3.7	1.2	3.7	1.2	1.2	1.2	3.7	4.9	4.9	4.9
		小计		91.7	66.1	40.9	88.5	60.8	58.3	28.4	180.2	218.6	216.1	227.1
螺栓	6.8 级	M16×40	4.0	37.5	13.4	7.6	26.7	26.1	22.6	22.1	68.2	81.0	77.5	84.6
		M16×50	0.3	20.5	16.7	10.3	20.5	12.8	16.0	9.6	41.3	50.3	53.5	57.4
		M16×60			7.8	4.2	7.8	3.5	3.5		7.8	11.3	11.3	12.0
		M16×50 双帽		0.8							0.8	0.8	0.8	0.8
		M16×60 双帽	0.8	1.6							2.4	2.4	2.4	2.4
		小计	5.1	60.4	37.9	22.1	55.0	42.4	42.1	31.7	120.5	145.8	145.5	157.2
	6.8 级	M20×45	6.5	31.3			13.0	4.3	4.3	4.3	50.8	42.1	42.1	42.1
		M20×55			18.9	21.3	23.6	30.7	35.4	14.2	23.6	49.6	54.3	54.4
		M20×65								25.6				25.6
		M20×70 双帽	7.7	0.8							8.5	8.5	8.5	8.5
		小计	14.2	32.1	18.9	21.3	36.6	35.0	39.7	44.1	82.9	100.2	104.9	130.6
		螺栓合计	19.3	92.5	56.8	43.4	91.6	77.4	81.8	75.8	203.4	246.0	250.4	287.8
脚钉	6.8 级	M16×180		3.8	3.8	3.8	4.6	3.0	5.7	3.8	8.4	10.6	13.3	15.2
		M20×200		1.3	1.3	1.3	0.7	0.7	0.7	0.7	2.0	3.3	3.3	4.6
		小计		5.1	5.1	5.1	5.3	3.7	6.4	4.5	10.4	13.9	16.6	19.8
垫圈	Q235	−3A（φ17.5）		0.9							0.9	0.9	0.9	0.9
		−4A（φ17.5）	0.2				0.1	0.1	0.1	0.1	0.3	0.3	0.3	0.3
		小计	0.2	0.9			0.1	0.1	0.1	0.1	1.2	1.2	1.2	1.2
不含防盗螺栓总质量（kg）			185.9	723.9	656.1	728.5	1273.4	1097.9	1525.2	1404.9	2183.2	2663.8	3091.1	3699.3
各呼高含防盗螺栓总质量（kg）											2204.9	2690.3	3121.9	3736.2

图 15−101　10D3015−J3 转角塔材料汇总表

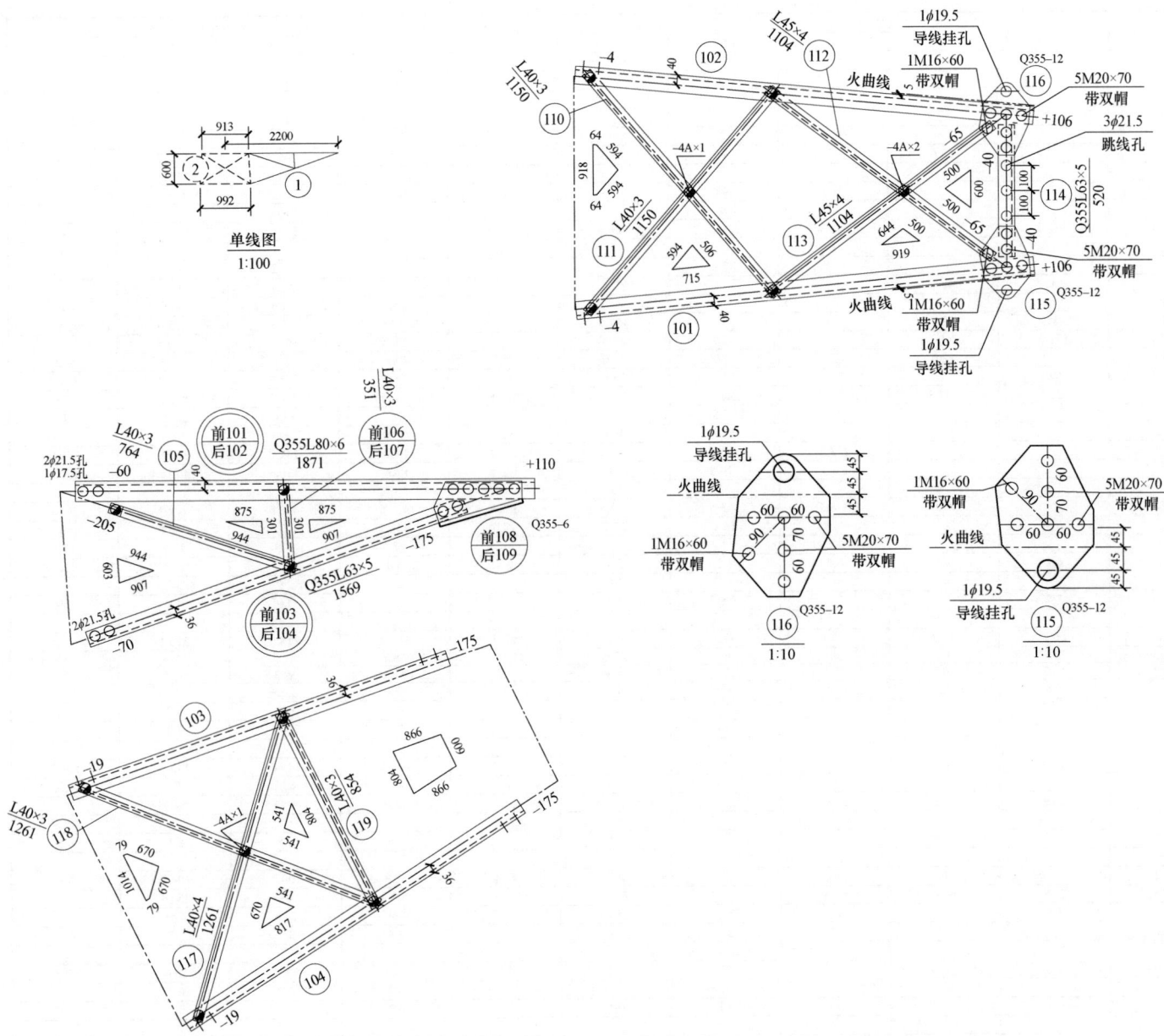

构件明细表

编号	规格	长度(mm)	数量	质量(kg) 一件	质量(kg) 小计	备注
101	Q355L80×6	1871	2	13.80	27.6	
102	Q355L80×6	1871	2	13.80	27.6	
103	Q355L63×5	1569	2	7.57	15.1	
104	Q355L63×5	1569	2	7.57	15.1	
105	L40×3	764	4	1.41	5.6	
106	L40×3	351	2	0.65	1.3	切角
107	L40×3	351	2	0.65	1.3	切角
108	Q355-6×163	372	2	2.86	5.7	卷边50mm
109	Q355-6×163	372	2	2.86	5.7	卷边50mm
110	L40×3	1150	2	2.13	4.3	切角
111	L40×3	1150	2	2.13	4.3	切角
112	L45×4	1104	2	3.02	6.0	切角
113	L45×4	1104	2	3.02	6.0	
114	Q355L63×5	520	2	2.51	5.0	
115	Q355-12×194	280	2	5.12	10.2	火曲
116	Q355-12×194	280	2	5.12	10.2	火曲
117	L40×4	1261	2	3.05	6.1	
118	L40×4	1261	2	3.05	6.1	切角
119	L40×3	854	2	1.58	3.2	一端切肢
总质量					166.4kg	

螺栓、脚钉、垫圈明细表

名称	级别	规格	符号	数量	质量(kg)	备注
螺栓	6.8级	M16×40	◐	28	4.0	
		M16×50	◑	2	0.3	
		M20×45	○	24	6.5	
		M16×60	◙	4	0.8	带双帽
		M20×70		20	7.7	带双帽
脚钉	6.8级		⊕T			
垫圈	Q235	-4A(φ17.5)		8	0.2	规格×个数
总质量					19.5kg	

图 15-102 10D3015-J3 转角塔横担①结构图

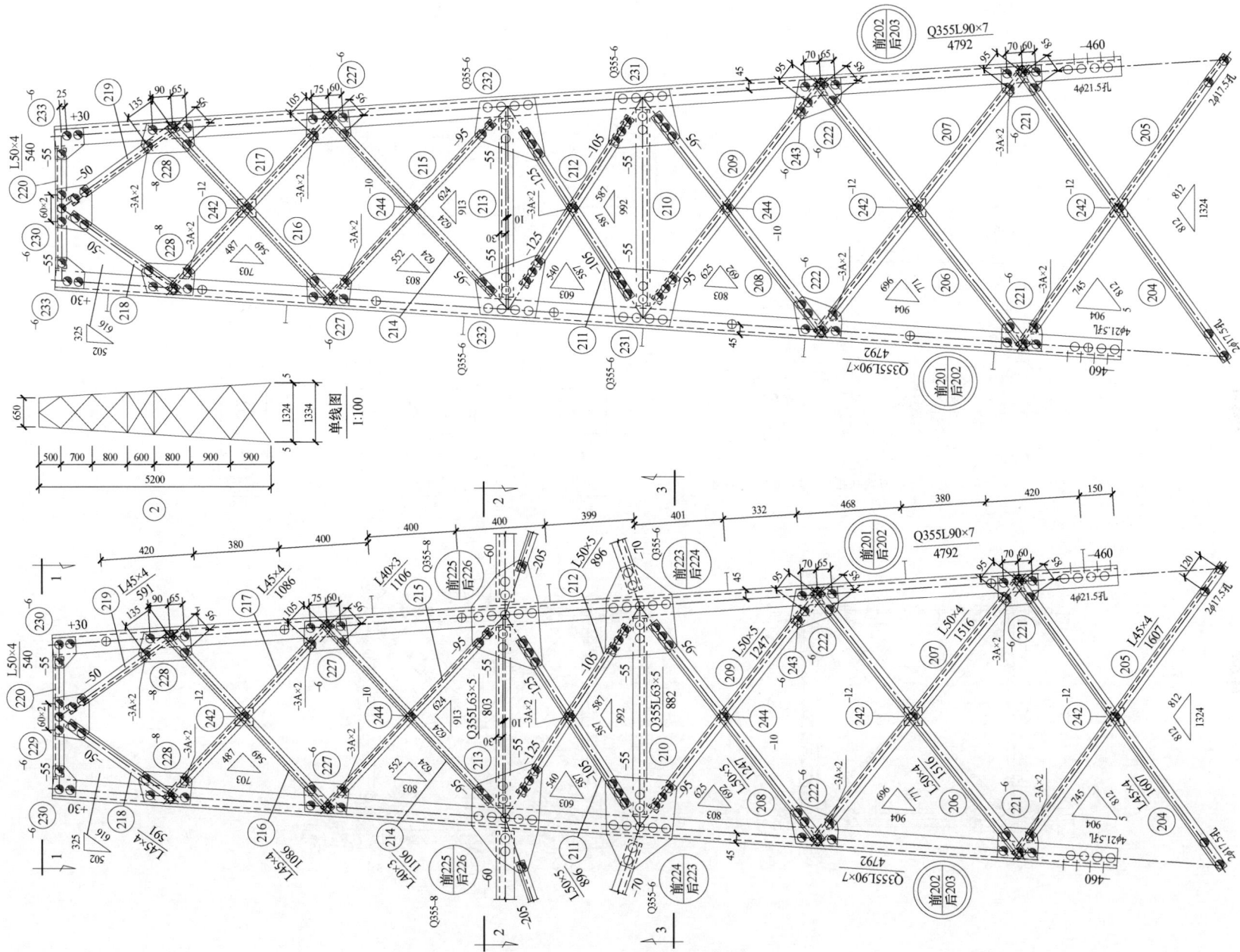

图15-103　10D3015-J3 转角塔塔身②结构图（1/2）

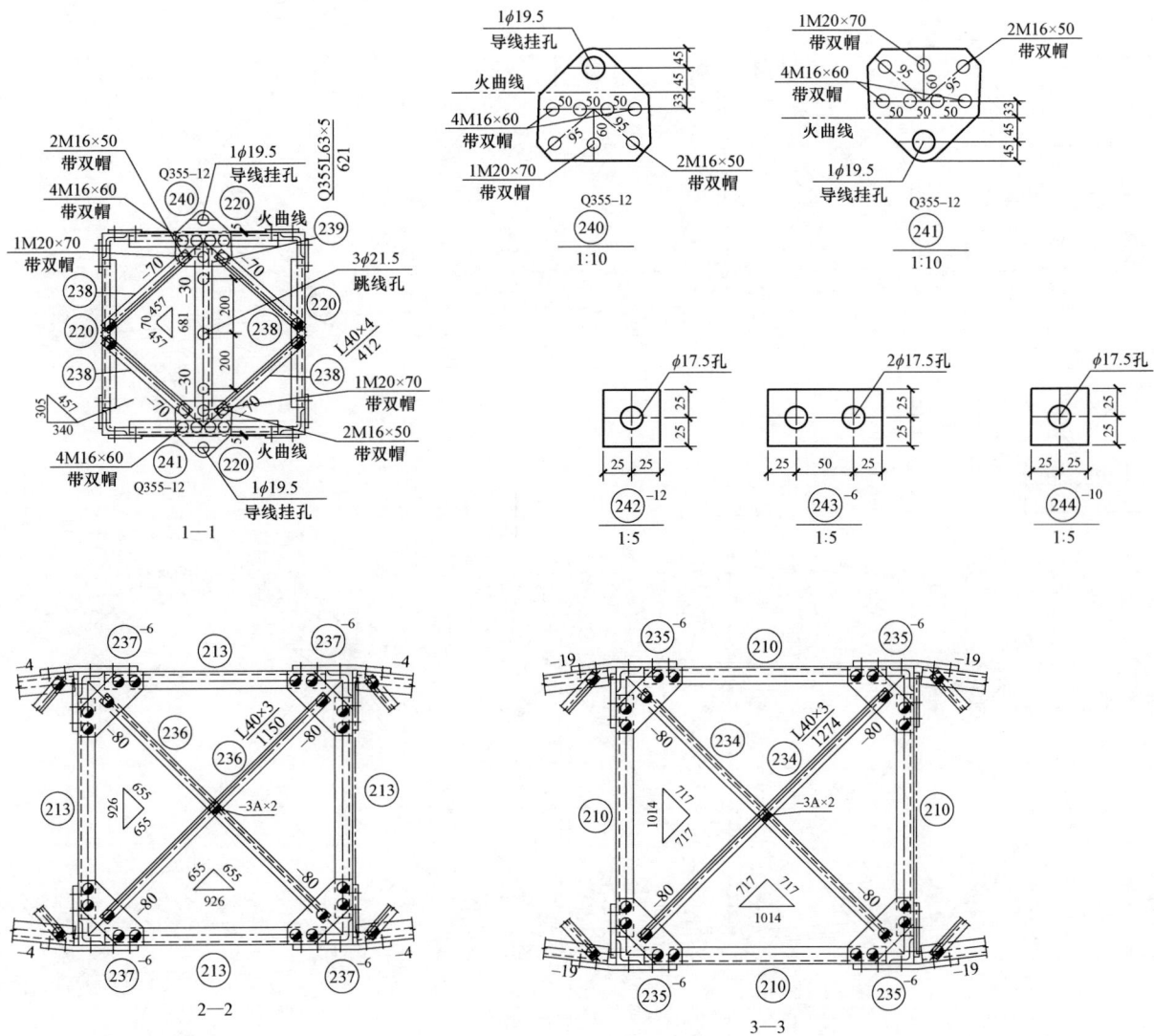

图 15-104　10D3015-J3 转角塔塔身②结构图（2/2）（一）

构件明细表

编号	规格	长度（mm）	数量	质量（kg） 一件	质量（kg） 小计	备注	编号	规格	长度（mm）	数量	质量（kg） 一件	质量（kg） 小计	备注
㉑201	Q355L90×7	4792	1	46.27	46.3	带脚钉	㉒224	Q355－6×325	419	2	6.41	12.8	火曲
㉑202	Q355L90×7	4792	2	46.27	92.5		㉒225	Q355－8×297	497	2	9.27	18.5	火曲
㉑203	Q355L90×7	4792	1	46.27	46.3	火曲	㉒226	Q355－8×297	497	2	9.27	18.5	火曲
㉑204	L45×4	1607	4	4.40	17.6		㉒227	－6×145	201	8	1.37	11.0	
㉑205	L45×4	1607	4	4.40	17.6	切角	㉒228	－8×142	240	8	2.14	17.1	
㉑206	L50×4	1516	4	4.64	18.6		㉒229	－6×163	210	4	1.61	6.4	
㉑207	L50×4	1516	4	4.64	18.6	切角	㉒230	－6×110	136	4	0.70	2.8	
㉑208	L50×5	1247	4	4.70	18.8		㉒231	Q355－6×256	325	4	3.92	15.7	
㉑209	L50×5	1247	4	4.70	18.8	切角	㉒232	Q355－6×281	317	4	4.20	16.8	
㉑210	Q355L63×5	882	4	4.25	17.0		㉒233	－6×135	136	4	0.86	3.4	
㉑211	L50×5	896	4	3.38	13.5		㉒234	L40×3	1274	2	2.36	4.7	
㉑212	L50×5	896	4	3.38	13.5		㉒235	－6×242	242	4	2.76	11.0	
㉑213	Q355L63×5	803	4	3.87	15.5		㉒236	L40×3	1150	2	2.13	4.3	
㉑214	L40×3	1106	4	2.05	8.2	切角	㉒237	－6×237	237	4	2.65	10.6	
㉑215	L40×3	1106	4	2.05	8.2		㉒238	L40×4	412	4	1.00	4.0	
㉑216	L45×4	1086	4	2.97	11.9		㉒239	Q355L63×5	621	1	2.99	3.0	
㉑217	L45×4	1086	4	2.97	11.9	切角	㉒240	Q355－12×194	222	1	4.06	4.1	火曲
㉑218	L45×4	591	4	1.62	6.5		㉒241	Q355－12×194	222	1	4.06	4.1	火曲
㉑219	L45×4	591	4	1.62	6.5	切角	㉒242	－12×50	50	12	0.24	2.9	垫板
㉒220	L50×4	540	4	1.65	6.6		㉒243	－6×50	100	4	0.24	1.0	垫板
㉒221	－6×136	183	8	1.17	9.4		㉒244	－10×50	50	8	0.20	1.6	垫板
㉒222	－6×174	221	8	1.81	14.5		总质量					625.4kg	
㉒223	Q355－6×325	419	2	6.41	12.8	火曲							

螺栓、脚钉、垫圈明细表

名称	级别	规格	符号	数量	质量（kg）	备注
螺栓	6.8级	M16×40	●	260	37.5	
		M16×50	◐	128	20.5	
		M20×45	○	116	31.3	
		M16×50	◑	4	0.8	带双帽
		M16×60	▣	8	1.6	带双帽
		M20×70	○	2	0.8	带双帽
脚钉	6.8级	M16×180	⊕T	10	3.8	
		M20×200		2	1.3	
垫圈	Q235	－3A（φ17.5）		64	0.9	规格×个数
总质量					98.5kg	

图 15－104　10D3015－J3 转角塔塔身②结构图（2/2）（二）

构件明细表

编号	规格	长度(mm)	数量	一件	小计	备注	编号	规格	长度(mm)	数量	一件	小计	备注
301	Q355L100×10	4610	1	69.70	69.7	带脚钉	314	L45×4	1796	4	4.91	19.6	
302	Q355L100×10	4610	2	69.70	139.4		315	Q355L100×8	585	4	7.18	28.7	铲弧
303	Q355L100×10	4610	1	69.70	69.7		316	−6×144	191	8	1.30	10.4	
304	L45×4	2209	4	6.04	24.2	切角	317	−6×269	319	4	4.04	16.2	
305	L45×4	2209	4	6.04	24.2		318	−6×142	183	4	1.22	9.8	
306	L56×4	1106	4	3.81	15.2		319	−6×141	179	8	1.19	9.5	
307	L56×4	1106	4	3.81	15.2	切角	320	−6×142	189	8	1.26	10.1	
308	L50×4	1735	4	5.31	21.2	局部开角	321	L40×4	1176	4	2.85	11.4	切角
309	L45×4	982	4	2.69	10.8	切角	322	L40×3	1762	1	3.26	3.3	中间切肢
310	L45×4	982	4	2.69	10.8	切角	323	L40×3	1762	1	3.26	3.3	
311	L45×4	1908	4	5.22	20.9	切角	324	−10×50	50	32	0.20	6.4	垫板
312	L45×4	1908	4	5.22	20.9	垫板	325	−16×50	50	12	0.31	3.7	垫板
313	L45×4	1796	4	4.91	19.6	切角		总质量				594.2kg	

螺栓、脚钉、垫圈明细表

名称	级别	规格	符号	数量	质量(kg)	备注
螺栓	6.8级	M16×40	◖	93	13.4	
		M16×50	◗	104	16.7	
		M16×60	◼	44	7.8	
		M20×55	∅	64	18.9	
脚钉	6.8级	M16×180	⊕Ŧ	10	3.8	
		M20×200		2	1.3	
垫圈	Q235					规格×个数
总质量					61.9kg	

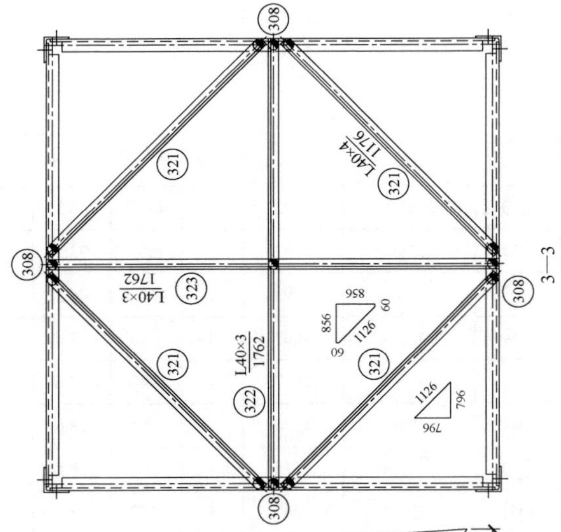

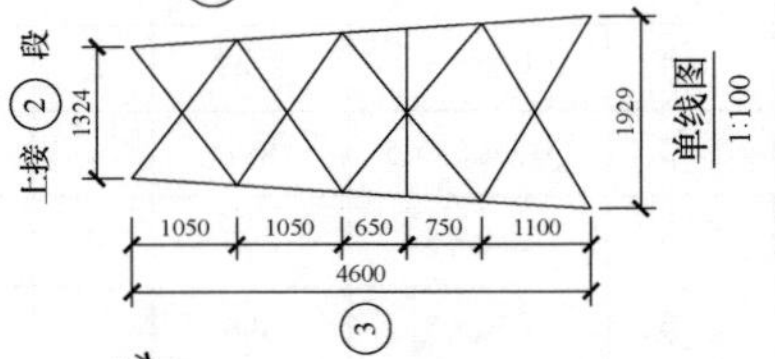

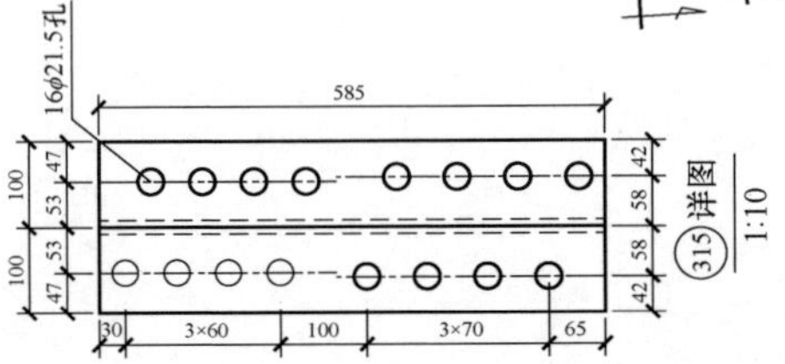

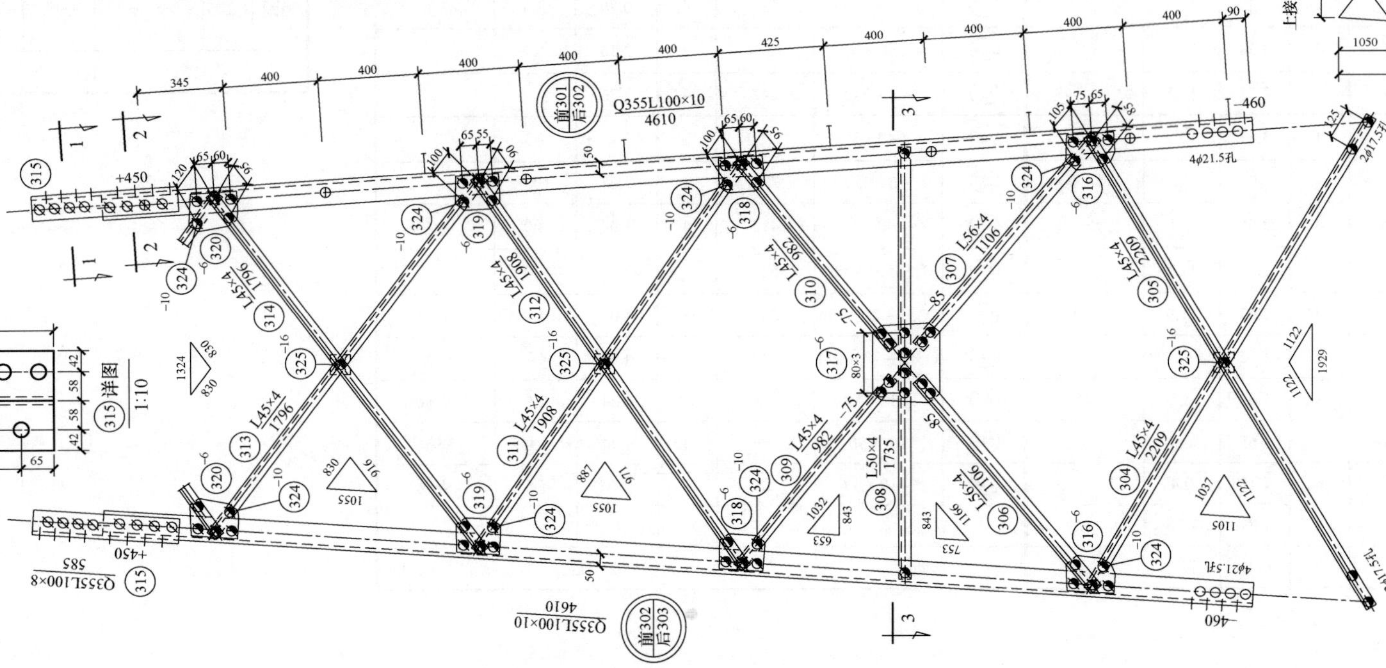

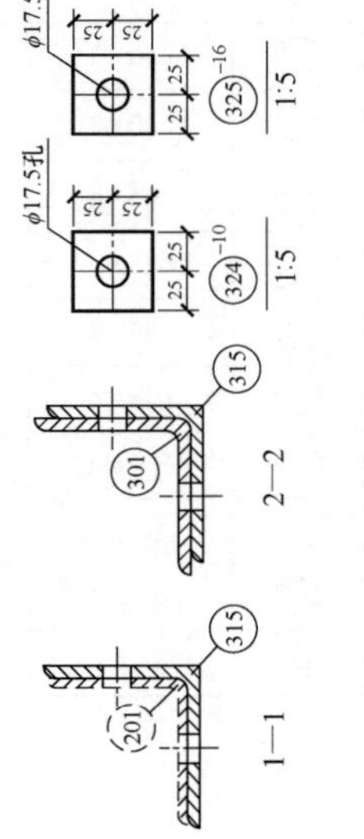

图 15−105　10D3015−J3　转角塔塔身③结构图

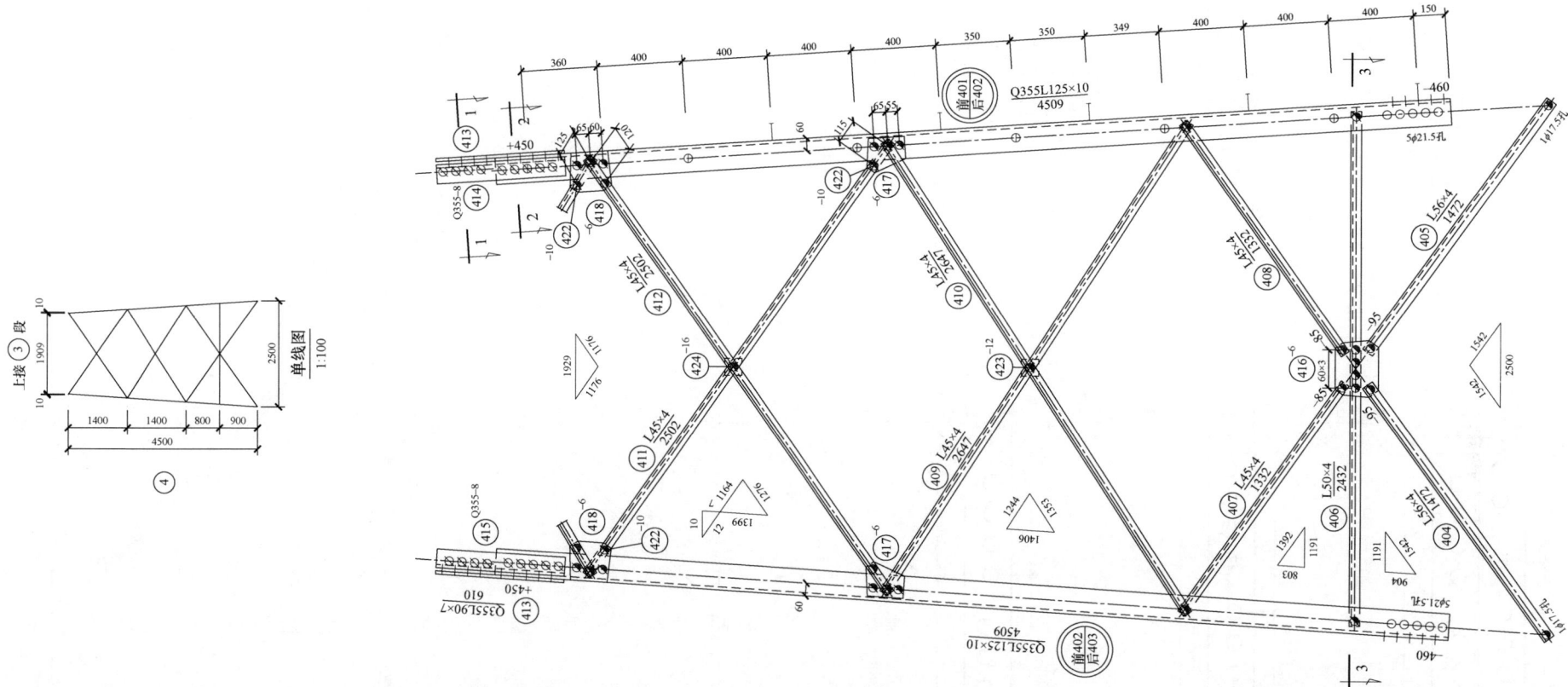

构件明细表

编号	规格	长度（mm）	数量	一件	小计	备注
401	Q355L125×10	4509	1	86.27	86.3	带脚钉
402	Q355L125×10	4509	2	86.27	172.5	
403	Q355L125×10	4509	1	86.27	86.3	
404	L56×4	1472	4	5.07	20.3	
405	L56×4	1472	4	5.07	20.3	切角
406	L50×4	2432	4	7.44	29.8	局部开角
407	L45×4	1332	4	3.64	14.6	切角
408	L45×4	1332	4	3.64	14.6	
409	L45×4	2647	4	7.24	29.0	切角
410	L45×4	2647	4	7.24	29.0	
411	L45×4	2502	4	6.85	27.4	切角
412	L45×4	2502	4	6.85	27.4	
413	Q355L90×7	610	4	5.89	23.6	铲背

编号	规格	长度（mm）	数量	一件	小计	备注
414	Q355-8×90	610	4	3.45	13.8	
415	Q355-8×90	610	4	3.45	13.8	
416	-6×204	268	4	2.58	10.3	
417	-6×163	186	8	1.43	11.4	
418	-6×196	198	8	1.83	14.6	
419	L45×4	1683	4	4.60	18.4	切角
420	L40×4	2479	1	6.00	6.0	
421	L40×4	2479	1	6.00	6.0	
422	-10×50	50	12	0.20	2.4	垫板
423	-12×50	50	4	0.24	1.0	垫板
424	-16×50	50	4	0.31	1.2	垫板
总质量					680.0kg	

螺栓、脚钉、垫圈明细表

名称	级别	规格	符号	数量	质量（kg）	备注
螺栓	6.8级	M16×40		53	7.6	
		M16×50		64	10.3	
		M16×60		24	4.2	
		M20×55		72	21.3	
脚钉	6.8级	M16×180		10	3.8	
		M20×200		2	1.3	
垫圈	Q235					规格×个数
总质量					48.5kg	

图 15－106　10D3015－J3 转角塔塔身④结构图（1/2）

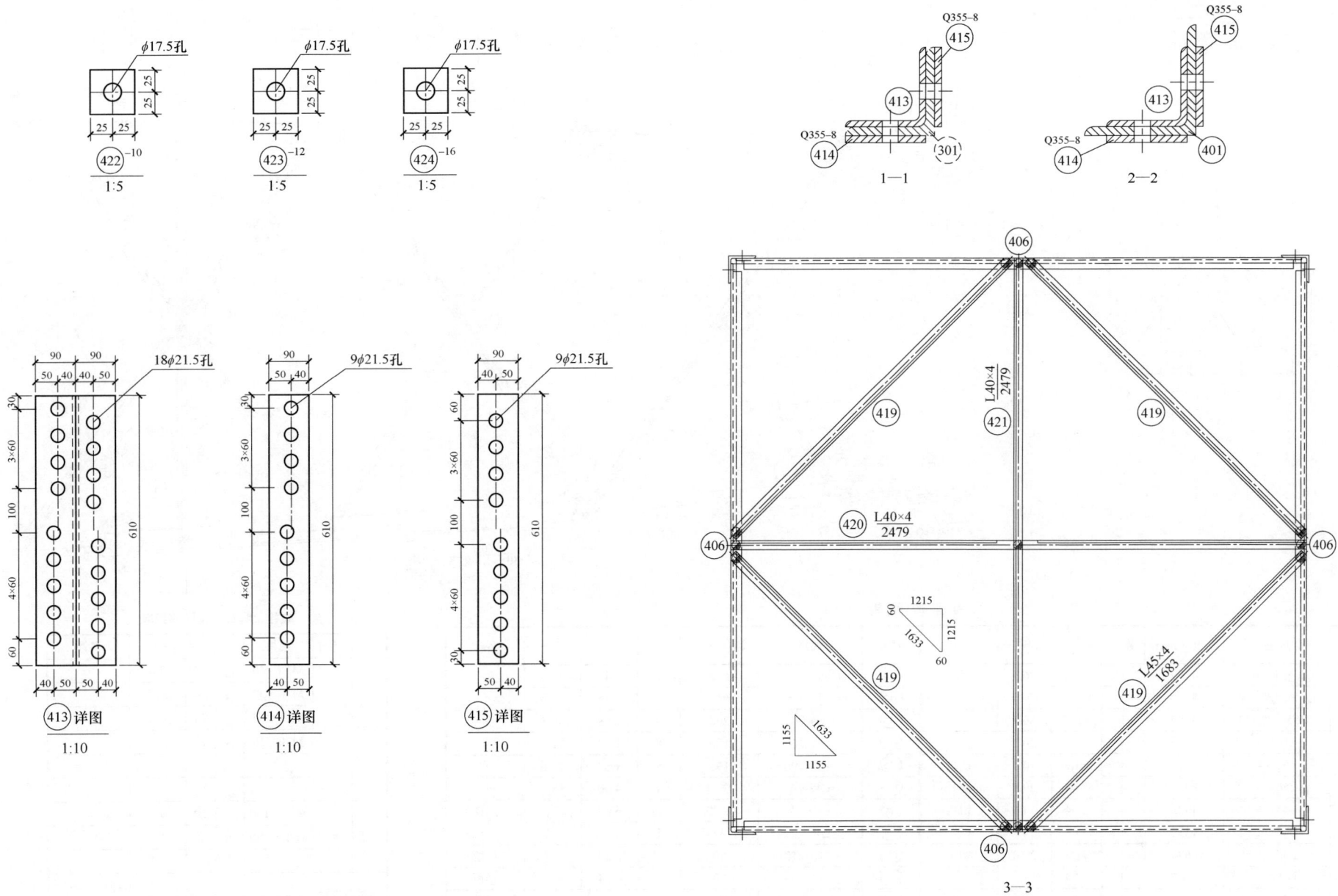

图 15-107　10D3015-J3　转角塔塔身④结构图（2/2）

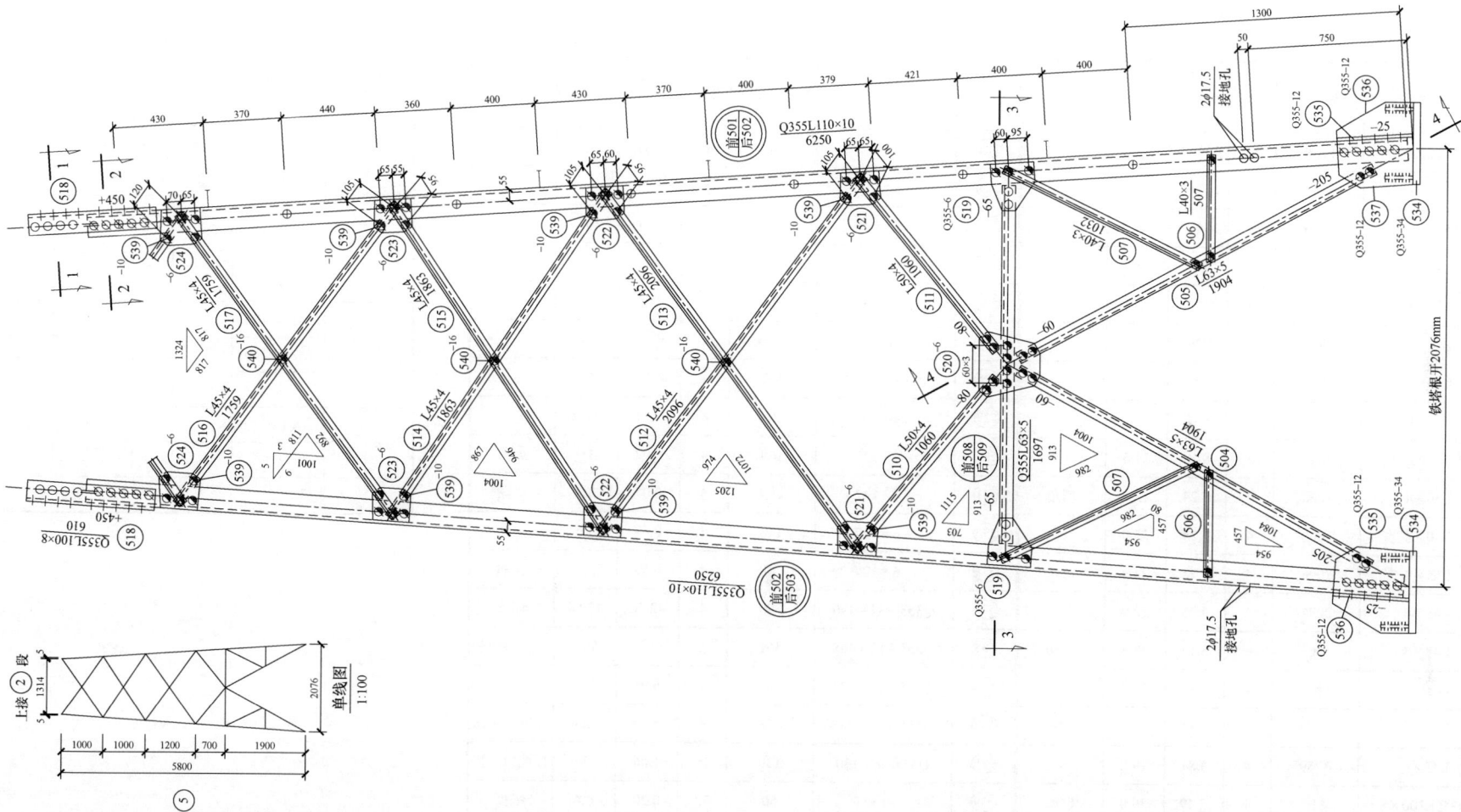

图 15-108 10D3015-J3 转角塔塔腿⑤结构图（1/2）（一）

构件明细表

编号	规格	长度（mm）	数量	质量（kg） 一件	质量（kg） 小计	备注	编号	规格	长度（mm）	数量	质量（kg） 一件	质量（kg） 小计	备注
⑤01	Q355L110×10	6250	1	104.31	104.3	带脚钉	⑤22	−6×157	182	8	1.35	10.8	
⑤02	Q355L110×10	6250	2	104.31	208.6		⑤23	−6×156	181	8	1.33	10.6	
⑤03	Q355L110×10	6250	1	104.31	104.3		⑤24	−6×182	200	8	1.71	13.7	
⑤04	L56×5	1904	4	9.18	36.7	切角	⑤25	L40×4	1275	4	3.09	12.4	
⑤05	L56×5	1904	4	9.18	36.7		⑤26	L40×3	1923	1	3.56	3.6	
⑤06	L40×3	507	8	0.94	7.5		⑤27	L40×3	1923	1	3.56	3.6	
⑤07	L40×3	1032	8	1.91	15.3		⑤28	L40×3	643	4	1.19	4.8	
⑤08	Q355L63×5	1697	1	8.18	8.2		⑤29	L40×3	1208	8	2.24	17.9	
⑤09	Q355L63×5	1697	3	8.18	24.5	火曲	⑤30	−6×122	169	4	0.97	3.9	火曲
⑤10	L50×4	1060	4	3.24	13.0	切角	⑤31	−6×122	169	4	0.97	3.9	火曲
⑤11	L50×4	1060	4	3.24	13.0		⑤32	−6×127	148	4	0.89	3.6	火曲
⑤12	L45×4	2096	4	5.73	22.9	切角	⑤33	−6×127	148	4	0.89	3.6	火曲
⑤13	L45×4	2096	4	5.73	22.9		⑤34	Q355−34×390	390	4	42.70	170.8	焊接
⑤14	L45×4	1863	4	5.10	20.4	切角	⑤35	Q355−12×408	361	4	14.04	56.2	打坡口焊接
⑤15	L45×4	1863	4	5.10	20.4		⑤36	Q355−12×173	361	4	6.05	24.2	打坡口焊接
⑤16	L45×4	1759	4	4.81	19.2	切角	⑤37	Q355−12×243	358	4	8.19	32.8	打坡口焊接
⑤17	L45×4	1759	4	4.81	19.2		⑤38	Q355−8×130	130	16	1.06	17.0	打坡口焊接
⑤18	Q355L100×8	610	4	7.49	30.0	铲弧	⑤39	−10×50	50	32	0.20	6.4	垫板
⑤19	Q355−6×205	227	8	2.19	17.5		⑤40	−16×50	50	12	0.31	3.7	垫板
⑤20	−6×287	312	4	4.22	16.9								
⑤21	−6×157	194	8	1.43	11.4			总质量				1176.4kg	

螺栓、脚钉、垫圈明细表

名称	级别	规格	符号	数量	质量（kg）	备注
螺栓	6.8级	M16×40	⊙	185	26.7	
		M16×50	⊚	128	20.5	
		M16×60	⊞	44	7.8	
		M20×45	○	48	13.0	
		M20×55	⊘	80	23.6	
脚钉	6.8级	M16×180	⊕T	12	4.6	
		M20×200		1	0.7	
垫圈	Q235	−4A（φ17.5）		1	0.1	规格×个数
总质量					97.0kg	

图 15−108　10D3015−J3 转角塔塔腿⑤结构图（1/2）（二）

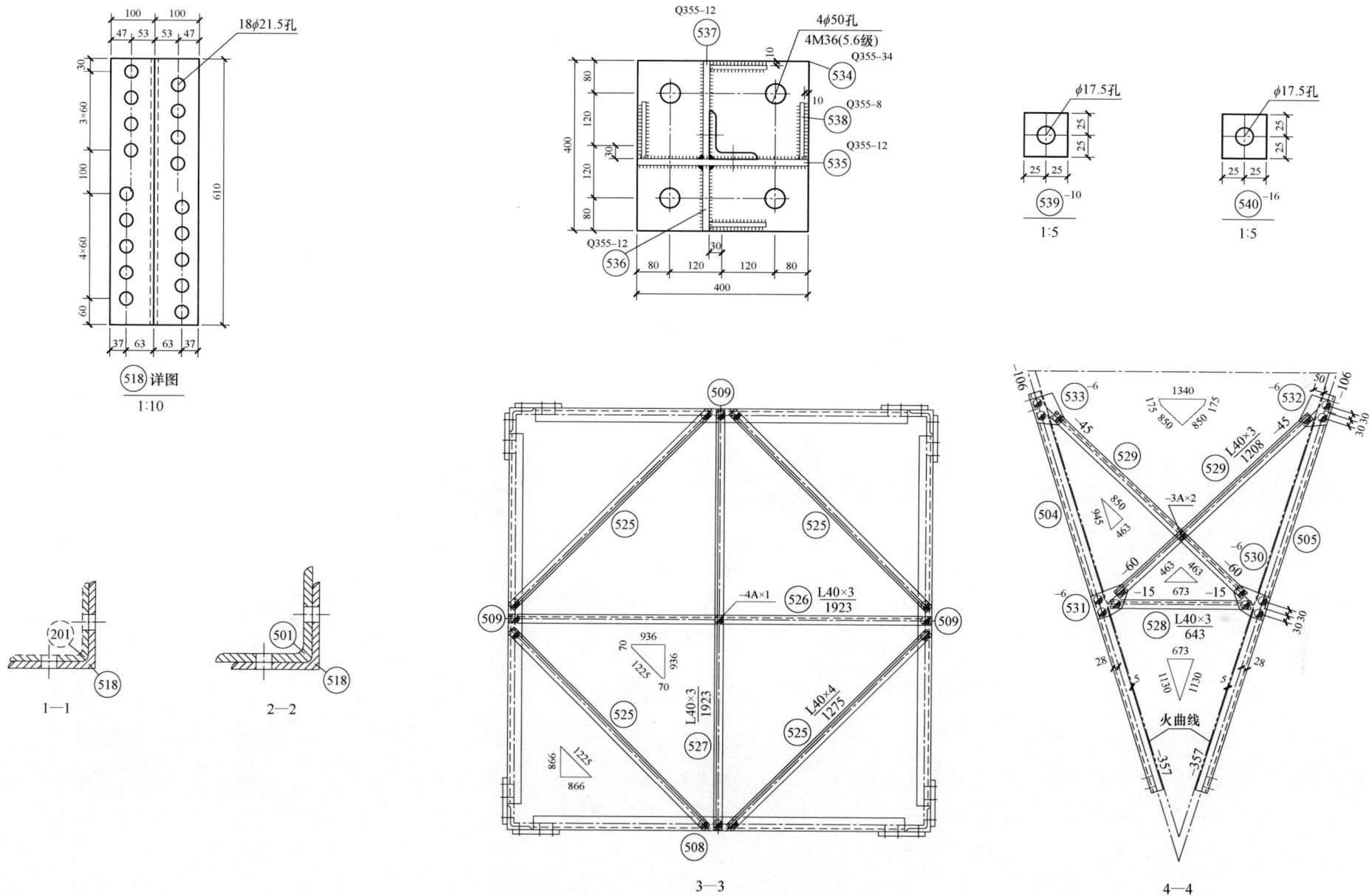

图 15-109　10D3015-J3 转角塔塔腿⑤结构图（2/2）

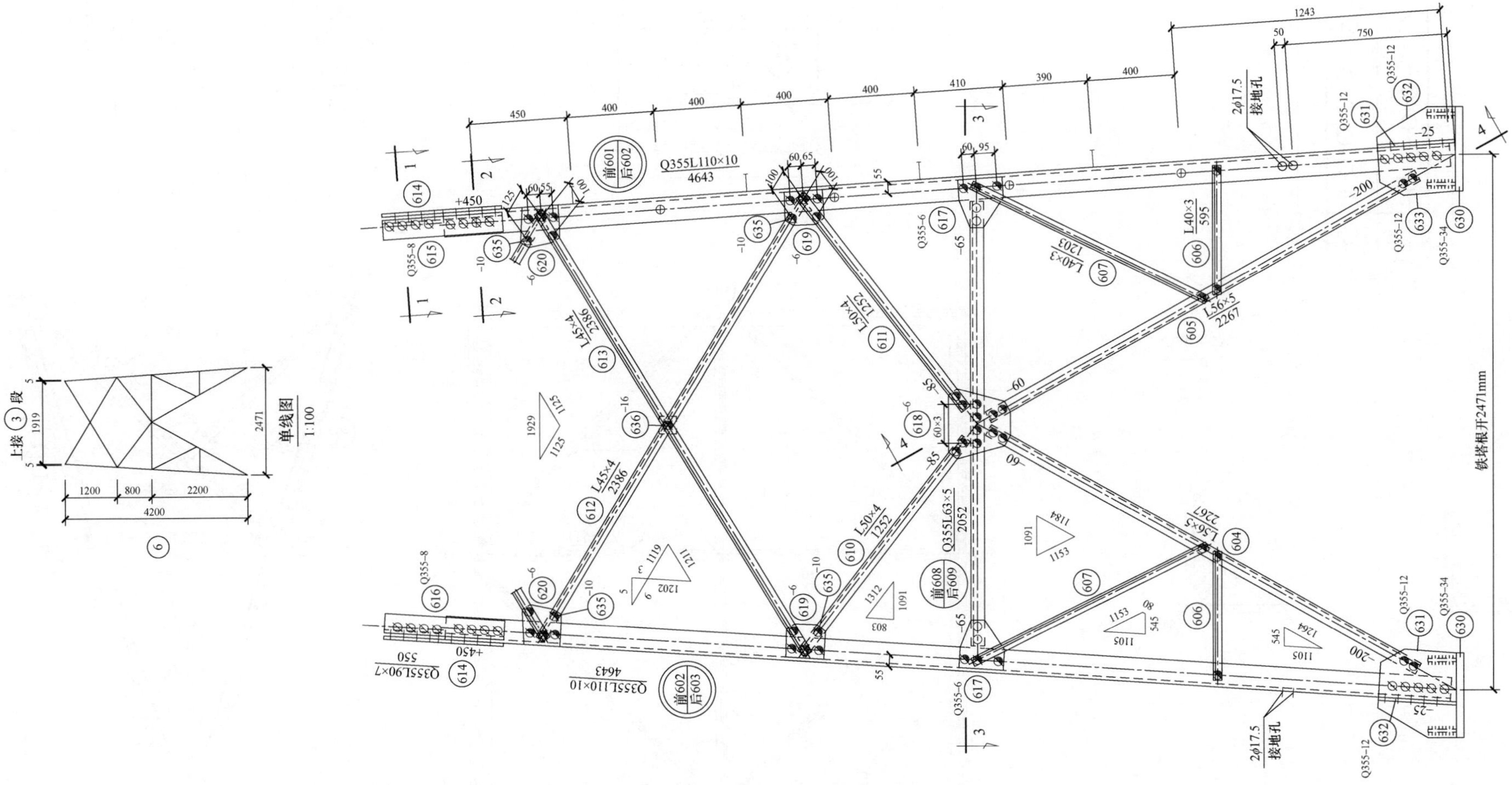

图 15−110 10D3015−J3 转角塔塔腿⑥结构图（1/2）（一）

构 件 明 细 表

编号	规格	长度（mm）	数量	质量（kg）一件	质量（kg）小计	备注	编号	规格	长度（mm）	数量	质量（kg）一件	质量（kg）小计	备注
601	Q355L110×10	4643	1	77.49	77.5	带脚钉	620	−6×180	196	8	1.66	13.3	
602	Q355L110×10	4643	2	77.49	155.0		621	L45×4	1526	4	4.18	16.7	切角
603	Q355L110×10	4643	1	77.49	77.5		622	L40×4	2278	1	5.52	5.5	
604	L56×5	2267	4	9.64	38.6		623	L40×4	2278	1	5.52	5.5	
605	L56×5	2267	4	9.64	38.6		624	L40×3	769	4	1.42	5.7	
606	L40×3	595	8	1.10	8.8		625	L40×3	1460	8	2.70	21.6	
607	L40×3	1203	8	2.23	17.8	火曲	626	−6×121	169	4	0.96	3.8	火曲
608	Q355L63×5	2052	1	9.89	9.9		627	−6×121	169	4	0.96	3.8	火曲
609	Q355L63×5	2052	3	9.89	29.7		628	−6×127	148	4	0.89	3.6	火曲
610	L50×4	1252	4	3.83	15.3	切角	629	−6×127	148	4	0.89	3.6	火曲
611	L50×4	1252	4	3.83	15.3		630	Q355−34×390	390	4	42.70	170.8	焊接
612	L45×4	2386	4	6.53	26.1	切角	631	Q355−12×409	361	4	14.08	56.3	打坡口焊接
613	L45×4	2386	4	6.53	26.1		632	Q355−12×173	361	4	6.05	24.2	打坡口焊接
614	Q355L90×7	550	4	5.31	21.2	铲背	633	Q355−12×244	358	4	8.23	32.9	打坡口焊接
615	Q355−8×90	550	4	3.11	12.4		634	Q355−8×130	130	16	1.06	17.0	打坡口焊接
616	Q355−8×90	550	4	3.11	12.4		635	−10×50	50	16	0.20	3.2	垫板
617	Q355−6×205	227	8	2.19	17.5		636	−16×50	50	4	0.31	1.2	垫板
618	−6×287	324	4	4.38	17.5								
619	−6×158	181	8	1.35	10.8			总质量				1016.7kg	

螺栓、脚钉、垫圈明细表

名称	级别	规格	符号	数量	质量（kg）	备注
螺栓	6.8级	M16×40	◑	181	26.1	
		M16×50	◐	80	12.8	
		M16×60	▣	20	3.5	
		M20×45	○	16	4.3	
		M20×55	⊘	104	30.7	
脚钉	6.8级	M16×180	⊕T	8	3.0	
		M20×200		1	0.7	
垫圈	Q235	−4A（φ17.5）		1	0.1	规格×个数
总质量					81.2kg	

图 15−110　10D3015−J3 转角塔塔腿⑥结构图（1/2）（二）

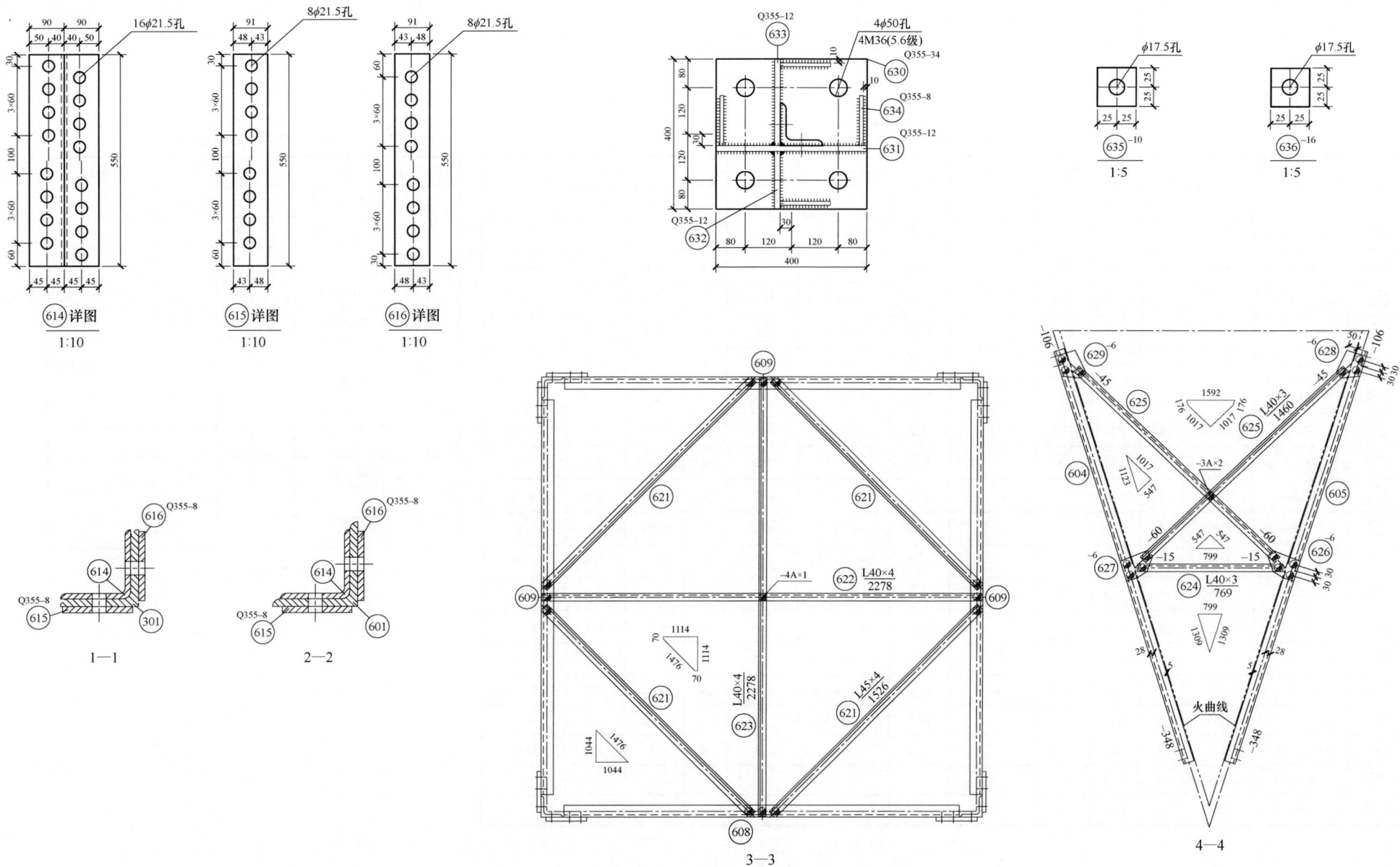

图 15−111　10D3015−J3 转角塔塔腿⑥结构图（2/2）

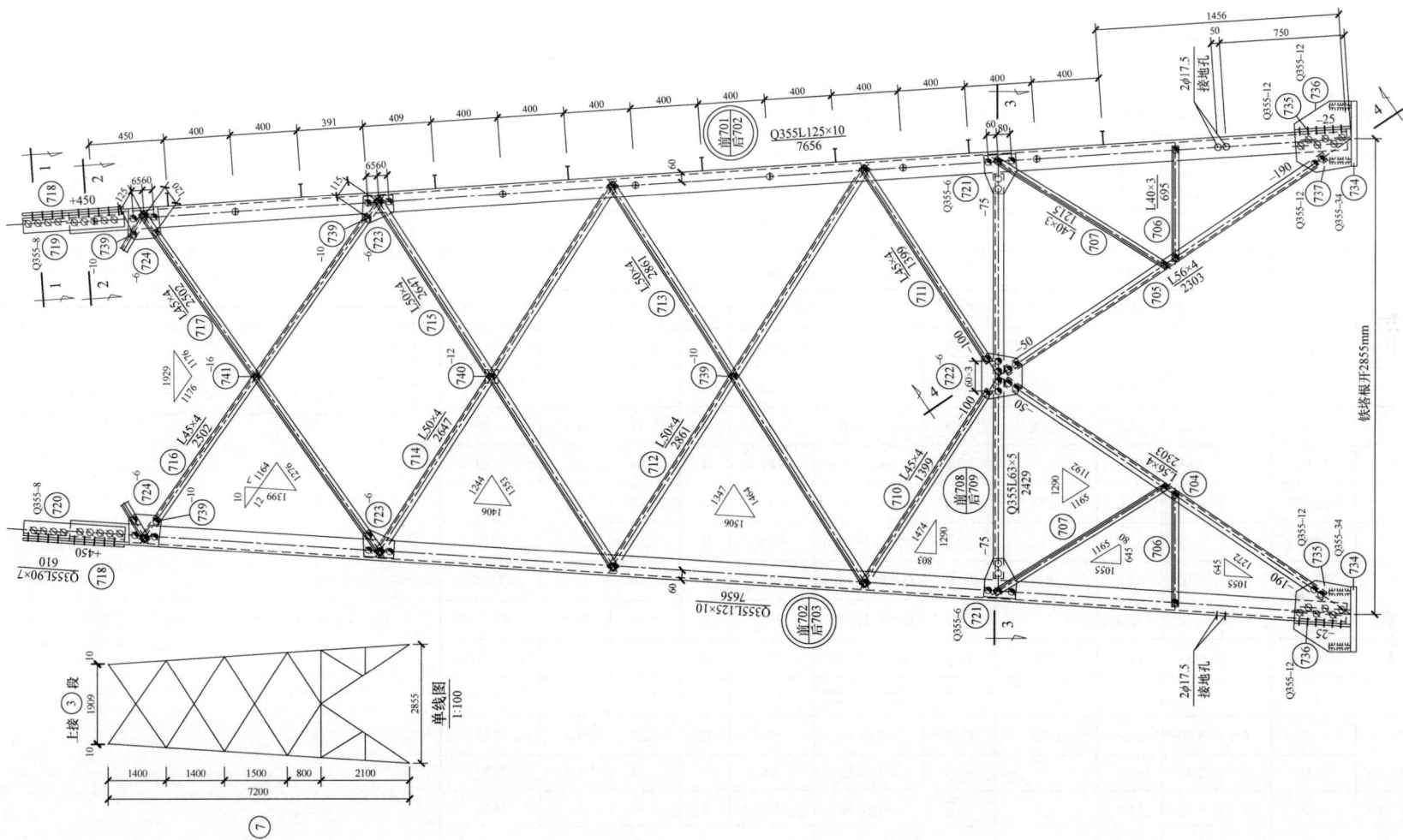

图 15−112　10D3015−J3 转角塔塔腿⑦结构图（1/2）（一）

构 件 明 细 表

编号	规格	长度（mm）	数量	质量（kg）一件	质量（kg）小计	备注	编号	规格	长度（mm）	数量	质量（kg）一件	质量（kg）小计	备注
⑦⁰¹ 701	Q355L125×10	7656	1	146.48	146.5		⑦²² 722	−6×241	276	4	3.13	12.5	
702	Q355L125×10	7656	2	146.48	293.0		723	−6×163	191	8	1.47	11.8	
703	Q355L125×10	7656	1	146.48	146.5		724	−6×196	198	8	1.83	14.6	
704	L56×4	2303	4	7.94	31.8	切角	725	L50×4	1815	4	5.55	22.2	
705	L56×4	2303	4	7.94	31.8		726	L40×4	2686	1	6.51	6.5	
706	L40×3	695	8	1.29	10.3		727	L40×4	2686	1	6.51	6.5	
707	L40×3	1215	8	2.25	18.0		728	L40×3	915	4	1.69	6.8	
708	Q355L63×5	2429	1	11.71	11.7		729	L40×3	1608	8	2.98	23.8	
709	Q355L63×5	2429	3	11.71	35.1		730	−6×110	182	4	0.94	3.8	火曲
710	L45×4	1399	4	3.83	15.3	切角	731	−6×110	182	4	0.94	3.8	火曲
711	L45×4	1399	4	3.83	15.3		732	−6×129	147	4	0.89	3.6	火曲
712	L50×4	2861	4	8.75	35.0	切角	733	−6×129	147	4	0.89	3.6	火曲
713	L50×4	2861	4	8.75	35.0		734	Q355−34×390	390	4	42.70	170.8	焊接
714	L50×4	2647	4	8.10	32.4	切角	735	Q355−12×428	341	4	13.91	55.6	打坡口焊接
715	L50×4	2647	4	8.10	32.4		736	Q355−12×172	341	4	5.69	22.8	打坡口焊接
716	L45×4	2502	4	6.85	27.4	切角	737	Q355−12×263	338	4	8.37	33.5	打坡口焊接
717	L45×4	2502	4	6.85	27.4		738	Q355−8×130	130	16	1.06	17.0	打坡口焊接
718	Q355L90×7	610	4	5.89	23.6	铲背	739	−10×50	50	12	0.20	2.4	垫板
719	Q355−8×90	610	4	3.45	13.8		740	−12×50	50	4	0.24	1.0	垫板
720	Q355−8×90	610	4	3.45	13.8		741	−16×50	50	4	0.31	1.2	垫板
721	Q355−6×190	237	8	2.12	17.0			总质量				1436.9kg	

螺栓、脚钉、垫圈明细表

名称	级别	规格	符号	数量	质量（kg）	备注
螺栓	6.8级	M16×40	◑	157	22.6	
		M16×50	◔	100	16.0	
		M16×60	▣	20	3.5	
		M20×45	○	16	4.3	
		M20×55	⊘	120	35.4	
脚钉	6.8级	M16×180	⊕Т	15	5.7	
		M20×200		1	0.7	
垫圈	Q235	−4A（φ17.5）		1	0.1	规格×个数
总质量					88.3kg	

图 15−112　10D3015−J3 转角塔塔腿⑦结构图（1/2）（二）

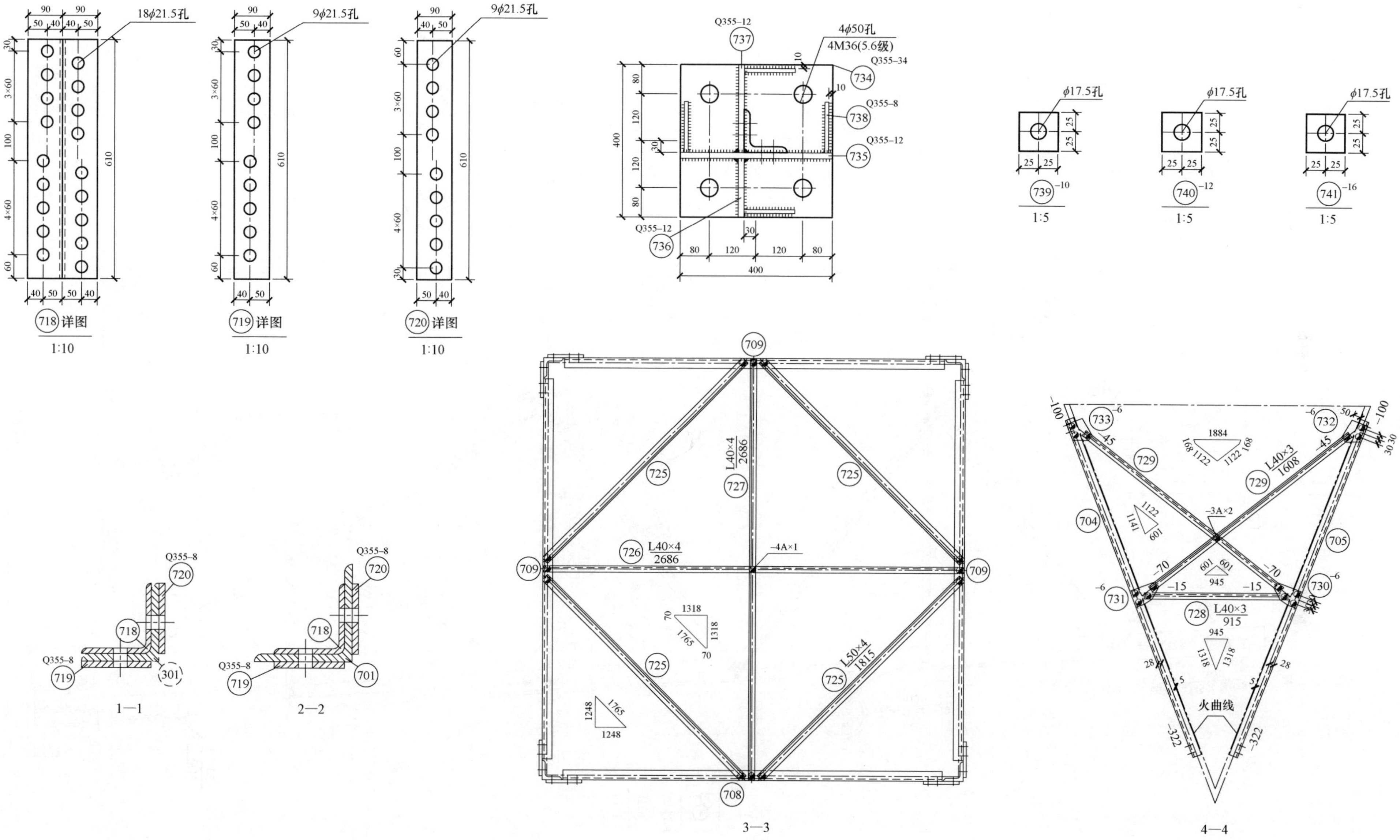

图 15-113 10D3015-J3 转角塔塔腿⑦结构图（2/2）

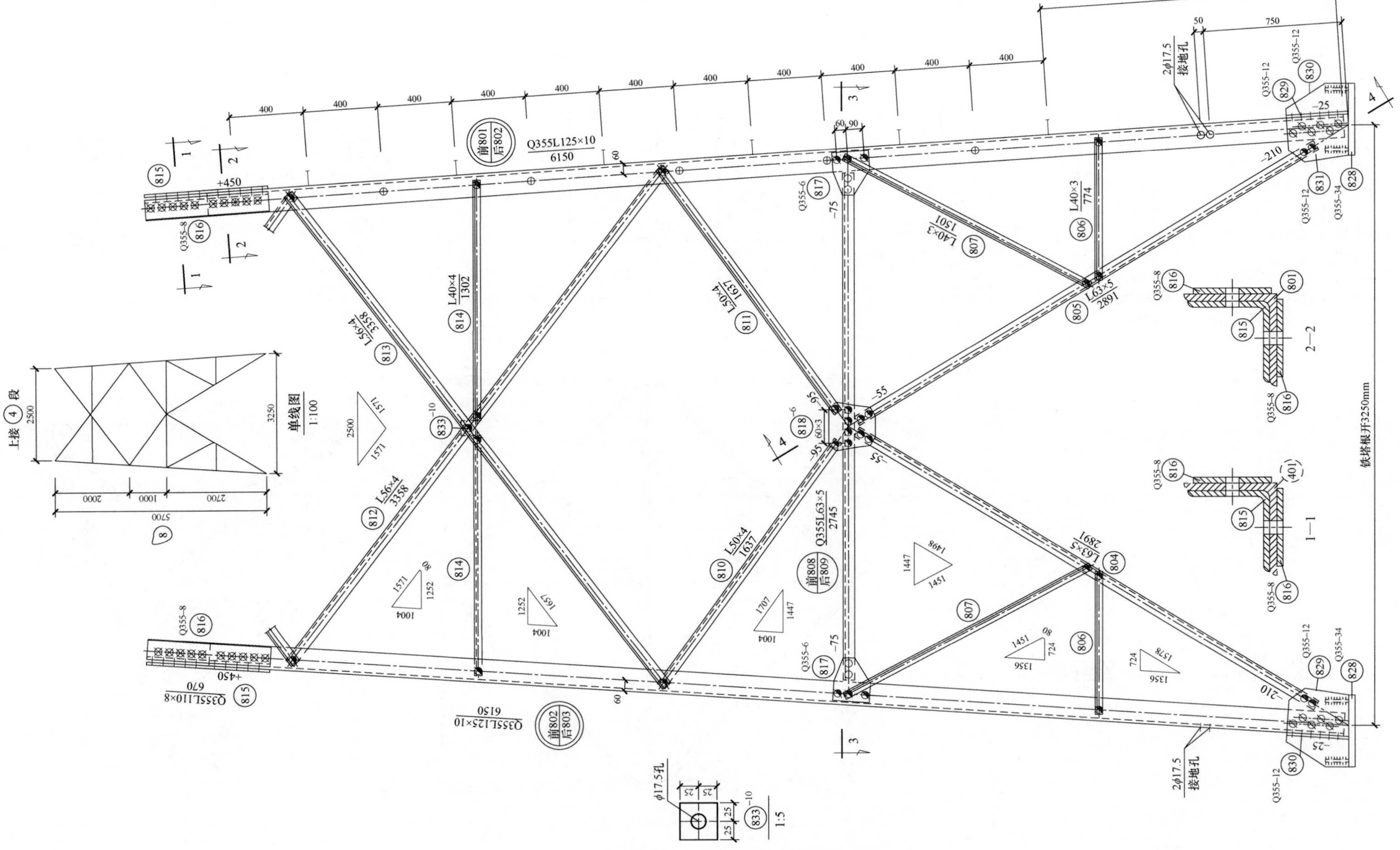

图 15-114　10D3015-J3 转角塔塔腿⑧结构图（1/2）

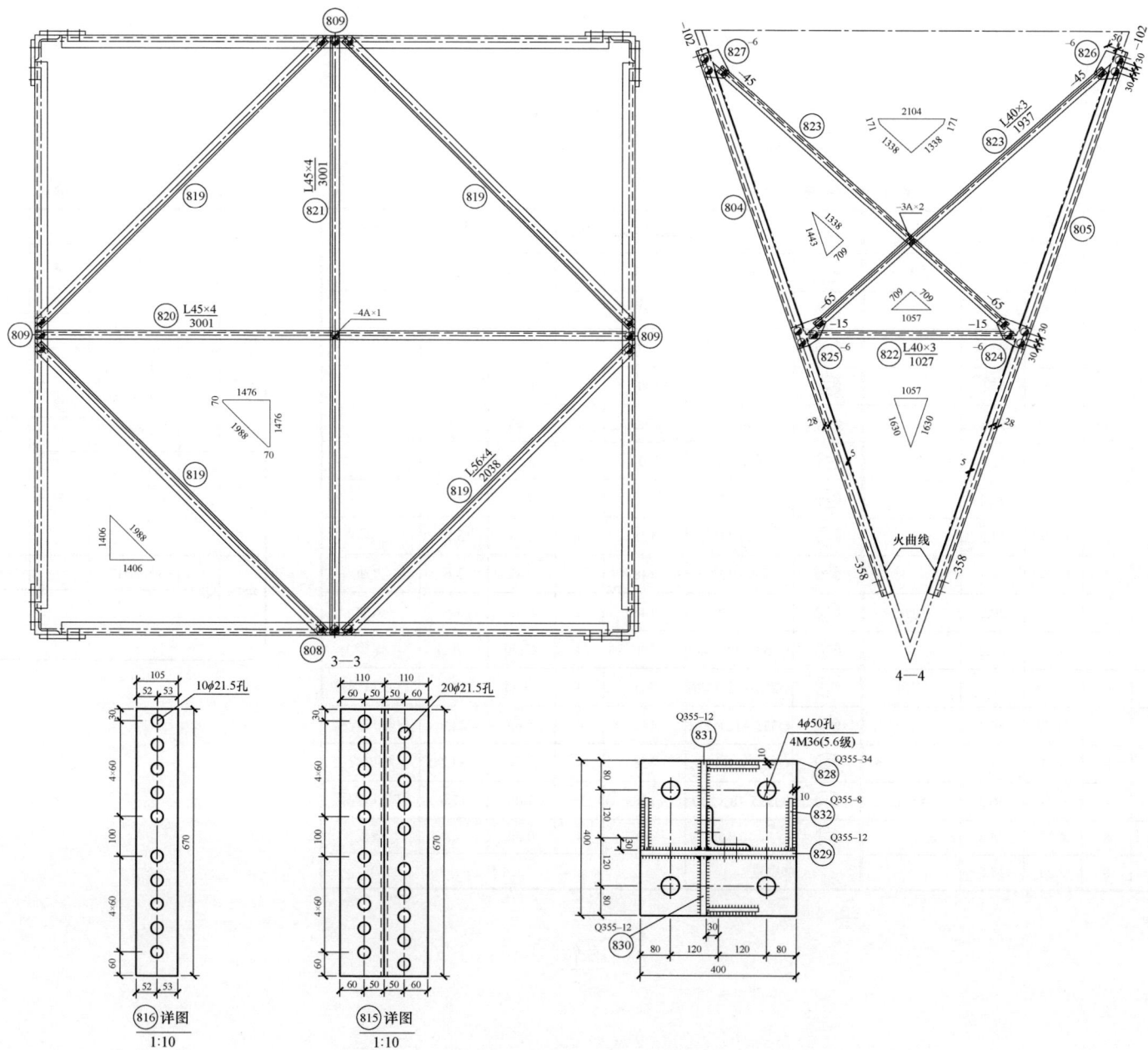

图 15-115　10D3015-J3 转角塔塔腿⑧结构图（2/2）（一）

构 件 明 细 表

编号	规格	长度（mm）	数量	质量（kg）一件	小计	备注
801	Q355L125×10	6150	1	117.67	117.7	带脚钉
802	Q355L125×10	6150	2	117.67	235.3	切角
803	Q355L125×10	6150	1	117.67	117.7	
804	L63×5	2891	4	13.94	55.8	
805	L63×5	2891	4	13.94	55.8	
806	L40×3	774	8	1.43	11.4	
807	L40×3	1501	8	2.78	22.2	火曲
808	Q355L63×5	2745	1	13.24	13.2	
809	Q355L63×5	2745	3	13.24	39.7	
810	L50×4	1637	4	5.01	20.0	切角
811	L50×4	1637	4	5.01	20.0	
812	L56×4	3358	4	11.57	46.3	切角
813	L56×4	3358	4	11.57	46.3	
814	L40×4	1302	8	3.15	25.2	
815	Q355L110×8	670	4	9.07	36.3	铲背
816	Q355-8×105	670	8	4.42	35.4	
817	Q355-6×200	237	8	2.23	17.8	
818	-6×253	265	4	3.16	12.6	
819	L56×4	2038	4	7.02	28.1	切角
820	L45×4	3001	1	8.21	8.2	
821	L45×4	3001	1	8.21	8.2	
822	L40×3	1027	4	1.90	7.6	
823	L40×3	1937	8	3.59	28.7	
824	-6×119	175	4	0.98	3.9	火曲
825	-6×119	175	4	0.98	3.9	火曲
826	-6×127	148	4	0.89	3.6	火曲
827	-6×127	148	4	0.89	3.6	火曲
828	Q355-34×390	390	4	42.70	170.8	焊接
829	Q355-12×426	341	4	13.84	55.4	打坡口焊接
830	Q355-12×172	341	4	5.69	22.8	打坡口焊接
831	Q355-12×261	338	4	8.31	33.2	打坡口焊接
832	Q355-8×130	130	16	1.06	17.0	打坡口焊接
833	-10×50	50	4	0.20	0.8	垫板
总质量					1324.5kg	

螺栓、脚钉、垫圈明细表

名称	级别	规格	符号	数量	质量（kg）	备注
螺栓	6.8级	M16×40	⊙	153	22.1	
		M16×50	⊙	60	9.6	
		M20×45	○	16	4.3	
		M20×55	⊘	48	14.2	
		M20×65	⊗	80	25.6	
脚钉	6.8级	M16×180	⊕T	10	3.8	
		M20×200		1	0.7	
垫圈	Q235	-4A（φ17.5）		1	0.1	规格×个数
总质量					80.4kg	

图 15-115　10D3015-J3 转角塔塔腿⑧结构图（2/2）（二）

除图中注明外，必须遵照下列统一要求进行加工和组装：

（1）杆塔的设计执行《输电线路杆塔制图和构造规定》（DL/T 5442—2020）的有关规定。

（2）结构图中图面内的图例、代号等在说明中未提及之处，均按《输电线路杆塔制图和构造规定》（DL/T 5442—2020）中的要求执行。

（3）杆塔加工时应严格执行《输电线路铁塔制造技术条件》（GB/T 2694—2018）。本塔构件的尺寸以放样为准，构件加工后必须试组装，验收合格后方可批量加工。

（4）钢材质量标准应符合《碳素结构钢》（GB/T 700—2006）及《低合金高强度结构钢》（GB/T 1591—2018）的有关要求；螺栓、螺母、扣紧螺母符合的标准分别为《六角头螺栓 C 级》（GB/T 5780—2016）、《Ⅰ 型六角螺母》（GB/T 6170—2015）、《扣紧螺母》（GB/T 805—1988）。所有材料，包括角钢、螺栓、防盗螺栓、扣紧螺母、焊条等均应有出厂合格证书。

（5）杆塔构件所用钢种为 Q235B、Q355B，图中注明 Q355 材料为 Q355B 钢材，未注明均为 Q235B 钢材（角钢用"L"、钢板用"–"表示）。所有构件均须热镀锌。

（6）所有螺栓（包括防盗螺栓）的强度等级为热镀锌后的强度值。

（7）杆塔构件连接主要以螺栓连接为主，少数采用焊接（如塔脚板连接等）。构件焊接应按照焊接规程、规范和有关规定进行，焊缝高度不得小于连接构件的最小厚度，当被焊接构件厚 8mm 及以上时，要按规定剖口焊，以便焊透。对 Q355 构件焊接时选用 E50 系列焊条，对 Q235 构件焊接时选用 E43 系列焊条。

（8）加工时如发生材料代用或改变节点形式等情况，须与设计单位联系解决。材料代用时，需注意相关影响，应与图纸对应列表统计，并由加工厂书面通知施工单位，以方便施工安装。

（9）角钢与钢板的螺栓间距、边距除图中特殊注明外均按表 1 采用。

（10）角钢准距除图中特殊注明外，一般按表 2 采用。

（11）螺栓、脚钉、垫圈规格按表 3、表 4 采用。

（12）脚钉一般从离地面 1.5m 处开始向上装设，间距 400mm 左右，加工放样时可适当调整脚钉的位置，脚钉除运行单位有特殊要求外，一般采用防滑带直钩形式。

（13）其他事项：
1）节点板考虑到刚度要求，形状不宜狭长，节点板边缘与构件轴线夹角 α 不小于 15°，如右图所示。
2）构件厚度大于 14mm 时须采用钻孔方法加工，构件接头中外包角清根，内包角铲背。
3）凡图中所要求的火曲、开合角、切肢、压扁、切角等的尺寸均由加工放样决定。
4）两构件连接面间的间隙大于 3mm 时，构件应局部开、合角或制弯。
5）当构件需采用切肢或压扁时，应优先采用切肢。

（14）杆塔加工时应根据实际工程要求的高度设置防盗螺栓（无特殊说明的 10m 高以下防盗）。

α 角示意图

表 1 　　　　　　　螺栓间距、边距表

螺栓规格	孔径（mm）	螺栓间距（mm）		边距（mm）		
		单排	双排	端距	扎制边距	切角边距
M16	φ17.5	50	80	25	≥21 或 20（L40 角钢时）	≥23
M20	φ21.5	60	100	30	≥26	≥28

注　螺孔顺力线方向重心最大间距为 12d 或 18t（取二者较小者），其中 d 为螺栓直径，t 为较薄板的厚度。

表 2 　　　　　　　角钢准距表

肢宽（mm）	准距（mm）	第一排准距（mm）	第二排准距（mm）	最大使用孔径（mm）
L40	20			
L45	23			
L50	25（28）			17.5
L56	28（32）			

续表

肢宽（mm）	准距（mm）	第一排准距（mm）	第二排准距（mm）	最大使用孔径（mm）
L63	30（36）			
L70	35（40）			
L75	38（40）			
L80	40			
L90	45			21.5
L100	50			
L110	55	45	75	
L125	60	50	85	
L140	70	55	90	
L160	80	60	105	

注　括号内数字用于螺栓边距不足时，在搭接位置上的螺栓孔可使用的准距。

表 3 　　　　　　　螺栓规格表

级别	单帽螺栓（带一垫、一扣紧螺母）				防盗螺栓	双帽螺栓（带一垫）				
	规格	符号	通过厚度（mm）	无扣长（mm）	质量（kg）	质量（kg）（带一垫）	规格	符号	通过厚度（mm）	无扣长（mm）	质量（kg）
6.8	M16×40	◑	7～12	6	0.1442	0.1997	M16×50	◑	7～12	6	0.1875
	M16×50	◗	13～22	12	0.1602	0.2127	M16×60		13～22	12	0.2039
	M16×60	◨	23～32	22	0.1762	0.2277	M16×70		23～32	22	0.2203
	M16×70	◕	33～42	32	0.1922	0.2477	M16×80		33～42	32	0.2369
6.8	M20×45	○	9～15	8	0.2701	0.3517	M20×60	○	9～15	8	0.3605
	M20×55	∅	16～25	15	0.2953	0.3737	M20×70		16～25	15	0.3864
	M20×65	⊠	26～35	25	0.3205	0.3967	M20×80		26～35	25	0.4123
	M20×75	∅	36～45	35	0.3457	0.4207	M20×90		36～45	35	0.4381
	M20×85	⊠	46～55	45	0.3709	0.4407	M20×100	○	46～55	45	0.4640
	M20×95	⊠	56～65	55	0.3961	0.4607	M20×110	○	56～65	55	0.4899
	M20×105	⊞	66～75	65	0.4213	0.4807	M20×120		66～75	65	0.5158

表 4 　　　　　　　脚钉、垫圈规格表

脚钉（带两帽）				垫圈					
规格	符号	无扣长（mm）	质量（kg）	规格	符号	质量（kg）	内径（mm）	外径（mm）
M16×180		120	0.3799	–2（φ13.5）	规格×个数	0.00186	13.5	24
				–3（φ17.5）	/	0.01065	17.5	30
M20×200	⊕——	120	0.6749	–3（φ22）	规格×个数	0.01637	22	37
				–4（φ22）	/	0.02183	22	37
M24×240	⊕——	120	1.1803	–3（φ26）	规格×个数	0.02331	26	44
				–4（φ26）	/	0.03108	26	44

图 15-116　10D3015-J3 转角塔加工说明

15.2.7　10D3015-SZA1 直线塔

10D3015-SZA1 直线塔结构图清单见表 15-12。

表 15-12　　10D3015-SZA1 直线塔结构图清单

图序	图名	备注
图 15-117	10D3015-SZA1 直线塔总图	
图 15-118	10D3015-SZA1 直线塔材料汇总表	
图 15-119	10D3015-SZA1 直线塔塔头①结构图（1/3）	
图 15-120	10D3015-SZA1 直线塔塔头①结构图（2/3）	
图 15-121	10D3015-SZA1 直线塔塔头①结构图（3/3）	
图 15-122	10D3015-SZA1 直线塔塔头②结构图（1/2）	
图 15-123	10D3015-SZA1 直线塔塔头②结构图（2/2）	
图 15-124	10D3015-SZA 直线塔塔身③结构图（1/2）	

图序	图名	备注
图 15-125	10D3015-SZA1 直线塔塔身③结构图（2/2）	
图 15-126	10D3015-SZA1 直线塔塔身④结构图	
图 15-127	10D3015-SZA 直线塔塔腿⑤结构图（1/2）	
图 15-128	10D3015-SZA1 直线塔塔腿⑤结构图（2/2）	
图 15-129	10D3015-SZA1 直线塔塔腿⑥结构图（1/2）	
图 15-130	10D3015-SZA 直线塔塔腿⑥结构图（2/2）	
图 15-131	10D3015-SZA1 直线塔塔腿⑦结构图（1/2）	
图 15-132	10D3015-SZA1 直线塔塔腿⑦结构图（2/2）	
图 15-133	10D3015-SZA1 直线塔塔腿⑧结构图（1/2）	
图 15-134	10D3015-SZA1 直线塔塔腿⑧结构图（2/2）	
图 15-135	10D3015-SZA1 直线塔加工说明	

杆塔根开、基础根开、地脚螺栓规格及间距表

杆塔名称（型号）	10D3015-SZA1			
呼高（m）	12	15	18	21
接腿	⑧	⑦	⑥	⑤
杆塔根开（mm）	2277	2545	2822	3100
基础根开（mm）	2321	2595	2872	3150
基础地脚螺栓间距（mm）	160	160	160	160
每腿基础地脚螺栓配置（5.6级）	4M27	4M27	4M27	4M27

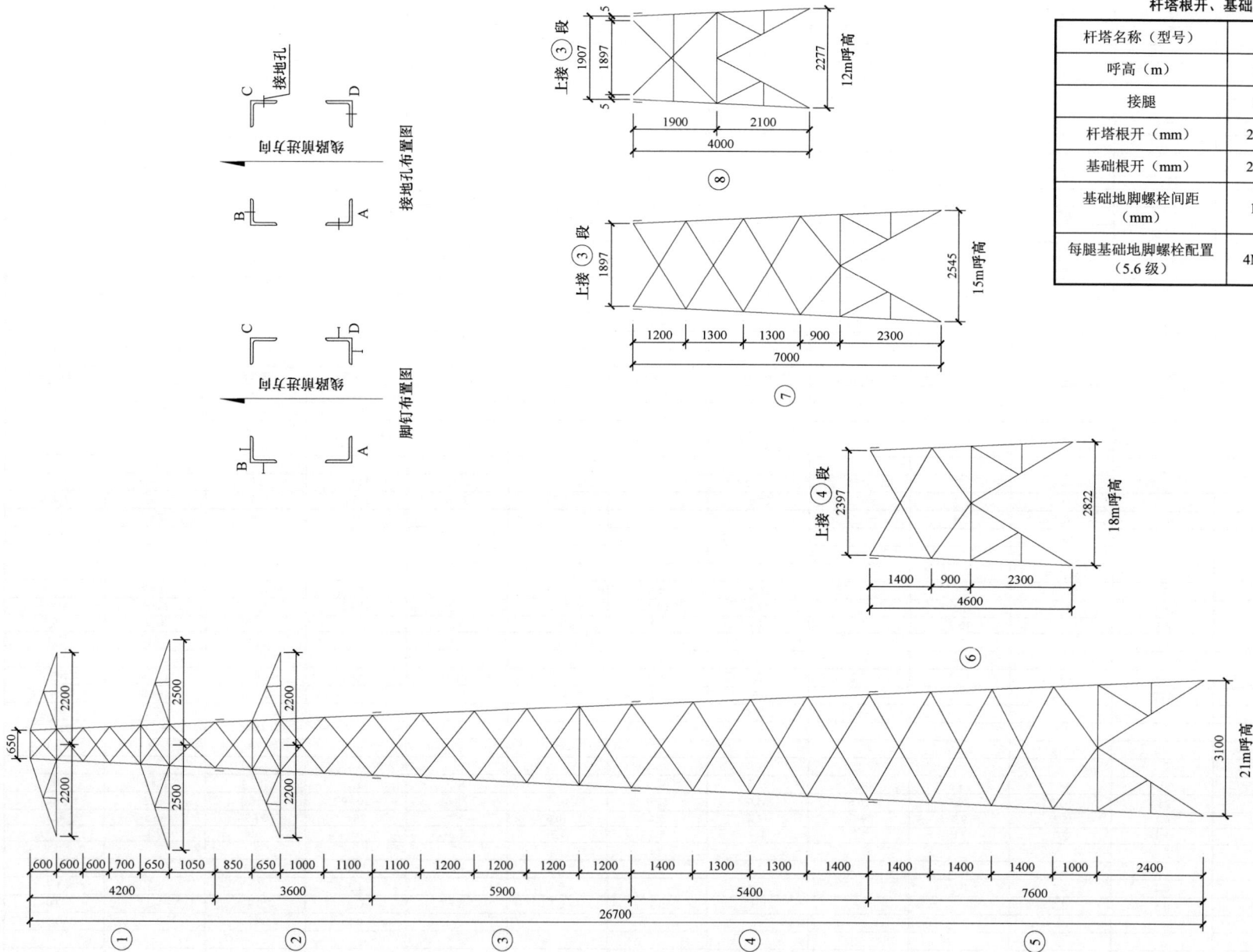

图 15-117 10D3015-SZA1 直线塔总图

材料	材质	规格	段号								呼高（m）			
			①	②	③	④	⑤	⑥	⑦	⑧	12.0	15.0	18.0	21.0
角钢	Q355	L110×10				41.4	41.4							41.4	41.4
		L100×8			293.9	392.7	245.1	28.7	27.0		27.0	28.7	539.0	686.6
		L100×7						320.4				320.4		
		L90×7			249.2					169.6	418.8	249.2	249.2	249.2
		L80×7		18.8							18.8	18.8	18.8	18.8
		L80×6	47.8	25.3							73.2	73.2	73.2	73.2
		L75×6		99.4							99.4	99.4	99.4	99.4
		L75×6	89.2								89.2	89.2	89.2	89.2
		L63×5	149.8	64.0			53.2	48.0	42.7	38.0	251.8	256.5	261.8	267.0
		小计	286.8	207.6	249.2	293.9	487.3	334.5	391.8	234.6	978.2	1135.4	1372.0	1524.8
	Q235	L56×5	25.0								25.0	25.0	25.0	25.0
		L56×4					27.7							27.7
		L50×5	11.9	16.4							28.3	28.3	28.3	28.3
		L50×4	6.8	12.6	22.6		64.6	82.9	58.6	118.4	160.4	100.6	124.9	106.6
		L45×4	43.6	14.4			120.2	32.4	48.0	15.8	73.8	106.0	90.4	178.2
		L40×4	78.8	66.6	211.8	200.4	113.8	68.8	110.6		357.2	467.8	626.4	671.4
		L40×3	93.8	75.7			66.6	61.3	92.3	74.3	243.8	261.8	230.8	236.1
		小计	259.9	185.7	234.4	200.4	392.9	245.4	309.5	208.5	888.5	989.5	1125.8	1273.3
钢板	Q355	-6	120.7	62.1			16.8	16.8	16.8	18.7	201.5	199.6	199.6	199.6
		-8	21.5	12.5			12.2	12.2	12.2	12.2	46.2	46.2	46.2	46.2
		-10					61.8	61.4	61.4	60.1	60.1	61.4	61.4	61.8
		-18					41.2	41.2	41.2	41.2	41.2	41.2	41.2	41.2
		小计	142.2	74.6			132.0	131.6	131.6	132.2	349.0	348.4	348.4	348.4
	Q235	-6	82.4	53.2	5.2		25.8	25.9	26.0	22.7	163.5	166.8	166.7	166.6
		-10	1.2	0.4	0.4						2.0	2.0	2.0	2.0
		-12		0.5							0.5	0.5	0.5	0.5
		小计	83.6	54.1	5.6		25.8	25.9	26.0	22.7	166.0	169.3	169.2	169.1
螺栓	6.8 级	M16×40	60.0	35.2	1.3		22.2	22.2	22.8	23.5	120.0	119.3	118.7	118.7
		M16×50	8.3	8.3	10.9	7.7	11.1	7.2	10.4	5.8	33.3	37.9	42.4	46.3
		M16×70 双帽	1.6	0.8							2.4	2.4	2.4	2.4
		小计	69.9	44.3	12.2	7.7	33.3	29.4	33.2	29.3	155.7	159.6	163.5	167.4
	6.8 级	M20×45	43.2	40.0	17.3		4.3	4.3	30.3	30.3	130.8	130.8	104.8	104.8
		M20×55				18.9	28.3	28.3					47.2	47.2
		M20×60 双帽	11.5	5.8							17.3	17.3	17.3	17.3
		M20×70 双帽	6.2	3.1							9.3	9.3	9.3	9.3
		小计	60.9	48.9	17.3	18.9	32.6	32.6	30.3	30.3	157.4	157.4	178.6	178.6
		螺栓合计	125.5	93.3	29.5	26.6	65.9	62.0	63.5	59.6	307.9	311.8	336.9	340.8
脚钉	6.8 级	M16×180	6.1	5.3	9.9	9.1	12.2	6.1	10.6	5.3	26.6	31.9	36.5	42.6
		M20×200	1.3	2.7	2.7	1.3	1.3	1.3	1.3	1.3	8.0	8.0	9.3	9.3
		小计	7.4	8.0	12.6	10.4	13.5	7.4	11.9	6.6	34.6	39.9	45.8	51.9
垫圈	Q235	-3A（φ17.5）	0.4	0.5	0.4				0.3		1.3	1.6	1.3	1.3
		-4A（φ17.5）	0.5	0.3		0.7	0.5	0.3	0.1	0.1	0.9	0.9	1.8	2.0
		-4B（φ22）									0.1	0.1	0.1	0.1
		小计	0.9	0.9	0.4	0.7	0.5	0.3	0.4	0.1	2.3	2.6	3.2	3.4
不含防盗螺栓总质量（kg）			911.6	624.1	531.7	532.0	1117.9	807.1	934.7	664.3	2731.7	3002.1	3406.5	3717.3
各呼高含防盗螺栓总质量（kg）											2759.2	3032.3	3440.8	3754.7

图 15-118 10D3015-SZA1 直线塔材料汇总表

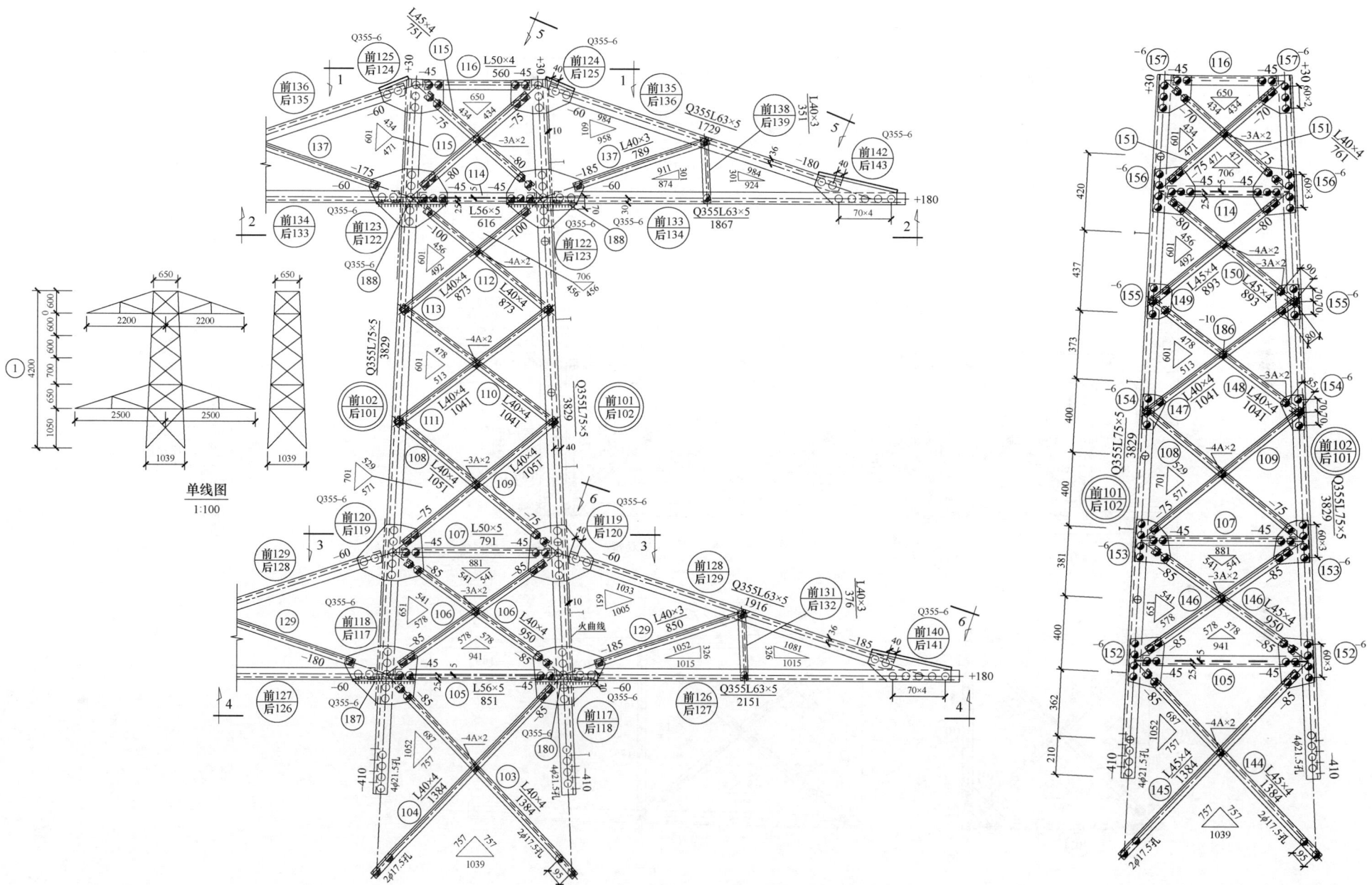

图 15-119　10D3015-SZA1　直线塔塔头①结构图（1/3）

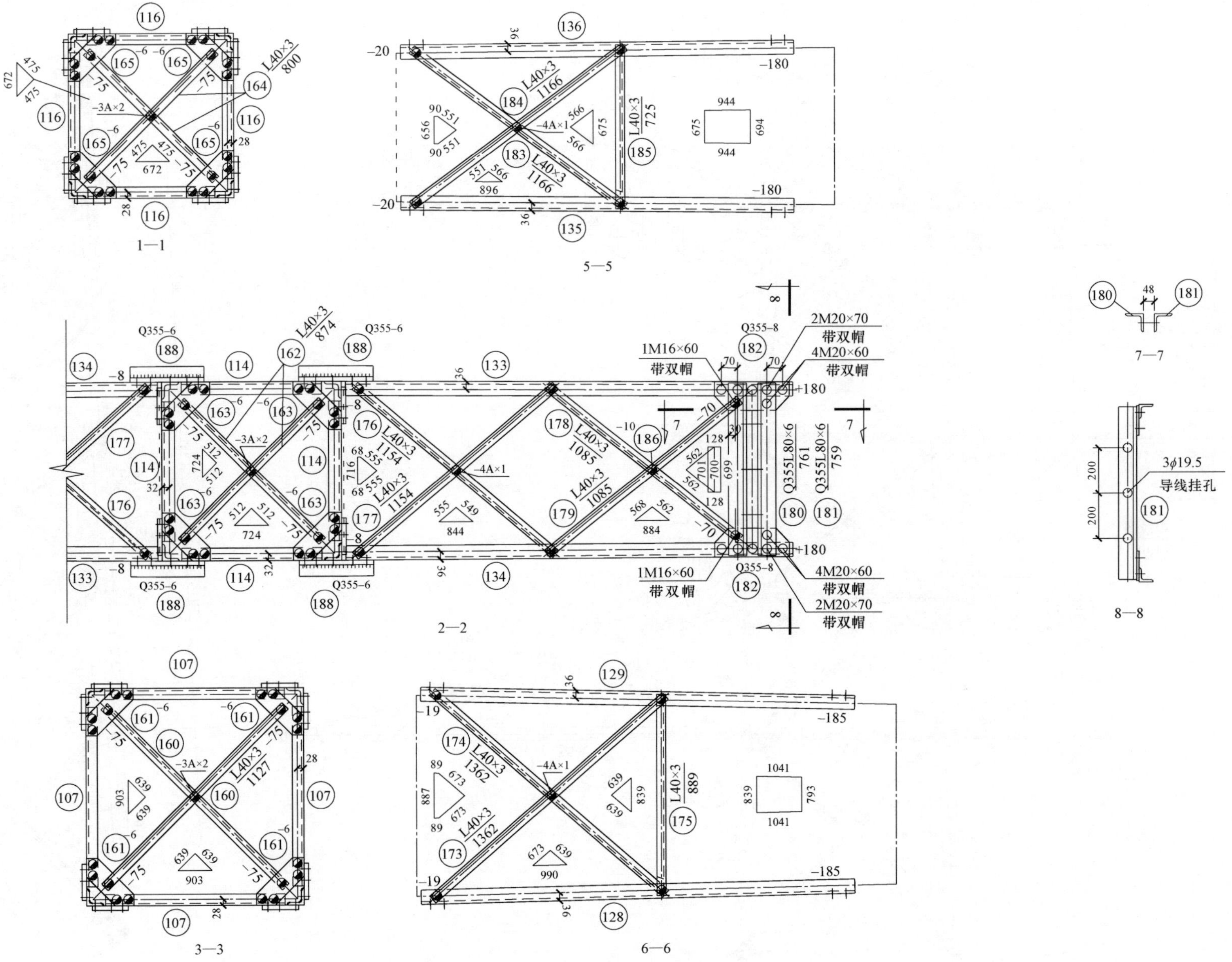

图 15－120　10D3015－SZA1　直线塔塔头①结构图（2/3）

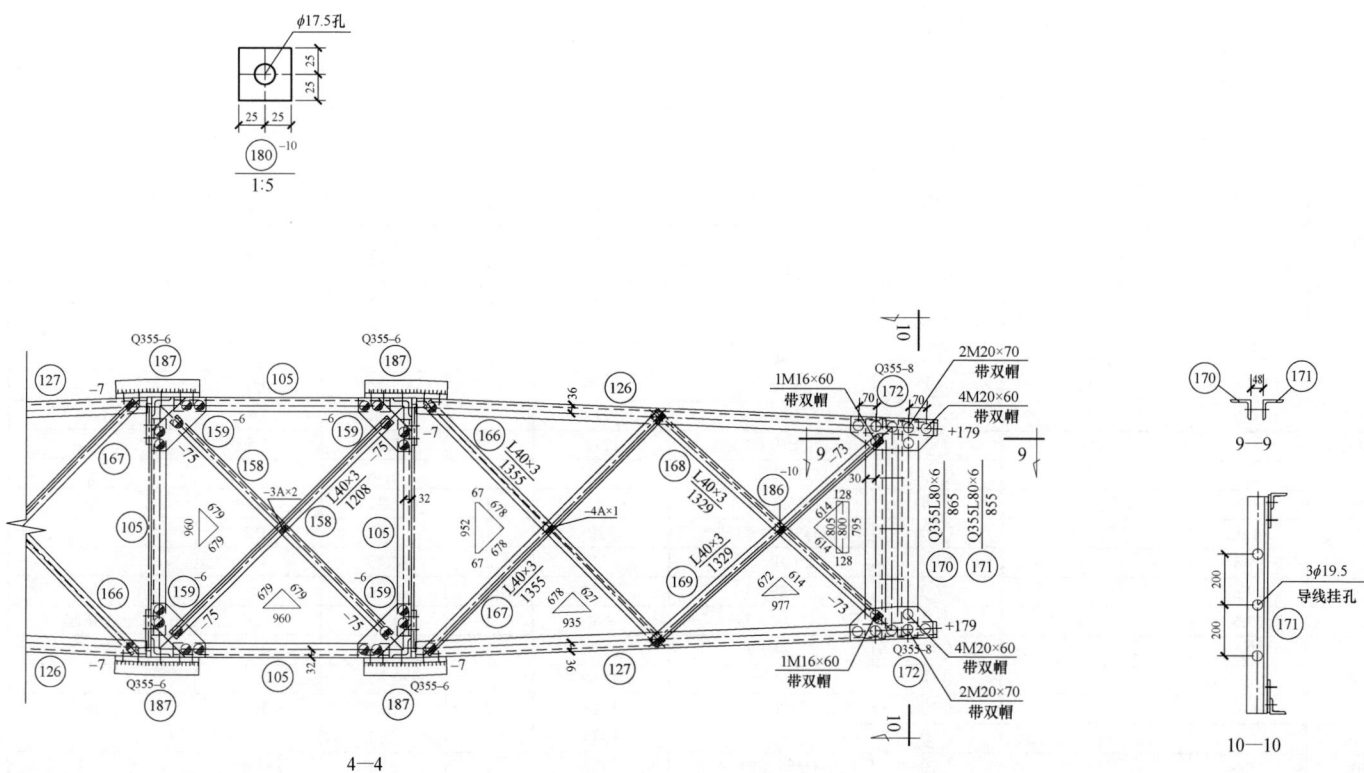

螺栓、脚钉、垫圈明细表

名称	级别	规格	符号	数量	质量（kg）	备注
螺栓	6.8级	M16×40	◑	416	60.2	
		M16×50	◑	52	8.3	
		M20×45	○	160	43.2	
		M16×70	◑	8	1.6	带双帽
		M20×60	○	32	11.5	带双帽
		M20×70	○	16	6.2	带双帽
脚钉	6.8级	M16×180	⊕T	16	6.1	
		M20×200		2	1.3	
垫圈	Q235	−3A（φ17.5）		40	0.4	规格×个数
		−4A（φ17.5）		24	0.5	
总质量					139.1kg	

图 15−121　10D3015−SZA1 直线塔塔头①结构图（3/3）（一）

构 件 明 细 表

编号	规格	长度（mm）	数量	一件	小计	备注	编号	规格	长度（mm）	数量	一件	小计	备注
⑩①	Q355L75×5	3829	2	22.28	44.6	带脚钉	⑭②	Q355−6×438	213	2	4.39	8.8	卷边50mm
⑩②	Q355L75×5	3829	2	22.28	44.6		⑭③	L45×4	1384	2	3.79	7.6	
⑩③	L40×4	1384	2	3.35	6.7	切角	⑭④	L45×4	1384	2	3.79	7.6	
⑩④	L40×4	1384	2	3.35	6.7		⑭⑤	L45×4	950	4	2.60	10.4	
⑩⑤	L56×5	851	4	3.62	14.5		⑭⑥	L40×4	761	4	1.84	7.4	
⑩⑥	L40×4	950	4	2.30	9.2		⑭⑦	−6×189	277	4	2.47	9.9	
⑩⑦	L50×5	791	4	2.98	11.9		⑭⑧	−6×198	252	4	2.35	9.4	
⑩⑧	L40×4	1051	4	2.55	10.2	切角	⑭⑨	−6×227	252	4	2.69	10.8	
⑩⑨	L40×4	1051	4	2.55	10.2		⑮⓪	−6×154	176	4	1.28	5.1	
⑪⓪	L40×4	1041	4	2.55	5.0	切角	⑮①	L40×3	1208	2	2.24	4.5	
⑪①	L40×4	1041	4	2.55	5.0		⑮②	−6×212	212	4	2.12	8.5	
⑪②	L40×4	873	2	2.11	4.2	切角	⑮③	L40×3	1127	2	2.09	4.2	
⑪③	L40×4	873	2	2.11	4.2		⑮④	−6×209	209	4	2.06	8.2	
⑪④	L56×5	616	4	2.62	10.5		⑮⑤	L40×3	874	2	1.62	3.2	
⑪⑤	L45×4	751	4	2.05	8.2		⑮⑥	−6×212	212	4	2.12	8.5	
⑪⑥	L50×4	560	4	1.71	6.8		⑮⑦	L40×3	800	2	1.48	3.0	
⑪⑦	Q355−6×387	314	2	5.72	11.4	制弯	⑮⑧	−6×209	209	4	2.06	8.2	
⑪⑧	Q355−6×387	314	2	5.72	11.4	制弯	⑮⑨	L40×3	1320	2	2.44	4.9	
⑪⑨	Q355−6×354	304	2	5.07	10.1	制弯	⑯⓪	L40×3	1320	2	2.44	4.9	
⑫⓪	Q355−6×354	301	2	5.02	10.0	制弯	⑯①	L40×3	1212	2	2.24	4.5	切角
⑫①	Q355−6×414	314	2	115	4.6	制弯	⑯②	L40×3	1212	2	2.24	4.5	
⑫②	Q355−6×414	314	2	6.12	12.2	制弯	⑯③	Q355L80×6	865	2	6.38	12.8	切角
⑫③	Q355−6×338	184	2	2.93	5.9	制弯卷边	⑯④	Q355L80×6	855	2	6.31	12.6	切角
⑫④	Q355−6×338	184	2	2.93	5.9	制弯卷边	⑯⑤	Q355−8×329	129	4	2.67	10.7	
⑫⑤	Q355L63×5	2051	2	9.89	19.8		⑯⑥	L40×3	1327	2	2.46	4.9	
⑫⑥	Q355L63×5	2051	2	9.89	19.8		⑯⑦	L40×3	1327	2	2.46	4.9	切角
⑫⑦	Q355L63×5	1821	2	8.78	17.6	切角	⑯⑧	L40×3	890	2	1.65	3.3	一端切肢
⑫⑧	Q355L63×5	1821	2	8.78	17.6	切角	⑯⑨	L40×3	1116	2	2.07	4.1	
⑫⑨	L40×3	850	4	1.57	6.3		⑰⓪	L40×3	1116	2	2.07	4.1	切角
⑬⓪	L40×3	376	2	0.70	1.4	切角	⑰①	L40×3	1044	2	1.93	3.9	
⑬①	L40×3	376	2	0.70	1.4		⑰②	L40×3	1044	2	1.93	3.9	
⑬②	Q355L63×5	1867	2	9.00	18.0		⑰③	Q355L80×6	761	2	5.61	11.2	
⑬③	Q355L63×5	1867	2	9.00	18.0		⑰④	Q355L80×6	759	2	5.60	11.2	
⑬④	Q355L63×5	1634	2	7.88	15.8	切角	⑰⑤	Q355−8×329	126	4	2.60	10.4	
⑬⑤	Q355L63×5	1634	2	7.88	15.8	切角	⑰⑥	L40×3	1128	2	2.09	4.2	
⑬⑥	L40×3	761	4	1.41	5.6		⑰⑦	L40×3	1128	2	2.09	4.2	切角
⑬⑦	L40×3	351	2	0.65	1.3	切角	⑰⑧	L40×3	726	2	1.34	2.7	一端切肢
⑬⑧	L40×3	351	2	0.65	1.3	切角	⑰⑨	−12×50	50	4	0.24	1.0	垫板
⑬⑨	Q355−6×443	213	2	4.44	8.9	卷边50mm	⑱⓪	Q355−6×50	330	4	0.78	3.1	焊接
⑭⓪	Q355−6×443	213	2	4.44	8.9	卷边50mm	⑱①	Q355−6×50	375	4	0.88	3.5	焊接
⑭①	Q355−6×438	213	2	4.39	8.8	卷边50mm		总质量				772.5kg	

图 15−121 10D3015−SZA1 直线塔塔头①结构图（3/3）（二）

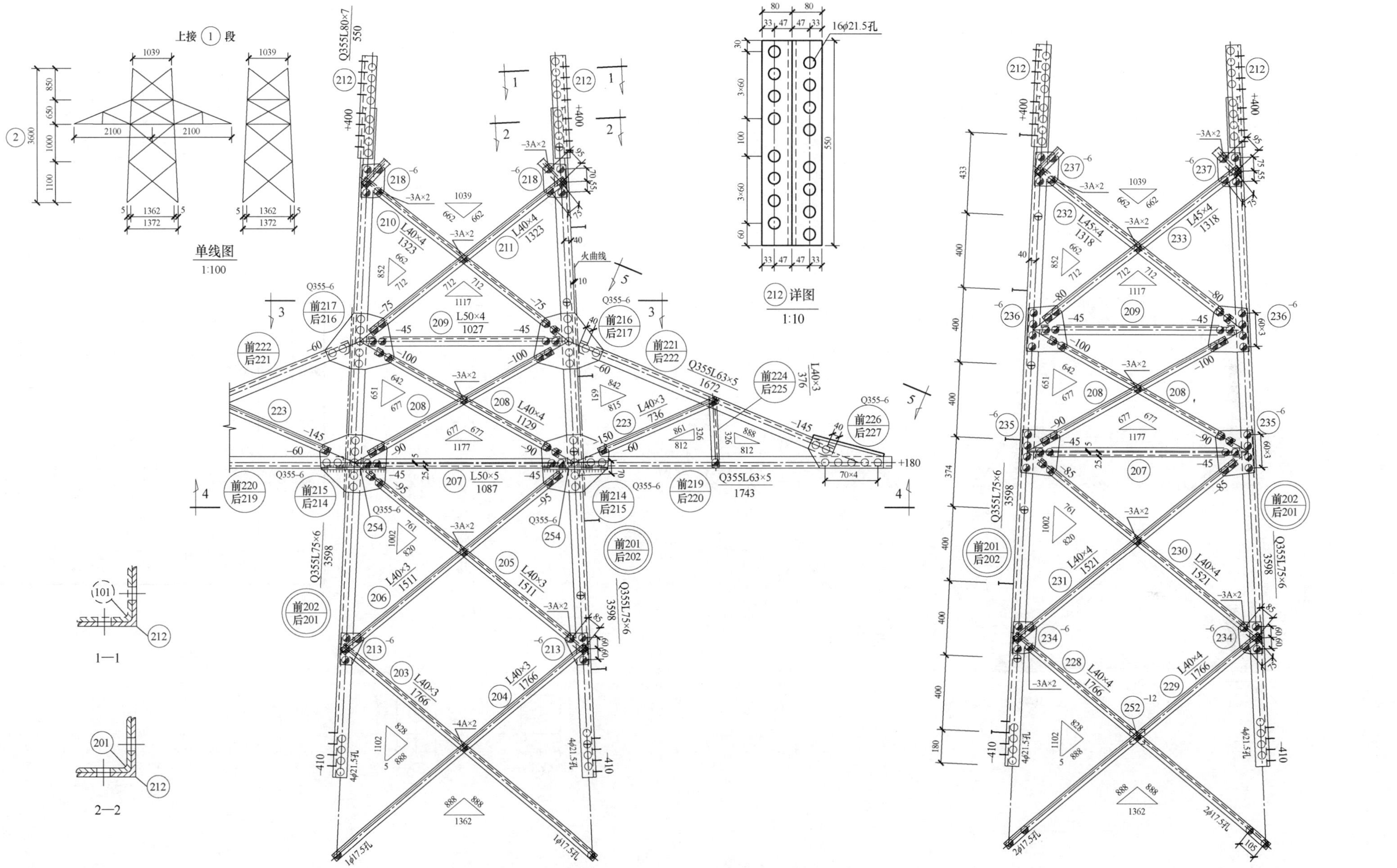

图 15-122　10D3015-SZA1 直线塔塔头②结构图（1/2）

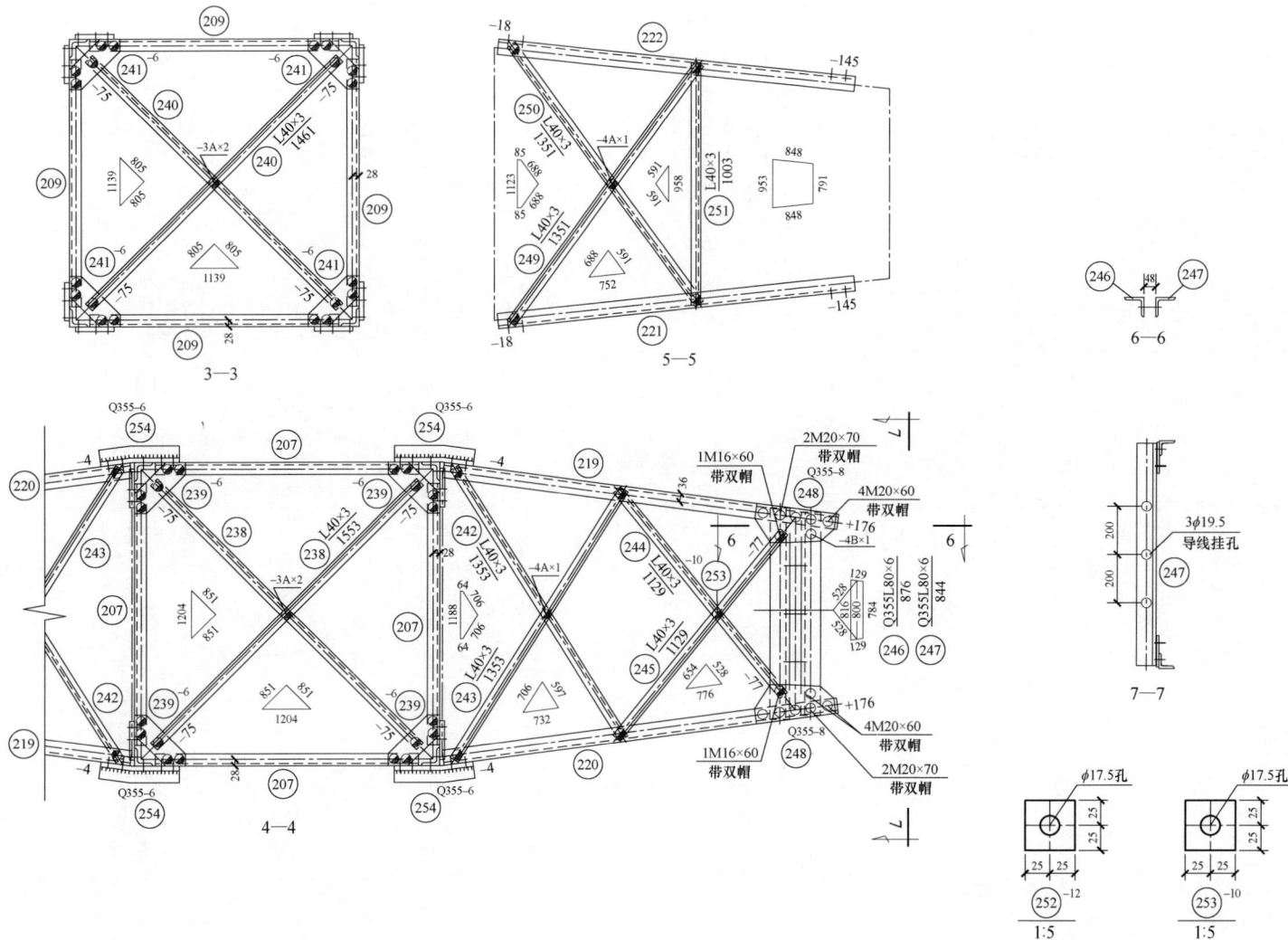

螺栓、脚钉、垫圈明细表

名称	级别	规格	符号	数量	质量（kg）	备注
螺栓	6.8级	M16×40	◑	244	35.2	
		M16×50	◑	52	8.3	
		M20×45	○	148	40.0	
		M16×70	◑	4	0.8	带双帽
		M20×60	○	12	5.8	带双帽
		M20×70	○	12	3.1	带双帽
脚钉	6.8级	M16×180	⊕T	14	5.3	
		M20×200		4	2.7	
垫圈	Q235	−3A（φ17.5）		56	0.5	
		−4A（φ17.5）		14	0.3	规格×个数
		−4B（φ22）		4	0.1	
总质量					102.1kg	

图 15−123 10D3015−SZA1 直线塔塔头②结构图（2/2）（一）

编号	规格	长度（mm）	数量	质量（kg） 一件	质量（kg） 小计	备注	编号	规格	长度（mm）	数量	质量（kg） 一件	质量（kg） 小计	备注
201	Q355L75×6	3598	2	24.84	49.7	带脚钉	229	L40×4	1766	2	4.28	8.6	
202	Q355L75×6	3598	2	24.84	49.7		230	L40×4	1521	2	3.68	7.4	切角
203	L40×3	1766	2	3.27	6.5	切角	231	L40×4	1521	2	3.68	7.4	
204	L40×3	1766	2	3.27	6.5		232	L45×4	1318	2	3.61	7.2	切角
205	L40×3	1511	2	2.80	5.6	切角	233	L45×4	1318	2	3.61	7.2	
206	L40×3	1511	2	2.80	5.6		234	−6×126	174	4	1.03	4.1	
207	L50×5	1087	4	4.10	16.4		235	−6×202	245	4	2.33	9.3	
208	L40×4	1129	8	2.73	21.8		236	−6×218	251	4	2.58	10.3	
209	L50×4	1027	4	3.14	12.6		237	−6×125	186	4	1.10	4.4	
210	L40×4	1323	2	3.20	6.4	切角	238	L40×3	1553	2	2.88	5.8	
211	L40×4	1323	2	3.20	6.4		239	−6×212	212	4	2.12	8.5	
212	Q355L80×7	550	4	4.69	18.8	铲弧	240	L40×3	1461	2	2.71	5.4	
213	−6×126	174	4	1.03	4.1		241	−6×209	209	4	2.06	8.2	
214	Q355−6×314	362	2	5.35	10.7	制弯	242	L40×3	1325	2	2.45	4.9	切角
215	Q355−6×314	362	2	5.35	10.7	制弯	243	L40×3	1325	2	2.45	4.9	
216	Q355−6×304	371	2	5.31	10.6	制弯	244	L40×3	1097	2	2.03	4.1	切角
217	Q355−6×304	371	2	5.31	10.6	制弯	245	L40×3	1097	2	2.03	4.1	
218	−6×124	184	4	1.07	4.3	切角	246	Q355L80×6	877	2	6.47	12.9	切角
219	Q355L63×5	1644	2	8.40	16.8		247	Q355L80×6	843	2	6.22	12.5	切角
220	Q355L63×5	1644	2	8.40	16.8		248	Q355−8×330	154	4	3.13	12.5	
221	Q355L63×5	1480	2	7.58	15.2	切角	249	L40×3	1329	2	2.50	5.0	
222	Q355L63×5	1480	2	7.58	15.2	切角	250	L40×3	1329	2	2.50	5.0	切角
223	L40×3	695	4	1.36	5.4		251	L40×3	1008	2	1.87	3.7	一端切肢
224	L40×3	376	2	0.70	1.4	切角	252	−12×50	50	2	0.24	0.5	垫板
225	L40×3	376	2	0.70	1.4	切角	253	−14×50	50	2	0.20	0.4	垫板
226	Q355−6×402	213	2	4.03	8.1	卷边50mm	254	Q355−6×50	350	4	0.82	3.3	焊接
227	Q355−6×402	213	2	4.03	8.1	卷边50mm							
228	L40×4	1766	2	4.28	8.6	切角		总质量				522.0kg	

图 15−123　10D3015−SZA1 直线塔塔头②结构图（2/2）（二）

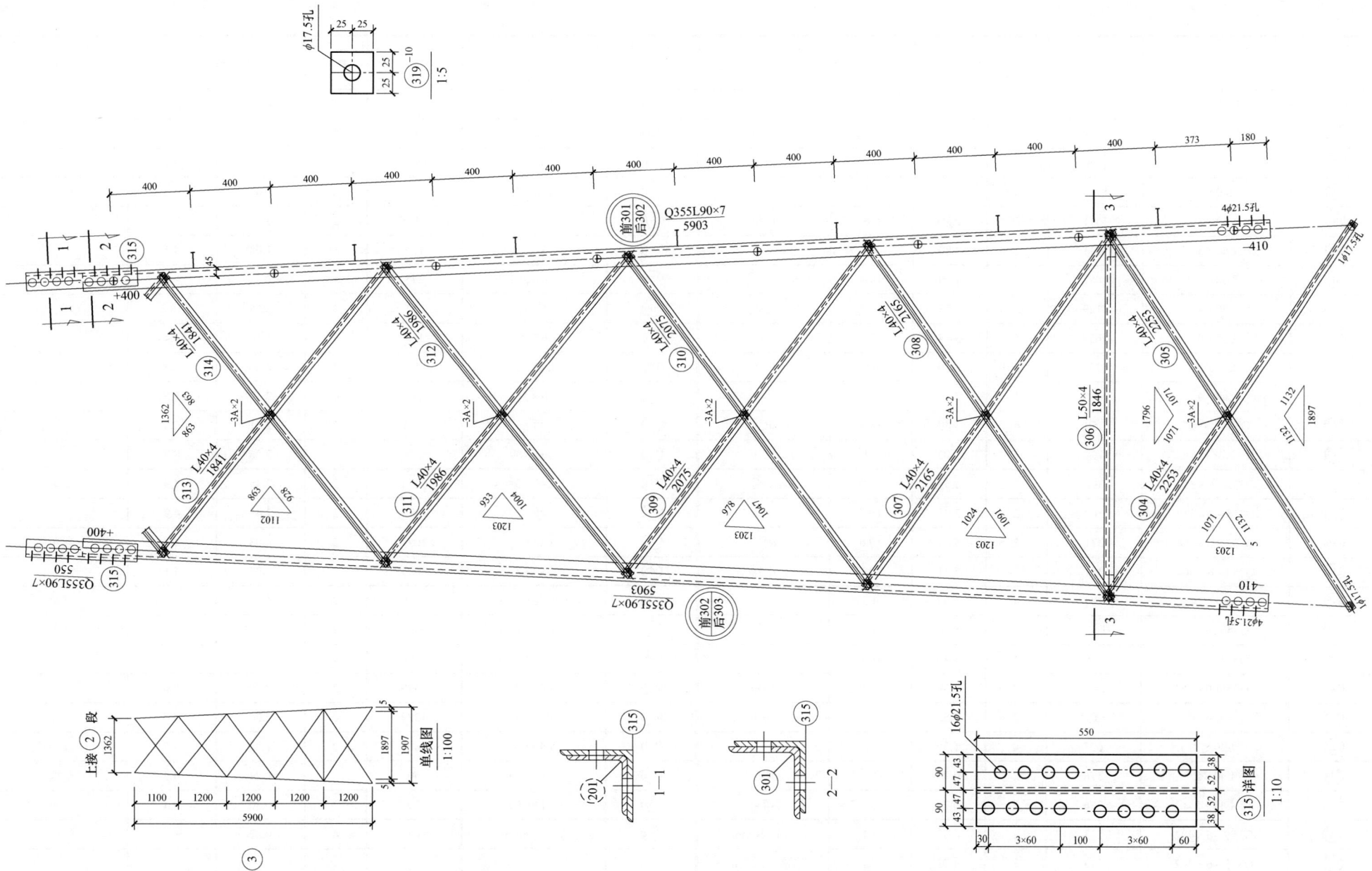

图 15-124　10D3015-SZA　直线塔塔身③结构图（1/2）

构 件 明 细 表

编号	规格	长度(mm)	数量	质量（kg）一件	质量（kg）小计	备注
301	Q355L90×7	5903	1	57.00	57.0	带脚钉
302	Q355L90×7	5903	2	57.00	114.0	
303	Q355L90×7	5903	1	57.00	57.0	带脚钉
304	L40×4	2253	4	5.46	21.8	切角
305	L40×4	2253	4	5.46	21.8	
306	L50×4	1846	4	5.65	22.6	两端切肢
307	L40×4	2165	4	5.24	21.0	切角
308	L40×4	2165	4	5.24	21.0	
309	L40×4	2075	4	5.03	20.1	切角
310	L40×4	2075	4	5.03	20.1	
311	L40×4	1986	4	4.81	19.2	切角
312	L40×4	1986	4	4.81	19.2	
313	L40×4	1841	4	4.46	17.8	切角
314	L40×4	1841	4	4.46	17.8	
315	Q355L90×7	550	4	5.31	21.2	铲弧
316	L40×4	2487	1	6.02	6.0	
317	L40×4	2487	1	6.02	6.0	中间切肢
318	−6×139	197	4	1.29	5.2	
319	−10×50	50	2	0.20	0.4	垫板
总质量					489.2kg	

螺栓、脚钉、垫圈明细表

名称	级别	规格	符号	数量	质量（kg）	备注
螺栓	6.8级	M16×40	◑	9	1.3	
		M16×50	◐	68	10.9	
		M20×45	○	64	17.3	
脚钉	6.8级	M16×180	⊕T	26	9.9	
		M20×200		4	2.7	
垫圈	Q235	−3A（φ17.5）		40	0.4	规格×个数
总质量					42.5kg	

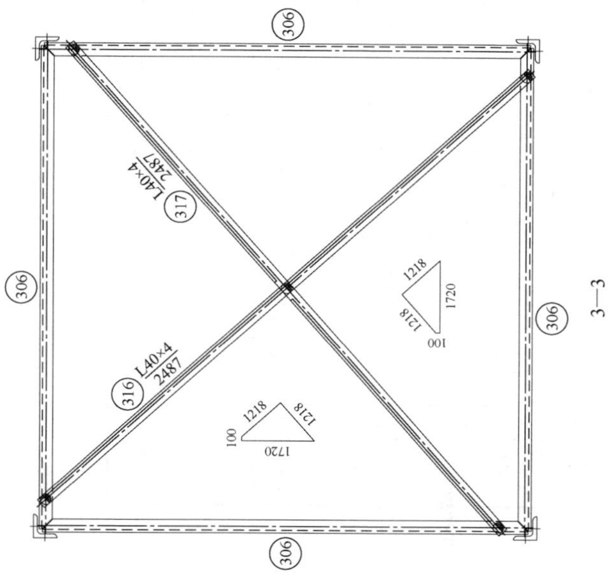

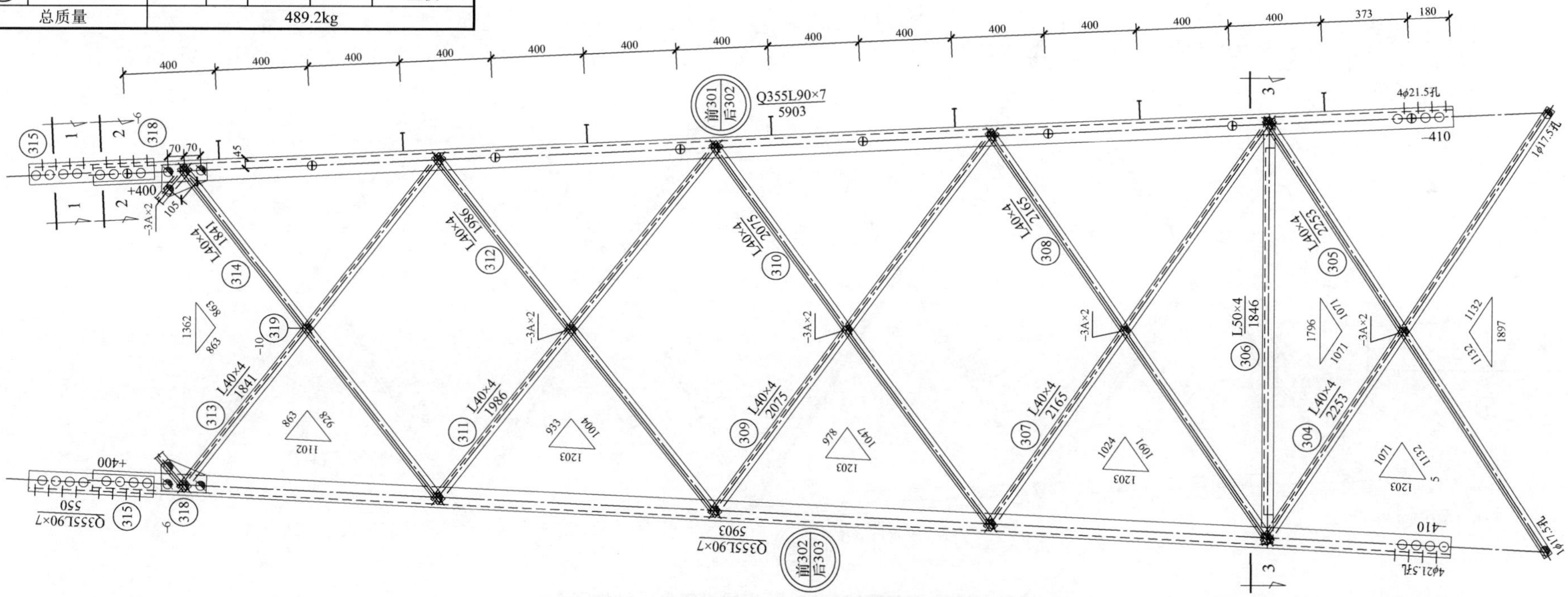

3—3

图 15−125　10D3015−SZA1 直线塔塔身③结构图（2/2）

构 件 明 细 表

编号	规格	长度（mm）	数量	质量（kg） 一件	质量（kg） 小计	备注
401	Q355L100×8	5402	1	66.31	66.3	带脚钉
402	Q355L100×8	5402	2	66.31	132.6	
403	Q355L100×8	5402	1	66.31	66.3	带脚钉
404	L40×4	2771	4	6.71	26.8	切角
405	L40×4	2771	4	6.71	26.8	
406	L40×4	2612	4	6.33	25.3	切角
407	L40×4	2612	4	6.33	25.3	
408	L40×4	2510	4	6.08	24.3	切角
409	L40×4	2510	4	6.08	24.3	
410	L40×4	2461	4	5.96	23.8	切角
411	L40×4	2461	4	5.96	23.8	
412	Q355L100×8	585	4	7.18	28.7	铲弧
总质量				494.3kg		

螺栓、脚钉、垫圈明细表

名称	级别	规格	符号	数量	质量（kg）	备注
螺栓	6.8 级	M16×50	⬤	48	7.7	
		M20×55	⊘	64	18.9	
脚钉	6.8 级	M16×180	⊕T	24	9.1	
		M20×200		2	1.3	
垫圈	Q235	−4A (φ17.5)		32	0.7	规格×个数
总质量				37.7kg		

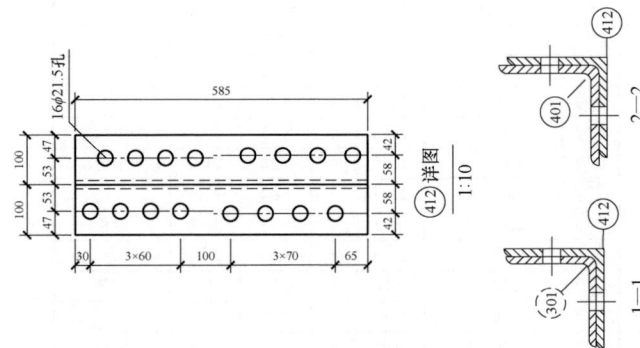

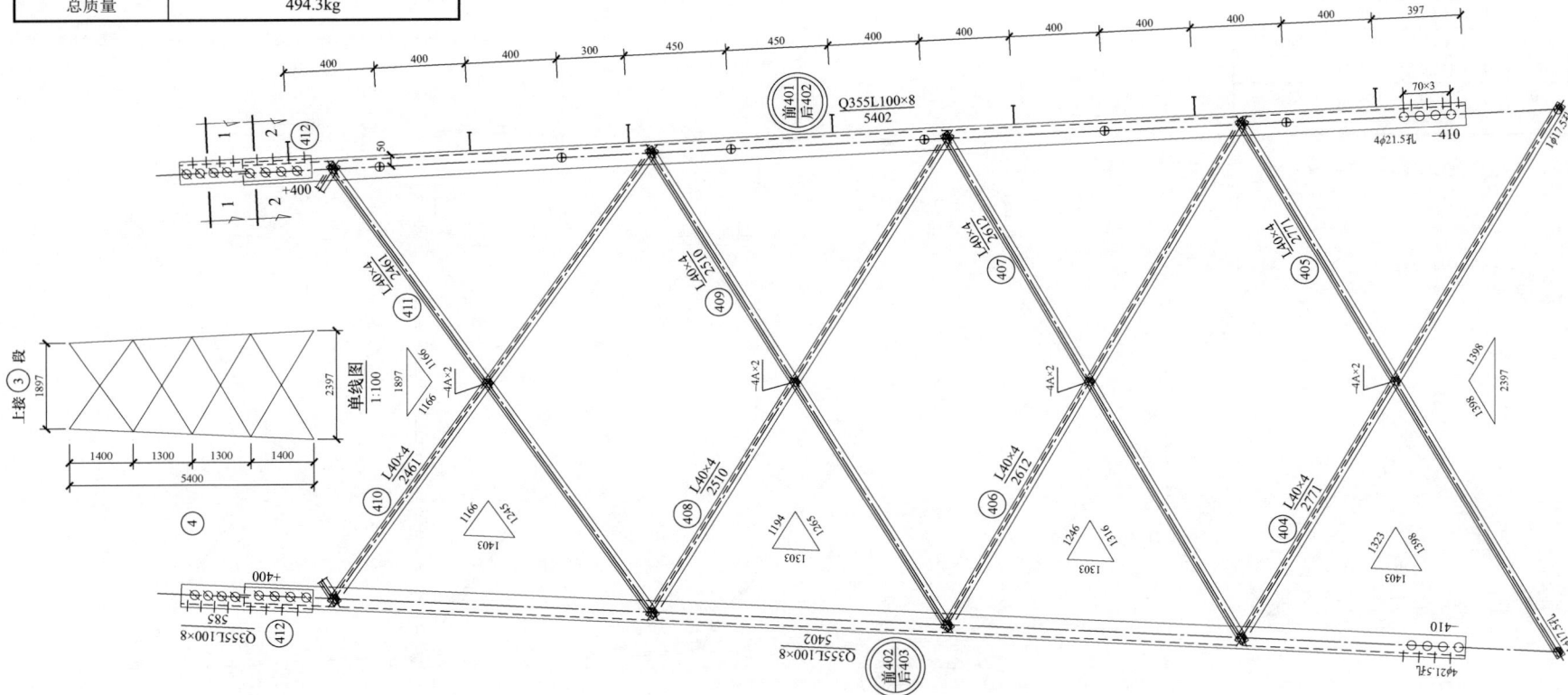

图 15−126　10D3015−SZA1 直线塔塔身④结构图

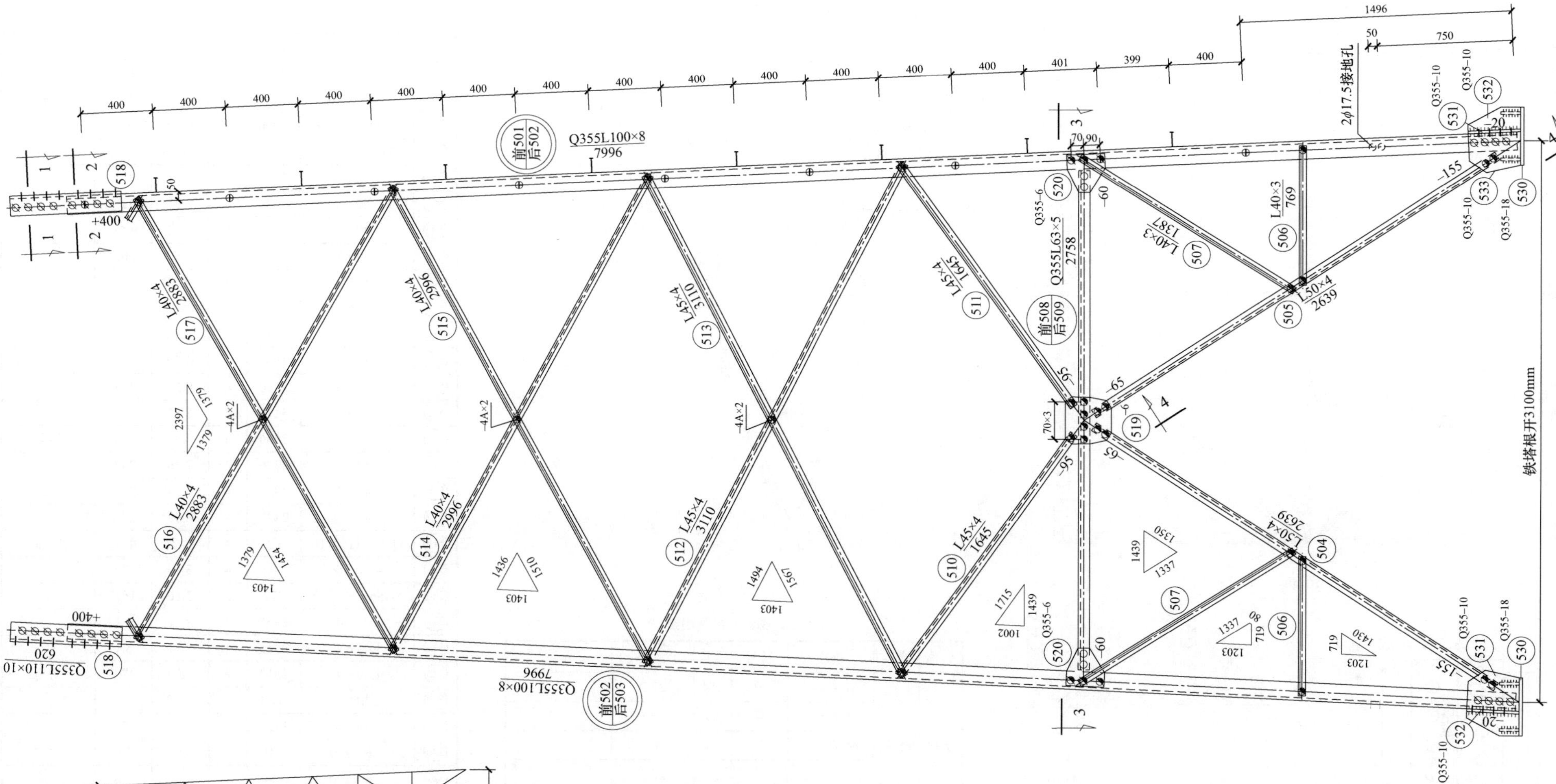

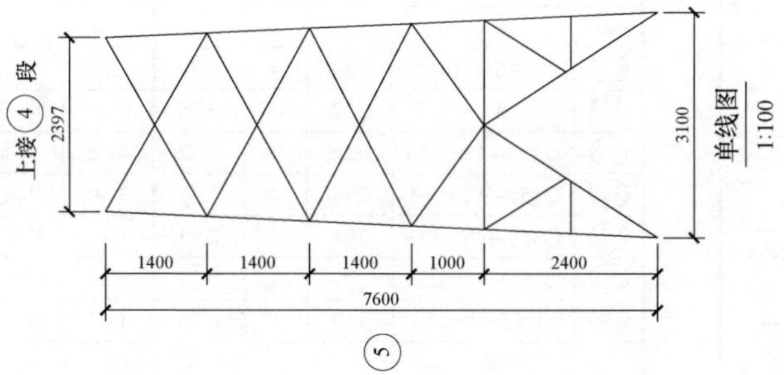

图 15−127　10D3015−SZA 直线塔塔腿⑤结构图（1/2）

构件明细表

编号	规格	长度(mm)	数量	质量(kg) 一件	质量(kg) 小计	备注
501	Q355L100×8	7996	1	98.16	98.2	带脚钉
502	Q355L100×8	7996	2	98.16	196.3	
503	Q355L100×8	7996	1	98.16	98.2	带脚钉
504	L50×4	2639	4	8.07	32.3	
505	L50×4	2639	4	8.07	32.3	
506	L40×3	769	8	1.42	11.4	
507	L40×3	1387	8	2.57	20.6	
508	Q355L63×5	2758	1	13.30	13.3	
509	Q355L63×5	2758	3	13.30	39.9	
510	L45×4	1645	4	4.50	18.0	切角
511	L45×4	1645	4	4.50	18.0	
512	L45×4	3110	4	8.51	34.0	切角
513	L45×4	3110	4	8.51	34.0	
514	L40×4	2996	4	7.26	29.0	切角
515	L40×4	2996	4	7.26	29.0	
516	L40×4	2883	4	6.98	27.9	切角
517	L40×4	2883	4	6.98	27.9	
518	Q355L110×10	620	4	10.35	41.4	铲弧
519	−6×256	262	4	3.16	12.6	
520	Q355−6×210	212	8	2.10	16.8	
521	L45×4	2965	1	8.11	8.1	
522	L45×4	2965	1	8.11	8.1	
523	L56×4	2012	4	6.93	27.7	切角
524	L40×3	1021	4	1.89	7.6	
525	L40×3	1820	8	3.37	27.0	
526	−6×110	171	4	0.89	3.6	火曲
527	−6×110	171	4	0.89	3.6	火曲
528	−6×116	139	4	0.76	3.0	火曲
529	−6×116	139	4	0.76	3.0	火曲
530	Q355−18×320	320	4	10.30	41.2	焊接
531	Q355−10×361	294	4	7.75	31.0	打坡口焊接
532	Q355−10×133	294	4	2.52	10.1	打坡口焊接
533	Q355−10×226	292	4	5.18	20.7	打坡口焊接
534	Q355−8×110	110	16	0.76	12.2	打坡口焊接
总质量					1038.0kg	

螺栓、脚钉、垫圈明细表

名称	级别	规格	符号	数量	质量(kg)	备注
螺栓	6.8级	M16×40	◑	154	22.2	
		M16×50	◕	69	11.1	
		M20×45	○	16	4.3	
		M20×55	∅	96	28.3	
脚钉	6.8级	M16×180	⊕T	32	12.2	
		M20×200		2	1.3	
垫圈	Q235	−4A(φ17.5)		25	0.5	规格×个数
总质量					79.9kg	

图 15−128 10D3015−SZA1 直线塔塔腿⑤结构图（2/2）

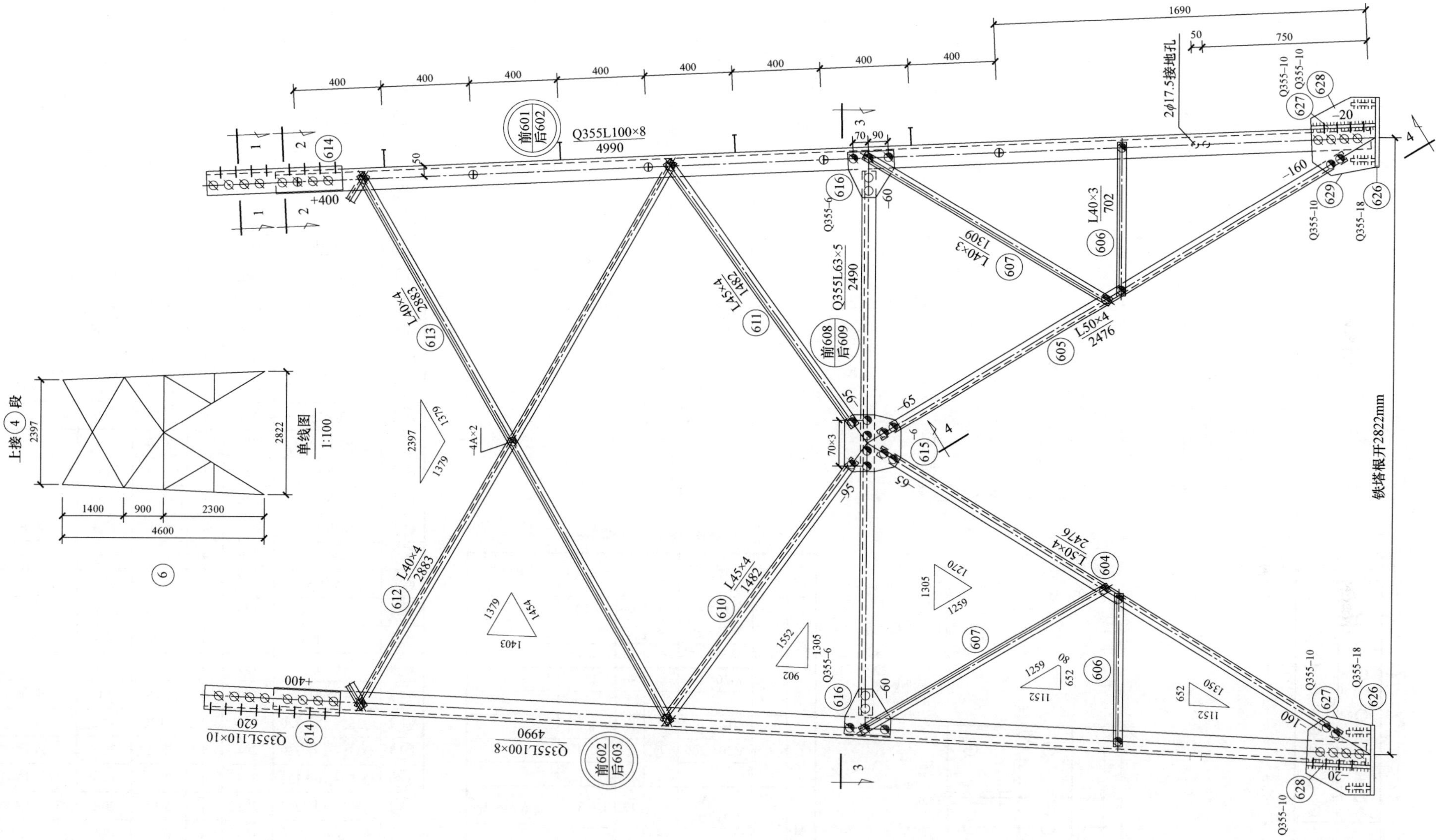

图 15-129　10D3015-SZA1 直线塔塔腿⑥结构图（1/2）

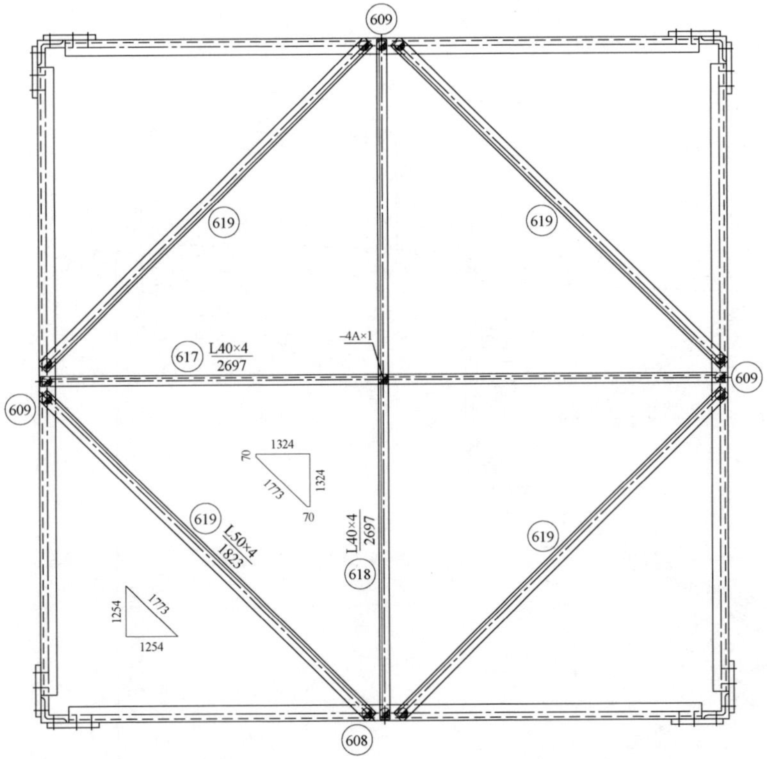

构件明细表

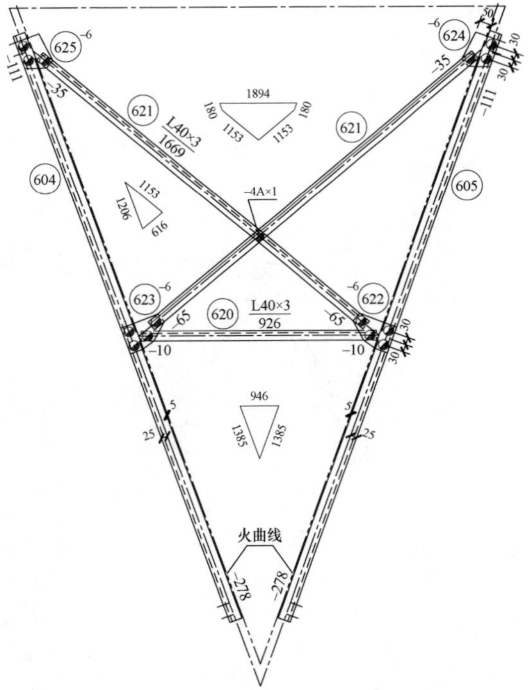

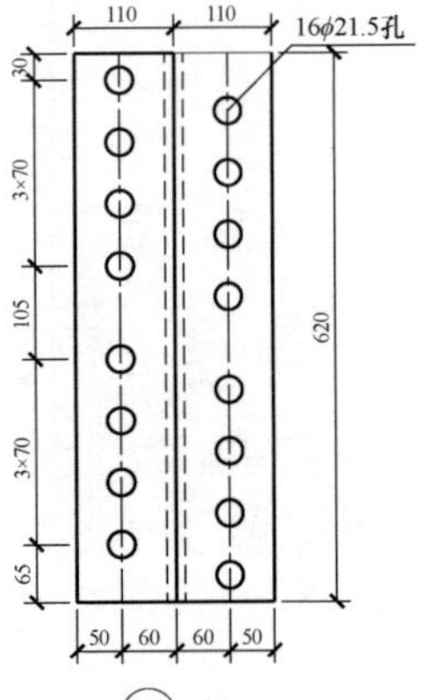

编号	规格	长度(mm)	数量	质量（kg）		备注
				一件	小计	
601	Q355L100×8	4990	1	61.26	61.3	带脚钉
602	Q355L100×8	4990	2	61.26	122.5	
603	Q355L100×8	4990	1	61.26	61.3	带脚钉
604	L50×4	2476	4	7.57	30.3	
605	L50×4	2476	4	7.57	30.3	
606	L40×3	702	8	1.30	10.4	
607	L40×3	1309	8	2.42	19.4	
608	Q355L63×5	2490	1	12.01	12.0	
609	Q355L63×5	2490	3	12.01	36.0	
610	L45×4	1482	4	4.05	16.2	切角
611	L45×4	1482	4	4.05	16.2	
612	L40×4	2883	4	6.98	27.9	切角
613	L40×4	2883	4	6.98	27.9	
614	Q355L110×10	620	4	10.35	41.4	铲弧
615	−6×257	262	4	3.17	12.7	
616	Q355−6×210	212	8	2.10	16.8	
617	L40×4	2697	1	6.53	6.5	
618	L40×4	2697	1	6.53	6.5	
619	L50×4	1823	4	5.58	22.3	切角
620	L40×3	926	4	1.71	6.8	
621	L40×3	1669	8	3.09	24.7	
622	−6×113	170	4	0.90	3.6	火曲
623	−6×113	170	4	0.90	3.6	火曲
624	−6×115	139	4	0.75	3.0	火曲
625	−6×115	139	4	0.75	3.0	火曲
626	Q355−18×320	320	4	10.30	41.2	焊接
627	Q355−10×359	294	4	7.71	30.8	打坡口焊接
628	Q355−10×133	294	4	2.52	10.1	打坡口焊接
629	Q355−10×224	292	4	5.13	20.5	打坡口焊接
630	Q355−8×110	110	16	0.76	12.2	打坡口焊接
总质量					737.4kg	

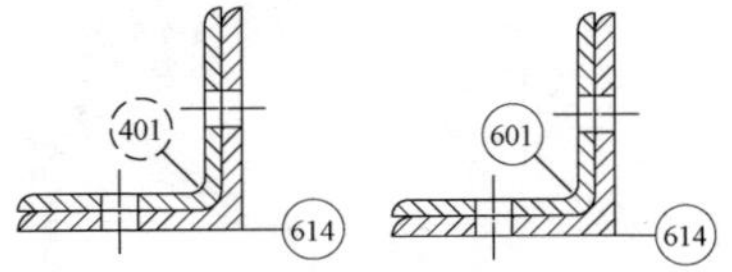

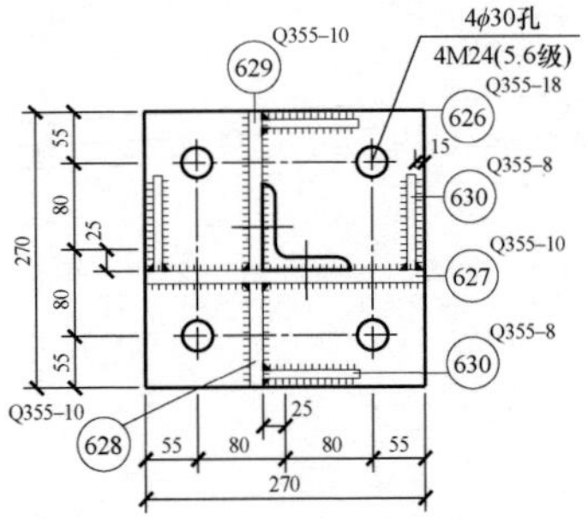

螺栓、脚钉、垫圈明细表

名称	级别	规格	符号	数量	质量(kg)	备注
螺栓	6.8级	M16×40	◐	154	22.2	
		M16×50	◑	45	7.2	
		M20×45	○	16	4.3	
		M20×55	⊘	96	28.3	
脚钉	6.8级	M16×180	⊕T	16	6.1	
		M20×200	⊕T	2	1.3	
垫圈	Q235	−4A (φ17.5)		13	0.3	规格×个数
总质量					69.7kg	

图 15−130　10D3015−SZA　直线塔塔腿⑥结构图（2/2）

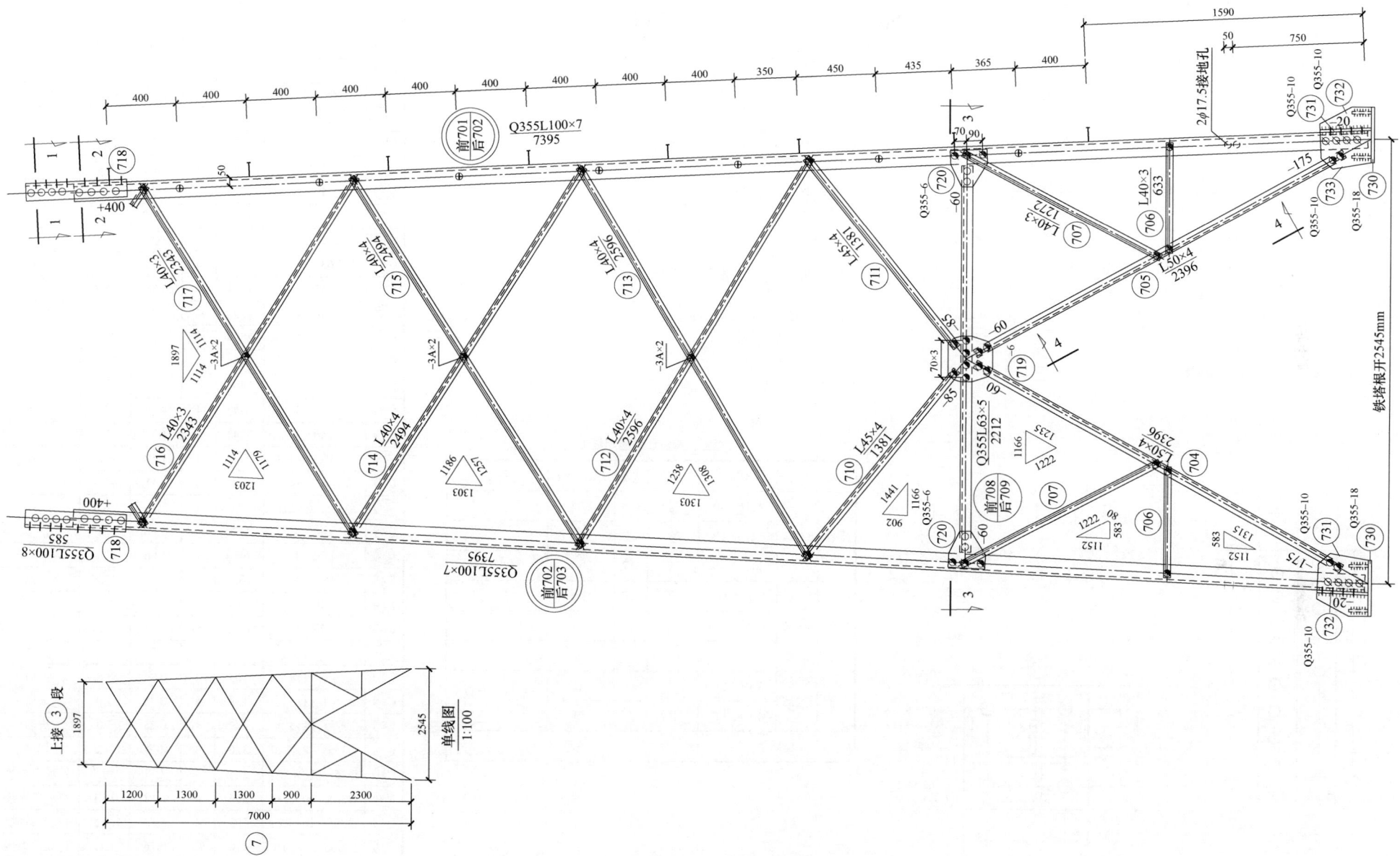

图 15-131　10D3015-SZA1 直线塔塔腿⑦结构图（1/2）

构 件 明 细 表

编号	规格	长度(mm)	数量	质量(kg) 一件	小计	备注
701	Q355L100×7	7395	1	80.11	80.1	带脚钉
702	Q355L100×7	7395	2	80.11	160.2	
703	Q355L100×7	7395	1	80.11	80.1	带脚钉
704	L50×4	2396	4	7.33	29.3	
705	L50×4	2396	4	7.33	29.3	
706	L40×3	633	8	1.17	9.4	
707	L40×3	1272	8	2.36	18.9	
708	Q355L63×5	2212	1	10.67	10.7	
709	Q355L63×5	2212	3	10.67	32.0	
710	L45×4	1381	4	3.78	15.1	切角
711	L45×4	1381	4	3.78	15.1	
712	L40×4	2596	4	6.29	25.2	切角
713	L40×4	2596	4	6.29	25.2	
714	L40×4	2494	4	6.04	24.2	切角
715	L40×4	2494	4	6.04	24.2	
716	L40×3	2343	4	4.34	17.4	切角
717	L40×3	2343	4	4.34	17.4	
718	Q355L100×8	585	4	7.18	28.7	铲弧
719	−6×254	260	4	3.11	12.4	
720	Q355−6×210	212	8	2.10	16.8	
721	L40×4	2420	1	5.86	5.9	
722	L40×4	2420	1	5.86	5.9	
723	L45×4	1626	4	4.45	17.8	切角
724	L40×3	829	4	1.54	6.2	
725	L40×3	1552	8	2.87	23.0	
726	−6×118	169	4	0.94	3.8	火曲
727	−6×118	169	4	0.94	3.8	火曲
728	−6×115	139	4	0.75	3.0	火曲
729	−6×115	139	4	0.75	3.0	火曲
730	Q355−18×320	320	4	10.30	41.2	焊接
731	Q355−10×359	294	4	7.71	30.8	打坡口焊接
732	Q355−10×133	294	4	2.52	10.1	打坡口焊接
733	Q355−10×224	292	4	5.13	20.5	打坡口焊接
734	Q355−8×110	110	16	0.76	12.2	打坡口焊接
总质量					858.9kg	

3—3

4—4

1—1

2—2

718 详图
1:10

火曲线

螺栓、脚钉、垫圈明细表

名称	级别	规格	符号	数量	质量(kg)	备注
螺栓	6.8 级	M16×40	◑	158	22.8	
		M16×50	◕	65	10.4	
		M20×45	○	112	30.3	
脚钉	6.8 级	M16×180	⊕T	28	10.6	
		M20×200		2	1.3	
垫圈	Q235	−3A（φ17.5）		24	0.3	规格×个数
		−4A（φ17.5）		5	0.1	
总质量					75.8kg	

图 15−132　10D3015−SZA1　直线塔塔腿⑦结构图（2/2）

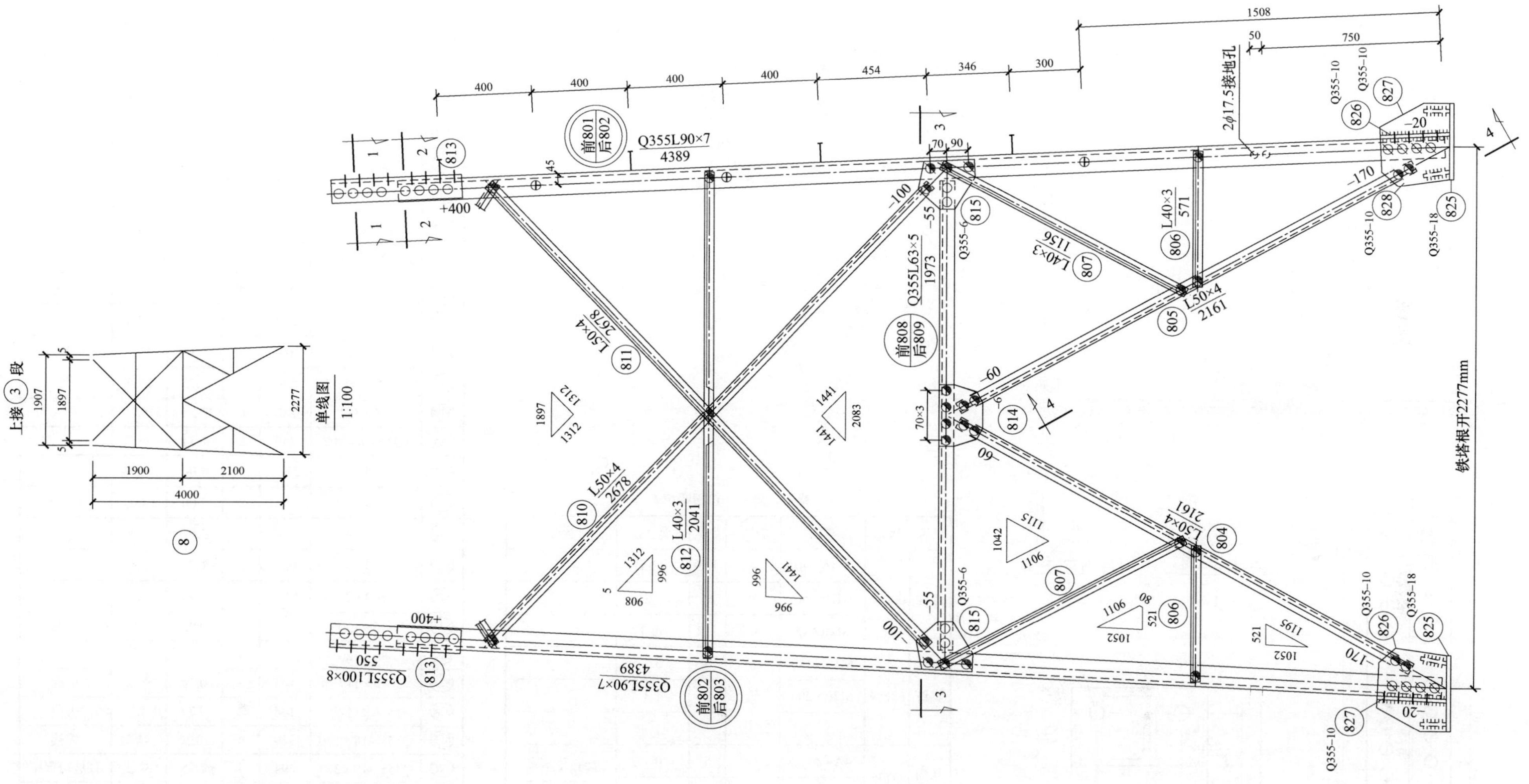

图 15-133 10D3015-SZA1 直线塔塔腿⑧结构图（1/2）

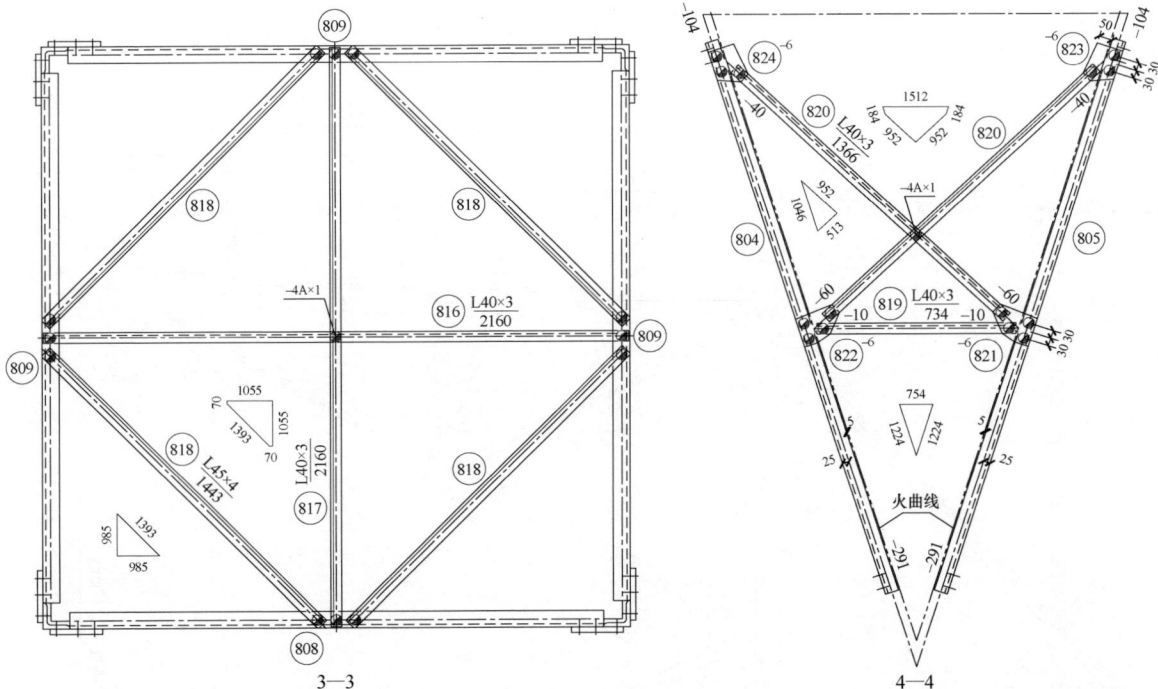

3—3

4—4

构件明细表

编号	规格	长度	数量	质量（kg）一件	质量（kg）小计	备注
801	Q355L90×7	4389	1	42.38	42.4	带脚钉
802	Q355L90×7	4389	2	42.38	84.8	
803	Q355L90×7	4389	1	42.38	42.4	带脚钉
804	L50×4	2161	4	6.61	26.4	
805	L50×4	2161	4	6.61	26.4	
806	L40×3	571	8	1.06	8.5	
807	L40×3	1156	8	2.14	17.1	
808	Q355L63×5	1973	1	9.51	9.5	
809	Q355L63×5	1973	3	9.51	28.5	
810	L50×4	2678	4	8.19	32.8	切角
811	L50×4	2678	4	8.19	32.8	
812	L40×3	2041	4	3.78	15.1	中间压扁
813	Q355L100×8	550	4	6.75	27.0	铲弧
814	−6×182	260	4	2.23	8.9	
815	Q355−6×207	240	8	2.34	18.7	
816	L40×3	2160	1	4.00	4.0	
817	L40×3	2160	1	4.00	4.0	
818	L45×4	1443	4	3.95	15.8	切角
819	L40×3	734	4	1.36	5.4	
820	L40×3	1366	8	2.53	20.2	
821	−6×120	164	4	0.93	3.7	火曲
822	−6×120	164	4	0.93	3.7	火曲
823	−6×117	144	4	0.79	3.2	火曲
824	−6×117	144	4	0.79	3.2	火曲
825	Q355−18×270	320	4	10.30	41.2	焊接
826	Q355−10×327	294	4	7.55	30.2	打坡口焊接
827	Q355−10×111	294	4	2.56	10.2	打坡口焊接
828	Q355−10×215	292	4	4.93	19.7	打坡口焊接
829	Q355−8×110	110	16	0.76	12.2	打坡口焊接
总质量					598.0kg	

813 详图 1:10

1—1

2—2

螺栓、脚钉、垫圈明细表

名称	级别	规格	符号	数量	质量（kg）	备注
螺栓	6.8 级	M16×40	◑	163	23.5	
		M16×50	◑	36	5.8	
		M20×45	○	112	30.3	
脚钉	6.8 级	M16×180	⊕T	14	5.3	
		M20×200	⊕T	2	1.3	
垫圈	Q235	−4A（φ17.5）		5	0.1	规格×个数
总质量					66.3kg	

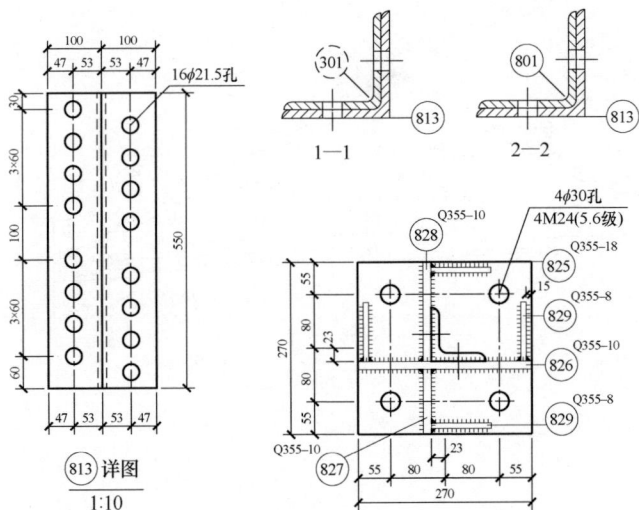

图 15−134 10D3015−SZA1 直线塔塔腿⑧结构图（2/2）

除图中注明外，必须遵照下列统一要求进行加工和组装：

（1）杆塔的设计执行《输电线路杆塔制图和构造规定》（DL/T 5442—2020）的有关规定。

（2）结构图中图面内的图例、代号等在说明中未提及之处，均按《输电线路杆塔制图和构造规定》（DL/T 5442—2020）中的要求执行。

（3）杆塔加工时应严格执行《输电线路铁塔制造技术条件》（GB/T 2694—2020）。本塔构件的尺寸以放样为准，构件加工后必须试组装，验收合格后方可批量加工。

（4）钢材质量标准应符合《碳素结构钢》（GB/T 700—2006）及《低合金高强度结构钢》（GB/T 1591—2018）的有关要求；螺栓、螺母、扣紧螺母应符合的标准分别为《六角头螺栓 C级》（GB/T 5780—2016）、《Ⅰ型六角螺母》（GB/T 6170—2015）、《扣紧螺母》（GB/T 805—1988）。所有材料，包括角钢、螺栓、防盗螺栓、扣紧螺母、焊条等均应有出厂合格证书。

（5）杆塔构件所用钢种为Q235B、Q355B，图中注明Q355材料为Q355B钢材，未注明均为Q235B钢材（角钢用"L"、钢板用"—"表示）。所有构件均须热镀锌。

（6）所有螺栓（包括防盗螺栓）的强度等级为热镀锌后的强度值。

（7）杆塔构件连接主要以螺栓连接为主，少数采用焊接（如塔脚板连接等）。构件焊接应按照焊接规程、规范和有关规定进行，焊缝高度不得小于连接构件的最小厚度，当被焊接构件厚 8mm 及以上时，要按规定剖口焊，以便焊透。对Q355构件焊接时选用E50系列焊条，对Q235构件焊接时选用E43系列焊条。

（8）加工时如发生材料代用或改变节点形式等情况，须与设计单位联系解决。材料代用时，需注意相关影响，应与图纸对应列表统计，并由加工厂书面通知施工单位，以方便施工安装。

（9）角钢与钢板的螺栓间距、边距除图中特殊注明外应按表1采用。

（10）角钢准距除图中特殊注明外，一般按表2采用。

（11）螺栓、脚钉、垫圈规格按表3、表4采用。

（12）脚钉一般从离地面1.5m处开始向上装设，间距400mm左右，加工放样时可适当调整脚钉的位置，脚钉除运行单位有特殊要求外，一般采用防滑带直钩形式。

（13）其他事项：

1）节点板考虑到刚度要求，形状不宜狭小，节点板边缘与构件轴线夹角 α 不小于15°，如右图所示。

2）构件厚度大于14mm时须采用钻孔方法加工，构件接头中外包角钢清根，内包角钢铲背。

3）凡图中所要求的火曲、开合角、切肢、压扁、切角等的尺寸均由加工放样决定。

4）两构件连接面间的间隙大于3mm时，构件应局部开、合角或制弯。

5）当构件需采用切肢或压扁时，应优先采用切肢。

（14）杆塔加工时应根据实际工程要求的高度设置防盗螺栓（无特殊说明的10m高以下防盗）。

α角示意图

表1　　　　　　　　　　　　　　**螺栓间距、边距表**

螺栓规格	孔径（mm）	螺栓间距（mm）		边距（mm）		
		单排	双排	端距	扎制边距	切角边距
M16	φ17.5	50	80	25	≥21 或 20（L40 角钢时）	≥23
M20	φ21.5	60	100	30	≥26	≥28

注　螺孔顺力线方向重心最大间距为12d或18t（取二者较小者），其中d为螺栓直径，t为较薄板的厚度。

表2　　　　　　　　　　　　　　**角钢准距表**

肢宽（mm）	准距（mm）	第一排准距（mm）	第二排准距（mm）	最大使用孔径（mm）
L40	20			
L45	23			17.5
L50	25（28）			
L56	28（32）			

续表

肢宽（mm）	准距（mm）	第一排准距（mm）	第二排准距（mm）	最大使用孔径（mm）
L63	30（36）			
L70	35（40）			
L75	38（40）			
L80	40			
L90	45			21.5
L100	50			
L110	55	45	75	
L125	60	50	85	
L140	70	55	90	
L160	80	60	105	

注　括号内数字用于螺栓边距不足时，在搭接位置上的螺栓孔可使用的准距。

表3　　　　　　　　　　　　　　**螺栓规格表**

级别	单帽螺栓（带一垫、一扣紧螺母）					防盗螺栓	双帽螺栓（带一垫）			
	规格	符号	通过厚度（mm）	无扣长（mm）	质量(kg)	质量（kg）（带一垫）	规格	符号	通过厚度（mm）	无扣长（mm）	质量（kg）
6.8	M16×40	◐	7～12	6	0.1442	0.1997	M16×50	◐	7～12	6	0.1875
	M16×50	◑	13～22	12	0.1602	0.2127	M16×60	◑	13～22	12	0.2039
	M16×60	◪	23～32	22	0.1762	0.2277	M16×70		23～32	22	0.2203
	M16×70	◉	33～42	32	0.1922	0.2477	M16×80		33～42	32	0.2369
6.8	M20×45	○	9～15	8	0.2701	0.3517	M20×60		9～15	8	0.3605
	M20×55	∅	16～25	15	0.2953	0.3737	M20×70		16～25	15	0.3864
	M20×65	⊗	26～35	25	0.3205	0.3967	M20×80		26～35	25	0.4123
	M20×75	⊘	36～45	35	0.3457	0.4207	M20×90		36～45	35	0.4381
	M20×85	⊠	46～55	45	0.3709	0.4407	M20×100		46～55	45	0.4640
	M20×95	⊞	56～65	55	0.3961	0.4607	M20×110		56～65	55	0.4899
	M20×105	⊟	66～75	65	0.4213	0.4807	M20×120		66～75	65	0.5158

表4　　　　　　　　　　　　　　**脚钉、垫圈规格表**

脚钉（带两帽）				垫圈				
规格	符号	无扣长（mm）	质量（kg）	规格	符号	质量（kg）	内径（mm）	外径（mm）
M16×180	⊕⊐	120	0.3799	−2（φ13.5）	规格×个数	0.00186	13.5	24
				−3（φ17.5）		0.01065	17.5	30
M20×200	⊕⊐	120	0.6749	−3（φ22）	规格×个数	0.01637	22	37
				−4（φ22）		0.02183	22	37
M24×240	⊕⊐	120	1.1803	−3（φ26）	规格×个数	0.02331	26	44
				−4（φ26）		0.03108	26	44

图 15−135　10D3015−SZA1 直线塔加工说明

15.2.8　10D3015-SZA2 直线塔

10D3015-SZA2 直线塔结构图清单见表 15-13。

表 15-13　　　　　10D3015-SZA2 直线塔结构图清单

图序	图名	备注
图 15-136	10D3015-SZA2 直线塔总图	
图 15-137	10D3015-SZA2 直线塔材料汇总表	
图 15-138	10D3015-SZA2 直线塔塔头①结构图（1/3）	
图 15-139	10D3015-SZA2 直线塔塔头①结构图（2/3）	
图 15-140	10D3015-SZA2 直线塔塔头①结构图（3/3）	
图 15-141	10D3015-SZA2 直线塔塔头②结构图（1/2）	
图 15-142	10D3015-SZA2 直线塔塔头②结构图（2/2）	
图 15-143	10D3015-SZA2 直线塔塔身③结构图	
图 15-144	10D3015-SZA2 直线塔塔身④结构图（1/2）	

续表

图序	图名	备注
图 15-145	10D3015-SZA2 直线塔塔身④结构图（2/2）	
图 15-146	10D3015-SZA2 直线塔塔身⑤结构图（1/2）	
图 15-147	10D3015-SZA2 直线塔塔身⑤结构图（2/2）	
图 15-148	10D3015-SZA2 直线塔塔腿⑥结构图（1/2）	
图 15-149	10D3015-SZA2 直线塔塔腿⑥结构图（2/2）	
图 15-150	10D3015-SZA2 直线塔塔腿⑦结构图（1/2）	
图 15-151	10D3015-SZA2 直线塔塔腿⑦结构图（2/2）	
图 15-152	10D315-SZA2 直线塔塔腿⑧结构图（1/2）	
图 15-153	10D3015-SZA2 直线塔塔腿⑧结构图（2/2）	
图 15-154	10D3015-SZA2 直线塔塔腿⑨结构图（1/2）	
图 15-155	10D3015-SZA2 直线塔塔腿⑨结构图（2/2）	
图 15-156	10D3015-SZA2 直线塔加工说明	

杆塔根开、基础根开、地脚螺栓规格及间距表

杆塔名称（型号）	10D3015－SZA2			
呼高（m）	15	18	21	24
接腿	⑨	⑧	⑦	⑥
杆塔根开（mm）	2649	2936	3223	3500
基础根开（mm）	2699	2986	3273	3550
基础地脚螺栓间距（mm）	200	200	200	200
每腿基础地脚螺栓配置（5.6级）	4M30	4M30	4M30	4M30

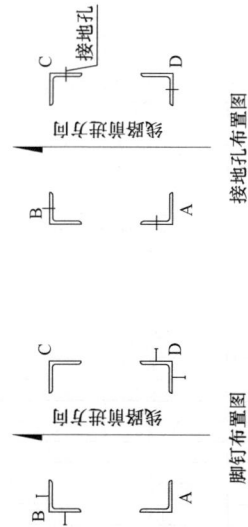

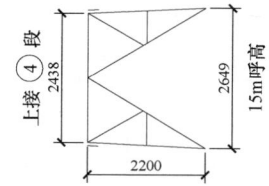

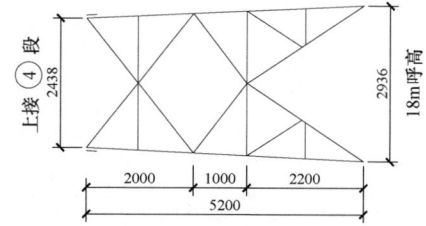

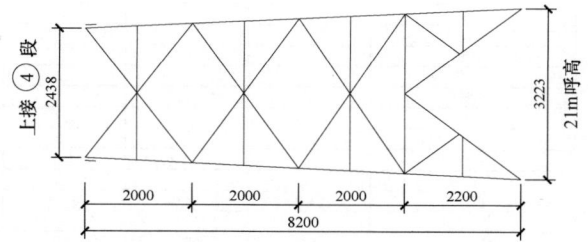

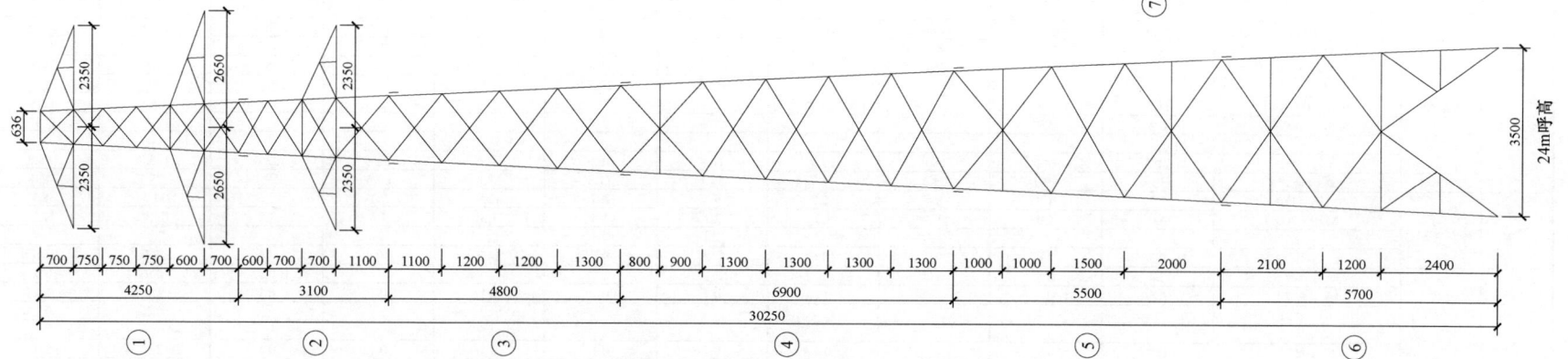

接地孔布置图

脚钉布置图

⑨

⑧

⑦

图 15－136　10D3015－SZA2 直线塔总图

材 料 汇 总 表

材料	材质	规格	①	②	③	④	⑤	⑥	⑦	⑧	⑨	15.0	18.0	21.0	24.0
			段号									呼高（m）			
角钢	Q355	L110×10					367.3	406.4							773.7
		L100×10			293.5	417.6			519.7	338.0	156.0	867.1	1049.1	1230.8	711.1
		L100×8						27.0							27.0
		L100×7			25.4							25.4	25.4	25.4	25.4
		L90×8				24.1	24.1					24.1	24.1	24.1	48.2
		L90×7	62.6	33.3					21.2	21.2	21.2	117.1	117.1	117.1	95.9
		L75×6		81.6								81.6	81.6	81.6	81.6
		L75×5	92.4									92.4	92.4	92.4	92.4
		L70×5		9.3								9.3	9.3	9.3	9.3
		L63×5	159.8	68.8				60.5	55.8	50.3	42.8	271.4	278.9	284.4	289.1
		小计	314.8	193.0	318.9	441.7	391.4	493.9	596.7	409.5	220.0	1488.4	1677.9	1865.1	2153.7
	Q235	L63×5	17.1									17.1	17.1	17.1	17.1
		L56×5	17.4	9.7								27.1	27.1	27.1	27.1
		L56×4		7.9				52.8	28.8			7.9	7.9	36.7	60.7
		L50×5	4.1	8.1				118.3			70.8	83.0	12.2	12.2	130.5
		L50×4	8.4	6.6		82.7	216.0	92.0	226.8	162.9		97.7	260.6	324.5	405.7
		L45×4	37.9	30.8	91.0	111.4	100.4	52.0	124.4	34.8	18.5	289.6	305.9	395.5	423.5
		L40×4	31.3	76.8	74.6	115.1	12.6	20.8	62.2	38.6	12.2	310.0	336.4	360.0	331.2
		L40×3	139.0	54.4		7.2		63.3	58.5	62.0	55.5	256.1	262.6	259.1	263.9
		小计	255.2	194.3	165.6	316.4	329.0	399.2	500.7	298.3	157.0	1088.5	1229.8	1432.2	1659.7
钢板	Q355	−6	117.9	74.0				18.0	17.6	16.8	25.8	217.7	208.7	209.5	209.9
		−8	22.3	14.2		24.9	24.8	27.6	24.9	24.9	24.9	86.3	86.3	86.3	113.8
		−10						15.0	15.0	15.0	15.0	15.0	15.0	15.0	15.0
		−12						101.5	83.3	82.2	82.0	82.0	82.2	83.3	101.5
		−20						72.6	72.6	72.6	72.6	72.6	72.6	72.6	72.6
		小计	140.2	88.2		24.9	24.8	234.7	213.4	211.5	220.3	473.6	464.8	466.7	512.8
	Q235	−6	75.4	51.8	31.0	19.3	9.5	38.5	22.3	25.7	22.2	199.7	203.2	199.8	225.5
		−10	0.8	1.2	3.2	4.0	0.8					9.2	9.2	9.2	10.0
		−12			1.0	1.0						2.0	2.0	2.0	2.0
					2.5							2.5	2.5	2.5	2.5
		小计	76.2	53.0	37.7	24.3	10.3	38.5	22.3	25.7	22.2	213.4	216.9	213.5	240.0
螺栓	6.8级	M16×40	52.8	35.5	2.3	16.7	6.5	22.5	18.7	18.7	18.7	126.0	126.0	126.0	126.0
		M16×50	4.5	8.7	16.7	9.9	7.7	12.2	17.5	12.3	7.8	47.6	52.1	57.3	59.7
		M16×60 双帽	1.6	0.8								2.4	2.4	2.4	2.4
		小计	58.9	45.0	19.0	26.6	14.2	34.7	36.2	31.0	26.5	176.0	180.5	185.7	198.4
	6.8级	M20×45	54.0	35.7	8.6			4.3	4.3	4.3	4.3	102.6	102.6	102.6	102.6
		M20×55			9.4	18.9	18.9	11.8	28.3	28.3	28.3	56.6	56.6	56.6	59.0
		M20×65					20.5								20.5
		M20×60 双帽	11.5	5.8								17.3	17.3	17.3	17.3
		M20×70 双帽	6.2	3.1								9.3	9.3	9.3	9.3
		小计	71.7	44.6	18.0	18.9	18.9	36.6	32.6	32.6	32.6	185.8	185.8	185.8	208.7
		螺栓合计	130.6	89.7	29.5	35.7	33.1	71.3	68.8	63.6	59.1	339.3	343.8	349.0	384.6
脚钉	6.8级	M16×180	5.3	3.8	8.4	12.2	9.1	8.4	12.9	9.1	2.3	31.3	38.1	41.9	46.5
		M20×200	4.0	4.0	1.3	1.3	2.7	1.3	1.3	1.3	1.3	11.9	11.9	11.9	14.6
		小计	9.3	7.8	9.7	13.6	11.8	9.7	14.2	10.4	3.6	43.9	50.7	54.5	61.8
垫圈	Q235	−3A（φ17.5）	0.4	0.5								0.9	0.9	0.9	0.9
		−4A（φ17.5）	0.5	0.3		0.1	0.1	0.1	0.1	0.1	0.1	1.0	1.0	1.0	1.1
		−4B（φ22）		0.1								0.1	0.1	0.1	0.1
		小计	0.9	0.9		0.1	0.1	0.1	0.1	0.1	0.1	2.0	2.0	2.0	2.1
不含防盗螺栓总质量（kg）			927.2	626.8	568.9	866.4	800.5	1247.4	1416.2	1019.1	682.3	3671.6	4008.4	4405.5	5037.2
各呼高含防盗螺栓总质量（kg）												3708.3	4048.4	4449.5	5087.5

图 15－137　10D3015－SZA2 直线塔材料汇总表

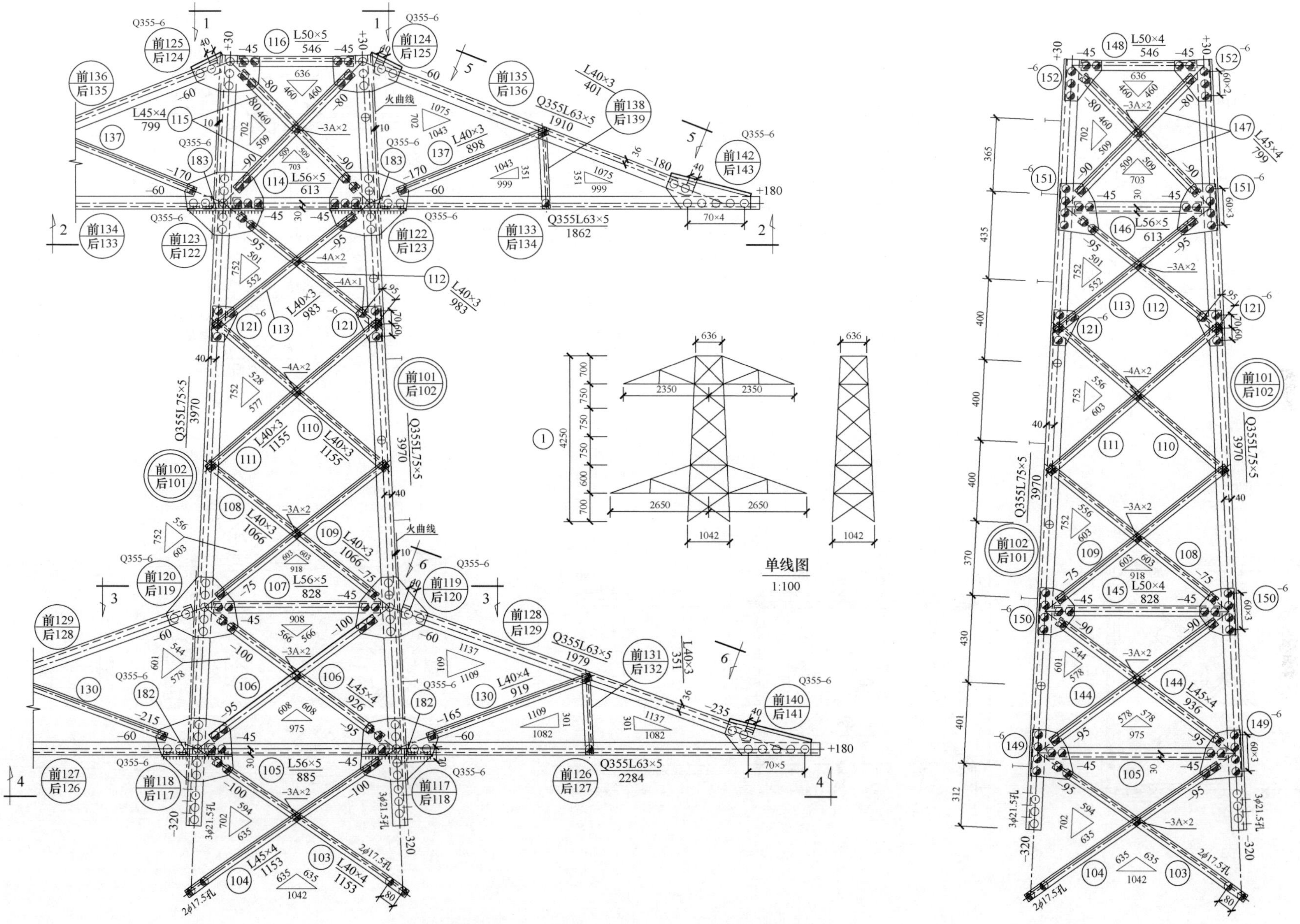

图 15-138 10D3015-SZA2 直线塔塔头①结构图（1/3）

单线图
1:100

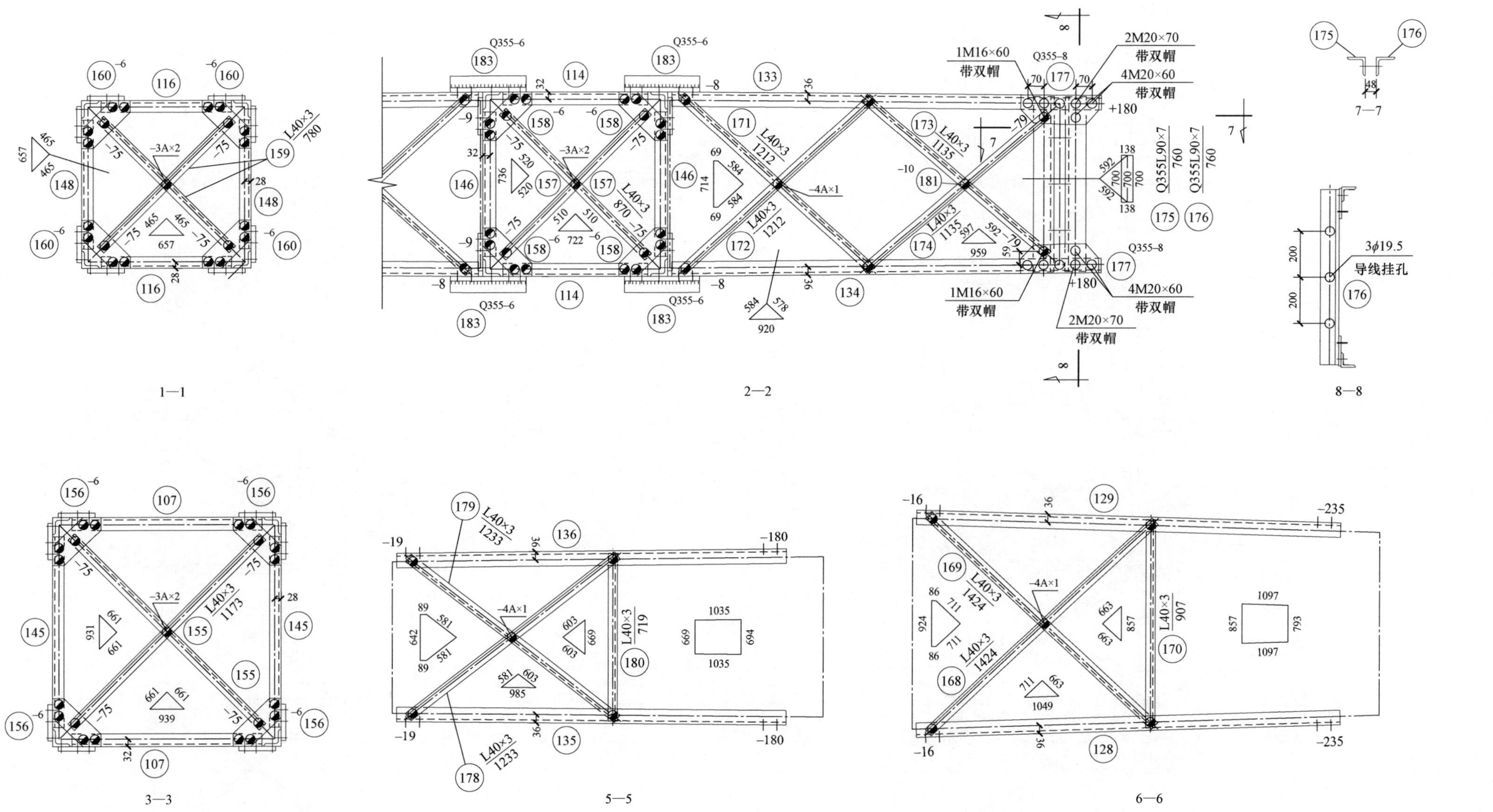

1—1

2—2

7—7

8—8

3—3

5—5

6—6

图 15−139　10D3015−SZA2　直线塔塔头①结构图（2/3）

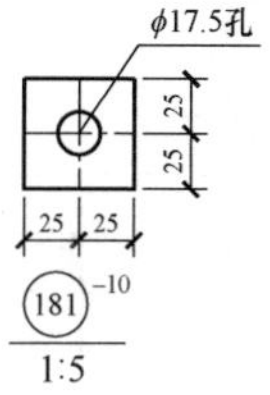

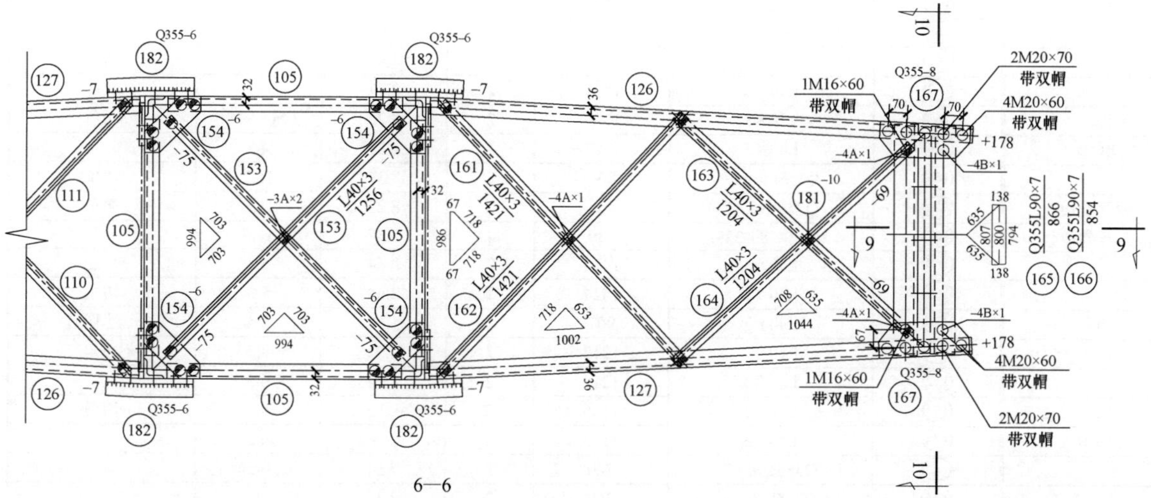

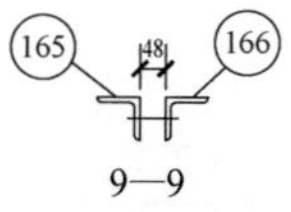

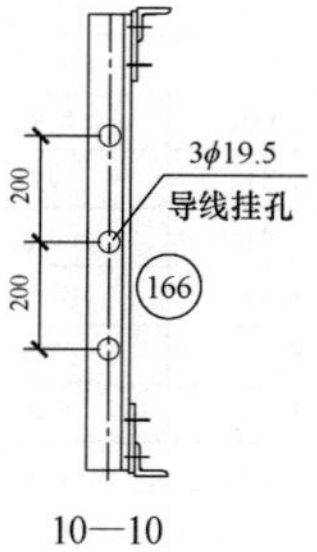

螺栓、脚钉、垫圈明细表

名称	级别	规格	符号	数量	质量（kg）	备注
螺栓	6.8级	M16×40	◐	366	52.8	
		M16×50	◑	28	4.5	
		M20×45	○	200	54.0	
		M16×70	◐	8	1.6	带双帽
		M20×60	○	32	11.5	带双帽
		M20×70	○	16	6.2	带双帽
脚钉	6.8级	M16×180	⊕T	14	5.3	
		M20×200		6	4.0	
垫圈	Q235	−3A（φ17.5）		40	0.4	规格×个数
		−4A（φ17.5）		44	1.0	
总质量					140.8kg	

图 15−140　10D3015−SZA2 直线塔塔头①结构图（3/3）（一）

编号	规格	长度（mm）	数量	质量（kg）一件	质量（kg）小计	备注	编号	规格	长度（mm）	数量	质量（kg）一件	质量（kg）小计	备注
⑩1	Q355L75×5	3970	2	23.10	44.4	带脚钉	⑭3	Q355−6×160	439	2	4.18	8.4	卷边 50mm
⑩2	Q355L75×5	3970	2	22.22	44.4		⑭4	L45×4	936	4	2.76	11.0	
⑩3	L45×4	1153	4	3.15	12.6	切角	⑭5	L50×4	828	2	2.50	5.0	
⑩4	L45×4	1153	4	3.15	12.6		⑭6	L56×5	613	2	2.67	5.3	
⑩5	L56×5	885	4	3.76	15.0		⑭7	L45×4	799	4	2.23	8.9	
⑩6	L45×4	926	4	2.73	10.9		⑭8	L50×4	546	2	1.71	3.4	
⑩7	L56×5	828	2	3.48	7.0		⑭9	−6×206	236	4	2.29	9.2	
⑩8	L40×3	1108	4	1.97	7.9	切角	⑮0	−6×176	230	4	1.91	7.6	
⑩9	L40×3	1108	4	1.97	7.9		⑮1	−6×200	268	4	2.37	9.5	
⑪0	L40×3	1155	4	2.07	8.3	切角	⑮2	−6×176	207	4	1.72	6.9	
⑪1	L40×3	1155	4	2.07	8.3		⑮3	L40×3	1256	2	2.33	4.7	
⑪2	L40×3	983	4	1.64	6.6	切角	⑮4	−6×212	212	4	2.12	8.5	
⑪3	L40×3	983	4	1.64	6.6		⑮5	L40×3	1173	2	2.16	4.3	
⑪4	L56×5	613	2	2.67	5.3		⑮6	−6×209	212	4	2.06	8.2	
⑪5	L45×4	799	4	2.23	8.9		⑮7	L40×3	1173	2	1.65	3.3	
⑪6	L50×5	546	2	2.11	4.2		⑮8	−6×212	212	4	2.12	8.5	
⑪7	Q355−6×314	437	2	5.69	11.4	制弯	⑮9	L40×3	1173	2	1.48	3.0	
⑪8	Q355−6×314	437	2	5.69	11.4	制弯	⑯0	−6×209	209	4	2.06	8.2	
⑪9	Q355−6×304	373	2	5.10	10.2	制弯	⑯1	L40×3	1421	2	2.47	4.9	切角
⑫0	Q355−6×304	373	2	5.10	10.2	制弯	⑯2	L40×3	1421	2	2.47	4.9	
⑫1	−6×126	188	8	1.04	8.3		⑯3	L40×3	1304	2	2.23	4.5	切角
⑫2	Q355−6×314	409	2	5.74	11.5	制弯	⑯4	L40×3	1304	2	2.23	4.5	
⑫3	Q355−6×314	409	2	5.74	11.5	制弯	⑯5	Q355L90×7	866	2	8.37	16.7	切角
⑫4	Q355−6×184	335	2	2.89	5.8	制弯卷边	⑯6	Q355L90×7	854	2	8.25	16.5	切角
⑫5	Q355−6×184	335	2	2.89	5.8	制弯卷边	⑯7	Q355−8×339	339	4	2.87	11.5	
⑫6	Q355L63×5	2284	2	9.81	19.6		⑯8	L40×3	1424	2	2.64	5.3	
⑫7	Q355L63×5	2284	2	9.81	19.6		⑯9	L40×3	1424	2	2.64	5.3	切角
⑫8	Q355L63×5	1979	2	8.87	17.7	切角	⑰0	L40×3	907	2	1.68	3.4	一端切肢
⑫9	Q355L63×5	1979	2	8.87	17.7	切角	⑰1	L40×3	1212	2	2.24	4.5	切角
⑬0	L40×4	919	4	1.60	6.4		⑰2	L40×3	1212	2	2.24	4.5	
⑬1	L40×3	351	2	0.74	1.5	切角	⑰3	L40×3	1135	2	2.10	4.2	切角
⑬2	L40×3	351	2	0.74	1.5	切角	⑰4	L40×3	1135	2	2.10	4.2	
⑬3	Q355L63×5	2119	2	8.98	18.0		⑰5	Q355L90×7	760	2	7.34	14.7	
⑬4	Q355L63×5	2119	2	8.98	18.0		⑰6	Q355L90×7	760	2	7.34	14.7	
⑬5	Q355L63×5	1910	2	8.14	16.3	切角	⑰7	Q355−8×127	338	4	2.70	10.8	
⑬6	Q355L63×5	1910	2	8.14	16.3	切角	⑰8	L40×3	1233	2	2.28	4.6	
⑬7	L40×3	898	4	1.48	5.9		⑰9	L40×3	1233	2	2.28	4.6	切角
⑬8	L40×3	401	2	0.74	1.5	切角	⑱0	L40×3	719	2	1.33	2.7	一端切肢
⑬9	L40×3	401	2	0.74	1.5	切角	⑱1	−12×50	50	4	0.20	0.8	垫板
⑭0	Q355−6×156	496	2	4.30	8.6	卷边 50mm	⑱2	Q355−6×50	400	4	0.94	3.8	焊接
⑭1	Q355−6×156	496	2	4.30	8.6	卷边 50mm	⑱3	Q355−6×50	350	4	0.82	3.3	焊接
⑭2	Q355−6×160	439	2	4.18	8.4	卷边 50mm		总质量				786.4kg	

图 15−140　10D3015−SZA2 直线塔塔头①结构图（3/3）（二）

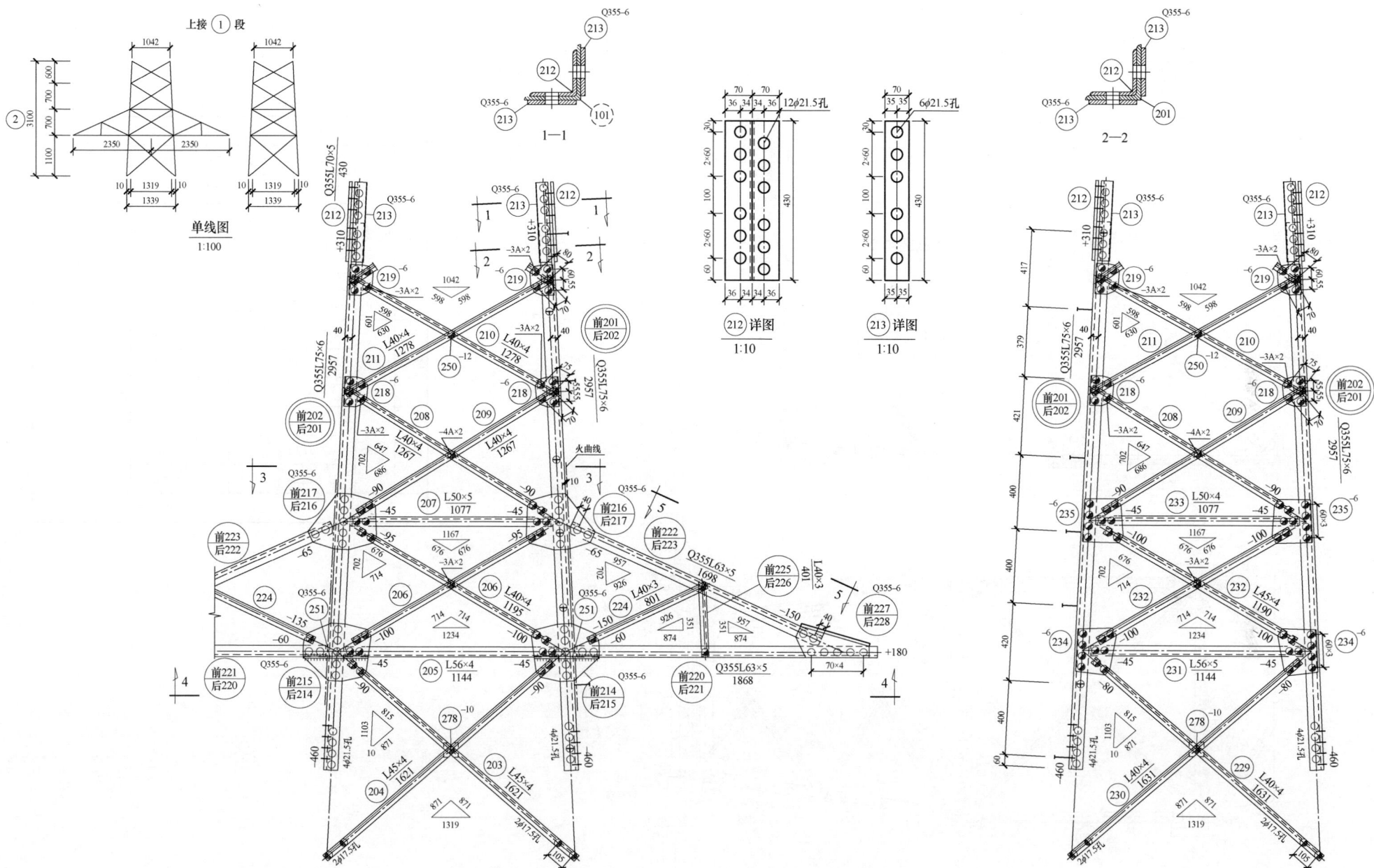

图 15-141　10D3015-SZA2 直线塔塔头②结构图（1/2）

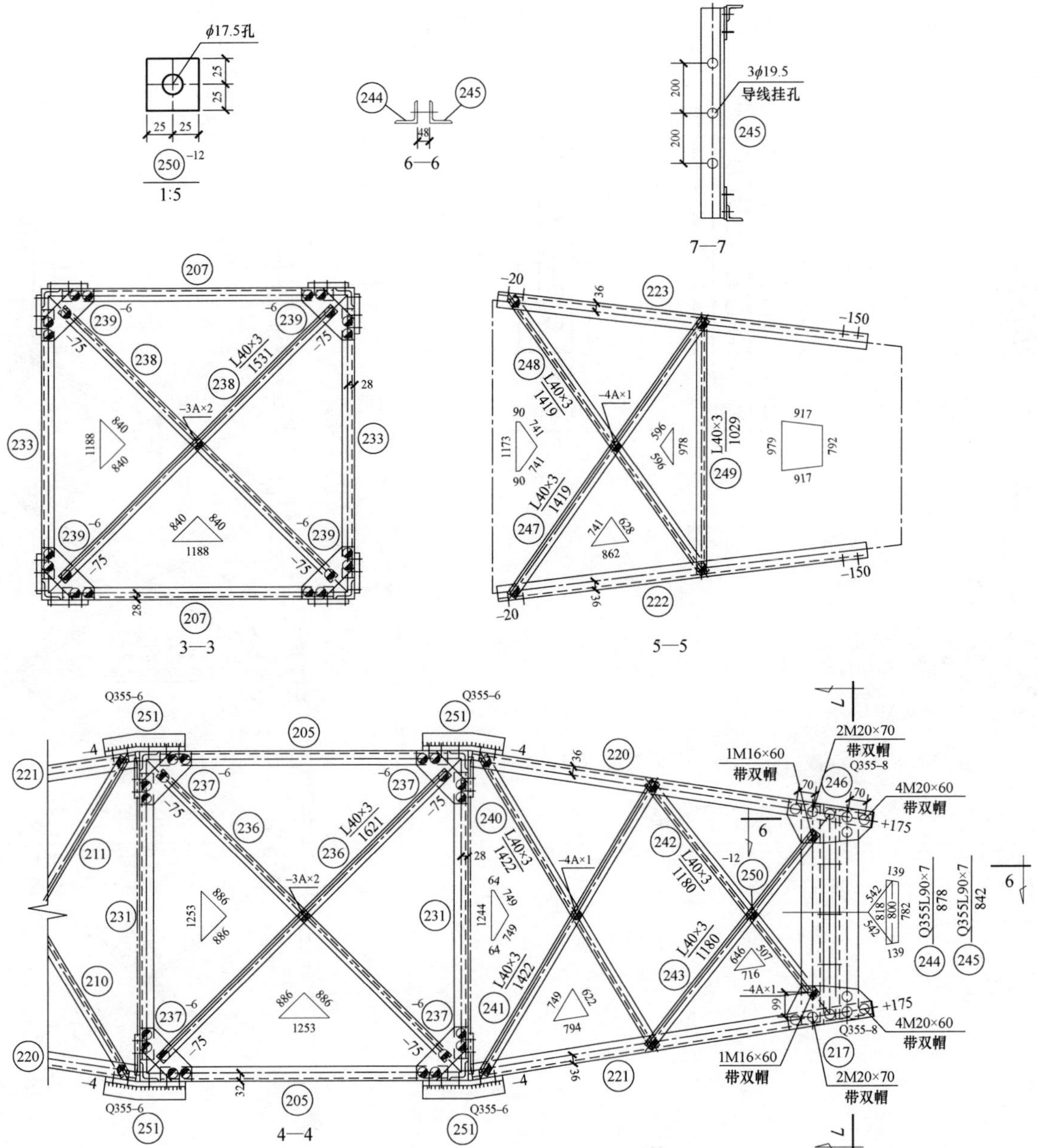

螺栓、脚钉、垫圈明细表

名称	级别	规格	符号	数量	质量（kg）	备注
螺栓	6.8级	M16×40	◑	246	35.5	
		M16×50	◑	54	8.7	
		M20×45	○	132	35.7	
		M16×70	◑	4	0.8	带双帽
		M20×60	○	16	5.8	带双帽
		M20×70	○	8	3.1	带双帽
脚钉	6.8级	M16×180	⊕T	10	3.8	
		M20×200		6	4.0	
垫圈	Q235	−3A（φ17.5）		48	0.5	规格×个数
		−4A（φ17.5）		16	0.3	
		−4B（φ22）		4	0.1	
总质量					98.3kg	

图 15−142 10D3015−SZA2 直线塔塔头②结构图（2/2）（一）

编号	规格	长度（mm）	数量	质量（kg）		备注	编号	规格	长度（mm）	数量	质量（kg）		备注
				一件	小计						一件	小计	
201	Q355L75×6	2957	2	20.42	40.8	带脚钉	227	Q355－6×395	210	2	4.06	8.1	卷边 50mm
202	Q355L75×6	2957	2	20.42	40.8		228	Q355－6×395	210	2	4.06	8.1	卷边 50mm
203	L40×4	1621	2	3.93	7.9		229	L40×4	1631	2	3.95	7.9	切角
204	L40×4	1621	2	3.93	7.9		230	L40×4	1631	2	3.95	7.9	
205	L56×4	1144	2	3.94	7.9		231	L56×5	1144	2	4.86	9.7	
206	L40×4	1195	4	2.89	11.6		232	L45×4	1190	4	3.26	13.0	
207	L50×5	1077	2	4.06	8.1		233	L50×4	1077	2	3.29	6.6	
208	L40×4	1267	4	3.07	12.3	切角	234	－6×210	255	4	2.52	10.1	
209	L40×4	1267	4	3.07	12.3		235	－6×218	239	4	2.45	9.8	
210	L40×4	1278	4	3.10	12.4	切角	236	L40×3	1621	2	3.00	6.0	
211	L40×4	1278	4	3.10	12.4		237	－6×208	212	4	2.08	8.3	
212	Q355L70×5	430	4	2.32	9.3	铲背	238	L40×3	1531	2	2.84	5.7	
213	Q355－6×70	430	8	1.42	11.4		239	－6×209	209	4	2.06	8.2	
214	Q355－6×314	363	2	5.37	10.7	制弯	240	L40×3	1422	2	2.63	5.3	切角
215	Q355－6×314	363	2	5.37	10.7	制弯	241	L40×3	1422	2	2.63	5.3	
216	Q355－6×314	369	2	5.46	10.9	制弯	242	L40×3	1180	2	2.19	4.4	切角
217	Q355－6×314	369	2	5.46	10.9	制弯	243	L40×3	1180	2	2.19	4.4	
218	－6×126	160	8	0.95	7.6		244	Q355L90×7	878	2	8.51	17.0	切角
219	－6×126	165	8	0.98	7.8		245	Q355L90×7	842	2	8.10	16.3	切角
220	Q355L63×5	1868	2	9.01	18.0		246	Q355－8×340	166	4	3.54	14.2	
221	Q355L63×5	1868	2	9.01	18.0		247	L40×3	1419	2	2.63	5.3	
222	Q355L63×5	1699	2	8.19	16.4	切角	248	L40×3	1419	2	2.63	5.3	切角
223	Q355L63×5	1699	2	8.19	16.4	切角	249	L40×3	1029	2	1.90	3.8	一端切肢
224	L40×3	801	4	1.48	5.9		250	－12×50	50	6	0.24	1.4	垫板
225	L40×3	401	2	0.74	1.5	切角	251	Q355－6×50	345	4	0.81	3.2	焊接
226	L40×3	401	2	0.74	1.5	切角	总质量		528.5kg				

图 15－142　10D3015－SZA2 直线塔塔头②结构图（2/2）（二）

构件明细表

编号	规格	长度(mm)	数量	质量(kg) 一件	质量(kg) 小计	备注	编号	规格	长度(mm)	数量	质量(kg) 一件	质量(kg) 小计	备注
301	Q355L100×10	4851	1	73.35	73.4	带脚钉	311	L40×4	1809	4	4.38	17.5	
302	Q355L100×10	4851	2	73.35	146.7		312	Q355L100×7	585	4	6.34	25.4	铲弧
303	Q355L100×10	4851	1	73.35	73.4	带脚钉	313	−6×141	196	8	1.30	10.2	
304	L40×4	2204	4	5.34	21.4	切角	314	−6×143	190	8	1.28	10.4	
305	L40×4	2204	4	5.34	21.4		315	−6×138	200	8	1.30	10.4	
306	L40×4	2048	4	4.96	19.8	切角	316	−10×50	50	16	0.20	3.2	垫板
307	L40×4	2048	4	4.96	19.8		317	−12×50	50	4	0.24	1.0	垫板
308	L40×4	1957	4	4.74	19.0	切角	318	−16×50	50	8	0.31	2.5	垫板
309	L40×4	1957	4	4.74	19.0								
310	L40×4	1809	4	4.38	17.5	切角		总质量				522.2kg	

螺栓、脚钉、垫圈明细表

名称	级别	规格	符号	数量	质量(kg)	备注
螺栓	6.8级	M16×40	◐	16	2.3	
		M16×50	◑	104	16.7	
		M20×45	○	32	8.6	
		M20×55	∅	32	9.4	
脚钉	6.8级	M16×180	⊕T	22	8.4	
		M20×200		2	1.3	
垫圈	Q235					规格×个数
		总质量			46.7kg	

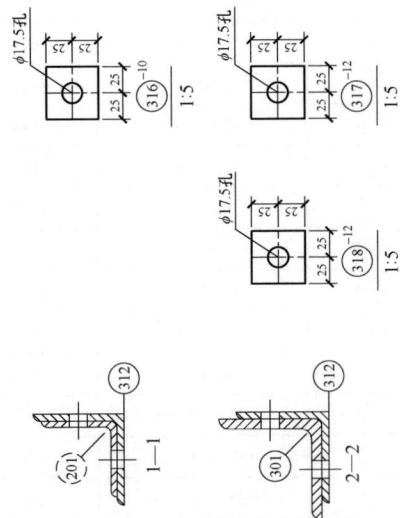

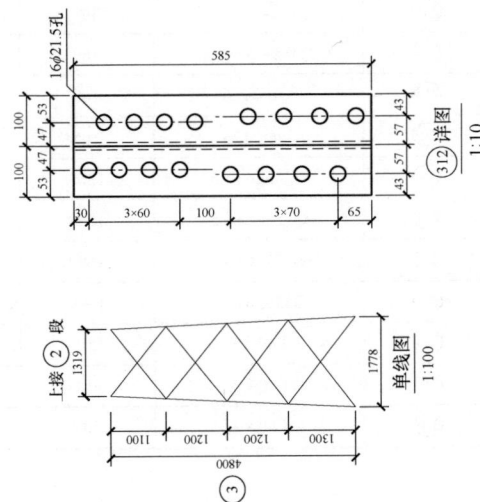

图 15−143 10D3015−SZA2 直线塔塔身③结构图

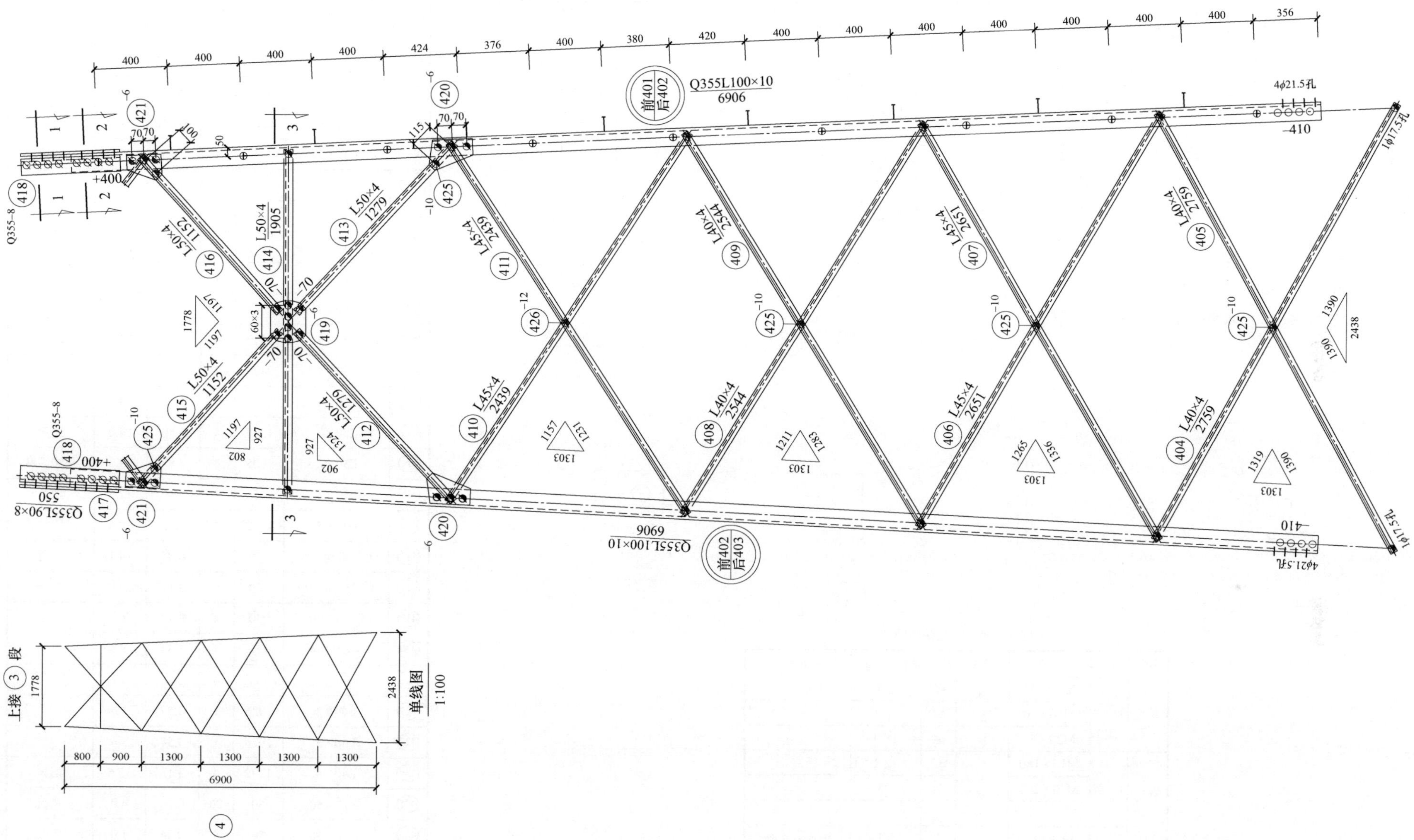

图 15-144　10D3015-SZA2 直线塔塔身④结构图（1/2）

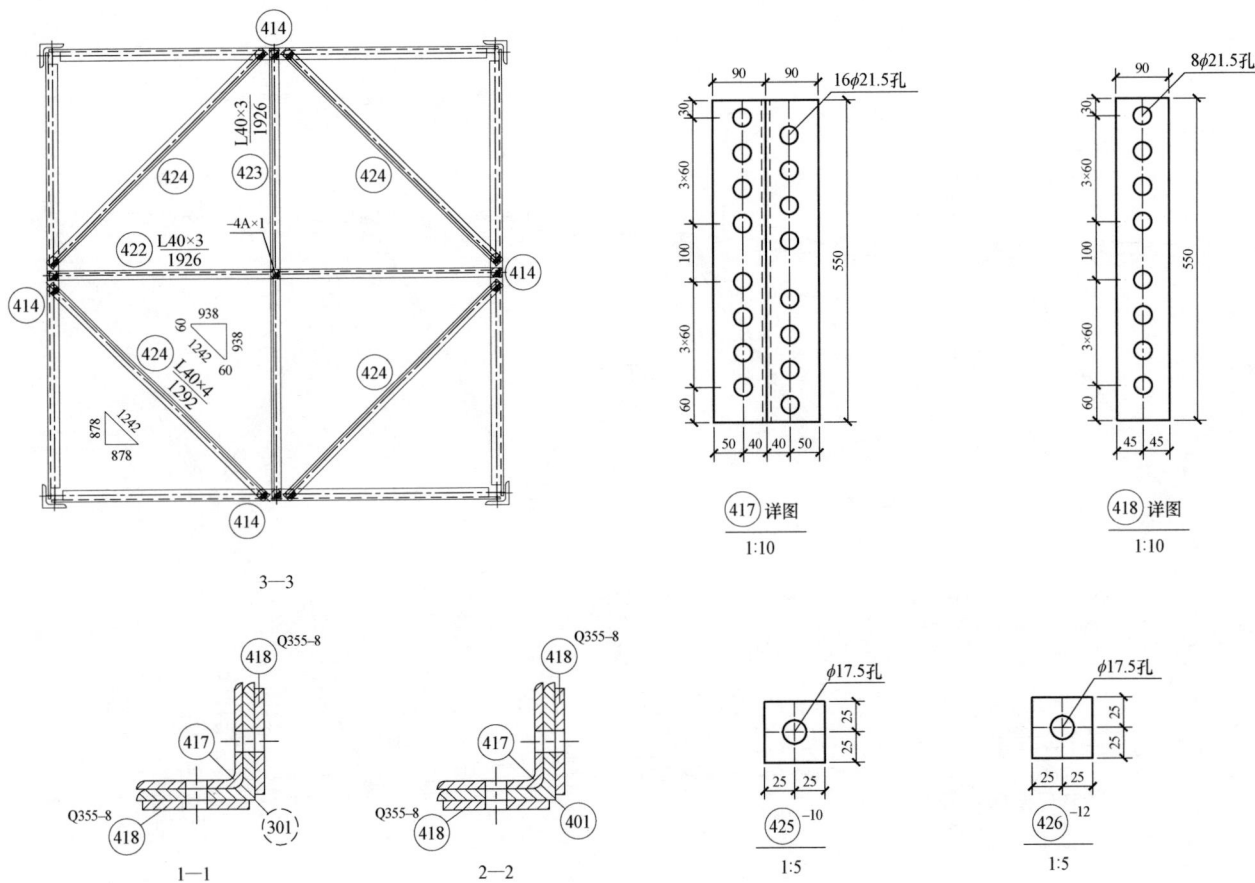

构 件 明 细 表

编号	规格	长度(mm)	数量	质量（kg）一件	质量（kg）小计	备注
401	Q355L100×10	6906	1	104.42	104.4	带脚钉
402	Q355L100×10	6906	2	104.42	208.8	
403	Q355L100×10	6906	1	104.42	104.4	带脚钉
404	L40×4	2759	4	6.68	26.7	切角
405	L40×4	2759	4	6.68	26.7	
406	L40×4	2651	4	6.42	25.7	切角
407	L40×4	2651	4	6.42	25.7	
408	L40×4	2544	4	6.16	24.6	切角
409	L40×4	2544	4	6.16	24.6	
410	L40×4	2439	4	5.91	23.6	切角
411	L40×4	2439	4	5.91	23.6	
412	L50×4	1279	4	3.50	14.0	
413	L50×4	1279	4	3.50	14.0	切角
414	L50×4	1905	4	5.83	23.3	两端切肢
415	L50×4	1152	4	3.15	12.6	切角
416	L50×4	1152	4	3.15	12.6	
417	Q355L90×8	550	4	6.02	24.1	铲背
418	Q355−8×90	550	8	3.11	24.9	
419	−6×196	230	4	2.12	8.5	
420	−6×144	211	4	1.43	5.7	
421	−6×142	192	4	1.28	5.1	
422	L40×3	1926	1	3.57	3.6	
423	L40×3	1926	1	3.57	3.6	
424	L40×4	1292	4	3.13	12.5	切角
425	−10×50	50	20	0.20	4.0	垫板
426	−12×50	50	4	0.24	1.0	垫板
总质量					807.3kg	

螺栓、脚钉、垫圈明细表

名称	级别	规格	符号	数量	质量（kg）	备注
螺栓	6.8级	M16×40	◑	45	6.5	
		M16×50	◒	64	10.3	
		M20×55	∅	64	18.9	
脚钉	6.8级	M16×180	⊕T	32	12.2	
		M20×200		2	1.3	
垫圈	Q235	−4A（φ17.5）		1	0.1	规格×个数
总质量					59.1kg	

图 15−145　10D3015−SZA2 直线塔塔身④结构图（2/2）

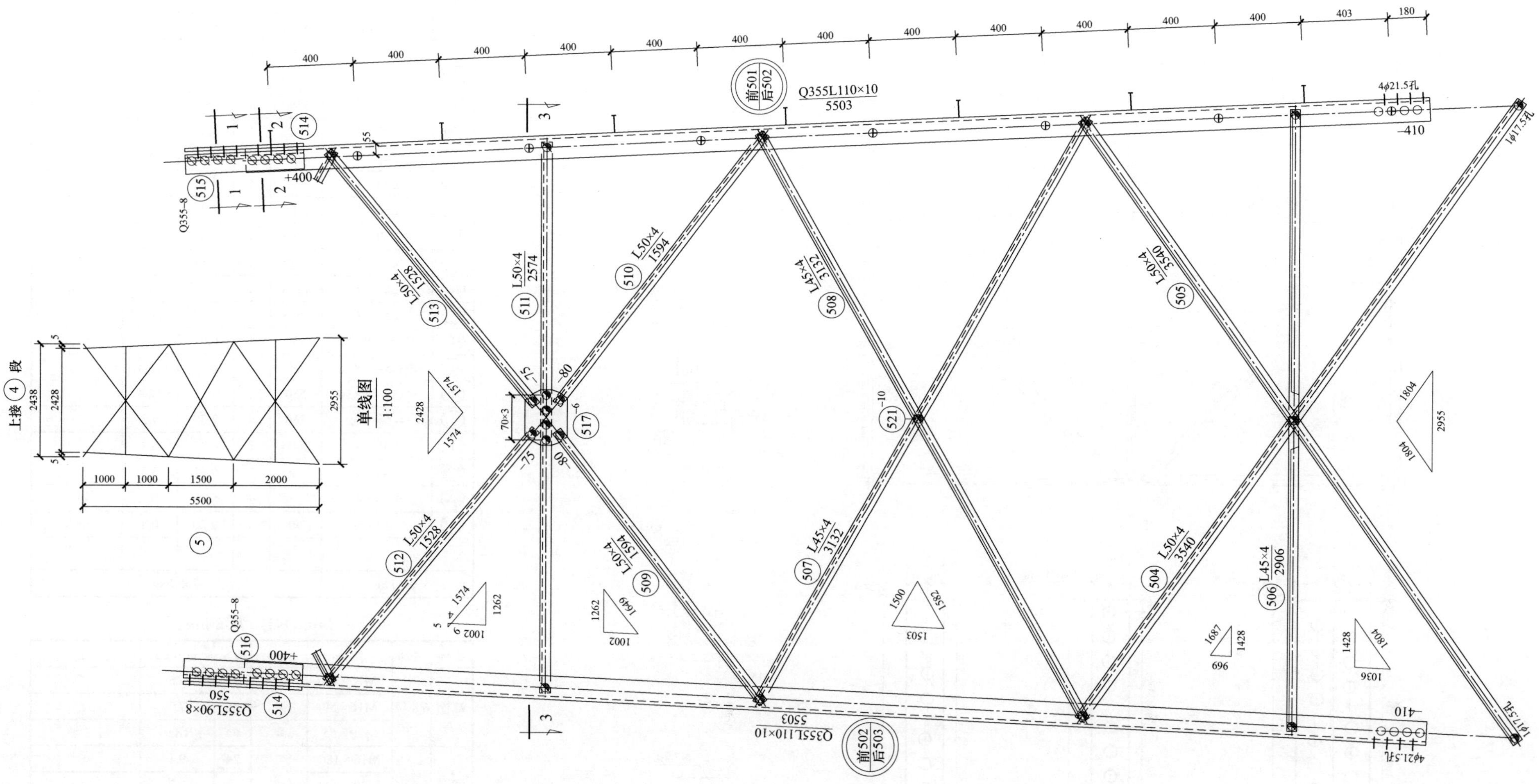

图 15-146 10D3015-SZA2 直线塔塔身⑤结构图（1/2）

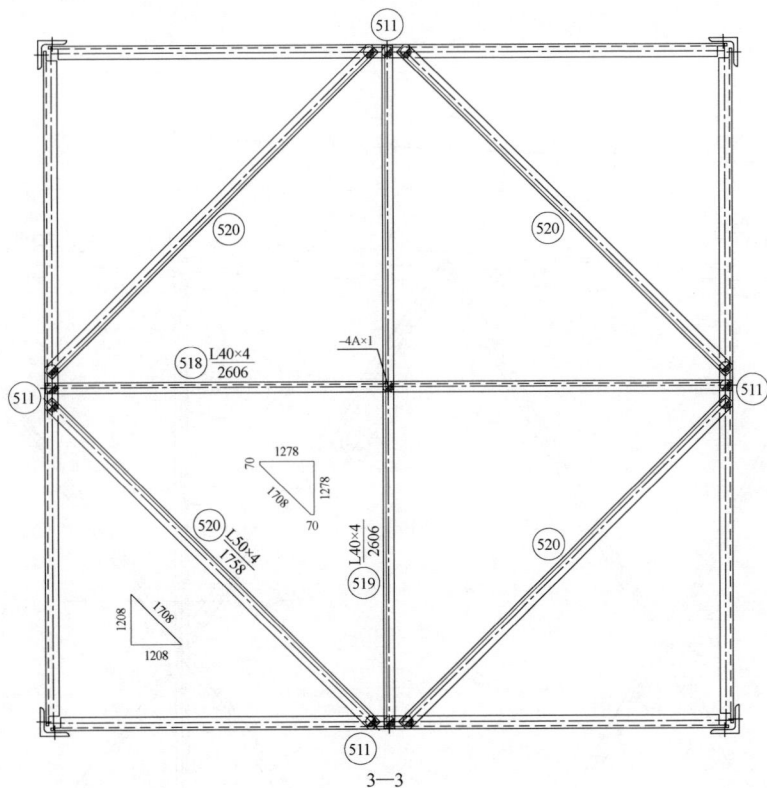

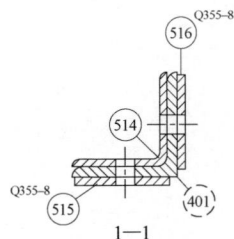

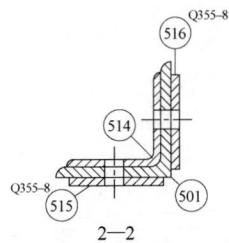

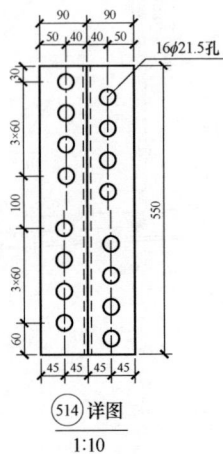

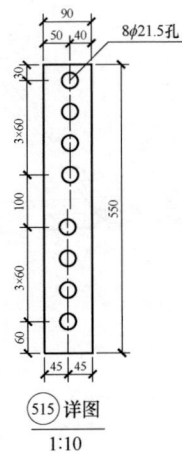

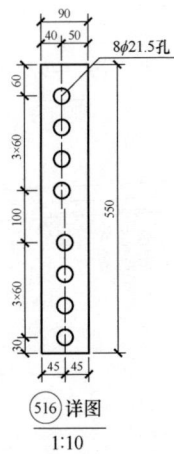

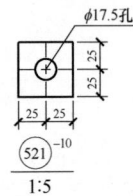

构件明细表

编号	规格	长度(mm)	数量	质量（kg）一件	质量（kg）小计	备注
501	Q355L110×10	5503	1	91.85	91.8	带脚钉
502	Q355L110×10	5503	2	91.85	183.7	
503	Q355L110×10	5503	1	91.85	91.8	带脚钉
504	L50×4	3540	4	10.83	43.3	切角
505	L50×4	3540	4	10.83	43.3	
506	L45×4	2906	4	7.95	31.8	中间压扁
507	L45×4	3132	4	8.57	34.3	切角
508	L45×4	3132	4	8.57	34.3	
509	L50×4	1594	4	4.88	19.5	
510	L50×4	1594	4	4.88	19.5	切角
511	L50×4	2574	4	7.87	31.5	两端切肢
512	L50×4	1528	4	4.67	18.7	切角
513	L50×4	1528	4	4.67	18.7	
514	Q355L90×8	550	4	6.02	24.1	铲背
515	Q355-8×90	550	4	3.11	12.4	
516	Q355-8×90	550	4	3.11	12.4	
517	-6×194	260	4	2.38	9.5	
518	L40×4	2606	1	6.31	6.3	
519	L40×4	2606	1	6.31	6.3	
520	L50×4	1758	4	5.38	21.5	切角
521	-10×50	50	4	0.20	0.8	垫板
总质量				755.5kg		

螺栓、脚钉、垫圈明细表

名称	级别	规格	符号	数量	质量（kg）	备注
螺栓	6.8级	M16×40	●	45	6.5	
		M16×50	●	48	7.7	
		M20×55	∅	64	18.9	
脚钉	6.8级	M16×180	⊕⊤	24	9.1	
		M20×200	⊕⊤	4	2.7	
垫圈	Q235	-4A（φ17.5）		1	0.1	规格×个数
总质量				45.0kg		

图 15-147　10D3015-SZA2 直线塔塔身⑤结构图（2/2）

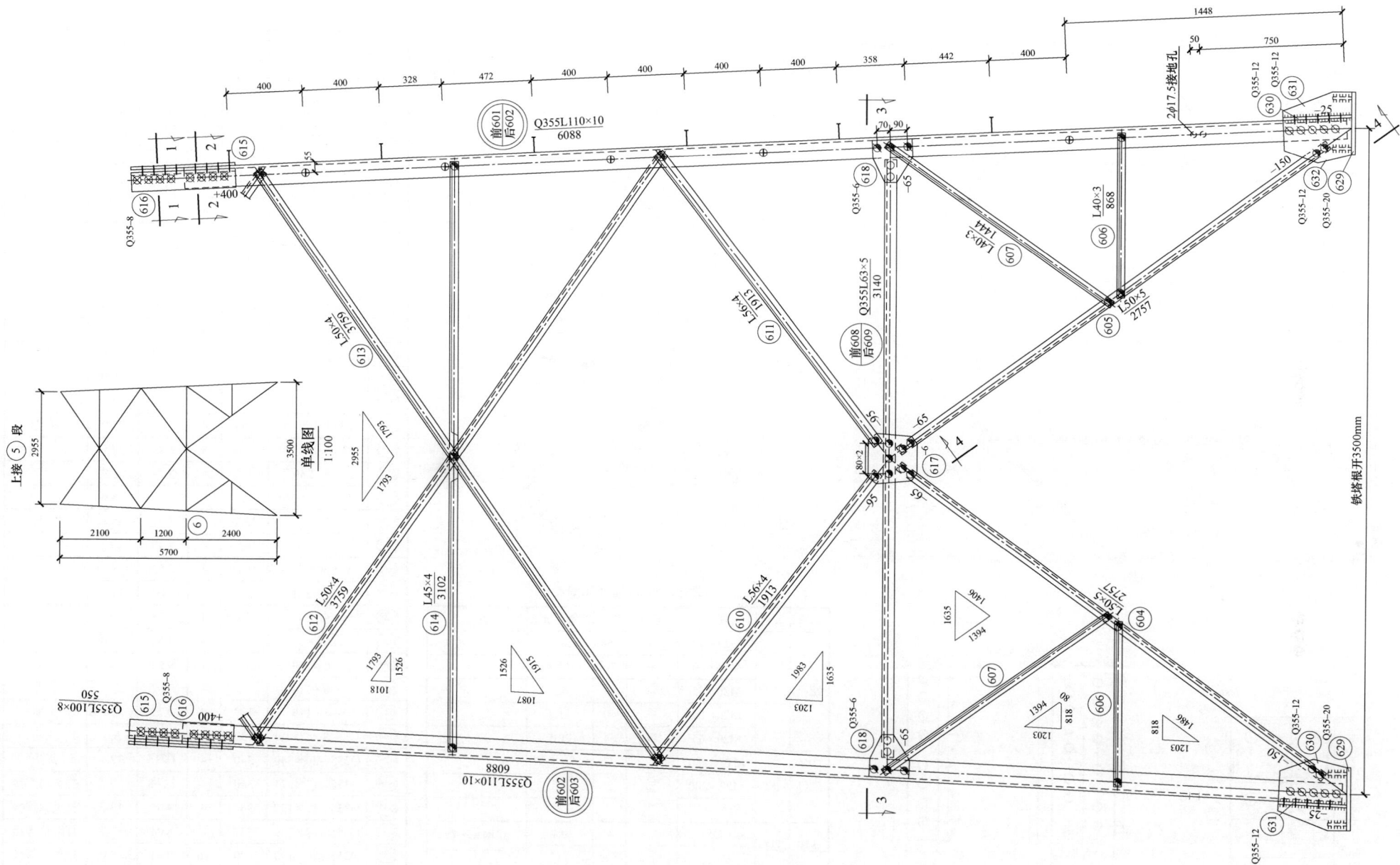

图 15-148 10D3015-SZA2 直线塔塔腿⑥结构图（1/2）

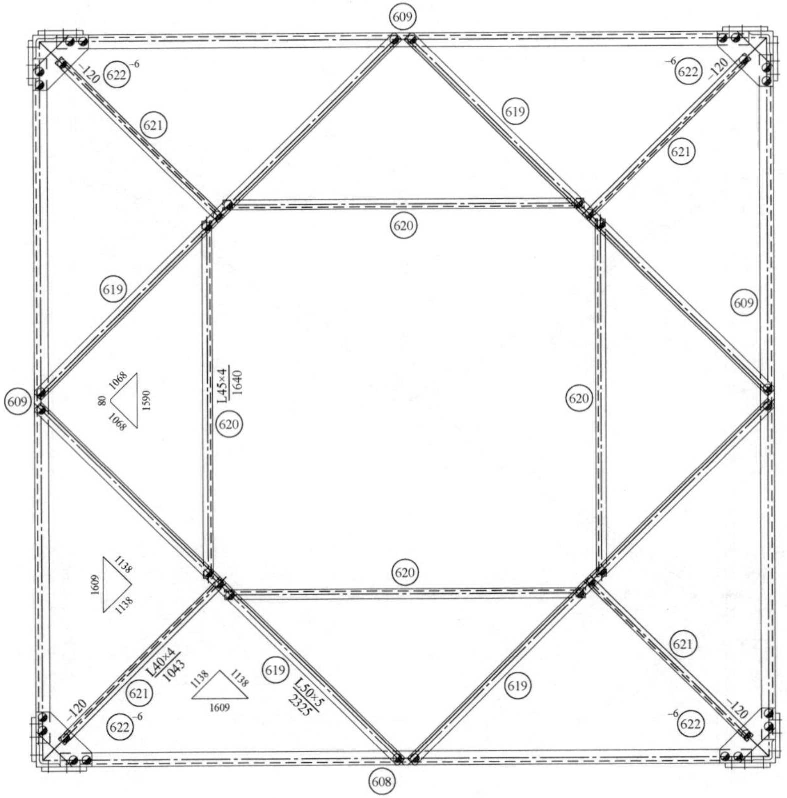

构件明细表

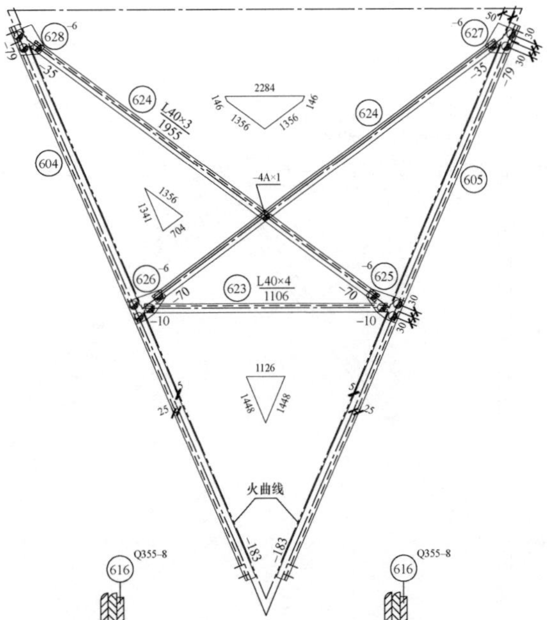

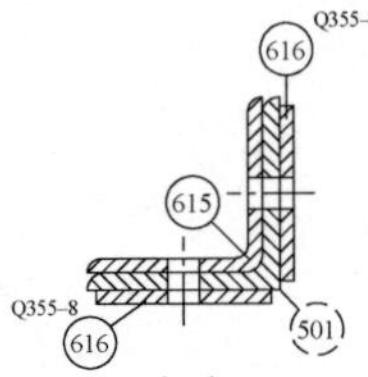

编号	规格	长度(mm)	数量	质量(kg)一件	质量(kg)小计	备注
601	Q355L110×10	6088	1	101.61	101.6	带脚钉
602	Q355L110×10	6088	2	101.61	203.2	
603	Q355L110×10	6088	1	101.61	101.6	带脚钉
604	L50×5	2757	4	10.39	41.6	
605	L50×5	2757	4	10.39	41.6	
606	L40×3	868	8	1.61	12.9	
607	L40×3	1444	8	2.67	21.4	
608	Q355L63×5	3140	1	15.14	15.1	
609	Q355L63×5	3140	3	15.14	45.4	
610	L56×4	1913	4	6.59	26.4	切角
611	L56×4	1913	4	6.59	26.4	
612	L50×4	3759	4	11.50	46.0	切角
613	L50×4	3759	4	11.50	46.0	
614	L45×4	3102	4	8.49	34.0	中间压扁
615	Q355L100×8	550	4	6.75	27.0	铲背
616	Q355−8×100	550	8	3.45	27.6	
617	−6×259	265	4	3.23	12.9	
618	Q355−6×210	227	8	2.25	18.0	
619	L50×5	2325	4	8.77	35.1	切角
620	L45×4	1640	4	4.49	18.0	
621	L40×4	1043	4	2.53	10.1	
622	−6×254	254	4	3.04	12.2	
623	L40×4	1106	4	2.68	10.7	
624	L40×3	1955	8	3.62	29.0	
625	−6×110	177	4	0.92	3.7	火曲
626	−6×110	177	4	0.92	3.7	火曲
627	−6×115	139	4	0.75	3.0	火曲
628	−6×115	139	4	0.75	3.0	火曲
629	Q355−20×340	340	4	18.15	72.6	焊接
630	Q355−12×374	360	4	12.68	50.7	打坡口焊接
631	Q355−12×137	360	4	4.65	18.6	打坡口焊接
632	Q355−12×239	357	4	8.04	32.2	打坡口焊接
633	Q355−10×100	120	16	0.94	15.0	打坡口焊接
总质量					1166.3kg	

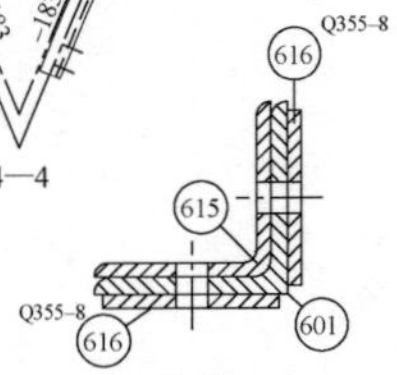

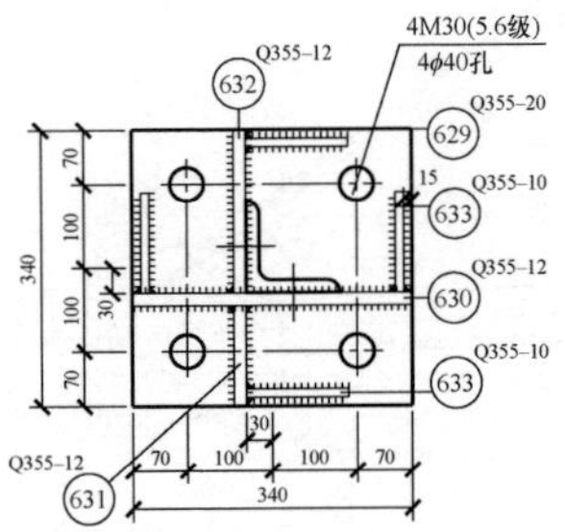

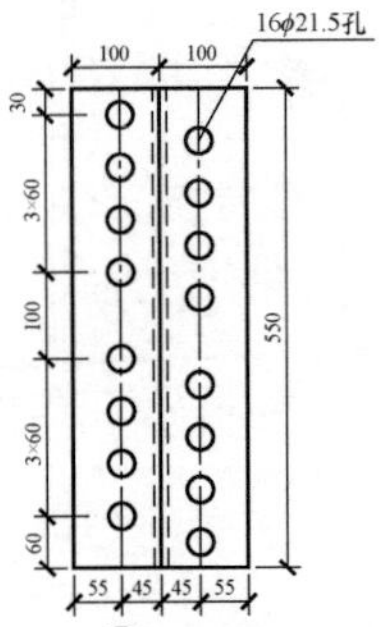

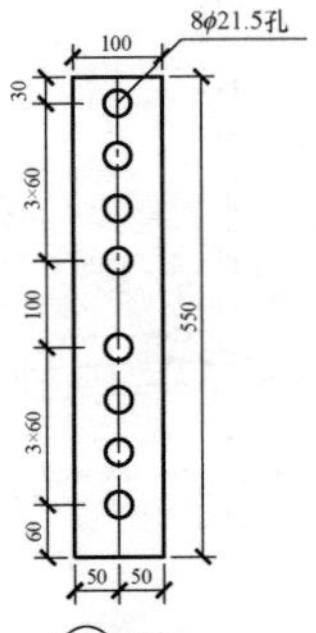

螺栓、脚钉、垫圈明细表

名称	级别	规格	符号	数量	质量(kg)	备注
螺栓	6.8级	M16×40	◐	156	22.5	
		M16×50	◑	76	12.2	
		M20×45	○	16	4.3	
		M20×55	⊘	40	11.8	
		M20×65	⊠	64	20.5	
脚钉	6.8级	M16×180	⊕T	22	8.4	
		M20×200	⊕T	2	1.3	
垫圈	Q235	−4A（φ17.5）		4	0.1	规格×个数
总质量					81.1kg	

图 15－149　10D3015－SZA2 直线塔塔腿⑥结构图（2/2）

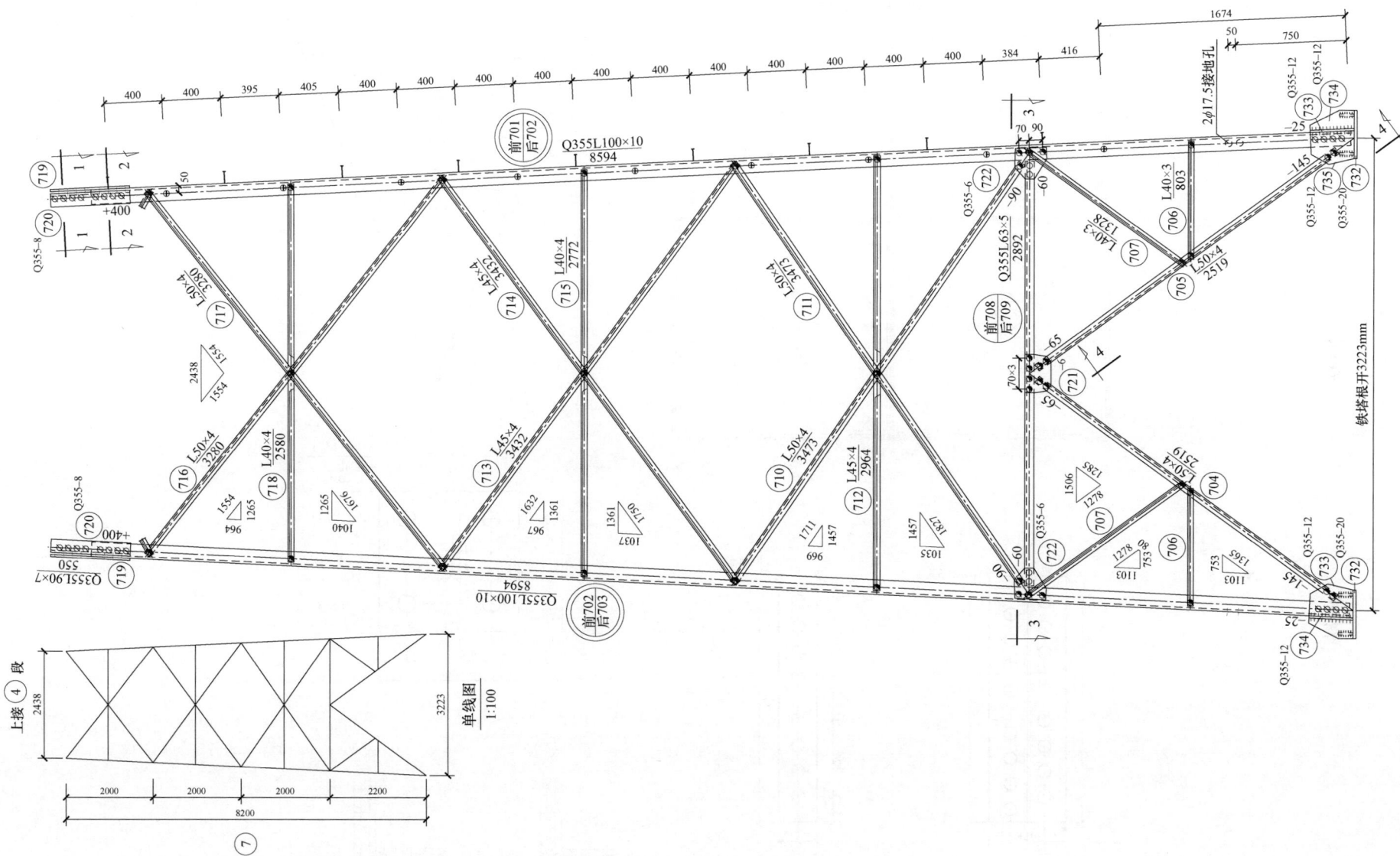

图 15-150　10D3015-SZA2 直线塔塔腿⑦结构图（1/2）

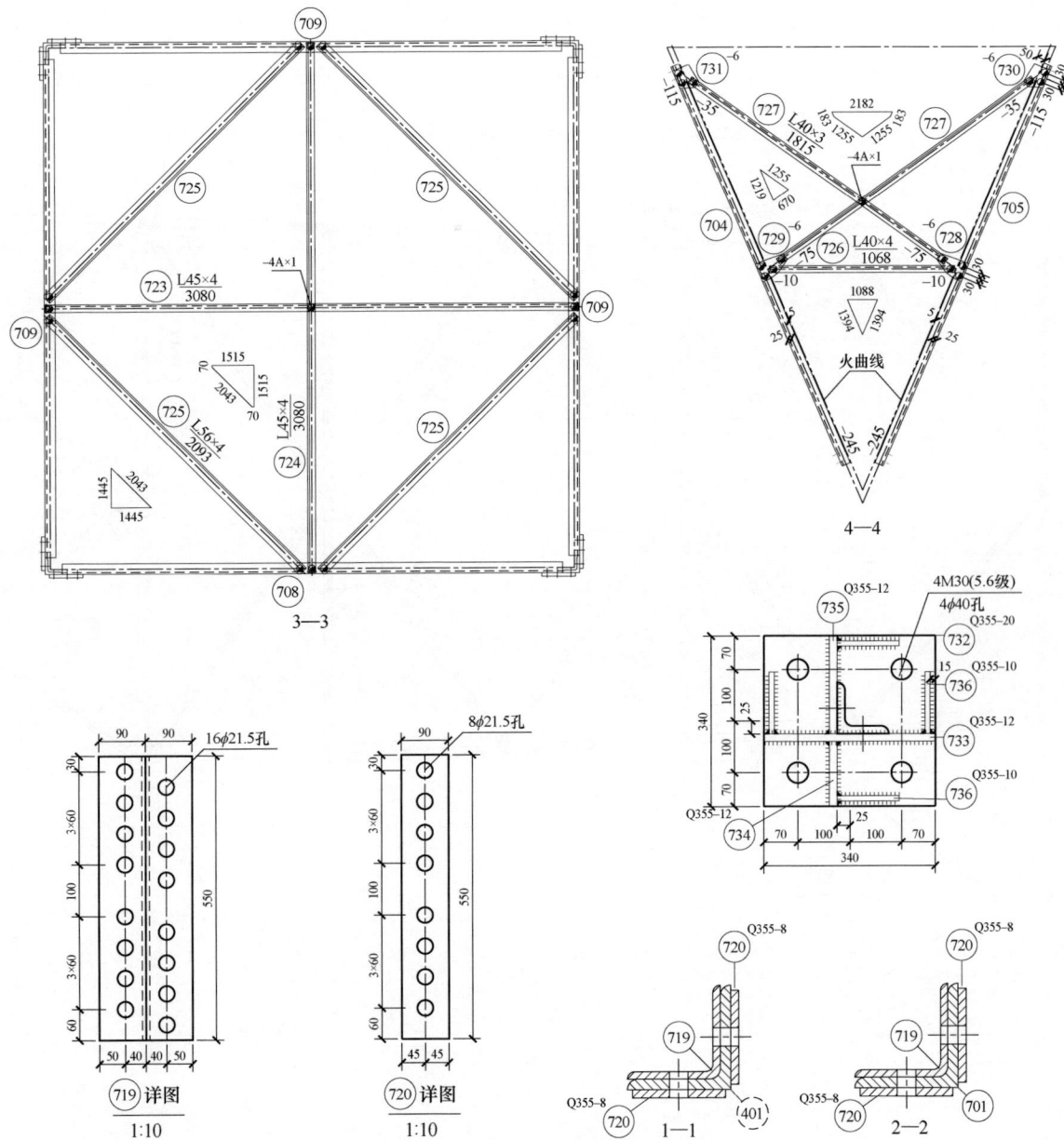

图 15-151　10D3015-SZA2　直线塔塔腿⑦结构图（2/2）（一）

编号	规格	长度（mm）	数量	质量（kg）		备注
				一件	小计	
⑦01	Q355L100×10	8594	1	129.94	129.9	带脚钉
⑦02	Q355L100×10	8594	2	129.94	259.9	
⑦03	Q355L100×10	8594	1	129.94	129.9	带脚钉
⑦04	L50×4	2519	4	7.71	30.8	
⑦05	L50×4	2519	4	7.71	30.8	
⑦06	L40×3	803	8	1.49	11.9	
⑦07	L40×3	1328	8	2.46	19.7	
⑦08	Q355L63×5	2892	1	13.95	14.0	
⑦09	Q355L63×5	2892	3	13.95	41.8	
⑦10	L50×4	3473	4	10.62	42.5	切角
⑦11	L50×4	3473	4	10.62	42.5	
⑦12	L45×4	2964	4	8.11	32.4	中间压扁
⑦13	L45×4	3432	4	9.39	37.6	切角
⑦14	L45×4	3432	4	9.39	37.6	
⑦15	L40×4	2772	4	6.71	26.8	中间压扁
⑦16	L50×4	3280	4	10.03	40.1	切角
⑦17	L50×4	3280	4	10.03	40.1	
⑦18	L40×4	2580	4	6.25	25.0	中间压扁
⑦19	Q355L90×7	550	4	5.31	21.2	铲背

编号	规格	长度（mm）	数量	质量（kg）		备注
				一件	小计	
⑦20	Q355-8×90	550	8	3.11	24.9	
⑦21	-6×178	260	4	2.18	8.7	
⑦22	Q355-6×212	220	8	2.20	17.6	
⑦23	L45×4	3080	1	8.43	8.4	
⑦24	L45×4	3080	1	8.43	8.4	
⑦25	L56×4	2093	4	7.21	28.8	
⑦26	L40×4	1068	4	2.59	10.4	
⑦27	L40×3	1815	8	3.36	26.9	
⑦28	-6×110	182	4	0.94	3.8	火曲
⑦29	-6×110	182	4	0.94	3.8	火曲
⑦30	-6×117	138	4	0.76	3.0	火曲
⑦31	-6×117	138	4	0.76	3.0	火曲
⑦32	Q355-20×340	340	4	18.15	72.6	焊接
⑦33	Q355-12×371	299	4	10.45	41.8	打坡口焊接
⑦34	Q355-12×139	299	4	3.92	15.7	打坡口焊接
⑦35	Q355-12×231	297	4	6.46	25.8	打坡口焊接
⑦36	Q355-10×100	120	16	0.94	15.0	打坡口焊接
总质量				1333.1kg		

名称	级别	规格	符号	数量	质量（kg）	备注
螺栓	6.8级	M16×40	●	130	18.7	
		M16×50	●	109	17.5	
		M20×45	○	16	4.3	
		M20×55	⊘	96	28.3	
脚钉	6.8级	M16×180	⊕T	34	12.9	
		M20×200		2	1.3	
垫圈	Q235	-4A（φ17.5）		5	0.1	规格×个数
总质量					83.1kg	

图 15－151　10D3015－SZA2 直线塔塔腿⑦结构图（2/2）（二）

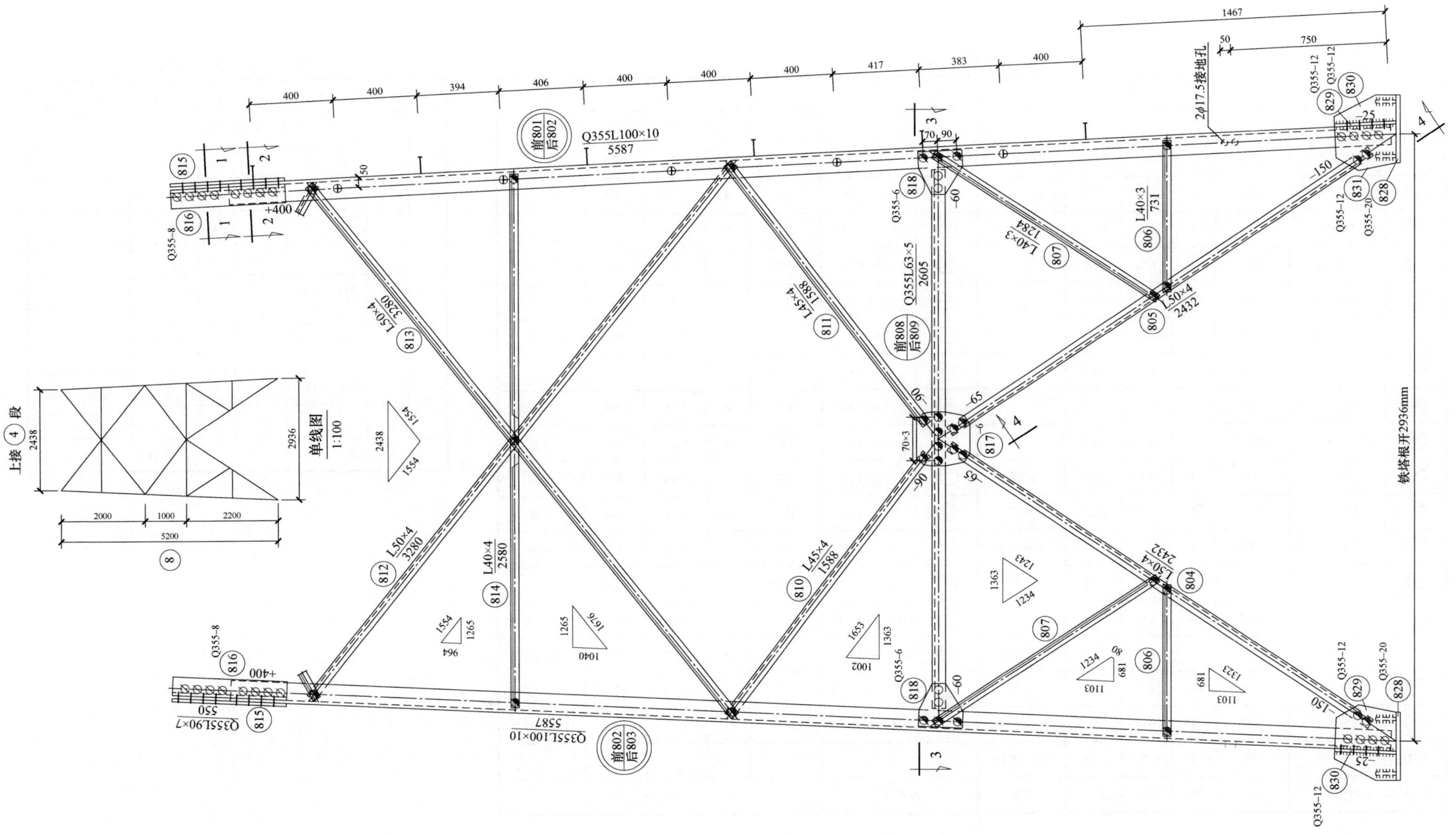

图 15-152　10D315-SZA2 直线塔塔腿⑧结构图（1/2）

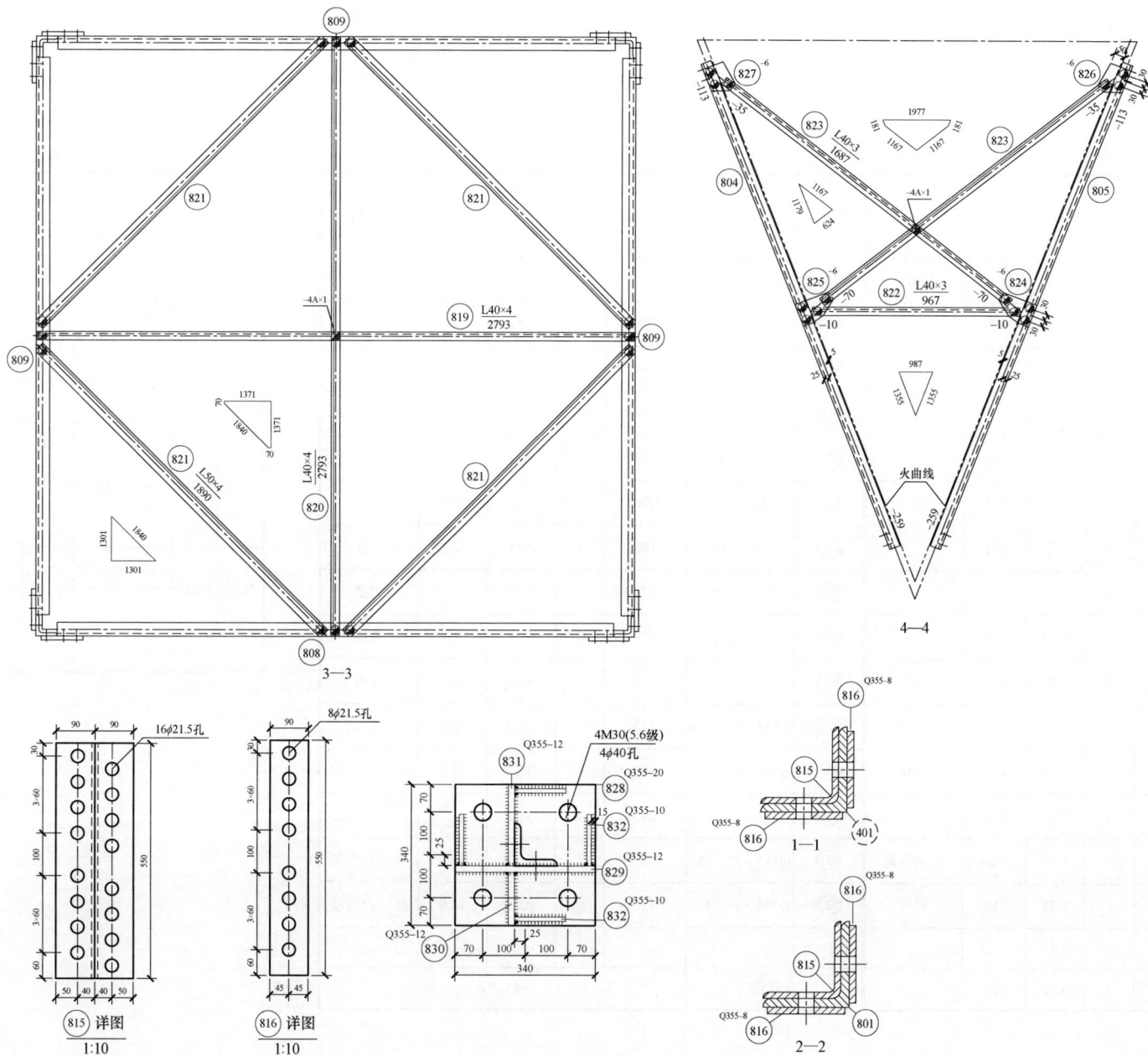

图 15-153 10D3015-SZA2 直线塔塔腿⑧结构图（2/2）（一）

构 件 明 细 表

编号	规格	长度（mm）	数量	一件	小计	备注	编号	规格	长度（mm）	数量	一件	小计	备注
⑧01	Q355L100×10	5587	1	84.48	84.5	带脚钉	⑧18	Q355−6×210	212	8	2.10	16.8	
⑧02	Q355L100×10	5587	2	84.48	169.0		⑧19	L40×4	2793	1	6.76	6.8	
⑧03	Q355L100×10	5587	1	84.48	84.5	带脚钉	⑧20	L40×4	2793	1	6.76	6.8	
⑧04	L50×4	2432	4	7.44	29.8	切角	⑧21	L50×4	1890	4	5.78	23.1	
⑧05	L50×4	2432	4	7.44	29.8		⑧22	L40×3	967	4	1.79	7.2	
⑧06	L40×3	731	8	1.35	10.8		⑧23	L40×3	1687	8	3.12	25.0	
⑧07	L40×3	1284	8	2.38	19.0	火曲	⑧24	−6×110	176	4	0.91	3.6	
⑧08	Q355L63×5	2605	1	12.56	12.6		⑧25	−6×110	176	4	0.91	3.6	
⑧09	Q355L63×5	2605	3	12.56	37.7		⑧26	−6×116	139	4	0.76	3.0	火曲
⑧10	L45×4	1588	4	4.34	17.4	切角	⑧27	−6×116	139	4	0.76	3.0	火曲
⑧11	L45×4	1588	4	4.34	17.4		⑧28	Q355−20×340	340	4	18.15	72.6	焊接
⑧12	L50×4	3280	4	10.03	40.1	切角	⑧29	Q355−12×366	299	4	10.31	41.2	打坡口焊接
⑧13	L50×4	3280	4	10.03	40.1	打坡口焊接	⑧30	Q355−12×139	299	4	3.92	15.7	打坡口焊接
⑧14	L40×4	2580	4	6.25	25.0	中间压扁	⑧31	Q355−12×226	297	4	6.32	25.3	打坡口焊接
⑧15	Q355L90×7	550	4	5.31	21.2	铲背	⑧32	Q355−10×100	120	16	0.94	15.0	打坡口焊接
⑧16	Q355−8×90	550	8	3.11	24.9								
⑧17	−6×255	260	4	3.12	12.5			总质量				945.0kg	

螺栓、脚钉、垫圈明细表

名称	级别	规格	符号	数量	质量（kg）	备注
螺栓	6.8 级	M16×40	◑	130	18.7	
		M16×50	◐	77	12.3	
		M20×45	○	16	4.3	
		M20×55	∅	96	28.3	
脚钉	6.8 级	M16×180	⊕T	24	9.1	
		M20×200		2	1.3	
垫圈	Q235	−4A（φ17.5）		5	0.1	规格×个数
总质量					74.1kg	

图 15−153　10D3015−SZA2 直线塔塔腿⑧结构图（2/2）（二）

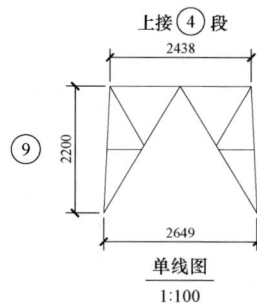

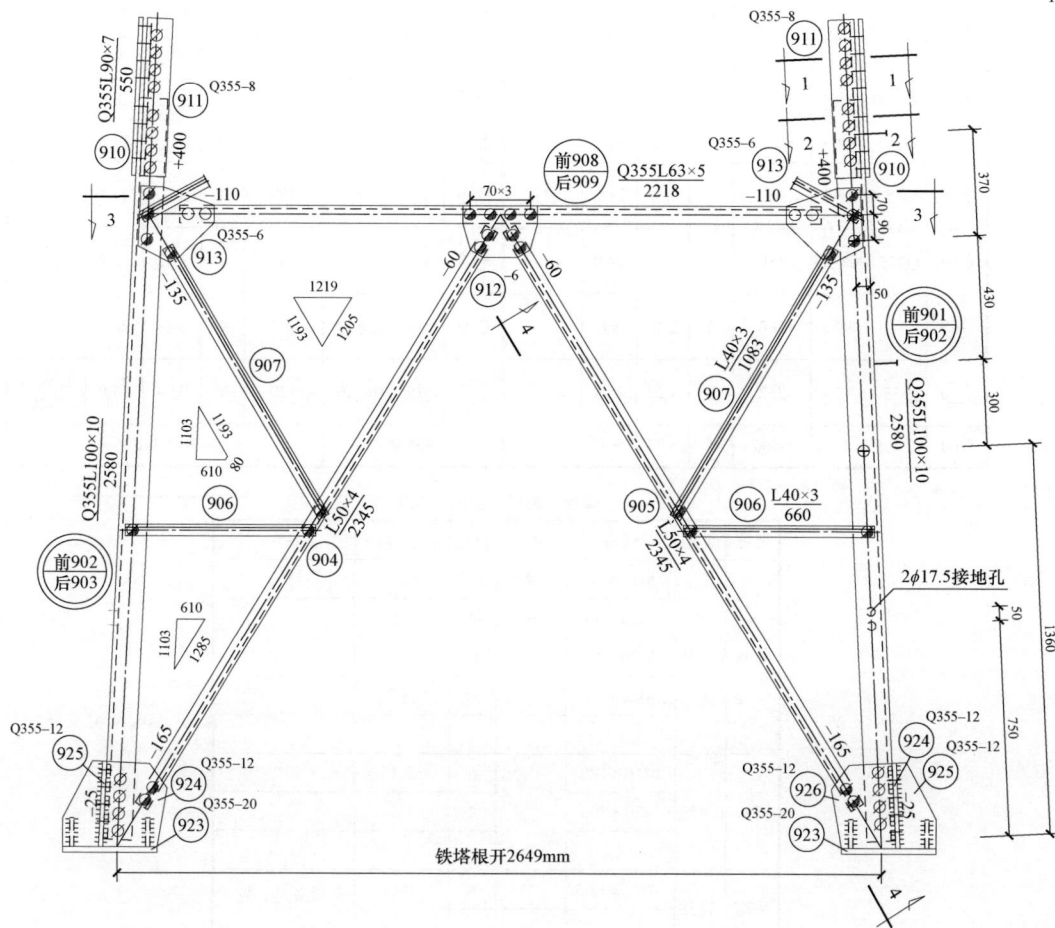

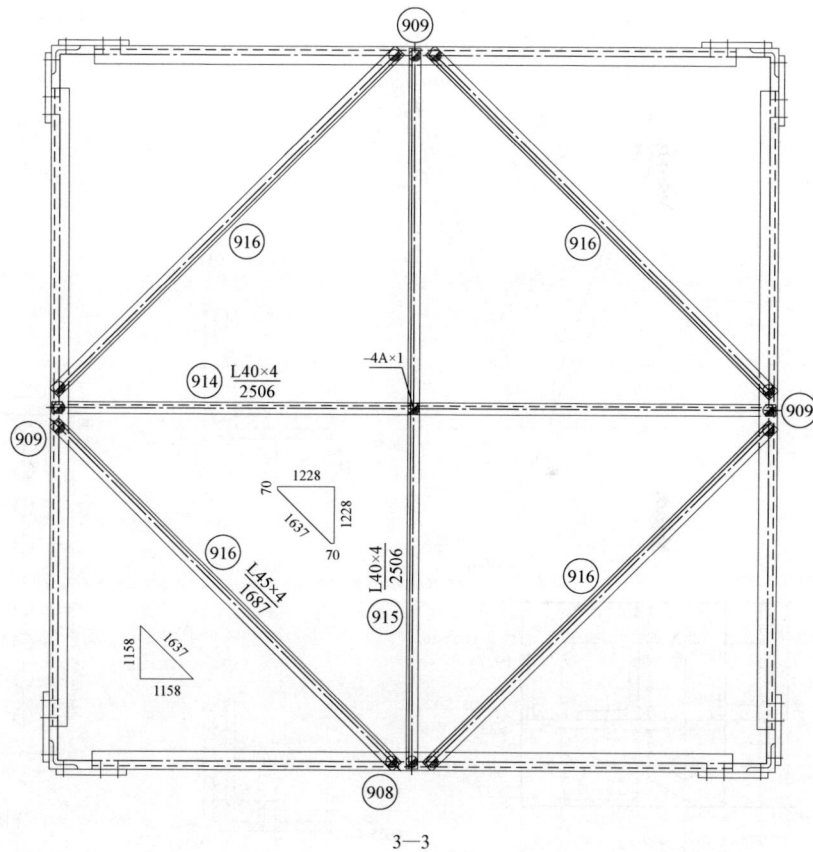

图 15-154　10D3015-SZA2 直线塔塔腿⑨结构图（1/2）

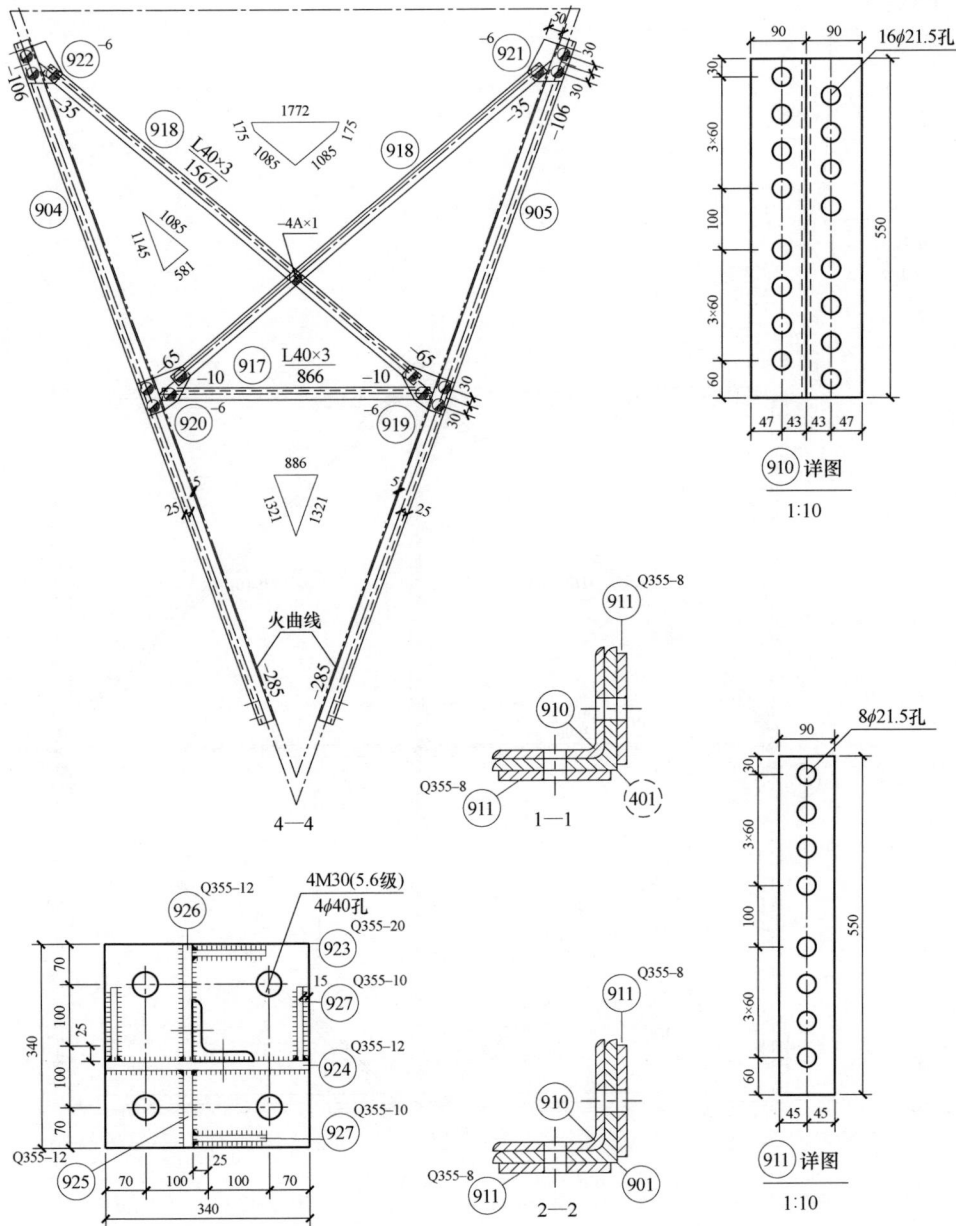

构 件 明 细 表

编号	规格	长度 (mm)	数量	质量（kg）一件	质量（kg）小计	备注	编号	规格	长度 (mm)	数量	质量（kg）一件	质量（kg）小计	备注
901	Q355L100×10	2580	1	39.01	39.0	带脚钉	915	L40×4	2506	1	6.07	6.1	
902	Q355L100×10	2580	2	39.01	78.0		916	L45×4	1687	4	4.62	18.5	切角
903	Q355L100×10	2580	1	39.01	39.0	带脚钉	917	L40×3	866	4	1.60	6.4	
904	L50×5	2345	4	8.84	35.4		918	L40×3	1567	8	2.90	23.2	
905	L50×5	2345	4	8.84	35.4		919	−6×115	170	4	0.92	3.7	火曲
906	L40×3	660	8	1.22	9.8		920	−6×115	170	4	0.92	3.7	火曲
907	L40×3	1083	8	2.01	16.1		921	−6×115	139	4	0.75	3.0	火曲
908	Q355L63×5	2218	1	10.70	10.7		922	−6×115	139	4	0.75	3.0	火曲
909	Q355L63×5	2218	3	10.70	32.1		923	Q355−20×340	340	4	18.15	72.6	焊接
910	Q355L90×7	550	4	5.31	21.2	铲背	924	Q355−12×365	299	4	10.28	41.1	打坡口焊接
911	Q355−8×90	550	8	3.11	24.9		925	Q355−12×139	299	4	3.92	15.7	打坡口焊接
912	−6×180	260	4	2.20	8.8		926	Q355−12×225	297	4	6.29	25.2	打坡口焊接
913	Q355−6×262	262	8	3.23	25.8		927	Q355−10×100	120	16	0.94	15.0	打坡口焊接
914	L40×4	2506	1	6.07	6.1			总质量				619.5kg	

螺栓、脚钉、垫圈明细表

名称	级别	规格	符号	数量	质量（kg）	备注
螺栓	6.8级	M16×40	◐	130	18.7	
		M16×50	◑	49	7.8	
		M20×45	○	16	4.3	
		M20×55	∅	96	28.3	
脚钉	6.8级	M16×180	⊕T	6	2.3	
		M20×200		2	1.3	
垫圈	Q235	−4A（φ17.5）		5	0.1	规格×个数
总质量					62.8kg	

图 15−155　10D3015−SZA2 直线塔塔腿⑨结构图（2/2）

除图中注明外，必须遵照下列统一要求进行加工和组装：

（1）杆塔的设计执行《输电线路杆塔制图和构造规定》（DL/T 5442—2020）的有关规定。

（2）结构图中图面内的图例、代号等在说明中未提及之处，均按《输电线路杆塔制图和构造规定》（DL/T 5442—2020）中的要求执行。

（3）杆塔加工时应严格执行《输电线路铁塔制造技术条件》（GB/T 2694—2018）。本塔构件的尺寸以放样为准，构件加工后必须试组装，验收合格后方可批量加工。

（4）钢材质量标准应符合《碳素结构钢》（GB/T 700—2006）及《低合金高强度结构钢》（GB/T 1591—2018）的有关要求；螺栓、螺母、扣紧螺母应符合的标准分别为《六角头螺栓 C级》（GB/T 5780—2016）、《Ⅰ型六角螺母》（GB/T 6170—2015）、《扣紧螺母》（GB/T 805—1988）。所有材料，包括角钢、螺栓、防盗螺栓、扣紧螺母、焊条等均应有出厂合格证书。

（5）杆塔构件所用钢种为 Q235B、Q355B，图中注明 Q355 材料为 Q355B 钢材，未注明均为 Q235B 钢材（角钢用"L"、钢板用"－"表示）。所有构件均须热镀锌。

（6）所有螺栓（包括防盗螺栓）的强度等级为热镀锌后的强度值。

（7）杆塔构件连接主要以螺栓连接为主，少数采用焊接（如塔脚板连接等）。构件焊接应按照焊接规程、规范和有关规定进行，焊缝高度不得小于连接构件的最小厚度，当被焊构件厚 8mm 及以上时，要按规定剖口焊，以便焊透。对 Q355 构件焊接时选用 E50 系列焊条，对 Q235 构件焊接时选用 E43 系列焊条。

（8）加工时如发生材料代用或改变节点形式等情况，须与设计单位联系解决。材料代用时，需注意相关影响，应与图纸对应列表统计，并由加工厂书面通知施工单位，以方便施工安装。

（9）角钢与钢板的螺栓间距、边距除图中特殊注明外应按表1采用。

（10）角钢准距除图中特殊注明外，一般按表2采用。

（11）螺栓、脚钉、垫圈规格按表3、表4采用。

（12）脚钉一般从离地面 1.5m 处开始向上装设，间距 400mm 左右，加工放样时可适当调整脚钉的位置，脚钉除运行单位有特殊要求外，一般采用防滑带直钩形式。

（13）其他事项：

1）节点板考虑到刚度要求，形状不宜狭长，节点板边缘与构件轴线夹角 α 不小于 15°，如右图所示。

2）构件厚度大于 14mm 时须采用钻孔方法加工，构件接头中外包角钢清根，内包角钢铲背。

3）凡图中所要求的火曲、开合角、切肢、压扁、切角等的尺寸均由加工放样决定。

4）两构件连接面间的间隙大于 3mm 时，构件应局部开、合角或制弯。

5）当构件需采用切肢或压扁时，应优先采用切肢。

（14）杆塔加工时应根据实际工程要求的高度设置防盗螺栓（无特殊说明的 10m 高以下防盗）。

α角示意图

表1　螺栓间距、边距表

螺栓规格	孔径（mm）	螺栓间距（mm）		边距（mm）		
		单排	双排	端距	扎制边距	切角边距
M16	$\phi17.5$	50	80	25	≥21 或 20（L40 角钢时）	≥23
M20	$\phi21.5$	60	100	30	≥26	≥28

注　螺孔顺力线方向重心最大间距为 12d 或 18t（取二者较小者），其中 d 为螺栓直径，t 为较薄板的厚度。

表2　角钢准距表

肢宽（mm）	准距（mm）	第一排准距（mm）	第二排准距（mm）	最大使用孔径（mm）
L40	20			
L45	23			17.5
L50	25（28）			
L56	28（32）			

续表

肢宽（mm）	准距（mm）	第一排准距（mm）	第二排准距（mm）	最大使用孔径（mm）
L63	30（36）			
L70	35（40）			
L75	38（40）			
L80	40			
L90	45			21.5
L100	50			
L110	55	45	75	
L125	60	50	85	
L140	70	55	90	
L160	80	60	105	

注　括号内数字用于螺栓边距不足时，在搭接位置上的螺栓孔可使用的准距。

表3　螺栓规格表

级别	单帽螺栓（带一垫、一扣紧螺母）				防盗螺栓	双帽螺栓（带一垫）				
	规格	符号	通过厚度（mm）	无扣长（mm）	质量（kg）	质量（kg）（带一垫）	规格	符号	通过厚度（mm）	无扣长（mm）	质量（kg）
6.8	M16×40	◉	7～12	6	0.1442	0.1997	M16×50	◉	7～12	6	0.1875
	M16×50	◑	13～22	12	0.1602	0.2127	M16×60	◑	13～22	12	0.2039
	M16×60	⊠	23～32	22	0.1762	0.2277	M16×70	⊠	23～32	22	0.2203
	M16×70	◪	33～42	32	0.1922	0.2477	M16×80	◪	33～42	32	0.2369
6.8	M20×45	○	9～15	8	0.2701	0.3517	M20×60	○	9～15	8	0.3605
	M20×55	⊘	16～25	15	0.2953	0.3737	M20×70	⊘	16～25	15	0.3864
	M20×65	⊗	26～35	25	0.3205	0.3967	M20×80	⊗	26～35	25	0.4123
	M20×75	⊘	36～45	35	0.3457	0.4207	M20×90	⊘	36～45	35	0.4381
	M20×85	⊠	46～55	45	0.3709	0.4407	M20×100	⊠	46～55	45	0.4640
	M20×95	⊠	56～65	55	0.3961	0.4607	M20×110	⊠	56～65	55	0.4899
	M20×105	⊞	66～75	65	0.4213	0.4807	M20×120	○	66～75	65	0.5158

表4　脚钉、垫圈规格表

脚钉（带两帽）				垫圈				
规格	符号	无扣长（mm）	质量（kg）	规格	符号	质量（kg）	内径（mm）	外径（mm）
M16×180	⊕——	120	0.3799	−2（$\phi13.5$）	规格×个数	0.00186	13.5	24
				−3（$\phi17.5$）		0.01065	17.5	30
M20×200	⊕——	120	0.6749	−3（$\phi22$）	规格×个数	0.01637	22	37
				−4（$\phi22$）		0.02183	22	37
M24×240	⊕——	120	1.1803	−3（$\phi26$）	规格×个数	0.02331	26	44
				−4（$\phi26$）		0.03108	26	44

图 15－156　10D3015－SZA2 直线塔加工说明

15.2.9 10D3015−SZA3 直线塔

10D3015−SZA3 直线塔结构图清单见表 15−14。

表 15−14   10D3015−SZA3 直线塔结构图清单

图序	图名	备注
图 15−157	10D3015−SZA3 直线塔总图	
图 15−158	10D3015−SZA3 直线塔材料汇总表	
图 15−159	10D3015−SZA3 直线塔塔头①结构图（1/3）	
图 15−160	10D3015−SZA3 直线塔塔头①结构图（2/3）	
图 15−161	10D3015−SZA3 直线塔塔头①结构图（3/3）	
图 15−162	10D3015−SZA3 直线塔塔头②结构图（1/3）	
图 15−163	10D3015−SZA3 直线塔塔头②结构图（2/3）	
图 15−164	10D3015−SZA3 直线塔塔头②结构图（3/3）	
图 15−165	10D3015−SZA3 直线塔塔身③结构图（1/2）	

图序	图名	备注
图 15−166	10D3015−SZA3 直线塔塔身③结构图（2/2）	
图 15−167	10D3015−SZA3 直线塔塔身④结构图	
图 15−168	10D3015−SZA3 直线塔塔身⑤结构图（1/2）	
图 15−169	10D3015−SZA3 直线塔塔身⑤结构图（2/2）	
图 15−170	10D3015−SZA3 直线塔塔腿⑥结构图（1/2）	
图 15−171	10D3015−SZA3 直线塔塔腿⑥结构图（2/2）	
图 15−172	10D3015−SZA3 直线塔塔腿⑦结构图（1/2）	
图 15−173	10D3015−SZA3 直线塔塔腿⑦结构图（2/2）	
图 15−174	10D3015−SZA3 直线塔塔腿⑧结构图（1/2）	
图 15−175	10D3015−SZA3 直线塔塔腿⑧结构图（2/2）	
图 15−176	10D3015−SZA3 直线塔塔腿⑨结构图（1/2）	
图 15−177	10D3015−SZA3 直线塔塔腿⑨结构图（2/2）	
图 15−178	10D3015−SZA3 直线塔加工说明	

杆塔根开、基础根开、地脚螺栓规格及间距表

杆塔名称（型号）	10D3015－SZA3			
呼高（m）	18	21	24	27
接腿	⑨	⑧	⑦	⑥
杆塔根开（mm）	3126	3420	3715	4000
基础根开（mm）	3176	3470	3765	4060
基础地脚螺栓间距（mm）	240	240	240	240
每腿基础地脚螺栓配置（5.6级）	4M36	4M36	4M36	4M36

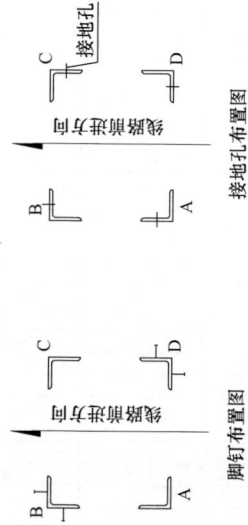

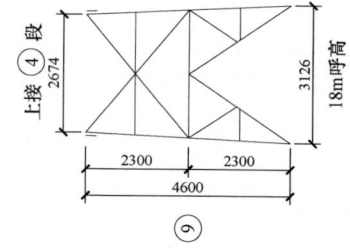

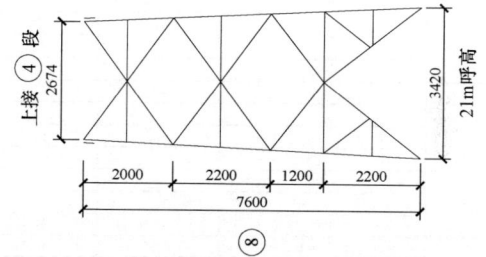

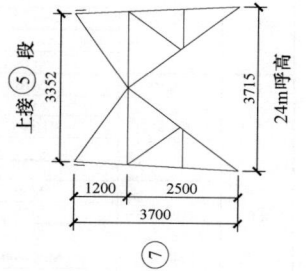

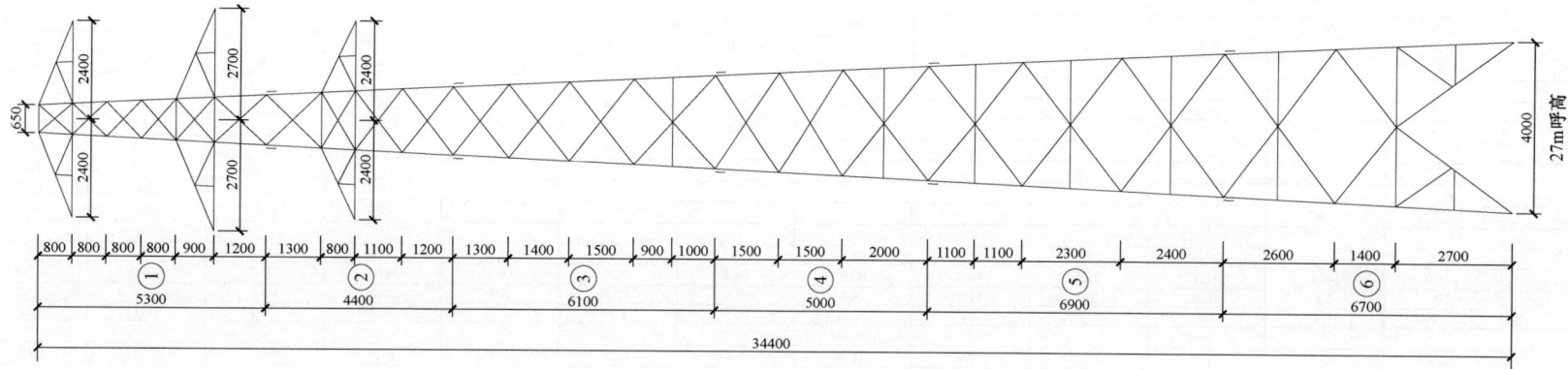

图 15－157 10D3015－SZA3 直线塔总图

材 料 汇 总 表

材料	材质	规格	段号									呼高（m）			
			①	②	③	④	⑤	⑥	⑦	⑧	⑨	18.0	21.0	24.0	27.0
角钢	Q355	L125×10						546.8							546.8
		L110×10			407.6	334.0	457.7		276.4	534.0	333.2	1074.8	1275.6	1475.7	1199.3
		L100×8	79.6	42.3	30.0	27.0	27.0	30.0	27.0	27.0	27.0	205.8	205.8	232.8	235.8
		L100×7		23.8								23.8	23.8	23.8	23.8
		L90×7		170.0								170.0	170.0	170.0	170.0
		L90×6	164.8									164.8	164.8	164.8	164.8
		L63×5	197.3	94.2				324.0	64.4	59.3	53.5	345.0	350.8	355.9	615.5
		小计	441.7	330.3	437.6	361.0	484.7	900.8	367.8	620.3	413.7	1984.3	2190.9	2423.1	2956.1
	Q235	L56×5	11.9					106.2				11.9	11.9	11.9	118.1
		L56×4					218.0		134.6		98.2	98.2		352.6	218.0
		L50×5	47.6	60.6	43.2	100.0	103.6	40.1	37.2	386.8	106.6	358.0	638.2	392.2	395.1
		L50×4	48.6	77.3	227.7	138.2	58.3	23.0				491.8	491.8	550.1	573.1
		L45×4	46.2	29.4	15.8		84.9	38.5	19.0	81.5	47.4	138.8	172.9	195.3	214.8
		L40×4	32.4	17.0		25.4		24.5	22.7	21.0		74.8	95.8	97.5	99.3
		L40×3	102.5	57.9	8.0			72.9	67.3	61.0	65.9	234.3	229.4	235.7	241.3
		小计	289.2	242.2	294.7	263.6	464.8	305.2	280.8	550.3	318.1	1407.8	1640.0	1835.3	1859.7
钢板	Q355	−6	144.8	74.0				53.4	18.0	18.0	20.3	239.1	236.8	236.8	272.2
		−8				27.6	27.6	30.6	27.6	27.6	27.6	55.2	55.2	82.8	85.8
		−10	30.2	20.3				17.9	17.9	17.9	17.9	68.4	68.4	68.4	68.4
		−12						107.0	109.9	108.6	107.8	107.8	108.6	109.9	107.0
		−20						100.5	100.5	100.5	100.5	100.5	100.5	100.5	100.5
		小计	175.0	94.3		27.6	27.6	309.4	273.9	272.6	274.1	571.0	569.5	598.4	633.9
	Q235	−6	75.4	50.2	10.1		10.0	27.8	40.2	38.0	22.1	157.8	173.7	185.9	173.5
		−10	0.8	0.8	2.4	1.6		0.8				5.6	5.6	5.6	6.4
		−12	1.0	0.5								1.5	1.5	1.5	1.5
		小计	77.2	51.5	12.5	1.6	10.0	28.6	40.2	38.0	22.1	164.9	180.8	193.0	181.4
螺栓	6.8级	M16×40	51.9	29.1	8.2		6.5	26.0	22.5	22.5	18.7	107.9	111.7	118.2	121.7
		M16×50	9.0	8.0	8.3	7.0	9.0	14.7	9.0	15.4	11.1	43.4	47.7	50.3	56.0
		M16×70 双帽	1.6	0.8								2.4	2.4	2.4	2.4
		小计	62.5	37.9	16.5	7.0	15.5	40.7	31.5	37.9	29.8	153.7	161.8	170.9	180.1
	6.8级	M20×45	60.5	48.6				4.3	4.3	4.3	4.3	113.4	113.4	113.4	113.4
		M20×55			21.3		18.9	14.2	11.8	11.8	11.8	33.1	33.1	52.0	54.4
		M20×65				20.5		23.1	20.5	20.5	20.5	41.0	41.0	41.0	43.6
		M20×60 双帽	8.7	4.3								13.0	13.0	13.0	13.0
		M20×70 双帽	9.3	4.6								13.9	13.9	13.9	13.9
		小计	78.5	57.5	21.3	20.5	18.9	41.6	36.6	36.6	36.6	214.4	214.4	233.3	238.3
		螺栓合计	141.0	95.4	37.8	27.5	34.4	82.3	68.1	74.5	66.4	368.1	376.2	404.2	418.4
脚钉	6.8级	M16×180	7.6	4.6	10.6	8.4	11.4	10.6	4.6	12.2	6.8	38.0	43.4	47.2	53.2
		M20×200	2.7	5.4	1.3	2.7	2.7	1.3	1.3	1.3	1.3	13.4	13.4	16.1	16.1
		小计	10.3	10.0	11.9	11.1	14.1	11.9	5.9	13.5	8.1	51.4	56.8	63.3	69.3
垫圈	Q235	−3A（φ17.5）	0.7	0.4								1.1	1.1	1.1	1.1
		−4A（φ17.5）	0.6	0.5	0.1		0.1	0.1	0.1	0.1	0.1	1.3	1.3	1.4	1.4
		−4B（φ22）	0.1	0.1								0.2	0.2	0.2	0.2
		小计	1.4	1.0	0.1		0.1	0.1	0.1	0.1	0.1	2.6	2.6	2.7	2.7
	不含防盗螺栓总质量（kg）		1135.8	824.7	794.6	692.4	1035.7	1638.3	1036.8	1569.3	1102.6	4550.1	5016.8	5520.0	6121.5
	各呼高含防盗螺栓总质量（kg）											4595.6	5066.9	5575.2	6182.7

图 15−158　10D3015−SZA3 直线塔材料汇总表

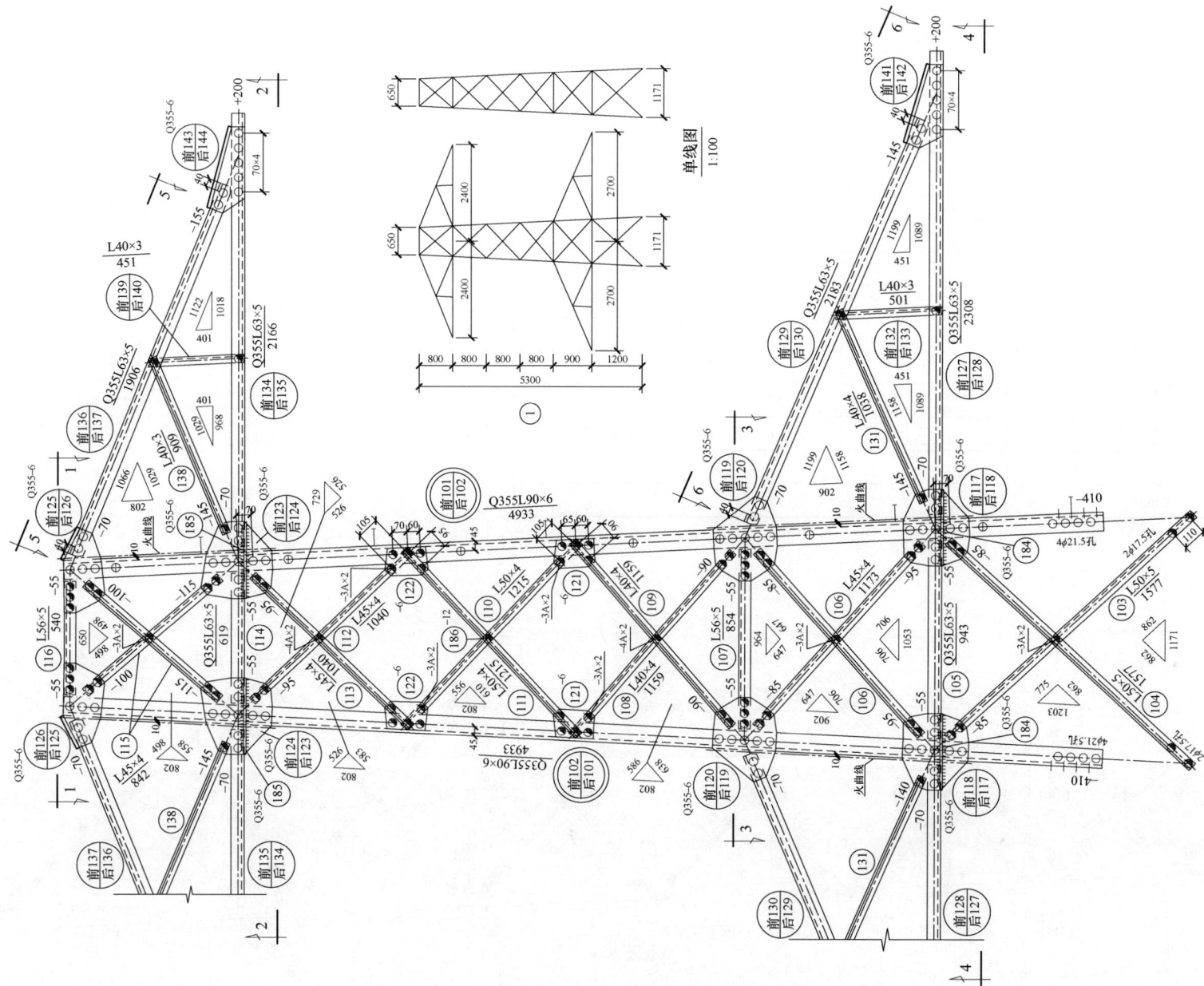

图 15-159 10D3015-SZA3 直线塔塔头①结构图（1/3）

螺栓、脚钉、垫圈明细表

名称	级别	规格	符号	数量	质量（kg）	备注
螺栓	6.8级	M16×40	◐	360	51.9	
		M16×50	◐	56	9.0	
		M20×45	○	224	60.5	
		M16×70	◐	8	1.6	带双帽
		M20×60	○	24	8.7	带双帽
		M20×70	○	24	9.3	带双帽
脚钉	6.8级	M16×180	⊕T	20	7.6	
		M20×200		4	2.7	
垫圈	Q235	−3A（φ17.5）		64	0.7	规格×个数
		−4A（φ17.5）		32	0.6	
		−4B（φ22）		6	0.1	
总质量					152.7kg	

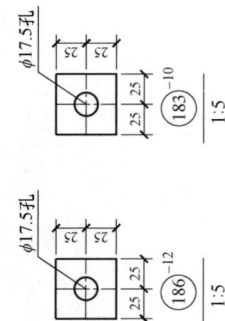

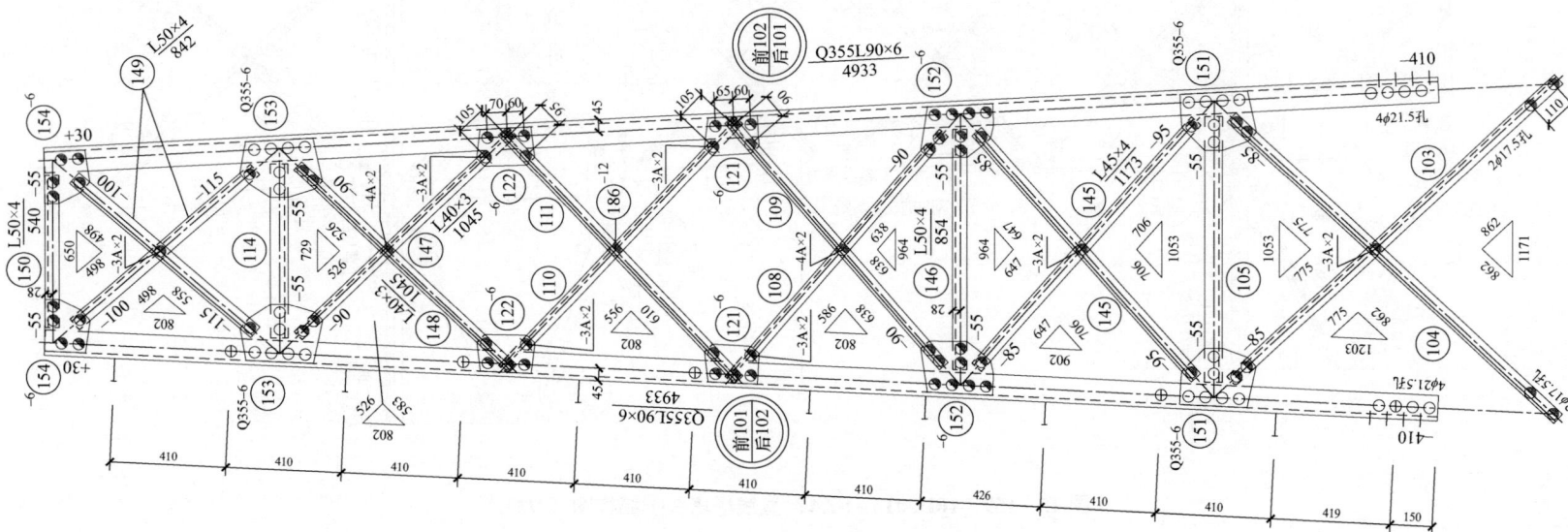

图 15-160　10D3015-SZA3 直线塔塔头①结构图（2/3）（一）

构 件 明 细 表

编号	规格	长度（mm）	数量	质量（kg）一件	质量（kg）小计	备注	编号	规格	长度（mm）	数量	质量（kg）一件	质量（kg）小计	备注
⑩①	Q355L90×6	4933	2	41.19	82.4	带脚钉	⑭⑤	L45×4	1173	4	3.21	12.8	
⑩②	Q355L90×6	4933	2	41.19	82.4		⑭⑥	L50×4	854	2	2.61	5.2	
⑩③	L50×5	1577	4	4.31	17.2	切角	⑭⑦	L40×3	1045	2	1.94	3.9	
⑩④	L50×5	1577	4	4.31	17.2		⑭⑧	L40×3	1045	2	1.94	3.9	
⑩⑤	Q355L63×5	943	4	4.55	18.2	局部合角	⑭⑨	L50×4	842	4	2.58	10.3	
⑩⑥	L45×4	1173	4	3.21	12.8		⑮⓪	L50×4	540	2	1.65	3.3	
⑩⑦	L56×5	854	2	3.63	7.3		⑮①	Q355-6×207	266	4	2.59	10.4	
⑩⑧	L40×4	1159	4	2.81	11.2	切角	⑮②	-6×186	261	4	2.29	9.2	
⑩⑨	L40×4	1159	4	2.81	11.2		⑮③	Q355-6×207	298	4	2.91	11.6	
⑪⓪	L50×4	1215	4	3.72	14.9	切角	⑮④	-6×162	186	4	1.42	5.7	
⑪①	L50×4	1215	4	3.72	14.9		⑮⑤	L40×3	1336	2	2.47	4.9	
⑪②	L45×4	1040	2	2.85	5.7	切角	⑮⑥	-6×237	237	4	2.65	10.6	
⑪③	L45×4	1040	2	2.85	5.7		⑮⑦	L40×3	1243	2	2.30	4.6	
⑪④	Q355L63×5	619	4	2.98	11.9	局部合角	⑮⑧	-6×224	224	4	2.36	9.4	
⑪⑤	L45×4	842	4	2.30	9.2		⑮⑨	L40×3	877	2	1.62	3.2	
⑪⑥	L56×5	540	2	2.30	4.6		⑯⓪	-6×237	237	4	2.65	10.6	
⑪⑦	Q355-6×314	365	2	5.40	10.8	制弯	⑯①	L40×3	798	2	1.48	3.0	
⑪⑧	Q355-6×314	365	2	5.40	10.8	制弯	⑯②	-6×224	224	4	2.36	9.4	
⑪⑨	Q355-6×304	404	2	5.78	11.6	制弯	⑯③	L40×3	1462	2	2.71	5.4	切角
⑫⓪	Q355-6×304	404	2	5.78	11.6	制弯	⑯④	L40×3	1462	2	2.71	5.4	
⑫①	-6×135	195	8	1.24	9.9		⑯⑤	L40×3	1316	2	2.44	4.9	切角
⑫②	-6×135	209	8	1.33	10.6		⑯⑥	L40×3	1316	2	2.44	4.9	
⑫③	Q355-6×340	365	2	5.85	11.7	制弯	⑯⑦	Q355L100×8	870	2	10.68	21.4	切角
⑫④	Q355-6×340	365	2	5.85	11.7	制弯	⑯⑧	Q355L100×8	850	2	10.43	20.9	切角
⑫⑤	Q355-6×199	402	2	3.77	7.5	制弯卷边	⑯⑨	Q355-10×369	134	4	3.88	15.5	
⑫⑥	Q355-6×199	402	2	3.77	7.5	制弯卷边	⑰⓪	L40×3	1488	2	2.76	5.5	
⑫⑦	Q355L63×5	2308	2	11.13	22.3		⑰①	L40×3	1488	2	2.76	5.5	切角
⑫⑧	Q355L63×5	2308	2	11.13	22.3		⑰②	L40×3	935	2	1.73	3.5	一端切肢
⑫⑨	Q355L63×5	2183	2	10.53	21.1	切角	⑰③	L40×3	1234	2	2.29	4.6	
⑬⓪	Q355L63×5	2183	2	10.53	21.1	切角	⑰④	L40×3	1234	2	2.29	4.6	
⑬①	L40×4	1038	4	2.51	10.0		⑰⑤	L40×3	1144	2	2.09	4.2	切角
⑬②	L40×3	501	2	0.93	1.9	切角	⑰⑥	L40×3	1144	2	2.09	4.2	
⑬③	L40×3	501	2	0.93	1.9	切角	⑰⑦	Q355L100×8	762	2	9.35	18.7	切角
⑬④	Q355L63×5	2166	2	10.44	20.9		⑰⑧	Q355L100×8	758	2	9.31	18.6	切角
⑬⑤	Q355L63×5	2166	2	10.44	20.9		⑰⑨	Q355-10×369	127	4	3.68	14.7	
⑬⑥	Q355L63×5	1999	2	9.64	19.3	切角	⑱⓪	L40×3	1266	2	2.34	4.7	
⑬⑦	Q355L63×5	1999	2	9.64	19.3	切角	⑱①	L40×3	1266	2	2.34	4.7	切角
⑬⑧	L40×3	946	4	1.75	7.0		⑱②	L40×3	731	2	1.35	2.7	一端切肢
⑬⑨	L40×3	451	2	0.84	1.7	切角	⑱③	-14×50	50	4	0.27	1.1	垫板
⑭⓪	L40×3	451	2	0.84	1.7	切角	⑱④	Q355-6×50	365	4	0.86	3.4	焊接
⑭①	Q355-6×217	400	2	4.09	8.2	卷边50mm	⑱⑤	Q355-6×50	365	4	0.86	3.4	焊接
⑭②	Q355-6×217	400	2	4.09	8.2	卷边50mm	⑱⑥	-12×50	50	4	0.24	1.0	垫板
⑭③	Q355-6×211	413	2	4.10	8.2	卷边50mm	总质量					983.1kg	
⑭④	Q355-6×211	413	2	4.10	8.2	卷边50mm							

图 15-160 10D3015-SZA3 直线塔塔头①结构图（2/3）（二）

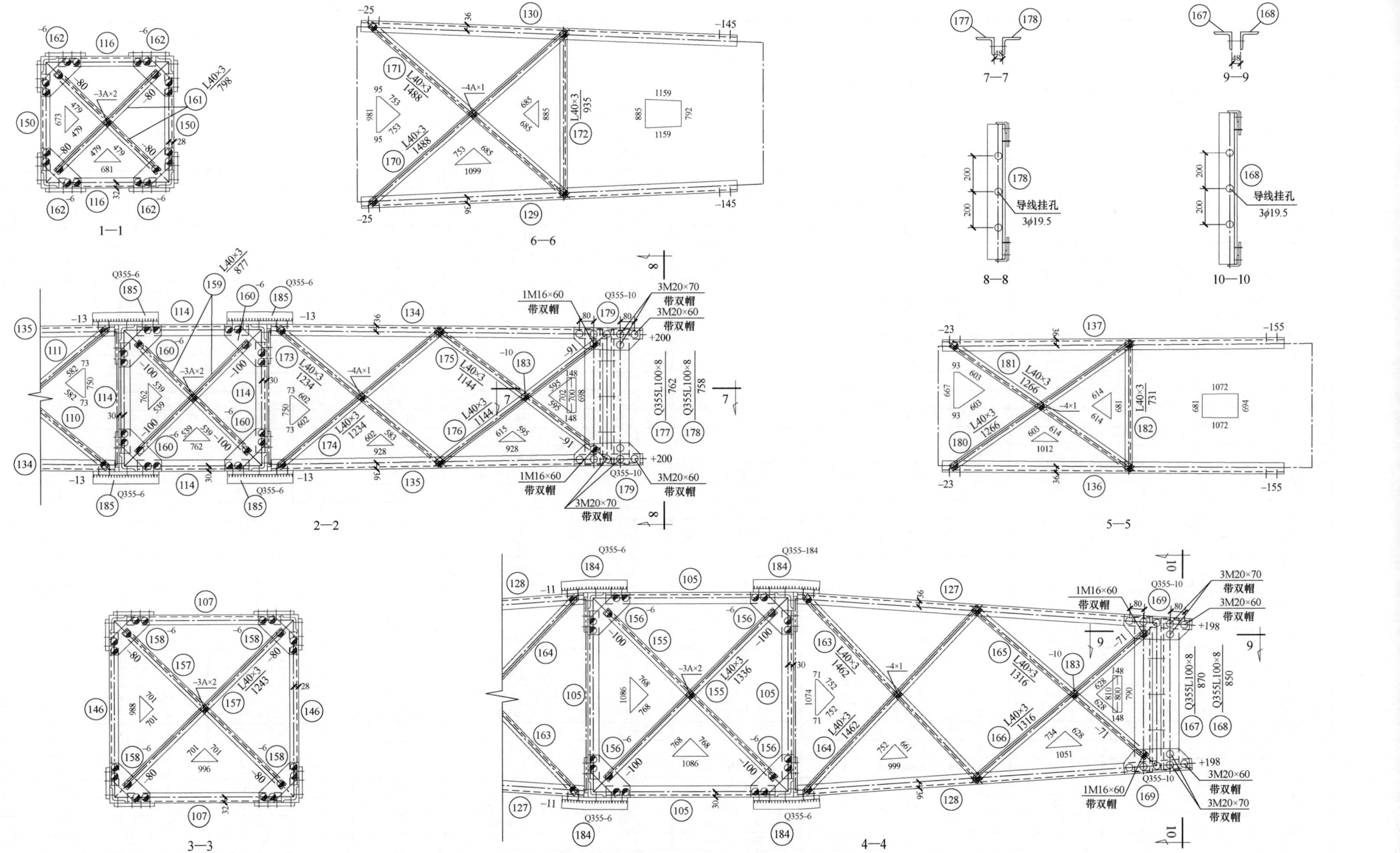

图 15-161　10D3015-SZA3　直线塔塔头①结构图（3/3）

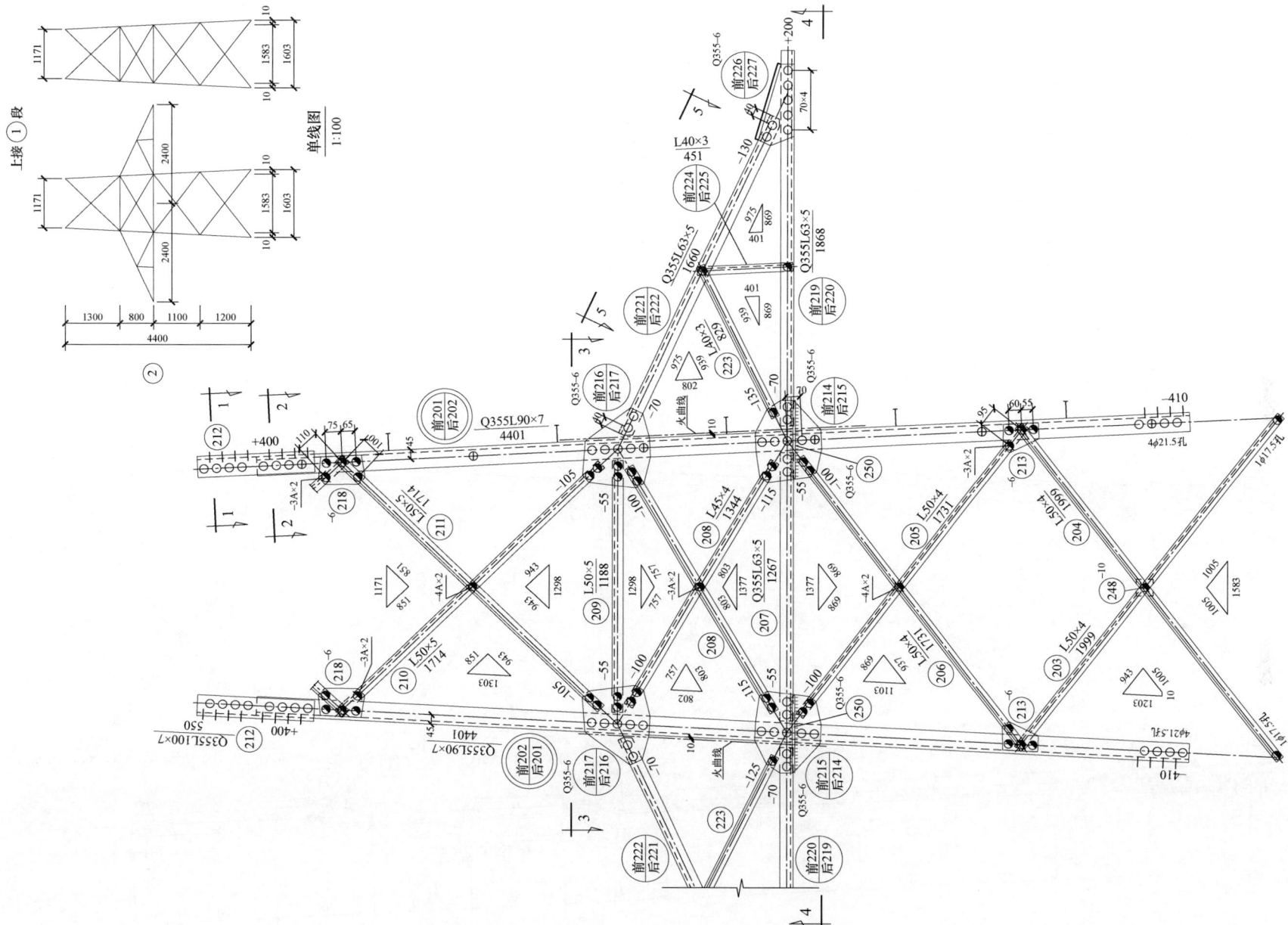

图 15-162 10D3015-SZA3 直线塔塔头②结构图（1/3）

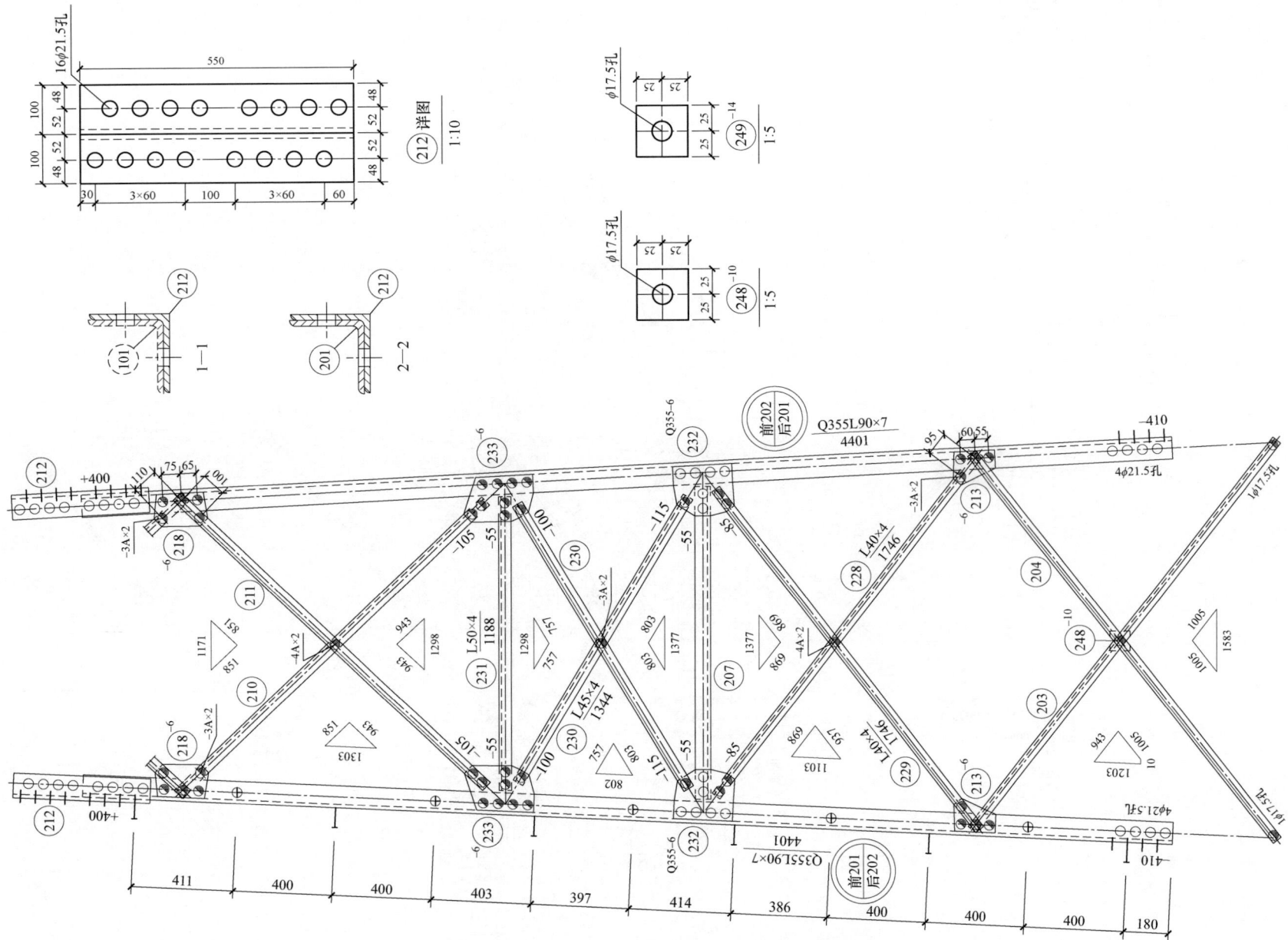

图 15-163　10D3015-SZA3 直线塔塔头②结构图（2/3）

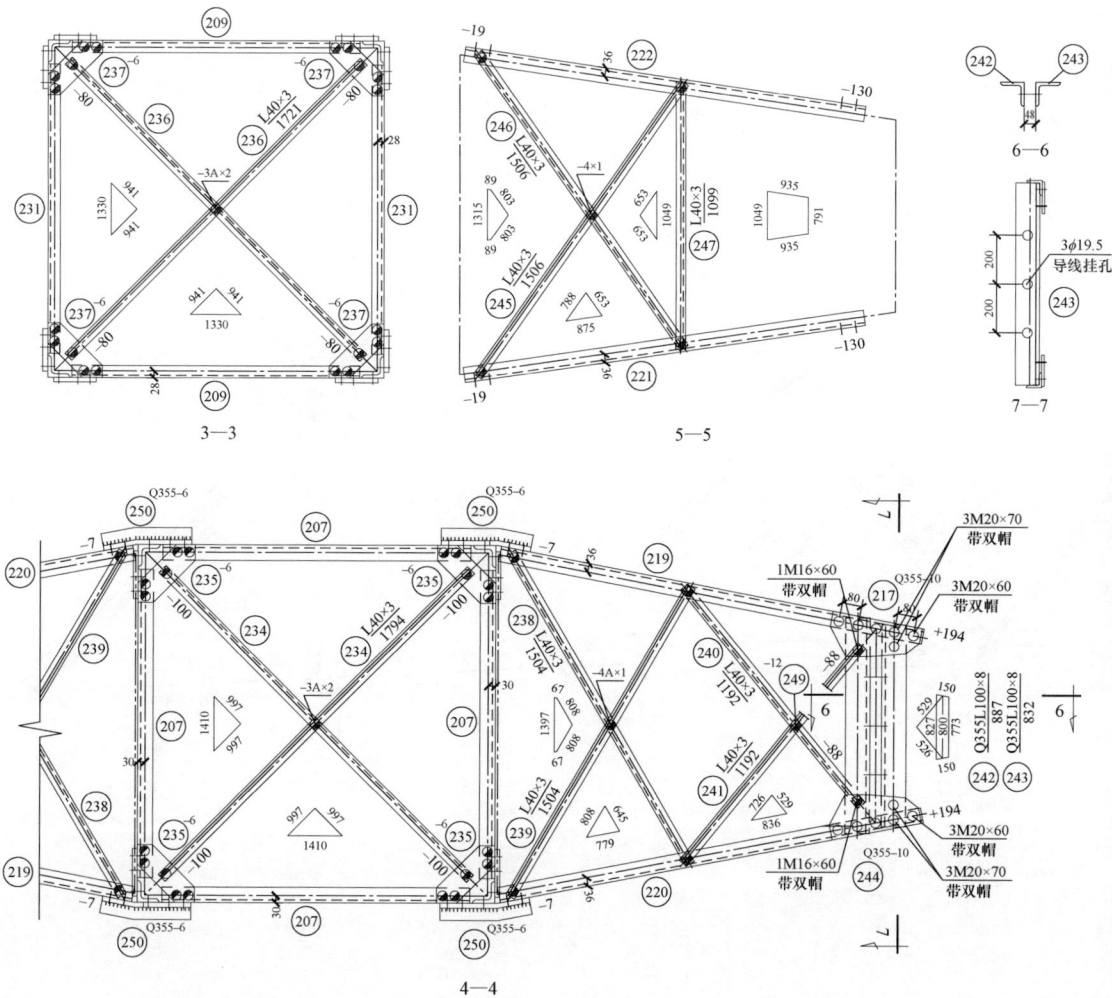

构件明细表

编号	规格	长度(mm)	数量	质量(kg)一件	质量(kg)小计	备注	编号	规格	长度(mm)	数量	质量(kg)一件	质量(kg)小计	备注
201	Q355L90×7	4401	2	42.50	85.0	带脚钉	227	Q355-6×386	217	2	3.95	7.9	卷边50mm
202	Q355L90×7	4401	2	42.50	85.0		228	L40×4	1746	2	4.23	8.5	切角
203	L50×4	1999	4	6.11	24.4	切角	229	L40×4	1746	2	4.23	8.5	
204	L50×4	1999	4	6.11	24.4		230	L45×4	1344	4	3.68	14.7	
205	L50×4	1731	2	5.30	10.6	切角	231	L50×4	1188	4	3.63	7.3	
206	L50×4	1731	2	5.30	10.6		232	Q355-6×207	242	4	2.36	9.4	
207	Q355L63×5	1267	4	6.11	24.4	局部合角	233	-6×186	286	4	2.51	10.0	
208	L45×4	1344	4	3.68	14.7		234	L40×3	1794	2	3.32	6.6	
209	L50×5	1188	4	4.48	9.0		235	-6×237	237	4	2.65	10.6	
210	L50×5	1714	4	6.46	25.8	切角	236	L40×3	1721	2	3.19	6.4	
211	L50×5	1714	4	6.46	25.8		237	-6×224	224	4	2.36	9.4	
212	Q355L100×7	550	4	5.96	23.8	铲弧	238	L40×3	1504	2	2.74	5.6	
213	-6×135	173	8	1.10	8.8		239	L40×3	1504	2	2.74	5.6	
214	Q355-6×386	314	2	5.71	11.4	制弯	240	L40×3	1192	2	2.14	4.4	切角
215	Q355-6×386	314	2	5.71	11.4	制弯	241	L40×3	1192	2	2.14	4.4	
216	Q355-6×317	377	2	5.63	11.3	制弯	242	Q355L100×8	887	2	10.90	21.8	切角
217	Q355-6×317	377	2	5.63	11.3	制弯	243	Q355L100×8	833	2	10.21	20.5	切角
218	-6×137	221	8	1.43	11.4		244	Q355-10×371	174	4	5.07	20.3	
219	Q355L63×5	1868	2	9.01	18.0		245	L40×3	1506	2	2.79	5.6	
220	Q355L63×5	1868	2	9.01	18.0		246	L40×3	1506	2	2.79	5.6	切角
221	Q355L63×5	1750	2	8.44	16.9	切角	247	L40×3	1099	2	2.04	4.1	一端切肢
222	Q355L63×5	1750	2	8.44	16.9	切角	248	-10×50	50	4	0.20	0.8	垫板
223	L40×3	829	4	1.54	6.2		249	-12×50	50	2	0.24	0.5	垫板
224	L40×3	451	2	0.84	1.7	切角	250	Q355-6×50	365	4	0.86	3.4	焊接
225	L40×3	451	2	0.84	1.7	切角							
226	Q355-6×386	217	2	3.92	7.8	卷边50mm		总质量				718.3kg	

螺栓、脚钉、垫圈明细表

名称	级别	规格	符号	数量	质量(kg)	备注
螺栓	6.8级	M16×40	●	202	29.1	
		M16×50	●	50	8.0	
		M20×45	○	180	48.6	
		M16×70	●	4	0.8	带双帽
		M20×60	○	12	4.3	带双帽
		M20×70	○	12	4.6	带双帽
脚钉	6.8级	M16×180	⊕Ʇ	12	4.6	
		M20×200		8	5.4	
垫圈	Q235	-3A(φ17.5)		36	0.4	规格×个数
		-4A(φ17.5)		24	0.5	
		-4B(φ22)		4	0.1	
总质量					106.4kg	

图 15-164　10D3015-SZA3 直线塔塔头②结构图（3/3）

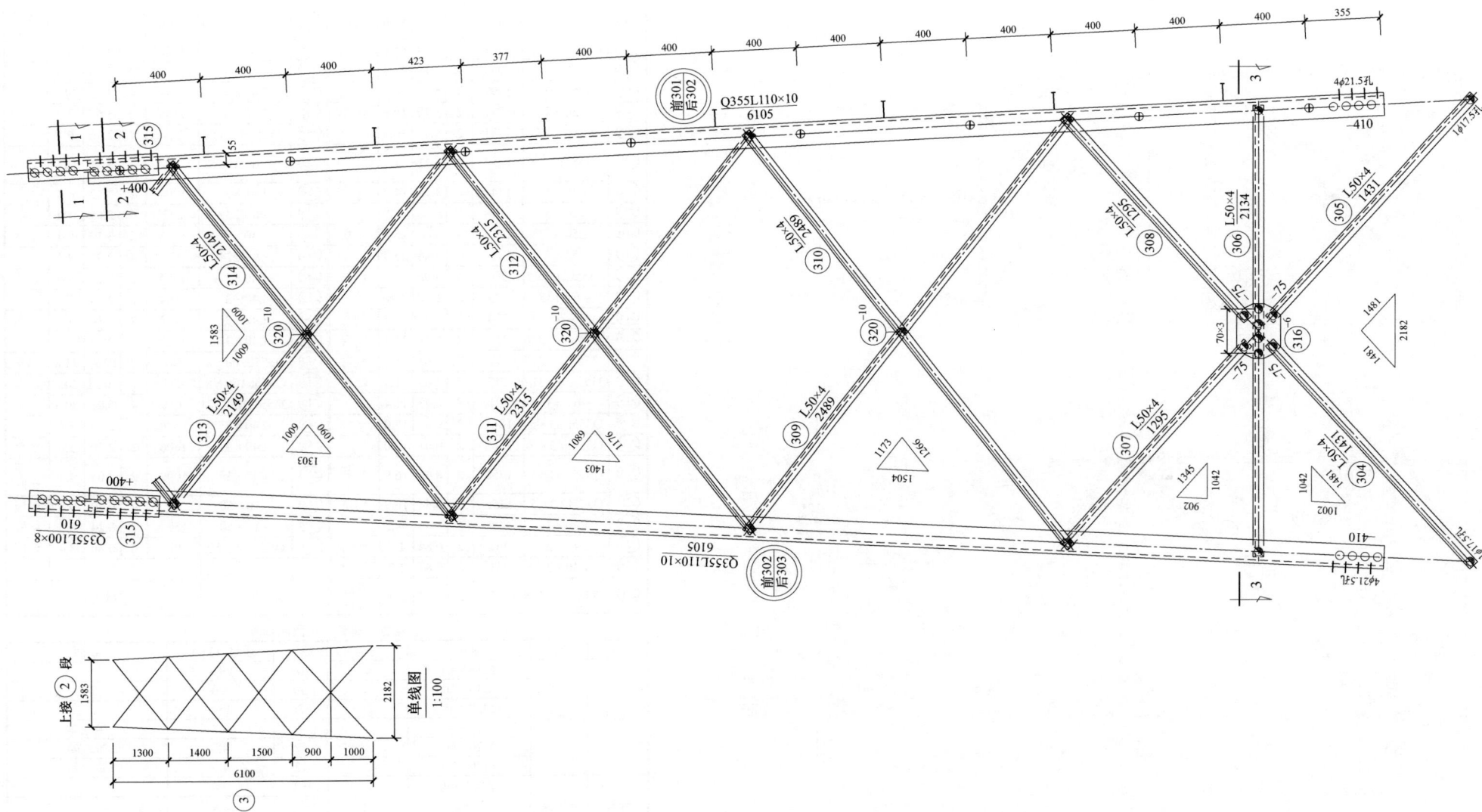

图 15-165 10D3015-SZA3 直线塔塔身③结构图（1/2）

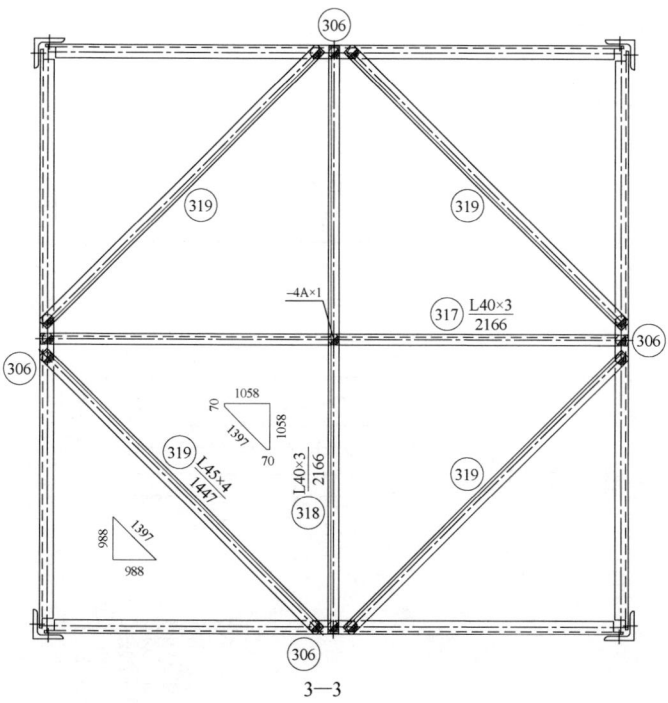

螺栓、脚钉、垫圈明细表

名称	级别	规格	符号	数量	质量（kg）	备注
螺栓	6.8 级	M16×40	◑	57	8.2	
		M16×50	◑	52	8.3	
		M20×55	∅	72	21.3	
脚钉	6.8 级	M16×180	⊖T	28	10.6	
		M20×200	⊖T	2	1.3	
垫圈	Q235	−4A（φ17.5）		1	0.1	规格×个数
总质量					49.8kg	

构件明细表

编号	规格	长度（mm）	数量	质量（kg）一件	质量（kg）小计	备注
301	Q355L110×10	6105	1	101.89	101.9	带脚钉
302	Q355L110×10	6105	2	101.89	203.8	
303	Q355L110×10	6105	1	101.89	101.9	带脚钉
304	L50×5	1431	4	5.39	21.6	
305	L50×5	1431	4	5.39	21.6	切角
306	L50×4	2134	4	6.53	26.1	两端切肢
307	L50×4	1295	4	3.96	15.8	切角
308	L50×4	1295	4	3.96	15.8	
309	L50×4	2489	4	7.61	30.4	切角
310	L50×4	2489	4	7.61	30.4	
311	L50×4	2315	4	7.08	28.3	切角
312	L50×4	2315	4	7.08	28.3	
313	L50×4	2149	4	6.57	26.3	切角
314	L50×4	2149	4	6.57	26.3	
315	Q355L100×8	610	4	7.49	30.0	铲弧
316	−6×206	260	4	2.52	10.1	
317	L40×3	2166	1	4.01	4.0	
318	L40×3	2166	1	4.01	4.0	
319	L45×4	1447	4	3.96	15.8	切角
320	−10×50	50	12	0.20	2.4	垫板
总质量					744.8kg	

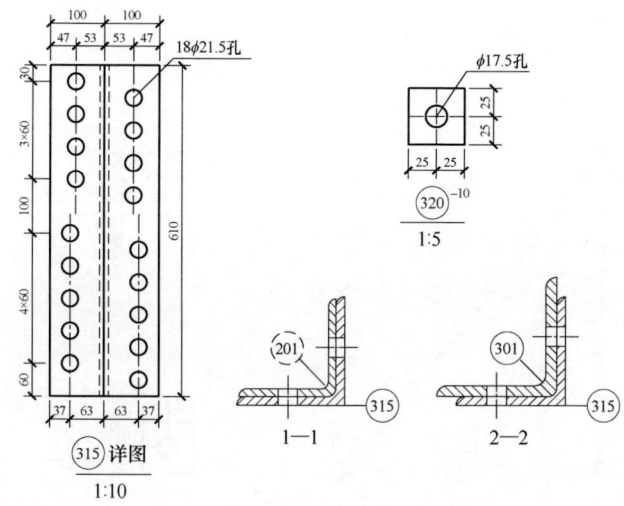

图 15−166　10D3015−SZA3 直线塔塔身③结构图（2/2）

构件明细表

编号	规格	长度(mm)	数量	质量(kg) 件	质量(kg) 小计	备注
401	Q355L110×10	5002	1	83.48	83.5	带脚钉
402	Q355L110×10	5002	2	83.48	167.0	
403	Q355L110×10	5002	1	83.48	83.5	带脚钉
404	L50×5	3312	4	12.49	50.0	
405	L50×5	3312	4	12.49	50.0	切角
406	L40×4	2622	4	6.35	25.4	中间压扁
407	L50×4	2884	4	8.82	35.3	切角
408	L50×4	2884	4	8.82	35.3	切角
409	L50×4	2760	4	8.44	35.3	切角
410	L50×4	2760	4	8.44	35.3	
411	Q355L100×8	550	4	6.75	27.0	铲背
412	Q355-8×100	550	8	3.45	27.6	
413	-10×50	50	8	0.20	1.6	垫板
总质量					653.8kg	

螺栓、脚钉、垫圈明细表

名称	级别	规格	符号	数量	质量(kg)	备注
螺栓	6.8级	M16×50		44	7.0	
		M20×65	⊠	64	20.5	
脚钉	6.8级	M16×180		22	8.4	
		M20×200		4	2.7	
垫圈	Q235				规格×个数	
总质量					38.6kg	

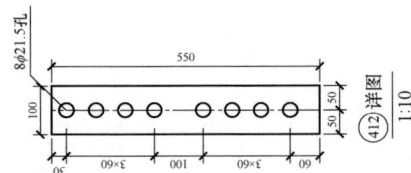

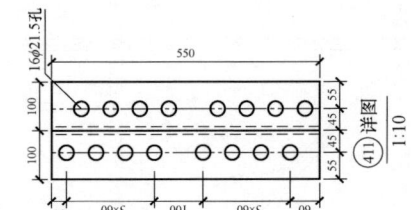

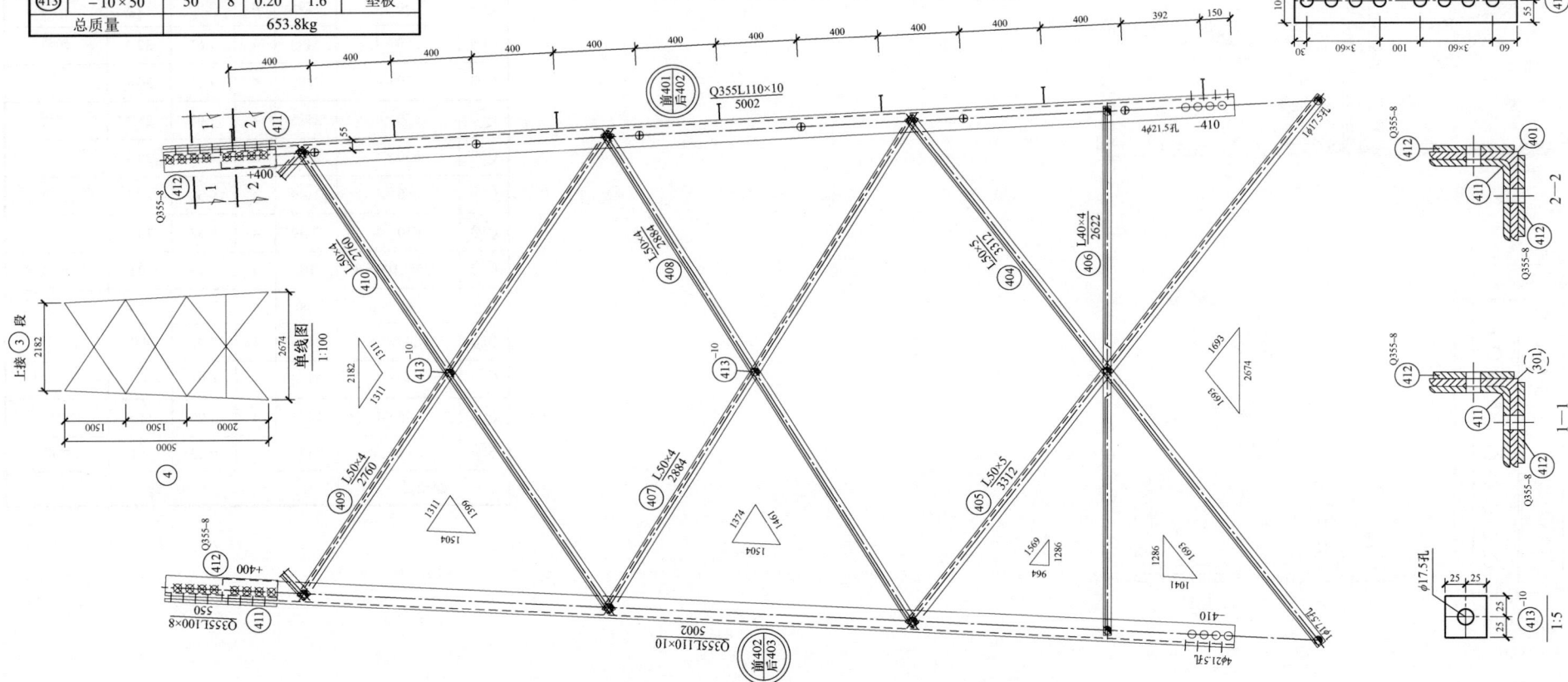

图 15-167 10D3015-SZA3 直线塔塔身④结构图

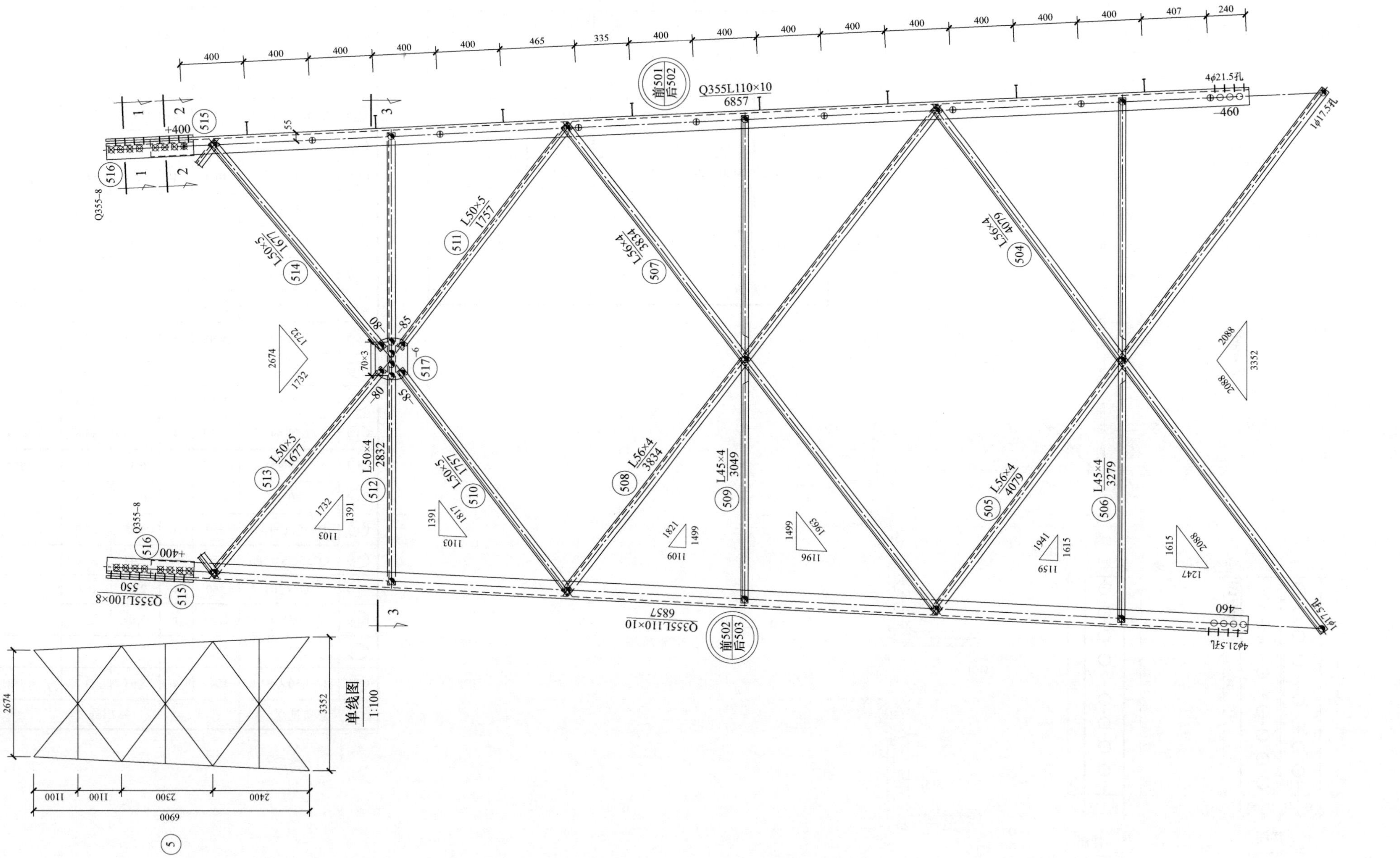

图 15-168　10D3015-SZA3 直线塔塔身⑤结构图（1/2）

3—3

螺栓、脚钉、垫圈明细表

名称	级别	规格	符号	数量	质量（kg）	备注
螺栓	6.8级	M16×40	●	45	6.5	
		M16×50	●	56	9.0	
		M20×55	∅	64	18.9	
脚钉	6.8级	M16×180	⊕T	30	11.4	
		M20×200		4	2.7	
垫圈	Q235	−4A（φ17.5）		1	0.1	规格×个数
总质量					48.6kg	

构件明细表

编号	规格	长度（mm）	数量	质量（kg）一件	小计	备注
501	Q355L110×10	6857	1	114.44	114.4	带脚钉
502	Q355L110×10	6857	2	114.44	228.9	
503	Q355L110×10	6857	1	114.44	114.4	带脚钉
504	L56×4	4079	4	14.06	56.2	
505	L56×4	4079	4	14.06	56.2	切角
506	L45×4	3279	4	8.97	35.9	中间压扁
507	L56×4	3834	4	13.21	52.8	
508	L56×4	3834	4	13.21	52.8	切角
509	L45×4	3049	4	8.34	33.4	中间压扁
510	L50×5	1757	4	6.62	26.5	
511	L50×5	1757	4	6.62	26.5	切角
512	L50×4	2832	4	8.66	34.6	两端切肢
513	L50×5	1677	4	6.32	25.3	切角
514	L50×5	1677	4	6.32	25.3	
515	Q355L100×8	550	4	6.75	27.0	铲背
516	Q355−8×100	550	8	3.45	27.6	
517	−6×204	260	4	2.50	10.0	
518	L45×4	2863	1	7.83	7.8	
519	L45×4	2863	1	7.83	7.8	
520	L50×4	1940	4	5.93	23.7	切角
总质量					987.1kg	

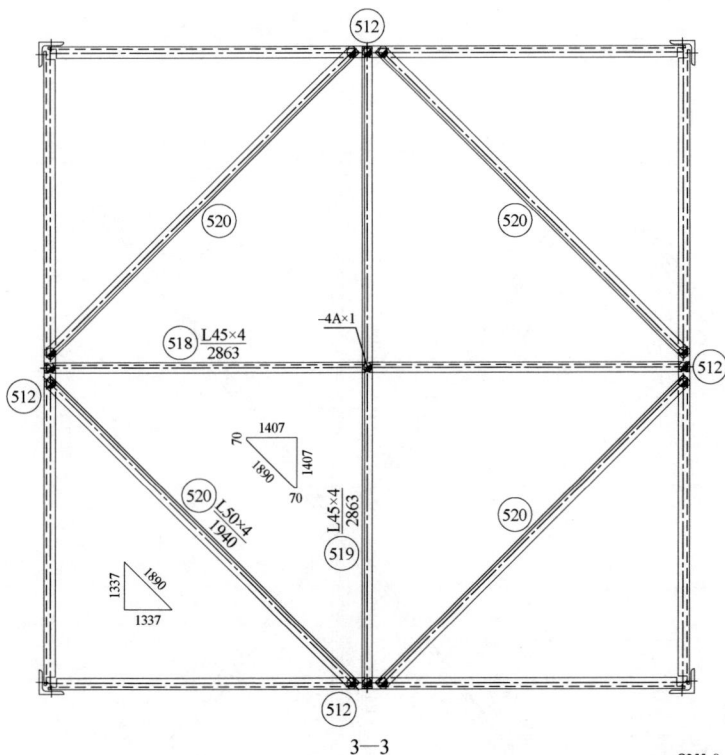

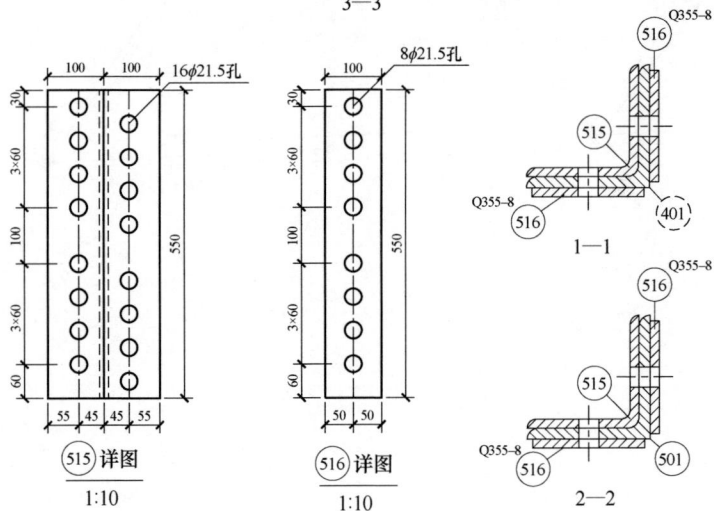

515 详图 1:10

516 详图 1:10

1—1

2—2

图 15−169　10D3015−SZA3 直线塔塔身⑤结构图（2/2）

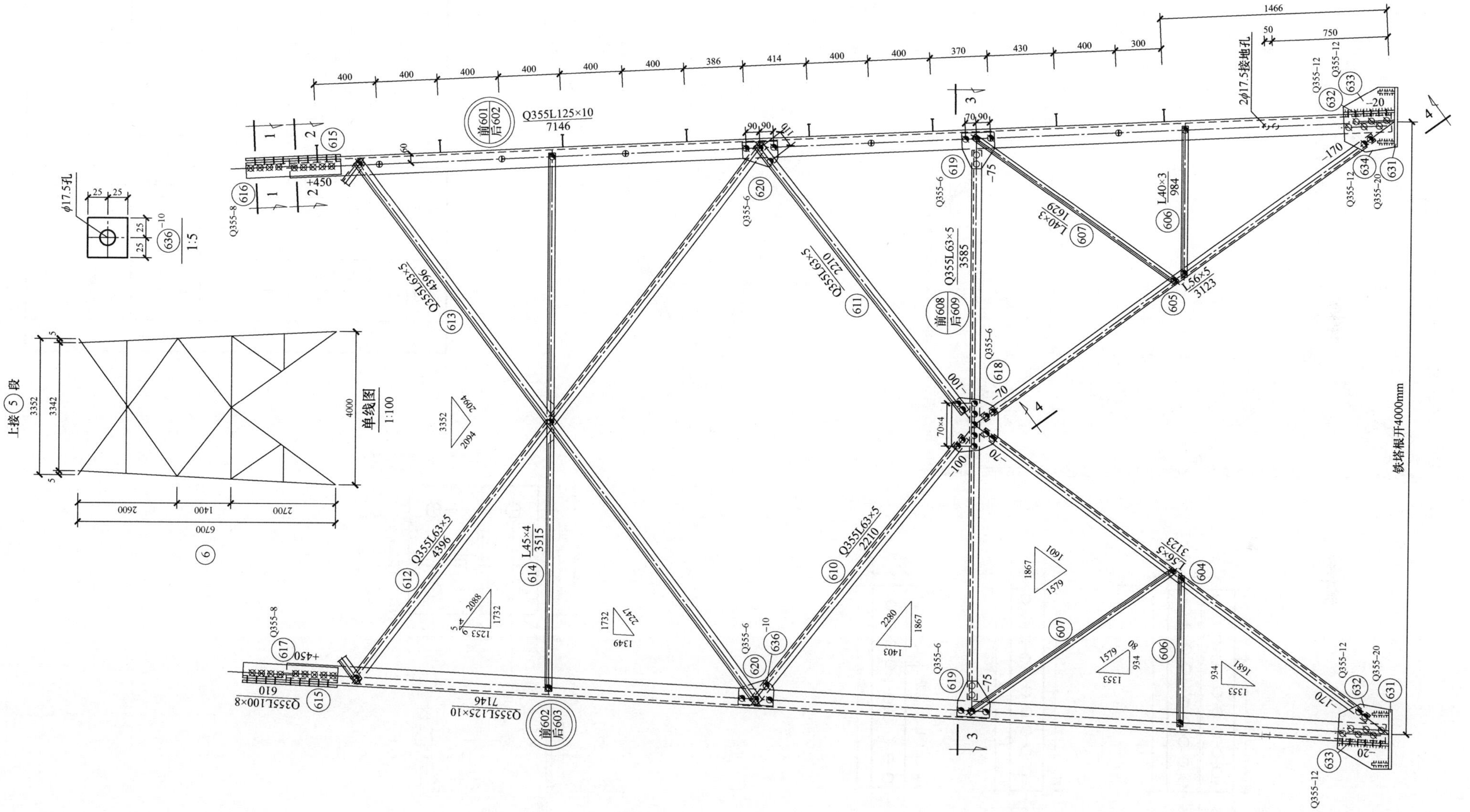

图 15-170　10D3015-SZA3　直线塔塔腿⑥结构图（1/2）

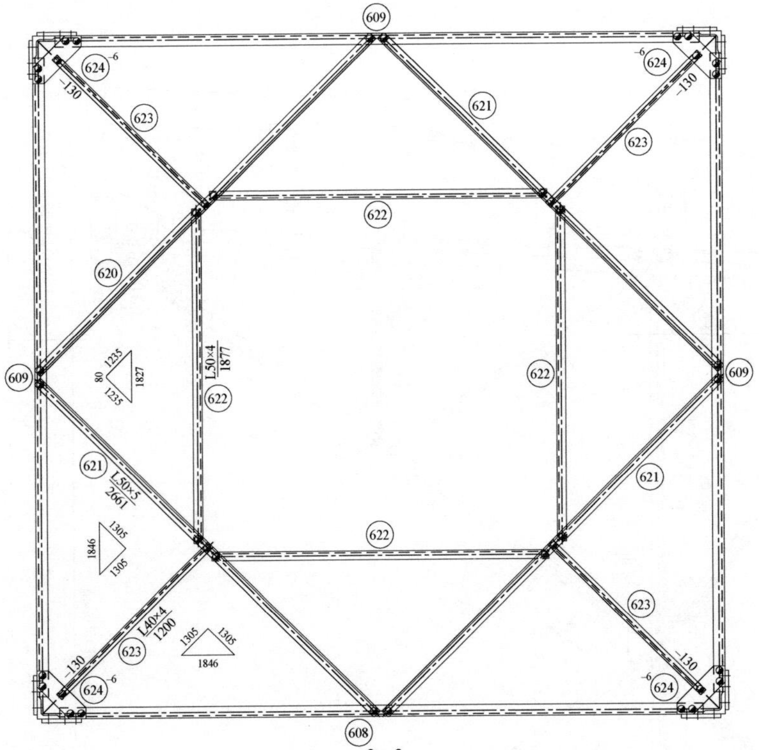

螺栓、脚钉、垫圈明细表

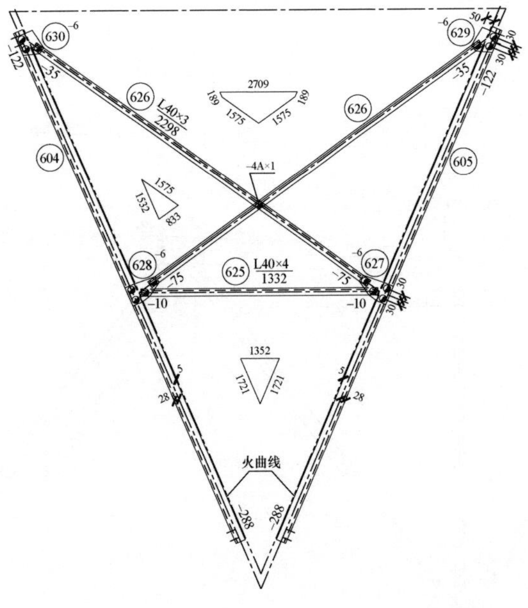

名称	级别	规格	符号	数量	质量（kg）	备注
螺栓	6.8 级	M16×40	◑	180	26.0	
		M16×50	◓	92	14.7	
		M20×45	○	16	4.3	
		M20×55	⊘	48	14.2	
		M20×65	⊠	72	23.1	
脚钉	6.8 级	M16×180	⊕T	28	10.6	
		M20×200		2	1.3	
垫圈	Q235	−4A（ϕ17.5）		4	0.1	规格×个数
总质量					94.3kg	

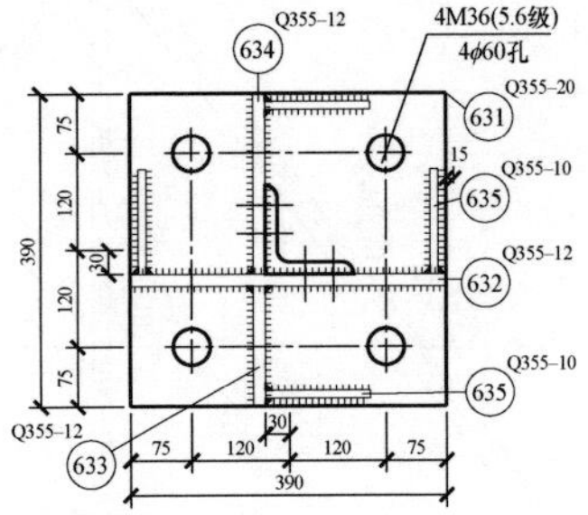

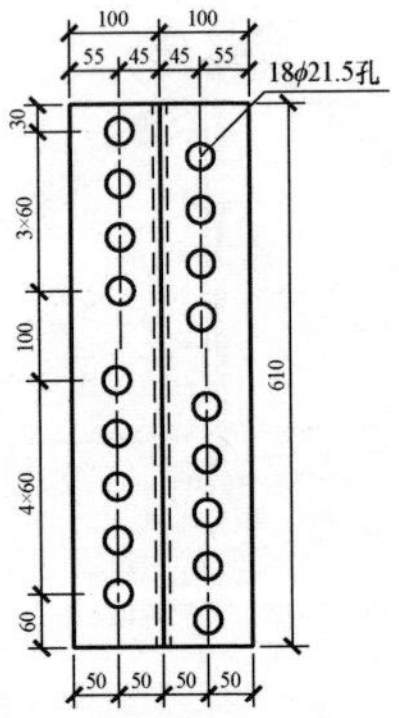

3—3

4—4

火曲线

615 详图　1:10

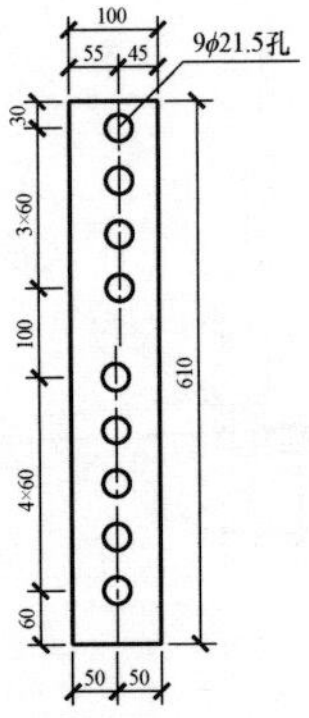

616 详图　1:10

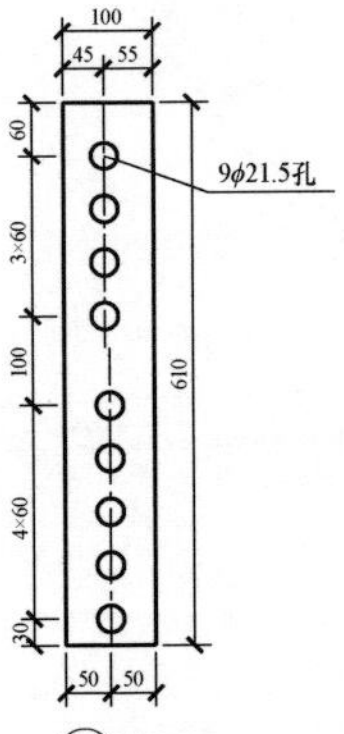

617 详图　1:10

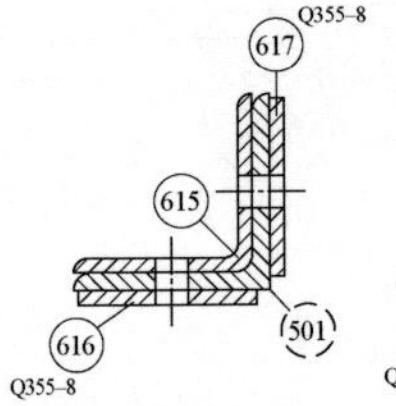

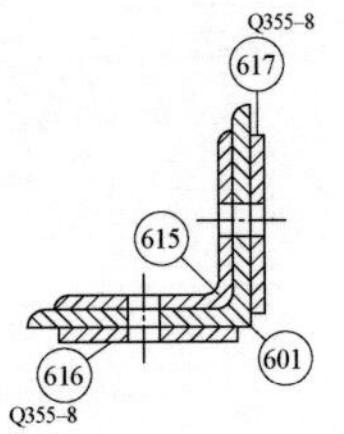

图 15−171　10D3015−SZA3 直线塔塔腿⑥结构图（2/2）（一）

编号	规格	长度（mm）	数量	质量（kg）		备注	编号	规格	长度（mm）	数量	质量（kg）		备注
				一件	小计						一件	小计	
⑥⓪①	Q355L125×10	7146	1	136.72	136.7	带脚钉	⑥②⓪	Q355−6×168	230	8	1.82	14.6	
⑥⓪②	Q355L125×10	7146	2	136.72	273.4		⑥②①	L50×5	2661	4	10.03	40.1	切角
⑥⓪③	Q355L125×10	7146	1	136.72	136.7	带脚钉	⑥②②	L50×4	1877	4	5.74	23.0	
⑥⓪④	L56×5	3123	4	13.28	53.1		⑥②③	L40×4	1200	4	2.91	11.6	
⑥⓪⑤	L56×5	3123	4	13.28	53.1		⑥②④	−6×269	269	4	3.41	13.6	
⑥⓪⑥	L40×3	984	8	1.82	14.6		⑥②⑤	L40×4	1332	4	3.23	12.9	
⑥⓪⑦	L40×3	1629	8	3.02	24.2		⑥②⑥	L40×3	2298	8	4.26	34.1	
⑥⓪⑧	Q355L63×5	3585	1	17.29	17.3		⑥②⑦	−6×110	188	4	0.97	3.9	火曲
⑥⓪⑨	Q355L63×5	3585	3	17.29	51.9		⑥②⑧	−6×110	188	4	0.97	3.9	火曲
⑥①⓪	Q355L63×5	2210	4	10.66	42.6	切角	⑥②⑨	−6×122	139	4	0.80	3.2	火曲
⑥①①	Q355L63×5	2210	4	10.66	42.6		⑥③⓪	−6×122	139	4	0.80	3.2	火曲
⑥①②	Q355L63×5	4396	4	21.20	84.8		⑥③①	Q355−20×400	400	4	25.12	100.5	焊接
⑥①③	Q355L63×5	4396	4	21.20	84.8	切角	⑥③②	Q355−12×424	335	4	13.38	53.5	打坡口焊接
⑥①④	L45×4	3515	4	9.62	38.5	中间压扁	⑥③③	Q355−12×166	335	4	5.24	21.0	打坡口焊接
⑥①⑤	Q355L100×8	610	4	7.49	30.0	铲背	⑥③④	Q355−12×259	333	4	8.12	32.5	打坡口焊接
⑥①⑥	Q355−8×100	610	4	3.83	15.3		⑥③⑤	Q355−10×110	130	16	1.12	17.9	打坡口焊接
⑥①⑦	Q355−8×100	610	4	3.83	15.3		⑥③⑥	−10×50	50	4	0.20	0.8	垫板
⑥①⑧	Q355−6×300	356	4	5.03	20.1								
⑥①⑨	Q355−6×210	237	8	2.34	18.7			总质量				1544.0kg	

图 15−171　10D3015−SZA3 直线塔塔腿⑥结构图（2/2）（二）

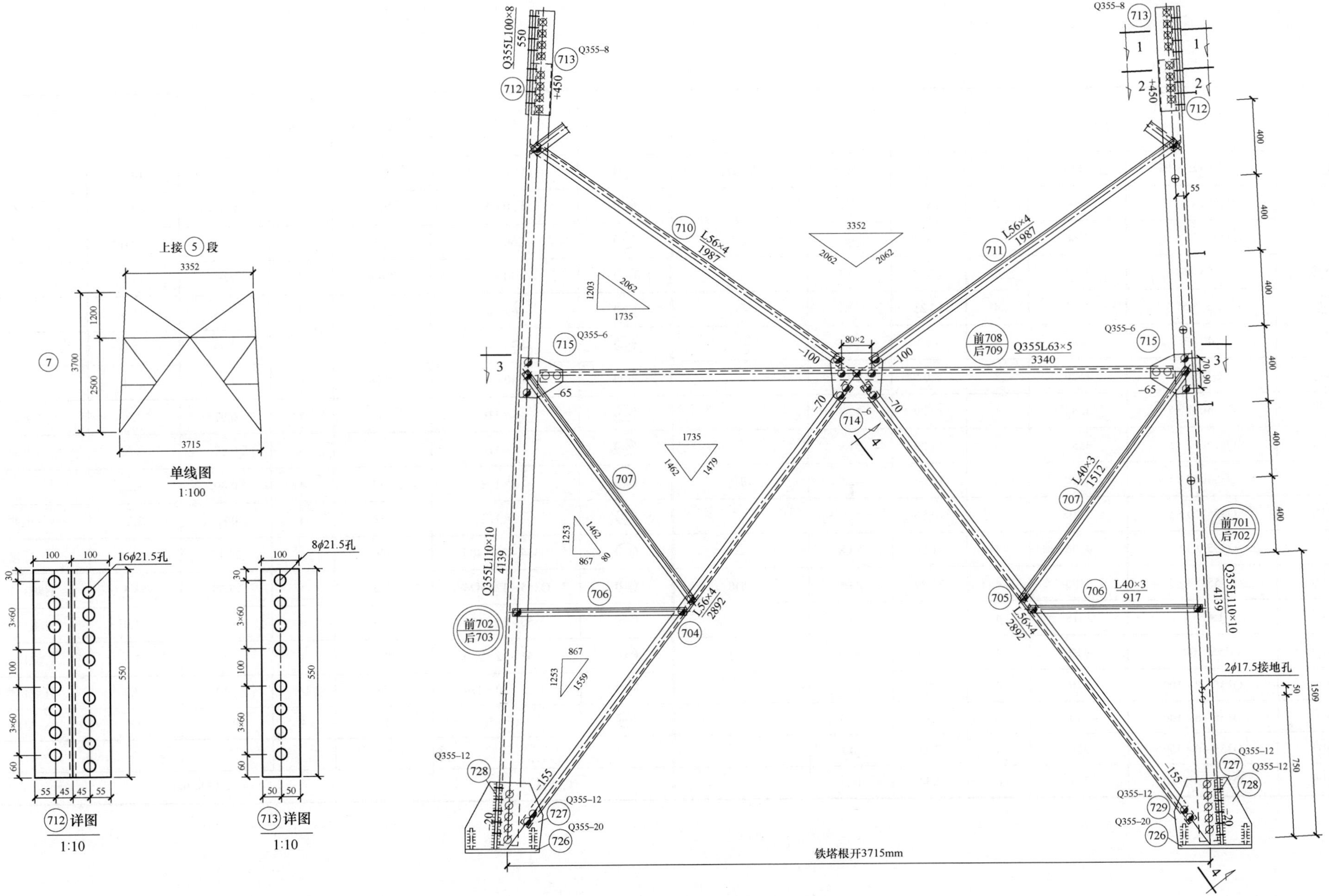

图 15−172　10D3015−SZA3 直线塔塔腿⑦结构图（1/2）

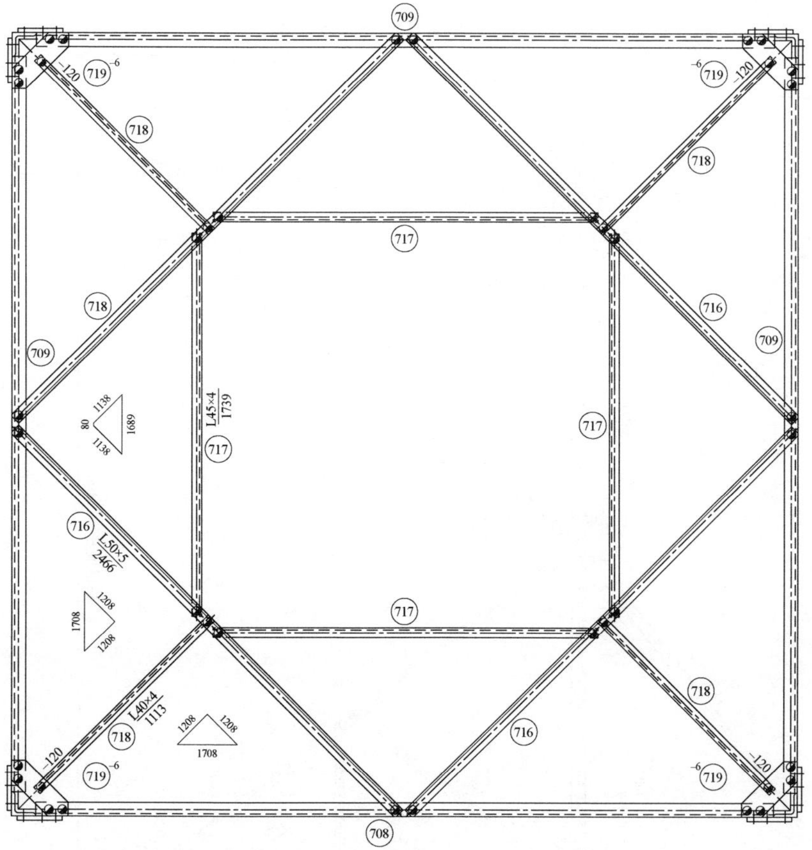

构件明细表

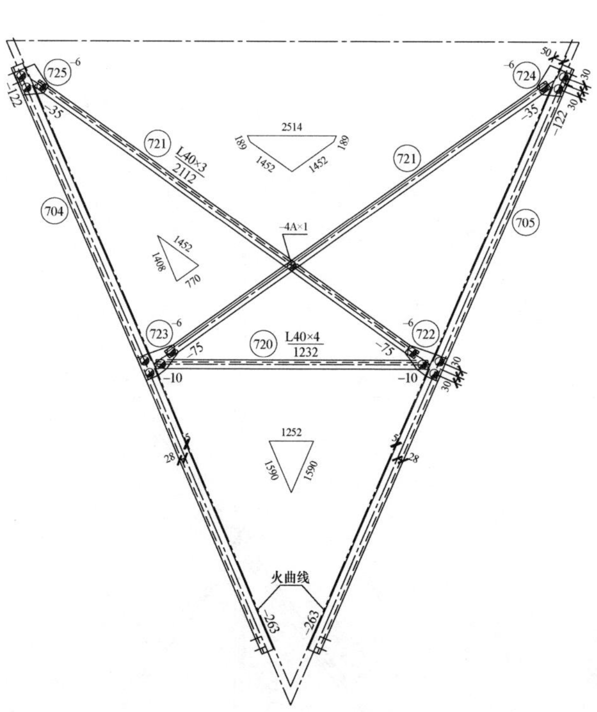

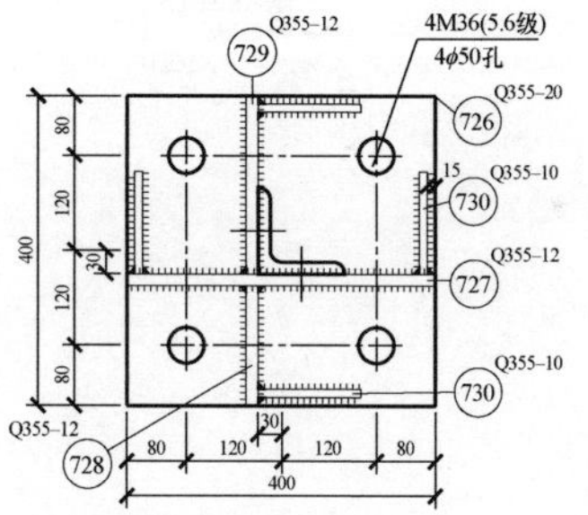

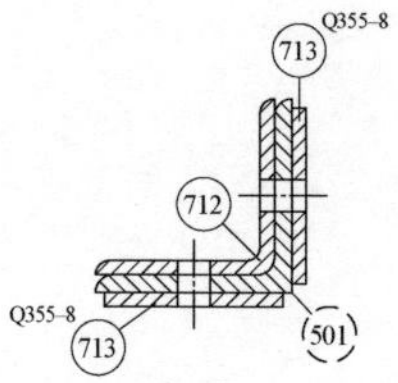

编号	规格	长度 (mm)	数量	质量(kg) 一件	质量(kg) 小计	备注
701	Q355L110×10	4139	1	69.08	69.1	带脚钉
702	Q355L110×10	4139	2	69.08	138.2	
703	Q355L110×10	4139	1	69.08	69.1	带脚钉
704	L56×4	2892	4	9.97	39.9	
705	L56×4	2892	4	9.97	39.9	
706	L40×3	917	8	1.70	13.6	
707	L40×3	1512	8	2.80	22.4	
708	Q355L63×5	3340	1	16.11	16.1	
709	Q355L63×5	3340	3	16.11	48.3	
710	L56×4	1987	4	6.85	27.4	切角
711	L56×4	1987	4	6.85	27.4	
712	Q355L100×8	550	4	6.75	27.0	铲背
713	Q355−8×100	550	8	3.45	27.6	
714	−6×264	277	4	3.44	13.8	
715	Q355−6×210	227	8	2.25	18.0	
716	L50×5	2466	4	9.30	37.2	切角
717	L45×4	1739	4	4.76	19.0	
718	L40×4	1113	4	2.70	10.8	
719	−6×254	254	4	3.04	12.2	
720	L40×4	1232	4	2.98	11.9	
721	L40×3	2112	8	3.91	31.3	
722	−6×110	188	4	0.97	3.9	火曲
723	−6×110	188	4	0.97	3.9	火曲
724	−6×123	138	4	0.80	3.2	火曲
725	−6×123	138	4	0.80	3.2	火曲
726	Q355−20×400	400	4	25.12	100.5	焊接
727	Q355−12×411	355	4	13.74	55.0	打坡口焊接
728	Q355−12×167	355	4	5.58	22.3	打坡口焊接
729	Q355−12×246	352	4	8.16	32.6	打坡口焊接
730	Q355−10×110	130	16	1.12	17.9	打坡口焊接
总质量					962.7kg	

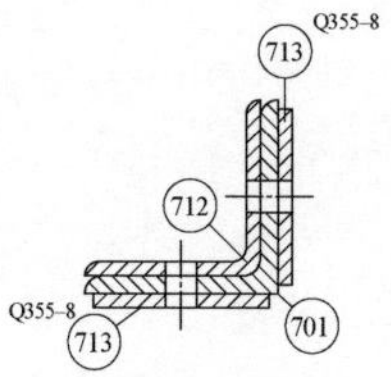

螺栓、脚钉、垫圈明细表

名称	级别	规格	符号	数量	质量(kg)	备注
螺栓	6.8级	M16×40	◑	156	22.5	
		M16×50	◐	56	9.0	
		M20×45	○	16	4.3	
		M20×55	⊘	40	11.8	
		M20×65	⊠	64	20.5	
脚钉	6.8级	M16×180	⊕T	12	4.6	
		M20×200		2	1.3	
垫圈	Q235	−4A (φ17.5)		4	0.1	规格×个数
总质量					74.1kg	

图 15−173　10D3015−SZA3 直线塔塔腿⑦结构图（2/2）

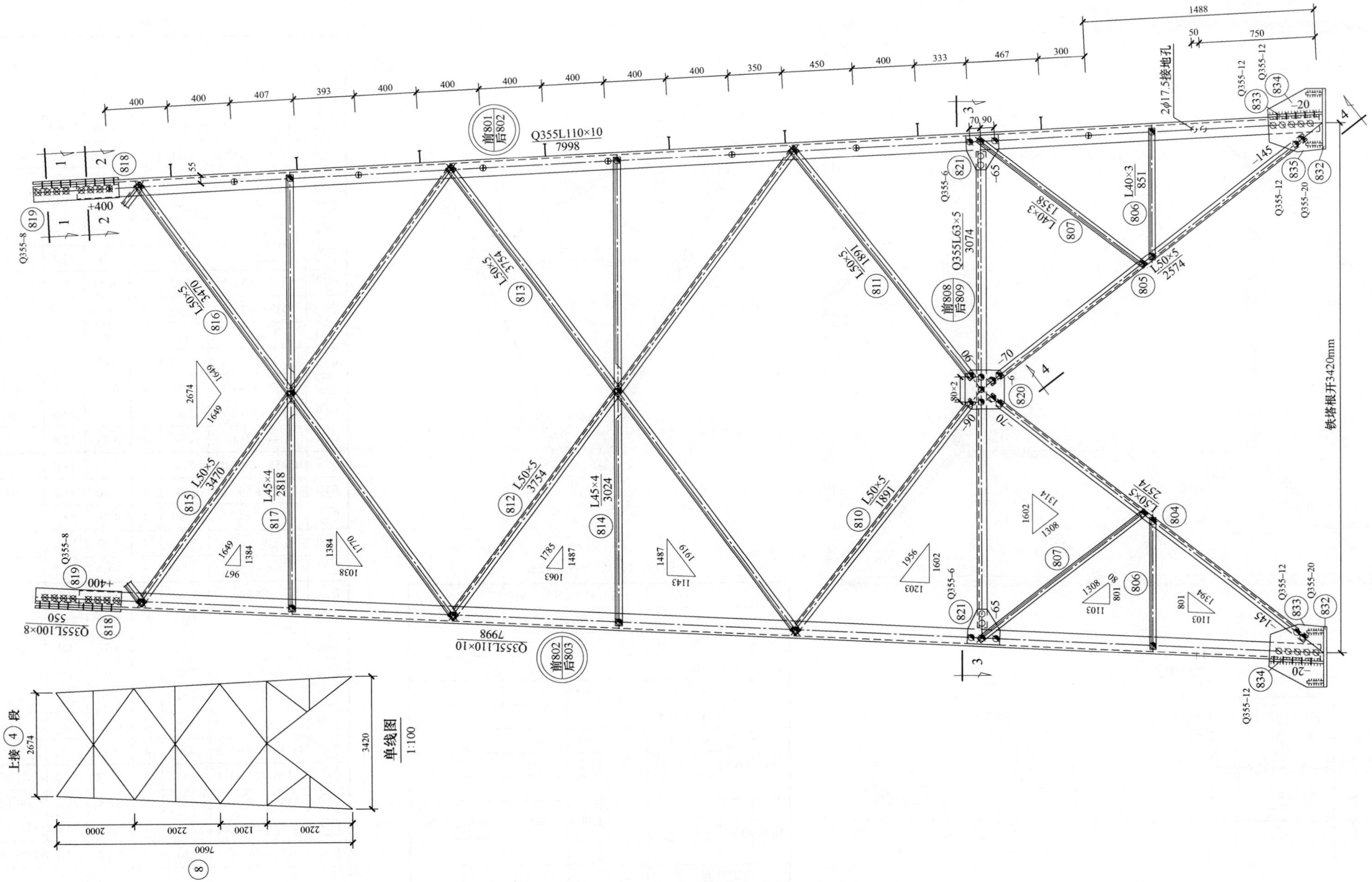

图 15−174　10D3015−SZA3 直线塔塔腿⑧结构图（1/2）

编号	规格	长度(mm)	数量	质量(kg) 一件	小计	备注
801	Q355L110×10	7998	1	133.49	133.5	带脚钉
802	Q355L110×10	7998	2	133.49	267.0	
803	Q355L110×10	7998	1	133.49	133.5	带脚钉
804	L50×5	2574	4	9.70	38.8	
805	L50×5	2574	4	9.70	38.8	
806	L40×3	851	8	1.58	12.6	
807	L40×3	1358	8	2.52	20.2	
808	Q355L63×5	3074	1	14.82	14.8	
809	Q355L63×5	3074	3	14.82	44.5	
810	L50×5	1891	4	7.13	28.5	切角
811	L50×5	1891	4	7.13	28.5	
812	L50×5	3754	4	14.15	56.6	切角
813	L50×5	3754	4	14.15	56.6	
814	L45×4	3024	4	8.27	33.1	中间压扁
815	L50×5	3470	4	13.08	52.3	切角
816	L50×5	3470	4	13.08	52.3	
817	L45×4	2818	4	7.71	30.8	中间压扁
818	Q355L100×8	550	4	6.75	27.0	铲背
819	Q355−8×100	550	8	3.45	27.6	
820	−6×252	256	4	3.04	12.2	
821	Q355−6×210	227	8	2.25	18.0	
822	L50×5	2278	4	8.59	34.4	切角
823	L45×4	1607	4	4.40	17.6	
824	L40×4	1019	4	2.47	9.9	
825	−6×254	254	4	3.04	12.2	
826	L40×4	1142	4	2.77	11.1	
827	L40×3	1908	8	3.53	28.2	
828	−6×110	182	4	0.94	3.8	火曲
829	−6×110	182	4	0.94	3.8	火曲
830	−6×117	138	4	0.76	3.0	火曲
831	−6×117	138	4	0.76	3.0	火曲
832	Q355−20×400	400	4	25.12	100.5	焊接
833	Q355−12×406	355	4	13.58	54.3	打坡口焊接
834	Q355−12×167	355	4	5.58	22.3	打坡口焊接
835	Q355−12×241	352	4	7.99	32.0	打坡口焊接
836	Q355−10×110	130	16	1.12	17.9	打坡口焊接
总质量					1481.2kg	

螺栓、脚钉、垫圈明细表

名称	级别	规格	符号	数量	质量(kg)	备注
螺栓	6.8级	M16×40	◗	156	22.5	
		M16×50	◗	96	15.4	
		M20×45	○	16	4.3	
		M20×55	⊘	40	11.8	
		M20×65	⊗	64	20.5	
脚钉	6.8级	M16×180	⊕T	32	12.2	
		M20×200	⊕T	2	1.3	
垫圈	Q235	−4A (φ17.5)		4	0.1	规格×个数
总质量					88.1kg	

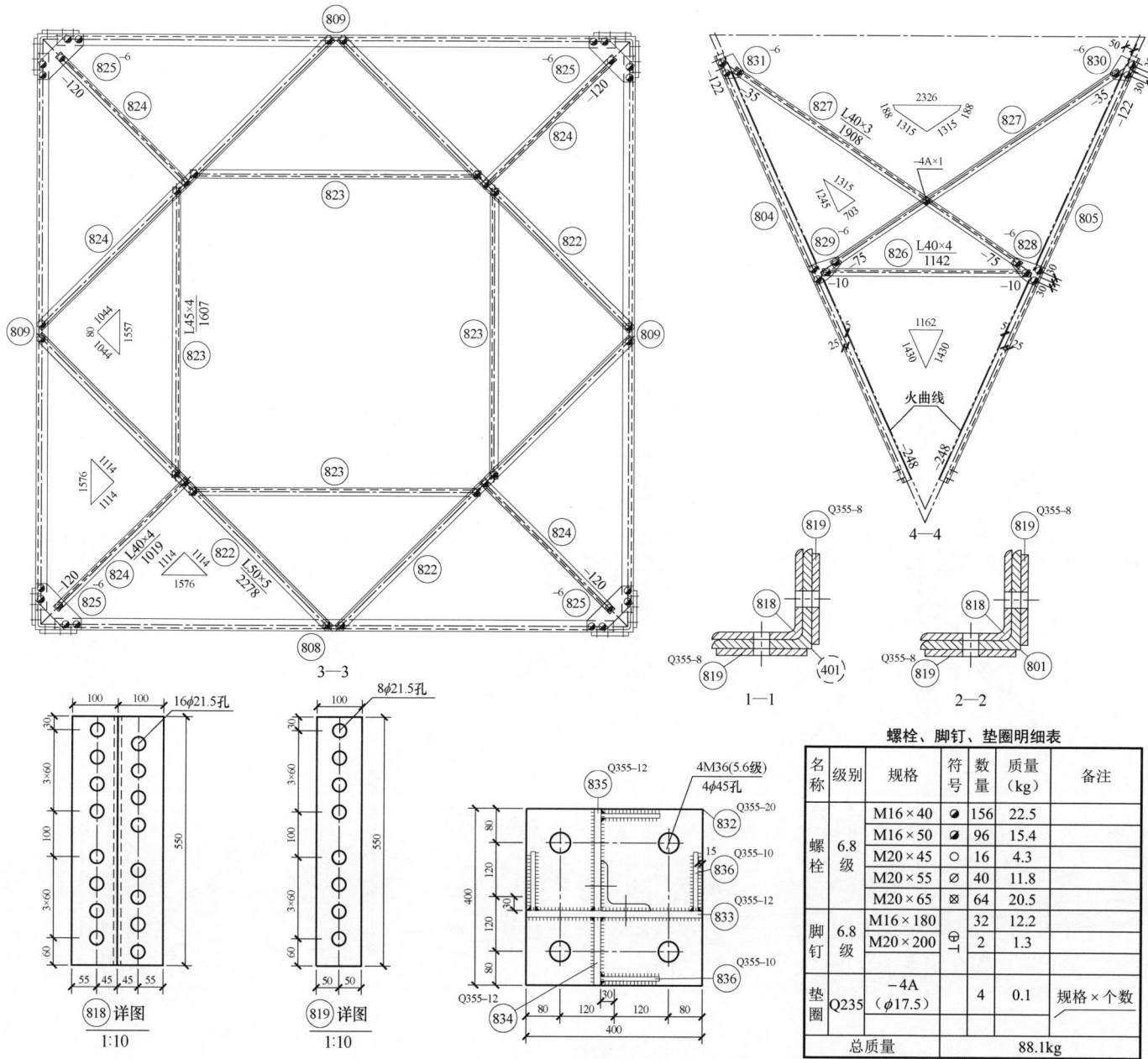

3—3

818 详图 1:10

819 详图 1:10

4—4

火曲线

1—1   2—2

图 15−175 10D3015−SZA3 直线塔塔腿⑧结构图(2/2)

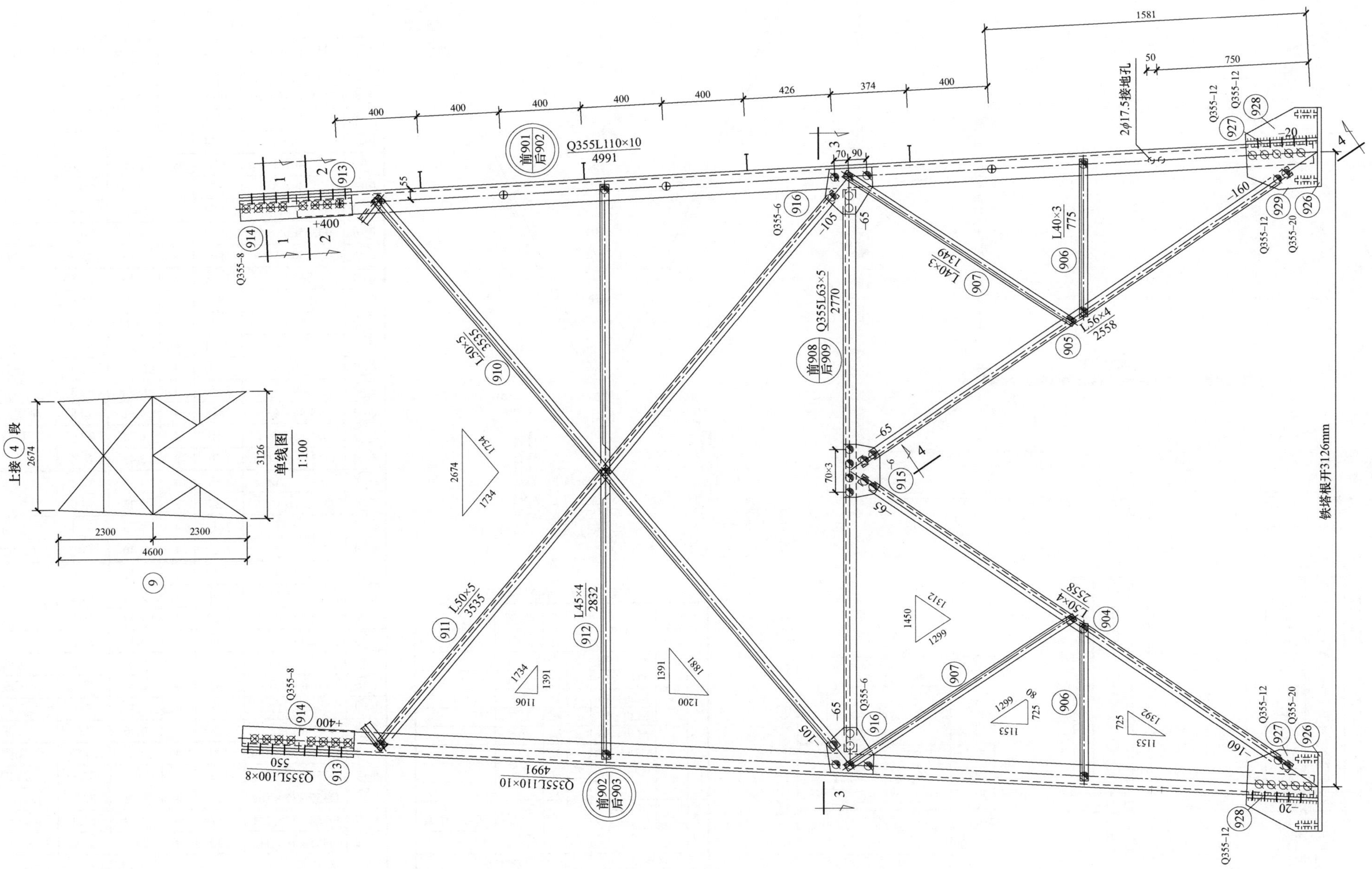

图 15-176 10D3015-SZA3 直线塔塔腿⑨结构图（1/2）

构 件 明 细 表

编号	规格	长度(mm)	数量	质量(kg) 一件	质量(kg) 小计	备注
901	Q355L110×10	4991	1	83.30	83.3	带脚钉
902	Q355L110×10	4991	2	83.30	166.6	
903	Q355L110×10	4991	1	83.30	83.3	带脚钉
904	L50×4	2558	4	8.81	35.2	
905	L50×4	2558	4	8.81	35.2	
906	L40×3	775	8	1.44	11.5	
907	L40×3	1349	8	2.50	20.0	
908	Q355L63×5	2770	1	13.36	13.4	
909	Q355L63×5	2770	3	13.36	40.1	
910	L50×5	3535	4	13.33	53.3	
911	L50×5	3535	4	13.33	53.3	切角
912	L45×4	2832	4	7.75	31.0	中间压扁
913	Q355L100×8	550	4	6.75	27.0	铲背
914	Q355-8×100	550	8	3.45	27.6	
915	-6×181	260	4	2.22	8.9	
916	Q355-6×227	238	8	2.54	20.3	
917	L45×4	2977	1	8.15	8.2	
918	L45×4	2977	1	8.15	8.2	
919	L56×4	2021	4	6.96	27.8	切角
920	L40×3	1036	4	1.92	7.7	
921	L40×3	1802	8	3.34	26.7	
922	-6×110	176	4	0.91	3.6	火曲
923	-6×110	176	4	0.91	3.6	火曲
924	-6×116	139	4	0.76	3.0	火曲
925	-6×116	139	4	0.76	3.0	火曲
926	Q355-20×400	400	4	25.12	100.5	焊接
927	Q355-12×403	355	4	13.48	53.9	打坡口焊接
928	Q355-12×167	355	4	5.58	22.3	打坡口焊接
929	Q355-12×238	352	4	7.89	31.6	打坡口焊接
930	Q355-10×110	130	16	1.12	17.9	打坡口焊接
总质量					1028.0kg	

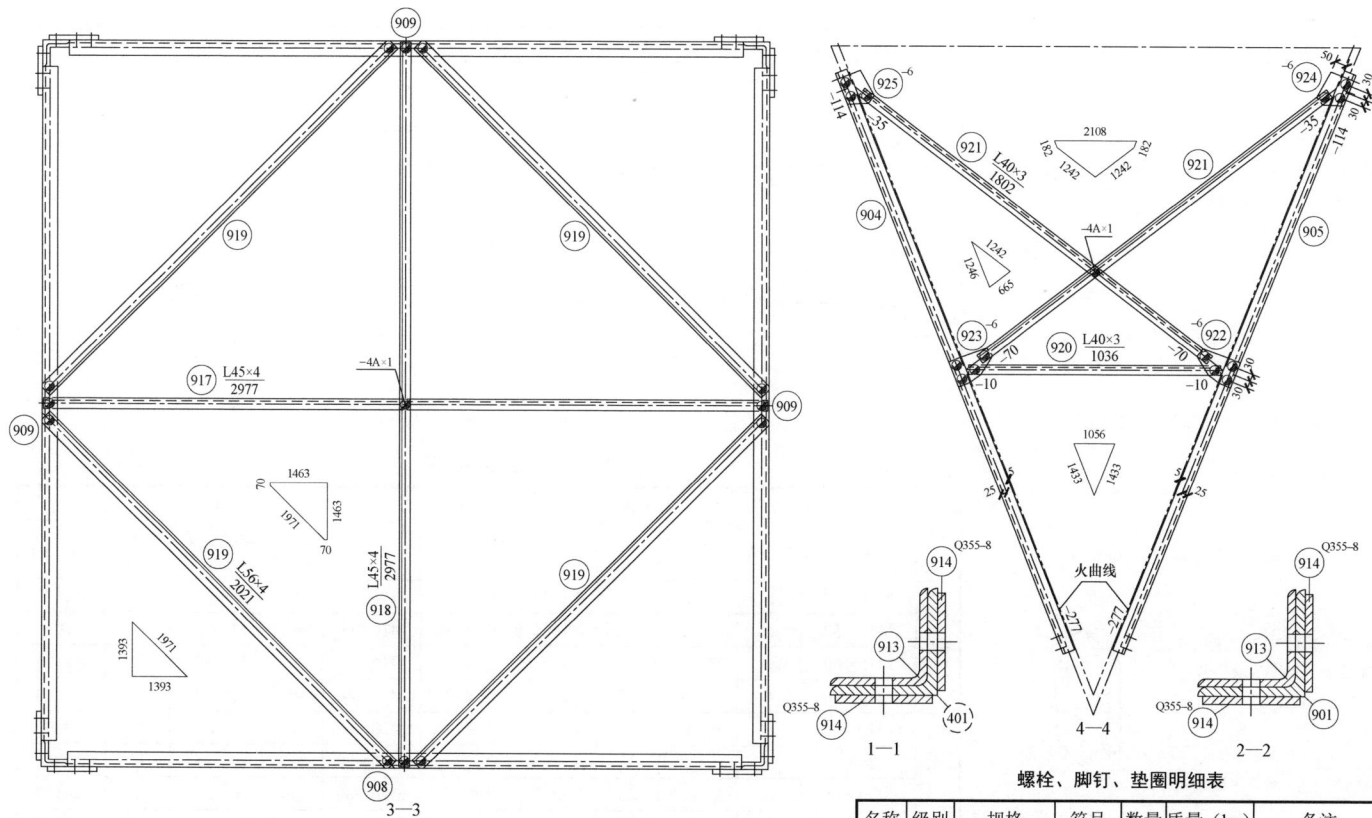

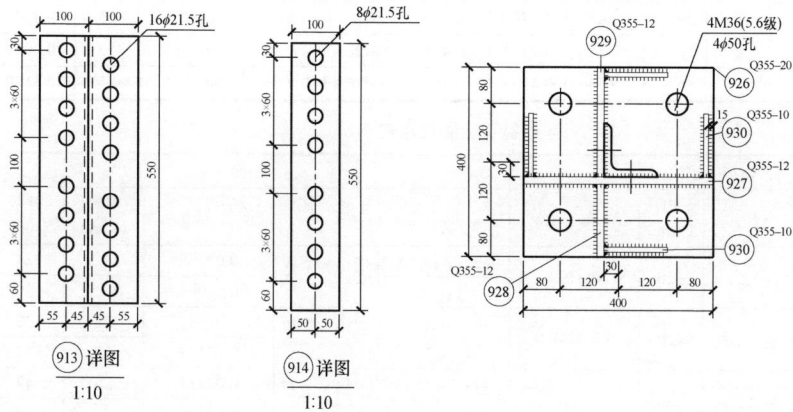

螺栓、脚钉、垫圈明细表

名称	级别	规格	符号	数量	质量(kg)	备注
螺栓	6.8级	M16×40	◐	130	18.7	
		M16×50	◑	69	11.1	
		M20×45	○	16	4.3	
		M20×55	∅	40	11.8	
		M20×65	⊠	64	20.5	
脚钉	6.8级	M16×180	⊕Τ	18	6.8	
		M20×200		2	1.3	
垫圈	Q235	-4A (φ17.5)		5	0.1	规格×个数
总质量					74.6kg	

913详图
1:10

914详图
1:10

1—1 2—2 3—3 4—4

图 15-177　10D3015-SZA3 直线塔塔腿⑨结构图（2/2）

图 15-177　10D3015-SZA3 直线塔塔腿⑨结构图（2/2）

除图中注明外，必须遵照下列统一要求进行加工和组装：

（1）杆塔的设计执行《输电线路杆塔制图和构造规定》（DL/T 5442—2020）的有关规定。

（2）结构图中图面内的图例、代号等在说明中未提及之处，均按《输电线路杆塔制图和构造规定》（DL/T 5442—2020）中的要求执行。

（3）杆塔加工时应严格执行《输电线路铁塔制造技术条件》（GB/T 2694—2018）。本塔构件的尺寸以放样为准，构件加工后必须试组装，验收合格后方可批量加工。

（4）钢材质量标准应符合《碳素结构钢》（GB/T 700—2006）及《低合金高强度结构钢》（GB/T 1591—2018）的有关要求；螺栓、螺母、扣紧螺母应符合的标准分别为《六角头螺栓 C 级》GB/T 5780—2016）、《Ⅰ型六角螺母》（GB/T 6170—2015）、《扣紧螺母》（GB/T 805—1988）。所有材料，包括角钢、螺栓、防盗螺栓、扣紧螺母、焊条等均应有出厂合格证书。

（5）杆塔构件所用钢种为 Q235B、Q355B，图中注明 Q355 材料为 Q355B 钢材，未注明均为 Q235B 钢材（角钢用"L"、钢板用"－"表示）。所有构件均须热镀锌。

（6）所有螺栓（包括防盗螺栓）的强度等级为热镀锌后的强度值。

（7）杆塔构件连接主要以螺栓连接为主，少数采用焊接（如塔脚板连接等）。构件焊接应按照焊接规程、规范和有关规定进行，焊缝高度不得小于连接构件的最小厚度，当被焊接构件厚 8mm 及以上时，要按规定剖口焊，以便焊透。对 Q355 构件焊接时选用 E50 系列焊条，对 Q235 构件焊接时选用 E43 系列焊条。

（8）加工时如发生材料代用或改变节点形式等情况，须与设计单位联系解决。材料代用时，需注意相关影响，应与图纸对应列表统计，并由加工厂书面通知施工单位，以方便施工安装。

（9）角钢与钢板的螺栓间距、边距除图中特殊注明外应按表 1 采用。

（10）角钢准距除图中特殊注明外，一般按表 2 采用。

（11）螺栓、脚钉、垫圈规格按表 3、表 4 采用。

（12）脚钉一般从离地面 1.5m 处开始向上装设，间距 400mm 左右，加工放样时可适当调整脚钉的位置，脚钉除运行单位有特殊要求外，一般采用防滑带直钩形式。

（13）其他事项：

1）节点板考虑到刚度要求，形状不宜狭长，节点板边缘与构件轴线夹角 α 不小于 15°，如右图所示。

2）构件厚度大于 14mm 时须采用钻孔方法加工，构件接头中外包角钢清根，内包角钢铲背。

3）凡图中所要求的火曲、开合角、切肢、压扁、切角等的尺寸均由加工放样决定。

4）两构件连接面间的间隙大于 3mm 时，构件应局部开孔、合角或制弯。

5）当构件需采用切肢或压扁时，应优先采用切肢。

（14）杆塔加工时应根据实际工程要求的高度设置防盗螺栓（无特殊说明的 10m 高以下防盗）。

α角示意图

表 1 螺栓间距、边距表

螺栓规格	孔径（mm）	螺栓间距（mm）		边距（mm）		
		单排	双排	端距	扎制边距	切角边距
M16	ϕ17.5	50	80	25	≥21 或 20（L40 角钢时）	≥23
M20	ϕ21.5	60	100	30	≥26	≥28

注 螺孔顺力方向重心最大间距为 12d 或 18t（取二者较小者），其中 d 为螺栓直径，t 为较薄板的厚度。

表 2 角钢准距表

肢宽（mm）	准距（mm）	第一排准距（mm）	第二排准距（mm）	最大使用孔径（mm）
L40	20			
L45	23			17.5
L50	25（28）			
L56	28（32）			

续表

肢宽（mm）	准距（mm）	第一排准距（mm）	第二排准距（mm）	最大使用孔径（mm）
L63	30（36）			
L70	35（40）			
L75	38（40）			
L80	40			
L90	45			21.5
L100	50			
L110	55	45	75	
L125	60	50	85	
L140	70	55	90	
L160	80	60	105	

注 括号内数字用于螺栓边距不足时，在搭接位置上的螺栓孔可使用的准距。

表 3 螺栓规格表

级别	单帽螺栓（带一垫、一扣紧螺母）				防盗螺栓	双帽螺栓（带一垫）			
	规格	符号	通过厚度（mm）	无扣长（mm）	质量（kg）	质量（kg）（带一垫）	规格	符号	通过厚度（mm）	无扣长（mm）	质量（kg）
6.8	M16×40	◑	7～12	6	0.1442	0.1997	M16×50	◑	7～12	6	0.1875
	M16×50	◒	13～22	12	0.1602	0.2127	M16×60	◑	13～22	12	0.2039
	M16×60	◓	23～32	22	0.1762	0.2277	M16×70	◑	23～32	22	0.2203
	M16×70	◔	33～42	32	0.1922	0.2477	M16×80	◑	33～42	32	0.2369
6.8	M20×45	○	9～15	8	0.2701	0.3517	M20×60		9～15	8	0.3605
	M20×55	⊘	16～25	15	0.2953	0.3737	M20×70		16～25	15	0.3864
	M20×65	⊗	26～35	25	0.3205	0.3967	M20×80		26～35	25	0.4123
	M20×75	⊘	36～45	35	0.3457	0.4207	M20×90		36～45	35	0.4381
	M20×85	⊠	46～55	45	0.3709	0.4407	M20×100	○	46～55	45	0.4640
	M20×95	⊠	56～65	55	0.3961	0.4607	M20×110		56～65	55	0.4899
	M20×105	⊠	66～75	65	0.4213	0.4807	M20×120	○	66～75	65	0.5158

表 4 脚钉、垫圈规格表

脚钉（带两帽）				垫圈				
规格	符号	无扣长（mm）	质量（kg）	规格	符号	质量（kg）	内径（mm）	外径（mm）
M16×180	⊕—	120	0.3799	−2（ϕ13.5）	规格×个数	0.00186	13.5	24
				−3（ϕ17.5）		0.01065	17.5	30
M20×200	⊕—	120	0.6749	−3（ϕ22）	规格×个数	0.01637	22	37
				−4（ϕ22）		0.02183	22	37
M24×240	⊕—	120	1.1803	−3（ϕ26）	规格×个数	0.02331	26	44
				−4（ϕ26）		0.03108	26	44

图 15－178 10D3015－SZA3 直线塔加工说明

15.2.10 10D3015-SJ1 转角塔

10D3015-SJ1 转角塔结构图清单见表 15-15。

表 15-15　　　　　10D3015-SJ1 转角塔结构图清单

图序	图名	备注
图 15-179	10D3015-SJ1 转角塔总图	
图 15-180	10D3015-SJ1 转角塔材料汇总表	
图 15-181	10D3015-SJ1 转角塔塔头①结构图（1/2）	
图 15-182	10D3015-SJ1 转角塔塔头①结构图（2/2）	
图 15-183	10D3015-SJ1 转角塔塔头②结构图（1/2）	
图 15-184	10D3015-SJ1 转角塔塔头②结构图（2/2）	
图 15-185	10D3015-SJ1 转角塔塔身③结构图	

续表

图序	图名	备注
图 15-186	10D3015-SJ1 转角塔塔身④结构图	
图 15-187	10D3015-SJ1 转角塔塔腿⑤结构图（1/2）	
图 15-188	10D3015-SJ1 转角塔塔腿⑤结构图（2/2）	
图 15-189	10D3015-SJ1 转角塔塔腿⑥结构图（1/2）	
图 15-190	10D3015-SJ1 转角塔塔腿⑥结构图（2/2）	
图 15-191	10D3015-SJ1 转角塔塔腿⑦结构图（1/2）	
图 15-192	10D3015-SJ1 转角塔塔腿⑦结构图（2/2）	
图 15-193	10D3015-SJ1 转角塔塔腿⑧结构图（1/2）	
图 15-194	10D3015-SJ1 转角塔塔腿⑧结构图（2/2）	
图 15-195	10D3015-SJ1 转角塔加工说明	

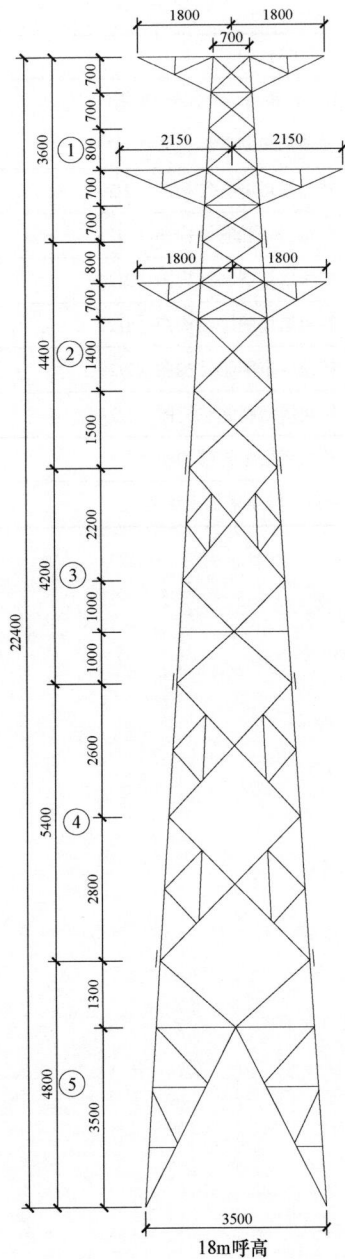

杆塔根开、基础根开、地脚螺栓规格及间距表

杆塔名称（型号）	10D3015－SJ1			
呼高（m）	9	12	15	18
接腿	⑥	⑦	⑧	⑤
杆塔根开（mm）	2373	2752	3131	3500
基础根开（mm）	2413	2792	3171	3540
基础地脚螺栓间距（mm）	270	270	270	270
每腿基础地脚螺栓配置（5.6级）	4M42	4M42	4M42	4M42

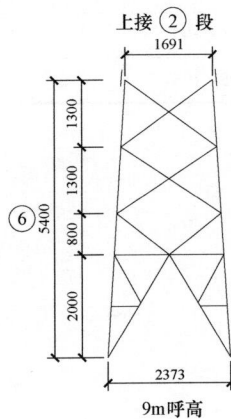

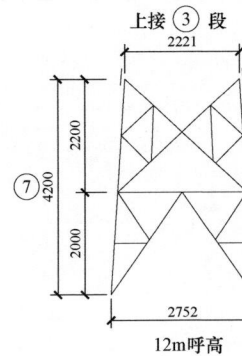

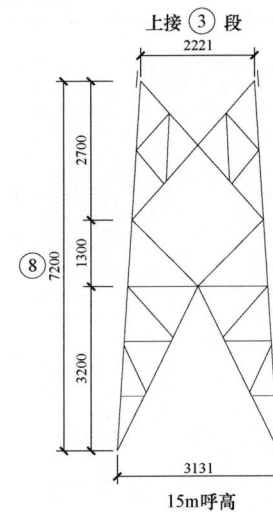

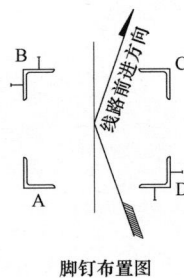

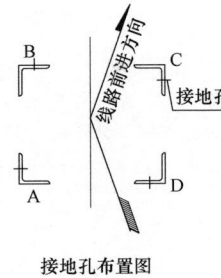

18m呼高

上接②段
9m呼高

上接③段
12m呼高

上接③段
15m呼高

脚钉布置图

接地孔布置图

图 15－179　10D3015－SJ1 转角塔总图

材 料 汇 总 表

材料	材质	规格	段号								呼高（m）			
			①	②	③	④	⑤	⑥	⑦	⑧	9.0	12.0	15.0	18.0
角钢	Q355	L140×10				465.2	454.5							919.7
		L125×10							358.8	589.2		358.8	589.2	
		L125×8				36.6	39.1							75.7
		L110×10		284.2	280.8		393.3				677.5	565.0	565.0	565.0
		L100×8			27.0			27.0	30.0	30.0	27.0	57.0	57.0	27.0
		L90×6		15.2							15.2	15.2	15.2	15.2
		L70×6	84.2								84.2	84.2	84.2	84.2
		L63×5	145.5	60.7			55.3	38.2	44.9	49.3	244.4	251.1	255.5	261.5
		小计	229.7	360.1	307.8	501.8	548.9	458.5	433.7	668.5	1048.3	1331.3	1566.1	1948.3
	Q235	L56×5	11.7	67.2			185.0	70.4	73.6	110.0	149.3	152.5	188.9	263.9
		L56×4					29.5			48.8			48.8	29.5
		L50×5		75.9	172.6	108.0				110.4	75.9	248.5	358.9	356.5
		L50×4	34.2	23.5	26.2	96.8		143.4	97.2	23.2	201.1	181.1	107.1	180.7
		L45×4	102.6	61.1	15.8		17.2	16.2			179.9	179.5	179.5	196.7
		L40×4	79.3	5.4		27.7	48.8	10.6	34.2	13.6	95.3	118.9	98.3	161.2
		L40×3	45.9	47.6	39.5	77.9	83.1	50.5	78.8	156.6	144.0	211.8	289.6	294.0
		小计	273.7	280.7	254.1	310.4	363.6	291.1	283.8	462.6	845.8	1092.3	1271.1	1482.5
钢板	Q355	−6	94.2	56.4			27.6	19.7	34.4	24.6	170.3	185.0	175.2	178.2
		−8		20.6	27.6	34.0	22.6	50.2	48.7	53.2	70.8	96.9	101.4	104.8
		−10					162.7	102.8	99.7	99.0	102.8	99.7	99.0	162.7
		−12	46.4	24.2							70.6	70.6	70.6	70.6
		−28					178.0	178.0	178.0	178.0	178.0	178.0	178.0	178.0
		小计	140.6	101.2	27.6	34.0	390.9	350.7	360.8	354.8	592.5	630.2	624.2	694.3
	Q235	−4		2.7							2.7	2.7	2.7	2.7
		−6	21.0		15.2		40.0	57.4	22.7	38.8	78.4	58.9	75.0	76.2
		−8		48.7	42.2			17.8			66.5	90.9	90.9	90.9
		−10	0.8	4.0	3.2	1.6		4.8		0.8	9.6	8.0	8.8	9.6
		−12		0.5							0.5	0.5	0.5	0.5
		−16	1.9					2.5			4.4	1.9	1.9	1.9
		−18		1.4	1.4						1.4	2.8	2.8	2.8
		−20		1.6							1.6	1.6	1.6	1.6
		−22		0.9							0.9	0.9	0.9	0.9
		小计	23.7	59.8	62.0	1.6	40.0	82.5	22.7	39.6	166.0	168.2	185.1	187.1
螺栓	6.8级	M16×40	28.8	14.1	11.1	6.9	26.1	24.4	24.4	31.9	67.3	78.4	85.9	87.0
		M16×50	12.8	14.7	12.8	11.5	10.3	18.6	9.6	16.0	46.1	49.6	56.3	62.1
		M16×60	2.8	6.0	3.5			4.2			13.0	12.3	12.3	12.3
		M16×60 双帽	1.6	0.8							2.4	2.4	2.4	2.4
		小计	46.0	35.6	27.4	18.4	36.4	47.2	34.0	47.9	128.8	143.0	156.9	163.8
	6.8级	M20×45	34.6	9.7			8.6	4.3	4.3	4.3	48.6	48.6	48.6	52.9
		M20×55	7.1	27.2			28.3	16.5	26.0	26.0	50.8	60.3	60.3	62.6
		M20×65			20.5	25.6	30.8	20.5	23.1	23.1	20.5	43.6	43.6	76.9
		M20×60 双帽	17.3	8.7							26.0	26.0	26.0	26.0
		小计	59.0	45.6	20.5	25.6	67.7	41.3	53.4	53.4	145.9	178.5	178.5	218.4
		螺栓合计	105.0	81.2	47.9	44.0	104.1	88.5	87.4	101.3	274.7	321.5	335.4	382.2
脚钉	6.8级	M16×180	3.8	6.8	3.4	4.6	3.0	3.8	2.7	4.9	14.4	16.7	18.9	21.6
		M20×200	4.0	4.0	0.7	1.3	1.3	1.3	1.3	1.3	9.3	10.0	10.0	11.3
		小计	7.8	10.8	4.1	5.9	4.3	5.1	4.0	6.2	23.7	26.7	28.9	32.9
垫圈	Q235	−3A（φ17.5）	0.5	0.1			0.2	0.1	0.1	0.2	0.7	0.7	0.8	0.8
		−4A（φ17.5）	0.3	0.2			0.1	0.1	0.1	0.1	0.6	0.6	0.6	0.6
		小计	0.8	0.3			0.3	0.2	0.2	0.3	1.3	1.3	1.4	1.4
不含防盗螺栓总质量（kg）			781.3	894.1	703.5	897.7	1452.1	1276.6	1192.6	1633.3	2952.0	3571.5	4012.2	4728.7
各呼高含防盗螺栓总质量（kg）											2981.3	3607.0	4052.1	4775.8

图 15−180　10D3015−SJ1 转角塔材料汇总表

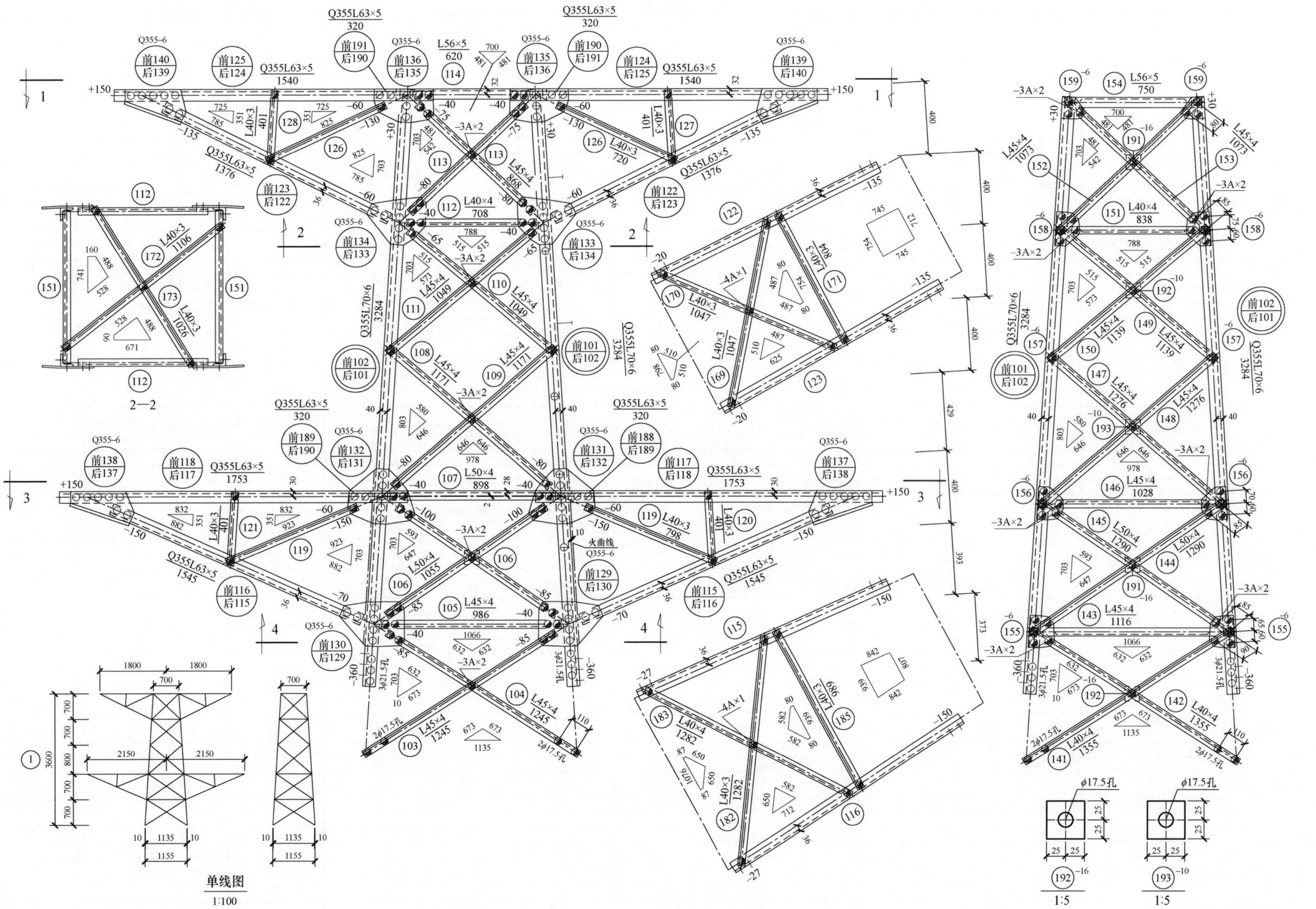

图 15−181　10D3015−SJ1　转角塔塔头①结构图（1/2）

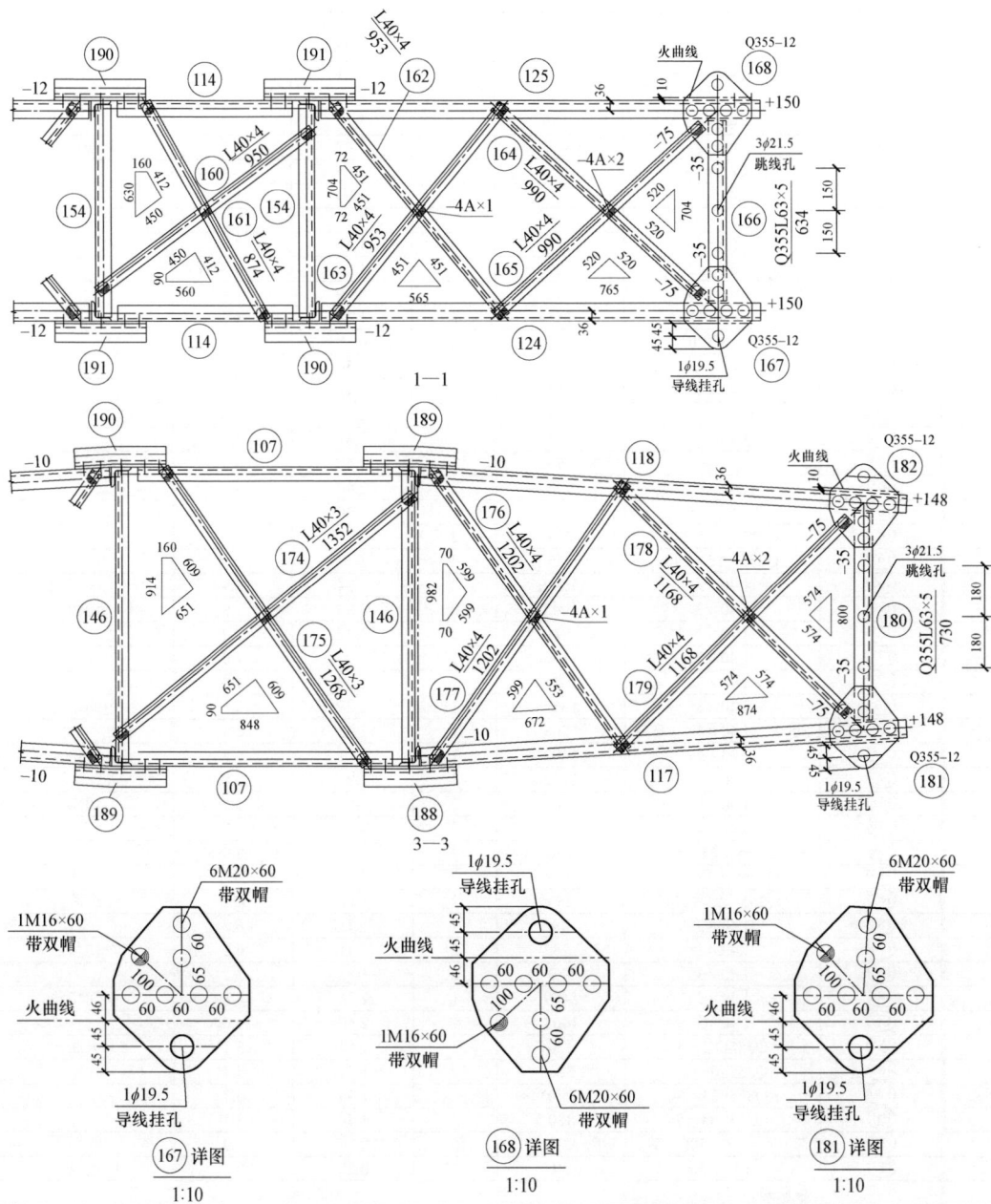

螺栓、脚钉、垫圈明细表

名称	级别	规格	符号	数量	质量（kg）	备注
螺栓	6.8级	M16×40	☉	200	28.8	
		M16×50	☉	80	12.8	
		M16×60	☒	16	2.8	
		M20×45	○	128	34.6	
		M20×55	∅	24	7.1	
		M16×60	☉	8	1.6	带双帽
		M20×60	○	48	17.3	带双帽
脚钉	6.8级	M16×180		10	3.8	
		M20×200	⊕T	6	4.0	
垫圈	Q235	−3A（φ17.5）		48	0.5	规格×个数
		−4A（φ17.5）		16	0.3	
总质量					113.6kg	

图 15−182　10D3015−SJ1 转角塔塔头①结构图（2/2）（一）

构 件 明 细 表

编号	规格	长度（mm）	数量	一件	小计	备注	编号	规格	长度（mm）	数量	一件	小计	备注
⑩1	Q355L70×6	3284	2	21.04	42.1	带脚钉	⑭8	L45×4	1276	2	3.49	7.0	
⑩2	Q355L70×6	3284	2	21.04	42.1		⑭9	L45×4	1139	2	3.12	6.2	切角
⑩3	L45×4	1245	2	3.41	6.8		⑮0	L45×4	1139	2	3.12	6.2	
⑩4	L45×4	1245	2	3.41	6.8	切角	⑮1	L40×4	838	2	2.03	4.1	两端切肢
⑩5	L45×4	986	2	2.70	5.4		⑮2	L45×4	1073	2	2.94	5.9	
⑩6	L50×4	1055	4	3.23	12.9		⑮3	L45×4	1073	2	2.94	5.9	切角
⑩7	L50×4	898	2	2.75	5.5		⑮4	L56×5	750	2	3.19	6.4	两端切肢
⑩8	L45×4	1171	2	3.20	6.4	切角	⑮5	−6×141	175	4	1.16	4.6	
⑩9	L45×4	1171	2	3.20	6.4		⑮6	−6×142	180	4	1.20	4.8	
⑪0	L45×4	1049	2	2.87	5.7	切角	⑮7	−6×116	180	4	0.89	3.9	
⑪1	L45×4	1049	2	2.87	5.7		⑮8	−6×131	185	4	1.14	4.6	
⑪2	L40×4	708	2	1.71	3.4		⑮9	−6×120	138	4	0.78	3.1	
⑪3	L45×4	868	4	2.37	9.5		⑯0	L40×4	950	1	2.30	2.3	中间切肢
⑪4	L56×5	620	2	2.64	5.3		⑯1	L40×4	874	1	2.12	2.1	
⑪5	Q355L63×5	1545	2	7.45	14.9		⑯2	L40×4	953	2	2.31	4.6	切角
⑪6	Q355L63×5	1545	2	7.45	14.9		⑯3	L40×4	953	2	2.31	4.6	
⑪7	Q355L63×5	1753	2	8.45	16.9		⑯4	L40×4	990	2	2.40	4.8	切角
⑪8	Q355L63×5	1753	2	8.45	16.9		⑯5	L40×4	990	2	2.40	4.8	
⑪9	L40×3	798	4	1.48	5.9		⑯6	Q355L63×5	634	2	3.06	6.1	
⑫0	L40×3	401	2	0.74	1.5	切角	⑯7	Q355−12×240	255	2	5.77	11.5	火曲
⑫1	L40×3	401	2	0.74	1.5	切角	⑯8	Q355−12×240	255	2	5.77	11.5	火曲
⑫2	Q355L63×5	1376	2	6.64	13.3	中间切肢	⑯9	L40×3	1047	2	1.94	3.9	中间切肢
⑫3	Q355L63×5	1376	2	6.64	13.3	切角	⑰0	L40×3	1047	2	1.94	3.9	切角
⑫4	Q355L63×5	1540	2	7.43	14.9		⑰1	L40×3	804	2	1.49	3.0	
⑫5	Q355L63×5	1540	2	7.43	14.9		⑰2	L40×3	1106	1	2.05	2.0	中间切肢
⑫6	L40×3	720	4	1.33	5.3		⑰3	L40×3	1026	1	1.90	1.9	
⑫7	L40×3	401	2	0.74	1.5	切角	⑰4	L40×3	1352	1	2.50	2.5	中间切肢
⑫8	L40×3	401	2	0.74	1.5	切角	⑰5	L40×3	1268	1	2.35	2.4	
⑫9	Q355−6×274	395	2	5.10	10.2	火曲	⑰6	L40×4	1202	2	2.91	5.8	切角
⑬0	Q355−6×274	395	2	5.10	10.2	火曲	⑰7	L40×4	1202	2	2.91	5.8	
⑬1	Q355−6×312	407	2	5.98	12.0	火曲	⑰8	L40×4	1168	2	2.83	5.7	切角
⑬2	Q355−6×312	407	2	5.98	12.0	火曲	⑰9	L40×4	1168	2	2.83	5.7	
⑬3	Q355−6×262	324	2	4.00	8.0		⑱0	Q355L63×5	730	2	3.52	7.0	
⑬4	Q355−6×262	324	2	4.00	8.0		⑱1	Q355−12×244	255	2	5.86	11.7	火曲
⑬5	Q355−6×184	324	2	2.81	5.6		⑱2	Q355−12×244	255	2	5.86	11.7	火曲
⑬6	Q355−6×184	324	2	2.81	5.6		⑱3	L40×3	1282	2	3.11	6.2	
⑬7	Q355−6×173	348	2	2.84	5.7	卷边50mm	⑱4	L40×3	1282	2	3.11	6.2	切角
⑬8	Q355−6×173	348	2	2.84	5.7	卷边50mm	⑱5	L40×3	989	2	1.83	3.7	
⑬9	Q355−6×178	331	2	2.78	5.6	卷边50mm	⑱6	L40×3	1489	1	2.76	2.8	中间切肢
⑭0	Q355−6×178	331	2	2.78	5.6	卷边50mm	⑱7	L40×3	1403	1	2.60	2.6	
⑭1	L40×4	1355	2	3.28	6.6		⑱8	Q355L63×5	320	2	1.54	3.1	火曲
⑭2	L40×4	1355	2	3.28	6.6	切角	⑱9	Q355L63×5	320	2	1.54	3.1	火曲
⑭3	L45×4	1116	2	3.05	6.1	两端切肢	⑲0	Q355L63×5	320	2	1.54	3.1	
⑭4	L50×4	1290	2	3.95	7.9		⑲1	Q355L63×5	320	2	1.54	3.1	
⑭5	L50×4	1290	2	3.95	7.9	切角	⑲2	−16×50	50	6	0.31	1.9	垫板
⑭6	L45×4	1028	2	2.81	5.6	两端切肢	⑲3	−10×50	50	4	0.20	0.8	垫板
⑭7	L45×4	1276	2	3.49	7.0	切角	总质量					667.7kg	

图 15−182　10D3015−SJ1 转角塔塔头①结构图（2/2）（二）

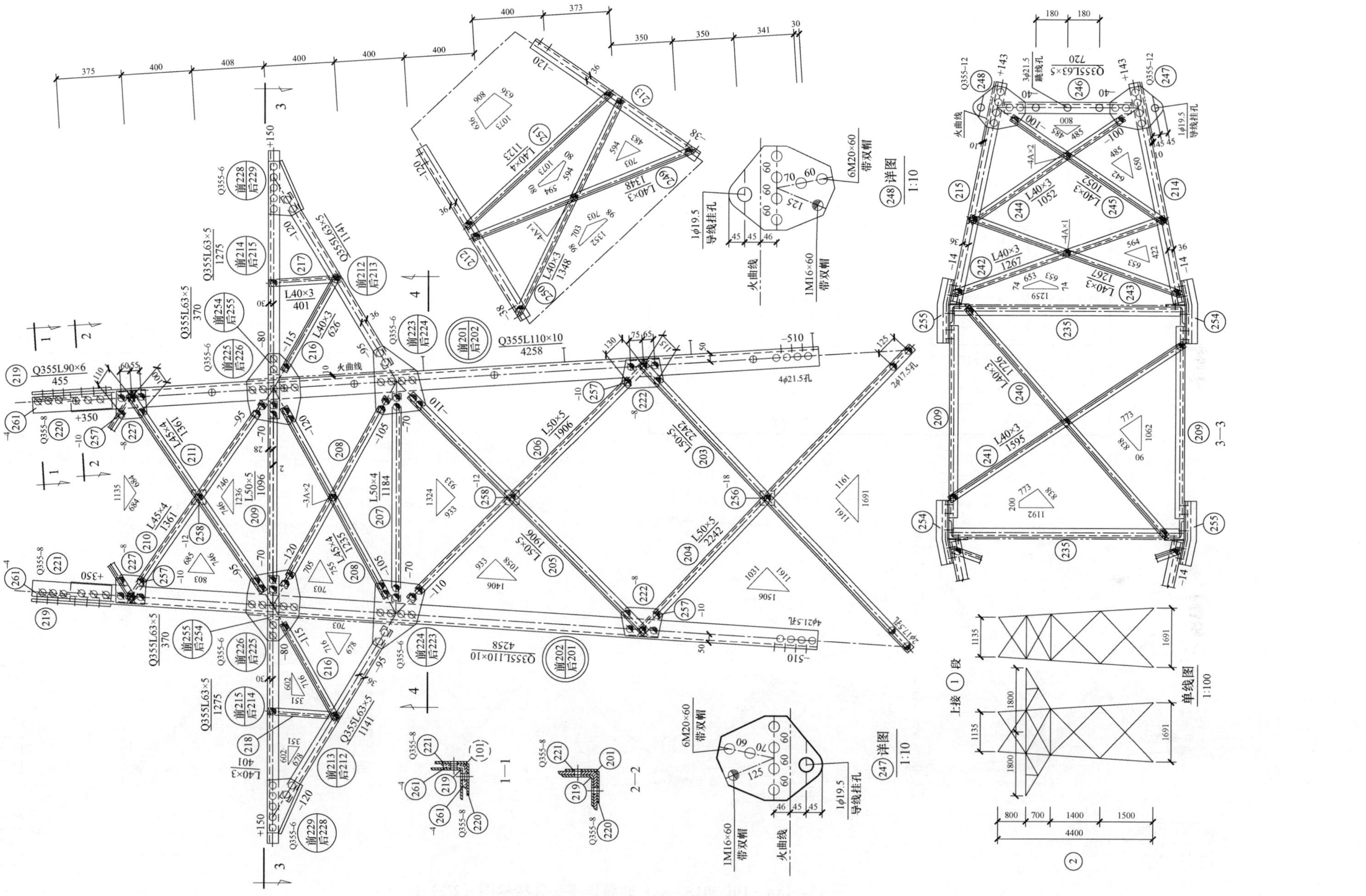

图 15-183 10D3015-SJ1 转角塔塔头②结构图（1/2）

螺栓、脚钉、垫圈明细表

名称	级别	规格	符号	数量	质量（kg）	备注
螺栓	6.8级	M16×40	◗	98	14.1	
		M16×50	◖	92	14.7	
		M16×60	▨	34	6.0	
		M20×45	○	36	9.7	
		M20×55	⊗	92	27.2	
		M16×60	◗	4	0.8	带双帽
		M20×60	○	24	8.7	带双帽
脚钉	6.8级	M16×180	⊕T	18	6.8	
		M20×200		6	4.0	
垫圈	Q235	−3A（φ17.5）		4	0.1	规格×个数
		−4A（φ17.5）		8	0.2	
总质量					92.3kg	

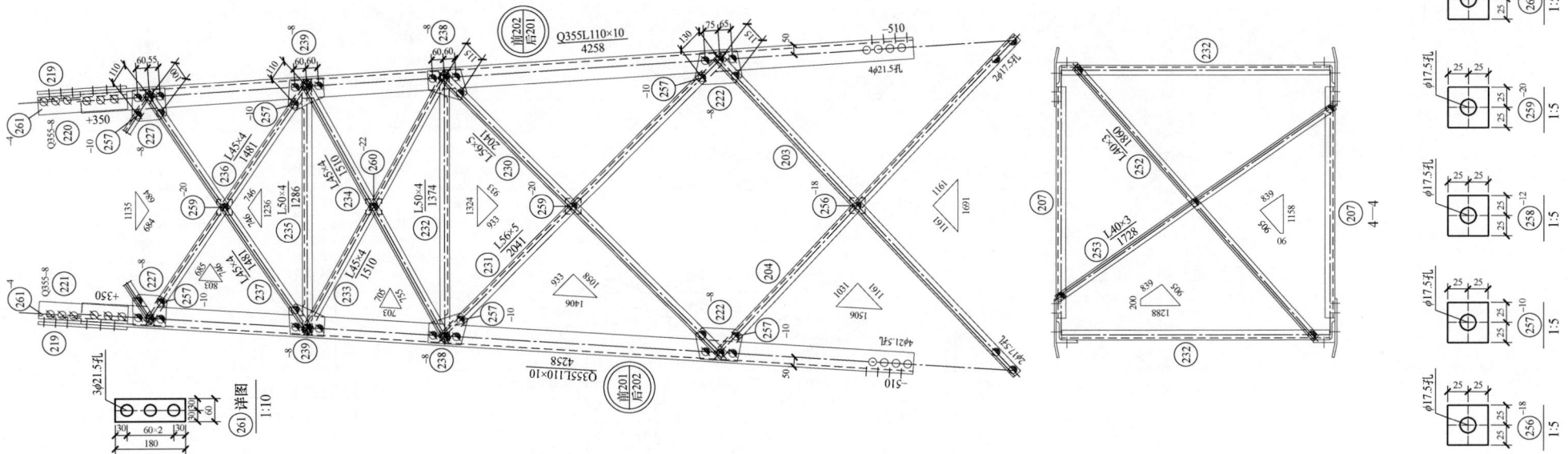

图 15−184　10D3015−SJ1 转角塔塔头②结构图（2/2）（一）

构件明细表

编号	规格	长度（mm）	数量	质量（kg）		备注	编号	规格	长度（mm）	数量	质量（kg）		备注
				一件	小计						一件	小计	
201	Q355L110×10	4258	2	71.07	142.1	带脚钉	232	L50×4	1374	2	4.20	8.4	两端切肢
202	Q355L110×10	4258	2	71.07	142.1		233	L45×4	1510	2	4.13	8.3	切角
203	L50×5	2242	4	8.45	33.8	切角	234	L45×4	1510	2	4.13	8.3	
204	L50×5	2242	4	8.45	33.8		235	L50×4	1286	2	3.93	7.9	两端切肢
205	L56×5	1906	2	8.10	16.2		236	L45×4	1481	2	4.05	8.1	切角
206	L56×5	1906	2	8.10	16.2	切角	237	L45×4	1481	2	4.05	8.1	
207	L50×4	1184	2	3.62	7.2		238	−8×162	196	4	1.99	8.0	
208	L45×4	1235	4	3.38	13.5		239	−8×145	174	4	1.58	6.3	
209	L50×5	1096	2	4.13	8.3		240	L40×3	1726	1	3.20	3.2	中间切肢
210	L45×4	1361	2	3.72	7.4	切角	241	L40×3	1595	1	2.95	3.0	
211	L45×4	1361	2	3.72	7.4		242	L40×3	1267	2	2.35	4.7	切角
212	Q355L63×5	1141	2	5.50	11.0		243	L40×3	1267	2	2.35	4.7	
213	Q355L63×5	1141	2	5.50	11.0		244	L40×3	1052	2	1.95	3.9	切角
214	Q355L63×5	1275	2	6.15	12.3		245	L40×3	1052	2	1.95	3.9	
215	Q355L63×5	1275	2	6.15	12.3		246	Q355L63×5	720	2	3.47	6.9	
216	L40×3	626	4	1.16	4.6		247	Q355−12×248	260	2	6.07	12.1	火曲
217	L40×3	401	2	0.74	1.5	切角	248	Q355−12×248	260	2	6.07	12.1	火曲
218	L40×3	401	2	0.74	1.5	切角	249	L40×3	1348	2	2.50	5.0	
219	Q355L90×6	455	4	3.80	15.2	铲背	250	L40×3	1348	2	2.50	5.0	切角
220	Q355−8×90	455	4	2.57	10.3		251	L40×4	1123	2	2.72	5.4	
221	Q355−8×90	455	4	2.57	10.3		252	L40×3	1860	1	3.44	3.4	中间切肢
222	−8×164	242	8	2.49	19.9		253	L40×3	1728	1	3.20	3.2	
223	Q355−6×300	393	2	5.55	11.1	火曲	254	Q355L63×5	370	2	1.78	3.6	火曲
224	Q355−6×300	393	2	5.55	11.1	火曲	255	Q355L63×5	370	2	1.78	3.6	火曲
225	Q355−6×307	404	2	5.84	11.7	火曲	256	−18×50	50	4	0.35	1.4	垫板
226	Q355−6×307	404	2	5.84	11.7	火曲	257	−10×50	50	20	0.20	4.0	垫板
227	−8×161	179	8	1.81	14.5		258	−12×50	50	2	0.24	0.5	垫板
228	Q355−6×185	310	2	2.70	5.4	卷边 50mm	259	−20×50	50	4	0.39	1.6	垫板
229	Q355−6×185	310	2	2.70	5.4	卷边 50mm	260	−22×50	50	2	0.43	0.9	垫板
230	L56×5	2041	2	8.68	17.4		261	−4×60	180	8	0.34	2.7	垫板
231	L56×5	2041	2	8.68	17.4	切角	总质量		801.8kg				

图 15－184　10D3015－SJ1　转角塔塔头②结构图（2/2）（二）

构件明细表

编号	规格	长度(mm)	数量	一件 质量(kg)	小计 质量(kg)	备注	编号	规格	长度(mm)	数量	一件 质量(kg)	小计 质量(kg)	备注
301	Q355L110×10	4207	1	70.21	70.2	带脚钉	314	L40×3	821	4	1.52	6.1	切角
302	Q355L110×10	4207	2	70.21	140.4		315	L40×3	1126	8	2.09	16.7	切角
303	Q355L110×10	4207	1	70.21	70.2	带脚钉	316	Q355L100×8	550	4	6.75	27.0	铲背
304	L50×5	1446	4	5.45	21.8		317	Q355-8×100	550	8	3.45	27.6	
305	L50×5	1446	4	5.45	21.8		318	-6×275	294	4	3.81	15.2	
306	L50×4	2145	4	6.56	26.2		319	-8×161	266	8	2.69	21.5	
307	L50×5	1360	4	5.13	20.5	切角	320	-8×164	251	8	2.59	20.7	
308	L50×5	1360	4	5.13	20.5	中间切肢	321	L45×4	2900	1	7.93	7.9	
309	L50×5	2915	4	10.99	44.0	切角	322	L45×4	2900	1	7.93	7.9	
310	L50×5	2915	4	10.99	44.0		323	-10×50	50	16	0.20	3.2	垫板
311	L40×3	719	4	1.33	5.3	切角	324	-18×50	50	4	0.35	1.4	垫板
312	L40×3	719	4	1.33	5.3			总质量				651.5kg	
313	L40×3	821	4	1.52	6.1								

螺栓、脚钉、垫圈明细表

名称	级别	规格	符号	数量	质量(kg)	备注
螺栓	6.8级	M16×40		77	11.1	
		M16×50		80	12.8	
		M16×60		20	3.5	
		M20×65	⊗	64	20.5	
脚钉	6.8级	M16×180	⊕⊤	9	3.4	
		M20×200		1	0.7	
垫圈	Q235				规格×个数	
总质量					52.0kg	

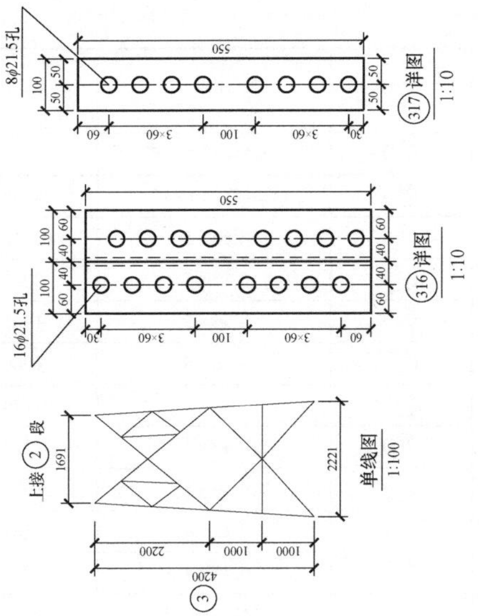

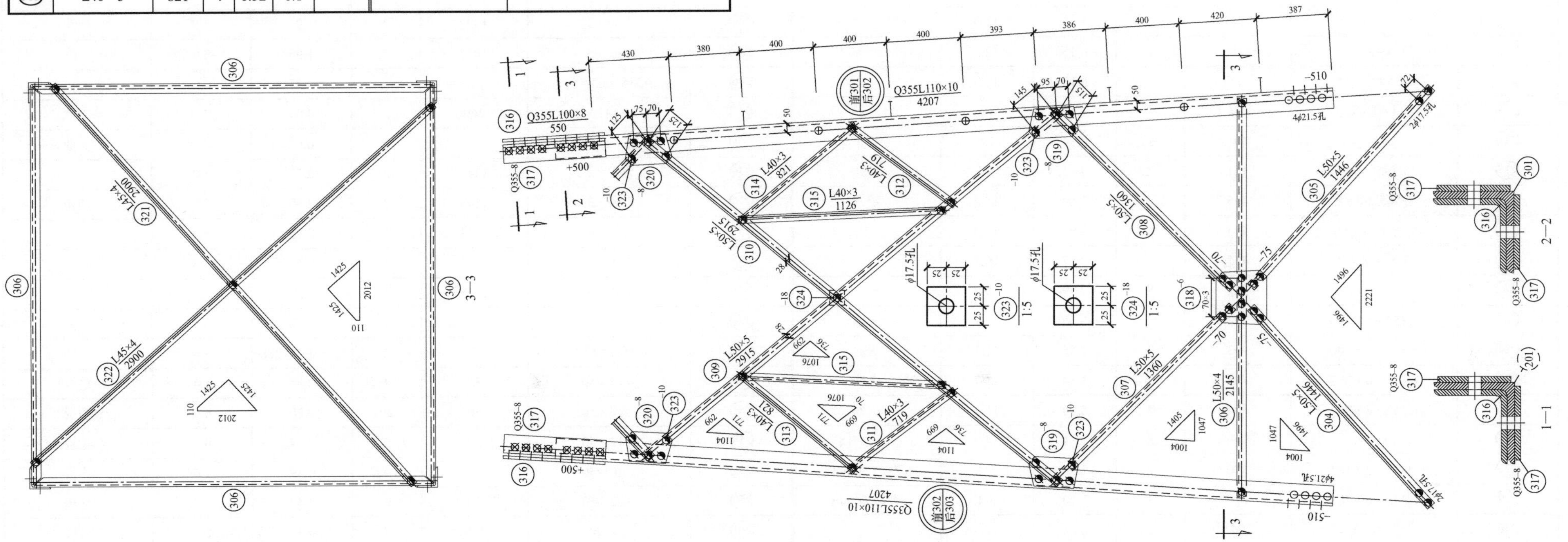

图 15-185　10D3015-SJ1　转角塔塔身③结构图

构 件 明 细 表

编号	规格	长度(mm)	数量	质量(kg)一件	质量(kg)小计	备注	编号	规格	长度(mm)	数量	质量(kg)一件	质量(kg)小计	备注
401	Q355L140×10	5412	1	116.29	116.3	带脚钉	412	L50×5	3579	4	13.49	54.0	
402	Q355L140×10	5412	2	116.29	232.6		413	L40×3	876	4	1.62	6.5	切角
403	Q355L140×10	5412	1	116.29	116.3	带脚钉	414	L40×3	876	4	1.62	6.5	
404	L50×4	3955	4	12.10	48.4	切角	415	L40×3	990	4	1.83	7.3	
405	L50×4	3955	4	12.10	48.4	切角	416	L40×3	990	4	1.83	7.3	切角
406	L40×3	965	4	1.79	7.2	切角	417	L40×3	1328	8	2.46	19.7	切角
407	L40×3	965	4	1.79	7.2	铲背	418	Q355L125×8	590	4	9.15	36.6	
408	L40×3	1090	4	2.02	8.1		419	Q355-8×115	590	4	4.26	17.0	
409	L40×3	1090	4	2.02	8.1	切角	420	Q355-8×115	590	4	4.26	17.0	
410	L40×4	1429	8	3.46	27.7	切角	421	-10×50	50	8	0.20	1.6	垫板
411	L50×5	3579	4	13.49	54.0	切角		总质量				847.8kg	

螺栓、脚钉、垫圈明细表

名称	级别	规格	符号	数量	质量(kg)	备注
螺栓	6.8级	M16×40	●	48	6.9	
		M16×50	●	72	11.5	
		M20×65	⊗	80	25.6	
脚钉	6.8级	M16×180	⊕T	12	4.6	
		M20×200		2	1.3	
垫圈	Q235					规格×个数
总质量					49.9kg	

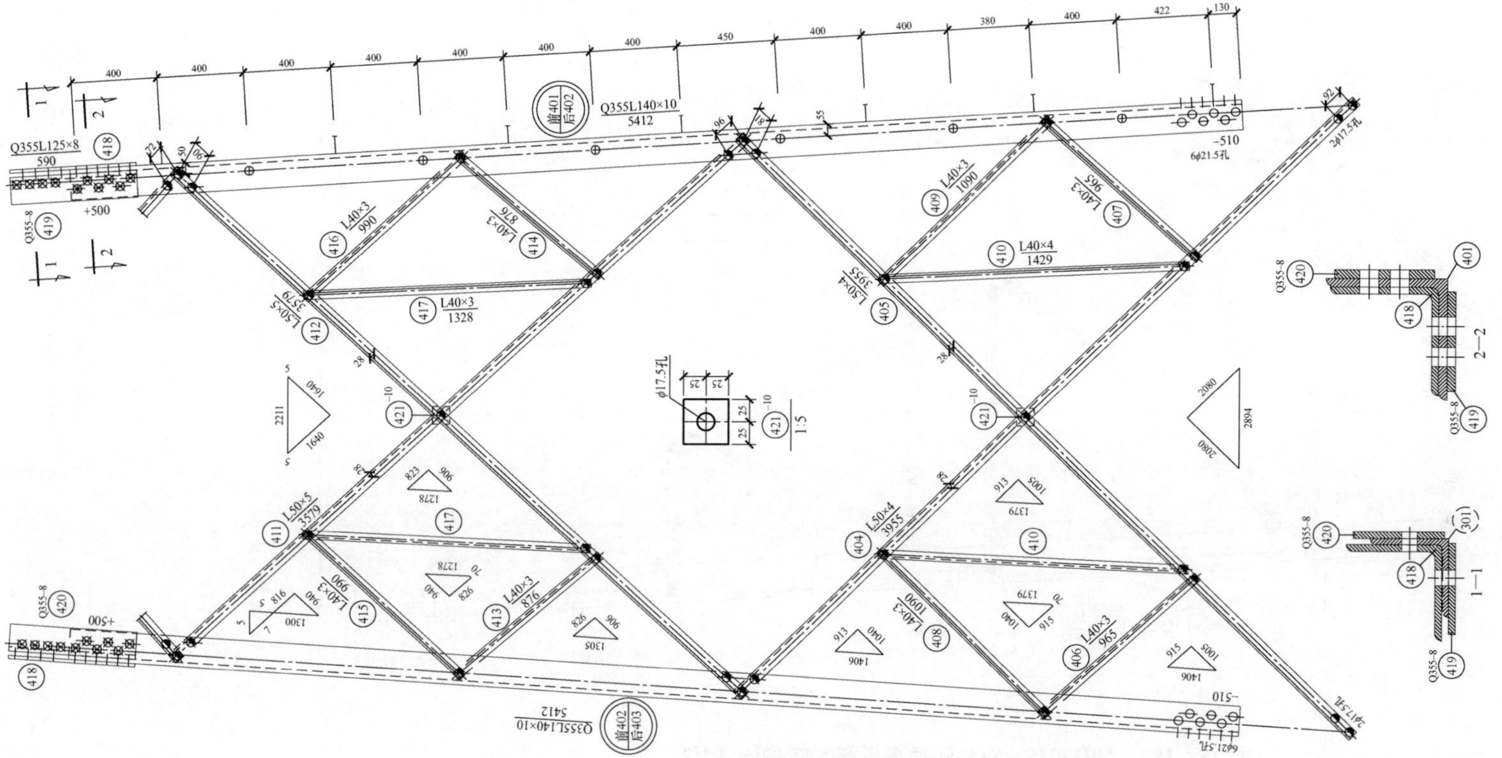

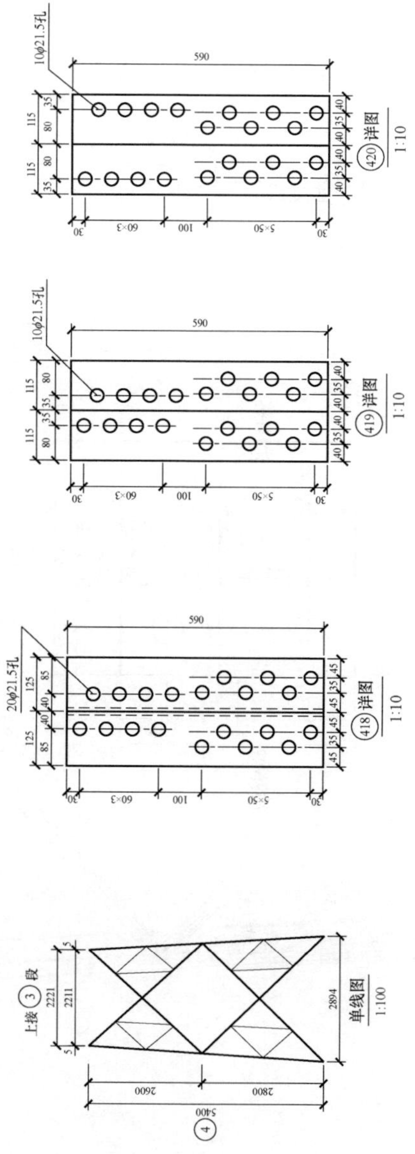

图 15-186 10D3015-SJ1 转角塔塔身④结构图

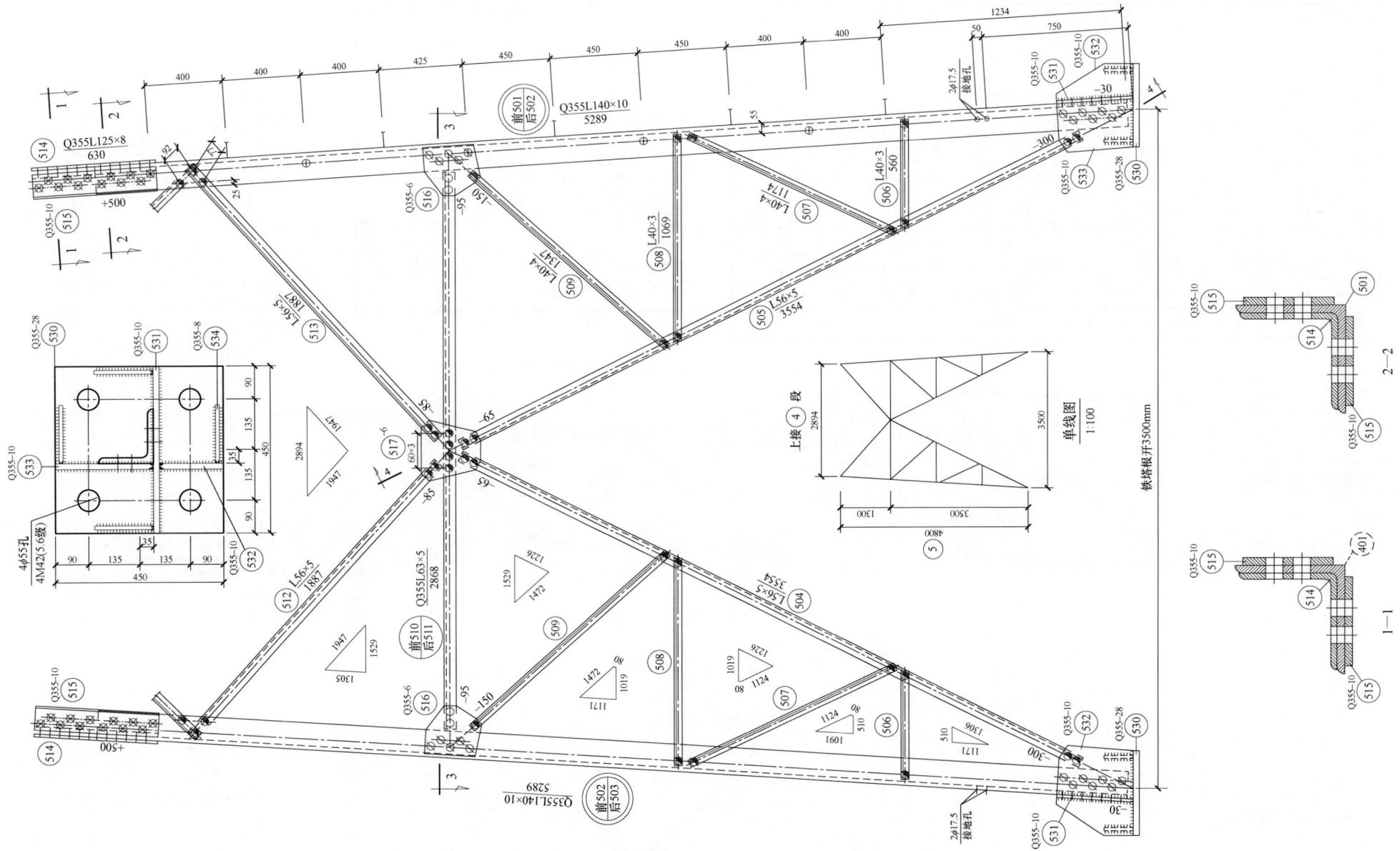

图 15-187 10D3015-SJ1 转角塔塔腿⑤结构图（1/2）

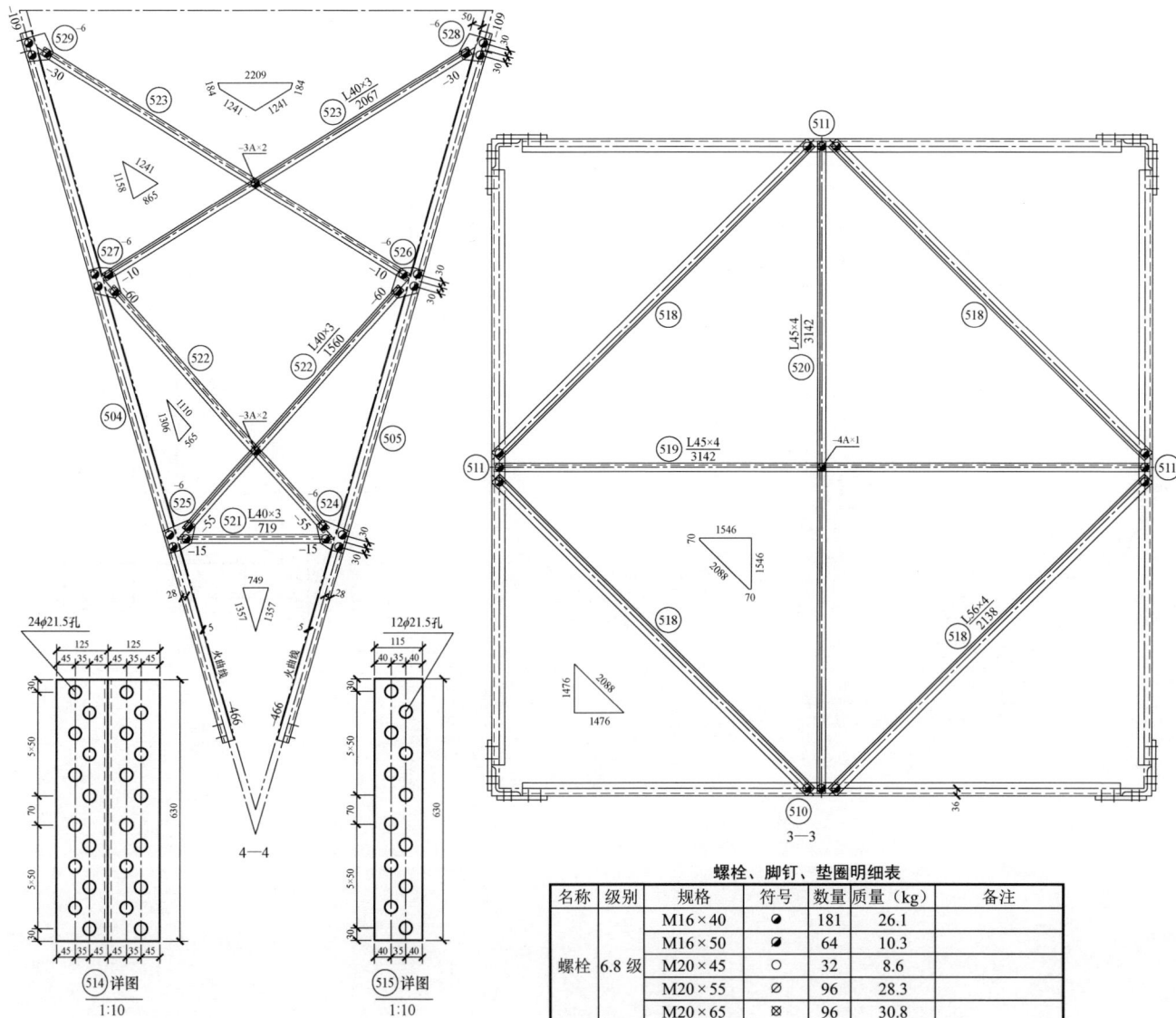

构件明细表

编号	规格	长度(mm)	数量	质量(kg) 一件	质量(kg) 小计	备注
501	Q355L140×10	5289	1	113.65	113.6	带脚钉
502	Q355L140×10	5289	2	113.65	227.3	
503	Q355L140×10	5289	1	113.65	113.6	带脚钉
504	L56×5	3554	4	15.11	60.4	
505	L56×5	3554	4	15.11	60.4	
506	L40×3	560	8	1.04	8.3	
507	L40×4	1174	8	2.84	22.7	
508	L40×3	1069	8	1.98	15.8	
509	L40×4	1347	8	3.26	26.1	
510	Q355L63×5	2868	1	13.83	13.8	
511	Q355L63×5	2868	3	13.83	41.5	
512	L56×5	1887	4	8.02	32.1	切角
513	L56×5	1887	4	8.02	32.1	
514	Q355L125×8	630	4	9.77	39.1	铲背
515	Q355-10×115	630	4	5.69	45.5	
516	Q355-6×257	285	8	3.45	27.6	
517	-6×305	313	4	4.50	18.0	
518	L56×4	2138	4	7.37	29.5	切角
519	L45×4	3142	1	8.60	8.6	
520	L45×4	3142	1	8.60	8.6	
521	L40×3	719	4	1.33	5.3	
522	L40×3	1560	8	2.89	23.1	
523	L40×3	2067	8	3.83	30.6	
524	-6×129	161	4	0.98	3.9	火曲
525	-6×129	161	4	0.98	3.9	火曲
526	-6×127	163	4	0.98	3.9	火曲
527	-6×127	163	4	0.98	3.9	火曲
528	-6×128	132	4	0.80	3.2	火曲
529	-6×128	132	4	0.80	3.2	火曲
530	Q355-28×450	450	4	44.51	178.0	电焊
531	Q355-10×467	396	4	14.52	58.1	打坡口焊
532	Q355-10×200	396	4	6.22	24.9	打坡口焊
533	Q355-10×277	393	4	8.55	34.2	打坡口焊
534	Q355-8×150	150	16	1.41	22.6	打坡口焊
总质量					1343.4kg	

螺栓、脚钉、垫圈明细表

名称	级别	规格	符号	数量	质量(kg)	备注
螺栓	6.8级	M16×40	●	181	26.1	
		M16×50	◗	64	10.3	
		M20×45	○	32	8.6	
		M20×55	∅	96	28.3	
		M20×65	⊠	96	30.8	
脚钉	6.8级	M16×180	⊕T	8	3.0	
		M20×200		2	1.3	
垫圈	Q235	-3A(φ17.5)		16	0.2	规格×个数
		-4A(φ17.5)		2	0.1	
总质量					108.7kg	

514详图 1:10

515详图 1:10

图 15-188 10D3015-SJ1 转角塔塔腿⑤结构图(2/2)

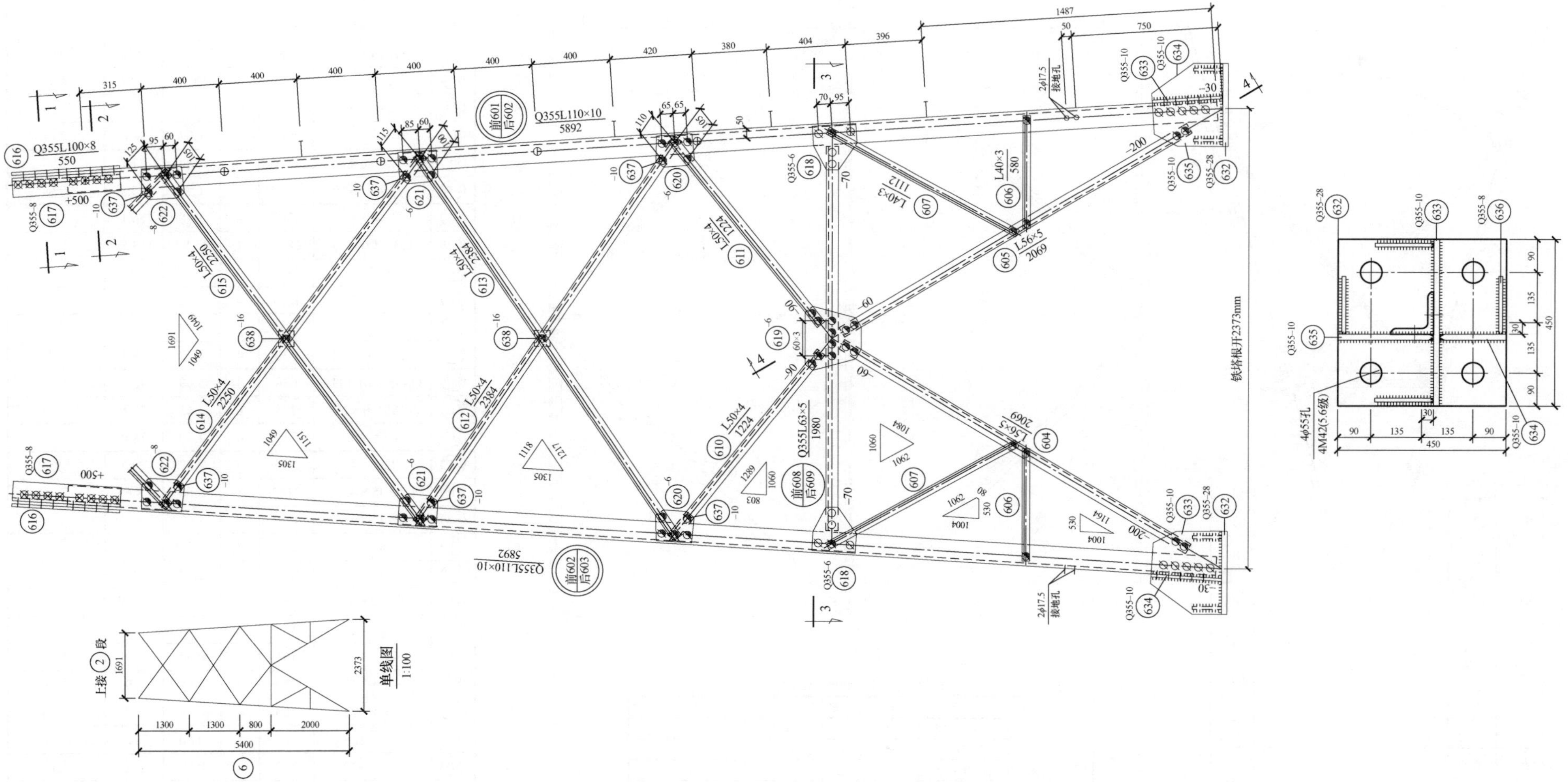

图 15-189　10D3015-SJ1 转角塔塔腿⑥结构图（1/2）（一）

螺栓、脚钉、垫圈明细表表头右上

构 件 明 细 表

编号	规格	长度（mm）	数量	质量（kg）一件	质量（kg）小计	备注	编号	规格	长度（mm）	数量	质量（kg）一件	质量（kg）小计	备注
601	Q355L110×10	5892	1	98.34	98.3	带脚钉	621	−6×164	195	8	1.51	12.1	
602	Q355L110×10	5892	2	98.34	196.7		622	−8×163	218	8	2.23	17.8	
603	Q355L110×10	5892	1	98.34	983	带脚钉	623	L45×4	1482	4	4.05	16.2	
604	L56×5	2069	4	8.80	352		624	L40×4	2195	1	5.32	5.3	
605	L56×5	2069	4	8.80	352		625	L40×4	2195	1	5.32	5.3	
606	L40×3	580	8	1.07	8.6		626	L40×3	739	4	1.37	5.5	
607	L40×3	1112	8	2.06	16.5		627	L40×3	1342	8	2.49	19.9	
608	Q355L63×5	1980	1	9.55	9.6	火曲	628	−6×118	175	4	0.97	3.9	
609	Q355L63×5	1980	3	9.55	28.6	火曲	629	−6×118	175	4	0.97	3.9	
610	L50×4	1224	4	3.74	15.0	切角	630	−6×129	152	4	0.92	3.7	火曲
611	L50×4	1224	4	3.74	15.0	火曲	631	−6×129	152	4	0.92	3.7	火曲
612	L50×4	2384	4	7.29	29.2	切角	632	Q355−28×450	450	4	44.51	178.0	电焊
613	L50×4	2384	4	7.29	29.2	打坡口焊	633	Q355−10×450	366	4	12.93	51.7	打坡口焊
614	L50×4	2250	4	6.88	27.5	切角	634	Q355−10×203	366	4	5.83	23.3	打坡口焊
615	L50×4	2250	4	6.88	27.5		635	Q355−10×245	362	4	6.96	27.8	打坡口焊
616	Q355L100×8	550	4	6.75	27.0	铲背	636	Q355−8×150	150	16	1.41	22.6	打坡口焊
617	Q355−8×100	550	8	3.45	27.6		637	−10×50	50	24	0.20	4.8	垫板
618	Q355−6×225	232	8	2.46	19.7		638	−16×50	50	8	0.31	2.5	垫板
619	−6×290	329	4	4.49	18.0		总质量					1182.8kg	
620	−6×163	197	8	1.51	12.1								

螺栓、脚钉、垫圈明细表

名称	级别	规格	符号	数量	质量（kg）	备注
螺栓	6.8级	M16×40	◑	169	24.4	
		M16×50	◪	116	18.6	
		M16×60	◼	24	4.2	
		M20×45	○	16	4.3	
		M20×55	∅	56	16.5	
		M20×65	⊠	64	20.5	
脚钉	6.8级	M16×180	⊕T	10	3.8	
		M20×200		2	1.3	
圈	Q235	−3A（φ17.5）		4	0.1	规格×个数
		−4A（φ17.5）		2	0.1	
总质量					93.8kg	

图 15−189 10D3015−SJ1 转角塔塔腿⑥结构图（1/2）（二）

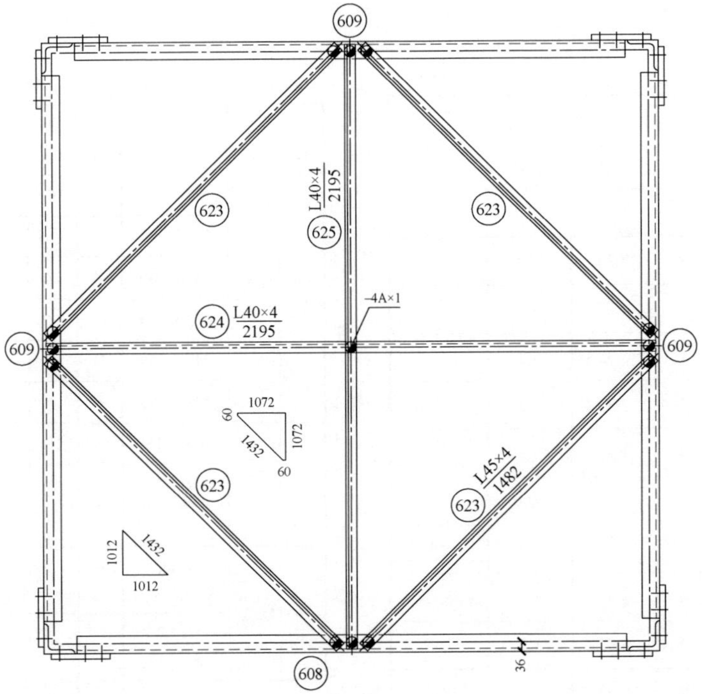

3—3

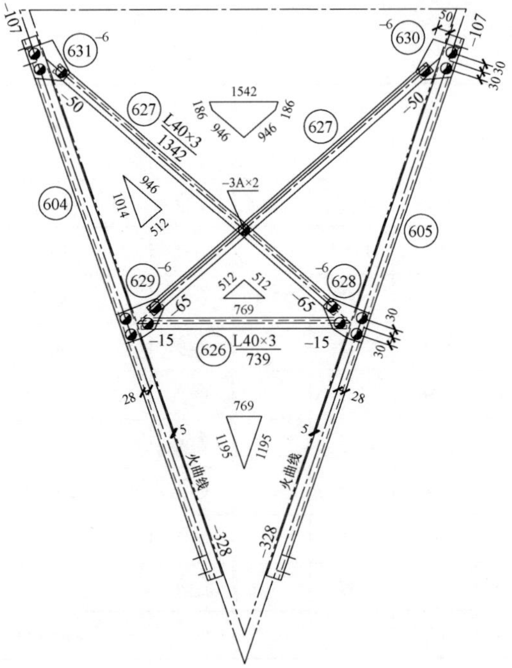

4—4

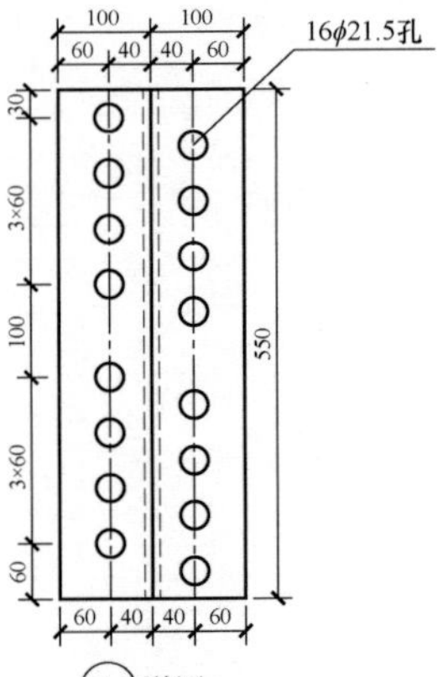

616 详图
1:10

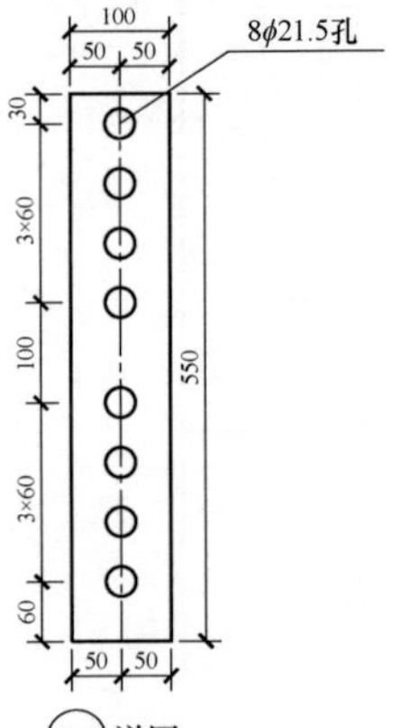

617 详图
1:10

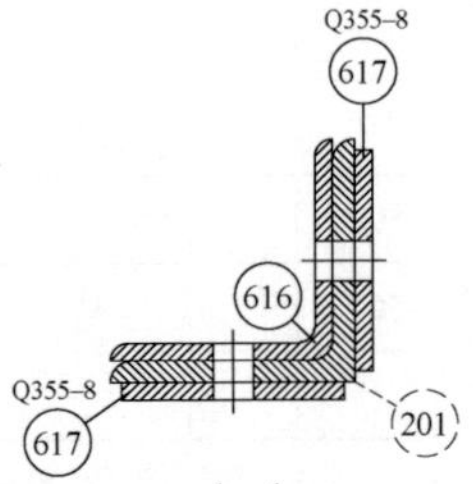

Q355-8
617

Q355-8
617

616

201

1—1

Q355-8
617

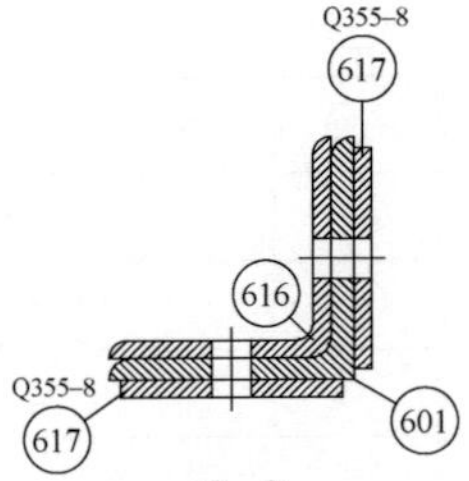

Q355-8
617

616

601

2—2

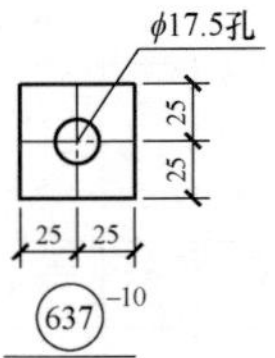

φ17.5孔

637 -10
1:5

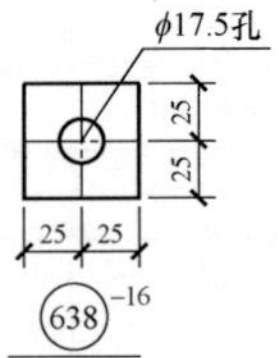

φ17.5孔

638 -16
1:5

图 15-190 10D3015-SJ1 转角塔塔腿⑥结构图（2/2）

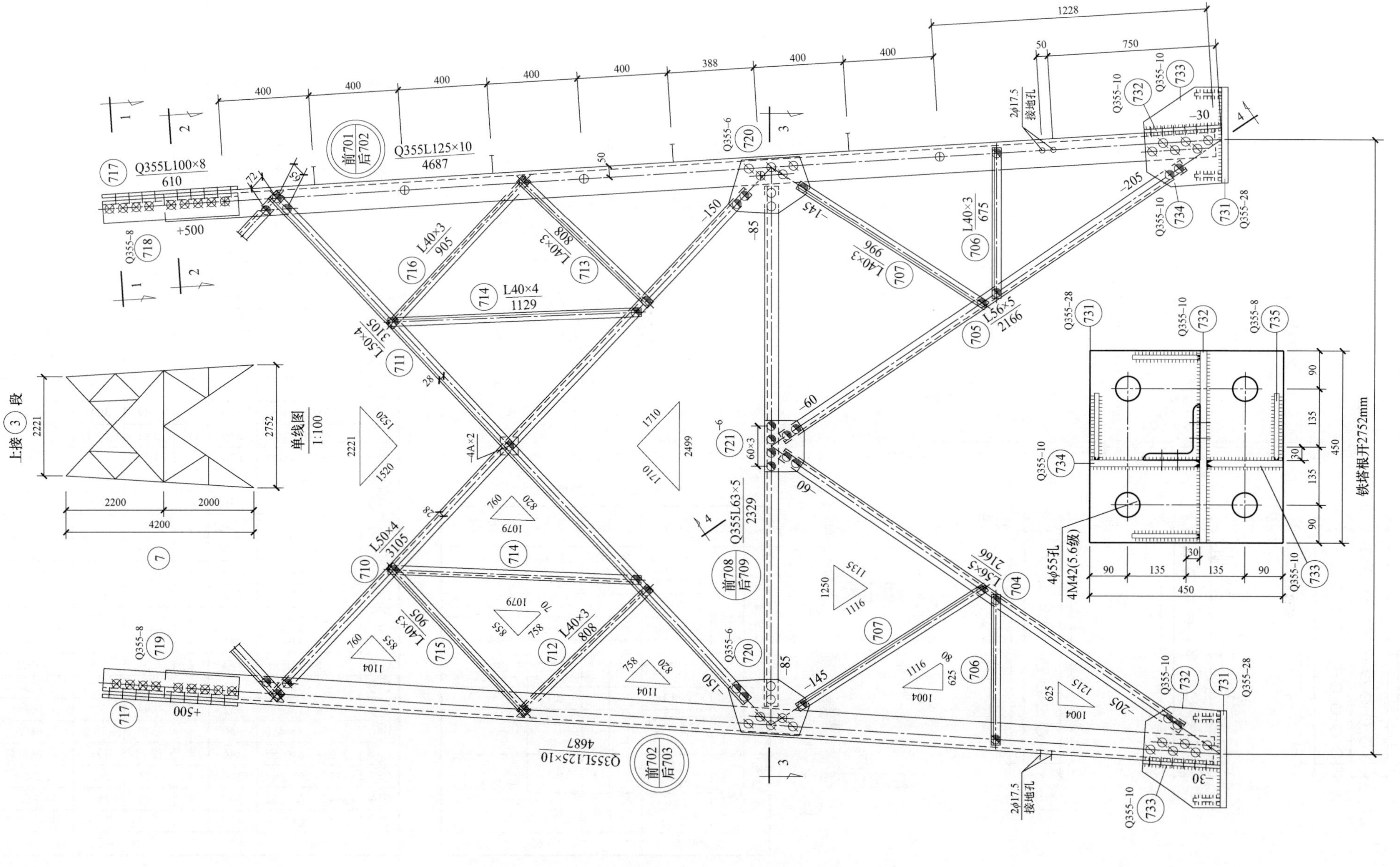

图 15-191　10D3015-SJ1 转角塔塔腿⑦结构图（1/2）

3—3

4—4

717详图 1:10

718详图 1:10

719详图 1:10

1—1

2—2

构件明细表

编号	规格	长度(mm)	数量	质量(kg) 一件	质量(kg) 小计	备注
701	Q355L125×10	4687	1	89.68	89.7	带脚钉
702	Q355L125×10	4687	2	89.68	179.4	
703	Q355L125×10	4687	1	89.68	89.7	带脚钉
704	L56×5	2166	4	9.21	36.8	
705	L56×5	2166	4	9.21	36.8	
706	L40×3	675	8	1.25	10.0	
707	L40×3	996	8	1.84	14.7	
708	Q355L63×5	2329	1	11.23	11.2	
709	Q355L63×5	2329	3	11.23	33.7	
710	L50×4	3105	4	9.50	38.0	切角
711	L50×4	3105	4	9.50	38.0	
712	L40×3	808	4	1.50	6.0	切角
713	L40×3	808	4	1.50	6.0	
714	L40×4	1129	8	2.73	21.8	切角
715	L40×3	905	4	1.68	6.7	
716	L40×3	905	4	1.68	6.7	切角
717	Q355L100×8	610	4	7.49	30.0	铲背
718	Q355−8×100	610	4	3.83	15.3	
719	Q355−8×100	610	4	3.83	15.3	
720	Q355−6×247	370	8	4.30	34.4	
721	−6×178	230	4	1.93	7.7	
722	L50×4	1736	4	5.31	21.2	
723	L40×4	2574	1	6.23	6.2	
724	L40×4	2574	1	6.23	6.2	
725	L40×3	872	4	1.61	6.4	
726	L40×3	1507	8	2.79	22.3	
727	−6×110	182	4	0.94	3.8	火曲
728	−6×110	182	4	0.94	3.8	火曲
729	−6×130	151	4	0.92	3.7	火曲
730	−6×130	151	4	0.92	3.7	火曲
731	Q355−28×450	450	4	45.51	178.0	电焊
732	Q355−10×457	346	4	12.14	49.6	打坡口焊
733	Q355−10×202	346	4	5.21	22.0	打坡口焊
734	Q355−10×262	342	4	7.03	28.1	打坡口焊
735	Q355−8×120	150	16	1.13	18.1	打坡口焊
总质量					1101.0kg	

螺栓、脚钉、垫圈明细表

名称	级别	规格	符号	数量	质量(kg)	备注
螺栓	6.8级	M16×40	●	169	24.4	
		M16×50	●	60	9.6	
		M20×45	○	16	4.3	
		M20×55	Ø	88	26.0	
		M20×65	⊗	72	23.1	
脚钉	6.8级	M16×180	⊕	7	2.7	
		M20×200	⊕	2	1.3	
垫圈	Q235	−3A (φ17.5)		4	0.1	规格×个数
		−4A (φ17.5)		2	0.1	
总质量					91.6kg	

图 15−192 10D3015−SJ1 转角塔塔腿⑦结构图（2/2）

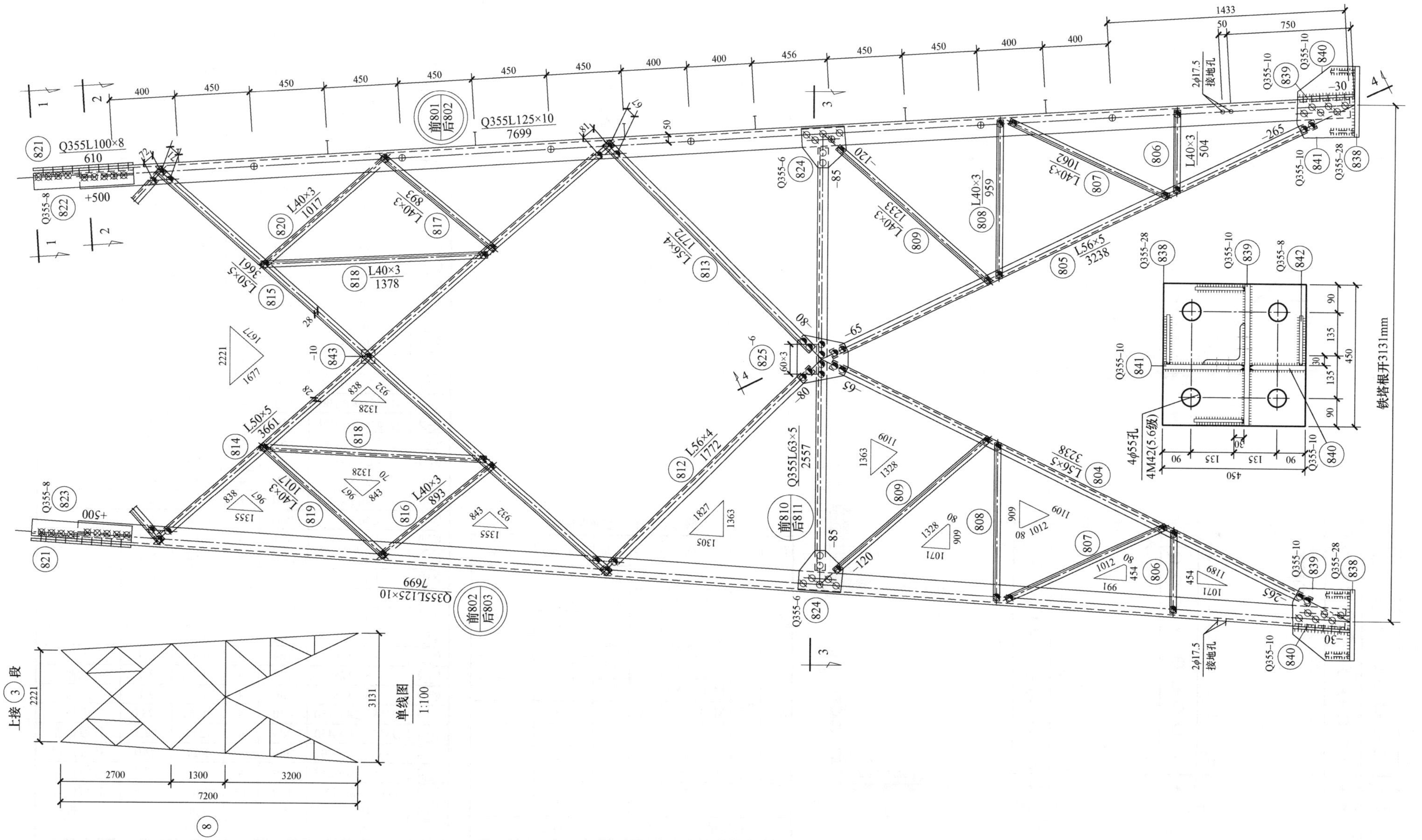

图 15-193 10D3015-SJ1 转角塔塔腿⑧结构图（1/2）

15.2.11　10D3015−SJ2 转角塔

10D3015−SJ2 转角塔结构图清单见表 15−16。

表 15−16　　　　　10D3015−SJ2 转角塔结构图清单

图序	图名	备注
图 15−196	10D3015−SJ2 转角塔总图	
图 15−197	10D3015−SJ2 转角塔材料汇总表	
图 15−198	10D3015−SJ2 转角塔塔头①结构图（1/2）	
图 15−199	10D3015−SJ2 转角塔塔头①结构图（2/2）	
图 15−200	10D3015−SJ2 转角塔塔头②结构图（1/2）	
图 15−201	10D3015−SJ2 转角塔塔头②结构图（2/2）	
图 15−202	10D3015−SJ2 转角塔塔身③结构图（1/2）	
图 15−203	10D3015−SJ2 转角塔塔身③结构图（2/2）	

续表

图序	图名	备注
图 15−204	10D3015−SJ2 转角塔塔身④结构图（1/2）	
图 15−205	10D3015−SJ2 转角塔塔身④结构图（2/2）	
图 15−206	10D3015−SJ2 转角塔塔腿⑤结构图（1/2）	
图 15−207	10D3015−SJ2 转角塔塔腿⑤结构图（2/2）	
图 15−208	10D3015−SJ2 转角塔塔腿⑥结构图（1/2）	
图 15−209	10D3015−SJ2 转角塔塔腿⑥结构图（2/2）	
图 15−210	10D3015−SJ2 转角塔塔腿⑦结构图（1/2）	
图 15−211	10D3015−SJ2 转角塔塔腿⑦结构图（2/2）	
图 15−212	10D3015−SJ2 转角塔塔腿⑧结构图（1/2）	
图 15−213	10D3015−SJ2 转角塔塔腿⑧结构图（2/2）	
图 15−214	10D3015−SJ2 转角塔加工说明	

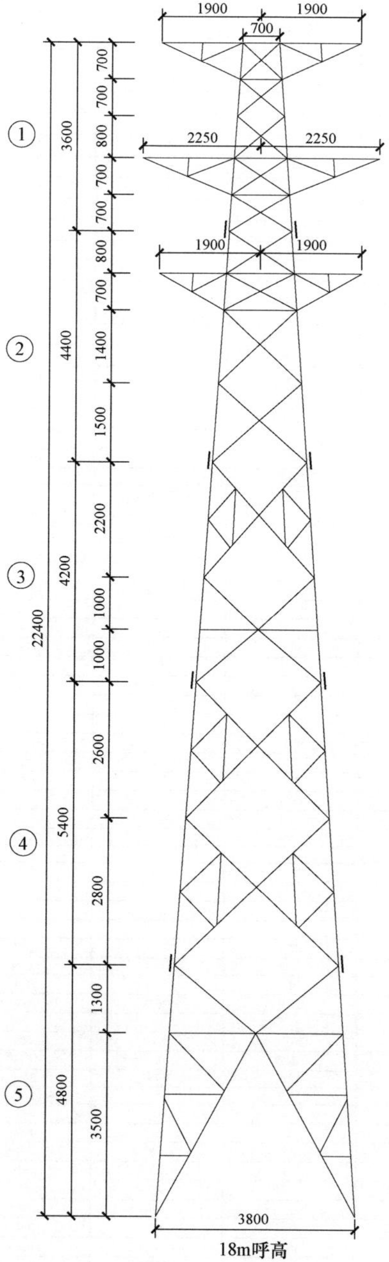

杆塔根开、基础根开、地脚螺栓规格及间距表

杆塔名称（型号）	10D3015-SJ2			
呼高（m）	9	12	15	18
接腿	⑥	⑦	⑧	⑤
杆塔根开（mm）	2552	2962	3381	3800
基础根开（mm）	2592	3002	3421	3840
基础地脚螺栓间距（mm）	270	270	270	270
每腿基础地脚螺栓配置（5.6级）	4M42	4M42	4M42	4M42

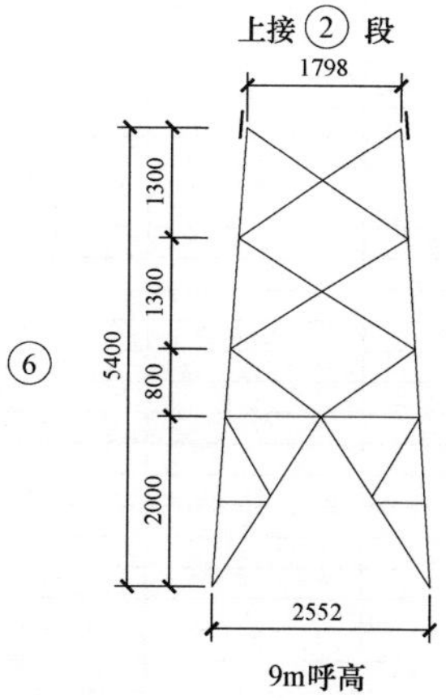

18m呼高

上接②段
9m呼高

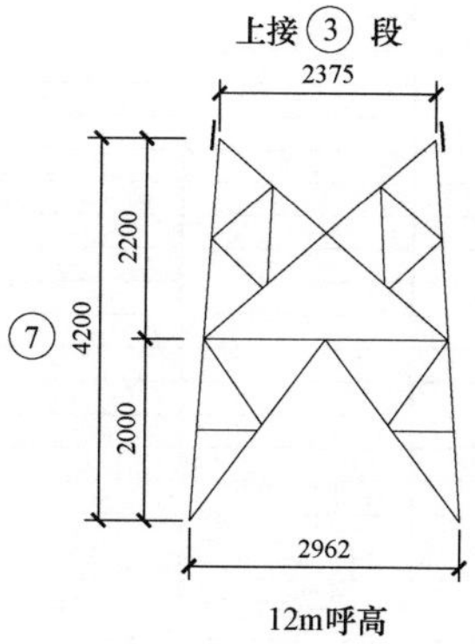

上接③段
12m呼高

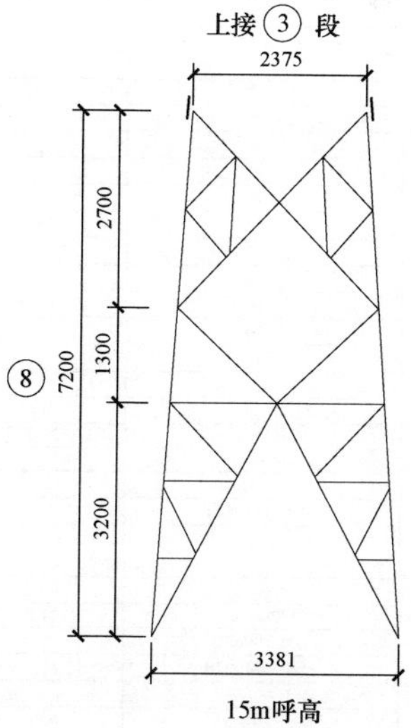

上接③段
15m呼高

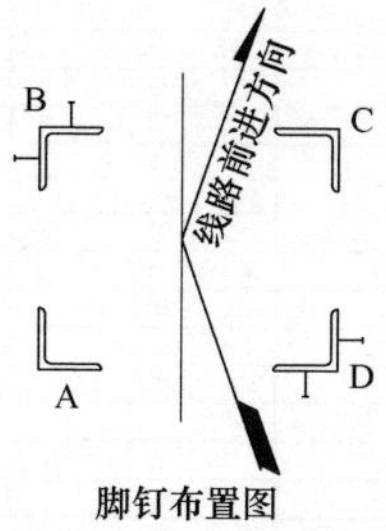

脚钉布置图

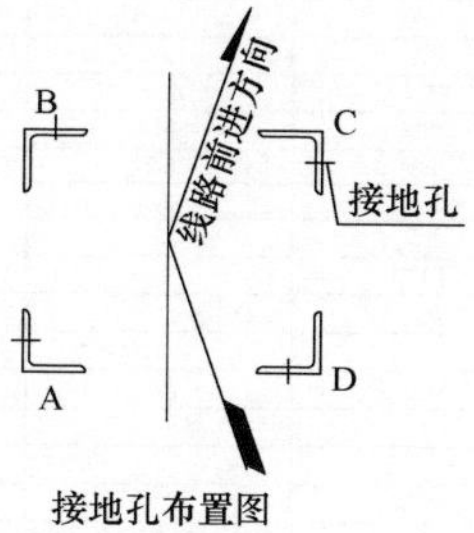

接地孔布置图

图 15-196　10D3015-SJ2 转角塔总图

材 料 汇 总 表

材料	材质	规格	①	②	③	④	⑤	⑥	⑦	⑧	9.0	12.0	15.0	18.0
			段号								呼高（m）			
角钢	Q355	L140×12				552.9	540.6							1093.5
		L140×10							403.2	662.3			403.2	662.3
		L125×10		326.2	322.3		48.2	451.2			777.4	648.5	648.5	696.7
		L125×8				36.0			36.0	36.0	36.0	36.0	36.0	36.0
		L110×8			36.3			36.3			36.3	36.3	36.3	36.3
		L100×7		19.7							19.7	19.7	19.7	19.7
		L75×6	90.8								90.8	90.8	90.8	90.8
		L70×5						90.0			90.0			
		L63×5	211.3	227.7	228.2		277.6	40.5	133.3	250.9	479.5	800.5	918.1	944.8
		小计	302.1	573.6	586.8	588.9	866.4	618.0	572.5	949.2	1493.7	2035.0	2411.7	2917.8
	Q235	L63×5					44.9							44.9
		L56×5	45.2	97.8		123.4		208.4		123.0	351.4	143.0	266.0	266.4
		L56×4				111.0				28.2			28.2	111.0
		L50×5	14.9		34.6				95.0		14.9	144.5	49.5	49.5
		L50×4	22.5	31.4					22.9		53.9	76.8	53.9	53.9
		L45×4	71.8	15.4	16.8		75.8	17.2		44.4	104.4	104.0	148.4	179.8
		L40×4	70.8	29.0			64.5	11.4	13.4	58.2	111.2	113.2	158.0	164.3
		L40×3	38.9	21.3	39.9	100.9	38.7	51.5	101.1	99.4	111.7	201.2	199.5	239.7
		小计	264.1	194.9	91.3	335.3	223.9	288.5	232.4	353.2	747.5	782.7	903.5	1109.5
钢板	Q355	−6	105.5	66.4	20.8	19.3	67.4	43.0	60.5	87.2	214.9	253.2	279.9	279.4
		−8		72.0			30.1	58.0	22.6	30.1	130.0	94.6	102.1	102.1
		−10			44.2	42.0	45.5		42.0	42.0		86.2	86.2	131.7
		−12	46.4	24.2			144.3	125.0	148.2	143.9	195.6	218.8	214.5	214.9
		−32					203.5	203.5	203.5	203.5	203.5	203.5	203.5	203.5
		小计	151.9	162.6	65.0	61.3	490.8	429.5	476.8	506.7	744.0	856.3	886.2	931.6
	Q235	−2				3.1								3.1
		−4		2.7							2.7	2.7	2.7	2.7
		−6	23.3				23.8	57.0	15.4	23.8	80.3	38.7	47.1	47.1
		−8		26.2							26.2	26.2	26.2	26.2
		−10	0.8	4.3	0.8			3.2	0.8	1.6	8.3	6.7	7.5	5.9
		−12		1.4		1.9	1.0		1.0		1.4	2.4	1.4	4.3
		−14	1.1	1.6		1.1					2.7	2.7	2.7	3.8
		−16	1.2					2.5		1.2	3.7	1.2	2.4	1.2
		−20		0.8							0.8	0.8	0.8	0.8
		−22		0.9							0.9	0.9	0.9	0.9
		小计	26.4	37.9	0.8	6.1	24.8	62.7	17.2	26.6	127.0	82.3	91.7	96.0
螺栓	6.8级	M16×40	29.4	16.2	1.9	8.1	20.8	18.5	20.2	25.4	64.1	67.7	72.9	76.4
		M16×50	11.5	15.1	8.3	9.0	5.9	15.5	5.3	10.4	42.1	40.2	45.3	49.8
		M16×60	2.8	2.5				4.2			9.5	5.3	5.3	5.3
		M16×60 双帽	1.4	0.8							2.2	2.2	2.2	2.2
		小计	45.1	34.6	10.2	17.1	26.7	38.2	25.5	35.8	117.9	115.4	125.7	133.7
	6.8级	M20×45	40.0	15.1	17.3		19.4	17.3	13.0	17.3	72.4	85.4	89.7	91.8
		M20×55	11.8	39.0	23.6	9.4	42.5	26.0	42.5	52.0	76.8	116.9	126.4	126.3
		M20×65		2.6	25.6	28.2	30.8	25.6	28.2	28.2	28.2	56.4	56.4	87.2
		M20×60 双帽	17.3	8.7							26.0	26.0	26.0	26.0
		小计	69.1	65.4	66.5	37.6	92.7	68.9	83.7	97.5	203.4	284.7	298.5	331.3
		螺栓合计	114.2	100.0	76.7	54.7	119.4	107.1	109.2	133.3	321.3	400.1	424.2	465.0
脚钉	6.8级	M16×180	3.8	5.3	6.1	6.8	5.3	8.4	4.6	9.1	17.5	19.8	24.3	27.3
		M20×200	4.0	5.4	2.7	4.0	4.0	1.3	4.0	5.4	10.7	16.1	17.5	20.1
		小计	7.8	10.7	8.8	10.8	9.3	9.7	8.6	14.5	28.2	35.9	41.8	47.4
垫圈	Q235	−3A（φ17.5）	0.6	0.1			0.2	0.1	0.1	0.2	0.8	0.8	0.9	0.9
		−3B（φ22）	0.1								0.1	0.1	0.1	0.1
		−4A（φ17.5）	0.4	0.2			0.1	0.1	0.1	0.1	0.7	0.7	0.7	0.7
		小计	1.1	0.3			0.3	0.2	0.2	0.3	1.6	1.6	1.7	1.7
不含防盗螺栓总质量（kg）			867.6	1080.0	829.4	1057.1	1734.9	1515.7	1416.9	1983.8	3463.3	4193.9	4760.8	5569.0
各呼高含防盗螺栓总质量（kg）											3497.7	4235.6	4808.2	5624.5

图 15-197　10D3015-SJ2 转角塔材料汇总表

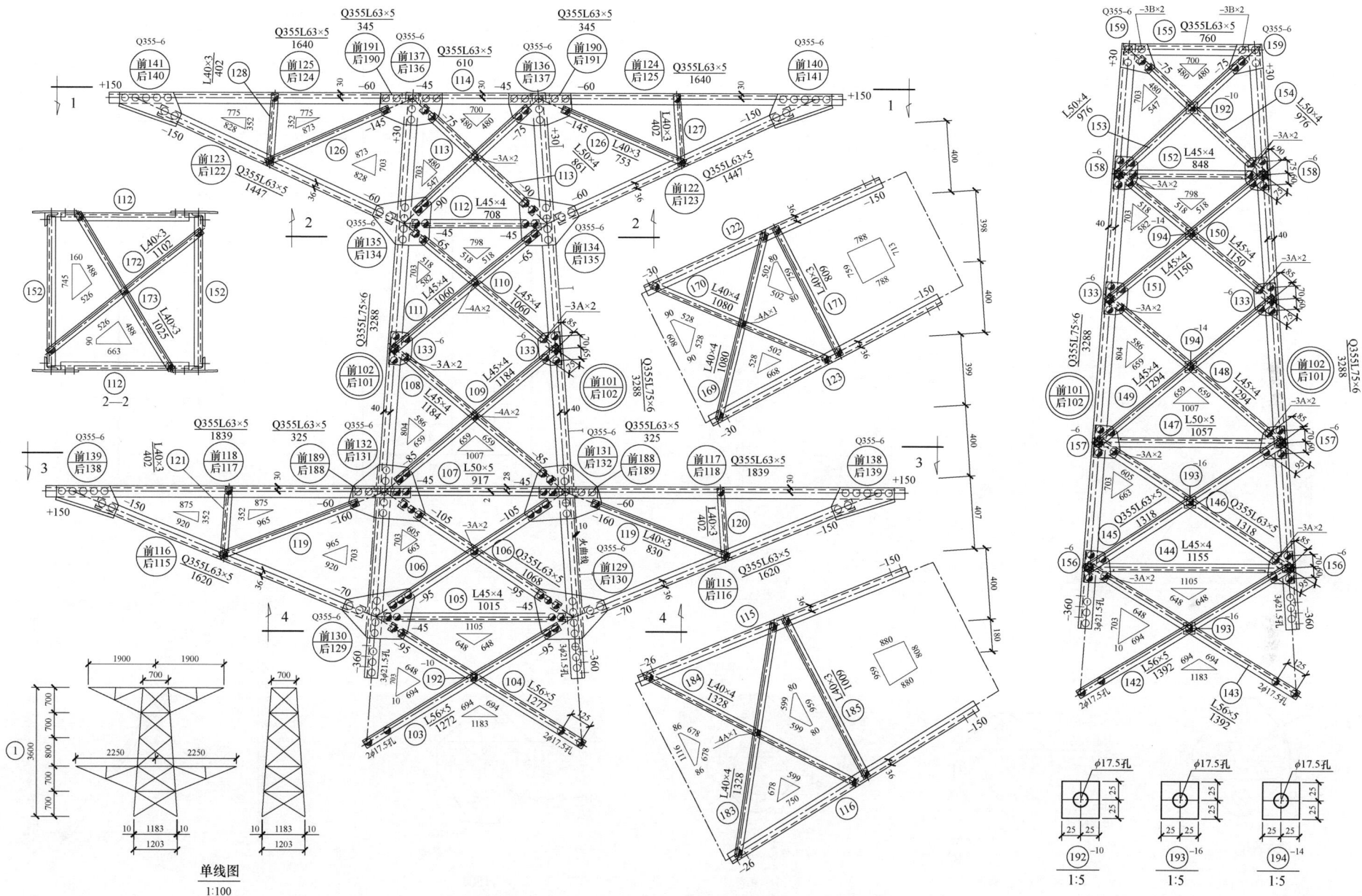

图 15－198　10D3015－SJ2　转角塔塔头①结构图（1/2）

螺栓、脚钉、垫圈明细表

名称	级别	规格	符号	数量	质量（kg）	备注
螺栓	6.8级	M16×40	◑	204	29.4	
		M16×50	◗	72	11.5	
		M16×60	◼	16	2.8	
		M20×45	○	148	40.0	
		M20×55	⊘	40	11.8	
		M16×60	●	8	1.4	带双帽
		M20×60	○	48	17.3	带双帽
脚钉	6.8级	M16×180	⊕T	10	3.8	
		M20×200		6	4.0	
垫圈	Q235	−3A（φ17.5）		56	0.6	规格×个数
		−4A（φ17.5）		20	0.4	
		−3B（φ22）		8	0.1	
总质量					123.1kg	

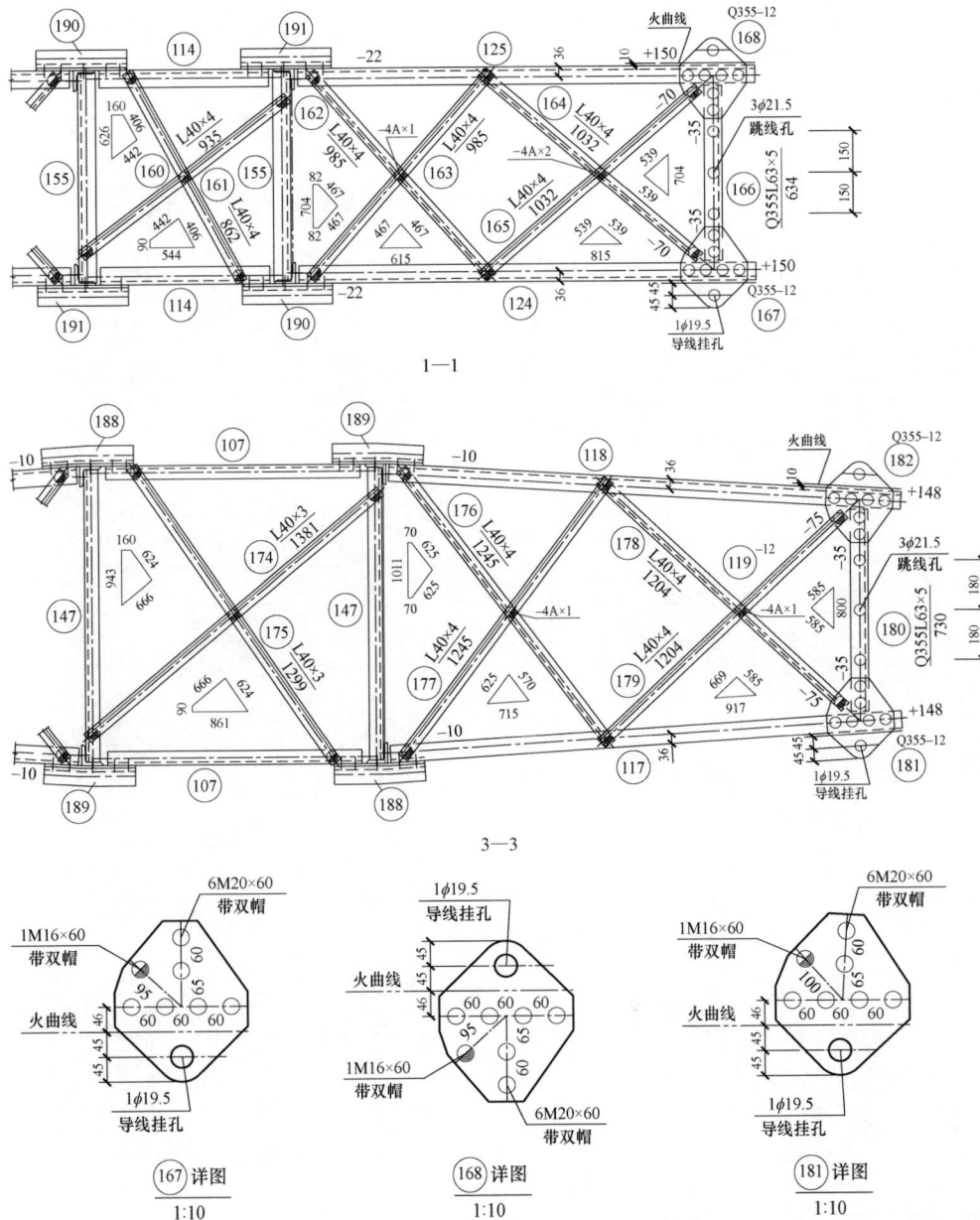

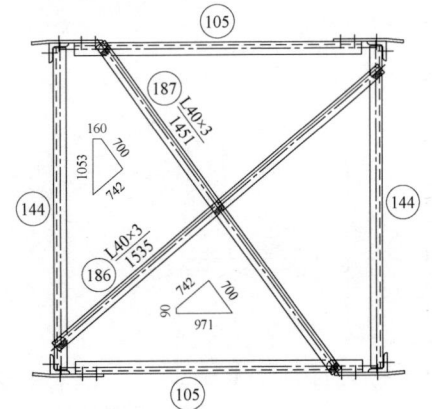

1—1

3—3

⑯⑦详图 1:10

⑯⑧详图 1:10

⑱①详图 1:10

⑱②详图 1:10

4—4

图 15−199 10D3015−SJ2 转角塔塔头①结构图（2/2）（一）

编号	规格	长度（mm）	数量	质量（kg） 一件	小计	备注	编号	规格	长度（mm）	数量	质量（kg） 一件	小计	备注
⑩	Q355L75×6	3288	2	22.70	45.4	带脚钉	⑭	L45×4	1294	2	3.54	7.1	
⑩	Q355L75×6	3288	2	22.70	45.4		⑮	L45×4	1150	2	3.15	6.3	切角
⑩	L56×5	1272	2	5.41	10.8		⑮	L45×4	1150	2	3.15	6.3	
⑩	L56×5	1272	2	5.41	10.8	切角	⑮	L45×4	848	2	2.32	4.6	两端切肢
⑩	L45×4	1015	2	2.78	5.6		⑮	L50×4	976	2	2.99	6.0	
⑩	Q355L63×5	1068	4	5.15	20.6		⑮	L50×4	976	2	2.99	6.0	切角
⑩	L50×5	917	2	3.46	6.9	两端切肢	⑮	Q355L63×5	760	2	3.66	7.3	两端切肢
⑩	L45×4	1184	2	3.24	6.5	切角	⑯	−6×148	180	4	1.25	5.0	
⑩	L45×4	1184	2	3.24	6.5		⑯	−6×149	180	4	1.26	5.0	
⑩	L45×4	1060	2	2.90	5.8	切角	⑯	−6×132	187	4	1.16	4.6	
⑪	L45×4	1060	2	2.90	5.8		⑯	Q355−6×168	192	4	1.52	6.1	
⑪	L45×4	708	2	1.94	3.9		⑯	L40×4	935	1	2.26	2.3	中间切肢
⑪	L50×4	861	4	2.63	10.5		⑯	L40×4	862	1	2.09	2.1	
⑪	Q355L63×5	610	2	2.94	5.9	切角	⑯	L40×4	985	2	2.39	4.8	
⑪	Q355L63×5	1620	2	7.81	15.6		⑯	L40×4	985	2	2.39	4.8	切角
⑪	Q355L63×5	1620	2	7.81	15.6		⑯	L40×4	1032	2	2.50	5.0	
⑪	Q355L63×5	1839	2	8.87	17.7		⑯	L40×4	1032	2	2.50	5.0	切角
⑪	Q355L63×5	1839	2	8.87	17.7		⑯	Q355L63×5	634	2	3.06	6.1	
⑪	L40×3	830	4	1.54	6.2		⑯	Q355−12×240	255	2	5.77	11.5	火曲
⑫	L40×3	402	2	0.74	1.5	切角	⑯	Q355−12×240	255	2	5.77	11.5	火曲
⑫	L40×3	402	2	0.74	1.5	切角	⑯	L40×4	1080	2	2.62	5.2	中间切肢
⑫	Q355L63×5	1447	2	6.98	14.0		⑰	L40×4	1080	2	2.62	5.2	切角
⑫	Q355L63×5	1447	2	6.98	14.0		⑰	L40×3	809	2	1.50	3.0	
⑫	Q355L63×5	1640	2	7.91	15.8		⑰	L40×3	1102	1	2.04	2.0	中间切肢
⑫	Q355L63×5	1640	2	7.91	15.8		⑰	L40×3	1025	1	1.90	1.9	
⑫	L40×3	753	4	1.39	5.6		⑰	L40×3	1381	1	2.56	2.6	中间切肢
⑫	L40×3	402	2	0.74	1.5	切角	⑰	L40×3	1299	1	2.41	2.4	
⑫	L40×3	402	2	0.74	1.5	切角	⑰	L40×4	1245	2	3.02	6.0	切角
⑫	Q355−6×283	409	2	5.45	10.9	火曲	⑰	L40×4	1245	2	3.02	6.0	
⑬	Q355−6×283	409	2	5.45	10.9	火曲	⑰	L40×4	1204	2	2.92	5.8	切角
⑬	Q355−6×317	431	2	6.44	12.9	火曲	⑰	L40×4	1204	2	2.92	5.8	
⑬	Q355−6×317	431	2	6.44	12.9	火曲	⑱	Q355L63×5	730	2	3.52	7.0	
⑬	−6×125	185	8	1.09	8.7		⑱	Q355−12×244	255	2	5.86	11.7	火曲
⑬	Q355−6×271	334	2	4.26	8.5		⑱	Q355−12×244	255	2	5.86	11.7	火曲
⑬	Q355−6×271	334	2	4.26	8.5		⑱	L40×4	1328	2	3.22	6.4	
⑬	Q355−6×185	352	2	3.07	6.1		⑱	L40×4	1328	2	3.22	6.4	切角
⑬	Q355−6×185	352	2	3.07	6.1		⑱	L40×3	1009	2	1.87	3.7	
⑬	Q355−6×167	350	2	2.75	5.5	卷边 50mm	⑱	L40×3	1535	1	2.84	2.8	中间切肢
⑬	Q355−6×167	350	2	2.75	5.5	卷边 50mm	⑱	L40×3	1451	1	2.69	2.7	
⑭	Q355−6×177	346	2	2.88	5.8	卷边 50mm	⑱	Q355L63×5	325	2	1.57	3.1	火曲
⑭	Q355−6×177	346	2	2.88	5.8	卷边 50mm	⑱	Q355L63×5	325	2	1.57	3.1	火曲
⑭	L56×5	1392	2	5.92	118		⑲	Q355L63×5	345	2	1.66	3.3	
⑭	L56×5	1392	2	5.92	118	切角	⑲	Q355L63×5	345	2	1.66	3.3	
⑭	L45×4	1155	2	3.16	6.3	两端切肢	⑲	−10×50	50	4	0.20	0.8	垫板
⑭	Q355L63×5	1318	2	6.36	12.7		⑲	−16×50	50	4	0.31	1.2	垫板
⑭	Q355L63×5	1318	2	6.36	12.7	切角	⑲	−14×50	50	4	0.27	1.1	垫板
⑭	L50×5	1057	2	3.98	8.0	两端切肢							
⑭	L45×4	1294	2	3.54	7.1	切角		总质量			744.5kg		

图 15−199　10D3015−SJ2 转角塔塔头①结构图（2/2）（二）

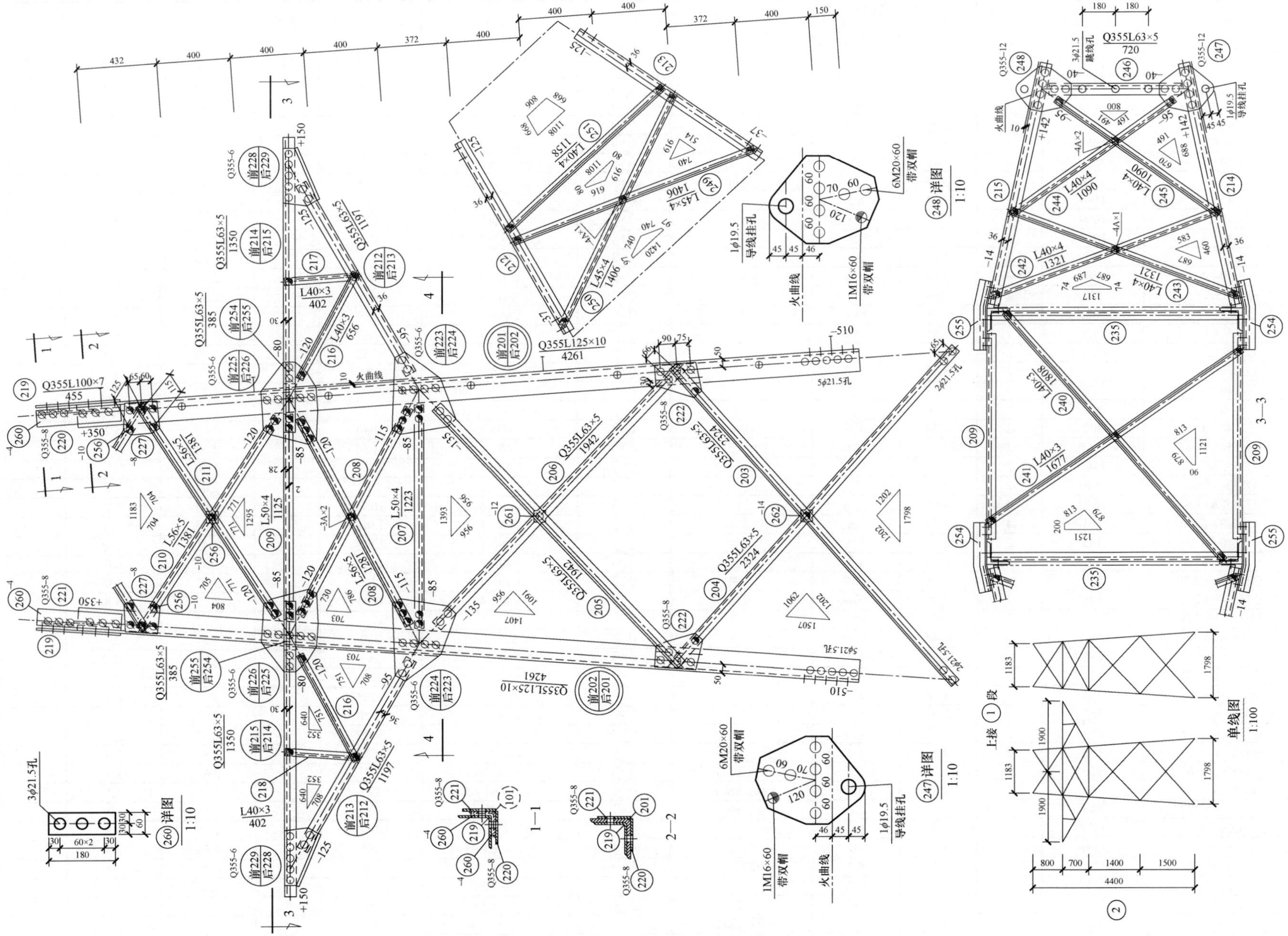

图 15-200　10D3015-SJ2 转角塔塔头②结构图（1/2）

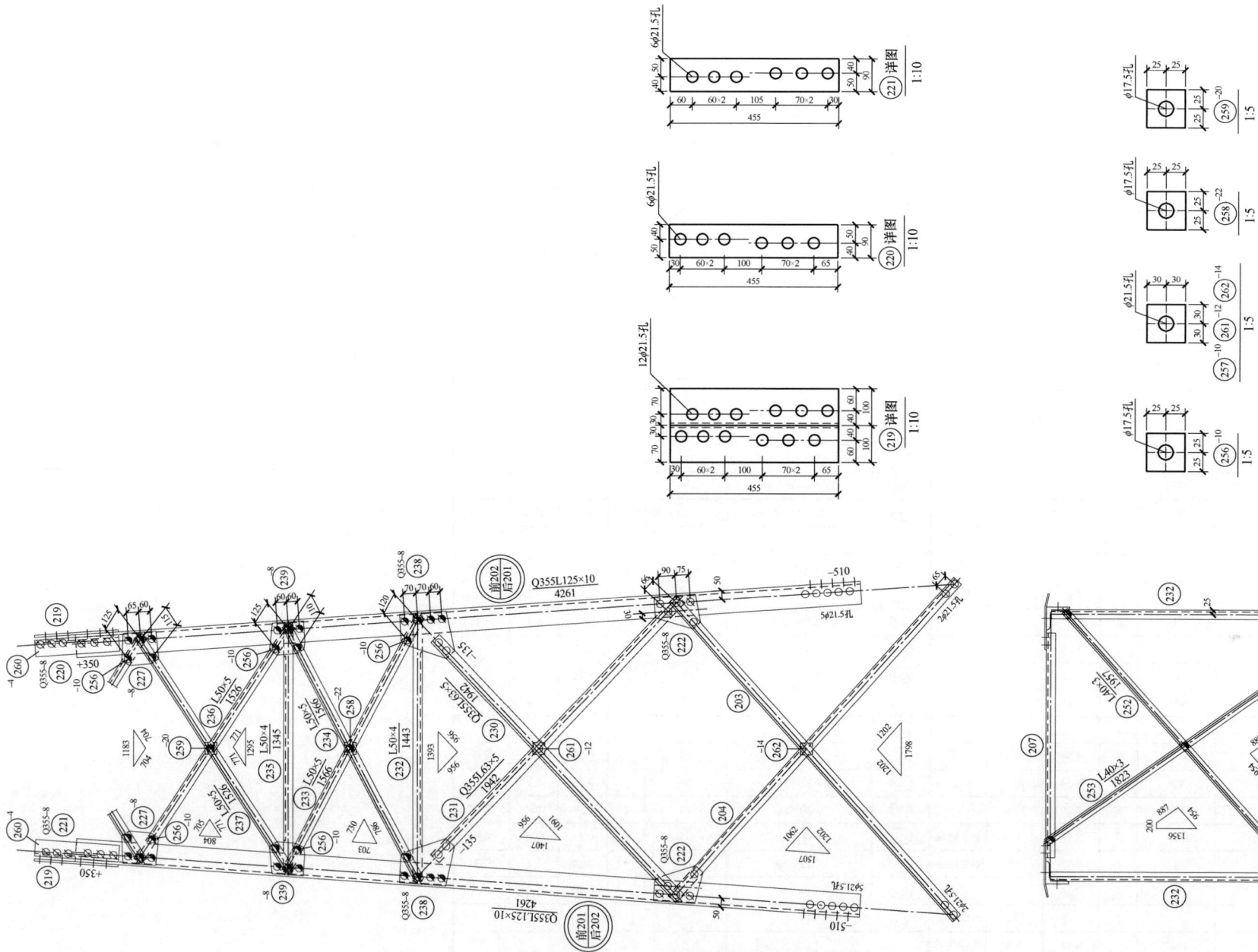

图 15-201   10D3015-SJ2 转角塔塔头②结构图（2/2）（一）

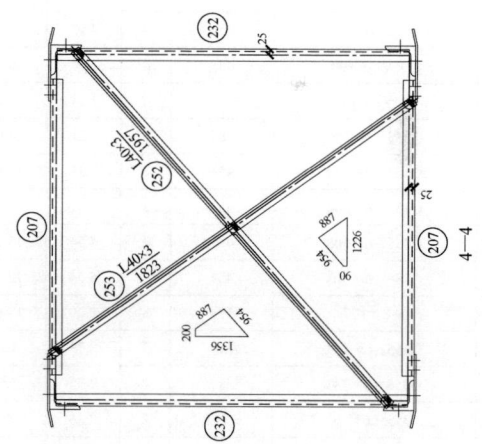

构件明细表

编号	规格	长度（mm）	数量	一件	小计	备注	编号	规格	长度（mm）	数量	一件	小计	备注
201	Q355L125×10	4261	2	81.53	163.1	带脚钉	233	L50×5	1566	2	5.90	11.8	
202	Q355L125×10	4261	2	81.53	163.1		234	L50×5	1566	2	5.90	11.8	
203	Q355L63×5	2324	4	11.21	44.8	切角	235	L50×4	1345	2	4.11	8.2	两端切肢
204	Q355L63×5	2324	4	11.21	44.8		236	L50×5	1526	2	5.75	11.5	切角
205	Q355L63×5	1942	2	9.36	18.7		237	L50×5	1526	2	5.75	11.5	
206	Q355L63×5	1942	2	9.36	18.7	切角	238	Q355-8×257	282	4	4.55	18.2	
207	L50×4	1223	2	3.74	7.5		239	-8×175	195	4	2.14	8.6	
208	L50×5	1281	4	4.83	19.3		240	L40×3	1808	1	3.35	3.4	中间切肢
209	L50×4	1125	2	3.44	6.9		241	L40×3	1677	1	3.11	3.1	
210	L50×5	1381	2	5.21	10.4	切角	242	L40×4	1321	2	3.20	6.4	
211	L50×5	1381	2	5.21	10.4		243	L40×4	1321	2	3.20	6.4	
212	Q355L63×5	1197	2	5.77	11.5		244	L40×4	1090	2	2.64	5.3	切角
213	Q355L63×5	1197	2	5.77	11.5	切角	245	L40×4	1090	2	2.64	5.3	
214	Q355L63×5	1350	2	6.51	13.0		246	Q355L63×5	720	2	3.47	6.9	
215	Q355L63×5	1350	2	6.51	13.0		247	Q355-12×248	260	2	6.07	12.1	火曲
216	L40×3	656	4	1.21	4.8		248	Q355-12×248	260	2	6.07	12.1	火曲
217	L40×3	402	2	0.74	1.5	切角	249	L40×4	1406	2	3.85	7.7	
218	L40×3	402	2	0.74	1.5	切角	250	L40×4	1406	2	3.85	7.7	切角
219	Q355L100×7	455	4	4.93	19.7	铲背	251	L40×4	1158	2	2.80	5.6	
220	Q355-8×90	455	4	2.57	10.3		252	L40×3	1957	1	3.62	3.6	中间切肢
221	Q355-8×90	455	4	2.57	10.3		253	L40×3	1823	1	3.38	3.4	
222	Q355-6×236	280	8	3.11	24.9		254	Q355L63×5	385	2	1.78	3.6	火曲
223	Q355-6×344	451	2	7.31	14.6	火曲	255	Q355L63×5	385	2	1.78	3.6	火曲
224	Q355-6×344	451	2	7.31	14.6	火曲	256	-10×50	50	20	0.20	4.0	垫板
225	Q355-6×308	451	2	6.54	13.1	火曲	257	-10×60	60	4	0.28	1.1	垫板
226	Q355-6×308	451	2	6.54	13.1	火曲	258	-22×50	50	2	0.43	0.9	垫板
227	-8×177	198	8	2.20	17.6		259	-20×50	50	2	0.39	0.8	垫板
228	Q355-6×183	317	2	2.73	5.5	卷边50mm	260	-4×60	180	8	0.34	2.7	垫板
229	Q355-6×183	317	2	2.73	5.5	卷边50mm	261	-12×60	60	4	0.34	1.4	垫板
230	Q355L63×5	1942	2	9.36	18.7		262	-14×60	60	4	0.40	1.6	垫板
231	Q355L63×5	1942	2	9.36	18.7	切角	总质量				969.0kg		
232	L50×4	1443	2	4.41	8.8	两端切肢							

螺栓、脚钉、垫圈明细表

名称	级别	规格	符号	数量	质量（kg）	备注
螺栓	6.8级	M16×40	◐	112	16.2	
		M16×50	◓	94	15.1	
		M16×60	◪	14	2.5	
		M20×45	○	56	15.1	
		M20×55	⊘	132	39.0	
		M16×60	◑	4	0.8	带双帽
		M20×60	○	24	8.7	带双帽
脚钉	6.8级	M16×180	⊕T	14	5.3	
		M20×200		8	5.4	
垫圈	Q235	-3A（φ17.5）		4	0.1	规格×个数
		-4A（φ17.5）		8	0.2	
总质量					111.0kg	

图 15-201　10D3015-SJ2　转角塔塔头②结构图（2/2）（二）

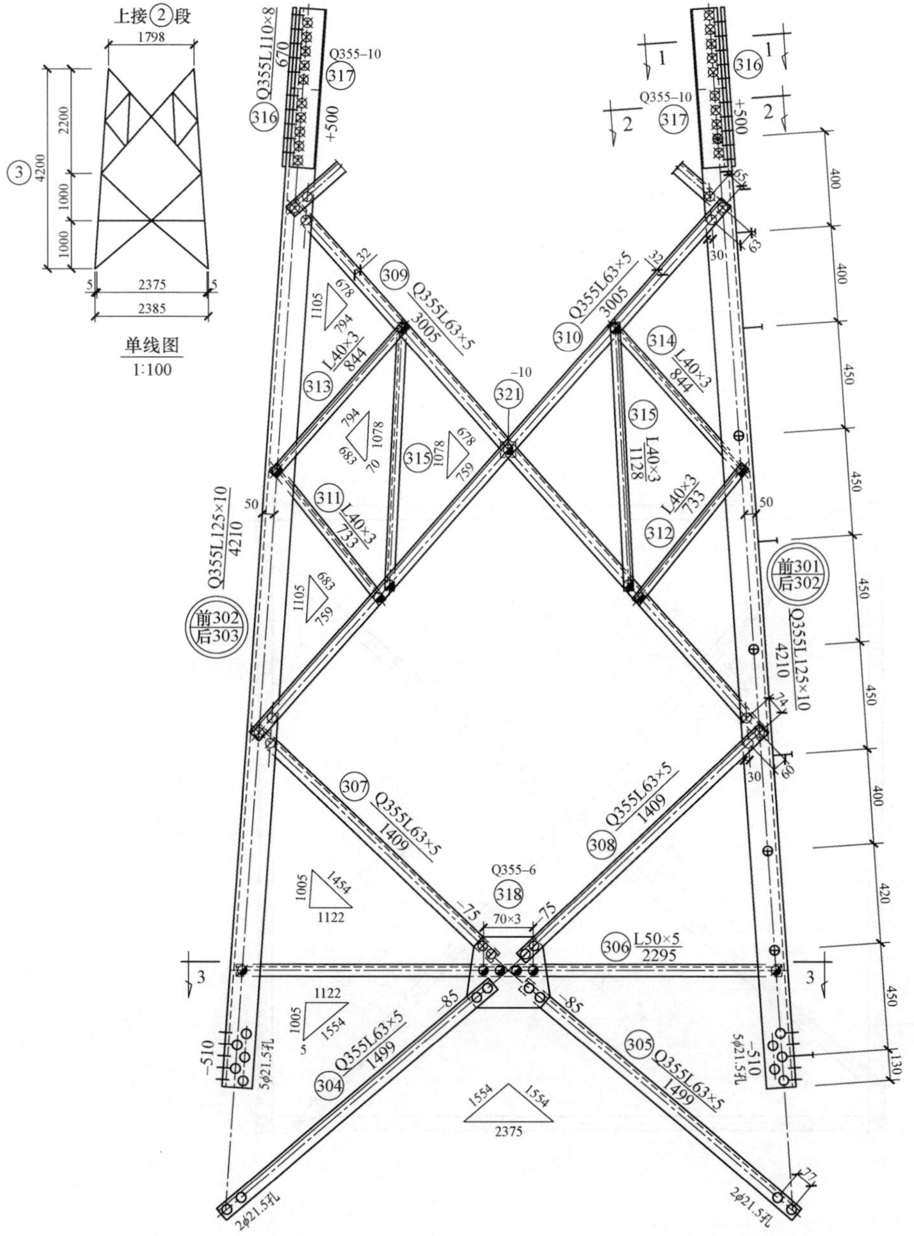

构件明细表

编号	规格	长度(mm)	数量	一件	小计	备注
301	Q355L125×10	4210	1	80.55	80.6	带脚钉
302	Q355L125×10	4210	2	80.55	161.1	
303	Q355L125×10	4210	1	80.55	80.6	带脚钉
304	Q355L63×5	1499	4	7.23	28.9	
305	Q355L63×5	1499	4	7.23	28.9	切角
306	L50×5	2295	4	8.65	34.6	
307	Q355L63×5	1409	4	6.79	27.2	切角
308	Q355L63×5	1409	4	6.79	27.2	切角
309	Q355L63×5	3005	4	14.49	58.0	切角
310	Q355L63×5	3005	4	14.49	58.0	
311	L40×3	733	4	1.36	5.4	切角
312	L40×3	733	4	1.36	5.4	
313	L40×3	844	4	1.56	6.2	
314	L40×3	844	4	1.56	6.2	切角
315	L40×3	1128	8	2.09	16.7	切角
316	Q355L110×8	670	4	9.07	36.3	铲背
317	Q355-10×105	670	8	5.52	44.2	
318	Q355-6×313	352	4	5.19	20.8	
319	L45×4	3084	1	8.44	8.4	中间切肢
320	L45×4	3084	1	8.44	8.4	
321	-10×50	50	4	0.20	0.8	垫板
总质量					743.9kg	

螺栓、脚钉、垫圈明细表

名称	级别	规格	符号	数量	质量(kg)	备注
螺栓	6.8级	M16×40	◖	13	1.9	
		M16×50	◗	52	8.3	
		M20×45	○	64	17.3	
		M20×55	∅	80	23.6	
		M20×65	⊠	80	25.6	
脚钉	6.8级	M16×180	⊕T	16	6.1	
		M20×200		4	2.7	
垫圈	Q235	-3A(φ17.5)				规格×个数
		-4A(φ17.5)				
总质量					85.5kg	

图 15-202 10D3015-SJ2 转角塔塔身③结构图(1/2)

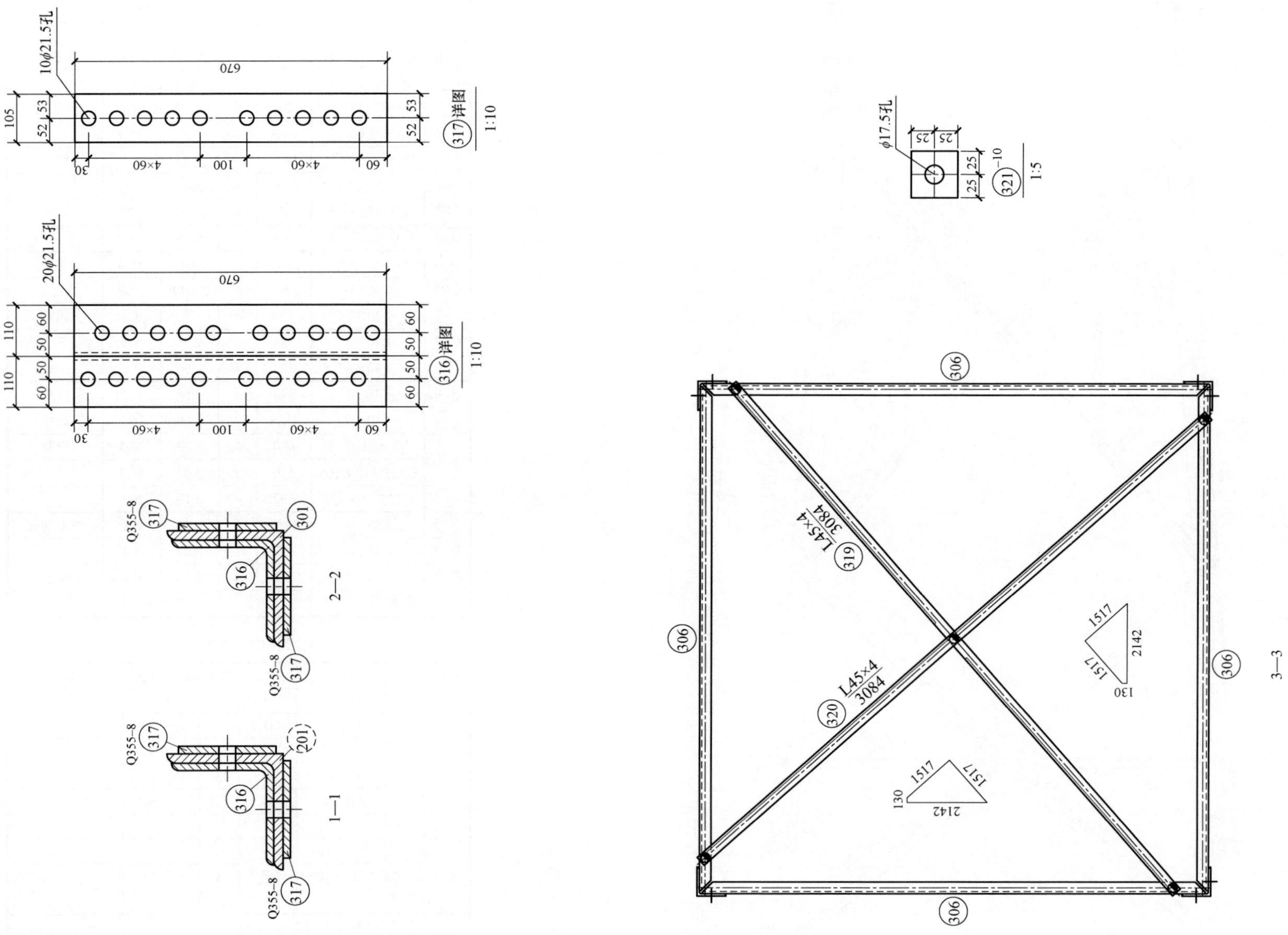

图 15－203　10D3015－SJ2　转角塔塔身③结构图（2/2）

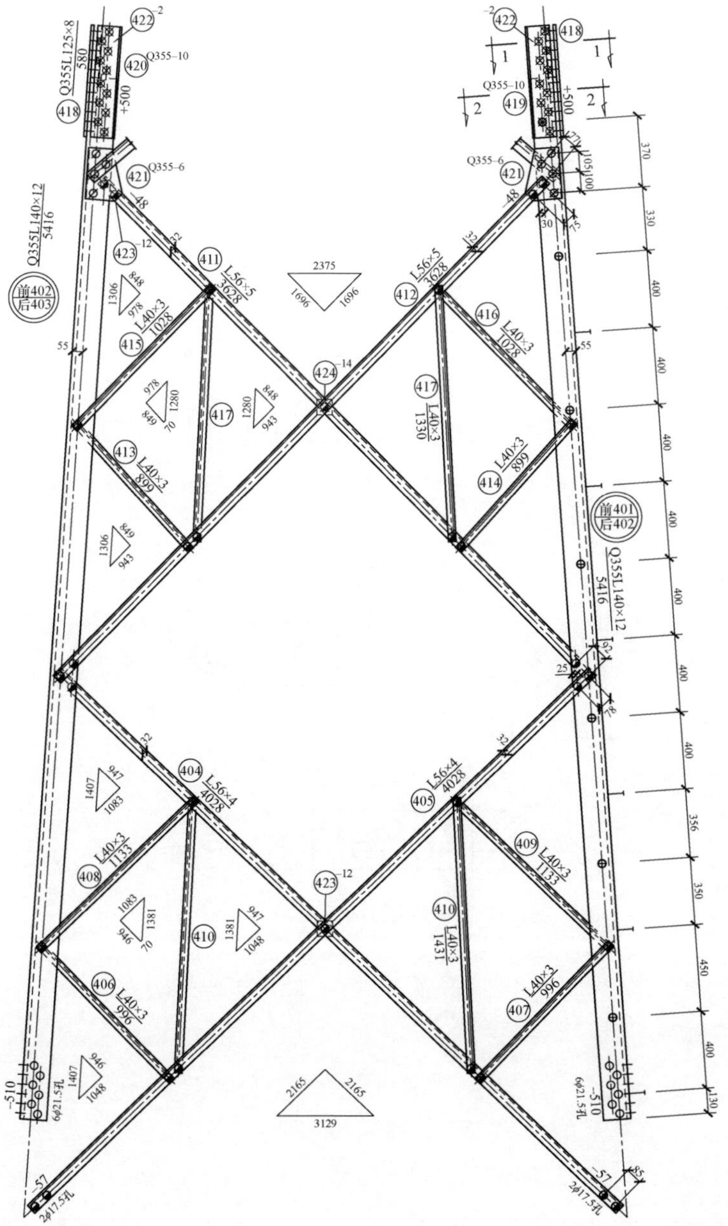

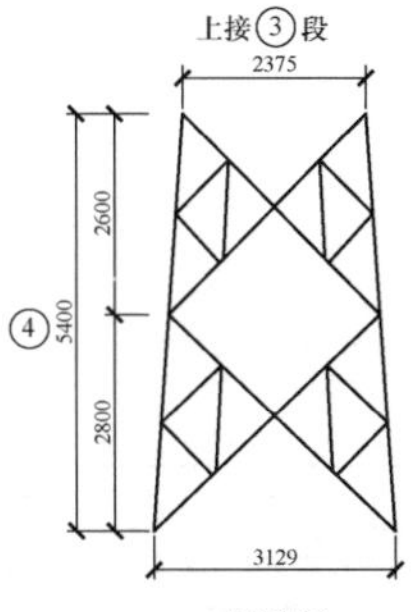

构 件 明 细 表

编号	规格	长度 (mm)	数量	质量（kg） 一件	质量（kg） 小计	备注
④401	Q355L140×12	5416	1	138.23	138.2	带脚钉
④402	Q355L140×12	5416	2	138.23	276.5	
④403	Q355L140×12	5416	1	138.23	138.2	带脚钉
④404	L56×4	4028	4	13.88	55.5	切角
④405	L56×4	4028	4	13.88	55.5	
④406	L40×3	996	4	1.84	7.4	切角
④407	L40×3	996	4	1.84	7.4	
④408	L40×3	1133	4	2.10	8.4	
④409	L40×3	1133	4	2.10	8.4	切角
④410	L40×3	1431	8	2.65	21.2	切角
④411	L56×5	3628	4	15.42	61.7	切角
④412	L56×5	3628	4	15.42	61.7	
④413	L40×3	899	4	1.66	6.6	切角
④414	L40×3	899	4	1.66	6.6	
④415	L40×3	1028	4	1.90	7.6	
④416	L40×3	1028	4	1.90	7.6	切角
④417	L40×3	1330	8	2.46	19.7	切角
④418	Q355L125×8	580	4	8.99	36.0	铲背
④419	Q355−10×115	580	4	5.24	21.0	
④420	Q355−10×115	580	4	5.24	21.0	
④421	Q355−6×191	268	8	2.41	19.3	
④422	−2×95	260	8	0.39	3.1	垫板
④423	−12×50	50	8	0.24	1.9	垫板
④424	−14×50	50	4	0.27	1.1	垫板
总质量					991.6kg	

螺栓、脚钉、垫圈明细表

名称	级别	规格	符号	数量	质量（kg）	备注
螺栓	6.8级	M16×40	◕	56	8.1	
		M16×50	◑	56	9.0	
		M20×55	⊘	32	9.4	
		M20×65	⊗	88	28.2	
脚钉	6.8级	M16×180	⊕T	18	6.8	
		M20×200		6	4.0	
垫圈	Q235	−3A（φ17.5）				规格×个数
		−4A（φ17.5）				
总质量					65.5kg	

图 15−204 10D3015−SJ2 转角塔塔身④结构图（1/2）

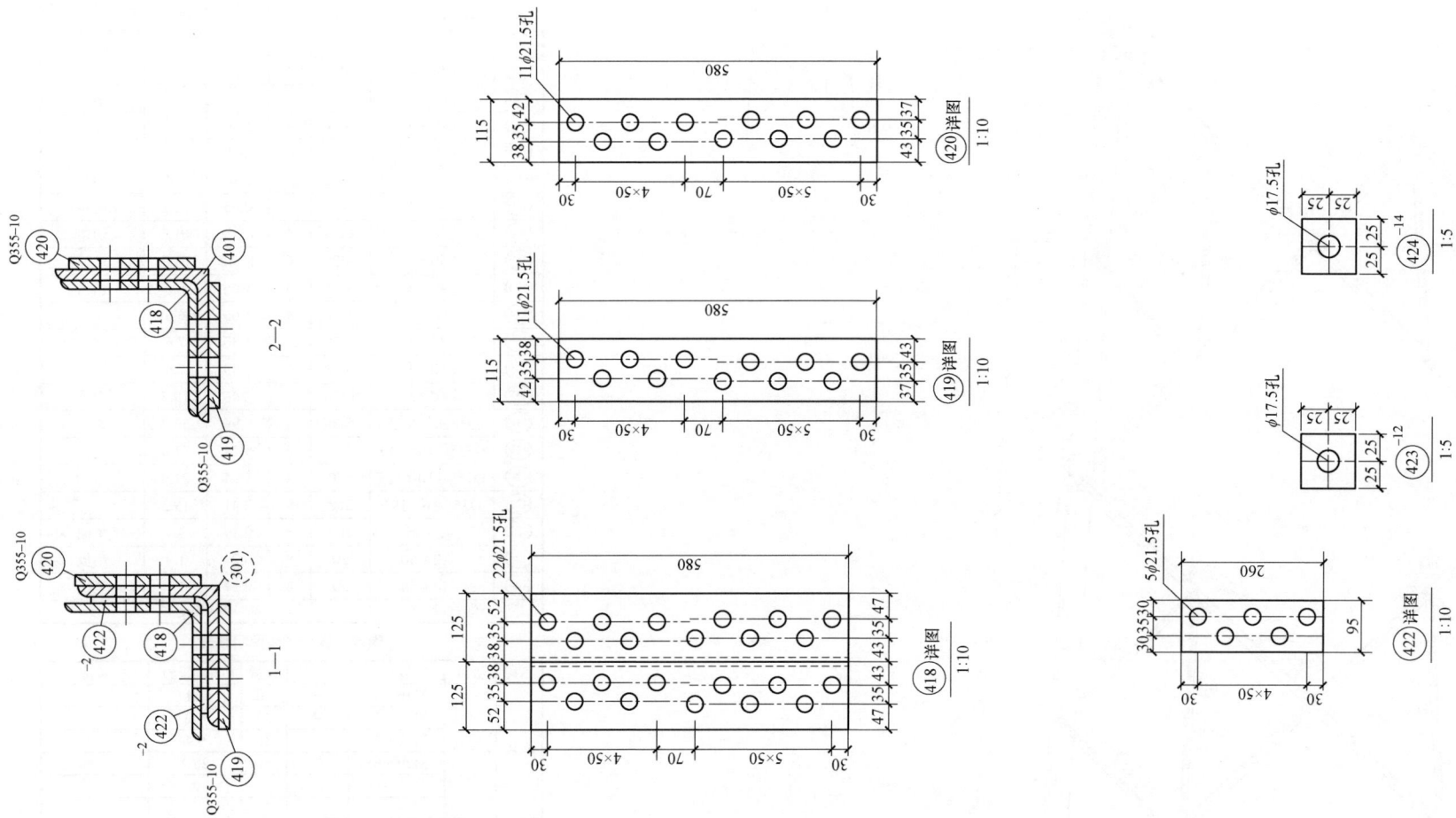

图 15-205　10D3015-SJ2 转角塔塔身④结构图（2/2）

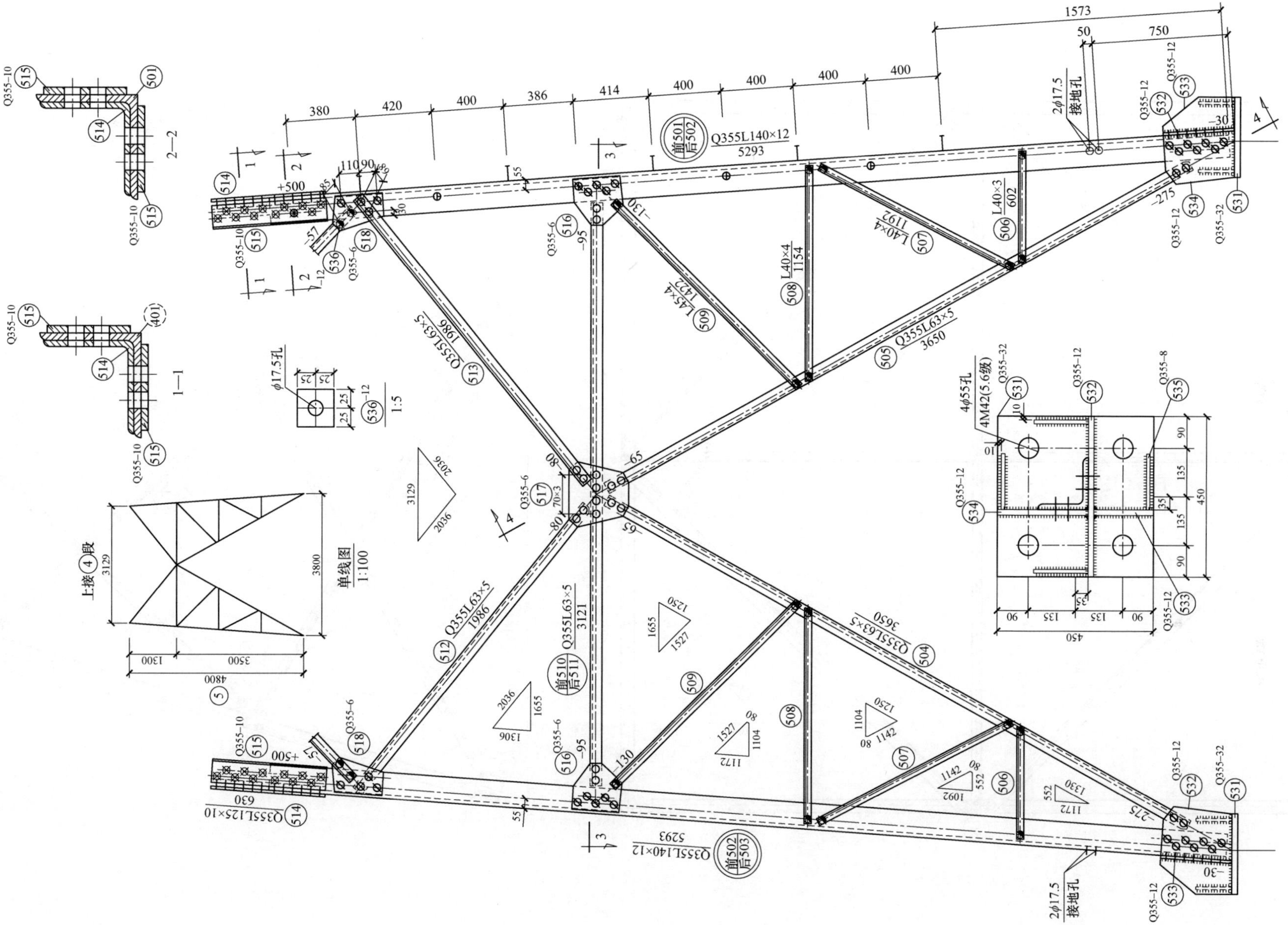

图 15-206　10D3015-SJ2　转角塔塔腿⑤结构图（1/2）

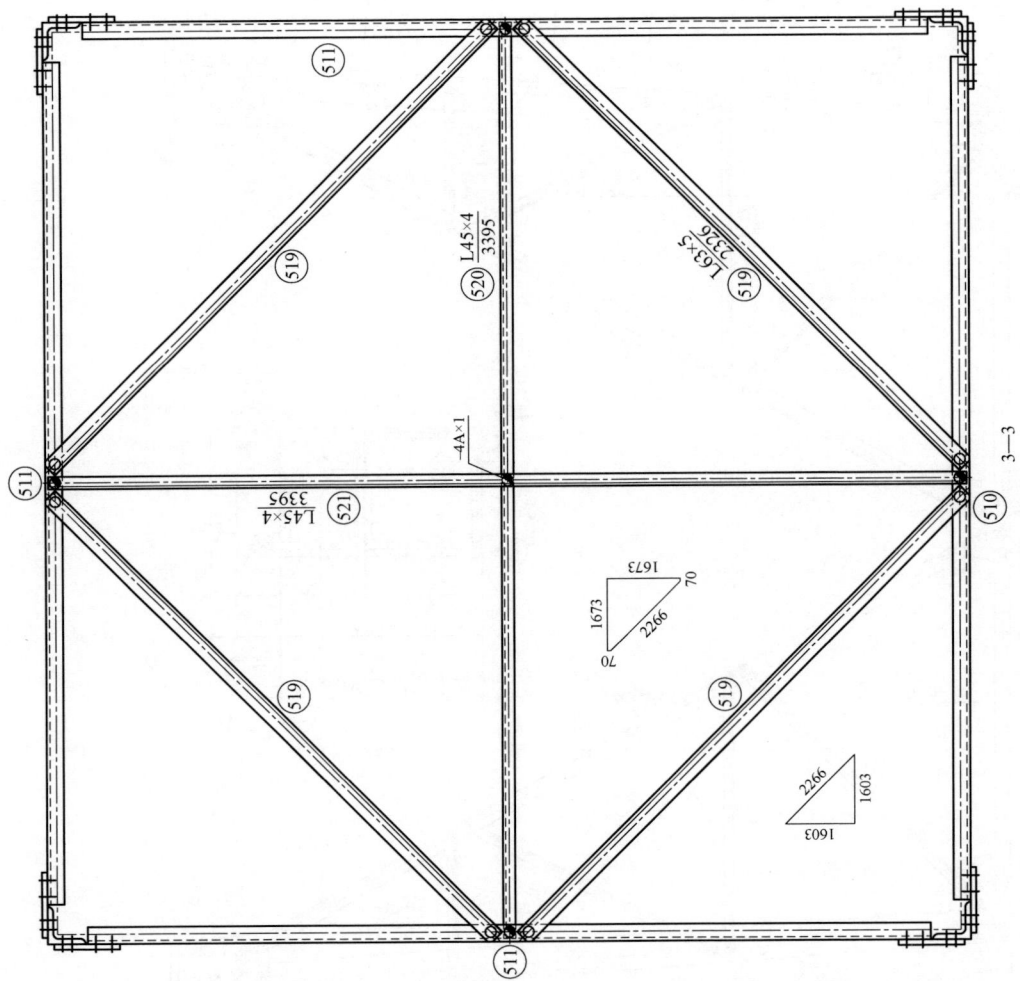

图 15-207　10D3015-SJ2 转角塔塔腿⑤结构图（2/2）（一）

构件明细表

编号	规格	长度（mm）	数量	质量（kg）		备注
				一件	小计	
501	Q355L140×12	5293	1	135.09	135.1	带脚钉
502	Q355L140×12	5293	2	135.09	270.2	
503	Q355L140×12	5303	1	135.34	135.3	带脚钉
504	Q355L63×5	3650	4	17.60	70.4	切角
505	Q355L63×5	3650	4	17.60	70.4	切角
506	L40×3	602	8	1.11	8.9	
507	L45×4	1192	8	3.26	26.1	
508	L40×4	1154	8	2.79	22.3	
509	L45×4	1422	8	3.89	31.1	
510	Q355L63×5	3121	1	15.05	15.0	
511	Q355L63×5	3121	3	15.05	45.2	
512	Q355L63×5	1986	4	9.58	38.3	切角
513	Q355L63×5	1986	4	9.58	38.3	
514	Q355L125×10	630	4	12.05	48.2	铲背
515	Q355−10×115	630	8	5.69	45.5	
516	Q355−6×257	267	8	3.23	25.8	
517	Q355−6×328	350	4	5.41	21.6	
518	Q355−6×187	284	8	2.50	20.0	
519	L63×5	2326	4	11.22	44.9	切角

编号	规格	长度（mm）	数量	质量（kg）		备注
				一件	小计	
520	L45×4	3395	1	9.29	9.3	
521	L45×4	3395	1	9.29	9.3	
522	L40×3	771	4	1.43	5.7	
523	L40×3	1627	8	3.01	24.1	
524	L40×4	2174	8	5.27	42.2	
525	−6×125	169	4	0.99	4.0	火曲
526	−6×125	169	4	0.99	4.0	火曲
527	−6×136	163	4	1.04	4.2	火曲
528	−6×136	163	4	1.04	4.2	火曲
529	−6×135	144	4	0.92	3.7	火曲
530	−6×135	144	4	0.92	3.7	火曲
531	Q355−32×450	450	4	50.87	203.5	电焊
532	Q355−12×478	396	4	17.83	71.3	打坡口焊
533	Q355−12×202	396	4	7.54	30.2	打坡口焊
534	Q355−12×289	393	4	10.70	42.8	打坡口焊
535	Q355−8×200	150	16	1.88	30.1	打坡口焊
536	−12×50	50	4	0.24	1.0	垫板
总质量		1605.9kg				

螺栓、脚钉、垫圈明细表

名称	级别	规格	符号	数量	质量（kg）	备注
螺栓	6.8 级	M16×40	◕	144	20.8	
		M16×50	◕	37	5.9	
		M20×45	○	72	19.4	
		M20×55	⌀	144	42.5	
		M20×65	⊠	96	30.8	
脚钉	6.8 级	M16×180	⊕T	14	5.3	
		M20×200		6	4.0	
垫圈	Q235	−3A（ϕ17.5）		16	0.2	规格×个数
		−4A（ϕ17.5）		1	0.1	
总质量		129.0kg				

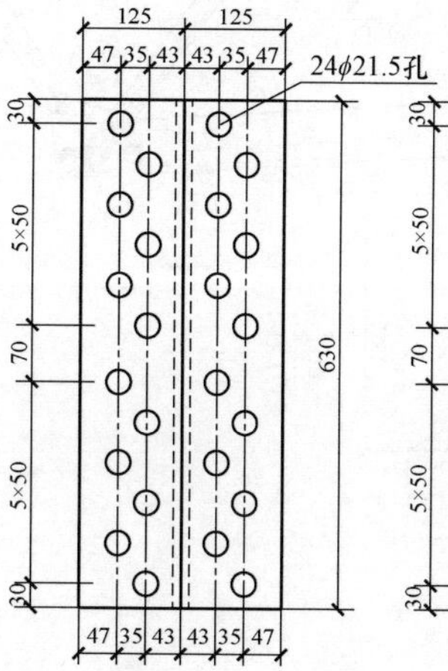

514详图

1:10

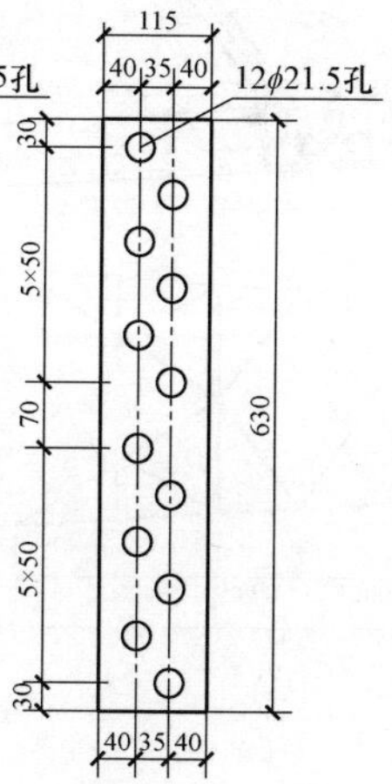

515详图

1:10

图 15−207　10D3015−SJ2 转角塔塔腿⑤结构图（2/2）（二）

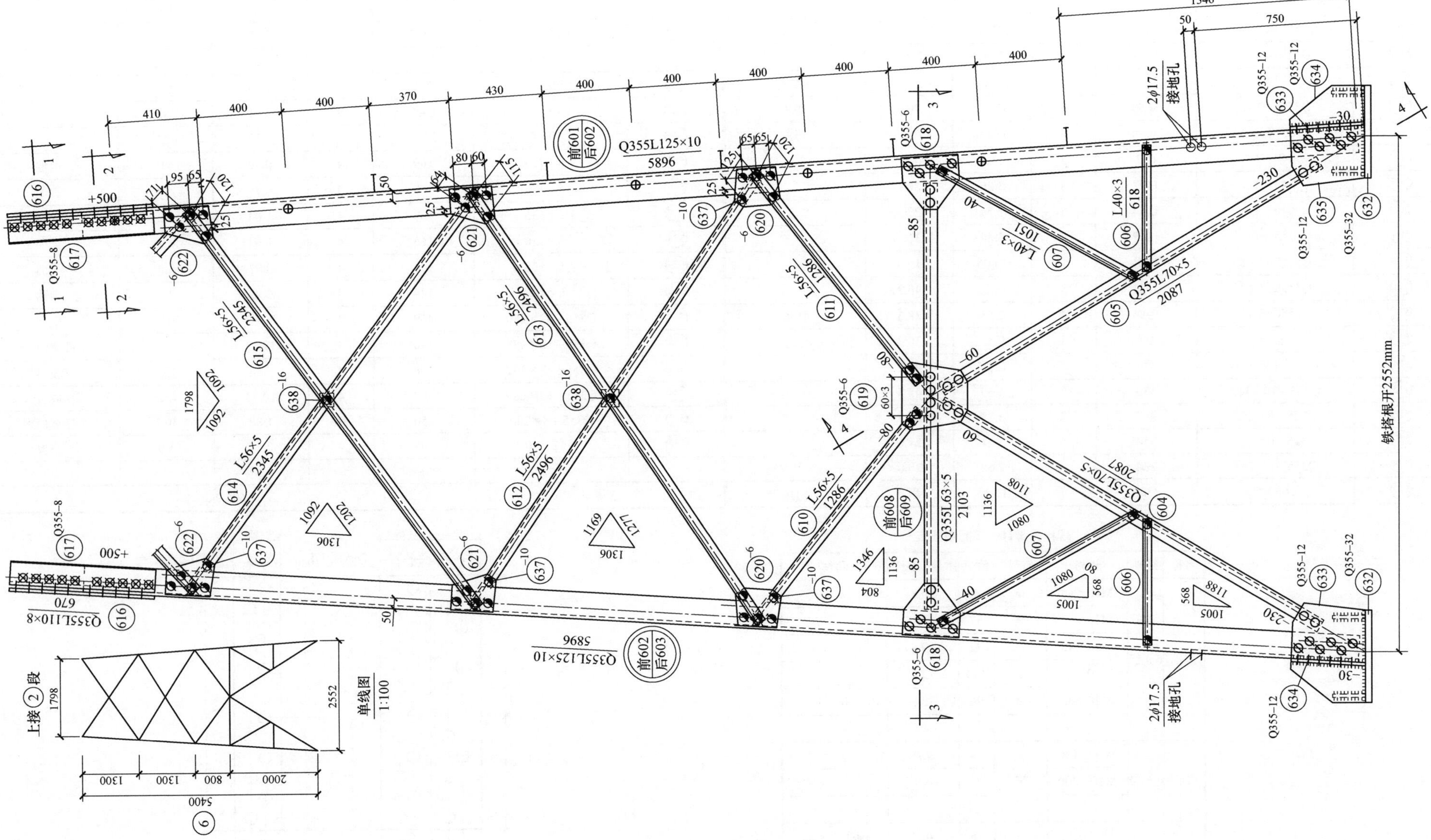

图 15-208　10D3015-SJ2 转角塔塔腿⑥结构图（1/2）（一）

构 件 明 细 表

编号	规格	长度（mm）	数量	质量（kg）		备注	编号	规格	长度（mm）	数量	质量（kg）		备注
				一件	小计						一件	小计	
601	Q355L125×10	5896	1	112.81	112.8	带脚钉	621	−6×176	194	8	1.61	12.9	
602	Q355L125×10	5896	2	112.81	225.6		622	−6×179	218	8	1.84	14.7	
603	Q355L125×10	5896	1	112.81	112.8	带脚钉	623	L45×4	1575	4	4.31	17.2	
604	Q355L70×5	2087	4	11.26	45.0		624	L40×4	2347	1	5.68	5.7	
605	Q355L70×5	2087	4	11.26	45.0		625	L40×4	2347	1	5.68	5.7	
606	L40×3	618	8	1.14	9.1		626	L40×3	785	4	1.45	5.8	
607	L40×3	1051	8	1.95	15.6		627	L40×3	1412	4	2.62	21.0	
608	Q355L63×5	2103	1	10.14	10.1	火曲	628	−6×114	183	4	0.98	3.9	火曲
609	Q355L63×5	2103	3	10.14	30.4		629	−6×114	183	4	0.98	3.9	火曲
610	L56×5	1286	4	5.47	21.9	切角	630	−6×134	148	4	0.93	3.7	火曲
611	L56×5	1286	4	5.47	21.9		631	−6×134	148	4	0.93	3.7	火曲
612	L56×5	2496	4	10.61	42.4	切角	632	Q355−32×450	450	4	50.87	203.5	电焊
613	L56×5	2496	4	10.61	42.4		633	Q355−12×476	346	4	15.51	62.0	打坡口焊
614	L56×5	2345	4	9.97	39.9	切角	634	Q355−12×204	346	4	6.65	26.6	打坡口焊
615	L56×5	2345	4	9.97	39.9		635	Q355−12×282	343	4	9.11	36.4	打坡口焊
616	Q355L110×8	670	4	9.07	36.3	铲背	636	Q355−8×150	150	16	1.41	22.6	打坡口焊
617	Q355−8×105	670	8	4.42	35.4		637	−10×50	50	16	0.20	3.2	垫板
618	Q355−6×247	260	8	3.02	24.2		638	−16×50	50	8	0.31	2.5	垫板
619	Q355−6×301	331	4	4.69	18.8								
620	−6×178	211	8	1.77	14.2			总质量			1398.7kg		

螺栓、脚钉、垫圈明细表

名称	级别	规格	符号	数量	质量（kg）	备注
螺栓	6.8级	M16×40	◑	128	18.5	
		M16×50	◍	97	15.5	
		M16×60	▨	24	4.2	
		M20×45	○	64	17.3	
		M20×55	⊘	88	26.0	
		M20×65	⊠	80	25.6	
脚钉	6.8级	M16×180	⊕T	22	8.4	
		M20×200		2	1.3	
垫圈	Q235	−3A（φ17.5）		8	0.1	规格×个数
		−4A（φ17.5）		1	0.1	
总质量					117.0kg	

图 15−208　10D3015−SJ2 转角塔塔腿⑦结构图（1/2）（二）

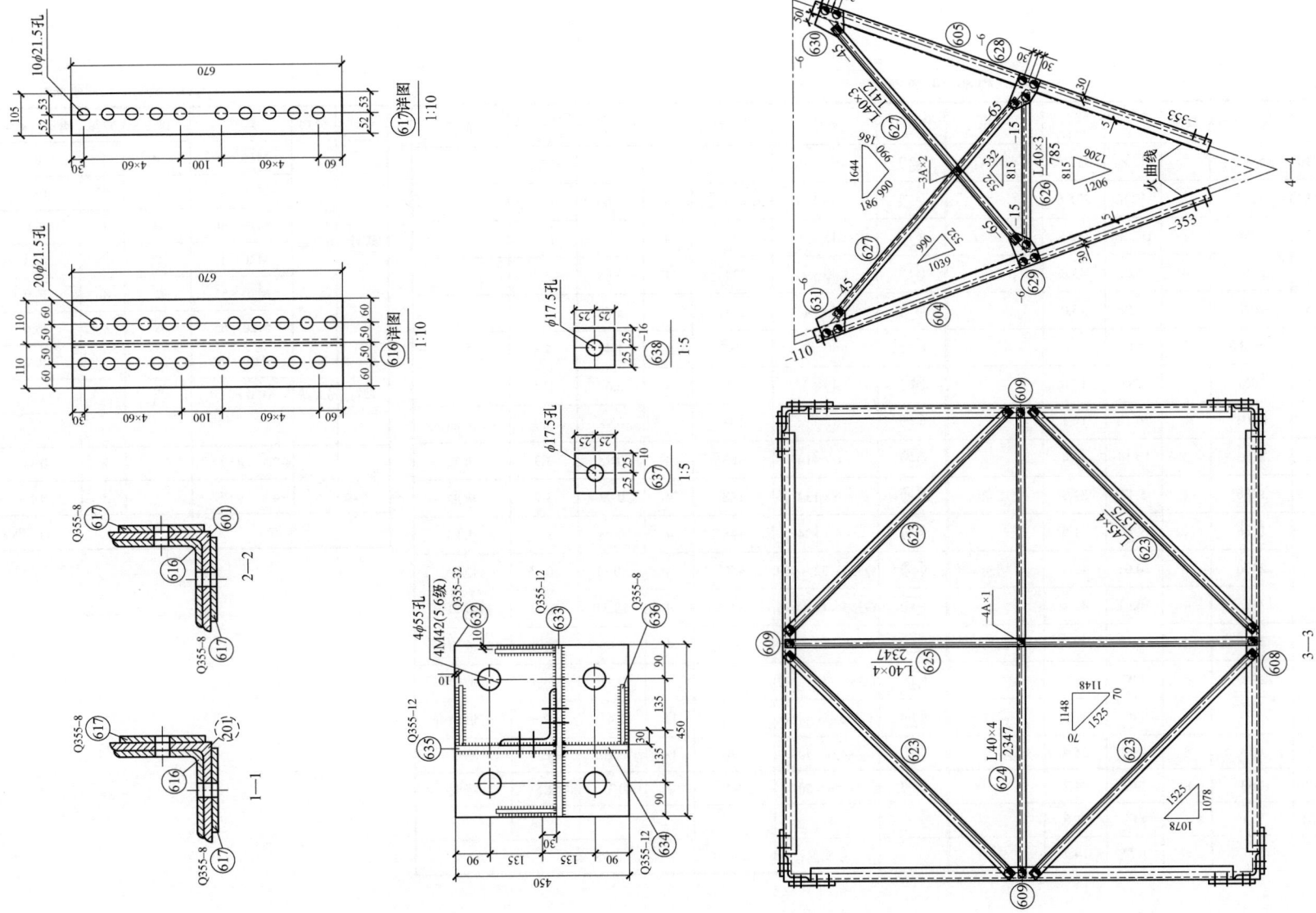

图 15-209　10D3015-SJ2 转角塔塔腿⑥结构图（2/2）

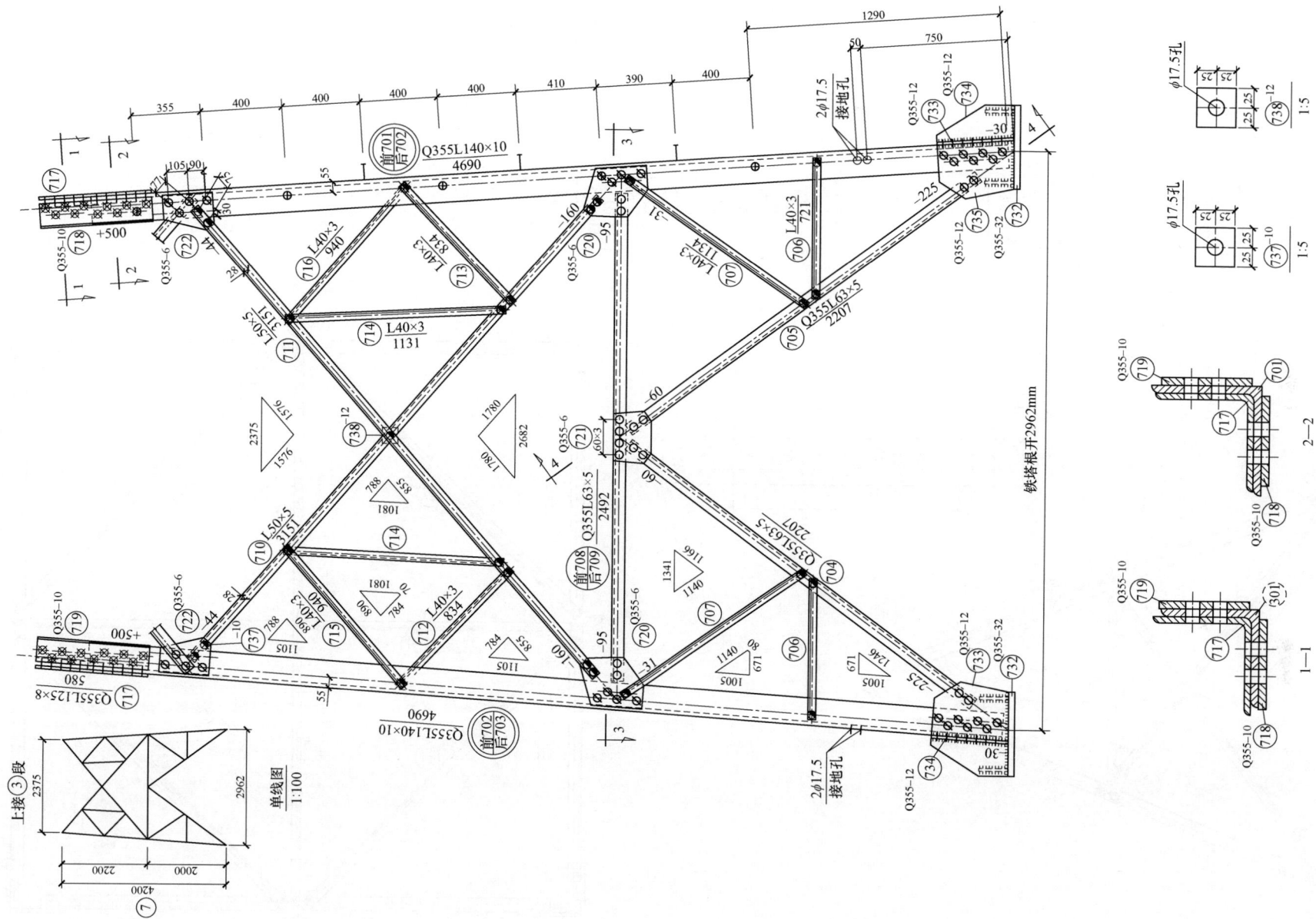

图 15-210　10D3015-SJ2　转角塔塔腿⑦结构图（1/2）

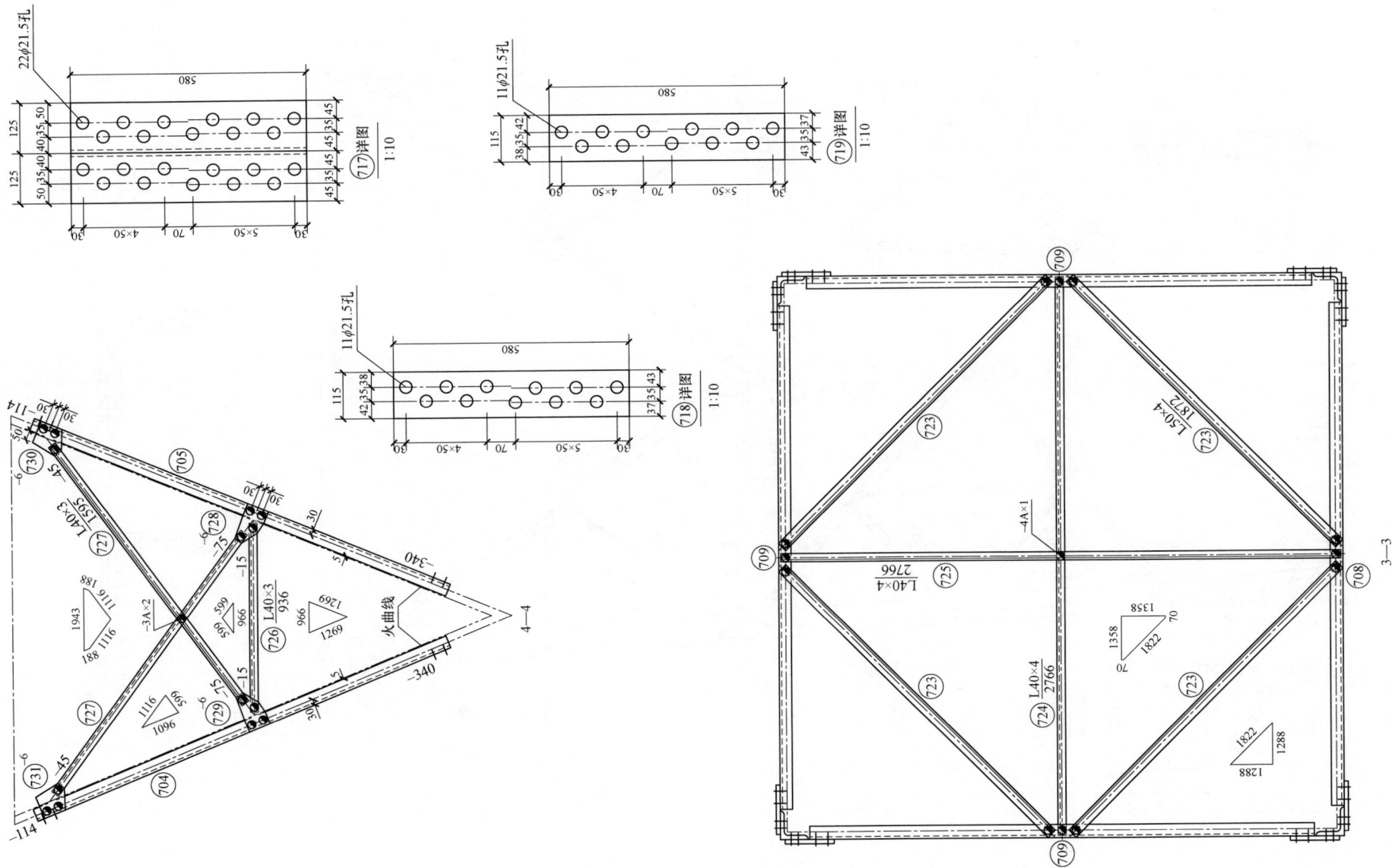

图 15-211 10D3015-SJ2 转角塔塔腿⑦结构图（2/2）（一）

构 件 明 细 表

编号	规格	长度（mm）	数量	质量（kg）一件	质量（kg）小计	备注	编号	规格	长度（mm）	数量	质量（kg）一件	质量（kg）小计	备注
⑦01	Q355L140×10	4690	1	100.78	100.8	带脚钉	⑦21	Q355−6×193	267	4	2.43	9.7	
⑦02	Q355L140×10	4690	2	100.78	201.6		⑦22	Q355−6×192	255	8	2.31	18.5	
⑦03	Q355L140×10	4690	1	100.78	100.8	带脚钉	⑦23	L50×4	1872	4	5.73	22.9	
⑦04	Q355L63×5	2207	4	10.64	42.6		⑦24	L40×4	2766	1	6.70	6.7	
⑦05	Q355L63×5	2207	4	10.64	42.6		⑦25	L40×4	2766	1	6.70	6.7	
⑦06	L40×3	721	8	1.34	10.7		⑦26	L40×3	936	4	1.73	6.9	
⑦07	L40×3	1134	8	2.10	16.8		⑦27	L40×3	1595	8	2.95	23.6	
⑦08	Q355L63×5	2492	1	12.02	12.0		⑦28	−6×110	195	4	1.01	4.0	火曲
⑦09	Q355L63×5	2492	3	12.02	36.1		⑦29	−6×110	195	4	1.01	4.0	火曲
⑦10	L50×5	3151	4	11.88	47.5		⑦30	−6×135	147	4	0.93	3.7	火曲
⑦11	L50×5	3151	4	11.88	47.5		⑦31	−6×135	147	4	0.93	3.7	火曲
⑦12	L40×3	834	4	1.54	6.2	切角	⑦32	Q355−32×450	450	4	50.87	203.5	电焊
⑦13	L40×3	834	4	1.54	6.2		⑦33	Q355−12×491	396	4	18.32	73.3	打坡口焊
⑦14	L40×3	1131	8	2.09	16.7	切角	⑦34	Q355−12×202	396	4	7.54	30.2	打坡口焊
⑦15	L40×3	940	4	1.74	7.0		⑦35	Q355−12×302	393	4	11.18	44.7	打坡口焊
⑦16	L40×3	940	4	1.74	7.0	切角	⑦36	Q355−8×150	150	16	1.41	22.6	打坡口焊
⑦17	Q355L125×8	580	4	8.99	36.0	铲背	⑦37	−10×50	50	4	0.20	0.8	垫板
⑦18	Q355−10×115	580	4	5.24	21.0		⑦38	−12×50	50	4	0.24	1.0	垫板
⑦19	Q355−10×115	580	4	5.24	21.0			总质量				1298.9kg	
⑦20	Q355−6×257	334	8	4.04	32.3								

螺栓、脚钉、垫圈明细表

名称	级别	规格	符号	数量	质量（kg）	备注
螺栓	6.8级	M16×40	●	140	20.2	
		M16×50	◑	33	5.3	
		M20×45	○	48	13.0	
		M20×55	⊘	144	42.5	
		M20×65	⊠	88	28.2	
脚钉	6.8级	M16×180	ФТ	12	4.6	
		M20×200		6	4.0	
垫圈	Q235	−3A（φ17.5）		8	0.1	规格×个数
		−4A（φ17.5）		1	0.1	
总质量					118.0kg	

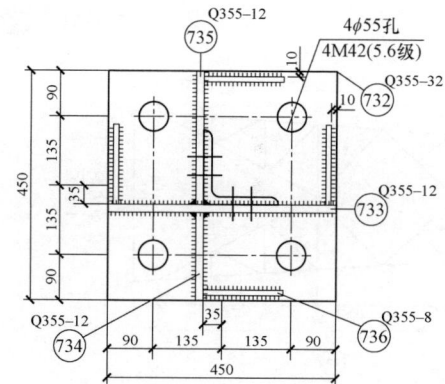

图 15−211　10D3015−SJ2 转角塔塔腿⑦结构图（2/2）（二）

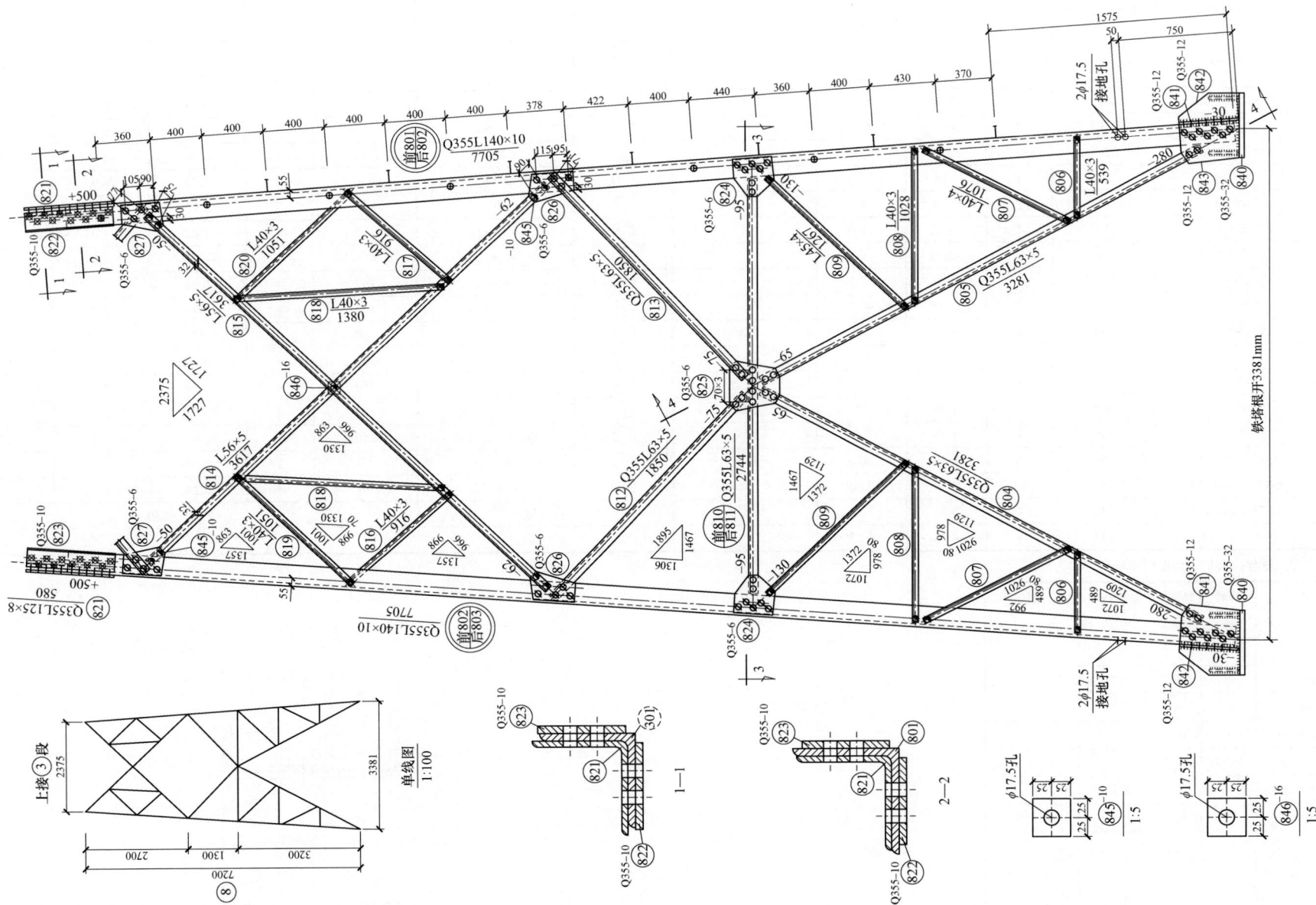

图 15-212　10D3015-SJ2 转角塔塔腿⑧结构图（1/2）

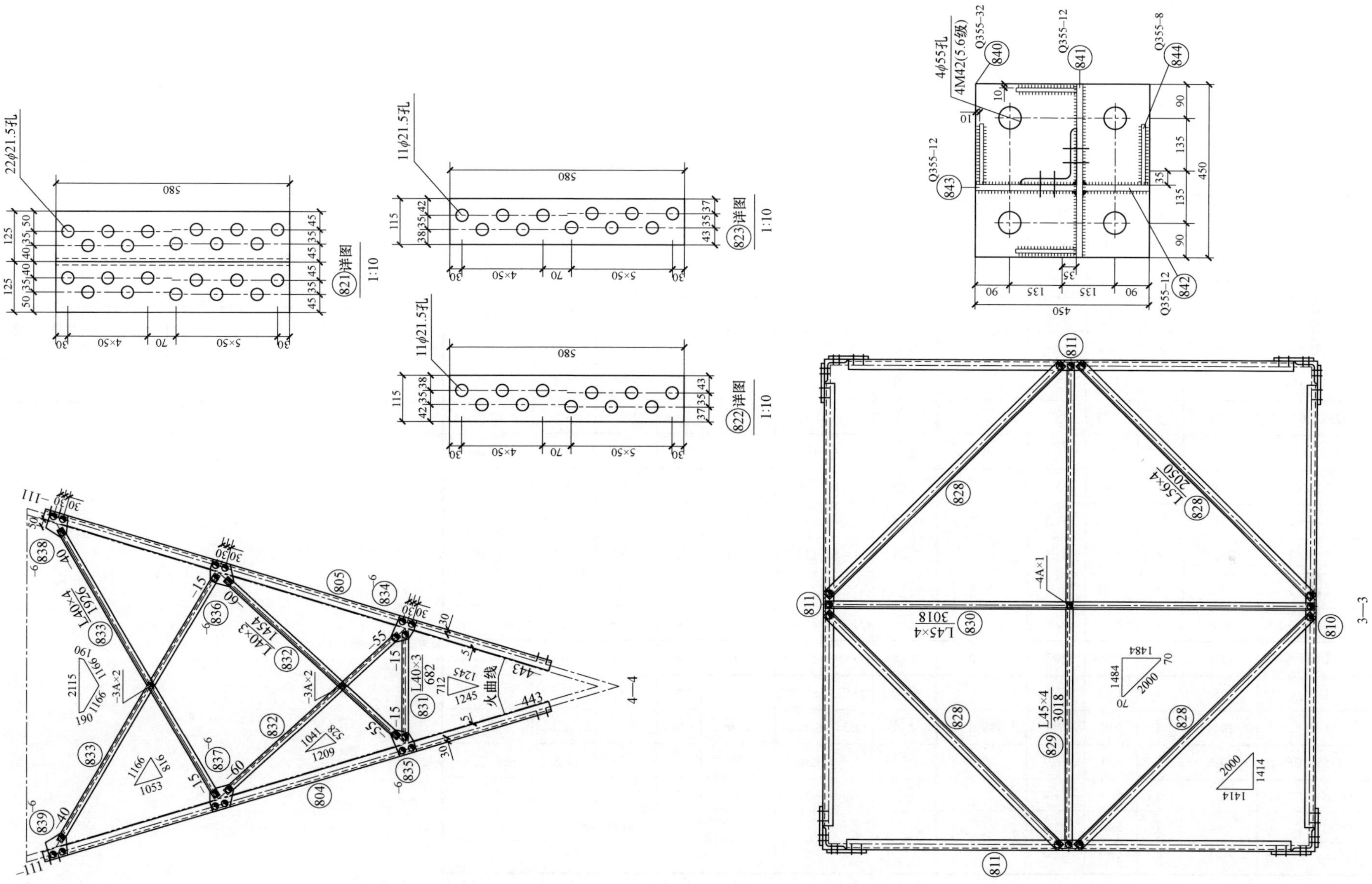

图 15-213　10D3015-SJ2 转角塔塔腿⑧结构图（2/2）（一）

编号	规格	长度（mm）	数量	质量（kg） 一件	质量（kg） 小计	备注
⑧01	Q355L140×10	7705	1	165.57	165.6	带脚钉
⑧02	Q355L140×10	7705	2	165.57	331.1	
⑧03	Q355L140×10	7705	1	165.57	165.6	带脚钉
⑧04	Q355L63×5	3281	4	15.82	63.3	切角
⑧05	Q355L63×5	3281	4	15.82	63.3	切角
⑧06	L40×3	539	8	1.00	8.0	
⑧07	L40×4	1076	8	2.61	20.9	
⑧08	L40×3	1028	8	1.90	15.2	
⑧09	L45×4	1267	8	3.47	27.8	
⑧10	Q355L63×5	2744	1	13.23	13.2	火曲
⑧11	Q355L63×5	2744	3	13.23	39.7	
⑧12	Q355L63×5	1850	4	8.92	35.7	切角
⑧13	Q355L63×5	1850	4	8.92	35.7	切角
⑧14	L56×5	3617	4	15.38	61.5	
⑧15	L56×5	3617	4	15.38	61.5	
⑧16	L40×3	916	4	1.70	6.8	切角
⑧17	L40×3	916	4	1.70	6.8	
⑧18	L40×3	1380	8	2.56	20.5	切角
⑧19	L40×3	1051	4	1.95	7.8	
⑧20	L40×3	1051	4	1.95	7.8	切角
⑧21	Q355L125×8	580	4	8.99	36.0	铲背
⑧22	Q355-10×115	580	4	5.24	21.0	
⑧23	Q355-10×115	580	4	5.24	21.0	
⑧24	Q355-6×257	267	8	3.23	25.8	
⑧25	Q355-6×329	334	4	5.18	20.7	
⑧26	Q355-6×187	301	8	2.65	21.2	
⑧27	Q355-6×191	271	8	2.44	19.5	
⑧28	L56×4	2050	4	7.06	28.2	切角
⑧29	L45×4	3018	1	8.26	8.3	
⑧30	L45×4	3018	1	8.26	8.3	
⑧31	L40×3	682	4	1.26	5.0	
⑧32	L40×3	1454	8	2.69	21.5	
⑧33	L40×4	1926	8	4.66	37.3	
⑧34	-6×127	169	4	1.01	4.0	火曲
⑧35	-6×127	169	4	1.01	4.0	火曲
⑧36	-6×136	163	4	1.04	4.2	火曲
⑧37	-6×136	163	4	1.04	4.2	火曲
⑧38	-6×135	144	4	0.92	3.7	火曲
⑧39	-6×135	144	4	0.92	3.7	火曲
⑧40	Q355-32×450	450	4	50.87	203.5	电焊
⑧41	Q355-12×477	396	4	17.79	71.2	打坡口焊
⑧42	Q355-12×202	396	4	7.54	30.2	打坡口焊
⑧43	Q355-12×287	393	4	10.62	42.5	打坡口焊
⑧44	Q355-8×200	150	16	1.88	30.1	打坡口焊
⑧45	-10×50	50	8	0.20	1.6	垫板
⑧46	-16×50	50	4	0.31	1.2	垫板
总质量					1835.7kg	

名称	级别	规格	符号	数量	质量（kg）	备注
螺栓	6.8级	M16×40	◕	176	25.4	
		M16×50	◑	65	10.4	
		M20×45	○	64	17.3	
		M20×55	⊘	176	52.0	
		M20×65	⊠	88	28.2	
脚钉	6.8级	M16×180	⊕T	24	9.1	
		M20×200		8	5.4	
垫圈	Q235	-3A（φ17.5）		16	0.2	规格×个数
		-4A（φ17.5）		1	0.1	
总质量					148.1kg	

图 15-213　10D3015-SJ2 转角塔塔腿⑧结构图（2/2）（二）

除图中注明外，必须遵照下列统一要求进行加工和组装：

（1）杆塔的设计执行《输电线路杆塔制图和构造规定》（DL/T 5442—2020）的有关规定。

（2）结构图中图面内的图例、代号等在说明中未提及之处，均按《输电线路杆塔制图和构造规定》（DL/T 5442—2020）中的要求执行。

（3）杆塔加工时应严格执行《输电线路铁塔制造技术条件》（GB/T 2694—2018）。本塔构件的尺寸以放样为准，构件加工后必须试组装，验收合格后方可批量加工。

（4）钢材质量标准应符合《碳素结构钢》（GB/T 700—2006）及《低合金高强度结构钢》（GB/T 1591—2018）的有关要求；螺栓、螺母、扣紧螺母应符合的标准分别为《六角头螺栓 C 级》（GB/T 5780—2016）、《 I 型六角螺母》（GB/T 6170—2015）、《扣紧螺母》（GB/T 805—1988）。所有材料，包括角钢、螺栓、防盗螺栓、扣紧螺母、焊条等均应有出厂合格证书。

（5）杆塔构件所用钢种为 Q235B、Q355B，图中注明 Q355 材料为 Q355B 钢材，未注明均为 Q235B 钢材（角钢用"L"、钢板用"−"表示）。所有构件均须热镀锌。

（6）所有螺栓（包括防盗螺栓）的强度等级为热镀锌后的强度值。

（7）杆塔构件连接主要以螺栓连接为主，少数采用焊接（如塔脚板连接等）。构件焊接应按照焊接规程、规范和有关规定进行，焊缝高度不得小于连接构件的最小厚度，当被焊接构件厚8mm 及以上时，要按规定剖口焊，以便焊透。对 Q355 构件焊接时选用 E50 系列焊条，对 Q235 构件焊接时选用 E43 系列焊条。

（8）加工时如发生材料代用或改变节点形式等情况，须与设计单位联系解决。材料代用时，须注意相关影响，应与图纸对应列表统计，并由加工厂书面通知施工单位，以方便施工安装。

（9）角钢与板的螺栓间距、边距除图中特殊注明外应按表1采用。

（10）角钢准距除图中特殊注明外，一般按表2采用。

（11）螺栓、脚钉、垫圈规格按表3、表4采用。

（12）脚钉一般从离地面 1.5m 处开始向上装设，间距 400mm 左右，加工放样时可适当调整脚钉的位 置，脚钉除运行单位有特殊要求外，一般采用防滑带直钩形式。

（13）其他事项：

1）节点板考虑到刚度要求，形状不宜狭长，节点板边缘与构件轴线夹角α不小于 15°，如右图所示。

2）构件厚度大于 14mm 时须采用钻孔方法加工，构件接头中外包角钢清根，内包角钢铲背。

3）凡图中所要求的火曲、开合角、切肢、压扁、切角等的尺寸均由加工放样决定。

4）两构件连接面间的间隙大于 3mm 时，构件应局部开、合角或制弯。

5）当构件需采用切肢或压扁时，应优先采用切肢（无特殊说明的 10m 以下防盗）。

（14）杆塔加工时应根据实际工程要求的高度设置防盗螺栓（无特殊说明的 10m 高以下防盗）。

α角示意图

表 1 螺栓间距、边距表

螺栓规格	孔径（mm）	螺栓间距（mm）		边距（mm）		
		单排	双排	端距	扎制边距	切角边距
M16	φ17.5	50	80	25	≥21 或 20（L40 角钢时）	≥23
M20	φ21.5	60	100	30	≥26	≥28

注 螺孔顺力线方向重心最大间距为 12d 或 18t（取二者较小者），其中 d 为螺栓直径，t 为较薄板的厚度。

表 2 角钢准距表

肢宽（mm）	准距（mm）	第一排准距（mm）	第二排准距（mm）	最大使用孔径（mm）
L40	20			
L45	23			17.5
L50	25（28）			
L56	28（32）			

续表

肢宽（mm）	准距（mm）	第一排准距（mm）	第二排准距（mm）	最大使用孔径（mm）
L63	30（36）			
L70	35（40）			
L75	38（40）			
L80	40			
L90	45			21.5
L100	50			
L110	55	45	75	
L125	60	50	85	
L140	70	55	90	
L160	80	60	105	

注 括号内数字用于螺栓边距不足时，在搭接位置上的螺栓孔可使用的准距。

表 3 螺栓规格表

级别	单帽螺栓（带一垫、一扣紧螺母）				防盗螺栓	双帽螺栓（带一垫）			
	规格	符号	通过厚度（mm）	无扣长（mm）	质量（kg）	质量（kg）（带一垫）	规格	符号	通过厚度（mm）	无扣长（mm）	质量（kg）
6.8	M16×40	◖	7～12	6	0.1442	0.1997	M16×50	◖	7～12	6	0.1875
	M16×50	◖	13～22	12	0.1602	0.2127	M16×60	◖	13～22	12	0.2039
	M16×60	▨	23～32	22	0.1762	0.2277	M16×70		23～32	22	0.2203
	M16×70	◗	33～42	32	0.1922	0.2477	M16×80		33～42	32	0.2369
6.8	M20×45	○	9～15	8	0.2701	0.3517	M20×60	○	9～15	8	0.3605
	M20×55	∅	16～25	15	0.2953	0.3737	M20×70		16～25	15	0.3864
	M20×65	⊗	26～35	25	0.3205	0.3967	M20×80		26～35	25	0.4123
	M20×75	∅	36～45	35	0.3457	0.4207	M20×90		36～45	35	0.4381
	M20×85	⊗	46～55	45	0.3709	0.4407	M20×100		46～55	45	0.4640
	M20×95	⊗	56～65	55	0.3961	0.4607	M20×110		56～65	55	0.4899
	M20×105	⊗	66～75	65	0.4213	0.4807	M20×120		66～75	65	0.5158

表 4 脚钉、垫圈规格表

脚钉（带两帽）				垫圈				
规格	符号	无扣长（mm）	质量（kg）	规格	符号	质量（kg）	内径（mm）	外径（mm）
M16×180	⊕──	120	0.3799	−2（φ13.5）	规格×个数	0.00186	13.5	24
				−3（φ17.5）		0.01065	17.5	30
M20×200	⊕──	120	0.6749	−3（φ22）	规格×个数	0.01637	22	37
				−4（φ22）		0.02183	22	37
M24×240	⊕──	120	1.1803	−3（φ26）	规格×个数	0.02331	26	44
				−4（φ26）		0.03108	26	44

图 15−214 10D3015−SJ2 转角塔加工说明

15.2.12　10D3015-SJ3 转角塔

10D3015-SJ3 转角塔结构图清单见表 15-17。

表 15-17　　　　**10D3015-SJ3 转角塔结构图清单**

图序	图名	备注
图 15-215	10D3015-SJ3 转角塔总图	
图 15-216	10D3015-SJ3 转角塔材料汇总表	
图 15-217	10D3015-SJ3 转角塔塔头①结构图（1/2）	
图 15-218	10D3015-SJ3 转角塔塔头①结构图（2/2）	
图 15-219	10D3015-SJ3 转角塔塔头②结构图（1/2）	
图 15-220	10D3015-SJ3 转角塔塔头②结构图（2/2）	
图 15-221	10D3015-SJ3 转角塔塔身③结构图（1/2）	
图 15-222	10D3015-SJ3 转角塔塔身③结构图（2/2）	
图 15-223	10D3015-SJ3 转角塔塔身④结构图（1/2）	
图 15-224	10D3015-SJ3 转角塔塔身④结构图（2/2）	
图 15-225	10D3015-SJ3 转角塔塔腿⑤结构图（1/3）	
图 15-226	10D3015-SJ3 转角塔塔腿⑤结构图（2/3）	
图 15-227	10D3015-SJ3 转角塔塔腿⑤结构图（3/3）	
图 15-228	10D3015-SJ3 转角塔塔腿⑥结构图（1/2）	
图 15-229	10D3015-SJ3 转角塔塔腿⑥结构图（2/2）	
图 15-230	10D3015-SJ3 转角塔塔腿⑦结构图（1/2）	
图 15-231	10D3015-SJ3 转角塔塔腿⑦结构图（2/2）	
图 15-232	10D3015-SJ3 转角塔塔腿⑧结构图（1/2）	
图 15-233	10D3015-SJ3 转角塔塔腿⑧结构图（2/2）	
图 15-234	10D3015-SJ3 转角塔加工说明	

杆塔根开、基础根开、地脚螺栓规格及间距表

杆塔名称（型号）	10D3015－SJ3			
呼高（m）	9	12	15	18
接腿	⑥	⑦	⑧	⑤
杆塔根开（mm）	2792	3254	3727	4200
基础根开（mm）	2832	3294	3767	4240
基础地脚螺栓间距（mm）	290	290	290	290
每腿基础地脚螺栓配置（5.6级）	4M48	4M48	4M48	4M48

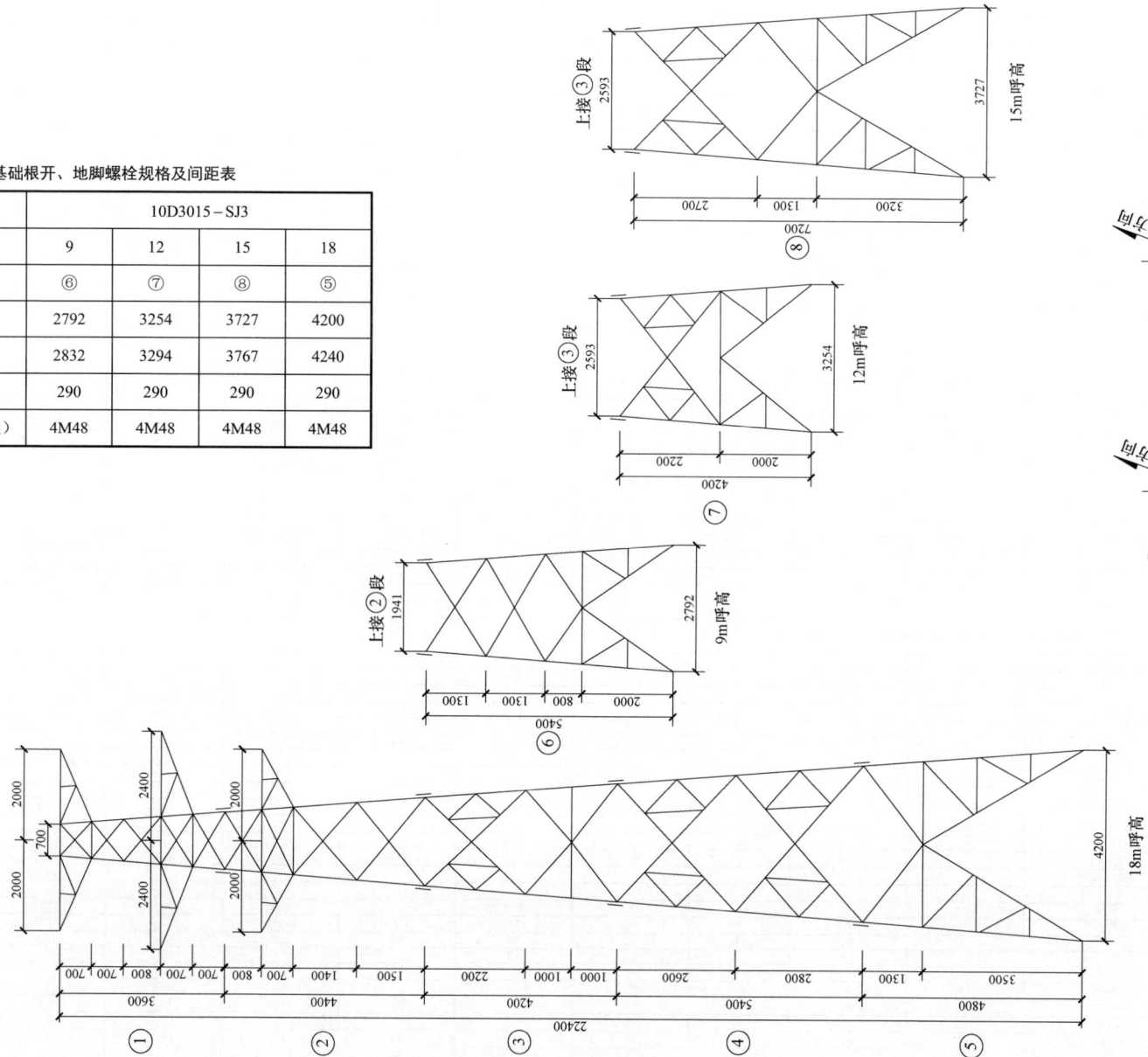

图 15－215 10D3015－SJ3 转角塔总图

材 料 汇 总 表

材料	材质	规格	①	②	③	④	⑤	⑥	⑦	⑧	9.0	12.0	15.0	18.0
			段号								呼高（m）			
角钢	Q355	L160×12				637.6	623.1		552.0	907.1		552.0	907.1	1260.7
		L140×12			430.4			602.7			602.7	430.4	430.4	430.4
		L140×10		366.8		54.2	54.2		54.2	54.2	366.8	421.0	421.0	475.2
		L125×8		28.5	39.1			39.1			67.6	67.6	67.6	67.6
		L90×7	127.2								127.2	127.2	127.2	127.2
		L70×6	27.9	51.6				109.8		171.8	189.3	79.5	251.3	79.5
		L70×5	104.5	90.1	266.6	187.2	307.6		98.4	84.0	194.6	559.6	545.2	956.0
		L63×5	78.7	58.4		149.8	66.1	294.9	183.2	254.0	432.0	320.3	391.1	353.0
		小计	338.3	595.4	736.1	1028.8	1051.0	1046.5	887.8	1471.1	1980.2	2557.6	3140.9	3749.6
	Q235	L70×6		56.0							56.0	56.0	56.0	56.0
		L70×5		84.4							84.4	84.4	84.4	84.4
		L56×5	88.4	51.2							139.6	139.6	139.6	139.6
		L56×4		17.1				28.4			17.1	45.5	17.1	17.1
		L50×5	27.3	8.9	37.6						36.2	73.8	73.8	73.8
		L50×4	41.0	8.7			58.9				49.7	49.7	49.7	108.6
		L45×4	89.5	16.8	18.6	31.4	106.3	19.0	16.6	77.3	125.3	141.5	202.2	262.6
		L40×4	33.7	18.4		49.0	12.7	12.4		83.7	64.5	52.1	135.8	113.8
		L40×3	36.0	32.0	40.9	45.2	31.8	52.9	104.2	67.5	120.9	213.1	176.4	185.9
		小计	315.9	293.5	97.1	125.6	209.7	84.3	149.2	228.5	693.7	855.7	935.0	1041.8
钢板	Q355	−6	104.4	43.6	22.4		51.5	30.1	52.7	27.6	178.1	223.1	198.0	221.9
		−8	29.7	75.6				101.9		29.8	207.2	105.3	135.1	105.3
		−10			45.5	53.4	81.7	73.8	81.7	81.7	73.8	127.2	127.2	180.6
		−12	51.6	27.6							79.2	79.2	79.2	79.2
		−14					184.0	182.3	189.0	183.4	182.3	189.0	183.4	184.0
		−38					286.5	286.5	286.5	286.5	286.5	286.5	286.5	286.5
		小计	185.7	146.8	67.9	53.4	603.7	674.6	609.0	609.0	1007.1	1010.3	1009.4	1057.5
	Q235	−2		1.4	3.7			3.7			5.1	5.1	5.1	5.1
		−6	34.9	13.8			23.4	16.0	16.2	23.2	64.7	64.9	71.9	72.1
		−8		36.6							36.6	36.6	36.6	36.6
		−10	2.4	4.2							6.6	6.6	6.6	6.6
		−12	1.0	0.7	1.4	2.7		6.8		1.4	8.5	3.1	4.5	5.8
		−14	1.1	0.8							1.9	1.9	1.9	1.9
		−16		0.6							0.6	0.6	0.6	0.6
		−20						4.6			4.6			
		小计	39.4	58.1	5.1	2.7	23.4	31.1	16.2	24.6	128.6	118.8	127.2	128.7
螺栓	6.8级	M16×40	30.4	11.5	6.5	5.8	20.2	13.8	17.3	23.8	55.7	65.7	72.2	74.4
		M16×50	20.3	10.6	2.6	3.8	4.0	1.4	2.7	5.1	32.3	36.2	38.6	41.3
		M16×60	1.8	1.1							2.9	2.9	2.9	2.9
		M16×60双帽	3.3	1.6							4.9	4.9	4.9	4.9
		小计	55.8	24.8	9.1	9.6	24.2	15.2	20.0	28.9	95.8	109.7	118.6	123.5
	6.8级	M20×45	36.7	21.6	8.6		19.4	17.3	17.3	15.1	75.6	84.2	82.0	86.3
		M20×55	17.7	28.9	15.4	16.5	40.2	61.4	43.7	53.2	108.0	105.7	115.2	118.7
		M20×65		19.9	30.8	30.8	30.8	41.0	30.8	30.8	60.9	81.5	81.5	112.3
		M20×60双帽	17.3	8.7							26.0	26.0	26.0	26.0
		小计	71.7	79.1	54.8	47.3	90.4	119.7	91.8	99.1	270.5	297.4	304.7	343.3
		螺栓合计	127.5	103.9	63.9	56.9	114.6	134.9	111.8	128.0	366.3	407.1	423.3	466.8
脚钉	6.8级	M16×180	3.8	5.3	3.0	4.2	3.0	3.8	2.7	4.9	12.9	14.8	17.0	19.3
		M20×200	4.0	5.4	1.3	1.3	1.3	0.7	1.3	1.3	10.1	12.0	12.0	13.3
		小计	7.8	10.7	4.3	5.5	4.3	4.5	4.0	6.2	23.0	26.8	29.0	32.6
垫圈	Q235	−3A（φ17.5）	0.7	0.1			0.2	0.1	0.1	0.2	0.9	0.9	1.0	1.0
		−3B（φ22）	0.1								0.1	0.1	0.1	0.1
		−4A（φ17.5）	0.3	0.2			0.1	0.1	0.1	0.1	0.6	0.6	0.6	0.6
		小计	1.1	0.3			0.3	0.2	0.2	0.3	1.6	1.6	1.7	1.7
		不含防盗螺栓总质量（kg）	1015.7	1208.7	974.4	1272.9	2007.0	1976.1	1779.1	2467.7	4200.5	4977.9	5666.5	6478.7
		各呼高含防盗螺栓总质量（kg）									4242.2	5027.4	5722.9	6543.2

图 15-216　10D3015-SJ3 转角塔材料汇总表

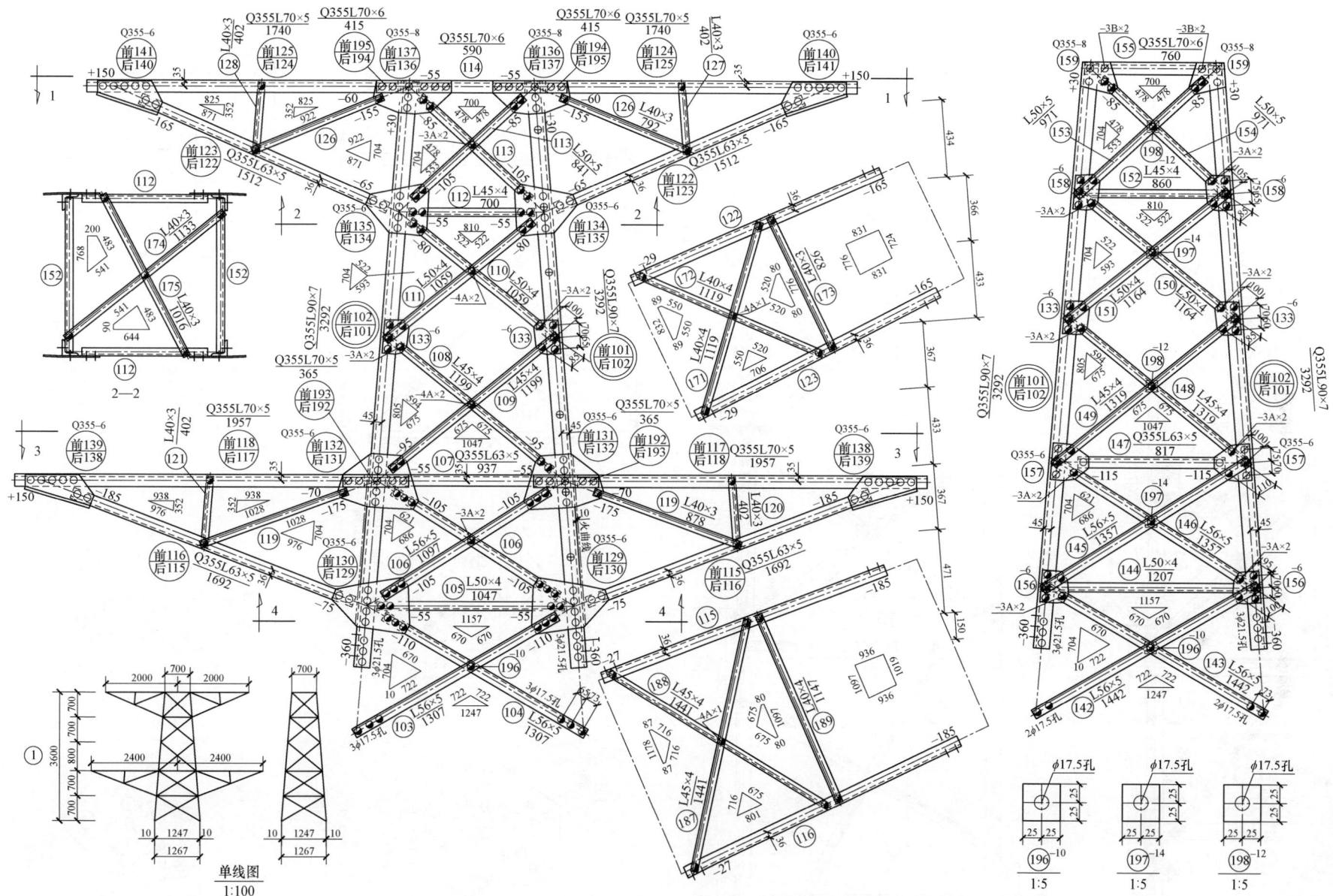

图 15-217　10D3015-SJ3 转角塔塔头①结构图（1/2）

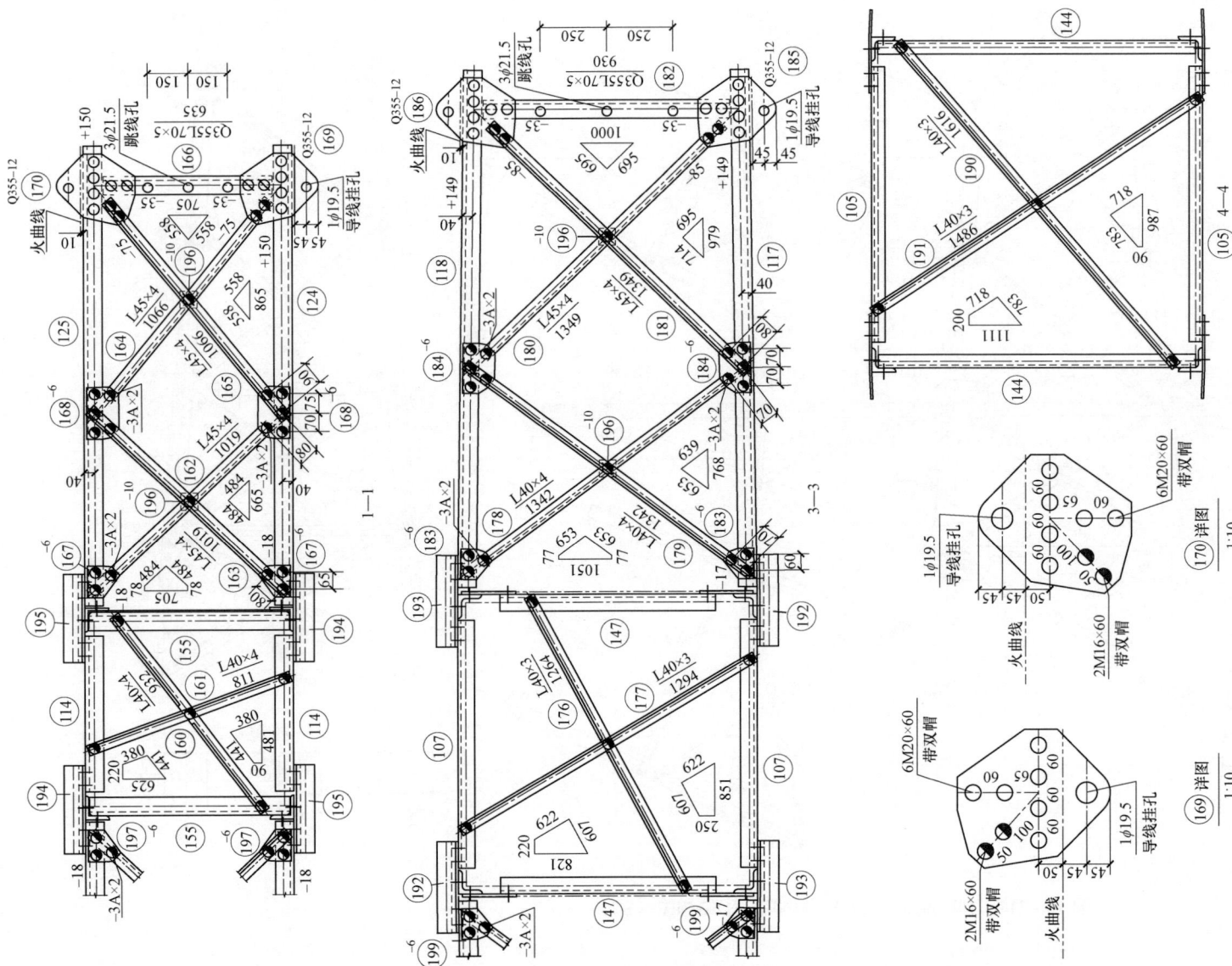

螺栓、脚钉、垫圈明细表

名称	级别	规格	符号	数量	质量(kg)	备注
螺栓	6.8级	M16×40	◖	211	30.4	
		M16×50	◗	127	20.3	
		M16×60	▨	10	1.8	
		M20×45	○	136	36.7	
		M20×55	⊘	60	17.7	
		M16×60	◑	16	3.3	带双帽
		M20×60	○	48	17.3	带双帽
脚钉	6.8级	M16×180	⊕	10	3.8	
		M20×200	⊕	6	4.0	
垫圈	Q235	−3A(φ17.5)		70	0.7	规格×个数
		−4A(φ17.5)		12	0.3	
		−3B(φ22)		8	0.1	
总质量					136.4kg	

图 15−218　10D3015−SJ3 转角塔塔头①结构图（2/2）（一）

构 件 明 细 表

编号	规格	长度（mm）	数量	一件 质量（kg）	小计	备注
101	Q355L90×7	3292	2	31.79	63.6	带脚钉
102	Q355L90×7	3292	2	31.79	63.6	
103	L56×5	1307	2	5.56	11.1	
104	L56×5	1307	2	5.56	11.1	切角
105	L50×4	1047	2	3.20	6.4	两端切肢
106	L56×5	1097	4	4.66	18.6	
107	Q355L63×5	937	2	4.52	9.0	
108	L45×4	1199	2	3.28	6.6	切角
109	L45×4	1199	2	3.28	6.6	
110	L50×4	1059	2	3.24	6.5	切角
111	L50×4	1059	2	3.24	6.5	
112	L45×4	700	2	1.92	3.8	
113	L50×5	841	4	3.17	12.7	
114	Q355L70×6	590	2	3.78	7.6	
115	Q355L63×5	1692	2	8.16	16.3	
116	Q355L63×5	1692	2	8.16	16.3	
117	Q355L70×5	1957	2	10.56	21.1	
118	Q355L70×5	1957	2	10.56	21.1	
119	L40×3	878	4	1.63	6.5	
120	L40×3	402	2	0.74	1.5	切角
121	L40×3	402	2	0.74	1.5	切角
122	Q355L63×5	1512	2	7.29	14.6	
123	Q355L63×5	1512	2	7.29	14.6	
124	Q355L70×5	1740	2	9.39	18.8	
125	Q355L70×5	1740	2	9.39	18.8	
126	L40×3	792	4	1.47	5.9	
127	L40×3	402	2	0.74	1.5	切角
128	L40×3	402	2	0.74	1.5	切角
129	Q355-6×316	434	2	6.46	12.9	火曲
130	Q355-6×316	434	2	6.46	12.9	火曲
131	Q355-6×314	449	2	6.64	13.3	火曲
132	Q355-6×314	449	2	6.64	13.3	火曲
133	-6×138	195	8	1.27	10.2	
134	Q355-6×291	351	2	4.81	9.6	
135	Q355-6×291	351	2	4.81	9.6	
136	Q355-8×188	433	2	5.11	10.2	
137	Q355-8×188	433	2	5.11	10.2	
138	Q355-6×174	385	2	3.16	6.3	卷边50mm
139	Q355-6×174	385	2	3.16	6.3	卷边50mm
140	Q355-6×178	362	2	3.03	6.1	卷边50mm
141	Q355-6×178	362	2	3.03	6.1	卷边50mm
142	L56×5	1442	2	6.13	12.3	
143	L56×5	1442	2	6.13	12.3	切角
144	L50×4	1207	2	3.69	7.4	两端切肢
145	L56×5	1357	2	5.77	11.5	
146	L56×5	1357	2	5.77	11.5	切角
147	Q355L63×5	817	2	3.94	7.9	两端切肢
148	L45×4	1319	2	3.61	7.2	
149	L45×4	1319	2	3.61	7.2	
150	L50×4	1164	2	3.56	7.1	切角

编号	规格	长度（mm）	数量	一件 质量（kg）	小计	备注
151	L50×4	1164	2	3.56	7.1	
152	L45×4	860	2	2.35	4.7	两端切肢
153	L50×5	971	2	3.66	7.3	
154	L50×5	971	2	3.66	7.3	切角
155	Q355L70×6	760	2	4.87	9.7	
156	-6×155	180	4	1.31	5.2	
157	Q355-6×205	207	4	2.00	8.0	
158	-6×137	203	4	1.31	5.2	
159	Q355-8×180	206	4	2.33	9.3	
160	L40×4	932	1	2.26	2.3	中间切肢
161	L40×4	811	1	1.96	2.0	
162	L45×4	1019	2	2.79	5.6	切角
163	L45×4	1019	2	2.79	5.6	
164	L45×4	1066	2	2.92	5.8	切角
165	L45×4	1066	2	2.92	5.8	
166	Q355L70×5	635	2	3.43	6.9	
167	-6×120	123	4	0.70	2.8	
168	-6×122	198	4	1.14	4.6	
169	Q355-12×255	271	2	6.51	13.0	火曲
170	Q355-12×255	271	2	6.51	13.0	火曲
171	L40×4	1119	2	2.71	5.4	中间切肢
172	L40×4	1119	2	2.71	5.4	切角
173	L40×3	826	2	1.53	3.1	
174	L40×3	1133	1	2.10	2.1	中间切肢
175	L40×3	1016	1	1.88	1.9	
176	L40×3	1264	1	2.34	2.3	中间切肢
177	L40×3	1294	1	2.40	2.4	
178	L40×4	1342	2	3.25	6.5	切角
179	L40×4	1342	2	3.25	6.5	
180	L45×4	1349	2	3.69	7.4	切角
181	L45×4	1349	2	3.69	7.4	
182	Q355L70×5	930	2	5.02	10.0	
183	-6×115	118	4	0.64	2.6	
184	-6×121	190	4	1.08	4.3	
185	Q355-12×255	266	2	6.39	12.8	火曲
186	Q355-12×255	266	2	6.39	12.8	火曲
187	L45×4	1441	2	3.94	7.9	
188	L45×4	1441	2	3.94	7.9	切角
189	L40×4	1147	2	2.78	5.6	
190	L40×3	1616	1	2.99	3.0	中间切肢
191	L40×3	1486	1	2.75	2.8	
192	Q355L70×5	365	2	1.97	3.9	火曲
193	Q355L70×5	365	2	1.97	3.9	火曲
194	Q355L70×6	415	2	2.66	5.3	
195	Q355L70×6	415	2	2.66	5.3	
196	-10×50	50	12	0.20	2.4	垫板
197	-14×50	50	4	0.27	1.1	垫板
198	-12×50	50	4	0.24	1.0	垫板
	总质量				879.3kg	

图 15-218 10D3015-SJ3 转角塔塔头①结构图（2/2）（二）

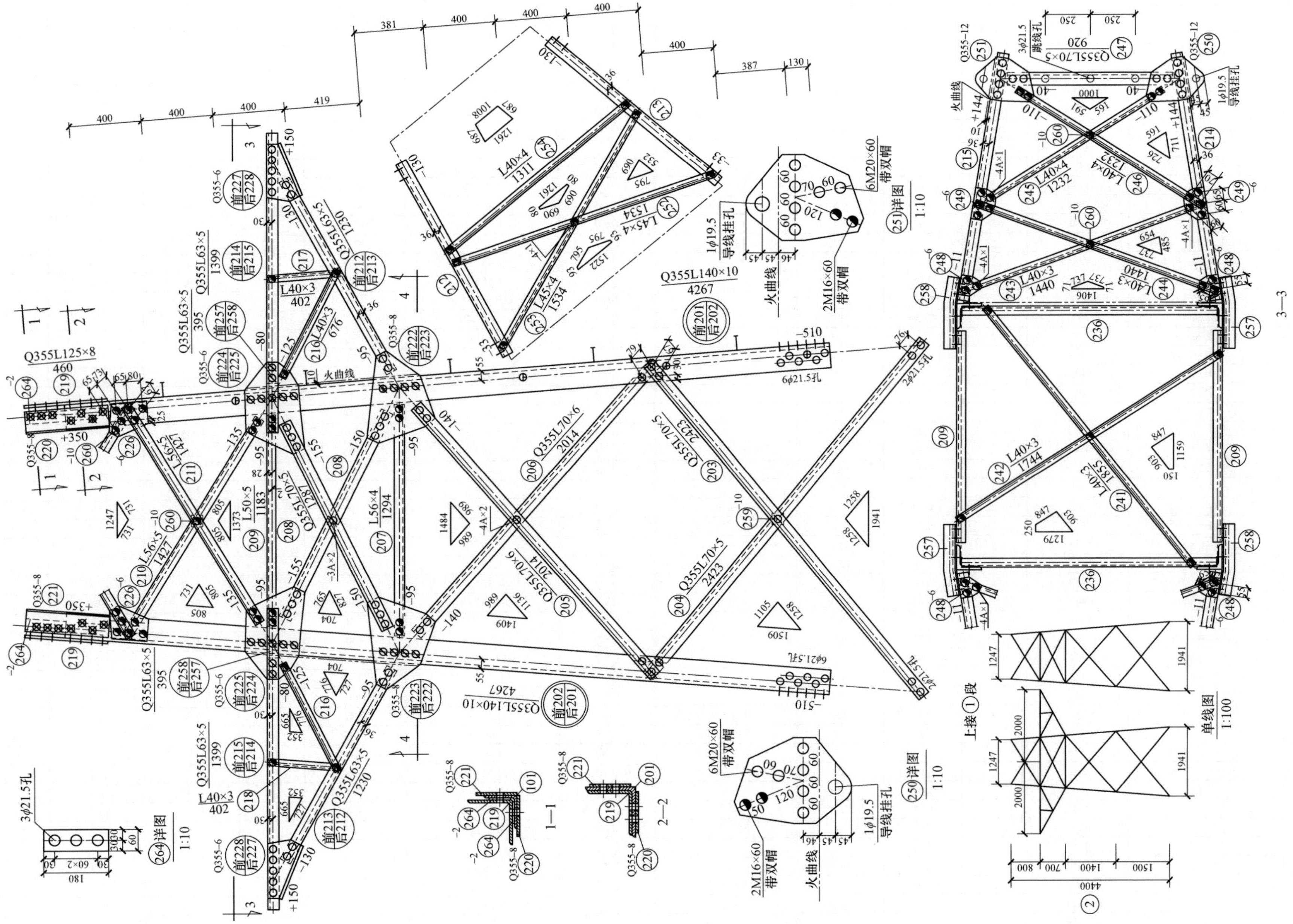

图 15-219　10D3015-SJ3 转角塔塔头②结构图（1/2）

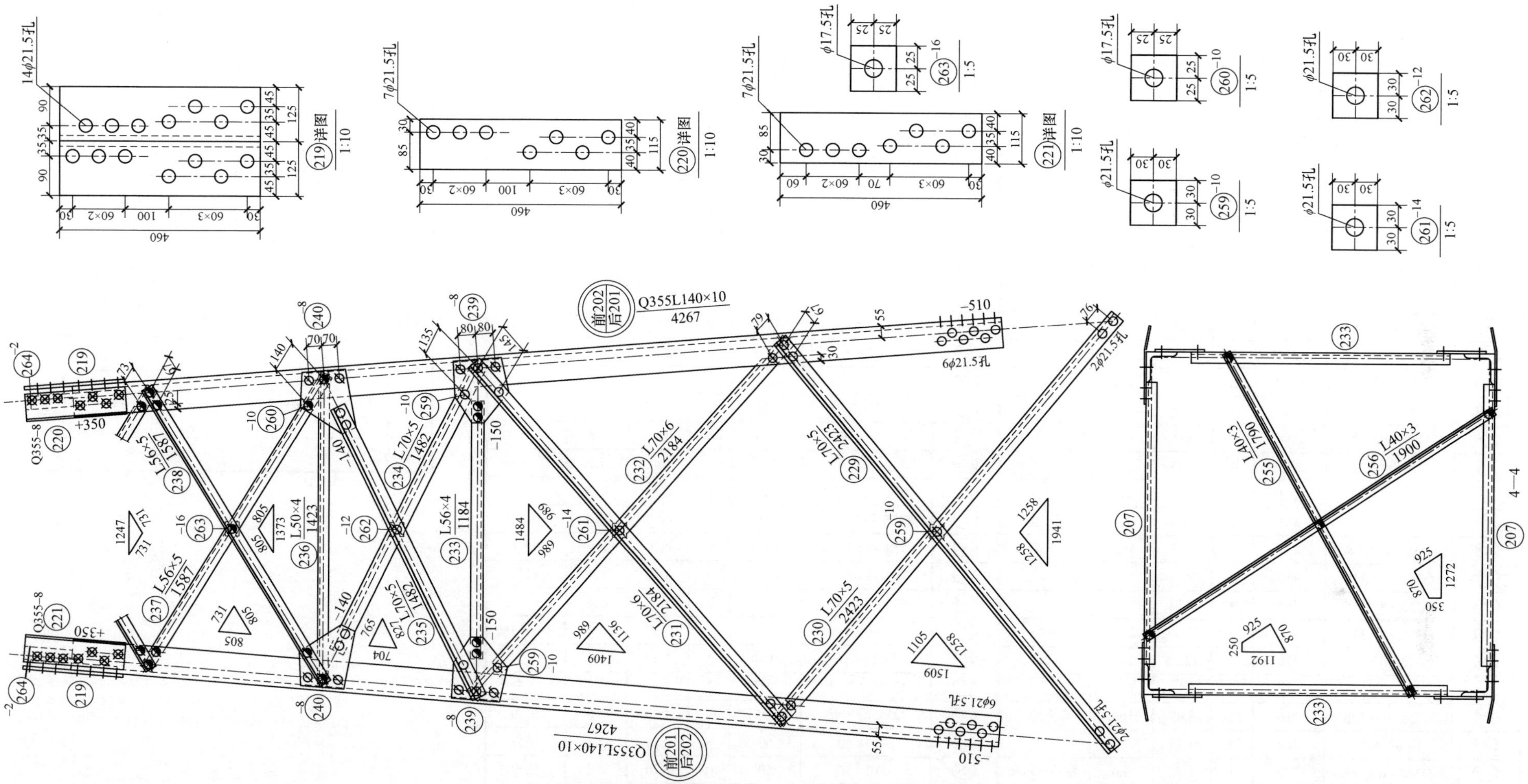

图 15-220　10D3015-SJ3 转角塔塔头②结构图（2/2）（一）

构 件 明 细 表

编号	规格	长度（mm）	数量	质量（kg）一件	质量（kg）小计	备注	编号	规格	长度（mm）	数量	质量（kg）一件	质量（kg）小计	备注
⑳⁰¹ 201	Q355L140×10	4267	2	91.69	183.4	带脚钉	234	L70×5	1482	2	8.00	16.0	
202	Q355L140×10	4267	2	91.69	183.4		235	L70×5	1482	2	8.00	16.0	
203	Q355L70×5	2423	2	13.08	26.2	切角	236	L50×4	1423	2	4.35	8.7	两端切肢
204	Q355L70×5	2423	2	13.08	26.2	切角	237	L56×5	1587	2	6.75	13.5	
205	Q355L70×6	2014	2	12.90	25.8		238	L56×5	1587	2	6.75	13.5	
206	Q355L70×6	2014	2	12.90	25.8	切角	239	−8×248	292	4	4.55	18.2	
207	L56×4	1294	2	4.46	8.9		240	−8×249	295	4	4.61	18.4	
208	Q355L70×5	1287	4	6.95	27.8	中间切肢	241	L40×3	1855	1	3.44	3.4	
209	L50×5	1183	2	4.46	8.9		242	L40×3	1744	1	3.23	3.2	
210	L56×5	1427	2	6.07	12.1	切角	243	L40×3	1440	2	2.67	5.3	
211	L56×5	1427	2	6.07	12.1		244	L40×3	1440	2	2.67	5.3	切角
212	Q355L63×5	1230	2	5.93	11.9		245	L40×4	1232	2	2.98	6.0	
213	Q355L63×5	1230	2	5.93	11.9	切角	246	L40×4	1232	2	2.98	6.0	
214	Q355L63×5	1399	2	6.75	13.5		247	Q355L70×5	920	2	4.97	9.9	
215	Q355L63×5	1399	2	6.75	13.5		248	−6×110	125	4	0.65	2.6	
216	L40×3	676	4	1.25	5.0		249	−6×124	175	4	1.02	4.1	
217	L40×3	402	2	0.74	1.5	切角	250	Q355−12×253	289	2	6.89	13.8	火曲
218	L40×3	402	2	0.74	1.5	切角	251	Q355−12×253	289	2	6.89	13.8	火曲
219	Q355L125×8	460	4	7.13	28.5	铲背	252	L45×4	1534	2	4.20	8.4	
220	Q355−8×115	460	4	3.32	13.3		253	L45×4	1534	2	4.20	8.4	切角
221	Q355−8×115	460	4	3.32	13.3		254	L40×4	1311	2	3.18	6.4	
222	Q355−8×376	518	2	12.23	24.5	火曲	255	L40×3	1790	1	3.32	3.3	中间切肢
223	Q355−8×376	518	2	12.23	24.5	火曲	256	L40×3	1900	1	3.52	3.5	
224	Q355−6×333	516	2	8.09	16.2	火曲	257	Q355L63×5	395	2	1.90	3.8	火曲
225	Q355−6×333	516	2	8.09	16.2	火曲	258	Q355L63×5	395	2	1.90	3.8	火曲
226	−6×188	200	4	1.77	7.1		259	−10×60	60	8	0.28	2.2	垫板
227	Q355−6×183	322	2	2.78	5.6	卷边 50mm	260	−10×50	50	10	0.20	2.0	垫板
228	Q355−6×183	322	2	2.78	5.6	卷边 50mm	261	−14×60	60	2	0.40	0.8	垫板
229	L70×5	2423	2	13.08	26.2		262	−12×60	60	2	0.34	0.7	垫板
230	L70×5	2423	2	13.08	26.2	切角	263	−16×50	50	2	0.31	0.6	垫板
231	L70×6	2184	2	13.99	28.0		264	−2×60	180	8	0.17	1.4	垫板
232	L70×6	2184	2	13.99	28.0	切角	总质量				1093.8kg		
233	L56×4	1184	2	4.08	8.2	两端切肢							

螺栓、脚钉、垫圈明细表

名称	级别	规格	符号	数量	质量（kg）	备注
螺栓	6.8 级	M16×40	◓	80	11.5	
		M16×50	◑	66	10.6	
		M16×60	▩	6	1.1	
		M20×45	○	80	21.6	
		M20×55	◎	98	28.9	
		M20×65	⊠	62	19.9	
		M16×60	◉	8	1.6	带双帽
		M20×60	○	24	8.7	带双帽
脚钉	6.8 级	M16×180	⊕	14	5.3	
		M20×200	⊤	8	5.4	
垫圈	Q235	−3A（φ17.5）		4	0.1	规格×个数
		−4A（φ17.5）		9	0.2	
总质量					114.9kg	

图 15−220　10D3015−SJ3 转角塔塔头②结构图（2/2）（二）

构 件 明 细 表

编号	规格	长度（mm）	数量	一件	小计	备注	编号	规格	长度（mm）	数量	一件	小计	备注
③①	Q355L140×12	4216	1	107.60	107.6	带脚钉	③⑬	L40×3	877	4	1.62	6.5	
③②	Q355L140×12	4216	2	107.60	215.2		③⑭	L40×3	877	4	1.62	6.5	切角
③③	Q355L140×12	4216	1	107.60	107.6	带脚钉	③⑮	L40×3	1130	8	2.09	16.7	切角
③④	Q355L70×5	1574	4	8.49	34.0	铲背	③⑯	Q355L125×8	630	4	9.77	39.1	
③⑤	Q355L70×5	1574	4	8.49	34.0		③⑰	Q355-10×115	630	8	5.69	45.5	
③⑥	L50×5	2495	4	9.41	37.6		③⑱	Q355-6×311	383	4	5.61	22.4	
③⑦	Q355L70×5	1481	4	7.99	32.0	切角	③⑲	L45×4	3393	1	9.28	9.3	
③⑧	Q355L70×5	1481	4	7.99	32.0	中间切肢	③⑳	L45×4	3393	1	9.28	9.3	
③⑨	Q355L70×5	3116	4	16.82	67.3	切角	③㉑	-12×60	60	4	0.34	1.4	
③⑩	Q355L70×5	3116	4	16.82	67.3	切角	③㉒	-2×95	310	8	0.46	3.7	
③⑪	L40×3	754	4	1.40	5.6	切角	总质量					906.2kg	
③⑫	L40×3	754	4	1.40	5.6								

螺栓、脚钉、垫圈明细表

名称	级别	规格	符号	数量	质量（kg）	备注
螺栓	6.8级	M16×40	◐	45	6.5	
		M16×50	◑	16	2.6	
		M20×45	○	32	8.6	
		M20×55	⊘	52	15.4	
		M20×65	⊠	96	30.8	
脚钉	6.8级	M16×180	⊕T	8	3.0	
		M20×200		2	1.3	
垫圈	Q235					规格×个数
总质量					68.2kg	

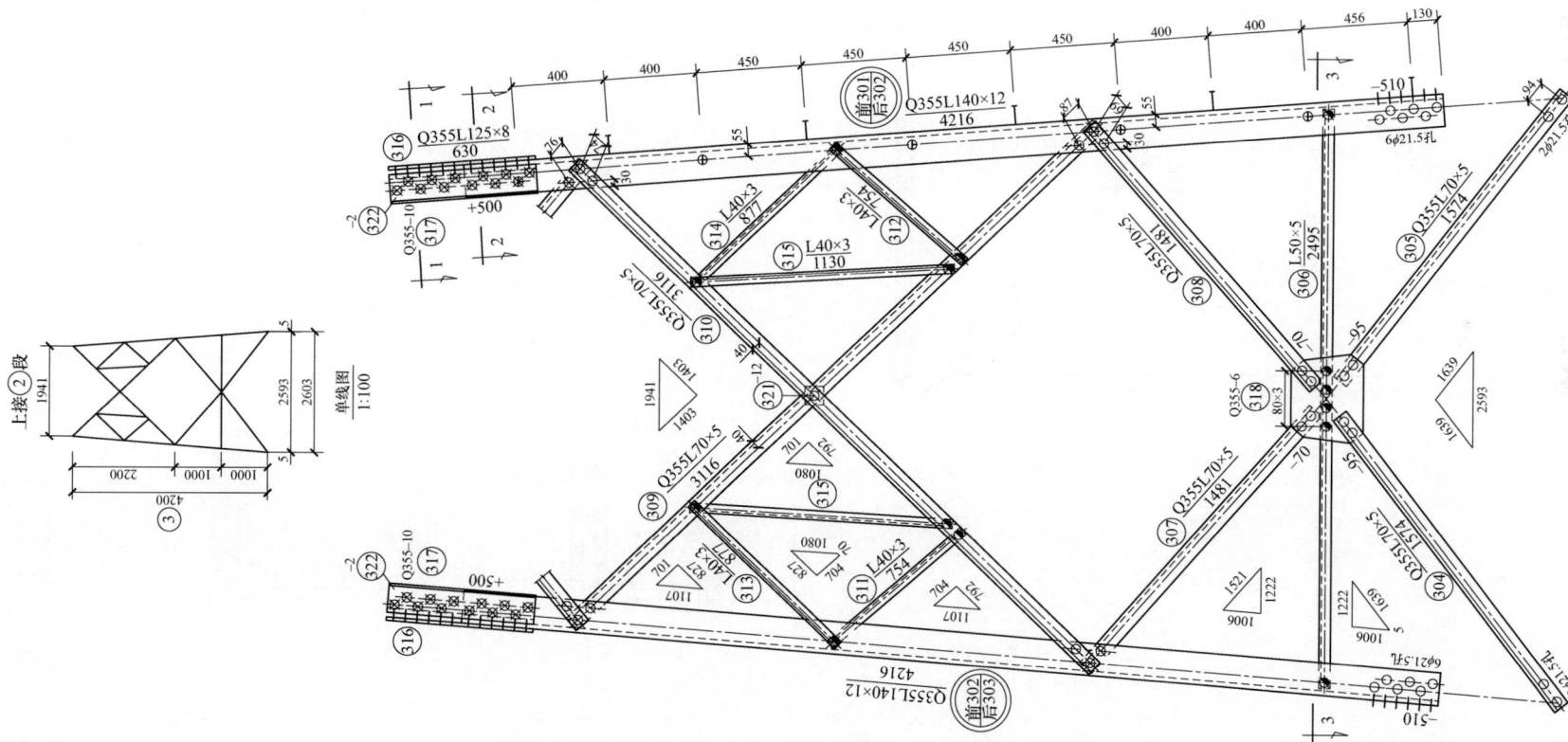

图 15－221　10D3015－SJ3 转角塔塔身③结构图（1/2）

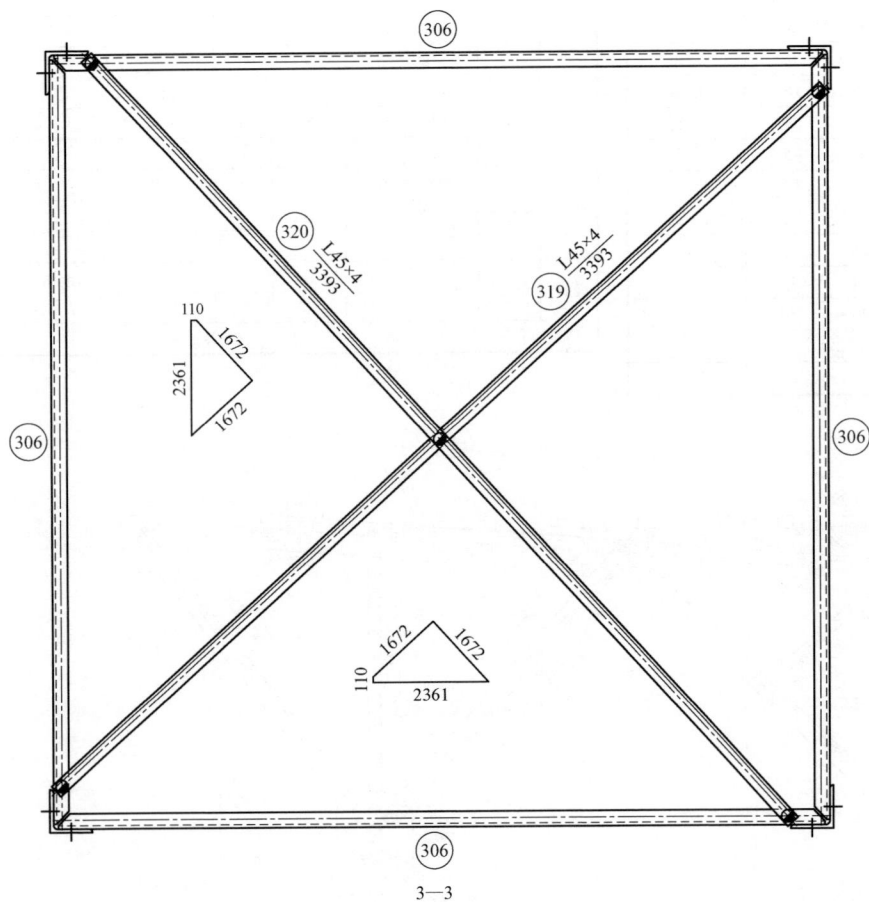

3—3

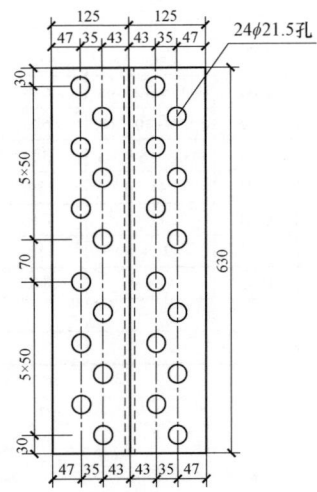

316详图
1:10

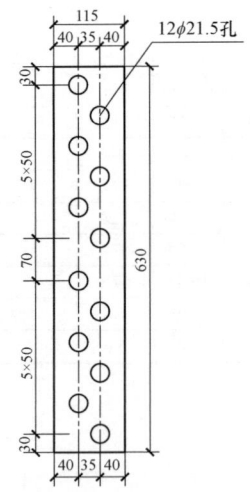

317详图
1:10

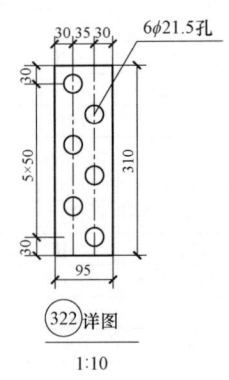

322详图
1:10

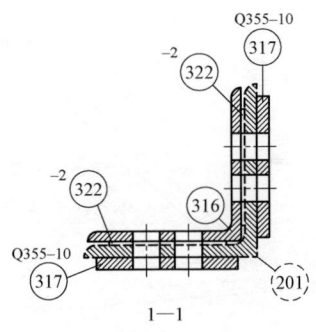

1—1

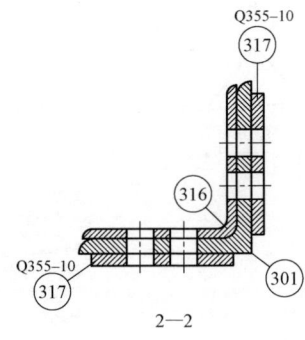

2—2

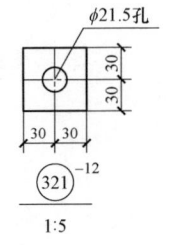

321
1:5

图 15－222　10D3015－SJ3 转角塔塔身③结构图（2/2）

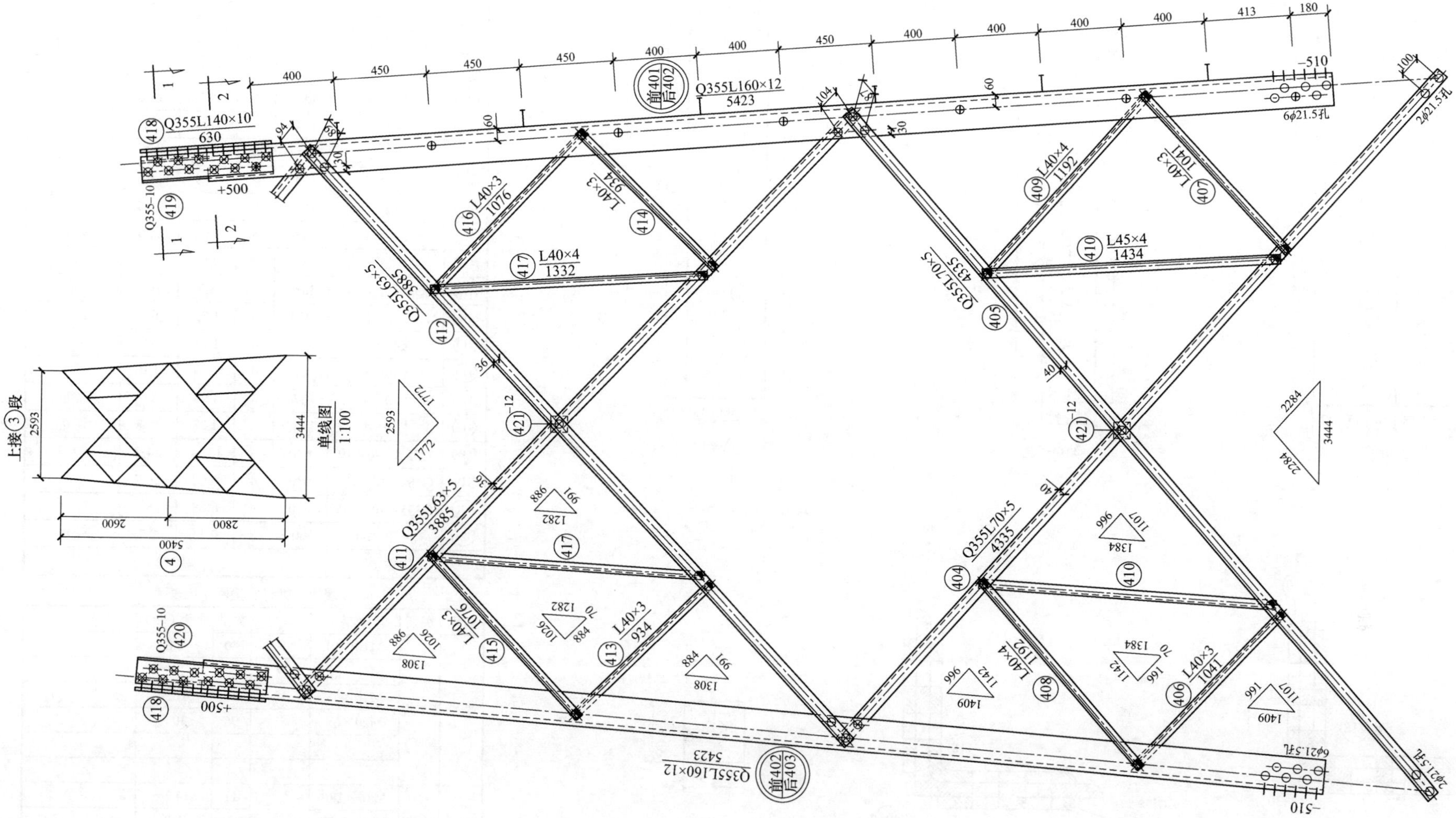

图 15-223　10D3015-SJ3 转角塔塔身④结构图（1/2）

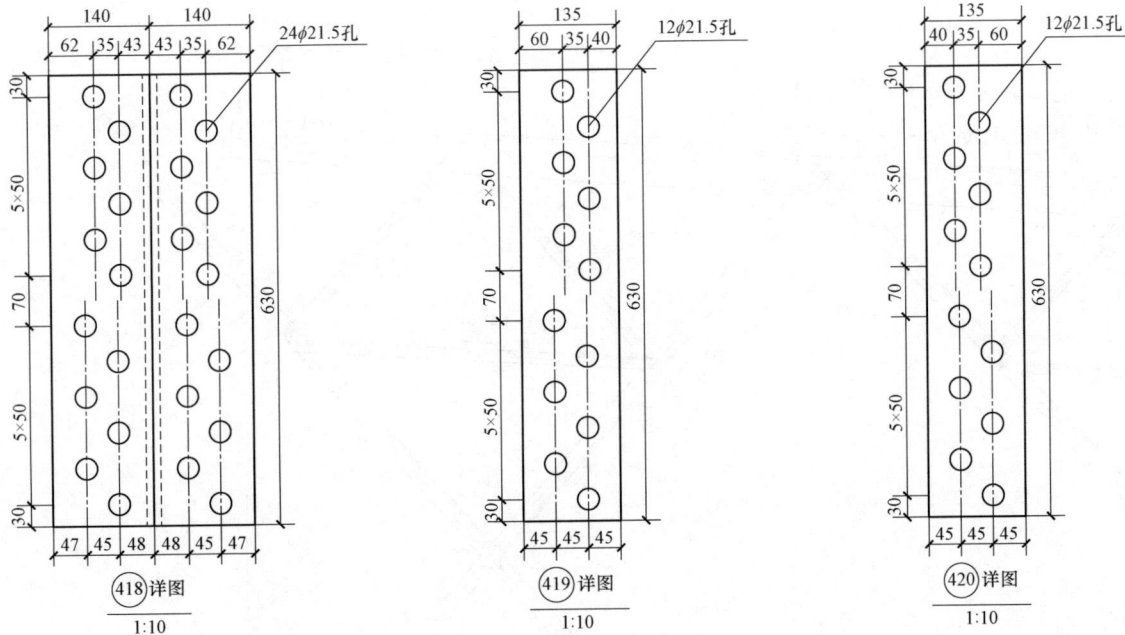

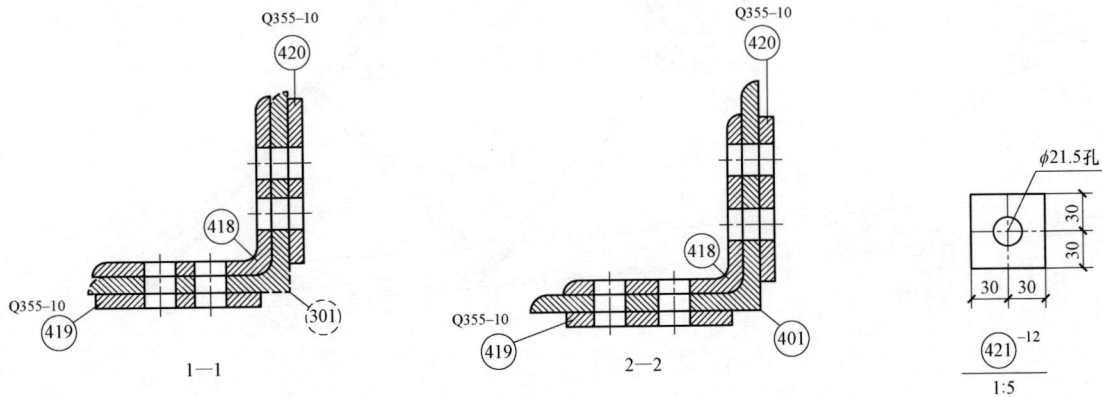

构件明细表

编号	规格	长度(mm)	数量	质量（kg）一件	质量（kg）小计	备注
401	Q355L160×12	5423	1	159.39	159.4	带脚钉
402	Q355L160×12	5423	2	159.39	318.8	
403	Q355L160×12	5423	1	159.39	159.4	带脚钉
404	Q355L70×5	4335	4	23.40	93.6	切角
405	Q355L70×5	4335	4	23.40	93.6	
406	L40×3	1041	4	1.93	7.7	切角
407	L40×3	1041	4	1.93	7.7	
408	L40×4	1192	4	2.89	11.6	
409	L40×4	1192	4	2.89	11.6	切角
410	L45×4	1434	8	3.92	31.4	切角
411	Q355L63×5	3885	4	18.73	74.9	切角
412	Q355L63×5	3885	4	18.73	74.9	
413	L40×3	934	4	1.73	6.9	切角
414	L40×3	934	4	1.73	6.9	
415	L40×3	1076	4	1.99	8.0	
416	L40×3	1076	4	1.99	8.0	切角
417	L40×4	1332	8	3.23	25.8	切角
418	Q355L140×10	630	4	13.54	54.2	铲背
419	Q355−10×135	630	4	6.68	26.7	
420	Q355−10×135	630	4	6.68	26.7	
421	−12×60	60	8	0.34	2.7	垫板
总质量					1210.5kg	

螺栓、脚钉、垫圈明细表

名称	级别	规格	符号	数量	质量（kg）	备注
螺栓	6.8级	M16×40	●	40	5.8	
		M16×50	◖	24	3.8	
		M20×55	⊘	56	16.5	
		M20×65	⊠	96	30.8	
脚钉	6.8级	M16×180	⊕T	11	4.2	
		M20×200		2	1.3	
垫圈	Q235					规格×个数
总质量					62.4kg	

418详图 1:10

419详图 1:10

420详图 1:10

1—1

2—2

421⁻¹² 1:5

图 15-224 10D3015-SJ3 转角塔塔身④结构图（2/2）

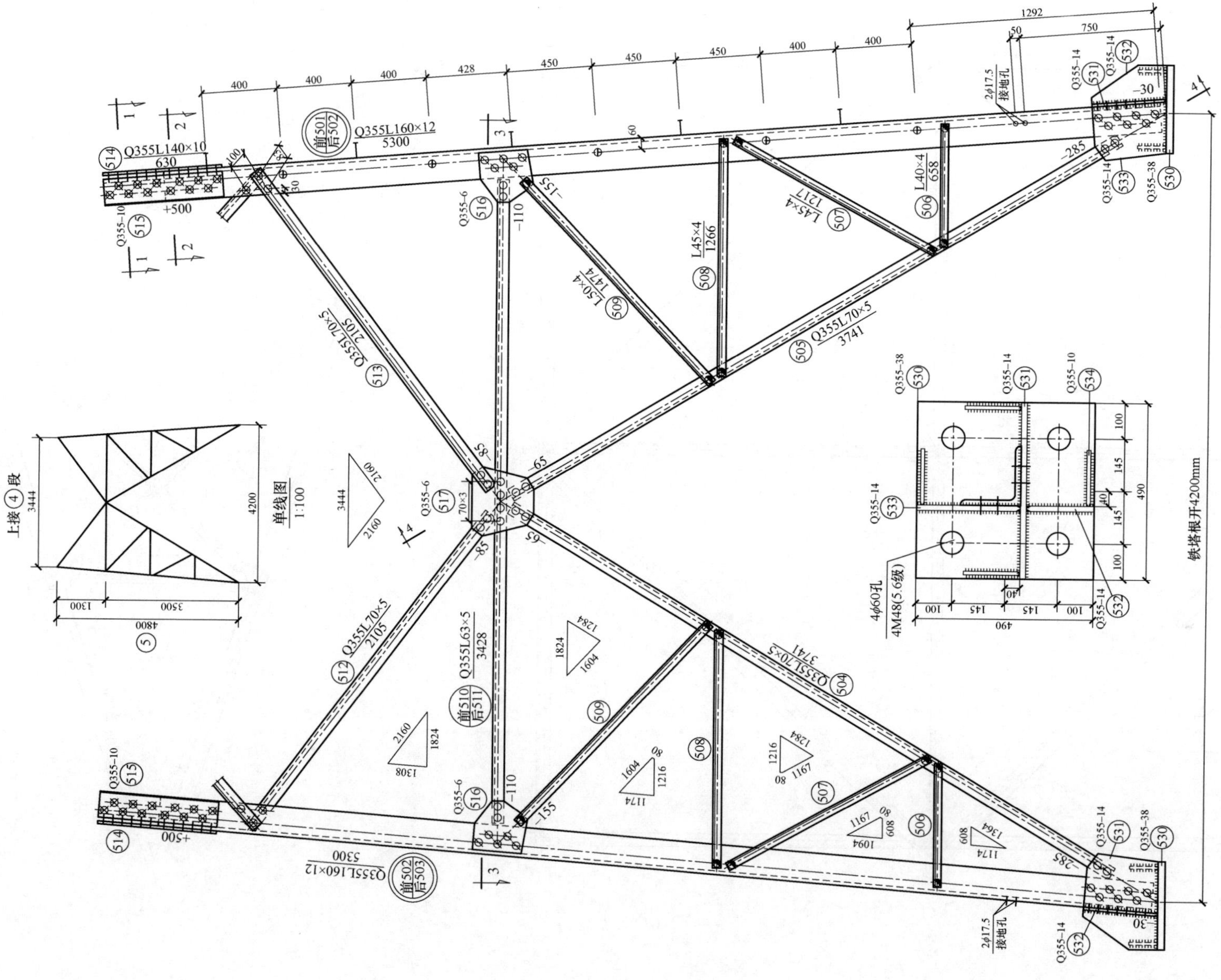

图 15-225　10D3015-SJ3　转角塔塔腿⑤结构图（1/3）

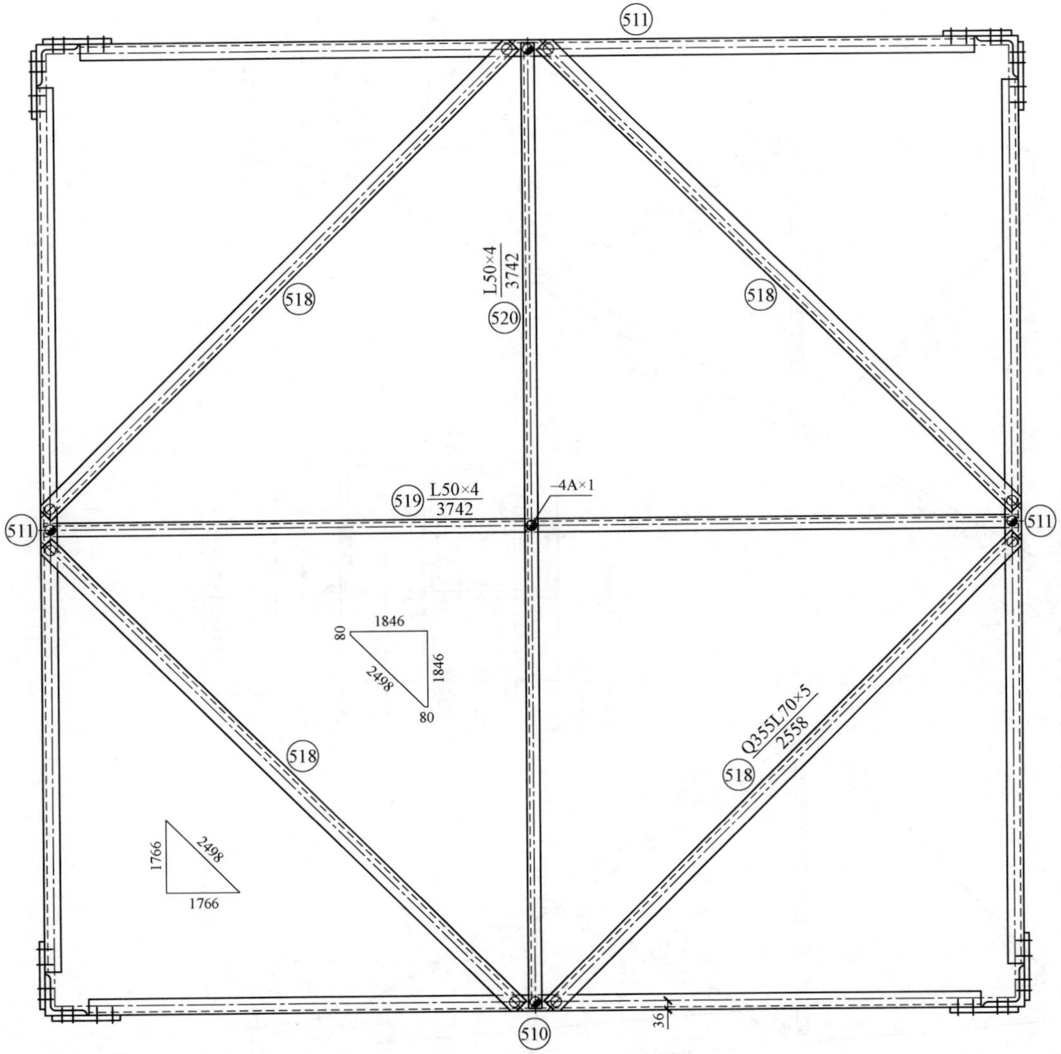

3—3

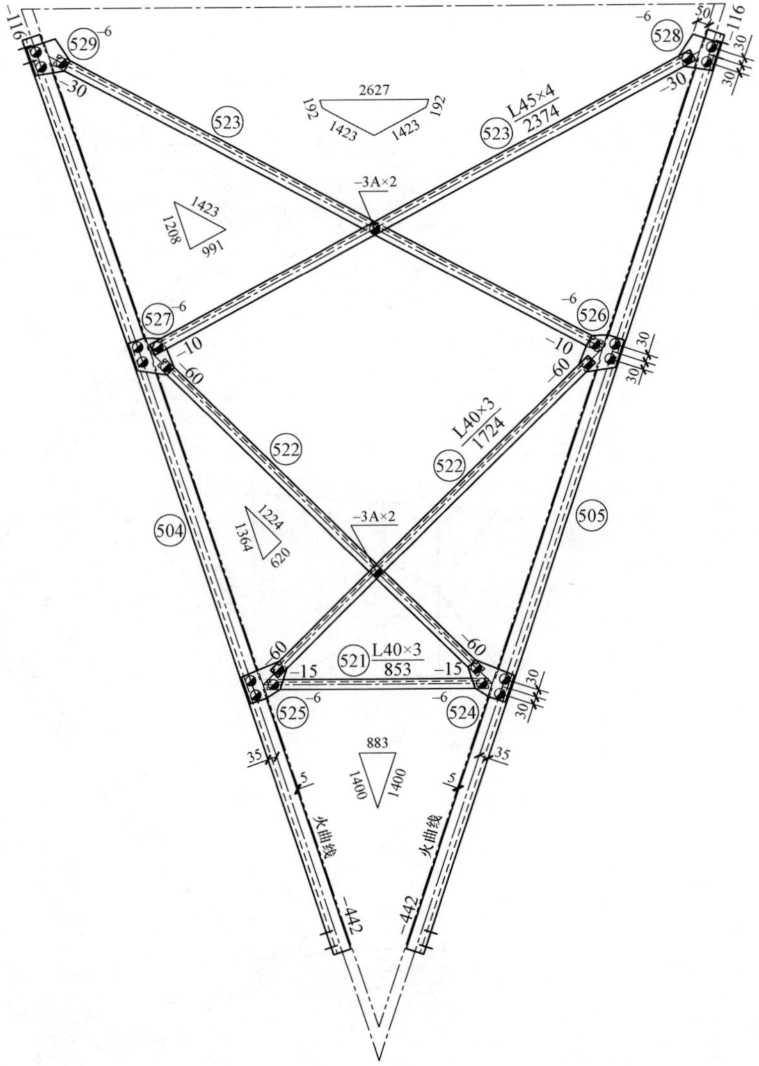

4—4

图 15－226　10D3015－SJ3 转角塔塔腿⑤结构图（2/3）

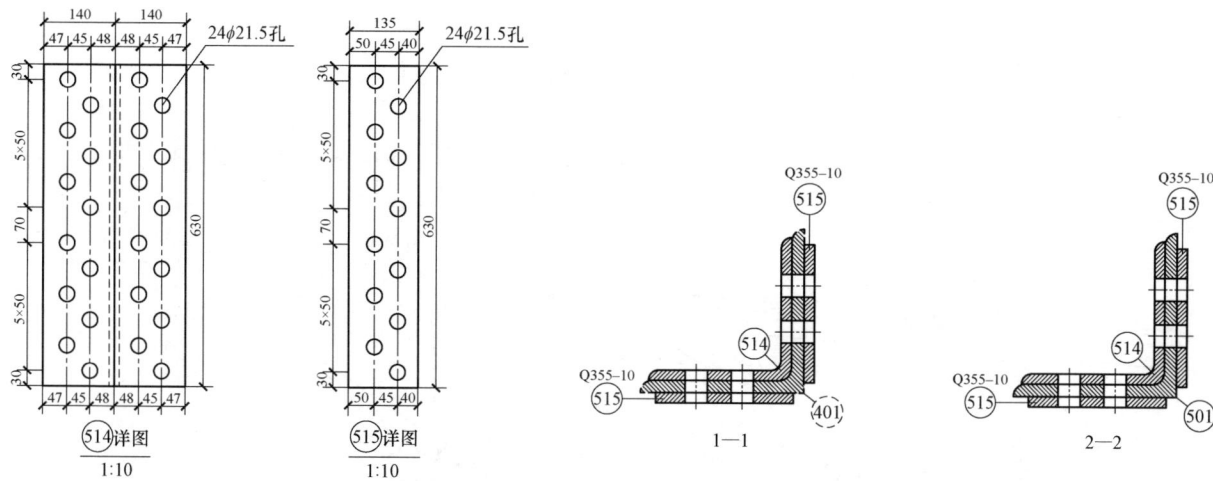

514详图
1:10

515详图
1:10

1—1

2—2

螺栓、脚钉、垫圈明细表

名称	级别	规格	符号	数量	质量（kg）	备注
螺栓	6.8 级	M16×40	◕	140	20.2	
		M16×50	◓	25	4.0	
		M20×45	○	72	19.4	
		M20×55	⦸	136	40.2	
		M20×65	⊗	96	30.8	
脚钉	6.8 级	M16×180	⊕T	8	3.0	
		M20×200		2	1.3	
垫圈	Q235	−3A（φ17.5）		16	0.2	规格×个数
		−4A（φ17.5）		1	0.1	
总质量					119.2kg	

构 件 明 细 表

编号	规格	长度（mm）	数量	质量（kg） 一件	质量（kg） 小计	备注
501	Q355L160×12	5300	1	155.77	155.8	带脚钉
502	Q355L160×12	5300	2	155.77	311.5	
503	Q355L160×12	5300	1	155.77	155.8	带脚钉
504	Q355L70×5	3741	4	20.19	80.8	
505	Q355L70×5	3741	4	20.19	80.8	
506	L40×4	658	8	1.59	12.7	
507	L45×4	1217	8	3.33	26.6	
508	L45×4	1266	8	3.46	27.7	
509	L50×4	1474	8	4.51	36.1	
510	Q355L63×5	3428	1	16.53	16.5	
511	Q355L63×5	3428	3	16.53	49.6	
512	Q355L70×5	2105	4	11.36	45.4	切角
513	Q355L70×5	2105	4	11.36	45.4	
514	Q355L140×10	630	4	13.54	54.2	铲背
515	Q355−10×135	630	8	6.68	53.4	
516	Q355−6×272	279	8	3.57	28.6	
517	Q355−6×329	370	8	5.73	22.9	
518	Q355L70×5	2558	4	13.81	55.2	切角
519	L50×4	3742	1	11.45	11.4	
520	L50×4	3742	1	11.45	11.4	
521	L40×3	853	4	1.58	6.3	
522	L40×3	1724	8	3.19	25.5	
523	L45×4	2374	8	6.50	52.0	
524	−6×122	178	4	1.02	4.1	火曲
525	−6×122	178	4	1.02	4.1	火曲
526	−6×138	162	4	1.05	4.2	火曲
527	−6×138	162	4	1.05	4.2	火曲
528	−6×129	142	4	0.86	3.4	火曲
529	−6×129	142	4	0.86	3.4	火曲
530	Q355−38×490	490	4	71.62	286.5	电焊
531	Q355−14×520	397	4	22.69	90.8	打坡口焊
532	Q355−14×221	397	4	9.64	38.6	打坡口焊
533	Q355−14×315	394	4	13.64	54.6	打坡口焊
534	Q355−10×150	150	16	1.77	28.3	打坡口焊
总质量					1887.8kg	

图 15－227 10D3015－SJ3 转角塔塔腿⑤结构图（3/3）

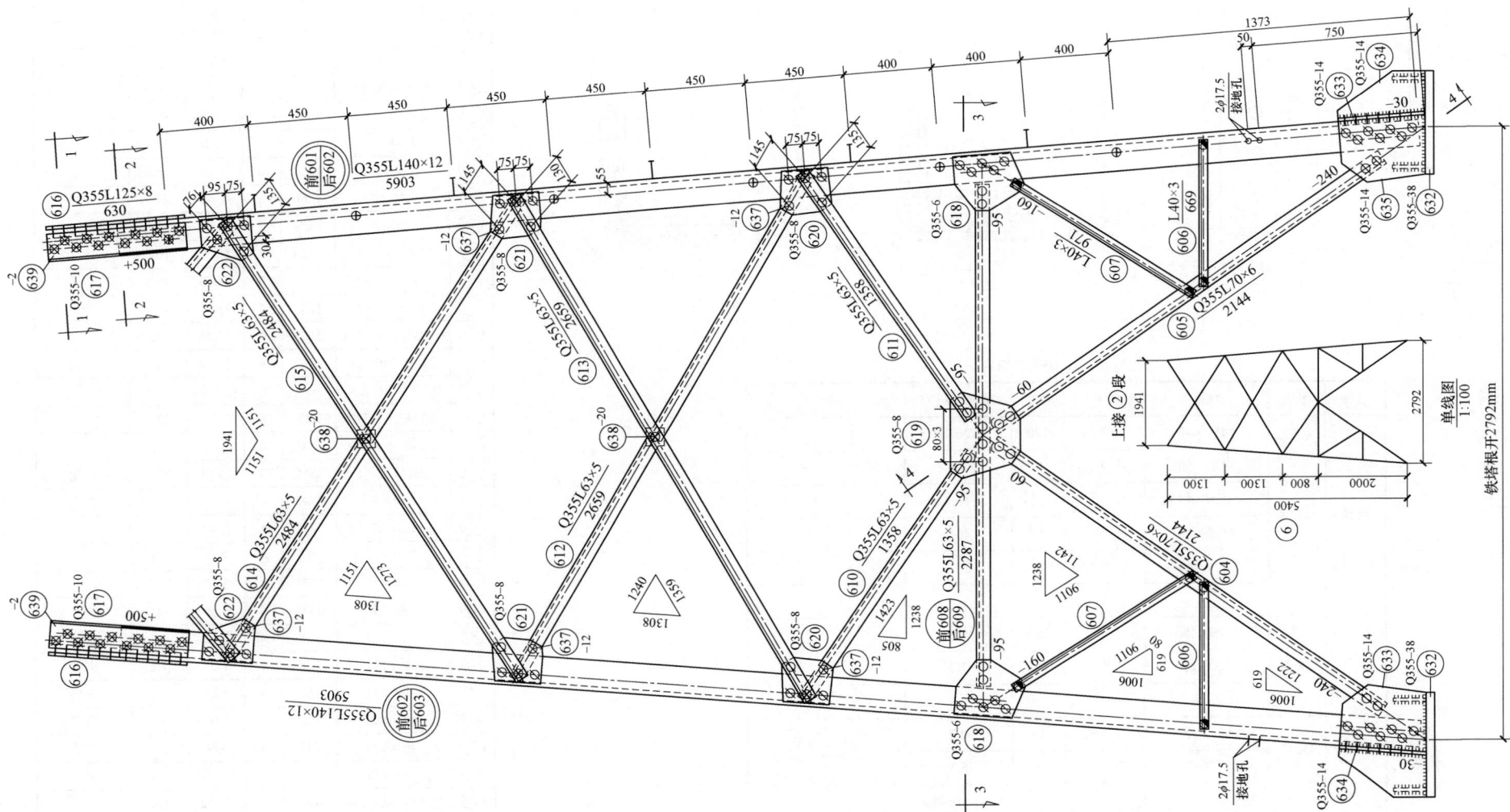

图 15-228　10D3015-SJ3 转角塔塔腿⑥结构图（1/2）（一）

构 件 明 细 表

编号	规格	长度(mm)	数量	质量（kg）一件	质量（kg）小计	备注	编号	规格	长度(mm)	数量	质量（kg）一件	质量（kg）小计	备注
601	Q355L140×12	5903	1	150.66	150.7	带脚钉	621	Q355−8×200	235	8	2.95	23.6	
602	Q355L140×12	5903	2	150.66	301.3		622	Q355−8×200	232	8	2.91	23.3	
603	Q355L140×12	5903	1	150.66	150.7	带脚钉	623	L45×4	1740	4	4.76	19.0	
604	Q355L70×6	2144	4	13.73	54.9		624	L40×4	2560	1	6.20	6.2	
605	Q355L70×6	2144	4	13.73	54.9		625	L40×4	2560	1	6.20	6.2	
606	L40×3	669	8	1.24	9.9		626	L40×3	860	4	1.59	6.4	
607	L40×3	971	8	1.80	14.4		627	L40×3	1500	8	2.78	22.2	
608	Q355L63×5	2287	1	11.03	11.0	火曲	628	−6×110	191	4	0.99	4.0	火曲
609	Q355L63×5	2287	3	11.03	33.1		629	−6×110	191	4	0.99	4.0	火曲
610	Q355L63×5	1358	4	6.55	26.2	切角	630	−6×139	152	4	1.00	4.0	火曲
611	Q355L63×5	1358	4	6.55	26.2		631	−6×139	152	4	1.00	4.0	火曲
612	Q355L63×5	2659	4	12.82	51.3	切角	632	Q355−38×490	490	4	71.62	286.5	电焊
613	Q355L63×5	2659	4	12.82	51.3		633	Q355−14×516	397	4	22.51	90.0	打坡口焊
614	Q355L63×5	2484	4	11.98	47.9	切角	634	Q355−14×226	397	4	9.86	39.4	打坡口焊
615	Q355L63×5	2484	4	11.98	47.9		635	Q355−14×306	393	4	13.22	52.9	打坡口焊
616	Q355L125×8	630	4	9.77	39.1	铲背	636	Q355−10×150	150	16	1.77	28.3	打坡口焊
617	Q355−10×115	630	8	5.69	45.5	垫板	637	−12×60	60	20	0.34	6.8	
618	Q355−6×257	311	8	3.76	30.1	垫板	638	−20×60	60	8	0.57	4.6	
619	Q355−8×314	393	4	7.75	31.0	垫板	639	−2×95	310	8	0.46	3.7	垫板
620	Q355−8×203	235	8	3.00	24.0		总质量					1836.5kg	

螺栓、脚钉、垫圈明细表

名称	级别	规格	符号	数量	质量（kg）	备注
螺栓	6.8级	M16×40	◑	96	13.8	
		M16×50	◓	9	1.4	
		M20×45	○	64	17.3	
		M20×55	⊘	208	61.4	
		M20×65	⊠	128	41.0	
脚钉	6.8级	M16×180	⌀Ⲧ	10	3.8	
		M20×200		1	0.7	
垫圈	Q235	−3A（φ17.5）		8	0.1	规格×个数
		−4A（φ17.5）		1	0.1	
总质量					139.6kg	

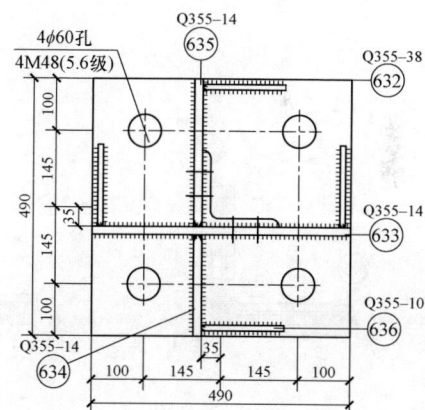

图 15－228　10D3015−SJ3 转角塔塔腿⑥结构图（1/2）（二）

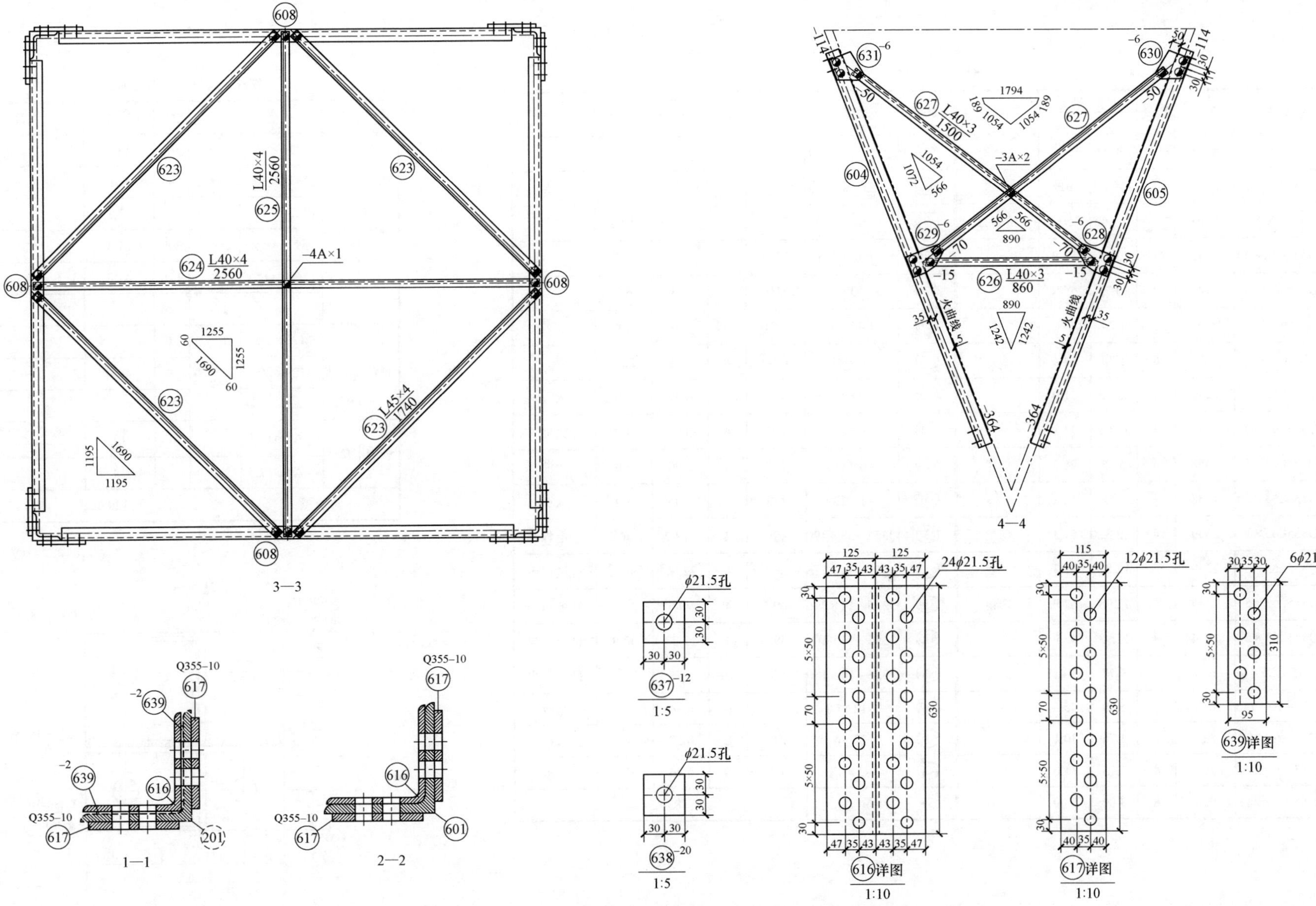

3—3

4—4

L40×4 / 2560
L40×4 / 2560
−4A×1
L45×4 / 1740
623
625
624
623
608
608
608
608

627 L40×3 / 1500
627
631
630
604
605
629
628
626 L40×3 / 860
−3A×2
水曲线 5
水曲线 5

Q355−10
617
639
−2
−2
639
616
Q355−10
617
201
1—1

Q355−10
617
616
601
Q355−10
617
2—2

φ21.5孔
637
1:5

φ21.5孔
638
1:5

24φ21.5孔
616详图
1:10

12φ21.5孔
617详图
1:10

6φ21.5孔
639详图
1:10

图 15−229　10D3015−SJ3 转角塔塔腿⑥结构图（2/2）

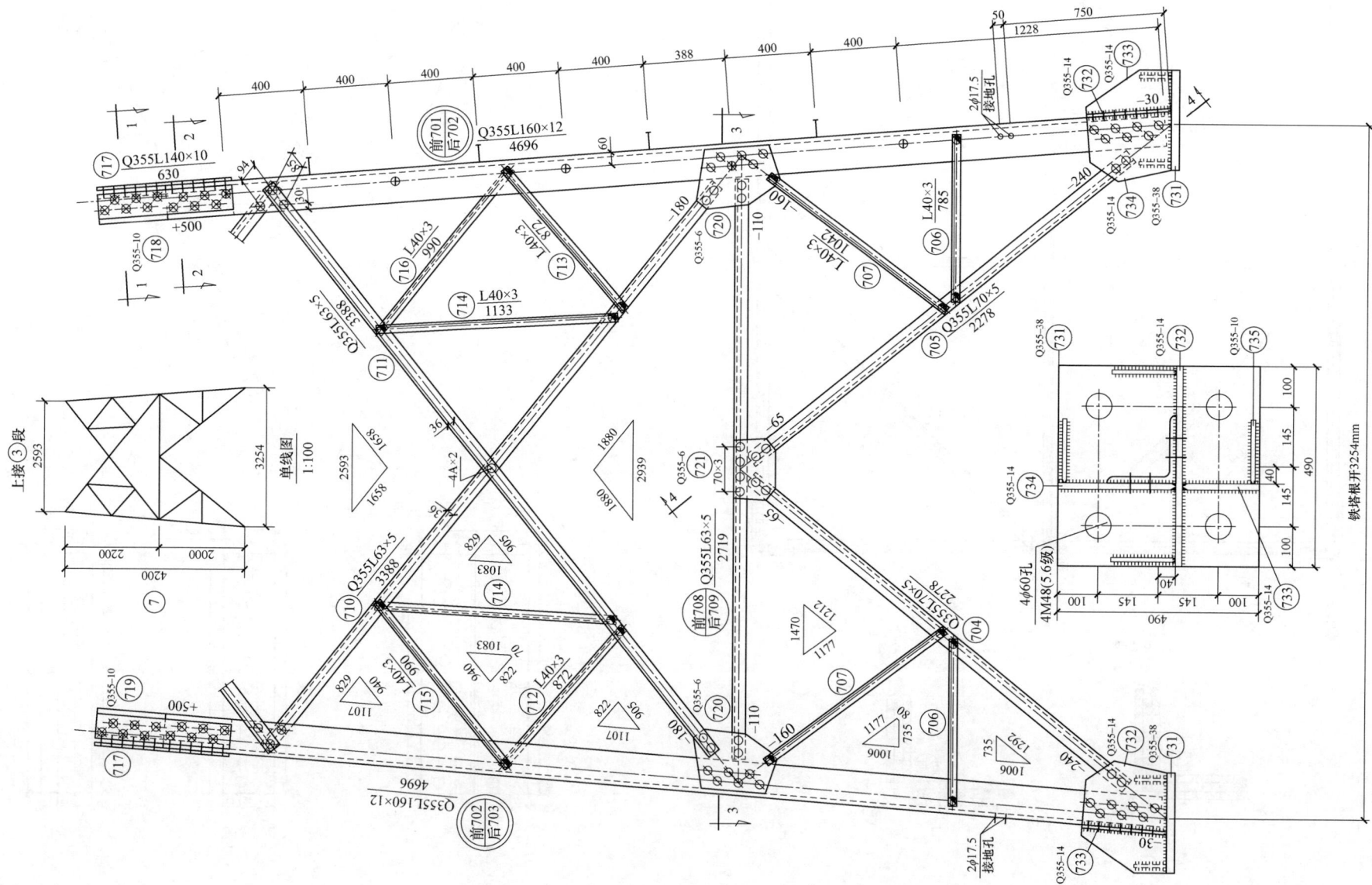

图 15-230 10D3015-SJ3 转角塔塔腿⑦结构图（1/2）

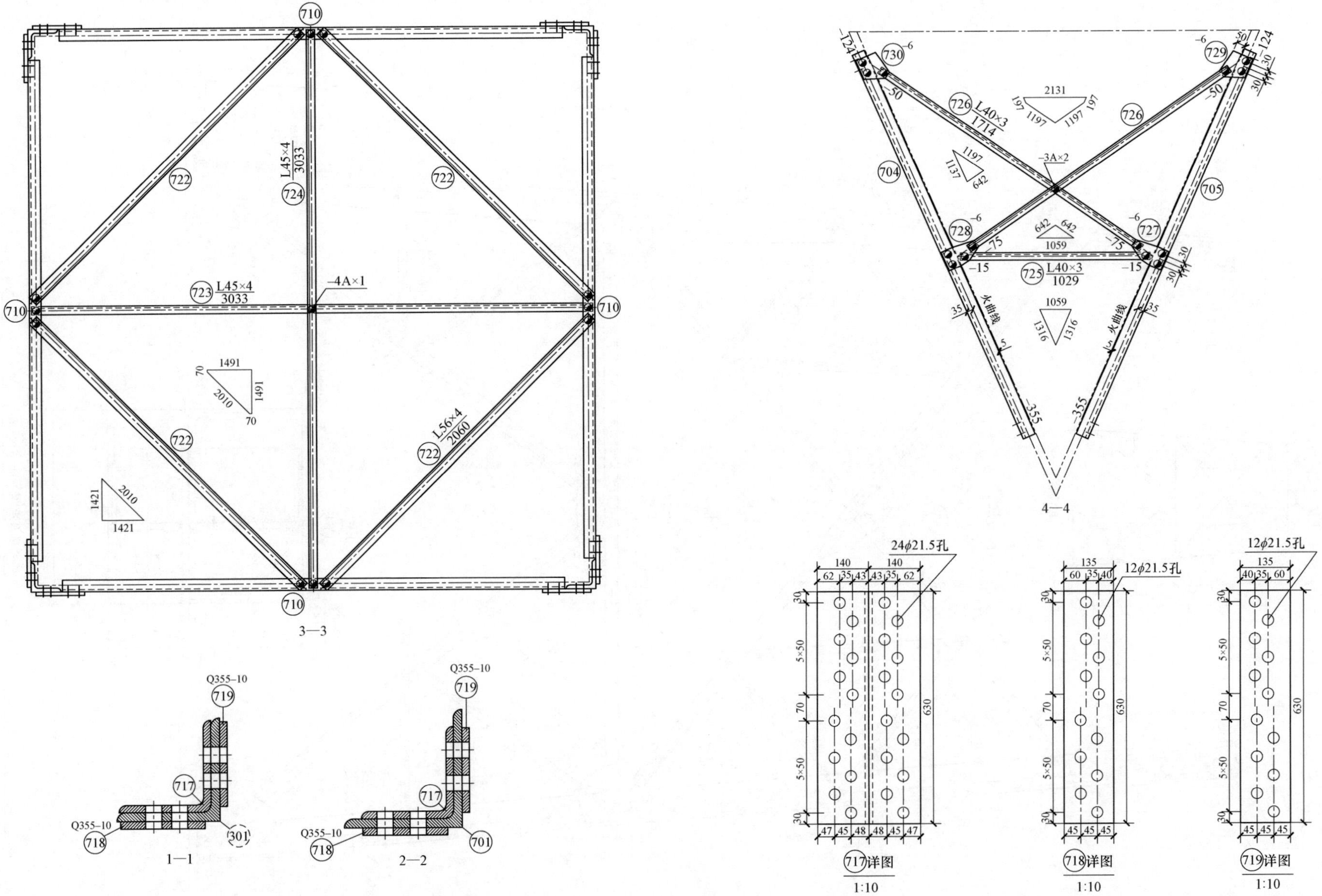

图 15-231　10D3015-SJ3　转角塔塔腿⑦结构图（2/2）（一）

构 件 明 细 表

编号	规格	长度（mm）	数量	质量（kg）一件	质量（kg）小计	备注	编号	规格	长度（mm）	数量	质量（kg）一件	质量（kg）小计	备注
701	Q355L160×12	4696	1	138.02	138.0	带脚钉	719	Q355－10×135	630	4	6.68	26.7	
702	Q355L160×12	4696	2	138.02	276.0		720	Q355－6×278	402	8	5.26	42.1	
703	Q355L160×12	4696	1	138.02	138.0	带脚钉	721	Q355－6×196	288	4	2.66	10.6	
704	Q355L70×5	2278	4	12.29	49.2		722	L56×4	2060	4	7.11	28.4	切角
705	Q355L70×5	2278	4	12.29	49.2		723	L45×4	3033	1	8.30	8.3	
706	L40×3	785	8	1.45	11.6		724	L45×4	3033	1	8.30	8.3	
707	L40×3	1042	8	1.93	15.4		725	L40×3	1029	4	1.91	7.6	
708	Q355L63×5	2719	1	13.11	13.1		726	L40×3	1714	8	3.17	25.4	
709	Q355L63×5	2719	3	13.11	39.3	火曲	727	－6×110	197	4	1.02	4.1	火曲
710	Q355L63×5	3388	4	16.34	65.4	切角	728	－6×110	197	4	1.02	4.1	火曲
711	Q355L63×5	3388	4	16.34	65.4	火曲	729	－6×140	151	4	1.00	4.0	火曲
712	L40×3	872	4	1.61	6.4	切角	730	－6×140	151	4	1.00	4.0	火曲
713	L40×3	872	4	1.61	6.4		731	Q355－38×490	490	4	71.62	286.5	电焊
714	L40×3	1133	8	2.10	16.8	切角	732	Q355－14×534	397	4	23.30	93.2	打坡口焊
715	L40×3	990	4	1.83	7.3		733	Q355－14×221	397	4	9.64	38.6	打坡口焊
716	L40×3	990	4	1.83	7.3	切角	734	Q355－14×330	394	4	14.29	57.2	打坡口焊
717	Q355L140×10	630	4	13.54	54.2	铲背	735	Q355－10×150	150	16	1.77	28.3	打坡口焊
718	Q355－10×135	630	4	6.68	26.7		总质量				1663.1kg		

螺栓、脚钉、垫圈明细表

名称	级别	规格	符号	数量	质量（kg）	备注
螺栓	6.8 级	M16×40	◐	120	17.3	
		M16×50	◑	17	2.7	
		M20×45	○	64	17.3	
		M20×55	∅	148	43.7	
		M20×65	⊗	96	30.8	
脚钉	6.8 级	M16×180	ФT	7	2.7	
		M20×200		2	1.3	
垫圈	Q235	－3A（φ17.5）		8	0.1	规格×个数
		－4A（φ17.5）		1	0.1	
总质量					116.0kg	

图 15－231　10D3015－SJ3 转角塔塔腿⑦结构图（2/2）（二）

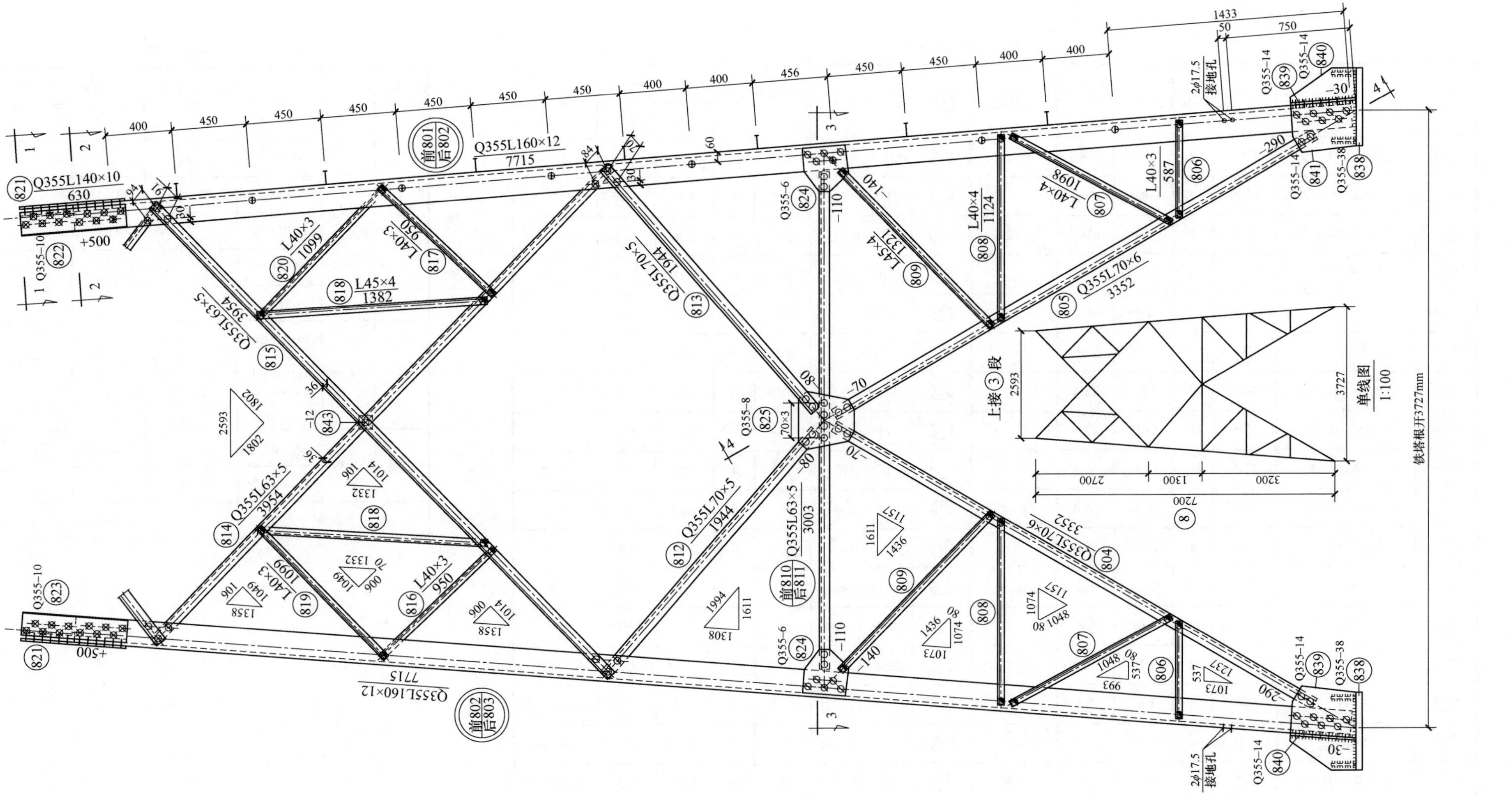

图 15-232 10D3015-SJ3 转角塔塔腿⑧结构图（1/2）（一）

构 件 明 细 表

编号	规格	长度（mm）	数量	质量（kg）一件	质量（kg）小计	备注	编号	规格	长度（mm）	数量	质量（kg）一件	质量（kg）小计	备注
⑧01	Q355L160×12	7715	1	226.75	226.8	带脚钉	⑧23	Q355-10×135	630	4	6.68	26.7	
⑧02	Q355L160×12	7715	2	226.75	453.5		⑧24	Q355-6×269	272	8	3.45	27.6	
⑧03	Q355L160×12	7715	1	226.75	226.8	带脚钉	⑧25	Q355-8×340	349	4	7.45	29.8	
⑧04	Q355L70×6	3352	4	21.47	85.9	切角	⑧26	Q355L63×5	2257	4	10.88	43.5	切角
⑧05	Q355L70×6	3352	4	21.47	85.9	切角	⑧27	L45×4	3317	1	9.08	9.1	
⑧06	L40×3	587	8	1.09	8.7		⑧28	L45×4	3317	1	9.08	9.1	
⑧07	L40×4	1098	8	2.66	21.3		⑧29	L40×3	753	4	1.39	5.6	
⑧08	L40×4	1124	8	2.72	21.8		⑧30	L40×3	1540	8	2.85	22.8	
⑧09	L45×4	1321	8	3.61	28.9		⑧31	L40×4	2096	8	5.08	40.6	
⑧10	Q355L63×5	3003	1	14.48	14.5	火曲	⑧32	-6×122	173	4	0.99	4.0	火曲
⑧11	Q355L63×5	3003	3	14.48	43.4	火曲	⑧33	-6×122	173	4	0.99	4.0	火曲
⑧12	Q355L70×5	1944	4	10.49	42.0	切角	⑧34	-6×138	163	4	1.06	4.2	火曲
⑧13	Q355L70×5	1944	4	10.49	42.0		⑧35	-6×138	163	4	1.06	4.2	火曲
⑧14	Q355L63×5	3954	4	19.07	76.3	切角	⑧36	-6×127	140	4	0.84	3.4	火曲
⑧15	Q355L63×5	3954	4	19.07	76.3		⑧37	-6×127	140	4	0.84	3.4	火曲
⑧16	L40×3	950	4	1.76	7.0	切角	⑧38	Q355-38×490	490	4	71.62	286.5	电焊
⑧17	L40×3	950	4	1.76	7.0		⑧39	Q355-14×518	397	4	22.60	90.4	打坡口焊
⑧18	L45×4	1382	8	3.78	30.2	切角	⑧40	Q355-14×221	397	4	9.64	38.6	打坡口焊
⑧19	L40×3	1099	4	2.04	8.2		⑧41	Q355-14×314	394	4	13.60	54.4	打坡口焊
⑧20	L40×3	1099	4	2.04	8.2	切角	⑧42	Q355-10×150	150	16	1.77	28.3	
⑧21	Q355L140×10	630	4	13.54	54.2	铲背	⑧43	-12×60	60	4	0.34	1.4	垫板
⑧22	Q355-10×135	630	4	6.68	26.7		总质量					2333.2kg	

螺栓、脚钉、垫圈明细表

名称	级别	规格	符号	数量	质量（kg）	备注
螺栓	6.8级	M16×40	⊘	165	23.8	
		M16×50	⊙	32	5.1	
		M20×45	○	56	15.1	
		M20×55	⊘	180	53.2	
		M20×65	⊠	96	30.8	
脚钉	6.8级	M16×180	⊕T	13	4.9	
		M20×200		2	1.3	
垫圈	Q235	-3A（φ17.5）		16	0.2	规格×个数
		-4A（φ17.5）		1	0.1	
总质量			134.5kg			

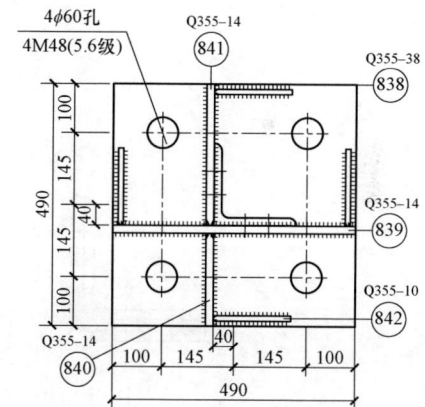

图 15-232　10D3015-SJ3 转角塔塔腿⑧结构图（1/2）（二）

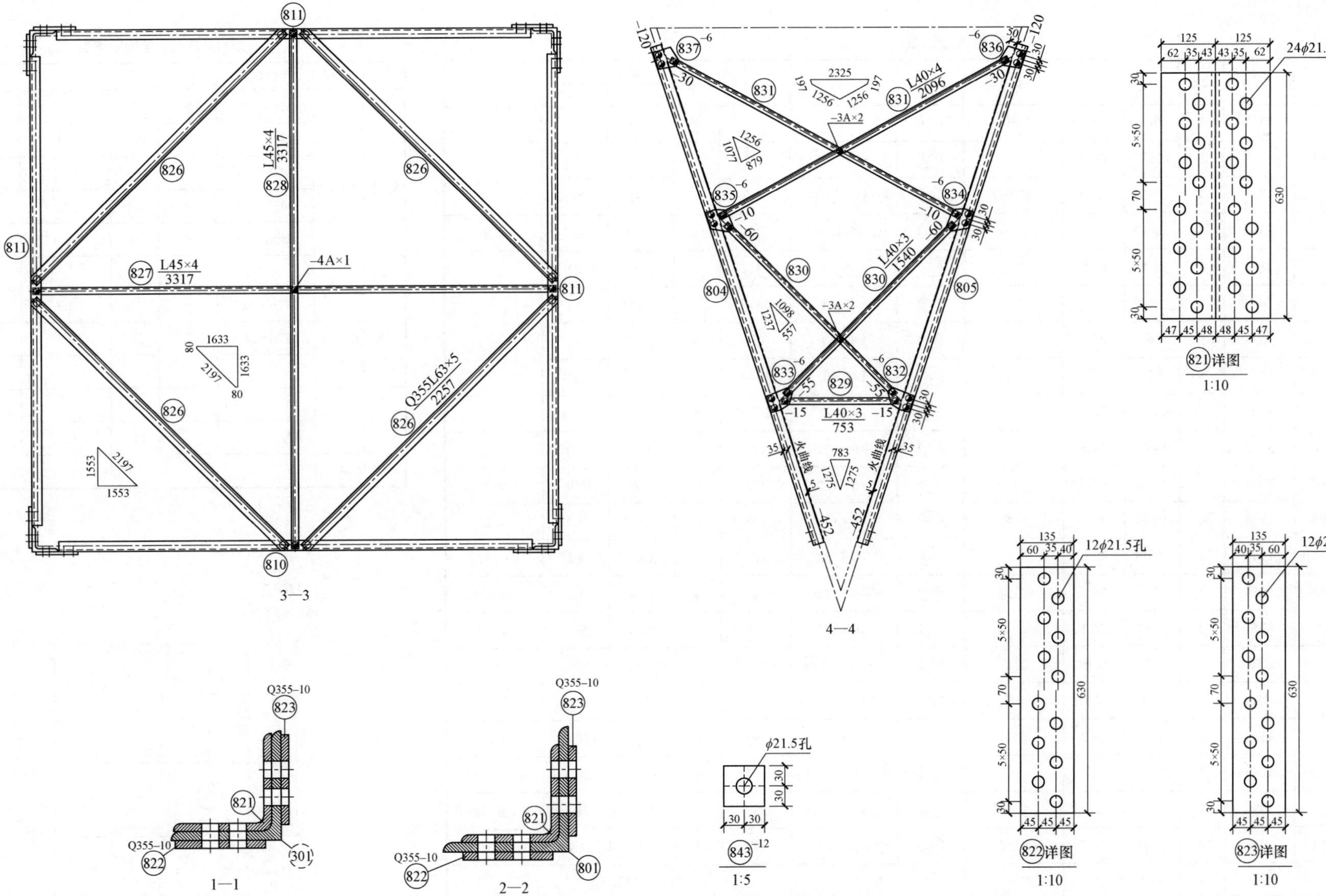

3—3

4—4

811

826 828 826
L45×4 / 3317

811 827 L45×4 / 3317 −4A×1 811

80 1633
2197 1633
80

1553 2197 1553

826 826
Q355L63×5 / 2257

810

837 6 836 30 120
831 2325 197 L40×4 / 2096 831
197 1256 1256
−3A×2
1256 1077 879
835 834
−10 −10
804 830 830 805
−60 L40×3 / 1540 −60
1098 −3A×2
1237 552
833 829 832
−15 L40×3 / 753 −15 6
35 水曲线 783 水曲线 35
1275 1275
452 452

125 125 24φ21.5孔
62 35 43 43 35 62
30
5×50
70
630
5×50
30
47 45 48 48 45 47
821详图
1:10

Q355−10 823
821
Q355−10 822 (301)
1—1

Q355−10 823
821
Q355−10 822 801
2—2

φ21.5孔
30 30
30 30
843 −12
1:5

135 12φ21.5孔
60 35 40
30
5×50
70
630
5×50
30
45 45 45
822详图
1:10

135 12φ21.5孔
40 35 60
30
5×50
70
630
5×50
30
45 45 45
823详图
1:10

图 15−233　10D3015−SJ3 转角塔塔腿⑧结构图（2/2）

除图中注明外，必须遵照下列统一要求进行加工和组装：

（1）杆塔的设计执行《输电线路杆塔制图和构造规定》（DL/T 5442—2020）的有关规定。

（2）结构图中图面内的图例、代号等在说明中未提及之处，均按《输电线路杆塔制图和构造规定》（DL/T 5442—2020）中的要求执行。

（3）杆塔加工时应严格执行《输电线路铁塔制造技术条件》（GB/T 2694—2018）。本塔构件的尺寸以放样为准，构件加工后必须试组装，验收合格后方可批量加工。

（4）钢材质量标准应符合《碳素结构钢》（GB/T 700—2006）及《低合金高强度结构钢》（GB/T 1591—2018）的有关要求；螺栓、螺母、扣紧螺母应符合的标准分别为《六角头螺栓 C级》（GB/T 5780—2016）、《Ⅰ型六角螺母》（GB/T 6170—2015）、《扣紧螺母》（GB/T 805—1988）。所有材料，包括角钢、螺栓、防盗螺栓、扣紧螺母、焊条等均应有出厂合格证书。

（5）杆塔构件所用钢种为Q235B、Q355B，图中注明Q355材料为Q355B钢材，未注明均为Q235B钢材（角钢用"L"、钢板用"－"表示）。所有构件均须热镀锌。

（6）所有螺栓（包括防盗螺栓）的强度等级为热镀锌后的强度值。

（7）杆塔构件连接主要以螺栓连接为主，少数采用焊接（如塔脚板连接等）。构件焊接应按照焊接规程、规范和有关规定进行，焊缝高度不得小于连接构件的最小厚度，当被焊接构件厚8mm及以上时，要按规定割口焊，以便焊透。对Q355构件焊接时选用E50系列焊条，对Q235构件焊接时选用E43系列焊条。

（8）加工时如发生材料代用或改变节点形式等情况，须与设计单位联系解决。材料代用时，须注意相关影响，应与图纸对应列表统计，并由加工厂书面通知施工单位，以方便施工安装。

（9）角钢与钢板的螺栓间距、边距除图中特殊注明外应按表1采用。

（10）角钢准距除图中特殊注明外，一般按表2采用。

（11）螺栓、脚钉、垫圈规格按表3、表4采用。

（12）脚钉一般从离地面1.5m处开始向上装设，间距400mm左右，加工放样时可适当调整脚钉的位置，脚钉除运行单位有特殊要求外，一般采用防滑带直钩形式。

（13）其他事项：

1）节点板考虑到刚度要求，形状不宜狭长，节点板边缘与构件轴线夹角 α 不小于15°，如右图所示。

2）构件厚度大于14mm时须采用钻孔方法加工，构件接头中外包角钢清根，内包角钢铲背。

3）凡图中所要求的火曲、开合角、切肢、压扁、切角等的尺寸均由加工放样决定。

4）两构件连接面间的间隙大于3mm时，构件应局部开角、合角或制弯。

5）当构件需采用切肢或压扁时，应优先采用切肢。

（14）杆塔加工时应根据实际工程要求的高度设置防盗螺栓（无特殊说明的10m高以下防盗）。

α角示意图

表1 螺栓间距、边距表

螺栓规格	孔径（mm）	螺栓间距（mm） 单排	双排	边距（mm） 端距	扎制边距	切角边距
M16	ϕ17.5	50	80	25	≥21 或 20（L40 角钢时）	≥23
M20	ϕ21.5	60	100	30	≥26	≥28

注 螺孔顺力线方向重心最大间距为12d或18t（取二者较小者），其中d为螺栓直径，t为较薄板的厚度。

表2 角钢准距表

肢宽（mm）	准距（mm）	第一排准距（mm）	第二排准距（mm）	最大使用孔径（mm）
L40	20			
L45	23			17.5
L50	25（28）			
L56	28（32）			

续表

肢宽（mm）	准距（mm）	第一排准距（mm）	第二排准距（mm）	最大使用孔径（mm）
L63	30（36）			
L70	35（40）			
L75	38（40）			
L80	40			
L90	45			21.5
L100	50			
L110	55	45	75	
L125	60	50	85	
L140	70	55	90	
L160	80	60	105	

注 括号内数字用于螺栓边距不足时，在搭接位置上的螺栓孔可使用的准距。

表3 螺栓规格表

级别	单帽螺栓（带一垫、一扣紧螺母） 规格	符号	通过厚度（mm）	无扣长（mm）	质量（kg）	防盗螺栓 质量（kg）（带一垫）	双帽螺栓（带一垫） 规格	符号	通过厚度（mm）	无扣长（mm）	质量（kg）
6.8级	M16×40	⊙	7~12	6	0.1442	0.1997	M16×50	◉	7~12	6	0.1875
	M16×50		13~22	12	0.1602	0.2127	M16×60		13~22	12	0.2039
	M16×60		23~32	22	0.1762	0.2277	M16×70		23~32	22	0.2203
	M16×70		33~42	32	0.1922	0.2477	M16×80		33~42	32	0.2369
6.8级	M20×45	○	9~15	8	0.2701	0.3517	M20×60	○	9~15	8	0.3605
	M20×55	⌀	16~25	15	0.2953	0.3737	M20×70		16~25	15	0.3864
	M20×65	⊗	26~35	25	0.3205	0.3967	M20×80		26~35	25	0.4123
	M20×75	⌀	36~45	35	0.3457	0.4207	M20×90		36~45	35	0.4381
	M20×85	⊗	46~55	45	0.3709	0.4407	M20×100		46~55	45	0.4640
	M20×95	⊗	56~65	55	0.3961	0.4607	M20×110		56~65	55	0.4899
	M20×105	⊗	66~75	65	0.4213	0.4807	M20×120		66~75	65	0.5158

表4 脚钉、垫圈规格表

脚钉（带两帽） 规格	符号	无扣长（mm）	质量（kg）	垫圈 规格	符号	质量（kg）	内径（mm）	外径（mm）
M16×180	⊕—	120	0.3799	−2（ϕ13.5）	规格×个数	0.00186	13.5	24
				−3（ϕ17.5）		0.01065	17.5	30
M20×200	⊕—	120	0.6749	−3（ϕ22）	规格×个数	0.01637	22	37
				−4（ϕ22）		0.02183	22	37
M24×240	⊕—	120	1.1803	−3（ϕ26）	规格×个数	0.02331	26	44
				−4（ϕ26）		0.03108	26	44

图 15－234 10D3015－SJ3 转角塔加工说明

16.1 10kV金具选用

16.1.1 概述

10kV金具类型包括悬垂线夹、耐张线夹、连接金具、接续金具、设备金具、防护金具和固定金具等。

（1）悬垂线夹用于架空线路直线杆塔上导（地）线的安装固定及非直线杆塔上跳线的固定。10kV架空线路通用设计采用提包式悬垂线夹。

（2）耐张线夹用于固定导（地）线，以承受导线张力，并将导线挂至耐张串组或杆塔上的金具，按其结构和安装方式可分为压缩型、螺栓型、楔型、预绞式等。

（3）连接金具用于将绝缘子、悬垂线夹、耐张线夹及防护金具等连接组合成悬垂或耐张串的金具。连接金具包括联塔金具、联板、球头挂环、碗头挂板、延长环和平行挂板等类型。

（4）接续金具用于导（地）线之间的连接或补修，并能满足导（地）线一定的机械及电气性能要求的金具，分为承力型接续金具和非承力型接续金具两种。接续金具包括接续管、JXD线夹、C型线夹、J型线夹、T型线夹、接地线夹、引流线夹等类型。导线的承力型接续采用压缩型，钢芯采用搭接或对接方式。非承力型接续可采用压缩型、螺栓型和楔型三种型式。

（5）设备金具在配电线路中用于导线与电气设备端子之间的连接，以传递电气负荷为主要目的。设备金具包括变压器线夹（SBT、SBTP、SBL）、铜镀锡接线端子（DT、DT-S）等。

（6）防护金具用于导（地）线的机械保护，包括防振锤、护线条等。

（7）固定金具是用于配电线路上支柱式绝缘子、复合绝缘横担端部固定导线的金具。固定金具包括预绞式绑线和螺栓型固定线夹等。

16.1.2 10kV金具选用要求

（1）金具选用应考虑强度、耐用性、耐冲击性、紧密性和转动灵活性等要求，根据导线类型和最大使用拉力、绝缘子强度等要求选用。

（2）为了减少线路运行中产生的磁滞损耗和涡流损耗，减少电流通过金具

产生的电能损失，与导线直接接触的金具部件应采用铝质材料，其他部件可采用铁质材料，直接与设备相连的金具部件采用铜镀锡或铝合金镀锡材料，所有铁质材料（不锈钢除外），应进行热镀锌防腐。

（3）10kV架空线路通用设计用于直线水泥双杆和宽基直线塔挂线的单（双）联悬垂绝缘子串均采用70kN级联塔金具组。

（4）10kV架空线路通用设计用于耐张水泥单杆、钢管杆和窄基塔挂线的单联耐张绝缘子串均采用70kN级联塔金具组，用于耐张水泥双杆挂线的单联耐张绝缘子串和用于耐张宽基塔挂线的单（双）联耐张绝缘子串采用100kN级联塔金具组。

（5）导线平均运行张力上限取25%导线瞬时破坏张力时，各型导线架设中应安装防振锤。防振锤选用表见表16-1。

表16-1 防振锤选用表

适用导线截面（mm²）	防振锤型号	档距及安装数量（只）	
		1	2
JL/G1A-70/10	FRY-1	L≤300m	300m<L<500m
JL/G1A-95/15、JL/G1A-120/20、JL/G1A-150/20	FRY-2	L≤350m	350m<L<500m
JL/G1A-185/25、JL/G1A-240/30	FRY-3/4		
JL/G1A-150/20	FDNJ-3		
JL/G1A-185/25、JL/G1A-240/30	FDNJ-3/4		

16.1.3 10kV金具绝缘防护

（1）绝缘罩是用于电力设备电气裸露部分的绝缘防护、防尘、防水、防异物搭接等功能的配套附件，分为硅橡胶材质的密封粘贴式和塑料材质的扣合式两种。绝缘导线剥除绝缘层安装时，金具应配装绝缘罩。

（2）依据配电金具标准化设计方案的绝缘罩规划，绝缘罩适用于耐张线夹、接续金具及设备金具共三大类金具的绝缘防护，绝缘罩规划见表16-2。

表 16-2　　　　　　絶縁罩規划

金具大类	金具小类	型号	密封粘贴式绝缘罩	扣合式绝缘罩
耐张线夹	液压型耐张线夹	NY	适用	适用
	楔型耐张线夹	NXL	适用	适用
	螺栓型耐张线夹	NLL	适用	适用
接续金具及设备类线夹	液压型接续管	JY	适用	适用
	楔型并沟线夹	JXD	适用	适用
	C 型线夹	JC	适用	适用
	J 型线夹	JJB	适用	适用
		JJC	适用	适用
	T 型线夹	TY	适用	适用
		TL	适用	适用
	旁路（接地）线夹	JDLH	不适用	适用
	引流线夹	JDXYG	不适用	适用
	变压器线夹	SBT	适用	适用
		SBTP	适用	适用
		SBL	适用	适用

（3）在防尘、防水、防腐蚀要求高的环境使用时，宜配装防护等级不低于 IP55 的密封粘贴式绝缘罩。

（4）绝缘罩应便于安装，并应适应不停电作业。

16.1.4　不停电作业金具

（1）不停电作业的金具应满足规范化、标准化设计要求，充分体现不停电作业检修思路，适应不停电作业的金具推广应用。10kV 架空线路通用设计采用 5 种可有效提高不停电作业工作效率的线路金具，包括 J 型线夹（B 类）、J 型线夹（C 类）、JDLH 旁路（接地）线夹、JTXYG 引流线夹、JBC 绝缘穿刺线夹，均适用于绝缘杆法不停电作业。

（2）J 型线夹（B 类）、J 型线夹（C 类）及 JTXYG 引流线夹适用于带电接、断分支线。

（3）JDLH 旁路（接地）线夹适用于带电旁路检修及接地，既可用于发电车、应急电源快速接入，也可长期带负荷。

（4）JBC 穿刺线夹适用于带电接、断分支引流线，适用小负荷。

16.2　10kV 绝缘子选用

16.2.1　概述

10kV 绝缘子按结构可分为盘形悬式瓷绝缘子、线路柱式瓷绝缘子、线路柱式复合绝缘子、棒形悬式复合绝缘子、拉紧绝缘子、复合横担绝缘子，按材料可分为瓷绝缘子和复合绝缘子等。

16.2.2　10kV 绝缘子选用要求

（1）根据导线类型和最大使用拉力、地区所处气象区、海拔和环境污秽等级，在国家电网有限公司配电网建设改造标准物料目录和物资标准物料库内选用适用的绝缘子类型及数量。

（2）经整理现有国家电网有限公司配电网建设改造标准物料目录和标准物料库内的绝缘子类物料，图 16-3 和图 16-4 提供了 10kV 配电线路常用绝缘子表供参照。表格使用前应核对物料，应以使用时所查询的国家电网有限公司配电网建设改造标准物料目录和物资标准物料库内的物料为准。

（3）通用设计采用的瓷质绝缘子及绝缘子串的选用共分为 4000～5000m、5000m 及以下两种情况，因西藏地区紫外线强，故不推荐使用复合绝缘子。环境污秽等级划分参照《66kV 及以下架空电力线路设计规范》（GB 50061—2010）附录 B 架空电力线路环境污秽等级标准，按 a～c 级考虑，并归类为 a、b、c 级三种情况。

（4）10kV 直线单杆、钢管杆和窄基塔采用线路柱式瓷绝缘子、柱式瓷绝缘子，窄基塔不采用悬垂绝缘子串。

（5）10kV 直线水泥双杆、宽基塔使用 JL/G1A 钢芯铝绞线挂线时，导线悬垂串采用由 3（双联 6）片盘形悬式瓷绝缘子，XG 型悬垂线夹和匹配的连接金具组成的 10kV 单（双）联悬垂绝缘子串。本章附图提供了相应的悬垂绝缘子串型供选用。

（6）10kV 耐张水泥单杆、钢管杆、窄基塔、水泥双杆采用由 3 片盘形悬式瓷绝缘子、耐张线夹和匹配的连接金具组成的 10kV 单联耐张绝缘子串。本章附图提供了相应的耐张绝缘子串型供选用。

（7）10kV 耐张宽基塔采用由 3（双联 6）片盘形悬式瓷绝缘子、耐张线夹和匹配的连接金具组成的 10kV 单（双）联耐张绝缘子串。本章附图提供了相应的耐张绝缘子串型供选用。

（8）10kV 架空线路通用设计跳线绝缘子采用柱式瓷绝缘子，柱上开关、变台、分支线引下线宜采用柱式绝缘子。

（9）10kV 导线耐张串中耐张线夹与绝缘导线连接可采用剥皮安装和不剥皮安装两种安装方式（多雷地区宜采用剥皮安装方式）。剥皮安装时裸露带电部位应采用有效的绝缘包封及防水措施，详见各串图。

16.2.3 中、高海拔地区 10kV 绝缘子选用

（1）随着海拔逐渐增高，大气压力随之下降，空气密度也同步减少。中、高海拔地区由于气压低、空气密度小，使得处于这些地区线路的绝缘子或绝缘子串实际放电电压低于标准气象条件下的放电电压，故在中、高海拔地区线路的绝缘配合设计时须进行气象条件修正，以保障中、高海拔地区线路的安全运行。

（2）中、高海拔地区线路绝缘子的爬电距离、结构高度及片数确定应根据 10kV 线路经过地区的海拔和环境污秽等级，按工频电压下所要求的泄漏比距初步选定绝缘子片数和绝缘子长度，再根据操作过电压和雷电过电压进行校核和复核。中、高海拔地区绝缘子应根据《高海拔外绝缘配置技术规范》（Q/GDW 13001—2014）相关技术要求选取。

（3）因柱式瓷绝缘子、盘形悬式瓷绝缘子及棒形悬式复合绝缘子在我国大部分地区广泛使用，具有一定的代表性和通用性，且国家电网公司标准物料库中上述绝缘子规格系列齐全，故本次通用设计提供了柱式瓷绝缘子及悬式绝缘子在各气象区、各环境污秽等级情况下的选用配置表。其他类型绝缘子可根据地区运行经验和需求，在国家电网有限公司配电网建设改造标准物料目录和标准物料库内补充相应物料后选用。

16.3 设计图

10kV 金具和绝缘子选用设计图清单见表 16-3。

表 16-3　　　　　10kV 金具和绝缘子选用设计图清单

图序	图名	备注
图 16-1	10kV 配电线路常用金具表（1/2）	
图 16-2	10kV 配电线路常用金具表（2/2）	
图 16-3	不同海拔、污区标准化绝缘子配置（瓷质绝缘子）	
图 16-4	线路柱式瓷绝缘子选用配置表	
图 16-5	10kV 耐张盘形悬式瓷绝缘子选用配置表	
图 16-6	10kV 悬垂盘形悬式瓷绝缘子选用配置表	
图 16-7	球窝式盘形悬式绝缘子单联耐张串-NXJG	
图 16-8	槽式盘形悬式绝缘子单联耐张串-NXJG	
图 16-9	球窝式盘形悬式绝缘子单联耐张串-NXL	
图 16-10	槽式盘形悬式绝缘子单联耐张串-NXL	
图 16-11	球窝式盘形悬式绝缘子单联耐张串-NLL	
图 16-12	槽式盘形悬式绝缘子单联耐张串-NLL	
图 16-13	球窝式盘形悬式绝缘子单联耐张串-NLL（联塔金具 100kN）	
图 16-14	球窝式盘形悬式绝缘子单联耐张串-NY（联塔金具 100kN）	
图 16-15	球窝式盘形悬式绝缘子双联耐张串-NY（联塔金具 100kN）	
图 16-16	球窝式盘形悬式绝缘子单联耐张串-NL（1/2）	
图 16-17	球窝式盘形悬式绝缘子单联耐张串-NL（2/2）	
图 16-18	槽式盘形悬式绝缘子单联耐张串-NL（1/2）	
图 16-19	槽式盘形悬式绝缘子单联耐张串-NL（2/2）	
图 16-20	球窝式盘形悬式绝缘子单联悬垂串-XG（1/2）	
图 16-21	球窝式盘形悬式绝缘子单联悬垂串-XG（2/2）	
图 16-22	球窝式盘形悬式绝缘子双联悬垂串-XG（1/2）	
图 16-23	球窝式盘形悬式绝缘子双联悬垂串-XG（2/2）	
图 16-24	球窝式盘形悬式绝缘子双联悬垂串-XG（L 联板）（1/2）	
图 16-25	球窝式盘形悬式绝缘子双联悬垂串-XG（L 联板）（2/2）	

金具类型			适用范围	物料描述
悬垂线夹	提包式	XG	钢芯铝绞线	悬垂线夹－提包式，XG－6016（6022、6028、6034）
耐张线夹	楔型	NXJG	绝缘导线，不剥皮	耐张线夹－楔型绝缘，NXJG－1（2）
		NXL	绝缘导线，剥皮	耐张线夹－楔型绝缘，NXL－1（2、3、4）
	螺栓型	NLL	钢芯铝绞线，铝包钢芯铝绞线	耐张线夹－螺栓型，NLL－1（2、3、4）
	液压型	NY	钢芯铝绞线，铝包钢芯铝绞线	耐张线夹－液压型，NY－240/30（185/25、150/20、120/20、95/15、70/10、50/8），NY－240/30（150/20、95/15、50/8）BG
	预绞式	NL	钢芯铝绞线，铝包钢芯铝绞线	耐张线夹－预绞式，NL－240/30（185/25、150/20、120/20、95/15、70/10、50/8）
			绝缘导线，不剥皮	耐张线夹－预绞式，NL－JKLYJ－240（185、150、120、95、70、50）
连接金具	ZBS 挂板	ZBS	联塔金具	连接金具－ZBS 挂板，ZBS－07/10－80
	ZBD 挂板	ZBD	联塔金具	连接金具－ZBD 挂板，ZBD－07100
	U 型挂环	U	联塔金具	连接金具－U 型挂环，U－0770（1085、1290、1695）
	Z 型挂板	Z	联塔金具	连接金具－直角挂板，Z－07100（10100、12100）
	球头挂环	QP/QS	装置连接	连接金具－球头挂环，QP－0750（1050）/QS－0775
	碗头挂板	W/WS	装置连接	连接金具－碗头挂板，W－0770（07115）/WS－0770（1085）
	延长环	PH	装置连接	连接金具－延长环，PH－10100（12120）
	平行挂板	PD/P	装置连接	连接金具－平行挂板，PD－0770（1080），PD－12/16－100 /P－0770（1290）
	PS 挂板	PS	装置连接	连接金具－PS 挂板，PS－0790
	DB 调整版	DB	装置连接	连接金具－DB 调整板，DB－0770－170（1080－200、12100－240）
	L 联板	L	装置连接	连接金具－联板，L－10－70/400（12－70/400）
	心形环	QXH	装置连接	连接金具－心形环，QXI－07115（10115）
接续金具	液压型接续管	JY	导线接续	接续金具－液压型接续管，JY－JKLHA3XZYJ－240（185、150、120、95、70、50）
		JY/JYD	导线接续	接续金具－液压型接续管，JY－70/10（50/8），JYD－240/30（185/25、150/20、120/20、95/15）
	JXD 楔型并沟线夹（弹射型）	JXD	导线接续	接续金具－楔型并沟线夹，JXD－1A（B~G）、2A（B~I）、3A（B~L）
	C 型并沟线夹	JC	导线接续	接续金具－楔型并沟线夹，JC－1A（B~E）、2A（B~H）、3A（B~H）、4A（B~G）
	T 型线夹	TY	导线接续，钢芯铝绞线	接续金具－T 型线夹，TY－240/30（185/25、150/20、120/20、95/15、70/10、50/8）
			导线接续，绝缘导线	接续金具－T 型线夹，TY－240（150、50）
		TL	导线接续	接续金具－T 型线夹，TL－11（22、33、44）
	JBCD 绝缘穿刺接地线夹	JBCD	绝缘导线，不剥皮	接续金具－绝缘穿刺接地线夹，JBCD10－50－120（C）、JBCD10－150－240（C）

注　本表所列内容为 10kV 配电线路常用金具。

图 16－1　10kV 配电线路常用金具表（1/2）

金具类型			适用范围	物料描述
接续金具	J 型线夹	JJB	导线接续	接续金具－J 型线夹，JJB－21
		JJC	导线接续	接续金具－J 型线夹，JJC－11（21、22）
	JDLH 旁路（接地）线夹	JDLH	绝缘导线，剥皮	接续金具－旁路（接地）线夹，JDLH10－50－240
	JTXYG 引流线夹	JTXYG	绝缘导线，剥皮	接续金具－引流线夹，JTXYG－50－240/35－240
	JXL 预绞式修补条	JXL	导线接续	接续金具－预绞式修补条，JXL－240/30（185/25、150/20、120/20、95/15、70/10、50/8）
设备金具	铜镀锡变压器线夹	SBT /SBTP	过渡连接	SBT/SBTP－M12（－M14、－M16、－M18、－M20）
	铝合金镀锡变压器线夹	SBL	过渡连接	SBL－M12（－M14、－M16、－M18、－M20），SBL－S－M20
	铜镀锡接线端子	DT /DT－S	过渡连接	DT－35（－50、－70、－95、－120），DT－150（－185、－240、－300、－400）S
防护金具	防振锤	FRY	导线机械防护	防护金具－非对称型音叉式防振锤，FRY－1（－2、－3/4）
		FDNJ	导线机械防护	防护金具－预绞式对称型扭转式防振锤，FDNJ－3（－3/4）
	护线条	FVH	导线机械防护	防护金具－护线条，FYH－50/8－1100（1500）、FYH－70/10－1300（1700）、FYH－95/15－1400（1800）FYH－120/20－1400（1800）、FYH－150/20－1500（1900）、FYH－185/25－1800（2200）、FYH－240/30－1900（2300）
	铝包带		导线机械防护	防护金具－铝包带，1mm×10mm
拉线金具	UT 线夹	NUT	拉线安装	拉线金具－UT 型线夹，NUT－1（－2、－3）
	楔型耐张线夹	NX	拉线安装	拉线金具－楔型线夹，NX－1（－2、－3）
	钢线卡子	JK	拉线安装	拉线金具－钢线卡子，JK－1（－2、－3）
	L 型挂环	UL	拉线安装	拉线金具－UL 型挂环，UL－21160（－25160、－32170）
	UK 型挂环	UK	拉线安装	拉线金具－UK 型挂环，UK－32130
	联板	L	拉线安装	拉线金具－联板，L－32－120/180
固定金具	预绞式绑线	A 型（BJD、BJC）	导线固定	固定金具－预绞式绑线，BJD（C）－8（10、12、14、16、18、20、22、24、26、28）－73A
		B 型（BJD、BJC）	导线固定	固定金具－预绞式绑线，BJD（C）－8（10、12、14、16、18、20、22、24、26、28）－73B
	螺栓式固定线夹	BLD/BLC	导线固定	固定金具－固定线夹，BLD（BLC）－8（10、12、14、16、18、20、22、24、26、28）－73F

注　本表所列内容为10kV 配电线路常用金具。

图 16－2　10 kV 配电线路常用金具表（2/2）

绝缘子类型及型号	适用范围		
	海拔（H）	环境污秽等级	备注
盘形悬式瓷绝缘子，U70B/146，255，320	H≤4000m	a 级、b 级、c 级	球窝式盘形悬式瓷绝缘子 3 片
盘形悬式瓷绝缘子，U70C/146，255，320		a 级、b 级、c 级	槽式盘形悬式瓷绝缘子 3 片
线路柱式瓷绝缘子，R12.5ET125N，160，305，400		a 级、b 级、c 级	
线路柱式瓷绝缘子，R12.5ET125N，160，315，400（防风）		a 级、b 级、c 级	标准物料目录中与普通型物料编码一致，扩展描述为"防风，结构高度 315"
线路柱式瓷绝缘子，R12.5ET150N，170，336，534		a 级、b 级、c 级	
线路柱式瓷绝缘子，R12.5ET150N，170，346，534（防风）		a 级、b 级、c 级	标准物料目录中与普通型物料编码一致，扩展描述为"防风，结构高度 346"
盘形悬式瓷绝缘子，U70B/146，255，320	4000m＜H≤5000m	a 级、b 级、c 级	球窝式盘形悬式瓷绝缘子 3 片
盘形悬式瓷绝缘子，U70C/146，255，320		a 级、b 级、c 级	槽式盘形悬式瓷绝缘子 3 片
线路柱式瓷绝缘子，R12.5ET150N，170，336，534		a 级、b 级、c 级	
线路柱式瓷绝缘子，R12.5ET150N，170，346，534（防风）		a 级、b 级、c 级	标准物料目录中与普通型物料编码一致，扩展描述为"防风，结构高度 346"

注 1. 本表所列内容为 10kV 配电线路常用绝缘子，如需选用其他类型绝缘子可在国家电网有限公司配电网建设改造标准物料目录内选用。

2. 本表所列绝缘子在使用前应核对，应以使用时所查询的国家电网有限公司配电网建设改造标准物料目录和物资标准物料库内的标准物料名称为准。

3. 环境污秽等级划分根据《66kV 及以下架空电力线路设计规范》（GB 50061—2010）附录 B 架空电力线路环境污秽等级标准并归类。

4. 中、高海拔地区绝缘子选型参照《高海拔外绝缘配置技术规范》（Q/GDW 13001—2014）相关技术要求。

5. 超过海拔 5000m 地区需重新校验绝缘子片数与结构高度，满足要求方可使用。

6. 超过 c 级污秽区域需重新校验绝缘子片数与结构高度，满足要求方可使用。

7. 标准物料目录内其他类型绝缘子可根据地区运行经验自行选用。

图 16-3　不同海拔、污区标准化绝缘子配置（瓷质绝缘子）

线路柱式瓷绝缘子 线路柱式瓷绝缘子防风型

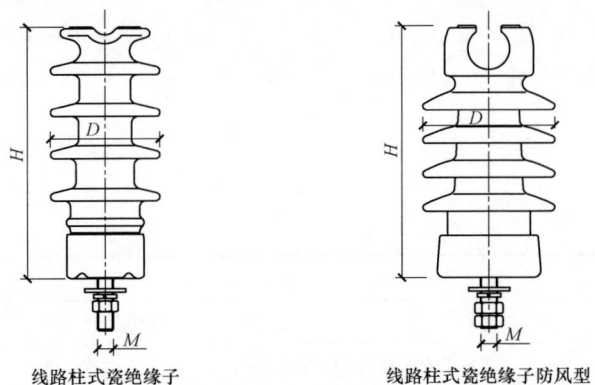

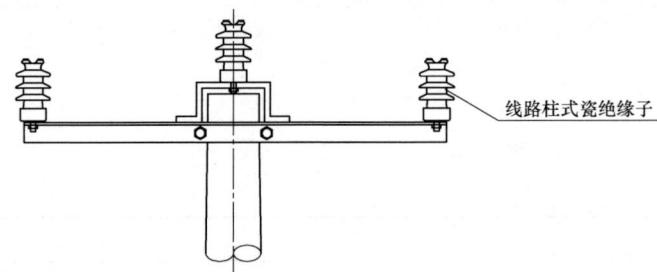

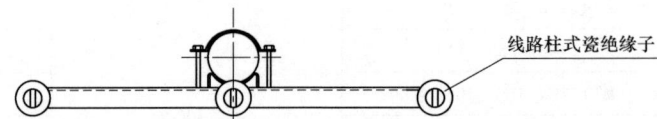

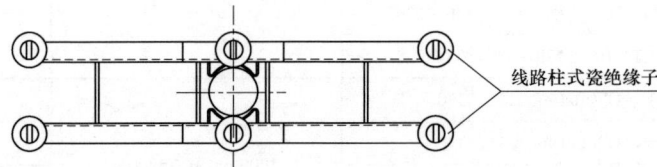

线路柱式瓷绝缘子配置表

污秽等级＼绝缘子型号＼海拔	2500～4000m	4000～5000m
a、b、c	R12.5ET125N	R12.5ET150N
a、b、c	R12.5ET125N 防风型	R12.5ET150N 防风型

说明：1. 绝缘子配置按海拔分类范围值上限考虑。

2. 本图为通用设计推荐的线路柱式瓷绝缘子选型，各地可根据地区实际需求在配电网建设改造标准物料目录范围内调整选型。

线路柱式瓷绝缘子

线路柱式瓷绝缘子

线路柱式瓷绝缘子

线路柱式瓷绝缘子特性表

绝缘子参数＼绝缘子型号	R12.5ET125N	R12.5ET125N（防风）	R12.5ET150N	R12.5ET150N（防风）
雷电冲击干耐受电压（kV）	125	125	150	150
工频湿耐受电压（kV）	50	50	65	65
公称爬电距离（mm）	400	400	534	534
最小弯曲破坏负荷（kN）	12.5	12.5	12.5	12.5
公称总高 H（mm）	305	315	336	346
绝缘件公称直径 D（mm）	160	160	170	170
底部安装螺栓直径 M（mm）	20	20	20	20

图 16-4　线路柱式瓷绝缘子选用配置表

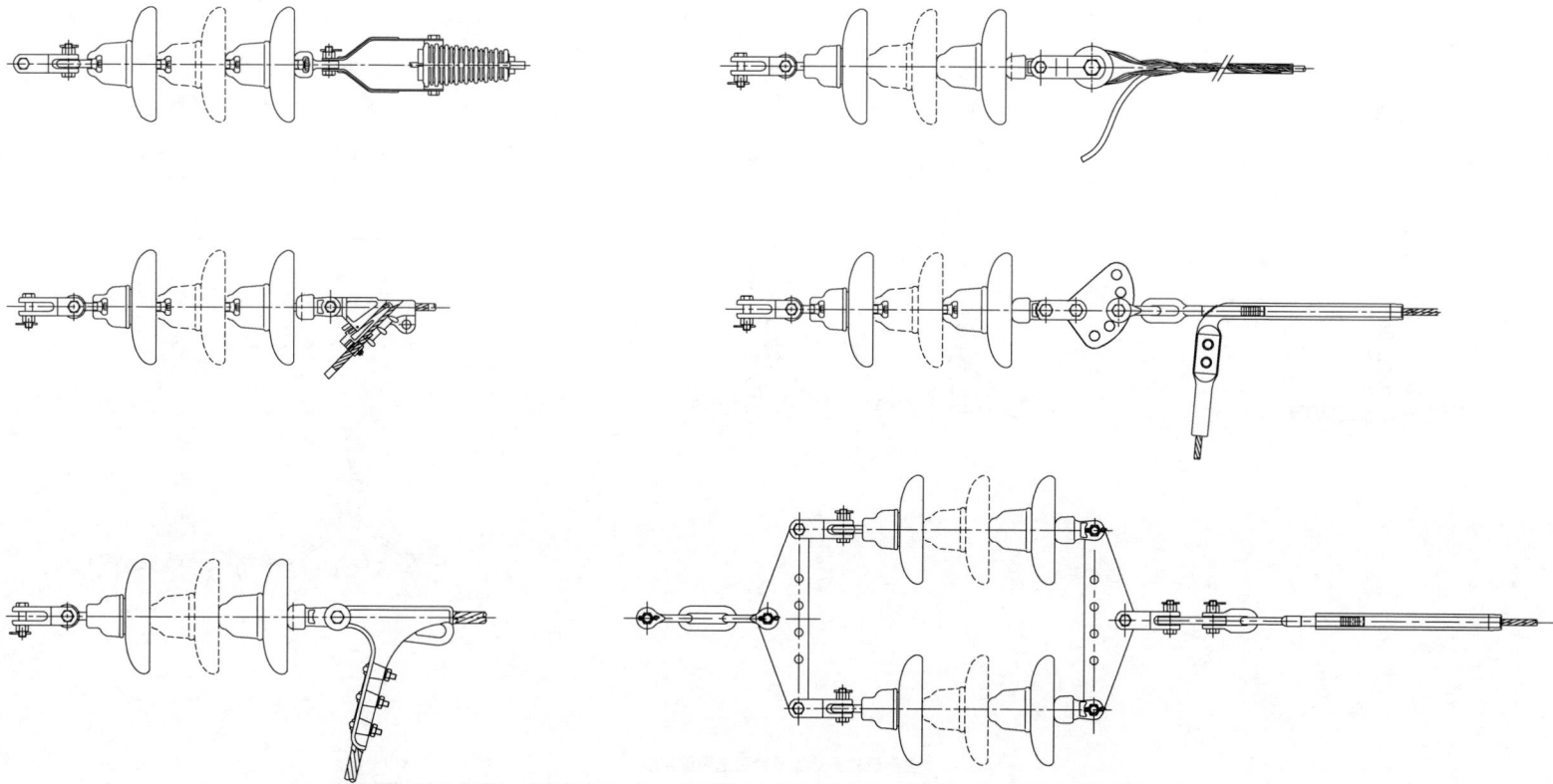

盘形悬式瓷绝缘子片数选用配置表

气象区	XZ-A、XZ-B	
海拔	4000m 及以下	4000~5000m
污区等级	a、b、c	
绝缘子片数	3片（双联6片）	3片（双联6片）

说明：1. 绝缘子配置按海拔分类范围值上限考虑。

2. 图例绝缘子采用球窝式盘形悬式瓷绝缘子（国家电网有限公司物料名称：盘形悬式瓷绝缘子，U70B/146，255，320），也可采用槽式盘形悬式瓷绝缘子（国家电网有限公司物料名称：盘形悬式瓷绝缘子 U70C/146，255，320）替换。

3. 本图为通用设计推荐的盘形悬式瓷绝缘子选型，各地可根据地区实际需求在配电网建设改造标准物料目录范围内调整选型。

图 16-5 10kV 耐张盘形悬式瓷绝缘子选用配置表

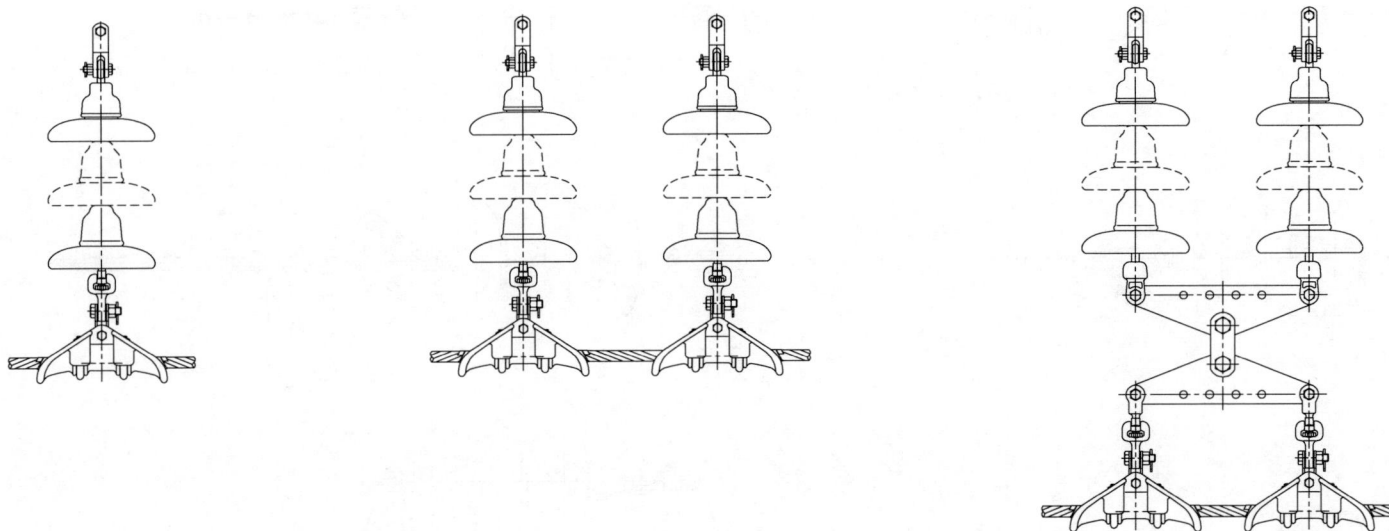

盘形悬式瓷绝缘子片数选用配置表

气象区	XZ-A、XZ-B	
海拔	4000m 及以下	4000～5000m
污区等级	a、b、c	
适用导线	JL/G1A 钢芯铝绞线	
绝缘子片数	3 片（双联 6 片）	3 片（双联 6 片）

图 16-6　10kV 悬垂盘形悬式瓷绝缘子选用配置表

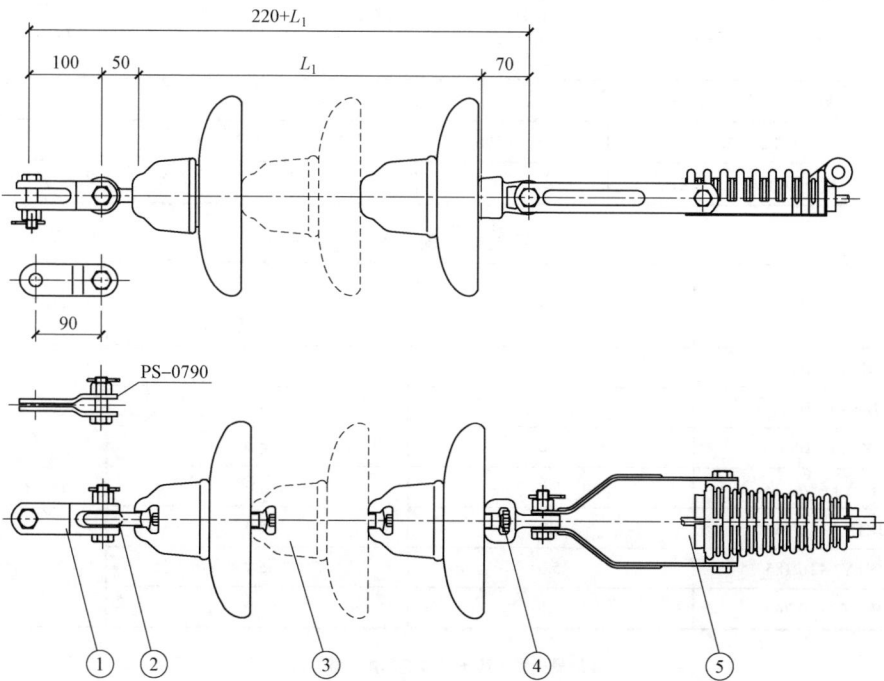

球窝式盘形悬式绝缘子单联耐张串配置表

编号	名称	金具型号	数量	公称高度	备注
①	直角挂板	Z–07100	1	100	
②	球头挂环	QP–0750	1	50	
③	盘形悬式瓷绝缘子，U70B		2～3	292（438）	
④	碗头挂板	W–0770	1	70	
⑤	楔型耐张线夹，NXJG		1		绝缘导线不剥皮安装

导线安全系数配置表

适用导线型号	安全系数		适用杆塔范围
	XZ–A 气象区	XZ–B 气象区	
JKLYJ–10/50	3.0	3.0	
JKLYJ–10/70	3.5	3.5	
JKLYJ–10/95	4.0	4.0	水泥单杆
JKLYJ–10/120	5.0	5.0	钢管杆
JKLYJ–10/150	5.0	5.0	窄基塔
JKLYJ–10/185	5.0	5.0	
JKLYJ–10/240	5.0	5.0	

盘形悬式瓷绝缘子片数选用配置表

气象区	XZ–A、XZ–B	
海拔	4000m 及以下	4000～5000m
污区等级	a、b、c	
绝缘子片数	3 片	3 片

NXJG 楔型耐张线夹适用导线型号对照表

序号	适用导线型号	NXJG 楔型耐张线夹型号
1	JKLYJ–10/50	NXJG–1
2	JKLYJ–10/70	NXJG–2
3	JKLYJ–10/95	NXJG–2
4	JKLYJ–10/120	NXJG–3
5	JKLYJ–10/150	NXJG–3
6	JKLYJ–10/185	NXJG–4
7	JKLYJ–10/240	NXJG–4

说明：1. 根据当助气象区、海拔及污区等级选择匹配的绝缘子片数。

2. 当使用水泥杆单杆三角排列时，中相耐张串联杆金具 Z–07100 可根据实际情况更换为 PS–0790。

图 16–7　球窝式盘形悬式绝缘子单联耐张串–NXJG

槽式盘形悬式绝缘子单联耐张串配置表

编号	名称	金具型号	数量	公称高度	备注
①	ZBD 挂板	ZBD－07100	1	100	
②	盘形悬式瓷绝缘子，U70C		2～3	292（438）	
③	PS 挂板	PS－0790	1	90	
④	楔型耐张线夹，NXJG		1		绝缘导线不剥皮安装

导线安全系数配置表

适用导线型号	安全系数		适用杆塔范围
	XZ－A 气象区	XZ－B 气象区	
JKLYJ－10/50	3.0	3.0	
JKLYJ－10/70	3.5	3.5	
JKLYJ－10/95	4.0	4.0	水泥单杆
JKLYJ－10/120	5.0	5.0	钢管杆
JKLYJ－10/150	5.0	5.0	窄基塔
JKLYJ－10/185	5.0	5.0	
JKLYJ－10/240	5.0	5.0	

盘形悬式瓷绝缘子片数选用配置表

气象区	XZ－A、XZ－B	
海拔	4000m 及以下	4000～5000m
污区等级	a、b、c	
绝缘子片数	3 片	3 片

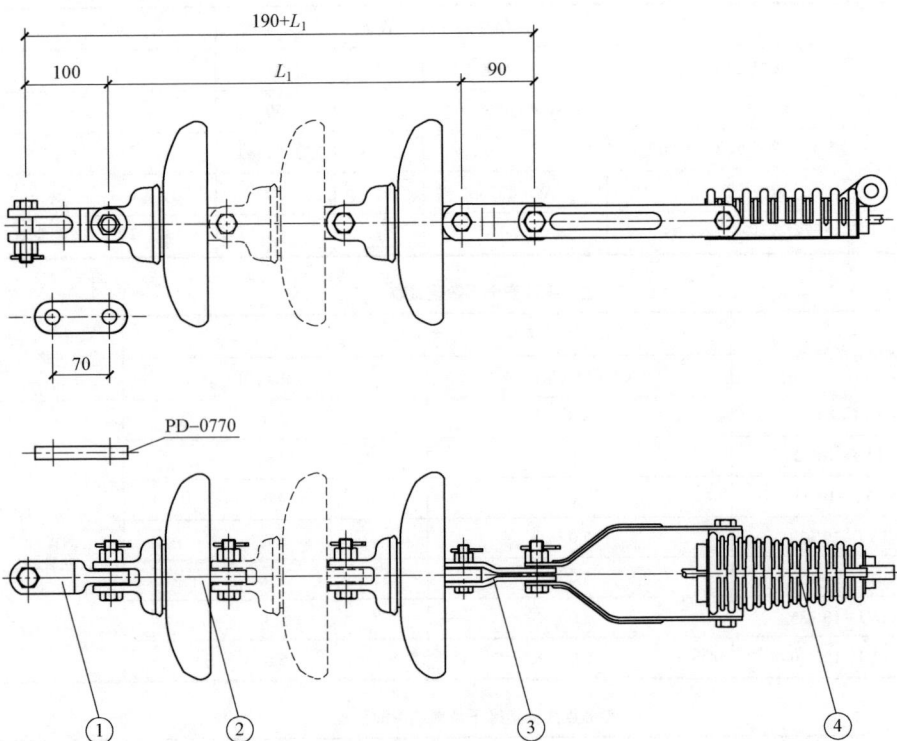

NXJG 楔型耐张线夹适用导线型号对照表

序号	适用导线型号	NXJG 楔型耐张线夹型号
1	JKLYJ－10/50	NXJG－1
2	JKLYJ－10/70	NXJG－2
3	JKLYJ－10/95	NXJG－2
4	JKLYJ－10/120	NXJG－3
5	JKLYJ－10/150	NXJG－3
6	JKLYJ－10/185	NXJG－4
7	JKLYJ－10/240	NXJG－4

说明：1. 根据当地气象区、海拔及污区等级选择匹配的绝缘子片数。

2. 当使用水泥杆单杆三角排列时，中相耐张串联杆金具 ZBD－07100 可根据实际情况更换为 PD－0770。

图 16－8　槽式盘形悬式绝缘子单联耐张串－NXJG

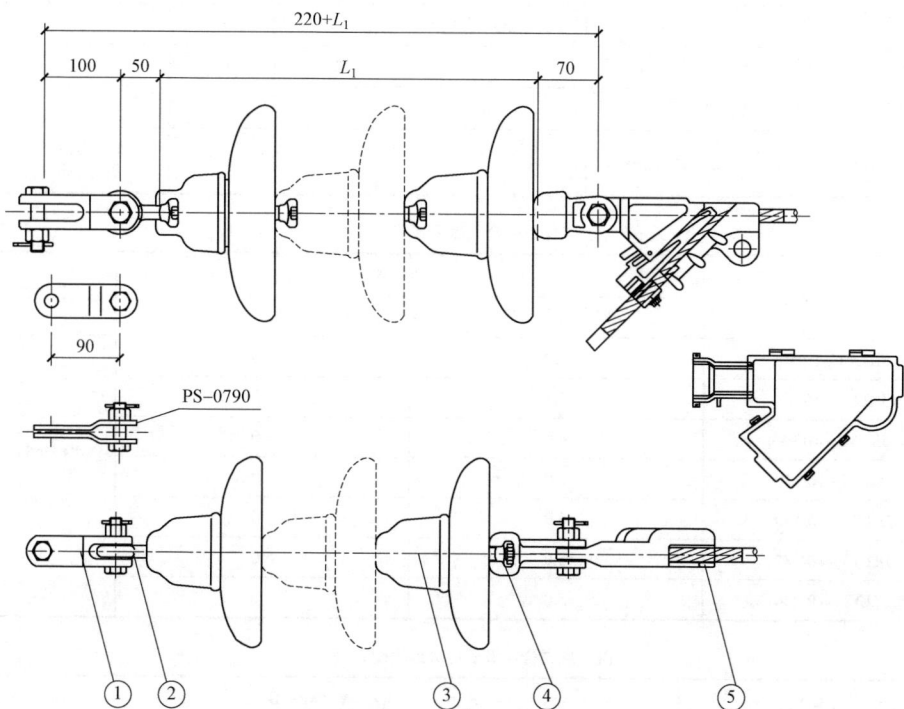

球窝式盘形悬式绝缘子单联耐张串配置表

编号	名称	金具型号	数量	公称高度	备注
①	直角挂板	Z－07100	1	100	
②	球头挂环	QP－0750	1	50	
③	盘形悬式瓷绝缘子，U70B		2～3	292（438）	
④	碗头挂板（带绝缘罩）	WS－0770	1	70	
⑤	楔型耐张线夹，NXL（带绝缘罩）		1		绝缘导线剥皮安装勿需缠绕铝包带

导线安全系数配置表

适用导线型号	各气象区导线适用安全系数范围		适用杆塔范围
	XZ－A 气象区	XZ－B 气象区	
JKLYJ－10/50	3.0	3.0	
JKLYJ－10/70	3.5	3.5	水泥单杆钢管杆窄基塔
JKLYJ－10/95	4.0	4.0	
JKLYJ－10/120	5.0	5.0	
JKLYJ－10/150	5.0	5.0	
JKLYJ－10/185	5.0	5.0	
JKLYJ－10/240	5.0	5.0	

盘形悬式瓷绝缘子片数选用配置表

气象区	XZ－A、XZ－B	
海拔	4000m 及以下	4000～5000m
污区等级	a、b、c	
绝缘子片数	3 片	3 片

NXL 楔型耐张线夹适用导线型号对照表

序号	适用导线型号	NXL 楔型耐张线夹型号
1	JKLYJ－10/50	NXL－1
2	JKLYJ－10/70	NXL－2
3	JKLYJ－10/95	NXL－2
4	JKLYJ－10/120	NXL－3
5	JKLYJ－10/150	NXL－3
6	JKLYJ－10/185	NXL－4
7	JKLYJ－10/240	NXL－4

说明：1. 根据当地气象区、海拔及污区等级选择匹配的绝缘子片数。

2. 绝缘导线挂线时，碗头挂板及耐张线夹需带绝缘罩，并采取有效的绝缘包封及防水措施。

3. 当使用水泥杆单杆三角排列时，中相耐张串联杆具 Z－07100 可根据实际情况更换为 PS－0790。

图 16－9　球窝式盘形悬式绝缘子单联耐张串－NXL

槽式盘形悬式绝缘子单联耐张串配置表

编号	名称	金具型号	数量	公称高度	备注
①	ZBD 挂板	ZBD－07100	1	100	
②	盘形悬式瓷绝缘子，U70C		2～3	292（438）	
③	平行挂板（带绝缘罩）	P－0770	1	70	
④	楔型耐张线夹，NXL（带绝缘罩）		1		绝缘导线剥皮安装勿需缠绕铝包带

导线安全系数配置表

适用导线型号	安全系数		适用杆塔范围
	XZ－A 气象区	XZ－B 气象区	
JKLYJ－10/50	3.0	3.0	
JKLYJ－10/70	3.5	3.5	
JKLYJ－10/95	4.0	4.0	水泥单杆
JKLYJ－10/120	5.0	5.0	钢管杆
JKLYJ－10/150	5.0	5.0	窄基塔
JKLYJ－10/185	5.0	5.0	
JKLYJ－10/240	5.0	5.0	

盘形悬式瓷绝缘子片数选用配置表

气象区	XZ－A、XZ－B	
海拔	4000m 及以下	4000～5000m
污区等级	a、b、c	
绝缘子片数	3 片	3 片

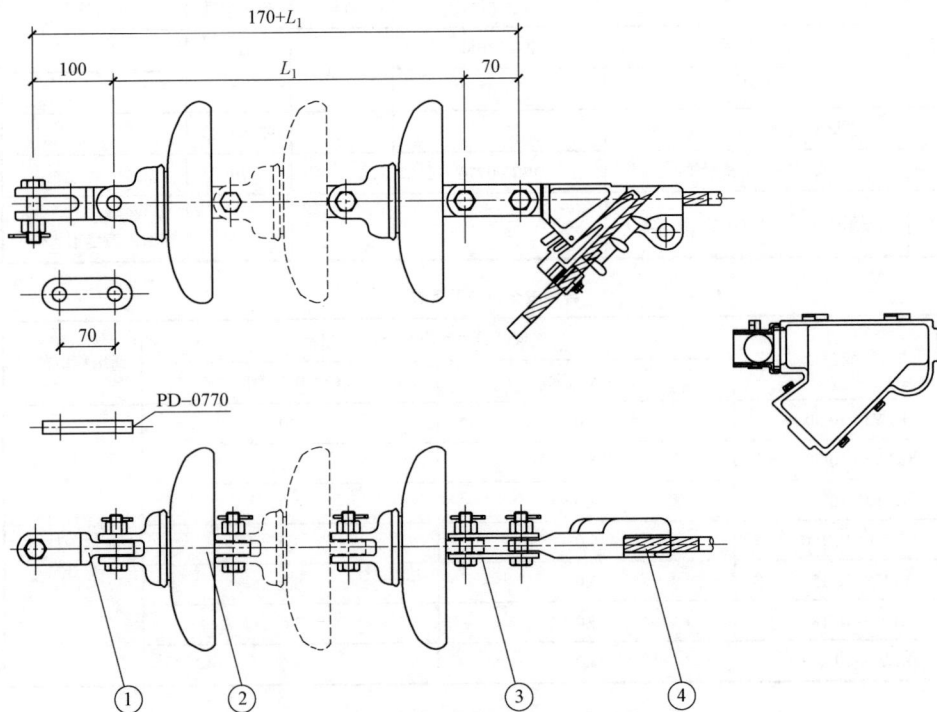

NXL 楔型耐张线夹适用导线型号对照表

序号	适用导线型号	NXL 楔型耐张线夹型号
1	JKLYJ－10/50	NXL－1
2	JKLYJ－10/70	NXL－2
3	JKLYJ－10/95	NXL－2
4	JKLYJ－10/120	NXL－3
5	JKLYJ－10/150	NXL－3
6	JKLYJ－10/185	NXL－4
7	JKLYJ－10/240	NXL－4

说明：1. 根据当地气象区、海拔及污区等级选择匹配的绝缘子片数。

2. 绝缘导线挂线时，平行挂板及耐张线夹需带绝缘罩，并采取有效的绝缘包封及防水措施。

3. 当使用水泥杆单杆三角排列时，中相耐张串联杆金具 ZBD－07100 可根据实际情况更换为 PD－0770。

图 16－10　槽式盘形悬式绝缘子单联耐张串－NXL

球窝式盘形悬式绝缘子单联耐张串配置表

编号	名称	金具型号	数量	公称高度	备注
①	直角挂板	Z－07100	1	100	
②	球头挂环	QP－0750	1	50	
③	盘形悬式瓷绝缘子，U70B		2～3	292（438）	
④	碗头挂板	W－07115	1	115	
⑤	螺栓型耐张线夹，NLL		1		
⑥	铝包带，1×10mm				使用量自行核算确定

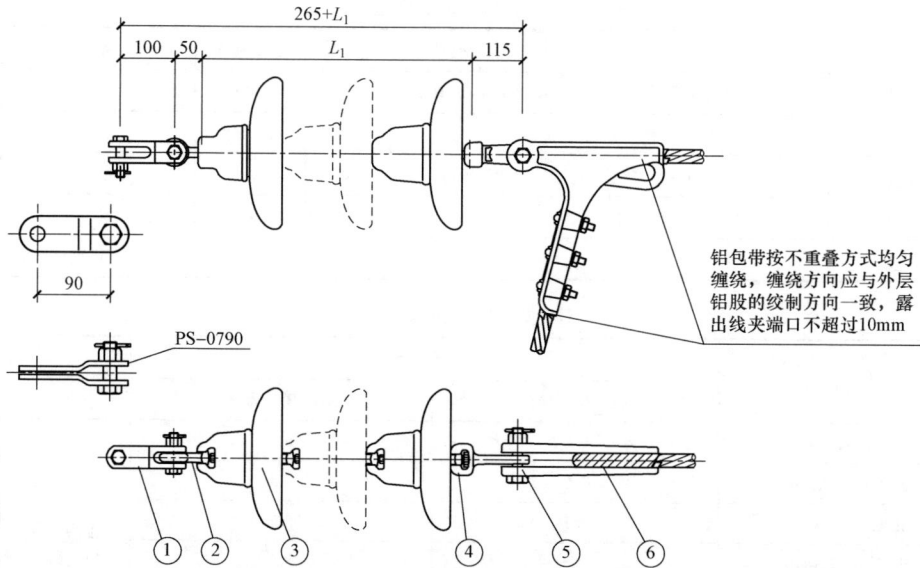

铝包带按不重叠方式均匀缠绕，缠绕方向应与外层铝股的绞制方向一致，露出线夹端口不超过10mm

PS－0790

导线安全系数配置表

适用导线型号	安全系数		适用杆塔范围
	XZ－A 气象区	XZ－B 气象区	
JL/G1A－50/8	6.0	6.0	
JL/G1A－70/10	7.0	7.0	
JL/G1A－95/15	8.5	8.5	水泥单杆 钢管杆 窄基塔
JL/G1A－120/20	8.5	8.5	
JL/G1A－150/20	8.0	8.0	
JL/G1A－185/25	8.5	8.5	
JL/G1A－240/30	10.0	10.0	

NLL 螺栓型耐张线夹适用导线型号对照表

序号	适用导线型号	NLL 楔型耐张线夹型号
1	JL/G1A－50/8、JL/LB20A－50/8	NLL－1
2	JL/G1A－70/10	NLL－2
3	JL/G1A－95/15、JL/LB20A－95/15	NLL－2
4	JL/G1A－120/20	NLL－3
5	JL/G1A－150/20，JL/LB20A－150/20	NLL－3
6	JL/G1A－185/25	NLL－4
7	JL/G1A－240/30，JL/LB20A－240/30	NLL－4

盘形悬式瓷绝缘子片数选用配置表

气象区	XZ－A、XZ－B	
海拔	4000m 及以下	4000～5000m
污区等级	a、b、c	
绝缘子片数	3 片	3 片

说明：1. 根据当地气象区、海拔及污区等级选择匹配的绝缘子片数。

2. 当使用水泥杆单杆三角排列时，中相耐张串联杆金具 Z－07100 可根据实际情况更换为 PS－0790。

图 16－11 球窝式盘形悬式绝缘子单联耐张串－NLL

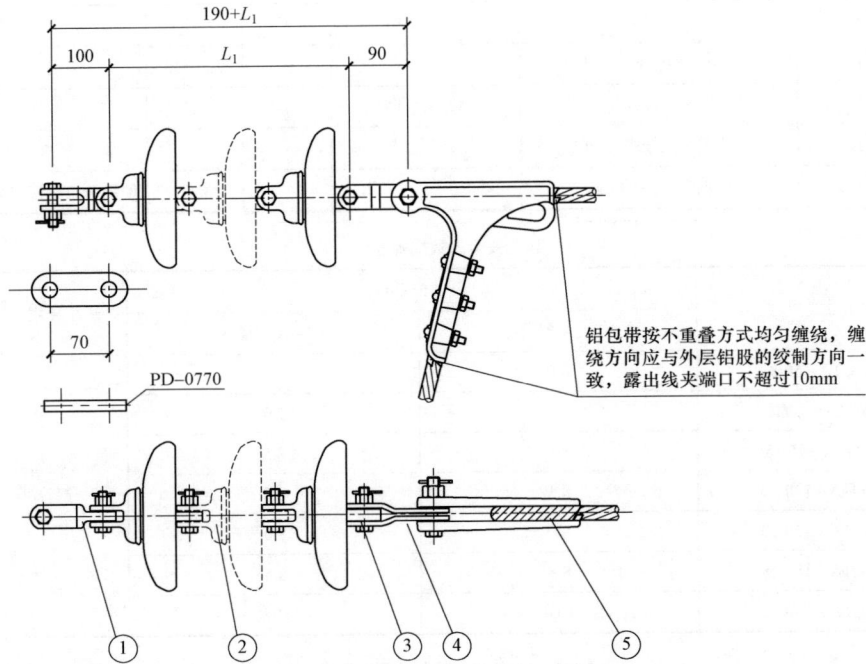

铝包带按不重叠方式均匀缠绕，缠绕方向应与外层铝股的绞制方向一致，露出线夹端口不超过10mm

槽式盘形悬式绝缘子耐张串配置表

编号	名称	金具型号	数量	公称高度	备注
①	ZBD 挂板	ZBD－07100	1	100	
②	盘形悬式瓷绝缘子，U70C		2～3	292（438）	
③	PS 挂板	PS－0790	1	90	
④	螺栓型耐张线夹，NLL		1		
⑤	铝包带，1×10mm				使用量自行核算确定

导线安全系数配置表

适用导线型号	安全系数		适用杆塔范围
	XZ－A 气象区	XZ－B 气象区	
JL/G1A－50/8	6.0	6.0	水泥单杆 钢管杆 窄基塔
JL/G1A－70/10	7.0	7.0	
JL/G1A－95/15	8.5	8.5	
JL/G1A－120/20	8.5	8.5	
JL/G1A－150/20	8.0	8.0	
JL/G1A－185/25	8.5	8.5	
JL/G1A－240/30	10.0	10.0	

NLL 螺栓型耐张线夹适用导线型号对照表

序号	适用导线型号	NLL 楔型耐张线夹型号
1	JL/G1A－50/8、JL/LB20A－50/8	NLL－1
2	JL/G1A－70/10	NLL－2
3	JL/G1A—95/15、JL/LB20A－95/15	NLL－2
4	JL/G1A－120/20	NLL－3
5	JL/G1A－150/20，JL/LB20A－150/20	NLL－3
6	JL/G1A－185/25	NLL－4
7	JL/G1A－240/30、JL/LB20A－240/30	NLL－4

盘形悬式瓷绝缘子片数选用配置表

气象区	XZ－A、XZ－B	
海拔	4000m 及以下	4000～5000m
污区等级	a、b、c	
绝缘子片数	3 片	3 片

说明：1. 根据当地气象区、海拔及污区等级选择匹配的绝缘子片数。

2. 当使用水泥杆单杆三角排列时，中相耐张串联杆金具 ZBD－07100 可根据实际情况更换为 PD－0770。

图 16－12　槽式盘形悬式绝缘子单联耐张串－NLL

球窝式盘形悬式绝缘子单联耐张串配置表

编号	名称	金具型号	数量	公称高度	备注
①	直角挂板	Z－10100	1	100	
②	球头挂环	QP－1050	1	50	
③	盘形悬式瓷绝缘子，U70B		2～3	292（438）	
④	碗头挂板	W－07115	1	115	
⑤	螺栓型耐张线夹，NLL		1		绝缘导线剥皮安装
⑥	铝包带，1×10mm				使用量自行核算确定

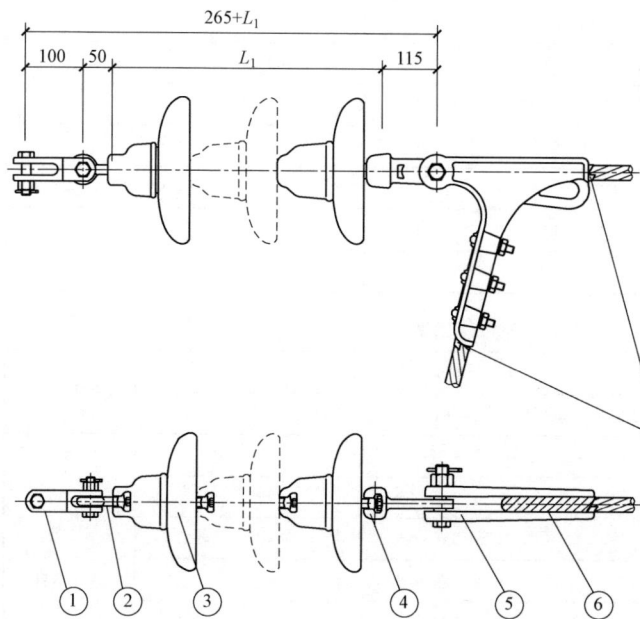

铝包带按不重叠方式均匀缠绕，缠绕方向应与外层铝股的绞制方向一致，露出线夹端口不超过10mm

导线安全系数配置表

适用导线型号	安全系数		适用杆塔范围
	XZ－A 气象区	XZ－B 气象区	
JL/G1A－50/8	3.0～4.5	3.0～4.5	
JL/G1A－70/10	3.0～4.5	3.0～4.5	
JL/G1A－95/15	3.0～4.5	3.0～4.5	水泥单杆
JL/G1A－120/20	3.0～4.5	3.0～4.5	钢管杆
JL/G1A－150/20	3.0～4.5	3.0～4.5	窄基塔
JL/G1A－185/25	3.0～4.5	3.0～4.5	
JL/G1A－240/30	3.0～4.5	3.0～4.5	

NLL 螺栓型耐张线夹适用导线型号对照表

序号	适用导线型号	NLL 楔型耐张线夹型号
1	JL/G1A－50/8	NLL－1
2	JL/G1A－70/10	NLL－2
3	JL/G1A－95/15	NLL－2
4	JL/G1A－120/20	NLL－3
5	JL/G1A－150/20	NLL－3
6	JL/G1A－185/25	NLL－4
7	JL/G1A－240/30	NLL－4

盘形悬式瓷绝缘子片数选用配置表

气象区	XZ－A、XZ－B	
海拔	4000m 及以下	4000～5000m
污区等级	a、b、c	
绝缘子片数	3片	3片

说明：1. 根据当地气象区、海拔及污区等级选择匹配的绝缘子片数。

2. 耐张线夹握力与导线计算拉断力之比不小于 90%。

图 16－13　球窝式盘形悬式绝缘子单联耐张串－NLL（联塔金具 100kN）

球窝式盘形悬式绝缘子单联耐张串配置表

编号	名称	金具型号	数量	公称高度	备注
①	直角挂板	Z－10100	1	100	
②	球头挂环	QP－1050	1	50	
③	盘形悬式瓷绝缘子，U70B		2～3	292（438）	
④	碗头挂板	W－0770	1	70	
⑤	平行挂板	P－0770	1	70	
⑥	DB 调整板	DB－0770－170	1	L_2	L_2：70，95，120，145，170
⑦	U 型挂环	U－0770	1	70	
⑧	液压型耐张线夹，NY		1		

导线安全系数配置表

适用导线型号	安全系数		适用杆塔范围
	XZ－A 气象区	XZ－B 气象区	
JL/G1A－50/8	3.0～4.5		
JL/G1A－70/10	3.0～4.5		
JL/G1A－95/15	3.0～4.5		
JL/G1A－120/20	3.0～4.5		水泥双杆
JL/G1A－150/20	3.0～4.5		
JL/G1A－185/25	3.5～4.5		
JL/G1A－240/30	4.0～4.5		
JL/G1A－50/8	2.5	2.5	
JL/G1A－70/10	2.5	2.5	
JL/G1A－95/15	2.5	2.5	
JL/G1A－120/20	2.5	2.5	宽基塔
JL/G1A－150/20	2.5	2.5	
JL/G1A－185/25	2.5	2.5	
JL/G1A－240/30	2.5	2.5	

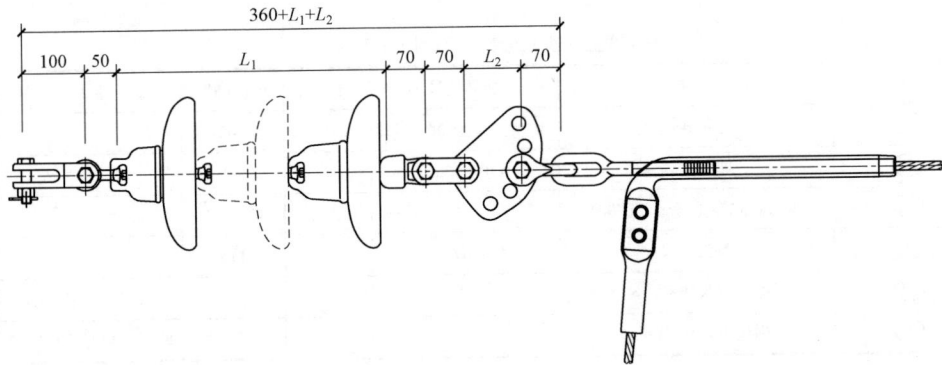

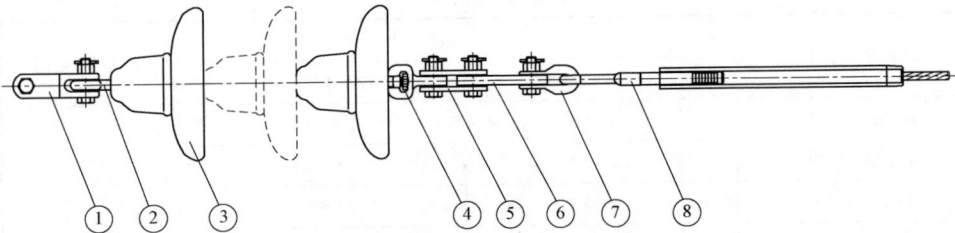

NY 型耐张线夹适用导线型号对照表

序号	适用导线型号	NY 楔型耐张线夹型号
1	JL/G1A－50/8	NY－50/8
2	JL/G1A－70/10	NY－70/10
3	JL/G1A－95/15	NY－95/15
4	JL/G1A－120/20	NY－120/20
5	JL/G1A－150/20	NY－150/20
6	JL/G1A－185/25	NY－185/25
7	JL/G1A－240/30	NY－240/30

盘形悬式瓷绝缘子片数选用配置表

气象区	XZ－A、XZ－B	
海拔	4000m 及以下	4000～5000m
污区等级	a、b、c	
绝缘子片数	3 片	3 片

说明：1. 根据当地气象区、海拔及污区等级选择匹配的绝缘子片数。

2. 耐张线夹握力与导线计算拉断力之比不小于 95%。

图 16－14　球窝式盘形悬式绝缘子单联耐张串－NY（联塔金具 100kN）

球窝式盘形悬式绝缘子双联耐张串配置表

编号	名称	金具型号	数量	公称高度	备注
①	U 型挂环	U－1085	3	85	
②	延长环	PH－10100	1	100	
③	L 联板	L－10－70/400	2	70	
④	直角挂板	Z－07100	2	100	
⑤	球头挂环	QP－0750	2	50	
⑥	盘形悬式瓷绝缘子，U70B		4～6	292（438）	
⑦	碗头挂板	WS－0770	2	70	
⑧	直角挂板	Z－10100	1	100	
⑨	DB 调整板	DB－1080－200	1	L_2	L_2：70，95，120，145，170
⑩	液压型耐张线夹，NY		1		

导线安全系数配置表

适用导线型号	安全系数		适用杆塔范围
	XZ－A 气象区	XZ－B 气象区	
JL/G1A－50/8			
JL/G1A－70/10	2.5	2.5	
JL/G1A－95/15	2.5	2.5	
JL/G1A－120/20	2.5	2.5	宽基塔
JL/G1A－150/20	2.5	2.5	
JL/G1A－185/25	2.5	2.5	
JL/G1A－240/30	2.5	2.5	

说明：1. 根据当地气象区、海拔及污区等级选择匹配的绝缘子片数。

2. 耐张线夹握力与导线计算拉断力之比不小于 95%。

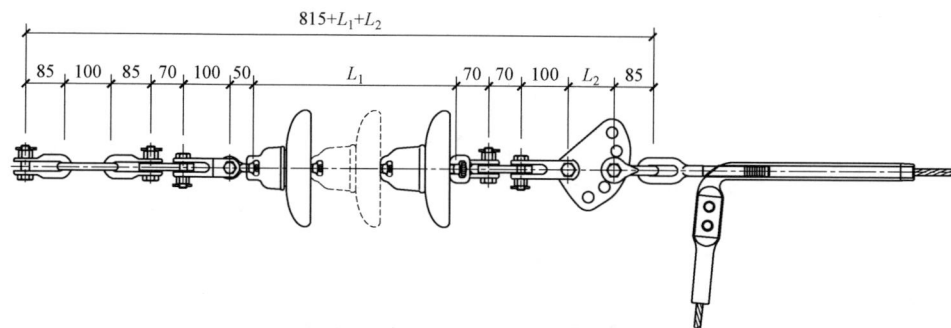

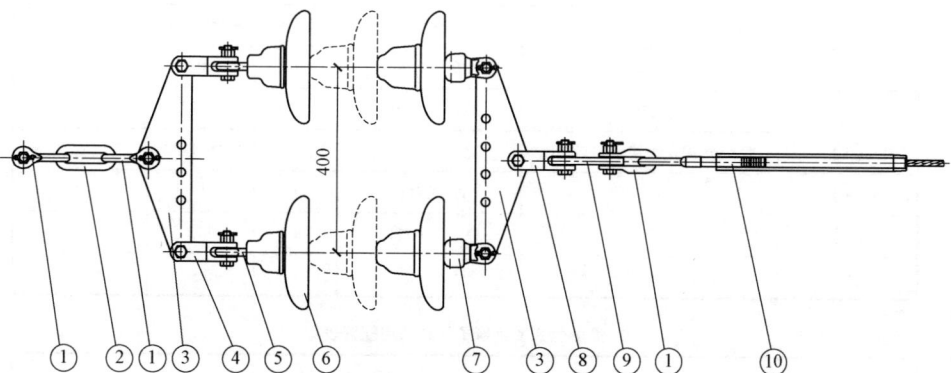

NY 型耐张线夹适用导线型号对照表

序号	适用导线型号	NY 楔型耐张线夹型号
1	JL/G1A－50/8	NY－50/8
2	JL/G1A－70/10	NY－70/10
3	JL/G1A－95/15	NY－95/15
4	JL/G1A－120/20	NY－120/20
5	JL/G1A－150/20	NY－150/20
6	JL/G1A－185/25	NY－185/25
7	JL/G1A－240/30	NY－240/30

盘形悬式瓷绝缘子片数选用配置表

气象区	XZ－A、XZ－B	
海拔	4000m 及以下	4000～5000m
污区等级	a、b、c	
绝缘子片数	3 片	3 片

图 16－15 球窝式盘形悬式绝缘子双联耐张串－NY（联塔金具 100kN）

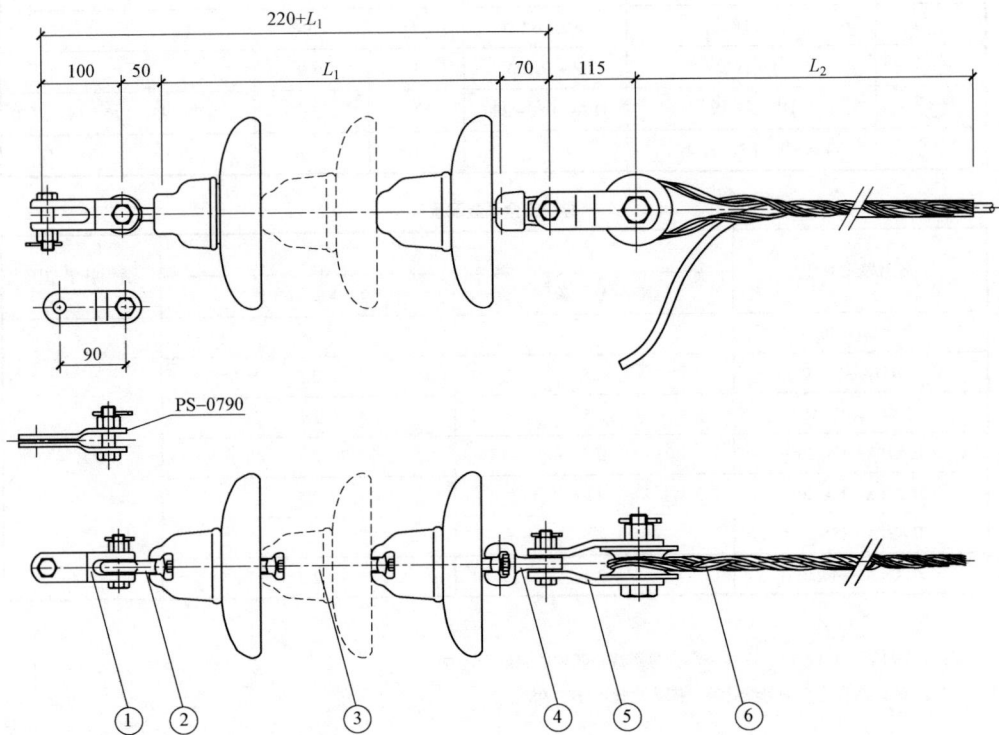

球窝式盘形悬式绝缘子单联耐张串配置表

编号	名称	金具型号	数量	公称高度	备注
①	直角挂板	Z－07100	1	100	
②	球头挂环	QP－0750	1	50	
③	盘形悬式瓷绝缘子，U70B		2～3	292（438）	
④	碗头挂板	W－07115	1	70	
⑤	心形环	QXH－07115	1	115	
⑥	预绞式耐张线夹，NL		1	L_2	

盘形悬式瓷绝缘子片数选用配置表

气象区	XZ－A、XZ－B	
海拔	4000m及以下	4000～5000m
污区等级	a、b、c	
绝缘子片数	3片	3片

说明：1. 根据当地气象区、海拔及污区等级选择匹配的绝缘子片数。

2. 当使用于水泥杆单杆三角排列时，中相耐张串金具 Z－07100 换成 PS－0790。

图 16－16　球窝式盘形悬式绝缘子单联耐张串－NL（1/2）

NL 预绞式耐张线夹适用导线型号对照表

序号	适用导线型号	NL 预绞式耐张线夹型号	L_2
1	JKLYJ－10/50	NL－JKLYJ－50	870
2	JKLYJ－10/70	NL－JKLYJ－70	1000
3	JKLYJ－10/95	NL－JKLYJ－95	1000
4	JKLYJ－10/120	NL－JKLYJ－120	1000
5	JKLYJ－10/150	NL－JKLYJ－150	1000
6	JKLYJ－10/185	NL－JKLYJ－185	990
7	JKLYJ－10/240	NL－JKLYJ－240	990
8	JL/G1A－50/8	NL－50/8	670
9	JL/G1A－70/10	NL－70/10	720
10	JL/G1A－95/15	NL－95/15	860
11	JL/G1A－120/20	NL－120/20	860
12	JL/G1A－150/20	NL－150/20	1000
13	JL/G1A－185/25	NL－185/25	1140
14	JL/G1A－240/30	NL－240/30	1250
15	JL/LB20A－50/8	NL－50/8	670
16	JL/LB20A－95/15	NL－95/15	860
17	JL/LB20A－150/20	NL－150/20	1000
18	JL/LB20A－240/30	NL－240/30	1250

导线安全系数配置表

适用导线型号	安全系数		适用杆塔范围
	XZ－A 气象区	XZ－B 气象区	
JKLYJ－10/50	3.0	3.0	
JKLYJ－10/70	3.5	3.5	
JKLYJ－10/95	4.0	4.0	
JKLYJ－10/120	5.0	5.0	
JKLYJ－10/150	5.0	5.0	
JKLYJ－10/185	5.0	5.0	
JKLYJ－10/240	5.0	5.0	
JL/G1A－50/8	6.0	6.0	水泥单杆
JL/G1A－70/10	7.0	7.0	钢管杆
JL/G1A－95/15	8.5	8.5	窄基塔
JL/G1A－120/20	8.5	8.5	
JL/G1A－150/20	8.0	8.0	
JL/G1A－185/25	8.5	8.5	
JL/G1A－240/30	10.0	10.0	
JL/LB20A－50/8	6.0	6.0	
JL/LB20A－95/15	8.0	8.0	
JL/LB20A－150/20	8.5	8.5	
JL/LB20A－240/30	10.5	10.5	

图 16－17　球窝式盘形悬式绝缘子单联耐张串－NL（2/2）

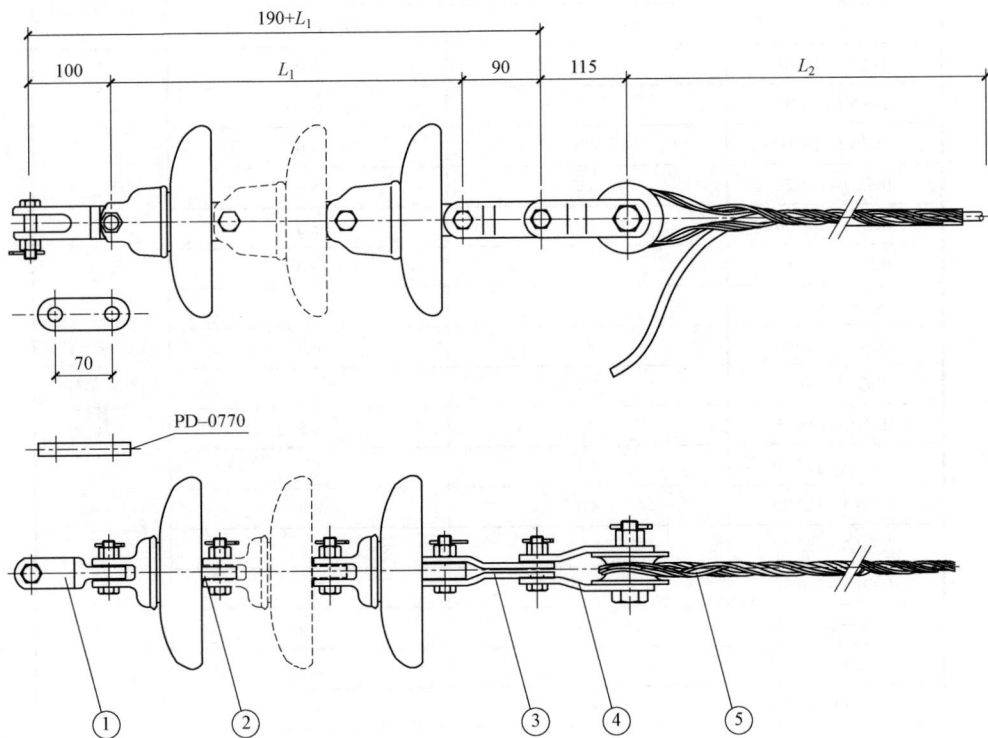

编号	名称	金具型号	数量	公称高度	备注
①	ZBD 挂板	ZBD－07100	1	100	
②	盘形悬式瓷绝缘子，U70C		2~3	292（438）	
③	PS 挂板	PS－0790	1	90	
④	心形环	QXH－07115	1	115	
⑤	预绞式耐张线夹，NL		1	L_2	

盘形悬式瓷绝缘子片数选用配置表

气象区	XZ－A、XZ－B	
海拔	4000m 及以下	4000~5000m
污区等级	a、b、c	
绝缘子片数	3 片	3 片

说明：1. 根据当地气象区、海拔及污区等级选择匹配的绝缘子片数。

2. 当使用于水泥杆单杆三角排列时，中相耐张串金具 ZBD－07100 换成 PD－0770。

图 16－18　槽式盘形悬式绝缘子单联耐张串－NL（1/2）

NL 预绞式耐张线夹适用导线型号对照表

序号	适用导线型号	NL 预绞式耐张线夹型号	L_2
1	JKLYJ－10/50	NL－JKLYJ－50	870
2	JKLYJ－10/70	NL－JKLYJ－70	1000
3	JKLYJ－10/95	NL－JKLYJ－95	1000
4	JKLYJ－10/120	NL－JKLYJ－120	1000
5	JKLYJ－10/150	NL－JKLYJ－150	1000
6	JKLYJ－10/185	NL－JKLYJ－185	990
7	JKLYJ－10/240	NL－JKLYJ－240	990
8	JL/G1A－50/8	NL－50/8	670
9	JL/G1A－70/10	NL－70/10	720
10	JL/G1A－95/15	NL－95/15	860
11	JL/G1A－120/20	NL－120/20	860
12	JL/G1A－150/20	NL－150/20	1000
13	JL/G1A－185/25	NL－185/25	1140
14	JL/G1A－240/30	NL－240/30	1250
15	JL/LB20A－50/8	NL－50/8	670
16	JL/LB20A－95/15	NL－95/15	860
17	JL/LB20A－150/20	NL－150/20	1000
18	JL/LB20A－240/30	NL－240/30	1250

导线安全系数配置表

适用导线型号	安全系数		适用杆塔范围
	XZ－A 气象区	XZ－B 气象区	
JKLYJ－10/50	3.0	3.0	
JKLYJ－10/70	3.5	3.5	
JKLYJ－10/95	4.0	4.0	
JKLYJ－10/120	5.0	5.0	
JKLYJ－10/150	5.0	5.0	
JKLYJ－10/185	5.0	5.0	
JKLYJ－10/240	5.0	5.0	
JL/G1A－50/8	6.0	6.0	
JL/G1A－70/10	7.0	7.0	水泥单杆
JL/G1A－95/15	8.5	8.5	钢管杆
JL/G1A－120/20	8.5	8.5	窄基塔
JL/G1A－150/20	8.5	8.5	
JL/G1A－185/25	8.5	8.5	
JL/G1A－240/30	10.0	10.0	
JL/LB20A－50/8	6.0	6.0	
JL/LB20A－95/15	8.0	8.0	
JL/LB20A－150/20	8.5	8.5	
JL/LB20A－240/30	10.5	10.5	

图 16－19 槽式盘形悬式绝缘子单联耐张串－NL（2/2）

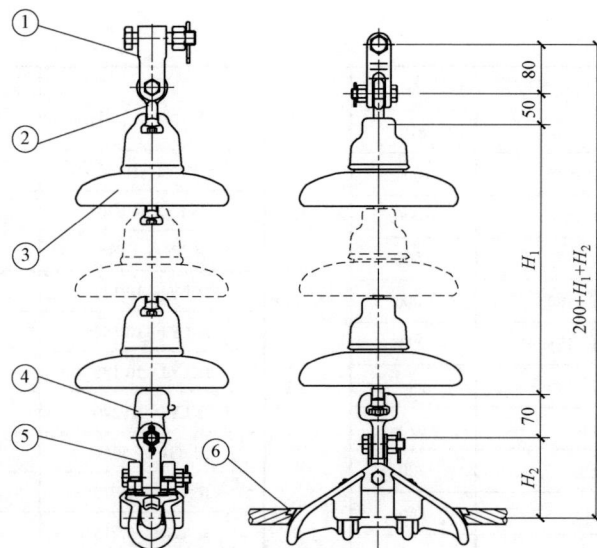

10kV盘形悬式瓷绝缘子悬垂串

球窝式盘形悬式（棒形悬式复合）绝缘子单联悬垂串配置表

编号	名称	金具型号	数量	公称高度	备注
①	ZBS 挂板	ZBS－07/10－80	1	80	
②	球头挂环	QP－0750		50	
③	盘形悬式瓷绝缘子，U70B		2~3	292（438）	
	棒形悬式复合绝缘子		1	390	
④	碗头挂板	W－0770		70	
⑤	悬垂线夹－提包式，XG		1	H_2	
⑥	铝包带，1×10mm				使用量自行核算确定
	预绞式护线条，FYH		1		

图 16－20　球窝式盘形悬式绝缘子单联悬垂串－XG（1/2）

导线安全系数配置表

适用导线型号	安全系数		适用杆塔范围
	XZ-A 气象区	XZ-B 气象区	
JL/G1A-50/8	3.0~4.5		水泥双杆
JL/G1A-70/10	3.0~4.5		
JL/G1A-95/15	3.0~4.5		
JL/G1A-120/20	3.0~4.5		
JL/G1A-150/20	3.0~4.5		
JL/G1A-185/25	3.0~4.5		
JL/G1A-240/30	3.0~4.5		
JL/G1A-50/8			宽基塔
JL/G1A-70/10	2.5	2.5	
JL/G1A-95/15	2.5	2.5	
JL/G1A-120/20	2.5	2.5	
JL/G1A-150/20	2.5	2.5	
JL/G1A-185/25	2.5	2.5	
JL/G1A-240/30	2.5	2.5	

盘形悬式瓷绝缘子片数选用配置表

气象区	XZ-A、XZ-B	
海拔	4000m 及以下	4000~5000m
污区等级	a、b、c	
绝缘子片数	3 片	3 片

图 16-21　球窝式盘形悬式绝缘子单联悬垂串-XG（2/2）

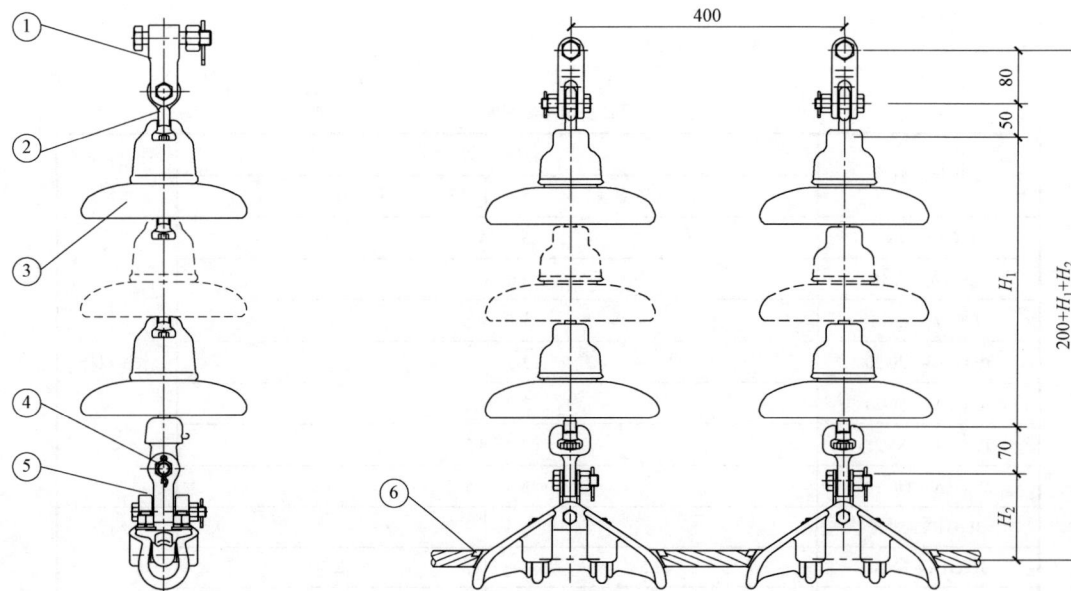

10kV盘形悬式瓷绝缘子悬垂串

球窝式盘形悬式（棒形悬式复合）绝缘子双联悬垂串配置表
XG 型悬垂线夹适用导线对照表

编号	名称	金具型号	数量	公称高度	备注
①	ZBS 挂板	ZBS－07/10－80	2	80	
②	球头挂环	QP－0750	2	50	
③	盘形悬式瓷绝缘子，U70B		4～6	292（438）	
	棒形悬式复合绝缘子		2	390	
④	碗头挂板	W－0770	2	70	
⑤	悬垂线夹－提包式，XG		2	H_2	
⑥	铝包带，1×10mm				使用量自行核算确定
	预绞式护线条，FYH		1		

图 16－22　球窝式盘形悬式绝缘子双联悬垂串－XG（1/2）

导线安全系数配置表

适用导线型号	安全系数		适用杆塔范围
	XZ-A 气象区	XZ-B 气象区	
JL/G1A-50/8	3.0~4.5		水泥双杆
JL/G1A-70/10	3.0~4.5		
JL/G1A-95/15	3.0~4.5		
JL/G1A-120/20	3.0~4.5		
JL/G1A-150/20	3.0~4.5		
JL/G1A-185/25	3.0~4.5		
JL/G1A-240/30	3.0~4.5		
JL/G1A-50/8			宽基塔
JL/G1A-70/10	2.5	2.5	
JL/G1A-95/15	2.5	2.5	
JL/G1A-120/20	2.5	2.5	
JL/G1A-150/20	2.5	2.5	
JL/G1A-185/25	2.5	2.5	
JL/G1A-240/30	2.5	2.5	

盘形悬式瓷绝缘子片数选用配置表

气象区	XZ-A、XZ-B	
海拔	4000m 及以下	4000~5000m
污区等级	a、b、c	
绝缘子片数	3 片	3 片

图 16-23 球窝式盘形悬式绝缘子双联悬垂串-XG（2/2）

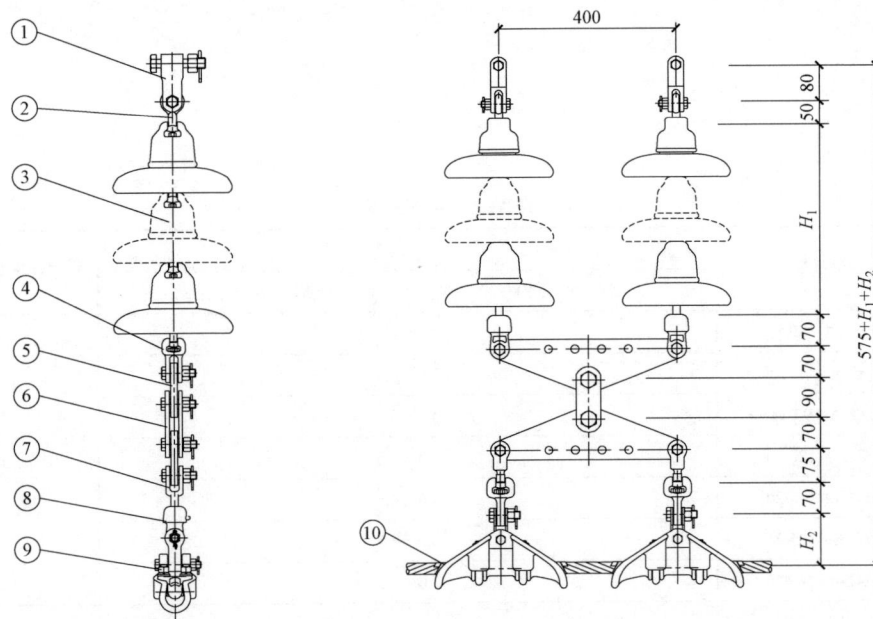

10kV盘形悬式瓷绝缘子悬垂串

球窝式盘形悬式（棒形悬式复合）绝缘子双联悬垂串配置表

编号	名称	金具型号	数量	公称高度	备注
①	ZBS挂板	ZBS－07/10－80	2	80	
②	球头挂环	QP－0750	2	50	
③	盘形悬式瓷绝缘子，U70B		4～6	292（438）	
	棒形悬式复合绝缘子		2	390	
④	碗头挂板	WS－0770	2	70	
⑤	L联板	L－12－70/400	2	70	
⑥	平行挂板	P－1290		90	
⑦	球头挂环	QS－0775	2	75	
⑧	碗头挂板	W－0770	2	70	
⑨	悬垂线夹－提包式，XG		2	H_2	
⑩	铝包带，1×10mm				使用量自行核算确定
	预绞式护线条，FYH				

图16－24　球窝式盘形悬式绝缘子双联悬垂串－XG（L联板）（1/2）

导线安全系数配置表

适用导线型号	安全系数		适用杆范围
	XZ－A 气象区	XZ－B 气象区	
JL/G1A－50/8	2.5	2.5	
JL/G1A－70/10	2.5	2.5	
JL/G1A－95/15	2.5	2.5	
JL/G1A－120/20	2.5	2.5	宽基塔
JL/G1A－150/20	2.5	2.5	
JL/G1A－185/25	2.5	2.5	
JL/G1A－240/30	2.5	2.5	

盘形悬式瓷绝缘子片数选用配置表

气象区	XZ－A、XZ－B	
海拔	4000m 及以下	4000～5000m
污区等级	a、b、c	
绝缘子片数	3 片	3 片

图 16－25 球窝式盘形悬式绝缘子双联悬垂串－XG（L 联板）（2/2）

第17章 防雷接地设计

17.1 设计说明

17.1.1 概述

10kV 架空线路防雷与接地方式应按照《66kV 及以下架空电力线路设计标准》（GB 50061—2010）、《架空绝缘配电线路设计标准》（GB 51302—2018）、《交流电气装置的过电压保护和绝缘配合设计规范》（GB/T 50064—2014）、《交流电气装置的接地设计规范》（GB/T 50065—2011）、《10kV 及以下架空配电线路设计规程》（DL/T 5220—2021）、《配电网技术导则（Q/GDW 10370—2016）》、《架空输电线路防雷导则》（Q/GDW 11452—2015）等相关规定和要求执行。各地可根据本地区雷电活动情况和长期实际运行经验，结合 10kV 架空线路防雷与接地相关研究和应用成果确定适宜的防雷与接地措施。

17.1.2 雷区划分

地闪密度是每平方千米、每年的主放电次数，表征了雷云对地放电的频繁程度，是防雷设计的重要依据。地闪密度有两种获取方法：① 利用广域雷电地闪监测数据，采用统计方法获取区域雷电地闪密度，通常可信的地闪密度是基于多年监测数据获得的平均地闪密度；② 利用气象部门多年统计的雷暴日数据，经式（17−1）换算得到地闪密度。计算公式如下

$$N_g = 0.23 T_d^{1.3} \qquad (17-1)$$

式中　N_g——地闪密度，次/（$km^2 \cdot a$）；

　　　T_d——雷暴日，天。

根据《交流电气装置的过电压保护和绝缘配合设计规范》（GB/T 50064—2014）和《架空输电线路防雷导则》（Q/GDW 11452—2015），按地闪密度或雷暴日对雷区进行划分，包括 4 类雷区 7 个等级，见表 17−1。

表 17−1　　　　基于地闪密度或雷暴日的雷区分级

地闪密度 N_g [次/（$km^2 \cdot a$）]	$N_g \leq 0.78$	$0.78 < N_g \leq 2.0$	$2.0 < N_g \leq 2.78$	$2.78 < N_g \leq 5.0$	$5.0 < N_g \leq 7.98$	$7.98 < N_g \leq 11.0$	$N_g > 11.0$
地闪密度等级	A	B1	B2	C1	C2	D1	D2
年均雷暴日 T_d	$T_d \leq 15$	$15 < T_d \leq 30$	$30 < T_d \leq 40$	$40 < T_d \leq 65$	$65 < T_d \leq 90$	$90 < T_d \leq 115$	$T_d > 115$
雷区	少雷区	中雷区		多雷区		强雷区	

17.1.3 雷击危害

10kV 配电线路在遭遇雷击时主要有两种形式：① 直击雷，雷电直接击中线路导线或杆塔；② 感应雷，雷电击中线路附近大地或者构筑物，通过静电感应和电磁感应作用，在导线上产生雷电感应过电压。在开阔地区，配电线路遭受直击雷概率增加；附近有连续高耸建筑物、构筑物或高大树木屏蔽，配电线路遭受直击雷的概率大幅下降，遭受感应雷的概率增大。由于配电线路杆塔高度低、绝缘配置低，感应雷是导致配电线路绝缘闪络的主要雷击形式。雷击危害主要体现在以下三个方面：

（1）配电线路雷击闪络或跳闸。雷击可造成单相闪络或相间短路。当雷电流幅值较高时，雷击单相对地闪络后因横担电位抬升可能接续反击其他相，造成相间短路故障，引起线路跳闸。对于同杆架设的多回配电线路，在雷电直击或较高感应过电压的作用下，可能发生多回线路同时跳闸故障。

（2）配电线路雷击断线。对于架空绝缘导线，雷击造成单相闪络或相间短路时，绝缘击穿最易发生在靠近绝缘子的位置，被击穿的绝缘层呈针孔状。雷电冲击过后，工频续流继续通过针孔通道并起弧燃烧，由于电弧弧根受周围绝缘层阻隔固定在击穿点燃烧，可在较短时间内烧断导线。

对于裸导线，电弧在电磁力的作用下，高温弧根沿导线表面不断滑移，在变电站跳闸熄弧之前，不会集中在某一点燃弧，因此不会严重烧伤导线、损坏绝缘子。因导线表面氧化锈蚀、外部风力作用等原因，小截面的裸导线发生过雷击断线故障，但故障率显著低于绝缘导线。

（3）配电变压器雷击损坏。配电变压器雷击损坏主要有以下原因：

1）配电变压器高压侧遭受雷电过电压，导致高压侧绝缘损坏。

2）配电变压器高压侧遭受雷电过电压，较高地电位通过低压绕组中性点施加在低压绕组，再经电磁耦合按变比在高压绕组产生较高过电压（反变换过电压），导致配电变压器损坏。

3）配电变压器低压侧遭受雷电过电压，导致低压侧绝缘损坏。

4）配电变压器低压侧遭受雷电过电压，低压绕组过电压经绕组间电磁耦合，按变比在高压绕组产生较高过电压（正变换过电压），导致高压侧绝缘损坏。

17.2 配电线路防雷措施

17.2.1 防雷方法

通过对架空绝缘线路雷击断线原理分析，导致架空绝缘线路断线的根本原因是雷击闪络后的工频续流电弧，防雷方法可归纳为以下两种：

（1）疏导式方法。疏导式方法是允许架空绝缘线路有一定的雷击闪络概率，通过对雷击闪络后产生的工频续流电弧进行疏导，达到防止电弧烧损绝缘子及烧断导线的目的。防护措施主要包括安装防弧金具、放电箝位绝缘子及绝缘子并联间隙等。通常情况下，疏导式方法实施简单，成本较低，不能降低线路的雷击跳闸率，但能提高重合闸成功率。

（2）堵塞式方法。堵塞式方法是通过采取措施尽可能降低线路雷击闪络概率，或者采取措施阻止雷击闪络后工频续流起弧，达到防止绝缘导线烧伤断线的目的。防护措施主要包括安装避雷器、加强线路绝缘、设置架空地线等。通常情况下，堵塞式方法可以降低线路雷击闪络率或跳闸率、阻止工频续流起弧，防雷击断线的综合效果更好，缺点是实施成本较高。

17.2.2 基本原则

（1）应结合雷电地闪、大地土壤电阻率、线路参数、线路走廊附近屏蔽物、防护措施特性、负荷重要程度以及运行经验，基于雷害风险评估结果和技术经济原则，实施差异化的雷电防护设计。

（2）架空绝缘线路宜采取防雷电感应过电压为主的防护策略。

（3）位于地闪密度等级 B1 级及以上区域的线路，宜采用堵塞式防护方法。特别是该区域内向重要负荷供电的线路及距变电站电气距离 1km 内的进线区段，应予重点防护。

（4）除明确要求采用架空地线和带外串联间隙避雷器组合措施外，一般不宜将两种及以上防雷措施组合使用，但同一线路不同区段可采用不同的措施。

（5）处于空旷地区且地闪密度等级 D1 级及以上区域（年均雷暴日超过 90 天）的线路区段、向特别重要负荷供电的线路，宜采用带外串联间隙避雷器防雷击断线措施。如采用单一防雷措施不满足要求时，可采用架空地线和带外串联间隙避雷器组合措施。

（6）处于地闪密度等级 B1 级及以上的空旷郊区和农村的线路，特别是位于山区的线路，除明确规定采用避雷器措施外，宜采用复合绝缘横担或架空地线措施防雷击断线。

（7）处于地闪密度等级 A 级且距变电站电气距离 1km 外的线路区段，可采用疏导式防雷击断线措施，宜选用剥线型放电钳位绝缘子、穿刺型防弧金具。

（8）宜在水泥杆外表面、临近横担安装位置预留与内部非预应力主筋电气连通的接线端子（接地螺母），并通过短金属线与铁质横担连接。

17.2.3 防雷措施

针对线路防雷采用带外串联间隙避雷器。柱上设备防雷采用无间隙避雷器，优先采用物料库内的避雷器型号。设计单位应当按照避雷器使用地的海拔修正外串联间隙距离。

10kV 架空线路通用设计推荐采用以下三种措施：① 带外串联间隙避雷器；② 复合绝缘横担；③ 架空地线。

因 10kV 架空线路雷害主要集中于绝缘导线上，以下针对绝缘导线防雷措施特性及原则做进一步阐述。

1. 带外串联间隙避雷器

金属氧化物避雷器本体具有优异的非线性电压—电流特性，通过泄放雷电流可限制导线和设备对地的直击雷过电压和感应雷过电压，同时能抑制工频续流起弧，实现对绝缘导线的有效保护，并且不会引起线路雷击跳闸。相比无间隙避雷器，带外串联间隙避雷器正常运行时避雷器本体承担的运行电压很低，电阻片基本不存在长期荷电老化问题，可以免维护，更适合架空线路采用。宜将构成外串联间隙的一对放电电极设计成一体式固定结构，始终保持串联间隙距离不变，以获得更好的现场安装便捷性、更小的放电电压分散性。

（1）带外串联间隙避雷器用于城区架空线路时，标称放电电流宜选择为 5kA；用于郊区和农村无架空地线线路时，带外串联间隙避雷器的标称放电电流在地人工接地装置闪密度等级 A～C1 区域宜选择为 5kA，C2 及以上区域宜选择为 10kA。其技术要求和试验检测方法按照 GB/T 32520、DL/T 815 规定执行。

（2）应根据当地气象数据和运行经验确定易发生雷击的杆塔，将所有待保护杆塔的集合设置为保护区段。采用带外串联间隙避雷器做防雷保护措施时，宜全保护区段逐基杆塔逐相安装。带外串联间隙避雷器宜与被保护绝缘子就近并联安装，除明确要求设置的避雷器外，可利用杆塔自然接地。

（3）变电站出口第一基杆塔（非电缆终端杆时）、坡地杆塔、山涧杆塔、复合绝缘横担区段外的第一基杆塔（非电缆终端杆时），以及与高电压等级线路同杆架设的杆塔，应设置带外串联间隙避雷器进行防雷保护，避雷器应设置人工接地装置接地，工频接地电阻不宜超过 10Ω（第一基杆塔为电缆终端杆时应安装无间隙避雷器）。

2. 复合绝缘横担

复合绝缘横担具有优异的耐污性能、耐电弧烧蚀性能，重量轻。因感应雷击闪络率随着线路绝缘水平的提高逐渐降低并趋于饱和，通常将复合绝缘横担的绝缘水平设置为可耐受住绝大部分雷电感应过电压，以实现大幅降低感应雷击闪络率。据理论计算和实际监测，感应雷过电压的幅值一般不超过 400kV，因此复合绝缘横担的雷电冲击耐受电压选择在 300~400kV 范围内时，对应的技术经济性最佳。

（1）采用复合绝缘横担措施宜全区段逐基杆塔安装，整体提高线路相对地绝缘水平，防止形成绝缘薄弱点。若转角塔和耐张塔缺乏因适用的复合绝缘横担而仍采用铁横担和绝缘子时，应安装一组带外串联间隙避雷器；或者参照直线杆塔复合绝缘横担绝缘水平相应提高转角塔和耐张塔绝缘水平。设置复合绝缘横担的线路区段，可利用杆塔自然接地。

（2）复合绝缘横担的直击雷耐雷水平只有几千安，仅能小幅降低直击雷闪络率，但可以明显降低直击雷闪络引发的工频续流建弧率，多数直击雷作用下线路仅发生绝缘闪络而无工频续流，不发生短路故障，不会造成绝缘导线实质性损伤，因此复合绝缘横担措施也能有效降低直击雷过电压造成的绝缘导线断线故障。直线（直线转角）水泥单杆用复合绝缘横担主要电气参数见表 17-2。

表 17-2　直线（直线转角）水泥单杆用复合绝缘横担主要电气参数

序号	复合绝缘横担方案	干雷电冲击耐受电压（kV）	爬电距离（mm）	海拔（m）	干弧距离（mm）
1	方棒	≥350	≥750	≤4000	见表 17-3

（3）复合绝缘横担外绝缘海拔修正。空气间隙的闪络电压取决于空气中的绝对湿度和空气密度，绝缘强度随着温度和绝对湿度增加而增加，随着空气密度减小而降低。湿度和周围温度的变化对外绝缘强度的影响通常会相互抵消。因此在确定设备外绝缘的耐受水平时，应考虑空气密度的影响。当复合绝缘横担安装地点海拔不超过 1000m 时，干弧距离不低于 600mm；海拔超过 1000m 时，根据《绝缘配合　第 1 部分定义、原则和规则》（Q/GDW 311.1—2012）及《高海拔外绝缘配置技术规范》（Q/GDW 13001—2014）相关规定对复合绝缘横担最小干弧距离进行海拔修正以满足在各海拔下干雷电冲击耐受电压不小于 350kV 技术方案要求，海拔修正系数见式（17-2）。

$$k = e^{q \frac{H-1000}{8150}}$$

(17-2)

式中　H——复合绝缘横担安装地点海拔，m；

q——海拔修正因子，工频、雷电过电压取 1，操作过电压取 0.75。

各海拔对应复合绝缘横担干弧距离见表 17-3。

表 17-3　　　各海拔对应复合绝缘横担干弧距离

海拔 H（m）	海拔修正系数 k	干弧距离（mm）
1000<H	1	≥600
1000<H≤2000	1.13	≥678
2000<H≤3000	1.28	≥768
3000<H≤4000	1.44	≥864
4000<H≤5000	1.63	≥978

3. 架空地线

架空地线设置在导线上方。一方面，架空地线对导线形成屏蔽作用，将雷电直击导线引起的闪络转化为雷击架空地线后沿杆塔对地泄放雷电流导致横担电位抬升反击导线闪络，能够降低线路直击雷闪络率；另一方面，架空地线与导线间存在耦合作用，可以降低导线与地线间（即线路绝缘子两端）的雷电过电压差值，从而降低线路感应雷击闪络率。

（1）设置架空地线时，可利用杆塔自然接地。为更好地降低感应雷的影响，水泥杆各铁质横担处应通过金属短引线与架空地线支架等电位连接。

（2）有架空地线的线路，在 15℃、无风无冰时，档距中央导线与架空地线间的最小距离宜参考《配电网架空绝缘线路雷击断线防护导则》（Q/GDW 1813）要求。

（3）采用架空地线时宜全保护区段架设，宜采用单根截面积 35mm² 或 50mm² 的钢绞线，沿海重度污秽和腐蚀地区可采用铝包钢绞线。架空地线对边相导线保护角不宜超过 45°。

17.3　柱上设备防雷措施

相较于带外串联间隙避雷器，无间隙避雷器放电时延短，可以与设备内绝缘更好配合，一般用于保护柱上配电变压器、柱上断路器、线路调压器、无功补偿装置、柱上高压计量装置、电缆终端等柱上设备。用于柱上设备防雷的无间隙避雷器均应连接人工接地装置。

（1）无间隙避雷器用于保护柱上设备时，由于雷电冲击电流会在连接线上形成电压降，因此需与柱上设备就近并联电气连接，使避雷器高压端、接地端与柱上设备间的连接线总长度尽可能短。接地端应与柱上设备的人工接地装置相连。

（2）柱上配电变压器的高压侧和低压侧均应装设一组无间隙避雷器进行防雷保护，避雷器接地端应与变压器金属外壳相连并通过人工接地装置接地。高压侧用无间隙避雷器的标称放电电流通常可选择为 5kA，但对处于雷电地闪密度等级 C2 及以上区域的空旷郊区和农村无架空地线线路区段，其标称放电电流宜选择为 10kA。避雷器高压端、接地端到变压器高压侧套管的连接线总长度不宜超过 3m。

（3）柱上联络开关、分段开关应在开关两侧分别装设一组无间隙避雷器；分支开关、用户分界开关应在电源侧装设一组无间隙避雷器；线路调压器应在设备两侧分别装设一组无间隙避雷器；柱上无功补偿设备、电缆终端头应装设一组无间隙避雷器进行防雷保护。

17.4 接地

17.4.1 接地类型

接地分两种类型，一种为自然接地，另一种为人工接地。自然接地是利用杆（塔）身接地，地面以下无需另设接地体；人工接地则通过外敷接地引下线连接至地面以下接地体，也可通过水泥杆非预应力主筋线或内嵌接地线沿杆身引下，并经接地端子（接地螺母）引出至的接地体，钢管杆、杆塔可利用杆身连接至地面以下接地体，各接地体的布置形式应根据接地电阻阻值要求及各地运行经验综合确定。

17.4.2 接地要求

（1）无避雷线的 10kV 配电线路，金属材料的钢管杆、窄基塔及宽基塔均应人工接地，在居民区的钢筋混凝土电杆宜人工接地，金属材料杆塔及钢筋混凝土电杆接地电阻均不宜大于 30Ω。

（2）在地闪密度等级 A 级和 B 级区域中，沥青路面上的架空线路的钢筋混凝土杆塔和金属杆塔，以及有运行经验的地区，可不另设人工接地装置。

（3）10kV 架空线路杆塔的接地装置可采用下列形式：

1）在土壤电阻率 $\rho \leq 300\Omega m$ 的地区，当接地电阻不满足要求应增设人工

接地装置，接地体埋设深度不宜小于 0.6m。

2）在土壤电阻率 $300\Omega m < \rho \leq 2000\Omega m$ 的地区，可采用水平敷设的接地装置，接地体埋设深度不宜小于 0.5m。

3）在土壤电阻率 $\rho > 2000\Omega m$ 的地区，接地电阻很难降到 30Ω 以下时，可采用 6～8 根总长度不超过 500m 的放射形接地体或采用连续伸长接地体。放射形接地体可采用长短结合的方式。接地体埋设深度不宜小于 0.3m，接地电阻可不受限制。

4）当线路通过耕地时，接地体应埋在耕作深度以下，且不宜小于 0.6m。高土壤电阻率地区也可采用换土填充等物理性降阻方式，不得使用化学类降阻剂。

5）容量 100kVA 及以上的柱上配电变压器，其接地装置的工频接地电阻不应超过 4Ω，每个重复接地装置的工频接地电阻不应超过 10Ω；容量 100kVA 以下的柱上配电变压器，其接地装置的工频接地电阻不应超过 10Ω，每个重复接地装置的工频接地电阻不应超过 30Ω，且重复接地不应少于 3 处。

6）保护配电柱上开关、柱上无功补偿设备、线路调压器、柱上高压计量装置、电缆终端头等柱上设备的无间隙避雷器，其接地端应与设备金属外壳、电缆终端头铜屏蔽接地线相连并接地，接地装置工频接地电阻不应超过 10Ω。

7）人工接地装置中接地体按材料可分为钢或铜，按材料表面可分为热镀锌、电镀铜护层和裸露等，按材料形状可分为带状、型材、管状、圆线、圆棒和绞线等。接地体宜采用垂直敷设的角钢、圆钢、钢管或水平敷设的圆钢、扁钢，腐蚀较重地区可采用垂直敷设的圆铜或铜覆圆钢等或水平敷设的圆铜、扁铜、铜绞线、铜覆钢绞线、铜覆圆钢或铜覆扁钢；外敷的接地引下线可采用镀锌钢绞线、扁钢、圆钢等，也可根据地区运行经验自行确定，但应符合相关规程规范要求；接地体和埋入土壤内接地线规格不应小于表 17-4 所列的数值。

表 17-4　　　接地体和埋入土壤内接地线最小规格

种类	规格及单位	地上	地下
圆钢、铜覆圆钢	直径（mm）	8	10
扁钢、铜覆扁钢	截面（mm²）	48	48
	厚度（mm）	4	4
角钢	厚度（mm）	—	4
钢管	管壁厚（mm）	—	3.5
铜棒	直径（mm）	8	水平为 8
			垂直为 15

种类	规格及单位	地上	地下
扁铜	截面（mm²）	50	50
	厚度（mm）	2	2
铜覆钢绞线	直径（mm）	8	10
铜绞线	截面（mm²）	50	50
镀锌钢绞线	截面（mm²）	25	50

注 1. 铜绞线单股直径不小于1.7mm。
　　2. 各类铜覆钢材的尺寸为钢材的尺寸，铜层厚度不应小于0.25mm。
　　3. 接地引下线采用镀锌钢绞线时截面不应小于25mm²，腐蚀地区上述截面应适当增大，并采取防腐措施。杆塔接地体引出线截面不应小于50mm²，并应热镀锌。

（4）《国家电网有限公司配电网工程通用设计（10kV架空线路分册）》基于中性点经消弧线圈接地系统和中性点不接地系统进行编制，对于其他中性点接地系统各地应根据规相关规程规范要求及实际情况，对通用设计相关内容开展差异化设计。

17.5　注意事项

（1）本章给出了带外串联间隙避雷器及放电钳位绝缘子两种绝缘导线防雷装置型式在10kV配电线路使用的示意图例，供设计参考。其中带间隙氧化锌避雷器和无间隙氧化锌避雷器主要电气参数应满足表17-5要求。

表17-5　　　　避雷器主要电气参数表

参数	带间隙氧化锌避雷器		无间隙氧化锌避雷器	
额定电压（kV）	13		17	
标称放电电流（kA）	5	10	5	10
8/20μs 标称放电电流下的残压（kV）	≤40		≤45	
4/10μs 大电流冲击电流（kA，峰值）	≥65	≥100	≥65	≥100
重复转移电荷（C）	≥0.3	≥0.4	≥0.3	≥0.4
0.75倍直流1mA参考电压下的泄漏电流（μA）	≤50		≤50	
底座绝缘电阻	≥100MΩ		≥100MΩ	
间隙形式	外串联固定间隙		—	

续表

参数	带间隙氧化锌避雷器	无间隙氧化锌避雷器
间隙距离	根据配合绝缘子干弧距离、地区需求及运行经验在技术规范书中明确	—
用途	架空线路	柱上设备

（2）复合材料电杆目前使用较少，由于相对地绝缘水平显著提升，可以很好防止感应雷击闪络，但是雷击一相导线时易发生相间绝缘击穿，形成相间短路故障。因目前运行经验和相关研究尚不充分，各地在试点应用过程中应根据地闪密度或雷暴日的雷区分级，结合具体防雷措施，不断积累复合材料电杆运行经验。

（3）10kV绝缘导线上方设置架空地线的主要目的是降低感应雷过电压造成的闪络，而降低杆塔接地电阻对抑制线路上的感应雷过电压无效，因此采用架空地线作为防雷措施的杆塔可采用自然接地。架空地线有很好的防感应雷效果，易实现全区段的防护。考虑到目前国网范围内应用较少，各地可根据实际需要自行确定地线支架型式，并逐渐积累施工及运行经验。

（4）考虑架空绝缘导线防雷问题还在深入探究，各地区可根据自身所处环境和配电线路运行经验开展差异化防雷。

17.6　设计图

防雷与接地设计图清单见表17-6。

表17-6　　　　防雷与接地设计图清单

图序	图名	备注
图17-1	10kV绝缘导线固定间隙氧化锌避雷器防雷装置图例（1/2）	
图17-2	10kV绝缘导线固定间隙氧化锌避雷器防雷装置图例（2/2）	
图17-3	10kV绝缘导线放电钳位绝缘子防雷装置图例	
图17-4	横担与水泥杆接线端子电气连接示意图	
图17-5	自然接地示意图	
图17-6	人工接地方式示意图（1/2）	
图17-7	人工接地方式示意图（2/2）	

10kV架空绝缘导线

线路柱式瓷绝缘子

接续金具

现场63×63角钢支架

不锈钢安装支架

固定间隙氧化锌避雷器

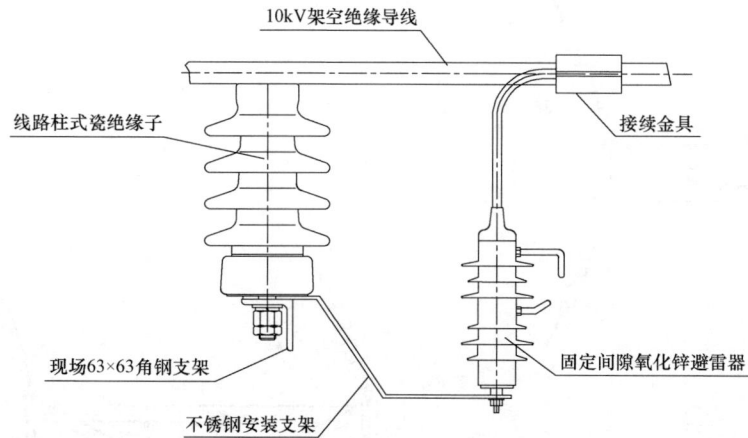

固定间隙氧化锌避雷器图例1

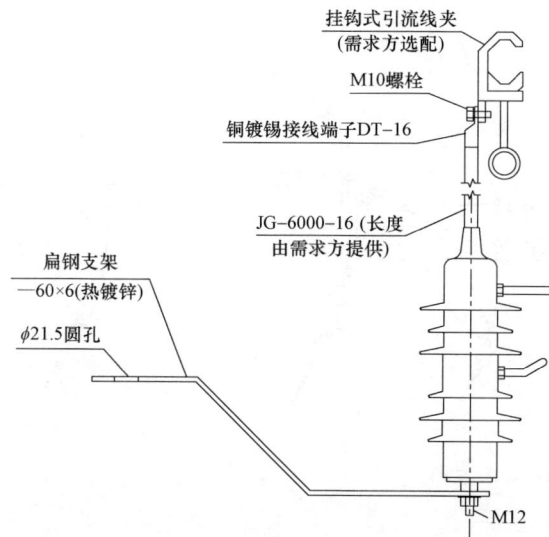

挂钩式引流线夹
(需求方选配)

M10螺栓

铜镀锡接线端子DT-16

JG-6000-16 (长度
由需求方提供)

扁钢支架
—60×6(热镀锌)

φ21.5圆孔

M12

固定间隙氧化锌避雷器图例2

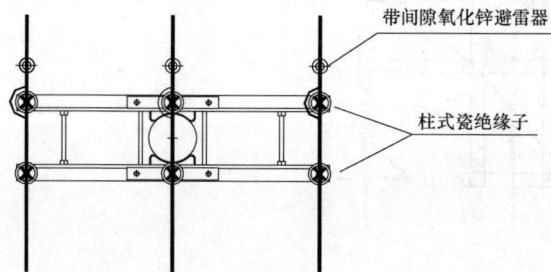

带间隙氧化锌避雷器

柱式瓷绝缘子

直线杆的防雷装置(供参考)

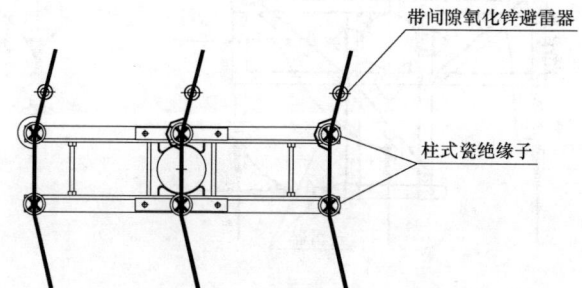

带间隙氧化锌避雷器

柱式瓷绝缘子

直线小转角杆的防雷装置(供参考)

图 17-1　10kV 绝缘导线固定间隙氧化锌避雷器防雷装置图例（1/2）

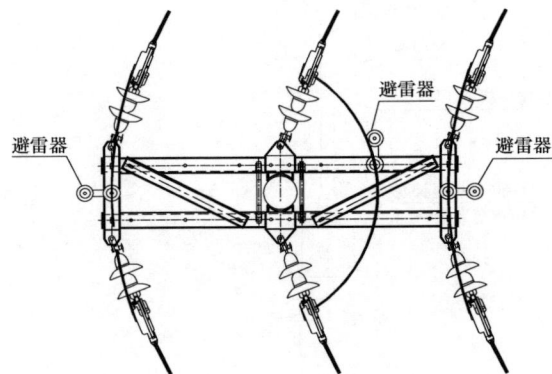

单回0°~45°水平排列

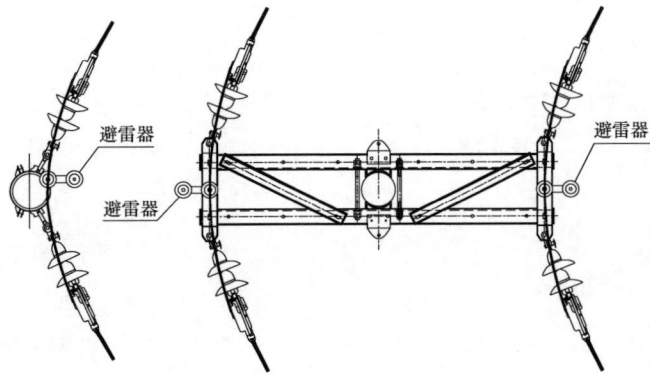

单回0°~45°三角排列

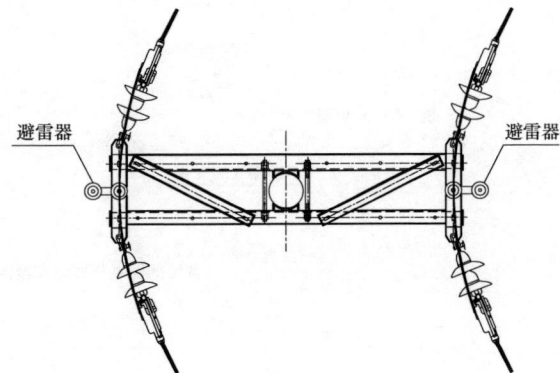

双回垂直排列

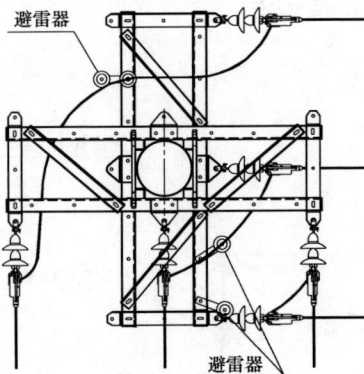

单回45°~90°水平排列

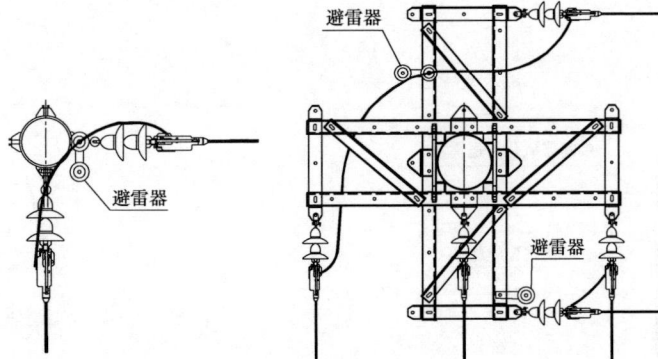

单回45°~90°三角排列

说明：避雷器安装位置为示意，实际安装形式及位置可根据需求自行调整。

图 17-2　10kV 绝缘导线固定间隙氧化锌避雷器防雷装置图例（2/2）

绝缘罩

放电金具

引弧板

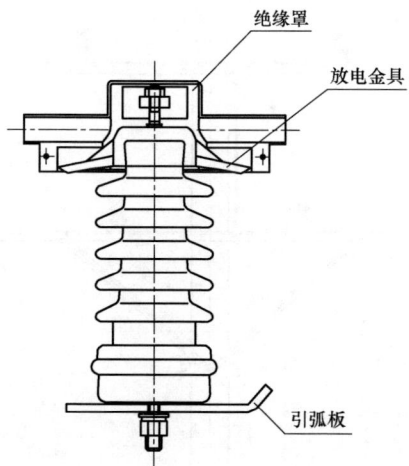

放电钳位绝缘子图例1

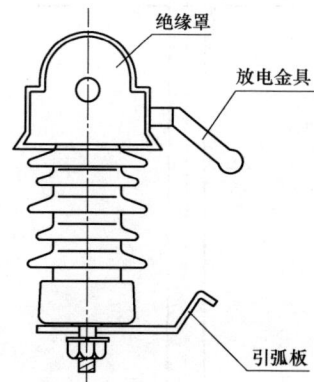

绝缘罩

放电金具

引弧板

放电钳位绝缘子图例2

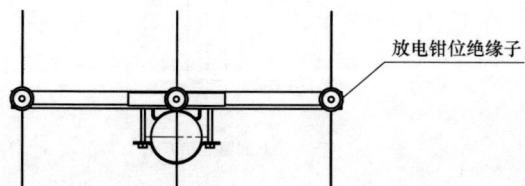

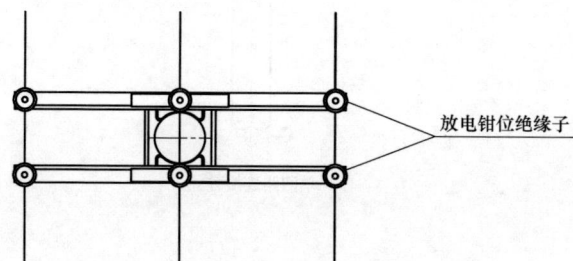

放电钳位绝缘子

放电钳位绝缘子

说明：图例为两种可用于直线杆的防雷装置供参考。

图 17－3　10kV 绝缘导线放电钳位绝缘子防雷装置图例

电杆外表面、临近横担安装位置预留与内部非预应力主筋电气连通的接线端子，并通过短金属线与铁质横担连接

单回路连接方式

电杆外表面、临近横担安装位置预留与内部非预应力主筋电气连通的接线端子，并通过短金属线与铁质横担连接

双回路连接方式

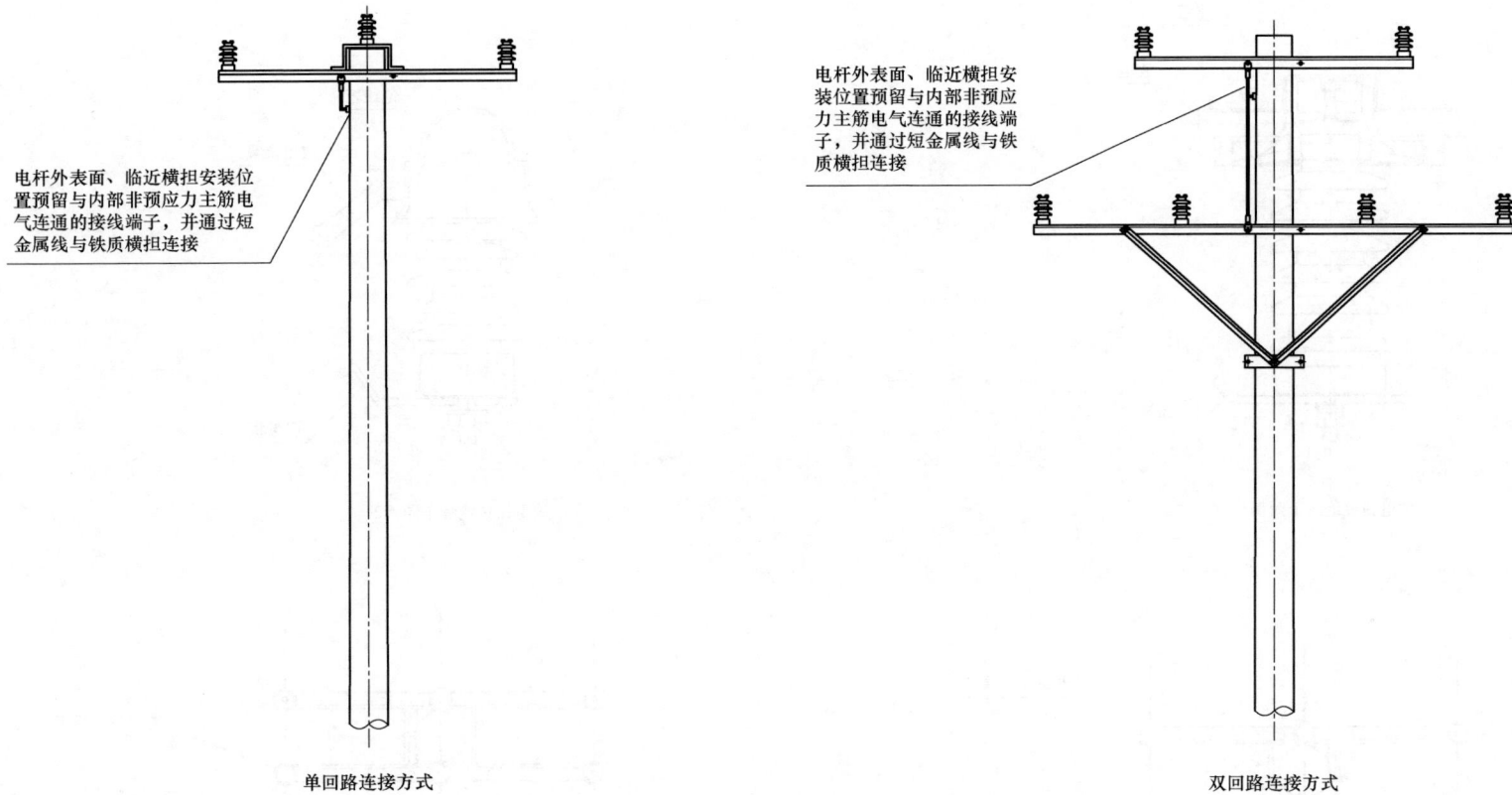

图 17-4　横担与水泥杆接线端子电气连接示意图

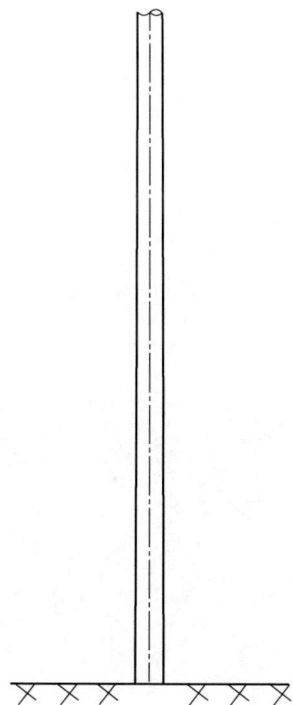

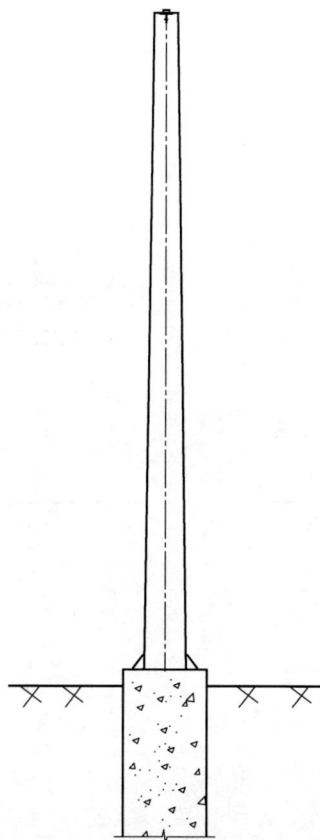

自然接地(水泥杆)　　　　　　　自然接地(钢管杆)　　　　　　　自然接地(杆塔)

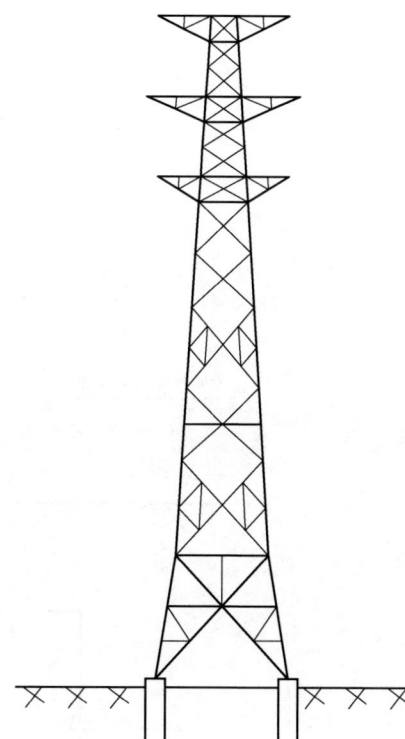

图 17-5　自然接地示意图

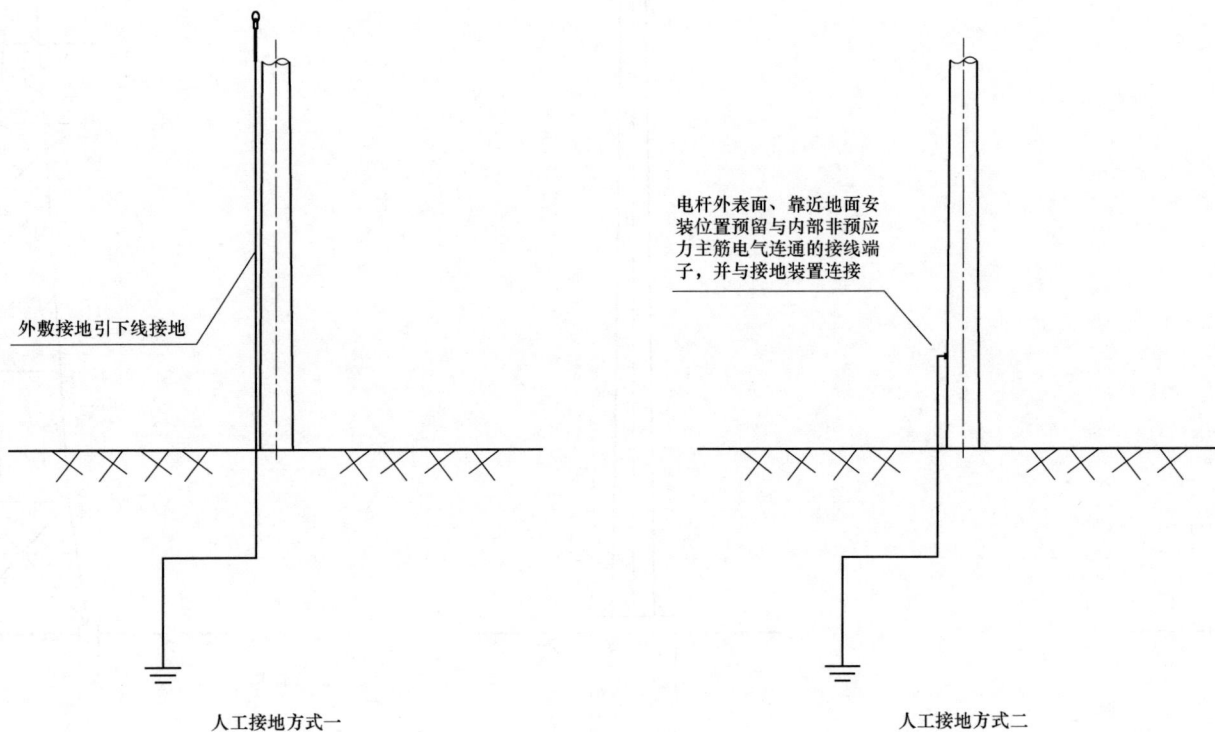

外敷接地引下线接地

电杆外表面、靠近地面安装位置预留与内部非预应力主筋电气连通的接线端子，并与接地装置连接

人工接地方式一

人工接地方式二

说明：1. 图例为两种水泥杆接地方式供设计参考。

2. 图中接地体仅为示意，各接地体的布置形式应根据接地电阻阻值要求及各地运行经验综合确定。

图 17-6　人工接地方式示意图（1/2）

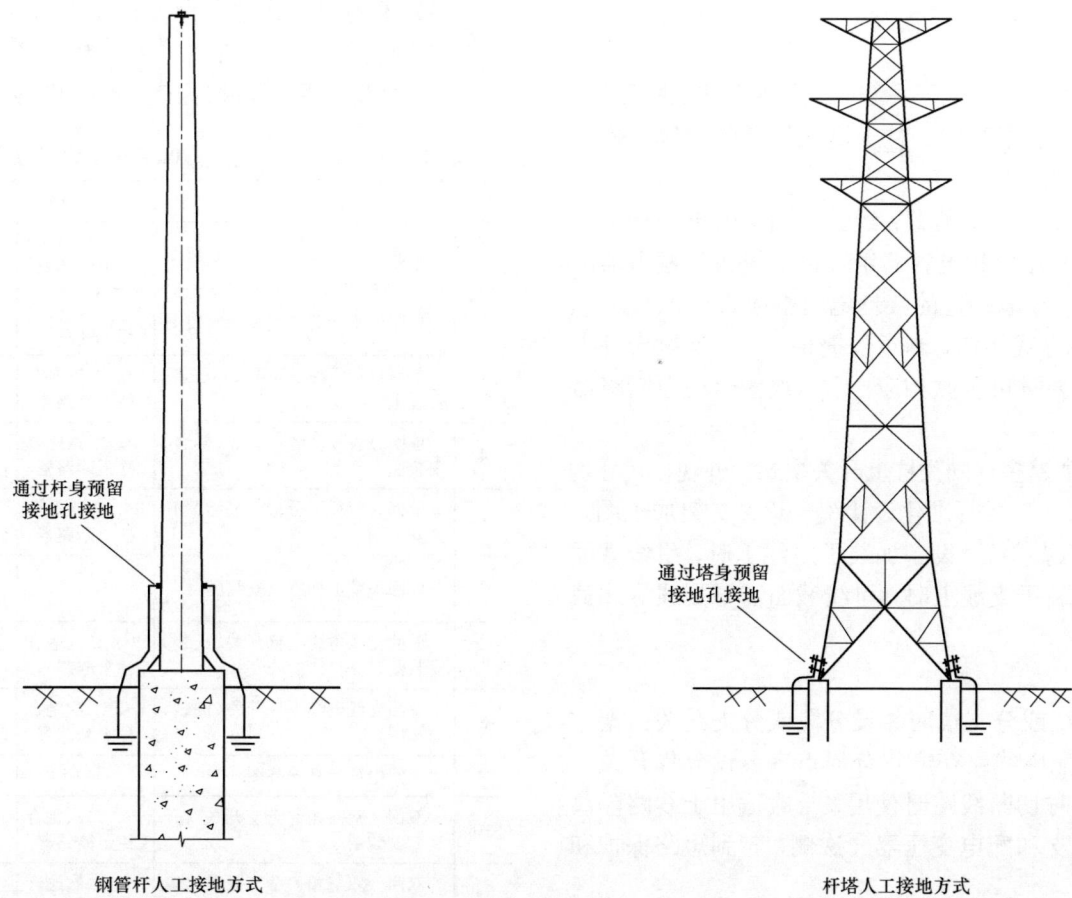

钢管杆人工接地方式

通过杆身预留
接地孔接地

通过塔身预留
接地孔接地

杆塔人工接地方式

说明：1. 图例为钢管杆、铁塔接地方式供设计参考。
　　　 2. 图中接地体仅为示意，各接地体的布置形式应根据接地电阻阻值要求及各地运行经验综合确定。

图 17-7　人工接地方式示意图（2/2）

第18章 柱 上 设 备

18.1 设计说明

18.1.1 概述

（1）10kV 架空线路柱上设备主要包括柱上开关（一二次融合柱上断路器、柱上隔离开关、跌落式熔断器）、电缆引下装置、柱上高压计量装置等。本章主要介绍上述柱上设备的通用安装及接线方式。

（2）柱上开关、电缆终端等设备应设防雷装置；经常开路又带电的柱上开关两侧均应设防雷装置；保护配电柱上开关和电容器组等柱上设备的避雷器的接地导体（线），应与设备外壳相连，接地装置的接地电阻不应大于 10Ω。

（3）因各类柱上开关外形和安装方式相似，本章仅提供一、二次融合柱上断路器的通用安装方式，其他开关安装时可参照相应一、二次融合柱上断路器安装方式自行选用。

（4）由于柱上开关定义较广、种类繁多，同类柱上开关型式、外观、尺寸均有差异，本章依据国家电网有限公司柱上开关标准化设计统一开关支架加工图。

（5）柱上设备引线均采用架空绝缘导线；设备加装于主线上时，引线截面需与主线导线截面保持一致；设备加装于支线上时，引线截面需与支线导线截面保持一致。

18.1.2 柱上设备一般适用范围

（1）10kV 配电线路较长的主干线或分支线应装设分段或分支开关；架空线路联络点应装设联络开关；10kV 配电线路在产权分界点宜装设分界开关。柱上隔离开关在线路有电压、无负载时切断线路时使用，一般适用于线路隔离处。跌落式熔断器一般装设在线路分支和配电变压器一次侧，起到短路保护和过载保护的作用。

（2）柱上开关在线路有电压、有负载时切断线路及转换线路时使用，应在开关两侧加装带电显示装置；若开关未设置内置隔离开关，宜在其电源侧加装隔离开关；若设置隔离开关，可不加装带电显示装置。

（3）电缆上杆装置一般用于线路进线、出线、分支及用户。根据电缆上杆接线的不同情况，分为经跌落式熔断器、隔离开关、柱上断路器和直搭上杆四种形式。

（4）柱上高压计量装置一般用于线路联络分界处计量。

（5）本通用设计柱上设备装置考虑单回和双回架空线路，三回及四回架空线路按照排列型式，参照表 18−1 模块适当组合，由下层回路引出。

（6）实际使用时可根据表 18−1 中各种安装方式进行选用。

表 18−1　　　　　10kV 柱上设备通用安装方式

序号	图纸名称	主要设备	功能	图号
1	单回分支开关（正装）安装图	一、二次融合柱上断路器	适用 10kV 单回线路分支、分界	图 18−1
2	单回分支开关（侧装）安装图	一、二次融合柱上断路器	适用 10kV 单回线路分支、分界	图 18−2
3	单回分段（联络）开关（正装）安装图	一、二次融合柱上断路器	适用 10kV 单回线路分支、分界、分段、联络	图 18−3
4	单回分段（联络）开关（侧装）安装图	一、二次融合柱上断路器	适用 10kV 单回线路分支、分界、分段、联络	图 18−4
5	单回（双杆）分段（联络）开关安装图	一、二次融合柱上断路器	适用 10kV 单回线路分支、分界、分段、联络	图 18−5
6	单回电缆上杆直搭安装图		适用 10kV 单回线路中仅需要起连接作用的电缆线路	图 18−6
7	单回支线电缆上杆开关（正装）安装图	一、二次融合柱上断路器	适用 10kV 单回线路分支、分界、分段、联络	图 18−7
8	单回支线电缆上杆开关（侧装）安装图	一、二次融合柱上断路器	适用 10kV 单回线路分支、分界、分段、联络	图 18−8
9	单回电缆上杆安装图		适用于单回电缆上杆部分安装	图 18−9
10	双回（双三角）分支开关（正装）安装图	一、二次融合柱上断路器	适用 10kV 单回线路分支	图 18−10
11	双回（双三角）分支开关（侧装）安装图	一、二次融合柱上断路器	适用 10kV 单回线路分支	图 18−11
12	双回（双垂直）分支开关（正装）安装图	一、二次融合柱上断路器	适用 10kV 单回线路分支	图 18−12
13	双回（双垂直）分支开关（侧装）安装图	一、二次融合柱上断路器	适用 10kV 单回线路分支	图 18−13
14	双回（双杆）单分段（联络）开关安装图	一、二次融合柱上断路器，隔离开关	适用 10kV 双回线路单回路分段、联络	图 18−14

序号	图纸名称	主要设备	功能	图号
15	双回（双垂直）单分段（联络）开关安装图	一、二次融合柱上断路器	适用 10kV 双回线路单回路分段、联络	图 18－15
16	双回（双三角）双分段（联络）开关安装图	一、二次融合柱上断路器	适用 10kV 双回线路分段、联络	图 18－16
17	双回（双垂直）双分段（联络）开关安装图	一、二次融合柱上断路器	适用 10kV 双回线路分段、联络	图 18－17
18	双回（双三角）双电缆上杆直搭安装图		适用 10kV 双回线路中仅需要起连接作用的电缆线路	图 18－18
19	双回（双垂直）双电缆上杆直搭安装图		适用 10kV 双回线路中仅需要起连接作用的电缆线路	图 18－19
20	双回（双三角）单电缆上杆开关安装图	一、二次融合柱上断路器	适用 10kV 单回线路分界、分支、分段、联络	图 18－20
21	双回（双垂直）单电缆上杆开关安装图	一、二次融合柱上断路器	适用 10kV 单回线路分界、分支、分段、联络	图 18－21
22	双回双电缆上杆开关安装图	一、二次融合柱上断路器	适用 10kV 双回线路分界、分支、分段、联络	图 18－22
23	双回电缆上杆安装图		适用于双回电缆上杆部分安装	图 18－23
24	杆上高压计量装置安装图	断路器、高压计量箱	电能信息采集与监控终端	图 18－24
25	杆上高压计量装置安装图计量（二次回路原理图）	高压计量箱	电能信息采集与监控终端	图 18－25
26	杆上高压计量装置安装图计量户外电能计量箱结构简图	高压计量箱	电能信息采集与监控终端	图 18－26
27	单回钢管杆分支开关安装图	一、二次融合柱上断路器	适用 10kV 单回线路分界、分支、分段、联络	图 18－27
28	单回钢管杆分段（联络）开关安装图	一、二次融合柱上断路器	适用 10kV 单回线路分界、分支、分段、联络	图 18－28
29	单回钢管杆电缆上杆直搭安装图		适用 10kV 双回线路中仅需要起连接作用的电缆线路	图 18－29
30	单回钢管杆电缆上杆开关安装图	一、二次融合柱上断路器	适用 10kV 单回线路分界、分支、分段、联络	图 18－30
31	双回钢管杆（双三角）分支开关安装图	一、二次融合柱上断路器	适用 10kV 单回线路分界、分支、分段、联络	图 18－31
32	双回钢管杆（双垂直）分支开关安装图	一、二次融合柱上断路器	适用 10kV 单回线路分界、分支、分段、联络	图 18－32

序号	图纸名称	主要设备	功能	图号
33	双回钢管杆（双三角）双分段（联络）开关安装图	一、二次融合柱上断路器	适用 10kV 双回线路分界、分支、分段、联络	图 18－33
34	双回钢管杆（双垂直）双分段（联络）开关安装图	一、二次融合柱上断路器	适用 10kV 双回线路分界、分支、分段、联络	图 18－34
35	双回钢管杆（双三角）双电缆直搭上杆安装图		适用 10kV 双回线路中仅需要起连接作用的电缆线路	图 18－35
36	双回钢管杆（双垂直）双电缆直搭上杆安装图		适用 10kV 双回线路中仅需要起连接作用的电缆线路	图 18－36
37	双回钢管杆（双三角）双电缆开关上杆安装图	一、二次融合柱上断路器	适用 10kV 双回线路分界、分支、分段、联络	图 18－37
38	双回钢管杆（双垂直）双电缆开关上杆安装图	一、二次融合柱上断路器	适用 10kV 双回线路分界、分支、分段、联络	图 18－38

注 1. 一、二次融合柱上断路器分为罐式和支柱式，本章一、二次融合柱上断路器杆上安装图中给出的断路器为支柱式，如采用其他型式断路器，应进行调整。

2. 本章一、二次融合柱上断路器杆上安装图中给出的断路器安装方式采用坐装式，如采用其他安装方式，应进行调整。

3. 隔离开关安装方式有斜角安装或水平倒装两种，各柱上隔离开关的安装示意图中仅给出一种安装方式，如采用另一种安装方式，视应用场景自行确定。

4. 避雷器可安装于开关本体预留位置、开关支架预留位置或避雷器固定支架上，本章避雷器安装于单独的避雷器固定支架上，如采用其他安装方式，应进行调整。

5. 因通用设计采用多样化杆头布置，本章安装图中杆头布置型式单回按三角排列考虑，双回按双三角、双水平、双垂直排列考虑；若采用其他杆头布置型式，应进行调整柱上设备安装位置以满足使用要求。

6. 双回杆头双水平排列线路，本章只考虑分支（负荷）接入下层线路，分段（联络）开关也只考虑下层线路安装。

7. 本章有部分安装图中未标明接地挂环位置，接地挂环可安装在前一根或后一根杆上，各地运行部门也可自行确定。

8. 10kV 架空线路干线分段处、较大支线首端、电缆支线首端、中压电力用户进线处宜安装线路故障指示器。

9. 柱上调压装置的安装条件根据线路实际情况选定，在线路压降低于标准值后即可选用。

18.1.3 绝缘配合

（1）根据《高海拔外绝缘配置技术规范》（Q/GDW 13001—2014）的相关规定，10kV 架空线路导线与杆塔构件、拉线之间的最小距离按表 18-2 选取，10kV 过引线、引下线与邻相导线之间的最小间隙按表 18-3 选取。

表 18-2　10kV 架空线路导线与杆塔构件、拉线之间的最小距离　　　（m）

海拔	最小间隙
1000 及以下	0.200
1000～2000	0.226
2000～3000	0.256
3000～4000	0.288
4000～5000	0.327

表 18-3　10kV 过引线、引下线与邻相导线之间的最小间隙　　　（m）

海拔	最小间隙
1000 及以下	0.300
1000～2000	0.339
2000～3000	0.356
3000～4000	0.388
4000～5000	0.427

根据《66kV 及以下架空电力线路设计规范》（GB 50061—2010）的相关规定，10kV 带电作业杆塔，在海拔 5000m 以下地区，带电部分与接地部分的最小间隙应符合表 18-4。

表 18-4　带电作业杆塔带电部分与接地部分的最小间隙　　　（m）

线路电压	10kV
最小间隙	0.56

（2）各海拔地区线路使用的绝缘子根据第 17 章绝缘子章节选取。

（3）各海拔地区线路中使用的柱上开关、避雷器、无功补偿装置、高压计量装置在物资上报时应根据《国家电网公司物资采购标准　高海拔外绝缘配置技术规范》（Q/GDW 13001—2014）相关技术要求，在相关技术文件中明确 10kV 线路经过地区的海拔和环境污秽等级、按工频电压条件下所要求的泄漏比距、操作过电压和雷电过电压等，并依此进行校验和复核后进行设备选型。

18.1.4　其他注意事项

（1）为适应配电自动化建设，新建柱上开关宜考虑采用一二次融合智能开关。柱上设备各导线连接处要采取加装绝缘护罩、绝缘套管、绝缘胶带等绝缘措施，以满足绝缘要求。

（2）因各地土壤电阻率的不同，需采取相应的接地方式或措施，以保证柱上设备接地电阻不应大于 10Ω，同时应满足《交流电气装置的接地设计规范》（GB/T 50065—2011）中关于接触电压及跨步电压的要求。

（3）本章安装图中设备接地方式均采用外接引线方式。

（4）10kV 架空线路干线分段处、较大支线首端、电缆支线首端、中压电力用户进线处应安装线路故障指示器，接地挂环根据各地需求自行选用。

（5）对于在标准物料目录范围中的因结构差异不能套用通用设计图纸的物料的情况，可自行出具相关安装方式。

（6）在通用设计发布后，若国网公司标准物料目录增加的新材料、新设备，设计单位可替代使用。

18.2　设计图

10kV 柱上设备设计图清单见表 18-5。

表 18-5　　　　　　　10kV 柱上设备设计图清单

图序	图名	备注
图 18-1	单回分支开关（正装）安装图	
图 18-2	单回分支开关（侧装）安装图	
图 18-3	单回分段（联络）开关（正装）安装图	
图 18-4	单回分段（联络）开关（侧装）安装图	
图 18-5	单回（双杆）分段（联络）开关安装图	
图 18-6	单回电缆上杆直搭安装图	
图 18-7	单回支线电缆上杆开关（正装）安装图	
图 18-8	单回支线电缆上杆开关（侧装）安装图	
图 18-9	单回电缆上杆安装图	
图 18-10	双回（双三角）分支开关（正装）安装图	
图 18-11	双回（双三角）分支开关（侧装）安装图	
图 18-12	双回（双垂直）分支开关（正装）安装图	
图 18-13	双回（双垂直）分支开关（侧装）安装图	

续表

图序	图名	备注
图 18－14	双回（双杆）单分段（联络）开关安装图	
图 18－15	双回（双垂直）单分段（联络）开关安装图	
图 18－16	双回（双三角）双分段（联络）开关安装图	
图 18－17	双回（双垂直）双分段（联络）开关安装图	
图 18－18	双回（双三角）双电缆上杆直搭安装图	
图 18－19	双回（双垂直）双电缆上杆直搭安装图	
图 18－20	双回（双三角）单电缆上杆开关安装图	
图 18－21	双回（双垂直）单电缆上杆开关安装图	
图 18－22	双回双电缆上杆开关安装图	
图 18－23	双回电缆上杆安装图	
图 18－24	杆上高压计量装置安装图	
图 18－25	杆上高压计量装置安装图计量（二次回路原理图）	
图 18－26	杆上高压计量装置安装图计量户外电能计量箱结构简图	
图 18－27	单回钢管杆分支开关安装图	
图 18－28	单回钢管杆分段（联络）开关安装图	
图 18－29	单回钢管杆电缆上杆直搭安装图	
图 18－30	单回钢管杆电缆上杆开关安装图	
图 18－31	双回钢管杆（双三角）分支开关安装图	
图 18－32	双回钢管杆（双垂直）分支开关安装图	
图 18－33	双回钢管杆（双三角）双分段（联络）开关安装图	
图 18－34	双回钢管杆（双垂直）双分段（联络）开关安装图	
图 18－35	双回钢管杆（双三角）双电缆直搭上杆安装图	
图 18－36	双回钢管杆（双垂直）双电缆直搭上杆安装图	
图 18－37	双回钢管杆（双三角）双电缆开关上杆安装图	
图 18－38	双回钢管杆（双垂直）双电缆开关上杆安装图	
图 18－39	水平放射形接地装置安装图	
图 18－40	水平环形接地装置安装图	
图 18－41	垂直放射形接地装置安装图	
图 18－42	垂直方形接地装置安装图	

续表

图序	图名	备注
图 18－43	镀铜水平环形接地装置安装图	
图 18－44	镀铜垂直放射接地装置安装图	
图 18－45	镀铜垂直方形接地装置安装图	
图 18－46	KBG4 电缆卡抱加工图	
图 18－47	BG6 半圆抱箍加工图	
图 18－48	BG8 半圆抱箍加工图	
图 18－49	HBG6 半圆横担抱箍加工图	
图 18－50	HBG8 半圆横担抱箍加工图	
图 18－51	LBG6 半圆螺杆抱箍加工图	
图 18－52	ZBG6 支持抱箍加工图	
图 18－53	TBG8－195A 托担抱箍加工图	
图 18－54	TBG8－195B 托担抱箍加工图	
图 18－55	BG6Z 转角拉线抱箍加工图	
图 18－56	LT6－J 角钢连铁加工图	
图 18－57	LT7－G 挂线连铁加工图	
图 18－58	LT8－G 挂线连铁加工图	
图 18－59	LT7－R 挂线连铁加工图	
图 18－60	YB5－460P 压板加工图	
图 18－61	YB5－740J 压板加工图	
图 18－62	LT6－P 扁钢连铁加工图	
图 18－63	SRSLT－1000 双熔丝安装铁加工图	
图 18－64	SDM6 双杆顶瓷瓶架加工图	
图 18－65	DDM6 单杆顶瓷瓶架加工图	
图 18－66	DDM8 单杆顶瓷瓶架加工图	
图 18－67	LPU 拉线盘拉环加工图	
图 18－68	LB 拉线棒加工图	
图 18－69	D×LG 双头螺杆加工图	
图 18－70	XC 斜撑加工图	
图 18－71	QZ－90 绝缘子支座加工图	

图序	图名	备注
图 18−72	QZ−120 绝缘子支座加工图	
图 18−73	RJ7−170 熔丝具安装架加工图	
图 18−74	DLJ6−400A 杆上电缆头安装架加工图	
图 18−75	DLJ6−400B 塔上电缆头安装架加工图	
图 18−76	DLJ5−165 杆上电缆固定架加工图	
图 18−77	ZJ5−800 低压电缆出线支架加工图	
图 18−78	DRJ5−400 单侧安装支架加工图	
图 18−79	DPJ5−1000 单杆变压器安装架加工图	
图 18−80	SZJ6−3000 变压器双杆支持架加工图	
图 18−81	KZJ−G−C 柱上开关支架加工图	
图 18−82	KZJ−G−Z 柱上开关支架加工图	
图 18−83	DPTZJ−900 柱上单 PT 支架加工图	
图 18−84	SPTZJ−900 柱上双 PT 支架加工图	
图 18−85	CT5 支撑铁加工图	
图 18−86	CT6 支撑铁加工图	
图 18−87	ZCT5−1800 直撑铁加工图	
图 18−88	HD 口−1500 横担加工图	
图 18−89	HD6−800 横担加工图	
图 18−90	HD 口−1900 横担加工图	
图 18−91	HD 口−1900P 横担加工图	
图 18−92	HD 口−2000 横担加工图	
图 18−93	HD 口−2200 横担加工图	
图 18−94	HD 口−2300 横担加工图	
图 18−95	HD 口−2700 横担加工图	
图 18−96	HD 口−2800 横担加工图	
图 18−97	HD7−3500 横担加工图	
图 18−98	HD8−1500DS 单侧双横担加工图	

图序	图名	备注
图 18−99	HD7−4100B 门型杆组合横担加工图	
图 18−100	HD8−6100 门型杆组合横担加工图	
图 18−101	HD8−4100A 横担加工图	
图 18−102	HD 口−6000B 横担加工图	
图 18−103	HD7−4000 门型杆组合横担加工图	
图 18−104	HD7−4500 门型杆组合横担加工图	
图 18−105	HD7−5500 门型杆组合横担加工图	
图 18−106	HD8−4000 门型杆组合横担加工图	
图 18−107	HD8−4500 门型杆组合横担加工图	
图 18−108	HD8−5500 门型杆组合横担加工图	
图 18−109	HD−3000 横担加工图	
图 18−110	HD7−900 横担加工图	
图 18−111	DLHG−A 保护管加工图	
图 18−112	DLHG−B 保护管加工图	
图 18−113	JLP10 集束线有眼拉攀加工图	
图 18−114	JLZJ5 集束线 L 型支架加工图	
图 18−115	JZZJ5 集束线转角支架加工图	
图 18−116	JDS 接地引上线加工图	
图 18−117	JDZ 垂直接地铁加工图	
图 18−118	JDP 水平接地铁加工图	
图 18−119	钢管杆杆上电缆固定加工图	
图 18−120	钢管杆通用型活动支架抱箍加工图	
图 18−121	钢管杆通用型活动支架（单侧）加工图	
图 18−122	GPT−540 钢管杆 PT 支架加工图	
图 18−123	GAT−2000 钢管杆安装铁加工图	
图 18−124	GAT−530 钢管杆安装铁加工图	
图 18−125	GAT−500P 钢管杆安装铁加工图	

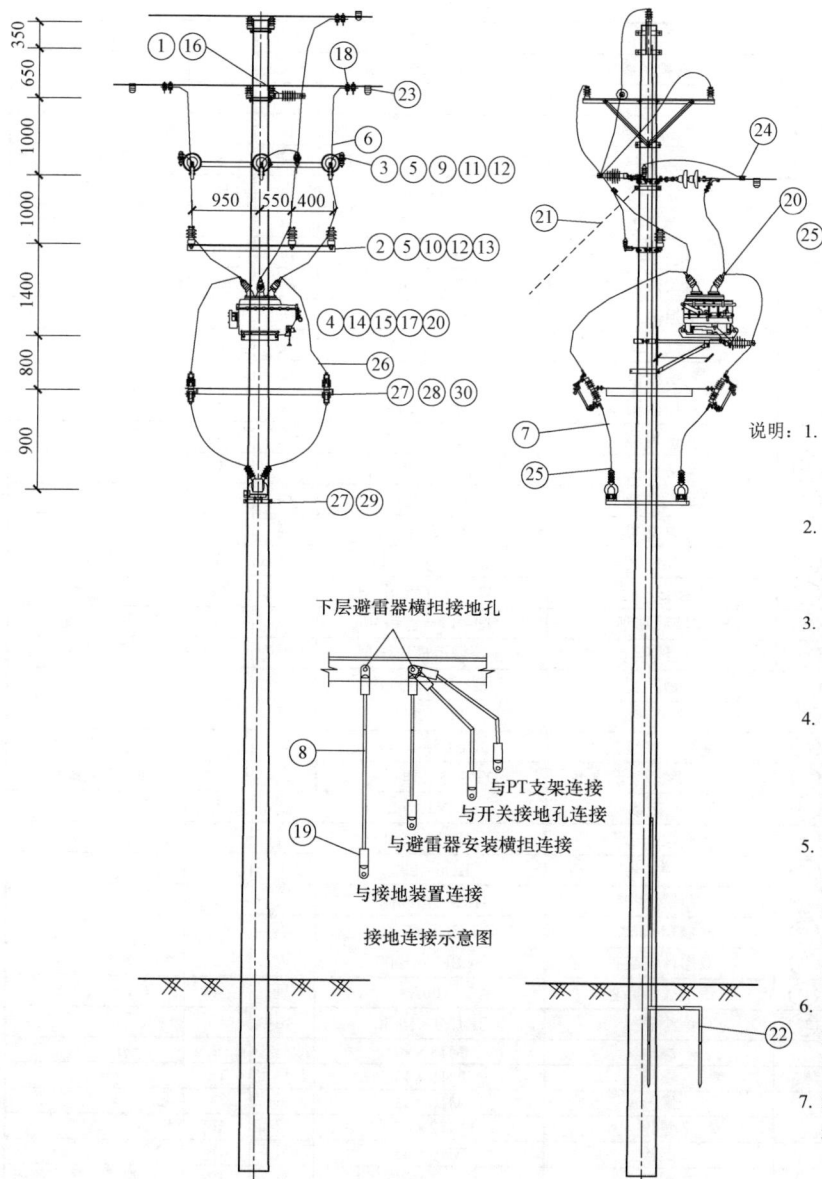

说明：
1. 本安装图也适用其他同种导线排列形式的杆头，如耐张杆头等。

2. 本图中铁件规格均按照 φ190 电杆配置，在其他梢径杆上安装时，由设计另行选择。

3. 本图安装尺寸按海拔 1000m 以下考虑，在高海拔地区安装时，需另行计算安装尺寸。

4. 分支横担必须根据工程实际情况进行校验，如不满足要求，设计人员参照本图尺寸根据实际情况进行重新设计。

5. 本安装图中避雷器引流线为一体式装置，每根长度为 1m。引线不配置接线端子及 JLG 螺栓型挂钩引流线夹，线尾绝缘封闭。

6. 开关作为联络用需安装双侧 PT，作为分支用安装单侧 PT（本图材料表为单 PT 材料）。

7. 绝缘导线采用剥皮安装的线夹均需进行绝缘封闭。

下层避雷器横担接地孔

与 PT 支架连接
与开关接地孔连接
与避雷器安装横担连接

与接地装置连接

接地连接示意图

主 要 材 料 表

编号	材料名称	型号规格	单位	数量	备注
①	复合横担绝缘子	FS－10/3.5	只	4	
②	柱式绝缘子	R5ET105L	只	3	设计选型
③	耐张串	设计按耐张串模块选型	套	3	设计选型
④	开关类设备	一、二次融合柱上断路器	台	1	内隔离，单（双）PT
⑤	避雷器	YH5（10）WS－17/45TL	只	6	设计选型
⑥	绝缘导线	JKLYJ－10/口	m	16	设计选型
⑦	绝缘导线	JKTRYJ－10/35	m	4	PT 引流线
⑧	布电线	BV－50	m	20	接地引线
⑨	角铁横担	HD8－2000	块	2	
⑩	角铁横担	HD6－2000	块	2	
⑪	横担抱箍	HBG8－220	块	2	
⑫	挂线连铁	LT8－580G	块	2	
⑬	横担抱箍	HBG6－240	块	2	
⑭	横担抱箍	HBG6－260	块	3	
⑮	半圆抱箍	BG6－260	块	1	
⑯	绝缘子支座	QZ－120	块	4	
⑰	开关支架	KZJ－Z	副	1	
⑱	接续线夹	口口口－口－口	只	6	设计选配
⑲	铜接线端子	DT－50（镀锡）	只	12	
⑳	铜接线端子	DT－口（镀锡）	只	6	设计选配
㉑	拉线组	按拉线组模块选型	组	1	设计选配
㉒	接地装置	按接地模块选型	套	1	
㉓	带电显示器	AC10kV	只	6	
㉔	绝缘穿刺线夹	JBC10－口/口	只	6	设计选配
㉕	铜接线端子	DT－35（镀锡）	只	4	PT 引流线用
㉖	绝缘导线	JKLYJ－10/50	m	10	
㉗	角铁横担	HD8－1500	块	4	
㉘	横担抱箍	HBG8－260	块	2	
㉙	横担抱箍	HBG8－280	块	2	
㉚	双熔丝安装铁	SRSLT－1000	块	2	
㉛	跌落式熔断器	100A	只	4	
	螺栓	M18×90	只	12	
	螺栓	M18×45	只	26	
	螺栓	M16×45	只	27	
	螺栓	M10×45	只	20	
	螺栓	M口×45（导线端子用）	只	12	按端子孔径选择

注 在海拔 4000～5000m 地区，三角排列导线，杆顶抱箍与下层横担距离应当大于 900mm，双层横担排列导线，上层与下层横担距离应当大于 1200mm。

图 18－1　单回分支开关（正装）安装图

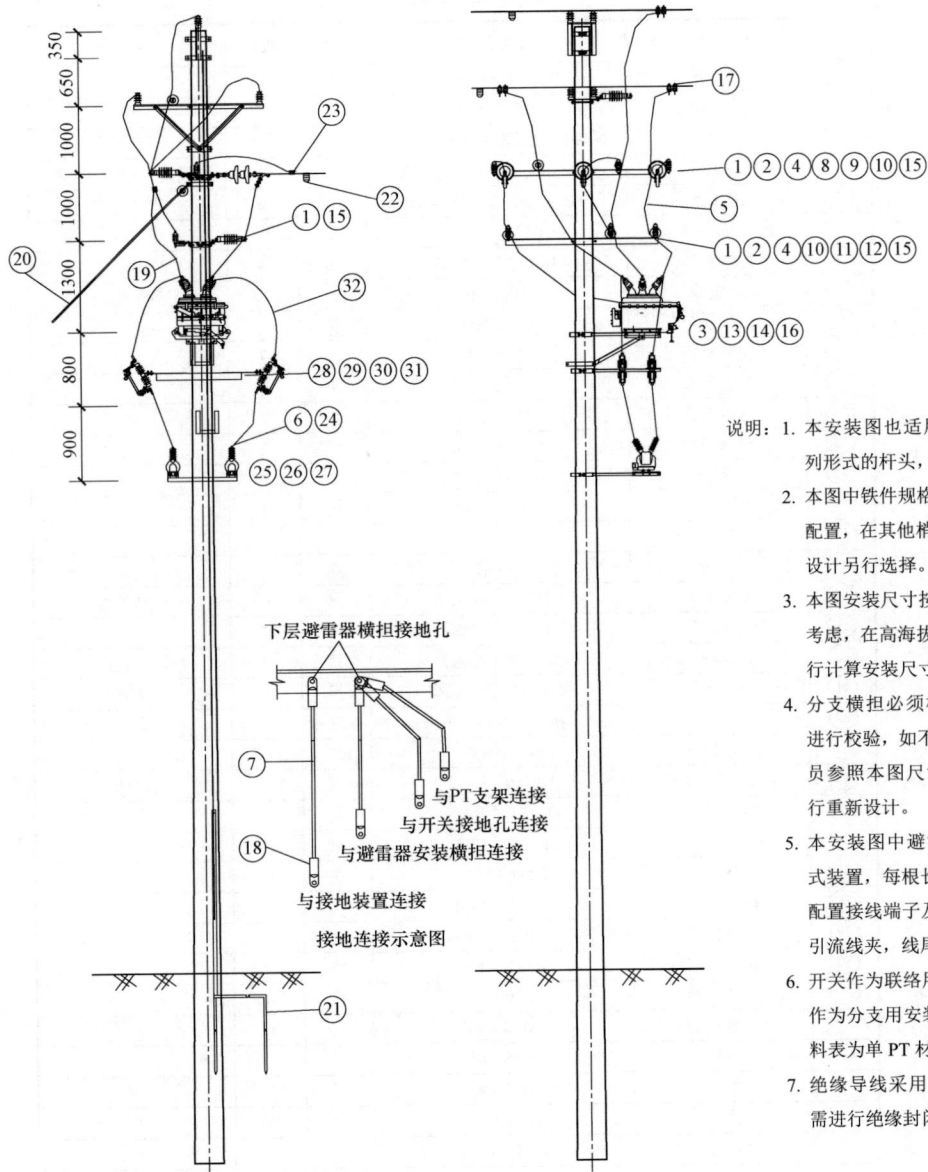

主要材料表

编号	材料名称	型号规格	单位	数量	备注
①	复合横担绝缘子	FS－10/3.5	只	5	
②	耐张串	设计按耐张串模块选型	套	3	
③	开关类设备	一、二次融合柱上断路器	台	1	内隔离，单（双）PT
④	避雷器	YH5（10）WS－17/45TL	只	6	设计选型
⑤	绝缘导线	JKLYJ－10/口	m	16	设计选型
⑥	绝缘导线	JKTRYJ－10/35	m	4	PT引流线
⑦	布电线	BV－50	m	20	接地引线
⑧	角铁横担	HD8－2000	块	2	
⑨	横担抱箍	HBG8－220	块	2	
⑩	挂线连铁	LT8－580G	块	2	
⑪	角铁横担	HD6－2000	块	2	
⑫	横担抱箍	HBG6－240	块	2	
⑬	横担抱箍	HBG6－260	块	3	
⑭	半圆抱箍	BG6－240	块	1	
⑮	绝缘子支座	QZ－120	块	4	
⑯	开关支架	KZJ－C	副	1	
⑰	接续线夹	口口口－口－口	只	6	设计选配
⑱	铜接线端子	DT－50（镀锡）	只	12	
⑲	铜接线端子	DT－口（镀锡）	只	6	设计选配
⑳	拉线组	按拉线组模块选型	组	1	设计选配
㉑	接地装置	按接地模块选型	套	1	
㉒	带电显示器	AC 10kV	只	6	
㉓	绝缘穿刺线夹	JBC10－口/口	只	6	设计选配
㉔	铜接线端子	DT－35（镀锡）	只	4	PT引流线用
㉕	PT支架	SPTZJ－900	副	1	
㉖	横担抱箍	HBG8－260	块	1	
㉗	半圆抱箍	BG6－280	块	1	
㉘	角铁横担	HD8－1500DS	块	2	
㉙	横担抱箍	HBG8－260	块	2	
㉚	双熔丝安装铁	SRSLT－1000	块	2	
㉛	跌落式熔断器	100A	只	4	
㉜	绝缘导线	JKLYJ－10/50	m	10	
	螺栓	M18×90	只	8	
	螺栓	M18×45	只	18	
	螺栓	M16×45	只	7	
	螺栓	M12×45	只	16	
	螺栓	M10×45	只	16	
	螺栓	M 口×45（导线端子用）	只	12	按端子孔径选择

注　在海拔4000～5000m地区，三角排列导线，杆顶抱箍与下层横担距离应当大于900mm，双层横担排列导线，上层与下层横担距离应当大于1200mm。

下层避雷器横担接地孔

与PT支架连接
与开关接地孔连接
与避雷器安装横担连接

与接地装置连接

接地连接示意图

说明：1. 本安装图也适用其他同种导线排列形式的杆头，如耐张杆头等。

2. 本图中铁件规格均按照 φ190 电杆配置，在其他梢径杆上安装时，由设计另行选择。

3. 本图安装尺寸按海拔 1000m 以下考虑，在高海拔地区安装时，需另行计算安装尺寸。

4. 分支横担必须根据工程实际情况进行校验，如不满足要求，设计人员参照本图尺寸根据实际情况进行重新设计。

5. 本安装图中避雷器引流线为一体式装置，每根长度为 1m。引线不配置接线端子及 JLG 螺栓型挂钩引流线夹，线尾绝缘封闭。

6. 开关作为联络用需安装双侧 PT，作为分支用安装单侧 PT（本图材料表为单 PT 材料）。

7. 绝缘导线采用剥皮安装的线夹均需进行绝缘封闭。

图 18－2　单回分支开关（侧装）安装图

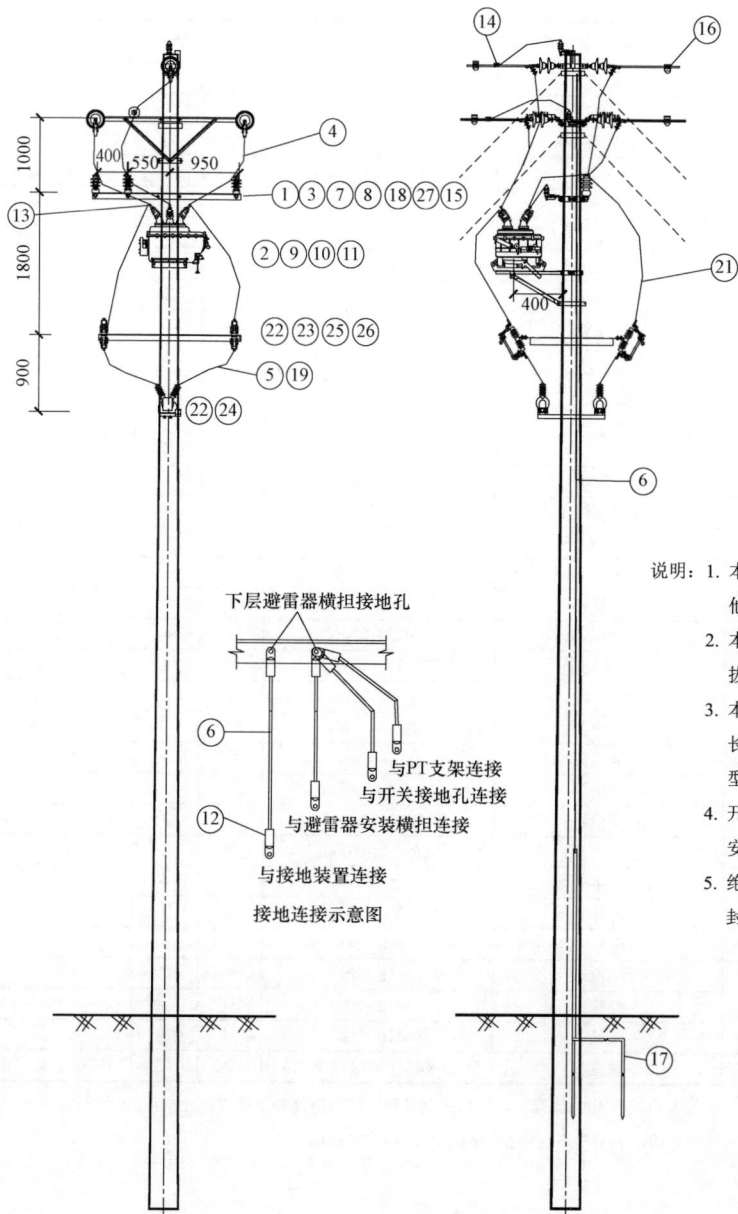

说明：1. 本图中铁件规格均按照 φ190 电杆配置，在其他梢径杆上安装时，由设计另行选择。

2. 本图安装尺寸按海拔 1000m 以下考虑，在高海拔地区安装时，需另行计算安装尺寸。

3. 本安装图中避雷器引流线为一体式装置，每根长度为 1m。引线不配置接线端子及 JLG 螺栓型挂钩引流线夹，线尾绝缘封闭。

4. 开关作为联络用需安装双侧 PT，作为分支用安装单侧 PT（本图材料表为单 PT 材料）。

5. 绝缘导线采用剥皮安装的线夹均需进行绝缘封闭。

主 要 材 料 表

编号	材料设备名称	型号规格	单位	数量	备注
①	复合横担绝缘子	FS－10/3.5	只	8	
②	开关类设备	一、二次融合柱上断路器	台	1	内隔离，单（双）PT
③	避雷器	YH5（10）WS－17/45TL	只	6	设计选型
④	绝缘导线	JKLYJ－10/口	m	16	设计选型
⑤	绝缘导线	JKTRYJ－10/35	m	8	PT 引流线
⑥	布电线	BV－50	m	15	接地引线
⑦	角铁横担	HD6－2000	块	4	
⑧	横担抱箍	HBG6－220	块	4	
⑨	横担抱箍	HBG6－240	块	3	
⑩	半圆抱箍	BG6－240	块	1	
⑪	开关支架	KZJ－Z	副	1	
⑫	铜接线端子	DT－50（镀锡）	只	8	
⑬	铜接线端子	DT－口（镀锡）	只	6	设计选型
⑭	绝缘穿刺线夹	JBC10－口/口	只	6	设计选型
⑮	绝缘子支座	QZ－120	块	8	
⑯	带电显示器	10kV	只	6	
⑰	接地装置	按接地装置模块选择	组	1	
⑱	挂线连铁	LT8－580G	块	3	
⑲	铜接线端子	DT－35（镀锡）	只	4	PT 引流线用
⑳	PT 支架	SPTZJ－900	副	1	
㉑	绝缘导线	JKLYJ－10/50	m	10	
㉒	角铁横担	HD8－1500	块	4	
㉓	横担抱箍	HBG8－240	块	2	设计选配
㉔	横担抱箍	HBG8－260	块	2	PT 引流线用
㉕	双熔丝安装铁	SRSLT－1000	块	2	
㉖	跌落式熔断器	100A	只	4	
㉗	柱式绝缘子	R5ET105L	只	3	
	螺栓	M18×90	块	12	
	螺栓	M18×45	块	39	
	螺栓	M12×45	块	14	
	螺栓	M10×45	块	16	
	螺栓	M 口×45（导线端子用）	m	12	按端子孔径选择

注　在海拔 4000～5000m 地区，三角排列导线，杆顶抱箍与下层横担距离应当大于 900mm，双层横担排列导线，上层与下层横担距离应当大于 1200mm。

图 18－3　单回分段（联络）开关（正装）安装图

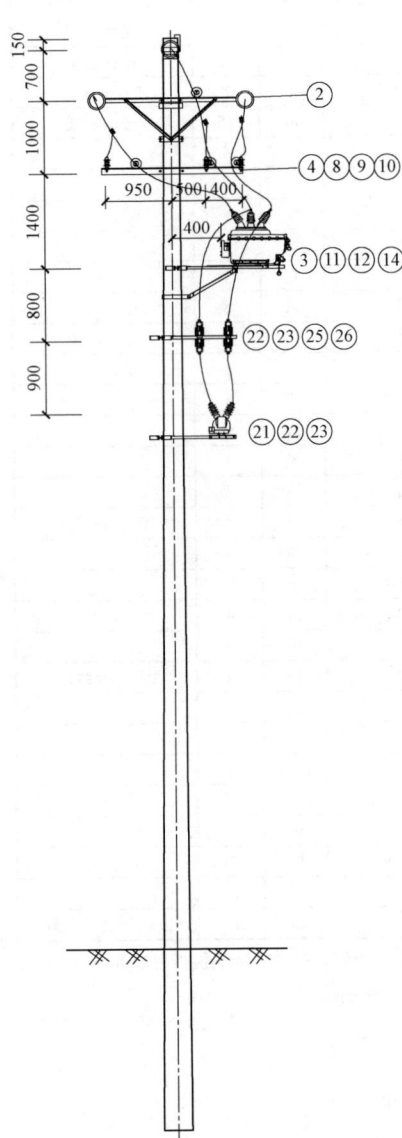

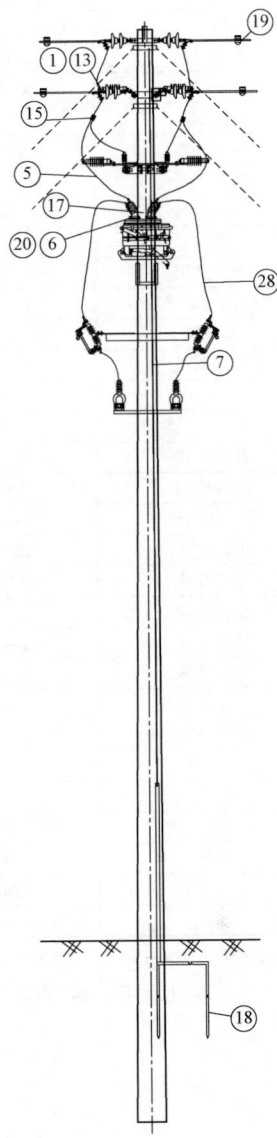

主 要 材 料 表

编号	材料名称	型号规格	单位	数量	备注
①	复合横担绝缘子	FS－10/3.5	只	8	
②	耐张串	设计按耐张串模块选型	套	3	
③	开关类设备	一、二次融合柱上断路器	台	1	内隔离，单（双）PT
④	避雷器	YH5（10）WS－17/45TL	只	6	设计选型
⑤	绝缘导线	JKLYJ－10/□	m	16	设计选型
⑥	绝缘导线	JKTRYJ－10/35	m	8	PT引流线
⑦	布电线	BV－50	m	15	接地引线
⑧	角铁横担	HD6－2000	块	2	
⑨	挂线连铁	LT8－580G	块	2	
⑩	横担抱箍	HBG6－220	块	2	
⑪	横担抱箍	HBG6－240	块	3	
⑫	半圆抱箍	BG6－240	块	1	
⑬	绝缘子支座	QZ－120	块	8	
⑭	开关支架	KZJ－C	副	1	
⑮	绝缘穿刺线夹	JBC10－□/□	只	6	设计选型
⑯	铜接线端子	DT－50（镀锡）	只	6	接地引下线用
⑰	铜接线端了	DT－□（镀锡）	只	6	设计选型
⑱	接地装置	按接地装置模块选择	套	1	
⑲	带电显示器	AC 10kV	只	6	
⑳	铜接线端子	DT－35（镀锡）	只	4	PT引流线用
㉑	PT支架	SPTZJ－900	副	1	
㉒	横担抱箍	HBG8－280	块	1	
㉓	半圆抱箍	BG6－280	块	1	
㉔	角铁横担	HD8－1500DS	块	2	
㉕	横担抱箍	HBG8－260	块	2	
㉖	双熔丝安装铁	SRSLT－1000	块	2	
㉗	跌落式熔断器	100A	只	4	
㉘	绝缘导线	JKLYJ－10/50	m	10	
	螺栓	M18×90	只	8	
	螺栓	M18×45	只	17	
	螺栓	M12×45	只	21	
	螺栓	M10×45	只	8	
	螺栓	M□×45（导线端子用）	只	12	按端子孔径选择

说明：1. 本图中铁件规格均按照φ190电杆配置，在其他梢径杆上安装时，由设计另行选择。

2. 本图安装尺寸按海拔1000m以下考虑，在高海拔地区安装时，需另行计算安装尺寸。

3. 本安装图中避雷器引流线为一体式装置，每根长度为1m。引线不配置接线端子及JLG螺栓型挂钩引流线夹，线尾绝缘封闭。

4. 开关作为联络用需安装双侧PT，作为分支用安装单侧PT（本图材料表为单PT材料）。

5. 绝缘导线采用剥皮安装的线夹均需进行绝缘封闭。

下层避雷器横担接地孔

与PT支架连接
与开关接地孔连接
与避雷器安装横担连接
与接地装置连接

接地连接示意图

注　在海拔4000～5000m地区，三角排列导线，杆顶抱箍与下层横担距离应当大于900mm，双层横担排列导线，上层与下层横担距离应当大于1200mm。

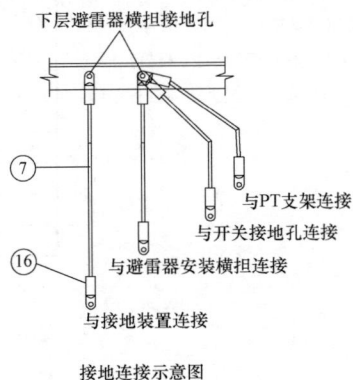

图18－4　单回分段（联络）开关（侧装）安装图

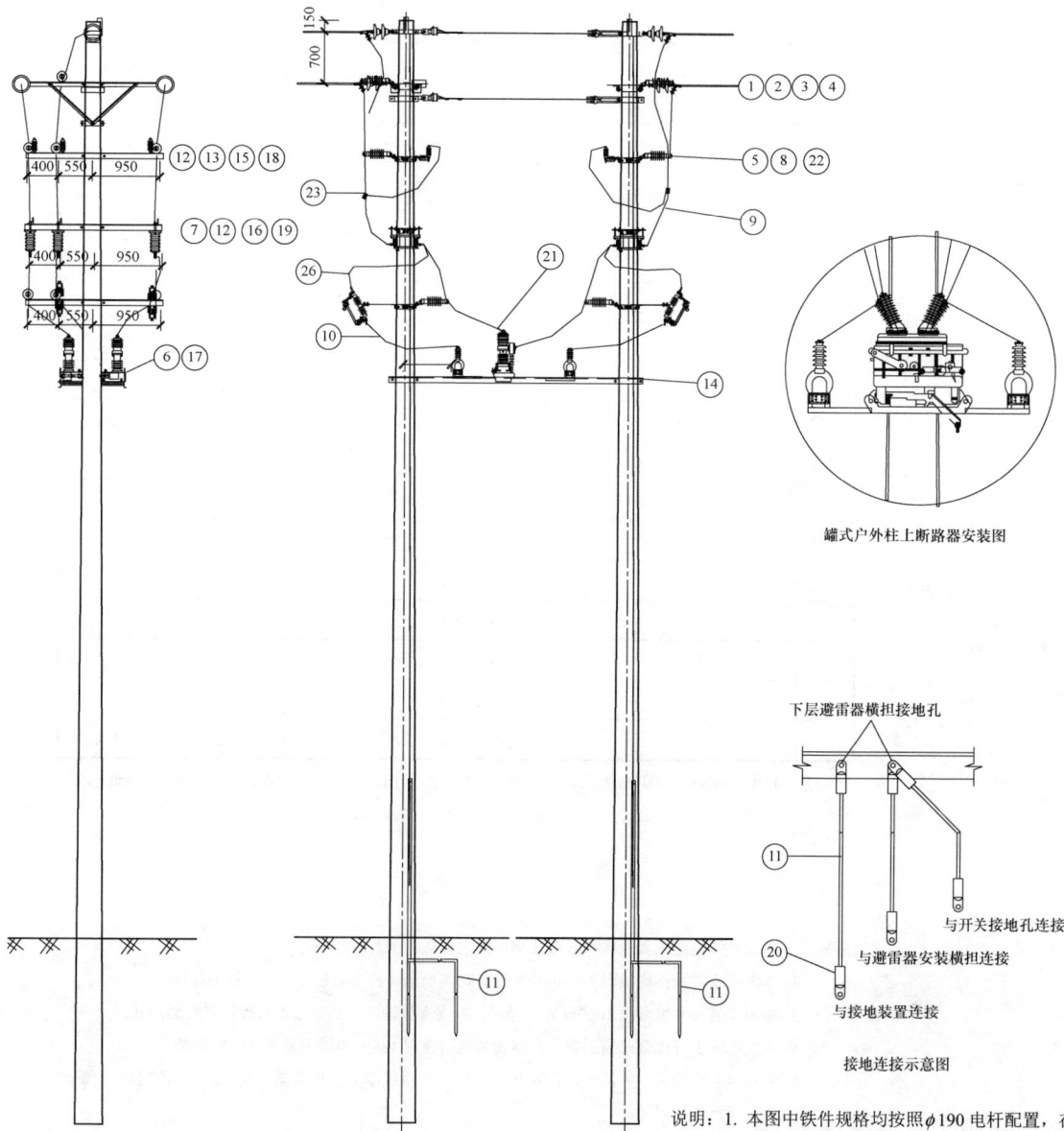

罐式户外柱上断路器安装图

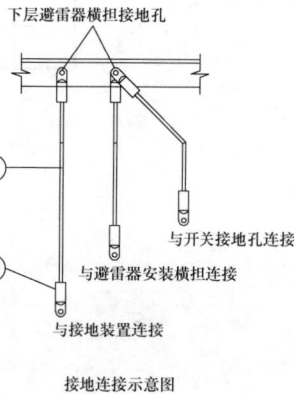

下层避雷器横担接地孔

与开关接地孔连接

与避雷器安装横担连接

与接地装置连接

接地连接示意图

主要材料表

编号	材料名称	型号规格	单位	数量	备注
①	平行挂板	PD－10	只	2	
②	楔形线夹	NX－2	只	2	
③	镀锌钢绞线	GJ－50	公斤	2	
④	UT 型线夹	NUT－2	只	2	
⑤	复合横担绝缘子	FS 10/3.5	只	14	
⑥	开关类设备	一、二次融合柱上断路器	台	1	内隔离，单（双）PT
⑦	隔离开关	HGW 10－12/630	只	6	
⑧	避雷器	YH5（10）WS－17/45TL	只	6	设计选型
⑨	绝缘导线	JKLYJ－10/口	m	35	设计选型
⑩	绝缘导线	JKTRYJ－10/35	m	1	PT 引流线
⑪	布电线	BV－50	m	30	接地引线
⑫	角铁横担	HD6－2000	根	8	
⑬	挂线连铁	LT8－580G	块	6	
⑭	双杆支架	SZJ6－3000	根	2	
⑮	横担抱箍	HBG6－220	套	2	
⑯	横担抱箍	HBG6－240	套	6	
⑰	横担抱箍	HBG6－260	套	4	
⑱	半圆抱箍	BG6－220	只	2	
⑲	半圆抱箍	BG6－240	只	2	
⑳	铜接线端子	DT－50（镀锡）	只	12	
㉑	铜接线端子	DT 口（镀锡）	只	6	设计选型
㉒	绝缘子支座	QZ－120	块	14	
㉓	绝缘穿刺线夹	JBC10－口/口	只	12	设计选型
㉔	接地装置	按接地装置模块选择	组	2	
㉕	铜接线端子	DT 35 C（镀锡）	只	4	PT 引流线
㉖	跌落式熔断器	100A	只	4	
㉗	绝缘导线	JKLYJ 10/50	m	6	
	螺栓	M16×90	只	20	
	螺栓	M16×45	只	41	
	螺栓	M12×45	只	12	
	螺栓	M10×45	只	12	
	螺栓	M 口 X45（导线端子用）	只	24	按端子孔径选择

注 在海拔 4000～5000m 海拔地区，三角排列导线，杆顶抱箍与下层横担距离应当大于 900mm，双层横担排列导线，上层与下层横担距离应当大于 1200mm。

说明：1. 本图中铁件规格均按照 φ190 电杆配置，在其他梢径杆上安装时，由设计另行选择。

2. 本图安装尺寸按海拔 1000m 以下考虑，在高海拔地区安装时，需另行计算安装尺寸。

3. 本安装图中避雷器引流线为一体式装置，每根长度为 1m。引线不配置接线端子及 JLG 螺栓型挂钩引流线夹，线尾给绝缘封闭。

4. 开关作为联络用需安装双侧 PT，作为分支用安装单侧 PT（本图材料表为单 PT 材料）。

5. 绝缘导线采用剥皮安装的线夹均需进行绝缘封闭。

图 18－5　单回（双杆）分段（联络）开关安装图

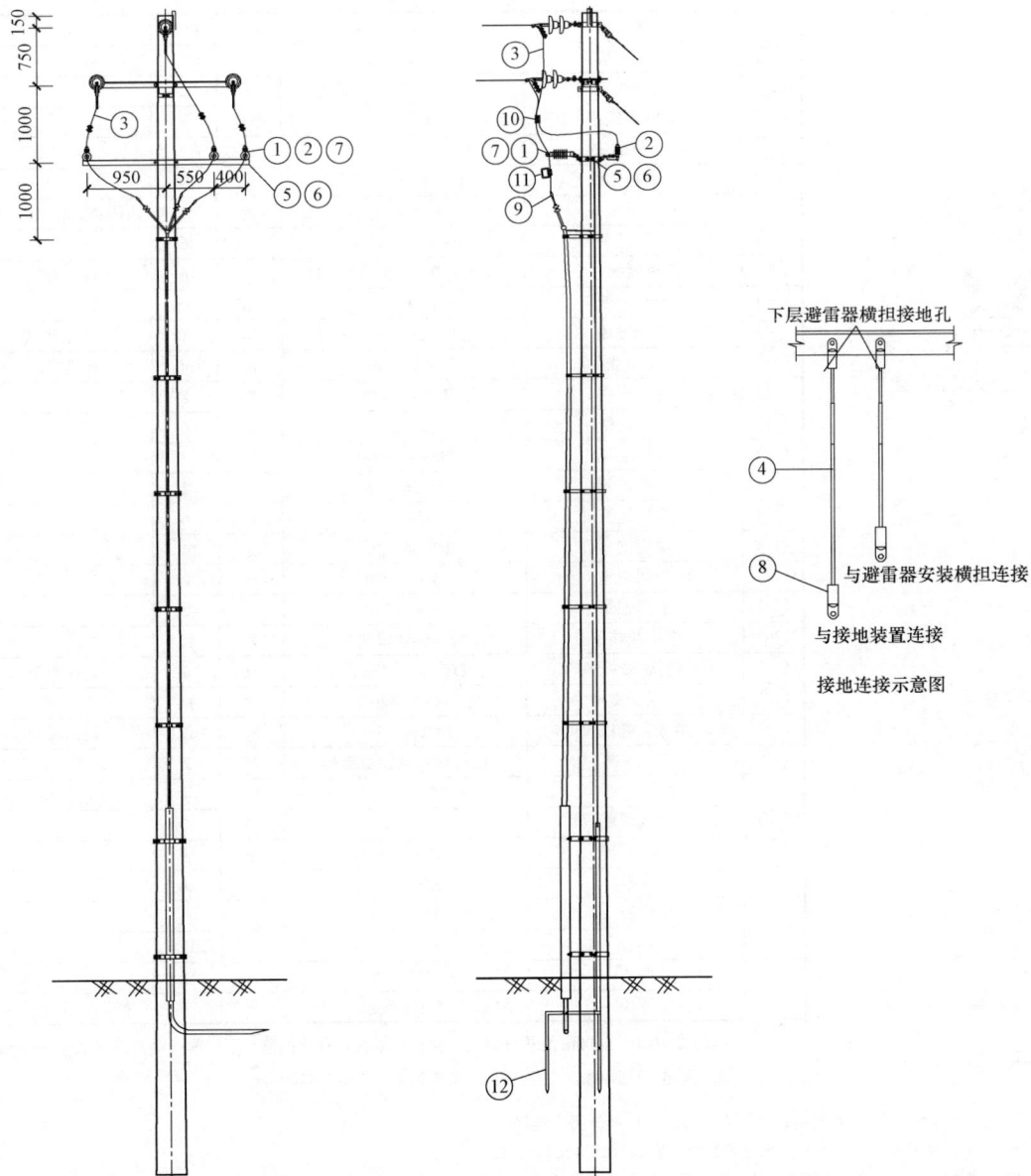

接地连接示意图

下层避雷器横担接地孔

与避雷器安装横担连接

与接地装置连接

主 要 材 料 表

编号	材料名称	型号规格	单位	数量	备注
①	复合横担绝缘子	FS－10/3.5	只	3	
②	避雷器	YH5（10）WS－17/45TL	只	3	设计选型
③	绝缘导线	JKLYJ－10/口	m	12	设计选型
④	布电线	BV－50	m	15	接地引线
⑤	角铁横担	HD6－2000	块	2	
⑥	横担抱箍	HBC6－220	块	2	
⑦	绝缘子支座	QZ120	块	3	
⑧	铜接线端子	DT－50（镀锡）	只	4	
⑨	铜接线端子	DT－口（镀锡）	只	3	设计选型
⑩	绝缘穿刺线夹	JBC10 口/口	只	3	设计选型
⑪	JDLH 旁路（接地）线夹	JDLH10－50－240C	只	3	设计选型
⑫	接地装置	按接地装置模块选择	套	1	
	螺栓	M18×90	只	2	
	螺栓	M18×45	只	4	
	螺栓	M16×45	只	6	
	螺栓	M10×45	只	4	
	螺栓	M 口×45（导线端子用）	只	6	按端子孔径选择

注　在海拔 4000～5000m 地区，三角排列导线，杆顶抱箍与下层横担距离应当大于 900mm，双层横担排列导线，上层与下层横担距离应当大于 1200mm。

说明：1. 本安装图也适用其他同种导线排列形式的杆头，如直线杆头等。

　　　2. 本图中铁件规格均按照ϕ90 电杆配置，在其他梢径杆上安装时，由设计另行选择。

　　　3. 本图安装尺寸均按海拔 1000m 以下考虑，在高海拔地区安装时，需另行计算安装尺寸。

　　　4. 本图电缆上杆部仅为示意，具体安装应结合图 18－9 电缆上杆模块一并安装。

　　　5. 避雷器引流线为一体式装置，每根长度为 1m。引线不配置接线端子及 JLG 螺栓型挂钩引流线夹，线尾绝缘封闭。

图 18－6　单回电缆上杆直搭安装图

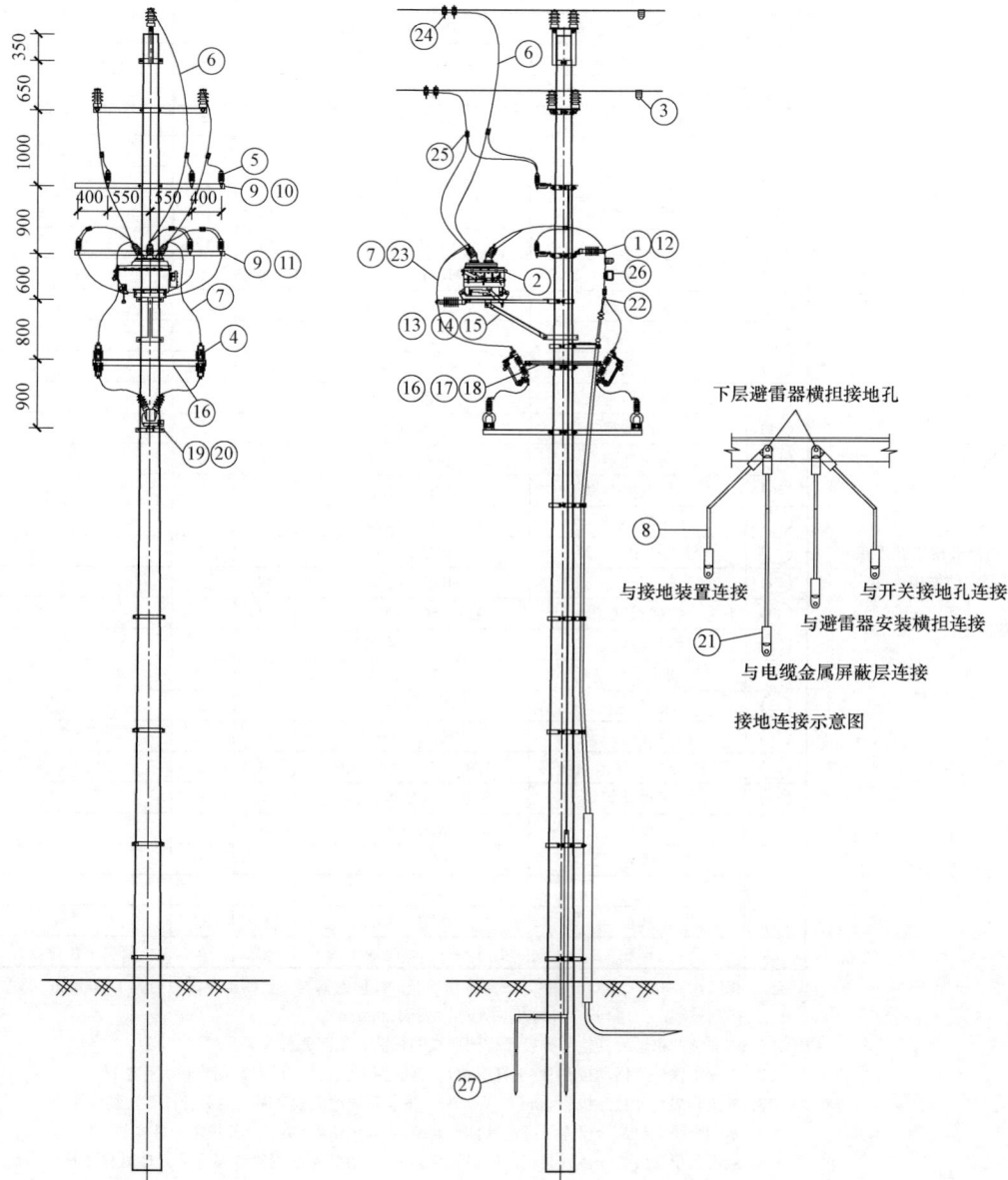

接地连接示意图

编号	材料名称	型号规格	单位	数量	备注
①	复合横担绝缘子	FS-10/3.5	只	5	
②	开关类设备	一、二次融合柱上断路器	台	1	内隔离，单（双）PT
③	带电显示器	AC 10kV	只	6	
④	高压熔断器	AC 10kV	只	4	设计选型
⑤	避雷器	YH5（10）WS-17/45TL	只	6	设计选型
⑥	绝缘导线	JKLYJ-10/口	m	15	设计选型
⑦	绝缘导线	JKTRYJ-35	m	10	PT引流线
⑧	布电线	BV-50	m	15	接地引线
⑨	角铁横担	HD6-2000	块	4	
⑩	横担抱箍	HBG6-220	块	2	
⑪	横担抱箍	HBG6-240	块	2	
⑫	绝缘子支座	QZ-120	块	5	
⑬	开关支架	KZJ-G-Z	副	1	
⑭	横担抱箍	HBG8-250	块	2	
⑮	半圆抱箍	BG8-250	块	2	
⑯	角铁横担	HD6-1500	块	2	
⑰	双熔丝安装铁	SRSLT-1000	块	2	
⑱	横担抱箍	HBG6-260	块	2	
⑲	柱上单FT支架	DPTZT-900	副	2	
⑳	横担抱箍	HBG8-270	块	2	
㉑	铜接线端子	DT-50（镀锡）	只	12	
㉒	铜接线端子	DT-口（镀锡）	只	9	设计选型
㉓	铜接线端子	DT-35（镀锡）	只	12	PT引流线用
㉔	接续线夹	口口口-口-口	只	6	设计选型
㉕	绝缘穿刺线夹	JBC10-口/口	只	9	设计选型
㉖	JDLH旁路（接地）线夹	JDLH10-50-240C	只	3	设计选型
㉗	接地装置	按接地装置模块选择	套	1	
	螺栓	M18×90	只	12	
	螺栓	M18×45	只	20	
	螺栓	M16×45	只	20	
	螺栓	M10×45	只	32	
	螺栓	M口×45（导线端子用）	只	6	按端子孔径选择

注 在海拔4000～5000m地区，三角排列导线，杆顶抱箍与下层横担距离应当大于900mm，双层横担排列导线，上层与下层横担距离应当大于1200mm。

说明：1. 本安装图也适用其他同种导线排列形式的杆头，如耐张杆头等。
2. 本图中铁件规格均按φ90电杆配置，在其他梢径杆上安装时，由设计另行选择。
3. 本图安装尺寸按海拔1000m以下考虑，在高海拔地区安装时，需另行计算安装尺寸。
4. 本图电缆上杆部分仅为示意，具体安装应结合图18-9电缆上杆模块一并安装。
5. 避雷器引流线为一体式装置，每根长度为1m，引线不配置接线端子及JLG螺栓型挂钩引流线夹，线尾绝缘封闭。
6. 开关作为联络用需安装双侧PT，作为分支用安装单侧PT。

图18-7 单回支线电缆上杆开关（正装）安装图

主 要 材 料 表

编号	材料名称	型号规格	单位	数量	备注
①	复合横担绝缘子	FS－10/3.5	只	5	
②	开关类设备	一、二次融合柱上断路器	台	1	内隔离，单（双）PT
③	带电显示器	AC 10kV	只	6	
④	高压熔断器	AC 10kV	只	4	设计选型
⑤	避雷器	YH5（10）WS－17/45TL	只	6	设计选型
⑥	绝缘导线	JKLYJ－10/□	m	15	设计选型
⑦	绝缘导线	JKTRYJ－35	m	10	PT 引流线
⑧	布电线	BV－50	m	15	接地引线
⑨	横担抱箍	HBG6－220	块	2	
⑩	横担抱箍	HBG6－240	块	2	
⑪	绝缘子支座	QZ－120	块	5	
⑫	开关支架	KZJ－G－Z	副	1	
⑬	横担抱箍	HBG8－250	块	2	
⑭	半圆抱箍	BG8－250	块	2	
⑮	角铁横担	HD6－1500	块	2	
⑯	双熔丝安装铁	SRSLT－1000	块	2	
⑰	横担抱箍	HBG6－260	块	2	
⑱	柱上单 PT 支架	DPTZT－900	副	2	
⑲	横担抱箍	HBG8－270	块	2	
⑳	铜接线端子	DT－50（镀锡）	只	12	
㉑	铜接线端子	DT－□（镀锡）	只	9	设计选型
㉒	铜接线端子	DT－35（镀锡）	只	12	PT 引流线用
㉓	接续线夹	□□□－□－□	只	6	设计选型
㉔	绝缘穿刺线夹	JBC10－□/□	只	9	设计选型
㉕	JDLH 旁路（接地）线夹	JDLH10－50－240C	只	3	设计选型
㉖	接地装置	按接地装置模块选择	套	1	
	螺栓	M18×90	只	12	
	螺栓	M18×45	只	20	
	螺栓	M16×45	只	20	
	螺栓	M10×45	只	32	
	螺栓	M□×45（导线端子用）	只	6	按端子孔径选择

下层避雷器横担接地孔

与接地装置连接

与开关接地孔连接

与避雷器安装横担连接

与电缆金属屏蔽层连接

接地连接示意图

注　在海拔 4000～5000m 地区，三角排列导线，杆顶抱箍与下层横担距离应当大于 900mm，双层横担排列导线，上层与下层横担距离应当大于 1200mm。

说明：1. 本安装图也适用其他同种导线排列形式的杆头，如耐张杆头等。

2. 本图中铁件规格均按 ϕ190 电杆配置，在其他梢径杆上安装时，由设计另行选择。

3. 本安装尺寸按海拔 1000m 以下考虑，在高海拔地区安装时，需另行计算安装尺寸。

4. 本图电缆上杆部分仅为示意，具体安装应结合图 18-9 电缆上杆模块一并安装。

5. 避雷器引流线为一体式装置，每根长度为 1m，引线不配置接线端子及 JLG 螺栓型挂钩引流线夹，线尾绝缘封闭。

6. 开关作为联络用需安装双侧 PT，作为分支用安装单侧 PT。

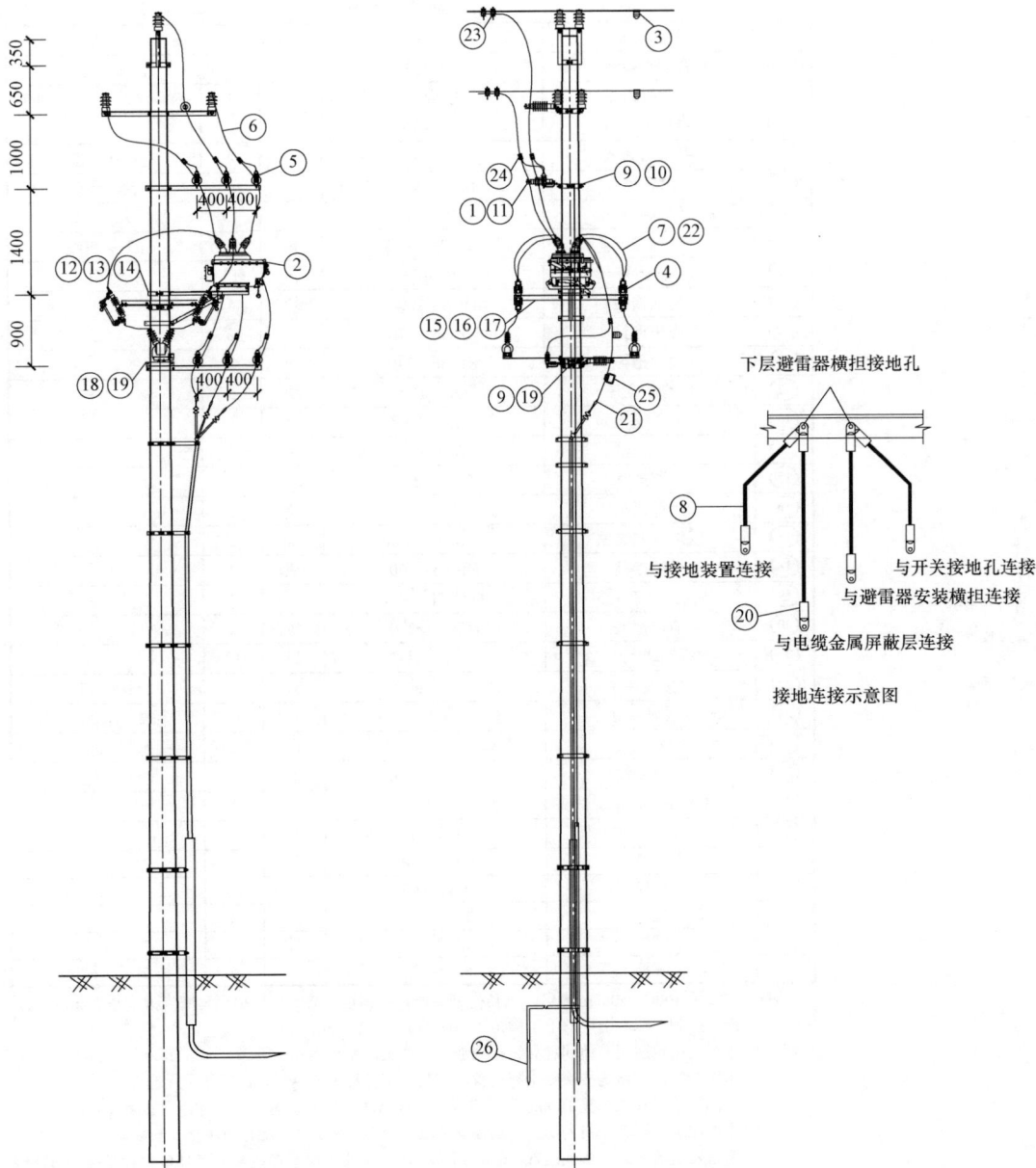

图 18-8　单回支线电缆上杆开关（侧装）安装图

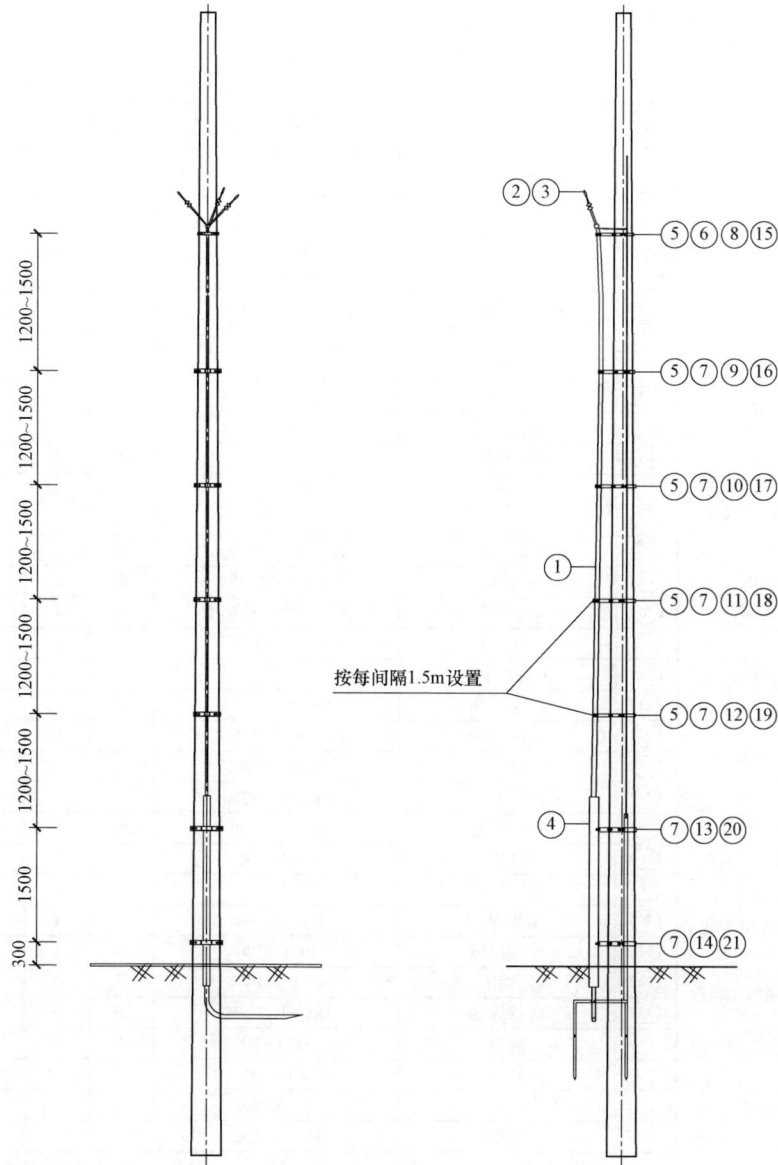

按每间隔1.5m设置

图 18-9　单回电缆上杆安装图

主 要 材 料 表

编号	材料名称	型号规格	单位	数量	备注
①	电缆		根	1	设计选型
②	电缆头		套	1	设计选型
③	铜接线端子		只	3	设计选型
④	电缆保护管		副	1	设计选型
⑤	电缆卡抱	KBG4	块	5	
⑥	杆上电缆固定架	DLJ6-400A	副	1	
⑦	杆上电缆固定架	DLJ5-165	块	6	
⑧	横担抱箍	HBG6-240	块	1	
⑨	横担抱箍	HBG6-260	块	1	
⑩	横担抱箍	HBG6-280	块	1	
⑪	横担抱箍	HBG6-300	块	1	
⑫	横担抱箍	HBG6-320	块	1	
⑬	横担抱箍	HBG6-340	块	1	
⑭	横担抱箍	HBG6-360	块	1	
⑮	半圆抱箍	BG6-240	块	1	
⑯	半圆抱箍	BG6-260	块	1	
⑰	半圆抱箍	BG6-280	块	1	
⑱	半圆抱箍	BG6-300	块	1	
⑲	半圆抱箍	BG6-320	块	1	
⑳	半圆抱箍	BG6-340	块	1	
㉑	半圆抱箍	BG6-360	块	1	
㉒	螺栓	M18×90	只	14	
㉓	螺栓	M18×45	只	14	
㉔	螺栓	M16×45	只	20	

注　在海拔 4000~5000m 地区，三角排列导线，杆顶抱箍与下层横担距离应当大于 900mm，双层横担排列导线，上层与下层横担距离应当大于 1200mm。

说明：1. 电缆支架配置原则：电缆保护管支架以上每层按每隔 1.2~1.5m 设置电缆支架。

2. 本图电缆支架安装抱箍规格按照 φ190×15m 单回电缆上杆配置，其他杆高、径或杆型的电缆支架安装抱箍参照电缆支架配置原则，由设计另行选择。

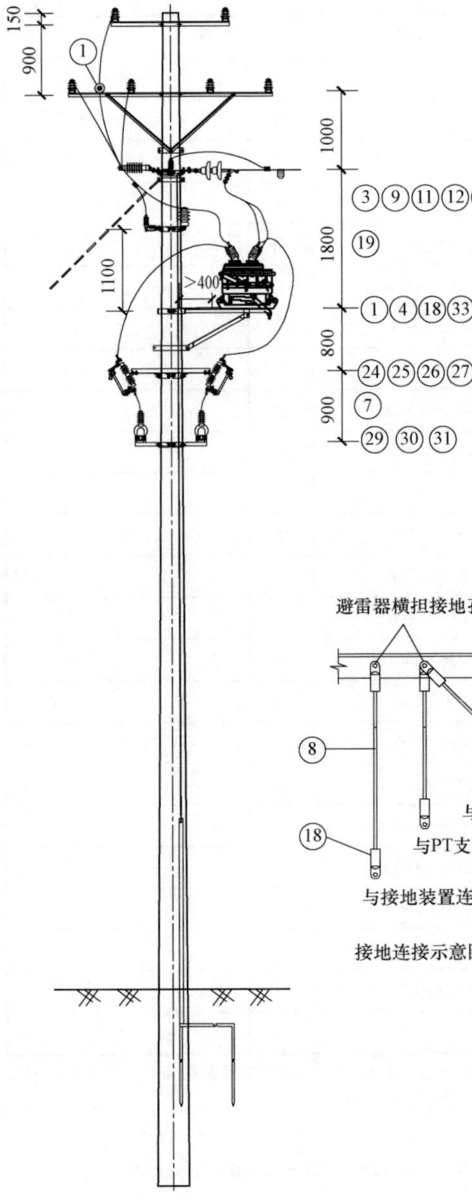
150
900
①
1000
1800
1100
>400
800
900
③⑨⑪⑫㉓
⑲
①④⑱㉝
㉔㉕㉖㉗㉘㉜
⑦
㉙㉚㉛

⑰
㉒
⑥
⑱⑲
950
550
400
②⑤⑩⑬⑱
④⑬⑭⑯

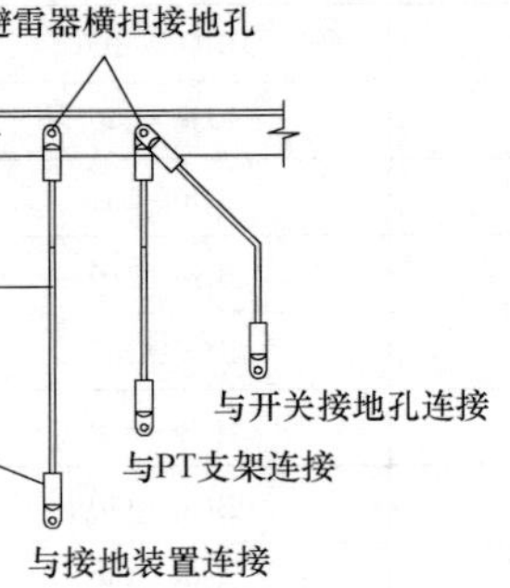
避雷器横担接地孔
⑧
⑱
与开关接地孔连接
与PT支架连接
与接地装置连接

接地连接示意图

说明：1. 本安装图也适用其他同种导线排列形式的杆头，如耐张杆头等。

2. 本图中铁件规格均按照 ϕ190 电杆配置，在其他梢径杆上安装时，由设计另行选择。

3. 本图安装尺寸按海拔 1000m 以下考虑，在高海拔地区安装时，需另行计算安装尺寸。

4. 分支横担必须根据工程实际情况进行校验，如不满足要求，设计人员参照本图尺寸根据实际情况进行重新设计。

5. 避雷器引流线为一体式装置，每根长度为 1m。引线不配置接线端子及 JLG 螺栓型挂钩引流线夹，线尾绝缘封闭。

6. 绝缘导线采用剥皮安装的线夹均需进行绝缘封闭。

7. 开关作为联络用需安装双侧 PT，作为分支用安装单侧 PT。

主 要 材 料 表

编号	材料名称	型号规格	单位	数量	备注
①	复合横担绝缘子	FS－10/3.5	只	4	
②	柱式绝缘子	R5ET105L	只	3	设计选型
③	耐张串	设计按耐张串模块选型	套	3	
④	开关类设备	一、二次融合柱上断路器	台	1	内隔离，单（双）PT
⑤	避雷器	YH5（10）WS－17/45TL	只	6	设计选型
⑥	绝缘导线	JKLYJ－10/口	m	16	设计选型
⑦	绝缘导线	JKTRYJ－10/35	m	1	PT 引流线
⑧	布电线	BV－50	m	20	接地引线
⑨	角铁横担	HD8－2000	块	2	
⑩	角铁横担	HD6－2000	块	2	
⑪	横担抱箍	HBG8－220	块	2	
⑫	挂线连铁	LT8－580G	块	2	
⑬	横担抱箍	HBG6－240	块	5	
⑭	半圆抱箍	BG6－240	块	1	
⑮	绝缘子支座	QZ－120	块	4	
⑯	柱上开关支架	KZJ－Z	副	1	
⑰	接续线夹	口口口－口－口	只	6	设计选配
⑱	铜接线端子	DT－50（镀锡）	只	20	
⑲	铜接线端子	DT－口（镀锡）	只	6	设计选型
⑳	拉线组	按拉线组模块选型	组	1	
㉑	接地装置	按接地模组选型	套	1	
㉒	带电显示器	AC 10kV	只	6	
㉓	绝缘穿刺线夹	JBC10－口/口	只	6	设计选配
㉔	铜接线端子	DT－35（镀锡）	只	8	PT 引流线用
㉕	角铁横担	HD8－1500D	块	2	
㉖	双熔丝安装铁	SRSLT－1000	块	2	
㉗	横担抱箍	HBG8－260	块	1	
㉘	半圆抱箍	BG8－260	块	1	
㉙	PT 支架	SPTZJ－900	副	1	
㉚	横担抱箍	HBG8－280	块	1	
㉛	半圆抱箍	BG8－280	块	1	
㉜	高压熔断器	AC 10kV	只	4	
㉝	绝缘导线	JKLYJ－10/50	m	6	
	螺栓	M18×90	只	8	
	螺栓	M18×45	只	32	
	螺栓	M10×45	只	6	
	螺栓	M 口×45（导线端子用）	只	12	

注　在海拔 4000～5000m 地区，三角排列导线，杆顶抱箍与下层横担距离应当大于 900mm，双层横担排列导线，上层与下层横担距离应当大于 1200mm。

图 18－10　双回（双三角）分支开关（正装）安装图

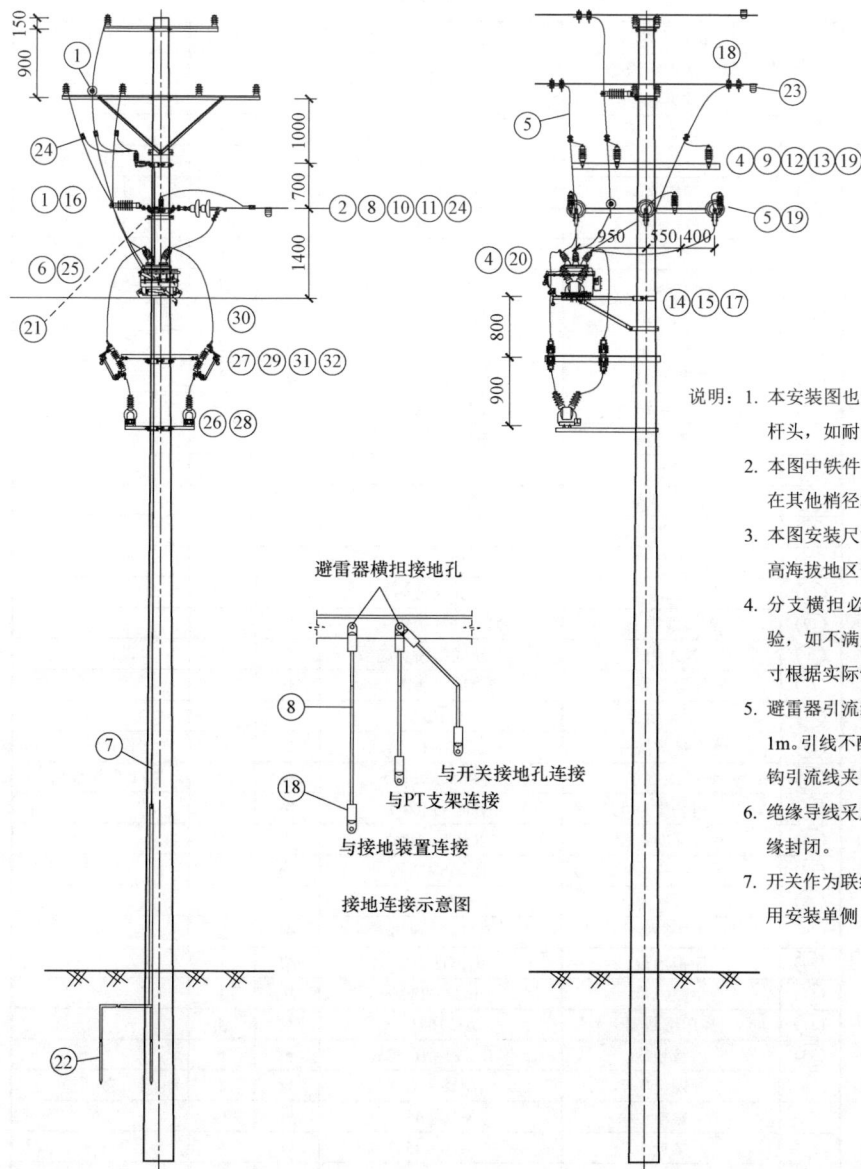

主 要 材 料 表

编号	材料名称	型号规格	单位	数量	备注
①	复合横担绝缘子	FS-10/3.5	只	4	
②	耐张串	设计按耐张串模块选型	套	3	设计选型
③	开关类设备	一、二次融合柱上断路器	台	1	内隔离，单（双）PT
④	避雷器	YH5（10）WS-17/45TL	只	6	设计选型
⑤	绝缘导线	JKLYJ-10/□	m	16	设计选型
⑥	绝缘导线	JKTRYJ-10/35	m	1	PT引流线
⑦	布电线	BV-50	m	20	接地引线
⑧	角铁横担	HD8-2000	块	2	
⑨	角铁横担	HD6-2000	块	1	
⑩	横担抱箍	HBG8-240	块	2	
⑪	挂线连铁	LT8-580G	块	1	
⑫	横担抱箍	HBG6-220	块	2	
⑬	半圆抱箍	HBG6-220	块	1	
⑭	横担抱箍	HBG6-240	块	3	
⑮	半圆抱箍	HBG6-240	块	1	
⑯	绝缘子支座	QZ-120	块	4	
⑰	开关支架	KZJ-Z	副	1	
⑱	接续线夹	□□□-□-□	只	6	设计选配
⑲	铜接线端子	DT-50（镀锡）	只	12	接地引下线用
⑳	铜接线端子	DT-□（镀锡）	只	6	设计选型
㉑	拉线组	按拉线组模块选型	组	1	
㉒	接地装置	按接地模组选型	套	1	
㉓	带电显示器	AC 10kV	只	6	
㉔	绝缘穿刺线夹	JBC10-□/□	只	6	设计选型
㉕	铜接线端子	DT-35（镀锡）	只	4	PT引流线用
㉖	PT支架	DPTZT-900	副	1	
㉗	横担抱箍	HBG8-260	块	2	
㉘	横担抱箍	HBC8-280	块	2	
㉙	高压熔断器	AC 10kV	只	4	
㉚	绝缘导线	JKLYI-10/50	m	6	
㉛	角铁横担	H08-1500D	块	2	
㉜	双熔丝安装铁	SRSLT-1000	块	2	
	螺栓	M18×90	只	8	
	螺栓	M18×45	只	32	
	螺栓	M10×45	只	6	
	螺栓	M□×45（导线端子用）	只	12	

避雷器横担接地孔

与开关接地孔连接
与PT支架连接

与接地装置连接

接地连接示意图

说明：1. 本安装图也适用其他同种导线排列形式的杆头，如耐张杆头等。

2. 本图中铁件规格均按照 φ190 电杆配置，在其他梢径杆上安装时，由设计另行选择。

3. 本图安装尺寸按海拔 1000m 以下考虑，在高海拔地区安装时，需另行计算安装尺寸。

4. 分支横担必须根据工程实际情况进行校验，如不满足要求，设计人员参照本图尺寸根据实际情况进行重新设计。

5. 避雷器引流线为一体式装置，每根长度为 1m。引线不配置接线端子及 JLG 螺栓型挂钩引流线夹，线尾绝缘封闭。

6. 绝缘导线采用剥皮安装的线夹均需进行绝缘封闭。

7. 开关作为联络用需安装双侧 PT，作为分支用安装单侧 PT。

注　在海拔 4000～5000m 地区，三角排列导线，杆顶抱箍与下层横担距离应当大于 900mm，双层横担排列导线，上层与下层横担距离应当大于 1200mm。

图 18-11　双回（双三角）分支开关（侧装）安装图

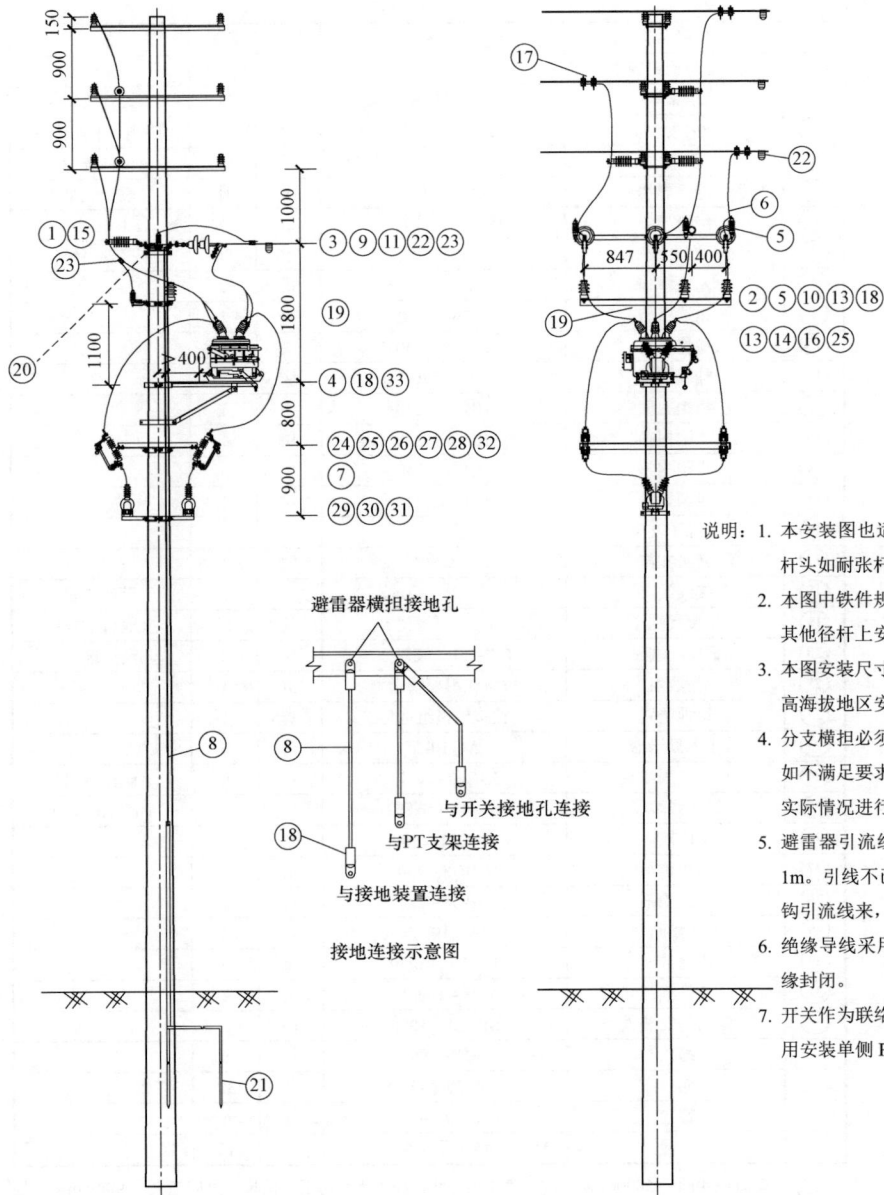

说明：
1. 本安装图也适用其他同种导线排列形式的杆头如耐张杆头等。
2. 本图中铁件规格均按照 φ190 电杆配置，在其他径杆上安装时，由设计另行选择。
3. 本图安装尺寸按海拔 1000m 以下考虑，在高海拔地区安装时，需另行计算安装尺寸。
4. 分支横担必须根据工程实际情况进行校验，如不满足要求，设计人员参照本图尺寸根据实际情况进行重新设计。
5. 避雷器引流线为一体式装置，每根长度为 1m。引线不已置接线端子及 JLG 螺栓型挂钩引流线来，线尾绝缘封闭。
6. 绝缘导线采用剥皮安装的线夹均需进行绝缘封闭。
7. 开关作为联络用需安装双侧 PT，作为分支用安装单侧 PT（本国材料表为单 PT 材料）。

主 要 材 料 表

编号	材料名称	型号规格	单位	数量	备注
①	复合横担绝缘子	FS－10/3.5	只	4	
②	柱式绝缘子	R5ET105L	只	3	设计选型
③	耐张串	设计按耐张串模块选型	套	3	
④	开关类设备	一、二次融合柱上断路器	台	1	内隔离，单（双）PT
⑤	避雷器	YH5（10）WS－17/45T1	只	6	设计选型
⑥	绝缘导线	JKLYJ－10/口	m	16	设计选型
⑦	绝缘导线	JKTRYJ－10/35	m	1	PT 引流线
⑧	布电线	BV－50	m	20	接地引线
⑨	角铁横担	HD8－2000	块	2	
⑩	角铁横担	HD6－2000	块	2	
⑪	横担抱箍	HBG8－220	块	2	
⑫	挂线连铁	LT8－580G	块	2	
⑬	横担抱箍	HBG6－240	块	5	
⑭	半圆抱箍	BG6－240	块	1	
⑮	绝缘子支座	QZ－120	块	4	
⑯	柱上开关支架	KZJ－Z	副	1	
⑰	接续线夹	口口口－口－口	只	6	设计选配
⑱	铜接线端子	DT－50（镀锡）	只	20	
⑲	铜接线端子	DT－口（镀锡）	只	6	
⑳	拉线组	按触拉线组模块选型	组	1	设计选型
㉑	接地装置	按接地模块选型	套	1	
㉒	带电显示器	AC 10kV	只	6	
㉓	绝缘穿刺线夹	JBC10－口/口	只	6	设计选型
㉔	铜接线端子	DT－35（镀锡）	只	8	PT 引流线用
㉕	角铁横担	HD8－1500D	块	2	
㉖	双熔丝安装铁	SRSLT－1000	块	2	
㉗	横担抱箍	HBG8－260	块	1	
㉘	半圆抱箍	BG8－260	块	1	
㉙	PT 支架	SPTZT－900	副	1	
㉚	横担抱箍	HBG8 280	块	1	
㉛	半圆抱箍	BC8－280	块	1	
㉜	高压熔断器	AC 10kV	只	4	
㉝	绝缘导线	JKLYI－10/50	m	6	
	螺栓	M18×90	只	8	
	螺栓	M18×45	只	34	
	螺栓	M10×45	只	6	
	螺栓	M 口×45（导线端子用）	只	12	

注 在海拔 4000～5000m 地区，三角排列导线，杆顶抱箍与下层横担距离应当大于 900mm，双层横担排列导线，上层与下层横担距离应当大于 1200mm。

图 18－12 双回（双垂直）分支开关（正装）安装图

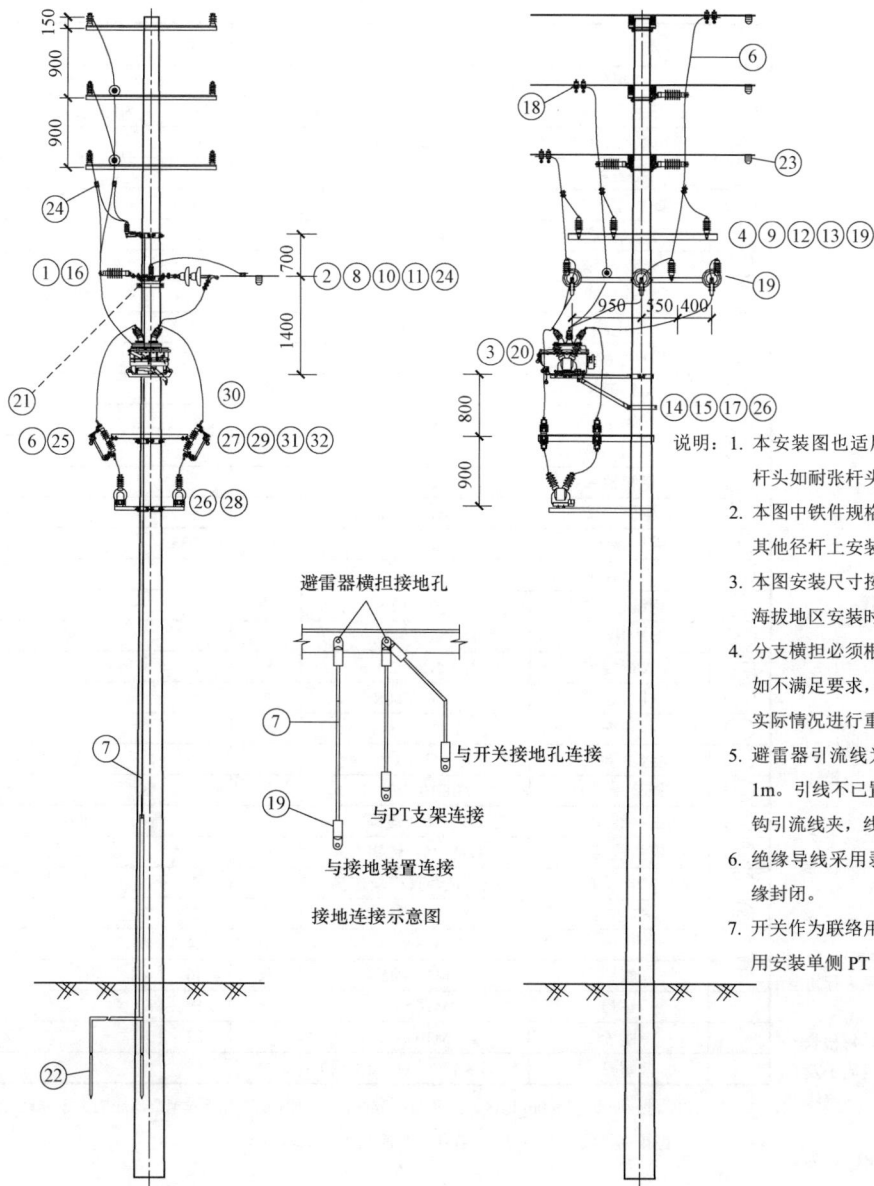

避雷器横担接地孔

与开关接地孔连接

与PT支架连接

与接地装置连接

接地连接示意图

说明：1. 本安装图也适用其他同种导线排列形式的杆头如耐张杆头等。

2. 本图中铁件规格均按照 φ190 电杆配置，在其他径杆上安装时，由设计另行选择。

3. 本图安装尺寸按海拔 1000m 以下考虑，在高海拔地区安装时，需另行计算安装尺寸。

4. 分支横担必须根据工程实际情况进行校验，如不满足要求，设计人员参照本图尺寸根据实际情况进行重新设计。

5. 避雷器引流线为一体式装置，每根长度为 1m。引线不已置接线端子及 JLG 螺栓型挂钩引流线夹，线尾绝缘封闭。

6. 绝缘导线采用剥皮安装的线夹均需进行绝缘封闭。

7. 开关作为联络用需安装双侧 PT，作为分支用安装单侧 PT（本图材料表为单 PT 材料）。

主 要 材 料 表

编号	材料名称	型号规格	单位	数量	备注
①	复合横担绝缘子	FS－10/3.5	只	6	
②	耐张串	设计按耐张串模块选型	套	3	
③	开关类设备	一、二次融合柱上断路器	台	1	内隔离，单（双）PT
④	避雷器	YH5（10）WS－17/45T1	只	6	设计选型
⑤	绝缘导线	JKLYJ－10/口	m	16	设计选型
⑥	绝缘导线	JKTRYJ－10/35	m	1	PT 引流线
⑦	布电线	BV－50	m	20	接地引线
⑧	角铁横担	HD8－2000	块	2	
⑨	角铁横担	HD6－2000	块	1	
⑩	横担抱箍	HBG8－240	块	2	
⑪	挂线连铁	LT8－580G	块	2	
⑫	横担抱箍	HBG6－220	块	1	
⑬	半圆抱箍	BG6－220	块	1	
⑭	横担抱箍	HBG6－240	块	3	
⑮	半圆抱箍	BG6－240	块	1	
⑯	绝缘子支座	QZ－120	块	6	
⑰	开关支架	KZJ－C	副	1	
⑱	接续线夹	口口口－口－口	只	6	设计选配
⑲	铜接线端子	DT－50（镀锡）	只	20	接地引下线用
⑳	铜接线端子	DT－口（镀锡）	只	6	设计选型
㉑	拉线组	按拉线组模块选型	组	1	
㉒	接地装置	按接地模块选型	套	1	
㉓	带电显示器	AC 10kV	只	6	
㉔	绝缘穿刺线夹	JBC10－口/口	只	6	设计选型
㉕	铜接线端子	DT－35（镀锡）	只	8	PT 引流线用
㉖	PT 支架	DPTZI－900	副	1	
㉗	横担抱箍	HBC8－260	块	2	
㉘	横担抱箍	HBG8－280	块	2	
㉙	高压熔断器	AC 10kV	只	4	
㉚	绝缘导线	JKLYJ－10/50	m	6	
㉛	角铁横担	HD8－1500D	块	2	
㉜	双熔丝安装铁	SRSLT－1000	块	2	
	螺栓	M18×90	只	8	
	螺栓	M18×45	只	32	
	螺栓	M10×45	只	6	
	螺栓	M 口×45（导线端子用）	只	12	

注 在海拔 4000～5000m 地区，三角排列导线，杆顶抱箍与下层横担距离应当大于 900mm，双层横担排列导线，上层与下层横担距离应当大于 1200mm。

图 18－13 双回（双垂直）分支开关（侧装）安装图

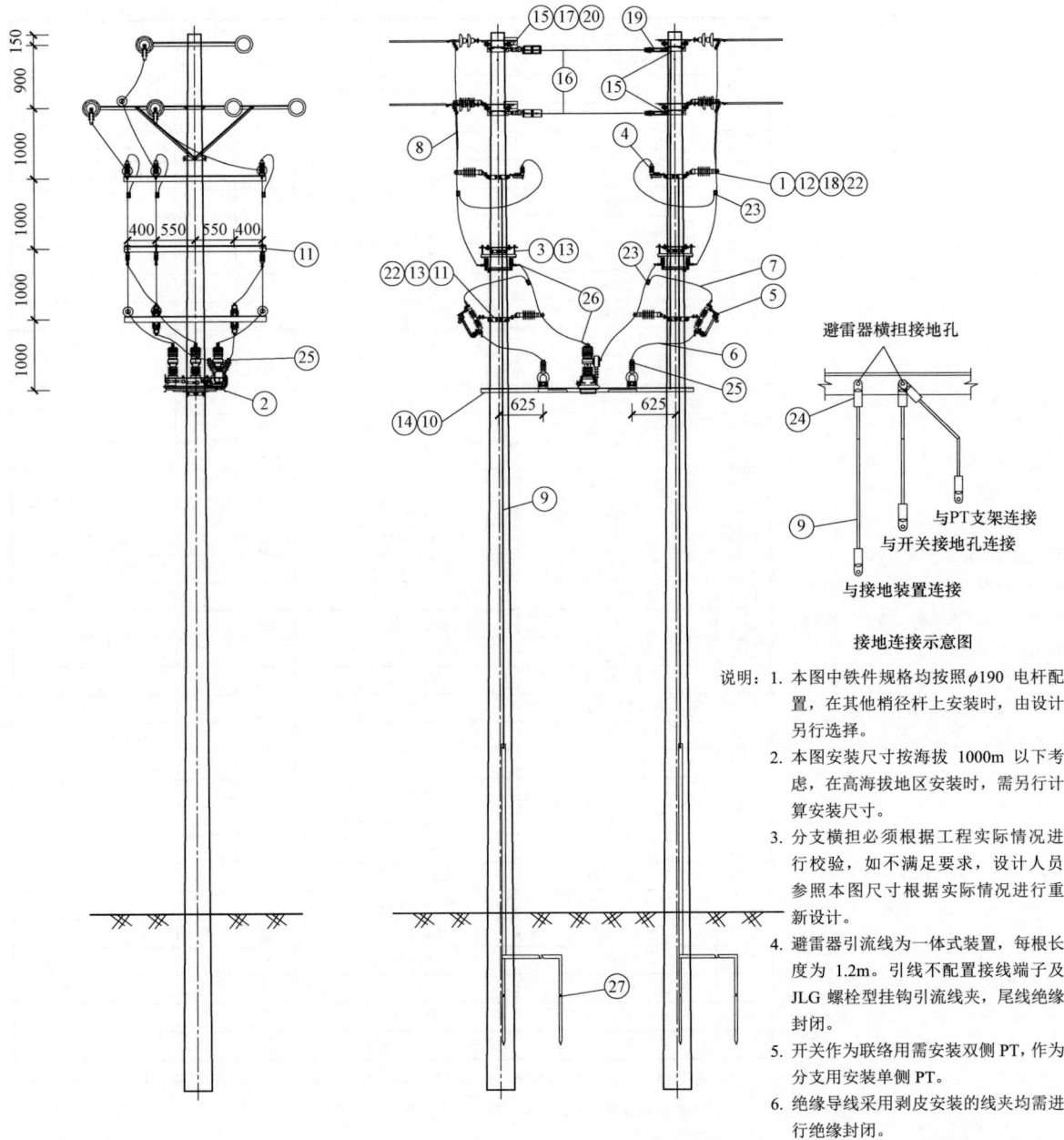

主 要 材 料 表

编号	材料名称	型号规格	单位	数量	备注
①	复合横担绝缘子	FS-10/3.5	只	14	
②	开关类设备	一、二次融合柱上断路器	台	1	内隔离，单（双）PT
③	隔离开关	HGW10-12/630	只	6	
④	避雷器	YH5（10）WS-17/45TL	只	6	设计选型
⑤	高压熔断器	AC 10kV	只	4	
⑥	绝缘导线	JKTRYJ-10/35	m	6	PT引流线
⑦	绝缘导线	JKLYJ-10/50	m	6	
⑧	绝缘导线	JKLYJ-10/口	m	32	设计选型
⑨	布电线	BV-50	m	30	接地引线
⑩	开关横担	SRJ6-3000	根	2	
⑪	角铁横担	HD6-2000	根	12	
⑫	横担抱箍	HBG6-220	套	4	
⑬	横担抱箍	HBG6-240	套	8	
⑭	横担抱箍	HBG6-260	套	4	
⑮	半圆抱箍	BG6-200	只	8	
⑯	镀锌钢绞线	GJ-50	t	0.0033	
⑰	平行挂板	PD-10	只	2	
⑱	绝缘子支座	QZ-120	块	14	
⑲	UT型线夹	NUT-2	只	2	
⑳	楔形线夹	NX-2	只	2	
㉑	挂线连铁	LT7-560R	块	4	
㉒	挂线连铁	LT7-540G	块	6	
㉓	绝缘穿刺线夹	AC 10kV	只	10	设计选型
㉔	铜接线端子	JBC10-口/口	只	8	
㉕	铜接线端子	DT-50（镀锡）	只	8	PT引流线用
㉖	铜接线端子	DT-35（镀锡）	只	18	设计选型
㉗	接地装置	按接地装置模块选择	套	2	
㉘	PT支架	DPTZJ	副	2	
	螺栓	M18×90	只	24	
	螺栓	M18×45	只	46	
	螺栓	M16×45	只	12	
	螺栓	M10×45	只	22	
	螺栓	M口×45（导线端子用）	只	36	

注 在海拔4000～5000m地区，三角排列导线，杆顶抱箍与下层横担距离应当大于900mm，双层横担排列导线，上层与下层横担距离应当大于1200mm。

说明：1. 本图中铁件规格均按照φ190 电杆配置，在其他梢径杆上安装时，由设计另行选择。
2. 本图安装尺寸按海拔1000m以下考虑，在高海拔地区安装时，需另行计算安装尺寸。
3. 分支横担必须根据工程实际情况进行校验，如不满足要求，设计人员参照本图尺寸根据实际情况进行重新设计。
4. 避雷器引流线为一体式装置，每根长度为1.2m。引线不配置接线端子及JLG螺栓型挂钩引流线夹，尾线绝缘封闭。
5. 开关作为联络用需安装双侧PT，作为分支用安装单侧PT。
6. 绝缘导线采用剥皮安装的线夹均需进行绝缘封闭。

图 18-14 双回（双杆）单分段（联络）开关安装图

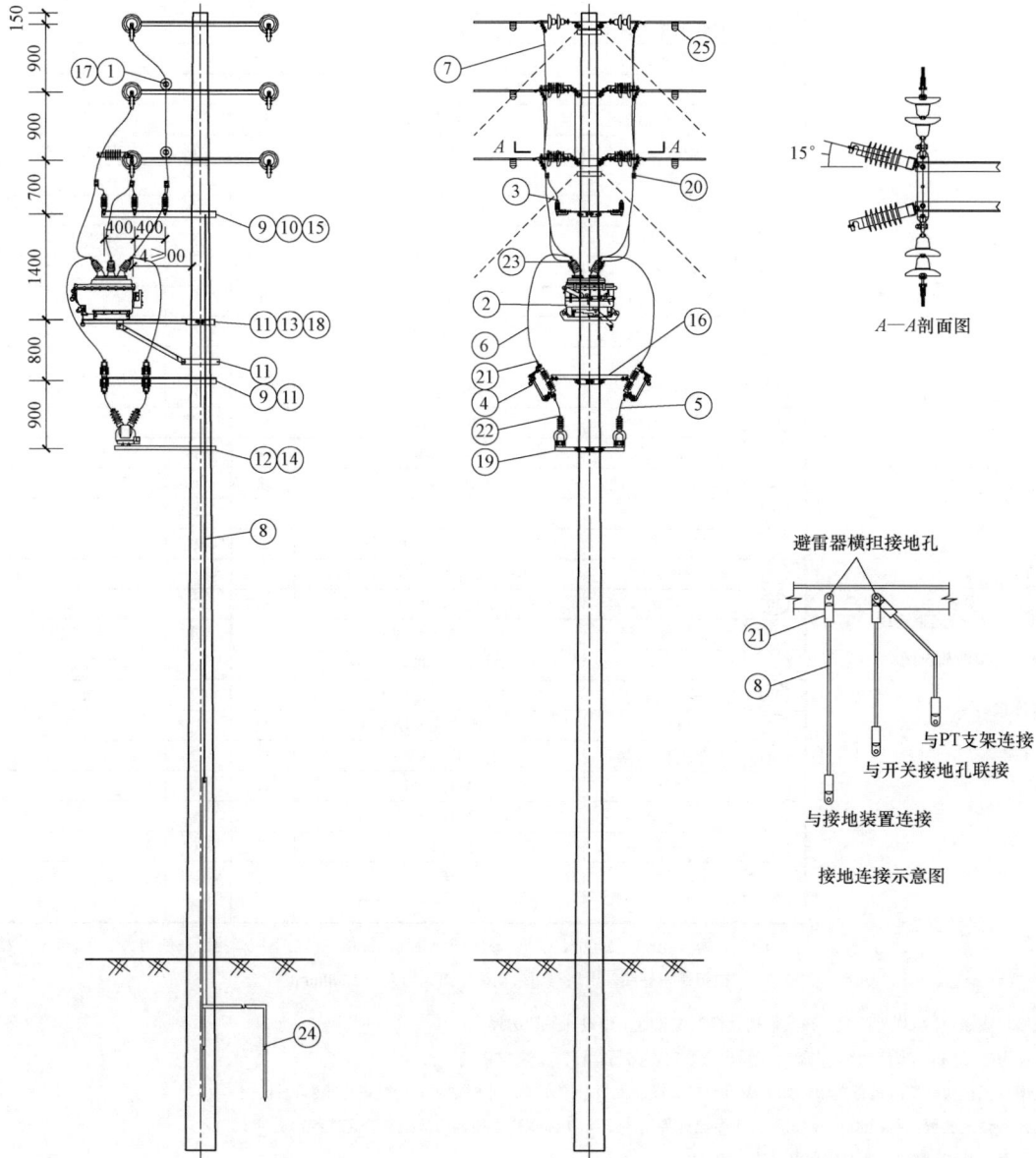

主 要 材 料 表

编号	材料名称	型号规格	单位	数量	备注
①	复合横担绝缘子	FS－10/3.5	只	6	
②	开关类设备	一、二次融合柱上断路器	台	1	内隔离，单（双）PT
③	避雷器	YH5（10）WS－17/45TL	只	6	设计选型
④	高压熔断器	AC 10kV	只	4	
⑤	绝缘导线	JKTRYJ－35	m	3	PT引流线
⑥	绝缘导线	JKLYJ－10/50	m	8	设计选型
⑦	绝缘导线	JKLYJ－10/□	m	20	设计选型
⑧	布电线	BV－50	m	16	接地引线
⑨	角铁横担	HD8－1500D	块	4	
⑩	横担抱箍	HBG8－220	块	2	
⑪	横担抱箍	HBG8－240	块	1	
⑫	横担抱箍	HBG8－260	块	5	
⑬	半圆抱箍	BG8－240	块	1	
⑭	半圆抱箍	BG8－260	块	1	
⑮	挂线连铁	LT7－560G	块	3	
⑯	双熔丝安装铁	SRSLT－1000	块	2	
⑰	绝缘子支座	QZ－120	块	6	
⑱	开关支架	KZJ－C	副	1	
⑲	PT支架	SPTZJ－900	副	1	
⑳	绝缘穿刺线夹	JBC10－□/□	只	6	设计选型
㉑	铜接线端子	DT－50（镀锡）	只	14	
㉒	铜接线端子	DT－35（镀锡）	只	8	PT引流线用
㉓	铜接线端子	DT－□（镀锡）	只	6	设计选型
㉔	接地装置	按接地装置模块选择	组	1	
㉕	带电显示器	AC 10kV	只	6	
	螺栓	M18×90	只	10	
	螺栓	M18×45	只	18	
	螺栓	M16×45	只	8	
	螺栓	M10×45	只	22	
	螺栓	M□×45（导线端子用）	只	12	

注 在海拔4000～5000m地区，三角排列导线，杆顶抱箍与下层横担距离应当大于900mm，双层横担排列导线，上层与下层横担距离应当大于1200mm。

说明：1. 本图中铁件规格均按照φ190电杆配置，在其他梢径杆上安装时，由设计另行选择。

2. 本图安装尺寸按海拔1000m以下考虑，在高海拔地区安装时，需另行计算安装尺寸。

3. 分支横担必须根据工程实际情况进行校验，如不满足要求，设计人员参照本图尺寸根据实际情况进行重新设计。

4. 避雷器引流线为一体式装置，每根长度为1m。引线不配置接线端子及JLG螺栓型挂钩引流线夹，尾线绝缘封闭。

5. 开关作为联络用需安装双侧PT，作为分支用安装单侧PT。

6. 绝缘导线采用剥皮安装的线夹均需进行绝缘封闭。

图18-15 双回（双垂直）单分段（联络）开关安装图

第二篇 10kV架空线路通用设计 ·989·

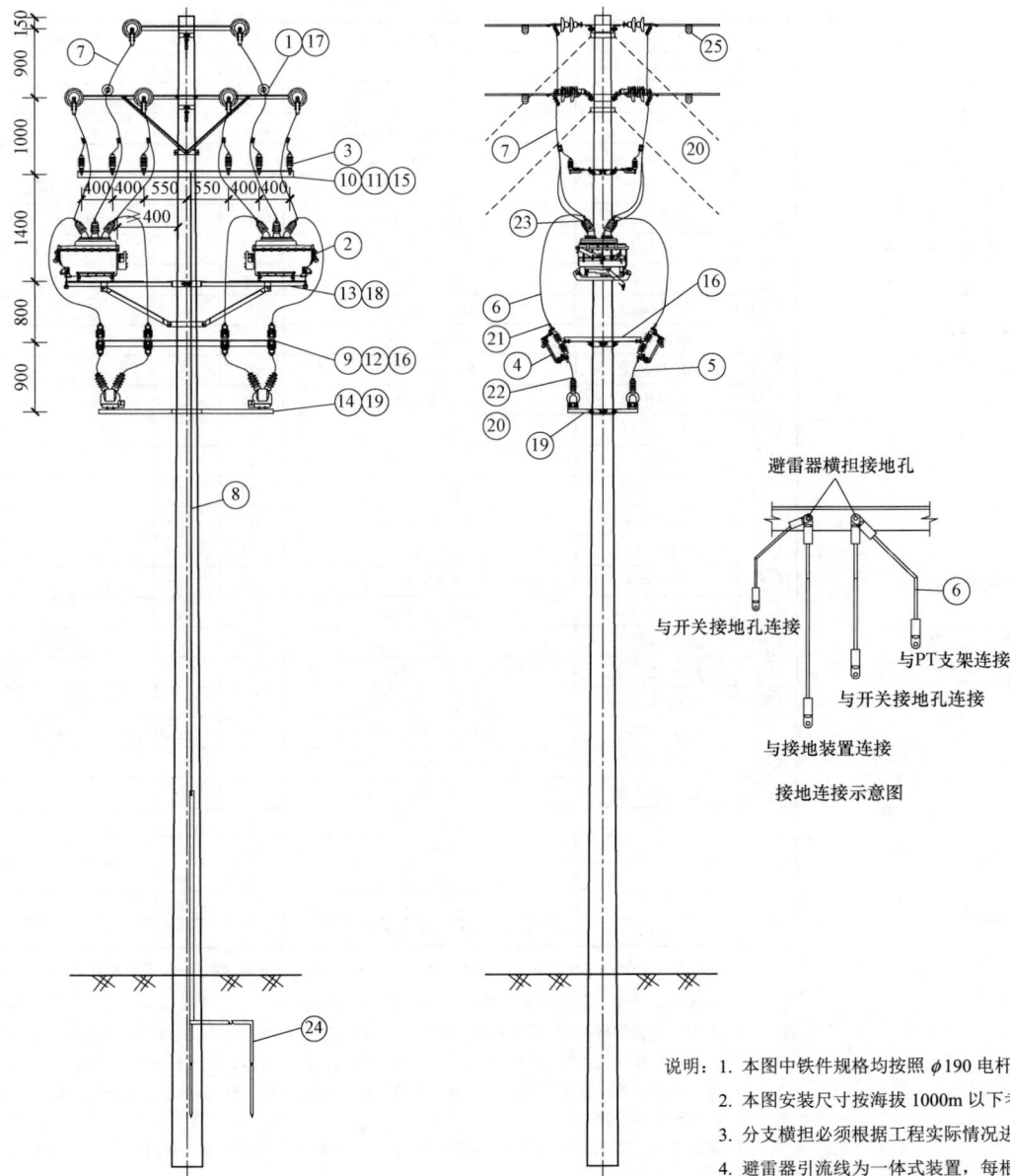

主要材料表

编号	材料名称	型号规格	单位	数量	备注
①	复合横担绝缘子	FS－10/3.5	只	4	
②	开关类设备	一、二次融合柱上断路器	台	2	内隔离，单（双）PT
③	避雷器	YH5（10）WS－17/45TL	台	12	设计选型
④	高压熔断器	AC 10kV	只	8	
⑤	绝缘导线	JKTRYJ－35	m	6	PT 引流线
⑥	绝缘导线	JKLYJ－10/50	m	16	设计选型
⑦	绝缘导线	JKLYJ－10/口	m	30	设计选型
⑧	布电线	BV－50	m	18	接地引线
⑨	角铁横担	HD6－2300	块	2	
⑩	角铁横担	HD6－2800	块	2	
⑪	横担抱箍	HBG6－220	块	2	
⑫	横担抱箍	HBG6－240	块	2	
⑬	横担抱箍	HBG8－240	块	4	
⑭	横担抱箍	HBG8－260	块	2	
⑮	挂线连铁	LT7－540G	块	6	
⑯	双熔丝安装铁	SRSLT－1000	块	4	
⑰	绝缘子支座	QZ－120	块	4	
⑱	开关支架	KZJ－G－C	副	2	
⑲	PT 支架	SPTZJ－900	副	2	
⑳	绝缘穿刺线夹	JBC10－口/口	只	12	
㉑	铜接线端子	DT－50（镀锡）	只	24	设计选型
㉒	铜接线端子	DT－35（镀锡）	只	16	PT 引流线用
㉓	铜接线端子	DT－口（镀锡）	只	12	设计选型
㉔	接地装置	按接地装置模块选择	组	1	
㉕	带电显示器	AC 10kV	只	12	
	螺栓	M18×90	只	10	
	螺栓	M18×45	只	28	
	螺栓	M16×45	只	16	
	螺栓	M10×45	只	10	
	螺栓	M口×45（导线端子用）	只	24	按端子孔径选择

注 在海拔 4000～5000m 地区，三角排列导线，杆顶抱箍与下层横担距离应当大于 900mm，双层横担排列导线，上层与下层横担距离应当大于 1200mm。

说明：1. 本图中铁件规格均按照 φ190 电杆配置，在其他梢径杆上安装时，由设计另行选择。

2. 本图安装尺寸按海拔 1000m 以下考虑，在高海拔地区安装时，需另行计算安装尺寸。

3. 分支横担必须根据工程实际情况进行校验，如不满足要求，设计人员参照本图尺寸根据实际情况进行重新设计。

4. 避雷器引流线为一体式装置，每根长度为 1m。引线不配置接线端子及 JLG 螺栓型挂钩引流线夹，尾线绝缘封闭。

5. 开关作为联络用需安装双侧 PT，作为分支用安装单侧 PT。

6. 绝缘导线采用剥皮安装的线夹均需进行绝缘封闭。

图 18－16 双回（双三角）双分段（联络）开关安装图

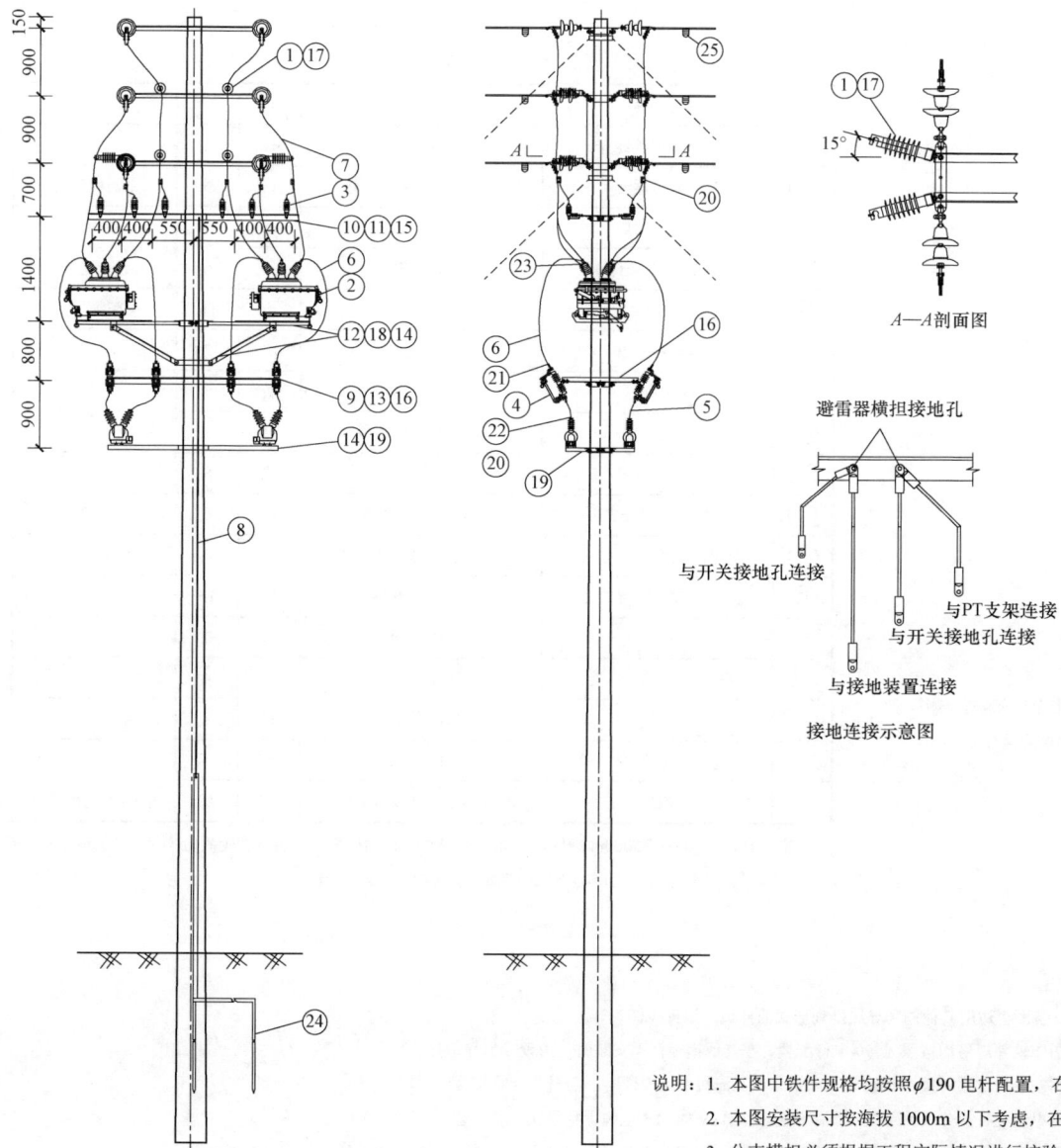

主 要 材 料 表

编号	材料名称	型号规格	单位	数量	备注
①	复合横担绝缘子	FS-10/3.5	只	12	
②	开关类设备	一、二次融合柱上断路器	台	2	内隔离，单（双）PT
③	避雷器	YH5（10）WS-17/45TL	只	12	设计选型
④	高压熔断器	AC 10kV	只	8	
⑤	绝缘导线	JKTRYJ-35	m	6	PT引流线
⑥	绝缘导线	JKLYJ-10/50	m	16	设计选型
⑦	绝缘导线	JKLYJ-10/口	m	40	设计选型
⑧	布电线	BV-50	m	18	接地引线
⑨	角铁横担	HD6-2300	块	2	
⑩	角铁横担	HD6-2800	块	2	
⑪	横担抱箍	HBG6-220	块	2	
⑫	横担抱箍	HBG8-240	块	2	
⑬	横担抱箍	HBG6-260	块	2	
⑭	横担抱箍	HBG8-260	块	4	
⑮	挂线连铁	LT7-560G	块	6	
⑯	双熔丝安装铁	SRSLT-1000	块	4	
⑰	绝缘子支座	QZ-120	块	12	
⑱	开关支架	KZJ-G-C	副	2	
⑲	PT支架	SPTZJ-900	副	2	
⑳	绝缘穿刺线夹	JBC10-口/口	只	12	设计选型
㉑	铜接线端子	DT-50（镀锡）	只	24	
㉒	铜接线端子	DT-35（镀锡）	只	16	PT引流线用
㉓	铜接线端子	DT-口（镀锡）	只	12	设计选型
㉔	接地装置	按接地装置模块选择	组	1	
㉕	带电显示器	AC 10kV	只	12	
	螺栓	M18×90	只	10	
	螺栓	M18×45	只	28	
	螺栓	M16×45	只	16	
	螺栓	M10×45	只	40	
	螺栓	M口×45（导线端子用）	只	24	按端子孔径选择

注　在海拔4000～5000m地区，三角排列导线，杆顶抱箍与下层横担距离应当大于900mm，双层横担排列导线，上层与下层横担距应当大于1200mm。

A—A剖面图

避雷器横担接地孔

与开关接地孔连接
与PT支架连接
与开关接地孔连接
与接地装置连接

接地连接示意图

说明：1. 本图中铁件规格均按照 φ190 电杆配置，在其他梢径杆上安装时，由设计另行选择。

2. 本图安装尺寸按海拔 1000m 以下考虑，在高海拔地区安装时，需另行计算安装尺寸。

3. 分支横担必须根据工程实际情况进行校验，如不满足要求，设计人员参照本图尺寸根据实际情况进行重新设计。

4. 避雷器引流线为一体式装置，每根长度为 1m。引线不配置接线端子及 JLG 螺栓型挂钩引流线夹，尾线绝缘封闭。

5. 开关作为联络用需安装双侧 PT，作为分支用安装单侧 PT。

6. 绝缘导线采用剥皮安装的线夹均需进行绝缘封闭。

图18-17　双回（双垂直）双分段（联络）开关安装图

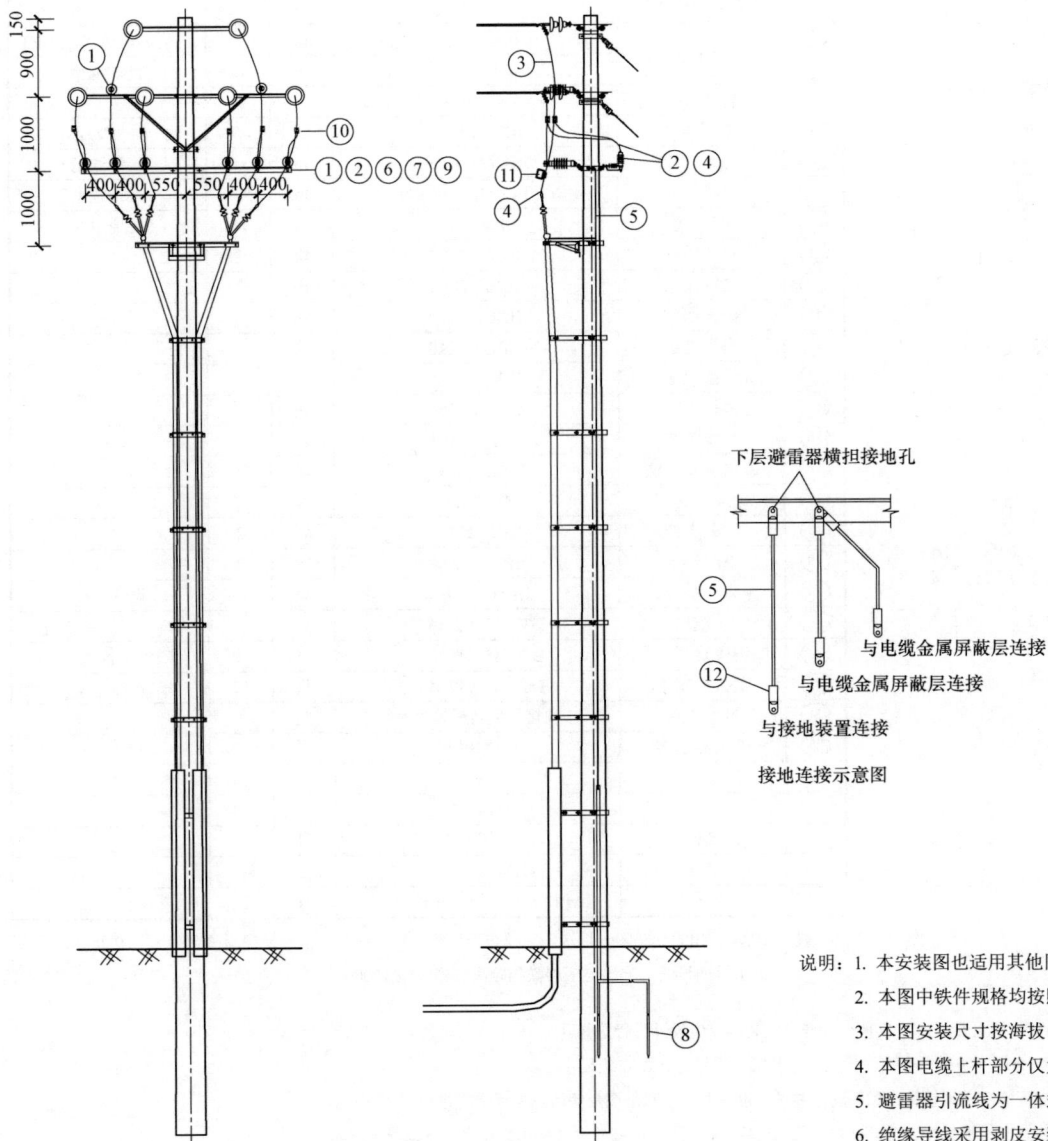

主 要 材 料 表

编号	材料名称	型号规格	单位	数量	备注
①	复合横担绝缘子	FS－10/3.5	只	8	
②	避雷器	YH5（10）WS－17/45TL	只	6	设计选型
③	绝缘导线	JKLYJ－10/口	m	16	设备引流线
④	铜接线端子	DT－口（镀锡）	只	6	设计选型
⑤	布电线	BV－50	m	15	接地引线
⑥	角铁横担	HD6－2800	块	2	
⑦	横担抱箍	HBG6－220	块	2	
⑧	接地装置	按接地模块选型	套	1	
⑨	绝缘子支座	QZ－120	块	8	
⑩	绝缘穿刺线夹	JBC10－口/口	只	6	设计选型
⑪	旁路（接地）线夹	JDLH10－50－240C	只	6	设计选型
⑫	铜接线端子	DT－50（镀锡）	只	18	
	螺栓	M18×90	只	2	
	螺栓	M18×45	只	4	
	螺栓	M16×45	只	8	
	螺栓	M10×45	只	5	
	螺栓	M口×45（导线端子用）	只	12	按端子孔径选择

注 在海拔 4000～5000m 地区，三角排列导线，杆顶抱箍与下层横担距离应当大于 900mm，双层横担排列导线，上层与下层横担距离应当大于 1200mm。

说明：1. 本安装图也适用其他同种导线排列形式的杆头，如直线杆头等。

2. 本图中铁件规格均按照 φ190 电杆配置，在其他梢径杆上安装时，由设计另行选择。

3. 本图安装尺寸按海拔 1000m 以下考虑，在高海拔地区安装时，需另行计算安装尺寸。

4. 本图电缆上杆部分仅为示意，具体安装应结合图 18－23 电缆上杆模块一并安装。

5. 避雷器引流线为一体式装置，每根长度为 1m。引线不配置接线端子及 JLG 螺栓型挂钩引流线夹，线尾绝缘封闭。

6. 绝缘导线采用剥皮安装的线夹均需进行绝缘封闭。

图 18－18 双回（双三角）双电缆上杆直搭安装图

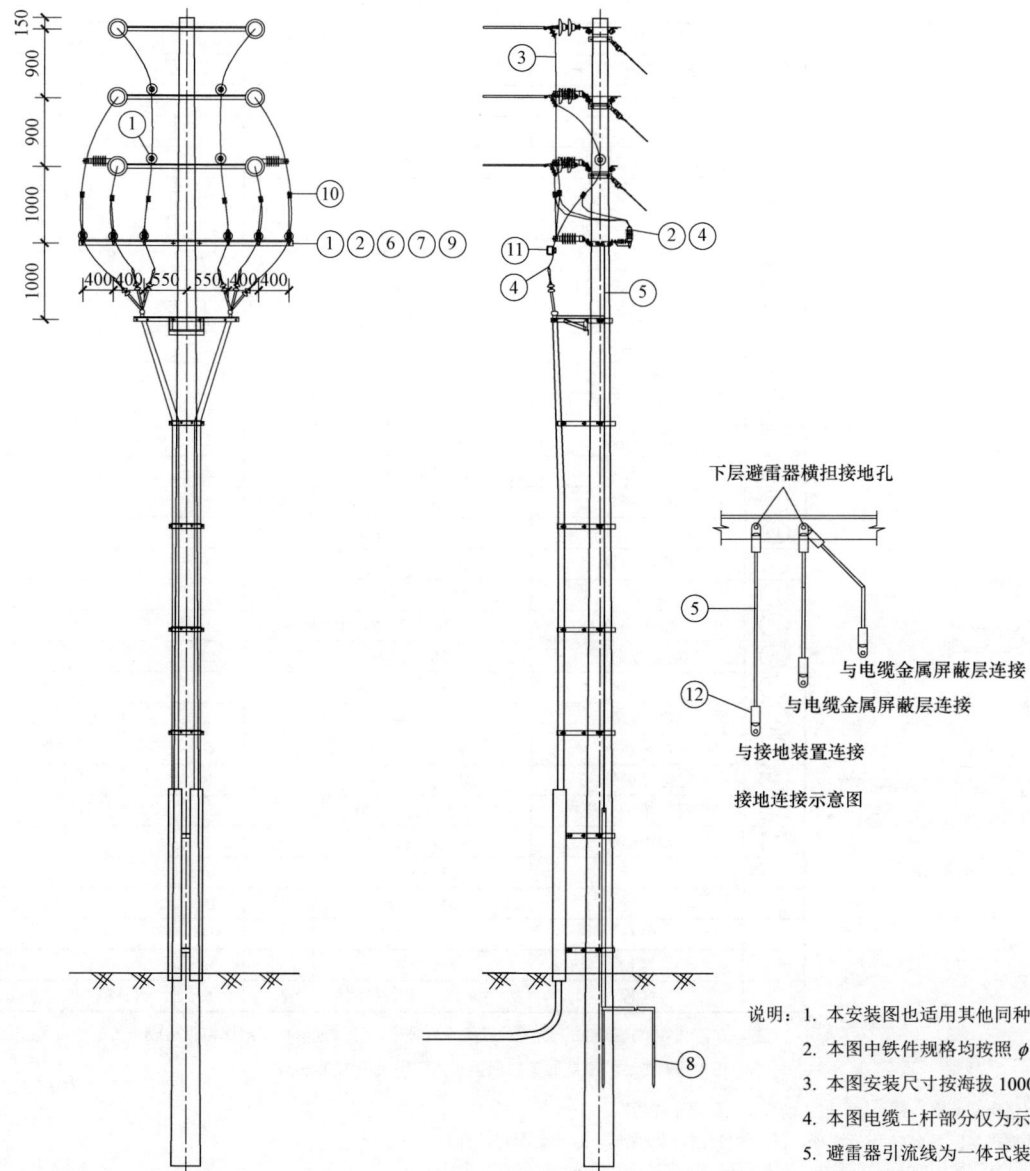

主 要 材 料 表

编号	材料名称	型号规格	单位	数量	备注
①	复合横担绝缘子	FS－10/3.5	只	12	
②	避雷器	YH5（10）WS－17/45TL	只	6	
③	绝缘导线	JKLYJ－10/口	m	18	设备引流线
④	铜接线端子	DT－口（镀锡）	只	6	设计选型
⑤	布电线	BV－50	m	15	接地引线
⑥	角铁横担	HD6－2800	块	2	
⑦	横担抱箍	HBG6－220	块	2	
⑧	接地装置	按接地模块选型	套	1	
⑨	绝缘子支座	QZ－120	块	12	
⑩	绝缘穿刺线夹	JBC10－口/口	只	6	设计选型
⑪	旁路（接地）线夹	JDLH10－50－240C	只	6	设计选型
⑫	铜接线端子	DT－50（镀锡）	只	18	
	螺栓	M18×90	套	2	
	螺栓	M18×45	只	4	
	螺栓	M16×45	只	12	
	螺栓	M10×45	只	5	
	螺栓	M口×45（导线端子用）	只	12	按端子孔径选择

注 在海拔 4000～5000m 地区，三角排列导线，杆顶抱箍与下层横担距离应当大于 900mm，双层横担排列导线，上层与下层横担距离应当大于 1200mm。

下层避雷器横担接地孔

与电缆金属屏蔽层连接

与电缆金属屏蔽层连接

与接地装置连接

接地连接示意图

说明：1. 本安装图也适用其他同种导线排列形式的杆头，如直线杆头等。

2. 本图中铁件规格均按照 φ190 电杆配置，在其他梢径杆上安装时，由设计另行选择。

3. 本图安装尺寸按海拔 1000m 以下考虑，在高海拔地区安装时，需另行计算安装尺寸。

4. 本图电缆上杆部分仅为示意，具体安装应结合图 18-23 电缆上杆模块一并安装。

5. 避雷器引流线为一体式装置，每根长度为 1m。引线不配置接线端子及 JLG 螺栓型挂钩引流线夹，线尾绝缘封闭。

6. 绝缘导线采用剥皮安装的线夹均需进行绝缘封闭。

图 18-19 双回（双垂直）双电缆上杆直搭安装图

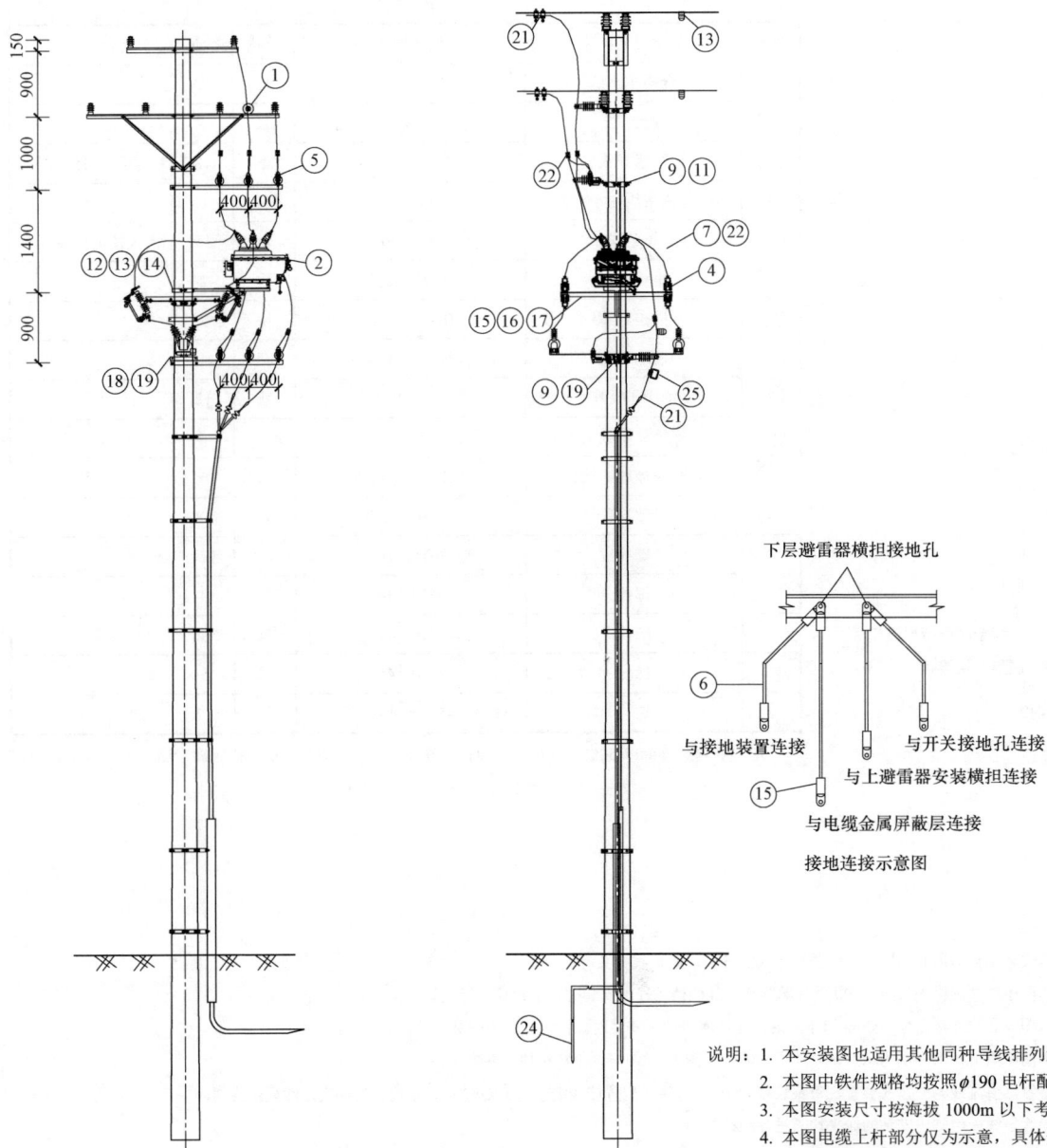

主 要 材 料 表

编号	材料名称	型号规格	单位	数量	备注
①	复合横担绝缘子	FS－10/3.5	只	7	
②	开关类设备	一、二次融合柱上断路器	台	1	内隔离，单（双）PT
③	带电显示器	AC 10kV	只	6	
④	高压熔断器	AC 10kV	只	4	设计选型
⑤	避雷器	YH5（10）WS－17/45TL	只	6	设计选型
⑥	绝缘导线	JKLYJ－10/□	m	18	设计选型
⑦	绝缘导线	JKTRYJ－35	m	10	PT 引流线
⑧	布电线	BV－50	m	15	接地引线
⑨	单侧双横担	HD8－1500DS	块	4	
⑩	横担抱箍	HBG8－220	块	2	
⑪	绝缘子支座	QZ－120	块	7	
⑫	开关支架	KZJ－G－C	副	1	
⑬	横担抱箍	HBG8－240	块	2	
⑭	半圆抱箍	HBG8－240	块	2	
⑮	角铁横担	HD6－1500	块	2	
⑯	双熔丝安装铁	SRSLT－1000	块	2	
⑰	横担抱箍	HBG6－240	块	2	
⑱	柱上单 PT 支架	DPTZJ－900	副	2	
⑲	横担抱箍	HBG8－250	块	4	
⑳	铜接线端子	DT－50（镀锡）	只	12	
㉑	铜接线端子	DT－□（镀锡）	只	9	设计选型
㉒	铜接线端子	DT－35（镀锡）	只	12	PT 引流线用
㉓	接续线夹	□□□－□－□	只	6	设计选型
㉔	绝缘穿刺线夹	JBC10－□/□	只	6	设计选型
㉕	旁路（接地）线夹	JDLH10－50－240C	只	3	设计选型
㉖	接地装置	按接地装置模块选择	套	1	
	螺栓	M18×90	只	10	
	螺栓	M18×45	只	16	
	螺栓	M16×45	只	24	
	螺栓	M10×45	只	32	
	螺栓	M□×45（导线端子用）	只	6	按端子孔径选择

注 在海拔 4000～5000m 地区，三角排列导线，杆顶抱箍与下层横担距离应当大于 900mm，双层横担排列导线，上层与下层横担距离应当大于 1200mm。

说明：1. 本安装图也适用其他同种导线排列形式的杆头，如耐张杆头等。
2. 本图中铁件规格均按照φ190 电杆配置，在其他梢径杆上安装时，由设计另行选择。
3. 本图安装尺寸按海拔 1000m 以下考虑，在高海拔地区安装时，需另行计算安装尺寸。
4. 本图电缆上杆部分仅为示意，具体安装应结合图 18-9 电缆上杆模块一并安装。
5. 避雷器引流线为一体式装置，每根长度为 1m。引线不配置接线端子及 JLG 螺栓型挂钩引流线夹，线尾绝缘封闭。
6. 开关作为联络用需安装双侧 PT，作为分支用安装单侧 PT。

图 18-20 双回（双三角）单电缆上杆开关安装图

主 要 材 料 表

编号	材料名称	型号规格	单位	数量	备注
①	复合横担绝缘子	FS－10/3.5	只	8	
②	开关类设备	一、二次融合柱上断路器	台	1	内隔离，单（双）PT
③	带电显示器	AC 10kV	只	6	
④	高压熔断器	AC 10kV	只	4	设计选型
⑤	避雷器	YH5（10）WS－17/45TL	只	6	设计选型
⑥	绝缘导线	JKLYJ－10/口	m	15	设计选型
⑦	绝缘导线	JKTRYJ－35	m	10	PT 引流线
⑧	布电线	BV－50	m	15	接地引线
⑨	角铁横担	HD6－2000	块	4	
⑩	横担抱箍	HBG6－220	块	2	
⑪	横担抱箍	HBG6－240	块	2	
⑫	绝缘子支座	QZ－120	块	8	
⑬	开关支架	KZJ－G－Z	副	1	
⑭	横担抱箍	HBG8－250	块	2	
⑮	半圆抱箍	BG8－250	块	2	
⑯	角铁横担	HD6－1500	块	2	
⑰	双熔丝安装铁	SRSLT－1000	块	2	
⑱	横担抱箍	HBG6－260	块	2	
⑲	柱上单 PT 支架	DPTZJ－900	副	2	
⑳	横担抱箍	HBG8－270	块	2	
㉑	铜接线端子	DT－50（镀锡）	只	12	
㉒	铜接线端子	DT－口（镀锡）	只	9	设计选型
㉓	铜接线端子	DT－35（镀锡）	只	12	PT 引流线用
㉔	接续线夹	口口口－口－口	只	6	设计选型
㉕	绝缘穿刺线夹	JBC10－口/口	只	9	设计选型
㉖	旁路（接地）线	JDLH10－50－240C	只	3	设计选型
㉗	接地装置	按接地装置模块选择	套	1	
	螺栓	M18×90	只	12	
	螺栓	M18×45	只	20	
	螺栓	M16×45	只	23	
	螺栓	M10×45	只	32	
	螺栓	M 口×45（导线端子用）	只	6	按端子孔径选择

注 在海拔 4000～5000m 地区，三角排列导线，杆顶抱箍与下层横担距离应当大于 900mm，双层横担排列导线，上层与下层横担距离应当大于 1200mm。

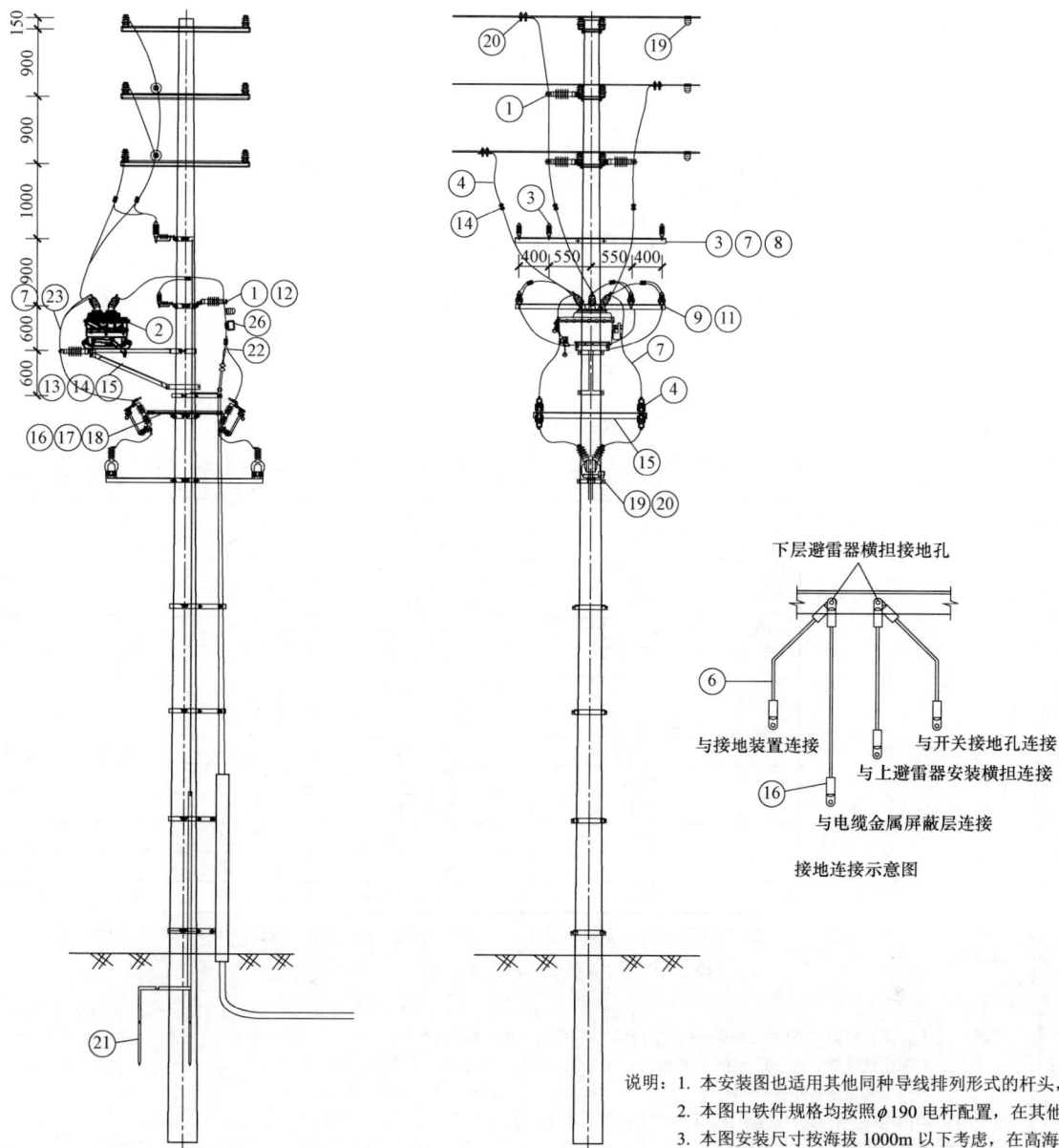

下层避雷器横担接地孔

与接地装置连接
与开关接地孔连接
与上避雷器安装横担连接
与电缆金属屏蔽层连接

接地连接示意图

说明：1. 本安装图也适用其他同种导线排列形式的杆头，如耐张杆头等。
　　　2. 本图中铁件规格均按照 φ190 电杆配置，在其他梢径杆上安装时，由设计另行选择。
　　　3. 本图安装尺寸按海拔 1000m 以下考虑，在高海拔地区安装时，需另行计算安装尺寸。
　　　4. 本图电缆上杆部分仅为示意，具体安装应结合图 18－9 电缆上杆模块一并安装。
　　　5. 避雷器引流线为一体式装置，每根长度为 1m。引线不配置接线端子及 JLG 螺栓型挂钩引流线夹，线尾绝缘封闭。
　　　6. 开关作为联络用需安装双侧 PT，作为分支用安装单侧 PT。

图 18－21 双回（双垂直）单电缆上杆开关安装图

左视　　　　　　　　　　　　　　　　　　右视

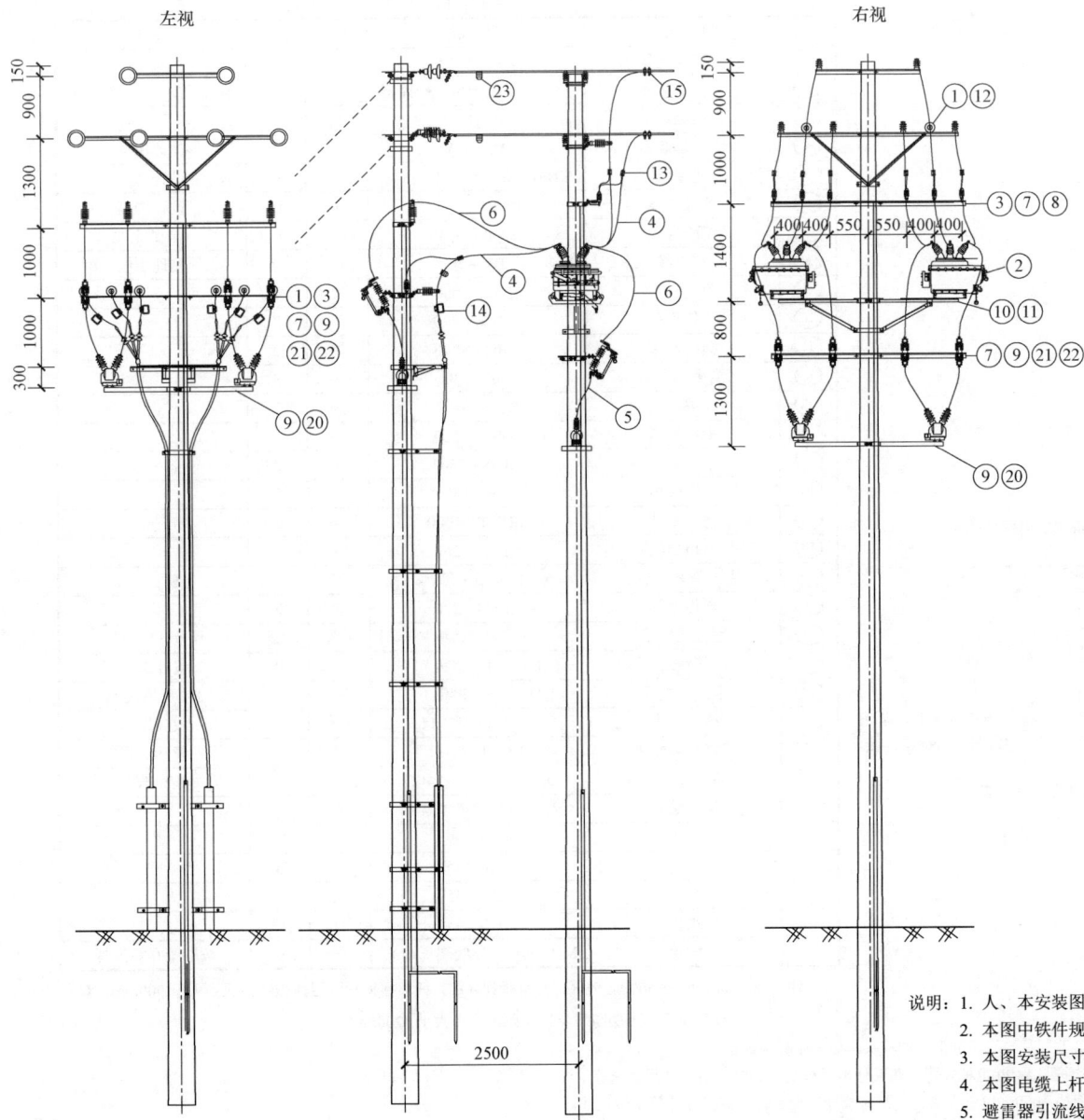

主 要 材 料 表

编号	材料名称	型号规格	单位	数量	备注
①	复合横担绝缘子	FS－10/3.5	只	12	
②	开关类设备	一、二次融合柱上断路器	台	2	内隔离，单（双）PT
③	避雷器	YH5（10）WS－17/45TL	只	12	
④	绝缘导线	JKLYJ－10/口	m	36	设备引流用
⑤	绝缘导线	JKTRYJ－10/35	m	8	PT 引流用
⑥	绝缘导线	JKLYJ－10/50	m	18	跌落引线
⑦	角铁横担	HDG6－2800	块	6	
⑧	横担抱箍	HBG6－220	块	4	
⑨	横担抱箍	HBG6－240	块	10	
⑩	半圆抱箍	BG6－240	块	2	
⑪	开关支架	KZJ－G－C	副	2	
⑫	绝缘子支座	QZ－120	块	8	
⑬	绝缘穿刺线夹	JBC10－口/口	只	12	设计选型
⑭	旁路（接地）线共	JDLH10－50－240C	只	6	设计选型
⑮	接续线夹	口口口－口－口	只	6	开关引线用
⑯	铜接线端子	DT－口（镀锡）	只	18	设计选型
⑰	铜接线端子	DT－35（镀锡）	只	12	PT 引流用
⑱	铜接线端子	DT－50（镀锡）	只	54	
⑲	接地装置	按接地模块选型	套	2	
⑳	柱上单 PT 支架	DPTZJ－900	副	4	
㉑	高压熔断器	AC 10kV	只	8	设计选型
㉒	挂线连铁	LT7－580R	块	8	
㉓	带电显示器	AC 10kV	只	12	
	布电线	BY－50	m	25	接地引线
	螺栓	M18×90	只	12	
	螺栓	M18×45	只	26	
	螺栓	M16×45	只	24	
	螺栓	M10×45	只	12	
	螺栓	M 口×45（导线端子用）	只	36	按端子孔径选择

注　在海拔 4000～5000m 地区，三角排列导线，杆顶抱箍与下层横担距离应当大于 900mm，双层横担排列导线，上层与下层横担距离应当大于 1200mm。

说明：1. 人、本安装图也适用其他同种导线排列形式的杆头，如直线杆头等。
2. 本图中铁件规格均按照 φ190 电杆配置，在其他梢径杆上安装时，由设计另行选择。
3. 本图安装尺寸按海拔 1000m 以下考虑，在高海拔地区安装时，需另行计算安装尺寸。
4. 本图电缆上杆部分仅为示意，具体安装应结合图 18－23 电缆上杆模块一并安装。
5. 避雷器引流线为一体式装置，每根长度为 1m。引线不配置接线端子及 JLG 螺栓型挂钩引流线夹，线尾绝缘封闭。
6. 开关作为联络用需安装双侧 PT，作为分支用安装单侧 PT。
7. 绝缘导线采用剥皮安装的线夹均需进行绝缘封闭。

图 18－22　双回双电缆上杆开关安装图

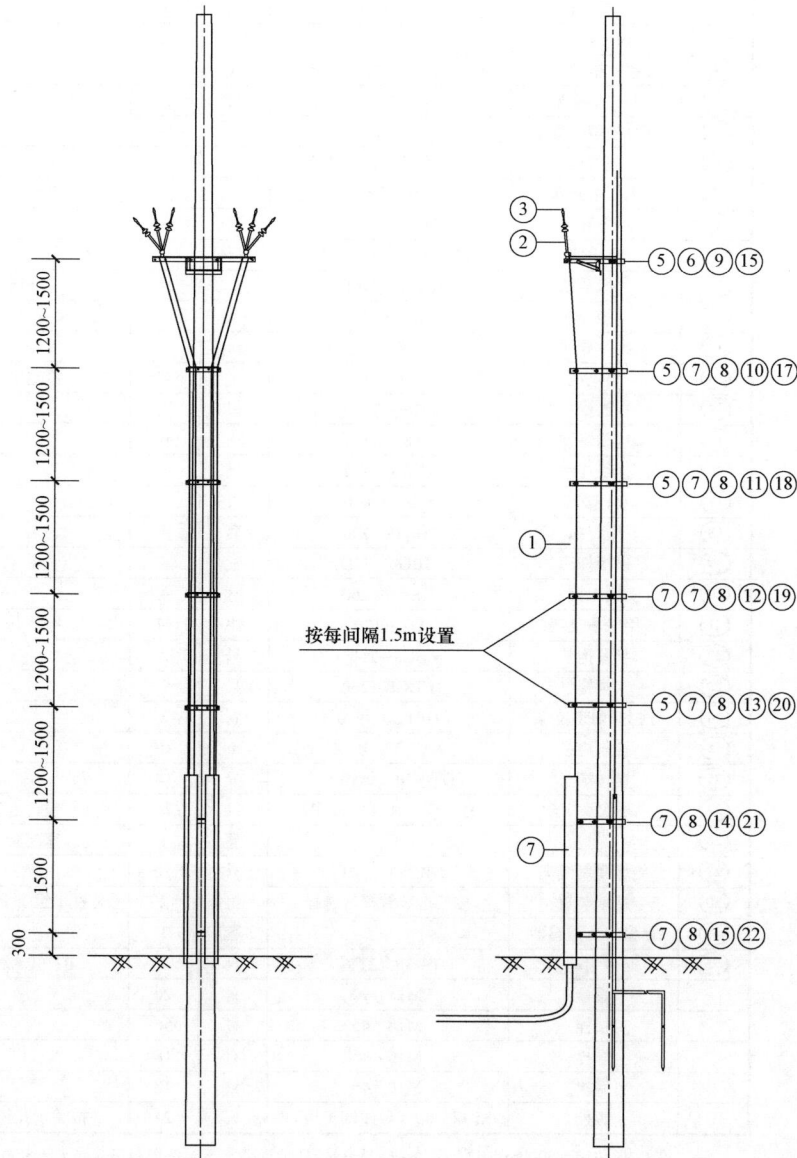

按每间隔1.5m设置

主 要 材 料 表

编号	材料名称	型号规格	单位	数量	备注
①	电缆	设计选型	根	2	
②	电缆头	根据电缆选型	套	2	
③	铜接线端子	根据电缆选型	只	6	
④	电缆保护管	根据电缆选型	副	2	
⑤	电缆卡抱	KBG4	块	10	
⑥	单侧安装支架	DRJ5-400	副	1	
⑦	杆上电缆固定架	DLJ5-165	块	6	
⑧	电缆固定压板	YB5-460P	块	6	
⑨	横担抱箍	HBG6-240	块	1	
⑩	横担抱箍	HBG6-260	块	1	
⑪	横担抱箍	HBG6-280	副	1	
⑫	横担抱箍	HBG6-300	块	1	
⑬	横担抱箍	HBG6-320	块	1	
⑭	横担抱箍	HBG6-340	块	1	
⑮	横担抱箍	HBG6-360	块	1	
⑯	半圆抱箍	BG6-240	块	1	
⑰	半圆抱箍	BG6-260	块	1	
⑱	半圆抱箍	BG6-280	块	1	
⑲	半圆抱箍	BG6-300	块	1	
⑳	半圆抱箍	BG6-320	块	1	
㉑	半圆抱箍	BG6-340	块	1	
㉒	半圆抱箍	BG6-360	块	1	
	螺栓	M18×90	只	14	
	螺栓	M18×45	只	14	
	螺栓	M16×45	只	28	

注 在海拔4000～5000m地区，三角排列导线，杆顶抱箍与下层横担距离应当大于900mm，双层横担排列导线，上层与下层横担距离应当大于1200mm。

说明：1. 电缆支架配置原则：电缆保护管支架以上每层按每隔1.2～1.5m设置电缆支架。

2. 本图电缆支架安装抱箍规格按照 ϕ190×15m 双回电缆上杆配置，其他杆高、梢径或杆型的电缆支架安装抱箍参照电缆支架配置原则，由设计另行选择。

图18-23 双回电缆上杆安装图

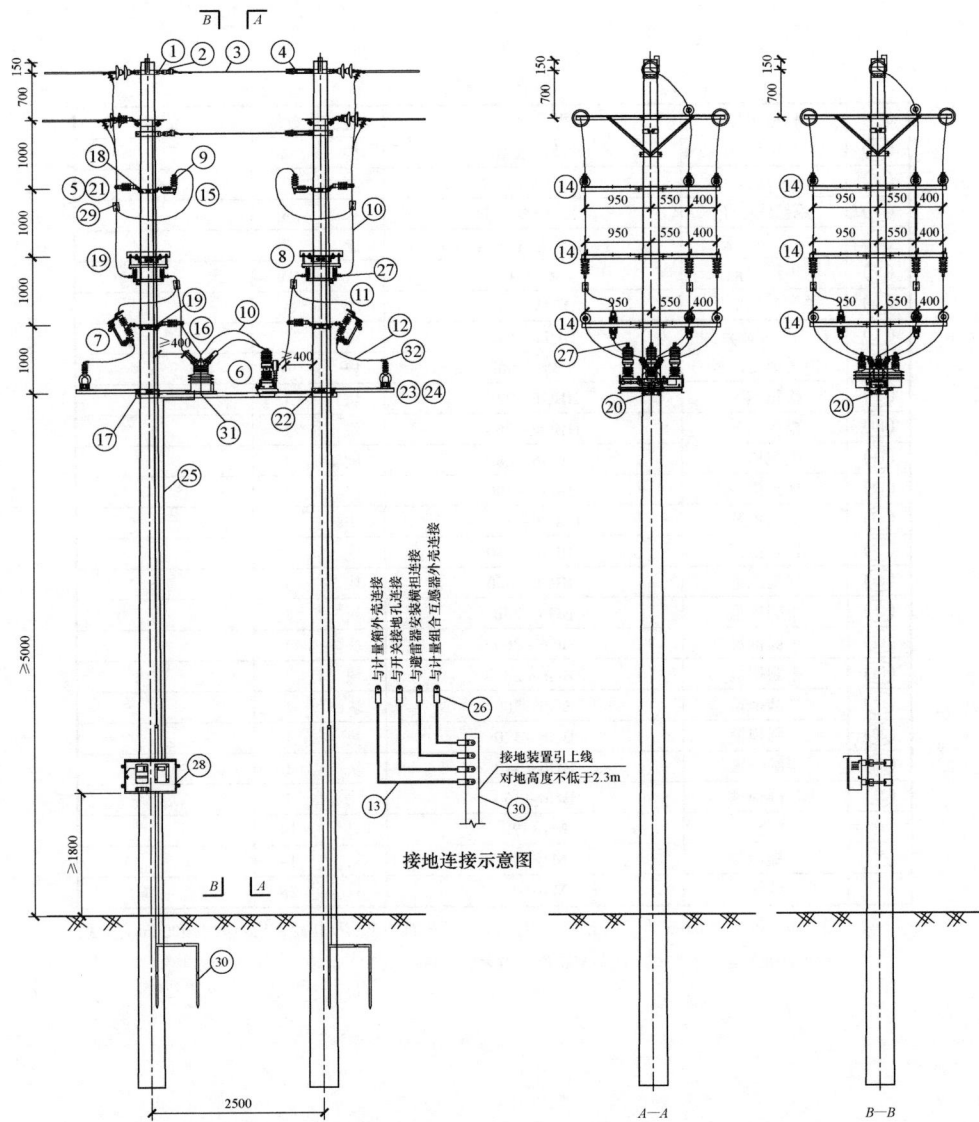

序号	材料名称	型号规格	单位	数量	备注
①	平行挂板	PD－10	只	2	一
②	楔形线夹	NX－2	只	2	
③	镀锌钢绞线	GJ－50	kg	2.5	
④	UT型线夹	NUT－2	只	2	
⑤	复合横担绝缘子	FS－10/3.5	只	14	
⑥	开关类设备	一、二次融合柱上断路器	台	1	内隔高，单（双）PT
⑦	高压熔断器	AC 10kV	只	4	设计选型
⑧	隔离开关	HGW 10－12/630	只	6	
⑨	避雷器	YH5（10）WS－17/45TL	只	6	
⑩	绝缘导线	JKLYJ－10/口	m	35	设计选型
⑪	绝缘导线	JKLYJ－10/50	m	6	设备引流线
⑫	绝缘导线	JKTRYJ－10/35	m	4	PT引流线
⑬	布电线	BV－50	m	45	接地引线
⑭	角铁横担	HD6－2000	根	12	
⑮	挂线连铁	LT8－560G	块	6	
⑯	挂线连铁	LT8－580G	块	4	
⑰	双杆支架	SZJ6－3000	块	2	
⑱	横担拖	HBG6－220	套	4	
⑲	横拒拖箍	HBG6－24D	套	8	
⑳	横担抱	HBG6－260	套	4	
㉑	绝缘子支座	QZ－120	块	14	
㉒	半圆抱热	BC8－260	只	2	
㉓	担拖	HBG8－260	只	2	
㉔	柱上单PT支架	DPTZJ－900	副	2	
㉕	控制电缆	KVV22－8×4	m	10	
㉖	铜按端子	DT－50（镀锡）	只	14	
㉗	铜接线端子	DT－口（镀锡，双孔）	只	24	设计选型
㉘	计量箱		套	1	厂家配套提供
㉙	绝缘穿刺线夹	JBC 10－口/口	只	10	
㉚	接地装置	按接地装置模块选择	组	2	装置1组引上线2组
㉛	计量组合互感器		套	1	
㉜	铜接线端子	DT－35（镀锡）	只	4	PT引流线用
	螺栓	M18×90	只	20	
	螺栓	M18×45	只	56	
	螺栓	M16×45	只	18	
	螺栓	M10×45	只	10	
	螺栓	M口×45（导线端子用）	只	24	按关子孔径选异

接地连接示意图

说明：1. 采集终端箱、高压计量箱等相匹配的安装铁件等配套材料由生产厂家提供。

2. 本图中铁件规格均按照φ190电办杆配置，在其他稍径杆上安装时，由设计另行选择

3. 多本图安装尺寸按海拔1000m以下考虑，在高海拔地区安装时，需另行计算安装尺寸。

4. 避雷器引流线为一体式装置，每根长度为1m。引线不配置接线端子及JLG螺栓型挂钩引流线夹，线尾绝缘封闭。

5. 绝缘导线采用剥皮安装的线夹均需进行绝缘封闭。

注　在海拔4000～5000m地区，三角排列导线，杆顶抱箍与下层横担距离应当大于900mm，双层横担排列导线，上层与下层横担距离应当大于1200mm。

图18－24　杆上高压计量装置安装图

图 18-25　杆上高压计量装置安装图计量（二次回路原理图）

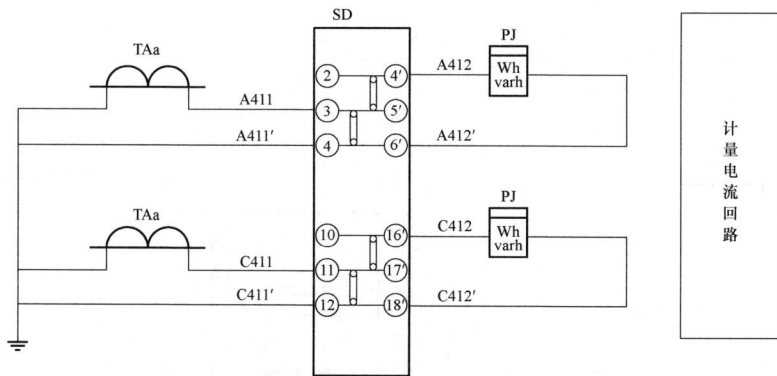

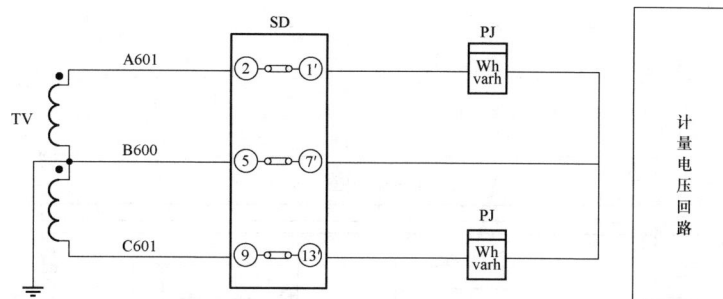

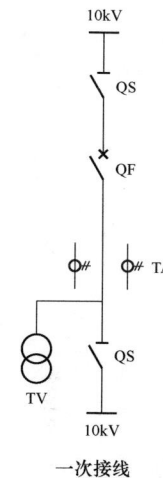

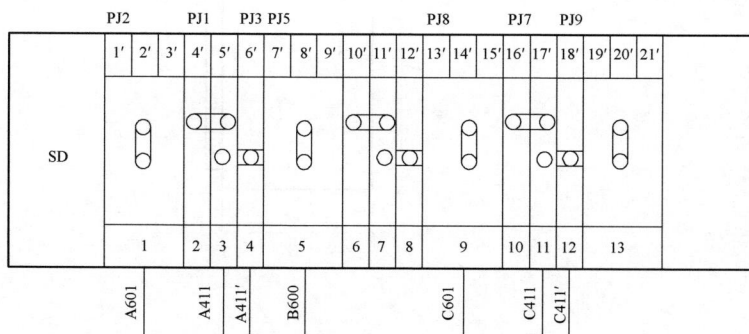

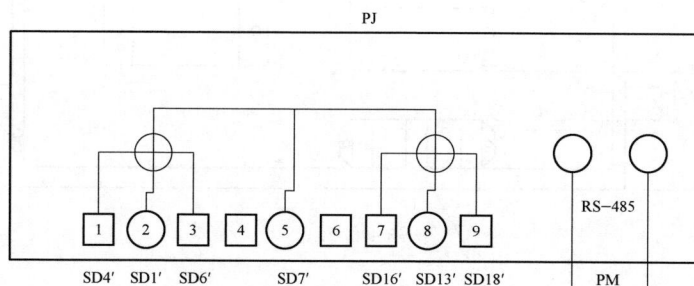

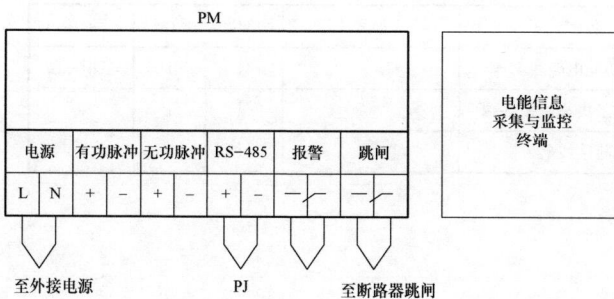

序号	标号	名称	型号规格	数量	备注
1	SD	试验接线盒		1	
2	PJ	多功能电能表		1	
3	PM	电能信息采集与监控终端		1	

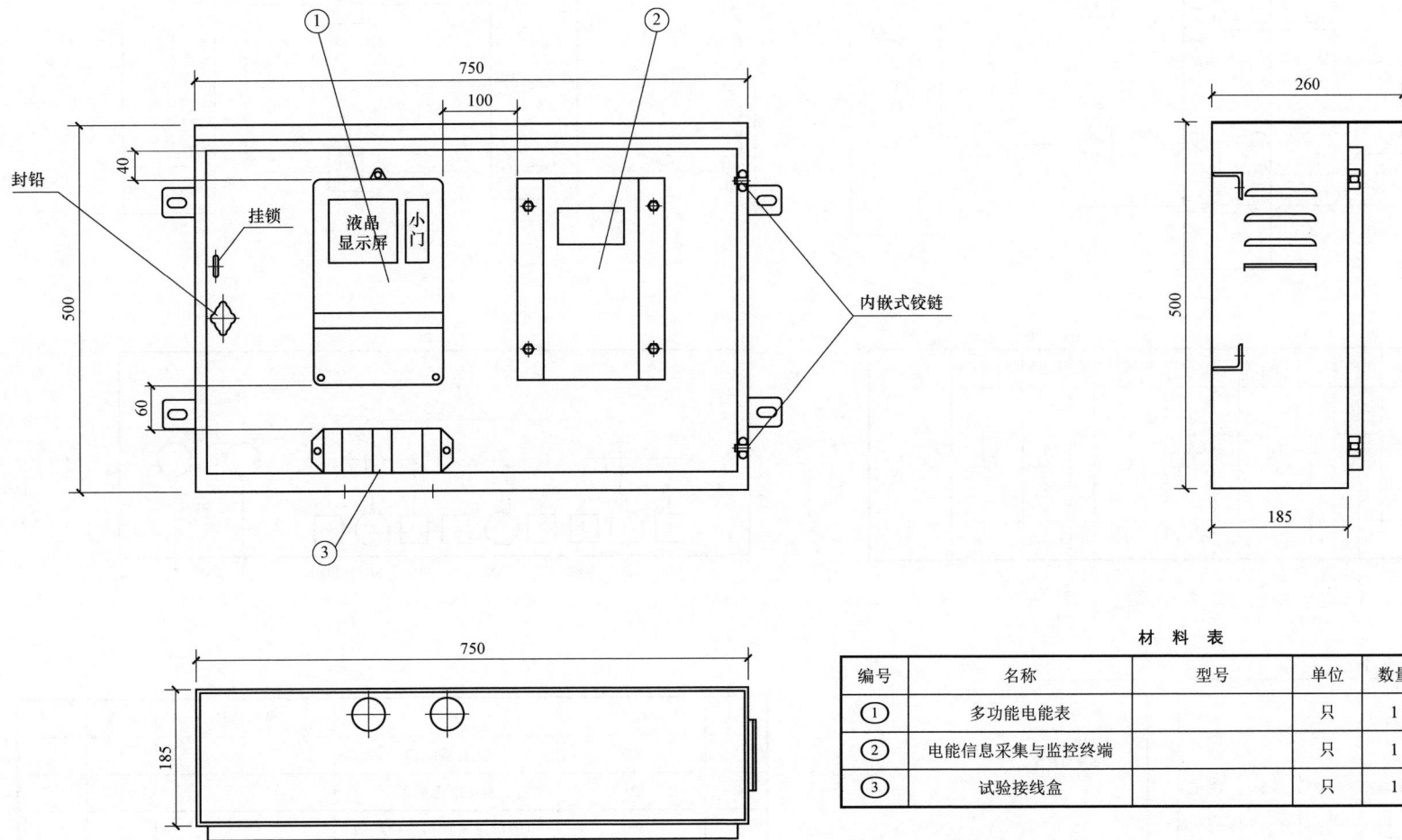

图18-26 杆上高压计量装置安装图计量户外电能计量箱结构简图

材 料 表

编号	名称	型号	单位	数量	备注
①	多功能电能表		只	1	三相三线
②	电能信息采集与监控终端		只	1	
③	试验接线盒		只	1	

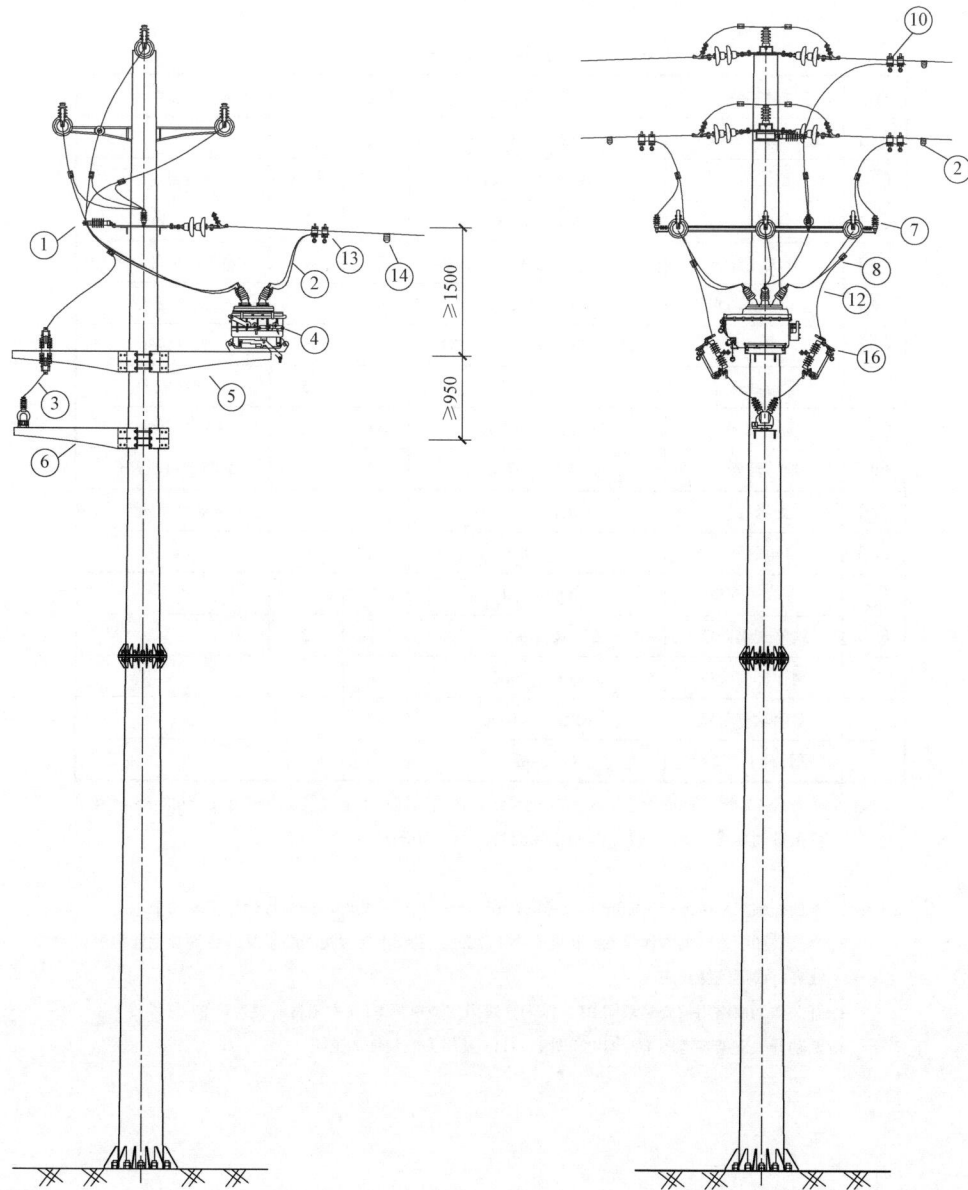

主 要 材 料 表

编号	材料名称	型号规格	单位	数量	备注
①	复合横担绝缘子	FS－10/3.5	只	4	
②	绝缘导线	JKLYJ－10/导线截面	m	16	设计选型
③	绝缘导线	JKTRYJ－35	m	1	
④	开关类设备	一、二次融合柱上断路器	台	1	内隔离，单（双）PT
⑤	通用型活动支架	双侧（含支架抱箍）	副	1	活动支架
⑥	通用型活动支架	单侧（含支架抱箍）	副	1	活动支架
⑦	避雷器	YH5（10）WS－17/45TL	只	3	设计选型
⑧	绝缘穿刺线夹	JBC10－□/□	只	5	设计选型
⑨	铜接线端子	DT－□（镀锡）	只	6	导线截面
⑩	铜接线端子	DT－35（镀锡）	只	4	PT引流线用
⑪	铜接线端子	DT－50（镀锡）	只	2	熔断器引流线用
⑫	绝缘导线	JKLYJ－10/50	m	3	熔断器引流线
⑬	接续线夹	□□□－□－□	只	12	设计选型
⑭	带电显示器	AC 10kV	只	6	
⑮	绝缘子支座	QZ－120	块	3	
⑯	跌落式熔断器	AC 10kV	台	2	
	钢管杆安装铁	GAT－530	块	4	
	双熔丝安装铁	SRSLT－1000	副	1	

注　在海拔 4000～5000m 地区，三角排列导线，杆顶抱箍与下层横担距离应当大于 900mm，双层横担排列导线，上层与下层横担距离应当大于 1200mm。

说明：1. 选用该种柱上设备安装方式，钢管杆杆型、横担及基础需经过受力校核后，方可使用。

2. 本图安装尺寸按海拔 1000m 以下考虑，在高海拔地区安装时，需另行计算安装尺寸。

3. 本安装图中避雷器本体引流线长度不小于 1.2m，引线不配置接线端子及 JLG 螺栓型挂钩引流线夹，线尾绝缘封闭。

4. 开关作为分支用安装单侧 PT。

5. 活动开关支架参考图 18－117 和图 18－118 及相关安装铁加工图

图 18－27　单回钢管杆分支开关安装图

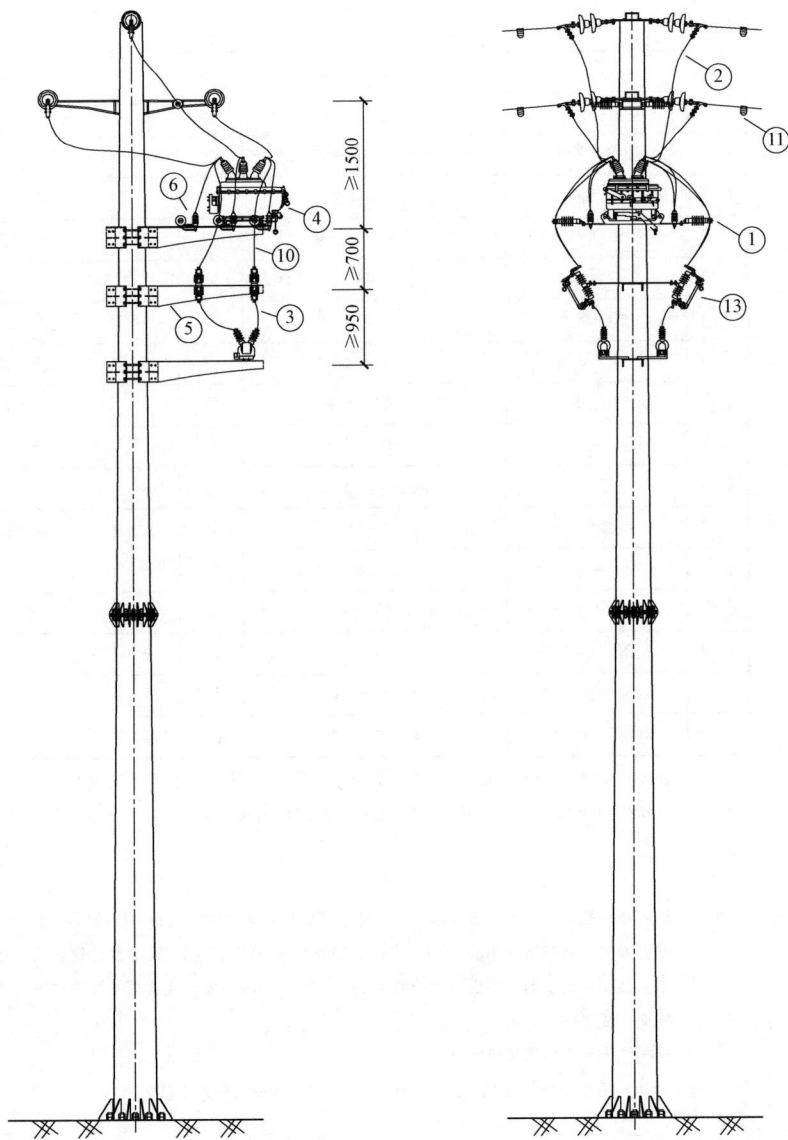

主 要 材 料 表

编号	材料名称	型号规格	单位	数量	备注
①	复合横担绝缘子	FS－10/3.5	只	8	
②	绝缘导线	JKLYJ－10/口	m	预留	设计选型
③	绝缘导线	JKTRYJ－35	m	1	
④	开关类设备	一、二次融合柱上断路器	台	1	内隔离，单（双）PT
⑤	通用型活动支架	单侧（含支架抱箍）	副	3	活动支架
⑥	避雷器	YH5（10）WS－17/45TL	只	6	设计选型
⑦	铜接线端子	DT－口（镀锡）	只	6	导线截面
⑧	铜接线端子	DT－35（镀锡）	只	4	PT 引流线用
⑨	铜接线端子	DT－50（镀锡）	只	4	熔断器引流线用
⑩	绝缘导线	JKLYJ－10/50	m	3	熔断器引流线
⑪	带电显示器	AC 10kV	只	6	
⑫	绝缘子支座	QZ－120	块	6	
⑬	跌落式熔断器	AC 10kV	台	2	
	钢管杆安装铁	GAT－2000	块	3	
	双熔丝安装铁	SRSLT－1000	副	2	
	钢管杆 PT 支架	GPT－540	副	1	

注　在海拔 4000～5000m 地区，三角排列导线，杆顶抱箍与下层横担距离应当大于 900mm，双层
　　横担排列导线，上层与下层横担距离应当大于 1200mm。

说明：1. 本图安装尺寸按海拔 1000m 以下考虑，在高海拔地区安装时，需另行计算安装尺寸。

　　　2. 本安装图中避雷器本体引流线长度不小于 1.2m，引线不配置接线端子及 JLG 螺栓型挂钩引流
　　　　线夹，线尾绝缘封闭。

　　　3. 开关作为联络用需安装双侧 PT，作为分段用安装单侧 PT（本图材料表为单 PT 材料）。

　　　4. 活动开关支架参考图 18－117 和图 18－118 及相关安装铁加工图。

图 18－28　单回钢管杆分段（联络）开关安装图

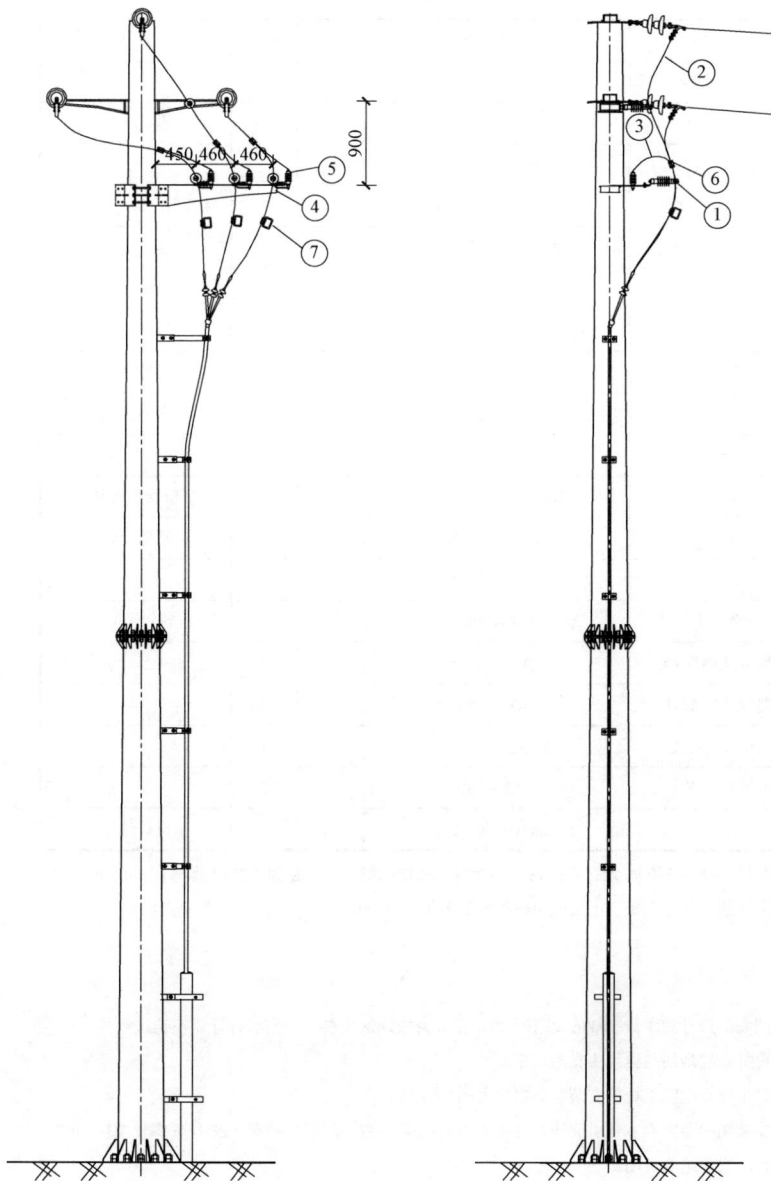

主 要 材 料 表

编号	材料名称	型号规格	单位	数量	备注
①	复合横担绝缘子	FS－10/3.5	只	4	
②	绝缘导线	JKLYJ－10/□	m	预留	设计选型
③	避雷引流线				厂家配套提供
④	通用型活动支架	单侧（含支架抱箍）	副	1	活动支架
⑤	避雷器	YH5（10）WS－17/45TL	只	3	设计选型
⑥	绝缘穿刺线夹	JBC10－□/□	只	3	设计选型
⑦	接地线夹	JDLH10－50－240C	只	3	设计选型
⑧	铜接线端子	DT－□（镀锡）	只	3	导线截面
⑨	铜接线端子	DT－□（镀锡）	只	3	电缆截面
⑩	绝缘子支座	QZ－120	块	3	
	钢管杆平安装铁	GAT－500P	块	3	

注　在海拔 4000～5000m 地区，三角排列导线，杆顶抱箍与下层横担距离应当大于 900mm，双层
横担排列导线，上层与下层横担距离应当大于 1200mm。

说明：1. 本图安装尺寸按海拔 1000m 以下考虑，在高海拔地区安装时，需另行计算安装尺寸。

2. 电缆屏蔽接地线与电缆头支架连接。

3. 杆型中涉及电缆上杆的安装和材料参考图 18－116。

4. 本安装图中避雷器本体引流线长度不小于 1.2m，引线不配置接线端子及 JLG 螺栓型挂钩引流
线夹，线尾绝缘封闭。

5. 活动支架参考图 18－117 和图 18－118 及相关安装铁加工图。

图 18－29　单回钢管杆电缆上杆直搭安装图

主 要 材 料 表

编号	材料名称	型号规格	单位	数量	备注
①	复合横担绝缘子	FS-10/3.5	只	4	
②	绝缘导线	JKLYJ-10/口	m	10	设计选型
③	绝缘导线	JKTRYJ-35	m	1	
④	开关类设备	一、二次融合柱上断路器	台	1	内隔离，单（双）PT
⑤	通用型活动支架	双侧（含支架抱箍）	副	2	活动支架
⑥	通用型活动支架	单侧（含支架抱箍）	副	1	活动支架
⑦	避雷器	YH5（10）WS-17/45TL	只	6	设计选型
⑧	铜接线端子	DT-口（镀锡）	只	9	导线截面
⑨	铜接线端子	DT-口（镀锡）	只	3	电缆截面
⑩	铜接线端子	DT-35（镀锡）	只	4	PT 引流线用
⑪	铜接线端子	DT-50（镀锡）	只	4	熔断器引流线用
⑫	绝缘导线	JKLYJ-10/50	m	5	熔断器引流线
⑬	带电显示器	AC 10kV	只	6	
⑭	绝缘子支座	QZ-120	块	3	
⑮	跌落式熔断器	AC 10kV	台	2	
⑯	钢管杆安装铁	GAT-2000	块	3	
⑰	双熔丝安装铁	SRSLT-1000	副	1	
⑱	钢管杆安装铁	GAT-530	块	2	
⑲	接地线夹	JDLH10-50-240C	只	3	设计选型

注　在海拔 4000～5000m 地区，三角排列导线，杆顶抱箍与下层横担距离应当大于 900mm，双层横担排列导线，上层与下层横担距离应当大于 1200mm。

说明：1. 本图安装尺寸按海拔 1000m 以下考虑，在高海拔地区安装时，需另行计算安装尺寸。

2. 电缆屏蔽接地线与电缆头支架连接。

3. 杆型中涉及电缆上杆的安装和材料参考图 18-116。

4. 本安装图中避雷器本体引流线长度不小于 1.2m，引线不配置接线端子及 JLG 螺栓型挂钩引流线夹，线尾绝缘封闭。

5. 开关作为联络用需安装双侧 PT，作为分支用安装单侧 PT（本图材料表为单 PT 材料）。

6. 活动支架参考图 18-117 和图 18-118 及相关安装铁加工图。

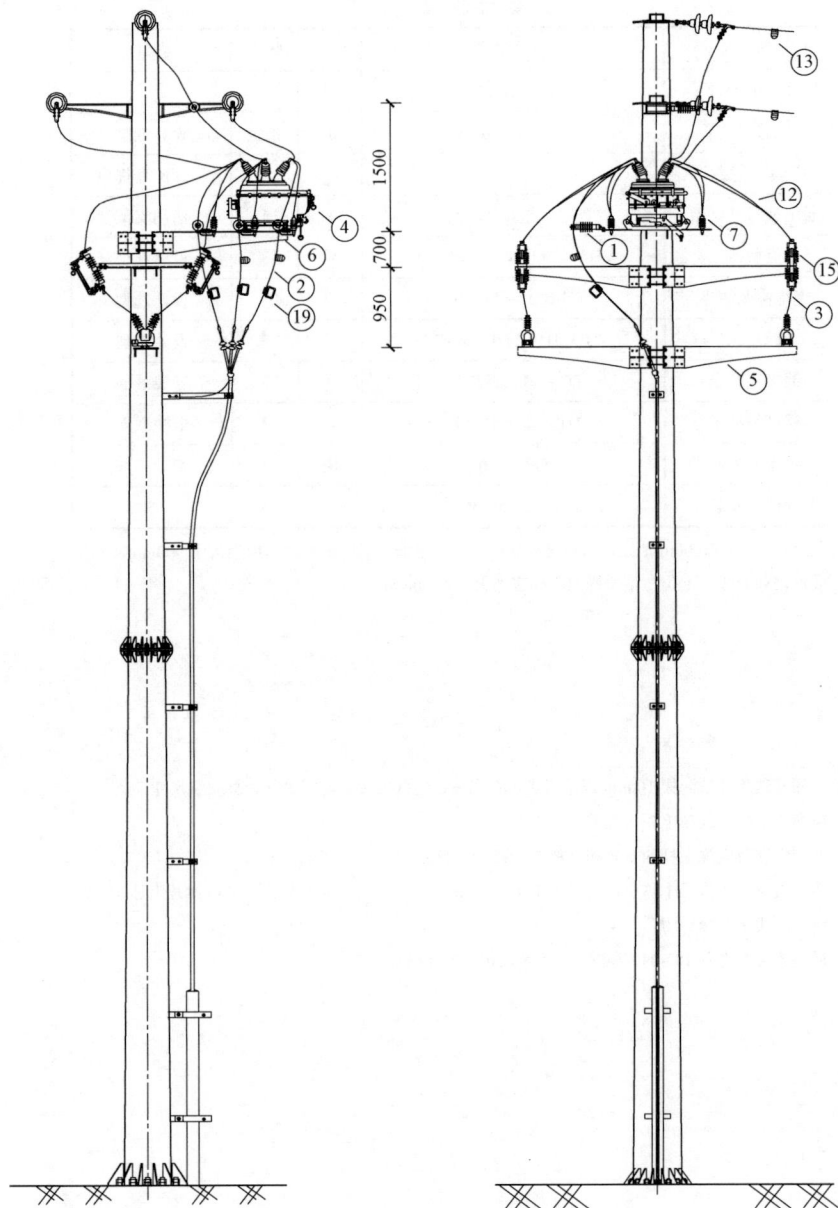

图 18-30　单回钢管杆电缆上杆开关安装图

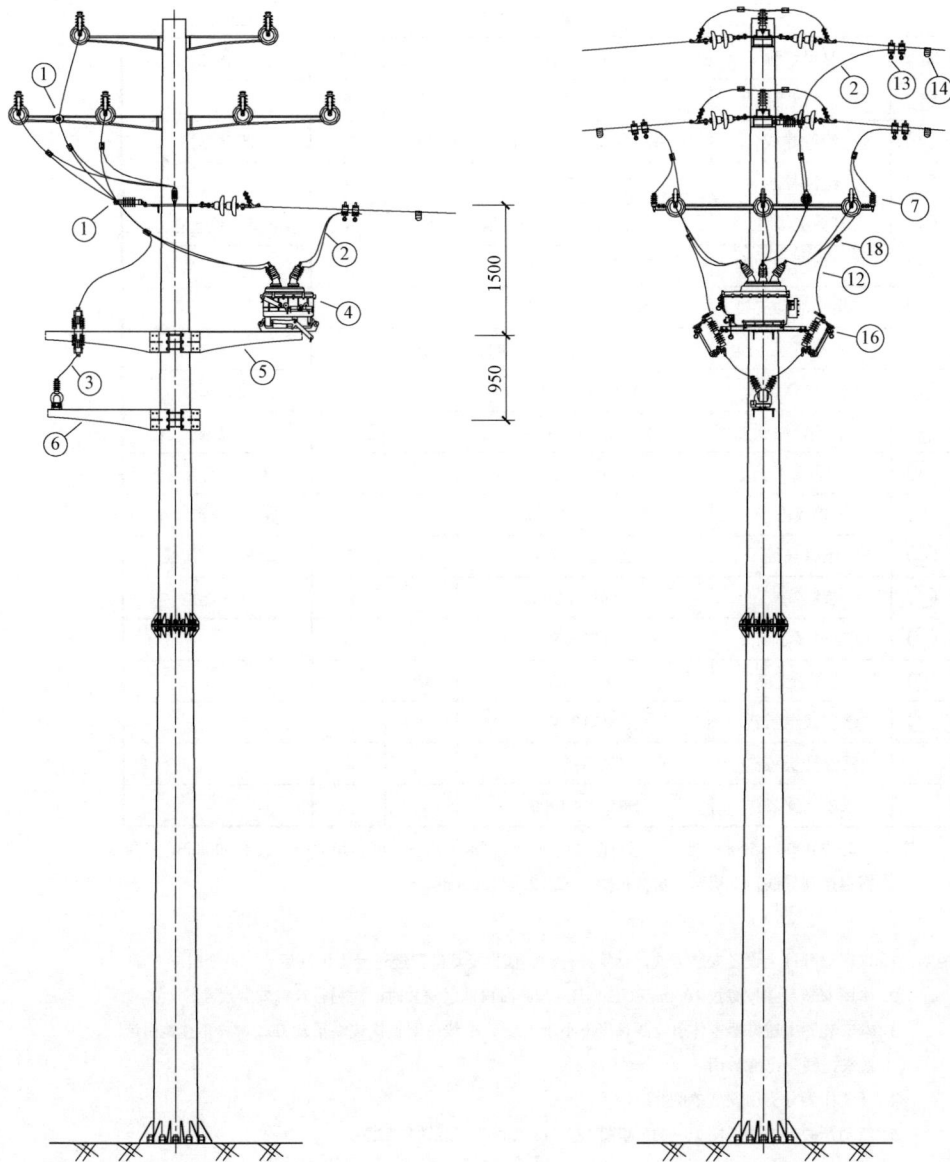

主 要 材 料 表

编号	材料名称	型号规格	单位	数量	备注
①	复合横担绝缘子	FS−10/3.5	只	4	
②	绝缘导线	JKLYJ−10/导线截面	m	16	设计选型
③	绝缘导线	JKTRYJ−35	m	1	
④	开关类设备	一、二次融合柱上断路器	台	1	内隔离，单（双）PT
⑤	通用型活动支架	双侧（含支架抱箍）	副	1	活动支架
⑥	通用型活动支架	单侧（含支架抱箍）	副	1	活动支架
⑦	避雷器	YH5（10）WS−17/45TL	只	3	设计选型
⑧	绝缘穿刺线夹	JBC10−□/□	只	5	设计选型
⑨	铜接线端子	DT−□（镀锡）	只	6	导线截面
⑩	铜接线端子	DT−35（镀锡）	只	4	PT引流线用
⑪	铜接线端子	DT−50（镀锡）	只	2	熔断器引流线用
⑫	绝缘导线	JKLYJ−10/50	m	3	熔断器引流线
⑬	接续线夹	□□□−□−□	只	12	设计选型
⑭	带电显示器	AC 10kV	只	6	
⑮	绝缘子支座	QZ−120	块	3	
⑯	跌落式熔断器	AC 10kV	台	2	
	钢管杆安装铁	GAT−530	块	4	
	双熔丝安装铁	SRSLT−1000	副	1	

注　在海拔4000～5000m地区，三角排列导线，杆顶抱箍与下层横担距离应当大于900mm，双层横担排列导线，上层与下层横担距离应当大于1200mm。

说明：1. 选用该种柱上设备安装方式，钢管杆杆型、横担及基础需经过受力校核后，方可使用。

　　　2. 本图安装尺寸按海拔1000m以下考虑，在高海拔地区安装时，需另行计算安装尺寸。

　　　3. 本安装图中避雷器本体引流线长度不小于1.2m，引线不配置接线端子及JLG螺栓型挂钩引流线夹，线尾绝缘封闭。

　　　4. 开关作为分支用安装单侧PT。

　　　5. 活动开关支架参考图18−117和图18−118及相关安装铁加工图。

图18−31　双回钢管杆（双三角）分支开关安装图

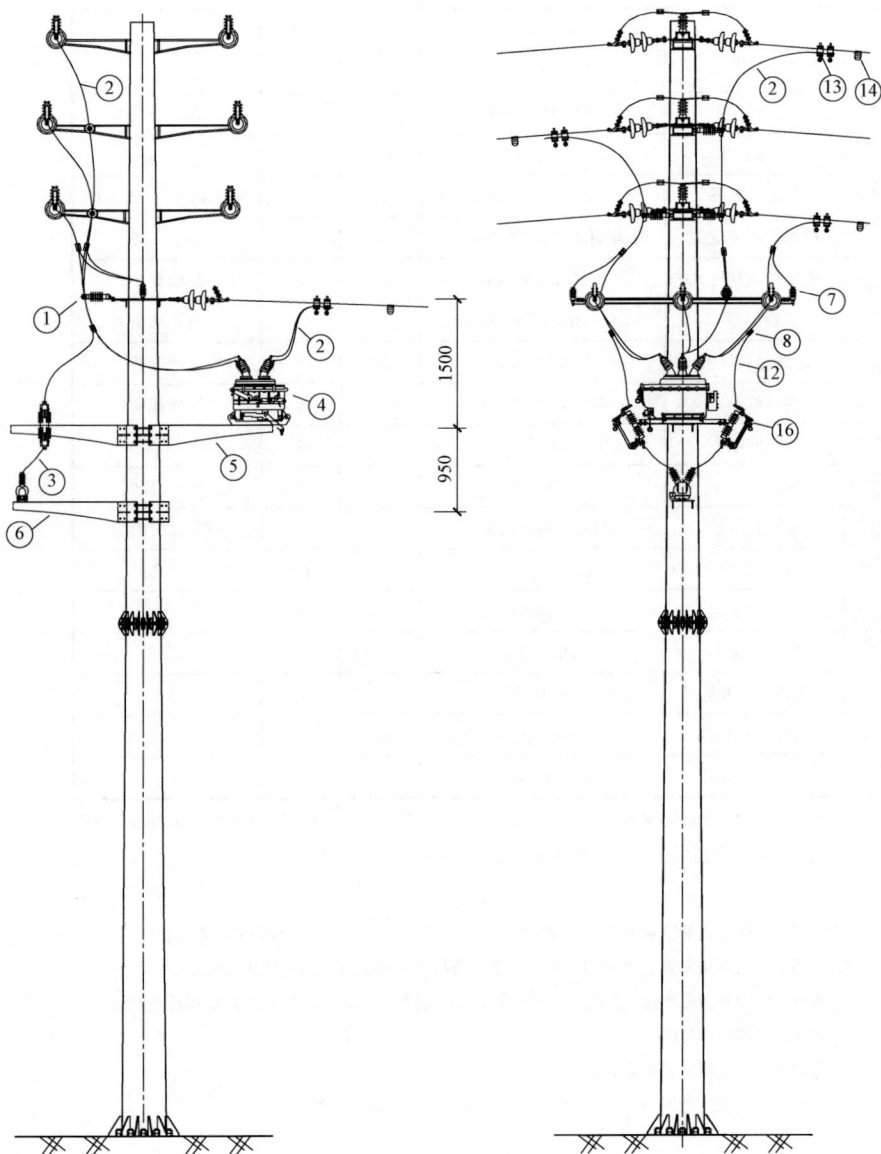

主 要 材 料 表

编号	材料名称	型号规格	单位	数量	备注
①	复合横担绝缘子	FS－10/3.5	只	6	
②	绝缘导线	JKLYJ－10/导线截面	m	20	设计选型
③	绝缘导线	JKTRYJ－35	m	1	
④	开关类设备	一、二次融合柱上断路器	台	1	内隔离，单（双）PT
⑤	通用型活动支架	双侧（含支架抱箍）	副	1	活动支架
⑥	通用型活动支架	单侧（含支架抱箍）	副	1	活动支架
⑦	避雷器	YH5（10）WS－17/45TL	只	3	设计选型
⑧	绝缘穿刺线夹	JBC10－口/口	只	5	设计选型
⑨	铜接线端子	DT－口（镀锡）	只	6	导线截面
⑩	铜接线端子	DT－35（镀锡）	只	4	PT引流线用
⑪	铜接线端子	DT－50（镀锡）	只	2	熔断器引流线用
⑫	绝缘导线	JKLYJ－10/50	m	3	熔断器引流线
⑬	接续线夹	口口口－口－口	只	12	设计选型
⑭	带电显示器	AC 10kV	只	6	
⑮	绝缘子支座	QZ－120	块	3	
⑯	跌落式熔断器	AC 10kV	台	2	
	钢管杆安装铁	GAT－530	块	4	
	双熔丝安装铁	SRSLT－1000	副	1	

注　在海拔 4000～5000m 地区，三角排列导线，杆顶抱箍与下层横担距离应当大于 900mm，双层横担排列导线，上层与下层横担距离应当大于 1200mm。

说明：1. 选用该种柱上设备安装方式，钢管杆杆型、横担及基础需经过受力校核后，方可使用。

2. 本图安装尺寸按海拔 1000m 以下考虑，在高海拔地区安装时，需另行计算安装尺寸。

3. 本安装图中避雷器本体引流线长度不小于 1.2m，引线不配置接线端子及 JLG 螺栓型挂钩引流线夹，线尾绝缘封闭。

4. 开关作为分支用安装单侧 PT。

5. 活动开关支架参考图 18－117 和图 18－118 及相关安装铁加工图。

图 18－32　双回钢管杆（双垂直）分支开关安装图

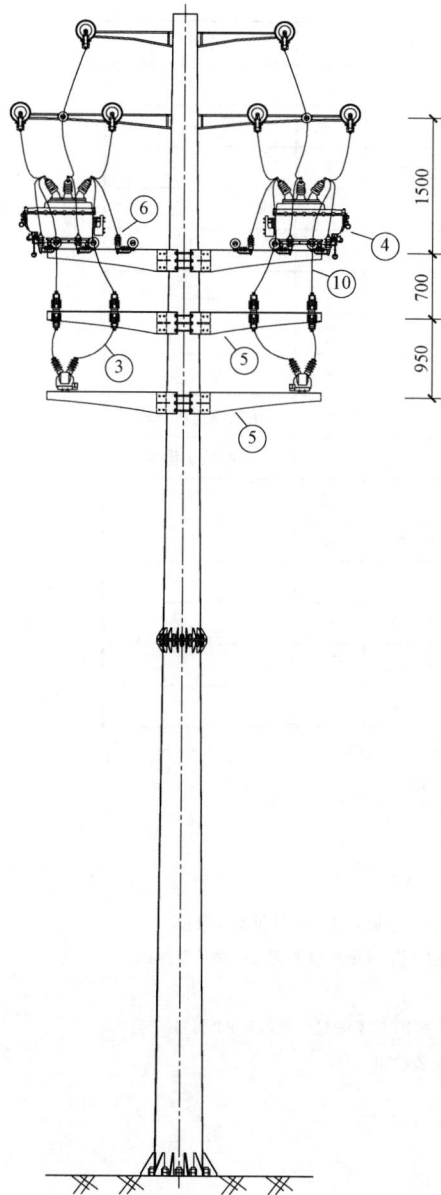

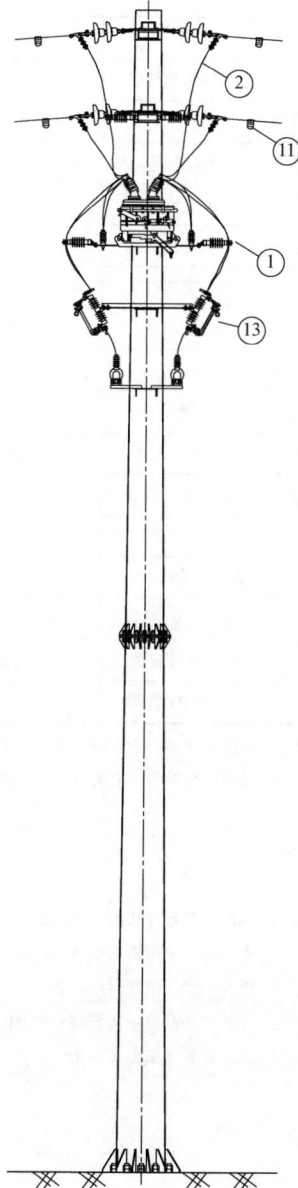

主 要 材 料 表

编号	材料名称	型号规格	单位	数量	备注
①	复合横担绝缘子	FS－10/3.5	只	16	
②	绝缘导线	JKLYJ－10/口	m	预留	设计选型
③	绝缘导线	JKTRYJ－35	m	2	
④	开关类设备	一、二次融合柱上断路器	台	2	内隔离，单（双）PT
⑤	通用型活动支架	双侧（含支架抱箍）	副	3	活动支架
⑥	避雷器	YH5（10）WS－17/45TL	只	12	设计选型
⑦	铜接线端子	DT－口（镀锡）	只	12	导线截面
⑧	铜接线端子	DT－35（镀锡）	只	8	PT 引流线用
⑨	铜接线端子	DT－50（镀锡）	只	8	熔断器引流线用
⑩	绝缘导线	JKLYJ－10/50	m	6	熔断器引流线
⑪	带电显示器	AC 10kV	只	12	
⑫	绝缘子支座	QZ－120	块	12	
⑬	跌落式熔断器	AC 10kV	台	4	
	钢管杆安装铁	GAT－2000	块	6	
	双熔丝安装铁	SRSLT－1000	副	4	
	钢管杆 PT 支架	GPT－540	副	2	

注　在海拔 4000～5000m 地区，三角排列导线，杆顶抱箍与下层横担距离应当大于 900mm，双层横担排列导线，上层与下层横担距离应当大于 1200mm。

说明：1. 本图安装尺寸按海拔 1000m 以下考虑，在高海拔地区安装时，需另行计算安装尺寸。

2. 本安装图中避雷器本体引流线长度不小于 1.2m，引线不配置接线端子及 JLG 螺栓型挂钩引流线夹，线尾绝缘封闭。

3. 开关作为联络用需安装双侧 PT，作为分段用安装单侧 PT（本图材料表为单 PT 材料）。

4. 活动开关支架参考图 18－117 和图 18－118 及相关安装铁加工图。

图 18－33　双回钢管杆（双三角）双分段（联络）开关安装图

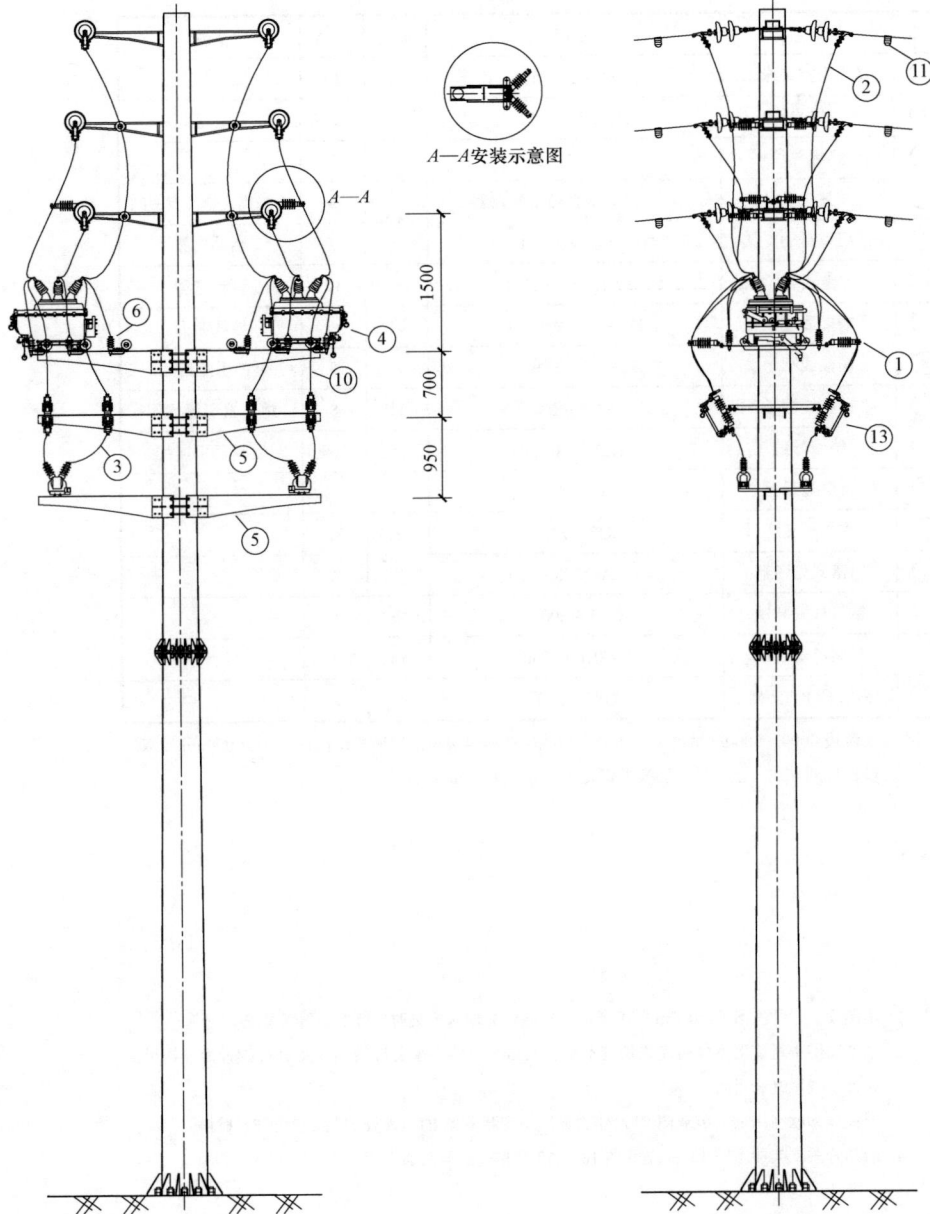

主 要 材 料 表

编号	材料名称	型号规格	单位	数量	备注
①	复合横担绝缘子	FS－10/3.5	只	24	
②	绝缘导线	JKLYJ－10/口	m	预留	设计选型
③	绝缘导线	JKTRYJ－35	m	2	
④	开关类设备	一、二次融合柱上断路器	台	2	内隔离，单（双）PT
⑤	通用型活动支架	双侧（含支架抱箍）	副	3	活动支架
⑥	避雷器	YH5（10）WS－17/45TL	只	12	设计选型
⑦	铜接线端子	DT－口（镀锡）	只	12	导线截面
⑧	铜接线端子	DT－35（镀锡）	只	8	PT 引流线用
⑨	铜接线端子	DT－50（镀锡）	只	8	熔断器引流线用
⑩	绝缘导线	JKLYJ－10/50	m	6	熔断器引流线
⑪	带电显示器	AC 10kV	只	12	
⑫	绝缘子支座	QZ－120	块	16	
⑬	跌落式熔断器	AC 10kV	台	4	
	钢管杆安装铁	GAT－2000	块	6	
	双熔丝安装铁	SRSLT－1000	副	4	
	钢管杆 PT 支架	GPT－540	副	2	

注　在海拔 4000～5000m 地区，三角排列导线，杆顶抱箍与下层横担距离应当大于 900mm，双层
　　横担排列导线，上层与下层横担距离应当大于 1200mm。

说明：1. 本图安装尺寸按海拔 1000m 以下考虑，在高海拔地区安装时，需另行计算安装尺寸。

　　　2. 本安装图中避雷器本体引流线长度不小于 1.2m，引线不配置接线端子及 JLG 螺栓型挂钩引流
　　　　线夹，线尾绝缘封闭。

　　　3. 开关作为联络用需安装双侧 PT，作为分段用安装单侧 PT（本图材料表为单 PT 材料）。

　　　4. 活动开关支架参考图 18－117 和图 18－118 及相关安装铁加工图。

图 18－34　双回钢管杆（双垂直）双分段（联络）开关安装图

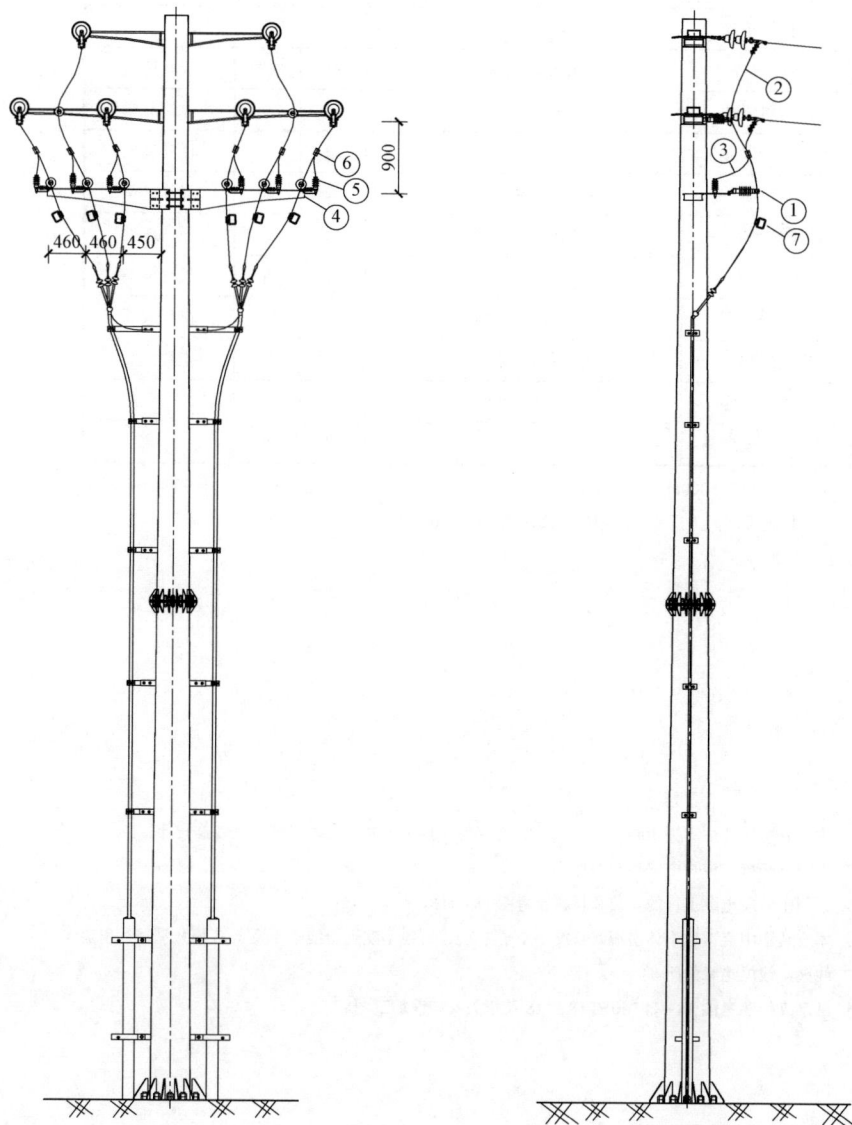

主 要 材 料 表

编号	材料名称	型号规格	单位	数量	备注
①	复合横担绝缘子	FS－10/3.5	只	8	
②	绝缘导线	JKLYJ－10/□	m	预留	设计选型
③	避雷引流线				厂家配套提供
④	通用型活动支架	双侧（含支架抱箍）	副	1	活动支架
⑤	避雷器	YH5（10）WS－17/45TL	只	6	设计选型
⑥	绝缘穿刺线夹	JBC10－□/□	只	6	设计选型
⑦	接地线夹	JDLH10－50－240C	只	6	设计选型
⑧	铜接线端子	DT－□（镀锡）	只	6	导线截面
⑨	铜接线端子	DT－□（镀锡）	只	6	电缆截面
⑩	绝缘子支座	QZ－120	块	6	
	钢管杆平安装铁	GAT－500P	块	6	

注　在海拔 4000～5000m 地区，三角排列导线，杆顶抱箍与下层横担距离应当大于 900mm，双层横担排列导线，上层与下层横担距离应当大于 1200mm。

说明：1. 本图安装尺寸按海拔 1000m 以下考虑，在高海拔地区安装时，需另行计算安装尺寸。

2. 电缆屏蔽接地线与电缆头支架连接。

3. 杆型中涉及电缆上杆的安装和材料参考图 18－116。

4. 本安装图中避雷器本体引流线长度不小于 1.2m，引线不配置接线端子及 JLG 螺栓型挂钩引流线夹，线尾绝缘封闭。

5. 活动支架参考图 18－117 和图 18－118 及相关安装铁加工图。

图 18－35　双回钢管杆（双三角）双电缆直搭上杆安装图

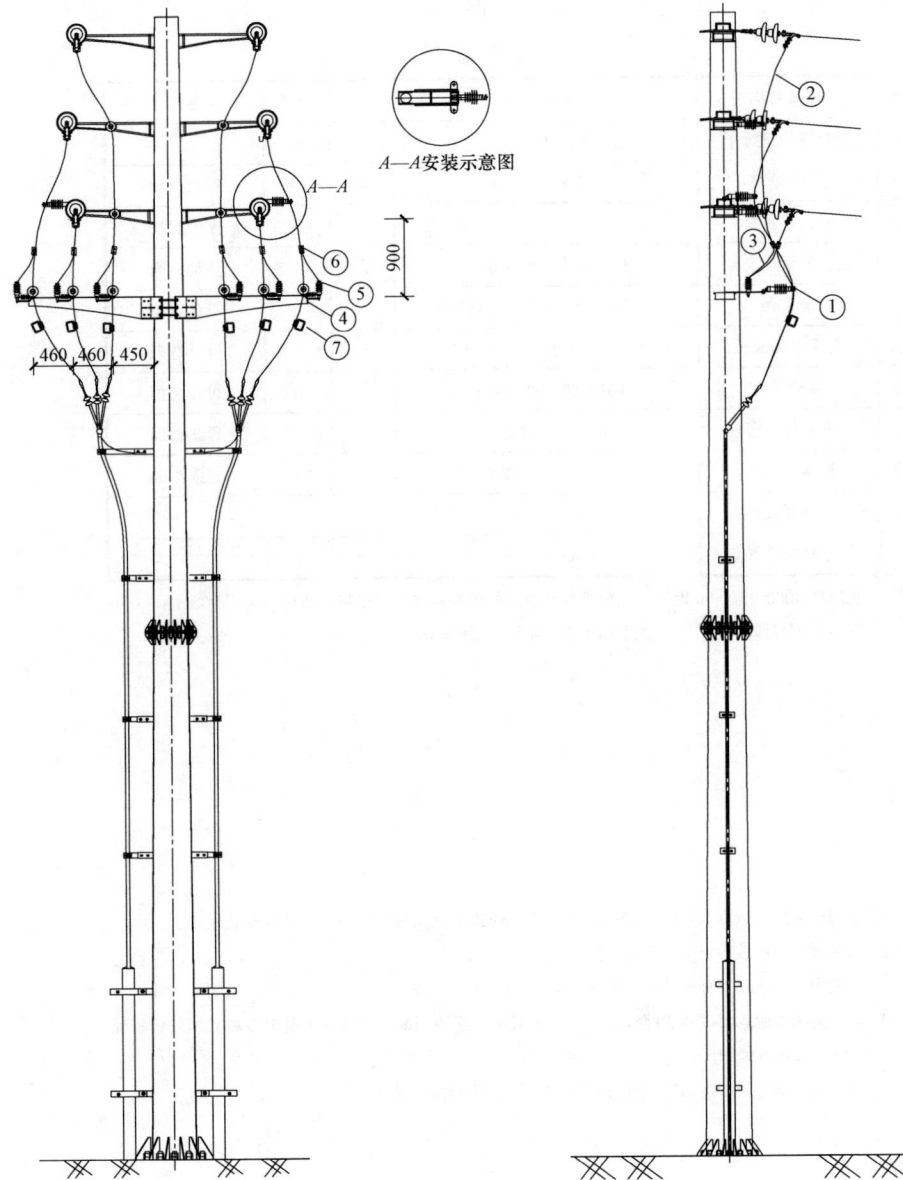

主 要 材 料 表

编号	材料名称	型号规格	单位	数量	备注
①	复合横担绝缘子	FS－10/3.5	只	12	
②	绝缘导线	JKLYJ－10/口	m	预留	设计选型
③	避雷引流线				厂家配套提供
④	通用型活动支架	双侧（含支架抱箍）	副	1	活动支架
⑤	避雷器	YH5（10）WS－17/45TL	只	6	设计选型
⑥	绝缘穿刺线夹	JBC10－口/口	只	6	设计选型
⑦	接地线夹	JDLH10－50－240C	只	6	设计选型
⑧	铜接线端子	DT－口（镀锡）	只	6	导线截面
⑨	铜接线端子	DT－口（镀锡）	只	6	电缆截面
⑩	绝缘子支座	QZ－120	块	8	
	钢管杆平安装铁	GAT－500P	块	6	

注　在海拔 4000～5000m 地区，三角排列导线，杆顶抱箍与下层横担距离应当大于 900mm，双层横担排列导线，上层与下层横担距离应当大于 1200mm。

说明：1. 本图安装尺寸按海拔 1000m 以下考虑，在高海拔地区安装时，需另行计算安装尺寸。

2. 电缆屏蔽接地线与电缆头支架连接。

3. 杆型中涉及电缆上杆的安装和材料参考图 18－116。

4. 本安装图中避雷器本体引流线长度不小于 1.2m，引线不配置接线端子及 JLG 螺栓型挂钩引流线夹，线尾绝缘封闭。

5. 活动支架参考图 18－117 和图 18－118 及相关安装铁加工图。

图 18－36　双回钢管杆（双垂直）双电缆直搭上杆安装图

左视（主杆）　　　　　　　右视（副杆）

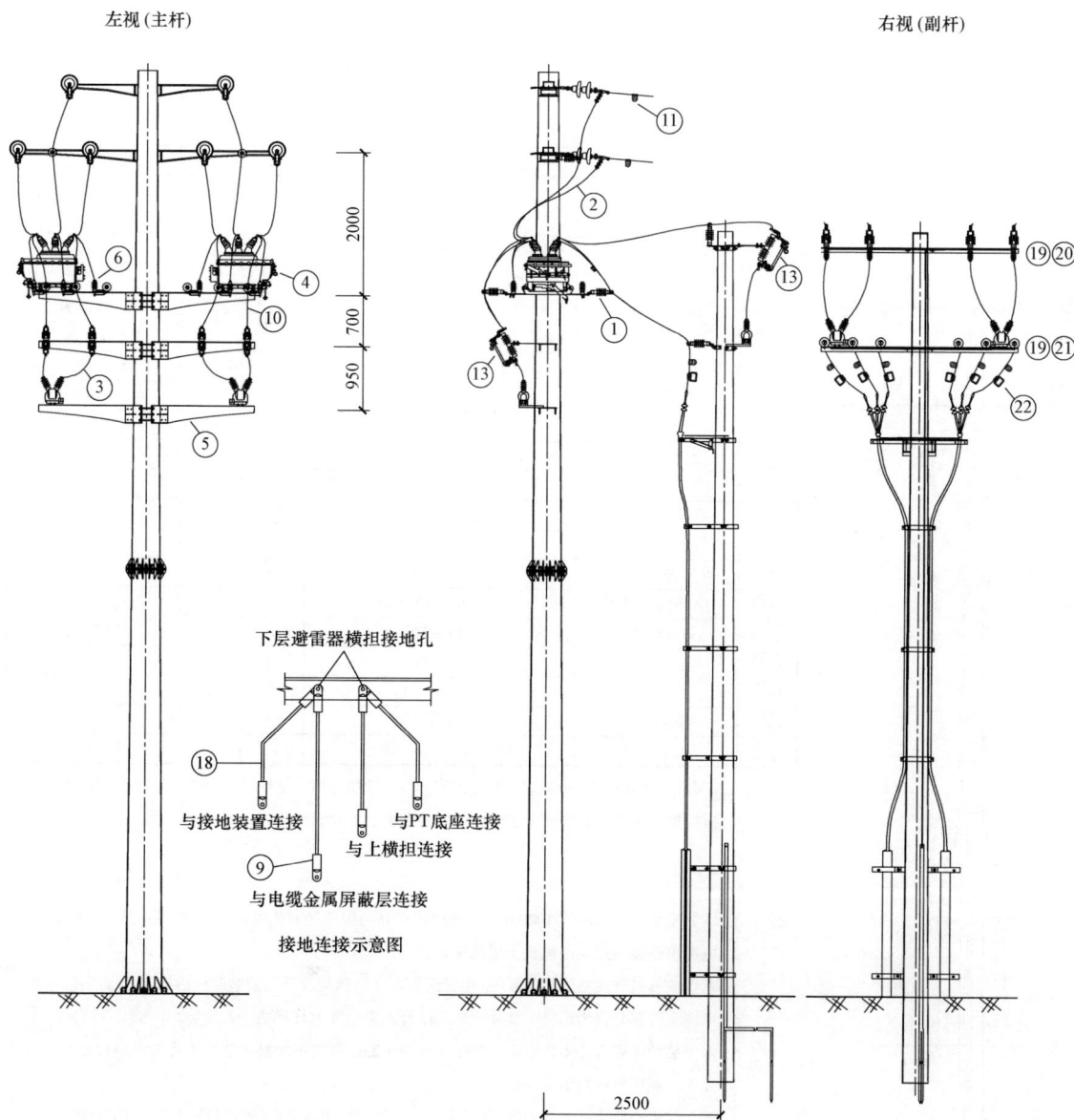

主 要 材 料 表

编号	材料名称	型号规格	单位	数量	备注
①	复合横担绝缘子	FS-10/3.5	只	24	
②	绝缘导线	JKLYJ-10/口	m	25	设计选型
③	绝缘导线	JKTRYJ-35	m	2	
④	开关类设备	一、二次融合柱上断路器	台	2	内隔离，单（双）PT
⑤	通用型活动支架	双侧（含支架抱箍）	副	3	活动支架
⑥	避雷器	YH5（10）WS-17/45TL	只	12	设计选型
⑦	铜接线端子	DT-口（镀锡）	只	12	导线截面
⑧	铜接线端子	DT-35（镀锡）	只	8	PT引流线用
⑨	铜接线端子	DT-50（镀锡）	只	20	熔断器引流线用
⑩	绝缘导线	JKLYJ-10/50	m	12	熔断器引流线
⑪	带电显示器	AC 10kV	只	12	
⑫	绝缘子支座	QZ-120	块	18	
⑬	跌落式熔断器	AC 10kV	台	4	
⑭	钢管杆安装铁	GAT-2000	块	6	
⑮	单熔丝安装铁	LT7-R	副	4	
⑯	钢管杆PT支架	GPT-540	副	2	
⑰	副杆接地装置	按接地模块选型	套	1	
⑱	布电线	BV-50	m	18	接地引线
⑲	角铁横担	HD8-2800	块	4	
⑳	横担抱箍	HBG8-200	块	2	
㉑	横担抱箍	HBG8-240	块	2	
㉒	接地线夹	JDLH10-50-240C	只	6	设计选型

注　在海拔 4000～5000m 地区，三角排列导线，杆顶抱箍与下层横担距离应当大于 900mm，双层横担排列导线，上层与下层横担距离应当大于 1200mm。

下层避雷器横担接地孔

与接地装置连接　　　与PT底座连接
与上横担连接
⑨
与电缆金属屏蔽层连接

接地连接示意图

说明：1. 本图安装尺寸按海拔1000m以下考虑，在高海拔地区安装时，需另行计算安装尺寸。

2. 电缆屏蔽接地线与电缆头支架连接。

3. 本图副杆铁件规格均按照 φ190 电杆配置，在其他梢径杆上安装时，由设计另行选择。

4. 电缆上杆部分仅为示意，具体安装应结合相关电缆上杆模块一并安装。

5. 本安装图中避雷器本体引流线长度不小于 1.2m，引线不配置接线端子及 JLG 螺栓型挂钩引流线夹，线尾绝缘封闭。

6. 开关作为联络用需安装双侧 PT，作为分支用安装单侧 PT（本图材料表为单 PT 材料）。

7. 活动支架参考图 18-117 和图 18-118 及相关安装铁加工图。

图 18-37　双回钢管杆（双三角）双电缆开关上杆安装图

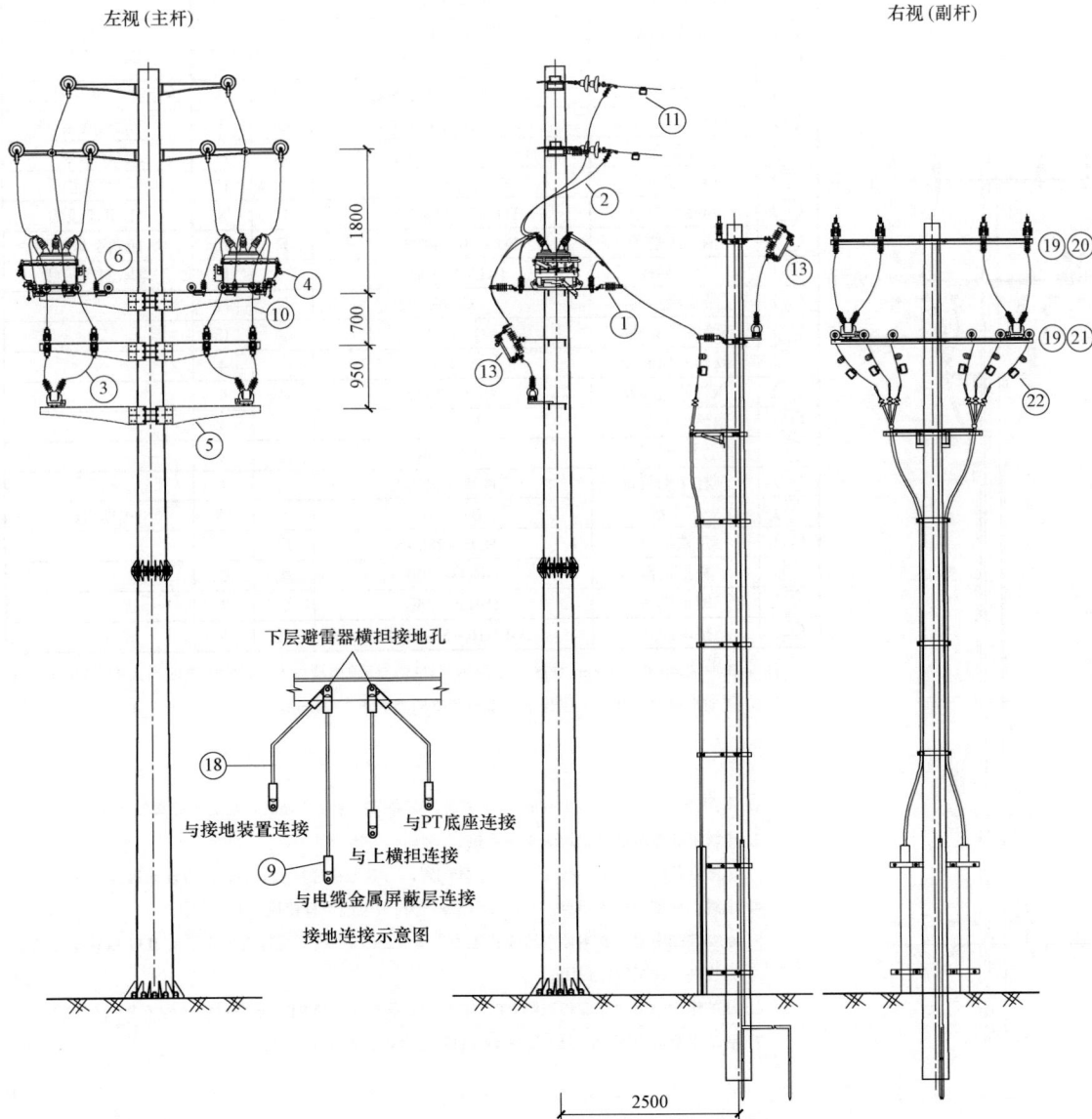

左视(主杆)

右视(副杆)

下层避雷器横担接地孔

接地连接示意图

与接地装置连接
与上横担连接
与PT底座连接
与电缆金属屏蔽层连接

2500

主 要 材 料 表

编号	材料名称	型号规格	单位	数量	备注
①	复合横担绝缘子	FS-10/3.5	只	28	
②	绝缘导线	JKLYJ-10/□	m	25	设计选型
③	绝缘导线	JKTRYJ-35	m	2	
④	开关类设备	一、二次融合柱上断路器	台	2	内隔离，单（双）PT
⑤	通用型活动支架	双侧（含支架抱箍）	副	3	活动支架
⑥	避雷器	YH5（10）WS-17/45TL	只	12	设计选型
⑦	铜接线端子	DT-□（镀锡）	只	12	导线截面
⑧	铜接线端子	DT-35（镀锡）	只	8	PT引流线用
⑨	铜接线端子	DT-50（镀锡）	只	20	熔断器引流线用
⑩	绝缘导线	JKLYJ-10/50	m	12	熔断器引流线
⑪	带电显示器	AC10kV	只	12	
⑫	绝缘子支座	QZ-120	块	18	
⑬	跌落式熔断器	AC 10kV	台	4	
⑭	钢管杆安装铁	GAT-2000	块	6	
⑮	单熔丝安装铁	LT7-R	副	4	
⑯	钢管杆PT支架	GPT-540	副	2	
⑰	副杆接地装置	按接地模块选型	套	1	
⑱	布电线	BV-50	m	18	接地引线
⑲	角铁横担	HD8-2800	块	4	
⑳	横担抱箍	HBG8-200	块	2	
㉑	横担抱箍	HBG8-240	块	2	
㉒	接地线夹	JDLH10-50-240C	只	6	设计选型

注 在海拔4000～5000m地区，三角排列导线，杆顶抱箍与下层横担距离应当大于900mm，双层横担排列导线，上层与下层横担距离应当大于1200mm。

说明：1. 本图安装尺寸按海拔1000m以下考虑，在高海拔地区安装时，需另行计算安装尺寸

2. 电缆屏蔽接地线与电缆头支架连接。

3. 本图副杆铁件规格均按照φ190电杆配置，在其他梢径杆上安装时，由设计另行选择。

4. 电缆上杆部分仅为示意，具体安装应结合相关电缆上杆模块一并安装。

5. 本安装图中避雷器本体引流线长度不小于1.2m，引线不配置接线端子及JLG螺栓型挂钩引流线夹，线尾绝缘封闭。

6. 开关作为联络用需安装双侧PT，作为分支用安装单侧PT（本图材料表为单PT材料）。

7. 活动支架参考图18-117和图18-118及相关安装铁加工图。

图18-38 双回钢管杆（双垂直）双电缆开关上杆安装图

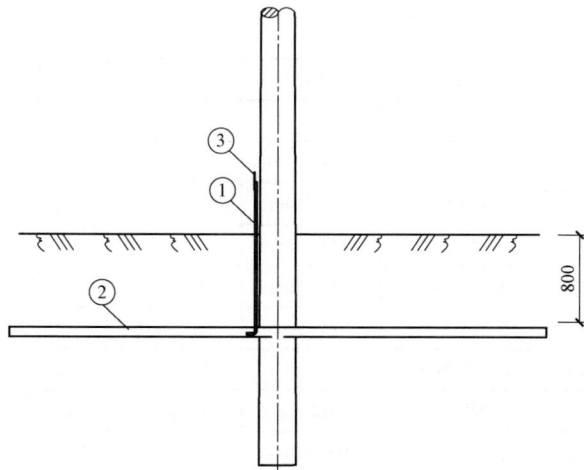

选 型 表

| 接地装置
型号 | 编号 | 名称 | 规格型号 | 单位 | 数量 | 质量（kg） | | 备注 |
						一件	小计	
JD11－10	①	接地引上线	JDS－3000	副	1	2.92		
	②	水平接地铁	JDP－10m	副	1	12.6	15.76	
	③	螺栓	M16×35	套	2	0.12		
JD11－40	①	接地引上线	JDS－3000	副	1	2.92		
	②	水平接地铁	JDP－20m	副	2	25.2	53.56	
	③	螺栓	M16×35	套	2	0.12		
JD11－80	①	接地引上线	JDS－3000	副	1	2.92		
	②	水平接地铁	JDP－20	副	4	25.2	103.96	
	③	螺栓	M16×35	套	2	0.12		

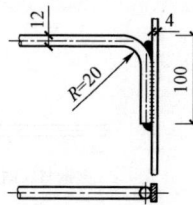

圆钢与扁钢连接

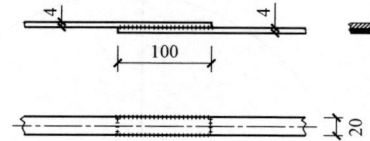

扁钢与扁钢连接

说明：1. 如接地电阻不能满足《交流电气装置的接地》（DL/T 621—1997）中的要求，可另加水平或垂直
　　　　接地体。

　　　2. 图中未列接地代码可根据实际工程需要按本标准编码规定自行扩展。

图 18－39　水平放射形接地装置安装图

选　型　表

接地装置型号	编号	名称	规格型号	单位	数量	质量（kg）一件	质量（kg）小计	备注
JD12-20	①	接地引上线	JDS-5000	副	1	4.70	30.14	
	②	水平接地铁	JDP-20m	副	1	25.2		
	③	螺栓	M16×35	套	2	0.12		
JD121-60	①	接地引上线	JDS-5000	副	1	4.70	80.54	
	②	水平接地铁	JDP-20m	副	1	25.2		
	③	螺栓	M16×35	套	2	0.12		
	④	水平接地铁	JDP-10m	副	4	12.6		
JD121-100	①	接地引上线	JDS-5000	副	1	4.70	130.94	
	②	水平接地铁	JDP-20m	套	1	25.2		
	③	螺栓	M16×35	套	2	0.12		
	④	水平接地铁	JDP-20m	副	4	25.2		

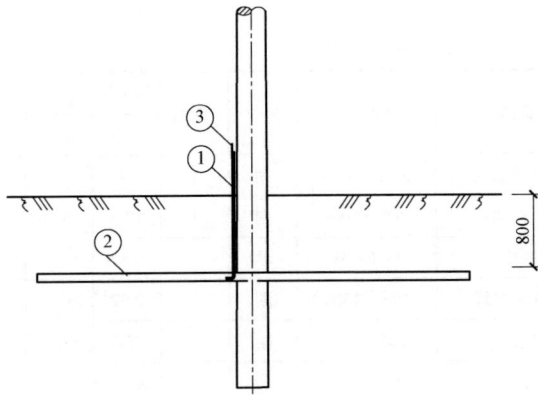

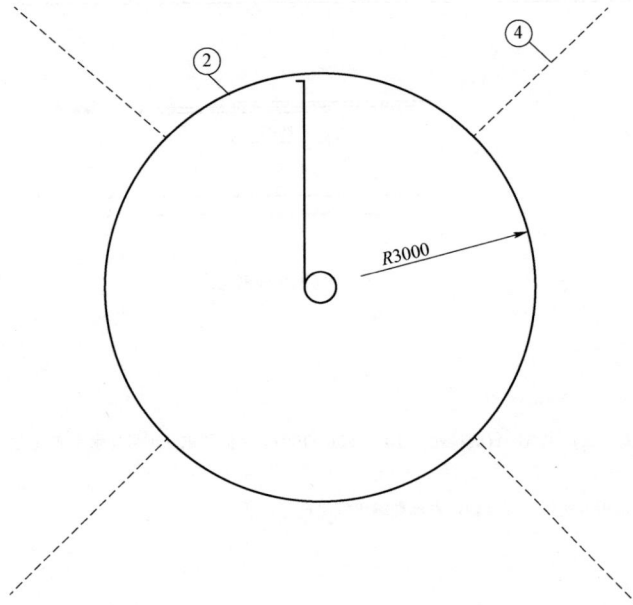

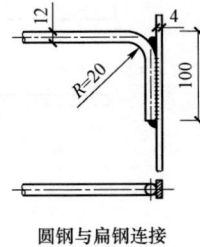

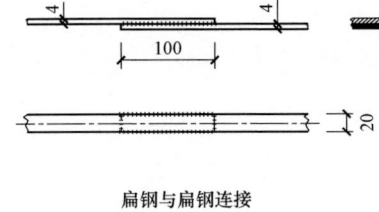

圆钢与扁钢连接　　　　扁钢与扁钢连接

说明：1. 如接地电阻不能满足《交流电气装置的接地》（DL/T 621—1997）中的要求，可另加水平或垂直接地体。

2. 图中未列接地装置型号可根据实际工程需要，按型号编制规定自行扩展。

3. 接地体组合宜做图示虚线方向进行，如地形条件不能满足，可作适当调整。

图 18-40　水平环形接地装置安装图

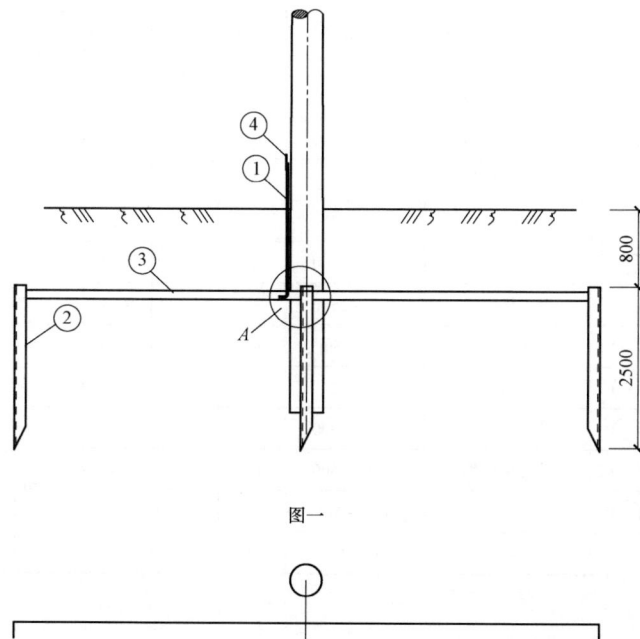

选 型 表

接地装置型号	编号	名称	规格型号	单位	数量	质量（kg）		备注
						一件	小计	
JD13-5	①	接地引上线	JDS-3000	副	1	2.92	28.32	
	②	垂直接地铁	JDZ-2500	副	2	9.43		
	③	水平接地铁	JDP-5m	副	1	6.30		
	④	螺栓	M16×35	套	2	0.12		
JD13-10	①	接地引上线	JDS-3000	副	1	2.92	44.05	
	②	垂直接地铁	JDZ-2500	副	3	9.43		
	③	水平接地铁	JDP-10m	副	1	12.6		
	④	螺栓	M16×35	套	2	0.12		
JD13-20	①	接地引上线	JDS-3000	副	1	2.92	75.51	
	②	垂直接地铁	JDZ-2500	副	5	9.43		
	③	水平接地铁	JDP-20m	副	1	25.2		
	④	螺栓	M16×35	套	2	0.12		

图一

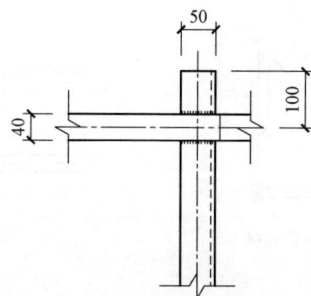

扁钢角钢连接时

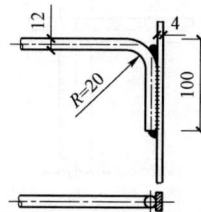

圆钢与扁钢连接

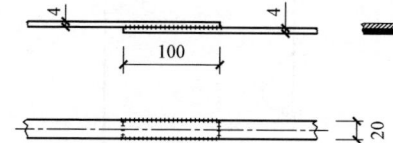

扁钢与扁钢连接

说明：1. 如接地电阻不能满足《交流电气装置的接地》（DL/T 621—1997）中的要求，可另加水平或垂直接地体。

2. 图中未列接地装置型号可根据实际工程需要，按型号编制规定自行扩展。

图 18-41 垂直放射形接地装置安装图

选 型 表

接地装置型号	编号	名称	规格型号	单位	数量	质量（kg）		备注
						一件	小计	
JD14-20	①	接地引上线	JDS-5000	副	1	4.70		
	②	垂直接地铁	JDZ-2500	副	4	9.43	67.86	
	③	水平接地铁	JDP-5m	副	4	6.30		
	④	螺栓	M16×35	套	2	0.12		
JD14-40	①	接地引上线	JDS-5000	副	1	4.70		
	②	垂直接地铁	JDZ-2500	副	8	9.43	130.78	
	③	水平接地铁	JDP-5m	副	8	6.30		
	④	螺栓	M16×35	套	2	0.12		
JD14-60	①	接地引上线	JDS-5000	副	1	4.70		
	②	垂直接地铁	JDZ-2500	副	12	9.43	193.70	
	③	水平接地铁	JDP-5m	副	12	6.30		
	④	螺栓	M16×35	套	2	0.12		

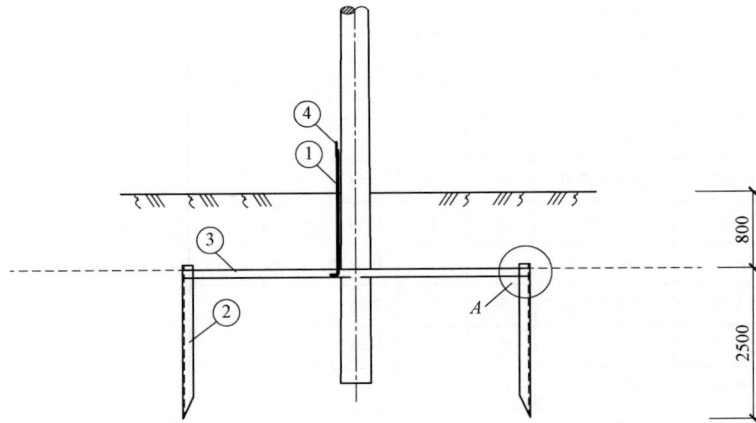

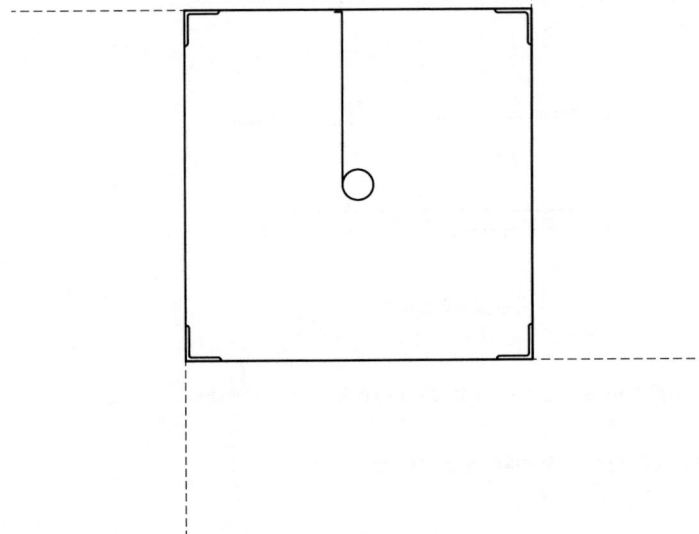

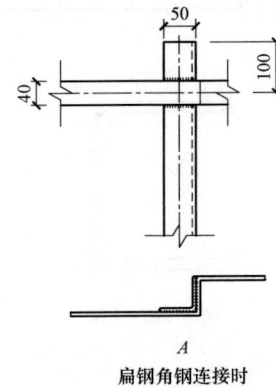

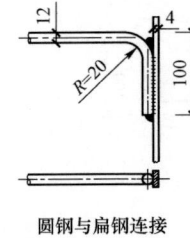

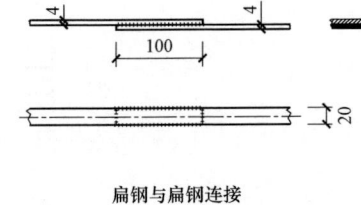

A
扁钢角钢连接时

圆钢与扁钢连接

扁钢与扁钢连接

说明：1. 如接地电阻不能满足《交流电气装置的接地》（DL/T 621—1997）中的要求，可另加水平或垂直接地体。

2. 图中未列接地装置型号可根据实际工程需要，按型号编制规定自行扩展。

3. 接地体组合宜按图示虚线方向进行，如地形条件不能满足，可作适当调整。

图 18-42 垂直方形接地装置安装图

选 型 表

接地装置 型号	编号	名称	规格型号	单位	数量	质量（kg）一件	质量（kg）小计	备注
TJD12－20	①	镀铜接地引上线	TJDS－5000	副	1	4.70	22.70	
	②	镀铜接地圆钢	TJDY－5m	根	4	4.44		
	③	镀铜接地圆钢	TJDY－5m	根	0	4.44		
	④	螺栓	M16×35	套	2	0.12		
TJD121－60	①	镀铜接地引上线	TJDS－5000	副	1	4.70	58.22	
	②	镀铜接地圆钢	TJDY－5m	根	4	4.44		
	③	镀铜接地圆钢	TJDY－5m	根	8	4.44		
	④	螺栓	M16×35	套	2	0.12		
TJD121－100	①	镀铜接地引上线	TJDS－5000	副	1	4.70	93.74	
	②	镀铜接地圆钢	TJDY－5m	根	4	4.44		
	③	镀铜接地圆钢	TJDY－5m	根	16	4.44		
	④	螺栓	M16×35	套	2	0.12		

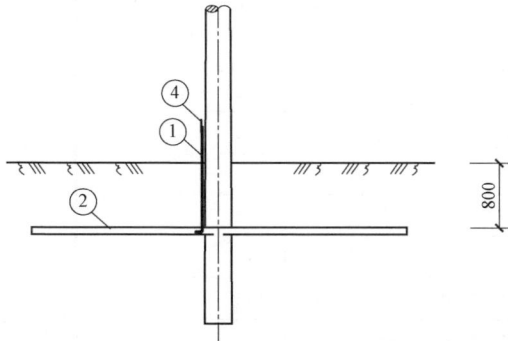

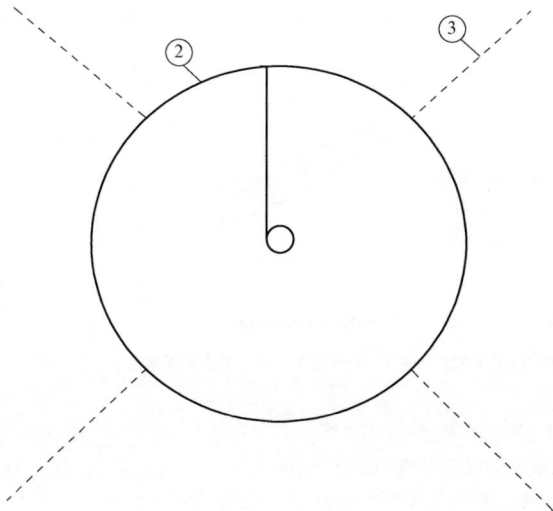

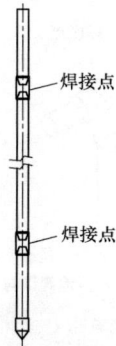

接地棒之间焊接

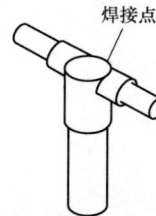

接地圆钢与接地棒的焊接、接地圆钢与引上线的焊接

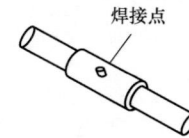

接地圆钢之间焊接

说明：1. 如接地电阻不能满足《交流电气装置的接地》（DL/T 621—1997）中的要求，可另加水平或垂直接地体。

2. 图中未列接地装置型号可根据实际工程需要，按型号编制规定自行扩展。

3. 接地体组合宜按图示虚线方向进行，如地形条件不能满足，可作适当调整。

4. 2根镀铜接地棒焊接作为1个垂直接地体使用，垂直接地体的布置间距为5m。

5. 铜镀接地棒、铜镀接地圆钢、镀铜接地引上线之间连接均采用放热焊接，焊接采用专用模具，由厂家配套提供。

图18－43　镀铜水平环形接地装置安装图

选　型　表

接地装置型号	编号	名称	规格型号	单位	数量	质量（kg）一件	小计	备注
TJD13－5	①	镀铜接地引上线	TJDS－3000	副	1	2.92	13.52	
	②	镀铜接地棒	TJDB－1220	根	4	1.48		
	③	镀铜接地圆钢	TJDY－5m	根	1	4.44		
	④	螺栓	M16×35	套	2	0.12		
TJD13－10	①	镀铜接地引上线	TJDS－3000	副	1	2.92	20.92	
	②	镀铜接地棒	TJDB－1220	根	6	1.48		
	③	镀铜接地圆钢	TJDY－5m	根	2	4.44		
	④	螺栓	M16×35	套	2	0.12		
TJD13－20	①	镀铜接地引上线	TJDS－3000	副	1	2.92	35.72	
	②	镀铜接地棒	TJDB－1220	根	10	1.48		
	③	镀铜接地圆钢	TJDY－5m	根	4	4.44		
	④	螺栓	M16×35	套	2	0.12		

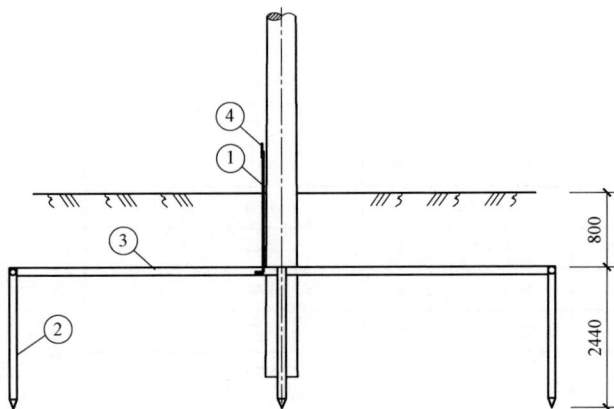

图一

焊接点

焊接点

接地棒之间焊接

焊接点

焊接点

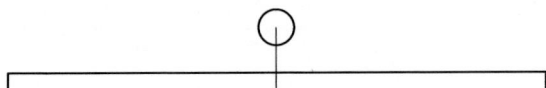

接地圆钢与接地棒的焊接、接地圆钢与引上线的焊接

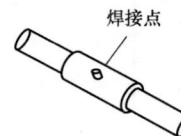

接地圆钢之间焊接

说明：1. 如接地电阻不能满足《交流电气装置的接地》（DL/T 621—1997）中的要求，可另加水平或垂直接地体。

2. 图中未列接地装置型号可根据实际工程需要，按型号编制规定自行扩展。

3. 2 根镀铜接地棒焊接作为 1 个垂直接地体使用，垂直接地体的布置间距为 5m。

4. 铜镀接地棒、铜镀接地圆钢、镀铜接地引上线之间连接均采用放热焊接，焊接采用专用模具，由厂家配套提供。

图 18－44　镀铜垂直放射接地装置安装图

选 型 表

接地装置型号	编号	名称	规格型号	单位	数量	质量（kg）一件	质量（kg）小计	备注
TJD14－20	①	镀铜接地引上线	TJDS－5000	副	1	4.70	34.3	
	②	镀铜接地圆钢	TJDB－1220	根	8	1.48		
	③	镀铜接地圆钢	TJDY－5m	根	4	4.44		
	④	螺栓	M16×35	套	2	0.12		
TJD14－40	①	镀铜接地引上线	TJDS－5000	副	1	4.70	64.14	
	②	镀铜接地圆钢	TJDB－1220	根	16	1.48		
	③	镀铜接地圆钢	TJDY－5m	根	8	4.44		
	④	螺栓	M16×35	套	2	0.12		
TJD14－60	①	镀铜接地引上线	TJDS－5000	副	1	4.70	93.74	
	②	镀铜接地圆钢	TJDB－1220	根	24	1.48		
	③	镀铜接地圆钢	TJDY－5m	根	12	4.44		
	④	螺栓	M16×35	套	2	0.12		

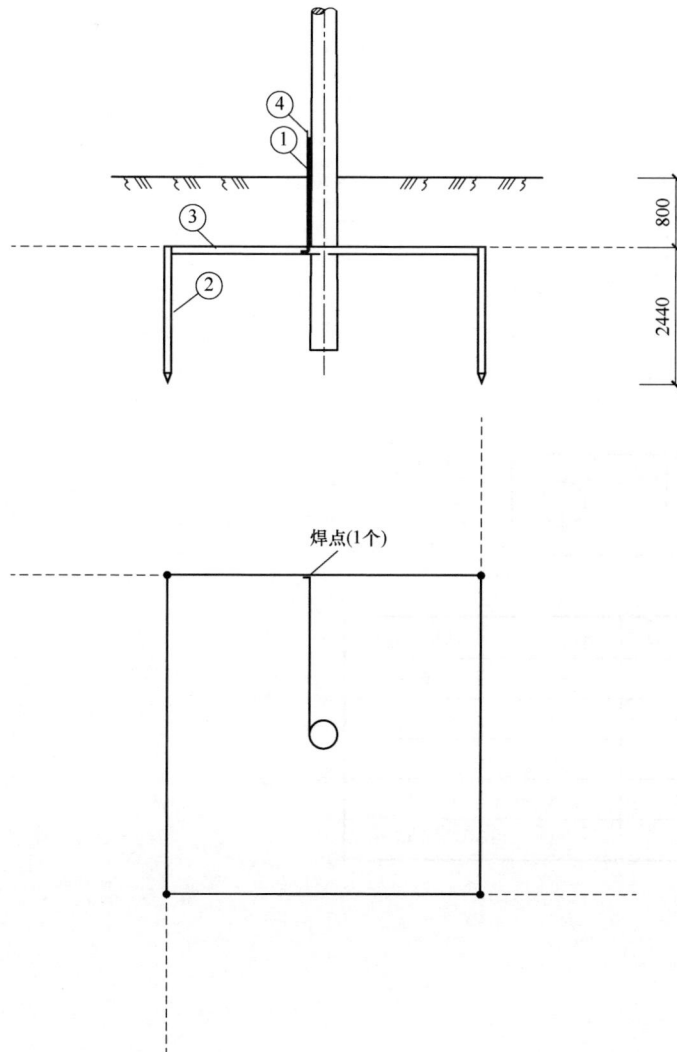

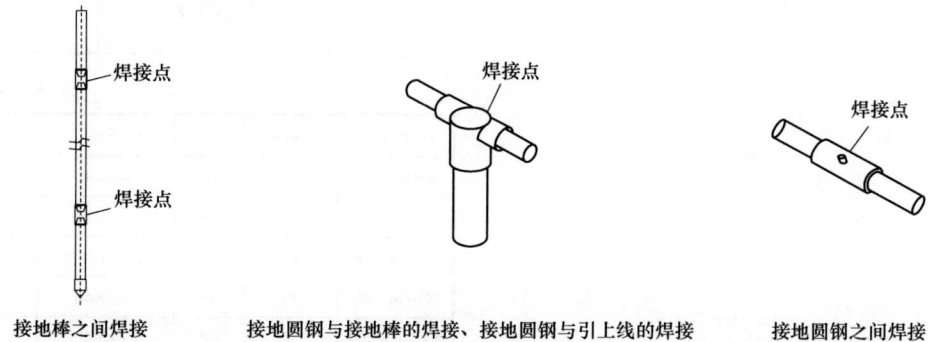

焊点(1个)

接地棒之间焊接　　接地圆钢与接地棒的焊接、接地圆钢与引上线的焊接　　接地圆钢之间焊接

焊接点

说明：1. 如接地电阻不能满足《交流电气装置的接地》（DL/T 621—1997）中的要求，可另加水平或垂直接地体。

2. 图中未列接地装置型号可根据实际工程需要，按型号编制规定自行扩展。

3. 接地体组合宜按图示虚线方向进行，如地形条件不能满足，可作适当调整。

4. 2 根镀铜接地棒焊接作为 1 个垂直接地体使用，垂直接地体的布置间距为 5m。

5. 铜镀接地棒、铜镀接地圆钢、镀铜接地引上线之间连接均采用放热焊接，焊接采用专用模具，由厂家配套提供。

图 18－45　镀铜垂直方形接地装置安装图

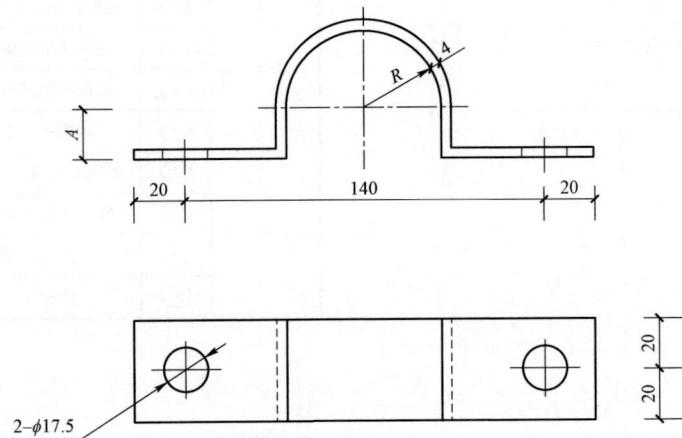

选 型 表

型号	R（mm）	A	规格	长度（mm）	数量（块）	质量（kg）
KBG4－20	10	10	－4×40	212	1	0.28
KBG4－50	25	15	－4×40	239	1	0.31
KBG4－70	35	25	－4×40	270	1	0.34
KBG4－90	45	35	－4×40	302	1	0.38
KBG4－100	50	40	－4×40	317	1	0.40

图 18－46　KBG4 电缆卡抱加工图

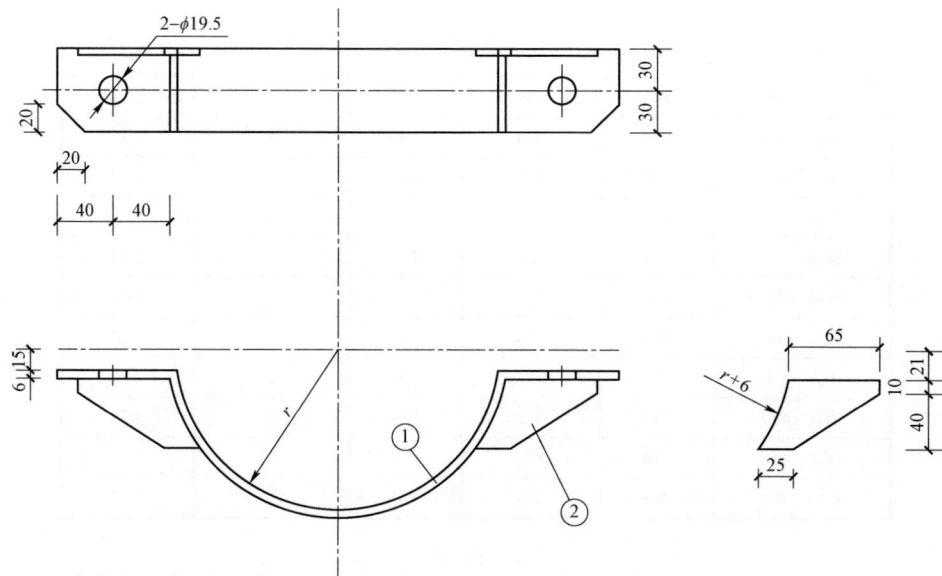

选 型 表

型号	r（mm）	下料长度（mm）	质量（kg）	数量（块）	总重（kg）
BG6－160	80	390	1.10	1	1.50
BG6－200	100	457	1.29	1	1.69
BG6－210	105	470	1.33	1	1.73
BG6－220	110	484	1.37	1	1.77
BG6－240	120	514	1.45	1	1.85
BG6－260	130	545	1.54	1	1.94
BG6－280	140	576	1.63	1	2.03
BG6－300	150	608	1.72	1	2.12
BG6－320	160	638	1.81	1	2.21
BG6－340	170	670	1.90	1	2.30
BG6－360	180	701	1.98	1	2.38
BG6－380	190	733	2.07	1	2.47
BG6－400	200	764	2.16	1	2.56
BG6－420	210	796	2.25	1	2.65
BG6－440	220	827	2.34	1	2.74
BG6－460	230	859	2.43	1	2.83
BG6－480	240	890	2.52	1	2.92
BG6－500	250	921	2.61	1	3.01

材 料 表

编号	名称	规格	单位	数量	质量（kg）	备注
①	扁钢	－6×60×L	块	1	见上表	
②	加劲板	－5×50×100	块	2	0.4	

图 18－47　BG6 半圆抱箍加工图

型号	r（mm）	下料长度（mm）	质量（kg）	数量（块）	总重（kg）
BG8-200	100	457	2.29	1	2.69
BG8-210	105	470	2.35	1	2.76
BG8-220	110	484	2.43	1	2.83
BG8-240	120	514	2.68	1	2.98
BG8-260	130	545	2.74	1	3.14
BG8-280	140	576	2.89	1	3.29
BG8-300	150	608	3.05	1	3.45
BG8-320	160	638	3.20	1	3.60
BG8-340	170	670	3.35	1	3.76
BG8-360	180	701	3.52	1	3.92
BG8-380	190	733	3.68	1	4.08
BG8-400	200	764	3.84	1	4.24
BG8-420	210	796	4.00	1	4.40
BG8-440	220	827	4.15	1	4.55
BG8-460	230	859	4.31	1	4.71
BG8-480	240	890	4.47	1	4.87

材 料 表

编号	名称	规格	单位	数量	质量（kg）	备注
①	扁钢	$-8×80×L$	块	1	见上表	
②	加劲板	$-5×50×100$	块	2	0.4	

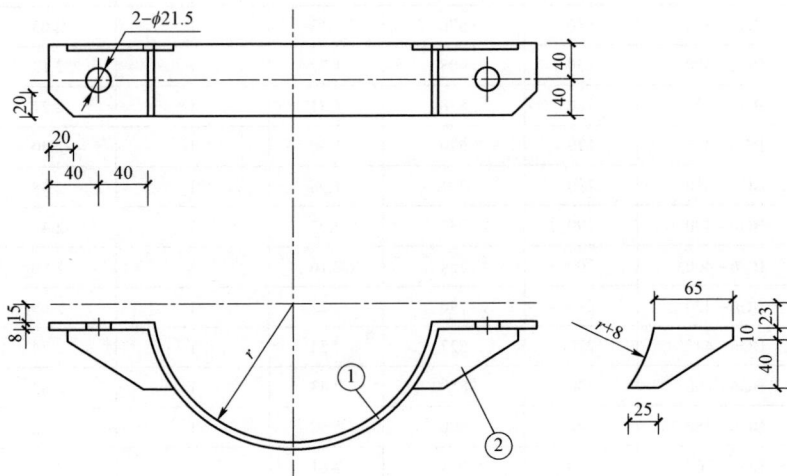

图 18-48　BG8 半圆抱箍加工图

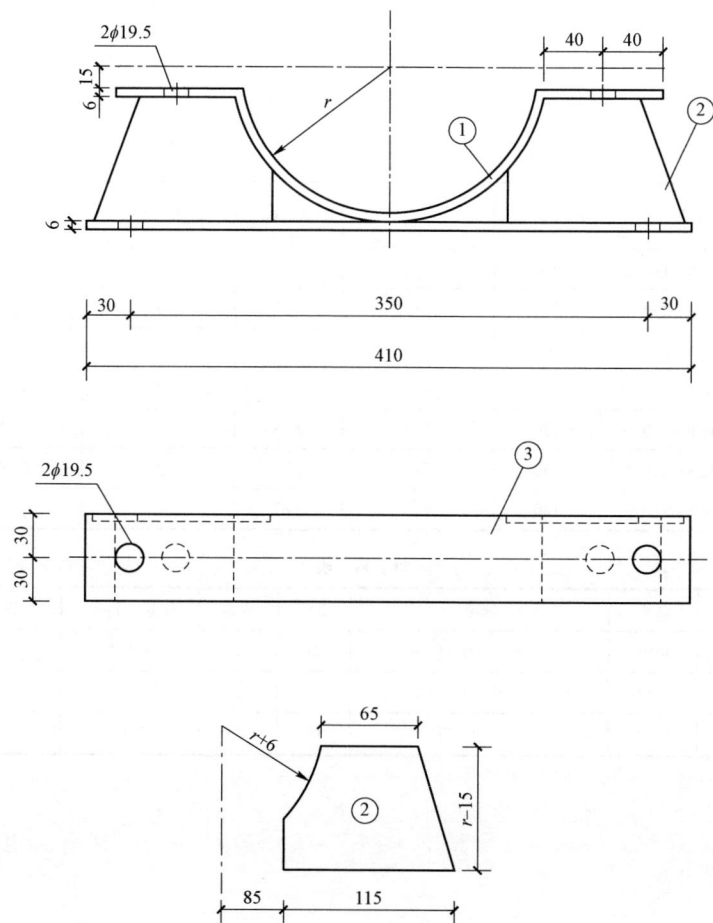

选型表

型号	r（mm）	下料长度（mm）	质量（kg）	数量（块）	总重（kg）
HBG6-160	80	390	1.10	1	3.06
HBG6-190	95	438	1.24	1	3.16
HBG6-200	100	457	1.29	1	3.25
HBG6-210	105	470	1.33	1	3.34
HBG6-220	110	484	1.37	1	3.42
HBG6-240	120	514	1.45	1	3.60
HBG6-260	130	545	1.54	1	3.78
HBG6-280	140	576	1.63	1	3.97
HBG6-300	150	608	1.72	1	4.15
HBG6-320	160	638	1.81	1	4.34
HBG6-340	170	670	1.90	1	4.52
HBG6-360	180	701	1.98	1	4.69
HBG6-380	190	733	2.07	1	4.88
HBG6-400	200	764	2.16	1	5.06
HBG6-420	210	796	2.25	1	5.25

材料表

编号	名称	规格	单位	数量	质量（kg）	备注
①	扁钢	$-6 \times 60 \times L$	块	1	见上表	
②	加劲板	$-5 \times 120 \times (r-15)$	块	2		
③	扁钢	$-6 \times 60 \times 410$	块	1	1.16	

图 18-49 HBG6 半圆横担抱箍加工图

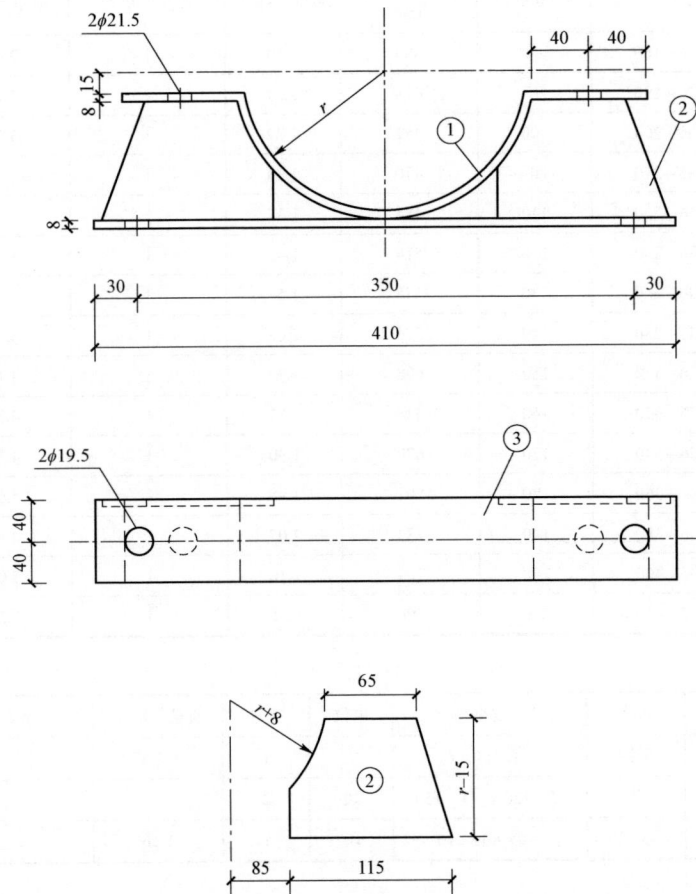

选 型 表

型号	r（mm）	下料长度（mm）	质量（kg）	数量（块）	总重（kg）
HBG8-190	95	441	2.22	1	5.04
HBG8-200	100	457	2.29	1	5.15
HBG8-210	105	470	2.36	1	5.27
HBG8-220	110	484	2.43	1	5.39
HBG8-240	120	514	2.58	1	5.63
HBG8-260	130	545	2.74	1	5.88
HBG8-280	140	576	2.89	1	6.13

材 料 表

编号	名称	规格	单位	数量	质量（kg）	备注
①	扁钢	$-8 \times 80 \times L$	块	1	见上表	
②	加劲板	$-5 \times 120 \times (r-15)$	块	2		
③	扁钢	$-8 \times 80 \times 410$	块	1	2.06	

图 18-50 HBG8 半圆横担抱箍加工图

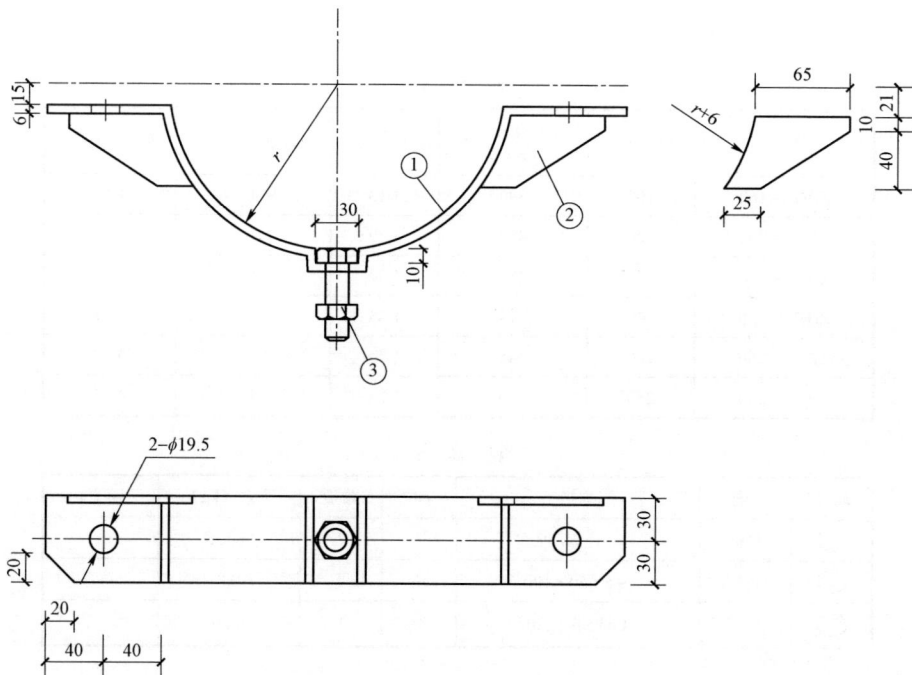

选 型 表

型号	r（mm）	下料长度（mm）	质量（kg）	数量（块）	总重（kg）
LBG6－200	100	457	1.29	1	1.82
LBG6－220	110	484	1.37	1	1.90
LBG6－240	120	514	1.45	1	1.98
LBG6－280	140	576	1.63	1	2.16
LBG6－340	170	670	1.90	1	2.43
LBG6－360	180	701	1.98	1	2.51

材 料 表

编号	名称	规格	单位	数量	质量（kg）	备注
①	扁钢	$-6\times60\times L$	块	1	见上表	
②	加劲板	$-5\times50\times100$	块	2	0.4	
③	螺栓	M16×65	只	1	0.13	

图 18－51　LBG6 半圆螺杆抱箍加工图

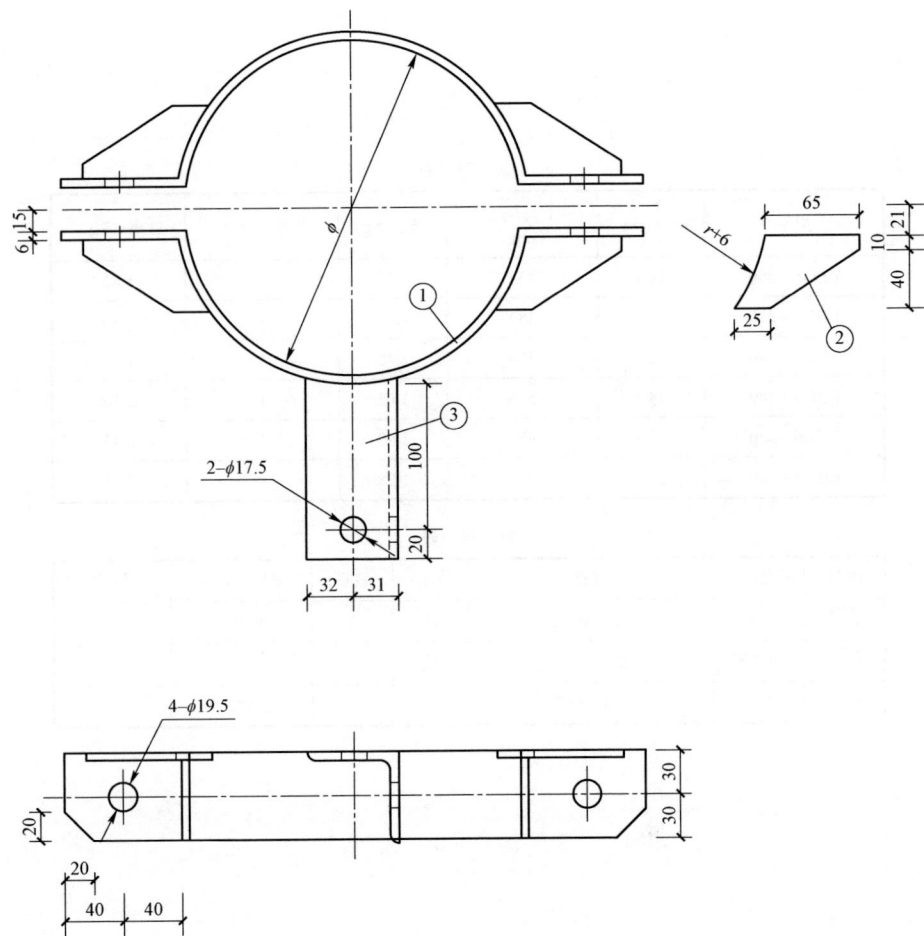

选 型 表

型号	φ（mm）	下料长度（mm）	质量（kg）	数量（副）	总重（kg）
ZBG6－160	160	390	1.10	1	3.69
ZBG6－200	200	457	1.29	1	4.07
ZBG6－220	220	484	1.37	1	4.23
ZBG6－240	240	514	1.45	1	4.39
ZBG6－260	260	545	1.54	1	4.57
ZBG6－280	280	576	1.63	1	4.75

材 料 表

编号	名称	规格	单位	数量	质量（kg）	备注
①	扁钢	$-6 \times 60 \times L$	块	2	见上表	
②	加劲板	$-5 \times 50 \times 100$	块	4	0.8	
③	角钢	$L63 \times 6 \times 120$	块	1	0.69	

图 18-52　ZBG6 支持抱箍加工图

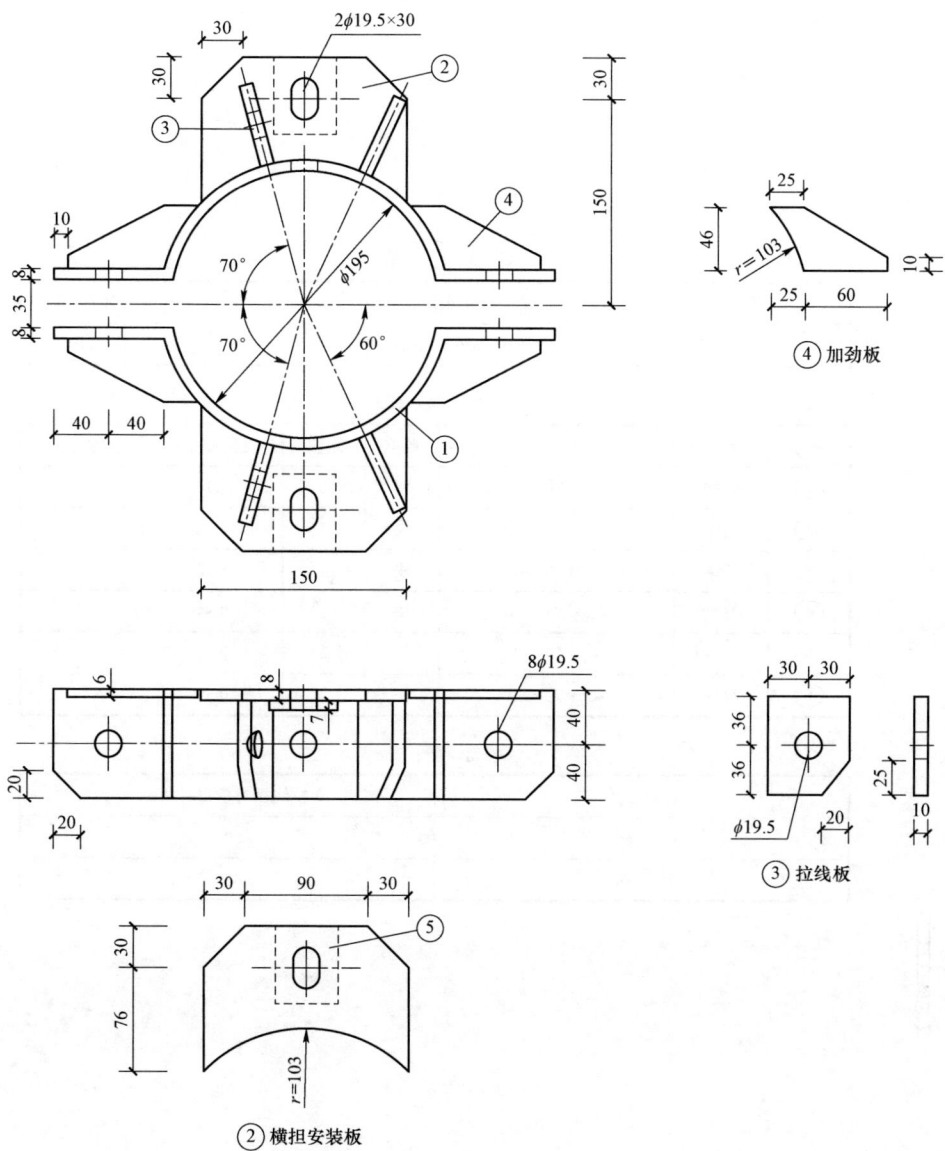

选型表

型号	适用范围	数量（副）	质量（kg）
TBG8-195A	双杆转角α≤30°	1	9.71

材料表

编号	名称	规格	单位	数量	质量（kg）	备注
①	扁钢	−8×80×432	块	2	4.34	
②	扁钢	−8×150×106	块	2	1.78	
③	扁钢	−10×80×60	块	4	1.52	
④	加劲板	−6×100×46	块	4	1.68	
⑤	扁钢	−7×70×50	块	2	0.39	

④ 加劲板

③ 拉线板

② 横担安装板

图 18−53　TBG8−195A 托担抱箍加工图

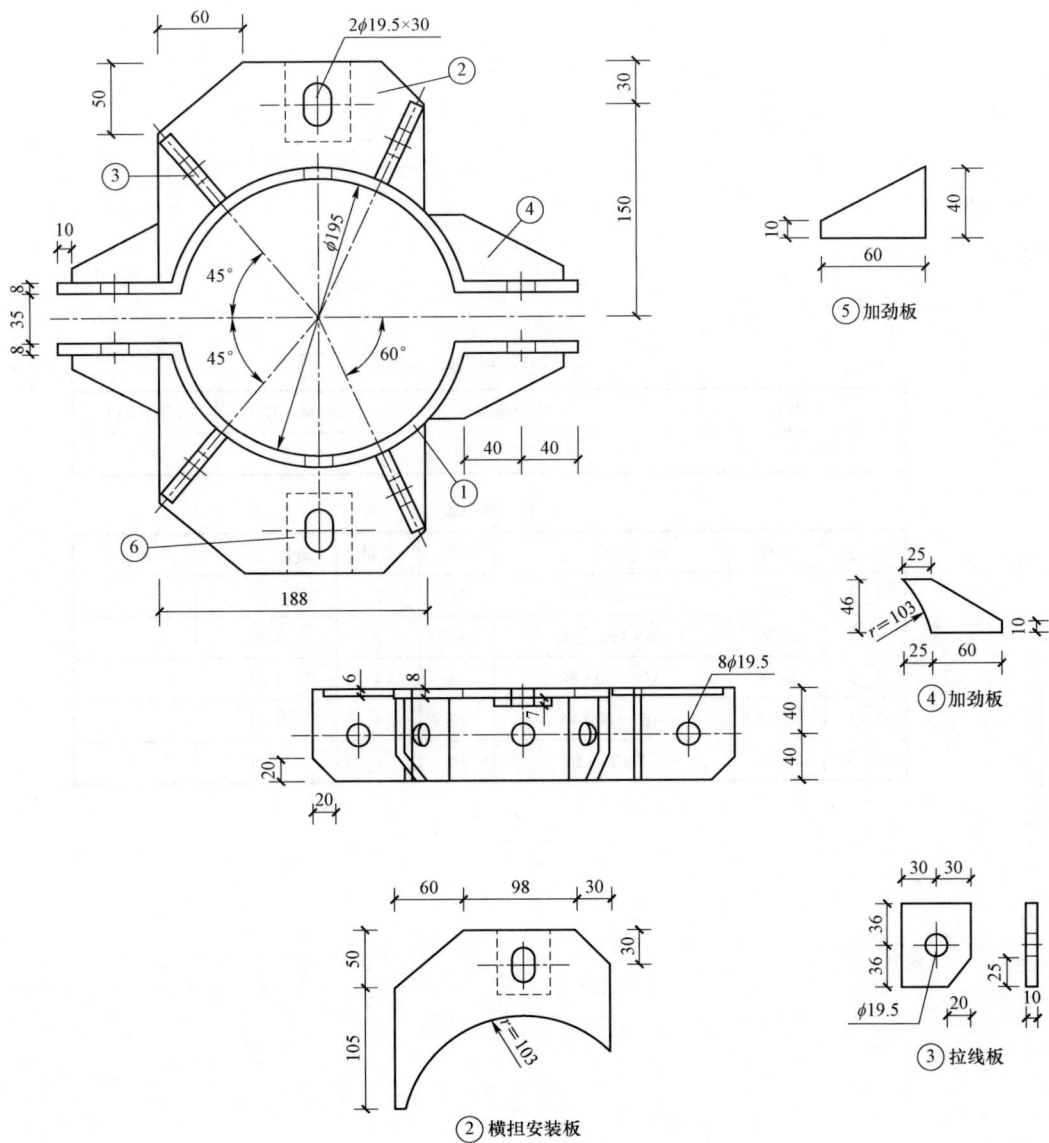

选型表

型号	适用范围	数量（副）	质量（kg）
TBG8－195B	双杆转角 30°＜α≤90°	1	10.59

材料表

编号	名称	规格	单位	数量	质量（kg）	备注
①	扁钢	－8×80×432	块	2	4.34	
②	扁钢	－8×155×188	块	2	2.78	
③	扁钢	－10×72×60	块	4	1.52	
④	加劲板	－6×100×46	块	2	0.84	
⑤	加劲板	－6×60×50	块	2	0.72	
⑥	扁钢	－7×70×50	块	2	0.39	

选型表

转角度数	拉线板对横担夹角α
30°～60°	60°
60°～90°	45°

图 18－54　TBG8－195B 托担抱箍加工图

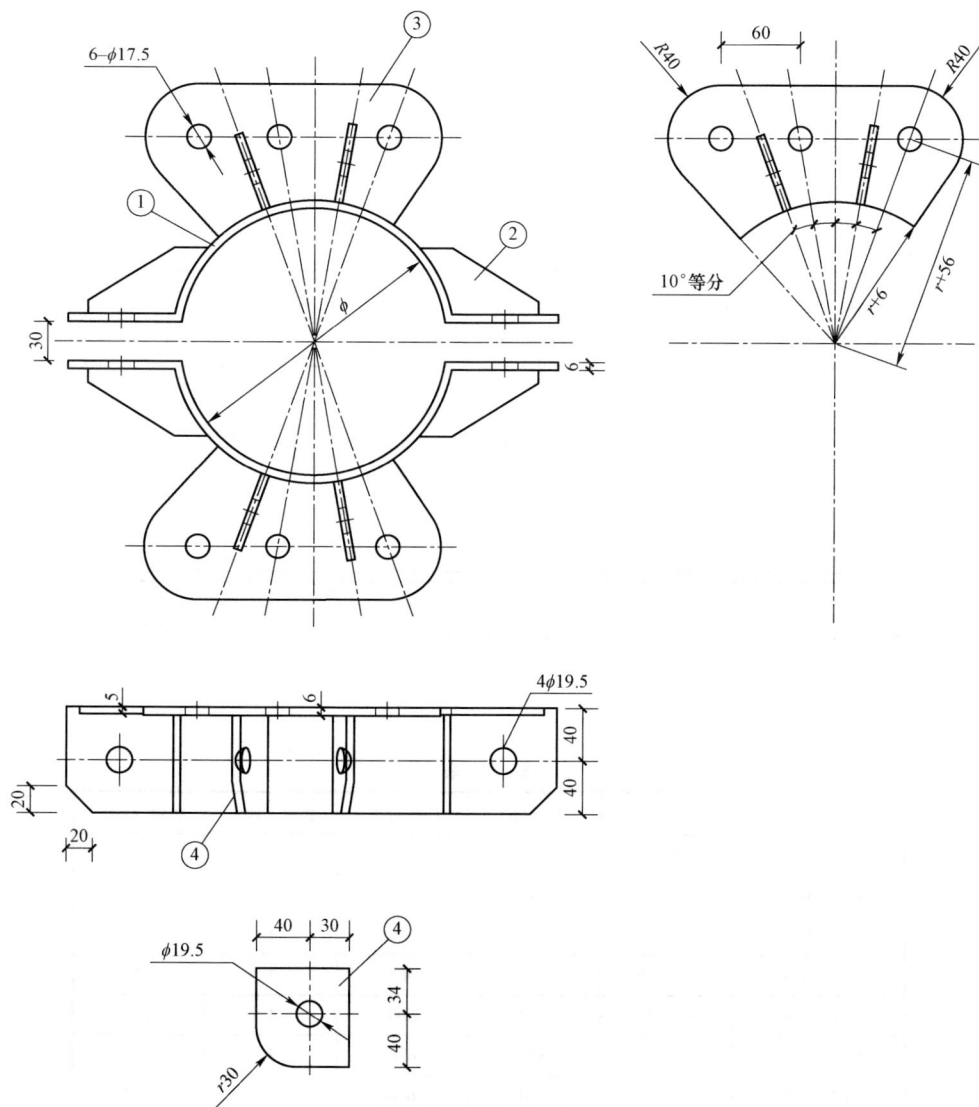

選型表

型号	ϕ（mm）	下料长度（mm）	质量（kg）	数量（副）	总重（kg）
BG6－200Z	200	457	1.73	1	8.16
BG6－210Z	210	470	1.77	1	8.24

材料表

编号	名称	规格	单位	数量	质量（kg）	备注
①	扁钢	$-80 \times 6 \times L$	块	2	见上表	
②	加劲板	$-5 \times 50 \times 100$	块	4	0.8	
③	扁钢	$-6 \times 120 \times 230$	块	2	2.6	
④	扁钢	$-8 \times 70 \times 74$	块	4	1.30	

焊接时r30位置朝外，朝下。

图 18－55 BG6Z 转角拉线抱箍加工图

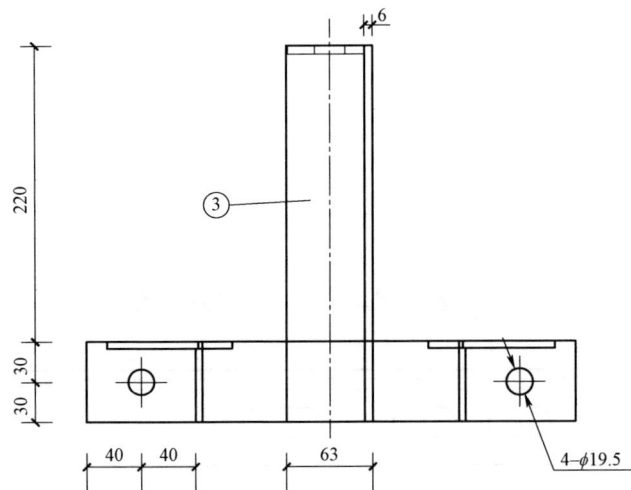

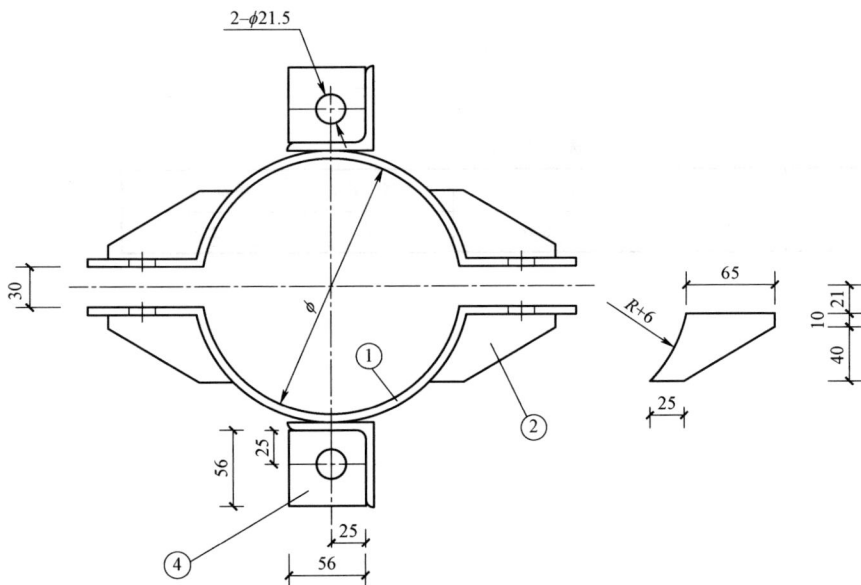

选型表

型号	φ（mm）	下料长度（mm）	质量（kg）	数量（副）	总重（kg）
SDM6-190	190	444	1.26	1	6.82
SDM6-230	230	504	1.43	1	7.16

材料表

编号	名称	规格	单位	数量	质量（kg）	备注
①	扁钢	−6×60×L	块	2	见上表	
②	加劲板	−5×50×100	块	4	0.8	
③	角钢	L63×6×280	块	2	3.20	
④	扁钢	−56×6×56	块	2	0.3	

图 18-64　SDM6 双杆顶瓷瓶架加工图

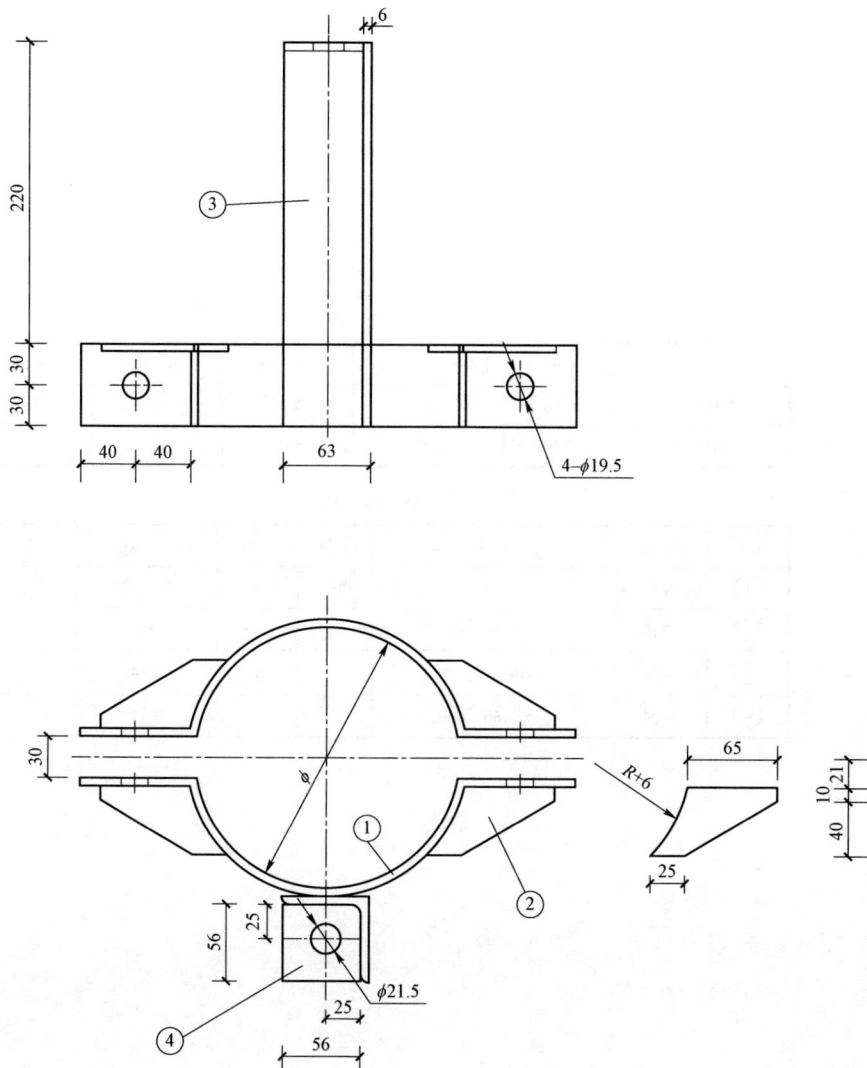

选 型 表

型号	φ（mm）	下料长度（mm）	质量（kg）	数量（副）	总重（kg）
DDM6－190	190	444	2.52	1	5.07

材 料 表

编号	名称	规格	单位	数量	质量（kg）	备注
①	扁钢	－6×60×L	块	2	见上表	
②	加劲板	－5×50×100	块	4	0.8	
③	角钢	L63×6×280	块	2	1.60	
④	扁钢	－56×6×56	块	2	0.15	

图 18－65　DDM6 单杆顶瓷瓶架加工图

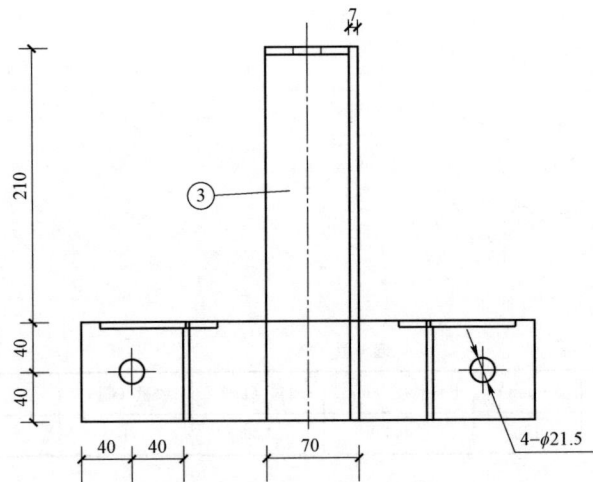

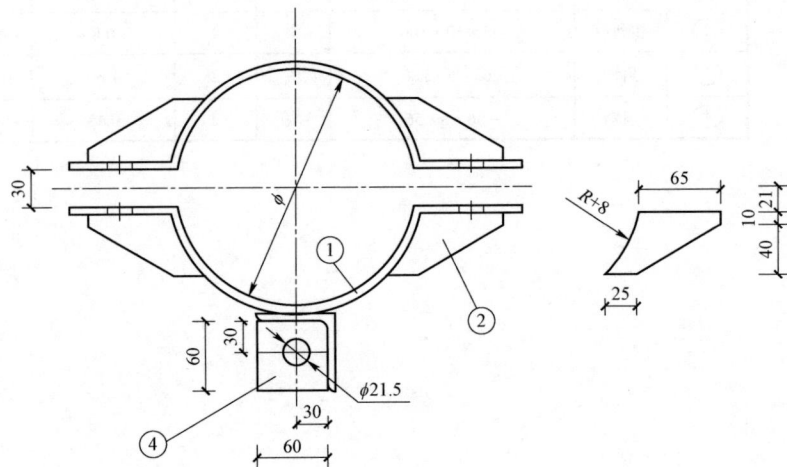

选 型 表

型号	ϕ（mm）	下料长度（mm）	质量（kg）	数量（副）	总重（kg）
DDM8-190	190	444	4.46	1	7.57
DDM8-230	230	507	5.09	1	8.2

材 料 表

编号	名称	规格	单位	数量	质量（kg）	备注
①	扁钢	$-8\times80\times L$	块	2	见上表	
②	加劲板	$-5\times50\times100$	块	4	0.8	
③	角钢	$L70\times7\times290$	块	1	2.14	
④	扁钢	$-6\times60\times60$	块	1	0.17	

图 18-66　DDM8 单杆顶瓷瓶架加工图

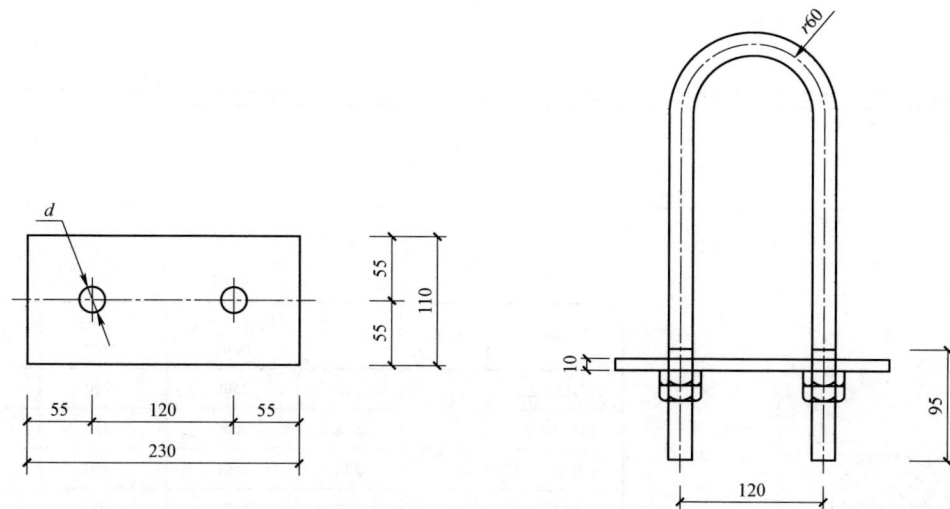

选 型 表

型号	d（mm）	圆钢		钢板			螺母			数量（副）	合计质量（kg）
		规格	质量（kg）	规格	数量	质量（kg）	规格	数量	质量（kg）		
LPU-20	21.5	$\phi20\times779$	1.92	$-10\times110\times230$	1	2.1	M20	4	0.25	1	4.27
LPU-22	23.5	$\phi21.5\times779$	2.32	$-10\times110\times230$	1	2.1	M22	4	0.3	1	4.72
LPU-25	26.5	$\phi25\times779$	2.88	$-10\times110\times230$	1	2.1	M24	4	0.45	1	5.43
LPU-28	29.5	$\phi28\times779$	3.77	$-10\times110\times230$	1	2.1	M27	4	0.67	1	6.54

图 18-67　LPU 拉线盘拉环加工图

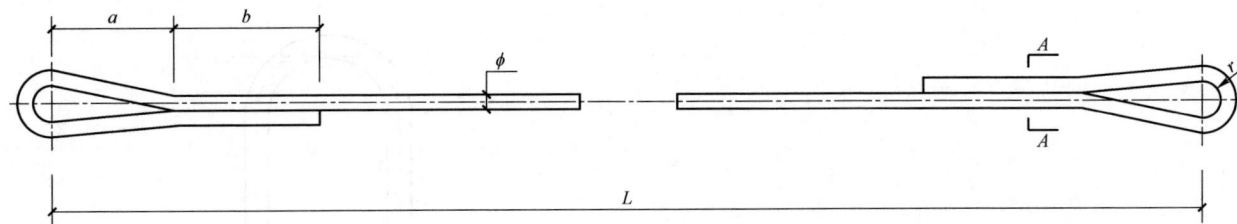

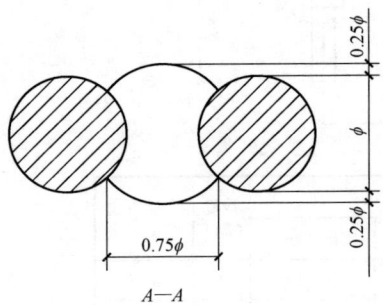

选 型 表

型号	名称	规格	构件长度 L（mm）	下料长度（mm）	数量（根）	质量（kg）
LB16-2.5		φ16	2500	2910	1	4.6
LB18-3.0		φ18	3000	3450	1	6.9
LB20-3.5	拉线棒	φ20	3500	3990	1	9.9
LB22-4.0		φ22	4000	4600	1	13.8
LB20-3.0		φ20	3000	3490	1	8.66

尺 寸 表

加工尺寸 \ 直径	φ16	φ18	φ20	φ22
a（mm）	65	75	80	90
b（mm）	90	100	110	130
r（mm）	17	17	20	20

图 18-68　LB 拉线棒加工图

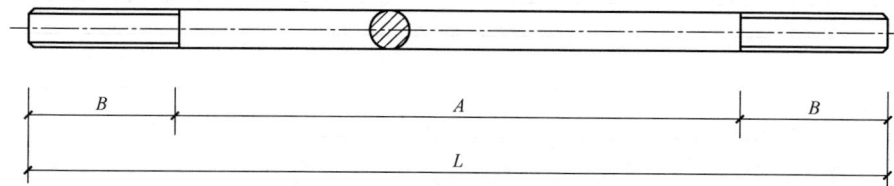

选 型 表

型号	规格	A（mm）	B（mm）	L（mm）	数量（根）	质量（kg）
M16×85	φ16	25	30	85	1	0.14
M18×90	φ18	30	30	90	1	0.18
M16×200	φ16	80	60	200	1	0.31
M16×300	φ16	180	60	300	1	0.47
M16×350	φ16	230	60	350	1	0.55
M16×400	φ16	280	60	400	1	0.64
M18×300	φ18	180	60	300	1	0.60
M18×350	φ18	230	60	350	1	0.70
M18×400	φ18	280	60	400	1	0.80
M20×350	φ20	230	60	350	1	0.87
M20×400	φ20	280	60	400	1	1.00

图 18－69　D×LG 双头螺杆加工图

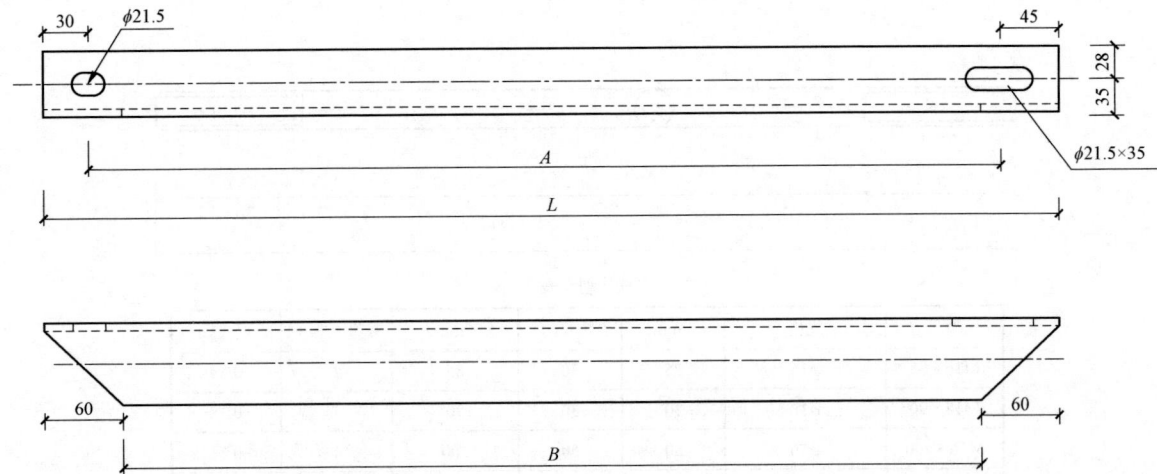

选 型 表

型号	名称	规格	落料长度（mm）	加工尺寸（mm）			单位	数量	质量（kg）			适用范围
				A	B	L			一件	小计	合计	
XC−1	角钢	L63×6	575	510	465	585	副	1	3.34		6.68	HD3000
XC−2	角钢	L63×6	605	540	495	615	副	1	3.51		7.02	HD3000
XC−3	角钢	L63×6	745	685	640	760	副	1	4.34		8.68	HD1900，HD2300
XC−4	角钢	L63×6	775	715	670	790	副	1	4.51		9.02	HD1900，HD2300

说明：要求对称加工。

图 18−70　XC 斜撑加工图

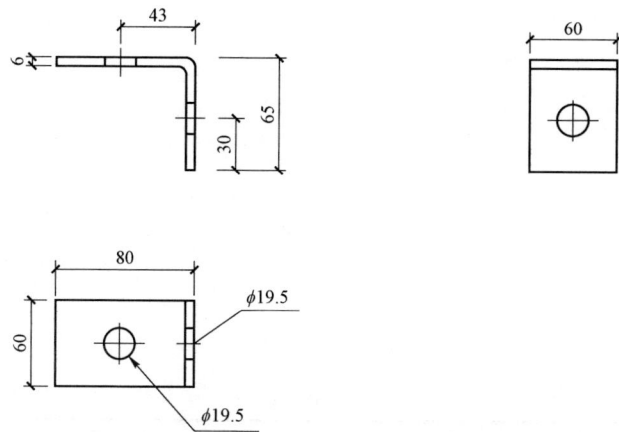

选 型 表

型号	名称	规格	落料长度（mm）	单位	数量	质量（kg）			适用范围
						一件	小计	合计	
QZ-90	扁钢	-6×60	145	块	1	0.41	0.41	0.41	

图 18-71　QZ-90 绝缘子支座加工图

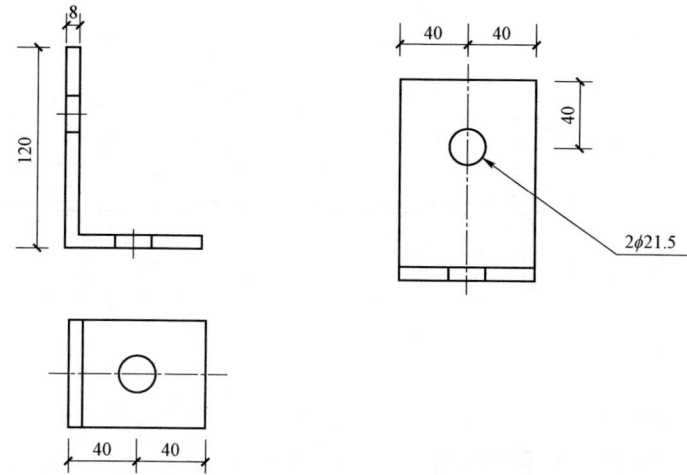

选 型 表

型号	名称	规格	落料长度（mm）	单位	数量	质量（kg）		
						一件	小计	合计
QZ-120	扁钢	-8×80	200	块	1	1.66	1.66	1.66

图 18-72　QZ-120 绝缘子支座加工图

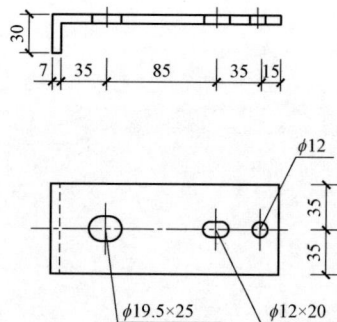

选 型 表

型号	适用范围	数量（副）	质量（kg）
RJ7-170	熔丝具安装架	1	0.72

材 料 表

序号	名称	规格	单位	数量	质量（kg）	备注
1	扁钢	-7×70×200	块	1	0.72	

图 18-73　RJ7-170 熔丝具安装架加工图

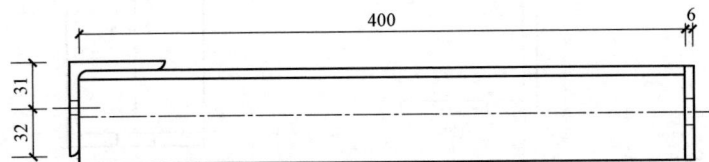

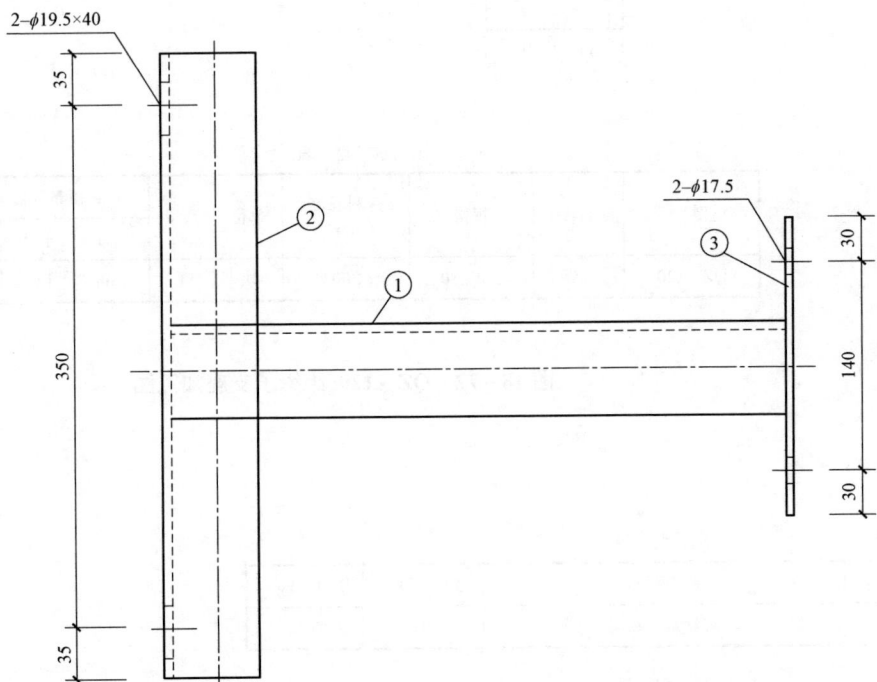

选型表

型号	适用范围	数量（副）	质量（kg）
DLJ6－400A	杆上电缆头安装架	1	5.26

材料表

编号	名称	规格	单位	数量	质量（kg）	备注
①	角钢	L63×6×400	块	1	2.29	
②	角钢	L63×6×420	块	1	2.40	
③	扁钢	−6×60×200	块	1	0.57	

图 18−74　DLJ6−400A 杆上电缆头安装架加工图

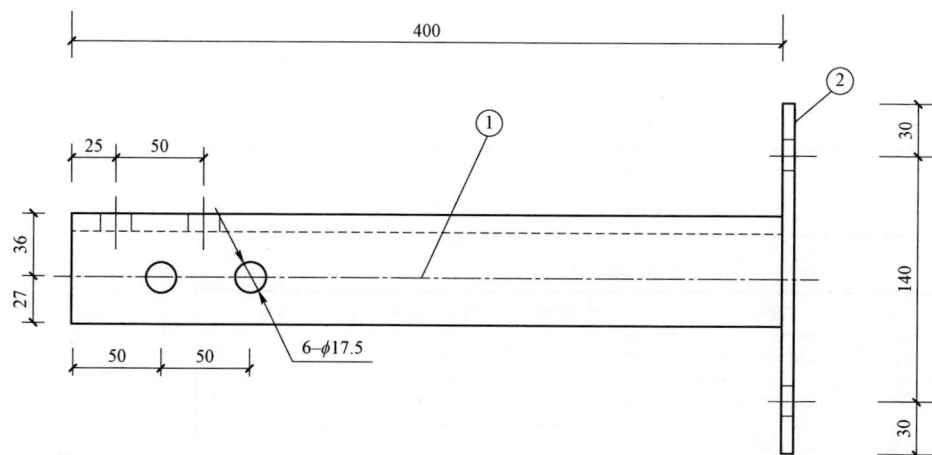

选型表

型号	适用范围	数量（副）	质量（kg）
DLJ6-400B	塔上电缆头安装架	1	2.86

材料表

编号	名称	规格	单位	数量	质量（kg）	备注
①	角钢	L63×6×400	块	1	2.29	
②	扁钢	−6×60×200	块	1	0.57	

图 18-75　DLJ6-400B 塔上电缆头安装架加工图

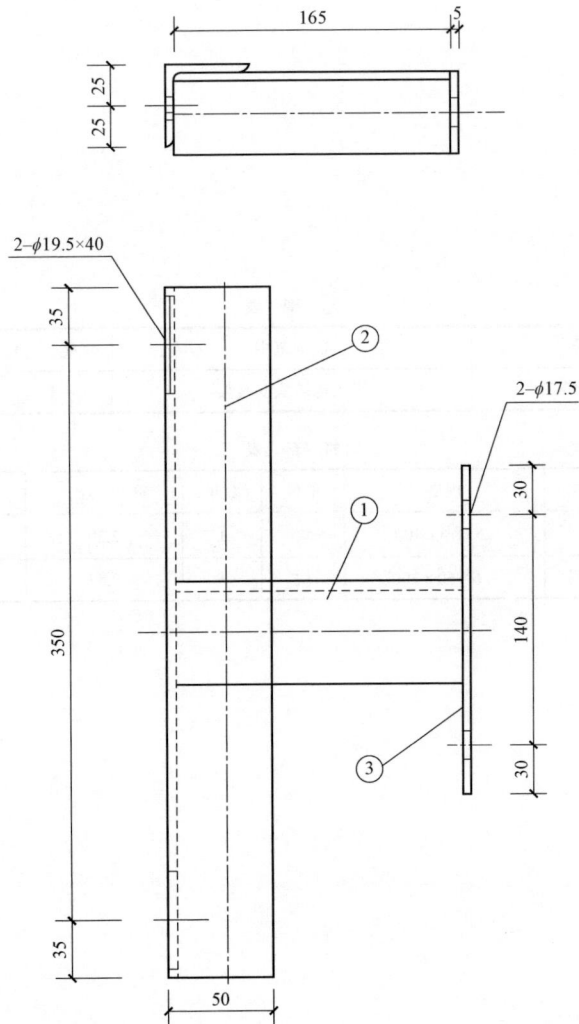

选 型 表

型号	适用范围	数量（副）	质量（kg）
DLJ5－165	杆上电缆固定架	1	2.60

材 料 表

编号	名称	规格	单位	数量	质量（kg）	备注
①	角钢	L50×5×165	块	1	0.62	
②	角钢	L50×5×420	块	1	1.58	
③	扁钢	−5×50×200	块	1	0.40	

图 18－76　DLJ5－165 杆上电缆固定架加工图

国网西藏电力有限公司配电网工程通用设计　架空线路分册（2024 年版）

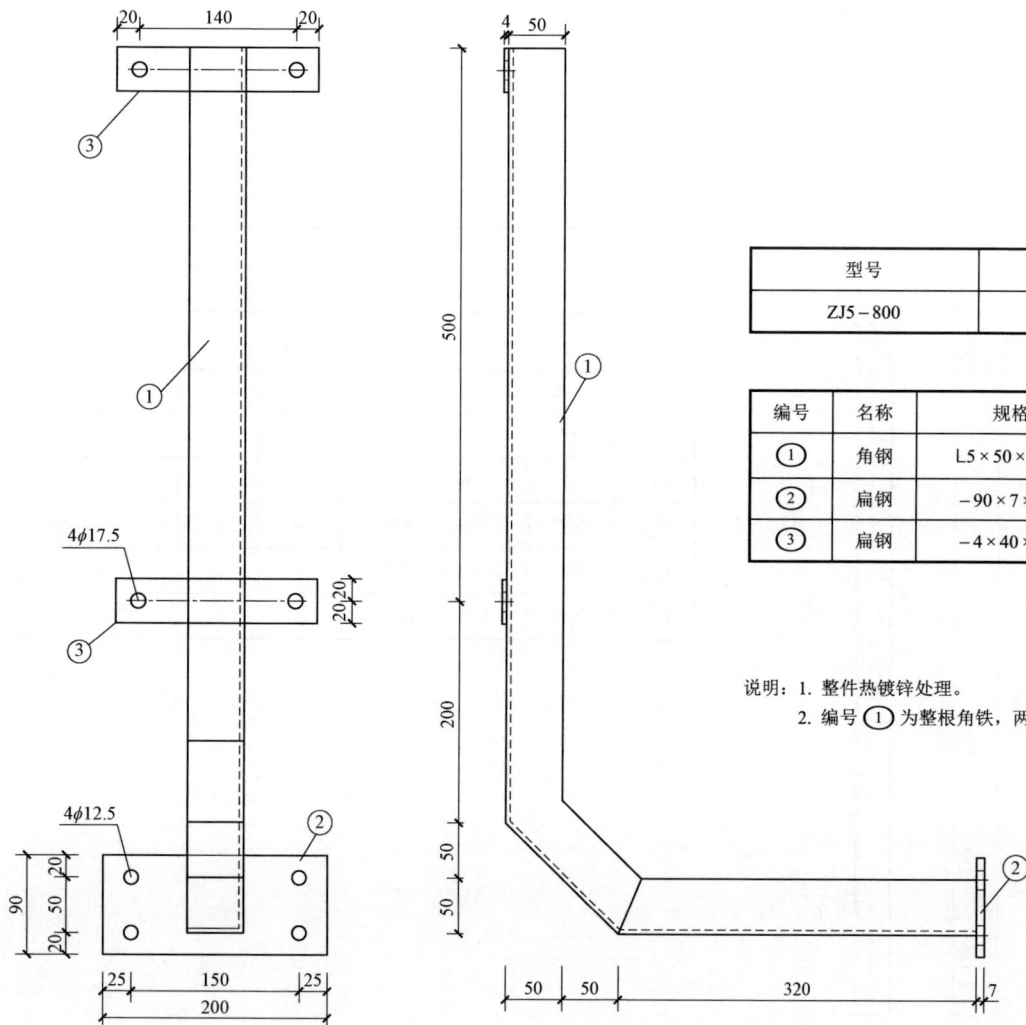

选 型 表

型号	适用范围	数量（副）	质量（kg）
ZJ5－800	配电变压器低压出线	1	5.68

材 料 表

编号	名称	规格	单位	数量	质量（kg）	备注
①	角钢	L5×50×1170	块	1	4.23	
②	扁钢	−90×7×200	块	1	0.99	
③	扁钢	−4×40×180	块	2	0.46	

说明：1. 整件热镀锌处理。

2. 编号 ① 为整根角铁，两处折弯处电焊。

图 18－77　ZJ5－800 低压电缆出线支架加工图

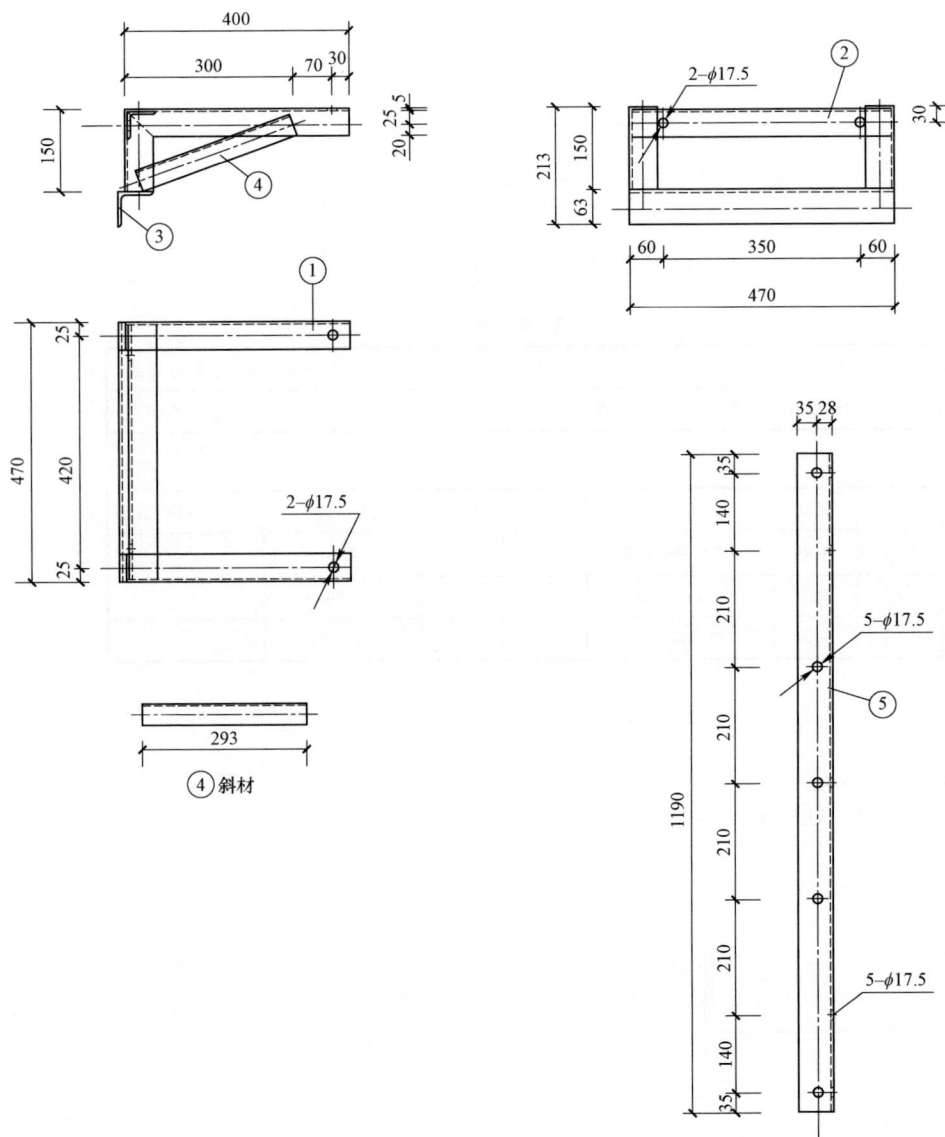

选 型 表

型号	适用范围	数量（副）	质量（kg）
DRJ5-400	杆上电缆固定架	1	16.8

材 料 表

编号	名称	规格	单位	数量	质量（kg）	备注
①	角钢	L50×5×550	块	2	4.15	
②	角钢	L50×5×460	块	1	1.73	
③	角钢	L63×6×470	块	1	2.69	
④	角钢	L40×4×293	块	2	1.42	
⑤	角钢	L63×6×1190	块	1	6.81	

图 18-78　DRJ5-400 单侧安装支架加工图

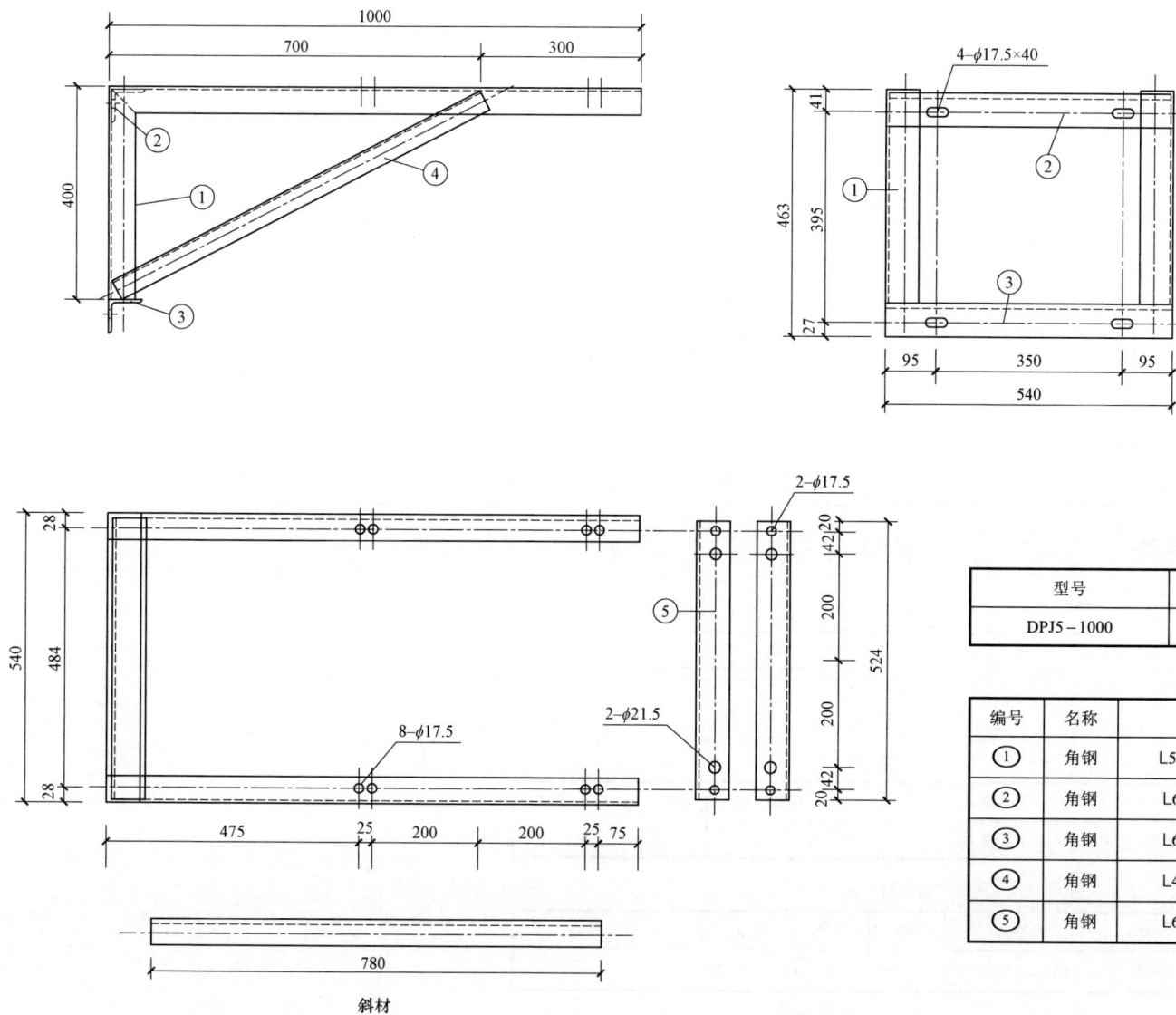

选 型 表

型号	适用范围	数量（副）	质量（kg）
DPJ5－1000	单杆配电变压器台架	1	26.46

材 料 表

编号	名称	规格	单位	数量	质量（kg）	备注
①	角钢	L50×5×1400	块	2	10.56	
②	角钢	L63×6×530	块	1	3.03	
③	角钢	L63×6×540	块	1	3.09	
④	角钢	L40×4×780	块	2	3.78	
⑤	角钢	L63×6×524	块	2	6.00	

图 18－79　DPJ5－1000 单杆变压器安装架加工图

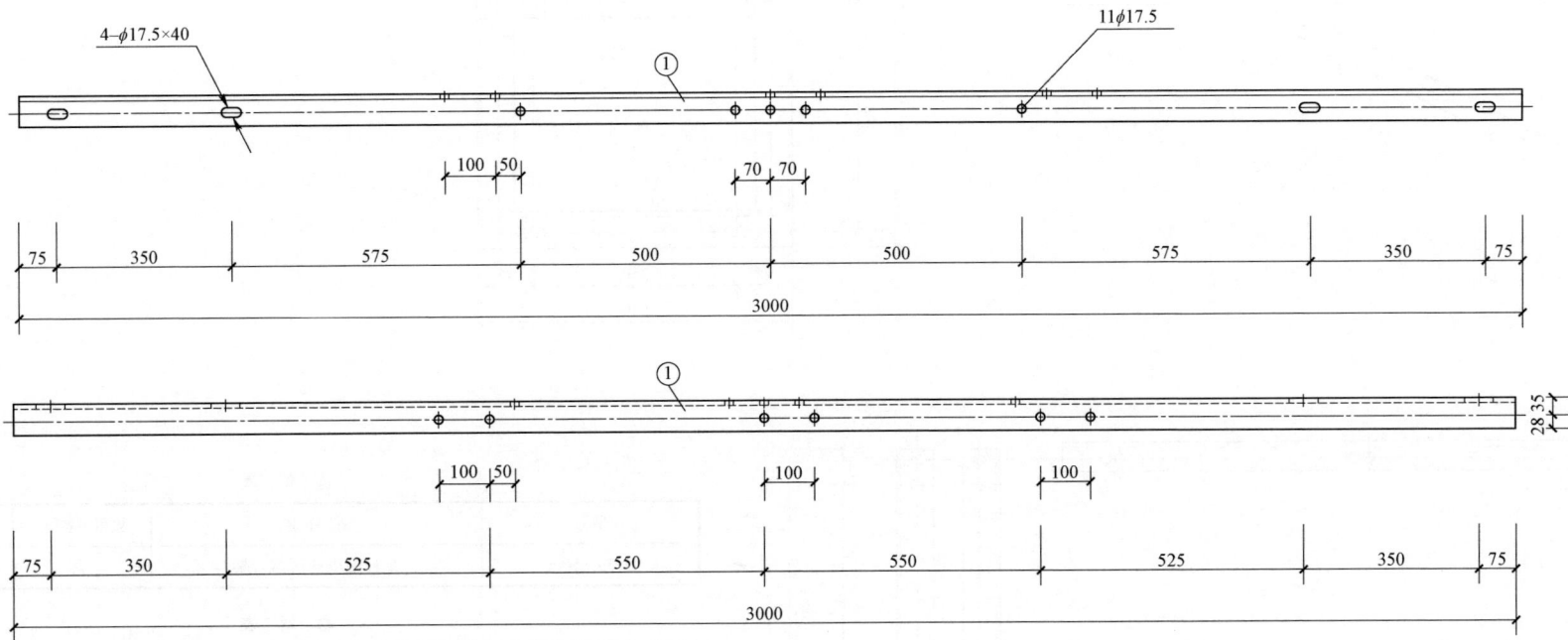

11φ17.5

①

100 | 50 | 70 | 70

75 | 350 | 575 | 500 | 500 | 575 | 350 | 75

3000

①

28 35

100 | 50 | 100 | 100

75 | 350 | 525 | 550 | 550 | 525 | 350 | 75

3000

选 型 表

型号	名称	单位	数量（kg）	质量（kg）	备注
SZJ6−3000	双杆支架	块	1	17.16	

材 料 表

编号	名称	规格	单位	数量	质量（kg）	备注
①	角钢	L63×6×3000	块	1	17.16	

图 18−80　SZJ6−3000 变压器双杆支持架加工图

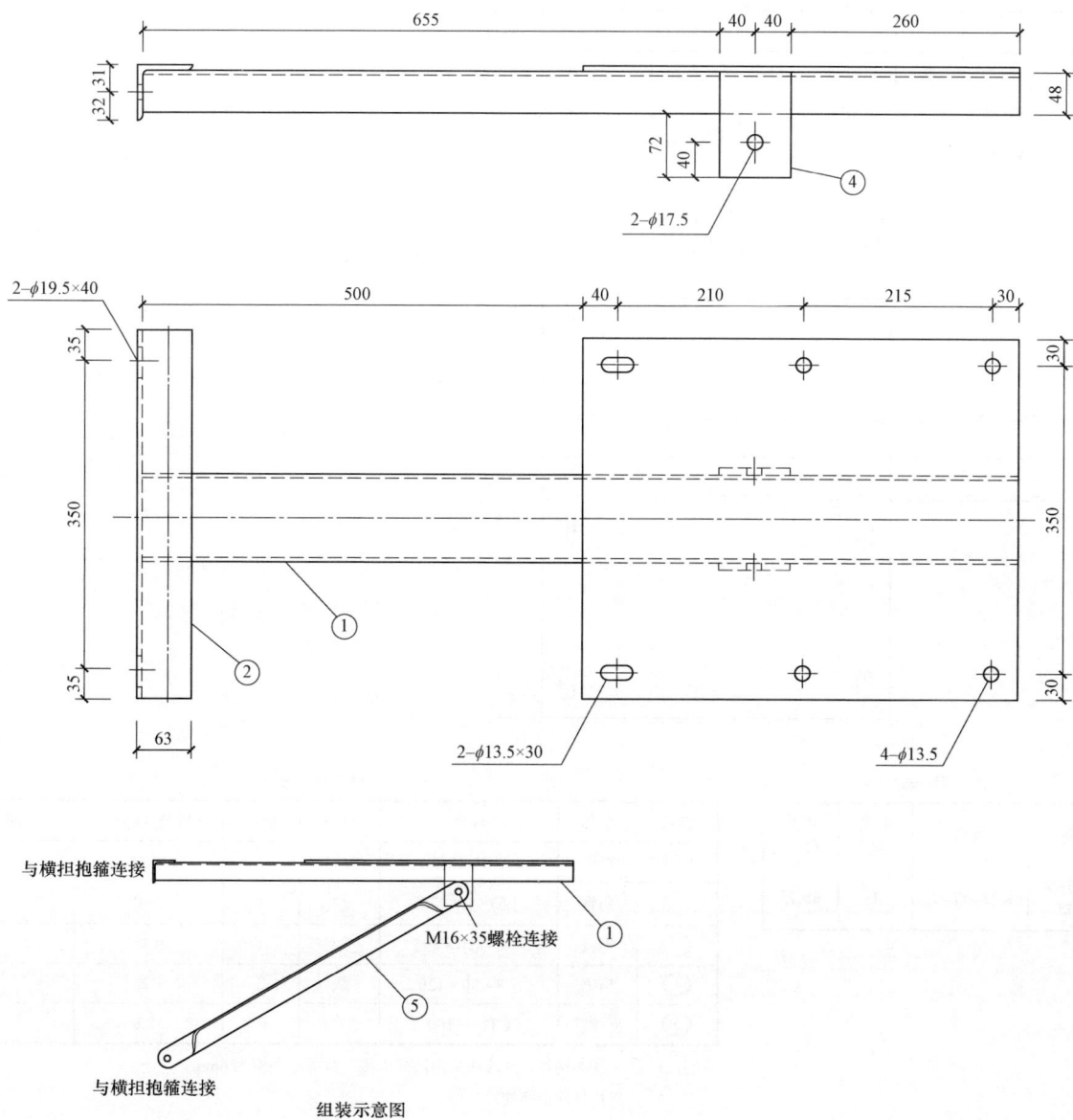

与横担抱箍连接

M16×35螺栓连接

与横担抱箍连接

组装示意图

2−φ17.5

2−φ19.5×40

2−φ13.5×30

4−φ13.5

选 型 表

名称	型号	数量（副）	质量（kg）
柱上开关支架	KZJ−G−C	1	35.75

材 料 表

编号	名称	规格	单位	数量	质量（kg）	备注
①	槽钢	[10×995	块	1	9.96	
②	角钢	L63×6×420	块	1	2.40	
③	钢板	−6×410×495	块	1	9.57	
④	扁钢	−8×80×120	块	2	1.22	
⑤	支撑铁	CT6−1100	块	2	12.6	

说明：1. ①②③④构件之间连接采用四面焊接，且焊缝高度为6mm。

2. 所有构件均须热镀锌防腐。

3. 所有构件材料材质均为Q355。

图 18−81 KZJ−G−C柱上开关支架加工图

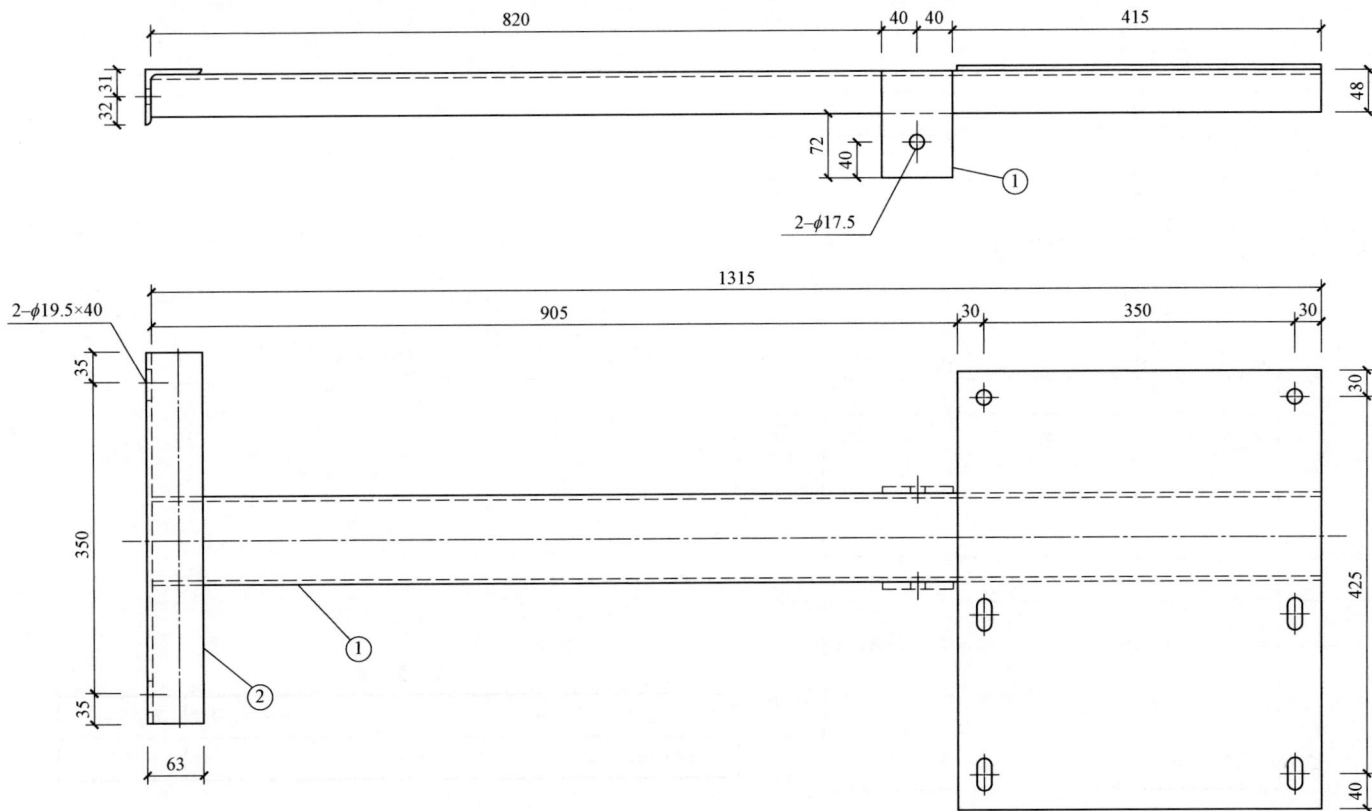

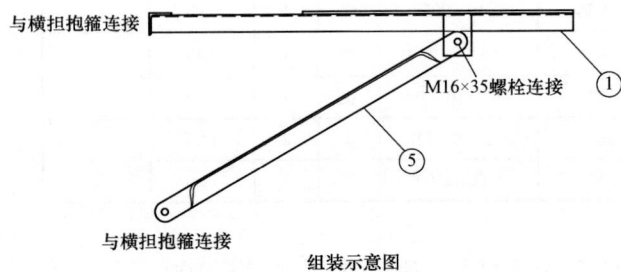

尺寸标注：
820　40　40　415
32.31　48
72　40
2-φ17.5
①

1315
2-φ19.5×40
905　30　350　30
35
350
425
35　30
63　40
①
②

与横担抱箍连接
M16×35螺栓连接　①
与横担抱箍连接　⑤
组装示意图

选 型 表

名称	型号	数量（副）	质量（kg）
柱上开关支架	KZJ－G－Z	1	38.95

材 料 表

编号	名称	规格	单位	数量	质量（kg）	备注
①	槽钢	［10×1315	块	1	13.16	
②	角钢	L63×6×420	块	1	2.40	
③	钢板	−6×410×495	块	1	9.57	
④	扁钢	−8×80×120	块	2	1.22	
⑤	支撑铁	CT6－1100	块	2	12.6	

说明：1. ①②③④构件之间连接采用四面焊接，且焊缝高度为6mm。

　　　2. 所有构件均须热镀锌防腐。

　　　3. 所有构件材料材质均为Q355。

图 18－82　KZJ－G－Z 柱上开关支架加工图

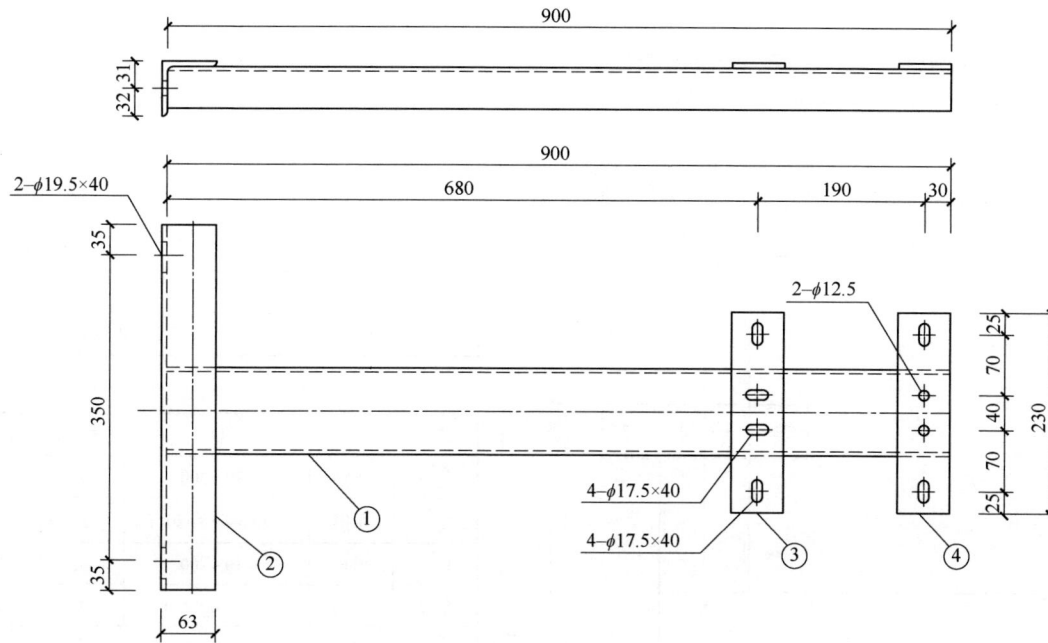

选 型 表

名称	型号	数量（副）	质量（kg）
柱上单PT支架	DPTZJ－900	1	12.7

材 料 表

编号	名称	规格	单位	数量	质量（kg）	备注
①	槽钢	[10×900	块	1	9.00	
②	角钢	L63×6×420	块	1	2.40	
③	扁钢	−6×60×230	块	1	0.65	
④	扁钢	−6×80×230	块	1	0.65	

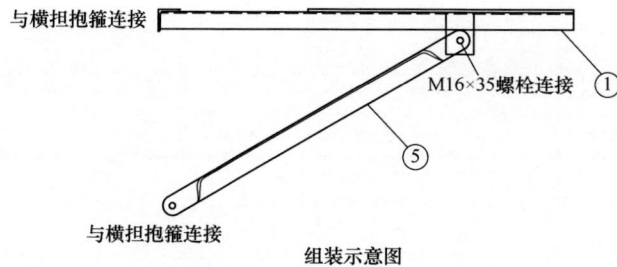

说明：1. ①②③④构件之间连接采用四面焊接，且焊缝高度为6mm。

2. 所有构件均须热镀锌防腐。

3. 所有构件材料材质均为Q355。

图 18－83　DPTZJ－900柱上单PT支架加工图

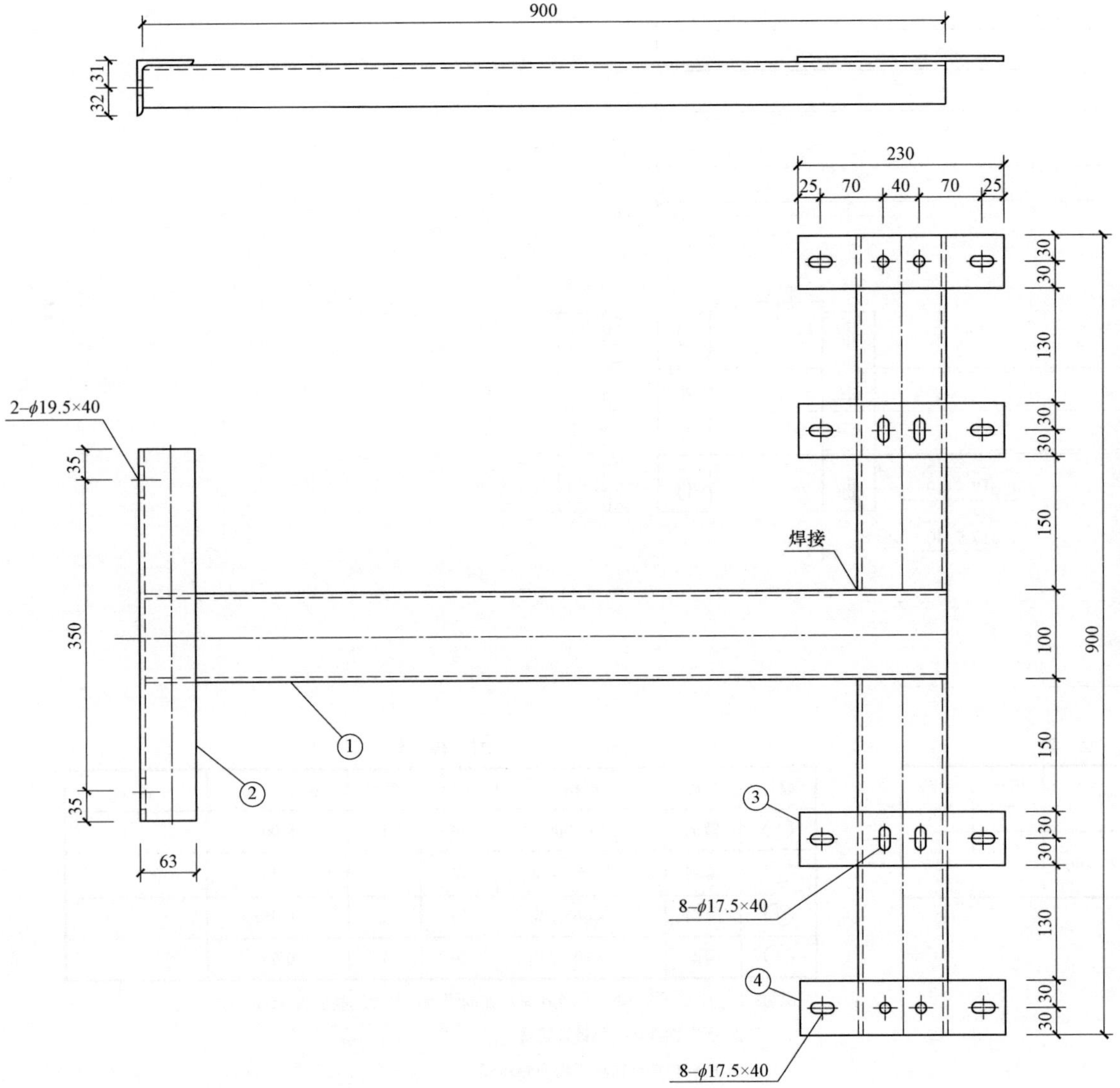

900

32,31

230

25 | 70 | 40 | 70 | 25

30 30

130

30 30

150

100

900

150

2-φ19.5×40

35

350

35

63

焊接

①

②

③

8-φ17.5×40

④

8-φ17.5×40

30 30

130

30 30

选 型 表

名称	型号	数量（副）	质量（kg）
柱上双 PT 支架	SPTZJ-900	1	12.7

材 料 表

编号	名称	规格	单位	数量	质量（kg）	备注
①	槽钢	[10×900	块	1	9.00	
②	角钢	L63×6×420	块	1	2.40	
③	槽钢	[10×400	块	2	8.00	
④	扁钢	−6×60×230	块	2	1.30	
⑤	扁钢	−6×60×230	块	2	1.30	

说明：1. ①②③④构件之间连接采用四面焊接，且焊缝高度为6mm。

2. 所有构件均须热镀锌防腐。

3. 所有构件材料材质均为Q355。

图 18-84　SPTZJ-900 柱上双 PT 支架加工图

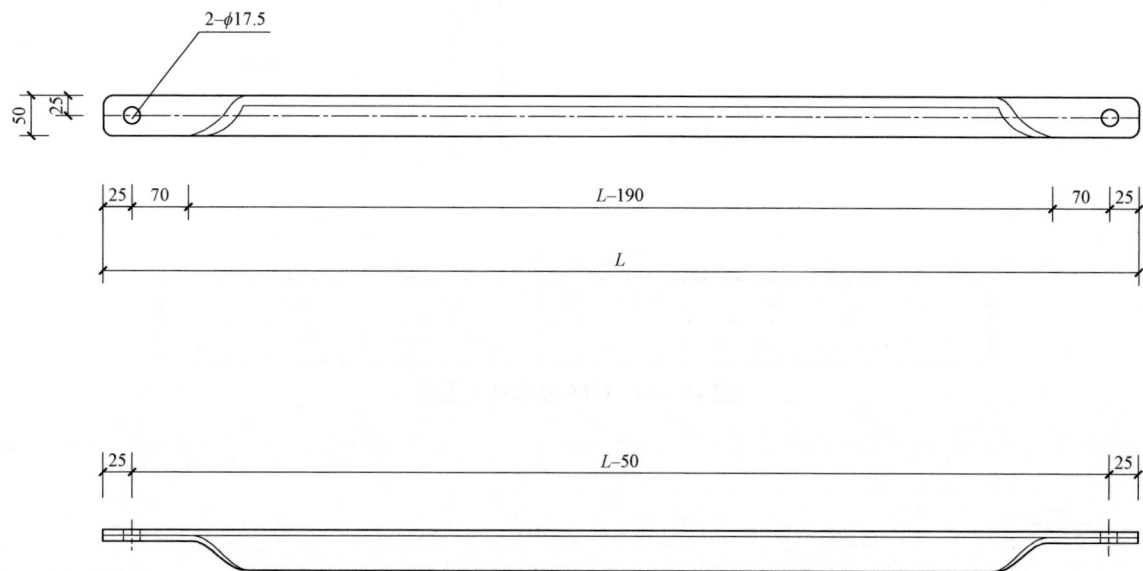

图 18-85　CT5 支撑铁加工图

选 型 表

名称	规格	单位	数量	质量（kg）	备注
CT5-600	L50×5×600	块	1	2.36	HD-1500、1900
CT5-800	L50×5×800	块	1	3.02	HD-4100A 用（横担下 550）
CT5-900	L50×5×900	块	1	3.40	HD-2300 用（横担下 580）
CT5-1400	L50×5×1400	块	1	5.28	HD-6000 用（横担下 880）

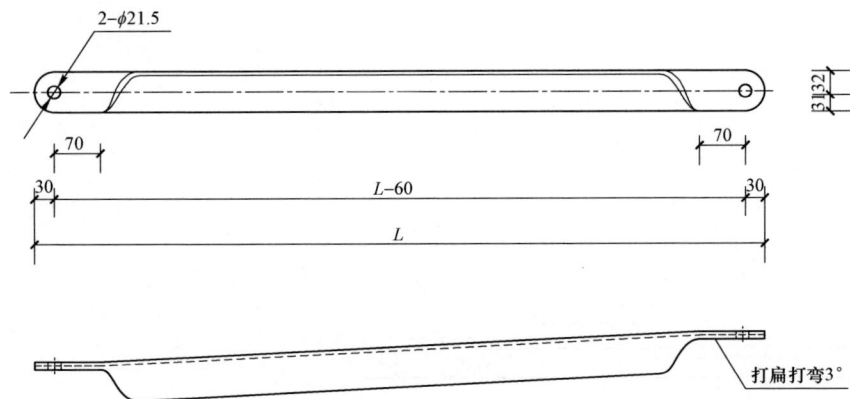

每组对称制作两块

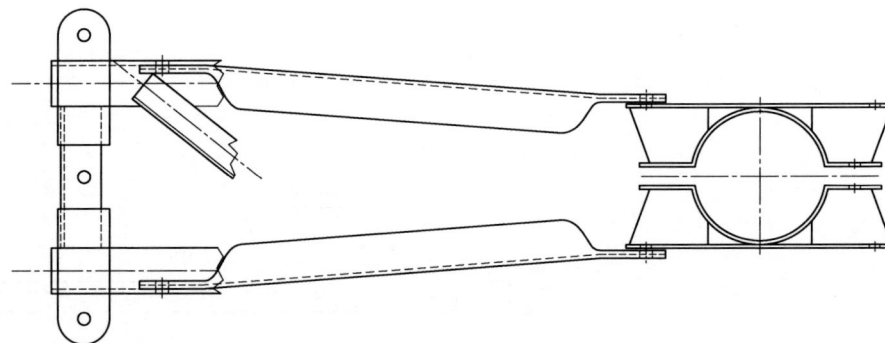

打扁打弯3°

安装示意图

选 型 表

名称	规格	单位	数量	质量（kg）	备注
CT6-1100	L63×6×1100	块	1	6.30	HD-4100B用（横担下760）

图 18-86　CT6 支撑铁加工图

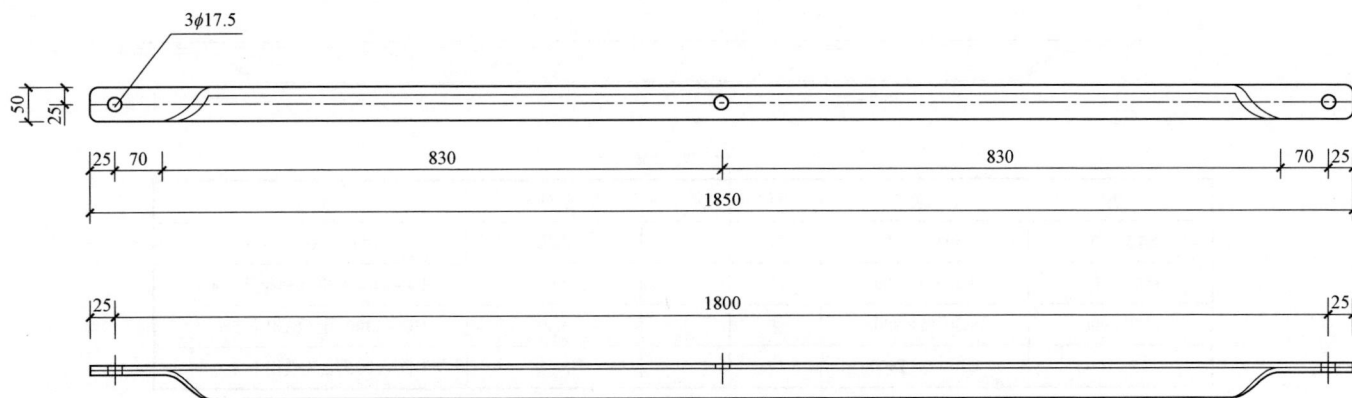

选 型 表

名称	规格	单位	数量	质量（kg）	备注
ZCT5-1800	L50×5×1850	块	1	6.98	

图 18-87　ZCT5-1800 直撑铁加工图

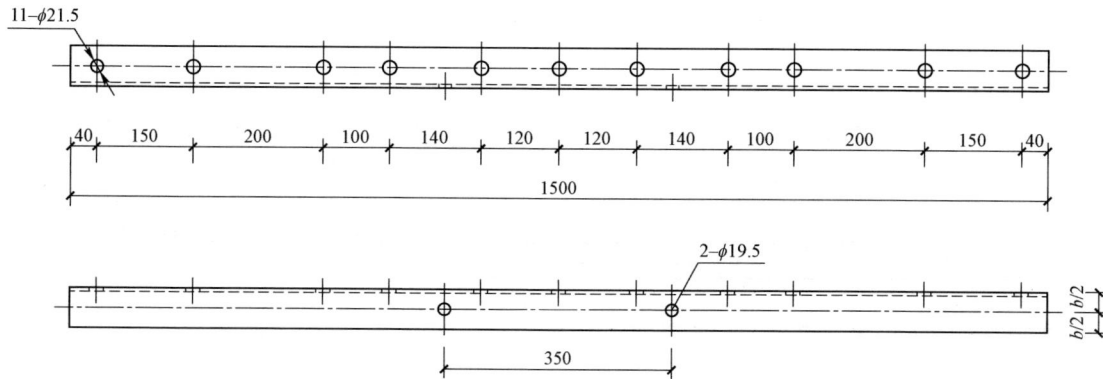

图 18－88　HD 口－1500 横担加工图

选　型　表

名称	规格	长度	数量（块）	质量（kg）		备注
				单重	总重	
HD6－1500	L63×6	1500	1	8.60	8.60	
HD7－1500	L70×7	1500	1	11.60	11.60	
HD8－1500	L80×8	1500	1	14.50	14.50	
HD9－1500	L90×8	1500	1	16.42	16.42	

说明：距中心 260mm 两孔用于低压。

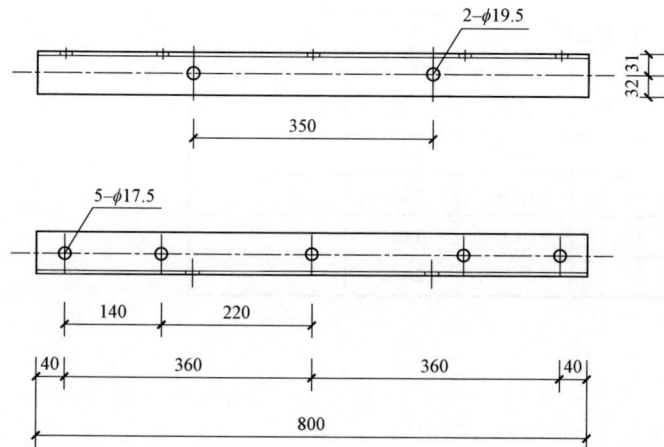

图 18－89　HD6－800 横担加工图

选　型　表

名称	规格	长度	数量（块）	质量（kg）		备注
				单重	总重	
HD6－800	L63×6	800	1	4.60	4.60	

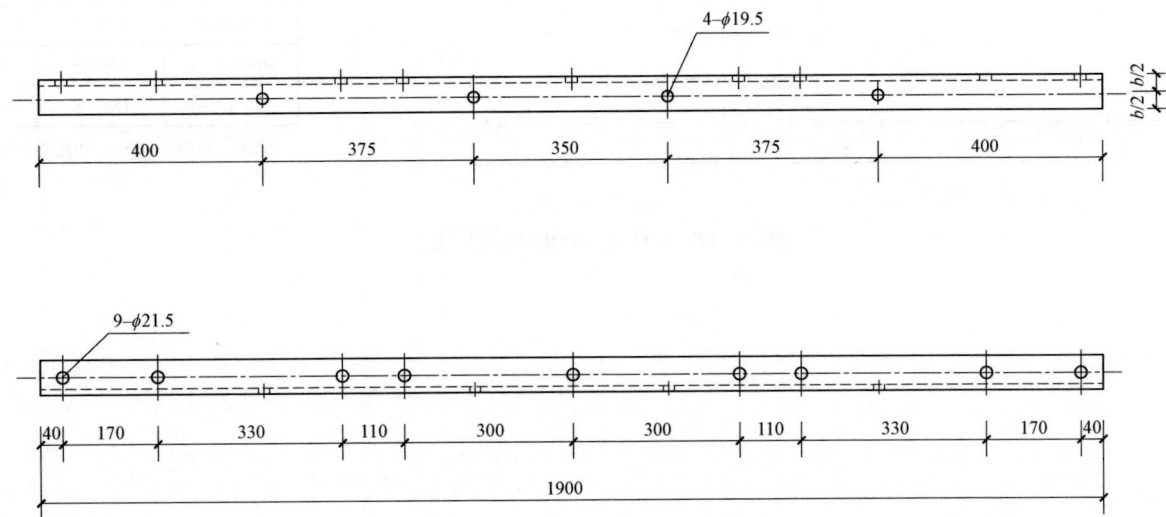

| | | | 4-ϕ19.5 | |
| 400 | 375 | 350 | 375 | 400 |

9-ϕ21.5

| 40 | 170 | 330 | 110 | 300 | 300 | 110 | 330 | 170 | 40 |

1900

选 型 表

| 名称 | 规格 | 长度 | 数量（块） | 质量（kg） | | 备注 |
				单重	总重	
HD6－1900	L63×6	1900	1	10.87	10.87	
HD7－1900	L70×7	1900	1	14.06	14.06	
HD8－1900	L80×8	1900	1	18.35	18.35	
HD9－1900	L90×8	1900	1	20.80	20.80	

图 18－90　HD 口－1900 横担加工图

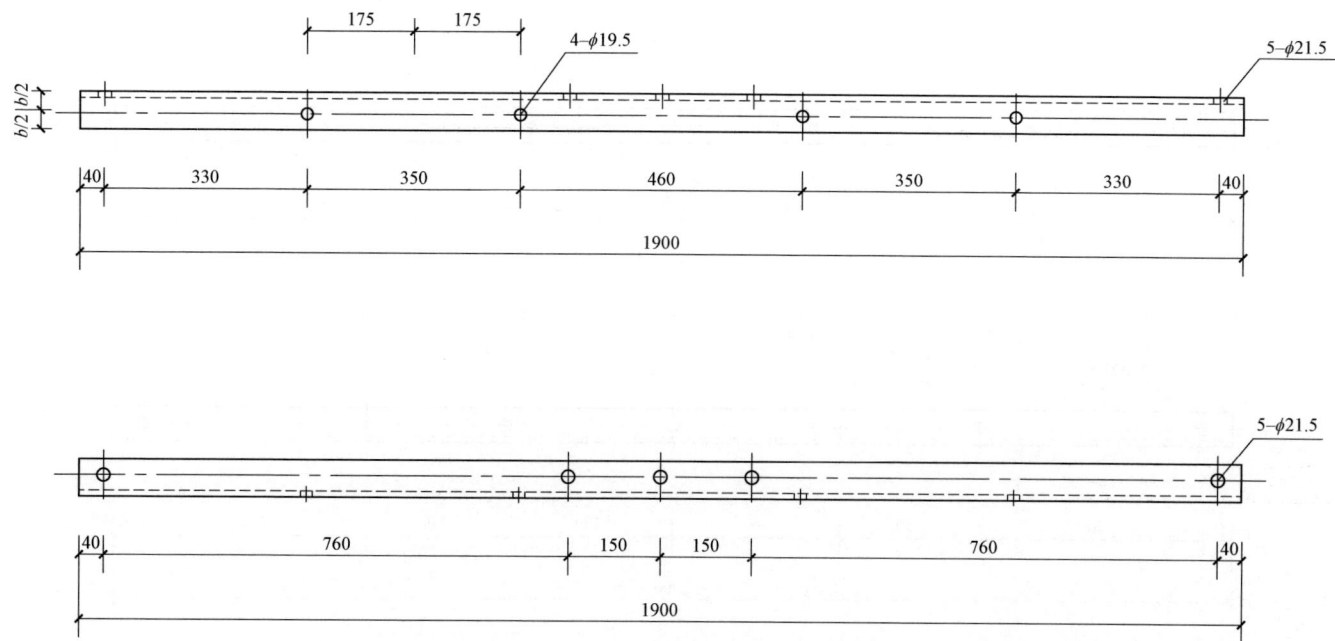

选 型 表

名称	规格	长度	数量（块）	质量（kg）		备注
				单重	总重	
HD6-1900P	L63×6	1900	1	10.87	10.87	
HD7-1900P	L70×7	1900	1	14.06	14.06	
HD8-1900P	L80×8	1900	1	18.35	18.35	

说明：双横担，对称再制1块。

图 18-91　HD 囗-1900P 横担加工图

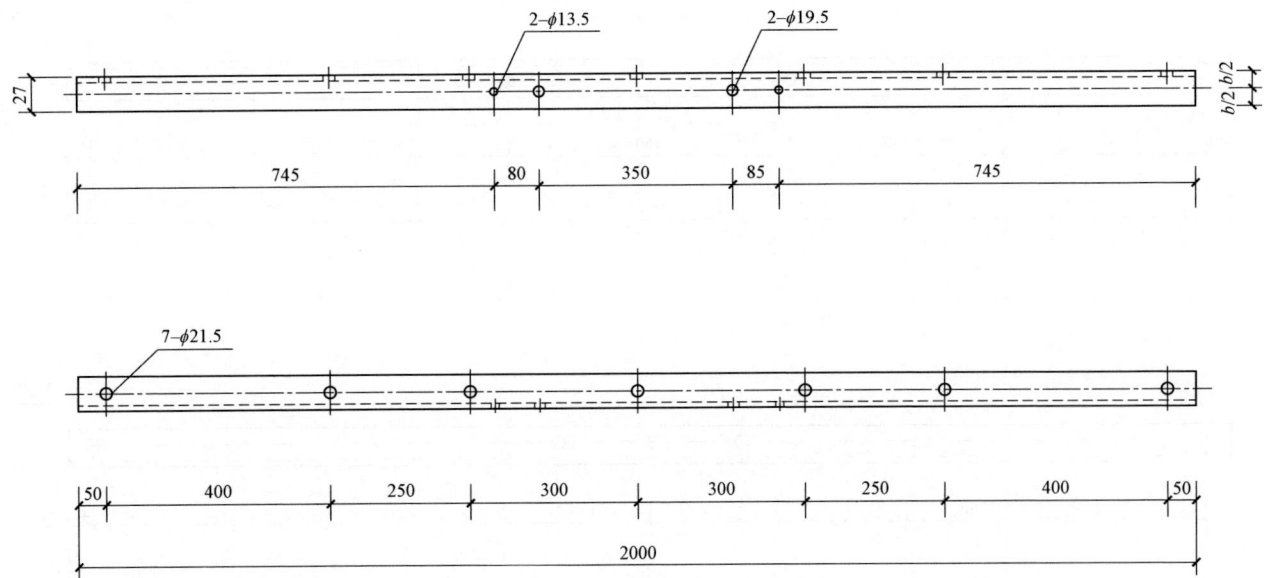

2-φ13.5 2-φ19.5

27

b/2 b/2

745 | 80 | 350 | 85 | 745

7-φ21.5

50 | 400 | 250 | 300 | 300 | 250 | 400 | 50

2000

选 型 表

名称	规格	长度	数量（块）	单重
HD6－2000	L63×6	2000	1	11.47
HD7－2000	L70×7	2000	1	15.47
HD8－2000	L80×8	2000	1	19.33
HD9－2000	L90×8	2000	1	21.89

图 18－92　HD 口－2000 横担加工图

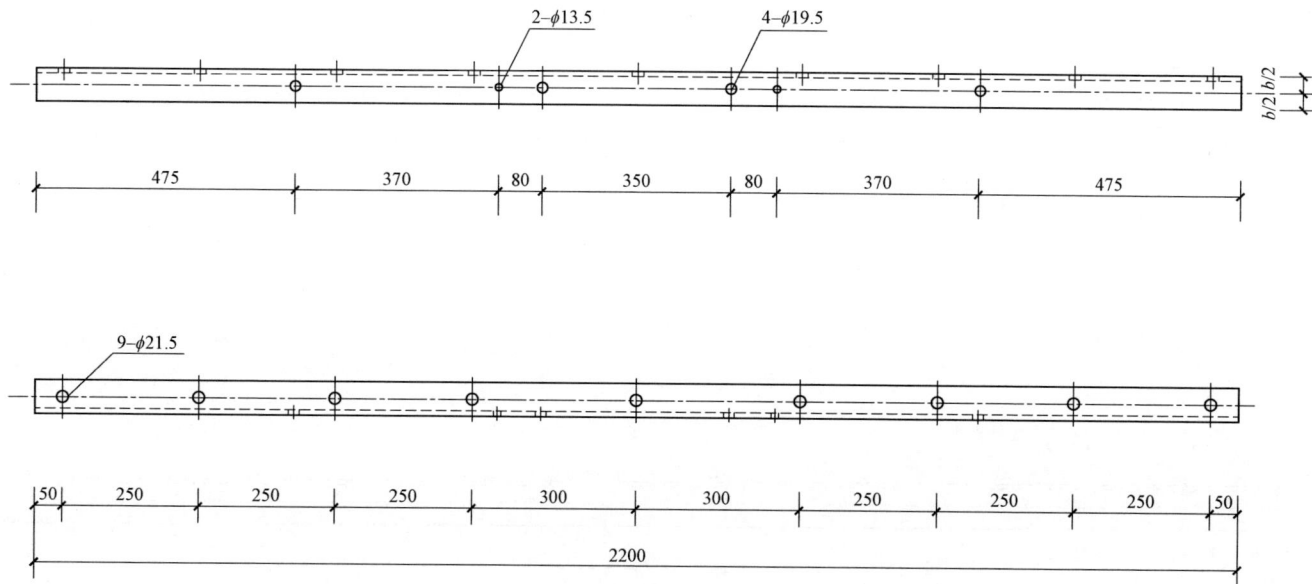

2–φ13.5　　4–φ19.5

b/2 b/2

475　　370　　80　　350　　80　　370　　475

9–φ21.5

50　250　250　250　300　300　250　250　250　50

2200

选 型 表

名称	规格	长度	数量（块）	单重
HD6–2200	L63×6	2200	1	12.61
HD7–2200	L70×7	2200	1	17.01
HD8–2200	L80×8	2200	1	21.27
HD9–2200	L90×8	2200	1	24.08

图 18–93　HD □–2200 横担加工图

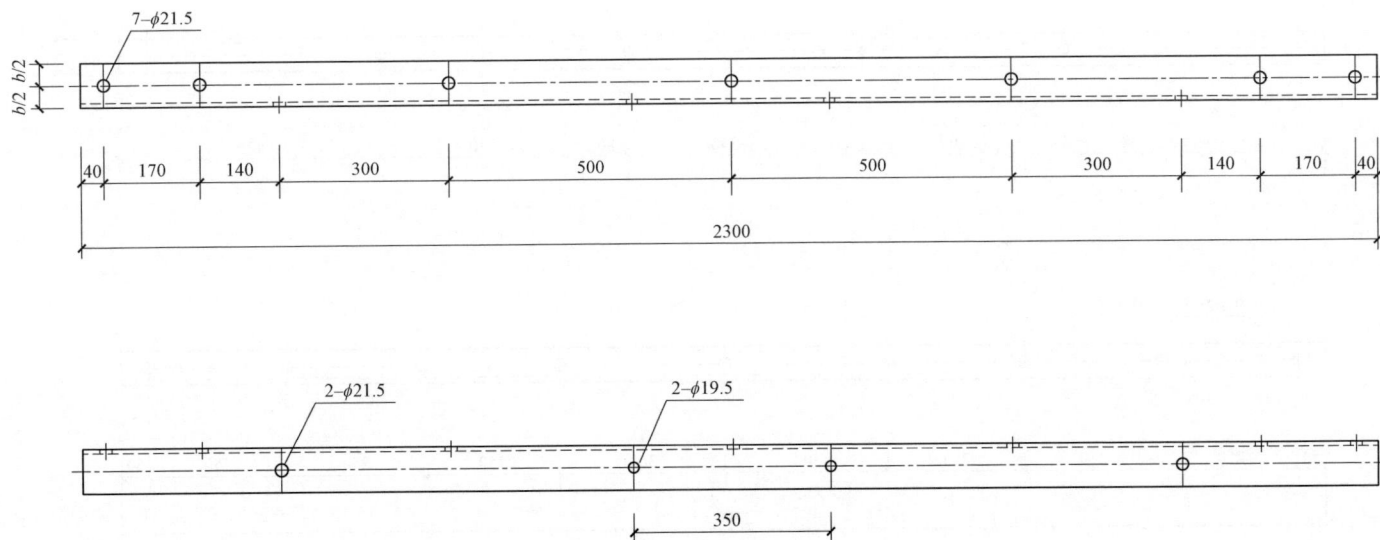

选 型 表

名称	规格	长度	数量 （块）	质量（kg）		备注
				单重	总重	
HD6－2300	L63×6	2300	1	13.16	13.16	
HD7－2300	L70×7	2300	1	17.02	17.02	
HD8－2300	L80×8	2300	1	22.21	22.21	
HD9－2300	L90×8	2300	1	25.18	25.18	

图 18－94　HD 口－2300 横担加工图

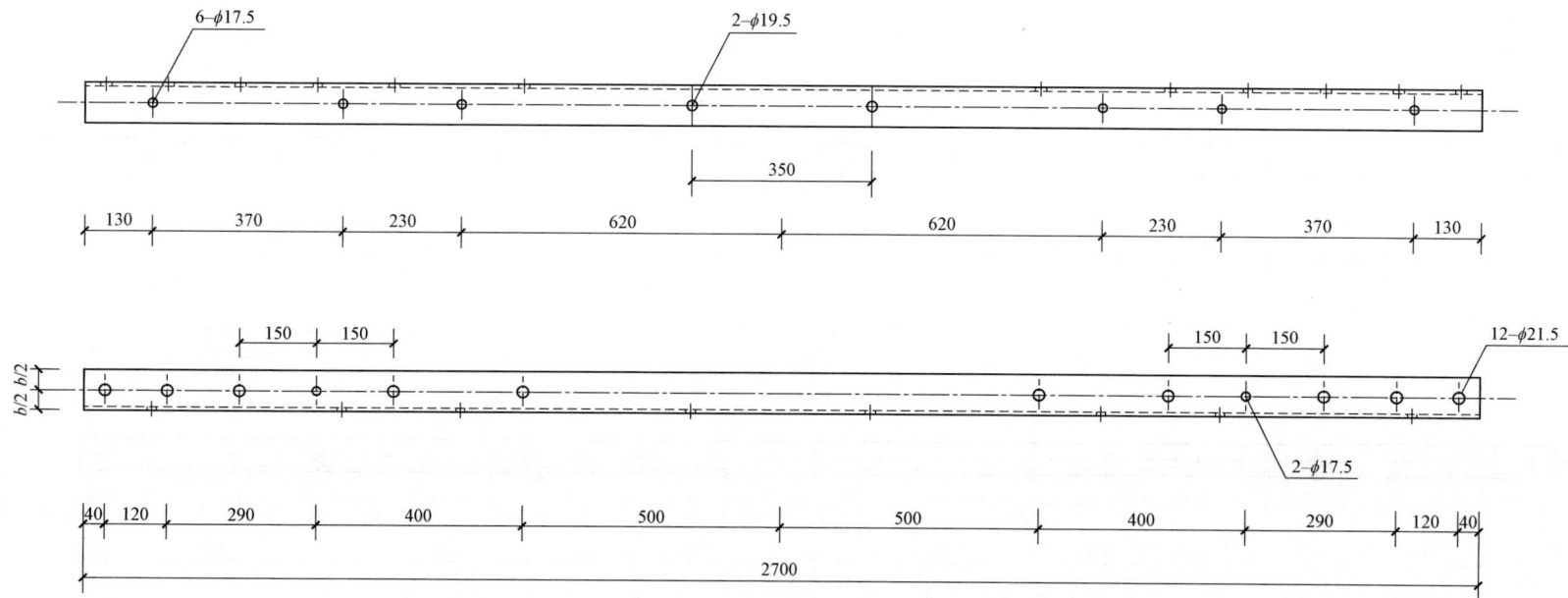

図 18-95 HD 口-2700 横担加工图

选 型 表

名称	规格	长度	数量（块）	质量（kg）		备注
				单重	总重	
HD7-2700	L70×7	2700	1	19.98	19.98	
HD8-2700	L80×8	2700	1	26.08	26.08	

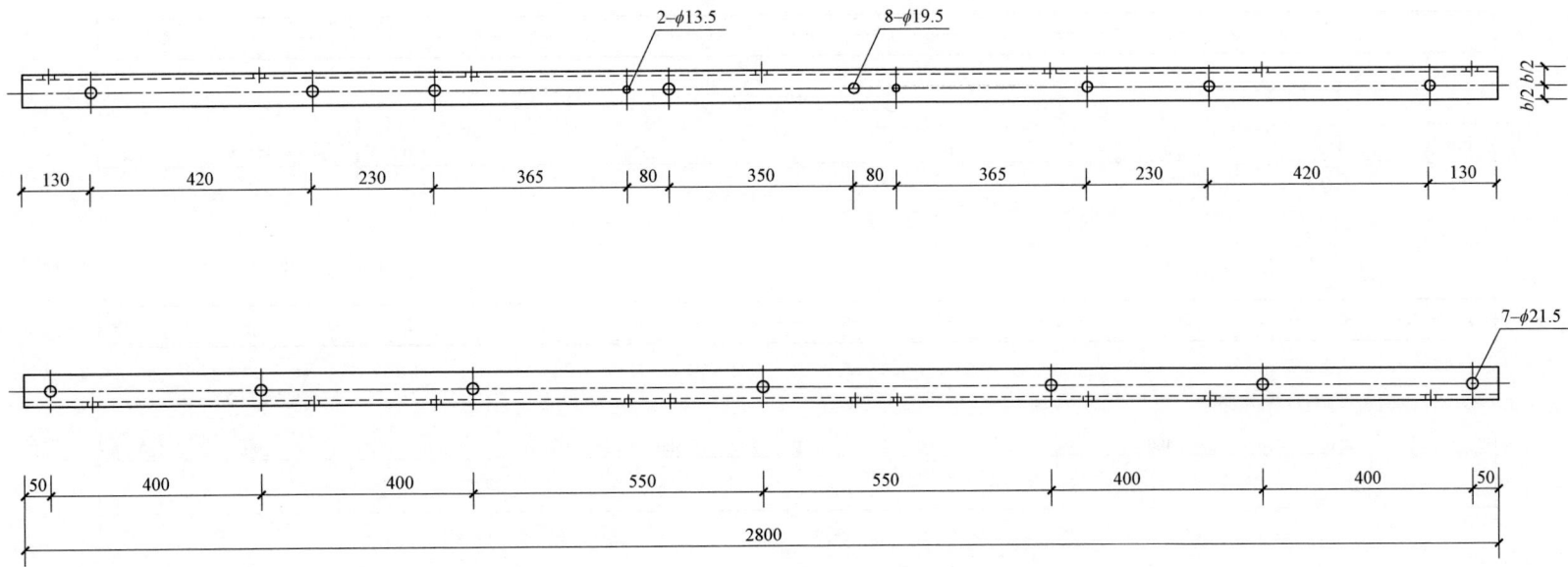

2-φ13.5   8-φ19.5

7-φ21.5

130 | 420 | 230 | 365 | 80 | 350 | 80 | 365 | 230 | 420 | 130

50 | 400 | 400 | 550 | 550 | 400 | 400 | 50

2800

选　型　表

名称	规格	长度	数量（块）	单重
HD6－2800	L63×6	2800	1	16.05
HD7－2800	L70×7	2800	1	21.65
HD8－2800	L80×8	2800	1	27.07
HD9－2800	L90×8	2800	1	30.65

图 18－96　HD 口－2800 横担加工图

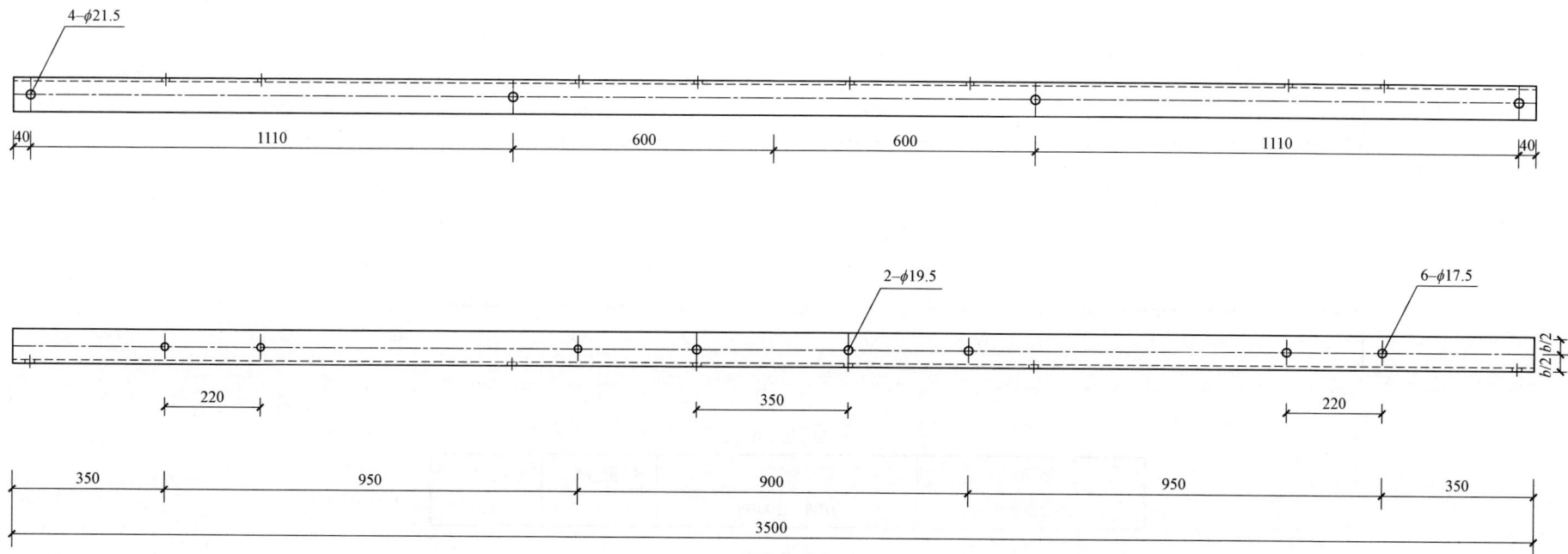

4-φ21.5

|40| 1110 600 600 1110 |40|

2-φ19.5

6-φ17.5

220 350 220

350 950 900 950 350

3500

选 型 表

名称	规格	长度	数量（块）	质量（kg）		备注
				单重	总重	
HD7－3500	L70×7	3500	1	25.89	25.89	

图 18－97　HD7－3500 横担加工图

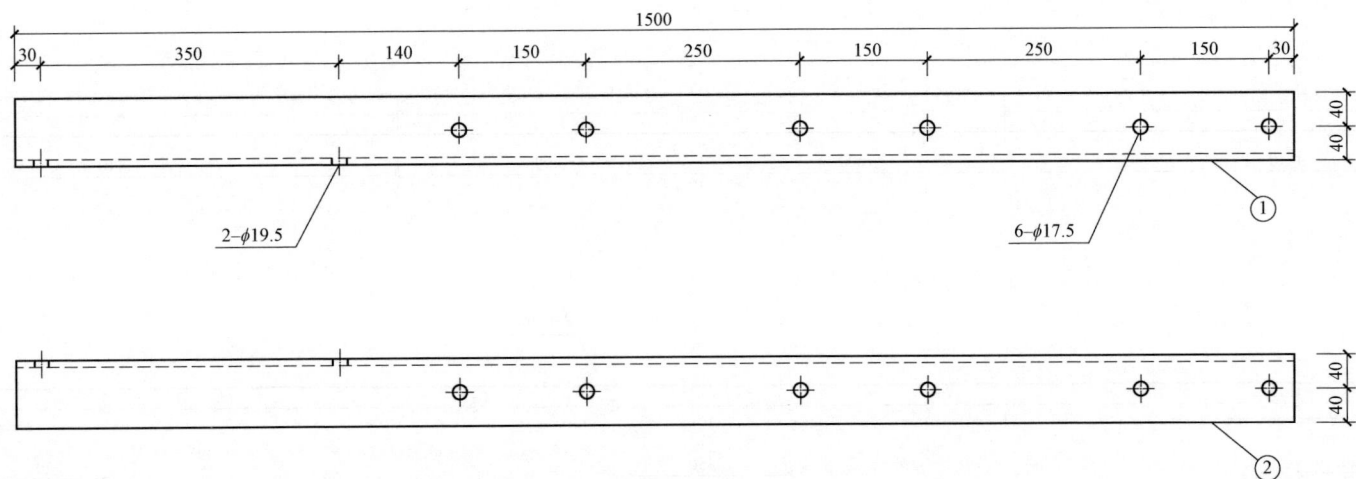

尺寸标注	
1500	
30 350 140 150 250 150 250 150 30	
2-φ19.5	6-φ17.5
①	
②	

选 型 表

名称	型号	数量（副）	质量（kg）
单侧双横担	HD8－1500DS	1	28.98

材 料 表

编号	名称	规格	单位	数量	质量（kg）	备注
①	角钢	L80×8×1500	块	1	14.49	
②	角钢	L80×8×1500	块	1	14.49	

说明：1. ①②对称加工。

2. 所有构件均须热镀锌防腐。

3. 所有构件材料材质均为Q355。

图 18－98 HD8－1500DS 单侧双横担加工图

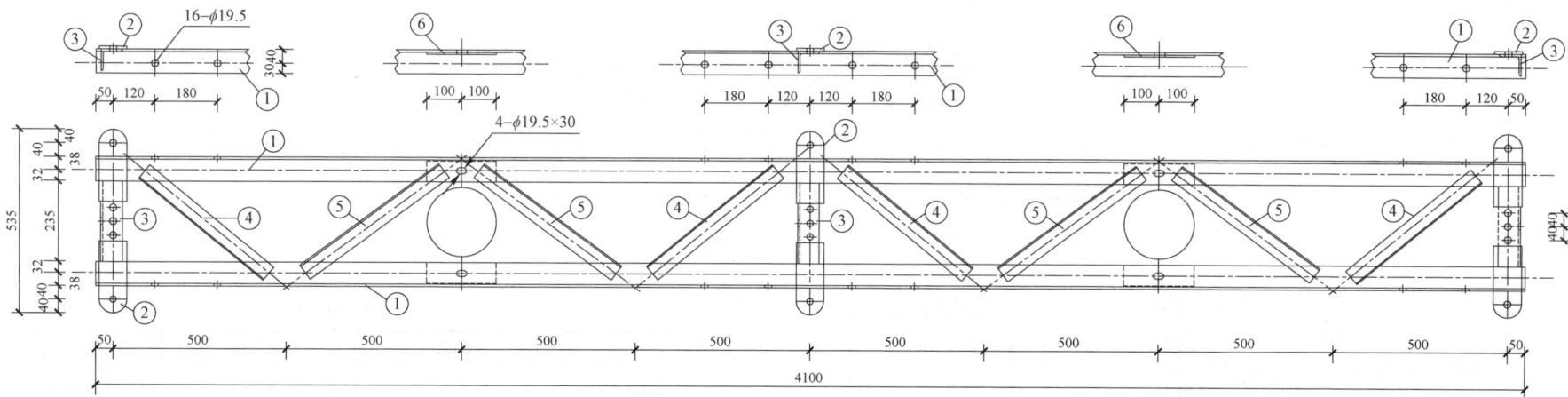

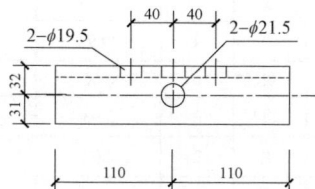

③横材加工图

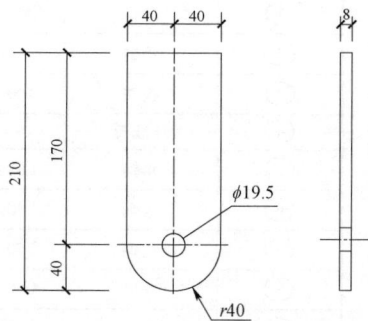

②挂线板加工图

选 用 表

型号	适用范围	数量（副）	质量（kg）
HD7－4100B	2m 根开	1	87.04

材 料 表

编号	名称	规格	单位	数量	质量（kg）	备注
①	角钢	L70×7×4100	块	2	60.66	
②	挂线板	−8×80×210	块	6	5.55	
③	角钢	L63×6×220	块	3	3.78	
④	角钢	L50×4×465	块	4	5.70	
⑤	角钢	L50×4×497	块	4	6.08	
⑥	扁钢	−6×60×200	块	4	2.27	

说明：1. 本横担各铁构件间连接均采用接触面各边焊接处理，电焊条型号 T420－T425。

2. 斜材④⑤长度本材料表中的尺寸仅供参考，具体长度应按实放样后确定。

3. 横担安装处的加工尺寸精度为+2mm。

图 18－99　HD7－4100B 门型杆组合横担加工图

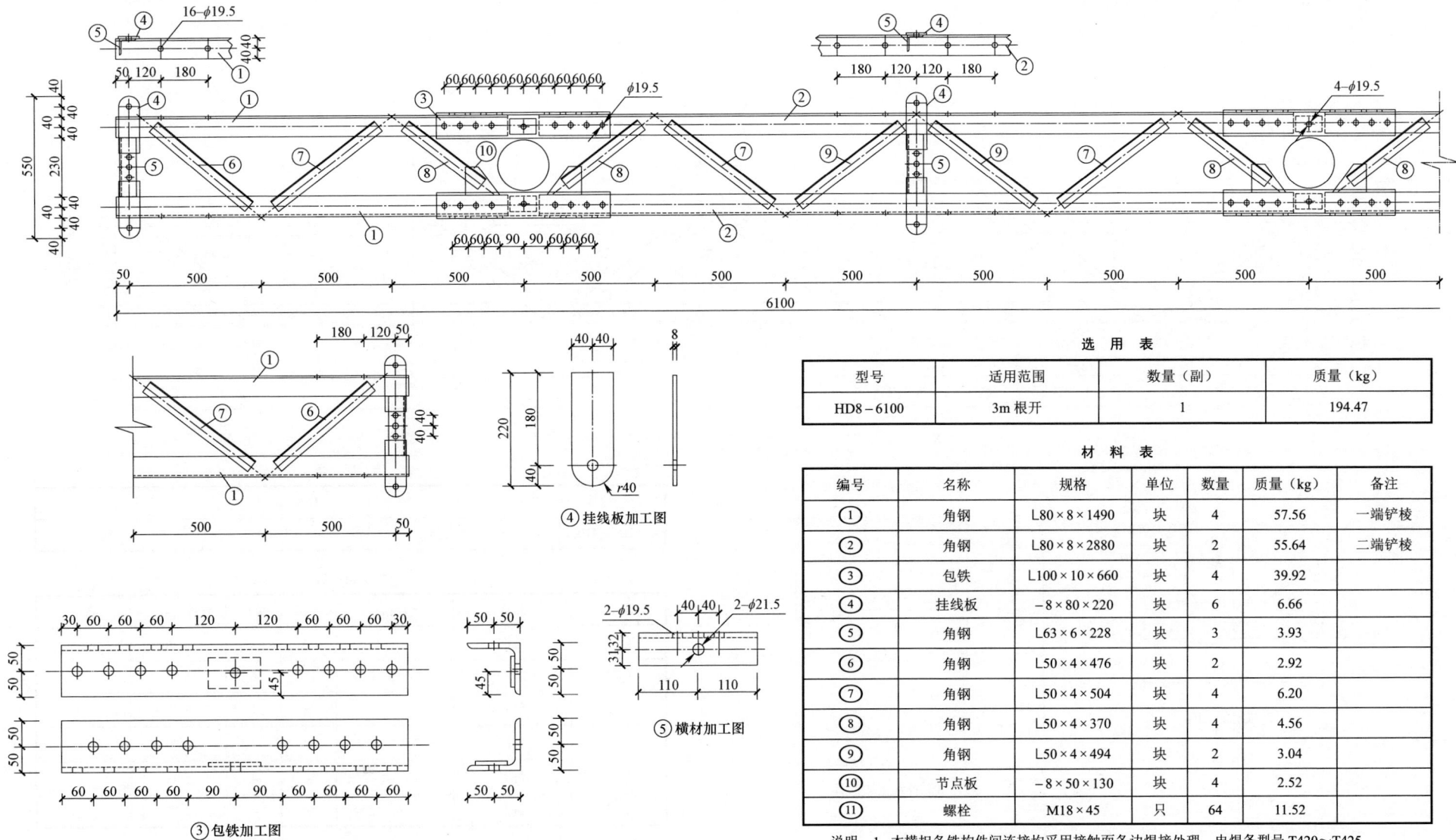

选 用 表

型号	适用范围	数量（副）	质量（kg）
HD8－6100	3m 根开	1	194.47

材 料 表

编号	名称	规格	单位	数量	质量（kg）	备注
①	角钢	L80×8×1490	块	4	57.56	一端铲棱
②	角钢	L80×8×2880	块	2	55.64	二端铲棱
③	包铁	L100×10×660	块	4	39.92	
④	挂线板	−8×80×220	块	6	6.66	
⑤	角钢	L63×6×228	块	3	3.93	
⑥	角钢	L50×4×476	块	2	2.92	
⑦	角钢	L50×4×504	块	4	6.20	
⑧	角钢	L50×4×370	块	4	4.56	
⑨	角钢	L50×4×494	块	2	3.04	
⑩	节点板	−8×50×130	块	4	2.52	
⑪	螺栓	M18×45	只	64	11.52	

说明：1. 本横担各铁构件间连接均采用接触面各边焊接处理，电焊条型号 T420～T425。

2. 斜材⑥⑦⑧⑨长度本材料表中的尺寸仅供参考，具体长度应按实际放样后确定。

3. 横担安装处的加工尺寸精度为+2mm。

图 18－100　HD8－6100 门型杆组合横担加工图

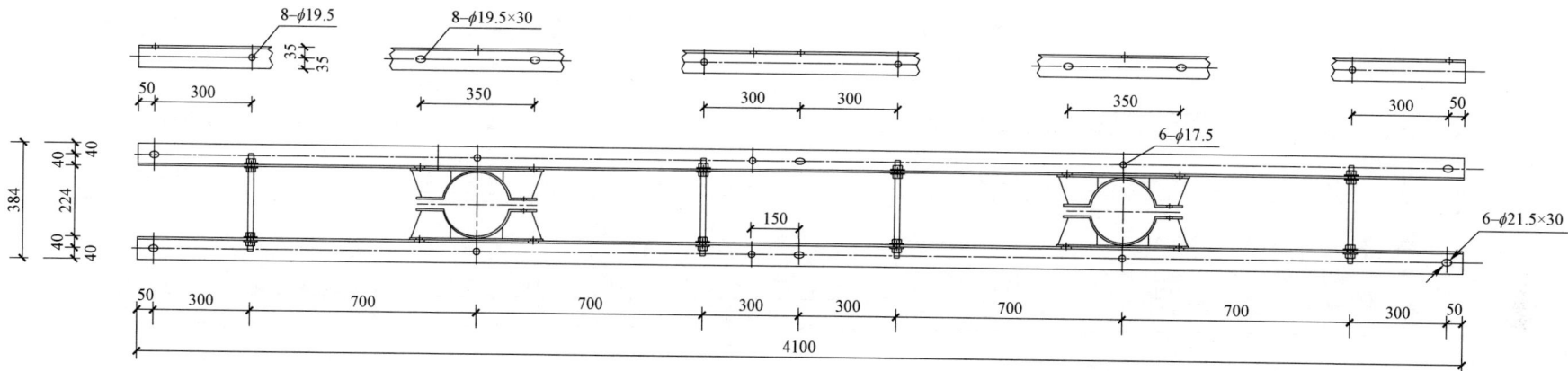

选 用 表

序号	型号	规格	数量（块）	质量（kg）
1	HD7－4100A	L70×7×4100	1	30.33
2	HD8－4100A	L80×8×4100	1	39.63

材 料 表

编号	名称	型号	单位	数量	质量（kg）
①	横担抱箍	HBG8－200	块	8	41.2
②	支撑铁	CT5－800	块	8	24.16
③	双头螺杆	M16×300	块	4	1.88
④	角钢连铁	LT6－370J	块	3	6.36
⑤	挂线连铁	LT7－540G	块	3	6.24

说明：1. 本横担成套组装。

2. 设计人员确定是悬挂式或瓷柱式，对连铁进行选择。

3. 紧固件规格和数量另统计。

图 18－101 HD8－4100A 横担加工图

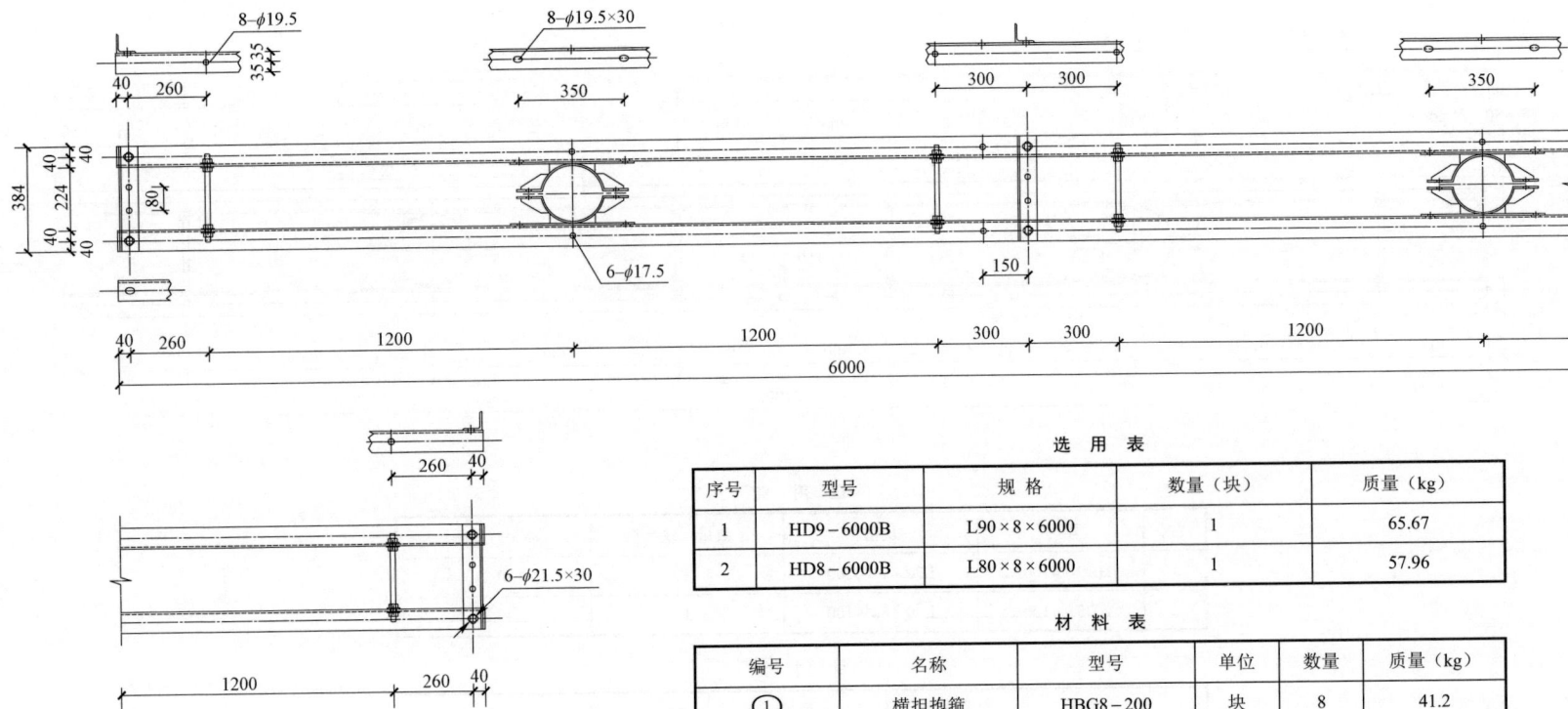

选 用 表

序号	型号	规 格	数量（块）	质量（kg）
1	HD9－6000B	L90×8×6000	1	65.67
2	HD8－6000B	L80×8×6000	1	57.96

材 料 表

编号	名称	型号	单位	数量	质量（kg）
①	横担抱箍	HBG8－200	块	8	41.2
②	支撑铁	CT5－1400	块	8	40.24
③	双头螺杆	M16×300	块	4	1.88
④	角钢连铁	LT6－400J	块	3	6.87
⑤	挂线连铁	LT7－680G	块	3	6.48

说明：1. 本横担成套组装。

2. 设计人员确定是悬挂式或瓷柱式，对连铁进行选择。

3. 紧固件规格和数量另统计。

图 18－102　HD 口－6000B 横担加工图

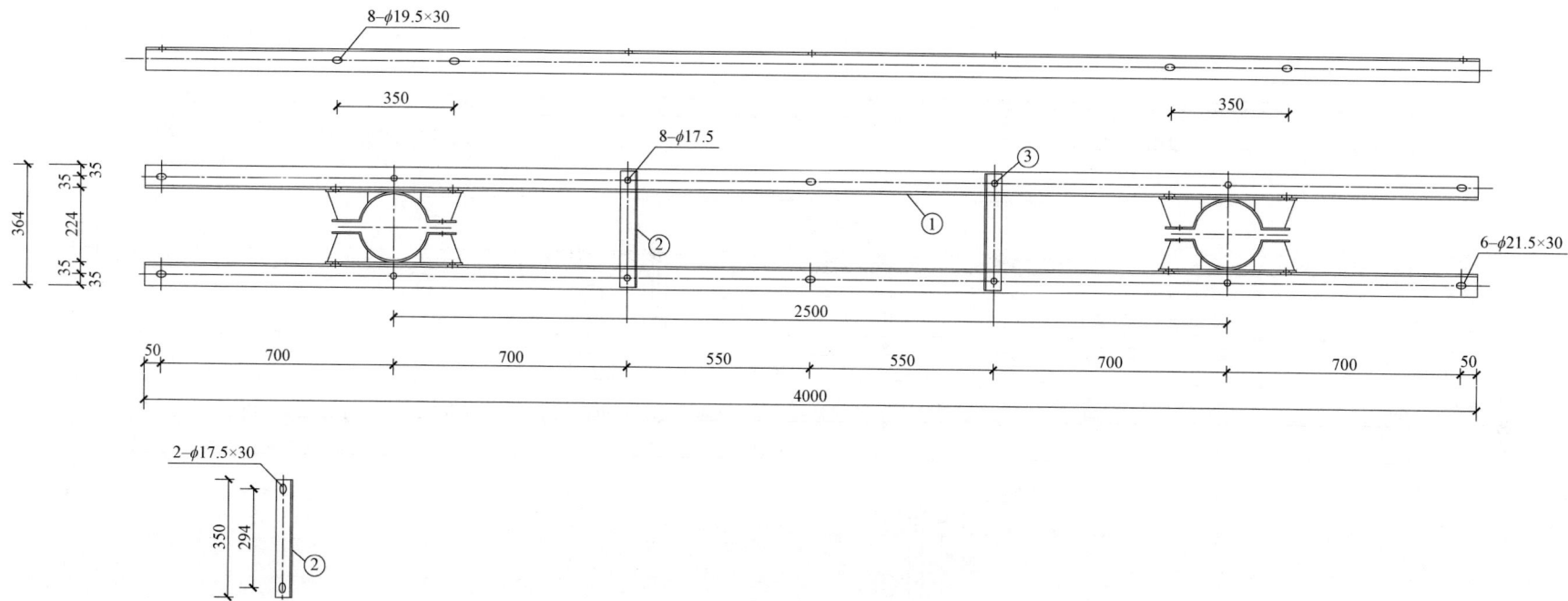

选 型 表

型号	规格	适用范围	数量（副）	质量（kg）
HD7-4000	L70×7×4000	双杆根开 2.5m	1	61.84

材 料 表

编号	名称	规格	单位	数量	质量（kg）	备注
①	角钢	L70×7×4000	块	2	59.2	
②	角钢	L50×5×350	块	2	2.64	
③	螺栓	M16×45	只	4		

说明：1. 本横担成套组装。

2. 设计人员根据安装位置自行确定横担抱箍，根据导线固定方式自行选择连接铁。

3. 紧固件规格和数量另统计。

4. 所有铁件均应热镀锌防腐处理。

图 18-103 HD7-4000 门型杆组合横担加工图

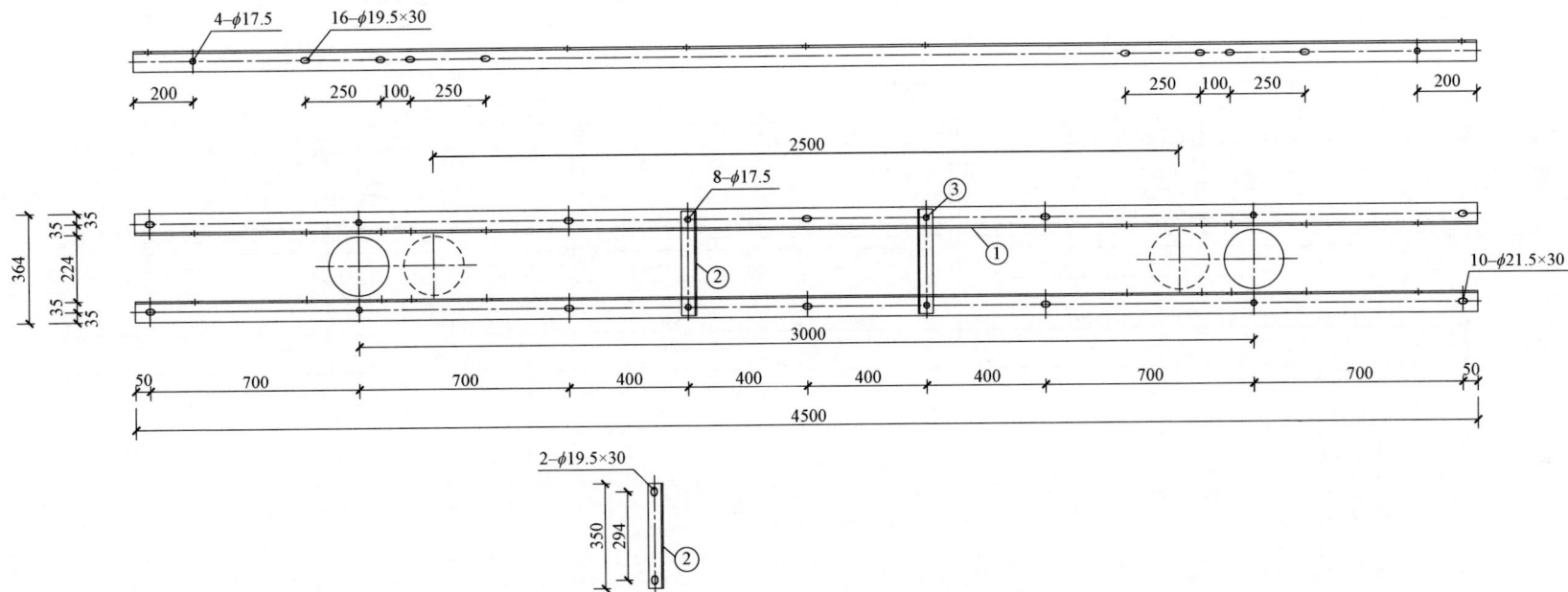

选 型 表

型号	规格	适用范围	数量（副）	质量（kg）
HD7－4500	L70×7×4500	双杆根开 2.5m 或 3m	1	69.24

材 料 表

编号	名称	规格	单位	数量	质量（kg）	备注
①	角钢	L70×7×4500	块	2	66.6	
②	角钢	L50×5×350	块	2	2.64	
③	螺栓	M16×45	只	4		

说明：1. 本横担成套组装。

2. 设计人员根据安装位置自行确定横担抱箍，根据导线固定方式自行选择连接铁。

3. 紧固件规格和数量另统计。

4. 所有铁件均应热镀锌防腐处理。

图 18－104　HD7－4500 门型杆组合横担加工图

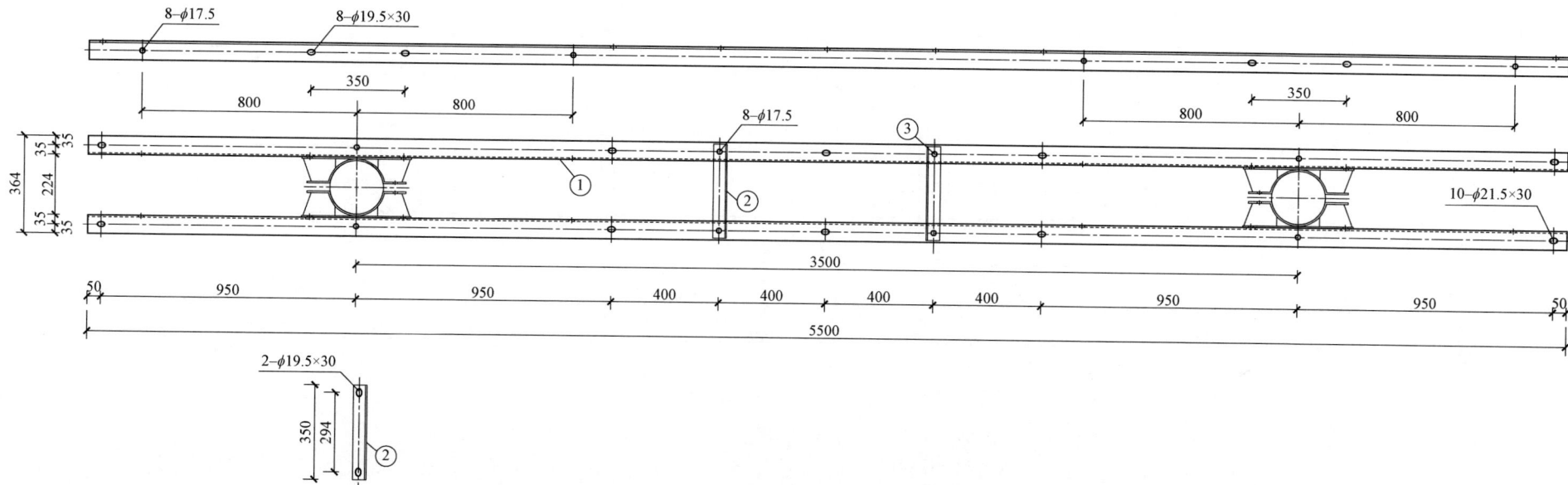

选 型 表

型号	规格	适用范围	数量（副）	质量（kg）
HD7-5500	L70×7×5500	双杆根开 3.5m	1	84.04

材 料 表

编号	名称	规格	单位	数量	质量（kg）	备注
①	角钢	L70×7×5500	块	2	81.4	
②	角钢	L50×5×350	块	2	2.64	
③	螺栓	M16×45	只	4		

说明：1. 本横担成套组装。

2. 设计人员根据安装位置自行确定横担抱箍，根据导线固定方式自行选择连接铁。

3. 紧固件规格和数量另统计。

4. 所有铁件均应热镀锌防腐处理。

图 18-105　HD7-5500 门型杆组合横担加工图

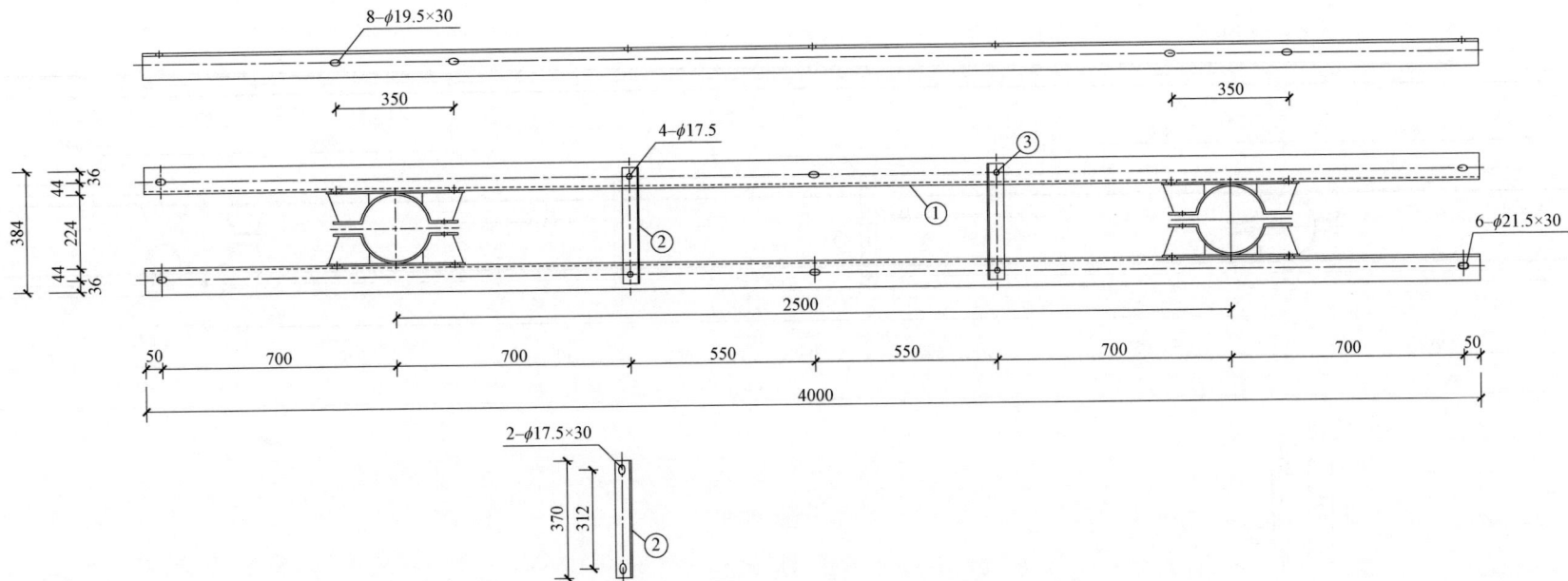

选 型 表

型号	规格	适用范围	数量（副）	质量（kg）
HD8－4000	L80×8×4000	双杆根开2.5m	1	80.08

材 料 表

编号	名称	规格	单位	数量	质量（kg）	备注
①	角钢	L80×8×4000	块	2	77.28	
②	角钢	L50×5×370	块	2	2.8	
③	螺栓	M18×45	只	4		

说明：1. 本横担成套组装。

2. 设计人员根据安装位置自行确定横担抱箍，根据导线固定方式自行选择连接铁。

3. 紧固件规格和数量另统计。

4. 所有铁件均应热镀锌防腐处理。

图 18－106　HD8－4000 门型杆组合横担加工图

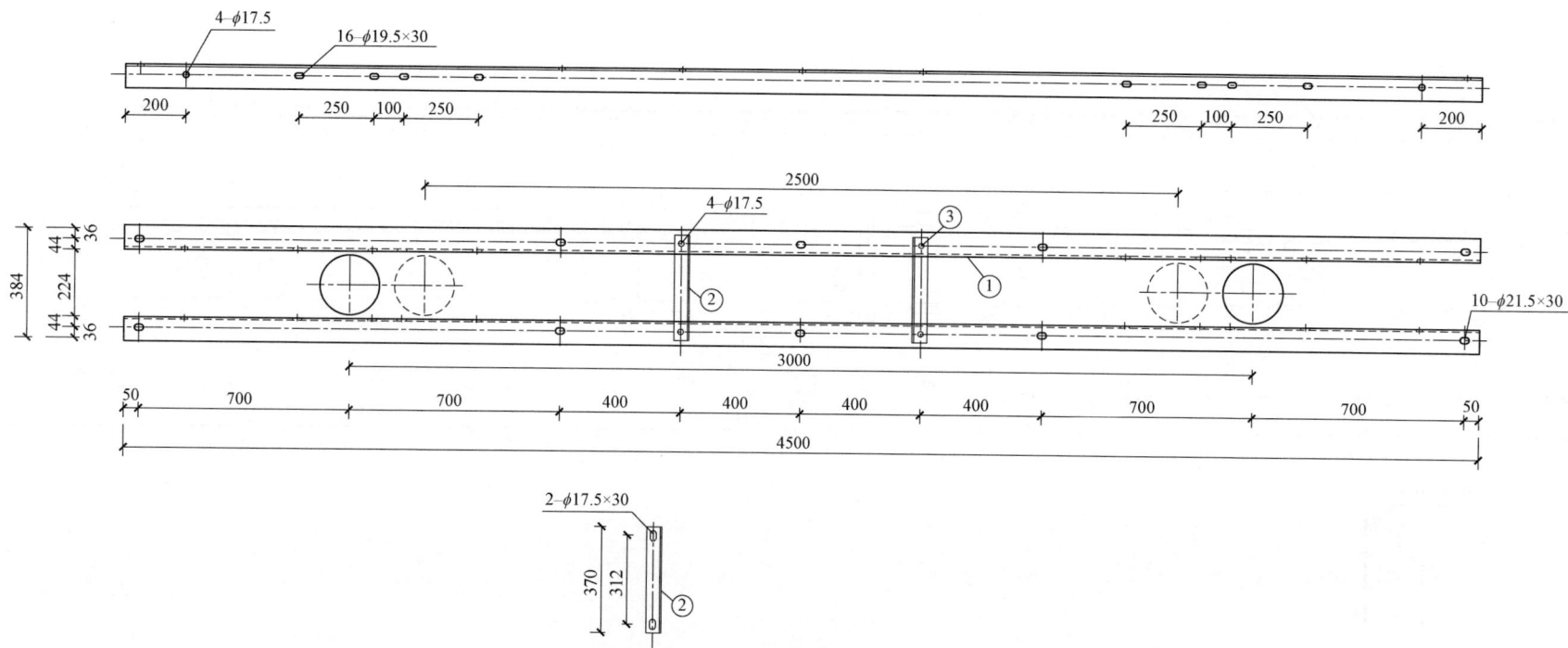

选 型 表

型号	规格	适用范围	数量（副）	质量（kg）
HD8－4500	L80×8×4500	双杆根开 2.5m 或 3m	1	89.74

材 料 表

编号	名称	规格	单位	数量	质量（kg）	备注
①	角钢	L80×8×4500	块	2	86.94	
②	角钢	L50×5×370	块	2	2.8	
③	螺栓	M18×45	只	4		

说明：1. 本横担成套组装。

2. 设计人员根据安装位置自行确定横担抱箍，根据导线固定方式自行选择连接铁。

3. 紧固件规格和数量另统计。

4. 所有铁件均应热镀锌防腐处理。

图 18－107　HD8－4500 门型杆组合横担加工图

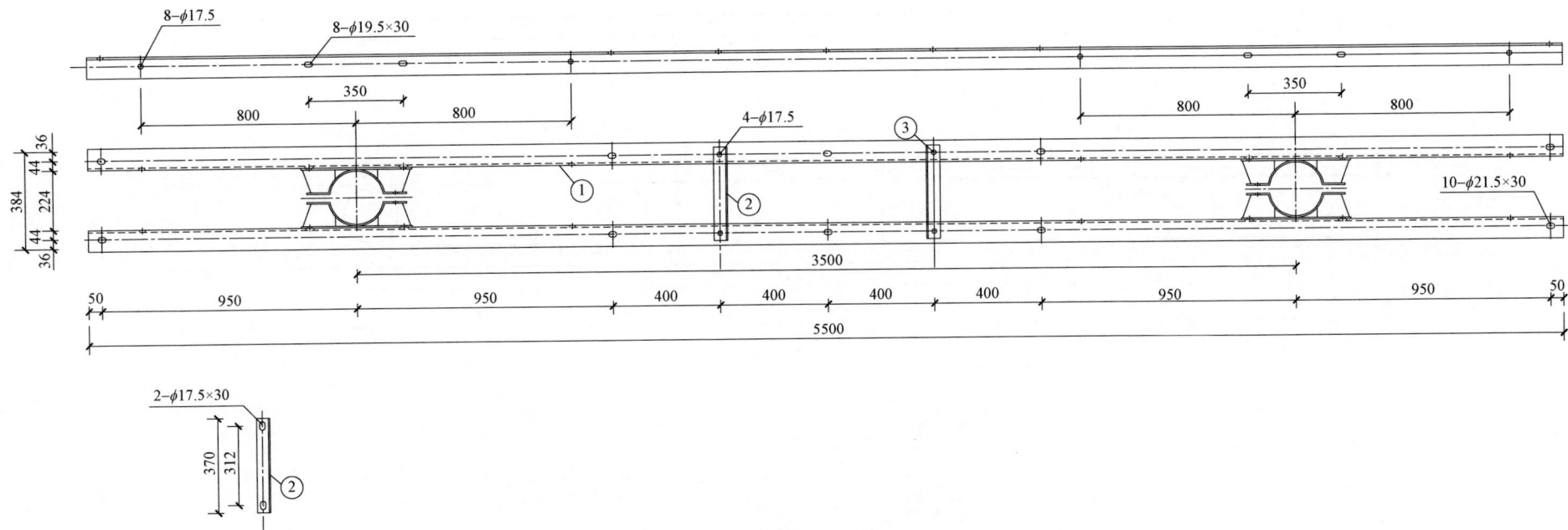

选 型 表

型号	规格	适用范围	数量（副）	质量（kg）
HD8－5500	L80×8×5500	双杆根开 3.5m	1	109.06

材 料 表

编号	名称	规格	单位	数量	质量（kg）	备注
①	角钢	L80×8×5500	块	2	106.26	
②	角钢	L50×5×370	块	2	2.8	
③	螺栓	M18×45	只	4		

说明：1. 本横担成套组装。

2. 设计人员根据安装位置自行确定横担抱箍，根据导线固定方式自行选择连接铁。

3. 紧固件规格和数量另统计。

4. 所有铁件均应热镀锌防腐处理。

图 18－108　HD8－5500 门型杆组合横担加工图

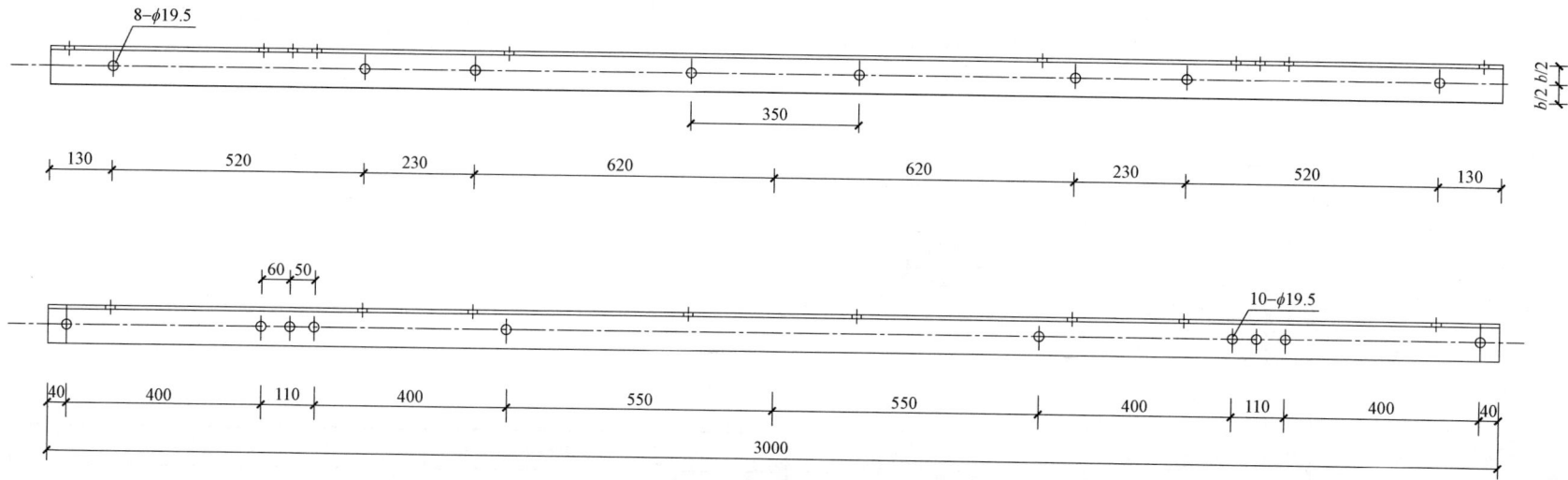

选 型 表

型号	规格	长度（mm）	数量（块）	质量（kg）		备注
				单重	总重	
HD7－3000	L70×7	3000	1	22.2	22.2	
HD8－3000	L80×8	3000	1	28.98	28.98	

图 18－109　HD－3000 横担加工图

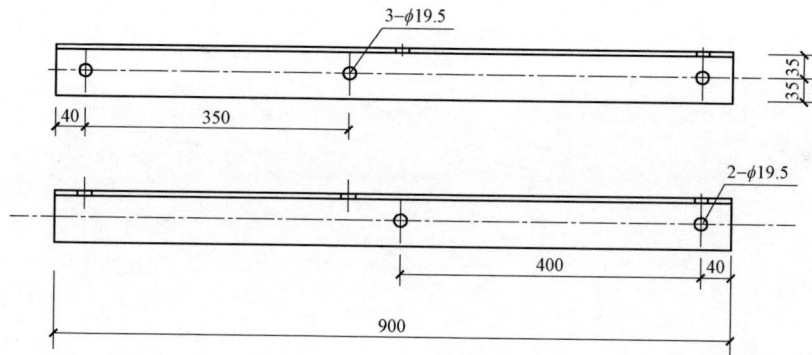

选 型 表

型号	规格	长度（mm）	数量（块）	质量（kg）		备注
				单重	总重	
HD7－900	L70×7	900	1	5.75	5.75	

说明：如为双担，对称再制 1 块。

图 18－110　HD7－900 横担加工图

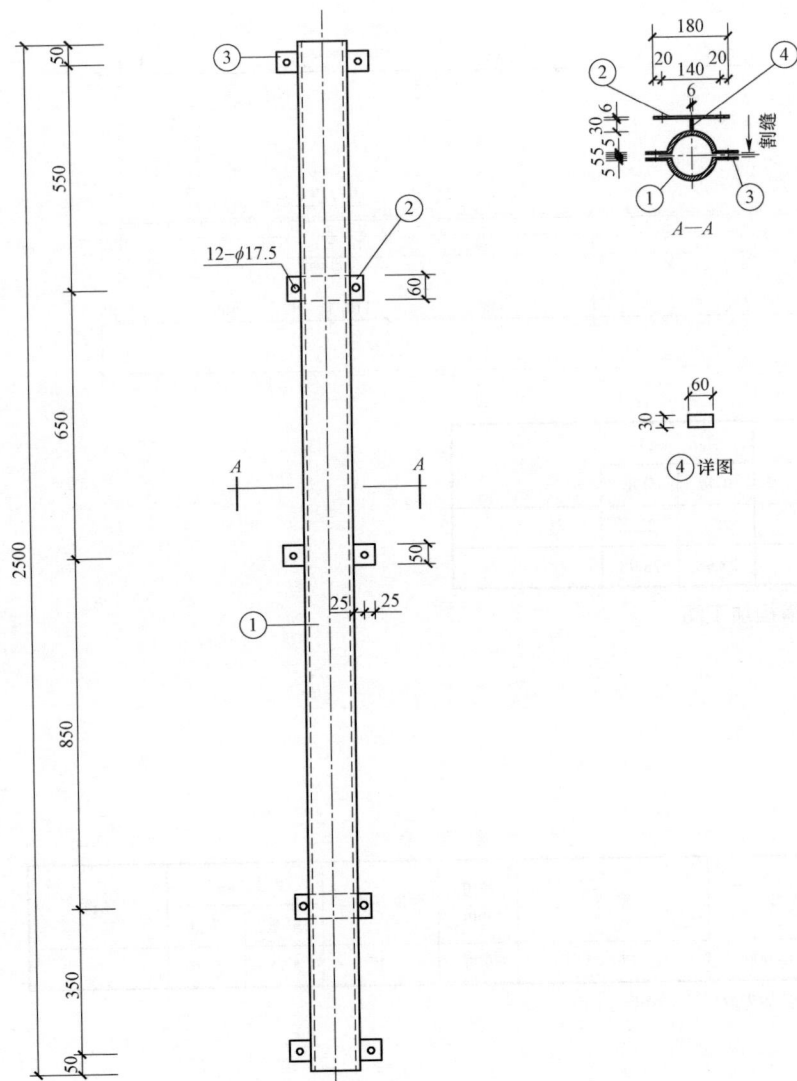

选型表

型号	外径×壁厚×长度（mm）	质量（kg）	数量（副）	总重（kg）
DLHG-114A	114×3.2×2500	21.85	1	23.63
DLHG-140A	140×3.5×2500	29.45	1	31.23
DLHG-168A	168×4.0×2500	39.75	1	41.53

材料表

编号	名称	规格	单位	数量	质量（kg）
①	钢管	见上表	根	1	见上表
②	扁钢	−6×60×180	块	2	1.02
③	扁钢	−5×50×50	块	12	1.18
④	扁钢	−6×60×30	块	2	0.17

图 18-111　DLHG-A 保护管加工图

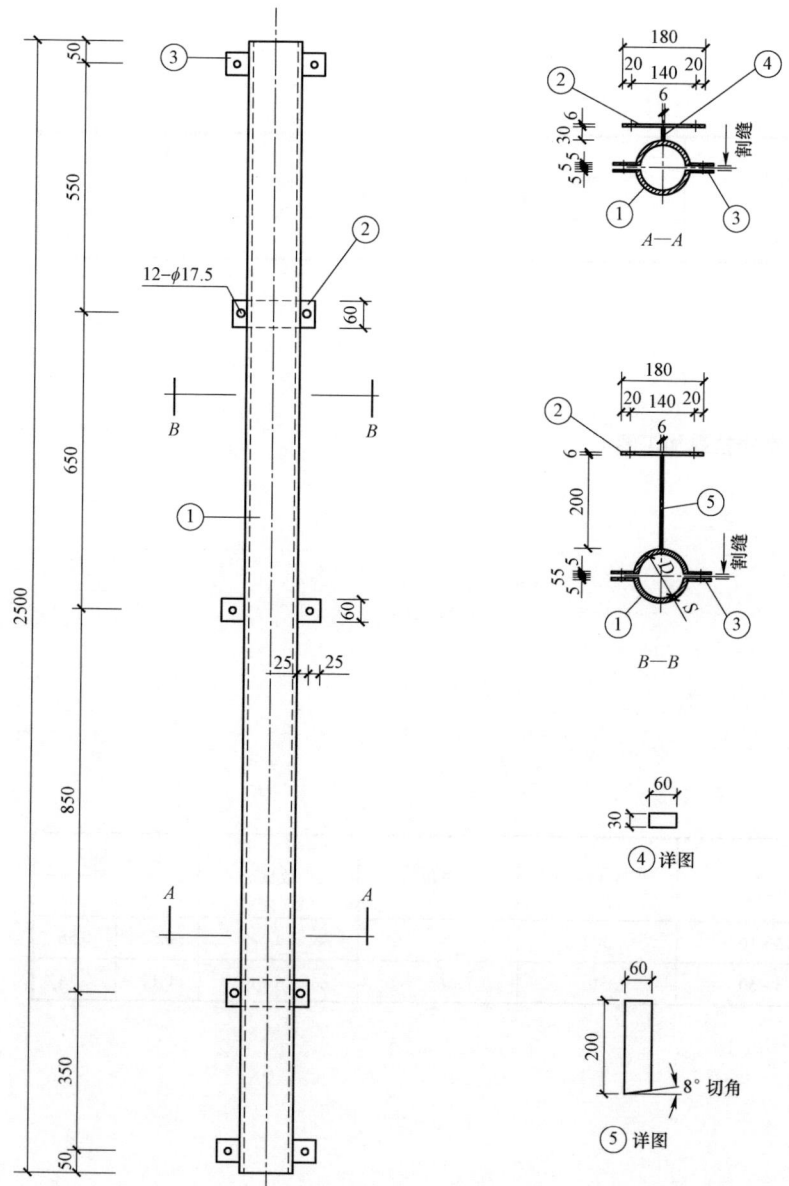

选 型 表

型号	外径×壁厚×长度（mm）	质量（kg）	数量（副）	总重（kg）
DLHG－114B	114×3.2×2500	21.85	1	24.12
DLHG－140B	140×3.5×2500	29.45	1	31.72
DLHG－168B	168×4.0×2500	39.75	1	42.02

材 料 表

编号	名称	规格	单位	数量	质量（kg）	备注
①	钢管	见上表	根	1	见上表	
②	扁钢	－6×60×180	块	2	1.02	
③	扁钢	－5×50×50	块	6	0.59	
④	扁钢	－6×60×30	块	1	0.09	
⑤	扁钢	－6×60×200	块	1	0.57	

图 18－112 DLHG－B 保护管加工图

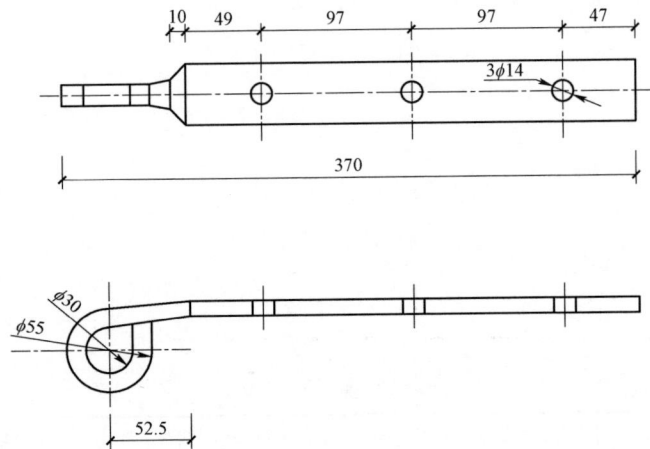

规格	长度（mm）	单位	数量	质量（kg）	
				一件	小计
10×40	370	块	1	1.16	1.16

图 18-113　JLP10 集束线有眼拉攀加工图

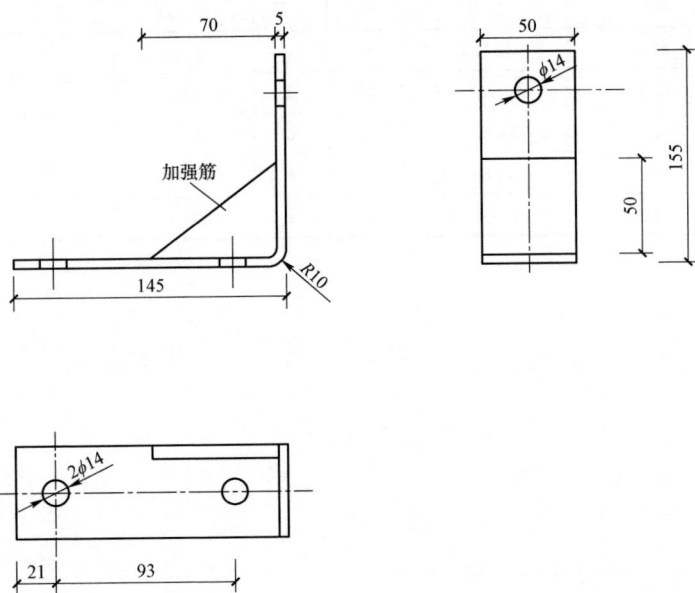

规格	长度（mm）	单位	数量	质量（kg）	
				一件	小计
−5×50	300	块	1	0.58	0.58
−5×50	70	块	1	0.14	0.14

图 18-114　JLZJ5 集束线 L 型支架加工图

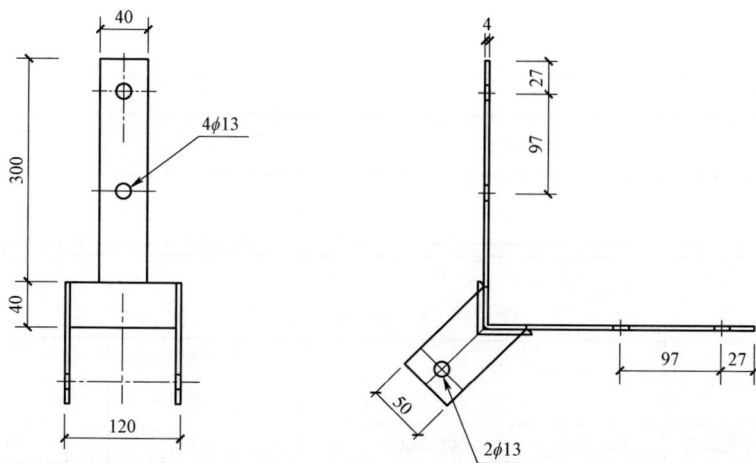

图 18-115 JZZJ5 集束线转角支架加工图

规格	长度（mm）	单位	数量	质量（kg）	
				一件	小计
−4×40	680	块	1	0.86	0.86
−5×50	160	块	2	0.32	0.64
L40×4	120	块	1	0.29	0.29

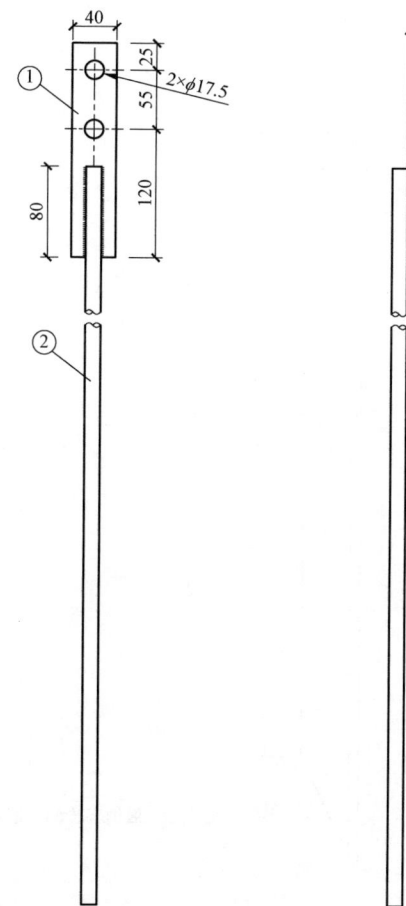

选 用 表

名称	型号	编号	规格	单位	数量	质量（kg）		备注
						单件	小计	
接地引上线	JDS-3000	①	−4×40×200	副	1	0.26	2.92	
		②	φ12×3000		1	2.66		
接地引上线	JDS-3000	①	−4×40×200	副	1	0.26	4.70	
		②	φ12×5000		1	4.44		

图 18-116 JDS 接地引上线加工图

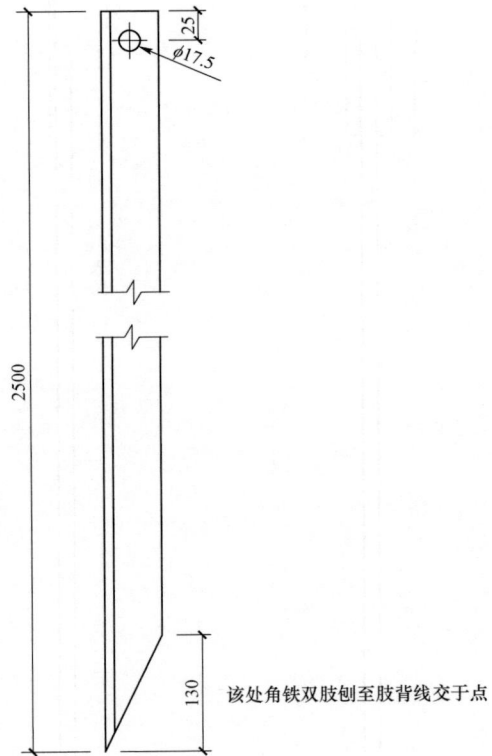

该处角铁双肢刨至肢背线交于点

选 用 表

名称	型号	规格	单位	数量	质量（kg）		备注
					单件	小计	
垂直接地铁	JDZ－2500	L50×5×2500	副	1	9.43	9.43	

图 18－117 JDZ 垂直接地铁加工图

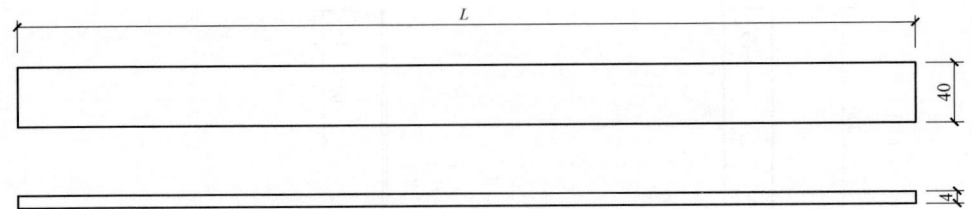

选 用 表

名称	型号	规格	单位	数量	质量（kg）		备注
					单件	小计	
水平接地铁	JDP－5m	－4×40×5000	副	1	6.3		$L=5000$
水平接地铁	JDP－10m	－4×40×10000	副	1	6.3		$L=10000$
水平接地铁	JDP－20m	－4×40×20000	副	1	6.3		$L=20000$

图 18－118 JDP 水平接地铁加工图

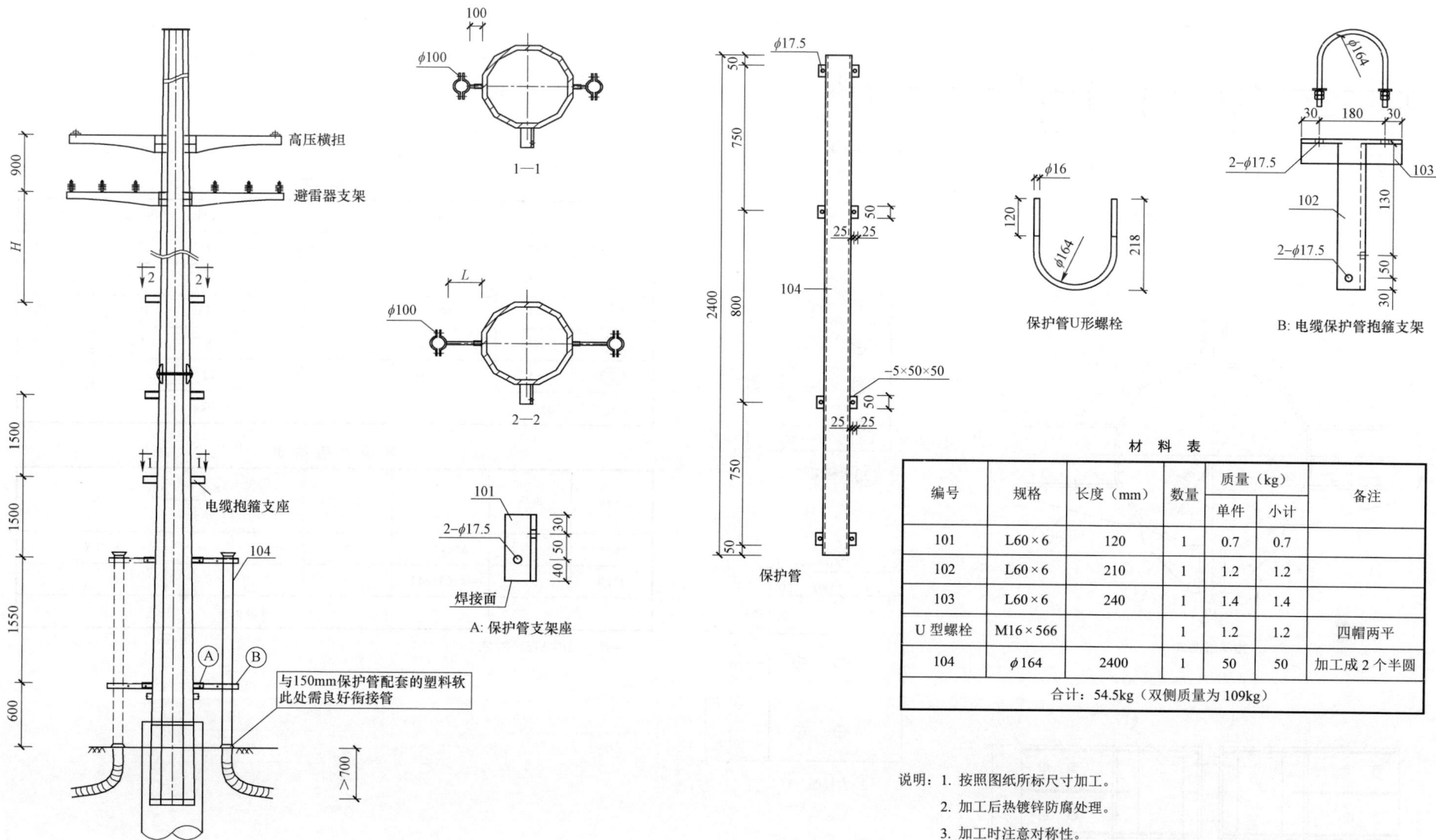

高压横担

避雷器支架

电缆抱箍支座

104

与150mm保护管配套的塑料软管
此处需良好衔接

Ⓐ Ⓑ

900

H

1500

1500

1550

600

>700

1—1

φ100

100

2—2

φ100

L

A: 保护管支架座

101

2-φ17.5

40 50 30

焊接面

φ17.5

50

750

800

25 25

50

2400

104

50

750

-5×50×50

25 25

50

50

保护管

保护管U形螺栓

φ16

120

φ164

218

φ164

B: 电缆保护管抱箍支架

30 180 30

2-φ17.5

103

102

130

2-φ17.5

30 50

50

材 料 表

编号	规格	长度（mm）	数量	质量（kg）		备注
				单件	小计	
101	L60×6	120	1	0.7	0.7	
102	L60×6	210	1	1.2	1.2	
103	L60×6	240	1	1.4	1.4	
U型螺栓	M16×566		1	1.2	1.2	四帽两平
104	φ164	2400	1	50	50	加工成2个半圆
合计：54.5kg（双侧质量为109kg）						

说明： 1. 按照图纸所标尺寸加工。

2. 加工后热镀锌防腐处理。

3. 加工时注意对称性。

4. 图中"L"的长度根据上横担的长度进行调整。

5. 图中"H"的长度由杆身高度控制，尽量保持各支架间距均衡，保持在1500mm 左右。

图 18-119 钢管杆杆上电缆固定加工图

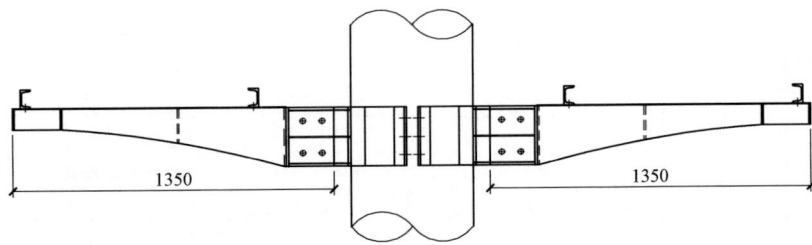

安装图

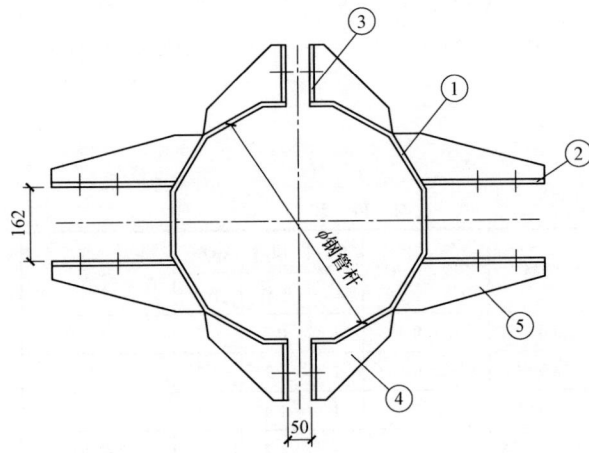

抱箍俯视图

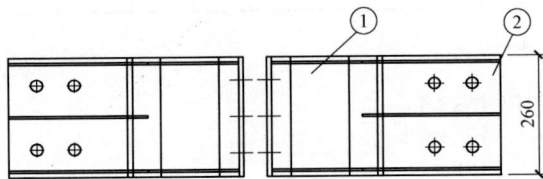

抱箍主视图

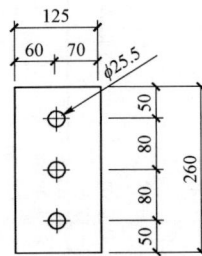

③ 大样图

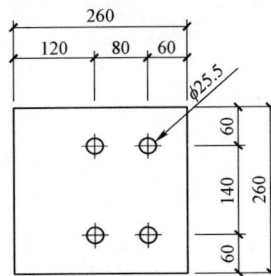

② 大样图

材 料 表

编号	名称	规格	长度（mm）	数量	质量（kg）	备注
①	钢板	−6×260	560	2	13.7	Q345B
②	钢板	−10×260	260	4	21.2	Q345B
③	钢板	−10×125	260	4	10.2	Q345B
④	钢板	−5×50	300	8	4.7	
⑤	钢板	−5×50	300	12	7.1	
其余为 Q235B			钢材总质量：56.9kg			

紧 固 件 明 细 表

名称	规格	符号	单基数量	质量（kg）		备注
				一件	小计	
螺栓		M24×80	6			8.8J 双帽
垫圈		−4（M24）	6			
合计				4.3kg		

说明：采用热镀锌防腐。

图 18−120 钢管杆通用型活动支架抱箍加工图

材 料 表

编号	名称	规格	长度（mm）	数量	质量（kg）	备注
①	钢板	−8×260	1350	2	44.0	Q345B
②	钢板	−5×200	1150	1	9.0	Q345B
③	钢板	−8×143	200	1	1.8	Q345B
④	钢板	−8×143	260	1	2.4	Q345B
⑤	钢板	−8×143	150	1	1.3	Q345B
⑥	钢板	−8×143	90	2	1.8	Q345B
[8 槽钢、−10 扁钢、熔断器支架或 PT 支架						设计选配
其余为 Q235B			钢材总重量：60.3kg			

紧 固 件 明 细 表

名称	规格	符号	单基数量	质量（kg） 一件	质量（kg） 小计	备注
螺栓		M24×80	8			8.8J 双帽
垫圈		−4（M24）	8			
螺栓		M16×45				数量设计选配
垫圈		−4（M16）				数量设计选配
合计				10.0kg		

说明：1. 采用热镀锌防腐。

2. 当作为开关避雷器一体式支架时，选配 GAT−2000 三块，质量另计。

3. 当作为单独开关支架时，选配 GAT−530 两块，质量另计。

4. 当作为 PT 支架时，按需选配 GAT−530 两块或 GPT−540，质量另计。

5. 当作为避雷器支架时，按需选配 GAT−500P，质量另计。

6. 当作为熔断器支架时，按需选配 SRSLT−1000 或 LT7−R，质量另计。

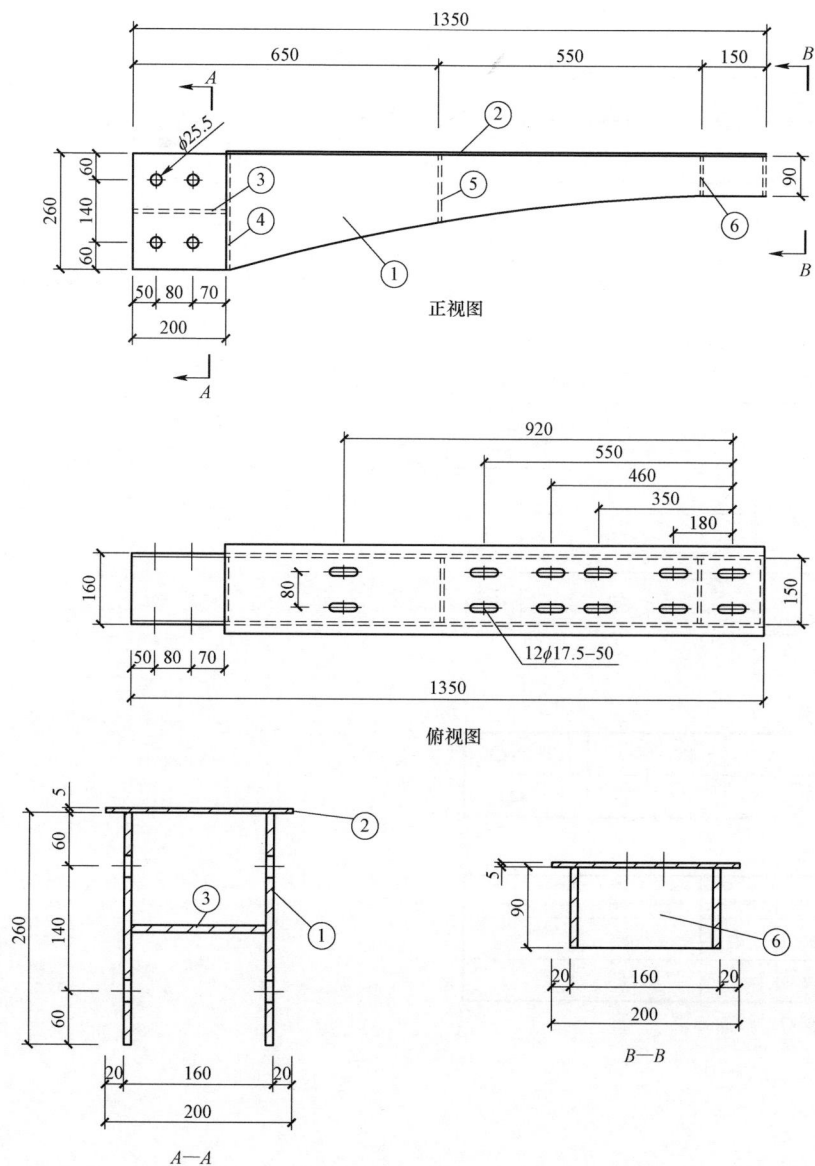

正视图

俯视图

A—A

B—B

图 18−121　钢管杆通用型活动支架（单侧）加工图

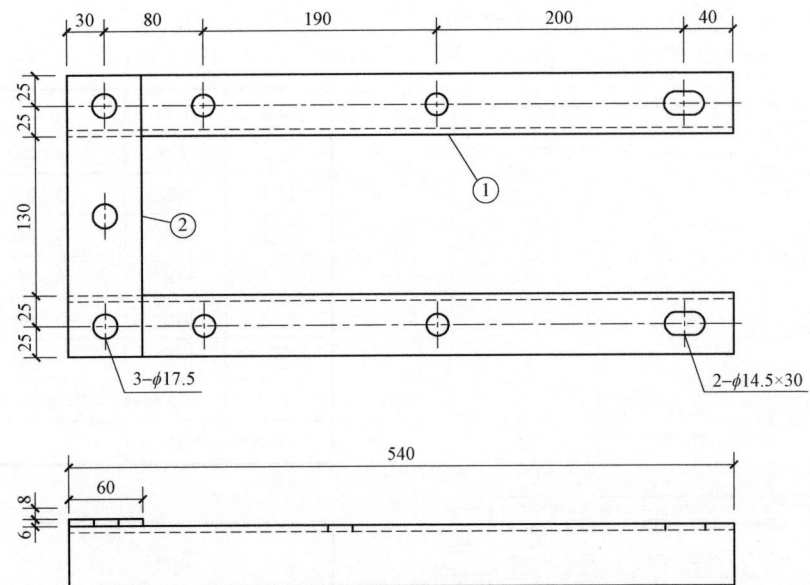

选 型 表

名称	型号	数量（副）	质量（kg）
钢管杆 PT 支架	GPT－540	1	4.82

材 料 表

编号	名称	规格	单位	数量	质量（kg）	备注
①	角钢	－5×50×540	块	2	4.08	
②	角钢	－6×60×260	块	1	0.74	

说明：1. ①②构件之间连接采用四面焊接，且焊缝高度为6mm。

2. 所有构件均须热镀锌防腐。

3. 所有构件材料材质均为Q355。

图 18－122　GPT－540 钢管杆 PT 支架加工图

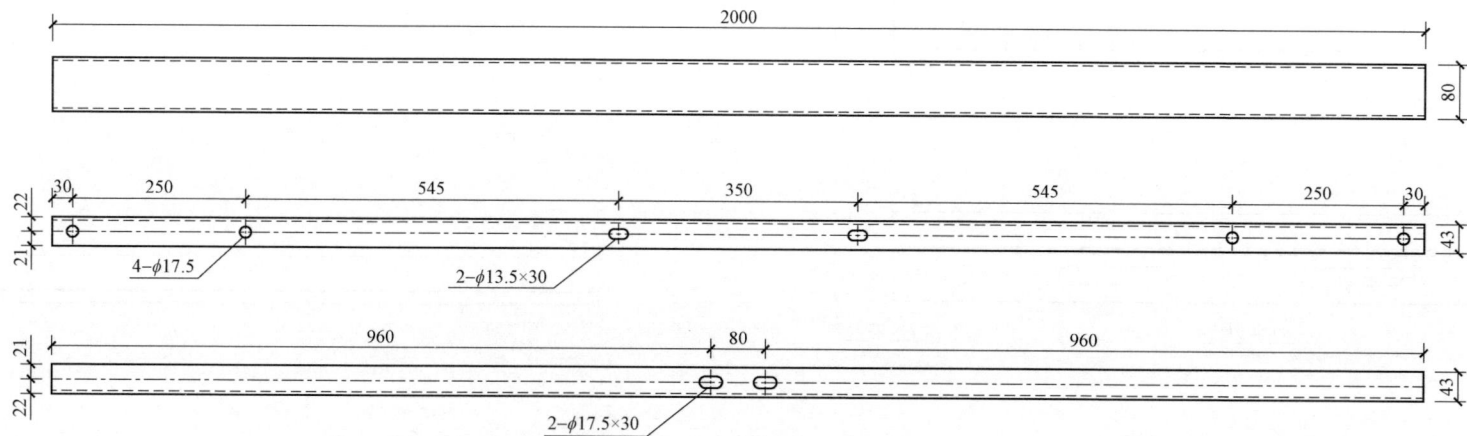

选型表

型号	规格	长度 L（mm）	数量（块）	质量（kg）
GAT－2000	[8	2000	1	16.09

说明：1. 所有构件均须热镀锌防腐。

　　　2. 所有构件材料材质均为 Q355。

图 18－123　GAT－2000 钢管杆安装铁加工图

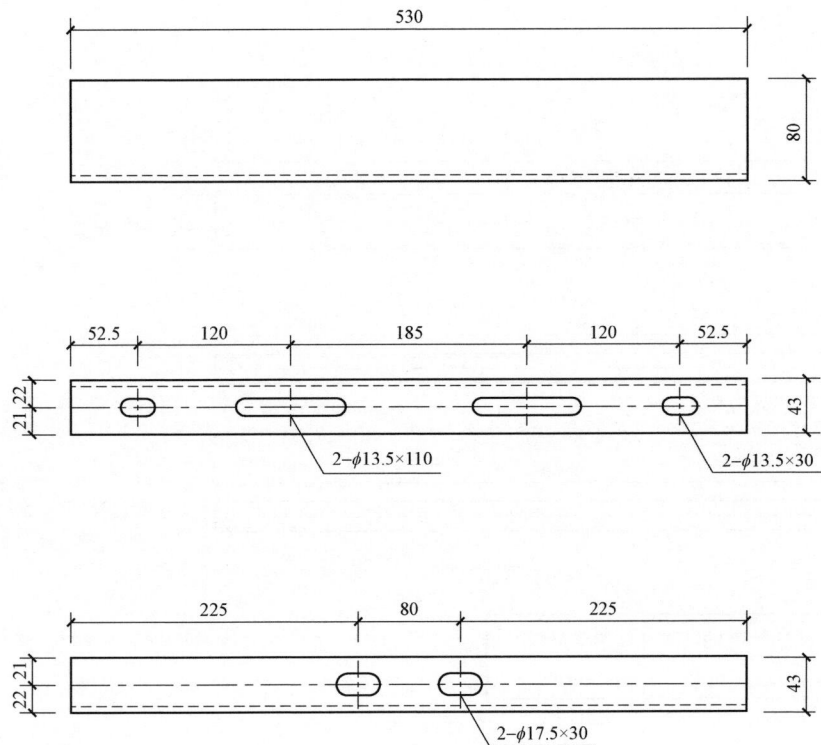

选 型 表

型号	规格	L（mm）	数量（块）	质量（kg）
GAT－530	［8	530	1	4.27

说明：1. 所有构件均须热镀锌防腐。

2. 所有构件材料材质均为Q355。

图 18－124　GAT－530 钢管杆安装铁加工图

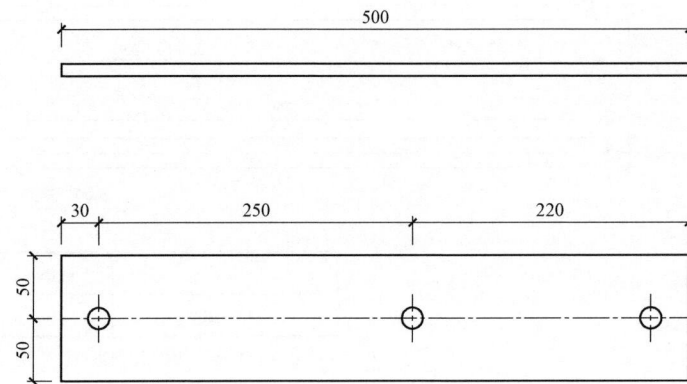

选 型 表

型号	规格	L（mm）	数量（块）	质量（kg）
GAT－500P	－10×100	530	1	3.93

说明：1. 所有构件均须热镀锌防腐。

2. 所有构件材料材质均为Q355。

图 18－125　GAP－500P 钢管杆安装铁加工图

第19章 柱上配电自动化装置

19.1 设计说明

19.1.1 概述

智能配电网是智能电网建设中的重要环节,配电自动化是智能配电网的重要组成部分。配电自动化集计算机技术、通信网络技术、自动化技术于一体,通过配电自动化终端对配电网一次设备进行远方实时监视、控制和故障处置,是提升配电网供电可靠性管控水平的重要手段。配电自动化主要由配电自动化系统主站、配电自动化系统子站(可选)、配电自动化终端和通信网络等部分组成。

应根据供电区域、网架结构、一次设备、馈线故障等情况,按照经济、高效原则,差异化规划一二次融合设备及配套装置,实现柱上开关自动化和合理布点,采用集中型或就地型等适用的馈线自动化方式自动处理线路故障,最大限度的减少停电时间、缩小停电范围。

19.1.2 配电自动化主站

配电自动化系统主站(即配电网电网调度控制系统,简称配电主站),主要实现配电网数据采集与监控等基本功能和分析应用等扩展功能,为调度运行、生产运维及故障抢修指挥服务。

19.1.3 配电自动化终端

配电自动化终端是安装在配电网的各种远方监测、控制及保护单元的总称,完成数据采集、控制、故障处置和通信等功能,主要包括馈线终端、站所终端、配变终端等,简称配电终端。10kV架空线路通用设计常用柱上配电终端设备如下。

1. 馈线终端(FTU)

(1)馈线终端是安装在配电网架空线路杆塔等处具有遥控、遥信、遥测、故障处置、故障录波等功能,并通过有线或无线通信与配电自动化主站进行数据交互,提供配电系统运行状态和各种参数,并执行配电主站下发的命令,对配电设备进行调节和控制,实现故障定位、故障隔离和非故障区域快速恢复供电功能。

(2)推广应用配电终端与开关成套供应的一二次融合成套柱上开关,采用标准化接口和一体化设计,馈线终端应具备可互换性。

2. 台区智能融合终端(SCU)

(1)台区智能融合终端是智慧物联体系"云管边端"架构的边缘设备,具备信息采集、物联代理及边缘计算功能,支撑营销、配电及新兴业务。采用硬件平台化、功能软件化、结构模块化、软硬件解耦、通信协议自适配设计,满足高性能并发、大容量存储、多采集对象需求,集配电台区供用电信息采集、各采集终端或电能表数据收集、设备状态监测及通信组网、就地化分析决策、协同计算等功能于一体的智能化融合终端设备。

(2)拓展台区智能融合终端的感知功能,融合成熟的传感设备,实现对设备状态、运行环境、安防等信息的全量感知,提升主动预警和远程监控能力,实现低压配电设备的智能化。

3. 架空线远传型故障指示器

远传型故障指示器是一种安装在电力线上指示故障电流的装置,能反映短路故障、接地故障的电磁感应设备。故障指示器通常包括电流和电场检测、故障判别、故障指示器驱动、故障状态指示信号及信号输出和自动延时复位控制等部分。架空线路远传型故障指示器通常使用无线通信方式,不需要配套通信设备支撑,其型号可分外施信号型、暂态特征型、暂态录波型三种。本通用设计建议采用暂态录波型,不采用外施信号型。

4. 配电自动化终端配置标准

(1)新建配电线路按照一二次"同步规划、同步设计、同步建设、同步投运"的原则,所有新建开关均选用一二次融合断路器,同步实现"三遥"功能。

(2)按照目标网架,根据用户数量或线路长度,考虑通道环境,合理对架空线路分段、联络、大分支首端等开关进行"三遥"改造。对于简单线路,可根据实际情况进行馈线自动化建设及改造。

(3)配电终端布点标准。

1)分段点原则:综合考虑负荷分布、线路长度等因素,宜设2~3个分段点配置馈线自动化,设置2个分段时,首台终端宜安装于线路的10%~30%之间,第二个分段点宜设置于线路的50%~70%之间。可视线路情况适当增加自动化布点，并根据负荷、线路长度均衡设置。

2）主干线原则：优先配电线路主干线建设实现自动化。

3）联络点原则：依据目标网架优先在线路联络点处实现自动化。

4）分支原则：大分支线路（A+、A、B 类区域配变装接总容量超过 3000kVA 或长度超过 2km 或高压用户数量超过 5 户的分支线路，C、D、E 类区域配变装接总容量超过 1500kVA 或长度超过 4km 或高压用户数量超过 3 户的分支线路，简称大支线）首端均应设置自动化终端。线路首段（变电站出线–首个分段点）分支应在分支线路首端配置自动化终端。重要用户支线、故障高发支线、特殊情况分支线优先设置自动化终端，其他分支点可根据实际情况合理配置配电自动化终端。

5）分界原则：315kVA 及以上客户、主线 T 接客户、故障高发用户、重要用户等应优先配置配电自动终端，逐步推进用户分界开关覆盖安装。

（4）架空线路配电自动化终端建议配置标准如表 19–1 所示。

表 19–1 架空线路配电自动化终端建议配置标准

供电区域	馈线终端配置标准	故障指示器配置标准**	台区智能融合终端
A	架空全部分段（架混主要段）、联络开关实现"三遥"功能	—	柱上变台的低压综合配电箱应设置台区智能融合终端
B	至少 2 个分段开关、1 个联络开关、大分支线路首端开关、大专变用户分界开关、中压分布式光伏接入点并网开关实现"三遥"功能*	主干线每 3km 安装 1 套	
C		主干线每 3～5km 安装 1 套	
D	至少有 2 个分段开关、大分支线路首端开关、大专变用户分界开关、中压分布式光伏接入点并网开关，实现"三遥"功能*	主干线每 5～6km 安装 1 套	
E	至少有 2 个分段开关、大分支线路首端开关，实现"三遥"功能；其他位置可配置远传型故障指示器	每 6～8km 安装 1 套	

* 线路长度小于 5km 或大于 10km，可适当减少或增加"三遥"分段开关。

** 已安装馈线终端实现配电自动化的架空线路原则上不宜重复安装远传型故障指示器，对于线路较长、支线较多的架空线路，可通过安装远传型故障指示器进一步缩小故障查找区间，快速定位故障点。

（5）馈线终端应具备短路、接地故障录波功能，并可录制分合闸动作时操作回路及储能时储能回路的电压电流波形。录波功能启动条件包括过电流故障、线路失压、零序电压突变、零序电流突变等，可远方及就地设定启动条件参数。远传型故障指示器将所录异常波形送至配电自动化主站系统，主站收集故障线路所属母线所有故障指示器的波形文件，根据零序电流的暂态特征并结合线路拓扑综合研判，判断出故障区段，再向故障回路上的故障指示器发送命令，进行故障就地指示。

19.1.4 配电自动化终端通信

（1）配电自动化终端通信方式选择遵循"安全可靠、经济高效"原则，A 类供电区域及部分重要供电场所宜采用光纤通信等方式，其他供电区域通信方式以无线通信为主，光纤通信、电力载波等为辅；架空线路采用挂接光缆方案时，需要对杆塔进行校验。

（2）对于在光纤、无线未覆盖地区，如山区长线路、地下站室等无线信号不满足通信要求的线路，可在保证安全性的前提下应用中压载波通信作为补充，或采用外置天线及信号放大器的方式提高信号强度，满足配电自动化通信信息传输。

（3）配电自动化终端通信应满足相关安全防护要求，终端与主站间通信隧道应进行加密，跨区信息交互应进行安全隔离。

19.2 馈线自动化

19.2.1 馈线自动化模式概述

馈线自动化（FA）是配电自动化建设的重要组成部分，是指利用自动化装置或系统，监视配电网的运行状况，及时发现配电网故障，进行故障定位、隔离和恢复对非故障区域的供电。馈线自动化按信息处理方式可分为主站集中型、就地重合式和智能分布式。

（1）级差保护+主站集中型 FA。适用于光纤或无线信号可靠覆盖的线路。变电站出线开关、分段开关、分支开关、分界开关配置保护级差，形成保护级差配合。故障发生后，级差保护完成故障切除，通过"开关分闸+保护动作"或"开关分闸+事故总"条件触发主站集中型 FA，根据配电终端上送的告警动作情况进行故障区间判断，实现故障区间隔离和非故障区域恢复供电。集中型馈线自动化包括半自动和全自动两种方式。

（2）级差保护+电压时间型就地 FA。适用于通信不可靠线路。变电站出线开关、分支开关、分界开关配置保护级差，形成保护级差配合。作为选线开关的变电站出线开关或出站首个开关以及选段开关中的大分支首端，应具备保护出口和重合闸能力，需投入二次重合闸。

（3）就地级差保护。适用于无信号、偏远供电可靠性要求低的区域，可作为"级差保护+集中型"或"级差保护+电压时间型"的临时性过渡方案。发生故障时，通过开关保护级差配合实现故障隔离。

19.2.2 馈线自动化设计原则概述

（1）馈线自动化的选型需要综合考虑供电可靠性要求、网架结构、一次设备、保护配置、通信条件，以满足未来中长期区域规划的运行维护合理需求。同一供电区域内应选用一种或几种模式，模式种类不宜过多，针对每条线路制定具体方案，以保证完整实现各线路的馈线自动化功能。

（2）A、B、C类供电区域架空线路宜采用"级差保护+集中型"馈线自动化模式，D类供电区域架空线路宜采用"级差保护+电压时间型馈线自动化"，E类供电区域架空线路宜采用级差保护+故障指示器，以实现配电线路故障区间的准确判断定位。

（3）对于新建配电线路和开关等设备，结合配电网建设改造项目同步实施，架空线路应根据线路所处区域的终端和通信建设模式，合理选择终端设备，确保一步到位，避免重复建设。

（4）针对存量线路，架空线路以更换、新增一二次融合柱上断路器为主，实现架空线路多分段。

（5）为提高接地故障检测及定位效率，对于架空线路，可在部分主干线、分支线增加具备单相接地故障检测能力的远传型故障指示器。

（6）充分考虑馈线自动化改造与变电站出线开关重合闸次数、保护时限的配合关系，优化保护定值与时限级差配合。

19.2.3 三种馈线自动化模式对比

三种常用馈线自动化模式见表 19-2。

表 19-2　　　　　三种常用馈线自动化模式

模式	级差保护+集中型	级差保护+电压时间型	级差保护型
供电区域	A、B、C类区域	C、D类区域	
网架结构	架空、电缆线路、架空电缆混合线路	单辐射、单联络、多联络等架空线路	单辐射、单联络的架空线路
布点原则	主干线联络开关、分段开关，进出线较多的节点，配置三遥配电终端	主干线联络开关、分段开关（≥2）；对于大分支线路原则上仅安装一级与主干线相同配置的开关	
配套开关	电动及手动操作机构开关，可采用弹操、永磁或磁控等操动机构		

右栏续表

续表

模式	级差保护+集中型	级差保护+电压时间型	级差保护型
互感器配置	电磁式：电压互感器包括供电和测量双绕组，采用V-V接线，分别安装于开关两侧，一组提供两个AC220V终端电源；一组采集 U_{ab}、U_{bc} 两个线电压；开关内置零序电压互感器。电流互感器包括三相电流及零序电流互感器，采集三相电流及零序电流。电子式：电压传感器为绕组，采用V-V接线，分别安装于开关两侧，提供两个AC220V终端电源；电压传感器采用电容、阻容或电阻分压互感器，采集三相电压及零序电压。电流互感器采用低功耗LPCT三相电流及零序电流互感器，采集三相电流及零序电流。数字式：在电子式的基础上，开关侧配置数字化转换单元，将电压、电流等模拟量和开关状态等遥信量，就地转换为数字信号后接入配电终端		
	—	所有开关同时要安装零序电压互感器。线路开关还需要安装相电流和零序电流互感器	所有开关同时要安装零序电压互感器。线路开关还需要安装相电流和零序电流互感器
通信方式选择	EPON、工业光纤以太网、无线	无线	
变电站出线开关重合闸及保护要求	配合变电站出线开关保护配置	需配置1次或2次重合闸*	需配置1次或2次重合闸*
定值适应性	定值统一设置，方式调整需重设		
特点	（1）灵活性高，适应性强，适用于各种配电网络结构及运行方式。适用于光纤或无线信号可靠的区域。（2）开关操作次数少。（3）要求高可靠和高实时性的通信网络。（4）可对故障处理过程进行人工干预及管控。（5）可实现故障定位、隔离、非故障区域恢复等全部配电网故障处理功能	（1）可自行就地完成故障定位和隔离。（2）线路运行方式改变后，需调整终端定值。（3）非故障区域需要一定时间恢复供电。（4）需变电站出线断路器配置2次重合闸	（1）可自行实现故障就地定位和就地隔离。（2）快速处理瞬时故障和永久故障。（3）线路运行方式改变后，需调整终端定

* 若变电站出线开关具备二次重合闸功能，则所有分段开关的 X 时限为 7s；若变电站仅配置一次重合闸且不能调整时，第一个分段开关的 X 时限（Xs）设置为 21s，其余分段开关设置 7s。

19.2.4 单相接地故障处理应用原则

1. 级差保护+集中型

（1）当配电网发生单相接地故障时，可检测零序电流的终端上送对应的零序过流动作信号，故障指示器可能给出相应的接地故障指示信号，支持暂态录波功能的配电终端将启动录波并上送录波文件至配电自动化主站，主站对各配电终端的信号及录波文件进行综合分析，实现故障区段的研判。

（2）接地故障跳闸时应启动FA（当站内有选线装置跳闸时，亦应启动FA），利用配电终端接地告警信息，实现故障定位、隔离和非故障区段的恢复供电。

（3）接地故障告警时（未投入保护出口），则综合利用变电站选线装置、母线接地告警信号/母线电压越限，及馈线终端接地保护等信号，启动故障研判功能，给出研判故障区段，用以辅助故障隔离和非故障区段的恢复供电。

2. 级差保护+电压时间型、级差保护型

（1）需选用一二次融合成套柱上断路器，具备单相接地故障选线和选段功能，通常线路首台开关配置为选线模式，其余开关配置为选段模式，配置接地保护时间级差。

（2）接地故障告警时（未投入保护出口），同集中型馈线自动化处理方式。

19.2.5 断线故障处理应用原则

因断线故障类型多，故障特征复杂，断线点电源侧开关可能无法正确判断，需结合断线处负荷侧开关的报文进行综合分析。

1. 断线并接地故障

（1）断线处电源侧开关参照单相接地故障处理应用原则。

（2）断线故障时，如受断线影响的负荷大于30%，电源侧开关可能判断出区内断线故障。

（3）断线故障时，断线处负荷侧与断线相关的两个线电压的幅值减少，另一个线电压幅值不变；负荷电流一相减少，另外两相相角接近180°。负荷侧开关可判断区外断线故障。

2. 单相断线不接地故障

（1）断线故障时，断线处电源侧电压基本不变；负荷电流一相为零，另外两相电流夹角大于120°。但如受断线影响的负荷小于30%，断线后电流变化较小，电源侧开关可能误判。

（2）断线故障时，断线处负荷侧与断线相关的两个线电压的幅值下降到额定线电压的0.8倍以下，另一个线电压幅值基本不变；负荷电流一相为零，另外两相电流夹角大于120°。负荷侧开关可判断为区外单相断线故障。

3. 两相断线不接地故障

（1）断线故障时，断线处电源侧电压基本不变；三相负荷同等减少（甚至到零）且相位差仍为120°，因故障特征与正常运行情况相近，电源侧开关无法判断两相断线故障。

（2）断线故障时，断线处负荷侧三相电压同相位，线电压接近零值，且有较大的零序电压。负荷侧开关可判断为区外两相断线故障。

19.3 设备安装及选型要求

19.3.1 一二次融合标准化柱上断路器

（1）一二次融合标准化柱上断路器包含柱上断路器、馈线终端、互感器和航空插头等部分。

（2）为满足"同步规划、同步设计、同步建设"的要求，架空线路配电自动化装置应按照国网最新的配电终端技术规范要求，应选用满足国网专项检测要求的三遥FTU馈线远方终端，优选《12kV 一二次融合柱上断路器及配电自动化终端（FTU）标准化设计方案》配套的柱上终端；后备电源同样按照配电终端技术规范执行。一次操作机构应采用弹簧或电磁操作机构形式，具备手动及电动操作功能。

（3）当配合电磁式电流互感器模式时，电磁式电压互感器需包含供电和测量双绕组；当配合电子式互感器模式或数字式互感器模式时，电磁式电压互感器仅含供电单绕组；为保证采集精度，推荐采用电子式和数字式互感器。电磁式电压互感器安装时，宜配套使用跌落式熔断器进行隔离，便于设备带电安装及更换。为防止谐振，在终端功率满足情况下，可采用电容式电压互感器取电方式。电磁式原理和电子式互感器，相关技术要求见表19-3。

表 19-3　　　　　　　电磁式及和电子式互感器技术要求

项目	电磁式		电子式/数字式	
	电压互感器	电流互感器	电压互感器	电流互感器
变比	测量绕组：10kV/0.1kV；供电绕组：10kV/0.22kV	相电流：600A/5A；零序电流：100A/1A	相电压：（10kV/$\sqrt{3}$）或（3.25V/$\sqrt{3}$）；零序电压：（10kV/$\sqrt{3}$）或（6.5V/3）	相电流：600A/1V；零序电流：20A/0.2V
准确级	测量绕组：0.5级；供电绕组：3级	相电流：保护5P10级；测量0.5S级；零序电流：5P10级	相电压：0.5级；零序电压：3P级	相电流：保护5P10级，测量0.5S级；零序电流：10P30级
额定输出容量/额定负荷	测量绕组：10VA；供电绕组：300VA	相电流：额定5A时，10VA；额定1A时，1VA；零序电流：100A/1A，0.5VA	2MΩ	20kΩ

（4）FTU 采用光纤通信时，需增加光缆通信箱（含 ONU 或以太网交换机、光配、分光器等），另外还需要熔接包和余缆架用于光纤通信网络的组网、光缆的开断、引下、余缆缠绕。FTU 采用无线通信时，无线通信功能由 FTU 内置通信模块实现。

（5）按结构形式区别，馈线终端可分为户外罩式馈线终端和户外箱式馈线终端。二者功能与接口一致，可根据现场实际情况选择馈线终端的结构形式。宜优先设计选用户外防护等级高、耐候性强、安装方便的户外罩式馈线终端。馈线终端安装位置不得妨碍登杆作业，终端抱箍应适配杆塔直径。

（6）FTU 的安装离地面高度应不小于 3m 且不超过 4m，且位于柱上开关同侧下方。

（7）馈线终端接插件采用航空插头形式。馈线终端安装航空插座，连接电缆采用航空插头，航空接插件插头、插座采用螺纹连接锁紧，具有防误插功能，插针与导线的端接采用焊接方式，航空插头外壳与连接电缆金属屏蔽层相连，航空插头与电缆连接处应做好密封处理。馈线终端配套的一次开关，应具备 26 芯航空接插件插座（即自动化接口），26 芯航空插件管脚电气定义见表 19-4。

表 19-4　　　　　26 芯航空插件管脚电气定义

开关侧连接器引脚	配电磁式互感器		配电子式互感器		配数字式互感器	
	标记	标记说明	标记	标记说明	标记	标记说明
1	CN-	储能-	YXCOM	遥信公共端	MUDY+	数字电源+
2	CN+	储能+	HW	合位	—	—
3	HZ-	合闸-	CN-	储能-	COM	分合闸、储能公共端
4	HZ+	合闸+	CN+	储能+	CN+	储能+（可选）
5	FZ-	分闸-	DQY	低气压闭锁	MUDY-	数字电源-
6	FZ+	分闸+	FW	分位		
7	Ia	A 相电流	HZ-（可选）	合闸-	COM	分合闸、储能公共端
8	Ib	B 相电流	HZ+（可选）	合闸+	HZ+	合闸+
9	Ic	C 相电流	—	—	TX+	通信+
10	In	相电流公共端	Ia+	A 相电流+		
11	I0	零序电流	WCN（可选）	未储能		
12	I0com	零序电流公共端	FZ-	分闸-	COM	分合闸、储能公共端
13	—	—	FZ+	分闸+	FZ+	分闸+

开关侧连接器引脚	配电磁式互感器		配电子式互感器		配数字式互感器	
	标记	标记说明	标记	标记说明	标记	标记说明
14	—	—	—	—	TX-	通信-
15	QY（SF$_6$开关适用）	低气压闭锁*	Ib+	B 相电流+	MUDY+	数字电源+
16	QYCOM（SF$_6$开关适用）	低气压闭锁公共端*	Ia-	A 相电流-		
17	—	—	Ucom	电压公共端		
18	—	—	U0+	零序电压+		
19	YXCOM	遥信公共端	Ua+	A 相电压+		
20	HW	合位	Ic+	C 相电流+		
21	FW	分位	Ib-	B 相电流-		
22	WCN（可选）	未储能位	Uc+	C 相电压+		
23	U0	零序电压	Ub+	B 相电压+		
24	U0com	零序电压公共端	I0+	零序电流+		
25	—	—	Ic-	C 相电流-		
26	—	—	I0-	零序电流-		

*环保气体绝缘罐式户外柱上真空断路器可内置隔离开关。

19.3.2　台区智能融合终端

（1）台区智能融合终端替换集中器和台区表，安装在存量台区的集中器位置。针对柱上变压器低压综合配电箱内部空间足够或新装低压综合配电箱，则优先选择内部安装，将智能融合终端镶嵌入配变低压综合配电箱内部；针对低压综合配电箱箱体内部没有足够空间的情况，选择外装智能融合终端箱。

（2）供电电压回路接线。可从台区表、集中器、熔断式刀闸（万能断路器）上口、计量端子盒取电，优先考虑计量端子盒取电。交流电流采样可选三种方式：

1）串联在台区表和端子排（集中器）间的计量回路。

2）接入无功补偿 TA 回路。

3）新装一组电流互感器，组成融合终端交流采样回路。

（3）台区智能融合终端接口定义。

1）台区智能融合终端应具备 2 路无线公网/专网远程通信接口、具备 2 个 RS-485、2 个 RS-232/RS-485 可切换串口、1 个电力线载波通信接口、2 路以太网接口。

2）支持的通信协议应包括远程通信协议、本地通信协议和终端与功能模块间通信协议三类。

3）强电连接器端子定义，如表19-5所示。

表19-5　　　　强电连接器端子定义表

序号	定义	序号	定义
1	A相电流端子_P	7	C相电流端子_P
2	A相电压	8	C相电压
3	A相电流端子_N	9	C相电流端子_N
4	B相电流端子_P	10	N相电压
5	B相电压	11	零序电流端子_P
6	B相电流端子_N	12	零序电流端子_N

4）弱电连接器端子定义，如表19-6所示。

表19-6　　　　弱电连接器端子定义表

序号	定义	序号	定义	序号	定义
13	遥信I	19	无功	25	RS485 串口II端 B
14	遥信II	20	秒脉冲	26	RS485 串口III端 A/RS232 串口I端 TX
15	遥信III	21	脉冲 GND	27	RS485 串口III端 B/RS232 串口I端 RX
16	遥信IV	22	RS485 串口I端 A	28	RS232 串口 GND
17	遥信公共端	23	RS485 串口I端 B	29	RS485 串口IV端 A/RS232 串口II端 TX
18	有功	24	RS485 串口II端 A	30	RS485 串口IV端 B/RS232 串口II端 RX

19.3.3　架空线路远传型故障指示器

（1）严格执行关于故障指示器选型的相关要求，充分考虑线路类型、中性点接地方式、配电终端功能等因素，变电站同一母线（含同一母线延伸的开关站）馈出配电线路应选择同一技术原理的故障指示器。

（2）规划布点应结合馈线自动化设备建设统筹考虑，与配电自动化终端、一二次融合标准化配电设备相配合；对于已实现自动化功能的线路区段，故障指示器可用于两个自动化开关间故障区段的细分，达到进一步缩小故障定位区间的目的。

（3）远传型故障指示器规划布点应充分考虑故障研判的便捷性、准确性，若架空线路站外首端、主干线主要分段、大分支线首端无自动化开关，应在相应位置安装故障指示器。安装间隔需考虑负荷密度、线路长度等因素，城市区域宜2~3km，农村地区宜3~5km，对于地理环境恶劣、故障巡查困难、故障率较高、接地故障次生事故危害较大的线路，可适当提高安装密度。

（4）故障指示器采集单元安装在架空配电线路上，安装处的配电线路日平均负荷电流不应低于5A；对于低负载（小于5A）线路，可选用3A或1A取电型采集单元。

（5）汇集单元安装在配电线路杆塔上，安装位置前应进行现场勘查，选取光照条件适宜的位置、高度，并对通信信号进行测试，若信号强度不满足要求，应协调相应通信运营商增强信号覆盖，或更换安装位置。若线路所在区域的光照强度确不满足要求，可考虑采用线路取电型汇集单元设备。为适应不同地区光照条件和气候条件的差异，太阳能板安装角度主要有两种方式。国内大部分地区建议采用30°角度安装方式；高纬度易积雪地区建议采用0°垂直安装方式。

19.3.4　馈线自动化终端配套电源要求

（1）后备电源应采用免维护阀控铅酸蓄电池、锂电池；免维护阀控铅酸蓄电池寿命不少于3年，锂电池寿命不少于5年。

（2）智能融合终端应使用交流三相四线制供电，在系统故障（三相四线供电时任断二相电）时，交流电源可供终端正常工作。终端采用超级电容作为后备电源，并集成于终端内部。当终端主电源故障时，超级电容能自动无缝投入，并维持终端及终端通信模块正常工作至少3min。

（3）远传型故障指示器汇集单元采取电压互感器、太阳能或台区低压取电方式，采用电压互感器取电时该处线路日均负荷电流应满足装置运行要求，采用太阳能取电方式时装置应安装在无遮挡位置。

（4）配电终端的通信设备电源应取自其装置的直流电源。

19.4　设计图

柱上配电自动化装置及配套设备设计图清单见表19-7。

表19-7　　　　柱上配电自动化装置及配套设备设计图清单

图序	图名	备注
图19-1	馈线终端安装示意图	
图19-2	故障指示器安装示意图	

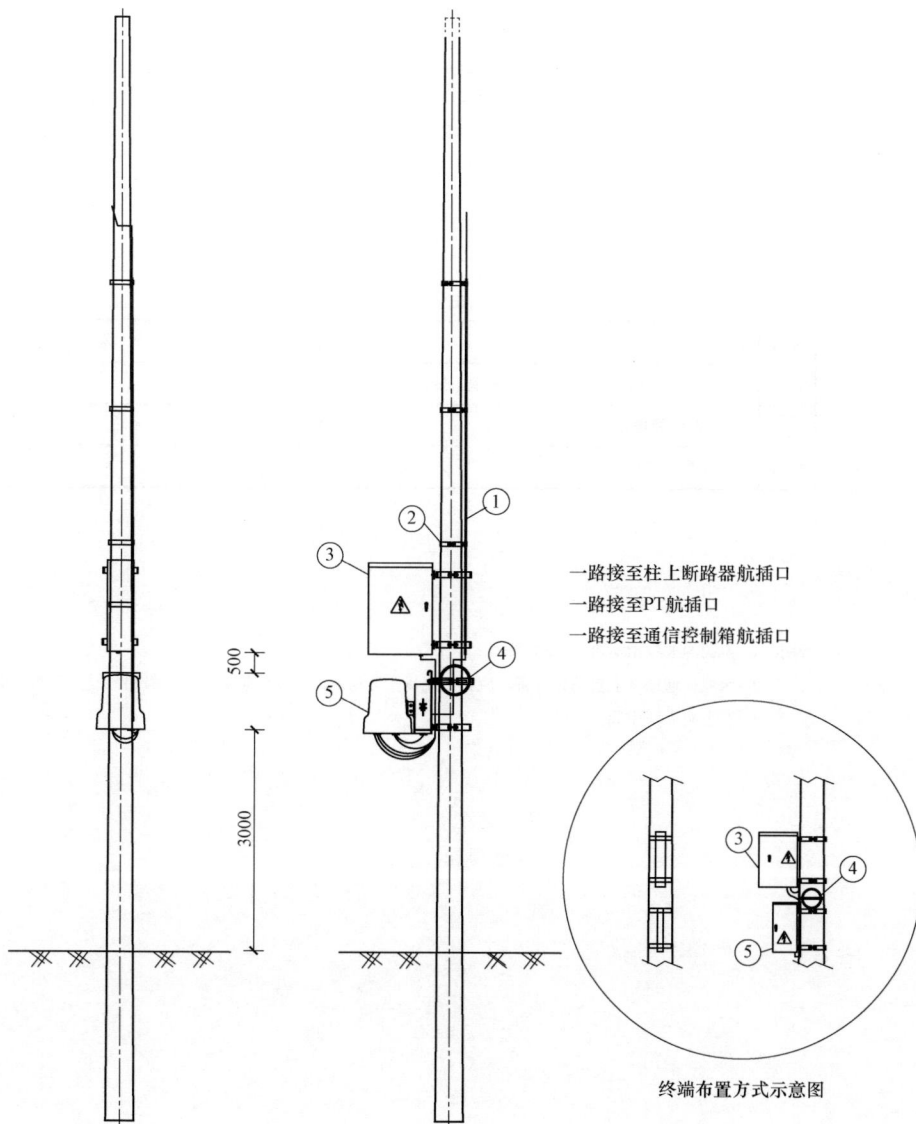

一路接至柱上断路器航插口
一路接至PT航插口
一路接至通信控制箱航插口

终端布置方式示意图

主 材 汇 总 表

编号	名称	规格	单位	数量	备注
①	保护管		m		根据实际情况确定
②	抱箍		副		根据实际情况确定
③	光缆通信箱		只	1	选配
④	光缆余缆架		套	1	选配
⑤	柱上配电自动化终端		套	1	

说明：1. 本图为馈线终端安装示意图，柱上开关部分详见第18章。

2. 水泥杆增加柱上自动化设备，应根据现场实际情况调整安装位置，以保障相关安全距离要求，不影响登杆作业。

图 19-1 馈线终端安装示意图

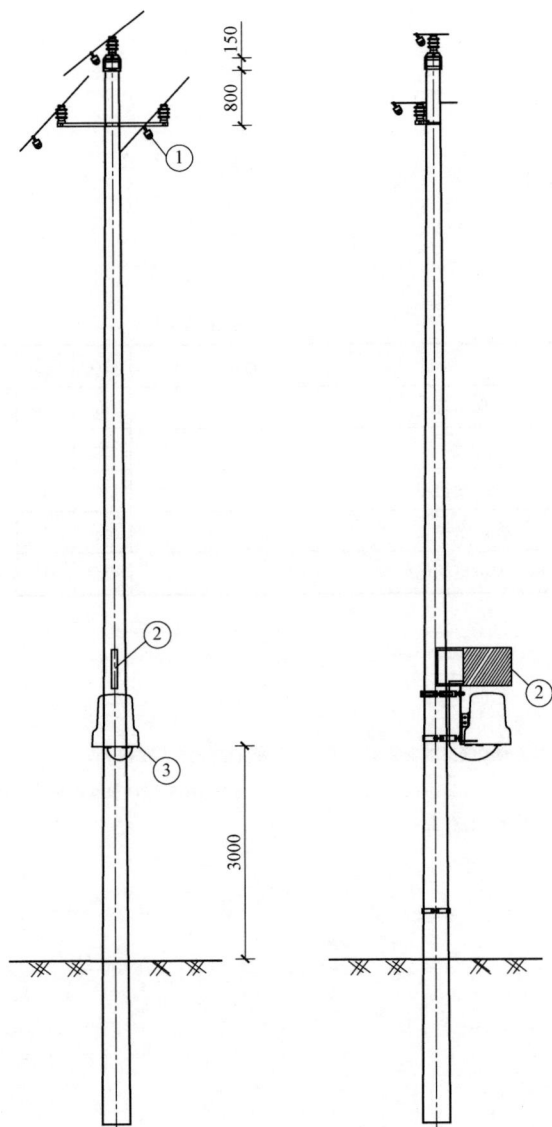

主材汇总表

编号	材料名称	规格	单位	数量	备注
①	故障指示器	接地，短路二合一	只	3	
②	太阳能电池板		套	1	
③	柱上配电自动化终端		套	1	

说明：1. 本图为故障指示器安装示意图。

2. 水泥杆增加柱上自动化设备，应根据现场实际情况调整安装位置，以保障相关安全距离要求，不影响登杆作业。

图 19－2　故障指示器安装示意图

第 20 章 10kV 耐张及分支杆引线布置

20.1 设计说明

（1）各型号 10kV 导线架设于水泥单杆、钢管杆、水泥双杆、窄基塔、宽基塔时允许最小耐张转角角度参照表 4-4～表 4-7。

（2）根据线路架设及运行需要，直线或小转角单杆可增设分段耐张装置。水泥单杆及采用活动横担的钢管杆线路当线路转角 45°以下时采用单排横担布置方式，线路转角 45°及以上时采用双排横担布置方式。采用固定横担的钢管杆线路均采用单排横担布置方式。

（3）支接装置分为无熔断器、有熔断器及有柱上断路器三种方式，可向任意方向支接，本章设计中仅示出向右 90°方向的装置。

（4）所有支接装置均能适用于裸导线或绝缘导线支接线路安装。

（5）导线连接应采用与导线规格相匹配的接续金具连接，不应采用绑扎方式。

（6）10kV 耐张双杆跳线采用跳线绝缘子，若跳线采用悬垂绝缘子串请自行设计并校验电间隙等相关参数。

（7）10kV 引下线跳线绝缘子应采用柱式绝缘子。

（8）铁质横担加设跳线绝缘子后，导线与杆塔构件、拉线之间的最小间隙见表 6-6，10kV 过引线、引下线与邻相导线之间的最小间隙见表 6-8。

20.2 设计图

10kV 耐张及分支杆引线布置设计图清单见表 20-1。

表 20-1　　10kV 耐张及分支杆引线布置设计图清单

图序	图名	备注
图 20-1	10kV 8°（15°）转角杆装置	
图 20-2	10kV 45°转角杆装置	
图 20-3	10kV 45°～90°转角杆装置	
图 20-4	10kV 耐张钢管杆跳线图（1/2）	
图 20-5	10kV 耐张钢管杆跳线图（2/2）	
图 20-6	10kV 耐张双杆跳线图	
图 20-7	10kV 单回路直线无熔丝支接装置	
图 20-8	10kV 单回路直线有熔丝支接装置	
图 20-9	10kV 双回路直线无熔丝支接装置	
图 20-10	10kV 双回路直线有熔丝支接装置	
图 20-11	10kV 直线有柱上断路器支接装置	

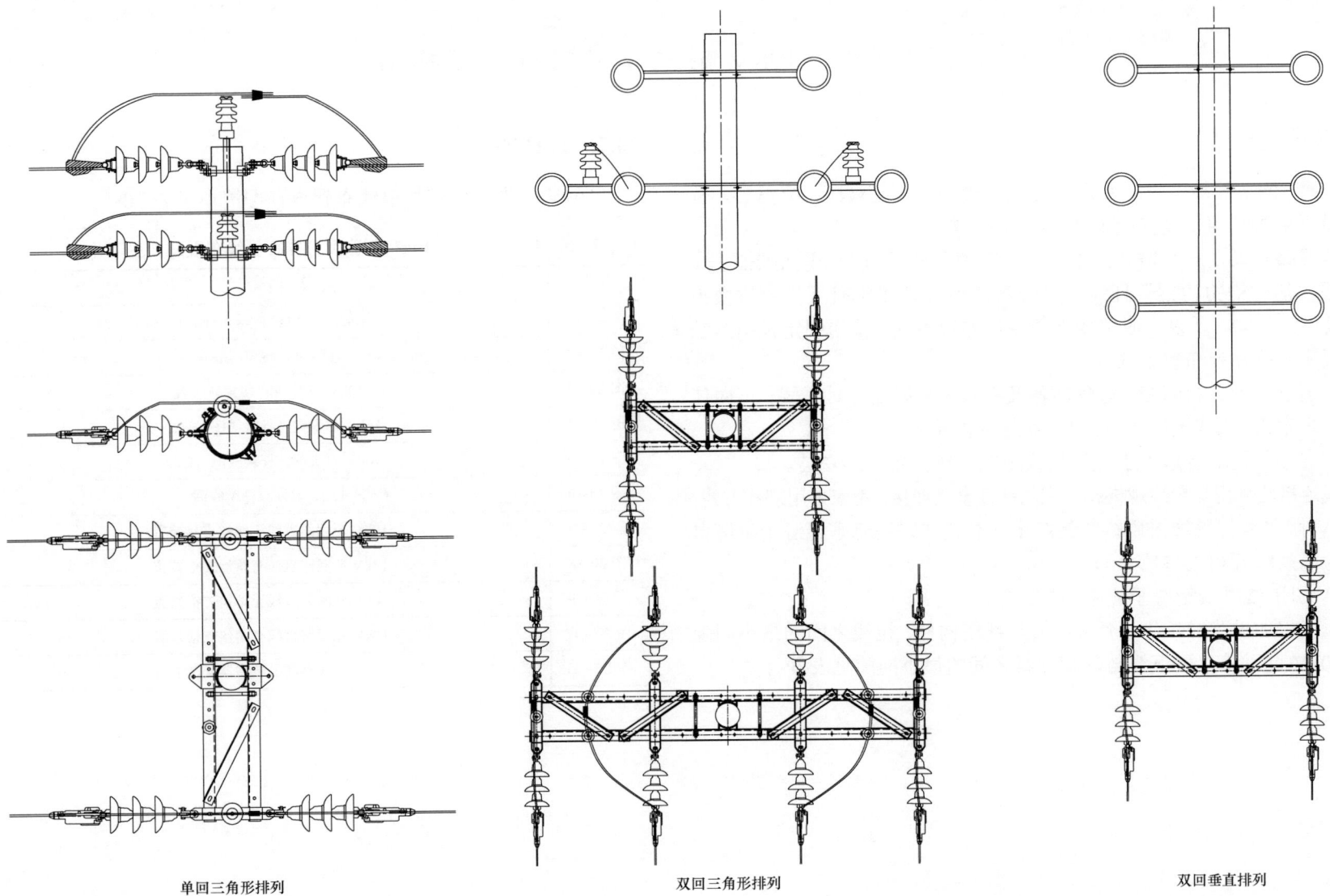

单回三角形排列　　　　双回三角形排列　　　　双回垂直排列

说明：1. 150～240mm² 截面导线转角范围为 0°～8°。

2. 120mm² 及以下截面导线转角范围为 0°～15°。

3. 为保证安装工艺统一、整齐、美观，转角 45° 以下耐张杆均应采用柱式绝缘子从横担上方进行跳线。

图 20-1　10kV 8°（15°）转角杆装置

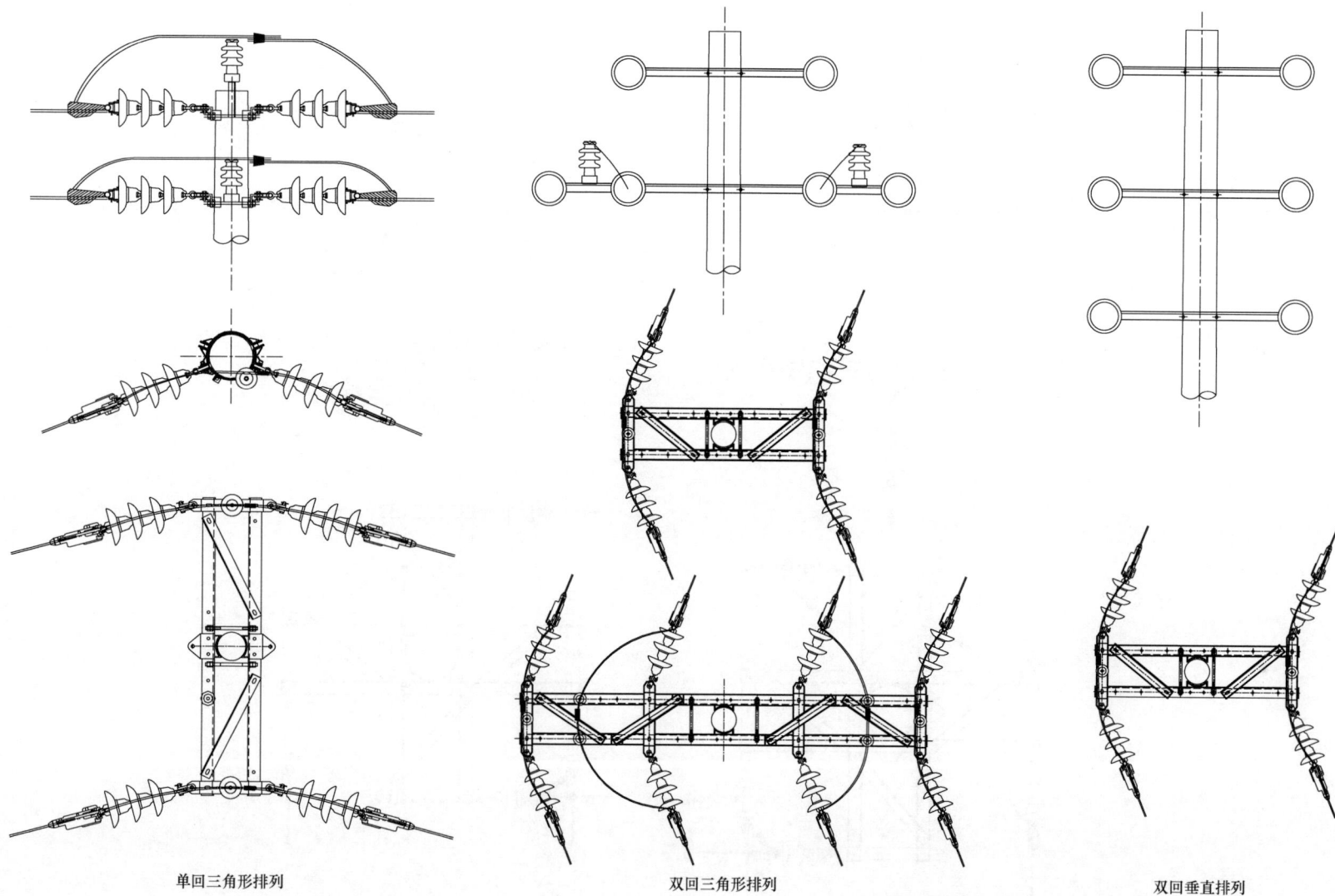

单回三角形排列　　　　　双回三角形排列　　　　　双回垂直排列

说明：1. 150～240mm² 截面导线转角范围为 0°～8°。
　　　2. 120mm² 及以下截面导线转角范围为 0°～15°。
　　　3. 为保证安装工艺统一、整齐、美观，转角 45° 以下耐张杆均应采用柱式绝
　　　　　缘子从横担上方进行跳线。

图 20-2　10kV 45° 转角杆装置

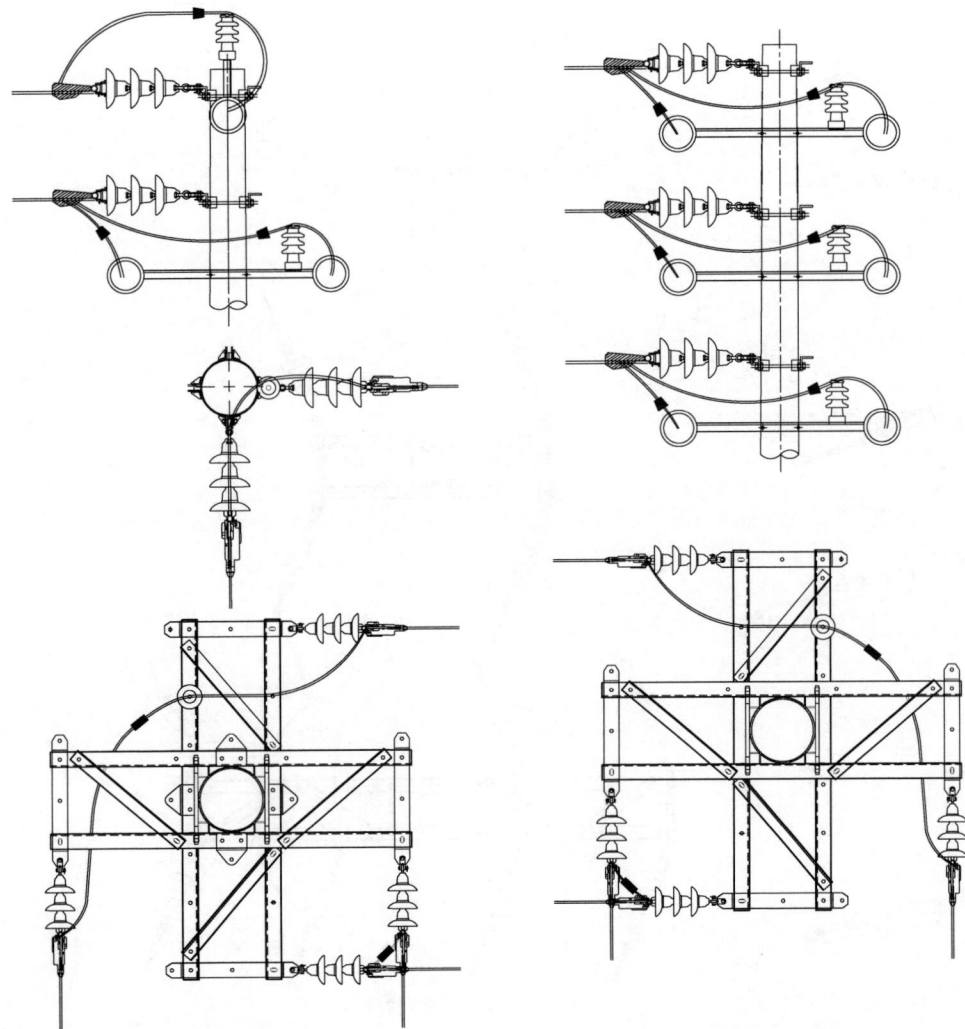

单回三角形排列

双回垂直排列

说明：导线转角范围为 45°～90°。

图 20-3 10kV 45°～90° 转角杆装置

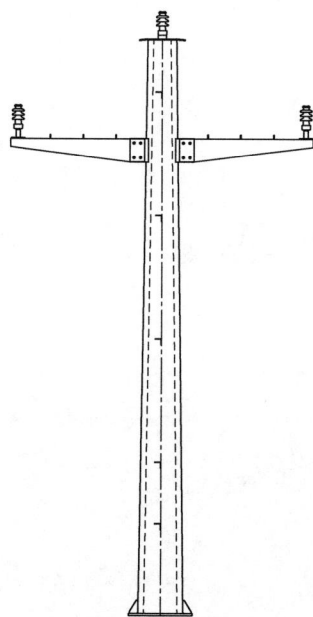

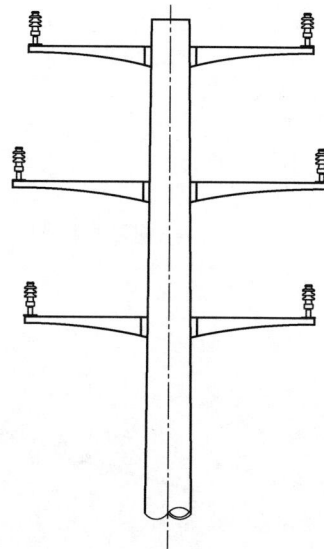

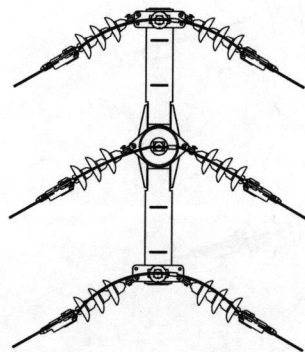

单回三角形排列

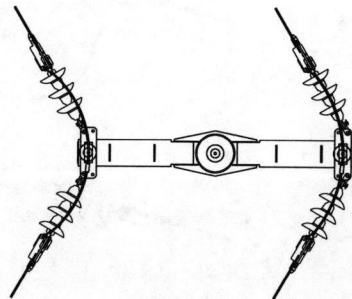

双回垂直排列

说明：为保证安装工艺统一、整齐、美观，转角45°以下耐张杆均应
采用柱式绝缘子从横担上方进行跳线。

图 20-4 10kV 耐张钢管杆跳线图（1/2）

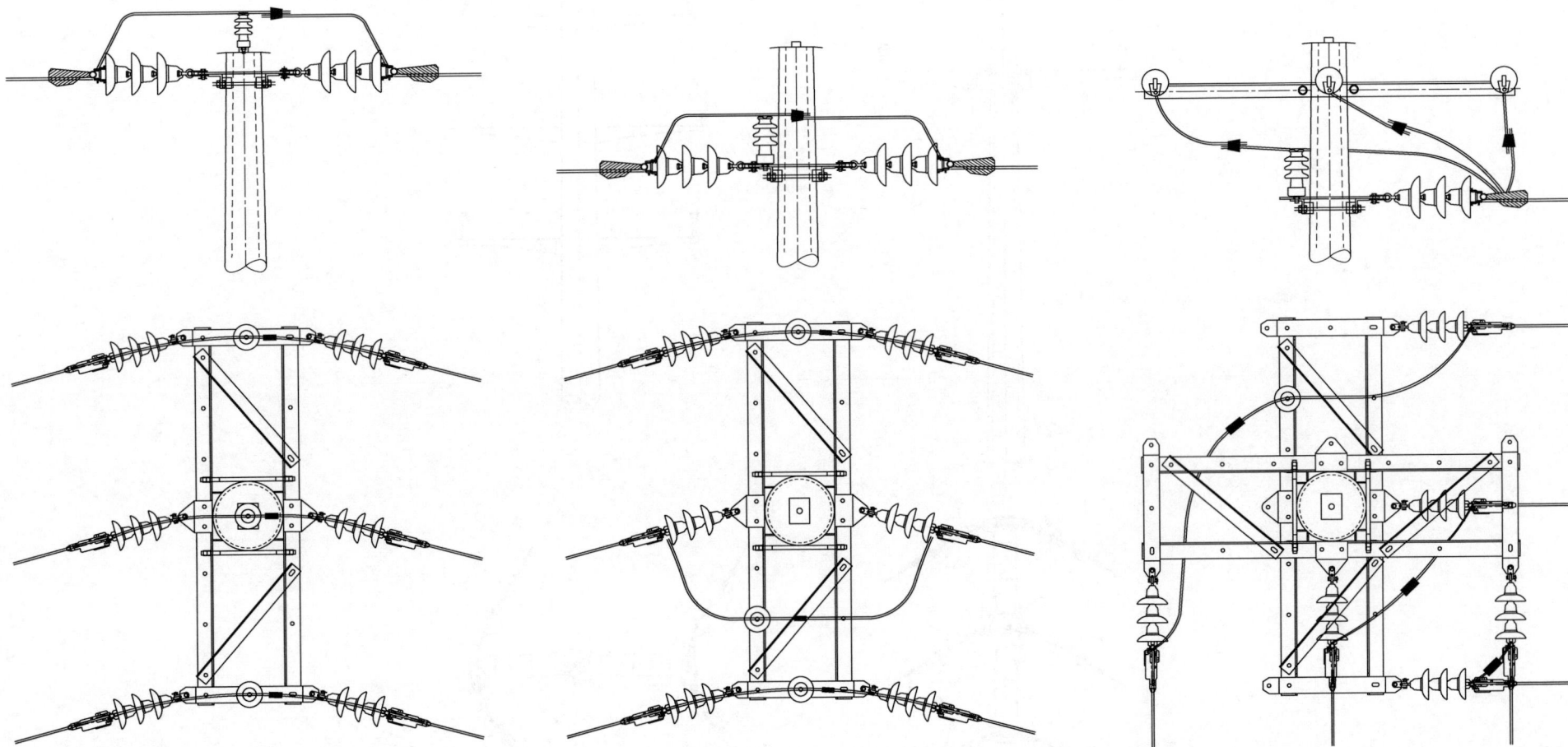

说明：1. 耐张钢管杆采用活动横担。

2. 为保证安装工艺统一、整齐、美观，转角 45° 以下耐张杆均应采用柱式绝缘子从横担上方进行跳线。

图 20 - 5　10kV 耐张钢管杆跳线图（2/2）

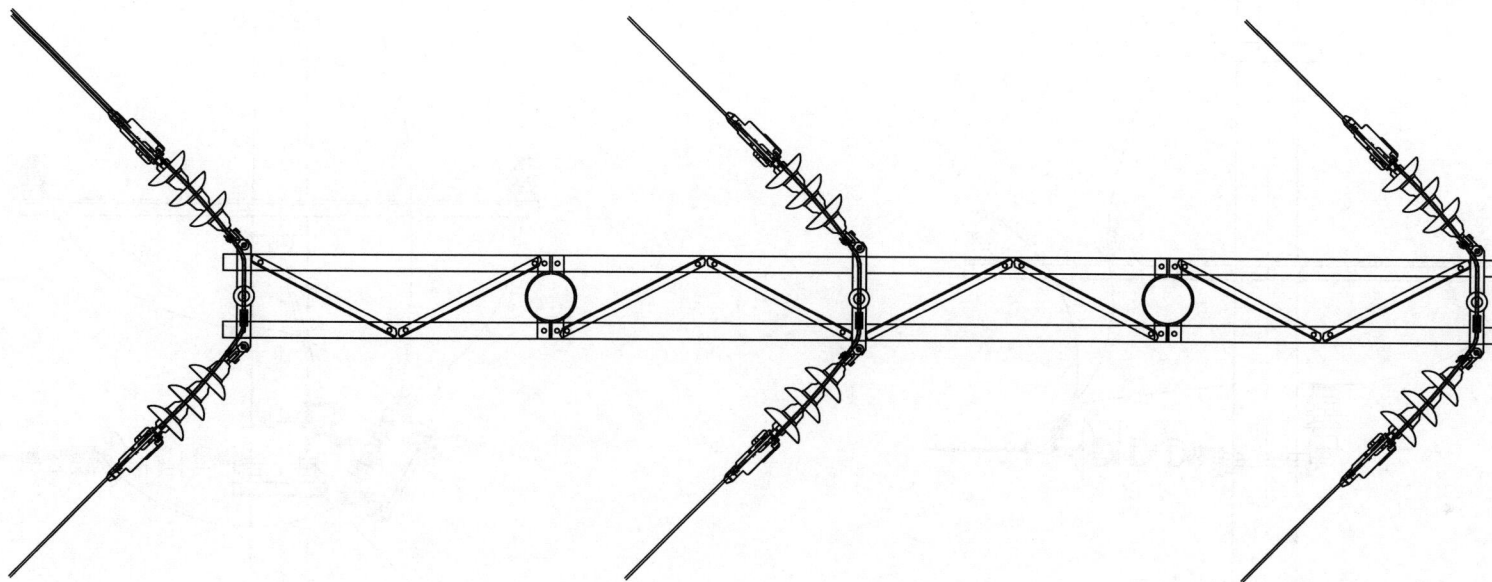

说明： 1. 导线转角范围为 0°～90°。

2. 10kV 耐张双杆跳线采用跳线绝缘子，若采用跳线绝缘子串请自行选型并校验电气间隙等相关参数。

图 20-6　10kV 耐张双杆跳线图

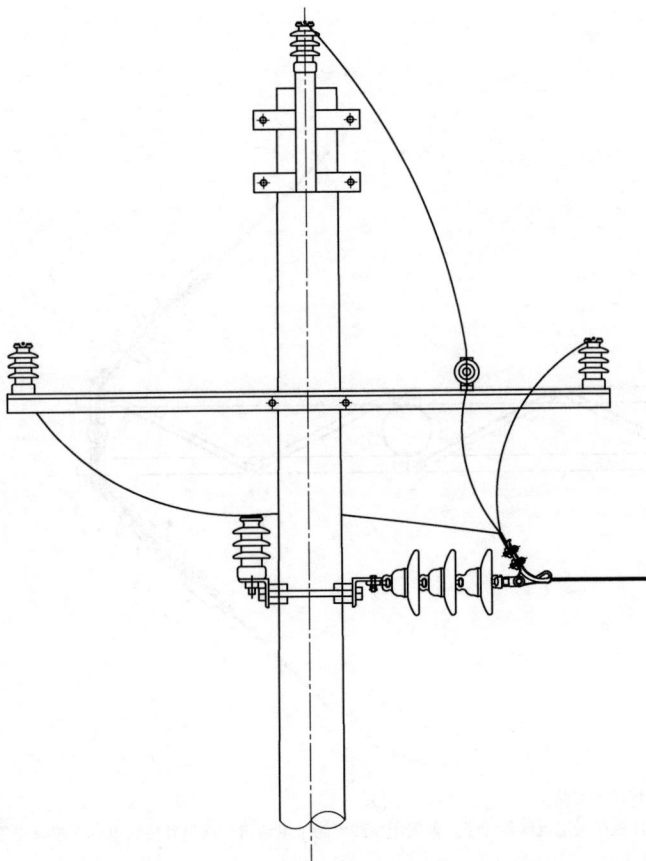

说明：10kV 引线跳线绝缘子应采用柱式绝缘子，跳线绝缘子
安装方式请根据需求自行设计。

说明：10kV 引线跳线绝缘子应采用柱式绝缘子，跳线绝缘子
安装方式请根据需求自行设计。

图 20-7　10kV 单回路直线无熔丝支接装置

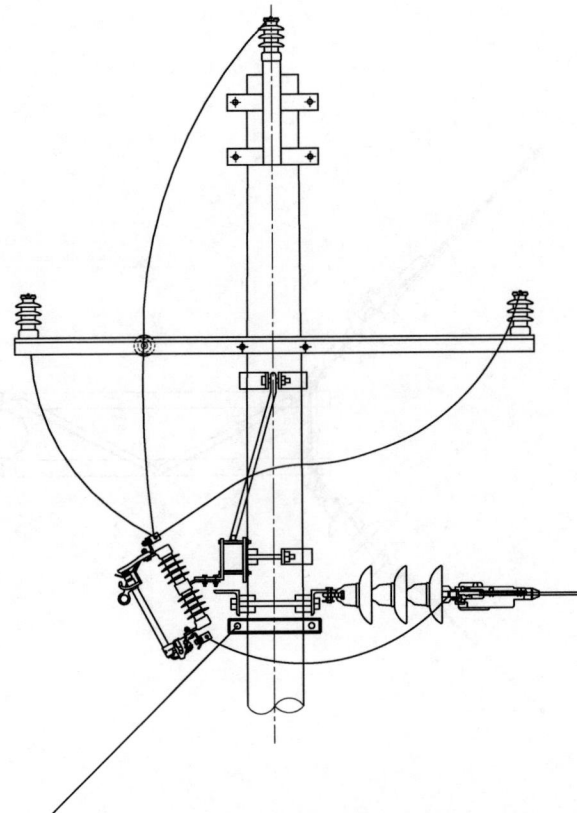

图 20-8　10kV 单回路直线有熔丝支接装置

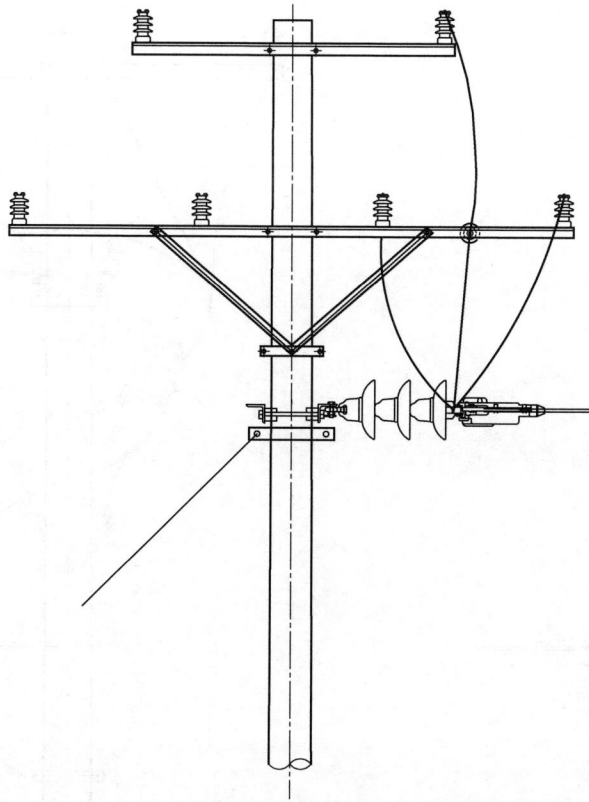

单回三角形排列

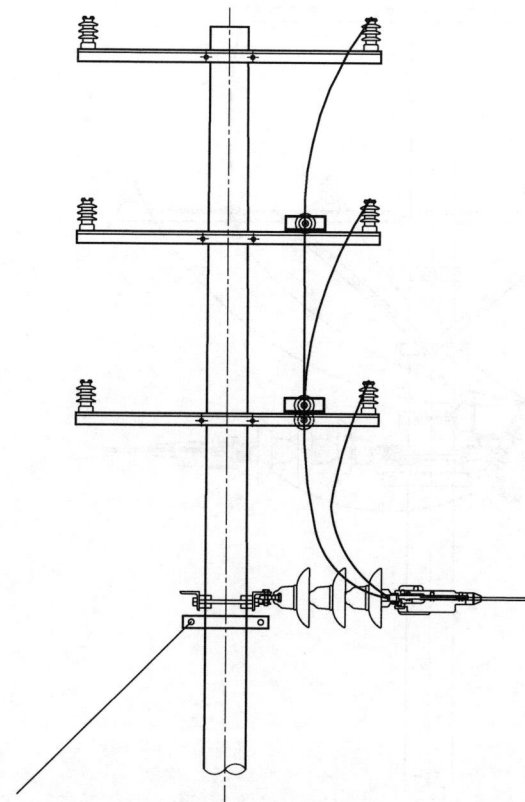

双回垂直排列

说明：10kV 引线跳线绝缘子应采用柱式绝缘子，跳线绝缘子安装方式请根据需求自行设计。

图 20－9　10kV 双回路直线无熔丝支接装置

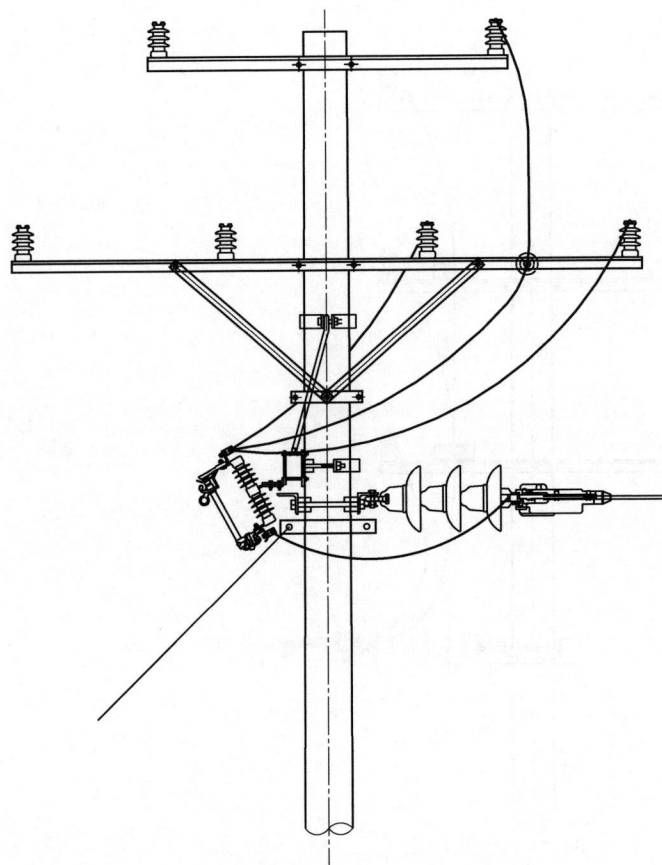

单回三角形排列

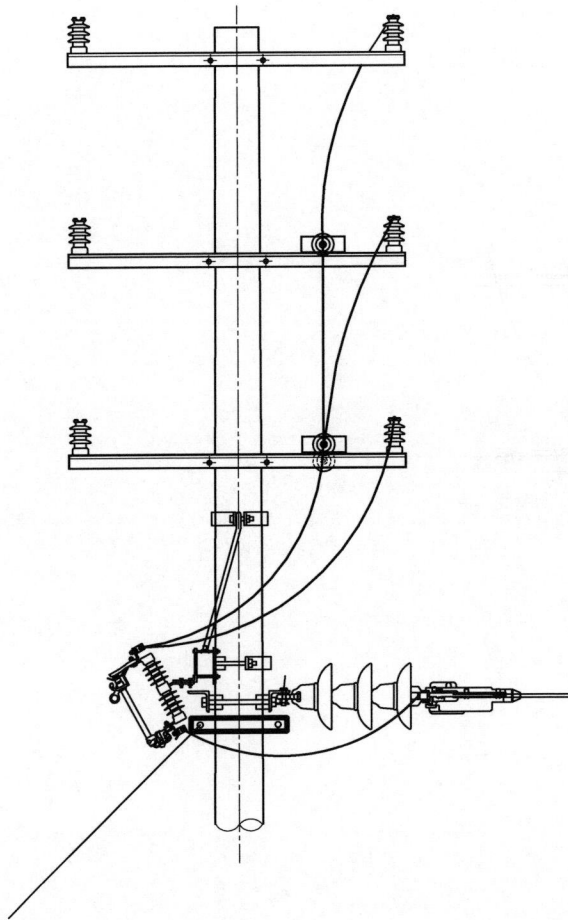

双回垂直排列

说明：10kV 引线跳线绝缘子应采用柱式绝缘子，跳线绝缘子
安装方式请根据需求自行设计。

图 20-10　10kV 双回路直线有熔丝支接装置

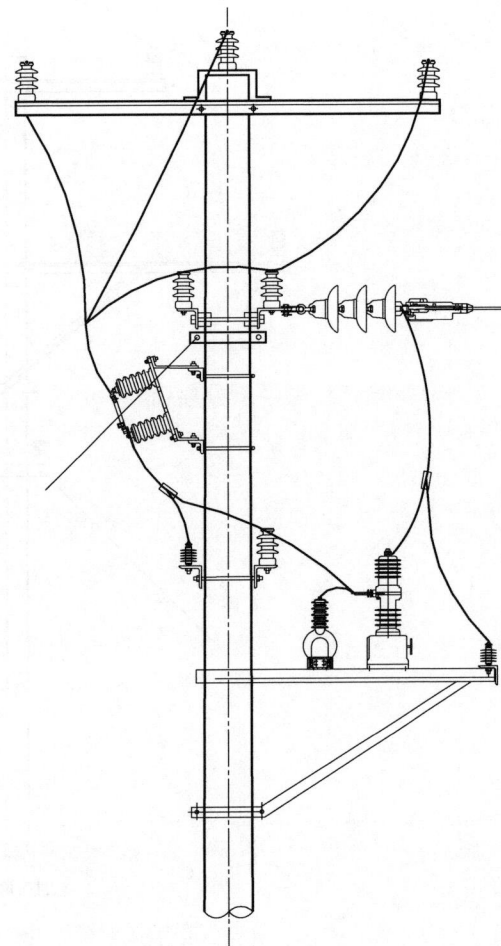

图 20-11　10kV 直线有柱上断路器支接装置

第 21 章　10kV 线路标识及警示装置

21.1　概述

为规范配电线路标识及警示装置的管理,提高线路、设备的运行管理水平,保障线路、设备的安全运行,本章按照《电气安全标志》（GB/T 29481）、《电力安全设施配置技术规范　第二部分：线路》（GB/T 36291.2）及《配电网施工检修工艺规范》（Q/GDW 10742）的相关要求,阐述了 10kV 架空线路的标识及警示装置的分类、安装及制作要求。

21.2　分类

1. 10kV 线路标识装置的分类

10kV 线路标识装置按材料可分为铝板材料、粘贴式聚酯材料,10kV 线路标识装置按功能可分为杆塔号标识牌、变压器标识牌、柱上开关标识牌、线路相序标识牌等。10kV 线路标识首选标识装置,临时可采取在杆塔直接喷涂的方式,喷涂方式和标识牌方式的规格应形同。

2. 10kV 线路警示装置的分类

10kV 线路警示装置按材料可分为反光铝板和荧光材料等,10kV 线路警示装置按功能可分为线路保护区警示牌、交叉跨越安全警示牌、禁止攀登警示牌、杆塔埋深的标识、拉线反光警示标识、防撞警示标识等。

21.3　安装要求

（1）杆塔号标识牌应安装在距离杆根地面垂直高度不低于 3m,如杆塔巡视方向有高于 3m 的障碍物或杆塔上经常张贴小广告的地区,喷涂或标识牌的位置可以适当增高,且不大于 5m。单回线路杆塔号标识牌应粘贴或绑扎在巡视易见一侧,双回线路杆塔号标识牌在杆塔上排列的顺序、朝向应与线路一致。

（2）柱上开关标识牌采用挂牌或贴牌方式,一般悬挂（粘贴）于杆塔上,单回路应悬挂在巡视易见一侧,多回路在杆塔上的排列顺序朝向应与线路一致。

（3）电缆标识牌一般安装在变电站、配电所出口处第一基杆塔（电缆出

线）、架空线路电缆引下处,绑扎在电缆保护管上方的电缆上。

（4）线路相序标识牌一般安装在每条线路的第一基杆塔、分支杆及支线第一基杆塔、连接方式换位的转角杆及其两侧电杆、终端杆、联络开关两侧电杆、变换排列方式的电杆及其两侧电杆,排列方式采用从左至右或从上至下两种方式。

（5）10kV 线路标识装置可结合带有 RFID 电子标签一同固定在杆塔上,电子标签与线路、杆塔信息保持一致,RFID 电子标签中应包括 PMS、ERP、线路设计、采购、运维、检修、报废等各阶段管理信息。

（6）警示装置安装位置应正确、醒目,应面向人员、车辆活动频繁的方向,一般应遵循以下原则：

1）先塔后路。对道路出入口或交叉地段有杆塔且安装位置较明显的地段,应先考虑安装在杆塔上,对无杆塔地段再考虑安装在地面,但应注意安装位置避免成为交通安全隐患。

2）先面后点。对同一地段有多条线路跨越时,可适当考虑合并,在该地段区域两侧醒目位置安装标识牌。

3）先外后内。对人口密集区、施工作业区等地段应先考虑在主要道路出入口及有危及线路运行的机械设备附近安装标识牌。

4）先重后轻。标识牌安装应先考虑重点隐患地段,如交跨限距不够、施工作业区域、线路下方河道有船吊、堆场或易发生车辆撞杆事故的人口密集区等地段。

21.4　制作要求

线路标识及警示装置的相关制作要求可参考《电气安全标志》（GB/T 29481）、《电力安全设施配置技术规范　第二部分：线路》（GB/T 36291.2）及《配电网施工检修工艺规范》（Q/GDW 10742）中的相关内容。

21.5　设计图

10kV 线路常见标识及警示装置布置设计图清单见表 21-1。

图序	图名	备注
图 21-1	单回路杆塔标识牌图	
图 21-2	双回路杆塔标识牌图	
图 21-3	变压器及户外柱上开关标识牌图	
图 21-4	配电线路相序标识牌图	
图 21-5	禁止标识牌图	
图 21-6	警告标识牌图	
图 21-7	拉线标志套管标识牌图	
图 21-8	10kV 配电线路电杆防撞标识图	

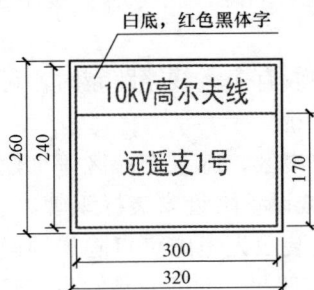

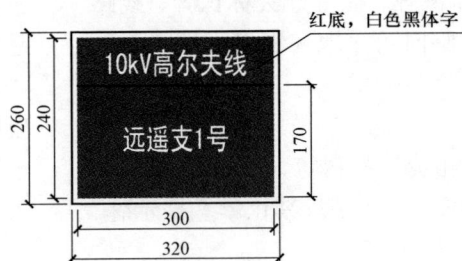

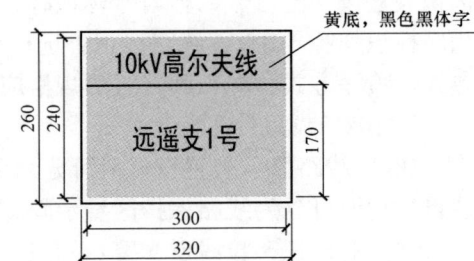

说明：1. 杆塔标志牌的基本形式一般为矩形，白底，红色黑体字，字号可根据设备大小进行适当调整。

2. 杆号牌采用铝板制作，推荐采用热转印打印粘贴、腐蚀、丝网印刷工艺，不允许采用搪瓷牌。标识牌应柔软、韧性好、不断裂、不变色，四边打孔用宽 10mm，长不低于 1200mm 的不锈钢闭锁式扎带穿过。

3. 标识牌应具有防水、防腐、耐候功能。

图 21-1   单回路杆塔标识牌图

说明：1. 杆塔标志牌的基本形式一般为矩形，白底，红色黑体字，字号可根据设备大小进行适当调整。

2. 同杆塔架设的双回线路应在横担上设置鲜明的异色标志加以区分，各回路标志牌底色应与本回路色标一致，白色黑体字（黄底时为黑色黑体字），色标颜色按照红黄排列使用。

3. 杆号牌采用铝板制作，推荐采用热转印打印粘贴、腐蚀、丝网印刷工艺，不允许采用搪瓷牌。标识牌应柔软、韧性好、不断裂、不变色，四边打孔用宽 10mm，长不低于 1200mm 的不锈钢闭锁式扎带穿过。

4. 标识牌应具有防水、防腐、耐候功能。

图 21-2   双回路杆塔标识牌图

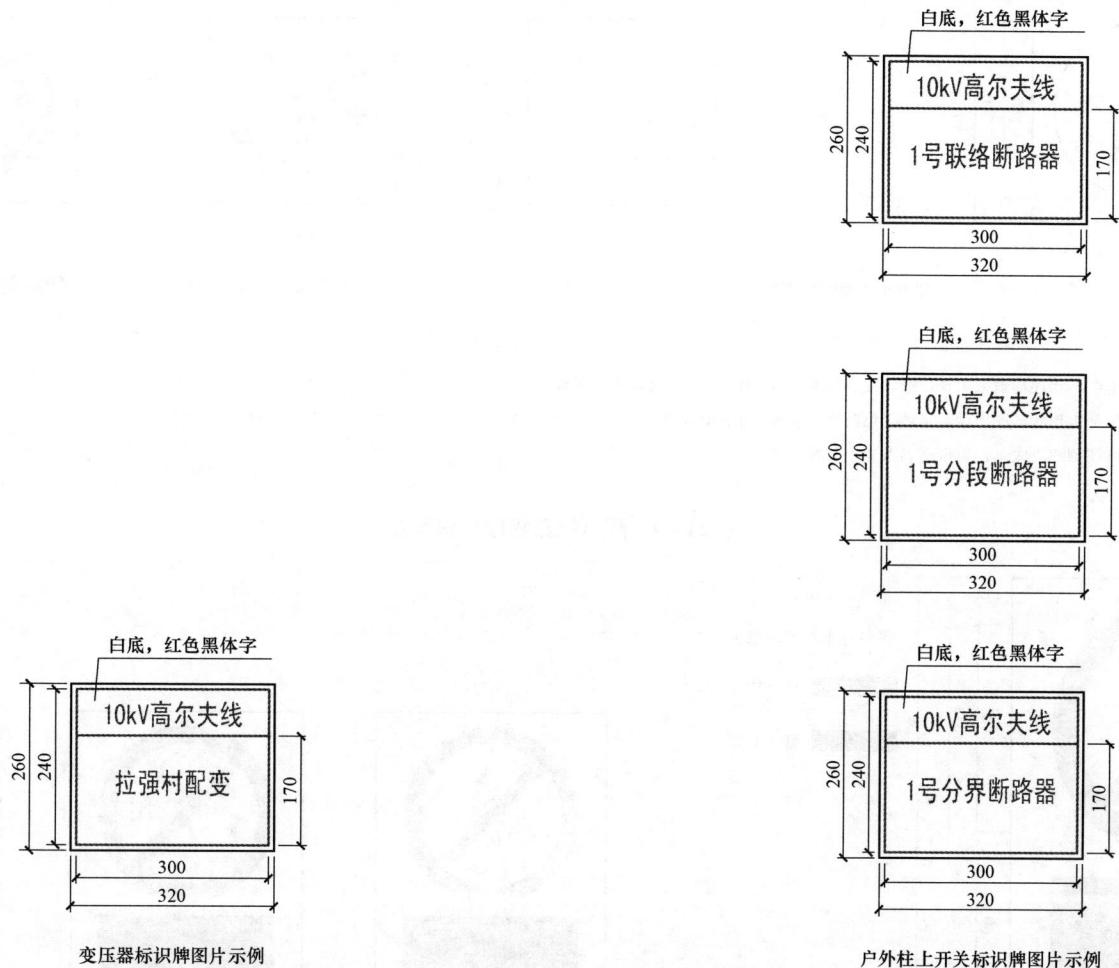

白底，红色黑体字

10kV高尔夫线

1号联络断路器

260 240 170

300

320

白底，红色黑体字

10kV高尔夫线

1号分段断路器

260 240 170

300

320

白底，红色黑体字

10kV高尔夫线

拉强村配变

260 240 170

300

320

变压器标识牌图片示例

白底，红色黑体字

10kV高尔夫线

1号分界断路器

260 240 170

300

320

户外柱上开关标识牌图片示例

说明：1.杆塔标志牌的基本形式一般为矩形，白底，红色黑体字，字号可根据设备大小进行适当调整。

2. 标识牌采用铝板制作，推荐采用热转印打印粘贴、腐蚀、丝网印刷工艺，不允许采用搪瓷牌。标识牌应柔软、韧性好、不断裂、不变色，四边打孔用宽 10mm，长不低于 1200mm 的不锈钢闭锁式扎带穿过。

3. 标识牌应具有防水、防腐、耐候功能。

图 21-3 变压器及户外柱上开关标识牌图

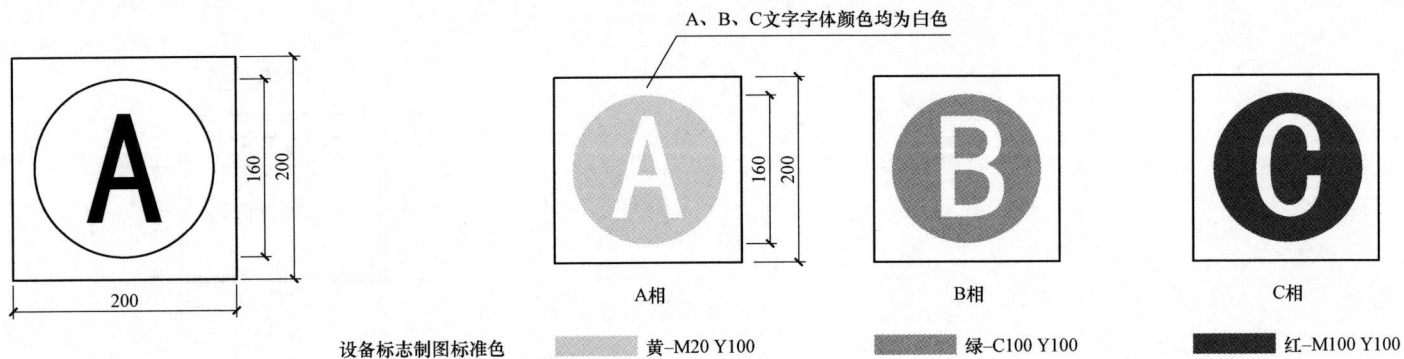

A、B、C文字字体颜色均为白色

设备标志制图标准色　■ 黄–M20 Y100　　■ 绿–C100 Y100　　■ 红–M100 Y100

A相　　　　　　　B相　　　　　　　C相

说明：1. 架空配电线路相序标识采用黄、绿、红三色表示 A、B、C 相，材质采用铝板。

2. 相序标识基本形状如图所示，字体颜色白色，字体采用黑体加粗。

3. 杆塔距离观测地点太远，也可适当改变相序牌尺寸。

图 21–4　配电线路相序标识牌图

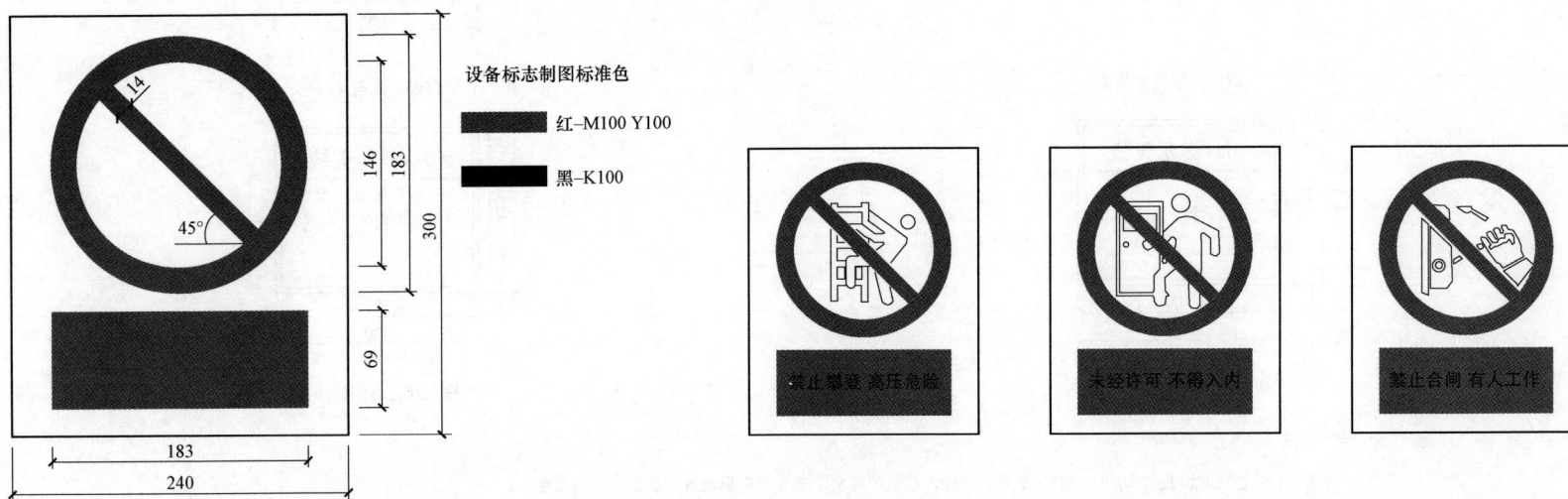

设备标志制图标准色

■ 红–M100 Y100

■ 黑–K100

说明：1. 禁止标识牌长方形衬底色为白色，带斜杠的圆边框为红色，标志符号为黑色，辅助标志为

红底白字、黑体字，字号根据标志牌尺寸、字数调整，采用铝合金板制成。

2. 提示性文字一般以"禁止""严禁"开始。

图 21–5　禁止标识牌图

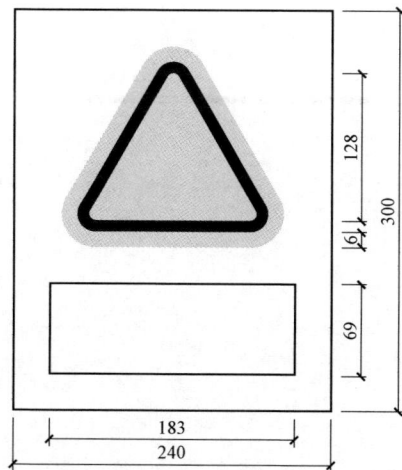

警告标示牌示意图

设备标志制图标准色

黄–Y100

黑–K100

当心触电

当心坠落

止步 高压危险

警告标示牌效果图

说明: 1. 警告类标识基本形式如图所示。标识是一长方形衬底牌,上方是警告标志(正三角形边框),
下方是文字辅助标志(矩形边框)。图形上、中、下间隙,左、右间隙相等。

2. 警告标志牌长方形衬底色为白色,正三角形边框底色为黄色,边框及标志符号为黑色,辅助标
志为白底黑字、黑体字,字号根据标志牌尺寸、字数调整,采用铝板制成。

图 21-6 警告标识牌图

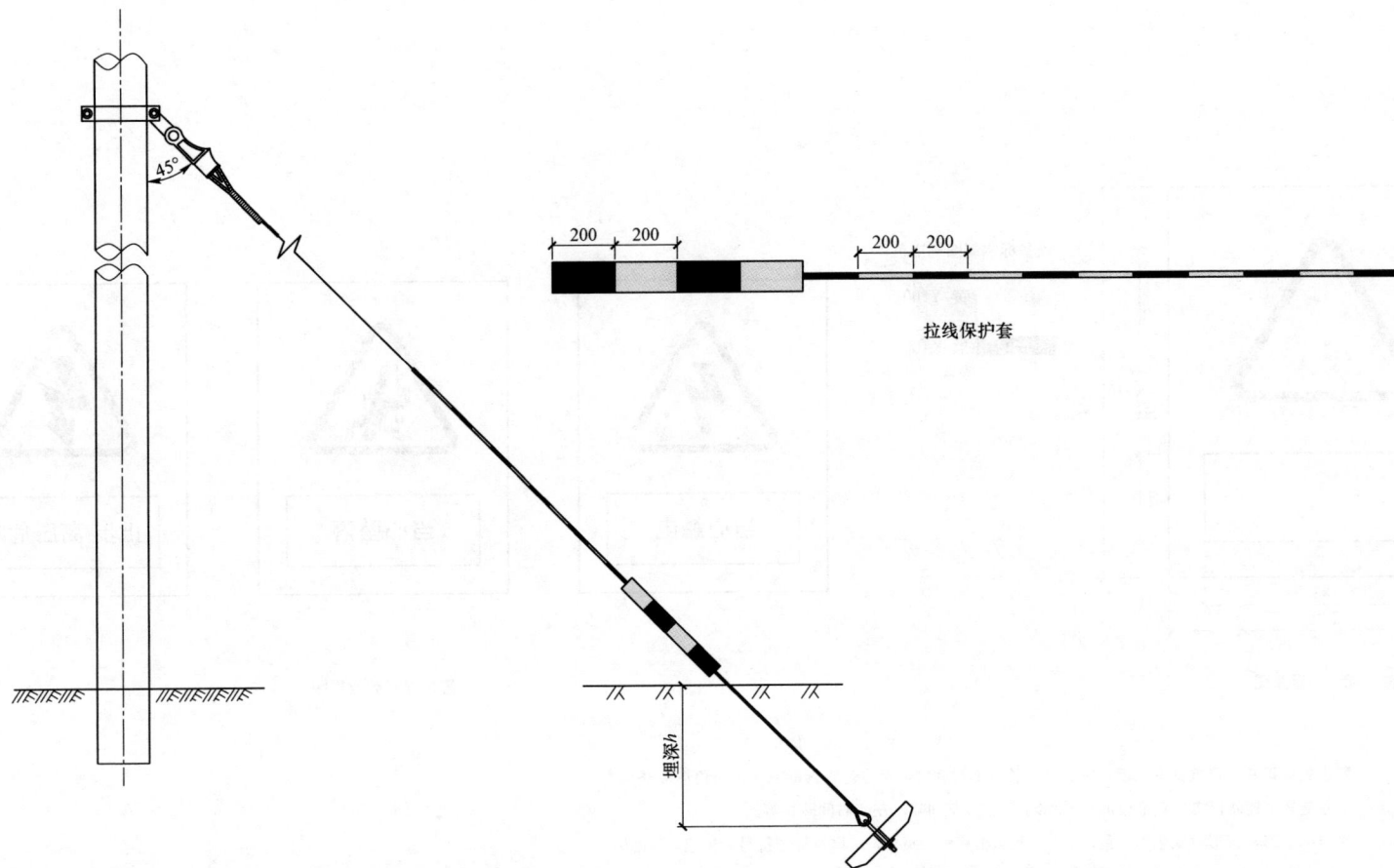

说明：1. 城区或村镇的 10kV 及以下架空线路的拉线，应根据实际情况配置拉线警示管，拉线警示管黑黄相间，黑黄相间 200mm。

2. 拉线警示管应使用反光漆。

3. 拉线警示管应紧贴地面安装，顶部距离地面垂直距离不得小于 2m。

图 21-7　拉线标志套管标识牌图

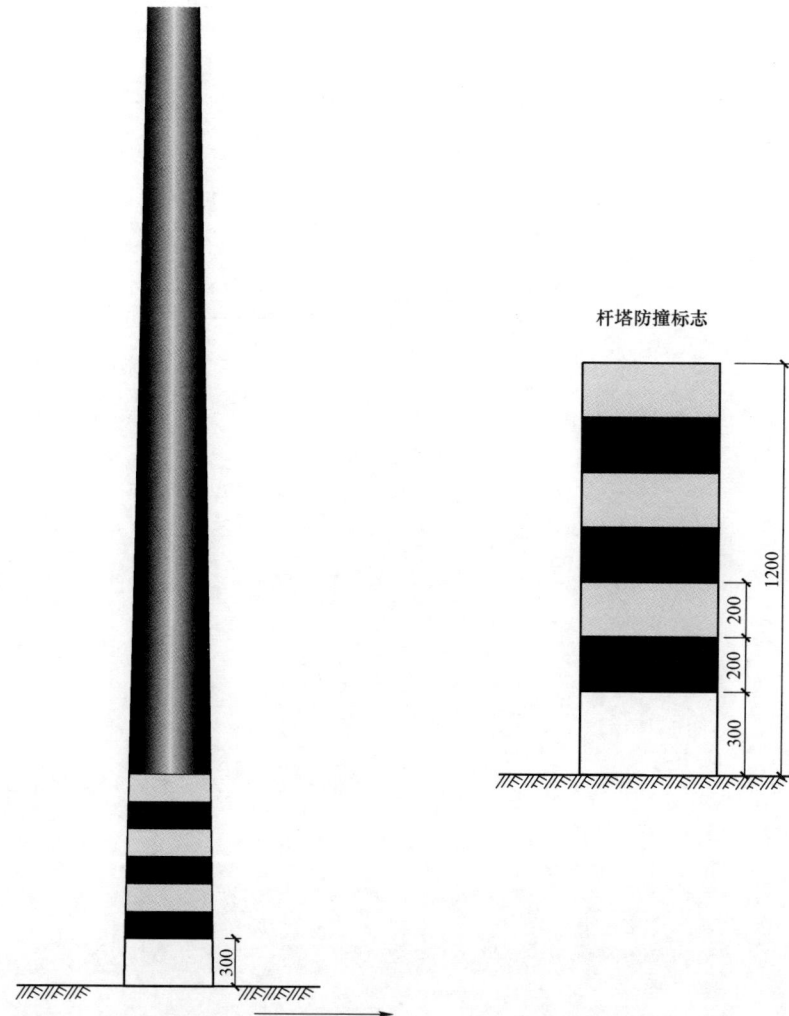

杆塔防撞标志

说明：1. 在公路沿线的杆塔，容易被车辆碰撞时，应粘贴警示板或喷涂反光涂料进行警示标识。

2. 应在杆部距地面300mm以上面向公路侧沿杆一周粘贴警示板或喷涂警示标识，警示板或喷涂标识为黑黄相间，高1200mm（黑3、黄3、宽200mm）。

图 21－8 10kV 配电线路电杆防撞标识图